LEHRBUCH DER THEORETISCHEN PHYSIK

VON

WALTER WEIZEL
O. PROFESSOR DER PHYSIK AN DER UNIVERSITÄT BONN

ZWEITE VERBESSERTE AUFLAGE

ZWEITER BAND

STRUKTUR DER MATERIE

MIT 268 ABBILDUNGEN

SPRINGER-VERLAG
BERLIN · GÖTTINGEN · HEIDELBERG
1958

ISBN 978-3-642-87334-8   ISBN 978-3-642-87333-1 (eBook)
DOI 10.1007/978-3-642-87333-1

ALLE RECHTE, INSBESONDERE DAS DER ÜBERSETZUNG IN FREMDE SPRACHEN, VORBEHALTEN.
OHNE AUSDRÜCKLICHE GENEHMIGUNG DES VERLAGES IST ES AUCH NICHT GESTATTET,
DIESES BUCH ODER TEILE DARAUS AUF PHOTOMECHANISCHEM WEGE
(PHOTOKOPIE, MIKROKOPIE) ZU VERVIELFÄLTIGEN.
COPYRIGHT 1950 BY SPRINGER-VERLAG OHG., BERLIN/GÖTTINGEN/HEIDELBERG.
© BY SPRINGER-VERLAG OHG., BERLIN/GÖTTINGEN/HEIDELBERG 1958.
SOFTCOVER REPRINT OF THE HARDCOVER 2ND EDITION 1958

Vorwort zur zweiten Auflage.

Die stürmische Entwicklung neuer Vorstellungen über die Elementarteilchen und der schnelle Ausbau der Kernphysik mußten in der zweiten Auflage des zweiten Bandes einen angemessenen Niederschlag finden. Der neue Abschnitt „Feldtheorie der Materie" ist ein Versuch, die sehr abstrakten Gedankengänge dieser Theorien der Elementarteilchen und ihrer Wechselwirkungen dem Leser durch eine straffe Systematik näherzubringen. Von der Kernphysik, die immer noch vorwiegend ein empirisches Wissensgebiet ist, habe ich versucht, wenigstens das Gerippe der Theorie zu bringen. Diese beiden großen Ergänzungen des Stoffgebietes machten es nötig, den Stoß- und Streuprozessen mehr Aufmerksamkeit als in der ersten Auflage zu widmen. In den Abschnitt „Quantentheorie" wurde deshalb ein Kapitel über diese Vorgänge eingeschoben.

Um die Theorie möglichst nahe an die Anwendung heranzuführen, wurde je ein Kapitel über Teilchenbeschleuniger und das Verhalten von Ladungsträgern an festen Oberflächen neu aufgenommen. Diese beiden Kapitel sind jetzt mit der Elektronenoptik und den Abschnitten über die elektrischen Entladungen in Gasen zu einem neuen Abschnitt „Elektronik" zusammengefaßt.

Unter den sonstigen Ergänzungen ist vielleicht noch das Kapitel über Halbleiter, in dem im übrigen unveränderten Abschnitt über die zusammenhängende Materie erwähnenswert.

Bonn, den 28. Mai 1958. **Walter Weizel**

Inhaltsverzeichnis.

* Diese Abschnitte sind schwieriger und stellen größere mathematische Anforderungen.
** In diesen Abschnitten ist der Gang der Überlegungen nur kurz skizziert, Zwischenrechnungen sind eingespart.

G. Elementare Atomtheorie.

Die Bausteine der Materie und ihre Eigenschaften 806
- § 1. Nebelspuren in der Wilsonkammer 807
- § 2. Die Ladung des Elektrons 808
- § 3. Elektrische und magnetische Ablenkung von Elektronenstrahlen ... 810
- § 4. Ablenkung von Ionenstrahlen. Massenspektroskopie, Atommassen ... 815
- § 5. Dimensionen von Atomen und Atomkernen. Streuung von α-Teilchen 817

II. Die einfachsten empirischen Gesetzmäßigkeiten der Linienspektren und ihre Deutung 821
- § 1. Das Spektrum des Wasserstoffs und die ihm ähnlichen Spektren ... 822
  - Das Spektrum des Wasserstoffatoms 822
  - Das Spektrum des ionisierten Heliums 823
- § 2. Die Spektren der Alkalien 824
- § 3. Funkenspektren 826
- § 4. Röntgenspektren 827
- § 5. Die Bohrsche Frequenzbedingung und die Franck-Hertzschen Versuche 828

III. Das Modell des Wasserstoffs und des Leuchtelektrons 830
- § 1. Die klassische Berechnung von Atommodellen und ihre Schwierigkeiten 830
- § 2. Die Beugung von Materiestrahlen und die Gleichung der Materiewellen 832
- § 3. Die Wellengleichung eines Teilchens im Kraftfeld 834
- § 4. Die Terme des Wasserstoffatoms 838
- § 5. Die Eigenfunktionen des Wasserstoffs 844
  - Die Kugelfunktionen 844
  - Die radialen Eigenfunktionen 847
  - Die normierten Eigenfunktionen des Wasserstoffs 848
- § 6. Quantensymbole des Elektrons 850
- § 7. Die Gestalt des Elektrons in den Quantenzuständen 851
- § 8. Die sogenannte Mitbewegung des Kerns 855
- § 9. Das Modell des Alkaliatoms 857

IV. Struktur und Eigenschaften der Atome 861
- § 1. Das periodische System der Elemente 861
  - Die Ionisierungsarbeit der Elemente 861
  - Die großen Perioden 864
  - Die Paulische Regel 865
  - Die chemischen Eigenschaften der Elemente 868
- § 2. Mehrfache Termsysteme bei Helium und bei den Erdalkalien 869
  - Ortho- und Parahelium 869
  - Entartung durch mehrere Elektronen 870
  - Symmetrische und antisymmetrische Zustände 872
- § 3. Termsysteme bei Atomen mit mehreren Elektronen 875

§ 4. Teilchenstrom, Drehimpuls und magnetisches Moment der Atome . . 876
  Stromverteilung bei s- und p-Elektronen 878
  Moment und Drehimpuls bei beliebiger Nebenquantenzahl 882
§ 5. Der normale Zeemaneffekt 885
§ 6. Der Elektronenspin 885
  Der Stern-Gerlach-Versuch und das Eigenmoment des Elektrons . . . 886
  Die Spineigenfunktionen und das Pauliprinzip 887
  Das Vektorgerüst der Atome 887
  Feinstruktur. Multipletts 889
§ 7. Der anormale Zeemaneffekt 891
§ 8. Paschen-Back-Effekt 893
§ 9. Die optischen Terme des Elemente 895
§ 10. Empirische Auswahlregeln für Feinstruktur und magnetische Effekte . 897
§ 11. Röntgenterme 898

V. Intensität und Polarisation der Spektrallinien 899
  § 1. Ableitung von Auswahlregeln 901
    Auswahl- und Polarisationsregeln für die magnetischen Quantenzahlen 901
    Auswahlregeln für die Nebenquantenzahl 903
  § 2. Die Berechnung der Matrixelemente, Intensitäten und Übergangswahr-
      scheinlichkeiten 908
  § 3. Auswahlregeln für die Spinquantenzahlen 913
  § 4. Auswahlregeln für gerade und ungerade Terme 914

H. Quantentheorie.

I. Die wellenmechanische Formulierung der Quantentheorie . . . 916
  § 1. Die Wellengleichung eines Elektrons und ihre Interpretation 916
  § 2. Die Operatorform der Wellengleichung. Elektron im Magnetfeld . . 919
  § 3. Operatordarstellung der Teilcheneigenschaften 921
  § 4. Systeme mehrerer Teilchen 927
  § 5. Stationäre Zustände 930
  § 6. Eigenwerte und Eigenfunktionen 932
  § 7. Die Orthogonalität der Eigenfunktionen 934
  § 8. Entartung 935
  *§ 9. Normierung und Orthogonalität im kontinuierlichen Spektrum . . . 939
  § 10. Vollständigkeit des Systems der Eigenfunktionen. Entwicklungssatz . 941
  § 11. Nichtstationäre Zustände 943
  *§ 12. Generalisierte Koordinaten 945

II. Die Matrizendarstellung der Quantentheorie 947
  § 1. Die Matrixdarstellung der Teilcheneigenschaften 947
  § 2. Die Energiematrix 949
  § 3. Die zeitliche Änderung einer Eigenschaft 949
  § 4. Ableitung nach Koordinaten und Impulsen 950
  § 5. Die Koordinaten und Impulsmatrizen 951
  § 6. Der harmonische Oszillator 954
  § 7. Die Lösung des quantentheoretischen Problems durch eine unitäre Trans-
      formation 958
  § 8. Die Störungsrechnung für nichtentartete Systeme 961
    Die nullte Näherung 962
    Die erste Näherung 962
    Die zweite Näherung 963
  § 9. Störungsrechnung entarteter Systeme 964
    Die Entartung der S-, P-, D- usw. Terme 964
    Transformation entarteter Matrizen durch eine unitäre Stufenmatrix . 966
    Das Störungsschema 967
    Unvollständige Aufhebung der Entartung. Zweite Näherung 968

*§ 10. Der Starkeffekt 970
     Der quadratische Starkeffekt an Singulettermen 971
     Aufspaltung der P- und D-Terme 972
     Polarisierbarkeit 975
     Der lineare Starkeffekt bei Wasserstoff 976
     Der Übergang vom quadratischen in den linearen Starkeffekt 978
     Die Polarisierbarkeit im linearen Effekt 980
 § 11. Magnetische Effekte 981
     Der normale Zeemaneffekt 981
     *Diamagnetismus 982

III. Die statistische Deutung der Quantentheorie 983
 § 1. Meßbare Größen und Eigenwerte 985
 § 2. Der Erwartungswert einer Eigenschaft 988
 § 3. Hilbertscher Raum, Eigenschaftstensoren. Wahrscheinlichkeitsvektor . 991
 § 4. Gleichzeitige Messung mehrerer Eigenschaften 994
 *§ 5. Der Drehimpuls 995
 § 6. Zusammensetzung von Drehimpulsen 1000
 § 7. Die Grenzen der Matrixdarstellung und ihrer statistischen Deutung. . 1002

IV. Quantentheorie zeitabhängiger Systeme 1003
 § 1. Die transformierte Wellengleichung 1004
 § 2. Näherungsverfahren zur Lösung der transformierten Wellengleichung . 1007
 § 3. Quantenübergänge unter dem Einfluß einer Störung 1010
 § 4. Periodische Störungen. Dispersion 1012
 *§ 5. Anregung durch Strahlung 1019
 *§ 6. Der Photoeffekt 1022
 **§ 7. Strahlungslose Übergänge. Augereffekt. Prädissoziation 1025
 *§ 8. Die halbklassische Theorie der spontanen Lichtemission 1028
 *§ 9. Der Comptoneffekt 1034

V. Translatorische Bewegungen 1037
 § 1. Die einfachsten Fälle der reinen Translation und ihre experimentelle
     Realisierung 1038
     Ebene Wellen 1038
     De-Broglie-Wellenlänge. Elektronenbeugung 1039
 § 2. Allgemeine Lösung der kräftefreien Wellengleichung 1040
     Wellenpakete 1041
 § 3. Die Heisenbergsche Unschärferelation 1045
 *§ 4. Wellenpakete in drei Dimensionen 1047
 § 5. Reflexion ebener Elektronenwellen an Potentialwellen 1050
 § 6. Reflexion und Brechung bei schiefem Einfall der Elektronen auf die
     Grenzfläche 1055
 § 7. Durchdringung eines Potentialbergs. Tunneleffekt 1058
 § 8. Stetig veränderliches Potential. Quasiklassische Bewegung. Wentzel-
     Kramers-Brillouin-Verfahren 1062

VI. Stoß- und Streuprozesse 1064
 *§ 1. Stoß und Streuung zweier Punktladungen 1065
 **§ 2. Der differentielle Streuquerschnitt 1070
 **§ 3. Streuung gleicher Teilchen 1074
 **§ 4. Streuung von Ladungsträgern an Atomen 1076
 **§ 5. Die Bornsche Näherung 1079
 **§ 6. Elastische Stöße und unelastische Stöße. Ionisierungsquerschnitt . . 1082
 **§ 7. Der Elektronenstoß 1086
 **§ 8. Die Grenzen des Bornschen Verfahrens 1087
 *§ 9. Streuung einer Teilchenwelle an einem kleinen Störgebiet 1088

Inhaltsverzeichnis.

VII. Relativistische Quantentheorie. Der Elektronenspin 1093
- *§ 1. Die relativistische Bewegung eines Elektrons 1093
- *§ 2. Die Diracsche Gleichung 1096
- *§ 3. Matrizendarstellung der β-Operatoren 1098
- *§ 4. Der Spinvektor 1101
- *§ 5. Die Reduktion der Diracschen Operatoren der Diracschen Gleichung 1103
- *§ 6. Der Eigendrehimpuls des Elektrons 1110
- *§ 7. Die Dublettaufspaltung 1112
- **§ 8. Mitwirkung des Spins an den magnetischen Effekten 1116
- *§ 9. Elektron und Positron 1119
- **§ 10. Exakte Lösung der Diracschen Gleichung für das Wasserstoffatom. . 1122
- *§ 11. Vergleich der Diracschen Theorie mit der Erfahrung 1127
- **§ 12. Wahrscheinlichkeitsdichte und Wahrscheinlichkeitsstrom 1128

VIII. Systeme gleicher Teilchen 1131
- *§ 1. Paulische Regel. Antisymmetrieprinzip 1132
- *§ 2. Systeme von zwei Elektronen 1134
- *§ 3. Besetzungszahlen. Die zweite Quantelung 1139

I. Feldtheorie der Materie.

I. Klassische Feldmodelle 1151
- § 1. Die Lagrangefunktion eines isolierten skalaren Feldes 1151
- § 2. Felder mit mehreren skalaren Feldfunktionen 1155
- *§ 3. Vektorielle Felder 1157
- *§ 4. Überlagerte und komplexe Vektorfelder 1161
- **§ 5. Das Spinorfeld 1161
- *§ 6. Energieimpulstensor. Erhaltungssätze 1169
- *§ 7. Der kanonische Tensor. Energieimpulstensor der einzelnen Feldmodelle 1171
- *§ 8. Erhaltung der Ladung bei komplexen Feldern 1174

II. Kanonische Theorie und Quantisierung der Felder 1176
- § 1. Die Diracfunktion 1176
- § 2. Kanonisch konjugierte Funktion, Hamiltonfunktion. Kanonische Gleichungen des skalaren Feldes 1178
- § 3. Quantisierung des Feldes. Vertauschungsregeln 1180
- § 4. Das skalare Mesonfeld 1182
- § 5. Das komplexe Feld 1188
- *§ 6. Zustandsfunktion des Feldes. Teilchenzahl, Teilchenentstehung, Teilchenvernichtung 1191
- *§ 7. Quantisierung vektorieller Felder 1193
- *§ 8. Quantisierung des Spinorfeldes 1196
- *§ 9. Zustände negativer Energie. Diracsche Löchertheorie. Antiteilchen . . 1200
- **§ 10. Das elektromagnetische Feld 1201

III. Wechselwirkung von Feldern 1207
- § 1. Wechselwirkung mit Spinorfeldern 1209
- § 2. Feldgleichungen des Spinorfeldes mit Wechselwirkungen 1211
- § 3. Wechselwirkungen des elektromagnetischen Feldes. Eichinvarianz . . 1212
- *§ 4. Ladung und isobarer Spin 1214
- *§ 5. Wechselwirkung des Fermionenfeldes mit Bosonenfeldern 1218
- *§ 6. Das symmetrische, skalare Mesonfeld und seine Wechselwirkungen mit Nukleonen 1220
- **§ 7. Wechselwirkungen zwischen Fermionen 1221
- § 8. Mesontheorie der Kernkräfte 1222
- § 9. Kernkräfte im symmetrischen Mesonfeld 1226

IV. Elementarprozesse 1228
  *§ 1. Lösung der Wellengleichung durch eine Integralgleichung 1229
  *§ 2. Feynmans Theorie der Antiteilchen; Feynman-Diagramme 1232
  **§ 3. Streuung von Mesonen an Nukleonen 1235
  **§ 4. Wechselwirkungen als virtuelle elementare Prozesse. Virtuelle Zwischenzustände 1239
  **§ 5. Die S-Matrix 1245
  *§ 6. Selbstenergie 1248
  **§ 7. Renormierung 1249

J. Kernphysik.

I. Eigenschaften und Bausteine der Atomkerne 1252
  § 1. Ladung und Masse der Atomkerne. Packungseffekt 1253
  § 2. Kerndrehimpuls und Kernmomente 1257
  § 3. Kernspin und Hyperfeinstruktur 1258
  § 4. Hyperfeinstruktur im äußeren Magnetfeld 1260
  § 5. Beitrag des Quadrupolmoments zur Hyperfeinstruktur 1262
  § 6. Messung der Hyperfeinstruktur durch Radiofrequenzspektroskopie . . 1263
  § 7. Messung des magnetischen Kernmoments durch magnetische Kernresonanz 1264
  § 8. Kernradien 1268
  § 9. Antisymmetrieprinzip für Protonen und Neutronen 1270

II. Das System zweier Nukleonen 1272
  § 1. Die Kräfte zwischen Proton und Neutron 1272
  § 2. Zustände des Zweinukleonensystems 1274
  § 3. Das Deuteron 1276
  *§ 4. Streuung langsamer Neutronen an Protonen 1279
  *§ 5. Magnetisches Moment und Quadrupolmoment des Deuterons 1283

III. Der Aufbau der Kerne mit vielen Nukleonen 1286
  § 1. Das Antisymmetrieprinzip der Nukleonen 1288
  § 2. Austauschkräfte zwischen den Nukleonen 1291
  *§ 3. Stabilität der Kerne bei Austauschkräften. Sättigung 1292
  § 4. Das Modell unabhängiger Nukleonen 1296
  § 5. Die kinetische und elektrostatische Energie des Nukleonengases . . . 1297
  § 6. Die potentielle Energie der Kernkräfte 1298
  § 7. Die Weizsäckersche Energiebilanz der Kerne. β-Stabilität 1302

IV. Der Schalenaufbau der Atomkerne 1304
  *§ 1. Quantenzustände einzelner Nukleonen im Kern 1305
  § 2. Energetische Folgerungen aus dem Schalenmodell 1308
  § 3. Folgerungen für Kernspin und magnetische Momente aus dem Schalenmodell 1311

V. Kernreaktionen 1315
  § 1. Die Erhaltungssätze für Kernreaktionen 1318
  § 2. Kernumwandlungen vom Typ $a + X \to Y + b$ 1319
  § 3. Wirkungsquerschnitte 1322
  § 4. Der Bohrsche Zwischenkern und sein Zerfall 1323
  § 5. Energiespektrum des emittierten Teilchens 1326
  § 6. Resonanzeffekte 1327

VI. Der spontane radioaktive Zerfall 1329

§ 1. Der α-Zerfall 1330
§ 2. Der β-Zerfall 1332
§ 3. Das Energiespektrum des β-Zerfalls 1334
§ 4. Auswahlregeln 1337

K. Moleküle. Chemische Bindung.

I. Die Elektronenkonfiguration in den Molekülen 1341

§ 1. Das Zweizentrensystem mit einem Elektron 1341
    Die Quantenzahlen der Elektronen 1342
    Der Drehimpuls um die Molekülachse 1347
§ 2. Die Elektronenterme der Moleküle 1347
    Elektronentermserien 1348
    Die Quantenzahl Λ. Termsymbole 1348
*§ 3. Moleküle mit gleichen Kernen. Symmetrieeigenschaften 1350
*§ 4. Die Multiplizität der Terme. Der Elektronenspin 1353
*§ 5. Paulische Regel. Innere Elektronen. Schwierigkeit der Systematik . . 1355

II. Die chemische Bindung 1356

§ 1. Die homöopolare chemische Bindung 1357
    Eigenfunktion und Eigenwerte zweier unendlich entfernter Atome . . 1358
    Störungsverfahren für Atome in endlichem Abstand 1359
    Symmetrische und antisymmetrische Eigenfunktionen 1360
    Die Berechnung der Energiematrix 1362
§ 2. Das Wasserstoffmolekül 1364
§ 3. Chemische Bindung und Pauliprinzip. Spinvalenz 1367
§ 4. Valenztheorie 1368
§ 5. Die heteropolare Bindung 1372
*§ 6. Die van der Waalsschen Kräfte 1374

III. Schwingung und Rotation zweiatomiger Moleküle 1381

§ 1. Abspaltung der Translation 1381
§ 2. Trennung von Elektronenbewegung und Kernbewegung 1383
§ 3. Schwingung und Rotation der Moleküle 1384
*§ 4. Anharmonische Schwingung. Dissoziation 1390
§ 5. Das Kreiselmodell für die Molekülrotation 1392
§ 6. Die Feinstruktur der Molekülterme 1395

IV. Die Spektren der Moleküle. Bandenspektren 1397

§ 1. Auswahlregeln für die Rotation 1398
§ 2. Auswahlregeln für die Elektronenterme 1400
§ 3. Auswahlregeln für die Schwingung 1401
§ 4. Das reine Rotationsspektrum 1403
§ 5. Das Rotationsschwingungsspektrum 1404
§ 6. Das Elektronenbandenspektrum 1406
§ 7. Das Bandensystem 1410
*§ 8. Die Feinstruktur der Bandenspektren 1412
§ 9. Isotopieeffekte der Molekülspektren 1413

V. Mehratomige Moleküle 1414

L. Statistik.

I. Die klassische Statistik und ihr Verhältnis zur Quantentheorie 1420

§ 1. Die Wahrscheinlichkeit der Quantenzustände einer Gesamtheit . . . 1420
§ 2. Quantenzustände als Volumenelemente im Phasenraum 1423

§ 3. Systeme vieler Teilchen. Besetzungszahlen und Verteilungsfunktion . . 1424
§ 4. Die wahrscheinlichste Verteilung 1426
§ 5. Entropie und Temperatur 1428
§ 6. Systeme von punktförmigen Teilchen 1429
§ 7. Systeme von Teilchen mit Translation und inneren Bewegungen . . . 1431
*§ 8. Die Ergodenhypothese und ihre Probleme 1433

II. Bosestatistik und Fermistatistik 1434
§ 1. Die Bosestatistik 1435
§ 2. Bosestatistik der Translation 1438
§ 3. Die Fermistatistik 1441
*§ 4. Zusammenwirken der Translation mit anderen Freiheitsgraden in der Bose- und Fermistatistik 1444

III. Teilchen in äußeren Kraftfeldern 1446
§ 1. Klassische Statistik von punktförmigen Teilchen in äußeren Feldern . 1446
§ 2. Bose- und Fermiteilchen in äußeren Feldern 1448
§ 3. Teilchen im selbsterzeugten Feld 1449

M. Struktur und Eigenschaften der Gase.

I. Das ideale Gas im thermodynamischen Gleichgewicht 1451
§ 1. Geschwindigkeitsraum, Impulsraum und Phasenraum des einzelnen Moleküls 1451
§ 2. Die Verteilungsfunktion 1453
§ 3. Berechnung des Gasdrucks 1455
§ 4. Die Maxwellsche Verteilungsfunktion 1458
§ 5. Mittelwerte des Impulses und der Geschwindigkeit 1463
*§ 6. Verteilung der Moleküle auf beliebige Eigenschaften 1464
§ 7. Die barometrische Höhenformel 1467
§ 8. Zustandssumme, innere Energie, Entropie, freie Energie und Gibbssches Potential eines reinen Gases 1469
§ 9. Die Rotation der Moleküle 1470
§ 10. Die Schwingung der Moleküle 1473
*§ 11. Berücksichtigung der Molekularattraktion 1475
Stoßradius und Stoßquerschnitt 1476
Innere Energie 1477
Das Virial und die van der Waalssche Zustandsgleichung 1478
§ 12. Statistische Schwankungen 1480
Dichteschwankungen 1480
Statistische Schwankungen in der Nähe des kritischen Zustandes . . 1484
*§ 13. Schwankungstheorie der Lichtstreuung 1485
*§ 14. Andere Schwankungserscheinungen 1487
§ 15. Die chemische Konstante 1488
§ 16. Gemische verschiedener Gase 1489

II. Zusammenstöße zwischen den Molekülen 1491
§ 1. Stoßzahl, Flugdauer und freie Weglänge 1492
§ 2. Einfluß der Molekularattraktion auf freie Weglänge und Stoßzahl . . 1498
§ 3. Elastische Stöße ohne Austausch von Drehimpuls 1499
§ 4. Transportvorgänge 1503
Innere Reibung 1504
Wärmeleitung 1505
§ 5. Diffusion 1506
*§ 6. Thermodiffusion 1508

§ 7. Das Verhalten der Gase bei niedrigen Drucken und in kleinen Räumen 1510
    Die Wärmeleitung bei niedrigen Drucken 1511
    Kraftübertragung. Äußere Reibung 1512
§ 8. Diffusion durch Löcher und Poren 1513
*§ 9. Diffusion durch Röhren 1514

III. Kinetische Theorie des Nichtgleichgewichts 1516
§ 1. Die Verteilung bei Nichtgleichgewicht. Boltzmannsche Fundamentalgleichung 1517
*§ 2. Die Wirkung elastischer Stöße 1518
*§ 3. Boltzmannsches Theorem. Die Entropie 1520
**§ 4. Transportgleichungen 1521

N. Elektronik.

I. Elektronen und Ionenoptik 1523
§ 1. Elektronenstrahlen in elektrischen und magnetischen Feldern. Elektronenoptik 1524
*§ 2. Die Bewegung von Elektronen in rotationssymmetrischen elektrischen Feldern. Elektrische Elektronenlinsen 1528
§ 3. Elektronenoptische Abbildung durch kurze Linsen 1531
*§ 4. Magnetische Linsen 1534
§ 5. Elektronenstrahlen im homogenen Magnetfeld 1539
§ 6. Elektronenmikroskop. Braunsche Röhre 1541
§ 7. Die elektronenoptischen Ablenkungselemente 1543

II. Relativistische Elektronen- und Ionenoptik. Teilchenbeschleuniger 1546
§ 1. Die relativistische Bewegung geladener Teilchen im homogenen elektrischen Feld 1547
§ 2. Die relativistische Bewegung geladener Teilchen in Magnetfeldern . . 1549
§ 3. Richtungsfokussierung auf dem Sollkreis im schwach inhomogenen Feld 1550
§ 4. Das Zyklotron 1552
§ 5. Das Betatron 1555
§ 6. Das Synchrotronprinzip 1558
§ 7. Phasenstabilität des Synchrotronbetriebs 1560

III. Emission, Neutralisation und Absorption von Ladungsträgern an Oberflächen 1562
§ 1. Der Potentialverlauf in der Oberfläche von Metallen. Die Austrittsarbeit 1562
§ 2. Neutralisation von Ladungsträgern an Metalloberflächen 1565
§ 3. Die thermische Emission von Elektronen aus Oberflächen 1567
§ 4. Feldemission 1567
§ 5. Sekundäremission durch Ionenbombardement 1568
§ 6. Sekundäremission durch Elektronenbombardement 1570

IV. Die Raumladung in der Vakuumelektronik 1571
§ 1. Der Elektronenstrom zwischen ebenen Elektroden im Vakuum . . . 1571
§ 2. Gitter zwischen ebenen Elektroden 1577
§ 3. Steuerung des Anodenstroms einer Triode durch das Gitter 1580

V. Die Elementarprozesse der Gaselektronik 1581
§ 1. Elementarprozesse im Gas bei Gegenwart eines elektrischen Feldes . . 1582
    Elastische Stöße 1585
    Plasmawechselwirkung 1586
    Anregung und Ionisation durch Elektronenstoß 1586
    Ionisation durch Stoß schwerer Teilchen 1588

§ 2. Die Rekombination 1589
§ 3. Das Entladungsplasma. Gastemperatur, Elektronentemperatur, Ionentemperatur 1590
§ 4. Die Driftbewegung der Ladungsträger im Feld 1592
§ 5. Die Diffusion der Ladungsträger 1595
§ 6. Die Trägererzeugung im Feld 1596
§ 7. Trägerbildung durch Korpuskularstrahlen 1599
§ 8. Gleichgewicht der Elementarprozesse 1599
§ 9. Die thermische Ionisierung der Gase 1601

VI. Einige Typen elektrischer Entladungen in Gasen 1605
§ 1. Die Differentialgleichungen eines Entladungsplasmas 1605
§ 2. Ähnlichkeitsgesetze 1607
§ 3. Townsend-Entladung zwischen ebenen Platten. Zündbedingung . . . 1609
§ 4. Die Glimmentladung 1612
§ 5. Die positive Säule 1620
§ 6. Die Lichtbogensäule 1624
§ 7. Die Ausmessung eines Entladungsplasmas mit Sonden 1629

O. Struktur und Eigenschaften der zusammenhängenden Materie.

I. Der Aufbau der kompakten Materie aus Atomen und Molekülen 1633
§ 1. Die Kräfte, welche die Zusammenballung der Materie bewirken . . . 1634
Molekülgitter 1634
Valenzgitter 1635
Ionengitter 1636
Elementgitter, Metallgitter 1637
Fester und flüssiger Zustand 1638
§ 2. Die geometrische Anordnung der Atome im Kristall 1639
Koordinationsgitter 1639
Gitter geringerer Regelmäßigkeit 1643
§ 3. Die Entstehung des Gitters durch Translation 1644
Gittergeraden oder Zonen. Zonenbündel 1647
Netzebenen 1647
§ 4. Die Bravaisschen Gittertypen 1649
Das trikline Gitter 1649
Monokline Gitter 1649
Rhombische Gitter 1651
Das hexagonale Gitter 1652
Das rhomboedrische Gitter 1652
Tetragonale Gitter 1653
Kubische Gitter 1653
§ 5. Symmetrieeigenschaften der Translationsgitter. Kristallsysteme . . . 1654
§ 6. Kristallflächen und Kristallkanten 1661

II. Mechanische und elektrische Eigenschaften nichtmetallischer Gitter 1661
§ 1. Die homogene Verzerrung der Gitter 1662
§ 2. Die Gitterenergie des unverzerrten Gitters 1664
*§ 3. Die Energie des verzerrten Gitters 1667
*§ 4. Die elastische Verformung 1669
*§ 5. Gitter im elektrischen Feld 1671
*§ 6. Reguläre Ionengitter vom Typ XY (Steinsalz) 1672
§ 7. Gitterschwingungen 1675
Das eindimensionale Gittermodell 1676
Eigenschwingungen 1680

*§ 8. Dreidimensionale Gitter 1682
*§ 9. Die Energie der Gitterschwingungen 1685
   Quantentheorie der spezifischen Wärme 1687
   Die Debyesche Theorie der Atomwärmen 1689
**§ 10. Die thermische Ausdehnung. Pyroelektrizität. Atomwärme bei hoher
   Temperatur 1691

III. Die optischen Eigenschaften der Kristallgitter 1692
   *§ 1. Die elektrische Suszeptibilität und Dielektrizitätskonstante eines Kristall-
      gitters 1692
      Brechung und Doppelbrechung 1695
      Dispersion 1695
      Optische Aktivität 1696
   § 2. Die Beugung von Röntgenstrahlen an Kristallgittern 1697
   **§ 3. Ansätze zu einer konsequenten Theorie der Gitterwellen 1702

IV. Gittertheorie der Metalle 1703
   § 1. Das freie Elektronengas 1704
   § 2. Glühemission der Metalle. Richardsonsches Gesetz 1710
   *§ 3. Das periodische Potentialfeld des Metallgitters 1713
   *§ 4. Eigenwerte und Eigenfunktionen des Elektrons im Kristall. Energiebänder 1715
   *§ 5. Tiefe Terme, insbesondere Röntgenterme 1719
   *§ 6. Elektronen großer Energie. Elektronenbeugung 1723
   *§ 7. Die Strommatrix. Impuls und Geschwindigkeit der Elektronen . . . 1729
   **§ 8. Elektronenübergänge im Gitter. Oszillatorenstärke 1734
   **§ 9. Die Gesamtheit aller Elektronen im Gitter 1738
      Zahl und Dichte der Eigenwerte in den Energiebändern 1738
      Die Besetzung der Elektronenzustände 1740
   **§ 10. Vollbesetzte und halbbesetzte Bänder 1742
   **§ 11. Metallelektronen im äußeren elektrischen Feld 1746
   **§ 12. Die elektrische Leitfähigkeit 1751

V. Halbleiter 1757
   § 1. Die Eigenleitung der Isolatoren. Defektelektronen 1758
   § 2. Gitterfehler, Donatoren, Akzeptoren 1759
   § 3. Überschußleiter, Defektleiter 1761
   § 4. Kontakt zwischen Metall und Halbleiter 1762
   § 5. Die Grenzschicht zwischen Überschuß- und Defektleitern 1763

VI. Der flüssige Zustand 1767
   § 1. Elektrolytische Leitung wäßriger Lösungen 1768
   § 2. Hittorfsche Überführungszahlen 1770
   § 3. Ionenbeweglichkeit 1771
   § 4. Abhängigkeit der Leitfähigkeit von der Konzentration. Theorie von
      Debye-Hückel und Onsager 1772
   § 5. Dielektrische Polarisation und Dielektrizitätskonstante von Gasen und
      Flüssigkeiten 1774
   § 6. Die magnetische Suszeptibilität 1778

Sachverzeichnis 1780

Inhalt des ersten Bandes.

Die Theorie als ordnendes Prinzip des Erkennens.

A. Mechanik der Massenpunkte und starren Körper.

Die freie Bewegung des einzelnen Massenpunktes.
Mechanik eines Systems von vielen Massenpunkten.
Die Bewegung des starren Körper.
Die Prinzipien der Dynamik.
Die Hamilton-Jacobische Theorie.
Periodische und bedingt periodische Bewegungen.
Der Übergang zur Wellenmechanik.

B. Mechanik der Kontinua.

Bewegungen und Spannungen in einem Kontinuum.
Elastizitätstheorie.
Einfache Anwendung der Elastizitätstheorie.
Elastische Wellen und Eigenschwingungen.
Eigenschwingungen elastischer Körper.
Die Grundgleichungen der Hydrodynamik.
Ideale Flüssigkeiten.
Zähe Flüssigkeiten.
Kapillarität.
Zeitlich veränderliche Strömungen. Strömungen kompressibler Medien.

C. Elekrodynamik.

Elektrostatik.
Das stationäre elektrische Feld.
Das Magnetfeld des stationären Stromes.
Das quasistationäre Feld.
Vierpoltheorie der Schaltungen.
Das schnellveränderliche elektromagnetische Feld.
Die Entstehung elektrischer Wellen.

D. Optik.

Fortpflanzung, Reflexion und Brechung des Lichtes.
Geometrische Optik.
Interferenz.
Beugung.
Kristalloptik.

E. Elektrodynamik bewegter Körper. Relativitätstheorie.

Die Theorie des ruhenden elektromagnetischen Äthers.
Die Lorentz-Transformation.
Lorentzinvariante Elektrodynamik.
Spezielle Relativitätstheorie.
Das Problem der allgemeinen Relativitätstheorie.

F. Thermodynamik.

Zustandsgrößen und Zustandsgleichung.
Die Hauptsätze der Thermodynamik.
Die thermodynamischen Funktionen und die thermodynamischen Differentialgleichungen.
Einfache Anwendungen.
Die absoluten Zahlwerte der thermodynamischen Funktionen. Nernstsches Theorem.
Grenzgebiete der Thermodynamik.
Wärmestrahlung.
Thermodynamik irreversibler Prozesse.
Die Wärmeleitung.

Struktur der Materie.

Der Physik der Erscheinungen, die wir in Mechanik, Thermodynamik, Elektrodynamik und Optik gegliedert haben, steht die Physik der stofflichen Dinge gegenüber. Wohl spielen sich thermische, elektrische und Bewegungsvorgänge immer an materiellen Trägern ab, auch beherrschen die in diesen Gebieten aufgestellten allgemeinen Gesetze die Vorgänge an den Stoffen. Dennoch hat es nicht nur historischen Sinn, der Gesamtheit der älteren „klassischen" Teilgebiete der Physik ein neues Feld, die Physik der Materie, gegenüberzustellen.

Sinngemäß müßte man an die Spitze zuerst die Gesetze des Geschehens an der Materie stellen, d. h. eine systematische Quantentheorie entwickeln. Dann müßte man eine Theorie der Bausteine der Materie entwerfen, also der Elektronen, Positronen, Protonen, Neutronen, Mesonen usw. Darauf sollte sich die Theorie der Atomkerne aufbauen, an die sich folgerichtig die Behandlung der Atomhülle schließen könnte, also das Gebiet, welches man als Atomtheorie schlechthin zu bezeichnen pflegt. Die Atomtheorie wäre in eine Theorie der Moleküle und der chemischen Bindung fortzuführen, um endlich mit der Struktur der festen und flüssigen Körper einen Abschluß zu erzielen. Der Übergang vom atomaren zum makroskopischen Geschehen wäre durch die Statistik zu vollziehen, welche auch die Vorgänge an der Materie, welche die klassische Physik nur summarisch erfaßt, auf das atomare Geschehen zurückführen könnte.

Ein derartiges systematisches Verfahren ist heute noch schwierig. Der Untergrund des Gebäudes ist noch unsicher, weil die Theorie der Elementarteilchen noch manche ungelöste Probleme birgt. Es ist natürlich, daß die physikalische Forschung zu den Grundproblemen, d. h. zu der Struktur der Elementarteilchen, erst allmählich vordringt und daß auch die Theorie der Atomkerne noch unvollständig ist. Es bleibt uns also nichts übrig, als das gut gesicherte Gebiet der Atomhülle an den Anfang zu setzen und es zum Muster für die Untersuchung verwickelterer Strukturfragen an Molekülen und an festen und flüssigen Körpern zu machen. Auf diese Weise wird auch für die abstrakten Gedankengänge einer systematischen Quantentheorie, an die sich der Anfänger nicht leicht gewöhnt, eine konkrete Unterlage geschaffen. Die Theorie der Atomkerne büßt dabei allerdings die zentrale Stellung ein, die ihr zukäme, wenn sie schon vollendet wäre.

G. Elementare Atomtheorie.

Das Atom hat als Modellvorstellung in der Chemie eine große Rolle gespielt, lange bevor man experimentelle Beweise für seine Existenz erbringen konnte. Das ganze Tatsachenmaterial der Chemie konnte durch die Hypothese, daß die Elemente sich nicht beliebig zerteilen lassen, sondern daß man schließlich zu kleinsten Bausteinen, den Atomen, gelange, eine anschauliche und einfache Deutung erfahren. Zahlreiche Beobachtungen aus den verschiedensten Gebieten haben dann allmählich die Hypothese von den Atomen zu einer gesicherten Theorie gefestigt.

Obwohl es heute möglich ist, die Atomtheorie aus den Grundlagen der Quantentheorie abzuleiten, ziehen wir vor, sie aus experimentellen Tatsachen abzulesen und erst nachher das Material mit Hilfe der Quantentheorie zu ordnen. Dem Charakter dieses Buches, als einem Lehrbuch der theoretischen Physik, entsprechend, können Beobachtungen und Versuchsergebnisse allerdings nur kurz skizziert werden. Auch soll kein Anspruch auf Vollständigkeit erhoben werden.

I. Die Bausteine der Materie und ihre Eigenschaften.

Den ersten experimentellen Hinweis auf die Existenz von Molekülen bzw. Atomen haben die Chemiker in dem stöchiometrischen Gesetz der konstanten und multiplen Proportionen gefunden. Dieses Gesetz gilt in der Chemie fast unbeschränkt, auf ihm baut sich fast die gesamte Chemie auf. Es besagt, daß man jedem Element ein bestimmtes Verbindungsgewicht zuschreiben kann und daß sich die Elemente im Verhältnis dieser Verbindungsgewichte bzw. in kleinen ganzzahligen Vielfachen davon miteinander verbinden. Es findet eine außerordentlich plausible Erklärung durch die Hypothese, daß jedes Element aus diskreten Einzelteilchen (den Atomen) bestehe, deren Massen diesen Verbindungsgewichten proportional sind und die sich paarweise oder in geringer Anzahl zu den Molekülen chemischer Verbindungen zusammenschließen. So bildet z. B. der Stickstoff mit dem Sauerstoff 6 Verbindungen, die als Stickoxydul (N_2O), Stickoxyd (NO), Stickstofftrioxyd (N_2O_3), Stickstoffdioxyd (NO_2), Stickstofftetroxyd (N_2O_4) und Stickstoffpentoxyd (N_2O_5) bekannt sind. Die Gewichtsverhältnisse von Stickstoff zu Sauerstoff in diesen Verbindungen sind

N_2O	NO	N_2O_3	NO_2	N_2O_4	N_2O_5
28:16	14:16	28:48	14:32	28:64	28:80

Hat ein Stickstoffatom die Masse 14 mal $1{,}67 \cdot 10^{-24}$ g, ein Sauerstoffatom die Masse 16 mal $1{,}67 \cdot 10^{-24}$ g und entstehen die Moleküle der verschiedenen Verbindungen durch Vereinigung von gerade so viel Atomen wie die chemische Formel angibt, so finden die beobachteten Gewichtsverhältnisse ihre sehr einfache Erklärung. Wählt man als Einheit der Masse gerade $1{,}67 \cdot 10^{-24}$ g (atomare Einheit), so hat das Stickstoffatom die Masse 14 und das Sauerstoffatom die Masse 16, d. h., das „Atomgewicht" stimmt zahlenmäßig mit der Atommasse überein.

Ein Beweis für die Existenz von Atomen und Molekülen ist das Gesetz der konstanten und multiplen Proportionen natürlich nicht, doch gewinnt die Atomvorstellung an Überzeugungskraft durch den Umfang des Materials, an dem dieses Gesetz sich bestätigt. Andererseits kann die Chemie ihr Tatsachenmaterial auch beschreiben, ohne sich der Atome und Moleküle zu bedienen, indem sie mit dem Grammatom bzw. dem Mol arbeitet (OSTWALD).

Ein elektrisches Gegenstück zu den stöchiometrischen Gesetzen hat man in den Faradayschen Gesetzen der Elektrolyse. Diese besagen, daß zur Abscheidung des Verbindungsgewichtes eines Elementes aus einer Lösung 96490 Coulomb bzw. ein kleinganzzahliges Vielfaches davon erforderlich sind. Man kann hieraus schließen, daß auch die Elektrizität aus einer besonderen Art von Atomen, den Elektronen, besteht und daß diese sich beim Stromtransport mit einem Atom zu einem Ion verbinden, bzw. daß aus einem Atom ein Ion und ein Elektron entsteht.

Weitere Hinweise auf die Existenz, diesmal von Molekülen, gibt uns die kinetische Gastheorie (s. S. 1456ff.) an die Hand. Sie geht von der Vorstellung aus, daß ein Gas aus Einzelteilchen bestehe, die in lebhafter Bewegung sind, gelegentlich untereinander und mit den Wänden zusammenstoßen, aber außer bei Zusammenstößen keine Kräfte aufeinander ausüben. Aus dieser Vorstellung kann man die Zustandsgleichung der Gase, die Gesetzmäßigkeiten der inneren Reibung, der Wärmeleitung und vieles andere herleiten. Aus der Übereinstimmung der theoretisch abgeleiteten Gesetze mit der Erfahrung kann man schließen, daß auch die zugrunde gelegte Modellvorstellung mit der Wirklichkeit im Einklang ist, daß also das Gas aus einzelnen Molekülen besteht.

An Gasen kann die molekulare Struktur durch einen Versuch noch weiter erhärtet werden. Bringt man in gutes Vakuum einen Gasbehälter mit einer feinen Düse, so tritt aus ihr ein Gasstrahl aus.

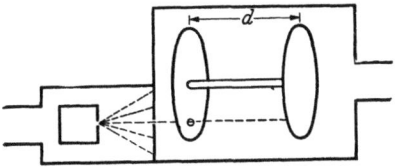

Abb. 284. Schema der Geschwindigkeitsmessung an einem Molekularstrahl.

Durch eine Lochblende kann man einen feineren Strahl ausblenden und erhält einen sog. Molekularstrahl. In seinen Weg wird eine rotierende Scheibe mit einem Loch gebracht, die mit einer zweiten Scheibe verbunden ist (s. Abb. 284). Mit dieser Anordnung kann die Geschwindigkeit v des Strahls gemessen werden, wenn das Gas auf der zweiten Scheibe niedergeschlagen wird. Dies ist leicht möglich, wenn man z. B. einen leicht kondensierbaren Metalldampf anwendet. Drehen sich die Scheiben mit der Winkelgeschwindigkeit ω und ist d ihr Abstand, so trifft der Molekularstrahl eine Stelle der zweiten Scheibe, die hinter dem Loch auf der ersten um den Winkel

$$\varphi = \frac{d}{v}\omega \qquad (\mathrm{I},1)$$

zurückbleibt. Bei der Durchführung dieses Versuches ergibt sich nun, daß der Gasstrahl nicht eine bestimmte Geschwindigkeit v besitzt, sondern daß in ihm die verschiedensten Geschwindigkeiten enthalten sind. Man erhält nämlich auf der zweiten Scheibe nicht ein dem Loch entsprechendes Bild, sondern der Niederschlag verteilt sich über einen größeren Winkelbereich.

Dies kann offenbar leicht erklärt werden, wenn der Strahl aus vielen Einzelteilchen, den Gasmolekülen, besteht, die nicht alle die gleiche Geschwindigkeit besitzen. Wäre der Strahl hingegen ein kontinuierliches Gebilde wie ein Wasserstrahl, so wäre unverständlich, wie in ihm verschiedene Geschwindigkeiten vorkommen können. Die hier schematisch angeführte Versuchsanordnung läßt viele Ausführungsformen und Abwandlungen zu und erlaubt die experimentelle Nachprüfung der Maxwellschen Verteilungsfunktion.

§ 1. Nebelspuren in der Wilsonkammer.

Sehr aufschlußreich für die Struktur der Materie sind die Untersuchungen von α- und β-Strahlen mit der Wilsonkammer. Diese ist ein Raum, in welchem mit Wasserdampf gesättigte Luft oder ein anderes Gas unter mäßigem Überdruck enthalten ist. Bei einer plötzlichen Entspannung sinkt die Temperatur des Gases durch adiabatische Ausdehnung und der Wasserdampf wird übersättigt. Bei mäßigem Übersättigungsgrad kommt es im Gasvolumen noch nicht zur Kondensation. Das Wasser schlägt sich nur an der Wand, an suspendierten Staubteilchen oder an elektrischen Ladungsträgern nieder und bildet an ihnen Nebeltröpfchen.

α- und β-Strahlen radioaktiver Präparate werden in der Wilsonkammer unmittelbar sichtbar. Man kann direkt einzelne α-Strahlen beobachten, was gut zu der Auffassung paßt, daß diese aus fliegenden Teilchen (α-Teilchen = zweifach geladenes He-Ion) bestehen. Auf seiner Bahn stößt das α-Teilchen nämlich mit Gasmolekülen zusammen und erzeugt Ionen, an welchen sich dann Nebeltröpfchen kondensieren. Die Bahn besteht also bei genauer Betrachtung aus einer sehr dichten Reihe einzelner Tröpfchen. Dies kann insbesondere bei Bahnen von β-Teilchen oder schnellen Elektronen beobachtet werden, weil die Abstände der einzelnen Nebeltröpfchen hier größer sind (siehe hierzu die Abb. 285 und 286). Bei einem α-Strahl liegen die Tröpfchen dichter, es entstehen also mehr Ionen. Aus diesen Beobachtungen erkennt man, daß sich das Füllgas aus diskreten Teilchen zusammensetzt.

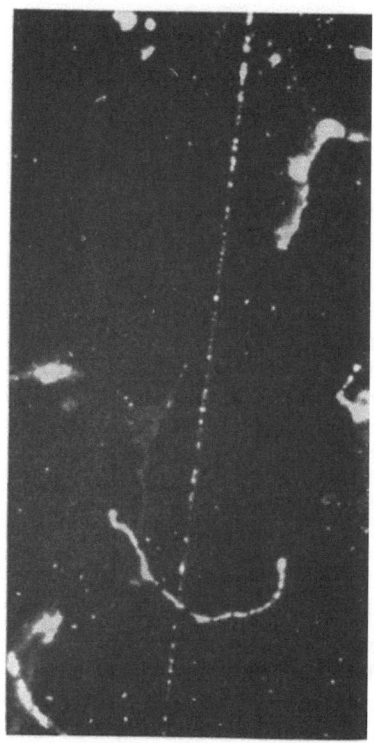

Abb. 285. Nebelspur eines schnellen Elektrons mit deutlich getrennten Tröpfchen. Die krummen Spuren rühren von langsamen Elektronen her.

Besonders interessant sind aber einzelne scharfe Knicke der Nebelspuren von α-Teilchen (siehe Abb. 287). Sie zeigen, daß an den Knickstellen ein besonderes Ereignis eingetreten ist, welches man sich am leichtesten als Zusammenstoß des α-Teilchens mit einem anderen Teilchen vorstellt. Wir kommen damit zu der Vorstellung, daß der α-Strahl selbst aus kleinen Teilchen bestehe, die sich mit großer Geschwindigkeit durch das Gas bewegen, welches seinerseits ebenfalls aus solchen kleinen Teilchen besteht, die nur einen winzigen Teil des Volumens ausfüllen und den übrigen Raum leer lassen.

Eine genaue Analyse der Streuung der α-Teilchen an der Materie hat RUTHERFORD zu der Auffassung geführt, daß die einzelnen Atome selbst aus einem positiv geladenen Kern bestehen, der die Masse des Atoms fast ganz enthält, aber nur einen winzigen Teil des Atomvolumens einnimmt, und einer gewissen Anzahl von Elektronen, die selbst nur eine geringe Masse besitzen, aber das Volumen des Atoms in irgendeiner Weise ausfüllen. Wir werden auf die Streuung weiter unten noch genauer zurückkommen und dieses Problem vorläufig zurückstellen, da wir noch einfachere Wege finden können, um uns Aufschluß über die Struktur der Atome zu verschaffen.

§ 2. Die Ladung des Elektrons.

Wir wenden uns jetzt einem Versuch zu, durch den die Ladung eines Elektrons direkt bestimmt wird und der infolgedessen auch der direkteste Beweis für die atomistische Struktur der Elektrizität ist.

Im Innern eines Kondensators zerstäubt man Öl in sehr feine Tröpfchen, die in der Luft schweben und deren Bewegung man unter dem Mikroskop in Dunkelfeldbeleuchtung verfolgen kann. Bei der Zerstäubung laden sich die Tröpfchen von selbst elektrisch auf (Wasserfallelektrizität). Man kann aber die Aufladung auch durch ein radioaktives Präparat bewerkstelligen. Auf ein solches Öltröpfchen wirkt die Schwerkraft gM, wenn M seine Masse und g die

§ 2. Die Ladung des Elektrons.

Fallbeschleunigung ist. Sieht man das Tröpfchen als eine kleine Kugel an, so gehorcht seine Bewegung in der Luft dem Stokesschen Gesetz für die Bewegung von Kugeln in reibenden Medien (siehe Bd. I, S. 258). Es ist dann

$$6\pi a \eta v_0 = gM = \frac{4\pi}{3} a^3 (s - s_L),\qquad (I, 2)$$

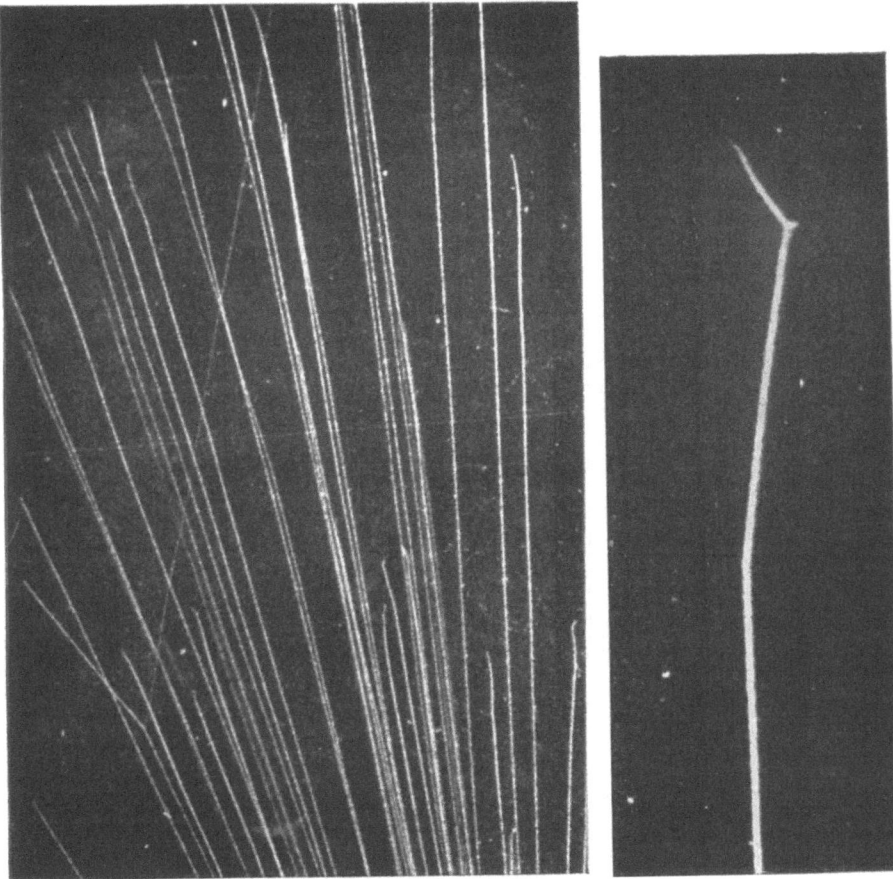

Abb. 286. Nebelspuren von α-Teilchen dicht mit Tröpfchen besetzt. Scharfe Knicke am Ende der Bahn.

Abb. 287. α-Nebelspur stark vergrößert. Scharfe Knicke in der Bahn

wenn a den Radius des Tröpfchens, v_0 die Geschwindigkeit seiner Bewegung und η die Zähigkeit der Luft bedeutet. Da man das spezifische Gewicht s des Öles und s_L der Luft kennt, kann man durch Beobachtung von v_0 den Radius bestimmen. Legt man jetzt Spannung an den Kondensator, so daß in ihm eine elektrische Feldstärke $\mathfrak{E}$ herrscht, und besitzt das Tröpfchen die Ladung e, so kommt noch eine Kraft $e\,\mathfrak{E}$ hinzu. Unter dem Einfluß dieser Zusatzkraft gewinne das Tröpfchen die Geschwindigkeit v, für welche die Gleichung

$$6\pi a \eta v = \frac{4\pi}{3} a^3 (s - s_L) + e\,\mathfrak{E} \qquad (I, 3)$$

gilt. Aus ihr kann man e bestimmen. Es ergibt sich aus den Messungen für e die Ladung

$$e = (-1{,}602 \pm 0{,}0004) \cdot 10^{-19} \text{ Coulomb}$$
$$= (-1{,}602 \pm 0{,}0004) \cdot 10^{-20} \text{ EME (elektromagnetische Einheiten)} \qquad (I, 4)$$
$$= (-4{,}803 \pm 0{,}001) \cdot 10^{-10} \text{ ESE (elektrostatische Einheiten)}$$

bzw. das Doppelte, Dreifache usw. davon. Niemals wird eine Ladung kleiner als e beobachtet. $e = -1{,}602 \cdot 10^{-19}$ Coulomb ist also die kleinste Ladung, die es gibt, das Atom der Elektrizität, das Elektron.

Bei der wirklichen Ausführung des Versuches gibt es noch einige Komplikationen. Bei genauen Messungen muß am Stokesschen Gesetz noch eine Korrektur angebracht werden, weil die Öltröpfchen nicht mehr groß gegenüber der freien Weglänge der Gasmoleküle der Luft sind. Man hat auch vielfach diskutiert, ob so kleine Tröpfchen noch Kugelgestalt haben, ob die Dichte dieselbe wie bei der kompakten Flüssigkeit ist, und ob die Verdampfung während des Versuches zu berücksichtigen ist. Alle diese Einflüsse können aber nur gering sein und höchstens einen kleinen Fehler des erhaltenen Zahlwertes von e verursachen, keinesfalls aber die Existenz der Elementarladung in Frage stellen.

Die Bestimmung der Elektronenladung erlaubt uns auch die genaueste Berechnung der Loschmidtschen Zahl, das ist die Zahl der Teilchen in einem Mol. Die Ladung eines Mols Elektronen ist nämlich die Faradaysche Konstante

$$F = 96490 \text{ Coulomb} = 2{,}8926 \cdot 10^{14} \text{ ESE}, \qquad (I, 5)$$

das heißt die Ladung, die ein Grammäquivalent aus einer Elektrolytlösung abscheidet. Hieraus ergibt sich, daß ein Mol aus

$$N = (6{,}023 \pm 0{,}011) \cdot 10^{23} \qquad (I, 6)$$

Teilchen besteht. N wird Loschmidtsche Zahl genannt. Aus N wiederum können wir die Masse des Wasserstoffatoms zu

$$m_H = \frac{1{,}0081}{N} = (1{,}6732 \pm 0{,}003) \cdot 10^{-24} \text{ g}$$
$$= (1{,}6732 \pm 0{,}003) \cdot 10^{-27} \text{ kg} \qquad (I, 7)$$

erhalten. In der gleichen Weise finden wir auch die Massen aller anderen Atome aus den Atomgewichten. Hierbei dürfen wir allerdings nicht vergessen, daß die meisten Elemente ein Gemisch mehrerer Isotopen sind und die chemisch bestimmten Atomgewichte nur Mittelwerte. Atome, die zu verschiedenen Isotopen des gleichen Elementes gehören, haben natürlich verschiedene Massen, die aus den Atomgewichten der reinen Isotopen bestimmt werden müßten. Die aus dem mittleren Atomgewicht und der Loschmidtschen Zahl gewonnenen Atommassen sind deshalb nur Näherungswerte. Genaue Massenbestimmungen können mit dem Massenspektrographen vorgenommen werden, den wir auf S. 1544 besprechen.

§ 3. Elektrische und magnetische Ablenkung von Elektronenstrahlen.

Inhalt: Ablenkung von Elektronen im elektrischen und magnetischen Feld. Spezifische Ladung des Elektrons. Massenveränderlichkeit des Elektrons mit der Geschwindigkeit.

Bezeichnungen: x ursprüngliche Strahlrichtung, y Richtung des elektrischen und magnetischen Feldes, m Masse des Elektrons, v_0 ursprüngliche Geschwindigkeit, $-e$ Ladung des Elektrons, $\mathfrak{E}_y$ elektrische Feldstärke, $\mathfrak{H}$ magnetische Feldstärke, H ihr Betrag, μ_0 magnetische Maßkonstante, Permeabilität des Vakuums, d im Feld durchlaufene Strecke, α Ab-

§ 3. Elektrische und magnetische Ablenkung von Elektronenstrahlen.

lenkung durch das elektrische Feld, φ Ablenkung durch das magnetische Feld, l Abstand zwischen Feld und Auffangplatte, Y, Z Koordinaten auf der Auffangplatte, c Lichtgeschwindigkeit, $\beta = v/c$.

Aus der direkten Bestimmung der Ladung des Elektrons kann man zwar (wegen der Isotopie ungenaue) Werte der Atommassen gewinnen, nicht aber die Masse des Elektrons erfahren. Diese muß aus der Ablenkung von Elektronenstrahlen in elektrischen oder magnetischen Feldern erschlossen werden.

Eine Ablenkungsröhre enthält zunächst eine Elektronenquelle. Gewöhnlich ist sie ein Glühdraht. Man kann aber auch β-Strahlen eines radioaktiven Präparats verwenden oder lichtelektrisch erzeugte Elektronen. Schließlich können auch aus der kalten Kathode einer Glimmentladung austretende Kathodenstrahlen untersucht werden.

Die aus dem Glühdraht austretenden Elektronen werden zunächst durch ein elektrisches Feld beschleunigt, das zwischen dem Draht und einer Lochblende L_1 liegt (siehe Abb. 288). Durch sie und eine zweite Blende L_2 wird ein feiner Strahl ausgesiebt. Hinter den Blenden bringt man die Platten eines elektrischen Kondensators an, zwischen denen man ein elektrisches Feld senkrecht zur Strahlrichtung erzeugt.

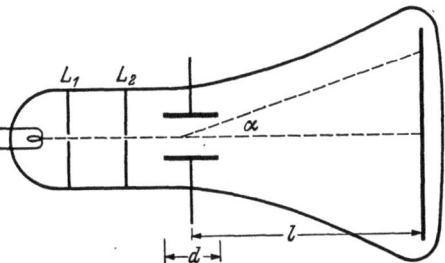

Abb. 288. Ablenkung eines Elektronenstrahls in einem Kondensator. (Schematisch.)

Da der Strahl von der positiven Platte angezogen wird, ist seine Ladung negativ. An der gleichen oder auch an einer anderen Stelle durchläuft der Strahl dann auch noch ein Magnetfeld, das durch eine Spule mit Polschuhen hervorgebracht wird. Diese Beschreibung der Ablenkungsanordnung ist zwar etwas schematisch, reicht aber für die Zwecke, die wir hier verfolgen, aus. Eine sorgfältigere Analyse der Vorgänge findet man auf S. 1541 in anderem Zusammenhang.

Die Ablenkung des Elektronenstrahls in beiden Feldern läßt sich leicht rechnerisch verfolgen. Für seine Struktur legen wir zwei verschiedene Vorstellungen zugrunde, nämlich entweder, daß der Strahl aus diskreten Einzelteilchen mit einer Ladung $-e$ und einer Masse m bestehe, oder daß er ein kontinuierlicher Faden von bewegter Elektrizität sei. In letzterem Fall betrachten wir ein Volumenelement $d\tau$, das die Ladung $-e$ und die Masse m besitzt. Welche von den beiden Vorstellungen richtig ist, ergibt sich durch Vergleiche mit dem Versuchsergebnis.

Zuerst untersuchen wir die Ablenkung im elektrischen Feld allein. Die Geschwindigkeit des Strahls vor Eintritt in den Kondensator sei v_0. Die Feldstärke sei $\mathfrak{E}$. Man kann sie aus der angelegten Spannung und dem Abstand der Kondensatorplatten errechnen. Wir führen nun ein kartesisches Koordinatensystem ein, dessen x-Richtung die des Strahls, dessen y-Richtung die der elektrischen Feldstärke ist.

Auf das Strahlteilchen wirkt eine Kraft in der y-Richtung von der Größe $-e\mathfrak{E}_y$. In der x-Richtung wirkt keine Kraft und es ist

$$\frac{dv_x}{dt} = 0; \quad v_x = \text{const} = v_0. \tag{I, 8}$$

Für die y-Richtung hat man die Gleichung

$$m\frac{dv_y}{dt} = -e\mathfrak{E}_y; \quad v_y = -\frac{e\mathfrak{E}_y t}{m}. \tag{I, 9}$$

t bedeutet die Zeit, die der Elektronenstrahl benötigt, um den Kondensator zu durchlaufen. Ist d die Länge des Kondensators, so ist

$$t = \frac{d}{v_0}. \tag{I, 10}$$

Setzen wir dies ein, so ergibt sich nach Durchlaufen des Kondensators

$$v_y = -\frac{e\,\mathfrak{E}_y\,d}{m\,v_0} \tag{I, 11}$$

und

$$\frac{v_y}{v_x} = \operatorname{tg}\alpha = -\frac{e\,\mathfrak{E}_y\,d}{m\,v_0^2}. \tag{I, 12}$$

α ist der Ablenkungswinkel, der sich ausgebildet hat, nachdem der Strahl den Kondensator verlassen hat (s. Abb. 288).

Wir denken uns jetzt ein Magnetfeld parallel zum elektrischen Feld gelegt. Dies ist nur eine spezielle Ablenkungsanordnung. Bei anderen Versuchen kann man das Magnetfeld auch senkrecht zur elektrischen Feldstärke, parallel oder senkrecht zum Strahl legen. Einige derartige Anordnungen, die ebenfalls zu großer Bedeutung gekommen sind, werden wir noch auf S. 1544 besprechen.

Auch das Magnetfeld übt eine Kraft auf den Elektronenstrahl aus. Zur Vereinfachung der Rechnung denken wir es uns durch Polschuhe erzeugt, die gleichzeitig die Platten des elektrischen Kondensators sind, so daß die Längen d beider Felder gleich werden. Selbstverständlich kann die Versuchsanordnung auch etwas anders aussehen, wodurch sich die Rechnung aber nur unwesentlich ändert.

Ein Ladungsteilchen $-e$ mit der Geschwindigkeit $\mathfrak{v}$ wirkt als ein Stromelement von der Größe $-e\,\mathfrak{v}$. Auf dieses Stromelement wirkt im Magnetfeld $\mathfrak{H}$ die Kraft (s. Bd. I, S. 397)

$$\mathfrak{K} = -e\,\mu_0\,[\mathfrak{v}\,\mathfrak{H}]. \tag{I, 13}$$

Daraus ergibt sich die Bewegungsgleichung

$$m\,\frac{d\mathfrak{v}}{dt} = -e\,\mu_0\,[\mathfrak{v}\,\mathfrak{H}]. \tag{I, 14}$$

Berücksichtigen wir gleichzeitig das elektrische und magnetische Feld, so erhalten wir

$$m\,\frac{d\mathfrak{v}}{dt} = -e\,\mu_0\,[\mathfrak{v}\,\mathfrak{H}] - e\,\mathfrak{E} \tag{I, 15}$$

oder in Komponenten

$$m\,\frac{dv_x}{dt} = e\,\mu_0\,v_z\,H, \tag{I, 16}$$

$$m\,\frac{dv_y}{dt} = -e\,\mathfrak{E}_y, \tag{I, 17}$$

$$m\,\frac{dv_z}{dt} = -e\,\mu_0\,v_x\,H. \tag{I, 18}$$

Die zweite dieser Gleichungen können wir behandeln als ob kein, die beiden anderen als ob nur ein magnetisches Feld vorhanden wäre. Mit H ist der Betrag der magnetischen Feldstärke gemeint. Multiplizieren wir (I, 16) mit v_x und

§ 3. Elektrische und magnetische Ablenkung von Elektronenstrahlen.

(I, 18) mit v_z und addieren, so erhalten wir

$$m\left(v_x \frac{dv_x}{dt} + v_z \frac{dv_z}{dt}\right) = 0 \tag{I, 19}$$

oder

$$\frac{m}{2} \frac{d}{dt}(v_x^2 + v_z^2) = 0. \tag{I, 20}$$

Durch Integration ergibt sich

$$v_x^2 + v_z^2 = \text{const} = v_0^2. \tag{I, 21}$$

Im Magnetfeld allein wird also der Absolutbetrag der Geschwindigkeit nicht geändert. Setzen wir nun

$$v_x = v_0 \cos\varphi; \quad v_z = v_0 \sin\varphi \tag{I, 22}$$

und gehen damit in (I, 16) oder (I, 18) ein, so entsteht

$$m\frac{d\varphi}{dt} = -e\mu_0 H; \quad \varphi = -\frac{e\mu_0 H}{m}t. \tag{I, 23}$$

Die Ablenkung durch das Magnetfeld erfolgt in einer Richtung senkrecht zur elektrischen Ablenkung. Sie ist proportional zu der Zeit, die der Strahl im Feld verweilt. Ist die Ablenkung klein, was bei diesen Versuchen oft zutrifft, so können wir

$$t = \frac{d}{v_x} \approx \frac{d}{v_0} \tag{I, 24}$$

setzen und erhalten

$$\varphi = -\frac{e\mu_0 H d}{m v_0}. \tag{I, 25}$$

Messen kann man die Ablenkung, indem man im Abstand l von den Feldern eine photographische Platte oder einen Fluoreszenzschirm senkrecht zur ursprünglichen Strahlrichtung aufstellt. Auf ihr hinterläßt der auftreffende Elektronenstrahl eine Schwärzungsspur oder einen Leuchtfleck. Führen wir auf der Platte die Koordinaten Y und Z ein, so erhalten wir für den Auftreffpunkt

$$Y = l \, \text{tg}\,\alpha = -\frac{e\mathfrak{E}_y l d}{m v_0^2}; \quad Z = l \, \text{tg}\,\varphi \approx l\varphi = -\frac{e\mu_0 H l d}{m v_0}. \tag{I, 26}$$

Die Werte von Y bzw. Z kann man ausmessen und daraus die Ausdrücke

$$\frac{e}{m v_0^2} \quad \text{und} \quad \frac{e}{m v_0}$$

bestimmen. Aus den Ablenkungsversuchen kann die Geschwindigkeit v_0 und das Verhältnis e/m gewonnen werden, nicht aber e und m einzeln. Das Verhältnis e/m nennt man die spezifische Ladung. Eliminiert man v_0, so ergibt sich die Gleichung

$$Z^2 = -\frac{e}{m} \frac{\mu_0^2 H^2 l d}{\mathfrak{E}_y} Y \tag{I, 27}$$

einer Parabel. Dies bedeutet, daß bei gegebenem elektrischen und magnetischen Feld und bei fester geometrischer Versuchsanordnung alle Strahlen mit der gleichen spezifischen Ladung die photographische Platte an Punkten treffen, die auf einer Parabel liegen. Die einzelnen Punkte auf ihr entsprechen verschiedenen Geschwindigkeiten. Der Scheitel der Parabel liegt auf dem Durchstoßpunkt des unabgelenkten Strahls und die scheitelnahen Teile gehören zu großen, die scheitelfernen Teile zu kleinen Strahlgeschwindigkeiten.

Bei solchen Versuchen mit Elektronenstrahlen findet man ein Stückchen derjenigen Parabel, die zu der spezifischen Ladung

$$-\frac{e}{m} = (1{,}7590 \pm 0{,}001) \, 10^{11} \, \frac{\text{Cb}}{\text{kg}}$$
$$= (5{,}273 \pm 0{,}0015) \, 10^{17} \, \frac{\text{ESE}}{\text{g}} \qquad (I, 28)$$

gehört. Ändert man bei dem Versuch die Spannung, welche zwischen dem Glühdraht und der ersten Lochblende liegt, so beobachtet man ein anderes Stückchen derselben Parabel.

Die Durchrechnung der Ablenkung ergibt genau dieselben Resultate für einen Strahl, der aus diskreten Teilchen, also Elektronen, besteht, wie für einen Strahl, der als kontinuierlicher Faden aufzufassen ist. Die Ablenkungsversuche sind also nicht deshalb ein Beweis für die atomistische Struktur der Elektrizität, weil man aus ihnen die spezifische Ladung der Elektronen berechnen kann. Genau wie mit Elektronen kann man nämlich Ablenkungsversuche auch mit einem dünnen Wasserstrahl ausführen. Mit einem Wasserstrahl wird sogar zuweilen der Ablenkungsvorgang von Elektronenstrahlen demonstriert. Was die Ablenkungsversuche zu einem Beweis für die atomistische Struktur macht, ist der Umstand, daß nicht ein Punkt der Parabel, sondern ein endliches Stückchen von ihr beobachtet werden kann. Dies zeigt, daß der Strahl bezüglich der Geschwindigkeit nicht homogen ist, sondern aus Teilen zusammengesetzt, die sich verschieden schnell bewegen. So etwas ist nicht möglich, wenn der Elektronenstrahl ein kontinuierlicher Faden ist, wohl aber, wenn er sich aus Einzelteilchen zusammensetzt, die sich unabhängig voneinander bewegen. Wir sehen hierin einen sehr deutlichen Beleg für die atomistische Struktur der Elektrizität, d. h. für die Existenz von Elektronen.

Bei großen Geschwindigkeiten des Elektronenstrahls zeigen sich Abweichungen von den oben berechneten Gesetzmäßigkeiten, die zum erstenmal von KAUFMANN beobachtet worden sind. Die Ablenkung ist bei großen Geschwindigkeiten geringer, als nach unseren Formeln zu erwarten wäre. Die Erklärung hierfür besteht darin, daß die Masse des Elektrons mit der Geschwindigkeit wächst. Das wird allerdings erst bei Geschwindigkeiten merklich, die mit der Lichtgeschwindigkeit vergleichbar sind. Theoretisch hat ABRAHAM für ein starres Elektron die Abhängigkeit

$$m = m_0 \frac{3}{4\beta^2} \left\{ \frac{1+\beta^2}{2\beta} \ln\left(\frac{1+\beta}{1-\beta}\right) - 1 \right\} \qquad (I, 29)$$

der Masse von der Geschwindigkeit abgeleitet. m bedeutet die Masse bei der Geschwindigkeit v, während m_0 die Ruhmasse und β das Verhältnis v/c der Geschwindigkeit zur Lichtgeschwindigkeit ist. LORENTZ hat aus Überlegungen, die im engsten Zusammenhang mit der Entwicklung der Relativitätstheorie standen, die Formel

$$m = \frac{m_0}{\sqrt{1-\beta^2}} \qquad (I, 30)$$

gewonnen. Diese Abhängigkeit kann natürlich auch direkt aus der speziellen Relativitätstheorie (s. Bd. I, S. 628 u. 658) hergeleitet werden. Die experimentellen Untersuchungen von e/m bei großen Geschwindigkeiten, die seit 40 Jahren angestellt worden sind, haben zu dem Ergebnis geführt, daß die Zunahme der

§ 4. Ablenkung von Ionenstrahlen. Massenspektroskopie, Atommassen. 815

Masse mit der Geschwindigkeit am besten durch die Lorentzsche Beziehung (I, 30) ausgedrückt wird. Die Abweichungen von der Formel (I, 29) liegen weit außerhalb der Versuchsfehler. Bei Präzisionsmessungen bedient man sich jedoch nicht der eben geschilderten Parabelmethode, die noch KAUFMANN verwendet hat, sondern anderer Ablenkungsverfahren.

Aus den einfachen Ablenkungsverfahren sind im Laufe der Zeit die verschiedenartigsten Versuchsanordnungen und Geräte hervorgegangen, die heute in der Technik eine mannigfache Anwendung finden (Braunsche Röhre, Kathodenstrahloszillograph, Massenspektrograph, Elektronenmikroskop usw.). Einige von ihnen werden wir auf S. 1523 ff. behandeln.

§ 4. Ablenkung von Ionenstrahlen. Massenspektroskopie, Atommassen.

In der gleichen Weise wie Elektronenstrahlen können auch positiv geladene Strahlen einer elektrischen und magnetischen Ablenkung unterworfen werden. Als Strahlenquelle stehen dafür die α-Strahlen radioaktiver Präparate und die Kanalstrahlen zur Verfügung.

Auch an diesen positiven Strahlen kann man die spezifische Ladung (e/m) ihrer Träger messen. Arbeitet man mit der Parabelmethode, so findet man immer ein endliches Stück der Parabel, woraus wieder auf die atomistische Struktur des Strahls geschlossen werden kann (s. Abb. 289a und 289b).

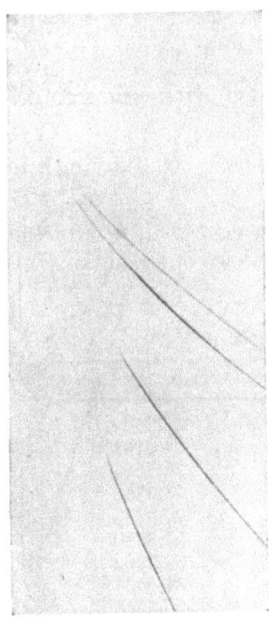

Abb 289 a.
Parabeln von Helium und Wasserstoff.

Abb. 289 b.
Parabeln von Kohlenwasserstoffen.

Die Massen der Atome sind uns aus den Überlegungen des § 2 wenigstens ungefähr bekannt. Kennen wir nun die Träger des Kanalstrahls, so kann zunächst die Ladung ermittelt werden. Auf diese Weise zeigt sich, daß die Kanalstrahlen positive Ladungen vom Betrag der Elektronenladung evtl. doppelt, dreifach usw. soviel besitzen.

Da die Ionen aus neutralen Atomen entstehen, muß man schließen, daß ihre Ladung zustande kommt, indem die Atome ein oder zwei Elektronen, in seltenen Fällen auch mehr, verlieren. Damit kennen wir aber die Ladung der Ionen nicht nur ungefähr, sondern sehr genau und können jetzt rückwärts aus den Ablenkungsversuchen auch die Masse sehr genau ermitteln. Isotope mit verschiedenen Massen liefern natürlich verschiedene Parabeln, wodurch man sie nicht nur leicht erkennen, sondern auch die Atommassen des einzelnen Isotops sehr genau messen kann.

Für die Isotopenbestimmung hat ASTON ein Ablenkungsverfahren ausgearbeitet, das gegenüber der Parabelmethode den Vorteil hat, daß Strahlen verschiedener Geschwindigkeit nicht über einen Parabelast ausgebreitet, sondern an einer Stelle konzentriert werden. Durch diese Fokussierung können auch noch sehr schwache Strahlen zur Beobachtung gebracht werden (wegen des Apparates s. S. 1544). ASTON konnte für zahlreiche Atomarten und ihre Isotopen Massenbestimmungen ausführen, welche genauer als die besten chemischen Angaben sind und sich auf die reinen Isotopen beziehen.

Als Ergebnis des Millikanschen Öltröpfchenversuches und der Ablenkungsmessungen können wir folgende Feststellungen treffen:

1. Materie und Elektrizität zeigen atomistische Struktur, d. h. sind aus Atomen bzw. Elektronen aufgebaut.

2. Die Ladung eines Elektrons beträgt
$$e = -1{,}602 \cdot 10^{-19} \text{ Cb}, \qquad (I, 31)$$
seine Masse ist
$$m = 9{,}108 \cdot 10^{-31} \text{ kg}. \qquad (I, 34)$$

3. Die positiven Ionen entstehen aus den neutralen Atomen durch den Verlust eines oder mehrerer Elektronen.

4. Die Masse der Atome kann gemessen werden. Die Werte für einige Isotope gibt die Tabelle.

5. Ein Mol irgendeines beliebigen Stoffes enthält $6{,}0227 \cdot 10^{23}$ Moleküle, ein Grammatom ebenso viele Atome. Ein Mol Elektronen entspricht einer Ladung von 96490 Cb.

Tabelle. *Massen einiger Isotopen.*

Isotop	Masse 10^{-27} kg	Isotop	Masse 10^{-27} kg
H	1,6739	^{14}N	23,2581
D	3,3452	^{15}N	24,9141
^{3}He	5,0094	^{16}O	26,5664
^{4}He	6,6480	^{17}O	28,2343
^{6}Li	9,9905	^{18}O	29,8953
^{7}Li	11,6530	^{19}F	31,5550
^{9}Be	14,9684	^{20}Ne	33,2062
^{10}B	16,6308	^{21}Ne	34,8681
^{11}B	18,2858	^{22}Ne	36,5265
^{12}C	19,9312	^{23}Na	38,1833
^{13}C	21,5978		

Für den Bau der Atome leiten wir hieraus noch einige weitere Anhaltspunkte ab. Die Atome enthalten eine Anzahl Elektronen, welche jedoch zur Masse des Atoms wenig beitragen. Außer den Elektronen muß im Atom noch ein Bestandteil vorhanden sein, der im wesentlichen die Atommasse enthält und eine positive Ladung besitzt, welche die Elektronenladung kompensiert. Diesen Bestandteil bezeichnen wir einstweilen als Atomkern.

§ 5. Dimensionen von Atomen und Atomkernen: Streuung von α-Teilchen.

Nachdem uns die Massen der Atome bekannt sind, müssen wir uns ein Bild von ihrer Größe machen. Anhaltspunkte hierfür können wir aus verschiedenen Quellen gewinnen.

1. In der van der Waalsschen Zustandsgleichung (s. Bd. I, S. 676) tritt ein inkompressibles Volumen b auf und kann aus den kritischen Daten berechnet werden. Setzen wir es, was nicht ganz richtig ist, dem Volumen der Moleküle selbst gleich, so ist dieses bei einem einatomigen Gas mit dem Eigenvolumen der Atome identisch. Betrachtet man die Atome als Kugeln und rechnet ihre Radien aus, so gelangt man zu Werten, die in der Größenordnung 10^{-10} Meter liegen.

2. Die von einem Mol fester Elemente eingenommenen Volumina liegen etwa zwischen $4 \cdot 10^{-6}$ und $7 \cdot 10^{-5}$ m³. Pro Atom kommt also im kristallisierten Zustand ein Volumen von $6{,}5 \cdot 10^{-30}$ bis $1{,}2 \cdot 10^{-28}$ m³. Dies entspricht einem Würfel von der Kantenlänge $1{,}9 \cdot 10^{-10}$ bis $5 \cdot 10^{-10}$ Meter. Fassen wir den kristallisierten Körper als eine nahezu dichte Packung der Atome auf, so kommen wir wieder auf die Größenordnung von 10^{-10} Meter für den Atomradius.

3. Auch die kinetische Gastheorie (S. 1499 u. 1505) berechnet Molekülradien aus der inneren Reibung oder der Wärmeleitung. Bei Edelgasen, wo die Molekülradien mit den Atomradien identisch sein müssen, ergibt sich auch hieraus etwa 10^{-10} Meter. Somit kann als festgestellt gelten, daß ein einzelnes Atom einen Raum erfüllt, dessen Lineardimensionen etwa 10^{-10} Meter sind. Genauere Vorstellungen von der Größe der Atome zu suchen, hat noch keinen Wert, bevor wir ihre Struktur genauer kennen.

Nächst den Atomen müßte man die Größenordnung der Atomkerndimensionen ermitteln. Um Anhaltspunkte dafür zu gewinnen, kehren wir zu dem Durchgang von α-Strahlen durch die Materie zurück, begnügen uns aber jetzt nicht mit der Betrachtung der Nebelspurbilder, sondern versuchen eine Durchrechnung des Vorgangs.

Die α-Teilchen selbst müssen als die Atomkerne des Heliums betrachtet werden. Daß sie bei ihrer Neutralisation Helium bilden, ist bekannt. Ebenso weiß man, daß sie doppelt ionisiert sind. Eine höhere Ionisation konnte bei Helium nie beobachtet werden. Wir dürfen deshalb annehmen, daß die α-Teilchen keine Elektronen mehr besitzen und deshalb die Kerne des Heliums darstellen. Später werden wir auch erkennen, daß diese Annahme sich in die Systematik der Atome und ihrer Struktur zwanglos einfügt.

Bei dem Durchgang durch die Materie erfahren die α-Teilchen Kräfte durch die Elektronen und Kerne der anderen Atome. Die Wirkungen der von Elektronen herrührenden Kräfte werden wegen der geringen Masse des Elektrons nur gering sein und in einer allmählichen Bremsung des Strahls ohne nennenswerte Ablenkung aus seiner Richtung bestehen. Diese Einwirkung wollen wir als unbedeutend vernachlässigen und nur die Kräfte berücksichtigen, die von den Atomkernen herkommen. Durchdringen die α-Teilchen etwa ein Schwermetall, so haben die Kerne der Metallatome eine viel größere Masse als sie selbst, und wir können die Rechnung durch die Annahme vereinfachen, daß die Metallkerne im Raume festliegen. Das α-Teilchen trägt die positive Ladung $2e$, der Metallkern eine Kernladung Ze. Die ganze Zahl Z wird Ordnungszahl des betreffenden Elementes genannt. Wegen dieser Ladungen wirkt auf die α-Teilchen eine Coulombsche Kraft

$$\mathfrak{K} = \frac{Z e^2 r^0}{2\pi \varepsilon_0 r^2} \qquad (\text{I}, 35)$$

im internationalen elektrischen Maßsystem gemessen. $\mathfrak{r}^0$ ist ein Einheitsvektor in der Richtung vom Metallkern zum α-Teilchen, r der Abstand des α-Teilchens vom Kern und $\varepsilon_0 = 0{,}88548 \cdot 10^{-11}$ Farad/Meter ist die elektrische Maßkonstante. Wären beide Atomkerne punktförmig, so wäre (I, 35) die einzige Kraft, welche auftreten kann. Sind beide Atomkerne ausgedehnt, so können noch andere Kräfte bei ihrer Berührung, das ist ihrem direkten Zusammenstoß, auftreten. Wir führen die Rechnung zunächst einmal für punktförmige Teilchen durch, indem wir nur die Coulombsche Kraft in Ansatz bringen. Aus dem Vergleich des Resultates mit den Beobachtungsergebnissen werden wir einen Schluß auf die Ausdehnung der Kerne zu ziehen versuchen.

In den Schwermetallkern legen wir den Anfang eines Koordinatensystems. Die Kraft (I, 35) ist dann eine Zentralkraft mit dem Koordinatenursprung als Zentrum und besitzt das Potential

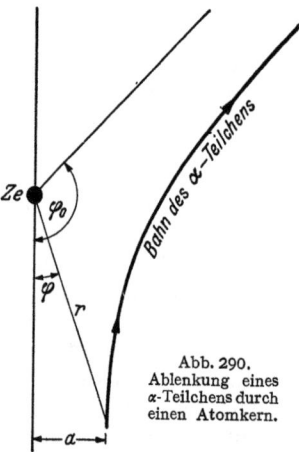

Abb. 290. Ablenkung eines α-Teilchens durch einen Atomkern.

$$V = \frac{Z e^2}{2\pi \varepsilon_0 r}. \qquad (I, 36)$$

Wie bei allen Zentralkräften gilt der Energiesatz und der Drehimpulssatz (s. Bd. I S. 15). Die Bewegung erfolgt in einer Ebene, die senkrecht auf dem konstanten Drehimpuls steht und die wir zur Zeichenebene der Abb. 290 machen. Führen wir jetzt ebene Polarkoordinaten r und φ ein, so ist

$$T = \frac{m}{2}(\dot r^2 + r^2 \dot\varphi^2) \qquad (I, 37)$$

die kinetische Energie und der Energiesatz liefert für die Gesamtenergie E die Formel

$$E = T + V = \frac{m}{2}(\dot r^2 + r^2 \dot\varphi^2) + \frac{Z e^2}{2\pi \varepsilon_0 r}. \qquad (I, 38)$$

Für den konstanten Betrag des Drehimpulses J erhalten wir

$$J = m r^2 \dot\varphi \qquad (I, 39)$$

und aus diesen beiden Gleichungen können r und φ als Funktionen der Zeit wie in Bd. I S. 17 berechnet werden.

Wir eliminieren zuerst $\dot\varphi$ mit (I, 39) aus (I, 38) und erhalten

$$E = \frac{m}{2}\left(\dot r^2 + \frac{J^2}{m^2 r^2}\right) + \frac{Z e^2}{2\pi \varepsilon_0 r}. \qquad (I, 40)$$

Hieraus finden wir

$$\dot r = \frac{dr}{dt} = \pm \sqrt{\frac{2}{m}\left(E - \frac{Z e^2}{2\pi \varepsilon_0 r}\right) - \frac{J^2}{m^2 r^2}}. \qquad (I, 41)$$

Durch Auflösen nach $\dot\varphi$ gewinnen wir aus (I, 39)

$$\dot\varphi = \frac{d\varphi}{dt} = \frac{J}{m r^2} \qquad (I, 42)$$

und durch Division von (I, 42) durch (I, 41)

$$\frac{d\varphi}{dr} = \pm \frac{J}{r^2 \sqrt{2m\left(E - \frac{Z e^2}{2\pi \varepsilon_0 r}\right) - \frac{J^2}{r^2}}}. \qquad (I, 43)$$

§ 5. Dimensionen von Atomen und Atomkernen. Streuung von α-Teilchen.

Dies ist die Gleichung der Bahn des α-Teilchens in Polarkoordinaten. Sie erweist sich bei genauerer Untersuchung als eine Hyperbel mit dem Koordinatenanfang als Brennpunkt. Uns interessiert jetzt folgendes. Das α-Teilchen kommt aus dem Unendlichen und bringt die Energie E als kinetische Energie mit. E ist also bekannt. Solange das Teilchen noch sehr weit vom Metallkern entfernt ist, besitzt es die Geschwindigkeit

$$v_\infty = \sqrt{\frac{2E}{m}}. \qquad (I, 44)$$

Auch den Betrag J seines Drehimpulses können wir leicht ausrechnen. Wir zählen φ von der Richtung aus, aus der die α-Teilchen kommen, so daß

$$J = m |[\mathfrak{r}\,\mathfrak{v}]| = m\,r\,v\sin\varphi \qquad (I, 45)$$

wird. Wenden wir dies auf ein noch sehr weit entferntes Teilchen an, so ist $v = v_\infty$, und $r \sin\varphi$ ist nach Abb. 290 der Abstand a, in welchem es am Kern vorbeiflöge, wenn keine Kraft darauf einwirken würde. Es ergibt sich damit

$$J = a\,\sqrt{2mE}. \qquad (I, 46)$$

Jetzt möchten wir wissen, um welchen Winkel das Teilchen bei seinem Vorbeigang am Metallkern abgelenkt wird. Fände keine Ablenkung statt, so würde φ hierbei von 0 auf π zunehmen, in Wirklichkeit wird aber nur ein Winkel φ_0 erreicht, bei welchem r schon wieder auf Unendlich gestiegen ist. $\psi = \pi - \varphi_0$ ist also der gesuchte Ablenkungswinkel.

Nun führen wir den Ausdruck (I, 46) für J in (I, 43) ein und substituieren gleichzeitig

$$u = \frac{1}{r}; \quad du = -\frac{dr}{r^2}, \qquad (I, 47)$$

wodurch wir

$$d\varphi = \pm \frac{a\sqrt{E}\,du}{\sqrt{E - \frac{Z\,e^2\,u}{2\pi\,\varepsilon_0} - a^2\,E\,u^2}} \qquad (I, 48)$$

erhalten. Im Laufe der Bewegung wächst u von 0 auf einen Maximalwert an, der erreicht wird, wenn die Wurzel verschwindet. Von diesem Wert fällt u dann wieder auf 0 ab. Im Maximum geht das $+$ in das $-$-Zeichen über. Hieraus finden wir

$$u_{\max} = -\frac{Z\,e^2}{4\pi\,\varepsilon_0\,a^2\,E} + \sqrt{\frac{Z^2\,e^4}{16\pi^2\,\varepsilon_0^2\,a^4\,E^2} + \frac{1}{a^2}} \qquad (I, 49)$$

und bekommen leicht die Ablenkung

$$\psi = \pi - a\sqrt{E}\left\{\int_0^{u_{\max}} \frac{du}{\sqrt{E - \frac{Z\,e^2\,u}{2\pi\,\varepsilon_0} - a^2\,E\,u^2}} - \int_{u_{\max}}^{0} \frac{du}{\sqrt{E - \frac{Z\,e^2\,u}{2\pi\,\varepsilon_0} - a^2\,E\,u^2}}\right\}$$

$$= \pi + 2a\sqrt{E}\int_{u_{\max}}^{0} \frac{du}{\sqrt{E - \frac{Z\,e^2\,u}{2\pi\,\varepsilon_0} - a^2\,E\,u^2}}. \qquad (I, 50)$$

Die Ausführung der Integration ergibt

$$\psi = \pi + 2 \left| \arcsin \frac{a^2 E u + \frac{Z e^2}{4\pi \varepsilon_0}}{\sqrt{\frac{Z^2 e^4}{16\pi^2 \varepsilon_0^2} + a^2 E^2}} \right|_{u_{max}}^{0} \qquad (I, 51)$$

$$= 2 \arcsin \frac{Z e^2}{\sqrt{Z^2 e^4 + 16\pi^2 \varepsilon_0^2 a^2 E^2}}.$$

Dieses Ergebnis läßt sich leicht in

$$\sin \frac{\psi}{2} = \frac{Z e^2}{\sqrt{Z^2 e^4 + 16\pi^2 \varepsilon_0^2 a^2 E^2}} \qquad (I, 52)$$

bzw.

$$\operatorname{tg} \frac{\psi}{2} = \frac{Z e^2}{4\pi \varepsilon_0 a E} \qquad (I, 53)$$

umformen.

Die Formel (I, 53) gibt die Abhängigkeit des Ablenkungswinkels ψ von der Energie E der α-Teilchen, der Ordnungszahl Z des Metallkernes und dem Abstand a wieder.

Es ist nicht ohne Interesse, Zahlwerte in (I, 53) einzusetzen. Setzen wir für E rund 10^{-12} Joule und für $Z = 50$ (was Zinn entspricht), so erhalten wir

$$\operatorname{tg} \frac{\psi}{2} \approx \frac{10^{-14}}{a}. \qquad (I, 54)$$

Hieraus geht hervor, daß eine nennenswerte Ablenkung nur dann eintritt, wenn a von der Größenordnung 10^{-12} bis 10^{-13} Meter ist oder noch kleiner.

In der Formel (I, 53) können wir das Ergebnis der Rechnung noch nicht mit den Beobachtungsdaten vergleichen, weil man ja nicht weiß, wie nahe ein bestimmtes α-Teilchen an einem Kern vorbeigeht. Die Beobachtung bezieht sich überhaupt immer auf eine große Zahl von α-Teilchen, die an sehr vielen Kernen vorüberfliegen. Es bleibt uns also nichts übrig, als noch eine statistische Betrachtung anzuschließen.

Die Strahlen mögen eine dünne Folie von der Dicke s durchsetzen. In der Volumeneinheit mögen sich N Metallkerne befinden, deren Abstände voneinander etwa 10^{-10} Meter betragen. Im allgemeinen werden die α-Teilchen an den Kernen unbeeinflußt vorbeikommen, und nur sehr selten wird ein Teilchen einem Kern so nahe kommen, daß es eine meßbare Ablenkung erfährt. Wir brauchen kaum damit zu rechnen, daß dasselbe Teilchen zwei beobachtbare Ablenkungen erleidet und können uns auf die sog. Einfachstreuung beschränken. Wir meinen damit, daß wir nur die Ablenkung durch denjenigen Metallkern berücksichtigen, dem das Teilchen auf seinem Weg am nächsten kommt.

Jetzt fragen wir nach der Wahrscheinlichkeit dafür, daß ein Vorbeigang in einem Abstand erfolgt, der zwischen a und $a + da$ liegt und der eine Ablenkung in das Winkelintervall $d\psi$ hervorbringt. Ein Hohlzylinder der Länge s vom Radius a und der Dicke da um die Bahn des Teilchens hat das Volumen

$$2 a \pi s \, d a. \qquad (I, 55)$$

Die Wahrscheinlichkeit, daß darin ein Kern liegt, ist

$$2 a \pi s N \, d a. \qquad (I, 56)$$

Setzen wir gemäß (I, 53)

$$a = \frac{Z e^2}{4\pi \varepsilon_0 E} \cot\frac{\psi}{2} \tag{I, 57}$$

und

$$da = -\frac{Z e^2 d\psi}{8\pi \varepsilon_0 E \sin^2\frac{\psi}{2}} \tag{I, 58}$$

ein, so erhalten wir die Wahrscheinlichkeit

$$W d\psi = \frac{N s Z^2 e^4}{16\pi \varepsilon_0^2 E^2} \frac{\cos\frac{\psi}{2}}{\sin^3\frac{\psi}{2}} d\psi \tag{I, 59}$$

dafür, daß das α-Teilchen eine Ablenkung um einen Winkel zwischen ψ und $\psi - d\psi$ erfährt. Diese Wahrscheinlichkeit gibt den Bruchteil der Teilchen an, die nach der Streuung in das Winkelintervall $d\psi$ fallen.

Die Formel (I, 59) gibt die beobachtete Streuung der α-Strahlen an schweren Elementen sehr befriedigend wieder. Sie kann natürlich nicht auf kleinste Streuwinkel angewandt werden, für die sich eine unendliche Wahrscheinlichkeit ergeben würde. Der Streuwinkel 0 gehört zu Teilchen, die am nächsten Kern in unendlicher Entfernung vorbeigehen. Da die Streuzentren voneinander Abstände von etwa 10^{-10} Meter haben, gibt es viele Zentren, an denen die Teilchen in großem Abstand vorbeigehen. Für kleine Streuwinkel sind also die Voraussetzungen für die Einfachstreuung nicht erfüllt. Für endliche Winkel aber bestätigt sich die Formel gut, und zwar bis zu Ablenkungen von ungefähr 90°. Hieraus dürfen nun folgende Schlüsse gezogen werden.

1. Zwischen den Streuzentren und den α-Teilchen wirken nur Coulombsche Kräfte und die Atomkerne können als fast punktförmig angesehen werden, wenn der Streuwinkel unter 90° bleibt. Für den Streuwinkel 90° ergibt sich ein minimaler Abstand von etwa 10^{-14} Meter. Die Dimensionen der Kerne liegen in der Nähe dieser Größe.

2. Die Ordnungszahl Z ergibt sich als die Nummer des betreffenden Elementes im periodischen System. Diese Feststellung werden wir noch auf die verschiedensten Weisen bestätigen können. Wir wissen damit für sämtliche Elemente die Kernladungen Ze und die Zahl der den Kern umgebenden Elektronen, die mit der Ordnungszahl Z übereinstimmt.

Das Wasserstoffatom besitzt hiernach ein, das Heliumatom zwei, das Lithiumatom drei Elektronen. Jedes Element besitzt ein Elektron mehr als das im periodischen System vorhergehende und eines weniger als das nachfolgende. Ordnet man die Elemente nach den Atomgewichten, so treten allerdings einige kleine Unstimmigkeiten auf, die aber auch schon früher am chemischen Verhalten bemerkt worden sind. So müssen z. B. Te und J, ebenso Co und Ni und A und K vertauscht werden. Diese Vertauschung hat man aber schon immer im periodischen System vorgenommen.

II. Die einfachsten empirischen Gesetzmäßigkeiten der Linienspektren.

Schon in den ersten Anfängen der Spektroskopie hat man beobachtet, daß die Spektren für die chemischen Elemente charakteristisch sind, so charakteristisch, daß man das Auftreten eines Spektrums zur qualitativen analytischen Bestimmung der Elemente benutzen kann. Wenn somit sein Spektrum für ein

822 G. II. Die einfachsten empirischen Gesetzmäßigkeiten der Linienspektren.

Atom typisch ist, muß man aus ihm auch auf Eigenschaften des Atoms Rückschlüsse ziehen können. Diese Aussicht ist besonders groß, weil das Spektrum gewöhnlich aus einer großen Anzahl von Linien, also Einzeldaten, besteht, die mit sehr großer Genauigkeit gemessen werden können. Eine Linie bedeutet, daß das Atom Licht einer bestimmten Frequenz aussendet. In der Spektroskopie mißt man allerdings nicht die Frequenz ν (Zahl der Wellen pro Sekunde), sondern die sog. Wellenzahl $\tilde{\nu}$ (Zahl der Wellen pro cm). Zwischen beiden Größen besteht die Beziehung

$$\tilde{\nu} = \frac{\nu}{c}. \tag{II, 1}$$

§ 1. Das Spektrum des Wasserstoffs und die ihm ähnlichen Spektren.

Das Spektrum des Wasserstoffatoms. Von allen beobachteten Spektren ist das einfachste dasjenige des atomaren Wasserstoffs, welches man in einem Geißlerrohr beobachten kann. Die Wellenzahlen seiner Linien können durch die Formel

$$\tilde{\nu} = R\left(\frac{1}{n^2} - \frac{1}{m^2}\right) \tag{II, 2}$$

mit größter Genauigkeit dargestellt werden. Aus den Messungen entnimmt man für R (Rydbergkonstante) den Wert

$$R = 109\,677{,}759 \pm 0{,}05 \text{ cm}^{-1}. \tag{II, 3}$$

n und m durchlaufen die Reihe der ganzen Zahlen 1, 2, 3 usw. Hierbei muß m größer als n sein.

Setzt man $n = 1$ und läßt m die Werte 2, 3 usw. durchlaufen, so erhält man eine Serie von Linien im Vakuumultraviolett, die als Lymanserie des Wasserstoffs bezeichnet wird (Abb. 291). Ist $n = 2$, so liefert $m = 3, 4\ldots$ eine zweite

Abb. 291. Spektrum des Wasserstoffs (schematisch).

Serie, die im sichtbaren Spektralgebiet liegt und als Balmerserie bekannt ist. Im Ultraroten findet man noch die sog. Paschenserie mit $n = 3$, $m = 4, 5\ldots$, die Brackettserie mit $n = 4$, $m = 5, 6\ldots$ und die Pfundtserie mit $n = 5$, $m = 6, 7\ldots$

Das ganze Spektrum des H-Atoms besteht aus folgenden Serien:

Lymanserie: $\tilde{\nu} = R\left(1 - \frac{1}{m^2}\right)$; $m = 2, 3, \ldots$ Ultraviolett,

Balmerserie: $\tilde{\nu} = R\left(\frac{1}{4} - \frac{1}{m^2}\right)$; $m = 3, 4, \ldots$ Sichtbares Spektrum,

Paschenserie: $\tilde{\nu} = R\left(\frac{1}{9} - \frac{1}{m^2}\right)$; $m = 4, 5, \ldots$ Ultrarot,

Brackettserie: $\tilde{\nu} = R\left(\frac{1}{16} - \frac{1}{m^2}\right)$; $m = 5, 6, \ldots$ Ultrarot,

Pfundtserie: $\tilde{\nu} = R\left(\frac{1}{25} - \frac{1}{m^2}\right)$; $m = 6, 7, \ldots$ Ultrarot.

§ 1. Das Spektrum des Wasserstoffs und die ihm ähnlichen Spektren.

Diese Serien lassen sich sehr einfach verstehen, wenn man von einer Serie von Termen

$$T_n = \frac{R}{n^2} \quad \text{bzw.} \quad T_m = \frac{R}{m^2} \tag{II, 4}$$

ausgeht. Die Zahlen n bzw. m heißen Hauptquantenzahlen des betreffenden Terms. Die Wellenzahl einer Linie ist die Differenz zweier Termwerte. Eine Linienserie entsteht, indem man von einem bestimmten dieser Terme (Fixterm) die Serie der anderen (Laufterme) subtrahiert. Die im Spektrum beobachteten Wellenzahlen sind also die Differenzen der Terme einer einzigen Serie. Auf diese Weise wird das Spektrum des Wasserstoffs durch das sehr viel einfachere Termschema gedeutet. Die Ableitung aus einem Termschema ist immer der erste Schritt zum Verständnis eines Spektrums.

Die Linien einer Serie konvergieren für $m = \infty$ gegen eine bestimmte Wellenzahl, die durch den Betrag des Fixterms gegeben ist. Diese Stelle im Spektrum ist eine Häufungsstelle von Linien (oft wegen geringer Intensität nicht erkennbar) und wird Seriengrenze genannt (in Abb. 291 als punktierte Linie gezeichnet).

Das Termschema pflegt man graphisch in der Art der Abb. 292 aufzuzeichnen. Die Terme stellt man durch horizontale Striche dar, während die Linien als deren Abstände durch Pfeile eingezeichnet werden. Die Länge eines Pfeiles gibt direkt die Wellenzahl an. Dieses Schema, in Abb. 292 für das Wasserstoffspektrum (nicht maß-

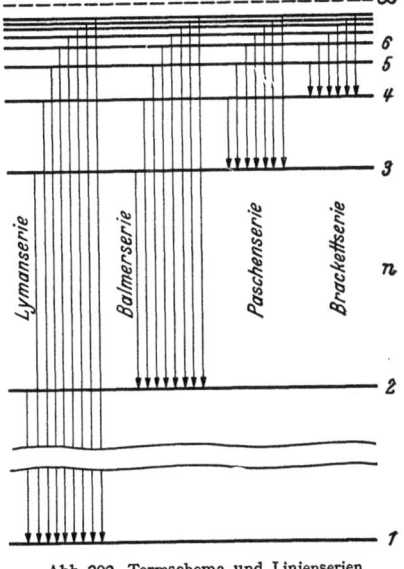

Abb. 292. Termschema und Linienserien des Wasserstoffs.

stäblich) gezeichnet, gibt schnell einen guten Überblick über die Struktur des Spektrums.

Das Spektrum des ionisierten Heliums. Eine Glimmentladung in Helium liefert ein ziemlich kompliziertes Spektrum. Seine genauere Untersuchung zeigt, daß ein Teil seiner Linien im negativen Glimmlicht immer viel intensiver ist als in der positiven Säule. Diese Linien verhalten sich bei Abänderung der Entladungsbedingungen auch sonst anders als die übrigen Linien. Die Ursache dafür ist, daß sie vom Heliumion He$^+$ ausgestrahlt werden, während die anderen Linien dem neutralen Heliumatom He angehören. Mit dem Spektrum von He$^+$ befassen wir uns etwas sorgfältiger.

Das He$^+$-Spektrum besitzt eine ähnliche Struktur wie das Wasserstoffspektrum. Es besteht aus einer Reihe von Serien, welche durch die Formel

$$\tilde{\nu} = 4 R_{\text{He}} \left(\frac{1}{n^2} - \frac{1}{m^2} \right) \tag{II, 5}$$

erfaßbar sind. Aus den Messungen findet man eine Rydbergkonstante

$$R_{\text{He}} = 109\,722{,}403 \text{ cm}^{-1}, \tag{II, 6}$$

die sich von der des Wasserstoffs nur wenig unterscheidet.

Für $n = 2$ erhalten wir die Serie

$$\tilde{\nu} = 4R_{\text{He}}\left(\frac{1}{4} - \frac{1}{m^2}\right), \quad m = 3, 4 \ldots,$$
$$= R_{\text{He}}\left(1 - \frac{1}{\left(\frac{m}{2}\right)^2}\right), \tag{II, 7}$$

die man als Lymanserie des Heliumions bezeichnet. Für geradzahlige m liegen ihre Linien in der Nähe der Linien der Lymanserie des Wasserstoffs, die Linien mit ungeradem m liegen dazwischen. Außer dieser Serie wird noch die Fowlerserie

$$\tilde{\nu} = 4R_{\text{He}}\left(\frac{1}{3^2} - \frac{1}{m^2}\right), \quad m = 4, 5 \ldots \tag{II, 8}$$

und die Pickeringserie

$$\tilde{\nu} = 4R_{\text{He}}\left(\frac{1}{4^2} - \frac{1}{m^2}\right), \quad m = 5, 6 \ldots \tag{II, 9}$$

beobachtet, die sich im sichtbaren Gebiet befindet. Die Hälfte der Linien der Pickeringserie liegt den Linien der Balmerserie sehr nahe.

Der Unterschied der Spektren von H und He^+ besteht zunächst darin, daß an Stelle der Rydbergkonstanten R bei Helium $4R$ tritt, außerdem ist auch der Wert von R etwas verändert. Davon abgesehen, entspricht die Lymanserie von He^+ der Balmerserie des Wasserstoffs, die Fowlerserie der Paschenserie, während die Pickeringserie eine Über-Paschenserie (Brakettserie) ist.

§ 2. Die Spektren der Alkalien.

Unter den übrigen Spektren sind die der Alkalimetalle noch die einfachsten, obwohl wesentlich komplizierter als das Wasserstoff- und He^+-Spektrum. Bei allen Alkalien findet man im Sichtbaren und Ultraviolett drei Linienserien, nämlich die Hauptserie (Abb. 293a)

$$\tilde{\nu} = A - \frac{R}{(n + a_P)^2}, \tag{II, 10}$$

die I. Nebenserie

$$\tilde{\nu} = B - \frac{R}{(n + a_D)^2} \tag{II, 11}$$

und die II. Nebenserie

$$\nu = C - \frac{R}{(n + a_S)^2}. \tag{II, 12}$$

Im Rot bzw. Ultrarot findet sich noch die Bergmannserie

$$\tilde{\nu} = D - \frac{R}{(n + a_F)^2}. \tag{II, 13}$$

Bestimmt man die Konstanten, so ergibt sich

$$A = \frac{R}{(1 + a_S)^2}; \quad B = C = \frac{R}{(2 + a_P)^2}; \quad D = \frac{R}{(3 + a_D)^2}. \tag{II, 14}$$

Man kann also alle vier Serien mit Hilfe der vier Größen a_S, a_P, a_D, a_F und der Rydbergkonstanten R ausdrücken. R hat beinahe denselben Wert wie bei Wasserstoff. Der Fixterm der Hauptserie gehört zu den Lauftermen der II. Ne-

§ 2. Die Spektren der Alkalien. 825

benserie, der Fixterm der I. und II. Nebenserie ist mit dem tiefsten Laufterm der Hauptserie identisch. Der Fixterm der Bergmannserie endlich ist der tiefste Laufterm der I. Nebenserie. Das Termschema besteht aus vier Termserien, die man als S-, P-, D- und F-Serien bezeichnet. Außer den genannten Linienserien findet man im Ultrarot noch höhere Hauptserien und Nebenserien, von denen einige Linien in dem Termschema der Abb. 293 b punktiert gezeichnet sind.

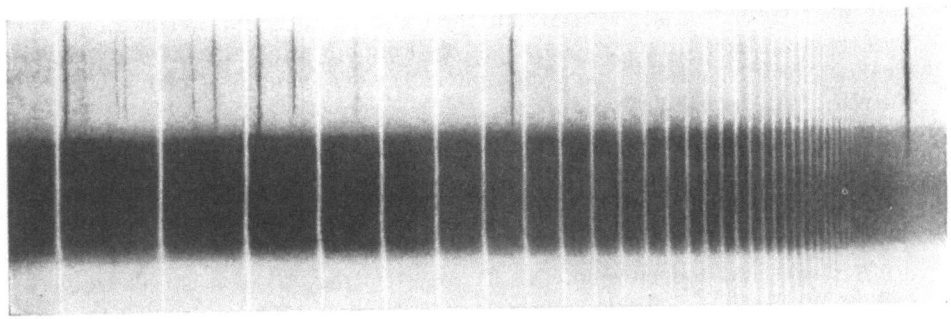

Abb. 293 a. Hauptserie des Natriums in Absorption.

Wie bei Wasserstoff und dem Heliumion entstehen die Linien als Differenzen zweier Terme. Wir erhalten aber nicht jedesmal eine Linie, wenn wir zwei Terme subtrahieren. Weder die Differenz zweier S-Terme noch die eines S- und D-Terms ergeben eine Linie. Solche nicht vorkommende Linien werden häufig als „verboten" bezeichnet. Ein S-Term „kombiniert" nicht mit einem anderen S-Term, aber auch nicht mit einem D- oder F-Term. Die S-Terme kom-

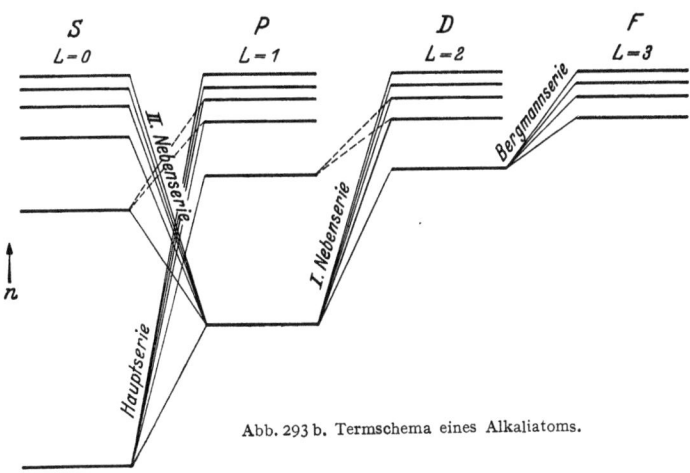

Abb. 293 b. Termschema eines Alkaliatoms.

binieren nur mit den P-Termen, die P-Terme nur mit den S- und D-Termen, die D-Terme nur mit den P- und F-Termen.

Im Schema der Abb. 293 b kombinieren nur die nebeneinander stehenden Termserien miteinander.

Wir betrachten nun das Termschema des Lithiums. Bei der größeren Anzahl der Terme genügt jetzt eine einzige Quantenzahl nicht mehr zu ihrer Beschreibung, sondern wir brauchen zwei Quantenzahlen. Innerhalb jeder Termserie werden die Terme wie bei Wasserstoff durch die Hauptquantenzahl n unterschieden. Die S-Serie beginnt mit $n = 1$, die P-Serie mit $n = 2$, die D-Serie mit $n = 3$ und die F-Serie sogar erst mit $n = 4$. Um die Serien selbst zu unterscheiden, führen wir eine zweite Quantenzahl, die sogenannte Nebenquantenzahl, ein, die wir mit dem Buchstaben L bezeichnen. Den S-, P-, D-, F- usw. Termen ordnen wir die Nebenquantenzahlen, $L = 0, 1, 2, 3$ usw. zu. Die Bedeutung der Nebenquantenzahl werden wir erst später erkennen können. Sehr leicht läßt sich schon jetzt mit ihrer Hilfe ausdrücken, welche Linien im Spektrum auftreten und welche nicht. Es kombinieren nur solche Terme miteinander, bei denen sich L um Eins unterscheidet. Diese Feststellung wird als Auswahlregel bezeichnet.

Hiermit ist das Spektrum eines Alkaliatoms noch nicht in aller Feinheit beschrieben. Bei der genauen Betrachtung der Linien zeigt sich, daß sie alle doppelt sind. Die Aufspaltung ist um so größer, je schwerer das Atom ist. Bei Lithium ist sie so klein, daß sie fast nicht feststellbar ist, bei Caesium dagegen recht beträchtlich. Die Analyse des Spektrums ergibt, daß auch die Terme mit Ausnahme der S-Terme alle doppelt sind. Das Termsystem der Alkalien ist ein Dublettsystem. Vorläufig sehen wir von dieser Erscheinung noch ab, werden sie aber auf S. 889 u. 1112 ausführlich untersuchen.

Der wesentliche Unterschied zwischen dem Termschema der Alkalien und dem des Wasserstoffs besteht darin, daß die Terme verschiedener Nebenquantenzahl verschieden groß sind. Wir werden später sehen, daß diese Terme bei Wasserstoff zusammenfallen. Dies kommt daher, daß im Ausdruck für den Term

$$T_n = \frac{R}{(n+a)^2} \tag{II, 15}$$

die Rydbergkorrektion a auftritt, die bei Wasserstoff für alle Terme den Wert Null hat.

§ 3. Funkenspektren.

Wir wenden uns jetzt einer Anzahl von Spektren zu, die im negativen Glimmlicht stärker als sonst auftreten oder auch im Funken besonders intensiv sind und sich so als Spektren positiver Ionen ausweisen. Man bezeichnet sie als Funkenspektren. Insbesondere wollen wir uns mit den Spektren des einfach ionisierten Berylliums und des doppelt ionisierten Bors beschäftigen. Ermittelt man aus diesen Spektren die Termsysteme und vernachlässigt man die Dublettaufspaltung, so zeigen Be$^+$ und B^{++} große Ähnlichkeit mit dem Lithium. Dies ist in Abb. 294 schematisch veranschaulicht. Ganz analog kommt zutage, daß das Termsystem des neutralen Natrium dem des einfach ionisierten Magnesiums ähnelt. Überhaupt finden wir die Gesetzmäßigkeit, daß das Termsystem eines Elementes analog gebaut ist wie das des Ions des nächstfolgenden Elementes.

Da andererseits die Termsysteme von neutralen Elementen, die im periodischen System aufeinanderfolgen (z. B. Li und Be), grundlegend verschieden sind, verursacht Abtrennung eines Elektrons bei einem Element eine vollständige Veränderung des Spektrums, in dem Sinn, daß das Ion ein Spektrum vom Typ des vorhergehenden Elementes annimmt. Verschiedene Elektronenzahl verursacht also unähnliche Spektren. Umgekehrt schließen wir: Ähnliche Spektren gehören zu gleicher Elektronenzahl. Schreiben wir also dem Wasserstoff als dem Element mit dem einfachsten Spektrum ein Elektron zu, so hat auch He$^+$ ein Elektron und das neutrale Helium zwei Elektronen. Das Ion Li$^+$ besitzt zwei Elektronen und das neutrale Lithiumatom drei usw. Das Ergebnis ist: Die

Nummer eines Elementes im periodischen System ist gleich der Zahl der in dem betreffenden Atom enthaltenen Elektronen (Ordnungszahl).

Wir gelangen also auch durch die Spektren zu der gleichen Erkenntnis über die Bausteine der Elemente, die wir aus der Streuung der α-Teilchen auf S. 821 gewonnen haben.

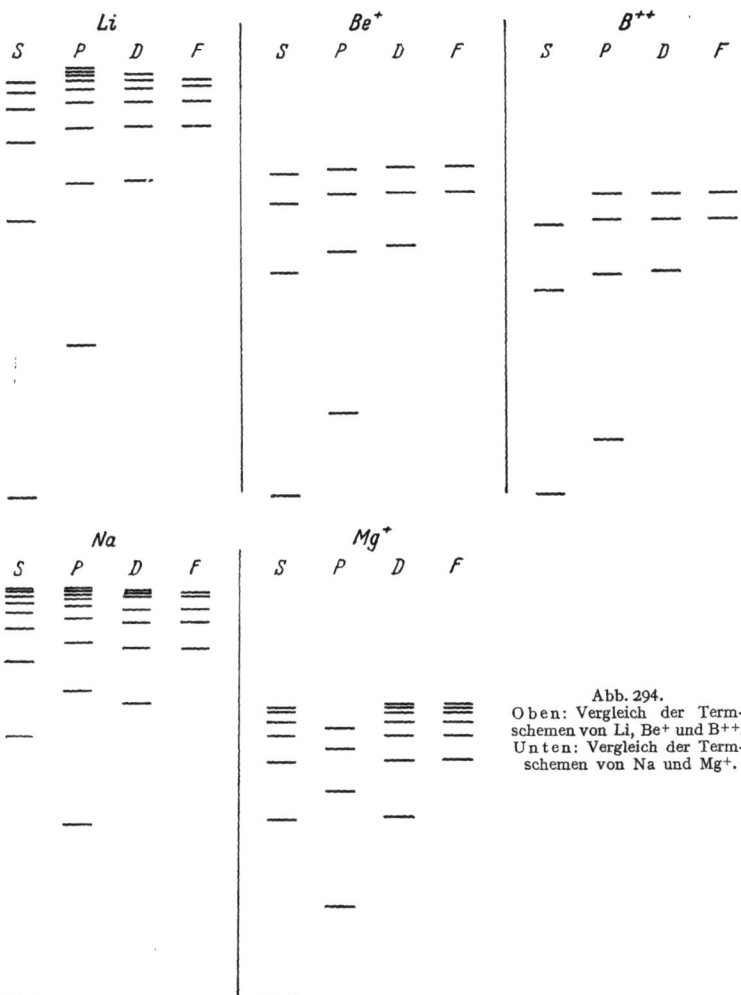

Abb. 294.
Oben: Vergleich der Termschemen von Li, Be⁺ und B⁺⁺.
Unten: Vergleich der Termschemen von Na und Mg⁺.

§ 4. Röntgenspektren.

Wir betrachten nun noch kurz ein anderes Spektralgebiet, nämlich die Röntgenspektren, deren Wellenzahlen sehr viel größer als die der sichtbaren und der ultravioletten Spektren sind. Sie liegen zwischen 10^6 und 10^9 cm^{-1}.

Die Röntgenspektren sind im allgemeinen ziemlich kompliziert. Verhältnismäßig einfache Gesetzmäßigkeiten findet man aber im kurzwelligsten Teil des Spektrums. Dort liegt eine Gruppe von Linien in serienmäßiger Anordnung, die sogenannte K-Serie. Die langwelligste Linie dieser Gruppe bezeichnet man als K_α-Linie, die nächste als K_β-, weiterhin K_γ-, K_δ- usw. Linien. Vergleicht man nun die Wellenzahlen der K_α-Linien verschiedener Elemente, so zeigt sich, daß sie bis auf Abweichungen von 2 bis 10% durch das Moseleysche Gesetz

$$\tilde{\nu} = R(Z-1)^2 \left(\frac{1}{1^2} - \frac{1}{2^2}\right) \tag{II, 16}$$

dargestellt werden können. Graphisch läßt sich diese Formel am besten wie in Abb. 295 aufzeichnen, wenn man $\sqrt{\tilde{\nu}/R}$ gegen die Ordnungszahl Z aufträgt. In dem Moseleyschen Gesetz hat man ein Mittel an der Hand, aus dem Röntgenspektrum die Ordnungszahl eines Elementes zu bestimmen. Man hat auf diese

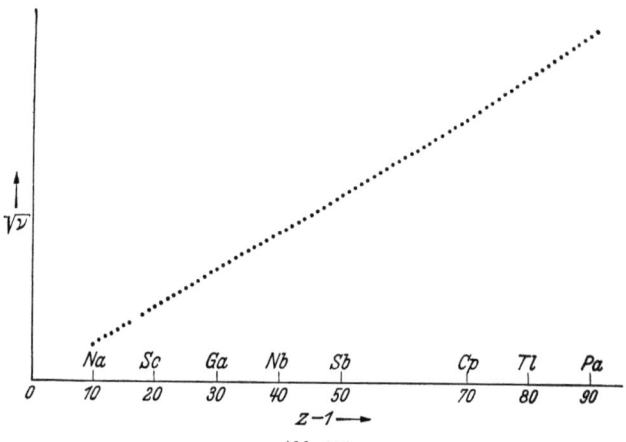

Abb. 295.
Graphische Darstellung des Moseleyschen Gesetzes. $\sqrt{\tilde{\nu}}$ gegen $Z - 1$ aufgetragen, ergibt eine gerade Linie.

Weise die Unstimmigkeiten im periodischen System (Co—Ni, Te—J, K—A) richtiggestellt, auch konnte man die Ordnungszahlen der Elemente Masurium und Rhenium festlegen.

Es ist bemerkenswert, daß bei den Röntgenspektren die periodischen Eigenschaften der Elemente nicht mehr sichtbar sind. Sie bilden vielmehr eine Reihe monoton veränderlicher Spektren. Die sichtbaren Spektren hingegen zeigen ganz ausgesprochen periodische Eigenschaften, so kennt man den Typ der Alkalispektren, der Edelgasspektren, der Erdalkalispektren usw.

§ 5. Die Bohrsche Frequenzbedingung und die Franck-Hertzschen Versuche.

BOHR hat in die Spektroskopie die Hypothese eingeführt, daß die Frequenzen der Linien Energiestufen bedeuten, welche im Atom vorhanden sind. Ein Atom soll befähigt sein, gewisse ganz bestimmte Energiewerte zu besitzen, aber auch nur diese. Die Differenzen dieser Energien sollen den Frequenzen des Spektrums proportional sein. Die Proportionalitätskonstante hat BOHR dem Planckschen Wirkungsquantum

$$h = (6{,}626 + 0{,}008) \cdot 10^{-27} \text{ erg} \times \text{sec}$$
$$= (6{,}626 + 0{,}008) \cdot 10^{-34} \text{ Joule} \times \text{sec} \tag{II, 17}$$

gleichgesetzt, dessen Wert man aus dem Planckschen Gesetz für die Strahlung eines schwarzen Körpers ermitteln kann. Da die Frequenz die Dimension sec^{-1} besitzt, ist $h\nu$ tatsächlich von der Dimension einer Energie. Den Vorgang der Emission stellt sich BOHR so vor, daß sich ein Atom von einem Zustand der

§ 5. Die Bohrsche Frequenzbedingung und die Franck-Hertzschen Versuche.

Energie E_1 in einen Zustand der Energie E_2 begibt und den Energieunterschied ausstrahlt. Für die Frequenz ν der Strahlung ergibt sich so die Beziehung

$$h\nu = hc\tilde{\nu} = E_1 - E_2. \tag{II, 18}$$

Da wir für $\tilde{\nu}$ die empirische Feststellung

$$\tilde{\nu} = T_2 - T_1 \tag{II, 19}$$

haben, kommt man zu der Auffassung, daß die spektroskopischen Terme die Energien des Atoms darstellen, welche man durch hc dividiert hat[1].

Diese Annahme BOHRS wird durch zahlreiche experimentelle Tatsachen gestützt. Eine direkte Nachprüfung durch Versuche ist FRANCK und HERTZ gelungen. In einem Elektronenstoßrohr (schematische Darstellung s. Abb. 296) werden Elektronen von einem Glühdraht ausgesandt und können durch ein gegen den Draht positives Gitter beschleunigt werden. Hinter dem Gitter steht eine Auffangplatte, deren positives Potential etwa $1/2$ Volt unter dem des Gitters liegt. Zwischen Gitter und Auffänger werden die Elektronen also abgebremst, so daß sie den Auffänger nur erreichen, wenn sie dazu genügend kinetische Energie besitzen. Den Elektronenstrom zum Auffänger mißt man mit einem Galvanometer. Der Druck und die Abstände Glühdraht–Gitter, Gitter–Auffänger werden so eingerichtet, daß Stöße wohl

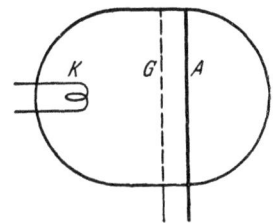

Abb. 296. Schema eines Elektronenstoßrohres.
K Glühdraht; G Gitter; A Auffänger.

zwischen dem Draht und dem Gitter, nicht aber zwischen dem Gitter und dem Auffänger stattfinden. Läßt man die Spannung des Gitters wachsen, so steigt die Zahl der gemessenen Elektronen. Dies gilt so lange, bis die kinetische Energie so groß geworden ist, daß die Elektronen ein Atom beim Zusammenstoß in eine höhere Energiestufe heben können. Bei einem solchen Stoß verliert das Elektron seine Energie und kann dann nicht mehr zum Auffänger gelangen. Bei einem bestimmten Gitterpotential (kritisches Potential) findet deshalb eine rapide Abnahme des gemessenen Elektronenstromes statt. Erhöht man das Gitterpotential weiter, so verlieren die Elektronen schon ein Stück vor dem Gitter ihre Energie und gewinnen auf dem Weg zum Gitter allmählich zum zweitenmal Geschwindigkeit, so daß sie wieder zum Auffänger durchdringen können. Wird das kritische Potential zum zweitenmal erreicht, so tritt wieder ein Absinken des Stromes ein. Trägt man also den Elektronenstrom am Auffänger gegen die Gitterspannung auf, so entsteht eine Kurve mit mehreren Maxima, deren Abstände kritische Potentiale darstellen. Die Abb. 297a und b zeigen solche Messungen an Quecksilber und Kalium. Bei Kalium findet man ein kritisches Potential von $1{,}63 \pm 0{,}01$ Volt. Die Energie, die ein Elektron nach Durchlaufen dieser Spannung besitzt, beträgt $2{,}60 \cdot 10^{-19}$ Joule. Andererseits berechnet man aus der Wellenzahl der ersten Hauptserienlinie des Kaliums den Energieunterschied

$$hc\tilde{\nu} = 2{,}56 \cdot 10^{-19} \text{ Joule} \tag{II, 20}$$

für die beiden tiefsten Kaliumzustände. Dies ist eine Übereinstimmung, die kaum außerhalb der Fehlergrenzen des Elektronenstoßversuches liegt. Bei anderen Elementen, sogar bei Molekülgasen, findet man gleichfalls gute Übereinstimmung.

---

[1] Rechnet man im internationalen Maßsystem, so müssen die Terme von cm^{-1} im m^{-1} umgerechnet werden.

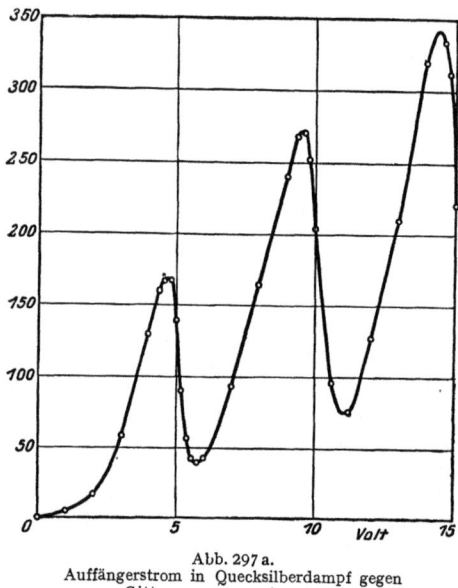

Abb. 297 a. Auffängerstrom in Quecksilberdampf gegen Gitterspannung aufgetragen.

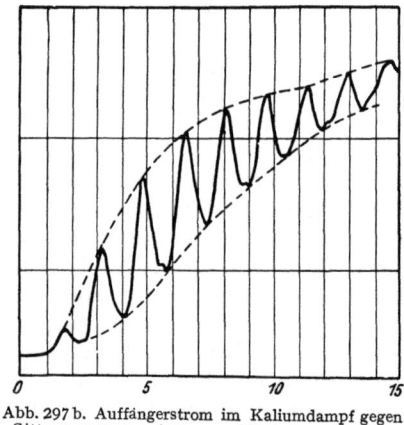

Abb. 297 b. Auffängerstrom im Kaliumdampf gegen Gitterspannung aufgetragen. Kritisches Potential bei 1,60 Volt.

Die hier schematisch skizzierte Elektronenstoßanordnung ist in vielfältiger Weise ausgebaut und verfeinert worden. Man kann sie auch zur Messung von Ionisierungsspannungen benützen.

Durch die Elektronenstoßversuche ist der experimentelle Beweis dafür erbracht, daß die spektroskopischen Terme wirklich Energiestufen der Atome bedeuten.

III. Das Modell des Wasserstoffs und des Leuchtelektrons.

Um zu genaueren Vorstellungen über den Bau der Atome zu gelangen, müssen die empirischen Gesetzmäßigkeiten der Spektren theoretisch verarbeitet werden. Das geht so vor sich, daß man sich von dem Bau der Atome spezielle Vorstellungen macht, aus diesen die theoretisch erwarteten Spektren ableitet und dann mit der Erfahrung vergleicht. Kommt man zu einer Übereinstimmung, so sagt man, daß das empirische Spektrum durch das betreffende Modell „gedeutet" sei.

§ 1. Die klassische Berechnung von Atommodellen und ihre Schwierigkeiten.

Inhalt: Es ist unmöglich, ein stationäres Atommodell aus geladenen Massenpunkten zu konstruieren, welches den Gesetzen der klassischen Mechanik und Elektrodynamik gehorcht.

Man kann versuchen, das Verhalten der Atome zu berechnen, indem man die bisher ermittelten Unterlagen verwertet und die Gesetze der Mechanik und der Elektrodynamik anwendet. Es zeigt sich aber, daß man damit nicht in Einklang mit der Erfahrung kommt. Um zu erkennen, woher die Schwierigkeiten kommen, wollen wir von folgenden Voraussetzungen ausgehen.

1. Atome bestehen aus einem positiven Kern mit der Ladung $+Ze$ und Z Elektronen von der Ladung $-e$. Die Masse des Atoms liegt im wesentlichen im Kern, den wir deshalb in sehr guter Näherung als ruhend ansehen dürfen. Nur das Elektron betrachten wir als beweglich.

§ 1. Die klassische Berechnung von Atommodellen und ihre Schwierigkeiten.

2. Der Kern zieht die Elektronen nach dem Coulombschen Gesetz an. Die Elektronen stoßen sich gegenseitig nach dem gleichen Gesetz ab. Bei krummliniger, also beschleunigter Bewegung strahlt ein Elektron Energie aus, wie dies die Elektrodynamik für beschleunigte Ladungen fordert. Es unterliegt infolgedessen einer bremsenden Kraft, die wir kurz als Strahlungsdämpfung bezeichnen wollen.

3. Kern und Elektronen betrachten wir als Massenpunkte, für deren Bewegung die Gesetze der klassischen Mechanik gelten.

Von diesen Voraussetzungen ausgehend, wollen wir versuchen ein Modell für das einfachste Atom, das Wasserstoffatom, zu konstruieren. Normaler Wasserstoff, im tiefsten Energiezustand befindlich, muß eine stationäre Konfiguration des Kernes und des Elektrons darstellen, da solche Atome ja unzerstörbar sind. Unser Modell muß also eine statische oder dynamische Gleichgewichtskonfiguration sein. Es leuchtet sofort ein, daß nicht beide Partikel in Ruhe sein können, da sie ja durch ihre gegenseitige Anziehung sofort in Bewegung kämen. Ein statisches Modell scheidet also aus. Die Bewegung des Elektrons kann aber auch nicht geradlinig gleichförmig sein, da es sonst den Wasserstoffkern verlassen würde. Bei einer krummlinigen Bewegung jedoch muß ein dauernder Energieverlust durch Abstrahlung eintreten, so daß auch keine stationäre Konfiguration mit gekrümmten Bahnen möglich ist. Wir sehen also, daß die drei obigen Voraussetzungen mit der Stabilität des Atoms in Widerspruch stehen. Es muß also mindestens eine von ihnen falsch sein.

Die Annahmen unter 1 sind durch Experimente so gut gesichert, daß an ihrer Richtigkeit kaum zu zweifeln ist. In der älteren Atomtheorie hat man daher angenommen, daß die Gesetze der Elektrodynamik bei den Atomen nur bedingt richtig seien. Unter all den Bewegungstypen, die sich aus den Coulombschen Kräften unter Benutzung der klassischen Mechanik ergeben, sollte es einige wenige geben, bei denen keine Strahlungsdämpfung stattfindet. Diese sollten den stationären Atomzuständen entsprechen. Alle anderen Bewegungstypen unterliegen der Strahlungsdämpfung und bedeuten keine stationären Atomzustände. Die Auslese der bevorzugten Bahnen geschieht durch eine zusätzliche „Quantenbedingung", mit der wir uns hier aber nicht besonders befassen werden. Durch diesen etwas künstlichen Zusatz entgeht man den Widersprüchen und kommt mit der experimentellen Tatsache der Existenz bestimmter Energiewerte bei den Atomen einstweilen in Einklang.

Nun muß andererseits ein Atommodell aber auch die Ausstrahlung des Spektrums erklären. Man mußte also für die höheren Energiezustände des Atoms die elektrodynamische Abstrahlung teilweise wieder hereinnehmen. Für höhere Zustände kommt also die Elektrodynamik mehr und mehr zu ihrem Recht, nur bei den tieferen und insbesondere dem Grundzustand sind weitgehende Abänderungen nötig (Korrespondenzprinzip). Bei der weiteren Ausarbeitung dieser Atommodelle zeigte es sich jedoch, daß immer neue Schwierigkeiten auftreten, und daß man durch Abänderung der Elektrodynamik nicht zu wirklicher Übereinstimmung mit der Erfahrung gelangen konnte. Man muß daraus schließen, daß die Widersprüche nicht von der Voraussetzung 2 herrühren, sondern daß sie daraus erwachsen, daß man die Gesetze der klassischen Punktmechanik auf das Elektron in Anwendung brachte.

Nicht allein die vergeblichen Bemühungen, ein klassisches Atommodell zu konstruieren, lassen erkennen, daß das Verhalten der Elektronen nicht ohne weiteres mit der klassischen Mechanik beschrieben werden kann. Noch viel deutlicher zeigt sich dies an den Beugungserscheinungen, die man an Elektronen beobachten kann.

§ 2. Die Beugung von Materiestrahlen und die Gleichung der Materiewellen.

Inhalt: Beugung von Elektronenstrahlen und anderen Materiestrahlen. Wellenlänge, Frequenz, Wellenfunktion und Wellengleichung eines Materiestrahls.

Bezeichnungen: m Teilchenmasse, $\mathfrak{v}$ Geschwindigkeit, v ihr Betrag, p Impulsbetrag, λ Wellenlänge, ν Frequenz, ϱ Dichtefunktion, Ψ Wellenfunktion, E Gesamtenergie, V potentielle Energie pro Teilchen, W klassische Wirkungsfunktion, $\mathfrak{j}$ Teilchenstrom, h Plancksche Konstante, ψ Eigenfunktion.

Läßt man ein Bündel von Elektronenstrahlen an der scharfen Kante eines Schirmes vorbeigehen, so beobachtet man hinter dem Schirm eine Beugungserscheinung, welche ganz analog zur Beugung eines Lichtbündels ist. Der Schirm wirft keinen scharf begrenzten Schatten, sondern an der Schattengrenze beobachtet man dieselben Beugungsfransen, die in Bd. I, S. 585 bei der Beugung des Lichtes beschrieben wurden (s. Abb. 298).

Eine Glimmerfolie liefert von einem Elektronenbündel ein Beugungsbild, wie ein Kreuzgitter von einem Lichtbündel. An Kristallen erzielt man mit Elektronenstrahlen dieselben Interferenzerscheinungen, wie mit Röntgenstrahlen. Dies wird im einzelnen auf S. 1723 untersucht werden.

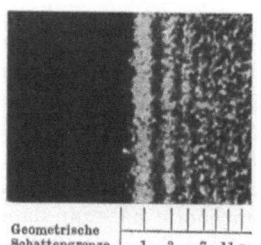

Die angeführten Beugungsphänomene sind nicht auf Elektronen beschränkt, sondern können in ähnlicher Weise an Protonenstrahlen, ja sogar an Atom- und Molekülstrahlen beobachtet werden. Allerdings ist die Beugung der Elektronen viel leichter zu beobachten und liefert viel ausgeprägtere und detailliertere Beugungsbilder als die Beugung schwerer Korpuskularstrahlen. Die Fähigkeit zur Beugung und Interferenz besitzen jedoch alle Materiestrahlen.

Aus der Beugung und Interferenz muß man schließen, daß mit den Materiestrahlen eine periodische Welle verknüpft ist. Den Beobachtungsergebnissen kann man entnehmen, daß die Fortpflanzungsrichtung der Welle in die Richtung der Strahlen fällt, und daß die Wellenlänge

$$\lambda = \frac{h}{p} = \frac{h}{mv} \qquad (\text{III}, 1)$$

der Quotient des Planckschen Wirkungsquantums h und des Teilchenimpulses p ist. Wenn die Teilchengeschwindigkeit in die Größenordnung der Lichtgeschwindigkeit kommt, müssen natürlich noch relativistische Effekte berücksichtigt werden.

Aus den Beugungsphänomenen geht außerdem hervor, daß der mit den Elektronen (Korpuskeln) verbundene Wellenvorgang sich im Raum über mehrere Wellenlängen und im Kristall über mehrere Gitterabstände ausdehnt. Dieser Vorgang kann also auf keine Weise mit dem Modell eines Massenpunktes erfaßt werden.

Wir verzichten deshalb darauf, das Verhalten eines Teilchens in einem Materiestrahl zu beschreiben, indem wir den Ort angeben, wo es sich jeweils befindet. Statt dessen werden wir für jedes Volumenelement $d\tau$ den Anteil der Wirkungen

$$\varrho(x, y, z, t)\, d\tau \qquad (\text{III}, 2)$$

angeben, den das Teilchen in diesem Volumenelement hervorbringt. Man kann (III, 2) auch als Wahrscheinlichkeit dafür bezeichnen, daß das Teilchen in

§ 2. Die Beugung von Materiestrahlen und Gleichung der Materiewellen.

$d\tau$ eine Wirkung hervorbringt, bzw. dort anwesend ist. Bequem und anschaulich ist es, sich das Teilchen als ausgedehntes Gebilde vorzustellen und (III, 2) als den Bruchteil des Teilchens anzusehen, der sich im Volumenelement $d\tau$ befindet. Diese Auffassung ist aber nicht ganz korrekt und führt zu Schwierigkeiten, wenn man gleichzeitig mehrere Teilchen untersucht.

Die Wirkungsdichte oder Wahrscheinlichkeitsdichte $\varrho(y, x, z, t)$ kann natürlich noch von Ort und Zeit abhängen. ϱ ist seiner Bedeutung nach stets positiv und eine eindeutige Funktion des Ortes und der Zeit. Es kann nämlich zu einem bestimmten Zeitpunkt und an einer bestimmten Stelle des Raumes nicht mehrere voneinander verschiedene Wahrscheinlichkeiten für die Wirksamkeit oder Anwesenheit des Teilchens geben.

Wegen ihres stets positiven Charakters eröffnet die Wahrscheinlichkeitsdichte ϱ noch keinen Zugang zu den Beugungs- und Interferenzerscheinungen. Diese setzen wie beim Licht und Schall einen periodischen Wellenvorgang voraus, der sich an einer Wellenfunktion

$$\Psi(x, y, z, t)$$

abspielt, welche positiver und negativer Werte fähig ist. Für sie kann man einen komplexen Ansatz

$$\Psi = f(x, y, z, t) e^{i \varphi(x, y, z, t)} \qquad (III, 3)$$

machen und gegebenenfalls den Realteil oder Imaginärteil betrachten. Die einfachste stets positive Funktion

$$\varrho = \Psi^* \Psi = f^2 \qquad (III, 4)$$

die man aus Ψ bilden kann, identifizieren wir mit der Dichte ϱ. Sie entspricht dann der Intensität der Lichtwellen.

Im Innern eines homogenen Strahls ist ϱ konstant und für die Phase φ müssen wir

$$\varphi = \frac{2\pi}{h} m(\mathfrak{v} \mathfrak{r}) - 2\pi \nu t \qquad (III, 5)$$

ansetzen, um mit dem Beobachtungsergebnis (III, 1) in Übereinstimmung zu kommen. Im Hinblick auf die Franck-Hertzschen Versuche wollen wir die Frequenz des Vorgangs mit der Gesamtenergie E der Elektronen in den Zusammenhang

$$\nu = \frac{E}{h} \qquad (III, 6)$$

setzen und erhalten dann die Wellenfunktion

$$\Psi = \sqrt{\varrho}\, e^{\frac{2\pi i}{h} \{m(\mathfrak{v}\mathfrak{r}) - E t\}} \qquad (III, 7)$$

eines homogenen Materiestrahls. Zwischen Strahlgeschwindigkeit $\mathfrak{v}$ und Energie E besteht die Beziehung

$$\frac{m}{2} \mathfrak{v}^2 = E - V \qquad (III, 8)$$

wenn V die im Strahl konstante potentielle Energie des Teilchens ist.

Man kann sich nun von den speziellen Eigenschaften des Strahls befreien, indem man die Energie E und die Strahlgeschwindigkeit $\mathfrak{v}$ aus (III, 7) eliminiert.

Dazu bildet man

$$\operatorname{grad} \Psi = \frac{2\pi i m}{h} \mathfrak{v} \Psi, \tag{III, 9}$$

$$\Delta \Psi = -\frac{4\pi^2 m^2}{h^2} \mathfrak{v}^2 \Psi, \tag{III, 10}$$

$$\frac{\partial \Psi}{\partial t} = -\frac{2\pi i}{h} E \Psi, \tag{III, 11}$$

gewinnt $\mathfrak{v}^2$ und E aus (III, 10) und (III, 11) und setzt in (III, 8) ein. Für Ψ entsteht so die sogenannte Wellengleichung

$$-\frac{h^2}{8\pi^2 m} \Delta \Psi + V \Psi + \frac{h}{2\pi i} \frac{\partial \Psi}{\partial t} = 0, \tag{III, 12}$$

welche alle homogenen Teilchenstrahlen beliebiger Strahlrichtung und Geschwindigkeit zusammenfaßt.

Die Gleichung (III, 12) steht nicht im Widerspruch zur klassischen Mechanik. Setzt man nämlich

$$m \mathfrak{v} = \operatorname{grad} W \tag{III, 13}$$

so geht (III, 8) in die Hamiltonsche partielle Differentialgleichung

$$\frac{1}{2m} (\operatorname{grad} W)^2 + V - E = 0 \tag{III, 14}$$

über. Die Aussagen der klassischen Mechanik über die kräftefreie Bewegung bleiben also gültig. Im Ansatz (III, 12) werden aber außerdem Feststellungen über den Wellencharakter des Vorgangs gemacht, welche über die klassischen Aussagen hinausgehen.

§ 3. Die Wellengleichung eines Teilchens im Kraftfeld.

Inhalt: Die Wellengleichung ist für große Massen mit der klassischen Mechanik verträglich und enthält die Erhaltung der Teilchen. Randbedingungen. Stationäre Zustände, Schrödingergleichung.
Bezeichnungen: wie S. 832.

Befindet sich ein Teilchen (z. B. ein Elektron) in einem Kraftfeld (z. B. im Felde eines Atomkernes), so werden wir es ebenfalls durch eine Dichtefunktion ϱ und eine Wellenfunktion Ψ beschreiben. Zwischen beiden wird wieder der Zusammenhang

$$\varrho = \Psi^* \Psi \tag{III, 15}$$

bestehen, doch wird ϱ nicht konstant sein. Wir können auch nicht erwarten, daß Ψ wieder die Form (III, 7) hat, weil gebundene Elektronen nicht die Interferenzen ergeben, die man an einem Strahl beobachtet. Es erhebt sich nun die Frage, ob man Ψ noch immer aus der Wellengleichung

$$-\frac{h^2}{8\pi^2 m} \Delta \Psi + V \Psi + \frac{h}{2\pi i} \frac{\partial \Psi}{\partial t} = 0 \tag{III, 16}$$

bestimmen kann, wenn die potentielle Energie V vom Orte abhängt.

Dies kann nur allgemein richtig sein, wenn (III, 16) für Teilchen großer Masse in die klassische Mechanik übergeht. Wir wollen dies nachprüfen.

§ 3. Die Wellengleichung eines Teilchens im Kraftfeld.

Im kräftefreien Fall ist
$$W = m(\mathfrak{v}\,\mathfrak{r}) - Et \qquad (\text{III}, 17)$$
die klassische Wirkungsfunktion. Man erkennt dies, indem man
$$\operatorname{grad} W = m\mathfrak{v} \quad \text{und} \quad \frac{\partial W}{\partial t} = -E \qquad (\text{III}, 18)$$
bildet. Wir untersuchen daher den Ansatz
$$\Psi = \sqrt{\varrho}\, e^{\frac{2\pi i}{h} W} \qquad (\text{III}, 19)$$
für den Fall eines Teilchens großer Masse im Kraftfeld. Dann errechnet man
$$\operatorname{grad}\Psi = \Psi\left\{\frac{1}{2}\frac{\operatorname{grad}\varrho}{\varrho} + \frac{2\pi i}{h}\operatorname{grad} W\right\}$$
$$= \Psi\left\{\frac{1}{2}\frac{\operatorname{grad}\varrho}{\varrho} + \frac{2\pi i m}{h}\mathfrak{v}\right\}. \qquad (\text{III}, 20)$$

Dies reduziert sich für große Masse näherungsweise auf
$$\operatorname{grad}\Psi = \frac{2\pi i m}{h}\mathfrak{v}\,\Psi. \qquad (\text{III}, 21)$$

Daraus ergibt sich
$$\Delta\Psi = \frac{2\pi i m}{h}\Psi \operatorname{div}\mathfrak{v} - \frac{4\pi^2 m^2}{h^2}\Psi \mathfrak{v}^2 \qquad (\text{III}, 22)$$
und für große Masse
$$\Delta\Psi = -\frac{4\pi^2 m^2}{h^2}\Psi \mathfrak{v}^2 = -\frac{4\pi^2}{h^2}\Psi(\operatorname{grad} W)^2. \qquad (\text{III}, 23)$$

Ebenso gilt
$$\frac{\partial \Psi}{\partial t} = \frac{2\pi i}{h}\frac{\partial W}{\partial t}\Psi. \qquad (\text{III}, 24)$$

Geht man mit (III, 23) und (III, 24) in die Wellengleichung (III, 16) ein, so gelangt man zu der Hamiltonschen partiellen Differentialgleichung
$$\frac{(\operatorname{grad} W)^2}{2m} + V + \frac{\partial W}{\partial t} = 0 \qquad (\text{III}, 25)$$
der klassischen Mechanik. Die Wellengleichung (III, 16) ist also für große Massen und beliebige Kraftfelder mit der klassischen Mechanik verträglich. Die klassische Mechanik könnte man als Spezialfall einer allgemeinen Mechanik betrachten, deren Grundgleichung in der Wellengleichung (III, 16) zu sehen wäre.

Aus (III, 19) gewinnt man leicht
$$W = \frac{h}{4\pi i}\ln\frac{\Psi}{\Psi^*} \qquad (\text{III}, 26)$$
und
$$\mathfrak{v} = \frac{1}{m}\operatorname{grad} W = \frac{h}{4\pi i m}\operatorname{grad}\ln\frac{\Psi}{\Psi^*}. \qquad (\text{III}, 27)$$

Aus ϱ und $\mathfrak{v}$ kann man die Teilchenstromdichte
$$\mathfrak{i} = \varrho\mathfrak{v} = \frac{h}{4\pi i m}\Psi^*\Psi \operatorname{grad}\ln\frac{\Psi}{\Psi^*}$$
$$= \frac{h}{4\pi i m}(\Psi^*\operatorname{grad}\Psi - \Psi\operatorname{grad}\Psi^*) \qquad (\text{III}, 28)$$

bilden. Ist $d\mathfrak{f}$ ein beliebiges Flächenelement, so bedeutet

$$(\mathfrak{j}\, d\mathfrak{f}) \tag{III, 29}$$

die Wahrscheinlichkeit dafür, daß ein Teilchen pro Sekunde durch $d\mathfrak{f}$ hindurchtritt. In etwas unexakter Ausdrucksweise ist (III, 29) die Zahl der Teilchen, welche sekundlich das Flächenelement $d\mathfrak{f}$ passieren.

Nun läßt sich leicht eine weitere Bedingung erkennen, welche erfüllt werden muß und auch tatsächlich erfüllt wird. Die Wahrscheinlichkeit, daß aus einem Volumen V sekundlich ein Teilchen herausfließt, ist

$$\oint (\mathfrak{j}\, d\mathfrak{f}), \tag{III, 30}$$

wenn über die Oberfläche von V integriert wird. Da die Teilchen nicht entstehen oder vergehen muß ebenso groß die sekundliche Abnahme

$$-\frac{\partial}{\partial t} \int_V \varrho\, d\tau \tag{III, 31}$$

der Wahrscheinlichkeit sein, daß sich das Teilchen im Volumen V befindet. Man erhält also

$$-\frac{\partial}{\partial t} \int_V \varrho\, d\tau = \oint (\mathfrak{j}\, d\mathfrak{f}). \tag{III, 32}$$

Dividiert man durch V und läßt das Volumen auf die Umgebung eines Punktes zusammenschrumpfen, so gelangt man zur Kontinuitätsgleichung

$$-\frac{\partial \varrho}{\partial t} = \operatorname{div} \mathfrak{j}, \tag{III, 33}$$

welche die Teilchenerhaltung ausspricht. Diese Gleichung muß also aus (III, 16) ableitbar sein, wenn (III, 16) eine umfassendere Mechanik enthalten soll. Um dies zu beweisen, multiplizieren wir (III, 16) mit Ψ^*, erhalten

$$-\frac{h^2}{8\pi^2 m}\Psi^* \Delta \Psi + V\Psi^*\Psi + \frac{h}{2\pi i}\Psi^* \frac{\partial \Psi}{\partial t} = 0 \tag{III, 34}$$

und subtrahieren die konjugiert komplexe Gleichung. Dann ergibt sich

$$-\frac{h^2}{8\pi^2 m}(\Psi^* \Delta \Psi - \Psi \Delta \Psi^*) + \frac{h}{2\pi i}\left(\Psi^* \frac{\partial \Psi}{\partial t} + \Psi \frac{\partial \Psi^*}{\partial t}\right) = 0. \tag{III, 35}$$

Nun ist

$$\operatorname{div}\{\Psi^* \operatorname{grad}\Psi - \Psi \operatorname{grad}\Psi^*\} = \Psi^* \Delta \Psi - \Psi \Delta \Psi^* \tag{III, 36}$$

und

$$\frac{\partial \varrho}{\partial t} = \frac{\partial}{\partial t}\Psi^*\Psi = \Psi^*\frac{\partial \Psi}{\partial t} + \Psi\frac{\partial \Psi^*}{\partial t}. \tag{III, 37}$$

Beachtet man (III, 28), so geht (III, 35) tatsächlich in die Kontinuitätsgleichung

$$\operatorname{div} \mathfrak{j} + \frac{\partial \varrho}{\partial t} = 0 \tag{III, 39}$$

über.

Die Wellengleichung (III, 16) wird also von den Ψ-Funktionen der Teilchen in zwei wichtigen Spezialfällen erfüllt, nämlich bei der kräftefreien Bewegung

§ 3. Die Wellengleichung eines Teilchens im Kraftfeld.

aller Teilchen und der Bewegung der Teilchen großer Masse in beliebigen Kraftfeldern. Daß sie auch in vielen anderen Fällen erfüllt ist, werden wir durch Vergleich mit empirischen Befunden kontrollieren. Dabei wird sich die Wellengleichung (III, 16) als eine notwendige Bedingung für die Wellenfunktionen Ψ erweisen.

Umgekehrt kann man aber leicht erkennen, daß nicht alle Lösungen der Wellengleichung das Verhalten eines Teilchens beschreiben können. Die Dichtefunktion ϱ, wie auch der Teilchenstrom $\mathfrak{j}$ müssen eindeutige Funktionen von Ort und Zeit sein. Wir können hinzufügen, daß diese Größen auch endlich und stetig sein müssen. Die Forderungen der Eindeutigkeit, Endlichkeit und Stetigkeit übertragen sich auch auf die Wellenfunktion.

Wenn überdies

$$\varrho\, d\tau = \Psi^* \Psi\, d\tau \qquad (III, 40)$$

die Wahrscheinlichkeit dafür ist, daß sich das Teilchen im Volumenelement $d\tau$ befindet, muß man beim Summieren über den ganzen Raum

$$\int \varrho\, d\tau = \int \Psi^* \Psi\, d\tau = 1 \qquad (III, 41)$$

erhalten, da es sich ja um gerade ein Teilchen handelt. Diese sogenannte „Normierung" der Funktion Ψ setzt voraus, daß das Integral konvergiert. Dazu ist notwendig, wenn auch noch nicht hinreichend, daß Ψ im Unendlichen verschwinde.

Zu der Erfüllung der Wellengleichung tritt noch die Forderung, daß Ψ eindeutig, endlich und stetig ist und im Unendlichen verschwindet. Diese zusätzlichen Bedingungen werden „Randbedingungen" genannt.

Wir erkennen leicht, daß es Lösungen

$$\Psi = \psi(x, y, z)\, e^{\frac{2\pi i}{h} E t} \qquad (III, 42)$$

der Wellengleichung gibt, welche periodische Funktionen der Zeit sind. Geht man mit (III, 42) in (III, 16) ein, so erhält man zur Bestimmung der Ortsfunktion ψ sie sogenannte Schrödingergleichung.

$$-\frac{h^2}{8\pi^2 m}\Delta\psi + V\psi - E\psi = 0. \qquad (III, 43)$$

Die Randbedingungen gehen von Ψ auf ψ über. Die Funktionen ψ, welche diese Gleichung und die Randbedingungen befriedigen, werden Eigenfunktionen genannt. Zu den besonderen Wellenfunktionen (III, 42) gehört eine Dichteverteilung

$$\varrho = \Psi^* \Psi = \psi^* \psi, \qquad (III, 44)$$

welche nicht von der Zeit abhängt. Diese Wellenfunktionen und die zugehörigen Eigenfunktionen beschreiben also keinen Vorgang, sondern einen Zustand des Teilchens in dem betreffenden Kraftfeld. Meist spricht man überflüssigerweise von einem „stationären" Zustand. Es liegt nahe, die stationären Zustände des Elektrons im Kraftfeld eines Atoms mit den Termen in Verbindung zu bringen. Die Konstante E besitzt die Dimension einer Energie und muß die zeitlich unveränderliche Gesamtenergie des Teilchens in dem betreffenden Zustand sein.

§ 4. Die Terme des Wasserstoffatoms.

Inhalt: Die Schrödingergleichung für Wasserstoff kann in Polarkoordinaten separiert werden. Die ψ-Funktion ist das Produkt einer radialen Eigenfunktion und einer Kugelfunktion. Stationäre Zustände gehören zu negativen Energien, für welche man die empirischen Termserien und den richtigen Wert der Rydbergkonstanten errechnet.

Bezeichnungen: x, y, z kartesische, r, ϑ, φ Polarkoordinaten, Y Kugelflächenfunktion χ, Θ, Φ Funktionen von r, ϑ, φ allein, λ ganze Zahl, l Nebenquantenzahl, n Hauptquantenzahl, Z Kernladungszahl, R Rydbergkonstante, ε_0 Dielektrizitätskonstante des Vakuums.

Befindet sich ein einziges Elektron im Felde eines Atomkernes mit der Kernladung $+Ze$, so ist seine potentielle Energie am Orte x, y, z gleich

$$V = -\frac{Ze^2}{4\pi\varepsilon_0 r}, \tag{III, 45}$$

wenn wir den Koordinatenanfang in den Kern legen. Handelt es sich um einen Wasserstoffkern, so ist $Z = 1$, bei den wasserstoffähnlichen Ionen ist $Z = 2, 3$ usw.

Wir erhalten also für das Elektron die Wellengleichung

$$-\frac{h^2}{8\pi^2 m}\Delta\Psi - \frac{Ze^2}{4\pi\varepsilon_0 r}\Psi + \frac{h}{2\pi i}\frac{\partial\Psi}{\partial t} = 0 \tag{III, 46}$$

und mit

$$\Psi = \psi\, e^{-\frac{2\pi i}{h}Et} \tag{III, 47}$$

die Schrödingergleichung

$$\Delta\psi + \frac{8\pi^2 m}{h^2}\left(E + \frac{Ze^2}{4\pi\varepsilon_0 r}\right)\psi = 0. \tag{III, 48}$$

Zuerst führen wir Polarkoordinaten durch

$$x = r\sin\vartheta\cos\varphi;\quad y = r\sin\vartheta\sin\varphi;\quad z = r\cos\vartheta \tag{III, 49}$$

ein, weil die potentielle Energie kugelsymmetrisch ist, d. h. nur von r abhängt. Die Schrödingergleichung geht dann in

$$\frac{1}{r^2}\frac{\partial}{\partial r}r^2\frac{\partial\psi}{\partial r} + \frac{1}{r^2}\left\{\frac{1}{\sin\vartheta}\frac{\partial}{\partial\vartheta}\left(\sin\vartheta\frac{\partial\psi}{\partial\vartheta}\right) + \frac{1}{\sin^2\vartheta}\frac{\partial^2\psi}{\partial\varphi^2}\right\} \\ + \frac{8\pi^2 m}{h^2}\left(E + \frac{Ze^2}{4\pi\varepsilon_0 r}\right)\psi = 0 \tag{III, 50}$$

über. Außer Stetigkeit und Endlichkeit verlangen die Randbedingungen, daß ψ für $r \to \infty$ verschwinde und daß ψ eindeutig ist. Die Eindeutigkeit bedeutet, daß ψ eine periodische Funktion der Winkel ist. Wenn wir nämlich φ oder ϑ um 2π oder ein Vielfaches davon vergrößern, so bleiben die Ortskoordinaten (III, 49) ungeändert. Wenn wir φ um π vergrößern und gleichzeitig das Vorzeichen von ϑ wechseln, so verändern wir die Ortskoordinaten auch nicht.

Wir suchen jetzt zuerst nach solchen Funktionen ψ, die sich als Produkt

$$\psi = \chi(r)\, Y(\varphi, \vartheta) \tag{III, 51}$$

einer Funktion $\chi(r)$ der Radialkoordinate und einer Funktion $Y(\varphi, \vartheta)$ der Winkel zusammensetzen. Gehen wir mit (III, 51) in die Schrödingergleichung ein, dividieren mit ψ und multiplizieren mit r^2, so erhalten wir

$$\frac{1}{\chi}\frac{\partial}{\partial r}r^2\frac{\partial\chi}{\partial r} + \frac{1}{Y}\left\{\frac{1}{\sin\vartheta}\frac{\partial}{\partial\vartheta}\sin\vartheta\frac{\partial Y}{\partial\vartheta} + \frac{1}{\sin^2\vartheta}\frac{\partial^2 Y}{\partial\varphi^2}\right\} \\ + \frac{8\pi^2 m r^2}{h^2}\left(E + \frac{Ze^2}{4\pi\varepsilon_0 r}\right) = 0.$$

§ 4. Die Terme des Wasserstoffatoms.

Schreibt man dafür

$$\frac{1}{\chi} \frac{\partial}{\partial r} r^2 \frac{\partial \chi}{\partial r} + \frac{8\pi^2 m r^2}{h^2} \left(E + \frac{Ze^2}{4\pi \varepsilon_0 r} \right)$$
$$= -\frac{1}{Y} \left\{ \frac{1}{\sin \vartheta} \frac{\partial}{\partial \vartheta} \sin \vartheta \frac{\partial Y}{\partial \vartheta} + \frac{1}{\sin^2 \vartheta} \frac{\partial^2 Y}{\partial \varphi^2} \right\},$$

so hängt die rechte Seite nicht von r, die linke nicht von den Winkeln ab. Beide Seiten können also nur einer Konstanten A gleich sein. Wir können deshalb die Schrödingergleichung in die beiden Gleichungen

$$\frac{d}{dr} r^2 \frac{d\chi}{dr} + \frac{8\pi^2 m r^2}{h^2} \left(E + \frac{Ze^2}{4\pi \varepsilon_0 r} \right) \chi - A\chi = 0 \qquad \text{(III, 52)}$$

und

$$\frac{1}{\sin \vartheta} \frac{\partial}{\partial \vartheta} \sin \vartheta \frac{\partial Y}{\partial \vartheta} + \frac{1}{\sin^2 \vartheta} \frac{\partial^2 Y}{\partial \varphi^2} + AY = 0 \qquad \text{(III, 53)}$$

zerlegen, von denen die eine nur r als unabhängige Variable, die andere nur die Winkel enthält.

Wir verfolgen zuerst die Gleichung für $Y(\varphi, \vartheta)$ weiter und versuchen den Produktansatz

$$Y(\varphi, \vartheta) = \Theta(\vartheta) \cdot \Phi(\varphi), \qquad \text{(III, 54)}$$

wo Θ nur eine Funktion von ϑ und Φ nur eine Funktion von φ sein soll. Setzen wir das in (III, 53) ein und dividieren wir mit Y, so erhalten wir die Gleichung

$$\frac{1}{\Theta \sin \vartheta} \frac{d}{d\vartheta} \sin \vartheta \frac{d\Theta}{d\vartheta} + \frac{1}{\sin^2 \vartheta} \frac{1}{\Phi} \frac{d^2 \Phi}{d\varphi^2} + A = 0.$$

Wir können sie auf die Form

$$\frac{\sin \vartheta}{\Theta} \frac{d}{d\vartheta} \sin \vartheta \frac{d\Theta}{d\vartheta} + A \sin^2 \vartheta = -\frac{1}{\Phi} \frac{d^2 \Phi}{d\varphi^2}$$

bringen. Die linke Seite hängt nicht von φ, die rechte Seite nicht von ϑ ab, und beide Seiten können wir deshalb gleich einer Konstanten C setzen. Damit erhalten wir die beiden Gleichungen

$$\frac{d^2 \Phi}{d\varphi^2} = -C\Phi, \qquad \text{(III, 55)}$$

$$\frac{1}{\sin \vartheta} \frac{d}{d\vartheta} \sin \vartheta \frac{d\Theta}{d\vartheta} + A\Theta - \frac{C\Theta}{\sin^2 \vartheta} = 0. \qquad \text{(III, 56)}$$

Die Gleichung für Φ kann man sofort integrieren und findet die Lösungen

$$\Phi = N \sin(\varphi \sqrt{C}) \quad \text{bzw.} \quad \Phi = N \cos(\varphi \sqrt{C}). \qquad \text{(III, 57)}$$

N ist eine beliebige Integrationskonstante. Damit aber

$$\Phi(\varphi + 2\pi) = \Phi(\varphi) \qquad \text{(III, 58)}$$

ist, muß $\sqrt{C}$ eine ganze Zahl sein, die wir mit λ bezeichnen wollen. C selbst ist dann gleich λ^2 und wir erhalten

$$\Phi = N \cos \lambda \varphi \quad \text{bzw.} \quad \Phi = N \sin \lambda \varphi. \qquad \text{(III, 59)}$$

Vergrößern wir φ um π, so wechselt Φ das Vorzeichen, wenn λ ungerade ist, und behält es bei, wenn λ gerade ist.

Setzen wir $C = \lambda^2$ in die Gleichung (III, 56) für Θ ein, so erhalten wir

$$\frac{1}{\sin\vartheta}\frac{d}{d\vartheta}\left(\sin\vartheta\frac{d\Theta}{d\vartheta}\right) + A\Theta - \frac{\lambda^2\Theta}{\sin^2\vartheta} = 0. \tag{III, 60}$$

Wir wollen wieder zuerst dafür sorgen, daß die Randbedingungen erfüllt werden, und machen dazu den Ansatz

$$\Theta = \sin^\lambda\vartheta\, F(\cos\vartheta). \tag{III, 61}$$

F soll eine beliebige Funktion von $\cos\vartheta$ sein, besitzt also die Periode 2π und ändert ihren Wert nicht, wenn wir ϑ durch $-\vartheta$ ersetzen. $\sin^\lambda\vartheta$ hat ebenfalls die Periode 2π. Ersetzen wir ϑ durch $-\vartheta$, so tritt ein Vorzeichenwechsel ein, wenn λ ungerade ist, also immer dann, wenn Φ beim Vergrößern von φ um π das Vorzeichen wechselt. Der Ansatz (III, 61) sorgt also für Erfüllung der Randbedingungen, wenn F frei von Singularitäten ist. Wenn wir mit (III, 61) in die Gleichung (III, 60) eingehen, erhalten wir

$$\frac{d^2 F}{d\vartheta^2} + (2\lambda + 1)\cot\vartheta\frac{dF}{d\vartheta} + (A - \lambda^2 - \lambda)F = 0. \tag{III, 62}$$

Da F sich aus $\cos\vartheta$ aufbauen soll, führen wir $u = \cos\vartheta$ als unabhängige Variable ein, indem wir

$$\frac{d}{d\vartheta} = \frac{du}{d\vartheta}\frac{d}{du} = -\sin\vartheta\frac{d}{du} \tag{III, 63}$$

einführen, und erhalten

$$(1 - u^2)\frac{d^2 F}{du^2} - 2(\lambda + 1)u\frac{dF}{du} + (A - \lambda^2 - \lambda)F = 0. \tag{III, 64}$$

Nachdem für die Erfüllung der Randbedingungen schon gesorgt ist, ermitteln wir F, indem wir die Potenzreihenentwicklung

$$F = \sum_k c_k u^k \tag{III, 65}$$

ansetzen und damit in die Differentialgleichung (III, 64) eingehen. Diese Entwicklung darf aber keine unendliche Reihe liefern, sondern muß mit einem endlichen Glied $c_s u^s$ abbrechen, da sonst die Endlichkeit von F wieder verlorengeht. Setzen wir (III, 65) in (III, 64) ein und sammeln alle Glieder mit u^k, so ergibt sich

$$\sum_k \{(k+2)(k+1)c_{k+2} - k(k-1)c_k - 2(\lambda+1)kc_k + (A - \lambda^2 - \lambda)c_k\}u^k = 0. \tag{III, 66}$$

Diese Gleichung kann nur erfüllt werden, wenn die Koeffizienten aller Potenzen von u einzeln verschwinden, wenn also

$$(k+2)(k+1)c_{k+2} - k(k-1)c_k - 2(\lambda+1)kc_k + (A - \lambda^2 - \lambda)c_k = 0, \tag{III, 67}$$

d. h.

$$c_{k+2} = c_k \frac{(\lambda + k)(\lambda + k + 1) - A}{(k+2)(k+1)} \tag{III, 68}$$

§ 4. Die Terme des Wasserstoffatoms.

gilt. Damit haben wir eine Rekursionsformel für die Koeffizienten c_k der Reihenentwicklung (III, 65). Soll c_s von Null verschieden, dagegen $c_{s+2} = 0$ sein, so muß

$$A = (\lambda + s)(\lambda + s + 1) = l(l+1) \qquad (III, 69)$$

sein, wenn wir $\lambda + s = l$ schreiben.

Es zeigt sich also, daß die Separationskonstante A nicht jeden Wert besitzen kann, sondern daß sie nur einer Reihe ganz bestimmter Werte

$$A = l(l+1) \qquad (III, 70)$$

fähig ist, wobei l die Reihe der ganzen Zahlen von λ an durchläuft.

Zu jeder ganzen Zahl l gibt es $l+1$ Zahlenpaare s und λ. Zu jeder Kombination von l und λ gehört eine bestimmte Funktion F und zu jedem l also $l+1$ voneinander verschiedene Funktionen F und Θ. Die Θ können in zweierlei Weise zu den Funktionen Y durch die Zusätze

$$\sin \lambda \varphi \quad \text{bzw.} \quad \cos \lambda \varphi \qquad (III, 71)$$

ergänzt werden. Nur wenn $\lambda = 0$ ist, fällt der Sinus weg. Zu jedem Wert l gehören also im ganzen $2l+1$ voneinander verschiedene Funktionen Y. Man nennt sie die Kugelflächenfunktionen vom Grade l.

Die Kugelflächenfunktionen niedrigen Grades könnten wir nun leicht ermitteln, stellen dies aber noch etwas zurück und untersuchen zuerst die Gleichung für χ. Hierzu setzen wir den Wert von A in (III, 52) ein und erhalten zur Bestimmung von χ die Differentialgleichung

$$\frac{1}{r^2}\frac{d}{dr}r^2\frac{d\chi}{dr} + \left\{\frac{8\pi^2 m}{h^2}\left(E + \frac{Ze^2}{4\pi\varepsilon_0 r}\right) - \frac{l(l+1)}{r^2}\right\}\chi = 0. \qquad (III, 72)$$

Zur Vereinfachung bedienen wir uns der Abkürzungen

$$\frac{4\pi^2 m E}{h^2} = \eta; \quad \frac{\pi m Z e^2}{\varepsilon_0 h^2} = \alpha, \qquad (III, 73)$$

wodurch (III, 72) in

$$\frac{d^2\chi}{dr^2} + \frac{2}{r}\frac{d\chi}{dr} + \left\{2\eta + \frac{2\alpha}{r} - \frac{l(l+1)}{r^2}\right\}\chi = 0 \qquad (III, 74)$$

übergeht. Die Funktion χ muß diese Gleichung erfüllen, außerdem im Unendlichen verschwinden und im Endlichen überall endlich und stetig sein. In großer Entfernung vom Atomkern kann man alle Glieder weglassen, welche r im Nenner tragen, und es bleibt nur

$$\frac{d^2\chi_\infty}{dr^2} + 2\eta\chi_\infty = 0 \qquad (III, 75)$$

zurück. Für große r nähert sich χ also dem Verlauf

$$\chi_\infty = U e^{-r\sqrt{-2\eta}} + W e^{r\sqrt{-2\eta}}, \qquad (III, 76)$$

wo U und W Konstanten sind. Ist η positiv, so ist dies eine periodische Funktion, welche wir nicht brauchen können. Zu positiven Gesamtenergien können also keine stationären Zustände des Wasserstoffatoms gehören. Ist η negativ, so setzen wir

$$2\eta = -\beta^2 \qquad (III, 77)$$

und erhalten

$$\chi_\infty = U e^{-\beta r} + W e^{\beta r}. \qquad (III, 78)$$

Jetzt gibt es eine brauchbare Lösung, wenn $W = 0$ ist. Um die Gleichung (III, 78) im ganzen Gebiet von $r = 0$ bis $r = \infty$ zu befriedigen, machen wir den Ansatz

$$\chi = e^{-\beta r} U(r), \qquad \text{(III, 79)}$$

betrachten also $U(r)$ als Funktion von r. Wir erhalten beim Einsetzen für U die Gleichung

$$\frac{d^2 U}{d r^2} + 2\left(\frac{1}{r} - \beta\right)\frac{dU}{dr} + \left(\frac{2\alpha - 2\beta}{r} - \frac{l(l+1)}{r^2}\right) U = 0. \qquad \text{(III, 80)}$$

Nun entwickeln wir U in die Reihe

$$U = \sum' b_m r^m, \qquad \text{(III, 81)}$$

gehen damit in (III, 80) ein, ordnen nach Potenzen von r und sammeln alle Glieder mit dem Faktor r^m. Diese Potenz von r trägt den Koeffizienten

$$(m+2)(m+1) b_{m+2} + 2(m+2) b_{m+2} - 2\beta(m+1) b_{m+1} +$$
$$+ 2(\alpha - \beta) b_{m+1} - l(l+1) b_{m+2}. \qquad \text{(III, 82)}$$

Soll die Gleichung (III, 80) erfüllt sein, so müssen alle diese Koeffizienten verschwinden. Hieraus gewinnen wir die Rekursionsformel

$$b_{m+2} = b_{m+1} \frac{2(\beta m + 2\beta - \alpha)}{(m+2)(m+3) - l(l+1)} \qquad \text{(III, 83)}$$

für die Entwicklungskoeffizienten b. Wenn wir die Laufzahl m um 1 erniedrigen, lautet sie

$$b_{m+1} = 2 b_m \frac{\beta(m+1) - \alpha}{(m+2)(m+1) - l(l+1)}. \qquad \text{(III, 84)}$$

Wenn die Reihe (III, 81) nur eine endliche Anzahl von Gliedern besitzt, U also eine ganze rationale Funktion ist, wird der Verlauf von χ im Unendlichen nicht wesentlich verändert. Der Faktor $e^{-\beta r}$ konvergiert so stark gegen Null, daß endliche Potenzen von r dagegen nicht aufkommen. Würde die Reihe dagegen ins Unendliche laufen, so würde χ im Unendlichen nicht mehr verschwinden, weil sich dann U der Funktion $e^{2\beta r}$ nähern würde.

Soll die Entwicklung (III, 81) mit dem Glied
$$c_p r^p$$
abbrechen, so muß
$$\alpha = \beta(p+1); \quad \beta = \frac{\alpha}{p+1} = \frac{\alpha}{n} \qquad \text{(III, 85)}$$

sein. Andererseits wird der Nenner von (III, 84) gleich Null, wenn $l = m + 1$ ist. Alle Glieder in der Reihe vor dem l-ten müssen demnach verschwinden, weil sonst das l-te unendlich werden würde.

Erinnern wir uns jetzt an die Bedeutung der Abkürzungen (III, 73 u. III, 77), so erhalten wir

$$\eta = -\frac{\beta^2}{2} = -\frac{\alpha^2}{2 n^2}, \qquad \text{(III, 86)}$$

$$E = -\frac{m e^4 Z^2}{8 \varepsilon_0^2 h^2 n^2}. \qquad \text{(III, 87)}$$

Soll das Wasserstoffatom eine stabile Konfiguration besitzen, so muß seine Energie negativ sein und einen der Werte der Formel (III, 87) annehmen. Ein Wasserstoffatom kann also nicht alle möglichen Energien besitzen, sondern nur eine diskrete Reihe von Werten, deren absoluter Betrag den Quadraten der

§ 4. Die Terme des Wasserstoffatoms.

ganzen Zahlen umgekehrt proportional sind. Zu jedem Energiewert gehört eine bestimmte ganze Zahl n, und diese Zahl nennen wir die Hauptquantenzahl des Atomzustandes mit dieser Energie. Die Reihe der Hauptquantenzahlen beginnt mit 1, denn n ist um 1 größer als der höchste Exponent p, der in der Reihe für U vorkommt. Nebenbei ergibt sich noch, daß die Zahl l, welche wir Nebenquantenzahl nennen, stets kleiner oder höchstens gleich $n-1$ sein kann.

Dividieren wir die Energiewerte des Wasserstoffatoms durch $-hc$, so erhalten wir die spektroskopischen Terme

$$T_n = -\frac{E_n}{hc} = \frac{m e^4 Z^2}{8 \varepsilon_0^2 h^3 c n^2} = \frac{109\,700}{n^2} \text{ cm}^{-1} = \frac{R}{n^2}, \qquad \text{(III, 88)}$$

wenn wir die bekannten Zahlwerte von m, e, c und h einsetzen. Für die Terme haben wir also nicht nur die richtige Abhängigkeit von der Hauptquantenzahl n gefunden, sondern auch der Zahlwert der Rydbergkonstanten errechnet sich so genau, als es der Meßgenauigkeit von h, e, c und m entspricht.

Die soeben ermittelten Energiewerte nennt man die Eigenwerte des Wasserstoffatoms. Nachdem wir sie kennen, können wir auch leicht die ψ-Funktionen auffinden, welche zu ihnen gehören und die wir die Eigenfunktionen nennen wollen.

* Bis jetzt ist nur gezeigt, daß zu den Energien

$$E = -\frac{m e^4 Z^2}{8 \varepsilon_0^2 h^2 n^2} \qquad \text{(III, 89)}$$

stationäre Zustände des Wasserstoffs gehören. Wir müssen uns noch klarmachen, daß es sonst keine stationären Zustände geben kann.

Halten wir einen bestimmten Wert von r fest, so ist ψ eine eindeutige Funktion auf der Kugel mit dem Radius r und läßt sich deshalb nach den Kugelflächenfunktionen entwickeln. Wir können also

$$\psi = \sum_{l,\lambda} C_{l,\lambda} Y_\lambda^l(\varphi, \vartheta) \qquad \text{(III, 90)}$$

schreiben. Fassen wir andere Werte von r ins Auge, so haben die $C_{l,\lambda}$ andere Zahlwerte, d. h. wir können für

$$\psi = \sum_{l,\lambda} C_{l,\lambda}(r) Y_\lambda^l(\varphi, \vartheta) \qquad \text{(III, 91)}$$

ansetzen. Damit gehen wir in die Gleichung (III, 50) ein und erhalten

$$\sum_{l,\lambda} Y_\lambda^l(\varphi, \vartheta) \left\{ \frac{1}{r^2} \frac{d}{dr} r^2 \frac{dC_{l,\lambda}}{dr} - \frac{l(l+1)}{r^2} C_{l,\lambda} + \frac{8\pi^2 m}{h^2}\left(E + \frac{Z e^2}{4\pi \varepsilon_0 r}\right) C_{l,\lambda} \right\} = 0, \qquad \text{(III, 92)}$$

weil die Y_λ^l die Gleichungen

$$\frac{1}{\sin\vartheta} \frac{\partial}{\partial \vartheta} \sin\vartheta \frac{\partial Y_\lambda^l}{\partial \vartheta} + \frac{1}{\sin^2\vartheta} \frac{\partial^2 Y_\lambda^l}{\partial \varphi^2} = -l(l+1) Y_\lambda^l \qquad \text{(III, 93)}$$

erfüllen. Die Gleichung (III, 92) kann nur gelten, wenn die Koeffizienten der Kugelfunktionen alle einzeln verschwinden, woraus

$$\frac{1}{r^2} \frac{d}{dr} r^2 \frac{dC_{l,\lambda}}{dr} - \frac{l(l+1)}{r^2} C_{l,\lambda} + \frac{8\pi^2 m}{h^2}\left(E + \frac{Z e^2}{4\pi \varepsilon_0 r}\right) C_{l,\lambda} = 0. \qquad \text{(III, 94)}$$

Dies ist aber genau Gleichung (III, 72) für die $\chi(r)$, aus der wir die Werte für E gewonnen haben.

§ 5. Die Eigenfunktionen des Wasserstoffs.

Inhalt: Die Eigenfunktionen des Wasserstoffs sind Produkte einer radialen Eigenfunktion $\chi_{n,l}(r)$ und einer Kugelflächenfunktion $Y_\lambda^l(\varphi, \vartheta)$. Die verschiedenen Kugelfunktionen werden durch die Nebenquantenzahl l und die Quantenzahl λ, die radialen Eigenfunktionen durch die Hauptquantenzahl n und Nebenquantenzahl l charakterisiert. Radiale Eigenfunktionen und Kugelflächenfunktionen können für sich normiert werden. Die Kugelfunktionen bilden ein orthogonales Funktionensystem, welches durch die radialen Eigenfunktionen zu einem orthogonalen System von Ortsfunktionen ergänzt wird. Tabelle der normierten Kugelfunktionen, radialen Eigenfunktionen und Gesamteigenfunktionen.
Bezeichnungen: wie S. 832.

Die Eigenfunktionen
$$\psi = \chi(r) \cdot \Theta(\vartheta) \cdot \Phi(\varphi) \qquad (III, 95)$$
bestehen aus drei Faktoren, von denen jeder nur von einer Koordinate abhängt. Da $\psi^*\psi$ die Dichte des Elektrons bedeuten soll, muß
$$\int \psi^* \psi \, d\tau = 1 \qquad (III, 96)$$
sein. Schreibt man das Volumenelement ausführlich
$$d\tau = r^2 \, dr \sin\vartheta \, d\vartheta \, d\varphi, \qquad (III, 97)$$
so zerfällt das Normierungsintegral
$$1 = \int \psi^* \psi \, d\tau = \int_0^\infty \chi^2 r^2 \, dr \cdot \int_0^\pi \Theta^2 \sin\vartheta \, d\vartheta \cdot \int_0^{2\pi} \Phi^2 \, d\varphi \qquad (III, 98)$$
in drei Integrale und man kann die Funktionen χ, Θ und Φ mit solchen Zahlfaktoren versehen, daß diese drei Integrale einzeln den Wert 1 annehmen.

Die Kugelfunktionen. Der Anteil
$$\Phi_\lambda = N \sin\lambda\varphi \quad \text{bzw.} \quad \Phi_\lambda = N \cos\lambda\varphi \qquad (III, 99)$$
wird durch die ganze Zahl λ bestimmt, welche alle Zahlen einschließlich der Null durchlaufen kann. Damit
$$\int_0^{2\pi} \Phi^2 \, d\varphi = 1 \qquad (III, 100)$$
wird, müssen wir $N = \dfrac{1}{\sqrt{\pi}}$ setzen, wenn $\lambda \neq 0$ ist. Damit erhalten wir
$$\Phi = \frac{1}{\sqrt{\pi}} \sin\lambda\varphi \quad \text{bzw.} \quad \Phi = \frac{1}{\sqrt{\pi}} \cos\lambda\varphi. \qquad (III, 101)$$
Die Funktionen Θ haben die Form
$$\Theta_\lambda^l = \sin^\lambda\vartheta \, F_\lambda^l(\cos\vartheta). \qquad (III, 102)$$
Nach Abspaltung des Faktors $\sin^\lambda\vartheta$ bleibt noch eine Funktion $F_\lambda^l(\cos\vartheta)$ übrig, die man durch die Reihe
$$F_\lambda^l = \sum_k c_k \cos^k\vartheta \qquad (III, 103)$$
darstellen kann. Für die Koeffizienten c_k gibt es die Rekursionsformel (III, 68)
$$c_{k+2} = -c_k \frac{l(l+1) - (\lambda+k)(\lambda+k+1)}{(k+1)(k+2)}, \qquad (III, 104)$$
mit der man F_λ^l leicht berechnen kann. Die Reihe (III, 103) enthält entweder nur gerade oder nur ungerade Potenzen von $\cos\vartheta$. Die Koeffizienten c_0 bzw. c_1 bleiben willkürlich und werden durch die Normierungsforderung
$$\int_0^\pi \Theta^2 \sin\vartheta \, d\vartheta = 1 \qquad (III, 105)$$
bestimmt. Das Produkt von Θ und Φ ergibt die Kugelflächenfunktion
$$Y_\lambda^l(\varphi, \vartheta) = \frac{1}{\sqrt{\pi}} \sin^\lambda\vartheta \, F_\lambda^l(\cos\vartheta) \begin{cases} \cos\lambda\varphi \\ \sin\lambda\varphi \end{cases}, \qquad (III, 106)$$

§ 5. Die Eigenfunktionen des Wasserstoffs.

welche durch die beiden Quantenzahlen l und λ gekennzeichnet ist. Ein Verzeichnis der einfachsten normierten Kugelflächenfunktionen gibt die Tabelle.

Normierte Kugelflächenfunktionen.

Elektronen-symbol	l	λ	Y_λ^l
$s\sigma$	0	0	$Y_0^0 = \dfrac{1}{2\sqrt{\pi}}$
$p\sigma$	1	0	$Y_0^1 = \dfrac{1}{2}\sqrt{\dfrac{3}{\pi}} \cos\vartheta$
$p\pi$	1	1	$Y_1^1 = \dfrac{1}{2}\sqrt{\dfrac{3}{\pi}} \sin\vartheta \cos\varphi$
$p\pi$	1	1	$Y_1^1 = \dfrac{1}{2}\sqrt{\dfrac{3}{\pi}} \sin\vartheta \sin\varphi$
$d\sigma$	2	0	$Y_0^2 = \dfrac{1}{4}\sqrt{\dfrac{5}{\pi}} (3\cos^2\vartheta - 1)$
$d\pi$	2	1	$Y_1^2 = \dfrac{1}{2}\sqrt{\dfrac{15}{\pi}} \sin\vartheta \cos\vartheta \cos\varphi$
$d\pi$	2	1	$Y_1^2 = \dfrac{1}{2}\sqrt{\dfrac{15}{\pi}} \sin\vartheta \cos\vartheta \sin\varphi$
$d\delta$	2	2	$Y_2^2 = \dfrac{1}{4}\sqrt{\dfrac{15}{\pi}} \sin^2\vartheta \cos 2\varphi$
$d\delta$	2	2	$Y_2^2 = \dfrac{1}{4}\sqrt{\dfrac{15}{\pi}} \sin^2\vartheta \sin 2\varphi$
$f\sigma$	3	0	$Y_0^3 = \dfrac{1}{4}\sqrt{\dfrac{7}{\pi}} (5\cos^3\vartheta - 3\cos\vartheta)$
$f\pi$	3	1	$Y_1^3 = \dfrac{1}{4}\sqrt{\dfrac{21}{2\pi}} \sin\vartheta (5\cos^2\vartheta - 1) \genfrac{}{}{0pt}{}{\sin}{\cos}\varphi$
$f\delta$	3	2	$Y_2^3 = \dfrac{1}{4}\sqrt{\dfrac{105}{\pi}} \sin^2\vartheta \cos\vartheta \genfrac{}{}{0pt}{}{\cos}{\sin} 2\varphi$
$f\varphi$	3	3	$Y_3^3 = \dfrac{1}{4}\sqrt{\dfrac{35}{2\pi}} \sin^3\vartheta \genfrac{}{}{0pt}{}{\cos}{\sin} 3\varphi$
$g\sigma$	4	0	$Y_0^4 = \dfrac{3}{16\sqrt{\pi}} (35\cos^4\vartheta - 30\cos^2\vartheta + 3)$
$g\pi$	4	1	$Y_1^4 = \dfrac{3}{4}\sqrt{\dfrac{5}{2\pi}} (7\cos^3\vartheta - 3\cos\vartheta) \sin\vartheta \genfrac{}{}{0pt}{}{\cos}{\sin}\varphi$
$g\delta$	4	2	$Y_2^4 = \dfrac{3}{8}\sqrt{\dfrac{5}{\pi}} (7\cos^2\vartheta - 1) \sin^2\vartheta \genfrac{}{}{0pt}{}{\cos}{\sin} 2\varphi$
$g\varphi$	4	3	$Y_3^4 = \dfrac{3}{4}\sqrt{\dfrac{35}{2\pi}} \cos\vartheta \sin^3\vartheta \genfrac{}{}{0pt}{}{\cos}{\sin} 3\varphi$
$g\gamma$	4	4	$Y_4^4 = \dfrac{3}{16}\sqrt{\dfrac{35}{\pi}} \sin^4\vartheta \genfrac{}{}{0pt}{}{\cos}{\sin} 4\varphi$

Für $l = 0$ gibt es nur eine Kugelfunktion, für $l = 1$ schon drei Kugelfunktionen und für $l = 2$ deren fünf. Die Zahl der Kugelflächenfunktionen vom Grade l ist $2l + 1$, weil λ bei gegebenem l alle Werte von $\lambda = 0$ bis $\lambda = l$ durchläuft und zu jedem λ zwei Funktionen gehören. Nur wenn $\lambda = 0$ ist, gibt es nur eine Funktion.

Wenn man das Produkt zweier verschiedener Kugelfunktionen über die Einheitskugel integriert, so kommt Null heraus. Wir erhalten also

$$\int_0^\pi \int_0^{2\pi} Y_\lambda^l(\varphi, \vartheta) Y_{\lambda'}^{l'}(\varphi, \vartheta) \sin\vartheta \, d\vartheta \, d\varphi$$
$$= \int_0^\pi \Theta \Theta' \sin\vartheta \, d\vartheta \int_0^{2\pi} \Phi \Phi' \, d\varphi = 0 \text{ oder } 1, \qquad \text{(III, 107)}$$

je nachdem Y_λ^l und $Y_{\lambda'}^{l'}$ verschiedene oder gleiche Funktionen sind. Diese Eigenschaft der Kugelfunktionen nennt man Orthogonalität. Zwei Kugelfunktionen sind entweder gleich oder orthogonal. Um die Richtigkeit dieser Behauptung einzusehen, bilden wir zunächst das Produkt von zwei Kugelfunktionen, die zu den gleichen Werten von l und λ gehören. Bei der einen möge aber der Faktor $\cos\lambda\varphi$, bei der anderen $\sin\lambda\varphi$ vorkommen. Bei der Integration über die Einheitskugeln tritt dann das Integral

$$\int_0^{2\pi} \sin\lambda\varphi \cos\lambda\varphi \, d\varphi = 0 \qquad \text{(III, 108)}$$

auf. Ist $\lambda \neq \lambda'$, so ist statt (III, 108) eines der Integrale

$$\int_0^{2\pi} \sin\lambda\varphi \sin\lambda'\varphi \, d\varphi = 0,$$

$$\int_0^{2\pi} \sin\lambda\varphi \cos\lambda'\varphi \, d\varphi = 0,$$

$$\int_0^{2\pi} \cos\lambda\varphi \cos\lambda'\varphi \, d\varphi = 0,$$

$$\int_0^{2\pi} \cos\lambda\varphi \sin\lambda'\varphi \, d\varphi = 0$$

zu bilden. Wir brauchen also nur noch den Fall zu untersuchen, daß die Kugelfunktionen sich nicht in Φ, sondern nur in Θ unterscheiden, also zu verschiedenen l gehören, während $\lambda = \lambda'$ ist. Dazu gehen wir von der Gleichung (III, 60)

$$\frac{1}{\sin\vartheta} \frac{d}{d\vartheta}\left(\sin\vartheta \frac{d\Theta}{d\vartheta}\right) + l(l+1)\Theta - \frac{\lambda^2 \Theta}{\sin^2\vartheta} = 0 \qquad \text{(III, 109)}$$

aus, multiplizieren mit
$$\Theta' \sin\vartheta$$
und integrieren. Dabei ergibt sich

$$\int_0^\pi \Theta' \frac{d}{d\vartheta}\left(\sin\vartheta \frac{d\Theta}{d\vartheta}\right) d\vartheta + l(l+1) \int_0^\pi \Theta'\Theta \sin\vartheta \, d\vartheta - \lambda^2 \int_0^\pi \frac{\Theta'\Theta}{\sin\vartheta} d\vartheta = 0. \qquad \text{(III, 110)}$$

Auf analoge Weise findet man

$$\int_0^\pi \Theta \frac{d}{d\vartheta}\left(\sin\vartheta \frac{d\Theta'}{d\vartheta}\right) d\vartheta + l'(l'+1) \int_0^\pi \Theta\Theta' \sin\vartheta \, d\vartheta - \lambda^2 \int_0^\pi \frac{\Theta\Theta'}{\sin\vartheta} d\vartheta = 0. \qquad \text{(III, 111)}$$

§ 5. Die Eigenfunktionen des Wasserstoffs.

Durch Subtrahieren erhält man

$$\{l(l+1) - l'(l'+1)\} \int_0^\pi \Theta' \Theta \sin\vartheta \, d\vartheta \quad \text{(III, 112)}$$

$$= \int_0^\pi \left\{\Theta \frac{d}{d\vartheta}\left(\sin\vartheta \frac{d\Theta'}{d\vartheta}\right) - \Theta' \frac{d}{d\vartheta}\left(\sin\vartheta \frac{d\Theta}{d\vartheta}\right)\right\} d\vartheta.$$

Nun ist aber

$$\Theta \frac{d}{d\vartheta}\left(\sin\vartheta \frac{d\Theta'}{d\vartheta}\right) - \Theta' \frac{d}{d\vartheta}\left(\sin\vartheta \frac{d\Theta}{d\vartheta}\right) = \frac{d}{d\vartheta}\left\{\sin\vartheta \left(\Theta \frac{d\Theta'}{d\vartheta} - \Theta' \frac{d\Theta}{d\vartheta}\right)\right\} \quad \text{(III, 113)}$$

und

$$\int \left\{\Theta \frac{d}{d\vartheta}\left(\sin\vartheta \frac{d\Theta'}{d\vartheta}\right) - \Theta' \frac{d}{d\vartheta}\left(\sin\vartheta \frac{d\Theta}{d\vartheta}\right)\right\} d\vartheta \quad \text{(III, 114)}$$

$$= \left|\sin\vartheta \left(\Theta \frac{d\Theta'}{d\vartheta} - \Theta' \frac{d\Theta}{d\vartheta}\right)\right|_0^\pi = 0.$$

Deshalb gilt allgemein

$$\{l(l+1) - l'(l'+1)\} \int_0^\pi \Theta \Theta' \sin\vartheta \, d\vartheta = 0. \quad \text{(III, 115)}$$

Damit ist gezeigt, daß die Kugelflächenfunktionen ein orthogonales Funktionensystem bilden, d. h. jede Kugelflächenfunktion ist zu allen anderen Kugelflächenfunktionen orthogonal.

Die radialen Eigenfunktionen. Die radialen Eigenfunktionen $\chi(r)$ genügen den Gleichungen

$$\frac{d^2 \chi_{n,l}}{dr^2} + \frac{2}{r} \frac{d\chi_{n,l}}{dr} + \left\{\frac{2\alpha}{r} - \frac{\alpha^2}{n^2} - \frac{l(l+1)}{r^2}\right\} \chi_{n,l} = 0. \quad \text{(III, 116)}$$

Sie werden also durch die Hauptquantenzahl n und die Nebenquantenzahl l bestimmt. Führt man statt α

$$a = \frac{Z}{\alpha} = \frac{\varepsilon_0 h^2}{\pi m e^2} = 0{,}5284 \cdot 10^{-8} \text{ cm}, \quad \text{(III, 117)}$$

ein, so geht die Gleichung (III, 116) in

$$\frac{d^2 \chi_{n,l}}{dr^2} + \frac{2}{r} \frac{d\chi_{n,l}}{dr} + \left\{\frac{2Z}{ar} - \frac{Z^2}{a^2 n^2} - \frac{l(l+1)}{r^2}\right\} \chi_{n,l} = 0 \quad \text{(III, 118)}$$

über. χ hat zunächst den Faktor

$$e^{-\beta r} = e^{-\frac{\alpha r}{n}} = e^{-\frac{Zr}{an}}. \quad \text{(III, 119)}$$

Dazu kommt die Potenzreihe

$$U = \sum_{1}^{n-1} b_m r^m, \quad \text{(III, 120)}$$

deren Koeffizienten man aus der Rekursionsformel (siehe S. 842, Gl. III, 84)

$$b_{m+1} = -\frac{2Z}{na} b_m \frac{n-m-1}{(m+1)(m+2) - l(l+1)} \quad \text{(III, 121)}$$

berechnen kann. Hierbei bleibt ein Koeffizient willkürlich, der durch die Normierung

$$\int \chi^2 r^2 \, dr = 1 \tag{III, 122}$$

bestimmt wird. Rechnet man die normierten Funktionen $\chi_{n,l}$ aus, so erhält man mit den Abkürzungen

$$a = \frac{\varepsilon_0 h^2}{\pi m e^2}; \quad x = \frac{Z r}{a n}; \quad N = \left(\frac{Z}{n a}\right)^{3/2} \tag{III, 123}$$

die Funktionen der Tabelle.

Die radialen Eigenfunktionen (Laguerresche Funktionen).

Symbol	n	l	$\chi_{n,l}(x)$
$1s$	1	0	$2N e^{-x}$
$2s$	2	0	$2N e^{-x}(1 - x)$
$2p$	2	1	$\dfrac{2}{\sqrt{3}} N e^{-x} x$
$3s$	3	0	$2N e^{-x}\left(1 - 2x + \dfrac{2x^2}{3}\right)$
$3p$	3	1	$\dfrac{2}{3}\sqrt{2}\, N e^{-x} x (2 - x)$
$3d$	3	2	$\dfrac{4}{3\sqrt{10}} N e^{-x} x^2$
$4s$	4	0	$2N e^{-x}\left(1 - 3x + 2x^2 - \dfrac{x^3}{3}\right)$
$4p$	4	1	$2\sqrt{\dfrac{5}{3}}\, N e^{-x} x \left(1 - x + \dfrac{x^2}{5}\right)$
$4d$	4	2	$2\sqrt{\dfrac{1}{5}}\, N e^{-x} x^2 \left(1 - \dfrac{x}{3}\right)$
$4f$	4	3	$\dfrac{2}{3\sqrt{35}} N e^{-x} x^3$

Die normierten Eigenfunktionen des Wasserstoffs. Fügt man den radialen Anteil $\chi(r)$ mit den Kugelfunktionen $Y(\varphi, \vartheta)$ zusammen, so findet man die normierten Eigenfunktionen, wie sie in der Tabelle S. 849 verzeichnet sind.

Die Zusammenstellung zeigt, daß es für die Hauptquantenzahl 1 nur eine einzige, für die Hauptquantenzahl 2 aber schon 4 verschiedene Eigenfunktionen gibt, von denen eine zu $l = 0$, drei zu $l = 1$ gehören. Zur Hauptquantenzahl 3 gehören bereits 9, zur Hauptquantenzahl 4 bereits 16 verschiedene Eigenfunktionen.

Genau wie die Kugelfunktionen besitzen auch die ψ-Funktionen die Eigenschaft der Orthogonalität. Es ist nämlich

$$\int \psi \psi' \, d\tau = \int_0^\infty \chi \chi' r^2 \, dr \cdot \int_0^\pi \int_0^{2\pi} Y Y' \sin\vartheta \, d\vartheta \, d\varphi. \tag{III, 124}$$

§ 5. Die Eigenfunktionen des Wasserstoffs.

Die normierten Eigenfunktionen des Wasserstoffs.

Elektronen-symbol	n	l	λ	ψ
$1s\sigma$	1	0	0	$\dfrac{N}{\sqrt{\pi}} e^{-x}$
$2s\sigma$	2	0	0	$\dfrac{N}{\sqrt{\pi}} e^{-x}(1-x)$
$2p\sigma$	2	1	0	$\dfrac{N}{\sqrt{\pi}} e^{-x} x \cos\vartheta$
$2p\pi$	2	1	1	$\dfrac{N}{\sqrt{\pi}} e^{-x} x \sin\vartheta \, {\cos \atop \sin}\varphi$
$3s\sigma$	3	0	0	$\dfrac{N}{\sqrt{\pi}} e^{-x}\left(1 - 2x + \dfrac{2x^2}{3}\right)$
$3p\sigma$	3	1	0	$\dfrac{N}{\sqrt{\pi}} e^{-x} \sqrt{\dfrac{2}{3}} x(2-x) \cos\vartheta$
$3p\pi$	3	1	1	$\dfrac{N}{\sqrt{\pi}} e^{-x} \sqrt{\dfrac{2}{3}} x(2-x) \sin\vartheta \, {\cos \atop \sin}\varphi$
$3d\sigma$	3	2	0	$\dfrac{N}{\sqrt{\pi}} e^{-x} \dfrac{1}{3\sqrt{2}} x^2 (3\cos^2\vartheta - 1)$
$3d\pi$	3	2	1	$\dfrac{N}{\sqrt{\pi}} e^{-x} \sqrt{\dfrac{2}{3}} x^2 \sin\vartheta \cos\vartheta \, {\cos \atop \sin}\varphi$
$3d\delta$	3	2	2	$\dfrac{N}{\sqrt{\pi}} e^{-x} \dfrac{1}{\sqrt{6}} x^2 \sin^2\vartheta \, {\cos \atop \sin} 2\varphi$
$4s\sigma$	4	0	0	$\dfrac{N}{\sqrt{\pi}} e^{-x}\left(1 - 3x + 2x^2 - \dfrac{x^3}{3}\right)$
$4p\sigma$	4	1	0	$\dfrac{N}{\sqrt{\pi}} e^{-x} \sqrt{5}\, x \left(1 - x + \dfrac{x^2}{5}\right) \cos\vartheta$
$4p\pi$	4	1	1	$\dfrac{N}{\sqrt{\pi}} e^{-x} \sqrt{5}\, x \left(1 - x + \dfrac{x^2}{5}\right) \sin\vartheta \, {\cos \atop \sin}\varphi$
$4d\sigma$	4	2	0	$\dfrac{N}{\sqrt{\pi}} e^{-x} \dfrac{1}{2} x^2 \left(1 - \dfrac{x}{3}\right) (3\cos^2\vartheta - 1)$
$4d\pi$	4	2	1	$\dfrac{N}{\sqrt{\pi}} e^{-x} \sqrt{3}\, x^2 \left(1 - \dfrac{x}{3}\right) \sin\vartheta \cos\vartheta \, {\cos \atop \sin}\varphi$
$4d\delta$	4	2	2	$\dfrac{N}{\sqrt{\pi}} e^{-x} \dfrac{\sqrt{3}}{2} x^2 \left(1 - \dfrac{x}{3}\right) \sin^2\vartheta \, {\cos \atop \sin} 2\varphi$
$4f\sigma$	4	3	0	$\dfrac{N}{\sqrt{\pi}} e^{-x} \dfrac{1}{6\sqrt{5}} x^3 \cos\vartheta (5\cos^2\vartheta - 3)$
$4f\pi$	4	3	1	$\dfrac{N}{\sqrt{\pi}} e^{-x} \dfrac{1}{6} \sqrt{\dfrac{3}{10}} x^3 \sin\vartheta (5\cos^2\vartheta - 1) \, {\cos \atop \sin}\varphi$
$4f\delta$	4	3	2	$\dfrac{N}{\sqrt{\pi}} e^{-x} \dfrac{\sqrt{3}}{6} x^3 \sin^2\vartheta \cos\vartheta \, {\cos \atop \sin} 2\varphi$
$4f\varphi$	4	3	3	$\dfrac{N}{\sqrt{\pi}} e^{-x} \dfrac{1}{6\sqrt{2}} x^3 \sin^3\vartheta \, {\cos \atop \sin} 3\varphi$

Unterscheiden sich ψ und ψ' in der Kugelfunktion, so verschwindet das Integral wegen der Orthogonalität der Kugelfunktionen. Wir brauchen also nur zu zeigen, daß

$$\int_0^\infty \chi \chi' r^2 \, dr = 0 \qquad (\text{III}, 125)$$

ist, wenn χ und χ' zu gleichem l, aber verschiedenem n gehören. Zum Beweis gehen wir von Gl. (III, 116) aus, berücksichtigen, daß

$$\frac{d^2\chi}{dr^2} + \frac{2}{r}\frac{d\chi}{dr} = \frac{1}{r^2}\frac{d}{dr}\left(r^2 \frac{d\chi}{dr}\right) \qquad (\text{III}, 126)$$

ist, und bilden

$$\frac{1}{r^2}\frac{d}{dr}\left(r^2 \frac{d\chi}{dr}\right) + \left\{\frac{2\alpha}{r} - \frac{\alpha^2}{n^2} - \frac{l(l+1)}{r^2}\right\}\chi = 0, \qquad (\text{III}, 127)$$

$$\frac{1}{r^2}\frac{d}{dr}\left(r^2 \frac{d\chi'}{dr}\right) + \left\{\frac{2\alpha}{r} - \frac{\alpha^2}{n'^2} - \frac{l(l+1)}{r^2}\right\}\chi' = 0. \qquad (\text{III}, 128)$$

Multiplizieren wir die erste Gleichung mit $r^2 \chi'$, die zweite mit $r^2 \chi$ und subtrahieren, so ergibt sich bei Integration von 0 bis ∞

$$\int_0^\infty \left\{\chi' \frac{d}{dr}\left(r^2 \frac{d\chi}{dr}\right) - \chi \frac{d}{dr}\left(r^2 \frac{d\chi'}{dr}\right)\right\} dr = \alpha^2 \left(\frac{1}{n^2} - \frac{1}{n'^2}\right) \int_0^\infty \chi \chi' r^2 \, dr. \qquad (\text{III}, 129)$$

Partielle Integration ergibt

$$\int_0^\infty \chi' \frac{d}{dr}\left(r^2 \frac{d\chi}{dr}\right) dr = \left| r^2 \chi' \frac{d\chi}{dr} \right|_0^\infty - \int_0^\infty \frac{d\chi'}{dr} \frac{d\chi}{dr} r^2 \, dr. \qquad (\text{III}, 130)$$

Damit verschwindet die linke Seite von Gl. (III, 129), und wir erhalten

$$\alpha^2 \left(\frac{1}{n^2} - \frac{1}{n'^2}\right) \int_0^\infty \chi \chi' r^2 \, dr = 0. \qquad (\text{III}, 131)$$

Wenn also $n \neq n'$ und $l = l'$ ist, sind χ und χ' orthogonal. Damit ist die Orthogonalität aller ψ-Funktionen bewiesen.

§ 6. Quantensymbole des Elektrons.

Es hat sich als zweckmäßig und notwendig erwiesen, kurze Bezeichnungen einzuführen, die die verschiedenen Eigenfunktionen kennzeichnen. Natürlich kann man die Elektronen durch Angabe ihrer drei Quantenzahlen n, l, λ bezeichnen. Neben dieser Kennzeichnung, welche häufig verwendet wird, haben sich in der Spektroskopie noch andere Bezeichnungen eingeführt. Elektronen mit der Nebenquantenzahl $l = 0$ werden als s-Elektronen, solche mit $l = 1$ als p-Elektronen, mit $l = 2$ als d-Elektronen, weitere als f-, g- usw. Elektronen bezeichnet. Soll auch die Quantenzahl λ angegeben werden, so fügt man den lateinischen Buchstaben einen griechischen bei, indem man $\lambda = 0, 1, 2$ usw. die Bezeichnungen σ, π, δ usw. zuordnet. Die Hauptquantenzahl wird im Bedarfsfall als Ziffer vor das Buchstabensymbol geschrieben. Unter einem $3d\sigma$-Elektron ist ein solches mit den Quantenzahlen $n = 3$, $l = 2$, $\lambda = 0$ zu verstehen.

§ 7. Die Gestalt des Elektrons in den Quantenzuständen.

Inhalt: Berechnung der Ladungsverteilungen, welche zu den niedrigsten Energien gehören. Mittelwerte der Potenzen von r.

Bezeichnungen: a siehe Gl. (III, 117), sonst wie S. 832.

Jede Eigenfunktion bestimmt eine Gestalt, welche das Elektron im Feld des Atomkernes annehmen kann. Mit der räumlichen Verteilung

$$\psi^2$$

ist auch die Verteilung der Raumladung

$$-e\psi^2$$

durch die Eigenfunktion festgelegt. Im Zustand der tiefsten Energie ist $n = 1$, und das Elektron ist ein kugelsymmetrisches Gebilde, dessen Dichte von innen nach außen exponentiell nach der Formel (s. Abb. 301a)

$$\psi^2 = \frac{1}{a^3\pi} e^{-\frac{2r}{a}} \qquad (\text{III}, 132)$$

abnimmt.

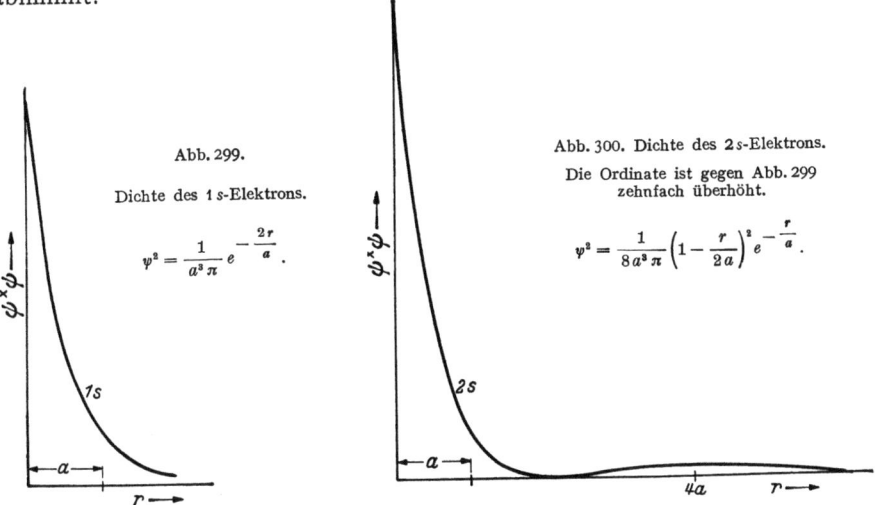

Abb. 299. Dichte des 1s-Elektrons.
$$\psi^2 = \frac{1}{a^3\pi} e^{-\frac{2r}{a}}.$$

Abb. 300. Dichte des 2s-Elektrons. Die Ordinate ist gegen Abb. 299 zehnfach überhöht.
$$\psi^2 = \frac{1}{8a^3\pi}\left(1 - \frac{r}{2a}\right)^2 e^{-\frac{r}{a}}.$$

Zu dem nächsten Wert der Energie, das ist zu der Hauptquantenzahl 2, gibt es eine kugelsymmetrische Form des Elektrons mit der Eigenfunktion

$$\psi = \frac{1}{\sqrt{8a^3\pi}} e^{-\frac{r}{2a}}\left(1 - \frac{r}{2a}\right) \qquad (\text{III}, 133)$$

und der Dichteverteilung (s. Abb. 300)

$$\psi^2 = \frac{1}{8a^3\pi} e^{-\frac{r}{a}}\left(1 - \frac{r}{2a}\right)^2. \qquad (\text{III}, 134)$$

An der Stelle $r = 0$, am Ort des Atomkernes also, ist die Dichte $1/8a^3\pi$ und fällt dann bis zur Stelle $r = 2a$ auf Null ab. In größeren Abständen vom Kern entwickelt dieses Elektron eine zweite Schale mit einem Dichtemaximum an der

Stelle $r = 4a$. In noch größerer Entfernung sinkt die Elektronendichte wieder exponentiell auf Null. Ein solches Elektron besteht also aus einer inneren Kugel vom Radius $2a$ und einer Kugelschale, die diese umgibt. Man kann leicht den Bruchteil des ganzen Elektrons ausrechnen, der in der inneren Kugel enthalten ist, und erhält

$$\frac{4\pi}{8a^3\pi} \int_0^{2a} e^{-\frac{r}{a}} \left(1 - \frac{r}{2a}\right)^2 r^2 \, dr = 0{,}054 = 5{,}4\%. \tag{III, 135}$$

Ein anschauliches Bild dieses Elektrons gibt Abb. 301.

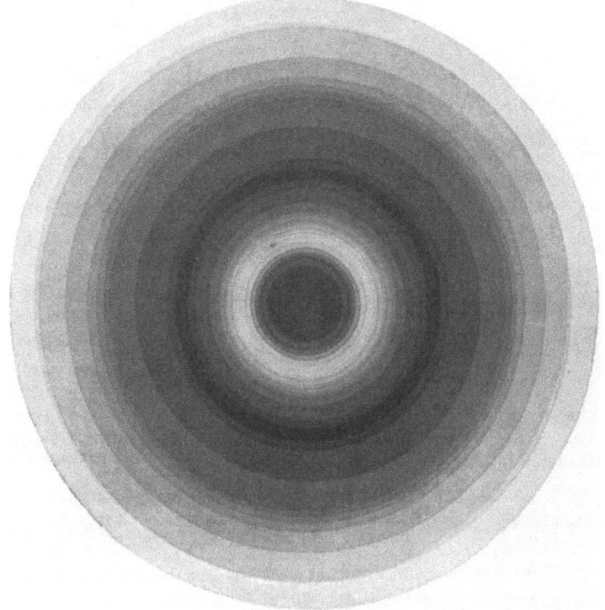

Abb. 301. Dichte des 2s-Elektrons durch Schwärzung dargestellt.

Zu dem gleichen Wert der Energie gehören aber noch drei andere Eigenfunktionen, nämlich

$$\frac{1}{\sqrt{32 a^5 \pi}} r e^{-\frac{r}{2a}} \cos\vartheta = \frac{1}{\sqrt{32 a^5 \pi}} z e^{-\frac{r}{2a}}, \tag{III, 136}$$

$$\frac{1}{\sqrt{32 a^5 \pi}} r e^{-\frac{r}{2a}} \sin\vartheta \sin\varphi = \frac{1}{\sqrt{32 a^5 \pi}} y e^{-\frac{r}{2a}}, \tag{III, 137}$$

$$\frac{1}{\sqrt{32 a^5 \pi}} r e^{-\frac{r}{2a}} \sin\vartheta \cos\varphi = \frac{1}{\sqrt{32 a^5 \pi}} x e^{-\frac{r}{2a}}. \tag{III, 138}$$

Diese Eigenfunktionen unterscheiden sich voneinander nur durch ihre räumliche Orientierung. Sie gehen nämlich durch die Vertauschung der Ortsvariablen x, y und z ineinander über. Die Tatsache, daß zu dem gleichen Energiewert vier voneinander verschiedene Eigenfunktionen gehören, daß es bei dieser Energie also vier (wenn z. T. auch nur durch räumliche Orientierung) verschiedene Elektronenformen gibt, nennen wir eine vierfache Entartung des betreffenden Eigenwertes. Es handelt sich hier um vier verschiedene Zustände des Elektrons

§ 7. Die Gestalt des Elektrons in den Quantenzuständen. 853

mit der gleichen Energie. Das zu $n = 2$, $l = 1$ gehörige Elektron besteht aus zwei Ovalen (s. Abb. 302). Das Maximum seiner Dichte liegt an den Stellen $z = \pm 2a$ bzw. $x = \pm 2a$ bzw. $y = \pm 2a$.

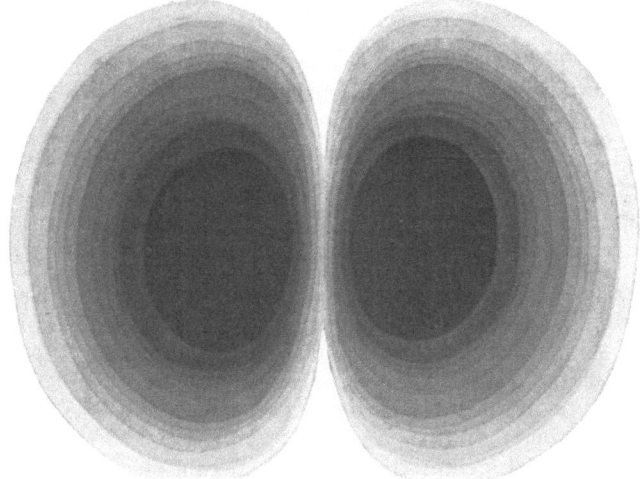

Abb. 302. Dichteverteilung des $2p$-Elektrons.

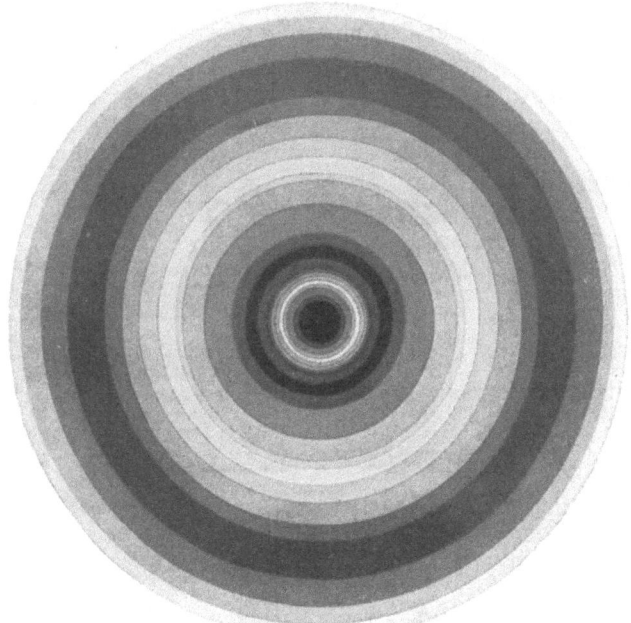

Abb. 303. Dichteverteilung des $3s$-Elektrons.

Zur Hauptquantenzahl drei gehören noch kompliziertere Elektronenformen. Untersuchen wir die Eigenfunktion

$$\frac{1}{\sqrt{27 a^3 \pi}} e^{-\frac{r}{3a}} \left(1 - \frac{2r}{3a} + \frac{2r^2}{27 a^2}\right), \qquad (\text{III}, 139)$$

des 3s-Elektrons, so erkennen wir, daß dieses Elektron aus einer inneren Kugel mit dem Radius $1{,}90\,a$ besteht, die von einer Schale mit dem äußeren Radius $7{,}10\,a$ umgeben ist (s. Abb. 303). Um diese beiden Teile legt sich nochmals eine zweite Schale, die nach außen im wesentlichen exponentiell gegen Null abklingt. Die zweite äußere Schale enthält etwa 89% des ganzen Elektrons, die innere Kugel nur etwa 1,5%.

Zum gleichen Energiewert gehören auch noch die Eigenfunktionen

$$\frac{1}{\sqrt{27\,a^3\,\pi}}\sqrt{\frac{2}{3}}\,e^{-\frac{r}{3a}}\left(2-\frac{r}{3a}\right)\frac{r}{3a}\cos\vartheta, \qquad \text{(III, 140)}$$

$$\frac{1}{\sqrt{27\,a^3\,\pi}}\sqrt{\frac{2}{3}}\,e^{-\frac{r}{3a}}\left(2-\frac{r}{3a}\right)\frac{r}{3a}\sin\vartheta\,{\sin\atop\cos}\varphi, \qquad \text{(III, 141)}$$

der $3p$-Elektronen, die sich untereinander wieder nur durch die räumliche Orientierung unterscheiden. Die entsprechenden Elektronen bestehen wieder aus zwei Ovalen, von denen jedes aber noch einmal unterteilt ist. Auf der Kugel $r=6a$ ist die Elektronendichte Null. Die genauere Rechnung ergibt, daß der kleinere zentralere Ausschnitt aus dem Oval innerhalb dieser Kugel etwa 11% des ganzen Elektrons enthält.

Außer diesen vier Eigenfunktionen gehören zum gleichen Energiewert noch fünf weitere Eigenfunktionen mit noch komplizierteren Elektronenformen, die wir nicht ausführlich besprechen.

Wenn man die Gestalt des Elektrons kennt, kann man die Mittelwerte seiner Eigenschaften ausrechnen. Für den mittleren Abstand vom Kern erhalten wir z. B.

$$\bar{r}=\int r\,\psi^2\,d\tau=\int\chi^2\,r^3\,dr\cdot\iint Y^2\sin\vartheta\,d\vartheta\,d\varphi=\int\chi^2\,r^3\,dr. \qquad \text{(III, 142)}$$

Das Integral läßt sich sogar allgemein auswerten, was allerdings mühsam ist, und man erhält

$$\bar{r}=\frac{3n^2-l(l+1)}{2Z}\,a. \qquad \text{(III, 143)}$$

Auf die gleiche Weise erhält man den Mittelwert von $1/r$

$$\overline{r^{-1}}=\int\frac{\psi^2}{r}\,d\tau=\int\chi^2\,r\,dr=\frac{Z}{n^2\,a}, \qquad \text{(III, 144)}$$

welcher die mittlere potentielle Energie

$$\overline{V}=-\frac{Z\,e^2}{4\pi\,\varepsilon_0}\,\overline{r^{-1}}=-\frac{Z^2\,e^2}{4\pi\,\varepsilon_0\,n^2\,a}=2E_n \qquad \text{(III, 145)}$$

ergibt. Außerdem findet man die Mittelwerte

$$\overline{r^2}=a^2\,\frac{n^2}{2Z^2}\{5n^2+1-3l(l+1)\},$$

$$\overline{r^3}=a^3\,\frac{n^2}{8Z^3}\{35n^2(n^2-1)-30n^2(l+2)(l-1)+3(l+2)(l+1)l(l-1)\},$$

$$\overline{r^{-2}}=\frac{Z^3}{a^2\,n^3\left(l+\dfrac{1}{2}\right)}, \qquad \text{(III, 146)}$$

$$\overline{r^{-3}}=\frac{Z^3}{a^3\,n^3(l+1)\left(l+\dfrac{1}{2}\right)l}.$$

§ 8. Die sogenannte Mitbewegung des Kernes.

Inhalt: Wellengleichung und Wellenfunktion für Kern und Elektron zugleich. Abtrennung der Translation durch Einführung der Schwerpunktskoordinaten. Berücksichtigung der reduzierten Masse liefert die Unterschiede der Rydbergkonstanten für Wasserstoff und Helium.

Bezeichnungen: x, y, z Koordinaten des Elektrons, X, Y, Z des Kernes, m Masse des Elektrons, M Masse des Kernes, ξ_0, η_0, ζ_0 Koordinaten des Schwerpunktes, ξ, η, ζ Relativkoordinaten, Φ Eigenfunktion des Atoms, φ ihr Translationsanteil, ψ ihr Elektronenanteil, E Gesamtenergie, E_t Translationsenergie, R Rydbergkonstante, n Hauptquantenzahl.

Das He^+-Ion unterscheidet sich vom Wasserstoffatom zunächst nur durch die doppelte Kernladung. Nach Formel (III, 88) S. 843 sind deshalb die Eigenwerte des ionisierten Heliums viermal so groß wie die des Wasserstoffatoms, und wir erhalten für seine Terme

$$T_{He} = 4 \frac{m e^4}{8 \varepsilon_0^2 h^3 c} \frac{1}{n^2} = \frac{4R}{n^2}. \tag{III, 147}$$

Damit ist der empirische Befund von S. 823 in der Hauptsache erklärt. Was noch unverständlich bleibt, ist der kleine Unterschied der Rydbergkonstanten von Wasserstoff und Helium. Um ihn zu begreifen, müssen wir eine kleine Ungenauigkeit unserer bisherigen Betrachtungen ausmerzen.

Wir hatten bislang den Atomkern im Raum fixiert angenommen, was aber in Wirklichkeit nicht zutreffen kann. Wir müssen auch dem Kern eine Wahrscheinlichkeitsfunktion zubilligen. Die Eigenfunktion Φ, die das Verhalten des ganzen Heliumions beschreibt, muß jetzt von den Koordinaten des Kernes (XYZ) und denen des Elektrons (xyz) abhängen. Für ein solches Zweikörpersystem lautet die Schrödingergleichung

$$\frac{1}{M}\left(\frac{\partial^2 \Phi}{\partial X^2} + \frac{\partial^2 \Phi}{\partial Y^2} + \frac{\partial^2 \Phi}{\partial Z^2}\right) + \frac{1}{m}\left(\frac{\partial^2 \Phi}{\partial x^2} + \frac{\partial^2 \Phi}{\partial y^2} + \frac{\partial^2 \Phi}{\partial z^2}\right) +$$
$$+ \frac{8\pi^2}{h^2}\left(E + \frac{Ze^2}{4\pi\varepsilon_0 r}\right)\Phi = 0. \tag{III, 148}$$

Mit M ist die Masse des Kernes, mit m wie bisher die des Elektrons gemeint. An die Stelle von ψ tritt eine Funktion Φ von sechs Variablen. Jetzt führen wir neue unabhängige Variable ein, nämlich die Koordinaten

$$\xi_0 = \frac{MX + mx}{M+m}; \quad \eta_0 = \frac{MY + my}{M+m}; \quad \zeta_0 = \frac{MZ + mz}{M+m} \tag{III, 149}$$

des Schwerpunktes und die „Abstandskoordinaten"

$$\xi = x - X; \quad \eta = y - Y; \quad \zeta = z - Z. \tag{III, 150}$$

Wir erhalten dann

$$\frac{\partial}{\partial X} = \frac{\partial \xi_0}{\partial X}\frac{\partial}{\partial \xi_0} + \frac{\partial \xi}{\partial X}\frac{\partial}{\partial \xi} = \frac{M}{M+m}\frac{\partial}{\partial \xi_0} - \frac{\partial}{\partial \xi};$$
$$\frac{\partial}{\partial x} = \frac{m}{M+m}\frac{\partial}{\partial \xi_0} + \frac{\partial}{\partial \xi} \tag{III, 151}$$

und

$$\frac{1}{M}\frac{\partial^2}{\partial X^2} + \frac{1}{m}\frac{\partial^2}{\partial x^2} = \frac{1}{M+m}\frac{\partial^2}{\partial \xi_0^2} + \left(\frac{1}{M} + \frac{1}{m}\right)\frac{\partial^2}{\partial \xi^2}. \tag{III, 152}$$

Setzen wir noch Φ als Produkt einer Funktion $\varphi(\xi_0, \eta_0, \zeta_0)$ an, die nur von den Schwerpunktsvariablen, und einer Funktion $\psi(\xi, \eta, \zeta)$, die nur von den Abstandsvariablen abhängt, und gehen damit in die Schrödingergleichung ein, so finden wir

$$\frac{\psi}{M+m}\left(\frac{\partial^2 \varphi}{\partial \xi_0^2} + \frac{\partial^2 \varphi}{\partial \eta_0^2} + \frac{\partial^2 \varphi}{\partial \zeta_0^2}\right) + \frac{\varphi(M+m)}{Mm}\left(\frac{\partial^2 \psi}{\partial \xi^2} + \frac{\partial^2 \psi}{\partial \eta^2} + \frac{\partial^2 \psi}{\partial \zeta^2}\right)$$
$$+ \frac{8\pi^2}{h^2}\left(E + \frac{Ze^2}{4\pi\varepsilon_0 r}\right)\varphi\psi = 0. \qquad (III, 153)$$

Nun können wir eine Separation durchführen, indem wir durch $\varphi\psi$ dividieren und in die zwei Gleichungen

$$\left(\frac{\partial^2 \varphi}{\partial \xi_0^2} + \frac{\partial^2 \varphi}{\partial \eta_0^2} + \frac{\partial^2 \varphi}{\partial \zeta_0^2}\right) + \frac{8\pi^2}{h^2}(M+m) E_t\, \varphi = 0 \qquad (III, 154)$$

und

$$\left(\frac{\partial^2 \psi}{\partial \xi^2} + \frac{\partial^2 \psi}{\partial \eta^2} + \frac{\partial^2 \psi}{\partial \zeta^2}\right) + \frac{8\pi^2}{h^2}\frac{Mm}{M+m}\left(E - E_t + \frac{Ze^2}{4\pi\varepsilon_0 r}\right)\psi = 0 \qquad (III, 155)$$

zerlegen. Die erste von ihnen enthält nur die Schwerpunktskoordinaten und beschreibt das Verhalten des Systems im ganzen, das heißt seine Translation. E_t ist die Translationsenergie. Diese Gleichung interessiert uns nicht. Die zweite Gleichung enthält nur die relativen Koordinaten, die sich auf den Abstand Elektron–Kern beziehen. Sie beschreibt die inneren Verhältnisse des Heliumions. In ihr kommt nicht mehr die Gesamtenergie E vor, sondern statt ihrer die innere Energie $E - E_t$, das ist die Gesamtenergie abzüglich der Translationsenergie.

Damit haben wir eine Gleichung erhalten, die mit der Schrödingergleichung bei festem Kern, wie wir sie früher gelöst haben, fast identisch ist (s. S. 834, Gl. III, 48). Der Unterschied besteht nur darin, daß an die Stelle von m jetzt

$$\frac{mM}{M+m} = m\frac{1}{1+\frac{m}{M}} \qquad (III, 156)$$

getreten ist. Wir können deshalb die früheren Formeln für Eigenwerte und Terme verwenden, wenn wir statt der Masse des Elektrons die „reduzierte Masse" $mM/M+m)$ einsetzen. Ist M_H die Masse des Wasserstoffkernes und setzt man für die Masse des Heliumkerns $4M_H$ ein, so erhält man für die Eigenwerte von Wasserstoff und Helium

$$E_H = -\frac{me^4}{8\varepsilon_0^2 h^2\left(1+\frac{m}{M_H}\right)n^2} = -\frac{hcR_H}{n^2}, \qquad (III, 157)$$

$$E_{He} = -4\frac{me^4}{8\varepsilon_0^2 h^2\left(1+\frac{m}{4M_H}\right)n^2} = -\frac{4hcR_{He}}{n^2}. \qquad (III, 158)$$

Aus unserer etwas verfeinerten Theorie folgt das Verhältnis der Rydbergkonstanten

$$\frac{R_{He}}{R_H} = \frac{1+\frac{m}{M_H}}{1+\frac{m}{4M_H}} \approx 1 + \frac{3m}{4M_H} = 1{,}000\,4078, \qquad (III, 159)$$

während sich aus den Spektren

$$\frac{R_{He}}{R_H} = 1{,}0004071 \qquad (III, 160)$$

ergibt.

Der Unterschied zwischen dem theoretischen und dem empirischen Wert ist kleiner als ein Millionstel. Aus dem empirischen Verhältnis R_{He}/R_H kann man auch umgekehrt das Verhältnis der Masse des Wasserstoffkernes zur Elektronenmasse bestimmen und erhält dann den Zahlwert 1839, während man aus anderen Bestimmungen 1837,6 findet. Da wir das Verhältnis e/M_H aus der Faradayschen Konstanten genau kennen, kann man auch e/m für das Elektron ausrechnen und erhält $1{,}760 \cdot 10^8$ Cb/g. Die Übereinstimmung mit den Ablenkungswerten ist ausgezeichnet. Der geringe Unterschied zwischen dem spektroskopischen Wert und dem aus anderen Versuchen gewonnenen lohnt zur Zeit keine theoretische Diskussion, da die verschiedenen Meßwerte noch um Beträge schwanken, die größer sind, als nach den angegebenen Fehlergrenzen zu erwarten wäre. Was die Übereinstimmung zwischen Theorie und Experiment betrifft, kann man jedenfalls sagen, daß sie besser ist als auf fast allen übrigen Gebieten der Physik. Unter anderem kann man entnehmen, daß das der Rechnung zugrunde gelegte Coulombsche Gesetz mit einer Genauigkeit von mindestens $1/10000$ Prozent gilt. Es gibt keine andere, auch nur annähernd so scharfe Prüfung dieses Gesetzes.

Die Rydbergkonstante des schweren Wasserstoffs liegt zwischen der des leichten Wasserstoffs und der des Heliums. Man findet das Verhältnis

$$\frac{R_D}{R_H} = \frac{1 + \dfrac{m}{M_H}}{1 + \dfrac{m}{2M_H}} = 1 + \frac{m}{2M_H} = 1{,}0002721. \qquad (III, 161)$$

Die Spektrallinien des Deuteriums unterscheiden sich deshalb durch etwas größere Frequenz von den entsprechenden Linien des leichteren Isotops. Die Wasserstofflinien des natürlichen Isotopengemisches zeigen daher einen kurzwelligen Begleiter. Er hat zur Entdeckung des schweren Wasserstoffs geführt.

Auch die Isotopen der schwereren Elemente besitzen etwas verschiedene Rydbergkonstanten. Die Unterschiede werden jedoch mit wachsendem Atomgewicht schnell kleiner. Bei den Lithiumisotopen ist er gerade noch beobachtbar.

Als Kuriosum sei angeführt, daß ein Elektron und ein Positron ein kurzlebiges wasserstoffähnliches „Atom" bilden können, dem man den Namen Positronium gegeben hat. Seine Rydbergkonstante wäre halb so groß wie die des Wasserstoffs.

§ 9. Das Modell des Alkaliatoms.

Inhalt: Das Modell des Alkaliatoms besteht aus einem Atomrumpf mit der Gesamtladung $+e$ und einem Leuchtelektron mit der Ladung $-e$. Berücksichtigt man nur das Coulombsche Feld des Rumpfes, so erhält man für die Alkalien in erster Näherung dieselben Terme und Eigenfunktionen wie für Wasserstoff. In zweiter Näherung spalten Terme mit gleicher Hauptquantenzahl aber verschiedener Nebenquantenzahl auf, so daß S-, P-, D- usw. Serien entstehen. Die Berechnung der Alkaliterme.

Da die Spektren der Alkalien die Gesetzmäßigkeiten des Wasserstoffs wenigstens noch in gewisser Weise zeigen (andere Spektren lassen gar nichts mehr davon erkennen), darf man annehmen, daß der Bau dieser Atome noch Analogien zum Wasserstoffatom zeigt. Insbesondere stellen wir uns vor, daß für das Spektrum ein einzelnes Elektron, das sogenannte Leuchtelektron, verantwortlich zu machen ist. Außer ihm sind allerdings noch weitere Elektronen da.

Wir nehmen an, daß diese zusammen mit dem Atomkern ein uns einstweilen nicht näher bekanntes Gebilde zusammensetzen, das wir den Atomrumpf nennen. Der Atomrumpf muß insgesamt die Ladung $+e$ besitzen. In grober (erster) Näherung befindet sich deshalb das Leuchtelektron der Alkalien in einem Coulombschen Feld, welches von einer Ladung $+e$ erzeugt wird. Dieses Modell des Alkaliatoms findet auch eine Stütze durch die Chemie, von wo bekannt ist, daß die Alkalien verhältnismäßig leicht ein Elektron unter Zurücklassen eines Ions abgeben. Das Ion identifizieren wir mit dem Rumpf.

In erster Näherung haben wir so für jedes Alkaliatom die Schrödingergleichung

$$\frac{\partial^2 \psi}{\partial x^2} + \frac{\partial^2 \psi}{\partial y^2} + \frac{\partial^2 \psi}{\partial z^2} + \frac{8\pi^2 m}{h^2}\left(E + \frac{e^2}{4\pi\varepsilon_0 r}\right)\psi = 0. \qquad \text{(III, 162)}$$

die mit der des Wasserstoffs identisch ist. Wir haben deshalb in dieser Näherung auch dieselben Eigenwerte und Eigenfunktionen wie dort. Dies entspricht der Wasserstoffähnlichkeit der Spektren, die somit erklärt ist. Allerdings ist diese Ähnlichkeit nur äußerst grob. Aber auch unsere Vorstellung, daß der Rumpf ein Coulombsches Feld erzeuge, ist nur eine grobe Näherung.

In zweiter Näherung wollen wir das vom Rumpf erzeugte Feld etwas näher untersuchen und fassen dazu das Li-Atom ins Auge. Dort hat der Atomkern die Ladung $+3e$, und im Rumpf befinden sich noch zwei Elektronen. In großer Entfernung vom Kern haben wir das Coulombsche Feld, das einer Kernladung $+e$ entspricht, in unmittelbarer Nähe des Kernes ein Feld, das zu der Ladung $+3e$ gehört. Die beiden Rumpfelektronen schirmen von der ganzen Kernladung um so mehr ab, je weiter man sich von dem Kern entfernt.

Das wirkliche Feld, in dem sich das Leuchtelektron befindet, kann einigermaßen berechnet werden. Sein elektrisches Potential (es ist von dem mechanischen Potential, das sich aus ihm durch Multiplizieren mit $-e$ ergibt, zu unterscheiden) setzt sich zusammen aus dem Anteil des Atomkernes der Ladung $3e$, und dem Potentialfeld, das die Ladungswolke der Rumpfelektronen erzeugt. Diese betrachten wir als $1s$-Elektronen mit den Eigenfunktionen[1]

$$\frac{1}{b\sqrt{b\pi}}e^{-\frac{r}{b}}.$$

Die beiden $1s$-Elektronen erzeugen also die Ladungsdichte

$$-\frac{2e}{b^3 \pi}e^{-\frac{2r}{b}}. \qquad \text{(III, 163)}$$

Zu dieser Ladungsverteilung gehört ein elektrisches Potentialfeld

$$-\frac{2e}{4\pi\varepsilon_0 r} + \frac{2e}{4\pi\varepsilon_0 r}e^{-\frac{2r}{b}}\left(\frac{r}{b}+1\right), \qquad \text{(III, 164)}$$

wie man leicht nach Bd. I, S. 324 ausrechnen kann. Das ganze elektrische Potentialfeld des Rumpfes ist also

$$U + U' = \frac{e}{4\pi\varepsilon_0 r} + \frac{2e}{4\pi\varepsilon_0 r}e^{-\frac{2r}{b}}\left(\frac{r}{b}+1\right). \qquad \text{(III, 165)}$$

---

[1] Hier ist $b = a/Z_{eff}$, wo eZ_{eff} die effektive Kernladung ist, die auf die $1s$-Elektronen des Lithiums wirkt. Sie ist nicht $3e$, da die beiden $1s$-Elektronen sich auch gegenseitig etwas abschirmen, sondern kleiner. Man kann ihren Wert aus der Abtrennungsenergie von 75,3 Volt des $1s$-Elektrons entnehmen. Man erhält dann $b = a/2{,}36$.

§ 9. Das Modell des Alkaliatoms. 859

In der zweiten Näherung muß man also zu dem schon bisher berücksichtigten mechanischen Potential das Zusatzglied

$$V' = -eU' = -\frac{e^2}{2\pi\varepsilon_0 r} e^{-\frac{2r}{b}} \left(\frac{r}{b} + 1\right) \qquad \text{(III, 166)}$$

hinzufügen.

Hierdurch nimmt die Schrödingergleichung die Form

$$\frac{\partial^2 \psi}{\partial x^2} + \frac{\partial^2 \psi}{\partial y^2} + \frac{\partial^2 \psi}{\partial z^2} + \frac{8\pi^2 m}{h^2} \left(E + \frac{e^2}{4\pi\varepsilon_0 r} - V'\right) \psi = 0 \qquad \text{(III, 167)}$$

an. Ist das Zusatzpotential nicht sehr groß, so gelingt es, die Eigenwerte der veränderten (gestörten) Differentialgleichung (III, 167) aus den Eigenwerten und Eigenfunktionen der ungestörten Schrödingergleichung (III, 162) näherungsweise zu berechnen. Wir versuchen dies ohne die systematische Störungsrechnung, die im Teil Quantentheorie auf S. 961 ff. entwickelt wird, zu verwenden. Ist ψ_k eine bestimmte Eigenfunktion der ersten Näherung, so gibt ja ψ_k^2 die Elektronendichte in diesem Zustand an. Nehmen wir ein Raumelement $d\tau$, so befindet sich dort die Ladung $-e\psi_k^2 d\tau$. Das Vorhandensein eines Zusatzpotentials bedeutet eine Erhöhung der potentiellen Energie um den Wert U', wenn im Volumenelement die Ladung 1 sitzt. Das Volumenelement $d\tau$ erfährt also eine Energieerhöhung

$$d\varepsilon_k = -eU' \psi_k^2 d\tau = V' \psi_k^2 d\tau. \qquad \text{(III, 168)}$$

Der gesamte Energiezuwachs kann jetzt leicht durch Integration über den ganzen Raum errechnet werden und ergibt

$$\varepsilon_k = \int V' \psi_k^2 d\tau = \int_0^\infty V' \chi_k^2 r^2 dr \int_0^\pi Y_k^2 \sin\vartheta \, d\vartheta = \int_0^\infty V' \chi_k^2 r^2 dr. \qquad \text{(III, 169)}$$

ε_k ist gerade die gesuchte Störung des zur Eigenfunktion ψ_k gehörigen Energiewertes. Diese Berechnung ist durchaus daran geknüpft, daß durch das Zusatzpotential die Ladungsverteilung und damit die Eigenfunktion nur wenig abgeändert wird. Nur dann wird die Störungsenergie in guter Näherung berechnet. Es ist vorauszusehen, daß in unserem Fall diese Bedingung nur mangelhaft erfüllt sein wird und wir deshalb keinen sehr genauen Wert ausrechnen können.

Wir wollen nun die Störung der beiden zu der Hauptquantenzahl 2 gehörigen Zustände untersuchen. Das 2s-Elektron besitzt die radiale Eigenfunktion (s. S. 848)

$$\chi_{2s} = \frac{1}{a\sqrt{2a}} e^{-\frac{r}{2a}} \left(1 - \frac{r}{2a}\right), \qquad \text{(III, 170)}$$

und wir erhalten daraus die Energieabänderung

$$\varepsilon_{2s} = \frac{1}{2a^3} \int_0^\infty V' e^{-\frac{r}{a}} \left(1 - \frac{r}{2a}\right)^2 r^2 dr. \qquad \text{(III, 171)}$$

Zu dem 2p-Elektron gehören drei Eigenfunktionen. Da es für die Störungsenergie aber nur auf den radialen Anteil ankommt, der für alle p-Eigenfunk-

54a*

tionen derselbe ist, erhalten wir auch immer dieselbe Störungsenergie. Aus

$$\chi_{2P} = \frac{1}{a\sqrt{6a}} e^{-\frac{r}{2a}} \frac{r}{2a} \qquad (III, 172)$$

folgt

$$\varepsilon_{2P} = \frac{1}{24 a^5} \int_0^\infty V' e^{-\frac{r}{a}} r^4 \, dr. \qquad (III, 173)$$

Die Störung des $2s$-Elektrons und des $2p$-Elektrons ist also verschieden. Die zugehörigen Energiewerte treten auseinander. Die vierfache Entartung der Hauptquantenzahl 2 bei Wasserstoff wird beseitigt. Die Aufhebung der Entartung ist aber nicht vollständig, denn die drei Zustände des $2p$-Elektrons trennen sich nicht voneinander.

Dieser Gesichtspunkt läßt sich allgemein durchführen. Bei beliebiger Hauptquantenzahl werden die Energiestörungen verschieden sein, wenn die radialen Eigenfunktionen $\chi_{n,1}$ verschieden sind. Dies ist bei verschiedenen Nebenquantenzahlen l der Fall. Bei den Alkalien haben wir also nicht wie bei Wasserstoff eine einzige Termserie mit n als Laufzahl, sondern für jeden Wert von l eine solche Serie. Es ist sofort ersichtlich, daß dies genau dem empirischen Termschema von S. 825 entspricht.

Darüber hinaus wollen wir aber feststellen, wie es mit der zahlenmäßigen Übereinstimmung von Theorie und Experiment bei den Alkalien steht. Hierzu vergleichen wir die aus dem Spektrum ermittelten empirischen Energiewerte mit den in beiden Näherungen errechneten. Die Energien geben wir in Elektronenvolt an, das ist die Energie, die ein Elektron bei Durchlaufen von einem Volt aufnimmt.

Empirische Energien des Li-Atoms				des H-Atoms	
S-Terme	P-Terme	D-Terme	F-Terme		n
5,37	3,52	—	—	3,38	2
2,00	1,54	1,50	—	1,50	3
1,04	0,86	0,84	0,84	0,84	4
0,64	0,55	0,54	0,54	0,54	5
0,43	0,38	0,375	0,375	0,375	6

Alle Werte tragen das negative Vorzeichen.

Die D- und F-Terme des Li unterscheiden sich kaum von denen des Wasserstoffs, die P-Terme sind etwas größer. Nur die S-Terme sind wesentlich verschieden von den Wasserstofftermen. Der tiefste S-Term liegt zwischen dem $1S$-Term des Wasserstoffs mit 13,5 eVolt und dem $2S$-Term mit 3,38 eVolt, aber entschieden näher bei $2S$.

Wenn wir die zweite Näherung ausrechnen, müssen wir uns von vornherein darüber im klaren sein, daß sie recht ungenau ist. Die beiden Rumpfelektronen befinden sich ja selbst nicht in einem Coulombschen Feld, weil jedes von ihnen auf das andere abschirmend wirkt. Deswegen sind die für sie angesetzten Eigenfunktionen nicht korrekt, und ihr Fehler bewirkt auch einen Fehler des Zusatzpotentials V'. Trotz dieser Mängel ergibt die zweite Näherung für ein $2s$-Elektron 4,53 eVolt, für $2p$-Elektron 3,46 eVolt und für ein $3d$-Elektron keine nennenswerte Abänderung gegen Wasserstoff. Sorgfältigere Näherungsverfahren, die von HARTREE ausgearbeitet worden sind, führen zu den beobachteten Termen.

Schon unser primitives Rechenverfahren zeigt aber, daß der tiefste S-Term des Lithiums ein $2S$-Term ist, daß die S-Terme wesentlich tiefer liegen müssen als die entsprechenden Wasserstoffterme, die P-Terme nur wenig tiefer, und daß die D-Terme mit den Wasserstofftermen fast zusammenfallen.

Man kann also sagen, daß die wellenmechanische Behandlung unseres Alkalimodells qualitativ zu Übereinstimmung mit den Beobachtungen führt und daß eine systematisch durchgeführte Näherungsrechnung auch quantitativ brauchbare Ergebnisse liefert.

IV. Struktur und Eigenschaften der Atome.

Jedes Atom besteht aus einem Atomkern, welcher den größten Teil der Atommasse beherbergt und eine positive Ladung Ze trägt, und aus Z-Elektronen, welche die Kernladung neutralisieren. Die Kernladungszahl Z bzw. die Zahl der Elektronen kennzeichnet den chemischen Charakter. Aus der Streuung der α-Teilchen, den Röntgenspektren und vielen anderen Anhaltspunkten entnimmt man, daß die Kernladungszahl Z den Platz der Elemente im periodischen System bestimmt. Bei Wasserstoff ist $Z = 1$, bei Helium $Z = 2$ usw., d. h. jedes Element besitzt ein Elektron mehr als das im periodischen System vorhergehende. Die Nummer im periodischen System, auch Ordnungszahl genannt, ist gleichzeitig Kernladungszahl und Elektronenzahl des Atoms.

§ 1. Das periodische System der Elemente.

Inhalt: Quantenzahlen der Elektronen in den Grundzuständen der Elemente. K-, L-M- usw. Schalen. Jeder Quantenzustand wird höchstens von zwei Elektronen eingenommen. Die Zustände werden in der Reihenfolge der Einfangenergie besetzt. Das periodische System erklärt sich aus diesen beiden Prinzipien. Der chemische Charakter der Elemente rührt von der Elektronenkonfiguration her.

Im Felde eines Atomkernes kann ein Elektron die verschiedenen Gestalten annehmen, welche zu den Quantenzuständen gehören, und die wir durch die Quantenzahlen n, l und λ charakterisiert haben. Für diese Zustände haben wir auf S. 850 die Elektronensymbole $1s$, $2s$, $2p$, $3s$, $3p$, $3d$ usw. eingeführt, die wir durch die Zusätze σ, π, δ usw. für die Quantenzahl λ noch ergänzen können. Jetzt erhebt sich die Frage, von welcher Form die Elektronen sind, aus denen ein Atom besteht.

Die Ionisierungsarbeit der Elemente. Unter der Ionisierungsarbeit eines Elementes verstehen wir die Energie, die ihm zugeführt werden muß, um ein Elektron abzutrennen. Es versteht sich fast von selbst, daß von mehreren Elektronen am leichtesten dasjenige abgetrennt wird, dessen Abtrennungsarbeit am kleinsten ist. Soll ein Elektron abgelöst werden, so muß seine Energie größer werden als die potentielle Energie im Unendlichen. Da wir diese als Nullpunkt der Energiezählung eingeführt haben, findet Ionisierung statt, wenn das Elektron eine positive Energie erhält. Da es vorher die negative Energie besaß, welche den Termen entspricht, muß man jedem Elektron gerade die Termenergie zuführen, wenn man es vom Atom abtrennen will.

Wir ordnen jetzt die Elemente nach ihrer Kernladungszahl. Von den verschiedenen Zuständen, deren diese Atome fähig sind, fassen wir den Grundzustand ins Auge, der die niedrigste Energie besitzt. Dies ist der Normalzustand, in dem das Element sich stets befindet, wenn es nicht durch hohe Temperatur, durch elektrische Einwirkungen oder durch Absorption von Licht in höhere Zustände gebracht, d. h. angeregt wird. Die Ionisierungsarbeiten der Elemente im Grundzustand kann man empirisch aus dem Spektrum bestimmen, wenn dieses analysiert ist. Ist dies nicht der Fall, so können sie auch durch einen Elektronenstoßversuch gemessen werden. Man benutzt dazu eine Anordnung nach folgendem Schema. Ein Glühdraht sendet Elektronen aus, welche durch ein positiv geladenes Gitter beschleunigt werden können. Hinter dem Gitter bringt man einen Auffänger an, dessen Potential gegen den Glühdraht noch negativ ist. Die Elektronen können den Auffänger also nicht erreichen. Wenn die Energie der Elektronen vor dem Gitter genügt, um die Gasatome oder Moleküle zu ionisieren, entstehen Ionen im Rohr. Dies erkennt man daran, daß an dem negativen Auffänger ein Ionenstrom beobachtet wird. Durch solche Versuche und aus den Spektren hat man die Ionisierungsarbeiten sämtlicher Elemente ermittelt. Sie sind in der folgenden Tabelle in der ersten Spalte (in Elektronenvolt) angegeben. Zur Umrechnung dieses Energiemaßstabes dient die Beziehung

$$1 \text{ eVolt} = 1{,}60 \cdot 10^{-19} \text{ Joule.}$$

In der zweiten Spalte der Tabelle sind diejenigen Kernladungen bzw. Atomrumpfladungen Z_{eff} angegeben, die dem Elektron die beobachtete Ionisierungsarbeit verleihen würden, wenn es die Hauptquantenzahl 1 besäße und sich in einem Coulombschen Feld befände. Diese Ladungen sind in Einheiten der Größe $+e$ gemessen und heißen effektive Kernladungen. In der 3., 4. und 5. Spalte geschieht dasselbe für Elektronen mit den Hauptquantenzahlen 2, 3 und 4.

Bei Wasserstoff ist, wie wir ja bereits wissen, die effektive Kernladung gleich 1. Das Elektron ist im Grundzustand ein $1s$-Elektron und besitzt die Hauptquantenzahl 1. Gehen wir zu Helium über, so machen wir uns die Vorstellung, daß ein Heliumkern zuerst ein Elektron eingefangen hat, wodurch ein Heliumion He⁺ entsteht. Dieses Ion fängt dann ein zweites Elektron ein, um das normale Heliumatom zu bilden. Das Feld des He⁺-Ions wirkt aber auf das zweite Elektron nicht wie das Feld einer Kernladung $Z=1$, sondern wie das Feld der Kernladung $Z_{eff}=1{,}35$. Die Ladung des ersten Elektrons darf also von der Kernladung nicht einfach abgezogen werden, sondern nur 65% seiner negativen Ladung „schirmen" den Kern ab. Das ist auch leicht verständlich. Weil das abschirmende Elektron über den Raum ausgebreitet ist, befindet sich das zweite Elektron zum Teil auch in Gebieten nahe am Kern, wo keine Abschirmung oder nur geringe Abschirmung vorhanden ist. Man könnte die Größe der Abschirmung berechnen, wenn man das bei den Alkalien skizzierte Hartreesche Verfahren durchführt.

Beim Lithium nehmen wir probeweise an, daß alle drei Elektronen sich im $1s$-Zustand befinden. Aus der Ionisierungsarbeit ergibt sich dann eine effektive Kernladung von 0,63. Dies heißt, daß die beiden ersten Elektronen zusammen 2,37 Ladungseinheiten abschirmen. Zwei Elektronen können aber, wie auch immer sie verteilt sein mögen, niemals eine größere Kernladung als 2 abschirmen. Daraus folgt, daß nicht alle drei Elektronen im Zustand $1s$ vorliegen können. Jetzt prüfen wir die Annahme, daß wie bei Helium zwei $1s$-Elektronen vorhanden sind, daß das dritte Elektron aber die Hauptquantenzahl 2 besitzt. Aus dieser Annahme errechnen wir eine effektive Kernladung von 1,26. Dies ist ein sehr vernünftiger Wert. Die beiden $1s$-Elektronen wirken mit je 87% abschirmend. Berücksichtigen wir, daß zur Hauptquantenzahl 2 Ladungsverteilungen gehören, welche viel weiter außen liegen als bei einem $1s$-Elektron, so verstehen wir sofort die relativ gute Abschirmung. Dem Lithiumatom werden wir also zwei $1s$-Elektronen und ein $2s$-Elektron zuschreiben.

Dem Beryllium mit seinen vier Elektronen werden wir zunächst einmal dieselben Elektronen zuordnen, die das Lithium schon hatte, nämlich $1s^2 2s$. In

§ 1. Das periodische System der Elemente.

Element	Ionisierungs-arbeit	Effektive Kernladungen			
		$n=1$	$n=2$	$n=3$	$n=4$
H	13,5	1			
He	24,5	1,35			
Li	5,37	0,63?	1,26		
Be	9,28		1,65		
B	8,33		1,56	2,35	
C	11,22		1,82		
N	14,5		2,07		
O	13,6		2,00		
F	18,6		2,35		
Ne	21,5		2,52		
Na	5,12		1,23?	1,85	
Mg	7,61			2,25	
Al	5,96			1,98	
Si	8,12			2,32	
P	11,1			2,72	
S	10,3			2,62	
Cl	13,0			2,95	
Ar	15,7			3,24	
K	4,32			1,70?	2,25
Ca	6,09				2,68
Sc	6,57				2,78
Ti	6,80				2,82
V	6,76				2,82
Cr	6,74				2,80
Mn	7,40				2,94
Fe	7,83				3,04
Co	7,81				3,03
Ni	7,61				3,00
Cu	7,69				3,00
Zn	9,35				3,32
Ga	5,97				2,64
Ge	7,85				3,04
As	9,96				3,42
Se	9,7				3,38
Br	11,8				3,72
Kr	14,0				4,06

derartigen Symbolen geben wir die Zahl der Elektronen als Exponent an. Wenn das vierte Elektron nun ebenfalls ein 2s-Elektron ist, werden wir für die beiden 1s-Elektronen je 87% Abschirmung ansetzen. Dem schon vorhandenen 2s-Elektron werden wir vielleicht 65% Abschirmung zutrauen, da ja die gegenseitige Abschirmung der beiden 1s-Elektronen bei Helium auch 65% betrug. Wir würden also eine effektive Kernladung von 1,61 erwarten. In Wirklichkeit wird 1,65 gemessen. Aus dieser Übereinstimmung schließen wird, daß ein Berylliumatom zwei 1s- und zwei 2s-Elektronen besitzt.

Dem Bor schreiben wir zunächst die Elektronen $1s^2 2s^2$ des Berylliums zu. Wenn das fünfte Elektron ein 2s-Elektron ist, würden wir eine effektive Kernladung $1 + 2 \cdot 0,13 + 2 \cdot 0,35 = 1,96$ erwarten, finden aber in Wirklichkeit nur 1,56. Die Abschirmung ist also viel besser als wir erwarten, ja sogar besser als beim Beryllium. Es ist deshalb unwahrscheinlich, daß das Bor ein drittes 2s-Elektron enthält. Das fünfte Elektron kann aber unmöglich ein Elektron mit der Hauptquantenzahl 3 sein, denn hierzu würde eine effektive Kernladung von 2,35 gehören. Das ist ausgeschlossen, denn die 1s- und 2s-Elektronen schirmen den Kern für ein 3s-Elektron natürlich besser als für ein 2s-Elektron ab, für das wir nur 1,96 errechneten. Wir erinnern uns jetzt daran, daß es bei der Hauptquantenzahl 2 auch noch $2p$-Elektronen gibt. Bei den Alkalien zeigte es sich, daß die von den Rumpfelektronen herrührenden Korrektionen für die p-Elektronen sehr viel kleiner waren als bei den s-Elektronen. Dies galt sowohl für die empirischen Werte wie für das Ergebnis der Rechnung. Das bedeutet aber, daß das $2p$-Elektron nicht so sehr in das Gebiet nahe dem Atomkern hineingreift wie das $2s$-Elektron. Die niedrigere effektive Kernladung beim Bor und damit die niedrigere Ionisierungsarbeit verstehen wir also, wenn wir das fünfte Elektron des Bors in einen $2p$-Zustand einweisen.

Es liegt nun sehr nahe, dem Kohlenstoff ein weiteres $2p$-Elektron zuzuordnen. Bisher haben wir immer beobachtet, daß etwa 35% Abschirmungsverlust eintreten, wenn zwei gleichartige Elektronen auftreten. Wenn dies auch für $2p$-Elektronen gilt, müßte die effektive Kernladung bei Kohlenstoff 1,91 sein. Sie ist in Wirklichkeit 1,82. Wir geben also dem Kohlenstoff die Elektronen $1s^2 2s^2 2p^2$. Dem Stickstoff schreiben wir ein drittes $2p$-Elektron zu, denn der Zuwachs der effektiven Kernladung beträgt jetzt noch einmal 0,25 gegen 0,26 beim Schritt vom Bor zum Kohlenstoff.

Beim Übergang zum Sauerstoff wird die effektive Kernladung wieder kleiner. Dies ist sehr überraschend, denn was für ein Elektron kann jetzt neu hinzugekommen sein? Es kann ganz unmöglich ein $2s$-Elektron sein, denn dies müßte einen großen Zuwachs an effektiver Kernladung verursachen. Würden wir ein Elektron mit der Hauptquantenzahl 3 ins Auge fassen, so würde sich eine effektive Kernladung von 3,01 ergeben. Dies ist ebenfalls ausgeschlossen, denn wir hätten bei der Angliederung eines vierten $2p$-Elektrons nur 2,32 erwartet. Mit dem tatsächlichen Wert der effektiven Ladung ist es noch am besten verträglich, wenn wir dem Sauerstoff ein viertes $2p$-Elektron zuschreiben. Jetzt erinnern wir uns daran, daß es drei verschiedene $2p$-Elektronen gibt, die sich zwar nicht in ihrer Gestalt, wohl aber in ihrer räumlichen Orientierung unterscheiden. Es leuchtet ein, daß sich die $2p$-Elektronen schlechter abschirmen, wenn sie verschieden orientiert sind, als wenn sie sich einfach überlagern. Es ist also plausibel, daß von Bor zu Stickstoff zunächst drei $2p$-Elektronen angebaut werden, die den drei räumlichen Orientierungsmöglichkeiten entsprachen. Das vierte $2p$-Elektron muß sich nun mit einem der vorhandenen decken. Dies würde erklären, daß die effektive Ladung von Stickstoff zu Sauerstoff erheblich weniger zunimmt als von Kohlenstoff zu Stickstoff. Daß sogar eine Abnahme eintritt, könnte man nur durch eine viel eingehendere Betrachtung klarmachen.

Die weitere Entwicklung über Fluor zum Neon ist völlig eindeutig. Es wird jedesmal ein weiteres $2p$-Elektron angegliedert unter Anwachsen der effektiven Ladung um vernünftige Beträge. Bei Neon erreichen wir also die Elektronenkonfiguration

$$1s^2\, 2s^2\, 2p^6.$$

Die großen Perioden. Es kann kaum einem Zweifel unterliegen, daß bei den Elementen von Natrium bis Argon sich die Vorgänge wiederholen, die wir schon bei Lithium bis Neon kennengelernt haben. Es werden zuerst zwei $3s$-Elektronen und dann sechs $3p$-Elektronen angebaut, wobei sich bei Aluminium und Schwefel dieselben Effekte wiederholen, die bei Bor und Sauerstoff auftraten.

Bei Kalium erkennt man, daß erstmalig ein Elektron der Hauptquantenzahl 4 auftritt. Bei Kalzium kommt ein zweites $4s$-Elektron hinzu. Es kommt aber nicht dazu, daß sich jetzt zum drittenmal der Anbau von sechs $4p$-Elektronen vollzieht, sondern es werden jetzt im ganzen 16 Elektronen angegliedert, bevor wir das Edelgas Krypton erreichen und bevor dann mit einem Alkaliatom zu der Hauptquantenzahl 5 geschritten wird. Dies darf uns auch nicht wundern. Zu der Hauptquantenzahl 3 gibt es ja auch die 3d-Elektronen, deren Auftreten wir eigentlich direkt im Anschluß an die 3p-Elektronen hätten erwarten dürfen. Um den verspäteten Einbau der 3d-Elektronen zu verstehen, werfen wir einen Blick auf die Tabelle der Wasserstoffeigenfunktionen von S. 849. Die Eigenfunktionen der d-Elektronen enthalten den Faktor

$$x^2 = \frac{Z^2 r^2}{a^2 n^2}$$

und die Elektronendichte das Quadrat dieses Faktors. In der Nähe des Kernes, wo dessen Ladung unabgeschirmt wirkt, konvergiert die Dichte der d-Elektronen wie r^4 gegen Null. Während die s-Elektronen bis in die Nähe des Kernes reichen, wo das starke unabgeschirmte Kernfeld herrscht, verbleiben die d-Elektronen im schwachen Feld an der Peripherie des Atoms.

Betrachten wir das Ende der großen Periode von Gallium bis Krypton und vergleichen wir diese Elemente mit den Elementen Aluminium bis Argon, so erscheint es ziemlich sicher, daß wir dort den Anbau von sechs 4p-Elektronen vor uns haben. Inzwischen müssen aber von Scandium bis Zink nochmals 10 Elektronen eingebaut worden sein. Wie dies im einzelnen geschieht, ist wenig übersichtlich, und wir wollen deshalb darauf verzichten, uns davon eine genauere Vorstellung zu machen. Immerhin steht es außer Zweifel, daß die erste große Periode zustande kommt, indem zwei 4s-Elektronen, zehn 3d-Elektronen und sechs 4p-Elektronen angegliedert werden.

Die zweite große Periode entsteht, indem zehn 4d-Elektronen eingegliedert werden. Zu der Hauptquantenzahl 4 gehören aber auch noch f-Elektronen. Es muß also irgendwo im periodischen System eine Gruppe von Elementen vorhanden sein, die dem Einbau der 4f-Elektronen entspricht. Dies sind die seltenen Erden.

Die Paulische Regel. Das periodische System entsteht nach folgendem Prinzip: Ein Atomkern nimmt immer diejenigen Elektronen auf, bei deren Anbau die größte Energie gewonnen wird. Zuerst sind das zwei 1s-Elektronen. In jedem Atom sind also zwei Elektronen von der Gestalt 1s enthalten. Diese Elektronen bilden eine Kugel in der unmittelbaren Umgebung des Atomkernes, die sogenannte K-Schale.

Nach den 1s-Elektronen werden im ganzen 8 Elektronen der Hauptquantenzahl 2 angebaut. Diese Elektronen liegen vom Kern wesentlich weiter ab als die 1s-Elektronen. Nicht ganz korrekt, aber sehr anschaulich beschreibt man diese 8-Elektronen als eine Schale um die 1s-Elektronen, die sogenannte L-Schale. Die L-Schale besteht aus zwei 2s-Elektronen und sechs 2p-Elektronen, es kommen also wieder je zwei Elektronen von gleicher Gestalt und räumlicher Orientierung vor.

Bei der Hauptquantenzahl 3 wiederholt sich das Spiel. Es wird eine dritte Schale die sogenannte M-Schale, aufgebaut, welche aus zwei 3s-Elektronen, sechs 3p-Elektronen und zehn 3d-Elektronen, also 18 Elektronen besteht. Die M-Schale wird allerdings erst fertig, nachdem mit dem Bau der vierten Schale, der N-Schale, schon begonnen ist. Bedenken wir, daß es für ein d-Elektron fünf verschiedene Eigenfunktionen und damit fünf verschiedene Gestalten gibt, so sehen wir, daß auf jede Elektronengestalt wieder zwei Elektronen kommen.

Grundzustände und Elektronenanordnungen der Elemente. (Aus FINKELNBURG: Einführung in die Atomphysik, 4. Aufl. Berlin/Göttingen/Heidelberg: Springer 1956.)

Z			K 1s	L 2s 2p	M 3s 3p 3d	N 4s 4p 4d 4f	O 5s 5p 5d	P 6s 6p 6d	Q 7s
1	H	$^2S_{1/2}$	1						
2	He	$^1S_0$	2						
3	Li	$^2S_{1/2}$	2	1					
4	Be	$^1S_0$	2	2					
5	B	$^2P_{1/2}$	2	2 1					
6	C	$^3P_0$	2	2 2					
7	N	$^4S_{3/2}$	2	2 3					
8	O	$^3P_2$	2	2 4					
9	F	$^2P_{3/2}$	2	2 5					
10	Ne	$^1S_0$	2	2 6					
11	Na	$^2S_{1/2}$	2	2 6	1				
12	Mg	$^2S_0$	2	2 6	2				
13	Al	$^2P_{1/2}$	2	2 6	2 1				
14	Si	$^3P_0$	2	2 6	2 2				
15	P	$^4S_{3/2}$	2	2 6	2 3				
16	S	$^3P_2$	2	2 6	2 4				
17	Cl	$^2P_{3/2}$	2	2 6	2 5				
18	Ar	$^1S_0$	2	2 6	2 6				
19	K	$^2S_{1/2}$	2	2 6	2 6	1			
20	Ca	$^1S_0$	2	2 6	2 6	2			
21	Sc	$^2D_{3/2}$	2	2 6	2 6 1	2			
22	Ti	$^3F_2$	2	2 6	2 6 2	2			
23	V	$^4F_{3/2}$	2	2 6	2 6 3	2			
24	Cr	$^7S_3$	2	2 6	2 6 5	1			
25	Mn	$^6S_{3/2}$	2	2 6	2 6 5	2			
26	Fe	$^5D_4$	2	2 6	2 6 6	2			
27	Co	$^4F_{1/2}$	2	2 6	2 6 7	2			
28	Ni	$^3F_4$	2	2 6	2 6 8	2			
29	Cu	$^2S_{1/2}$	2	2 6	2 6 10	1			
30	Zn	$^1S_0$	2	2 6	2 6 10	2			
31	Ga	$^2P_{1/2}$	2	2 6	2 6 10	2 1			
32	Ge	$^3P_0$	2	2 6	2 6 10	2 2			
33	As	$^4S_{3/2}$	2	2 6	2 6 10	2 3			
34	Se	$^3P_2$	2	2 6	2 6 10	2 4			
35	Br	$^2P_{3/2}$	2	2 6	2 6 10	2 5			
36	Kr	$^1S_0$	2	2 6	2 6 10	2 6			
37	Rb	$^2S_{1/2}$	2	2 6	2 6 10	2 6	1		
38	Sr	$^1S_0$	2	2 6	2 6 10	2 6	2		
39	Y	$^2D_{3/2}$	2	2 6	2 6 10	2 6 1	2		
40	Zr	$^3F_2$	2	2 6	2 6 10	2 6 2	2		
41	Nb	$^6D_{1/2}$	2	2 6	2 6 10	2 6 4	1		
42	Mo	$^7S_3$	2	2 6	2 6 10	2 6 5	1		
43	Tc	$^6S_{5/2}$	2	2 6	2 6 10	2 6 5	2		
44	Ru	$^5F_5$	2	2 6	2 6 10	2 6 7	1		
45	Rh	$^4F_{3/2}$	2	2 6	2 6 10	2 6 8	1		
46	Pd	$^1S_0$	2	2 6	2 6 10	2 6 10			
47	Ag	$^2S_{1/2}$	2	2 6	2 6 10	2 6 10	1		
48	Cd	$^1S_0$	2	2 6	2 6 10	2 6 10	2		
49	In	$^2P_{1/2}$	2	2 6	2 6 10	2 6 10	2 1		
50	Sn	$^3P_0$	2	2 6	2 6 10	2 6 10	2 2		
51	Sb	$^4S_{3/2}$	2	2 6	2 6 10	2 6 10	2 3		
52	Te	$^3P_2$	2	2 6	2 6 10	2 6 10	2 4		
53	J	$^2P_{3/2}$	2	2 6	2 6 10	2 6 10	2 5		
54	Xe	$^1S_0$	2	2 6	2 6 10	2 6 10	2 6		

§ 1. Das periodische System der Elemente.

(Fortsetzung).

Z			K 1s	L 2s 2p	M 3s 3p 3d	N 4s 4p 4d 4f	O 5s 5p 5d 5f	P 6s 6p 6d	Q 7s
55	Cs	$^2S_{1/2}$	2	2 6	2 6 10	2 6 10	2 6	1	
56	Ba	$^1S_0$	2	2 6	2 6 10	2 6 10	2 6	2	
57	La	$^2D_{3/2}$	2	2 6	2 6 10	2 6 10	2 6 1	2	
58	Ce	$(^3H_4)$	2	2 6	2 6 10	2 6 10 1	2 6 1	2 ?	
59	Pr	—	2	2 6	2 6 10	2 6 10 2	2 6 1	2 ?	
60	Nd	—	2	2 6	2 6 10	2 6 10 4	2 6	2	
61	Pm	—	2	2 6	2 6 10	2 6 10 5	2 6	2 ?	
62	Sm	$^7F_0$	2	2 6	2 6 10	2 6 10 6	2 6	2	
63	Eu	$^8S_{7/2}$	2	2 6	2 6 10	2 6 10 7	2 6	2	
64	Gd	^9D	2	2 6	2 6 10	2 6 10 7	2 6 1	2	
65	Tb	—	2	2 6	2 6 10	2 6 10 8	2 6 1	2 ?	
66	Dy	—	2	2 6	2 6 10	2 6 10 9	2 6 1	2 ?	
67	Ho	—	2	2 6	2 6 10	2 6 10 10	2 6 1	2 ?	
68	Er	—	2	2 6	2 6 10	2 6 10 11	2 6 1	2 ?	
69	Tm	$^2F_{7/2}$	2	2 6	2 6 10	2 6 10 13	2 6	2	
70	Yb	$^1S_0$	2	2 6	2 6 10	2 6 10 14	2 6	2	
71	Lu	$^2D_{3/2}$	2	2 6	2 6 10	2 6 10 14	2 6 1	2	
72	Hf	$^3F_2$	2	2 6	2 6 10	2 6 10 14	2 6 2	2	
73	Ta	$^4F_{3/2}$	2	2 6	2 6 10	2 6 10 14	2 6 3	2	
74	W	$^5D_0$	2	2 6	2 6 10	2 6 10 14	2 6 4	2	
75	Re	$^6S_{5/2}$	2	2 6	2 6 10	2 6 10 14	2 6 5	2	
76	Os	$^5D_4$	2	2 6	2 6 10	2 6 10 14	2 6 6	2	
77	Ir	^4F	2	2 6	2 6 10	2 6 10 14	2 6 7	2	
78	Pt	(^3D)	2	2 6	2 6 10	2 6 10 14	2 6 9	1 ?	
79	Au	$^2S_{1/2}$	2	2 6	2 6 10	2 6 10 14	2 6 10	1	
80	Hg	$^1S_0$	2	2 6	2 6 10	2 6 10 14	2 6 10	2	
81	Tl	$^2P_{1/2}$	2	2 6	2 6 10	2 6 10 14	2 6 10	2 1	
82	Pb	$^3P_0$	2	2 6	2 6 10	2 6 10 14	2 6 10	2 2	
83	Bi	$^4S_{3/2}$	2	2 6	2 6 10	2 6 10 14	2 6 10	2 3	
84	Po	$^3P_2$	2	2 6	2 6 10	2 6 10 14	2 6 10	2 4	
85	At	$^2P_{3/2}$	2	2 6	2 6 10	2 6 10 14	2 6 10	2 5	
86	Rn	$^1S_0$	2	2 6	2 6 10	2 6 10 14	2 6 10	2 6	
87	Fr	$^2S_{1/2}$	2	2 6	2 6 10	2 6 10 14	2 6 10	2 6	1
88	Ra	$^1S_0$	2	2 6	2 6 10	2 6 10 14	2 6 10	2 6	2
89	Ac	$(^2D_{3/2})$	2	2 6	2 6 10	2 6 10 14	2 6 10	2 6 1	2 ?
90	Th	$(^3F_2)$	2	2 6	2 6 10	2 6 10 14	2 6 10	2 6 2	2 ?
91	Pa	$(^4F_{3/2})$	2	2 6	2 6 10	2 6 10 14	2 6 10 2	2 6 1	2 ?
92	U	$(^5D_0)$	2	2 6	2 6 10	2 6 10 14	2 6 10 3	2 6 1	2
93	Np	?	2	2 6	2 6 10	2 6 10 14	2 6 10 4	2 6 1	2 ?
94	Pu	?	2	2 6	2 6 10	2 6 10 14	2 6 10 5	2 6 1	2 ?
95	Am	?	2	2 6	2 6 10	2 6 10 14	2 6 10 7	2 6	2
96	Cm	?	2	2 6	2 6 10	2 6 10 14	1 6 10 7	2 6 1	2 ?
97	Bk	?	2	2 6	2 6 10	2 6 10 14	2 6 10 8	2 6 1	2 ?
98	Cf	?	2	2 6	2 6 10	2 6 10 14	2 6 10 9	2 6 1	2 ?
99	E	?	2	2 6	2 6 10	2 6 10 14	2 6 10 10	2 6 1	2 ?
100	Fm	?	2	2 6	2 6 10	2 6 10 14	2 6 10 11	2 6 1	2 ?
101	Mv	?	2	2 6	2 6 10	2 6 10 14	2 6 10 12	2 6 1	2 ?

Bei der Hauptquantenzahl 4 finden wir zwei 4s-Elektronen, sechs 4p-Elektronen, zehn 4d-Elektronen und vierzehn 4f-Elektronen. Bei den f-Elektronen haben wir sieben verschiedene Eigenfunktionen, und auch im Hauptquantenniveau der N-Schale gehören zu jeder Elektronengestalt zwei Elektronen.

Wir finden durch das ganze periodische System der Elemente ohne Ausnahme die von Pauli aufgestellte Regel erfüllt:

In einem Atom gibt es höchstens zwei Elektronen von der gleichen Gestalt.

Jetzt gewinnen wir eine einfache Übersicht über das periodische System. Bei Wasserstoff und Helium finden wir nur die Elektronen der Hauptquantenzahl 1. Nach dem Helium können nur noch Elektronen der Hauptquantenzahl 2 hinzukommen, und zwar im ganzen acht. Diese Elektronen, nämlich $2s^2 2p^6$, bilden die L-Schale. Sie wird mit dem Neon abgeschlossen. Von hier an können sich nur noch Elektronen der Hauptquantenzahl 3 angliedern. Sie bilden die M-Schale, die aus den 18 Elektronen $3s^2 3p^6 3d^{10}$ besteht. Bei den Elementen Natrium bis Argon werden die Elektronen $3s^2 3p^6$ angegliedert, die Elektronen $3d^{10}$ kommen erst von Scandium bis Kupfer hinzu, nachdem vorher bei Kalium und Calcium schon die Elektronen $4s$ bzw. $4s^2$ der N-Schale angebaut worden sind. Der Bau der N-Schale, die aus den Elektronen $4s^2 4p^6 4d^{10} 4f^{14}$ besteht, wird bei den Elementen Gallium bis Krypton durch die Angliederung der Elektronen $4p^6$ weitergeführt. Bei Rubidium wird der Bau der N-Schale durch die Angliederung eines $5s$-Elektrons unterbrochen und beim Strontium kommt ein zweites $5s$-Elektron hinzu. Erst danach treten die $4d$-Elektronen auf und die N-Schale hat ihre sämtlichen d-Elektronen bei dem Element Palladium erhalten. Von Silber bis Xenon wird der Bau der O-Schale wieder aufgenommen, und wir haben bei Xenon die Elektronen $5s^2 5p^6$ erreicht.

Obwohl in der N-Schale immer noch keine f-Elektronen vertreten sind, und die O-Schale soeben erst angefangen wurde, wird mit dem Alkaliatom Caesium und dem Erdalkali Barium schon die P-Schale mit den Elektronen $6s$ bzw. $6s^2$ begonnen. Beim nächstfolgenden Element Lanthan erhält die O-Schale ein $5d$-Elektron. Dann endlich wird die N-Schale bei den seltenen Erden Cer bis Lutetium durch den Anbau der vierzehn f-Elektronen vervollständigt. Gleich anschließend erhält die O-Schale ihre d-Elektronen von Hafnium bis Gold. Bei den Elementen Quecksilber bis Radon (Ra-Emanation) erhält die P-Schale die Elektronen $6p^6$. Bei den wenigen radioaktiven Elementen, die noch folgen, werden zuerst die Elektronen $7s^2$ angebaut, was beim Radium geschehen ist, dann folgt der Einbau von $6d$- bzw. $5f$-Elektronen[1]. Die O-Schale und die folgenden Schalen kommen nicht mehr zur Vollendung. Die Tabelle gibt einen Katalog der Elektronen, die sich im Grundzustand der Atome vorfinden.

Die chemischen Eigenschaften der Elemente. Aus der Tabelle kann man leicht sehen, durch welche Elektronen die chemischen Eigenschaften der Elemente hervorgerufen werden. Für die Edelgase ist offenbar die Elektronenkonfiguration $ns^2 np^6$ kennzeichnend. Für ein Alkalimetall kommt zu dieser Konfiguration noch das s-Elektron mit der nächst höheren Hauptquantenzahl. Für Erdalkalimetalle ist die Elektronenanordnung ns^2 charakteristisch mit Edelgasanordnung darunter. Von den Alkalien unterscheiden sich die Elemente Kupfer, Silber, Gold, weil unter dem s-Elektron die Anordnung $s^2 p^6 d^{10}$ statt der Edelgaskonfiguration liegt. Die Erdmetalle sind durch die Elektronenanordnung $ns^2 np$ ausgezeichnet. In der Hauptgruppe liegt darunter die Edelgaskonfiguration, in der Untergruppe die Anordnung $s^2 p^6 d^{10}$. Für die Halogene finden wir ausnahmslos die Elektronen $s^2 p^5$, in der Untergruppe haben wir statt der p-Elektronen d-Elektronen. Auch die feineren Unterschiede im chemischen Verhalten der Elemente finden ihren Ausdruck in den Besetzungszahlen der einzelnen Elektronenformen.

---

[1] Nach neuesten Untersuchungen an den Transuranen beginnt mit Thorium der Einbau der $5f$-Elektronen, also eine zu den Seltenen Erden analoge Gruppe.

§ 2. Mehrfache Termsysteme bei Helium und bei den Erdalkalien.

Inhalt: Helium und die Erdalkalien zeigen ein Singulett- und ein Triplettermsystem. Bei Helium gibt es keine Interkombinationen, bei den schwereren Elementen schwache Interkombinationen. Die beiden Elektronen des Heliums verursachen eine Entartung, wenn die Elektronenwechselwirkung vernachlässigt wird. Die Eigenfunktionen sind symmetrisch oder antisymmetrisch in den Elektronen. Die symmetrischen Zustände gehören zum Singulettsystem, die antisymmetrischen zum Triplettsystem. Der Energieunterschied der Triplett- und Singuletterme rührt von der Coulombschen Wechselwirkung der Elektronen her.

Bezeichnungen: Indizes 1 und 2 kennzeichnen die beiden Elektronen, r_1 bzw. r_2 Abstände der Elektronen vom Kern, r_{12} Abstand der Elektronenaufpunkte. Φ Eigenfunktion des Atoms, ψ_1, ψ_2 Eigenfunktionen der einzelnen Elektronen, Φ_s, Φ_a symmetrische bzw. antisymmetrische Eigenfunktion, a atomare Längeneinheit $= 0{,}5284 \cdot 10^{-8}$ cm, ε_a, ε_s Störungsenergie in erster Näherung.

Bisher haben wir den Bau der Atome nur in ganz groben Zügen untersucht. Wir wollen uns nun den feineren, aber nicht weniger wichtigen Erscheinungen zuwenden. Während die bisher behandelten Probleme auch der klassischen Bohrschen Atomtheorie zugänglich waren, kommen wir jetzt zu einer Reihe von Fragen, an denen die Bohrsche Theorie vollkommen versagte.

Bei dem Wasserstoffatom und bei dem Heliumion haben wir ein Termsystem gefunden, das wir auch theoretisch herleiten konnten. Bei den Alkalien war aus dem einfachen Termsystem des Wasserstoffs ein verwickelteres System entstanden, in dem die S-, P-, D- usw. Terme auseinandertraten. Bei Wasserstoff ergibt jede Termdifferenz eine Linie. Bei den Alkalien besteht die Auswahlregel, daß S-Terme nur mit P-Termen, P-Terme nur mit S- und D-Termen, D-Terme nur mit P- und F-Termen Linien ergeben oder, wie man sagt, mit solchen Termen kombinieren. Trotz dieser Auswahlregeln hängen aber doch alle Terme der Alkalien wenigstens mittelbar miteinander zusammen.

Es gibt aber auch Atome, und der ausgeprägteste Vertreter von ihnen ist das neutrale Heliumatom, bei denen die Gesamtheit aller Terme in zwei Gruppen zerfällt, die nur wenig miteinander zu tun haben. Kein Term der einen Gruppe ergibt mit einem Term der anderen Gruppe eine Linie. Außer dem Helium zeigen auch die Erdalkalien Be, Mg, Ca usw. diese Verdopplung des Termsystems. Bei den schwereren Erdalkalien Sr, Ba treten allerdings „Interkombinationen" der beiden Gruppen von Termen auf. Solche Linien sind aber viel schwächer als die Linien, welche Kombinationen von Termen der gleichen Gruppe darstellen.

Um diese eigentümliche Erscheinung zu erklären, wollen wir zuerst den Sachverhalt, wie er empirisch vorliegt, am neutralen Helium und seinem Spektrum feststellen.

Ortho- und Parahelium. Wenn man das Spektrum des Heliumatoms untersucht, so findet man bei großer Dispersion, daß es aus einer Anzahl von einfachen Linien besteht und einer Anzahl anderer Linien, die sich bei genauerem Betrachten als doppelt erweisen, und die in Wirklichkeit sogar aus mehr Linien bestehen, deren Mehrfachheit man allerdings nur mit Apparaten größter Auflösung erkennt.

Die einfachen Linien hat man Singulettlinien genannt, die mehrfachen heißen Triplettlinien. Die Analyse des Spektrums ergibt, daß die Singulettlinien für sich aus einem Termsystem hergeleitet werden können, welches dem Termsystem eines Alkaliatoms sehr ähnlich ist. Aus diesen Termsystemen, das wir das Singulettsystem nennen, kann aber keine einzige Linie des Triplettsystems abgeleitet werden. Die Triplettlinien, von deren feiner Unterteilung in mehrere Linien wir einstweilen ganz absehen, gehören vielmehr zu einem zweiten Termsystem, welches ebenfalls dem Termsystem eines Alkaliatoms ähnlich ist, mit der einzigen Ausnahme, daß der tiefste S-Term fehlt.

Es ist besonders bemerkenswert, daß man im ganzen Spektrum des Heliums keine Linie finden konnte, deren Frequenz die Differenz eines Tripletterms und eines Singuletterms wäre. Das Spektrum des Heliums erweckt vielmehr den Anschein, als ob das Helium aus zwei Atomsorten bestünde, die sich chemisch zwar nicht unterscheiden lassen, die aber verschiedene Spektren liefern. Man könnte zunächst auf den Gedanken kommen, daß diese verschiedenen Atomsorten zwei isotope Heliumatome seien. Dies ist aber nicht möglich, da isotope Elemente Spektren besitzen, die sich außerordentlich viel weniger voneinander unterscheiden als das Singulett- und das Triplettspektrum des Heliums. Man hat deshalb früher an das Vorliegen zweier verschiedener Modifikationen des Heliums geglaubt und diese Orthohelium bzw. Parahelium genannt. Das Orthohelium sollte das Triplettspektrum aussenden, das Parahelium das Singulettspektrum.

Es sind Versuche unternommen worden, die beiden vermuteten Modifikationen zu trennen und für sich präparativ herzustellen. Alle diese Versuche haben zu nichts geführt. Es ist ganz sicher, daß dasselbe Heliumatom beide Spektren zu emittieren befähigt ist.

Dieser empirische Befund muß jetzt theoretisch erklärt werden.

Entartung durch mehrere Elektronen. Das Heliumatom besteht aus einem Atomkern mit der Ladung $+2e$ und aus zwei Elektronen. Der Grundzustand des Atoms ist derjenige, bei dem beide Elektronen sich im Zustand $1s$ befinden. Die angeregten Zustände kommen dadurch zustande, daß eines der Elektronen in der $1s$-Form verbleibt, das andere aber eine beliebige Form annimmt.

Für die theoretische Behandlung des Heliumatoms machen wir jetzt näherungsweise die Annahme, daß jedes der beiden Elektronen sich in einem Coulombschen Feld befinde, das durch den Atomkern hervorgerufen und durch die Abschirmung des anderen Elektrons nicht vermindert werde. Diese Annahme ist natürlich nur eine sehr grobe Näherung. Für die potentielle Energie jedes der beiden Elektronen erhalten wir dann

$$-\frac{Z e^2}{4 \pi \varepsilon_0 r} = -\frac{e^2}{2 \pi \varepsilon_0 r}. \qquad (IV, 1)$$

Die Polarkoordinate bedeutet den Abstand des Aufpunktes dieses Elektrons vom Atomkern. Die gesamte potentielle Energie der Anordnung ist dann

$$-\frac{e^2}{2 \pi \varepsilon_0 r_1} - \frac{e^2}{2 \pi \varepsilon_0 r_2}. \qquad (IV, 2)$$

In dieser Näherung erhalten wir also die Schrödingergleichung

$$\Delta_1 \Phi + \Delta_2 \Phi + \frac{8 \pi^2 m}{h^2} \left(E + \frac{e^2}{2 \pi \varepsilon_0 r_1} + \frac{e^2}{2 \pi \varepsilon_0 r_2} \right) \Phi = 0. \qquad (IV, 3)$$

Der Atomkern ist im Raum fixiert gedacht, d. h. wir interessieren uns hier nicht für die kleine Abänderung der Rydbergzahl, die dadurch entsteht, daß auch die Variablen des Kernes in die Eigenfunktion aufgenommen werden müssen (siehe S. 855). Die Eigenfunktion Φ ist jetzt eine Funktion, welche von den Koordinaten beider Elektronen abhängt. Setzt man

$$\Phi = \psi_1 \psi_2, \qquad (IV, 4)$$

wobei ψ_1 und ψ_2 Funktionen sind, die nur die Ortsvariablen des Elektrons 1 bzw. 2 enthalten, so ergibt sich die Schrödingergleichung

$$\frac{1}{\psi_1} \Delta_1 \psi_1 + \frac{1}{\psi_2} \Delta_2 \psi_2 + \frac{8 \pi^2 m}{h^2} \left(E + \frac{e^2}{2 \pi \varepsilon_0 r_1} + \frac{e^2}{2 \pi \varepsilon_0 r_2} \right) = 0. \qquad (IV, 5)$$

§ 2. Mehrfache Termsysteme bei Helium und bei den Erdalkalien.

Diese Gleichung kann sofort in

$$\Delta_1 \psi_1 + \frac{8\pi^2 m}{h^2}\left(E_1 + \frac{e^2}{2\pi\varepsilon_0 r_1}\right)\psi_1 = 0, \quad (IV, 6)$$

$$\Delta_2 \psi_2 + \frac{8\pi^2 m}{h^2}\left(E_2 + \frac{e^2}{2\pi\varepsilon_0 r_2}\right)\psi_2 = 0 \quad (IV, 7)$$

separiert werden. Die Gesamtenergie E der Elektronenkonfiguration ist die Summe der Energien E_1 und E_2 der einzelnen Elektronen.

Wir untersuchen etwas näher den speziellen Fall des Heliumatoms, bei dem ein Elektron im Zustand $1s$, das andere im Zustand $2s$ ist. Die zugehörige Eigenfunktion lautet

$$\Phi_{12} = \psi_1(1s)\,\psi_2(2s) = \frac{2\sqrt{2}}{a^3\pi}\,e^{-\frac{2r_1}{a}}\,e^{-\frac{r_2}{a}}\left(1 - \frac{r_2}{a}\right). \quad (IV, 8)$$

Hier befindet sich das mit 1 numerierte Elektron im Zustand $1s$ und das mit 2 numerierte im Zustand $2s$. Der Index von ψ bezieht sich also auf die Nummer des Elektrons, während in der Klammer sein Zustand (Gestalt) angegeben ist. Es versteht sich aber von selbst, daß zum gleichen Wert der Gesamtenergie eine zweite Eigenfunktion

$$\Phi_{21} = \frac{2\sqrt{2}}{a^3\pi}\,e^{-\frac{r_1}{a}}\,e^{-\frac{2r_2}{a}}\left(1 - \frac{r_1}{a}\right) \quad (IV, 9)$$

gehört, welche angibt, daß das mit 1 numerierte Elektron im Zustand $2s$ und das mit 2 numerierte im Zustand $1s$ ist.

Da zu demselben Eigenwert zwei verschiedene Eigenfunktionen (IV, 8) und (IV, 9) gehören, haben wir Entartung. Sie rührt daher, daß das Heliumatom zwei Elektronen besitzt. Der Übergang von einer der beiden Eigenfunktionen zur anderen bedeutet eine Vertauschung der beiden Elektronen im Atom.

Die angenäherte Schrödingergleichung (IV, 3) einschließlich der Randbedingungen wird aber nicht nur von den Funktionen (IV, 8) und (IV, 9) befriedigt, sondern auch von allen ihren Linearkombinationen

$$\Phi = A\,\Phi_{12} + B\,\Phi_{21}, \quad (IV, 10)$$

deren Konstanten A und B jedoch noch die Normierungsbedingung zu erfüllen haben.

Φ_{12} und Φ_{21} sind Produkte zweier normierter Funktionen und deshalb selbst schon normiert. Integrieren wir Φ_{12}^2 zweimal über den ganzen Raum (einmal für jedes Elektron), so ergibt sich nämlich

$$\iint \Phi_{12}^2\,d\tau_1\,d\tau_2 = \int \psi_1^2\,d\tau_1 \int \psi_2^2\,d\tau_2 = 1. \quad (IV, 11)$$

Φ_{12} und Φ_{21} sind außerdem orthogonal, denn das Integral

$$\int \Phi_{12}\,\Phi_{21}\,d\tau_1\,d\tau_2 = \int \psi_1(1s)\,\psi_1(2s)\,d\tau_1 \cdot \int \psi_2(1s)\,\psi_2(2s)\,d\tau_2 = 0 \quad (IV, 12)$$

verschwindet. Bei der Normierung der Linearkombinationen verlangen wir auch, daß bei zweimaligem Integrieren ihrer Quadrate (bzw. ihrer Norm $\Phi^*\Phi$) über den Raum 1 herauskommt. Die Durchführung der Integration ergibt

$$1 = \int (A\,\Phi_{12} + B\,\Phi_{21})^2\,d\tau_1\,d\tau_2$$
$$= A^2 \int \Phi_{12}^2\,d\tau_1\,d\tau_2 + B^2 \int \Phi_{21}^2\,d\tau_1\,d\tau_2 = A^2 + B^2. \quad (IV, 13)$$

Die Normierungsbedingung (IV, 13) für die Linearkombination verlangt also
$$A^2 + B^2 = 1. \qquad (IV, 14)$$
Da hierdurch eine der willkürlichen Konstanten A und B festgelegt wird, behält man noch eine einfach unendliche Mannigfaltigkeit von Eigenfunktionen übrig.

Diesen Sachverhalt werden wir jetzt noch von einem anderen Gesichtspunkt aus diskutieren. Wir gehen von irgendeiner Schrödingergleichung
$$\Delta\psi + \frac{8\pi^2 m}{h^2}(E - V)\psi = 0 \qquad (IV, 15)$$
aus und greifen zwei Eigenwerte E_i und E_k heraus. Zu ihnen gehören zwei Eigenfunktionen ψ_i und ψ_k. Jetzt ändern wir allmählich die potentielle Energie ab, wodurch E_i und E_k wie auch ψ_i und ψ_k stetige Abänderungen erfahren. Die Abänderung des Potentials nehmen wir so vor, daß die beiden Eigenwerte sich einander nähern und schließlich zusammenfallen. Solange sie sich um einen, wenn auch nur geringen Betrag unterscheiden, gehören zu ihnen zwei bestimmte Eigenfunktionen ψ_i und ψ_k. In dem Augenblick, wo aber $E_i = E_k$ wird, sind auch alle ihre Linearkombinationen Eigenfunktionen. Jetzt gehen wir diesen Weg rückwärts. Wir haben irgendein Potential mit einem entarteten Eigenwert und unendlich viele Linearkombinationen zweier Eigenfunktionen. Nehmen wir eine bestimmte infinitesimale Variation des Potentials vor, so erhalten wir zwei Eigenfunktionen, die sich von zwei ganz bestimmten dieser Linearkombinationen nur um infinitesimale Abänderungen unterscheiden, also an diese stetig anschließen. An diese Variation des Potentials sind also gerade zwei der Linearkombinationen besonders angepaßt, adaptiert. Würden wir eine andere Variation des Potentials vornehmen, so hätten wir im Prinzip dasselbe Ergebnis, aber es wären jetzt zwei andere Funktionen unter den Linearkombinationen auszulesen. Beabsichtigt man also ein entartetes Problem durch Abänderung des Potentials (Einführung eines Zusatzpotentials) zu verändern, so muß man zunächst aus allen Linearkombinationen diejenigen Eigenfunktionen aussuchen, welche an die vorgesehene Abänderung (Störung) adaptiert sind.

Nehmen wir ein entartetes Problem als Ausgangspunkt eines Näherungsverfahrens und führen ein Zusatzpotential in erster Näherung ein, so ist schon vor Beginn der eigentlichen Näherungsrechnung das Aufsuchen der adaptierten Eigenfunktionen notwendig. Diesen Vorgang nennt man die Bestimmung der nullten Näherung. Es sei nebenbei bemerkt, daß zwei adaptierte Eigenfunktionen stets zueinander orthogonal sind.

Symmetrische und antisymmetrische Zustände. Wir stellen jetzt die wirkliche Schrödingergleichung für das Heliumatom auf, indem wir bei der potentiellen Energie auch die Wechselwirkung der beiden Elektronen berücksichtigen und für das Potential
$$-\frac{e^2}{2\pi\varepsilon_0 r_1} - \frac{e^2}{2\pi\varepsilon_0 r_2} + \frac{e^2}{4\pi\varepsilon_0 r_{12}} \qquad (IV, 16)$$
schreiben. r_{12} bedeutet hierbei den Abstand der Aufpunkte der beiden Elektronen. Die Schrödingergleichung lautet dann
$$\Delta_1 \Phi + \Delta_2 \Phi + \frac{8\pi^2 m}{h^2}\left(E + \frac{e^2}{2\pi\varepsilon_0 r_1} + \frac{e^2}{2\pi\varepsilon_0 r_2} - \frac{e^2}{4\pi\varepsilon_0 r_{12}}\right)\Phi = 0. \qquad (IV, 17)$$
Sie unterscheidet sich von der vorhin behandelten Gleichung (IV, 3) durch das Wechselwirkungspotential
$$V' = \frac{e^2}{4\pi\varepsilon_0 r_{12}} \qquad (IV, 18)$$
der Elektronen, das wir als Zusatzpotential einführen.

§ 2. Mehrfache Termsysteme bei Helium und bei den Erdalkalien. 873

Wollen wir die erste Näherung berechnen, so müssen wir zuerst die an dieses Zusatzpotential adaptierten Eigenfunktionen aus der Gesamtheit der Linearkombinationen (IV, 10) aussuchen. Wir beschränken uns hierbei auf den Fall, daß ein 1s- und ein 2s-Elektron vorhanden ist.

Die vollständige Schrödingergleichung des Heliumatoms (IV, 17) hat die Eigenschaft, durch Vertauschung der Elektronen (Vertauschung der Indizes 1 und 2) in sich selbst überzugehen. Daraus ergibt sich, daß jede Eigenfunktion bei der Elektronenvertauschung wieder eine Eigenfunktion ergeben muß. Sie muß also bei der Vertauschung der Indizes in sich selbst übergehen, d. h. symmetrisch in den Koordinaten der beiden Elektronen sein, oder sie kann sich mit dem Faktor -1 multiplizieren, d. h. antisymmetrisch in bezug auf die Vertauschung der Elektronen sein. Mit einem anderen Faktor als ± 1 darf sich die Funktion wegen der Normierung nicht multiplizieren. Wir wissen also, daß die Eigenfunktionen der exakten Schrödingergleichung des Heliums, bei denen die Entartung aufgehoben ist, entweder symmetrisch oder antisymmetrisch sind.

Vereinfachen wir jetzt die exakte Lösung durch allmähliche Verkleinerung des Wechselwirkungspotentials der Elektronen bis die früher behandelte Gleichung

$$\Delta_1 \Phi + \Delta_2 \Phi + \frac{8\pi^2 m}{h^2}\left(E + \frac{e^2}{2\pi\varepsilon_0 r_1} + \frac{e^2}{2\pi\varepsilon_0 r_2}\right)\Phi = 0 \quad \text{(IV, 19)}$$

mit den Eigenfunktionen

$$\Phi = \frac{2\sqrt{2}}{a^3 \pi}\left\{A e^{-\frac{2r_1}{a} - \frac{r_2}{a}}\left(1 - \frac{r_2}{a}\right) + B e^{-\frac{2r_2}{a} - \frac{r_1}{a}}\left(1 - \frac{r_1}{a}\right)\right\} \quad \text{(IV, 20)}$$

entsteht, so müssen die an das Wechselwirkungspotential adaptierten Eigenfunktionen jedenfalls symmetrisch oder antisymmetrisch bleiben.

Man sieht sofort, daß $A = B$ eine symmetrische Funktion liefert. Aus der Normierungsbedingung (IV, 14) folgt weiter $A = B = 1/\sqrt{2}$. Damit haben wir die symmetrische Eigenfunktion

$$\Phi_s = \frac{2}{a^3 \pi} e^{-\frac{r_1 + r_2}{a}}\left\{e^{-\frac{r_1}{a}}\left(1 - \frac{r_2}{a}\right) + e^{-\frac{r_2}{a}}\left(1 - \frac{r_1}{a}\right)\right\}. \quad \text{(IV, 21)}$$

Ebenso erkennt man, daß $A = -B = 1/\sqrt{2}$ die antisymmetrische Funktion

$$\Phi_a = \frac{2}{a^3 \pi} e^{-\frac{r_1 + r_2}{a}}\left\{e^{-\frac{r_1}{a}}\left(1 - \frac{r_2}{a}\right) - e^{-\frac{r_2}{a}}\left(1 - \frac{r_1}{a}\right)\right\} \quad \text{(IV, 22)}$$

ergibt. Man kann sich leicht davon überzeugen, daß die beiden Funktionen tatsächlich orthogonal sind. Es ist nämlich

$$\iint \Phi_s \Phi_a \, d\tau_1 d\tau_2 = \frac{1}{2} \iint (\Phi_{12} + \Phi_{21})(\Phi_{12} - \Phi_{21}) \, d\tau_1 d\tau_2$$
$$= \frac{1}{2} \iint (\Phi_{12}^2 - \Phi_{21}^2) \, d\tau_1 d\tau_2 = 0. \quad \text{(IV, 23)}$$

Damit sind die Eigenfunktionen gefunden, welche an die Wechselwirkung der Elektronen adaptiert sind, und die nullte Näherung ist erledigt.

Die Energie der Elektronenkonfiguration ist in der nullten Näherung

$$E(1s, 2s) = E(1s) + E(2s) = -4hcR\left(\frac{1}{1^2} + \frac{1}{2^2}\right) = -5hcR. \quad \text{(IV, 24)}$$

In erster Näherung kommen hierzu noch die Störungsenergien

$$\varepsilon_s = \iint V' \Phi_s^2 d\tau_1 d\tau_2 \quad \text{bzw.} \quad \varepsilon_a = \iint V' \Phi_a^2 d\tau_1 d\tau_2 \quad (IV, 25)$$

entsprechend den Überlegungen von S. 859 hinzu. Setzen wir die Eigenfunktionen und das Zusatzpotential ein, so ergibt sich

$$\varepsilon_s = \frac{e^2}{a^6 \pi^3 \varepsilon_0} \iint \frac{1}{r_{12}} e^{-\frac{2(r_1+r_2)}{a}} \left\{ e^{-\frac{r_1}{a}} \left(1 - \frac{r_2}{a}\right) + e^{-\frac{r_2}{a}} \left(1 - \frac{r_1}{a}\right) \right\}^2 d\tau_1 d\tau_2 \quad (IV, 26)$$

$$= \frac{8 e^2}{a^6 \pi \varepsilon_0} \int_0^\infty \int_0^\infty \int_0^\pi \frac{e^{-\frac{2(r_1+r_2)}{a}} \left\{ e^{-\frac{r_1}{a}} \left(1 - \frac{r_2}{a}\right) + e^{-\frac{r_2}{a}} \left(1 - \frac{r_1}{a}\right) \right\}^2 r_1^2 r_2^2 dr_1 dr_2 \sin\vartheta\, d\vartheta}{\sqrt{r_1^2 + r_2^2 - 2 r_1 r_2 \cos\vartheta}}.$$

(IV, 27)

$$\varepsilon_a = \frac{e^2}{a^6 \pi^3 \varepsilon_0} \iint \frac{1}{r_{12}} e^{-\frac{2(r_1+r_2)}{a}} \left\{ e^{-\frac{r_1}{a}} \left(1 - \frac{r_2}{a}\right) - e^{-\frac{r_2}{a}} \left(1 - \frac{r_1}{a}\right) \right\}^2 d\tau_1 d\tau_2.$$

Hier bedeuten ε_s und ε_a die Veränderungen der Energiewerte, die zu den symmetrischen bzw. antisymmetrischen Zuständen gehören. Die Bedeutung von ϑ ist aus Abb. 304 ersichtlich.

Die erste Näherung ergibt für die Konfiguration 1s 2s zwei Energiewerte

$$E_s(1s, 2s) = -5 h c R + \varepsilon_s$$

und

$$E_a(1s, 2s) = -5 h c R + \varepsilon_a,$$

die sich um den Betrag

$$\varepsilon_s - \varepsilon_a = \frac{4 e^2}{a^6 \pi^3 \varepsilon_0} \iint \frac{1}{r_{12}} e^{-\frac{3}{a}(r_1+r_2)} \left(1 - \frac{r_2}{a}\right) \left(1 - \frac{r_1}{a}\right) d\tau_1 d\tau_2 \quad (IV, 28)$$

unterscheiden. Der zweifach entartete Eigenwert der nullten Näherung spaltet in erster Näherung auf. Zu dem entarteten Term der nullten Näherung gibt es in erster Näherung je einen symmetrischen und einen antisymmetrischen Term verschiedener Größe. Den symmetrischen Term nennt man aus Gründen, die mit dieser Überlegung nichts zu tun haben, auch Singulettterm oder Paraheliumterm, den antisymmetrischen auch Triplettterm oder Orthoheliumtherm.

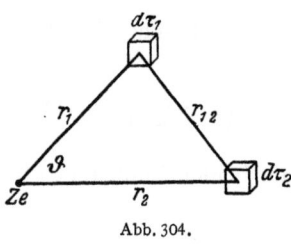

Abb. 304.

Es ist klar, daß dieselben Überlegungen sich auch für jede andere Elektronenkonfiguration anstellen lassen, d. h. daß zu jedem Zustand des Leuchtelektrons je ein Singulett- und ein Triplettterm gehört. Wir verstehen also, daß das Helium ein Termsystem besitzt, bei dem die Terme der Alkalien sowohl als Singulett-, wie auch als Triplettterme auftreten.

Rechnet man nach (IV, 28) den Energieunterschied der beiden Terme aus, so ergibt sich 0,6 eVolt, während man empirisch 0,8 eVolt findet.

Schließlich muß noch erklärt werden, weshalb im Triplettsystem der tiefste S-Term fehlt. Dieser Term gehört zur Konfiguration $1s^2$. In nullter Näherung lautet seine Eigenfunktion

$$\Phi = \frac{8}{a^3 \pi} e^{-\frac{2(r_1+r_2)}{a}}. \quad (IV, 29)$$

Durch Vertauschung der Elektronen geht aus ihr keine neue Eigenfunktion hervor. Der zugehörige Eigenwert ist also nicht entartet. Die Eigenfunktion (IV, 29) ist symmetrisch und der Term gehört zum Singulettsystem. Die erste Näherung liefert keine Aufspaltung, sondern nur eine Verschiebung des Terms, weil keine Entartung vorliegt.

Damit haben wir das empirische Termsystem des Heliums qualitativ erklärt. Auf die wirkliche Berechnung der Terme, für die verschiedene, aber mühsame Methoden ausgearbeitet worden sind, verzichten wir. Es genügt zu erwähnen, daß bei richtig durchgeführter Näherungsrechnung die empirischen Terme auch theoretisch berechnet werden können.

§ 3. Termsysteme bei Atomen mit mehreren Elektronen.

Inhalt: Ein Elektron erzeugt ein Dublettsystem, zwei Elektronen in verschiedenen Zuständen ein Singulett- und ein Triplettsystem, drei solche Elektronen bringen ein Dublett- und ein Quartettsystem hervor. Paarweise auftretende Elektronen erzeugen ein Singulettsystem, bzw. bleiben neben unpaarigen Elektronen außer Betracht, da sie keine Entartung bewirken. Termsymbole.

Beim Helium wie bei den Alkalien unterscheiden wir die Terme in S-, P-, D- und F-Terme, je nachdem, ob das Leuchtelektron ein s-, p-, d- oder f-Elektron ist. Als Termbezeichnung werden also einfach die großen lateinischen Buchstaben angewandt, die den kleinen Buchstaben des Leuchtelektrons entsprechen. Die Unterscheidung von Singulett- oder Triplettermen geschieht durch ein Präfix, z. B. ^1S, ^1P, ^1D usw. für Singuletterme und ^3S, ^3P, ^3D usw. für Tripletterme. Die Terme der Alkalien, die weder Singulett- noch Tripletterme sind, heißen Dublettterme und werden durch ^2S, ^2P, ^2D usw. bezeichnet. Andere Elemente besitzen Terme noch von anderem Typus, nämlich Quartetterme, Quintetterme usw. mit entsprechenden Bezeichnungen. Auch sie bedeuten bestimmte Symmetrieeigenschaften, die sich auf die Vertauschung von Elektronen beziehen. Die Namen Singulett, Dublett, Triplett usw. selbst hängen jedoch nicht mit den Symmetrieeigenschaften zusammen, sondern rühren daher, daß die betreffenden Terme bei genauer Untersuchung sich als einfach, doppel, dreifach usw. erweisen. Diese feine Aufspaltung können wir einstweilen noch nicht erklären und kommen in § 6, S. 888 darauf zurück. Man nennt sie Feinstruktur. Sie ist bei den leichten Elementen fast unmerklich, kann bei Natrium schon leicht beobachtet werden (Aufspaltung der D-Linien) und ist bei den schweren Elementen ziemlich groß [s. S. 890 (IV, 109)].

Die Entstehung zweier Termsysteme rührt von der Anwesenheit zweier Elektronen her, die sich in verschiedenen Zuständen befinden. Ein einzelnes Elektron liefert nur ein Termsystem, nämlich ein Dublettsystem. Wenn drei Elektronen vorhanden sind, so entstehen ebenfalls zwei Systeme, und zwar ein Dublett- und Quartettsystem, wenn die Elektronen sich sämtlich in verschiedenen Zuständen befinden. Verschieden in diesem Sinn sind Zustände mit verschiedenen Eigenfunktionen, wobei die drei räumlichen Orientierungen eines p-Elektrons als verschieden gelten. Sind dagegen zwei Elektronen im gleichen Zustand, so verursachen sie keine Entartung und können ganz außer Betracht bleiben.

Abgeschlossene Schalen, bei denen alle Elektronen paarweise vorkommen, sind deswegen ohne jeden Einfluß auf die Zahl und Art der Termsysteme, die ein Atom besitzt.

Aus diesen Gründen besitzen der Wasserstoff und sämtliche Alkalien nur ein Termsystem, nämlich ein Dublettsystem. Bei den Edelgasen gehört der

Grundzustand einem Singulettsystem an, weil es zu jeder Eigenfunktion zwei Elektronen gibt. Bei allen angeregten Zuständen sind aber zu dem angeregten Elektron und zu demjenigen Elektron, dem das nunmehr angeregte vor der Anregung gleich war, keine gleichartigen vorhanden. In angeregten Edelgasen gibt es also zwei Elektronen in verschiedenen Zuständen, die ein Singulett- und ein Triplettsystem verursachen. Die Erdalkalien besitzen im Grundzustand wie die Edelgase nur paarweise auftretende Elektronen. Bei den angeregten Erdalkaliatomen sind aber das angeregte und das übrigbleibende s-Elektron ohne Partner. Wie bei den Edelgasen zeigen die Erdalkalien angeregte Singulett- und Triplettterme. Bor und Aluminium haben außer den abgeschlossenen Schalen die Elektronen $s^2 p$. Da die s-Elektronen ein Paar bilden, ist im Grundzustand nur das p-Elektron zu zählen, und dieser gehört deshalb zu einem Dublettsystem. Regt man das p-Elektron an, so ändert sich nichts Wesentliches und es entstehen angeregte Dublettterme. Wird dagegen eines der beiden s-Elektronen angeregt, so entstehen im allgemeinen drei Elektronen ohne Partner und diese geben Anlaß zu einem Quartettsystem und einem zweiten Dublettsystem.

§ 4. Teilchenstrom, Drehimpuls und magnetisches Moment der Atome.

Inhalt: Mit Hilfe der Wellenfunktion bzw. Eigenfunktion können Teilchenstrom, elektrische Stromdichte und Impuls in einem Volumenelement berechnet werden. Ohne Entartung verschwindet der Strom. Alle s-Elektronen besitzen weder Drehimpuls noch magnetisches Moment. Im Magnetfeld entwickelt ein p-Elektron drei Zustände, zu denen die Drehimpulse $0, \pm 1$ und magnetischen Momente von $0, \mp 1$ Magneton gehören. Ein Elektron der Nebenquantenzahl l liefert $2l + 1$ Zustände mit Drehimpulskomponenten von $-l$ bis $+l$ im Maß $h/2\pi$ und magnetischen Momenten von $+l$ bis $-l$ Magnetonen.

Bezeichnungen: Ψ Wellenfunktionen, ψ Eigenfunktion, $\boldsymbol{m}$ Elektronenmasse, m magnetische Quantenzahl, E Gesamtenergie, $\mathfrak{j}$ Teilchenstromdichte, $\mathfrak{G}$ elektrische Stromdichte, $\mathfrak{p}$ Impuls, χ radiale Eigenfunktion, r, ϑ, φ Polarkoordinaten, M Komponente des magnetischen Momentes, μ_0 magnetische Maßkonstante, J_φ Drehimpulskomponente, Θ zugeordnete Kugelfunktion, $\mathfrak{A}$ Vektorpotential des Magnetfeldes, E_m magnetische Energie, H Betrag der magnetischen Feldstärke, l Nebenquantenzahl. Die Elektronenmasse ist zur Unterscheidung von der magnetischen Quantenzahl fett gedruckt.

Wir kehren nun zur ursprünglichen Wellengleichung

$$-\frac{h^2}{8\pi^2 \boldsymbol{m}} \Delta \Psi + V\Psi + \frac{h}{2\pi i} \frac{\partial \Psi}{\partial t} = 0 \qquad (IV, 30)$$

des Elektrons von S. 834 zurück. Für die konjugiert komplexe Funktion gilt die Gleichung

$$-\frac{h^2}{8\pi^2 \boldsymbol{m}} \Delta \Psi^* + V\Psi^* - \frac{h}{2\pi i} \frac{\partial \Psi^*}{\partial t} = 0. \qquad (IV, 31)$$

Multiplizieren wir (IV, 30) mit Ψ^* und (IV, 31) mit Ψ, so finden wir beim Subtrahieren

$$-\frac{h^2}{8\pi^2 \boldsymbol{m}} (\Psi^* \Delta \Psi - \Psi \Delta \Psi^*) + \frac{h}{2\pi i} \left(\Psi^* \frac{\partial \Psi}{\partial t} + \Psi \left(\frac{\partial \Psi^*}{\partial t} \right) \right) = 0. \qquad (IV, 32)$$

Nun ist aber

$$\Psi^* \Delta \Psi - \Psi \Delta \Psi^* = \operatorname{div}(\Psi^* \operatorname{grad} \Psi - \Psi \operatorname{grad} \Psi^*) \qquad (IV, 33)$$

und wir erhalten nach leichter Umformung

$$-\frac{\partial}{\partial t} \Psi^* \Psi = \frac{h}{4\pi i \boldsymbol{m}} \operatorname{div}(\Psi^* \operatorname{grad} \Psi - \Psi \operatorname{grad} \Psi^*) \qquad (IV, 34)$$

§ 4. Teilchenstrom, Drehimpuls und magnetisches Moment der Atome.

ganz unabhängig von dem Kraftfeld V, in dem sich das Elektron befindet.

Multiplizieren wir noch mit einem Volumenelement $d\tau$, so steht links der Bruchteil

$$-\frac{\partial}{\partial t}\Psi^* \Psi\, d\tau \qquad (IV, 35)$$

des Elektrons, den das Volumenelement in der Sekunde verliert. Er kann nur aus dem Volumenelement herausgeflossen sein. Nun möge der Vektor $\mathfrak{j}$ die Teilchenstromdichte des Elektrons sein, d. h. $(\mathfrak{j}\, d\mathfrak{f})$ soll den Bruchteil eines Elektrons bedeuten, der in der Sekunde durch das Flächenelement $d\mathfrak{f}$ hindurchtritt. Durch die Oberfläche eines Volumens fließt dann sekundlich der Bruchteil

$$\oint (\mathfrak{j}\, d\mathfrak{f}) = \int \mathrm{div}\, \mathfrak{j}\, d\tau \qquad (IV, 36)$$

des Elektrons, wobei sich das Integral links über die Oberfläche, das Integral rechts über das Volumen selbst erstreckt. Lassen wir das Volumen auf ein Element $d\tau$ schrumpfen, so fließt in der Sekunde der Bruchteil

$$\mathrm{div}\, \mathfrak{j}\, d\tau \qquad (IV, 37)$$

aus dem Volumenelement heraus. Dieser Ausdruck muß aber dem Ausdruck (IV, 35) gleich sein und wir erhalten daraus die Beziehung

$$-\frac{\partial}{\partial t}\Psi^* \Psi\, d\tau = \mathrm{div}\, \mathfrak{j}\, d\tau. \qquad (IV, 38)$$

Vergleichen wir das mit (IV, 34), so erkennen wir, daß die Teilchenstromdichte durch

$$\mathfrak{j} = \frac{h}{4\pi i m}(\Psi^* \,\mathrm{grad}\, \Psi - \Psi \,\mathrm{grad}\, \Psi^*) \qquad (IV, 39)$$

ausgedrückt wird.

Aus der Teilchenstromdichte gewinnen wir die elektrische Stromdichte

$$\mathfrak{G} = -e\mathfrak{j} = -\frac{eh}{4\pi i m}(\Psi^* \,\mathrm{grad}\, \Psi - \Psi \,\mathrm{grad}\, \Psi^*) \qquad (IV, 40)$$

und den Impuls

$$d\mathfrak{p} = m\mathfrak{j}\, d\tau = \frac{h}{4\pi i}(\Psi^* \,\mathrm{grad}\, \Psi - \Psi \,\mathrm{grad}\, \Psi^*)\, d\tau, \qquad (IV, 41)$$

den ein Volumenelement besitzt.

Handelt es sich um einen stationären Zustand, wo

$$\Psi = \psi\, e^{-\frac{2\pi i}{h} E t} \qquad (IV, 42)$$

gilt, so erhalten wir für Teilchenstromdichte, elektrische Stromdichte und Impuls die Ausdrücke

$$\mathfrak{j} = \frac{h}{4\pi i m}(\psi^* \,\mathrm{grad}\, \psi - \psi \,\mathrm{grad}\, \psi^*), \qquad (IV, 43)$$

$$\mathfrak{G} = -\frac{eh}{4\pi i m}(\psi^* \,\mathrm{grad}\, \psi - \psi \,\mathrm{grad}\, \psi^*), \qquad (IV, 44)$$

$$d\mathfrak{p} = \frac{h}{4\pi i}(\psi^* \,\mathrm{grad}\, \psi - \psi \,\mathrm{grad}\, \psi^*)\, d\tau. \qquad (IV, 45)$$

Ist die Eigenfunktion reell, so verschwindet der Teilchenstrom, und alle Volumenelemente sind ohne Impuls. Ist die Eigenfunktion dagegen komplex, so erfüllen ihr Realteil und ihr Imaginärteil für sich die Schrödingergleichung. Es gibt dann also mindestens zwei Eigenfunktionen zum gleichen Eigenwert und es liegt Entartung vor. Entartung ist also die Voraussetzung dafür, daß überhaupt ein Teilchenstrom in einem stationären Zustand bestehen kann.

Bei Entartung gibt es zunächst zur gleichen Energie wenigstens zwei voneinander verschiedene Ladungsverteilungen. Die Linearkombinationen der Eigenfunktionen bedeuten aber eine kontinuierliche Folge von Ladungsverteilungen, welche zwischen diesen beiden liegen. Es läßt sich dann voraussehen, daß unter diesen Umständen eine Elektronenbewegung möglich ist, die eine der Ladungsverteilungen in eine andere überführt. Eine solche Bewegung kann zwar nicht durch eine reelle, wohl aber durch eine komplexe Linearkombination beschrieben werden. Wir sehen daraus, daß auch komplexe Eigenfunktionen eine physikalische Bedeutung besitzen können.

Stromverteilung bei s- und p-Elektronen. Zu einem s-Elektron gehört nur eine Eigenfunktion. Nur bei Wasserstoff besitzen die p-Elektronen der gleichen Hauptquantenzahl dieselbe Energie wie die s-Elektronen. Sehen wir also vom Wasserstoff ab, bei dem dieser Umstand Verwicklungen nach sich zieht, so gehört zu einem s-Elektron eine eindeutige Ladungsverteilung und der Teilchenstrom verschwindet, da keine Entartung vorliegt.

Vollkommen anders ist die Sache bei einem p-Elektron. Diesem Elektron haben wir auf S. 849 und 850 die Eigenfunktionen

$$\psi = \frac{1}{2}\sqrt{\frac{3}{\pi}}\chi(r)\cos\vartheta, \qquad (IV, 46)$$

$$\psi = \frac{1}{2}\sqrt{\frac{3}{\pi}}\chi(r)\sin\vartheta\cos\varphi, \qquad (IV, 47)$$

$$\psi = \frac{1}{2}\sqrt{\frac{3}{\pi}}\chi(r)\sin\vartheta\sin\varphi \qquad (IV, 48)$$

zugeschrieben. Statt dieser drei Funktionen können auch beliebige reelle oder komplexe Linearkombinationen genommen werden. Zum Teil stellen sie statische Ladungsverteilungen dar, bei denen der Teilchenstrom verschwindet, zum Teil haben wir auch Ladungsverteilungen mit nicht verschwindenden Strömen. Das p-Elektron bleibt also weitgehend in seiner Gestalt und seinen Bewegungen unbestimmt.

Wird in der Schrödingergleichung ein Zusatzpotential eingeführt, so kann die Entartung aufgehoben werden, indem der entartete p-Term in zwei oder drei Terme aufspaltet, wobei zu jedem neuen Term nur noch eine Eigenfunktion gehört. Jeder dieser aufgespaltenen Terme besitzt eine bestimmte Ladungsverteilung ohne Strom. Man kann sich jetzt vorstellen, daß an dem Atom ein Eingriff vorgenommen wird, der nicht durch ein Zusatzpotential in der Schrödingergleichung berücksichtigt werden kann. Bringt man z. B. ein Atom in ein Magnetfeld, so läßt sich dessen Wirkung auf geladene Teilchen nicht durch ein elektrisches Potential ausdrücken. Da ein Magnetfeld aber auf elektrische Ströme einwirkt, ist damit zu rechnen, daß es die Terme des Atoms aufspaltet. Wir müssen aber jetzt erwarten, daß zu den aufgespaltenen Termen Eigenfunktionen gehören, die sich stetig an Linearkombinationen mit Stromverteilung anschließen, und nicht an solche Linearkombinationen, die nur eine Ladungsverteilung ohne Strom ergeben.

§ 4. Teilchenstrom, Drehimpuls und magnetisches Moment der Atome. 879

Wir untersuchen zuerst die Linearkombinationen von der Form

$$\psi = \frac{1}{2}\sqrt{\frac{3}{\pi}}\chi(r)\sin\vartheta\,(A\cos\varphi + B\sin\varphi),\qquad(\text{IV, 49})$$

wo A und B komplexe Zahlen sind, und fragen nach der zugehörigen Stromverteilung. Die Normierung verlangt

$$AA^* + BB^* = 1,\qquad(\text{IV, 50})$$

wie man leicht nachrechnen kann. Jetzt rechnen wir die Stromkomponenten in Polarkoordinaten aus. Es ist

$$\operatorname{grad}_r\psi = \frac{\partial\psi}{\partial r};\quad \operatorname{grad}_\vartheta\psi = \frac{1}{r}\frac{\partial\psi}{\partial\vartheta};\quad \operatorname{grad}_\varphi\psi = \frac{1}{r\sin\vartheta}\frac{\partial\psi}{\partial\varphi}.\qquad(\text{IV, 51})$$

Durch Einsetzen in (IV, 43) und Ausrechnen findet man

$$j_r = \frac{h}{4\pi i m}\left(\psi^*\frac{\partial\psi}{\partial r} - \psi\frac{\partial\psi^*}{\partial r}\right) = 0,\qquad(\text{IV, 52})$$

$$j_\vartheta = \frac{h}{4\pi i m r}\left(\psi^*\frac{\partial\psi}{\partial\vartheta} - \psi\frac{\partial\psi^*}{\partial\vartheta}\right) = 0,\qquad(\text{IV, 53})$$

$$j_\varphi = \frac{h}{4\pi i m r\sin\vartheta}\left(\psi^*\frac{\partial\psi}{\partial\varphi} - \psi\frac{\partial\psi^*}{\partial\varphi}\right)$$
$$= \frac{3h\chi^2\sin\vartheta}{16\pi^2 i m r}(A^*B - AB^*).\qquad(\text{IV, 54})$$

Setzen wir

$$A = a\,e^{i\alpha};\quad B = b\,e^{i\beta},\qquad(\text{IV, 55})$$

so verlangt die Normierung (IV, 50)

$$a^2 + b^2 = 1\qquad(\text{IV, 56})$$

und (IV, 54) geht in

$$j_\varphi = \frac{3h\chi^2\sin\vartheta}{8\pi^2 m r}\,ab\sin(\beta - \alpha)\qquad(\text{IV, 57})$$

über.

Hierzu gehört die elektrische Stromdichte

$$\mathfrak{G}_\varphi = -e j_\varphi = -\frac{3he\chi^2\sin\vartheta}{8\pi^2 m r}\,ab\sin(\beta - \alpha)\qquad(\text{IV, 58})$$

und der Impuls

$$d\mathfrak{p} = m j_\varphi\,d\tau = \frac{3h\chi^2\sin\vartheta}{8\pi^2 r}\,ab\sin(\beta - \alpha)\,d\tau\qquad(\text{IV, 59})$$

im Volumenelement $d\tau$.

Der elektrische Strom (IV, 58) erzeugt ein magnetisches Moment in der Richtung der Achse $\vartheta = 0$. Um es auszurechnen, betrachten wir die Kugelschale zwischen r und $r + dr$ und auf ihr einen Ring zwischen ϑ und $\vartheta + d\vartheta$ (s. Abb. 305). In diesem Ring fließt ein elektrischer Strom von der Stärke

$$-e j_\varphi\,r\,dr\,d\vartheta = -\frac{3he\chi^2\sin\vartheta}{8\pi^2 m}\,ab\sin(\beta - \alpha)\,dr\,d\vartheta.$$
$$(\text{IV, 60})$$

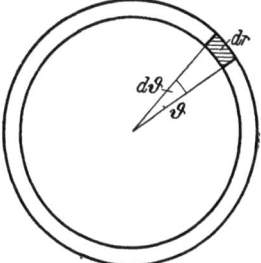

Abb. 305. Stromführender Querschnitt schraffiert.

Er umfließt eine Fläche
$$r^2 \pi \sin^2 \vartheta$$
und trägt demnach zum magnetischen Moment den Beitrag

$$dM_\varphi = -e\mu_0 j_\varphi r^3 \pi\, dr \sin^2\vartheta\, d\vartheta = -\frac{3 h e \mu_0 \chi^2 \sin^3\vartheta}{8\pi m} a b \sin(\beta-\alpha) r^2 dr\, d\vartheta \qquad (IV, 61)$$

bei. Summiert man über alle Ringe, so erhält man das gesamte magnetische Moment

$$\begin{aligned}M_\varphi &= -\frac{3 h e \mu_0}{8\pi m} a b \sin(\beta-\alpha) \int_0^\infty \chi^2(r) r^2\, dr \int_0^\pi \sin^3\vartheta\, d\vartheta \\ &= -\frac{h e \mu_0}{2\pi m} a b \sin(\beta-\alpha).\end{aligned} \qquad (IV, 62)$$

Ganz ähnlich wie das magnetische Moment kann man auch den mechanischen Drehimpuls des Elektrons bzw. seine Komponente in der Richtung $\vartheta = 0$ ausrechnen. Ein Volumenelement besitzt den Impuls

$$m j_\varphi\, d\tau = \frac{3 h \chi^2 \sin\vartheta}{8\pi^2 r} a b \sin(\beta-\alpha)\, d\tau \qquad (IV, 63)$$

und trägt zur Drehimpulskomponente den Betrag

$$dJ_\varphi = m r j_\varphi \sin\vartheta\, d\tau = \frac{3 h \chi^2 \sin^2\vartheta}{8\pi^2} a b \sin(\beta-\alpha)\, d\tau \qquad (IV, 64)$$

bei. Über das ganze Elektron integriert, ergibt das die Drehimpulskomponente

$$J_\varphi = \frac{h}{\pi} a b \sin(\beta-\alpha). \qquad (IV, 65)$$

Damit haben wir die Komponenten des Drehimpulses und magnetischen Momentes gefunden, welche die Linearkombinationen (IV, 49) der Eigenfunktionen eines P-Terms ergeben. Es wäre nun unrichtig, einen oder mehrere der Werte, die diese Formeln (IV, 62, IV, 65) liefern, herauszugreifen und sie dem P-Term schlechthin zuzuschreiben. Solange das Atom keinem äußeren Eingriff unterliegt, besitzt es weder eine bestimmte Ladungsverteilung noch eine bestimmte Stromverteilung mit entsprechendem magnetischem Moment und Drehimpuls. Wird aber ein Magnetfeld angelegt, so bilden sich diejenigen Eigenfunktionen heraus, die an diesen Eingriff adaptiert sind. Sie müssen jetzt bestimmt werden. Wir werden auf S. 961 ein systematisches Verfahren für die Störungsrechnung entwickeln. Im Augenblick wollen wir ähnlich wie beim Heliumproblem die richtigen Linearkombinationen durch elementare Überlegungen auffinden. Auf jeden Fall müssen es wegen der dreifachen Entartung des P-Terms drei adaptierte Eigenfunktionen sein.

Wir denken jetzt an ein Magnetfeld parallel zur Richtung $\vartheta = 0$. Da zu der Eigenfunktion

$$\psi_0 = \frac{1}{2}\sqrt{\frac{3}{\pi}}\, \chi(r) \cos\vartheta \qquad (IV, 66)$$

kein magnetisches Moment parallel zum Feld gehört, wird die ihr entsprechende Ladungsverteilung gar nicht beeinflußt. Sie muß also eine der drei adaptierten

4. Teilchenstrom, Drehimpuls und magnetisches Moment der Atome.

Eigenfunktionen sein. Drehimpuls und magnetisches Moment sind in diesem Falle Null. Die beiden andern adaptierten Eigenfunktionen müssen zu (IV, 66) orthogonal sein, d. h. sind nur Linearkombinationen von

$$\frac{1}{2}\sqrt{\frac{3}{\pi}}\,\chi(r)\sin\vartheta\cos\varphi \quad \text{und} \quad \frac{1}{2}\sqrt{\frac{3}{\pi}}\,\chi(r)\sin\vartheta\sin\varphi,$$

also gerade die Kombinationen (IV, 49). Sicher wird diejenige an die magnetische Störung adaptiert sein, welche die größte magnetische Energie liefert, d. h. das größte Moment in der Feldrichtung aufweist. Nach den Gesetzen der Elektrodynamik befindet sich nämlich eine magnetische Anordnung im Gleichgewicht, wenn die magnetische Energie ein Maximum ist. Diese Forderung ergibt

$$\sin(\beta - \alpha) = -1 \quad \text{und} \quad a = b. \tag{IV, 67}$$

Aus der Normierungsbedingung (IV, 50) finden wir dann $a = 1/\sqrt{2}$. Die zugehörige Eigenfunktion selbst lautet also

$$\psi_{-1} = \frac{1}{2}\sqrt{\frac{3}{2\pi}}\,\chi(r)\sin\vartheta\, e^{-i\varphi}. \tag{IV, 68}$$

Ihr entspricht das magnetische Moment

$$M_\varphi = \frac{h\,e\,\mu_0}{4\pi\,m} \tag{IV, 69}$$

und der Drehimpuls

$$J_\varphi = -\frac{h}{2\pi}. \tag{IV, 70}$$

Führen wir als Einheit des magnetischen Momentes das sogenannte Bohrsche Magneton

$$\frac{h\,e\,\mu_0}{4\pi\,m} \tag{IV, 71}$$

und $h/2\pi$ als Einheit des Drehimpulses ein, so hat das magnetische Moment den Wert 1 und der Drehimpuls den Wert -1. Die dritte adaptierte Eigenfunktion

$$\psi_1 = \frac{1}{2}\sqrt{\frac{3}{2\pi}}\,\chi(r)\sin\vartheta\, e^{i\varphi} \tag{IV, 72}$$

findet man jetzt leicht, weil sie zu (IV, 68) orthogonal sein muß. Zu ihr gehört das Moment

$$M_\varphi = -\frac{h\,e\,\mu_0}{4\pi\,m} \tag{IV, 73}$$

und der Drehimpuls

$$J_\varphi = \frac{h}{2\pi}. \tag{IV, 74}$$

In den oben gewählten Einheiten hat das Moment den Wert -1 und der Drehimpuls den Wert $+1$.

Ein P-Term entwickelt unter dem Einfluß eines Magnetfeldes drei verschiedene Elektronentypen, die mit den magnetischen Momenten 1, 0, -1 und den Drehimpulsen -1, 0 und 1 in der Feldrichtung ausgestattet sind.

G. IV. Struktur und Eigenschaften der Atome.

Moment und Drehimpuls bei beliebiger Nebenquantenzahl. Zu einem Term mit der Nebenquantenzahl l gehören die $2l+1$ Eigenfunktionen

$$\frac{1}{\sqrt{\pi}} \chi(r) \Theta_\lambda^l \begin{matrix}\cos\\\sin\end{matrix} \lambda\varphi. \tag{IV, 75}$$

Die Achsenquantenzahlen λ durchlaufen die ganzen Zahlen von 0 bis l. Wir bilden jetzt zuerst aus

$$\frac{1}{\sqrt{\pi}} \chi(r) \Theta_\lambda^l \cos\lambda\varphi \quad \text{und} \quad \frac{1}{\sqrt{\pi}} \chi(r) \Theta_\lambda^l \sin\lambda\varphi$$

die komplexen Linearkombinationen

$$\frac{1}{\sqrt{2\pi}} \chi(r) \Theta_\lambda^l e^{i\lambda\varphi} \quad \text{und} \quad \frac{1}{\sqrt{2\pi}} \chi(r) \Theta_\lambda^l e^{-i\lambda\varphi} \tag{IV, 76}$$

und erhalten so ein System neuer Eigenfunktionen

$$\psi_\lambda = \frac{1}{\sqrt{2\pi}} \chi(r) \Theta_\lambda^l e^{i\lambda\varphi}. \tag{IV, 77}$$

λ läuft jetzt von $-l$ bis $+l$, und wir führen deshalb statt seiner die sogenannte magnetische Quantenzahl m ein, die nicht mit der Elektronenmasse zu verwechseln ist. Statt (IV, 77) schreiben wir also

$$\psi_m = \frac{1}{\sqrt{2\pi}} \chi(r) \Theta_m^l e^{im\varphi}, \qquad -l \leq m \leq l. \tag{IV, 78}$$

Alle diese Funktionen sind normiert und zueinander orthogonal. Es ist nämlich

$$\int \psi_{m_2}^* \psi_{m_1} d\tau = \frac{1}{2\pi} \int_0^\infty \chi^2 r^2 \, dr \int_0^\pi \Theta_{m_1}^l \Theta_{m_2}^l \sin\vartheta \, d\vartheta \int_0^{2\pi} e^{i(m_1-m_2)\varphi} d\varphi \tag{IV, 79}$$

und das Integral

$$\int_0^{2\pi} e^{i(m_1-m_2)\varphi} d\varphi = 0 \quad \text{für} \quad m_1 \neq m_2$$
$$= 2\pi \quad \text{für} \quad m_1 = m_2. \tag{IV, 80}$$

Jetzt müssen wir die allgemeinste Linearkombination

$$\psi = \frac{1}{\sqrt{2\pi}} \chi(r) \sum_{m=-l}^{+l} c_m \Theta_m^l e^{im\varphi} \tag{IV, 81}$$

bilden und normieren. Die konjugiert komplexe Eigenfunktion ist

$$\psi^* = \frac{1}{\sqrt{2\pi}} \chi(r) \sum_{m=-l}^{+l} c_m^* \Theta_m^l e^{-im\varphi}. \tag{IV, 82}$$

Für die Teilchendichte $\psi^*\psi$ erhalten wir also

$$\psi\psi^* = \frac{1}{2\pi} \chi^2 \sum_{m_1} \sum_{m_2} c_{m_1} c_{m_2}^* \Theta_{m_1}^l \Theta_{m_2}^l e^{i(m_1-m_2)\varphi}. \tag{IV, 83}$$

§ 4. Teilchenstrom, Drehimpuls und magnetisches Moment der Atome.   883

Bei der Integration über den Raum fallen alle Glieder weg, für die $m_1 \neq m_2$ ist, und es entsteht

$$\int \psi \psi^* d\tau = \frac{1}{2\pi} \int_0^\infty \chi^2 r^2 dr \sum^m c_m^* c_m \int_0^\pi (\Theta_m^l)^2 \sin\vartheta\, d\vartheta \int_0^{2\pi} d\varphi = \sum^m c_m^* c_m. \qquad (IV, 84)$$

Die Normierung verlangt also

$$\sum^m c_m^* c_m = 1. \qquad (IV, 85)$$

Nach Bd. I S. 399 setzt sich die magnetische Energie eines Stromkreises im homogenen Magnetfeld $\mathfrak{H}$ aus der Eigenenergie $L I^2/2$ und der Wechselwirkungsenergie

$$E_m = (\mathfrak{M} \mathfrak{H}) = M_\varphi H \qquad (IV, 86)$$

von Moment und Feldstärke zusammen. Wie in Gleichung (IV, 61) finden wir

$$dM_\varphi = -e\mu_0 j_\varphi r^3 \pi\, dr \sin^2\vartheta\, d\vartheta \qquad (IV, 87)$$

und bei Verwendung von

$$2\pi j_\varphi = \int_0^{2\pi} j_\varphi\, d\varphi \qquad (IV, 88)$$

errechnen wir das magnetische Moment

$$M_\varphi = -e\mu_0 \pi \int_0^\infty \int_0^\pi j_\varphi r^3\, dr \sin^2\vartheta\, d\vartheta = -\frac{e\mu_0}{2} \int_0^\infty \int_0^\pi \int_0^{2\pi} j_\varphi r^3\, dr \sin^2\vartheta\, d\vartheta\, d\varphi. \qquad (IV, 89)$$

Wenn wir für den Teilchenstrom (s. Gl. IV, 54, S. 897)

$$j_\varphi = \frac{h}{4\pi i m r \sin\vartheta} \left(\psi^* \frac{\partial \psi}{\partial \varphi} - \psi \frac{\partial \psi^*}{\partial \varphi} \right) \qquad (IV, 90)$$

einbringen, so erhalten wir

$$M_\varphi = -\frac{h e \mu_0}{8\pi i m} \iiint \left(\psi^* \frac{\partial \psi}{\partial \varphi} - \psi \frac{\partial \psi^*}{\partial \varphi} \right) r^2\, dr \sin\vartheta\, d\vartheta\, d\varphi. \qquad (IV, 91)$$

Durch partielle Integration über die Koordinate φ finden wir

$$\int_0^{2\pi} \psi \frac{\partial \psi^*}{\partial \varphi} d\varphi = \left| \psi^* \psi \right|_0^{2\pi} - \int_0^{2\pi} \psi^* \frac{\partial \psi}{\partial \varphi} d\varphi \qquad (IV, 92)$$

und infolgedessen

$$M_\varphi = \frac{h e \mu_0}{4\pi i m} \int_0^\infty \int_0^\pi \int_0^{2\pi} \psi^* \frac{\partial \psi}{\partial \varphi} r^2\, dr \sin\vartheta\, d\vartheta\, d\varphi. \qquad (IV, 93)$$

Nun ist

$$\frac{\partial \psi}{\partial \varphi} = \frac{i\chi}{\sqrt{2\pi}} \sum^m m\, c_m \Theta_m^l e^{im\varphi} \qquad (IV, 94)$$

und

$$\psi^* \frac{\partial \psi}{\partial \varphi} = \frac{i\chi^2}{2\pi} \sum^{m_1} \sum^{m_2} m_1 c_{m_2}^* c_{m_1} \Theta_{m_1}^l \Theta_{m_2}^l e^{i(m_1 - m_2)\varphi}. \qquad (IV, 95)$$

56*

Bei der Integration über φ bleiben nur die Glieder übrig, für die $m_1 = m_2$ ist, und wir erhalten

$$M_\varphi = -\frac{h\,e\,\mu_0}{4\pi\,m}\sum_m m\,c_m^*\,c_m \int_0^\infty \chi^2\,r^2\,dr \int (\Theta_m^l)^2 \sin\vartheta\,d\vartheta. \qquad \text{(IV, 96)}$$

Setzen wir noch $c_m^*\,c_m = c_m^2$ und berücksichtigen die Normierung von χ und Θ, so erhalten wir für das magnetische Moment endlich

$$M_\varphi = -\frac{h\,e\,\mu_0}{4\pi\,m}\sum_{-l}^{+l} m\,c_m^2. \qquad \text{(IV, 97)}$$

Unter allen Linearkombinationen ist sicher diejenige an den magnetischen Eingriff adaptiert, bei der die magnetische Energie und deshalb das magnetische Moment den größten möglichen Wert hat. Die ponderomotorischen Kräfte suchen nämlich gerade die zugehörige Stromverteilung herzustellen. Den größten Wert vom E_m erhält man, wenn alle c_m verschwinden, außer c_{-l}, welches dann 1 ist. Wir haben dann die Energie

$$E_{-l} = \frac{h\,e\,\mu_0\,H}{4\pi\,m}\,l, \qquad \text{(IV, 98)}$$

welcher die Eigenfunktion

$$\psi_{-l} = \frac{1}{\sqrt{2\pi}}\,\chi\,\Theta_l^l\,e^{-il\varphi} \qquad \text{(IV, 99)}$$

zugeordnet ist. Da zwischen Moment, Energie und Feldstärke die Beziehung $E_m = H\,M_\varphi$ gilt, beträgt das Moment in der Feldrichtung

$$M_\varphi = \frac{h\,e\,\mu_0}{4\pi\,m}\,l \qquad \text{(IV, 100)}$$

l Magnetonen. Dieser Eigenfunktion entspricht eine Drehimpulskomponente $-l$ im Maß $h/2\pi$.

Alle anderen adaptierten Eigenfunktionen sind zu der schon gefundenen orthogonal. Bei ihnen ist also immer $c_{-l} = 0$. Unter den verbleibenden Linearkombinationen

$$\psi_l = \frac{\chi}{\sqrt{2\pi}}\sum_{-l+1}^{l} c_m\,\Theta_m^l\,e^{im\varphi} \qquad \text{(IV, 101)}$$

ist wieder diejenige adaptiert, welche die größte magnetische Energie gestattet. Wie vorhin ergibt sich, daß alle c_m verschwinden, außer c_{-l+1}, welches den Wert 1 hat. Wir finden also die Eigenfunktion

$$\psi_{-l+1} = \frac{\chi}{\sqrt{2\pi}}\,\Theta_{l-1}^l\,e^{-i(l-1)\varphi} \qquad \text{(IV, 102)}$$

und das Moment und den Drehimpuls

$$M_\varphi = \frac{h\,e\,\mu_0}{4\pi\,m}(l-1) \quad \text{bzw.} \quad J_\varphi = -\frac{h(l-1)}{2\pi}. \qquad \text{(IV, 103)}$$

Führen wir dieses Verfahren weiter, so erkennen wir, daß an das magnetische Feld gerade die Eigenfunktionen

$$\psi_m = \frac{\chi}{\sqrt{2\pi}}\,\Theta_m^l\,e^{im\varphi} \qquad \text{(IV, 104)}$$

adaptiert sind, welche wir in (IV, 78) schon gewählt haben, und wir erhalten die Reihe der magnetischen Momente

$$M_\varphi = \frac{h\,e\,\mu_0}{4\pi\,m}\,l \cdots -\frac{h\,e\,\mu_0}{4\pi\,m}\,m \cdots -\frac{h\,e\,\mu_0}{4\pi\,m}\,l \qquad \text{(IV, 105)}$$

und der Drehimpulskomponenten

$$J_\varphi = -\frac{h}{2\pi}l \cdots \frac{h}{2\pi}m \cdots \frac{h}{2\pi}l.\qquad\text{(IV, 106)}$$

Die magnetische Quantenzahl m gibt also die Drehimpulskomponente (in Einheiten $h/2\pi$) und mit negativem Vorzeichen des magnetische Moment in Magnetonen an.

§ 5. Der normale Zeemaneffekt.

Bezeichnungen: siehe S. 876.

Zu den Eigenfunktionen, die an ein Magnetfeld adaptiert sind, gehören die magnetischen Energien

$$E_m = -\frac{h\,e\,\mu_0}{4\pi\,m}mH.\qquad\text{(IV, 107)}$$

Dividiert man sie durch $-hc$, so erhält man die Abänderung der Terme im Magnetfeld.

Ein Term mit der Nebenquantenzahl l spaltet also im magnetischen Feld in $2l+1$ Terme auf. Ein S-Term zeigt keine Veränderung, ein P-Term gibt drei, ein D-Term fünf Komponenten usw. Die Terme sind äquidistant und ihr Abstand ist der Feldstärke proportional. Aus der Aufspaltung

$$\Delta E_m = \frac{h\,e\,\mu_0}{4\pi\,m}H\qquad\text{(IV, 108)}$$

und der magnetischen Feldstärke kann die spezifische Ladung der Elektronen berechnet werden. Dies ist eine rein spektroskopische Bestimmung, die als dritte unabhängige Methode neben die Ablenkungsversuche und die Berechnung aus den Rydbergkonstanten tritt.

Diese Aufspaltung im Magnetfeld wird als normaler Zeemaneffekt bezeichnet. So wie sie hier beschrieben ist, beobachtet man sie allerdings nur an Singuletttermen. Bei allen Dublett-, Triplett-, Quartett- usw. Termen wird eine Aufspaltung beobachtet, die der hier entwickelten Theorie nicht entspricht. Solche Terme zeigen den sogenannten anormalen Zeemaneffekt. Er kommt zustande unter Mitwirkung einer neuen Eigenschaft der Elektronen, die man den Spin nennt.

§ 6. Der Elektronenspin.

Inhalt: Im Stern-Gerlach-Versuch wird das magnetische Moment des Elektronenspins direkt beobachtet. Die doppelte Besetzung der Eigenfunktion rührt von verschiedenem Verhalten des Spins her. Den Quantenzahlen l, L, s, S werden Drehimpulse zugeordnet. Bahndrehimpuls und Spindrehimpuls setzen sich zu einem Gesamtdrehimpuls zusammen, dem man eine Quantenzahl J zuordnet. Die Feinstruktur der Terme wird durch die magnetische Wechselwirkung der magnetischen Momente des Spins und der Ladungsverteilung erklärt.

Bezeichnungen: $\mathfrak{M}$ magnetisches Moment, $\mathfrak{H}$ magnetische Feldstärke, n Hauptquantenzahl, l Nebenquantenzahl des Elektrons, m magnetische Quantenzahl, $s = \pm\frac{1}{2}$ Spinquantenzahl des Elektrons, L und S Nebenquantenzahl und Spinquantenzahl der ganzen Elektronenwolke, J Quantenzahl des Gesamtdrehimpulses, Z Kernladungszahl, R Rydbergkonstante, α Feinstrukturkonstante, $-e$ Elektronenladung, μ_0 magnetische Maßkonstante.

Folgende Umstände deuten darauf hin, daß unsere bisherige Beschreibung der Elektronen noch nicht ganz vollständig ist.

1. Beim periodischen System der Elemente haben wir festgestellt, daß in einem Atom zwei Elektronen gleicher Gestalt, d. h. der gleichen Eigenfunktion

vorkommen können. Es wäre kein Grund zu weiteren Nachforschungen vorhanden, wenn zu jeder Eigenfunktion gerade ein Elektron möglich wäre. Eine solche Feststellung würden wir als eine Grundeigenschaft der Elektronen ansehen. Daß es aber zwei Elektronen sind, erfordert irgendeine Erklärung.

2. Bei den Dublett-, Triplett- usw. Systemen besitzen die Terme eine Feinstruktur, die wir bisher nicht erklärt haben. Auch der Zeemaneffekt verhält sich bei diesen Termen nicht so, wie es die Theorie verlangt. Statt des normalen Zeemaneffektes beobachtet man den anormalen.

3. Bei Atomen, deren Grundzustand ein ^2S-Term ist, dürfte nach der Theorie kein magnetisches Moment vorhanden sein. Trotzdem wird bei solchen Atomen ein magnetisches Moment von der Größe eines Magnetons experimentell beobachtet. Dies kann z. B. durch den Stern-Gerlachschen Versuch geschehen.

Der Stern-Gerlach-Versuch und das Eigenmoment des Elektrons. Während man magnetische Momente spektroskopisch indirekt aus dem Zeemaneffekt entnehmen kann, ist eine direkte Beobachtung im sogenannten Stern-Gerlach-Versuch möglich.

In einem homogenen Magnetfeld erfährt ein magnetischer Dipol mit dem Moment $\mathfrak{M}$ ein Drehmoment von der Größe

$$[\mathfrak{M}\,\mathfrak{H}].$$

Im inhomogenen Feld wirkt außerdem auf ihn eine Kraft

$$(\mathfrak{M}\,\mathrm{grad})\,\mathfrak{H}.$$

Man erzeugt ein stark inhomogenes Feld, indem man einen Elektromagneten mit einem Polschuh versieht, der zu einer Schneide ausgebildet ist. Ihm stellt man einen ausgehöhlten Polschuh gegenüber (Abb. 306). Schießt man entlang der Schneide einen Strahl von Atomen, die sich in einem ^1P-Zustand befinden, so bringen sie zunächst unter dem Einfluß des Magnetfeldes Komponenten des magnetischen Momentes in der Feldrichtung hervor. Diese betragen 1,0 bzw. —1 Magnetonen. Auf die Atome wirkt dann eine Kraft, die diesen drei Möglichkeiten entspricht. Ein Teil der Atome bleibt unbeeinflußt, ein anderer Teil wird in der Richtung des wachsenden Feldes und der letzte Teil in der Richtung des abnehmenden Feldes abgelenkt. Der Atomstrahl wird also im Magnetfeld in drei Strahlen aufspalten, die nach dem Verlassen des Feldes ihren Weg in drei etwas verschiedenen Richtungen fortsetzen. Man kann sie mit einer geeigneten Vorrichtung auffangen und das magnetische Moment aus der gemessenen Ablenkung ermitteln. Auf diese Weise kann man die Größe der errechneten magnetischen Momente kontrollieren.

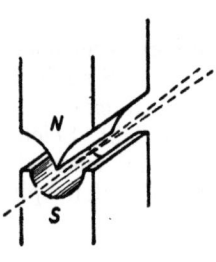

Abb. 306.
STERN-GERLACH-Versuch.

Atome in S-Zuständen, bei denen $L=0$ ist, dürften bei diesem Versuch keine Aufspaltung des Atomstrahls ergeben. Bei Silber, dessen Grundzustand die Elektronen

$$1s^2\;2s^2\;2p^6\;3s^2\;3p^6\;3d^{10}\;4s^2\;4p^6\;4d^{10}\;5s$$

besitzt und ein ^2S-Term ist, erhält man jedoch eine Aufspaltung in zwei Strahlen, deren Größe einem magnetischen Moment von ± 1 Magneton entspricht. Schreibt man das Magneton dem $5s$-Elektron zu, so gelangt man zu der Vorstellung, daß ein Elektron schon ein Magneton besitzt, auch ohne daß es vermöge seiner Eigenfunktion im Magnetfeld ein magnetisches Moment entwickelt.

§ 6. Der Elektronenspin.

Da ähnliche Ergebnisse auch an anderen Atomen erzielt werden, schreiben wir jedem Elektron ein magnetisches Moment von einem Magneton zu, abgesehen von und unbeschadet der bisher erörterten Quellen magnetischer Momente.

Die Spineigenfunktion und das Pauliprinzip. Für die Tatsache, daß jede Eigenfunktion von zwei Elektronen besetzt werden kann, versuchen wir jetzt folgende einfache Erklärung. Die uns bisher bekannte Eigenfunktion, welche die räumliche Verteilung des Elektrons beherrscht, ist nur ein Faktor der vollständigen Eigenfunktion. Es kommt noch ein zweiter Faktor, die sogenannte Spineigenfunktion des Elektrons hinzu. Es soll zwei voneinander verschiedene Spineigenfunktionen des Elektrons geben, so daß sich zwei Elektronen mit gleicher räumlicher Verteilung in der Spineigenfunktion unterscheiden können. Wir werden die Spineigenfunktionen in der relativistischen Quantentheorie auf S. 1104 u. 1113 noch genauer untersuchen. Vorläufig wissen wir nur, daß sie keine Ortsfunktion ist, wissen aber nicht, von welchen unabhängigen Variabeln sie abhängt.

Zu jedem Energiewert gibt es jetzt wegen des Spins mindestens zwei Eigenfunktionen, wenn noch andere Entartung vorliegt, sogar noch mehr. Die Energiewerte, die wir bisher für ein Elektron angegeben haben, sind also noch alle entartet. An ein (homogenes oder inhomogenes) Magnetfeld sind zwei solche Spineigenfunktionen adaptiert, die ein magnetisches Moment von einem Magneton parallel oder antiparallel zum Feld ergeben. Dies schließen wir direkt aus dem Stern-Gerlach-Versuch.

Durch die Einführung der Spineigenfunktion vereinfacht sich die Paulische Regel. Sie lautet jetzt: Jede Eigenfunktion kann nur von einem Elektron besetzt werden. Man kann auch die Formulierung wählen: In einem Atom gibt es keine gleichen Elektronen. Elektronen, die die gleichen Quantenzahlen n, l und m besitzen, müssen sich im Spin unterscheiden. Um dies deutlich zu machen, erteilen wir jedem Elektron eine Spinquantenzahl s, welche der Werte $+\frac{1}{2}$ und $-\frac{1}{2}$ fähig sein soll. Bei sonst gleichen Elektronen muß bei dem einen die Spinquantenzahl gleich $\frac{1}{2}$, bei dem andern $-\frac{1}{2}$ sein. Daß wir der Spinquantenzahl den Betrag $\frac{1}{2}$ zuweisen, rechtfertigt sich erst später, ebenso, daß wir die beiden Spineigenfunktionen durch das Vorzeichen unterscheiden. Bis jetzt ist es nur erforderlich, sie zu unterscheiden.

Die Regel, daß es keine völlig gleichen Elektronen gibt, gilt nicht nur für ein Atom, sondern auch für ein Molekül, ja sogar für jedes beliebige Gebilde, das Elektronen enthält. Sie ist ein statistisches Grundprinzip, das zusammen mit der Wellenmechanik das Verhalten der Elektronen beherrscht. In dieser allgemeinen Form bezeichnet man die Paulische Regel auch als Fermische Statistik.

Das Vektorgerüst der Atome. Während wir bisher in der Lage waren, alle Eigenschaften der Elektronen und Terme streng aus der Wellenmechanik abzuleiten, kann dies bei den Eigenschaften, die mit dem Spin zusammenhängen, nicht mehr geschehen, solange wir uns keiner relativistischen Theorie bedienen. Wir müssen uns daher mit einem Modell begnügen, welches die Eigenschaften richtig beschreibt, ohne sie wirklich zu erklären. Im Teil Quantentheorie S. 1000 u. 1110ff. werden wir diese Lücke ausfüllen.

Um das Zusammenwirken des Spins mit den anderen Eigenschaften der Elektronen zu erfassen, schreiben wir jedem Elektron einen Drehimpuls vermöge seiner Eigenfunktion zu, den wir in Einheiten $h/2\pi$ messen. Ein s-Elektron hat natürlich den Drehimpuls Null. Ein Elektron mit der Nebenquantenzahl l kann in Richtung eines magnetischen Feldes die Drehimpulskomponenten

$$l, \quad l-1 \cdots -l+1, \quad -l$$

entwickeln. Wenn wir direkt das skalare Quadrat des Drehimpulses ausrechnen, so erhalten wir nach umständlicher Rechnung, die wir hier nicht ausführen, den Wert $l(l+1)$, gemessen in Einheiten $h^2/4\pi^2$. Diesem Drehimpuls, den wir dem Sprachgebrauch der älteren Bohrschen Theorie folgend Bahndrehimpuls nennen, schreiben wir deshalb den Betrag

$$\sqrt{l(l+1)}$$

zu. Mit ihm ist ein magnetisches Moment von der gleichen Zahl von Magnetonen verbunden.

Den Spin eines Elektrons stellen wir auch durch einen Drehimpulsvektor (auch Eigenimpuls oder Drall genannt) dar, dem wir den Betrag

$$\sqrt{s(s+1)}$$

geben. s ist der Betrag der Spinquantenzahl, welche selbst die Werte $\pm\frac{1}{2}$ haben kann. Auch mit diesem Drehimpuls ist ein magnetisches Moment verbunden. Es hat aber die Größe von

$$2\sqrt{s(s+1)}$$

Magnetonen.

Sind mehrere Elektronen vorhanden, welche einzeln alle die Spinquantenzahlen $s = \pm\frac{1}{2}$, wie auch Eigenimpulse und Bahndrehimpulse besitzen, die ihren Nebenquantenzahlen entsprechen, so treten ziemlich verwickelte Verhältnisse ein. Zunächst bilden sich je nach der Zahl der Elektronen verschiedene Termsysteme aus, wie wir beim Heliumatom genauer untersucht haben. Hiermit geht einher, daß sich der Spin der einzelnen Elektronen zu einem resultierenden Gesamtspin zusammensetzt. Dieser wird durch eine Spinquantenzahl S, die für das ganze Atom gilt, festgelegt. Bei nur einem Elektron ist $S = s = \frac{1}{2}$. Bei zwei Elektronen kann S den Wert 0 oder 1, bei drei Elektronen die Werte $\frac{1}{2}$ oder $\frac{3}{2}$ besitzen. S ist halbzahlig oder ganzzahlig, je nachdem die Elektronenzahl ungerade oder gerade ist. Mit dem Gesamtspin ist ein Drehimpuls vom Betrage

$$\sqrt{S(S+1)}$$

und ein magnetisches Moment von doppelt soviel Magnetonen und entgegengesetztem Vorzeichen verbunden.

In entsprechender Weise wird aus den Nebenquantenzahlen der Elektronen eine Nebenquantenzahl $L \leq \Sigma l$ des ganzen Atoms zusammengesetzt. Sie ist mit einem Drehimpuls vom Betrag

$$\sqrt{L(L+1)}$$

und mit ebensoviel Magnetonen verknüpft.

Unter dem Einfluß der magnetischen Wechselwirkung setzen sich Spindrehimpuls und Bahndrehimpuls vektoriell in solcher Weise zusammen, daß ein resultierender Gesamtdrehimpuls entsteht, der zu einer neuen Quantenzahl J gehört. Sie heißt innere Quantenzahl. J ist mit S halbzahlig oder ganzzahlig und durchläuft alle Werte von $|L+S|$ bis $|L-S|$. Der Betrag des zu J gehörigen Gesamtdrehimpulses ist

$$\sqrt{J(J+1)}.$$

Die Beschreibung des Atoms durch dieses System von Drehimpulsvektoren und die zu ihnen gehörigen Quantenzahlen L, S, J nennt man das Vektorgerüst.

§ 6. Der Elektronenspin. 889

Das Dreieck der Abb. 307 rotiert dabei um den Gesamtdrehimpuls. Dies soll bedeuten, daß der Gesamtdrehimpuls nach Größe und Richtung konstant und definiert ist, während bei Bahndrehimpuls und Spindrehimpuls wohl der Betrag nicht aber die Richtung konstant und definiert ist.

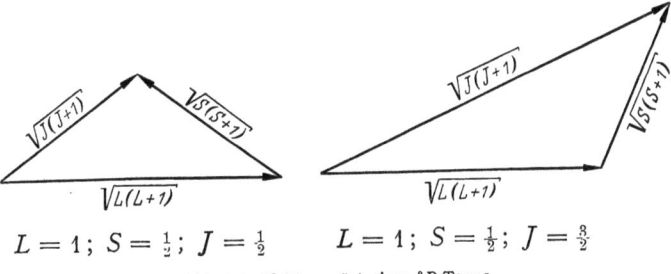

$L = 1; \; S = \tfrac{1}{2}; \; J = \tfrac{1}{2}$ $\qquad L = 1; \; S = \tfrac{1}{2}; \; J = \tfrac{3}{2}$

Abb. 307. Vektorgerüst eines ²P-Terms.

Um eine bequeme Ausdrucksweise zu haben, müssen nun alle Quantenzahlen am Termsymbol kenntlich gemacht werden. Man nennt einen Term einen S-, P-, D-, F- usw. Term, je nachdem $L = 0, 1, 2, 3$ usw. ist. Man nennt einen Term, einen Singulett-, Dublett-, Triplett- usw. Term, je nachdem $S = 0, \tfrac{1}{2}, 1$ usw. ist. Wie wir schon früher festgesetzt haben, wird die Zahl $2S + 1$ als Präfix dem Termsymbol vorgesetzt, z. B. ³P, ⁴S usw. Die Quantenzahl J fügt man dem Termsymbol als Suffix an, z. B. ³P_0, ²$P_{3/2}$ usw.

Feinstruktur. Multipletts. Wir betrachten jetzt ein Atom mit der Nebenquantenzahl L, der Spinquantenzahl S und der inneren Quantenzahl J und versuchen die magnetische Energie zu berechnen, welche durch die magnetischen Momente verursacht wird. Um diese magnetischen Energien differieren die Terme, die zu gleichen L und S gehören, sich aber noch in J unterscheiden. Bei ³P haben wir z. B. immer $L = 1$, $S = 1$, aber die drei Möglichkeiten $J = 0$, 1, 2. Der Triplettterm spaltet also in ein Triplett von drei Termen auf. Die Aufspaltung entspricht den Unterschieden der magnetischen Energie. Die magnetischen Energien sind jedoch nicht zu den sonstigen Energien zu addieren, sondern von ihnen zu subtrahieren, weil nach den Gesetzen der Elektrodynamik die negative magnetische Energie als potentielle Energie einzusetzen ist. Die Terme mit positiver magnetischer Energie liegen also tiefer. In gleicher Weise entstehen Dubletts, Quartetts, allgemein Multipletts.

Wir untersuchen zuerst die Dublettterme, wie sie bei den Alkalien vorliegen. Die ²P-Terme spalten in die Komponenten ²$P_{1/2}$ und ²$P_{3/2}$, die ²D-Terme in ²$D_{3/2}$ und ²$D_{5/2}$ auf.

Empirisch wird festgestellt, daß die Aufspaltung bei den leichten Alkalien, insbesondere bei Li, nur klein, bei den schwereren, z. B. Cs, beträchtlich ist. Beim gleichen Element ist die Aufspaltung um so geringfügiger, je größer die Hauptquantenzahl ist. Zunächst erscheint es verwunderlich, daß die magnetische Wechselwirkung zweier Momente, welche in allen Fällen gleich groß sind und die sich auch in gleicher Weise zueinander einstellen, verschiedene Energien liefern kann. Man kann sich aber überlegen, daß die magnetische Energie durch die Größe der Momente und ihre gegenseitige Orientierung allein nicht bestimmt ist. Sind z. B. zwei Magnetnadeln um die gleiche Achse drehbar, die eine aber viel kürzer als die andere, so ist die magnetische Energie viel kleiner, als wenn beide Nadeln ungefähr gleich lang sind, auch wenn die magnetischen Momente dieselben sind. Ähnlich ist es bei der gegenseitigen Orientierung von

890 G. IV. Struktur und Eigenschaften der Atome.

zwei Flachspulen. Die magnetische Energie ist um so größer, je ähnlicher die Radien der Spulen bei festgehaltenen magnetischen Momenten sind.

Es ist daher verständlich, daß die Größe der Aufspaltung außer von der Größe der Momente und von deren Orientierung auch noch von anderen Umständen abhängt. Ohne näheres Eingehen auf das eigentliche Wesen des Spins durch Anwendung der Relativitätstheorie können wir allerdings nicht erklären, wie die Abhängigkeit von der Hauptquantenzahl und der Ordnungszahl des Elementes zustande kommt. Die wirkliche Durchrechnung auf S. 1112 führt zu der Feinstrukturformel von SOMMERFELD

$$\Delta E = h c R \alpha^2 \frac{Z^4}{n^3 L(L+1)}, \quad (IV, 109)$$

für Dubletterme, wo Z die Kernladung, n die Hauptquantenzahl, R die Rydbergkonstante und

$$\alpha = \frac{e^2}{2 h c \varepsilon_0} = \frac{e^2 c \mu_0}{2 h} = \frac{1}{137{,}1} \quad (IV, 110)$$

die sogenannte Feinstrukturkonstante bedeutet.

Wir untersuchen jetzt Triplettterme und Terme höherer Multiplizität. Das magnetische Moment des Spins denken wir uns durch eine kurze Magnetnadel, das magnetische Bahnmoment durch eine lange Magnetnadel dargestellt. Dann ist die magnetische Energie dem Skalarprodukt der Momente proportional, der Proportionalitätsfaktor A hängt von der Länge der Nadeln ab und sinkt,

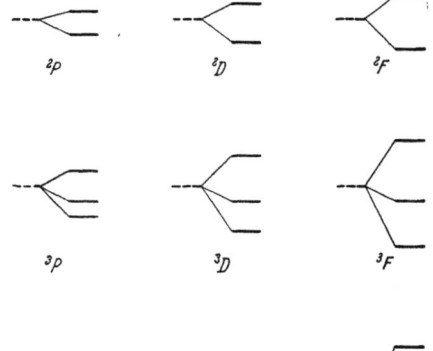
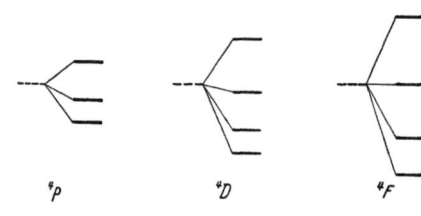
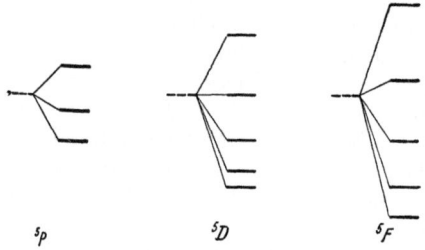

Abb. 308. Feinstruktur einiger Terme.

wie wir dem Beobachtungsmaterial entnehmen, mit der Hauptquantenzahl, wächst mit der Ordnungszahl. Wir schreiben also

$$E_m = A \sqrt{L(L+1)} \cdot 2\sqrt{S(S+1)} \cos(\sphericalangle L S). \quad (IV, 111)$$

Aus der Abb. 307 entnehmen wir

$$J(J+1) = L(L+1) + S(S+1) + 2\sqrt{L(L+1)}\sqrt{S(S+1)}\cos(\sphericalangle L S) \quad (IV, 112)$$

und daraus

$$E_m = A\{J(J+1) - L(L+1) - S(S+1)\}. \quad (IV, 113)$$

Für einen ^3P-Term mit $L = 1$ und $S = 1$ erhalten wir aus (IV, 113)

$J = 2: E_m = 2A; \quad J = 1: E_m = -2A; \quad J = 0: E_m = -4A.$

Die Abstände der Triplettkomponenten verhalten sich wie 2:1. Bei einem ^3D-Term erhalten wir

$J = 3: E_m = 4A; \quad J = 2: E_m = -2A; \quad J = 1: E_m = -6A.$

Hier verhalten sich die Abstände wie $3:2$. In ähnlicher Weise kann man die Termabstände eines beliebigen Multipletts ausrechnen und kommt mit dem empirischen Befund in Übereinstimmung (s. Abb. 308).

§ 7. Der anormale Zeemaneffekt.

Inhalt: Singuletterme zeigen normalen Zeemaneffekt, andere Terme in schwachen Magnetfeldern anormalen Zeemaneffekt. Zuerst bilden Spin und Bahndrehimpuls den Gesamtdrehimpuls, der eine Komponente in Richtung des Magnetfeldes entwickelt. Die Aufspaltung der Terme rührt von der Wechselwirkung der magnetischen Momente mit dem Magnetfeld her und kann mit der Landéschen g-Formel berechnet werden.

Bezeichnungen: S Spinquantenzahl, L Nebenquantenzahl der Atomhülle, J Gesamtdrehimpulsquantenzahl, H Betrag der magnetischen Feldstärke, μ_0 magnetische Maßkonstante, g Landéscher Aufspaltungsfaktor.

Der Spin macht das Verhalten eines Atoms in einem Magnetfeld recht kompliziert. Nur wenn der Gesamtspin verschwindet, bei einem Singulettsystem also, haben wir den auf S. 885 beschriebenen normalen Zeemaneffekt.

Einigermaßen übersichtlich verhalten sich noch die S-Terme. Sie zeigen keine Feinstruktur, weil nur das magnetische Moment des Spins vorhanden ist, welches mit keinem anderen Moment zusammenwirkt. Es entsteht keine magnetische Wechselwirkungsenergie und infolgedessen keine Feinstruktur. In einem Magnetfeld orientiert sich der Spin und bildet eine Drehimpulskomponente in der Feldrichtung aus, die mit einer Komponente des magnetischen Momentes verbunden ist. Bei Dublettermen entstehen die Drehimpulskomponenten $-\tfrac{1}{2}$ oder $+\tfrac{1}{2}$ und die Komponenten des Momentes ± 1 Magneton. Ein ^2S-Term spaltet also in zwei Komponenten auf, welche eine Verschiebung nach beiden Seiten vom Betrag

$$\frac{h\,e\,\mu_0}{4\pi\,m} H$$

erfahren.

Allgemein kann ein S-Term mit der Spinquantenzahl S (zweierlei Bedeutung des Buchstaben S) in der Feldrichtung die $2S+1$ Drehimpulskomponenten

$$S,\ S-1 \cdots -S+1,\ -S$$

entwickeln, mit jeweils einer Komponente des magnetischen Momentes von doppelt soviel Magnetonen. Die Verschiebungen der Terme im Magnetfeld sind dann

$$\frac{h\,e\,\mu_0}{2\pi\,m} H S;\quad \frac{h\,e\,\mu_0}{2\pi\,m} H(S-1) \cdots -\frac{h\,e\,\mu_0}{2\pi\,m} H S.$$

Es entsteht eine äquidistante Folge von $2S+1$ Termen mit den Abständen

$$\frac{h\,e\,\mu_0}{2\pi\,m} H.$$

Bei P-, D- usw. Termen wird in schwachen Magnetfeldern zuerst aus L und S die innere Quantenzahl J gebildet. Im Magnetfeld stellt sich der Gesamtdrehimpuls so ein, daß seine Komponente in der Feldrichtung einen der Werte

$$J,\ J-1 \cdots -J+1,\ -J$$

hat. Diese Komponente bezeichnet man durch die „magnetische" Quantenzahl M, die von J bis $-J$ läuft. M ist mit J und S halbzahlig bzw. ganzzahlig. Das Dreieck des Vektorgerüstes bleibt dabei noch um den Gesamtdrehimpuls dreh-

892 G. IV. Struktur und Eigenschaften der Atome.

bar bzw. rotiert um ihn. Der Gesamtdrehimpuls selbst präzessiert um die Feldrichtung.

Die mit M verbundenen magnetischen Momente sind nicht ganz einfach zu übersehen. Wir müssen hierzu zuerst das Moment ermitteln, das mit J verbunden ist. Wie man aus der Abb. 309 ersieht, hat es wegen der Rotation um den

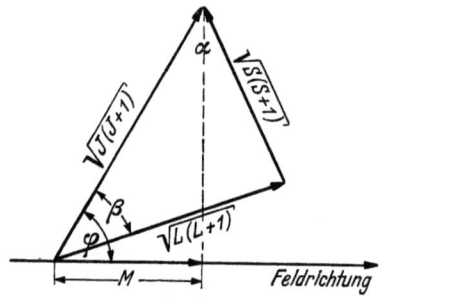

Abb. 309.
Vektorgerüst im anormalen Zeemaneffekt.

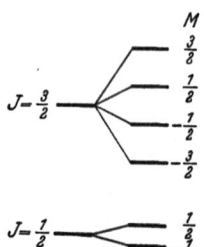

Abb. 310.
Anormaler Zeemaneffekt eines ^2P-Terms.

Gesamtdrehimpuls im Mittel den Wert von

$$-\cos\beta \sqrt{L(L+1)} - 2\cos\alpha \sqrt{S(S+1)} \qquad (IV, 114)$$

Magnetonen. Hieraus ergibt sich dann seine Komponente von

$$-\cos\varphi \left\{ \cos\beta \sqrt{L(L+1)} + 2\cos\alpha \sqrt{S(S+1)} \right\} \qquad (IV, 115)$$

Magnetonen in der Feldrichtung. Nun ist

$$S(S+1) = J(J+1) + L(L+1) - 2\cos\beta \sqrt{J(J+1)} \sqrt{L(L+1)}, \qquad (IV, 116)$$
$$L(L+1) = J(J+1) + S(S+1) - 2\cos\alpha \sqrt{J(J+1)} \sqrt{S(S+1)}, \qquad (IV, 117)$$
$$\cos\varphi = \frac{M}{\sqrt{J(J+1)}}. \qquad (IV, 118)$$

Eliminieren wir jetzt die Winkel, so ergibt sich für die gesuchte Komponente des Momentes

$$-M \frac{3J(J+1) + S(S+1) - L(L+1)}{2J(J+1)} \text{ (Magnetonen)}. \qquad (IV, 119)$$

Die magnetische Energie im Feld ist das Produkt dieses Momentes und der Feldstärke. Jeder Term eines Multipletts spaltet in $2J+1$ äquidistante Komponenten mit den Energien

$$E_m = -\frac{h\,e\,\mu_0}{4\pi\,m} M\,g\,H; \quad g = \frac{3J(J+1) + S(S+1) - L(L+1)}{2J(J+1)} \qquad (IV, 120)$$

und den Abständen

$$\Delta E_m = \frac{h\,e\,\mu_0}{4\pi\,m} g\,H \qquad (IV, 121)$$

auf. Für verschiedene Terme desselben Multipletts (verschiedene J bei gleichen L und S) ist aber der Abstand der Zeemankomponenten verschieden, da er auch von J abhängt (s. Abb. 310). Der Faktor g wird Landéscher g-Faktor genannt. Seine Größe ist in der Tabelle angegeben.

g-Faktoren.

L \ J	0	1	2	3	4	5	1/2	3/2	5/2	7/2	9/2	11/2
0	$\frac{0}{0}$		Singulett $S=0$				2		Dublett $S=\frac{1}{2}$			
1		1					$\frac{2}{3}$	$\frac{4}{3}$				
2			1					$\frac{4}{5}$	$\frac{6}{5}$			
3				1					$\frac{6}{7}$	$\frac{8}{7}$		
4					1					$\frac{8}{9}$	$\frac{10}{9}$	
0		2		Triplett $S=1$			2		Quartett $S=\frac{3}{2}$			
1	$\frac{0}{0}$	$\frac{3}{2}$	$\frac{3}{2}$				$\frac{8}{3}$	$\frac{26}{15}$	$\frac{8}{5}$			
2		$\frac{1}{2}$	$\frac{7}{6}$	$\frac{4}{3}$			0	$\frac{6}{5}$	$\frac{48}{35}$	$\frac{10}{7}$		
3			$\frac{2}{3}$	$\frac{13}{12}$	$\frac{5}{4}$			$\frac{2}{5}$	$\frac{36}{35}$	$\frac{26}{21}$	$\frac{4}{3}$	
4				$\frac{3}{4}$	$\frac{21}{20}$	$\frac{6}{5}$			$\frac{4}{7}$	$\frac{62}{63}$	$\frac{116}{99}$	$\frac{14}{11}$

Die soeben beschriebene Aufspaltung der Terme tritt in schwachen Magnetfeldern ein und heißt anormaler Zeemaneffekt. Der Zeemaneffekt der Linien ergibt sich aus den Effekten des oberen und des unteren Terms. In sehr starken Magnetfeldern geht der anormale Zeemaneffekt in den sogenannten Paschen-Back-Effekt über, der gleichfalls mit dem Vektorgerüst leicht beschrieben werden kann. Er tritt um so leichter ein, je kleiner die Multiplettaufspaltung ist.

§ 8. Paschen-Back-Effekt.

Inhalt: In starken Magnetfeldern muß die Wechselwirkung der magnetischen Momente mit dem äußeren Feld zuerst berücksichtigt werden, und erst nachher tritt die gegenseitige Wechselwirkung der Momente hinzu.

Der Konstruktion des Vektorgerüstes liegt ein ganz bestimmtes Näherungsverfahren für die Termberechnung zugrunde, auch wenn es nicht wirklich zur Durchrechnung kommt. In erster Näherung wird die Energie der Elektronen unter Berücksichtigung ihrer gegenseitigen Abschirmung in Rechnung gestellt. Die Summe der Elektronenenergien ist dann die Energie des Atomterms in erster Näherung. Die zweite Näherung erfaßt die Entartung, die durch das Vorhandensein mehrerer Elektronen entsteht, und liefert die verschiedenen Termsysteme (Singulett-, Dublett-, Triplett- usw. System), wie wir das am Heliumatom skizziert haben. Daß sich dabei die Spinquantenzahl S aus den Spinquantenzahlen s der Elektronen zusammensetzt, hat auf die energetischen Verhältnisse in dieser Näherung noch keinen Einfluß. In der dritten Näherung erst berücksichtigen wir das mit dem Spin verbundene magnetische Moment und seine Wechselwirkung mit dem Bahnmoment und gelangen damit zur Multiplettaufspaltung. Diese Näherung führt die innere Quantenzahl J ein. Das evtl.

vorhandene äußere Magnetfeld wird dagegen erst in der vierten Näherung in Rechnung gezogen und ergibt den anormalen Zeemaneffekt. Dieses Approximationsverfahren setzt voraus, daß die gegenseitige Wechselwirkung der Momente von Spin und Bahnimpuls gegenüber ihrer Wechselwirkung mit dem Magnetfeld groß ist. Diese Annahme trifft näherungsweise zu für schwache Magnetfelder, deren Zeemanaufspaltung gegenüber der Multiplettaufspaltung unbedeutend ist. Ob dieses Näherungsverfahren berechtigt ist, hängt also einerseits von der Stärke des äußeren Feldes, andererseits von der Größe der Multiplettaufspaltung ab. Bei den tiefen Termen der schweren Elemente mit großer Multiplettaufspaltung können Magnetfelder als schwach gelten, die bei leichten Elementen oder hohen Termen schon als stark anzusehen sind.

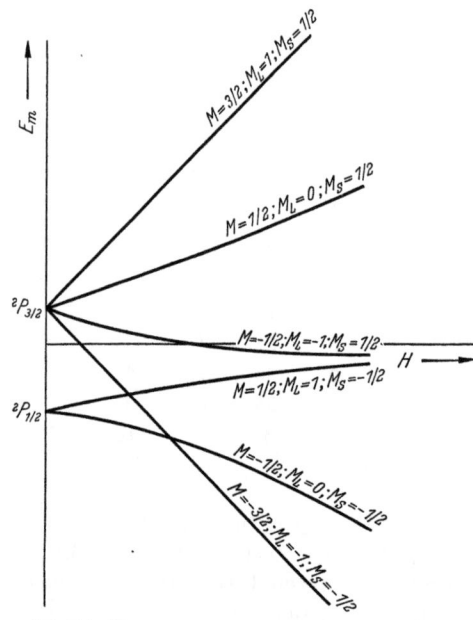

Abb. 311. Übergang vom anormalen Zeemaneffekt zum Paschen-Back-Effekt.

In sehr starken Magnetfeldern muß das Verfahren der sukzessiven Näherungen anders verlaufen. In der dritten Näherung muß man dann die Wechselwirkung zwischen dem äußeren Feld und den mit L und S verbundenen magnetischen Momenten ansetzen, gegen welche die gegenseitige Einwirkung von L und S vernachlässigt werden kann. Sowohl der Bahndrehimpuls L, wie auch der Gesamtspin S bilden dann Komponenten in Richtung des Magnetfeldes aus, die man durch die magnetischen Quantenzahlen M_L und M_S kennzeichnet. M_L durchläuft alle Werte von $-L$ bis $+L$ und ist stets ganzzahlig. M_S ist mit S halb- oder ganzzahlig und durchläuft die Werte von $-S$ bis $+S$, bei gerader Elektronenzahl (ganzzahliges S) einschließlich Null, bei ungerader Elektronenzahl (halbzahliges S) ohne Null. Eine Quantenzahl J gibt es in diesem Falle nicht. Das Aufspaltungsbild eines Terms im Magnetfeld bezieht sich dann auf das Multiplett als Ganzes und nicht wie beim anormalen Zeemaneffekt auf die einzelnen Termkomponenten. Die magnetischen Energien sind

$$E_m = -\frac{h\,e\,\mu_0}{4\pi\,m}(M_L + 2M_S)H\,. \qquad (\text{IV}, 122)$$

Beim Übergang von schwachen zu starken Feldern gehen die beiden Aufspaltungsbilder allmählich ineinander über. Im Zwischengebiet geht die Quantenzahl M ohne Änderung ihres Zahlwertes in $M_L + M_S$ über. Die magnetische Energie zeigt aber während des Überganges keine einfachen Gesetzmäßigkeiten. Der Vorgang der Umwandlung der beiden Aufspaltungstypen im wachsenden Magnetfeld heißt Paschen-Back-Effekt. In Abb. 311 ist der Verlauf der Komponenten eines ^2P-Terms gegen die magnetische Feldstärke schematisch aufgetragen.

§ 9. Die optischen Terme der Elemente.

Inhalt: Multiplettstrukturen der Elemente Helium bis Neon.

Wir diskutieren jetzt die Spektren der Elemente noch einmal mit Rücksicht auf ihre Multiplettstruktur. Die winzige Feinstruktur des Wasserstoffs scheiden wir aus unserer Betrachtung aus, da dort keine Aufspaltung in S-, P-, D- usw. Terme vorliegt, und deshalb auch das Vektorgerüst nicht anwendbar ist. Wir kommen darauf auf S. 1122 in anderem Zusammenhang zurück.

Das Heliumatom hat im Grundzustand die beiden Elektronen $1s^2$, beide mit den Quantenzahlen $n = 1$, $l = 0$ und $m = 0$. Sie müssen sich deshalb im Spin unterscheiden, d. h. zu $s = \frac{1}{2}$ bzw. $s = -\frac{1}{2}$ gehören. Die Spinquantenzahl S des ganzen Atoms ist im Grundzustand gleich Null und der Term gehört dem Singulettsystem an. Er zeigt also im Magnetfeld keine Aufspaltung. Regt man ein Elektron an, so entstehen sowohl Terme, die bezüglich der Vertauschung der Elektronen symmetrisch, wie auch solche, die antisymmetrisch sind. Die symmetrischen Terme haben wir schon früher als Singuletterme, die antisymmetrischen als Tripletterme bezeichnet. Bei allen symmetrischen Termen ist $S = 0$, während bei den antisymmetrischen $S = 1$ ist. Hinter dieser zunächst empirischen Feststellung verbirgt sich ein grundsätzlicher Gesichtspunkt. Auch die Spineigenfunktion muß für sich allein bezüglich der Vertauschung der Elektronen symmetrisch oder antisymmetrisch sein. Im Triplettsystem, wo beide Spinquantenzahlen der Elektronen den gleichen Wert $s = \frac{1}{2}$ besitzen, kann sie nur symmetrisch sein und muß daher im Singulettsystem, wo $s_1 = \frac{1}{2}$ und $s_2 = -\frac{1}{2}$ ist, antisymmetrisch sein. Die Gesamteigenfunktion als Produkt der gewöhnlichen Eigenfunktion und der Spineigenfunktion ist dann im Triplett- wie im Singulettsystem antisymmetrisch, da in beiden Fällen immer einer der beiden Faktoren bei der Elektronenvertauschung das Vorzeichen wechselt. Dies ist ein besonderer Fall der ganz allgemeinen Regel, daß die Gesamteigenfunktion eines Systems von beliebig vielen Elektronen bei Berücksichtigung des Spins stets das Vorzeichen wechseln muß, wenn ein Elektronenpaar vertauscht wird. Wenn es den Spin nicht gäbe, würde bei Helium also nur das Triplettsystem vorkommen, weil das Singulettsystem symmetrische Eigenfunktionen besitzt, wenn man den Spin wegläßt. Der Spin, der zur Energie so gut wie nichts beiträgt und keineswegs den Unterschied der Termwerte in beiden Systemen verursacht, gestattet es, die Antisymmetrieforderung auch für das Singulettsystem zu erfüllen und ermöglicht auf diesem Umweg seine Existenz.

Das Lithiumatom besitzt im Grundzustand die Elektronen $1s^2\,2s$. Die beiden Elektronen $1s^2$, die sich in n, l und m nicht unterscheiden, haben entgegengesetzte Spinquantenzahlen und tragen infolgedessen zu S nichts bei. Im Grundzustand ist also $S = \frac{1}{2}$ und der Grundterm ist ein Dublettterm. Wird das $2s$-Elektron durch Anregung in ein anderes verwandelt, so ändert sich am Spin nichts. Auf diese Weise entstehen nur Dubletterme. Würde man hingegen eines der beiden $1s$-Elektronen anregen, so würde die Beschränkung für ihre Spinquantenzahlen wegfallen, und wir würden die beiden Möglichkeiten $S = \frac{1}{2}$ oder $S = \frac{3}{2}$ bekommen. Solche Terme gäbe es also sowohl in einem Dublett- wie in einem Quartettsystem. Im Gegensatz zu dem neutralen Lithiumatom besitzt das Lithiumion Li$^+$ im Grundzustand die Elektronen $1s^2$. Es gilt also jetzt alles, was im Fall des Heliumatoms gesagt wurde, insbesondere, daß es ein Singulett- und ein Triplettsystem gibt und daß der Grundterm zu dem ersteren gehört.

Das Beryllium mit den Elektronen $1s^2\,2s^2$ hat als Grundterm einen Singulettterm. Das Elektronenpaar $2s^2$ trägt zu S aus den gleichen Gründen nichts bei wie das Paar $1s^2$. Für den Grundterm ist also S gleich Null. Regt man ein Elektron an (in der Regel natürlich eines der $2s$-Elektronen), so entstehen sowohl Triplett- wie Singuletterme.

Das Bor ($1s^2\,2s^2\,2p$) besitzt einen Dublettterm als Grundterm, da nur das $2p$-Elektron zu S den Betrag $\frac{1}{2}$ liefert. Die angeregten Terme gehören zu einem Dublettsystem, wenn sich die Anregung auf das $2p$-Elektron bezieht. Wird dagegen eines der $1s$- oder $2s$-Elektronen angeregt, so kann $S = \frac{1}{2}$ oder $\frac{3}{2}$ sein und man erhält ein zweites Dublett- und ein Quartettsystem. Interessant wird die Sache bei Kohlenstoff. Im Grundzustand sind die Elektronen $1s^2\,2s^2\,2p^2$ vorhanden. Aus den mehrfach genannten Gründen scheiden die gleichartigen (äquivalenten) Elektronen $1s^2\,2s^2$ für den Spin ganz aus und wir brauchen uns nur mit $2p^2$ zu befassen. Bei diesen Elektronen sind die Quantenzahlen n und l dieselben, dagegen gibt es für m die drei Möglichkeiten $-1, 0, +1$. Die Spinquantenzahlen brauchen also keinen Beschränkungen zu genügen und der Grundterm könnte entweder ein Singulett- oder ein Triplettterm sein. Aus dem empirischen Spektrum ergibt sich, daß er ein ^3P-Term ist. Durch Anregung eines dieser beiden $2p$-Elektronen entsteht ein Triplett- und ein Singulettsystem. Würde man eines der $2s$-Elektronen anregen, so würden die Spinquantenzahlen für vier Elektronen ganz beliebig sein. Es wären dann die Werte $S = 0$, $S = 1$ und $S = 2$ möglich, d. h. es würde ein Singulett-, ein Triplett- und ein Quintettsystem entstehen. Diese Terme liegen allerdings höher als die vorhin angegebenen Singulett- und Triplettterme, da mehr Energie nötig ist, um ein $2s$-Elektron als eines der $2p$-Elektronen anzuregen.

Der Grundzustand des Stickstoffes hat die Elektronen $1s^2\,2s^2\,2p^3$. Da die p-Elektronen sich in den Quantenzahlen m unterscheiden können, besteht für die Spinquantenzahl keine Einschränkung und wir erwarten die Möglichkeiten $S = \frac{1}{2}$ und $S = \frac{3}{2}$. Dies entspricht einem Dublett- und einem Quartettsystem. Da der Grundterm tatsächlich ein ^4S-Term ist, gehören die drei $2p$-Elektronen zu den drei verschiedenen Eigenfunktionen des $2p$-Zustandes. Wird eines von ihnen angeregt, so entstehen angeregte Dublett- und Quartettterme. Die Anregung eines $2s$-Elektrons würde neue Dublett-, Quartett- und Sextettterme liefern.

Von den Elektronen des Sauerstoffs im Grundzustand $1s^2\,2s^2\,2p^4$ trägt nur die Gruppe $2p^4$ zum Spin bei. Da es zu $2p$ nur drei Eigenfunktionen gibt, muß ein Elektronenpaar verschiedene Spinquantenzahlen besitzen und sich gegenseitig kompensieren. Die beiden anderen Elektronen können entweder gleichen oder verschiedenen Spin haben. Der Grundzustand des Sauerstoffes muß also ein Singulett- oder Triplettterm sein. Da er sich empirisch als Triplettterm erweist, schließen wir, daß alle drei Eigenfunktionen besetzt sind, und zwar eine davon doppelt. Nun besteht ein Unterschied, ob ein Elektron des Paares angeregt wird oder eines der beiden einzelnen Elektronen. Im letzteren Fall ergeben sich angeregte Singulett- und Triplettterme, da das Paar erhalten bleibt. Regt man dagegen ein Elektron des Paares an, so entstehen andere Singulett- und Triplettterme, außerdem aber noch Quintettterme.

Bei Fluor mit den Elektronen $1s^2\,2s^2\,2p^5$ gestaltet sich der Grundterm wieder übersichtlich. Unter den $2p$-Elektronen müssen sich zwei Paare befinden, die für den Spin ausscheiden. Das übrigbleibende einzelne Elektron liefert $S = \frac{1}{2}$ und der Grundterm ist ein Dublettterm. Anregung des Einzelelektron liefert angeregte Dublettterme, die Anregung eines Paares Dublett- und Quartettterme.

Die abgeschlossene L-Schale $1s^2\,2s^2\,2p^6$ des Neons besteht nur aus Elektronenpaaren und besitzt deshalb keinen Spin. Der Grundterm ist ein Singulettterm. Durch Anregung entstehen Singulett- und Triplettterme.

§ 10. Empirische Auswahlregeln für Feinstruktur und magnetische Effekte.

Verfolgt man die Verhältnisse durch das periodische System weiter, so erkennt man zunächst, daß abgeschlossene Schalen zum Spin nichts beitragen, daß es also nur auf die äußeren Elektronen ankommt. Dies ist der Grund dafür, daß alle Alkalien Dublettsysteme, die Erdalkalien Singulett- und Triplettsysteme aufweisen usw. Überhaupt gehen die Eigenschaften der optischen Spektren mit den periodischen chemischen Eigenschaften einher. Dies ändert sich allerdings, wenn Elektronen innerer Schalen angeregt werden.

§ 10. Empirische Auswahlregeln für Feinstruktur und magnetische Effekte.

Inhalt: Auswahlregeln für die Quantenzahlen L, S, J und M.

Schon bei den Alkalispektren haben wir aus den Spektren abgelesen, daß nicht alle Termdifferenzen im Spektrum wirklich als Linien vorkommen. Die S-Terme kombinieren vielmehr nur mit den P-Termen, die P-Terme mit den S- und D-Termen, die D-Terme mit den P- und F-Termen usw. Diese Feststellung haben wir in die Auswahlregel zusammengefaßt, daß die Nebenquantenzahl L zweier Terme sich um 1 unterscheiden muß, wenn ein optischer Übergang stattfinden soll.

Beim Spektrum des Heliums haben wir festgestellt, daß die in den Eigenfunktionen symmetrischen Singuletterme nicht mit den in den Eigenfunktionen antisymmetrischen Tripletttermen kombinieren, daß also Interkombinationen der beiden Systeme verboten sind. Bei den schwereren Elementen, welche zwei äußere Elektronen und deshalb ein Singulett und Triplettsystem besitzen, lockert sich das Interkombinationsverbot und man beobachtet schwache Interkombinationsübergänge. Sie bleiben aber selbst bei den schwersten Elementen, wie Quecksilber, doch noch bedeutend schwächer als die entsprechenden Linien ohne Interkombination.

Da wir das Singulettsystem durch die Spinquantenzahl $S = 0$, das Triplettsystem durch die Spinquantenzahl $S = 1$ gekennzeichnet haben, können wir das Interkombinationsverbot dieser Systeme durch die Auswahlregel

$$\Delta S = 0 \qquad (IV, 123)$$

aussprechen. Da auch die anderen Multiplizitätssysteme durch die Spinquantenzahl S charakterisiert sind und nur schwache Interkombinationen zeigen, gilt diese Auswahlregel allgemein.

Für die Quantenzahl J des Gesamtdrehimpulses können wir aus den Feinstrukturen die Auswahlregel

$$\Delta J = 0, \quad \pm 1 \qquad (IV, 124)$$

ablesen. Allerdings gibt es keine Übergänge zwischen zwei Termen mit $J = 0$.

Endlich finden wir noch aus dem empirischen Befund bei anormalem und normalem Zeemaneffekt für die magnetischen Quantenzahlen die Auswahlregel

$$\Delta M = 0, \quad \pm 1. \qquad (IV, 125)$$

Bis jetzt treten uns die Auswahlregeln sämtlich nur als empirische Gesetzmäßigkeiten entgegen. Für sie eine theoretische Erklärung zu finden, wird unsere nächste Aufgabe sein. Hierzu müssen wir den Vorgang der Lichtemission durch atomare Gebilde selbst untersuchen, was im nächsten Kapitel geschehen soll.

§ 11. Röntgenterme.

Inhalt: Die Röntgenterme gliedern sich in ein K-Niveau, drei L-Niveaus, fünf M-Niveaus usw.

Während die Terme der optischen Spektren durch Anregung eines der äußeren Elektronen entstehen, gelangt man zu den Röntgentermen, wenn ein inneres Elektron angeregt wird. Hierbei muß einer inneren Schale ein Elektron entnommen und in einen Zustand gebracht werden, welcher einer äußeren unvollständigen Schale des Atoms entspricht. Gemessen an der Energie, die zur Hebung des Elektrons aus dem Innern des Atoms in eine unvollständige Schale benötigt wird, sind die energetischen Unterschiede in den Zuständen der äußeren Schalen klein. Es wird also fast die gleiche Energie nötig sein, um das Elektron ganz zu entfernen, wie um es in einen der vielen möglichen Anregungszustände zu bringen. Der Röntgenterm ist deshalb ausreichend gekennzeichnet durch den Zustand der inneren Schale, der nach der Anregung das Elektron fehlt. In Wirklichkeit ist dieser Term natürlich ein System von sehr vielen wenig voneinander verschiedenen Termen. Wir machen uns dies am Beispiel des Zinkatoms klar. Im Grundzustand hat Zn die Elektronen $1s^2\, 2s^2\, 2p^6\, 3s^2\, 3p^6\, 3d^{10}\, 4s^2$. Wird ein $1s$-Elektron angeregt, so kann es in die Zustände $4p$, $4d$, $4f$, $5s$, $5p$ usw. übergehen oder auch ganz entfernt werden. Jeder dieser Anregungen entspricht ein Term. Die Unterschiede all dieser Termwerte sind aber nur klein gemessen an der Anregungsenergie überhaupt, so daß sie praktisch zusammenfallen. Die ganze Termgruppe ist durch den Zustand der K-Schale gekennzeichnet, die nur ein $1s$-Elektron enthält. Diese Schale wird aber durch die Quantenzahlen $n = 1$, $L = 0$, $J = \frac{1}{2}$ beschrieben. Dies entspricht einem ^2S-Term, der zwar an sich doppelt ist, aber als S-Term keine Dublettaufspaltung zeigt. Durch Anregung eines K-Elektrons erhalten wir also bei Zink ein einziges Röntgenniveau, das in Wirklichkeit aus sehr vielen sehr benachbarten Termen besteht. Bei anderen Atomen gilt sinngemäß das gleiche. Andere Röntgenniveaus erhalten wir durch Anregung eines Elektrons der Hauptquantenzahl 2, eines Elektrons der L-Schale.

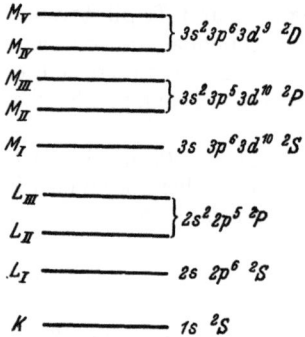

Abb. 312. Schema der Röntgenterme (nicht maßstäblich).

Hier macht es zunächst einen Unterschied, ob ein $2s$- oder ein $2p$-Elektron entfernt wird. Im ersten Falle hinterbleibt in der L-Schale die Konfiguration $2s\, 2p^6$ mit den Quantenzahlen $L = 0$, $J = \frac{1}{2}$, die einem ^2S-Term entspricht. Dieses Niveau ist im Prinzip doppelt, aber als S-Term nicht aufgespalten, und wird als L_{I}-Röntgenterm bezeichnet. Regen wir dagegen ein $2p$-Elektron an, so hinterbleiben in der L-Schale die Elektronen $2s^2\, 2p^5$ mit den Quantenzahlen $L = 1$, $J = \frac{3}{2}$ oder $J = \frac{1}{2}$, die einem ^2P-Term entsprechen. Dieses Niveau zeigt eine Dublettaufspaltung, die bei der großen Kernladung und der niedrigen Hauptquantenzahl bedeutend ist. Es ergeben sich auf diese Weise die beiden Röntgenterme L_{II} und L_{III}. Weitere Röntgenterme finden wir durch die Anregung von Elektronen der Hauptquantenzahl 3, also der M-Schale. Die Entfernung eines $3s$-Elektrons hinterläßt die Schale $3s\, 3p^6\, 3d^{10}$ mit $L = 0$, $J = \frac{1}{2}$ in einem ^2S-Term, der nicht aufgespalten ist. Wir erhalten so das Röntgenniveau M_{I}. Zwei Terme M_{II} und M_{III} ergeben sich bei der Anregung eines $3p$-Elektrons, wobei ein ^2P-Term der Konfiguration $3s^2\, 3p^5\, 3d^{10}$ entsteht. Schließlich erhalten wir noch die Terme M_{IV} und M_{V} durch Anregung eines

$3d$-Elektrons. In diesem Falle stellt die M-Schale einen ^2D-Term mit der Konfiguration $3s^2\,3p^6\,3d^9$ und den Quantenzahlen $L=2$, $J=\tfrac{3}{2}$ oder $J=\tfrac{5}{2}$ dar. Bei Zink schließen sich die M-Röntgenterme schon an die optischen Terme an. Bei schwereren Elementen kann man in analoger Weise sieben Röntgenterme der N-Schale erhalten, die als ^2S, ^2P, ^2D und ^2F anzusprechen sind (s. Abb. 312).

V. Intensität und Polarisation der Spektrallinien.

Befindet sich ein Elektron in einem stationären Zustand, so findet keine Veränderung an ihm statt. Die Wellengleichung

$$-\frac{h^2}{8\pi^2 m}\Delta\Psi + V\Psi + \frac{h}{2\pi i}\frac{\partial\Psi}{\partial t} = 0 \qquad (V,1)$$

erlaubt aber nicht nur die Lösungen

$$\Psi_k = \psi_k\, e^{-\frac{2\pi i}{h}E_k t}, \qquad (V,2)$$

die den Eigenwerten E_k zugeordnet sind, sondern auch alle ihre Linearkombinationen

$$\Psi = \sum^k c_k \psi_k\, e^{-\frac{2\pi i}{h}E_k t}. \qquad (V,3)$$

Zu ihnen gehören die Dichteverteilungen

$$\Psi^*\Psi = \sum^i \sum^k c_i^* c_k \psi_i^* \psi_k\, e^{\frac{2\pi i}{h}(E_i - E_k) t}. \qquad (V,4)$$

Die Normierung von (V, 3) verlangt

$$1 = \int \Psi^*\Psi\, d\tau = \sum^i \sum^k c_i^* c_k\, e^{\frac{2\pi i}{h}(E_i - E_k) t} \int \psi_i^* \psi_k\, d\tau. \qquad (V,5)$$

Wegen der Orthogonalität der Eigenfunktionen sind die Integrale nur von Null verschieden, wenn $i=k$ ist, und wir erhalten

$$1 = \sum^k c_k^* c_k. \qquad (V,6)$$

Die allgemeine Funktion (V, 3) beschreibt ein Verhalten des Elektrons, bei welchem sich die Dichteverteilung (V, 4) mit der Zeit ändert. Die Veränderung besteht in Schwingungen mit den Frequenzen

$$\nu_{ik} = \frac{E_i - E_k}{h}, \qquad (V,7)$$

welche sich einander überlagern. Die Frequenzen selbst sind die Differenzen der Terme.

Nach den Gesetzen der Elektrodynamik muß nun eine Lichtausstrahlung mit den Frequenzen (V, 7) eintreten.

Um sie zu berechnen, bilden wir einen Ausdruck für das momentane Dipolmoment des Elektrons zur Zeit t. Das Volumenelement $d\tau$ trägt die Ladung

$$-e\,\Psi^*\Psi\, d\tau \qquad (V,8)$$

und trägt zur x-Komponente des Dipolmomentes den Betrag

$$-e\,x\,\Psi^*\Psi\, d\tau \qquad (V,9)$$

bei, wenn im Koordinatenursprung die gesamte positive Ladung lokalisiert ist. Wir erhalten also die Momentkomponenten

$$-e\bar{x} = -e\int x\Psi^*\Psi d\tau = -e\sum_i \sum_k c_i^* c_k e^{\frac{2\pi i}{h}(E_i - E_k)t} \int x\psi_i^* \psi_k d\tau, \qquad (V, 10)$$

$$-e\bar{y} = -e\int y\Psi^*\Psi d\tau = -e\sum_i \sum_k c_i^* c_k e^{\frac{2\pi i}{h}(E_i - E_k)t} \int y\psi_i^* \psi_k d\tau, \qquad (V, 11)$$

$$-e\bar{z} = -e\int z\Psi^*\Psi d\tau = -e\sum_i \sum_k c_i^* c_k e^{\frac{2\pi i}{h}(E_i - E_k)t} \int z\psi_i^* \psi_k d\tau. \qquad (V, 12)$$

des ganzen Elektrons. Das Dipolmoment setzt sich aus Anteilen der Frequenzen ν_{ik} zusammen, für deren Größe die Integrale

$$x_{ik} = \int x\psi_i^* \psi_k d\tau; \quad y_{ik} = \int y\psi_i^* \psi_k d\tau; \quad z_{ik} = \int z\psi_i^* \psi_k d\tau \qquad (V, 13)$$

maßgebend sind, welche man als Matrixelemente bezeichnet.

Nach den Gesetzen der Elektrodynamik verursacht ein periodisch veränderliches Dipolmoment mit den Komponenten $-ex_{ik}$, $-ey_{ik}$ und $-ez_{ik}$ eine Ausstrahlung elektromagnetischer Wellen. Die Intensität der Welle ist das Zeitmittel

$$\overline{\mathfrak{S}}_{ik} = \mathfrak{R}^0 \frac{2\pi^2 e^2 \nu_{ik}^4}{R^2 \varepsilon_0 c^3} (|x_{ik}|^2 + |y_{ik}|^2 + |z_{ik}|^2) \sin^2\gamma \qquad (V, 14)$$

des Poyntingschen Vektors. In dieser Formel bedeutet $\mathfrak{R}^0$ die Fortpflanzungsrichtung, R den Abstand vom Dipol, ε_0 die elektrische Maßkonstante, c die Lichtgeschwindigkeit, $-ex_{ik}$, $-ey_{ik}$, $-ez_{ik}$ die Komponenten des Dipolmomentes und γ den Winkel, den es mit der Fortpflanzungsrichtung bildet. Die Polarisationsrichtung liegt in der Ebene, welche von der Fortpflanzungsrichtung und dem Dipolmoment aufgespannt wird[1].

Wir machen nun die Annahme, daß auch das periodische Dipolmoment im Atom die Abstrahlung (V, 14) zur Folge hat. Durch die Abstrahlung muß sich die Energie des Elektrons am Atom verringern. Wir werden deshalb erwarten, daß die Konstanten c_k, welche zu den höheren Energiewerten gehören, mit der Zeit kleiner werden, während jene c_k, welche zu den kleineren Energien gehören, sich vergrößern. Diesen Vorgang selbst können wir mit der Wellengleichung (V, 1) nicht verfolgen, da in ihr nur das statische Feld des Atoms, in welchem sich das Elektron befindet, enthalten ist, nicht aber das elektromagnetische Feld der Strahlung, welche erst erzeugt wird. Wenn die Abstrahlung nicht sehr stark ist, können wir aber das Strahlungsfeld in erster Näherung vernachlässigen und (V, 3) mit konstanten Werten c_k in jedem Augenblick als erste Näherungslösung betrachten, während die Zeitabhängigkeit der c_k durch die zweite Näherung bestimmt werden müßte.

Unbefriedigend an dieser Behandlung ist vor allem, daß sie nur die Emission, nicht aber die Absorption erklärt. Wir werden uns im Teil Quantentheorie (S. 1019 u. 1028) noch genauer mit den Wechselwirkungen von Atomen und Strahlung befassen und begnügen uns hier mit der experimentellen Feststellung, daß ein völliger Parallelismus zwischen Emission und Absorption besteht. Wir können deshalb die Gesetze, die wir für die Emission ableiten, auch für die Absorption verwenden.

---

[1] An Stelle von M_0 in Bd. I S. 482 Gl. (27) tritt $2e^2\sqrt{|x_{ik}|^2 + |y_{ik}|^2 + |z_{ik}|^2}$. Der Faktor 2 rührt daher, daß die Vertauschung von i und k noch einmal das gleiche Glied hervorbringt.

§ 1. Ableitung von Auswahlregeln.

Inhalt: Im Magnetfeld kombinieren nur solche Terme, deren magnetische Quantenzahlen gleich sind oder sich um 1 unterscheiden. Aufspaltungsbild und Polarisation im normalen Zeemaneffekt. Die Nebenquantenzahlen müssen sich um 1 unterscheiden.

Bezeichnungen: ψ Eigenfunktion, χ radialer Anteil, Θ Kugelfunktion, F Legendresche Funktion, r, ϑ, φ Polarkoordinaten, x, y, z kartesische Koordinaten, $\bar{x}, \bar{y}, \bar{z}$ Mittelwerte der Koordinaten, x_{ik}, y_{ik}, z_{ik} Matrixelemente, R Abstand vom Ausstrahlungsort, m Elektronenmasse, m magnetische Quantenzahl, r_{ik} Matrixelemente der Radialkoordinate, $a = 0,5284 \cdot 10^{-8}$ cm, E_i, E_k Eigenwerte, ν_{ik} Frequenzen des Spektrums, l Nebenquantenzahl, H Betrag der magnetischen Feldstärke, c Lichtgeschwindigkeit, $-e$ Elektronenladung, A_{ik} Übergangswahrscheinlichkeit, f_{ik} Oszillatorenstärke, T_i Verweilzeit im i-ten Zustand, S Spinquantenzahl, J Quantenzahl des Gesamtdrehimpulses, M gesamte magnetische Quantenzahl, $\mathfrak{S}_{ik}$ Lichtintensität, S_{ik} sekundliche Gesamtausstrahlung der Frequenz ν_{ik}.

Wir haben mehrfach festgestellt, daß nicht alle Termdifferenzen wirklich im Spektrum als Linien erscheinen. Wir werden jetzt an einigen Fällen zeigen, daß diese Linien deshalb im Spektrum fehlen, weil die zugehörigen Matrixelemente verschwinden. Hierdurch gewinnt man Auswahlregeln, welche aus der Gesamtheit der Termdifferenzen die Linien auswählen, welche wirklich im Spektrum auftreten. Es ist meist nicht besonders schwierig, zu ermitteln, welche Matrixelemente Null sind und welche nicht. Viel schwieriger ist es dagegen, die nicht verschwindenden Matrixelemente wirklich zu berechnen.

Auswahl- und Polarisationsregeln für die magnetischen Quantenzahlen. Befindet sich ein Atom im Magnetfeld, so sind die Eigenfunktionen

$$\psi_m = \frac{1}{\sqrt{2\pi}} \chi(r) \Theta^l_m e^{im\varphi} \tag{V, 15}$$

an das Feld adaptiert. l ist die Nebenquantenzahl. m durchläuft die Reihe der ganzen Zahlen von $-l$ bis $+l$ und wird magnetische Quantenzahl genannt.

Wir legen die z-Achse in die Richtung des Magnetfeldes und bilden zunächst die Matrixelemente der z-Komponente des Dipolmomentes. Da

$$z = r \cos \vartheta$$

ist, erhalten wir

$$z_{ik} = \frac{1}{2\pi} \int_0^\infty \chi_i \chi_k r^3 \, dr \int_0^\pi \Theta^{l_k}_{m_k} \Theta^{l_i}_{m_i} \sin\vartheta \cos\vartheta \, d\vartheta \int_0^{2\pi} e^{i(m_k - m_i)\varphi} \, d\varphi. \tag{V, 16}$$

Diese Matrixelemente verschwinden sämtlich, außer wenn

$$m_k = m_i \tag{V, 17}$$

ist. Wir erhalten also die Auswahlregel, daß die magnetischen Quantenzahlen zweier Zustände i und k gleich sein müssen, wenn das Dipolmoment eine Komponente in der Feldrichtung besitzen soll, die mit der Frequenz ν_{ik} schwingt.

Die Matrixelemente der y- und x-Komponenten berechnen wir am besten, indem wir

$$x_{ik} + i y_{ik} = \frac{1}{2\pi} \int_0^\infty \chi_i \chi_k r^3 \, dr \int_0^\pi \Theta^{l_i}_{m_i} \Theta^{l_k}_{m_k} \sin^2\vartheta \, d\vartheta \int_0^{2\pi} e^{i(m_k - m_i + 1)\varphi} \, d\varphi \tag{V, 18}$$

und

$$x_{ik} - i y_{ik} = \frac{1}{2\pi} \int_0^\infty \chi_i \chi_k r^3 \, dr \int_0^\pi \Theta^{l_i}_{m_i} \Theta^{l_k}_{m_k} \sin^2\vartheta \, d\vartheta \int_0^{2\pi} e^{i(m_k - m_i - 1)\varphi} \, d\varphi \tag{V, 19}$$

bilden. Diese Ausdrücke verschwinden im allgemeinen. Nur wenn

$$m_k = m_i + 1 \qquad (V, 20)$$

ist, kann $x_{ik} - i y_{ik}$ endlich bleiben, und wenn

$$m_k = m_i - 1 \qquad (V, 21)$$

ist, braucht $x_{ik} + i y_{ik}$ nicht Null zu sein.

Zusammenfassend erhalten wir jetzt die Auswahlregel, daß überhaupt keine Komponente des Momentes mit der Frequenz ν_{ik} vorhanden ist, wenn die magnetischen Quantenzahlen sich um andere Werte als 0 oder ± 1 unterscheiden. Im Zeemaneffekt treten also nur solche Linien auf, bei denen sich m diese um Beträge ändert. Diese Feststellung gilt allerdings zunächst nur für Singulettlinien, da in unserer Betrachtung nichts über den Spin enthalten ist.

Wir betrachten zuerst die Linien, die zu $m_i = m_k$ oder $\Delta m = 0$ gehören. Hier ist

$$x_{ik} = 0; \quad y_{ik} = 0; \quad z_{ik} = \int_0^\infty \chi_i \chi_k r^3 dr \int_0^\infty \Theta_m^{l_i} \Theta_m^{l_k} \sin\vartheta \cos\vartheta \, d\vartheta. \qquad (V, 22)$$

Wir haben also

$$\overline{\mathfrak{S}}_{ik} = \mathfrak{R}_0 \frac{2\pi^2 e^2 \nu_{ik}^4}{R^2 \varepsilon_0 c^3} z_{ik}^2 \sin^2\gamma, \qquad (V, 23)$$

wo γ der Winkel zwischen der Beobachtungsrichtung und der z-Achse, d. h. dem Magnetfeld, ist. In der Richtung des Feldes werden diese Linien nicht ausgestrahlt, senkrecht zum Feld am stärksten. Die Strahlung ist linear polarisiert. Bei transversaler Beobachtung, d. h. senkrecht zur Feldrichtung, ist die Polarisationsrichtung dem Magnetfeld parallel (s. auch Bd. I, S. 480).

Anders verhalten sich die Linien, die zu $m_k = m_i + 1$ oder $m_i - m_k = \Delta m = -1$ gehören. Hier gilt

$$x_{ik} - i y_{ik} = \int_0^\infty \chi_i \chi_k r^3 dr \int_0^\pi \Theta_m^{l_i} \Theta_{m+1}^{l_k} \sin^2\vartheta \, d\vartheta \qquad (V, 24)$$

$$x_{ik} + i y_{ik} = 0; \quad z_{ik} = 0, \qquad (V, 25)$$

und daraus folgt

$$x_{ik} = -i y_{ik} = \frac{1}{2} \int_0^\infty \chi_i \chi_k r^3 dr \int_0^\pi \Theta_m^{l_i} \Theta_{m+1}^{l_k} \sin^2\vartheta \, d\vartheta. \qquad (V, 26)$$

Setzen wir $-i = e^{-i\frac{\pi}{2}}$ und fügen den Zeitanteil

$$e^{\frac{2\pi i}{h}(E_i - E_k)t} = e^{2\pi i \nu_{ik} t}$$

hinzu, so bleibt x_{ik} gegen y_{ik} gerade um den Phasenunterschied $\pi/2$ zurück. Die Richtung des elektrischen Momentes dreht sich also mit der Zeit von der y- zu der x-Achse, d. h. beim Blick in die Richtung des Magnetfeldes gegen den Uhrzeiger. Bei Beobachtung in dieser Richtung, welche man longitudinal nennt, ist das ausgesandte Licht zirkular polarisiert, weil jetzt nur die Komponente des elektrischen Momentes zur Strahlung beiträgt, die zur Beobachtungsrichtung senkrecht ist.

§ 1. Ableitung von Auswahlregeln. 903

Ist $m_i = m_k + 1$, d. h. $\Delta m = +1$, so ist alles wie vorhin, bis auf den Drehsinn des zirkular polarisierten Lichtes, der sich umkehrt. Bedeutet m die kleinere der beiden Zahlen m_i und m_k, so gilt:

$$x_{ik} = i\, y_{ik} = \frac{1}{2} \int_0^\infty \chi_i \chi_k r^3\, dr \int_0^\pi \Theta^{l_i}_{m+1} \Theta^{l_k}_m \sin^2 \vartheta\, d\vartheta. \qquad (V, 27)$$

Wir erhalten das Ergebnis, das mit dem empirischen Befund an Singulettlinien übereinstimmt: Bei longitudinaler Beobachtung treten nur Linien auf, die zu $\Delta m = \pm 1$ gehören und entgegengesetzt zirkular polarisiert sind. Bei transversaler Beobachtung findet man die Linien $\Delta m = 0$ in der Feldrichtung, die Linien $\Delta m = \pm 1$ senkrecht zum Feld polarisiert.

Jetzt können wir das Aufspaltungsbild einer beliebigen Singulettlinie konstruieren. Bei einer Hauptserienlinie $P \to S$ spaltet der P-Term in drei Komponenten auf, die zu $m = -1, 0, +1$ gehören. Der S-Term wird nicht aufgespalten. Bei longitudinaler Beobachtung sehen wir zwei zirkular polarisierte Zeemankomponenten mit der Frequenzdifferenz

$$\Delta \nu = 2 \frac{e\, \mu_0}{4 \pi\, m} H, \qquad (V, 28)$$

an der Stelle der unverschobenen Linie findet sich nichts. Bei transversaler Beobachtung ergeben sich drei Zeemankomponenten mit den Abständen

$$\Delta \nu = \pm \frac{e\, \mu_0}{4 \pi\, m} H. \qquad (V, 29)$$

Die äußeren Linien sind senkrecht zum Felde, die mittlere unverschobene parallel zum Feld polarisiert. Dies ist in Abb. 313 skizziert. Dasselbe Bild erhalten wir aber auch bei einer $D \to P$-Linie. Die Abb. 314 zeigt den Zeemaneffekt der Terme. Da die Aufspaltungen beider Terme im Feld gleich groß sind, fallen alle Linien, die zu $\Delta m = 0$ gehören, zusammen und bilden die unverschobene Komponente, die nur bei transversaler Beobachtung sichtbar ist und als π-Komponente bezeichnet wird, weil sie parallel zum Felde polarisiert ist. Auch die Linien, welche zu $\Delta m = +1$ bzw. $\Delta m = -1$ gehören, fallen alle zusammen und bilden bei transversaler Beobachtung die σ-Komponenten, welche senkrecht zum Feld polarisiert sind. Bei longitudinaler Beobachtung sieht man nur die σ-Komponenten. Sie sind dann zirkular polarisiert mit entgegengesetztem Drehsinn. Wir erhalten also auch hier das Bild der Abb. 313. Man kann sich leicht überlegen, daß dasselbe Bild auch bei allen anderen Linien entsteht. Der normale Zeemaneffekt bringt als Aufspaltungsbild ein Triplett hervor.

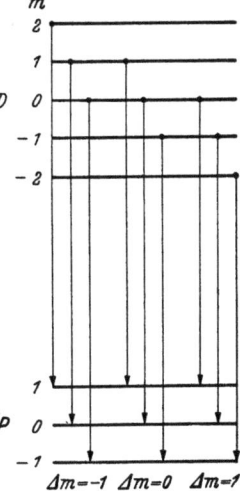

Abb. 313. Normaler Zeemaneffekt einer Singulettlinie, oben bei longitudinaler, unten bei transversaler Beobachtung.

Abb. 314. Normaler Zeemaneffekt einer $^1D \to {}^1P$-Linie. Das Aufspaltungsbild entspricht der Abb. 313.

Auswahlregeln für die Nebenquantenzahl. Die Bedingung $\Delta m = 0, \pm 1$ ist eine notwendige Bedingung dafür, daß die betreffenden Linien im Zeemaneffekt erscheinen können. Sie reicht aber noch nicht dafür aus, daß sie wirklich auftreten. Es kann nämlich vorkommen, daß die Integrale

$$J_m^{l_i l_k} = \int_0^\pi \Theta_m^{l_i} \Theta_m^{l_k} \sin\vartheta \cos\vartheta\, d\vartheta\,; \quad K_m^{l_i l_k} = \int_0^\pi \Theta_m^{l_i} \Theta_{m+1}^{l_k} \sin^2\vartheta\, d\vartheta \qquad (V, 30)$$

verschwinden. Ist z. B.

$$J_m^{l_i l_k} = \int_0^\pi \Theta_m^{l_i} \Theta_m^{l_k} \sin\vartheta \cos\vartheta\, d\vartheta \qquad (V, 31)$$

für irgendeine Kombination der Zahlen l_i, l_k, m gleich Null, so verschwindet z_{ik}. Verschwinden die Integrale

$$K_m^{l_i l_k} = \int_0^\pi \Theta_m^{l_i} \Theta_{m+1}^{l_k} \sin^2\vartheta\, d\vartheta \quad \text{und} \quad K_m^{l_k l_i} = \int_0^\pi \Theta_{m+1}^{l_i} \Theta_m^{l_k} \sin^2\vartheta\, d\vartheta, \qquad (V, 32)$$

so sind x_{ik} und y_{ik} beide Null. Haben $K_m^{l_k l_i}$, $K_m^{l_i l_k}$ und $J_m^{l_i l_k}$ alle den Wert Null, so verschwinden die Matrixelemente aller drei Komponenten des Dipolmomentes. In diesem Fall treten die zugehörigen Linien nicht auf, auch wenn die Bedingung

$$\Delta m = 0, \quad \pm 1 \qquad (V, 33)$$

erfüllt ist. Wir müssen also untersuchen, wann die Größen (V, 30) verschwinden und wann nicht.

Das Resultat lautet: Die Integrale $J_m^{l_i l_k}$, $K_m^{l_i l_k}$ und $K_m^{l_k l_i}$ verschwinden immer, außer wenn

$$l_i - l_k = \pm 1 \qquad (V, 34)$$

ist. Bei der Ausstrahlung ändert sich die Nebenquantenzahl immer um den Betrag 1. Die S-Terme, bei denen $l = 0$ ist, kombinieren nur mit den P-Termen ($l = 1$). Die P-Terme kombinieren nur mit den S-Termen und den D-Termen ($l = 2$). Die D-Terme kombinieren nur mit den P- und F-Termen usw. Dies ist genau die Auswahlregel, die wir schon aus dem empirischen Befund bei den Alkalien abgeleitet haben.

Einstweilen gilt diese Regel allerdings nur für Atome in einem Magnetfeld. Da ihre Gültigkeit jedoch von der Stärke des Feldes nicht abhängt, erscheint es plausibel, daß sie bestehenbleibt, wenn das Magnetfeld abgeschaltet wird. Man kann aber auch direkt einsehen, daß das Magnetfeld ohne Einfluß ist. Es müssen sich nämlich alle Linearkombinationen, die zur Nebenquantenzahl l_k gehören, aus Anteilen

$$\chi_k \Theta_{m_k}^{l_k} e^{i m_k \varphi}$$

zusammensetzen lassen. Die zu l_i gehörenden Linearkombinationen werden aus den

$$\chi_i \Theta_{m_i}^{l_i} e^{i m_i \varphi}$$

gewonnen. Bilden wir die Momente, so tritt eine Summe auf, deren einzelne Summanden eines der Integrale

$$\int_0^\pi \Theta_m^{l_i} \Theta_m^{l_k} \sin\vartheta \cos\vartheta\, d\vartheta \quad \text{oder} \quad \int_0^\pi \Theta_m^{l_i} \Theta_{m+1}^{l_k} \sin^2\vartheta\, d\vartheta$$

§ 1. Ableitung von Auswahlregeln.

als Faktor enthalten. Da diese Integrale aber unabhängig davon verschwinden oder nicht verschwinden, wie groß m ist, erhalten wir von Null verschiedene Komponenten des Dipolmomentes nur dann, wenn die Nebenquantenzahlen sich um 1 unterscheiden.

Es ist im einzelnen sehr leicht, die Gültigkeit der Auswahlregel für l für die Kombination zwischen S-, P- und D-Termen durch direktes Nachrechnen zu beweisen.

Um die Regel für die Nebenquantenzahl allgemein zu beweisen, setzen wir

$$|m| = \lambda; \quad \cos\vartheta = x; \quad \sin^2\vartheta = 1 - x^2; \quad \sin\vartheta\, d\vartheta = -dx;$$

$$\Theta_m^{l_k} = \sin^\lambda\vartheta\, F_\lambda^{l_k}(x); \quad \Theta_m^{l_i} = \sin^\lambda\vartheta\, F_\lambda^{l_i}(x); \quad \Theta_{m+1}^{l_k} = \sin^{\lambda+1}\vartheta\, F_{\lambda+1}^{l_k}(x). \tag{V, 35}$$

Dann wird

$$J_m^{l_k l_i} = \int_{-1}^{1} (1 - x^2)^\lambda F_\lambda^{l_k} F_\lambda^{l_i} x\, dx, \tag{V, 36}$$

$$K_m^{l_k l_i} = \int_{-1}^{1} (1 - x^2)^{\lambda+1} F_{\lambda+1}^{l_k} F_\lambda^{l_i}\, dx. \tag{V, 37}$$

Die Funktionen F_λ^l erfüllen die Gleichung (s. S. 840 Gl. III, 64)

$$(1 - x^2)\frac{d^2 F_\lambda^l}{dx^2} - 2x(\lambda+1)\frac{dF_\lambda^l}{dx} + \{l(l+1) - \lambda(\lambda+1)\} F_\lambda^l = 0. \tag{V, 38}$$

Durch Differenzieren erhalten wir hieraus

$$(1 - x^2)\frac{d^3 F_\lambda^l}{dx^3} - 2x(\lambda+2)\frac{d^2 F_\lambda^l}{dx^2} + \\ + \{l(l+1) - (\lambda+1)(\lambda+2)\}\frac{dF_\lambda^l}{dx} = 0. \tag{V, 39}$$

Schreiben wir

$$\Phi = \frac{dF_\lambda^l}{dx}, \tag{V, 40}$$

so gibt (V, 39) genau die Gleichung für Φ, welche durch (V, 38) für $F_{\lambda+1}^l$ vorgeschrieben ist. Hieraus geht hervor, daß

$$F_{\lambda+1}^l = \frac{dF_\lambda^l}{dx} \tag{V, 41}$$

und

$$F_\lambda^l = \frac{d^\lambda F_0^l}{dx^\lambda} \tag{V, 42}$$

ist. Durch Ausrechnen überzeugt man sich leicht, daß (V, 38) in die Form

$$\frac{1}{(1-x^2)^\lambda}\frac{d}{dx}(1 - x^2)^{\lambda+1}\frac{dF_\lambda^l}{dx} + \{l(l+1) - \lambda(\lambda+1)\} F_\lambda^l = 0 \tag{V, 43}$$

oder

$$\frac{d}{dx}(1 - x^2)^{\lambda+1} F_{\lambda+1}^l = -(1 - x^2)^\lambda\{l(l+1) - \lambda(\lambda+1)\} F_\lambda^l \tag{V, 44}$$

gebracht werden kann.

Jetzt führen wir an $K_m^{l_i l_k}$ eine partielle Integration aus, indem wir

$$F_\lambda^{l_i} dx = dv; \quad v = F_{\lambda-1}^{l_i}; \quad u = (1-x^2)^{\lambda+1} F_{\lambda+1}^{l_k} \qquad (V, 45)$$

setzen und erhalten

$$K_m^{l_i l_k} = \left| F_{\lambda-1}^{l_i}(1-x^2)^{\lambda+1} F_{\lambda+1}^{l_k} \right|_{-1}^{1} - \int_{-1}^{1} F_{\lambda-1}^{l_i} \frac{d}{dx}\{(1-x^2)^{\lambda+1} F_{\lambda+1}^{l_k}\} dx$$

$$= \{l_k(l_k+1) - \lambda(\lambda+1)\} \int_{-1}^{1} (1-x^2)^\lambda F_{\lambda-1}^{l_i} F_\lambda^{l_k} dx \qquad (V, 46)$$

$$= \{l_k(l_k+1) - \lambda(\lambda+1)\} K_{m-1}^{l_i l_k}.$$

$K_m^{l_i l_k}$ verschwindet also dann und nur dann, wenn $K_{m-1}^{l_i l_k}$ verschwindet, da ja $l_k \geq \lambda + 1$ sein muß. Wir können deshalb durch partielle Integration den Index $m = \lambda$ bis auf Null erniedrigen und uns auf die Untersuchung von

$$K_0^{l_i l_k} = \int_{-1}^{1} (1-x^2) F_1^{l_k} F_0^{l_i} dx \qquad (V, 47)$$

beschränken, mit dem alle $K_m^{l_i l_k}$ gleich Null oder von Null verschieden sind.

Die Funktion F_0^l, die wir jetzt benötigen, genügt der Gleichung

$$(1-x^2)\frac{d^2 F_0^l}{dx^2} - 2x\frac{dF_0^l}{dx} + l(l+1)F_0^l = 0. \qquad (V, 48)$$

Wir beweisen zuerst, daß

$$F_0^l = C \frac{d^l}{dx^l}(x^2-1)^l \qquad (V, 49)$$

diese Forderung erfüllt. Es ist nämlich

$$(x^2-1)^l = l! \sum_{0}^{l} \frac{(-1)^s x^{2l-2s}}{s!(l-s)!} \qquad (V, 50)$$

und

$$F_0^l = C \frac{d^l}{dx^l}(x^2-1)^l = C\, l! \sum_{0}^{l/2} \frac{(-1)^s (2l-2s)!}{(l-2s)!\, s!\, (l-s)!} x^{l-2s}. \qquad (V, 51)$$

Bilden wir jetzt

$$x^2 \frac{d^2 F_0^l}{dx^2} + 2x\frac{dF_0^l}{dx} - l(l+1)F_0^l \qquad (V, 52)$$

$$= C\, l! \sum_{0}^{l/2} \frac{(-1)^s (2l-2s)!}{(l-2s)!\, s!\, (l-s)!} \{(l-2s)(l-2s-1) + 2(l-2s) - l(l+1)\} x^{l-2s},$$

außerdem aber

$$\frac{d^2 F_0^l}{dx^2} = C\, l! \sum_{0}^{l/2} \frac{(-1)^{s-1}(2l-2s+2)!\,(l-2s+2)(l-2s+1)}{(l-2s+2)!\,(s-1)!\,(l-s+1)!} x^{l-2s}$$

$$= -C\, l! \sum_{0}^{l/2} \frac{(-1)^s (2l-2s)!}{(l-2s)!\, s!\, (l-s)!} 2s(2l+1-2s) x^{l-2s}, \qquad (V, 53)$$

§ 1. Ableitung von Auswahlregeln.

so zeigt sich, daß tatsächlich

$$(1-x^2)\frac{d^2 F_0^l}{dx^2} - 2x\frac{dF_0^l}{dx} + l(l+1)F_0^l = 0 \qquad (V, 54)$$

ist.

Mit (V, 49) nimmt das Integral $K_0^{l_i l_k}$ die Form

$$K_0^{l_i l_k} = \int_{-1}^{1}(1-x^2)\frac{dF_0^{l_k}}{dx}\frac{d^{l_i}(x^2-1)^{l_i}}{dx^{l_i}}dx \qquad (V, 55)$$

an. Eine nochmalige partielle Integration ergibt nach (V, 44)

$$K_0^{l_i l_k} = l_k(l_k+1)\int_{-1}^{1} F_0^{l_k}\frac{d^{l_i-1}}{dx^{l_i-1}}(x^2-1)^{l_i}dx$$

$$= l_k(l_k+1)\int_{-1}^{1}\frac{d^{l_k}}{dx^{l_k}}(x^2-1)^{l_k}\frac{d^{l_i-1}}{dx^{l_i-1}}(x^2-1)^{l_i}dx. \qquad (V, 56)$$

Weitere l_k partielle Integrationen führen zu

$$K_0^{l_i l_k} = l_k(l_k+1)\int_{-1}^{1}(x^2-1)^{l_k}\frac{d^{l_i+l_k-1}}{dx^{l_i+l_k-1}}(x^2-1)^{l_i}dx$$

$$= l_k(l_k+1)\int_{-1}^{1}(x^2-1)^{l_k}F_{l_k-1}^{l_i}dx \qquad (V, 57)$$

oder $l_i - 1$ partielle Integrationen zu

$$K_0^{l_i l_k} = l_k(l_k+1)\int_{-1}^{1}(x^2-1)^{l_i}\frac{d^{l_i+l_k-1}}{dx^{l_i+l_k-1}}(x^2-1)^{l_k}dx$$

$$= l_k(l_k+1)\int_{-1}^{1}(x-1)^{l_i}F_{l_i-1}^{l_k}dx. \qquad (V, 58)$$

Ist

$$l_k - 1 > l_i; \quad l_k - l_i > 1,$$

so verschwindet (V, 57), weil $F_{l_k-1}^{l_i} = 0$ ist. Ist

$$l_i - 1 > l_k; \quad l_i - l_k > 1,$$

so verschwindet (V, 58) wegen $F_{l_i-1}^{l_k} = 0$.

Hieraus ergibt sich zunächst, daß $l_i - l_k = 0, \pm 1$ sein muß, wenn nicht $K_0^{l_i l_k}$ und damit sämtliche $K_m^{l_i l_k}$ für alle m verschwinden sollen.

Nun untersuchen wir das Integral $J_m^{l_i l_k}$. Indem wir

$$(1-x^2)^\lambda x\,dx = dv; \quad v = -\frac{1}{2}\frac{(1-x^2)^{\lambda+1}}{\lambda+1} \qquad (V, 59)$$

setzen, erhalten wir durch partielles Integrieren

$$J_m^{l_i l_k} = -\left|\frac{(1-x^2)^{\lambda+1} F_\lambda^{l_i} F_\lambda^{l_k}}{2(\lambda+1)}\right|_{-1}^{1} +$$

$$+ \frac{1}{2(\lambda+1)} \int_{-1}^{1} (1-x^2)^{\lambda+1} \{F_{\lambda+1}^{l_i} F_\lambda^{l_k} + F_\lambda^{l_i} F_{\lambda+1}^{l_k}\} dx \qquad (V, 60)$$

$$= \frac{1}{2(\lambda+1)} (K_m^{l_k l_i} + K_m^{l_i l_k}).$$

Damit ist die Untersuchung von $J_m^{l_i l_k}$ auf die von $K_m^{l_i l_k}$ und $K_m^{l_k l_i}$ zurückgeführt. Ist

$$l_i - l_k \neq 0, \pm 1,$$

so verschwinden auch alle Integrale $J_m^{l_i l_k}$.

Zuletzt wollen wir noch zeigen, daß auch $l_k = l_i$ nicht in Frage kommt. Aus (V, 57) erhält man

$$K_0^{ll} = \int_{-1}^{1} (x^2-1)^l \frac{d^{2l-1}}{dx^{2l-1}} (x^2-1)^l dx. \qquad (V, 61)$$

Nun ist aber

$$\frac{d^{2l-1}}{dx^{2l-1}} (x^2-1)^l = (2l)!\, x, \qquad (V, 62)$$

und dies ergibt

$$K_0^{ll} = (2l)! \int_{-1}^{1} (x^2-1)^l x\, dx = (2l)! \left|\frac{(x^2-1)^{l+1}}{2(l+1)}\right|_{-1}^{1} = 0. \qquad (V, 63)$$

Hiermit haben wir die Auswahlregel für die Nebenquantenzahlen bewiesen.

§ 2. Die Berechnung der Matrixelemente, Intensitäten und Übergangswahrscheinlichkeiten.

Inhalt: Berechnung und Tabellierung der Übergangswahrscheinlichkeiten.
Bezeichnungen: Siehe S. 901.

Für die Matrixelemente haben wir nach (V, 27, 26, 22) die Ausdrücke

$$x_{ik} = i y_{ik} = \frac{1}{2} \int_0^\infty \chi_i \chi_k r^3 dr \int_0^\pi \Theta_{m+1}^{l_i} \Theta_m^{l_k} \sin^2\vartheta\, d\vartheta \qquad (V, 64)$$
$$\text{für } m_i = m_k + 1 = m + 1$$

$$x_{ik} = -i y_{ik} = \frac{1}{2} \int_0^\infty \chi_i \chi_k r^3 dr \int_0^\pi \Theta_m^{l_i} \Theta_{m+1}^{l_k} \sin^2\vartheta\, d\vartheta \qquad (V, 65)$$
$$\text{für } m_i = m = m_k - 1$$

und

$$z_{ik} = \int_0^\infty \chi_i \chi_k r^3 dr \int_0^\infty \Theta_m^{l_i} \Theta_m^{l_k} \sin\vartheta \cos\vartheta\, d\vartheta \qquad (V, 66)$$
$$\text{für } m_i = m_k = m$$

§ 2. Berechnung der Matrixelemente, Intensitäten und Übergangswahrscheinlichkeiten. 909

gewonnen. Führen wir zur Abkürzung

$$r_{ik} = r_{ki} = \int_0^\infty \chi_i \chi_k r^3 \, dr \qquad (V, 67)$$

ein, so ist

$$x_{ik} = i y_{ik} = \frac{1}{2} r_{ik} K_m^{l_i l_k}; \quad z_{ik} = 0 \qquad \text{für } m_i = m_k + 1, \qquad (V, 68)$$

$$x_{ik} = -i y_{ik} = \frac{1}{2} r_{ik} K_m^{l_i l_k}; \quad z_{ik} = 0 \qquad \text{für } m_i = m_k - 1, \qquad (V, 69)$$

$$x_{ik} = y_{ik} = 0; \qquad z_{ik} = r_{ik} J_m^{l_i l_k} \qquad \text{für } m_i = m_k. \qquad (V, 70)$$

Die r_{ik} hängen nicht von den Quantenzahlen m ab, die $K_m^{l_i l_k}$ und $J_m^{l_i l_k}$ dagegen nicht von der Hauptquantenzahl. Eine allgemein gültige Formel für die r_{ik} ist von GORDON abgeleitet worden, aber ziemlich kompliziert. Ohne große Schwierigkeiten kann man für die K und J die Formeln

$$(J_m^{l+1,l})^2 = \frac{(l+1)^2 - m^2}{(2l+3)(2l+1)} = (J_m^{l,l+1})^2, \qquad (V, 71)$$

$$(K_m^{l,l+1})^2 = \frac{(l+m+2)(l+m+1)}{(2l+3)(2l+1)}$$

$$(K_m^{l+1,l})^2 = \frac{(l-m+1)(l-m)}{(2l+3)(2l+1)} \qquad (V, 72)$$

gewinnen. Die Tabellen geben die Werte der r_{ik}^2 und der K^2 und J^2. Um r_{ik}^2 zu erhalten, sind die angegebenen Zahlen noch mit a^2 ($a = 0{,}5284 \cdot 10^{-8}$ cm) zu multiplizieren. In der Tabelle sind die J^2 fettgedruckt. Man beachte, daß unter m immer der kleinere der beiden m-Werte zu verstehen ist.

Tabelle der $\dfrac{r_{ik}^2}{a^2}$.

	1s	2s	2p	3s	3p	3d	4s	4p	4d	4f	5s	5p
1s	—	—	1,666	—	0,267	—	—	0,093	—	—	—	0,044
2s	—	—	27,00	—	9,18	—	—	1,64	—	—	—	0,60
2p	1,666	27,00	—	0,88	—	22,52	0,15	—	2,92	—	0,052	—
3s	—	—	0,88	—	162,0	—	—	29,9	—	—	—	5,1
3p	0,267	9,18	—	162,0	—	101,2	6,0	—	57,2	—	0,9	—
3d	—	—	22,52	—	101,2	—	—	1,7	—	104,6	—	0,23
4s	—	—	0,15	—	6,0	—	—	540,0	—	—	—	72,6
4p	0,093	1,64	—	29,9	—	1,7	540,0	—	432,0	—	21,2	—
4d	—	—	2,92	—	57,2	—	—	432,0	—	252,0	—	9,3
4f	—	—	—	—	—	104,6	—	—	252,0	—	—	—
5s	—	—	0,052	—	0,9	—	—	21,2	—	—	—	—
5p	0,044	0,60	—	5,1	—	0,23	72,6	—	9,3	—	—	—
5d	—	—	0,95	—	8,8	—	—	121,9	—	2,75	—	—
5f	—	—	—	—	—	11,0	—	—	197,8	—	—	—
6s	—	—	0,025	—	0,33	—	—	2,9	—	—	—	—
6p	0,024	0,29	—	1,9	—	0,08	11,9	—	1,3	—	0,32	—
6d	—	—	0,41	—	3,0	—	—	19,3	—	—	—	—
6f	—	—	—	—	—	3,2	—	—	26,9	—	—	—

Tabelle der $(J_m^{l+1,l})^2$ und $(K_m^{l+1,l})^2$.

l	m		0 0 s	1 −1 p_{-1}	1 0 p_0	1 1 p_1	2 −2 d_{-2}	2 −1 d_{-1}	2 0 d_0	2 1 d_1	2 2 d_2
0	0	s		$\frac{2}{3}$	$\frac{1}{3}$	$\frac{2}{3}$					
1	−1	p_{-1}	$\frac{2}{3}$				$\frac{4}{5}$	$\frac{1}{5}$	$\frac{2}{15}$		
1	0	p_0	$\frac{1}{3}$					$\frac{2}{5}$	$\frac{4}{15}$	$\frac{2}{5}$	
1	1	p_1	$\frac{2}{3}$						$\frac{2}{15}$	$\frac{1}{5}$	$\frac{4}{5}$
2	−2	d_{-2}		$\frac{4}{5}$							
2	−1	d_{-1}		$\frac{1}{5}$	$\frac{2}{5}$						
2	0	d_0		$\frac{2}{15}$	$\frac{4}{15}$	$\frac{2}{15}$					
2	1	d_1			$\frac{2}{5}$	$\frac{1}{5}$					
2	2	d_2				$\frac{4}{5}$					
3	−3	f_{-3}					$\frac{6}{7}$				
3	−2	f_{-2}					$\frac{1}{7}$	$\frac{4}{7}$			
3	−1	f_{-1}					$\frac{2}{35}$	$\frac{8}{35}$	$\frac{12}{35}$		
3	0	f_0						$\frac{6}{35}$	$\frac{9}{35}$	$\frac{6}{35}$	
3	1	f_1							$\frac{12}{35}$	$\frac{8}{35}$	$\frac{2}{35}$
3	2	f_2								$\frac{4}{7}$	$\frac{1}{7}$
3	3	f_3									$\frac{6}{7}$

Die fettgedruckten Zahlen der Tabelle ergeben mit r_{ik}^2 multipliziert direkt z_{ik}^2, die nicht fettgedruckten mit $\frac{1}{4} r_{ik}^2$ multipliziert x_{ik}^2 und gleichzeitig $|y_{ik}|^2$. Addieren wir die x_{ik}^2 über alle Übergänge $m+1 \to m$ oder $m-1 \to m$, so erhalten wir aus (V, 71 und 72)

$$\sum x_{ik}^2 = \frac{l+1}{6} r_{ik}^2, \qquad (V, 73)$$

§ 2. Berechnung der Matrixelemente, Intensitäten und Übergangswahrscheinlichkeiten.

wo l die kleinere der beiden Nebenquantenzahlen ist. Dasselbe Resultat erhalten wird für $\sum |y_{ik}|^2$. Summiert man alle z_{ik}^2 für die Übergänge $m \to m$, so ergibt sich

$$\sum z_{ik}^2 = \frac{l+1}{3} r_{ik}^2. \tag{V, 74}$$

Bei transversaler Beobachtung ist demnach die π-Komponente (V, 74) doppelt so stark wie jede der σ-Komponenten (V, 73).

Summiert man die x_{ik}^2, $|y_{ik}|^2$ oder z_{ik}^2 über alle Zeemanlinien, so erhält man in allen drei Fällen

$$\sum x_{ik}^2 = \sum |y_{ik}|^2 = \sum z_{ik}^2 = \frac{l+1}{3} r_{ik}^2. \tag{V, 75}$$

Ohne Magnetfeld entsteht also unpolarisiertes Licht.

Der Energiestrom durch eine den Dipol umgebende Kugel mit dem Radius R ist die Gesamtabstrahlung der Frequenz ν_{ik}. Aus (V, 14) findet man für sie

$$S_{ik} = \oint \overline{\mathfrak{S}}_{ik} d\mathfrak{f} = \frac{16\pi^2 e^2 \nu_{ik}^4}{3\varepsilon_0 c^3} (x_{ik} x_{ik}^* + y_{ik} y_{ik}^* + z_{ik} z_{ik}^*). \tag{V, 76}$$

Das Verhältnis

$$A_{ik} = \frac{S_{ik}}{h\nu_{ik}} = \frac{16\pi^3 e^2 \nu_{ik}^3}{3h\varepsilon_0 c^3} (x_{ik} x_{ik}^* + y_{ik} y_{ik}^* + z_{ik} z_{ik}^*) \tag{V, 77}$$

der sekundlich ausgestrahlten Energie S_{ik}, zu der Energie $h\nu_{ik}$, welche im Ganzen ausgestrahlt wird, bedeutet die Wahrscheinlichkeit des Überganges vom i-ten Zustand in den k-ten. Die Größe

$$e^2 (x_{ik} x_{ik}^* + y_{ik} y_{ik}^* + z_{ik} z_{ik}^*) \tag{V, 78}$$

wird als Dipolstärke und

$$f_{ik} = \frac{8\pi^2 m}{3h} \nu_{ik} (x_{ik} x_{ik}^* + y_{ik} y_{ik}^* + z_{ik} z_{ik}^*) \tag{V, 79}$$

(wo m die Elektronenmasse bedeutet) als Oszillatorenstärke bezeichnet.

Sind von dem Zustand i mehrere Übergänge in verschiedene Zustände k unter Ausstrahlung möglich, so ist die Wahrscheinlichkeit dafür, daß das Atom in einer Sekunde den i-ten Zustand verläßt

$$A_i = \sum_k A_{ik}. \tag{V, 80}$$

Die Wahrscheinlichkeit, daß während der Zeit T das Atom vom i-ten Zustand in einen anderen übergeht, ist $A_i T$. Die Zeit T_i, für welche

$$A_i T_i = 1 \tag{V, 81}$$

ist, nennt man die Lebensdauer oder Verweilzeit im i-ten Zustand.

Außer durch Energieausstrahlung können Übergänge von einem Term in einen anderen auch noch durch andere Einwirkungen, z. B. Stöße mit anderen Teilchen bewirkt werden. Solche zusätzlichen Einwirkungen verkürzen die Lebensdauer.

Diese Überlegungen wenden wir auf die Wasserstoffterme und Linien an. Der Zustand $2S$ kann seine Energie überhaupt nicht ausstrahlen, da er nicht mit dem Grundterm $1S$ kombiniert. Er kann auch nicht in den Term $2P$ übergehen, welcher die gleiche Energie besitzt, weil die Übergangswahrscheinlichkeit wegen $\nu = 0$ verschwindet. In höhere Zustände kann er nicht verwandelt werden, weil dazu die Energie fehlt. Seine Lebensdauer ist also unbegrenzt, er kann seine Energie nur durch äußere Einwirkung, z. B. Zusammenstöße mit anderen Atomen, verlieren. Dies gilt zwar nur in der hier untersuchten Näherung der

Dipolstrahlung, hat aber doch eine ausgesprochene Langlebigkeit dieses Zustandes zur Folge. Den 2S-Zustand bezeichnet man deshalb als metastabil.

Der 2P-Term kombiniert mit dem Grundzustand. Die Intensität pro Atom ist für alle Zeemankomponenten zusammen wegen (V, 75)

$$S_{ik} = \frac{16\pi^3 e^2 v_{ik}^4}{3\varepsilon_0 c^3} \sum (x_{ik}^2 + |y_{ik}|^2 + z_{ik}^2)$$
$$= \frac{16\pi^3 e^2 v_{ik}^4}{3\varepsilon_0 c^3} r_{ik}^2 = \frac{16\pi^3 e^2 v_{ik}^4 a^2}{3\varepsilon_0 c^3} 1{,}666.$$
(V, 82)

Setzen wir die Zahlwerte ein $(a = 0{,}5284 \cdot 10^{-8}$ cm, s. S. 847 Gl. III, 117), so ergibt sich

$$S_{2P, 1S} = 3{,}0 \cdot 10^{-9} \text{ Watt.}$$

Da diese Linie drei Komponenten hat, trifft auf jede von ihnen ein Drittel der Intensität. Das ausgesandte Lichtquant besitzt die Energie

$$h\nu = 1{,}61 \cdot 10^{-18} \text{ Joule,}$$

und daraus ergibt sich die Übergangswahrscheinlichkeit

$$A_{2P, 1S} = \frac{1}{3} \cdot \frac{3{,}0 \cdot 10^{-9}}{1{,}61 \cdot 10^{-18}} = 6{,}2 \cdot 10^8 \text{ sec}^{-1}.$$
(V, 83)

Die Lebensdauer des 2P-Zustandes ist also

$$T_{2P} = 0{,}16 \cdot 10^{-8} \text{ Sekunden.}$$
(V, 84)

Tabelle der A_{ik} und T_i.

Oberer Zustand	Oberer Zustand $T \cdot 10^8$	Untere Zustände A_{ik}							
		1s	2s	2p	3s	3p	3d	4s	4p
2s	∞	—	—	—	—	—	—	—	—
2p	0,16	6,25	—	—	—	—	—	—	—
3s	16	—	—	0,063	—	—	—	—	—
3p	0,54	1,64	0,22	—	—	—	—	—	—
3d	1,56	—	—	0,64	—	—	—	—	—
4s	23	—	—	0,025	—	0,018	—	—	—
4p	1,24	0,68	0,095	—	0,003	—	0,003	—	—
4d	3,65	—	—	0,204	—	0,070	—	—	—
4f	7,3	—	—	—	—	—	0,137	—	—
5s	36	—	—	0,013	—	0,008	—	—	0,006
5p	2,40	0,34	0,049	—	0,016	—	0,001	0,007	—
5d	7,0	—	—	0,094	—	0,034	—	—	0,014
5f	14,0	—	—	—	—	—	0,045	—	—

Die Tabelle gibt für Wasserstoff die Übergangswahrscheinlichkeiten der Linien in 10^8 sec^{-1} und die Lebensdauer der einzelnen Zustände in 10^{-8} sec an.

Von allen Termen hat der 2P-Term die kleinste Lebensdauer. Mit der Hauptquantenzahl wie auch mit der Nebenquantenzahl wächst die Lebensdauer. Eine Ausnahme bilden die S-Terme mit ihrer besonders hohen Verweilzeit. Daß der 2S-Term sogar metastabil ist, wurde schon erwähnt. Für die Zustände der Alkalien, welche noch beträchtliche Verwandtschaft mit denen des Wasserstoffes zeigen, sind die Werte in der Tabelle immer noch brauchbare Schätzungen.

§ 3. Auswahlregeln für die Spinquantenzahlen.

Inhalt: Interkombinationen sind in erster Näherung verboten. Sie entstehen nur in dem Maße, als die Multiplettaufspaltung mit der Termenergie vergleichbar wird. Die Spinquantenzahl S bleibt bei der Lichtausstrahlung erhalten. Die Quantenzahl J bleibt erhalten, oder ändert sich um 1. Der Übergang $0 \to 0$ kommt nicht vor. Für die magnetischen Quantenzahlen gilt $\Delta M = 0, \pm 1$ im anormalen Zeemaneffekt.

Beim Heliumatom und bei den Erdalkalien haben wir die empirische Auswahlregel, daß keine Kombination zwischen den Termen des Triplettsystems und des Singulettsystems vorkommen. Diese Regel gilt streng nur bei kleiner Triplettaufspaltung. Wir werden sie jetzt beweisen.

Die Eigenfunktionen ψ hängen von den Koordinaten beider Elektronen ab, und

$$\psi^* \psi \, d\tau_1 d\tau_2 \qquad (V, 85)$$

ist die Wahrscheinlichkeit dafür, daß das Elektron 1 im Volumenelement $d\tau_1$ und das Elektron 2 im Volumenelement $d\tau_2$ ist. Die Wahrscheinlichkeit, daß das Elektron 1 sich in $d\tau_1$ befindet, gleichgültig wo das Elektron 2 ist, wäre dann

$$d\tau_1 \int \psi^* \psi \, d\tau_2 . \qquad (V, 86)$$

Das Element $d\tau_1$ trägt also zu den Komponenten des elektrischen Dipolmomentes die Beträge

$$-e\, x_1 d\tau_1 \int \psi^* \psi \, d\tau_2; \quad -e\, y_1 d\tau_1 \int \psi^* \psi \, d\tau_2; \quad -e\, z_1 d\tau_1 \int \psi^* \psi \, d\tau_2$$

bei. Insgesamt bewirkt das Elektron 1 die Momentkomponenten

$$-e \iint x_1 \psi^* \psi \, d\tau_1 d\tau_2; \quad -e \iint y_1 \psi^* \psi \, d\tau_1 d\tau_2; \quad -e \iint z_1 \psi^* \psi \, d\tau_1 d\tau_2,$$

während das Elektron 2 die Komponenten

$$-e \iint x_2 \psi^* \psi \, d\tau_1 d\tau_2; \quad -e \iint y_2 \psi^* \psi \, d\tau_1 d\tau_2; \quad -e \iint z_2 \psi^* \psi \, d\tau_1 d\tau_2$$

liefert. Das ganze Dipolmoment ist also durch die Komponenten

$$-e \iint (x_1 + x_2) \psi^* \psi \, d\tau_1 d\tau_2 ,$$
$$-e \iint (y_1 + y_2) \psi^* \psi \, d\tau_1 d\tau_2 , \qquad (V, 87)$$
$$-e \iint (z_1 + z_2) \psi^* \psi \, d\tau_1 d\tau_2$$

ausgedrückt.

Suchen wir jetzt den Anteil heraus, der zu einer Frequenz gehört, so sind seine Matrixelemente

$$(x_1 + x_2)_{ik} = \iint (x_1 + x_2) \psi_i^* \psi_k \, d\tau_1 d\tau_2 ,$$
$$(y_1 + y_2)_{ik} = \iint (y_1 + y_2) \psi_i^* \psi_k \, d\tau_1 d\tau_2 , \qquad (V, 88)$$
$$(z_1 + z_2)_{ik} = \iint (z_1 + z_2) \psi_i^* \psi_k \, d\tau_1 d\tau_2 .$$

Die Eigenfunktionen des Singulettsystems sind gegenüber einer Vertauschung der beiden Elektronen symmetrisch, d. h. sie gehen hierbei in sich über. Die Eigenfunktionen des Triplettsystems ändern bei der Elektronenvertauschung das Vorzeichen. Das Dipolmoment kann bei der Vertauschung zweier gleicher Teilchen sein Vorzeichen natürlich nicht ändern. Gehört also ψ_i zum Singulettsystem, ψ_k zum Triplettsystem oder umgekehrt, so muß

$$(x_1 + x_2)_{ik} = \int\int (x_1 + x_2)\, \psi_i^* \psi_k\, d\tau_1\, d\tau_2 = -\int\int (x_1 + x_2)\, \psi_i^* \psi_k\, d\tau_1\, d\tau_2 = 0 \quad (V, 89)$$

sein. Entsprechendes gilt für die y- und z-Komponenten.

Die Auswahlregel lautet deshalb: Das Singulett- und Triplettsystem kombinieren nicht miteinander.

Diese Überlegung ist allerdings nur dann ganz korrekt, wenn die Wechselwirkung zwischen Spin und L, d. h. wenn die Triplettaufspaltung klein ist. Gilt dies nicht, so werden die Eigenfunktionen ψ_i und ψ_k durch die Wechselwirkung etwas abgeändert und die Dipolkomponenten

$$-e(x_1 + x_2)_{ik}; \quad -e(y_1 + y_2)_{ik}; \quad -e(z_1 + z_2)_{ik}$$

können sich von Null um so mehr unterscheiden, je größer die Multiplettaufspaltung ist. Bei Quecksilber gibt es z. B. Interkombinationslinien zwischen Triplettsystem und Singulettsystem. Zu ihnen gehört die sogenannte Resonanzlinie bei 2537 ÅE. Sie besitzt aber nur etwa 1% der Intensität der entsprechenden Linie im Singulettsystem bei 1849 ÅE.

Man kann das Interkombinationsverbot auch durch die Spinquantenzahl S ausdrücken. Es lautet dann, daß die Terme mit $S = 1$ nicht mit den Termen $S = 0$ kombinieren. Diese Regel kann auch auf Dublett- und Quartetterme ausgedehnt werden. Der Beweis ist dann schwieriger, weil zu diesen Systemen drei Elektronen beitragen und die Symmetrieeigenschaften verwickelter sind. Ganz allgemein gewinnt man die Auswahlregel

$$\Delta S = 0, \quad (V, 90)$$

wenn man die Symmetrieeigenschaften der Eigenfunktionen bezüglich der Elektronenvertauschung untersucht. Interkombinationen verschiedener Termsysteme finden also nicht statt. Streng gilt diese Regel aber nur für kleine Multiplettaufspaltung.

Die Auswahlregel

$$\Delta J = \pm 1, 0 \quad (V, 91)$$

kann mit den bisher verfügbaren Hilfsmitteln noch nicht abgeleitet werden, weil wir nur über eine vom empirischen Material abgelesene Beschreibung der Spineigenschaften, aber noch keine wirkliche Theorie des Spins entwickelt haben. Aus dem gleichen Grund können wir auch noch nicht zeigen, daß die Auswahlregel $\Delta M = \pm 1, 0$ auf den anormalen Zeemaneffekt ausgedehnt werden kann.

§ 4. Auswahlregeln für gerade und ungerade Terme.

Inhalt: Die Spiegelsymmetrie gerade—ungerade. Gerade Terme kombinieren nur mit ungeraden und umgekehrt.

Bezeichnungen: r Index zur Unterscheidung der Elektronen, s zur Unterscheidung von Kernen.

Die Schrödingergleichung

$$\frac{1}{m} \Delta \psi + \frac{8\pi^2}{h^2} (E - V)\psi = 0 \quad (V, 92)$$

eines Elektrons in einem kugelsymmetrischen Feld V ändert sich nicht, wenn die Vorzeichen aller Koordinaten wechseln. Die Eigenfunktionen müssen des-

§ 4. Auswahlregeln für gerade und ungerade Terme.

halb beim Vorzeichenwechsel der Koordinaten ungeändert bleiben und heißen dann gerade, oder sie können das Vorzeichen wechseln und heißen dann ungerade. Physikalisch bedeutet der Vorzeichenwechsel der Koordinaten in der Eigenfunktion eine Spiegelung des Elektrons am Koordinatenanfang.

Die Eigenschaft der Eigenfunktion entweder gerade oder ungerade zu sein, läßt sich auf beliebige atomare Systeme verallgemeinern. Betrachten wir die Schrödingergleichung

$$\frac{1}{M}\Delta\psi + \sum \frac{1}{m}\Delta_r\psi + \frac{8\pi^2}{h^2}(E-V)\psi = 0 \qquad (V, 93)$$

eines Atoms mit der Kernmasse M und vielen Elektronen (Index r) mit dem Koordinatenanfang im Schwerpunkt, so ändert sich diese Gleichung nicht, wenn wir die Vorzeichen der Koordinaten aller Teilchen wechseln. Dies bleibt sogar für Moleküle gültig, bei denen mehrere Atomkerne vorhanden sind.

Die Eigenfunktionen sind also entweder gerade und ändern sich nicht wenn das ganze atomare Gebilde am Schwerpunkt gespiegelt wird, oder sie sind ungerade und wechseln bei der Spiegelung das Vorzeichen. Kennzeichnen wir die Spiegelung durch Überstreichen, so gilt für gerade Eigenfunktionen

$$\bar{\psi} = \psi \qquad (V, 94)$$

für ungerade

$$\bar{\psi} = -\psi. \qquad (V, 95)$$

Tragen die Atomkerne die Ladungen $Z_s e$, und bilden wir die Matrixelemente des gesamten Dipolmomentes

$$e \int \psi_i^* \left\{ \sum{}^s Z_s \mathfrak{r}_s - \sum{}^r \mathfrak{r}_r \right\} \psi_k d\tau, \qquad (V, 96)$$

so verändern sich diese Elemente bei der Spiegelung nicht, wenn beide Eigenfunktionen gerade oder beide ungerade sind, wechseln aber das Vorzeichen, wenn eine Eigenfunktion gerade, die andere ungerade ist.

Bei der Spiegelung der Ladungsverteilung am Schwerpunkt wechselt aber das Dipolmoment selbst das Vorzeichen. Die Matrixelemente, welche aus zwei geraden oder zwei ungeraden Eigenfunktionen gebildet sind, müssen also verschwinden. Wir erhalten also die Auswahlregel für Dipolstrahlung: Gerade Zustände kombinieren nur mit ungeraden Zuständen und umgekehrt.

Die Auswahlregel für die Spiegelsymmetrie gestattet noch einen sehr allgemeinen Schluß. Kombiniert ein Zustand k unter Dipolstrahlung mit zwei anderen Zuständen i und l, so gehören i und l zu der von k verschiedenen Symmetrie. Die Zustände i und l kombinieren dann nicht miteinander.

In zweiter Näherung senden atomare Systeme auch die viel schwächere Quadrupolstrahlung aus. Das Quadrupolmoment wechselt bei der Spiegelung im Gegensatz zum Dipolmoment das Vorzeichen nicht. Unter Ausstrahlung von Quadrupolstrahlung kombinieren deshalb gerade Terme nur mit geraden und ungerade Terme nur mit ungeraden.

Bei geraden Eigenfunktionen gehen keine Knotenflächen oder eine gerade Anzahl von Knotenflächen durch den Schwerpunkt, bei ungeraden Termen müssen Knotenflächen in ungerader Zahl durch den Schwerpunkt gehen. Die S- und D-Terme der Atome sind deshalb gerade, die P- und F-Terme ungerade.

H. Quantentheorie.

Die Quantentheorie befaßt sich mit der Mechanik und Elektrodynamik der Elementarteilchen, der Elektronen, Atomkerne, der Lichtquanten, sowie der aus den Elementarteilchen zusammengesetzten Systeme, der ganzen Atome, Moleküle usw. Ihre Gesetze erstrecken sich aber auch auf makroskopische Körper, da diese auch aus Atomen und Molekülen aufgebaut sind.

Mit der klassischen Mechanik und Elektrodynamik eng verwandt und aus ihnen hervorgegangen, stellt die Quantentheorie eine eigenartige Verbindung und Weiterentwicklung dieser beiden Gebiete dar, und ist heute ein ebenso geschlossenes und experimentell gesichertes Gebäude wie diese beiden Disziplinen. Mehr als die meisten anderen physikalischen Theorien ist die Quantentheorie die genaue mathematische Niederschrift der experimentellen Beobachtung. Sie stützt sich weniger als andere physikalische Theorien auf modellmäßige, durch Versuche nicht kontrollierbare Vorstellungen und entbehrt daher oft der Anschaulichkeit, welche Modelle vermitteln. In manchen ihrer Darstellungen verzichtet sie sogar auf jede Anschauung und stellt statt ihrer gewisse, aus den Experimenten abgelesene axiomatische Formulierungen an die Spitze, aus denen die Theorie mit ihren Anwendungen deduziert werden kann. Trotzdem werden wir, um dem Bedürfnis nach Anschaulichkeit entgegenzukommen, hier diejenigen Formulierungen in den Vordergrund stellen, die noch eine gewisse Anschaulichkeit gestatten, und immer wo es geht, zu möglichst anschaulichen Interpretationen der Theorie greifen. Diesem Bemühen sind allerdings Grenzen gesetzt.

I. Die wellenmechanische Formulierung der Quantentheorie.

§ 1. Die Wellengleichung eines Elektrons und ihre Interpretation.

Inhalt: Beschreibung der Teilchen durch die Wellenfunktion Ψ, die Wahrscheinlichkeitsdichte und den Teilchenstrom. Die Wellengleichung ist verträglich mit den Beugungserscheinungen und der Teilchenerhaltung und führt zur klassischen Mechanik bei Teilchen großer Masse. Die Randbedingungen ergeben sich aus der Bedeutung der Wahrscheinlichkeitsdichte. Die Wellengleichung ersetzt zwei reelle Gleichungen, nämlich das Bewegungsgesetz und die Kontinuitätsgleichung.

Bezeichnungen: Ψ Wellenfunktion, ϱ Wahrscheinlichkeitsdichte, $\mathfrak{v}$ Geschwindigkeit, m Teilchenmasse, $\mathfrak{j}$ Teilchenstrom, W Impulspotential, Wirkungsfunktion.

In einem früheren Abschnitt (S. 830) wurde auseinandergesetzt, weshalb man in Widersprüche gerät, wenn man Elementarteilchen als Massenpunkte nach den Gesetzen der klassischen Mechanik zu behandeln versucht. Diesem Versuch widersetzen sich die Beugungserscheinungen an Korpuskularstrahlen, welche erkennen lassen, daß mit diesen Strahlen ein Wellenvorgang einhergeht. Auch hat es sich als unmöglich erwiesen, ein Atommodell zu konstruieren, welches mit den experimentellen Befunden in Einklang ist, wenn wir für die Elementarteilchen die klassische Punktmechanik zugrunde legen.

Dies bedeutet offenbar, daß man eine allgemeinere Mechanik formulieren muß, wenn man auch atomare Gebilde einbeziehen will. Diese allgemeinere Mechanik wollen wir Quantenmechanik nennen. An sie müssen wir folgende drei grundsätzliche Forderungen stellen.

§ 1. Die Wellengleichung eines Elektrons und ihre Interpretation.

1. Sie muß die klassische Mechanik als Spezialfall ergeben, wenn man sie auf Teilchen großer Masse anwendet.
2. Sie muß die Beugungs- und Interferenzerscheinungen verständlich machen, d. h. einen Wellenvorgang mit der Bewegung der Teilchen in Verbindung bringen.
3. Sie muß gestatten, Atommodelle zu konstruieren, welche im Einklang mit dem ungeheuren experimentellen Beobachtungsmaterial steht, welches besonders in den Spektren der Atome zur Verfügung steht.

Um die Beugungserscheinungen zu erfassen, muß eine Wellenfunktion

$$\Psi(x, y, z, t)$$

mit dem Teilchen verbunden sein, welche positive und negative Werte, ja sogar komplexe Werte annehmen kann. Früher (S. 834) wurde gezeigt, daß Ψ die Wellengleichung

$$-\frac{h^2}{8\pi^2 m}\Delta\Psi + V\Psi + \frac{h}{2\pi i}\frac{\partial\Psi}{\partial t} = 0 \tag{I, 1}$$

erfüllen muß, um mit den Beugungsphänomenen in Einklang zu kommen. Über die physikalische Bedeutung der Funktion Ψ geben die Beugungsvorgänge keinen Aufschluß, da sie ja in gleicher Weise bei elektrischen, elastischen und Materiewellen eintreten. Nur die raumzeitliche Abhängigkeit der Größe Ψ hängt mit der Beugung zusammen.

Da das Teilchen nicht als Massenpunkt beschrieben wird, wird ihm kein präziser Ort zugeschrieben. Man kann jedem Volumenelement $d\tau$ des Raumes die Wahrscheinlichkeit

$$\varrho\, d\tau = \Psi^* \Psi\, d\tau \tag{I, 2}$$

dafür zuordnen, daß das Teilchen dort im Zeitpunkt t wirksam, bzw. dort anwesend ist. Auf diese Weise wird der absolute Betrag von Ψ als Wurzel aus der Wahrscheinlichkeitsdichte erkennbar. Man bezeichnet deshalb Ψ auch als „Wahrscheinlichkeitsamplitude".

Wir haben auf S. 832 gezeigt, daß die einfachsten Befunde der Beugung an Materiestrahlen in Übereinstimmung mit der Gleichung (I, 1) für die Wellenfunktion sind. Auch wurde erwiesen, daß die Wellengleichung mit der klassischen Mechanik nicht in Widerspruch steht, wenn man sie auf Teilchen sehr großer Masse anwendet. Schließlich wurde von S. 834 bis S. 915 auseinandergesetzt, daß die Wellengleichung die empirischen, insbesondere die spektroskopischen Befunde überall richtig widergibt, sofern eine exakte Durchrechnung vorgenommen werden kann, sogar mit erstaunlicher Genauigkeit.

Die Interpretation (I, 2) von $\Psi^*\Psi$ als Wahrscheinlichkeitsdichte legt der Wellenfunktion Ψ außer der Wellengleichung noch die sogenannte Randbedingungen auf. Ψ muß eine im ganzen Bereich (Raum) endliche, stetige und eindeutige Funktion sein. Aus (I, 2) folgt außerdem

$$\int \varrho\, d\tau = \int \Psi^* \Psi\, d\tau = 1. \tag{I, 3}$$

Diese Normierungsbedingung erfordert die Existenz des Integrals, also mindestens, daß Ψ im Unendlichen gegen Null geht. Man kann sogar noch eine schärfere Bedingung aufstellen, wie wir noch sehen werden.

Ist $\mathfrak{v}$ die Geschwindigkeit, mit der sich die Teilchen lokal bewegen, so ist

$$\mathfrak{j} = \varrho\, \mathfrak{v} = \Psi^* \Psi\, \mathfrak{v} \tag{I, 4}$$

die Teilchenstromdichte. Da die Teilchen weder entstehen noch vergehen, verlangt die Teilchenerhaltung die Gültigkeit der Kontinuitätsgleichung

$$-\frac{\partial \varrho}{\partial t} = \operatorname{div} \mathfrak{j}. \tag{I, 5}$$

Multipliziert man die Wellengleichung (I, 1) mit Ψ^* und subtrahiert die konjugiert komplexe Gleichung, so gelangt man nach einigen einfachen Umformungen zu

$$-\frac{\partial \Psi^* \Psi}{\partial t} = \frac{h}{4\pi i m} \operatorname{div} (\Psi^* \operatorname{grad} \Psi - \Psi \operatorname{grad} \Psi^*). \tag{I, 6}$$

Durch Vergleichen von (I, 5) und (I, 6) kann man wegen (I, 2)

$$\mathfrak{j} = \frac{h}{4\pi i m} (\Psi^* \operatorname{grad} \Psi - \Psi \operatorname{grad} \Psi^*) \tag{I, 7}$$

und

$$\mathfrak{v} = \frac{h}{4\pi i m} \left(\frac{\operatorname{grad} \Psi}{\Psi} - \frac{\operatorname{grad} \Psi^*}{\Psi^*} \right) = \frac{h}{4\pi i m} \operatorname{grad} \ln \frac{\Psi}{\Psi^*} \tag{I, 8}$$

entnehmen.

Wir versuchen nun eine Interpretation dieser rein formalen Zusammenhänge, die mehr oder weniger direkt aus dem empirischen Material abgelesen sind. Was das Verständnis besonders behindert, ist der Umstand, daß Ψ eine komplexe Funktion und die Wellengleichung eine komplexe Gleichung ist. Wir werden uns daher der komplexen Schreibweise entledigen, indem wir

$$\Psi = \sqrt{\varrho}\, e^{\frac{2\pi i}{h} W} \tag{I, 9}$$

schreiben, wo ϱ und W zwei reelle Funktionen von Ort und Zeit sind. Diese Darstellung beschränkt die Allgemeinheit nicht.

Aus (I, 9) erhalten wir sofort

$$W = \frac{h}{4\pi i} \ln \frac{\Psi}{\Psi^*} \tag{I, 10}$$

und beim Einsetzen in (I, 8)

$$\mathfrak{v} = \frac{1}{m} \operatorname{grad} W. \tag{I, 11}$$

Die Funktion W ist also das Impulspotential und W/m das Geschwindigkeitspotential im Sinne der Hydrodynamik.

Aus (I, 9) ergibt sich ferner

$$\left.\begin{aligned}
\operatorname{grad} \Psi &= \Psi \left(\frac{1}{2} \frac{\operatorname{grad} \varrho}{\varrho} + \frac{2\pi i}{h} \operatorname{grad} W \right), \\
\Delta \Psi &= \Psi \left\{ \frac{1}{4} \left(\frac{\operatorname{grad} \varrho}{\varrho} \right)^2 + \frac{1}{2} \operatorname{div} \frac{\operatorname{grad} \varrho}{\varrho} - \frac{4\pi^2}{h^2} (\operatorname{grad} W)^2 \right\} + \\
&\quad + \frac{2\pi i}{h} \Psi \left\{ \left(\frac{\operatorname{grad} \varrho}{\varrho} \operatorname{grad} W \right) + \Delta W \right\},
\end{aligned}\right\} \tag{I, 12}$$

$$\frac{h}{2\pi i} \frac{\partial \Psi}{\partial t} = \Psi \left\{ \frac{h}{4\pi i \varrho} \frac{\partial \varrho}{\partial t} + \frac{\partial W}{\partial t} \right\}. \tag{I, 13}$$

Geht man damit in (I, 1) ein und benutzt die Abkürzung

$$D = \frac{h}{4\pi m}, \tag{I, 14}$$

so zerfällt die Wellengleichung in die beiden reellen Gleichungen

$$\frac{1}{2m}(\operatorname{grad} W)^2 + V + \frac{\partial W}{\partial t} - \frac{D^2 m}{2}\left(\frac{\operatorname{grad}\varrho}{\varrho}\right)^2 - D^2 m \operatorname{div}\frac{\operatorname{grad}\varrho}{\varrho} = 0 \quad (I, 15)$$

und

$$\frac{1}{m}\Delta W + \frac{1}{m}\left(\frac{\operatorname{grad}\varrho}{\varrho}\operatorname{grad} W\right) + \frac{1}{\varrho}\frac{\partial\varrho}{\partial t} = 0. \quad (I, 16)$$

Die zweite Gleichung läßt sich leicht auf die Form

$$\operatorname{div}\left(\varrho\frac{\operatorname{grad} W}{m}\right) + \frac{\partial\varrho}{\partial t} = \operatorname{div}(\varrho\mathfrak{v}) + \frac{\partial\varrho}{\partial t} = 0 \quad (I, 17)$$

bringen und erweist sich als mit der Kontinuitätsgleichung (I, 5) identisch.

Die Gleichung (I, 15) geht in die Hamiltonsche partielle Differentialgleichung über, wenn $D = 0$ gesetzt wird. Gegenüber der klassischen Mechanik tritt zur potentiellen Energie V formal ein „quantenmechanisches Potential"

$$-\frac{D^2 m}{2}\left(\frac{\operatorname{grad}\varrho}{\varrho}\right)^2 - D^2 m \operatorname{div}\frac{\operatorname{grad}\varrho}{\varrho} \quad (I, 18)$$

hinzu. Diese Feststellung enthält allerdings keinerlei Hinweis auf die Herkunft dieses Anteiles.

Die Wellengleichung ist demnach eine komplexe Zusammenfassung zweier reeller Gleichungen, von denen die eine die Erhaltung der Teilchen formuliert. Die andere Gleichung (I, 15) enthält das Bewegungsgesetz, bei dem jedoch zu den klassischen Gliedern noch ein „quantenmechanisches" Glied hinzutritt.

§ 2. Die Operatorform der Wellengleichung. Elektron im Magnetfeld.

Inhalt: Bildung des Impulsoperators und Hamiltonoperators. Wellengleichung des Elektrons im elektrischen und magnetischen Feld.

Bezeichnungen: V elektrische potentielle Energie, U elektrisches Potential, $-e$ Ladung des Elektrons, $\mathfrak{v}$ Geschwindigkeit, $\mathfrak{H}$ magnetische Feldstärke, $\mathfrak{A}$ ihr Vektorpotential, L Lagrange-Funktion, H Hamiltonfunktion, $\mathbb{H}$ Hamiltonoperator, W Wirkungsfunktion, $\mathfrak{p}$ Impuls, $\mathfrak{P}$ Impulsoperator, Ψ Wellenfunktion, h Plancksches Wirkungsquantum, m Elektronenmasse.

Die Wellengleichung

$$-\frac{h^2}{8\pi^2 m}\operatorname{div}\operatorname{grad}\Psi + V\Psi + \frac{h}{2\pi i}\frac{\partial\Psi}{\partial t} = 0 \quad (I, 19)$$

kann aufgestellt werden, indem man aus der Hamiltonfunktion

$$H = \frac{p^2}{2m} + V \quad (I, 20)$$

des entsprechenden klassischen Problems den Differentialoperator

$$\mathbb{H} = \frac{\mathfrak{P}^2}{2m} + \mathbb{V} = -\frac{h^2}{8\pi^2 m}\operatorname{div}\operatorname{grad} + \mathbb{V} \quad (I, 21)$$

bildet, wobei man an Stelle von $\mathfrak{p}$ den Operator

$$\mathfrak{P} = \frac{h}{2\pi i}\nabla \quad (I, 22)$$

einführt und

$$\mathbb{H}\Psi + \frac{h}{2\pi i}\frac{\partial\Psi}{\partial t} = 0 \quad (I, 23)$$

ansetzt. Der Operator $\mathbf{V}$ wird auf Ψ angewandt, indem man Ψ mit V multipliziert. Wie man sofort erkennt, sind (I, 23) und (I, 19) identisch.

Dies ist allerdings nur ein Rezept zur Aufstellung der Wellengleichung, welches genau so gut begründet ist, wie diese selbst. Die Operatoren liefern deshalb weder neue physikalische noch mathematische Gesichtspunkte, werden sich aber als bequemes Ausdrucksmittel erweisen.

Ein elektrisches Feld, welches durch sein Potential $U(y, x, z)$ angegeben sei, verleiht einer Ladung $-e$ die potentielle Energie

$$V = -e\,U(x, y, z). \qquad (I, 24)$$

U kann von einem Atomkern erzeugt werden oder von Feldern herrühren, welche durch äußere Apparate entstehen. U kann sogar noch von der Zeit abhängen. Nicht alle Kraftfelder, welche auf ein Elementarteilchen (Elektron) einwirken, können aber durch die potentielle Energie erfaßt werden. Die Kraft

$$\mathfrak{K} = -e\,\mu_0\,[\mathfrak{v}\,\mathfrak{H}], \qquad (I, 25)$$

welche in einem Magnetfeld auf ein bewegtes Elektron einwirkt, hat kein Potential. Trotzdem kann die klassische Mechanik für die Bewegungen einer Punktladung im Magnetfeld die Hamiltonsche partielle Differentialgleichung aufstellen. Ist U das Potential des elektrischen Feldes und $\mathfrak{A}$ das Vektorpotential der magnetischen Feldstärke, so kann man

$$L = \frac{m}{2}\mathfrak{v}^2 + e\,U - e\,\mu_0\,(\mathfrak{v}\,\mathfrak{A}) \qquad (I, 26)$$

als Lagrange-Funktion verwenden (s. Bd. I S. 100). Aus ihr gewinnt man die Impulskomponenten

$$p_x = \frac{\partial L}{\partial v_x} = m\,v_x - e\,\mu_0\,\mathfrak{A}_x \quad \text{usw.} \qquad (I, 27)$$

und die Hamiltonfunktion

$$H = \mathfrak{p}\,\mathfrak{v} - L = \frac{m}{2}\mathfrak{v}^2 - e\,U. \qquad (I, 28)$$

Sie hat die Bedeutung der Gesamtenergie und nimmt die vorschriftsmäßige Form

$$H = \frac{1}{2\,m}\,(\mathfrak{p} + e\,\mu_0\,\mathfrak{A})^2 - e\,U \qquad (I, 29)$$

an, wenn wir $\mathfrak{v}$ durch $\mathfrak{p}$ ersetzen.

Die Wellengleichung für ein Elektron im elektrischen und magnetischen Feld wollen wir aufstellen, indem wir für $\mathfrak{p}$ wie sonst den Operator

$$\mathfrak{p} = \frac{h}{2\pi i}\,\nabla \qquad (I, 30)$$

einsetzen. Wir erhalten dann den Hamiltonoperator

$$\mathbf{H} = \frac{1}{2\pi}\left(\frac{h}{2\pi i}\,\nabla + e\,\mu_0\,\mathfrak{A}\right)^2 - e\,\mathbf{U}$$

$$= \frac{1}{2m}\left(\frac{h}{2\pi i}\,\nabla + e\,\mu_0\,\mathfrak{A}\right)\left(\frac{h}{2\pi i}\,\nabla + e\,\mu_0\,\mathfrak{A}\right) - e\,\mathbf{U}. \qquad (I, 31)$$

Das Zeichen ∇ soll alle Größen differenzieren, die hinter ihm stehen, während die Operatoren grad, div, rot nur auf die unmittelbar dahinter stehenden Größen einwirken. Durch Ausrechnen finden wir

$$\mathbf{H} = -\frac{h^2}{8\pi^2 m}\,\nabla^2 + \frac{h\,e\,\mu_0}{2\pi i\,m}\,(\mathfrak{A}\,\nabla) + \frac{h\,e\,\mu_0}{4\pi i\,m}\,(\text{div}\,\mathfrak{A}) + \frac{e^2\,\mu_0^2}{2m}\,\mathfrak{A}^2 - e\,\mathbf{U}, \qquad (I, 32)$$

was sich wegen div $\mathfrak{A} = 0$ auf

$$\mathbb{H} = -\frac{h^2}{8\pi^2 m}\Delta + \frac{h e \mu_0}{2\pi i m}(\mathfrak{A}\nabla) + \frac{e^2 \mu_0^2}{2m}\mathfrak{A}^2 - e\mathbb{U} \qquad (I,33)$$

vereinfacht. Die Wellengleichung

$$\mathbb{H}\Psi + \frac{h}{2\pi i}\frac{\partial \Psi}{\partial t} = 0$$

nimmt dann die Form

$$-\frac{h^2}{8\pi^2 m}\Delta\Psi + \frac{h e \mu_0}{2\pi i m}(\mathfrak{A}\,\mathrm{grad}\,\Psi) + \frac{e^2 \mu_0^2}{2m}\mathfrak{A}^2\Psi - eU\Psi +$$
$$+ \frac{h}{2\pi i}\frac{\partial \Psi}{\partial t} = 0. \qquad (I,34)$$

an.

Multipliziert man (I, 34) mit Ψ^* und subtrahiert die konjugiert komplexe Gleichung, so erhält man

$$-\frac{h^2}{8\pi^2 m}(\Psi^*\Delta\Psi - \Psi\Delta\Psi^*) + \frac{h e \mu_0}{2\pi i m}(\mathfrak{A}\,\mathrm{grad}\,\Psi^*\Psi) +$$
$$+ \frac{h}{2\pi i}\frac{\partial}{\partial t}(\Psi^*\Psi) = 0. \qquad (I,35)$$

Wegen

$$(\mathfrak{A}\,\mathrm{grad}\,\Psi^*\Psi) = \mathrm{div}(\mathfrak{A}\,\Psi^*\Psi) = \mathrm{div}(\mathfrak{A}\,\varrho) \qquad (I,36)$$

erhält man daraus

$$-\frac{\partial}{\partial t}(\Psi^*\Psi) = \mathrm{div}\left\{\frac{h}{4\pi i m}(\Psi^*\,\mathrm{grad}\,\Psi - \Psi\,\mathrm{grad}\,\Psi^*) + \frac{e\mu_0}{m}\mathfrak{A}\,\Psi^*\Psi\right\}. \qquad (I,37)$$

Im Magnetfeld findet man also den Teilchenstrom

$$\mathfrak{j} = \frac{h}{4\pi i m}(\Psi^*\,\mathrm{grad}\,\Psi - \Psi\,\mathrm{grad}\,\Psi^*) + \frac{e\mu_0}{m}\mathfrak{A}\,\Psi^*\Psi \qquad (I,38)$$

und die Geschwindigkeit

$$\mathfrak{v} = \frac{h}{4\pi i m}\,\mathrm{grad}\,\ln\frac{\Psi}{\Psi^*} + \frac{e\mu_0}{m}\mathfrak{A}. \qquad (I,39)$$

Wir haben die Wellengleichung (I, 34) für ein Elektron im Magnetfeld mit Hilfe der Operatoren in enger Analogie zur Wellengleichung ohne Magnetfeld aufgestellt. Damit ist natürlich die Richtigkeit dieser Gleichung nicht bewiesen. Dieser Beweis kann sich nur ergeben, wenn sich die gewonnene Gleichung im Vergleich mit dem empirischen Befund bewährt. Bis dies gezeigt ist, bedeutet das angewandte Verfahren nur einen, allerdings konsequenten, Versuch zur Ausweitung des Anwendungsbereiches der bisher bewährten Methodik.

§ 3. Operatordarstellung der Teilcheneigenschaften.

Inhalt: Eigenschaften des Volumenelementes und des ganzen Teilchens. Berechnung der Teilcheneigenschaften mit den Eigenschaftsoperatoren. Eigenschaften der Masse, Ladung, Schwerpunkt, potentielle Energie, Impuls, Geschwindigkeit, Drehimpuls, kinetische Energie, Rotationsenergie, Quadrat des Drehimpulses.

Bezeichnungen: F Eigenschaft eines Massenpunktes, dF eines Volumenelementes, $\widetilde{F}$ des ganzen Teilchens, $\mathbb{F}$ Eigenschaftsoperator; diese Bezeichnungsweise wird sinngemäß auf die anderen Eigenschaften übertragen, m Masse, e Ladung, $\mathfrak{r}$ Ortsvektor, $\widetilde{\mathfrak{r}}$ Ort des Schwerpunktes, $\mathfrak{v}$ Geschwindigkeit, $\widetilde{\mathfrak{v}}$ Schwerpunktsgeschwindigkeit, V potentielle Energie, $\mathfrak{p}$ Impuls, $\mathfrak{j}$ Teilchenstrom, $\mathfrak{J}$ Drehimpuls, T kinetische Energie, E Gesamtenergie, H Hamiltonfunktion, $d\tau$ Volumenelement des Raumes, sonst wie S. 916 u. 919.

Wenn wir von den Eigenschaften eines Teilchens in der klassischen Mechanik sprechen, so besteht kein Zweifel, was damit gemeint ist. Wenn aber das Teilchen gemäß der Wahrscheinlichkeitsdichte ϱ über den Raum verteilt ist, bedarf der

Eigenschaftsbegriff eines Kommentars. Man kann z. B. jedem Volumenelement $d\tau$ eine Masse

$$dm = m\varrho\,d\tau = m\Psi^*\Psi\,d\tau \tag{I, 40}$$

zuordnen. Ist m die Masse, welche ein punktförmiges Teilchen besäße, so kommt dem Bruchteil $\varrho\,d\tau$ im Volumenelement $d\tau$ die Masse (I, 40) zu. Bezeichnet man vorsichtiger $\varrho\,d\tau$ als die Wahrscheinlichkeit, das Teilchen in $d\tau$ anzutreffen, so ist (I, 40) der wahrscheinliche Wert oder Erwartungswert der Masse in $d\tau$. Ganz analog kann man dem Volumenelement $d\tau$ die Erwartungswerte de der Ladung, dV der potentiellen Energie, dT der kinetischen Energie, dE der Gesamtenergie und $d\mathfrak{p}$ des Impulses zuordnen. Bei all diesen Eigenschaften gehört zum Volumenelement $d\tau$ ein infinitesimaler Anteil dF vom Erwartungswert der Eigenschaft F. Man kann diese Eigenschaftsanteile über alle Volumenelemente summieren und gelangt dann zum Gesamtwert oder Erwartungswert

$$\widetilde{F} = \int dF \tag{I, 41}$$

des ganzen Teilchens. Eigenschaften, die sich so verhalten, nennt man additive oder extensive Eigenschaften.

Eine Eigenschaft anderer Art ist z. B. die Geschwindigkeit. Einem Volumenelement $d\tau$ kann man einen endlichen Wert $\mathfrak{v}$ der Geschwindigkeit zuordnen. Dieser Wert ist aber weder $d\tau$ noch ϱ proportional. Es hat auch keinen Sinn, die Geschwindigkeiten der Volumenelemente zu summieren. Die Geschwindigkeit ist eine Feldgröße, die dem Orte und nicht dem Teilchen zugeordnet ist. Wie die Geschwindigkeit verhalten sich auch die Ortskoordinaten. Eigenschaften von dieser Art nennt man intensive Eigenschaften. Ist eine Eigenschaft F nicht additiv, sondern intensiv, so können wir zwar keine Anteile der Volumenelemente summieren, wohl aber können wir einen Mittelwert $\widetilde{F}$ für das ganze Teilchen bilden, den wir auch als Erwartungswert bezeichnen können. Der Mittelwert $\widetilde{\mathfrak{r}}$ des Ortsvektors gibt uns dann z. B. den Schwerpunkt des Teilchens oder den erwarteten Ort an.

Nun brauchen wir noch ein allgemeines Verfahren, um die Beiträge dF einer extensiven Eigenschaft, ebenso wie den Gesamt- oder Mittelwert $\widetilde{F}$ dieser Eigenschaft aus der Dichtefunktion ϱ oder Wellenfunktion Ψ zu berechnen. Dazu gelangen wir, wenn wir jeder Eigenschaft einen Operator zuordnen.

Für Gesamtenergie und Impuls eines einzelnen Teilchens haben wir schon auf S. 919 die Operatoren $\mathbb{H}$ und

$$\mathfrak{P} = \frac{h}{2\pi i}\,\text{grad} \tag{I, 42}$$

eingeführt. Dies verallgemeinern wir in folgender Weise.

Die klassische Mechanik möge eine Eigenschaft

$$F = F(\mathfrak{p}, \mathfrak{r}) \tag{I, 43}$$

aus dem Ortsvektor $\mathfrak{r}$ und dem Impuls $\mathfrak{p}$ aufbauen. Handelt es sich um Systeme mehrerer Teilchen, so können alle Orts- und Impulskoordinaten in F vorkommen. Wir bilden nun den Eigenschaftsoperator

$$\mathbb{F} = F(\mathfrak{P}_i, \mathfrak{r}_i), \tag{I, 44}$$

indem wir in der Funktion F die Koordinaten und Impulse durch Operatoren ersetzen. Die Operatoren der Ortskoordinaten sollen einfach eine Multiplikation

§ 3. Operatordarstellung der Teilcheneigenschaften.

mit dem Wert der Koordinate bewirken, während die Impulsoperatoren

$$\mathfrak{p}_i = \frac{h}{2\pi i} \operatorname{grad}_i \tag{I, 45}$$

eine Gradientbildung im Raume des i-ten Teilchens bedeuten. Mit Hilfe des Eigenschaftsoperators $\mathbb{F}$ bilden wir

$$dF = \Psi^* \mathbb{F} \Psi \, d\tau \tag{I, 46}$$

als Beitrag des Volumenelementes $d\tau$ zum Gesamtwert einer extensiven und zum Mittelwert einer intensiven Eigenschaft. Den Gesamtwert oder Mittelwert selbst erhalten wir dann durch Integration

$$\widetilde{F} = \int \Psi^* \mathbb{F} \Psi \, d\tau. \tag{I, 47}$$

Man kann die Richtigkeit dieses Verfahrens nicht deduzieren, sondern nur seinen Erfolg durch Vergleich mit der Erfahrung demonstrieren. Wir erläutern dies an einigen Beispielen.

1. Zu den einfachen Eigenschaften der Ladung und Masse gehören die Operatoren $\mathfrak{e}$ und $\mathfrak{m}$, welche einfach eine Multiplikation mit den Werten e und m verlangen. Wir erhalten dann die Massen und Ladungen

$$\begin{aligned} dm &= \Psi^* \mathfrak{m} \Psi \, d\tau = m \Psi^* \Psi \, d\tau \\ de &= \Psi^* \mathfrak{e} \Psi \, d\tau = e \Psi^* \Psi \, d\tau \end{aligned} \tag{I, 48}$$

des Volumenelementes und wegen

$$\int \Psi^* \Psi \, d\tau = 1 \tag{I, 49}$$

die Gesamtwerte

$$\begin{aligned} \widetilde{m} &= \int m \Psi^* \Psi \, d\tau = m \\ \widetilde{e} &= \int e \Psi^* \Psi \, d\tau = e. \end{aligned} \tag{I, 50}$$

2. Will man den Mittelwert der Ortskoordinate, d. h. den Schwerpunkt, ermitteln, so ist aus dem Ortsvektor $\mathfrak{r}$ der Vektoroperator $\mathfrak{r}$ zu bilden. Seine Anwendung auf Ψ bedeutet die Multiplikation mit $\mathfrak{r}$. Wir erhalten also den Ort des Schwerpunktes

$$\widetilde{\mathfrak{r}} = \int \Psi^* \mathfrak{r} \Psi \, d\tau = \int \mathfrak{r} \, \Psi^* \Psi \, d\tau. \tag{I, 51}$$

Die potentielle Energie des Teilchens ist klassisch eine Ortsfunktion $V(\mathfrak{r})$. Der Operator $\mathbb{V}(\mathfrak{r})$ wird auf Ψ angewandt, indem man Ψ mit dem Wert $V(\mathfrak{r})$ multipliziert. Wir erhalten dann die potentielle Energie

$$dV = \Psi^* \mathbb{V} \Psi \, d\tau = V \Psi^* \Psi \, d\tau \tag{I, 52}$$

des Volumenelementes und die potentielle Energie des ganzen Teilchens

$$\widetilde{V} = \int \Psi^* \mathbb{V} \Psi \, d\tau = \int V \Psi^* \Psi \, d\tau. \tag{I, 53}$$

In gleicher Weise kann man alle Eigenschaften behandeln, welche sich klassisch allein durch die Ortskoordinaten ausdrücken lassen.

3. Um den Impuls eines Volumenelementes zu finden, muß nach unserem Rezept

$$d\mathfrak{p} = \Psi^* \mathfrak{p} \Psi \, d\tau = \frac{h}{2\pi i} \Psi^* \operatorname{grad} \Psi \, d\tau \tag{I, 54}$$

gebildet werden. Da dieser Ausdruck komplex ist, müssen wir den Realteil davon

$$\frac{d\mathfrak{p} + d\mathfrak{p}^*}{2} = \frac{h}{4\pi i} (\Psi^* \operatorname{grad}\Psi - \Psi \operatorname{grad}\Psi^*) \, d\tau \qquad (\text{I}, 55)$$

als den Impuls des Volumenelementes ansehen. Bei der Integration über das ganze Teilchen entsteht aus (I, 54)

$$\tilde{\mathfrak{p}} = \frac{h}{2\pi i} \int \Psi^* \operatorname{grad}\Psi \, d\tau. \qquad (\text{I}, 56)$$

Nun ist aber

$$\operatorname{grad}(\Psi^* \Psi) = \Psi^* \operatorname{grad}\Psi + \Psi \operatorname{grad}\Psi^*. \qquad (\text{I}, 57)$$

Integrieren wir über den ganzen Raum, so verschwindet das Integral

$$\int \operatorname{grad}(\Psi^* \Psi) \, d\tau = \oint \Psi^* \Psi \, d\mathfrak{f}, \qquad (\text{I}, 58)$$

weil Ψ im Unendlichen hinreichend gegen Null geht. Wir erhalten deshalb

$$\int \Psi^* \operatorname{grad}\Psi \, d\tau = - \int \Psi \operatorname{grad}\Psi^* \, d\tau \qquad (\text{I}, 59)$$

und können auch

$$\tilde{\mathfrak{p}} = \frac{h}{4\pi i} \int (\Psi^* \operatorname{grad}\Psi - \Psi \operatorname{grad}\Psi^*) \, d\tau \qquad (\text{I}, 60)$$

schreiben; man erhält also von selbst einen reellen Impuls für das ganze Teilchen.

Als Geschwindigkeit am Ort eines Volumenelementes kann man wie früher

$$\mathfrak{v} = \frac{d\mathfrak{p} + d\mathfrak{p}^*}{2\,dm} = \frac{h}{4\pi i m} \left(\frac{1}{\Psi} \operatorname{grad}\Psi - \frac{1}{\Psi^*} \operatorname{grad}\Psi^* \right) \qquad (\text{I}, 61)$$

verstehen. Man kann auch die mittlere Geschwindigkeit

$$\tilde{\mathfrak{v}} = \int \mathfrak{v} \Psi^* \Psi \, d\tau = \frac{h}{4\pi i m} \int (\Psi^* \operatorname{grad}\Psi - \Psi \operatorname{grad}\Psi^*) \, d\tau = \frac{\tilde{\mathfrak{p}}}{m} \qquad (\text{I}, 62)$$

angeben.

Die Geschwindigkeit, mit der sich der Schwerpunkt bewegt, erhalten wir, indem wir (I, 51) nach der Zeit differieren. Die Zeit kommt nur in Ψ vor und wir finden

$$\dot{\tilde{\mathfrak{r}}} = \int \mathfrak{r} \frac{\partial}{\partial t} (\Psi^* \Psi) \, d\tau. \qquad (\text{I}, 63)$$

Wegen

$$-\frac{\partial}{\partial t} \Psi^* \Psi = \operatorname{div} \mathfrak{j} = \frac{h}{4\pi i m} \operatorname{div}(\Psi^* \operatorname{grad}\Psi - \Psi \operatorname{grad}\Psi^*) \qquad (\text{I}, 64)$$

folgt

$$\dot{\tilde{\mathfrak{r}}} = -\int \mathfrak{r} \operatorname{div} \mathfrak{j} \, d\tau. \qquad (\text{I}, 65)$$

Die x-Komponente davon ist

$$\dot{\tilde{x}} = -\int x \operatorname{div} \mathfrak{j} \, d\tau = -\int \operatorname{div}(x\mathfrak{j}) \, d\tau + \int (\mathfrak{j} \operatorname{grad} x) \, d\tau. \qquad (\text{I}, 66)$$

Das erste der beiden Integrale kann man in das Oberflächenintegral

$$\int \operatorname{div}(x\mathfrak{j}) \, d\tau = \oint x (\mathfrak{j} \, d\mathfrak{f}) \qquad (\text{I}, 67)$$

§ 3. Operatordarstellung der Teilcheneigenschaften. 925

umformen, welches sich über das Unendliche erstreckt und verschwinden muß. Der zweite Anteil liefert

$$\tilde{\dot{x}} = \int (\mathfrak{j}\,\mathrm{grad}\,x)\,d\tau = \int \mathfrak{j}_x\,d\tau. \qquad (\mathrm{I},\,68)$$

Wir erhalten also

$$\tilde{\dot{\mathfrak{r}}} = \int \mathfrak{j}\,d\tau = \frac{h}{4\pi i\,m}\int(\Psi^*\,\mathrm{grad}\,\Psi - \Psi\,\mathrm{grad}\,\Psi^*)\,d\tau = \frac{\tilde{\mathfrak{p}}}{m} = \tilde{\mathfrak{v}}. \qquad (\mathrm{I},\,69)$$

Der Gesamtimpuls ist also wie in der klassischen Mechanik das Produkt von Gesamtmasse und Schwerpunktsgeschwindigkeit.

4. Jetzt untersuchen wir den Drehimpuls. Klassisch ist er durch

$$\mathfrak{J} = [\mathfrak{r}\,\mathfrak{p}] \qquad (\mathrm{I},\,70)$$

definiert. Ihm entspricht der Operator

$$\mathfrak{J} = [\mathfrak{r}\,\mathfrak{p}] = \frac{h}{2\pi i}[\mathfrak{r}\,\nabla]. \qquad (\mathrm{I},\,71)$$

Wir erhalten daraus den Drehimpuls

$$d\mathfrak{J} = \frac{h}{2\pi i}\,\Psi^*[\mathfrak{r}\,\mathrm{grad}\,\Psi]\,d\tau \qquad (\mathrm{I},\,72)$$

eines Volumenelementes und

$$\tilde{\mathfrak{J}} = \frac{h}{2\pi i}\int \Psi^*[\mathfrak{r}\,\mathrm{grad}\,\Psi]\,d\tau \qquad (\mathrm{I},\,73)$$

des ganzen Teilchens.

Nun gilt wegen $\mathrm{rot}\,\mathfrak{r} = 0$

$$\mathrm{rot}\{\mathfrak{r}\,\Psi^*\,\Psi\} = [\mathfrak{r}\,\Psi^*\,\mathrm{grad}\,\Psi] + [\mathfrak{r}\,\Psi\,\mathrm{grad}\,\Psi^*]. \qquad (\mathrm{I},\,74)$$

Integriert man über den ganzen Raum, so verschwindet die linke Seite und man findet

$$\int \Psi^*[\mathfrak{r}\,\mathrm{grad}\,\Psi]\,d\tau = -\int \Psi[\mathfrak{r}\,\mathrm{grad}\,\Psi^*]\,d\tau. \qquad (\mathrm{I},\,75)$$

Den Drehimpuls des ganzen Teilchens kann man deshalb auch in die Form

$$\tilde{\mathfrak{J}} = \frac{h}{4\pi i}\int [\mathfrak{r}\,\{\Psi^*\,\mathrm{grad}\,\Psi - \Psi\,\mathrm{grad}\,\Psi^*\}]\,d\tau = m\int [\mathfrak{r}\,\mathfrak{v}]\,\Psi^*\Psi\,d\tau \qquad (\mathrm{I},\,76)$$

bringen.

5. Die kinetische Energie wird klassisch durch

$$T = \frac{\mathfrak{p}^2}{2m} \qquad (\mathrm{I},\,77)$$

ausgedrückt. Hier entsteht eine Schwierigkeit, weil $\mathfrak{p}$ eine extensive Eigenschaft ist, deren Quadrat keinen Sinn hat. Jede extensive Eigenschaft kann nur aus intensiven Eigenschaften und einem einzigen extensiven Faktor aufgebaut sein. In der klassischen Mechanik spielt dies keine Rolle, weil das Teilchen punktförmig ist. Offenbar müssen wir von

$$T = \frac{\mathfrak{p}^2}{2m} = \frac{\mathfrak{p}\,\mathfrak{v}}{2} \qquad (\mathrm{I},\,78)$$

ausgehen, $\mathfrak{v}$ durch den Operator $\mathfrak{p}/m$ ersetzen und erhalten dann

$$\mathbb{T} = \frac{\mathfrak{p}^2}{2m} = -\frac{h^2}{8\pi^2 m} \Delta. \tag{I, 79}$$

Die kinetische Energie des Volumenelementes ist dann

$$dT = -\frac{h^2}{8\pi^2 m} \Psi^* \Delta \Psi \, d\tau \tag{I, 80}$$

und die des ganzen Teilchens

$$\tilde{T} = -\frac{h^2}{8\pi^2 m} \int \Psi^* \Delta \Psi \, d\tau. \tag{I, 81}$$

Der Gesamtwert ist reell, denn

$$\tilde{T} - \tilde{T}^* = -\frac{h^2}{8\pi^2 m} \int (\Psi^* \Delta \Psi - \Psi \Delta \Psi^*) \, d\tau$$

$$= -\frac{h^2}{8\pi^2 m} \int \mathrm{div}(\Psi^* \mathrm{grad}\,\Psi - \Psi \,\mathrm{grad}\,\Psi^*) \, d\tau \tag{I, 82}$$

$$= \frac{h}{2\pi i m} \int \mathrm{div}\,\mathfrak{j}\, d\tau = \frac{h}{2\pi i m} \oint (\mathfrak{j}\, d\mathfrak{f}).$$

Der Teilchenfluß

$$\oint (\mathfrak{j}\, d\mathfrak{f})$$

ins Unendliche muß aber verschwinden, weil das Teilchen sich nicht auflöst. Im Magnetfeld wird die kinetische Energie durch den Operator

$$\mathbb{T} = \frac{1}{2m}(\mathfrak{p} + e\mu_0 \mathfrak{A})^2 = \frac{1}{2m}\left(\frac{h}{2\pi i}\nabla + e\mu_0 \mathfrak{A}\right)^2 \tag{I, 83}$$

gegeben.

6. Die Gesamtenergie wird durch den Hamiltonoperator

$$\mathbb{H} = \mathbb{T} + \mathbb{V} \tag{I, 84}$$

repräsentiert. Wegen der Wellengleichung

$$\mathbb{H}\Psi + \frac{h}{2\pi i}\frac{\partial \Psi}{\partial t} = 0 \tag{I, 85}$$

ist

$$\mathbb{H} = -\frac{h}{2\pi i}\frac{\partial}{\partial t}. \tag{I, 86}$$

Wir können die Gesamtenergie des Volumenelementes durch

$$\Psi^* \mathbb{H} \Psi \, d\tau = -\frac{h}{2\pi i} \Psi^* \frac{\partial \Psi}{\partial t} d\tau \tag{I, 87}$$

und die des ganzen Teilchens durch

$$\tilde{E} = \int \Psi^* \mathbb{H} \Psi \, d\tau = -\frac{h}{2\pi i} \int \Psi^* \frac{\partial \Psi}{\partial t} d\tau \tag{I, 88}$$

angeben. Die Gesamtenergie ist reell, denn

$$\widetilde{E} - \widetilde{E}^* = -\frac{h}{2\pi i}\int\left(\Psi^*\frac{\partial\Psi}{\partial t} + \Psi\frac{\partial\Psi^*}{\partial t}\right)d\tau$$
$$= -\frac{h}{2\pi i}\frac{\partial}{\partial t}\int\Psi^*\Psi\, d\tau = 0 \qquad (I, 89)$$

verschwindet; wir können deshalb auch

$$\widetilde{E} = \frac{\widetilde{E}+\widetilde{E}^*}{2} = -\frac{h}{4\pi i}\int\left(\Psi^*\frac{\partial\Psi}{\partial t} - \Psi\frac{\partial\Psi^*}{\partial t}\right)d\tau \qquad (I, 90)$$

schreiben.

7. Für die Rotationsenergie eines Teilchens findet man klassisch den Ausdruck

$$E_{\text{rot}} = \frac{1}{2m}[\mathfrak{r}\,\mathfrak{p}]^2 = \frac{\mathfrak{J}^2}{2m}. \qquad (I, 91)$$

Zu ihr gehört der Operator

$$\mathbb{E}_{\text{rot}} = \frac{1}{2m}[\mathfrak{r}\,\mathfrak{p}]^2 = -\frac{h^2}{8\pi^2 m}([\mathfrak{r}\,\nabla][\mathfrak{r}\,\nabla]). \qquad (I, 92)$$

∇ wirkt auf alle Ausdrücke, welche dahinter stehen. Die Rotationsenergie des ganzen Teilchens ist dann

$$\widetilde{E}_{\text{rot}} = -\frac{h^2}{8\pi^2 m}\int\Psi^*([\mathfrak{r}\,\nabla][\mathfrak{r}\,\nabla])\Psi\, d\tau. \qquad (I, 93)$$

Das Quadrat $\mathfrak{J}^2$ des Drehimpulses selbst ist weder eine extensive noch eine intensive Eigenschaft, da der additive Bestandteil doppelt in ihm vorkommt. Es hat deshalb keinen rechten Sinn, von ihm zu sprechen. Wenn wir doch gelegentlich vom absoluten Betrag des Drehimpulses sprechen, so verstehen wir darunter

$$\sqrt{2m\,E_{\text{rot}}}.$$

Es ist ein gewisser Mangel des Operatorverfahrens, daß es formal erlaubt, Eigenschaften für ein Teilchen zu bilden, die an sich nicht sinnvoll sind.

§ 4. Systeme mehrerer Teilchen.

Inhalt: Hamiltonfunktion, Hamiltonoperator, Wellengleichung, Teilchenstrom und Eigenschaftsoperatoren für Systeme mehrerer Teilchen.

Bezeichnungen: Die Teilchen werden durch Indizes unterschieden, sonst wie S. 921.

Ein System von mehreren Teilchen hat in der klassischen Behandlung die Hamiltonfunktion

$$H = \sum_i \frac{1}{2m_i}\mathfrak{p}_i^2 + V, \qquad (I, 94)$$

wenn kein Magnetfeld vorhanden ist. V ist die potentielle Energie der ganzen Anordnung. Bei mehreren Elektronen, die sich z. B. im Feld einer positiven Punktladung $+Ze$ befinden, ist

$$V = -\frac{1}{4\pi\varepsilon_0}\sum_i\frac{Ze^2}{r_i} + \frac{1}{8\pi\varepsilon_0}\sum_{ik}\frac{e^2}{r_{ik}}. \qquad (I, 95)$$

Der zweite Anteil ist die gegenseitige potentielle Energie der Elektronen, bei welcher die Glieder mit $i = k$ auszulassen sind. In einem äußeren Magnetfeld mit dem Vektorpotential $\mathfrak{A}_i$ an der Stelle des i-ten Teilchens ist

$$H = \sum{}^i \frac{1}{2m_i} (\mathfrak{p}_i + e\,\mu_0\,\mathfrak{A}_i)^2 + V. \qquad (\text{I, 96})$$

Jetzt können wir leicht mit dem Operatorverfahren zur Quantentheorie übergehen. Die Wellenfunktion hängt von den Koordinaten sämtlicher Teilchen ab. Den Operator

$$\mathbb{H} = \sum{}^i \frac{1}{2m_i} (\mathfrak{p}_i + e\,\mu_0\,\mathfrak{A}_i)^2 + \mathbb{V} \qquad (\text{I, 97})$$

bilden wir, indem wir

$$\mathfrak{p}_i = \frac{h}{2\pi i} \nabla_i \qquad (\text{I, 98})$$

setzen, wo ∇_i nur auf die Koordinaten des i-ten Teilchens wirkt. Die Wellengleichung lautet wie sonst

$$\mathbb{H}\,\Psi + \frac{h}{2\pi i} \frac{\partial \Psi}{\partial t} = 0. \qquad (\text{I, 99})$$

Bei mehreren Teilchen geht die Anschaulichkeit ziemlich verloren. Ist N die Teilchenzahl, so ist Ψ eine Ortsfunktion im $3N$-dimensionalen Raum.

$$\Psi^* \Psi\, d\tau_1\, d\tau_2 \ldots d\tau_N \qquad (\text{I, 100})$$

ist die Wahrscheinlichkeit dafür, daß das Teilchen 1 sich in $d\tau_1$, das Teilchen 2 in $d\tau_2 \ldots$, das Teilchen N in $d\tau_N$ befindet. $\Psi^* \Psi$ kann nicht mehr als Teilchendichte gedeutet werden. Die Wahrscheinlichkeit dafür, daß das Teilchen 1 in $d\tau_1$ wirksam ist, gleichgültig, wo sich die anderen Teilchen befinden, ist das Integral

$$d\tau_1 \int \Psi^* \Psi\, d\tau_2 \ldots d\tau_N, \qquad (\text{I, 101})$$

wobei man für jedes der Teilchen 2 bis N über den ganzen Raum integrieren muß. Unter der Dichte des Teilchens 1 im Raum kann also

$$\varrho_1 = \int \Psi^* \Psi\, d\tau_2 \ldots d\tau_N \qquad (\text{I, 102})$$

verstanden werden. Entsprechende Ausdrücke ergeben sich auch für die Dichten der anderen Teilchen.

Die Randbedingungen für die Funktion Ψ können sinngemäß übertragen werden. Zunächst wird man Ψ durch

$$\int \Psi^* \Psi\, d\tau_1 \ldots d\tau_N = 1 \qquad (\text{I, 103})$$

normieren. Das Integralzeichen steht dabei für N Integrationen über den ganzen Raum. Diese Normierung bedeutet, daß ein System von N-Teilchen vorhanden ist. Weiterhin muß Ψ im $3N$-dimensionalen Raum eindeutig, stetig und endlich sein und muß verschwinden, wenn die Koordinaten auch nur eines Teilchens unendlich werden.

Multiplizieren wir (I, 99) mit Ψ^* und subtrahieren davon die konjugiert komplexe Gleichung

$$\Psi\,\mathbb{H}^*\,\Psi^* - \frac{h}{2\pi i} \Psi \frac{\partial \Psi^*}{\partial t} = 0, \qquad (\text{I, 104})$$

§ 4. Systeme mehrerer Teilchen.

so erhalten wir

$$\Psi^* \frac{\partial \Psi}{\partial t} + \Psi \frac{\partial \Psi^*}{\partial t} = \frac{2\pi i}{h} (\Psi \mathbb{H}^* \Psi^* - \Psi^* \mathbb{H} \Psi). \quad (I, 105)$$

Ausführlich geschrieben bedeutet dies

$$-\frac{\partial}{\partial t}(\Psi^* \Psi) = \sum^i \frac{h}{4\pi i m_i}(\Psi^* \Delta_i \Psi - \Psi \Delta_i \Psi^*) + \\ + \sum^i \frac{e \mu_0}{m_i}(\Psi^* \nabla_i \mathfrak{A}_i \Psi + \Psi \nabla_i \mathfrak{A}_i \Psi^*), \quad (I, 106)$$

wenn man beachtet, daß div $\mathfrak{A}_i = 0$ ist. Dies kann man auch auf die Form

$$-\frac{\partial}{\partial t}(\Psi^* \Psi) = \sum^i \nabla_i \left\{ \frac{h}{4\pi i m_i}(\Psi^* \nabla_i \Psi - \Psi \nabla_i \Psi^*) + \frac{e m_0}{m_i} \mathfrak{A}_i \Psi^* \Psi \right\} \quad (I, 107)$$

bringen. Setzt man

$$\mathfrak{j}_i = \frac{h}{4\pi i m_i}(\Psi^* \nabla_i \Psi - \Psi \nabla_i \Psi^*) + \frac{e \mu_0}{m_i} \mathfrak{A}_i \Psi^* \Psi, \quad (I, 108)$$

so geht (I, 107) in

$$-\frac{\partial}{\partial t}(\Psi^* \Psi) = \sum^i (\nabla_i \mathfrak{j}_i) \quad (I, 109)$$

über.

Was ist nun unter $\mathfrak{j}_i$ zu verstehen? Wenn $d\mathfrak{f}_i$ ein Flächenelement am Orte des Volumenelementes $d\tau_i$ ist, so bedeutet $(\mathfrak{j}_i d\mathfrak{f}_i) d\tau_k \ldots$ die Wahrscheinlichkeit dafür, daß das i-Teilchen in der Zeiteinheit durch $d\mathfrak{f}_i$ hindurchtritt und daß sich die anderen Teilchen in den Volumenelementen $d\tau_k$ aufhalten.

Integrieren wir die Gl. (I, 109) über alle Volumenelemente außer $d\tau_1$, so erhalten wir

$$-\frac{\partial}{\partial t} \int \Psi^* \Psi \, d\tau_2 \ldots d\tau_N = \sum^i \int (\nabla_i \mathfrak{j}_i) \, d\tau_2 \ldots d\tau_N \\ = \left(\nabla_1 \int \mathfrak{j}_1 \, d\tau_2 \ldots d\tau_N \right). \quad (I, 110)$$

In der Summe auf der rechten Seite bleibt nämlich nur das Glied für $i = 1$ stehen, da in allen übrigen Gliedern das Integral

$$\int (\nabla_i \mathfrak{j}_i) \, d\tau_i = \oint (\mathfrak{j}_i \, d\mathfrak{f}_i) \quad (I, 111)$$

in ein Oberflächenintegral im Unendlichen umgewandelt werden kann, welches verschwindet. Setzen wir

$$\varrho_1 = \int \Psi^* \Psi \, d\tau_2 \ldots d\tau_N; \quad \bar{\mathfrak{j}}_1 = \int \mathfrak{j}_1 \, d\tau_2 \ldots d\tau_N, \quad (I, 112)$$

so geht (I, 110) in

$$-\frac{\partial \varrho_1}{\partial t} = \operatorname{div} \bar{\mathfrak{j}}_1 \quad (I, 113)$$

über. Dieselbe Beziehung gilt natürlich für alle Indizes.

$(\bar{\mathfrak{j}}_1 d\mathfrak{f}_1)$ ist die Wahrscheinlichkeit dafür, daß das erste Teilchen in der Zeiteinheit durch $d\mathfrak{f}_1$ tritt, gleichgültig, was die anderen Teilchen machen und wo sie sich befinden. $\bar{\mathfrak{j}}_1$ ist zwar nicht die Stromdichte des Teilchens 1, wohl aber ihr Wahrscheinlichkeits- oder Erwartungswert.

Weizel, Theoretische Physik, II. 2. Aufl.

Beim Mehrteilchensystem besteht volle Analogie zu den Verhältnissen beim einzelnen Teilchen, wenn man von der naturgemäßen Komplikation absieht, welche durch mehrere Teilchen entsteht.

Soll eine Eigenschaft des Systems angegeben werden, welche klassisch als eine Funktion F der Koordinaten und Impulse ausgedrückt wird, so muß man zuerst den Eigenschaftsoperator $\mathbb{F}$ bilden, indem man an Stelle der Impulse die Operatoren (I, 98) einsetzt. Man erhält dann den Gesamtwert oder Mittelwert

$$\widetilde{F} = \int \Psi^* \, \mathbb{F} \, \Psi \, d\tau_1 \ldots d\tau_N \qquad (\text{I, 114})$$

der Eigenschaft.

§ 5. Stationäre Zustände.

Inhalt: Periodische Wellenfunktion in stationären Zuständen. Die Energie ist gleichmäßig über das Teilchen verteilt.

Bezeichnungen: ψ Amplitude der Wellenfunktion, ν Frequenz, sonst wie S. 916, 919, 921.

Unter allen Wahrscheinlichkeitsverteilungen eines Elementarteilchens, welche durch die Wellengleichung beschrieben werden, interessieren uns zunächst diejenigen, die von der Zeit unabhängig sind, bei denen sich das Teilchen also in einem stationären Zustand befindet. Sowohl die Dichtefunktion $\Psi^*\Psi$ wie auch die Stromdichte

$$\mathfrak{j} = \frac{h}{4\pi i m} (\Psi^* \operatorname{grad} \Psi - \Psi \operatorname{grad} \Psi^*) \qquad (\text{I, 115})$$

dürfen dann nicht von der Zeit abhängen. Handelt es sich, wie meistens, um ein Elektron, so haben wir eine stationäre elektrische Ladungs- und Stromverteilung.

Zerlegen wir

$$\Psi = \sqrt{\varrho} \, e^{i f} \qquad (\text{I, 116})$$

in den Betrag $\sqrt{\varrho}$ und den Exponentialfaktor e^{if}, so darf ϱ nur vom Orte abhängen. Gehen wir mit (I, 116) in (I, 115) ein, so erhalten wir

$$\mathfrak{j} = \frac{h}{2\pi m} \varrho \operatorname{grad} f. \qquad (\text{I, 117})$$

Soll $\mathfrak{j}$ unabhängig von der Zeit sein, so darf $\operatorname{grad} f$ die Zeit nicht enthalten. Dies schreibt für f die Form

$$f = f_1(x, y, z) + f_2(t) \qquad (\text{I, 118})$$

vor. Setzen wir nun

$$\psi = \sqrt{\varrho} \, e^{i f_1}, \qquad (\text{I, 119})$$

so finden wir die Wellenfunktion

$$\Psi = \psi \, e^{i f_2(t)}. \qquad (\text{I, 120})$$

Bei einer stationären Anordnung muß natürlich auch die Gesamtenergie zeitunabhängig sein. Verwenden wir den Ausdruck (I, 88), so gelangen wir zu

$$\widetilde{E} = -\frac{h}{2\pi i} \int \Psi^* \frac{\partial \Psi}{\partial t} d\tau = -\frac{h}{2\pi} \int \Psi^* \Psi \frac{df_2}{dt} d\tau = -\frac{h}{2\pi} \frac{df_2}{dt}, \qquad (\text{I, 121})$$

da f_2 nicht vom Ort abhängt. Jetzt können wir endlich f_2 bestimmen und finden

$$f_2 = -\frac{2\pi}{h} \widetilde{E} \, t. \qquad (\text{I, 122})$$

§ 5. Stationäre Zustände.

Zu einem stationären Zustand des Teilchens gehört also die Wellenfunktion

$$\Psi = \psi\, e^{-\frac{2\pi i \widetilde{E} t}{h}}. \qquad (I, 123)$$

wo ψ nur eine Ortsfunktion ist. Der stationären Verteilung eines Teilchens unterliegt also ein periodischer Vorgang an der Größe Ψ mit einer Frequenz

$$\nu = \frac{\widetilde{E}}{h}, \qquad (I, 124)$$

welche der Gesamtenergie des Teilchens proportional ist.

Gehen wir mit dem Ansatz (I, 123) in die Wellengleichung $\mathbb{H}\Psi + \frac{h}{2\pi i}\frac{\partial \Psi}{\partial t} = 0$ ein, so geht sie in die sogenannte Schrödingergleichung

$$\mathbb{H}\psi - \widetilde{E}\psi = 0 \qquad (I, 125)$$

oder

$$\operatorname{div}\operatorname{grad}\psi + \frac{8\pi^2 m}{h^2}(\widetilde{E} - V)\psi = 0 \qquad (I, 126)$$

über. Die Lösungsfunktionen ψ enthalten die Gesamtenergie $\widetilde{E}$ als Parameter (Integrationskonstante).

Nun lassen sich alle interessierenden Größen durch ψ ausdrücken. Für die Dichte erhalten wir

$$\varrho = \psi^* \psi \qquad (I, 127)$$

und für den reellen Impuls des Volumenelementes

$$\frac{d\mathfrak{p} + d\mathfrak{p}^*}{2} = \frac{h}{4\pi i}(\psi^* \operatorname{grad}\psi - \psi \operatorname{grad}\psi^*). \qquad (I, 128)$$

Zu ihm gehört der Teilchenstrom

$$\mathfrak{i} = \frac{h}{4\pi i m}(\psi^* \operatorname{grad}\psi - \psi \operatorname{grad}\psi^*). \qquad (I, 129)$$

Für die Energie des Volumenelementes ergibt sich

$$dE = -\frac{h}{2\pi i}\Psi^*\frac{\partial \Psi}{\partial t}d\tau = \widetilde{E}\Psi^*\Psi d\tau = \widetilde{E}\psi^*\psi d\tau. \qquad (I, 130)$$

In einem stationären Zustand ist die Gesamtenergie gleichmäßig über das ganze Teilchen verteilt. Die Energiedichte ist der Teilchendichte proportional.

Die Randbedingungen für Ψ gehen jetzt auf ψ über. Neben der Befriedigung der Schrödingergleichung wird von ψ noch Endlichkeit, Stetigkeit, Eindeutigkeit und Verschwinden im Unendlichen verlangt. Außerdem muß ψ so normiert werden, daß

$$\int \psi^*\psi\, d\tau = 1 \qquad (I, 131)$$

wird. Schließlich muß der Teilchenstrom (I, 129) im Unendlichen und der komplexe Teilchenfluß ins Unendliche verschwinden, was zu der Forderung

$$\lim \oint \psi^*(\operatorname{grad}\psi\, d\mathfrak{f}) = 0 \qquad (I, 132)$$

führt. Dies setzt voraus, daß ψ und $\operatorname{grad}\psi$ für große R stärker als $1/R$ gegen Null gehen.

§ 6. Eigenwerte und Eigenfunktionen.

Inhalt: Normierung, Eigenwerte und Eigenfunktionen. Diskrete und kontinuierliche Eigenwerte. Die kontinuierlichen Eigenwerte sind nicht ohne weiteres normierbar und bedeuten keine stationären Zustände.

Bezeichnungen: r, ϑ, φ räumliche Polarkoordinaten, ψ, ψ_k Eigenfunktionen, $\widetilde{E}$, E_k Eigenwerte, sonst wie S. 916, 919, 921.

Die stationären Zustände von Elementarteilchen findet man, indem man diejenigen Lösungen der Schrödingergleichung

$$\mathbb{H}\,\psi = \widetilde{E}\,\psi \qquad (\text{I, 133})$$

aufsucht, welche im Unendlichen verschwinden und im Raum überall eindeutig, endlich und stetig sind. Da die Schrödingergleichung homogen und linear ist, bleibt ein Zahlfaktor willkürlich, den auch die Randbedingungen unbestimmt lassen. Dieser sogenannte Normierungsfaktor muß so gewählt werden, daß

$$\int \psi^* \, \psi \, d\tau = 1 \qquad (\text{I, 134})$$

wird.

Damit ist das Problem, die stationären Zustände aufzusuchen, mathematisch formuliert. Man kann es für einige einfache Kraftfelder auch durchrechnen (siehe z. B. S. 838). Dabei stellen sich einige Gesetzmäßigkeiten heraus, welche der Quantentheorie das Gepräge geben, und die wir hier anführen, ohne sie zu beweisen.

Im allgemeinen kann man die Schrödingergleichung und die Randbedingungen nicht gleichzeitig erfüllen. Gibt man einen beliebigen Energiewert $\widetilde{E}$ vor, so findet man gewöhnlich keine Funktion ψ, welche alle Anforderungen befriedigt. Es gibt aber gewisse Energien $\widetilde{E} = E_k$, zu denen man eine, oft auch mehrere voneinander verschiedene Funktionen ψ_k finden kann. Diese Energien E_k heißen Eigenwerte, die Funktionen ψ_k Eigenfunktionen. Zwischen den Eigenwerten E_k liegen endliche Energiestufen, in welchen es keine Eigenwerte gibt. Man spricht deshalb oft von diskreten Eigenwerten. Man kann die E_k nach ihrer Größe in eine Reihe ordnen, d. h. abzählen. Die Reihe besitzt meist einen Häufungspunkt, an dem sich die Eigenwerte zusammendrängen. An ihn schließt sich ein Kontinuum von Eigenwerten an, d. h. ein Bereich, in welchem es zu jeder Energie eine Lösung der Schrödingergleichung gibt, welche eindeutig, stetig und endlich ist und im Unendlichen verschwindet.

Im Unendlichen nähert sich die potentielle Energie eines Teilchens meist einem Grenzwert. In ihn können wir den Nullpunkt des Energiemaßstabes legen. Die negativen Eigenwerte sind in diesem Fall diskret, die positiven kontinuierlich.

Wir untersuchen nun das Verhalten der Eigenfunktionen in großer Entfernung und schreiben hierzu die Schrödingergleichung

$$\frac{1}{r^2}\frac{\partial}{\partial r}r^2\frac{\partial \psi}{\partial r} + \frac{1}{r^2}\left(\frac{1}{\sin\vartheta}\frac{\partial}{\partial \vartheta}\sin\vartheta\frac{\partial \psi}{\partial \vartheta} + \frac{1}{\sin^2\vartheta}\frac{\partial^2 \psi}{\partial \varphi^2}\right) + \\ + \frac{8\pi^2 m}{h^2}(E-V)\psi = 0 \qquad (\text{I, 135})$$

in Polarkoordinaten r, ϑ, φ an. Durch den Ansatz

$$\psi = \frac{1}{r}F(r,\vartheta,\varphi) \qquad (\text{I, 136})$$

§ 6. Eigenwerte und Eigenfunktionen.

erhalten wir für F die Gleichung

$$\frac{\partial^2 F}{\partial r^2} + \frac{1}{r^2}\left(\frac{1}{\sin\vartheta}\frac{\partial}{\partial\vartheta}\sin\vartheta\frac{\partial F}{\partial\vartheta} + \frac{1}{\sin^2\vartheta}\frac{\partial^2 F}{\partial\varphi^2}\right) + \frac{8\pi^2 m}{h^2}(\widetilde{E} - V)F = 0, \quad (I, 137)$$

welche sich für große r auf

$$\frac{\partial^2 F}{\partial r^2} + \frac{8\pi^2 m}{h^2}\widetilde{E}F = 0 \quad (I, 138)$$

reduziert. Ihre allgemeine Lösung ist

$$F = C_2 e^{-\frac{2\pi i r}{h}\sqrt{2m\widetilde{E}}} + C_1 e^{\frac{2\pi i r}{h}\sqrt{2m\widetilde{E}}}, \quad (I, 139)$$

und die Eigenfunktionen nähern sich in großer Entfernung der Funktion

$$\psi_\infty = \frac{C_2}{r} e^{-\frac{2\pi i r}{h}\sqrt{2m\widetilde{E}}} + \frac{C_1}{r} e^{\frac{2\pi i r}{h}\sqrt{2m\widetilde{E}}}. \quad (I, 140)$$

Ist $E < 0$, so muß $C_2 = 0$ sein, damit ψ_∞ endlich bleibt; der Verlauf der Eigenfunktion zum Eigenwert E_k im Unendlichen wird dann im wesentlichen durch

$$\psi_k = \frac{C}{r} e^{-\frac{2\pi r}{h}\sqrt{-2m E_k}} \quad (I, 141)$$

wiedergegeben. Die Eigenfunktion nimmt exponentiell ab, und die Normierung macht keine Schwierigkeit, weil das Integral

$$\int \psi^* \psi \, d\tau = \iint C^* C \sin\vartheta \, d\vartheta \, d\varphi \int e^{-\frac{4\pi r}{h}\sqrt{-2m E_k}} dr \quad (I, 142)$$

konvergiert. Der Teilchenstrom

$$\mathfrak{i} = \frac{h}{4\pi i m}(\psi^* \operatorname{grad}\psi - \psi \operatorname{grad}\psi^*) \quad (I, 143)$$

verschwindet in der Ferne, weil

$$\psi^* \operatorname{grad}\psi = \psi \operatorname{grad}\psi^*$$

ist. Damit (I, 137) auch im endlichen Bereich erfüllt wird, betrachten wir C als eine Ortsfunktion, welche für $r = 0$ verschwinden muß, damit ψ endlich bleibt. Dies ist nicht für jeden beliebigen Wert von E_k zu erreichen, sondern nur für bestimmte diskrete Eigenwerte.

Die positiven Eigenwerte sind kontinuierlich. Jede positive Energie ist ein Eigenwert. In der Tat verschwinden die zugehörigen Funktionen (I, 140) sämtlich, wenn r gegen ∞ geht. Setzt man zur Abkürzung

$$\lambda = \frac{h}{\sqrt{2mE}}; \quad C_1 = A_1 e^{i\delta_1}; \quad C_2 = A_2 e^{-i\delta_2}, \quad (I, 144)$$

so nähern die Eigenfunktionen sich

$$\psi_\infty = \frac{1}{r}\left\{A_1 e^{i\left(\frac{2\pi r}{\lambda} + \delta_1\right)} + A_2 e^{-i\left(\frac{2\pi r}{\lambda} + \delta_2\right)}\right\}. \quad (I, 145)$$

Die positiven Eigenwerte sind aber den negativen nicht in jeder Hinsicht gleichwertig. Das Normierungsintegral

$$\int \psi^* \psi \, d\tau = \int_0^{2\pi} \int_0^{\pi} \int_0^{\infty} \psi^* \psi \, r^2 \, dr \sin\vartheta \, d\vartheta \, d\varphi \qquad (I, 146)$$

konvergiert nicht, weil die Funktion ψ im Unendlichen nur wie $1/r$ und nicht stärker verschwindet. Außerhalb einer großen Kugel ist nämlich

$$\psi^* \psi = \frac{1}{r^2} \left\{ A_1 e^{-i\left(\frac{2\pi r}{\lambda} + \delta_1\right)} + A_2 e^{i\left(\frac{2\pi r}{\lambda} + \delta_2\right)} \right\} \left\{ A_1 e^{i\left(\frac{2\pi r}{\lambda} + \delta_1\right)} + A_2 e^{-i\left(\frac{2\pi r}{\lambda} + \delta_2\right)} \right\}$$
$$= \frac{1}{r^2} \left\{ A_1^2 + A_2^2 + 2 A_1 A_2 \cos\left(\frac{4\pi r}{\lambda} + \delta_1 + \delta_2\right) \right\} \qquad (I, 147)$$

und das Integral

$$\int_R^{\infty} \psi^* \psi \, r^2 \, dr = \int_R^{\infty} \left\{ A_1^2 + A_2^2 + 2 A_1 A_2 \cos\left(\frac{4\pi r}{\lambda} + \delta_1 + \delta_2\right) \right\} dr \qquad (I, 148)$$

geht gegen Unendlich.

Die Forderung, daß kein Teilchenstrom ins Unendliche gehen soll, macht auch Schwierigkeiten. Für große r finden wir

$$\mathrm{grad}_r \psi_\infty \approx \frac{2\pi i}{\lambda r} \left(A_1 e^{i\left(\frac{2\pi r}{\lambda} + \delta_1\right)} - A_2 e^{-i\left(\frac{2\pi r}{\lambda} + \delta_2\right)} \right), \qquad (I, 149)$$

wenn wir die schneller konvergierenden Glieder weglassen. Daraus ergibt sich der Strom

$$\mathrm{i}_r = \frac{h}{m \lambda r^2} (A_1^2 - A_2^2). \qquad (I, 150)$$

Nur wenn $A_1 = A_2$ ist, fließt kein Strom ins Unendliche.

Bei positivem Eigenwert haben wir also keine stationäre Elektronenkonfiguration vor uns, und deshalb ist es richtig, diese Energien von den eigentlichen negativen Eigenwerten als uneigentliche Eigenwerte zu unterscheiden. Auf die Bedeutung der zugehörigen ψ-Funktionen kommen wir noch zurück.

§ 7. Die Orthogonalität der Eigenfunktionen.

Inhalt: Jede Eigenfunktion, die zu einem diskreten Eigenwert gehört, ist orthogonal zu allen Eigenfunktionen, welche zu anderen Eigenwerten gehören.

Bezeichnungen: ψ_i, ψ_k Eigenfunktionen, E_i, E_k Eigenwerte, V potentielle Energie, $d\tau$ Volumenelement des Raumes.

ψ_i und ψ_k seien zwei Eigenfunktionen, die zu den Eigenwerten E_i und E_k gehören. Die Schrödingergleichungen für ψ_i und ψ_k^* lauten dann

$$\Delta \psi_i + \frac{8\pi^2 m}{h^2} (E_i - V) \psi_i = 0, \qquad (I, 151)$$

$$\Delta \psi_k^* + \frac{8\pi^2 m}{h^2} (E_k - V) \psi_k^* = 0. \qquad (I, 152)$$

Multipliziert man die erste Gleichung mit ψ_k^*, die zweite mit ψ_i, subtrahiert und integriert über den ganzen Raum, so ergibt sich

$$\int (\psi_k^* \Delta \psi_i - \psi_i \Delta \psi_k^*) d\tau = \frac{8\pi^2 m}{h^2}(E_k - E_i) \int \psi_k^* \psi_i d\tau. \quad (I, 153)$$

Da

$$\psi_k^* \Delta \psi_i - \psi_i \Delta \psi_k^* = \operatorname{div}\{\psi_k^* \operatorname{grad}\psi_i - \psi_i \operatorname{grad}\psi_k^*\} \quad (I, 154)$$

ist, können wir die linke Seite von (I, 153) in das Oberflächenintegral

$$\int \operatorname{div}\{\psi_k^* \operatorname{grad}\psi_i - \psi_i \operatorname{grad}\psi_k^*\} d\tau = \oint (\{\psi_k^* \operatorname{grad}\psi_i - \psi_i \operatorname{grad}\psi_k^*\} d\mathfrak{f}) \quad (I, 155)$$

über das Unendliche verwandeln.

Ist wenigstens einer der beiden Eigenwerte (E_i) ein eigentlicher Eigenwert, so verschwinden ψ_i und $\operatorname{grad}\psi_i$ im Unendlichen exponentiell, während ψ_k^* und $\operatorname{grad}\psi_k^*$ entweder exponentiell oder wenigstens wie $1/r$ verschwinden. Die Integrale

$$\int \psi_k^* (\operatorname{grad}\psi_i \, d\mathfrak{f}) \quad \text{und} \quad \int \psi_i (\operatorname{grad}\psi_k^* \, d\mathfrak{f})$$

über eine Fläche in weiter Ferne konvergieren gegen den Wert Null. Hieraus ergibt sich die wichtige Formel

$$(E_k - E_i) \int \psi_k^* \psi_i d\tau = 0. \quad (I, 156)$$

Sind ψ_i und ψ_k zwei Eigenfunktionen, von denen wenigstens eine zu einem eigentlichen Eigenwert gehört, so gehören sie entweder beide zu diesem Eigenwert oder die Integrale

$$\int \psi_k^* \psi_i d\tau \quad \text{und} \quad \int \psi_k \psi_i^* d\tau$$

haben den Wert Null. Im letzteren Fall bezeichnet man ψ_i und ψ_k als orthogonale Funktionen. Eine zu einem eigentlichen Eigenwert gehörige Eigenfunktion ist zu jeder Eigenfunktion orthogonal, die zu einem anderen Eigenwert gehört. Die zu einem eigentlichen Eigenwert gehörigen Eigenfunktionen sind zu allen Eigenfunktionen orthogonal, die zu nicht eigentlichen Eigenwerten gehören. Die nicht eigentlichen Eigenfunktionen unter sich sind nicht ohne weiteres zueinander orthogonal.

§ 8. Entartung.

Inhalt: Gibt es N Eigenfunktionen zu einem Eigenwert, so liegt N-fache Entartung vor. Alle Linearkombinationen sind ebenfalls Eigenfunktionen. Normierung und Orthogonalität entarteter Eigenfunktionen. Entartung bei Kugelsymmetrie des Potentials, bei gleichartigen Teilchen und komplexen Eigenfunktionen. Ohne Entartung gibt es keinen Teilchenstrom.

Bezeichnungen: ψ Eigenfunktion, E_k Eigenwert, V potentielle Energie, $\mathfrak{j}$ Teilchenstrom.

In vielen Fällen kommt es vor, daß es zu einem Eigenwert E_k mehrere Eigenfunktionen

$$\psi_{k_1}; \; \psi_{k_2}; \; \psi_{k_3}; \; \ldots \; \psi_{k_N} \quad (I, 157)$$

gibt, die voneinander linear unabhängig sind. Darunter versteht man, daß keine dieser Funktionen als eine Linearkombination der anderen ausgedrückt werden kann, daß es also keine Beziehung

$$\psi_{k_N} = \sum_{1}^{N-1} a_i \psi_{k_i} \quad (I, 158)$$

gibt. Diesen Sachverhalt nennt man Entartung. Der betreffende Eigenwert E_k ist N-fach entartet.

Alle Linearkombinationen der Eigenfunktionen (I, 157)

$$\psi_k = \sum_1^N{}^i a_i \psi_{k_i} \tag{I, 159}$$

sind dann ebenfalls Eigenfunktionen zum Eigenwert E_k. Dies ergibt sich ohne weiteres aus der Linearität der Schrödingergleichung.

Die Eigenfunktionen (I, 159) eines entarteten Eigenwertes E_k müssen normiert werden. Hierdurch wird eine Beziehung zwischen den N Koeffizienten a_i hergestellt, im übrigen bleiben sie aber ganz willkürlich. Da die entarteten Eigenfunktionen zum gleichen Eigenwert gehören, brauchen sie nicht zueinander orthogonal zu sein. Man kann aber auf viele Weisen Gruppen von N normierten und zueinander orthogonalen Eigenfunktionen aus der Gesamtheit der Linearkombination auswählen. Seien z. B. die unabhängigen Funktionen ψ_{k_i} vorgegeben, so normiert man z. B. zuerst ψ_{k_1} durch einen Normierungsfaktor N_{k_1}, den man aus

$$N_{k_1}^2 \int \psi_{k_1}^* \psi_{k_1} d\tau = 1 \tag{I, 160}$$

bestimmt, und setzt

$$\psi_1 = N_{k_1} \psi_{k_1}. \tag{I, 161}$$

Alsdann bildet man die Linearkombinationen

$$\psi_2 = a_{21} \psi_{k_1} + a_{22} \psi_{k_2} \tag{I, 162}$$

und bestimmt a_{21} und a_{22} durch die Forderungen

$$\int \psi_2^* \psi_2 d\tau = \int (a_{21}^* \psi_{k_1}^* + a_{22}^* \psi_{k_2}^*)(a_{21} \psi_{k_1} + a_{22} \psi_{k_2}) d\tau = 1, \tag{I, 163}$$

durch die ψ_2 normiert wird, und

$$\int \psi_1^* \psi_2 d\tau = N_{k_1} \int \psi_{k_1}^* (a_{21} \psi_{k_1} + a_{22} \psi_{k_2}) d\tau = 0, \tag{I, 164}$$

durch die ψ_2 zu ψ_1 orthogonal wird. Auf die gleiche Weise fährt man fort, indem man

$$\psi_3 = a_{31} \psi_{k_1} + a_{32} \psi_{k_2} + a_{33} \psi_{k_3}$$

bildet und a_{31}, a_{32} und a_{33} aus den Gleichungen

$$\int \psi_3^* \psi_3 d\tau = 1; \quad \int \psi_1^* \psi_3 d\tau = 0; \quad \int \psi_2^* \psi_3 d\tau = 0 \tag{I, 165}$$

bestimmt. Man erhält auf diese Weise eine Gruppe von N normierten und orthogonalen Funktionen

$$\psi_1, \psi_2, \psi_3 \ldots \psi_N, \tag{I, 166}$$

die sämtlich Eigenfunktionen des Eigenwertes E_k sind. Schreibt man jedem entarteten Eigenwert eine Gruppe von normierten und zueinander orthogonalen Eigenfunktionen zu, so bilden alle Eigenfunktionen ein normiertes und orthogonales System.

Im folgenden nehmen wir an, daß die ψ_{k_i} schon von vornherein eine solche Gruppe darstellen.

§ 8. Entartung.

Es ist jetzt sehr leicht, sofort eine andere Gruppe ψ_{k_l} normierter und zueinander orthogonaler Eigenfunktionen aus den Linearkombinationen (I, 159) herauszugreifen. Setzen wir

$$\psi_{k_l} = \sum^i a_{li}\, \psi_{k_i}, \qquad (I, 167)$$

so muß wegen der Normierung

$$\int \psi_{k_l}^* \psi_{k_l}\, d\tau = \sum^i \sum^{i'} a_{li'}^* a_{li} \int \psi_{k_{i'}}^* \psi_{k_i}\, d\tau = 1 \qquad (I, 168)$$

gelten und wegen der Orthogonalität

$$\int \psi_{k_m}^* \psi_{k_l}\, d\tau = \sum^i \sum^{i'} a_{mi'}^* a_{li} \int \psi_{k_{i'}}^* \psi_{k_i}\, d\tau = 0 \qquad (I, 169)$$

sein. Da die ψ_{k_i} normiert und orthogonal sind, ist

$$\int \psi_{k_{i'}}^* \psi_{k_i}\, d\tau = \begin{cases} 0 & \text{für } i \neq i', \\ 1 & \text{für } i = i' \end{cases} \qquad (I, 170)$$

und es entstehen aus (I, 168) und (I, 169) für die a_{li} die Bedingungen

$$\sum^i a_{li} a_{li}^* = 1; \qquad \sum^i a_{li} a_{mi}^* = 0, \qquad (I, 171)$$

die sich auch in

$$\sum^i a_{li} a_{mi}^* = \begin{cases} 0 & \text{für } l \neq m, \\ 1 & \text{für } l = m \end{cases} \qquad (I, 172)$$

zusammenfassen lassen.

Durch Abänderung des Potentials kann eine bestehende Entartung aufgehoben oder auch eine neue Entartung hervorgebracht werden. Neue Entartung entsteht, wenn man das Potential stetig so verändert, daß zwei oder mehrere Eigenwerte sich einander nähern und schließlich zusammenfallen. Andererseits können zusammenfallende Eigenwerte auch wieder zum Auseinandertreten gebracht werden. Um immer von der gleichen Zahl von Eigenwerten sprechen zu können, zählt man die entarteten Eigenwerte entsprechend ihrem Entartungsgrad mehrfach. In diesem Sinne trifft auf jede unabhängige Eigenfunktion ein Eigenwert.

In einem entarteten Zustand hat ein Teilchen keine bestimmte Gestalt. Seine Gestalt richtet sich nach Umständen, die in der Schrödingergleichung keine Berücksichtigung gefunden haben. Durch sie bildet sich dann eine Verteilung aus, die einer der Linearkombinationen entspricht, welche aus den unabhängigen Eigenfunktionen hervorgehen.

Eine besonders häufige Entartung tritt ein, wenn das Potential kugelsymmetrisch ist, also nur von der Radialkoordinate r abhängt. Geht man in die Schrödingergleichung in Polarkoordinaten

$$\frac{1}{r^2}\frac{\partial}{\partial r} r^2 \frac{\partial \psi}{\partial r} + \frac{1}{r^2}\left\{\frac{1}{\sin\vartheta}\frac{\partial}{\partial \vartheta}\sin\vartheta\frac{\partial \psi}{\partial \vartheta} + \frac{1}{\sin^2\vartheta}\frac{\partial^2 \psi}{\partial \varphi^2}\right\} + \\ + \frac{8\pi^2 m}{h^2}\{E - V(r)\}\psi = 0 \qquad (I, 173)$$

mit dem Ansatz

$$\psi = \chi(r)\, Y(\vartheta, \varphi) \qquad (I, 174)$$

ein, so erhält man durch Separation für χ und Y die Einzelgleichungen

$$\frac{1}{r^2}\frac{d}{dr}r^2\frac{d\chi}{dr} - \frac{A\chi}{r^2} + \frac{8\pi^2 m}{h^2}\{E - V(r)\}\chi = 0,$$

$$\frac{1}{\sin\vartheta}\frac{\partial}{\partial\vartheta}\sin\vartheta\frac{\partial Y}{\partial\vartheta} + \frac{1}{\sin^2\vartheta}\frac{\partial^2 Y}{\partial\varphi^2} + AY = 0. \qquad (I, 175)$$

χ muß im Unendlichen verschwinden und Y eine auf der Einheitskugel eindeutige und stetige Funktion sein. Die Eigenwerte der Gl. (I, 175) sind (s. S. 841 ff.)

$$A = l(l+1) \qquad l = 0, 1, 2, 3\ldots \qquad (I, 176)$$

und zu ihnen gehören die Kugelflächenfunktionen $Y_m^l(\varphi, \vartheta)$ als Eigenfunktionen. Zu jedem l gibt es $2l+1$ voneinander linear unabhängige Kugelflächenfunktionen, die voneinander durch den Parameter m unterschieden werden. m durchläuft die Reihe der ganzen Zahlen von $-l$ bis $+l$. Für χ hinterbleibt damit die Gleichung

$$\frac{1}{r^2}\frac{d}{dr}r^2\frac{d\chi}{dr} - \frac{l(l+1)\chi}{r^2} + \frac{8\pi^2 m}{h^2}\{E - V(r)\}\chi = 0 \qquad (I, 177)$$

und man erhält für jeden Wert von l eine Reihe von Eigenwerten E_{kl} mit den zugehörigen radialen Eigenfunktionen χ_{kl}. Zum Eigenwert E_{kl} gehören, wenn keine andere Entartung mehr hinzukommt, die Eigenfunktionen

$$\psi_{kl} = \chi_{kl}(r)\sum_{-l}^{l} a_m Y_m^l(\varphi, \vartheta). \qquad (I, 178)$$

Eine ausführliche Darstellung dieses Sachverhaltes findet man bei der Behandlung des Wasserstoffatoms auf S. 838.

In einem System mehrerer gleichartiger Teilchen tritt eine interessante Entartung ein, wenn keine Wechselwirkung zwischen den Teilchen besteht oder wenn diese vernachlässigt wird. Enthält das System mehrere Elektronen, so muß aus jeder Eigenfunktion wieder eine Eigenfunktion entstehen, wenn man zwei Elektronen vertauscht. Stimmt diese nicht mit der ursprünglichen bis auf einen Zahlenfaktor überein, so ist sie von ihr linear unabhängig und bedingt Entartung. Wir werden später sehen, daß n gleiche Teilchen zu einer $n!$-fachen Entartung führen. Die Entartung wird allerdings bei Elektronen durch die Paulische Regel wieder herabgedrückt.

Jetzt wenden wir uns noch der Stromverteilung zu, die zu dem Eigenwert E_k gehört. Der Teilchenstrom

$$\mathfrak{i} = \frac{h}{4\pi i m}(\psi^* \operatorname{grad}\psi - \psi \operatorname{grad}\psi^*) \qquad (I, 179)$$

verschwindet im ganzen Raum, wenn ψ reell ist. Nur zu komplexen Eigenfunktionen gehört eine Stromverteilung. Da aber sowohl der Realteil wie auch der Imaginärteil die Schrödingergleichung erfüllt, bedeutet eine komplexe Eigenfunktion immer eine Entartung. Ein stationärer Zustand des Teilchens mit Strom kann als ein andauernder Übergang zweier Dichteverteilungen ohne Strom angesehen werden, welche zu dem gleichen Eigenwert gehören.

*§ 9. Normierung und Orthogonalität im kontinuierlichen Spektrum.

Inhalt: Definition der Eigendifferentiale im Bereich kontinuierlicher Eigenwerte. Die Eigendifferentiale sind orthogonal und normierbar und bilden einen vollwertigen Ersatz für die kontinuierlichen Eigenfunktionen.

Bezeichnungen: k Wellenzahl, E kontinuierlicher Eigenwert, $D\psi_k$ Eigendifferential, ψ Eigenfunktion, Ψ Wellenfunktion.

Wie wir in § 6 Gl. (I, 148) festgestellt haben, lassen sich die Eigenfunktionen des kontinuierlichen Eigenwertspektrums nicht normieren, weil sie asymptotisch der Funktion

$$\psi_\infty = \frac{1}{r}\left(A_1 e^{i\left(\frac{2\pi r}{\lambda}+\delta_1\right)} + A_2 e^{-i\left(\frac{2\pi r}{\lambda}+\delta_2\right)}\right)$$

$$= \frac{1}{r}(A_1 e^{i(2\pi r k + \delta_1)} + A_2 e^{-i(2\pi r k + \delta_2)}) \qquad (I, 180)$$

zustreben, die für große r nicht schnell genug abnimmt. Die Größe

$$k = \frac{1}{\lambda} = \frac{\sqrt{2mE}}{h} \qquad (I, 181)$$

hat die Bedeutung einer Wellenzahl. Vergrößert man nämlich r um eine Längeneinheit, so wiederholt $e^{2\pi i r k}$ seinen Verlauf k-mal. Geht man von der Eigenfunktion ψ zur Wellenfunktion

$$\Psi_\infty = \frac{1}{r}\left\{A_1 e^{2\pi i\left(kr-\frac{E}{h}t\right)+i\delta_1} + A_2 e^{-2\pi i\left(kr+\frac{E}{h}t\right)-i\delta_2}\right\} \qquad (I, 182)$$

über, indem man den Zeitanteil hinzufügt, so setzt sich diese aus zwei Kugelwellen zusammen, die mit der Geschwindigkeit

$$\frac{E}{hk} = \sqrt{\frac{E}{2m}} \qquad (I, 183)$$

fortschreiten. Die eine Welle wandert von innen nach außen, während die andere aus dem Unendlichen nach innen läuft.

Die Eigenfunktionen des kontinuierlichen Spektrums sind auch nicht orthogonal. Verfahren wir nämlich wie in § 7 S. 934, so erhalten wir

$$\frac{8\pi^2 m}{h^2}(E_k - E_{k'})\int \psi_k^* \psi_{k'} d\tau = \int(\psi_k^* \Delta\psi_{k'} - \psi_{k'} \Delta\psi_k^*)d\tau$$

$$= \oint(\{\psi_k^* \operatorname{grad}\psi_{k'} - \psi_{k'} \operatorname{grad}\psi_k^*\}d\mathfrak{f}) = \oint\left(\left\{\psi_k^*\frac{\partial\psi_{k'}}{\partial r} - \psi_{k'}\frac{\partial\psi_k^*}{\partial r}\right\}df\right). \qquad (I, 184)$$

Lassen wir r ins Unendliche wachsen, so verschwindet das Oberflächenintegral nicht. Statt

$$\int \psi_k^* \psi_{k'} d\tau = 0 \qquad (I, 185)$$

finden wir deshalb

$$\int \psi_k^* \psi_{k'} d\tau = \lim \frac{1}{4\pi^2(k^2-k'^2)}\oint\left(\left\{\psi_k^*\frac{\partial\psi_{k'}}{\partial r} - \psi_{k'}\frac{\partial\psi_k^*}{\partial r}\right\}d\mathfrak{f}\right). \qquad (I, 186)$$

An Stelle der Eigenfunktionen führen wir jetzt die sogenannte Eigendifferentiale

$$D\psi_k = \frac{1}{\sqrt{\Delta}} \int_{k-\frac{\Delta}{2}}^{k+\frac{\Delta}{2}} \psi \, dk \qquad (I, 187)$$

ein, in denen die Eigenfunktion über ein Intervall Δ in der Umgebung der Wellenzahl k integriert ist. Für große r nähert sich das Eigendifferential der Form

$$D\psi_k = \frac{1}{r\sqrt{\Delta}} \left\{ A_1 e^{i\delta_1} \int_{k-\frac{\Delta}{2}}^{k+\frac{\Delta}{2}} e^{2\pi i k r} dk + A_2 e^{-i\delta_2} \int_{k-\frac{\Delta}{2}}^{k+\frac{\Delta}{2}} e^{-2\pi i k r} dk \right\} \qquad (I, 188)$$

$$= \frac{\sin(\pi r \Delta)}{\pi r^2 \sqrt{\Delta}} \left(A_1 e^{i(2\pi k r + \delta_1)} + A_2 e^{-i(2\pi k r + \delta_2)} \right).$$

Wir bilden nun das Produkt zweier Eigendifferentiale $D\psi_k^*$ und $D\psi_{k'}$, deren Wellenzahlintervalle Δ und Δ' sich nicht überlappen und integrieren, über das Volumen einer großen Kugel mit dem Radius R. Es ergibt sich

$$\int D\psi_k^* D\psi_{k'} d\tau = \frac{1}{\sqrt{\Delta \Delta'}} \int_{k-\frac{\Delta}{2}}^{k+\frac{\Delta}{2}} dk \int_{k'-\frac{\Delta'}{2}}^{k'+\frac{\Delta'}{2}} dk' \int \psi_k^* \psi_{k'} d\tau. \qquad (I, 189)$$

Nun machen wir von (I, 186) Gebrauch und finden

$$\int D\psi_k^* D\psi_{k'} d\tau = \frac{1}{4\pi^2 (k^2 - k'^2) \sqrt{\Delta \Delta'}} \int_{k-\frac{\Delta}{2}}^{k+\frac{\Delta}{2}} dk \int_{k'-\frac{\Delta'}{2}}^{k'+\frac{\Delta'}{2}} dk' \oint \left(\left\{ \psi_k^* \frac{\partial \psi_{k'}}{\partial r} - \psi_{k'} \frac{\partial \psi_k^*}{\partial r} \right\} d\mathfrak{f} \right)$$

$$\qquad (I, 190)$$

$$= \frac{1}{4\pi^2 (k^2 - k'^2)} \oint \left(\left\{ D\psi_k^* \frac{\partial}{\partial r} D\psi_{k'} - D\psi_{k'} \frac{\partial}{\partial r} D\psi_k^* \right\} d\mathfrak{f} \right).$$

Nun verschwinden aber $D\psi_k$ wie auch $\frac{\partial}{\partial r} D\psi_k$ im Unendlichen nach (I, 188) wie $1/r^2$ und die rechte Seite von (I, 190) konvergiert gegen Null, wenn wir R über alle Maßen wachsen lassen. Wir erhalten demnach

$$\int D\psi_k^* D\psi_{k'} d\tau = 0. \qquad (I, 191)$$

Die Eigendifferentiale genügen also der Orthogonalitätsbedingung, wenn sie zu zwei sich nicht überlappenden Intervallen gehören.

Auch die Normierung kann jetzt durchgeführt werden, weil die unendlich fernen Teile des Raumes nichts mehr beitragen. Wir bestimmen A_1 und A_2 so, daß

$$\lim_{R \to \infty} \int D\psi_k^* D\psi_k \, d\tau = 1 \qquad (I, 192)$$

wird, wenn wir R gegen unendlich gehen lassen.

§ 10. Vollständigkeit des Systems der Eigenfunktionen. Entwicklungssatz.

Schließlich können wir beim Eigendifferential noch das Intervall Δ beliebig klein machen und

$$D\psi_k = \lim \frac{1}{\sqrt{\Delta}} \int\limits_{k-\frac{\Delta}{2}}^{k+\frac{\Delta}{2}} \psi_k \, dk \qquad (\text{I}, 193)$$

setzen. Hierdurch wird auf jeden Fall verhindert, daß zwei Intervalle Δ und Δ' gemeinsame Punkte haben, wenn nur k und k' voneinander verschieden sind.

Die Eigendifferentiale sind ein vollwertiger Ersatz für die Eigenfunktionen selbst. Dividiert man sie durch $\sqrt{\Delta}$, so erhält man den Mittelwert der Eigenfunktion im Intervall Δ. Der tiefere Sinn der Einführung der Eigendifferentiale besteht darin, die unmittelbar benachbarten kontinuierlichen Eigenwerte als miteinander entartet zu betrachten. Das Eigendifferential ist dann eine Art Linearkombination der zu den benachbarten Eigenwerten gehörenden Eigenfunktionen.

§ 10. Vollständigkeit des Systems der Eigenfunktionen. Entwicklungssatz.

Inhalt: Alle Funktionen, welche die Randbedingungen erfüllen, können nach einem vollständigen Orthogonalsystem entwickelt werden.

Die Eigenfunktionen einer Schrödingergleichung, und zwar die diskreten und kontinuierlichen zusammen, bilden ein vollständiges normiertes orthogonales Funktionensystem, wenn man die kontinuierlichen Funktionen durch ihre Eigendifferentiale berücksichtigt.

Die Vollständigkeit besteht darin, daß jede im Raume endliche, stetige und eindeutige Funktion, die im Unendlichen verschwindet, in eine Reihe

$$f(x, y, z) = \sum\nolimits_k g_k \psi_k \qquad (\text{I}, 194)$$

nach den Eigenfunktionen entwickelt werden kann. Die Summe ist symbolisch aufzufassen. Nur die Anteile der diskreten Eigenfunktionen sind wirkliche Summanden. Die kontinuierlichen Eigenfunktionen steuern ein Integral bei, so daß wir in Wirklichkeit

$$f(x, y, z) = \sum\nolimits_k g_k \psi_k + \int g(k) \psi_k \, dk \qquad (\text{I}, 195)$$

bekommen.

Multiplizieren wir (I, 195) mit einer diskreten Eigenfunktion $\psi_{k'}^*$ und integrieren über den ganzen Raum, so erhalten wir

$$\int \psi_{k'}^* f(x, y, z) \, d\tau = \sum\nolimits_k g_k \int \psi_{k'}^* \psi_k \, d\tau + \int\limits_k g(k) \, dk \int \psi_{k'}^* \psi_k \, d\tau. \qquad (\text{I}, 196)$$

Da $\psi_{k'}^*$ zu allen anderen Eigenfunktionen einschließlich der kontinuierlichen orthogonal ist, verschwinden alle Integrale

$$\int \psi_{k'}^* \psi_k \, d\tau. \qquad (\text{I}, 197)$$

Nur das Integral für $k = k'$ ergibt den Wert 1. (I, 196) reduziert sich also auf

$$\int \psi_{k'}^* f(x, y, z) \, d\tau = g_{k'} \qquad (\text{I}, 198)$$

und damit haben wir die Entwicklungskoeffizienten g_k der diskreten Eigenfunktionen in (I, 195) gefunden.

*Um die Funktion $g(k)$ zu finden, berücksichtigen wir

$$\int g(k)\,\psi_k\,dk = \sqrt{\Delta}\,\sum_k g(k)\,D\,\psi_k, \tag{I, 199}$$

womit (I, 195) in

$$f(x, y, z) = \sum_k g_k\,\psi_k + \sqrt{\Delta}\,\sum_k g(k)\,D\,\psi_k \tag{I, 200}$$

übergeht. Nun multiplizieren wir mit

$$\psi_{k'}^*\,dk',$$

wobei $\psi_{k'}^*$ eine nichteigentliche Eigenfunktion ist und integrieren über den ganzen Raum. Da die nichteigentlichen und eigentlichen Eigenfunktionen orthogonal sind, entsteht

$$dk'\int f(x, y, z)\,\psi_{k'}^*\,d\tau = \sqrt{\Delta}\int d\tau\,\psi_{k'}^*\,dk'\sum_k g(k)\,D\,\psi_k. \tag{I, 201}$$

Nun integrieren wir noch über ein Intervall $\Delta' = \Delta$ in der Umgebung von k', so daß auf der rechten Seite auch das Eigendifferential $D\psi_{k'}^*$ entsteht und erhalten

$$\int_{k'-\frac{\Delta}{2}}^{k'+\frac{\Delta}{2}} dk'\int f(x, y, z)\,\psi_{k'}^*\,d\tau = \Delta\int d\tau\,D\,\psi_{k'}^*\sum_k g(k)\,D\,\psi_k \tag{I, 202}$$

$$= \Delta\sum_k g(k)\int D\,\psi_{k'}^*\,D\,\psi_k\,d\tau.$$

Lassen wir Δ zusammenschrumpfen, so geht dies in

$$\int f(x, y, z)\,\psi_{k'}^*\,d\tau = \sum_k g(k)\int D\,\psi_{k'}^*\,D\,\psi_k\,d\tau \tag{I, 203}$$

über. Nun ist

$$\int D\,\psi_{k'}^*\,D\,\psi_k\,d\tau = \begin{cases} 0 & \text{für}\quad k \neq k' \\ 1 & \text{für}\quad k = k', \end{cases} \tag{I, 204}$$

so daß wir schließlich

$$\int f(x, y, z)\,\psi_{k'}^*\,d\tau = g(k') \tag{I, 205}$$

erhalten. Damit ist auch die Funktion $g(k)$ aufgefunden.

Die Entwicklung einer beliebigen Funktion nach den Eigenfunktionen ist eine Verallgemeinerung der Fourierschen Integraldarstellung.

Genauso wie mit den Eigenfunktionen kann natürlich auch mit den Wellenfunktionen verfahren werden und wir erhalten

$$f(x, y, z, t) = \sum_k g_k(t)\,\Psi_k + \int g(k, t)\,\Psi_k\,dk, \tag{I, 206}$$

wobei die Koeffizienten $g_k(t)$ bzw. die Funktion $g(k, t)$ durch

$$g_k(t) = \int f\,\psi_k^*\,e^{\frac{2\pi i}{h}E_k t}\,d\tau = \int f\,\Psi_k^*\,d\tau,$$

$$g(k, t) = \int f\,\psi_k^*\,e^{\frac{2\pi i E_k t}{h}}\,d\tau = \int f\,\Psi_k^*\,d\tau \tag{I, 207}$$

gegeben werden*.

§ 11. Nichtstationäre Zustände.

Inhalt: Die Wellenfunktion nichtstationärer Zustände ist eine Linearkombination der stationären Wellenfunktionen. Die Dichte- und Stromverteilung zeigt periodische Schwankungen, deren Frequenzen sich aus den Eigenwerten ergeben. Die Energie ist auch in nichtstationären Zuständen konstant, wenn die Hamiltonfunktion die Zeit nicht enthält.

Bezeichnungen: Ψ Wellenfunktion, Ψ_k Wellenfunktion stationärer Zustände, ψ_i, ψ_k Eigenfunktionen, ϱ Dichte, $\mathfrak{j}$ Teilchenstrom, E_i, E_k Eigenwerte, $\widetilde{E}$ Gesamtenergie.

Die Wellenfunktion

$$\Psi = \sum_k g_k(t) \Psi_k \qquad (I, 208)$$

eines Teilchens in einem nichtstationären Zustand denken wir uns nach den Wellenfunktionen der stationären Zustände entwickelt. Dann ist

$$\mathbb{H}\Psi = \sum_k g_k(t)\, \mathbb{H}\Psi_k = \sum_k g_k(t) E_k \Psi_k \qquad (I, 209)$$

und

$$\frac{h}{2\pi i}\frac{\partial \Psi}{\partial t} = \frac{h}{2\pi i}\sum_k g_k(t)\frac{\partial \Psi_k}{\partial t} + \frac{h}{2\pi i}\sum_k \Psi_k \frac{d g_k(t)}{dt}$$
$$= -\sum_k g_k(t) E_k \Psi_k + \frac{h}{2\pi i}\sum_k \Psi_k \frac{d g_k(t)}{dt}. \qquad (I, 210)$$

Wenn Ψ eine Lösung der Wellengleichung

$$\mathbb{H}\Psi + \frac{h}{2\pi i}\frac{\partial \Psi}{\partial t} = 0 \qquad (I, 211)$$

sein soll, folgt durch Addition von (I, 209) und (I, 210)

$$\sum_k \Psi_k \frac{d g_k(t)}{dt} = 0. \qquad (I, 212)$$

Multiplizieren wir mit Ψ_i^* und integrieren über den Raum, so folgt wegen der Orthogonalität und Normierung

$$\frac{d g_i(t)}{dt} = 0. \qquad (I, 213)$$

Die Entwicklungskoeffizienten g_k enthalten die Zeit nicht. Wir können also jede Lösung der Wellengleichung in der Form

$$\Psi = \sum_k c_k \Psi_k \qquad (I, 214)$$

anschreiben, wo die c_k die Konstante bedeuten.

Die Teilchendichte

$$\varrho = \Psi^* \Psi = \sum_i \sum_k c_i^* c_k \psi_i^* \psi_k e^{\frac{2\pi i}{h}(E_i - E_k)t} \qquad (I, 215)$$

ist mit der Zeit veränderlich und baut sich aus einer zweifach unendlichen Anzahl periodisch veränderlicher Anteile

$$\varrho_{ik} = \psi_i^* \psi_k e^{\frac{2\pi i}{h}(E_i - E_k)t} = \psi_i^* \psi_k e^{2\pi i \nu_{ik} t} \qquad (I, 216)$$

auf, welche die Frequenz

$$\nu_{ik} = \frac{E_i - E_k}{h} \qquad (I, 217)$$

aufweisen. Da bei der Summierung über i und k auch das zu (I, 216) konjugiert komplexe Glied

$$\varrho_{ki} = \psi_i \psi_k^* e^{-2\pi i \nu_{ik} t} \tag{I, 218}$$

vorkommt, kann die Dichte selbst aus den reellen Frequenzanteilen

$$\begin{aligned}\varrho_{\nu_{ik}} &= c_i^* c_k \varrho_{ik} + c_i c_k^* \varrho_{ki} \\ &= (c_i^* c_k \psi_i^* \psi_k + c_i c_k^* \psi_i \psi_k^*) \cos 2\pi \nu_{ik} t + \\ &\quad + i (c_i^* c_k \psi_i^* \psi_k - c_i c_k^* \psi_i \psi_k^*) \sin 2\pi \nu_{ik} t \end{aligned} \tag{I, 219}$$

zusammengesetzt werden. In einem nichtstationären Zustand finden also an jedem Ort Dichteschwingungen mit den Frequenzen (I, 217) statt.

Beim Summieren von ϱ über den ganzen Raum muß sich 1 ergeben. Daraus erhalten wir die Normierungsbedingung

$$1 = \int \Psi^* \Psi \, d\tau = \sum^i \sum^k c_i^* c_k e^{2\pi i \nu_{ik} t} \int \psi_i^* \psi_k \, d\tau = \sum^k c_k^* c_k \tag{I, 220}$$

für die c_k.

Als Beispiel nehmen wir an, daß $c_1 = c_2 = 1/\sqrt{2}$ sei und daß alle anderen c-Faktoren gleich Null sind. Dann haben wir

$$\Psi = \frac{1}{\sqrt{2}} \left(\psi_1 e^{-\frac{2\pi i}{h} E_1 t} + \psi_2 e^{-\frac{2\pi i}{h} E_2 t} \right) \tag{I, 221}$$

und

$$\varrho = \frac{1}{2} (\psi_1^* \psi_1 + \psi_2^* \psi_2 + \psi_1^* \psi_2 e^{2\pi i \nu_{12} t} + \psi_1 \psi_2^* e^{-2\pi i \nu_{12} t}). \tag{I, 222}$$

Ist ψ reell, so gilt

$$\varrho = \frac{1}{2} (\psi_1^2 + \psi_2^2 + 2 \psi_1 \psi_2 \cos 2\pi \nu_{12} t). \tag{I, 223}$$

Die Dichte schwankt also periodisch zwischen

$$\varrho_{\max} = \frac{1}{2} (\psi_1 + \psi_2)^2 \tag{I, 224}$$

und

$$\varrho_{\min} = \frac{1}{2} (\psi_1 - \psi_2)^2 \tag{I, 225}$$

hin und her.

Selbstverständlich sind die periodischen Dichteschwankungen mit entsprechenden periodischen Strömen verbunden, da ja Ψ die Kontinuitätsgleichung

$$-\frac{\partial}{\partial t}(\Psi^* \Psi) = \operatorname{div} \mathfrak{j} \tag{I, 226}$$

erfüllt. Um den Strom $\mathfrak{j}$ nach der Vorschrift [S. 918 Gl. (I, 7)] zu bilden, brauchen wir

$$\operatorname{grad} \Psi = \sum^k c_k e^{-\frac{2\pi i}{h} E_k t} \operatorname{grad} \psi_k \tag{I, 227}$$

und erhalten

$$\mathfrak{j} = \frac{h}{4\pi i m} \sum^i \sum^k (c_i^* c_k \psi_i^* \operatorname{grad} \psi_k e^{2\pi i \nu_{ik} t} - c_i c_k^* \psi_i \operatorname{grad} \psi_k^* e^{-2\pi i \nu_{ik} t}). \tag{I, 228}$$

Jetzt greifen wir die Glieder der Frequenz ν_{ik} heraus, nämlich

$$j_{ik} = \frac{h}{4\pi i m} e^{2\pi i \nu_{ik} t} (\psi_i^* \operatorname{grad} \psi_k - \psi_k \operatorname{grad} \psi_i^*), \qquad (I, 229)$$

wobei man auch die Glieder beachten muß, welche durch Vertauschen von i und k entstehen. Setzt man

$$\varrho = \sum^{ik} c_i^* c_k \varrho_{ik} \qquad (I, 230)$$

und

$$j = \sum^{ik} c_i^* c_k j_{ik} \qquad (I, 231)$$

in (I, 226) ein, so erhält man

$$-\frac{\partial \varrho_{ik}}{\partial t} = \operatorname{div} j_{ik}. \qquad (I, 232)$$

Die Formeln (I, 230) und (I, 231) geben uns eine Frequenzanalyse der Dichte und der Stromverteilung an, gewissermaßen das Spektrum dieser beiden Größen.

Es ist von entscheidender Wichtigkeit, daß die vorkommenden Frequenzen (I, 217) durch das System der Eigenwerte festgelegt sind und sich, vom Nenner h abgesehen, als deren Differenzen ergeben. Auf sie hat also nur das Kraftfeld Einfluß, in dem sich das Teilchen aufhält. Wir finden dieselben Frequenzen in allen nichtstationären Zuständen, in denen sich das Teilchen auch immer befinden mag. Die Amplituden hingegen, mit denen die Frequenzen der einzelnen Schwingungen an den verschiedenen Stellen des Raumes auftreten, hängen nicht nur vom Kraftfeld, sondern auch von den Koeffizienten c ab, die den besonderen Vorgang beschreiben, welcher gerade abläuft.

Die Gesamtenergie

$$\widetilde{E} = -\frac{h}{2\pi i} \int \Psi^* \frac{\partial \Psi}{\partial t} d\tau = \sum^{ik} c_i^* c_k E_k e^{\frac{2\pi i}{h}(E_i - E_k)t} \int \psi_i^* \psi_k d\tau \qquad (I, 233)$$

$$= \sum^k c_k^* c_k E_k$$

erweist sich auch bei nichtstationären Vorgängen als zeitunabhängig. Dies gilt allerdings nur dann, wenn die Hamiltonfunktion die Zeit selbst nicht enthält.

§ 12. Generalisierte Koordinaten.

Inhalt: Operatoren für generalisierte Koordinaten und Impulse. Hamiltonoperator in generalisierten Koordinaten.

Bezeichnungen: H Hamiltonfunktion, $\mathbb{H}$ Hamiltonoperator, q^s, p^s generalisierte Koordinaten und Impulse, $\mathbb{Q}^s$, $\mathbb{P}^s$ zugehörige Operatoren $\tilde{q}^s$, $\tilde{p}^s$ ihre Mittelwerte, $\mathfrak{p}$ Impuls, V potentielle Energie.

Man kann in der Quantentheorie auch generalisierte Koordinaten verwenden, genau wie in der klassischen Mechanik. Für Systeme von geladenen Teilchen ohne Magnetfeld lautet die klassische Hamiltonfunktion

$$H = \sum \frac{\mathfrak{p}^2}{2m} + V. \qquad (I, 234)$$

Führt man generalisierte Koordinaten q^s und p^s (im Gegensatz zur klassischen Mechanik setzen wir s nach oben) ein, so geht dies in

$$H = \sum^{rs} g_{rs} p^r p^s + V \qquad (I, 235)$$

über. Wir können nun tatsächlich die Operatoren

$$\mathbf{p}^s = \frac{h}{2\pi i} \frac{\partial}{\partial q^s} \qquad (I, 236)$$

einführen. Es wäre aber falsch, für den Hamiltonoperator

$$\mathbf{H} = -\frac{h^2}{4\pi^2} \sum g_{rs} \frac{\partial^2}{\partial q^r \partial q^s} + V \qquad (I, 237)$$

zu schreiben. Man muß vielmehr die Impulsoperatoren in die Hamiltonfunktion

$$H = \sum \sqrt{g}\, p^r \frac{g_{rs}}{\sqrt{g}} p^s + V \qquad (I, 238)$$

einsetzen, wo g die Determinante $|g_{rs}|$ bedeutet. Wenn die p^r und p^s Zahlgrößen wie in der klassischen Mechanik bedeuten, besteht kein Unterschied zwischen (I, 235) und (I, 238), sind die p aber Differentialoperatoren, so kommt es auf die Reihenfolge der Faktoren in (I, 238) an. Geht man z. B. zu sphärischen Polarkoordinaten über, so erhält man für ein einzelnes Teilchen die H-Funktion

$$H = \frac{1}{2m}\left((p^r)^2 + \frac{(p^\vartheta)^2}{r^2} + \frac{(p^\varphi)^2}{r^2 \sin^2\vartheta}\right) + V. \qquad (I, 239)$$

Hier ist

$$g_{rr} = \frac{1}{2m};\quad g_{\vartheta\vartheta} = \frac{1}{2m\,r^2};\quad g_{\varphi\varphi} = \frac{1}{2m\,r^2 \sin^2\vartheta};\quad \sqrt{g} = \frac{1}{r^2 \sin\vartheta\, 2m\sqrt{2m}}, \qquad (I, 240)$$

und wir erhalten

$$\mathbf{H} = -\frac{h^2}{8\pi^2 m\, r^2}\left\{\frac{\partial}{\partial r} r^2 \frac{\partial}{\partial r} + \frac{1}{\sin\vartheta} \frac{\partial}{\partial\vartheta} \sin\vartheta \frac{\partial}{\partial\vartheta} + \frac{1}{\sin^2\vartheta} \frac{\partial^2}{\partial\varphi^2}\right\} + V. \qquad (I, 241)$$

Die Wellengleichung in generalisierten Koordinaten lautet nach wie vor

$$\mathbf{H}\Psi + \frac{h}{2\pi i} \frac{\partial \Psi}{\partial t} = 0. \qquad (I, 242)$$

Die generalisierten Koordinaten und Impulse können als Eigenschaften wie alle anderen betrachtet werden. Wir erhalten ihre Gesamt- oder Mittelwerte für das Teilchen

$$\tilde{q}^s = \int \Psi^* \mathbf{q}^s \Psi\, d\tau = \int \Psi^* q^s \Psi\, d\tau, \qquad (I, 243)$$

$$\tilde{p}^s = \int \Psi^* \mathbf{p}^s \Psi\, d\tau = \frac{h}{2\pi i} \int \Psi^* \frac{\partial \Psi}{\partial q^s}\, d\tau. \qquad (I, 244)$$

Eine beliebige Eigenschaft $F(p^s, q^s)$ kann sofort für das ganze Teilchen berechnet werden. Man erhält

$$\tilde{F} = \int \Psi^* \mathbf{F} \Psi\, d\tau. \qquad (I, 245)$$

Es ist allerdings darauf zu achten, daß $\mathbf{F}$ richtig durch $\mathbf{p}^s$ und $\mathbf{q}^s$ ausgedrückt wird.

II. Die Matrizendarstellung der Quantentheorie.

Die Formulierung der Quantentheorie mit Hilfe einer Dichteverteilung des Teilchens bietet der Anschauung gewisse Anhaltspunkte und wird daher in der Literatur vielfach bevorzugt. Auf der anderen Seite ist aber die Dichteverteilung einer Messung schwer zugänglich und die Aussagen der Theorie hängen mit dem Beobachtungsmaterial nur über lange Umwege zusammen.

Wir wollen nun versuchen aus der Theorie Konsequenzen zu ziehen, welche direkt prüfbar sind, und uns dann bemühen, die Quantentheorie so zu formulieren, daß keine Größen vorkommen, welche nicht gemessen werden können.

§ 1. Die Matrixdarstellung der Teilcheneigenschaften.

Inhalt: Frequenzanalyse einer Eigenschaft in nichtstationären Zuständen. Die Gesamtheit der Amplituden aller Frequenzanteile einer Eigenschaft bilden eine hermitische Matrix.

Bezeichnungen: Ψ_i, Ψ_k Wellenfunktionen, ψ_i, ψ_k Eigenfunktionen, $\widetilde{F}$ Gesamtwert der Eigenschaft, $\mathbb{F}$ Eigenschaftsoperator, F_{ik} Matrixelement, $\boldsymbol{F}$ Eigenschaftsmatrix, E_i, E_k Eigenwerte, ν_{ik} Frequenz, $\mathbb{G}$, $\mathbb{H}$ von $\mathbb{F}$ verschiedene Eigenschaftsoperatoren, $\boldsymbol{F}^\dagger$ zu $\boldsymbol{F}$ adjungierte Matrix.

Ein Teilchen möge ein Verhalten zeigen, welches durch die Wellenfunktion

$$\Psi = \sum_k c_k \Psi_k = \sum_k c_k \psi_k e^{-\frac{2\pi i}{h} E_k t} \tag{II, 1}$$

beschrieben wird. E_k bedeutet einen Eigenwert und ψ_k ist die zugehörige Eigenfunktion. Wird eine Eigenschaft durch den Operator $\mathbb{F}$ ausgedrückt, so hat sie für das ganze Teilchen den Wert siehe [S. 923 Gl. (I, 47)]

$$\widetilde{F} = \int \Psi^* \mathbb{F} \Psi \, d\tau = \sum_i \sum_k c_i^* c_k \int \Psi_i^* \mathbb{F} \Psi_k \, d\tau. \tag{II, 2}$$

Wenn $\mathbb{F}$ selbst die Differentiation nach der Zeit nicht enthält, so kann man dafür auch

$$\widetilde{F} = \sum_{ik} c_i^* c_k e^{\frac{2\pi i}{h}(E_i - E_k)t} \int \psi_i^* \mathbb{F} \psi_k \, d\tau \tag{II, 3}$$

schreiben. Führt man die Frequenzen

$$\nu_{ik} = \frac{E_i - E_k}{h} \tag{II, 4}$$

und die Abkürzungen

$$F_{ik} = \int \psi_i^* \mathbb{F} \psi_k \, d\tau \tag{II, 5}$$

ein, so erhält man

$$\widetilde{F} = \sum_{ik} c_i^* c_k e^{2\pi i \nu_{ik} t} F_{ik}. \tag{II, 6}$$

Die Integrale F_{ik} bilden eine zweidimensionale Mannigfaltigkeit von Zahlen und werden als Matrixelemente der Eigenschaft F bezeichnet. Man kann aus ihnen die Matrix

$$\boldsymbol{F} = \begin{Vmatrix} F_{11} & F_{12} \cdots \\ F_{21} & F_{22} \\ \vdots & \vdots \end{Vmatrix} \tag{II, 7}$$

bilden.

Wenn wir das Schema F als eine Matrix betrachten wollen, müssen wir zeigen, daß es folgende Rechenregeln der Matrizen erfüllt.

1. Zwei Matrizen werden addiert, indem man ihre Elemente addiert. Diese Regel ist erfüllt, denn das ik-te Element der Summenmatrix lautet

$$(F+G)_{ik} = \int \psi_i^* (\mathbb{F}+\mathbb{G}) \psi_k \, d\tau = F_{ik} + G_{ik}. \qquad (II, 8)$$

2. Werden zwei Matrizen F und G multipliziert, so wird das ik-te Element der Produktmatrix aus den Elementen von F und G nach der Vorschrift

$$(FG)_{ik} = \sum_l F_{il} G_{lk} \qquad (II, 9)$$

gebildet. Daß dies für die Eigenschaftsmatrizen zutrifft, erkennen wir folgendermaßen. Das ik-te Element von (FG) ist definitionsgemäß

$$(FG)_{ik} = \int \psi_i^* \, \mathbb{F}\, \mathbb{G}\, \psi_k \, d\tau. \qquad (II, 10)$$

Wir entwickeln nun die Funktion $\mathbb{G}\psi_k$ nach den Eigenfunktionen und schreiben

$$\mathbb{G}\psi_k = \sum_l a_{kl} \psi_l. \qquad (II, 11)$$

Nach der Vorschrift (I, 198) von S. 941 finden wir die Entwicklungskoeffizienten

$$a_{kl} = \int \psi_l^* \, \mathbb{G}\, \psi_k \, d\tau = G_{lk}. \qquad (II, 12)$$

Setzen wir dies in (II, 10) ein, so folgt

$$(FG)_{ik} = \sum_l G_{lk} \int \psi_i^* \, \mathbb{F}\, \psi_k \, d\tau = \sum_l F_{il} G_{lk}. \qquad (II, 13)$$

3. Für die Addition und Multiplikation von Matrizen gilt das assoziative und distributive Gesetz. Sind F, G und H drei Matrizen, so gilt

$$\left. \begin{aligned} (F+G)+H &= F+(G+H), \\ F(GH) &= (FG)H, \\ F(G+H) &= FG + FH. \end{aligned} \right\} \qquad (II, 14)$$

Diese Regeln werden von unseren Eigenschaftsmatrizen befriedigt, weil sie schon von den Operatoren $\mathbb{F}$, $\mathbb{G}$ und $\mathbb{H}$ erfüllt werden.

Wir sind also tatsächlich berechtigt, die F_{ik} als Elemente einer Eigenschaftsmatrix F anzusehen und dürfen mit der Gesamtheit von Elementen wie mit Matrizen rechnen.

Die Gesamtwerte einer Eigenschaft für das ganze Teilchen müssen reell sein. Nun gehören in (II, 6) zu der Frequenz ν_{ik} die beiden Glieder

$$c_i^* c_k F_{ik} e^{2\pi i \nu_{ik} t} + c_i c_k^* F_{ki} e^{-2\pi i \nu_{ik} t}. \qquad (II, 15)$$

Damit dieser Ausdruck reell ist, muß

$$F_{ik} = F_{ki}^* \qquad (II, 16)$$

sein. Diese Bedingung müssen die Matrixelemente sämtlicher Eigenschaften erfüllen.

§ 3. Die zeitliche Änderung einer Eigenschaft. 949

Vertauscht man bei einer Matrix die Indizes, d. h. die Reihen und Spalten des Matrixschemas, so entsteht die sogenannte transponierte Matrix. Bildet man von einer Matrix $\boldsymbol{F}$ die konjugiert komplexe Matrix $\boldsymbol{F}^*$ und transponiert diese außerdem, so erhält man eine Matrix $\boldsymbol{F}^\dagger$, welche man als die adjungierte Matrix zu $\boldsymbol{F}$ bezeichnet. Die Matrizen der Teilcheneigenschaften sind wegen (II, 16) mit der adjungierten Matrix identisch. Solche Matrizen heißen hermitisch. Für sie gilt die Beziehung

$$\boldsymbol{F} = \boldsymbol{F}^\dagger. \tag{II, 17}$$

Nicht hermitische Matrizen stellen keine Eigenschaften dar.

§ 2. Die Energiematrix.

Inhalt: Die Energiematrix ist eine Diagonalmatrix. Ihre Elemente sind die Eigenwerte.
Bezeichnungen: $\mathbb{H}$ Hamiltonoperator, H_{ik} Elemente der Hamiltonmatrix, $\widetilde{E}$ Gesamtenergie, E_k Eigenwerte, ψ_i, ψ_k Eigenfunktionen.

Jetzt bilden wir die Matrixelemente der Gesamtenergie

$$\begin{aligned} H_{ik} = \int \psi_i^* \mathbb{H}\, \psi_k\, d\tau &= E_k \int \psi_i^* \psi_k\, d\tau \\ &= 0 \quad \text{für} \quad i \neq k \\ &= E_k \quad \text{für} \quad i = k. \end{aligned} \tag{II, 18}$$

In der Diagonale der Energiematrix stehen die Eigenwerte der Schrödingergleichung. Alle anderen Matrixelemente verschwinden. Die Energiematrix ist eine Diagonalmatrix. Die Gesamtenergie

$$\widetilde{E} = \sum c_k^* c_k E_k \tag{II, 19}$$

ist deshalb unabhängig von der Zeit.

§ 3. Die zeitliche Änderung einer Eigenschaft.

Inhalt: Die zeitliche Ableitung einer Eigenschaftsmatrix kann mit Hilfe der Energiematrix gebildet werden.
Bezeichnungen: $\widetilde{F}$ Gesamtwert, $\mathbb{F}$ Operator, $\boldsymbol{F}$ Matrix, F_{ik} Matrixelement einer Eigenschaft, E_i, E_k Eigenwerte, q^s, $\widetilde{q}^s$, $\mathbb{q}^s$, $\boldsymbol{q}^s$ Koordinate, ihr Mittelwert, Operator bzw. Matrix, p^s usw. dasselbe für Impulse, $\mathbb{H}$, H Hamiltonoperator und zugehörige Matrix, $\boldsymbol{H} = \boldsymbol{E}$ Energiematrix, E_k ihre Diagonalelemente, Eigenwerte, ψ_i, ψ_k Eigenfunktionen, φ_k anderes orthogonales Funktionensystem.

Wenn eine Eigenschaft nicht zufällig eine Diagonalmatrix liefert wie die Energie, so ändert sie sich mit der Zeit. Der Gesamtwert

$$\widetilde{F} = \sum\nolimits^{ik} c_i^* c_k F_{ik}\, e^{\frac{2\pi i}{h}(E_i - E_k)t} \tag{II, 20}$$

setzt sich aus periodischen Anteilen der Frequenzen

$$\nu_{ik} = -\nu_{ki} = \frac{E_i - E_k}{h} \tag{II, 21}$$

zusammen. Die Änderungsgeschwindigkeit

$$\frac{d\widetilde{F}}{dt} = \dot{\widetilde{F}} = \frac{2\pi i}{h} \sum\nolimits^{ik} c_i^* c_k (E_i - E_k) F_{ik}\, e^{\frac{2\pi i}{h}(E_i - E_k)t} \tag{II, 22}$$

erhält man durch Differenzieren nach der Zeit. Man kann jetzt eine Matrix mit den Elementen

$$\frac{2\pi i}{h}(E_i - E_k) F_{ik} \tag{II, 23}$$

bilden und sie als Matrix $\dot{F}$ der Änderungsgeschwindigkeit der Eigenschaft F ansehen. Wie man leicht nachrechnet, sind (II, 23) die Elemente von

$$\dot{F} = \frac{2\pi i}{h}(EF - FE) = \frac{2\pi i}{h}(HF - FH). \tag{II, 24}$$

Es ist nämlich

$$(EF)_{ik} = \sum_l E_{il} F_{lk} = E_i F_{ik} \tag{II, 25}$$

und

$$(FE)_{ik} = \sum_l F_{il} E_{lk} = E_k F_{ik}, \tag{II, 26}$$

weil E_{il} verschwindet, wenn $i \neq l$ ist.

§ 4. Ableitung nach Koordinaten und Impulsen.

Inhalt: Die partielle Differentiation nach Koordinaten und Impulsen läßt sich durch Multiplizieren mit den Impuls- und Koordinatenmatrizen ausdrücken. Die kanonischen Gleichungen der klassischen Mechanik gelten auch für die Matrizen der Quantentheorie.

Eine Eigenschaft F sei aus den Koordinaten q^s und den kanonisch konjugierten Impulsen p^s aufgebaut. Ihr entspricht ein Operator

$$\mathbb{F}(\mathbf{p}^s, \mathbf{q}^s).$$

Wir vergleichen ihn mit dem Operator

$$\mathbf{p}^s \mathbb{F}(\mathbf{p}^s, \mathbf{q}^s) = \frac{h}{2\pi i} \frac{\partial}{\partial q^s} \mathbb{F}(\mathbf{p}^s, \mathbf{q}^s). \tag{II, 27}$$

Die Differentiation nach q^s auf der rechten Seite muß sowohl an den $\mathbf{q}^s$ ausgeführt werden, welche im Operator $\mathbb{F}$ stecken, wie auch an den q^s, welche in der Funktion Ψ enthalten sind, auf die der ganze Operator einwirkt. Wir erhalten also

$$\mathbf{p}^s \mathbb{F}(\mathbf{p}^s, \mathbf{q}^s) = \frac{h}{2\pi i}\left\{\frac{\partial \mathbb{F}}{\partial \mathbf{q}^s} + \mathbb{F}(\mathbf{p}^s, \mathbf{q}^s) \frac{\partial}{\partial q^s}\right\}$$

$$= \frac{h}{2\pi i} \frac{\partial \mathbb{F}}{\partial \mathbf{q}^s} + \mathbb{F}(\mathbf{p}^s, \mathbf{q}^s) \mathbf{p}^s.$$

Der Operator

$$\frac{\partial \mathbb{F}}{\partial \mathbf{q}^s} = \frac{2\pi i}{h}(\mathbf{p}^s \mathbb{F} - \mathbb{F} \mathbf{p}^s) \tag{II, 28}$$

entspricht also derjenigen Eigenschaft, welche man in der klassischen Mechanik aus F erhält, wenn man nach q^s differenziert. Man kann die Gleichung (II, 28) natürlich auch für die Matrizen aussprechen und erhält

$$\frac{\partial F}{\partial q^s} = \frac{2\pi i}{h}(p^s F - F p^s). \tag{II, 29}$$

Die analogen Beziehungen

$$\frac{\partial \mathbb{F}}{\partial \mathbb{p}^s} = \frac{2\pi i}{h}(\mathbb{F}\, \mathbb{q}^s - \mathbb{q}^s\, \mathbb{F}), \qquad (II, 30)$$

$$\frac{\partial F}{\partial p^s} = \frac{2\pi i}{h}(F\, q^s - q^s\, F) \qquad (II, 31)$$

kann man für die Differentiation nach den Impulsen aufstellen. Wenn nämlich $\mathbb{F}$ nur eine Funktion der Koordinaten $\mathbb{q}^s$ ist, so verschwinden beide Seiten und (II, 30) ist erfüllt. Dasselbe trifft zu, wenn $\mathbb{F}$ eine andere Impulskoordinate als $\mathbb{p}^s$ bedeutet. Ist dagegen $\mathbb{F} = \mathbb{p}^s$, so geht die rechte Seite von (II, 30) in

$$\frac{2\pi i}{h}(\mathbb{p}^s \mathbb{q}^s - \mathbb{q}^s \mathbb{p}^s) = \frac{\partial}{\partial q^s} q^s - q^s \frac{\partial}{\partial q^s} = \mathbb{1} \qquad (II, 32)$$

über. Die Beziehung (II, 30) ist also erfüllt, wenn $\mathbb{F}$ eine Funktion der Koordinaten oder einen Impuls bedeutet. Nun mögen $\mathfrak{f}$ und $\mathfrak{g}$ zwei Operatoren sein, für welche (II, 30) schon erwiesen ist. Dann gilt (II, 30) auch für die Operatoren $\mathfrak{f} + \mathfrak{g}$ und $\mathfrak{f}\mathfrak{g}$. Es ist nämlich

$$\frac{\partial}{\partial \mathbb{p}^s}(\mathfrak{f}\mathfrak{g}) = \frac{\partial \mathfrak{f}}{\partial \mathbb{p}^s}\mathfrak{g} + \mathfrak{f}\frac{\partial \mathfrak{g}}{\partial \mathbb{p}^s}$$

$$= \frac{2\pi i}{h}(\mathfrak{f}\mathbb{q}^s \mathfrak{g} - \mathbb{q}^s \mathfrak{f}\mathfrak{g} + \mathfrak{f}\mathfrak{g}\mathbb{q}^s - \mathfrak{f}\mathbb{q}^s \mathfrak{g}) \qquad (II, 33)$$

$$= \frac{2\pi i}{h}\{(\mathfrak{f}\mathfrak{g})\mathbb{q}^s - \mathbb{q}^s(\mathfrak{f}\mathfrak{g})\}.$$

Da wir nun alle Eigenschaftsoperatoren aus den Impulsoperatoren und Funktionen der Koordinatenoperatoren durch sukzessive Additionen und Multiplikationen aufbauen können, gilt (II, 30) allgemein. Die entsprechende Matrizengleichung (II, 31) folgt daraus.

Alle Beziehungen, die in der klassischen Mechanik aufgestellt werden, bleiben bestehen, wenn wir sie in Matrizen anschreiben. Wir zeigen dies an den kanonischen Gleichungen, welche ja alle Gesetze der Mechanik enthalten. Bilden wir nach (II, 24) die Matrizen $\dot{p}^s$ und $\dot{q}^s$, so finden wir

$$\dot{p}^s = \frac{2\pi i}{h}(H\, p^s - p^s\, H); \quad \dot{q}^s = \frac{2\pi i}{h}(H\, q^s - q^s\, H). \qquad (II, 34)$$

Andererseits ist nach (II, 29) und (II, 31)

$$\frac{\partial H}{\partial q^s} = \frac{2\pi i}{h}(p^s H - H\, p^s); \quad \frac{\partial H}{\partial p^s} = \frac{2\pi i}{h}(H\, q^s - q^s\, H), \qquad (II, 35)$$

woraus man leicht die kanonischen Gleichungen

$$\dot{p}^s = -\frac{\partial H}{\partial q^s}; \quad \dot{q}^s = \frac{\partial H}{\partial p^s} \qquad (II, 36)$$

gewinnt.

§ 5. Die Koordinaten- und Impulsmatrizen.

Inhalt: Die Matrizen der Koordinaten und Impulse sind hermitisch, erfüllen die kanonischen Vertauschungsrelationen und machen die Energiematrix zu einer Diagonalmatrix. Diese Bedingungen sind notwendig und hinreichend.
Bezeichnungen: wie S. 949.

Gegeben sei die Hamiltonfunktion als Funktion der Koordinaten und Impulse. Man weiß also, wie sich die Energiematrix aus den Matrizen der Koordinaten und Impulse aufbaut. Gesucht werden die Koordinaten und Impulsmatrizen selbst, d. h. die Zahlwerte ihrer Elemente. Gelingt es, sie aufzufinden, so kann man tatsächlich alle anderen Eigenschaften des Teilchens, oder der Teilchen, wenn es mehrere sind, berechnen. Man kann nämlich zuerst die Energiematrix H konstruieren, welche eine Diagonalmatrix ergibt. Die Diagonalelemente sind die Eigenwerte. Sodann kann man die Matrix F jeder anderen Eigenschaft bilden und erhält dann den Gesamtwert

$$\widetilde{F} = \sum^{ik} c_i^* c_k F_{ik} e^{\frac{2\pi i}{h}(E_i - E_k)t} \qquad (II, 37)$$

dieser Eigenschaft. Die Koeffizienten c_k sind Integrationskonstanten, welche die Anfangsbedingungen repräsentieren, die durch bestimmte experimentelle Versuchsanordnungen geschaffen werden.

Die Lösung des Problems führen wir nun in drei Schritten durch. Zuerst stellen wir Bedingungen auf, die p^s und q^s notwendig erfüllen müssen, wenn sie die gesuchten Matrizen sind. Dann zeigen wir, daß diese Bedingungen nicht nur notwendig, sondern auch hinreichend sind. Schließlich entwickeln wir ein Verfahren zur Konstruktion von Matrizen, die diesen Bedingungen genügen.

Für die Matrixelemente aller Eigenschaften gilt nach S. 949 die Bedingung

$$F_{ik} = F_{ki}^*, \qquad (II, 38)$$

d. h. alle Eigenschaftsmatrizen sind hermitisch. Bedeutet $F^\dagger$ die zu F adjungierte Matrix, so gilt

$$F = F^\dagger. \qquad (II, 39)$$

Als erste Bedingung erhalten wir also: Die Matrizen der Koordinaten und Impulse müssen hermitisch sein. Es müssen die Beziehungen

$$q^s = q^{s\dagger}, \qquad p^s = p^{s\dagger} \qquad (II, 40)$$

gelten.

Daß p^s und q^s zueinander kanonisch konjugierte Variable sind, folgt in der klassischen Mechanik aus

$$p^s = \frac{\partial W}{\partial q^s}. \qquad (II, 41)$$

In der Quantentheorie gilt statt dessen die Operatorbeziehung

$$\mathbb{p}^s = \frac{h}{2\pi i} \frac{\partial}{\partial q^s}. \qquad (II, 42)$$

Diese Beziehung ist der Bedingung

$$\mathbb{p}^s \mathbb{q}^s - \mathbb{q}^s \mathbb{p}^s = \frac{h}{2\pi i}\left(\frac{\partial}{\partial q^s} q^s - q^s \frac{\partial}{\partial q^s}\right) = \frac{h}{2\pi i}\mathbb{1} \qquad (II, 43)$$

für die Operatoren $\mathbb{p}^s$ und $\mathbb{q}^s$ gleichwertig. Zwischen den Matrizen p^s und q^s besteht dann die entsprechende Matrizengleichung

$$p^s q^s - q^s p^s = \frac{h}{2\pi i}. \qquad (II, 44)$$

h ist eine Matrix, in deren Diagonale immer h steht, während alle anderen Elemente verschwinden. Es ist nämlich

$$h_{ik} = h \int \psi_i^* \psi_k d\tau = \begin{cases} 0 & \text{für } i \neq k, \\ h & \text{für } i = k. \end{cases} \qquad (II, 45)$$

§ 5. Die Koordinaten- und Impulsmatrizen.

Die Gleichungen (II, 43) und (II, 44) zeigen, daß die kanonisch konjugierten Matrizen und Operatoren p^s und q^s nicht miteinander vertauschbar sind. Dagegen sind die Impulse untereinander und mit den zu ihnen nicht konjugierten Koordinaten vertauschbar, ebenso die Koordinaten unter sich. Als zweite Bedingung sind den p^s und q^s also die kanonischen Vertauschungsrelationen

$$q^r q^s - q^s q^r = 0, \tag{II, 46}$$

$$p^r p^s - p^s p^r = 0, \tag{II, 47}$$

$$p^r q^s - q^s p^r = 0 \quad \text{für} \quad r \neq s,$$
$$= \frac{h}{2\pi i} \quad \text{für} \quad r = s \tag{II, 48}$$

auferlegt.

Nebenbei sei bemerkt, daß die Vertauschungsrelationen schon in den Sätzen (II, 29) und (II, 31) enthalten sind.

Wenn p und q zwei konjugierte hermitische Matrizen sind, so ist ihr Produkt pq nicht hermitisch. Wegen der Vertauschungsrelationen gilt vielmehr

$$(p\,q)^\dagger = q^\dagger p^\dagger = q\,p = p\,q - \frac{h}{2\pi i}. \tag{II, 49}$$

Der klassischen Eigenschaft $F = p\,q$, kann also in der Quantentheorie nicht die Matrix $F = p\,q$ entsprechen, sondern die Matrix

$$F = \frac{1}{2}(p\,q + q\,p), \tag{II, 50}$$

von deren hermitischen Charakter man sich leicht überzeugt.

Lösen die Matrizen p^s und q^s ein quantentheoretisches Problem, so muß die aus ihnen gebildete Matrix der Gesamtenergie (Hamiltonfunktion)

$$H(p^s, q^s) = E \tag{II, 51}$$

eine Diagonalmatrix sein. Dies ist die dritte Forderung, die wir an die gesuchten Matrizen p^s und q^s stellen müssen.

Die Lösung einer quantentheoretischen Aufgabe besteht nun darin, ein System hermitischer Matrizen p^s und q^s zu finden, die die kanonischen Vertauschungsrelationen befriedigen und die Hamiltonfunktion zu einer Diagonalmatrix machen. Wir können nämlich zeigen, daß dann auch die Schrödingergleichung erfüllt werden kann und nach §§ 3 und 4 gelten auch die kanonischen Gleichungen.

Um dies zu beweisen, denken wir uns die Matrizen p^s und q^s aus einem beliebigen vollständigen normierten orthogonalen Funktionensystem φ_k durch

$$q^s_{ik} = \int \varphi_i^* \, q^s \, \varphi_k \, d\tau; \quad p^s_{ik} = \frac{h}{2\pi i} \int \varphi_i^* \, \frac{\partial \varphi_k}{\partial q^s} \, d\tau \tag{II, 52}$$

entstanden. Von den Funktionen φ_k setzen wir nicht voraus, daß sie die Eigenfunktionen der Schrödingergleichung des vorliegenden Problems sind. Durch den Ansatz (II, 52) ist zuerst dafür gesorgt, daß die p^s und q^s hermitisch sind und den Vertauschungsrelationen genügen. Wenn außerdem $H(p^s, q^s)$ eine Diagonalmatrix wird, so ist

$$H_{ik} = \int \varphi_i^* \, \mathbb{H} \, \varphi_k \, d\tau = 0, \tag{II, 53}$$

wenn $i \neq k$ ist. Entwickeln wir

$$\mathbb{H}\,\varphi_k = \sum^l a_{kl}\,\varphi_l, \tag{II, 54}$$

so folgt beim Einsetzen in (II, 53)

$$0 = \sum^l a_{kl} \int \varphi_i^* \varphi_l\, d\tau = a_{ki} \quad \text{für} \quad i \neq k. \tag{II, 55}$$

Die Entwicklungskoeffizienten a_{ki} verschwinden also sämtlich, wenn nicht beide Indizes dieselben sind. Dann reduziert sich aber (II, 54) auf

$$\mathbb{H}\,\varphi_k = a_{kk}\,\varphi_k. \tag{II, 56}$$

Bilden wir jetzt das Diagonalelement von H

$$H_{kk} = E_k = \int \varphi_k^* \mathbb{H}\,\varphi_k\, d\tau = a_{kk} \int \varphi_k^* \varphi_k\, d\tau = a_{kk}, \tag{II, 57}$$

so zeigt sich, daß die a_{kk} die Eigenwerte und die φ_k die Eigenfunktionen der Schrödingergleichung

$$\mathbb{H}\,\varphi_k = E_k\,\varphi_k \tag{II, 58}$$

des vorgelegten Problems sind.

Wenn also die Matrizen p^s und q^s die Energiematrix auf Diagonalform bringen, sind die φ_k, welche zu ihrer Konstruktion benutzt wurden, die Eigenfunktionen der Schrödingergleichung, die zu dem Problem gehört. Die Diagonalelemente der Energiematrix sind die Eigenwerte. Damit besitzen die Matrizen p^s und q^s alle Eigenschaften, welche von den Koordinaten- und Impulsmatrizen verlangt werden müssen. Sie sind also mit den gesuchten Matrizen identisch und das Problem ist gelöst.

§ 6. Der harmonische Oszillator.

Inhalt: Berechnung der Koordinaten und Impulsmatrizen sowie der Eigenwerte des harmonischen Oszillators aus den kanonischen Gleichungen.

Bezeichnungen: p, q, E Matrizen von Impuls, Koordinate und Energie; p_{nm}, q_{nm}, E_n, E_m deren Elemente.

Wir wollen die Matrizenmechanik auf das Beispiel des harmonischen Oszillators anwenden, um uns davon zu überzeugen, daß man die Matrizen p und q sowie die Energiematrix wirklich auffinden kann.

Unter einem harmonischen Oszillator verstehen wir ein mechanisches System von einem Freiheitsgrad, dessen Hamiltonfunktion

$$H = \frac{1}{2\mu}\,p^2 + \frac{a}{2}\,q^2 \tag{II, 59}$$

lautet. Der Oszillator ist allerdings kein selbständiges Problem der Quantentheorie, weil es im atomaren Geschehen keine Systeme mit einem Freiheitsgrad gibt. Auf ihn können aber manche verwickelteren Aufgaben zurückgeführt werden.

Klassisch leitet man aus der Hamiltonfunktion die kanonischen Gleichungen

$$\dot{p} = -a\,q; \quad \dot{q} = \frac{p}{\mu} \tag{II, 60}$$

§ 6. Der harmonische Oszillator.

ab, die in die Matrizensprache übersetzt

$$\frac{2\pi i}{h}(\boldsymbol{E}\boldsymbol{p} - \boldsymbol{p}\boldsymbol{E}) = -a\boldsymbol{q}, \tag{II, 61}$$

$$\frac{2\pi i}{h}(\boldsymbol{E}\boldsymbol{q} - \boldsymbol{q}\boldsymbol{E}) = \frac{\boldsymbol{p}}{\mu} \tag{II, 62}$$

liefern. Bildet man das nm-te Element hiervon, so gelangt man zu

$$\frac{2\pi i}{h}(E_n - E_m) p_{nm} = -a q_{nm}, \tag{II, 63}$$

$$\frac{2\pi i}{h}(E_n - E_m) q_{nm} = \frac{p_{nm}}{\mu}. \tag{II, 64}$$

Die zweite dieser Beziehungen drückt die Elemente von $\boldsymbol{p}$ durch die von $\boldsymbol{q}$ und die der Energiematrix aus. Eliminieren wir p_{nm}, so bleibt für die q_{nm} die Relation

$$\frac{4\pi^2}{h^2}(E_n - E_m)^2 q_{nm} = \frac{a}{\mu} q_{nm} \tag{II, 65}$$

bestehen. Es muß also entweder

$$q_{nm} = 0 \tag{II, 66}$$

oder

$$E_n - E_m = \pm \frac{h}{2\pi}\sqrt{\frac{a}{\mu}} = \pm h\omega \tag{II, 67}$$

sein.

Hat man einen Eigenwert E_n gefunden, so gibt es zwei Eigenwerte E_{n+1} und E_{n-1}, die um $h\omega$ größer bzw. kleiner sind als E_n. Man kann also die Eigenwerte in Reihen

$$E_n = E_0 + h\omega n = E_0 + \frac{hn}{2\pi}\sqrt{\frac{a}{\mu}}, \qquad n = 0, 1, 2, \ldots \tag{II, 68}$$

ordnen, wo E_0 den kleinsten Eigenwert der Reihe bedeutet. Wir werden weiter unten allerdings feststellen, daß nur ein Wert von E_0 möglich ist, so daß schon alle Eigenwerte in dieser Reihe enthalten sind. Alle q_{nm} verschwinden, außer $q_{n,n+1}$ und $q_{n,n-1}$. Für die entsprechenden Elemente von $\boldsymbol{p}$ finden wir nach (II, 64) und (II, 67)

$$\begin{aligned} p_{n,n+1} &= -i q_{n,n+1}\sqrt{a\mu} = \frac{a}{2\pi i \omega} q_{n,n+1}; \\ p_{n,n-1} &= -\frac{a}{2\pi i \omega} q_{n,n-1}. \end{aligned} \tag{II, 69}$$

Jetzt ziehen wir die kanonische Vertauschungsregel

$$\boldsymbol{p}\boldsymbol{q} - \boldsymbol{q}\boldsymbol{p} = \frac{h}{2\pi i} \tag{II, 70}$$

heran, für deren n,n-tes Diagonalelement sich

$$p_{n,n-1}q_{n-1,n} + p_{n,n+1}q_{n+1,n} - q_{n,n-1}p_{n-1,n} - q_{n,n+1}p_{n+1,n} = \frac{h}{2\pi i} \tag{II, 71}$$

ergibt. Setzt man die p aus (II, 69) ein, so ist

$$q_{n,n+1}q_{n+1,n} - q_{n,n-1}q_{n-1,n} = \frac{h\omega}{2a}. \tag{II, 72}$$

Da q eine hermitische Matrix ist, ist $q_{n-1,n} = q^*_{n,n-1}$ und $q_{n,n+1} = q^*_{n+1,n}$, und wir bekommen für die Elemente von q die Rekursionsformel

$$q_{n+1,n} q^*_{n+1,n} = q_{n,n-1} q^*_{n,n-1} + \frac{h\omega}{2a}. \tag{II, 73}$$

Für $n = 0$ finden wir

$$q_{1,0} q^*_{1,0} = \frac{h\omega}{2a} \tag{II, 74}$$

und durch wiederholte Anwendung allgemein

$$q_{n+1,n} q^*_{n+1,n} = \frac{h\omega}{2a}(n+1). \tag{II, 75}$$

Für die Elemente selbst dürfen wir also

$$q_{n+1,n} = e^{i\varphi_{n+1,n}} \sqrt{\frac{h\omega}{2a}(n+1)} \tag{II, 76}$$

setzen. Der Phasenfaktor $e^{i\varphi_{n+1,n}}$ bleibt willkürlich und wir setzen ihn gleich 1. Die Matrix q hat dann folgende Gestalt

$$q = \sqrt{\frac{h\omega}{2a}} \begin{Vmatrix} 0 & \sqrt{1} & 0 & 0 & 0 \dots \\ \sqrt{1} & 0 & \sqrt{2} & 0 & 0 \dots \\ 0 & \sqrt{2} & 0 & \sqrt{3} & 0 \dots \\ 0 & 0 & \sqrt{3} & 0 & \sqrt{4} \dots \\ 0 & 0 & 0 & \sqrt{4} & 0 \dots \\ \cdot & \cdot & \cdot & \cdot & \cdot \end{Vmatrix}. \tag{II, 77}$$

Nach (II, 69) erhalten wir daraus sofort auch die Matrix p

$$p = \frac{h}{2\pi i} \sqrt{\frac{a}{2h\omega}} \begin{Vmatrix} 0 & \sqrt{1} & 0 & 0 & 0 \dots \\ -\sqrt{1} & 0 & \sqrt{2} & 0 & 0 \dots \\ 0 & -\sqrt{2} & 0 & \sqrt{3} & 0 \dots \\ 0 & 0 & -\sqrt{3} & 0 & \sqrt{4} \dots \\ 0 & 0 & 0 & -\sqrt{4} & 0 \dots \\ \cdot & \cdot & \cdot & \cdot & \cdot \end{Vmatrix}, \tag{II, 78}$$

p und q sind hermitische Matrizen. Wie man leicht sieht, ergibt:

$$pq = \frac{h}{4\pi i} \begin{Vmatrix} 1 & 0 & \sqrt{2} & 0 & 0 \dots \\ 0 & 1 & 0 & \sqrt{6} & 0 \dots \\ -\sqrt{2} & 0 & 1 & 0 & \sqrt{12} \dots \\ 0 & -\sqrt{6} & 0 & 1 & 0 \dots \\ 0 & 0 & -\sqrt{12} & 0 & 1 \dots \\ \cdot & \cdot & \cdot & \cdot & \cdot \end{Vmatrix}, \tag{II, 79}$$

§ 6. Der harmonische Oszillator.

$$qp = \frac{h}{4\pi i} \begin{Vmatrix} -1 & 0 & \sqrt{2} & 0 & 0\dots \\ 0 & -1 & 0 & \sqrt{6} & 0\dots \\ -\sqrt{2} & 0 & -1 & 0 & \sqrt{12}\dots \\ 0 & -\sqrt{6} & 0 & -1 & 0\dots \\ 0 & 0 & -\sqrt{12} & 0 & -1\dots \\ \cdot & \cdot & \cdot & \cdot & \cdot \end{Vmatrix}. \qquad (II, 80)$$

Die Vertauschungsrelation ist erfüllt.

Jetzt bilden wir unter Verwendung von $h\omega = \frac{h}{2\pi}\sqrt{\frac{a}{\mu}}$

$$\frac{p^2}{2\mu} = -\frac{h\omega}{4} \begin{Vmatrix} -1 & 0 & \sqrt{2} & 0\dots \\ 0 & -3 & 0 & \sqrt{6}\dots \\ \sqrt{2} & 0 & -5 & 0\dots \\ 0 & \sqrt{6} & 0 & -7\dots \\ \cdot & \cdot & \cdot & \cdot \end{Vmatrix}, \qquad (II, 81)$$

$$\frac{a}{2}q^2 = \frac{h\omega}{4} \begin{Vmatrix} 1 & 0 & \sqrt{2} & 0\dots \\ 0 & 3 & 0 & \sqrt{6}\dots \\ \sqrt{2} & 0 & 5 & 0\dots \\ 0 & \sqrt{6} & 0 & 7\dots \\ \cdot & \cdot & \cdot & \cdot \end{Vmatrix}, \qquad (II, 82)$$

woraus die Matrix der Hamiltonfunktion

$$H = E = \frac{h\omega}{2} \begin{Vmatrix} 1 & 0 & 0 & 0\dots \\ 0 & 3 & 0 & 0\dots \\ 0 & 0 & 5 & 0\dots \\ 0 & 0 & 0 & 7\dots \\ \cdot & \cdot & \cdot & \cdot \end{Vmatrix} \qquad (II, 83)$$

erhalten, die tatsächlich eine Diagonalmatrix ist. Nebenbei finden wir das Element $E_0 = \frac{h\omega}{2}$ und erhalten die Eigenwerte

$$E_n = h\omega\left(n + \frac{1}{2}\right). \qquad (II, 84)$$

Hierin sind tatsächlich alle Eigenwerte enthalten.

Damit ist das Oszillatorproblem gelöst. Die eingeschlagene Methode ist aber wenig befriedigend, da sie auf einer Anzahl zufällig möglicher Kunstgriffe beruht, die bei anderen Aufgaben nicht anwendbar wären.

§ 7. Die Lösung des quantentheoretischen Problems durch eine unitäre Transformation.

Inhalt: Man kann ein vollständiges Funktionensystem durch eine unitäre Transformation in ein anderes vollständiges Funktionensystem transformieren. Die Koeffizienten der Transformation bilden eine unitäre Matrix. Alle Eigenschaften können transformiert werden, indem man die Eigenschaftsmatrizen mit der unitären Matrix transformiert. Die Eigenwerte findet man, wenn man die Energiematrix mit einem beliebigen Funktionensystem aufstellt und mit einer unitären Matrix auf eine Diagonalmatrix transformiert. Zu diesem Zweck muß eine Säkulargleichung gelöst werden, welche die Eigenwerte liefert.

Bezeichnungen: U_{mk} Elemente der unitären Matrix, φ_m orthogonales Funktionensystem, ψ_k transformiertes Funktionensystem, Apostroph kennzeichnet die Größen vor der Transformation.

Wir müssen jetzt die Aufgabe in Angriff nehmen, allgemein hermitische Matrizen p und q zu konstruieren, die den Vertauschungsrelationen genügen und eine gegebene Hamiltonfunktion zu einer Diagonalmatrix machen.

Wir nehmen an, wir hätten bereits ein hermitisches System p', q', das die Vertauschungsregeln befriedigt, das aber bei Bildung der Hamiltonfunktion keine Diagonalmatrix gibt. Ein solches System kann man konstruieren, wenn man ein beliebiges, vollständiges, normiertes, orthogonales Funktionensystem φ_m hat, indem man

$$q'_{mn} = \int \varphi_m^* \mathbf{q}\, \varphi_n\, d\tau; \quad p'_{mn} = \frac{h}{2\pi i} \int \varphi_m^* \frac{\partial \varphi_n}{\partial q}\, d\tau \qquad (II, 85)$$

setzt. Ein Funktionensystem φ_m steht zur Verfügung, wenn es gelingt, irgendeine Schrödingergleichung zu lösen, ganz gleichgültig, zu welchem Kraftfeld sie gehört. Beispielsweise kann man sich der Wasserstoffeigenfunktionen (siehe S. 849) bedienen.

Die unitäre Transformation. Statt des Funktionensystems φ_m könnte man ebensogut irgendein anderes, vollständiges, normiertes, orthogonales System ψ_k nehmen. Jede Funktion ψ, etwa ψ_k, könnten wir dann nach den Funktionen φ_m entwickeln und umgekehrt. Diese Entwicklung würde

$$\psi_k = \sum^m \varphi_m U_{mk}, \qquad (II, 86)$$

$$\varphi_m = \sum^n \psi_n V_{nm} \qquad (II, 87)$$

lauten. Die Koeffizienten U_{mk} und V_{nm} könnten wir als Elemente von zwei Matrizen U und V ansehen. Setzen wir (II, 87) in (II, 86) ein, so folgt

$$\psi_k = \sum^m \sum^n \psi_n V_{nm} U_{mk}, \qquad (II, 88)$$

was für die Elemente von U und V die Bedingung

$$\sum^m V_{nm} U_{mk} = (VU)_{nk} = \begin{cases} 0 & \text{für } n \neq k, \\ 1 & \text{für } n = k \end{cases} \qquad (II, 89)$$

nach sich zieht. Die Matrizen U und V müssen also zueinander reziprok sein, d. h. es müssen die Relationen

$$VU = 1; \quad UV = 1; \quad U^{-1} = V \qquad (II, 90)$$

gelten.

§ 7. Lösung des quantentheoretischen Problems durch eine unitäre Transformation.

Wegen der Orthogonalität der Systeme ψ und φ muß

$$\int \psi_i^* \psi_k \, d\tau = \sum^m \sum^n U_{ni}^* U_{mk} \int \varphi_n^* \varphi_m \, d\tau$$
$$= \sum^m U_{mi}^* U_{mk} = \begin{cases} 0 & \text{für } i \neq k, \\ 1 & \text{für } i = k \end{cases} \quad \text{(II, 91)}$$

gelten. Ist $U^\dagger$ die zu U adjungierte Matrix mit den Elementen

$$U_{im}^\dagger = U_{mi}^*, \quad \text{(II, 92)}$$

so verlangt (II, 91)

$$\sum^m U_{im}^\dagger U_{mk} = \begin{cases} 0 & \text{für } i \neq k, \\ 1 & \text{für } i = k \end{cases} \quad \text{(II, 93)}$$

und damit

$$U^\dagger U = 1; \quad U^\dagger = U^{-1}. \quad \text{(II, 94)}$$

Die zu U adjungierte Matrix ist der reziproken gleich. Matrizen mit dieser Eigenschaft heißen unitär.

Ein beliebiges, normiertes, orthogonales Funktionensystem φ_m kann man durch eine unitäre Matrix in ein anderes normiertes Orthogonalsystem ψ_k transformieren. Umgekehrt gibt es zu zwei Orthogonalsystemen immer eine unitäre Matrix, die sie ineinander überführt.

Bilden wir die Koordinaten und Impulsmatrizen statt mit dem Funktionensystem φ_m durch die Funktionen

$$\psi_k = \sum^m \varphi_m U_{mk}, \quad \text{(II, 95)}$$

so erhalten wir ein anderes, hermitisches Matrizensystem q, p, das die Vertauschungsregeln erfüllt. Für seine Elemente gilt

$$q_{ik} = \int \psi_i^* q \psi_k \, d\tau = \sum^m \sum^n U_{mi}^* U_{nk} \int \varphi_m^* q \varphi_n \, d\tau$$
$$= \sum^m \sum^n U_{im}^\dagger q'_{mn} U_{nk}, \quad \text{(II, 96)}$$

$$p_{ik} = \frac{h}{2\pi i} \int \psi_i^* \frac{\partial \psi_k}{\partial q} \, d\tau = \frac{h}{2\pi i} \sum^m \sum^n U_{mi}^* U_{nk} \int \varphi_m^* \frac{\partial \varphi_n}{\partial q} \, d\tau$$
$$= \sum^m \sum^n U_{im}^\dagger p'_{mn} U_{nk}. \quad \text{(II, 97)}$$

Die Matrizen p, q können aus den p', q' mit Hilfe der unitären Matrix U durch

$$p = U^\dagger p' U; \quad \text{(II, 98)}$$
$$q = U^\dagger q' U \quad \text{(II, 99)}$$

gebildet werden. Man nennt diese Operation die „Transformation der Matrizen p' und q' mit der unitären Matrix U".

Bei dieser Transformation geht die Matrix $F' = F(p', q')$ einer Eigenschaft F in eine neue Matrix

$$F = F(p, q) = F(U^\dagger p' U, U^\dagger q' U) \quad \text{(II, 100)}$$

über. Die neue Matrix F erhält man auch, indem man die Matrix F' selbst mit U transformiert. Es ist also

$$F = U^\dagger F' U. \qquad (II, 101)$$

Dieser Satz läßt sich leicht beweisen. Gilt er nämlich schon für die Matrizen $f(p, q)$ und $g(p, q)$, dann gilt er auch für $f + g$ und fg wegen

$$(fg) = U^\dagger f' U U^\dagger g' U = U^\dagger f' g' U \qquad (II, 102)$$

und damit auch für beliebige Funktionen von p und q.

Die Matrix der Hamiltonfunktion H geht deswegen bei der Transformation in

$$H = U^\dagger H' U \qquad (II, 103)$$

über.

Jetzt können wir auch ein Matrizensystem konstruieren, das die Vertauschungsregeln erfüllt und beim Einsetzen in die H-Funktion eine Diagonalmatrix liefert. Wir nehmen ein beliebiges orthogonales Funktionensystem φ, bilden die Matrizen

$$q'_{mn} = \int \varphi_m^* q\, \varphi_n\, d\tau; \quad p'_{mn} = \frac{h}{2\pi i} \int \varphi_m^* \frac{\partial \varphi_n}{\partial q}\, d\tau \qquad (II, 104)$$

und auch die Matrix der Gesamtenergie H' mit den Elementen

$$H'_{mn} = \int \varphi_m^* \mathbb{H}\, \varphi_n\, d\tau. \qquad (II, 105)$$

Diese ist natürlich keine Diagonalmatrix. Nun suchen wir eine unitäre Matrix U, die H' in eine Diagonalmatrix

$$H = E = U^\dagger H' U \qquad (II, 106)$$

transformiert. Die gesuchte Transformation nennt man oft eine Hauptachsentransformation. Dieselbe Matrix U transformiert dann die Matrizen F' aller Eigenschaften, insbesondere auch die der Koordinaten und Impulse p', q' in die gesuchten Matrizen.

Hauptachsentransformation und Säkulargleichung. Multipliziert man (II, 106) linksseitig mit U, so erhält man die Gleichung

$$UE = H'U. \qquad (II, 107)$$

Schreibt man diese Gleichung für das ik-te Element, so findet man

$$\sum\nolimits^m U_{im} E_{mk} = \sum\nolimits^m H'_{im} U_{mk} \qquad (II, 108)$$

und

$$U_{ik} E_k = \sum\nolimits^m H'_{im} U_{mk}, \qquad (II, 109)$$

weil E eine Diagonalmatrix sein soll. Hält man jetzt den Index k fest, so bedeutet (II, 109) ein System homogener linearer Gleichungen für die U_{mk}, wenn man i alle Werte durchlaufen läßt. Ausführlich geschrieben lautet dieses System

$$\left.\begin{array}{l} i = 1: \quad U_{1k} E_k = H'_{11} U_{1k} + H'_{12} U_{2k} + \cdots, \\ i = 2: \quad U_{2k} E_k = H'_{21} U_{1k} + H'_{22} U_{2k} + \cdots, \\ i = 3: \quad U_{3k} E_k = H'_{31} U_{1k} + H'_{32} U_{2k} + \cdots. \end{array}\right\} \qquad (II, 110)$$

Außer den trivalen Lösungen $U_{mk}=0$ gibt es nur Lösungen, wenn die Determinante

$$\begin{vmatrix} H'_{11}-E_k & H'_{12} & H'_{13} & \cdots \\ H'_{21} & H'_{22}-E_k & H'_{23} & \cdots \\ H'_{31} & H'_{32} & H'_{33}-E_k & \cdots \end{vmatrix} = 0 \qquad (II, 111)$$

verschwindet. Aus dieser Gleichung, Säkulargleichung genannt, kann das Diagonalelement E_k bestimmt werden. Dieselbe Säkulargleichung ergibt sich auch für jedes andere Diagonalelement. Die Wurzeln von (II, 111) liefern also sämtliche Diagonalelemente von E und damit alle Eigenwerte.

Wenn die Eigenwerte E_k bekannt sind, kann man aus (II, 110) auch die U_{mk} finden. Unter ihnen bleibt allerdings ein Element willkürlich, z. B. das Diagonalelement U_{kk}.

§ 8. Die Störungsrechnung für nichtentartete Systeme.

Inhalt: Berechnung der Eigenwerte und Eigenschaftsmatrizen in einem systematischen Näherungsverfahren.

Bezeichnungen: $H^{(0)}$ Hamiltonfunktion der nullten Näherung, $H^{(1)}$, $H^{(2)}$ usw. sukzessive Störungsglieder, $\boldsymbol{H}^{(0)} = \boldsymbol{E}^{(0)}$, $\boldsymbol{H}^{(1)}$, $\boldsymbol{H}^{(2)}$ zugehörige Matrizen, $\boldsymbol{E}^{(0)}$, $\boldsymbol{E}^{(1)}$, $\boldsymbol{E}^{(2)}$ Diagonalmatrizen der Energie in nullter, erster, zweiter Näherung. $\boldsymbol{U}^{(0)}$, $\boldsymbol{U}^{(1)}$, $\boldsymbol{U}^{(2)}$ sukzessive Näherungen der transformierenden unitären Matrix, λ kleiner Zahlparameter, ψ Eigenfunktionen.

Die grundsätzliche Lösung der quantentheoretischen Aufgabe im vorigen Paragraphen hat leider geringen praktischen Wert. Die Säkulargleichung ist eine Gleichung unendlich hoher Ordnung, die noch dazu in Form einer Determinante geschrieben ist. Sie erlaubt keine geschlossene Lösung. Wir müssen deshalb ein Verfahren ausarbeiten, das eine wirkliche Lösung liefert oder wenigstens annähert.

Ein Problem sei durch Angabe der Hamiltonfunktion vorgelegt. Aus ihr möge durch eine Vernachlässigung, die wir als klein betrachten, eine andere Hamiltonfunktion $H^{(0)}$ hervorgehen. Die zu $H^{(0)}$ gehörige Schrödingergleichung sei lösbar und ihre Eigenwerte $E_k^{(0)}$ und die Eigenfunktionen $\psi_k^{(0)}$ seien bereits bekannt. Benutzen wir als Ausgangspunkt der Rechnung das Orthogonalsystem der $\psi_k^{(0)}$, so ist $\boldsymbol{H}^{(0)} = \boldsymbol{E}^{(0)}$ bereits eine Diagonalmatrix.

Nun bringen wir die vorgelegte Hamiltonfunktion in die Form

$$H = H^{(0)} + \lambda H^{(1)} + \lambda^2 H^{(2)} + \cdots, \qquad (II, 112)$$

d. h. wir entwickeln sie nach Potenzen eines Parameters λ, durch dessen Vernachlässigung gerade $H^{(0)}$ entsteht. Bilden wir mit Hilfe der $\psi_k^{(0)}$ die Matrizen

$$\boldsymbol{H}' = \boldsymbol{H}^{(0)} + \lambda \boldsymbol{H}^{(1)} + \lambda^2 \boldsymbol{H}^{(2)} + \cdots = \boldsymbol{E}^{(0)} + \lambda \boldsymbol{H}^{(1)} + \lambda^2 \boldsymbol{H}^{(2)} + \cdots, \qquad (II, 113)$$

so sind $\boldsymbol{E}^{(0)}$, $\boldsymbol{H}^{(1)}$ und $\boldsymbol{H}^{(2)}$ bekannte Matrizen, und zwar ist $\boldsymbol{E}^{(0)}$ die Diagonalmatrix der Eigenwerte $E_k^{(0)}$.

Jetzt transformieren wir die Matrix $\boldsymbol{H}'$ durch eine noch zu ermittelnde unitäre Matrix $\boldsymbol{U}$ auf Hauptachsen, indem wir

$$\boldsymbol{U} = \boldsymbol{U}^{(0)} + \lambda \boldsymbol{U}^{(1)} + \lambda^2 \boldsymbol{U}^{(2)} + \cdots \qquad (II, 114)$$

ebenfalls nach λ entwickeln. Das Ergebnis der Transformation muß eine Diagonalmatrix $\boldsymbol{E}$ sein, die nach λ entwickelt

$$\boldsymbol{E} = \boldsymbol{E}^{(0)} + \lambda \boldsymbol{E}^{(1)} + \lambda^2 \boldsymbol{E}^{(2)} + \cdots \qquad (II, 115)$$

Weizel, Theoretische Physik. II. 2. Aufl.

lautet. Dabei sind $E^{(0)}$, $E^{(1)}$, $E^{(2)}$ usw. lauter Diagonalmatrizen. Setzen wir dies in (II, 107) ein, so gelangen wir zu der Gleichung

$$(U^{(0)} + \lambda U^{(1)} + \lambda^2 U^{(2)} + \cdots)(E^{(0)} + \lambda E^{(1)} + \lambda^2 E^{(2)} + \cdots)$$
$$= (E^{(0)} + \lambda H^{(1)} + \lambda^2 H^{(2)} + \cdots)(U^{(0)} + \lambda U^{(1)} + \lambda^2 U^{(2)} + \cdots), \quad (II, 116)$$

aus der wir $E^{(1)}$, $E^{(2)}$, $U^{(0)}$, $U^{(1)}$, $U^{(2)}$ finden können.

Die nullte Näherung. Aus der Gleichung (II, 116) sollen jetzt die unbekannten Matrizen $U^{(0)}$, $U^{(1)}$, $U^{(2)}$, $E^{(1)}$, $E^{(2)}$ usw. durch ein Näherungsverfahren bestimmt werden. Setzen wir $\lambda = 0$, so finden wir als Ausgangspunkt dieses Verfahrens

$$U^{(0)} E^{(0)} = E^{(0)} U^{(0)}, \quad (II, 117)$$

die sogenannte nullte Näherung. Da $E^{(0)}$ eine Diagonalmatrix ist, lautet das ik-te Element hiervon

$$U_{ik}^{(0)} E_k^{(0)} = E_i^{(0)} U_{ik}^{(0)}. \quad (II, 118)$$

Ist $E_i^{(0)} \neq E_k^{(0)}$, so muß das Element $U_{ik}^{(0)}$ verschwinden. Ist dagegen $E_i^{(0)} = E_k^{(0)}$, so schreibt die Gleichung (II, 118) über das Element $U_{ik}^{(0)}$ nichts vor.

Wir machen jetzt die Annahme, welche leider nur selten zutrifft, daß die Eigenwerte in der nullten Näherung alle voneinander verschieden sind. Die Schrödingergleichung

$$\mathbb{H}^{(0)} \psi_k^{(0)} = E_k^{(0)} \psi_k^{(0)} \quad (II, 119)$$

soll also keine entarteten Eigenwerte besitzen. In diesem Fall muß $U^{(0)}$ eine Diagonalmatrix sein. Weil $U^{(0)}$ unitär ist, gilt

$$U^{(0)} U^{(0)\dagger} = 1, \quad (II, 120)$$

was für das Diagonalelement

$$\sum_m U_{km}^{(0)} U_{mk}^{(0)\dagger} = U_{kk}^{(0)} U_{kk}^{(0)*} = 1 \quad (II, 121)$$

vorschreibt. Die Diagonalelemente von $U^{(0)}$ sind Zahlen vom Betrag 1. $U^{(0)}$ ist eine sogenannte Phasenmatrix, und es entsteht keine Schwierigkeit, wenn wir sie gleich der Einheitsmatrix

$$U^{(0)} = 1 \quad (II, 122)$$

setzen.

Wenn keine Entartung vorhanden ist, ist die nullte Näherung völlig trivial.

Die erste Näherung. In erster Näherung berücksichtigen wir in (II, 116) die Glieder mit λ und vernachlässigen die mit λ^2. Wir erhalten dann

$$U^{(1)} E^{(0)} + U^{(0)} E^{(1)} = E^{(0)} U^{(1)} + H^{(1)} U^{(0)}, \quad (II, 123)$$

wofür wir nach (II, 122) auch

$$U^{(1)} E^{(0)} + E^{(1)} = E^{(0)} U^{(1)} + H^{(1)} \quad (II, 124)$$

schreiben dürfen. Das ik-te Element dieser Matrizengleichungen gibt

$$U_{ik}^{(1)} E_k^{(0)} + E_{ik}^{(1)} = E_i^{(0)} U_{ik}^{(1)} + H_{ik}^{(1)}. \quad (II, 125)$$

Da $E^{(1)}$ eine Diagonalmatrix ist, reduziert sich (II, 125) für $i = k$ auf

$$E_k^{(1)} = H_{kk}^{(1)} \quad (II, 126)$$

und für $i \neq k$ auf

$$U_{ik}^{(1)} (E_k^{(0)} - E_i^{(0)}) = H_{ik}^{(1)}. \quad (II, 127)$$

§ 8. Die Störungsrechnung für nichtentartete Systeme.

Wir können also die Elemente von $E^{(1)}$ und $U^{(1)}$ durch

$$E_k^{(1)} = H_{kk}^{(1)}; \quad U_{ik}^{(1)} = \frac{H_{ik}^{(1)}}{E_k^{(0)} - E_i^{(0)}} \qquad (II, 128)$$

gewinnen. Für $U^{(1)\dagger}$ findet man

$$U_{ik}^{(1)\dagger} = \frac{H_{ik}^{(1)}}{E_i^{(0)} - E_k^{(0)}} = -U_{ik}^{(1)}. \qquad (II, 129)$$

Damit ist die Matrix $E^{(1)}$ völlig bestimmt. Von der Matrix $U^{(1)}$ haben wir alle Elemente außerhalb der Diagonale. Ihre Diagonalelemente bleiben willkürlich und wir setzen sie gleich Null

Für die praktische Ausrechnung drückt man die Elemente der Matrizen $E^{(1)}$ und $U^{(1)}$ durch die Funktionen $\psi_k^{(0)}$ aus und erhält

$$E_k^{(1)} = \int \psi_k^{(0)*} \mathbb{H}^{(1)} \psi_k^{(0)} d\tau. \qquad (II, 130)$$

Man kann auch leicht die Eigenfunktionen der ersten Näherung bestimmen, nämlich

$$\psi_k^{(1)} = \psi_k^{(0)} + \lambda \sum_m \psi_m^{(0)} U_{mk}^{(1)}$$
$$= \psi_k^{(0)} + \lambda \sum_m \psi_m^{(0)} \frac{\int \psi_m^{(0)*} \mathbb{H}^{(1)} \psi_k^{(0)} d\tau}{E_k^{(0)} - E_m^{(0)}}. \qquad (II, 131)$$

Es besteht jetzt keine Schwierigkeit, auch die Matrizen beliebiger Eigenschaften anzugeben. Die Ausdrücke dafür werden allerdings schon etwas schwerfällig.

Die zweite Näherung. Die Glieder mit λ^2 von (II, 116) liefern eine zweite Näherungsgleichung, die zu den bereits erledigten Näherungen (II, 117) und (II, 123) tritt. Sie lautet

$$U^{(2)} E^{(0)} + U^{(1)} E^{(1)} + U^{(0)} E^{(2)} = E^{(0)} U^{(2)} + H^{(1)} U^{(1)} + H^{(2)} U^{(0)}$$

oder wegen (II, 122)

$$U^{(2)} E^{(0)} + U^{(1)} E^{(1)} + E^{(2)} = E^{(0)} U^{(2)} + H^{(1)} U^{(1)} + H^{(2)}. \qquad (II, 132)$$

Für die Diagonalelemente erhält man

$$U_{kk}^{(2)} E_k^{(0)} + U_{kk}^{(1)} E_k^{(1)} + E_k^{(2)} = E_k^{(0)} U_{kk}^{(2)} + \sum_m H_{km}^{(1)} U_{mk}^{(1)} + H_{kk}^{(2)} \qquad (II, 133)$$

und wegen $U_{kk}^{(1)} = 0$

$$E_k^{(2)} = H_{kk}^{(2)} + \sum_m H_{km}^{(1)} U_{mk}^{(1)} = H_{kk}^{(2)} + \sum_m \frac{H_{km}^{(1)} H_{mk}^{(1)}}{E_k^{(0)} - E_m^{(0)}}. \qquad (II, 134)$$

Für die Elemente außerhalb der Diagonale folgt aus (II, 132)

$$U_{ik}^{(2)} E_k^{(0)} + U_{ik}^{(1)} E_k^{(1)} = E_i^{(0)} U_{ik}^{(2)} + \sum_m H_{im}^{(1)} U_{mk}^{(1)} + H_{ik}^{(2)},$$

$$U_{ik}^{(2)} = \frac{H_{ik}^{(2)} + \sum_m H_{im}^{(1)} U_{mk}^{(1)} - E_k^{(1)} U_{ik}^{(1)}}{E_k^{(0)} - E_i^{(0)}}. \qquad (II, 135)$$

Die Diagonalelemente von $U^{(2)}$ bleiben willkürlich, und wir setzen sie gleich Null. Damit ist auch die zweite Näherung vollständig erledigt.

Das eingeschlagene Näherungsverfahren kann beliebig fortgesetzt werden, ohne daß sich besondere Schwierigkeiten ergeben. Wir haben also ein systematisches Verfahren gewonnen, mit welchem ein quantentheoretisches Problem auf ein einfacheres zurückgeführt werden kann. Leider setzt dieses Verfahren voraus, daß in der nullten Näherung keine Entartung besteht, und dies macht die Methode in den meisten Fällen unbrauchbar. Diese Einschränkung muß vor allem noch beseitigt werden.

§ 9. Störungsrechnung entarteter Systeme.

Inhalt: Energiematrix und Koordinatenmatrix bei den Alkalien. Entartete Matrizen erlauben eine Transformation mit einer unitären Stufenmatrix, deren Stufengröße dem Entartungsgrad entspricht. Diese Stufenmatrix ist willkürlich, kann aber durch eine hinzutretende Störung in erster oder zweiter Näherung bestimmt werden, wenn die Entartung aufgehoben wird. Völlige und teilweise Aufhebung der Entartung in der ersten Näherung.
Bezeichnungen: wie S. 961.

Ein System ist entartet, wenn es Eigenwerte besitzt, zu denen mehr als eine unabhängige Eigenfunktion gehört. Hat man zum gleichen Eigenwert N Eigenfunktionen, von denen keine sich als Linearkombination der anderen schreiben läßt, so liegt N-fache Entartung vor und die allgemeinste Eigenfunktion ist die Linearkombination der N unabhängigen. Der Eigenwert wird N-fach gezählt.

Die Entartung der S-, P-, D- usw. Terme. Eine der wichtigsten Entartungen tritt bei einem Elektron im Zentralfeld ein, wie wir sie beim Leuchtelektron der Alkalien beobachten. Wir unterscheiden dann die einfachen S-, die dreifachen P-, die fünffachen D-Zustände usw. Die Energiematrix hat dann die Gestalt

$$E^{(0)} = \begin{Vmatrix} E_{1S} & 0 & 0 & 0 & 0 & 0 & 0 & 0 & 0 & 0 & 0 & 0 & 0 \\ 0 & E_{2S} & 0 & 0 & 0 & 0 & 0 & 0 & 0 & 0 & 0 & 0 & 0 \\ 0 & 0 & E_{2P} & 0 & 0 & 0 & 0 & 0 & 0 & 0 & 0 & 0 & 0 \\ 0 & 0 & 0 & E_{2P} & 0 & 0 & 0 & 0 & 0 & 0 & 0 & 0 & 0 \\ 0 & 0 & 0 & 0 & E_{2P} & 0 & 0 & 0 & 0 & 0 & 0 & 0 & 0 \\ 0 & 0 & 0 & 0 & 0 & E_{3S} & 0 & 0 & 0 & 0 & 0 & 0 & 0 \\ 0 & 0 & 0 & 0 & 0 & 0 & E_{3P} & 0 & 0 & 0 & 0 & 0 & 0 \\ 0 & 0 & 0 & 0 & 0 & 0 & 0 & E_{3P} & 0 & 0 & 0 & 0 & 0 \\ 0 & 0 & 0 & 0 & 0 & 0 & 0 & 0 & E_{3P} & 0 & 0 & 0 & 0 \\ 0 & 0 & 0 & 0 & 0 & 0 & 0 & 0 & 0 & E_{3D} & 0 & 0 & 0 \\ 0 & 0 & 0 & 0 & 0 & 0 & 0 & 0 & 0 & 0 & E_{3D} & 0 & 0 \\ 0 & 0 & 0 & 0 & 0 & 0 & 0 & 0 & 0 & 0 & 0 & E_{3D} & 0 \\ 0 & 0 & 0 & 0 & 0 & 0 & 0 & 0 & 0 & 0 & 0 & 0 & E_{3D} \\ 0 & 0 & 0 & 0 & 0 & 0 & 0 & 0 & 0 & 0 & 0 & 0 & E_{3D} \end{Vmatrix} \quad (II, 136)$$

usw.

Jedem Eigenwert kann man eine Eigenfunktion zuweisen, auch den entarteten. Man muß aber darauf achten, den mehrfachen Eigenwerten solche Eigenfunktionen zuzuordnen, die alle zueinander orthogonal sind. Für das Leuchtelektron eines Alkaliatoms können in sphärischen Polarkoordinaten die Eigenfunktionen

§ 9. Störungsrechnung entarteter Systeme.

$1S: \chi(1S)\dfrac{1}{2\sqrt{\pi}}$

$2S: \chi(2S)\dfrac{1}{2\sqrt{\pi}}$

$2P: \begin{cases} \chi(2P)\dfrac{1}{2}\sqrt{\dfrac{3}{\pi}}\cos\vartheta \\ \chi(2P)\dfrac{1}{2}\sqrt{\dfrac{3}{\pi}}\sin\vartheta\sin\varphi \\ \chi(2P)\dfrac{1}{2}\sqrt{\dfrac{3}{\pi}}\sin\vartheta\cos\varphi \end{cases}$

$3S: \chi(3S)\dfrac{1}{2\sqrt{\pi}}$

$3P: \begin{cases} \chi(3P)\dfrac{1}{2}\sqrt{\dfrac{3}{\pi}}\cos\vartheta \\ \chi(3P)\dfrac{1}{2}\sqrt{\dfrac{3}{\pi}}\sin\vartheta\sin\varphi \\ \chi(3P)\dfrac{1}{2}\sqrt{\dfrac{3}{\pi}}\sin\vartheta\cos\varphi \end{cases}$

$3D: \begin{cases} \chi(3D)\dfrac{1}{4}\sqrt{\dfrac{5}{\pi}}(3\cos^2\vartheta-1) \\ \chi(3D)\dfrac{1}{2}\sqrt{\dfrac{15}{\pi}}\sin\vartheta\cos\vartheta\sin\varphi \\ \chi(3D)\dfrac{1}{2}\sqrt{\dfrac{15}{\pi}}\sin\vartheta\cos\vartheta\cos\varphi \\ \chi(3D)\dfrac{1}{4}\sqrt{\dfrac{15}{\pi}}\sin^2\vartheta\sin 2\varphi \\ \chi(3D)\dfrac{1}{4}\sqrt{\dfrac{15}{\pi}}\sin^2\vartheta\cos 2\varphi \quad \text{usw.} \end{cases}$

angesetzt werden, wo die χ nicht näher bezeichnete normierte Funktionen der Radialkoordinate r sind.

Jetzt können die Koordinatenmatrizen gebildet werden. Um Platz zu sparen, bilden wir statt x, y und z gleich die Matrix

$$\mathfrak{r} = \mathfrak{i}x + \mathfrak{j}y + \mathfrak{k}z, \qquad (II, 137)$$

deren Elemente natürlich Vektoren sind. Außerdem beschränken wir uns auf die Terme $1S$, $2P$ und $3D$ und lassen $2S$, $3S$ und $3P$ usw. weg. Die Abkürzungen r_{SP} und r_{PD} bedeuten

$$r_{SP} = \int \chi(1S)\chi(2P)r^3\,dr; \qquad r_{PD} = \int \chi(2P)\chi(3D)r^3\,dr. \qquad (II, 138)$$

Damit erhalten wir

	1S	2P			3D				
1S	0	$\mathfrak{k}\dfrac{r_{SP}}{\sqrt{3}}$	$\mathfrak{j}\dfrac{r_{SP}}{\sqrt{3}}$	$\mathfrak{i}\dfrac{r_{SP}}{\sqrt{3}}$	0	0	0	0	0
2P	$\mathfrak{k}\dfrac{r_{SP}}{\sqrt{3}}$	0	0	0	$\mathfrak{k}\dfrac{2r_{PD}}{\sqrt{15}}$	$\mathfrak{j}\dfrac{r_{PD}}{\sqrt{5}}$	$\mathfrak{i}\dfrac{r_{PD}}{\sqrt{5}}$	0	0
	$\mathfrak{j}\dfrac{r_{SP}}{\sqrt{3}}$	0	0	0	$-\mathfrak{j}\dfrac{r_{PD}}{\sqrt{15}}$	$\mathfrak{k}\dfrac{r_{PD}}{\sqrt{5}}$	0	$\mathfrak{i}\dfrac{r_{PD}}{\sqrt{5}}$	$-\mathfrak{j}\dfrac{r_{PD}}{\sqrt{5}}$
	$\mathfrak{i}\dfrac{r_{SP}}{\sqrt{3}}$	0	0	0	$-\mathfrak{i}\dfrac{r_{PD}}{\sqrt{15}}$	0	$\mathfrak{k}\dfrac{r_{PD}}{\sqrt{5}}$	$\mathfrak{j}\dfrac{r_{PD}}{\sqrt{5}}$	$\mathfrak{i}\dfrac{r_{PD}}{\sqrt{5}}$
$\mathfrak{r}=$ 3D	0	$\mathfrak{k}\dfrac{2r_{PD}}{\sqrt{15}}$	$-\mathfrak{j}\dfrac{r_{PD}}{\sqrt{15}}$	$-\mathfrak{i}\dfrac{r_{PD}}{\sqrt{15}}$	0	0	0	0	0
	0	$\mathfrak{j}\dfrac{r_{PD}}{\sqrt{5}}$	$\mathfrak{k}\dfrac{r_{PD}}{\sqrt{5}}$	0	0	0	0	0	0
	0	$\mathfrak{i}\dfrac{r_{PD}}{\sqrt{5}}$	0	$\mathfrak{k}\dfrac{r_{PD}}{\sqrt{5}}$	0	0	0	0	0
	0	0	$\mathfrak{i}\dfrac{r_{PD}}{\sqrt{5}}$	$\mathfrak{j}\dfrac{r_{PD}}{\sqrt{5}}$	0	0	0	0	0
	0	0	$-\mathfrak{j}\dfrac{r_{PD}}{\sqrt{5}}$	$\mathfrak{i}\dfrac{r_{PD}}{\sqrt{5}}$	0	0	0	0	0

(II, 139)

In gleicher Weise kann man die Matrizen anderer Eigenschaften berechnen. Man hätte aber den entarteten Eigenwerten auch andere orthogonale Linearkombinationen der Eigenfunktionen zuordnen können und dann eine andere Koordinatenmatrix erhalten. Bei Entartung steckt also in den Matrizen noch eine gewisse Willkür, es gibt offenbar mehrere Matrizensysteme p, q, die den Vertauschungsregeln genügen und die Hamiltonfunktion zu einer Diagonalmatrix machen.

Transformation entarteter Matrizen durch eine unitäre Stufenmatrix. Es sei ein hermitisches Matrizensystem p', q' bekannt, das den Vertauschungsregeln genügt und die Hamiltonfunktion zu einer Diagonalmatrix E macht. Aus ihm entsteht durch eine unitäre Transformation $U^{(0)}$ ein anderes hermitisches Matrizensystem p, q, welches ebenfalls den Vertauschungsregeln genügt. Wenn das neue System p, q beim Einsetzen in die Hamiltonfunktion dieselbe Diagonalmatrix E liefert, so ist es mit dem System p', q' gleichwertig. Ohne Entartung muß $U^{(0)}$ eine Phasenmatrix sein und es gibt nur ein brauchbares Matrizensystem.

Besteht Entartung, so folgt aus

$$E = U^{(0)\dagger} E U^{(0)} \quad \text{oder} \quad U^{(0)} E = E U^{(0)} \qquad (II, 140)$$

für die Elemente

$$U^{(0)}_{ik} E_k = E_i U^{(0)}_{ik}. \qquad (II, 141)$$

Wenn $E_i = E_k$ ist, braucht $U^{(0)}_{ik}$ nicht zu verschwinden. Für diese Kombinationen von i und k bleiben die $U^{(0)}_{ik}$ beliebig und unterliegen nur den Einschränkungen, die aus dem unitären Charakter von $U^{(0)}$ herrühren. Dagegen verschwinden alle $U^{(0)}_{ik}$, wenn $E_i \neq E_k$ ist.

Eine solche Matrix $U^{(0)}$ nennen wir eine unitäre Stufenmatrix. Die Stufengröße entspricht dem Grade der Entartung. Zur Matrix (II, 136) der Alkaliterme gehört die Stufenmatrix

$$U^{(0)} = \begin{Vmatrix}
 & 1S & 2S & 2P & & & 3S & 3P & & & 3D & & & \\
1S & 1 & 0 & 0 & 0 & 0 & 0 & 0 & 0 & 0 & 0 & 0 & 0 & 0 \\
2S & 0 & 1 & 0 & 0 & 0 & 0 & 0 & 0 & 0 & 0 & 0 & 0 & 0 \\
 & 0 & 0 & \cdot & \cdot & \cdot & 0 & 0 & 0 & 0 & 0 & 0 & 0 & 0 \\
2P & 0 & 0 & \cdot & \cdot & \cdot & 0 & 0 & 0 & 0 & 0 & 0 & 0 & 0 \\
 & 0 & 0 & \cdot & \cdot & \cdot & 0 & 0 & 0 & 0 & 0 & 0 & 0 & 0 \\
3S & 0 & 0 & 0 & 0 & 0 & 1 & 0 & 0 & 0 & 0 & 0 & 0 & 0 \\
 & 0 & 0 & 0 & 0 & 0 & 0 & \cdot & \cdot & \cdot & 0 & 0 & 0 & 0 \\
3P & 0 & 0 & 0 & 0 & 0 & 0 & \cdot & \cdot & \cdot & 0 & 0 & 0 & 0 \\
 & 0 & 0 & 0 & 0 & 0 & 0 & \cdot & \cdot & \cdot & 0 & 0 & 0 & 0 \\
 & 0 & 0 & 0 & 0 & 0 & 0 & 0 & 0 & 0 & \cdot & \cdot & \cdot & \cdot \\
 & 0 & 0 & 0 & 0 & 0 & 0 & 0 & 0 & 0 & \cdot & \cdot & \cdot & \cdot \\
3D & 0 & 0 & 0 & 0 & 0 & 0 & 0 & 0 & 0 & \cdot & \cdot & \cdot & \cdot \\
 & 0 & 0 & 0 & 0 & 0 & 0 & 0 & 0 & 0 & \cdot & \cdot & \cdot & \cdot \\
 & 0 & 0 & 0 & 0 & 0 & 0 & 0 & 0 & 0 & \cdot & \cdot & \cdot & \cdot \\
\end{Vmatrix} \qquad (II, 142)$$

usw.,

in welcher an der Stelle der Punkte nicht verschwindende Elemente stehen können.

§ 9. Störungsrechnung entarteter Systeme.

Mit dem System p', q' sind jetzt alle Systeme

$$p = U^{(0)\dagger} p' U^{(0)}, \quad q = U^{(0)\dagger} q' U^{(0)} \qquad (II, 143)$$

gleichberechtigt. Statt der Eigenfunktionen ψ_k können auch die Linearkombinationen

$$\varphi_k = \sum_i \psi_i U_{ik}^{(0)} \qquad (II, 144)$$

genommen werden.

Das Störungsschema. Ist ein Problem mit einer Hamiltonfunktion

$$H = E^{(0)} + \lambda H^{(1)} + \lambda^2 H^{(2)} \qquad (II, 145)$$

vorgelegt, bei der die Energiematrix $E^{(0)}$ der nullten Näherung entartet ist, so hat man wie auf S. 962 aus der Gleichung

$$(U^{(0)} + \lambda U^{(1)} + \lambda^2 U^{(2)} + \cdots)(E^{(0)} + \lambda E^{(1)} + \lambda^2 E^{(2)} + \cdots)$$
$$= (E^{(0)} + \lambda H^{(1)} + \lambda^2 H^{(2)} + \cdots)(U^{(0)} + \lambda U^{(1)} + \lambda^2 U^{(2)} + \cdots) \qquad (II, 146)$$

die Matrizen $U^{(0)}$, $U^{(1)}$, $U^{(2)}$, $E^{(1)}$, $E^{(2)}$ usw. zu bestimmen.

Die nullte Näherung ergibt aber jetzt nicht $U^{(0)} = 1$, sondern $U^{(0)}$ ist eine unitäre Stufenmatrix, welche nur aus der ersten Näherung bestimmt werden kann.

Um die erste Näherung durchzuführen, zerlegen wir die Matrix $H^{(1)}$ in die Summe zweier Matrizen

$$H^{(1)} = H^{(1a)} + H^{(1b)}. \qquad (II, 147)$$

Zu $H^{(1a)}$ nehmen wir alle Elemente von $H^{(1)}$, die in die Diagonalstufen von $U^{(0)}$ fallen. Zu $H^{(1b)}$ gehören alle anderen Elemente von $H^{(1)}$. Die erste Näherung liefert dann die Gleichung

$$U^{(0)} E^{(1)} + U^{(1)} E^{(0)} = E^{(0)} U^{(1)} + H^{(1a)} U^{(0)} + H^{(1b)} U^{(0)}. \qquad (II, 148)$$

Jetzt bestimmen wir $U^{(0)}$ und $E^{(1)}$ aus

$$U^{(0)} E^{(1)} = H^{(1a)} U^{(0)} \qquad (II, 149)$$

und $U^{(1)}$ aus

$$U^{(1)} E^{(0)} = E^{(0)} U^{(1)} + H^{(1b)} U^{(0)}, \qquad (II, 150)$$

Die Elemente von (II, 149) verschwinden alle außerhalb der Stufen von $U^{(0)}$, während die Elemente von (II, 150) gerade innerhalb dieser Stufen verschwinden.

(II, 149) verlangt, daß $H^{(1a)}$ durch $U^{(0)}$ auf Hauptachsen transformiert werde. Für die Elemente erhalten wir

$$U_{ik}^{(0)} E_k^{(1)} = \sum_r H_{ir}^{(1a)} U_{rk}^{(0)}. \qquad (II, 151)$$

Dies ist ein System linearer homogener Gleichungen für die $U_{ik}^{(0)}$ bei festgehaltenem k, das dem System (II, 116) völlig entspricht. (II, 151) zerfällt jedoch in mehrere Systeme, von denen jedes zu einer Stufe gehört. Entsprechend ist die Determinante der Säkulargleichung

$$\prod |H^{(1a)} - E| = 0 \qquad (II, 152)$$

das Produkt von Stufendeterminanten, und die Säkulargleichung zerfällt deshalb in einzelne Gleichungen

$$|H^{(1a)} - E| = 0, \qquad (II, 153)$$

von denen jede zu einer Stufe gehört.

Jede Stufe liefert eine Gleichung von der N-ten Ordnung, wenn die Entartung N-fach ist. Jetzt erhält man aus (II, 153) zunächst die Eigenwerte $E_k^{(1)}$ und danach aus den Gleichungen (II, 151) die Elemente $U_{ik}^{(0)}$, wenn man außerdem beachtet, daß $U^{(0)}$ unitär ist.

Hat man $E^{(1)}$ und $U^{(0)}$ gefunden, so kann $U^{(1)}$ aus (II, 150) ermittelt werden. Für das ik-te Element entsteht

$$U_{ik}^{(1)} E_k^{(0)} = E_i^{(0)} U_{ik}^{(1)} + \sum_r H_{ir}^{(1b)} U_{rk}^{(0)}. \qquad (II, 154)$$

Für $E_i^{(0)} \neq E_k^{(0)}$ erhalten wir

$$U_{ik}^{(1)} = \frac{\sum_r H_{ir}^{(1b)} U_{rk}^{(0)}}{E_k^{(0)} - E_i^{(0)}}. \qquad (II, 155)$$

Der Index r läuft über die Entartungsstufe, zu der auch k gehört. Die Elemente von $U^{(1)}$ in den Stufen von $U^{(0)}$ können aus (II, 155) nicht bestimmt werden. Sie bleiben beliebig und können gleich Null gesetzt werden. Jetzt können die Matrizen der Koordinaten und Impulse konstruiert werden. Sind wir von $p^{(0)}$, $q^{(0)}$ ausgegangen, so sind die gesuchten Matrizen in erster Näherung

$$\boldsymbol{p}^{(1)} = (U^{(0)\dagger} + \lambda U^{(1)\dagger}) \boldsymbol{p}^{(0)} (U^{(0)} + \lambda U^{(1)}), \qquad (II, 156)$$

$$\boldsymbol{q}^{(1)} = (U^{(0)\dagger} + \lambda U^{(1)\dagger}) \boldsymbol{q}^{(0)} (U^{(0)} + \lambda U^{(1)}). \qquad (II, 157)$$

*Unvollständige Aufhebung der Entartung. Zweite Näherung. Es kann vorkommen, ja es ist sogar die Regel, daß auch die Säkulargleichung (II, 152) noch mehrere gleiche Wurzeln hat. Dann zeigt auch $E^{(1)}$ noch Entartung. In diesem Fall kann man die Matrix $U^{(0)}$ durch die erste Näherung noch nicht völlig bestimmen, sondern es bleibt noch immer eine unitäre Stufenmatrix $u^{(0)}$ willkürlich, die der Entartung von $E^{(1)}$ entspricht. Für sie gilt dann

$$u^{(0)} E^{(1)} = E^{(1)} u^{(0)}. \qquad (II, 158)$$

Die völlige Aufhebung der Entartung kann aber in der zweiten Näherung erfolgen. Um diese durchzurechnen, bilden wir die Stufenmatrix $U^{(0)}$, indem wir die unbestimmt gebliebenen Elemente in der Diagonale gleich Eins, außerhalb der Diagonale gleich Null setzen. Mit dieser Matrix führen wir zuerst die Transformation aus, d. h. wir bilden die Matrizen

$$\boldsymbol{p} = U^{(0)\dagger} \boldsymbol{p}^{(0)} U^{(0)}, \qquad \boldsymbol{q} = U^{(0)\dagger} \boldsymbol{q}^{(0)} U^{(0)} \qquad (II, 159)$$

und die Energiematrix

$$\begin{aligned} \boldsymbol{h} &= U^{(0)\dagger} (E^{(0)} + \lambda H^{(1a)} + \lambda H^{(1b)} + \lambda^2 H^{(2)}) U^{(0)} \\ &= E^{(0)} + \lambda E^{(1)} + \lambda h^{(1b)} + \lambda^2 h^{(2)}. \end{aligned} \qquad (II, 160)$$

$E^{(0)}$ und $E^{(1)}$ sind Diagonalmatrizen und $h^{(1b)}$ hat keine Elemente in den Stufen von $U^{(0)}$. Jetzt versuchen wir h durch eine Matrix

$$u = u^{(0)} + \lambda u^{(1)} + \lambda^2 u^{(2)} \qquad (II, 161)$$

§ 9. Störungsrechnung entarteter Systeme.

auf Diagonalform zu transformieren, was offenbar dieselbe Aufgabe wie vordem bedeutet, nur daß die Entartungsstufen kleiner geworden sind. Wir erhalten also

$$(u^{(0)} + \lambda u^{(1)} + \lambda^2 u^{(2)} + \cdots)(E^{(0)} + \lambda E^{(1)} + \lambda^2 E^{(2)} + \cdots)$$
$$= (E^{(0)} + \lambda E^{(1)} + \lambda h^{(1b)} + \lambda^2 h^{(2)} + \cdots)(u^{(0)} + \lambda u^{(1)} + \lambda^2 u^{(2)} + \cdots). \quad (II, 162)$$

Die nullte Näherung
$$u^{(0)} E^{(0)} = E^{(0)} u^{(0)} \quad (II, 163)$$
ist trivial.

Die erste Näherung
$$u^{(0)} E^{(1)} + u^{(1)} E^{(0)} = E^{(0)} u^{(1)} + E^{(1)} u^{(0)} + h^{(1b)} u^{(0)} \quad (II, 164)$$
liefert erwartungsgemäß
$$u^{(0)} E^{(1)} = E^{(1)} u^{(0)}, \quad (II, 165)$$
wenn wir die Elemente in den Stufen von $U^{(0)}$ untersuchen. Es hinterbleibt dann von (II, 164) noch
$$u^{(1)} E^{(0)} = E^{(0)} u^{(1)} + h^{(1b)} u^{(0)}. \quad (II, 166)$$
Für die Elemente liefert das
$$u_{ik}^{(1)} E_k^{(0)} = E_i^{(0)} u_{ik}^{(1)} + \sum{}^r h_{ir}^{(1b)} u_{rk}^{(0)}. \quad (II, 167)$$
Ist $E_i^{(0)} = E_k^{(0)}$, so ist diese Gleichung stets erfüllt, denn $h_{ir}^{(1b)}$ verschwindet, wenn r zur gleichen Stufe wie i und k gehört, und $u_{rk}^{(0)} = 0$, wenn r zu einer anderen Stufe gehört. Außerhalb der Stufen von $U^{(0)}$ ist

$$u_{ik}^{(1)} = \frac{\sum{}^r h_{ir}^{(1b)} u_{rk}^{(0)}}{E_k^{(0)} - E_i^{(0)}}. \quad (II, 168)$$

Nachdem man $u^{(0)}$ aus der zweiten Näherung (II, 172) gewonnen hat, gewinnt man hieraus die Elemente von $u^{(1)}$, soweit sie nicht in den ursprünglichen Entartungsstufen liegen.

Die zweite Näherung
$$u^{(0)} E^{(2)} + u^{(1)} E^{(1)} + u^{(2)} E^{(0)} = E^{(0)} u^{(2)} + E^{(1)} u^{(1)} + h^{(1b)} u^{(1)} + h^{(2)} u^{(0)} \quad (II, 169)$$
gibt das ik-te Element
$$u_{ik}^{(0)} E_k^{(2)} + u_{ik}^{(1)} E_k^{(1)} + u_{ik}^{(2)} E_k^{(0)}$$
$$= E_i^{(0)} u_{ik}^{(2)} + E_i^{(1)} u_{ik}^{(1)} + \sum{}^r h_{ir}^{(1b)} u_{rk}^{(1)} + \sum{}^r h_{ir}^{(2)} u_{rk}^{(0)}. \quad (II, 170)$$
Ist $E_i^{(0)} = E_k^{(0)}$ und $E_i^{(1)} = E_k^{(1)}$, so reduziert sich das auf
$$u_{ik}^{(0)} E_k^{(2)} = \sum{}^r h_{ir}^{(1b)} u_{rk}^{(1)} + \sum{}^r h_{ik}^{(2)} u_{rk}^{(0)}. \quad (II, 171)$$
Setzt man jetzt (II, 168) ein, so erhält man
$$u_{ik}^{(0)} E_k^{(2)} = \sum{}^{rs} \frac{h_{ir}^{(1b)} h_{rs}^{(1b)} u_{sk}^{(0)}}{E_k^{(0)} - E_r^{(0)}} + \sum{}^s h_{is}^{(2)} u_{sk}^{(0)}$$
$$= \sum{}^s u_{sk}^{(0)} \left(h_{is}^{(2)} + \sum{}^r \frac{h_{ir}^{(1b)} h_{rs}^{(1b)}}{E_k^{(0)} - E_r^{(0)}} \right). \quad (II, 172)$$

Hält man den Index k fest, so ist dies ein System linearer Gleichungen, aus welchem man die $u_{ik}^{(0)}$ und $E_k^{(2)}$ gewinnt.

Ist $E_i^{(0)} = E_k^{(0)}$ aber $E_i^{(1)} \neq E_k^{(1)}$, so ist $u_{ik}^{(0)} = 0$ und (II, 170) reduziert sich auf

$$u_{ik}^{(1)} E_k^{(1)} = E_i^{(1)} u_{ik}^{(1)} + \sum_r h_{ir}^{(1\,b)} u_{rk}^{(1)} + \sum_r h_{ir}^{(2)} u_{rk}^{(0)}. \tag{II, 173}$$

Hieraus findet man die Elemente von $\boldsymbol{u}^{(1)}$, welche in den Stufen von $\boldsymbol{U}^{(0)}$ aber außerhalb der Stufen von $\boldsymbol{u}^{(0)}$ liegen.

Ist schließlich $E_i^{(0)} \neq E_k^{(0)}$, so folgt aus (II, 170)

$$u_{ik}^{(1)} E_k^{(1)} + u_{ik}^{(2)} E_k^{(0)} = E_i^{(0)} u_{ik}^{(2)} + E_i^{(1)} u_{ik}^{(1)} + \sum_r h_{ir}^{(1\,b)} u_{rk}^{(1)} + \sum_r h_{ir}^{(2)} u_{rk}^{(0)}. \tag{II, 174}$$

Wenn man hier die Elemente von $\boldsymbol{u}^{(0)}$ und $\boldsymbol{u}^{(1)}$ einsetzt, so kann man aus dieser Gleichung die Elemente von $\boldsymbol{u}^{(2)}$ bestimmen, soweit sie außerhalb der ursprünglichen Entartungsstufen liegen.

Ist $E_k^{(0)}$ oder wenigstens $E_k^{(1)}$ ein einfacher Eigenwert, so vereinfachen sich alle Formeln bedeutend. Zunächst verschwinden alle $u_{ik}^{(0)}$ außer dem Diagonalelement $u_{kk}^{(0)} = 1$. Statt (II, 168) erhält man einfach

$$u_{ik}^{(1)} = \frac{h_{ik}^{(1\,b)}}{E_k^{(0)} - E_i^{(0)}}. \tag{II, 175}$$

Aus (II, 172) gewinnt man das Element

$$E_k^{(2)} = h_{kk}^{(2)} + \sum_r \frac{h_{kr}^{(1\,b)} h_{rk}^{(1\,b)}}{E_k^{(0)} - E_r^{(0)}}. \tag{II, 176}$$

Die Gleichungen (II, 173) und (II, 174) geben nur geringe Erleichterungen.

In den meisten Fällen wird man die Rechnung an die besondere Form der Entartung anpassen und einen kürzeren Weg finden, als dem systematischen Näherungsverfahren zu folgen.

*§ 10. Der Starkeffekt.

Inhalt: Die S-Terme werden im elektrischen Feld nur verschoben. Die Verschiebung wird von dem benachbarten P-Term bewirkt. Die P-Terme spalten in einen einfachen und einen Doppelterm auf, die D-Terme in einen einfachen und zwei Doppelterme. Aufspaltung und Verschiebung sind dem Quadrat der Feldstärke proportional. Im Feld wird ein elektrisches Dipolmoment induziert, welches der Feldstärke und der Verschiebung proportional ist. Wegen der höheren Entartung treten bei Wasserstoff Aufspaltungen ein, welche der Feldstärke proportional sind. Bei höheren Termen hat man in schwachen Feldern quadratische, in starken Feldern lineare Effekte.

Bezeichnungen: $H^{(0)}$ Hamiltonfunktion ohne, H mit Feld, $\mathfrak{E}$ Feldstärke, $-e$ Elektronenladung, z Koordinate in der Feldrichtung, n Hauptquantenzahl. Sonst wie S. 958 und S. 961.

Der Starkeffekt ist die Einwirkung eines homogenen elektrischen Feldes auf ein Elektron, das sich an einem Atom befindet. Die Hamiltonfunktion des Elektrons im Feld lautet

$$H = H^{(0)} - e\,|\mathfrak{E}|\,z, \tag{II, 177}$$

wenn $H^{(0)}$ die Hamiltonfunktion ohne Feld bedeutet und wenn die z-Achse in die Richtung des elektrischen Feldes $\mathfrak{E}$ gelegt wird. Wir setzen dann

$$\lambda = -e\,|\mathfrak{E}|; \quad \boldsymbol{H}^{(1)} = z \tag{II, 178}$$

in die Formeln der §§ 8 und 9 ein.

*§ 10. Der Starkeffekt.

Der quadratische Starkeffekt an Singulettermen. Wir untersuchen jetzt den Starkeffekt an Termen, bei denen der Elektronenspin keine Rolle spielt. Dies sind die Singuletterme bzw. auch andere Terme mit sehr kleiner Multiplettaufspaltung, wie man sie besonders bei den leichten Elementen vorfindet. Als Beispiel denken wir an das Helium. Die Matrix der ungestörten Eigenwerte ist die Matrix $E^{(0)}$ von S. 964. Auch die Matrix $H^{(1)} = z^{(0)}$ haben wir schon gebildet. Sie kann aus (II, 139) S. 965 entnommen werden und lautet

$z^{(0)} =$

		S	P			D				
S		0	$\frac{r_{SP}}{\sqrt{3}}$	0	0	0	0	0	0	0
P		$\frac{r_{SP}}{\sqrt{3}}$	0	0	0	$\frac{2r_{PD}}{\sqrt{15}}$	0	0	0	0
		0	0	0	0	0	$\frac{r_{PD}}{\sqrt{5}}$	0	0	0
		0	0	0	0	0	0	$\frac{r_{PD}}{\sqrt{5}}$	0	0
D		0	$\frac{2r_{PD}}{\sqrt{15}}$	0	0	0	0	0	0	0
		0	0	$\frac{r_{PD}}{\sqrt{5}}$	0	0	0	0	0	0
		0	0	0	$\frac{r_{PD}}{\sqrt{5}}$	0	0	0	0	0
		0	0	0	0	0	0	0	0	0
		0	0	0	0	0	0	0	0	0

(II, 179)

Alle S-Terme sind durch einen einzigen vertreten. Dasselbe gilt für P- und D-Terme. Die Stufen von $U^{(0)}$ sind fett eingerahmt.

Man sieht sofort, daß $H^{(1a)} = 0$ und damit nach (II, 149) und (II, 160)

$$E^{(1)} = 0; \quad U^{(0)} = 1; \quad h^{(1b)} = H^{(1b)} = z^{(0)}; \quad h^{(2)} = 0 \qquad \text{(II, 180)}$$

ist. In der ersten Näherung hat das elektrische Feld keine Wirkung auf die Terme.

Zuerst untersuchen wir die zweite Näherung bei den S-Termen, welche den Vorzug haben, nicht entartet zu sein. Gehört der Index n zu einem S-Term, so ist $u_{nn}^{(0)} = 1$, alle anderen $u_{nm}^{(0)} = 0$. Nach (II, 175) haben wir also

$$u_{mn}^{(1)} = \frac{z_{mn}^{(0)}}{E_n^{(0)} - E_m^{(0)}} \qquad \text{(II, 181)}$$

und nach (II, 176)

$$E_n^{(2)} = \sum_r{}' \frac{z_{nr}^{(0)} z_{rn}^{(0)}}{E_n^{(0)} - E_r^{(0)}}. \qquad \text{(II, 182)}$$

Die $z_{rn}^{(0)}$ verschwinden nur dann nicht, wenn der Index r zu einem P-Term gehört (siehe II, 179), und wir erhalten also

$$E_S^{(2)} = \frac{1}{3} \sum \frac{r_{SP}^2}{E_S^{(0)} - E_P^{(0)}},\qquad \text{(II, 183)}$$

wobei die Summe über alle P-Terme läuft. Die S-Terme werden also im elektrischen Feld verschoben und die Verschiebung

$$\Delta E_S = \lambda^2 E_S^{(2)} = \frac{e^2 \mathfrak{E}^2}{3} \sum \frac{r_{SP}^2}{E_S^{(0)} - E_P^{(0)}}\qquad \text{(II, 184)}$$

ist dem Quadrat der Feldstärke und $E_S^{(2)}$ proportional.

Die Größen r_{SP} hängen mit der Lichtausstrahlung der Atome zusammen (siehe S. 909 und 912). Die gesamte Ausstrahlung einer P-S-Linie ist nämlich gleich

$$\frac{16\pi^3 \nu^4 e^2}{3\varepsilon_0 c^3} r_{SP}^2.$$

Die r_{SP} können also gemessen werden. Wir können sie aber auch abschätzen, wenn wir zu ihrer Berechnung die Wasserstoffeigenfunktionen benutzen. Für andere Atome gibt dies natürlich einen Fehler, aber wir bekommen doch einen Überblick über die Größe des Effektes. Aus der Tabelle auf S. 909 erkennt man sofort, daß r_{SP} bei weitem am größten ist, wenn der P-Term die gleiche Hauptquantenzahl wie der S-Term besitzt. In diesem Fall ist außerdem $E_S^{(0)} - E_P^{(0)}$ besonders klein, und wir brauchen deshalb bei den S-Termen nur den P-Term gleicher Hauptquantenzahl zu berücksichtigen und erhalten

$$E_{nS}^{(2)} = \frac{1}{3} \frac{r_{nS,nP}^2}{E_{nS}^{(0)} - E_{nP}^{(0)}}.\qquad \text{(II, 185)}$$

Der tiefste S-Term $1S$, zu dem kein P-Term vorhanden ist, wird nur sehr wenig verschoben. Die geringe Verschiebung rührt fast ganz von dem $2P$-Term her. Mit der Hauptquantenzahl steigt die Verschiebung der S-Terme sehr stark an, denn die $r_{nS,nP}^2$ wachsen mit der 4. Potenz von n, die $E_{nS}^{(0)} - E_{nP}^{(0)}$ nehmen ungefähr umgekehrt zu n^3 ab. Die Verschiebung geht also etwa mit der 7. Potenz der Hauptquantenzahl. Dies gilt einigermaßen für Helium. Bei anderen Atomen ist an Stelle des Terms gleicher Hauptquantenzahl der benachbarte Term zu setzen.

Aufspaltung der P- und D-Terme. Um den Starkeffekt der P- und D-Terme zu berechnen, könnten wir natürlich die Gleichungen des vorigen Paragraphen spezialisieren, wie wir dies bei den S-Termen getan haben. Wir wollen aber eine kleine Abänderung der Methode einführen, die etwas schneller zum Ziel führt. Die Matrix (II, 179) teilen wir in Untermatrizen auf, die jeweils sämtliche Elemente einer entarteten Termkombination enthalten. Die Untermatrix $z_{1S,2P}^{(0)}$ ist beispielsweise die Rechteckmatrix:

$$z_{1S,2P}^{(0)} = \left\| \begin{array}{c|c|c} \dfrac{r_{1S,2P}}{\sqrt{3}} & 0 & 0 \end{array} \right\|.\qquad \text{(II, 186a)}$$

*§ 10. Der Starkeffekt.

Die Matrix $z_{(0)}^{2P,3S}$ ist

$$z_{2P,3D}^{(0)} = \begin{array}{|c|c|c|c|c|} \hline \dfrac{2r_{2P,3D}}{\sqrt{15}} & 0 & 0 & 0 & 0 \\ \hline 0 & \dfrac{r_{2P,3D}}{\sqrt{5}} & 0 & 0 & 0 \\ \hline 0 & 0 & \dfrac{r_{2P,3D}}{\sqrt{5}} & 0 & 0 \\ \hline \end{array}$$
(II, 186b)

Die Untermatrizen in der Diagonale sind Nullmatrizen. Die Matrix $z^{(0)}$ lautet dann:

$$z^{(0)} = \begin{array}{c||c|c|c|c|c|c|c|} & 1S & 2S & 2P & 3S & 3P & 3D & 4S \\ \hline\hline 1S & 0 & 0 & z_{1S,2P}^{(0)} & 0 & z_{1S,3P}^{(0)} & 0 & 0 \\ \hline 2S & 0 & 0 & z_{2S,2P}^{(0)} & 0 & z_{2S,3P}^{(0)} & 0 & 0 \\ \hline 2P & z_{2P,1S}^{(0)} & z_{2P,2S}^{(0)} & 0 & z_{2P,3S}^{(0)} & 0 & z_{2P,3D}^{(0)} & z_{1P,4S}^{(0)} \\ \hline 3S & 0 & 0 & z_{3S,2P}^{(0)} & 0 & z_{3S,3P}^{(0)} & 0 & 0 \\ \hline 3P & z_{3P,1S}^{(0)} & z_{3P,2S}^{(0)} & 0 & z_{3P,3S}^{(0)} & 0 & z_{3P,3D}^{(0)} & z_{3P,4S}^{(0)} \\ \hline 3D & 0 & 0 & z_{3D,2P}^{(0)} & 0 & z_{3D,3P}^{(0)} & 0 & 0 \\ \hline 4S & 0 & 0 & z_{4S,2P}^{(0)} & 0 & z_{4S,3P}^{(0)} & 0 & 0 \\ \end{array}$$
(II, 187)

Diese Matrix wollen wir zunächst auf die Diagonalform K bringen, indem wir sie einer Transformation durch die unitäre Matrix

$$U = U^{(0)} - e|\mathfrak{E}|\, U^{(1)} + e^2\, \mathfrak{E}^2\, U^{(2)}$$
(II, 188)

unterziehen. Es muß dann

$$(U^{(0)} - e|\mathfrak{E}|\, U^{(1)} + e^2\, \mathfrak{E}^2\, U^{(2)})\,(E^{(0)} + e^2\, \mathfrak{E}^2\, K)$$
$$= (E^{(0)} - e|\mathfrak{E}|\, z^{(0)})\,(U^{(0)} - e|\mathfrak{E}|\, U^{(1)} + e^2\, \mathfrak{E}^2\, U^{(2)})$$
(II, 189)

sein. Die Elemente aller dieser Matrizen sind hier Untermatrizen. Die Matrix K ist eine Diagonalmatrix, deren Untermatrizen allerdings selbst keine Diagonalmatrizen zu sein brauchen. Der Zweck dieses Verfahrens ist, die Entartung formal zu beseitigen, indem man sie in die Untermatrizen steckt. Die nullte Näherung liefert $U^{(0)} = 1$, die erste Näherung

$$U_{mn}^{(1)} = \frac{z_{mn}^{(0)}}{E_n^{(0)} - E_m^{(0)}},$$
(II, 190)

die zweite Näherung
$$U^{(2)} E^{(0)} + K = E^{(0)} U^{(2)} + z^{(0)} U^{(1)}.$$
(II, 191)

Für die Untermatrizen K_{nn} findet man

$$K_{nn} = \sum_r{}' z_{nr}^{(0)} U_{rn}^{(1)} = \sum_r{}' \frac{z_{nr}^{(0)} z_{rn}^{(0)}}{E_n^{(0)} - E_r^{(0)}}.$$
(II, 192)

Jetzt berechnen wir den Starkeffekt eines P-Terms, indem wir n dem Term nP zuordnen. Die z_{nr} verschwinden nur dann nicht, wenn r zu einem S- oder D-Term gehört. In diesen beiden Fällen ist das Produkt $z_{nr}^{(0)} z_{rn}^{(0)}$ eine dreireihige Diagonalmatrix, nämlich

$$z_{nP,rS}^{(0)} z_{rS,nP}^{(0)} = r_{nP,rS}^2 \begin{Vmatrix} \frac{1}{3} & 0 & 0 \\ 0 & 0 & 0 \\ 0 & 0 & 0 \end{Vmatrix} \quad \text{(II, 193)}$$

$$z_{nP,rD}^{(0)} z_{rD,nP}^{(0)} = r_{nP,rD}^2 \begin{Vmatrix} \frac{4}{15} & 0 & 0 \\ 0 & \frac{1}{5} & 0 \\ 0 & 0 & \frac{1}{5} \end{Vmatrix} \quad \text{(II, 194)}$$

wie man aus (II, 186a und I, 186b) entnimmt.

Durch diesen günstigen Umstand ist die Untermatrix $\boldsymbol{K}_{nn}$ selbst eine Diagonalmatrix geworden mit den Diagonalelementen

$$\frac{1}{3} \sum_r' \frac{r_{nP,rS}^2}{E_{nP}^{(0)} - E_{rS}^{(0)}} + \frac{4}{15} \sum_r' \frac{r_{nP,rD}^2}{E_{nP}^{(0)} - E_{rD}^{(0)}} ; \quad \text{(II, 195)}$$

$$\frac{1}{5} \sum_r' \frac{r_{nP,rD}^2}{E_{nP}^{(0)} - E_{rD}^{(0)}} ; \quad \frac{1}{5} \sum_r' \frac{r_{nP,nD}^2}{E_{nP}^{(0)} - E_{rD}^{(0)}} . \quad \text{(II, 196)}$$

Ein P-Term spaltet also im elektrischen Feld in zwei Terme auf, von denen der eine noch doppelt ist. Die Verschiebung des einfachen Terms gegen seine Lage ohne Feld ist

$$\varDelta E = e^2 \mathfrak{E}^2 \left(\frac{1}{3} \sum_r' \frac{r_{nP,rS}^2}{E_{nP}^{(0)} - E_{rS}^{(0)}} + \frac{4}{15} \sum_r' \frac{r_{nP,rD}^2}{E_{nP}^{(0)} - E_{rD}^{(0)}} \right), \quad \text{(II, 197)}$$

die des Doppelterms

$$\varDelta E = \frac{e^2 \mathfrak{E}^2}{5} \sum_r' \frac{r_{nP,rD}^2}{E_{nP}^{(0)} - E_{rD}^{(0)}} . \quad \text{(II, 198)}$$

Bei dem $2P$-Term des Heliums genügt es, den Anteil, der vom $2S$-Term herrührt, zu beachten. Der Doppelterm erleidet dann keine nennenswerte Verschiebung. Die Aufspaltung ist in diesem Fall

$$\varDelta E = \frac{e^2 \mathfrak{E}^2}{3} \frac{r_{2P,2S}^2}{E_{2P}^{(0)} - E_{2S}^{(0)}} . \quad \text{(II, 199)}$$

Für die Abhängigkeit von der Hauptquantenzahl gilt bei den P-Termen ähnliches wie für die S-Terme.

Den Starkeffekt der D-Terme berechnen wir in der gleichen Weise wie den der P-Terme. Hier verschwinden die $z_{nr}^{(0)}$ nur dann nicht, wenn r zu einem P-

*§ 10. Der Starkeffekt. 975

oder F-Term gehört. Es fehlen uns jetzt nur noch die Untermatrizen $z^{(0)}_{nD,rF}$, die aber leicht aus den Eigenfunktionen zu gewinnen sind. Sie lauten

$$z^{(0)}_{nD,rF} = r_{nD,rF} \begin{Vmatrix} \frac{3}{\sqrt{35}} & 0 & 0 & 0 & 0 & 0 & 0 \\ 0 & \sqrt{\frac{8}{35}} & 0 & 0 & 0 & 0 & 0 \\ 0 & 0 & \sqrt{\frac{8}{35}} & 0 & 0 & 0 & 0 \\ 0 & 0 & 0 & \sqrt{\frac{1}{7}} & 0 & 0 & 0 \\ 0 & 0 & 0 & 0 & \sqrt{\frac{1}{7}} & 0 & 0 \end{Vmatrix} \qquad (II, 200)$$

Führt man die Rechnung wie bei den P-Termen aus, so erhält man aus einem D-Term im elektrischen Feld einen einfachen Term, der um

$$e^2 \mathfrak{E}^2 \left\{ \frac{9}{35} \sum_r \frac{r^2_{nD,rF}}{E^{(0)}_{nD} - E^{(0)}_{rF}} + \frac{4}{15} \sum_r \frac{r^2_{nD,rP}}{E^{(0)}_{nD} - E^{(0)}_{rP}} \right\}, \qquad (II, 201)$$

verschoben und zwei doppelte, die um

$$e^2 \mathfrak{E}^2 \left(\frac{8}{35} \sum_r \frac{r^2_{nD,rF}}{E^{(0)}_{nD} - E^{(0)}_{rF}} + \frac{1}{5} \sum_r \frac{r^2_{nD,rP}}{E^{(0)}_{nD} - E^{(0)}_{rP}} \right)$$

bzw. $\qquad (II, 202)$

$$\frac{1}{7} e^2 \mathfrak{E}^2 \sum_r \frac{r^2_{nD,rF}}{E^{(0)}_{nD} - E^{(0)}_{rF}}$$

verschoben sind.

Die D- und F-Terme gleicher Hauptquantenzahl liegen nun meist sehr nahe beieinander. Dies hat zur Folge, daß die Verschiebungen hauptsächlich der Wirkung des F-Terms gleicher Hauptquantenzahl zugeschrieben werden können und sehr beträchtlich sind. Berücksichtigt man nur diesen F-Term, so stehen die Abstände der Komponenten des D-Terms im Verhältnis 1:3 (s. Abb. 315). Infolge der großen Verschiebung sind die D-Terme sehr empfindlich gegen elektrische Felder und deshalb besonders in elektrischen Plasmen wegen des Mikrofeldes diffus.

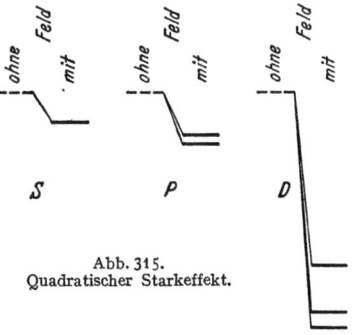

Abb. 315.
Quadratischer Starkeffekt.

Polarisierbarkeit. Wir wollen uns jetzt noch kurz mit der Koordinatenmatrix beim quadratischen Starkeffekt befassen. In erster Näherung ist sie

$$\mathfrak{r} = U^\dagger \mathfrak{r}^{(0)} U = (U^{(0)\dagger} - e|\mathfrak{E}| U^{(1)\dagger}) \mathfrak{r}^{(0)} (U^{(0)} - e|\mathfrak{E}| U^{(1)}). \qquad (II, 203)$$

Schreiben wir sie in Untermatrizen, die der Entartung entsprechen, so erhalten wir unter Vernachlässigung des in $e\mathfrak{E}$ quadratischen Gliedes

$$\mathfrak{r} = \mathfrak{r}^{(0)} - e|\mathfrak{E}| (U^{(1)\dagger} \mathfrak{r}^{(0)} + \mathfrak{r}^{(0)} U^{(1)}). \qquad (II, 204)$$

Die mn-te Untermatrix hiervon ist

$$\mathfrak{r}_{mn} = \mathfrak{r}_{mn}^{(0)} - e |\mathfrak{E}| \sum_s^j (U_{ms}^{(1)\dagger} \mathfrak{r}_{sn}^{(0)} + \mathfrak{r}_{ms}^{(0)} U_{sn}^{(1)}). \qquad (II, 205)$$

Wie auf S. 963 (II, 129) kann man leicht

$$U_{ms}^{(1)\dagger} = -U_{ms}^{(1)} \qquad (II, 206)$$

finden und erhält

$$\mathfrak{r}_{mn} = \mathfrak{r}_{mn}^{(0)} - e |\mathfrak{E}| \sum_s^j \left(-\frac{z_{ms}^{(0)} \mathfrak{r}_{sn}^{(0)}}{E_s^{(0)} - E_m^{(0)}} + \frac{\mathfrak{r}_{ms}^{(0)} z_{sn}^{(0)}}{E_n^{(0)} - E_s^{(0)}} \right). \qquad (II, 207)$$

Besonders interessiert uns die Untermatrix

$$\mathfrak{r}_{nn} = \mathfrak{r}_{nn}^{(0)} - e |\mathfrak{E}| \sum_s^j \frac{z_{ns}^{(0)} \mathfrak{r}_{sn}^{(0)} + \mathfrak{r}_{ns}^{(0)} z_{sn}^{(0)}}{E_n^{(0)} - E_s^{(0)}}. \qquad (II, 208)$$

Aus (II, 139) liest man ab, daß $\mathfrak{r}_{nn}^{(0)} = 0$ ist. Wir bilden jetzt die z-Komponente z_{nn} von $\mathfrak{r}_{nn}$, um zu sehen, ob durch das elektrische Feld eine Verschiebung des Elektronenschwerpunktes hervorgebracht wird und erhalten

$$z_{nn} = -2e |\mathfrak{E}| \sum_s^j \frac{z_{ns}^{(0)} z_{sn}^{(0)}}{E_n^{(0)} - E_s^{(0)}}. \qquad (II, 209)$$

Das Feld ruft demnach im Atom ein Dipolmoment in der Feldrichtung hervor, dessen Größe nach (II, 192)

$$\mathfrak{P}_{nn} = -e z_{nn} = 2e^2 \mathfrak{E} K_{nn} \qquad (II, 210)$$

ist. Es kann entsprechend den Eigenwerten von K_{nn} auch mehrere Werte annehmen und wir finden, daß die Störungsenergie mit ihm durch

$$\Delta E = \frac{(\mathfrak{P} \mathfrak{E})}{2} \qquad (II, 211)$$

zusammenhängt.

Der lineare Starkeffekt bei Wasserstoff. Bei Wasserstoff fallen die S-, P-, D-, F- usw. Terme gleicher Hauptquantenzahlen zusammen. Diese Entartung haben wir bisher nicht berücksichtigt. Ein Blick auf die Matrix (II, 187) zeigt uns, daß jetzt nicht mehr $\boldsymbol{H}^{(1a)} = 0$ gilt. Aus der Matrix (II, 179) erhalten wir gerade die zur Hauptquantenzahl 3 gehörige Stufe von $\boldsymbol{H}^{(1a)}$, wenn wir statt S und D überall $3S$, $3P$ und $3D$ einsetzen. Die Folge hiervon ist, daß bei Wasserstoff ein Effekt erster Ordnung auftritt.

Wir greifen jetzt auf die Gleichung (II, 152) zurück und transformieren $\boldsymbol{H}^{(1a)}$ auf Hauptachsen. Die Transformation kann für jede der Stufen einer Hauptquantenzahl einzeln ausgeführt werden. Wir erhalten für die n-te Stufe

$$\boldsymbol{U}_n^{(0)} \boldsymbol{E}_n^{(1)} = \boldsymbol{H}_n^{(1a)} \boldsymbol{U}_n^{(0)}. \qquad (II, 212)$$

Hier sind $\boldsymbol{U}_n^{(0)}$, $\boldsymbol{E}_n^{(1)}$ und $\boldsymbol{H}_n^{(1a)}$ selbst Untermatrizen. Für den Grundterm mit $n = 1$ ergibt sich

$$\boldsymbol{H}_2^{(1)} = 0 = \boldsymbol{E}_1^{(1)}. \qquad (II, 213)$$

Der Grundterm zeigt keinen linearen Starkeffekt, sondern nur den quadratischen des vorigen Abschnitts. Da dieser Term nicht entartet ist, war das vorauszusehen.

*§. 10. Der Starkeffekt.

Für die Hauptquantenzahl 2 ergibt sich die Säkulargleichung

$$\begin{Vmatrix} -E_2^{(1)} & \frac{r_{2S,2P}}{\sqrt{3}} & 0 & 0 \\ \frac{r_{2S,2P}}{\sqrt{3}} & -E_2^{(1)} & 0 & 0 \\ 0 & 0 & -E_2^{(1)} & 0 \\ 0 & 0 & 0 & -E_2^{(1)} \end{Vmatrix} = 0 \quad (II, 214)$$

mit den Wurzeln

$$E_2^{(1)} = 0, \quad 0, \quad \pm \frac{r_{2S,2P}}{\sqrt{3}}. \quad (II, 215)$$

Im elektrischen Feld spalten die zweiquantigen Terme in einen unverschobenen Doppelterm und zwei einfache Terme auf, die zu ihm symmetrisch liegen. Wenn wir die Werte für $r_{2S,2P}$ aus der Tabelle S. 909 einsetzen, ergibt sich die Aufspaltung

$$\Delta E = \pm \frac{e|\mathfrak{E}|r_{2S,2P}}{\sqrt{3}} = \pm 3ea|\mathfrak{E}| \quad (II, 216)$$

mit $a = 0{,}5284 \cdot 10^{-10}$ Meter.

Die Hauptquantenzahl 3 liefert die Säkulargleichung

$$\begin{Vmatrix} -E_3^{(1)} & \frac{r_{3S,3P}}{\sqrt{3}} & 0 & 0 & 0 & 0 & 0 & 0 & 0 \\ \frac{r_{3S,3P}}{\sqrt{3}} & -E_3^{(1)} & 0 & 0 & \frac{2r_{3P,3D}}{\sqrt{15}} & 0 & 0 & 0 & 0 \\ 0 & 0 & -E_3^{(1)} & 0 & 0 & \frac{r_{3P,3D}}{\sqrt{5}} & 0 & 0 & 0 \\ 0 & 0 & 0 & -E_3^{(1)} & 0 & 0 & \frac{r_{3P,3D}}{\sqrt{5}} & 0 & 0 \\ 0 & \frac{2r_{3P,3D}}{\sqrt{15}} & 0 & 0 & -E_3^{(1)} & 0 & 0 & 0 & 0 \\ 0 & 0 & \frac{r_{3P,3D}}{\sqrt{5}} & 0 & 0 & -E_3^{(1)} & 0 & 0 & 0 \\ 0 & 0 & 0 & \frac{r_{3P,3D}}{\sqrt{5}} & 0 & 0 & -E_3^{(1)} & 0 & 0 \\ 0 & 0 & 0 & 0 & 0 & 0 & 0 & -E_3^{(1)} & 0 \\ 0 & 0 & 0 & 0 & 0 & 0 & 0 & 0 & -E_3^{(1)} \end{Vmatrix} = 0 \quad (II, 217)$$

mit den Wurzeln

$$E_3^{(1)} = 0, \quad 0, \quad 0, \quad \pm \frac{r_{3P,3D}}{\sqrt{5}}, \quad \pm \frac{r_{3P,3D}}{\sqrt{5}},$$
$$\pm \sqrt{\frac{4}{15} r_{3P,3D}^2 + \frac{1}{3} r_{3S,3P}^2}. \quad (II, 218)$$

Es findet eine Aufspaltung in einen unverschobenen dreifachen Term, je zwei zu ihm symmetrisch liegende Doppelterme und zwei einfache Terme statt. Setzen wir die Werte für $r_{3S,3P}$ und $r_{3P,3D}$ ein, so findet man die Terme

$$E^{(0)} + 9e|\mathfrak{E}|a; \quad E^{(0)} + 4{,}5e|\mathfrak{E}|a; \quad E^{(0)}; \quad E^{(0)} - 4{,}5e|\mathfrak{E}|a; \quad E^{(0)} - 9e|\mathfrak{E}|a$$

mit den statistischen Gewichten 1, 2, 3, 2, 1. Die Abstände benachbarter Terme sind innerhalb der Termgruppe einer Hauptquantenzahl immer gleich groß. Mit der Hauptquantenzahl wächst dieser Abstand augenscheinlich proportional. Die Aufspaltung der am weitesten getrennten Terme ist infolgedessen proportional zu $n(n-1)$ (s. Abb. 316).

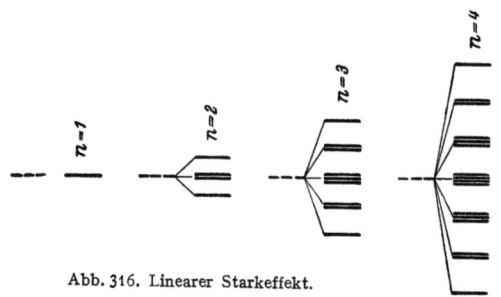

Abb. 316. Linearer Starkeffekt.

Diese hier hervorgehobene einfache Gesetzmäßigkeit setzt sich auch bei den höheren Hauptquantenzahlen fort. Etwas schneller kommt man zu diesen Resultaten, wenn man die Schrödingergleichung für das Wasserstoffatom im elektrischen Feld

$$\Delta \psi + \frac{8\pi^2 m}{h^2}\left(E + \frac{e^2}{4\pi \varepsilon_0 r} + e|\mathfrak{E}|z\right)\psi = 0 \tag{II, 219}$$

direkt in parabolischen Koordinaten löst. Es ergeben sich dann genau die Gesetzmäßigkeiten, die wir hier aus den Einzelergebnissen abgelesen haben.

Der Übergang vom quadratischen in den linearen Starkeffekt. Es erscheint zunächst befremdend, daß die Entartung der S-, P-, D- usw. Terme bei Wasserstoff einen linearen Effekt hervorbringt, während die geringste Aufspaltung, wie sie insbesondere zwischen den höheren D- und F-Termen der Alkalien vorliegt, gleich zu einem quadratischen Effekt führen soll. Auch bei der experimentellen Prüfung ergibt sich, daß in solchen Fällen der quadratische Effekt nicht klar herauskommt.

Wir untersuchen jetzt ein Atom, bei dem die S-, P-, D- usw. Terme gleicher Hauptquantenzahl zwar voneinander verschieden sind, bei dem aber diese Aufspaltung klein ist. Wir können sie dann selbst als die Folge einer Störung ansehen (Abweichung des Atomrumpffeldes vom Coulombschen Gesetz), die wir gleichzeitig mit der Störung durch das elektrische Feld behandeln. Wir zerlegen hierzu die Matrix der ungestörten Terme in die Summe zweier Matrizen

$$\boldsymbol{E}^{(0)} = \boldsymbol{E}^{(00)} + \boldsymbol{\varepsilon}. \tag{II, 220}$$

Die Elemente von $\boldsymbol{E}^{(00)}$ sind dieselben für S-, P-, D- usw. Terme gleicher Hauptquantenzahl. (Zweckmäßig könnte man für sie die Werte der Terme $1S$, $2P$, $3D$, $4F$ usw. einsetzen.) Die Matrix ε enthält in der Diagonale gerade die Unterschiede dieser Terme.

Jetzt nehmen wir ε mit $-e|\mathfrak{E}|H^{(1)}$ zur ersten Näherung und verfahren im übrigen wie beim linearen Starkeffekt. Für den $1S$-Term ergibt sich nichts Neues. Die Terme der Hauptquantenzahl 2 ergeben statt der Säkulargleichung (II, 214) die etwas abgeänderte Gleichung

$$\begin{vmatrix} -\dfrac{\varepsilon_{2S}}{e|\mathfrak{E}|} - E_2^{(1)} & \dfrac{r_{2S,2P}}{\sqrt{3}} & 0 & 0 \\ \dfrac{r_{2S,2P}}{\sqrt{3}} & -E_2^{(1)} & 0 & 0 \\ 0 & 0 & -E_2^{(1)} & 0 \\ 0 & 0 & 0 & -E_2^{(1)} \end{vmatrix} = 0 \tag{II, 221}$$

mit den Wurzeln

$$E_2^{(1)} = 0, \quad 0, \quad \frac{-\varepsilon_{2S} \pm \sqrt{\varepsilon_{2S}^2 + \frac{4}{3} e^2 \mathfrak{E}^2 r_{2S,2P}^2}}{2e|\mathfrak{E}|}. \quad \text{(II, 222)}$$

Ist

$$\varepsilon_{2S}^2 \gg \frac{4}{3} e^2 \mathfrak{E}^2 r_{2S,2P}^2,$$

so geht (II, 222) näherungsweise in den quadratischen Starkeffekt über. Ist dagegen

$$\varepsilon_{2S}^2 \ll \frac{4}{3} e^2 \mathfrak{E}^2 r_{2S,2P}^2,$$

so erhalten wir den linearen Effekt. Dazwischen liegt ein etwas komplizierteres Übergangsgebiet. Die Abb. 317 gibt den Termverlauf in Abhängigkeit von der Feldstärke im ganzen Bereich. Es ist klar, daß wir bei schwachen Feldern den quadratischen, bei starken Feldern aber nur mehr den linearen Effekt finden.

An der Säkulargleichung (II, 217) für die Hauptquantenzahl 3 sind ebenfalls kleine Änderungen anzubringen. Das erste Diagonalelement lautet

$$-\frac{\varepsilon_{3S}}{e|\mathfrak{E}|} - E_3^{(1)},$$

die drei folgenden

$$-\frac{\varepsilon_{3P}}{e|\mathfrak{E}|} - E_3^{(1)}.$$

Die Wurzeln dieser Gleichung lassen sich nicht mehr allgemein ausrechnen. Sie nähern sich aber bei kleinen Feldstärken dem quadratischen, bei großen dem linearen Effekt.

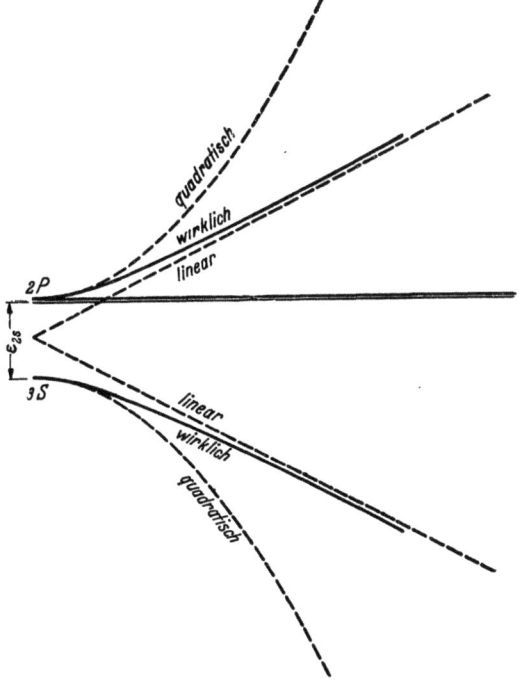

Abb. 317. Übergang vom quadratischen zum linearen Effekt. Energie als Ordinate, die elektrische Feldstärke als Abszisse aufgetragen.

Alle Atome, außer dem Wasserstoff, zeigen bei schwachen Feldern quadratische Starkeffekte. Wenn aber das Feld eine Termverschiebung bewirkte, welche die Größenordnung der schon vorher vorhandenen Aufspaltung zwischen S-, P-, D- usw. Termen erreicht, findet ein allmählicher Übergang in einen linearen Effekt statt. Der Übergang ist beendet, wenn die Verschiebungen durch das Feld groß gegenüber den ursprünglichen Termdifferenzen sind. Bei höheren Termen tritt dies schon bei mäßigen Feldern ein.

Eine Komplikation entsteht noch durch die Multiplettaufspaltung. Die hier gegebenen Gesetzmäßigkeiten gelten für Singuletterme und für kleine Multiplettaufspaltungen.

Die Polarisierbarkeit im linearen Effekt. Auch beim linearen Starkeffekt wollen wir noch einen Blick auf die Koordinatenmatrix werfen. Für die Hauptquantenzahl 2 wird die Matrix

$$H_2^{(1a)} = \begin{Vmatrix} 0 & \dfrac{r_{2s,2p}}{\sqrt{3}} & 0 & 0 \\ \dfrac{r_{2s,2p}}{\sqrt{3}} & 0 & 0 & 0 \\ 0 & 0 & 0 & 0 \\ 0 & 0 & 0 & 0 \end{Vmatrix} \qquad (II, 223)$$

durch die unitäre Matrix

$$U_1^{(0)} = \begin{Vmatrix} \dfrac{1}{\sqrt{2}} & \dfrac{1}{\sqrt{2}} & 0 & 0 \\ -\dfrac{1}{\sqrt{2}} & \dfrac{1}{\sqrt{2}} & 0 & 0 \\ 0 & 0 & 1 & 0 \\ 0 & 0 & 0 & 1 \end{Vmatrix} \qquad (II, 224)$$

auf Hauptachsen transformiert, wie man sich leicht durch Nachrechnen überzeugt. Bilden wir nun die Koordinatenmatrix

$$\mathfrak{r} = U^{(0)\dagger} \mathfrak{r}^{(0)} U^{(0)}, \qquad (II, 225)$$

so finden wir

$$\mathfrak{r}_2 = \begin{Vmatrix} -i\sqrt{2} & 0 & i & i \\ 0 & i\sqrt{2} & i & i \\ i & i & 0 & 0 \\ i & i & 0 & 0 \end{Vmatrix} \dfrac{r_{2s,2p}}{\sqrt{6}}. \qquad (II, 226)$$

Wir interessieren uns hauptsächlich für die z-Komponente in der Feldrichtung, für welche wir

$$\mathfrak{z}_2 = \dfrac{r_{2s,2p}}{\sqrt{3}} \begin{Vmatrix} -1 & 0 & 0 & 0 \\ 0 & 1 & 0 & 0 \\ 0 & 0 & 0 & 0 \\ 0 & 0 & 0 & 0 \end{Vmatrix} \qquad (II, 227)$$

erhalten. Es entstehen also zwei einfache Terme mit den Dipolmomenten

$$\mathfrak{P}_z = \pm \dfrac{e\, r_{2s,2p}}{\sqrt{3}} = \pm 3\, e\, a \qquad (II, 228)$$

und ein Doppelterm ohne Moment.

Ein zweiquantiges Elektron an Wasserstoff kann in der Feldrichtung verlagert werden, unbeeinflußt bleiben oder auch in entgegengesetzter Richtung verschoben werden. Bei höheren Hauptquantenzahlen sind die Verhältnisse komplizierter, aber qualitativ ähnlich.

§ 11. Magnetische Effekte.

Inhalt: Im Magnetfeld spalten Singuletterme der Nebenquantenzahl l in $2l+1$ äquidistante Terme auf. In der zweiten Näherung erhöht das Feld die Energie aller Terme, was bei den S-Termen zum Diamagnetismus Anlaß gibt.

Bezeichnungen: $\mathfrak{A}$ Vektorpotential des Magnetfeldes, $\mathfrak{H}$ Feldstärke, m Elektronenmasse, $-e$ Elektronenladung, l Nebenquantenzahl, M magnetische Quantenzahl, $\mathfrak{p}$ Impuls, sonst wie S. 958 u. 961.

Wir behandeln jetzt die Erscheinungen, welche ein Magnetfeld an den Atomen hervorbringt. Hier ist unsere Theorie nur vollkommen. Dies rührt daher, daß der Elektronenspin nur einer relativistischen Theorie zugänglich ist. Die Resultate des folgenden Abschnitts gelten also nur für Singuletterme, in denen der Spin keine Rolle spielt. Im Kap. VI S. 1116 wird die Theorie der magnetischen Effekte des Elektronenspins nachgeholt werden.

Der normale Zeemaneffekt. Die Hamiltonfunktion eines Elektrons im Magnetfeld lautet nach S. 920 Gl. (I, 29)

$$H = \frac{1}{2m}(\mathfrak{p} + e\mu_0 \mathfrak{A})^2 + V. \tag{II, 229}$$

Ist das Feld homogen und parallel zur z-Achse, so hat es das Vektorpotential

$$\mathfrak{A} = \frac{1}{2}|\mathfrak{H}|(\mathfrak{j}x - \mathfrak{i}y). \tag{II, 230}$$

Wir entwickeln jetzt die Hamiltonfunktion nach Potenzen des Parameters $\lambda = e\mu_0$ und erhalten

$$H = \frac{\mathfrak{p}^2}{2m} + \frac{e\mu_0}{2m}(\mathfrak{p}\mathfrak{A} + \mathfrak{A}\mathfrak{p}) + \frac{e^2\mu_0^2}{2m}\mathfrak{A}^2 + V. \tag{II, 231}$$

Wir haben also im Sinne der Störungsrechnung

$$H^{(0)} = \frac{\mathfrak{p}^2}{2m} + V; \quad H^{(1)} = \frac{1}{2m}(\mathfrak{p}\mathfrak{A} + \mathfrak{A}\mathfrak{p}); \quad H^{(2)} = \frac{1}{2m}\mathfrak{A}^2. \tag{II, 232}$$

Setzen wir für $\mathfrak{p}$ seinen Operator und für $\mathfrak{A}$ seinen Wert (II, 230) ein, so erhalten wir

$$\mathbb{H}^{(1)} = \frac{h|\mathfrak{H}|}{4\pi i m}\left(x\frac{\partial}{\partial y} - y\frac{\partial}{\partial x}\right); \quad \mathbb{H}^{(2)} = \frac{\mathfrak{H}^2(y^2+x^2)}{8m}. \tag{II, 233}$$

Führt man noch räumliche Polarkoordinaten r, ϑ, φ ein, so gehen diese Operatoren in

$$\mathbb{H}^{(1)} = \frac{h|\mathfrak{H}|}{4\pi i m}\frac{\partial}{\partial \varphi}; \quad \mathbb{H}^{(2)} = \frac{\mathfrak{H}^2 r^2 \sin^2\vartheta}{8m} \tag{II, 234}$$

über.

Wir bestimmen nun die Störungsmatrix $\mathbb{H}^{(1)}$, indem wir den Termen des ungestörten Atoms die Eigenfunktionen (siehe auch S. 882)

$$\psi_k = \frac{1}{\sqrt{2\pi}}\chi_k(r)\Theta(\vartheta)e^{iM_k\varphi} \tag{II, 235}$$

zuordnen, wo M_k von $-l_k$ bis $+l_k$ läuft. l_k ist die Nebenquantenzahl und hat die Werte 0, 1, 2, 3 usw. für die S-, P-, D-, F-Terme. Dann ist die Berechnung der Elemente von $H^{(1)}$ sehr einfach. Es ist jetzt

$$\frac{\partial \psi_k}{\partial \varphi} = i M_k \psi_k \tag{II, 236}$$

und somit

$$H^{(1)}_{ik} = \frac{h|\mathfrak{H}|M_k}{4\pi m} \int \psi_i^* \psi_k \, d\tau. \tag{II, 237}$$

Wegen der Orthogonalität des Funktionensystems (II, 235) erhalten wir die Diagonalelemente

$$H^{(1)}_{kk} = \frac{h|\mathfrak{H}|}{4\pi m} M_k. \tag{II, 238}$$

während alle übrigen Elemente verschwinden. Die Elemente der Matrix $H^{(2)}$ berechnen wir weiter unten, soweit wir sie benötigen.

Die Störungsenergie der ersten Näherung ist

$$\Delta E_k = \frac{h e \mu_0}{4\pi m} |\mathfrak{H}| M_k. \tag{II, 239}$$

Die Entartung wird schon in dieser Näherung vollständig beseitigt. Da $H^{(1)}$ bereits eine Diagonalmatrix ist, erübrigt sich die Anwendung einer unitären Transformation $U^{(0)}$.

Jeder Term mit der Nebenquantenzahl l spaltet im Magnetfeld in $2l + 1$ äquidistante Komponenten auf. Die Aufspaltung ist der Feldstärke proportional.

*Diamagnetismus. Wir berechnen jetzt auch die zweite Näherung. Hierzu gehen wir von der Formel

$$(U^{(0)} + e\mu_0 U^{(1)} + e^2\mu_0^2 U^{(2)})(E^{(0)} + e\mu_0 E^{(1)} + e^2\mu_0^2 E^{(2)})$$
$$= (E^{(0)} + e\mu_0 H^{(1)} + e^2\mu_0^2 H^{(2)})(U^{(0)} + e\mu_0 U^{(1)} + e^2\mu_0^2 U^{(2)}) \tag{II, 240}$$

aus, wo $H^{(1)}$, wie gerade gezeigt wurde, schon mit der Diagonalmatrix $E^{(1)}$ identisch ist. Die Elemente von $E^{(1)}$ sind außerdem alle verschieden.

Die erste Näherung liefert

$$U^{(0)} E^{(1)} + U^{(1)} E^{(0)} = E^{(0)} U^{(1)} + E^{(1)} U^{(0)} \tag{II, 241}$$

und für das ik-te Element

$$U^{(0)}_{ik}(E^{(1)}_k - E^{(1)}_i) + U^{(1)}_{ik}(E^{(0)}_k - E^{(0)}_i) = 0. \tag{II, 242}$$

Ist $E^{(0)}_i = E^{(0)}_k$ aber $i \neq k$, so folgt $U^{(0)}_{ik} = 0$. Die Matrix $U^{(0)}$ ist also die Einheitsmatrix. Ist $E^{(0)}_i \neq E^{(0)}_k$, so ist $U^{(0)}_{ik} = 0$ und deshalb auch $U^{(1)}_{ik} = 0$. Die Matrix $U^{(1)}$ kann also nur eine Stufenmatrix sein, die der Entartung von $E^{(0)}$ entspricht.

Die zweite Näherung von (II, 240) ergibt, wenn wir schon $U^{(0)} = 1$ setzen

$$E^{(2)} + U^{(1)} E^{(1)} + U^{(2)} E^{(0)} = E^{(0)} U^{(2)} + E^{(1)} U^{(1)} + H^{(2)} \tag{II, 243}$$

und für das ik-te Element

$$E^{(2)}_{ik} + U^{(1)}_{ik}(E^{(1)}_k - E^{(1)}_i) + U^{(2)}_{ik}(E^{(0)}_k - E^{(0)}_i) - H^{(2)}_{ik} = 0. \tag{II, 244}$$

Für die Diagonalelemente $i = k$ gibt das

$$E^{(2)}_k = H^{(2)}_{kk}, \tag{II, 245}$$

was uns besonders interessiert. Ist $i \neq k$ aber $E_i^{(0)} = E_k^{(0)}$, so ist $E_{ik}^{(2)} = 0$ und wir finden

$$U_{ik}^{(1)} = \frac{H_{ik}^{(2)}}{E_k^{(1)} - E_i^{(1)}}.\qquad (II, 246)$$

Wir müssen jetzt die Elemente $H_{ik}^{(2)}$ bestimmen, die zu einer Entartungsstufe von $E^{(0)}$ gehören. Man findet

$$H_{ik}^{(2)} = \frac{\mathfrak{H}^2}{16\pi m}\int \chi_i \chi_k \Theta_i \Theta_k\, r^4\, dr\, \sin^3\vartheta\, d\vartheta\, e^{i(M_k - M_i)\varphi}\, d\varphi. \qquad (II, 247)$$

Die gesuchten Diagonalelemente sind

$$H_{kk}^{(2)} = \frac{\mathfrak{H}^2}{8m}\int \chi_k^2\, r^4\, dr \int \Theta_k^2 \sin^2\vartheta\, d\vartheta, \qquad (II, 248)$$

die übrigen Elemente in dieser Entartungsstufe verschwinden, da $M_i \neq M_k$ ist. Nach (II, 246) ist also

$$U^{(1)} = 0. \qquad (II, 249)$$

Die Störungsenergie zweiter Näherung ist nach (II, 245)

$$\Delta E_k^{(2)} = \frac{e^2 \mu_0^2 \mathfrak{H}^2}{8m}\int \chi_k^2\, r^4\, dr \int \Theta_k^2 \sin^3\vartheta\, d\vartheta. \qquad (II, 250)$$

In zweiter Näherung erhöht das Magnetfeld die Energie aller Terme. Dies bedeutet, daß Arbeit aufgewandt werden muß, wenn das Atom in das Magnetfeld gebracht wird. Dieser Effekt zweiter Näherung ist für den Diamagnetismus verantwortlich zu machen. Auch die S-Terme, die in erster Näherung auf ein Magnetfeld nicht reagieren, zeigen Diamagnetismus.

Von besonderem Werte wäre es, die zweite Näherung für die Grundterme der Elemente auszurechnen. Es ist aber nicht verwunderlich, daß man dabei keine gute zahlenmäßige Übereinstimmung mit dem Experiment erhält, wenn man für diese Terme in (II, 250) die Wasserstoffeigenfunktionen einsetzt.

III. Die statistische Deutung der Quantentheorie.

Inhalt: Erwartungswert der Energie; der Erwartungswert einer Eigenschaft und Zeitmittelwert. Die Koeffizienten c_k der allgemeinen Ψ-Funktion als Wahrscheinlichkeitskoeffizienten.

Bezeichnungen: Ψ Wellenfunktion, ψ Eigenfunktion, E_k Eigenwert, ν_{ik} Frequenz, c_k Wahrscheinlichkeitskoeffizient, $\widetilde{E}$ Gesamtwert bzw. Erwartungswert der Energie, $\widetilde{F}$ Gesamtwert, Erwartungswert, F Matrix- bzw. Tensor einer Eigenschaft, F_{mn} ihre Matrixelemente, $H = E$ Energiematrix, $H_1 = E_1$ Energiematrix eines Teilsystems, f, g Diagonalformen der Matrizen F und G, f_m, g_m ihre Eigenwerte, U, V, R unitäre Matrizen.

Das allgemeine Verhalten eines quantenmechanischen Systems beschreiben wir durch die Wellenfunktion

$$\Psi = \sum_k c_k \psi_k\, e^{-\frac{2\pi i}{h} E_k t}. \qquad (III, 1)$$

Dann ist

$$\Psi^* \Psi\, d\tau = d\tau \sum_i \sum_k c_i^* c_k \psi_i^* \psi_k\, e^{2\pi i \nu_{ik} t} \qquad (III, 2)$$

die Wahrscheinlichkeit dafür, daß das System in dem Volumenelement $d\tau$ des Konfigurationsraumes aller Teilchen vorliegt. Die Integration von (III, 2) über den Konfigurationsraum ergibt die Normierungsbedingung

$$1 = \sum^k c_k^* c_k, \qquad (III, 3)$$

die wir folgendermaßen statistisch intepretieren wollen. $c_k^* c_k$ ist die Wahrscheinlichkeit dafür, daß das System sich im k-ten Quantenzustand befindet, der zu der Wellen- und Eigenfunktion

$$\Psi_k = \psi_k e^{-\frac{2\pi i}{h} E_k t} \qquad (III, 4)$$

gehört. Nimmt es wirklich diesen Zustand ein, so ist $c_k = 1$ und alle anderen c-Werte verschwinden. Da die Eigenfunktion ψ_k zu dem Energiewert E_k gehört, ist $c_k^* c_k$ auch die Wahrscheinlichkeit dafür, daß das System die Energie E_k besitzt.

Bildet man jetzt die Gesamtenergie

$$\tilde{E} = \int \Psi^* \mathbb{E} \Psi d\tau = -\frac{h}{2\pi i} \int \Psi^* \frac{\partial \Psi}{\partial t} d\tau$$
$$= \sum^i \sum^k c_i^* c_k E_k e^{2\pi i \nu_{ik} t} \int \psi_i^* \psi_k d\tau = \sum^k c_k^* c_k E_k, \qquad (III, 5)$$

so findet man den wahrscheinlichen oder Erwartungswert

$$\sum^k c_k^* c_k E_k.$$

Jetzt betrachten wir eine beliebige Eigenschaft F. Zu Ψ gehört der Gesamtwert

$$\tilde{F} = \sum^i \sum^k c_i^* c_k e^{2\pi i \nu_{ik} t} \int \psi_i^* \mathbb{F} \psi_k d\tau = \sum^i \sum^k c_i^* c_k F_{ik} e^{2\pi i \nu_{ik} t}. \qquad (III, 6)$$

Befindet sich das System im Zustand k, so ist $c_k = 1$ und alle übrigen c verschwinden. Wir erhalten dann

$$\tilde{F} = F_{kk}. \qquad (III, 7)$$

Die Diagonalelemente der Eigenschaftsmatrix sind also, was wir auch früher schon wußten, die Werte der Eigenschaften in den stationären Zuständen.

Befindet sich das System nicht in einem der stationären Zustände, so ist $\tilde{F}$ zeitabhängig und man kann $\tilde{F}$ über die Zeit mitteln. Wir erhalten dann

$$\bar{\tilde{F}} = \sum^k c_k^* c_k F_{kk}, \qquad (III, 8)$$

da der Mittelwert der Glieder

$$c_i^* c_k F_{ik} e^{2\pi i \nu_{ik} t} \qquad (III, 9)$$

verschwindet.

$c_k^* c_k$ ist also nicht nur die Wahrscheinlichkeit dafür, daß das System im k-ten Zustand vorliegt, sondern auch die Wahrscheinlichkeit, daß es im Zeitmittel die Werte F_{kk} aller Eigenschaften einschließlich der Energie aufweist, die für diesen Zustand charakteristisch sind. Hierin zeigt sich, daß die statistische Auffassung der Größen c_k sinnvoll ist.

§ 1. Meßbare Größen und Eigenwerte.

Inhalt: Die Messung einer Eigenschaft ergibt im Einzelfall einen der Eigenwerte. Durch die Messung einer Eigenschaft werden die Werte anderer Eigenschaften verändert. Der Erwartungswert einer Eigenschaft ist der statistische Mittelwert bei vielen Messungen, deren jede aber einen Eigenwert liefert.

Die statistische Deutung der allgemeinen Ψ-Funktion (III, 1) und der Gesamtwerte einer Eigenschaft bahnt eine Deutung der Quantentheorie an, welche wir noch nicht genügend herausgearbeitet haben.

Bisher haben wir dem System die Wahrscheinlichkeitsverteilung $\Psi^*\Psi$ und den Energiewert

$$\widetilde{E} = \sum^k c_k^* c_k E_k \tag{III, 10}$$

zugeschrieben. Wir erwarteten, daß eine Messung der Energie den Wert (III, 10) ergibt. Bei einer Messung der Eigenschaft F sollte der zeitliche Verlauf

$$\widetilde{F} = \sum^{ik} c_i^* c_k F_{ik} e^{\frac{2\pi i}{h}(E_i - E_k)t} \tag{III, 11}$$

registriert werden.

Die statistische Deutung dagegen sieht in $\widetilde{E}$ den Erwartungswert der Energie in folgendem Sinn: Bei einer Messung der Energie wird an dem System einer der Werte E_k beobachtet. Wird an dem System eine größere Zahl von Energiemessungen ausgeführt, oder werden an vielen gleichartigen Systemen solche Messungen vorgenommen, so ist $\widetilde{E}$ der statistische Mittelwert aller Meßergebnisse. Er kommt bei einer großen Zahl von Messungen so zustande, daß E_k bei dem Bruchteil $c_k^* c_k$ aller Messungen gefunden wird.

Trennen wir bei einem Meßversuch aus einer großen Zahl von gleichartigen Systemen diejenigen von den übrigen ab, die die Energie E_k ergeben und messen an ihnen den Zeitmittelwert der Eigenschaft F, so ist F_{kk} der Erwartungswert für diese Eigenschaft. Dies ist aber nicht so aufzufassen, daß in jedem Fall bei der Messung von F der Wert F_{kk} beobachtet wird, sondern F_{kk} soll ein statistischer Mittelwert sein, der sich aus vielen Messungen ergibt.

Man könnte glauben, es sei sehr einfach, durch Experimente festzustellen, ob der Wert F_{kk} bei jeder einzelnen Beobachtung gemessen wird oder ob F_{kk} nur als statistischer Mittelwert über viele Messungen herauskommt. Man stößt hierbei aber auf Schwierigkeiten, die den Experimenten an atomaren Systemen grundsätzlich anhaften. Sie bestehen darin, daß im Gegensatz zur Physik makroskopischer Körper durchaus nicht immer jede Eigenschaft eines atomaren Systems gemessen werden kann, wenn dies erwünscht wäre.

Bei Messungen an Elektronen, Atomen, Molekülen oder anderen atomaren Systemen gelangen in der Regel nicht einzelne derartige Objekte zur Beobachtung, sondern die Versuche werden gleichzeitig an einer sehr großen Anzahl gleichartiger Objekte vorgenommen. Was das Experiment also direkt liefert, ist ein statistischer Mittelwert der Meßresultate. Es gibt allerdings auch einige Versuche, bei denen isolierte Teilchen zur Wirkung gelangen. Ein Geiger-Zähler z. B. registriert die Teilchen einzeln. Dieses Gerät trifft die Feststellung, daß ein Teilchen eine Anzahl von Ionen erzeugt hat, also mindestens die dazu notwendige Energie besessen hat. In der Wilsonkammer kann festgestellt werden, daß ein Teilchen eine bestimmte Bahn durchläuft, die aber keineswegs bis auf atomare Dimensionen genau meßbar ist, und daß es eine gewisse Energie besessen hat. Die Aussagen selbst dieser Versuche sind also ziemlich unbestimmt. Man erfährt zwar, daß ein Teilchen vorhanden war, welches eine bestimmte

Energie besaß, man mißt aber nicht die Energie eines bestimmten, vorher durch eine andere Eigenschaft gekennzeichneten Teilchens.

Wir untersuchen zuerst, welche Energie ein System (Atom) mit den Eigenwerten E_k besitzen kann. Der tiefste Wert, den die Theorie zuläßt, entspricht dem tiefsten Eigenwert. Wir wollen uns vorstellen, daß wir das System zuerst in diesen Zustand gebracht haben, indem wir ihm möglichst alle Energie entziehen. Auf die gleiche Weise gelingt es, eine große Anzahl von Atomen sämtlich in diesen tiefsten stationären Zustand zu bringen. Auf sie können wir eine große Anzahl von Elektronen einwirken lassen, denen durch Beschleunigung in einem elektrischen Feld eine bestimmte Energie erteilt wurde, und die Frage stellen, welche Energiebeträge die Atome aufnehmen können. Die Antwort wird durch die Franck-Hertzschen Versuche gegeben. Sie lautet, daß nur Energiebeträge umgesetzt werden, die den Differenzen der Eigenwerte entsprechen.

Das umgekehrte Experiment, ein System vieler Atome Energie abgeben zu lassen, kann grundsätzlich ebenfalls ausgeführt werden. Was wir darüber wissen, spricht dafür, daß Atome nur Energie in Beträgen abgeben können, die den Differenzen ihrer Eigenwerte entsprechen. Auch aus der Lichtausstrahlung kann man diese Feststellung, wenn auch über einen Umweg, machen. Die Frequenzen des Lichtes stehen mit den Eigenwertsdifferenzen bekanntlich in der Bohrschen Beziehung

$$h \nu_{ik} = E_i - E_k. \tag{III, 12}$$

Das Licht der Frequenz ν_{ik} kann andererseits im photoelektrischen Effekt einem Elektron wieder den Energiebetrag (III, 12) übergeben. Wir betrachten es deshalb als eine experimentelle Tatsache, daß ein Atom (dasselbe gilt für ein Molekül und wir nehmen es für jedes atomare System als richtig an) nur Energien aufnimmt oder abgibt, die den Differenzen seiner Eigenwerte gleich sind.

Eine Energiemessung kann jetzt z. B. darin bestehen, daß ein Atom durch den Meßvorgang die Energie $E_i - E_k$ übermittelt bekommt. Wir interpretieren diesen Vorgang so, daß das Atom vorher die Energie E_k hatte und nachher die Energie E_i besitzt. Gibt das System umgekehrt bei der Messung die Energie $E_i - E_k$ ab, so schreiben wir ihm vorher die Energie E_i und nachher die Energie E_k zu. Von großer Wichtigkeit ist, daß die gemessene Eigenschaft des atomaren Systems durch solche Meßvorgänge selbst verändert wird.

Man kann sich aber auch Vorrichtungen ausdenken, mit denen die Energie eines Atoms gemessen wird, ohne durch den Meßvorgang verändert zu werden. Solche Vorrichtungen werden praktisch allerdings zur Energiemessung seltener benutzt. Wenn die Energie eines Zustandes durch ein äußeres Feld $\mathfrak{H}$ beeinflußt wird, weil sie z. B. von $\mathfrak{H}^2$ abhängt, wirkt im Felde auf das Atom die Kraft

$$\mathfrak{K} = -\frac{dE_k}{d(\mathfrak{H}^2)} \operatorname{grad} \mathfrak{H}^2. \tag{III, 13}$$

Ein Atomstrahl erfährt also in einem inhomogenen Felde eine Ablenkung. Die Energie der Atome wird durch das Feld verändert, solange sie sich darin befinden. Nach dem Verlassen des Feldes besitzen sie aber wieder dieselbe Energie wie vor ihrem Eintritt. Die Messung der Energie verändert bei einer solchen Einrichtung zwar nicht die Energie selbst, wohl aber andere Eigenschaften, z. B. die Strahlrichtung und vor allem die Phase des Exponentialfaktors

$$e^{-\frac{2\pi i}{h} E_k t}$$

um den Anteil

$$\frac{2\pi i}{h} \int \Delta E_k \, dt,$$

weil der Energiewert in dem Zeitintervall Δt verändert ist, während dessen das Atom das Feld durchläuft. Die Messung der Energie bedeutet also immer einen Eingriff in die Eigenschaften des gemessenen Atoms.

Jetzt interessieren wir uns für die Messung anderer Eigenschaften. Es ist sicher, daß jede Messung eine gewisse, wenn auch kurze Zeit erfordert. Es ist also grundsätzlich nicht möglich, die zeitliche Veränderung eines Eigenschaftswertes mit beliebiger Genauigkeit zu verfolgen. Man kann entweder eine Eigenschaft messen, die von der Zeit unabhängig ist, oder man erhält den Zeitmittelwert einer zeitabhängigen Eigenschaft während der Meßdauer. Es handle sich z. B. um die Messung der Energie $\widetilde{E}_1$, die zu einem Teil S_1 des ganzen Systems S gehört. Die Messung von $\widetilde{E}_1$ müßte so vorgenommen werden, daß man die Wechselwirkung des Teilsystems mit dem Restsystem unterbricht und es dafür in Wechselwirkung mit einem zweiten System, dem Meßsystem, setzt. Die praktische Ausführung dieser Vorschrift besteht darin, daß man das Meßsystem für sehr kurze Zeit mit dem auszumessenden Teilsystem in eine starke Wechselwirkung bringt, welche aber die Energie des Teilsystems nicht abändert. Worin kann dann das Ergebnis der Messung bestehen? Wäre die Wechselwirkung des Teilsystems S_1 mit dem Gesamtsystem S ganz ausgeschaltet gewesen, so wäre das Teilsystem während der Messung klassisch durch die Gleichung

$$H_1 = E_1 \qquad (III, 14)$$

beschrieben. Quantentheoretisch hätten wir statt dessen die Matrizengleichung

$$\mathbf{H_1 = E_1} \qquad (III, 15)$$

mit den Eigenwerten E_{1k} gehabt. Einer der Eigenwerte würde dann bei der Messung beobachtet werden. Wird dieselbe Messung an vielen gleichen Systemen S ausgeführt, so ergibt die Energie des Teilsystems immer einen der Eigenwerte E_{1k}, aber nicht immer denselben. Welcher Eigenwert gefunden wird, hängt nämlich von dem Zustand ab, in dem das zeitlich veränderliche Teilsystem im Augenblick der Messung von dem Meßsystem angetroffen wurde.

Wir wollen nun etwas ähnliches für den Meßvorgang einer beliebigen Eigenschaft annehmen, auch wenn diese nicht die Energie eines Teilsystems ist. Die Messung soll darin bestehen, daß während des Meßvorganges durch Einwirkung der Meßvorrichtung Verhältnisse geschaffen werden, unter denen die Eigenschaft im Sinne der klassischen Mechanik wenigstens während der Meßdauer zeitunabhängig ist, so daß sie der Gleichung

$$F(p, q) = f \qquad (III, 16)$$

genügt. Dabei soll $F(p, q)$ die Funktion sein, die die Eigenschaft durch Koordinaten und Impulse ausdrückt, und f ihr während der Messung konstanter Wert. Wir machen nun die naheliegende Annahme, daß die klassische Gl. (III, 16) genau wie die Energiegleichung in eine Matrizengleichung

$$\mathbf{F(p, q) = f} \qquad (III, 17)$$

zu übertragen ist, wo $\mathbf{f}$ eine Diagonalmatrix mit den Eigenwerten f_m bedeutet. Das Ergebnis der Messung ist dann ein Eigenwert f_m der Eigenschaft F. Ist die Eigenschaft zeitlich veränderlich (während der kurzen Zeit des Meßvorganges allerdings nicht merklich), so werden bei vielen Messungen an sonst gleichen Systemen alle möglichen Werte f_m zur Beobachtung kommen.

Damit kommen wir zu folgender Auffassung der Messung selbst: Ein Vorgang ist zur Messung einer Eigenschaft F eines Systems geeignet, wenn er Verhältnisse schafft unter denen F wenigstens vorübergehend konstant ist. In der Matrizensprache ausgedrückt bewirkt er also eine unitäre Transformation

$$U^\dagger F U = f \qquad \text{(III, 18)}$$

der Matrix F und mißt einen ihrer Eigenwerte f_m.

§ 2. Der Erwartungswert einer Eigenschaft.

Inhalt: Relative Wahrscheinlichkeit für den Eigenwert f_m beim Vorliegen des Eigenwertes E_k und für den Eigenwert E_k beim Vorliegen des Eigenwertes f_m der Eigenschaft F. Die Koeffizienten c_k der Funktionen sind dadurch bestimmt, daß einer Eigenschaft F ein Eigenwert f_m zukommt. Relative Wahrscheinlichkeit für die Messung eines Eigenwertes g_r der Eigenschaft G, wenn der Eigenwert f_m der Eigenschaft F sicher vorliegt.

Wir werfen jetzt folgende Frage auf: An einem System sei durch eine Messung der Energiewert E_k festgestellt. Welches Ergebnis ist dann bei einer nachfolgenden Messung der Eigenschaft F zu erwarten?

Im Wesen der einzelnen Messung liegt es, daß sie einen der Eigenwerte f_m der Eigenschaft F liefert. Führen wir an einer großen Zahl von Systemen, die alle die Energie E_k besitzen, solche Messungen aus, so wird ihr statistischer Mittelwert der Zeitmittelwert F_{kk} von F sein müssen, da ja die Einzelmessungen sich über alle Phasen der zeitlichen Veränderlichkeit von $\tilde F$ verteilen. Der Erwartungswert der Eigenschaft F nach (III, 7) ist also F_{kk}. Jetzt lösen wir (III, 18) nach F auf und erhalten

$$F = U f U^\dagger \qquad \text{(III, 19)}$$

und finden das kk-te Element

$$F_{kk} = \sum_m U_{km} f_m U_{mk}^\dagger = \sum_m U_{km} U_{km}^* f_m. \qquad \text{(III, 20)}$$

Wenn die Einzelmessung einen der Werte f_m ergibt, der statistische Mittelwert aber (III, 20) ist, so ist

$$W_{km} = U_{km} U_{km}^* \qquad \text{(III, 21)}$$

die Wahrscheinlichkeit dafür, daß die Einzelmessung der Eigenschaft F den Eigenwert f_m liefert, nachdem die Energiemessung vorher den Wert E_k geliefert hat. Wir bezeichnen deshalb W_{km} als die relative Wahrscheinlichkeit dafür, daß ein System zum Eigenwert f_m gehört, wenn es mit Sicherheit den Energiewert E_k besitzt.

Ist umgekehrt durch eine Messung festgestellt, daß die Eigenschaft F eines Systems den Wert f_m besitzt, so ist der Erwartungswert einer Energiemessung

$$H_{mm} = (U^\dagger E U)_{mm} = \sum_k U_{mk}^\dagger E_k U_{km} = \sum_k U_{km} U_{km}^* E_k. \qquad \text{(III, 22)}$$

Die Wahrscheinlichkeit, daß ein System mit dem Eigenschaftswert f_m die Energie E_k besitzt, ist also

$$W_{mk} = W_{km} = U_{km} U_{km}^*. \qquad \text{(III, 23)}$$

Damit ist endlich auch die Bedeutung der Koeffizienten c_k in der allgemeinen Ψ-Funktion

$$\Psi = \sum_k c_k \Psi_k = \sum_k c_k \psi_k e^{-\frac{2\pi i}{h} E_k t} \qquad \text{(III, 24)}$$

§ 2. Der Erwartungswert einer Eigenschaft.

erkennbar. Wenn das System den Eigenwert f_m einer bestimmten Eigenschaft F besitzt, so legt dies die absoluten Beträge $|c_k| = |U_{km}|$ fest. Setzen wir nämlich

$$U_{km} = c_k e^{-\frac{2\pi i}{h} E_k t}, \qquad (\text{III, 25})$$

so lautet die Wellenfunktion

$$\Psi_m = \sum_k \psi_k U_{km} \qquad (\text{III, 26})$$

und liefert als Erwartungswert

$$\widetilde{F} = \int \Psi_m^* \mathbb{F} \Psi_m d\tau = \sum^{ik} U_{im}^* F_{ik} U_{km}$$
$$= \sum^{ik} U_{mi}^\dagger F_{ik} U_{km} = (U^\dagger F U)_{mm} = f_m \qquad (\text{III, 27})$$

den Eigenwert f_m der Eigenschaft F.

Jetzt seien F und G zwei beliebige Eigenschaften, die durch zwei Matrizen F und G dargestellt sind, während die Energie eine Diagonalmatrix E ist. Dies wollen wir die E-Darstellung dieser Eigenschaften nennen. Durch eine unitäre Transformation U möge F auf die Eigenwertsform

$$U^\dagger F U = f \qquad (\text{III, 28})$$

gebracht werden, während G in $U^\dagger G U$ und die Energie in $U^\dagger E U$ übergeht. Diese Darstellung soll f-Darstellung heißen. Schließlich möge G durch V auf die Hauptachsenform

$$V^\dagger G V = g \qquad (\text{III, 29})$$

transformiert werden, während wir statt F und E natürlich $V^\dagger F V$ bzw. $V^\dagger E V$ erhalten (g-Darstellung).

Ist durch Messung der Wert f_m der Eigenschaft F festgestellt, so lautet die Wellenfunktion

$$\Psi_m = \sum_k \psi_k U_{km} \qquad (\text{III.30})$$

und der Erwartungswert von G ist

$$\widetilde{G} = \sum^{ik} U_{mi}^\dagger G_{ik} U_{km} = \sum^{ikr} U_{mi}^\dagger V_{ir} g_r V_{rk}^\dagger U_{km}. \qquad (\text{III, 31})$$

Die Wahrscheinlichkeit, bei einer Messung den Wert g_r der Eigenschaft G zu finden, wenn an dem System der Wert f_m der Eigenschaft F festgestellt ist, ist also

$$W_{mr} = (U^\dagger V)_{mr} (V^\dagger U)_{rm} = (V^\dagger U)_{rm}^* (V^\dagger U)_{rm}. \qquad (\text{III, 32})$$

Offensichtlich ist

$$R = V^\dagger U \qquad (\text{III, 33})$$

die unitäre Matrix, welche die g-Darstellung in die f-Darstellung überführt. Der Erwartungswert von G ist dann

$$\widetilde{G} = (R^\dagger g R)_{mm}. \qquad (\text{III, 34})$$

Durch die Messung von G wird die Wellenfunktion verändert. Diejenigen Objekte, welche den Eigenwert g_r bei der Messung lieferten, werden nach der Messung durch die Wellenfunktion

$$\Psi_r = \sum_k \psi_k V_{kr} \qquad (\text{III, 35})$$

beschrieben. Während also vor der Messung von G alle Objekte durch dieselbe Wellenfunktion

$$\Psi_m = \sum_k \psi_k U_{km} \qquad (\text{III},36)$$

charakterisiert werden, unterscheiden sich die Objekte nach der Messung von G je nach dem Eigenwert g_r durch die verschiedenen Wellenfunktionen, die in (III, 35) für verschiedene r enthalten sind. Dabei ist

$$W_{rm} = R^\dagger_{mr} R_{rm} = |R_{rm}|^2 \qquad (\text{III},37)$$

die Wahrscheinlichkeit dafür, daß die Wellenfunktion Ψ_r vorliegt.

Vor der Messung von G verhielten sich alle Objekte gleichartig, d. h. besaßen die gleiche Wellenfunktion und hatten denselben Wert f_m der Eigenschaft F geliefert. Dies wird als reiner Fall bezeichnet. Nach der Messung von G liegt dagegen ein Gemisch von Teilchen vor, die sich in den Wellenfunktionen und den Werten g_r der zuletzt gemessenen Eigenschaft G unterscheiden.

Ist ein reiner Fall durch eine Wellenfunktion bzw. den zugehörigen Eigenwert f_m einer Eigenschaft F gekennzeichnet, so wird er durch die Messung einer anderen Eigenschaft in ein Gemisch verwandelt, weil bei der zweiten Messung die Eigenschaft F verändert wird. Nur in Ausnahmefällen, die wir in § 4 untersuchen, beeinflußt die Messung von G die Werte der Eigenschaft F nicht.

Wir gehen nun von dem reinen Fall

$$\Psi_m = \sum_k \psi_k U_{km} \qquad (\text{III},38)$$

aus und messen zuerst die Energie, wobei wir den Erwartungswert (III, 22) und die Wahrscheinlichkeit

$$W_{km} = U^\dagger_{mk} U_{km} = |U_{km}|^2 \qquad (\text{III},39)$$

für den Energiewert E_k und für die Wellenfunktion

$$\Psi_k = \psi_k e^{-\frac{2\pi i}{h} E_k t}$$

finden. An die Energiemessung schließen wir eine Messung von G an. Für die Objekte, welche das Ergebnis E_k bei der Energiemessung geliefert haben, finden wir den Erwartungswert

$$\widetilde{G} = \sum_r V_{kr} g_r V^\dagger_{rk} = \sum_r W_{kr} g_r. \qquad (\text{III},40)$$

Die Wahrscheinlichkeit, den Eigenwert g_r zu finden, gleichgültig, welchen Wert die Energiemessung ergeben hatte, ist

$$W = \sum_k W_{mk} W_{kr} = \sum_k U^\dagger_{mk} V_{kr} V^\dagger_{rk} U_{km}. \qquad (\text{III},41)$$

Sie ist nicht identisch mit der Wahrscheinlichkeit

$$W_{rm} = W_{mr} = R^\dagger_{mr} R_{rm} = \sum_{ik} U^\dagger_{mi} V_{ir} V^\dagger_{rk} U_{km}. \qquad (\text{III},42)$$

für den Eigenwert g_r ohne dazwischengeschaltete Energiemessung, sondern in W fehlen die Glieder für $i \neq k$.

Ob zwischen der Messung von F und der Messung von G eine Messung der Energie wirklich stattgefunden hat, ist gleichgültig, wenn in der Zwischenzeit

Verhältnisse vorgelegen haben, welche eine Energiemessung möglich gemacht hätten. Dies kann gewöhnlich dann angenommen werden, wenn die Einzelobjekte in einer längeren Zwischenzeit kontrollierbaren äußeren Einflüssen entzogen waren, so daß ihre Energie im klassischen Sinn konstant gewesen wäre, jedoch bei gelegentlichen Zusammenstößen vorübergehende Störungen erfahren haben. Man wird daher in der Regel damit rechnen dürfen, daß man ein Gemisch von Objekten vor sich hat, welche einzeln durch eine der stationären Wellenfunktionen

$$\Psi_k = \psi_k e^{-\frac{2\pi i}{h} E_k t} \qquad (\text{III}, 43)$$

beschrieben werden. Hat man also auf irgendeine Weise die Einzelobjekte ausgesondert, an welchen der Eigenwert f_m einer Eigenschaft F vorliegt, und überläßt diese Objekte sich selbst, so muß damit gerechnet werden, daß die Wellenfunktion

$$\Psi_m = \sum_k c_k \psi_k e^{-\frac{2\pi i}{h} E_k t} \qquad (\text{III}, 44)$$

in ihre Bestandteile zerfallen ist, weil Ereignisse eingetreten sind, die im einzelnen nicht mehr verfolgt werden. Die Messung von G ist dann nicht mehr kohärent mit der Messung von F.

Der Zerfall von Ψ_m in seine Summanden rührt daher, daß E_k bei gelegentlichen Einwirkungen (Stößen) vorübergehend abgeändert wird, so daß zu den c_k Phasenanteile

$$e^{-i\delta_k} = e^{-\frac{2\pi i}{h} \int \Delta E_k dt} \qquad (\text{III}, 45)$$

hinzutreten, wobei die Phasen δ_k sich gleichmäßig über das Intervall 0 bis 2π verteilen.

§ 3. Hilbertscher Raum, Eigenschaftstensoren. Wahrscheinlichkeitsvektor.

Inhalt: Die Wellenfunktion wird im Hilbertschen Raum durch einen Wahrscheinlichkeitsvektor $\mathfrak{u}$ dargestellt. Die Eigenschaften sind Tensoren, welche durch ihre Matrizen repräsentiert werden. Der Erwartungswert einer Eigenschaft ist das beiderseitige Produkt ihrer Matrix mit dem Wahrscheinlichkeitsvektor.

Bezeichnungen: Ψ_m Wellenfunktion, bzw. System orthogonaler Wellenfunktionen, ψ_k Eigenfunktionen, U_{km} Komponenten (Matrixelemente) des Drehtensors U, $\mathfrak{u}_m$ Wahrscheinlichkeitsvektor bzw. orthogonales Achsenkreuz von Wahrscheinlichkeitsvektoren, $\mathfrak{e}_k$ Achsenkreuz des Energietensors, $\mathbb{F}$ Operator, F Matrix bzw. Tensor, $\widetilde{F}$ Erwartungswert, f_m Achsenkreuz, f_m Eigenwert der Eigenschaft F.

Alle Zusammenhänge der §§ 1 und 2 können wir in ein elegantes geometrisches Bild zusammenfassen. Durch zueinander senkrechte (komplexe) Einheitsvektoren $\mathfrak{e}_k$ spannen wir einen Raum auf, der ebensoviele Dimensionen hat, als es Eigenwerte E_k bzw. Eigenfunktionen ψ_k gibt. (Hilbertscher Raum). Jeder der Funktionen ψ_k ordnen wir einen Einheitsvektor $\mathfrak{e}_k$ zu. Einer Wellenfunktion

$$\Psi_m = \sum_k c_k \psi_k e^{-\frac{2\pi i}{h} E_k t} = \sum_k \psi_k U_{km} \qquad (\text{III}, 46)$$

ordnen wir einen Einheitsvektor

$$\mathfrak{u}_m = \sum_k \mathfrak{e}_k U_{km} \qquad (\text{III}, 47)$$

zu, dessen Komponenten die

$$(e_k^* u_m) = U_{km} = c_k e^{-\frac{2\pi i}{h} E_k t} \qquad \text{(III, 48)}$$

sind. Wir nennen u_m den Wahrscheinlichkeitsvektor des Systems. Der Zustand des Systems, der bisher durch die Wellenfunktion Ψ_m beschrieben wurde, kann ebenso gut durch den Wahrscheinlichkeitsvektor u_m angegeben werden. Die Wahrscheinlichkeit $U_{km} U_{km}^*$, daß an dem System die Energie E_k gemessen wird, ist das Quadrat des absoluten Betrages der k-Komponente von u_m. Sie ist zugleich die Wahrscheinlichkeit dafür, daß sich das System in dem durch E_k charakterisierten k-ten Quantenzustand befindet, wenn eine Messung der Energie vorgenommen wird oder Bedingungen eintreten, unter denen die Energie gemessen werden könnte.

Derselbe Sachverhalt (Zustand des Systems) kann also durch die raumzeitliche Wellenfunktion Ψ_m oder auch durch den Wahrscheinlichkeitsvektor u_m im Hilbertschen Raum beschrieben werden. Beide Möglichkeiten bedienen sich zwar verschiedener Ausdrucksmittel, sind aber völlig gleichwertig. Verwenden wir die raumzeitliche Ψ-Funktion, so wollen wir dies die q-Sprache nennen, verwenden wir den Wahrscheinlichkeitsvektor, so wollen wir dies als k-Sprache (Zustandsprache) bezeichnen. In der k-Sprache wird die Wellenfunktion nicht durch ihren raumzeitlichen Verlauf, sondern durch die Gesamtheit ihrer Entwicklungskoeffizienten nach dem Orthogonalsystem der ψ_k ausgedrückt, welche eben gerade die Komponenten des Wahrscheinlichkeitsvektors sind.

Eine beliebige Eigenschaft F, die durch ihre Matrix $\boldsymbol{F}$ angegeben ist, können wir im Hilbertschen Raum durch einen Tensor abbilden, der in dyadischer Schreibweise die Form

$$\boldsymbol{F} = \sum^{ik} e_i) (e_k^* F_{ik} \qquad \text{(III, 49)}$$

besitzt. Der Energietensor

$$\boldsymbol{E} = \sum^{k} e_k) (e_k^* E_k \qquad \text{(III, 50)}$$

hat Diagonalform, d. h. das Koordinatenkreuz e_k fällt in die Hauptachsen des Energietensors. Wir können aber auch die Eigenschaft F in der Hauptachsenform

$$\boldsymbol{F} = \sum^{m} \mathfrak{f}_m) (\mathfrak{f}_m^* f_m \qquad \text{(III, 51)}$$

schreiben, wenn wir ein gegen e_k gedrehtes Achsenkreuz $\mathfrak{f}_m$ benutzen.

Wenden wir den Operator $\mathbb{F}$ auf Ψ_m an, so erhalten wir

$$\mathbb{F} \Psi_m = \sum^{k} \mathbb{F} \psi_k U_{km} = \sum^{i} \psi_i \sum^{k} F_{ik} U_{km}. \qquad \text{(III, 52)}$$

Die Anwendung des Tensors $\boldsymbol{F}$ auf den Wahrscheinlichkeitsvektor u_m ergibt andererseits

$$(\boldsymbol{F} u_m) = \sum^{ik} e_i (e_k^* e_k) F_{ik} U_{km} = \sum^{i} e_i \sum^{k} F_{ik} U_{km}. \qquad \text{(III, 53)}$$

Der Eigenschaftsoperator $\mathbb{F}$ bewirkt also dieselbe Transformation der Entwicklungskoeffizienten der Funktion Ψ_m, die der Tensor $\boldsymbol{F}$ an den Komponenten des Wahrscheinlichkeitsvektors u_m vornimmt. In der q-Sprache wird die Eigenschaft F durch den Operator $\mathbb{F}$, in der k-Sprache durch die Matrix $\boldsymbol{F}$ bzw. ihren Tensor im Hilbertschen Raum dargestellt.

§ 3. Hilbertscher Raum, Eigenschaftstensoren. Wahrscheinlichkeitsvektor.

Den Erwartungswert der Eigenschaft F erhalten wir in der q-Sprache durch

$$\widetilde{F} = \int \Psi_m^* \mathbb{F} \Psi_m d\tau = \sum^{ik} U_{im}^* U_{km} \int \psi_i^* \mathbb{F} \psi_k d\tau$$
$$= \sum^{ik} U_{im}^* F_{ik} U_{km}, \qquad (III, 54)$$

in der k-Sprache hingegen durch

$$\widetilde{F} = (\mathfrak{u}_m^* \boldsymbol{F} \mathfrak{u}_m) = \sum^{ik} U_{im}^* F_{ik} U_{km} \qquad (III, 55)$$

aus (III, 47) und (III, 49).

Nun betrachten wir nicht nur eine einzige Funktion Ψ_m, sondern ein orthogonales Funktionensystem, dessen einzelne Funktionen durch den Index m unterschieden werden. Aus der Orthogonalität dieser Funktionen

$$0 = \int \Psi_n^* \Psi_m d\tau = \sum^{ik} U_{in}^* U_{km} \int \psi_i^* \psi_k d\tau$$
$$= \sum^{k} U_{kn}^* U_{km} = (\mathfrak{u}_n^* \mathfrak{u}_m) \qquad (III, 56)$$

folgt, daß die zugeordneten Wahrscheinlichkeitsvektoren $\mathfrak{u}_m$ ein orthogonales Achsenkreuz im Hilbertschen Raum bilden. Die sämtlichen Komponenten U_{km} bilden eine Matrix

$$\boldsymbol{U} = \sum^{km} U_{km} \mathfrak{e}_k) (\mathfrak{e}_m^* = \sum^{m} \mathfrak{u}_m) (\mathfrak{e}_m^* \qquad (III, 57)$$

aus der man $\mathfrak{u}_m$ nach der Vorschrift

$$(\boldsymbol{U} \mathfrak{e}_m) = \sum^{k} \mathfrak{e}_k U_{km} = \mathfrak{u}_m \qquad (III, 58)$$

erhält. Die adjungierte Matrix $\boldsymbol{U}^\dagger$ lautet

$$\boldsymbol{U}^\dagger = \sum^{} \mathfrak{e}_m) (\mathfrak{u}_m^*. \qquad (III, 59)$$

$\boldsymbol{U}$ ist unitär, denn

$$\boldsymbol{U} \boldsymbol{U}^\dagger = \sum^{mn} \mathfrak{u}_m) (\mathfrak{e}_m^* \mathfrak{e}_n) (\mathfrak{u}_n^* = \sum^{m} \mathfrak{u}_m) (\mathfrak{u}_m^* = \boldsymbol{1} \qquad (III, 60)$$

ist die Einheitsmatrix. Als Tensor im Hilbertschen Raum betrachtet, führt $\boldsymbol{U}$ das Achsenkreuz $\mathfrak{e}_k$ in das Achsenkreuz $\mathfrak{u}_m$ über, das heißt $\boldsymbol{U}$ führt eine Drehung im verallgemeinerten Sinn aus. $\boldsymbol{U}^\dagger$ macht diese Drehung wieder rückgängig.

Nun betrachten wir dasjenige System von orthogonalen Einheitsvektoren $\mathfrak{u}_m$, welches in die Hauptachsenrichtungen der Eigenschaft F fällt. Dann ist $\mathfrak{u}_m = \mathfrak{f}_m$ und aus (III, 51) und (III, 55) geht

$$(\mathfrak{u}_m^* \boldsymbol{F} \mathfrak{u}_m) = f_m = \sum^{ik} U_{im}^* F_{ik} U_{km} = (\boldsymbol{U}^\dagger \boldsymbol{F} \boldsymbol{U})_{mm} \qquad (III, 61)$$

hervor. Der Tensor $\boldsymbol{F}$ wird dann durch die Drehung $\boldsymbol{U}$ auf Hauptachsen gebracht.

Wir können unsere Gedankengänge noch etwas verallgemeinern. Es wäre nicht notwendig gewesen, das Hauptachsenkreuz $\mathfrak{e}_k$ der Energie als Ausgangspunkt zu wählen, sondern man hätte ein beliebiges Koordinatenkreuz, d. h. ein beliebiges orthogonales Funktionensystem φ_k wählen können. Der jeweilige Zustand des Systems wird auch dann durch einen Wahrscheinlichkeitsvektor $\mathfrak{u}$ vom Betrag 1 dargestellt. Die Eigenschaften sind Tensoren, deren Hauptachsenrichtungen im allgemeinen nicht dieselben sind. Fällt der Wahrscheinlichkeitsvektor $\mathfrak{u}$ in die Richtung der Hauptachse $\mathfrak{f}_m$ einer Eigenschaft F, so wird der zugehörige Eigenwert f_m gemessen. Bildet $\mathfrak{u}$ die Komponenten

mit der Hauptachse, so ist
$$(\mathfrak{f}_m^* \mathfrak{u})$$

$$W_m = |(\mathfrak{f}_m^* \mathfrak{u})|^2 \qquad (III, 62)$$

die Wahrscheinlichkeit dafür, daß bei einer Messung der Eigenwert f_m gemessen wird.

§ 4. Gleichzeitige Messung mehrerer Eigenschaften.

Inhalt: Zwei Eigenschaften sind dann und nur dann gleichzeitig meßbar, wenn ihre Hauptachsenrichtungen im Hilbertschen Raum zusammenfallen, d. h. wenn ihre Matrizen sich durch dieselbe Transformation auf Diagonalform bringen lassen, d. h. wenn sie miteinander vertauschbar sind.
Bezeichnungen: wie S. 991.

Die Messung des Eigenwertes f_m einer Eigenschaft F legt den Wahrscheinlichkeitsvektor $\mathfrak{u} = \mathfrak{f}_m$ und damit einen Erwartungswert für alle anderen Eigenschaften fest. Das Ergebnis einer einzelnen Messung einer anderen Eigenschaft G bleibt aber unbestimmt. Nur wenn das Meßgerät so langsam arbeitet, daß es den Zeitmittelwert statt einer wirklichen Messung liefert, finden wir diesen Mittelwert selbst.

Wenn jedoch die Hauptachsen der beiden Eigenschaftstensoren $\boldsymbol{F}$ und $\boldsymbol{G}$ dieselben sind, folgt aus $\mathfrak{u} = \mathfrak{f}_m$ auch $\mathfrak{u} = \mathfrak{g}_m$, und wenn das System den Eigenwert f_m der Eigenschaft F besitzt, so besitzt es auch den Eigenwert g_m der Eigenschaft G. Sind beide Eigenschaften nicht entartet, so kommen sie durch dieselbe Transformation auf Diagonalform.

Ist eine der beiden Eigenschaften entartet (oder beide), so sind die Hauptachsenrichtungen ihrer Tensoren nicht völlig bestimmt. Man kann sie aber so wählen, daß sie für beide Eigenschaften zur Deckung kommen. Es gibt auch dann eine Transformation, welche beide Eigenschaften auf Diagonalform bringt.

Eine gemeinsame Messung der Eigenschaften F und G ist dann und nur dann möglich, wenn es eine Transformation U gibt, welche beide Matrizen in die Diagonalform bringt. Wir werden jetzt beweisen, daß diese Bedingung gleichbedeutend mit der Forderung

$$\boldsymbol{F G} = \boldsymbol{G F} \qquad (III, 63)$$

ist, d. h. mit der Vertauschbarkeit der Matrizen.

Die Transformation U führe $\boldsymbol{F}$ und $\boldsymbol{G}$ in die Diagonalmatrizen

$$\boldsymbol{f} = U^\dagger \boldsymbol{F} U, \quad \boldsymbol{g} = U^\dagger \boldsymbol{G} U \qquad (III, 64)$$

über. Da zwei Diagonalmatrizen stets vertauscht werden können, haben wir

$$\boldsymbol{f g} = \boldsymbol{g f}, \qquad (III, 65)$$

was beim Einsetzen von (III, 64) in

$$U^\dagger \boldsymbol{F G} U = U^\dagger \boldsymbol{G F} U \qquad (III, 66)$$

übergeht. Multipliziert man links mit U und rechts mit $U^\dagger$, so kommt man zu

$$\boldsymbol{F G} = \boldsymbol{G F}. \qquad (III, 67)$$

Die Vertauschbarkeit folgt also aus der Möglichkeit F und G gemeinsam auf Hauptachsen zu transformieren.

Sind die Matrizen F und G vertauschbar, so können wir umgekehrt eine Transformation U finden, welche sie beide auf die Diagonalform bringt. Zum Beweis transformieren wir beide Matrizen mit einer beliebigen unitären Matrix U', wobei F' aus F und G' aus G entstehen möge. Dann ist

$$F' = U'^\dagger F U', \qquad F = U' F' U'^\dagger, \qquad \text{(III, 68)}$$

$$G' = U'^\dagger G U', \qquad G = U' G' U'^\dagger \qquad \text{(III, 69)}$$

und aus (III, 63) folgt

$$U' F' G' U'^\dagger = U' G' F' U'^\dagger. \qquad \text{(III, 70)}$$

Multipliziert man links mit $U'^\dagger$ und rechts mit U', so ergibt sich

$$F' G' = G' F'. \qquad \text{(III, 71)}$$

Die Vertauschbarkeit wird also durch eine unitäre Transformation nicht beeinträchtigt. Nun wählen wir U' so, daß F' eine Diagonalmatrix wird. Dann gilt für die Elemente von (III, 71)

$$F'_{mm} G'_{mn} = G'_{mn} F'_{nn}. \qquad \text{(III, 72)}$$

Die G'_{mn} verschwinden, wenn $F'_{mm} \neq F'_{nn}$ ist. G' ist also eine Stufenmatrix, deren Stufen der Entartung von F' entsprechen. Man kann dann eine zweite Transformation U'' vornehmen, welche F' unverändert läßt und G' auf Eigenwerte bringt.

Zwei Matrizen können also dann und nur dann durch dieselbe Transformation auf Eigenwerte gebracht und gleichzeitig gemessen werden, wenn sie miteinander vertauschbar sind.

Mit dieser Feststellung erhält die kanonische Vertauschungsrelation die interessante Konsequenz, daß zwei zueinander kanonisch konjugierte Eigenschaften niemals gemeinsam auf Eigenwerte zu bringen sind und deshalb auch nicht gleichzeitig gemessen werden können.

*§. 5. Der Drehimpuls.

Inhalt: Die Komponenten des Drehimpulses eines Teilchens sind mit den Koordinaten, Impulsen und Drehimpulskomponenten aller anderen Teilchen vertauschbar. Jede Drehimpulskomponente ist mit der zu ihr gehörigen Koordinate und Impulskomponente vertauschbar, aber nicht mit den anderen Koordinaten und Impulsen des gleichen Teilchens. Die Drehimpulskomponenten sind auch nicht miteinander vertauschbar. Der Gesamtdrehimpuls eines Systems und seine Komponenten sind mit der Energie vertauschbar, seine Komponenten aber nicht unter sich. Vertauschungsregeln für Drehimpulse und ihre Komponenten. Eigenwerte und Eigenfunktionen.

Bezeichnungen: x_s, y_s, z_s Koordinaten, p_{sx}, p_{sy}, p_{sz} Impulse des s-ten Teilchens, J_{sx}, J_{sy}, J_{sz} seine Drehimpulskomponenten, $\mathfrak{J}_s$ Drehimpuls des s-ten Teilchens, $\mathfrak{J}$ Gesamtdrehimpuls des Systems, J_x, J_y, J_z seine Komponenten, H Gesamtenergie, zugehörige Matrizen fett.

Zu den wichtigsten Eigenschaften atomarer Systeme gehört neben Koordinaten, Impulsen und der Energie auch der Drehimpuls mit seinen Komponenten. An ihm wollen wir jetzt die Frage näher studieren, mit welchen anderen Eigenschaften er vertauschbar ist, d. h. mit welchen er gleichzeitig gemessen werden kann.

In der klassischen Mechanik definiert man den Drehimpuls des s-ten Teilchens um den Koordinatenanfang als einen Vektor $\mathfrak{J}_s$ mit den Komponenten

$$J_{sx} = y_s p_{sz} - z_s p_{sy}; \quad J_{sy} = z_s p_{sx} - x_s p_{sz}; \quad J_{sz} = x_s p_{sy} - y_s p_{sx}. \quad \text{(III, 73)}$$

In vektorieller Schreibweise ist dies gleichwertig mit

$$\mathfrak{J}_s = [\mathfrak{r}_s \, \mathfrak{p}_s]. \quad \text{(III, 74)}$$

Wir gehen zur Quantentheorie über, indem wir für die Koordinaten und Impulse ihre Operatoren einsetzen. Die Eigenschaftsoperatoren können als Differentialoperatorn oder Matrizen betrachtet werden. Im ersten Fall wirken sie auf die Wellenfunktionen, im zweiten Fall auf die Wahrscheinlichkeitsvektoren.

Was uns zuerst interessiert, ist, ob der Drehimpuls und seine Komponenten mit den Koordinaten und Impulsen vertauschbar sind oder nicht. Aus den Regeln (II, 29 und II, 31 S. 950, 951)

$$\frac{2\pi i}{h}(p_s F - F p_s) = \frac{\partial F}{\partial q_s}, \quad \text{(III, 75)}$$

$$\frac{2\pi i}{h}(F q_s - q_s F) = \frac{\partial F}{\partial p_s} \quad \text{(III, 76)}$$

liest man ab, daß die Drehimpulskomponenten des s-ten Teilchens mit allen Koordinaten und Impulsen anderer Teilchen vertauscht werden können.

Für die Vertauschung mit Koordinaten und Impulsen desselben Teilchens ergeben sich aus (III, 75) und (III, 76) oder aus (II, 44) von S. 952 die Regeln

$$\begin{aligned} J_{sx} x_s - x_s J_{sx} &= 0; & J_{sx} p_{sx} - p_{sx} J_{sx} &= 0; \\ J_{sx} y_s - y_s J_{sx} &= -\frac{h}{2\pi i} z_s; & J_{sx} p_{sy} - p_{sy} J_{sx} &= -\frac{h}{2\pi i} p_{sz}; \\ J_{sx} z_s - z_s J_{sx} &= \frac{h}{2\pi i} y_s; & J_{sx} p_{sz} - p_{sz} J_{sx} &= \frac{h}{2\pi i} p_{sy}. \end{aligned} \quad \text{(III, 77)}$$

Neben den angeführten Gleichungen gelten natürlich noch zwölf weitere, die durch zyklische Vertauschung aus ihnen entstehen.

Als nächstes interessiert uns die Vertauschbarkeit der Drehimpulskomponenten unter sich. Wir finden

$$\begin{aligned} J_{sx} J_{sy} - J_{sy} J_{sx} &= J_{sx}(z_s p_{sx} - x_s p_{sz}) - (z_s p_{sx} - x_s p_{sz}) J_{sx} \\ &= p_{sx}(J_{sx} z_s - z_s J_{sx}) - x_s(J_{sx} p_{sz} - p_{sz} J_{sx}), \end{aligned} \quad \text{(III, 78)}$$

da p_{sx} mit z_s und J_{sx} aber auch x_s mit J_{sx} vertauschbar ist. Die entsprechenden Ausdrücke für die anderen Komponenten entstehen hieraus durch zyklische Vertauschung. Unter Benutzung von (III, 77) folgt hieraus

$$J_{sx} J_{sy} - J_{sy} J_{sx} = \frac{h}{2\pi i}(p_{sx} y_s - x_s p_{sy}) = -\frac{h}{2\pi i} J_{sz}. \quad \text{(III, 79)}$$

Auf die gleiche Weise ergibt sich

$$J_{sy} J_{sz} - J_{sz} J_{sy} = -\frac{h}{2\pi i} J_{sx}; \quad J_{sz} J_{sx} - J_{sx} J_{sz} = -\frac{h}{2\pi i} J_{sy}. \quad \text{(III, 80)}$$

*§ 5. Der Drehimpuls.

Man kann diese drei Gleichungen in die etwas verblüffende Vektorbeziehung

$$[\mathfrak{J}_s \mathfrak{J}_s] = -\frac{h}{2\pi i} \mathfrak{J}_s \qquad (III, 81)$$

zusammenfassen, die in der Quantentheorie für den Drehimpuls kennzeichnend ist.

Die Drehimpulskomponenten verschiedener Teilchen sind vertauschbar, weil die Koordinaten und Impulse verschiedener Teilchen vertauschbar sind.

Jetzt bilden wir durch Summieren über alle Teilchen die Komponenten des Gesamtdrehimpulses

$$J_x = \sum_s J_{sx}; \quad J_y = \sum_s J_{sy}; \quad J_z = \sum_s J_{sz}. \qquad (III, 82)$$

Man kann sich leicht davon überzeugen, daß für seine Komponenten ebenfalls die Vertauschungsregeln (III, 79 und 80) gelten, die wir wieder in der Form

$$[\mathfrak{J}\mathfrak{J}] = -\frac{h}{2\pi i} \mathfrak{J} \qquad (III, 83)$$

schreiben. Man erhält nämlich

$$J_x J_y - J_y J_x = \sum_{rs}(J_{rx}J_{sy} - J_{sy}J_{rx}) = \sum_s (J_{sx}J_{sy} - J_{sy}J_{sx})$$
$$= -\frac{h}{2\pi i} \sum_s J_{sz} = -\frac{h}{2\pi i} J_z. \qquad (III, 84)$$

Für die Vertauschung mit den Impulsen und Koordinaten der einzelnen Teilchen ergeben sich Regeln, die man aus (III, 77) erhält, wenn man an den Komponenten des Drehimpulses den Index s wegläßt.

Mit der Gesamtenergie des Systems kann der Drehimpuls vertauscht werden, wenn bei dem entsprechenden klassischen Problem Drehimpuls und Energie zeitlich konstant sind. Es gilt dann nämlich für alle Komponenten nach (II, 24)

$$\frac{dJ_x}{dt} = \frac{2\pi i}{h}(H J_x - J_x H) = 0. \qquad (III, 85)$$

Diesen Fall hat man vor sich, wenn auf das betreffende System keine äußeren Kräfte einwirken. Jede Komponente des Drehimpulses kann gleichzeitig mit der Gesamtenergie gemessen werden. Dagegen ist es unmöglich, zwei oder gar alle drei Drehimpulskomponenten gleichzeitig zu messen. Der Drehimpulsvektor selbst erlaubt überhaupt keine wirkliche Messung, da bei ihr ja gleichzeitig alle seine Komponenten gemessen werden müßten.

Das skalare Quadrat des gesamten Drehimpulses ist durch

$$\mathfrak{J}^2 = J_x^2 + J_y^2 + J_z^2 \qquad (III, 86)$$

definiert. Wegen

$$(J_x^2 + J_y^2 + J_z^2) J_x - J_x(J_x^2 + J_y^2 + J_z^2) = (J_y^2 + J_z^2) J_x - J_x(J_y^2 + J_z^2)$$
$$= J_y(J_y J_x - J_x J_y) + (J_y J_x - J_x J_y) J_y + J_z(J_z J_x - J_x J_z) \qquad (III, 87)$$
$$+ (J_z J_x - J_x J_z) J_z$$

ist es mit den einzelnen Drehimpulskomponenten vertauschbar. Zum Beweis brauchen wir nur (III, 84) einzusetzen, wodurch der Ausdruck (III, 87) verschwindet.

Natürlich ist $\mathfrak{J}^2$ auch mit der Gesamtenergie vertauschbar und gleichzeitig mit ihr meßbar. Dies ergibt sich sofort daraus, daß $\mathfrak{J}^2$ zeitunabhängig ist, was direkt zu

$$H\mathfrak{J}^2 - \mathfrak{J}^2 H = 0 \tag{III, 88}$$

führt oder daraus, daß H mit den Komponenten J_x, J_y, J_z vertauschbar ist.

Da die Operatoren $\mathfrak{J}^2$ und J_x vertauschbar sind, kann man ihre Matrizen gleichzeitig auf Diagonalform bringen. Dann können allerdings J_y und J_z keine Diagonalmatrizen sein. Aus (III, 84) und den beiden analogen Gleichungen erhalten wir

$$(J_{xm} - J_{xn}) J_{ymn} = -\frac{h}{2\pi i} J_{zmn}, \tag{III, 89}$$

$$\sum_k (J_{ymk} J_{zkn} - J_{zmk} J_{ykn}) = -\frac{h}{2\pi i} J_{xn} \quad \text{für} \quad m = n,$$
$$= 0, \quad \text{für} \quad m \neq n, \tag{III, 90}$$

$$-J_{zmn}(J_{xm} - J_{xn}) = -\frac{h}{2\pi i} J_{ymn}. \tag{III, 91}$$

Multiplizieren wir (III, 89) und (III, 91), so entsteht

$$(J_{xm} - J_{xn})^2 J_{ymn} J_{zmn} = \frac{h^2}{4\pi^2} J_{ymn} J_{zmn}. \tag{III, 92}$$

Hieraus folgt mit (III, 91) entweder

$$J_{xm} - J_{xn} = \pm \frac{h}{2\pi} \tag{III, 93}$$

oder

$$J_{ymn} = J_{zmn} = 0. \tag{III, 94}$$

Die Eigenwerte von J_x kann man also in eine Reihe ordnen, in der jeder Eigenwert um $h/2\pi$ größer ist, als der vorangehende.

Zu einem N-fach entarteten Eigenwert von $\mathfrak{J}^2$ gehören N verschiedene Eigenwerte von J_x. Ist J_{x1} der kleinste von ihnen, so ist der größte

$$J_{xN} = J_{x1} + \frac{h}{2\pi}(N - 1). \tag{III, 95}$$

Die Matrixelemente von J_y und J_z verschwinden sämtlich außer den Elementen

$$i J_{zn+1, n} = J_{yn+1, n},$$
$$-i J_{zn-1, n} = J_{yn-1, n}. \tag{III, 96}$$

Für $m = n = 1$ geht (III, 90) in

$$J_{x1} = -\frac{2\pi i}{h}(J_{y12} J_{z21} - J_{z12} J_{y21})$$
$$= -\frac{2\pi}{h}(J_{z12} J_{z21} + J_{y12} J_{y21}) \tag{III, 97}$$
$$= -\frac{2\pi}{h}(J_z^2 + J_y^2)_{11} = -\frac{2\pi}{h}(\mathfrak{J}_1^2 - J_{x1}^2).$$

*§. 5. Der Drehimpuls.

Analog findet man

$$J_{xN} = -\frac{2\pi i}{h}(J_{yN,\,N-1}J_{zN-1,\,N} - J_{zN,\,N-1}J_{yN-1,\,N})$$
$$= \frac{2\pi}{h}(\mathfrak{J}_N^2 - J_{xN}^2). \tag{III, 98}$$

Wegen

$$\mathfrak{J}_N^2 = \mathfrak{J}_1^2 \tag{III, 99}$$

erhält man durch Addition von (III, 97) und (III, 98)

$$J_{x1} + J_{xN} = \frac{2\pi}{h}(J_{x1} - J_{xN})(J_{x1} + J_{xN}). \tag{III, 100}$$

Zusammen mit (III, 95) folgt hieraus

$$J_{x1} + J_{xN} = 0, \tag{III, 101}$$

$$J_{x1} = -\frac{h}{2\pi}\cdot\frac{N-1}{2}; \quad J_{xN} = \frac{h}{2\pi}\cdot\frac{N-1}{2}. \tag{III, 102}$$

Die Eigenwerte von J_x sind also ganzzahlige oder halbzahlige Vielfache von $h/2\pi$. Als Eigenwert von $\mathfrak{J}^2$ findet man

$$\mathfrak{J}_N^2 = \mathfrak{J}_1^2 = \frac{h^2}{4\pi^2}\left\{\left(\frac{N-1}{2}\right)^2 + \frac{N-1}{2}\right\}. \tag{III, 103}$$

Führt man die halbzahlige oder ganzzahlige Quantenzahl

$$J = \frac{N-1}{2} \tag{III, 104}$$

als Drehimpulsquantenzahl ein, so hat $\mathfrak{J}^2$ die Eigenwerte

$$\frac{h^2}{4\pi^2}J(J+1). \tag{III, 105}$$

Die Eigenwerte von J_x sind dann

$$\frac{h}{2\pi}M, \tag{III, 106}$$

wenn M die Reihe der ganzen oder halben Zahlen

$$-J \leq M \leq J \tag{III, 107}$$

durchläuft.

Das Vertauschungsprodukt von J_x und $J_y + iJ_z$ ergibt

$$J_x(J_y + iJ_z) - (J_y + iJ_z)J_x = \frac{h}{2\pi}(J_y + iJ_z). \tag{III, 108}$$

Diese Operatorgleichung wenden wir auf eine Eigenfunktion Y_M^J an, die zu den Quantenzahlen J und M gehört und erhalten

$$J_x(J_y + iJ_z)Y_M^J - \frac{h}{2\pi}M(J_y + iJ_z)Y_M^J = \frac{h}{2\pi}(J_y + iJ_z)Y_M^J \tag{III, 109}$$

oder

$$J_x(J_y + iJ_z)Y_M^J = \frac{h}{2\pi}(M+1)(J_y + iJ_z)Y_M^J. \tag{III, 110}$$

Hieraus folgt, daß

$$(J_y + iJ_z) Y_M^J = A(J, M) Y_{M+1}^J \qquad (\text{III}, 111)$$

eine Eigenfunktion von J_x zum Eigenwert $h(M+1)/2\pi$ ist. Der Operator $J_y + iJ_z$ erhöht M um Eins. $A(J, M)$ ist ein Zahlwert, der noch von J und M abhängen kann. Analog finden wir

$$(J_y - iJ_z) Y_M^J = B(J, M) Y_{M-1}^J. \qquad (\text{III}, 112)$$

Der Operator $J_y - iJ_z$ erniedrigt M um eins.

Bei der Normierung der Eigenfunktionen bleibt ein Phasenfaktor willkürlich. Man kann deshalb die Y_M^J so normieren, daß die $A(J, M)$ reell werden. Wir bilden nun die zu (III, 111) konjugierte Gleichung

$$(J_y - iJ_z) Y_M^{*J} = A(J, M) Y_{M+1}^{*J}. \qquad (\text{III}, 113)$$

Y_M^{*J} muß ebenfalls eine Eigenfunktion zu J, jedoch zu einem anderen Wert von M sein und deshalb die Gl. (III, 112) erfüllen. Dies ist dann der Fall, wenn

$$Y_M^{*J} = Y_{-M}^J, \qquad (\text{III}, 114)$$

$$A(J, -M) = B(J, M) \qquad (\text{III}, 115)$$

ist.

Nun wenden wir den Operator $J_y - iJ_z$ auf (III, 111) an und erhalten nach leichter Umformung

$$\frac{h^2}{4\pi^2}(J-M)(J+M+1) = A(J, M) B(J, M+1)$$
$$= A(J, M) A(J, -M-1). \qquad (\text{III}, 116)$$

Ohne Beweis sei noch

$$A(J, M) = B(J, M+1) = \frac{h}{2\pi} \sqrt{(J-M)(J+M+1)} \qquad (\text{III}, 117)$$

angeführt.

**§ 6. Zusammensetzung von Drehimpulsen.

Inhalt: Zusammensetzung zweier Drehimpulse $\mathfrak{L}$ und $\mathfrak{S}$ zum Gesamtdrehimpuls $\mathfrak{J}$. Ein Zustand ist durch die Quantenzahlen J, M, L, S gekennzeichnet. Zusammensetzung der Eigenfunktionen mit Hilfe der Clebsch-Gordan-Koeffizienten.

Bezeichnungen: $\mathfrak{L}$ und $\mathfrak{S}$ zwei vertauschbare Drehimpulsoperatoren, $\mathfrak{J}$ ihre Resultante, L, S, J zugehörige Quantenzahlen, M_L, M_S, M Quantenzahlen ihrer x-Komponenten. Sonst sinngemäß wie S. 995.

$\mathfrak{L}$ und $\mathfrak{S}$ mögen zwei vertauschbare Drehimpulsoperatoren sein, welche einzeln den Gleichungen

$$[\mathfrak{L}\mathfrak{L}] = -\frac{h}{2\pi i}\mathfrak{L}, \qquad (\text{III}, 118)$$

$$[\mathfrak{S}\mathfrak{S}] = -\frac{h}{2\pi i}\mathfrak{S} \qquad (\text{III}, 119)$$

genügen. Die Operatoren $\mathfrak{L}$ und $\mathfrak{S}$ sind vertauschbar, wenn sie z. B. Bahndrehimpulse verschiedener Teilchen oder Bahndrehimpuls und Spindrehimpuls sind. Dann erfüllt die Summe

$$\mathfrak{J} = \mathfrak{L} + \mathfrak{S} \qquad (\text{III}, 120)$$

**§ 6. Zusammensetzung von Drehimpulsen.

die Gleichung
$$[\mathfrak{J}\mathfrak{J}] = [\mathfrak{L}\mathfrak{L}] + [\mathfrak{L}\mathfrak{S}] + [\mathfrak{S}\mathfrak{L}] + [\mathfrak{S}\mathfrak{S}]$$
$$= [\mathfrak{L}\mathfrak{L}] + [\mathfrak{S}\mathfrak{S}] = -\frac{h}{2\pi i}(\mathfrak{L} + \mathfrak{S}) \quad \text{(III, 121)}$$
$$= -\frac{h}{2\pi i}\mathfrak{J}$$

die für einen Drehimpulsoperator charakteristisch ist.

Mit dem Operator
$$\mathfrak{J}^2 = \mathfrak{L}^2 + 2(\mathfrak{L}\mathfrak{S}) + \mathfrak{S}^2 \quad \text{(III, 122)}$$

ist dann nach (III, 87) der Operator der Komponente
$$\boldsymbol{J_x} = \boldsymbol{L_x} + \boldsymbol{S_x} \quad \text{(III, 123)}$$

vertauschbar. Die Komponenten von $\mathfrak{L}$ und $\mathfrak{S}$ sind hingegen einzeln nicht mit $\mathfrak{J}^2$ vertauschbar. Mit beiden Operatoren (III, 122) und (III, 123) sind die Operatoren $\mathfrak{L}^2$ und $\mathfrak{S}^2$ vertauschbar, weil $\mathfrak{L}^2$ und $\mathfrak{S}^2$ mit jeder der Komponenten von $\mathfrak{L}$ und $\mathfrak{S}$ vertauschbar sind. Die Operatoren $\mathfrak{J}^2$, $\mathfrak{L}^2$, $\mathfrak{S}^2$ und $\boldsymbol{J_x}$ können deshalb gleichzeitig auf die Eigenwerte

$$\frac{h^2}{4\pi^2}J(J+1); \quad \frac{h^2}{4\pi^2}L(L+1); \quad \frac{h^2}{4\pi^2}S(S+1); \quad \frac{h}{2\pi}M \quad \text{(III, 124)}$$

gebracht werden. Ein stationärer Zustand wird somit durch die Quantenzahlen J, L, S und M gekennzeichnet.

Die Eigenfunktionen
$$Y_M^{JLS} = \sum_{M_L}\sum_{M_S} C_{LS}(J, M, M_L, M_S)\, Y_{M_L}^L\, \mathcal{U}_{M_S}^S \quad \text{(III, 125)}$$

kann man nach Produkten der Eigenfunktionen $Y_{M_L}^L$ und $\mathcal{U}_{M_S}^S$ der Operatoren $\mathfrak{L}$ und $\mathfrak{S}$ entwickeln. Wendet man auf sie den Operator $\boldsymbol{J_x}$ an, so entsteht

$$M Y_M^{JLS} = \sum_{M_L}\sum_{M_S} (M_L + M_S)\, C_{LS}(J, M, M_L, M_S)\, Y_{M_L}^L\, \mathcal{U}_{M_S}^S. \quad \text{(III, 126)}$$

Damit diese Gleichung erfüllt werden kann, muß
$$M = M_L + M_S \quad \text{(III, 127)}$$

sein. Hiermit geht (III, 126) in die einfache Summe
$$Y_M^{JLS} = \sum_{M_L} C_{LS}(J, M, M_L, M - M_L)\, Y_{M_L}^L\, \mathcal{U}_{M-M_L}^S \quad \text{(III, 128)}$$

über. Ist $M = J$, so muß es wenigstens ein $J - M_L$ geben, das nicht größer als S ist. Dies legt J die Bedingung

$$J \leq L + S \quad \text{(III, 129)}$$

auf. Daß außerdem
$$L < J + S \quad \text{und} \quad S < J + L, \quad \text{(III, 130)}$$

d. h.
$$J > |L - S| \quad \text{(III, 131)}$$

sein muß, ergibt sich sofort daraus, daß man dieselbe Entwicklung für

$$\mathfrak{L} = \mathfrak{J} - \mathfrak{S} \quad \text{und} \quad \mathfrak{S} = \mathfrak{J} - \mathfrak{L} \qquad (\text{III}, 132)$$

durchführen kann.

Hiermit ist die vektorielle Zusammensetzung zweier vertauschbarer Drehimpulsvektoren im Vektorgerüst gerechtfertigt. Die Größen $C_{LS}(J, M, M_L, M_S)$ werden Clebsch-Gordan-Koeffizienten genannt. Einige der wichtigsten Koeffizienten gibt die nachstehende Tabelle

$$S = \tfrac{1}{2}$$

	$M_S = \tfrac{1}{2}$	$M_S = -\tfrac{1}{2}$
$J = L + \tfrac{1}{2}$	$\left[\dfrac{L + M + \tfrac{1}{2}}{2L + 1}\right]^{\tfrac{1}{2}}$	$\left[\dfrac{L - M + \tfrac{1}{2}}{2L + 1}\right]^{\tfrac{1}{2}}$
$J = L - \tfrac{1}{2}$	$-\left[\dfrac{L - M + \tfrac{1}{2}}{2L + 1}\right]^{\tfrac{1}{2}}$	$\left[\dfrac{L + M + \tfrac{1}{2}}{2L + 1}\right]^{\tfrac{1}{2}}$

$$S = 1 \qquad (\text{III}, 133)$$

	$M_S = 1$	$M_S = 0$	$M_S = -1$
$J = L + 1$	$\left[\dfrac{(L+M)(L+M+1)}{(2L+1)(2L+2)}\right]^{\tfrac{1}{2}}$	$\left[\dfrac{(L-M+1)(L+M+1)}{(2L+1)(L+1)}\right]^{\tfrac{1}{2}}$	$\left[\dfrac{(L-M)(L-M+1)}{(2L+1)(2L+2)}\right]^{\tfrac{1}{2}}$
$J = L$	$-\left[\dfrac{(L+M)(L-M+1)}{2L(L+1)}\right]^{\tfrac{1}{2}}$	$\dfrac{M}{\sqrt{L(L+1)}}$	$\left[\dfrac{(L-M)(L+M+1)}{2L(L+1)}\right]^{\tfrac{1}{2}}$
$J = L - 1$	$\left[\dfrac{(L-M)(L-M+1)}{2L(2L+1)}\right]^{\tfrac{1}{2}}$	$-\left[\dfrac{(L-M)(L+M)}{L(2L+1)}\right]^{\tfrac{1}{2}}$	$\left[\dfrac{(L+M+1)(L+M)}{2L(2L+1)}\right]^{\tfrac{1}{2}}$

§7. Die Grenzen der Matrixdarstellung und ihrer statistischen Deutung.

Inhalt: Durch Matrizen läßt sich nur der Bereich der diskreten Eigenwerte und Eigenfunktionen erfassen. Innerhalb dieses Bereiches allein lassen sich weder Impulse noch Koordinaten ohne Widerspruch mit den Vertauschungsregeln auf Eigenwerte transformieren.

An den Komponenten des Drehimpulses konnten wir Eigenschaften untersuchen, welche einzeln meßbar sind, die auch gemeinsam mit der Energie gemessen werden können, die man aber nicht gleichzeitig messen kann, weil ihre Matrizen nicht durch dieselbe Transformation auf Hauptachsen zu bringen sind.

Jetzt müssen wir die Frage aufwerfen, ob denn alle Eigenschaftsmatrizen überhaupt auf Diagonalform transformierbar sind und infolgedessen meßbare Eigenwerte besitzen. Diese Frage führt uns in gewisse Schwierigkeiten, die wir erkennen, wenn wir die Matrizen p und q der Impulse und Koordinaten betrachten.

Die kanonischen Vertauschungsregeln

$$p q - q p = \frac{h}{2 \pi i} \qquad (\text{III}, 134)$$

zeigen, daß Koordinate und Impuls nicht vertauschbar sind, also nicht gleichzeitig Diagonalform annehmen können. Nehmen wir jetzt an, daß wir die Impulsmatrix auf Diagonalform gebracht hätten, so ergibt sich für die Elemente von (III, 142)

$$(p_i - p_k) q_{ik} = \begin{cases} 0 & \text{für } i \neq k \\ \dfrac{h}{2\pi i} & \text{für } i = k. \end{cases} \qquad (\text{III}, 135)$$

Das Ergebnis bei den Diagonalelementen ist aber unmöglich. Die Elemente q_{ik} müßten andererseits verschwinden, wenn $p_i \neq p_k$ wäre, d. h. die Koordinatenmatrix wäre eine Stufenmatrix, die der Entartung des Impulses entspricht. Sie könnte also gleichzeitig mit dem Impuls auf Hauptachsen gebracht werden. Zu dem analogen Ergebnis kommt man, wenn man für die Koordinatenmatrix die Diagonalform voraussetzt.

Weder die Koordinaten- noch die Impulsmatrix kann also auf Diagonalform gebracht werden. Nun müssen uns allerdings daran erinnern, daß es neben den diskreten Eigenfunktionen noch die kontinuierlichen Eigenfunktionen gibt. An Stelle der Matrix F einer Eigenschaft liefert der kontinuierliche Bereich eine Funktion $F(i, k)$ zweier stetig veränderlicher Parameter i und k. Hierdurch werden die Zusammenhänge so verwickelt, daß sie durch die einfachen Matrixgleichungen nicht mehr beherrscht werden können. Hier zeigen sich die Grenzen des Matrixkalküls und der statistischen Deutung der Quantentheorie, so weit sie sich der Matrixschreibweise bedient.

IV. Quantentheorie zeitabhängiger Systeme.

Unterliegt ein atomares System zeitabhängigen äußeren Eingriffen, so enthält seine klassische Hamiltonfunktion die Zeit explizit. Dies kommt z. B. vor, wenn sich ein Atom in einem zeitlich veränderlichen elektromagnetischen Feld (Strahlungsfeld) aufhält. Auch kann man manche komplizierte Systeme auf einfachere Systeme zurückführen, wenn man sie als zeitabhängig ansieht. Fliegen z. B. zwei Atome nahe aneinander vorbei, oder stoßen sie gar zusammen, so müßte eigentlich ein System untersucht werden, welches aus beiden Atomen besteht. In manchen Fällen kann man aber das komplizierte System beider Atome durch folgendes einfacheres Modell ersetzen: Die Kerne beider Atome denken wir uns auf einer vorgegebenen Bahn aneinander vorbeigeführt. In jedem Augenblick befinden sich dann die Elektronen im Feld der beiden Kerne. Die Energie wird durch eine Hamiltonfunktion ausgedrückt, welche die Relativkoordinaten der Elektronen, bezogen auf die Kerne, enthält und in welche außerdem der Kernabstand als zeitabhängiger Parameter eingeht. Die Hamiltonfunktion enthält jetzt die Zeit explizit und stellt die Gesamtenergie abzüglich der Translationsenergie der beiden Atome dar. Die Vereinfachung besteht darin, daß die Ψ-Funktion von den Koordinaten der Kerne nicht abhängt. In der Operatorschreibweise bewirkt dieser Umstand, daß die Kernkoordinaten und Kernimpulse keine Operatoren sind, sondern zeitabhängige Zahlparameter.

Die Wellengleichung zeitabhängiger Systeme lautet

$$\mathbb{H}(t)\Psi + \frac{h}{2\pi i}\frac{\partial \Psi}{\partial t} = 0. \qquad (\text{IV}, 1)$$

Unter $\mathbb{H}(t)$ ist derjenige Operator zu verstehen, den man durch Einsetzen von

$$p_s = \frac{h}{2\pi i}\frac{\partial}{\partial q_s} \qquad (\text{IV}, 2)$$

in die klassische Hamiltonfunktion erhält. Er enthält die Zeit explizit. Der Unterschied der Gl. (IV, 1) gegen die früher untersuchten Wellengleichungen besteht darin, daß es jetzt keine Lösungen der Form

$$\Psi_k = \psi_k e^{-\frac{2\pi i}{h} E_k t} \qquad (IV, 3)$$

mehr gibt, wo E_k eine Konstante und ψ_k eine Ortsfunktion ist. Dieser Ansatz würde nämlich zu der Gleichung

$$\mathbb{H}(t)\psi_k - E_k \psi_k = 0 \qquad (IV, 4)$$

führen, die aber keine zeitunabhängige Lösung ψ_k zuläßt, wenn in $\mathbb{H}(t)$ die Zeit explizit vorkommt.

§ 1. Die transformierte Wellengleichung.

Inhalt: Lösung der Wellengleichung durch eine zeitabhängige unitäre Matrix. Transformierte Wellengleichung für diese Matrix und den Wahrscheinlichkeitsvektor. Erwartungswert zeitabhängiger Eigenschaften und deren zeitliche Änderung.

Bezeichnungen: Ψ Wellenfunktion als Funktion von Koordinaten und der Zeit, Ψ_m orthogonales System solcher Funktionen, φ_k bzw. ψ_k beliebiges Orthogonalsystem von Ortsfunktionen, $\mathfrak{u}$ Wahrscheinlichkeitsvektor, $\mathfrak{u}_m$ Achsenkreuz solcher Vektoren, $\mathfrak{e}_k$ zeitlich unveränderliches Achsenkreuz im Hilbertschen Raum den ψ_k zugeordnet. $\mathbb{H}(t)$ zeitlich veränderlicher Energieoperator, $\boldsymbol{H}(t)$ mit ψ_k gebildete Matrix zu $\mathbb{H}(t)$, U_{km} Komponenten der unitären Matrix $\boldsymbol{U}$ und Komponenten von $\mathfrak{u}_m$. $\mathbb{F}(t)$ zeitabhängiger Eigenschaftsoperator, $\boldsymbol{F}(t)$ mit ψ_k gebildete Matrix dieses Operators, $\widetilde{F}$ Erwartungswert von F, $\boldsymbol{f}(t)$ bzw. $\boldsymbol{h}(t)$ die mit Ψ_m gebildeten Matrizen zu $\mathbb{F}(t)$ und $\mathbb{H}(t)$.

Wenn auch der Ansatz (IV, 3) keine Lösung der Wellengleichung (IV, 1) ist, so wollen wir doch einen Ansatz nach seinem Muster versuchen. Sicher können die gesuchten Wellenfunktionen Ψ in jedem Zeitpunkt nach einem beliebigen Orthogonalsystem φ_k entwickelt werden, aber die Entwicklungskoeffizienten werden noch zeitabhängig sein. Man kann also

$$\Psi = \sum^r \varphi_k u_k(t) \qquad (IV, 5)$$

setzen. Die $u_k(t)$ genügen der Normierung

$$1 = \sum^r u_k^*(t) u_k(t). \qquad (IV, 6)$$

Nun suchen wir nicht nur eine einzige Funktion Ψ, sondern ein in jedem Zeitpunkt vollständiges orthogonales Funktionensystem

$$\Psi_m = \sum^k \varphi_k U_{km}(t). \qquad (IV, 7)$$

Die Gesamtheit der Koeffizienten U_{km} bilden zu jedem Zeitpunkt wegen der Normierung und Orthogonalität des Funktionensystems eine unitäre Matrix $\boldsymbol{U}(t)$, die allerdings zeitlich veränderlich ist.

Gehen wir mit dem Ansatz (IV, 7) in (IV, 1) ein, so erhalten wir

$$\sum^k \mathbb{H}(t)\varphi_k U_{km}(t) + \frac{h}{2\pi i}\sum^k \varphi_k \frac{\partial U_{km}}{\partial t} = 0. \qquad (IV, 8)$$

§ 1. Die transformierte Wellengleichung.

Nun verwenden wir die Entwicklung

$$\mathbb{H}(t)\,\varphi_k = \sum\nolimits^r \varphi_r H_{rk}(t), \qquad (\text{IV}, 9)$$

wobei die Koeffizienten

$$H_{rk}(t) = \int \varphi_r^* \,\mathbb{H}(t)\, \varphi_k \, d\tau \qquad (\text{IV}, 10)$$

die Elemente einer Matrix $H(t)$ bilden. Aus (IV, 8) und (IV, 9) entsteht

$$\sum\nolimits^{rk} \varphi_r H_{rk}(t)\, U_{km} + \frac{h}{2\pi i} \sum\nolimits^k \varphi_k \frac{\partial U_{km}}{\partial t} = 0. \qquad (\text{IV}, 11)$$

Multipliziert man mit φ_i^* und integriert über dem Raum, so entsteht

$$\sum\nolimits^{ik} H_{ik}(t)\, U_{km} + \frac{h}{2\pi i} \frac{\partial U_{im}}{\partial t} = 0, \qquad (\text{IV}, 12)$$

was der Matrixgleichung

$$H(t)\, U + \frac{h}{2\pi i} \frac{\partial U}{\partial t} = 0 \qquad (\text{IV}, 13)$$

gleichwertig ist.

Zur Lösung der Wellengleichung (IV, 1) können wir also von einem willkürlichen orthogonalen Funktionensystem φ_k ausgehen und mit seiner Hilfe zunächst die zeitlich veränderliche Matrix $H(t)$ konstruieren, indem wir ihre Elemente (IV, 10) mit Hilfe des Operators $\mathbb{H}(t)$ bilden. Gelingt es außerdem, die Matrixgleichung (IV, 13) zu lösen, d. h. die unitären Matrizen U zu finden, welche diese Gleichung erfüllen, so können wir aus jeder Matrix U ein in jedem Zeitpunkt orthogonales Funktionensystem Ψ_m nach der Vorschrift (IV, 7) bilden, welches die Wellengleichung (IV, 1) befriedigt. Damit wäre die Lösung der Gl. (IV, 1) auf die Lösung der Matrixgleichung (IV, 13) zurückgeführt.

Führt man statt der Funktionen Ψ_m die Wahrscheinlichkeitsvektoren (siehe S. 991)

$$\mathfrak{u}_m = (U\, \mathfrak{e}_m) = \sum\nolimits^k \mathfrak{e}_k\, U_{km} \qquad (\text{IV}, 14)$$

ein, so geht (IV, 13) durch rechtsseitige Multiplikation mit $\mathfrak{e}_m$ und Weglassen des Index m in die Vektorgleichung

$$H(t)\, \mathfrak{u} + \frac{h}{2\pi i} \frac{d\mathfrak{u}}{dt} = 0 \qquad (\text{IV}, 15)$$

über.

Die Gleichungen (IV, 13) und (IV, 15) sind offenbar nichts anderes als die Übersetzung der ursprünglichen Wellengleichung (IV, 1) aus der q-Sprache in die k-Sprache. Die Beschreibung wird aus dem Raumzeitkontinuum in den Hilbertschen Raum verlegt. Die Gleichungen (IV, 13) bzw. (IV, 15) werden als transformierte Wellengleichung bezeichnet.

Ist der Operator $\mathbb{H}(t)$ gegeben und haben wir uns für die Entwicklung nach einem bestimmten Orthogonalsystem entschieden, das wir mit ψ_k bezeichnen wollen, so ist damit die Matrix $H(t)$ eine festgelegte Funktion der Zeit. Aus der Gl. (IV, 13) kann aber die gesuchte Matrix U nicht völlig bestimmt werden, sondern wir können noch willkürlich festsetzen, daß U zum Zeitpunkt t_0 gleich der zeitlich unveränderlichen Matrix $U^{(0)}$ sein soll. Nach (IV, 7) bedeutet dies, daß wir ein Orthogonalsystem Ψ_m suchen, welches im Zeitpunkt t_0 in die Ortsfunktionen

$$\Psi_m(t_0) = \sum\nolimits^k \psi_k\, U_{km}^{(0)} \qquad (\text{VI}, 16)$$

übergeht. Statt der ψ_k hätten wir also auch die Ortsfunktionen $\Psi_m(t_0)$ als ursprüngliches Orthogonalsystem verwenden können. Sprechen wir von den Wahrscheinlichkeitsvektoren $\mathfrak{u}_m(t)$ statt von den Funktionen Ψ_m, so können wir zur Zeit t_0 ein beliebiges Achsenkreuz der Vektoren

$$\mathfrak{u}_m(t_0) = \sum_k e_k U_{km}^{(0)} = (\boldsymbol{U}^{(0)} e_m) \qquad (\text{IV}, 17)$$

als Ausgangspunkt statt der e_k vorschreiben.

Die Gl. (IV, 13) beschreibt also die Drehung des zur Zeit t_0 vorliegenden Wahrscheinlichkeitsvektors im späteren zeitlichen Verlauf, bzw. die Drehung eines zur Zeit t_0 gegebenen Achsenkreuzes von Wahrscheinlichkeitsvektoren.

Nun wenden wir uns einer Eigenschaft F zu, deren Operator $\mathbb{F}(t)$ die Zeit auch noch explizit enthalten kann. Wir bilden zunächst mit dem völlig willkürlichen Orthogonalsystem ψ_k die Matrix

$$\boldsymbol{F}(t) = \|F_{ik}(t)\| \qquad (\text{IV}, 18)$$

aus den Elementen

$$F_{ik}(t) = \int \psi_i \, \mathbb{F}(t) \, \psi_k \, d\tau. \qquad (\text{IV}, 19)$$

Der Erwartungswert von F in dem durch Ψ_m bzw. $\mathfrak{u}_m$ beschriebenen Zustand ist

$$\widetilde{F} = \int \Psi_m^* \, \mathbb{F} \, \Psi_m \, d\tau$$
$$= \sum_{ik} U_{mi}^\dagger F_{ik} U_{km} = (\boldsymbol{U}^\dagger \boldsymbol{F}(t) \boldsymbol{U})_{mm} \qquad (\text{IV}, 20)$$
$$= (\mathfrak{u}_m^* \boldsymbol{F}(t) \mathfrak{u}_m)$$

und ändert sich mit der Zeit. Die Eigenschaft F wird nach (IV, 20) sinnvoll durch die Matrix

$$\boldsymbol{f} = \boldsymbol{U}^\dagger \boldsymbol{F}(t) \boldsymbol{U} \qquad (\text{IV}, 21)$$

dargestellt, nicht aber durch $\boldsymbol{F}(t)$. In gleicher Weise wie jede andere Eigenschaft wird auch die Energie nicht durch $\boldsymbol{H}(t)$ sondern durch

$$\boldsymbol{h} = \boldsymbol{U}^\dagger \boldsymbol{H}(t) \boldsymbol{U} \qquad (\text{IV}, 22)$$

dargestellt[1]. Durch Differenzieren nach der Zeit erhält man aus (IV, 20)

$$\frac{d\widetilde{F}}{dt} = \left(\frac{d\mathfrak{u}_m^*}{dt} \boldsymbol{F}(t) \mathfrak{u}_m\right) + \left(\mathfrak{u}_m^* \boldsymbol{F}(t) \frac{d\mathfrak{u}_m}{dt}\right) + \left(\mathfrak{u}_m^* \frac{\partial \boldsymbol{F}}{\partial t} \mathfrak{u}_m\right). \qquad (\text{IV}, 23)$$

Ersetzt man mit (IV, 15) die zeitlichen Ableitungen von $\mathfrak{u}_m^*$ und $\mathfrak{u}_m$ so ergibt sich

$$\frac{d\widetilde{F}}{dt} = \left(\mathfrak{u}_m^* \left\{\frac{2\pi i}{h}(\boldsymbol{H}\boldsymbol{F} - \boldsymbol{F}\boldsymbol{H}) + \frac{\partial \boldsymbol{F}}{\partial t}\right\} \mathfrak{u}_m\right). \qquad (\text{IV}, 24)$$

Für die zeitliche Ableitung der Matrix $\boldsymbol{F}$ findet man daraus

$$\frac{d\boldsymbol{F}}{dt} = \frac{2\pi i}{h}(\boldsymbol{H}\boldsymbol{F} - \boldsymbol{F}\boldsymbol{H}) + \frac{\partial \boldsymbol{F}}{\partial t}. \qquad (\text{IV}, 25)$$

Dies ist eine Verallgemeinerung der Formeln von S. 950. Wendet man dies auf die Matrix $\boldsymbol{H}$ selbst an, so erhält man

$$\frac{d\boldsymbol{H}}{dt} = \frac{\partial \boldsymbol{H}}{\partial t}. \qquad (\text{IV}, 26)$$

---

[1] f und h sind hier nicht als Diagonalmatrizen anzusehen.

Will man also ermitteln, wie ein System sich mit der Zeit ändert, welches zur Zeit t_0 durch einen der Wahrscheinlichkeitsvektoren

$$\mathfrak{u}_m^{(0)} = \mathfrak{u}_m(t_0) \qquad (IV, 27)$$

dargestellt wurde, so muß man zuerst diejenige Lösung von (IV, 13) aufsuchen, welche für den Zeitpunkt t_0 die Bedingung (IV, 17) erfüllt. Dann findet man für alle Zeiten die Wahrscheinlichkeitsvektoren

$$\mathfrak{u}_m(t) = (\boldsymbol{U}\,\mathfrak{e}_m), \qquad (IV, 28)$$

$$\mathfrak{u}_m^*(t) = (\mathfrak{e}_m^*\,\boldsymbol{U}). \qquad (IV, 29)$$

§ 2. Näherungsverfahren zur Lösung der transformierten Wellengleichung.

Inhalt: Lösung der transformierten Wellengleichung in erster und zweiter Näherung.
Bezeichnungen: $\boldsymbol{H}(t)$ zeitabhängige Energiematrix, $\boldsymbol{H}^{(0)}$ Energiematrix im Anfangszeitpunkt t_0, $\boldsymbol{H}^{(1)}(t)$ Störungsmatrix, $\boldsymbol{E}^{(0)}$ Eigenwertsmatrix im Anfangszeitpunkt, $\boldsymbol{U}$ zeitabhängige gesuchte Matrix, $\mathfrak{u}$ zeitabhängiger Wahrscheinlichkeitsvektor, $\mathfrak{u}^{(0)}$ Wahrscheinlichkeitsvektor im Anfangszeitpunkt.

Wir betrachten nun ein System, das durch eine mit der Zeit nur wenig veränderliche oder wenigstens langsam veränderliche Hamiltonfunktion beschrieben wird. Dies bedeutet, daß man die Hamiltonfunktion in jedem Zeitpunkt in einen zeitunabhängigen Hauptteil und eine zeitabhängige Störung zerlegen kann, welche entweder für alle Zeiten oder wenigstens für eine gewisse Zeitspanne klein gegenüber dem Hauptteil bleibt.

Unter dieser Voraussetzung kann man für eine erste Orientierung von dem zeitabhängigen Störungsanteil der Hamiltonfunktion ganz absehen. In dieser Näherung besitzt das System stationäre Zustände, welche durch die Eigenfunktionen ψ_k und zugehörige Eigenwerte E_k gekennzeichnet seien. In vielen Fällen wird die Störung auch erst in einem bestimmten Zeitpunkt t_0 einsetzen, während das System vorher keiner zeitabhängigen Störung ausgesetzt war. In solchen Fällen wird man nicht nur näherungsweise, sondern ganz korrekt annehmen müssen, daß das System im Zeitpunkt t_0 in einem der stationären Zustände mit der Wellenfunktion

$$\Psi_m = \psi_m e^{-\frac{2\pi i}{h}E_m t} \qquad (IV, 30)$$

vorgelegen habe. Im Zeitpunkt t_0 fällt also der Wahrscheinlichkeitsvektor $\mathfrak{u}_m(t_0)$ mit dem zeitlich unveränderlichen Einheitsvektor $\mathfrak{e}_m$ zusammen, der zum Eigenwert E_m des störungsfreien Systems gehört. Im Laufe der Zeit wird $\mathfrak{u}_m$ allerdings eine Drehung erfahren und auch Komponenten in Richtung der anderen Einheitsvektoren $\mathfrak{e}_k$ erhalten. Nach einer Zeit $t - t_0$ würde also eine Energiemessung nicht mehr mit Sicherheit den Wert E_m, sondern auch die übrigen Eigenwerte E_k mit gewisser Wahrscheinlichkeit ergeben. Dies müßten wir so interpretieren, daß das System infolge der Störung aus dem durch m gekennzeichneten Zustand mit gewisser Wahrscheinlichkeit in die anderen Zustände übergegangen ist.

Das zeitabhängige System möge durch die klassische Hamiltonfunktion $H(t)$ gekennzeichnet sein. Mit Hilfe eines beliebigen Orthogonalsystems bilden wir daraus die Matrix $\boldsymbol{H}(t)$ und stellen die transformierte Wellengleichung

$$\boldsymbol{H}(t)\,\boldsymbol{U} + \frac{h}{2\pi i}\frac{\partial \boldsymbol{U}}{\partial t} = 0 \qquad (IV, 31)$$

auf. Zur Zeit $t = t_0$ erhalten wir aus $\boldsymbol{H}(t)$ die Matrix

$$\boldsymbol{H}^{(0)} = \boldsymbol{H}(t_0) \qquad (IV, 32)$$

und setzen dann

$$\boldsymbol{H}(t) = \boldsymbol{H}^{(0)} + \{\boldsymbol{H}(t) - \boldsymbol{H}(t_0)\} = \boldsymbol{H}^{(0)} + \boldsymbol{H}^{(1)}(t), \qquad (IV, 33)$$

wo $\boldsymbol{H}^{(0)}$ den zeitunabhängigen Hauptteil und $\boldsymbol{H}^{(1)}(t)$ die Störung darstellt. Die Wellengleichung geht damit in

$$\boldsymbol{H}^{(0)}\,\boldsymbol{U} + \boldsymbol{H}^{(1)}\,\boldsymbol{U} + \frac{h}{2\pi i}\frac{\partial \boldsymbol{U}}{\partial t} = 0 \qquad (IV, 34)$$

über.

Nun bilden wir alle Matrizen mit demjenigen Orthogonalsystem ψ_k, welches den Hauptteil der Energiematrix zu der Diagonalmatrix

$$\boldsymbol{H}^{(0)} = \boldsymbol{E}^{(0)} \qquad (IV, 35)$$

macht. Hierdurch nimmt (IV, 34) die einfachere Form

$$\boldsymbol{E}^{(0)}\,\boldsymbol{U} + \boldsymbol{H}^{(1)}\,\boldsymbol{U} + \frac{h}{2\pi i}\frac{\partial \boldsymbol{U}}{\partial t} = 0 \qquad (IV, 36)$$

an. Setzen wir jetzt

$$\boldsymbol{U} = e^{-\frac{2\pi i}{h}\boldsymbol{E}^{(0)}(t - t_0)}\,\boldsymbol{U}', \qquad (IV, 37)$$

so erhalten wir

$$\boldsymbol{H}^{(1)}\,e^{-\frac{2\pi i}{h}\boldsymbol{E}^{(0)}(t - t_0)}\,\boldsymbol{U}' + \frac{h}{2\pi i}\,e^{-\frac{2\pi i}{h}\boldsymbol{E}^{(0)}(t - t_0)}\,\frac{\partial \boldsymbol{U}'}{\partial t} = 0. \qquad (IV, 38)$$

Multiplizieren wir links mit

$$e^{\frac{2\pi i}{h}\boldsymbol{E}^{(0)}(t - t_0)} \qquad (IV, 39)$$

und schreiben zur Abkürzung

$$\boldsymbol{K} = e^{\frac{2\pi i}{h}\boldsymbol{E}^{(0)}(t - t_0)}\,\boldsymbol{H}^{(1)}\,e^{-\frac{2\pi i}{h}\boldsymbol{E}^{(0)}(t - t_0)}, \qquad (IV, 40)$$

so geht (IV, 38) in

$$\boldsymbol{K}\,\boldsymbol{U}' + \frac{h}{2\pi i}\frac{\partial \boldsymbol{U}'}{\partial t} = 0 \qquad (IV, 41)$$

über. Diese Gleichung ist vom gleichen Typ wie die ursprüngliche Gl. (IV, 31). Dabei ist $\boldsymbol{K}$ eine Matrix, die wir über $\boldsymbol{H}^{(1)}$ berechnen können. Der Vorteil der neuen Gleichung besteht lediglich darin, daß $\boldsymbol{K}$ zur Zeit t_0 verschwindet.

Im allgemeinen wird man die Gl. (IV, 41) ebensowenig auflösen können wie (IV, 31). Sie ist aber geeignet für ein Näherungsverfahren. In manchen Fällen bleibt $\boldsymbol{K}$ für alle Zeiten klein; es handelt sich dann nur um eine kleine zeitabhängige Störung eines sonst zeitunabhängigen Systems. Ist dies nicht der Fall, so kann man wenigstens für Zeiten in der Nähe von t_0 eine Näherungslösung finden.

Um sukzessive Näherungen zu erhalten, entwickeln wir $\boldsymbol{U}'$ in die Reihe (**1** bedeutet die Einheitsmatrix)

$$\boldsymbol{U}' = (\mathbf{1} + \boldsymbol{V}^{(1)} + \boldsymbol{V}^{(2)} + \cdots)\,\boldsymbol{V}^{(0)} \qquad (IV, 42)$$

§ 2. Näherungsverfahren zur Lösung der transformierten Wellengleichung. 1009

betrachten K als klein und erhalten nacheinander die Näherungen

$$\frac{\partial V^{(0)}}{\partial t} = 0; \quad V^{(0)} = \text{const}, \qquad (\text{IV}, 43)$$

$$K + \frac{h}{2\pi i} \frac{\partial V^{(1)}}{\partial t} = 0, \qquad (\text{IV}, 44)$$

$$K V^{(1)} + \frac{h}{2\pi i} \frac{\partial V^{(2)}}{\partial t} = 0, \qquad (\text{IV}, 45)$$

allgemein

$$K V^{(l-1)} + \frac{h}{2\pi i} \frac{\partial V^{(l)}}{\partial t} = 0. \qquad (\text{IV}, 46)$$

Die Integration läßt sich ausführen und ergibt

$$V^{(1)} = -\frac{2\pi i}{h} \int_{t_0}^{t} K \, dt = -\frac{2\pi i}{h} \int_{t_0}^{t} e^{\frac{2\pi i}{h} E^{(0)}(t'-t_0)} H^{(1)} e^{-\frac{2\pi i}{h} E^{(0)}(t-t_0)} \, dt, \qquad (\text{IV}, 47)$$

$$V^{(l)} = -\frac{2\pi i}{h} \int_{t_0}^{t} K V^{(l-1)} \, dt = \left(-\frac{2\pi i}{h}\right)^l \int_{t_0}^{t} K \, dt_l \ldots \int_{t_0}^{t_2} K \, dt_1. \qquad (\text{IV}, 48)$$

$V^{(0)}$ kann nicht aus der Wellengleichung bestimmt, sondern muß aus den Anfangsbedingungen entnommen werden. Zur Zeit t_0 ist

$$U(t_0) = V^{(0)}. \qquad (\text{IV}, 49)$$

Soll die Energie zu diesem Zeitpunkt die Diagonalmatrix $E^{(0)}$ sein, so ist

$$U(t_0) = V^{(0)} = U^{(0)} \qquad (\text{IV}, 50)$$

die Einheitsmatrix bzw. eine Stufenmatrix, die der Entartung von $E^{(0)}$ entspricht. Bei beliebiger Form von $U^{(0)}$ wird die Energie im Zeitpunkt t_0 durch die Matrix

$$U^{(0)\dagger} E^{(0)} U^{(0)} \qquad (\text{IV}, 51)$$

dargestellt. Setzen wir (IV, 37, 47 und 48) in (IV, 42) ein, so finden wir in erster und zweiter Näherung

$$U = e^{-\frac{2\pi i}{h} E^{(0)}(t-t_0)} \left(1 - \frac{2\pi i}{h} \int_{t_0}^{t} K \, dt - \frac{4\pi^2}{h^2} \int_{t_0}^{t} K \, dt_2 \int_{t_0}^{t_2} K \, dt_1\right) U^{(0)}, \qquad (\text{IV}, 52)$$

$$U^\dagger = U^{(0)\dagger} \left(1 + \frac{2\pi i}{h} \int_{t_0}^{t} K \, dt - \frac{4\pi^2}{h^2} \int_{t_0}^{t} K \, dt_2 \int_{t_0}^{t_2} K \, dt_1\right) e^{\frac{2\pi i}{h} E^{(0)}(t-t_0)}. \qquad (\text{IV}, 53)$$

Oft ist es anschaulicher mit dem Wahrscheinlichkeitsvektor zu arbeiten, als mit der Matrix U. Die Gl. (IV, 15) geht durch den Ansatz (IV, 33) in

$$H^{(0)} \mathfrak{u} + H^{(1)} \mathfrak{u} + \frac{h}{2\pi i} \frac{\partial \mathfrak{u}}{\partial t} = 0 \qquad (\text{IV}, 54)$$

Weizel, Theoretische Physik, II. 2. Aufl.

über. Gehen wir zum Zeitpunkt t_0 von einem der stationären Zustände mit der Energie $E_m^{(0)}$ aus, so ist

$$\mathfrak{u}_m(t_0) = \mathfrak{u}_m^{(0)} = e_m \qquad (IV, 55)$$

und

$$\mathfrak{u}_m(t) = (\boldsymbol{U}\,\mathfrak{u}_m^{(0)}) = (\boldsymbol{U}\,e_m) \qquad (IV, 56)$$

oder unter Weglassen des Index m

$$\mathfrak{u} = (\boldsymbol{U}\,\mathfrak{u}^{(0)}). \qquad (IV, 57)$$

§ 3. Quantenübergänge unter dem Einfluß der Störung.

Inhalt: Eine Störung verursacht Übergänge von einem Quantenzustand in andere Zustände. Eine konstante Störung verursacht ein periodisches Hin- und Herschwanken zwischen dem ursprünglichen Zustand und den anderen Quantenzuständen.

Bezeichnungen: Wie S. 1007, der Index m bezeichnet den Ursprungszustand, der Index k einen anderen Quantenzustand.

Ein System befinde sich längere Zeit in einem ungestörten Zustand, in welchem seine Energie konstant und gleich einem Eigenwert E_m ist. Im Zeitpunkt t_0 setze eine zeitabhängige Störung ein. Dann ist die Energiematrix im Zeitpunkt t_0 eine Diagonalmatrix und es gilt

$$\boldsymbol{H}^{(0)} = \boldsymbol{E}^{(0)}; \qquad \boldsymbol{U}^{(0)} = \boldsymbol{V}^{(0)} = \boldsymbol{1}, \qquad (IV, 58)$$

wenn wir keine Entartung in Betracht ziehen. Der Wahrscheinlichkeitsvektor hat zur Zeit t_0 die Komponenten

$$\begin{aligned}\mathfrak{u}_k^{(0)} &= 0 & k &\neq m \\ \mathfrak{u}_k^{(0)} &= 1 & k &= m.\end{aligned} \quad \text{für}$$

Wir erhalten aus (IV, 52) und (IV, 58)

$$\boldsymbol{U} = e^{-\frac{2\pi i}{h}\boldsymbol{E}^{(0)}(t-t_0)}\left(\boldsymbol{1} - \frac{2\pi i}{h}\int_{t_0}^{t}\boldsymbol{K}\,dt - \frac{4\pi^2}{h^2}\int_{t_0}^{t}\boldsymbol{K}\,dt_2\int_{t_0}^{t_2}\boldsymbol{K}\,dt_1\right). \qquad (IV, 59)$$

In einem beliebigen Zeitpunkt haben wir die Komponenten

$$\mathfrak{u}_k = \sum_r U_{kr}\,\mathfrak{u}_r^{(0)} = U_{km}\,\mathfrak{u}_m^{(0)} = U_{km} \qquad (IV, 60)$$

des Wahrscheinlichkeitsvektors. Wenden wir nur die erste Näherung an, so ergibt dies für $k \neq m$

$$\begin{aligned}\mathfrak{u}_k &= -\frac{2\pi i}{h}e^{-\frac{2\pi i}{h}E_k^{(0)}(t-t_0)}\int_{t_0}^{t}e^{\frac{2\pi i}{h}E_k^{(0)}(t-t_0)}H_{km}^{(1)}e^{-\frac{2\pi i}{h}E_m^{(0)}(t-t_0)}dt \\ &= -\frac{2\pi i}{h}e^{-\frac{2\pi i}{h}E_k^{(0)}(t-t_0)}\int_{t_0}^{t}e^{2\pi i\nu_{km}(t-t_0)}H_{km}^{(1)}dt,\end{aligned} \qquad (IV, 61)$$

weil $\mathbf{1}_{mk} = 0$ ist. Für $k = m$ gilt in dieser Näherung

$$\mathfrak{u}_m = e^{-\frac{2\pi i}{h}E_m^{(0)}(t-t_0)}\left(1 - \frac{2\pi i}{h}\int_{t_0}^{t}H_{mm}^{(1)}dt\right). \qquad (IV, 62)$$

§ 3. Quantenübergänge unter dem Einfluß der Störung.

Setzt zur Zeit t_0 plötzlich die konstante Störung $H^{(1)}$ ein, so ist

$$u_k = -\frac{H^{(1)}_{km}}{h\nu_{km}} e^{-\frac{2\pi i}{h} E_k^{(0)}(t-t_0)} (e^{2\pi i \nu_{km}(t-t_0)} - 1). \qquad (\text{IV}, 63)$$

Die Wahrscheinlichkeit, das System zur Zeit t im k-ten Zustand vorzufinden, ist

$$W_{km} = W_{mk} = u_k u_k^* = \frac{2 H^{(1)}_{km} H^{(1)*}_{km}}{h^2 \nu_{km}^2} \{1 - \cos 2\pi \nu_{km}(t-t_0)\}$$
$$= \frac{4 |H^{(1)}_{km}|^2}{h^2 \nu_{km}^2} \sin^2\{\pi \nu_{km}(t-t_0)\}. \qquad (\text{IV}, 64)$$

Nun können wir die Einwirkungen einer konstanten Störung überblicken, die zur Zeit $t \neq t_0$ einsetzt. Lag das ungestörte System im m-ten Quantenzustand vor, so geht es periodisch unter dem Einfluß der Störung in andere Zustände mit den Energien E_k über und kehrt aus diesen wieder zurück. Die Frequenz dieses Hin- und Herflutens ist um so größer, je größer die Energiedifferenz zwischen den beiden Zuständen ist. Der Zeitmittelwert der Wahrscheinlichkeit, das System im k-ten Zustand anzutreffen, ist

$$\overline{W_{mk}} = \overline{u_k u_k^*} = \frac{2 H^{(1)}_{km} H^{(1)*}_{km}}{h^2 \nu_{km}^2}, \qquad (\text{IV}, 65)$$

also dem Quadrat der Störungsenergie proportional und dem Quadrat der Energiedifferenz der beiden Zustände umgekehrt proportional. Mit erheblicher Wahrscheinlichkeit findet man also das System nur in Zuständen, die sich energetisch nur wenig vom ursprünglichen Zustand unterscheiden.

Es ist interessant festzustellen, daß der Erwartungswert der Energie

$$\widetilde{E} = \sum^k u_k u_k^* E_k \qquad (\text{IV}, 65)$$

eine Funktion der Zeit, also nicht konstant ist. Dies bedeutet, daß das System Energie aus dem Störungsfeld oder, wenn die Störung von dem Vorbeigang eines anderen Atoms herrührt, aus der kinetischen Energie der Relativbewegung aufnimmt und wieder dahin abgibt.

*Die Wahrscheinlichkeit dafür, daß der Ursprungszustand m zur Zeit t noch vorliegt, ist in dieser Näherung

$$u_m u_m^* = 1 + \frac{4\pi^2}{h^2} |H^{(1)}_{mm}|^2 (t-t_0)^2 \approx 1. \qquad (\text{IV}, 67)$$

Das quadratische Glied muß in dieser Näherung verworfen werden, weil die erste Näherung nur lineare Glieder richtig ergibt. In der zweiten Näherung findet man statt dessen

$$u_m = e^{-\frac{2\pi i}{h} E_m^{(0)}(t-t_0)} \Bigg\{1 - \frac{2\pi i}{h} H^{(1)}_{mm}(t-t_0) -$$
$$- \frac{4\pi^2}{h^2} \sum_k' H^{(1)}_{mk} H^{(1)*}_{mk} \int_{t_0}^{t} e^{2\pi i \nu_{mk}(t_2-t_0)} dt_2 \int_{t_0}^{t_2} e^{-2\pi i \nu_{mk}(t_1-t_0)} dt_1 \Bigg\} \qquad (\text{IV}, 68)$$

und

$$u_m^* u_m = 1 + \frac{4\pi^2}{h^2} H_{mm}^{(1)} H_{mm}^{(1)*} (t-t_0)^2$$

$$- \frac{4\pi^2}{h^2} \sum_k H_{mk}^{(1)} H_{mk}^{(1)*} \left(\int_{t_0}^t e^{2\pi i \nu_{mk}(t_2-t_0)} dt_2 \int_{t_0}^{t_2} e^{-2\pi i \nu_{mk}(t_1-t_0)} dt_1 \right.$$

$$\left. + \int_{t_0}^t e^{-2\pi i \nu_{mk}(t_2-t_0)} dt_2 \int_{t_0}^{t_2} e^{2\pi i \nu_{mk}(t_1-t_0)} dt_1 \right). \qquad (\text{IV}, 69)$$

Beim Ausrechnen ergibt sich

$$u_m^* u_m = 1 - \sum_k \frac{4 H_{mk}^{(1)} H_{mk}^{(1)*}}{h^2 \nu_{mk}^2} \sin^2\{\pi \nu_{mk}(t-t_0)\}. \qquad (\text{IV}, 70)$$

In der Summe fehlt das Glied für $k = m$, da es sich gegen das zweite Glied von (IV, 69) forthebt.

Die abgeleiteten Formeln (IV, 64, 65) sind nicht brauchbar, wenn der Zustand k zum gleichen Eigenwert des ungestörten Systems gehört wie der Zustand m. An Stelle von (IV, 61) erhielten wir dann nämlich

$$u_k = -\frac{2\pi i}{h} e^{-\frac{2\pi i}{h} E_k^{(0)}(t-t_0)} \int_{t_0}^t H_{km}^{(1)} dt \qquad (\text{IV}, 71)$$

und

$$u_k u_k^* = \frac{4\pi^2}{h^2} \left| \int_{t_0}^t H_{km}^{(1)} dt \right|^2. \qquad (\text{IV}, 72)$$

Bei konstanter zur Zeit $t = t_0$ einsetzender Störung ergibt dies

$$u_k u_k^* = \frac{4\pi^2}{h^2} H_{km}^{(1)} H_{km}^{(1)*} (t-t_0)^2. \qquad (\text{IV}, 73)$$

Dieses Ergebnis könnte natürlich höchstens für kurz dauernde Störungen richtig sein, weil ja $u_k u_k^*$ nach langer Zeit groß werden würde und dadurch unserem Näherungsverfahren der Boden entzogen wird. Wir kommen auf dieses Problem in § 7, S. 1025 zurück.

§ 4. Periodische Störungen. Dispersion.

Inhalt: Polarisation eines atomaren Systems durch ein elektrisches Wechselfeld (Strahlungsfeld), Polarisierbarkeit. Berechnung der Polarisierbarkeit der S-Terme, Dispersion, Ramaneffekt.

Bezeichnungen: ν_{mk} Frequenzen des atomaren Systems, ν Frequenz des Strahlungsfeldes $\mathfrak{E}_0$ Amplitude seines elektrischen Feldes, $\mathfrak{P}^{(0)}$ Matrix des Dipolmomentes vor Einwirkung der Strahlung, $\mathfrak{P}$ während der Strahlung, $H^{(1)}$ Störungsmatrix durch das Strahlungsfeld, K siehe S. 1008 Gl. (IV, 40), α Polarisierbarkeit.

Besonders wichtig sind periodische Störungen, wie sie z. B. durch ein Strahlungsfeld entstehen. Das atomare System möge von einer monochromatischen Lichtwelle getroffen werden, deren Wellenlänge sehr groß gegen die linearen Abmessungen des Systems sei. Dann kann man die Phasenunterschiede in den verschiedenen Punkten des Systems unbeachtet lassen und von dem Wert des

§ 4. Periodische Störungen. Dispersion. 1013

Strahlungsfeldes am Orte des Systems schlechthin sprechen. Das elektrische Feld der Welle sei durch

$$\mathfrak{E}_{\text{kompl}} = \mathfrak{E}_0 e^{2\pi i \nu t} \tag{IV, 74}$$

beschrieben. $\mathfrak{E}_0$ ist im allgemeinen ein komplexer Vektor, dessen Komponenten

$$\mathfrak{E}_{0x} = A_x e^{i\varphi_x}; \quad \mathfrak{E}_{0y} = A_y e^{i\varphi_y}; \quad \mathfrak{E}_{0z} = A_z e^{i\varphi_z} \tag{IV, 75}$$

sind. Die A_x, A_y, A_z und die Phasen φ_x, φ_y und φ_z richten sich nach Intensität und Polarisation der Strahlung. Wenn wir uns auf linear polarisiertes Licht beschränken, können wir den Nullpunkt der Zeit so legen, daß $\mathfrak{E}_0$ reell wird. Die elektrische Feldstärke ist dann der Realteil

$$\mathfrak{E} = \frac{\mathfrak{E}_0}{2}(e^{2\pi i \nu t} + e^{-2\pi i \nu t}) \tag{IV, 76}$$

von (IV, 74). Hat das System das elektrische Moment $\mathfrak{P}^{(0)}$ (natürlich eine Matrix, und zwar die mit den Eigenfunktionen gebildete), so ist die Matrix der Störungsenergie

$$H^{(1)} = -(\mathfrak{E}\mathfrak{P}^{(0)}) = -\frac{1}{2}(\mathfrak{E}_0 \mathfrak{P}^{(0)})(e^{2\pi i \nu t} + e^{-2\pi i \nu t}). \tag{IV, 77}$$

Jetzt können wir die Matrix

$$K = -\frac{1}{2}(e^{2\pi i \nu t} + e^{-2\pi i \nu t}) e^{\frac{2\pi i}{h}E^{(0)}(t-t_0)} (\mathfrak{E}_0 \mathfrak{P}^{(0)}) e^{-\frac{2\pi i}{h}E^{(0)}(t-t_0)} \tag{IV, 78}$$

mit den Elementen

$$K_{mk} = -\frac{(\mathfrak{E}_0 \mathfrak{P}^{(0)}_{mk})}{2}\left(e^{2\pi i(\nu_{mk}+\nu)t} + e^{2\pi i(\nu_{mk}-\nu)t}\right) e^{-2\pi i \nu_{mk} t_0} \tag{IV, 79}$$

gemäß (IV, 40) bilden. Bei der Integration über die Zeit ergibt sich noch eine Schwierigkeit, weil man bei periodischer Störung den Zeitpunkt t_0 nicht sinnreich festlegen kann. Wir helfen uns, indem wir uns vorstellen, daß das Strahlungsfeld ganz allmählich zwischen den Zeitpunkten $t_0 = -\infty$ und $t = 0$ eingeschaltet wird und von $t = 0$ an mit konstanter Intensität vorhanden ist. Wir setzen also während des Einschaltvorganges

$$H^{(1)} = -\frac{1}{2}(\mathfrak{E}_0 \mathfrak{P}^{(0)})(e^{2\pi i \nu t} + e^{-2\pi i \nu t}) e^{\sigma t}, \tag{IV, 80}$$

wo σ eine kleine positive Zahl bedeutet. Dann ist

$$\int_{t_0}^{t} K\, dt = \int_{t_0}^{0} K\, dt + \int_{0}^{t} K\, dt. \tag{IV, 81}$$

Wenn wir die Ausrechnung vornehmen, ergibt sich

$$\int_{t_0}^{t} K_{mk}\, dt = -\frac{(\mathfrak{E}_0 \mathfrak{P}^{(0)}_{mk})}{2} e^{-2\pi i \nu_{mk} t_0} \Big\{ \int_{t_0}^{0} e^{[2\pi i(\nu_{mk}+\nu)+\sigma]t}\, dt + \int_{0}^{t} e^{2\pi i(\nu_{mk}+\nu)t}\, dt + \int_{t_0}^{0} e^{[2\pi i(\nu_{mk}-\nu)+\sigma]t}\, dt + \int_{0}^{t} e^{2\pi i(\nu_{mk}-\nu)t}\, dt \Big\}. \tag{IV, 82}$$

Beim Integrieren erhalten wir

$$\int_{t_0}^{0} e^{[2\pi i(\nu_{mk}+\nu)+\sigma]t}\,dt + \int_{0}^{t} e^{2\pi i(\nu_{mk}+\nu)t}\,dt = \frac{1-e^{[2\pi i(\nu_{mk}+\nu)+\sigma]t_0}}{2\pi i(\nu_{mk}+\nu)+\sigma} + \frac{e^{2\pi i(\nu_{mk}+\nu)t}-1}{2\pi i(\nu_{mk}+\nu)}.$$ (IV, 83)

Für große negative Werte von t_0 geht dies in

$$\frac{1}{2\pi i(\nu_{mk}+\nu)}\left(\frac{1}{1+\frac{\sigma}{2\pi i(\nu_{mk}+\nu)}} + e^{2\pi i(\nu_{mk}+\nu)t} - 1\right) \quad \text{(IV, 84)}$$

über. Lassen wir nun σ gegen 0 konvergieren, so bleibt nur

$$\frac{1}{2\pi i(\nu_{mk}+\nu)} e^{2\pi i(\nu_{mk}+\nu)t} \quad \text{(IV, 85)}$$

übrig. Analog erhalten wir

$$\int_{t_0}^{0} e^{[2\pi i(\nu_{mk}-\nu)+\sigma]t}\,dt + \int_{0}^{t} e^{2\pi i(\nu_{mk}-\nu)t}\,dt = \frac{1}{2\pi i(\nu_{mk}-\nu)} e^{2\pi i(\nu_{mk}-\nu)t}. \quad \text{(IV, 86)}$$

Daraus gewinnen wir

$$\int_{t_0}^{t} K_{mk}\,dt = -\frac{(\mathfrak{E}_0\,\mathfrak{P}_{mk}^{(0)})}{4\pi i} e^{2\pi i\nu_{mk}(t-t_0)}\left(\frac{e^{2\pi i\nu t}}{\nu_{mk}+\nu} + \frac{e^{-2\pi i\nu t}}{\nu_{mk}-\nu}\right). \quad \text{(IV, 87)}$$

Für das Moment $\mathfrak{P}$ zu einer beliebigen Zeit finden wir nach (IV, 21) und (IV, 52)

$$\mathfrak{P} = U^\dagger \mathfrak{P}^{(0)} U \quad \text{(IV, 88)}$$

$$= \left(1 + \frac{2\pi i}{h}\int K\,dt\right) e^{\frac{2\pi i}{h} E^{(0)}(t-t_0)} \mathfrak{P}^{(0)} e^{-\frac{2\pi i}{h} E^{(0)}(t-t_0)} \left(1 - \frac{2\pi i}{h}\int K\,dt\right).$$

In nullter Näherung ergibt dies

$$\mathfrak{P} = e^{\frac{2\pi i}{h} E^{(0)}(t-t_0)} \mathfrak{P}^{(0)} e^{-\frac{2\pi i}{h} E^{(0)}(t-t_0)} \quad \text{(IV, 89)}$$

mit den Elementen

$$\mathfrak{P}_{mn} = e^{2\pi i\nu_{mn}(t-t_0)} \mathfrak{P}_{mn}^{(0)}. \quad \text{(IV, 90)}$$

In erster Näherung kommt noch das Glied

$$\mathfrak{P}_{mn}^{(1)} = \frac{2\pi i}{h}\sum_{k}\left\{\mathfrak{P}_{kn}^{(0)} e^{2\pi i\nu_{kn}(t-t_0)}\int K_{mk}\,dt - \mathfrak{P}_{mk}^{(0)} e^{2\pi i\nu_{mk}(t-t_0)}\int K_{kn}\,dt\right\} \quad \text{(IV, 91)}$$

hinzu. Setzen wir die Werte für

$$\int K_{mk}\,dt \quad \text{und} \quad \int K_{kn}\,dt$$

§ 4. Periodische Störungen. Dispersion.

ein, so finden wir wegen

$$\nu_{mk} + \nu_{kn} = \nu_{mn}; \quad \nu_{mk} = -\nu_{km} \tag{IV, 92}$$

für das mn-te Element

$$\mathfrak{P}^{(1)}_{mn} = \frac{1}{2h} e^{-2\pi i \nu_{mn} t_0} \left\{ e^{2\pi i (\nu_{mn}+\nu)t} \sum_k \left(\frac{\mathfrak{P}^{(0)}_{mk}(\mathfrak{E}_0 \mathfrak{P}^{(0)}_{kn})}{\nu_{kn}+\nu} - \frac{(\mathfrak{E}_0 \mathfrak{P}^{(0)}_{mk}) \mathfrak{P}^{(0)}_{kn}}{\nu_{mk}+\nu} \right) + \right.$$
$$\left. + e^{2\pi i (\nu_{mn}-\nu)t} \sum_k \left(\frac{\mathfrak{P}^{(0)}_{mk}(\mathfrak{E}_0 \mathfrak{P}^{(0)}_{kn})}{\nu_{kn}-\nu} - \frac{(\mathfrak{E}_0 \mathfrak{P}^{(0)}_{mk}) \mathfrak{P}^{(0)}_{kn}}{\nu_{mk}-\nu} \right) \right\}. \tag{VI, 93}$$

Um etwas mehr Übersicht zu gewinnen, nehmen wir für $\mathfrak{P}^{(0)}$ eine reelle Darstellung ($\mathfrak{P}^{(0)}_{mk} = \mathfrak{P}^{(0)}_{km}$). Für die Diagonalelemente erhalten wir dann

$$\mathfrak{P}^{(1)}_{mm} = \frac{1}{2h} (e^{2\pi i \nu t} + e^{-2\pi i \nu t}) \sum_k \mathfrak{P}^{(0)}_{mk}(\mathfrak{E}_0 \mathfrak{P}^{(0)}_{mk}) \left(\frac{1}{\nu_{km}+\nu} + \frac{1}{\nu_{km}-\nu} \right), \tag{IV, 94}$$

indem wir $\nu_{km} = -\nu_{mk}$ verwenden. Die Exponentialfunktionen ziehen wir mit $\mathfrak{E}_0$ zur Feldstärke $\mathfrak{E}$ zusammen, so daß wir

$$\mathfrak{P}^{(1)}_{mm} = \frac{2}{h} \sum_k \mathfrak{P}^{(0)}_{mk}(\mathfrak{E} \mathfrak{P}^{(0)}_{mk}) \frac{\nu_{km}}{\nu^2_{km} - \nu^2} \tag{IV, 95}$$

erhalten.

Unter dem Einfluß eines Strahlungsfeldes erlangt ein atomares System ein Dipolmoment, dessen Diagonalglieder sich periodisch mit der Frequenz des Lichtes ändern. Liegt das System im m-ten Zustand vor, z. B. im Grundzustand, so ist das Moment durch (IV, 95) gegeben. Das Verhältnis von erzeugtem Moment zur erzeugenden Feldstärke ist die Polarisierbarkeit

$$\alpha_{mm} = \frac{2}{h} \sum_k \mathfrak{P}^{(0)}_{mk} \right) \left(\mathfrak{P}^{(0)}_{mk} \frac{\nu_{km}}{\nu^2_{km} - \nu^2}, \tag{IV, 96}$$

welche sich als ein Tensor erweist. Sie hängt von der Frequenz ν des eingestrahlten Lichtes in einer Weise ab, die mit der Eigenwertstruktur des Systems zusammenhängt. Damit haben wir die Polarisierbarkeit des einzelnen Atoms oder Moleküls grundsätzlich gefunden.

Ist der Grundzustand wie gewöhnlich ein S-Zustand (bei Molekülen Σ-Zustand siehe S. 1350), so läuft der Index k über alle P-Zustände. Wir finden dann aus

$$\mathfrak{P}^{(0)}_{mk} = -e \mathfrak{r}^{(0)}_{mk} \tag{IV, 97}$$

unter Benutzung von S. 965

$$\mathfrak{P}^{(0)}_{mk} = -\mathfrak{i} \frac{e r_{kP,S}}{\sqrt{3}} \quad \text{bzw.} \quad \mathfrak{P}^{(0)}_{mk} = -\mathfrak{j} \frac{e r_{kP,S}}{\sqrt{3}} \quad \text{bzw.} \quad \mathfrak{P}^{(0)}_{mk} = -\mathfrak{k} \frac{e r_{kP,S}}{\sqrt{3}} \tag{IV, 98}$$

für die drei Teilzustände des P-Terms. Daraus folgt

$$\mathfrak{P}^{(0)}_{mk}(\mathfrak{P}^{(0)}_{mk} \mathfrak{E}) = \mathfrak{i} \mathfrak{E}_x \frac{e^2 r^2_{kP,S}}{3} \quad \text{bzw.} \quad \mathfrak{j} \mathfrak{E}_y \frac{e^2 r^2_{kP,S}}{3} \quad \text{bzw.} \quad \mathfrak{k} \mathfrak{E}_z \frac{e^2 r^2_{kP,S}}{3}, \tag{IV, 99}$$

und wir erhalten im ganzen

$$\mathfrak{P}^{(1)}_{SS} = \frac{2 e^2}{3 h} \mathfrak{E} \sum_k \frac{r^2_{kP,S} \nu_{kP,S}}{\nu^2_{kP,S} - \nu^2}. \tag{IV, 100}$$

64a*

Das Moment ist der Feldstärke proportional und hat die gleiche Richtung wie sie. Die Polarisierbarkeit ist in diesem Falle skalar und besitzt den Wert

$$\alpha_{ss} = \frac{2e^2}{3h} \sum_k \frac{r_{kP,s}^2 \nu_{kP,s}}{\nu_{kP,s}^2 - \nu^2}. \qquad (IV, 101)$$

Bei kleinen eingestrahlten Frequenzen ν, die unter der ersten Anregungsfrequenz ν_1 liegen, sind alle Summanden positiv und wachsen mit ν. Ist dagegen ν wenig größer als ν_1, so ist der zu ν_1 gehörende Summand negativ und sehr groß und überwiegt daher alle anderen Anteile. (Anormale Dispersion.) Wächst ν weiter, so nimmt das negative Glied ab, während sich die positiven Glieder weiter vergrößern, bis die zweite Anregungsfrequenz ν_2 erreicht wird. Die Polarisation wächst also mit der Frequenz an, schlägt in negative Werte um, wenn eine Absorptionsfrequenz (Resonanzstelle) überschritten wird, um dann wieder zu positiven Werten anzusteigen. Man bezeichnet die Frequenzabhängigkeit der Polarisierbarkeit als Dispersion (s. Abb. 318).

Abb. 318. Frequenzverlauf des Brechungsindex (Polarisierbarkeit) in Natriumdampf durch Interferenzstreifen sichtbar gemacht. Anormale Dispersion in der Umgebung der Absorptionslinien.

Liegen Atome in angeregten Zuständen vor, so sind einige der Summanden negativ, weil im Zähler für $\nu_{kP,S}$ ein negativer Wert einzusetzen ist. Dies führt zu negativer Polarisierbarkeit. Auch diese Merkwürdigkeit ist beobachtet worden.

Von diesem Ausgangspunkt führt eine statistische Rechnung zu der Polarisierbarkeit (dielektrische Suszeptibilität) und damit zur Dielektrizitätskonstante der kompakten Materie und zu der Frequenzabhängigkeit dieser Größen. Sind die Atome oder Moleküle wie bei einem Gas gänzlich ohne räumliche Orientierung, so sind diese Konstanten isotrop. Liegt dagegen eine räumliche Orientierung schon vor, wie in Kristallen, so kann sich aus dem tensoriellen Charakter von α beim einzelnen Atom auch eine Anisotropie der Dielektrizitätskonstanten entwickeln. Da auch durch starke elektrische Felder eine räumliche Orientierung der Atome eintritt, kann auch Anisotropie im elektrischen Feld entstehen (Kerreffekt).

Bei einem Gas mittelt man (IV, 95) zunächst über alle Winkel ϑ, die $\mathfrak{P}_{mk}^{(0)}$ mit $\mathfrak{E}$ bildet, und erhält

$$\overline{\mathfrak{P}_{mm}^{(1)}} = \frac{2}{3h} \mathfrak{E} \sum_k |\mathfrak{P}_{mk}^{(0)}|^2 \frac{\nu_{km}}{\nu_{km}^2 - \nu^2}. \qquad (IV, 102)$$

Bei der Mittelung kompensieren sich die Komponenten von $\mathfrak{P}_{mm}^{(0)}$, welche senkrecht zu $\mathfrak{E}$ sind. Hierdurch entsteht der Faktor $1/3$. Berücksichtigen wir im Molekül (Atom) nur ein Elektron, so können wir $\mathfrak{P}_{mk}^{(0)} = -e\,\mathfrak{r}_{mk}$ setzen und erhalten

$$\overline{\mathfrak{P}_{mm}^{(1)}} = \frac{2e^2}{3h} \mathfrak{E} \sum_k |\mathfrak{r}_{mk}|^2 \frac{\nu_{km}}{\nu_{km}^2 - \nu^2}. \qquad (IV, 103)$$

§ 4. Periodische Störungen. Dispersion.

Sind N Atome oder Moleküle in der Volumeneinheit enthalten, so ist

$$\frac{2Ne^2}{3h} \mathfrak{E} \sum^k |\mathfrak{r}_{mk}|^2 \frac{\nu_{km}}{\nu_{km}^2 - \nu^2} = \varepsilon_0 \xi \mathfrak{E} \qquad (IV, 104)$$

die Polarisation pro Volumeneinheit. Führt man die Oszillatorenstärke

$$f_{km} = \frac{8\pi^2 m}{3h} \nu_{km} |\mathfrak{r}_{mk}|^2 \qquad (IV, 105)$$

ein, so erhält man die elektrische Suszeptibilität

$$\xi = \frac{e^2 N}{4\pi^2 \varepsilon_0 m} \sum^k \frac{f_{km}}{\nu_{km}^2 - \nu^2}, \qquad (IV, 106)$$

wo m die Elektronenmasse bedeutet. Aus ξ können wir die relative Dielektrizitätskonstante

$$\varepsilon = 1 + \xi \qquad (IV, 107)$$

und den Brechungsindex

$$n = \sqrt{\varepsilon} = \sqrt{1 + \xi} \qquad (IV, 108)$$

bilden.

Nach einem Satz von THOMAS, REICHE und KUHN ist die Summe der Oszillatorenstärken, die einen beliebigen Zustand mit allen anderen Zuständen verknüpfen, gleich der Elektronenzahl n des Systems. In Formeln heißt das

$$\sum^k f_{km} = \frac{8\pi^2 m}{3h} \sum^k \nu_{km} |\mathfrak{r}_{mk}|^2 = n. \qquad (IV, 109)$$

Dieser Satz ist leicht zu beweisen, wenn man von der kanonischen Vertauschungsrelation

$$\boldsymbol{pq} - \boldsymbol{qp} = \frac{h}{2\pi i} \qquad (IV, 110)$$

ausgeht, indem man

$$\boldsymbol{p} = m \dot{\boldsymbol{q}} = \frac{2\pi i m}{h} (\boldsymbol{Eq} - \boldsymbol{qE}) \qquad (IV, 111)$$

verwertet und für das mk-te Element

$$p_{mk} = 2\pi i m \nu_{mk} q_{mk} = -2\pi i m \nu_{km} q_{mk} \qquad (IV, 112)$$

einsetzt. Die Diagonalelemente der Gl. (IV, 110) liefern dann

$$\frac{h}{2\pi i} = \sum^k (p_{mk} q_{km} - q_{mk} p_{km}) = -4\pi i m \sum^k \nu_{km} |q_{mk}|^2. \qquad (IV, 113)$$

Dies gilt für jede der drei kartesischen Koordinaten jedes Elektrons. Wir erhalten also für jedes Elektron

$$\sum^k \nu_{km} |\mathfrak{r}_{mk}|^2 = \frac{3h}{8\pi^2 m}. \qquad (IV, 114)$$

Wenn wir das in (IV, 109) einbringen und auch über die Wertereihen von k, die zu verschiedenen Elektronen gehören, summieren, so kommt wirklich die Elektronenzahl heraus[1]. Wir können uns also die Elektronen im Atom oder Molekül auf die mit dem Zustand m zusammenhängenden Frequenzen ν_{km} nach Maßgabe der Oszillatorenstärken f_{km} aufgeteilt denken, so daß pro Oszillator ein Betrag

$$\frac{e^2}{4\pi^2 \varepsilon_0 m(\nu_{km}^2 - \nu^2)} f_{km} \qquad (IV, 115)$$

zur Suszeptibilität beigetragen wird. Dies ist der Ausgangspunkt der klassischen Dispersionstheorie, die jedem Elektron statt der Vielzahl der Frequenzen ν_{km} eine ganz bestimmte Frequenz ν_m zubilligt. Wie man sieht, ist die quantentheoretische Beschreibung eine erhebliche Verfeinerung dieser älteren Theorie.

Um die makroskopische Auswirkung der Vorgänge am Atom zu untersuchen, braucht man zunächst ein Modell für den Aufbau der Materie aus den Atomen und muß die Mikrovorgänge durch eine statistische Betrachtung mit den Makroerscheinungen verknüpfen. Das primitivste Modell hat man, wenn man das elektrische Moment (IV, 104) der Volumeneinheit gleichmäßig auf den Raum verteilt. Man kann dann einfach die gewonnenen Werte der Dielektrizitätskonstanten in die Maxwellsche Theorie einsetzen und erhält ohne ausdrückliche Berücksichtigung der Wiederausstrahlung die Brechung und Reflexion an Grenzflächen einschließlich der Dispersion dieser Erscheinungen. Eine gewisse Verfeinerung stellt es dar, wenn man die Maxwellschen Gleichungen für das Vakuum benutzt, aber die Emission berücksichtigt, die von den schwingenden Dipolmomenten der Atome herrührt, welche man sich gleichmäßig über den Raum verteilt vorstellt. Man kommt dann zu den gleichen Resultaten, dringt jedoch tiefer in den Mechanismus der Vorgänge in der Materie ein. Nicht berücksichtigt ist dann immer noch die „Körnigkeit" der kompakten Materie, die eben in Wirklichkeit Dichteschwankungen von atomaren Dimensionen aufweist. Berücksichtigt man auch diese, so findet man auch eine Streuung des Lichtes im Innern der Medien außer der Brechung und Reflexion des Lichtes an den Grenzflächen. Sie ist als Thyndallphänomen bekannt. Zur Streuung trägt aber nicht nur die molekulare Körnigkeit bei, sondern auch die größeren statistischen Dichteschwankungen oder auch in dem Medium eingebettete winzige Fremdkörper, kurz, es wirken alle Arten von Inhomogenitäten mit.

Endlich ist noch die Beteiligung der Nichtdiagonalglieder in (IV, 93) zu berücksichtigen. Sie sind mit Anteilen des Momentes verbunden, welche nicht mit der Frequenz ν, sondern mit den Frequenzen $\nu_{mn} \pm \nu$ schwingen. Die atomaren Frequenzen addieren und subtrahieren sich also zu den eingestrahlten Frequenzen. Die Folge davon ist eine Streustrahlung mit den Frequenzen $\nu_{mn} \pm \nu$, welche als Ramaneffekt bekannt ist.

Man kann leicht erkennen, daß nur solche Elemente $\mathfrak{P}_{mn}^{(1)}$ in (IV, 93) von Null verschieden sind, bei denen die Zustände m und n entweder beide gerade oder beide ungerade sind (s. S. 914). Gehören m und n zu geraden Zuständen, so läuft der Index k über die ungeraden Zustände. Haben die Zustände m und n verschiedene Symmetrie, so verschwindet immer entweder $\mathfrak{P}_{mk}^{(0)}$ oder $\mathfrak{P}_{kn}^{(0)}$. Im Ramaneffekt treten deshalb nur solche Frequenzen in Erscheinung, die bei der Dipolausstrahlung verboten sind.

---

[1] Sind mehrere Elektronen vorhanden, so entstehen durch Anregung verschiedener Elektronen verschiedene Zustände. Dies wirkt sich dahin aus, daß k für jedes Elektron eine Wertereihe durchläuft.

*§ 5. Anregung durch Strahlung.

Inhalt: Wenn die Frequenz des eingestrahlten Lichtes mit einer Eigenfrequenz übereinstimmt, tritt ein Übergang mit einer Wahrscheinlichkeit ein, welche der Lichtintensität, der Zeit und dem Quadrat des Matrixelementes der Dipolkomponente in der Polarisationsrichtung proportional ist. Beim Übergang kann das Atom unter Absorption von Strahlung in den energiereicheren Zustand übergehen (Anregung) oder auch Energie an das Strahlungsfeld abgeben (induzierte Emission).

Bezeichnungen: W_{mk} Übergangswahrscheinlichkeit vom m-ten in den k-ten Zustand, I Lichtintensität, Σ Energiedichte der gerichteten Strahlung der Frequenz ν, ϱ_ν Energiedichte der Hohlraumstrahlung, sonst wie S. 1008 und 1012.

Wirkt eine Störung auf ein atomares System ein, das sich im m-ten Quantenzustand befindet, so ist

$$W_{km} = W_{mk} = |U_{mk}|^2 \qquad (IV, 116)$$

die Wahrscheinlichkeit, es im k-ten Zustand vorzufinden. Nach (IV, 59) findet man

$$W_{mk} = \frac{4\pi^2}{h^2} \left| \int_{t_0}^{t} K_{mk} dt \right|^2. \qquad (IV, 117)$$

Setzen wir den Wert (IV, 87) für ein linear polarisiertes Strahlungsfeld ein, so ergibt sich

$$W_{mk} = \frac{1}{4h^2} |\mathfrak{E}_0 \mathfrak{P}^{(0)}_{mk}|^2 \left| \frac{e^{2\pi i \nu t}}{\nu_{mk} + \nu} + \frac{e^{-2\pi i \nu t}}{\nu_{mk} - \nu} \right|^2. \qquad (IV, 118)$$

Um die Bedeutung dieses Ausdruckes erkennen zu können, bringen wir ihn auf die Form

$$W_{mk} = \frac{1}{h^2} |\mathfrak{E}_0 \mathfrak{P}^{(0)}_{mk}|^2 \frac{\nu_{mk}^2 \cos^2 2\pi \nu t + \nu^2 \sin^2 2\pi \nu t}{(\nu_{mk}^2 - \nu^2)^2}. \qquad (IV, 119)$$

Das System wird aus dem m-ten Zustand periodisch in die anderen Zustände verbracht und wieder zurückgeführt. Die Frequenz dieses Vorganges stimmt mit der eingestrahlten Frequenz überein. Die mittlere Wahrscheinlichkeit, das System im k-ten Zustand zu beobachten, ist

$$\overline{W}_{mk} = \frac{1}{2h^2} |\mathfrak{E}_0 \mathfrak{P}^{(0)}_{mk}|^2 \frac{\nu_{mk}^2 + \nu^2}{(\nu_{mk}^2 - \nu^2)^2}. \qquad (IV, 120)$$

Sie wächst sehr stark an, wenn die eingestrahlte Frequenz ν sich der Eigenfrequenz ν_{mk} nähert, ist sonst aber angesichts der kleinen Feldstärken eines Strahlungsfeldes gering. Stimmt ν mit ν_{mk} wirklich überein, so versagt jedoch die Formel (IV, 120), da sie einen unendlich großen Wert $\overline{W}_{mk}$ liefert, was in einem Näherungsverfahren unzulässig ist. Für $\nu = \nu_{mk}$ müssen wir das Verfahren von § 4 noch verfeinern.

Wir können den Zeitpunkt, in welchem die Störung beginnt, nicht nach $t_0 = -\infty$ verlegen, sondern müssen die Strahlung bei $t_0 = 0$ einsetzen lassen. Wir müssen auch beachten, daß niemals eine völlig monochromatische Lichtwelle eingestrahlt wird, sondern daß sich ihre Frequenzen über ein endliches Intervall von $\nu = |\nu_{mk}| - \varepsilon$ bis $\nu = |\nu_{mk}| + \varepsilon$ ausbreiten. Die elektrische Feldstärke des Strahlungsfeldes setzt sich also aus Anteilen

$$\mathfrak{E} = \frac{\mathfrak{E}_0}{2}(e^{2\pi i \nu t} + e^{-2\pi i \nu t}) \qquad (IV, 121)$$

verschiedener Frequenz zusammen. Zwischen den Anteilen verschiedener Frequenz bestehen keine Phasenbeziehungen, d. h. die Phasendifferenzen $\Delta = \varphi_{\nu'} - \varphi_\nu$ zweier Lichtfrequenzen ν und ν' verteilen sich im statistischen Mittel gleichmäßig über das Intervall 0 bis 2π. Die Anteile der Störungsmatrix $H^{(1)}$ sind

$$\boldsymbol{H}^{(1)} = -\frac{1}{2}(\mathfrak{E}_0 \mathfrak{P}^{(0)})(e^{2\pi i \nu t} + e^{-2\pi i \nu t}). \tag{IV, 122}$$

Daraus erhalten wir die Anteile

mit den Elementen
$$\boldsymbol{K} = e^{\frac{2\pi i}{h} E^{(0)} t} \boldsymbol{H}^{(1)} e^{-\frac{2\pi i}{h} E^{(0)} t} \tag{IV, 123}$$

$$K_{mk} = -\frac{1}{2}(\mathfrak{E}_0 \mathfrak{P}^{(0)}_{mk})(e^{2\pi i (\nu_{mk}+\nu) t} + e^{2\pi i (\nu_{mk}-\nu) t}). \tag{IV, 124}$$

Durch Integrieren geht daraus

$$\int_0^t K_{mk}\, dt = \frac{1}{4\pi i}(\mathfrak{E}_0 \mathfrak{P}^{(0)}_{mk})\left(\frac{1 - e^{2\pi i (\nu_{mk}+\nu) t}}{\nu_{mk}+\nu} + \frac{1 - e^{2\pi i (\nu_{mk}-\nu) t}}{\nu_{mk}-\nu}\right) \tag{IV, 125}$$

hervor. Wenn ν nahe bei $\nu_{km} = -\nu_{mk}$ liegt, überwiegt der erste Anteil den zweiten bedeutend und wir können den zweiten Teil vernachlässigen, so daß nur

$$\int_0^t K_{mk}\, dt = \frac{1}{4\pi i}(\mathfrak{E}_0 \mathfrak{P}^{(0)}_{mk})\frac{1 - e^{2\pi i (\nu_{mk}+\nu) t}}{\nu_{mk}+\nu} \tag{IV, 126}$$

übrigbleibt. Den Phasenfaktor $e^{i\varphi_\nu}$, den wir in der Rechnung hätten mitführen können, denken wir uns in $\mathfrak{E}_0$ enthalten. Nun sollten wir (IV, 126) über alle Frequenzen ν summieren und mit der konjugiert komplexen Summe multiplizieren. Die entstehende Doppelsumme besteht aus lauter Summanden von der Form

$$\frac{1}{16\pi^2}|\mathfrak{E}_0 \mathfrak{P}^{(0)}_{mk}|^2 \frac{(1 - e^{2\pi i (\nu_{mk}+\nu) t})(1 - e^{-2\pi i (\nu_{mk}+\nu') t})}{(\nu_{mk}+\nu)(\nu_{mk}+\nu')} e^{i\Delta}. \tag{IV, 127}$$

Mittelt man über Δ, so bleiben nur die Glieder übrig, bei denen $\nu' = \nu$ und $\Delta = 0$ ist. Wir können also die Übergangswahrscheinlichkeit

$$\begin{aligned}W_{mk} &= \frac{1}{4h^2}|\mathfrak{E}_0 \mathfrak{P}^{(0)}_{mk}|^2 \int_{-\nu_{mk}-\varepsilon}^{-\nu_{mk}+\varepsilon} \frac{|1 - e^{2\pi i (\nu_{mk}+\nu) t}|^2}{(\nu_{mk}+\nu)^2}\, d\nu \\ &= \frac{1}{2h^2}|\mathfrak{E}_0 \mathfrak{P}^{(0)}_{mk}|^2 \int_{-\nu_{mk}-\varepsilon}^{-\nu_{mk}+\varepsilon} \frac{1 - \cos 2\pi(\nu_{mk}+\nu) t}{(\nu_{mk}+\nu)^2}\, d\nu\end{aligned} \tag{IV, 128}$$

bilden, indem wir nur über die Glieder mit $\nu' = \nu$ summieren. Das Integral kann man auswerten und erhält

$$\begin{aligned}\int_{-\nu_{mk}-\varepsilon}^{-\nu_{mk}+\varepsilon} \frac{1 - \cos 2\pi(\nu_{mk}+\nu) t}{(\nu_{mk}+\nu)^2}\, d\nu &= \int_{-\varepsilon}^{\varepsilon} \frac{1 - \cos 2\pi x t}{x^2}\, dx \\ &= 2\int_0^\varepsilon \frac{1 - \cos 2\pi x t}{x^2}\, dx = -\frac{2}{\varepsilon}(1 - \cos 2\pi \varepsilon t) + 4\pi t \int_0^\varepsilon \frac{\sin 2\pi x t}{x}\, dx \\ &= -\frac{2}{\varepsilon}(1 - \cos 2\pi \varepsilon t) + 4\pi t\, Si(2\pi \varepsilon t).\end{aligned} \tag{IV, 129}$$

*§ 5. Anregung der Strahlung.

Der erste Anteil ist ohne Interesse, da er nur eine zeitliche Schwankung liefert. Der zweite Anteil geht für größere t gegen $2\pi^2 t$, weil der Integralsinus für größere Argumente sich $\pi/2$ nähert. Durch Einsetzen von (IV, 128) erhalten wir schließlich

$$W_{mk} = \frac{\pi^2}{h^2} |\mathfrak{E}_0 \, \mathfrak{P}_{mk}^{(0)}|^2 \, t. \tag{IV, 130}$$

Ist $\mathfrak{e}$ ein Einheitsvektor in der Polarisationsrichtung des Lichtes, so besteht die Übergangswahrscheinlichkeit

$$W_{mk} = \frac{\pi^2}{h^2} \mathfrak{E}_0^2 |\mathfrak{e}\, \mathfrak{P}_{mk}^{(0)}|^2 \, t \tag{IV, 131}$$

in den k-ten Zustand. Führt man die Lichtintensität durch

$$I = \frac{\varepsilon_0 c}{2} \mathfrak{E}_0^2 \tag{IV, 132}$$

ein, so geht W_{mk} in

$$W_{mk} = \frac{2\pi^2}{\varepsilon_0 h^2 c} I \, t \, |\mathfrak{e}\, \mathfrak{P}_{mk}^{(0)}|^2 \tag{IV, 133}$$

über. W_{mk} ist proportional zur Zeit, zur Intensität und zum Quadrat des mk-ten Matrixelementes der Dipolkomponente in der Polarisationsrichtung.

Werden viele Atome, die gegen die Polarisationsrichtung $\mathfrak{e}$ des Lichtes beliebig orientiert sind, von der Strahlung getroffen, so muß noch über alle Richtungen von $\mathfrak{P}_{mk}^{(0)}$ gemittelt werden. Ist ϑ der Winkel zwischen $\mathfrak{P}_{mk}^{(0)}$ und $\mathfrak{e}$, so erhalten wir

$$\overline{W}_{mk} = \frac{2\pi^2}{\varepsilon_0 h^2 c} |\mathfrak{P}_{mk}^{(0)}|^2 I t \frac{1}{4\pi} \int\limits_0^{2\pi}\int\limits_0^{\pi} \cos^2\vartheta \sin\vartheta \, d\vartheta \, d\varphi = \frac{2\pi^2}{3\varepsilon_0 h^2 c} |\mathfrak{P}_{mk}^{(0)}|^2 I t. \tag{IV, 134}$$

Führen wir noch die mittlere räumliche Energiedichte der Strahlung

$$\Sigma = \frac{I}{c} \tag{IV, 135}$$

ein, so erhalten wir

$$\overline{W}_{mk} = \frac{2\pi^2}{3\varepsilon_0 h^2} |\mathfrak{P}_{mk}^{(0)}|^2 \, t \, \Sigma = B_{mk} \, t \, \Sigma \tag{IV, 136}$$

mit

$$B_{mk} = \frac{2\pi^2}{3\varepsilon_0 h^2} |\mathfrak{P}_{mk}^{(0)}|^2 = \frac{2\pi^2 e^2}{3\varepsilon_0 h^2} |\mathfrak{r}_{mk}|^2. \tag{IV, 137}$$

Befinden sich die Atome in einer Hohlraumstrahlung, so tritt an Stelle der Energiedichte Σ der gerichteten Strahlung einer bestimmten Polarisationsrichtung und Frequenz einfach die Energiedichte ϱ_ν dieser Frequenz schlechthin, und wir erhalten

$$\overline{W}_{mk} = B_{mk} \varrho_\nu \, t. \tag{IV, 138}$$

Das Licht bewirkt eine Anregung von Atomen, wenn seine Frequenz mit der Anregungsfrequenz ν_{km} übereinstimmt. Normalerweise wird die Energie des Systems durch Anregung vergrößert. Gewöhnlich bedeutet m den Grundzustand und k einen höheren Zustand. Die Anregung kann aber auch von einem schon angeregten Zustand ausgehen und zu einem noch höheren Anregungszustand führen. Dieselbe Überlegung gilt endlich auch für „Anregung in einen tieferen Zustand". In diesem Fall ist ν_{km} negativ und das Atom verliert Energie durch die Anregung. Durch Licht passender Frequenz werden deshalb auch angeregte Zustände in den Grundzustand zurückgeführt.

Bei der ganzen Untersuchung haben wir nicht erörtert, aus welcher Quelle die Anregungsenergie geliefert wird, wenn das atomare System von einem tieferen in einen höheren Zustand übergeht. Es ist ziemlich klar, daß sie nur aus dem Strahlungsfeld stammen kann und daß die Strahlung beim Anregungsvorgang absorbiert wird. Diese Rückwirkung ist in unserer Rechnung nicht enthalten. Bei Anregung in tiefere Zustände muß umgekehrt eine Emission von Strahlung stattfinden, weil die von dem Atom zur Verfügung gestellte Energie irgendwo hinkommen muß. Auch hier erfaßt unsere Rechnung nur die Veränderung, welche am Atom vor sich geht, nicht aber den Rückeinfluß auf das Strahlungsfeld.

*§ 6. Der Photoeffekt.

Inhalt: Durch Einstrahlung von Licht, das dem kontinuierlichen Frequenzspektrum entspricht, findet eine Ablösung eines Elektrons statt. Photoionisation. Ionisationswahrscheinlichkeit und Winkelverteilung der Photoelektronen können berechnet werden. Bei kurzwelliger Strahlung beobachtet man eine Voreilung der Elektronenemission nach vorn (in der Strahlrichtung).
Bezeichnungen: wie S. 1012 und 1019.

Bisher haben wir bei der Anregung von Elektronen nur den Übergang in diskrete höhere Zustände berücksichtigt. Natürlich ist auch eine Anregung in einen kontinuierlichen Zustand möglich. Sie bedeutet eine Abtrennung des Elektrons vom Atom. Dieser Vorgang wird als Photoionisation oder kurz Photoeffekt bezeichnet. Hier wollen wir allerdings nicht die technisch wichtige Loslösung von Elektronen aus festen Körpern, besonders aus Metallen, genauer untersuchen, sondern die Ablösung vom einzelnen Atom, d. h. den praktisch unwichtigen Elementarakt am Einzelatom. Atome, die in feste Körper eingebaut sind, darf man nämlich nicht behandeln, ohne ihre gegenseitige Wechselwirkung zu berücksichtigen, wenn es sich um Licht im gewöhnlichen Sinn handelt. Bei den kurzwelligen Röntgenstrahlen, welche die inneren Elektronen aus den Atomen herausholen, macht es indessen keinen wesentlichen Unterschied, ob die Atome isoliert oder in den Verband eines festen Körpers eingefügt sind. Die Sekundäremission der Röntgenstrahlen kann man deshalb als Photoeffekt an einzelnen Atomen beschreiben. Gerade an diesen Vorgang denken wir bei den Untersuchungen dieses Abschnitts.

Bei der Photoionisation kann man das Rechenschema wie bei der Anregung verwenden. Zur Hamiltonfunktion des Atoms kommt die Störungsenergie

$$H^{(1)} = -(\mathfrak{E}\,\mathfrak{P}^{(0)}) = -\frac{1}{2}(\mathfrak{E}_0\,\mathfrak{P}^{(0)})(e^{2\pi i \nu t} + e^{-2\pi i \nu t}) \qquad (IV, 139)$$

hinzu. Auch alle weiteren Rechnungen können so gut wie unverändert durchgeführt werden, nur daß zur Bildung der Matrixelemente auch kontinuierliche statt diskreter Eigenfunktionen zu verwenden sind.

Die diskreten Eigenfunktionen sind im Zentralfeld des Atoms immer das Produkt eines radialen Anteils $\chi(r)$ und einer Kugelflächenfunktion $Y_m^l(\vartheta, \varphi)$. Die kontinuierlichen Eigenfunktionen, genauer die zugehörigen Eigendifferentiale, setzen sich ebenfalls als Produkt einer Kugelflächenfunktion und eines radialen Faktors zusammen, der in großen Entfernungen vom Atomkern nach S. 940 (I, 188) die Form

$$\frac{\sin(\pi r \Delta)}{\pi r^2 \sqrt{\Delta}}(C_1 e^{2\pi i k r} + C_2 e^{-2\pi i k r}) \qquad (IV, 140)$$

*§ 6 Der Photoeffekt.

mit $k = \sqrt{2mE}/h$ annimmt. Die Wellenfunktion eines kontinuierlichen Zustandes lautet also

$$D\Psi = Y_m^l(\vartheta, \varphi) \frac{\sin(\pi r \Delta)}{\pi r^2 \sqrt{\Delta}} \left(C_1 e^{2\pi i\left(kr - \frac{E}{h}t\right)} + C_2 e^{-2\pi i\left(kr + \frac{E}{h}t\right)} \right) \qquad (IV, 141)$$

und setzt aus sich zwei Kugelwellen zusammen, von denen die erste vom Atom nach außen läuft, während die zweite konzentrisch in das Atom hereindringt. In unserem Fall kommt natürlich nur die erste Welle in Frage, und wir behalten

$$D\Psi = C_1 Y_m^l(\vartheta, \varphi) \frac{\sin(\pi r \Delta)}{\pi r^2 \sqrt{\Delta}} e^{2\pi i\left(kr - \frac{E}{h}t\right)}, \qquad (IV, 142)$$

wo C_1 in der Nähe des Kerns natürlich noch eine Funktion von r ist. Ist $W_{mk}\Delta$ die Wahrscheinlichkeit, daß das Atom unter dem Einfluß der Lichtwelle in einen Zustand im Intervall Δ in der Umgebung des Wertes k übergeht, so erhalten wir genau wie im diskreten Fall

$$W_{mk} = \frac{\pi^2}{h^2} |e \mathfrak{P}_{mk}^{(0)}|^2 \mathfrak{E}_0^2 t = \frac{\pi^2 e^2}{h^2} |e \mathfrak{r}_{mk}|^2 \mathfrak{E}_0^2 t. \quad (IV, 143)$$

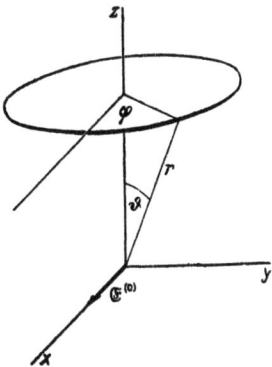

Abb. 319. Definition der Koordinaten r, ϑ, φ.

Wir machen jetzt die spezielle Annahme, daß das abgelöste Elektron aus der K-Schale des Atoms stamme, d. h. ein s-Elektron war. Die Richtung der elektrischen Feldstärke machen wir zur x-Achse und die Fortpflanzungsrichtung des Röntgenstrahles zur z-Achse (s. Abb. 319). Die Matrixelemente $\mathfrak{r}_{mk}$ verschwinden nur dann nicht, wenn der mit k bezeichnete ionisierte Zustand zur Nebenquantenzahl $l = 1$ gehört. Die Ionisierungswahrscheinlichkeit ist dann durch

$$W_{mk} = \frac{\pi^2 e^2}{h^2} x_{mk}^2 \mathfrak{E}_0^2 t \qquad (IV, 144)$$

gegeben. Zu $l = 1$ gehören die Kugelflächenfunktionen (s. S. 845)

$$Y_1^1 = \frac{1}{2}\sqrt{\frac{3}{\pi}} \sin\vartheta \begin{array}{c} \cos\varphi \\ \sin\varphi \end{array}; \quad Y_0^1 = \frac{1}{2}\sqrt{\frac{3}{\pi}} \cos\vartheta, \qquad (IV, 145)$$

und x_{mk} verschwindet nur bei

$$Y_1^1 = \frac{1}{2}\sqrt{\frac{3}{\pi}} \sin\vartheta \cos\varphi \qquad (IV, 146)$$

nicht. Um W_{mk} wirklich auszurechnen, muß man natürlich auch den Verlauf der Eigenfunktionen für kleine r kennen, womit wir uns aber nicht befassen wollen.

Viel interessanter als der Wert der Ionisierungswahrscheinlichkeit ist in diesem Fall das Ergebnis der Ionisation. Es wird durch eine Wellenfunktion

$$D\Psi_k = \frac{C_1}{2}\sqrt{\frac{3}{\pi}} \sin\vartheta \cos\varphi \frac{(\sin\pi r \Delta)}{\pi r^2 \sqrt{\Delta}} e^{2\pi i\left(kr - \frac{E}{h}t\right)} = \sin\vartheta \cos\varphi\, f(r, t) \qquad (IV, 147)$$

beschrieben. Der zugehörige Teilchenstrom hat radiale Richtung und wird durch

$$\mathfrak{j} = \mathfrak{r}^0 \frac{h \sin^2\vartheta \cos^2\varphi}{4\pi i m} \left(f^* \frac{df}{dr} - f \frac{df^*}{dr} \right) \sim \mathfrak{r}^0 \sin^2\vartheta \cos^2\varphi \qquad (IV, 148)$$

ausgedrückt. Was uns daran besonders interessiert, ist die leicht meßbare Winkelverteilung.

Ist der Röntgenstrahl unpolarisiert, so muß man noch über φ mitteln und erhält den gemittelten Strom

$$\bar{\mathfrak{j}} \sim \mathfrak{r}^0 \sin^2 \vartheta. \qquad (IV, 149)$$

In Abb. 320 ist diese Verteilung in ein Polardiagramm eingezeichnet. Bei polarisiertem Licht stellt die Abbildung räumlich eine Doppelbirne dar, für unpolarisierte Strahlen dagegen einen Ring von birnenförmigem Querschnitt, der durch Rotation der Abb. 320 um die Strahlrichtung entsteht. Bei weichen Röntgenstrahlen beobachtet man experimentell tatsächlich diese Winkelabhängigkeit.

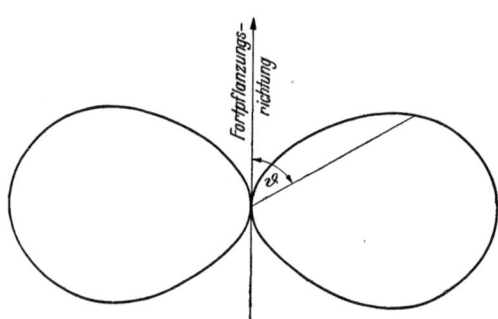

Abb. 320. Strom j der Photoelektronen als Radiusvektor gegen ϑ aufgetragen. Bei polarisierter Strahlung ist die Abbildung rotationssymmetrisch um die horizontale Polarisationsachse, bei unpolarisierter Strahlung rotationssymmetrisch um die Strahlrichtung.

**Bei harter Strahlung müssen wir eine Korrektur anbringen, die nicht ganz leicht auszurechnen, deren Notwendigkeit aber ohne jede Schwierigkeit einzusehen ist. Ist die Wellenlänge λ der Strahlung von ähnlicher Größe wie die Dimensionen des Atoms, so genügt der Ansatz

$$\mathfrak{E} = \frac{\mathfrak{E}_0}{2}(e^{2\pi i \nu t} + e^{-2\pi i \nu t}) \qquad (IV, 150)$$

nicht, sondern man muß

$$\mathfrak{E} = \frac{\mathfrak{E}_0}{2}\left(e^{2\pi i \left(\nu t - \frac{z}{\lambda}\right)} + e^{-2\pi i \left(\nu t - \frac{z}{\lambda}\right)}\right) \qquad (IV, 151)$$

benutzen. Entwickeln wir den Exponentialfaktor in eine Potenzreihe, so erhalten wir in erster Näherung den Ansatz (IV, 150) für die Feldstärke, den wir in (IV, 139) benutzt haben. In zweiter Näherung kommt das Glied

$$-\frac{\pi i z}{\lambda} \mathfrak{E}_0 (e^{2\pi i \nu t} - e^{-2\pi i \nu t})$$

hinzu, das zur Störungsenergie den Quadrupolbeitrag

$$\boldsymbol{H}^{(2)} = -\frac{e \pi i}{\lambda} x z |\mathfrak{E}_0| (e^{2\pi i \nu t} - e^{-2\pi i \nu t}) \qquad (IV, 152)$$

liefert.

Ohne weitere Rechnung kann man sehen, daß zu W_{mk} jetzt noch ein Anteil hinzukommt, der die Matrixelemente $(xz)_{mk}^2$ an Stelle von x_{mk}^2 verwendet. Diese Elemente verschwinden bei einem s-Elektron im Ursprungszustand nur dann nicht, wenn im kontinuierlichen Zustand $l = 2$ ist. Von den fünf Anteilen

$$Y_0^2 = \frac{1}{4}\sqrt{\frac{5}{\pi}}(3\cos^2\vartheta - 1); \quad Y_1^2 = \frac{1}{2}\sqrt{\frac{15}{\pi}}\sin\vartheta \cos\vartheta \begin{matrix} \cos\varphi \\ \sin\varphi \end{matrix};$$

$$Y_2^2 = \frac{1}{4}\sqrt{\frac{15}{\pi}}\sin^2\vartheta \begin{matrix} \cos 2\varphi \\ \sin 2\varphi \end{matrix}$$

der zugehörigen Kugelflächenfunktionen liefert nur

$$Y_1^2 = \frac{1}{2}\sqrt{\frac{15}{\pi}}\sin\vartheta\cos\vartheta\cos\varphi \qquad (IV, 153)$$

ein von Null verschiedenes Matrixelement $(xz)_{mk}$.
Statt der Wellenfunktion (IV, 147) haben wir jetzt

$$D\Psi_k = \sin\vartheta\cos\varphi(1 + \gamma\cos\vartheta)f(r, t), \qquad (IV, 154)$$

d. h. es muß eine Linearkombination der Kugelflächenfunktionen

$$\frac{1}{2}\sqrt{\frac{3}{\pi}}\sin\vartheta\cos\varphi \quad \text{und} \quad \frac{1}{2}\sqrt{\frac{15}{\pi}}\sin\vartheta\cos\vartheta\cos\varphi$$

benutzt werden. γ ist ein Faktor, dessen Wert man bei der wirklichen Durchrechnung gewinnt und der mit der Frequenz der einfallenden Strahlen wächst. Die Rechnung ergibt $\gamma = 2v/c$, wenn wir unter v die Geschwindigkeit verstehen, die das Elektron bei der Ionisation mitbekommt. Rechnen wir den Strom aus, so finden wir

$$\begin{aligned}\mathfrak{j} &\sim \mathfrak{r}^0 \sin^2\vartheta\cos^2\varphi(1 + \gamma\cos\vartheta)^2 \\ &\sim \mathfrak{r}^0 \sin^2\vartheta\cos^2\varphi\left(1 + \frac{4v}{c}\cos\vartheta\right).\end{aligned} \qquad (IV, 155)$$

Das Glied $4v\cos\vartheta/c$ ist positiv, wenn $\vartheta < \pi/2$, negativ, wenn $\vartheta > \pi/2$ ist. Die Korrektur vermehrt also den Elektronenstrom nach vorn (in der Strahlrichtung) und vermindert ihn nach rückwärts. Auf diese Weise kommt es bei der Absorption harter Röntgenstrahlen zu der sogenannten Voreilung der Sekundäremission, d. i. der größeren Intensität der Vorwärtsstrahlung gegen die Rückwärtsstrahlung im Sinn der Fortpflanzungsrichtung der Röntgenstrahlen (s. Abbildung 321). Auch die Formel (IV, 155) ist noch eine Näherung, da die Reihenentwicklung des Retardierungsfaktors

$$e^{\frac{2\pi i z}{\lambda}}$$

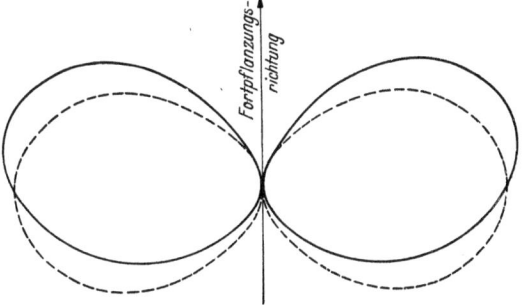

Abb. 321. Bevorzugte Vorwärtsstreuung der Photoelektronen bei harter Strahlung. Punktierte Kurve gibt die erste Näherung nach (IV, 148), ausgezogen die zweite Näherung nach (IV, 155).

noch höhere Näherungen liefert. Auch beschränkt sich unsere Überlegung auf Elektronen aus der K-Schale (s-Elektronen). Für L-Elektronen wird alles wesentlich komplizierter, weil man s- und p-Elektronen berücksichtigen muß. Bei sehr harten Röntgenstrahlen machen sich schließlich auch relativistische Korrekturen bemerkbar.

**§ 7. Strahlungslose Übergänge. Augereffekt. Prädissoziation.

Inhalt: Diskrete Zustände im Ionisations- oder Dissoziationskontinuum zerfallen unter dem Einfluß einer Störung. Übergangswahrscheinlichkeit in erster und zweiter Näherung.
Bezeichnungen: Index m bezeichnet den diskreten, der Index k die kontinuierlichen Zustände. Sonst wie S. 1012, 1019 u. 1022.

Die angeregten Zustände eines Atoms entstehen meist, indem ein einziges Elektron angeregt wird. Gewöhnlich handelt es sich um dasjenige Elektron, welches am leichtesten abtrennbar ist. Bei Kalzium hat man jedoch die sogenannten P'-Terme beobachtet, bei denen beide äußere Elektronen, die im Grundzustand die Konfiguration $4s^2$ bilden, angeregt sind. Eines dieser Elektronen ist bei den P'-Termen ein $3d$-Elektron, während das andere alle Anregungszustände bis zur Ionisation durchläuft. Die Ionisierungsgrenze dieser Terme liegt um die erste Anregungsenergie des Ca^+-Ions höher als die der normalen Kalziumterme, und die höheren P'-Terme liegen infolgedessen bereits im Ionisationskontinuum des normalen Kalziumions (s. Abb. 322).

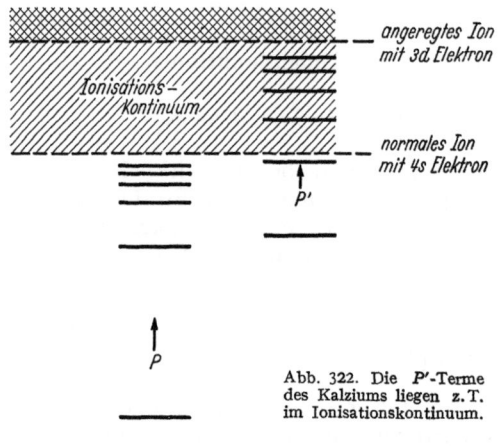

Abb. 322. Die P'-Terme des Kalziums liegen z.T. im Ionisationskontinuum.

Diskrete Terme im Ionisationskontinuum entstehen auch, wenn ein inneres Elektron angeregt wird, weil dessen Anregungsenergie höher als die Ionisationsenergie des am leichtesten abtrennbaren Elektrons ist.

Bei Molekülen liegen häufig angeregte Molekülterme im Dissoziationskontinuum des Moleküls.

Alle diese Fälle stellen eigenartige Sonderfälle von Entartung dar, die sich aus der Gleichheit der Energie des diskreten Terms und der dicht liegenden Terme des Kontinuums in seiner Nachbarschaft ergeben. Unter dem Einfluß einer hinzutretenden Störung kann ein Übergang aus dem diskreten Zustand in die kontinuierlichen Zustände erfolgen, der mit Ionisation oder Dissoziation, d. h. mit einem Zerfall des atomaren Systems verbunden ist. Derartige Zerfallsprozesse werden als „strahlungslose Übergänge" bezeichnet.

Als „strahlungslose Übergänge" in einem ähnlichen Sinn muß man alle Stoßprozesse ansehen. Vor und nach dem Stoß befinden sich zwei kräftefreie Teilchen in kontinuierlichen Zuständen der Translation. Betrachtet man die Vorgänge beim Stoß als eine Störung ihrer Bewegung, so bewirkt diese Störung den Übergang von einem kontinuierlichen Zustand des Systems beider Teilchen in einen anderen Zustand gleicher Energie.

Wir wollen nun das Störungsschema von S. 1010 auf die Übergänge in Zustände gleicher Energie anwenden. Bezeichnet der Zustand m den Anfangszustand, k einen der energetisch benachbarten Zustände, so erhalten wir die Komponente

$$u_k = -\frac{2\pi i}{h} e^{-\frac{2\pi i}{h} E_k^{(0)}(t-t_0)} \int_{t_0}^{t} e^{2\pi i \nu_{km}(t-t_0)} H_{km}^{(1)} dt \qquad (IV, 156)$$

des Wahrscheinlichkeitsvektors in erster Näherung wie auf S. 1010. Der bequemeren Rechnung wegen wollen wir annehmen, daß es sich um eine konstante Störung handele, die im Zeitpunkt t_0 einsetze. Dann ergibt sich

$$u_k = -\frac{H_{km}^{(1)}}{h \nu_{km}} e^{-\frac{2\pi i}{h} E_k^{(0)}(t-t_0)} \left(e^{2\pi i \nu_{km}(t-t_0)} - 1\right) \qquad (IV, 157)$$

**§ 7. Strahlungslose Übergänge. Augereffekt. Prädissoziation.

für jeden einzelnen Wert von k und die zugehörige Übergangswahrscheinlichkeit

$$W_{mk} = u_k^* u_k = \frac{4|H_{km}^{(1)}|^2}{h^2 \nu_{km}^2} \sin^2\{\pi \nu_{km}(t-t_0)\}. \qquad \text{(IV, 158)}$$

Nun müssen wir berücksichtigen, daß in der Nachbarschaft des Ausgangszustandes m zahlreiche kontinuierliche Zustände k liegen und eine Mittelung bzw. Summierung über sie vornehmen, um die Wahrscheinlichkeit eines beliebigen Zerfalls zu erhalten. Sind nun hierbei die Übergangswahrscheinlichkeiten zu summieren, oder ist zuerst eine Linearkombination der u_k zu bilden, aus deren Betrag die gesamte Übergangswahrscheinlichkeit durch Quadrieren entsteht? Diese Frage muß dahin entschieden werden, daß über die W_{km} zu summieren ist. Die u_k tragen nämlich die Phasenfaktoren

$$e^{-\frac{2\pi i}{h} E_k^{(0)}(t-t_0)}.$$

Auch wenn sich E_k und $E_{k'}$ nur um Weniges unterscheiden, tragen im Zeitmittel die Produkte $u_k^* u_{k'}$ nichts zur Übergangswahrscheinlichkeit bei.

Um die Summe aller W_{mk} zu bilden, fassen wir zunächst diejenigen Zustände k zusammen, welche infolge der Entartung zu dem Intervall $d\nu_{km}$ gehören. Ihre Zahl sei $g\, d\nu_{km}$. Dann bilden wir die Summe

$$\sum^k |H_{km}^1|^2 = g\, d\nu_{km}\, \overline{|H_{km}^{(1)}|^2}, \qquad \text{(IV, 159)}$$

wo $\overline{|H_{km}^{(1)}|^2}$ der Mittelwert des Quadrates des Matrixelement der Störung ist. Die gesamte Zerfallswahrscheinlichkeit ist dann

$$W_m = \frac{4}{h^2} \int g\, \overline{|H_{km}^{(1)}|^2} \frac{\sin^2\{\pi \nu_{km}(t-t_0)\}}{\nu_{km}^2}\, d\nu_{km}. \qquad \text{(IV, 160)}$$

Zu dem Integral trägt vornehmlich der Bereich in der Nähe von $\nu_{km} = 0$ bei, d. h. der Übergang findet vornehmlich in zerfallene Zustände ähnlicher Energie statt. In diesem Bereich ändern sich aber g und $\overline{|H_{km}^1|^2}$ nur langsam und können als konstant betrachtet werden. Dann läßt sich die Integration ausführen und man findet

$$W_m = \frac{4\pi g}{h^2} \overline{|H_{km}^{(1)}|^2} (t-t_0) \int_{-\infty}^{\infty} \frac{\sin^2 \xi}{\xi^2} d\xi$$
$$= \frac{4\pi^2 g}{h^2} \overline{|H_{km}^{(1)}|^2} (t-t_0). \qquad \text{(IV, 161)}$$

Die Übergangswahrscheinlichkeit ist der Zeit proportional. Die Zahl der sekundlichen Zerfälle wächst mit dem Quadrat der mittleren Störungsenergie.

Der strahlungslose Zerfall angeregter Zustände in ein Ion und ein Elektron ist als Augereffekt bekannt. Die strahlungslose Dissoziation angeregter Moleküle wird als Prädissoziation bezeichnet.

Es kommt vor, daß sich in erster Näherung stets die Wahrscheinlichkeit Null für den Übergang zwischen Zuständen gleicher Energie ergibt. Dies kann daher rühren, daß nicht nur die Energie, sondern auch der Impuls des Systems im Anfangs- und Endzustand derselbe ist. Dann muß die Übergangswahrscheinlichkeit in zweiter Näherung berechnet werden.

Bezeichnet r Zustände, deren Energie vom Anfangszustand m und dem Endzustand k wesentlich verschieden sind, so erhält man die zweite Näherung

$$u_k = \frac{1}{h^2} e^{-\frac{2\pi i}{h} E_k^{(0)}(t-t_0)} \sum_r \frac{H_{kr}^{(1)} H_{rm}^{(1)}}{\nu_{rm}} \left\{ \frac{e^{2\pi i \nu_{km}(t-t_0)} - 1}{\nu_{km}} - \frac{e^{2\pi i \nu_{kr}(t-t_0)} - 1}{\nu_{kr}} \right\}. \quad (IV, 162)$$

Da $\nu_{km} \approx 0$ ist, die ν_{kr} aber endlich sind, trägt das Glied mit ν_{kr} im Nenner nicht wesentlich zu u_k bei. Die weitere Rechnung verläuft wie in der ersten Näherung und ergibt eine zeitproportionale Übergangswahrscheinlichkeit

$$W_m = \frac{4\pi^2 g}{h^2} (t - t_0) \overline{|H_{km}^{(2)}|^2}, \quad (IV, 163)$$

wo an die Stelle von $H_{km}^{(1)}$ das Matrixelement

$$H_{km}^{(2)} = \sum_r \frac{H_{kr}^{(1)} H_{rm}^{(1)}}{h \nu_{rm}} = \sum_r \frac{H_{kr}^{(1)} H_{rm}^{(1)}}{E_r - E_m} \quad (IV, 164)$$

tritt.

*§ 8. Die halbklassische Theorie der spontanen Lichtemission.

Inhalt: Aus der Stromverteilung eines atomaren Systems kann man Feldstärke und Strahlungsvektor des emittierten Strahlungsfeldes nach der klassischen Elektrodynamik berechnen. Die Strahlung läßt sich in sukzessiven Näherungen als Dipolstrahlung, Quadrupolstrahlung usw. ermitteln. Konsequenter kann man auch Operatoren der Feldstärken und des Strahlungsvektors ermitteln und das Strahlungsfeld mit ihnen berechnen. Berechnung der Übergangswahrscheinlichkeit aus den Elementen der Koordinatenmatrix.

Bezeichnungen: Ψ Wellenfunktion, ψ_k Eigenfunktion, E_k Eigenwert eines Elektrons, ϱ, $\mathfrak{j}$ Teilchendichte und Teilchenstrom, ν_{ik} Eigenfrequenzen, η elektrische Raumladungsdichte, $\mathfrak{G}$ elektrische Stromdichte, $\mathfrak{G}_{ik}$ ihr Frequenzanteil, $\mathfrak{R}$ Ortsvektor des Aufpunktes, $\mathfrak{R}^0$ Richtung von $\mathfrak{R}$, $\mathfrak{r}$ Ortsvektor der Quellpunkte im Atom, c Lichtgeschwindigkeit, $\mathfrak{E}$, $\mathfrak{H}$ elektrische und magnetische Feldstärke, $\widetilde{\mathfrak{E}}$, $\widetilde{\mathfrak{H}}$ ihre Erwartungswerte, $\mathbf{E}$, $\mathbf{H}$ zugehörige Operatoren (Matrizen), $\mathfrak{E}^{(1)}$, $\mathfrak{H}^{(1)}$ Feldstärken des Dipolfeldes, $\mathfrak{E}_{ik}^{(1)}$, $\mathfrak{H}_{ik}^{(1)}$ Matrixelemente der Feldstärken, $\mathfrak{f}_{ik}$ Zeitmittelwert des Frequenzanteils des Strahlvektors, $\mathfrak{p}$, $\mathfrak{r}$ Matrizen des Impulses und des Ortsvektors, $\mathfrak{p}_{ik}$, $\mathfrak{r}_{ik}$ ihre Elemente, S_{ik} Frequenzanteil der Gesamtausstrahlung, $\mathbf{E}$ Energiematrix, $\mathfrak{S}$ Matrix des Strahlvektors, $\mathfrak{S}_{ii}$ seine Diagonalelemente, A_{ik} Übergangswahrscheinlichkeit, ε_0 Dielektrizitätskonstante des Vakuums.

Überstreichen kennzeichnet Zeitmittelwerte, $\sim$ kennzeichnet Erwartungswerte.

Die Behandlung der Polarisation, Anregung und Ionisation von Atomen durch ein Strahlungsfeld in den vorangehenden Paragraphen ist keine vollkommene Theorie dieser Vorgänge. Wie mehrfach betont wurde, können nach dem entwickelten Verfahren nur die Veränderungen berechnet werden, welche ein Atom oder atomares System im Strahlungsfeld erleidet. Man kann jedoch hinzufügen, daß die Energie, welche das Atom aufnimmt, dem Strahlungsfeld entzogen wird, d. h. daß die Anregung und Ionisation mit der Absorption von Strahlung einhergehen muß. Wenn ein Strahlungsfeld in Atomen oder Molekülen zeitlich veränderliche Dipolmomente induziert, so kann man voraussehen, daß diese induzierten Momente ihrerseits nach den Gesetzen der Elektrodynamik eine Strahlung emittieren, deren Ergebnis entweder eine Streuung des ursprünglichen Lichtes oder eine Brechung und Reflexion sein muß. Ja, man kann die Streuung und Brechung sogar berechnen, wenn man die Polarisation der Atome statistisch auswertet und in die Gesetze der Elektrodynamik und Optik einbringt, aber in der quantenmechanischen Behandlung der vorigen Paragraphen selbst sind diese Rückwirkungen auf das Strahlungsfeld nicht enthalten.

*§ 8. Die halbklassische Theorie der spontanen Lichtemission.

Besonders deutlich wird diese Unvollkommenheit der Theorie, wenn wir den Prozeß der Lichtemission betrachten. Nach § 5 kann ein Atom unter dem Einfluß eines Strahlungsfeldes seine Anregung auch wieder verlieren, und muß dabei die Anregungsenergie wieder ausstrahlen. Dieser Mechanismus kann aber die Lichtemission angeregter Atome nicht allein bestreiten, weil er ja die Existenz eines Strahlungsfeldes bereits voraussetzt. Wenn er die alleinige Ursache der Lichtemission wäre, könnten Atome, welche z. B. durch Elektronenstoß angeregt wurden, nicht strahlen, ohne daß die Ausstrahlung gewissermaßen durch schon vorhandenes Licht katalysiert würde. Dies entspricht aber keineswegs dem empirischen Sachverhalt. Wir müssen also nach einem Mechanismus suchen, der eine spontane Lichtausstrahlung ermöglicht.

Ein Elektron in einem atomaren System sei durch die Wellenfunktion

$$\Psi = \sum_k c_k \psi_k e^{-\frac{2\pi i}{h} E_k t}$$

beschrieben. Zu ihr gehört die Dichteverteilung

$$\varrho = \Psi^* \Psi = \sum_{ik} c_i^* c_k \psi_i^* \psi_k e^{2\pi i \nu_{ik} t} \tag{IV, 165}$$

und der Teilchenstrom

$$\mathfrak{j} = \frac{h}{4\pi i m}(\Psi^* \operatorname{grad}\Psi - \Psi \operatorname{grad}\Psi^*)$$

$$= \frac{h}{4\pi i m} \sum_{ik} c_i^* c_k (\psi_i^* \operatorname{grad}\psi_k - \psi_k \operatorname{grad}\psi_i^*) e^{2\pi i \nu_{ik} t}. \tag{IV, 166}$$

Die elektrische Ladungsdichte und Stromdichte können durch

$$\eta = -e\varrho = -e\sum_{ik} c_i^* c_k \psi_i^* \psi_k e^{2\pi i \nu_{ik} t}$$

und

$$\mathfrak{G} = -e\mathfrak{j} = -\frac{he}{4\pi i m} \sum_{ik} c_i^* c_k (\psi_i^* \operatorname{grad}\psi_k - \psi_k \operatorname{grad}\psi_i^*) e^{2\pi i \nu_{ik} t} \tag{IV, 167}$$

ausgedrückt werden. Führen wir die Frequenzanteile

$$\mathfrak{G}_{ik} = -\frac{he}{4\pi i m} (\psi_i^* \operatorname{grad}\psi_k - \psi_k \operatorname{grad}\psi_i^*) \tag{IV, 168}$$

ein, so gelangen wir zu der Frequenzzerlegung

$$\mathfrak{G} = \sum_{ik} c_i^* c_k \mathfrak{G}_{ik} e^{2\pi i \nu_{ik} t}. \tag{IV, 169}$$

Nach der klassischen Elektrodynamik sollte diese Stromverteilung in großer Entfernung R ein Strahlungsfeld erzeugen, dessen elektrische und magnetische Feldstärken ebenfalls aus Anteilen der Frequenzen ν_{ik} superponiert werden können. Nach Bd. I S. 488 Gl. (50) und (51) erhalten wir die Felder bzw. ihre Erwartungswerte

$$\widetilde{\mathfrak{E}} = \frac{i}{2\varepsilon_0 c R} \sum_{ik} \frac{c_i^* c_k}{\lambda_{ik}} e^{2\pi i \left(\frac{R}{\lambda_{ik}} - \nu_{ik} t\right)} \int \{\mathfrak{G}_{ik} - \mathfrak{R}^0(\mathfrak{G}_{ik} \mathfrak{R}^0)\} e^{-\frac{2\pi i}{\lambda_{ik}}(\mathfrak{r}\mathfrak{R}^0)} d\tau$$

$$= \frac{i}{2\varepsilon_0 c^2 R} \sum_{ik} c_i^* c_k \nu_{ik} e^{2\pi i \nu_{ik}\left(\frac{R}{c} - t\right)} \int \{\mathfrak{G}_{ik} - \mathfrak{R}^0(\mathfrak{G}_{ik} \mathfrak{R}^0)\} e^{-\frac{2\pi i}{\lambda_{ik}}(\mathfrak{r}\mathfrak{R}^0)} d\tau$$

$$\widetilde{\mathfrak{H}} = -\frac{i}{2R} \sum_{ik} \frac{c_i^* c_k}{\lambda_{ik}} e^{2\pi i\left(\frac{R}{\lambda_{ik}} - \nu_{ik} t\right)} \int [\mathfrak{G}_{ik} \mathfrak{R}^0] e^{-\frac{2\pi i}{\lambda_{ik}}(\mathfrak{r}\mathfrak{R}^0)} d\tau \tag{IV, 170}$$

$$= -\frac{i}{2Rc} \sum_{ik} c_i^* c_k \nu_{ik} e^{2\pi i \nu_{ik}\left(\frac{R}{c} - t\right)} \int [\mathfrak{G}_{ik} \mathfrak{R}^0] e^{-\frac{2\pi i}{\lambda_{ik}}(\mathfrak{r}\mathfrak{R}^0)} d\tau.$$

Der Aufpunkt, an dem das Strahlungsfeld untersucht wird, ist durch den Ortsvektor $\mathfrak{R}$ mit der Richtung $\mathfrak{R}^0$ und dem Betrag R gekennzeichnet, die Quellpunkte (Ort des Stromes im Atom) sind durch den Ortsvektor $\mathfrak{r}$ beschrieben.

Entwickeln wir den Exponentialfaktor unter den Integralen in die Reihe

$$e^{-\frac{2\pi i}{\lambda_{ik}}(\mathfrak{r}\mathfrak{R}^0)} = 1 - \frac{2\pi i}{\lambda_{ik}}(\mathfrak{r}\mathfrak{R}^0) - \frac{4\pi^2}{\lambda_{ik}^2}(\mathfrak{r}\mathfrak{R}^0)^2 + \cdots, \qquad (IV, 171)$$

so erhalten wir die sukzessiven Näherungen der Dipolstrahlung, Quadrupolstrahlung usw. Bei sichtbarem Licht ist die Wellenlänge so groß gegenüber den atomaren Dimensionen, daß man sich gewöhnlich mit

$$e^{-\frac{2\pi i}{\lambda_{ik}}(\mathfrak{r}\mathfrak{R}^0)} = 1 \qquad (IV, 172)$$

begnügen kann, womit man sich auf die Dipolstrahlung beschränkt. Bei Röntgenstrahlung muß man auch höhere Näherungen mitnehmen.

Das Dipolfeld hat die Feldstärken

$$\overline{\mathfrak{E}^{(1)}} = \frac{i}{2\varepsilon_0 c^2 R} \sum^{ik} c_i^* c_k v_{ik} e^{2\pi i v_{ik}\left(\frac{R}{c}-t\right)} \int \{\mathfrak{G}_{ik} - \mathfrak{R}^0(\mathfrak{G}_{ik}\mathfrak{R}^0)\} d\tau,$$

$$\overline{\mathfrak{H}^{(1)}} = \frac{-i}{2Rc} \sum^{ik} c_i^* c_k v_{ik} e^{2\pi i v_{ik}\left(\frac{R}{c}-t\right)} \int [\mathfrak{G}_{ik}\mathfrak{R}^0] d\tau. \qquad (IV, 173)$$

Mit Hilfe der hermitischen Matrixelemente

$$\mathfrak{p}_{ik} = \frac{h}{2\pi i} \int \psi_i^* \operatorname{grad}\psi_k \, d\tau = \mathfrak{p}_{ki}^* \qquad (IV, 174)$$

bilden wir die Integrale

$$\int \mathfrak{G}_{ik} d\tau = -\frac{he}{4\pi i m} \int (\psi_i^* \operatorname{grad}\psi_k - \psi_k \operatorname{grad}\psi_i^*) d\tau$$

$$= -\frac{e}{2m}(\mathfrak{p}_{ik} + \mathfrak{p}_{ki}^*) = -\frac{e}{m}\mathfrak{p}_{ik} \qquad (IV, 175)$$

und definieren die Größen

$$\mathfrak{E}_{ik}^{(1)} = \frac{i}{2\varepsilon_0 c^2 R} v_{ik} e^{2\pi i v_{ik}\frac{R}{c}} \int \{\mathfrak{G}_{ik} - \mathfrak{R}^0(\mathfrak{G}_{ik}\mathfrak{R}^0)\} d\tau$$

$$= -\frac{ie}{2\varepsilon_0 c^2 Rm} v_{ik} e^{2\pi i v_{ik}\frac{R}{c}} \{\mathfrak{p}_{ik} - \mathfrak{R}^0(\mathfrak{p}_{ik}\mathfrak{R}^0)\}, \qquad (IV, 176)$$

$$\mathfrak{H}_{ik}^{(1)} = \frac{ie}{2Rcm} v_{ik} e^{2\pi i v_{ik}\frac{R}{c}} [\mathfrak{p}_{ik}\mathfrak{R}^0].$$

Wir erhalten damit die Erwartungswerte der Dipolfeldstärken

$$\overline{\mathfrak{E}^{(1)}} = \sum^{ik} c_i^* c_k \mathfrak{E}_{ik}^{(1)} e^{-2\pi i v_{ik} t},$$

$$\overline{\mathfrak{H}^{(1)}} = \sum^{ik} c_i^* c_k \mathfrak{H}_{ik}^{(1)} e^{-2\pi i v_{ik} t}. \qquad (IV, 177)$$

*§ 8. Die halbklassische Theorie der spontanen Lichtemission.

Jetzt wollen wir versuchen, den Poyntingschen Vektor zu bilden und fassen dazu die konjugiert komplexen Anteile

$$\frac{\overline{\mathfrak{E}^{(1)}} + \overline{\mathfrak{E}^{(1)}*}}{2} = \sum^{ik}(c_i^* c_k \mathfrak{E}_{ik}^{(1)} e^{-2\pi i \nu_{ik} t} + c_i c_k^* \mathfrak{E}_{ik}^{(1)*} e^{2\pi i \nu_{ik} t})$$

$$\frac{\overline{\mathfrak{H}^{(1)}} + \overline{\mathfrak{H}^{(1)}*}}{2} = \sum^{ik}(c_i^* c_k \mathfrak{H}_{ik}^{(1)} e^{-2\pi i \nu_{ik} t} + c_i c_k^* \mathfrak{H}_{ik}^{(1)*} e^{2\pi i \nu_{ik} t})$$

(IV, 178)

zusammen, die bei der Vertauschung von i und k entstehen.

Wir kämen aber zu einem falschen Ergebnis, wenn wir als Zeitmittelwert des Poyntingschen Vektors

$$\overline{\mathfrak{S}} = \left[\frac{\overline{\mathfrak{E}^{(1)}} + \overline{\mathfrak{E}^{(1)}*}}{2} \frac{\overline{\mathfrak{H}^{(1)}} + \overline{\mathfrak{H}^{(1)}*}}{2}\right]$$

$$= \sum^{ik} c_i^* c_i c_k^* c_k \{[\mathfrak{E}_{ik}^{(1)} \mathfrak{H}_{ik}^{(1)*}] + [\mathfrak{E}_{ik}^{(1)*} \mathfrak{H}_{ik}^{(1)}]\}$$

(IV, 179)

bilden würden. Dann wäre nämlich der Ausstrahlungsvektor aus den Frequenzanteilen

$$\mathfrak{f}_{ik} = [\mathfrak{E}_{ik}^{(1)} \mathfrak{H}_{ik}^{(1)*}] + [\mathfrak{E}_{ik}^{(1)*} \mathfrak{H}_{ik}^{(1)}]$$

$$= \mathfrak{R}^0 \frac{e^2 \nu_{ik}^2}{2\varepsilon_0 c^3 R^2 m^2} \{|\mathfrak{p}_{ik}|^2 - |\mathfrak{p}_{ik} \mathfrak{R}^0|^2\}$$

(IV, 180)

nach dem Schema

$$\overline{\mathfrak{S}} = \sum^{ik} c_i^* c_i c_k^* c_k \mathfrak{f}_{ik}$$

(IV, 181)

zusammengesetzt. Die Formel (IV, 181) zeigt ganz deutlich, daß in unserer Behandlung der Ausstrahlung ein Fehler steckt. $c_i^* c_i$ ist die Wahrscheinlichkeit dafür, daß sich das Elektron im i-ten Quantenzustand befindet, von dem aus die Frequenzen ν_{ik} in die anderen Zustände führen. Wir müßten statt (IV, 181) eine Formel

$$\overline{\mathfrak{S}} = \sum^{ik} c_i^* c_i \mathfrak{f}_{ik}$$

(IV, 182)

erwarten. Nach (IV, 181) könnte keine Emission stattfinden, wenn $c_i = 1$ ist und alle anderen Koeffizienten c_k verschwinden.

Woher der Fehler rührt, ist verhältnismäßig leicht zu erkennen. In (IV, 173) ist der Erwartungswert $\overline{\mathfrak{E}^{(1)}}$ in die Beiträge der Volumenelemente $d\tau$ aufgegliedert. Nun ist in Wirklichkeit nicht das Elektron selbst über den Raum ausgebreitet, sondern nur die Wahrscheinlichkeit bzw. Häufigkeit seines Aufenthaltes ist über den Raum verteilt. In jedem Zeitpunkt befindet es sich an einer bestimmten Stelle, bringt dort einen Strom, wie auch das elektrische und magnetische Feld der Ausstrahlung und natürlich auch dessen Poyntingschen Vektor hervor. Wir dürfen also nicht den Erwartungswert des Poyntingschen Vektors bilden, in dem wir die Erwartungswerte der beiden Feldstärken multiplizieren, sondern müssen jedem Volumenelement einzeln die Anteile $d\mathfrak{E}^{(1)}$ und $d\mathfrak{H}^{(1)}$ der Felder und einen Anteil $d\mathfrak{S}$ des Poyntingschen Vektors zuordnen.

Dies bedeutet, daß mit den Feldstärken des Strahlungsfeldes und dem Poyntingschen Vektor nicht anders zu verfahren ist, wie mit allen anderen Eigenschaften. Wir müssen also die Matrizen $\mathfrak{E}^{(1)}$ und $\mathfrak{H}^{(1)}$ der Feldstärken aufsuchen, welche die Elemente $\mathfrak{E}_{ik}^{(1)}$ und $\mathfrak{H}_{ik}^{(1)}$ besitzen, und mit ihnen die Matrix $\mathfrak{S}$ des

H. IV. Quantentheorie zeitabhängiger Systeme.

Poyntingschen Vektors bilden. Wenn wir

$$\mathfrak{E}^{(1)} = \frac{-ie}{2h\varepsilon_0 c^2 m R} e^{\frac{2\pi i R}{hc}E} \{E(\mathfrak{p} - \mathfrak{R}^0(\mathfrak{p}\mathfrak{R}^0)) - (\mathfrak{p} - \mathfrak{R}^0(\mathfrak{p}\mathfrak{R}^0))E\} e^{-\frac{2\pi i R}{hc}E},$$

$$\mathfrak{H}^{(1)} = \frac{ie}{2hcm R} e^{\frac{2\pi i R}{hc}E} \{E[\mathfrak{p}\,\mathfrak{R}^0] - [\mathfrak{p}\,\mathfrak{R}^0]E\} e^{-\frac{2\pi i R}{hc}E} \qquad (\text{IV}, 183)$$

ansetzen, ergeben sich tatsächlich die Ausdrücke (IV, 176) für ihre Elemente.

Während die Matrizen $\mathfrak{E}$ und $\mathfrak{H}$ hermitisch sind, ist $[\mathfrak{E}\mathfrak{H}]$ nicht hermitisch. Es gilt nämlich

$$[\mathfrak{E}\mathfrak{H}]^\dagger = -[\mathfrak{H}^\dagger\,\mathfrak{E}^\dagger] = -[\mathfrak{H}\,\mathfrak{E}] \neq [\mathfrak{E}\mathfrak{H}], \qquad (\text{IV}, 184)$$

da $\mathfrak{E}$ und $\mathfrak{H}$ als Matrizen nicht vertauschbar sind. Wir können also nicht $\mathfrak{S} = [\mathfrak{E}\mathfrak{H}]$ bilden, sondern müssen statt dessen den hermitischen Ansatz

$$\mathfrak{S} = [\mathfrak{E}\mathfrak{H}] - [\mathfrak{H}\mathfrak{E}] \qquad (\text{IV}, 185)$$

für den Strahlungsvektor machen. Wenn das Atom sich im i-ten Quantenzustand befindet, finden wir seinen Erwartungswert

$$\mathfrak{S}_{ii} = \sum_k \{[\mathfrak{E}^{(1)}_{ik}\,\mathfrak{H}^{(1)}_{ki}] - [\mathfrak{H}^{(1)}_{ik}\,\mathfrak{E}^{(1)}_{ki}]\}$$

$$= \sum_k \{[\mathfrak{E}^{(1)}_{ik}\,\mathfrak{H}^{(1)}_{ki}] + [\mathfrak{E}^{(1)}_{ki}\,\mathfrak{H}^{(1)}_{ik}]\} \qquad (\text{IV}, 186)$$

$$= \sum_k \{[\mathfrak{E}^{(1)}_{ik}\,\mathfrak{H}^{(1)*}_{ik}] + [\mathfrak{E}^{(1)*}_{ik}\,\mathfrak{H}^{(1)}_{ik}]\}$$

Durch Vergleich mit (IV, 180) ergibt sich

$$\mathfrak{S}_{ii} = \sum_k \mathfrak{f}_{ik}. \qquad (\text{IV}, 187)$$

Im allgemeinen Fall erhalten wir den Erwartungswert (Zeitmittelwert)

$$\widetilde{\mathfrak{S}} = \sum_i c_i^* c_i \mathfrak{S}_{ii} = \sum_{ik} c_i^* c_i \mathfrak{f}_{ik} \qquad (\text{IV}, 188)$$

für die Ausstrahlung.

Da zwischen den Matrizen $\mathfrak{p}$ des Impulses und $\mathfrak{r}$ des Ortsvektors des Elektrons die Beziehung

$$\frac{\mathfrak{p}}{m} = \dot{\mathfrak{r}} = \frac{2\pi i}{h}(E\mathfrak{r} - \mathfrak{r}E) \qquad (\text{IV}, 189)$$

besteht, gilt für die Elemente

$$\frac{p_{ik}}{m} = \frac{2\pi i}{h}(E_i - E_k)\mathfrak{r}_{ik} = 2\pi i\,\nu_{ik}\mathfrak{r}_{ik}. \qquad (\text{IV}, 190)$$

Setzt man dies in (IV, 180) ein, so erhält man

$$\mathfrak{f}_{ik} = \mathfrak{R}^0 \frac{2e^2\pi^2 \nu_{ik}^4}{\varepsilon_0 c^3 R^2}\{|\mathfrak{r}_{ik}|^2 - |\mathfrak{r}_{ik}\mathfrak{R}^0|^2\}. \qquad (\text{IV}, 191)$$

Der Realteil $\mathfrak{r}'_{ik}$ von $\mathfrak{r}_{ik}$ bilde mit $\mathfrak{R}^0$ den Winkel α, der Imaginärteil $\mathfrak{r}''_{ik}$ den Winkel β. Dann ist

$$|\mathfrak{r}_{ik}\mathfrak{R}^0|^2 = \mathfrak{r}'^2_{ik}\cos^2\alpha + \mathfrak{r}''^2_{ik}\cos^2\beta \qquad (\text{IV}, 192)$$

und

$$|\mathfrak{r}_{ik}|^2 - |\mathfrak{r}_{ik}\mathfrak{R}^0|^2 = \mathfrak{r}'^2_{ik}\sin^2\alpha + \mathfrak{r}''^2_{ik}\sin^2\beta. \qquad (\text{IV}, 193)$$

*§ 8. Die halbklassische Theorie der spontanen Lichtemission.

Wir erhalten damit

$$\mathfrak{f}_{ik} = \mathfrak{R}^0 \frac{2 e^2 \pi^2 \nu_{ik}^4}{\varepsilon_0 c^3 R^2} \{\mathfrak{r}_{ik}'^2 \sin^2\alpha + \mathfrak{r}_{ik}''^2 \sin^2\beta\}. \tag{IV, 194}$$

Integrieren wir den Energiefluß der Frequenz ν_{ik} über eine große Kugel vom Radius R, so finden wir die Gesamtausstrahlung

$$S_{ik} = \int (\mathfrak{f}_{ik} d\mathfrak{f}) = \frac{4\pi^3 e^2 \nu_{ik}^4}{\varepsilon_0 c^3} \left\{ \mathfrak{r}_{ik}'^2 \int_0^\pi \sin^3\alpha \, d\alpha + \mathfrak{r}_{ik}''^2 \int_0^\pi \sin^3\beta \, d\beta \right\}$$

$$= \frac{16\pi^3 e^2 \nu_{ik}^4}{3\varepsilon_0 c^3} (\mathfrak{r}_{ik}'^2 + \mathfrak{r}_{ik}''^2) \tag{IV, 195}$$

$$= \frac{16\pi^3 e^2 \nu_{ik}^4}{3\varepsilon_0 c^3} |\mathfrak{r}_{ik}|^2$$

dieser Frequenz.

Damit wäre das Strahlungsfeld $\mathfrak{S}_{ii}$ mit den Frequenzen

$$\nu_{ik} = \frac{E_i - E_k}{h} \tag{IV, 196}$$

und den Strahlungsvektoren

$$\mathfrak{f}_{ik} = \mathfrak{R}^0 \frac{2 e^2 \pi^2 \nu_{ik}^4}{\varepsilon_0 c^3 R^2} \{|\mathfrak{r}_{ik}|^2 - |\mathfrak{r}_{ik} \mathfrak{R}^0|^2\} \tag{IV, 197}$$

als eine Eigenschaft des i-ten Quantenzustandes des atomaren Systems beschrieben. Die Integration von (IV, 187) über eine große Kugel liefert die sekundliche Abstrahlung

$$\int (\mathfrak{S}_{ii} d\mathfrak{f}) = \sum^k S_{ik} = \frac{16\pi^3 e^2}{3\varepsilon_0 c^3} \sum^k \nu_{ik}^4 |\mathfrak{r}_{ik}|^2. \tag{IV, 198}$$

Wenn man

$$A_{ik} = \frac{16\pi^3 e^2}{3 h \varepsilon_0 c^3} \nu_{ik}^3 |\mathfrak{r}_{ik}|^2 \tag{IV, 199}$$

einführt, nimmt die Gesamtabstrahlung (IV, 198) die Form

$$\int (\mathfrak{S}_{ii} d\mathfrak{f}) = \sum^k A_{ik} h \nu_{ik} \tag{IV, 200}$$

an. Diese Formel kann man auch so interpretieren, daß die Abstrahlung die Eigenwerte $h\nu_{ik}$ besitzt und daß A_{ik} die Wahrscheinlichkeit dafür ist, daß der Eigenwert $h\nu_{ik}$ vorliegt, wenn sich das Atom im i-ten Quantenzustand befindet.

Damit ist das Strahlungsfeld in die Quantentheorie der atomaren Systeme einbezogen. In erster Näherung wird das atomare System berechnet, in zweiter Näherung findet man dann die Lichtausstrahlung als eine seiner Eigenschaften. Wenn aber das Strahlungsfeld die Energie $h\nu_{ik}$ vom Atom aufnimmt und ins Unendliche abführt, muß das Atom diesen Energiebetrag einbüßen. Dies stellen wir uns so vor, daß es sich während des Strahlungsprozesses vom i-ten in den k-ten Quantenzustand begibt. Die Emission ist mit einem Quantensprung (Elektronensprung) verknüpft, den wir zur Erhaltung der Energie fordern müssen. Mit dem Ausdruck „Sprung" soll aber keine besondere Plötzlichkeit der Emission oder der Veränderung im Atom angedeutet sein, sondern es ist nur gemeint, daß der i-te Zustand vor dem Sprung und der k-te danach vorliegt. A_{ik} ist also nicht nur die Wahrscheinlichkeit für die Ausstrahlung des Lichtquants $h\nu_{ik}$, sondern zugleich die Übergangswahrscheinlichkeit vom i-ten in den k-ten Zustand.

1034   H. IV. Quantentheorie zeitabhängiger Systeme.

Diese „halbklassische" Theorie der spontanen Emission zeigt eine ganz ähnliche Unvollkommenheit wie die Theorie der Anregung im § 5. Während wir dort die Veränderung im Atom richtig berechnen konnten, aber die Absorption des Lichtes nur aus dem Energiesatz fordern konnten, liegt die Sache bei der Emission umgekehrt. Die Ausstrahlung wird richtig berechnet, aber die Änderung des Quantenzustandes des Atoms wird nur aus dem Energiesatz gefolgert. Eine geschlossene Theorie der Wechselwirkungen von Materie und Strahlung bedeuten diese Untersuchungen also noch nicht.

*§ 9. Der Comptoneffekt.

Inhalt: Streuung des Lichtes unter Verminderung der Frequenz und Ablösung eines Elektrons wird Comptoneffekt genannt. Die Abhängigkeit der Frequenzänderung vom Streuwinkel kann aus Impulssatz und Energiesatz berechnet werden, die Intensitätsverteilung über den Streuwinkel erfordert eine quantenmechanische Durchrechnung. Die Verteilung zeigt für hohe Frequenz eine starke Voreilung. Formel von KLEIN und NISHINA.

Bezeichnungen: m_0 Ruhmasse des Elektrons, v Geschwindigkeit des Comptonelektrons, ν ursprüngliche Frequenz, ν' Streufrequenz, α Streuwinkel des Lichtquants, ϑ des Elektrons, $\lambda; \lambda'$ ursprüngliche und gestreute Wellenlänge des Lichtes, λ_0 Comptonwellenlänge des Elektrons, I_0 einfallende Lichtintensität, I Streuintensität, R Abstand vom Streuatom.

Trifft ein Lichtstrahl auf ein Atom, so können drei verschiedene Wirkungen eintreten. Das Licht kann erstens gestreut werden. Hierbei ändert es nur seine Fortpflanzungsrichtung, ohne an das Atom Energie abzugeben. Zweitens kann das Lichtquant absorbiert werden, wobei seine Energie auf das Atom übertragen wird. Dies kann zur Anregung oder auch zur Ionisation führen. Schließlich kann das Quant einen Teil seiner Energie an das Atom abgeben, selbst aber mit einer kleineren Frequenz gestreut werden. Wird die abgegebene Energie zur Anregung eines Atoms oder Moleküls verwendet, so bezeichnet man den Vorgang als Ramaneffekt, wird ein Elektron abgetrennt, so bezeichnet man den Vorgang als Comptoneffekt.

Von der Energie, welche das Lichtquant an das Elektron abgibt, muß zunächst die Ablösearbeit bestritten werden. Den Rest bekommt das Elektron als kinetische Energie mit. Wenn vorwiegend locker gebundene Elektronen abgetrennt werden, deren Ionisierungsarbeit klein ist, kann man die Elektronen in guter Annäherung als frei ansehen und von der Ablösearbeit überhaupt absehen. Der Comptoneffekt wäre dann die Wechselwirkung eines Lichtquants mit einem ruhenden freien Elektron.

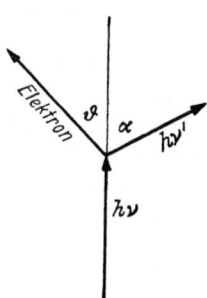

Abb. 323. Comptoneffekt.

Wie auch immer der Vorgang im einzelnen verläuft, immer muß dabei der Energiesatz und der Impulssatz gewahrt werden. Vor der Wechselwirkung hat das Elektron keinen Impuls und die Energie $m_0 c^2$. Das Lichtquant hat die Energie $h\nu$ und den Impuls $h\nu/c$. Nachdem der Comptoneffekt stattgefunden hat, möge das Lichtquant die Frequenz ν' besitzen und sich in einer Richtung fortbewegen, die mit seiner ursprünglichen Richtung den Winkel α einschließt. Das Elektron besitze nachher die Geschwindigkeit v, die mit der Einfallsrichtung des Lichtes den Winkel ϑ bilde (s. Abb. 323). Der Energiesatz liefert dann die Bedingung (relativistisch)

$$h\nu + m_0 c^2 = h\nu' + \frac{m_0 c^2}{\sqrt{1 - \frac{v^2}{c^2}}}, \qquad \text{(IV, 201)}$$

*§ 9. Der Comptoneffekt.

der Impulssatz die Gleichung

$$\frac{h\nu}{c} = \frac{h\nu'}{c}\cos\alpha + \frac{m_0 v \cos\vartheta}{\sqrt{1-\frac{v^2}{c^2}}} \qquad \text{(IV, 202)}$$

für die Impulskomponenten in der ursprünglichen Richtung und

$$0 = \frac{h\nu'}{c}\sin\alpha - \frac{m_0 v \sin\vartheta}{\sqrt{1-\frac{v^2}{c^2}}} \qquad \text{(IV, 203)}$$

für die Komponenten senkrecht dazu. Mit Hilfe dieser Gleichungen kann man bei gegebenem ν zu jeder Richtung α die Frequenz ν' berechnen, ebenso natürlich die Geschwindigkeit v und Richtung ϑ des abgetrennten Elektrons. Man erhält also die Frequenz des Streulichtes in Abhängigkeit vom Streuwinkel α. Um dafür wirklich eine Formel zu gewinnen, muß man zuerst ϑ aus (IV, 202) und (IV, 203) eliminieren, wodurch

$$\frac{h^2}{c^2}\{(\nu - \nu'\cos\alpha)^2 + \nu'^2\sin^2\alpha\} = \frac{m_0^2 v^2}{1-\frac{v^2}{c^2}}. \qquad \text{(IV, 204)}$$

entsteht. Addiert man auf beiden Seiten $m_0^2 c^2$, so erhält man

$$\frac{h^2}{c^2}\{(\nu - \nu'\cos\alpha)^2 + \nu'^2\sin^2\alpha\} + m_0^2 c^2 = \frac{m_0^2 c^2}{1-\frac{v^2}{c^2}}. \qquad \text{(IV, 205)}$$

Aus (IV, 201) ergibt sich aber

$$\frac{1}{c^2}\{h(\nu - \nu') + m_0 c^2\}^2 = \frac{m_0^2 c^2}{1-\frac{v^2}{c^2}} \qquad \text{(IV, 206)}$$

und man gelangt zu der Beziehung

$$\frac{h^2}{c^2}\{(\nu - \nu'\cos\alpha)^2 + \nu'^2\sin^2\alpha\} + m_0^2 c^2 = \frac{1}{c^2}\{h(\nu - \nu') + m_0 c^2\}^2, \qquad \text{(IV, 207)}$$

die v nicht mehr enthält, indem man die linken Seiten von (IV, 205) und (IV, 206) gleichsetzt. Sie vereinfacht sich leicht auf

$$\frac{h\nu\nu'}{m_0 c}(1-\cos\alpha) = (\nu - \nu')c. \qquad \text{(IV, 208)}$$

Führen wir die Wellenlängen

$$\lambda = \frac{c}{\nu}; \quad \lambda' = \frac{c}{\nu'} \qquad \text{(IV, 209)}$$

des einfallenden und gestreuten Lichtes und die sogenannte Comptonwellenlänge

$$\lambda_0 = \frac{h}{m_0 c} \qquad \text{(IV, 210)}$$

des Elektrons ein, so geht (IV, 208) in

$$\lambda_0(1-\cos\alpha) = \lambda' - \lambda \qquad \text{(IV, 211)}$$

über. λ_0 ist die Wellenläge eines Lichtquants, dessen Energie der Masse eines Elektrons entspricht. Sie beträgt $2,4 \cdot 10^{-10}$ cm $= 0,024$ ÅE. und fällt in das Gebiet der γ-Strahlen.

Die Gl. (IV, 211), welche das Spektrum des Streulichtes abhängig vom Streuwinkel bestimmt, kann ohne Hinblick auf die Einzelvorgänge beim Comptoneffekt aus dem Impuls- und Energiesatz allein gewonnen werden. Relativistische Effekte sind schon mitberücksichtigt. Um die Intensitätsverteilung über den Streuwinkel zu berechnen, muß man hingegen den Streuprozeß quantenmechanisch durchrechnen.

Die ziemlich komplizierte Rechnung ergibt ohne Berücksichtigung der Relativitätstheorie die Intensitätsverteilung

$$I = \frac{I_0}{R^2} \left(\frac{e^2}{m_0 c^2}\right)^2 \left(\frac{\nu'}{\nu}\right)^3 \frac{1 + \cos^2\alpha}{2} \qquad (IV, 212)$$

für unpolarisiert einfallende Strahlung, wo I_0 die Intensität der einfallenden Strahlung und R den Abstand des Beobachters vom streuenden Atom bedeutet. Rechnet man mit der relativistischen Diracschen Theorie, so gelangt man zu der Formel

$$I = \frac{I_0}{2R^2} \left(\frac{e^2}{m_0 c^2}\right)^2 \left(\frac{\nu'}{\nu}\right)^3 \left(\frac{\nu}{\nu'} + \frac{\nu'}{\nu} - \sin^2\alpha\right) \qquad (IV, 213)$$

von KLEIN und NISHINA. Sie geht in die einfachere Form (IV, 212) über, wenn man

$$\frac{\nu}{\nu'} + \frac{\nu'}{\nu} = 2 \qquad (IV, 214)$$

setzt. Führt man statt der Frequenzen die Wellenlängen ein, so erhält man statt (IV, 213)

$$I = \frac{I_0}{2R^2} \left(\frac{e^2}{m_0 c^2}\right)^2 \left(\frac{\lambda}{\lambda'}\right)^3 \left(\frac{\lambda'}{\lambda} + \frac{\lambda}{\lambda'} - \sin^2\alpha\right). \qquad (IV, 215)$$

Die Streufigur für Röntgenstrahlen von 50 Kilovolt ($\lambda = 10 \lambda_0$) ist in Abb. 324a gezeichnet. I ist als Radiusvektor gegen α aufgetragen. Auffallend ist, daß nach

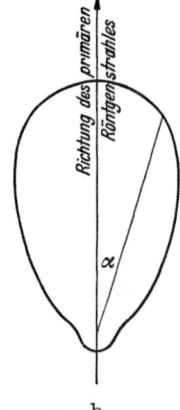

a) Wellenlänge der Primärstrahlen ist die zehnfache Comptonwellenlänge.

b) Wellenlänge der Primärstrahlen ist gleich der Comptonwellenlänge.

Abb. 324. Streuintensität beim Comptoneffekt als Radiusvektor, gegen Streuwinkel α aufgetragen.

vorn stärker gestreut wird als nach rückwärts. Diese Unsymmetrie verstärkt sich um so mehr, je härter die Röntgenstrahlung wird. Für eine Strahlung der Comptonwellenlänge erhält man fast nur noch Vorwärtsstreuung, wie dies in der Kurve der Abb. 324b angedeutet ist.

Führen wir schließlich noch

$$\sigma = \frac{\lambda_0}{\lambda} = \frac{h\nu}{m_0 c^2} \qquad (IV, 216)$$

ein, so geht (IV, 215) mit (IV, 211) in die Formel

$$I = \frac{I_0}{2R^2} \left(\frac{e^2}{m_0 c^2}\right) \left(\frac{1}{1+\sigma(1-\cos\alpha)}\right)^3 \left(1 + \cos^2\alpha + \frac{\sigma^2(1-\cos\alpha)^2}{1+\sigma(1-\cos\alpha)}\right) \qquad (IV, 217)$$

über, nach der die Abb. 324a und 324b berechnet sind.

V. Translatorische Bewegungen.

Die Bewegung eines Elementarteilchens hat translatorischen Charakter, wenn seine Gesamtenergie größer als seine potentielle Energie im Unendlichen ist.

Am ausgeprägtesten haben wir die Translation vor uns, wenn gar keine Kräfte auf das Elementarteilchen wirken, wenn also die potentielle Energie konstant ist, oder, was auf dasselbe hinauskommt, verschwindet. Die Hamiltonfunktion und der zugehörige Operator eines einzelnen Teilchens haben dann die einfache Form

$$H = \frac{\mathfrak{p}^2}{2m}; \quad \mathbb{H} = \frac{\mathfrak{P}^2}{2m} = -\frac{h^2}{8\pi^2 m}\Delta \qquad (V, 1)$$

und die Wellengleichung lautet

$$-\frac{h^2}{8\pi^2 m}\Delta\Psi + \frac{h}{2\pi i}\frac{\partial\Psi}{\partial t} = 0. \qquad (V, 2)$$

Der Ansatz

$$\Psi = \psi\, e^{-\frac{2\pi i}{h}Et} \qquad (V, 3)$$

führt zu der Schrödingergleichung

$$\frac{h^2}{8\pi^2 m}\Delta\psi + E\psi = 0. \qquad (V, 4)$$

Bei translatorischen Bewegungen darf man nicht verlangen, daß Ψ im Unendlichen verschwinde, weil sich das Teilchen ja ins Unendliche entfernen darf. Wohl aber muß Ψ im Unendlichen endlich bleiben. Auch der Teilchenfluß ins Unendliche braucht nicht Null zu sein. Im Gegenteil, es liegt im Wesen der Translation, daß sie das Teilchen ins Unendliche entführt, und dies drückt sich gerade durch endlichen Teilchenfluß im Unendlichen aus.

Die Ψ-Funktion kann sich bei translatorischen Bewegungen auch auf mehrere Teilchen beziehen, d. h. für ein System von vielen Teilchen gelten. In solchen Fällen setzt man oft nicht die Normierungsbedingung

$$\int \Psi^* \Psi\, d\tau = 1 \qquad (V, 5)$$

fest, sondern

$$\int \Psi^* \Psi\, d\tau = N, \qquad (V, 6)$$

wo N die Zahl der Teilchen ist, welche im betrachteten Raum vorhanden sind.

Natürlich muß Ψ im ganzen Raum eindeutig und stetig sein, im übrigen richten sich die Randbedingungen nach den besonderen experimentellen Bedingungen.

§ 1. Die einfachsten Fälle der reinen Translation und ihre experimentelle Realisierung.

Inhalt: Ebene Wellen als Lösungen der kräftefreien Wellengleichung. Wellenlänge und Impuls hängen durch die de Brogliesche Beziehung zusammen. Beugung von Materiewellen.

Bezeichnungen: Ψ Wellenfunktion, ψ ihr Raumanteil, E Energie des Teilchens, m Masse des Teilchens, ϱ räumliche Teilchendichte, c Wellenamplitude, $\mathfrak{j}$ Teilchenstrom, v klassische Geschwindigkeit, x, y, z Koordinaten, p_x, p_y, p_z Impulskomponenten, $\tilde{p}, \tilde{p}_x, \tilde{p}_y, \tilde{p}_z$ Gesamtwerte des Impulses und seiner Komponenten, $\mathfrak{P}, \mathfrak{P}_x, \mathfrak{P}_y, \mathfrak{P}_z$ zugehörige Operatoren, λ de Brogliewellenlänge.

Im kräftefreien Raum gilt die Wellengleichung

$$\Delta \Psi + \frac{4\pi i m}{h} \frac{\partial \Psi}{\partial t} = 0. \tag{V, 7}$$

Mit dem Ansatz

$$\Psi = \psi \, e^{-\frac{2\pi i E t}{h}} \tag{V, 8}$$

wählen wir diejenigen Lösungen aus, welche jedem Teilchen eine Energie E zuweisen und erhalten für ψ die Schrödingergleichung

$$\Delta \psi + \frac{8\pi^2 m}{h^2} E \psi = 0. \tag{V, 9}$$

Ebene Wellen. Wenn ψ nur von einer kartesischen Koordinate, z. B. x, abhängt, dagegen y und z nicht enthält, reduziert sich die Schrödingergleichung auf

$$\frac{d^2 \psi}{d x^2} + \frac{8\pi^2 m}{h^2} E \psi = 0 \tag{V, 10}$$

mit der allgemeinen Lösung

$$\psi = c_1 e^{\frac{2\pi i}{h} x \sqrt{2mE}} + c_2 e^{-\frac{2\pi i}{h} x \sqrt{2mE}}. \tag{V, 11}$$

Die Wellenfunktion setzt sich aus den partikulären Anteilen

$$\Psi_1 = c_1 e^{\frac{2\pi i}{h}(x\sqrt{2mE} - Et)} \tag{V, 12}$$

und

$$\Psi_2 = c_2 e^{-\frac{2\pi i}{h}(x\sqrt{2mE} + Et)} \tag{V, 13}$$

additiv zusammen. Wir untersuchen diese Lösungen zuerst einzeln. Die Teilchendichte

$$\varrho_1 = \Psi_1^* \Psi_1 = c_1^* c_1; \quad \varrho_2 = \Psi_2^* \Psi_2 = c_2^* c_2 \tag{V, 14}$$

ist im ganzen Raum konstant.

§ 1. Einfachste Fälle der reinen Translation und ihre experimentelle Realisierung.

Zu den partikulären Lösungen (V, 12) und (V, 13) gehören Ströme, welche nur die x-Komponente

$$j_{1x} = \frac{h}{4\pi i m}\left(\Psi_1^* \frac{\partial \Psi_1}{\partial x} - \Psi_1 \frac{\partial \Psi_1^*}{\partial x}\right) = c_1^* c_1 \sqrt{\frac{2E}{m}} = \varrho_1 \sqrt{\frac{2E}{m}}, \qquad (V, 15)$$

$$j_{2x} = \frac{h}{4\pi i m}\left(\Psi_2^* \frac{\partial \Psi_2}{\partial x} - \Psi_2 \frac{\partial \Psi_2^*}{\partial x}\right) = -c_2^* c_2 \sqrt{\frac{2E}{m}} = -\varrho_2 \sqrt{\frac{2E}{m}} \qquad (V, 16)$$

haben, da Ψ nur von x abhängt. Die Stromdichten sind den Teilchendichten proportional. Sehen wir das Verhältnis beider als Geschwindigkeit der Teilchen an, so erhalten wir

$$v_{1x} = \frac{j_{1x}}{\varrho_1} = \sqrt{\frac{2E}{m}}; \qquad E = \frac{m}{2} v_{1x}^2, \qquad (V, 17)$$

$$v_{2x} = \frac{j_{2x}}{\varrho_2} = -\sqrt{\frac{2E}{m}}; \qquad E = \frac{m}{2} v_{2x}^2. \qquad (V, 18)$$

Die physikalische Bedeutung der partikulären Integrale (V, 12) und (V, 13) ist also völlig klar. Die Lösung Ψ_1 bedeutet einen homogenen Teilchenstrom, der den ganzen Raum in der positiven x-Richtung durchströmt, während die Lösung Ψ_2 einen solchen Strom in entgegengesetzter Richtung meint.

De Broglie-Wellenlänge. Elektronenbeugung. Die Elektronen, welche von einer Elektronenquelle emittiert werden, mögen in der x-Richtung beschleunigt werden, bis sie eine kinetische Energie E besitzen. Das Innere des entstehenden Elektronenstrahlbündels kann man durch die Wellenfunktion[1]

$$\Psi = c\, e^{\frac{2\pi i}{h}(x\sqrt{2mE} - Et)} = c\, e^{2\pi i\left(\frac{x}{\lambda} - \nu t\right)} \qquad (V, 19)$$

beschreiben. Um auch den Rand des Bündels mit zu erfassen, müßte man zu einer Ψ-Funktion greifen, welche mit y und z abnimmt.

Das Strahlenbündel besitzt im Innern angenähert die Eigenschaften einer ebenen Welle, die mit der Geschwindigkeit

$$u = \sqrt{\frac{E}{2m}} = \frac{v_x}{2} \qquad (V, 20)$$

fortschreitet. Ihre Frequenz

$$\nu = \frac{E}{h} \qquad (V, 21)$$

ist der kinetischen Energie proportional und ihre Wellenlänge

$$\lambda = \frac{h}{\sqrt{2mE}} = \frac{h}{m v_x} = \frac{h}{p_x} \qquad (V, 22)$$

ist dem Impuls umgekehrt proportional. (V, 22) ist die de Brogliesche Beziehung und λ wird „de Broglie-Wellenlänge" genannt. Bei sehr großen Elektronengeschwindigkeiten, bei kleinen Wellenlängen also, muß man eine relativistische Korrektur berücksichtigen und erhält dann

$$\lambda = \frac{h}{\sqrt{2mE\left(1 + \frac{E}{2mc_0^2}\right)}} \qquad (V, 23)$$

(c_0 = Lichtgeschwindigkeit).

---
[1] c bedeutet nicht die Lichtgeschwindigkeit, sondern eine Konstante.

Die Tabelle zeigt, wie λ mit der Energie in e-Volt zusammenhängt.

e-Volt	$\lambda \cdot 10^{-8}$ cm	e-Volt	$\lambda \cdot 10^{-8}$ cm
0,1	38,67	1000	0,3865
1,0	12,33	10^4	0,1217
10	3,867	10^5	0,0369
100	1,233	10^6	0,008683

Von $10^5 e$-Volt an ist die relativistische Korrektion bedeutend.

Läßt man die Elektronenstrahlen auf ein Gitter oder einen Kristall fallen, so entstehen Beugungserscheinungen, wie beim Auffallen von Licht oder Röntgenstrahlen.

Nebenbei sei bemerkt, daß auch für ganze Atome grundsätzlich dasselbe gilt wie für Elektronen. Der Unterschied besteht nur darin, daß die Wellenlängen der Atome wegen ihrer größeren Masse noch viel kleiner sind und deshalb auch schwieriger durch Beugungserscheinungen nachzuweisen. Trotzdem konnte an Molekularstrahlen die Beugung gut beobachtet werden. (Näheres über Elektronenbeugung siehe S. 1723.)

§ 2. Allgemeine Lösung der kräftefreien Wellengleichung.

Inhalt: Allgemeinere Lösungen der Wellengleichung können aus ebenen Wellen superponiert und als Wellenpakete angesehen werden. Ein Wellenpaket lokalisiert ein Teilchen im Raum. Die Impulse der Einzelwellen des Paketes streuen aber über ein um so größeres Impulsintervall, je genauer die räumliche Lokalisierung ist.

Wenn wir

$$p_x = \sqrt{2mE} \qquad (V, 24)$$

in (V, 19) einbringen, erhält die Welle die Form

$$\Psi = c e^{\frac{2\pi i}{h}(x p_x - E t)}. \qquad (V, 25)$$

Dies können wir zu

$$\Psi = c e^{\frac{2\pi i}{h}(\mathfrak{r}\mathfrak{p} - E t)} \qquad (V, 26)$$

verallgemeinern, wenn die ebene Welle nicht in der x-Richtung, sondern in Richtung des Impulses $\mathfrak{p}$ fortschreitet. Wir können dann

$$\mathfrak{p} \Psi = \frac{h}{2\pi i} \operatorname{grad} \Psi = \mathfrak{p} c e^{\frac{2\pi i}{h}(\mathfrak{r}\mathfrak{p} - E t)} = \mathfrak{p} \Psi \qquad (V, 27)$$

und

$$\frac{h}{2\pi i} \frac{\partial \Psi}{\partial t} = -E \Psi \qquad (V, 28)$$

bilden. Die Wellengleichung

$$\frac{\mathfrak{p}^2}{2m} \Psi + \frac{h}{2\pi i} \frac{\partial \Psi}{\partial t} = 0 \qquad (V, 29)$$

ist offenbar erfüllt, wenn

$$\frac{\mathfrak{p}^2}{2m} = E \qquad (V, 30)$$

§ 2. Allgemeine Lösung der kräftefreien Wellengleichung.

ist. Zu der ebenen Welle (V, 26) gehört die Teilchendichte

$$\varrho = \Psi^* \Psi = c^* c \qquad (V, 31)$$

und der Teilchenstrom

$$\mathfrak{i} = \frac{\mathfrak{p}}{m} \Psi^* \Psi = \frac{\mathfrak{p} c^* c}{m} = \varrho \mathfrak{v}. \qquad (V, 32)$$

Noch allgemeinere Lösungen kann man zusammenstellen, indem man mehrere oder unendlich viele partikuläre Lösungen von der Form (V, 26) superponiert. Man erhält dann

$$\Psi = \sum_{\mathfrak{p}} c(p_x, p_y, p_z) e^{\frac{2\pi i}{h}(\mathfrak{r}\mathfrak{p} - Et)} = \sum_{\mathfrak{p}} c(\mathfrak{p}) e^{\frac{2\pi i}{h}(\mathfrak{r}\mathfrak{p} - Et)}. \qquad (V, 33)$$

Hierbei ist aber noch zu beachten, daß zwischen $\mathfrak{p}$ und E immer die Beziehung

$$\mathfrak{p}^2 = p_x^2 + p_y^2 + p_z^2 = 2mE \qquad (V, 34)$$

gilt. Will man also an einer bestimmten Energie festhalten, so kann man die Summe in (V, 33) in ein Integral

$$\Psi = \iint c(p_x, p_y, p_z) e^{\frac{2\pi i}{h}(\mathfrak{r}\mathfrak{p} - Et)} dp_x dp_y, \qquad (V, 35)$$

welches über eine Kugel im Impulsraum mit dem Radius $p = \sqrt{2mE}$ läuft, verwandeln.

Man kann aber noch einen Schritt weitergehen und eine Wellenfunktion

$$\Psi = \iiint c(p_x, p_y, p_z) e^{\frac{2\pi i}{h}(\mathfrak{r}\mathfrak{p} - Et)} dp_x dp_y dp_z \qquad (V, 36)$$

konstruieren, die nicht mehr zu einem festen Wert der Energie gehört, sondern in der alle Energien vorkommen.

Wir zeigen zunächst, daß (V, 36) eine Lösung der Wellengleichung ist. Wir finden nämlich

$$\frac{h}{2\pi i} \operatorname{grad} \Psi = \iiint \mathfrak{p} c(\mathfrak{p}) e^{\frac{2\pi i}{h}(\mathfrak{r}\mathfrak{p} - E(\mathfrak{p})t)} dp_x dp_y dp_z \qquad (V, 37)$$

und

$$-\frac{h^2}{8\pi^2 m} \Delta \Psi = \frac{1}{2m} \iiint \mathfrak{p}^2 c(\mathfrak{p}) e^{\frac{2\pi i}{h}(\mathfrak{r}\mathfrak{p} - Et)} dp_x dp_y dp_z$$
$$= \iiint E(\mathfrak{p}) c(\mathfrak{p}) e^{\frac{2\pi i}{h}(\mathfrak{r}\mathfrak{p} - Et)} dp_x dp_y dp_z \qquad (V, 38)$$

können andererseits aber auch

$$\frac{h}{2\pi i} \frac{\partial \Psi}{\partial t} = -\iiint E(\mathfrak{p}) c(\mathfrak{p}) e^{\frac{2\pi i}{h}(\mathfrak{r}\mathfrak{p} - Et)} dp_x dp_y dp_z \qquad (V, 39)$$

bilden.

Wellenpakete. Jetzt müssen wir versuchen, die physikalische Bedeutung der allgemeinen Ψ-Funktion (V, 36) zu ergründen. Wir greifen zunächst nur solche Ψ-Funktionen heraus, welche von y und z nicht abhängen, weil Überlegungen im dreidimensionalen Raum etwas schwerfällig sind. Diese Ψ-Funktionen entstehen durch Superposition von ebenen Wellen, welche sämtlich in der x-Richtung fortschreiten, und werden häufig als Wellenpakete bezeichnet.

Das Wellenpaket

$$\Psi = \int_{-\infty}^{\infty} c(p_x) e^{\frac{2\pi i}{h}(x p_x - E t)} dp_x \tag{V, 40}$$

ist eine analoge Bildung zu der allgemeinen Ψ-Funktion

$$\Psi = \sum_k c_k \psi_k e^{-\frac{2\pi i}{h} E_k t} \tag{V, 41}$$

bei diskreten Eigenwerten. Der Unterschied besteht darin, daß statt der Summe ein Integral erscheint, weil die Eigenwerte dicht liegen. An die Stelle des k-ten Zustandes mit der Wellenfunktion

$$\Psi_k = \psi_k e^{-\frac{2\pi i}{h} E_k t} \tag{V, 42}$$

tritt die ebene Welle

$$\Psi(p_x) = e^{\frac{2\pi i}{h}(x p_x - E t)}, \tag{V, 43}$$

oder genauer gesagt, das Eigendifferential

$$D\Psi(p_x) = \lim_{\Delta \to 0} \frac{1}{\sqrt{\Delta}} \int_{p_x - \frac{\Delta}{2}}^{p_x + \frac{\Delta}{2}} e^{\frac{2\pi i}{h}(x p_x - E t)} dp_x. \tag{V, 44}$$

Im Gegensatz zu den Funktionen (V, 42), sind allerdings die Funktionen (V, 43) nicht normiert bzw. in der Volumeneinheit normiert.

Im Zeitpunkt $t = 0$ geht Ψ in die Ortsfunktion

$$\Psi(x, t = 0) = \psi_0 = \int_{-\infty}^{\infty} c(p_x) e^{\frac{2\pi i}{h} x p_x} dp_x \tag{V, 45}$$

über. Man ersieht daraus, daß man jede Funktion Ψ aus fortschreitenden Wellen aufbauen kann, wenn sie quadratisch integriert werden kann, d. h. wenn das Integral

$$\int_{-\infty}^{\infty} \psi_0^* \psi_0 \, dx = \text{endlich} \tag{V, 47}$$

existiert und zur Normierung dienen kann. Die Normierbarkeit bedeutet aber, daß $\psi_0^* \psi_0$ als räumliche Wahrscheinlichkeitsverteilung eines Elementarteilchens auftreten kann. Jede solche Wahrscheinlichkeitsverteilung über die x-Koordinate läßt sich also mathematisch als Superposition ebener Wellen beschreiben.

Ist ψ_0 vorgegeben, so kann man sofort die Spektralfunktion

$$c(p_x) = \frac{1}{h} \int_{-\infty}^{\infty} \psi_0 e^{-\frac{2\pi i}{h} x p_x} dx \tag{V, 48}$$

§ 2. Allgemeine Lösung der kräftefreien Wellengleichung.

nach dem Fourierschen Integraltheorem auffinden. Aus der Normierung

$$\int_{-\infty}^{\infty} \psi_0^* \psi_0 \, dx = 1 \qquad (V, 49)$$

von ψ_0 geht beim Einsetzen von

$$\psi_0^* = \int_{-\infty}^{\infty} c^*(p_x) e^{-\frac{2\pi i}{h} x p_x} \, dp_x \qquad (V, 50)$$

und (V, 48) die Normierungsbedingung

$$1 = \int_{-\infty}^{\infty} \int_{-\infty}^{\infty} c^*(p_x) e^{-\frac{2\pi i}{h} x p_x} \psi_0 \, dx \, dp_x = h \int_{-\infty}^{\infty} c^*(p_x) c(p_x) \, dp_x \qquad (V, 51)$$

für $c(p_x)$ hervor.

Die Konstruktion von Wellenpaketen öffnet uns neue Möglichkeiten. Eine einzelne ebene Welle bedeutet nach den vorigen Abschnitten eine längs der x-Achse konstante Wahrscheinlichkeitsverteilung für das Teilchen, also keinerlei räumliche Lokalisierung. Ein Wellenpaket hingegen erlaubt uns, wenigstens zu einem bestimmten Zeitpunkt (daß $t = 0$ gesetzt ist, bedeutet keine Einschränkung der Allgemeinheit), das Teilchen in beliebig vorgegebener Weise auf die x-Koordinate zu verteilen, d. h. es mehr oder weniger auf einen engeren räumlichen Bezirk zu beschränken.

Soll ψ_0 z. B. von $x = -L/2$ bis $x = +L/2$ den Wert $1/\sqrt{L}$ haben und sonst überall verschwinden, so ist das Teilchen über das Intervall von $-L/2$ bis $L/2$ gleichmäßig verteilt. Nach (V, 48) finden wir

$$c(p_x) = \frac{1}{h\sqrt{L}} \int_{-\frac{L}{2}}^{+\frac{L}{2}} e^{-\frac{2\pi i}{h} x p_x} \, dx \qquad (V, 52)$$

$$= \frac{1}{\pi p_x \sqrt{L}} \sin \frac{\pi p_x L}{h} = \frac{\sqrt{L}}{h} \frac{\sin \delta}{\delta}.$$

Die Funktion $\sin \delta/\delta$ besitzt für $\delta = 0$ ein Maximum vom Werte 1, und wir erhalten für $p_x = 0$ den Wert $c(0) = \sqrt{L}/h$. Für größere δ entstehen Maxima und Minima, die mit wachsendem δ an Höhe und Tiefe abnehmen, wie es in der Abb. 325 dargestellt ist. $c(p_x)$ als Funktion von p_x hat also nur in der Umgebung von $p_x = 0$ erhebliche Werte und nimmt für positive und negative p_x ziemlich schnell ab. Dies bedeutet, daß das Teilchen zwar keine bestimmte x-Komponente des Impulses besitzt, wohl aber, daß p_x vorwiegend in der Umgebung von Null vertreten ist. Das Teilchen ist also nicht nur in dem Intervall $-L/2 < x < L/2$ räumlich lokalisiert, sondern auch einigermaßen in Ruhe. Daß kein bestimmter Impuls angegeben werden kann, sondern daß die Impulse über ein gewisses Gebiet im Impulsraum gestreut sind, ist sehr charakteristisch für die Quantentheorie.

Wir versuchen jetzt ein Maß für die Breite des Intervalls Δp zu gewinnen, in dem $c(p_x)$ wesentlich von Null verschieden ist. Nehmen wir als Grenze von

Δp die erste Nullstelle von $c(p_x)$ an, berücksichtigen also nur das in der Abb. 325 schraffierte Gebiet, so gilt

$$L \Delta p = 2h. \qquad (V, 53)$$

Je besser also das Teilchen im Raum lokalisiert ist, desto größer wird das Intervall, über das sein Impuls sich ausbreitet. Würde man versuchen, das Teilchen auf einen Punkt (Massenpunkt) zusammenzudrängen, so würde es

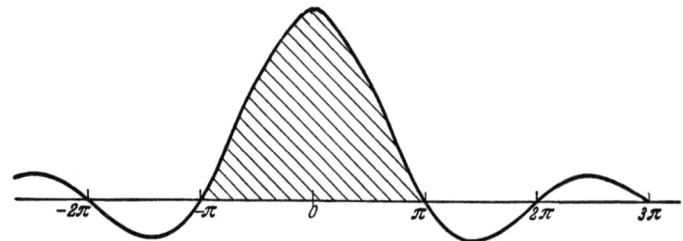

Abb. 325. $\sin\delta/\delta$ gegen $\delta = \pi p_x L/h$ aufgetragen. Dem Intervall $-\pi < \delta < \pi$ entspricht das Impulsintervall $-h/L < p_x < h/L$.

Impulse enthalten, die sich über den ganzen Bereich von $p_x = -\infty$ bis $p_x = +\infty$ gleichmäßig verteilen. Würde man andererseits dem Teilchen einen großen räumlichen Bereich zuweisen, den es mit gleichmäßiger Wahrscheinlichkeit erfüllen kann, so könnte sein Impuls sehr genau auf den Wert Null eingegrenzt werden. Es würde sich dann um ein ruhendes Teilchen handeln, dessen Ort aber ganz unbestimmt ist.

Die Überlegungen über die Lokalisierung von Teilchen kann man noch etwas verallgemeinern. Zur Zeit $t = 0$ möge die räumliche Verteilung eines Teilchens durch

$$\psi_0 = \frac{1}{\sqrt{L}} e^{\frac{2\pi i}{h} x p_{0x}} \quad \text{für} \quad -\frac{L}{2} \leq x \leq \frac{L}{2},$$
$$\psi_0 = 0 \quad \text{für} \quad x < -\frac{L}{2} \quad \text{und} \quad \frac{L}{2} < x \qquad (V, 54)$$

gegeben sein. Auch dies ist eine gleichmäßige Verteilung auf das Intervall $-L/2$ bis $L/2$. Jetzt erhalten wir aber

$$c(p_x) = \frac{1}{h\sqrt{L}} \int_{-\frac{L}{2}}^{\frac{L}{2}} e^{\frac{2\pi i}{h}(p_{0x} - p_x)x} dx$$
$$= \frac{1}{\pi\sqrt{L}(p_{0x} - p_x)} \sin\frac{\pi(p_{0x} - p_x)L}{h} = \frac{\sqrt{L}}{h} \frac{\sin\delta}{\delta}. \qquad (V, 55)$$

Der einzige Unterschied gegen (V, 52) besteht darin, daß das Teilchen Impulse nicht in der Nähe von $p_x = 0$, sondern in der Nähe von $p_x = p_{0x}$ besitzt. Nach wie vor gilt aber

$$L \Delta p = 2h. \qquad (V, 56)$$

Es ist also wieder nicht möglich, den Ort und den Impuls des Teilchens genau festzulegen, sondern man benötigt ein gewisses Ortsintervall $\Delta x = L$

und ein Impulsintervall Δp. Die Größen der beiden Intervalle sind nicht voneinander unabhängig, sondern ihr Produkt ist von der Größenordnung des Planckschen Wirkungsquantums. Diese Feststellung nennt man Heisenbergsche Unschärferelation.

§ 3. Die Heisenbergsche Unschärferelation.

Inhalt: Wellenpaket günstigster Form. Definition der Unschärfe als Streuung um den Mittelwert. Heisenbergsche Unschärferelation. Unschärfe der Energie durch Verkürzung der Lebensdauer.
Bezeichnungen: Δx, Δp, Δt, ΔE Unschärfen von Ort, Impuls, Zeit und Energie. Sonst wie S. 1038.

Wir fragen nun, ob man das Intervall im Impulsraum herabdrücken kann, wenn man darauf verzichtet, das Teilchen gleichmäßig über das Ortsintervall auszubreiten. Allerdings ist es dann notwendig zu definieren, was unter dem Intervall zu verstehen ist, welches das Teilchen erfüllt.

Liegt eine örtliche Verteilung ψ_0 vor, so bestimmen wir zuerst ihren Schwerpunkt

$$\tilde{x} = \int_{-\infty}^{\infty} \psi_0^* \, x \, \psi_0 \, dx \tag{V, 57}$$

und dann die Streuung

$$(\Delta x)^2 = \int_{-\infty}^{\infty} \psi_0^* (x - \tilde{x})^2 \psi_0 \, dx \tag{V, 58}$$

um den Schwerpunkt. Δx gibt dann ein Maß für die Unschärfe der Ortsangabe des Teilchens. Ebenso verfahren wir mit dem Impuls und bilden zuerst den Gesamtwert

$$\tilde{p}_x = \int_{-\infty}^{\infty} \psi_0^* \, \mathbb{p}_x \psi_0 \, dx = \frac{h}{2\pi i} \int_{-\infty}^{\infty} \psi_0^* \frac{\partial \psi_0}{\partial x} dx. \tag{V, 59}$$

Setzen wir in $\frac{\partial \psi_0}{\partial x}$ das Fouriersche Integral (V, 45) ein, so erhalten wir

$$\tilde{p}_x = \int_{-\infty}^{\infty} \int_{-\infty}^{\infty} \psi_0^* e^{\frac{2\pi i}{h} x p_x} p_x c(p_x) \, dp_x \, dx \tag{V, 60}$$

und wegen der zu (V, 48) konjugiert komplexen Gleichung

$$\tilde{p}_x = h \int_{-\infty}^{\infty} c^*(p_x) \, p_x \, c(p_x) \, dp_x. \tag{V, 61}$$

Dann berechnen wir auch die Impulsstreuung

$$(\Delta p)^2 = \int_{-\infty}^{\infty} \psi_0^* (\mathbb{p}_x - \tilde{p}_x)^2 \psi_0 \, dx = \int_{-\infty}^{\infty} \int_{-\infty}^{\infty} \psi_0^* e^{\frac{2\pi i}{h} x p_x} (p_x - \tilde{p}_x)^2 c(p_x) \, dp_x \, dx$$
$$= h \int_{-\infty}^{\infty} c^*(p_x) (p_x - \tilde{p}_x)^2 c(p_x) \, dp_x. \tag{V, 62}$$

Ohne Beweis sei angeführt, daß wir das Minimum des Produktes

$$\Delta x\, \Delta p = \frac{h}{4\pi} \qquad (V, 63)$$

mit der räumlichen Verteilung

$$\psi_0 = \sqrt[4]{2\alpha}\, e^{-\pi a (x - x_0)^2}\, e^{\frac{2\pi i}{h}(x - x_0) p_{0x}} \qquad (V, 64)$$

erreichen, der im Impulsraum die Verteilung

$$c(p_x) = \frac{1}{h} \sqrt[4]{\frac{2}{\alpha}}\, e^{-\frac{\pi}{h^2 a}(p_x - p_{0x})^2}\, e^{-\frac{2\pi i}{h} x_0 (p_x - p_{0x})} \qquad (V, 65)$$

entspricht. (V, 64) und (V, 65) bezeichnen also das Wellenpaket, welches im Koordinaten- und Impulsraum am engsten zusammengedrängt ist. In beiden Räumen zeigt das Teilchen eine Gaußsche Verteilung um die Mittelwerte $\tilde{x} = x_0$ und $\tilde{p} = p_{0x}$.

Wir können damit die Heisenbergsche Unschärferelation

$$\Delta x\, \Delta p \geq \frac{h}{4\pi} \qquad (V, 66)$$

aussprechen. Das Gleichheitszeichen gilt für das günstigste Wellenpaket, für alle anderen Pakete ist das Produkt der Unschärfen größer.

Eine entsprechende Unschärferelation läßt sich auch für die Energie gewinnen. Die allgemeine Wellenfunktion kann man auch in der Form

$$\Psi = \int_{-\infty}^{\infty} c(E)\, e^{\frac{2\pi i}{h}(x p_x - E t)}\, dE \qquad (V, 67)$$

anschreiben. Ihr Wert an der Stelle $x = 0$

$$\Psi_0 = \Psi(x = 0, t) \qquad (V, 68)$$

ist eine Funktion der Zeit, und wir erhalten

$$\Psi_0 = \int_{-\infty}^{+\infty} c(E)\, e^{-\frac{2\pi i}{h} E t}\, dE; \quad c(E) = \frac{1}{h} \int_{-\infty}^{\infty} \Psi_0\, e^{\frac{2\pi i}{h} E t}\, dt. \qquad (V, 69)$$

Soll der Vorgang am Ort $x = 0$ sich nur während eines Zeitintervalls Δt abspielen, so muß die Funktion $c(E)$ ein Intervall ΔE ausfüllen, für welches

$$\Delta t\, \Delta E \geq \frac{h}{4\pi} \qquad (V, 70)$$

gilt. Es können nämlich für t und E genau dieselben Überlegungen durchgeführt werden wie oben für x und p_x.

Die Beziehung (V, 70) hat folgende physikalische Bedeutung. Ein Vorgang mit bestimmter Energie ist rein periodisch und muß unendlich lange andauern. Spielt er sich hingegen während eines begrenzten Zeitraumes ab, so wird die Unbestimmtheit der Energie um so größer, je kürzer der Zeitraum ist, in dem der Vorgang abläuft. Soll ein periodischer Vorgang, zu welchem an sich ein scharfer Eigenwert E_k gehört, zur Zeit t_1 einsetzen und zur Zeit t_2 aufhören, so bekommt die Energie eine Unschärfe ΔE_k, für welche

$$(t_2 - t_1)\Delta E_k \gtreqless \frac{h}{4\pi} \qquad (V, 71)$$

gilt.

Dies wirkt sich an atomaren Systemen auf vielfältige Weise aus. Die Terme der Atome gehören an sich zu genau festgelegten Energien, den Eigenwerten. Hierbei ist allerdings vorausgesetzt, daß es sich um stationäre Zustände von unendlich langer Lebensdauer handelt. Wird die Verweilzeit (Lebensdauer) des Atoms in einem solchen Zustand aus irgendwelchen Gründen auf eine endliche Zeit verkürzt, so ist eine Streuung ΔE der Energie um den Eigenwert die Folge. Linien, an welchen ein solcher Term beteiligt ist, werden entsprechend verbreitert. Die Verkürzung der Lebensdauer kann verschiedene Ursachen haben. Eine ihrer Ursachen ist die Lichtausstrahlung, welche die Verweilzeit auf etwa 10^{-8} sec herabdrückt. Die Linien sind deshalb nicht unendlich scharf, sondern besitzen eine natürliche Breite, die von der Strahlungsdämpfung herrührt. Nur die sogenannte metastabilen Terme, welche mit keinem tieferen Term kombinieren, haben längere Lebensdauern bis zu Bruchteilen von Sekunden. Eine Verkürzung der Lebensdauer kann aber auch durch Umwandlung in andere Zustände ohne Lichtemission, z. B. durch strahlungslose Zerfälle (Präionisation, Prädissoziation) oder durch Zusammenstöße mit anderen Teilchen, erfolgen.

*§ 4. Wellenpakete in drei Dimensionen.

Inhalt: Wellenpakete im dreidimensionalen Raum. Erwartungswert einer Eigenschaft insbesondere des Impulses und Ortsvektors. Erwartete Bahn eines Teilchens. Die klassische Geschwindigkeit eines Teilchens entspricht der Gruppengeschwindigkeit des Wellenpaketes, nicht der Phasengeschwindigkeit der Teilwellen.

Bezeichnungen: $\mathfrak{r}$ Ortsvektor, $\mathfrak{p}$ Impuls einer Teilwelle, $\mathfrak{P}$ Impulsoperator, $\tilde{\mathfrak{p}}$ Erwartungswert des Impulses, $d\tau$ Volumenelement im Koordinatenraum, $d\sigma$ im Impulsraum, Ψ Wellenfunktion, ψ_0 ihr räumlicher Anteil für $t = 0$, $\mathbb{F}$ Operator, $\tilde{F}$ Erwartungswert, F Matrix der Eigenschaft F.

Die in den beiden vorigen Abschnitten angestellten Überlegungen lassen sich ohne Schwierigkeiten auf drei Dimensionen übertragen. Haben wir zur Zeit $t = 0$ die räumliche Verteilungsfunktion

$$\psi_0(\mathfrak{r}) = \psi_0(x, y, z) = \Psi(x, y, z, t = 0), \qquad (V, 72)$$

so ist

$$\psi_0(\mathfrak{r}) = \int_{-\infty}^{\infty}\int_{-\infty}^{\infty}\int_{-\infty}^{\infty} c(p_x, p_y, p_z) e^{\frac{2\pi i}{h}(xp_x + yp_y + zp_z)} dp_x dp_y dp_z \qquad (V, 73)$$

die Fouriersche Integraldarstellung dieser Funktion.

Bedeutet

$$d\sigma = dp_x dp_y dp_z \qquad (V, 74)$$

das Volumenelement im Impulsraum, so kann man auch

$$\psi_0(\mathfrak{r}) = \int c(\mathfrak{p}) e^{\frac{2\pi i}{h}\mathfrak{r}\mathfrak{p}} d\sigma \qquad (V, 75)$$

schreiben. Jede quadratisch integrierbare Ortsfunktion ψ_0, bei der also die Normierung

$$\int \psi_0^* \psi_0 d\tau = 1 \qquad (V, 76)$$

möglich ist, erlaubt die Integraldarstellung (V, 75). Es kann also jedes Teilchen, das zur Zeit $t = 0$ in irgendeiner beliebigen Weise im Raum verteilt ist, aus ebenen Wellen aufgebaut werden. Die Spektralfunktion kann durch die Fouriersche Umkehrung

$$c(\mathfrak{p}) = \frac{1}{h^3} \iiint \psi_0 \, e^{-\frac{2\pi i}{h}(\mathfrak{r}\mathfrak{p})} \, d\tau \qquad (V, 77)$$

aufgefunden werden.

Jetzt können wir ein Teilchen räumlich lokalisieren. Wir brauchen nur eine entsprechende Funktion $\psi_0(\mathfrak{r})$ vorzugeben und können $c(\mathfrak{p})$ und damit die Wellenfunktion

$$\Psi = \int c(\mathfrak{p}) \, e^{\frac{2\pi i}{h}(\mathfrak{r}\mathfrak{p} - Et)} \, d\sigma \qquad (V, 78)$$

aufstellen. Sie beschreibt dann das weitere Schicksal des Teilchens. Wie im eindimensionalen Fall gilt jetzt die Heisenbergsche Unbestimmtheitsrelation

$$\Delta x \, \Delta p_x \geq \frac{h}{4\pi}; \qquad \Delta y \, \Delta p_y \geq \frac{h}{4\pi}; \qquad \Delta z \, \Delta p_z \geq \frac{h}{4\pi}. \qquad (V, 79)$$

für die drei zueinander kanonisch konjugierten Größenpaare.

Die Normierung von ψ_0 geht durch

$$\psi_0^* = \int c^*(\mathfrak{p}) \, e^{-\frac{2\pi i}{h}(\mathfrak{r}\mathfrak{p})} \, d\sigma \qquad (V, 80)$$

wegen (V, 77) in

$$1 = \iint c^*(\mathfrak{p}) \, e^{-\frac{2\pi i}{h}(\mathfrak{r}\mathfrak{p})} \, \psi_0 \, d\tau \, d\sigma = h^3 \int c^*(\mathfrak{p}) \, c(\mathfrak{p}) \, d\sigma \qquad (V, 81)$$

über. Die durch $\psi_0(\mathfrak{r})$ dargestellte Situation des Teilchens kann ebensogut durch Angabe der Funktion $c(\mathfrak{p})$ im Impulsraum festgelegt werden.

**Der Erwartungswert irgendeiner Eigenschaft läßt sich bei ebenen Wellen ganz ähnlich bilden wie bei diskreten Eigenfunktionen[1]. Für den Erwartungswert des Impulses erhalten wir z. B.

$$\widetilde{\mathfrak{p}} = \int \Psi^* \, \mathfrak{p} \, \Psi \, d\tau = \frac{h}{2\pi i} \int \Psi^* \, \mathrm{grad}\, \Psi \, d\tau. \qquad (V, 82)$$

Setzen wir in $\mathrm{grad}\, \Psi$ das Fouriersche Integral (V, 78) ein, so erhalten wir

$$\begin{aligned}\widetilde{\mathfrak{p}} &= \iint \Psi^* \, \mathfrak{p} \, c(\mathfrak{p}) \, e^{\frac{2\pi i}{h}(\mathfrak{r}\mathfrak{p} - Et)} \, d\sigma \, d\tau \\ &= \iint \psi_0^* \, e^{\frac{2\pi i}{h}\mathfrak{r}\mathfrak{p}} \, \mathfrak{p} \, c(\mathfrak{p}) \, d\sigma \, d\tau.\end{aligned} \qquad (V, 83)$$

Wegen (V, 77) geht dies in

$$\widetilde{\mathfrak{p}} = h^3 \int c^*(\mathfrak{p}) \, \mathfrak{p} \, c(\mathfrak{p}) \, d\sigma \qquad (V, 84)$$

über. $h^3 \, c^*(\mathfrak{p}) \, c(\mathfrak{p}) \, d\sigma$ ist demnach die Wahrscheinlichkeit dafür, daß das Teilchen einen Impuls im Intervall $d\sigma$ besitzt.

---

[1] Um korrekt zu rechnen, müßten die Eigendifferentiale (V, 44) statt der Wellenfunktionen verwendet werden.

*§ 4. Wellenpakete in drei Dimensionen.

Um den Erwartungswert einer beliebigen Eigenschaft F zu bilden, gehen wir von dem Ausdruck

$$\widetilde{F} = \int \Psi^* \, \mathbb{F} \, \Psi \, d\tau \qquad (V, 85)$$

aus und ersetzen Ψ^* und Ψ durch die Fourier-Integrale

$$\Psi^* = \int c^*(\mathfrak{p}') e^{-\frac{2\pi i}{h}(\mathfrak{r}\mathfrak{p}' - E't)} d\sigma'; \quad \Psi = \int c(\mathfrak{p}) e^{\frac{2\pi i}{h}(\mathfrak{r}\mathfrak{p} - Et)} d\sigma. \qquad (V, 86)$$

Dann ergibt sich

$$\widetilde{F} = \iiint c^*(\mathfrak{p}') e^{-\frac{2\pi i}{h}(\mathfrak{r}\mathfrak{p}' - E't)} \mathbb{F} \, e^{\frac{2\pi i}{h}(\mathfrak{r}\mathfrak{p} - Et)} c(\mathfrak{p}) \, d\tau \, d\sigma' \, d\sigma. \qquad (V, 87)$$

Das Integral

$$\mathbf{F}(\mathfrak{p}', \mathfrak{p}) = \frac{1}{h^3} \int e^{-\frac{2\pi i}{h}\mathfrak{r}\mathfrak{p}'} \mathbb{F} \, e^{\frac{2\pi i}{h}\mathfrak{r}\mathfrak{p}} \, d\tau \qquad (V, 88)$$

definiert eine Funktion von $\mathfrak{p}'$ und $\mathfrak{p}$, welche ganz analog zu der Matrix $\mathbf{F}$ bei diskreten Zuständen ist[1]. Setzen wir dies in (V, 87) ein, so erhalten wir den Erwartungswert

$$\widetilde{F} = h^3 \iint c^*(\mathfrak{p}') \, \mathbf{F}(\mathfrak{p}', \mathfrak{p}) \, c(\mathfrak{p}) \, e^{\frac{2\pi i}{h}(E' - E)t} \, d\sigma' \, d\sigma. \qquad (V, 89)$$

Wenden wir dies auf den Ortsvektor an, so erhalten wir seinen Erwartungswert (Schwerpunkt)

$$\widetilde{\mathfrak{r}} = \iint c^*(\mathfrak{p}') \, \mathfrak{r}(\mathfrak{p}', \mathfrak{p}) \, c(\mathfrak{p}) \, e^{\frac{2\pi i}{h}(E' - E)t} \, d\sigma' \, d\sigma \qquad (V, 90)$$

mit

$$\mathfrak{r}(\mathfrak{p}', \mathfrak{p}) = \frac{1}{h^3} \int \mathfrak{r} \, e^{\frac{2\pi i}{h}\mathfrak{r}(\mathfrak{p} - \mathfrak{p}')} d\tau. \qquad (V, 91)$$

Der Erwartungswert des Ortsvektors ändert sich mit der Zeit und beschreibt die erwartete Bahn des Teilchens. Nach S. 925, Gl. (I, 69), ist die Schwerpunktsgeschwindigkeit

$$\dot{\widetilde{\mathfrak{r}}} = \frac{\widetilde{\mathfrak{p}}}{m} = \frac{h^3}{m} \int c^*(\mathfrak{p}) \, \mathfrak{p} \, c(\mathfrak{p}) \, d\sigma. \qquad (V, 92)$$

Während die Teilwellen, welche das Wellenpaket bilden, mit den Phasengeschwindigkeiten (s. S. 1039)

$$\mathfrak{u} = \frac{\mathfrak{p}}{2m} \qquad (V, 93)$$

fortschreiten, wandert der Schwerpunkt des Paketes mit der Gruppengeschwindigkeit (V, 92), welche den klassischen Wert

$$\dot{\widetilde{\mathfrak{r}}} = \frac{\widetilde{\mathfrak{p}}}{m} \qquad (V, 94)$$

hat.

---

[1] Der Faktor $1/h^3$ sorgt für die Normierung pro Quantenzustand.

Das wellenmechanische Bild eines bewegten Teilchens ist also nicht die einzelne ebene Welle, sondern das Wellenpaket oder die Wellengruppe, welche eine Lokalisierung im Raum ermöglicht. Der Schwerpunkt des Paketes bewegt sich wie ein klassischer Massenpunkt. Trotzdem besteht noch eine ernste Schwierigkeit, die wir nur erwähnen wollen, ohne sie genauer zu untersuchen.

Befindet sich zur Zeit $t = 0$ das Wellenpaket in einem räumlichen Intervall $\Delta \tau = \Delta x \Delta y \Delta z$, so ändert sich dieses Volumen im Laufe der Zeit. Man kann berechnen, daß es quadratisch mit der Zeit wächst, d. h. daß ein gut lokalisiertes Teilchen in kurzer Zeit auseinanderläuft. Diese Tatsache nötigt uns zu der statistischen Auffassung der Ψ-Funktion. Würden wir in $\Psi^* \Psi$ die Dichte im eigentlichen Sinn des Wortes sehen, so müßten sich die Elementarteilchen in kurzer Zeit über ziemlich große Raumgebiete ausbreiten, was den Tatsachen entschieden widerspricht. Sehen wir hingegen in $\Psi^* \Psi d\tau$ nur die Wahrscheinlichkeit dafür, das Teilchen im Volumenelement $d\tau$ anzutreffen, so bedeutet das Auseinanderlaufen nur, daß man Teilchen, die zur Zeit $t = 0$ in einem Bereiche $\Delta \tau$ waren, nach dem Ablauf einer Zeit t in einem wesentlich größeren räumlichen Gebiet vorfindet. Das ist offenbar nur eine andere Ausdrucksweise dafür, daß die in $\Delta \tau$ lokalisierten Teilchen sehr verschiedene Impulse besitzen.

§ 5. Reflexion ebener Elektronenwellen an Potentialschwellen.

Inhalt: Fallen Elektronen senkrecht auf eine Ebene, an der das Potential einen Sprung macht, so werden sie reflektiert. Die Reflexion ist vollständig, wenn die Potentialschwelle die kinetische Energie übersteigt. Wenn sie kleiner als die kinetische Energie bleibt, wird nur ein Teil der Elektronen reflektiert, während der andere Teil eindringt. Auch an einer Potentialsenkung tritt Reflexion ein. Die Summe von Reflexionsvermögen und Eindringungsvermögen hat den Wert 1.

Bezeichnungen: E kinetische Energie der einfallenden Elektronen, V Höhe der Potentialschwelle. Ψ Wellenfunktion, ψ ihr räumlicher Anteil, A Amplitude der einfallenden, A'' der reflektierten, B der eindringenden Welle, j_A, j'_A, j_B einfallender, reflektierter und eindringender Teilchenstrom, λ de Broglie-Wellenlänge, R und D Reflexions- bzw. Eindringungsvermögen.

Wir denken an eine Versuchsanordnung, die einen homogenen Elektronenstrahl in der positiven x-Richtung aussendet. Der Raum bestehe aber jetzt aus zwei Teilen, die in der Ebene $x = 0$ zusammenstoßen und sich auf verschiedenen Potentialen befinden. Für $x < 0$ sei $V = 0$, während für $x > 0$ das Potential einen beliebigen, aber konstanten Wert V haben möge (s. Abb. 326). Daß wir den Potentialsprung an die Stelle $x = 0$ legen, bedeutet keine Einschränkung der Allgemeinheit. Wir besprechen

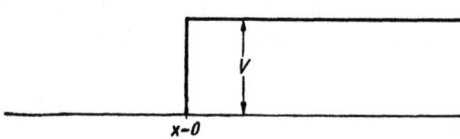

Abb. 326. Potentialschwelle an der Stelle $x = 0$.

im nächsten Abschnitt, auf welche Weise man experimentell einen derartigen Potentialsprung bewerkstelligen kann.

Besitzen die Elektronen die Energie E, so gilt im ganzen Raum

$$\Psi = \psi e^{-\frac{2\pi i}{h} E t}, \qquad (V, 95)$$

und wir erhalten für ψ die Schrödingergleichung

$$\Delta \psi_+ + \frac{8\pi^2 m}{h^2}(E - V)\psi_+ = 0 \qquad (V, 96)$$

für $x > 0$ und

$$\Delta \psi_- + \frac{8\pi^2 m}{h^2} E \psi_- = 0 \qquad (V, 97)$$

§ 5. Reflexion ebener Elektronenwellen an Potentialschwellen.

für $x < 0$. Im Innern des Elektronenstrahlbündels nehmen wir ψ von y und z unabhängig an und setzen

$$x > 0: \qquad \frac{d^2\psi_+}{dx^2} + \frac{8\pi^2 m}{h^2}(E - V)\psi_+ = 0 \qquad (V, 98)$$

mit der allgemeinen Lösung

$$\psi_+ = B e^{\frac{2\pi i}{h} x \sqrt{2m(E-V)}} + B'' e^{-\frac{2\pi i}{h} x \sqrt{2m(E-V)}} \qquad (V, 99)$$

und

$$x < 0: \qquad \frac{d^2\psi_-}{dx^2} + \frac{8\pi^2 m}{h^2} E \psi_- = 0 \qquad (V, 100)$$

mit

$$\psi_- = A e^{\frac{2\pi i}{h} x \sqrt{2mE}} + A'' e^{-\frac{2\pi i}{h} x \sqrt{2mE}}. \qquad (V, 101)$$

A, B, A'' und B'' sind zunächst beliebige Integrationskonstanten. Ihre Werte bestimmen sich aus der Versuchsanordnung und aus der Forderung, daß ψ und $d\psi/dx$ an der Stelle $x = 0$ stetig sein sollen. Nicht gerechtfertigt wäre es, auch die Stetigkeit von $d^2\psi/dx^2$ zu verlangen, da sich die zweite Ableitung aus der Schrödingergleichung bestimmt und wegen des bei $x = 0$ unstetigen Potentials nicht stetig sein kann. Die Stetigkeit von ψ liefert

$$A + A'' = B + B'', \qquad (V, 102)$$

während wir aus der Stetigkeit von $d\psi/dx$

$$\sqrt{E}(A - A'') = \sqrt{E - V}(B - B'') \qquad (V, 103)$$

gewinnen.

Jetzt unterscheiden wir drei Fälle.

1. $V > E > 0$. Das Potential ist positiv und größer als die Gesamtenergie. Nach der klassischen Mechanik wäre der rechte Halbraum den Elektronen verschlossen und alle Elektronen würden an der Potentialschwelle reflektiert werden.

2. $E > V > 0$. An der Stelle $x = 0$ erhebt sich die potentielle Energie zum Wert V, erreicht aber nicht die Gesamtenergie. Es bleibt also noch kinetische Energie übrig. In der klassischen Mechanik würden alle Elektronen in den Halbraum $x > 0$ eindringen und dort mit kleinerer Geschwindigkeit weiterlaufen.

3. $E > 0 > V$. An der Stelle $x = 0$ findet eine Senkung der potentiellen Energie statt. Klassisch würden alle Elektronen in den zweiten Halbraum weiterlaufen, und zwar mit erhöhter Geschwindigkeit.

Zur Behandlung des ersten Falles $V > E > 0$ setzen wir

$$E = V \sin^2 \alpha \qquad (V, 104)$$

und erhalten im rechten Halbraum

$$\psi_+ = B e^{-\frac{2\pi}{h} x \cot \alpha \sqrt{2mE}} + B'' e^{\frac{2\pi}{h} x \cot \alpha \sqrt{2mE}}. \qquad (V, 105)$$

Um zu verhindern, daß ψ_+ für $x = +\infty$ unendlich groß wird, müssen wir

$$B'' = 0 \qquad (V, 106)$$

setzen. Aus (V, 102) und (V, 103) erhalten wir durch Einsetzen von (V, 104) und (V, 106)

$$B = A + A'' = -i\,\text{tg}\alpha(A - A'') \tag{V, 107}$$

und daraus

$$A'' = -A\,e^{2i\alpha}; \quad B = A(1 - e^{2i\alpha}) = -2i\,A\sin\alpha\,e^{i\alpha}. \tag{V, 108}$$

Die Konstante A gewinnen wir aus den experimentellen Bedingungen. Wir betrachten zu diesem Zweck den Strom

$$\begin{aligned} j_- &= \frac{h}{4\pi i m}\left(\psi_-^* \frac{d\psi_-}{dx} - \psi_- \frac{d\psi_-^*}{dx}\right) \\ &= \sqrt{\frac{2E}{m}}(AA^* - A''A''^*) = j_A - j_A'' \end{aligned} \tag{V, 109}$$

im linken Halbraum. Er setzt sich aus zwei Anteilen

$$j_A = \sqrt{\frac{2E}{m}}\,AA^* \quad \text{und} \quad j_A'' = -\sqrt{\frac{2E}{m}}\,A''A''^* \tag{V, 110}$$

zusammen, von denen j_A in der positiven x-Richtung, j_A'' entgegengesetzt fließt. j_A ist der Strom, den unsere Elektronenquelle emittiert und kann deshalb als gegeben betrachtet werden. Wie man aus (V, 108) sieht, ist j_A'' genau so groß wie j_A, d. h. an der Schwelle werden alle Elektronen reflektiert. Bilanzmäßig haben wir also keinen Strom im linken Halbraum. Auch im rechten Halbraum ist der Strom Null, da ψ_+, vom komplexen Faktor B abgesehen, eine reelle Funktion ist.

Die ψ-Funktion selbst lautet

$$\begin{aligned} \psi_- &= A\,e^{i\alpha}\left\{e^{i\left(\frac{2\pi x}{h}\sqrt{2mE} - \alpha\right)} - e^{-i\left(\frac{2\pi x}{h}\sqrt{2mE} - \alpha\right)}\right\} \\ &= 2i A\,e^{i\alpha}\sin\left\{\frac{2\pi x}{h}\sqrt{2mE} - \alpha\right\} \end{aligned} \tag{V, 111}$$

$$\psi_+ = -2i\,A\,e^{i\alpha}\sin\alpha\,e^{-\frac{2\pi x}{h}\cot\alpha\sqrt{2mE}}. \tag{V, 112}$$

Im linken Halbraum haben wir die Dichteverteilung

$$\psi_-^*\psi_- = 4 A^* A \sin^2\left\{\frac{2\pi x}{h}\sqrt{2mE} - \alpha\right\}. \tag{V, 113}$$

Dies ist eine periodische Funktion von x mit einem Abstand der Dichtemaxima

$$d = \frac{h}{2\sqrt{2mE}} = \frac{\lambda}{2} \tag{V, 114}$$

von einer halben Wellenlänge der gegen die Potentialschwelle laufenden ebenen Elektronenwelle. Der Vorgang in diesem Halbraum ist als eine stehende Elektronenwelle zu betrachten. Im Halbraum $x > 0$ haben wir die Dichteverteilung

$$\begin{aligned} \psi_+^*\psi_+ &= 4 A^* A \sin^2\alpha\,e^{-\frac{4\pi x}{h}\cot\alpha\sqrt{2mE}} \\ &= 4 A^* A\,\frac{E}{V}\,e^{-\frac{4\pi x}{h}\sqrt{2m(V-E)}}, \end{aligned} \tag{V, 115}$$

§ 5. Reflexion ebener Elektronenwellen an Potentialschwellen.

die mit x exponentiell abklingt. Sie ist im übrigen dem einfallenden Elektronenstrom proportional und klingt um so schneller ab, je tiefer die Gesamtenergie E unter der Schwellenhöhe V bleibt.

Wie im klassischen Bild reflektiert die Schwelle alle Elektronen. Trotzdem ist das Gebiet höheren Potentials im Gegensatz zur klassischen Mechanik nicht völlig frei von Elektronen, sondern trägt eine Auflagung, die von der Stelle $x = 0$ ins Innere exponentiell abnimmt.

Jetzt wenden wir uns dem zweiten Fall $E > V > 0$ zu und setzen

$$V = \varepsilon E, \tag{V, 116}$$

wo $\varepsilon \leq 1$ ist. Zum Unterschied gegen vorhin haben wir nun auf der Seite $x > 0$

$$\psi_+ = B e^{\frac{2\pi i x}{h}\sqrt{2mE(1-\varepsilon)}} + B'' e^{-\frac{2\pi i x}{h}\sqrt{2mE(1-\varepsilon)}}. \tag{V, 117}$$

Dies ist eine Überlagerung von zwei Wellen

$$\Psi_B = B e^{\frac{2\pi i}{h}(x\sqrt{2mE(1-\varepsilon)} - Et)}, \tag{V, 118}$$

$$\Psi_{B''} = B'' e^{-\frac{2\pi i}{h}(x\sqrt{2mE(1-\varepsilon)} + Et)}, \tag{V, 119}$$

die in der positiven und negativen x-Richtung laufen. Die Welle $\Psi_{B''}$ müßte von einer Elektronenquelle im rechten Halbraum herrühren, welche Elektronen gegen die Potentialschwelle sendet. Da aber nur links Elektronen emittiert werden sollen, müssen wir

$$B'' = 0 \tag{V, 120}$$

setzen. Die Konstanten B und A'' bestimmen sich aus den Gleichungen

$$A + A'' = B; \quad A - A'' = B\sqrt{1-\varepsilon}, \tag{V, 121}$$

welche aus (V, 102) und (V, 103) entstehen. Durch Auflösen finden wir

$$B = \frac{2A}{1 + \sqrt{1-\varepsilon}} = \frac{2A(1 - \sqrt{1-\varepsilon})}{\varepsilon}, \tag{V, 122}$$

$$A'' = A \frac{1 - \sqrt{1-\varepsilon}}{1 + \sqrt{1-\varepsilon}} = A \frac{(1 - \sqrt{1-\varepsilon})^2}{\varepsilon}. \tag{V, 123}$$

A selbst ergibt sich aus dem einfallenden Elektronenstrom

$$j_A = A^* A \sqrt{\frac{2E}{m}}. \tag{V, 124}$$

Mit (V, 123) errechnen wir den reflektierten Strom

$$j_A'' = -A''^* A'' \sqrt{\frac{2E}{m}} = -j_A \frac{(1 - \sqrt{1-\varepsilon})^4}{\varepsilon^2} \tag{V, 125}$$

und mit (V, 122) den eindringenden Strom

$$j_B = B^* B \sqrt{\frac{2(E-V)}{m}} = A^* A \sqrt{\frac{2E}{m}} \frac{4\sqrt{1-\varepsilon}}{\varepsilon^2} (1 - \sqrt{1-\varepsilon})^2$$
$$= j_A \frac{4\sqrt{1-\varepsilon}(1 - \sqrt{1-\varepsilon})^2}{\varepsilon^2}, \tag{V, 126}$$

der sich in das Gebiet $x > 0$ fortsetzt. Hieraus erhalten wir das Reflexionsvermögen

$$R = \left|\frac{j''_A}{j_A}\right| = \frac{(1-\sqrt{1-\varepsilon})^4}{\varepsilon^2} \qquad (V, 127)$$

und das Eindringungsvermögen

$$D = \left|\frac{j_B}{j_A}\right| = \frac{4\sqrt{1-\varepsilon}(1-\sqrt{1-\varepsilon})^2}{\varepsilon^2}. \qquad (V, 128)$$

Wie man leicht ausrechnet, gilt

$$|j_A| = |j''_A| + |j_B| \qquad (V, 129)$$

und

$$R + D = 1. \qquad (V, 130)$$

Wenn das Potential sich schließlich an der Stelle $x = 0$ sprunghaft von Null auf einen negativen Wert erniedrigt, setzen wir

$$V = -\varepsilon E \qquad (V, 131)$$

und erhalten

$$A + A'' = B; \quad A - A'' = B\sqrt{1+\varepsilon}. \qquad (V, 132)$$

Auflösen nach B und A'' liefert

$$A'' = -A\frac{(1-\sqrt{1+\varepsilon})^2}{\varepsilon}; \quad B = -\frac{2A(1-\sqrt{1+\varepsilon})}{\varepsilon}. \qquad (V, 133)$$

Wie oben finden wir den reflektierten bzw. eindringenden Strom

$$j''_A = -j_A \frac{(1-\sqrt{1+\varepsilon})^4}{\varepsilon^2}, \qquad (V, 134)$$

$$j_B = j_A \frac{4\sqrt{1+\varepsilon}}{\varepsilon^2}(1-\sqrt{1+\varepsilon})^2 \qquad (V, 135)$$

und das Reflexionsvermögen bzw. Eindringungsvermögen

$$R = \frac{(1-\sqrt{1+\varepsilon})^4}{\varepsilon^2}; \quad D = \frac{4\sqrt{1+\varepsilon}}{\varepsilon^2}(1-\sqrt{1+\varepsilon})^2. \qquad (V, 136)$$

Es gelten wieder die Beziehungen

$$|j_A| = |j''_A| + |j_B| \qquad (V, 137)$$

und

$$R + D = 1. \qquad (V, 138)$$

Zusammenfassend kommen wir zu folgendem Ergebnis. Lassen wir Elektronen gegen eine sprunghafte Potentialschwelle anlaufen, welche höher ist als die kinetische Energie, so werden sie total reflektiert. Ist die Potentialschwelle niedriger als die kinetische Energie, so werden sie teilweise reflektiert, während ein anderer Teil in das Gebiet höheren Potentials eindringt. Wenn die kinetische Energie die Potentialschwelle um nur 1% überschreitet, setzen sich schon 23% des Stromes in das Gebiet höheren Potentials fort. Bei einer Überschreitung der Potentialschwelle um 10% dringen sogar 70% des Stromes ein. Reflexion findet auch an einer Stelle statt, an der das Potential sich plötzlich erniedrigt.

§ 6. Reflexion und Brechung bei schiefem Einfall der Elektronen auf die Grenzfläche. 1055

Hier ist der reflektierte Anteil des Stromes allerdings meist gering. Wenn das Potential sich von Null aus nochmals um den gesamten Betrag der schon vorhandenen kinetischen Energie erniedrigt, so führt dies nur zu einer Reflexion von etwa 3%. Die Abb. 327 zeigt das Reflexionsvermögen gegen V/E aufgetragen.

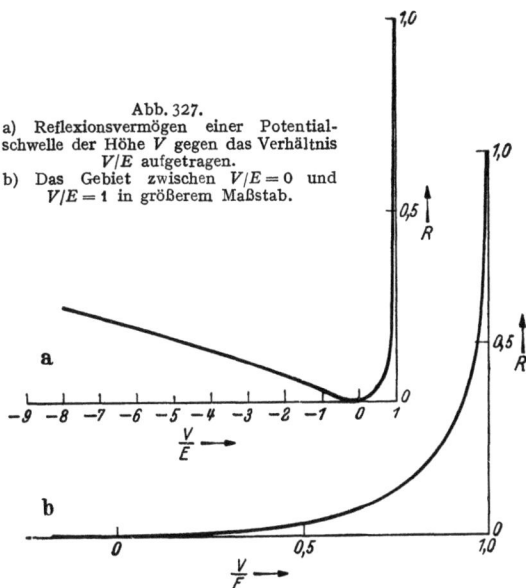

Abb. 327.
a) Reflexionsvermögen einer Potentialschwelle der Höhe V gegen das Verhältnis V/E aufgetragen.
b) Das Gebiet zwischen $V/E=0$ und $V/E=1$ in größerem Maßstab.

§ 6. Reflexion und Brechung bei schiefem Einfall der Elektronen auf die Grenzfläche.

Inhalt: Elektronenstrahlen, welche schief auf eine Sprungfläche des Potentials auffallen, werden ähnlich wie Lichtstrahlen reflektiert und gebrochen. Definition des Brechungsindex für Elektronen.

Bezeichnungen: $\mathfrak{r}$ Ortsvektor, $\mathfrak{p}$ Impuls der Elektronenwelle, p_x, p_y, p_z seine Komponenten, A Amplitude der Welle, E Gesamtenergie, V, V' potentielle Energie des Elektrons, α Winkel zwischen Elektronenstrahl und Lot zur brechenden Fläche; $'$ kennzeichnet die gebrochene, $''$ die reflektierte Welle.

Der ganze Raum sei wieder wie im vorigen Abschnitt durch die Ebene $x=0$ in zwei Teile geteilt, so daß im einen ein Potential V, im anderen ein Potential V' herrscht. Diese Potentialschwelle möge nun in beliebiger Richtung von einem Elektronenstrom angeströmt werden. Die Gesamtenergie E pro Elektron sei größer als der größere der beiden Potentialwerte. Die einfallende ebene Elektronenwelle beschreiben wir durch

$$\Psi = A\, e^{\frac{2\pi i}{h}(\mathfrak{r}\mathfrak{p} - Et)}, \tag{V, 139}$$

wo

$$\mathfrak{p}^2 = p^2 = p_x^2 + p_y^2 + p_z^2 = 2m(E-V) \tag{V, 140}$$

ist. Wird an der Potentialschwelle eine ebene Elektronenwelle reflektiert, so wäre diese durch

$$\Psi'' = A''\, e^{\frac{2\pi i}{h}(\mathfrak{r}\mathfrak{p}'' - Et)} \tag{V, 141}$$

zu beschreiben, wo wieder

$$\mathfrak{p}''^2 = p''^2 = p_x''^2 + p_y''^2 + p_z''^2 = 2m(E-V) \tag{V, 142}$$

ist. Allerdings muß bei der reflektierten Welle die x-Komponente des Impulses das umgekehrte Vorzeichen haben wie bei der einfallenden Welle.

Im Halbraum $x > 0$ kann nur eine Welle mit positiver x-Komponente p'_x des Impulses vorhanden sein, da aus diesem Halbraum keine Elektronen gegen die Potentialschwelle strömen sollen. Wir bezeichnen sie als gebrochene Welle und schreiben für sie

$$\Psi' = A' e^{\frac{2\pi i}{h}(\mathfrak{r}\mathfrak{p}' - Et)}. \qquad (V, 143)$$

Hier ist

$$\mathfrak{p}'^2 = p'^2 = p'^2_x + p'^2_y + p'^2_z = 2m(E - V'). \qquad (V, 144)$$

Für $x < 0$ haben wir also die Ψ-Funktion

$$\Psi_- = \Psi + \Psi''$$
$$= e^{-\frac{2\pi i}{h}Et}\left\{ A e^{\frac{2\pi i}{h}(xp_x + yp_y + zp_z)} + A'' e^{\frac{2\pi i}{h}(xp''_x + yp''_y + zp''_z)} \right\}, \qquad (V, 145)$$

für $x > 0$

$$\Psi_+ = \Psi' = e^{-\frac{2\pi i}{h}Et} A' e^{\frac{2\pi i}{h}(xp'_x + yp'_y + zp'_z)}. \qquad (V, 146)$$

An der Stelle $x = 0$ müssen diese Funktionen sich stetig aneinander anschließen, es muß also für alle y und z

$$A e^{\frac{2\pi i}{h}(yp_y + zp_z)} + A'' e^{\frac{2\pi i}{h}(yp''_y + zp''_z)} = A' e^{\frac{2\pi i}{h}(yp'_y + zp'_z)} \qquad (V, 147)$$

gelten. Durch wiederholtes Differenzieren nach y und nachfolgendes Nullsetzen von y und z erhält man das Gleichungssystem

$$A + A'' = A' \qquad (V, 148)$$

$$p_y A + p''_y A'' = p'_y A' \qquad (V, 149)$$

$$p_y^2 A + p''^2_y A'' = p'^2_y A' \qquad (V, 150)$$

usw.,

das entweder die Lösung

$$p_y = p''_y = p'_y \qquad (V, 151)$$

mit

$$A + A'' = A' \qquad (V, 152)$$

oder die triviale Lösung

$$A = A'' = A' = 0 \qquad (V, 153)$$

zuläßt.

Die gleiche Betrachtung, bezüglich der Koordinate z durchgeführt, ergibt

$$p_z = p''_z = p'_z. \qquad (V, 154)$$

Legen wir die z-Achse unseres Koordinatensystems senkrecht zur Fortpflanzungsrichtung der einfallenden Elektronenwelle (Abb. 328), so ist

$$p_z = p''_z = p'_z = 0. \qquad (V, 155)$$

§6. Reflexion und Brechung bei schiefem Einfall der Elektronen auf die Grenzfläche.

Setzen wir noch

$$p_x = p \cos\alpha = \cos\alpha \sqrt{2m(E-V)}; \quad p_y = -\sin\alpha \sqrt{2m(E-V)},$$
$$p_x'' = p'' \cos\alpha'' = \cos\alpha'' \sqrt{2m(E-V)}; \quad p_y'' = -\sin\alpha'' \sqrt{2m(E-V)}, \quad \text{(V, 156)}$$
$$p_x' = p' \cos\alpha' = \cos\alpha' \sqrt{2m(E-V')}; \quad p_y' = -\sin\alpha' \sqrt{2m(E-V')},$$

so geht aus (V, 151)

$$\sin\alpha'' = \sin\alpha; \quad \cos\alpha'' = -\cos\alpha \quad \text{(V, 157)}$$

und

$$\sin\alpha \sqrt{E-V} = \sin\alpha' \sqrt{E-V'} \quad \text{(V, 158)}$$

hervor.

Die Gl. (V, 158) entspricht genau dem Snelliusschen Brechungsgesetz der Optik, wenn man

$$n = \sqrt{1 - \frac{V}{E}},$$
$$n' = \sqrt{1 - \frac{V'}{E}} \quad \text{(V, 159)}$$

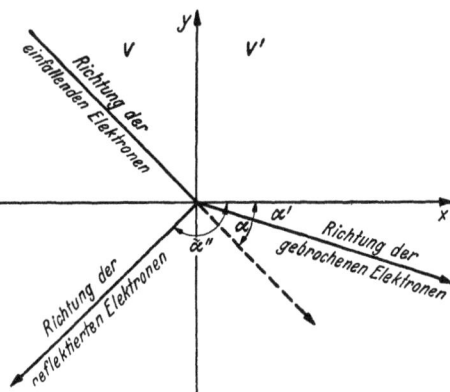

Abb. 328. Reflexion und Brechung von Elektronen.

setzt. Der Brechungsexponent ist gleich 1, wenn das Potential verschwindet, er ist kleiner als 1, wenn die Gesamtenergie sich auf kinetische und potentielle Energie verteilt, und er ist größer als 1 bei negativer potentieller Energie. Ein wesentlicher Unterschied gegenüber der Brechung der Lichtwellen besteht darin, daß man Medien herstellen kann, deren Brechungsexponent beliebig groß ist.

Die Ψ-Funktionen selbst lauten in den beiden Halbräumen

$$\Psi_- = e^{-\frac{2\pi i}{h}(y\sin\alpha\sqrt{2m(E-V)} + Et)} \left(A e^{\frac{2\pi i}{h}x\cos\alpha\sqrt{2m(E-V)}} + A'' e^{-\frac{2\pi i}{h}x\cos\alpha\sqrt{2m(E-V)}} \right), \quad \text{(V, 159)}$$

$$\Psi_+ = e^{-\frac{2\pi i}{h}(y\sin\alpha\sqrt{2m(E-V)} + Et)} A' e^{\frac{2\pi i}{h}x\cos\alpha'\sqrt{2m(E-V')}}. \quad \text{(V, 160)}$$

Schließlich muß nun noch außer Ψ auch $\partial\Psi/\partial x$ stetig sein. Dies liefert zu der Gl. (V, 152), die wir schon aus der Stetigkeit von Ψ folgerten, noch

$$\cos\alpha \sqrt{E-V} (A - A'') = A' \cos\alpha' \sqrt{E-V'}. \quad \text{(V, 161)}$$

Berechnet man hieraus A' und A'', so kann man den eindringenden und den reflektierten Strom durch den einfallenden Strom ausdrücken. Dabei entstehen Formeln, welche den Fresnelschen Formeln der Optik (Bd. I S. 503) entsprechen, mit dem einen Unterschied, daß bei den Elektronenwellen keine Polarisation vorkommt. (Auf S. 503 ist die reflektierte Welle durch ′, die gebrochene durch ″ gekennzeichnet.)

Weizel, Theoretische Physik, II. 2. Aufl.

Das Brechungsgesetz für Elektronenwellen gibt uns die Möglichkeit, die geometrische Optik direkt auf die Elektronen zu übertragen. Den Lichtstrahlen entsprechen die Elektronenbahnen nach klassischer Rechnung. Einer Grenzfläche optisch verschiedener Medien entspricht einer Fläche, an der das elektrostatische Potential einen Sprung macht. Für die praktische Anwendung bedeutet es allerdings einen erheblichen Unterschied, daß in der Optik fast nur homogene Medien und deren Grenzflächen vorkommen, in der Elektronenoptik hingegen vorwiegend Medien, mit örtlich veränderlichem Brechungsindex, weil sich V allmählich statt sprunghaft ändert. Die praktische Herstellung eines Potentialsprunges ist nämlich nicht einfach. Man kann den Sprung annähern, indem man in geringem Abstand zwei passend geformte Flächen aus Drahtnetz anbringt, von denen die eine sich auf dem Potential Null, die andere auf dem Potential V befindet. Auf diese Weise könnte man elektrische Elektronenprismen und Elektronenlinsen herstellen. Die Potentialänderung findet allerdings nicht wirklich in einem Sprung, sondern nur ziemlich schnell zwischen den Netzen statt. In der Tat kann man auf diese Weise wie mit optischen Linsen an Elektronenstrahlbündeln Abbildung erzielen. Für praktische Zwecke sind jedoch andere Linsen den Drahtnetzkonstruktionen vorzuziehen (s. S. 1528).

§ 7. Durchdringung eines Potentialberges. Tunneleffekt.

Inhalt: Eine Elektronenwelle, welche auf eine Potentialschwelle endlicher Dicke fällt, kann diese durchdringen, auch wenn ihre Energie nicht ausreicht, sie zu übersteigen. Tunneleffekt. Anwendung auf Radioaktivität, Starkeffekt und Kaltemission von Elektronen aus Metallen.

Bezeichnungen: E Energie der Elektronen, V potentielle Energie der Schwelle, A Amplitude der Wellen der ursprünglichen Richtung, B Amplitude der rückläufigen Wellen, a Dicke der Schwelle, j Stromdichte, R Reflexionsvermögen, D Durchlaßvermögen; Index I bezieht sich auf das Raumgebiet vor der Schwelle, II in der Schwelle, III hinter der Schwelle, β ist durch $E = V \sin^2 \beta$ definiert.

Wir behandeln jetzt ein Potentialfeld von folgender Beschaffenheit. Im ganzen Raum möge das Potential Null sein, außer in einem Streifen zwischen den Ebenen $x = 0$ und $x = a$. In diesen Streifen herrsche das Potential V (s. Abb. 329). Der ganze Raum besteht jetzt aus dem Gebiet I, wo $x < 0$ ist, dem Gebiet II des Potentialberges von $x = 0$ bis $x = a$ und dem Raum III hinter dem Potentialberg, wo $x > a$ ist.

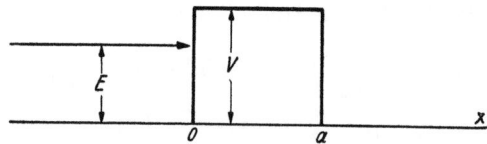

Abb. 329. Potentialberg der Höhe V und der Dicke a.

Gegen die so entstandene Potentialschwelle (II) möge aus dem Raum I eine ebene Elektronenwelle (Elektronenstrom) senkrecht anlaufen. Die Gesamtenergie E pro Elektron sei kleiner als die Höhe V der Potentialschwelle.

Setzen wir
$$E = V \sin^2 \beta, \qquad (V, 162)$$
so haben wir in den drei Teilräumen I, II und III die Ψ-Funktion

$$\Psi_I = e^{-\frac{2\pi i}{h} E t} \left\{ A_I e^{\frac{2\pi i}{h} x \sqrt{2mE}} + B_I e^{-\frac{2\pi i}{h} x \sqrt{2mE}} \right\},$$

$$\Psi_{II} = e^{-\frac{2\pi i}{h} E t} \left\{ A_{II} e^{-\frac{2\pi}{h} x \cot\beta \sqrt{2mE}} + B_{II} e^{\frac{2\pi}{h} x \cot\beta \sqrt{2mE}} \right\}, \qquad (V, 163)$$

$$\Psi_{III} = e^{-\frac{2\pi i E t}{h}} \left\{ A_{III} e^{\frac{2\pi i}{h} x \sqrt{2mE}} + B_{III} e^{-\frac{2\pi i}{h} x \sqrt{2mE}} \right\}.$$

§ 7. Durchdringung eines Potentialberges. Tunneleffekt.

Da aus dem Raum *III* keine Elektronenwelle einläuft, muß

$$B_{III} = 0 \tag{V, 164}$$

sein. Die Stetigkeit von Ψ bei $x = 0$ und $x = a$ verlangt

$$A_I + B_I = A_{II} + B_{II} \tag{V, 165}$$

und

$$A_{II} e^{-\frac{2\pi}{h} a \cot\beta \sqrt{2mE}} + B_{II} e^{\frac{2\pi}{h} a \cot\beta \sqrt{2mE}} = A_{III} e^{\frac{2\pi i}{h} a \sqrt{2mE}}. \tag{V, 166}$$

Die Stetigkeit von $\partial\Psi/\partial x$ gibt

$$i(A_I - B_I) = \cot\beta (B_{II} - A_{II}), \tag{V, 167}$$

$$\cot\beta \left(-A_{II} e^{-\frac{2\pi}{h} a \cot\beta \sqrt{2mE}} + B_{II} e^{\frac{2\pi}{h} a \cot\beta \sqrt{2mE}} \right) = i A_{III} e^{\frac{2\pi i}{h} a \sqrt{2mE}}. \tag{V, 168}$$

Führen wir die Abkürzungen

$$k = e^{\frac{2\pi}{h} a \cot\beta \sqrt{2mE}}; \quad N = (1 - k^2)\cos 2\beta + i(1 + k^2)\sin 2\beta \tag{V, 169}$$

ein und lösen diese Gleichungen auf, so erhalten wir

$$B_I = \frac{A_I}{N}(k^2 - 1); \quad A_{II} = \frac{A_I k^2}{N}(1 - e^{-2i\beta}), \tag{V, 170}$$

$$B_{II} = \frac{A_I}{N}(e^{2i\beta} - 1); \quad A_{III} = \frac{2ik A_I}{N} \sin 2\beta \, e^{-\frac{2\pi i a}{h}\sqrt{2mE}}. \tag{V, 171}$$

Der reflektierte Strom ergibt sich zu

$$j_{B_I} = B_I B_I^* \sqrt{\frac{2E}{m}} = \frac{A_I A_I^*}{N N^*}(k^2 - 1)^2 \sqrt{\frac{2E}{m}}, \tag{V, 172}$$

das Reflexionsvermögen ist hiernach

$$R = \frac{(k^2 - 1)^2}{N N^*}. \tag{V, 173}$$

Der Strom

$$j_{A_{III}} = A_{III} A_{III}^* \sqrt{\frac{2E}{m}} = \frac{A_I A_I^*}{N N^*} 4k^2 \sin^2(2\beta) \sqrt{\frac{2E}{m}} \tag{V, 174}$$

hat die Potentialschwelle durchdrungen. Das Durchdringungsvermögen ist also

$$D = \frac{4k^2 \sin^2(2\beta)}{N N^*}. \tag{V, 175}$$

Die Summe von reflektiertem und durchdringendem Strom ist gleich dem einfallenden Strom. Auch im Raum *II* ist ein Strom von der gleichen Größe wie im Raum *III* vorhanden, obwohl wir dort keine ebene Welle haben.

Wenn k eine einigermaßen große Zahl ist, kann man näherungsweise

$$N = -k^2 e^{-2i\beta}; \quad k = e^{\frac{2\pi}{h} a \sqrt{2m(V-E)}} \tag{V, 176}$$

setzen. Das Durchdringungsvermögen ergibt sich dann zu

$$D = \frac{4\sin^2(2\beta)}{k^2} = \frac{16E(V-E)}{k^2 V^2}. \qquad (V, 177)$$

Ist etwa $E = V/2$ und a gleich der Wellenlänge der einfallenden Elektronenwelle, also

$$a = \lambda = \frac{h}{\sqrt{2mE}}, \qquad (V, 178)$$

so erhält man

$$k = e^{2\pi}; \quad D = \frac{4}{k^2} = 1{,}3 \cdot 10^{-5} = 0{,}0013\,\%. \qquad (V, 179)$$

Die wellenmechanische Behandlung des Anlaufens von Elektronen gegen eine Potentialschwelle von endlicher Dicke liefert also ein Ergebnis, welches sehr verschieden von der Aussage der klassischen Mechanik ist. Klassisch müßten an einer Schwelle alle Elektronen reflektiert werden, deren Energie kleiner ist als die Höhe der Schwelle. Alle Elektronen, deren Energie die Höhe der Schwelle überschreitet, müßten klassisch die Schwelle durchdringen. In Wirklichkeit werden die Elektronen aber in beiden Fällen an der Schwelle zum Teil reflektiert, während ein anderer Teil des Elektronenstromes die Schwelle durchdringt. Man nennt diesen Vorgang Tunneleffekt, weil eine Elektronenwelle einen Potentialberg durchdringen kann, wenn ihre Energie zu seiner Überschreitung nicht ausreicht.

Der Tunneleffekt kann ebenso wie bei Elektronen auch bei anderen Teilchen eintreten.

Der Tunneleffekt erklärt nach GAMOW den radioaktiven Zerfall. Das Potential eines α-Teilchens beim radialen Durchqueren eines Atomkernes möge durch Abb. 330 dargestellt sein und für unsere Betrachtung wie in Abb. 330a ideali-

Abb. 330. Potentialverlauf für ein α-Teilchen in der Nähe eines Atomkernes.

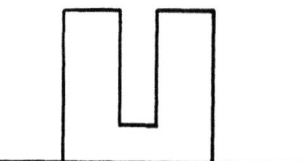

Abb. 330a. Idealierter Potentialverlauf eines α-Teilchen in der Nähe eines Atomkernes.

siert werden. Die im Atomkern befindlichen α-Teilchen müssen durch stehende Wellen in der Potentialmulde beschrieben werden. Allerdings kommen diese stehenden Wellen nicht durch ebene Wellen, sondern durch Kugelwellen zustande. An der Potentialschwelle werden die Wellen meist reflektiert, mit geringer Intensität aber auch durchgelassen. Dies hat zur Folge, daß dauernd ein gewisser Prozentsatz der vorhandenen radioaktiven Atome zerfällt (siehe auch S. 1329).

Man kann direkt experimentell nachweisen, daß die Potentialschwelle, welche die ausgeschleuderten Teilchen durchdringen, wirklich höher ist als die Energie dieser Teilchen. Der Kern eines radioaktiven Atoms, z. B. UI, erzeugt um sich herum ein Coulombsches Feld. Durch Streuung schneller α-Teilchen an UI hat man festgestellt, daß dieses Coulomb-Feld mindestens bis auf eine Entfernung von $3 \cdot 10^{-14}$ m an den Kern heranreicht. Jedes α-Teilchen, das den UI-Kern

§ 7. Durchdringung eines Potentialberges. Tunneleffekt.

verläßt, muß also entweder wenigstens die Energie

$$\frac{2Z\,e^2}{4\pi\varepsilon_0\cdot 3\cdot 10^{-14}}\ \text{Joule} \qquad (Z\,e\ \text{Kernladung des UI,}\ 2e\ \text{Kernladung des}\ \alpha\text{-Teilchens})$$

besitzen oder es muß einen Potentialberg durchdrungen haben. UI schleudert aber α-Teilchen aus, die nur eine Energie

$$E = \frac{1}{2}\,\frac{2Z\,e^2}{4\pi\varepsilon_0\cdot 3\cdot 10^{-14}}\ \text{Joule}$$

besitzen. Diese α-Teilchen müssen also wirklich durch den Tunneleffekt aus dem Kern herausgelangt sein.

Ein anderes Beispiel für die Durchdringung eines Potentialberges wird beim Starkeffekt in starken Feldern beobachtet. Zu dem Potential, das von dem Atomkern oder Atomrumpf herrührt, kommt noch das Potential $-(\mathfrak{r}\,\mathfrak{E})$ des äußeren Feldes hinzu. Hierdurch entsteht ein Potentialverlauf, wie er in der Abb. 331 stark übertrieben gezeichnet ist. Die Elektronen in den diskreten Zuständen, deren Energiewerte durch horizontale Striche eingezeichnet sind, können den Potentialberg durchdringen und das Atom verlassen, ohne die Ionisierungsenergie zu erreichen. Dieser Vorgang verkürzt die Lebensdauer der angeregten Zustände und führt wegen der Unschärferelation zu einer Verschmierung der Energiewerte und Terme. Spektrallinien, welche von

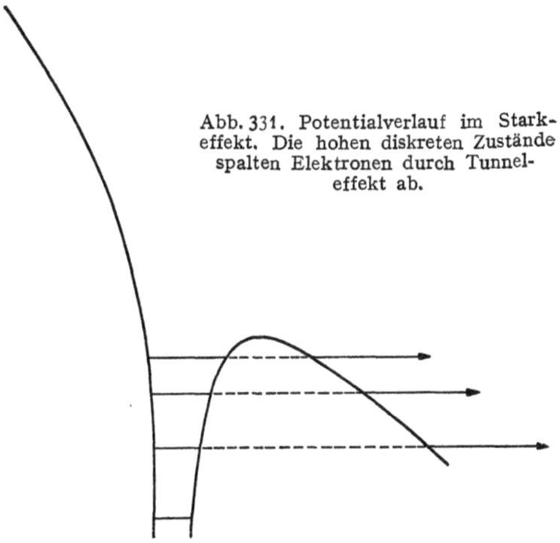

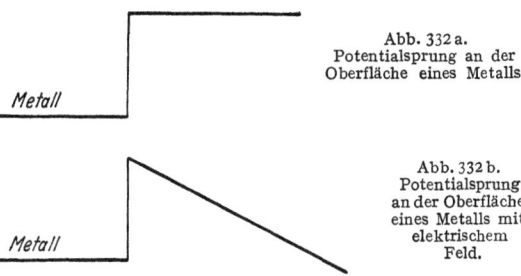

Abb. 331. Potentialverlauf im Starkeffekt. Die hohen diskreten Zustände spalten Elektronen durch Tunneleffekt ab.

diesen Termen ausgehen, werden diffus. Außerdem tritt die Ionisierung in Konkurrenz mit der Lichtemission, wodurch die Linien auch geschwächt werden. In genügend starken Feldern sterben deshalb die Linien hoher Seriennummer überhaupt aus, weil der Tunneleffekt die Elektronen schon vom Atom abtrennt, bevor es zur Ausstrahlung kommt. Diesen Vorgang hat man als Präionisation bezeichnet.

Abb. 332a. Potentialsprung an der Oberfläche eines Metalls.

Eine im Grunde ähnliche Erscheinung wird beobachtet, wenn an der Außenseite einer Metalloberfläche ein sehr

Abb. 332b. Potentialsprung an der Oberfläche eines Metalls mit elektrischem Feld.

starkes elektrisches Feld von solcher Richtung herrscht, daß das Metall negative Oberflächenladung trägt. Im Metall ist die potentielle Energie der Elektronen niedriger als im Außenraum (das elektrische Potential höher), so daß die Oberfläche eine Potentialschwelle bedeutet (s. Abb. 332a). Im elektrischen Feld wird der Potentialverlauf im Sinne der Abb. 332b abgeändert, wodurch ein Potentialberg entsteht, den die Elektronen im Tunneleffekt durchdringen können. Wenn das angelegte Feld genügend groß ist, treten aus dem kalten Metall Elektronen ohne Belichtung oder Ionenbombardement aus. Man bezeichnet dies als Feldemission. Die hierzu notwendigen Feldstärken liegen bei 10^8 bis 10^9 Volt pro Meter.

§ 8. Stetig veränderliches Potential. Quasiklassische Bewegungen. Wentzel-Kramers-Brillouin-Verfahren.

Inhalt: Wenn nur ein kleiner Teil der potentiellen Energie sich beim Durchlaufen einer Wellenlänge in kinetische Energie umsetzt, ist die klassische Mechanik eine gute Näherung für das Verhalten des Teilchens. Die Wellenfunktion kann nach einem Verfahren von WENTZEL, KRAMERS und BRILLOUIN berechnet werden. Für Umkehrpunkte, wo das Teilchen zur Ruhe kommt, ist die klassische Mechanik keine brauchbare Näherung.

Bezeichnungen: Ψ Wellenfunktion, ψ ihr Raumanteil, A_0, A_1 ihre Amplitude, V potentielle Energie, E Gesamtenergie, λ Wellenlänge, W klassische Wirkungsfunktion, S verkürzte Wirkungsfunktion, j Teilchenstrom, ϱ Teilchendichte, v klassische Geschwindigkeit.

Wir wollen jetzt das Verhalten einer Elektronenwelle in einem beliebigen Potentialfeld untersuchen, welches örtlich veränderlich ist. Allerdings beschränken wir uns zur Vereinfachung auf den Fall, daß V nur von x abhängt und daß die Welle auch in dieser Richtung fortschreitet.

Die Schrödingergleichung

$$\frac{d^2\psi}{dx^2} + \frac{8\pi^2 m}{h^2}(E-V)\psi = 0 \qquad (V, 180)$$

versuchen wir durch den Ansatz

$$\psi = A_0 e^{\frac{2\pi i}{h}\int_{x_0}^{x} y\,dx} \qquad (V, 181)$$

zu lösen und erhalten für y die Riccatische Differentialgleichung

$$y^2 + \frac{h}{2\pi i}\frac{dy}{dx} - 2m(E-V) = 0. \qquad (V, 182)$$

In diese Gleichung gehen wir mit der Reihenentwicklung

$$y = \sum_r \left(\frac{h}{2\pi i}\right)^r y_r \qquad (V, 183)$$

ein, wobei wir $h/2\pi i$ als kleine Größe betrachten. Gehen wir bis zu den in h linearen Gliedern, so finden wir

$$y_0^2 + \frac{h}{\pi i} y_0 y_1 + \frac{h}{2\pi i}\frac{dy_0}{dx} - 2m(E-V) = 0. \qquad (V, 184)$$

Ist jetzt

$$2m(E-V)| \gg \left|\frac{h}{2\pi}\frac{dy_0}{dx}\right|, \qquad (V, 185)$$

so erhalten wir in nullter Näherung

$$y_0 = \sqrt{2m(E-V)} \qquad (V, 186)$$

und in erster Näherung

$$y_1 = -\frac{1}{2y_0}\frac{dy_0}{dx} = -\frac{1}{2}\frac{d\ln y_0}{dx}. \qquad (V, 187)$$

§ 8. Stetig veränderliches Potential. Quasiklassische Bewegungen.

Setzen wir dies in (V, 181) ein, so ergibt sich in erster Näherung die ψ-Funktion

$$\psi = A_0 e^{\frac{2\pi i}{h} \int_{x_0}^{x} \sqrt{2m(E-V)}\,dx - \int_{x_0}^{x} \frac{d}{dx} \ln \sqrt[4]{2m(E-V)}\,dx} \qquad (V, 188)$$

$$= A_0 \sqrt[4]{\frac{E-V_0}{E-V}}\, e^{\frac{2\pi i}{h} \int_{x_0}^{x} \sqrt{2m(E-V)}\,dx}.$$

Mit den Abkürzungen

$$A_1 = A_0 \sqrt[4]{\frac{E-V_0}{E-V}} \quad \text{und} \quad S = \int_{x_0}^{x} \sqrt{2m(E-V)}\,dx \qquad (V, 189)$$

finden wir die Wellenfunktion

$$\Psi = A_1 e^{\frac{2\pi i}{h}(S-Et)} = A_1 e^{\frac{2\pi i}{h} W}, \qquad (V, 190)$$

wo W die klassische Wirkungsfunktion ist.

Dies ist eine Welle, deren Amplitude A_1 noch vom Ort abhängt. Ihre Wellenlänge λ ist diejenige Strecke Δx, über welche sich S um h vergrößert, woraus wir wegen (V, 189)

$$\lambda = \frac{h}{\sqrt{2m(E-V)}} \qquad (V, 191)$$

entnehmen. Die Wellenlänge ist ebenfalls örtlich veränderlich.

Berechnen wir den zur Welle (V, 190) gehörigen Strom

$$j = \frac{h}{4\pi i m}\left(\psi^* \frac{\partial \psi}{\partial x} - \psi \frac{\partial \psi^*}{\partial x}\right) = \frac{1}{m} A_1^2 \frac{\partial S}{\partial x} = A_0^2 \sqrt{\frac{2(E-V_0)}{m}}, \qquad (V, 192)$$

so erweist er sich als konstant. Es findet also in der berechneten Näherung keine Reflexion statt.

Für die Teilchendichte ergibt sich

$$\varrho = \psi^* \psi = A_0^2 \sqrt{\frac{E-V_0}{E-V}}, \qquad (V, 193)$$

und für die Teilchengeschwindigkeit errechnen wir

$$v = \frac{j}{\varrho} = \sqrt{\frac{2(E-V)}{m}} \qquad (V, 194)$$

genau wie in der klassischen Mechanik. Bildet man die Beschleunigung, so erhält man

$$\frac{dv}{dt} = \frac{dv}{dx}\frac{dx}{dt} = v\frac{dv}{dx} = -\frac{1}{m}\frac{dV}{dx}, \qquad (V, 195)$$

d. h. das Kraftgesetz der klassischen Mechanik. Die klassische Mechanik ist also eine erste Näherung, die sich aus der Wellenmechanik gewinnen läßt. In all denjenigen Fällen, wo diese Näherung gut oder ausreichend ist, verhalten sich die Teilchen quasiklassisch.

Jetzt kehren wir nochmals zu der Bedingung (V, 185) zurück, die die Voraussetzung für das eingeschlagene Näherungsverfahren bildet. Setzen wir y_0 ein, so erhalten wir

$$|E - V| \gg \left| \frac{h}{4\pi \sqrt{2m(E-V)}} \right| \frac{dV}{dx} = \left| \frac{\lambda}{4\pi} \frac{dV}{dx} \right|. \qquad (V, 196)$$

Dies bedeutet, daß der Zuwachs des Potentials $\Delta V = \lambda \frac{dV}{dx}$ über eine Wellenlänge nur einen kleinen Teil der kinetischen Energie $E - V$ betragen darf. Je größer die Masse des Teilchens ist, desto besser ist die klassische Näherung, weil die Wellenlänge der Wurzel aus der Masse umgekehrt proportional ist. Dies ist der Grund, weshalb man ganze Atome meist klassisch behandeln kann, nicht aber Elektronen. Ein nennenswerter Potentialzuwachs innerhalb einer Wellenlänge muß dagegen als ein Sprung betrachtet werden und führt zu einer Reflexion nach § 5 S. 1050.

Gar nicht brauchbar ist unser Näherungsverfahren an solchen Stellen, wo $E - V$ verschwindet, wo also das Teilchen klassisch zur Ruhe kommen und umkehren würde. Dort ist die quasiklassische Betrachtung überhaupt keine Annäherung an das wirkliche Verhalten.

In der Umgebung einer solchen Stelle x_k ersetzt man mit

$$2m(E - V) = \alpha_k(x - x_k) \qquad (V, 197)$$

den Potentialverlauf durch eine lineare Funktion und erhält für ψ aus (V, 180) die Gleichung

$$\frac{d^2\psi}{dx^2} + \frac{4\pi^2 \alpha_k}{h^2}(x - x_k)\psi = 0. \qquad (V, 198)$$

Ihre Lösung ist die Besselfunktion

$$\psi = C(x - x_k)^{1/2} J_{1/3}\left\{ \frac{4\pi \sqrt{\alpha_k}}{3h}(x - x_k)^{3/2} \right\}, \qquad (V, 199)$$

mit der man die Umgebung des klassischen Umkehrpunktes überbrücken kann. Auf diese Weise entsteht ein in allen Fällen anwendbares Approximationsverfahren (Wentzel-Kramers-Brillouin-Verfahren).

VI. Stoß- und Streuprozesse.

Zu den wichtigsten Elementarprozessen gehören die Zusammenstöße atomarer Gebilde. Wenn es sich dabei um schwerere Teilchen (Atome, Moleküle, Atomkerne) handelt, deren innere Struktur bei den Stößen nicht geändert wird, kann man den Vorgang zuweilen nach den Gesetzen der klassischen Mechanik ausreichend behandeln. Solche Vorgänge, bei denen Impuls und kinetische Energie insgesamt unverändert bleiben, nennt man elastische Stöße. Soweit man Schlüsse auf das Ergebnis des Stoßes nur aus Impulssatz und Energiesatz zieht und auf die Abwicklung des Stoßes selbst keinen Bezug nimmt, ergeben klassische und quantentheoretische Überlegungen gleiche Resultate.

Ändert der Stoß jedoch die innere Struktur der Teilchen (unelastische Stöße), oder sind Elektronen an den Vorgängen beteiligt, so muß man das Rüstzeug der Quantentheorie einsetzen, um tiefer in die Einzelheiten einzudringen.

Wenn man auch ein allgemeines Schema zur Beschreibung der Stoßvorgänge aufstellen kann, so muß man doch auf die speziellen Verhältnisse des Einzelfalles näher eingehen, wenn man konkrete Ergebnisse ableiten will. Dies hat zur Folge, daß die Behandlung der Stoßvorgänge schwierig und wenig übersichtlich ist. Wir müssen uns daher darauf beschränken, einige der Methoden kurz zu skizzieren, um den Gang der Überlegungen und Berechnungen anzudeuten.

*§ 1. Stoß und Streuung zweier Punktladungen.

Inhalt: Streuung zweier ebener Wellen. Lösung des Zweiteilchenproblems in parabolischen Koordinaten. Rutherfordsche Streuformel.

Bezeichnungen: m_1 und m_2 Massen, $Z_1 e$ und $Z_2 e$ Ladungen der Teilchen, $\mathfrak{p}_1^{(0)}$, $\mathfrak{p}_2^{(0)}$ ihre Impulse vor dem Stoß, $\mathfrak{p}_1$, $\mathfrak{p}_2$ nach dem Stoß, $\mathfrak{r}_1$, $\mathfrak{r}_2$ Ortsvektoren, $\mathfrak{R}$ Ortsvektor des Schwerpunktes, E Energie, χ Eigenfunktion des Gesamtsystems, Θ_1, Θ_2 Streuwinkel der Teilchen, j_e einfallender Teilchenstrom, $\bar{j}_2$ Streustrom der Teilchen 2, $\mathfrak{r}$ Ortsvektor des Teilchens 2 im Schwerpunktssystem, E_{rel} Energie der Relativbewegung, $\mathfrak{p}^{(0)}$, $\mathfrak{p}$ Impuls der Relativbewegung des Teilchens 2 gegen Teilchen 1 vor und nach dem Stoß, j_r Streustrom im Schwerpunktssystem, $_1F_1$ konfluente hypergeometrische Funktion, dQ differentieller Wirkungsquerschnitt, λ de Broglie-Wellenlänge.

Das einfachste Stoß- und Streuungsproblem ist die Streuung zweier Teilchen mit den Ladungen $Z_1 e$ und $Z_2 e$ und den Massen m_1 und m_2, die sich mit Coulombschen Kräften anziehen oder abstoßen. Dabei betrachten wir jedoch nicht zwei einzelne Teilchen, sondern zwei Strahlen der beiden Teilchenarten, die sich gegenseitig durchdringen. Wäre jeder Strahl allein vorhanden oder bestünde keine Wechselwirkung, so ließen sich die beiden Teilchenarten durch die ebenen Wellen

$$\Psi_1 = e^{\frac{2\pi i}{h}\left(\mathfrak{p}_1^{(0)} \mathfrak{r}_1 - \frac{\mathfrak{p}_1^{(0)2}}{2m_1} t\right)} \quad \text{(VI, 1)}$$

bzw.

$$\Psi_2 = e^{\frac{2\pi i}{h}\left(\mathfrak{p}_2^{(0)} \mathfrak{r}_2 - \frac{\mathfrak{p}_2^{(0)2}}{2m_2} t\right)} \quad \text{(VI, 2)}$$

beschreiben, wenn $\mathfrak{p}_1^{(0)}$ bzw. $\mathfrak{p}_2^{(0)}$ die Impulse pro Teilchen bedeuten. Die Wellenfunktionen sind so normiert, daß innerhalb der Strahlen die Teilchendichte 1 besteht. Dabei sind die Dimensionen der Strahlquerschnitte zwar groß gegen atomare Dimensionen, jedoch in der Regel klein gegen die sonstigen Dimensionen der Versuchsanordnung.

Wir müssen nun die Wechselwirkungsenergie zweier Teilchen

$$V = \frac{Z_1 Z_2 e^2}{4\pi\varepsilon_0 |\mathfrak{r}_2 - \mathfrak{r}_1|} \quad \text{(VI, 3)}$$

berücksichtigen und eine Wellenfunktion $\Psi(\mathfrak{r}_1, \mathfrak{r}_2, t)$ des Systems zweier sich beeinflussender Teilchen einführen, die von den beiden Ortsvektoren $\mathfrak{r}_1$ und $\mathfrak{r}_2$ abhängt. Für sie gilt die Wellengleichung

$$\left\{-\frac{h^2}{8\pi^2 m_1}\Delta_1 - \frac{h^2}{8\pi^2 m_2}\Delta_2 + \frac{Z_1 Z_2 e^2}{4\pi\varepsilon_0 |\mathfrak{r}_1 - \mathfrak{r}_2|} - \frac{\mathfrak{p}_1^{(0)2}}{2m_1} - \frac{\mathfrak{p}_2^{(0)2}}{2m_2}\right\}\Psi(\mathfrak{r}_1, \mathfrak{r}_2, t) = 0. \quad \text{(VI, 4)}$$

Die Gesamtenergie

$$E = \frac{\mathfrak{p}_1^{(0)2}}{2m_1} + \frac{\mathfrak{p}_2^{(0)2}}{2m_2} \quad \text{(VI, 5)}$$

ist positiv und während des Vorgangs konstant. Wir können deshalb für $\Psi(\mathfrak{r}_1, \mathfrak{r}_2, t)$ den Ansatz

$$\Psi = \chi(\mathfrak{r}_1, \mathfrak{r}_2) e^{-\frac{2\pi i}{h} E t} \quad \text{(VI, 6)}$$

machen, wobei die Eigenfunktion χ ebenfalls der Gl. (VI, 4) genügt.

Die Gl. (VI, 4) ist fast dieselbe, wie die des Wasserstoffatoms bei Mitbewegung des Kerns. Die Unterschiede bestehen darin, daß die Teilchen gleichnamige Ladungen tragen können, daß die Energie (VI, 5) stets positiv ist und daß an Stelle der Randbedingungen die Anfangsbedingungen (VI, 1 und 2) zu verarbeiten sind. Dieser veränderten Problemstellung muß sich die mathematische Behandlung anpassen.

Wir führen zuerst den Schwerpunktsort

und den Ort
$$\mathfrak{R} = \frac{m_1 \mathfrak{r}_1 + m_2 \mathfrak{r}_2}{m_1 + m_2} \tag{VI, 7}$$

$$\mathfrak{r} = (\mathfrak{r}_2 - \mathfrak{r}_1) \frac{m_1}{m_1 + m_2} \tag{VI, 8}$$

des Teilchens 2 im Schwerpunktssystem ein, spalten mit dem Ansatz

$$\chi = \psi(\mathfrak{r}) \, e^{\frac{2\pi i}{h} (\{\mathfrak{p}_1^{(0)} + \mathfrak{p}_2^{(0)}\} \mathfrak{R})} \tag{VI, 9}$$

die Schwerpunktsbewegung ab und behalten für die Eigenfunktion $\psi(\mathfrak{r})$ der Bewegung relativ zum Schwerpunkt die Schrödingergleichung

$$\left(-\frac{h^2}{8\pi^2 m_2} \Delta + \frac{Z_1 Z_2 e^2}{4\pi \varepsilon_0 r} - E_{\text{rel}} \right) \psi = 0, \tag{VI, 10}$$

wo
$$E_{\text{rel}} = \frac{m_2}{2} \left(\frac{\mathfrak{p}_2^{(0)}}{m_2} - \frac{\mathfrak{p}_1^{(0)}}{m_1} \right)^2 \tag{VI, 11}$$

die kinetische Energie der relativen Bewegung des Teilchens 2 gegen das Teilchen 1 ist. Zu $\mathfrak{r}$ ist der Impuls der Relativbewegung kanonisch konjugiert, der vor der Streuung den Wert

$$\mathfrak{p}^{(0)} = m_2 \left(\frac{\mathfrak{p}_2^{(0)}}{m_2} - \frac{\mathfrak{p}_1^{(0)}}{m_1} \right) \tag{VI, 12}$$

besitzt.

Wir legen jetzt die positive z-Achse der relativen Koordinaten in die Richtung des Relativimpulses $\mathfrak{p}^{(0)}$ und gehen zu Zylinderkoordinaten z, ϱ, φ über, wodurch aus (VI, 10) die Gleichung

$$\frac{1}{\varrho} \frac{\partial}{\partial \varrho} \varrho \frac{\partial \psi}{\partial \varrho} + \frac{1}{\varrho^2} \frac{\partial^2 \psi}{\partial \varphi^2} + \frac{\partial^2 \psi}{\partial z^2} + \frac{8\pi^2 m_2}{h^2} \left(E_{\text{rel}} - \frac{Z_1 Z_2 e^2}{4\pi \varepsilon_0 r} \right) \psi = 0 \tag{VI, 13}$$

entsteht. Diese Gleichung erlaubt die Separation

$$\psi = u(\varrho, z) \, e^{iM\varphi}, \tag{VI, 14}$$

wobei M eine ganze positive oder negative Zahl einschließlich der Null sein darf, wenn ψ im Raum eindeutig sein soll. Fände keine Wechselwirkung statt, so hätten wir als Wellenfunktion das Produkt der Wellen (VI, 1) und (VI, 2) und für χ

$$\chi = e^{\frac{2\pi i}{h} (\mathfrak{p}_1^{(0)} \mathfrak{r}_1 + \mathfrak{p}_2^{(0)} \mathfrak{r}_2)}$$
$$= e^{\frac{2\pi i}{h} (\{\mathfrak{p}_1^{(0)} + \mathfrak{p}_2^{(0)}\} \mathfrak{R})} \, e^{\frac{2\pi i}{h} (\mathfrak{p}^{(0)} \mathfrak{r})} \tag{VI, 15}$$

*§ 1. Stoß und Streuung zweier Punktladungen.

zu setzen. Für ψ fänden wir dann

$$\psi = e^{\frac{2\pi i}{h} \mathfrak{p}^{(0)} z}, \tag{VI, 16}$$

wenn $\mathfrak{p}^{(0)}$ der Betrag des Relativimpuls $\mathfrak{p}^{(0)}$ ist. Ohne Wechselwirkung hängt ψ also nicht von φ ab und M hat den Wert Null. Da die Wechselwirkung φ nicht enthält, ändert sie auch M nicht ab, d. h. ψ ist eine Funktion von ϱ und z allein. (VI, 13) reduziert sich auf

$$\frac{1}{\varrho}\frac{\partial}{\partial\varrho}\varrho\frac{\partial\psi}{\partial\varrho} + \frac{\partial^2\psi}{\partial z^2} + \left(k^2 - \frac{2Ak}{r}\right)\psi = 0, \tag{VI, 17}$$

wenn man die Abkürzungen

$$k^2 = \frac{8\pi^2 m_2}{h^2} E_{\text{rel}} = \frac{4\pi^2}{h^2}\mathfrak{p}^{(0)\,2} \tag{VI, 18}$$

und

$$A = \frac{\pi Z_1 Z_2 e^2 m_2}{h^2 \varepsilon_0 k} \tag{VI, 19}$$

einführt.

Am einfachsten löst man die Gl. (VI, 17), indem man parabolische Koordinaten ξ und η mit

$$\varrho = \sqrt{\xi\eta}; \quad z = \frac{1}{2}(\xi - \eta); \quad r = \frac{1}{2}(\xi + \eta) \tag{VI, 20}$$

einführt. Aus (VI, 17) entsteht damit die Gleichung

$$\frac{4}{\xi+\eta}\left(\frac{\partial}{\partial\xi}\xi\frac{\partial\psi}{\partial\xi} + \frac{\partial}{\partial\eta}\eta\frac{\partial\psi}{\partial\eta}\right) + \left(k^2 - \frac{4Ak}{\xi+\eta}\right)\psi = 0, \tag{VI, 21}$$

die man durch den Ansatz

$$\psi = f(\xi)g(\eta) \tag{VI, 22}$$

in die beiden Gleichungen

$$\frac{d}{d\xi}\xi\frac{df}{d\xi} + \frac{k^2}{4}\xi f - k\alpha f = 0, \tag{VI, 23}$$

$$\frac{d}{d\eta}\eta\frac{dg}{d\eta} + \frac{k^2}{4}\eta g - k(A-\alpha)g = 0 \tag{VI, 24}$$

separieren kann. Setzt man noch

$$f = e^{\pm\frac{ik}{2}\xi}F; \quad g = e^{\pm\frac{ik\eta}{2}}G \tag{VI, 25}$$

und führt

$$u = \mp ik\xi; \quad v = \mp ik\eta \tag{VI, 26}$$

als neue unabhängige Variable ein, so erhält man für F und G die konfluenten hypergeometrischen Differentialgleichungen

$$u\frac{d^2F}{du^2} + (1-u)\frac{dF}{du} - \left(\frac{1}{2}\pm i\alpha\right)F = 0, \tag{VI, 27}$$

$$v\frac{d^2G}{dv^2} + (1-v)\frac{dG}{dv} - \left(\frac{1}{2}\pm i\{A-\alpha\}\right)G = 0. \tag{VI, 28}$$

Die Lösung beider Gleichungen ist die konfluente hypergeometrische Funktion $_1F_1$, und wir erhalten mit ihr

$$\psi = \left\{ e^{\frac{ik\xi}{2}} {}_1F_1\left(\frac{1}{2} + i\alpha, 1, -ik\xi\right) + e^{-\frac{ik\xi}{2}} {}_1F_1\left(\frac{1}{2} - i\alpha, 1, ik\xi\right) \right\} \times$$

$$\times \left\{ e^{\frac{ik\eta}{2}} {}_1F_1\left(\frac{1}{2} + iA - i\alpha, 1, -ik\eta\right) + e^{-\frac{ik\eta}{2}} {}_1F_1\left(\frac{1}{2} - iA + i\alpha, 1, ik\eta\right) \right\}. \quad \text{(VI, 29)}$$

Wir interessieren uns nun weniger für den Vorgang beim Stoß selbst als für dessen Ergebnis, d. h. für den Verlauf der ψ-Funktion bei großen Werten von ξ und η. Die ψ-Funktion ist eine Summe von vier Gliedern, welche die Faktoren

$$e^{\frac{ik(\xi+\eta)}{2}} = e^{ikr}; \qquad e^{\frac{ik(\xi-\eta)}{2}} = e^{ikz};$$

$$e^{-\frac{ik(\xi+\eta)}{2}} = e^{-ikr}; \qquad e^{-\frac{ik(\xi-\eta)}{2}} = e^{-ikz} \quad \text{(VI, 30)}$$

besitzen. Das Glied mit e^{ikz} entspricht nach (VI, 16) den unveränderten ursprünglichen Strahlen. Das Glied mit e^{-ikz} entspräche ursprünglichen Strahlen in entgegengesetzten Richtungen. Da man bei Streuversuchen schwerlich gleichzeitig zwei Strahlen jeder Teilchenart von entgegengesetzten Richtungen streuen läßt, muß dieses Glied wegfallen. Das Glied mit e^{ikr} bedeutet eine Streuwelle, die sich vom Stoßort ausbreitet. Sie beschreibt die Streuung der Teilchen. Das Glied mit e^{-ikr} wäre Teilchen zuzuordnen, welche konzentrisch aus dem Unendlichen auf den Stoßort zustreben und hat natürlich keine physikalische Realität. Wir müssen also den Separationsparameter α so wählen, daß die Glieder mit e^{-ikz} und e^{-ikr} wegfallen. Dies können wir erreichen, wenn wir $_1F_1(\frac{1}{2} - i\alpha, 1, ik\xi)$ für große ξ zum Verschwinden bringen. Nun strebt die konfluente hypergeometrische Funktion $_1F_1(n, 1, x)$ für große x asymptotisch dem Verlauf

$$_1F_1(n, 1, x \to \infty) = \frac{1}{(-n)!(-x)^n} \quad \text{(VI, 31)}$$

zu. Sie verschwindet, wenn n eine ganze positive Zahl ist, weil $(-n)! = \infty$ ist. Wir müssen also

$$i\alpha = \frac{1}{2} - n \quad \text{(VI, 32)}$$

setzen. Damit wird aber für große ξ

$$_1F_1\left(\frac{1}{2} + i\alpha, 1, -ik\xi\right) = {}_1F_1(1 - n, 1, -ik\xi) \approx \frac{1}{(n-1)!(-ik\xi)^{1-n}}. \quad \text{(VI, 33)}$$

Hieraus erkennt man, daß nur der Wert $n = 1$ in Frage kommt, weil für $n > 1$ die Funktion $_1F_1(1 - n, 1, -ik\xi)$ für große ξ beliebig große Werte annähme. Jetzt haben wir endlich

$$i\alpha = -\frac{1}{2} \quad \text{(VI, 34)}$$

ermittelt und gewinnen für große ξ

$$_1F_1\left(\frac{1}{2} + i\alpha, 1, -ik\xi\right) = 1 \quad \text{(VI, 35)}$$

*§ 1. Stoß und Streuung zweier Punktladungen.

aus (VI, 33). Damit finden wir endlich

$$\psi = e^{ikr} {}_1F_1(1+iA, 1, -ik\eta) + e^{ikz} {}_1F_1(-iA, 1, ik\eta) \approx$$
$$\approx \frac{e^{ikr}}{(-1-iA)!(ik\eta)^{1+iA}} + \frac{e^{ikz}}{(iA)!(-ik\eta)^{-iA}} \qquad \text{(VI, 36)}$$

für große r bzw. z. Da ψ noch nicht normiert ist, können wir mit

$$(iA)!(-i)^{-iA} = (iA)!(i)^{iA}$$

und einem Normierungsfaktor N multiplizieren. Mit der Abkürzung

$$\frac{(iA)!}{(-iA)!} = e^{i\delta} \qquad \text{(VI, 37)}$$

erhalten wir dann die asymptotische Eigenfunktion für große η

$$\psi = -NA\frac{e^{ikr+i\delta}}{(k\eta)^{1+iA}} + N\frac{e^{ikz}}{(k\eta)^{-iA}}. \qquad \text{(VI, 38)}$$

Die beim Stoß bzw. der Streuung aus ihrer ursprünglichen Bewegungsrichtung abgelenkten Teilchen werden meist in einer Entfernung vom Orte des Stoßes beobachtet, welche sehr groß gegen die Querschnittsdimensionen der Teilchenstrahlen ist. Beobachtet man also nicht gerade in der ursprünglichen Richtung, so liegt der Beobachtungsort außerhalb des ungestreuten Strahles. In (VI, 38) ist der seitlichen Begrenzung der Strahlen noch nicht Rechnung getragen. Dies könnte man aber durch die Festsetzung tun, daß das zweite Glied mit e^{ikz} nur innerhalb des primären Strahles vorhanden ist und entfällt, wenn ϱ größer als der Radius des Strahlquerschnittes ist. In allen Beobachtungsrichtungen außerhalb des ursprünglichen Strahles ist also (VI, 38) einfach durch den Streuanteil

$$\psi_r = -NA\frac{e^{ikr+i\delta}}{(k\eta)^{1+iA}} \qquad \text{(VI, 39)}$$

zu ersetzen.

Nun bilden wir den Strom

$$j_r = \frac{h}{4\pi i m_2}\left(\psi_r^* \frac{\partial \psi_r}{\partial r} - \psi_r \frac{\partial \psi_r^*}{\partial r}\right) = \frac{h}{4\pi i m_2} \psi_r^* \psi_r \frac{\partial}{\partial r}\ln\frac{\psi_r}{\psi_r^*} \qquad \text{(VI, 40)}$$

in radialer Richtung und erhalten asymptotisch für große η

$$j_r = N^2 \frac{k h A^2}{2\pi m_2 k^2 \eta^2}. \qquad \text{(VI, 41)}$$

Aus dem zweiten Summanden von (VI, 38) ergibt sich der Betrag des einfallenden Teilchenstromes

$$j_z = N^2 \frac{k h}{2\pi m_2}. \qquad \text{(VI, 42)}$$

Wir finden das Verhältnis beider Ströme

$$\frac{j_r}{j_z} = \frac{A^2}{k^2 \eta^2} = \left(\frac{Z_1 Z_2 e^2}{8\pi \varepsilon_0 \eta E_{\text{rel}}}\right)^2. \qquad \text{(VI, 43)}$$

Bildet die Beobachtungsrichtung $\mathfrak{r}$ mit dem einfallenden Strahl den Winkel ϑ, so ist

$$\xi = r + z = 2r\cos^2\frac{\vartheta}{2}; \quad \eta = r - z = 2r\sin^2\frac{\vartheta}{2}, \tag{VI, 44}$$

und wir erhalten

$$\frac{j_r}{j_z} = \left(\frac{Z_1 Z_2 e^2}{16\pi\,\varepsilon_0\,E_{\text{rel}}}\right)^2 \frac{1}{r^2\sin^4\frac{\vartheta}{2}}. \tag{VI, 45}$$

Diese Formel beschreibt die Streuung im Schwerpunktssystem. Sie ist also für die Streuung des Teilchens 2 nur direkt anwendbar, wenn das Teilchen 1 praktisch unbeweglich ist. Man erhält dann die Streuung in den ganzen zu $d\vartheta$ gehörigen Winkelbereich durch Multiplikation mit

$$r^2\,d\omega = 2\pi r^2\sin\vartheta\,d\vartheta = 4\pi r^2\sin\frac{\vartheta}{2}\cos\frac{\vartheta}{2}\,d\vartheta, \tag{VI, 46}$$

wobei sich für $Z_1 = 2$ genau die Formel (I, 59) von Seite 821 wie bei klassischer Rechnung ergibt.

**§ 2. Der differentielle Streuquerschnitt.

Inhalt: Impulssatz und Energiesatz bei der Streuung, Streuung an ursprünglich ruhenden Teilchen. Streuquerschnitt für den Winkelbereich $d\omega$.
Bezeichnungen: wie S. 1065.

Nur wenn die Masse m_2 des gestreuten Teilchens 2 sehr viel kleiner als die streuende Masse m_1 ist, können wir das Koordinatensystem in den Schwerpunkt verlegen und den Vorgang am Teilchen 2 einfach in Relativkoordinaten beschreiben. Wenn beide Teilchen ähnliche oder gleiche Massen besitzen, müssen wir zu der Bewegung der Teilchen im wirklichen Raum zurückkehren.

Wir führen nun den Vektor

$$\mathfrak{p} = p^{(0)}\frac{\mathfrak{r}_2 - \mathfrak{r}_1}{|\mathfrak{r}_2 - \mathfrak{r}_1|} = \frac{h\,k}{2\pi}\frac{\mathfrak{r}_2 - \mathfrak{r}_1}{|\mathfrak{r}_2 - \mathfrak{r}_1|}, \tag{VI, 47}$$

der die Richtung der Relativkoordinate hat und der im Betrag mit dem Relativimpuls vor der Streuung übereinstimmt, in den Streuanteil der Eigenfunktion bei großer Entfernung ein und erhalten

$$\chi = \frac{-N A\,e^{i\delta}}{(k\eta)^{1+iA}} e^{\frac{2\pi i}{h}(\{\mathfrak{p}_1^{(0)}+\mathfrak{p}_2^{(0)}\}\mathfrak{R})}\,e^{\frac{2\pi i}{h}(\mathfrak{p}\{\mathfrak{r}_2-\mathfrak{r}_1\})\frac{m_1}{m_1+m_2}} \tag{VI, 48}$$

$$= \frac{-N A\,e^{i\delta}}{(k\eta)^{1+iA}} e^{\frac{2\pi i}{h}\frac{m_1}{m_1+m_2}(\{\mathfrak{p}_1^{(0)}+\mathfrak{p}_2^{(0)}-\mathfrak{p}\}\mathfrak{r}_1)}\,e^{\frac{2\pi i}{h}\left(\left\{\frac{m_2(\mathfrak{p}_1^{(0)}+\mathfrak{p}_2^{(0)})}{m_1+m_2}+\frac{m_1}{m_1+m_2}\mathfrak{p}\right\}\mathfrak{r}_2\right)}.$$

Die Impulse $\mathfrak{p}_1$ und $\mathfrak{p}_2$ der Teilchen nach der Streuung ermitteln wir aus den Bedingungen

$$\frac{h}{2\pi i}\operatorname{grad}_1\chi = \mathfrak{p}_1\chi; \quad \frac{h}{2\pi i}\operatorname{grad}_2\chi = \mathfrak{p}_2\chi \tag{VI, 49}$$

und finden für asymptotisch für große η

$$\begin{aligned}\mathfrak{p}_1 &= \frac{m_1}{m_1+m_2}(\mathfrak{p}_1^{(0)}+\mathfrak{p}_2^{(0)}) - \mathfrak{p}\frac{m_1}{m_1+m_2},\\ \mathfrak{p}_2 &= \frac{m_2}{m_1+m_2}(\mathfrak{p}_1^{(0)}+\mathfrak{p}_2^{(0)}) + \mathfrak{p}\frac{m_1}{m_1+m_2}.\end{aligned} \tag{VI, 50}$$

§ 2. Der differentielle Streuquerschnitt.

$\mathfrak{p}_1$ und $\mathfrak{p}_2$ erfüllen den Impulssatz

$$\mathfrak{p}_1 + \mathfrak{p}_2 = \mathfrak{p}_1^{(0)} + \mathfrak{p}_2^{(0)} \qquad (VI, 51)$$

und den Energiesatz

$$\frac{\mathfrak{p}_1^2}{m_1} + \frac{\mathfrak{p}_2^2}{m_2} = \frac{\mathfrak{p}_1^{(0)2}}{m_1} + \frac{\mathfrak{p}_2^{(0)2}}{m_2} \qquad (VI, 52)$$

wie bei klassischer Berechnung des Stoßvorganges.

Bei den experimentellen Bedingungen eines Streuversuches besitzt eine der beiden Teilchenarten (Teilchen 2) vor der Streuung den definierten Impuls $\mathfrak{p}_2^{(0)}$, ihr Ort ist aber über den ganzen makroskopischen Bereich des Strahles verteilt. Die andere Teilchenart (Teilchen 1) befindet sich vor der Streuung nahezu in Ruhe und ist mehr oder weniger genau an einer bestimmten Stelle lokalisiert. Der Impuls $\mathfrak{p}_1^{(0)}$ streut deshalb in einem allerdings nicht sehr großen Bereich um den Wert $\mathfrak{p}_1^{(0)} = 0$. Das Teilchen 1 muß also durch ein Wellenpaket dargestellt werden, in welchem die Anfangsimpulse über einen gewissen Bereich von $\mathfrak{p}_1^{(0)}$ verteilt sind.

Wir führen nun die Streuwinkel Θ_1 und Θ_2 ein, welche die Impulse $\mathfrak{p}_1$ und $\mathfrak{p}_2$ nach der Streuung mit der ursprünglichen Strahlrichtung $\mathfrak{p}_2^{(0)}$ bilden. Den Winkel zwischen $\mathfrak{p}$ und $\mathfrak{p}_2^{(0)}$ bezeichnen wir wie bisher mit ϑ. Wäre nun $\mathfrak{p}_1^{(0)}$ exakt gleich Null, so ergäbe sich $\mathfrak{p}^{(0)} = \mathfrak{p}_2^{(0)}$ aus VI, 12 und

$$\mathfrak{p}^2 = \mathfrak{p}_2^{(0)2} = \frac{h^2 k^2}{4\pi^2} \qquad (VI, 53)$$

aus (VI, 47). Jeder Richtung von $\mathfrak{p}_2$, d. h. jedem Winkel Θ_2 wären ganz bestimmte Werte von $\mathfrak{p}_2$, $\mathfrak{p}_1$ und ϑ zugeordnet. Den Betrag $|\mathfrak{p}_2|$ fände man aus der Gleichung

$$|\mathfrak{p}_2|^2 - 2\frac{m_2}{m_1 + m_2}|\mathfrak{p}_2||\mathfrak{p}_2^{(0)}|\cos\Theta_2 + |\mathfrak{p}_2^{(0)}|^2\frac{m_2 - m_1}{m_1 + m_2} = 0, \qquad (VI, 54)$$

die man aus (VI, 52) und (VI, 51) durch Eliminieren von $\mathfrak{p}_1$ erhält. Der Betrag von $\mathfrak{p}_1$ ergäbe sich dann wegen (VI, 52) aus

$$|\mathfrak{p}_1|^2 = \frac{m_1}{m_2}(|\mathfrak{p}_2^{(0)}|^2 - |\mathfrak{p}_2|^2), \qquad (VI, 55)$$

und schließlich erhielte man ϑ mit (VI, 51) und (VI, 50) aus

$$(\mathfrak{p}_2 - \mathfrak{p}_2^{(0)})^2 = \mathfrak{p}_1^2 = \frac{4m_1^2}{(m_1 + m_2)^2}|\mathfrak{p}_2^{(0)}|^2\sin^2\frac{\vartheta}{2} = \left(\frac{m_1 h k}{\pi(m_1 + m_2)}\right)^2 \sin^2\frac{\vartheta}{2}. \qquad (VI, 56)$$

Nun muß aber das Teilchen 1 als Wellenpaket dargestellt werden. Statt der Eigenfunktionen (VI, 48) müssen wir unter Verwertung von (VI, 50)

$$\chi = -\frac{N A\, e^{i\delta}}{\left(2k\, r \sin^2\frac{\vartheta}{2}\right)^{1+iA}} e^{\frac{2\pi i}{h}(\mathfrak{p}_2 \mathfrak{r}_2)} \int c(\mathfrak{p}_1) e^{\frac{2\pi i}{h}(\mathfrak{p}_1 \mathfrak{r}_1)} d\sigma_1$$

$$= -\frac{N A\, e^{i\delta}}{\left(2k\, r \sin^2\frac{\vartheta}{2}\right)^{1+iA}} e^{\frac{2\pi i}{h}(\mathfrak{p}_2 \mathfrak{r}_2)} \Xi \qquad (VI, 57)$$

verwenden, wo $d\sigma_1$ das Volumenelement im $\mathfrak{p}_1$ Raum ist. Da die $\mathfrak{p}_1^{(0)}$ in der Nähe von Null bleiben, variiert auch $\mathfrak{p}_1$ nur in kleinem Bereich, und wir können für das nur wenig variable η den Wert $2r \sin \vartheta/2$ einsetzen, der für $\mathfrak{p}_1^{(0)} = 0$ gilt.

Bilden wir den Ausdruck

$$\bar{j}_2 = \frac{h}{4\pi i m_2}(\chi^* \operatorname{grad}_2 \chi - \chi \operatorname{grad}_2 \chi^*) = \frac{\mathfrak{p}_2}{m_2}\chi^*\chi$$
$$= \frac{N^2 \mathfrak{p}_2 A^2 \varXi^* \varXi}{4 m_2 k^2 r^2 \sin^4 \frac{\vartheta}{2}}, \qquad (\text{VI}, 58)$$

so ist

$$(d\mathfrak{f}_2 \bar{j}_2)\, d\tau_1$$

die Wahrscheinlichkeit dafür, daß sekundlich ein Teilchen 2 das Flächenelement $d\mathfrak{f}_2$ durchsetzt und sich ein Teilchen 1 in $d\tau_1$ aufhält. Durch Summieren über $d\tau_1$ erhalten wir aus (VI, 58) den Strom

$$\bar{j}_2 = N^2 \frac{\mathfrak{p}_2 A^2}{4 m_2 k^2 \sin^4 \frac{\vartheta}{2}} \int \frac{\varXi^* \varXi}{r^2}\, d\tau_1 \qquad (\text{VI}, 59)$$

des Teilchens 2, unabhängig vom Ort des Teilchens 1.

Jetzt müssen wir das Integral

$$\int \frac{\varXi^* \varXi\, d\tau_1}{r^2} = \int\int \frac{\varXi^* e^{\frac{2\pi i}{h}(\mathfrak{p}_1 \mathfrak{r}_1)}}{r^2} d\tau_1\, c(\mathfrak{p}_1)\, d\sigma_1 \qquad (\text{VI}, 60)$$

berechnen. Wir halten dabei den Streuwinkel Θ_2 der Teilchen 2 fest, d. h. die Richtung von $\mathfrak{p}_2$. Wegen der Streuung des Anfangsimpulses $\mathfrak{p}_1^{(0)}$ des Teilchens 1 müssen wir über alle diejenigen Impulse $\mathfrak{p}_1$ summieren, die aus allen $\mathfrak{p}_1^{(0)}$ entstehen, wenn $\mathfrak{p}_2$ die vorgeschriebene Richtung hat. Aus

folgt
$$\mathfrak{p}_1 = \mathfrak{p}_2^{(0)} + \mathfrak{p}_1^{(0)} - \mathfrak{p}_2 \qquad (\text{VI}, 61)$$

$$d\mathfrak{p}_1 = d\mathfrak{p}_1^{(0)} - d\mathfrak{p}_2. \qquad (\text{VI}, 62)$$

In

$$\frac{\mathfrak{p}_1^2}{m_1} = \frac{\mathfrak{p}_2^{(0)2}}{m_2} + \frac{\mathfrak{p}_1^{(0)2}}{m_1} - \frac{\mathfrak{p}_2^2}{m_2} \qquad (\text{VI}, 63)$$

können wir das Glied $\mathfrak{p}_1^{(0)2}/m_1$ vernachlässigen, da $\mathfrak{p}_1^{(0)} \approx 0$ ist. Dann folgt aus (VI, 63)

$$\frac{(\mathfrak{p}_1 d\mathfrak{p}_1)}{m_1} = -\frac{(\mathfrak{p}_2 d\mathfrak{p}_2)}{m_2} = -\frac{|\mathfrak{p}_2||d\mathfrak{p}_2|}{m_2}. \qquad (\text{VI}, 64)$$

Bei festgehaltener Richtung von $\mathfrak{p}_2$ gilt

$$d\mathfrak{p}_2 = \frac{\mathfrak{p}_2}{|\mathfrak{p}_2|}|d\mathfrak{p}_2| = -\frac{m_2}{m_1}\frac{\mathfrak{p}_2(\mathfrak{p}_1 d\mathfrak{p}_1)}{\mathfrak{p}_2^2}. \qquad (\text{VI}, 65)$$

Aus (VI, 62) und (VI, 65) entsteht

$$d\mathfrak{p}_1^{(0)} = d\mathfrak{p}_1 - \frac{m_2}{m_1}\frac{\mathfrak{p}_2(\mathfrak{p}_1 d\mathfrak{p}_1)}{\mathfrak{p}_2^2}. \qquad (\text{VI}, 66)$$

Dies ist eine Transformation zwischen den infinitesimalen Vektoren $d\mathfrak{p}_1^{(0)}$ und $d\mathfrak{p}_1$ mit der Funktionaldeterminante

$$1 - \frac{m_2(\mathfrak{p}_2 \mathfrak{p}_1)}{m_1 \mathfrak{p}_2^2},$$

§ 2. Der differentielle Streuquerschnitt.

welche die Volumenelemente nach der Formel

$$d\sigma_1^{(0)} = d\sigma_1 \left(1 - \frac{m_2(\mathfrak{p}_2\mathfrak{p}_1)}{m_1\mathfrak{p}_2^2}\right). \tag{VI, 67}$$

transformiert.

Das Integral (VI, 60) ist über den Phasenraum des Teilchens 1 zu summieren. Diese Operation kann in jedem beliebigen Zeitpunkt, also auch im Anfangszustand vor der Streuung ausgeführt werden. Wir haben dies schon mit der Umrechnung von $d\sigma_1$ in $d\sigma_1^{(0)}$ vorbereitet, wobei wir bereits berücksichtigt haben, daß dem Teilchen 2 einen bestimmten Streuwinkel Θ_2 vorgeschrieben ist. Ξ ist vor der Streuung nur wesentlich von Null verschieden, wenn $d\tau_1$ nahe dem Koordinatenanfang liegt, und wir können deshalb $r = r_2 \frac{m_1}{m_2 + m_1}$ setzen. Andererseits ist aber gerade (s. V, 77 von S. 1048)

$$h^3 c^*(\mathfrak{p}_1) = \int \Xi^* e^{\frac{2\pi i}{h}(\mathfrak{p}_1\mathfrak{r}_1)} d\tau_1, \tag{VI, 68}$$

so daß sich

$$\int \frac{\Xi^*\Xi}{r^2} d\tau_1 = \frac{h^3(m_1+m_2)^2}{r_2^2 m_1^2} \int \frac{c^*(\mathfrak{p}_1^{(0)}) c(\mathfrak{p}_1^{(0)}) d\sigma_1^{(0)}}{1 - \frac{m_2}{m_1}\frac{(\mathfrak{p}_2\mathfrak{p}_1)}{\mathfrak{p}_2^2}} \tag{VI, 69}$$

ergibt. Nun sind die $c(\mathfrak{p}_1^{(0)})$ nur für $\mathfrak{p}_1^{(0)} \approx 0$ wesentlich von Null verschieden. In diesem Fall gilt andererseits $\mathfrak{p}_1 \approx \mathfrak{p}_2^{(0)} - \mathfrak{p}_2$ und der Nenner von (VI, 69) ist nahezu konstant. Wegen

$$1 = h^3 \int c^*(\mathfrak{p}_1^{(0)}) c(\mathfrak{p}_1^{(0)}) d\sigma_1^{(0)} \tag{VI, 70}$$

erhalten wir endlich

$$\int \frac{\Xi^*\Xi}{r^2} d\tau_1 = \frac{(m_1+m_2)^2}{m_1^2 r_2^2 \left(1 + \frac{m_2}{m_1} - \frac{m_2(\mathfrak{p}_2^{(0)}\mathfrak{p}_2)}{m_1 \mathfrak{p}_2^2}\right)}. \tag{VI, 71}$$

Setzen wir dies in (VI, 59) ein, so gelangen wir zu dem Streustrom

$$\bar{\mathfrak{j}}_2 = N^2 \frac{\mathfrak{p}_2 A^2 (m_1+m_2)^2}{4 m_2 m_1^2 k^2 r_2^2 \sin^4\frac{\vartheta}{2} \left(1 + \frac{m_2}{m_1} - \frac{m_2(\mathfrak{p}_2^{(0)}\mathfrak{p}_2)}{m_1 \mathfrak{p}_2^2}\right)}. \tag{VI, 72}$$

der Teilchen 2. Der einfallende Teilchenstrom, nicht im Schwerpunktssystem, sondern im wirklichen Raum, ist analog (VI, 42)

$$\mathfrak{j}_z = N^2 \frac{\mathfrak{p}_2^{(0)}}{m_2} \tag{VI, 73}$$

Das Verhältnis der Beträge der Ströme $\bar{\mathfrak{j}}_2$ und $\mathfrak{j}_z$ ist

$$\frac{|\bar{\mathfrak{j}}_2|}{|\mathfrak{j}_z|} = \frac{(m_1+m_2)^2 A^2 |\mathfrak{p}_2|}{4 m_1^2 k^2 r_2^2 \sin^4\frac{\vartheta}{2} |\mathfrak{p}_2^{(0)}| \left(1 + \frac{m_2}{m_1} - \frac{m_2}{m_1}\frac{(\mathfrak{p}_2^{(0)}\mathfrak{p}_2)}{\mathfrak{p}_2^2}\right)} \tag{VI, 74}$$

und geht mit (VI, 19) und (VI, 56) in

$$\frac{|\bar{\mathfrak{j}}_2|}{|\mathfrak{j}_s|} = \left(\frac{Z_1 Z_2 e^2 m_1 m_2}{2\pi \varepsilon_0 (m_1 + m_2)}\right)^2 \frac{|\mathfrak{p}_2|}{r_2^2 |\mathfrak{p}_2^{(0)}| (\mathfrak{p}_2 - \mathfrak{p}_2^{(0)})^4 \left(1 + \frac{m_2}{m_1} - \frac{m_2}{m_1} \frac{(\mathfrak{p}_2^{(0)} \mathfrak{p}_2)}{\mathfrak{p}_2^2}\right)} \qquad \text{(VI, 75)}$$

über. Den Bruchteil

$$dQ = \frac{|\bar{\mathfrak{j}}_2|}{|\mathfrak{j}_s|} r_2^2 d\omega$$

$$= d\omega \left(\frac{Z_1 Z_2 e^2 m_1 m_2}{2\pi \varepsilon_0 (m_1 + m_2)}\right)^2 \frac{|\mathfrak{p}_2|}{|\mathfrak{p}_2^{(0)}| (\mathfrak{p}_2 - \mathfrak{p}_2^{(0)})^4 \left(1 + \frac{m_2}{m_1} - \frac{m_2}{m_1} \frac{(\mathfrak{p}_2^{(0)} \mathfrak{p}_2)}{\mathfrak{p}_2^2}\right)}. \qquad \text{(VI, 76)}$$

der einfallenden Teilchen 2, die in den räumlichen Winkelbereich $d\omega$ gestreut werden, findet man durch Multiplizieren von (VI, 75) mit $r_2^2 d\omega$ und bezeichnet ihn als differentiellen Wirkungsquerschnitt.

**§ 3. Streuung gleicher Teilchen.

Inhalt: Sind streuende und gestreute Teilchen von gleicher Art, so tritt ein Austauscheffekt ein.

Wird ein Teilchenstrahl an ruhenden Teilchen gleicher Art gestreut, so gilt

$$m_1 = m_2 = m; \qquad Z_1 = Z_2 = Z, \qquad \text{(VI, 77)}$$

$$\mathfrak{R} = \frac{\mathfrak{r}_1 + \mathfrak{r}_2}{2}; \qquad \mathfrak{r} = \frac{\mathfrak{r}_2 - \mathfrak{r}_1}{2}, \qquad \text{(VI, 78)}$$

$$\mathfrak{p}^{(0)} = \mathfrak{p}_2^{(0)}; \qquad E_{\text{rel}} = \frac{1}{2m} \mathfrak{p}^{(0)2}; \qquad |\mathfrak{p}| = |\mathfrak{p}_2^{(0)}|, \qquad \text{(VI, 79)}$$

$$k^2 = \frac{4\pi^2}{h^2} |\mathfrak{p}_2^{(0)}|^2; \qquad A k = \frac{\pi Z^2 e^2 m}{h^2 \varepsilon_0}. \qquad \text{(VI, 80)}$$

Bei Vertauschung von streuendem und gestreuten Teilchen wechseln $\mathfrak{R}$, $\mathfrak{r}$, $\mathfrak{p}^{(0)}$ und $\mathfrak{p}$ die Richtung, r, k und A ändern sich nicht, ξ und η gehen ineinander über.

Die Eigenfunktion (VI, 48) des Streuanteils vereinfacht sich auf

$$\chi(\mathfrak{r}_1, \mathfrak{r}_2) = -\frac{N A e^{i\delta}}{(k\eta)^{1+iA}} e^{\frac{2\pi i}{h}(\mathfrak{p}^{(0)}\mathfrak{R} + \mathfrak{p}\mathfrak{r})}. \qquad \text{(VI, 81)}$$

Aus ihr entsteht durch Vertauschung

$$\chi(\mathfrak{r}_2, \mathfrak{r}_1) = -\frac{N A e^{i\delta}}{(k\xi)^{1+iA}} e^{\frac{2\pi i}{h}(\mathfrak{p}^{(0)}\mathfrak{R} + \mathfrak{p}\mathfrak{r})}. \qquad \text{(VI, 82)}$$

Statt dieser Funktionen selbst müssen wir ihre symmetrischen bzw. antisymmetrischen Linearkombinationen

$$\chi_{s,a} = -\frac{N A e^{i\delta}}{k^{1+iA}} e^{\frac{2\pi i}{h}(\mathfrak{p}^{(0)}\mathfrak{R} + \mathfrak{p}\mathfrak{r})} \left(\frac{1}{\eta^{1+iA}} \pm \frac{1}{\xi^{1+iA}}\right) \qquad \text{(VI, 83)}$$

**§ 3. Streuung gleicher Teilchen.

verwenden. In $\chi^* \chi$ ist der Faktor $1/\eta^2$ durch

$$\frac{1}{\eta^2} + \frac{1}{\xi^2} \pm \frac{2\cos\left(A \ln \frac{\eta}{\xi}\right)}{\xi \eta} \quad \text{(VI, 84)}$$

zu ersetzen. Aus (VI, 54) und (VI, 56) ergibt sich

$$|\mathfrak{p}_2| = |\mathfrak{p}^{(0)}| \cos \Theta_2 = |\mathfrak{p}^{(0)}| \cos \Theta; \quad \Theta = \Theta_2 = \frac{\vartheta}{2},$$
$$\xi = 2r \cos^2 \Theta; \quad \eta = 2r \sin^2 \Theta \quad \text{(VI, 85)}$$

und man findet wie im § 2 den Wirkungsquerschnitt

$$dQ = d\omega \left(\frac{Z^2 e^2 m}{4 \pi \varepsilon_0\, \mathfrak{p}^{(0)2}}\right)^2 \cos\Theta \left(\frac{1}{\sin^4\Theta} + \frac{1}{\cos^4\Theta} \pm \frac{2\cos(2A \ln \mathrm{tg}\,\Theta)}{\cos^2\Theta \sin^2\Theta}\right). \quad \text{(VI, 86)}$$

Das Glied mit $\sin^4\Theta$ entspricht bei klassischer Rechnung dem gestreuten, das mit $\cos^4\Theta$, dem streuenden Teilchen. Das infolge der Symmetrisierung erscheinende Glied

$$\frac{2\cos(2A \ln \mathrm{tg}\,\Theta)}{\cos^2\Theta \sin^2\Theta} \quad \text{(VI, 87)}$$

ist ein quantenmechanischer Austauscheffekt, der von der Ununterscheidbarkeit der Teilchen herrührt. Der Betrag dieses Gliedes hängt von der Größe von A wesentlich ab. Nähern sich zwei Teilchen auf die de Broglie-Wellenlänge $\lambda = h/|\mathfrak{p}^{(0)}|$ der einfallenden Teilchen, so ist die potentielle Energie in dieser Lage

$$V_\lambda = \frac{Z^2 e^2 |\mathfrak{p}^{(0)}|}{4 \pi \varepsilon_0\, h}. \quad \text{(VI, 88)}$$

Beim Einsetzen der Werte in A erkennt man, daß

$$A = \frac{\pi V_\lambda}{T} \quad \text{(VI, 89)}$$

ist, wenn T die kinetische Energie der Teilchen bedeutet. A ist der Wellenlänge der Teilchen proportional.

Für langsame Teilchen ist $A \gg 1$ und das Glied (VI, 87) ist eine schnell alternierende Funktion des Streuwinkels. Über einen endlichen Winkelbereich mittelt es sich heraus, und man erhält die klassische Formel. Bei sehr schnellen Teilchen ist $A \ll 1$ und (VI, 87) nähert sich dem Wert

$$\frac{2}{\cos^2\Theta \sin^2\Theta}, \quad \text{(VI, 90)}$$

wenn der Streuwinkel nicht sehr nahe bei 0 oder $\pi/2$ liegt. Genügen die Teilchen der Bosestatistik, so kommt nur die symmetrische Eigenfunktion in Frage und wir erhalten für $\Theta = \frac{\pi}{4}$ die doppelte Streuung wie bei klassischer Rechnung. Genügen die Teilchen der Fermistatistik, so kommen beide Vorzeichen in Betracht, da die Antisymmetrie durch die Ortseigenfunktion oder die Spineigenfunktion bewirkt werden kann.

**§ 4. Streuung von Ladungsträgern an Atomen.

Inhalt: Die Streuung eines geladenen Teilchens durch ein streuendes Atom kann in sukzessiven Näherungen berechnet werden.

Bezeichnungen: $Z_0 e$ Kernladung, N Elektronenzahl, E_i Eigenwert, $\mathbb{H}$ Hamiltonoperator des Streuers, $\mathbb{V}$ Operator der Wechselwirkung, $Z e$ Ladung, m Masse, $\mathfrak{r}$ Ortsvektor des gestreuten Teilchens, q Koordinaten der Atombausteine, ψ_i Eigenfunktionen des Streuers, Ψ Wellenfunktion, χ Eigenfunktion des Gesamtsystems, u_{im} ihre Entwicklungskoeffizienten nach den ψ_i, zugleich Amplituden der Streuwellen. $\mathfrak{p}^{(0)}$ Impuls der einfallenden Welle, $p^{(0)}$ sein Betrag, $\mathfrak{p}_{im}$ Impulse der Streuwellen, p_{im} ihre Beträge, $\mathfrak{p}_i$ Impuls des abgetrennten Elektrons, $\mathfrak{r}_1$ sein Ortsvektor, ϱ_{mm}, ϱ_{im} Ladungsdichte der Elektronen im Streuatom, F_{im} Formfaktor.

Die Streuung von Ladungsträgern an Punktladungen, die wir in den § 1 bis 3 behandelt haben, ist insofern instruktiv, als sie eine exakte quantentheoretische Behandlung zuläßt. Diesem Vorzug steht der Nachteil gegenüber, daß man zwar Strahlen von Ladungsträgern für Versuchszwecke erzeugen kann, daß ihre Streuung aber kaum an Punktladungen, sondern meist an Atomen vor sich geht, die aus mehreren Bausteinen bestehen. Bei der Streuung von α-Strahlen an Atomen, kann man zwar die Mitwirkung der Elektronen aus guten Gründen vernachlässigen, wenn es sich um größere Streuwinkel handelt. Die Gl. (VI, 54) läßt eine reelle Lösung nämlich nur zu, wenn $\sin \Theta_2 < \dfrac{m_1}{m_2}$ ist, wobei m_1 die Elektronenmasse und m_2 die Masse des α-Teilchens ist. Für größere Streuwinkel sind also nur die Atomkerne verantwortlich zu machen. Die Wechselwirkung zwischen α-Teilchen und Atom bringt aber neben der Streuung des α-Teilchens auch die Anregungen und Ionisierungen des Atoms hervor, Ergebnisse, die wir natürlich gar nicht erfassen können, wenn wir das Atom durch eine Punktladung, z. B. seinen Kern, ersetzen.

Der Zusammenstoß zwischen einem einfallenden Teilchen und einem Atom, Ion oder Molekül besteht bei genauerer Betrachtung in folgendem Ereignis. Genügend lange vor dem Stoß befindet sich das einfallende Teilchen in großer Entfernung und besitzt einen Impuls $\mathfrak{p}^{(0)}$. Nähert es sich dem Streuer (Atom, Ion etc.), so tritt es in Wechselwirkung mit dessen geladenen Bausteinen. Als Folge der Wechselwirkung kann ein Austausch von Impuls eintreten, wobei der Streuer keine Änderung seiner Struktur, also keine Anregung oder Ionisation erfährt. Dieser Vorgang ist der elastische Stoß. Es kann aber auch zu einer Anregung oder Ionisation des Streuers kommen, was wir einen unelastischen Stoß nennen. Schließlich kann das ankommende Teilchen sogar von dem Streuer aufgenommen werden und in dessen Verband verbleiben.

Wir machen nun zur Vereinfachung die Annahme, daß das streuende Atom im Raume festliege. Diese Annahme ist gerechtfertigt, wenn die Masse des Streuers groß gegenüber der Masse des einfallenden Teilchens ist. Sie ist immer eine gute Näherung, wenn die einfallenden Teilchen Elektronen sind. Allerdings muß in diesem Fall die Austauschentartung des einfallenden Elektrons und der Atomelektronen berücksichtigt werden, worauf wir erst im § 6 zurückkommen.

Der Streuer und das gestreute Teilchen müssen gemeinsam als ein quantenmechanisches System durch eine Wellenfunktion

$$\Psi = \Psi(\mathfrak{r}, q, t) \qquad (\text{VI}, 91)$$

beschrieben werden, welche von dem Ortsvektor $\mathfrak{r}$ des einfallenden Teilchens, der Zeit t und den inneren Koordinaten des Streuers abhängt, die wir alle zusammen durch den Buchstaben q ausdrücken. Ohne das einfallende Teilchen

§ 4. Streuung von Ladungsträgern an Atomen.

könnte man dem Streuer einen Hamiltonoperator $\mathbb{H}$ zuordnen, und seine Zustände durch Wellenfunktionen Ψ_k beschreiben, welche der Wellengleichung

$$\mathbb{H}\Psi_k - E_k\Psi_k = 0 \qquad (\text{VI}, 92)$$

genügen. Die Wechselwirkung zwischen dem Streuer und dem Teilchen kann man durch einen Operator $\mathbb{V}(\mathfrak{r}, q)$ erfassen, welcher die Form eines Potentials besitzt, wenn man nur elektrostatische Wechselwirkungen berücksichtigt. Das gestreute Teilchen steuert zum Hamiltonoperator außer der Wechselwirkung natürlich noch den Operator

$$-\frac{h^2}{8\pi m}\Delta \qquad (\text{VI}, 93)$$

seiner kinetischen Energie bei, wo Δ auf den Ortsvektor $\mathfrak{r}$ wirkt.

Für das Gesamtsystem erhalten wir somit die Wellengleichung

$$\left(\mathbb{H} - \frac{h^2}{8\pi^2 m}\Delta + \mathbb{V}\right)\Psi - E\Psi = 0, \qquad (\text{VI}, 94)$$

wenn E die konstante Gesamtenergie des Systems ist.

Bestünde keine Wechselwirkung zwischen Teilchen und Streuer, so könnten wir die Wellengleichung

$$\left(\mathbb{H} - \frac{h^2}{8\pi^2 m}\Delta\right)\Psi - E\Psi = 0 \qquad (\text{VI}, 95)$$

durch den Ansatz

$$\Psi = \psi_m e^{\frac{2\pi i}{h}\left\{\mathfrak{p}^{(0)}\mathfrak{r} - \left(\frac{\mathfrak{p}^{(0)2}}{2m} + E_m\right)t\right\}}, \qquad (\text{VI}, 96)$$

$$E = \frac{\mathfrak{p}^{(0)2}}{2m} + E_m \qquad (\text{VI}, 97)$$

befriedigen. Liegt also der Streuer vor der Einwirkung des Teilchens in einem durch den Index m bezeichneten Zustand vor, so muß

$$\lim_{\mathbb{V}=0}\Psi(\mathfrak{r}, q, t) = \psi_m e^{\frac{2\pi i}{h}\left\{\mathfrak{p}^{(0)}\mathfrak{r} - \left(\frac{\mathfrak{p}^{(0)2}}{2m} + E_m\right)t\right\}}$$
$$= \psi_m e^{\frac{2\pi i}{h}\{\mathfrak{p}^{(0)}\mathfrak{r} - Et\}} \qquad (\text{VI}, 98)$$

gelten. ψ_m ist dabei die Eigenfunktion des Streuers im Zustand m und $\mathfrak{p}^{(0)}$ der Impuls der einfallenden Teilchenwelle.

Da die Wechselwirkung $\mathbb{V}$ die Zeit nicht explizit enthält, kann man eine Lösung

$$\Psi(\mathfrak{r}, q, t) = \chi(\mathfrak{r}, q) e^{-\frac{2\pi i}{h}Et} = \chi(\mathfrak{r}, q) e^{-\frac{2\pi i}{h}\left(\frac{\mathfrak{p}^{(0)2}}{2m} + E_m\right)t} \qquad (\text{VI}, 99)$$

der Gl. (VI, 94) finden, wobei die χ der Gleichung

$$\left(\mathbb{H} - \frac{h^2}{8\pi^2 m}\Delta + \mathbb{V}\right)\chi - \left(E_m + \frac{\mathfrak{p}^{(0)2}}{2m}\right)\chi = 0 \qquad (\text{VI}, 100)$$

genügen muß.

Wir entwickeln nun $\chi(\mathfrak{r}, q)$ nach den Eigenfunktionen des Streuers, d. h. setzen

$$\chi(\mathfrak{r}, q) = \sum_k u_{km}(\mathfrak{r})\psi_k(q), \qquad (\text{VI}, 101)$$

wobei die Entwicklungskoeffizienten natürlich noch vom Ortsvektor $\mathfrak{r}$ des einfallenden Teilchens abhängen. Einsetzen in (VI, 100) ergibt

$$\sum_k \left\{ \frac{h^2}{8\pi^2 m} \Delta u_{km}(\mathfrak{r}) + \left(\frac{\mathfrak{p}^{(0)2}}{2m} + E_m - E_k \right) u_{km}(\mathfrak{r}) \right\} \psi_k$$
$$= \sum_k \mathbf{V} u_{km}(\mathfrak{r}) \psi_k. \qquad (\text{VI}, 102)$$

Multiplizieren wir mit ψ_i^* und integrieren über die Koordinaten q des Streuers, so erhalten wir wegen der Orthogonalität der ψ_k

$$\frac{h^2}{8\pi^2 m} \Delta u_{im}(\mathfrak{r}) + \left(\frac{\mathfrak{p}^{(0)2}}{2m} + E_m - E_i \right) u_{im}(\mathfrak{r})$$
$$= \int \psi_i^* \mathbf{V} \left(\sum_k u_{km}(\mathfrak{r}) \psi_k \right) d\tau_q. \qquad (\text{VI}, 103)$$

Die Koeffizienten $u_{im}(\mathfrak{r})$ ermitteln wir jetzt in sukzessiven Näherungen, indem wir

$$u_{im}(\mathfrak{r}) = u_{im}^{(0)}(\mathfrak{r}) + u_{im}^{(1)}(\mathfrak{r}) + u_{im}^{(2)}(\mathfrak{r}) + \cdots \qquad (\text{VI}, 104)$$

schreiben. In nullter Näherung, d. h. bei Vernachlässigung von $\mathbf{V}$ ist wegen (VI, 98)

$$\chi^{(0)} = e^{\frac{2\pi i}{h}(\mathfrak{p}^{(0)}\mathfrak{r})} \psi_m, \qquad (\text{VI}, 105)$$

$$u_{im}^{(0)} = \delta_{im} e^{\frac{2\pi i}{h}(\mathfrak{p}^{(0)}\mathfrak{r})}. \qquad (\text{VI}, 106)$$

Aus (VI, 103) erhalten wir die erste Näherung, indem wir $\mathbf{V}$ als klein betrachten und auf der rechten Seite die nullte Näherung einsetzen. Wir finden dann die Gleichung

$$\frac{h^2}{8\pi^2 m} \Delta u_{im}^{(1)}(\mathfrak{r}) + \left(\frac{\mathfrak{p}^{(0)2}}{2m} + E_m - E_i \right) u_{im}^{(1)}(\mathfrak{r})$$
$$= \int \psi_i^* \mathbf{V} e^{\frac{2\pi i}{h}(\mathfrak{p}^{(0)}\mathfrak{r})} \psi_m \, d\tau_q. \qquad (\text{VI}, 107)$$

In gleicher Weise findet man höhere Näherungen aus den Gleichungen

$$\frac{h^2}{8\pi^2 m} \Delta u_{im}^{(l)}(\mathfrak{r}) + \left(\frac{\mathfrak{p}^{(0)2}}{2m} + E_m - E_i \right) u_{im}^{(l)}(\mathfrak{r})$$
$$= \int \psi_i^* \mathbf{V} \left(\sum_k u_{km}^{(l-1)}(\mathfrak{r}) \psi_k \right) d\tau_q, \qquad (\text{VI}, 108)$$

wenn man die vorangehenden Näherungen bereits berechnet hat. Führen wir zur Abkürzung den Vektor $\mathfrak{p}_{km}$ durch

$$\mathfrak{p}_{km}^2 = \mathfrak{p}^{(0)2} + 2m(E_m - E_k) \qquad (\text{VI}, 109)$$

ein, wobei die Richtung von $\mathfrak{p}_{km}$ mit $\mathfrak{r}$ zusammenfallen soll, so geht (VI, 107) in

$$\Delta u_{im}^{(1)}(\mathfrak{r}) + \frac{4\pi^2}{h^2} \mathfrak{p}_{im}^2 u_{im}^{(1)}(\mathfrak{r}) = \Phi_{im}^{(1)}(\mathfrak{r}) \qquad (\text{VI}, 110)$$

mit der Abkürzung

$$\Phi_{im}^{(1)}(\mathfrak{r}) = \frac{8\pi^2 m}{h^2} \int \psi_i^* \mathbf{V} e^{\frac{2\pi i}{h}(\mathfrak{p}^{(0)}\mathfrak{r})} \psi_m \, d\tau_q \qquad (\text{VI}, 111)$$

über. Aus (VI, 108) ergeben sich für die höheren Näherungen die analogen Gleichungen

$$\Delta u_{im}^{(l)}(\mathfrak{r}) + \frac{4\pi^2}{h^2}\mathfrak{p}_{im}^2 u_{im}^{(l)}(\mathfrak{r}) = \Phi_{im}^{(l)}(\mathfrak{r}) \tag{VI, 112}$$

mit

$$\Phi_{im}^{(l)}(\mathfrak{r}) = \frac{8\pi^2 m}{h^2}\int \psi_i^* \mathbb{V}\Big(\sum_k u_{km}^{(l-1)}\psi_k\Big) d\tau_q. \tag{VI, 113}$$

Nach dem Greenschen Satz findet man die Lösung

$$u_{im}^{(l)}(\mathfrak{r}) = -\frac{1}{4\pi}\int \frac{\Phi_{im}^{(l)}(\mathfrak{r}')}{|\mathfrak{r}-\mathfrak{r}'|} e^{\frac{2\pi i}{h}|\mathfrak{p}_{im}||\mathfrak{r}-\mathfrak{r}'|} d\tau' \tag{VI, 114}$$

der Gl. (VI, 110) und (VI, 112) für alle Näherungen in derselben Weise.

Im Prinzip ist das gestellte Problem hiermit gelöst, wenn es auch noch einiger Mühe bedarf, das Ergebnis der Berechnung deutlich zu machen.

**§ 5. Die Bornsche Näherung.

Inhalt: Durchführung der ersten Näherung bei ruhendem Streuatom. Formfaktoren.
Bezeichnungen: wie S. 1076.

Die Wechselwirkung $\mathbb{V}(\mathfrak{r},q)$ zwischen Teilchen und Streuer nimmt mit $\mathfrak{r}$ ab. Demgemäß konvergieren die $\Phi_{im}^{(l)}(\mathfrak{r})$ für große $\mathfrak{r}$ gegen Null. Als Einflußbereich des Streuers wollen wir eine Kugel mit dem Radius r_0 ansehen, außerhalb deren die Funktionen $\Phi^{(l)}$, insbesondere $\Phi^{(1)}$, alle hinreichend verschwinden. Wir interessieren uns nun weniger für die Vorgänge während des Stoßes selbst, als für das Ergebnis des Stoßes, d. h. für das Verhalten des Teilchens und des Streuers, nachdem das gestreute Teilchen den Einflußbereich wieder verlassen hat. Mathematisch bedeutet dies, daß wir die Wellenfunktion des Gesamtsystems für große $\mathfrak{r}$ suchen, bei denen $r=|\mathfrak{r}|\gg r_0>|\mathfrak{r}'|$ ist. Wir können also in (VI, 114)

$$|\mathfrak{r}-\mathfrak{r}'| = r\Big(1-\frac{\mathfrak{r}\mathfrak{r}'}{r^2}\Big) \tag{VI, 115}$$

setzen und im Nenner sogar $|\mathfrak{r}-\mathfrak{r}'|=r$ verwenden. Damit erhalten wir

$$u_{im}^{(l)}(\mathfrak{r}) = -\frac{e^{\frac{2\pi i}{h}(\mathfrak{p}_{im}r)}}{4\pi r}\int e^{-\frac{2\pi i}{h}(\mathfrak{p}_{im}\mathfrak{r}')}\Phi_{im}^{(l)}(\mathfrak{r}')\,d\tau', \tag{VI, 116}$$

wenn wir

$$|\mathfrak{p}_{im}|\frac{\mathfrak{r}}{r} = \mathfrak{p}_{im} \tag{VI, 117}$$

berücksichtigen.

In erster Näherung findet man aus (VI, 99, 101, 104, 106 und 116) die Wellenfunktion

$$\begin{aligned}\Psi(\mathfrak{r},q,t) &= e^{-\frac{2\pi i}{h}\Big(\frac{\mathfrak{p}^{(0)2}}{2m}+E_m\Big)t}\Big\{\psi_m e^{\frac{2\pi i}{h}(\mathfrak{p}^{(0)}\mathfrak{r})} + \sum_i \psi_i u_{im}^{(1)}(\mathfrak{r})\Big\}\\ &= e^{-\frac{2\pi i}{h}\Big(\frac{\mathfrak{p}^{(0)2}}{2m}+E_m\Big)t}\Big\{\psi_m e^{\frac{2\pi i}{h}(\mathfrak{p}^{(0)}\mathfrak{r})} -\\ &\quad -\frac{1}{4\pi r}\sum_i \psi_i e^{\frac{2\pi i}{h}(\mathfrak{p}_{im}\mathfrak{r})}\int e^{-\frac{2\pi i}{h}(\mathfrak{p}_{im}\mathfrak{r}')}\Phi_{im}^{(1)}(\mathfrak{r}')\,d\tau'\Big\}.\end{aligned} \tag{VI, 118}$$

Das Ergebnis des Stoßes besteht darin, daß sich der ursprünglichen Teilchenwelle in der ersten Zeile noch die Summe der Glieder der zweiten Zeile überlagert.

Jedes dieser Glieder stellt eine Teilchenkugelwelle dar, welche sich vom Streuer als Zentrum infolge des Faktors

$$e^{\frac{2\pi i}{h}(\mathfrak{p}_{im}\mathfrak{r})} = e^{\frac{2\pi i}{h}|\mathfrak{p}_{im}|r} \qquad (VI, 119)$$

ausbreitet. Ihre Amplituden hängen durch die $\Phi_{im}^{(1)}$ von der Wechselwirkung mit dem Streuer ab. Den Streuer selbst hinterläßt die Streuwelle im i-ten Zustand. Die Streuung ist also mit einer Anregung bzw. Ionisation des Streuers verbunden. Nur bei dem Glied $i = m$ tritt keine Veränderung des Streuers ein. Dieses Glied beschreibt also den elastischen Stoß von Teilchen und Atom.

Diese Interpretation der Gl. (VI, 118) muß nun noch etwas präziser gefaßt werden. Die Wellenfunktion $\Psi(\mathfrak{r}, q, t)$ ist als Funktion des Ortsvektors $\mathfrak{r}$ des streuenden Teilchens angeschrieben, jedoch nach den Eigenfunktionen ψ_i des Streuers entwickelt. Bezüglich des Teilchens bedienen wir uns also der q-Sprache von S. 992, bezüglich des Streuers jedoch der k-Sprache. Die $u_{im}(\mathfrak{r})$ sind also einerseits Komponenten des Wahrscheinlichkeitsvektors bezüglich des Streuers, andererseits Wahrscheinlichkeitsamplituden bezüglich des stoßenden gestreuten Teilchens. Demgemäß ist

$$u_{im}^{(1)}(\mathfrak{r}) \, u_{im}^{*(1)}(\mathfrak{r}) \, d\tau \qquad (VI, 120)$$

die Wahrscheinlichkeit dafür, daß das Teilchen sich im Volumenelement $d\tau$ aufhält und der Streuer sich im i-ten Zustand befindet.

Wir wollen unsere Überlegungen jetzt auf die Streuung an einem ruhenden Atom mit der Kernladung $Z_0 e$ mit N Elektronen spezialisieren. Ist $N = Z_0$, so handelt es sich um ein neutrales Atom, ist $N < Z_0$ um ein Ion. Als Störung berücksichtigen wir die Coulombsche Wechselwirkung zwischen dem einfallenden Teilchen mit der Ladung $-eZ$ und den Atombausteinen, deren Potential

$$\mathbb{V}(\mathfrak{r}, q) = \frac{e^2 Z}{4\pi \varepsilon_0} \left(\sum_{1}^{N} \frac{1}{|\mathfrak{r} - \mathfrak{r}_n|} - \frac{Z_0}{r} \right) \qquad (VI, 121)$$

ist. Wir erhalten jetzt aus (VI, 111)

$$\begin{aligned}\Phi_{im}^{(1)}(\mathfrak{r}) &= \frac{8\pi^2 m}{h^2} e^{\frac{2\pi i}{h}(\mathfrak{p}^{(0)}\mathfrak{r})} \int \psi_i^* \mathbb{V} \psi_m \, d\tau_q \\ &= \frac{8\pi^2 m}{h^2} e^{\frac{2\pi i}{h}(\mathfrak{p}^{(0)}\mathfrak{r})} V_{im}.\end{aligned} \qquad (VI, 122)$$

Zur Matrix der V_{im} steuert das vom Atomkern herrührende Glied Z_0/r nur die Diagonalelemente

$$\frac{e^2 Z Z_0}{4\pi \varepsilon_0 r} \qquad (VI, 123)$$

bei, während das n-te Elektron

$$\frac{e^2 Z}{4\pi \varepsilon_0} \int \psi_i^* \frac{1}{|\mathfrak{r} - \mathfrak{r}_n|} \psi_m \, d\tau_q \qquad (VI, 124)$$

zu V_{im} beiträgt.

Nun führen wir die Integration in (VI, 124) zuerst über alle andern Elektronen aus, wobei das Matrixelement

$$\int \psi_i^* \psi_m \, d\tau_1 \cdots d\tau_{n-1} d\tau_{n+1} \cdots d\tau_N = \varrho_{im}^{(n)}(\mathfrak{r}_n) \qquad (VI, 125)$$

**§ 5. Die Bornsche Näherung.

der Wahrscheinlichkeitsdichte des n-ten Elektrons entsteht und aus (VI, 124)

$$\frac{e^2 Z}{4\pi\varepsilon_0} \int \frac{\varrho_{im}^{(n)}(\mathfrak{r}_n)}{|\mathfrak{r}-\mathfrak{r}_n|} d\tau_n = \frac{e^2 Z}{4\pi\varepsilon_0} \int \frac{\varrho_{im}^{(n)}(\mathfrak{r}')}{|\mathfrak{r}-\mathfrak{r}'|} d\tau' \qquad (VI, 126)$$

hervorgeht. Summieren wir über alle Elektronen der Atomhülle, so erhalten wir

$$\frac{e^2 Z}{4\pi\varepsilon_0} \sum_n^N \int \frac{\varrho_{im}^{(n)}(\mathfrak{r}'_n)}{|\mathfrak{r}-\mathfrak{r}'|} d\tau' = \frac{e^2 Z}{4\pi\varepsilon_0} \int \frac{\varrho_{im}(\mathfrak{r}') d\tau'}{|\mathfrak{r}-\mathfrak{r}'|}, \qquad (VI, 127)$$

wo

$$\varrho_{im}(\mathfrak{r}') = \sum_n \varrho_{im}^{(n)}(\mathfrak{r}') \qquad (VI, 128)$$

das Matrixelement der Wahrscheinlichkeitsdichte der ganzen Elektronenhülle ist. Damit erhalten wir die Matrixelemente des Störungspotentials

$$V_{im}(\mathfrak{r}) = \frac{e^2 Z}{4\pi\varepsilon_0} \left(\int \frac{\varrho_{im}(\mathfrak{r}')}{|\mathfrak{r}-\mathfrak{r}'|} d\tau' - \frac{Z_0}{r} \delta_{im} \right). \qquad (VI, 129)$$

Man erkennt hieraus, daß die die $V_{im}(\mathfrak{r})$ die Poissonsche Gleichung

$$\Delta V_{im} = \frac{e^2 Z \varrho_{im}}{\varepsilon_0} \qquad (VI, 130)$$

erfüllen, deren Lösung gerade (VI, 129) ist.

Den Verlauf der $V_{im}(\mathfrak{r})$ für große $\mathfrak{r}$ können wir feststellen, wenn wir

$$\frac{1}{|\mathfrak{r}-\mathfrak{r}'|} \approx \frac{1}{r} + \frac{(\mathfrak{r}\,\mathfrak{r}')}{r^3} \qquad (VI, 131)$$

verwenden. Bis auf Glieder, die mindestens wie $1/r^2$ gegen Null gehen, finden wir für große $\mathfrak{r}$

$$V_{im}(\mathfrak{r} \to \infty) \approx \frac{e^2 Z}{4\pi\varepsilon_0 r} \left(\int \varrho_{im}(\mathfrak{r}') d\tau' - Z_0 \delta_{im} \right). \qquad (VI, 132)$$

Für $i \neq m$ verschwindet aber das Integral über ϱ_{im} wegen der Orthogonalität der Eigenfunktionen, für $i = m$ ergibt es wegen (VI, 128) die Elektronenzahl N. Wir erhalten also

$$V_{im}(\mathfrak{r} \to \infty) = 0,$$
$$V_{mm}(\mathfrak{r} \to \infty) = \frac{e^2 Z (N - Z_0)}{4\pi\varepsilon_0 r}. \qquad (VI, 133)$$

Bei neutralen Atomen verschwindet also die Matrix der V_{im} für große $\mathfrak{r}$ mindestens wie $1/r^2$. Im endlichen bleiben die V_{im} überall endlich, bis auf die Stelle $\mathfrak{r}=0$, wo die Diagonalelemente wie

$$\frac{e^2 Z Z_0}{4\pi\varepsilon_0 r}$$

unendlich werden.

Jetzt bilden wir das in (VI, 118) benötigte Integral

$$\int e^{-\frac{2\pi i}{h}(\mathfrak{p}_{im}\mathfrak{r}')} \Phi_{im}^{(1)}(\mathfrak{r}') d\tau' = \frac{8\pi^2 m}{h^2} \int e^{\frac{2\pi i}{h}(\{\mathfrak{p}^{(0)} - \mathfrak{p}_{im}\}\mathfrak{r}')} V_{im}(\mathfrak{r}') d\tau'. \qquad (VI, 134)$$

Nach dem Greenschen Satz ist

$$\int \{V_{im}(\mathfrak{r}') \Delta U(\mathfrak{r}') - U(\mathfrak{r}') \Delta V_{im}(\mathfrak{r}')\} d\tau' = -\frac{e^2 Z Z_0}{\varepsilon_0} U(0) \delta_{im}. \qquad (VI, 135)$$

Setzen wir

$$U = e^{\frac{2\pi i}{h}(\{\mathfrak{p}^{(0)} - \mathfrak{p}_{im}\}\mathfrak{r}')} \qquad (VI, 136)$$

und verwenden (VI, 130), so erhalten wir

$$\begin{aligned}&-\frac{4\pi^2}{h^2}(\mathfrak{p}^{(0)} - \mathfrak{p}_{im})^2 \int e^{\frac{2\pi i}{h}(\{\mathfrak{p}^0 - \mathfrak{p}_{im}\}\mathfrak{r}')} V_{im}(\mathfrak{r}')\, d\tau' \\ &= -\frac{e^2 Z Z_0}{\varepsilon_0}\delta_{im} + \frac{e^2 Z}{\varepsilon_0}\int e^{\frac{2\pi i}{h}(\{\mathfrak{p}^{(0)} - \mathfrak{p}_{im}\}\mathfrak{r}')} \varrho_{im}(\mathfrak{r}')\, d\tau'.\end{aligned} \qquad (VI, 137)$$

Aus (VI, 137), (VI, 134) und (VI, 116) gewinnen wir nun leicht

$$u_{im}^{(1)}(\mathfrak{r}) = \frac{Z\,e^2\,m\,e^{\frac{2\pi i}{h}(\mathfrak{p}_{im}\mathfrak{r})}}{2\pi\,\varepsilon_0\,r(\mathfrak{p}^{(0)} - \mathfrak{p}_{im})^2}\left\{-Z_0\,\delta_{im} + \int \varrho_{im}(\mathfrak{r}')\, e^{\frac{2\pi i}{h}(\{\mathfrak{p}^{(0)} - \mathfrak{p}_{im}\}\mathfrak{r}')}\,d\tau'\right\}. \qquad (VI, 138)$$

Ist also die Ladungsverteilung $\varrho_{im}(\mathfrak{r}')$ der Elektronenwolke des Streuers in allen Zuständen bekannt, so läßt sich die Streuung mit und ohne Anregung in erster Näherung durch eine Quadratur berechnen.

Das Integral

$$F_{im} = \int \varrho_{im}(\mathfrak{r}')\, e^{\frac{2\pi i}{h}(\{\mathfrak{p}^{(0)} - \mathfrak{p}_{im}\}\mathfrak{r}')}\, d\tau' \qquad (VI, 139)$$

wird Formfaktor genannt und enthält den Beitrag der Elektronenhülle des Streuers zu der Streuung. Die Elektronen beeinflussen durch Abschirmung der Kernladung den Vorgang.

**§ 6. Elastische Stöße und unelastische Stöße. Ionisierungsquerschnitt.

Für elastische Stöße gilt $i = m$. Wir legen nun ein Polarkoordinatensystem r, ϑ, φ so, daß die Achse $\vartheta = 0$ in die Richtung des ursprünglichen Impulses $\mathfrak{p}^{(0)}$ des einfallenden Teilchens fällt. Der Ortsvektor $\mathfrak{r}$ vom Streuer zum Aufpunkt, wo das gestreute Teilchen zur Beobachtung kommt, schließt dann mit $\mathfrak{p}^{(0)}$ den Winkel ϑ ein. Ist $p^{(0)}$ der Betrag von $\mathfrak{p}^{(0)}$, so entnehmen wir aus (VI, 109) und (VI, 117)

$$\mathfrak{p}_{mm}^2 = \mathfrak{p}^{(0)2} = p^{(0)2} \qquad (VI, 140)$$

und

$$(\mathfrak{p}^{(0)} - \mathfrak{p}_{mm})^2 = 4 p^{(0)2} \sin^2\frac{\vartheta}{2}. \qquad (VI, 141)$$

Aus (VI, 138) geht damit

$$u_{mm}^{(1)}(\mathfrak{r}) = \frac{Z\,e^2\,m\,e^{\frac{2\pi i}{h}(\mathfrak{p}_{mm}\mathfrak{r})}}{8\pi\,\varepsilon_0\,r\sin^2\frac{\vartheta}{2}\,p^{(0)2}}\left\{\int \varrho_{mm}(\mathfrak{r}')\, e^{\frac{2\pi i}{h}(\{\mathfrak{p}^{(0)} - \mathfrak{p}_{mm}\}\mathfrak{r}')}\, d\tau' - Z_0\right\} \qquad (VI, 142)$$

hervor. Der Formfaktor

$$F_{mm}(\vartheta, \varphi) = \int \varrho_{mm}(\mathfrak{r}')\, e^{\frac{2\pi i}{h}(\{\mathfrak{p}^{(0)} - \mathfrak{p}_{mm}\}\mathfrak{r}')}\, d\tau' \qquad (VI, 143)$$

hängt noch von den Winkeln ϑ und φ, nicht aber von der Radialkoordinate ab.

§ 6. Elastische Stöße und unelastische Stöße. Ionisierungsquerschnitt.

Die Streuung der Kernladung Z wird durch die abschirmende Wirkung der Hüllenelektronen vermindert. Wäre $F = N$, so käme die Abschirmung der Elektronen voll zur Wirkung und es träte keine Streuung ein. Der „Formfaktor" $F(\vartheta, \varphi)$ gibt also an, wie die Abschirmung mit der Ladungsverteilung in der Elektronenhülle zusammenhängt.

Zur Berechnung des Formfaktors führt man ein zweites Polarkoordinatensystem r', ϑ', φ' ein, dessen Achse $\vartheta' = 0$ in die Richtung von $\mathfrak{p}^0 - \mathfrak{p}_{mm}$ fällt, also den Nebenwinkel von ϑ halbiert (s. Abb. 332). Man erhält dann

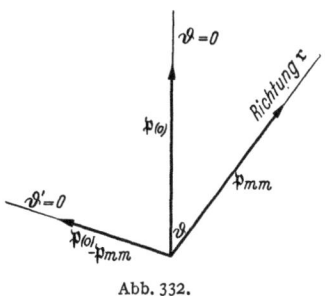

Abb. 332.

$$F_{mm}(\vartheta, \varphi) = \iiint \varrho_{mm}(r', \vartheta', \varphi') e^{\frac{4\pi i}{h} p^0 r' \sin \frac{\vartheta}{2} \cos \vartheta'} r'^2 \sin \vartheta' \, dr' \, d\vartheta' \, d\varphi'. \quad \text{(VI, 144)}$$

Ist die Ladungsverteilung in der Hülle kugelsymmetrisch, d. h. befindet sich der Streuer in einem S-Zustand, so kann man die Integration über ϑ' und φ' ausführen und erhält

$$F_{mm}(\vartheta) = \frac{h}{p^0 \sin \frac{\vartheta}{2}} \int \varrho_{mm}(r') \sin\left(\frac{4\pi p^{(0)} r'}{h} \sin \frac{\vartheta}{2}\right) r' \, dr'. \quad \text{(VI, 145)}$$

Für kleine Ablenkungswinkel ϑ konvergiert der Formfaktor gegen N. Er nimmt für große Ablenkung und große $p^{(0)}$ wegen des Alternierens der Sinusfunktion unter dem Integral ab, so daß, wie früher schon bemerkt, die Beteiligung der Elektronen am Streuvorgang zurücktritt.

Bildet man den Strom der elastischen Streuwelle

$$|j_{mm}| = \frac{p^{(0)}}{m} \left(\frac{Z e^2 m \{Z_0 - F_{mm}\}}{8 \pi \varepsilon_0 r p^{(0)2} \sin^2 \frac{\vartheta}{2}}\right)^2 \quad \text{(VI, 146)}$$

und sein Verhältnis zum einfallenden Teilchenstrom $p^{(0)}/m$, so erhält man (VI, 45) zurück und erkennt, daß der Streuer wie eine Punktladung $(Z_0 - F) e$ wirkt.

Die unelastischen Stöße $i \neq m$ werden nur durch die Elektronenhülle verursacht, die Kernladung ist an ihnen nicht beteiligt. Ähnlich wie bei den elastischen Stößen folgt aus (VI, 109)

$$|\mathfrak{p}_{im}| = \sqrt{\mathfrak{p}^{(0)2} + 2m(E_m - E_i)}. \quad \text{(VI, 147)}$$

Wenn wir ϑ wie oben als Winkel zwischen $\mathfrak{r}$ und $\mathfrak{p}^{(0)}$ definieren, so erhalten wir

$$(\mathfrak{p}^{(0)} - \mathfrak{p}_{im})^2 = \mathfrak{p}^{(0)2} + \mathfrak{p}_{im}^2 - 2|\mathfrak{p}^{(0)}||\mathfrak{p}_{im}|\cos\vartheta. \quad \text{(VI, 148)}$$

Gehen wir damit in (VI, 138) ein, so finden wir

$$u_{im}^{(1)}(\mathfrak{r}) = \frac{Z e^2 m \, e^{\frac{2\pi i}{h}(\mathfrak{p}_{im}\mathfrak{r})} F_{im}(\vartheta, \varphi)}{2\pi \varepsilon_0 r (p^{(0)2} + \mathfrak{p}_{im}^2 - 2|\mathfrak{p}^{(0)}||\mathfrak{p}_{im}|\cos\vartheta)} \quad \text{(VI, 149)}$$

mit dem Formfaktor

$$F_{im}(\vartheta, \varphi) = \int \varrho_{im} e^{\frac{2\pi i}{h}(\{\mathfrak{p}^{(0)} - \mathfrak{p}_{im}\}\mathfrak{r}')} d\tau'. \tag{VI, 150}$$

Wir setzen nun voraus, daß die de Broglie-Wellenlänge

$$\lambda = \frac{h}{|\mathfrak{p}^{(0)}|} \tag{VI, 151}$$

des stoßenden Teilchens klein gegenüber den Dimensionen des Streuers ist (schnelle Teilchen). Für nicht zu kleine Streuwinkel ϑ gilt dann dies auch für die Wellenlängen $h/|\mathfrak{p}^{(0)} - \mathfrak{p}_{im}|$ und $h/|\mathfrak{p}^{(0)} - \mathfrak{p}_{mm}|$ der Streuwellen. Die Formfaktoren F_{im} sind unter diesen Bedingungen alle klein gegen 1, weil sich die Anteile der Volumenelemente wegen der schnell veränderlichen Exponentialfunktion weitgehend kompensieren. Für das Verhältnis der unelastischen Streuung zur elastischen in der Richtung ϑ erhalten wir näherungsweise

$$\left| \frac{u_{im}(\mathfrak{r})}{u_{mm}(\mathfrak{r})} \right| \approx \frac{4 \mathfrak{p}^{(0)2} \sin^2 \frac{\vartheta}{2}}{\mathfrak{p}^{(0)2} + \mathfrak{p}_{im}^2 - 2|\mathfrak{p}^{(0)}||\mathfrak{p}_{im}|\cos\vartheta} \frac{F_{im}}{Z_0} \tag{VI, 152}$$

bei größeren Streuwinkeln. Die elastische Streuung überwiegt die unelastische Streuung bei größeren Streuwinkeln erheblich. Wir untersuchen nun die unelastische Streung für kleine Streuwinkel Θ weiter.

Ist die kinetische Energie $\mathfrak{p}^{(0)2}/2m$ des streuenden Teilchens groß gegen die Anregungsenergie $E_i - E_m$, so ist $|\mathfrak{p}_{im}|$ nur wenig kleiner als $|\mathfrak{p}^{(0)}|$. Nach (VI, 148) ist dann bei kleinen Streuwinkeln $|\mathfrak{p}^{(0)} - \mathfrak{p}_{im}|$ klein und wir können in (VI, 150) die Entwicklung

$$e^{\frac{2\pi i}{h}(\{\mathfrak{p}^{(0)} - \mathfrak{p}_{im}\}\mathfrak{r}')} = 1 + \frac{2\pi i}{h}\left(\{\mathfrak{p}^{(0)} - \mathfrak{p}_{im}\}\mathfrak{r}'\right) \tag{VI, 153}$$

vornehmen. Damit ergibt sich

$$\begin{aligned}F_{im}(\vartheta, \varphi) &= \int \varrho_{im}(\mathfrak{r}') d\tau' + \frac{2\pi i}{h} \left(\{\mathfrak{p}^{(0)} - \mathfrak{p}_{im}\} \int \varrho_{im}(\mathfrak{r}') \mathfrak{r}' d\tau'\right) \\ &= \frac{2\pi i}{h} (\{\mathfrak{p}^{(0)} - \mathfrak{p}_{im}\}\mathfrak{r}_{im}),\end{aligned} \tag{VI, 154}$$

wo $\mathfrak{r}_{im}$ das Matrixelement des Ortsvektors bedeutet. Bei kleinen Streuwinkeln ist also für die Anregung durch schnelle Teilchen das gleiche Matrixelement $\mathfrak{r}_{im}$ maßgebend, wie für die Anregung durch Lichtabsorption. Für diese Stoßanregungen durch schnelle Teilchen gelten also die optischen Auswahlregeln.

Führt der unelastische Elektronenstoß nicht zur Anregung eines diskreten Zustands, sondern zur Ionisation, so ist das Bornsche Verfahren zwar im Prinzip anwendbar, erfordert aber einige Modifikationen, die wir an einem Streuer mit nur einem einzigen Elektron (Index 1) erläutern wollen.

An jeder Eigenfunktion des Streuers können wir die Fourierzerlegung

$$\psi_k = \int c_k(\mathfrak{p}_i) e^{\frac{2\pi i}{h}(\mathfrak{p}_i \mathfrak{r}_1)} d\sigma_1 \tag{VI, 155}$$

vornehmen, wo $d\sigma_1$ das Volumenelement im Impulsraum des abgetrennten Elektrons bedeutet. Dann können wir aber als kontinuierliche Eigenfunktionen

**§ 6. Elastische Stöße und unelastische Stöße. Ionisierungsquerschnitt.

des Streuers auch die im Phasenraum normierten Funktionen

$$\psi_i = \frac{1}{h^{\frac{3}{2}}} e^{\frac{2\pi i}{h}(\mathfrak{p}_i \mathfrak{r}_1)} \tag{VI, 156}$$

selbst verwenden. Wir erhalten damit

$$\varrho_{im} = \frac{1}{h^{\frac{3}{2}}} e^{-\frac{2\pi i}{h}(\mathfrak{p}_i \mathfrak{r}_1)} \psi_m(\mathfrak{r}_1) \tag{VI, 157}$$

und den Formfaktor

$$F_{im} = \frac{1}{h^{\frac{3}{2}}} \int e^{\frac{2\pi i}{h}((\mathfrak{p}^{(0)} - \mathfrak{p}_{im} - \mathfrak{p}_i)\mathfrak{r}')} \psi_m(\mathfrak{r}')\, d\tau'. \tag{VI, 158}$$

Das Integral nimmt aber gerade die Umkehrung von (VI, 155) vor und somit ergibt sich

$$F_{im} = h^{\frac{3}{2}} c_m(\mathfrak{p}^{(0)} - \mathfrak{p}_{im} - \mathfrak{p}_i), \tag{VI, 159}$$

wobei $h^3 |c_m(\mathfrak{p}_m)|^2$ die Verteilung des Atomelektrons im Zustand m über den Impulsraum darstellt. Zwischen $\mathfrak{p}$, $\mathfrak{p}_{im}$ und $\mathfrak{p}_i$ besteht nach (VI, 109) die Beziehung

$$\mathfrak{p}_{im}^2 = \mathfrak{p}^{(0)2} + 2m E_m - \frac{m}{m_e} \mathfrak{p}_i^2, \tag{VI, 160}$$

wenn man den Nullpunkt der Energie in die Ionisierungsgrenze legt, unter m_e die Elektronenmasse und unter m die Masse des einfallenden Teilchens versteht.

In der Impulsverteilung des Zustandes m kommen mit einiger Wahrscheinlichkeit nur Impulse vor, deren Beträge von der Größenordnung $\sqrt{2m|E_m|}$ sind. Beschränken wir uns auf die Fälle, bei denen die Impulse des einfallenden und gestreuten Teilchens sowie des abgetrennten Elektrons wesentlich größer als dieser Wert sind, so wird der Formfaktor praktisch nur dann von Null verschieden sein, wenn

$$\mathfrak{p}^{(0)} \approx \mathfrak{p}_{im} + \mathfrak{p}_i \tag{VI, 161}$$

ist. Unter diesen Voraussetzungen geht aus (VI, 160) näherungsweise

$$\frac{\mathfrak{p}^{(0)2}}{m} \approx \frac{\mathfrak{p}_{im}^2}{m} + \frac{\mathfrak{p}_i^2}{m_e} \tag{VI, 162}$$

hervor. Diese beiden Formeln drücken die Erhaltung von Impuls und Energie bei dem Zusammenstoß eines bewegten Teilchens mit einem ruhenden Teilchen aus. Man kann die Stoßionisation also nach den klassischen Stoßgesetzen berechnen, wenn kinetische Energie der stoßenden Teilchen vor und nach dem Stoß hinreichend groß ist.

Für die Teilchenstromdichte der Streuwelle zu i und m finden wir aus (VI, 149) bei kleinem Streuwinkel

$$\begin{aligned}j_{im} &= \frac{\mathfrak{p}_{im}}{m} u_{im}^*(\mathfrak{r}) u_{im}(\mathfrak{r}) = \frac{\mathfrak{p}_{im}}{m} \left(\frac{Z e^2 m |F_{im}|}{2\pi \varepsilon_0 r (\mathfrak{p}^{(0)} - \mathfrak{p}_{im})^2}\right)^2 \\ &= \frac{\mathfrak{p}_{im}}{m} \left(\frac{Z e^2 m}{2\pi \varepsilon_0 r (\mathfrak{p}^0 - \mathfrak{p}_{im})^2}\right)^2 h^3 |c_m(\mathfrak{p}^{(0)} - \mathfrak{p}_{im} - \mathfrak{p}_i)|^2.\end{aligned} \tag{VI, 163}$$

In der Näherung (VI, 161, 162) ist bei gegebenem $\mathfrak{p}^{(0)}$ jedem $\mathfrak{p}_{im}$ ein bestimmtes $\mathfrak{p}_i$ zugeordnet. Bei genauer Betrachtung jedoch streut der ursprüngliche Impuls

$$\mathfrak{p}_m = \mathfrak{p}^{(0)} - \mathfrak{p}_{im} - \mathfrak{p}_i \qquad (VI, 164)$$

des später abgetrennten Elektrons im Zustand m um den Wert Null. Über diese Streuung müssen wir $\bar{j}_{im}$ noch mitteln. Ist $d\sigma_i$ das Volumenelement im Impulsraum von $\mathfrak{p}_i$, so erhalten wir

$$\bar{j}_{im} = \frac{\mathfrak{p}_{im}}{m}\left(\frac{Ze^2 m}{2\pi\varepsilon_0 r(\mathfrak{p}^0 - \mathfrak{p}_{im})^2}\right)^2 h^3 \int |c(\mathfrak{p}_m)|^2 \, d\sigma_i. \qquad (VI, 165)$$

Nun rechnen wir $d\sigma_i$ wie auf S. 1072 bei fester Richtung von $\mathfrak{p}_{im}$ auf $d\sigma_m$ um, berücksichtigen

$$h^3 \int |c(\mathfrak{p}_m)|^2 \, d\sigma_m = 1 \qquad (VI, 166)$$

und erhalten den gestreuten Teilchenstrom

$$\bar{j}_{im} = \frac{\mathfrak{p}_{im}}{m}\left(\frac{Ze^2 m}{2\pi\varepsilon_0 r(\mathfrak{p}^{(0)} - \mathfrak{p}_{im})^2}\right) \frac{1}{\left(1 + \dfrac{m}{m_e} - \dfrac{m(\mathfrak{p}_{im}\mathfrak{p}^{(0)})}{m_e \mathfrak{p}_{im}^2}\right)}. \qquad (VI, 167)$$

In den räumlichen Winkel $d\omega$ werden sekundlich

$$|\bar{j}_{im}|\, r^2\, d\omega = \frac{|\mathfrak{p}_{im}|\, d\omega}{m\left(1 + \dfrac{m}{m_e} - \dfrac{m(\mathfrak{p}_{im}\mathfrak{p}^{(0)})}{m_e \mathfrak{p}_{im}^2}\right)} \left(\frac{Ze^2 m}{2\pi\varepsilon_0 (\mathfrak{p}^{(0)} - \mathfrak{p}_{im})^2}\right)^2 \qquad (VI, 168)$$

Teilchen gestreut. Der differentielle Ionisierungsquerschnitt für den Raumwinkel $d\omega$ ist das Verhältnis

$$dQ_{im} = \frac{|\mathfrak{p}_{im}|\, d\omega}{|\mathfrak{p}^{(0)}|\left(1 + \dfrac{m}{m_e} - \dfrac{m(\mathfrak{p}_{im}\mathfrak{p}^{(0)})}{m_e \mathfrak{p}_{im}^2}\right)} \left(\frac{Ze^2 m}{2\pi\varepsilon_0(\mathfrak{p}^{(0)} - \mathfrak{p}_{im})^2}\right)^2 \qquad (VI, 169)$$

dieser Größe zum Betrag $|\mathfrak{p}^0|/m$ des einfallenden Teilchenstromes.

****§ 7. Der Elektronenstoß.**

Inhalt: Symmetrisierung der Eigenfunktionen für die Streuung von Elektronen. Ionisierung durch schnelle Elektronen.

Bezeichnungen: $\mathfrak{r}$ Ortsvektor des einfallenden Elektrons, $\mathfrak{r}_1$ des Atomelektrons. Sonst wie S. 1076.

Der wichtigste Stoß- und Streuprozeß ist der Zusammenstoß eines Elektrons mit einem Atom. Gerade auf diesen Vorgang können aber die Überlegungen der beiden vorangehenden Paragraphen noch nicht angewandt werden, weil die Ununterscheidbarkeit des stoßenden Elektrons von den Atomelektronen noch nicht berücksichtigt ist. Die Wellenfunktion des Gesamtsystems muß nämlich bezüglich aller Elektronenvertauschungen antisymmetrisch sein, wenn der Spin der Elektronen mit berücksichtigt wird. Dies führt zu sehr verwickelten Überlegungen, wenn der Streuer mehrere Elektronen enthält. Wir beschränken uns deshalb darauf, die wesentlichen Gesichtspunkte für den Fall zu skizzieren, daß das streuende Atom nur ein einziges Elektron besitzt, also z. B. ein neutrales Wasserstoffatom ist.

Bezeichnen wir die Ortsvektoren der beiden Elektronen mit $\mathfrak{r}$ und $\mathfrak{r}_1$, so geht aus (VI, 101) zunächst die Eigenfunktion

$$\chi(\mathfrak{r}, \mathfrak{r}_1) = \sum_i' u_{im}(\mathfrak{r}) \psi_i(\mathfrak{r}_1) \qquad \text{(VI, 170)}$$

hervor, für die wir in erster Näherung

$$\chi(\mathfrak{r}, \mathfrak{r}_1) = e^{\frac{2\pi i}{h}(\mathfrak{p}^{(0)}\mathfrak{r})} \psi_m(\mathfrak{r}_1) + \sum_i' u_{im}^{(1)}(\mathfrak{r}) \psi_i(\mathfrak{r}_1) \qquad \text{(VI, 171)}$$

setzen können. Durch Vertauschung der Elektronen entsteht daraus

$$\chi(\mathfrak{r}_1, \mathfrak{r}) = e^{\frac{2\pi i}{h}(\mathfrak{p}^{(0)}\mathfrak{r}_1)} \psi_m(\mathfrak{r}) + \sum_i' u_{im}^{(1)}(\mathfrak{r}_1) \psi_i(\mathfrak{r}). \qquad \text{(VI, 172)}$$

Bildet man nun symmetrische bzw. antisymmetrische Linearkombination

$$\chi_{s,a}(\mathfrak{r}, \mathfrak{r}_1) = \chi(\mathfrak{r}, \mathfrak{r}_1) \pm \chi(\mathfrak{r}_1, \mathfrak{r}), \qquad \text{(VI, 173)}$$

so gehört zu jedem Wert von i das Paar

$$u_{im}^{(1)}(\mathfrak{r}) \psi_i(\mathfrak{r}_1) \pm u_{im}^{(1)}(\mathfrak{r}_1) \psi_i(\mathfrak{r}) \qquad \text{(VI, 174)}$$

zweier Kugelwellen, welche einzeln im § 6 ermittelt wurden. Sie bedeuten physikalisch die Ergebnisse zweier Stoßprozesse, die durch Vertauschen der beiden Elektronen ineinander übergehen und deshalb nicht voneinander getrennt werden können. Von der elastischen Streuung des einfallenden Elektrons ist ein Prozeß nicht unterscheidbar, bei dem das Atomelektron abgelöst, das einfallende Elektron aber in den Grundzustand des Atoms eingefangen wird. Der Anregung des Atoms durch Elektronenstoß ist es gleichwertig, wenn das stoßende Elektron in einen angeregten Zustand eingefangen wird und das Atomelektron gleichzeitig abgetrennt wird.

Relativ einfach läßt sich die Ionisierung durch Elektronenstoß durchrechnen, wenn die kinetische Energie des Elektrons vor dem Stoß, wie auch die kinetische Energien beider Elektronen nach dem Stoß groß sind. Wir erhalten den Wirkungsquerschnitt

$$dQ_{im} = d\omega \left(\frac{e^2 m}{4\pi \varepsilon_0 \mathfrak{p}^{(0)2}} \right)^2 \cos\Theta \left(\frac{1}{\sin^2\Theta} \pm \frac{1}{\cos^2\Theta} \right)^2 \qquad \text{(VI, 175)}$$

der Stöße, bei denen eines der beiden Elektronen in den Raumwinkeln $d\omega$ unter einer Ablenkung Θ gestreut wird. Dies entspricht ganz der Formel (VI, 86), da A unter den genannten Voraussetzungen klein ist.

§ 8. Grenzen des Bornschen Verfahrens.

Inhalt: Die Bornsche Näherung ist nur brauchbar, wenn die einfallenden und abgetrennten Teilchen schnell sind. Dies ist nur bei den Prozessen der Fall, die mit kleiner Wahrscheinlichkeit eintreten.

Das Verfahren, die Stoß- und Streuprozesse in sukzessiven Näherungen zu berechnen, ist wie jedes Näherungsverfahren nur dann praktisch durchführbar, wenn die nullte Näherung bereits den Hauptteil des Vorganges darstellt, der durch die erste Näherung verbessert wird. Der Beitrag der zweiten Näherung muß wieder klein gegen den ersten sein usw.

Diese Bedingung ist bei uns offenbar nur dann erfüllt, wenn

$$A = \frac{\pi Z_1 Z_2 e^2 m_2}{h^2 \varepsilon_0 k} = \frac{\pi V \lambda}{T} \qquad (VI, 176)$$

klein ist, d. h. wenn die einfallenden Teilchen schnell sind. Eine genauere Analyse zeigt sogar, daß auch die gestreuten und abgetrennten Teilchen schnell sein müssen.

Gar nicht erfüllt sind diese Bedingungen bei Prozessen, bei denen das einfallende Teilchen eingefangen wird. Sie entsprechen rein imaginären Werten des Impulses $\mathfrak{p}_{lm}$ bei denen der Wellenanteil

$$e^{\frac{2\pi i}{h}(\mathfrak{p}_{lm}\mathfrak{r})}$$

eine Abklingfunktion ist. Wir haben deshalb bisher auch nicht den Versuch unternommen, derartige Prozesse zu untersuchen.

Die Voraussetzungen für die gute Konvergenz des Näherungsverfahrens haben nun eine fatale Konsequenz. Man kann eigentlich nur die seltenen und deswegen weniger interessanten Prozesse erfassen. Insbesondere über den wichtigsten Vorgang, den Elektronenstoß, gibt die erste Näherung nur in einem relativ unwichtigen Fall Auskunft, wenn nämlich ein schnelles Elektron ein Atom ionisiert und das abgelöste Elektron ebenfalls schnell ist. Die Näherung ist in diesem Fall gerade deshalb gut, weil der Prozeß nur mit geringer Wahrscheinlichkeit eintritt. Die Ionisation durch ein Elektron, dessen kinetische Energie nur wenig größer als die Ionisierungsenergie ist, und bei der ein langsames Elektron entsteht, kann auf diese Weise nicht berechnet werden.

Dies ist natürlich ein empfindlicher Nachteil des skizzierten Verfahrens, der seinen praktischen Wert sehr vermindert. Dem steht der Vorteil gegenüber, daß bei dem Bornschen Verfahren das Prinzip des Stoß- und Streumechanismus sehr klar zum Ausdruck kommt. Dieses Verfahren behält also gewissermaßen großen Wert als Modell für andere Berechnungsverfahren.

*§ 9. Streuung einer Teilchenwelle an einem kleinen Störgebiet.

Inhalt: Entwicklung der einfallenden Welle und der Streuwellen nach Kugelfunktionen. Langsame Teilchen werden an kleinen Hindernissen hauptsächlich kugelsymmetrisch gestreut. Können die Teilchen nicht in das Hindernis eintreten, so errechnet sich der totale Streuquerschnitt viermal so groß als der klassische.

Bezeichnungen: V Potential im Störgebiet, $\mathfrak{r}$ Ortsvektor, $\mathfrak{p}^{(0)}$ Impuls des einfallenden Teilchens, P_l Kugelfunktion, J Besselfunktion, ψ Eigenfunktion, $\psi^{(0)}$ Eigenfunktion der einfallenden Welle, $\psi - \psi^0$ der Streuwelle, r_0 Radius des Störgebiets, Q totaler Streuquerschnitt.

Wenn man nur die Streuung einer Teilchenwelle mit anderen Objekten beschreiben will, ohne die innere Struktur dieser Objekte hinreichend zu kennen, und ohne die Veränderungen ihrer Struktur selbst genauer untersuchen zu wollen, kann man folgenden Weg einschlagen. Den Streuer betrachtet man als kleinen Störbezirk, in dem eine Wechselwirkungsenergie $V(\mathfrak{r})$ mit den einfallenden Teilchen besteht. Außerhalb einer Einflußsphäre mit dem Radius r_0 möge V verschwinden. Die gestreuten Teilchen genügen dann der Schrödingergleichung

$$\left(-\frac{h^2}{8\pi^2 m}\Delta + V(\mathfrak{r}) - \frac{\mathfrak{p}^{(0)2}}{2m}\right)\psi(\mathfrak{r}) = 0 \qquad (VI, 177)$$

innerhalb des Störbezirkes und außerhalb der Gleichung

$$\left(\frac{h^2}{4\pi^2}\Delta + \mathfrak{p}^{(0)2}\right)\psi(\mathfrak{r}) = 0. \qquad (VI, 178)$$

*§ 9. Streuung einer Teilchenwelle an einem kleinen Störgebiet.

Meist hängt die Wechselwirkungsenergie $V(\mathfrak{r}) = V(r)$ nur vom Abstand des Teilchens vom Zentrum des Störbezirkes ab, in das wir den Ursprung eines Polarkoordinatensystems r, ϑ, φ legen. Die Achse $\vartheta = 0$ legen wir in die Richtung des Impulses $\mathfrak{p}^{(0)}$ der einfallenden Welle

$$\psi^{(0)} = e^{\frac{2\pi i}{h}(\mathfrak{p}^{(0)}\mathfrak{r})} = e^{\frac{2\pi i}{h}|\mathfrak{p}^{(0)}|r\cos\vartheta}. \qquad (VI, 179)$$

Da weder die Wechselwirkung noch die einfallende Welle den Winkel φ enthält, kann auch ψ nicht von φ abhängen.

Wir entwickeln deshalb $\psi^{(0)}$ und ψ nach den (nicht normierten) Legendreschen Kugelfunktionen $P_l(\cos\vartheta)$ und erhalten

$$\psi^{(0)}(r,\vartheta) = e^{\frac{2\pi i}{h}|\mathfrak{p}^{(0)}|r\cos\vartheta} = \sum^l \chi_l^{(0)}(r) P_l(\cos\vartheta) \qquad (VI, 180)$$

und

$$\psi(r,\vartheta) = \sum^l \chi_l(r) P_l(\cos\vartheta). \qquad (VI, 181)$$

Man erhält $\chi_l^{(0)}(r)$ aus

$$\chi_l^{(0)}(r) = \frac{2l+1}{h} \int_0^\pi e^{\frac{2\pi i}{h}|\mathfrak{p}^0|r\cos\vartheta} P_l(\cos\vartheta) \sin\vartheta \, d\vartheta$$
$$= i^l\left(l+\frac{1}{2}\right)\sqrt{\frac{h}{|\mathfrak{p}^{(0)}|r}} J_{l+\frac{1}{2}}\left(\frac{2\pi|\mathfrak{p}^{(0)}|r}{h}\right), \qquad (VI, 182)$$

wo J die Besselsche Funktion bezeichnet. Um auch $\chi_l(r)$ aufzufinden, gehen wir mit (VI, 181) in (VI, 177) ein und erhalten

$$\frac{1}{r^2}\frac{d}{dr}r^2\frac{d\chi_l}{dr} + \left(\frac{4\pi^2|\mathfrak{p}^{(0)}|^2}{h^2} - \frac{l(l+1)}{r^2} - \frac{8\pi^2 m}{h^2}V(r)\right)\chi_l = 0. \qquad (VI, 183)$$

Außerhalb des Einflußbereiches des Streuers kann man $V(r)$ vernachlässigen und erhält mit

$$\chi_l(r) = \frac{1}{\sqrt{r}} f(r) \qquad (VI, 184)$$

für f die Besselsche Differentialgleichung

$$\frac{d^2 f}{dr^2} + \frac{1}{r}\frac{df}{dr} + \left(\frac{4\pi^2|\mathfrak{p}^{(0)}|^2}{h^2} - \frac{\left(l+\frac{1}{2}\right)^2}{r^2}\right)f = 0. \qquad (VI, 185)$$

Daraus findet man für χ_l die allgemeine Lösung

$$\chi_l(r) = \frac{1}{\sqrt{r}}\left\{A_l J_{l+\frac{1}{2}}\left(\frac{2\pi|\mathfrak{p}^{(0)}|r}{h}\right) + B_l J_{-l-\frac{1}{2}}\left(\frac{2\pi|\mathfrak{p}^{(0)}|r}{h}\right)\right\}. \qquad (VI, 186)$$

Jetzt haben wir noch die Integrationskonstanten A_l und B_l zu ermitteln. Für große x gilt asymptotisch

$$J_{l+\frac{1}{2}}(x) = \sqrt{\frac{2}{\pi x}} \sin\left(x - \frac{\pi l}{2}\right);$$
$$J_{-l-\frac{1}{2}}(x) = (-1)^l \sqrt{\frac{2}{\pi x}} \cos\left(x - \frac{\pi l}{2}\right). \qquad (VI, 187)$$

Setzen wir nun
$$A_l = C_l \cos \delta_l; \quad B_l = (-1)^l C_l \sin \delta_l, \qquad (VI, 188)$$
so erhalten wir für große r
$$\begin{aligned}\chi_l(r) &= \frac{C_l}{\pi r}\sqrt{\frac{h}{|\mathfrak{p}^{(0)}|}}\sin\left(\frac{2\pi|\mathfrak{p}^{(0)}|r}{h}-\frac{\pi l}{2}+\delta_l\right)\\ &=\frac{C_l}{2\pi i r}\sqrt{\frac{h}{|\mathfrak{p}^{(0)}|}}\left\{e^{\frac{2\pi i}{h}|\mathfrak{p}^{(0)}|r-\frac{i\pi l}{2}+i\delta_l}-e^{-\frac{2\pi i}{h}|\mathfrak{p}^{(0)}|r+\frac{i\pi l}{2}-i\delta_l}\right\}.\end{aligned} \qquad (VI, 189)$$

Aus (VI, 180) ergibt sich asymptotisch für die einfallende Welle
$$\begin{aligned}\chi_l^{(0)}(r) &= \frac{i^l\left(l+\frac{1}{2}\right)h}{\pi|\mathfrak{p}^{(0)}|r}\sin\left(\frac{2\pi|\mathfrak{p}^{(0)}|r}{h}-\frac{\pi l}{2}\right)\\ &=\frac{i^l\left(l+\frac{1}{2}\right)h}{2\pi i|\mathfrak{p}^{(0)}|r}\left\{e^{\frac{2\pi i}{h}|\mathfrak{p}^{(0)}|r-\frac{i\pi l}{2}}-e^{-\frac{2\pi i}{h}|\mathfrak{p}^{(0)}|r+\frac{i\pi l}{2}}\right\}.\end{aligned} \qquad (VI, 190)$$

In der Streuwelle $\chi_l - \chi_l^{(0)}$ können nun keine einlaufenden Wellen mit dem Faktor
$$e^{-\frac{2\pi i}{h}|\mathfrak{p}^{(0)}|r}$$
enthalten sein, wodurch den Koeffizienten C_l die Bedingung
$$C_l = i^l\left(l+\frac{1}{2}\right)\sqrt{\frac{h}{|\mathfrak{p}^{(0)}|}}e^{i\delta_l} \qquad (VI, 191)$$
auferlegt wird. Damit erhalten wir endlich
$$\chi_l(r)=i^l\left(l+\frac{1}{2}\right)\sqrt{\frac{h}{|\mathfrak{p}^{(0)}|r}}e^{i\delta_l}\left\{\cos\delta_l\,J_{l+\frac{1}{2}}\left(\frac{2\pi|\mathfrak{p}^{(0)}|r}{h}\right)+\right.\\ \left.+(-1)^l\sin\delta_l\,J_{-l-\frac{1}{2}}\left(\frac{2\pi|\mathfrak{p}^{(0)}|r}{h}\right)\right\} \qquad (VI, 192)$$
und für große r asymptotisch den radialen Anteil der Streuwelle
$$\begin{aligned}\chi_l(r\to\infty)-\chi_r^{(0)}(r\to\infty) &= \frac{h\left(l+\frac{1}{2}\right)}{2\pi i|\mathfrak{p}^{(0)}|r}e^{\frac{2\pi i}{h}|\mathfrak{p}^{(0)}|r}\left(e^{2i\delta_l}-1\right)\\ &=\frac{h\left(l+\frac{1}{2}\right)}{\pi|\mathfrak{p}^{(0)}|r}e^{\frac{2\pi i}{h}|\mathfrak{p}^{(0)}|r+i\delta_l}\sin\delta_l.\end{aligned} \qquad (VI, 193)$$

Die asymptotische Eigenfunktion der ganzen Streuwelle lautet
$$\psi-\psi^0 = \frac{h\,e^{\frac{2\pi i}{h}|\mathfrak{p}^{(0)}|r}}{2\pi|\mathfrak{p}^{(0)}|r}\sum^l(2l+1)e^{i\delta_l}\sin\delta_l\,P_l(\cos\vartheta). \qquad (VI, 194)$$

Wir erhalten daraus den radialen Streustrom
$$j_r = \frac{h^2}{4\pi^2|\mathfrak{p}^{(0)}|r^2 m}\sum_{l,l'}(2l+1)(2l'+1)e^{i(\delta_l-\delta_{l'})}\sin\delta_l\sin\delta_{l'}P_l P_{l'} \qquad (VI, 195)$$

*§ 9. Streuung einer Teilchenwelle an einem kleinen Störgebiet.

und den differentiellen Wirkungsquerschnitt

$$dQ = \frac{h^2 d\omega}{4\pi^2 \mathfrak{p}^{(0)2}} \sum l', l' \left(l' + \frac{1}{2}\right)\left(l + \frac{1}{2}\right) e^{i(\delta_l - \delta_{l'})} \sin\delta_l \sin\delta_{l'} P_l P_{l'}, \quad (VI, 196)$$

der in recht verwickelter Weise vom Winkel ϑ abhängt, da die Anteile der verschiedenen Ordnungen l in wenig übersichtlicher Weise interferieren. Bilden wir jedoch den totalen Wirkungsquerschnitt durch Integration über alle Richtungen, so verbleibt wegen der Orthogonalität der P_l nur

$$Q = \frac{h^2}{2\pi \mathfrak{p}^{(0)2}} \sum^l (2l+1)^2 \sin^2\delta_l \int P_l^2 \sin\vartheta\, d\vartheta$$
$$= \frac{h^2}{\pi \mathfrak{p}^{(0)2}} \sum^l (2l+1) \sin^2\delta_l. \quad (VI, 197)$$

Die Hauptarbeit bei der Lösung des Streuproblems besteht darin, die Konstanten δ_l zu ermitteln. Hierzu muß man die Vorgänge im Störbezirk untersuchen und natürlich den Verlauf des Störungspotentials $V(r)$ kennen. Dann muß man auf die Gl. (VI, 183) zurückgreifen. Wir wollen diese Aufgabe vereinfachen, indem wir annehmen, daß V für $r < r_0$ konstant und stark positiv sei. Es handelt sich dann um ein Störgebiet, in das die einfallenden Teilchen nach klassischer Rechnung nicht eindringen können. Auch für andere nicht zu verwickelte Potentialansätze läßt sich die Rechnung durchführen.

Wir setzen nun

$$\mathfrak{p}_l = \sqrt{2mV - \mathfrak{p}^{(0)2}} \quad (VI, 198)$$

und können innerhalb des Störgebietes an Stelle von (VI, 186)

$$\chi_l'(r) = \frac{1}{\sqrt{r}}\left\{A_l' J_{l+\frac{1}{2}}\left(\frac{2\pi i \mathfrak{p}_l r}{h}\right) + B_l' J_{-l-\frac{1}{2}}\left(\frac{2\pi i \mathfrak{p}_l r}{h}\right)\right\} \quad (VI, 199)$$

finden, was sich aber auf

$$\chi_l'(r) = \frac{A_l'}{\sqrt{r}} J_{l+\frac{1}{2}}\left(\frac{2\pi i \mathfrak{p}_l r}{h}\right) \quad (VI, 200)$$

reduziert, weil $\chi_l'(r)$ für $r = 0$ endlich bleiben muß. Die Konstanten A_l' und δ_l finden wir aus den Forderungen, daß

$$\chi_l'(r_0) = \chi_l(r_0); \quad \left(\frac{d\chi_l'}{dr}\right)_{r_0} = \left(\frac{d\chi_l}{dr}\right)_{r_0} \quad (VI, 201)$$

sein soll. Hieraus folgt die Gleichung

$$\left(\frac{d\ln\chi_l'}{dr}\right)_{r_0} = \left(\frac{d\ln\chi_l}{dr}\right)_{r_0}, \quad (VI, 202)$$

welche A_l' nicht mehr enthält. Es ist nun nicht schwierig, die δ_l für die Ordnungen $l = 0, 1, 2$ usw. wirklich auszurechnen.

Sind die einfallenden Teilchen hinreichend langsam und das Störgebiet klein, so kann man zeigen, daß die höheren Ordnungen nur wenig zur Streuung beitragen. Führen wir zur Abkürzung die Impulse

$$k^{(0)} = \frac{2\pi |\mathfrak{p}^{(0)}|}{h}; \quad k_l = \frac{2\pi \mathfrak{p}_l}{h} \quad (VI, 203)$$

in Einheiten $h/2\pi$ gemessen ein, so ist

$$\frac{d\ln \chi_l}{dr} = -\frac{1}{2r} + \frac{\frac{d}{dr} J_{l+\frac{1}{2}}(k^{(0)} r) + (-1)^l \operatorname{tg} \delta_l \frac{d}{dr} J_{-l-\frac{1}{2}}(k^0 r)}{J_{l+\frac{1}{2}}(k^{(0)} r) + (-1)^l \operatorname{tg} \delta_l J_{-l-\frac{1}{2}}(k^{(0)} r)} \qquad \text{(VI, 204)}$$

und

$$\frac{d\ln \chi'_l}{dr} = -\frac{1}{2r} + \frac{\frac{d}{dr} J_{l+\frac{1}{2}}(i k_i r)}{J_{l+\frac{1}{2}}(i k_i r)}. \qquad \text{(VI, 205)}$$

Aus (VI, 202) ergibt sich

$$-\operatorname{tg} \delta_l = (-1)^l \left[\frac{\frac{d}{dr} \frac{J_{l+\frac{1}{2}}(k^{(0)} r)}{J_{l+\frac{1}{2}}(i k_i r)}}{\frac{d}{dr} \frac{J_{-l-\frac{1}{2}}(k^{(0)} r)}{J_{l+\frac{1}{2}}(i k_i r)}} \right]_{r_0}. \qquad \text{(VI, 206)}$$

Für die nullte Ordnung ($l = 0$) entsteht daraus leicht

$$\operatorname{tg} \delta_0 = -\frac{k_i \operatorname{tg}(k^{(0)} r_0) - k^0 \operatorname{Tg}(k_i r_0)}{k_i + k^{(0)} \operatorname{tg}(k^{(0)} r_0) \operatorname{Tg}(k_i r_0)}. \qquad \text{(VI, 207)}$$

Unter den gemachten Voraussetzungen (langsame Teilchen, kleines Störgebiet) ist

$$k^{(0)} r_0 \ll 1, \qquad \text{(VI, 208)}$$

und die nullte Ordnung geht in

$$\operatorname{tg} \delta_0 = -k^{(0)} r_0 \left(1 - \frac{\operatorname{Tg}(k_i r_0)}{k_i r_0}\right) \qquad \text{(VI, 209)}$$

über. Aus (VI, 206) geht für kleine $k^{(0)} r_0$

$$\operatorname{tg} \delta_l = \frac{\pi (k^0 r_0)^{2l+1}}{2^{2l+1}(l+\tfrac{1}{2})!(l-\tfrac{1}{2})!} \cdot \frac{\frac{l+\frac{1}{2}}{r_0} J_{l+\frac{1}{2}}(i k_i r_0) - \left[\frac{d}{dr} J_{l+\frac{1}{2}}(i k_i r)\right]_{r_0}}{\frac{l+\frac{1}{2}}{r_0} J_{l+\frac{1}{2}}(i k_i r_0) + \left[\frac{d}{dr} J_{l+\frac{1}{2}}(i k_i r)\right]_{r_0}} \qquad \text{(VI, 210)}$$

hervor. Ist also $k^{(0)} r_0$ klein, so nimmt δ_l rasch mit l ab, und für die Streuung ist hauptsächlich der kugelsymmetrische Anteil nullter Ordnung maßgebend.

Herrscht im Störgebiet hohes Potential, so ist

$$k_i r_0 \gg 1. \qquad \text{(VI, 211)}$$

Dann reduziert sich (VI, 209) auf

$$\operatorname{tg} \delta_0 = -k^{(0)} r_0, \qquad \text{(VI, 212)}$$

und wir erhalten nach (VI, 197) den totalen Streuquerschnitt

$$Q = \frac{h^2 k^{(0)2} r_0^2}{\pi p^{(0)2}} = 4\pi r_0^2, \qquad \text{(VI, 213)}$$

welcher viermal so groß herauskommt wie bei klassischer Rechnung.

Aus (VI, 210) geht mit (VI, 211)

$$\operatorname{tg} \delta_l = \frac{\pi (k^{(0)} r_0)^{2l+1}}{2^{2l+1}(l+\tfrac{1}{2})!(l-\tfrac{1}{2})!} \cdot \frac{l+1-k_i r_0}{l+k_i r_0}$$

$$\approx -\frac{\pi (k^{(0)} r_0)^{2l+1}}{2^{2l+1}(l+\tfrac{1}{2})!(l-\tfrac{1}{2})!}. \qquad \text{(VI, 214)}$$

hervor.

*§ 1. Die relativistische Bewegung eines Elektrons.

Sinkt $k_i r_0$ ab, so wird der Streuquerschnitt nullter Ordnung nach (VI, 207) und (VI, 209) kleiner und nähert sich dem Wert Null, wenn

$$\mathfrak{p}^{(0)2} = 2mV \qquad (VI, 215)$$

wird. Ist

$$\mathfrak{p}^{(0)2} > 2mV, \qquad (VI, 216)$$

so setzen wir

$$k' = \frac{2\pi}{h}\sqrt{\mathfrak{p}^{(0)2} - 2mV} = ik_i; \quad k'r_0 \ll 1 \qquad (VI, 217)$$

und finden an Stelle von (VI, 207)

$$\operatorname{tg}\delta_0 = \frac{k'\operatorname{tg}(k^{(0)}r_0) - k^0\operatorname{tg}(k'r_0)}{k' + k^{(0)}\operatorname{tg}(k^{(0)}r_0)\operatorname{tg}(k'r_0)} \qquad (VI, 218)$$

$$\approx 0.$$

Die Streuung ist in diesem Fall sehr klein.

VII. Relativistische Quantentheorie. Der Elektronenspin.

Bisher haben wir nur Formulierungen der Quantentheorie betrachtet, die der nichtrelativistischen klassischen Mechanik entsprechen. Ihre Gleichungen waren deshalb auch nicht invariant gegenüber einer Lorentztransformation, und es bestand keine Symmetrie in bezug auf Raum und Zeit. Wie in der klassischen Mechanik verursacht die Vernachlässigung der relativistischen Einflüsse oft keinen großen Fehler. Während man aber relativistische Effekte in der makroskopischen Physik nur schwer beobachten kann, treten sie uns in der Atomphysik doch allenthalben als Elektronenspin entgegen. Dies rührt daher, daß die kinetische Energie der Masseneinheit oder, wenn man will, die Geschwindigkeiten der Elektronen ungleich größer sind, als man sie bei makroskopischen Körpern erzielt. Andererseits entgehen der spektroskopischen Untersuchung auch Effekte von nur geringer Größe nicht. Würde man atomare Systeme mit der klassischen Mechanik statt mit der Quantentheorie behandeln dürfen, so würden sie für die Relativitätstheorie ein gewaltiges experimentelles Material zur Verfügung stellen. Zur Anwendung auf Elektronen und Atome muß aber die Relativitätstheorie zuerst noch in eine quantenmechanische Form gebracht werden.

*§ 1. Die relativistische Bewegung eines Elektrons.

Inhalt: Aufstellung der Hamiltonfunktion und Hamiltonschen partiellen Differentialgleichung für das Verhalten eines Elektrons im elektromagnetischen Feld in relativistischer Näherung. Durch Einführung von Operatoren entsteht eine quadratische Wellengleichung, welche sich aber nicht bewährt.

Bezeichnungen: Ψ Wellenfunktion, $\mathfrak{r}$ Ortsvektor, x, y, z Ortskoordinaten, $\vartheta = ict$ Zeitkoordinate, H Hamiltonfunktion, $\mathbb{H}$ Hamiltonoperator, $\mathfrak{K}$ Kraft, $\mathfrak{E}$ elektrische Feldstärke, $\mathfrak{B}$ magnetische Kraftflußdichte, $\mathfrak{v}$ Geschwindigkeit des Elektrons, m_0 Ruhmasse, m Energiemasse, μ_0, ε_0 Permeabilität und Dielektrizitätskonstante des Vakuums, c Lichtgeschwindigkeit, $\mathfrak{A}$ Vektorpotential des Magnetfeldes, $U = \mu_0 c \Phi$ skalares elektrisches Potential, L Lagrangefunktion, $\mathfrak{p}$ Impuls, $\mathfrak{P}$ Impulsoperator, p Viererimpuls, $\mathfrak{i}, \mathfrak{j}, \mathfrak{k}$ räumliche, $\mathfrak{l}$ zeitlicher Einheitsvektor, $\mho$ Viererpotential, p_ϑ Zeitkomponente des Impulses.

Um eine relativistische Verallgemeinerung der Wellengleichung

$$\mathbb{H}\Psi + \frac{h}{2\pi i}\frac{\partial \Psi}{\partial t} = 0 \qquad (VII, 1)$$

zu finden, gehen wir von der Kraft

$$\mathfrak{K} = -e\mathfrak{E} - e[\mathfrak{v}\,\mathfrak{B}] \qquad (VII, 2)$$

aus, welche ein Elektron mit der Ladung $-e$ in einem Felde der elektrischen Feldstärke $\mathfrak{E}$ und der magnetischen Kraftflußdichte $\mathfrak{B}$ erfährt. Führt man mit

$$\mathfrak{B} = \mu_0 \operatorname{rot} \mathfrak{A}, \tag{VII, 3}$$

$$\mathfrak{E} = -\mu_0 \frac{\partial \mathfrak{A}}{\partial t} - \mu_0 c \operatorname{grad} \Phi \tag{VII, 4}$$

statt $\mathfrak{E}$ und $\mathfrak{B}$ die elektrodynamischen Potentiale $\mathfrak{A}$ und Φ ein, so erhält man

$$\mathfrak{K} = e\mu_0 c \operatorname{grad} \Phi + e\mu_0 \frac{\partial \mathfrak{A}}{\partial t} - e\mu_0 [\mathfrak{v} \operatorname{rot} \mathfrak{A}]. \tag{VII, 5}$$

Zwischen Φ und dem gewöhnlichen elektrischen Potential U besteht der einfache Zusammenhang

$$U = \mu_0 c\, \Phi. \tag{VII, 6}$$

Verwendet man

$$\frac{d\mathfrak{A}}{dt} = \frac{\partial \mathfrak{A}}{\partial t} + (\mathfrak{v} \operatorname{grad}) \mathfrak{A} \tag{VII, 7}$$

und

$$[\mathfrak{v} \operatorname{rot} \mathfrak{A}] = \operatorname{grad}(\mathfrak{v}\, \mathfrak{A}) - (\mathfrak{v} \operatorname{grad}) \mathfrak{A}, \tag{VII, 8}$$

so erhält man

$$\mathfrak{K} = e\mu_0 c \operatorname{grad} \Phi - e\mu_0 \operatorname{grad}(\mathfrak{v}\, \mathfrak{A}) + e\mu_0 \frac{d\mathfrak{A}}{dt}. \tag{VII, 9}$$

Die relativistische Bewegungsgleichung

$$\frac{d}{dt} \frac{m_0 \mathfrak{v}}{\sqrt{1 - \frac{\mathfrak{v}^2}{c^2}}} = e\mu_0 \operatorname{grad}(c\Phi - \mathfrak{v}\, \mathfrak{A}) + e\mu_0 \frac{d\mathfrak{A}}{dt} \tag{VII, 10}$$

ist die Lagrangesche Gleichung II. Art zu der Lagrangefunktion

$$L = -m_0 c^2 \sqrt{1 - \frac{\mathfrak{v}^2}{c^2}} + e\mu_0 c\, \Phi - e\mu_0 (\mathfrak{v}\, \mathfrak{A}). \tag{VII, 11}$$

Bezeichnen wir nämlich mit $\operatorname{gr\dot{a}d}$ den Operator

$$\operatorname{gr\dot{a}d} = \mathfrak{i} \frac{\partial}{\partial v_x} + \mathfrak{j} \frac{\partial}{\partial v_y} + \mathfrak{k} \frac{\partial}{\partial v_z}, \tag{VII, 12}$$

so ist

$$\mathfrak{p} = \operatorname{gr\dot{a}d} L = \frac{m_0 \mathfrak{v}}{\sqrt{1 - \frac{\mathfrak{v}^2}{c^2}}} - e\mu_0 \mathfrak{A} \tag{VII, 13}$$

und

$$\operatorname{grad} L = e\mu_0 \operatorname{grad}(c\Phi - \mathfrak{v}\, \mathfrak{A}). \tag{VII, 14}$$

Bildet man die Lagrangesche Gleichung

$$\frac{d}{dt} \operatorname{gr\dot{a}d} L = \operatorname{grad} L, \tag{VII, 15}$$

so ergibt sich gerade (VII, 10). Jetzt kann man die Hamiltonfunktion

$$H = \mathfrak{p}\mathfrak{v} - L$$
$$= \frac{m_0 c^2}{\sqrt{1 - \frac{\mathfrak{v}^2}{c^2}}} - e\mu_0 c\, \Phi = mc^2 - e\mu_0 c\, \Phi \tag{VII, 16}$$

*§ 1. Die relativistische Bewegung eines Elektrons.

aufbauen; in ihr muß die Geschwindigkeit noch durch den Impuls ausgedrückt werden. Wir erhalten aus (VII, 13)

$$\frac{\frac{\mathfrak{v}^2}{c^2}}{1-\frac{\mathfrak{v}^2}{c^2}} = \frac{(\mathfrak{p}+e\mu_0\mathfrak{A})^2}{m_0^2 c^2} \qquad \text{(VII, 17)}$$

und

$$\frac{1}{\sqrt{1-\frac{\mathfrak{v}^2}{c^2}}} = \sqrt{1+\left(\frac{\mathfrak{p}+e\mu_0\mathfrak{A}}{m_0 c}\right)^2}. \qquad \text{(VII, 18)}$$

Damit entsteht die Hamiltonfunktion

$$H = c\sqrt{m_0^2 c^2 + (\mathfrak{p}+e\mu_0\mathfrak{A})^2} - e\mu_0 c\Phi. \qquad \text{(VII, 19)}$$

Mit ihr kann man die Hamiltonsche partielle Differentialgleichung

$$c\sqrt{m_0^2 c^2 + (\mathfrak{p}+e\mu_0\mathfrak{A})^2} - e\mu_0 c\Phi = -\frac{\partial W}{\partial t} \qquad \text{(VII, 20)}$$

aufstellen. Führen wir statt der Zeit die vierte Koordinate

$$\vartheta = ict \qquad \text{(VII, 21)}$$

ein, so können wir

$$p_\vartheta = \frac{\partial W}{\partial \vartheta} = -\frac{i}{c}\frac{\partial W}{\partial t}$$

als vierte Komponente des Impulses betrachten und erhalten dann

$$H = c\sqrt{m_0^2 c^2 + (\mathfrak{p}+e\mu_0\mathfrak{A})^2} - e\mu_0 c\Phi = -icp_\vartheta. \qquad \text{(VII, 22)}$$

Den Übergang zur Quantentheorie kann man vollziehen, indem man die Größen, welche in (VII, 22) vorkommen, als Operatoren ansieht, die auf eine Funktion Ψ der Ortskoordinaten und der Zeitkoordinate ϑ wirken. Die Impulse sind durch die Operatoren

$$\mathfrak{p} = \frac{h}{2\pi i}\,\text{grad}; \qquad \mathbb{p}_\vartheta = \frac{h}{2\pi i}\frac{\partial}{\partial \vartheta} \qquad \text{(VII, 23)}$$

zu ersetzen. Wir erhalten dann in vollkommener Analogie zur nichtrelativistischen Quantentheorie die Wellengleichung

$$\mathbb{H}\Psi + ic\,\mathbb{p}_\vartheta\psi = \mathbb{H}\Psi + \frac{h}{2\pi i}\frac{\partial \Psi}{\partial t} = 0, \qquad \text{(VII, 24)}$$

welche ausführlich geschrieben

$$c\sqrt{m_0^2 c^2 + (\mathbb{p}+e\mu_0\mathfrak{A})^2}\,\Psi - e\mu_0 c\Phi\Psi = -ic\,\mathbb{p}_\vartheta\Psi \qquad \text{(VII, 25)}$$

lautet. Diese Gleichung bringt uns aber noch nicht vorwärts, da die Wurzel aus einem Differentialoperator keine definierte Operation ist. Von dem gesuchten Operator

$$\mathbb{F} = \sqrt{m_0^2 c^2 + (\mathbb{p}+e\mu_0\mathfrak{A})^2} \qquad \text{(VII, 26)}$$

wissen wir lediglich, daß

$$\mathbb{F}^2 = m_0^2 c^2 + (\mathfrak{p} + e\mu_0 \mathfrak{A})^2 \tag{VII, 27}$$

sein soll. Mit Hilfe des Symbols $\mathbb{F}$ können wir jetzt (VII, 25) in die Form

$$\mathbb{F}\Psi = -i(\mathbf{p}_\vartheta + ie\mu_0 \Phi)\Psi \tag{VII, 28}$$

bringen. Wenden wir auf diese Gleichung nochmals den Operator $\mathbb{F}$ an, so entsteht

$$\mathbb{F}^2 \Psi = -i\mathbb{F}(\mathbf{p}_\vartheta + ie\mu_0 \Phi)\Psi. \tag{VII, 29}$$

Wäre nun $\mathbb{F}$ mit $(\mathbf{p}_\vartheta + ie\mu_0 \Phi)$ vertauschbar, so würde man

$$\mathbb{F}^2 \Psi = -i(\mathbf{p}_\vartheta + ie\mu_0 \Phi)\mathbb{F}\Psi = -(\mathbf{p}_\vartheta + ie\mu_0 \Phi)^2 \Psi \tag{VII, 30}$$

erhalten. Nun fassen wir $\mathfrak{A}$ und Φ in das Viererpotential

$$\mathsf{U} = \mathfrak{A} + i\mathfrak{l}\Phi \tag{VII, 31}$$

($\mathfrak{l}$ ist der zeitliche Einheitsvektor) $\mathfrak{p}$ und p_ϑ in Viererimpuls

$$p = \mathfrak{p} + \mathfrak{l}p_\vartheta \tag{VII, 32}$$

zusammen. Dem Viererimpuls ordnen wir den Operator

$$p_{op} = \frac{h}{2\pi i}\Box$$
$$= \frac{h}{2\pi i}\left(\mathfrak{i}\frac{\partial}{\partial x} + \mathfrak{j}\frac{\partial}{\partial y} + \mathfrak{k}\frac{\partial}{\partial z} + \mathfrak{l}\frac{\partial}{\partial \vartheta}\right) \tag{VII, 33}$$

zu. Die Gleichung (VII, 30) ginge also mit diesen Festsetzungen in die Schrödinger-Gordonsche Gleichung

$$\left\{m_0^2 c^2 + \left(\frac{h}{2\pi i}\Box + e\mu_0 \mathsf{U}\right)^2\right\}\Psi = 0 \tag{VII, 34}$$

über.

Die Ergebnisse, welche man aus der Schrödinger-Gordonschen Gleichung ableitet, geben aber den Erfahrungskomplex, der mit dem Elektronenspin zusammenhängt, nicht richtig wieder. Dies ist schon daran erkennbar, daß (VII, 34) nichts enthält, was man mit dem Spin in Verbindung bringen könnte. Dies ist auch nicht verwunderlich. Der Operator $\mathbb{F}$ muß sicher den Impulsoperator in irgendeiner Form enthalten und kann deshalb nicht mit der Ortsfunktion Φ vertauschbar sein. Der Übergang von (VII, 29) nach (VII, 30) ist nicht korrekt und die Schrödinger-Gordonsche Gleichung ist deshalb auch nicht äquivalent mit den Gleichungen (VII, 24) und (VII, 25).

*§ 2. Die Diracsche Gleichung.

Inhalt: Linearisierung der Wellengleichung in den Impulsen. Diracsche Gleichung. Diracsche Operatoren.

Bezeichnungen: Wie S. 1093. Operatoren in besonderer Schrift oder Fettdruck.

Zu erstaunlichen Erfolgen führt der Versuch DIRACs, den Operator $\mathbb{F}$ aus der Gleichung (VII, 27) zu bestimmen und damit die Wellengleichung

$$\mathbb{H}\Psi = c\mathbb{F}\Psi - e\mu_0 c\,\Phi\Psi = -ic\mathbf{p}_\vartheta \Psi \tag{VII, 35}$$

*§ 2. Die Diracsche Gleichung.

aus (VII, 25) zu gewinnen. Wir setzen versuchsweise

$$\mathbb{F} = \beta_1(\mathbb{p}_x + e\mu_0 \mathfrak{A}_x) + \beta_2(\mathbb{p}_y + e\mu_0 \mathfrak{A}_y) + \\ + \beta_3(\mathbb{p}_z + e\mu_0 \mathfrak{A}_z) + \beta_4 m_0 c,$$ (VII, 36)

wobei β_1, β_2, β_3, β_4 vier noch nicht näher bekannte Operatoren sein mögen, welche so beschaffen sein sollen, daß (VII, 27) befriedigt wird. Sicher müssen die β hermitische Operatoren sein, damit der Hamiltonoperator hermitisch wird.

Besteht kein Magnetfeld, so geht $\mathbb{F}$ in

$$\mathbb{F} = \beta_1 \mathbb{p}_x + \beta_2 \mathbb{p}_y + \beta_3 \mathbb{p}_z + \beta_4 m_0 c$$ (VII, 37)

über. In diesem Fall läßt sich tatsächlich erreichen, daß

$$\mathbb{F}^2 = \mathfrak{p}^2 + m_0^2 c^2$$ (VII, 38)

wird. Dazu muß

$$\beta_n^2 = 1$$ (VII, 39)

und

$$\beta_n \beta_m = -\beta_m \beta_n$$ (VII, 40)

gelten und die β mit den Impulsen vertauschbar, also ortsunabhängig sein. Ist dagegen ein Magnetfeld vorhanden, so kann man keine Operatoren β finden, welche (VII, 27) befriedigen.

Wenn wir nun trotzdem mit DIRAC den Operator $\mathbb{F}$ mit Gl. (VII, 36) definieren und mit ihm nach dem Muster von (VII, 35) die Diracsche Wellengleichung

$$\{\beta_1(\mathbb{p}_x + e\mu_0 \mathfrak{A}_x) + \beta_2(\mathbb{p}_y + e\mu_0 \mathfrak{A}_y) + \\ + \beta_3(\mathbb{p}_z + e\mu_0 \mathfrak{A}_z) + i(\mathbb{p}_\vartheta + ie\mu_0 \Phi) + \beta_4 m_0 c\}\Psi = 0$$ (VII, 41)

aufstellen, so gehen wir natürlich über das durch Gl. (VII, 25) vorgezeichnete Verfahren hinaus. Dieser spekulative Schritt rechtfertigt sich damit, daß die Diracsche Wellengleichung das empirische Material überraschend gut beschreibt. Dies zu zeigen, ist die Aufgabe der späteren §§ dieses Kapitels.

Die Diracsche Gleichung hat allerdings noch einen Schönheitsfehler. Er besteht darin, daß man bezüglich Raum und Zeit noch keine Symmetrie erkennen kann. Dem können wir abhelfen, wenn wir mit $-i\beta_4$ multiplizieren und zur Abkürzung

$$\beta_x = -i\beta_4\beta_1; \quad \beta_y = -i\beta_4\beta_2; \quad \beta_z = -i\beta_4\beta_3$$ (VII, 42)

setzen. Wir erhalten dann aus (VII, 41) die Gleichung

$$\{\beta_x(\mathbb{p}_x + e\mu_0 \mathfrak{A}_x) + \beta_y(\mathbb{p}_y + e\mu_0 \mathfrak{A}_y) + \\ + \beta_z(\mathbb{p}_z + e\mu_0 \mathfrak{A}_z) + \beta_4(\mathbb{p}_\vartheta + ie\mu_0 \Phi) - im_0 c\}\psi = 0.$$ (VII, 43)

Man überzeugt sich leicht, daß auch die β_x, β_y, β_z, β_4 ein Satz hermitischer Operatoren sind, welche genau wie die β_1, β_2, β_3, β_4 die Bedingungen (VII, 39, 40) erfüllen. Bezeichnet man noch β_4 mit β_ϑ, so kann man β_x, β_y und β_z zu einem räumlichen Vektoroperator β_r und alle vier Operatoren zu einem vierdimensionalen Vektoroperator

$$\beta = \mathfrak{i}\beta_x + \mathfrak{j}\beta_y + \mathfrak{k}\beta_z + \mathfrak{l}\beta_\vartheta$$ (VII, 44)

zusammenfassen. Die Diracsche Wellengleichung erhält damit die symmetrische Form

$$\left(\beta\left\{\frac{h}{2\pi i}\Box + e\,\mu_0\,\mathfrak{U}\right\}\right)\Psi - i\,m_0\,c\,\Psi = 0. \qquad \text{(VII, 45)}$$

Bei vielen Anwendungen ist die völlige Symmetrie von Raum und Zeit ohne Nutzen. Man kann dann die räumlichen und zeitlichen Anteile trennen und erhält

$$\left(\beta_r\left\{\frac{h}{2\pi i}\nabla + e\,\mu_0\,\mathfrak{U}\right\}\right)\Psi + \beta_\vartheta\left\{-\frac{h}{2\pi c}\frac{\partial}{\partial t} + i\,e\,\mu_0\,\Phi\right\}\Psi - i\,m_0\,c\,\Psi = 0. \qquad \text{(VII, 46)}$$

Durch Multiplizieren mit $ic\beta_\vartheta$ kann man wieder zur ursprünglichen Form der Diracschen Gleichung zurückkehren, wobei man

$$ic\,\beta_\vartheta\left(\beta_r\left\{\frac{h}{2\pi i}\nabla + e\,\mu_0\,\mathfrak{U}\right\}\right)\Psi - e\,\mu_0\,c\,\Phi\,\Psi + \beta_\vartheta\,m_0\,c^2\,\Psi + \\ + \frac{h}{2\pi i}\frac{\partial \Psi}{\partial t} = 0 \qquad \text{(VII, 47)}$$

erhält. Mit dem Hamiltonoperator

$$\mathbb{H} = ic\,\beta_\vartheta\left(\beta_r\left\{\frac{h}{2\pi i}\nabla + e\,\mu_0\,\mathfrak{U}\right\}\right) - \varepsilon\,\mu_0\,c\,\Phi + \beta_\vartheta\,m_0\,c^2 \qquad \text{(VII, 48)}$$

nimmt die Gleichung (VII, 47) die Gestalt

$$\mathbb{H}\Psi + \frac{h}{2\pi i}\frac{\partial \Psi}{\partial t} = 0 \qquad \text{(VII, 49)}$$

an. Sind $\mathfrak{A}$ und Φ unabhängig von der Zeit, so kann man

$$-\frac{h}{2\pi i}\frac{\partial \Psi}{\partial t} = E\Psi \qquad \text{(VII, 50)}$$

setzen und erhält die der Schrödingergleichung entsprechende Gleichung

$$\mathbb{H}\Psi = E\Psi. \qquad \text{(VII, 51)}$$

*§ 3. Matrizendarstellung der β-Operatoren.

Inhalt: Die Operatoren β können als Matrizen aufgefaßt werden, welche mindestens vierreihig sein müssen. Sie verknüpfen ein System von vier unabhängigen Wellenfunktionen, welche durch vier Werte der Spinquantenzahl s gekennzeichnet werden. Die Matrizen β sind nicht eindeutig, sondern können noch durch eine beliebige vierreihige unitäre Matrix transformiert werden. Es ist möglich, die β auch durch Matrizen von größerer Reihenzahl darzustellen, doch bedeutet dies nur eine Komplikation ohne physikalische Bedeutung.
Bezeichnungen: β_1, β_2, β_3, β_4 Komponenten der β-Matrix, s Spinkoordinate bzw. Spinquantenzahl, sonst wie S. 1093.

Obwohl die Operatoren β_1, β_2, β_3 und β_4 bzw. β_x, β_y, β_z und β_ϑ durch die Vertauschungsrelationen

$$\beta_n^2 = 1 \qquad \text{(VII, 52)}$$
$$\beta_m\beta_n = -\beta_n\beta_m \qquad \text{(VII, 53)}$$

hinreichend gekennzeichnet sind, wollen wir eine explizite Darstellung ermitteln.

Die β_n sollen auf einen Parameter s der Wellenfunktion wirken, den wir als „Spinquantenzahl" bezeichnen. Dies bedeutet, daß wir von der q-Sprache zur

*§ 3. Matrizendarstellung der β-Operatoren.

k-Sprache übergehen (siehe S. 992), soweit wir die β-Operatoren und die Spineigenschaften untersuchen. Die Impulsoperatoren behalten wir dagegen weiter als Differentialoperatoren bei, welche auf Ortskoordinaten und Zeit wirken. Der Grund für diese Zweigleisigkeit des Verfahrens liegt darin, daß wir keine der Ortskoordinate entsprechende Spinvariable zur Verfügung haben, und deshalb den Versuch machen müssen, eine explizite Darstellung der β-Operatoren als Matrizen in einem dem Spin zugeordneten Hilbertschen Raum aufzufinden. Jede Wellenfunktion Ψ können wir dann nach den Eigenfunktionen

$$\Psi_s(x, y, z, t)$$

entwickeln bzw. als Linearkombination solcher Eigenfunktionen zusammensetzen.

Die Komponenten von β nennen wir wieder vorübergehend $\beta_1, \beta_2, \beta_3, \beta_4$ und denken uns eine der Matrizen, z. B. β_4 auf die Diagonalform gebracht. Wegen des hermitischen Charakters sind die Eigenwerte reell und können dann wegen (VII, 52) nur die Werte $+1$ oder -1 haben. Alle Eigenwerte $+1$ fassen wir zu einer Untermatrix $+\mathbf{1}$ und alle Eigenwerte -1 zu einer Untermatrix $-\mathbf{1}$ zusammen. Teilen wir auch β_1, β_2 und β_3 in entsprechende Untermatrizen ein, so erhalten wir

$$\beta_4 = \begin{Vmatrix} 1 & 0 \\ 0 & -1 \end{Vmatrix}; \quad \beta_n = \begin{Vmatrix} \tau_{n,11} & \tau_{n,12} \\ \tau_{n,12}^\dagger & \tau_{n,22} \end{Vmatrix}. \tag{VII, 54}$$

Jetzt bilden wir

$$0 = \beta_4 \beta_n + \beta_n \beta_4 = \begin{Vmatrix} 2\tau_{n,11} & 0 \\ 0 & -2\tau_{n,22} \end{Vmatrix} \tag{VII, 55}$$

und erkennen, daß die Untermatrizen $\tau_{n,11}$ und $\tau_{n,22}$ verschwinden müssen. Statt $\tau_{n,12}$ schreiben wir weiterhin einfach τ_n. Die drei anderen Komponenten von β haben dann alle die Form

$$\beta_n = \begin{Vmatrix} 0 & \tau_n \\ \tau_n^\dagger & 0 \end{Vmatrix}. \tag{VII, 56}$$

Nun muß

$$\beta_n^2 = \begin{Vmatrix} \tau_n \tau_n^\dagger & 0 \\ 0 & \tau_n^\dagger \tau_n \end{Vmatrix} = \begin{Vmatrix} 1 & 0 \\ 0 & 1 \end{Vmatrix} \tag{VII, 57}$$

sein. Die τ_n müssen also unitäre Matrizen sein. Jetzt müssen wir noch dafür sorgen, daß $\beta_1, \beta_2, \beta_3$ unter sich die Vertauschungsregeln (VII, 53) erfüllen. Dies erfordert, daß alle für m und n

$$\beta_n \beta_m + \beta_m \beta_n = \begin{Vmatrix} \tau_n \tau_m^\dagger + \tau_m \tau_n^\dagger & 0 \\ 0 & \tau_n^\dagger \tau_m + \tau_m^\dagger \tau_n \end{Vmatrix} = 0 \tag{VII, 58}$$

wird. Für die τ folgen also die Vertauschungsregeln

$$\tau_n \tau_m^\dagger + \tau_m \tau_n^\dagger = 0; \quad \tau_n^\dagger \tau_m + \tau_m^\dagger \tau_n = 0. \tag{VII, 59}$$

Wir legen uns die Frage vor, ob man diese Bedingungen vielleicht schon durch komplexe Zahlen τ_m erfüllen kann. Wegen des unitären Charakters müßte dann

$$\tau_n = e^{i\varphi_n} \tag{VII, 60}$$

sein und (VII, 59) würde in

$$e^{i(\varphi_n - \varphi_m)} + e^{-i(\varphi_n - \varphi_m)} = 0 \tag{VII, 61}$$

oder

$$\cos(\varphi_n - \varphi_m) = 0 \tag{VII, 62}$$

übergehen. Diese Forderung kann man z. B. für φ_2 und φ_1 wohl erfüllen, wenn diese Größen sich um ein halbzahliges Vielfaches von π unterscheiden. Nimmt man aber φ_3 hinzu, so kann nur entweder $\varphi_2 - \varphi_3$ oder $\varphi_1 - \varphi_3$ ein halbzahliges Vielfaches von π sein. Die Vertauschungsregeln (VII, 59) können also wohl für zwei, nicht aber für drei komplexe Zahlen τ_n erfüllt werden.

Wir wollen jetzt drei Matrizen τ_n suchen, welche den Bedingungen (VII, 59) genügen, und versuchen es zuerst mit zweireihigen hermitischen Matrizen, deren Elemente notfalls als Untermatrizen angesehen werden können. Dann lauten die Vertauschungsregeln einfach

$$\tau_n \tau_m + \tau_m \tau_n = 0; \quad \tau_n^2 = 1. \tag{VII, 63}$$

Wir können nun wie bei den β die eine von ihnen (z. B. τ_1) als Diagonalmatrix ansetzen und finden wie oben

$$\tau_1 = \begin{Vmatrix} 1 & 0 \\ 0 & -1 \end{Vmatrix}; \quad \tau_2 = \begin{Vmatrix} 0 & \lambda_2 \\ \lambda_2^\dagger & 0 \end{Vmatrix}; \quad \tau_3 = \begin{Vmatrix} 0 & \lambda_3 \\ \lambda_3^\dagger & 0 \end{Vmatrix} \tag{VII, 64}$$

und für die λ die Vertauschungsregeln

$$\lambda_2 \lambda_3^\dagger + \lambda_3 \lambda_2^\dagger = 0; \quad \lambda_2^\dagger \lambda_3 + \lambda_3^\dagger \lambda_2 = 0, \tag{VII, 65}$$

dazu kommt noch wegen $\tau_n^2 = 1$

$$\lambda_2 \lambda_2^\dagger = 1: \quad \lambda_3 \lambda_3^\dagger = 1. \tag{VII, 66}$$

Diesmal kann man die Forderungen mit komplexen Zahlen erfüllen, wenn man z. B.

$$\lambda_2 = 1; \quad \lambda_3 = -i \tag{VII, 67}$$

setzt. Wir gewinnen damit die Matrizen

$$\tau_1 = \begin{Vmatrix} 1 & 0 \\ 0 & -1 \end{Vmatrix}; \quad \tau_2 = \begin{Vmatrix} 0 & 1 \\ 1 & 0 \end{Vmatrix}; \quad \tau_3 = \begin{Vmatrix} 0 & -i \\ i & 0 \end{Vmatrix} \tag{VII, 68}$$

und

$$\beta_4 = \begin{Vmatrix} 1 & 0 & 0 & 0 \\ 0 & 1 & 0 & 0 \\ 0 & 0 & -1 & 0 \\ 0 & 0 & 0 & -1 \end{Vmatrix}; \quad \beta_1 = \begin{Vmatrix} 0 & 0 & 1 & 0 \\ 0 & 0 & 0 & -1 \\ 1 & 0 & 0 & 0 \\ 0 & -1 & 0 & 0 \end{Vmatrix};$$

$$\beta_2 = \begin{Vmatrix} 0 & 0 & 0 & 1 \\ 0 & 0 & 1 & 0 \\ 0 & 1 & 0 & 0 \\ 1 & 0 & 0 & 0 \end{Vmatrix}; \quad \beta_3 = \begin{Vmatrix} 0 & 0 & 0 & -i \\ 0 & 0 & i & 0 \\ 0 & -i & 0 & 0 \\ i & 0 & 0 & 0 \end{Vmatrix}. \tag{VII, 69}$$

Natürlich könnte man noch kompliziertere Matrizen τ und β finden, indem man die Faktoren λ_2 und λ_3 mit einer beliebigen unitären Matrix multipliziert. Dies würde heißen, daß man statt der Elemente $1, -1, i$ und $-i$ in den Matrizen β eine unitäre Untermatrix einsetzt, welche mit $1, -1, i$ und $-i$ multipliziert wird. Hierdurch entsteht aber nur eine ganz unnütze Komplikation ohne physikalischen Inhalt.

Man kann aber auch andere vierreihige Matrizen β_1, β_2, β_3, β_4 finden, welche die Vertauschungsregeln

$$\beta_m \beta_n = -\beta_n \beta_m \qquad \text{(VII, 70)}$$

und
$$\beta_n^2 = 1 \qquad \text{(VII, 71)}$$

befriedigen. Durch Transformation mit einer beliebigen vierreihigen unitären Matrix gehen aus den Matrizen (VII, 69) neue Matrizen

$$U^\dagger \beta_n U \qquad \text{(VII, 72)}$$

hervor, welche den angegebenen völlig gleichwertig sind. Man kann z. B. mit der Matrix

$$U = \begin{Vmatrix} 0 & 0 & 1 & 0 \\ 0 & 0 & 0 & 1 \\ -1 & 0 & 0 & 0 \\ 0 & -1 & 0 & 0 \end{Vmatrix} \qquad \text{(VII, 73)}$$

das Vorzeichen aller β_n umkehren. Da die β_n selbst unitär sind, kann man auch eine dieser Matrizen dazu verwenden, die drei übrigen zu transformieren, wodurch man einen Vorzeichenwechsel bei ihnen bewirkt. Auch die Vertauschung der β_m liefert ein gleichwertiges Matrizensystem.

Wir können also für die vier β-Operatoren die Matrizen (VII, 69) in beliebiger Reihenfolge verwenden und noch eine beliebige unitäre Transformation an ihnen vornehmen. Diese Willkür wird erst beseitigt, wenn man die äußeren Bedingungen berücksichtigt, unter denen man ein Elektron beobachtet.

Daß man im ganzen vier β-Operatoren benötigt und daß man mindestens vierreihige Matrizen zu ihrer Darstellung im Hilbertraum des Spins benötigt, ist die direkte Folge davon, daß das raumzeitliche Kontinuum vierdimensional ist.

Der Hilbertsche Spinraum erfordert also wenigstens 4 Dimensionen. Mehr Dimensionen zu benutzen, ist allerdings auch nicht nötig, da dies nur eine Wiederholung darstellen würde. Im Spinraum sind alle Operatoren vierreihige Matrizen, und an die Stelle der Wellenfunktion tritt ein vierkomponentiger Wahrscheinlichkeitsvektor. Jede dieser Komponenten ist aber noch mit einer raumzeitlichen Ψ-Funktion versehen, die in der k-Sprache ebenfalls durch einen Wahrscheinlichkeitsvektor jetzt allerdings im Hilbertraum der Eigenfunktionen mit unendlich vielen Dimensionen ersetzt werden kann.

*§ 4. Der Spinvektor.

Inhalt: Aus den β-Matrizen läßt sich eine räumliche Vektormatrix $\boldsymbol{\sigma}$ bilden, welche man den Spinvektor nennt. Seine Komponenten σ_x, σ_y, σ_z erfüllen dieselben Vertauschungsregeln wie die Matrizen β. Die Größe $\boldsymbol{\sigma}/2$ kann als Drehimpuls gedeutet werden.

Bezeichnungen: β_x, β_y, β_z Komponenten der räumlichen Vektormatrix β_r, σ_x, σ_y, σ_z Komponenten des Spinvektors.

Aus den β-Matrizen kann man mehrere Kombinationen mit interessanten Eigenschaften bilden. Wir bilden zuerst die Kombinationen

$$\begin{aligned}
\sigma_x &= -i\beta_y\beta_z = i\beta_z\beta_y = -\frac{i}{2}(\beta_y\beta_z - \beta_z\beta_y), \\
\sigma_y &= -i\beta_z\beta_x = i\beta_x\beta_z = -\frac{i}{2}(\beta_z\beta_x - \beta_x\beta_z), \qquad \text{(VII, 74)} \\
\sigma_z &= -i\beta_x\beta_y = i\beta_y\beta_z = -\frac{i}{2}(\beta_x\beta_y - \beta_y\beta_x)
\end{aligned}$$

als die drei Komponenten des sogenannten Spinvektors

$$\sigma = -\frac{i}{2}[\beta_r \beta_r]. \qquad \text{(VII 75)}$$

Aus (VII, 74) folgt sofort

$$\sigma_x^\dagger = i\beta_z\beta_y = \sigma_x. \qquad \text{(VII, 76)}$$

Der Spinvektor σ und seine Komponenten sind also hermitisch.
Zwischen σ_x, σ_y und σ_z bestehen die Relationen

$$\sigma_y\sigma_z = -\sigma_z\sigma_y = i\sigma_x = \frac{1}{2}(\sigma_y\sigma_z - \sigma_z\sigma_y),$$

$$\sigma_z\sigma_x = -\sigma_x\sigma_z = i\sigma_y = \frac{1}{2}(\sigma_z\sigma_x - \sigma_x\sigma_z). \qquad \text{(VII, 77)}$$

$$\sigma_x\sigma_y = -\sigma_y\sigma_x = i\sigma_z = \frac{1}{2}(\sigma_x\sigma_y - \sigma_y\sigma_x)$$

die sofort aus (VII, 74) und (VII, 52, 53) hervorgehen. Die Beziehungen (VII, 77) kann man in die Vektorgleichung

$$i\sigma = \frac{1}{2}[\sigma\sigma] \quad \text{oder} \quad \left[\frac{\sigma}{2}\frac{\sigma}{2}\right] = i\frac{\sigma}{2} \qquad \text{(VII, 78)}$$

zusammenfassen. Nach S. 997 ist diese Gleichung in der nichtrelativistischen Quantentheorie für den Drehimpuls charakteristisch. In dieser Hinsicht hat $\sigma/2$ deshalb die Eigenschaften eines Drehimpulses, der in Einheiten $h/2\pi$ gemessen ist.

In (VII, 74) und (VII, 77) sind auch die Vertauschungsrelation

$$\sigma_m\sigma_n = -\sigma_n\sigma_m, \qquad \text{(VII, 79)}$$

$$\sigma_m^2 = 1 \qquad \text{(VII, 80)}$$

der Komponenten von σ enthalten, welche mit den Vertauschungsrelationen für die Komponenten von β übereinstimmen.

Außer dem Spinvektor σ bilden wir noch den skalaren Operator

$$\varrho = -i\beta_x\beta_y\beta_z \qquad \text{(VII, 81)}$$

der ebenso wie σ hermitisch ist. Zwischen ϱ, β_r und σ bestehen die Beziehungen

$$\beta_x = \varrho\sigma_x = \sigma_x\varrho; \quad \sigma_x = \varrho\beta_x = \beta_x\varrho,$$

$$\beta_y = \varrho\sigma_y = \sigma_y\varrho; \quad \sigma_y = \varrho\beta_y = \beta_y\varrho, \qquad \text{(VII, 82)}$$

$$\beta_z = \varrho\sigma_z = \sigma_z\varrho; \quad \sigma_z = \varrho\beta_z = \beta_z\varrho,$$

welche man in die Vektorbeziehung

$$\beta_r = \varrho\sigma = \sigma\varrho; \quad \sigma = \varrho\beta_r = \beta_r\varrho \qquad \text{(VII, 83)}$$

zusammenfassen kann. ϱ ist also mit β_r und σ vertauschbar. Die Gleichungen (VII, 82) oder (VII, 83) lassen sich verwenden, um β_r und σ gegenseitig zu ersetzen.

Mit β_ϑ ist σ vertauschbar, wie man leicht nachrechnen kann. Dagegen gilt

$$\varrho\beta_\vartheta = -i\beta_x\beta_y\beta_z\beta_\vartheta = i\beta_\vartheta\beta_x\beta_y\beta_z = -\beta_\vartheta\varrho. \qquad \text{(VII, 84)}$$

Die Vertauschung von ϱ und β_ϑ bewirkt Vorzeichenwechsel.

*§ 5. Die Reduktion der Diracschen Operatoren und der Diracschen Gleichung.

Wir untersuchen jetzt Kombinationen von σ mit anderen Operatoren. Sind $\mathfrak{B}$ und $\mathfrak{C}$ zwei Vektoren oder Vektoroperatoren, die nicht miteinander vertauschbar zu sein brauchen, aber mit σ vertauschbar sind, so gilt

$$\begin{aligned}(\sigma\mathfrak{B})(\sigma\mathfrak{C}) &= (\sigma_x\mathfrak{B}_x + \sigma_y\mathfrak{B}_y + \sigma_z\mathfrak{B}_z)(\sigma_x\mathfrak{C}_x + \sigma_y\mathfrak{C}_y + \sigma_z\mathfrak{C}_z)\\ &= (\mathfrak{B}\mathfrak{C}) + \sigma_x\sigma_y(\mathfrak{B}_x\mathfrak{C}_y - \mathfrak{B}_y\mathfrak{C}_x) + \\ &\quad + \sigma_y\sigma_z(\mathfrak{B}_y\mathfrak{C}_z - \mathfrak{B}_z\mathfrak{C}_y) + \sigma_z\sigma_x(\mathfrak{B}_z\mathfrak{C}_x - \mathfrak{B}_x\mathfrak{C}_z) \quad (\text{VII, 85})\\ &= (\mathfrak{B}\mathfrak{C}) + i(\sigma_z[\mathfrak{B}\mathfrak{C}]_z + \sigma_y[\mathfrak{B}\mathfrak{C}]_y + \sigma_x[\mathfrak{B}\mathfrak{C}]_x)\\ &= (\mathfrak{B}\mathfrak{C}) + i(\sigma[\mathfrak{B}\mathfrak{C}]).\end{aligned}$$

Setzt man für $\mathfrak{B}$ den Einheitsvektor $\mathfrak{i}$ ein, so erhält man

$$\sigma_x(\sigma\mathfrak{C}) = \mathfrak{C}_x + i(\sigma[\mathfrak{i}\,\mathfrak{C}]) = \mathfrak{C}_x - i[\sigma\,\mathfrak{C}]_x \quad (\text{VII, 86})$$

und deshalb

$$\sigma(\sigma\mathfrak{C}) = \mathfrak{C} - i[\sigma\,\mathfrak{C}]. \quad (\text{VII, 87})$$

Ebenso findet man

$$(\sigma\mathfrak{C})\sigma = \mathfrak{C} - i[\mathfrak{C}\,\sigma] = \mathfrak{C} + i[\sigma\,\mathfrak{C}]. \quad (\text{VII, 88})$$

Mit den Formeln (VII, 78), (VII, 85) und (VII, 87, 88) kann man alle Ausdrücke, die in σ nicht linear sind, auf lineare Ausdrücke in σ reduzieren.

*§ 5. Die Reduktion der Diracschen Operatoren und der Diracschen Gleichung.

Inhalt: Zerlegung der Diracschen Matrizen in das Produkt zweireihiger Matrizen. Spinvektor in zweidimensionaler Schreibweise. Reduktion der Diracschen Gleichung auf eine Wellengleichung zweiter Ordnung. Relativistische Störungsglieder mit und ohne Spin.

Bezeichnungen: $\beta_1 = \beta_z$, $\beta_2 = \beta_x$, $\beta_3 = \beta_y$, $\beta_4 = \beta_\vartheta$ Diracsche Matrizen, β_r Vektormatrix aus $\beta_x, \beta_y, \beta_z$, σ Spinvektor als vierreihige Matrix, τ Spinvektor als zweireihige Paulische Matrix, $\sigma_x, \sigma_y, \sigma_z, \tau_x, \tau_y, \tau_z$ Komponenten von σ und τ, $\mathfrak{a}, \mathfrak{b}, \xi, \eta$ Einheitsvektoren im Hilbertschen Spinraum, $\tau'_1, \tau'_2, \tau'_3$, Paulische Matrix bezüglich $\mathfrak{a}, \mathfrak{b}$, Ψ Wellenfunktion, Ψ_a, Ψ_b ihre Komponenten, $\mathfrak{A}, \Phi$ Potentiale des elektromagnetischen Feldes, E Eigenwert der Energie, $\mathfrak{v}$ Operator der Geschwindigkeit, $\mathfrak{H}$ magnetische Feldstärke, $|\mathfrak{H}|$ ihr Betrag, H Hamiltonoperator.

Jetzt legen wir das Koordinatensystem x, y, z, t so fest, daß β_ϑ mit β_4 und $\beta_x, \beta_y, \beta_z$ mit $\beta_2, \beta_3, \beta_1$ zu identifizieren sind. Dann ist also

$$\beta_x = \beta_2 = \left\|\begin{array}{cc|cc} 0 & 0 & 0 & 1\\ 0 & 0 & 1 & 0\\ \hline 0 & 1 & 0 & 0\\ 1 & 0 & 0 & 0\end{array}\right\|; \quad \beta_y = \beta_3 = \left\|\begin{array}{cc|cc} 0 & 0 & 0 & -i\\ 0 & 0 & i & 0\\ \hline 0 & -i & 0 & 0\\ i & 0 & 0 & 0\end{array}\right\|$$

$$\beta_z = \beta_1 = \left\|\begin{array}{cc|cc} 0 & 0 & 1 & 0\\ 0 & 0 & 0 & -1\\ \hline 1 & 0 & 0 & 0\\ 0 & -1 & 0 & 0\end{array}\right\|; \quad \beta_\vartheta = \beta_4 = \left\|\begin{array}{cc|cc} 1 & 0 & 0 & 0\\ 0 & 1 & 0 & 0\\ \hline 0 & 0 & -1 & 0\\ 0 & 0 & 0 & -1\end{array}\right\|$$

(VII, 89)

Für σ und ϱ geht daraus

$$\sigma_x = \left\| \begin{array}{cc|cc} 0 & 1 & 0 & 0 \\ 1 & 0 & 0 & 0 \\ \hline 0 & 0 & 0 & 1 \\ 0 & 0 & 1 & 0 \end{array} \right\|; \quad \sigma_y = \left\| \begin{array}{cc|cc} 0 & -i & 0 & 0 \\ i & 0 & 0 & 0 \\ \hline 0 & 0 & 0 & -i \\ 0 & 0 & i & 0 \end{array} \right\|$$

$$\sigma_z = \left\| \begin{array}{cc|cc} 1 & 0 & 0 & 0 \\ 0 & -1 & 0 & 0 \\ \hline 0 & 0 & 1 & 0 \\ 0 & 0 & 0 & -1 \end{array} \right\|; \quad \varrho = \left\| \begin{array}{cc|cc} 0 & 0 & 1 & 0 \\ 0 & 0 & 0 & 1 \\ \hline 1 & 0 & 0 & 0 \\ 0 & 1 & 0 & 0 \end{array} \right\|$$

(VII, 90)

hervor. Wir führen nun die zweireihigen Matrizen (Paulische Matrizen)

$$\tau_x = \tau_2 = \left\| \begin{array}{cc} 0 & 1 \\ 1 & 0 \end{array} \right\|; \quad \tau_y = \tau_3 = \left\| \begin{array}{cc} 0 & -i \\ i & 0 \end{array} \right\|; \quad \tau_z = \tau_1 = \left\| \begin{array}{cc} 1 & 0 \\ 0 & -1 \end{array} \right\| \quad \text{(VII, 91)}$$

ein und finden damit

$$\sigma_x = \left\| \begin{array}{cc} \tau_x & 0 \\ 0 & \tau_x \end{array} \right\|; \quad \sigma_y = \left\| \begin{array}{cc} \tau_y & 0 \\ 0 & \tau_y \end{array} \right\|; \quad \sigma_z = \left\| \begin{array}{cc} \tau_z & 0 \\ 0 & \tau_z \end{array} \right\| \quad \text{(VII, 92)}$$

$$\beta_x = \left\| \begin{array}{cc} 0 & \tau_x \\ \tau_x & 0 \end{array} \right\|; \quad \beta_y = \left\| \begin{array}{cc} 0 & \tau_y \\ \tau_y & 0 \end{array} \right\|; \quad \beta_z = \left\| \begin{array}{cc} 0 & \tau_z \\ \tau_z & 0 \end{array} \right\| \quad \text{(VII, 93)}$$

Die Bedeutung der vierreihigen und zweireihigen Matrizen versuchen wir nun im Hilbertschen Spinraum zu diskutieren. Spannen wir den gewöhnlichen Hilbertraum auf, so ordnen wir jedem der Eigenwerte E_k der Energie einen Einheitsvektor e_k zu. Jeder mögliche Eigenwert einer anderen Eigenschaft, die durch die räumliche Verteilung der Wellenfunktion bestimmt ist, gehört dann zu einem bestimmten Wahrscheinlichkeitsvektor.

Wenn wir vom Hilbertschen Spinraum sprechen, meinen wir einen Raum, in welchem wir vier voneinander verschiedenen Spinmerkmalen vier Einheitsvektoren zuordnen. Die Spinmerkmale hängen aber nicht mit der räumlichen Verteilung zusammen, sondern haben andere Ursachen. Deswegen hat der Hilbertsche Spinraum auch gar nichts mit dem auf S. 991 untersuchten Hilbertschen Raum der Eigenfunktionen und Eigenwerte zu tun. Wir werden darüber hinaus zeigen können, daß die Spineigenschaften in zwei getrennte Arten von Eigenschaften zerfallen, deren jede nur zweier verschiedener Eigenwerte fähig ist. Den vierdimensionalen Hilbertschen Spinraum können wir dann in zwei miteinander völlig unzusammenhängende Hilbertsche Ebenen trennen. Die eine dieser Ebenen spannen wir durch die Einheitsvektoren $\mathfrak{a}$ und $\mathfrak{b}$, die andere Ebene durch die Einheitsvektoren ξ und η auf. Der ersten Reihe und Spalte unserer vierreihigen Matrizen ordnen wir die Kombination $\xi \mathfrak{a}$ der zweiten $\eta \mathfrak{a}$, der dritten $\xi \mathfrak{b}$ und der letzten die Kombination $\eta \mathfrak{b}$ zu. Den beiden Reihen und Spalten der Paulischen Matrizen τ_x, τ_y, τ_z entsprechen dann die Einheitsvektoren ξ bzw. η, die sowohl mit $\mathfrak{a}$ wie mit $\mathfrak{b}$ kombinierbar sind. Den Zeilen und

*§ 5. Die Reduktion der Diracschen Operatoren und der Diracschen Gleichung.

Spalten der Matrizen (VII, 92, 93) hingegen sind die Einheitsvektoren $\mathfrak{a}$ bzw. $\mathfrak{b}$ zugeordnet. Wir können aber auch mit $\mathfrak{a}$ und $\mathfrak{b}$ die Matrizen

$$\tau'_1 = \begin{Vmatrix} 1 & 0 \\ 0 & -1 \end{Vmatrix}; \quad \tau'_2 = \begin{Vmatrix} 0 & 1 \\ 1 & 0 \end{Vmatrix}; \quad \tau'_3 = \begin{Vmatrix} 0 & -i \\ i & 0 \end{Vmatrix} \qquad (VII, 94)$$

bilden, welche den Paulischen Matrizen, τ_z, τ_x, τ_y analog gebaut sind, sich aber auf eine andere Eigenschaft ($\mathfrak{a}$, $\mathfrak{b}$) beziehen. Auf diese Weise können wir

$$\begin{aligned} \beta_x &= \tau_x \tau'_2; & \beta_y &= \tau_y \tau'_2; & \beta_z &= \tau_z \tau'_2 \\ &= \tau'_2 \tau_x; & &= \tau'_2 \tau_y; & &= \tau'_2 \tau_z \end{aligned} \qquad (VII, 95)$$

schreiben und diese drei Beziehungen in die Vektorbeziehung

$$\beta_r = \tau \tau'_2 = \tau'_2 \tau \qquad (VII, 96)$$

zusammenfassen. Noch einfacher lassen sich die Komponenten von σ schreiben. In der Hilbertschen Ebene $\mathfrak{a}$, $\mathfrak{b}$ sind diese Größen einfach Einheitsmatrizen, die wir nicht ausdrücklich aufzuschreiben brauchen. In diesem Sinne gilt

$$\sigma_x = \tau_x; \quad \sigma_y = \tau_y; \quad \sigma_z = \tau_z \qquad (VII, 97)$$

und

$$\sigma = \tau, \qquad (VII, 98)$$

Die Matrix β_ϑ ist in der Ebene $\xi \eta$ eine Einheitsmatrix, in $\mathfrak{a} \mathfrak{b}$ aber die Matrix

$$\beta_\vartheta = \tau'_1. \qquad (VII, 99)$$

Ebenso ist ϱ in $\xi \eta$ eine Einheitsmatrix, in $\mathfrak{a} \mathfrak{b}$ jedoch

$$\varrho = \tau'_2. \qquad (VII, 100)$$

Hiermit ist es uns gelungen, die vier vierreihigen Matrizen auf sechs zweireihige zu reduzieren.

Man erkennt auch leicht, daß die Matrizen τ_x, τ_y und τ_z nicht voneinander unabhängig sind. Es gelten nämlich die Beziehungen

$$\begin{aligned} i\tau_x &= \tau_y \tau_z = -\tau_z \tau_y = \frac{1}{2}(\tau_y \tau_z - \tau_z \tau_y), \\ i\tau_y &= \tau_z \tau_x = -\tau_x \tau_z = \frac{1}{2}(\tau_z \tau_x - \tau_x \tau_z), \\ i\tau_z &= \tau_x \tau_y = -\tau_y \tau_x = \frac{1}{2}(\tau_x \tau_y - \tau_y \tau_x), \end{aligned} \qquad (VII, 101)$$

die analog zu (VII, 77) sind. Man kann sie in

$$\left[\frac{\tau}{2} \frac{\tau}{2}\right] = i\frac{\tau}{2} \qquad (VII, 102)$$

zusammenfassen.

Zwischen τ'_1, τ'_2 und τ'_3 kann man die zu (VII, 101) analogen Beziehungen

$$i\tau'_1 = \tau'_2 \tau'_3; \quad i\tau'_2 = \tau'_3 \tau'_1; \quad i\tau'_3 = \tau'_1 \tau'_2 \qquad (VII, 103)$$

anschreiben, nur kann man in τ'_1, τ'_2, τ'_3 keine räumlichen Komponenten eines Vektors τ' erkennen.

Die Gleichungen (VII, 85) und (VII, 87, 88) lassen sich direkt von σ auf τ übertragen, wobei wir

$$(\tau \mathfrak{B})(\tau \mathfrak{C}) = (\mathfrak{B}\mathfrak{C}) + i(\tau[\mathfrak{B}\mathfrak{C}]) \qquad \text{(VII, 104)}$$

und

$$\tau(\tau \mathfrak{C}) = \mathfrak{C} - i[\tau \mathfrak{C}], \qquad \text{(VII 106)}$$

$$(\tau \mathfrak{C})\tau = \mathfrak{C} - i[\mathfrak{C}\tau] = \mathfrak{C} + i[\tau \mathfrak{C}] \qquad \text{(VII, 107)}$$

erhalten.

Jetzt müssen wir uns mit der Wellenfunktion befassen. Sie stellt in der Hilbertschen Ebene $\mathfrak{a}\,\mathfrak{b}$ einen Vektor dar, und wir schreiben deshalb

$$\Psi = \mathfrak{a}\, u_a \Psi_a + \mathfrak{b}\, u_b \Psi_b. \qquad \text{(VII, 108)}$$

Ψ_a und Ψ_b sind dabei selbst noch Vektoren in der Ebene $\xi \eta$. Betrachten wir $\mathfrak{a}$ und $\mathfrak{b}$ als orthogonal, so gilt

$$(\mathfrak{a}^* \mathfrak{b}) = (\mathfrak{b}^* \mathfrak{a}) = 0, \qquad \text{(VII, 109)}$$

und wir finden

$$\Psi^* \Psi = u_a^* u_a \Psi_a^* \Psi_a + u_b^* u_b \Psi_b^* \Psi_b. \qquad \text{(VII, 110)}$$

Wenn wir Ψ_a und Ψ_b für sich normieren, muß sich bei der Integration über den Raum

$$1 = u_a^* u_a + u_b^* u_b \qquad \text{(VII, 111)}$$

ergeben. Man könnte allerdings auch die Faktoren u_a und u_b mit Ψ_a und Ψ_b vereinigen, um die Schreibweise zu vereinfachen, müßte dann allerdings auf die Normierung von Ψ_a und Ψ_b verzichten.

Nun wenden wir uns der Diracschen Gleichung in der Form (VII, 46) zu und führen in sie (VII, 96) und (VII, 99) ein. Dabei ergibt sich

$$\tau_2'\left(\tau\left\{\frac{h}{2\pi i}\nabla + e\mu_0 \mathfrak{A}\right\}\right)\Psi + \tau_1'\left(-\frac{h}{2\pi c}\frac{\partial}{\partial t} + ie\mu_0 \Phi\right)\Psi - im_0 c\Psi = 0. \qquad \text{(VII, 112)}$$

Geht man in die Gleichung mit dem Ansatz (VII, 108) ein und trennt die $\mathfrak{a}$ und $\mathfrak{b}$ Komponenten, so ergeben sich für Ψ_a und Ψ_b die beiden Gleichungen

$$\left(\tau\left\{\frac{h}{2\pi i}\nabla + e\mu_0 \mathfrak{A}\right\}\right)u_b \Psi_b + \left(-\frac{h}{2\pi c}\frac{\partial}{\partial t} + ie\mu_0 \Phi\right)u_a \Psi_a - \\ - im_0 c\, u_a \Psi_a = 0, \qquad \text{(VII, 113)}$$

$$\left(\tau\left\{\frac{h}{2\pi i}\nabla + e\mu_0 \mathfrak{A}\right\}\right)u_a \Psi_a - \left(-\frac{h}{2\pi c}\frac{\partial}{\partial t} + ie\mu_0 \Phi\right)u_b \Psi_b - \\ - im_0 c\, \Psi_b = 0. \qquad \text{(VII, 114)}$$

Sind die Felder von der Zeit unabhängig, so kann man

$$\frac{\partial \Psi_{a,b}}{\partial t} = -\frac{2\pi i}{h} E \Psi_{a,b} \qquad \text{(VII, 115)}$$

setzen und erhält nach Multiplizieren mit ic

$$ic\left(\tau\left\{\frac{h}{2\pi i}\nabla + e\mu_0 \mathfrak{A}\right\}\right)u_b \Psi_b - \{E - m_0 c^2 + e\mu_0 c\, \Phi\} u_a \Psi_a = 0, \qquad \text{(VII, 116)}$$

$$ic\left(\tau\left\{\frac{h}{2\pi i}\nabla + e\mu_0 \mathfrak{A}\right\}\right)u_a \Psi_a + \{E + m_0 c^2 + e\mu_0 c\, \Phi\} u_b \Psi_b = 0. \qquad \text{(VII, 117)}$$

*§ 5. Die Reduktion der Diracschen Operatoren und der Diracschen Gleichung.

Die zweite Gleichung kann man nach $u_b \psi_b$ auflösen und erhält

$$u_b \Psi_b = - \frac{ic}{E + m_0 c^2 + e\mu_0 c \Phi} \left(\tau \left\{ \frac{h}{2\pi i} \nabla + e \mu_0 \mathfrak{A} \right\} \right) u_a \Psi_a. \quad \text{(VII, 118)}$$

Die Energie E des Elektrons können wir in die Massenenergie $m_0 c^2$ und die übrigen Anteile $\varepsilon \ll m_0 c^2$ zerlegen. Wir erhalten dann näherungsweise

$$u_b \Psi_b = \frac{-i}{2 m_0 c \left(1 + \frac{\varepsilon + e \mu_0 c \Phi}{2 m_0 c^2}\right)} \left(\tau \left\{ \frac{h}{2\pi i} \nabla + e \mu_0 \mathfrak{A} \right\} \right) u_a \Psi_a$$

$$\approx \frac{-i}{2 m_0 c} \left(\tau \left\{ \frac{h}{2\pi i} \nabla + e \mu_0 \mathfrak{A} \right\} \right) u_a \Psi_a \quad \text{(VII, 119)}$$

$$\approx \frac{-i}{2 m_0 c} \left(\tau \{ \mathfrak{p} + e \mu_0 \mathfrak{A} \} \right) u_a \Psi_a.$$

Nun bedeutet

$$\mathfrak{v} = \frac{1}{m_0} (\mathfrak{p} + e \mu_0 \mathfrak{A}) \quad \text{(VII, 120)}$$

den Operator der Geschwindigkeit, und wir gelangen zu

$$u_b \Psi_b = - \frac{i}{2} \left(\tau \frac{\mathfrak{v}}{c} \right) u_a \Psi_a. \quad \text{(VII, 121)}$$

u_b ist also immer klein gegen u_a, d.h. die Funktion Ψ_b trägt nur eine Korrektur zur Wellenfunktion bei, wenn das Verhältnis $\mathfrak{v}/c$ klein ist. In erster Näherung ist also vorwiegend Ψ_a an den Zuständen beteiligt, deren Energie

$$E = m_0 c^2 + \varepsilon \quad \text{(VII, 122)}$$

in der Nähe von $m_0 c^2$ liegt.

Wir könnten (VII, 116) aber auch nach $u_a \Psi_a$ auflösen, wobei wir

$$u_a \Psi_a = \frac{ic}{E - m_0 c^2 + e\mu_0 c \Phi} \left(\tau \left\{ \frac{h}{2\pi i} \nabla + e \mu_0 \mathfrak{A} \right\} \right) u_b \Psi_b \quad \text{(VII, 123)}$$

bekommen. Setzen wir jetzt

$$E = - m_0 c^2 - \varepsilon, \quad \text{(VII, 124)}$$

so gelangen wir ähnlich wie oben zu

$$u_a \Psi_a = \frac{-i}{2 m_0 c \left(1 + \frac{\varepsilon - e \mu_0 c \Phi}{2 m_0 c^2}\right)} \left(\tau \left\{ \frac{h}{2\pi i} \nabla + e \mu_0 \mathfrak{A} \right\} \right) u_b \Psi_b$$

$$\approx - \frac{i}{2} \left(\tau \frac{\mathfrak{v}}{c} \right) u_b \Psi_b.$$

Diesmal ist u_a klein gegen u_b. In erster Näherung trägt Ψ_b zu solchen Zuständen des Elektrons bei, deren Energie

$$E = - m_0 c^2 - \varepsilon \quad \text{(VII, 125)}$$

unterhalb $-m_0 c^2$ liegt, während jetzt Ψ_a nur eine Korrektur beisteuert. In diesen Zuständen wäre Energie und Masse des Elektrons negativ. Mit diesen sonderbaren Zuständen werden wir uns in § 9, S. 1119, ausführlicher befassen.

Zunächst eliminieren wir u_b und Ψ_b mit (VII, 119) aus (VII, 116) und erhalten die sehr verwickelte Gleichung

$$\frac{1}{2m_0}\left(\tau\left\{\frac{h}{2\pi i}\nabla + e\mu_0\mathfrak{A}\right\}\right)\frac{1}{1+\frac{\varepsilon+e\mu_0 c\,\Phi}{2m_0 c^2}}\left(\tau\left\{\frac{h}{2\pi i}\nabla + e\mu_0\mathfrak{A}\right\}\right)\Psi_a - \qquad\text{(VII, 126)}$$
$$- (\varepsilon + e\mu_0 c\,\Phi)\Psi_a = 0$$

für die Funktion Ψ_a. Differenziert man aus und multipliziert mit

$$1 + \frac{\varepsilon + e\mu_0 c\,\Phi}{2m_0 c^2},$$

so erhält man

$$\frac{1}{2m_0}\left(\tau\left\{\frac{h}{2\pi i}\nabla + e\mu_0\mathfrak{A}\right\}\right)^2\Psi_a - \qquad\text{(VII, 127)}$$
$$- \frac{h}{8\pi i\, m_0^2 c^2\left(1+\frac{\varepsilon+e\mu_0 c\,\Phi}{2m_0 c^2}\right)}(\tau\,\text{grad}\,e\mu_0 c\,\Phi)\left(\tau\left\{\frac{h}{2\pi i}\nabla + e\mu_0\mathfrak{A}\right\}\right)\Psi_a -$$
$$- \left(1 + \frac{\varepsilon + e\mu_0 c\,\Phi}{2m_0 c^2}\right)(\varepsilon + e\mu_0 c\,\Phi)\Psi_a = 0.$$

Nun ordnen wir nach Potenzen von c im Nenner und gehen bis zu quadratischen Gliedern. Dabei ist zu beachten, daß Φ die Größenordnung $1/c$ hat. Wir erhalten dann

$$\frac{1}{2m_0}\left(\tau\left\{\frac{h}{2\pi i}\nabla + e\mu_0\mathfrak{A}\right\}\right)^2\Psi_a - (\varepsilon + e\mu_0 c\,\Phi)\Psi_a -$$
$$- \frac{h}{8\pi i\, m_0^2 c^2}(\tau\,\text{grad}\,e\mu_0 c\,\Phi)\left(\tau\left\{\frac{h}{2\pi i}\nabla + e\mu_0\mathfrak{A}\right\}\right)\Psi_a - \qquad\text{(VII, 128)}$$
$$- \frac{1}{2m_0 c^2}(\varepsilon + e\mu_0 c\,\Phi)^2\Psi_a = 0.$$

In der ersten Zeile stehen jetzt die Hauptglieder, in der zweiten und dritten Zeile die Korrektionsglieder.

Nach (VII, 104) gilt nun

$$\left(\tau\left\{\frac{h}{2\pi i}\nabla + e\mu_0\mathfrak{A}\right\}\right)^2 = \left(\frac{h}{2\pi i}\nabla + e\mu_0\mathfrak{A}\right)^2 + \frac{h\,e\mu_0}{2\pi}(\tau\,\text{rot}\,\mathfrak{A})$$
$$= \left(\frac{h}{2\pi i}\nabla + e\mu_0\mathfrak{A}\right)^2 + \frac{h\,e\mu_0}{2\pi}(\tau\,\mathfrak{H}), \qquad\text{(VII, 129)}$$

worin $\mathfrak{H}$ die magnetische Feldstärke bedeutet. Damit erhalten wir die reduzierte Diracsche Gleichung

$$\frac{1}{2m_0}\left(\frac{h}{2\pi i}\nabla + e\mu_0\mathfrak{A}\right)^2\Psi_a - (\varepsilon + e\mu_0 c\,\Phi)\Psi_a + \frac{h\,e\mu_0}{4\pi m_0}(\tau\mathfrak{H})\Psi_a -$$
$$- \frac{h}{8\pi i\,m_0^2 c^2}(\tau\,\text{grad}\,e\mu_0 c\,\Phi)\left(\tau\left\{\frac{h}{2\pi i}\nabla + e\mu_0\mathfrak{A}\right\}\right)\Psi_a - \qquad\text{(VII, 130)}$$
$$- \frac{1}{2m_0 c^2}(\varepsilon + e\mu_0 c\,\Phi)^2\Psi_a = 0.$$

*§ 5. Die Reduktion der Diracschen Operatoren und der Diracschen Gleichung.

Gegenüber der nichtrelativistischen Schrödingergleichung

$$\frac{1}{2m_0}\left(\frac{h}{2\pi i}\nabla + e\mu_0 \mathfrak{A}\right)^2 \Psi_a - (\varepsilon + \mu_0 c \Phi)\Psi_a = 0 \qquad \text{(VII, 131)}$$

sind die Glieder

$$\frac{h e \mu_0}{4\pi m_0}(\tau \mathfrak{H})\Psi_a -$$
$$- \frac{h}{8\pi i m_0^2 c^2}(\tau \operatorname{grad} e\mu_0 c \Phi)\left(\tau\left\{\frac{h}{2\pi i}\nabla + e\mu_0 \mathfrak{A}\right\}\right)\Psi_a - \qquad \text{(VII, 132)}$$
$$- \frac{1}{2m_0 c^2}(\varepsilon + e\mu_0 c \Phi)^2 \Psi_a$$

hinzugekommen. Das dritte Glied hat im Augenblick für uns nur untergeordnetes Interesse. Es ist eine relativistische Korrektur, welche auch ohne die Spingröße τ zu berücksichtigen wäre und Eigenfunktionen und Eigenwerte geringfügig abändern würde. Das erste Glied ist die Wechselwirkungsenergie eines magnetischen Momentes

$$\frac{h e \mu_0}{4\pi m_0} = 1{,}17 \cdot 10^{-19} \text{ V sec/m}, \qquad \text{(VII, 133)}$$

d. h. eines Magnetons, welches mit den Spinvektor τ in Verbindung steht, mit dem Magnetfeld. Das zweite Glied ist eine noch nicht durchsichtige Wechselwirkung von τ mit dem elektrischen Feld $\operatorname{grad} e\mu_0 c \Phi$, die wir noch genauer untersuchen müssen.

Nun betrachten wir noch die Wellenfunktion Ψ_a, welche in der Ebene $\xi \eta$ einen Vektor

$$\Psi_a = \xi u_{a\xi}\Psi_{a\xi} + \eta u_{a\eta}\Psi_{a\eta} \qquad \text{(VII, 134)}$$

darstellt. Vernachlässigen wir die Glieder mit c^2 im Nenner und auch das Magnetfeld, so gilt die nichtrelativistische Schrödingergleichung sowohl für $\Psi_{a\xi}$ wie für $\Psi_{a\eta}$. In dieser Näherung unterscheiden sich die beiden Funktionen überhaupt nicht und

$$\Psi_a = (\xi u_{a\xi} + \eta u_{a\eta})\Psi_0, \qquad \text{(VII, 135)}$$

wenn Ψ_0 die nichtrelativistische Wellenfunktion bedeutet. Legen wir die z-Achse in die Richtung eines konstanten Magnetfeldes vom Betrag $|\mathfrak{H}|$, so erhalten wir für $\Psi_{a\xi}$ bzw. $\Psi_{a\eta}$ die Gleichungen

$$\frac{1}{2m_0}\left(\frac{h}{2\pi i}\nabla + e\mu_0 \mathfrak{A}\right)^2 \Psi_{a\xi} - (\varepsilon_\xi + e\mu_0 c \Phi)\Psi_{a\xi} + \frac{h e \mu_0}{4\pi m_0}|\mathfrak{H}|\Psi_{a\xi} = 0, \quad \text{(VII, 136)}$$

$$\frac{1}{2m_0}\left(\frac{h}{2\pi i}\nabla + e\mu_0 \mathfrak{A}\right)^2 \Psi_{a\eta} - (\varepsilon_\eta + e\mu_0 c \Phi)\Psi_{a\eta} - \frac{h e \mu_0}{4\pi m_0}|\mathfrak{H}|\Psi_{a\eta} = 0, \quad \text{(VII, 137)}$$

wenn wir noch die Glieder mit c^2 im Nenner vernachlässigen. $\Psi_{a\xi}$ und $\Psi_{a\eta}$ weichen jetzt wegen des Anteils

$$\pm \frac{h e \mu_0}{4_0 m_0}|\mathfrak{H}|\,\begin{matrix}\Psi_{a\xi}\\ \Psi_{a\eta}\end{matrix} \qquad \text{(VII, 138)}$$

von Ψ_0 und auch voneinander ab. Die vorher bestehende Entartung wird durch das Magnetfeld aufgehoben. Es entstehen zwei orthogonale Funktionen aus Ψ_a, deren Orthogonalität aber weniger durch die raumzeitlichen Anteile $\Psi_{a\xi}$ und $\Psi_{a\eta}$ bewirkt wird, als durch die orthogonalen Einheitsvektoren ξ und η.

Gleichzeitig treten auch die zugehörigen Energiewerte ε_ξ und ε_η etwas auseinander. Dieser Sachverhalt wird nicht grundsätzlich verändert, wenn man die Glieder mit c^2 im Nenner hinzufügt, nur wird alles sehr viel komplizierter.

Der Spin τ bewirkt jedenfalls eine zweifache Entartung der Wellenfunktion, die sich in den beiden Vektoren ξ und η äußert, jedoch in nichtrelativistischer Näherung ohne Magnetfeld noch keine Wirkung auf die Energiewerte und räumlichen Eigenfunktionen hat. Bei Berücksichtigung der Zusatzglieder tritt eine Aufspaltung der Energien und auch eine kleine Abänderung der räumlichen Eigenfunktionen ein.

*§ 6. Der Eigendrehimpuls des Elektrons.

Inhalt: In relativistischer Näherung sind die Komponenten des Bahndrehimpulses $\mathfrak{L}$ der Elektronenverteilung im Raum nicht mehr mit der Energie vertauschbar. Man kann den stationären Zuständen deshalb keinen Eigenwert des Bahndrehimpulses mehr zuordnen. Auch σ und τ sind mit der Energie nicht vertauschbar, wohl aber $\mathfrak{L} + h\,\tau/4\pi$. Man kann deshalb $h\,\tau/4\pi$ als Spindrehimpuls betrachten, der mit $\mathfrak{L}$ zusammen den Gesamtdrehimpuls $\mathfrak{J}$ ergibt, dessen Eigenwerte den stationären Zuständen zugeschrieben werden dürfen.

Bezeichnungen: τ Spinvektor, τ_x, τ_y, τ_z seine Komponenten, τ_1', τ_2', τ_3' s. Gl. (VII, 94) S. 1105, $\mathbf{H}$ Energieoperator, $\mathfrak{L}$ Operator des Bahndrehimpulses, $\mathfrak{J}$ des Gesamtdrehimpulses, $\mathfrak{P}$ Impulsoperator.

Bis jetzt kennen wir den Spinvektor σ bzw. τ nur als Operator bzw. Matrix. Wir wollen jetzt untersuchen, ob er mit dem Energieoperator vertauschbar ist. Dies wäre die Voraussetzung dafür, daß man den stationären Zuständen bestimmte Eigenwerte des Spins zuschreiben kann.

Führen wir τ, τ_1', τ_2', τ_3' in den Hamiltonoperator (s. Gl. VII, 48, S. 1098)

$$\mathbf{H} = i\,c\,\beta_\vartheta\left(\beta_r\left\{\frac{h}{2\pi i}\nabla + e\,\mu_0\,\mathfrak{A}\right\}\right) - e\,\mu_0\,c\,\Phi + \beta_\vartheta\,m_0\,c^2 \qquad (\text{VII}, 139)$$

ein, so nimmt er die Form

$$\mathbf{H} = -c\,\tau_3'\left(\tau\left\{\frac{h}{2\pi i}\nabla + e\,\mu_0\,\mathfrak{A}\right\}\right) - e\,\mu_0\,c\,\Phi + \tau_1'\,m_0\,c^2 \qquad (\text{VII}, 140)$$

an. Mit der Abkürzung

$$\mathfrak{P} = \frac{h}{2\pi i}\nabla + e\,\mu_0\,\mathfrak{A} \qquad (\text{VII}, 141)$$

geht er in

$$\mathbf{H} = -c\,\tau_3'(\tau\,\mathfrak{P}) - e\,\mu_0\,c\,\Phi + \tau_1'\,m_0\,c^2 \qquad (\text{VII}, 142)$$

über. Die Komponenten τ_x, τ_y, τ_z sind mit $\mathfrak{P}$, Φ, τ_1', τ_3' vertauschbar, nicht aber mit τ selbst. Wir erhalten deshalb

$$\mathbf{H}\,\tau - \tau\,\mathbf{H} = -c\,\tau_3'\{(\tau\,\mathfrak{P})\,\tau - \tau(\tau\,\mathfrak{P})\}. \qquad (\text{VII}, 143)$$

Wendet man jetzt (VII, 106, 107) an, so entsteht

$$\mathbf{H}\,\tau - \tau\,\mathbf{H} = -2\,i\,c\,\tau_3'[\tau\,\mathfrak{P}]. \qquad (\text{VII}, 144)$$

Der Spinoperator τ ist also mit dem Hamiltonoperator nicht vertauschbar. Seine Komponenten sind zeitlich nicht konstant und nicht mit der Energie zusammen beobachtbar. Den stationären Zuständen kann weder ein bestimmter Spinvektor noch eine Komponente von ihm zugeschrieben werden.

In der nichtrelativistischen Quantentheorie ist der Drehimpuls mit der Energie vertauschbar, wenn sich das Elektron im Zentralfeld des Atomkerns

*§ 6. Der Eigendrehimpuls des Elektrons.

befindet und wenn kein Magnetfeld vorhanden ist. Im Zentralfeld hängt Φ nur von der Radialkoordinate ab und der Hamiltonoperator lautet relativistisch

$$\mathbb{H} = -\frac{hc}{2\pi i}\tau'_3(\mathfrak{r}\nabla) - e\mu_0 c\Phi + \tau'_1 m_0 c^2. \qquad (\text{VII}, 145)$$

Der Operator des Bahndrehimpulses

$$\mathfrak{L} = [\mathfrak{r}\mathfrak{p}] = \frac{h}{2\pi i}[\mathfrak{r}\nabla] \qquad (\text{VII}, 146)$$

erfüllt die für den Drehimpuls charakteristischen Operatorgleichungen

$$\mathbb{L}_x\mathbb{L}_y - \mathbb{L}_y\mathbb{L}_x = -\frac{h}{2\pi i}\mathbb{L}_z, \qquad (\text{VII}, 147)$$

wie man leicht ausrechnen kann. Er ist sowohl mit $\mathfrak{r}$ wie mit τ' vertauschbar. Außerdem gilt

$$[\mathfrak{r}\nabla]e\mu_0 c\Phi = e\mu_0 c\Phi[\mathfrak{r}\nabla] + e\mu_0 c\,[\mathfrak{r}\,\text{grad}\,\Phi].$$

Im Zentralfeld verschwindet das zweite Glied und $\mathfrak{L}$ ist auch mit Φ vertauschbar.

Nun bilden wir das Vertauschungsprodukt von $\mathbb{H}$ und $\mathfrak{L}$

$$\mathbb{H}\mathfrak{L} - \mathfrak{L}\mathbb{H} = \frac{h^2 c}{4\pi^2}\tau'_3\{(\mathfrak{r}\nabla)[\mathfrak{r}\nabla] - [\mathfrak{r}\nabla](\mathfrak{r}\nabla)\}$$
$$= \frac{h^2 c}{4\pi^2}\tau'_3[\mathfrak{r}\nabla] \qquad (\text{VII}, 148)$$

und erkennen, daß $\mathfrak{L}$ bei relativistischer Rechnung nicht mehr mit $\mathbb{H}$ vertauschbar ist.

Die Vertauschungsdifferenz (VII, 144) geht ohne Magnetfeld in

$$(\mathbb{H}\tau - \tau\mathbb{H}) = -\frac{hc}{\pi}\tau'_3[\mathfrak{r}\nabla]$$

über. Aus (VII, 148) geht nun

$$\mathbb{H}\left(\mathfrak{L} + \frac{1}{2}\frac{h}{2\pi}\tau\right) - \left(\mathfrak{L} + \frac{1}{2}\frac{h}{2\pi}\tau\right)\mathbb{H} = 0 \qquad (\text{VII}, 149)$$

hervor.

Der Operator

$$\mathfrak{J} = \mathfrak{L} + \frac{1}{2}\frac{h}{2\pi}\tau = \mathfrak{L} + \mathfrak{S} \qquad (\text{VII}, 150)$$

kann also mit der Energie vertauscht werden. Aus (VII, 102) sieht man, daß

$$\mathfrak{S} = \frac{1}{2}\frac{h}{2\pi}\tau \qquad (\text{VII}, 151)$$

die Gleichung

$$[\mathfrak{S}\mathfrak{S}] = -\frac{h}{2\pi i}\mathfrak{S} \qquad (\text{VII}, 152)$$

befriedigt, welche für einen Drehimpuls charakteristisch ist. Da $\mathfrak{L}$ und $\mathfrak{S}$ vertauschbar sind, gilt dann nach (III, 121) von S. 1001 für $\mathfrak{J}$ die Gleichung

$$[\mathfrak{J}\mathfrak{J}] = [\mathfrak{L}\mathfrak{L}] + [\mathfrak{L}\mathfrak{S}] + [\mathfrak{S}\mathfrak{L}] + [\mathfrak{S}\mathfrak{S}]$$
$$= -\frac{h}{2\pi i}(\mathfrak{L} + \mathfrak{S}) = -\frac{h}{2\pi i}\mathfrak{J} \qquad (\text{VII}, 153)$$

und $\mathfrak{J}$ ist der resultierende Drehimpuls von $\mathfrak{L}$ und $\mathfrak{S}$.

Da die Komponente J_z mit H vertauscht werden kann, kann man jedem stationären Zustand einen Eigenwert von J_z zuordnen. Ist dies geschehen, so kann man diesem Zustand keine Eigenwerte von J_x und J_y mehr zuschreiben, weil diese Operatoren zwar mit H, nicht aber mit J_z vertauschbar sind.

Wir suchen jetzt nach weiteren Operatoren, welche mit H und J_z vertauschbar sind. Wegen

$$\tau_x^2 = \tau_y^2 = \tau_z^2 = 1$$
$$\tau^2 = 3 \qquad (\text{VII, 154})$$

kann man diese Operatoren und damit die Operatoren $\mathfrak{S}_x^2$, $\mathfrak{S}_y^2$, $\mathfrak{S}_z^2$ und $\mathfrak{S}^2$ mit jedem Operator vertauschen. $\mathfrak{S}^2$ hat die Form

$$\mathfrak{S}^2 = \frac{h^2}{4\pi^2} S(S+1), \qquad (\text{VII, 155})$$

wobei die Spinquantenzahl S den Wert $\frac{1}{2}$ hat.

In (III, § 6, S. 1001) wurde bewiesen, daß aus (VII, 153) die Vertauschbarkeit von J_z und $\mathfrak{J}^2$ folgt. Ebenso sind J_z und J_z^2 vertauschbar. $\mathfrak{J}^2$ und J_z^2 sind aber auch mit H vertauschbar, weil alle Komponenten von $\mathfrak{J}$ mit H vertauschbar sind. Einem stationären Zustand können also Eigenwerte von J_z, J_z^2, $\mathfrak{S}^2$ und $\mathfrak{J}^2$ zugeordnet werden. Nach (III, § 6 und § 7) sind

$$\overline{\mathfrak{J}^2} = \frac{h^2}{4\pi^2} J(J+1) \qquad (\text{VII, 156})$$

die Eigenwerte von $\mathfrak{J}^2$. J ist halbzahlig, weil S halbzahlig ist. Die Eigenwerte von J_z sind

$$\overline{J_z} = \frac{h}{2\pi} M, \qquad (\text{VII, 157})$$

wobei M die halben Zahlen von $-J$ bis $+J$ durchläuft.

Einem stationären Zustand kommen weder Eigenwerte von $\mathfrak{L}^2$ noch Eigenwerte der Komponenten von $\mathfrak{L}$ zu. Dies gilt allerdings nur bei strenger Rechnung. Im Zuge einer Näherungsrechnung können häufig auch Eigenwerte von $\mathfrak{L}^2$ näherungsweise definiert werden, wie wir im nächsten Paragraph sehen werden.

*§ 7. Die Dublettaufspaltung.

Inhalt: Die relativistischen und Spinglieder der reduzierten Diracschen Gleichung ergeben außer einer Termverschiebung eine Aufspaltung aller Terme in ein Dublett. Nur die S-Terme spalten nicht auf. Für die Größe der Aufspaltung kann man die Sommerfeldsche Feinstrukturformel ableiten.

Bezeichnungen: $\mathfrak{H}$ magnetische Feldstärke, H ihr Betrag, $\mathfrak{A}$ ihr Vektorpotential, $\mathfrak{E}$ elektrische Feldstärke, Φ ihr skalares Potential, U zentralsymmetrisches Potential, μ_0 Permeabilität, R Rydbergkonstante, Z Kernladungszahl, α Feinstrukturkonstante, $\mathsf{H}^{(0)}$ nullte Näherung des Hamiltonoperators, $\mathsf{H}^{(1)}$, H', $\mathsf{H}^{(2)}$, $\mathsf{H}^{(3)}$ Störungsglieder des Hamiltonoperators, τ Paulische Spinmatrix, $\mathfrak{L}$, $\mathfrak{S}$, $\mathfrak{J}$ Operatoren des Bahndrehimpulses, Spindrehimpuls, Gesamtdrehimpuls, J_z Komponente von $\mathfrak{J}$, L, S, J, M Quantenzahlen zu $\mathfrak{L}$, $\mathfrak{S}$, $\mathfrak{J}$ und J_z, $\overline{\mathfrak{L}}$, $\overline{\mathfrak{S}}$, $\overline{H^{(2)}}$ Erwartungswerte von $\mathfrak{L}$, $\mathfrak{S}$ und H^2 im Quantenzustand J, Ψ_a Eigenfunktion, ψ_k nichtrelativistische Eigenfunktion, ξ, η Einheitsvektoren im Spinraum, $E = m_0 c^2 + \varepsilon$ Energieeigenwert.

Wir untersuchen nun das Leuchtelektron in der Hülle eines Atoms ohne äußeres Magnetfeld. Dann ist $\mathfrak{A} = 0$ und

$$\mathfrak{E} = -\mu_0 c \operatorname{grad} \Phi = -\operatorname{grad} U = -\frac{\mathfrak{r}}{r} \frac{dU}{dr} \qquad (\text{VII, 158})$$

*§ 7. Die Dublettaufspaltung.

ist die elektrische Feldstärke des Atomfeldes. Die reduzierte Diracsche Gleichung (VII, 130) nimmt jetzt die bedeutend einfachere Gestalt

$$-\frac{h^2}{8\pi^2 m_0}\Delta\Psi_a - (\varepsilon + eU)\Psi_a$$
$$+\frac{h^2 e}{16\pi^2 m_0^2 c^2 r}\frac{dU}{dr}(\mathfrak{r}\mathfrak{r})(\mathfrak{r}\nabla)\Psi_a \qquad\text{(VII, 159)}$$
$$-\frac{1}{2m_0 c^2}(\varepsilon + eU)^2 \Psi_a = 0.$$

Nach (VII, 104) und (VII, 146) ist

$$\frac{h}{2\pi}(\mathfrak{r}\mathfrak{r})(\mathfrak{r}\nabla) = \frac{h}{2\pi}(\mathfrak{r}\nabla) - \frac{h}{2\pi i}(\mathfrak{r}[\mathfrak{r}\nabla])$$
$$= \frac{h}{2\pi}(\mathfrak{r}\nabla) - (\mathfrak{r}\mathfrak{L}). \qquad\text{(VII, 160)}$$

Mit (VII, 160) und (VII, 151) geht (VII, 159) in

$$-\frac{h^2}{8\pi^2 m_0}\Delta\Psi_a - (\varepsilon + eU)\Psi_a$$
$$-\frac{e}{2m_0^2 c^2 r}\frac{dU}{dr}(\mathfrak{S}\mathfrak{L})\Psi_a \qquad\text{(IIV, 161)}$$
$$+\frac{h^2 e}{16\pi^2 m_0^2 c^2}\frac{dU}{dr}\frac{\partial\Psi_a}{\partial r} - \frac{(\varepsilon + eU)^2}{2m_0 c^2}\Psi_a = 0$$

über.

Wir definieren nun die Hamiltonoperatoren

$$\mathbb{H}^{(0)} = -\frac{h^2}{8\pi^2 m_0}\Delta - eU, \qquad\text{(VII, 162)}$$

$$\mathbb{H}^{(1)} = -\frac{e}{2m_0^2 c^2 r}\frac{dU}{dr}(\mathfrak{S}\mathfrak{L}), \qquad\text{(VII, 163)}$$

$$\mathbb{H}' = \frac{h^2 e}{16\pi^2 m_0^2 c^2}\frac{dU}{dr}\frac{\partial}{\partial r} - \frac{(\varepsilon + eU)^2}{2m_0 c^2} \qquad\text{(VII, 164)}$$

und erhalten aus (VII, 161) die Gleichung

$$\mathbb{H}^{(0)}\Psi_a + \mathbb{H}^{(1)}\Psi_a + \mathbb{H}'\Psi_a - \varepsilon\Psi_a = 0. \qquad\text{(VII, 165)}$$

Die nichtrelativistische Näherung

$$\mathbb{H}^{(0)}\Psi_a - \varepsilon\Psi_a = 0 \qquad\text{(VII, 166)}$$

liefert die Wellenfunktionen

$$\Psi_a = (\xi u_{a\xi} + \eta u_{a\eta})\psi_k e^{-\frac{2\pi i}{h}E_k^{(0)}t}, \qquad\text{(VII, 167)}$$

wenn ψ_k die Eigenfunktionen der Schrödingergleichung

$$\mathbb{H}^{(0)}\psi_k - \varepsilon_k\psi_k = 0 \qquad\text{(VII, 168)}$$

sind und wenn

$$E_k^{(0)} = m_0 c^2 + \varepsilon_k \qquad\text{(VII, 169)}$$

bedeutet.

1114   H. VII. Relativistische Quantentheorie. Der Elektronenspin.

Mit dem Operator $\mathbb{H}^{(0)}$ ist der Bahndrehimpuls $\mathfrak{L}$ vertauschbar, weil

$$\Delta[\mathfrak{r}\nabla] = [\mathfrak{r}\nabla]\Delta \qquad \text{(VII, 170)}$$

gilt, wie man beim Ausrechnen erkennen kann. In nichtrelativistischer Näherung kann man also jedem Zustand nicht nur die Quantenzahlen J, S und M zuordnen, sondern auch die Eigenwerte des Operators $\mathfrak{L}^2$. Ersetzt man in (III, § 5 S. 999) $\mathfrak{J}$ durch $\mathfrak{L}$, so nehmen diese Eigenwerte die Form

$$\widetilde{\mathfrak{L}^2} = \frac{h^2}{4\pi^2} L(L+1) \qquad \text{(VII, 171)}$$

an, wo L die ganzzahlige Nebenquantenzahl darstellt. Nach (III, § 6, S. 1001) kann die Quantenzahl J dann die Werte $L \pm \tfrac{1}{2}$ annehmen (s. Abb. 333 a u. b).

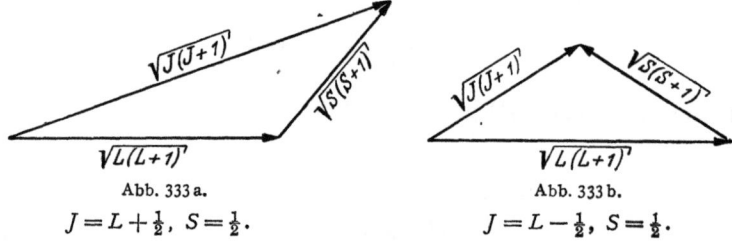

Abb. 333 a. $\qquad\qquad$ Abb. 333 b.
$J = L + \tfrac{1}{2}$, $S = \tfrac{1}{2}$. $\qquad J = L - \tfrac{1}{2}$, $S = \tfrac{1}{2}$.

Die Energie hängt in dieser Näherung nur von L und der Hauptquantenzahl n ab, nicht aber von J und M. Der Index k bedeutet eine Kombination zweier Zahlen n und L. Der k-te Zustand ist also noch in zweierlei Hinsicht entartet. Zu jedem k gehören zwei Werte von J, und zu jedem J noch $2J + 1$ verschiedene Werte von M.

Fügen wir in erster Näherung zu den Energien $E_k^{(0)}$ die Energien

$$E_k^{(1)} = H_{kk}^{(1)} + H_{kk}' \qquad \text{(VII, 172)}$$

hinzu, so sind die Elemente $H_{kk}^{(1)}$ und H_{kk}' noch Untermatrizen, die den Entartungsstufen entsprechen. Da der Operator H' weder den Spin enthält, noch auf die Winkelkoordinaten wirkt, ist die Untermatrix H_{kk}' eine Diagonalmatrix, deren Elemente sämtlich gleich

$$H_{\xi\xi}' = H_{\eta\eta}' = \frac{h^2 e}{16\pi^2 m_0^2 c^2} \int \psi_k^* \frac{dU}{dr} \frac{\partial \psi_k}{\partial r} dV - \\ - \frac{1}{2 m_0 c^2} \int \psi_k^* (\varepsilon_k + eU)^2 \psi_k dV \qquad \text{(VII, 173)}$$

sind. Um eine Verwechslung mit dem Spinvektor τ auszuschließen, ist das Volumenelement mit dV bezeichnet. Außerhalb der Diagonale gibt es keine Elemente wegen der Orthogonalität von ξ und η und der Orthogonalität der Kugelfunktionanteile von ψ_k. Der Operator H' fügt also zu ε_k eine Störungsenergie hinzu, die unabhängig vom Spin ist, an der Entartung nichts ändert und keine Aufspaltung herbeiführt.

Um den Beitrag des Operators $\mathbb{H}^{(1)}$ aufzufinden, gehen wir von

$$\mathfrak{J}^2 = \mathfrak{L}^2 + 2(\mathfrak{S}\mathfrak{L}) + \mathfrak{S}^2 \qquad \text{(VII, 174)}$$

aus und finden daraus

$$2(\mathfrak{S}\mathfrak{L}) = \mathfrak{J}^2 - \mathfrak{L}^2 - \mathfrak{S}^2. \qquad \text{(VII, 175)}$$

*§ 7. Die Dublettaufspaltung.

Im Zuge einer ersten Näherung kann $\mathbb{H}^{(1)}$ berechnet werden, indem man die Werte der nullten Näherung verwendet, d. h. wir können in (VII, 175) die Eigenwerte einsetzen und erhalten

$$2(\overline{\mathfrak{S}\,\mathfrak{L}}) = \frac{h^2}{4\pi^2}\{J(J+1) - S(S+1) - L(L+1)\}, \qquad \text{(VII, 176)}$$

wo in unserem speziellen Fall $S = \tfrac{1}{2}$ ist. Hierdurch wird $H_{kk}^{(1)}$ zu einer Diagonalmatrix mit den Elementen

$$H_{\xi\xi}^{(1)} = -\frac{h^2 e L}{16\pi^2 m_0^2 c^2} \int \frac{\psi_k^* \psi_k}{r} \frac{dU}{dr} dV \qquad \text{(VII, 177)}$$

für $J = L + \tfrac{1}{2}$ und

$$H_{\eta\eta}^{(1)} = \frac{h^2 e (L+1)}{16\pi^2 m_0^2 c^2} \int \frac{\psi_k^* \psi_k}{r} \frac{dU}{dr} dV \qquad \text{(VII, 178)}$$

für $J = L - \tfrac{1}{2}$. Die $2J + 1$ fache Entartung der durch J gekennzeichneten Terme wird nicht aufgehoben, d. h. $H_{\xi\xi}^{(1)}$ wiederholt sich $2L + 2$ mal, $H_{\eta\eta}^{(1)}$ nur $2L$ mal.

Wir erhalten damit die Dublettaufspaltung

$$\Delta\varepsilon_k^{(1)} = H_{\eta\eta}^{(1)} - H_{\xi\xi}^{(1)} = \frac{h^2 e (2L+1)}{16\pi^2 m_0^2 c^2} \int \frac{\psi_k^* \psi_k}{r} \frac{dU}{dr} dV \qquad \text{(VII, 179)}$$

des zu L gehörigen Quantenzustands, die im Gegensatz zu der relativistischen Verschiebung $H'_{\xi\xi} = H'_{\eta\eta}$ experimentell leicht beobachtbar ist. Eine Ausnahme hiervon bilden nur die S-Terme, weil für $L = 0$ nur $J = \tfrac{1}{2}$ möglich ist, wodurch (VII, 176) einfach $(\overline{\mathfrak{S}\,\mathfrak{L}}) = 0$ ergibt.

Setzen wir für U das Coulombsche Potential

$$U = \frac{Ze}{4\pi\varepsilon_0 r} \qquad \text{(VII, 180)}$$

ein, so ist

$$\frac{1}{r}\frac{dU}{dr} = -\frac{Ze}{4\pi\varepsilon_0 r^3}. \qquad \text{(VII, 181)}$$

Setzt man für eine angenäherte Berechnung die Eigenfunktionen des Coulombschen Feldes von S. 849 ein, so erhält man nach (III, 146) von S. 854 das Integral

$$\int \frac{\psi_k^* \psi_k}{r^3} dV = \frac{Z^3}{n^3 a^3 L(L+1)(L+\tfrac{1}{2})}. \qquad \text{(VII, 182)}$$

a hat die Bedeutung

$$a = \frac{h^2 \varepsilon_0}{\pi m_0 e^2} \qquad \text{(VII, 183)}$$

des Radius der ersten Bohrschen Bahn, und n ist die Hauptquantenzahl. Mit der Rydbergkonstanten

$$R = \frac{m_0 e^4}{8\varepsilon_0^2 h^3 c} \qquad \text{(VII, 184)}$$

finden wir endlich die Dublettaufspaltung

$$\Delta\varepsilon_k^{(1)} = h c R \left(\frac{e^2}{2 h c \varepsilon_0}\right) \frac{Z^4}{n^3 L(L+1)} = h c R \alpha^2 \frac{Z^4}{n^3 L(L+1)}. \qquad \text{(VII, 185)}$$

H. VII. Relativistische Quantentheorie. Der Elektronenspin.

Die Größe

$$\alpha = \frac{e^2}{2 h c \varepsilon_0} = \frac{e^2 \mu_0 c}{2 h} = \frac{1}{137,1} \qquad (VII, 186)$$

ist eine absolute Zahl und heißt Sommerfeldsche Feinstrukturkonstante. Gleichung (VII, 185) ist die Sommerfeldsche Feinstrukturformel. Sie wurde von Sommerfeld schon vor der endgültigen Formulierung der Quantentheorie aus relativistischen Betrachtungen gewonnen und beherrscht die Struktur der Dubletterme. Triplett, Quartett und höhere Multiplettstrukturen können selbstverständlich nicht aus der Theorie eines Einzelelektrons abgeleitet werden, da diese Strukturen das Zusammenwirken mehrerer Elektronen erfordern. Man kann aber sinngemäß verfahren, indem man größere Werte der Spinquantenzahl als $S = \frac{1}{2}$ zuläßt und kommt dann zu analogen Formeln.

**§ 8. Mitwirkung des Spins an den magnetischen Effekten.

Inhalt: Die Berücksichtigung des Magnetfeldes liefert Störungsglieder zum Hamiltonoperator. Zeemaneffekt im schwachen Magnetfeld, Paschen-Back-Effekt im starken Feld.
Bezeichnungen: wie S. 1112.

Der Elektronenspin ist nicht nur die Ursache der Feinstruktur, sondern auch des anomalen Zeemaneffektes, dessen Tatsachen schon auf S. 891 ausführlich geschildert worden sind. Den anomalen Zeemaneffekt der Dubletterme kann man aus Gl. (VII, 130) herleiten.

Wie in § 7 setzen wir für das Zentralfeld des Atoms

$$U = \mu_0 c \, \Phi; \quad \mu_0 c \, \text{grad} \, \Phi = \text{grad} \, U = \frac{\mathfrak{r}}{r} \frac{dU}{dr}. \qquad (VII, 187)$$

Wegen

$$\text{div} \, \mathfrak{A} = 0 \qquad (VII, 188)$$

erhalten wir

$$\frac{1}{2 m_0} \left(\frac{h}{2 \pi i} \nabla + e \mu_0 \mathfrak{A} \right)^2 \Psi_a = -\frac{h^2}{8 \pi^2 m_0} \Delta \Psi_a + \\ + \frac{h e \mu_0}{2 \pi i m_0} (\mathfrak{A} \nabla) \Psi_a + \frac{e^2 \mu_0^2}{2 m_0} \mathfrak{A}^2 \Psi_a. \qquad (VII, 189)$$

Damit geht (VII, 130) in

$$0 = -\frac{h^2}{8 \pi^2 m_0} \Delta \Psi_a - (\varepsilon + e U) \Psi_a + \\ - \frac{e}{2 m_0^2 c^2 r} \frac{dU}{dr} (\mathfrak{S} \mathfrak{L}) + \\ + \frac{h^2 e}{16 \pi^2 m_0^2 c^2} \frac{dU}{dr} \frac{\partial \Psi_a}{\partial r} - \frac{1}{2 m_0 c^2} (\varepsilon + e U)^2 \Psi_a + \qquad (VII, 190) \\ + \frac{h e \mu_0}{2 \pi i m_0} (\mathfrak{A} \nabla) \Psi_a + \frac{e \mu_0}{m_0} (\mathfrak{S} \mathfrak{H}) \Psi_a + \frac{2 \pi i e^2 \mu_0}{h m_0^2 c^2 r} \frac{dU}{dr} (\mathfrak{S} \mathfrak{r}) (\mathfrak{S} \mathfrak{A}) \Psi_a + \\ + \frac{e^2 \mu_0^2}{2 m_0} \mathfrak{A}^2 \Psi_a$$

über, wenn man die Operatoren $\mathfrak{S}$ und $\mathfrak{L}$ verwendet. Führen wir wieder die Operatoren $\mathbf{H}^{(0)}$, $\mathbf{H}^{(1)}$ und $\mathbf{H}'$ von S. 1113 ein und definieren außerdem die

**§ 8. Mitwirkung des Spins an den magnetischen Effekten.

Operatoren

$$\mathbb{H}^{(2)} = \frac{h\,e\,\mu_0}{2\pi i\,m_0}(\mathfrak{A}\nabla) + \frac{e\,\mu_0}{m_0}(\mathfrak{S}\mathfrak{H}) + \frac{2\pi i\,e^2\,\mu_0}{h\,m_0^2\,c^2\,r}\frac{dU}{dr}(\mathfrak{S}\mathfrak{r})(\mathfrak{H}\mathfrak{A}) \qquad \text{(VII, 191)}$$

$$\mathbb{H}^{(3)} = \frac{e^2\,\mu_0^2}{2\,m_0}\mathfrak{A}^2, \qquad \text{(VII, 192)}$$

so geht (VII, 190) in

$$\mathbb{H}^0\Psi_a + \mathbb{H}^{(1)}\Psi_a + \mathbb{H}'\Psi_a + \mathbb{H}^{(2)}\Psi_a + \mathbb{H}^{(3)}\Psi_a - \varepsilon\Psi_a = 0 \qquad \text{(VII, 193)}$$

über. $\mathbb{H}^{(0)}$ ist der Hauptteil des Energieoperators, welcher die Terme bestimmt, wenn man vom Spin, Magnetfeld und relativistischen Effekten absieht. $\mathbb{H}'$ enthält die relativistischen Effekte, welche weder mit dem Spin noch mit dem Magnetfeld zusammenhängen. $\mathbb{H}'$ ist ein Diagonaloperator, der nur eine Termverschiebung hervorbringt, aber keine Aufspaltung liefert und deswegen nicht interessiert. Wir können $\mathbb{H}'$ entweder vernachlässigen oder zu $\mathbb{H}^{(0)}$ schlagen. $\mathbb{H}^{(1)}$ liefert für sich allein die Dublettaufspaltung, welche wir in § 7 berechnet haben. In $\mathbb{H}^{(2)}$ sind die Effekte enthalten, welche dem Magnetfeld proportional sind, während $\mathbb{H}^{(3)}$ dem Quadrat des Magnetfeldes proportional und deshalb klein ist. $\mathbb{H}^{(3)}$ bringt überdies nur eine Verschiebung der Terme und keine Aufspaltung hervor und bewirkt den Diamagnetismus. Diese Wirkung ist schon auf S. 982 untersucht.

Um die Überlegung nicht durch Nebensächlichkeiten zu verwickeln, lassen wir die Operatoren H' und $H^{(3)}$ ganz weg. Verzichten können wir auch auf den Anteil

$$\frac{2\pi i\,e^2\,\mu_0}{h\,m_0^2\,c^2\,r}\frac{dU}{dr}(\mathfrak{S}\mathfrak{r})(\mathfrak{H}\mathfrak{A}), \qquad \text{(VII, 194)}$$

der zwar im Magnetfeld linear, jedoch wegen c^2 im Nenner klein gegen die beiden anderen linearen Anteile ist.

Ist das Magnetfeld homogen, so lautet sein Vektorpotential

$$\mathfrak{A} = \frac{1}{2}[\mathfrak{H}\mathfrak{r}]. \qquad \text{(VII, 195)}$$

Wir erhalten daraus

$$(\mathfrak{A}\nabla) = \frac{1}{2}([\mathfrak{H}\mathfrak{r}]\nabla) = \frac{1}{2}(\mathfrak{H}[\mathfrak{r}\nabla]) = \frac{\pi i}{h}(\mathfrak{H}\mathfrak{L}), \qquad \text{(VII, 196)}$$

Damit entsteht

$$\mathbb{H}^{(2)} = \frac{e\,\mu_0}{2\,m_0}(\mathfrak{L}\mathfrak{H} + 2\mathfrak{S}\mathfrak{H}) \qquad \text{(VII, 197)}$$

bzw.

$$\mathbb{H}^{(2)} = \frac{e\,\mu_0}{2\,m_0}(\mathfrak{J}\mathfrak{H} + \mathfrak{S}\mathfrak{H}). \qquad \text{(VII, 198)}$$

Außer den uninteressanten Verschiebungen, welche von $\mathbb{H}'$ und $\mathbb{H}^{(3)}$ herrühren, haben wir also $\mathbb{H}^{(1)}$ und $\mathbb{H}^{(2)}$ zu berücksichtigen. Wir wollen zuerst die Größenordnung der beiden Energiebeiträge abschätzen. Die von $\mathbb{H}^{(1)}$ verursachten Dublettaufspaltungen werden durch die Formel [(VII, 185), S. 1115]

$$\Delta\varepsilon_k^{(1)} = h\,c\,R\,\alpha^2\,\frac{Z^4}{n^3\,L(L+1)} \qquad \text{(VII, 199)}$$

wiedergegeben. $hcR\alpha^2$ hat in JOULE (Wattsekunden) den Wert $1{,}15 \cdot 10^{-22}$. Da das Magneton $1{,}17 \cdot 10^{-29}$ Voltsekundenmeter beträgt, bleibt die Dublettaufspaltung bei Feldern bis 10^6 Ampere pro Meter noch eine Größenordnung größer als die magnetischen Effekte, wenn

$$\frac{Z^4}{n^3 L(L+1)} \qquad \text{(VII, 200)}$$

die Größenordnung 1 hat. Bei mäßigen Magnetfeldern wird also die Dublettaufspaltung in erster Näherung zu berücksichtigen sein, während das Magnetfeld die zweite Näherung liefert. In diesem Fall entsteht der anormale Zeemaneffekt.

In sehr starken Magnetfeldern oder bei höheren Hauptquantenzahlen wird man dagegen $\mathbb{H}^{(2)}$ vor $\mathbb{H}^{(1)}$ berücksichtigen müssen (Paschen-Back-Effekt). Dies trifft immer zu für S-Terme, wo $\mathbb{H}^{(1)}$ überhaupt keinen Beitrag liefert.

Wir untersuchen zuerst den anormalen Zeemaneffekt im schwachen Feld. In der ersten Näherung, die wir in § 7 durchgeführt haben, wurden die stationären Zustände durch die Quantenzahlen $L, S, J = L \pm \frac{1}{2}$ und M charakterisiert. Die Energie hängt aber nicht von M ab. Wir müssen jetzt die Untermatrizen $H^{(2)}_{\xi\xi}$ und $H^{(2)}_{\eta\eta}$ bilden. $H^{(2)}_{\xi\xi}$ ist der Erwartungswert des Operators $\mathbb{H}^{(2)}$, wenn $J = L + \frac{1}{2}$ ist. Er spaltet noch in $2J+1 = 2L+2$ verschiedene Werte auf. $H^{(2)}_{\eta\eta}$ ist der Erwartungswert des Operators $\mathbb{H}^{(2)}$ wenn $J = L - \frac{1}{2}$ ist und spaltet in $2J + 1 = 2L$ verschiedene Werte auf.

Die Erwartungswerte der Komponenten von $\mathfrak{L}$ und $\mathfrak{S}$ senkrecht zu $\mathfrak{J}$ verschwinden wegen der Symmetrie um $\mathfrak{J}$. Wir finden deshalb den Erwartungswert

$$\widetilde{\mathfrak{L}} = \frac{(\mathfrak{J}\mathfrak{L})}{\mathfrak{J}^2}\mathfrak{J} \qquad \text{(VII, 201)}$$

von $\mathfrak{L}$ und den Erwartungswert

$$\widetilde{\mathfrak{S}} = \frac{(\mathfrak{S}\mathfrak{J})}{\mathfrak{J}^2}\mathfrak{J} \qquad \text{(VII, 202)}$$

von $\mathfrak{S}$.

Addieren wir zu (s. VII, 175, S. 1114)

$$2(\mathfrak{S}\mathfrak{L}) = \mathfrak{J}^2 - \mathfrak{L}^2 - \mathfrak{S}^2 \qquad \text{(VII, 203)}$$

$2\mathfrak{L}^2$ bzw. $2\mathfrak{S}^2$, so entstehen die Diagonaloperatoren

$$2(\mathfrak{J}\mathfrak{L}) = \mathfrak{J}^2 + \mathfrak{L}^2 - \mathfrak{S}^2 \qquad \text{(VII, 204)}$$

bzw.

$$2(\mathfrak{S}\mathfrak{J}) = \mathfrak{J}^2 - \mathfrak{L}^2 + \mathfrak{S}^2. \qquad \text{(VII, 205)}$$

Drücken wir noch die rechten Seiten mit den Eigenwerten aus, so finden wir

$$\widetilde{\mathfrak{L}} = \mathfrak{J}\frac{J(J+1) + L(L+1) - S(S+1)}{2J(J+1)}, \qquad \text{(VII, 206)}$$

$$\widetilde{\mathfrak{S}} = \mathfrak{J}\frac{J(J+1) - L(L+1) + S(S+1)}{2J(J+1)}. \qquad \text{(VII, 207)}$$

Wir legen nun die z-Achse eines Koordinatensystems in die Richtung des Magnetfeldes, bezeichnen seinen Betrag mit H und errechnen den Erwartungswert

$$\begin{aligned}\overline{H^{(2)}} &= \frac{e\mu_0}{2m_0}(\{\widetilde{\mathfrak{L}} + 2\widetilde{\mathfrak{S}}\}\mathfrak{H}) \\ &= \frac{e\mu_0}{2m_0} H \widetilde{J}_z \frac{3J(J+1) - L(L+1) + S(S+1)}{2J(J+1)}\end{aligned} \qquad \text{(VII, 208)}$$

*§ 9. Elektron und Positron.

von $\mathbb{H}^{(2)}$. Die Energiestörungen

$$\varepsilon_k^{(2)} = \frac{h e \mu_0}{4\pi m_0} H M \frac{3J(J+1) - L(L+1) + S(S+1)}{2J(J+1)} \qquad \text{(VII, 209)}$$

finden wir in Übereinstimmung mit S. 892, wenn für $\tilde{J}_z$ die Eigenwerte $hM/2\pi$ einsetzen. Damit ist auch das Vektorgerüst der elementaren Theorie begründet (s. Abb. 334).

Im starken Feld muß $\mathbb{H}^{(2)}$ vor $\mathbb{H}^{(1)}$ berücksichtigt werden. Liegt das Feld in der z-Richtung, so geht $\mathbb{H}^{(2)}$ in

$$\mathbb{H}^{(2)} = \frac{e \mu_0}{2 m_0} H(\mathbb{L}_z + 2\mathbb{S}_z) \qquad \text{(VII, 210)}$$

über. In dieser Näherung sind mit $\mathbb{H}^{(2)}$ die Operatoren $\mathbb{L}_z$, $\mathbb{S}_z$, $\mathfrak{L}^2$ und natürlich $\mathbb{S}_x^2$, $\mathbb{S}_y^2$ und $\mathbb{S}_z^2$ vertauschbar. Diese Operatoren sind auch unter sich vertauschbar. Die Eigenwerte von $\mathbb{L}_z$ sind $hM_L/2\pi$, die von $\mathbb{S}_z$ sind $\pm h/4\pi$. Damit erhalten wir in erster Näherung

$$\overline{H^{(2)}} = \frac{h e \mu_0}{4\pi m_0} H(M_L \pm 1). \qquad \text{(VII, 211)}$$

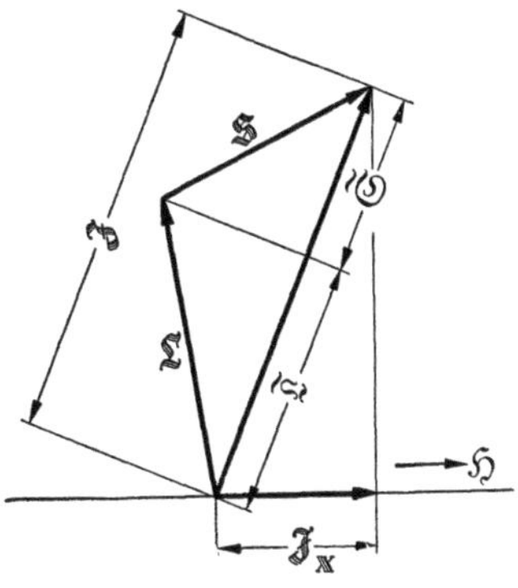

Abb. 334. Vektorgerüst des anormalen Zeemaneffekts.

In zweiter Näherung muß nun die Störung durch $H^{(1)}$ ergänzt werden. Die Erwartungswerte von $(\mathfrak{S}\mathfrak{L})$ sind jetzt

$$2\overline{(\mathfrak{S}\mathfrak{L})} = 2\overline{S_z L_z} = \pm \frac{h^2}{4\pi^2} M_L, \qquad \text{(VII, 212)}$$

woraus sich die Anteile von $\mathbb{H}^{(1)}$ bei sehr großen Feldern (Paschen-Back-Effekt) ergeben. Sind $\mathbb{H}^{(1)}$ und $\mathbb{H}^{(2)}$ von gleicher Größenordnung, so müssen beide Störungen gleichzeitig behandelt werden, was die Berechnung erheblich erschwert.

*§ 9. Elektron und Positron.

Inhalt: Die konjugiert komplexe Wellenfunktion eines Elektrons ist die eines Positrons. Die Eigenwerte eines Positrons sind die Eigenwerte des Elektrons mit umgekehrtem Vorzeichen. Das Elektron besitzt kontinuierliche Eigenwerte von $E = -m_0 c^2$ nach abwärts. Entstehung eines Elektrons und eines Positrons als Zwilling. Zerstrahlung des Positrons.
Bezeichnungen: β, β_x, β_y, β_z, β_ϑ Spinmatrizen, $\mho$ elektrodynamisches Viererpotential, m_0 Ruhmasse, c Lichtgeschwindigkeit, p_ϑ zeitliche Impulskomponente, Ψ_{pos}, Ψ_{el} Wellenfunktionen von Positron und Elektron.

Wir kehren jetzt wieder zur ursprünglichen Diracschen Gleichung zurück. Setzen wir (s. Gl. VII, 69, S. 1100)

$$\beta_x = \beta_1; \quad \beta_y = \beta_2; \quad \beta_z = \beta_4; \quad \beta_\vartheta = \beta_3, \qquad \text{(VII, 213)}$$

so sind die Operatoren $(\beta \square)$ und $(\beta \mho)$ reell. Gegen (VII, 89) nehmen wir also eine Vertauschung der Operatoren β vor. Außer der Diracschen Gleichung

$$\left\{ \frac{h}{2\pi i}(\beta \square) + e\mu_0(\beta \mho) - i m_0 c \right\} \Psi = 0 \qquad \text{(VII, 214)}$$

muß dann auch die zu ihr konjugiert komplexe Gleichung

$$\left\{ -\frac{h}{2\pi i}(\beta \square) + e\mu_0(\beta \mho) + i m_0 c \right\} \Psi^* = 0 \qquad \text{(VII, 215)}$$

gelten. Multiplizieren wir mit -1, so erfüllt Ψ^* die Gleichung

$$\left\{\frac{h}{2\pi i}(\beta\,\square) - e\,\mu_0(\beta\,\circlearrowleft) - i\,m_0\,c\right\}\Psi^* = 0, \qquad \text{(VII, 216)}$$

welche für die Wellenfunktion eines Teilchens mit der Ladung $+e$ aufzustellen wäre. Solche Teilchen sind als Positronen bekannt.

Zwischen Elektronen und den Positronen gilt also bei dieser Wahl der β die Beziehung

$$\Psi^*_{\text{el}} = \Psi_{\text{pos}}. \qquad \text{(VII, 217)}$$

Die Gesamtenergie eines Elektrons ist

$$E_{\text{el}} = -\int \Psi^*_{\text{el}}\,i\,c\,\mathbb{p}_\vartheta\,\Psi_{\text{el}}\,d\tau = -\frac{h}{2\pi i}\int \Psi^*_{\text{el}}\frac{\partial \Psi_{\text{el}}}{\partial t}\,d\tau \qquad \text{(VII, 218)}$$

und die eines Positrons

$$E_{\text{pos}} = -\int \Psi^*_{\text{pos}}\,i\,c\,\mathbb{p}_\vartheta\,\Psi_{\text{pos}}\,d\tau = -\frac{h}{2\pi i}\int \Psi^*_{\text{pos}}\frac{\partial \Psi_{\text{pos}}}{\partial t}\,d\tau \qquad \text{(VII, 219)}$$

$$= -\frac{h}{2\pi i}\int \Psi_{\text{el}}\frac{\partial \Psi^*_{\text{el}}}{\partial t}\,d\tau = -\frac{h}{2\pi i}\int \left\{\frac{\partial}{\partial t}(\Psi^*_{\text{el}}\Psi_{\text{el}}) - \Psi^*_{\text{el}}\frac{\partial \Psi_{\text{el}}}{\partial t}\right\}d\tau$$

$$= -E_{\text{el}}.$$

Es ergibt sich also

$$E_{\text{pos}} = -E_{\text{el}}. \qquad \text{(VII, 220)}$$

Zu jeder Energie des Elektrons gibt es einen negativen Energiewert vom gleichen Betrag des Positrons und umgekehrt.

Ein freies Elektron oder Positron kann Energien von $m_0 c^2$ aufwärts besitzen. Daraus müssen wir den merkwürdigen Schluß ziehen, daß beide Teilchen auch Energien von $-m_0 c^2$ an abwärts haben können. Dies wären Zustände von Positronen und Elektronen mit negativen Massen.

Im Felde eines Protons hat ein Elektron zunächst die Wasserstoffterme, die etwas unter $m_0 c^2$ liegen, und das kontinuierliche Eigenwertspektrum oberhalb $m_0 c^2$. Da aber ein Positron am Wasserstoffkern die kontinuierlichen Eigenwerte von $m_0 c^2$ an aufwärts aufweist, muß ein Elektron am Proton noch einen zweiten kontinuierlichen Teil des Spektrums von $E = -m_0 c^2$ bis $E = -\infty$ besitzen. In Abb. 335 ist dies graphisch angedeutet. Diese seltsame Folgerung macht der Theorie große Schwierigkeiten und führt zu interessanten Problemen, über die die Untersuchungen noch nicht abgeschlossen sind.

Zunächst könnte man daran denken, daß Elektronen vielleicht aus den gewöhnlichen Zuständen niemals in Zustände negativer Energie übergehen könnten. Durch eine Rechnung, die wir hier nicht wiedergeben wollen, hat man gezeigt, daß dies bei freien Elektronen tatsächlich zutrifft. In dem Kraftfeld eines Atomkernes können sich die Elektronen aber unter Ausstrahlung des Energiebetrages

$$h\nu = 2m_0 c^2 \approx 10^6\,e\,\text{Volt} \qquad \text{(VII, 221)}$$

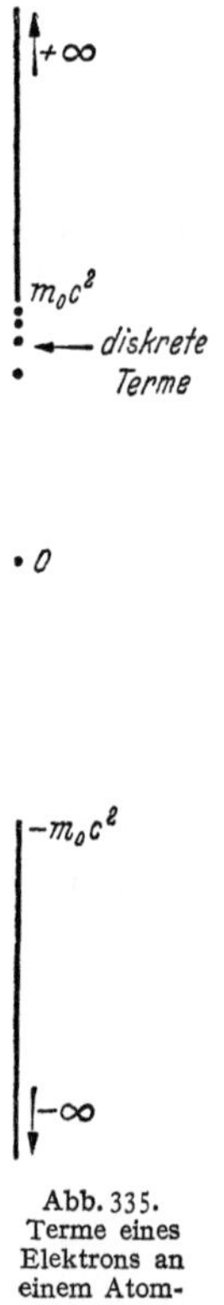

Abb. 335. Terme eines Elektrons an einem Atomkern.

*§ 9. Elektron und Positron. 1121

in Elektronen negativer Masse verwandeln. Für diesen Vorgang errechnet man eine so große Übergangswahrscheinlichkeit, daß sich die Umwandlung an einem Wasserstoffatom in 10^{-9} sec vollziehen müßte. Für andere Atome erhält man ähnliche Größenordnungen. In Wirklichkeit sind die Atome aber stabil, und auch von der Ausstrahlung (VII, 221) ist nichts zu merken.

DIRAC hat die kühne Hypothese aufgestellt, daß die Zustände negativer Energie schon sämtlich mit Elektronen besetzt seien und daß deshalb keine Übergänge mehr in sie stattfinden können. Damit wird in der Tat die Stabilität der Atome gerettet. Man muß aber jetzt erwarten, daß Elektronen durch Strahlung der Frequenz (VII, 221) aus der „Unterwelt" der Zustände negativer Energie in die gewöhnlichen Zustände gehoben werden können, wenn ein Atomkern in der Nähe ist, also auf diese Weise gewissermaßen erschaffen werden. Es spricht für den großen Wahrheitsgehalt der relativistischen Quantentheorie, daß man etwas Derartiges wirklich beobachten kann, wenn man z. B. die γ-Strahlung von ThC'' in eine Wilsonkammer eintreten läßt. Bei dieser Gelegenheit wird allerdings nicht nur ein Elektron, sondern mit ihm zusammen ein Positron erzeugt, und zwar zur gleichen Zeit und an derselben Stelle des Raums. Von dieser Stelle gehen zwei Nebelspuren aus, die im Magnetfeld entgegengesetzt gekrümmt sind und die man bei stereoskoper Ausmessung zur Berechnung der Geschwindigkeit der Teilchen verwerten kann.

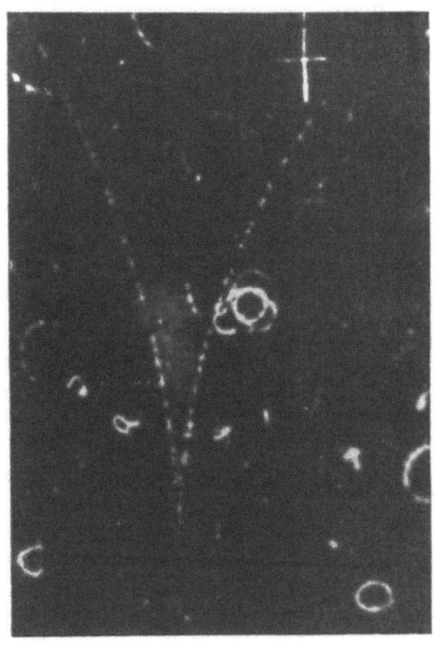

Abb. 336. Zwilling von Elektron und Positron im Magnetfeld. Die Bahnen der Teilchen zeigen wegen entgegengesetzter Ladung entgegengesetzte Krümmung.

Eine Wilsonkammerphotographie einer solchen „Zwillingsbildung" zeigt die Abb. 336. Bestimmt man aus den Bahnen die kinetische Energie beider Teilchen und zieht sie von der Energie des γ-Quants ab, so findet man in ziemlich genauer Übereinstimmung mit (VII, 221) einen Energiebedarf für die Erschaffung eines Elektrons und eines Positrons von 10^6 eVolt.

Diese Feststellung hat zu der weiteren Hypothese geführt, daß das Positron nichts anderes als die Lücke ist, die das Elektron bei seiner Hebung in die „Oberwelt" im Kontinuum der Unterwelt zurückläßt. In der Tat muß ein Loch in dem Kontinuum negativer Masse und Ladung wie ein Teilchen positiver Masse und Ladung wirken. Wenn dies aber richtig ist, so muß die Strahlung (VII, 221) einsetzen, wenn ein Elektron positiver Masse eine solche Lücke, also ein Positron trifft. Das Positron darf also nur im Vakuum ein beständiges Teilchen sein, muß dagegen in Gegenwart von Elektronen „zerstrahlen". Dies entspricht genau der Beobachtung nur mit dem Unterschied, daß nicht ein Lichtquant der Frequenz (VII, 221) ausgesandt wird, sondern zwei Lichtquanten der halben Frequenz.

Noch sind damit aber nicht alle Fragen gelöst, die durch die Diracsche Unterwelt entstehen. Wie kommt es z. B., daß von der unendlichen Ladung, die dem Kontinuum der Zustände negativer Energie anhaftet, nichts zu merken ist? Auch in dieser Richtung sind theoretische Untersuchungen unternommen worden, die wir in dem Abschnitt Feldtheorie der Materie kurz streifen werden.

**§ 10. Exakte Lösung der Diracschen Gleichung für das Wasserstoffatom.

Inhalt: Feinstruktur der Wasserstoffterme nach der Diracschen Gleichung.

Bezeichnungen: Indizes $a\xi$, $a\eta$ für die beiden Hauptteile der Eigenfunktionen, $b\xi$ und $b\eta$ für die Nebenkomponenten, Y_k^l Kugelflächenfunktion, λ_0 Comptonwellenlänge, α Feinstrukturkonstante, m magnetische Quantenzahl, j Quantenzahl des Gesamtdrehimpulses, l Nebenquantenzahl, n Hauptquantenzahl, $\eta = E/m_0 c^2$, m_0 Ruhmasse.

In der nichtrelativistischen Quantentheorie ist das Wasserstoffatom der Modellfall für die quantentheoretische Behandlung der Atome geworden, der auch für verwickeltere Probleme als Ausgangspunkt der Näherungsverfahren dient. Es liegt deshalb nahe zu versuchen, eine exakte Lösung der Diracschen Gleichung für den Wasserstoff zu suchen. Einerseits kann man dann die Unterschiede gegen die nichtrelativistische Behandlung deutlich erkennen, andererseits gibt diese Berechnung auch Hinweise für schwierigere Probleme.

Die Lösung der Diracschen Gleichung ist allerdings bedeutend umständlicher als die Lösung des nichtrelativistischen Wasserstoffproblems. Ein stationärer Zustand des Elektrons wird durch die Gruppe der vier Funktionen

$$\psi_{a\xi}; \quad \psi_{a\eta}; \quad \psi_{b\xi}; \quad \psi_{b\eta} \qquad (\text{VII}, 238)$$

beschrieben, welche in die 4-komponentige Eigenfunktion ψ zusammengefaßt werden. Um die Schreibweise zu vereinfachen, verzichten wir hier im Gegensatz zu § 5 auf die Normierung der Funktionen und können uns dann die Faktoren $u_{a\xi}$, $u_{b\xi}$, $u_{a\eta}$, $u_{b\eta}$ mit den ψ-Funktionen vereinigt denken. Für stationäre Zustände ohne Magnetfeld geht dann die Dirac-Gleichung (VII, 112) in

$$\frac{hc}{2\pi} \tau_2'(\boldsymbol{\tau} \nabla) \psi - \tau_1'(E + e\mu_0 c \Phi)\psi + m_0 c^2 \psi = 0 \qquad \text{(VII, 239)}$$

über, wenn kein äußeres Magnetfeld vorhanden ist. Zerlegt man in die vier Komponenten, so erhält man die vier Gleichungen

$$\left.\begin{aligned}
\frac{2\pi}{hc}(E + e\mu_0 c \Phi - m_0 c^2)\psi_{a\xi} &= \left(\frac{\partial}{\partial x} - i\frac{\partial}{\partial y}\right)\psi_{b\eta} + \frac{\partial \psi_{b\xi}}{\partial z}, \\
\frac{2\pi}{hc}(E + e\mu_0 c \Phi - m_0 c^2)\psi_{a\eta} &= \left(\frac{\partial}{\partial x} + i\frac{\partial}{\partial y}\right)\psi_{b\xi} - \frac{\partial \psi_{b\eta}}{\partial z}, \\
-\frac{2\pi}{hc}(E + e\mu_0 c \Phi + m_0 c^2)\psi_{b\xi} &= \left(\frac{\partial}{\partial x} - i\frac{\partial}{\partial y}\right)\psi_{a\eta} + \frac{\partial \psi_{a\xi}}{\partial z}, \\
-\frac{2\pi}{hc}(E + e\mu_0 c \Phi + m_0 c^2)\psi_{b\eta} &= \left(\frac{\partial}{\partial x} + i\frac{\partial}{\partial y}\right)\psi_{a\xi} - \frac{\partial \psi_{a\eta}}{\partial z}.
\end{aligned}\right\} \quad \text{(VII, 240)}$$

Nun werden wir wie in der nichtrelativistischen Theorie versuchen, jede der vier Funktionen $\psi_{a\xi}$, $\psi_{a\eta}$ usw. aus einem radialen Anteil und einer Kugelflächenfunktion zusammenzusetzen. Ist f eine Funktion von r und $Y_k^l(\vartheta, \varphi)$ eine Kugelflächenfunktion, so kann man nach allerdings mühsamer Rechnung

§ 10. Exakte Lösung der Diracschen Gleichung für das Wasserstoffatom.

die Relation

$$\left.\begin{aligned}\frac{\partial}{\partial z}(f\,Y_k^l) &= \sqrt{\frac{(l+k+1)(l-k+1)}{(2l+3)(2l+1)}}\,Y_k^{l+1}\!\left(\frac{df}{dr}-l\frac{f}{r}\right)+ \\ &\quad + \sqrt{\frac{(l+k)(l-k)}{(2l+1)(2l-1)}}\,Y_k^{l-1}\!\left(\frac{df}{dr}+(l+1)\frac{f}{r}\right), \\ \left(\frac{\partial}{\partial x}+i\frac{\partial}{\partial y}\right)(f\,Y_k^l) &= \sqrt{\frac{(l+k+2)(l+k+1)}{(2l+3)(2l+1)}}\,Y_{k+1}^{l+1}\!\left(\frac{df}{dr}-l\frac{f}{r}\right)- \\ &\quad - \sqrt{\frac{(l-k)(l-k-1)}{(2l+1)(2l-1)}}\,Y_{k+1}^{l-1}\!\left(\frac{df}{dr}+(l+1)\frac{f}{r}\right), \\ \left(\frac{\partial}{\partial x}-i\frac{\partial}{\partial y}\right)(f\,Y_k^l) &= -\sqrt{\frac{(l-k+2)(l-k+1)}{(2l+3)(2l+1)}}\,Y_{k-1}^{l+1}\!\left(\frac{df}{dr}-l\frac{f}{r}\right)+ \\ &\quad + \sqrt{\frac{(l+k)(l+k-1)}{(2l+1)(2l-1)}}\,Y_{k-1}^{l-1}\!\left(\frac{df}{dr}+(l+1)\frac{f}{r}\right)\end{aligned}\right\} \quad \text{(VII, 241)}$$

finden. Setzen wir nun

$$\left.\begin{aligned}\psi_{a\xi} &= f_a(r)\sqrt{\frac{j-m+1}{2j+2}}\,Y_{m-\frac{1}{2}}^{j+\frac{1}{2}}, \\ \psi_{a\eta} &= f_a(r)\sqrt{\frac{j+m+1}{2j+2}}\,Y_{m+\frac{1}{2}}^{j+\frac{1}{2}}, \\ \psi_{b\xi} &= f_b(r)\sqrt{\frac{j+m}{2j}}\,Y_{m-\frac{1}{2}}^{j-\frac{1}{2}}, \\ \psi_{b\eta} &= -f_b(r)\sqrt{\frac{j-m}{2j}}\,Y_{m+\frac{1}{2}}^{j-\frac{1}{2}},\end{aligned}\right\} \quad \text{(VII, 242)}$$

wobei j und m halbzahlig sein sollen, und gehen in (VII, 240) ein, so entsteht aus den beiden ersten Gleichungen

$$\frac{2\pi}{hc}(E+e\mu_0 c\,\Phi - m_0 c^2)\,f_a(r) = \frac{df_a}{dr} - \left(j-\frac{1}{2}\right)\frac{f_a}{r} \quad \text{(VII, 243)}$$

und aus den beiden letzten

$$-\frac{2\pi}{hc}(E+e\mu_0 c\,\Phi + m_0 c^2)\,f_b(r) = \frac{df_b}{dr} + \left(j+\frac{3}{2}\right)\frac{f_b}{r}. \quad \text{(VII, 244)}$$

Daß man nur zwei Gleichungen erhält und daß diese Gleichungen die Winkel nicht mehr enthalten, bestätigt die Richtigkeit der Ansätze (VII, 242).

Wir können aber (VII, 240) auch durch den Ansatz

$$\left.\begin{aligned}\psi_{a\xi} &= g_a(r)\sqrt{\frac{j+m}{2j}}\,Y_{m-\frac{1}{2}}^{j-\frac{1}{2}}, \\ \psi_{a\eta} &= -g_a(r)\sqrt{\frac{j-m}{2j}}\,Y_{m+\frac{1}{2}}^{j-\frac{1}{2}}, \\ \psi_{b\xi} &= g_b(r)\sqrt{\frac{j-m+1}{2j+2}}\,Y_{m-\frac{1}{2}}^{j+\frac{1}{2}}, \\ \psi_{b\eta} &= g_b(r)\sqrt{\frac{j+m+1}{2j+2}}\,Y_{m+\frac{1}{2}}^{j+\frac{1}{2}},\end{aligned}\right\} \quad \text{(VII, 245)}$$

71*

befriedigen, bei dem die winkelabhängigen Anteile von a und b vertauscht sind und erhalten

$$\frac{2\pi}{hc}(E + e\mu_0 c\,\Phi - m_0 c^2)\,g_a(r) = \frac{dg_b}{dr} + \left(j + \frac{3}{2}\right)\frac{g_b}{r} \qquad \text{(VII, 246)}$$

und

$$-\frac{2\pi}{hc}(E + e\mu_0 c\,\Phi + m_0 c^2)\,g_b(r) = \frac{dg_a}{dr} - \left(j - \frac{1}{2}\right)\frac{g_a}{r}. \qquad \text{(VII, 247)}$$

Die Funktionen f_a, f_b, g_a, g_b hängen nicht von m, wohl aber von j ab. Eine beträchtliche Vereinfachung tritt ein, wenn wir in die Gleichungen (VII, 243, 244) die ganze negative Zahl

$$\varkappa = -j - \frac{1}{2} \qquad \text{(VII, 248)}$$

und in (VII, 246, 247) die positive Zahl

$$\varkappa = j + \frac{1}{2} \qquad \text{(VII, 249)}$$

einführen. Es entstehen dann die Gleichungen

$$\frac{2\pi}{hc}(E + e\mu_0 c\,\Phi - m_0 c^2)\,F_a(r) = \frac{dF_b}{dr} + (1 + \varkappa)\frac{F_b}{r} \qquad \text{(VII, 250)}$$

bzw.

$$-\frac{2\pi}{hc}(E + e\mu_0 c\,\Phi + m_0 c^2)\,F_b(r) = \frac{dF_a}{dr} + (1 - \varkappa)\frac{F_a}{r}, \qquad \text{(VII, 251)}$$

wobei F eine der Funktionen f für negative $\varkappa$ und eine der Funktionen g für positive $\varkappa$ bedeutet.

Alle bisherigen Überlegungen sind gültig, wenn Φ ein beliebiges kugelsymmetrisches Potential ist. Wir wollen uns jetzt aber auf das Coulombpotential des Wasserstoffs beschränken und setzen

$$e\mu_0 c\,\Phi = \frac{e^2}{4\pi\varepsilon_0 r} = \frac{hc\alpha}{2\pi r}, \qquad \text{(VII, 252)}$$

worin α die Sommerfeldsche Feinstrukturkonstante ist. Führen wir noch die Compton-Wellenlänge

$$\lambda_0 = \frac{h}{m_0 c} \qquad \text{(VII, 253)}$$

und

$$\eta = \frac{E}{m_0 c^2} \qquad \text{(VII, 254)}$$

ein und setzen

$$F = \frac{\chi}{r}, \qquad \text{(VII, 255)}$$

so gelangen wir zu den beiden einfachen Gleichungen

$$\frac{d\chi_b}{dr} = \left(\frac{\alpha}{r} - 2\pi\frac{1-\eta}{\lambda_0}\right)\chi_a - \frac{\varkappa}{r}\chi_b, \qquad \text{(VII, 256)}$$

$$\frac{d\chi_a}{dr} = \frac{\varkappa}{r}\chi_a - \left(\frac{\alpha}{r} + 2\pi\frac{1+\eta}{\lambda_0}\right)\chi_b. \qquad \text{(VII, 257)}$$

Für große r nähern sich χ_a und χ_b dem Verlauf

$$\chi_a = A\sqrt{1+\eta}\,e^{-\frac{2\pi r}{\lambda_0}\sqrt{1-\eta^2}}; \quad \chi_b = A\sqrt{1-\eta}\,e^{-\frac{2\pi r}{\lambda_0}\sqrt{1-\eta^2}}, \qquad \text{(VII, 258)}$$

§ 10. Exakte Lösung der Diracschen Gleichung für das Wasserstoffatom.

Wir machen deshalb den Ansatz

$$\chi_a = (u_1 + u_2)\sqrt{1+\eta}\, e^{-\frac{2\pi r}{\lambda_0}\sqrt{1-\eta^2}}, \qquad (\text{VII}, 259)$$

$$\chi_b = (u_1 - u_2)\sqrt{1-\eta}\, e^{-\frac{2\pi r}{\lambda_0}\sqrt{1-\eta^2}}. \qquad (\text{VII}, 260)$$

u_1 und u_2 sind dabei noch Funktionen von r. Für große r muß u_1 wegen (VII, 258) groß gegen u_2 werden. Für u_1 und u_2 kommen die Gleichungen

$$\frac{du_1}{dr} = \frac{\alpha\eta}{r\sqrt{1-\eta^2}}u_1 + \left(\frac{\varkappa}{r} + \frac{\alpha}{r\sqrt{1-\eta^2}}\right)u_2, \qquad (\text{VII}, 261)$$

$$\frac{du_2}{dr} = \left(\frac{\varkappa}{r} - \frac{\alpha}{r\sqrt{1-\eta^2}}\right)u_1 + \left(\frac{4\pi\sqrt{1-\eta^2}}{\lambda_0} - \frac{\alpha\eta}{r\sqrt{1-\eta^2}}\right)u_2 \qquad (\text{VII}, 262)$$

heraus. Nachdem wir uns bereits des regulären Verlaufs von u_1 und u_2 bei großen r versichert haben, müssen wir noch dafür sorgen, daß diese Funktionen bei $r = 0$ endlich bleiben. Untersucht man das Verhalten für kleine r, so findet man, daß u_1 und u_2 mit dem Faktor

$$r^{\sqrt{\varkappa^2 - \alpha^2}}$$

versehen sein müssen. Wir setzen deshalb die Reihen

$$u_1 = \sum_\sigma a_\sigma r^{\sigma + \sqrt{\varkappa^2 - \alpha^2}}, \qquad (\text{VII}, 263)$$

$$u_2 = \sum_\sigma b_\sigma r^{\sigma + \sqrt{\varkappa^2 - \alpha^2}} \qquad (\text{VII}, 264)$$

an und erhalten für die Koeffizienten a_s und b_s die Gleichungen

$$a_\sigma = \frac{\varkappa + \dfrac{\alpha}{\sqrt{1-\eta^2}}}{\sigma + \sqrt{\varkappa^2 - \alpha^2} - \dfrac{\alpha\eta}{\sqrt{1-\eta^2}}} b_\sigma, \qquad (\text{VII}, 265)$$

$$b_\sigma = \frac{4\pi\sqrt{1-\eta^2}}{\lambda_0} \cdot \frac{\sigma + \sqrt{\varkappa^2 - \alpha^2} - \dfrac{\alpha\eta}{\sqrt{1-\eta^2}}}{\sigma(\sigma + 2\sqrt{\varkappa^2 - \alpha^2})} b_{\sigma-1}. \qquad (\text{VII}, 266)$$

Damit die Reihe der b_σ mit einem letzten Koeffizienten b_{s-1} abbricht, muß

$$\frac{\alpha\eta}{\sqrt{1-\eta^2}} = s + \sqrt{\varkappa^2 - \alpha^2} \qquad (\text{VII}, 267)$$

sein. Wir errechnen daraus die Energiewerte

$$\eta = \frac{1}{\sqrt{1 + \dfrac{\alpha^2}{(s + \sqrt{\varkappa^2 - \alpha^2})^2}}} \qquad (\text{VII}, 268)$$

und

$$E = \frac{m_0 c^2}{\sqrt{1 + \dfrac{\alpha^2}{(s + \sqrt{\varkappa^2 - \alpha^2})^2}}}. \qquad (\text{VII}, 269)$$

Entwickelt man nach Potenzen von α bis α^2, so erhält man die nichtrelativistische Näherung

$$E = m_0 c^2 - \frac{m_0 c^2 \alpha^2}{2(s+|\varkappa|)^2}, \qquad (VII, 270)$$

$$= m_0 c^2 - \frac{m_0 e^4}{8 h^2 \varepsilon_0^2 n^2}, \qquad (VII, 271)$$

wenn man die Hauptquantenzahl

$$n = s + |\varkappa| \qquad (VII, 272)$$

einführt. Mit n nimmt (VII, 269) die Form

$$E = \frac{m_0 c^2}{\sqrt{1 + \frac{\alpha^2}{(n-|\varkappa|+\sqrt{\varkappa^2-\alpha^2})^2}}} \qquad (VII, 273)$$

an. Die Wasserstoffterme hängen also nicht allein von der Hauptquantenzahl n, sondern auch noch geringfügig von

$$|\varkappa| = \left|j + \frac{1}{2}\right| \qquad (VII, 274)$$

ab. Zu negativen $\varkappa$ gehören die Eigenfunktionen (VII, 242). Bei den Hauptanteilen $\psi_{a\xi}$ und $\psi_{a\eta}$ ist der Grad der Kugelfunktion $l = j + \frac{1}{2} = |\varkappa|$. Ist $\varkappa$ positiv, so haben wir die Eigenfunktionen (VII, 245) und $l = j - \frac{1}{2} = |\varkappa| - 1$.

Wir haben also folgende Kombinationen der Quantenzahlen bei Wasserstoff.

$$\left.\begin{array}{llll} |\varkappa|=1; & \varkappa=1; & j=\frac{1}{2}; & l=0, \\ & \varkappa=-1; & j=\frac{1}{2}; & l=1, \\ |\varkappa|=2; & \varkappa=2; & j=\frac{3}{2}; & l=1, \\ & \varkappa=-2; & j=\frac{3}{2}; & l=2, \\ |\varkappa|=3; & \varkappa=3; & j=\frac{5}{2}; & l=2, \\ & \varkappa=-3; & j=\frac{5}{2}; & l=3. \end{array}\right\} \qquad (VII, 275)$$

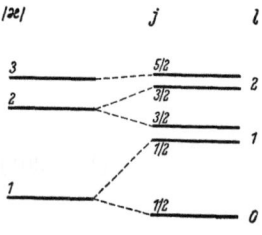

Abb. 337. Aufspaltung der Terme gleicher Hauptquantenzahl bei H und Li.

Die Wasserstoffterme spalten also nicht nach den Nebenquantenzahlen l, sondern nach den Quantenzahlen des Gesamtdrehimpulses j auf, und zu jedem j gehören noch zwei entartete Terme. Diese Zuordnung der Quantenzahlen ist schematisch in Abb. 337 dargestellt.

Nun kehren wir zu den Eigenfunktionen zurück. Aus (VII, 266) und (VII, 267) folgt die Rekursionsformel

$$b_\sigma = \frac{4\pi\sqrt{1-\eta^2}}{\lambda_0} \frac{\sigma - s}{\sigma(\sigma + 2\sqrt{\varkappa^2 - \alpha^2})} b_{\sigma-1} \qquad (VII, 276)$$

mit dem letzten Koeffizient b_{s-1}. Für a_σ erhalten wir

$$a_\sigma = \frac{4\pi\left(\varkappa + \frac{\alpha}{\sqrt{1-\eta^2}}\right)\sqrt{1-\eta^2}}{\lambda_0\,\sigma(\sigma + 2\sqrt{\varkappa^2 - \alpha^2})} b_{\sigma-1} \qquad \text{(VII, 277)}$$

und den letzten Koeffizienten

$$a_s = \frac{4\pi\left(\varkappa + \frac{\alpha}{\sqrt{1-\eta^2}}\sqrt{1-\eta^2}\right)}{\lambda_0\,s(s + 2\sqrt{\varkappa^2 - \alpha^2})} b_{s-1}. \qquad \text{(VII, 278)}$$

Damit bleibt u_2 hinter u_1 bei großen r wie $u_2 : u_1 = 1 : r$ zurück.

Die mit a indizierten Funktionen überwiegen stets die mit b indizierten. Ein Maß für das Verhältnis beider ist

$$\sqrt{\frac{1+\eta}{1-\eta}} \approx \frac{2n}{\alpha}, \qquad \text{(VII, 279)}$$

wenn n die Hauptquantenzahl ist.

§ 11. Vergleich der Diracschen Theorie mit der Erfahrung.

Unter dem Sammelbegriff Elektronenspin werden folgende vier Gruppen von Erfahrungstatsachen zusammengefaßt: 1. die Feinstruktur, 2. die im Stern-Gerlach-Versuch beobachteten zusätzlichen magnetischen Momente von einem Magneton pro Elektron, 3. der anormale Zeemaneffekt und 4. die doppelte Besetzung der Eigenfunktionen durch Elektronen im Atom, welche zum periodischen System führt. Die Diracsche Theorie des einzelnen Elektrons liefert die Dublettfeinstruktur richtig, ergibt insbesondere keine Aufspaltung der S-Terme und die richtige Feinstrukturformel für die anderen Terme. Bei Wasserstoff ergibt sich nach der Diracschen Theorie eine andere Feinstruktur, da Terme mit verschiedenem l und gleichem j zusammenfallen. Auch das hat sich im wesentlichen experimentell bestätigt. Die Theorie liefert ferner ein magnetisches Moment von einem Magneton, das mit dem Spin verknüpft ist, und gibt deshalb auch die damit zusammenhängenden anormalen Zeemaneffekte der Dubletterme richtig wieder. In diesen drei Punkten besteht also vollkommene Übereinstimmung zwischen dem großen und genauen, meist spektroskopischen Material und der Diracschen Theorie.

Auch die doppelte Besetzung der spinfreien Eigenfunktion wird verständlich. Es hat zunächst den Anschein, als ob alle Eigenfunktionen durch Hinzufügen der Spinanteile in vier Eigenfunktionen aufgespalten würden. Es hat sich aber in § 5, S. 1103, herausgestellt, daß nur zwei von ihnen zu einem positiven Wert der Energie und Masse gehören. Die beiden anderen Zustände werden normalerweise nicht beobachtet. Damit ist auch das Paulische Prinzip in Einklang mit der relativistischen Theorie gekommen. Aber auch die Zustände negativer Energie und Masse besitzen in gewissem Sinne physikalische Realität. Existenz und Verhalten des Positrons stehen in guter Übereinstimmung mit der relativistischen Theorie.

Trotz dieser weitgehenden Übereinstimmung der empirischen Befunde mit den Erwartungen der Diracschen Theorie finden sich experimentell einige Anhaltspunkte für weitere Ergänzungen. Genaueste Messungen haben z. B. gezeigt, daß das magnetische Moment des Elektrons in Wirklichkeit etwa 0,11% größer ist als das Bohrsche Magneton. Auch hat man an den Balmerlinien erkennen können, daß die beiden zu $j = \frac{1}{2}$ gehörenden Terme der Hauptquantenzahl 2 nicht genau zusammenfallen, sondern eine winzige Aufspaltung (Lambshift) besitzen, die aus der Diracschen Theorie nicht erklärt werden kann. Diese minimalen Abweichungen vom theoretischen Verhalten zeigen, daß es noch andere Einflüsse gibt, die zwar um etwa 2 Größenordnungen kleiner sind als die in der Diracschen Theorie behandelten Spineffekte, die aber noch experimentell nachweisbar sind.

Dies ist deshalb besonders interessant, weil eine einfache Übertragung der Diracschen Theorie auf das Proton und Neutron auf ernste Schwierigkeiten stößt. Könnte man diese Teilchen nach dem Muster der Theorie für das Elektron behandeln, so müßte das magnetische Moment des Protons ein Kernmagneton sein, d. h. einfach im Verhältnis der Elektronenmasse zur Protonenmasse kleiner als das Bohrsche Magneton sein. Das trifft aber nicht zu. Das Neutron könnte nach einer solchen Theorie überhaupt kein magnetisches Moment besitzen, was gar nicht mit dem empirischen Befund übereinstimmt. Man muß also damit rechnen, daß bei den schweren Elementarteilchen Einflüsse erheblich einwirken, die sich beim Elektron gar nicht oder nur andeutungsweise geltend machen.

Daß die konjugiert komplexe Wellenfunktion ein Teilchen von entgegengesetzter Ladung beschreibt, ist ein erster Hinweis auf eine mögliche Deutung der komplexen Natur der Wellenfunktionen, auf den wir auf S. 1174 noch einmal zurückkommen werden.

**§ 12. Wahrscheinlichkeitsdichte und Wahrscheinlichkeitsstrom.

Inhalt: Die Wahrscheinlichkeitsdichte wird durch $\Psi^*\Psi$, der Wahrscheinlichkeitsstrom durch $-\Psi^* c\, \tau_3'\, \tau\, \Psi$ gegeben. Durch den Spin kommt noch ein Glied zu dem nichtrelativistischen Ausdruck für den Strom hinzu.

Bezeichnungen: $\beta_x,\ \beta_y,\ \beta_z,\ \beta_t$ Diracsche Matrizen. $\mathfrak{A},\ \Phi$ elektrodynamische Potentiale, m_0 Ruhmasse, c Lichtgeschwindigkeit, μ_0 Permeabilität des Vakuums, Ψ Wellenfunktion, Ψ_0 nichtrelativistische Wellenfunktion, ϱ Wahrscheinlichkeitsdichte, $\mathfrak{j}$ Wahrscheinlichkeitsstrom, τ Spinvektor, $\xi,\ \eta$ Einheitsvektoren im Hilbertschen Spinraum, $\mathfrak{v}$ Operator der Geschwindigkeit, χ Spineigenfunktion.

Bisher haben wir stillschweigend angenommen, daß $\Psi^*\Psi d\tau$ auch in der relativistischen Theorie die Wahrscheinlichkeit dafür bedeutet, daß sich das Elektron zur Zeit t im Volumenelement $d\tau$ vorfindet. Um zu begründen, daß dies berechtigt war, führen wir die Zerlegungen (VII, 96) und (VII, 99) in die Diracsche Gleichung (VII, 46) ein, die dann die Form

$$\frac{h}{2\pi i}\tau_2'(\tau\operatorname{grad}\Psi) + e\mu_0 \tau_2'(\tau\mathfrak{A})\Psi - $$
$$-\frac{h}{2\pi c}\tau_1'\frac{\partial\Psi}{\partial t} + ie\mu_0\tau_1'\Phi\Psi - im_0 c\Psi = 0 \qquad \text{(VII, 280)}$$

annimmt. Nun multiplizieren wir mit

$$\frac{2\pi c}{h}\tau_1',$$

um die zeitliche Komponente von den Spinmatrizen zu befreien, außerdem mit Ψ^* und erhalten

$$c(\Psi^*\tau_3'\tau\operatorname{grad}\Psi) + \frac{2\pi i e\mu_0 c}{h}(\Psi^*\tau_3'\tau\mathfrak{A}\Psi) -$$
$$-\Psi^*\frac{\partial\Psi}{\partial t} + \frac{2\pi i e\mu_0 c}{h}\Psi^*\Phi\Psi - \frac{2\pi i m_0 c^2}{h}\Psi^*\tau_1'\Psi = 0. \qquad \text{(VII, 281)}$$

**§ 12. Wahrscheinlichkeitsdichte und Wahrscheinlichkeitsstrom.

Hierzu wollen wir die konjugiert komplexe Gleichung bilden und addieren. Die Wellenfunktion Ψ ist einerseits eine Funktion von Ort und Zeit, andererseits ein Wahrscheinlichkeitsvektor im Hilbertschen Spinraum. Bildet man eine Funktion

$$\Xi = \mathbb{F}\Psi$$

mit Hilfe eines Operators $\mathbb{F}$ der die Raum- und Zeitvariabeln enthält oder nach ihnen differenziert, so ist auch Ξ ein Vektor im Hilbertschen Spinraum. Ist nun T ein beliebiger Operator, der aus den Spinvariabeln aufgebaut ist, so gilt

$$(\Psi^* T \Xi)^* = T^*_{\Psi\Xi} = T^\dagger_{\Xi\Psi} = (\Xi^* T^\dagger \Psi), \qquad (\text{VII}, 282)$$

wie man sofort erkennt, wenn die Ausdrücke (VII, 282) als Matrixelemente im Spinraum ansieht. Setzen wir

$$\Xi = \nabla\Psi; \quad T = \tau'_3 \tau = \tau \tau'_3 = T^\dagger, \qquad (\text{VII}, 283)$$

so finden wir

$$(\Psi^* \tau'_3 \tau \operatorname{grad} \Psi)^* = (\{\operatorname{grad} \Psi^*\} \tau'_3 \tau \Psi). \qquad (\text{VII}, 284)$$

Ebenso entsteht mit

$$\Xi = \mathfrak{A}\Psi; \quad T = \tau'_3 \tau = \tau \tau'_3 = T^\dagger, \qquad (\text{VII}, 285)$$

$$\left(\frac{2\pi i e \mu_0 c}{h} \Psi^* \tau'_3 \tau \mathfrak{A}\Psi\right)^* = -\left(\frac{2\pi i e \mu_0 c}{h} \Psi^* \tau'_3 \tau \mathfrak{A}\Psi\right). \qquad (\text{VII}, 286)$$

Ferner gilt

$$\left(\frac{2\pi i m_0 c^2}{h} \Psi^* \tau'_1 \Psi\right)^* = -\left(\frac{2\pi i m_0 c^2}{h} \Psi^* \tau'_1 \Psi\right). \qquad (\text{VII}, 287)$$

Die zu (VII, 281) konjugierte Gleichung lautet also

$$c(\{\operatorname{grad}\Psi^*\} \tau'_3 \tau \Psi) - \frac{2\pi i e \mu_0 c}{h}(\Psi^* \tau'_3 \tau \mathfrak{A}\Psi) - \\ - \frac{\partial \Psi^*}{\partial t}\Psi - \frac{2\pi i e \mu_0 c}{h}\Psi^* \Phi\Psi + \frac{2\pi i m_0 c^2}{h}\Psi^* \tau'_1 \Psi = 0. \qquad (\text{VII}, 288)$$

Addieren wir (VII, 281) und (VII, 288), so entsteht

$$c(\{\operatorname{grad}\Psi^*\} \tau'_3 \tau \Psi) + c(\Psi^* \tau'_3 \tau \operatorname{grad}\Psi) - \frac{\partial \Psi^*}{\partial t}\Psi - \Psi^* \frac{\partial \Psi}{\partial t} = 0. \qquad (\text{VII}, 289)$$

Nun ist

$$c(\{\operatorname{grad}\Psi^*\} \tau'_3 \tau \Psi) + c(\Psi^* \tau'_3 \tau \operatorname{grad}\Psi) = \operatorname{div}\{\Psi^* c \tau'_3 \tau \Psi\}, \qquad (\text{VII}, 290)$$

und wir gelangen zu der Beziehung

$$\frac{\partial \Psi^*\Psi}{\partial t} = \operatorname{div}\{\Psi^* c \tau'_3 \tau \Psi\}. \qquad (\text{VII}, 291)$$

Diese Gleichung gilt ganz unabhängig davon, wie die Felder beschaffen sind, in denen sich das Elektron aufhält. Wenn wir nun

$$\varrho = \Psi^*\Psi \qquad (\text{VII}, 292)$$

als Wahrscheinlichkeitsdichte und

$$\mathfrak{j} = -\Psi^* c \tau'_3 \tau \Psi \qquad (\text{VII}, 293)$$

als Wahrscheinlichkeitsstrom bezeichnen, drückt (VII, 291) die Erhaltung der Elektronen in Form der Kontinuitätsgleichung

$$\frac{\partial \varrho}{\partial t} = -\mathrm{div}\,\mathfrak{j} \tag{VII, 294}$$

aus. Hierdurch werden die Festsetzungen (VII, 292) und (VII, 293) gerechtfertigt.

Nach (VII, 293) ist

$$-c\,\tau_3'\,\tau = i\,c \begin{vmatrix} 0 & 1 \\ -1 & 0 \end{vmatrix} \cdot \begin{vmatrix} \mathfrak{k} & \mathfrak{i} - i\mathfrak{j} \\ \mathfrak{i} + i\mathfrak{j} & -\mathfrak{k} \end{vmatrix} \tag{VII, 295}$$

der Operator des Teilchenstroms, wobei die erste der Matrizen zum Raum $\mathfrak{a}, \mathfrak{b}$. Die zweite zum Raum ξ, η gehört, was natürlich verhindert, daß sie nach den Regeln für Matrizen im gleichen Raum multipliziert werden.

Führt man die Zerlegung

$$\Psi = \mathfrak{a}\, u_a \Psi_a + \mathfrak{b}\, u_b \Psi_b \tag{VII, 296}$$

wie auf S. 1106 durch, so ergibt sich

$$\varrho = u_a u_a^* \Psi_a^* \Psi_a + u_b u_b^* \Psi_b^* \Psi_b \tag{VII, 297}$$

und

$$\mathfrak{j} = i\,c\,\{u_a^* u_b\, \Psi_a^*\, \tau\, \Psi_b - u_a u_b^*\, \Psi_b^*\, \tau\, \Psi_a\}, \tag{VII, 298}$$

wobei u_a und u_b durch

$$u_a u_a^* + u_b u_b^* = 1 \tag{VII, 299}$$

normiert sind.

In der nichtrelativistischen Näherung (VII, 119) von S. 1107 gilt

$$u_b \Psi_b = -\frac{i}{2 m_0 c} (\tau \{\mathfrak{p} + e\mu_0 \mathfrak{A}\})\, u_a \Psi_a$$
$$= -\frac{i}{2c} (\tau \mathfrak{v})\, u_a \Psi_a, \tag{VII, 300}$$

wo

$$\mathfrak{v} = \frac{1}{m_0}(\mathfrak{p} + e\mu_0 \mathfrak{A}) \tag{VII, 301}$$

den Operator der Geschwindigkeit darstellt. Aus (VII, 300) folgt zunächst $u_b \ll u_a$ und wegen (VII, 299) können wir

$$u_a \approx 1 \tag{VII, 302}$$

setzen. Jetzt ist

$$i\,c\,u_a^* u_b\, \Psi_a^*\, \tau\, \Psi_b = \frac{1}{2}\, \Psi_a^*\, \tau(\tau \mathfrak{v})\, \Psi_a \tag{VII, 303}$$

und

$$-i\,c\,u_a u_b^*\, \Psi_b^*\, \tau\, \Psi_a \tag{VII, 304}$$

ist nach (VII, 282) der konjugiert komplexe Wert dazu. Der Teilchenstrom ist also der doppelte Realteil von (VII, 303), nämlich

$$\mathfrak{j} = \mathrm{Re}\, \Psi_a^*\, \tau(\tau \mathfrak{v})\, \Psi_a. \tag{VII, 305}$$

Nun gilt nach (VII, 106)

$$\tau(\tau \mathfrak{v}) = \mathfrak{v} - i[\tau \mathfrak{v}] = \mathfrak{v} + i[\mathfrak{v}\, \tau], \tag{VII, 306}$$

womit der Teilchenstrom die Form

$$j = Re\{\Psi_a^* \mathfrak{v} \Psi_a + i\Psi_a^* [\mathfrak{v}\,\tau]\,\Psi_a\} \qquad \text{(VII 307)}$$

annimmt.
In nichtrelativistischer Näherung können wir nach (VII, 135)

$$\Psi_a = (\xi u_\xi + \eta u_\eta)\Psi_0 = \chi \Psi_0 \qquad \text{(VII, 308)}$$

schreiben, wo Ψ_0 die nichtrelativistische Wellenfunktion und

$$\chi = \xi u_\xi + \eta u_\eta \qquad \text{(VII, 309)}$$

die Spineigenfunktion ist. Ohne den Spinoperator τ bekämen wir den Teilchenstrom

$$\begin{aligned}j_0 &= Re(\Psi_0^* \mathfrak{v} \Psi_0)\\ &= \frac{h}{4\pi i m_0}(\Psi_0^* \operatorname{grad}\Psi_0 - \Psi_0 \operatorname{grad}\Psi_0^*) + \frac{e\mu_0}{m_0}\mathfrak{A}\Psi_0^*\Psi_0.\end{aligned} \qquad \text{(VII, 310)}$$

Durch den Spin kommt noch das Glied

$$j_s = Re\{i[\Psi_0^* \mathfrak{v}\Psi_0 \chi^*\,\tau\,\chi]\} \qquad \text{(VII, 311)}$$

hinzu. Wir bilden nun

$$\begin{aligned}Re\{i\Psi_0^* \mathfrak{v}\Psi_0\} &= \frac{h}{4\pi m_0}\{\Psi_0^* \operatorname{grad}\Psi_0 + \Psi \operatorname{grad}\Psi_0^*\}\\ &= \frac{h}{4\pi m_0}\operatorname{grad}(\Psi_0^*\Psi_0)\end{aligned} \qquad \text{(VII, 312)}$$

und finden

$$\begin{aligned}j_s &= \frac{h}{4\pi m_0}[\operatorname{grad}(\Psi_0^*\Psi_0)\{\chi^*\,\tau\,\chi\}]\\ &= \frac{h}{4\pi m_0}\operatorname{rot}\{\Psi_0^*\Psi_0 \chi^*\,\tau\,\chi\}\\ &= \frac{h}{2\pi m_0}\operatorname{rot}(\varrho\,\mathfrak{s}).\end{aligned} \qquad \text{(VII, 313)}$$

Der Vektor

$$\mathfrak{s} = \frac{1}{2}\chi^*\,\tau\,\chi \qquad \text{(VII, 314)}$$

heißt Spinvektor und hat den Betrag

$$\begin{aligned}\mathfrak{s}^2 &= \frac{1}{4}(\chi^*\,\tau\,\chi)(\chi^*\,\tau\,\chi) = \frac{1}{4}\chi^*\,\tau^2\,\chi\\ &= \frac{3}{4}.\end{aligned} \qquad \text{(VII, 315)}$$

VIII. Systeme gleicher Teilchen.

Ein System vieler Elektronen kann durch eine Wellenfunktion Φ beschrieben werden, die von den Orts- und Spinkoordinaten aller Elektronen und von der Zeit abhängt. Es gilt also

$$\Phi = \Phi(x_i, y_i, z_i, s_i, t). \qquad \text{(VIII, 1)}$$

Um die grundsätzlichen Gesichtspunkte herauszuarbeiten und uns nicht durch unnötige Komplikationen zu belasten, vernachlässigen wir zunächst die gegenseitige Wechselwirkung der Elektronen und die Wechselwirkung des Spins mit dem etwa vorhandenen Magnetfeld sowie mit den magnetischen Bahnmomenten. Wir behandeln also jedes Elektron so, als ob es sich von den übrigen ungestört im Kraftfeld (z. B. eines Atoms) aufhielte. Die Hamilton-Funktion enthält dann den Spin nicht und setzt sich additiv aus den Energieoperatoren der einzelnen Elektronen zusammen. Wir haben dann den Energieoperator

$$\mathbf{H} = \sum^j \mathbf{H}_i \qquad \text{(VIII, 2)}$$

und die Wellengleichung

$$\sum^i \mathbf{H}_i \Phi + \frac{h}{2\pi i} \frac{\partial \Phi}{\partial t} = 0. \qquad \text{(VIII, 3)}$$

Sie kann durch

$$\Phi_{k_1 k_2 \ldots k_N} = \Phi_{k_1}(q_I) \Phi_{k_2}(q_{II}) \ldots \Phi_{k_N}(q_N) \qquad \text{(VIII, 4)}$$

erfüllt werden, wenn die $\Phi_{k_i}(q_i)$ einzeln den Wellengleichungen

$$\mathbf{H}_i \Phi_{k_i}(q_i) + \frac{h}{2\pi i} \frac{\partial \Phi_{k_i}(q_i)}{\partial t} = 0 \qquad \text{(VIII, 5)}$$

genügen. Hier bedeutet q_i eine Zusammenfassung der Koordinaten x_i, y_i, z_i, s_i des i-ten Elektrons, während k_i eine Zusammenfassung aller die Funktion $\Phi_{k_i}(q_i)$ kennzeichnenden Quantenzahlen einschließlich der Spinquantenzahl sein soll.

Die Eigenwerte des ganzen Systems sind die Summen

$$E = \sum^i E_{k_i} \qquad \text{(VIII, 6)}$$

der Eigenwerte der Gleichungen (VIII, 5). Jede der Wellenfunktionen $\Phi_{k_i}(q_i)$ kann aus einer Funktion Ψ_{k_i} von x_i, y_i, z_i, t allein und der Spinfunktion χ_i zusammengesetzt werden. χ_i hängt nicht von x_i, y_i z_i und t ab und ist ein zweidimensionaler Einheitsvektor

$$\chi_i = u_{\xi i} \xi_i + u_{\eta i} \eta_i \qquad \text{(VIII, 7)}$$

im Hilbertschen Spinraum, der durch

$$\chi_i^* \chi_i = u_{\xi i}^* u_{\xi i} + u_{\eta i}^* u_{\eta i} = 1 \qquad \text{(VIII, 8)}$$

normiert ist. ξ_i und η_i sind orthogonale Einheitsvektoren, die das Koordinatensystem im Hilbertraum des Spins definieren.

*§ 1. Paulische Regel. Antisymmetrieprinzip.

Inhalt: Die Wellenfunktion eines Systems von vielen Elektronen ist das Produkt der Wellenfunktionen der einzelnen Elektronen, wenn man die Wechselwirkungen vernachlässigt. Aus einer solchen Wellenfunktion gehen durch Permutation der Elektronen neue Wellenfunktionen hervor, und es muß diejenige Linearkombination aller Permutationen gebildet werden, welche in allen Elektronen antisymmetrisch ist. Sie wird durch die Slatersche Determinante ausgedrückt.

Bezeichnungen: q_i Koordinaten des i-ten Elektrons, N Zahl der Elektronen, $k_1, k_2 \ldots$ Quantenzahlen verschiedener Zustände, $n_1, n_2 \ldots$ Besetzungszahlen der Zustände, die durch $k_1, k_2, \ldots$ bezeichnet sind. $\mathbf{H}_i$ Hamiltonoperator des i-ten Elektrons, $\mathbf{H}$ Hamiltonoperator des Systems aller Elektronen, $\mathbf{P}$ Permutationsoperator, $\delta = \pm 1$, $\varXi$ Slatersche Determinante, antisymmetrische Wellenfunktion, $\Phi_{k_i}(q_i)$ Wellenfunktion einzelner Elektronen.

Zum Eigenwert

$$E = \sum^i E_{k_i} \qquad \text{(VIII, 9)}$$

gehört nicht nur die Wellenfunktion

$$\Phi = \Phi_{k_1}(q_I) \Phi_{k_2}(q_{II}) \ldots \Phi_{k_N}(q_N), \qquad \text{(VIII, 10)}$$

*§ 1. Paulische Regel. Antisymmetrieprinzip.

sondern auch alle diejenigen Funktionen, welche man durch Vertauschen von Elektronen daraus erhalten kann. Hält man also die Quantenzahlen k fest und permutiert die q, so erhält man $N!$ neue Wellenfunktionen, wenn die k alle verschieden sind. Kommt k_l dagegen n_l-mal vor, so befinden sich n_l-Elektronen im Quantenzustand k_l und durch ihre Vertauschung entsteht keine neue Wellenfunktion. Es gibt deshalb nur

$$\frac{N!}{n_1!\, n_2! \ldots n_N!} \qquad \text{(VIII, 11)}$$

Wellenfunktionen zum gleichen Eigenwert.

Mit $\mathbb{P}$ wollen wir den Operator bezeichnen, der die Wellenfunktion (VIII, 10) in die neue Funktion $\mathbb{P}\Phi$ überführt, wenn wir eine Permutation vornehmen. Die Permutation soll gerade heißen, wenn sie aus einer geraden Zahl von Vertauschungen, ungerade, wenn sie aus einer ungeraden Zahl von Vertauschungen besteht.

In Wirklichkeit kommen niemals zwei Elektronen im gleichen Quantenzustand vor, wenn man den Spin mitberücksichtigt (Paulische Regel). Dies bedeutet, daß in dem Produkt

$$\Phi = \Phi_{k_1} \Phi_{k_2} \ldots \Phi_{k_N} \qquad \text{(VIII, 12)}$$

niemals zwei gleiche Quantenzahlkombinationen vorkommen, bzw. daß alle Funktionen

$$\Phi_{k_l} \neq \Phi_{k_i} \qquad \text{(VIII, 13)}$$

sein müssen. Ordnet man jedem Quantenzustand k_l eine Zahl n_l zu, welche die Zahl der Elektronen in diesem Quantenzustand angibt, so ist $n_l = 0$ oder $n_l = 1$ für jeden Zustand k_l.

Diese Formulierung läßt sich nicht mehr verwenden, wenn man die Kräfte berücksichtigt, welche zwischen den Elektronen wirken. An Stelle des Energieoperators

$$\mathbb{H} = \sum \mathbb{H}_i \qquad \text{(VIII, 14)}$$

tritt ein allgemeinerer Ausdruck, und die Wellenfunktion zerfällt nicht mehr einfach in das Produkt der Wellenfunktionen der einzelnen Elektronen. Es hat dann auch keinen Sinn mehr, zu verlangen, daß jede Einzelfunktion höchstens einmal vorkomme. Wir müssen deshalb die Paulische Regel so aussprechen, daß sie mit der bisherigen Formulierung zusammenfällt, wenn keine Wechselwirkung besteht, aber ihren Sinn behält, wenn man Kräfte zwischen den Elektronen berücksichtigt. Dies wird erreicht, wenn wir verlangen, daß nur solche Wellenfunktionen wirklich vorkommen, welche bei der Vertauschung irgendeines Elektronenpaares das Vorzeichen wechseln. Alle wirklich vorkommenden Wellenfunktionen sollen also in allen Elektronen antisymmetrisch sein.

Um dies besser zu übersehen, wollen wir eine antisymmetrische Wellenfunktion als Linearkombination der Funktionen $\mathbb{P}\Phi$ konstruieren, welche wir aus

$$\Phi = \Phi_{k_1}(q_I)\, \Phi_{k_2}(q_{II}) \ldots \Phi_{k_N}(q_N) \qquad \text{(VIII, 15)}$$

durch Permutation erhalten. Ist $\delta = \pm 1$, je nachdem $\mathbb{P}$ eine gerade oder ungerade Permutation ist, so ist

$$\Xi_{k_1 k_2 \ldots k_N} = \frac{1}{\sqrt{N!}} \sum \delta\, \mathbb{P}\, \Phi \qquad \text{(VIII, 16)}$$

eine antisymmetrische Funktion der N-Elektronen. Die Summe läuft über alle

Permutationen. Vertauscht man nämlich zwei Elektronen, so geht jeder Summand $\delta \mathbf{P} \Phi$ in einen anderen Summanden von (VIII, 16) über, der aber mit dem entgegengesetzten Vorzeichen versehen ist, weil ja bei jeder Vertauschung die geraden Permutationen in ungerade übergehen und umgekehrt. Sehr übersichtlich kann man Ξ durch die sogenannte Slaterdeterminante

$$\Xi = \frac{1}{\sqrt{N!}} \begin{Vmatrix} \Phi_{k_1}(q_I) & \Phi_{k_2}(q_I) & \ldots & \Phi_{k_N}(q_I) \\ \Phi_{k_1}(q_{II}) & \Phi_{k_2}(q_{II}) & \ldots & \Phi_{k_N}(q_{II}) \\ \vdots & \vdots & & \vdots \\ \Phi_{k_1}(q_N) & \Phi_{k_2}(q_N) & \ldots & \Phi_{k_N}(q_N) \end{Vmatrix} \qquad (\text{VIII}, 17)$$

ausdrücken. In ihr treten alle Permutationen als Summanden auf, und zwar die geraden mit positivem, die ungeraden mit negativem Zeichen. Die Determinante ist auch schon normiert, denn sie besteht aus $N!$ Gliedern, von denen jedes einzelne normiert und zu jedem anderen orthogonal ist[1]. Bei der Bildung von $\int \Xi^* \Xi\, d\tau$ erhält man also $N!$ Summanden vom Wert $1/N!$. Ein bestimmter Quantenzustand gehört jetzt nicht mehr dem i-ten Elektron an, sondern alle Elektronen sind völlig gleichmäßig an diesem Quantenzustand beteiligt.

Sind zwei Quantenzahlen k_l und k_i (genauer Kombinationen von Quantenzahlen) einander gleich, so verschwindet die Determinante, d. h. man kann dann gar keine antisymmetrische Linearkombination bilden. Vernachlässigt man also die Wechselwirkung zwischen den Elektronen, so ist die Antisymmetrieforderung an die Wellenfunktionen identisch mit der Forderung, keinen Zustand mehr als einfach zu besetzen. Berücksichtigt man die Wechselwirkung, so behält die Antisymmetrie ihren Sinn bei und kann für ganz beliebige Systeme vieler Elektronen gefordert werden. Wenn Wechselwirkungen berücksichtigt werden, ist die Slatersche Determinante nicht mehr die Wellenfunktion selbst, sondern nur ihre nullte Näherung.

*§ 2. Systeme von zwei Elektronen.

Inhalt: Bei zwei Elektronen ohne Wechselwirkung gibt es zu jeder Quantenkombination vier Zustände, von denen einer eine antisymmetrische Spineigenfunktion und symmetrische spinfreie Eigenfunktion besitzt. Sie bildet einen Singuletterm. Die drei anderen Zustände sind im Spin symmetrisch, dagegen antisymmetrisch in der spinfreien Eigenfunktion. Diese drei Zustände bilden die Komponenten eines Triplettterms. Äquivalente Elektronen liefern nur den Singuletterm. Bei Wechselwirkung trennt sich der Singuletterm von den Triplettermen, die Wechselwirkung Spin-Bahndrehimpuls liefert die Triplettfeinstruktur. Zum Singulettsystem gehört die Spinquantenzahl $S = 0$, zum Triplettsystem $S = 1$. Durch den Spin können die Elektronen nur paarweise antisymmetrisch verknüpft werden.

Bezeichnungen: q_I, q_{II} Koordinaten zweier Elektronen, k_1, k_2 zwei Quantenzustände. Index 1 und 2 unterscheidet zwei Quantenzustände, Index I und II zwei Elektronen, Ψ spinfreie Wellenfunktion, χ Spineigenfunktion, Φ Eigenfunktion eines einzelnen Elektrons, ξ, η Einheitsvektoren im Hilbertschen Spinraum, sym, anti kennzeichnen symmetrische bzw. antisymmetrische Funktionen, $\mathfrak{S}$ Matrix des Spinvektors, $\mathfrak{S}_{ik}$ ihre Elemente, τ_I, τ_{II} zweireihiger Spinoperator der Einzelelektronen, S Spinquantenzahl.

In einem System von zwei Elektronen (der Prototyp hiervon ist das Heliumatom, aber auch die Erdalkalien können ebenso behandelt werden, wenn man

---

[1] Um einzusehen, daß

$$\int \mathbf{P}\Phi^* \mathbf{P}' \Phi\, d\tau = 0 \qquad (\text{VIII}, 18)$$

ist, braucht man nur den Anteil eines Elektrons (z. B. des i-ten) hinzuschreiben, in welchem $\mathbf{P}\Phi$ und $\mathbf{P}'\Phi$ sich unterscheiden. Enthält $\mathbf{P}'\Phi$ den Faktor $\Phi_{k_m}(q_i)$, dagegen $\mathbf{P}\Phi^*$ den Faktor $\Phi^*_{k_n}(q_i)$, so enthält das Integral (VIII, 18) den Faktor

$$\int \Phi^*_{k_n}(q_i)\, \Phi_{k_m}(q_i)\, d\tau_i = 0.$$

*§ 2. Systeme von zwei Elektronen.

von den inneren Elektronen absieht) erhält man die Eigenfunktion

$$\Xi = \frac{1}{\sqrt{2}} \begin{vmatrix} \Phi_1(q_I) & \Phi_2(q_I) \\ \Phi_1(q_{II}) & \Phi_2(q_{II}) \end{vmatrix}.$$ (VIII, 19)

Wir unterscheiden die Quantenzustände durch arabische, die Elektronen durch römische Ziffern. Spaltet man die Wellenfunktionen in den spinfreien Anteil Ψ und die Spinfunktion χ, so müssen zwei Fälle unterschieden werden, je nachdem, ob $\Psi_1 = \Psi_2$ oder $\Psi_1 \neq \Psi_2$ ist. Im ersten Fall unterscheiden sich die Elektronen nur im Spin und man nennt sie dann äquivalent. Im zweiten Falle besitzen sie auch eine verschiedene räumliche Verteilung.

Wir untersuchen zuerst den allgemeineren zweiten Fall. Spannen wir die Spinräume der Elektronen durch die Einheitsvektoren ξ_I, η_I bzw. ξ_{II}, η_{II} auf, so erhalten wir die Spinfunktionen

$$\begin{aligned} \chi_{1I} &= u_{\xi 1}\xi_I + u_{\eta 1}\eta_I ; & \chi_{2I} &= u_{\xi 2}\xi_I + u_{\eta 2}\eta_I ; \\ \chi_{1II} &= u_{\xi 1}\xi_{II} + u_{\eta 1}\eta_{II}; & \chi_{2II} &= u_{\xi 2}\xi_{II} + u_{\eta 2}\eta_{II}. \end{aligned}$$ (VIII, 20)

Die arabischen Indizes beziehen sich auf die beiden Quantenzustände, die römischen auf die Elektronen. Alle vier Spinfunktionen müssen normiert sein, was den vier Koeffizienten u die Bedingungen

$$u_{\xi 1}^* u_{\xi 1} + u_{\eta 1}^* u_{\eta 1} = 1 : \quad u_{\xi 2}^* u_{\xi 2} + u_{\eta 2}^* u_{\eta 2} = 1 \quad \text{(VIII, 21)}$$

auferlegt. Dagegen brauchen χ_1 und χ_2 nicht orthogonal zu sein, da schon die Funktionen Ψ_1 und Ψ_2 orthogonal sind. Die Slaterdeterminante

$$\begin{aligned} \Xi = {} & \frac{1}{\sqrt{2}} \Psi_{1I}\Psi_{2II}\{u_{\xi 1}\xi_I + u_{\eta 1}\eta_I\}\{u_{\xi 2}\xi_{II} + u_{\eta 2}\eta_{II}\} - \\ & -\frac{1}{\sqrt{2}}\Psi_{1II}\Psi_{2I}\{u_{\xi 1}\xi_{II} + u_{\eta 1}\eta_{II}\}\{u_{\xi 2}\xi_I + u_{\eta 2}\eta_I\} \end{aligned}$$ (VIII, 22)

können wir in die vier Anteile

$$\begin{aligned} \Xi = {} & u_{\xi 1}u_{\xi 2}\,\xi_I\xi_{II}\,\frac{\Psi_{1I}\Psi_{2II} - \Psi_{1II}\Psi_{2I}}{\sqrt{2}} + \\ & + u_{\eta 1}u_{\eta 2}\,\eta_I\eta_{II}\,\frac{\Psi_{1I}\Psi_{2II} - \Psi_{1II}\Psi_{2I}}{\sqrt{2}} + \\ & + \frac{u_{\xi 1}u_{\eta 2} + u_{\xi 2}u_{\eta 1}}{\sqrt{2}}\,\frac{\xi_I\eta_{II} + \xi_{II}\eta_I}{\sqrt{2}}\,\frac{\Psi_{1I}\Psi_{2II} - \Psi_{1II}\Psi_{2I}}{\sqrt{2}} + \\ & + \frac{u_{\xi 1}u_{\eta 2} - u_{\xi 2}u_{\eta 1}}{\sqrt{2}}\,\frac{\xi_I\eta_{II} - \xi_{II}\eta_I}{\sqrt{2}}\,\frac{\Psi_{1I}\Psi_{2II} + \Psi_{1II}\Psi_{2I}}{\sqrt{2}} \end{aligned}$$ (VIII, 23)

zerlegen. Die Konstanten $u_{\xi 1}$, $u_{\xi 2}$, $u_{\eta 1}$ und $u_{\eta 2}$ sind komplexe Zahlen, welche durch acht reelle Werte festgelegt sind. Durch die Normierung (VIII, 21) werden zwei davon durch die sechs übrigen ausgedrückt. Es bleiben also sechs reelle Konstanten oder drei komplexe Größen willkürlich. Führen wir die Abkürzungen

$$A = u_{\xi 1}u_{\xi 2}; \quad B = u_{\eta 1}u_{\eta 2}; \quad C = \frac{u_{\xi 1}u_{\eta 2} + u_{\xi 2}u_{\eta 1}}{\sqrt{2}}$$

$$D = \frac{u_{\xi 1}u_{\eta 2} - u_{\xi 2}u_{\eta 1}}{\sqrt{2}}$$ (VIII, 24)

ein, so können wir über drei dieser Größen frei verfügen. Man kann leicht ausrechnen, daß die vierte von selbst einen solchen Wert annimmt, daß die Beziehung

$$A^* A + B^* B + C^* C + D^* D = 1 \qquad (VIII, 25)$$

gilt.

Nun sei

$$\Psi_{\text{anti}} = \frac{1}{\sqrt{2}}(\Psi_{1I}\Psi_{2II} - \Psi_{1II}\Psi_{2I}) \qquad (VIII, 26)$$

die antisymmetrische und

$$\Psi_{\text{sym}} = \frac{1}{\sqrt{2}}(\Psi_{1I}\Psi_{2II} + \Psi_{1II}\Psi_{2I}) \qquad (VIII, 27)$$

die symmetrische spinfreie Wellenfunktion der beiden Elektronen in den Zuständen 1 und 2 (siehe S. 873). Beide Funktionen sind normiert und zueinander orthogonal, wie man leicht nachrechnen kann. Die Spinfunktionen

$$\left.\begin{aligned}
\chi_{1\text{sym}} &= \xi_I \xi_{II}, \\
\chi_{0\text{sym}} &= \frac{1}{\sqrt{2}}\{\xi_I \eta_{II} + \xi_{II} \eta_I\}, \\
\chi_{-1\text{sym}} &= \eta_I \eta_{II}
\end{aligned}\right\} \qquad (VIII, 28)$$

sind in den Elektronen symmetrisch, außerdem normiert und ebenfalls zueinander orthogonal. Dies ergibt sich sofort aus

$$\begin{aligned}
\xi_I^* \xi_I &= \eta_I^* \eta_I = \xi_{II}^* \xi_{II} = \eta_{II}^* \eta_{II} = 1; \\
\xi_I^* \eta_I &= \xi_I \eta_I^* = \xi_{II}^* \eta_{II} = \xi_{II} \eta_{II}^* = 0.
\end{aligned} \qquad (VIII, 29)$$

Dagegen ist

$$\chi_{\text{anti}} = \frac{1}{\sqrt{2}}\{\xi_I \eta_{II} - \xi_{II} \eta_I\} \qquad (VIII, 30)$$

eine in den Elektronen antisymmetrische Spinfunktion, welche normiert und zu den symmetrischen Spinfunktionen (VIII, 28) orthogonal ist.

Setzen wir dies in (VIII, 23) ein, so bekommen wir

$$\Xi = (A \chi_{1\text{sym}} + B \chi_{-1\text{sym}} + C \chi_{0\text{sym}})\Psi_{\text{anti}} + D \chi_{\text{anti}}\Psi_{\text{sym}}. \qquad (VIII, 31)$$

Es besteht also eine vierfache Entartung. Die antisymmetrische Eigenfunktion Ξ ist zunächst eine Linearkombination von zwei Anteilen. Der eine von ihnen gehört zu einer symmetrischen spinfreien Wellenfunktion Ψ_{sym}, zu der ein antisymmetrischer Spinfaktor χ_{anti} tritt. Im anderen Anteil ist die spinfreie Wellenfunktion Ψ_{anti} antisymmetrisch, während sich die Spinfunktion aus drei voneinander verschiedenen symmetrischen Spinfunktionen zusammensetzt.

Würden wir die elektrostatische Wechselwirkung zwischen den Elektronen berücksichtigen, so würden Ψ_{sym} und Ψ_{anti} nicht mehr zum gleichen Eigenwert gehören, d. h. der vierfache Term spaltet in einen einfachen und in einen dreifachen Term auf (siehe S. 873). Nehmen wir die Wechselwirkung des Spins mit $\mathfrak{L}$ hinzu, so liefert der letztere eine dreifache Feinaufspaltung. Wir erhalten also einen Singulettterm und einen Triplettterm. Die spinfreie Wellenfunktion des Singuletterms ist symmetrisch, die des Triplettterms antisymmetrisch, bei den Spinfunktionen ist dies umgekehrt.

*§ 2. Systeme von zwei Elektronen.

Wir untersuchen jetzt wie die Spinmatrizen

$$\boldsymbol{\tau} = \mathfrak{i}\,\tau_x + \mathfrak{j}\,\tau_y + \mathfrak{k}\,\tau_z = \left\|\begin{array}{cc} \mathfrak{k} & \mathfrak{i} - i\,\mathfrak{j} \\ \mathfrak{i} + i\,\mathfrak{j} & -\mathfrak{k} \end{array}\right\| \qquad \text{(VIII, 32)}$$

auf die Spinfunktionen einwirken. Wir erhalten

$$\begin{aligned} \tau_I\,\xi_I &= \mathfrak{k}\,\xi_I + \mathfrak{i}\,\eta_I + i\,\mathfrak{j}\,\eta_I, \\ \tau_I\,\eta_I &= \mathfrak{i}\,\xi_I - i\,\mathfrak{j}\,\xi_I - \mathfrak{k}\,\eta_I \end{aligned} \qquad \text{(VIII, 33)}$$

und die entsprechenden Ausdrücke mit τ_{II}. Nun wenden wir den Operator $(\tau_I\,\tau_{II})$ auf die vier Spinfunktionen (VIII, 28) und (VIII, 30) an und erhalten

$$\begin{aligned} (\tau_I\,\tau_{II})\,\xi_I\,\xi_{II} &= (\mathfrak{k}\,\xi_I + \mathfrak{i}\,\eta_I + i\,\mathfrak{j}\,\eta_I)(\mathfrak{k}\,\xi_{II} + \mathfrak{i}\,\eta_{II} + i\,\mathfrak{j}\,\eta_{II}) = \xi_I\,\xi_{II} \\ (\tau_I\,\tau_{II})\,\eta_I\,\eta_{II} &= (\mathfrak{i}\,\xi_I - i\,\mathfrak{j}\,\xi_I - \mathfrak{k}\,\eta_I)(\mathfrak{i}\,\xi_{II} - i\,\mathfrak{j}\,\xi_{II} - \mathfrak{k}\,\eta_{II}) = \eta_I\,\eta_{II} \end{aligned} \qquad \text{(VIII, 34)}$$

$$\begin{aligned} (\tau_I\,\tau_{II})\,\frac{\xi_I\,\eta_{II} + \xi_{II}\,\eta_I}{\sqrt{2}} &= \frac{1}{\sqrt{2}}\{(\mathfrak{k}\,\xi_I + \mathfrak{i}\,\eta_I + i\,\mathfrak{j}\,\eta_I)(\mathfrak{i}\,\xi_{II} - i\,\mathfrak{j}\,\xi_{II} - \mathfrak{k}\,\eta_{II}) + \\ &\quad + (\mathfrak{k}\,\xi_{II} + \mathfrak{i}\,\eta_{II} + i\,\mathfrak{j}\,\eta_{II})(\mathfrak{i}\,\xi_I - i\,\mathfrak{j}\,\xi_I - \mathfrak{k}\,\eta_I)\} \\ &= \frac{1}{\sqrt{2}}(\xi_I\,\eta_{II} + \xi_{II}\,\eta_I), \end{aligned} \qquad \text{(VIII, 35)}$$

$$(\tau_I\,\tau_{II})\,\frac{\xi_I\,\eta_{II} - \xi_{II}\,\eta_I}{\sqrt{2}} = -\frac{3}{\sqrt{2}}(\xi_I\,\eta_{II} - \xi_{II}\,\eta_I).$$

Die symmetrischen und antisymmetrischen Spinfunktionen (VIII, 28) und (VIII, 30) erweisen sich also als die Eigenfunktionen des Operators $(\tau_I\,\tau_{II})$. Die symmetrischen Funktionen gehören zu dem dreifachen Eigenwert $+1$, die antisymmetrische Spinfunktion zum einfachen Eigenwert -3.

Jetzt bilden wir den Operator

$$\boldsymbol{P}^\tau = \frac{1}{2}\{1 + (\tau_I\,\tau_{II})\} \qquad \text{(VIII, 36)}$$

der den dreifachen Eigenwert $+1$ und den einfachen Eigenwert -1 besitzt. Für eine der symmetrischen Spinfunktionen χ_sym gilt

$$\boldsymbol{P}^\tau \chi_\text{sym} = \chi_\text{sym}, \qquad \text{(VIII, 37)}$$

während

$$\boldsymbol{P}^\tau \chi_\text{anti} = -\chi_\text{anti} \qquad \text{(VIII, 38)}$$

ist. Der Operator $\boldsymbol{P}^\tau$ vollbringt also an den symmetrischen bzw. antisymmetrischen Spinfunktionen dieselbe Wirkung wie die Vertauschung der Elektronen.

Bezeichnen wir mit $\boldsymbol{P}^0$ den Operator, der die Ortskoordinaten der Elektronen in der Eigenfunktion vertauscht, so kann die Antisymmetrieforderung an die Eigenfunktion $\varXi$ auch durch

$$\boldsymbol{P}^\tau \boldsymbol{P}^0 \varXi = -\varXi \qquad \text{(VIII, 39)}$$

ausgesprochen werden.

Schließlich betrachten wir noch den Operator

$$\mathfrak{S} = \frac{h}{4\pi}(\tau_I + \tau_{II}) \tag{VIII, 40}$$

des gesamten Spindrehimpulses. Sein Quadrat

$$\begin{aligned}\mathfrak{S}^2 &= \frac{h^2}{16\pi^2}\{\tau_I^2 + \tau_{II}^2 + 2(\tau_I \tau_{II})\} \\ &= \frac{h^2}{4\pi^2}\left\{\frac{3}{2} + \frac{1}{2}(\tau_I \tau_{II})\right\}\end{aligned} \tag{VIII, 41}$$

hat die Eigenwerte $h^2/2\pi^2$ für die symmetrische Spinfunktion und Null für die antisymmetrische Funktion. Die Eigenwerte von $\mathfrak{S}^2$ kommen auf die Form

$$\frac{h^2}{4\pi^2} S(S+1), \tag{VIII, 42}$$

wenn für symmetrische Spinfunktionen (Triplett) die Spinquantenzahl $S = 1$, für die antisymmetrische Spinfunktion (Singulett) $S = 0$ ist.

Sind die beiden Elektronen äquivalent, also $\Psi_1 = \Psi_2$, so entfallen die Wellenfunktionen des Triplettsystems und es gibt nur einen Singuletterm, weil Ψ dann selbst symmetrisch ist.

Diese Ergebnisse der Theorie stimmen mit dem empirischen Befund in allen Einzelheiten überein.

Hat man mehr als zwei Elektronen, so kann ein ähnliches Verfahren eingeschlagen werden. Es tritt nur ein neuer Umstand auf. Man kann nämlich keine Spinfunktion bilden, die in mehr als zwei Elektronen antisymmetrisch ist. Sie müßte nämlich die Form einer Determinante

$$\chi_{\text{anti}} = \begin{Vmatrix} \chi_{1\,I} & \chi_{2\,I} & \chi_{3\,I} & \text{usw.} \\ \chi_{1\,II} & \chi_{2\,II} & \chi_{3\,II} & \\ \vdots & \vdots & \vdots & \\ & & \text{usw.} & \end{Vmatrix} \tag{VIII, 43}$$

haben, wo die $\chi_1, \chi_2 \ldots$ usw. normiert und zueinander orthogonal sein müßten. Für jedes einzelne Elektron gibt es aber nur die zwei zueinander orthogonalen Größen ξ_i und η_i. Durch den Spin können also die Elektronen immer nur paarweise antisymmetrisch verknüpft werden. Aus diesem Grunde kann es auch nicht mehr als zwei äquivalente Elektronen geben, denn bei ihnen wären die Ψ-Anteile alle gleich und die Slaterdeterminante müßte die Form

$$\varXi = \begin{Vmatrix} \chi_{1\,I} & \chi_{2\,I} & \chi_{3\,I} & \text{usw.} \\ \chi_{1\,II} & \chi_{2\,II} & \chi_{3\,II} & \\ & \text{usw.} & & \end{Vmatrix} \Psi_I \Psi_{II} \ldots \tag{VIII, 44}$$

annehmen, was nur möglich ist, wenn die Zahl der äquivalenten Elektronen 2 ist. Äquivalente Elektronen können also nur paarweise auftreten.

*§ 3. Besetzungszahlen. Zweite Quantelung.

Inhalt: Ein System von Elektronen kann beschrieben werden, indem man die Besetzungszahlen n_k der Quantenzustände angibt, welche durch die Quantenzahlen k bezeichnet werden. Aufbau von Operatoren, welche auf die Besetzungszahlen einwirken, Jordan-Wignersche Matrizen. Wellenfunktion als Operator. Aufbau beliebiger Operatoren, insbesondere des Energieoperators. Operator der Teilchenzahl.

Bezeichnungen: N Zahl der Teilchen, q_l ihre Koordinaten, Φ Wellenfunktion eines Systems von Teilchen, $k = 1, 2 \ldots$ Nummer der Quantenzustände eines einzelnen Teilchens, $n_k = 1$ bzw. $n_k = 0$ Besetzungszahlen dieser Zustände, $\mathbb{F}$ Eigenschaftsoperator, $\mathbb{H}$ Hamiltonoperator auf die Koordinaten wirkend, Ψ Wellenfunktion einzelner Teilchen, $\mathfrak{u}$ Wahrscheinlichkeitsvektor, F Matrix des Operators $\mathbb{F}$, Ξ Slaterdeterminante, $a_k, a_k^\dagger, a_l, a_l^\dagger$ Jordan-Wignersche Operatoren auf die Besetzungszahlen wirkend, Φ Wellenfunktion als Operator, die a enthaltend.

Zur quantentheoretischen Behandlung eines atomaren Systems haben wir bisher zwei mathematisch äquivalente Verfahren entwickelt, deren wir uns abwechselnd bedient haben. Die wellenmechanische Behandlung geht von der Wellenfunktion aus, welche von den Koordinaten aller Bausteine des Systems und der Zeit abhängt. Mit ihrer Hilfe kann man die stationären Quantenzustände des Systems finden und jeder Konfiguration eine Wahrscheinlichkeit zuordnen. Wir haben diese Art der Beschreibung als q-Sprache bezeichnet.

Man kann aber auch das momentane Verhalten des Systems durch einen Wahrscheinlichkeitsvektor im Hilbertschen Raum der stationären Zustände festlegen, d. h. das wirkliche Verhalten aus dem Verhalten in den ausgezeichneten Quantenzuständen zusammensetzen. Diese Beschreibung haben wir k-Sprache genannt.

Bilden die Bausteine des betrachteten Systems einen festen Verband, z. B. ein Atom, das längere Zeit Bestand hat, so gibt es zwar Quantenzustände des ganzen Systems (Atoms), nicht aber Quantenzustände des einzelnen Bausteins (Elektrons). Vernachlässigen wir aber die Wechselwirkung der Elektronen ganz oder ersetzen wir sie durch eine teilweise Abschirmung des Kernes, so können Quantenzustände im abgeschirmten Coulombfeld berechnet werden. Diese Quantenzustände gehören jedoch dem abgeschirmten Coulombfeld an und nicht einem bestimmten Elektron, wie wir in den vorangehenden Abschnitten gesehen haben. Der Zustand des ganzen Atoms ist nicht dadurch gekennzeichnet, daß jeder seiner Bausteine sich in einem bestimmten Quantenzustand befindet, sondern dadurch, welche Quantenzustände des modifizierten Coulombfeldes besetzt und welche unbesetzt sind.

Im Atom werden die einzelnen Quantenzustände des abgeschirmten Coulombfeldes überhaupt erst definierbar, wenn man die Wechselwirkungen zwischen den Elektronen ganz vernachlässigt oder summarisch als Abschirmung berücksichtigt. Diese Quantenzustände treten also im Zuge eines bestimmten Näherungsverfahrens auf und sind deshalb mehr oder weniger willkürliche Konstruktionen. Betrachten wir jedoch statt eines Atoms die Elektronen eines makroskopischen Ausschnitts eines Elektronenstrahles oder die Elektronen und Protonen eines makroskopischen Gebietes eines vollständig ionisierten Wasserstoffplasmas, so sind die Wechselwirkungen der Teilchen wirklich in guter Näherung fürs erste vernachlässigbar, und es hat einen guten Sinn, von den Translationszuständen einzelner Teilchen zu sprechen, die durch ebene Wellen repräsentiert werden. Das Teilgebiet eines Elektronenstrahles oder eines solchen Plasmas bildet dennoch als Ganzes ein quantenmechanisches System, dessen Zustand kaum anders festzulegen ist, als durch die Angabe, aus welchen Einzelwellen er zusammengesetzt ist. Solche Systeme müssen wir also in erster Näherung präzisieren, indem wir angeben, welche Translationszustände eines Elektrons bzw. Protons tatsächlich von einem solchen Teilchen eingenommen werden.

Wir wollen deshalb versuchen, das Rechen- und Beschreibungsschema der Quantentheorie so zu modifizieren, daß der Zustand eines Systems vieler Elektronen angegeben wird, indem jeder mögliche Quantenzustand eines Elektrons als besetzt oder unbesetzt gekennzeichnet wird.

Ein System von mehreren Elektronen hatten wir in der q-Sprache durch gewisse Funktionen

$$\Phi = \Phi(q_i, t) \tag{VIII, 45}$$

der Koordinaten und der Zeit beschrieben, welche die Wahrscheinlichkeitsamplitude dafür bedeuten, daß die Elektronen sich an den Orten q_i befinden. Die Funktionen Φ werden aus der Wellengleichung

$$\mathbb{H}\,\Phi + \frac{h}{2\pi i}\frac{\partial \Phi}{\partial t} = 0 \tag{VIII, 46}$$

gewonnen. Bei der Lösung dieser Gleichung wurden gewisse ausgezeichnete Funktionen Φ_k gefunden, welche stationären Zuständen entsprechen, und wir konnten zeigen, daß alle Funktionen (VIII, 45) in der Summe

$$\Phi = \sum^i u_k \Phi_k \tag{VIII, 47}$$

enthalten sind. Einer Eigenschaft F des Systems wurde ein Operator $\mathbb{F}$ zugeordnet, der auf die Argumente q_i von Φ wirkt. Der Erwartungswert von F war

$$\tilde{F} = \int \Phi^* \,\mathbb{F}\, \Phi \, d\tau. \tag{VIII, 48}$$

In der k-Sprache drückten wir die Wellenfunktion

$$\Psi = \sum^k u_k \Psi_k \tag{VIII, 49}$$

für ein einzelnes Teilchen durch die Gesamtheit der Entwicklungskoeffizienten u_k aus. Sie konnten in einen Vektor $\mathfrak{u}$ im Hilbertschen Raum zusammengefaßt werden. Ψ bzw. $\mathfrak{u}$ fanden wir aus der transformierten Wellengleichung (siehe S. 1104)

$$\boldsymbol{H}\mathfrak{u} + \frac{h}{2\pi i}\frac{\partial \mathfrak{u}}{\partial t} = 0. \tag{VIII, 50}$$

Eine Eigenschaft F stellte sich als Matrix $\boldsymbol{F}$ oder als Tensor im Hilbertschen Raum dar und ihr Erwartungswert war

$$(\mathfrak{u}^* \boldsymbol{F} \mathfrak{u}) = \int \Psi^* \,\mathbb{F}\, \Psi\, d\tau = \sum_{ik} u_i^* F_{ik} u_k \tag{VIII, 51}$$

mit

$$F_{ik} = \int \Psi_i^* \,\mathbb{F}\, \Psi_k \, d\tau. \tag{VIII, 52}$$

Bei einem System von vielen Teilchen verwickelt sich die k-Sprache. Wir ordnen die Quantenzustände eines einzelnen Teilchens nach irgendeinem Gesichtspunkt in eine Reihe $k = 1, 2, 3\ldots$ Jeder Quantenzustand des Gesamtsystems von N-Teilchen ist dann durch eine Kombination von N verschiedener k-Werte

$$k_1 k_2 \ldots k_N \tag{VIII, 53}$$

*§ 3. Besetzungszahlen. Zweite Quantelung.

charakterisiert. Die zugehörige Wellenfunktion ist in nullter Näherung die Slaterdeterminante (siehe S. 1134)

$$\Xi_{k_1 k_2 \ldots k_N}. \qquad \text{(VIII, 54)}$$

Natürlich könnte man auch die möglichen Kombinationen der N Zahlen (VIII, 54) in eine Reihe ordnen und sie dann wieder durch eine einzige Zahl K numerieren. Jedem Quantenzustand wäre dann die Wellenfunktion Ξ_K zugeordnet. In der Tat sind wir bisher gewöhnlich so vorgegangen. Dieses Verfahren verwischt aber den Umstand, daß das System aus N Teilchen besteht, welcher gerade darin zum Ausdruck kommt, daß die Slaterdeterminante N Indizes trägt.

Die allgemeine Wellenfunktion nullter Näherung lautet in der q-Sprache

$$\Phi = \sum u_{k_1 k_2 \ldots k_N} \Xi_{k_1 k_2 \ldots k_N}, \qquad \text{(VIII, 55)}$$

wobei die Summe über alle Kombinationen der k_l läuft.

In der k-Sprache ist die Wellenfunktion die Gesamtheit der Koeffizienten $u_{k_1 k_2 \ldots k_N}$, die wir als Komponenten eines Einheitsvektors $\mathfrak{u}$ im Hilbertschen Raum auffassen können. Für ihn gilt dann die Gl. (VIII, 50). Eine Eigenschaft F des Systems, welche ursprünglich einen Operator F bedeutet, der symmetrisch auf die Koordinaten aller Elektronen einwirkt, wird zu einem Tensor im Hilbertschen Raum bzw. zu einer Matrix. Die Elemente dieser Matrix

$$F_{KK'} = F_{k_1 k_2 \ldots k_N, \, k'_1 k'_2 \ldots k'_N} \qquad \text{(VIII, 56)}$$

tragen allerdings nicht zwei, sondern $2N$ Indizes. Die Eigenschaft F wird also durch einen Tensor von der Stufe $2N$ ausgedrückt.

Jeder Index k_l, der in der Slaterdeterminante vorkommt, kennzeichnet einen ganz bestimmten Quantenzustand, ohne ihn einem ganz bestimmten Elektron zuzuweisen. Die Indizes $k_1 \ldots k_N$, welche in der Slaterdeterminante auftreten, geben die Zustände an, welche durch Elektronen besetzt sind, während die nicht angeschriebenen Zustände unbesetzt sind. Man könnte offenbar dieselbe Slaterdeterminante kennzeichnen, indem man jedem möglichen Quantenzustand eine Zahl $n_k = +1$ oder 0 zuordnet, je nachdem er besetzt ist oder nicht. Numerieren wir die Quantenzustände mit $k = 1, 2, 3$, so könnten wir auch

$$\Xi_{k_1 k_2 \ldots k_N} = \Xi_{n_1 n_2 \ldots} \qquad \text{(VIII, 57)}$$

schreiben. Es gilt dann $n_k = 1$, wenn k mit einem der Indizes $k_1 \ldots k_N$ übereinstimmt und $n_k = 0$, wenn dies nicht der Fall ist.

Die allgemeine Wellenfunktion ist dann durch

$$\Phi = \sum u_{n_1 n_2 \ldots} \Xi_{n_1 n_2 \ldots} \qquad \text{(VIII, 58)}$$

zu beschreiben. Erstreckt man die Summe über alle die Fälle, wo $n_k = 1$ genau N mal vorkommt, so hat man die allgemeine Wellenfunktion eines Systems von N Teilchen, summiert man auch über Kombinationen $n_1 n_2 \ldots$, in denen $n_k = 1$ beliebig oft vorkommt, so beschreibt die Wellenfunktion Systeme von beliebiger Teilchenzahl. Diese Möglichkeit ist deshalb von Interesse, weil sie eine Voraussetzung dafür ist, daß man auch die Entstehung und Vernichtung von Teilchen in den Kreis der Betrachtungen ziehen kann.

Wir wollen jetzt danach trachten, die Verwendung der Besetzungszahlen n statt der Quantenzahlen k systematisch auszubauen, d. h. neben die k-Sprache eine n-Sprache zu stellen.

Die Matrixelemente einer Eigenschaft F können wir statt mit den k ohne weiteres auch mit den n indizieren und erhalten

$$F_{k_1\ldots k_N,\, k_1'\ldots k_N'} = F_{n_1 n_2 \ldots,\, n_1' n_2' \ldots} \qquad \text{(VIII, 59)}$$

Immerhin besteht ein interessanter Unterschied in der Schreibweise der Matrixelemente. In der k-Sprache verknüpft das Matrixelement die Quantenzustände $k_1 k_2 \ldots k_N$ mit anderen Quantenzuständen $k_1' k_2' \ldots k_N'$. Der Operator F ist deshalb eine Matrix mit unendlich vielen Reihen, welche den Zuständen k und unendlich vielen Spalten, welche den Zuständen k' zugehören. Die Matrix ist allerdings nicht von der Stufe 2, sondern von der Stufe $2N$, weil die Kombinationen $k_1 \ldots k_N$ und $k_1' \ldots k_N'$ aus N Werten bestehen.

In der n-Sprache verknüpft das Matrixelement zwei Besetzungszahlen n_k und n_k' des k-ten Quantenzustandes. Der Operator ist deshalb eine zweireihige Matrix, allerdings von unendlich hoher Stufe, weil jede Quantenzahl eine eigene Stufe beisteuert.

Der Operatorcharakter von F tritt besonders deutlich zutage, wenn wir die vier Elemente

$n_k \diagdown n_k'$	0	1
0	F_{00}	F_{01}
1	F_{10}	F_{11}

(VIII, 60)

anschreiben, die zu einer bestimmten Quantenzahl k gehören. F_{01} gehört zu dem Übergang vom besetzten zum unbesetzten Zustand, F_{10} zum entgegengesetzten Übergang. Das Element F_{11} entspricht der dauernden Besetzung, F_{00} der dauernden Unbesetztheit.

Wir könnten natürlich die Matrixelemente des Operators F in der n-Sprache gewinnen, indem wir sie zuerst in der k-Sprache bilden und dann einfach durch die n_k statt durch die k indizieren. Wir können aber auch eine neue systematische Rechenvorschrift zur Ermittlung dieser Operatoren entwickeln, die für manche Probleme als selbständiges Verfahren neben Wellenmechanik und Matrizenmechanik Vorteile bietet.

Zu diesem Zweck versuchen wir den Operator F aus einfachen Grundoperatoren aufzubauen, deren Bedeutung leicht zu verstehen ist. Der Operator

$$T_k = \begin{array}{c|cc} n_k \diagdown n_k' & 0 & 1 \\ \hline 0 & 0 & 1 \\ 1 & 0 & 0 \end{array}, \qquad \text{(VIII, 61)}$$

der bezüglich aller anderen Quantenzahlen als k eine Einheitsmatrix ist, führt den besetzten Zustand mit der Wahrscheinlichkeit 1 in den unbesetzten Zustand über. Der Operator

$$T_k^\dagger = \begin{array}{c|cc} n_k \diagdown n_k' & 0 & 1 \\ \hline 0 & 0 & 0 \\ 1 & 1 & 0 \end{array} \qquad \text{(VIII, 62)}$$

*§ 3. Besetzungszahlen. Zweite Quantelung.

bewirkt gerade das Gegenteil. Der Operator

$$T_k^\dagger T_k = \begin{array}{c|cc} {}_{n_k}\!\diagdown\!{}^{n_k'} & 0 & 1 \\ \hline 0 & 0 & 0 \\ 1 & 0 & 1 \end{array}$$ (VIII, 63)

bedeutet, daß der Zustand k besetzt und

$$T_k T_k^\dagger = \begin{array}{c|cc} {}_{n_k}\!\diagdown\!{}^{n_k'} & 0 & 1 \\ \hline 0 & 1 & 0 \\ 1 & 0 & 0 \end{array},$$ (VIII, 64)

daß er unbesetzt ist. Außerdem benötigen wir noch den Operator

$$U_k = U_k^\dagger = \begin{array}{c|cc} {}_{n_k}\!\diagdown\!{}^{n_k'} & 0 & 1 \\ \hline 0 & -1 & 0 \\ 1 & 0 & 1 \end{array}.$$ (VIII, 65)

Diese drei Operatoren erfüllen die Vertauschungsregeln

$$T_k^2 = 0; \quad T_k^{\dagger 2} = 0; \quad U_k^2 = 1,$$ (VIII, 66)
$$T_k^\dagger T_k - T_k T_k^\dagger = U_k,$$ (VIII, 67)
$$T_k^\dagger T_k + T_k T_k^\dagger = 1.$$ (VIII, 68)

Ferner finden wir noch

$$T_k U_k = -U_k T_k = T_k,$$ (VIII, 69)
$$U_k T_k^\dagger = -T_k^\dagger U_k = T_k^\dagger.$$ (VIII, 70)

Ebenso wie für den k-ten Quantenzustand bilden wir die Operatoren T, $T^\dagger$ und U für alle anderen Quantenzustände. Alle diese Operatoren sind miteinander vertauschbar, wenn sie sich auf verschiedene Quantenzahlen k beziehen.

Als nächsten Schritt konstruieren wir die sogenannten Jordan-Wignerschen Matrizen

$$a_k = U_1 U_2 \ldots U_{k-1} T_k$$ (VIII, 71)

und

$$a_k^\dagger = U_1 U_2 \ldots U_{k-1} T_k^\dagger.$$ (VIII, 72)

Hierbei ist eine bestimmte Reihenfolge der Quantenzustände u terlegt. Zwischen den a bestehen die Relationen

$$a_k^2 = a_k^{\dagger 2} = 0,$$ (VIII, 73)
$$a_k a_k^\dagger + a_k^\dagger a_k = T_k T_k^\dagger + T_k^\dagger T_k = 1.$$ (VIII, 74)

Zwei Operatoren a_k und a_l zu verschiedenen Quantenzuständen sind nicht vertauschbar, sondern es gelten die Vertauschungsrelationen

$$a_k a_l = -a_l a_k; \quad a_k^\dagger a_l^\dagger = -a_l^\dagger a_k^\dagger; \quad a_k^\dagger a_l = -a_l a_k^\dagger.$$ (VIII, 75)

Jede Vertauschung bewirkt einen Vorzeichenwechsel.

Nun sei $\Psi_k(q, t)$ die Wellenfunktion eines einzelnen Elektrons, welche zum k-ten Quantenzustand gehört. Mit ihrer Hilfe können wir dann die orts- und zeitabhängigen Operatoren

$$a_k \Psi_k$$

bilden. Aus ihnen setzen wir die Operatorfunktion

$$\Phi = \sum^k a_k \Psi_k \qquad \text{(VIII, 76)}$$

zusammen.

Jetzt betrachten wir einen Operator $\mathbb{G}(q_i)$, der nur auf die Koordinaten des i-ten Elektrons wirkt. Die entsprechende Eigenschaft wird durch die Summe

$$\mathbb{F} = \sum^i \mathbb{G}(q_i) \qquad \text{(VIII, 77)}$$

beschrieben, da alle Elektronen in gleicher Weise an dieser Eigenschaft beteiligt sind. Die Matrixelemente

$$\begin{aligned} F_{k_1 \ldots k_N, k_1' \ldots k_N'} &= \int \Xi^*_{k_1 \ldots k_N} \mathbb{F}\, \Xi_{k_1' \ldots k_N'} d\tau_I \ldots d\tau_N \\ &= N \int \Xi^*_{k_1 \ldots k_N} \mathbb{G}(q_I)\, \Xi_{k_1' \ldots k_N'} d\tau_I \ldots d\tau_N \end{aligned} \qquad \text{(VIII, 78)}$$

sind dann die Summe von N gleichen Summanden. Wenn zwei oder mehr der Quantenzahlen k' von den Quantenzahlen k verschieden sind, verschwinden diese Elemente. Wir setzen deshalb

$$k_2 = k_2' \ldots k_N = k_N' \qquad \text{(VIII, 79)}$$

und erhalten

$$F_{k_1 \ldots k_N, k_1' \ldots k_N} = N \int \Psi^*_{k_1}(q_I) \mathbb{G}(q_I) \Psi_{k_1'}(q_I) d\tau_I \int S_1^* S_1 d\tau_{II} \ldots d\tau_N, \qquad \text{(VIII, 80)}$$

wo S_1 die zu $\Psi_{k_1}(q_I)$ gehörige Unterdeterminante der Slaterdeterminante ist. Wegen der Normierung ist aber

$$\int S_1^* S_1 d\tau_{II} \ldots d\tau_N = \frac{1}{N}, \qquad \text{(VIII, 81)}$$

und wir erhalten

$$F_{k_1 \ldots k_N, k_1' \ldots k_N} = \int \Psi_{k_1}(q_I) \mathbb{G}(q_I) \Psi_{k_1'}(q_I) d\tau_I = G_{k_1 k_1'}. \qquad \text{(VIII, 82)}$$

Ersetzen wir k_1 durch k, k_1' durch l, so hat die Matrix $\mathbf{F}$ einfach die Elemente

$$G_{kl} = \int \Psi_k^* \mathbb{G} \Psi_l d\tau. \qquad \text{(VIII, 83)}$$

Nun bilden wir zum Vergleich die Matrix

$$F = \int \Phi^\dagger \mathbb{G} \Phi\, d\tau \qquad \text{(VIII, 84)}$$

in der n-Sprache und erhalten

$$\begin{aligned} F &= \sum^{kl} a_k^\dagger a_l \int \Psi_k^* \mathbb{G} \Psi_l d\tau \\ &= \sum^{kl} a_k^\dagger a_l G_{kl}, \end{aligned} \qquad \text{(VIII, 85)}$$

*§ 3. Besetzungszahlen. Zweite Quantelung.

deren Elemente offenbar dieselben Zahlwerte G_{kl} besitzen wie die Elemente der Matrix F in der k-Sprache. Die Operatoren $a_k^\dagger$ zeigen an, daß der Quantenzustand k entsteht und, die a_l zeigen an, daß der Quantenzustand l verschwindet. (VIII, 85) ist also die Matrixdarstellung des Operators $\mathbb{F}$ in der n-Sprache.

Ganz ähnlich können wir verfahren, wenn der Operator $\mathbb{F}$ nicht auf die Elektronen einzeln einwirkt, sondern eine Wechselwirkung von je zwei Elektronen bedeutet. Dann müssen alle Quantenzustände bis auf zwei dieselben sein. Die Matrix F in der n-Sprache wird dann durch

$$F = \frac{1}{2!} \int \boldsymbol{\Phi}^\dagger(q) \boldsymbol{\Phi}^\dagger(q') \mathbb{G} \boldsymbol{\Phi}(q) \boldsymbol{\Phi}(q') d\tau d\tau'$$
$$= \frac{1}{2!} \sum_{klmn} a_k^\dagger a_m^\dagger a_l a_n G_{km,ln}$$
(VIII, 86)

ausgedrückt. Operatoren, die auf mehr als zwei Elektronen wirken, kommen praktisch nicht vor. Man könnte aber unschwer das Verfahren auch auf diese ausdehnen.

Wir wollen nun versuchen, den Sinn des Rezeptes der Formeln (VIII, 76) bis (VIII, 86) zu erkennen. Die Operatorfunktion $\boldsymbol{\Phi}$ von (VIII, 76) entsteht aus der allgemeinen Wellenfunktion

$$\Psi = \sum_k u_k \Psi_k,$$
(VIII, 87)

indem man die Zahlkoeffizienten u_k durch die Operatoren a_k ersetzt. Hierdurch wird zum Ausdruck gebracht, daß besetzte Quantenzustände unbesetzt werden, d. h. verschwinden. Umgekehrt bringt die Operatorfunktion

$$\boldsymbol{\Phi}^\dagger = \sum_k a_k^\dagger \Psi_k^*$$
(VIII, 88)

zum Ausdruck, daß unbesetzte Quantenzustände in besetzte übergehen, d. h. entstehen. Während die u_k durch

$$1 = \sum_k u_k^* u_k$$
(VIII, 89)

normiert waren, bewirkt die ,,Ganzzahligkeit'' der Elemente der a_k, daß ,,im Ganzen'' immer nur ein ganzes Teilchen aus einem Quantenzustand in einen anderen übergehen kann. Die Matrizen F in (VIII, 84) und (VIII, 85) entsprechen den früheren Erwartungswerten $\bar{F}$ der Eigenschaft F, nicht den zugehörigen Matrizen im Hilbertraum. Während die Erwartungswerte also früher den Charakter von Zahlen hatten, bekommen sie jetzt Matrixcharakter bezüglich der Besetzungszahlen und sind also Operatoren des Erwartungswertes. Die einzelnen Summanden der Summe, welche früher als Koeffizienten einer Frequenzanalyse verstanden werden mußten, bedeuten jetzt die Wahrscheinlichkeit des Übergangs vom Quantenzustand k in den Quantenzustand l. Diese Interpretation hatte sich allerdings auch schon bisher vielfältig aufgedrängt, ging aber nicht aus der Schreibweise des Erwartungswertes von selbst hervor, sondern mußte aus zusätzlichen Erwägungen im Einzelfall erschlossen werden.

Die Verwendung der Operatorfunktion statt der Wellenfunktion trägt also zwei Erfahrungstatsachen direkt Rechnung, die in der früheren Theorie nur auf Umwegen zugänglich werden: Den Übergängen aus einem Quantenzustand in einen anderen und daß diese Übergänge an einem ganzen Teilchen vor sich gehen.

Durch den Übergang zur n-Sprache erhält auch der Wahrscheinlichkeitsvektor eine etwas veränderte Schreibweise. Jeder Quantenzahl k ist nun ein Hilbertraum von zwei Dimensionen zugeordnet. $n_k = 0$ soll durch einen Einheitsvektor $\mathfrak{u}_k^{(0)}$ und $n_k = 1$ durch einen (reellen) Einheitsvektor $\mathfrak{u}_k^{(1)}$ ausgedrückt werden. Jeder Slaterdeterminante entspricht dann ein direktes Produkt

$$\mathfrak{u}_1 \mathfrak{u}_2 \mathfrak{u}_3 \ldots \qquad (VIII, 90)$$

von Einheitsvektoren, in welchen die Vektoren $\mathfrak{u}^{(0)}$ auftreten, wenn der Zustand unbesetzt, dagegen die $\mathfrak{u}^{(1)}$, wenn er besetzt ist. Der allgemeinste Wahrscheinlichkeitsvektor ist dann

$$\mathfrak{u} = \sum' u(n_1 n_2 \ldots) \mathfrak{u}_1 \mathfrak{u}_2 \ldots, \qquad (VIII, 91)$$

wobei die Summe über alle Slaterdeterminanten läuft.

Wir können nun den Vektoren die Matrixform

$$\mathfrak{u}_k^{(0)} = \left\| \begin{matrix} 1 \\ 0 \end{matrix} \right\|; \quad \mathfrak{u}_k^{(1)} = \left\| \begin{matrix} 0 \\ 1 \end{matrix} \right\|, \qquad (VIII, 92)$$

$$\mathfrak{u}_k^{(0)\dagger} = \| 1 \ \ 0 \|; \quad \mathfrak{u}_k^{(1)\dagger} = \| 0 \ \ 1 \| \qquad (VIII, 93)$$

geben und finden leicht

$$a_k \mathfrak{u}_k^{(1)} = \mathfrak{u}_k^{(0)}; \quad a_k^\dagger \mathfrak{u}_k^{(0)} = \mathfrak{u}_k^{(1)}, \qquad (VIII, 94)$$

$$a_k \mathfrak{u}_k^{(0)} = 0; \quad a_k^\dagger \mathfrak{u}_k^{(1)} = 0, \qquad (VIII, 95)$$

$$\mathfrak{u}_k^{(0)\dagger} a_k = \mathfrak{u}_k^{(1)\dagger}; \quad \mathfrak{u}_k^{(1)\dagger} a_k^\dagger = \mathfrak{u}_k^{(0)\dagger}, \qquad (VIII, 96)$$

$$\mathfrak{u}_k^{(1)\dagger} a_k = 0; \quad \mathfrak{u}_k^{(0)\dagger} a_k^\dagger = 0. \qquad (VIII, 97)$$

Nun können mit dem Wahrscheinlichkeitsvektor (VIII, 91) und den Operatoren (VIII, 85) und (VIII, 86) in der gewöhnlichen Weise Zahlwerte des Erwartungswertes der Eigenschaften berechnet werden.

Wir definieren zuerst einen Operator N, welcher die Wellenfunktion eines Elektrons innerhalb eines bestimmten Volumens mit 1, außerhalb dieses Volumens mit 0 multipliziert. Für ihn erhalten wir die Matrixform

$$N = \int_V \Phi^\dagger \Phi \, d\tau = \sum_{kl} a_k^\dagger a_l \int_V \Psi_k^* \Psi_l \, d\tau. \qquad (VIII, 98)$$

Wird über das ganze Volumen integriert, in welchem Ψ normiert ist, so ergibt sich

$$N = \sum a_k^\dagger a_k. \qquad (VIII, 99)$$

Wir wollen nun den Erwartungswert

$$(\mathfrak{u}^\dagger N \mathfrak{u}) = \sum_k (\mathfrak{u}^\dagger a_k^\dagger a_k \mathfrak{u}) \qquad (VIII, 100)$$

der Eigenschaft N in einem stationären Zustand bilden, welcher durch ein Slaterdeterminante beschrieben ist. Zu ihm gehört der Wahrscheinlichkeitsvektor

$$\mathfrak{u} = \mathfrak{u}_1 \mathfrak{u}_2 \ldots \qquad (VIII, 101)$$

*§ 3. Besetzungszahlen. Zweite Quantelung.

Ist der k-te Zustand besetzt, so ist $\mathfrak{u}_k = \mathfrak{u}_k^{(1)}$ und

$$\mathfrak{u}_1^\dagger \mathfrak{u}_2^\dagger \ldots a_k^\dagger a_k \mathfrak{u}_1 \mathfrak{u}_2 \ldots = 1 \qquad \text{(VIII, 102)}$$

ist er hingegen unbesetzt, so ist $\mathfrak{u}_k = \mathfrak{u}_k^{(0)}$ und

$$\mathfrak{u}_1^\dagger \mathfrak{u}_2^\dagger \ldots a_k^\dagger a_k \mathfrak{u}_1 \mathfrak{u}_1 \ldots = 0. \qquad \text{(VIII, 103)}$$

In der Summe (VIII, 100) gibt es also genauso viele Summanden vom Betrage 1 als besetzte Quantenzustände, d. h. Elektronen vorhanden sind. Der Operator $\mathbf{N}$ ist also der Operator der Teilchenzahl.

Sinngemäß können wir jetzt in

$$N_k = a_k^\dagger a_k \qquad \text{(VIII, 104)}$$

den Operator der Teilchenzahl im k-ten Zustand sehen, der die Eigenwerte 1 und 0 besitzt.

Es ist eine Eigentümlichkeit der n-Sprache, daß sie der Teilchenzahl einen Operator zuordnen kann. In den anderen Formulierungen der Quantentheorie definierte die Teilchenzahl das quantenmechanische System, war aber nicht als eine seiner Eigenschaften anzusehen. Wir meinen damit, daß bisher in jedem Fall an eine bestimmte Zahl von Teilchen gedacht war, und daß überhaupt nicht in Betracht gezogen wurde, daß sich die Teilchenzahl ändern könne. Jetzt haben wir der Quantentheorie eine Formulierung gegeben, die keine bestimmte Zahl von Teilchen voraussetzt, sondern die Zahl der Teilchen als eine Eigenschaft des Systems durch einen Operator ausdrückt. Der Besitz einer solchen Formulierung ist eine der Voraussetzungen dafür, daß man auch Vorgänge quantentheoretisch erfassen kann, bei denen Teilchen entstehen oder vernichtet werden.

Wir wenden uns jetzt noch dem Energieoperator zu. Stehen die Teilchen miteinander nicht in Wechselwirkung, sondern werden sie nur von einem äußeren Feld beeinflußt, so gilt

$$\mathbb{H} = \sum^i \mathbb{H}_i \qquad \text{(VIII, 105)}$$

und wir finden nach (VIII, 85) den Energieoperator

$$H = \sum^{kl} a_k^\dagger a_l H_{kl} \qquad \text{(VIII, 106)}$$

in der n-Sprache. Ist die Energiematrix schon durch Wahl geeigneter Eigenfunktionen auf die Diagonalform E gebracht, so erhalten wir einfach

$$H = \sum^k a_k^\dagger a_k E_k = \sum^k N_k E_k. \qquad \text{(VIII, 107)}$$

Den jetzt entwickelten Formalismus hat man Quantelung der Wellenfunktionen oder zweite Quantelung genannt. Er besteht darin, daß man der Wellenfunktion selbst Operatorcharakter verleiht, indem man die Jordan-Wignerschen Matrizen einbaut. Die Wellenfunktion Φ ist dann der Operator, der die Teilchen aus den Quantenzuständen entfernt, $\Phi^\dagger$ der Operator, der die Quantenzustände mit Teilchen füllt.

Hierdurch werden verschiedene Fortschritte erzielt. Erstens wird das Antisymmetrieprinzip in die Quantentheorie selbst eingebaut, statt daß man es als zusätzliche Nebenbedingung vorschreibt. Zweitens bezieht sich die Formulierung nicht auf eine bestimmte Zahl von Teilchen, sondern die Teilchenzahl erscheint als eine Eigenschaft eines quantenmechanischen Systems und wird durch einen Operator ausgedrückt. Drittens wird die Umwandlung besetzter Zustände in unbesetzte und umgekehrt von der Theorie unmittelbar zum Ausdruck gebracht. Die Theorie gewinnt auf diese Weise zweifellos an Geschlossenheit.

Andererseits haften der Theorie in der jetzigen Form noch manche Unvollkommenheiten an.

Die angeführten Vorteile wirken sich in vielen Fällen praktisch nicht aus. Der Operator der Teilchenzahl ist z. B. mit allen Eigenschaftsoperatoren F vertauschbar, weil die Vertauschung mit N stets eine gerade Anzahl von Vertauschungen der a bedeutet. Wenn aber N auch mit H vertauschbar ist, ändert sich N nicht. Bei den bisher untersuchten Vorgängen bleibt also die Zahl der Elektronen erhalten.

Die Quantelung der Wellenfunktionen ist ein schwerfälliges Schema. Sie hat deshalb für die Probleme der eigentlichen Atomphysik wenig praktische Anwendung gefunden. Bequem ist die Methode nur, solange man die Wechselwirkung zwischen den Teilchen vernachlässigen kann.

In dieser Feststellung ist übrigens ein prinzipieller Gesichtspunkt enthalten, der nicht ganz in Vergessenheit geraten sollte. Die ganze n-Sprache entwickelt sich im Zuge eines bestimmten Näherungsverfahrens. Zuerst werden die Quantenzustände isolierter Teilchen in einem äußeren Feld, eventuell auch die Zustände freier Teilchen ermittelt, aus denen dann die n-Sprache in nullter Näherung konstruiert wird. Natürlich kann man die Wechselwirkungen in höheren Näherungen approximieren. Es liegt aber auf der Hand, daß das Verfahren bei starker Wechselwirkung mühsam ist. Es verbleibt sogar ein gewisser Zweifel, ob es nicht so starke Wechselwirkungen geben kann, daß der ganzen Methode der Boden entzogen wird.

Ein weiterer Mangel der hier gegebenen Darstellung darf ebenfalls nicht verschwiegen werden. In der Diracschen Theorie mußten die Zustände eines Elektrons vervierfacht werden. Wir haben die Verdopplung durch den Spin ausdrücklich berücksichtigt. Die Rolle der Zustände negativer Energie (Unterwelt) haben wir aber unerörtert gelassen. Dieses Versäumnis hat zur Folge, daß unsere Darstellung fragmentarisch bleibt.

Trotz der genannten Unvollkommenheiten erweist sich der Formalismus der n-Sprache eines Mehrelektronensystems als ein wichtiger Schritt. Dieses Verfahren ist eine Art Vorstufe für die quantenmechanische Behandlung von Objekten, die als kontinuierlich ausgedehnte Gebilde zu betrachten sind, zur Quantentheorie der Felder.

I. Feldtheorie der Materie.

Die Quantentheorie, wie wir sie im vorangehenden Abschnitt entwickelt haben, ist eine Theorie der elementaren materiellen Bausteine der Materie, insbesondere der Elektronen. Sie mußte geschaffen werden, weil es sich herausstellte, daß man mit der Erfahrung in Widerstreit gerät, wenn man die Elektronen als Massenpunkte und die ganzen Atome als Systeme vieler Massenpunkte ansieht, auf die man die Methoden der klassischen Punktmechanik anwenden kann. Man kommt jedoch weitgehend in Einklang mit dem empirischen Befund, wenn man eine Art Übersetzung der klassischen Punktmechanik vornimmt, die nach folgendem Schema vorgenommen werden kann.

I. Feldtheorie der Materie.

Die momentane Lage eines Systems von n Teilchen wird durch $3n$ Koordinaten q_k ausgedrückt, die man in den $3n$-dimensionalen Konfigurationsraum zusammenfaßt. Bei gegebenem Kraftfeld läßt sich eine Lagrangefunktion

$$\mathcal{L} = \mathcal{L}(q_k, \dot{q}_k, t) \tag{1}$$

bilden, aus der man die Impulse

$$p_k = \frac{\partial \mathcal{L}}{\partial \dot{q}_k} \tag{2}$$

findet. Mit den Impulsen $\dot{q}_u$ spannt man den Impulsraum auf, der zusammen mit dem Konfigurationsraum den Phasenraum ergibt. Mit Hilfe von (2) können die Impulse als lineare Funktionen der Geschwindigkeiten ausgedrückt werden. Als Hamiltonfunktion definiert man dann

$$\mathcal{H} = \sum^k p_k \dot{q}_k - \mathcal{L} \tag{3}$$

und erhält daraus die kanonischen Bewegungsgleichungen

$$\dot{p}_k = -\frac{\partial \mathcal{H}}{\partial q_k}; \quad \dot{q}_k = \frac{\partial \mathcal{H}}{\partial p_k}. \tag{4}$$

Man kann diesen Gleichungen die symbolische Form

$$\dot{\mathfrak{p}} = -\operatorname{grad}\mathcal{H}; \quad \dot{\mathfrak{q}} = \operatorname{gr\bar{a}d}\mathcal{H} \tag{4a}$$

geben, wenn grad den Gradienten im Konfigurationsraum, grād den Gradienten im Impulsraum bedeutet. Führt man die Wirkungsfunktion W mit

$$\mathfrak{p} = \operatorname{grad} W \tag{5}$$

ein, so kann man sie aus der Hamiltonschen partiellen Differentialgleichung

$$\mathcal{H}(\operatorname{grad} W, \mathfrak{q}) + \frac{\partial W}{\partial t} = 0 \tag{6}$$

bestimmen. Ist die Energie des Systems konstant, so nimmt der Energiesatz die Form

$$\mathcal{H}(\mathfrak{p}, \mathfrak{q}) = E \tag{7}$$

an, wo E die Gesamtenergie bedeutet.

In der Quantentheorie kann man das Verhalten eines Teilchens oder eines Systems von Teilchen durch die Wahrscheinlichkeitsamplitude

$$\Psi = \Psi(q_k, t) \tag{8}$$

beschreiben, aus der man die Wahrscheinlichkeitsdichte

$$\varrho = \Psi^* \Psi \tag{9}$$

im Konfigurationsraum bildet. Die Größen der klassischen Theorie sind in der Quantentheorie als Operatoren anzusehen, welche auf die Ψ-Funktion wirken. Die Koordinatenoperatoren $\mathfrak{q}$ bewirken eine Multiplikation der Ψ-Funktion mit dem Wert der Koordinate, d. h. es gilt

$$\mathfrak{q}\Psi = q\Psi = \Psi q, \tag{10}$$

I. Feldtheorie der Materie.

während dem Impuls $\mathfrak{p}$ der Operator

$$\mathfrak{p} = \frac{h}{2\pi i} \operatorname{grad} \tag{11}$$

entspricht, so daß

$$\mathfrak{p}\,\Psi = \frac{h}{2\pi i} \operatorname{grad}\Psi \tag{12}$$

wird. Der Energieoperator $\mathbb{E}$ wird durch

$$\mathbb{E} = -\frac{h}{2\pi i}\frac{\partial}{\partial t} \tag{13}$$

ersetzt, d. h. aus (7) geht

$$\mathbb{H}\,\Psi = -\frac{h}{2\pi i}\frac{\partial \Psi}{\partial t} \tag{14}$$

hervor.

Alle anderen Operatoren können sinngemäß durch sukzessive Anwendung dieser Grundoperatoren aufgebaut werden.

Zur Matrizenform der Quantentheorie gelangt man, indem man die Wellenfunktionen

$$\Psi = \sum_k u_k(t)\,\varphi_k(q) \tag{15}$$

nach einem beliebigen Orthogonalsystem von Ortsfunktionen $\varphi_k(q)$ entwickelt. Setzt man dies in (14) ein, multipliziert mit φ_i^* und integriert über den Raum, so erhält man

$$\sum_k u_k(t)\int \varphi_i^*\,\mathbb{H}\,\varphi_k\,d\tau = -\frac{h}{2\pi i}\frac{du_i}{dt}. \tag{16}$$

Betrachtet man die u_k als Komponenten eines Wahrscheinlichkeitsvektors $\mathfrak{u}$ und definiert die Elemente

$$H_{ik} = \int \varphi_i^*\,\mathbb{H}\,\varphi_k\,d\tau \tag{17}$$

einer Matrix H, so kann man statt (16) auch

$$H\,\mathfrak{u} = -\frac{h}{2\pi i}\frac{d\mathfrak{u}}{dt} \tag{18}$$

schreiben.

Durch Anwendung dieses Schemas gelingt es, alle Probleme der Punktmechanik in die Quantentheorie zu übersetzen. Dagegen kann man die Mechanik der Kontinua nicht auf die gleiche Weise in die Quantentheorie übertragen.

Zunächst hat es allerdings auch den Anschein, als ob gar kein Bedürfnis bestünde, eine Quantentheorie zu entwickeln, welche der Mechanik der Kontinua entspricht. Im atomaren Bereich hat die Materie eine diskrete und nicht die kontinuierliche Struktur, die man in der Elastizitätstheorie und Hydrodynamik als Modell unterlegt. Es gibt aber doch einige Gesichtspunkte, die uns nötigen, eine Quantentheorie der Kontinua zu entwickeln.

Neben der Materie und ihren elementaren Bausteinen gibt es noch das elektromagnetische Feld, welches von den geladenen Bausteinen und ihren Bewegungen herrührt und andererseits Kräfte auf sie ausübt. Dieses Feld ist ein kontinuierliches Objekt und muß in irgendeiner Weise mit der Quantentheorie der materiellen Elementarteilchen verknüpft werden. Man weiß ferner, daß Elektronen und Positronen durch Umwandlung von Strahlung entstehen können, aber auch wieder zerstrahlen können. Das Strahlungsquant ist gewissermaßen der Ausgangszustand eines Prozesses, dessen Endprodukt die Teilchen des Zwillingspaares darstellen. Dies läßt es schwer verständlich erscheinen, daß die Teilchen der Quantentheorie gehorchen, während die Strahlung mit dieser Theorie nichts zu tun haben sollte.

Man hat außerdem in den Mesonen Objekte entdeckt, die eine Art Mittelstellung zwischen den eigentlichen Elementarteilchen und dem Strahlungsfeld einnehmen und für die man eine recht brauchbare Quantentheorie der Kontinua konstruieren kann, wie wir sehen werden.

Endlich wird man in der Relativitätstheorie genötigt, Materie und Energie zu identifizieren und demgemäß wenigstens grundsätzlich für beide eine einheitliche Feldtheorie zu postulieren.

Dies alles wirft das Problem auf, auch die Quantentheorie zu einer allgemeineren Theorie auszubauen, die Teilchen und Felder umfaßt, und von der unsere bisherige Quantentheorie ein Spezialfall oder eine erste Näherung darstellt.

In diesem Zusammenhang können wir feststellen, daß schon die Übersetzung der klassischen Punktmechanik in die Quantentheorie darin besteht, den Massenpunkten der klassischen Mechanik ein Feld zuzuordnen, welches durch die Wellenfunktion beschrieben wird. Dieses Feld repräsentiert allerdings nicht die Teilchen an sich, sondern die Wahrscheinlichkeit ihrer Wirkungen. Unter diesem Aspekt erscheint das Programm eine allgemeinere Quantentheorie der Felder zu entwerfen als eine konsequente Fortsetzung des bisher beschrittenen Weges.

I. Klassische Feldmodelle.

Wenn wir zu einer Quantentheorie von Feldern gelangen wollen, können wir zunächst eine entsprechende klassisch-mechanische Theorie konstruieren, die wir später übersetzen. Allerdings können wir diese klassische Theorie nicht einfach aus der Mechanik der Kontinua übernehmen, weil wir ja nicht die Elastizitätstheorie und Hydrodynamik quantisieren wollen. Als ausgearbeitetes klassisches Modell besitzen wir nur die Elektrodynamik. Wir rechnen aber damit, daß es im atomaren Bereich noch Felder gibt, z. B. die Mesonfelder, für die man gar keine klassische Theorie hat. Ja, es besteht sogar die Möglichkeit, daß die bekannten Elementarteilchen Feldeigenschaften zu erkennen geben, wenn man sie unter den Gesichtspunkten einer Feldquantentheorie betrachtet.

Wir werden also zuerst untersuchen müssen, welche Modelle von Feldern nach den Gesichtspunkten der klassischen Mechanik überhaupt konstruiert werden können, ganz gleichgültig, ob diese Modelle im Bereich der klassischen Physik Verwendung gefunden haben oder nicht. Wir werden dann eine klassische Behandlung dieser Modelle durchzuführen haben und anschließend die Übersetzung in die Quantentheorie vornehmen müssen. Der letzte Schritt muß dann in dem Vergleich der theoretischen Erwartungen mit dem empirischen Befund bestehen. Bei diesem Programm werden wir naturgemäß manchen formalen Analogien zu den Verfahren begegnen, die in der Mechanik der Kontinua bewährt sind, durch die wir uns aber nicht verleiten lassen dürfen, voreilig auf einen analogen physikalischen Sachverhalt zu schließen.

§ 1. Die Lagrangefunktion eines isolierten skalaren Feldes.

Inhalt: Die typische Lagrangedichte eines skalaren Feldes baut sich aus Ψ^2 und $(\Box \Psi)^2$ auf. Die Feldgleichung zweiter Ordnung kann in eine skalare und eine Vektorgleichung erster Ordnung zerlegt werden. Masse und Comptonwellenlänge des Feldes.

Bezeichnungen: x, y, z, t bzw. $x_1 x_2 x_3 x_4$ unabhängige Orts- und Zeitvariabeln, Ψ Feldfunktion, L Lagrangedichte, $\mathcal{L}$ Lagrangefunktion, $\lambda = 2\pi\varkappa$ Comptonwellenlänge, m Masse, c Lichtgeschwindigkeit. $i, k, 1, 2$ Indices der Feldfunktionen, n Index der unabhängigen Variabeln.

Die Stärke des Feldes an verschiedenen Orten und zu verschiedenen Zeiten möge durch eine Feldfunktion

$$\Psi(x, y, z, t) \tag{I, 1}$$

angegeben werden. Die örtlichen Dichten der kinetischen und potentiellen Energie werden sich dann mit Hilfe von Ψ, seiner örtlichen und zeitlichen Ableitungen und der unabhängigen Variabeln x, y, z, t ausdrücken lassen. Als Differenz der Dichte von kinetischer und potentieller Energie kann man die Lagrangedichte

$$L = L\left(\Psi, \frac{\partial \Psi}{\partial x}, \frac{\partial \Psi}{\partial y}, \frac{\partial \Psi}{\partial z}, \frac{\partial \Psi}{\partial t}, \frac{\partial^2 \Psi}{\partial x^2} \cdots x, y, z, t\right) \tag{I, 2}$$

bilden. Integriert man über den Bereich, in welchem das Feld existiert, so erhält man die Lagrangefunktion

$$\mathcal{L} = \int L \, dx \, dy \, dz \tag{I, 3}$$

des ganzen Feldes. Gestattet das Feld eine Behandlung nach der klassischen Mechanik, so verlangt das Hamiltonsche Prinzip, daß das Integral

$$\int_{t_1}^{t_2} \mathcal{L} \, dt = \int_{t_1}^{t_2} \int L \, dx \, dy \, dz \, dt \tag{I, 4}$$

ein Extremum ist. Hieraus gewinnt man die Feldgleichung

$$\frac{\partial L}{\partial \Psi} = \frac{\partial}{\partial x} \frac{\partial L}{\partial \frac{\partial \Psi}{\partial x}} + \frac{\partial}{\partial y} \frac{\partial L}{\partial \frac{\partial \Psi}{\partial y}} + \cdots$$

$$- \frac{\partial^2}{\partial x^2} \frac{\partial L}{\partial \frac{\partial^2 \Psi}{\partial x^2}} - 2 \frac{\partial^2}{\partial x \partial y} \frac{\partial L}{\partial \frac{\partial^2 \Psi}{\partial x \partial y}} + \cdots \tag{I, 5}$$

als Eulersche Gleichung in bekannter Weise.

Mit der Lagrangedichte ist somit die Feldgleichung und damit das Gesetz des Feldes festgelegt. Will man also zu einer systematischen Ordnung der möglichen Felder kommen, so muß man eine Klassifikation der Lagrangedichten durchführen. Jeder Typus einer Lagrangedichte liefert ein Modellfeld, das man dann darauf prüfen kann, ob es in der Wirklichkeit realisiert ist.

Alle Felder und zugehörigen Lagrangedichten sollen lorentz-invariant sein. Wir bezeichnen die Ortsvariabeln mit $x_1 x_2 x_3$ und fügen statt der Zeit die vierte Variable

$$x_4 = i c t$$

hinzu. Die Lagrangedichte muß dann die Ableitungen der Feldfunktionen nach den unabhängigen Variabeln symmetrisch enthalten. In einfachen Fällen lassen sich die Ableitungen von Ψ am bequemsten mit Hilfe des Weltoperators $\Box$ zusammenfassen. L selbst muß eine Invariante der Lorentztransformation, also eine skalare Funktion sein.

Zwei Lagrangedichten, die sich um einen Divergenzausdruck

$$\Box \, \mathfrak{F}\left(\Psi, \frac{\partial \Psi}{\partial x_n}, \frac{\partial^2 \Psi}{\partial x_n \partial x_m} \cdots\right) \tag{I, 6}$$

unterscheiden, liefern dieselbe Feldgleichung. $\mathfrak{F}$ ist dabei eine beliebige vektorielle Funktion. Man kann nämlich den Divergenzausdruck in ein Oberflächenintegral über den Rand des Feldes überführen, das sich bei der Variation nicht ändert. In der Lagrangedichte kann man also Divergenzen jederzeit weglassen oder hinzufügen, ohne die Feldgleichungen zu verändern.

§ 1. Die Lagrangefunktion eines isolierten skalaren Feldes.

Wir konzentrieren uns jetzt auf ein Feld, welches keiner äußeren Einwirkung unterliegt und auch in keiner Wechselwirkung mit anderen Feldern steht. In einem solchen isolierten Feld sind alle Orte des Raumes und alle Zeitpunkte gleichwertig, d. h., die Lagrangedichte hängt nicht explizit von den unabhängigen Variabeln x, y, z, t ab, sondern nur implizit insofern, als Ψ und seine Ableitungen an verschiedenen Stellen verschieden groß sind.

Wir untersuchen die isolierten Felder nicht nur, weil sie besonders einfach sind. Ein isoliertes Feld kann vielmehr ein elementares Grundgebilde darstellen, welches zwar auch äußere Einwirkungen erfahren oder mit anderen Grundgebilden in Wechselwirkung treten kann, aber zu seiner Existenz solcher Einwirkungen oder Wechselwirkungen nicht bedarf. Mit den elementaren Grundgebilden wollen wir uns aber gerade zuerst beschäftigen.

Wir denken uns nun die Lagrangefunktionen nach den Ableitungen höchster Ordnung eingeteilt, die in L vorkommen. Offensichtlich sind keine Felder möglich, wenn L nur von Ψ, nicht aber von seinen Ableitungen abhängt. Die Feldgleichung würde in diesem Falle

$$\frac{\partial L}{\partial \Psi} = 0 \qquad (I, 7)$$

lauten, d. h. L wäre überhaupt konstant.

Um überhaupt ein Feld zu bekommen, muß L also außer Ψ mindestens die ersten Ableitungen von Ψ enthalten. Die einfachsten Felder sind natürlich diejenigen, in deren Lagrangedichte keine höheren Ableitungen als erster Ordnung auftreten. In diesem Falle ist die Feldgleichung

$$\frac{\partial L}{\partial \Psi} = \sum_n \frac{\partial}{\partial x_n} \frac{\partial L}{\partial \frac{\partial \Psi}{\partial x_n}} \qquad (I, 8)$$

eine partielle Differentialgleichung 2. Ordnung und wir erhalten damit den einfachsten Typ von Feldern.

Wir können die Feldgleichungen 2. Ordnung leicht noch weiter klassifizieren. Hierzu ordnen wir die Lagrangedichte in Anteile, die Ψ überhaupt nicht enthalten, in Glieder, die in Ψ und den Ableitungen linear, quadratisch oder von höherem Grade sind.

Hängt L von den unabhängigen Variablen nicht explizit ab, so tragen die von Ψ unabhängigen und die in den Ableitungen von Ψ linearen Glieder zu den Feldgleichungen nichts bei. Sie könnten erst zur Wirkung kommen, wenn äußere Einflüsse auf das Feld bestehen. Man kann außerdem leicht nachrechnen, daß auch die Produkte von Ψ mit seinen Ableitungen sich aus den Feldgleichungen wieder herausheben.

Ein in Ψ lineares Glied kann in der Lagrangedichte nicht vorkommen. Die linke Seite von (I, 8) wäre sonst konstant und das Feld müßte sich ins Unendliche erstrecken, damit auch die rechte Seite im Unendlichen endlich bleibt. Dies ist bei elementaren Grundgebilden nicht zulässig.

Wir können also in L konstante, in den Ableitungen lineare und in Ψ und den Ableitungen bilineare Glieder weglassen. Ebenso können wir solche Glieder in beliebiger Weise hinzufügen, ohne die Feldgleichungen zu verändern. Als wesentliche Anteile enthält also die Lagrangedichte ein Glied mit Ψ^2 und eine symmetrische quadratische Form der ersten Ableitungen von Ψ. Diese Form kann durch eine Transformation der unabhängigen Variablen auf Hauptachsen gebracht werden, wobei sie in $(\Box \Psi)^2$ übergeht. Der quadratische Anteil von L lautet also allgemein

$$L = K\{\varkappa^2 (\Box \Psi)^2 \pm \Psi^2\}, \qquad (I, 9)$$

wobei $\varkappa$ die Dimension einer Länge hat. Will man Ψ^2 die Dimension eines reziproken Volumens geben, so muß K die Dimension einer Energie haben, damit L die Dimension einer Energiedichte bekommt. Schreiben wir die Zeit wieder explizit, so lautet (I, 9)

$$L = K\left\{\varkappa^2 (\operatorname{grad} \Psi)^2 - \frac{\varkappa^2}{c^2}\left(\frac{\partial \Psi}{\partial t}\right)^2 \pm \Psi^2\right\}. \tag{I, 10}$$

Das Glied

$$-\frac{K \varkappa^2}{c^2}\left(\frac{\partial \Psi}{\partial t}\right)^2 \tag{I, 11}$$

beschreibt die Dichte der kinetischen Energie und ist seiner Natur nach positiv. Wir werden deshalb mit

$$K = -\frac{m c^2}{2} \tag{I, 12}$$

eine neue für das Feld charakteristische Größe m einführen, welche die Dimension einer Masse hat.

Die Konstante K fällt aus den Feldgleichungen wieder heraus und kommt deshalb in den Eigenschaften des Feldes nicht zur Wirkung. Wir führen sie überhaupt nur mit, um den übrigen Größen die gewohnte Dimension und Normierung zu geben. Ihr kann ein beliebiger Zahlfaktor hinzugefügt werden.

Wir drücken nun die Länge $\varkappa$ durch universelle Konstanten und die charakteristische Masse m des Feldes aus. Hierzu bietet sich als einzige Möglichkeit der Ansatz

$$\varkappa = \frac{h}{2\pi m c} \tag{I, 13}$$

an. Durch (I, 13) bekommt

$$2\pi \varkappa = \frac{h}{m c} = \lambda \tag{I, 14}$$

den Charakter einer Comptonwellenlänge.

Das einfachste Feld erhalten wir, wenn L außer den quadratischen Gliedern keine Glieder höheren Grades enthält. Dann ist

$$\begin{aligned}
L &= -\frac{m c^2}{2}\{\varkappa^2 (\Box \Psi)^2 \pm \Psi^2\} \\
&= -\frac{h c}{4\pi}\{\varkappa (\Box \Psi)^2 \pm \frac{1}{\varkappa} \Psi^2\} \\
&= -\frac{h^2}{8\pi^2 m}(\Box \Psi)^2 \mp \frac{m c^2}{2} \Psi^2
\end{aligned} \tag{I, 15}$$

die Lagrangedichte.

Das Glied

$$\frac{m c^2}{2} \Psi^2$$

muß den Anteil potentieller Energie darstellen, der in der Masse enthalten ist und positiv sein. In der Lagrangefunktion muß es mit dem negativen Vorzeichen auftreten. Wir können uns deshalb auf das obere Vorzeichen beschränken.

Aus der Lagrangedichte (I, 15) leitet sich die Feldgleichung

oder

$$\varkappa^2 \Box^2 \Psi - \Psi = 0 \tag{I, 16}$$

$$\frac{h^2}{4\pi^2} \Box^2 \Psi - m^2 c^2 \Psi = 0 \tag{I, 17}$$

ab.

§ 2. Felder mit mehreren skalaren Feldfunktionen.

Man kann die Feldgleichung (I, 16) sofort in zwei lineare Gleichungen zerlegen, wenn man einen Vierervektor

$$\mathfrak{F} = \varkappa \,\Box\, \Psi \qquad (I, 18)$$

definiert. Beim Einsetzen in (I, 16) entsteht die zweite Beziehung

$$\Psi = \varkappa (\Box \,\mathfrak{F}). \qquad (I, 19)$$

Die beiden Gleichungen (I, 18) und (I, 19) sind der Feldgleichung (I, 16) gleichwertig.

§ 2. Felder mit mehreren skalaren Feldfunktionen.

Inhalt: Isolierte Felder mit mehreren skalaren Feldfunktionen ohne Wechselwirkung zerfallen in Einzelfelder. Zwei überlagerte Felder mit gleicher Comptonwellenlänge bzw. Masse können als komplexes skalares Feld beschrieben werden.

Bezeichnungen: Ψ^* zu Ψ konjugiert komplexe Funktion, sonst wie S. 1151.

Die isolierten Felder, welche durch eine einzige skalare Feldfunktion ausdrückbar sind, haben wir bereits erschöpft. Wir wenden uns nun der Frage zu, ob es Felder geben kann, zu deren Beschreibung man mehrere skalare Feldfunktionen benötigt. Dabei beschränken wir uns auf Felder, deren Feldgleichungen linear und von zweiter Ordnung sind. Die Lagrangedichten solcher Felder müssen dann lorentzinvariante Ausdrücke zweiten Grades in den Feldfunktionen und ihren ersten Ableitungen sein.

Gehen wir von einer Lagrangedichte

$$L = L\left(\Psi_k, \frac{\partial \Psi_k}{\partial x_n}\right) \qquad (I, 20)$$

aus, welche die unabhängigen Variablen nicht enthält, so finden wir die Feldgleichungen

$$\frac{\partial L}{\partial \Psi_k} = \sum^n \frac{\partial}{\partial x_n} \frac{\partial L}{\partial \frac{\partial \Psi_k}{\partial x_n}}. \qquad (I, 21)$$

Die Größen

$$\mathfrak{F}_{kn} = \frac{\partial L}{\partial \frac{\partial \Psi_k}{\partial x_n}} \qquad (I, 22)$$

bilden die Komponenten von Vektoren $\mathfrak{F}_k$, die man den Feldfunktionen Ψ_k zuordnen kann. Die Feldgleichungen (I, 21) kann man mit ihrer Hilfe in die Gleichungen erster Ordnung (I, 22) und

$$\frac{\partial L}{\partial \Psi_k} = (\Box \,\mathfrak{F}_k) \qquad (I, 23)$$

zerlegen.

Konstante und lineare Glieder brauchen wir in der Lagrangedichte nicht zu berücksichtigen, da sie nichts zu den Feldgleichungen beitragen. Wir betrachten also die Lagrangedichte als einen in den Ψ_k und ihren Ableitungen quadratischen Ausdruck. Um lorentzinvariant zu sein, kann L die Ableitungen nur in den Kombinationen $\Box \Psi_k$ enthalten. Da L aber skalar sein muß, kommt nur die Form

$$L = \sum^{ik} \{A_{ik} \Psi_i \Psi_k + B_{ik} (\Box \Psi_i \,\Box\, \Psi_k)\} \qquad (I\ 24)$$

in Frage.

Kommen nur zwei Feldfunktionen Ψ_1 und Ψ_2 vor, so lautet die Lagrangedichte

$$L = A_{11}\Psi_1^2 + A_{12}\Psi_1\Psi_2 + A_{22}\Psi_2^2$$
$$+ B_{11}(\Box\Psi_1)^2 + B_{12}(\Box\Psi_1\Box\Psi_2) + B_{22}(\Box\Psi_2)^2. \tag{I, 25}$$

Statt Ψ_1 und Ψ_2 kann man mit

$$\Psi_1 = \alpha\,\Phi_1 + \beta\,\Phi_2,$$
$$\Psi_2 = \gamma\,\Phi_1 + \delta\,\Phi_2 \tag{I, 26}$$

zwei neue Feldfunktionen einführen und die Konstanten α, β, γ, δ der Transformation (I, 26) so bestimmen, daß die Koeffizienten von $\Phi_1\Phi_2$, und $(\Box\Phi_1\Box\Phi_2)$ verschwinden. Die Lagrangedichte kommt damit auf die neue Form

$$L = -\frac{hc}{4\pi}\left\{\varkappa_1(\Box\Phi_1)^2 + \frac{1}{\varkappa_1}\Phi_1^2 + \varkappa_2(\Box\Phi_2)^2 + \frac{1}{\varkappa_2}\Phi_2^2\right\}, \tag{I, 27}$$

die man als Normalform eines kräftefreien Feldes mit zwei skalaren Feldfunktionen ansehen kann. Die Lagrangedichte zerfällt in zwei additive Anteile L_1 und L_2, und demgemäß erhalten wir die beiden nicht verknüpften Feldgleichungen

$$\varkappa_1^2\,\Box^2\,\Phi_1 - \Phi_1 = 0,$$
$$\varkappa_2^2\,\Box^2\,\Phi_2 - \Phi_2 = 0. \tag{I, 28}$$

Von besonderem Interesse ist der entartete Spezialfall

$$\varkappa_1 = \varkappa_2 = \varkappa. \tag{I, 29}$$

Wir können dann mit

$$\frac{1}{\sqrt{2}}(\Phi_1 + i\,\Phi_2) = \Psi,$$
$$\frac{1}{\sqrt{2}}(\Phi_1 - i\,\Phi_2) = \Psi^* \tag{I, 30}$$

eine komplexe Feldfunktion Ψ einführen, mit der die Lagrangedichte

$$L = -\frac{hc}{2\pi}\left\{\varkappa(\Box\Psi^*\Box\Psi) + \frac{1}{\varkappa}\Psi^*\Psi\right\} \tag{I, 31}$$

entsteht. Wir erhalten daraus die Feldgleichungen

$$\varkappa^2\,\Box^2\,\Psi - \Psi = 0, \tag{I, 32}$$
$$\varkappa^2\,\Box^2\,\Psi^* - \Psi^* = 0. \tag{I, 33}$$

Ganz ähnlich wie bei zwei Feldfunktionen kann man natürlich bei beliebig vielen Feldfunktionen verfahren. Man kann eine Transformation

$$\Psi_i = \sum^k \alpha_{ik}\,\Phi_k \tag{I, 34}$$

so vornehmen, daß die Lagrangedichte auf die Normalform

$$L = -\frac{hc}{4\pi}\sum^k\left\{\varkappa_k(\Box\Phi_k)^2 + \frac{1}{\varkappa_k}\Phi_k^2\right\} \tag{I, 35}$$

kommt, aus der man die voneinander unabhängigen Feldgleichungen

$$\varkappa_k^2 \square^2 \Phi_k - \Phi_k = 0 \qquad (I, 36)$$

erhält.

Sind nicht alle $\varkappa_k$ verschieden, so führt die Entartung ähnliche Möglichkeiten herbei, wie bei nur zwei Feldfunktionen. Zwei entartete Feldfunktionen kann man zu einer komplexen Funktion zusammenfassen. Aus mehreren entarteten Funktionen Φ_k kann man z. B. einen Vektor in einem symbolischen Raum bilden. Auf die besonderen Eigentümlichkeiten, die sich durch Entartung ergeben können, wollen wir aber hier nicht eingehen.

*§ 3. Vektorielle Felder.

Inhalt: Das isolierte Vektorfeld kann in ein quellenfreies und ein skalares Feld zerlegt werden, wenn es Masse besitzt. Bei dem masselosen Feld muß die Quellenfreiheit als Nebenbedingung hinzugefügt werden. Die Feldgleichung zweiter Ordnung des quellenfreien Feldes kann in eine Vektorgleichung und eine Tensorgleichung erster Ordnung zerlegt werden.

Bezeichnungen: $\vec{\Psi}$ Feldfunktion, $\vec{\Psi}'$ quellenfreier Anteil, Ψ_k, Ψ_l ihre Komponenten, $\mathcal{F}$ Feldtensor, F_{lk} seine Komponenten, Indizes k, l, i, r, s zur Bezeichnung der Komponenten sonst sinngemäß wie S. 1151.

Bisher haben wir stillschweigend angenommen, daß die Feldfunktionen Ψ_k selbst skalar, d. h. invariant gegenüber der Lorentztransformation seien. Vier Feldfunktionen Ψ_k, die sich gegenüber der Lorentztransformation wie die Komponenten eines Vektors $\vec{\Psi}$ verhalten, können aber auch ein vektorielles Feld $\vec{\Psi}$ bilden. In der Lagrangedichte können dann nur solche Kombinationen der Feldfunktionen Ψ_k und ihrer Ableitungen auftreten, daß die Lagrangedichte selbst invariant, d. h. skalar ist.

Aus den Ψ_k und ihren Ableitungen kann man außer $(\square \vec{\Psi})$ keine invarianten Ausdrücke bilden, die in diesen Größen linear oder bilinear sind. Ein Glied $(\square \vec{\Psi})$ ist als Divergenz in der Lagrangedichte ohne Wirkung. Die allgemeinste Invariante zweiten Grades lautet

$$L = A \sum_k \Psi_k^2 + \sum_{kl} \left\{ B \frac{\partial \Psi_k}{\partial x_k} \frac{\partial \Psi_l}{\partial x_l} + C \left(\frac{\partial \Psi_k}{\partial x_l} \right)^2 + D \frac{\partial \Psi_k}{\partial x_l} \frac{\partial \Psi_l}{\partial x_k} \right\}. \qquad (I, 37)$$

Aus ihr leitet man die Feldgleichungen

$$A \Psi_k = (B+D) \sum_l \frac{\partial^2 \Psi_l}{\partial x_k \partial x_l} + C \sum_l \frac{\partial^2 \Psi_k}{\partial x_l^2} \qquad (I, 38)$$

ab, die sich in die Vektorgleichung

$$A \vec{\Psi} = (B+D) \square (\square \vec{\Psi}) + C \square^2 \vec{\Psi} \qquad (I, 39)$$

zusammenfassen lassen. Man sieht daraus, daß es nicht auf die Konstanten B und D einzeln, sondern nur auf ihre Summe ankommt. Dies rührt daher, daß man von L den Divergenzausdruck

$$\begin{aligned}
& D \sum_{kl} \left\{ \frac{\partial}{\partial x_l} \Psi_k \frac{\partial \Psi_l}{\partial x_k} - \frac{\partial}{\partial x_k} \Psi_k \frac{\partial \Psi_l}{\partial x_l} \right\} \\
&= D \sum_{kl} \frac{\partial}{\partial x_l} \left\{ \Psi_k \frac{\partial \Psi_l}{\partial x_k} - \Psi_l \frac{\partial \Psi_k}{\partial x_k} \right\} \qquad (I, 40) \\
&= D \sum_{kl} \left\{ \frac{\partial \Psi_k}{\partial x_l} \frac{\partial \Psi_l}{\partial x_k} - \frac{\partial \Psi_k}{\partial x_k} \frac{\partial \Psi_l}{\partial x_l} \right\}
\end{aligned}$$

subtrahieren darf, wodurch man die äquivalente Form

$$L' = A \sum_{k} \Psi_k^2 + \sum_{kl} \left\{ (B+D) \frac{\partial \Psi_k}{\partial x_k} \frac{\partial \Psi_l}{\partial x_l} + C \left(\frac{\partial \Psi_k}{\partial x_l} \right)^2 \right\} \qquad (I, 41)$$

der Lagrangedichte erhält.

Man kann auch zuvor die Umformung

$$\sum_{kl} \left(\frac{\partial \Psi_k}{\partial x_l} \right)^2 = \sum_{kl} \left\{ \frac{1}{2} \left(\frac{\partial \Psi_k}{\partial x_l} - \frac{\partial \Psi_l}{\partial x_k} \right)^2 + \frac{\partial \Psi_k}{\partial x_l} \frac{\partial \Psi_l}{\partial x_k} \right\} \qquad (I, 42)$$

an L vornehmen und damit zu der Lagrangedichte

$$L'' = A \sum_{k} \Psi_k^2 + \sum_{kl} \left\{ B' \frac{\partial \Psi_k}{\partial x_k} \frac{\partial \Psi_l}{\partial x_l} + \frac{C}{2} \left(\frac{\partial \Psi_k}{\partial x_l} - \frac{\partial \Psi_l}{\partial x_k} \right)^2 \right\} \qquad (I, 43)$$

gelangen, wo

$$B' = B + C + D \qquad (I, 44)$$

bedeutet. Natürlich entstehen auch aus (I, 41) und (I, 43) wieder die Feldgleichungen (I, 38) bzw. (I, 39).

Nimmt man die Zerlegung

$$\vec{\Psi} = \vec{\Psi}' + \lambda \,\square\, \Phi \qquad (I, 45)$$

vor, so erfüllt $\vec{\Psi}'$ dieselbe Feldgleichung

$$A \vec{\Psi}' = (B+D) \,\square\, (\square\, \vec{\Psi}') + C \,\square^2 \vec{\Psi}', \qquad (I, 46)$$

die wir in (I, 39) für $\vec{\Psi}$ aufgestellt haben, wenn Φ eine Lösung von

$$A \,\square\, \Phi = (B + C + D) \,\square^2 \,\square\, \Phi = B' \,\square^2 \,\square\, \Phi \qquad (I, 47)$$

ist. λ ist dabei ein beliebiger Zahlfaktor. Dafür, daß Φ die Gleichung (I, 47) erfüllt, ist hinreichend, daß

$$A \Phi = B' \,\square^2 \Phi \qquad (I, 48)$$

gilt.

In (I, 45) kann man eine Transformation erblicken, durch welche die Feldfunktion $\vec{\Psi}$ in die Feldfunktion $\vec{\Psi}'$ übergeführt wird. Genügt Φ der Gleichung (I, 48), so bezeichnet man die Transformation (I, 45) als Eichtransformation. Gegenüber einer Eichtransformation sind die Feldgleichungen invariant. Man bezeichnet diese Eigenschaft als Eichinvarianz.

Wir bilden nun die Divergenz von (I, 39) und erhalten

$$A (\square\, \vec{\Psi}) = B' \,\square^2 (\square\, \vec{\Psi}). \qquad (I, 49)$$

Da $(\square\, \vec{\Psi})$ die Gleichung (I, 48) erfüllt, können wir

$$\Phi = \frac{B'}{A \lambda} (\square\, \vec{\Psi}) \qquad (I, 50)$$

setzen. Dann folgt aus (I, 45)

$$(\square\, \vec{\Psi}') = (\square\, \vec{\Psi}) - \lambda \,\square^2 \Phi = 0. \qquad (I, 51)$$

Wenn die Konstanten A, B' und C von Null verschieden sind, kann man also das Feld $\vec{\Psi}$ mit Hilfe einer Eichtransformation stets in ein quellenfreies

*§ 3. Vektorielle Felder.

Feld $\vec{\Psi}'$ transformieren. Durch die Transformation zerfällt das Feld in ein quellenfreies Feld $\vec{\Psi}'$ und ein skalares Feld Φ. Für die beiden Bestandteile gelten einzeln die Feldgleichungen

$$A\vec{\Psi}' = C\square^2\vec{\Psi}', \qquad (I, 52)$$

$$A\Phi = B'\square^2\Phi. \qquad (I, 53)$$

Diese beiden Feldgleichungen kann man einzeln auch aus den Lagrangedichten

$$L_{\Psi'} = A\sum_k \Psi_k'^2 + \frac{C}{2}\sum_{kl}\left(\frac{\partial\Psi_k'}{\partial x_l} - \frac{\partial\Psi_l'}{\partial x_k}\right)^2 \qquad (I, 54)$$

bzw.

$$L_\Phi = A\Phi^2 + B'(\square\Phi)^2 \qquad (I, 55)$$

ableiten. Aus (I, 54) ergibt sich zunächst die Feldgleichung

$$A\vec{\Psi}' = C\square^2\vec{\Psi}' - C\square(\square\vec{\Psi}'). \qquad (I, 56)$$

Wendet man darauf nochmals den Operator $\square$ skalar an, so verschwindet die rechte Seite und man behält

$$\square\vec{\Psi}' = 0, \qquad (I, 57)$$

womit (I, 56) in (I, 52) übergeht.

Die Quellenfreiheit von $\vec{\Psi}'$ ergibt sich also aus der Lagrangedichte (I, 54) von selbst. Die Lagrangedichte (I, 55) liefert direkt die Feldgleichung (I, 53).

Die Lagrangedichte (I, 54) geht aus der allgemeinen Form (I, 43) hervor, wenn

$$B' = 0 \qquad (I, 58)$$

ist. Die Spezialisierung $B' = 0$ läßt also ein quellenfreies Feld aus dem allgemeinen Feld hervorgehen. Anderseits kann man die Lagrangedichte (I, 43) aus (I, 54) und (I, 55) zusammensetzen, wenn man (I, 45) und (I, 48) verwendet und passende Divergenzausdrücke hinzufügt.

Setzen wir

$$A = -\frac{hc}{4\pi\varkappa} = -\frac{mc^2}{2}; \qquad C = -\frac{hc\varkappa}{4\pi} = -\frac{h^2}{8\pi^2 m} \qquad (I, 59)$$

und lassen den Apostroph weg, so nimmt die Feldgleichung (I, 52) des quellenfreien Feldes die gewohnte Form

$$\varkappa^2\square^2\vec{\Psi} - \vec{\Psi} = 0 \qquad (I, 60)$$

an. Zu der Feldgleichung kommt noch die Nebenbedingung

$$(\square\vec{\Psi}) = 0. \qquad (I, 61)$$

Bilden wir als vierdimensionale Verallgemeinerung der Rotation den Tensor

$$\mathcal{F} = \varkappa[\square\vec{\Psi}] \qquad (I, 62)$$

mit den Komponenten

$$F_{lk} = \varkappa\left(\frac{\partial\Psi_k}{\partial x_l} - \frac{\partial\Psi_l}{\partial x_k}\right) \qquad (I, 63)$$

so erhalten wir wegen (I, 61) und (I, 62)

$$\varkappa(\Box \mathcal{F}) = \varkappa^2(\Box[\Box\vec{\Psi}])$$
$$= \varkappa^2 \Box^2 \vec{\Psi} = \vec{\Psi}. \qquad (I, 64)$$

Durch (I, 62) und (I, 64) erscheint die Feldgleichung (I, 60) in zwei lineare Gleichungen zerlegt.

Als neues selbständiges Gebilde liefert das vektorielle Feld nur den quellenfreien Anteil mit der charakteristischen Lagrangedichte

$$L = -\frac{hc}{4\pi}\left\{\frac{1}{\varkappa}\vec{\Psi}^2 + \frac{\varkappa}{2}\sum_{kl}\left(\frac{\partial \Psi_k}{\partial x_l} - \frac{\partial \Psi_l}{\partial x_k}\right)^2\right\}, \qquad (I, 65)$$

der Feldgleichung (I, 60) und der Nebenbedingung (I, 61).

Das quellenfreie Feld erhielten wir aus der allgemeinen Form der Lagrangedichte durch die Spezialisierung $B' = 0$. Setzt man $C = 0$, so gelangt man zu dem Anteil $\Box \Phi$, der ein skalares Feld darstellt. Eine dritte Möglichkeit der Spezialisierung ist

$$A = 0. \qquad (I, 66)$$

Aus (I, 59) erkennt man, daß A gegen Null geht, wenn man

$$\varkappa = \frac{h}{2\pi mc} \qquad (I, 67)$$

gegen Unendlich gehen läßt. Es handelt sich also um ein Feld, mit unendlicher Comptonwellenlänge, d. h. ohne Masse, genauer gesagt ohne Ruhmasse. Zu diesem Typus von Feldern gehört das elektromagnetische Feld.

Bei der Behandlung des massefreien Feldes begegnet man einigen charakteristischen Schwierigkeiten. Die Feldgleichungen

$$0 = (B' - C)\Box(\Box\vec{\Psi}) + C\Box^2\vec{\Psi} \qquad (I, 68)$$

sind wieder invariant gegen die Eichtransformation (I, 45), wenn man Φ der Bedingung

$$\Box^2 \Phi = 0 \qquad (I, 69)$$

unterwirft. Es ist aber unmöglich, $\vec{\Psi}$ durch eine Eichtransformation in einen quellenfreien Vektor $\vec{\Psi}'$ zu transformieren. Wendet man nämlich auf (I, 45) den Operator $\Box$ skalar an, so entsteht jetzt wegen (I, 69) einfach

$$(\Box\vec{\Psi}) = (\Box\vec{\Psi}'). \qquad (I, 70)$$

Die Quellen von $\vec{\Psi}$ werden also durch eine Eichtransformation nicht geändert.

Auch die Bedingung $B' = 0$ garantiert jetzt nicht die Quellenfreiheit des Feldes. Wendet man nämlich $\Box$ skalar auf (I, 68) an, so entsteht

$$0 = B'\Box^2(\Box\vec{\Psi}), \qquad (I, 71)$$

und diese Beziehung ist stets erfüllt, wenn $B' = 0$ ist.

Das massefreie Feld kann also nicht in einen quellenfreien und einen skalaren Bestandteil zerlegt werden. Die Quellenfreiheit muß vielmehr als eigene Bedingung

$$(\Box\vec{\Psi}) = 0 \qquad (I, 72)$$

hinzugefügt werden.

*§ 4. Überlagerte und komplexe Vektorfelder.

Inhalt: Zerlegung eines Feldes mit mehreren vektoriellen Feldfunktionen in Einzelfelder. Komplexes Vektorfeld als Überlagerung zweier reeller Felder.
Bezeichnungen: Wie S. 1151 und S. 1157.

Ein Feld mit mehreren vektoriellen Feldfunktionen versuchen wir mit den bereits entwickelten Methoden zu zerlegen. Unterscheiden wir die Feldvektoren durch Indizes r bzw. s, so können wir von der Lagrangedichte

$$L = \sum_{rsk} A_{rs} \Psi_{rk} \Psi_{sk} + \\ + \sum_{rskl} \left\{ B_{rs} \frac{\partial \Psi_{rk}}{\partial x_k} \frac{\partial \Psi_{sl}}{\partial x_l} + C_{rs} \frac{\partial \Psi_{rk}}{\partial x_l} \frac{\partial \Psi_{sk}}{\partial x_l} + D_{rs} \frac{\partial \Psi_{rk}}{\partial x_l} \frac{\partial \Psi_{sl}}{\partial x_k} \right\} \quad (I, 73)$$

ausgehen. Durch Addieren von Divergenzen beseitigen wir zuerst die Glieder mit D_{rs}. Der Ansatz

$$\Psi_r = \alpha_{ri} \Psi'_i + \beta_{ri} \Box \Phi_i \quad (I, 74)$$

bringt dann die Zerlegung in einzelne quellenfreie und wirbelfreie Felder zustande.

Von Interesse ist für uns im Augenblick nur die komplexe Kombination zweier quellenfreier Felder. Aus der Lagrangedichte

$$L = -\frac{hc}{2\pi} \left\{ \frac{1}{\varkappa} \vec{\Psi}^* \vec{\Psi} + \frac{\varkappa}{2} \sum_{kl} \left(\frac{\partial \vec{\Psi}_k^*}{\partial x_l} - \frac{\partial \vec{\Psi}_l^*}{\partial x_k} \right) \left(\frac{\partial \vec{\Psi}_k}{\partial x_l} - \frac{\partial \vec{\Psi}_l}{\partial x_k} \right) \right\} \quad (I, 75)$$

erhält man die Feldgleichungen

$$\vec{\Psi} = \varkappa^2 \{ \Box^2 \vec{\Psi} - \Box (\Box \vec{\Psi}) \}, \\ \vec{\Psi}^* = \varkappa^2 \{ \Box^2 \vec{\Psi}^* - \Box (\Box \vec{\Psi}^*) \} . \quad (I, 76)$$

Aus ihnen folgt durch skalare Anwendung von $\Box$

$$(\Box \vec{\Psi}) = 0 \quad \text{und} \quad (\Box \vec{\Psi}^*) = 0 . \quad (I, 77)$$

Damit werden die Feldgleichungen auf

$$\vec{\Psi} = \varkappa^2 \Box^2 \vec{\Psi} \\ \vec{\Psi}^* = \varkappa^2 \Box^2 \vec{\Psi}^* \quad (I, 78)$$

mit den Nebenbedingungen (I, 77) reduziert.

**§ 5. Das Spinorfeld.

Inhalt: Aus einem einzigen Nullvektor oder Spinor läßt sich kein Feld konstruieren, wohl aber aus zwei Spinoren. Beide Spinoren kann man durch eine vierkomponentige Vektorfunktion in einem vierdimensionalen Spinraum ausdrücken. Die Lagrangedichte des Spinorfeldes kann mit Hilfe der Diracschen Spinmatrizen ausgedrückt werden. Als Feldgleichung ergibt sich die Diracsche Gleichung.
Bezeichnungen: $\mho$ Nullvektor, $\mathfrak{V}_1, \mathfrak{V}_2$ usw. seine Komponenten, $\Psi_1 \Psi_2$ bzw. $\Phi_1 \Phi_2$ Spinoren, $\tau_1 \tau_2 \tau_3$ Paulische Spinmatrizen, $\varrho, \sigma_1, \sigma_2, \sigma_3, \beta_1 \beta_2 \beta_3 \beta_4$ vierreihige Spinmatrizen nach S. 1103 und S. 1104. Ψ vierkomponentige Feldfunktion im vierdimensionalen Spinraum, Ψ^* konjugierte Funktion, $2\pi\varkappa$ Comptonwellenlänge, L Lagrangedichte, U unitäre Transformationsmatrix.

Das quellenfreie Vektorfeld konnte als eine Spezialisierung des allgemeinen Vektorfeldes angesehen werden. Sie bestand darin, daß die skalare Invariante der Divergenz des Feldvektors einen ausgezeichneten Wert annimmt. Wirklich ausgezeichnet ist jedoch nur der Wert Null.

Nun gibt es einen zweiten ausgezeichneten Spezialfall des vektoriellen Feldes, wenn die andere Invariante des Feldvektors, nämlich sein Betrag den Wert Null annimmt. Ein solcher Vektor wird als Nullvektor bezeichnet.

Die Lorentztransformation kann als diejenige lineare Transformation von Raum und Zeit definiert werden, die einen Nullvektor wieder in einen Nullvektor überführt. Diese enge Beziehung zur Lorentztransformation zeichnet die Nullvektoren besonders aus.

Aus zwei skalaren Feldfunktionen Ψ_1 und Ψ_2 und den zu ihnen konjugiert komplexen Funktionen Ψ_1^* und Ψ_2^* kann man nach dem Schema

$$\left.\begin{aligned}
\Psi_1^*\Psi_1 - \Psi_2^*\Psi_2 &= \mathfrak{B}_1; & \Psi_1^*\Psi_1 &= \tfrac{1}{2}(\mathfrak{B}_1 + i\mathfrak{B}_4), \\
\Psi_1^*\Psi_2 + \Psi_2^*\Psi_1 &= \mathfrak{B}_2; & \Psi_2^*\Psi_2 &= -\tfrac{1}{2}(\mathfrak{B}_1 - i\mathfrak{B}_4), \\
-i(\Psi_1^*\Psi_2 - \Psi_2^*\Psi_1) &= \mathfrak{B}_3; & \Psi_1^*\Psi_2 &= \tfrac{1}{2}(\mathfrak{B}_2 + i\mathfrak{B}_3), \\
-i(\Psi_1^*\Psi_1 + \Psi_2^*\Psi_2) &= \mathfrak{B}_4; & \Psi_2^*\Psi_1 &= \tfrac{1}{2}(\mathfrak{B}_2 - i\mathfrak{B}_3)
\end{aligned}\right\} \quad (\text{I, 79})$$

ein Vektorfeld konstruieren, dessen Feldvektor $\mathfrak{V}$ überall den Betrag 0 hat, wie man leicht nachrechnen kann. Eine Kombination zweier Größen Ψ_1 und Ψ_2, welche einen Nullvektor nach (I, 79) bilden, bezeichnet man als einen Spinor.

Eine beliebige lineare Transformation

$$\begin{aligned}
\Psi_1' &= a\,e^{i\alpha}\Psi_1 + b\,e^{i\beta}\Psi_2, \\
\Psi_2' &= c\,e^{i\gamma}\Psi_1 + d\,e^{i\delta}\Psi_2
\end{aligned} \quad (\text{I, 80})$$

führt den Spinor $\Psi_1\Psi_2$ in einen Spinor $\Psi_1'\Psi_2'$ über. Bildet man aus ihm nach dem Schema (I, 79) einen Nullvektor $\mathfrak{V}'$, so sind dessen Komponenten $\mathfrak{B}_1'$, $\mathfrak{B}_2'$ usw. lineare Funktionen von $\mathfrak{B}_1$, $\mathfrak{B}_2$ usw. Da die Spinortransformation (I, 80) einen Nullvektor in einen Nullvektor überführt, unterscheidet sie sich von einer Lorentztransformation höchstens um einen Zahlfaktor.

Wir suchen nun diejenigen Spinortransformationen auf, welche einer Lorentztransformation völlig entsprechen. Man erkennt sofort, daß ein gemeinsamer Zahlfaktor vom Betrag 1, bei sämtlichen Koeffizienten der Transformation (I, 80) keine Wirkung auf die Transformation des Nullvektors hat, so daß ein solcher Faktor ohne Einfluß auf die Lorentztransformation hinzugefügt oder weggelassen werden kann.

Bei einer räumlichen Drehung bleibt $\mathfrak{B}_t = \mathfrak{B}_4$ unverändert. Man kann leicht nachrechnen, daß dies der Transformation (I, 80) die Bedingungen

$$\begin{aligned}
d &= a; \quad b = c = \sqrt{1 - a^2}, \\
e^{i(\alpha + \delta)} &= -e^{i(\beta + \gamma)}
\end{aligned} \quad (\text{I, 81})$$

auferlegt. Die Determinante der Transformation geht damit in

$$\begin{vmatrix} a\,e^{i\alpha} & b\,e^{i\beta} \\ c\,e^{i\gamma} & d\,e^{i\delta} \end{vmatrix} = (a^2 + b^2)\,e^{i(\alpha+\delta)} = e^{i(\alpha+\delta)} \quad (\text{I, 82})$$

über. Wir können sie auf den Wert 1 bringen, indem wir alle Koeffizienten mit dem Faktor

$$e^{-i\frac{\alpha+\delta}{2}} \quad (\text{I, 83})$$

**§ 5. Das Spinorfeld.

versehen. Alle räumlichen Drehungen können also durch eine Spinortransformation vom Typ (I, 80) mit der Determinante 1 repräsentiert werden.

Die Transformation auf ein in der x-Richtung bewegtes Koordinatensystem läßt $\mathfrak{B}_y = \mathfrak{B}_2$ und $\mathfrak{B}_z = \mathfrak{B}_3$ unverändert. In diesem Fall ist

$$\Psi_1^{*\prime} \Psi_2^{\prime} = \Psi_1^* \Psi_2; \quad \Psi_2^{*\prime} \Psi_1^{\prime} = \Psi_2^* \Psi_1, \qquad (I, 84)$$

was der Spinortransformation die Bedingungen

$$c = 0; \quad b = 0; \quad e^{i(\delta - \alpha)} = 1; \quad a\,d = 1 \qquad (I, 85)$$

vorschreibt. Die Determinante der Spinortransformation hat dann den Wert

$$a\,d\,e^{i(\alpha + \delta)} = e^{i(\alpha + \delta)} \qquad (I, 86)$$

und kann durch Multiplizieren aller Koeffizienten mit dem Faktor (I, 83) auf den Wert 1 gebracht werden.

Da man jede Lorentztransformation aus räumlichen Drehungen und Translationen zusammensetzen kann, ist sie einer linearen Spinortransformation mit der Determinante 1 gleichwertig. Die Invarianz eines Ausdruckes gegen eine Lorentztransformation ist der Invarianz gegen eine Spinortransformation mit der Determinante 1 gleichwertig.

Die Gleichungen (I, 79), welche den Zusammenhang zwischen einem Nullvektor und dem zugehörigen Spinor vermitteln, lassen sich noch etwas einfacher schreiben. Wir können aus den Spinorkomponenten Ψ_1 und Ψ_2 einen Vektor in einem „zweidimensionalen Spinraum" bilden, den wir in Form der Rechteckmatrix

$$\Psi = \left\| \begin{matrix} \Psi_1 \\ \Psi_2 \end{matrix} \right\| \qquad (I, 87)$$

schreiben. Schreiben wir ferner

$$\Psi^* = \| \Psi_1^* \Psi_2^* \|, \qquad (I, 88)$$

so können wir die Formeln (I, 79) mit Hilfe der Paulischen Spinmatrizen

$$\tau_1 = \left\| \begin{matrix} 1 & 0 \\ 0 & -1 \end{matrix} \right\|; \quad \tau_2 = \left\| \begin{matrix} 0 & 1 \\ 1 & 0 \end{matrix} \right\|; \quad \tau_3 = \left\| \begin{matrix} 0 & -i \\ i & 0 \end{matrix} \right\| \qquad (I, 89)$$

in die Form

$$\begin{aligned}
\mathfrak{B}_1 &= \Psi^* \tau_1 \Psi = \| \Psi_1^* \Psi_2^* \| \left\| \begin{matrix} 1 & 0 \\ 0 & -1 \end{matrix} \right\| \left\| \begin{matrix} \Psi_1 \\ \Psi_2 \end{matrix} \right\|, \\
\mathfrak{B}_2 &= \Psi^* \tau_2 \Psi = \| \Psi_1^* \Psi_2^* \| \left\| \begin{matrix} 0 & 1 \\ 1 & 0 \end{matrix} \right\| \left\| \begin{matrix} \Psi_1 \\ \Psi_2 \end{matrix} \right\|, \\
\mathfrak{B}_3 &= \Psi^* \tau_3 \Psi = \| \Psi_1^* \Psi_2^* \| \left\| \begin{matrix} 0 & -i \\ i & 0 \end{matrix} \right\| \left\| \begin{matrix} \Psi_1 \\ \Psi_2 \end{matrix} \right\|, \\
\mathfrak{B}_4 &= -i\Psi^* \Psi = \| \Psi_1^* \Psi_2^* \| \left\| \begin{matrix} -i & 0 \\ 0 & -i \end{matrix} \right\| \left\| \begin{matrix} \Psi_1 \\ \Psi_2 \end{matrix} \right\|
\end{aligned} \qquad (I, 90)$$

bringen. Fügt man zu $\tau_1 \tau_2 \tau_3$ als zeitliche Komponente, die mit $-i$ multiplizierte Einheitsmatrix

$$\tau_4 = \left\| \begin{matrix} -i & 0 \\ 0 & -i \end{matrix} \right\| \qquad (I, 91)$$

hinzu, so erhält man
$$\mathcal{O} = \Psi^* \vec{\tau} \Psi, \qquad (I, 92)$$
wobei $\vec{\tau}$ einerseits ein Vierervektor im Raum-Zeit-Kontinuum, andererseits ein Tensor im Spinraum ist.

Nun müssen wir aus dem Spinor $\Psi_1 \Psi_2$ invariante Ausdrücke bilden, aus denen wir die Lagrangedichte aufbauen können. Aus einem Vierervektor kann man die Invariante seines Quadrates bilden. Bei einem Nullvektor ist diese Invariante wegen
$$\mathcal{O}^2 = 0 \qquad (I, 93)$$
nicht verwendbar. Man kann deshalb aus einem einzigen Spinor keinen lorentzinvarianten Ausdruck bilden.

Dagegen kann man aus zwei Spinoren $\Psi_1 \Psi_2$ und $\Phi_1 \Phi_2$ die beiden Ausdrücke
$$\Psi_1 \Phi_2 - \Psi_2 \Phi_1 = \begin{vmatrix} \Psi_1 & \Psi_2 \\ \Phi_1 & \Phi_2 \end{vmatrix} \qquad (I, 94)$$
und
$$\Psi_1^* \Phi_2^* - \Psi_2^* \Phi_1^* = \begin{vmatrix} \Psi_1^* & \Psi_2^* \\ \Phi_1^* & \Phi_2^* \end{vmatrix} \qquad (I, 95)$$
gewinnen, von deren Invarianz gegenüber einer Spinortransformation mit der Determinante 1 man sich durch Nachrechnen leicht überzeugen kann. Die Summe beider Invarianten ist reell und als Bestandteil einer Lagrangedichte verwendbar.

Wir vereinigen nun die Spinräume beider Spinoren zu einem Spinraum von vier Dimensionen und definieren in ihm den Vektor
$$\Psi = \begin{Vmatrix} \Psi_1 \\ \Psi_2 \\ \Phi_2^* \\ -\Phi_1^* \end{Vmatrix}, \qquad (I, 96)$$
den wir nunmehr als Feldgröße verwenden wollen. Mit Hilfe der Matrix
$$\varrho = \begin{Vmatrix} 0 & 0 & 1 & 0 \\ 0 & 0 & 0 & 1 \\ \hline 1 & 0 & 0 & 0 \\ 0 & 1 & 0 & 0 \end{Vmatrix} \qquad (I, 97)$$
von S. 1104 erhält man die Summe der beiden Invarianten (I, 94) und (I, 95) als den Ausdruck
$$\| \Psi_1^* \, \Psi_2^* \, \Phi_2 \, -\Phi_1 \| \begin{Vmatrix} 0 & 0 & 1 & 0 \\ 0 & 0 & 0 & 1 \\ \hline 1 & 0 & 0 & 0 \\ 0 & 1 & 0 & 0 \end{Vmatrix} \begin{Vmatrix} \Psi_1 \\ \Psi_2 \\ \Phi_2^* \\ -\Phi_1^* \end{Vmatrix}. \qquad (I, 98)$$
In Kurzschreibweise erhalten wir also
$$\Psi^* \varrho \, \Psi \qquad (I, 99)$$
als möglichen Bestandteil der Lagrangedichte.

§ 5. Das Spinorfeld.

Zu Invarianten, welche die Ableitungen der Spinorkomponenten enthalten, gelangen wir auf folgende Weise. Bilden wir nach dem Schema (I, 90) den infinitesimalen Vektor mit den Komponenten

$$\Psi_1^* d\Psi_1 - \Psi_2^* d\Psi_2 = \|\Psi_1^* \Psi_2^*\| \tau_1 \left\| \begin{matrix} d\Psi_1 \\ d\Psi_2 \end{matrix} \right\|,$$

$$\Psi_1^* d\Psi_2 + \Psi_2^* d\Psi_1 = \|\Psi_1^* \Psi_2^*\| \tau_2 \left\| \begin{matrix} d\Psi_1 \\ d\Psi_2 \end{matrix} \right\|,$$

$$-i(\Psi_1^* d\Psi_2 - \Psi_2^* d\Psi_1) = \|\Psi_1^* \Psi_2^*\| \tau_3 \left\| \begin{matrix} d\Psi_1 \\ d\Psi_2 \end{matrix} \right\|,$$

$$-i(\Psi_1^* d\Psi_1 + \Psi_2^* d\Psi_2) = \|\Psi_1^* \Psi_2^*\| \tau_4 \left\| \begin{matrix} d\Psi_1 \\ d\Psi_2 \end{matrix} \right\|, \qquad (I, 100)$$

so erweist er sich beim Nachrechnen als ein Nullvektor. Diese Ausdrücke

$$\|\Psi_1^* \Psi_2^*\| \tau_k \sum_i \frac{\partial}{\partial x_i} \left\| \begin{matrix} \Psi_1 \\ \Psi_2 \end{matrix} \right\| dx_i \qquad (I, 101)$$

verhalten sich also wie die Komponenten eines Vektors und die Ausdrücke

$$\|\Psi_1^* \Psi_2^*\| \tau_k \frac{\partial}{\partial x_i} \left\| \begin{matrix} \Psi_1 \\ \Psi_2 \end{matrix} \right\| \qquad (I, 102)$$

deswegen wie die Komponenten eines Tensors. Seine Spur

$$\sum_k \|\Psi_1^* \Psi_2^*\| \tau_k \frac{\partial}{\partial x_k} \left\| \begin{matrix} \Psi_1 \\ \Psi_2 \end{matrix} \right\| \qquad (I, 103)$$

ist invariant. Ganz analog kann man die Invariante

$$\sum_k \left\{ \frac{\partial}{\partial x_k} \|\Psi_1^* \Psi_2^*\| \right\} \tau_k \left\| \begin{matrix} \Psi_1 \\ \Psi_2 \end{matrix} \right\| \qquad (I, 104)$$

finden. Die Summe beider Invarianten

$$\sum_k \frac{\partial}{\partial x_k} \left\{ \|\Psi_1^* \Psi_2^*\| \tau_k \left\| \begin{matrix} \Psi_1 \\ \Psi_2 \end{matrix} \right\| \right\} = (\Box \mathfrak{V}) \qquad (I, 105)$$

ist die Divergenz des Vektors $\mathfrak{V}$ der Gleichung (I, 79). Sie ist in der Lagrangedichte ohne Wirkung und kann zu ihr addiert oder von ihr subtrahiert werden. In der Lagrangedichte kann also nicht die Summe, wohl aber die Differenz der Invarianten (I, 103) und (I, 104) vorkommen.

Mit dem Spinor $\Phi_1 \Phi_2$ bilden wir die Differenz

$$\sum_k \left\{ \frac{\partial}{\partial x_k} \|\Phi_1^* \Phi_2^*\| \right\} \tau_k \left\| \begin{matrix} \Phi_1 \\ \Phi_2 \end{matrix} \right\|$$

$$- \sum_k \|\Phi_1^* \Phi_2^*\| \tau_k \frac{\partial}{\partial x_k} \left\| \begin{matrix} \Phi_1 \\ \Phi_2 \end{matrix} \right\|, \qquad (I, 106)$$

die wir zu der Differenz der Ausdrücke (I, 103) und (I, 104) hinzufügen. Als Bestandteil der Lagrangedichte erhalten wir dann

$$\sum_k \|\Psi_1^* \Psi_2^*\| \tau_k \frac{\partial}{\partial x_k} \left\| \begin{matrix} \Psi_1 \\ \Psi_2 \end{matrix} \right\| + \sum_k \left\{ \frac{\partial}{\partial x_k} \|\Phi_1^* \Phi_2^*\| \right\} \tau_k \left\| \begin{matrix} \Phi_1 \\ \Phi_2 \end{matrix} \right\|,$$
$$- \sum_k \|\Phi_1^* \Phi_2^*\| \tau_k \frac{\partial}{\partial x_k} \left\| \begin{matrix} \Phi_1 \\ \Phi_2 \end{matrix} \right\| - \sum_k \left\{ \frac{\partial}{\partial x_k} \|\Psi_1^* \Psi_2^*\| \right\} \tau_k \left\| \begin{matrix} \Psi_1 \\ \Psi_2 \end{matrix} \right\|.$$
(I, 107)

Wir ergänzen nun die vierreihigen Spinmatrizen

$$\sigma_1 = \left\| \begin{array}{cc|cc} 1 & 0 & 0 & 0 \\ 0 & -1 & 0 & 0 \\ \hline 0 & 0 & 1 & 0 \\ 0 & 0 & 0 & -1 \end{array} \right\|$$

$$\sigma_2 = \left\| \begin{array}{cc|cc} 0 & 1 & 0 & 0 \\ 1 & 0 & 0 & 0 \\ \hline 0 & 0 & 0 & 1 \\ 0 & 0 & 1 & 0 \end{array} \right\| \qquad (I, 108)$$

$$\sigma_3 = \left\| \begin{array}{cc|cc} 0 & -i & 0 & 0 \\ i & 0 & 0 & 0 \\ \hline 0 & 0 & 0 & -i \\ 0 & 0 & i & 0 \end{array} \right\|$$

von S. 1104 durch die vierte Matrix

$$\sigma_4 = -i\beta_4 = -i \left\| \begin{array}{cc|cc} 1 & 0 & 0 & 0 \\ 0 & 1 & 0 & 0 \\ \hline 0 & 0 & -1 & 0 \\ 0 & 0 & 0 & -1 \end{array} \right\| \qquad (I, 109)$$

und bilden die vier Matrizen

$$\beta_4 \sigma_1 = \left\| \begin{array}{cc|cc} 1 & 0 & 0 & 0 \\ 0 & -1 & 0 & 0 \\ \hline 0 & 0 & -1 & 0 \\ 0 & 0 & 0 & 1 \end{array} \right\|; \quad \beta_4 \sigma_2 = \left\| \begin{array}{cc|cc} 0 & 1 & 0 & 0 \\ 1 & 0 & 0 & 0 \\ \hline 0 & 0 & 0 & -1 \\ 0 & 0 & -1 & 0 \end{array} \right\|,$$

$$\beta_4 \sigma_3 = \left\| \begin{array}{cc|cc} 0 & -i & 0 & 0 \\ i & 0 & 0 & 0 \\ \hline 0 & 0 & 0 & i \\ 0 & 0 & -i & 0 \end{array} \right\|; \quad \beta_4 \sigma_4 = -i \left\| \begin{array}{cc|cc} 1 & 0 & 0 & 0 \\ 0 & 1 & 0 & 0 \\ \hline 0 & 0 & 1 & 0 \\ 0 & 0 & 0 & 1 \end{array} \right\|.$$
(I, 110)

§ 5. Das Spinorfeld.

Mit Hilfe dieser Matrizen und der Vektoren

$$\Psi^* = \|\Psi_1^* \; \Psi_2^* \; \Phi_2 \; -\Phi_1\| \tag{I, 111}$$

und

$$\Psi = \left\|\begin{array}{c} \Psi_1 \\ \Psi_2 \\ \Phi_2^* \\ -\Phi_1^* \end{array}\right\| \tag{I, 112}$$

kann man die beiden Glieder in der ersten Zeile von (I, 107) ausdrücken. Man erhält

$$\sum_k \|\Psi_1^* \; \Psi_2^*\| \, \tau_k \frac{\partial}{\partial x_k} \left\|\begin{array}{c}\Psi_1\\ \Psi_2\end{array}\right\| + \sum_k \left\{\frac{\partial}{\partial x_k} \|\Phi_1^* \; \Phi_2^*\|\right\} \tau_k \left\|\begin{array}{c}\Phi_1\\ \Phi_2\end{array}\right\| \tag{I, 113}$$

$$= \sum_k \Psi^* \beta_4 \sigma_k \frac{\partial}{\partial x_k} \Psi.$$

Analog findet man

$$\sum_k \|\Phi_1^* \; \Phi_2^*\| \, \tau_k \frac{\partial}{\partial x_k} \left\|\begin{array}{c}\Phi_1\\ \Phi_2\end{array}\right\| + \sum_k \left\{\frac{\partial}{\partial x_k} \|\Psi_1^* \; \Psi_2^*\|\right\} \tau_k \left\|\begin{array}{c}\Psi_1\\ \Psi_2\end{array}\right\| \tag{I, 114}$$

$$= \sum_k \frac{\partial \Psi^*}{\partial x_k} \beta_4 \sigma_k \Psi.$$

Jetzt können wir die lorentzinvariante Lagrangedichte

$$L = K\left\{\frac{\varkappa i}{2} \sum_k \left(\Psi^* \beta_4 \sigma_k \frac{\partial \Psi}{\partial x_k} - \frac{\partial \Psi^*}{\partial x_k} \beta_4 \sigma_k \Psi\right) + \Psi^* \varrho \Psi\right\} \tag{I, 115}$$

konstruieren. Daß sie reell wird, erreichen wir durch Hinzufügen von i vor der Summe $\sum_k$.

Die spezielle Form der Matrizen (I, 97) und (I, 110) ist die Folge der Definition des Vektors Ψ in (I, 96) bzw. (I, 112) und enthält deshalb noch viel Willkür. Führen wir im vierdimensionalen Spinraum eine unitäre Transformation

$$\Psi = U\Psi'; \quad \Psi^* = \Psi'^* U^\dagger \tag{I, 116}$$

durch, so kann man in die transformierte Lagrangedichte

$$L' = K\left\{\frac{\varkappa}{2i} \sum_k \left(\Psi'^* \beta_4 \gamma_k \frac{\partial \Psi'}{\partial x_k} - \frac{\partial \Psi'^*}{\partial x_k} \beta_4 \gamma_k \Psi'\right) + \Psi'^* U^\dagger \varrho U \Psi'\right\} \tag{I, 117}$$

andere Matrizen γ_k statt σ_k und ϱ hineinbringen. Transformieren wir z. B. mit der Matrix

$$U = \frac{1}{\sqrt{2}} \left\|\begin{array}{cc|cc} 1 & 0 & -1 & 0 \\ 0 & 1 & 0 & -1 \\ \hline 1 & 0 & 1 & 0 \\ 0 & 1 & 0 & 1 \end{array}\right\|; \quad U^\dagger = \frac{1}{\sqrt{2}} \left\|\begin{array}{cc|cc} 1 & 0 & 1 & 0 \\ 0 & 1 & 0 & 1 \\ \hline -1 & 0 & 1 & 0 \\ 0 & -1 & 0 & 1 \end{array}\right\|, \tag{I, 118}$$

so finden wir

$$U^\dagger \varrho U = \beta_4, \quad U^\dagger \beta_4 U = -\varrho. \tag{I, 119}$$

Für $k = 1, 2, 3$ ergibt sich daraus

$$\gamma_k = \beta_4 \varrho \, \sigma_k = \beta_4 \beta_k, \tag{I, 120}$$

wenn man auf die Bezeichnungen (VII, 82) von S. 1102 und S. 1104 zurückgreift. Auf $\beta_4 \sigma_4 = -i$ hat eine unitäre Transformation keinen Einfluß und deshalb ist stets

$$\gamma_4 = i\beta_4. \tag{I, 121}$$

Setzen wir

$$K = -\frac{hc}{2\pi\varkappa} \tag{I, 122}$$

und führen die Transformation (I, 118) aus, so erhalten wir die Form der Lagrangedichte

$$L = -\frac{hc}{2\pi}\left\{\frac{1}{2i}\sum^{k}\left(\Psi^* \beta_4 \gamma_k \frac{\partial \Psi}{\partial x_k} - \frac{\partial \Psi^*}{\partial x_k} \beta_4 \gamma_k \Psi\right) + \Psi^* \frac{\beta_4}{\varkappa} \Psi\right\}, \tag{I, 123}$$

wenn wir wieder Ψ statt Ψ' setzen. Die Bedeutung der γ_k ergibt sich aus (I, 120) und (I, 121). Diese Lagrangedichte werden wir unseren weiteren Überlegungen meist zugrunde legen.

Die Feldgleichungen

$$\varkappa i \sum^{k} \beta_4 \gamma_k \frac{\partial \Psi}{\partial x_k} - \beta_4 \Psi = 0,$$

$$-\varkappa i \sum^{k} \frac{\partial \Psi^*}{\partial x_k} \beta_4 \gamma_k - \Psi^* \beta_4 = 0 \tag{I, 124}$$

erhalten wir durch Variation von Ψ^* bzw. Ψ. Setzt man

$$\Psi = \varkappa i \sum^{l} \gamma_l \frac{\partial \Psi}{\partial x_l} \tag{I, 125}$$

wieder in $\frac{\partial \Psi}{\partial x_k}$ ein, so entsteht

$$\varkappa^2 \sum^{kl} \gamma_k \gamma_l \frac{\partial^2 \Psi}{\partial x_k \partial x_l} + \Psi = 0. \tag{I, 126}$$

Wie man leicht nachrechnen kann, gilt aber

$$\gamma_l \gamma_k + \gamma_k \gamma_l = 0, \tag{I, 127}$$
$$\gamma_k^2 = -1, \tag{I, 128}$$

so daß von (I, 126) nur

$$\varkappa^2 \Box^2 \Psi - \Psi = 0 \tag{I, 129}$$

übrigbleibt. Die Gleichung

$$\varkappa^2 \Box \Psi^* - \Psi^* = 0 \tag{I, 130}$$

ergibt sich analog für Ψ^*.

Setzt man die Feldgleichungen wieder in (I, 123) ein, so verleihen sie der Lagrangedichte den Wert

$$L = 0. \tag{I, 131}$$

Führt man statt (I, 118) die Transformation

$$U = \frac{1}{\sqrt{2}} \left\| \begin{array}{cc|cc} 1 & 0 & -i & 0 \\ 0 & 1 & 0 & -i \\ \hline 1 & 0 & i & 0 \\ 0 & 1 & 0 & i \end{array} \right\| \tag{I, 132}$$

aus, so ergibt sich
$$U^\dagger \varrho\, U = \beta_4; \qquad U^\dagger \beta_4\, U = i\,\varrho\,\beta_4 = -i\,\beta_4\,\varrho.\qquad (I, 133)$$

Für $k = 1, 2, 3$ erhält man daraus
$$\gamma_k = i\,\varrho\,\sigma_k = i\,\beta_k, \qquad (I, 134)$$
während
$$\gamma_4 = i\,\beta_4 \qquad (I, 135)$$
unverändert bleibt. Nunmehr lautet die Lagrangedichte
$$L = -\frac{hc}{2\pi}\left\{\frac{1}{2}\sum_k\left(\Psi^* \beta_4 \beta_k \frac{\partial \Psi}{\partial x_k} - \frac{\partial \Psi^*}{\partial x_k}\beta_4 \beta_k \Psi\right) + \Psi^* \frac{\beta_4}{\varkappa}\Psi\right\}. \qquad (I, 136)$$

Man erhält daraus die Feldgleichung
$$\sum_k \beta_k \frac{\partial \Psi}{\partial x_k} + \frac{1}{\varkappa}\Psi = 0. \qquad (I, 137)$$

Sie geht mit
$$\varkappa = \frac{h}{2\pi m c} \qquad (I\ 138)$$
in die Diracsche Gleichung
$$\frac{h}{2\pi i}\sum_k \beta_k \frac{\partial \Psi}{\partial x_k} - i\,m\,c\,\Psi = 0 \qquad (I, 139)$$
für ein kräftefreies Teilchen über, die wir schon früher [(VII, 45), S. 1098] kennengelernt haben.

Wir gelangen damit zu dem aufschlußreichen Resultat, daß die klassische Feldgleichung eines Spinorfeldes identisch mit der Gleichung ist, welche die Quantentheorie für das Verhalten eines punktförmigen Elektrons aufgestellt hat.

*§ 6. Energieimpulstensor. Erhaltungssätze.

Inhalt: Der Energieimpulstensor eines isolierten Feldes muß divergenzfrei und symmetrisch sein.

Bezeichnungen: 𝔊 Energieimpulstensor, T_{mn} seine Komponenten, 𝔗 räumlicher Spannungstensor, 𝔤 Impulsdichte, 𝔖 Energiestromdichte, H Energiedichte.

Wir haben bisher Feldmodelle konstruiert, an die wir folgende Ansprüche stellten:

1. Die Feldgleichungen sollten aus einer lorentzinvarianten Lagrangedichte gewonnen werden, indem man wie in der klassischen Mechanik das Hamiltonsche Prinzip verwertet.

2. Die Felder sollen Gebilde darstellen, welche isoliert, d. h. ohne äußere Einwirkungen und ohne Wechselwirkungen mit anderen Feldern existenzfähig sind. Diese Forderung muß erhoben werden, wenn die Felder selbständige elementare Gebilde der wirklichen Welt darstellen sollen.

Die Klassifikation der Lagrangedichten hat ergeben, daß man diese Bedingungen durch skalare, quellenfreie vektorielle und spinorielle Felder erfüllen kann, und es ist damit zu rechnen, daß auch tensorielle Felder konstruierbar sind. Daß sich mehrere Felder überlagern können, darf nicht als wirkliches Ergebnis gewertet werden, solange Wechselwirkungen nicht untersucht sind.

Wir müssen uns nun der Frage zuwenden, ob außer den Forderungen 1 und 2 noch weitere Forderungen an elementare, isolierte Felder zu erheben sind.

Wir werden verlangen müssen, daß den Feldern die Eigenschaften der Energie und des Impulses zugeschrieben werden können, d. h., daß man Größen von der Bedeutung der Energiedichte, des Energiestroms und der Impulsdichte als Funktionen der unabhängigen Variablen bilden und daß man sie mit dem räumlichen Spannungstensor zu einem vierdimensionalen Energieimpulstensor

$$\overline{\mathfrak{S}} = \begin{Vmatrix} T_{xx} & T_{xy} & T_{xz} & T_{x4} \\ T_{yx} & T_{yy} & T_{yz} & T_{y4} \\ T_{zx} & T_{zy} & T_{zz} & T_{z4} \\ T_{4x} & T_{4y} & T_{4z} & T_{44} \end{Vmatrix} \qquad (I, 140)$$

vereinigen kann. Soll

$$\mathfrak{T} = - \begin{Vmatrix} T_{xx} & T_{xy} & T_{xz} \\ T_{yx} & T_{yy} & T_{yz} \\ T_{zx} & T_{zy} & T_{zz} \end{Vmatrix} \qquad (I, 141)$$

als räumlicher Spannungstensor angesehen werden, so müssen

$$\mathfrak{g}_x = \frac{T_{4x}}{ic}; \quad \mathfrak{g}_y = \frac{T_{4y}}{ic}; \quad \mathfrak{g}_z = \frac{T_{4z}}{ic} \qquad (I, 142)$$

die Komponenten der Impulsdichte sein. Aus Gründen der relativistischen Kovarianz müssen

$$H = -T_{44} \qquad (I, 143)$$

die Energiedichte (Hamiltondichte) und

$$\mathfrak{S}_x = -ic T_{x4}; \quad \mathfrak{S}_y = -ic T_{y4}; \quad \mathfrak{S}_z = -ic T_{z4} \qquad (I, 144)$$

die Komponenten des Energiestromes bedeuten.

Da wir die isolierten Felder als elementare Gebilde ohne äußere Einwirkungen und gegenseitige Wechselwirkungen betrachten, müssen wir verlangen, daß für Energie und Impuls die Erhaltungssätze

$$\frac{\partial H}{\partial t} + \operatorname{div} \mathfrak{S} = 0, \qquad (I, 145)$$

$$\frac{\partial \mathfrak{g}}{\partial t} = \operatorname{div} \mathfrak{T} \qquad (I, 146)$$

gelten. Diese beiden Beziehungen kann man gerade in die Gleichung

$$\sum_m \frac{\partial T_{mn}}{\partial x_m} = 0 \qquad (I, 147)$$

zusammenfassen. Die Divergenz des Energieimpulstensors muß verschwinden.

Aus der Lagrangedichte eines isolierten Feldes muß man also einen Tensor $\overline{\mathfrak{S}}$ bilden können, den man als Energieimpulstensor interpretieren kann und der die Erhaltungssätze für Energie und Impuls erfüllt.

Der Energieimpulstensor muß aber noch weitere Bedingungen erfüllen. Die Impulsdichte ist die Dichte des Massenstromes. Setzt man die relativistische Äquivalenz von Impulsmasse und Energie voraus, so muß

$$\mathfrak{S} = c^2 \mathfrak{g} \qquad (I, 148)$$

*§ 7. Der kanonische Tensor. Energieimpulstensor der einzelnen Feldmodelle.

gelten. Dies legt den Komponenten des Energieimpulstensors die Symmetriebedingung
$$T_{x4} = T_{4x}; \quad T_{y4} = T_{4y}; \quad T_{z4} = T_{4z} \tag{I, 149}$$
auf.

In der klassischen Mechanik der kontinuierlichen Medien folgt die Symmetrie des räumlichen Spannungstensors im kräftefreien Fall aus der Konstanz des Drehimpulses. Wenn unsere Felder ohne äußere und gegenseitige Einwirkung konstanten Drehimpuls besitzen sollen, muß

$$0 = \frac{\partial}{\partial t} \int (x \mathfrak{g}_y - y \mathfrak{g}_x) dx\, dy\, dz$$
$$= \int \left(x \frac{\partial \mathfrak{g}_y}{\partial t} - y \frac{\partial \mathfrak{g}_x}{\partial t} \right) dx\, dy\, dz \tag{I, 150}$$

gelten. Mit (I, 146) und (I, 141) geht daraus

$$0 = \int \left\{ y \left(\frac{\partial T_{xx}}{\partial x} + \frac{\partial T_{yx}}{\partial y} + \frac{\partial T_{zx}}{\partial z} \right) - x \left(\frac{\partial T_{xy}}{\partial x} + \frac{\partial T_{yy}}{\partial y} + \frac{\partial T_{zy}}{\partial z} \right) \right\} dx\, dy\, dz \tag{I, 151}$$
$$= \int \left\{ \frac{\partial}{\partial x}(y T_{xx} - x T_{xy}) + \frac{\partial}{\partial y}(y T_{yx} - x T_{yy}) + \frac{\partial}{\partial z}(y T_{zx} - x T_{zy}) \right\} dx\, dy\, dz +$$
$$+ \int (T_{xy} - T_{yx}) dx\, dy\, dz$$

hervor. Das Integral in der vorletzten Zeile verschwindet, wenn das Feld nur einen Teil des gesamten unendlichen Raumes erfüllt, also in irgendeiner Weise lokalisiert ist. Konstanter Drehimpuls verlangt also

$$0 = \int (T_{xy} - T_{yx}) dx\, dy\, dz \tag{I, 152}$$

und die zwei analogen Gleichungen.

Für die Konstanz des Drehimpulses ist die Symmetrie des Energieimpulstensors hinreichend. Sie ist aber auch notwendig. Wenn das Feld keinen Wechselwirkungen und äußeren Einwirkungen unterliegt, können die Lagrangedichte, die Feldfunktionen und der Energieimpulstensor die unabhängigen Variablen nicht explizit enthalten. Wenn (I, 152) gälte, ohne daß überall

$$T_{yx} = T_{xy} \tag{I, 153}$$

wäre, so würde dies bedeuten, daß das Feld noch eine besondere Struktur besitzt, durch die sich die Anteile des Integrals in verschiedenen räumlichen Gebieten gesetzmäßig kompensieren, ohne daß diese Struktur in den Feldfunktionen zum Ausdruck gebracht wäre. Dies würde heißen, daß das Feld durch die Feldfunktionen nur unvollständig beschrieben ist.

Wir können also die Symmetrie des Energieimpulstensors auch als eine notwendige Bedingung dafür betrachten, daß erstens eine vollständige Beschreibung des Feldes vorliegt und daß der Tensor richtig aus den Feldfunktionen bzw. der Lagrangedichte gebildet wurde.

*§ 7. Der kanonische Tensor. Energieimpulstensor der einzelnen Feldmodelle.

Inhalt: Der kanonische Tensor ist stets divergenzfrei. Bei skalaren Feldern ist er auch symmetrisch und deshalb Energieimpulstensor. Beim Vektorfeld und Spinorfeld kann er zu einem symmetrischen, quellenfreien Tensor ergänzt werden.

Bezeichnungen: Θ kanonischer Tensor, Θ_{mn} seine Komponenten, Ψ_k Feldfunktionen bzw. Komponenten von ihr, L Lagrangedichte, $2\pi\varkappa$ Comptonwellenlänge, T_{mn} Komponenten des Energieimpulstensors, β, γ Spinmatrizen s. (I, 120 u. 134), δ_{mn} Kroneckersymbol.

Aus einer Lagrangedichte L, die aus beliebigen Funktionen Ψ_k und ihren ersten Ableitungen aufgebaut ist, läßt sich stets der Tensor Θ mit den

Komponenten

$$\Theta_{mn} = -\sum_{k} \frac{\partial L}{\partial \frac{\partial \Psi_k}{\partial x_m}} \frac{\partial \Psi_k}{\partial x_n} + \delta_{mn} L \qquad (I, 154)$$

ableiten, den man als kanonischen Tensor bezeichnet. Es kommt dabei nicht darauf an, ob die Ψ_k skalare Funktionen oder Komponenten eines Vektors oder Spinors bedeuten.

Der kanonische Tensor ist divergenzfrei und erfüllt damit eine der beiden Forderungen, die wir an den Energieimpulstensor stellen. Die Komponenten der Divergenz

$$\sum_{m} \frac{\partial \Theta_{mn}}{\partial x_m} = -\sum_{km} \frac{\partial \Psi_k}{\partial x_n} \frac{\partial}{\partial x_m} \frac{\partial L}{\partial \frac{\partial \Psi_k}{\partial x_m}} - \sum_{km} \frac{\partial L}{\partial \frac{\partial \Psi_k}{\partial x_m}} \frac{\partial^2 \Psi_k}{\partial x_m \partial x_n} + \frac{\partial L}{\partial x_n} \qquad (I, 155)$$

gehen wegen

$$\frac{\partial L}{\partial x_n} = \sum_{k} \frac{\partial L}{\partial \Psi_k} \frac{\partial \Psi_k}{\partial x_n} + \sum_{km} \frac{\partial L}{\partial \frac{\partial \Psi_k}{\partial x_m}} \frac{\partial^2 \Psi_k}{\partial x_m \partial x_n} \qquad (I, 156)$$

in

$$\sum_{m} \frac{\partial \Theta_{mn}}{\partial x_m} = \sum_{k} \left(\frac{\partial L}{\partial \Psi_k} - \sum_{m} \frac{\partial}{\partial x_m} \frac{\partial L}{\partial \frac{\partial \Psi_k}{\partial x_m}} \right) \frac{\partial \Psi_k}{\partial x_n} \qquad (I, 157)$$

über und verschwinden wegen der Feldgleichungen

$$\frac{\partial L}{\partial \Psi_k} = \sum_{m} \frac{\partial}{\partial x_m} \frac{\partial L}{\partial \frac{\partial \Psi_k}{\partial x_m}}. \qquad (I, 158)$$

Ob der kanonische Tensor auch symmetrisch ist, hängt von der Lagrangedichte ab. Die Lagrangedichte (I, 15) eines skalaren Feldes mit nur einer skalaren Feldfunktion Ψ liefert einen symmetrischen Tensor mit den Komponenten

$$\Theta_{mn} = \frac{hc\varkappa}{2\pi} \frac{\partial \Psi}{\partial x_m} \frac{\partial \Psi}{\partial x_n} + \delta_{mn} L = \Theta_{nm}. \qquad (I, 159)$$

Auch wenn sich mehrere skalare Felder überlagern, erhält man einen symmetrischen kanonischen Tensor mit den Komponenten

$$\Theta_{mn} = \frac{hc}{2\pi} \sum_{k} \varkappa_k \frac{\partial \Psi_k}{\partial x_m} \frac{\partial \Psi_k}{\partial x_k} + \delta_{mn} L = \Theta_{nm}. \qquad (I, 160)$$

Die Lagrangedichte (I, 31) eines komplexen skalaren Feldes liefert den ebenfalls symmetrischen kanonischen Tensor

$$\Theta_{mn} = \frac{hc\varkappa}{2\pi} \left\{ \frac{\partial \Psi^*}{\partial x_m} \frac{\partial \Psi}{\partial x_n} + \frac{\partial \Psi^*}{\partial x_n} \frac{\partial \Psi}{\partial x_m} \right\} + \delta_{mn} L = \Theta_{nm}. \qquad (I, 161)$$

Der kanonische Tensor skalarer Felder erfüllt also stets beide Bedingungen, die an den Energieimpulstensor gestellt sind und kann selbst als Energieimpulstensor betrachtet werden.

Wir wenden uns jetzt dem quellenfreien vektoriellen Feld zu, das wir aus der Lagrangedichte [(I, 65), S. 1160]

$$L = -\frac{hc}{4\pi} \left\{ \frac{1}{\varkappa} \vec{\Psi}^2 + \frac{\varkappa}{2} \sum_{kl} \left(\frac{\partial \Psi_k}{\partial x_l} - \frac{\partial \Psi_l}{\partial x_k} \right)^2 \right\} \qquad (I, 162)$$

*§ 7. Der kanonische Tensor. Energieimpulstensor der einzelnen Feldmodelle.

gewinnen. Der kanonische Tensor

$$\Theta_{mn} = \frac{hc\varkappa}{2\pi} \sum_k \left(\frac{\partial \Psi_k}{\partial x_m} - \frac{\partial \Psi_m}{\partial x_k}\right) \frac{\partial \Psi_k}{\partial x_n} + \delta_{mn} L \qquad (\text{I, 163})$$

ist nicht symmetrisch und daher mit dem Energieimpulstensor nicht identisch. Fügen wir jedoch zu Θ den Tensor Θ' mit den Komponenten

$$\Theta'_{mn} = -\frac{hc\varkappa}{2\pi} \sum_k \left(\frac{\partial \Psi_k}{\partial x_m} - \frac{\partial \Psi_m}{\partial x_k}\right) \frac{\partial \Psi_n}{\partial x_k} + \frac{hc}{2\pi\varkappa} \Psi_m \dot{\Psi}_n, \qquad (\text{I, 164})$$

so entsteht der symmetrische Tensor T mit den Komponenten

$$T_{mn} = \Theta_{mn} + \Theta'_{mn}$$
$$= \frac{hc\varkappa}{2\pi} \sum_k \left(\frac{\partial \Psi_k}{\partial x_m} - \frac{\partial \Psi_m}{\partial x_k}\right)\left(\frac{\partial \Psi_k}{\partial x_n} - \frac{\partial \Psi_n}{\partial x_k}\right) + \frac{hc}{2\pi\varkappa}\Psi_m \Psi_n + \delta_{mn} L. \qquad (\text{I, 165})$$

Um zu zeigen, daß T auch quellenfrei ist, bilden wir

$$\sum_m \frac{\partial \Theta'_{mn}}{\partial x_m} = -\frac{hc\varkappa}{2\pi} \sum_k m \left(\frac{\partial \Psi_k}{\partial x_m} - \frac{\partial \Psi_m}{\partial x_k}\right) \frac{\partial^2 \Psi_n}{\partial x_k \partial x_m}$$
$$- \frac{hc\varkappa}{2\pi} \sum_k \frac{\partial \Psi_n}{\partial x_k} \sum_m \frac{\partial^2 \Psi_k}{\partial x_m^2} + \frac{hc}{2\pi\varkappa} \sum_m \frac{\partial \Psi_n}{\partial x_m} \Psi_m, \qquad (\text{I, 166})$$

wobei wir

$$\sum_m \frac{\partial \Psi_m}{\partial x_m} = 0 \qquad (\text{I, 167})$$

benutzen. Wegen der Feldgleichung

$$\varkappa^2 \sum_m \frac{\partial^2 \Psi_k}{\partial x_m^2} = \Psi_k \qquad (\text{I, 168})$$

erkennt man beim Vertauschen von m und k, daß

$$\sum_m \frac{\partial \Theta'_{mn}}{\partial x_m} = 0 \qquad (\text{I, 169})$$

ist. Der Tensor Θ' ist also quellenfrei. Da der kanonische Tensor Θ stets quellenfrei ist, ist auch T quellenfrei und kann als Energieimpulstensor des vektoriellen Feldes angesehen werden.

Ist das vektorielle Feld komplex, so können wir von der Lagrangedichte [s. (I. 75)]

$$L = -\frac{hc}{2\pi}\left\{\frac{1}{\varkappa}\vec{\Psi}^*\vec{\Psi} + \frac{\varkappa}{2}\sum_{kl}\left(\frac{\partial \Psi_k^*}{\partial x_l} - \frac{\partial \Psi_l^*}{\partial x_k}\right)\left(\frac{\partial \Psi_k}{\partial x_l} - \frac{\partial \Psi_l}{\partial x_k}\right)\right\} \qquad (\text{I, 170})$$

ausgehen. Aus dem kanonischen Tensor

$$\Theta_{mn} = \frac{hc\varkappa}{2\pi}\sum_k\left\{\left(\frac{\partial \Psi_k^*}{\partial x_m} - \frac{\partial \Psi_m^*}{\partial x_k}\right)\frac{\partial \Psi_k}{\partial x_n} + \frac{\partial \Psi_k^*}{\partial x_n}\left(\frac{\partial \Psi_k}{\partial x_m} - \frac{\partial \Psi_m}{\partial x_k}\right)\right\} + \delta_{mn} L \quad (\text{I, 171})$$

kann durch Hinzufügen von

$$\Theta'_{mn} = -\frac{hc\varkappa}{2\pi}\sum_k\left\{\left(\frac{\partial \Psi_k^*}{\partial x_m} - \frac{\partial \Psi_m^*}{\partial x_k}\right)\frac{\partial \Psi_n}{\partial x_k} + \frac{\partial \Psi_n^*}{\partial x_k}\left(\frac{\partial \Psi_k}{\partial x_m} - \frac{\partial \Psi_m}{\partial x_k}\right)\right\} +$$
$$+ \frac{hc}{2\pi\varkappa}(\Psi_m^*\Psi_n + \Psi_n^*\Psi_m) \qquad (\text{I, 172})$$

der Energieimpulstensor

$$T_{mn} = \frac{hc\varkappa}{2\pi} \sum_k \left\{ \left(\frac{\partial \Psi_k^*}{\partial x_m} - \frac{\partial \Psi_m^*}{\partial x_k}\right)\left(\frac{\partial \Psi_k}{\partial x_n} - \frac{\partial \Psi_n}{\partial x_k}\right) + \right. \quad (I, 173)$$

$$\left. + \left(\frac{\partial \Psi_k^*}{\partial x_n} - \frac{\partial \Psi_n^*}{\partial x_k}\right)\left(\frac{\partial \Psi_k}{\partial x_m} - \frac{\partial \Psi_m}{\partial x_k}\right) \right\} + \frac{hc}{2\pi\varkappa}(\Psi_m^*\Psi_n + \Psi_n^*\Psi_m) + \delta_{mn}L$$

gebildet werden, von dessen Quellenfreiheit man sich wie beim reellen Vektorfeld überzeugen kann.

Aus der Lagrangedichte (s. I, 123)

$$L = -\frac{hc}{2\pi}\left\{\frac{1}{2i}\sum_k \left(\Psi^* \beta_4 \gamma_k \frac{\partial \Psi}{\partial x_k} - \frac{\partial \Psi^*}{\partial x_k}\beta_4\gamma_k\Psi\right) + \frac{1}{\varkappa}\Psi^*\beta_4\Psi\right\} \quad (I, 174)$$

des Spinorfeldes leitet man den kanonischen Tensor mit den Komponenten

$$\Theta_{mn} = \frac{hc}{4\pi i}\left(\Psi^*\beta_4\gamma_m\frac{\partial \Psi}{\partial x_n} - \frac{\partial \Psi^*}{\partial x_n}\beta_4\gamma_m\Psi\right) \quad (I, 175)$$

ab. Dabei ist zu beachten, daß $L = 0$ ist. Der kanonische Tensor ist nicht symmetrisch. Da aber nicht nur

$$\sum_m \frac{\partial \Theta_{mn}}{\partial x_m} = 0 \quad (I, 176)$$

gilt, sondern wegen (I, 129) und (I, 130) auch

$$\sum_n \frac{\partial \Theta_{mn}}{\partial x_n} = \frac{hc}{4\pi i}\sum_n \left(\Psi^*\beta_4\gamma_m\frac{\partial^2\Psi}{\partial x_n^2} - \frac{\partial^2\Psi^*}{\partial x_n^2}\beta_4\gamma_m\Psi\right) \quad (I, 177)$$
$$= 0$$

ist, können wir den symmetrischen Tensor mit den Komponenten

$$T_{mn} = \frac{1}{2}(\Theta_{mn} + \Theta_{nm})$$
$$= \frac{hc}{8\pi i}\left\{\Psi^*\beta_4\gamma_m\frac{\partial\Psi}{\partial x_n} + \Psi^*\beta_4\gamma_n\frac{\partial\Psi}{\partial x_m} - \frac{\partial\Psi^*}{\partial x_n}\beta_4\gamma_m\Psi - \right. \quad (I, 178)$$
$$\left. - \frac{\partial\Psi^*}{\partial x_m}\beta_4\gamma_n\Psi\right\}$$

als Energieimpulstensor betrachten.

Man erhält daraus die Energiedichte

$$H = -T_{44} = -\frac{hc}{4\pi i}\left(\Psi^*\beta_4\gamma_4\frac{\partial\Psi}{\partial x_4} - \frac{\partial\Psi^*}{\partial x_4}\beta_4\gamma_4\Psi\right). \quad (I, 179)$$

*§ 8. Erhaltung der Ladung bei komplexen Feldern.

Inhalt: Bei komplexen Feldern gilt ein weiterer Erhaltungssatz, der als Erhaltung der elektrischen Ladung interpretiert werden kann.

Bezeichnungen: $\mathfrak{J}$ elektrische Viererstromdichte, $\mathfrak{J}$ elektrische Stromdichte, η elektrische Ladungsdichte, ε Ladungskonstante, sonst wie S. 1161.

Aus den Feldgleichungen

$$\varkappa^2 \Box^2 \Psi - \Psi = 0,$$
$$\varkappa^2 \Box^2 \Psi^* - \Psi^* = 0 \quad (I, 180)$$

§ 8. Erhaltung der Ladung bei komplexen Feldern. 1175

des komplexen skalaren Feldes gewinnt man durch Multiplizieren mit Ψ^* bzw. Ψ und subtrahieren.
$$\Psi^* \Box^2 \Psi - \Psi \Box^2 \Psi^* = 0, \tag{I, 181}$$
was sich auch in die Form
$$(\Box \{\Psi^* \Box \Psi - \Psi \Box \Psi^*\}) = 0 \tag{I, 182}$$
bringen läßt.

Definieren wir einen Vierervektor (s. a. III. 32, S. 1213)
$$\mathfrak{J} = -i\varepsilon\varkappa c \{\Psi^* \Box \Psi - \Psi \Box \Psi^*\} \tag{I, 183}$$
mit dem räumlichen Anteil
$$\mathfrak{J} = -i\varepsilon\varkappa c \{\Psi^* \operatorname{grad}\Psi - \Psi \operatorname{grad}\Psi^*\} \tag{I, 184}$$
und dem zeitlichen Anteil
$$\mathfrak{J}_4 = ic\eta = -\varepsilon\varkappa\left(\Psi^* \frac{\partial \Psi}{\partial t} - \Psi \frac{\partial \Psi}{\partial t}\right), \tag{I. 185}$$
so nimmt (I, 182) die Form
$$\operatorname{div}\mathfrak{J} + \frac{\partial \eta}{\partial t} = 0 \tag{I, 186}$$
eines weiteren Erhaltungssatzes an. Deutet man $\mathfrak{J}$ als elektrische Stromdichte und η als Ladungsdichte, so spricht (I, 186) die Erhaltung der Ladung aus. Eine komplexe skalare Feldfunktion vermag deshalb ein Feld zu beschreiben, welches Ladung trägt.

Auch beim komplexen quellenfreien Vektorfeld und beim Spinorfeld läßt sich der Erhaltungssatz der Ladung gewinnen. Multipliziert man die Feldgleichungen [s. (I, 124) von S. 1168]

$$\varkappa i \sum^k \beta_4 \gamma_k \frac{\partial \Psi}{\partial x_k} - \beta_4 \Psi = 0, \tag{I, 187}$$

$$-\varkappa i \sum^k \frac{\partial \Psi^*}{\partial x_k} \beta_4 \gamma_k - \Psi^* \beta_4 = 0, \tag{I, 188}$$

des Spinorfeldes links mit Ψ^* bzw. rechts mit Ψ und subtrahiert, so erhält man

$$\sum^k \frac{\partial}{\partial x_k}(\Psi^* \beta_4 \gamma_k \Psi) = 0. \tag{I, 189}$$

Zerlegt man in den räumlichen und zeitlichen Anteil, so ergibt sich die Kontinuitätsgleichung

$$\sum_{1}^{3}{}^k \frac{\partial}{\partial x_k}(\Psi^* \beta_4 \gamma_k \Psi) + \frac{1}{c}\frac{\partial}{\partial t}(\Psi^* \Psi) = 0. \tag{I, 190}$$

Wie beim komplexen Feld kann man hierin den Erhaltungssatz der Ladung sehen. Ist ε eine Konstante von der Dimension der Ladung, so kann

$$\eta = \varepsilon \Psi^* \Psi \tag{I, 191}$$

als Ladungsdichte interpretiert werden, während

$$\mathfrak{J}_k = \varepsilon c \Psi^* \beta_4 \gamma_k \Psi \tag{I, 192}$$

die k-te Komponente der elektrischen Stromdichte ist.

II. Kanonische Theorie und Quantisierung der Felder.

Wir betrachten nun das Feld als ein klassisch-mechanisches System von sehr vielen Freiheitsgraden. Wir denken uns dabei den Raum in zahlreiche, jedoch nach Größe und Gestalt nicht genauer festgelegte Volumenelemente dv unterteilt. Als Koordinaten betrachten wir die Werte, genauer die Mittelwerte der Feldfunktionen Ψ in diesen Volumenelementen. Der nächste Schritt besteht darin, die zu den Koordinaten konjugierten Impulse aufzufinden. Die Übersetzung in die Quantentheorie vollzieht sich dann, indem man Koordinaten und Impulse als Operatoren betrachtet, deren kanonischer Zusammenhang in Vertauschungsregeln zum Ausdruck kommt.

§ 1. Die Diracfunktion.

Inhalt: Die Diracfunktion und ihre Rechenregeln. Die Feldfunktion faßt die Gesamtheit der klassischen Koordinaten zusammen.

Bezeichnungen: q_s Koordinate, $\dot{q}_s$ ihre Geschwindigkeit, p_s konjugierter Impuls, $\delta(x\,y\,z,\,x_s\,y_s\,z_s)$ Diracfunktion, Ψ Feldfunktion, L Lagrangedichte, $\mathcal{L}$ Lagrangefunktion, Π zu Ψ kanonisch konjugierte Funktion, H Hamiltondichte, $\mathcal{H}$ Hamiltonfunktion, $2\pi\varkappa$ Comptonwellenlänge des Feldes.

Die Übertragung der kanonischen Theorie auf ein Kontinuum muß nun mathematisch präzisiert werden. Dies wollen wir zuerst am einfachsten Fall des skalaren Feldes mit nur einer Feldfunktion durchführen.

Wir fassen einen bestimmten Punkt x_s, y_s, z_s des Raumes ins Auge und definieren die Diracfunktion

$$\delta(x\,y\,z,\,x_s\,y_s\,z_s) = \delta(x - x_s,\,y - y_s,\,z - z_s), \tag{II, 1}$$

welche den Wert Null haben soll, wenn die Punkte x, y, z und $x_s\,y_s\,z_s$ nennenswert voneinander entfernt sind, jedoch für Nachbarpunkte so große Werte annimmt, daß

$$\int \delta(x\,y\,z,\,x_s\,y_s\,z_s)\,dv = 1 \tag{II, 2}$$

ist. Durch diese Forderung ist die Diracfunktion noch nicht völlig festgelegt. Ihr Verlauf in der nicht näher beschriebenen Umgebung des Punktes $x_s\,y_s\,z_s$ bleibt vielmehr noch ziemlich willkürlich.

Ist $f(x, y, z)$ eine beliebige, stetige, langsam veränderliche Ortsfunktion, so gilt

$$\int f(x\,y\,z)\,\delta(x\,y\,z,\,x_s\,y_s\,z_s)\,dv = \bar{f}(x_s\,y_s\,z_s) \approx f(x_s\,y_s\,z_s) \tag{II, 3}$$

$\bar{f}(x_s\,y_s\,z_s)$ ist der Mittelwert der Funktion $f(x\,y\,z)$ in der Umgebung der Stelle $x_s\,y_s\,z_s$, der durch Wahl einer geeigneten Diracfunktion dem Funktionswert an dieser Stelle beliebig nahe gebracht werden kann.

Durch partielle Integration erhält man

$$\int f\frac{\partial \delta}{\partial x}\,dv = -\int \frac{\partial f}{\partial x}\,\delta\,dv = -\left(\frac{\partial f}{\partial x}\right)_{x_s\,y_s\,z_s}, \tag{II, 4}$$

$$\int f\frac{\partial^2 \delta}{\partial x\,\partial y}\,dv = \int \frac{\partial^2 f}{\partial x\,\partial y}\,\delta\,dv = \left(\frac{\partial^2 f}{\partial x\,\partial y}\right)_{x_s\,y_s\,z_s}, \tag{II, 5}$$

weil δ in einiger Entfernung von der Stelle s verschwindet. Auf ähnliche Weise kann man viele Umformungen vornehmen, z. B.

$$\int (\mathrm{grad}\,f\,\mathrm{grad}\,\delta)\,dv = -(\triangle f)_{x_s\,y_s\,z_s}. \tag{II, 6}$$

§ 1. Die Diracfunktion.

Als Koordinate q_s unseres mechanischen Systems betrachten wir nun den Funktionswert

$$q_s = \int \Psi(x\,y\,z,\,t)\,\delta\,dv = \Psi(x_s\,y_s\,z_s,\,t). \tag{II, 7}$$

der Feldfunktion Ψ am Punkt $x_s\,y_s\,z_s$ bzw. seinen Mittelwert in der Umgebung dieses Punktes. Die zugehörige Geschwindigkeit ist dann

$$\dot{q}_s = \int \frac{\partial \Psi}{\partial t}\,\delta\,dv = \left(\frac{\partial \Psi}{\partial t}\right)_{x_s y_s z_s} \tag{II, 8}$$

Nehmen wir an der Funktion Ψ eine Änderung $d\Psi$ vor, welche eine stetige gegen δ langsam veränderliche Funktion des Ortes ist, so erfolgt an der Koordinate q_s die Veränderung

$$dq_s = \int d\Psi\,\delta\,dv = d\Psi_{x_s y_s z_s}, \tag{II, 9}$$

die gleich der Veränderung des Funktionenwertes von Ψ an der Stelle $x_s\,y_s\,z_s$ ist. Soll also nur die Koordinate q_s um $d\Psi_s$ verändert werden, während die anderen Koordinaten ihre Werte beibehalten sollen, so ist an Ψ eine Veränderung $d\Psi\,\delta(x\,y\,z,\,x_s\,y_s\,z_s)$ vorzunehmen, die sich auf die Umgebung von $x_s\,y_s\,z_s$ beschränkt.

Man kann nun die Lagrangedichte an einer Stelle s als eine Funktion der Koordinate q_s und ihrer Geschwindigkeit $\dot{q}_s$ auffassen. Die Lagrangefunktion [s. (I, 3), S. 1152]

$$\mathcal{L} = \int L\,dv \tag{II, 10}$$

des ganzen Feldes ist dann eine Funktion aller q_s und $\dot{q}_s$.

Nimmt man an Ψ die Veränderung $d\Psi\,\delta$ vor, die der alleinigen Änderung dq_s von q_s entspricht, so erfährt $\partial\Psi/\partial x_i$ die Änderung

$$d\frac{\partial \Psi}{\partial x_i} = d\Psi \frac{\partial \delta}{\partial x_i}, \tag{II, 11}$$

weil $d\Psi$ gegen δ langsam veränderlich ist.

An $\mathcal{L}$ bewirkt dies die Änderung

$$d\mathcal{L} = \int d\Psi \left\{ \frac{\partial L}{\partial \Psi}\delta + \sum_1^3 \frac{\partial L}{\partial \frac{\partial \Psi}{\partial x_i}} \frac{\partial \delta}{\partial x_i} \right\} dv. \tag{II, 12}$$

Durch partielle Integration über die x_i erhält man

$$d\mathcal{L} = \int d\Psi \left(\frac{\partial L}{\partial \Psi} - \sum_1^3 \frac{\partial}{\partial x_i} \frac{\partial L}{\partial \frac{\partial \Psi}{\partial x_i}} \right) \delta\,dv$$
$$= d\Psi \left\{ \frac{\partial L}{\partial \Psi} - \sum_1^3 \frac{\partial}{\partial x_i} \frac{\partial L}{\partial \frac{\partial \Psi}{\partial x_i}} \right\}_{x_s y_s z_s} \tag{II, 13}$$

Verwenden wir (II, 9), so können wir

$$\frac{\partial \mathcal{L}}{\partial q_s} = \left\{ \frac{\partial L}{\partial \Psi} - \sum_1^3 \frac{\partial}{\partial x_i} \frac{\partial L}{\partial \frac{\partial \Psi}{\partial x_i}} \right\}_{x_s y_s z_s} \tag{II, 14}$$

schreiben. Die Ableitung der Lagrangefunktion nach einer Koordinate ergibt die Variationsableitung der Lagrangedichte an der durch die Koordinate bezeichneten Stelle des Raumes. Diese Feststellung läßt sich natürlich sinngemäß auch auf alle anderen Funktionen der Koordinaten übertragen.

§ 2. Kanonisch konjugierte Funktion, Hamiltonfunktion. Kanonische Gleichungen des skalaren Feldes.

Inhalt: Übertragung des kanonischen Formalismus auf skalare Felder. Die kanonischen Gleichungen sind den Feldgleichungen äquivalent.
Bezeichnungen: wie S. 1176.

Nach dem Muster der Definition der Impulse

$$p_s = \frac{\partial \mathcal{L}}{\partial \dot{q}_s} \tag{II, 15}$$

in der Punktmechanik erhalten wir sinngemäß nach (II, 14)

$$p_s = \left(\frac{\partial L}{\partial \dot{\Psi}}\right)_{x_s y_s z_s}, \tag{II, 16}$$

wenn die Lagrangedichte nur $\dot{\Psi}$, nicht aber dessen räumliche Ableitungen enthält. Sämtliche p_s für alle Punkte des Raumes fassen wir in die konjugierte Funktion

$$\Pi = \frac{\partial L}{\partial \dot{\Psi}} \tag{II, 17}$$

zusammen. Wir verfolgen das klassische Rezept weiter, indem wir die Hamiltondichte

$$H = \Pi \dot{\Psi} - L \tag{II, 18}$$

bilden und durch Integration über den Raum die Hamiltonfunktion

$$\mathcal{H} = \int H\, dv \tag{II, 19}$$

gewinnen. Dabei soll $\dot{\Psi}$ aus H mit Hilfe von (II, 17) eliminiert werden, so daß H eine Funktion von Π und Ψ ebenso $\mathcal{H}$ eine Funktion der q_s und p_s wird. In H kommen Ψ selbst und seine räumlichen Ableitungen vor, während keine Ableitungen von Π in H eingehen.

Um die zu den kanonischen Gleichungen

$$\dot{q}_s = \frac{\partial \mathcal{H}}{\partial p_s}; \quad \dot{p}_s = -\frac{\partial \mathcal{H}}{\partial q_s} \tag{II, 20}$$

analogen Gleichungen aufzustellen, müssen wir die Variationsableitungen (s. II, 14) von $\mathcal{H}$ bezüglich Ψ und Π bilden. Wir erhalten

$$\dot{\Psi} = \frac{\partial H}{\partial \Pi}, \tag{II, 21}$$

$$\dot{\Pi} = -\frac{\partial H}{\partial \Psi} + \sum_i \frac{\partial}{\partial x_i} \frac{\partial H}{\partial \frac{\partial \Psi}{\partial x_i}} \tag{II, 22}$$

als kanonische Gleichungen des Feldes.

§ 2. Kanonisch konjugierte Funktion, Hamiltonfunktion.

Die entwickelten Gesichtspunkte und Formeln lassen sich ohne weiteres auf Felder mit mehreren Feldfunktionen Ψ_k übertragen. Jeder Feldfunktion Ψ_k wird eine konjugierte Funktion

$$\Pi_k = \frac{\partial L}{\partial \dot{\Psi}_k} \qquad (\text{II, 23})$$

zugeordnet. Hierfür ist es völlig gleichgültig, ob die Ψ_k unabhängige skalare Feldfunktionen oder die Komponenten eines Vektors sind. Als Hamiltondichte definiert man dann

$$H = \sum_k \Pi_k \dot{\Psi}_k - L \qquad (\text{II, 24})$$

und kann die kanonischen Gleichungen

$$\dot{\Psi}_k = \frac{\partial H}{\partial \Pi_k}, \qquad (\text{II, 25})$$

$$\dot{\Pi}_k = -\frac{\partial H}{\partial \Psi_k} + \sum_l \frac{\partial}{\partial x_l} \frac{\partial H}{\partial \frac{\partial \Psi_k}{\partial x_l}} \qquad (\text{II, 26})$$

aufstellen.

Wir haben mit der Aufstellung der kanonischen Gleichungen das Rezept der Punktmechanik konsequent auf die Felder übertragen. Wir wollen uns aber noch davon überzeugen, daß die kanonischen Gleichungen den Feldgleichungen gleichwertig oder wenigstens mit ihnen verträglich sind.

Gehen wir von der Lagrangedichte eines skalaren Feldes [s. (I, 15), S. 1154]

$$\begin{aligned} L &= -\frac{hc}{4\pi}\left\{\varkappa(\Box\Psi)^2 + \frac{1}{\varkappa}\Psi^2\right\} \\ &= -\frac{hc}{4\pi}\left\{\varkappa(\operatorname{grad}\Psi)^2 - \frac{\varkappa}{c^2}\left(\frac{\partial\Psi}{\partial t}\right)^2 + \frac{1}{\varkappa}\Psi^2\right\} \end{aligned} \qquad (\text{II, 27})$$

aus, so erhalten wir

$$\Pi = \frac{h\varkappa}{2\pi c}\frac{\partial\Psi}{\partial t}. \qquad (\text{II, 28})$$

Hieraus entsteht die Hamiltondichte

$$H = \frac{\pi c}{h\varkappa}\Pi^2 + \frac{hc\varkappa}{4\pi}(\operatorname{grad}\Psi)^2 + \frac{hc}{4\pi\varkappa}\Psi^2, \qquad (\text{II, 29})$$

aus der wir die kanonischen Gleichungen

$$\dot{\Psi} = \frac{2\pi c}{h\varkappa}\Pi, \qquad (\text{II, 30})$$

$$\dot{\Pi} = -\frac{hc}{2\pi\varkappa}\Psi + \frac{hc\varkappa}{2\pi}\triangle\Psi \qquad (\text{II, 31})$$

erhalten. Die erste dieser Gleichungen reproduziert nur die Definition (II, 28) von Π. Eliminiert man Π oder Ψ, so entstehen die Feldgleichungen

$$\varkappa^2\left(\triangle\Psi - \frac{1}{c^2}\ddot{\Psi}\right) - \Psi = 0, \qquad (\text{II, 32})$$

$$\varkappa^2\left(\triangle\Pi - \frac{1}{c^2}\ddot{\Pi}\right) - \Pi = 0, \qquad (\text{II, 33})$$

welche wir auch schon auf S. 1154 aufgestellt hatten. Die zweite dieser Gleichungen geht aus der ersten bei Differenzieren nach t hervor.

Aus der Lagrangefunktion eines komplexen skalaren Feldes (I, 31) erhält man analog

$$L = -\frac{hc}{2\pi}\left\{\varkappa(\Box\Psi^* \Box\Psi) + \frac{1}{\varkappa}\Psi^*\Psi\right\} \tag{II, 34}$$

und

$$\Pi = \frac{h\varkappa}{2\pi c}\frac{\partial\Psi^*}{\partial t}; \quad \Pi^* = \frac{h\varkappa}{2\pi c}\frac{\partial\Psi}{\partial t} \tag{II, 35}$$

$$H = \frac{2\pi c}{h\varkappa}\Pi^*\Pi + \frac{hc\varkappa}{2\pi}(\operatorname{grad}\Psi^*\operatorname{grad}\Psi) + \frac{hc}{2\pi\varkappa}\Psi^*\Psi. \tag{II, 36}$$

Man gewinnt daraus die kanonischen Gleichungen

$$\dot\Psi = \frac{2\pi c}{h\varkappa}\Pi^*; \quad \dot\Psi^* = \frac{2\pi c}{h\varkappa}\Pi, \tag{II, 37}$$

$$\dot\Pi = -\frac{hc}{2\pi\varkappa}\Psi^* + \frac{hc\varkappa}{2\pi}\triangle\Psi^*, \tag{II, 38}$$

$$\dot\Pi^* = -\frac{hc}{2\pi\varkappa}\Psi + \frac{hc\varkappa}{2\pi}\triangle\Psi. \tag{II, 39}$$

Eliminieren von Π und Π^* liefert die Feldgleichungen

$$\varkappa^2\left(\triangle\Psi - \frac{1}{c^2}\ddot\Psi\right) - \Psi = 0, \tag{II, 40}$$

$$\varkappa^2\left(\triangle\Psi^* - \frac{1}{c^2}\ddot\Psi^*\right) - \Psi^* = 0 \tag{II, 41}$$

zurück.

Die kanonischen Gleichungen skalarer Felder sind mit den Feldgleichungen verträglich bzw. ihnen äquivalent.

§ 3. Quantisierung des Feldes. Vertauschungsregeln.

Inhalt: Feldfunktion Ψ und konjugierte Funktion Π als Operatoren. Vertauschungsregeln für Ψ und Π. Die Operatoren Ψ und Π enthalten die Zeit nicht explizit.

Bezeichnungen: Operatoren sind durch Fettdruck gekennzeichnet. $\boldsymbol{\Psi}^\dagger\,\boldsymbol{\Pi}^\dagger$ zu $\boldsymbol{\Psi}$ und $\boldsymbol{\Pi}$ adjungierte Operatoren.

Den Übergang von der klassischen Punktmechanik zur Quantentheorie kann man vollziehen, indem man Koordinaten und Impulse als Operatoren betrachtet. In der Wellenmechanik wirken diese Operatoren auf die Wellenfunktion ein. Der Koordinatenoperator bewirkt eine Multiplikation mit dem Wert der entsprechenden Ortsvariabeln, der Impulsoperator bewirkt eine Differentiation nach den Ortsvariabeln und Multiplikation mit $h/2\pi i$. In der Matrizenmechanik werden beide Operatoren durch Matrizen dargestellt, welche auf den Wahrscheinlichkeitsvektor wirken. Unabhängig von dem Substrat, auf welches sie einwirken, lassen sich die Operatoren der Koordinate und des Impulses durch zwei Forderungen ausreichend charakterisieren. Sie müssen hermitische (selbstadjungierte) Operatoren sein und sie müssen die Vertauschungsrelationen

$$\left.\begin{aligned} \boldsymbol{p}_s\,\boldsymbol{q}_s - \boldsymbol{q}_s\,\boldsymbol{p}_s &= \frac{h}{2\pi i}, \\ \boldsymbol{p}_s\,\boldsymbol{q}_r - \boldsymbol{q}_r\,\boldsymbol{p}_s &= 0, \\ \boldsymbol{p}_s\,\boldsymbol{p}_r - \boldsymbol{p}_r\,\boldsymbol{p}_s &= 0, \\ \boldsymbol{q}_s\,\boldsymbol{q}_r - \boldsymbol{q}_r\,\boldsymbol{q}_s &= 0 \end{aligned}\right\} \tag{II, 42}$$

erfüllen.

§ 3. Quantisierung des Feldes. Vertauschungsregeln.

Bevor wir es unternehmen, diesen Formalismus auf die Felder zu übertragen, wollen wir einen Umstand untersuchen, der für die Quantentheorie der Punktsysteme charakteristisch ist.

Wenn das quantenmechanische System seinen Zustand im Laufe der Zeit ändert, so kommt dies in der Wellenfunktion bzw. im Wahrscheinlichkeitsvektor zum Ausdruck. Die Operatoren der Koordinaten und Impulse selbst enthalten die Zeit nicht explizit. Auch die aus ihnen aufgebauten Eigenschaftsoperatoren, z. B. der Energieoperator, enthalten die Zeit nicht explizit, wenn nur Wechselwirkungen zwischen den Bausteinen des Systems stattfinden und keine äußeren Einwirkungen erfolgen. Selbst zeitlich unveränderliche äußere Felder, in denen sich das System aufhält, ändern daran noch nichts. Erst wenn sich die äußeren Felder selbst mit der Zeit ändern, muß man zu Operatoren greifen, welche die Zeit explizit enthalten.

Nun müssen wir uns aber darüber klar sein, daß es im Prinzip gar keine äußeren Felder gibt. Wenn wir uns dazu entschließen, auch die Photonen als materielle Objekte zu betrachten, kommen in Wirklichkeit stets nur Wechselwirkungen zwischen den Bestandteilen quantenmechanischer Systeme vor. Im Prinzip müssen nämlich alle Objekte, zwischen denen überhaupt Wechselwirkungen auftreten, in ein einziges quantenmechanisches System zusammengefaßt und gemeinsam beschrieben werden. Für viele praktische Anwendungen kann man zwar oft einen winzigen Teil (ein Atom z. B.) des gesamten Systems als „System" bezeichnen und die Einwirkungen von allen anderen Objekten als „äußeres Feld" idealisieren, diese Modellkonstruktion ist aber für grundsätzliche Überlegungen nicht zulässig.

Solange wir bei prinzipiellen Untersuchungen bleiben, sind wir also genötigt, in das betrachtete quantenmechanische System alle Objekte einzubeziehen, zwischen denen wir Wechselwirkungen in Betracht ziehen. Dies hat andererseits den Vorteil, daß wir Eigenschaftsoperatoren definieren können, welche die Zeit nicht explizit enthalten. In ihrer Matrixdarstellung findet sich die Zeit überhaupt nicht vor.

Das beabsichtigte Quantisierungsverfahren erweist sich allerdings gerade durch diesen Umstand vom relativistischen Standpunkt als unvollkommen. Die Zeit spielt eine ausgezeichnete Rolle. Die vorgesehene Quantisierung ist deshalb kein relativistisch kovarianter Formalismus. Selbst wenn die im vorangehenden Kapitel entwickelten Felder lorentzinvariant sind, wird durch ihre Quantisierung die raum-zeitliche Symmetrie zunächst zerstört. Dieser Mangel ist allerdings in nicht-relativistischer Näherung noch ohne Bedeutung.

Wir gehen nun daran, den Formalismus der Quantisierung sinngemäß auf die Felder zu übertragen.

Sind $\mathfrak{x}_r$ und $\mathfrak{x}_s$ die Ortsvektoren an zwei verschiedenen Stellen des Raumes, so entsprechen $\Psi(\mathfrak{x}_r)$ und $\Psi(\mathfrak{x}_s)$ zwei verschiedenen Koordinaten q_r und q_s der Punktmechanik. Wir müssen also jetzt die Feldfunktionen selbst als Operatoren betrachten. Ganz analog treten $\Pi(\mathfrak{x}_r)$ und $\Pi(\mathfrak{x}_s)$ an die Stelle von p_r und p_s. An die Stelle der Impulsoperatoren der Punktmechanik tritt also die konjugierte Funktion Π als Operator. Da uns noch kein Substrat bekannt ist, auf das die Operatorfunktionen Ψ und Π einwirken, werden wir verlangen, daß Ψ und Π hermitische Operatoren sind, die den Vertauschungsrelationen genügen. Ist $\mathfrak{x}_r$ von $\mathfrak{x}_s$ verschieden, so entsprechen $\Psi(\mathfrak{x}_r)$ und $\Pi(\mathfrak{x}_s)$ verschiedenen Koordinaten und Impulsen, d. h. diese beiden Größen müssen vertauschbar sein. Lassen wir aber $\mathfrak{x}_r$ und $\mathfrak{x}_s$ zusammenrücken, so muß die Vertauschbarkeit in die Nichtvertauschbarkeit übergehen. Die Stetigkeit dieses Überganges erzielen wir mit Hilfe der Diracfunktion $\delta(\mathfrak{x}_r, \mathfrak{x}_s)$.

Wir setzen also die Vertauschungsregeln

$$\Pi(\mathfrak{x}_r)\Psi(\mathfrak{x}_s) - \Psi(\mathfrak{x}_s)\Pi(\mathfrak{x}_r) = \frac{h}{2\pi i}\delta(\mathfrak{x}_r, \mathfrak{x}_s),\qquad(\text{II, 43})$$

$$\Pi(\mathfrak{x}_r)\Pi(\mathfrak{x}_s) - \Pi(\mathfrak{x}_s)\Pi(\mathfrak{x}_r) = 0,\qquad(\text{II, 44})$$

$$\Psi(\mathfrak{x}_r)\Psi(\mathfrak{x}_s) - \Psi(\mathfrak{x}_s)\Psi(\mathfrak{x}_r) = 0\qquad(\text{II, 45})$$

fest, welche als sinngemäße Übertragung der Vertauschungsregeln der Quantentheorie der Massenpunkte erscheinen.

Bezeichnen wir mit $\Pi^\dagger$ und $\Psi^\dagger$ die zu Π und Ψ adjungierten Operatoren, so folgt aus dem hermitischen Charakter

$$\Pi = \Pi^\dagger;\quad \Psi = \Psi^\dagger.\qquad(\text{II, 46})$$

Der Operatorcharakter der quantenmechanischen Größen verlangt, daß auf ihre Reihenfolge geachtet wird, was in der klassischen Theorie nicht nötig ist. Wir müssen deshalb alle klassischen Größen, welche durch Produkte definiert sind, auf die richtige Reihenfolge der Faktoren prüfen. Die richtige Reihenfolge ergibt sich häufig aus dem hermitischen Charakter der Größen.

§ 4. Das skalare Mesonfeld.

Inhalt: Die Quantenzustände des Feldes werden durch den Ausbreitungsvektor $\mathfrak{f}$ gekennzeichnet. Jeder Quantenzustand kann von einer ganzen Zahl $n_\mathfrak{f}$ von Feldquanten besetzt sein, welche mit den π-Mesonen identifiziert werden sollen. Die Energie und der Impuls des einzelnen Feldquants sind durch seinen Ausbreitungsvektor bestimmt. Die Operatoren Ψ und Π wirken auf die Besetzungszahlen und können aus den Jordan-Wignerschen Matrizen aufgebaut werden. Die Gesamtenergie, der Gesamtimpuls und der Energiestrom sind Diagonaloperatoren im Raum der Besetzungszahlen.

Bezeichnungen: Ψ Operator der Wellenfunktion, Π Operator der konjugierten Funktion, H_{op} Operator der Gesamtenergie, V Volumen, $\mathfrak{x}$ Ortsvektor, $\mathfrak{f}$ Ausbreitungsvektor, $q_\mathfrak{f}, p_\mathfrak{f}$ Fourierkoeffizienten der Operatoren Ψ und Π, $n_\mathfrak{f}$ Besetzungszahlen, $a_\mathfrak{f}$ Jordan-Wignersche Matrizen, $E_\mathfrak{f}$ Energie des Feldquants, $\mathfrak{g}$ Impulsdichte, $\mathfrak{G}_{op}$ Gesamtimpuls, $\mathfrak{G}_\mathfrak{f}$ Impuls des einzelnen Feldquants, H_{00} Energie des Vakuumfeldes, m Ruhmasse des Mesons.

Die entwickelten Gesichtspunkte wenden wir nun auf das skalare Feld mit einer einzigen Feldfunktion an.

Bei der Lagrangedichte (II, 27) und der Hamiltondichte (II, 29) entsteht kein Zweifel über die Reihenfolge, wenn wir Π und Ψ als Operatoren betrachten.

Bilden wir jedoch den Energieimpulstensor (I, 159)

$$T_{mn} = \Theta_{mn} = \frac{hc\varkappa}{2\pi}\frac{\partial\Psi}{\partial x_m}\frac{\partial\Psi}{\partial x_n} + \delta_{mn}L,\qquad(\text{II, 47})$$

der in diesem Fall mit dem kanonischen Tensor identisch ist, so erhebt sich das Problem der Reihenfolge bei den Komponenten

$$T_{m4} = \frac{h\varkappa}{2\pi i}\frac{\partial\Psi}{\partial x_m}\frac{\partial\Psi}{\partial t}.\qquad(\text{II, 48})$$

Führen wir Π mit (II, 28) statt $\dot\Psi$ ein, so erhalten wir

$$T_{m4} = \frac{c}{i}\frac{\partial\Psi}{\partial x_m}\Pi.\qquad(\text{II, 49})$$

Bei Umkehrung der Faktoren erhalten wir

$$T_{m4} = \frac{c}{i}\Pi\frac{\partial\Psi}{\partial x_m}.\qquad(\text{II, 50})$$

§ 4. Das skalare Mesonfeld.

Zwischen beiden Ausdrücken besteht klassisch kein Unterschied. Bilden wir nun die Komponenten

$$\mathfrak{g}_m = -\frac{\partial \Psi}{\partial x_m} \Pi \tag{II, 51}$$

und

$$\mathfrak{S}_m = -c^2 \frac{\partial \Psi}{\partial x_m} \Pi \tag{II, 52}$$

der Impulsdichte und des Energiestromes nach (I, 142) und (I, 144) von S. 1170, so sind diese Operatoren nicht hermitisch. Setzen wir aber statt (II, 47)

$$T_{mn} = \frac{hc\varkappa}{4\pi} \left(\frac{\partial \Psi}{\partial x_m} \frac{\partial \Psi}{\partial x_n} + \frac{\partial \Psi}{\partial x_n} \frac{\partial \Psi}{\partial x_m} \right) + \delta_{mn} L, \tag{II, 53}$$

was sich klassisch von (II, 47) nicht unterscheidet, so erhalten wir statt (II, 50)

$$T_{m4} = \frac{c}{2i} \left(\frac{\partial \Psi}{\partial x_m} \Pi + \Pi \frac{\partial \Psi}{\partial x_m} \right). \tag{II, 54}$$

Daraus ergeben sich für Impulsdichte und Energiestrom die hermitischen Operatoren

$$\mathfrak{g} = -\frac{1}{2} (\mathrm{grad}\Psi \cdot \Pi + \Pi \,\mathrm{grad}\Psi), \tag{II, 55}$$

$$\mathfrak{S} = -\frac{c^2}{2} (\mathrm{grad}\Psi \cdot \Pi + \Pi \,\mathrm{grad}\Psi). \tag{II, 56}$$

Die Hamiltondichte hat die Form [s. (II, 29)]

$$H = -T_{44} = \frac{hc}{4\pi\varkappa} \left\{ \frac{4\pi^2}{h^2} \Pi^2 + \varkappa^2 (\mathrm{grad}\Psi)^2 + \Psi^2 \right\}. \tag{II, 57}$$

Die stationären Zustände des quantisierten Feldes sind dadurch gekennzeichnet, daß der Energieoperator ein Diagonaloperator ist, welcher jedem Zustand einen bestimmten Energiewert zuordnet. Wenn wir also in die Hamiltonfunktion

$$\mathcal{H}_{\mathrm{op}} = \frac{hc}{4\pi\varkappa} \int \left\{ \frac{4\pi^2}{h^2} \Pi^2 + \varkappa^2 (\mathrm{grad}\Psi)^2 + \Psi^2 \right\} dV \tag{II, 58}$$

die Operatoren Π und Ψ einbringen, soll ein Diagonaloperator entstehen.

Wir versuchen nun zuerst die ortsabhängigen Operatoren Π und Ψ in die Fourierreihen

$$\Psi = \frac{1}{\sqrt{V}} \sum_\mathfrak{f} q_\mathfrak{f} e^{i(\mathfrak{f}\mathfrak{x})}, \tag{II, 59}$$

$$\Pi = \frac{1}{\sqrt{V}} \sum_\mathfrak{f} p_\mathfrak{f} e^{-i(\mathfrak{f}\mathfrak{x})} \tag{II, 60}$$

zu entwickeln. V bedeutet das Volumen, in welchem das zu quantelnde Feld eingeschlossen ist. Der Vektor $\mathfrak{f}$ wird Ausbreitungsvektor genannt. Die Entwicklungskoeffizienten $q_\mathfrak{f}$ und $p_\mathfrak{f}$ müssen natürlich selbst Operatoren sein. Nach dem auf S. 1181 Gesagten sollen Ψ und Π jedoch die Zeit nicht explizit enthalten.

Damit Ψ und Π hermitisch werden, müssen wir den $q_\mathfrak{f}$ und $p_\mathfrak{f}$ die Bedingungen

$$q_{-\mathfrak{f}} = q_\mathfrak{f}^\dagger; \quad p_{-\mathfrak{f}} = p_\mathfrak{f}^\dagger \tag{II, 61}$$

auferlegen. Um die Vertauschungsrelationen zu prüfen, bilden wir

$$\Pi(\mathfrak{x})\Psi(\mathfrak{x}') - \Psi(\mathfrak{x}')\Pi(\mathfrak{x}) = V^{-1} \sum_{\mathfrak{f}\mathfrak{f}'} \{p_\mathfrak{f} q_{\mathfrak{f}'} e^{i(\mathfrak{f}'\mathfrak{x}' - \mathfrak{f}\mathfrak{x})} - q_{\mathfrak{f}'} p_\mathfrak{f} e^{i(\mathfrak{f}'\mathfrak{x}' - \mathfrak{f}\mathfrak{x})}\}$$
$$= V^{-1} \sum_{\mathfrak{f}\mathfrak{f}'} \{p_\mathfrak{f} q_{\mathfrak{f}'} - q_{\mathfrak{f}'} p_\mathfrak{f}\} e^{i(\mathfrak{f}'\mathfrak{x}' - \mathfrak{f}\mathfrak{x})}. \quad (II, 62)$$

Wenn wir von den $p_\mathfrak{f}$ und $q_\mathfrak{f}$ die Vertauschungsregeln

$$p_\mathfrak{f} q_{\mathfrak{f}'} - q_{\mathfrak{f}'} p_\mathfrak{f} = \frac{h}{2\pi i} \delta_{\mathfrak{f}\mathfrak{f}'} \quad (II, 63)$$

verlangen, so reduziert sich (II, 62) auf

$$\Pi(\mathfrak{x})\Psi(\mathfrak{x}') - \Psi(\mathfrak{x}')\Pi(\mathfrak{x}) = \frac{h}{2\pi i V} \sum_\mathfrak{f} e^{i\mathfrak{f}(\mathfrak{x} - \mathfrak{x}')}. \quad (II, 64)$$

Integriert man über das Volumen, so erhält man

$$\int \{\Pi(\mathfrak{x})\Psi(\mathfrak{x}') - \Psi(\mathfrak{x}')\Pi(\mathfrak{x})\} dV = \frac{h}{2\pi i V} \sum_\mathfrak{f} \int e^{i\mathfrak{f}(\mathfrak{x} - \mathfrak{x}')} dV. \quad (II, 65)$$

In der Summe bleibt bei der Integration nur das Glied für $\mathfrak{f} = 0$ stehen und wir behalten

$$\int \{\Pi(\mathfrak{x})\Psi(\mathfrak{x}') - \Psi(\mathfrak{x}')\Pi(\mathfrak{x})\} dV = \frac{h}{2\pi i}. \quad (II, 66)$$

Wenn also $p_\mathfrak{f}$ und $q_\mathfrak{f}$ die Vertauschungsregeln (II, 63) befriedigen, hat dies dieselbe Wirkung wie die Vertauschungsregeln (II, 43) für Π und Ψ.

Jetzt können wir den Operator der Hamiltondichte

$$H = \frac{hc}{4\pi\varkappa V} \sum_{\mathfrak{f}\mathfrak{f}'} \left\{ \frac{4\pi^2}{h^2} p_\mathfrak{f} p_{\mathfrak{f}'} e^{-i(\mathfrak{f}+\mathfrak{f}')\mathfrak{x}} - (\varkappa^2 \mathfrak{f}\mathfrak{f}' - 1) q_\mathfrak{f} q_{\mathfrak{f}'} e^{i(\mathfrak{f}+\mathfrak{f}')\mathfrak{x}} \right\} \quad (II, 67)$$

bilden. Bei der Integration über das Volumen bleiben nur die Glieder für $\mathfrak{f}' = -\mathfrak{f}$ stehen und wir gelangen zu dem Hamiltonoperator

$$\mathcal{H}_{\mathrm{op}} = \frac{hc}{4\pi\varkappa} \sum_\mathfrak{f} \left\{ \frac{4\pi^2}{h^2} p_\mathfrak{f} p_{-\mathfrak{f}} + (\varkappa^2 \mathfrak{f}^2 + 1) q_\mathfrak{f} q_{-\mathfrak{f}} \right\}. \quad (II, 68)$$

Wegen (II, 61) kann er mit der Abkürzung

$$\omega_\mathfrak{f}^2 = \omega_{-\mathfrak{f}}^2 = \frac{c^2}{\varkappa^2}(\varkappa^2 \mathfrak{f}^2 + 1) = c^2 \left(\mathfrak{f}^2 + \frac{1}{\varkappa^2} \right) \quad (II\ 69)$$

auf die Form

$$\mathcal{H}_{\mathrm{op}} = \frac{hc}{4\pi\varkappa} \sum_\mathfrak{f} \left\{ \frac{4\pi^2}{h^2} p_\mathfrak{f} p_\mathfrak{f}^\dagger + \frac{\varkappa^2 \omega_\mathfrak{f}^2}{c^2} q_\mathfrak{f} q_\mathfrak{f}^\dagger \right\} \quad (II, 70)$$

gebracht werden.

Der Ausbreitungsvektor $\mathfrak{f}$ unterscheidet die verschiedenen Quantenzustände des Wellenfeldes. Jedem Zustand sind die Operatoren $p_\mathfrak{f}$ und $q_\mathfrak{f}$ zugeordnet. Sie können weder auf die Ortsvariabeln noch auf den Ausbreitungsvektor $\mathfrak{f}$ wirken.

§ 4. Das skalare Mesonfeld.

Bezeichnen wir mit $n_{\mathfrak{f}}$ die Besetzungszahl des Zustandes $\mathfrak{f}$, so können wir die Jordan-Wignerschen Matrizen

$$a_{\mathfrak{f}} = \begin{array}{c|cccc} {}_{n_{\mathfrak{f}}}\!\diagdown\!{}^{n'_{\mathfrak{f}}} & 0 & 1 & 2 & 3 \quad \text{usw.} \\ \hline 0 & 0 & \sqrt{1} & 0 & 0 \\ 1 & 0 & 0 & \sqrt{2} & 0 \\ 2 & 0 & 0 & 0 & \sqrt{3} \\ 3 & 0 & 0 & 0 & 0 \\ \text{usw.} & & & & \end{array}$$

$$a_{\mathfrak{f}}^{\dagger} = \begin{array}{c|cccc} {}_{n_{\mathfrak{f}}}\!\diagdown\!{}^{n'_{\mathfrak{f}}} & 0 & 1 & 2 & 3 \quad \text{usw.} \\ \hline 0 & 0 & 0 & 0 & 0 \\ 1 & \sqrt{1} & 0 & 0 & 0 \\ 2 & 0 & \sqrt{2} & 0 & 0 \\ 3 & 0 & 0 & \sqrt{3} & 0 \\ \text{usw.} & & & & \end{array}$$

(II, 71)

definieren, um aus ihnen die Operatoren $p_{\mathfrak{f}}$ und $q_{\mathfrak{f}}$ aufzubauen.

Die hermitischen Matrizen

$$N_{\mathfrak{f}} = a_{\mathfrak{f}}^{\dagger} a_{\mathfrak{f}} = \begin{array}{c|cccc} {}_{n_{\mathfrak{f}}}\!\diagdown\!{}^{n'_{\mathfrak{f}}} & 0 & 1 & 2 & 3 \quad \text{usw.} \\ \hline 0 & 0 & 0 & 0 & 0 \\ 1 & 0 & 1 & 0 & 0 \\ 2 & 0 & 0 & 2 & 0 \\ 3 & 0 & 0 & 0 & 3 \\ \text{usw.} & & & & \end{array}$$

$$N'_{\mathfrak{f}} = a_{\mathfrak{f}} a_{\mathfrak{f}}^{\dagger} = \begin{array}{c|cccc} {}_{n_{\mathfrak{f}}}\!\diagdown\!{}^{n'_{\mathfrak{f}}} & 0 & 1 & 2 & 3 \quad \text{usw.} \\ \hline 0 & 1 & 0 & 0 & 0 \\ 1 & 0 & 2 & 0 & 0 \\ 2 & 0 & 0 & 3 & 0 \\ 3 & 0 & 0 & 0 & 4 \\ \text{usw.} & & & & \end{array}$$

(II, 72)

sind Diagonalmatrizen. Man liest aus ihnen leicht die Vertauschungsrelationen

$$N'_{\mathfrak{f}} - N_{\mathfrak{f}} = a_{\mathfrak{f}} a_{\mathfrak{f}}^{\dagger} - a_{\mathfrak{f}}^{\dagger} a_{\mathfrak{f}} = 1 \qquad (II, 73)$$

für die $a_{\mathfrak{f}}$ ab. Außerdem findet man

$$N'_{\mathfrak{f}} + N_{\mathfrak{f}} = a_{\mathfrak{f}} a_{\mathfrak{f}}^{\dagger} + a_{\mathfrak{f}}^{\dagger} a_{\mathfrak{f}} = \|2n_{\mathfrak{f}} + 1\|. \qquad (II, 74)$$

$\|2n_{\mathfrak{f}} + 1\|$ bedeutet eine Diagonalmatrix mit den Elementen $2n_{\mathfrak{f}} + 1$.

Die Matrix $a_{\mathfrak{f}}$ ist also nicht mit $a_{\mathfrak{f}}^{\dagger}$ vertauschbar, wohl aber mit allen Matrizen $a_{\mathfrak{f}'}$, die sich auf andere Ausbreitungsvektoren beziehen.

Jetzt konstruieren wir die Matrizen

$$q_{\mathfrak{f}} = \sqrt{\frac{c}{2\varkappa\,\omega_{\mathfrak{f}}}}\,(a_{\mathfrak{f}} + a_{-\mathfrak{f}}^{\dagger}) \qquad (II, 75)$$

und

$$p_{\mathfrak{f}} = \frac{h}{2\pi i}\sqrt{\frac{\varkappa\,\omega_{\mathfrak{k}}}{2c}}\,(a_{-\mathfrak{f}} - a_{\mathfrak{f}}^{\dagger}). \qquad (II, 76)$$

Dieser Ansatz befriedigt zunächst die Bedingungen

$$q_{-\mathfrak{f}} = q_{\mathfrak{f}}^{\dagger}; \qquad p_{-\mathfrak{f}} = p_{\mathfrak{f}}^{\dagger}. \qquad (II, 77)$$

Bilden wir

$$p_{\mathfrak{f}}\,q_{\mathfrak{f}} - q_{\mathfrak{f}}\,p_{\mathfrak{f}} = \frac{h}{4\pi i}(a_{\mathfrak{f}}\,a_{\mathfrak{f}}^{\dagger} - a_{\mathfrak{f}}^{\dagger}\,a_{\mathfrak{f}} + a_{-\mathfrak{f}}\,a_{-\mathfrak{f}}^{\dagger} - a_{-\mathfrak{f}}^{\dagger}\,a_{-\mathfrak{f}}), \qquad (II, 78)$$

so geht dies wegen (II, 73) in

$$p_{\mathfrak{f}}\,q_{\mathfrak{f}} - q_{\mathfrak{f}}\,p_{\mathfrak{f}} = \frac{h}{2\pi i} \qquad (II, 79)$$

über, so daß die Vertauschungsregeln für Π und Ψ gewährleistet sind.

Beim Einsetzen in (II, 70) findet man

$$\begin{aligned}\mathcal{H}_{\mathrm{op}} &= \frac{h}{8\pi}\sum_{\mathfrak{f}}\omega_{\mathfrak{f}}\{a_{\mathfrak{f}}\,a_{\mathfrak{f}}^{\dagger} + a_{\mathfrak{f}}^{\dagger}\,a_{\mathfrak{f}} + a_{-\mathfrak{f}}\,a_{-\mathfrak{f}}^{\dagger} + a_{-\mathfrak{f}}^{\dagger}\,a_{-\mathfrak{f}}\} \\ &= \frac{h}{8\pi}\sum_{\mathfrak{f}}\omega_{\mathfrak{f}}\{N_{\mathfrak{f}} + N_{\mathfrak{f}}' + N_{-\mathfrak{f}} + N_{-\mathfrak{f}}'\}.\end{aligned} \qquad (II, 80)$$

$\mathcal{H}_{\mathrm{op}}$ ist ein Diagonaloperator im Raume der Besetzungszahlen, der die $a_{\mathfrak{f}}$ nicht enthält. Summiert man die Glieder mit $-\mathfrak{f}$ in der umgekehrten Reihenfolge, so erhält man seine Diagonalelemente

$$E(n_{\mathfrak{f}}) = \sum_{\mathfrak{f}}\frac{h}{2\pi}\,\omega_{\mathfrak{f}}\left(n_{\mathfrak{f}} + \frac{1}{2}\right). \qquad (II, 81)$$

Sie geben die Energie an, die der durch die Gesamtheit der $n_{\mathfrak{f}}$ beschriebene Feldzustand besitzt.

Wir wenden uns jetzt der Impulsdichte

$$\mathfrak{g} = -\frac{1}{2}(\Pi\,\mathrm{grad}\,\Psi + \mathrm{grad}\,\Psi\cdot\Pi) \qquad (II, 82)$$

zu. Wegen

$$\mathrm{grad}\,\Psi = i\,V^{-\frac{1}{2}}\sum_{\mathfrak{f}}\mathfrak{f}\,q_{\mathfrak{f}}\,e^{i(\mathfrak{f}\mathfrak{x})}$$

erhalten wir bei der Integration über das Volumen den Gesamtimpuls

$$\begin{aligned}\mathfrak{G}_{\mathrm{op}} &= \int \mathfrak{g}\,dV = -\frac{i}{2V}\sum_{\mathfrak{f}\mathfrak{f}'}\mathfrak{f}(p_{\mathfrak{f}'}\,q_{\mathfrak{f}} + q_{\mathfrak{f}}\,p_{\mathfrak{f}'})\int e^{i(\mathfrak{f}-\mathfrak{f}')\mathfrak{x}}dV \\ &= -\frac{i}{2}\sum_{\mathfrak{f}}\mathfrak{f}(p_{\mathfrak{f}}\,q_{\mathfrak{f}} + q_{\mathfrak{f}}\,p_{\mathfrak{f}}).\end{aligned} \qquad (II, 83)$$

Setzen wir die Ausdrücke für $p_{\mathfrak{f}}$ und $q_{\mathfrak{f}}$ ein, so gelangen wir zu

$$\begin{aligned}\mathfrak{G}_{\mathrm{op}} &= \frac{h}{8\pi}\sum_{\mathfrak{f}}\mathfrak{f}(a_{\mathfrak{f}}\,a_{\mathfrak{f}}^{\dagger} + a_{\mathfrak{f}}^{\dagger}\,a_{\mathfrak{f}}) - \frac{h}{8\pi}\sum_{\mathfrak{f}}\mathfrak{f}(a_{-\mathfrak{f}}\,a_{-\mathfrak{f}}^{\dagger} + a_{-\mathfrak{f}}^{\dagger}\,a_{-\mathfrak{f}}) \\ &\quad + \frac{h}{4\pi}\sum_{\mathfrak{f}}\mathfrak{f}(a_{\mathfrak{f}}^{\dagger}\,a_{-\mathfrak{f}}^{\dagger} - a_{\mathfrak{f}}\,a_{-\mathfrak{f}}).\end{aligned} \qquad (II, 84)$$

§ 4. Das skalare Mesonfeld.

Ersetzt man $\mathfrak{f}$ durch $-\mathfrak{f}$, so bedeutet dies nur eine andere Reihenfolge der Summanden. Deshalb ist

$$\sum\nolimits_{\mathfrak{f}}' \mathfrak{f}(a_{-\mathfrak{f}} a^\dagger_{-\mathfrak{f}} + a^\dagger_{-\mathfrak{f}} a_{-\mathfrak{f}}) = -\sum\nolimits_{\mathfrak{f}}' \mathfrak{f}(a_{\mathfrak{f}} a^\dagger_{\mathfrak{f}} + a^\dagger_{\mathfrak{f}} a_{\mathfrak{f}}), \qquad (II, 85)$$

$$\sum\nolimits_{\mathfrak{f}}' \mathfrak{f} a^\dagger_{\mathfrak{f}} a^\dagger_{-\mathfrak{f}} = -\sum\nolimits_{\mathfrak{f}}' \mathfrak{f} a^\dagger_{-\mathfrak{f}} a^\dagger_{\mathfrak{f}} = 0, \qquad (II, 86)$$

$$\sum\nolimits_{\mathfrak{f}}' \mathfrak{f} a_{\mathfrak{f}} a_{-\mathfrak{f}} = -\sum\nolimits_{\mathfrak{f}}' \mathfrak{f} a_{-\mathfrak{f}} a_{\mathfrak{f}} = 0. \qquad (II, 87)$$

Damit reduziert sich (II, 84) auf

$$\mathfrak{G}_{\text{op}} = \frac{h}{4\pi} \sum\nolimits_{\mathfrak{f}}' \mathfrak{f}(a_{\mathfrak{f}} a^\dagger_{\mathfrak{f}} + a^\dagger_{\mathfrak{f}} a_{\mathfrak{f}}) = \frac{h}{2\pi} \sum\nolimits_{\mathfrak{f}}' \mathfrak{f} \left\| n_{\mathfrak{f}} + \frac{1}{2} \right\|. \qquad (II, 88)$$

Für den Energiestrom findet man

$$\mathfrak{S}_{\text{op}} = \frac{hc^2}{2\pi} \sum\nolimits_{\mathfrak{f}}' \mathfrak{f} \left\| n_{\mathfrak{f}} + \frac{1}{2} \right\|. \qquad (II, 89)$$

Die Formeln (II, 80) und (II, 88) lassen sich sehr einfach interpretieren. Jeder Quantenzustand des Feldes kann $n_{\mathfrak{f}}$-fach vertreten sein, wo $n_{\mathfrak{f}}$ eine positive ganze Zahl einschließlich der Null ist. $n_{\mathfrak{f}}$ bezeichnet man als Zahl der Feldquanten. Jedes Feldquant vom Ausbreitungsvektor $\mathfrak{f}$ besitzt eine Energie

$$E_{\mathfrak{f}} = \frac{h\omega_{\mathfrak{f}}}{2\pi} = \frac{hc}{2\pi\varkappa} \sqrt{\varkappa^2 \mathfrak{f}^2 + 1}, \qquad (II, 90)$$

den Impuls

$$\mathfrak{G}_{\mathfrak{f}} = \frac{h\mathfrak{f}}{2\pi} \qquad (II, 91)$$

und transportiert eine Energie

$$\mathfrak{S}_{\mathfrak{f}} = \frac{h\mathfrak{f} c^2}{2\pi}. \qquad (II, 92)$$

Meistens denkt man sich das Feld aus Teilchen zusammengesetzt und sieht dann $n_{\mathfrak{f}}$ als die Zahl dieser Teilchen mit der Energie $E_{\mathfrak{f}}$ und dem Impuls $\mathfrak{G}_{\mathfrak{f}}$ an. Diese Vorstellung ist aber nicht frei von Schwierigkeiten, weil die Energie noch den Nullpunktsanteil

$$\mathcal{H}_{00} = \frac{1}{2} \frac{h}{2\pi} \sum\nolimits_{\mathfrak{f}}' \omega_{\mathfrak{f}} \qquad (II, 93)$$

enthält, der auch vorhanden ist, wenn keine „Teilchen" vorliegen. Diese Nullpunktsenergie kann zwar nicht beobachtet werden, ihre Existenz ist aber eine unvermeidliche Folge der Quantisierung. Auch einen Nullpunktsimpuls von der Hälfte eines Teilchenimpulses muß man jedem Quantenzustand zuschreiben. Doch kompensieren sich die Nullpunktsimpulse völlig, da zu jedem $\mathfrak{f}$ auch ein $-\mathfrak{f}$ möglich ist.

Das hier beschriebene Feld wird als skalares Mesonfeld bezeichnet, d. h. man versucht die beschriebenen Teilchen mit den experimentell bekannten π-Mesonen zu identifizieren. Ein ruhendes Meson würde demnach die Energie

$$E_0 = \frac{hc}{2\pi\varkappa} \qquad (II, 94)$$

besitzen. Definiert man die Ruhmasse des Teilchens mit

$$m = \frac{E_0}{c^2}, \qquad (II, 95)$$

so erhält man

$$m = \frac{h}{2\pi c \varkappa} \quad (II, 96)$$

bzw. wie früher

$$2\pi\varkappa = \frac{h}{mc} \quad (II, 97)$$

$2\pi\varkappa$ ist die Comptonwellenlänge des Teilchens.

§ 5. Das komplexe Feld.

Inhalt: Mit einer komplexen Feldfunktion kann man ein geladenes Feld mit positiven und negativen Feldquanten (Mesonen) beschreiben. Außer den Erhaltungssätzen für Impuls und Energie gilt dann noch der Erhaltungssatz der Ladung. Jedes Feldquant besitzt die Energie $E_{\mathfrak{k}} = h\omega_{\mathfrak{k}}/2\pi$, den Impuls $\mathfrak{G}_{\mathfrak{k}} = h\mathfrak{k}/2\pi$ und die Ladung $\pm \varepsilon$.

Bezeichnungen: $\mathfrak{J}$ elektrische Stromdichte, η elektrische Ladungsdichte, ε Ladungskonstante, $\mathfrak{J}$ elektrischer Viererstrom, sonst wie S. 1182.

Aus der Lagrangedichte (I, 31, S. 1156)

$$L = -\frac{hc}{2\pi}\left\{\varkappa(\Box\Psi^* \Box \Psi) + \frac{1}{\varkappa}\Psi^*\Psi\right\} \quad (II, 98)$$

des komplexen Feldes finden wir die Hamiltondichte (II, 36, S. 1180)

$$H = \frac{hc}{2\pi\varkappa}\left\{\frac{4\pi^2}{h^2}\Pi^*\Pi + \varkappa^2(\operatorname{grad}\Psi^* \operatorname{grad}\Psi) + \Psi^*\Psi\right\} \quad (II, 99)$$

und den Energieimpulstensor (I, 161, S. 1172)

$$T_{mn} = \Theta_{mn} = \frac{hc\varkappa}{2\pi}\left\{\frac{\partial\Psi^*}{\partial x_m}\frac{\partial\Psi}{\partial x_n} + \frac{\partial\Psi^*}{\partial x_n}\frac{\partial\Psi}{\partial x_m}\right\} + \delta_{mn}L. \quad (II, 100)$$

Die Größen L, H und T_{mn} sind bereits hermitisch. Für Impulsdichte und Energiestrom finden wir die hermitischen Ausdrücke

$$\mathfrak{g} = -(\Pi \operatorname{grad}\Psi + \operatorname{grad}\Psi^* \cdot \Pi^*) \quad (II, 101)$$

$$\mathfrak{S} = -c^2(\Pi \operatorname{grad}\Psi + \operatorname{grad}\Psi^* \cdot \Pi^*). \quad (II, 102)$$

Aus den Feldgleichungen (I, 32, 33, S. 1156) folgt

$$\Psi^*\Box^2\Psi - \Psi\Box^2\Psi^* = 0 \quad (II, 103)$$

bzw.

$$\Box\{\Psi^*\Box\Psi - \Psi\Box\Psi^*\} = 0. \quad (II, 104)$$

Definieren wir den Vierervektor

$$\mathfrak{J} = -i\varepsilon\varkappa c\{\Psi^*\Box\Psi - \Psi\Box\Psi^*\} \quad (II, 105)$$

mit der räumlichen Komponente

$$\mathfrak{J} = -i\varepsilon\varkappa c(\Psi^* \operatorname{grad}\Psi - \Psi \operatorname{grad}\Psi^*) \quad (II, 106)$$

und der zeitlichen Komponente

$$\mathfrak{J}_4 = ic\eta = -\varepsilon\varkappa\left(\Psi^*\frac{\partial\Psi}{\partial t} - \Psi\frac{\partial\Psi^*}{\partial t}\right), \quad (II, 107)$$

§ 5. Das komplexe Feld.

so nimmt (II, 104) die Form

$$\operatorname{div} \mathfrak{J} + \frac{\partial \eta}{\partial t} = 0 \qquad (II, 108)$$

an.

Diese Gleichung hat die Form eines zusätzlichen Erhaltungssatzes. Deutet man $\mathfrak{J}$ als elektrische Stromdichte und η als Ladungsdichte, so spricht (II, 108) die Erhaltung der Ladung aus. Eine komplexe Feldfunktion vermag deshalb ein Feld zu beschreiben, welches Ladung trägt. Führen wir die konjugierten Funktionen Π^* und Π ein, so erhalten wir wegen der Vertauschungsregeln die zwei gleichwertige Formen der Ladungsdichte

$$\begin{aligned}\eta &= \frac{2\pi i \varepsilon}{h}(\Psi^* \Pi^* - \Psi \Pi) \\ &= \frac{2\pi i \varepsilon}{h}(\Pi^* \Psi^* - \Pi \Psi).\end{aligned} \qquad (II, 109)$$

Bis hierher bleiben wir noch völlig im Rahmen der klassischen Theorie. Wir gehen zur Quantentheorie über, indem wir die Operatoren Π, $\Pi^\dagger$, Ψ und $\Psi^\dagger$ einführen, die wir den Vertauschungsregeln

$$\Pi(\mathfrak{x})\Psi(\mathfrak{x}') - \Psi(\mathfrak{x}')\Pi(\mathfrak{x}) = \frac{h}{2\pi i}\delta(\mathfrak{x}, \mathfrak{x}'), \qquad (II, 110)$$

$$\Pi^\dagger(\mathfrak{x})\Psi^\dagger(\mathfrak{x}') - \Psi^\dagger(\mathfrak{x}')\Pi^\dagger(\mathfrak{x}) = \frac{h}{2\pi i}\delta(\mathfrak{x}, \mathfrak{x}') \qquad (II, 111)$$

unterwerfen. Der Ansatz

$$\Psi = \frac{1}{\sqrt{V}}\sum_{\mathfrak{k}} q_\mathfrak{k} e^{i\mathfrak{k}\mathfrak{x}}; \qquad \Pi = \frac{1}{\sqrt{V}}\sum_{\mathfrak{k}} p_\mathfrak{k} e^{-i\mathfrak{k}\mathfrak{x}}, \qquad (II, 112)$$

$$\Psi^\dagger = \frac{1}{\sqrt{V}}\sum_{\mathfrak{k}} q^\dagger_\mathfrak{k} e^{-i\mathfrak{k}\mathfrak{x}}; \qquad \Pi^\dagger = \frac{1}{\sqrt{V}}\sum_{\mathfrak{k}} p^\dagger_\mathfrak{k} e^{i\mathfrak{k}\mathfrak{x}} \qquad (II, 113)$$

kann nun ganz analog weiterverfolgt werden, wie im § 4, S. 1183. Dem Umstand, daß wir in der klassischen Theorie komplexe Funktionen zulassen, entspricht es in der Quantentheorie auf den hermitischen Charakter von Ψ und Π zu verzichten, welcher ja $\Psi = \Psi^\dagger$ und $\Pi = \Pi^\dagger$ bedeuten würde. Demgemäß entfällt die Bedingung (II, 61) von S. 1183, und es gilt

$$q_\mathfrak{k} \neq q^\dagger_{-\mathfrak{k}}; \qquad p_\mathfrak{k} \neq p^\dagger_{-\mathfrak{k}}. \qquad (II, 114)$$

Die $q_\mathfrak{k}$ und $q_{-\mathfrak{k}}$ sind voneinander unabhängig.

Die Vertauschungsregeln für Π und Ψ, $\Pi^\dagger$ und $\Psi^\dagger$ werden wieder durch die Vertauschungsregeln

$$\begin{aligned}p_\mathfrak{k} q_{\mathfrak{k}'} - q_{\mathfrak{k}'} p_\mathfrak{k} &= \frac{h}{2\pi i}\delta_{\mathfrak{k}\mathfrak{k}'}, \\ p^\dagger_\mathfrak{k} q^\dagger_{\mathfrak{k}'} - q^\dagger_{\mathfrak{k}'} p^\dagger_\mathfrak{k} &= \frac{h}{2\pi i}\delta_{\mathfrak{k}\mathfrak{k}'}\end{aligned} \qquad (II, 115)$$

gewährleistet.

Wir erhalten nun auf dem gleichen Wege wie in § 4 den Hamiltonoperator

$$H_{\text{op}} = \frac{hc}{2\pi \varkappa V}\sum_{\mathfrak{k}\mathfrak{k}'}\left\{\frac{4\pi^2}{h^2}p^\dagger_\mathfrak{k} p_{\mathfrak{k}'} + (\varkappa^2 \mathfrak{k}\mathfrak{k}' + 1) q^\dagger_{\mathfrak{k}'} q_\mathfrak{k}\right\}\int e^{i(\mathfrak{k}-\mathfrak{k}')\mathfrak{x}} dV. \qquad (II, 116)$$

I. II. Kanonische Theorie und Quantisierung der Felder.

Bei der Integration bleiben nur die Glieder für $\mathfrak{f} = \mathfrak{f}'$ stehen und es ergibt sich

$$\begin{aligned}\mathcal{H}_{op} &= \frac{hc}{2\pi\varkappa}\sum\nolimits'^{\mathfrak{f}}\left\{\frac{4\pi^2}{h^2}p_\mathfrak{f}^\dagger p_\mathfrak{f} + (\varkappa^2\mathfrak{f}^2 + 1)q_\mathfrak{f}^\dagger q_\mathfrak{f}\right\}\\ &= \frac{hc}{2\pi\varkappa}\sum\nolimits'^{\mathfrak{f}}\left\{\frac{4\pi^2}{h^2}p_\mathfrak{f}^\dagger p_\mathfrak{f} + \frac{\varkappa^2\omega_\mathfrak{f}^2}{c^2}q_\mathfrak{f}^\dagger q_\mathfrak{f}\right\}.\end{aligned} \quad (II, 117)$$

Jetzt führen wir zwei Sätze Jordan-Wignerscher Matrizen $a_\mathfrak{f}$ und $b_\mathfrak{f}$ ein, welche sich aber auf zwei verschiedene Besetzungszahlen $n_\mathfrak{f}^+$ und $n_\mathfrak{f}^-$ beziehen. Mit ihnen definieren wir

$$q_\mathfrak{f} = \sqrt{\frac{c}{2\varkappa\omega_\mathfrak{f}}}(a_\mathfrak{f} + b_{-\mathfrak{f}}^\dagger); \qquad q_\mathfrak{f}^\dagger = \sqrt{\frac{c}{2\varkappa\omega_\mathfrak{f}}}(a_\mathfrak{f}^\dagger + b_{-\mathfrak{f}}),$$

$$p_\mathfrak{f} = \frac{h}{2\pi i}\sqrt{\frac{\varkappa\omega_\mathfrak{f}}{2c}}(b_{-\mathfrak{f}} - a_\mathfrak{f}^\dagger); \qquad p_\mathfrak{f}^\dagger = \frac{h}{2\pi i}\sqrt{\frac{\varkappa\omega_\mathfrak{f}}{2c}}(a_\mathfrak{f} - b_{-\mathfrak{f}}^\dagger). \quad (II, 118)$$

Dieser Ansatz erfüllt die Forderung (II, 115). Er macht den Energieoperator (II, 117) zu einem Diagonaloperator mit den Elementen

$$E(n_\mathfrak{f}^-, n_\mathfrak{f}^+) = \frac{h}{2\pi}\sum\nolimits'^{\mathfrak{f}}\omega_\mathfrak{f}(n_\mathfrak{f}^- + n_\mathfrak{f}^+ + 1). \quad (II, 119)$$

Für die Impulsdichte erhalten wir

$$\mathfrak{g} = -\frac{i}{V}\sum\nolimits'^{\mathfrak{f}\mathfrak{f}'}\mathfrak{f}\{p_{\mathfrak{f}'}q_\mathfrak{f}e^{i(\mathfrak{f}\mathfrak{x}-\mathfrak{f}'\mathfrak{x})} - q_\mathfrak{f}^\dagger p_{\mathfrak{f}'}^\dagger e^{-i(\mathfrak{f}\mathfrak{x}-\mathfrak{f}'\mathfrak{x})}\}. \quad (II, 120)$$

Bei der Integration über das Volumen geht daraus

$$\mathfrak{G}_{op} = -i\sum\nolimits'^{\mathfrak{f}}\mathfrak{f}(p_\mathfrak{f}q_\mathfrak{f} - q_\mathfrak{f}^\dagger p_\mathfrak{f}^\dagger) \quad (II, 121)$$

hervor. Setzt man (II, 118) ein, so entsteht

$$\mathfrak{G}_{op} = \frac{h}{2\pi}\sum\nolimits'^{\mathfrak{f}}\mathfrak{f}(a_\mathfrak{f}^\dagger a_\mathfrak{f} + b_\mathfrak{f}b_\mathfrak{f}^\dagger) \quad (II, 122)$$

mit den Diagonalelementen

$$\mathfrak{G}(n_\mathfrak{f}^+, n_\mathfrak{f}^-) = \frac{h}{2\pi}\sum\nolimits'^{\mathfrak{f}}\mathfrak{f}(n_\mathfrak{f}^+ + n_\mathfrak{f}^- + 1),$$

wenn man bei den b die Reihenfolge des Summierens umkehrt.

Schließlich finden wir die Ladungsdichte

$$\eta = \frac{2\pi i\varepsilon}{h}\sum\nolimits'^{\mathfrak{f}\mathfrak{f}'}(p_{\mathfrak{f}'}^\dagger q_\mathfrak{f}^\dagger - p_\mathfrak{f}q_{\mathfrak{f}'})e^{i(\mathfrak{f}'-\mathfrak{f})\mathfrak{x}}. \quad (II, 123)$$

Beim Integrieren ergibt sich daraus die Gesamtladung

$$Q_{op} = \frac{2\pi i\varepsilon}{h}\sum\nolimits'^{\mathfrak{f}}(p_\mathfrak{f}^\dagger q_\mathfrak{f}^\dagger - p_\mathfrak{f}q_\mathfrak{f}). \quad (II, 124)$$

Setzt man die Werte (II, 118) ein, so findet man die Diagonalelemente

$$Q(n_\mathfrak{f}^+, n_\mathfrak{f}^-) = \varepsilon\sum\nolimits'^{\mathfrak{f}}(n_\mathfrak{f}^+ - n_\mathfrak{f}^-). \quad (II, 125)$$

*§ 6. Zustandsfunktion des Feldes, Teilchenzahl, -entstehung, -vernichtung.

Man kann also das Feld durch $n_\mathfrak{f}^+$ positive und $n_\mathfrak{f}^-$ negative Teilchen mit der Ladung $\pm \varepsilon$ beschreiben. Beide Teilchenarten besitzen die Energie

$$E_\mathfrak{f} = \frac{h\,\omega_\mathfrak{f}}{2\pi} \qquad (\text{II, 126})$$

und den Impuls

$$\mathfrak{G}_\mathfrak{f} = \frac{h\,\mathfrak{f}}{2\pi}. \qquad (\text{II, 127})$$

Wie beim reellen Feld hängt $\omega_\mathfrak{f}$ mit dem Ausbreitungsvektor $\mathfrak{f}$ durch

$$\omega_\mathfrak{f}^2 = \omega_{-\mathfrak{f}}^2 = \frac{c^2}{\varkappa^2}(\varkappa^2\,\mathfrak{f}^2 + 1) = c^2\left(\mathfrak{f}^2 + \frac{1}{\varkappa^2}\right) \qquad (\text{II, 128})$$

zusammen.

*§ 6. Zustandsfunktion des Feldes. Teilchenzahl, Teilchenentstehung, Teilchenvernichtung.

Inhalt: Die Eigenfunktion des Feldes ist ein Produkt der Wahrscheinlichkeitsvektoren $\mathfrak{u}_\mathfrak{f}$ im Raum der Besetzungszahlen $n_\mathfrak{f}$. Der Operator der Teilchenentstehung ist $a_\mathfrak{f}^\dagger$, der Teilchenvernichtung $a_\mathfrak{f}$, während $N_\mathfrak{f}$ der Operator der Teilchenzahl ist. Die Eigenfunktionen können aus der Eigenfunktion des Vakuumfeldes mit Hilfe der $a_\mathfrak{f}^\dagger$ aufgebaut werden.

Bezeichnungen: $\mathfrak{U}$ Zustandsfunktion, Eigenfunktion, $\mathfrak{u}_\mathfrak{f}$ Wahrscheinlichkeitsvektor im Raum der Besetzungszahlen $n_\mathfrak{f}$, $N_\mathfrak{f}$ Operator der Teilchenzahl, $a_\mathfrak{f}$ Jordan-Wignersche Matrizen nach (II, 71). Sonst wie S. 1182.

Der jeweilige Zustand des Feldes muß durch eine Zustandsfunktion beschrieben werden, auf welche die Eigenschaftsoperatoren einwirken. Sie übernimmt die Rolle der Wellenfunktion Ψ oder besser des Wahrscheinlichkeitsvektors $\mathfrak{u}$ in der gewöhnlichen Quantentheorie. In einem stationären Zustand ist jedem Ausbreitungsvektor $\mathfrak{f}$ eine Besetzungszahl $n_\mathfrak{f}$ und dem Zustand die Energie $E(n_\mathfrak{f}) = \sum_\mathfrak{k} n_\mathfrak{f} E_\mathfrak{f}$ (von der Nullpunktsenergie abgesehen) zugeordnet. Die Zustandsfunktion besteht aus dem Exponentialfaktor

$$e^{-\frac{2\pi i}{h} E(n_\mathfrak{f}) t}$$

und der zeitunabhängigen Eigenfunktion

$$\mathfrak{U} = \prod_\mathfrak{f} \mathfrak{u}_\mathfrak{f}. \qquad (\text{II, 129})$$

$\mathfrak{U}$ ordnet jedem $\mathfrak{f}$ einen symbolischen Wahrscheinlichkeitsvektor

$$\mathfrak{u}_\mathfrak{f} = \begin{array}{c} n \\ 0 \\ 1 \\ \vdots \\ n_\mathfrak{f}-1 \\ n_\mathfrak{f} \\ n_\mathfrak{f}+1 \\ \vdots \end{array} \left\|\begin{array}{c} 0 \\ 0 \\ \vdots \\ 0 \\ 1 \\ 0 \\ \vdots \end{array}\right\| = \left\|\begin{array}{c} 0 \\ 0 \\ \vdots \\ 0 \\ 1 \\ 0 \\ \vdots \end{array}\right\| \qquad (\text{II, 130})$$

im Raum der Besetzungszahlen $n_{\mathfrak{f}}$ zu. Jedem Wert $n_{\mathfrak{f}} = 0, 1, 2$ usw. der Besetzungszahl ist eine Komponente von $\mathfrak{u}_{\mathfrak{f}}$ zugeordnet. Bei der Eigenfunktion haben alle Komponenten den Wert Null, nur diejenige Komponente hat den Wert Eins, welche zur wirklich vorliegenden Besetzungszahl $n_{\mathfrak{f}}$ gehört.

Bilden wir nun

$$N_{\mathfrak{f}} \mathfrak{u} = a_{\mathfrak{f}}^{\dagger} a_{\mathfrak{f}} \mathfrak{u} = n_{\mathfrak{f}} \mathfrak{u}, \qquad (II, 131)$$

so multipliziert sich die Zustandsfunktion mit $n_{\mathfrak{f}}$, d. h. $\mathfrak{u}$ ist eine Eigenfunktion des Operators $N_{\mathfrak{f}}$ zum Eigenwert $n_{\mathfrak{f}}$. Konstruieren wir die Funktion $\mathfrak{u}^{\dagger}$ als Produkt von Vektoren

$$\mathfrak{u}_{\mathfrak{f}}^{\dagger} = \| \; 0 \quad 0 \quad \cdots \quad 0 \quad 1 \quad 0 \quad \cdots \; \| \qquad (II, 132)$$

im Raum der Besetzungszahlen der einzelnen Quantenzustände, so erhalten wir

$$\mathfrak{u}^{\dagger} N_{\mathfrak{f}} \mathfrak{u} = n_{\mathfrak{f}}, \qquad (II, 133)$$

weil $\mathfrak{u}$ durch

$$\mathfrak{u}^{\dagger} \mathfrak{u} = 1 \qquad (II, 134)$$

normiert ist. $N_{\mathfrak{f}}$ ist also der Operator der Teilchenzahl des Ausbreitungsvektors $\mathfrak{f}$ und seine Eigenwerte sind die ganzen Zahlen einschließlich der Null.

Durch Anwendung des Operators $a_{\mathfrak{f}}$ auf $\mathfrak{u}$ entsteht eine Zustandsfunktion $a_{\mathfrak{f}} \mathfrak{u}$. Dem Ausbreitungsvektor $\mathfrak{f}$ ist jetzt der Wahrscheinlichkeitsvektor

$$a_{\mathfrak{f}} \mathfrak{u}_{\mathfrak{f}} = \begin{array}{c} 0 \\ 1 \\ \vdots \\ n_{\mathfrak{f}} - 1 \\ n_{\mathfrak{f}} \\ n_{\mathfrak{f}} - 1 \\ \vdots \end{array} \left| \begin{array}{c} 0 \\ 0 \\ \vdots \\ \sqrt{n_{\mathfrak{f}}} \\ 0 \\ 0 \\ \vdots \end{array} \right. \qquad (II, 135)$$

zugeordnet, bei dem die zu $n_{\mathfrak{f}} - 1$ gehörige Komponente den Wert $\sqrt{n_{\mathfrak{f}}}$ hat, während die zu $n_{\mathfrak{f}}$ gehörige Komponente Null ist. Hieraus ergibt sich

$$N_{\mathfrak{f}} a_{\mathfrak{f}} \mathfrak{u} = (n_{\mathfrak{f}} - 1) a_{\mathfrak{f}} \mathfrak{u}, \qquad (II, 136)$$

d. h. $a_{\mathfrak{f}} \mathfrak{u}$ ist eine (allerdings nicht normierte) Eigenfunktion zum Eigenwert $n_{\mathfrak{f}} - 1$. Der Operator $a_{\mathfrak{f}}$ führt den mit $n_{\mathfrak{f}}$ Teilchen besetzten Zustand in den mit $n_{\mathfrak{f}} - 1$ Teilchen besetzten Zustand über. $a_{\mathfrak{f}}$ ist der Operator, der die Vernichtung eines Teilchens bewirkt.

Auf ganz analoge Weise erkennt man $a_{\mathfrak{f}}^{\dagger}$ als den Operator der Teilchenentstehung.

Nun können wir leicht alle Eigenfunktionen des Feldes konstruieren. $\mathfrak{u}_0$ möge einem Feld ohne Teilchen entsprechen, dem Vakuum. Wir erhalten daraus die (noch nicht normierte) Eigenfunktion

$$(a_{\mathfrak{f}}^{\dagger})^{n_{\mathfrak{f}}} \mathfrak{u}_0$$

des Feldes mit $n_\mathfrak{f}$ Teilchen vom Ausbreitungsvektor $\mathfrak{f}$, welches sonst keine Teilchen enthält. Als Normierungsfaktor ist

$$\frac{1}{\sqrt{n_\mathfrak{f}!}}$$

hinzuzufügen. Die normierte Eigenfunktion des Feldes bei beliebigen Besetzungszahlen lautet

$$\mathfrak{u} = \prod_\mathfrak{f} \frac{(\mathfrak{a}_\mathfrak{f}^\dagger)^{n_\mathfrak{f}}}{\sqrt{n_\mathfrak{f}!}} \mathfrak{u}_0. \tag{II, 137}$$

*§ 7. Quantisierung vektorieller Felder.

Inhalt: Beim quellenfreien Vektorfeld mit Masse kann man eine der vier Vektorkomponenten eliminieren. Bei der Quantisierung erhält man longitudinale und transversale Feldquanten. Bei komplexer Feldfunktion tragen sie auch Ladung.

Bezeichnungen: $\vec{\Psi}, \vec{\Psi}^*$ vektorielle Feldfunktionen, Ψ_r, Ψ_r^* räumlicher, $i\Psi_0, i\Psi_0^*$ zeitlicher Anteil, Π_r, Π_r^* zu Ψ_r und Ψ_r^* konjugierte Funktionen, $\boldsymbol{\Psi}_r, \boldsymbol{\Psi}_r^\dagger, \boldsymbol{\Pi}_r, \boldsymbol{\Pi}_r^\dagger$ die zu Ψ_r, Ψ_r^*, Π_r, Π_r^* gehörigen Operatoren, $\mathfrak{q}_\mathfrak{f}, \mathfrak{q}_\mathfrak{f}^\dagger, \mathfrak{p}_\mathfrak{f}, \mathfrak{p}_\mathfrak{f}^\dagger$ ihre Fourierkoeffizienten, $\mathfrak{x}$ Ortsvektor, $\mathfrak{f}$ Ausbreitungsvektor, $2\pi\varkappa$ Comptonwellenlänge, L Lagrangedichte, H Hamiltondichte, $\mathcal{H}$ Hamiltonfunktion, $\mathcal{H}_{op}$ Hamiltonoperator, $\boldsymbol{a}_{\mathfrak{f}1}, \boldsymbol{a}_{\mathfrak{f}2}, \boldsymbol{a}_{\mathfrak{f}3}, \boldsymbol{b}_{\mathfrak{f}1}, \boldsymbol{b}_{\mathfrak{f}2}, \boldsymbol{b}_{\mathfrak{f}3}$ Jordan-Wignersche Matrizen, $n_\mathfrak{f}^+, n_\mathfrak{f}^-, n_{\mathfrak{f}r}^+, n_{\mathfrak{f}r}^-$ Besetzungszahlen, $\mathfrak{G}_{op}$ Operator des Gesamtimpulses, $\mathcal{Q}_{op}$ Operator der Ladung.

Die Quantisierung des vektoriellen Feldes kann sinngemäß wie beim skalaren Feld durchgeführt werden. Wir gehen von der Lagrangedichte [s. (I, 75), S. 1161]

$$L = -\frac{hc}{2\pi}\left\{\frac{1}{\varkappa}\vec{\Psi}^*\vec{\Psi} + \frac{\varkappa}{2}\sum_{kl}\left(\frac{\partial \Psi_k^*}{\partial x_l} - \frac{\partial \Psi_l^*}{\partial x_k}\right)\left(\frac{\partial \Psi_k}{\partial x_l} - \frac{\partial \Psi_l}{\partial x_k}\right)\right\} \tag{II, 138}$$

des komplexen Feldes aus. Der Übergang zum reellen Feld bedeutet nur eine Vereinfachung. Die Feldgleichungen lauten

$$\vec{\Psi} = \varkappa^2 \Box^2 \vec{\Psi} - \varkappa^2 \Box(\Box\vec{\Psi}), \tag{II, 139}$$

$$\vec{\Psi}^* = \varkappa^2 \Box^2 \vec{\Psi}^* - \varkappa^2 \Box(\Box\vec{\Psi}^*)$$

und liefern durch skalare Anwendung von $\Box$ die Nebenbedingungen

$$\Box \vec{\Psi} = 0, \tag{II, 140}$$

$$\Box \vec{\Psi}^* = 0, \tag{II, 141}$$

weil die rechten Seiten verschwinden. Hieraus geht hervor, daß die vier Komponenten des Feldes nicht voneinander unabhängig sind. Ψ_4 und Ψ_4^* lassen sich durch die anderen Komponenten ausdrücken und deshalb eliminieren.

Wir trennen in der Langrangedichte zuerst die räumlichen und zeitlichen Anteile. Den räumlichen Anteil von $\vec{\Psi}$ bezeichnen wir mit Ψ_r, den zeitlichen mit $i\Psi_0$. Der zeitliche Anteil von $\vec{\Psi}^*$ ist dann $i\Psi_0^*$, nicht $-i\Psi_0^*$, weil das Skalarprodukt von $\vec{\Psi}^*$ und $\vec{\Psi}$ ja

$$\vec{\Psi}^*\vec{\Psi} = \Psi_r^*\Psi_r - \Psi_0^*\Psi_0$$

ergeben muß. Die imaginäre Einheit bei $i\Psi_0$ kennzeichnet die zeitliche Komponente, ist aber kein Bestandteil der Feldfunktion selbst. Hiermit erhalten wir

$$L = \frac{hc\varkappa}{2\pi}\left\{\left(\operatorname{grad}\Psi_0^* + \frac{1}{c}\frac{\partial \Psi_r^*}{\partial t}\right)\left(\operatorname{grad}\Psi_0 + \frac{1}{c}\frac{\partial \Psi_r}{\partial t}\right) - \operatorname{rot}\Psi_r^* \operatorname{rot}\Psi_r\right\}$$
$$- \frac{hc}{2\pi\varkappa}(\Psi_r^*\Psi_r - \Psi_0^*\Psi_0). \qquad \text{(II, 142)}$$

Daraus gewinnen wir die zu Ψ_r und Ψ_r^* konjugierten Funktionen

$$\Pi = \frac{h\varkappa}{2\pi}\left(\operatorname{grad}\Psi_0^* + \frac{1}{c}\frac{\partial \Psi_r^*}{\partial t}\right), \qquad \text{(II, 143)}$$

$$\Pi^* = \frac{h\varkappa}{2\pi}\left(\operatorname{grad}\Psi_0 + \frac{1}{c}\frac{\partial \Psi_r}{\partial t}\right). \qquad \text{(II, 144)}$$

Da wir Ψ_0 und Ψ_0^* nicht als unabhängige Komponenten betrachten, brauchen wir keine zu ihnen konjugierten Funktionen Π_0 und Π_0^* zu bilden, die übrigens sowieso verschwinden würden. Nun berechnen wir die Hamiltondichte

$$H = \Pi\dot{\Psi}_r + \Pi^*\dot{\Psi}_r^* - L$$
$$= \frac{2\pi c}{h\varkappa}\Pi^*\Pi - c\Pi\operatorname{grad}\Psi_0 - c\Pi^*\operatorname{grad}\Psi_0^* + \qquad \text{(II, 145)}$$
$$+ \frac{hc\varkappa}{2\pi}(\operatorname{rot}\Psi_r^* \operatorname{rot}\Psi_r) + \frac{hc}{2\pi\varkappa}\Psi_r^*\Psi_r - \frac{hc}{2\pi\varkappa}\Psi_0^*\Psi_0.$$

Um Ψ_0 aus ihr zu eliminieren, bilden wir

$$\operatorname{div}\Pi^* = \frac{h\varkappa}{2\pi}\left(\Delta\Psi_0 + \frac{1}{c}\frac{\partial}{\partial t}\operatorname{div}\Psi_r\right). \qquad \text{(II, 146)}$$

Wegen (II, 140) ist

$$\operatorname{div}\Psi_r = -\frac{1}{c}\frac{\partial \Psi_0}{\partial t}, \qquad \text{(II, 147)}$$

und wir erhalten

$$\operatorname{div}\Pi^* = \frac{h\varkappa}{2\pi}\left(\Delta\Psi_0 - \frac{1}{c^2}\frac{\partial^2\Psi_0}{\partial t^2}\right) = \frac{h}{2\pi\varkappa}\Psi_0. \qquad \text{(II, 148)}$$

Daraus ergibt sich

$$(\Pi\operatorname{grad}\Psi_0) = \operatorname{div}(\Pi\Psi_0) - (\operatorname{div}\Pi)\Psi_0$$
$$= \frac{2\pi\varkappa}{h}\operatorname{div}(\Pi\operatorname{div}\Pi^*) - \frac{2\pi\varkappa}{h}(\operatorname{div}\Pi)(\operatorname{div}\Pi^*). \qquad \text{(II, 149)}$$

Setzt man dies ein, so gelangt man zur Hamiltondichte

$$H = \frac{2\pi c}{h\varkappa}\{\Pi^*\Pi + \varkappa^2(\operatorname{div}\Pi^*)(\operatorname{div}\Pi)\} -$$
$$- \frac{2\pi\varkappa c}{h}\operatorname{div}\{(\operatorname{div}\Pi^*)\Pi + \Pi^*\operatorname{div}\Pi\} + \qquad \text{(II, 150)}$$
$$+ \frac{hc}{2\pi\varkappa}\{\varkappa^2(\operatorname{rot}\Psi_r^*\operatorname{rot}\Psi_r) + \Psi_r^*\Psi_r\},$$

*§ 7. Quantisierung vektorieller Felder.

welche ersichtlich hermitisch ist. Integriert man über den Raum, so hinterbleibt nur

$$\mathcal{H} = \int H\, dV = \frac{2\pi c}{h\varkappa} \int \{\Pi^* \Pi + \varkappa^2 (\operatorname{div} \Pi^*)(\operatorname{div} \Pi)\}\, dV +$$
$$+ \frac{hc}{2\pi\varkappa} \int \{\varkappa^2 (\operatorname{rot} \Psi_r^* \operatorname{rot} \Psi_r) + \Psi_r^* \Psi_r\}\, dV,$$

(II, 151)

weil das Divergenzglied in der zweiten Zeile von (II, 150) keinen Beitrag liefert.

Bis jetzt haben wir noch keinen Bezug auf die Quantentheorie genommen. Dies geschieht, indem wir Π^*, Π und Ψ_r^*, Ψ_r als Operatoren ansetzen, für welche wir die Fourierentwicklung

$$\Psi_r = \frac{1}{\sqrt{V}} \sum_{\mathfrak{f}} \mathfrak{q}_{\mathfrak{f}}\, e^{i(\mathfrak{f}\mathfrak{x})}; \qquad \Pi = \frac{1}{\sqrt{V}} \sum_{\mathfrak{f}} \mathfrak{p}_{\mathfrak{f}}\, e^{-i(\mathfrak{f}\mathfrak{x})},$$
$$\Psi_r^\dagger = \frac{1}{\sqrt{V}} \sum_{\mathfrak{f}} \mathfrak{q}_{\mathfrak{f}}^\dagger\, e^{-i(\mathfrak{f}\mathfrak{x})}; \quad \Pi^\dagger = \frac{1}{\sqrt{V}} \sum_{\mathfrak{f}} \mathfrak{p}_{\mathfrak{f}}^\dagger\, e^{i(\mathfrak{f}\mathfrak{x})}$$

(II, 152)

vornehmen. Dann ist

$$\operatorname{div} \Pi = -\frac{i}{\sqrt{V}} \sum_{\mathfrak{f}} (\mathfrak{f}\, \mathfrak{p}_{\mathfrak{f}})\, e^{-i(\mathfrak{f}\mathfrak{x})},$$
$$\operatorname{rot} \Psi_r = \frac{i}{\sqrt{V}} \sum_{\mathfrak{f}} [\mathfrak{f}\, \mathfrak{q}_{\mathfrak{f}}]\, e^{i(\mathfrak{f}\mathfrak{x})}.$$

(II, 153)

Dies liefert den Hamiltonoperator

$$\mathcal{H}_{\text{op}} = \frac{2\pi c}{h\varkappa} \sum_{\mathfrak{f}} \{(\mathfrak{p}_{\mathfrak{f}}^\dagger\, \mathfrak{p}_{\mathfrak{f}}) + \varkappa^2 (\mathfrak{f}\, \mathfrak{p}_{\mathfrak{f}}^\dagger)(\mathfrak{f}\, \mathfrak{p}_{\mathfrak{f}})\} +$$
$$+ \frac{hc}{2\pi\varkappa} \sum_{\mathfrak{f}} \{\varkappa^2 ([\mathfrak{f}\, \mathfrak{q}_{\mathfrak{f}}^\dagger][\mathfrak{f}\, \mathfrak{q}_{\mathfrak{f}}]) + (\mathfrak{q}_{\mathfrak{f}}^\dagger\, \mathfrak{q}_{\mathfrak{f}})\}$$
$$= \frac{hc}{2\pi\varkappa} \sum_{\mathfrak{f}} \left\{ \frac{4\pi^2}{h^2} (\mathfrak{p}_{\mathfrak{f}}^\dagger\, \mathfrak{p}_{\mathfrak{f}}) + \frac{4\pi^2 \varkappa^2}{h^2} (\mathfrak{f}\, \mathfrak{p}_{\mathfrak{f}}^\dagger)(\mathfrak{f}\, \mathfrak{p}_{\mathfrak{f}}) + \right.$$
$$\left. + (1 + \varkappa^2 \mathfrak{f}^2)(\mathfrak{q}_{\mathfrak{f}}^\dagger\, \mathfrak{q}_{\mathfrak{f}}) - \varkappa^2 (\mathfrak{f}\, \mathfrak{q}_{\mathfrak{f}}^\dagger)(\mathfrak{f}\, \mathfrak{q}_{\mathfrak{f}}) \right\},$$

(II, 154)

wenn man genau wie in § 3 und § 4 verfährt. Nun legen wir die Komponenten $\mathfrak{p}_{\mathfrak{f}1}$ und $\mathfrak{q}_{\mathfrak{f}1}$ parallel, die Komponenten $\mathfrak{p}_{\mathfrak{f}2}$, $\mathfrak{q}_{\mathfrak{f}2}$ und $\mathfrak{p}_{\mathfrak{f}3}$, $\mathfrak{q}_{\mathfrak{f}3}$ senkrecht zu $\mathfrak{f}$. Mit

$$1 + k^2 \varkappa^2 = \frac{\varkappa^2}{c^2} \omega_{\mathfrak{f}}^2$$

(II, 155)

zerfällt $\mathcal{H}_{\text{op}}$ in die longitudinalen Anteile

$$\mathcal{H}_{\text{long}} = \frac{hc}{2\pi\varkappa} \sum_{\mathfrak{f}} \left\{ \frac{4\pi^2 \varkappa^2 \omega_{\mathfrak{f}}^2}{h^2 c^2} \mathfrak{p}_{\mathfrak{f}1}^\dagger\, \mathfrak{p}_{\mathfrak{f}1} + \mathfrak{q}_{\mathfrak{f}1}^\dagger\, \mathfrak{q}_{\mathfrak{f}1} \right\}$$

(II, 156)

und die transversalen Anteile

$$\mathcal{H}_{\text{trans}} = \frac{hc}{2\pi\varkappa} \sum_{\mathfrak{f}} \left\{ \frac{4\pi^2}{h^2} (\mathfrak{p}_{\mathfrak{f}2}^\dagger\, \mathfrak{p}_{\mathfrak{f}2} + \mathfrak{p}_{\mathfrak{f}3}^\dagger\, \mathfrak{p}_{\mathfrak{f}3}) + \frac{\omega_{\mathfrak{f}}^2 \varkappa^2}{c^2} (\mathfrak{q}_{\mathfrak{f}2}^\dagger\, \mathfrak{q}_{\mathfrak{f}2} + \mathfrak{q}_{\mathfrak{f}3}^\dagger\, \mathfrak{q}_{\mathfrak{f}3}) \right\}.$$

(II, 157)

Setzt man nun

$$\mathfrak{q}_{\mathfrak{k}1} = \sqrt{\frac{\varkappa\,\omega_{\mathfrak{k}}}{2\,c}}(a_{\mathfrak{k}1} + b^{\dagger}_{-\mathfrak{k}1}),\qquad (\text{II},158)$$

$$\mathfrak{p}_{\mathfrak{k}1} = \frac{h}{2\pi i}\sqrt{\frac{c}{2\varkappa\,\omega_{\mathfrak{k}}}}(b_{-\mathfrak{k}1} - a^{\dagger}_{\mathfrak{k}1}),\qquad (\text{II},159)$$

$$\mathfrak{q}_{\mathfrak{k}2} = \sqrt{\frac{c}{2\varkappa\,\omega_{\mathfrak{k}}}}(a_{\mathfrak{k}2} + b^{\dagger}_{-\mathfrak{k}2}),\qquad (\text{II},160)$$

$$\mathfrak{p}_{\mathfrak{k}2} = \frac{h}{2\pi i}\sqrt{\frac{\varkappa\,\omega_{\mathfrak{k}}}{2\,c}}(b_{-\mathfrak{k}2} - a^{\dagger}_{\mathfrak{k}2}),\qquad (\text{II},161)$$

$$\mathfrak{q}_{\mathfrak{k}3} = \sqrt{\frac{c}{2\varkappa\,\omega_{\mathfrak{k}}}}(a_{\mathfrak{k}3} + b^{\dagger}_{-\mathfrak{k}3}),\qquad (\text{II},162)$$

$$\mathfrak{p}_{\mathfrak{k}3} = \frac{h}{2\pi i}\sqrt{\frac{\varkappa\,\omega_{\mathfrak{k}}}{2\,c}}(b_{-\mathfrak{k}3} - a^{\dagger}_{\mathfrak{k}3}),\qquad (\text{II},163)$$

so gelangt man zu

$$\mathcal{H}_{\text{op}} = \frac{h}{4\pi}\sum\nolimits^{\mathfrak{k}}\omega_{\mathfrak{k}}\sum\nolimits_{1}^{3\,r}(a^{\dagger}_{\mathfrak{k}r}a_{\mathfrak{k}r} + a_{\mathfrak{k}r}a^{\dagger}_{\mathfrak{k}r} + b^{\dagger}_{\mathfrak{k}r}b_{\mathfrak{k}r} + b_{\mathfrak{k}r}b^{\dagger}_{\mathfrak{k}r})$$

$$= \frac{h}{2\pi}\sum\nolimits^{\mathfrak{k}}\omega_{\mathfrak{k}}\sum\nolimits_{1}^{3\,r}\|n^{-}_{\mathfrak{k}r} + n^{+}_{\mathfrak{k}r} + 1\|.\qquad (\text{II},164)$$

Dies bedeutet nicht nur eine Kennzeichnung der Feldquanten durch den Ausbreitungsvektor $\mathfrak{k}$ und die Ladung, sondern auch durch die Polarisationsrichtung parallel bzw. senkrecht zu $\mathfrak{k}$.

Gesamtimpuls

$$\mathfrak{G}_{\text{op}} = \frac{h}{2\pi}\sum\nolimits^{\mathfrak{k}}\mathfrak{k}\sum\nolimits_{1}^{3\,r}(a^{\dagger}_{\mathfrak{k}r}a_{\mathfrak{k}r} + b_{\mathfrak{k}r}b^{\dagger}_{\mathfrak{k}r})$$

$$= \frac{h}{2\pi}\sum\nolimits^{\mathfrak{k}}\mathfrak{k}\sum\nolimits_{1}^{3\,r}\|n^{+}_{\mathfrak{k}r} + n^{-}_{\mathfrak{k}r} + 1\|\qquad (\text{II},165)$$

und Ladung

$$\mathcal{Q}_{\text{op}} = \varepsilon\sum\nolimits^{\mathfrak{k}}\sum\nolimits^{r}\|n^{+}_{\mathfrak{k}r} - n^{-}_{\mathfrak{k}r}\|\qquad (\text{II},166)$$

ergeben sich analog zu S. 1187 bzw. 1190.

*§ 8. Quantisierung des Spinorfeldes.

Inhalt: Das Spinorfeld kann nicht mit Hilfe des kanonischen Formalismus quantisiert werden. Die Quantisierung gelingt aber mit Hilfe der antikommutativen Jordan-Wignerschen Matrizen, welche sich zur Beschreibung von Mehrelektronensystemen eigneten.

Bezeichnungen: L Lagrangedichte, H Hamiltondichte, $\mathcal{H}$ Hamiltonfunktion, Ψ^{*}, Ψ Feldfunktionen (Vektoren im vierdimensionalen Spinraum), β_4, γ_k vierreihige Spinmatrizen s. S. 1168, T_{44} zeitliche Komponente des Energieimpulstensors, $\mathcal{H}_{\text{op}}$ Hamiltonoperator, ψ_m, ψ_m^{*} Eigenfunktionen zum Energiewert E_m, a_m, $a_{m'}$ zweireihige Jordan-Wignersche Matrizen, N_m Operator der Feldquantenzahl, $\mathfrak{x}$ Ortsvektor, $\mathfrak{k}$ Ausbreitungsvektor, $2\pi\varkappa$ Comptonwellenlänge.

Um das Spinorfeld zu quantisieren, versuchen wir von der Lagrangedichte (I, 123, S. 1168)

$$L = -\frac{hc}{2\pi}\left\{\frac{1}{2i}\sum\nolimits^{i}\left(\Psi^{*}\beta_4\gamma_i\frac{\partial\Psi}{\partial x_i} - \frac{\partial\Psi^{*}}{\partial x_i}\beta_4\gamma_i\Psi\right) + \frac{1}{\varkappa}\Psi^{*}\beta_4\Psi\right\}\qquad (\text{II},167)$$

*§ 8. Quantisierung des Spinorfeldes.

auszugehen, mit der wir die konjugierten Funktionen

$$\Pi = \frac{\partial L}{\partial \frac{\partial \Psi}{\partial t}} = -\frac{h}{4\pi i}\Psi^*, \qquad \text{(II, 168)}$$

$$\Pi^* = \frac{\partial L}{\partial \frac{\partial \Psi^*}{\partial t}} = \frac{h}{4\pi i}\Psi \qquad \text{(II, 169)}$$

bilden. Es zeigt sich dabei, daß die zeitlichen Ableitungen von Ψ^* und Ψ sich nicht durch Π und Π^* ausdrücken lassen und deshalb nicht in der gewöhnlichen Weise eliminiert werden können. Der kanonische Formalismus läßt sich also nicht durchführen.

Um doch einen Ausdruck für die Gesamtenergie zu erhalten, gehen wir von der Komponente T_{44} des Energieimpulstensors [(I, 179), S. 1174] aus. Die Energiedichte ist

$$H = -T_{44} = -\frac{hc}{4\pi i}\left(\Psi^*\beta_4\gamma_4\frac{\partial \Psi}{\partial x_4} - \frac{\partial \Psi^*}{\partial x_4}\beta_4\gamma_4\Psi\right). \qquad \text{(II, 170)}$$

Setzen wir den Wert
$$\beta_4\gamma_4 = i \qquad \text{(II, 171)}$$
ein, so erhalten wir

$$H = -\frac{hc}{4\pi}\left(\Psi^*\frac{\partial \Psi}{\partial x_4} - \frac{\partial \Psi^*}{\partial x_4}\Psi\right). \qquad \text{(II, 172)}$$

Ehe wir die Quantisierung vornehmen, indem wir Ψ^* und Ψ durch Operatoren $\Psi^\dagger$ und Ψ ersetzen, müssen wir uns noch der zeitlichen Ableitungen entledigen. Hierzu bedienen wir uns der Feldgleichungen (I, 124) von S. 1168. Wenn wir die zeitlichen Glieder getrennt schreiben und nach ihnen auflösen, lauten sie

$$\frac{\partial \Psi}{\partial x_4} = -\frac{1}{\varkappa}\beta_4\Psi + i\sum_{1}^{3}{}_i\beta_4\gamma_i\frac{\partial \Psi}{\partial x_i},$$
$$\frac{\partial \Psi^*}{\partial x_4} = \frac{1}{\varkappa}\Psi^*\beta_4 + i\sum_{1}^{3}{}_i\frac{\partial \Psi^*}{\partial x_i}\beta_4\gamma_i. \qquad \text{(II, 173)}$$

Setzen wir dies ein, so erhalten wir

$$H = \frac{hc}{2\pi}\left\{\frac{1}{\varkappa}\Psi^*\beta_4\Psi + \frac{i}{2}\sum_{1}^{3}{}_i\left(\frac{\partial \Psi^*}{\partial x_i}\beta_4\gamma_i\Psi - \Psi^*\beta_4\gamma_i\frac{\partial \Psi}{\partial x_i}\right)\right\}. \qquad \text{(II, 174)}$$

Bevor wir durch Integrieren über den ganzen Feldbereich die Hamiltonfunktion bilden, subtrahieren wir noch die Divergenz

$$\frac{hci}{4\pi}\sum{}_i\frac{\partial}{\partial x_i}(\Psi^*\beta_4\gamma_i\Psi) = \frac{hci}{4\pi}\sum_{1}^{3}{}_i\left(\frac{\partial \Psi^*}{\partial x_i}\beta_4\gamma_i\Psi + \Psi^*\beta_4\gamma_i\frac{\partial \Psi}{\partial x_i}\right)$$

und erhalten die Hamiltonfunktion

$$\mathcal{H} = \frac{hc}{2\pi}\int\left\{\frac{1}{\varkappa}\Psi^*\beta_4\Psi - i\sum_{1}^{3}{}_i\Psi^*\beta_4\gamma_i\frac{\partial \Psi}{\partial x_i}\right\}dV. \qquad \text{(II, 175)}$$

I. II. Kanonische Theorie und Quantisierung der Felder.

Jetzt können wir zu den Operatoren übergehen und den Hamiltonoperator

$$\mathcal{H}_{op} = \frac{hc}{2\pi} \int \left\{ \frac{1}{\varkappa} \Psi^\dagger \beta_4 \Psi - i \sum_1^3{}^i \Psi^\dagger \beta_4 \gamma_i \frac{\partial \Psi}{\partial x_i} \right\} dV \qquad (II, 176)$$

bilden.

Die Operatoren Ψ und $\Psi^\dagger$ entwickeln wir mit

$$\Psi = \sum^m a_m \psi_m; \qquad \Psi^\dagger = \sum^{m'} a_{m'}^\dagger \psi_{m'}^* \qquad (II, 177)$$

nach den Eigenfunktionen ψ_m und ψ_m^*, der Feldgleichungen (II, 173). Der Operatorcharakter soll in den $a_m^\dagger$ und a_m enthalten sein, während die Eigenfunktionen nur die Ortsabhängigkeit beschreiben. Gehen wir mit (II, 177) in (II, 176) ein, so erhalten wir

$$\mathcal{H}_{op} = \frac{hc}{2\pi} \sum^{mm'} a_{m'}^\dagger a_m \int \psi_{m'}^* \left(\frac{1}{\varkappa} \beta_4 \psi_m - i \sum_1^3{}^i \beta_4 \gamma_i \frac{\partial \psi_m}{\partial x_i} \right) dV. \qquad (II, 178)$$

Ist ψ_m eine Eigenfunktion von (II, 173) zum Eigenwert E_m, so muß

$$\Psi_m = \psi_m e^{-\frac{2\pi i}{h} E_m t} = \psi_m e^{-\frac{2\pi}{hc} E_m x_4} \qquad (II, 179)$$

die Gleichung (II, 173) befriedigen. Beim Einsetzen erhält man

$$\frac{2\pi}{hc} E_m \psi_m = \frac{1}{\varkappa} \beta_4 \psi_m - i \sum_1^3{}^i \beta_4 \gamma_i \frac{\partial \psi_m}{\partial x_i}. \qquad (II, 180)$$

Analog finden wir

$$\frac{2\pi}{hc} E_{m'} \psi_{m'}^* = \frac{1}{\varkappa} \psi_{m'}^* \beta_4 + i \sum_1^3{}^i \frac{\partial \psi_{m'}^*}{\partial x_i} \beta_4 \gamma_i. \qquad (II, 181)$$

Wenn wir die erste dieser Gleichungen links mit $\psi_{m'}^*$, die zweite rechts mit ψ_m multiplizieren und subtrahieren, entsteht

$$\frac{2\pi}{hc} (E_m - E_{m'}) \psi_{m'}^* \psi_m = -i \sum_1^3{}^i \frac{\partial}{\partial x_i} (\psi_{m'}^* \beta_4 \gamma_i \psi_m). \qquad (II, 182)$$

Die rechte Seite ist eine Divergenz und verschwindet bei der Integration über den Raum, so daß nur

$$(E_m - E_{m'}) \int \psi_{m'}^* \psi_m dV = 0 \qquad (II, 183)$$

verbleibt. Die Eigenfunktionen der Feldgleichungen sind also orthogonal.

Jetzt setzen wir (II, 180) in (II, 178) ein und erhalten einfach

$$\begin{aligned}\mathcal{H}_{op} &= \sum^{mm'} a_{m'}^\dagger a_m E_m \int \psi_{m'}^* \psi_m dV \\ &= \sum^m a_m^\dagger a_m E_m.\end{aligned} \qquad (II, 184)$$

Die Quantisierung des Spinorfeldes haben wir bereits vollzogen, wenn wir die $a_m^\dagger$ und a_m als Operatoren betrachten, welche auf die Besetzungszahlen wirken, wie dies auch bei den anderen Feldern geschehen ist. Der Operator

$$N_m = a_m^\dagger a_m \qquad (II, 185)$$

wäre dann nach (II, 184) als Operator der Teilchenzahl zu interpretieren.

*§ 8. Quantisierung des Spinorfeldes.

Um die Matrizenform der $a_m^\dagger$ und a_m aufzufinden, können wir jetzt nicht auf die Vertauschungsregeln für Ψ und Π zurückgreifen, weil der kanonische Formalismus überhaupt nicht anwendbar war. Einen Anhaltspunkt gewinnen wir aber aus Erfahrungstatsachen. Wie wir schon früher auf S. 1169 festgestellt haben, ist die Feldgleichung des Spinorfeldes der Diracschen Gleichung des Elektrons äquivalent. Ein Spinorfeld kann also beispielsweise ein Elektronenfeld sein. Wir wissen jedoch, daß die Elektronen der Fermischen Statistik genügen, d. h. daß jeder Quantenzustand nur von einem Elektron eingenommen werden kann. Der Operator der Teilchenzahl kann also nur die Eigenwerte 0 und 1 annehmen. Dies kann durch die Gleichung

$$(N_m - 1) N_m = 0 \qquad (II, 186)$$

oder

$$N_m^2 = N_m \qquad (II, 187)$$

ausgedrückt werden.

Nun hatten wir schon auf S. 1143 für Elektronen die Operatoren $a_m^\dagger$ und a_m konstruiert, welche die Relationen

$$a_m a_{m'} + a_{m'} a_m = 0; \quad a_m^2 = 0, \qquad (II, 188)$$

$$a_m^\dagger a_{m'}^\dagger + a_{m'}^\dagger a_m^\dagger = 0; \quad a_m^{\dagger 2} = 0, \qquad (II, 189)$$

$$a_m a_{m'}^\dagger + a_{m'}^\dagger a_m = \delta_{m'm} \qquad (II, 190)$$

erfüllten. Im Gegensatz zu den Operatoren a_f und $a_{f'}$ des skalaren Feldes und des Vektorfeldes sind die Operatoren a_m und $a_{m'}$ des Spinorfeldes nicht vertauschbar. Vertauschung bewirkt Vorzeichenwechsel. Mit ihnen ergibt sich tatsächlich

$$\begin{aligned}N_m^2 &= a_m^\dagger a_m a_m^\dagger a_m \\ &= a_m^\dagger (1 - a_m^\dagger a_m) a_m = a_m^\dagger a_m \qquad (II, 191) \\ &= N_m.\end{aligned}$$

Die schon früher verwendeten Operatoren a_m, welche den Vertauschungsrelationen (II, 188—190) genügen, ergeben die gesuchten Eigenwerte 0 und 1 für den Operator der Teilchenzahl.

Der Index m faßt alle Angaben zusammen, die einen Quantenzustand charakterisieren. Wir kennzeichnen die kräftefreien Zustände zunächst durch den Ausbreitungsvektor $\mathfrak{k}$ einer ebenen Welle. Zu jedem $\mathfrak{k}$ gehört ein Zustand mit positiver und ein Zustand mit negativer Energie. Durch den Spin tritt eine weitere Verdopplung der Zustände ein, so daß jedem $\mathfrak{k}$ vier verschiedene Quantenzustände zuzuordnen sind.

Gliedern wir die Zustandsbezeichnung m in $\mathfrak{k}$ und $r = 1, 2, 3, 4$ auf, so erhalten wir

$$\Psi_m = \Psi_{\mathfrak{k}r} = \mathfrak{w}_{\mathfrak{k}r} e^{i\mathfrak{k}\mathfrak{x} - \frac{2\pi i}{h}|E_m|t} \qquad \text{für } r = 1, 2, \qquad (II, 192)$$

$$\Psi_m = \Psi_{\mathfrak{k}r} = \mathfrak{v}_{\mathfrak{k}r} e^{-i\mathfrak{k}\mathfrak{x} + \frac{2\pi i}{h}|E_m|t} \qquad \text{für } r = 3, 4, \qquad (II, 193)$$

wenn $r = 1, 2$ zu positiven, $r = 3, 4$ zu negativen Energien gehört. $\mathfrak{w}_{\mathfrak{k}r}$ bzw. $\mathfrak{v}_{\mathfrak{k}r}$ ist ein von Ort und Zeit unabhängiger Einheitsvektor im vierdimensionalen Spinraum. Daraus erhalten wir die Eigenfunktionen

$$\psi_{\mathfrak{k}r} = \mathfrak{w}_{\mathfrak{k}r} e^{i\mathfrak{k}\mathfrak{x}} \qquad \text{für } r = 1, 2 \qquad (II, 194)$$

$$\psi_{\mathfrak{k}r} = \mathfrak{v}_{\mathfrak{k}r} e^{-i\mathfrak{k}\mathfrak{x}} \qquad \text{für } r = 3, 4. \qquad (II, 195)$$

Damit die Feldgleichungen erfüllt werden, muß

$$E_m = \pm \frac{hc}{2\varkappa\pi}\sqrt{1+\varkappa^2\mathfrak{k}^2} \qquad (II, 196)$$

gelten, was man am schnellsten beim Einsetzen in (I, 129) von S. 1168 erkennt.

Der Zusammenhang zwischen Ausbreitungsvektor und Energie ist beim Spinorfeld der gleiche wie beim skalaren Feld. Der Unterschied beider Felder besteht darin, daß beim skalaren Feld zu jedem $\mathfrak{k}$ nur ein Zustand gehört, bei Spinorfeld dagegen 4 Zustände. Da der Spin die Zahl der Zustände nur verdoppelt, müssen beide Vorzeichen der Energie beim Spinorfeld Verwendung finden.

*§ 9. Zustände negativer Energie. Diracsche Löchertheorie. Antiteilchen.

Inhalt: Die Vernichtungsoperatoren der Zustände negativer Energie sind die Entstehungsoperatoren der Antiteilchen. Der Operator der Feldfunktion ist zugleich Vernichtungsoperator der Teilchen und Entstehungsoperator der Antiteilchen.

Bezeichnungen: $d_{\mathfrak{k}}$, $d_{\mathfrak{k}}^\dagger$ Operatoren der Antiteilchen, $\mathfrak{u}_m^{(1)}$ Wahrscheinlichkeitsvektor des besetzten, $\mathfrak{u}_m^{(0)}$ des unbesetzten Zustandes $H_{op}^{(0)}$ Energieoperator des Vakuumfeldes.

Die Zustände negativer Energie bedürfen einer genaueren Analyse. Von DIRAC stammt die schon auf S. 1121 erwähnte Hypothese, daß diese Zustände im Vakuum alle besetzt seien. Dies soll es unmöglich machen, daß ein Teilchen aus einem Zustand positiver Energie in einen Zustand negativer Energie übergeht. Andererseits kann dann jedoch ein Teilchen negativer Energie unter Energieaufnahme in einen Zustand positiver Energie gehoben werden, wodurch dieses Teilchen erst manifest wird. In der „Unterwelt" der Zustände negativer Energie verbleibt dann jedoch ein „Loch", welches sich nunmehr als zweites Teilchen (Antiteilchen) bemerkbar macht. Im Sinne dieser Diracschen Löchertheorie hat man das Positron als Loch in der Elektronenunterwelt gedeutet.

Ist der mit m bezeichnete Quantenzustand besetzt, so ordnen wir ihm im Raum der Besetzungszahlen den Wahrscheinlichkeitsvektor

$$\mathfrak{u}_m^{(1)} = \left\|\begin{array}{c}0\\1\end{array}\right\| \qquad (II, 197)$$

zu, ist er unbesetzt, den Vektor

$$\mathfrak{u}_m^{(0)} = \left\|\begin{array}{c}1\\0\end{array}\right\| \qquad (II, 198)$$

zu. Mit Rücksicht auf die Matrixdarstellung der Operatoren $\boldsymbol{a}$ und $\boldsymbol{a}^\dagger$ mittels der T_m und $T_m^\dagger$ von S. 1142 erhalten wir dann

$$\boldsymbol{a}_m \mathfrak{u}_m^{(1)} = \mathfrak{u}_m^{(0)}; \qquad \boldsymbol{a}_m \mathfrak{u}_m^{(0)} = 0, \qquad (II, 199)$$

$$\boldsymbol{a}_m^\dagger \mathfrak{u}_m^{(0)} = \mathfrak{u}_m^{(1)}; \qquad \boldsymbol{a}_m^\dagger \mathfrak{u}_m^{(1)} = 0. \qquad (II, 200)$$

Der Operator $\boldsymbol{a}_m$ führt den besetzten Zustand in den unbesetzten Zustand über, stellt also den Operator der Teilchenvernichtung dar. Die Wahrscheinlichkeit, daß dies an einem unbesetzten Zustand geschieht, ist jedoch Null. Der Operator $\boldsymbol{a}_m^\dagger$ führt die Besetzung des unbesetzten Zustands herbei. $\boldsymbol{a}_m^\dagger$ ist der Operator der Teilchenentstehung.

Wir betrachten nun die Zustände $\mathfrak{k}$, r für $r = 3, 4$, welche zu negativen Energien gehören. Sie sind im Normalzustand (Vakuumfeld) sämtlich besetzt. Jetzt bewirkt $\boldsymbol{a}_{\mathfrak{k},r}$ die Entstehung eines Loches, d. h. eines Antiteilchens, während $\boldsymbol{a}_{\mathfrak{k},r}^\dagger$ die Auffüllung eines Loches, also die Vernichtung eines Antiteilchens bedeutet.

§ 10. Das elektromagnetische Feld.

Führen wir nun für die Zustände negativer Energie die Bezeichnung

$$d_{\mathfrak{k}r} = a^\dagger_{\mathfrak{k}r}; \quad d^\dagger_{\mathfrak{k}r} = a_{\mathfrak{k}r}; \quad r = 3, 4 \tag{II, 201}$$

ein, so sind $a^\dagger_{\mathfrak{k}r}$ und $d^\dagger_{\mathfrak{k}r}$ die Operatoren der Entstehung von Teilchen und Antiteilchen, während $a_{\mathfrak{k}r}$ und $d_{\mathfrak{k}r}$ die zugehörigen Vernichtungsoperatoren sind.

Der Teilchenzahloperator für die Antiteilchen ist jetzt

$$N'_{\mathfrak{k}r} = d^\dagger_{\mathfrak{k}r} d_{\mathfrak{k}r} = a_{\mathfrak{k}r} a^\dagger_{\mathfrak{k}r} = 1 - a^\dagger_{\mathfrak{k}r} a_{\mathfrak{k}r}. \tag{II, 202}$$

Schreiben wir nun die Reihenentwicklungen (II, 182) in der Form

$$\Psi = \sum_{r=1,2}^{\mathfrak{k}} a_{\mathfrak{k}r} \psi_{\mathfrak{k}r} + \sum_{r=3,4}^{\mathfrak{k}} d^\dagger_{\mathfrak{k}r} \psi_{\mathfrak{k}r}, \tag{II, 203}$$

$$\Psi^\dagger = \sum_{r=1,2}^{\mathfrak{k}} a^\dagger_{\mathfrak{k}r} \psi^*_{\mathfrak{k}r} + \sum_{r=3,4}^{\mathfrak{k}} d_{\mathfrak{k}r} \psi^*_{\mathfrak{k}r}, \tag{II, 204}$$

so ist Ψ der Operator der Vernichtung der Teilchen und zugleich der Entstehung der Antiteilchen, während $\Psi^\dagger$ der Operator der Entstehung der Teilchen und der Vernichtung der Antiteilchen ist.

Wir legen nun den Nullpunkt des Energiemaßstabes so, daß er mit der Energie des Vakuumfeldes zusammenfällt. Wir ziehen also die Energie

$$\mathcal{H}^{(0)}_{\text{op}} = \sum_{r=3,4}^{\mathfrak{k}} E_{\mathfrak{k}r} \tag{II, 205}$$

des Vakuumfeldes von (II, 184) ab und erhalten statt dessen die Energie

$$\mathcal{H}_{\text{op}} - \mathcal{H}^{(0)}_{\text{op}} = \sum_{r=1,2}^{\mathfrak{k}} a^\dagger_{\mathfrak{k}r} a_{\mathfrak{k}r} E_{\mathfrak{k}r} + \sum_{r=3,4}^{\mathfrak{k}} (a^\dagger_{\mathfrak{k}r} a_{\mathfrak{k}} - 1) E_{\mathfrak{k}r}$$

$$= \sum_{r=1,2}^{\mathfrak{k}} a^\dagger_{\mathfrak{k}r} a_{\mathfrak{k}r} E_{\mathfrak{k}r} + \sum_{r=3,4}^{\mathfrak{k}} d^\dagger_{\mathfrak{k}r} d_{\mathfrak{k}r} |E_{\mathfrak{k}r}| \tag{II, 206}$$

$$= \sum_{r=1,2}^{\mathfrak{k}} N_{\mathfrak{k}r} E_{\mathfrak{k}r} + \sum_{r=3,4}^{\mathfrak{k}} N'_{\mathfrak{k}r} E'_{\mathfrak{k}r}.$$

Die Energie ist dann die Summe der Energien $E_{\mathfrak{k}r}$ aller anwesenden Teilchen und der Energien $E'_{\mathfrak{k}r}$ aller anwesenden Antiteilchen. Von einer Unterwelt zu sprechen erübrigt sich.

Aus diesen Überlegungen läßt sich erkennen, daß man mit der Einführung der Unterwelt und der Löchertheorie die Teilchenvorstellung vielleicht etwa überanstrengt hat. Ein Spinorfeld kann offenbar nicht nur als Feld einer einzigen Teilchenart mit Unterwelt interpretiert werden, sondern auch als Feld von Teilchen und Antiteilchen. Dieser Gedanke hätte schon nach der Feststellung von S. 1164 nahegelegen, daß ein Feld sich nicht aus einem einzigen Spinor, sondern nur aus zwei Spinoren konstruieren läßt.

§ 10. Das elektromagnetische Feld.

Inhalt: Divergenzfreiheit des Strahlungsfeldes als Nebenbedingung. Bei der Quantisierung erscheint das Feld aus transversalen Photonen zusammengesetzt. Die Maxwellschen Gleichungen ergeben sich für die Erwartungswerte der Feldstärken.

Bezeichnungen: L Lagrangedichte, H Hamiltondichte, $\mathcal{H}$ Hamiltonfunktion, $\mathcal{H}_{\text{op}}$ ihr Operator, $\vec{\Psi}$ vektorielle Feldfunktion, $\mathfrak{A}_r$, $i\Phi$ ihre räumlichen und zeitlichen Anteile, Ψ_k, Ψ_l ihre Komponenten, Π, Π_4 konjugierte Funktionen zu $\mathfrak{A}$ und Φ, μ_0 Vakuumpermeabilität, $\mathfrak{x}$ Ortsvektor, $\mathfrak{U}$ Zustandsfunktion, $\boldsymbol{\Pi}, \mathfrak{A}$ Operatoren zu Π und $\mathfrak{A}$, $\mathfrak{B}$, $\mathfrak{E}$ Operatoren der Kraftflußdichte und elektrischen Feldstärke, $\mathfrak{p}_{\mathfrak{k}2}$, $\mathfrak{p}_{\mathfrak{k}3}$, $\mathfrak{q}_{\mathfrak{k}2}$, $\mathfrak{q}_{\mathfrak{k}3}$ Fourierkoeffizienten der Operatoren $\boldsymbol{\Pi}$ und $\mathfrak{A}$, $a_{\mathfrak{k}2}$, $a_{\mathfrak{k}3}$, Jordan-Wignersche Matrizen, $\mathfrak{k}$ Ausbreitungsvektor, $E_{\mathfrak{k}}$ Energie, ν Frequenz eines Photons.

Das elektromagnetische Feld war das Musterbeispiel eines Feldes, an welchem sich der Feldbegriff historisch entwickelt hat. Wenn wir uns des elektrodynami-

I. II. Kanonische Theorie und Quantisierung der Felder.

schen Viererpotentials zu seiner Beschreibung bedienen, ist es ein quellenfreies Vektorfeld $\vec{\Psi}$ ohne Ruhmasse.

In der allgemeinen Lagrangedichte (I, 43) von S. 1158 muß also

$$A = 0 \qquad (II, 207)$$

gesetzt werden, so daß man

$$L = \sum^{kl} \left\{ B' \frac{\partial \Psi_k}{\partial x_k} \frac{\partial \Psi_l}{\partial x_l} + \frac{C}{2} \left(\frac{\partial \Psi_k}{\partial x_l} - \frac{\partial \Psi_l}{\partial x_k} \right)^2 \right\} \qquad (II, 208)$$

erhält. Daraus leitet sich die Feldgleichung

$$0 = (B' - C) \square (\square \vec{\Psi}) + C \square^2 \vec{\Psi} \qquad (II, 209)$$

ab.

Das Viererpotential eines isolierten Strahlungsfeldes ohne Ladungen und Ströme genügt aber der Feldgleichung

$$0 = \square^2 \vec{\Psi}. \qquad (II, 210)$$

In diese Gleichung geht (II, 206) über, wenn wir

$$B' = C \qquad (II, 211)$$

setzen. Wir werden also von der Lagrangedichte

$$L = C \sum^{kl} \left\{ \frac{\partial \Psi_k}{\partial x_k} \frac{\partial \Psi_l}{\partial x_l} + \frac{1}{2} \left(\frac{\partial \Psi_k}{\partial x_l} - \frac{\partial \Psi_l}{\partial x_k} \right)^2 \right\} \qquad (II, 212)$$

auszugehen haben. Das Strahlungsfeld erfüllt allerdings außerdem noch die Gleichung

$$\square \vec{\Psi} = 0, \qquad (II, 213)$$

die wir im Gegensatz zum massebeschwerten Vektorfeld nicht aus der Feldgleichung selbst ableiten können, sondern als Nebenbedingung hinzufügen müssen.

Im Gegensatz zu § 7 dürfen wir jetzt keine der Komponenten vor der Quantisierung eliminieren, weil (II, 213) nicht aus (II, 212) hervorgeht, sondern wir müssen die Nebenbedingung erst nach der Quantisierung berücksichtigen.

Wir zerlegen nun das Viererpotential mit

$$\vec{\Psi} = \mathfrak{A} + i\mathfrak{l}\Phi \qquad (II, 214)$$

in den räumlichen und zeitlichen Anteil und finden beim Einsetzen in (II, 212) die reelle Darstellung

$$L = -\frac{\mu_0}{2}(\operatorname{rot}\mathfrak{A})^2 - \frac{\mu_0}{2}\left(\operatorname{div}\mathfrak{A} + \frac{1}{c}\frac{\partial\Phi}{\partial t}\right)^2 + \frac{\mu_0}{2}\left(\operatorname{grad}\Phi + \frac{1}{c}\frac{\partial\mathfrak{A}}{\partial t}\right)^2, \qquad (II, 215)$$

wenn wir

$$C = -\frac{\mu_0}{2} \qquad (II, 216)$$

setzen. Wir können jetzt die zu $\mathfrak{A}$ und Φ konjugierten Funktionen

$$\Pi = \frac{\mu_0}{c} \operatorname{grad}\Phi + \frac{\mu_0}{c^2}\frac{\partial\mathfrak{A}}{\partial t}, \qquad (II, 217)$$

$$\Pi_4 = -\frac{\mu_0}{c}\operatorname{div}\mathfrak{A} - \frac{\mu_0}{c^2}\frac{\partial\Phi}{\partial t} \qquad (II, 218)$$

**§ 10. Das elektromagnetische Feld.

bilden. Wenn wir noch die Hamiltondichte nach dem Rezept

$$H = \Pi \dot{\mathfrak{A}} + \Pi_4 \dot{\Phi} - L \qquad (II, 219)$$

aufstellen und die zeitlichen Ableitungen eliminieren, finden wir

$$H = \frac{c^2}{2\mu_0} \Pi^2 - \frac{c^2}{2\mu_0} \Pi_4^2 - c(\Pi \operatorname{grad} \Phi) - c\Pi_4 \operatorname{div} \mathfrak{A} + \frac{\mu_0}{2} (\operatorname{rot} \mathfrak{A})^2. \qquad (II, 220)$$

Führen wir statt der klassischen Größen $\mathfrak{A}$ und Φ Operatoren ein und integrieren über den Raum, so entsteht der Hamiltonoperator

$$\mathcal{H}_{op} = \int \left\{ \frac{c^2}{2\mu_0} \Pi^2 - \frac{c^2}{2\mu_0} \Pi_4^2 - c(\Pi \operatorname{grad} \Phi) - c\Pi_4 \operatorname{div} \mathfrak{A} + \frac{\mu_0}{2} (\operatorname{rot} \mathfrak{A})^2 \right\} dV. \qquad (II, 221)$$

Um ihn etwas umzuformen, integrieren wir die Identität (Π und Φ sind vertauschbar)

$$(\Pi \operatorname{grad} \Phi) = \operatorname{div}(\Pi \Phi) - \Phi \operatorname{div} \Pi \qquad (II, 222)$$

über den Raum. Man erhält dabei

$$\int (\Pi \operatorname{grad} \Phi) dV = - \int \Phi \operatorname{div} \Pi \, dV, \qquad (II, 223)$$

weil sich das Feld nicht bis ins Unendliche erstreckt. Hierdurch kommt der Hamiltonoperator in die Form

$$\mathcal{H}_{op} = \int \left\{ \frac{c^2}{2\mu_0} \Pi^2 - \frac{c^2}{2\mu_0} \Pi_4^2 + c\Phi \operatorname{div} \Pi - c\Pi_4 \operatorname{div} \mathfrak{A} + \frac{\mu_0}{2} (\operatorname{rot} \mathfrak{A})^2 \right\} dV. \qquad (II, 224)$$

Jetzt kommen wir auf die Nebenbedingung

$$\Box \vec{\Psi} = 0 \qquad (II, 225)$$

des Strahlungsfeldes zurück, welche

$$\operatorname{div} \mathfrak{A} + \frac{1}{c} \frac{\partial \Phi}{\partial t} = 0 \qquad (II, 226)$$

und somit

$$\Pi_4 = 0. \qquad (II, 227)$$

bedeutet. Bilden wir die Divergenz von (II, 217), so erhalten wir

$$\operatorname{div} \Pi = \frac{\mu_0}{c} \left(\Delta \Phi + \frac{1}{c} \frac{\partial}{\partial t} \operatorname{div} \mathfrak{A} \right), \qquad (II, 228)$$

was beim Einsetzen von $\operatorname{div} \mathfrak{A}$ aus (II, 226) wegen

$$\Box^2 \Phi = 0 \qquad (II, 229)$$

die zweite Gleichung

$$\operatorname{div} \Pi = 0 \qquad (II, 230)$$

liefert.

Wie kann man nun die klassischen Gleichungen

$$\Pi_4 = 0 \quad \text{und} \quad \text{div}\,\Pi = 0 \qquad (II, 231)$$

auf die Operatoren $\boldsymbol{\Pi}_4$ und $\boldsymbol{\Pi}$ übertragen? Man sieht sofort, daß man für die Operatoren selbst nicht

$$\boldsymbol{\Pi}_4 = 0 \quad \text{und} \quad \text{div}\,\boldsymbol{\Pi} = 0 \qquad (II, 232)$$

verlangen darf. $\boldsymbol{\Pi}_4 = 0$ wäre z. B. nicht mit den Vertauschungsregeln

$$\boldsymbol{\Pi}_4(\mathfrak{x})\,\boldsymbol{\Phi}(\mathfrak{x}') - \boldsymbol{\Phi}(\mathfrak{x}')\,\boldsymbol{\Pi}_4(\mathfrak{x}) = \frac{h}{2\pi i}\,\delta(\mathfrak{x},\mathfrak{x}') \qquad (II, 233)$$

verträglich.

Aus dieser Schwierigkeit eröffnet sich folgender Ausweg. Der jeweilige Zustand des Feldes wird durch die Zustandsgröße $\mathfrak{U}$ beschrieben, auf welche die Operatoren einwirken. Stellt man die Operatoren als Matrizen in einem symbolischen (Hilbertschen) Raum dar, so hat $\mathfrak{U}$ den Charakter eines Wahrscheinlichkeitsvektors. Er genügt der Gleichung

$$\mathcal{H}_{\text{op}}\mathfrak{U} + \frac{h}{2\pi i}\,\frac{\partial\mathfrak{U}}{\partial t} = 0. \qquad (II, 234)$$

Jedem Zustand des Feldes ist dann ein bestimmter Wahrscheinlichkeitsvektor zugeordnet, der sich nach dem Gesetz (II, 234) mit der Zeit ändert.

Die klassischen Gleichungen (II, 227) und (II, 230) zeichnen nun die elektromagnetischen Felder in der Gesamtheit aller Felder aus, welche der Gleichung

$$\Box^2\,\vec{\Psi} = 0 \qquad (II, 235)$$

genügen. Demgemäß wählen wir jetzt durch die Gleichungen

$$\boldsymbol{\Pi}_4\,\mathfrak{U} = 0 \qquad (II, 236)$$

und

$$(\text{div}\,\boldsymbol{\Pi})\,\mathfrak{U} = 0 \qquad (II, 237)$$

diejenigen Wahrscheinlichkeitsvektoren aus, welche elektromagnetischen Feldern zugeordnet sind.

Jetzt definieren wir den Operator

$$\mathcal{H}'_{\text{op}} = \int\left\{\frac{c^2}{2\mu_0}\,\boldsymbol{\Pi}^2 + \frac{\mu_0}{2}(\text{rot}\,\mathfrak{A})^2\right\}dV \qquad (II, 238)$$

und erkennen, daß für alle Strahlungsfelder

$$\mathcal{H}'_{\text{op}}\,\mathfrak{U} = \mathcal{H}_{\text{op}}\,\mathfrak{U} \qquad (II, 239)$$

gilt, so daß wir $\mathcal{H}'_{\text{op}}$ als Energieoperator des Strahlungsfeldes verwenden können. Definieren wir weiter

$$\mathfrak{B} = \mu_0\,\text{rot}\,\mathfrak{A} \qquad (II, 240)$$

und

$$\mathfrak{E} = -c^2\,\boldsymbol{\Pi} \qquad (II, 241)$$

als Operatoren der magnetischen Kraftflußdichte und elektrischen Feldstärke, so nimmt H'_{op} die Form

$$\mathcal{H}'_{\text{op}} = \frac{1}{2\mu_0}\int\left(\frac{\mathfrak{E}^2}{c^2} + \mathfrak{B}^2\right)dV \qquad (II, 242)$$

an.

**§ 10. Das elektromagnetische Feld.

Nun bilden wir die Operatorgleichung

$$\boldsymbol{\Pi} - \frac{\mu_0}{c}\operatorname{grad}\boldsymbol{\Phi} - \frac{\mu_0}{c^2}\frac{\partial \mathfrak{A}}{\partial t} = 0, \tag{II, 243}$$

welche aus (II, 217) hervorgeht. Wenn wir den Operator rot darauf anwenden und (II, 240, 241) einsetzen, geht sie in

$$\operatorname{rot}\mathfrak{E} + \frac{\partial \mathfrak{B}}{\partial t} = 0 \tag{II, 244}$$

über. Bildet man auch aus (II, 218) die Operatorgleichung

$$\Pi_4 + \frac{\mu_0}{c}\operatorname{div}\mathfrak{A} + \frac{\mu_0}{c^2}\frac{\partial \boldsymbol{\Phi}}{\partial t} = 0 \tag{II, 245}$$

und eliminiert $\boldsymbol{\Phi}$ aus (II, 243) und (II, 245), so erhält man

$$\frac{\partial \boldsymbol{\Pi}}{\partial t} + c\operatorname{grad}\Pi_4 + \mu_0\operatorname{grad}\operatorname{div}\mathfrak{A} - \frac{\mu_0}{c^2}\frac{\partial^2 \mathfrak{A}}{\partial t^2} = 0. \tag{II, 246}$$

Beachtet man noch

$$\operatorname{grad}\operatorname{div}\mathfrak{A} = \operatorname{rot}\operatorname{rot}\mathfrak{A} + \Delta\mathfrak{A} \tag{II, 247}$$

und

$$\Delta\mathfrak{A} - \frac{1}{c^2}\frac{\partial^2 \mathfrak{A}}{\partial t^2} = 0 \tag{II, 248}$$

und setzt $\mathfrak{E}$ und $\mathfrak{B}$ ein, so geht daraus die Operatorgleichung

$$-\frac{1}{c^2}\frac{\partial \mathfrak{E}}{\partial t} + \operatorname{rot}\mathfrak{B} + c\operatorname{grad}\Pi_4 = 0 \tag{II, 249}$$

hervor. Wendet man sie auf den Wahrscheinlichkeitsvektor $\mathfrak{u}$ an, so ergibt sich

$$\left(-\frac{1}{c^2}\frac{\partial \mathfrak{E}}{\partial t} + \operatorname{rot}\mathfrak{B}\right)\mathfrak{u} = 0. \tag{II, 250}$$

Schließlich gewinnt man noch aus (II, 240) und (II, 241) leicht

$$(\operatorname{div}\mathfrak{B})\mathfrak{u} = 0 \tag{II, 251}$$

und

$$(\operatorname{div}\mathfrak{E})\mathfrak{u} = 0, \tag{II, 252}$$

während (II, 244)

$$\left(\operatorname{rot}\mathfrak{E} + \frac{\partial \mathfrak{B}}{\partial t}\right)\mathfrak{u} = 0 \tag{II, 253}$$

liefert.

Damit haben wir die Maxwellschen Gleichungen wiedergewonnen, welche allerdings nicht für die Operatoren an sich gelten, sondern nur, wenn sie auf einen Wahrscheinlichkeitsvektor $\mathfrak{u}$ angewandt werden, der einem elektromagnetischen Feld entspricht.

Multipliziert man die Gleichungen (II, 251) und (II, 252) linksseitig mit $\mathfrak{u}^*$, so erhält man

$$\operatorname{div}(\mathfrak{u}^*\mathfrak{E}\mathfrak{u}) = \operatorname{div}\overline{\mathfrak{E}} = 0, \tag{II, 254}$$

$$\operatorname{div}(\mathfrak{u}^*\mathfrak{B}\mathfrak{u}) = \operatorname{div}\overline{\mathfrak{B}} = 0, \tag{II, 255}$$

wo $\overline{\mathfrak{E}}$ und $\overline{\mathfrak{B}}$ die Erwartungswerte der Feldstärken an der betreffenden Stelle des Raumes bedeuten. Verfahren wir ebenso mit den Gleichungen (II, 250) und (II, 253), so erhalten wir

$$-\frac{1}{c^2}\frac{\partial \overline{\mathfrak{E}}}{\partial t} + \operatorname{rot}\overline{\mathfrak{B}} = 0, \qquad (II, 256)$$

$$\operatorname{rot}\overline{\mathfrak{E}} + \frac{\partial \overline{\mathfrak{B}}}{\partial t} = 0. \qquad (II, 257)$$

Dies sind aber gerade die Maxwellschen Gleichungen für die beobachtbaren Feldgrößen im Vakuum.

Jetzt können wir die Rechnung wie bei den anderen Feldern weiterführen. Der Fourieransatz

$$\mathfrak{A} = \frac{1}{\sqrt{V}}\sum^{\mathfrak{f}\prime} \mathfrak{q}_{\mathfrak{f}} e^{i\mathfrak{f}\mathfrak{x}}, \qquad (II, 258)$$

$$\boldsymbol{\Pi} = \frac{1}{\sqrt{V}}\sum^{\mathfrak{f}\prime} \mathfrak{p}_{\mathfrak{f}} e^{-i\mathfrak{f}\mathfrak{x}} \qquad (II, 259)$$

liefert

$$\operatorname{rot}\mathfrak{A} = \frac{i}{\sqrt{V}}\sum^{\mathfrak{f}\prime} [\mathfrak{f}\mathfrak{q}_{\mathfrak{f}}] e^{i\mathfrak{f}\mathfrak{x}}, \qquad (II, 260)$$

$$\operatorname{div}\boldsymbol{\Pi} = -\frac{i}{\sqrt{V}}\sum^{\mathfrak{f}\prime} (\mathfrak{f}\mathfrak{p}_{\mathfrak{f}}) e^{-i\mathfrak{f}\mathfrak{x}}. \qquad (II, 261)$$

Wir zerlegen nun $\mathfrak{p}_\mathfrak{f}$ und $\mathfrak{q}_\mathfrak{f}$ in die Komponenten $\mathfrak{p}_{\mathfrak{f}1}$ und $\mathfrak{q}_{\mathfrak{f}1}$ parallel und die Komponenten $\mathfrak{p}_{\mathfrak{f}2}, \mathfrak{p}_{\mathfrak{f}3}$ und $\mathfrak{q}_{\mathfrak{f}2}, \mathfrak{q}_{\mathfrak{f}3}$ senkrecht zu $\mathfrak{f}$. Die Gleichung

$$(\operatorname{div}\boldsymbol{\Pi})\mathfrak{U} = -\frac{i}{\sqrt{V}}\sum^{\mathfrak{f}\prime} |\mathfrak{f}|\, \mathfrak{p}_{\mathfrak{f}1} e^{-i\mathfrak{f}\mathfrak{x}}\mathfrak{U} = 0 \qquad (II, 262)$$

soll erfüllt werden, weil der Wahrscheinlichkeitsvektor durch Einwirkungen paralleler Komponenten zum Verschwinden gebracht wird. Wenn die Operatoren $\mathfrak{A}$ und $\boldsymbol{\Pi}$ auch parallele Komponenten enthalten, können sie doch unberücksichtigt bleiben, weil sie bei Anwendung auf den Wahrscheinlichkeitsvektor wieder entfallen.

Da das Feld reell ist, müssen die $\mathfrak{p}_\mathfrak{f}$ und $\mathfrak{q}_\mathfrak{f}$ die Bedingungen

$$\mathfrak{q}_{-\mathfrak{f}} = \mathfrak{q}_\mathfrak{f}^\dagger; \qquad \mathfrak{p}_{-\mathfrak{f}} = \mathfrak{p}_\mathfrak{f}^\dagger \qquad (II, 263)$$

erfüllen, was wir mit dem Ansatz

$$\mathfrak{p}_{\mathfrak{f}2} = \frac{h}{2\pi i}\sqrt{\frac{\mu_0 \pi |\mathfrak{f}|}{hc}}\,(\boldsymbol{a}_{-\mathfrak{f}2} - \boldsymbol{a}_{\mathfrak{f}2}^\dagger), \qquad (II, 264)$$

$$\mathfrak{q}_{\mathfrak{f}2} = \sqrt{\frac{hc}{4\pi \mu_0 |\mathfrak{f}|}}\,(\boldsymbol{a}_{\mathfrak{f}2} + \boldsymbol{a}_{-\mathfrak{f}2}^\dagger), \qquad (II, 265)$$

$$\mathfrak{p}_{\mathfrak{f}3} = \frac{h}{2\pi i}\sqrt{\frac{\mu_0 \pi |\mathfrak{f}|}{hc}}\,(\boldsymbol{a}_{-\mathfrak{f}3} - \boldsymbol{a}_{\mathfrak{f}3}^\dagger), \qquad (II, 266)$$

$$\mathfrak{q}_{\mathfrak{f}4} = \sqrt{\frac{hc}{4\pi \mu_0 |\mathfrak{f}|}}\,(\boldsymbol{a}_{\mathfrak{f}3} + \boldsymbol{a}_{-\mathfrak{f}3}^\dagger) \qquad (II, 267)$$

erreichen. Die Operatoren $\boldsymbol{a}$ sind Matrizen vom Typ (II, 71) S. 1185, erfüllen die Gleichungen (II, 73) und (II, 74). Operatoren mit verschiedenem Index sind vertauschbar.

Man erhält dann damit

$$\mathcal{H}'_{op} = \sum^{\mathfrak{f}} \left\{ \frac{c^2}{2\mu_0} \mathfrak{p}_{\mathfrak{f}} \mathfrak{p}_{\mathfrak{f}}^{\dagger} + \frac{\mu_0}{2} ([{}^{\mathfrak{f}}\mathfrak{q}_{\mathfrak{f}}][{}^{\mathfrak{f}}\mathfrak{q}_{\mathfrak{f}}^{\dagger}]) \right\}$$
$$= \sum^{\mathfrak{f}} \left\{ \frac{c^2}{2\mu_0} \mathfrak{p}_{\mathfrak{f}} \mathfrak{p}_{\mathfrak{f}}^{\dagger} + \frac{\mu_0}{2} \mathfrak{f}^2 \mathfrak{q}_{\mathfrak{f}} \mathfrak{q}_{\mathfrak{f}}^{\dagger} \right\}. \tag{II, 268}$$

Beim Einsetzen ergibt sich daraus

$$\mathcal{H}'_{op} = \frac{hc}{8\pi} \sum^{\mathfrak{f}} |\mathfrak{f}| \{ a_{\mathfrak{f}2} a_{\mathfrak{f}2}^{\dagger} + a_{-\mathfrak{f}2} a_{-\mathfrak{f}2}^{\dagger} + a_{\mathfrak{f}2}^{\dagger} a_{\mathfrak{f}2} + a_{-\mathfrak{f}2}^{\dagger} a_{-\mathfrak{f}2} +$$
$$+ a_{\mathfrak{f}3} a_{\mathfrak{f}3}^{\dagger} + a_{-\mathfrak{f}3} a_{-\mathfrak{f}3}^{\dagger} + a_{\mathfrak{f}3}^{\dagger} a_{\mathfrak{f}3} + a_{-\mathfrak{f}3}^{\dagger} a_{-\mathfrak{f}3} \}$$
$$= \frac{hc}{4\pi} \sum^{\mathfrak{f}} |\mathfrak{f}| \{ a_{\mathfrak{f}2} a_{\mathfrak{f}2}^{\dagger} + a_{\mathfrak{f}2}^{\dagger} a_{\mathfrak{f}2} + a_{\mathfrak{f}3} a_{\mathfrak{f}3}^{\dagger} + a_{\mathfrak{f}3}^{\dagger} a_{\mathfrak{f}3} \} \tag{II, 269}$$
$$= \frac{hc}{2\pi} \sum^{\mathfrak{f}} |\mathfrak{f}| (n_{\mathfrak{f}2} + n_{\mathfrak{f}3} + 1).$$

Das Strahlungsfeld setzt sich aus Photonen zusammen, welche einzeln die Energie

$$E_{\mathfrak{f}} = h\nu = \frac{h\omega_{\mathfrak{f}}}{2\pi} = \frac{hc|\mathfrak{f}|}{2\pi} \tag{II, 270}$$

besitzen und senkrecht zum Ausbreitungsvektor polarisiert sind.

Auf den ersten Blick erscheint das Ergebnis dieser Theorie recht bestechend. Eine genauere Analyse fördert jedoch einige Unstimmigkeiten zu Tage. Mit Hilfe der Nebenbedingungen haben wir die longitudinalen Feldquanten ausgeschaltet, so daß das Strahlungsfeld sich nur aus transversal polarisierten Photonen aufbaut. Dieses Resultat stimmt mit dem empirischen Befund überein. Longitudinale Photonen sind empirisch nicht bekannt. Ein empfindlicher Mangel besteht jetzt aber darin, daß das eingeschlagene Verfahren die relativistische Invarianz völlig verliert. Bei völliger raumzeitlicher Symmetrie müßte man sogar nicht nur longitudinale, sondern auch „zeitartige" Photonen in Betracht ziehen.

Wichtige Versuche, diesen Mangel der Theorie zu beheben, gehen davon aus, daß die Forderung

$$(\Box \vec{\Psi}) \mathfrak{U} = 0 \tag{II, 271}$$

zu viel verlange. GUPTA und BLEULER konnten zeigen, daß es genügt, wenn man die Gleichung (II, 271) für den Vernichtungsanteil des Operators $(\Box \vec{\Psi})$ voraussetzt. Unter dieser Voraussetzung kann man durch eine geeignete Eichtransformation erreichen, daß das Feld nur aus transversalen Photonen besteht. Es entsteht so eine Theorie, die mathematisch longitudinale und zeitartige Photonen mit umfaßt. Zu beobachtbaren Größen steuern aber nur die transversalen Photonen bei.

III. Wechselwirkung von Feldern.

Bisher haben wir nur Felder untersucht, die weder äußeren Einwirkungen unterlagen, noch mit anderen Feldern in Wechselwirkung standen. Der Versuch, diese isolierten Felder systematisch einzuordnen, hat folgende Typen geliefert.

1. Das skalare Feld mit nur einer einzigen Feldfunktion, welche wir in Zukunft mit Φ bezeichnen wollen, was ihren skalaren Charakter andeuten soll.

Diese Felder wollen wir noch in echt skalare Felder und pseudoskalare Felder einteilen. Bei Umkehr der Raumkoordinaten ändert sich die skalare Feldfunktion nicht, während die pseudoskalare ihr Vorzeichen wechselt.

2. Das komplexe (skalare oder pseudoskalare) Feld Φ, welches als geladenes Feld interpretiert werden kann.

3. Das quellenfreie Vektorfeld, welches wir zur Kennzeichnung des vektoriellen Charakters mit $\vec{A}$ bezeichnen wollen. Es kann komplex oder reell, also geladen oder ungeladen sein.

4. Das masselose, quellenfreie reelle Vektorfeld, welches mit dem elektromagnetischen Feld identifiziert werden kann.

5. Das Spinorfeld, dessen Feldfunktion Ψ ein Vektor im vierdimensionalen Spinraum ist.

Die Quantisierung dieser Felder kann mit Hilfe der Operatoren a_f und $a_f^\dagger$ vorgenommen werden, welche als Operatoren der Teilchenvernichtung bzw. Teilchenentstehung erkannt wurden.

Bei den skalaren und vektoriellen Feldern gelten die Vertauschungsregeln

$$a_f a_{f'} - a_{f'} a_f = 0,$$
$$a_f a_{f'}^\dagger - a_{f'}^\dagger a_f = \delta_{ff'}.$$
(III, 1)

Die Operatoren verschiedener Quantenzustände sind vertauschbar (kommutativ).

Die Feldquanten, deren Entstehungs- und Vernichtungsoperatoren kommutativ sind, fassen wir unter der Sammelbezeichnung „Bosonen" zusammen, da jeder Quantenzustand von mehreren Feldquanten besetzt werden kann.

Die Entstehungs- und Vernichtungoperatoren der Spinorfelder gehorchen den Vertauschungsregeln

$$a_f a_{f'} + a_{f'} a_f = 0,$$
$$a_f a_{f'}^\dagger + a_{f'}^\dagger a_f = \delta_{ff'}.$$
(III, 2)

Die Vertauschung von Operatoren verschiedener Quantenzustände bewirkt Vorzeichenwechsel. Die Operatoren a_f sind antikommutativ. Die Feldquanten der Spinorfelder fassen wir unter der Sammelbezeichnung „Fermionen" zusammen, da jeder Quantenzustand nur einfach besetzt werden kann.

Die antikommutativen Operatoren a_f sind uns schon bei den Mehrelektronensystemen begegnet. Dies legt den Gedanken nahe, die Elektronen als Feldquanten eines Spinorfeldes anzusehen, zumal die Spinorfeldgleichung der Diracschen Gleichung eines kräftefreien Elektrons äquivalent ist. Da aber auch Protonen, Neutronen und Neutrinos der Fermistatistik folgen, werden wir sie ebenfalls als Feldquanten von Spinorfeldern zu interpretieren versuchen.

Die Unterschiede der verschiedenen Teilchen, welche wir den Spinorfeldern zuordnen, sehen wir in ihrer verschiedenen (Ruh)masse

$$m = \frac{h}{2\pi \varkappa c},$$
(III, 3)

wo $2\pi \varkappa$ die Comptonwellenlänge der Teilchen ist. Als zweites Unterscheidungsmerkmal kommt noch die Ladung hinzu.

Zu den Spinorfeldern müssen mit ziemlicher Sicherheit auch die μ-Mesonen (Muonen) gerechnet werden.

Unter den Bosonen sind die Photonen am besten bekannt. Sie sind die Feldquanten des elektromagnetischen Feldes. Es scheint außerdem sichergestellt zu sein, daß die π-Mesonen (Pionen) Feldquanten pseudoskalarer Felder sind.

Die gegenseitige Einwirkung der Felder wollen wir als ihre Wechselwirkungsenergie erfassen. Jedem Punkt des Raumes soll eine Dichte der Wechselwirkungsenergie zugeordnet werden, welche sich mit Hilfe der Feldfunktionen beider Felder ausdrücken läßt, wenn zwei Felder aufeinander einwirken. Die Wechselwirkungsenergie können wir dann in die Lagrangedichte oder Hamiltondichte einbringen. Bei diesem Verfahren ordnen wir jedem Volumenelement einen bestimmten Anteil der Wechselwirkungsenergie zu, der in ihm lokalisiert gedacht ist. Es möge erwähnt sein, daß man auch nichtlokalisierte Wechselwirkungen diskutiert hat.

Die Dichte der Wechselwirkungsenergie muß natürlich lorentzinvariant und hermitisch sein. Diese beiden Forderungen geben oft wertvolle Hinweise für den Ansatz der Wechselwirkung.

§ 1. Wechselwirkungen mit Spinorfeldern.

Inhalt: Wechselwirkungsenergie des Spinorfeldes mit skalaren, pseudoskalaren und vektoriellen Feldern.

Bezeichnungen: Ψ Feldfunktion des Spinorfeldes, Φ des skalaren oder pseudoskalaren, $\vec{A}$ des Vektorfeldes, A_k ihre Komponenten, G Kopplungskonstante, γ_k, β_4, γ_5, σ_k vierreihige Spinmatrizen s. S. 1166 und S. 1168, μ_0 Vakuumpermeabilität, ε Ladungskonstante, elementare Feldladung, $2\pi\varkappa$ Comptonwellenlänge, m Masse, $\vec{\mathfrak{J}}$ elektrischer Viererstrom, $\mathfrak{J}_k$ seine Komponenten, L Lagrangedichte.

Wir untersuchen zuerst einige Wechselwirkungen, welche Spinorfelder eingehen können. Dies ist besonders instruktiv, weil die Elektronen und Protonen zu den Spinorteilchen gehören und deren Wechselwirkungen experimentell gut bekannt sind. Wir erhalten auf diese Weise eine gewisse Kontrolle dafür, daß unsere Ansätze mit den bekannten Tatsachen verträglich sind.

Eine lorentzinvariante Wechselwirkungsenergie eines Spinorfeldes Ψ und eines skalaren Feldes Φ können wir aus Φ und der ableitungsfreien Invariante $\Psi^* \beta_4 \Psi$ des Spinorfeldes bilden. Als Dichte der Wechselwirkungsenergie können wir dann den Ausdruck

$$\frac{hc}{2\pi} G \Psi^* \beta_4 \Psi \Phi \qquad (III, 4)$$

bilden. Die Kopplungskonstante G ist dann ein quantitatives Maß für die Stärke der Wechselwirkung.

Ist Φ hingegen eine pseudoskalare Feldfunktion, so muß noch eine schiefsymmetrische pseudoskalare Größe hinzugefügt werden. Als solche bietet sich nur das Produkt

$$\gamma_5 = -i\,\gamma_1\gamma_2\gamma_3\gamma_4 \qquad (III, 5)$$

der Spinmatrizen dar. In der speziellen Matrixdarstellung (I, 120, 121) der Operatoren γ von S. 1168 ist

$$\gamma_5 = i \begin{Vmatrix} 0 & 0 & 1 & 0 \\ 0 & 0 & 0 & 1 \\ \hline 1 & 0 & 0 & 0 \\ 0 & 1 & 0 & 0 \end{Vmatrix} = i\varrho. \qquad (III, 6)$$

Als Wechselwirkungsenergie zwischen Spinorfeldern und pseudoskalaren Feldern werden wir also

$$\frac{hc}{2\pi} G \Psi^* \beta_4 \gamma_5 \Psi \Phi \tag{III, 7}$$

ansetzen. Von diesem Typ sind die Wechselwirkungen von Nukleonen mit π-Mesonen.

Bezeichnen wir die Komponenten eines reellen vektoriellen Feldes mit A_k, so können wir mit Hilfe der Spinorinvariante $\Psi^* \beta_4 \Psi$ und der Operatoren γ_k die invariante und hermitische Wechselwirkung

$$\frac{hc}{2\pi} G \sum_k \Psi^* \beta_4 \gamma_k \Psi A_k = \frac{hc}{2\pi} G \sum_k \Psi^* \varrho \, \sigma_k \Psi A_k \tag{III, 8}$$

konstruieren. Nach (I, 192) von S. 1175 ist

$$\mathfrak{J}_k = \varepsilon c \Psi^* \beta_4 \gamma_k \Psi \tag{III, 9}$$

die k-te Komponente des Vierervektors des elektrischen Stromes. Setzt man noch

$$G = -\frac{2\pi \varepsilon \mu_0}{h}, \tag{III, 10}$$

so ist die Wechselwirkungsenergie

$$-\varepsilon \mu_0 c \sum_k \Psi^* \beta_4 \gamma_k \Psi A_k = -\mu_0 \sum_k \mathfrak{J}_k A_k \tag{III, 11}$$

das mit μ_0 multiplizierte Skalarprodukt von Viererstrom und vektorieller Feldfunktion. Dies ist gerade der Typ der Wechselwirkung geladener Teilchen mit dem elektromagnetischen Feld.

Bisher enthielten die Wechselwirkungsenergien nur die Feldfunktionen selbst, nicht aber ihre Ableitungen. Außer solchen sogenannten direkten Kopplungen sind auch Wechselwirkungen denkbar, in denen Ableitungen der Feldfunktionen vorkommen.

Aus der Spinorfeldfunktion Ψ und einer skalaren Feldfunktion Φ könnten wir z. B. den lorentzinvarianten und hermitischen Ausdruck

$$\frac{ihc}{2\pi} G \sum_k \Psi^* \beta_4 \gamma_k \Psi \frac{\partial \Phi}{\partial x_k} = \frac{hG}{2\pi\varepsilon} \sum_k \mathfrak{J}_k \frac{\partial \Phi}{\partial x_k} \tag{III, 12}$$

bilden. Mit einem pseudoskalaren Feld könnten wir die Wechselwirkung

$$\frac{hcG}{2\pi} \sum_k \Psi^* \beta_4 \gamma_5 \gamma_k \Psi \frac{\partial \Phi}{\partial x_k} \tag{III, 13}$$

konstruieren. Von ihren räumlichen Komponenten rührt der Bestandteil

$$\frac{hcG}{2\pi} \sum_{k=1}^{3} \Psi^* \sigma_k \Psi \frac{\partial \Phi}{\partial x_k} = \frac{hcG}{2\pi} \Psi^* (\sigma \Psi \operatorname{grad} \Phi) \tag{III, 14}$$

her, der durch den Spinvektor σ ausgedrückt werden kann.

Mit diesen Beispielen sind die denkbaren Wechselwirkungen eines Spinorfeldes zwar nicht erschöpft, doch sind (III, 4, 7, 8) die einzigen lorentzinvarianten direkten Wechselwirkungen dritten Grades in den Feldfunktionen.

§ 2. Feldgleichungen des Spinorfeldes mit Wechselwirkungen.

Inhalt: Feldgleichungen des skalaren Feldes in Wechselwirkung mit dem Spinorfeld. Die Wechselwirkung mit dem elektromagnetischen Feld liefert als Feldgleichung die Diracsche Gleichung für ein Elektron im äußeren elektromagnetischen Kraftfeld. Der Viererstrom des Spinorfeldes erscheint als Quelle in den Maxwellschen Gleichungen.

Bezeichnungen: wie S. 1209.

Wir bringen nun die Wechselwirkungsenergie in die Lagrangedichte wie eine potentielle Energie mit negativem Vorzeichen ein. Für die Kombination eines Spinorfeldes mit einem pseudoskalaren Feld erhalten wir dann mit (III, 7) und (I, 123, S. 1168) die Lagrangedichte

$$L = -\frac{hc}{2\pi}\left\{\frac{1}{2i}\sum_k\left(\Psi^*\beta_4\gamma_k\frac{\partial\Psi}{\partial x_k} - \frac{\partial\Psi^*}{\partial x_k}\beta_4\gamma_k\Psi\right) + \frac{1}{\varkappa_\Psi}\Psi^*\beta_4\Psi + \right.$$

$$+ \frac{\varkappa_\Phi}{2}\sum_k\left(\frac{\partial\Phi}{\partial x_k}\right)^2 + \frac{1}{2\varkappa_\Phi}\Phi^2 + \qquad\qquad\text{(III, 15)}$$

$$\left. + G\Psi^*\beta_4\gamma_5\Psi\Phi\right\}.$$

In der ersten Zeile stehen die Anteile des isolierten Spinorfeldes, in der zweiten die des isolierten skalaren Feldes, in der dritten steht die Wechselwirkung. Aus der Lagrangedichte leiten sich die drei Feldgleichungen

$$\varkappa_\Psi i \sum_k \beta_4\gamma_k \frac{\partial\Psi}{\partial x_k} - \beta_4\Psi \quad = G\varkappa_\Psi\beta_4\gamma_5\Psi\Phi, \qquad \text{(III, 16)}$$

$$-\varkappa_\Psi i \sum_k \frac{\partial\Psi^*}{\partial x_k}\beta_4\gamma_k - \Psi^*\beta_4 = G\varkappa_\Psi\Psi^*\beta_4\gamma_5\Phi, \qquad \text{(III, 17)}$$

$$\varkappa_\Phi^2\,\square^2\,\Phi - \Phi \qquad\qquad = G\varkappa_\Phi\Psi^*\beta_4\gamma_5\Psi \qquad \text{(III, 18)}$$

ab.

Die linken Seiten dieser Gleichungen sind dieselben wie bei den isolierten Feldern, während rechts die Wechselwirkung an die Stelle von Null tritt. In der Gleichung (III, 18) wirkt das Spinorfeld als Quelle des skalaren Feldes, ganz ähnlich wie Ladung und Strom als Quellen des elektromagnetischen Feldes wirken.

Die Kombination eines Spinorfeldes und eines elektromagnetischen Feldes ergibt die Lagrangedichte

$$L = -\frac{hc}{2\pi}\left\{\frac{1}{2i}\sum_k\left(\Psi^*\beta_4\gamma_k\frac{\partial\Psi}{\partial x_k} - \frac{\partial\Psi^*}{\partial x_k}\beta_4\gamma_k\Psi\right) + \frac{1}{\varkappa_\Psi}\Psi^*\beta_4\Psi\right\} -$$

$$-\frac{\mu_0}{2}\sum_{kl}\left\{\frac{\partial A_k}{\partial x_k}\frac{\partial A_l}{\partial x_l} + \frac{1}{2}\left(\frac{\partial A_k}{\partial x_l} - \frac{\partial A_l}{\partial x_k}\right)^2\right\} +$$

$$+ \varepsilon\mu_0 c\sum_k\Psi^*\beta_4\gamma_k\Psi A_k.$$

Man kann sie in die Form

$$L = -\frac{c}{2}\sum_k\Psi^*\beta_4\gamma_k\left(\frac{h}{2\pi i}\frac{\partial\Psi}{\partial x_k} - \varepsilon\mu_0 A_k\Psi\right) +$$

$$+ \frac{c}{2}\sum_k\left(\frac{h}{2\pi i}\frac{\partial\Psi^*}{\partial x_k} + \varepsilon\mu_0 A_k\Psi^*\right)\beta_4\gamma_k\Psi - \qquad\text{(III, 19)}$$

$$- \frac{hc}{2\pi\varkappa_\Psi}\Psi^*\beta_4\Psi - \frac{\mu_0}{2}\sum_{kl}\left\{\frac{\partial A_k}{\partial x_k}\frac{\partial A_l}{\partial x_l} + \frac{1}{2}\left(\frac{\partial A_k}{\partial x_l} - \frac{\partial A_l}{\partial x_k}\right)^2\right\}.$$

I. III. Wechselwirkung von Feldern.

Für Ψ erhalten wir daraus die Feldgleichung

$$\varkappa i \sum_k \gamma_k \left(\frac{\partial \Psi}{\partial x_k} - \frac{2\pi i \varepsilon \mu_0}{h} A_k \Psi \right) - \Psi = 0. \qquad \text{(III, 20)}$$

Verwendet man die Transformation (I, 132) von S. 1168 und die γ_k Werte (I, 134, 135), so kommt sie auf die Form

$$\sum_k \beta_k \left(\frac{h}{2\pi i} \frac{\partial \Psi}{\partial x_k} - \varepsilon \mu_0 A_k \Psi \right) - i m c \Psi = 0 \qquad \text{(III, 21)}$$

der Diracschen Gleichung eines Teilchens der Ladung ε im elektromagnetischen Feld, die wir früher (S. 1098) verwendet haben. Eine entsprechende Gleichung ergibt sich auch für Ψ^*.

Für die Komponenten des elektromagnetischen Feldes erhalten wir die Gleichungen

$$\Box^2 A_k = -\varepsilon c \Psi^* \beta_4 \gamma_k \Psi = -\mathfrak{J}_k, \qquad \text{(III, 22)}$$

die sich in die Vektorgleichung

$$\Box^2 \vec{A} = -\vec{\mathfrak{J}} \qquad \text{(III, 23)}$$

zusammenfassen lassen. Der elektrische Viererstrom des Spinorfeldes liefert die Quellen des elektromagnetischen Feldes. Damit haben wir die bekannten Zusammenhänge zwischen Elektronen und dem elektromagnetischen Feld reproduziert.

§ 3. Wechselwirkungen des elektromagnetischen Feldes. Eichinvarianz.

Inhalt: Das elektromagnetische Feld und seine Wechselwirkungen mit anderen Feldern sind eichinvariant. Eichinvarianz des Spinorfeldes und geladenen skalaren Feldes. Eichinvarianz der Wechselwirkung des elektromagnetischen Feldes mit geladenen Feldern. Elektrischer Strom des geladenen Bosonfeldes.
Bezeichnungen: wie S. 1209.

Das Viererpotential des elektromagnetischen Feldes kann selbst nicht beobachtet werden. Zur Wirkung kommen in Wirklichkeit nur die elektrische und magnetische Feldstärke, d. h. die Tensorkomponenten

$$\frac{\partial A_k}{\partial x_l} - \frac{\partial A_l}{\partial x_k}.$$

Da das elektromagnetische Feld quellenfrei ist, ist dies beim isolierten elektromagnetischen Feld an der Lagrangedichte auch ohne weiteres erkennbar. Mathematisch drückt sich diese Eigenschaft des elektromagnetischen Feldes in der Invarianz gegenüber einer Eichtransformation

$$A_k = A_k' + \frac{\partial \chi}{\partial x_k} \qquad \text{(III, 24)}$$

aus. χ kann eine beliebige skalare Funktion sein, welche der Gleichung

$$\Box^2 \chi = 0 \qquad \text{(III, 25)}$$

genügt.

Alle Felder, welche mit dem elektromagnetischen Feld in Wechselwirkung treten, müssen invariant gegen eine Eichtransformation sein. Die Lagrangedichte (III, 19) ist nur dann eichinvariant, wenn die Spinorfeldfunktion bei der Um-

§ 3. Wechselwirkungen des elektromagnetischen Feldes. Eichinvarianz.

eichung (III, 24) die Transformation

$$\Psi = \Psi' e^{\frac{2\pi i}{h}\varepsilon\mu_0\chi}; \qquad \Psi^* = \Psi^{*\prime} e^{-\frac{2\pi i}{h}\varepsilon\mu_0\chi} \qquad (III, 26)$$

erfährt. Durch (III, 26) wird die Forderung der Eichinvarianz für das isolierte Spinorfeld, wie auch für die Kombination des Spinorfeldes mit elektromagnetischen Feldern erfüllt.

Es läßt sich nunmehr voraussehen, daß sich auch eine eichinvariante Lagrangedichte für die Kombination eines komplexen skalaren Feldes und eines elektromagnetischen Feldes konstruieren lassen wird. Die Lagrangedichte

$$L = \frac{2\pi\varkappa c}{h}\left\{\left(\frac{h}{2\pi i}\Box\,\Phi^* + \varepsilon\mu_0\vec{A}\,\Phi^*\right)\left(\frac{h}{2\pi i}\Box\,\Phi - \varepsilon\mu_0\vec{A}\,\Phi\right)\right\} - \\ - \frac{hc}{2\pi\varkappa}\Phi^*\Phi - \frac{\mu_0}{2}\sum_{kl}\left\{\frac{\partial A_k}{\partial x_k}\frac{\partial A_l}{\partial x_l} + \frac{1}{2}\left(\frac{\partial A_k}{\partial x_l} - \frac{\partial A_l}{\partial x_k}\right)^2\right\} \qquad (III, 27)$$

liefert für $\Phi = 0$, bzw. $\vec{A} = 0$ die isolierten Felder zurück. Sie ist außerdem invariant gegen die Eichtransformation

$$\vec{A} = \vec{A}' + \Box\chi; \qquad \Phi = \Phi' e^{\frac{2\pi i}{h}\varepsilon\mu_0\chi}. \qquad (III, 28)$$

Als Wechselwirkung enthält (III, 27) die Glieder

$$i\varkappa c\varepsilon\mu_0(\vec{A}\{\Phi^*\Box\Phi - \Phi\Box\Phi^*\}) + \frac{2\pi\varkappa c\varepsilon^2\mu_0^2}{h}\vec{A}^2\Phi^*\Phi. \qquad (III, 29)$$

Als Feldgleichungen findet man

$$\varkappa^2\Box^2\Phi - \Phi - \frac{4\pi i\varkappa^2\varepsilon\mu_0}{h}(\vec{A}\Box\Phi) - \frac{4\pi^2\varkappa^2\varepsilon^2\mu_0^2}{h^2}\vec{A}^2\Phi = 0 \qquad (III, 30)$$

und die dazu konjugierte Gleichung für das skalare Feld. Für das elektromagnetische Feld ergibt sich

$$\Box^2\vec{A} = i\varkappa c\varepsilon(\Phi^*\Box\Phi - \Phi\Box\Phi^*) + \frac{4\pi\varkappa c\varepsilon^2\mu_0}{h}\vec{A}\,\Phi^*\Phi. \qquad (III, 31)$$

Als elektrischen Strom müssen wir natürlich die negativen Quellen des elektromagnetischen Feldes definieren. Zu dem Strom

$$\mathfrak{J} = -i\varkappa c\varepsilon(\Phi^*\Box\Phi - \Phi\Box\Phi^*) \qquad (III, 32)$$

des isolierten komplexen skalaren Feldes kommt durch die Wechselwirkung noch das Glied

$$-\frac{4\pi\varkappa\varepsilon^2\mu_0}{h}\vec{A}\,\Phi^*\Phi \qquad (III, 33)$$

hinzu, weil die Feldfunktionen Φ^* und Φ durch die Wechselwirkung verändert werden.

Zwei überlagerte isolierte Felder gleicher Comptonwellenlänge sind einem komplexen Feld äquivalent. Solange sie nicht mit einem anderen Feld, z. B. dem elektromagnetischen Feld, in Wechselwirkung treten, sind sie voneinander unabhängig. Es besteht dann Entartung. An die Wechselwirkung mit dem elektromagnetischen Feld sind jedoch zwei konjugiert komplexe Feldfunktionen adaptiert. Durch die Kopplung mit dem elektromagnetischen Feld wird die Entartung aufgehoben. Da wir Ladung und Strom als Quellen des elektromagnetischen Feldes definieren, ist es keine Willkür, sondern eine notwendige Konsequenz, geladene Felder durch komplexe Feldfunktionen zu beschreiben.

Kann es nun eine Wechselwirkung zwischen einem reellen skalaren Feld und dem elektromagnetischen Feld geben? Man kann sofort erkennen, daß eine ähnliche Wechselwirkung wie mit dem komplexen Feld nicht eichinvariant wäre und infolgedessen unmöglich ist.

*§ 4. Ladung und isobarer Spin.

Inhalt: Disjunktiv ist eine Eigenschaft, welche das Feld besitzen oder nicht besitzen kann. Eine disjunktive Eigenschaft kann durch Paulische Spinmatrizen in die Beschreibung des Feldes aufgenommen werden. Der Spin wird als disjunktive Eigenschaft durch die Matrizen $\tau_1\,\tau_2\,\tau_3$ beschrieben. Oberwelt – Unterwelt bzw. Teilchen – Antiteilchen ist eine zweite disjunktive Eigenschaft, die mit den Matrizen $\varrho^{(1)}$, $\varrho^{(2)}$, $\varrho^{(3)}$ beschrieben werden kann. Die Ladung ist eine dritte disjunktive Eigenschaft, die zugehörigen Spinmatrizen $\lambda^{(1)}$, $\lambda^{(2)}$, $\lambda^{(3)}$ werden als Matrizen des „isobaren" Spins bezeichnet. Der isobare Spin faßt Proton und Neutron zum Nukleon, Elektron und Neutrino zum Lepton zusammen. Durch einen vierten Spin, den Massenspin, könnte man noch Nukleonen und Leptonen als Zustände eines Fermions zusammenfassen. In den isolierten Feldern kommen nur die Spinmatrizen τ und ϱ, nicht aber der isobare Spin λ vor. Die Wechselwirkungen dritten Grades enthalten auch den isobaren Spin.

Bezeichnungen: Ψ, Ξ Feldfunktionen des Nukleons, ψ, χ des Leptons, Φ, Φ^* des Mesons. G Kopplungskonstante. $\tau_1\,\tau_2\,\tau_3$ Matrizen des Spins, $\varrho^{(1)}$, $\varrho^{(2)}$, $\varrho^{(3)}$ Spinmatrizen für Teilchen – Antiteilchen, $\lambda^{(1)}$, $\lambda^{(2)}$, $\lambda^{(3)}$ Matrizen des isobaren (Ladungs-)spins, $\mu^{(1)}$, $\mu^{(2)}$, $\mu^{(3)}$ Spinmatrizen der Masse, ε Elementarladung, $\boldsymbol{\varepsilon}$ Ladungsoperator $\sigma_1\,\sigma_2\,\sigma_3$, γ_k, γ_5 vierreihige Spinmatrizen, m Masse, a', $a'^\dagger$ Operatoren der Ladungsvernichtung und Entstehung. $2\pi\varkappa$ Comptonwellenlänge. $\gamma_5 = -i\,\gamma_1\gamma_2\gamma_3\gamma_4$ pseudoskalarer Operator. Der Operator charakterist durch Fettdruck kenntlich gemacht.

Es liegt nahe, die Wechselwirkung eines Spinorfeldes und eines komplexen skalaren Feldes mit

$$\frac{h\,c}{2\pi\,i}\,G\,\Psi^*\,\beta_4\,\Psi\,(\Phi - \Phi^*) \qquad (\text{III},\,34)$$

anzusetzen, weil die entgegengesetzten Ladungen natürlich mit verschiedenem Vorzeichen zur Energie beitragen müssen. Dieser Versuch bringt uns aber in Schwierigkeiten. Der Ansatz ist zwar lorentzinvariant und hermitisch, aber nicht eichinvariant. Für die Ladung des Spinorfeldes gilt mit der Wechselwirkung (III, 34) zwar noch der Erhaltungssatz, aber nicht mehr für die Ladung des komplexen skalaren Feldes.

Diese Schwierigkeit wollen wir nun in Verbindung mit empirischen Tatsachen bringen, die wir bisher zwar bereits registriert haben, um deren Deutung wir aber noch nicht bemüht waren. Zu den Spinorfeldern zählen auch die Protonen und Neutronen, zusammen mit ihren Antiteilchen. Der Unterschied dieser beiden Teilchen liegt vorwiegend in der Ladung und den von ihr abhängigen magnetischen Momenten. Der geringe Massenunterschied von Proton und Neutron kann in erster Näherung außer Betracht bleiben bzw. als eine zunächst nicht näher untersuchte Folge des Ladungsunterschiedes angesehen werden. So betrachtet, erscheinen das Proton und das Neutron nicht als zwei verschiedene Teilchen, sondern als geladener und ungeladener Zustand desselben Teilchens, des Nukleons.

Dieser Sachverhalt findet ein Gegenstück bei Elektronen und Neutrinos. Auch hier hat man zwei Teilchen vor sich, die sich durch die Ladung unterscheiden, während ihre Massen im wesentlichen dieselben, nämlich klein sind. Auch bei diesen Teilchen liegt es nahe, den Massenunterschied als Folge des Ladungsunterschiedes zu verstehen, obwohl die Massenunterschiede hier relativ

*§ 4. Ladung und isobarer Spin.

größer als bei Proton und Neutron sind. Elektron und Neutrino wären also der geladene und neutrale Zustand des gleichen Teilchens, des Leptons.

Dieser kühne Gedanke läßt sich verhältnismäßig leicht in unsere Systematik der Felder eingliedern. Wir kehren zu den für das Spinorfeld charakteristischen Spinmatrizen zurück und betrachten zuerst die zweireihigen Paulischen Matrizen

$$\tau_1 = \begin{Vmatrix} 1 & 0 \\ 0 & -1 \end{Vmatrix}; \quad \tau_2 = \begin{Vmatrix} 0 & 1 \\ 1 & 0 \end{Vmatrix}; \quad \tau_3 = \begin{Vmatrix} 0 & -i \\ i & 0 \end{Vmatrix}, \quad \text{(III, 35)}$$

die wir in (I, 89), S. 1163, eingeführt haben. Nur zwei dieser Matrizen sind von einander unabhängig, denn zwischen ihnen besteht die Beziehung

$$\tau_1 \tau_2 \tau_3 = i. \quad \text{(III, 36)}$$

Wir können uns also auf τ_1 und τ_2 beschränken. Angewandt wurden diese Operatoren auf zwei Feldfunktionen, aus welchen wir den Feldvektor

$$\Psi = \begin{Vmatrix} \Psi_1 \\ \Psi_2 \end{Vmatrix} \quad \text{(III, 37)}$$

im zweidimensionalen Spinraum gebildet haben. Dies deuteten wir folgendermaßen: Die Zustände des Feldes werden zunächst charakterisiert durch die Quantenzahlen $\mathfrak{k}$ (Ausbreitungsvektor), die in nichtrelativistischer Näherung die Energie und den raumzeitlichen Verlauf der Feldfunktion bestimmen. Hiervon abgesehen, unterscheiden sich die Zustände aber noch durch ein weiteres Merkmal, welches zwei voneinander verschiedene Werte besitzen kann. Ein solches Merkmal wollen wir disjunktiv nennen. Im vorliegenden Fall handelt es sich um den Spin, der die Zustände verdoppelt. Dem einen Spinwert ist der obere, dem andern der untere Platz in der Matrixform (III, 37) des Vektors Ψ zugeordnet. Zu dem Produkt

$$\Psi^* \Psi = \Psi_1^* \Psi_1 + \Psi_2^* \Psi_2 \quad \text{(III, 38)}$$

steuert jeder der beiden Zustände seinen Anteil bei. Beide Anteile werden summiert. Mit τ_1 kann man den Ausdruck

$$\Psi^* \tau_1 \Psi = \Psi_1^* \Psi_1 - \Psi_2^* \Psi_2 \quad \text{(III, 39)}$$

bilden, in dem die Anteile beider Zustände sich subtrahieren. Der Operator τ_2 hingegen vertauscht die beiden Zustände. Mit ihm kann man den Wechselwirkungsausdruck

$$\Psi^* \tau_2 \Psi = \Psi_1^* \Psi_2 + \Psi_2^* \Psi_1 \quad \text{(III, 40)}$$

bilden, der jeweils einen der beiden Zustände mit dem andern verknüpft. Mit Hilfe von $-i \tau_1 \tau_2 = \tau_3$ kann man die ebenfalls hermitische Wechselwirkung

$$\Psi^* \tau_3 \Psi = i(\Psi_1 \Psi_2^* - \Psi_1^* \Psi_2) \quad \text{(III, 41)}$$

formulieren. Damit sind die Möglichkeiten hermitischer bilinearer Ausdrücke erschöpft.

Mit den Operatoren τ kann man also das disjunktive Merkmal des Spins neben den bereits vorhandenen Merkmalen in die Beschreibung des Feldes einführen.

Als wir auf S. 1164 mit (I, 97) die Matrix

$$\varrho = \left\| \begin{array}{cc|cc} 0 & 0 & 1 & 0 \\ 0 & 0 & 0 & 1 \\ \hline 1 & 0 & 0 & 0 \\ 0 & 1 & 0 & 0 \end{array} \right\| = \left\| \begin{array}{cc} 0 & 1 \\ 1 & 0 \end{array} \right\| = \varrho^{(2)} \tag{III, 42}$$

einführten, nahmen wir ein zweites disjunktives Merkmal zu Hilfe. Dem neuen Merkmal sind die 4 Untermatrizen, dem Spin die 4 Plätze in den Untermatrizen der Matrix (III, 42) zugeordnet. Führen wir außer $\varrho^{(2)}$ noch die Matrix

$$\varrho^{(1)} = \left\| \begin{array}{cc} 1 & 0 \\ 0 & -1 \end{array} \right\| = \beta_4 \tag{III, 43}$$

ein, welche genau τ_1 entspricht, sich aber auf ein anderes Merkmal bezieht, so können wir alle bisher benutzten vierreihigen Matrizen aus $\tau_1, \tau_2, \varrho^{(1)}$ und $\varrho^{(2)}$ aufbauen. Wir erhalten nämlich

$$\sigma_1 = \tau_1; \quad \sigma_2 = \tau_2; \quad \sigma_3 = -i\,\tau_1\tau_2; \quad \sigma_4 = -i\,\varrho^{(1)}.$$

$$\gamma_k = \varrho^{(1)}\,\varrho^{(2)}\,\tau_k; \quad \gamma_4 = i\,\varrho^{(1)}; \quad \gamma_5 = i\,\varrho^{(2)}. \tag{III, 44}$$

Wenn wir die γ_k von S. 1168 verwenden wollen, so gilt

$$\gamma_k = i\,\varrho^{(2)}\,\tau_k; \quad \gamma_4 = i\,\varrho^{(1)}; \quad \gamma_5 = \varrho^{(2)}\,\varrho^{(1)}. \tag{III, 45}$$

Das zweite Merkmal, welches mit $\varrho^{(1)}, \varrho^{(2)}$ berücksichtigt wird, ist die Unterscheidung von Oberwelt und Unterwelt bzw. die Unterscheidung der Teilchen und Antiteilchen.

Nun stellt offenbar die Ladung ein drittes disjunktives Merkmal dar, durch das wir Protonen und Neutronen oder Elektronen und Neutrinos unterscheiden können. Mit Hilfe eines dritten Satzes von Paulischen Matrizen

$$\lambda^{(1)} = \left\| \begin{array}{cc} 1 & 0 \\ 0 & -1 \end{array} \right\|; \quad \lambda^{(2)} = \left\| \begin{array}{cc} 0 & 1 \\ 1 & 0 \end{array} \right\|; \quad \lambda^{(3)} = -i\,\lambda^{(1)}\,\lambda^{(2)} = \left\| \begin{array}{cc} 0 & -i \\ i & 0 \end{array} \right\| \tag{III, 46}$$

kann man also das Proton und das Neutron als Zustände eines Nukleonenfeldes, das Elektron und das Neutrino als Zustände eines Leptonfeldes zusammenfassen. Mit (III, 46) führen wir gewissermaßen einen zweiten oder vielmehr sogar einen dritten Spin ein, den man auch „isobaren Spin" genannt hat.

Die Unterscheidung der Teilchen und Antiteilchen nötigte uns dazu, eine vierkomponentige Spinorfeldfunktion zu verwenden und uns der vierreihigen Matrizen zu bedienen. Jetzt müßten wir zu einer achtkomponentigen Feldfunktion übergehen und achtreihige Matrizen verwenden. Dies wäre aber etwas umständlich. Wir beschränken uns deshalb darauf, zu der bisher vierkomponentigen Feldfunktion Ψ eine zweite vierkomponentige Funktion Ξ hinzuzufügen. Aus beiden Funktionen bilden wir im isobaren Spinraum die Vektoren

$$\left\| \begin{array}{c} \Xi \\ \Psi \end{array} \right\| \quad \text{bzw.} \quad \| \Xi^* \, \Psi^* \|. \tag{III, 47}$$

*§ 4. Ladung und isobarer Spin.

Die obere bzw. vordere Komponente (Ξ bzw. Ξ^*) bedeutet die Wahrscheinlichkeitsamplitude dafür, daß das Feld ungeladen ist, die untere bzw. hintere Komponente (Ψ bzw. Ψ^*), daß das Feld geladen ist. Die Wirkung der Operatoren $\lambda^{(1)}$ und $\lambda^{(2)}$ ist durch die Relationen

$$\lambda^{(1)} \left\| \begin{array}{c} \Xi \\ \Psi \end{array} \right\| = \left\| \begin{array}{c} \Xi \\ -\Psi \end{array} \right\|; \quad \lambda^{(2)} \left\| \begin{array}{c} \Xi \\ \Psi \end{array} \right\| = \left\| \begin{array}{c} \Psi \\ \Xi \end{array} \right\|, \quad \text{(III, 48)}$$

$$\| \Xi^* \Psi^* \| \lambda^{(1)} = \| \Xi^* -\Psi^* \|; \quad \| \Xi^* \Psi^* \| \lambda^{(2)} = \| \Psi^* \Xi^* \| \quad \text{(III, 49)}$$

ausgedrückt. Der Operator $\lambda^{(2)}$ vertauscht den geladenen und ungeladenen Zustand, bewirkt also eine Ladung des ungeladenen Anteiles und eine Entladung des geladenen Anteiles des Feldes. $\lambda^{(1)}$ bewirkt hingegen nur eine Subtraktion statt einer Addition beim geladenen Anteil. Die Ladung selbst kann dann als Diagonaloperator

$$\varepsilon = \begin{array}{c} N \\ P \end{array} \left\| \begin{array}{cc} 0 & 0 \\ 0 & \varepsilon \end{array} \right\| = \varepsilon \left\| \begin{array}{cc} 0 & 0 \\ 0 & 1 \end{array} \right\| \quad \text{(III, 50)}$$

im isobaren Spinraum beschrieben werden. Die Bezeichnung N und P der Zeilen deutet an, daß es sich um ein Neutron bzw. Proton handelt und kann natürlich entfallen. Den geringfügigen Massenunterschied zwischen Proton und Neutron könnte man ebenfalls berücksichtigen, indem man den Massenoperator

$$m = \left\| \begin{array}{cc} m_N & 0 \\ 0 & m_P \end{array} \right\| = m_N + \frac{m_P - m_N}{\varepsilon} \varepsilon \quad \text{(III, 51)}$$

verwendet. Davon wollen wir jedoch absehen, weil wir damit rechnen, daß der Massenunterschied bei Wechselwirkungen als Folge des Ladungsunterschiedes herauskommt.

Die Operatoren

$$a' = \frac{1}{2} (\lambda^{(3)} + i \lambda^{(2)}) = \begin{array}{c} N \\ P \end{array} \left\| \begin{array}{cc} 0 & 1 \\ 0 & 0 \end{array} \right\| \quad \text{(III, 52)}$$

und

$$a'^\dagger = \frac{1}{2} (\lambda^{(3)} - i \lambda^{(2)}) = \begin{array}{c} N \\ P \end{array} \left\| \begin{array}{cc} 0 & 0 \\ 1 & 0 \end{array} \right\| \quad \text{(III, 53)}$$

entsprechen durchaus den Jordan-Wignerschen Matrizen. a' führt ein Proton in ein Neutron über, ist also der Vernichtungsoperator der Ladung. $a'^\dagger$ verwandelt ein Neutron in ein Proton, ist der Entstehungsoperator der Ladung.

Nachdem wir geladene und ungeladene Teilchen als Zustände desselben Spinorfeldes gedeutet haben, drängt sich der Gedanke auf, mit der Masse der Teilchen ähnlich wie mit der Ladung zu verfahren. Ebenso wie die Ladung könnte auch die Masse eine disjunktive Eigenschaft sein, welche die Teilchen entweder besitzen oder nicht besitzen können. Hiernach wären die Nukleonen Zustände des Feldes mit Masse, die Leptonen Zustände ohne Masse. Wohl besitzen die Elektronen eine Masse, aber sie ist eben doch gemessen an der Nukleonenmasse sehr klein. Die Masse der Elektronen wäre vielleicht keine Eigenmasse, sondern eine Masse, welche sie als Folge ihrer Ladung, ihres Spins, ihrer Bewegung und ihrer

Wechselwirkungen besitzen. Die noch kleinere Neutrinomasse wäre dann nur die Masse des Spins und der Wechselwirkungen.

Es bietet keine Schwierigkeit, diese Auffassung mathematisch zu formulieren. Wir benötigen dann nur noch einen vierten Satz von Spinmatrizen

$$\mu^{(1)} = \begin{Vmatrix} 1 & 0 \\ 0 & -1 \end{Vmatrix}; \quad \mu^{(2)} = \begin{Vmatrix} 0 & 1 \\ 1 & 0 \end{Vmatrix}; \quad \mu^{(3)} = -i\,\mu^{(1)}\,\mu^{(2)} = \begin{Vmatrix} 0 & -i \\ i & 0 \end{Vmatrix}, \quad \text{(III, 54)}$$

die sich jetzt auf die Masse beziehen. Die Masse selbst wird dann zu einem Operator

$$m = m_N \begin{matrix} L & N \\ L \\ N \end{matrix} \begin{Vmatrix} 0 & 0 \\ 0 & 1 \end{Vmatrix}, \quad \text{(III, 55)}$$

wo mit m_N die Nukleonenmasse bezeichnet wird. Durch L und N soll angedeutet sein, daß es sich um den Zustand eines Leptons bzw. Nukleons handelt. Natürlich kann man auch die Operatoren

$$a^{(m)} = \frac{1}{2}(\mu^{(2)} + i\,\mu^{(3)}); \quad a^{(m)\dagger} = \frac{1}{2}(\mu^{(2)} - i\,\mu^{(3)}) \quad \text{(III, 56)}$$

der Massenvernichtung und Massenentstehung bilden.

Wenn wir den isotopen Spin und den Massenspin in die Theorie einbringen, erhalten wir ein sehr geschlossenes Bild. Alle Fermi-Elementarteilchen (Fermionen) bilden mit ihren Antiteilchen nur ein einziges Feld. Solange wir uns allerdings auf eine Näherung beschränken, in der wir die Lagrangedichte als quadratische Funktion der Feldfunktion ansetzen, kommen in ihr weder die Operatoren des isobaren Spins noch des Massenspins vor. In dieser Näherung sind die Feldgleichungen linear und enthalten diese Operatoren nicht. Wenn wir aber Glieder 3. und 4. Grades als Wechselwirkungen berücksichtigen, finden wir gute Gründe, um die Ladung mit dem isobaren Spin einzuführen und auch einen vagen Hinweis auf den Massenspin.

*§ 5. Wechselwirkung des Fermionenfeldes mit Bosonenfeldern.

Inhalt: Die Zusammenfassung geladener und ungeladener Teilchen in einem Nukleonenfeld bzw. Leptonfeld hat keinen Einfluß auf die Wechselwirkung mit dem skalaren Mesonfeld und dem elektromagnetischen Feld. Die Feldfunktion der ungeladenen Fermionen ist eichinvariant. Mit den isobaren Spinoperatoren kann man eine eichinvariante Wechselwirkung mit dem geladenen Mesonfeld konstruieren.
Bezeichnungen: wie S. 1214.

Nachdem wir ein einheitliches Feld konstruiert haben, welches alle Arten von Fermiteilchen als Zustände umfaßt, müssen wir seine Wechselwirkungen mit den Bosonenfeldern ermitteln. Einstweilen beschränken wir uns darauf, nur Protonen und Neutronen zum Nukleonenfeld zu vereinigen.

Es macht keinerlei Schwierigkeit, die Wechselwirkung mit dem elektromagnetischen Feld zu berücksichtigen. Die Lagrangedichte des Protonenfeldes in Wechselwirkung mit dem elektromagnetischen Feld haben wir bereits in (III, 19) aufgestellt. Da das neutrale Spinorfeld (Neutron) keine Wechselwirkung ergibt, ist nur das Glied

$$-\frac{h c}{4 \pi i} \sum_k \left(\varXi^* \beta_4 \gamma_k \frac{\partial \varXi}{\partial x_k} - \frac{\partial \varXi^*}{\partial x_k} \beta_4 \gamma_k \varXi \right),$$
$$-\frac{h c}{2 \pi \varkappa_\varXi} \varXi^* \beta_4 \varXi \quad \text{(III, 57)}$$

*§ 5. Wechselwirkung des Fermionenfeldes mit Bosonenfeldern.

für das isolierte Neutronfeld hinzuzufügen. Setzen wir

$$\varkappa_\Xi = \varkappa_\Psi, \tag{III, 58}$$

so erhalten wir aus (III, 19) die gesuchte Lagrangedichte, wenn wir Ψ durch

$$\left\| \begin{array}{c} \Xi \\ \Psi \end{array} \right\| \tag{III, 59}$$

und die Ladung ε durch den Ladungsoperator

$$\varepsilon = \varepsilon \left\| \begin{array}{cc} 0 & 0 \\ 0 & 1 \end{array} \right\| \tag{III, 60}$$

ersetzen.

Es ist interessant festzustellen, daß Ξ durch die Forderung der Eichinvarianz nicht berührt wird. Ξ braucht also bei einer Eichtransformation überhaupt nicht verändert zu werden, sondern kann selbst eichinvariant sein.

Als Wechselwirkung des Nukleonenfeldes mit einem reellen skalaren Feld müssen wir in Analogie zu (III, 4) und (III, 7) den Ansatz

$$\frac{hc}{2\pi} \{G_P \Psi^* \beta_4 \Psi + G_N \Xi^* \beta_4 \Xi\} \Phi \tag{III, 61}$$

und mit einem pseudoskalaren Feld den Ansatz

$$\frac{hc}{2\pi} \{G_P \Psi^* \beta_4 \gamma_5 \Psi + G_N \Xi^* \beta_4 \gamma_5 \Xi\} \Phi \tag{III 62}$$

vorsehen. G_P und G_N sind die Kopplungskonstanten für Protonen und Neutronen mit dem Feld Φ. Beide Wechselwirkungen sind eichinvariant. Dagegen würde den Ausdrücken

$$\frac{hc}{2\pi} G (\Psi^* \beta_4 \Xi + \Xi^* \beta_4 \Psi) \Phi \tag{III, 63}$$

und

$$\frac{hc}{2\pi} G (\Psi^* \beta_4 \gamma_5 \Xi + \Xi^* \beta_4 \gamma_5 \Psi) \Phi \tag{III, 64}$$

die Eichinvarianz fehlen.

Sind nun Proton und Neutron Zustände desselben Nukleonenfeldes, so kann man daraus Folgerungen für die Kopplungskonstanten G_P und G_N ziehen. G_P und G_N können entweder gleich sein oder die Eigenwerte eines Operators sein, welche gerade Proton und Neutron unterscheiden. Dies ist aber der Operator $\lambda^{(1)}$ mit den Eigenwerten ± 1. Da es kaum verständlich wäre, daß sich die Ladung eines Nukleons überhaupt nicht in der Kopplung mit dem Feld Φ bemerkbar macht, setzen wir

$$G_P = -G_N = G. \tag{III, 65}$$

Dann erhalten wir die Wechselwirkung

$$\frac{hc}{2\pi} G \|\Xi^* \Psi^*\| \Gamma \lambda^{(1)} \left\| \begin{array}{c} \Xi \\ \Psi \end{array} \right\| \Phi \tag{III, 66}$$

eines Nukleonenfeldes mit dem skalaren Feld, wo Γ entweder β_4 oder $\beta_4 \gamma_5$ bedeutet.

Nun wollen wir uns noch mit der Wechselwirkung des Nukleonenfeldes mit dem komplexen skalaren Mesonfeld befassen. Gegenüber (III, 66) erwarten wir drei Veränderungen. Es müssen erstens zwei Glieder der Form (III, 66) auftreten, von denen eines Φ, das andere Φ^* enthält. An die Stelle des Operators $\lambda^{(1)}$ werden zwei Operatoren Γ' bzw. $\Gamma'^\dagger$ treten, welche den isobaren Spin enthalten, die wir aber noch nicht kennen. Drittens werden wir den Zahlfaktor $\sqrt{2}$ hinzufügen müssen. In den Ausdrücken für die Energie des komplexen Feldes haben wir nämlich stets den Faktor $hc/2\pi$, wo beim reellen Feld $hc/4\pi$ steht. Dies rührt von der Normierung her. Die Wechselwirkung, welche Φ nur linear enthält, muß deshalb beim komplexen Feld den Faktor $\sqrt{2}$ gegenüber dem reellen Feld erhalten.

Wir setzen demnach als Wechselwirkungsenergie

$$\frac{hc}{2\pi} G \sqrt{2} \left\{ \| \mathit{\Xi}^* \Psi^* \| \Gamma \Gamma' \left\| \begin{matrix} \mathit{\Xi} \\ \Psi \end{matrix} \right\| \Phi + \| \mathit{\Xi}^* \Psi^* \| \Gamma \Gamma'^\dagger \left\| \begin{matrix} \mathit{\Xi} \\ \Psi \end{matrix} \right\| \Phi^* \right\} \quad \text{(III, 67)}$$

an.

Um Γ' und $\Gamma'^\dagger$ zu ermitteln, untersuchen wir die Eichinvarianz von (III, 67). Je nach der Bedeutung von Γ' und $\Gamma'^\dagger$ können Glieder mit den Ausdrücken

$$\underline{\mathit{\Xi}^* \Gamma \mathit{\Xi} \Phi}; \quad \mathit{\Xi}^* \Gamma \Psi \Phi; \quad \Psi^* \Gamma \mathit{\Xi} \Phi; \quad \underline{\Psi^* \Gamma \Psi \Phi},$$
$$\underline{\mathit{\Xi}^* \Gamma \mathit{\Xi} \Phi^*}; \quad \mathit{\Xi}^* \Gamma \Psi \Phi^*; \quad \Psi^* \Gamma \mathit{\Xi} \Phi^*; \quad \underline{\Psi^* \Gamma \Psi \Phi^*} \quad \text{(III, 68)}$$

entstehen. Gleichgültig wie sich $\mathit{\Xi}$ bei einer Eichtransformation (III, 28) verhält, können die unterstrichenen Ausdrücke nicht eichinvariant sein. Ist $\mathit{\Xi}$ selbst eichinvariant, so können nur die Kombinationen

$$\Psi^* \Gamma \mathit{\Xi} \Phi \quad \text{und} \quad \mathit{\Xi}^* \Gamma \Psi \Phi^* \quad \text{(III, 69)}$$

vorkommen. Genau diese Kombinationen erhält man, wenn man

$$\Gamma' = a'^\dagger, \qquad \Gamma'^\dagger = a',$$
$$= \frac{1}{2}(\lambda^{(2)} - i\lambda^{(3)}), \qquad = \frac{1}{2}(\lambda^{(2)} + i\lambda^{(3)}) \quad \text{(III, 70)}$$

setzt. Die Wechselwirkung lautet dann

$$\frac{hc\sqrt{2}}{2\pi} G \left\{ \| \mathit{\Xi}^* \Psi^* \| \Gamma a'^\dagger \left\| \begin{matrix} \mathit{\Xi} \\ \Psi \end{matrix} \right\| \Phi + \| \mathit{\Xi}^* \Psi^* \| \Gamma a' \left\| \begin{matrix} \mathit{\Xi} \\ \Psi \end{matrix} \right\| \Phi^* \right\}$$
$$= \frac{hc\sqrt{2}}{2\pi} G \{ \Psi^* \Gamma \mathit{\Xi} \Phi + \mathit{\Xi}^* \Gamma \Psi \Phi^* \}. \quad \text{(III, 71)}$$

*§ 6. Das symmetrische skalare Mesonfeld und seine Wechselwirkungen mit Nukleonen.

Inhalt: Gleichzeitige Wechselwirkung eines Nukleonenfeldes mit einem neutralen und einem geladenen Mesonfeld.

Bezeichnungen: $\vec{\Phi}$ Mesonfeldfunktion als Vektor im symbolischen Raum $e^{(1)} e^{(2)} e^{(3)}$, $\Phi^{(1)} \Phi^{(2)} \Phi^{(3)}$ ihre Komponenten, $\lambda^{(1)} \lambda^{(2)} \lambda^{(3)}$ Komponenten des Vektoroperators $\vec{\lambda}$ im e Raum, $\Phi^{(1)}$ Feldfunktion des neutralen, $\Phi^{(2)}, \Phi^{(3)}$ des geladenen Mesons, sonst wie S. 1214.

Das isolierte geladene Mesonfeld konnte auch durch zwei entartete reelle Feldfunktionen beschrieben werden. Die komplexen Linearkombinationen sind jedoch an die Wechselwirkungen mit dem elektromagnetischen Feld adaptiert. Wir kehren jetzt mit der Transformation

$$\Phi = \frac{1}{\sqrt{2}}(\Phi^{(2)} + i\Phi^{(3)}), \quad \text{(III, 72)}$$

$$\Phi^* = \frac{1}{\sqrt{2}}(\Phi^{(2)} - i\Phi^{(3)}) \quad \text{(III, 73)}$$

§ 7. Wechselwirkungen zwischen Fermionen.

wieder zu zwei reellen Feldern zurück, und fügen das reelle skalare Feld als eine Feldfunktion $\Phi^{(1)}$ hinzu. Wir spannen ferner einen symbolischen dreidimensionalen Raum mit den Einheitsvektoren $e^{(1)}$, $e^{(2)}$, $e^{(3)}$ auf und definieren den symbolischen Feldvektor

$$\vec{\Phi} = e^{(1)} \Phi^{(1)} + e^{(2)} \Phi^{(2)} + e^{(3)} \Phi^{(3)}. \quad (III, 74)$$

Die Lagrangedichte der vereinigten reellen und komplexen Mesonfelder kann man dann in

$$L = -\frac{hc}{4\pi}\left\{\varkappa(\Box\vec{\Phi})^2 + \frac{1}{\varkappa}\vec{\Phi}^2\right\} \quad (III, 75)$$

zusammenfassen. Die Summe der Wechselwirkungsenergien (III, 66, 71) des Nukleonenfeldes mit beiden Feldern kommt auf die Form

$$\frac{hc}{2\pi}G\|\Xi^*\Psi^*\|\boldsymbol{\Gamma}\{\lambda^{(1)}\Phi^{(1)} + \sqrt{2}(a'^\dagger\Phi + a'\Phi^*)\}\left\|\begin{matrix}\Xi\\\Psi\end{matrix}\right\|. \quad (III, 76)$$

Wegen (III, 70) und (III, 72, 73) ist

$$\sqrt{2}(a'^\dagger\Phi + a'\Phi^*) = \lambda^{(2)}\Phi^{(2)} + \lambda^{(3)}\Phi^{(3)}. \quad (III, 77)$$

Definieren wir nun den symbolischen Vektor

$$\vec{\lambda} = e^{(1)}\lambda^{(1)} + e^{(2)}\lambda^{(2)} + e^{(3)}\lambda^{(3)} \quad (III, 78)$$

des isobaren Spins im e Raum, so gelangen wir zu der sehr einfachen Wechselwirkung

$$\frac{hc}{2\pi}G\|\Xi^*\Psi^*\|\boldsymbol{\Gamma}(\vec{\lambda}\vec{\Phi})\left\|\begin{matrix}\Xi\\\Psi\end{matrix}\right\| \quad (III, 79)$$

von Nukleonenfeld und Mesonenfeld. Sie ist völlig symmetrisch bezüglich der Neutronen und Protonen des Nukleonfeldes und auch bezüglich der drei Bestandteile des Mesonfeldes.

Auf die Wechselwirkungen von Nukleonen und Mesonen führt man die Kräfte zurück, welche in den Atomkernen zwischen den Nukleonen auftreten. Es stellt sich nun die Frage, warum nicht Kräfte ähnlicher Größe zwischen den Leptonen auf die gleiche Weise entstehen. Die Antwort muß man vielleicht darin suchen, daß die Kopplungskonstante von der Masse abhängt. Vermutlich kann man in G ebenso einen Massenoperator (vierten Spin) einarbeiten, wie wir die Ladungsoperatoren des isotopen Spins in die Wechselwirkungen eingeschaltet haben.

§ 7. Wechselwirkungen zwischen Fermionen.

Inhalt: Eine eichinvariante Wechselwirkung vierten Grades von Spinorfeldern enthält je einmal die Feldfunktionen des Protons, des Neutrons, des Elektrons und des Neutrinos. Diese Wechselwirkung ist für den β-Zerfall in Betracht gezogen worden.

Bezeichnungen: wie S. 1214 und S. 1220.

Wir wollen uns nun noch mit der Frage beschäftigen, welche Wechselwirkungen zwischen Fermiteilchen zu erwarten sind. Die bekannten elektrischen Kräfte zwischen geladenen Teilchen scheiden hierbei aus, denn sie werden bereits durch die Wechselwirkungen mit elektromagnetischem Feld vermittelt. Die Kernkräfte werden mindestens zum Teil durch die Wechselwirkung mit den Mesonfeldern erklärt. Kann es außerdem noch direkte Wechselwirkungen geben?

Bisher begegneten wir stets Wechselwirkungen, die vom 3. Grade in den beteiligten Feldfunktionen waren, nur das geladene Mesonfeld lieferte mit dem elektromagnetischen Feld auch ein Glied vierten Grades.

Während also die Glieder zweiten Grades die isolierten Felder liefern, kann man die Wechselwirkungen in sukzessiven Näherungen dritten, vierten usw. Grades ordnen. Eine lorentzinvariante Wechselwirkung dritten Grades kann nicht aus Spinoren aufgebaut werden, sondern invariante Ausdrücke müssen stets von geradem Grade sein. Die niedrigste direkte Wechselwirkung von Spinorteilchen muß also mindestens 4 Feldfunktionen enthalten. Wir bezeichnen nun vorübergehend mit Ψ die Feldfunktion des Protons, mit Ξ die des Neutrons, mit ψ die des Elektrons und mit χ die des Neutrinos. Bezeichnet Ω vorübergehend eine dieser Funktionen, so muß die Wechselwirkung die Form haben.

$$\Omega_1^* \Omega_2^* \Gamma \Omega_3 \Omega_4 \qquad (III, 80)$$

Wenn der Operator Γ die Gesamtmasse aller Teilchen zusammen nicht verändert, können wir 3 Bedingungen aufstellen, die der Ausdruck (III, 80) erfüllen muß:

1. Links von Γ müssen wegen der Massenerhaltung ebenso viele große Buchstaben stehen wie rechts.

2. Der Ausdruck (III, 80) muß eichinvariant sein. Gegen eine Eichtransformation verhält sich ψ wie Ψ^*.

3. Links dürfen nicht dieselben Buchstaben stehen wie rechts. Glieder, die links dieselben Buchstaben wie rechts haben, sind als höhere Näherungen des isolierten Nukleonfeldes oder Leptonenfeldes und nicht als Wechselwirkungen zu betrachten.

Ist nun $\Omega_1 = \Psi$, so kann Ω_2 nicht Ψ sein. Nach 1. müßten dann nämlich auch rechts zwei große Buchstaben stehen, und zwar wegen 2. zweimal Ψ. Dies wird aber durch 3 ausgeschlossen. $\Omega_2 = \Xi$ ist aber auch unmöglich, weil dann rechts ebenfalls die Kombination $\Psi\Xi$ steht, was wieder gegen 3. verstößt. Wenn $\Omega_2 = \chi$ wäre, müßte rechts wegen 1. und 2. ebenfalls $\Psi\chi$ stehen, was durch 3. ausgeschlossen ist. Aus $\Omega_1 = \Psi$ folgt also notwendig $\Omega_2 = \psi$. Rechts muß nunmehr $\Xi\chi$ stehen. Es muß also jede der vier Funktionen einmal vorkommen und wir gelangen zu der Fermischen Wechselwirkung

$$\frac{hc}{2\pi} G (\Psi^* \psi^* \Gamma \Xi \chi + \Xi^* \chi^* \Gamma^\dagger \Psi \psi). \qquad (III, 81)$$

Von diesem Typ der Wechselwirkung sind verschiedene Versuche zur theoretischen Behandlung des β-Zerfalles ausgegangen.

§ 8. Mesontheorie der Kernkräfte.

Inhalt: Die Wechselwirkung zwischen einem Proton und einem neutralen Meson verursacht in zweiter Näherung eine Anziehung zweier Protonen von kurzer Reichweite. Dieselbe Anziehung besteht zwischen zwei Neutronen. Die Anziehung ist die Folge der Emission eines virtuellen Mesons durch eines der Nukleonen und seine Reabsorption durch das andere Nukleon. Zwischen einem Proton und einem Neutron bewirkt dieser Prozeß Abstoßung.

Bezeichnungen: Ψ, Ξ Feldfunktionen von Proton und Neutron, Φ, $\Phi^{(s)}$ Feldfunktionen des Mesons, $q_{\mathfrak{k}}$, $q_{\mathfrak{k}}^{(s)}$ ihre Fourierkoeffizienten, $\mathfrak{x}_n$, $\mathfrak{x}_1$, $\mathfrak{x}_2$ Ortsvektoren der Nukleonen, G Kopplungskonstante, $H_{op}^{(1)}$ Hamiltonoperator der Wechselwirkung, $H_{0\mathfrak{k}}^{(1)}$ seine Matrixelemente, $\mathfrak{k}$ Ausbreitungsvektor des Mesons, $a_{\mathfrak{k}}^\dagger$, $a_{\mathfrak{k}}$ Entstehungs- bzw. Vernichtungsoperator des Mesons im Zustand $\mathfrak{k}$, $\omega_{\mathfrak{k}}$ (II, 69, S. 1184). V Volumen, $E^{(2)}$ Störungsenergie in zweiter Näherung, U_{12} Wechselwirkungsenergie zweier Nukleonen, $\lambda^{(s)}$ Operatoren des isobaren Spins, $a'^\dagger$, a' Entstehungs- und Vernichtungsoperatoren der Ladung. Operatoren in Matrixform sind durch Fettdruck gekennzeichnet.

Um deutlich zu machen, was die Feldtheorie zu leisten vermag, wollen wir die Wechselwirkung zwischen Nukleonen und Mesonfeldern noch etwas weiter verfolgen. Um Überlegungen und Berechnungen möglichst einfach zu halten,

§ 8. Mesontheorie der Kernkräfte.

möge es sich zunächst um die Wechselwirkung eines Protonenfeldes Ψ mit einem reellen skalaren Mesonfeld Φ handeln.

Wegen seiner großen Masse ist das Proton ziemlich gut lokalisiert. Dies bedeutet, daß die Operatoren $\Psi^\dagger$ und Ψ des Protonfeldes nur in der engsten Umgebung eines bestimmten Ortes $\mathfrak{x}_n$ von Null wesentlich verschieden sind. Das Mesonfeld bestreicht hingegen wegen seiner kleineren Masse einen beträchtlich größeren räumlichen Bereich. Wir idealisieren diesen Sachverhalt, indem wir die Wechselwirkung (III, 4, S. 1209)

$$\frac{hc}{2\pi} G \Psi^\dagger \beta_4 \Psi \Phi \qquad (\text{III}, 82)$$

zwischen dem Spinorfeld und dem skalaren Feld durch die Diracfunktion

$$\Psi^\dagger \beta_4 \Psi = \delta(\mathfrak{x}, \mathfrak{x}_n) \qquad (\text{III}, 83)$$

ausdrücken. Mit dieser Idealisierung verschwindet auch der Unterschied zwischen skalarem und pseudoskalarem Feld.

Enthält das Spinorfeld mehrere Protonen an verschiedenen Orten $\mathfrak{x}_n$, so steuert jedes Proton einen Anteil $\delta(\mathfrak{x}, \mathfrak{x}_n)$ zur Wechselwirkung bei und wir erhalten die Dichte der Wechselwirkungsenergie

$$\frac{hc}{2\pi} G \sum_n \delta(\mathfrak{x}, \mathfrak{x}_n) \Phi \qquad (\text{III}, 84)$$

für zwei Protonen also

$$\frac{hc}{2\pi} G \{\delta(\mathfrak{x}, \mathfrak{x}_1) + \delta(\mathfrak{x}, \mathfrak{x}_2)\} \Phi. \qquad (\text{III}, 85)$$

Dieser Ausdruck kommt zur Summe der Energiedichte des isolierten Protonenfeldes und isolierten Mesonfeldes als Störungsglied hinzu. Integrieren wir über den Raum, so gelangen wir zu dem Störungsglied

$$\mathcal{H}_{op}^{(1)} = \frac{hcG}{2\pi} \int \{\delta(\mathfrak{x}, \mathfrak{x}_1) + \delta(\mathfrak{x}, \mathfrak{x}_2)\} \Phi \, dV$$
$$= \frac{hcG}{2\pi} \{\Phi(\mathfrak{x}_1) + \Phi(\mathfrak{x}_2)\} \qquad (\text{III}, 86)$$

des Hamiltonoperators. Setzen wir die Fourierentwicklung (II, 59, S. 1183) für Φ ein, so ergibt sich

$$\mathcal{H}_{op}^{(1)} = \frac{hcG}{2\pi\sqrt{V}} \sum_{\mathfrak{f}} q_{\mathfrak{f}} (e^{i\mathfrak{f}\mathfrak{x}_1} + e^{i\mathfrak{f}\mathfrak{x}_2}) \qquad (\text{III}, 87)$$

daraus. Bringen wir noch die $q_{\mathfrak{f}}$ von (II, 75, S. 1186) ein, so entsteht

$$\mathcal{H}_{op}^{(1)} = \frac{hcG}{2\pi} \sqrt{\frac{c}{2\varkappa V}} \sum_{\mathfrak{f}} \frac{1}{\sqrt{\omega_{\mathfrak{f}}}} (a_{\mathfrak{f}} + a^\dagger_{-\mathfrak{f}})(e^{i\mathfrak{f}\mathfrak{x}_1} + e^{i\mathfrak{f}\mathfrak{x}_2})$$
$$= \frac{hcG}{2\pi} \sqrt{\frac{c}{2\varkappa V}} \sum_{\mathfrak{f}} \frac{1}{\sqrt{\omega_{\mathfrak{f}}}} \{a_{\mathfrak{f}}(e^{i\mathfrak{f}\mathfrak{x}_1} + e^{i\mathfrak{f}\mathfrak{x}_2}) + a^\dagger_{\mathfrak{f}}(e^{-i\mathfrak{f}\mathfrak{x}_1} + e^{-i\mathfrak{f}\mathfrak{x}_2})\}. \qquad (\text{III}, 88)$$

Die zweite Form geht aus der ersten hervor, wenn man bei $a^\dagger_{\mathfrak{f}}$ in der umgekehrten Reihenfolge summiert.

$\mathcal{H}_{op}^{(1)}$ ordnet jedem $\mathfrak{f}$ eine Matrix der Besetzungszahlen zu. Nur solche Elemente von $\mathcal{H}_{op}^{(1)}$ verschwinden nicht, bei denen sich die Besetzungszahlen $n_{\mathfrak{f}}$ und $n'_{\mathfrak{f}}$ von nur einem einzigen $\mathfrak{f}$ um Eins unterscheiden, weil die Matrizen $a_{\mathfrak{f}}$ und $a^\dagger_{\mathfrak{f}}$ diese Eigenschaft haben. Insbesondere verschwinden alle Diagonalelemente. Die Wechselwirkung verursacht also keine Störungsenergie erster Näherung (siehe S. 962).

Wir betrachten nun zwei Protonen im Vakuumfeld, d. h., ohne daß ein wirkliches Meson vorhanden ist. In zweiter Näherung haben wir dann die Störungsenergie

$$E^{(2)} = \sum_{\mathfrak{f}} \frac{H^{(1)}_{0\mathfrak{f}} H^{(1)}_{\mathfrak{f}0}}{H^{(0)}_{00} - H^{(0)}_{\mathfrak{f}\mathfrak{f}}} = -\frac{2\pi}{h} \sum_{\mathfrak{f}} \frac{1}{\omega_{\mathfrak{f}}} H^{(1)}_{0\mathfrak{f}} H^{(1)}_{\mathfrak{f}0}. \tag{III, 89}$$

$H^{(1)}_{0\mathfrak{f}}$ ist dabei das Element, bei welchem $n_{\mathfrak{f}} = 0$ und $n'_{\mathfrak{f}} = 1$ ist, während zu allen andern Ausbreitungsvektoren als $\mathfrak{f}$ die Besetzungszahlen Null sind. Bei $H^{(1)}_{\mathfrak{f}0}$ ist umgekehrt $n'_{\mathfrak{f}} = 0$ und $n_{\mathfrak{f}} = 1$. Zu

$$H^{(1)}_{0\mathfrak{f}} = \frac{h c G}{2\pi} \sqrt{\frac{c}{2 \varkappa \omega_{\mathfrak{f}} V}} (e^{i\mathfrak{f}\mathfrak{x}_1} + e^{i\mathfrak{f}\mathfrak{x}_2}) \tag{III, 90}$$

trägt nur $a_{\mathfrak{f}}$, zu

$$H^{(1)}_{\mathfrak{f}0} = \frac{h c G}{2\pi} \sqrt{\frac{c}{2 \varkappa \omega_{\mathfrak{f}} V}} (e^{-i\mathfrak{f}\mathfrak{x}_1} + e^{-i\mathfrak{f}\mathfrak{x}_2}) \tag{III, 91}$$

trägt nur $a^{\dagger}_{\mathfrak{f}}$ das Matrixelement 1 bei. Damit erhalten wir die Störungsenergie

$$\begin{aligned} E^{(2)} &= -\frac{h c^3 G^2}{4\pi \varkappa V} \sum_{\mathfrak{f}} \frac{1}{\omega^2_{\mathfrak{f}}} (e^{i\mathfrak{f}\mathfrak{x}_1} + e^{i\mathfrak{f}\mathfrak{x}_2})(e^{-i\mathfrak{f}\mathfrak{x}_1} + e^{-i\mathfrak{f}\mathfrak{x}_2}) \\ &= -\frac{h c^3 G^2}{2\pi \varkappa V} \sum_{\mathfrak{f}} \frac{1}{\omega^2_{\mathfrak{f}}} \{1 + \cos\mathfrak{f}(\mathfrak{x}_1 - \mathfrak{x}_2)\} \end{aligned} \tag{III, 92}$$

zweiter Näherung. Nur der Anteil

$$U_{12} = -\frac{h c^3 G^2}{2\pi \varkappa V} \sum_{\mathfrak{f}} \frac{1}{\omega^2_{\mathfrak{f}}} \cos\mathfrak{f}(\mathfrak{x}_1 - \mathfrak{x}_2) \tag{III, 93}$$

hängt vom Abstand der Protonen ab und wirkt als Potential von Anziehungs- und Abstoßungskräften. Der Anteil

$$U_{11} + U_{22} = -\frac{h c^3 G^2}{2\pi \varkappa V} \sum_{\mathfrak{f}} \frac{1}{\omega^2_{\mathfrak{f}}} \tag{III, 94}$$

wäre auch vorhanden, wenn die Nukleonen weit voneinander entfernt wären und gehört deshalb zur Selbstenergie der isolierten Teilchen. Auf diese Energie kommen wir auf S. 1248 noch zurück.

Um die Wechselwirkungsenergie U_{12} zu berechnen, denken wir uns das Mesonfeld in einen Würfel von der Kantenlänge l eingeschlossen. Es kommen dann nur solche $\mathfrak{f}$ vor, deren Komponenten ganzzahlige Vielfache von $2\pi/l$ sind. Die $\mathfrak{f}$-Werte bilden im $\mathfrak{f}$-Raum ein kubisches Gitter mit dem Gitterabstand $2\pi/l$. Ein Elementarwürfel hat die Größe

$$\frac{8\pi^3}{l^3} = \frac{8\pi^3}{V}. \tag{III, 95}$$

Im Volumenelement $dV_{\mathfrak{f}}$ des $\mathfrak{f}$-Raumes liegen also

$$\frac{V dV_{\mathfrak{f}}}{8\pi^3} \tag{III, 96}$$

$\mathfrak{f}$-Werte. Jetzt können wir die Summe in (III, 93) in das Integral

$$U_{12} = -\frac{h c^3 G^2}{16 \pi^4 \varkappa} \int \frac{\cos\mathfrak{f}(\mathfrak{x}_1 - \mathfrak{x}_2)}{\omega^2_{\mathfrak{f}}} dV_{\mathfrak{f}} \tag{III, 97}$$

§ 8. Mesontheorie der Kernkräfte.

verwandeln. Führen wir im $\mathfrak{k}$-Raum Polarkoordinaten ein, wo $|\mathfrak{k}|$ den Betrag von $\mathfrak{k}$, r den Betrag von $\mathfrak{x}_1 - \mathfrak{x}_2$, und ϑ den Winkel zwischen $\mathfrak{k}$ und $\mathfrak{x}_1 - \mathfrak{x}_2$ bedeutet, so ist

$$dV_{\mathfrak{k}} = 2\pi \sin\vartheta \, d\vartheta \, |\mathfrak{k}|^2 \, d|\mathfrak{k}|$$
$$\mathfrak{k}(\mathfrak{x}_1 - \mathfrak{x}_2) = r|\mathfrak{k}|\cos\vartheta. \tag{III, 98}$$

Setzen wir dies und (II, 69) von S. 1184 für $\omega_{\mathfrak{k}}$ ein, so erhalten wir

$$U_{12} = -\frac{h c G^2}{8\pi^3 \varkappa} \int_0^\infty \frac{|\mathfrak{k}|^2 \, d|\mathfrak{k}|}{|\mathfrak{k}|^2 + \frac{1}{\varkappa^2}} \int_0^\pi \cos(r|\mathfrak{k}|\cos\vartheta) \sin\vartheta \, d\vartheta. \tag{III, 99}$$

Die Integration über ϑ ist leicht auszuführen und liefert

$$\int_0^\pi \cos(r|\mathfrak{k}|\cos\vartheta) \sin\vartheta \, d\vartheta = \frac{2}{r|\mathfrak{k}|} \sin(r|\mathfrak{k}|). \tag{III, 100}$$

Damit erhält man

$$U_{12} = -\frac{h c G^2}{4\pi^3 \varkappa r} \int_0^\infty \frac{|\mathfrak{k}| \sin(r|\mathfrak{k}|) \, d|\mathfrak{k}|}{|\mathfrak{k}|^2 + \frac{1}{\varkappa^2}}. \tag{III, 101}$$

Auch dieses Integral läßt sich auswerten und liefert die Wechselwirkungsenergie

$$U_{12} = -\frac{h c G^2}{8\pi^2 \varkappa r} e^{-\frac{r}{\varkappa}} \tag{III, 102}$$

der beiden Protonen. Sie ist um so negativer, je kleiner der Abstand der Protonen ist. Die Protonen ziehen sich also an. Bei Abständen

$$r \gg \varkappa = \frac{h}{2\pi m c} \tag{III, 103}$$

nähert sich U_{12} schnell dem Wert Null. Die Wechselwirkung (III, 102) hat deshalb eine „Reichweite" der Größenordnung $\varkappa$.

Die hier skizzierte Theorie der Kernkräfte stammt von YUKAWA. Die Anziehung zwischen zwei Nukleonen ist keine direkte gegenseitige Einwirkung, sondern kommt durch die Wechselwirkung mit dem Mesonfeld zustande. Es ist charakteristisch für einen Effekt zweiter Ordnung, daß das Mesonfeld die Kräfte vermittelt, ohne daß ein Meson wirklich vorhanden ist.

Hätten wir die Wechselwirkungsenergie zwischen zwei Neutronen statt zwischen zwei Protonen berechnet, so wäre $-G$ an die Stelle von G getreten. Das Endresultat wäre aber dasselbe gewesen. Zwischen zwei Protonen vermittelt also das skalare Mesonfeld dieselbe Anziehung wie zwischen zwei Neutronen. Zwischen einem Proton und einem Neutron hingegen hätten wir eine Abstoßungskraft errechnet.

Die Erklärung der Kernkräfte durch die Mesonwechselwirkung mit dem Spinorfeld ist ein ebenso befriedigendes wie erstaunliches Resultat. In der hier skizzierten Form darf man jedoch nur eine qualitative Behandlung sehen. Die vorgenommenen Vereinfachungen sind zu einschneidend, als daß man von dieser Theorie wirklich quantitative Ergebnisse erhoffen dürfte.

Daß die Nukleonen an festen Orten lokalisiert, also ruhend angenommen wurden, ist ziemlich unbedenklich. Schwerwiegender ist vielleicht, daß der räumliche Bereich des Nukleons durch die Diracfunktion beschrieben wurde. Dies bedeutet, daß seine Ausdehnung als infinitesimal gegenüber $\varkappa$ betrachtet wurde. Fragwürdig ist natürlich auch, daß wir die Wechselwirkungsenergie als kleine Störung der Energie des isolierten Mesonfeldes betrachtet haben und uns mit der ersten nicht verschwindenden Näherung begnügt haben.

Der größte Fehler muß aber darin gesehen werden, daß wir nur die Wechselwirkungen mit dem reellen Mesonfeld allein, statt mit dem reellen und komplexen Feld gleichzeitig behandelt haben. Da für die Energie zweiter Näherung kein Meson vorhanden zu sein braucht (virtuelles Meson), müssen natürlich alle Arten „nicht vorhandener" Mesonen in gleicher Weise berücksichtigt werden. Diesen Mangel wollen wir wenigstens beheben.

§ 9. Kernkräfte im symmetrischen Mesonfeld.

Inhalt: Die Wechselwirkung zweier Nukleonen mit dem neutralen, dem positiven und dem negativen Mesonfeld liefert eine von der Ladung der Nukleonen unabhängige Anziehung vom statistischen Gewicht 3 und eine Abstoßung vom statistischen Gewicht Eins. Symmetrische Verknüpfung der Nukleonen liefert Anziehung, antisymmetrische Verknüpfung Abstoßung. Isobares Triplett bzw. Singulett.

Bezeichnungen: wie S. 1222.

Zwischen einem Nukleonenfeld und einem symmetrischen Mesonfeld, zu welchem das skalare und das komplexe Feld vereinigt wurden, besteht nach (III, 79) die Wechselwirkung

$$\frac{hc}{2\pi} G \, \| \Xi^* \Psi^* \| \, \boldsymbol{\Gamma}(\vec{\lambda}\,\vec{\Phi}) \, \left\| \begin{matrix} \Xi \\ \Psi \end{matrix} \right\|, \qquad (III, 104)$$

wo $\vec{\lambda}$ und $\vec{\Phi}$ die durch (III, 74) und (III, 78) definierten symbolischen Vektoren bedeuten. Betrachtet man das Nukleon als hinreichend an der Stelle $\mathfrak{x}_n$ lokalisiert, so kann man näherungsweise

$$\| \Xi^* \Psi^* \| \, \boldsymbol{\Gamma} \, \left\| \begin{matrix} \Xi \\ \Psi \end{matrix} \right\| = \delta(\mathfrak{x}_1, \mathfrak{x}_n) \qquad (III, 105)$$

setzen. Dies drückt zwar die Einwirkung des Operators $\vec{\lambda}$ auf das Nukleon nicht mehr aus, doch kann diese Einwirkung nachträglich wieder rekonstruiert werden.

Sind zwei Nukleonen an den Orten $\mathfrak{x}_1$ und $\mathfrak{x}_2$ vorhanden, so gelangen wir durch Integration über den Raum zum Störungsglied

$$\mathcal{H}_{op}^{(1)} = \frac{hc}{2\pi} G \, \{\vec{\lambda}_1 \vec{\Phi}(\mathfrak{x}_1) + \vec{\lambda}_2 \vec{\Phi}(\mathfrak{x}_2)\} \qquad (III, 106)$$

des Hamiltonoperators. Führen wir sinngemäß die Fourierentwicklung der drei reellen Komponenten

$$\Phi^{(s)} = \frac{1}{\sqrt{V}} \sum_{\mathfrak{f}}^{\prime} q_{\mathfrak{f}}^{(s)} e^{i\mathfrak{f}\mathfrak{x}} \qquad (III, 107)$$

durch, so erhalten wir

$$\mathcal{H}_{op}^{(1)} = \frac{hcG}{2\pi\sqrt{V}} \sum_{\mathfrak{f}\,s}^{\prime} q_{\mathfrak{f}}^{(s)} (\lambda_1^{(s)} e^{i\mathfrak{f}\mathfrak{x}_1} + \lambda_2^{(s)} e^{i\mathfrak{f}\mathfrak{x}_2}). \qquad (III, 108)$$

Mit

$$q_{\mathfrak{f}}^{(s)} = \sqrt{\frac{c}{2\varkappa\omega_{\mathfrak{f}}}} (a_{\mathfrak{f}}^{(s)} + a_{-\mathfrak{f}}^{(s)\dagger}) \qquad (III, 109)$$

§ 9. Kernkräfte im symmetrischen Mesonfeld.

ergibt sich bei Umkehr der Reihenfolge bei $a_{-\mathfrak{k}}^{(s)\dagger}$

$$H_{op}^{(s)} = \frac{hcG}{2\pi}\sqrt{\frac{c}{2\varkappa V}}\sum_{\mathfrak{k}s}\frac{1}{\sqrt{\omega_{\mathfrak{k}}}}\{a_{\mathfrak{k}}^{(s)}(\lambda_1^{(s)}e^{i\mathfrak{k}\mathfrak{x}_1}+\lambda_2^{(s)}e^{i\mathfrak{k}\mathfrak{x}_2})+$$
$$+ a_{\mathfrak{k}}^{(s)\dagger}(\lambda_1^{(s)}e^{-i\mathfrak{k}\mathfrak{x}_1}+\lambda_2^{(s)}e^{-i\mathfrak{k}\mathfrak{x}_2})\}. \qquad (III, 110)$$

$H_{op}^{(1)}$ ordnet jedem $\mathfrak{k}$ und jedem s eine Matrix der Besetzungszahlen zu. Nur solche Elemente von $H_{op}^{(1)}$ verschwinden nicht, bei denen sich die Besetzungszahlen $n_{\mathfrak{k}}$ und $n'_{\mathfrak{k}}$ bei einer einzigen Kombination $\mathfrak{k}$, s um Eins unterscheiden, weil die $a_{\mathfrak{k}}^{(s)}$ diese Eigenschaft haben.

Betrachten wir zwei Nukleonen im Vakuumfeld, so erhalten wir die Störungsenergie zweiter Näherung

$$E^{(2)} = \sum_{\mathfrak{k}s}\frac{H_{0\mathfrak{k}}^{(1)(s)}H_{\mathfrak{k}0}^{(1)(s)}}{H_{00}^{(0)}-H_{\mathfrak{k}\mathfrak{k}}^{(0)}} = -\frac{2\pi}{h}\sum_{\mathfrak{k}s}\frac{1}{\omega_{\mathfrak{k}}}H_{0\mathfrak{k}}^{(1)(s)}H_{\mathfrak{k}0}^{(1)(s)}. \qquad (III, 111)$$

Zu den Elementen

$$H_{0\mathfrak{k}}^{(1)(s)} = \frac{hcG}{2\pi}\sqrt{\frac{c}{2\varkappa\omega_{\mathfrak{k}}V}}(\lambda_1^{(s)}e^{i\mathfrak{k}\mathfrak{x}_1}+\lambda_2^{(s)}e^{i\mathfrak{k}\mathfrak{x}_2}) \qquad (III, 112)$$

tragen nur die $a_{\mathfrak{k}}^{(s)}$, zu den Elementen

$$H_{\mathfrak{k}0}^{(1)(s)} = \frac{hcG}{2\pi}\sqrt{\frac{c}{2\varkappa\omega_{\mathfrak{k}}V}}(\lambda_1^{(s)}e^{-i\mathfrak{k}\mathfrak{x}_1}+\lambda_2^{(s)}e^{-i\mathfrak{k}\mathfrak{x}_2}) \qquad (III, 113)$$

nur die $a_{\mathfrak{k}}^{(s)\dagger}$ bei. Setzen wir dies in $E^{(2)}$ ein, so entsteht

$$E^{(2)} = -\frac{hc^3G^2}{2\pi\varkappa V}\sum_{\mathfrak{k}}\frac{1}{\omega_{\mathfrak{k}}^2}\{3+\sum_s\lambda_1^{(s)}\lambda_2^{(s)}\cos\mathfrak{k}(\mathfrak{x}_1-\mathfrak{x}_2)\}, \qquad (III, 114)$$

weil

$$\sum_s\lambda_1^{(s)2} = \sum_s\lambda_2^{(s)2} = 3 \qquad (III, 115)$$

ist. Der Unterschied gegen die Wechselwirkung mit dem einfachen reellen Mesonfeld besteht nur in dem Operatorausdruck

$$\sum_s\lambda_1^{(s)}\lambda_2^{(s)} = \lambda_1^{(1)}\lambda_2^{(1)}+\lambda_1^{(2)}\lambda_2^{(2)}+\lambda_1^{(3)}\lambda_2^{(3)} = (\vec{\lambda}_1\vec{\lambda}_2), \qquad (III, 116)$$

der vor dem Cosinus hinzutritt. Demgemäß erhalten wir jetzt statt (III, 102)

$$U_{12} = -\frac{hcG^2}{8\pi^2\varkappa r}(\vec{\lambda}_1\vec{\lambda}_2)e^{-\frac{r}{\varkappa}}. \qquad (III, 117)$$

Was neu hinzugekommen ist, ist die Matrix

$$(\vec{\lambda}_1\vec{\lambda}_2) = \begin{array}{c|cc|cc} & N_1N_2 & N_1P_2 & P_1N_2 & P_1P_2 \\ \hline N_1N_2 & 1 & 0 & 0 & 0 \\ N_1P_2 & 0 & -1 & 2 & 0 \\ \hline P_1N_2 & 0 & 2 & -1 & 0 \\ P_1P_2 & 0 & 0 & 0 & 1 \end{array}. \qquad (III, 118)$$

Ihre Eigenwerte sind

$$+1; \quad +1; \quad +1; \quad -3, \qquad (III, 119)$$

wie man leicht berechnen kann. Es entstehen also drei Zustände mit Anziehung und ein Zustand mit Abstoßung. Wie beim gewöhnlichen Spin kann man ermitteln, daß zur Anziehung die symmetrischen Zustände

$$\Xi_1 \Xi_2; \quad \Psi_1 \Psi_2; \quad \Xi_1 \Psi_2 + \Psi_1 \Xi_2 \tag{III, 120}$$

gehören, während der antisymmetrische Zustand

$$\Xi_1 \Psi_2 - \Psi_1 \Xi_2 \tag{III, 121}$$

zur Abstoßung führt. In höheren Näherungen spalten die symmetrischen Zustände in ein isobares Triplett auf, während der Abstoßungszustand ein Singulett darstellt.

Die Anziehung ist in erster Näherung dieselbe zwischen zwei Protonen und zwischen zwei Neutronen. Aber auch Protonen und Neutronen ziehen sich mit derselben Kraft an. In dieser Feststellung sind die Prinzipien der Ladungssymmetrie und Ladungsunabhängigkeit der Kernkräfte enthalten, die man auch aus empirischen Befunden abgelesen hat.

Wir wollen nun noch verfolgen, was mit der Ladung bei der Entstehung der Kernkräfte zwischen den Nukleonen vor sich geht. Dies ist am deutlichsten aus der Formel (III, 71) für die Wechselwirkungsenergie eines Nukleons mit dem geladenen Meson abzulesen. Der Operator $a'^{\dagger}$ besagt, daß Ladung des Nukleons entsteht, d. h., daß ein Neutron ein positives Meson absorbiert oder ein negatives Meson emittiert. a' beschreibt die Gegenprozesse, daß nämlich ein Proton ein negatives Meson absorbiert oder ein positives emittiert. Hieran ändert sich auch nichts, wenn wir zur symmetrischen Behandlung der neutralen und geladenen Mesonen schreiten, d. h. $a'^{\dagger}$ und a' durch $\lambda^{(2)}$ und $\lambda^{(3)}$ ausdrücken.

In der Wechselwirkung zweiter Näherung werden diese Emissionen und Absorptionen der Mesonen paarweise gekoppelt, was durch die Produkte $H_{0\dagger}^{(1)(s)} H_{\dagger 0}^{(1)(s)}$ zum Ausdruck kommt. Das Meson, welches von einem Nukleon emittiert wird, wird vom andern absorbiert. Bei geladenen Mesonen hat dies den Austausch der Ladung zur Folge. Das neutrale Meson wird zwar auch ausgetauscht, dieser Austausch ist aber auf die Ladung ohne Einfluß.

Diese Überlegungen zeigen, daß die Wechselwirkungen zwischen Nukleonen und Mesonen zwar die Ladung der einzelnen Teilchen und Felder abändert, daß die Ladung insgesamt aber erhalten bleibt. Die Erhaltung der Ladung haben wir nämlich durch die Eichinvarianz bereits gesichert. Es ist auch leicht, sich von der Ladungserhaltung durch direktes Nachrechnen zu überzeugen.

IV. Elementarprozesse.

Die Feldtheorie ist ein Hilfsmittel, mit dem man ziemlich tief in das Wesen der sogenannten Elementarteilchen eindringt. Sie liefert in gewisser Weise den Unterbau für die gewöhnliche Quantentheorie, ja sogar für die Diracsche Theorie des Elektrons, deren Ausgangsgleichung ja die nicht quantisierte Feldgleichung des Spinorfeldes ist. Vom Standpunkt der Feldtheorie ist also die gewöhnliche Quantentheorie eine Art klassischer nichtrelativistischer Näherung. Wir haben uns deshalb bemüht, mit Hilfe der Feldtheorie die Elementarfelder zu klassifizieren, die Elementarteilchen als Feldquanten zu erkennen und die Wesenszusammenhänge zwischen den verschiedenen Elementarteilchen zu durchleuchten. Die Kernkräfte zwischen den Nukleonen konnten wir als eine Wechselwirkung mit dem Mesonfeld verständlich machen. Die elektrischen Kräfte zwischen geladenen Teilchen entstehen in ähnlicher Weise als Wechselwirkung mit dem Strahlungsfeld, was wir allerdings nicht durchgerechnet haben. Wir haben uns dagegen nicht bemüht, das Verhalten mehr oder weniger verwickelter Systeme von Elementarteilchen, also etwa der Atome, direkt aus der Feldtheorie zu gewinnen. Hierfür dient im wesentlichen die Näherung der gewöhnlichen Quantentheorie, in der man häufig Wechselwirkungen als äußere Felder idealisiert.

Wenn wir jetzt Elementarprozesse studieren, gehen wir nicht darauf aus, die Vorgänge an komplizierten Systemen von Elementarteilchen durchzurechnen. Wir wollen vielmehr Übersicht über die einfachen Prozesse der Entstehung und Vernichtung von Feldquanten (Teilchen), der Streuung, der Emission und Absorption tatsächlicher oder virtueller Teilchen durch andere Teilchen gewinnen.

Unsere Quantisierungsvorschrift, welche die von Ort und Zeit abhängigen Feldfunktionen durch Operatoren ohne explizite Zeitabhängigkeit ersetzt, und die Zeit völlig in die Zustandsfunktionen verweist, hat für die Behandlung von Prozessen den unverkennbaren Nachteil, daß der Ablauf von Prozessen nicht sehr deutlich zum Ausdruck kommt. Wir wollen deshalb zuerst eine Methode untersuchen, die nicht in die Feldtheorie, sondern in die gewöhnliche Quantentheorie gehört, die aber den Ablauf von Vorgängen deutlich herausarbeitet. Wir werden dann versuchen in der Feldtheorie sinngemäß zu verfahren.

*§ 1. Lösung der Wellengleichung durch eine Integralgleichung.

Inhalt: Der Ablauf von Prozessen kann statt durch eine Wellengleichung durch eine Integralgleichung beschrieben werden, für deren Kern eine Differentialgleichung aufgestellt werden kann. Für Prozesse, die durch eine Wechselwirkung oder Störung ausgelöst werden, kann der Kern in sukzessiven Näherungen beschrieben werden. Geht das Näherungverfahren von kräftefreien Teilchen aus, so können die Streuprozesse einfacher an dem Kern der Integralgleichung als an den Wellenfunktionen abgelesen werden.

Bezeichnungen: $u_m(\mathfrak{x})$ Eigenfunktionen, $\Psi_m(\mathfrak{x}, t)$ Wellenfunktionen, E_m Eigenwerte des Hamiltonoperators $\mathbb{H}$, $\mathbb{H}^{(0)}$, $\mathbb{H}^{(1)}$ Hauptglied und Störungsglied des Hamiltonoperators. $K(\mathfrak{x}\, t, \mathfrak{x}_1 t_1)$ Kern der Integralgleichung, $K^{(0)}$ Kern zu $\mathbb{H}^{(0)}$ (kräftefreie Teilchen), fette Zählen **1, 2**... bezeichnen Weltpunkte $\mathfrak{x}_1 t_1, \mathfrak{x}_2 t_2, \ldots$, $\mathfrak{k}$ Ausbreitungsvektor einer ebenen Teilchenwelle.

Die Ortsfunktionen $u_m(\mathfrak{x})$ mögen ein vollständiges orthogonales Funktionensystem bilden. Jeder Funktion soll ein Eigenwert E_m und eine Wellenfunktion

$$\Psi_m(\mathfrak{x}\, t) = u_m(\mathfrak{x})\, e^{-\frac{2\pi i}{h} E_m t} \qquad (IV, 1)$$

zugeordnet sein. Die Funktion (Greensche Funktion)

$$\begin{aligned} K(\mathfrak{x}\, t, \mathfrak{x}_1 t_1) &= \sum_m \Psi_m(\mathfrak{x}\, t)\, \Psi_m^*(\mathfrak{x}_1 t_1) \\ &= \sum_m u_m(\mathfrak{x})\, u_m^*(\mathfrak{x}_1)\, e^{-\frac{2\pi i}{h} E_m (t - t_1)} \end{aligned} \qquad (IV, 2)$$

verknüpft als Kern der Integralgleichung

$$\int K(\mathfrak{x}\, t, \mathfrak{x}_1 t_1)\, \Psi_k(\mathfrak{x}_1 t_1)\, d\mathfrak{x}_1 = \Psi_k(\mathfrak{x}\, t) \qquad (IV, 3)$$

den Zahlwert jeder Wellenfunktion $\Psi_k(\mathfrak{x}\, t)$ am Ort $\mathfrak{x}$ im Zeitpunkt t mit ihrem Zahlwert am Ort $\mathfrak{x}_1$ zur Zeit t_1, wie sich beim Einsetzen von (IV, 1) und (IV, 2) sofort aus der Orthogonalität ergibt. Ist

$$\Psi(\mathfrak{x}\, t) = \sum_k c_k\, \Psi_k(\mathfrak{x}\, t) \qquad (IV, 4)$$

eine Funktion von Ort und Zeit, die sich nach den Wellenfunktionen (IV, 1) entwickeln läßt, so gilt für sie ebenfalls die Integralgleichung

$$\int K(\mathfrak{x}\,t,\,\mathfrak{x}_1\,t_1)\,\Psi(\mathfrak{x}_1\,t_1)\,d\mathfrak{x}_1 = \Psi(\mathfrak{x}\,t). \tag{IV, 5}$$

Die nach (IV, 4) entwickelbaren Funktionen sind aber gerade diejenigen, welche der Wellengleichung

$$\mathbf{H}\,\Psi + \frac{h}{2\pi i}\,\frac{\partial \Psi}{\partial t} = 0 \tag{IV, 6}$$

genügen, deren Eigenfunktionen die $u_m(\mathfrak{x})$ und deren Eigenwerte die E_m sind. Die Integralgleichung (IV, 5) ist also der Wellengleichung (IV, 6) äquivalent. Die Integralgleichung hat aber vor der Differentialgleichung unleugbare Vorteile. Daß man überhaupt von Prozessen an Teilchen spricht, bedeutet, daß die Teilchen im Beginn t_1 eines Prozesses gut lokalisiert sind. Im Zeitpunkt t_1 wird das Teilchen also ein Wellenpaket bilden, dessen Wellenfunktion $\Psi(\mathfrak{x}_1\,t_1)$ nur in der Nähe der Stelle $\mathfrak{x}_1$ von Null wesentlich verschieden ist. Um das spätere Schicksal eines Teilchens zu bestimmen, muß zu der Differentialgleichung diese Anfangsbedingung erst hinzugefügt werden, während sie in der Integralgleichung schon enthalten ist.

Ist $\Psi(\mathfrak{x}_1\,t_1)$ der Anfangszustand eines Prozesses, so wird die Verwendung der Integralgleichung auf Zeiten

$$t \geq t_1 \tag{IV, 7}$$

beschränkt. Dies geschieht automatisch, wenn wir K durch (IV, 2) nur für $t \geq t_1$ definieren, für $t < t_1$ jedoch $K = 0$ setzen. Wir geben also dem Kern der Integralgleichung die Form

$$K(\mathfrak{x}\,t,\,\mathfrak{x}_1\,t_1) = \Theta(t\,t_1) {\sum_m}\, \Psi_m(\mathfrak{x}\,t)\,\Psi_m^*(\mathfrak{x}_1\,t_1), \tag{IV, 8}$$

wo unter $\Theta(t\,t_1)$ die Sprungfunktion

$$\begin{aligned}\Theta(t\,t_1) &= 1 \quad \text{für} \quad t \geq t_1,\\ \Theta(t\,t_1) &= 0 \quad \text{für} \quad t < t_1\end{aligned} \tag{IV, 9}$$

zu verstehen ist.

Für $t = t_1$ geht (IV, 8) in

$$K(\mathfrak{x}\,t_1,\,\mathfrak{x}_1\,t_1) = {\sum_m}\, u_m(\mathfrak{x})\,u_m^*(\mathfrak{x}_1) \tag{IV, 10}$$

über. Da sich jede Funktion $\Phi(\mathfrak{x}_1)$ nach den $u_m(\mathfrak{x}_1)$ entwickeln läßt, gilt für alle $\Phi(\mathfrak{x}_1)$

$$\int {\sum_m}\, u_m(\mathfrak{x})\,u_m^*(\mathfrak{x}_1)\,\Phi(\mathfrak{x}_1)\,d\mathfrak{x}_1 = \Phi(\mathfrak{x}) \tag{IV, 11}$$

und

$$\lim_{t \to t_1} K(\mathfrak{x}\,t,\,\mathfrak{x}_1\,t_1) = {\sum_m}\, u_m(\mathfrak{x})\,u_m^*(\mathfrak{x}_1) = \delta(\mathfrak{x}\,\mathfrak{x}_1) \tag{IV, 12}$$

erweist sich somit als Diracfunktion.

Bisher bringt uns jedoch die Integralgleichung (IV, 5) auch nicht weiter, als die Wellengleichung (IV, 6), weil wir ja (IV, 6) gelöst haben müssen, um $K(\mathfrak{x}\,t,\,\mathfrak{x}_1\,t_1)$ zu bilden. Wir suchen deshalb nach einem andern Weg, um K zu berechnen.

*§ 1. Lösung der Wellengleichung durch eine Integralgleichung.

Wenden wir bei festem $\mathfrak{x}_1 t_1$ auf K den Operator

$$\mathbb{H} + \frac{h}{2\pi i} \frac{\partial}{\partial t} \qquad (\text{IV, 13})$$

an, so entsteht

$$\left(\mathbb{H} + \frac{h}{2\pi i} \frac{\partial}{\partial t}\right) K(\mathfrak{x} t, \mathfrak{x}_1 t_1) = \frac{h}{2\pi i} \frac{\partial \Theta}{\partial t} \sum_m \Psi_m(\mathfrak{x} t) \Psi_m^*(\mathfrak{x}_1 t_1), \qquad (\text{IV, 14})$$

weil die Ψ_m die Eigenfunktionen dieses Operators sind. Andererseits weicht

$$\frac{\partial \Theta}{\partial t} = \delta(t, t_1) \qquad (\text{IV, 15})$$

von Null nur nennenswert ab, wenn $t \approx t_1$ ist. Dann ist aber

$$\Psi_m(\mathfrak{x} t) \Psi_m^*(\mathfrak{x}_1 t_1) = u_m(\mathfrak{x}) u_m^*(\mathfrak{x}_1) \qquad (\text{IV, 16})$$

und (IV, 14) vereinfacht sich auf

$$\left(H + \frac{h}{2\pi i} \frac{\partial}{\partial t}\right) K(\mathfrak{x} t, \mathfrak{x}_1 t_1) = \frac{h}{2\pi i} \delta(t, t_1) \delta(\mathfrak{x}, \mathfrak{x}_1). \qquad (\text{IV, 17})$$

Für $t < t_1$ steht auf der rechten Seite Null.

Wir haben damit eine Differentialgleichung gewonnen, die zur direkten Berechnung von K in sukzessiven Näherungen geeignet ist.

Um die Schreibweise zu vereinfachen, führen wir folgende Abkürzungen ein. Die Argumente $\mathfrak{x}_1 t_1$ bzw. $\mathfrak{x}_2 t_2$ usw. ersetzen wir durch die Ziffern **1** bzw. **2** usw. Entsprechend schreiben wir

$$\delta(\mathfrak{x}_2, \mathfrak{x}_1) \delta(t_2, t_1) = \delta(\mathbf{2}, \mathbf{1}). \qquad (\text{IV, 18})$$

Die Differentiale $d\mathfrak{x}_1 dt_1$ usw. kürzen wir durch

$$d\mathfrak{x}_1 dt_1 = d\mathbf{1}; \qquad d\mathfrak{x}_2 dt_2 = d\mathbf{2} \qquad (\text{IV, 19})$$

ab.

Der Operator

$$\mathbb{H} = \mathbb{H}^{(0)} + \mathbb{H}^{(1)} \qquad (\text{IV, 20})$$

setze sich aus dem Operator $\mathbb{H}^{(0)}$ der kräftefreien Bewegung der Teilchen und dem Operator $\mathbb{H}^{(1)}$ einer Störung oder Wechselwirkung zusammen. Die Eigenfunktionen von $\mathbb{H}^{(0)}$ sind dann bekannt und mit ihnen auch der zugehörige Kern $K^{(0)}(\mathbf{2}, \mathbf{1})$, welcher die Differentialgleichung

$$\left(\mathbb{H}^{(0)}(\mathbf{2}) + \frac{h}{2\pi i} \frac{\partial}{\partial t_2}\right) K^{(0)}(\mathbf{2}, \mathbf{1}) = \frac{h}{2\pi i} \delta(\mathbf{2}, \mathbf{1}) \qquad (\text{IV, 21})$$

erfüllt. Nun sei $K(\mathbf{2}, \mathbf{1})$ ein Kern, welcher die Integralgleichung

$$K(\mathbf{2}, \mathbf{1}) = K^{(0)}(\mathbf{2}, \mathbf{1}) - \frac{2\pi i}{h} \int K^{(0)}(\mathbf{2}, \mathbf{3}) \, \mathbb{H}^{(1)}(\mathbf{3}) \, K(\mathbf{3}, \mathbf{1}) \, d\mathbf{3} \qquad (\text{IV, 22})$$

befriedigt. Wenden wir auf ihn den Operator $\mathbb{H}^{(0)}(\mathbf{2}) + \frac{h}{2\pi i} \frac{\partial}{\partial t_2}$ an, so erhalten wir

$$\left\{\mathbb{H}^{(0)}(\mathbf{2}) + \frac{h}{2\pi i} \frac{\partial}{\partial t_2}\right\} K(\mathbf{2}, \mathbf{1}) = \frac{h}{2\pi i} \delta(\mathbf{2}, \mathbf{1}) - \int \delta(\mathbf{2}, \mathbf{3}) \mathbb{H}^{(1)}(\mathbf{3}) K(\mathbf{3}, \mathbf{1}) d\mathbf{3}$$
$$= \frac{h}{2\pi i} \delta(\mathbf{2}, \mathbf{1}) - \mathbb{H}^{(1)}(\mathbf{2}) K(\mathbf{2}, \mathbf{1}). \qquad (\text{IV, 23})$$

$K(2, 1)$ ist also eine Lösung der Differentialgleichung

$$\left(\mathbb{H}^{(0)}(2) + \mathbb{H}^{(1)}(2) + \frac{h}{2\pi i}\frac{\partial}{\partial t_2}\right) K(2,1) = \frac{h}{2\pi i}\delta(2,1), \qquad \text{(IV, 24)}$$

welche mit (IV, 17) identisch ist. Damit haben wir die Lösung der Differentialgleichung (IV, 17) auf die Lösung der Integralgleichung (IV, 22) zurückgeführt. In erster Näherung erhalten wir aus (IV, 22)

$$K(2, 1) = K^{(0)}(2, 1) - \frac{2\pi i}{h}\int K^{(0)}(2, 3)\,\mathbb{H}^{(1)}(3)\,K^{(0)}(3, 1)\,d3, \qquad \text{(IV, 25)}$$

wenn wir in dem Integral auf der rechten Seite $K(3, 1)$ durch $K^{(0)}(3, 1)$ ersetzen. Die zweite Näherung

$$\begin{aligned}K(2, 1) = K^{(0)}(2, 1) &- \frac{2\pi i}{h}\int K^{(0)}(2, 3)\,\mathbb{H}^{(1)}(3)\,K^{(0)}(3, 1)\,d3 - \\ &- \frac{4\pi^2}{h^2}\iint K^{(0)}(2, 3)\,\mathbb{H}^{(1)}(3)\,K^{(0)}(3, 4)\,\mathbb{H}^{(1)}(4)\,K^{(0)}(4, 1)\,d3\,d4\end{aligned} \qquad \text{(IV, 26)}$$

ergibt sich, wenn man die erste Näherung einsetzt. Durch Iteration findet man beliebig hohe Näherungen.

Jetzt läßt sich erkennen, daß der Vorgang viel übersichtlicher an dem Kern K als an den Wellenfunktionen beurteilt werden kann. Der Kern $K^{(0)}(2, 1)$ beschreibt einfach eine gleichförmig, geradlinige Bewegung vom Weltpunkt 1 zum Weltpunkt 2. Die Formel (IV, 25) sagt aus, daß bei dem wirklichen Vorgang außer der gleichförmigen Bewegung $K^{(0)}(2, 1)$ auch Vorgänge eintreten, die sich aus einer geradlinigen Bewegung $K^{(0)}(3, 1)$ von 1 nach 3 und einer Bewegung $K^{(0)}(2, 3)$ von 3 nach 2 zusammensetzen. Das Teilchen erfährt dabei im Punkt (3) eine Streuung. Es kommen Streuungen an allen Punkten (3) vor, an denen $\mathbb{H}^{(1)}(3)$ von Null verschieden ist. Das Produkt $K^{(0)}(2, 3)\,\mathbb{H}^{(1)}(3)\,K^{(0)}(3, 1)$ gibt die Wahrscheinlichkeit für die Streuung im Punkt (3) an. In ähnlicher Weise läßt sich das in zweiter Näherung hinzukommende Glied als eine Zweifachstreuung interpretieren.

Während das Teilchen vor dem Streuprozeß durch $K^{(0)}(3, 1)$ beschrieben wurde, muß es nachher durch $K^{(0)}(2, 3)$ beschrieben werden. Es hat seinen Ausbreitungsvektor, d. h. seinen Quantenzustand geändert. Um zu erfahren, wie häufig ein bestimmter Ausbreitungsvektor entsteht, muß man die Punkte 1 und 2 ins Unendliche verlegen und die Integrale in (IV, 25) und (IV, 26) auswerten.

Diese Behandlung entspricht allerdings nicht ganz dem Formalismus der Feldtheorie. In der Feldtheorie sind die Feldfunktionen Ψ Operatoren, welche die Zeit nicht explizit enthalten. Sie müßten erst auf die Zustandsfunktionen $\mathfrak{U}$ einwirken, um den Wellenfunktionen zu entsprechen. Da wir aber die Vorgänge gar nicht an Hand der Ψ, sondern der transformierenden Kerne $K^{(0)}$ studieren, brauchen wir diese Umformung nicht wirklich vorzunehmen.

*§ 2. Feynmans Theorie der Antiteilchen; Feynman-Diagramme.

Inhalt: Bei Spinorteilchen gehen in den Kern die Zustände negativer Energie nur für vergangene Zeiten, die positiver Energie nur für künftige Zeiten ein. Hierdurch werden außer den Streuprozessen auch Entstehung und Vernichtung von Teilchenpaaren erfaßt. Die Prozesse können in einem Feynman-Diagramm veranschaulicht werden.

Bezeichnungen: wie S. 1229.

Will man die Integralgleichung auf Spinorteilchen anwenden, so stößt man auf folgendes Hindernis. Da solche Teilchen Unterweltzustände negativer Energie besitzen, treten in den Integralen von (IV, 25) und (IV, 26) auch Streu-

*§ 2. Feynmans Theorie der Antiteilchen; Feynman-Diagramme.

vorgänge auf, welche einen Übergang in Zustände negativer Energie bedeuten. Solche Übergänge kommen aber in Wirklichkeit nicht vor, da die Unterweltzustände alle besetzt sind. Dem ist aber in unserer Behandlung noch nicht Rechnung getragen.

Wie können wir nun erreichen, daß in K für $t \geq t_1$ keine Zustände negativer Energie mitwirken, ohne die Vollständigkeit des Funktionensystems Ψ_m preiszugeben? Offenbar kann man von jeder Lösung der Gleichung (IV, 17) eine beliebige Lösung K' der homogenen Gleichung

$$\left(\mathbb{H} + \frac{h}{2\pi i}\frac{\partial}{\partial t}\right)K' = 0 \qquad (\text{IV, 27})$$

subtrahieren. Eine solche Lösung ist z. B.

$$K' = \sum_{\substack{m \\ E_m < 0}} \Psi_m(\mathfrak{x}\,t)\,\Psi_m^*(\mathfrak{x}_1\,t_1), \qquad (\text{IV, 28})$$

wo über alle Zustände negativer Energie summiert wird. Allerdings müssen wir dabei die Beschränkung $t \geq t_1$ fallenlassen und t den ganzen Wertebereich durchlaufen lassen. Hierdurch erhalten wir

$$\begin{aligned}K(\mathfrak{x}\,t,\mathfrak{x}_1\,t_1) &= \sum_{\substack{m \\ E_m > 0}} \Psi_m(\mathfrak{x}\,t)\,\Psi_m^*(\mathfrak{x}_1\,t_1) \quad \text{für } t \geq t_1,\\ K(\mathfrak{x}\,t,\mathfrak{x}_1\,t_1) &= -\sum_{\substack{m \\ E_m < 0}} \Psi_m(\mathfrak{x}\,t)\,\Psi_m^*(\mathfrak{x}_1\,t_1)\end{aligned} \qquad (\text{IV, 29})$$

für $t < t_1$. Die Berechnung von K in sukzessiven Näherungen verläuft wie in § 1.

Die Zustände negativer Energie waren bisher im Sinne der Löchertheorie interpretiert. Auf S. 1200 haben wir aber gesehen, daß man das Spinorfeld nicht nur als Feld von Teilchen mit Zuständen negativer Energie, sondern auch als Feld von Teilchen und Antiteilchen interpretieren kann. Bei dieser Umdeutung gehen die Wellenfunktionen in die konjugiert komplexen Funktionen der Antiteilchen über, aus den Vernichtungsoperatoren der Teilchen werden Entstehungsoperatoren der Antiteilchen, Energie und Ausbreitungsvektoren erhalten das umgekehrte Vorzeichen. Die Wellenfunktion eines kräftefreien Teilchens negativer Energie geht also mit

$$\begin{aligned}\Psi_{\mathfrak{k}} &= e^{i(\mathfrak{k}\mathfrak{x}) - \frac{2\pi i}{h}E_{\mathfrak{k}}t} = e^{-\{i(\mathfrak{k}'\mathfrak{x}) - \frac{2\pi i}{h}E_{\mathfrak{k}'}t\}} = \Psi_{\mathfrak{k}'}^*,\\ E_{\mathfrak{k}'} &= -E_{\mathfrak{k}} = +|E_{\mathfrak{k}}|; \quad \mathfrak{k}' = -\mathfrak{k}\end{aligned} \qquad (\text{IV, 30})$$

in die konjugierte Funktion der Antiteilchen über.

Nach FEYNMAN kann man die Elementarprozesse sehr übersichtlich, wenn auch nur schematisch graphisch darstellen. Nimmt man die Zeit als Ordinate, $\mathfrak{x}$ als Abszisse, so entsteht eine Weltlinie als Bild der Bewegung, in welcher $\mathfrak{x}$ alle räumlichen Koordinaten vertritt. Die kräftefreie Bewegung $K^{(0)}(\mathfrak{x}\,t,\mathfrak{x}_1\,t_1)$ wird durch die Gerade der Abb. 338 dargestellt. Der Ablauf von unten nach oben im Sinn des Pfeiles folgt mathematisch aus $t \geq t_1$. Physikalisch bedeutet er, daß die Zeit zunimmt.

Ein Glied

$$K^{(0)}(\mathbf{2},\mathbf{3})\,H^{(1)}(\mathbf{3})\,K^{(0)}(\mathbf{3},\mathbf{1})\,d\mathbf{3} \qquad (\text{IV, 31})$$

im Integral (IV, 25) entspricht der Abb. 339. Die Richtung des Weges $\mathbf{1} \to \mathbf{3}$ ist durch den Anfangszustand $\Psi(\mathfrak{x}_1\,t_1)$ gegeben. An jeder Stelle $\mathbf{3}$ des Störgebietes kann ein Knick erfolgen. Die Richtung nach dem Knick ist beliebig und in (IV, 25) wird über alle Möglichkeiten summiert.

Zunächst könnte man für selbstverständlich halten, daß der Weltpunkt **2** später als der Weltpunkt **1** liegen müsse und der Weltpunkt **3** zwischen **1** und **2**. Hätten wir die ursprünglichen Festsetzungen (IV, 8) und (IV, 9) für $K(\mathfrak{x}\,t, \mathfrak{x}_1\,t_1)$

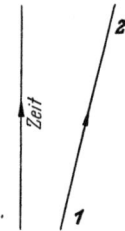
Abb. 338. Kräftefreie Bewegung.

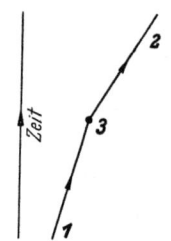
Abb. 339. Störprozeß im Weltpunkt **3**.

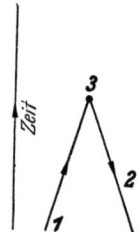
Abb. 340. Teilchen und Antiteilchen werden im Zeitpunkt **3** vernichtet. Der rückläufige Ast kennzeichnet ein Antiteilchen, das sich dem Pfeil entgegen bewegt.

beibehalten, so hätten zu dem Integral in (IV, 25) nur solche Weltpunkte **3** beigetragen, die zwischen **1** und **2** liegen. Da wir aber bei Spinorteilchen (IV, 8, 9) durch (IV, 29) ersetzt haben, ist die zeitliche Reihenfolge von **1**, **3** und **2** wieder völlig beliebig geworden.

Wir wollen im Augenblick daran festhalten, daß **2** später als **1** liegt. Dann enthält $K(2, 1)$ nach (IV, 25) immer Anteile, bei denen **3** später als **2** liegt, da ja über den ganzen Bereich von **3** zu summieren ist. Ein solcher Anteil entspricht dem Diagramm 340, welches für den Zeitpunkt t_2 folgendermaßen zu interpretieren ist. Der Ast **1** → **3**, welcher zum Zeitpunkt t_2 das Störgebiet noch nicht erreicht hat, entspricht dem einfallenden Teilchen. Der Ast **3** → **2** stellt ein Antiteilchen dar, welches zu einem zukünftigen Zeitpunkt t_3 mit dem Teilchen in **3** zusammentreffen wird. Nach diesem Ereignis sind Teilchen und Antiteilchen verschwunden. Es handelt sich also um eine Teilchenvernichtung. In der Nähe-

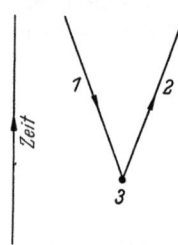
Abb. 341. Paarentstehung im Punkt **3**

rung (IV, 25) sind allerdings nur zukünftige Teilchenvernichtungen erfaßbar. Sie werfen insofern ihre Schatten voraus, als sie nur eintreten können, wenn im Zeitpunkt t_2 ein Antiteilchen vorhanden war und auf dem Wege zum Treffpunkt **3** unterwegs ist.

Schließlich wollen wir noch den Fall untersuchen, daß **3** früher als **2** und **1** liegt. Dieser Fall entspricht dem Diagramm 341. Der rückläufige Ast **1** → **3** muß als Antiteilchen interpretiert werden, welches von **3** nach **1** läuft, während der Ast **3** → **2** das gleichzeitig mit ihm entstandene Teilchen ist. Hier wird also die paarweise Entstehung zweier Teilchen beschrieben. In der Näherung (IV, 25) wird allerdings nur sichtbar, daß Teilchen immer paarweise entstehen.

Wesentlich interessanter als die Einfachstreuung (IV, 25) ist die Zweifachstreuung der zweiten Näherung (IV, 26).

Die Glieder

$$K^{(0)}(2, 3)\, H^{(1)}(3)\, K^{(0)}(3, 4)\, H^{(1)}(4)\, K^{(0)}(4, 1)\, d3\, d4 \qquad \text{(IV, 32)}$$

lassen sich in den Feynmandiagrammen 342a und b darstellen. Im Fall a haben wir eine zweimalige Streuung im Störgebiet. Im Fall b verläuft die Zeit auf dem

Ast 4 → 3 rückwärts. In Wirklichkeit beschreibt das Diagramm b folgende Vorgänge. Zuerst wird im Zeitpunkt 3 unter der Einwirkung des einfallenden Teilchens an der Stelle 3 ein Teilchenpaar erzeugt. Das Antiteilchen wird dann zusammen mit dem einfallenden Teilchen an der Stelle 4 vernichtet, während das neu entstandene Teilchen nach 2 weiterfliegt. Da die Gesamtwirkung durch Summieren über alle Ereignisse 3 und 4 zustande kommt, besteht kein wirklicher Unterschied zwischen den Fällen a und b. Es liegt nur an dem eingeschlagenen Näherungsverfahren, daß zur Darstellung des Endergebnisses Streuprozesse verwendet werden, bei denen intermediär ein Antiteilchen eingeschaltet wird.

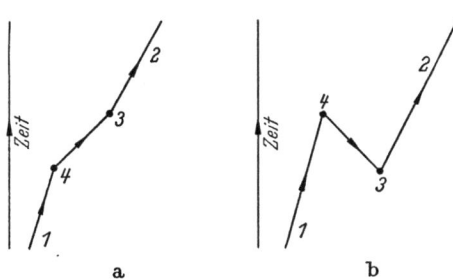

Abb. 342. Feynmandiagramm einer Zweifachstreuung.
a) Streuung eines Teilchens in den Punkten 4 und 3.
b) Entstehung eines Paares in 3. Vernichtung des einfallenden Teilchens und Antiteilchens in 4.

Wenn man Prozesse mit Hilfe der Integralgleichung (IV, 5) beschreibt und ihren Kern in sukzessiven Näherungen aus (IV, 25) und (IV, 26) usw. ermittelt, gelangt man automatisch zu einer Zusammensetzung des Prozesses aus Teilchenentstehungen und Teilchenvernichtungen, d. h. gerade zu derselben Vorstellung, die durch die Entstehungsoperatoren $a_{\mathfrak{f}}^{\dagger}$ und Vernichtungsoperatoren $a_{\mathfrak{f}}$ ausgedrückt ist. Jeder Knick im Feynmandiagramm kann als eine Vernichtung des Teilchens mit einem Ausbreitungsvektor $\mathfrak{f}$ verbunden mit der Entstehung eines Teilchens vom Ausbreitungsvektor $\mathfrak{f}'$ gedeutet werden. Wir können also das Feynmandiagramm zur Verdeutlichung der Entstehungs- und Vernichtungsvorgänge verwenden, auch ohne die Vorgänge mathematisch durch eine Integralgleichung zu erfassen.

**§ 3. Streuung von Mesonen an Nukleonen.

Inhalt: Die Wechselwirkung des Protonenfeldes und des neutralen Mesonfeldes ermöglicht 8 virtuelle Elementarprozesse. Alle Elementarprozesse erfüllen den Impulssatz, keiner den Energiesatz, weshalb sie paarweise in zweiter Näherung kombiniert werden müssen. Hieraus ergeben sich vier Mechanismen der Streuung eines neutralen Mesons an einem Proton.

Bezeichnungen: $\varXi, \varPsi, \vec{\varPhi}, \varPhi^{(1)}$ Feldfunktionen des Neutronfeldes, Protonfeldes, symmetrischen Mesonfeldes, neutralen Mesonfeldes, $\lambda^{(1)} \lambda^{(2)} \lambda^{(3)}$ Matrizen des isobaren Spins G Kopplungskonstante, $H^{(1)}$ Wechselwirkungsoperator, $\mathfrak{f}$ Ausbreitungsvektor des Mesons, $\mathfrak{K}$ des Protons und Antiprotons, $a_{\mathfrak{f}}, a_{\mathfrak{K}}, d_{\mathfrak{K}}$ Vernichtungsoperatoren des Mesons, Protons und Antiprotons, $a_{\mathfrak{f}}^{\dagger}, a_{\mathfrak{K}}^{\dagger}, d_{\mathfrak{K}}^{\dagger}$ zugehörige Entstehungsoperatoren, $\omega_{\mathfrak{f}}$ s. (II, 69), S. 1184, $\mathfrak{w}_{\mathfrak{K}r}, \mathfrak{v}_{\mathfrak{K}r}$ Vierervektoren im Spinraum des Protons und Antiprotons, r Index für den Spin, $\mathfrak{U}$ Zustandsfunktion, Indizes P und M für Proton und Meson, 0 für das Vakuumfeld, 1 für den Anfangszustand, 2 für den Endzustand.

Wir hatten Protonen und Nukleonen auf S. 1214 zu einem Nukleonenfeld zusammengefaßt und dessen jeweiligen Zustand durch einen Vektor

$$\left\| \begin{array}{c} \varXi \\ \varPsi \end{array} \right\|$$

im isobaren Spinraum beschrieben. Ganz analog hatten wir das neutrale und geladene Mesonenfeld zu dem symmetrischen Feld

$$\vec{\varPhi} = e^{(1)} \varPhi^{(1)} + e^{(2)} \varPhi^{(2)} + e^{(3)} \varPhi^{(3)} \qquad (IV, 33)$$

vereinigt. Auch die Wechselwirkungsdichte

$$\frac{hc}{2\pi} G \, \|\boldsymbol{\Xi}^\dagger \boldsymbol{\Psi}^\dagger\| \, \Gamma(\lambda^{(1)} \boldsymbol{\Phi}^{(1)} + \lambda^{(2)} \boldsymbol{\Phi}^{(2)} + \lambda^{(3)} \boldsymbol{\Phi}^{(3)}) \left\| \begin{matrix} \boldsymbol{\Xi} \\ \boldsymbol{\Psi} \end{matrix} \right\| \qquad (IV, 34)$$

dieser beiden Felder haben wir auf S. 1221 (III, 79) ermittelt.

Wir wollen jetzt den Prozeß untersuchen, bei dem ein Proton mit einem neutralen Meson in Wechselwirkung tritt. Vor der Wechselwirkung besitze das Meson den Ausbreitungsvektor $\mathfrak{k}_1$, das Proton den Ausbreitungsvektor $\mathfrak{K}_1$. Kennzeichnen wir das Vakuumfeld durch $\mathfrak{U}_0$ (Wahrscheinlichkeitsvektor), so ist nach S. 1192 und S. 1200 der Anfangszustand des Prozesses durch

$$\mathfrak{U}_1 = a^\dagger_{\mathfrak{k}_1} a^\dagger_{\mathfrak{K}_1 r_1} \mathfrak{U}_0 \qquad (IV, 35)$$

zu bezeichnen. Der Index r gibt den Spin des Protons an. Die Wechselwirkung (IV, 34) setzt sich aus 3 Summanden zusammen. Nur an einem von ihnen ist das neutrale Mesonfeld $\boldsymbol{\Phi}^{(1)}$ beteiligt, welches wir im folgenden einfach mit $\boldsymbol{\Phi}$ bezeichnen. Wir beschränken uns deshalb auf den Anteil

$$\frac{hc}{2\pi} G \, \|\boldsymbol{\Xi}^\dagger \boldsymbol{\Psi}^\dagger\| \, \Gamma \lambda^{(1)} \boldsymbol{\Phi} \left\| \begin{matrix} \boldsymbol{\Xi} \\ \boldsymbol{\Psi} \end{matrix} \right\| = \frac{hcG}{2\pi} \{ \boldsymbol{\Xi}^\dagger \Gamma \boldsymbol{\Xi} \boldsymbol{\Phi} - \boldsymbol{\Psi}^\dagger \Gamma \boldsymbol{\Psi} \boldsymbol{\Phi} \}, \qquad (IV, 36)$$

ohne zu untersuchen, ob die beiden anderen Summanden an dem Prozeß mitwirken. Das Proton ist nur an dem Anteil

$$H^{(1)} = -\frac{hc}{2\pi} G \boldsymbol{\Psi}^\dagger \Gamma \boldsymbol{\Psi} \boldsymbol{\Phi} \qquad (IV, 37)$$

beteiligt, auf den wir uns wieder beschränken wollen, ohne zu untersuchen, ob der Neutronenanteil wirklich keinen Einfluß hat. Nun entwickeln wir $\boldsymbol{\Phi}$ und $\boldsymbol{\Psi}$ in die Reihen

$$\begin{aligned}
\boldsymbol{\Phi} &= \sqrt{\frac{c}{2\varkappa_M V}} \sum_{\mathfrak{k}} \frac{1}{\sqrt{\omega_\mathfrak{k}}} (a_\mathfrak{k} + a^\dagger_{-\mathfrak{k}}) e^{i\mathfrak{k}\mathfrak{x}} \\
&= \sqrt{\frac{c}{2\varkappa_M V}} \sum_{\mathfrak{k}} \frac{1}{\sqrt{\omega_\mathfrak{k}}} (a_\mathfrak{k} e^{i\mathfrak{k}\mathfrak{x}} + a^\dagger_\mathfrak{k} e^{-i\mathfrak{k}\mathfrak{x}}), \\
\boldsymbol{\Psi} &= \sum_{r'=1,2}^{\mathfrak{K}'} a_{\mathfrak{K}'r'} w_{\mathfrak{K}'r'} e^{i\mathfrak{K}'\mathfrak{x}} + \sum_{r'=3,4}^{\mathfrak{K}'} d^\dagger_{\mathfrak{K}'r'} v^*_{\mathfrak{K}'r'} e^{-i\mathfrak{K}'\mathfrak{x}}, \\
\boldsymbol{\Psi}^\dagger &= \sum_{r=1,2}^{\mathfrak{K}} a^\dagger_{\mathfrak{K}r} w^*_{\mathfrak{K}r} e^{-i\mathfrak{K}\mathfrak{x}} + \sum_{r=3,4}^{\mathfrak{K}} d_{\mathfrak{K}r} v_{\mathfrak{K}r} e^{i\mathfrak{K}\mathfrak{x}}.
\end{aligned} \qquad (IV, 38)$$

Die Größen $w_{\mathfrak{K}r}$ und $v_{\mathfrak{K}r}$ sind Einheitsvektoren im vierdimensionalen Spinraum. Auf sie wirkt der Operator Γ. Beim Einsetzen in (IV, 36) entsteht

$$H^{(1)} = \frac{1}{V} \sum_{\mathfrak{K}r} \sum_{\mathfrak{K}'r'} \sum_{\mathfrak{k}} A_{\mathfrak{K}\mathfrak{K}'\mathfrak{k}}$$

$$\begin{aligned}
\{ & a^\dagger_{\mathfrak{K}r} a_{\mathfrak{K}'r'} a_\mathfrak{k} \, w^*_{\mathfrak{K}r} \Gamma w_{\mathfrak{K}'r'} \, e^{i(\mathfrak{K}'+\mathfrak{k}-\mathfrak{K})\mathfrak{x}} + \\
+ & a^\dagger_{\mathfrak{K}r} a_{\mathfrak{K}'r'} a^\dagger_\mathfrak{k} \, w^*_{\mathfrak{K}r} \Gamma w_{\mathfrak{K}'r'} \, e^{i(\mathfrak{K}'-\mathfrak{k}-\mathfrak{K})\mathfrak{x}} + \\
+ & a^\dagger_{\mathfrak{K}r} d^\dagger_{\mathfrak{K}'r'} a_\mathfrak{k} \, w^*_{\mathfrak{K}r} \Gamma v^*_{\mathfrak{K}'r'} \, e^{i(-\mathfrak{K}'+\mathfrak{k}-\mathfrak{K})\mathfrak{x}} + \\
+ & a^\dagger_{\mathfrak{K}r} d^\dagger_{\mathfrak{K}'r'} a^\dagger_\mathfrak{k} \, w^*_{\mathfrak{K}r} \Gamma v^*_{\mathfrak{K}'r'} \, e^{i(-\mathfrak{K}'-\mathfrak{k}-\mathfrak{K})\mathfrak{x}} + \\
+ & d_{\mathfrak{K}r} a_{\mathfrak{K}'r'} a_\mathfrak{k} \, v_{\mathfrak{K}r} \Gamma w_{\mathfrak{K}'r'} \, e^{i(\mathfrak{K}'+\mathfrak{k}+\mathfrak{K})\mathfrak{x}} + \\
+ & d_{\mathfrak{K}r} a_{\mathfrak{K}'r'} a^\dagger_\mathfrak{k} \, v_{\mathfrak{K}r} \Gamma w_{\mathfrak{K}'r'} \, e^{i(\mathfrak{K}'-\mathfrak{k}+\mathfrak{K})\mathfrak{x}} + \\
+ & d_{\mathfrak{K}r} d^\dagger_{\mathfrak{K}'r'} a_\mathfrak{k} \, v_{\mathfrak{K}r} \Gamma v^*_{\mathfrak{K}'r'} \, e^{i(-\mathfrak{K}'+\mathfrak{k}+\mathfrak{K})\mathfrak{x}} + \\
+ & d_{\mathfrak{K}r} d^\dagger_{\mathfrak{K}'r'} a^\dagger_\mathfrak{k} \, v_{\mathfrak{K}r} \Gamma v^*_{\mathfrak{K}'r'} \, e^{i(-\mathfrak{K}'-\mathfrak{k}+\mathfrak{K})\mathfrak{x}} \},
\end{aligned} \qquad (IV, 39)$$

**§ 3. Streuung von Mesonen an Nukleonen.

wobei

$$A_{\mathfrak{K}\mathfrak{K}'\mathfrak{f}} = -\frac{hcG}{2\pi}\sqrt{\frac{c}{2\varkappa_M V \omega_\mathfrak{f}}}$$

bedeutet. Die Wechselwirkung vermag folgende 8 Vorgänge auszulösen, die durch die Kombinationen der Operatoren $\boldsymbol{a}$ und $\boldsymbol{d}$ gekennzeichnet sind. Ihre Feynmandiagramme sind in den Abb. 343 a bis h dargestellt.

a) $a^\dagger_{\mathfrak{K}r} a_{\mathfrak{K}'r'} a_\mathfrak{f}$ streut das Proton aus dem Zustand $\mathfrak{K}'r'$ in den Zustand $\mathfrak{K}r$, wobei ein Meson im Zustand $\mathfrak{f}$ absorbiert wird.

b) $a^\dagger_{\mathfrak{K}r} a_{\mathfrak{K}'r'} a^\dagger_\mathfrak{f}$ streut das Proton von $\mathfrak{K}'r'$ nach $\mathfrak{K}r$ unter Emission eines Mesons im Zustand $\mathfrak{f}$.

c) $a^\dagger_{\mathfrak{K}r} d^\dagger_{\mathfrak{K}'r'} a_\mathfrak{f}$ absorbiert ein Meson und erzeugt ein Proton und ein Antiproton.

d) $a^\dagger_{\mathfrak{K}r} d^\dagger_{\mathfrak{K}'r'} a^\dagger_\mathfrak{f}$ erzeugt ein Meson und ein Nukleonenpaar.

e) $d_{\mathfrak{K}r} a_{\mathfrak{K}'r'} a_\mathfrak{f}$ vernichtet ein Antiproton, ein Proton und ein Meson.

f) $d_{\mathfrak{K}r} a_{\mathfrak{K}'r'} a^\dagger_\mathfrak{f}$ vernichtet ein Nukleonenpaar und emittiert ein Meson.

g) $d_{\mathfrak{K}r} d^\dagger_{\mathfrak{K}'r'} a_\mathfrak{f}$ streut ein Antiproton und absorbiert ein Meson.

h) $d_{\mathfrak{K}r} d^\dagger_{\mathfrak{K}'r'} a^\dagger_\mathfrak{f}$ streut ein Antiproton und emittiert ein Meson.

Sind im Anfangszustand des Prozesses ein Proton und ein Meson mit den Ausbreitungsvektoren $\mathfrak{K}_1$ und $\mathfrak{f}_1$ vorhanden, so entfallen die Prozesse **e** bis **h**. In der Rechnung kommt dies dadurch zustande, daß

$$d_{\mathfrak{K}r}\mathfrak{U}_1 = d_{\mathfrak{K}r} a^\dagger_{\mathfrak{f}_1} a^\dagger_{\mathfrak{K}_1 r_1} \mathfrak{U}_0 = 0 \quad (IV, 40)$$

ist.

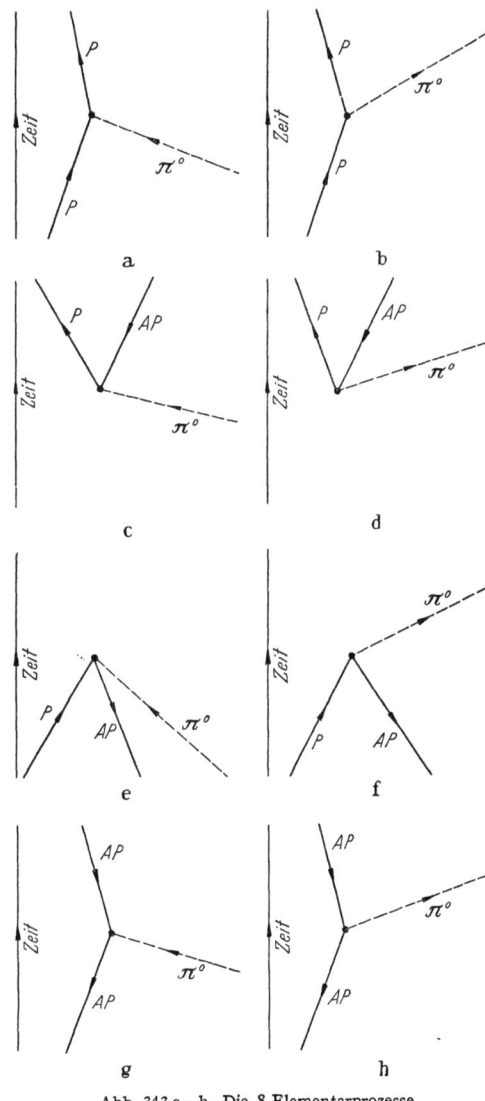

Abb. 343 a—h. Die 8 Elementarprozesse der Proton-Meson-Wechselwirkung.

Summiert man über die Wechselwirkung an allen Orten, so bleiben nur solche Summanden stehen, bei denen der Exponent der Exponentialfunktion verschwindet. Da die Ausbreitungsvektoren den Impulsen proportional sind, ist die Summe der Impulse der entstehenden Teilchen gleich der Summe der Impulse der verschwindenden Teilchen. Die Prozesse erfüllen also einzeln den Impulssatz.

Gleichzeitig mit dem Impulssatz kann aber der Energiesatz nicht erfüllt werden. Wir zeigen dies am Prozeß 1. Hier gilt

$$\mathfrak{K} = \mathfrak{k}_1 + \mathfrak{K}_1. \tag{IV, 41}$$

Der Energiesatz würde

$$\sqrt{\frac{1}{\varkappa_P^2} + \mathfrak{K}^2} = \sqrt{\frac{1}{\varkappa_P^2} + \mathfrak{K}_1^2} + \sqrt{\frac{1}{\varkappa_M^2} + \mathfrak{k}_1^2} \tag{IV, 42}$$

erfordern, was beim Einsetzen von (IV, 41) und quadrieren

$$(\mathfrak{k}_1 \mathfrak{K}_1) = \frac{1}{2 \varkappa_M^2} + \sqrt{\left(\frac{1}{\varkappa_P^2} + \mathfrak{K}_1^2\right)\left(\frac{1}{\varkappa_M^2} + \mathfrak{k}_1^2\right)} \tag{IV, 43}$$

verlangt. Die Indizes M oder P bei $\varkappa$ geben an, ob der Wert für das Meson oder Proton gemeint ist. Die Wurzel rechts ist positiv und schon von größerem Betrag als die linke Seite. Der Energiesatz könnte höchstens gelten, wenn der Prozeß die Werte $\varkappa_P$ und $\varkappa_M$ abändern würde.

Die Prozesse 1 bis 4 können also nicht einzeln, sondern nur in Verbindung miteinander oder mit anderen Prozessen eintreten. Sie führen zu intermediären virtuellen Zuständen, aus denen das System der Teilchen in zweiter Näherung durch einen zweiten Prozeß in den Endzustand übergeht. Bezeichnen wir diese Zwischenzustände durch den Index i und den Endzustand mit dem Index 2, so erhalten wir nach S. 1028 (IV, 164) das Matrixelement zweiter Näherung

$$\sum_i \frac{H_{2i}^{(1)} H_{i1}^{(1)}}{E_i - E_1} \tag{IV, 44}$$

für den Übergang vom Anfangszustand in den Endzustand.

Der Streuprozeß führt somit ein Meson des Zustandes $\mathfrak{k}_1$ und ein Proton des Zustandes $\mathfrak{K}_1 r_1$ in ein Meson im Zustand $\mathfrak{k}_2$ und ein Proton im Zustand $\mathfrak{K}_2 r_2$ über. Die Streuung vollzieht sich in zwei Stufen und kann auf folgenden vier verschiedenen Wegen vor sich gehen.

1. Zuerst streut der Operator $a^\dagger_{\mathfrak{K}_i r_i} a_{\mathfrak{K}_1 r_1} a_{\mathfrak{k}_1}$ das Proton aus dem Zustand $\mathfrak{K}_1 r_1$ in den Zustand $\mathfrak{K}_i r_i$ und absorbiert das Meson. Im Zwischenzustand ist nur ein Proton vorhanden. Durch den Operator $a^\dagger_{\mathfrak{K}_2 r_2} a_{\mathfrak{K}_i r_i} a^\dagger_{\mathfrak{k}_2}$ emittiert das Proton das Meson des Endzustandes und geht selbst in den Zustand $\mathfrak{K}_2 r_2$ über.

2. Zuerst emittiert der Operator $a^\dagger_{\mathfrak{K}_i r_i} a_{\mathfrak{K}_1 r_1} a^\dagger_{\mathfrak{k}_2}$ das Meson, welches im Endzustand vorliegt. Das Proton geht dabei in den Zustand $\mathfrak{K}_i r_i$ über. Im Zwischenzustand bestehen neben dem Proton zwei Mesonen. Im zweiten Schritt $a^\dagger_{\mathfrak{K}_2 r_2} a_{\mathfrak{K}_i r_i} a_{\mathfrak{k}_1}$ absorbiert das Proton das ursprüngliche Meson, wobei es selbst in den Endzustand $\mathfrak{K}_2 r_2$ gelangt.

3. Zuerst absorbiert der Operator $a^\dagger_{\mathfrak{K}_2 r_2} d^\dagger_{\mathfrak{K}_i r_i} a_{\mathfrak{k}_1}$ das Meson und erzeugt das Proton des Endzustandes $\mathfrak{K}_2 r_2$ zusammen mit einem Antiproton im Zustand $\mathfrak{K}_i r_i$. Im Zwischenzustand haben wir zwei Protonen und ein Antiproton, aber kein Meson. Im zweiten Schritt $d_{\mathfrak{K}_i r_i} a_{\mathfrak{K}_1 r_1} a^\dagger_{\mathfrak{k}_2}$ wird das Antiproton zusammen mit dem ursprünglichen Proton unter Emission eines Mesons vernichtet.

4. Zuerst erzeugt der Operator $a^\dagger_{\mathfrak{K}_2 r_2} d^\dagger_{\mathfrak{K}_i r_i} a^\dagger_{\mathfrak{k}_2}$ ein Nukleonenpaar und das Meson des Endzustandes, so daß im Zwischenzustand zwei Protonen, ein Antiproton und

zwei Mesonen vorliegen. Im zweiten Schritt $a_{\Re_1 r_1} d_{\Re_i r_i} a_{f_1}$ wird das Antiproton und das ursprüngliche Proton vernichtet, wobei das Meson des Anfangszustandes absorbiert wird.

In der Abb. 344 a–d sind die Feynmandiagramme dieser Prozesse gezeichnet.

Es ist ziemlich mühsam, den Streuprozeß wirklich durchzurechnen, selbst wenn man sich auf die Streuung mäßig schneller Mesonen an langsamen Protonen beschränkt. Für pseudoskalare Mesonen ergeben die Prozesse mit Paarerzeugung und Paarvernichtung kugelsymmetrische Matrixelemente (S-Streuung), während die beiden anderen Prozesse Matrixelemente mit einer Winkelverteilung ergeben, die einer P-Streuung entsprechen.

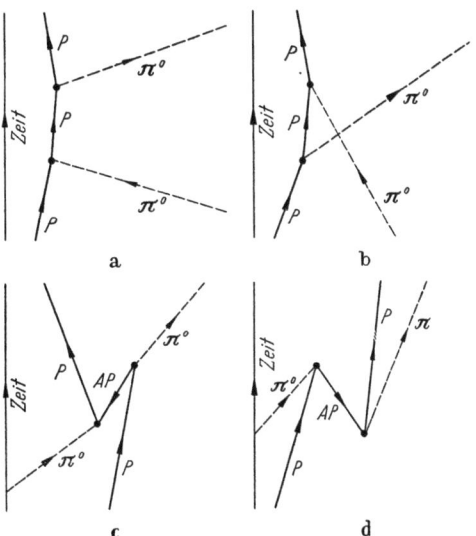

Abb. 344 a–d. Die Streuung eines Mesons an einem Proton kann auf vier verschiedene Arten aus zwei aufeinanderfolgenden Elementarprozessen zusammengesetzt werden.

Die qualitative Skizze, die wir hier von dem Streuprozeß entworfen haben, berücksichtigt nur die niedrigste (zweite) Näherung, die überhaupt einen Streuprozeß liefert. Charakteristisch für diese Näherung ist, daß wir einen einzigen Zwischenzustand berücksichtigen, d. h. die Streuung durch zwei sukzessive Prozesse zustande kommen lassen. In höheren Näherungen müßten wir mehrere intermediäre Zustände in Betracht ziehen, wodurch sich das Bild natürlich ungeheuer kompliziert.

**§ 4. Wechselwirkungen als virtuelle elementare Prozesse.
Virtuelle Zwischenzustände.

Inhalt: Elementarprozesse der Wechselwirkungen der verschiedenen Felder und ihre Feynmandiagramme.

In der Lösung der Integralgleichung eines quantenmechanischen Problems in sukzessiven Näherungen haben wir bisher nur ein mathematisches Verfahren gesehen, dessen Wert wir nur danach beurteilten, ob die Rechnung bequem oder unbequem durchzuführen ist. Wir können jetzt die Frage aufwerfen, ob dieses Näherungsverfahren vielleicht nicht nur als ein mathematisches Schema anzusehen ist, sondern physikalisch interpretierbaren Gehalt enthält.

Schon auf S. 1232 haben wir gesehen, daß der Kern $K^{(0)}$ das Verhalten eines kräftefreien Teilchens bzw. das Verhalten eines isolierten Feldes darstellt. Setzen wir in (IV, 5) den Kern $K^{(0)}$ ein, so wird sich die Wellenfunktion $\Psi(\mathfrak{x}, t)$ mit Ort und Zeit zwar verändern, aber doch nur so, wie es im Wesen des isolierten Teilchens oder Feldes liegt, das mit $\Psi(\mathfrak{x}, t)$ beschrieben wird. Die Transformation mit $K^{(0)}$ beschreibt also das ungestörte „natürliche" Verhalten eines solchen Objektes. Nach (IV, 25, s. auch Abb. 339) wird das Geschehen in erster Näherung folgendermaßen beschrieben. Vom Weltpunkt **1** zum Weltpunkt **3** läuft der Vorgang ungestört und natürlich ab. Am Weltpunkt **3** jedoch wird der natürliche Vorgang durch ein besonderes Ereignis, nämlich die Wechselwirkung, innerhalb eines infinitesimalen Weltbezirkes unterbrochen. An die Wechselwirkung schließt sich wieder ein „natürlicher" Vorgang an, der jedoch nicht derselbe wie vor der Wechselwirkung ist. Allerdings schreibt (IV, 25) vor, daß über die Wechselwirkungen an allen möglichen Weltpunkten zu integrieren sei, um das Resultat der ersten Näherung zu erhalten. Dieses Resultat ist also so beschaffen, „als ob" in den einzelnen Weltpunkten solche Wechselwirkungsereignisse einträten. Wenn wir uns diese Auffassung zu eigen machen, haben die Wechselwirkungsprozesse an den einzelnen Weltpunkten keinerlei physikalische Bedeutung, sondern sind nur eine überflüssige Illustration des mathematischen Verfahrens.

Erinnern wir uns aber der statistischen Deutung der Quantentheorie, so liegt eine andere Interpretation der Formel (IV, 25) im Bereich der Möglichkeit. Die Wechselwirkungsvorgänge an ziemlich lokalisierten Orten und in kurzen Zeitintervallen könnten reale Ereignisse sein und die Integration in (IV, 25) hätte dann die Bedeutung einer statistischen Mittelung. Ob eine solche weitergehende Interpretation zulässig ist, bleibt aber einstweilen noch offen.

Man übersieht ohne genauere Untersuchung, daß die zweite Näherung ebenfalls in zweierlei Weise gedeutet werden kann. Das Ergebnis ist sicherlich so, „als ob" nacheinander zwei Wechselwirkungen einträten. Dies kann man als eine überflüssige Illustration des Rechenverfahrens ansehen. Im Hinblick auf die statistische Deutung der Quantentheorie liegt es aber wieder nahe, die beiden Wechselwirkungen als reale Ereignisse zu betrachten und die Integration in (IV, 26) als statistische Mittelung über diese Ereignisse zu verstehen.

Die Integralgleichung (IV, 5) ist noch in dem Sinne eine klassische Gleichung, als die Feldfunktion $\Psi(\mathfrak{x}, t)$ nicht Operatorfunktion, sondern Zustandsfunktion (Wellenfunktion) ist. Andererseits haben wir in § 3 das spezielle Problem der Streuung eines Mesons mit den Methoden der Feldquantentheorie studiert und sind auf eine ganz ähnliche Situation gestoßen.

In (IV, 39) löst sich die Wechselwirkung in 8 Arten von Teilprozessen auf. Sie bestehen in der Absorption oder Emission eines Mesons und der mit ihr verbundenen Paarerzeugung, Paarvernichtung oder Streuung eines Nukleons. Nach Summieren über alle Orte tragen nur diejenigen Prozesse zum Gesamtergebnis bei, bei denen der Gesamtimpuls der wechselwirkenden Teilchen unverändert bleibt. Die Impulserhaltung bedeutet nichts als diese Feststellung, wenn man dem Einzelprozeß keine physikalische Bedeutung zumißt. Die Matrixelemente dieser bevorzugten Prozesse hängen nicht vom Orte ab.

Es besteht aber auch die Möglichkeit, in den Teilprozessen reale Ereignisse zu erblicken, deren statistische Mittelung das Gesamtergebnis liefert. Ein solcher Interpertationsversuch stößt zunächst auf ein Hindernis, welches damit zusammenhängt, daß wir die Quantisierung nicht kovariant formuliert haben.

Will man dem Einzelprozeß physikalische Bedeutung zusprechen, so liegt es nahe, sich auf die impulserhaltenden Prozesse zu beschränken. Dies wäre aber inkonsequent, weil man die Erhaltung der Energie mit dem gleichen Recht wie die Erhaltung des Impulses verlangen muß. Keiner der 8 Teilprozesse erfüllt aber gleichzeitig den Energiesatz und den Impulssatz. Der Energiesatz kann im Zuge des Näherungsverfahrens nur befriedigt werden, indem man in zweiter Näherung zwei Einzelprozesse hintereinander schaltet. Damit nimmt man dann schon eine Summierung über die Zeit vor. Daß man den Impulssatz für den Einzelprozeß erfüllen kann, den Energiesatz aber nicht, hängt mit der Unsymmetrie unserer Quantisierungsvorschrift hinsichtlich Raum und Zeit zusammen.

Unseren Einzelprozessen fehlt also ein wesentliches Merkmal realer Vorgänge, nämlich die gleichzeitige Erhaltung von Energie und Impuls. Man nennt sie deshalb virtuelle Prozesse. Der Zustand zwischen zwei virtuellen Prozessen wird

§ 4. Wechselwirkungen als virtuelle elementare Prozesse.

als virtueller Zwischenzustand bezeichnet. Das Wort „virtuell" läßt die Entscheidung zwischen folgenden drei Möglichkeiten noch offen:

1. Die virtuellen Prozesse und Zustände haben überhaupt keine reale Bedeutung, sondern sind nur als Zwischenstadien des Berechnungsverfahrens anzusehen.

2. Die virtuellen Prozesse sind Ereignisse in einem sehr engen raumzeitlichen Bereiche, in welchem Energiesatz und Impulssatz keine Gültigkeit haben. Die Bevorzugung des Impulssatzes vor dem Energiesatz sollte bei kovarianter Behandlung verschwinden.

3. Mit dem virtuellen Prozeß ist noch ein anderer Vorgang verknüpft, der in der Beschreibung nicht zum Ausdruck kommt und sich im Endergebnis wieder heraushebt. Von FEYNMAN stammt z. B. eine Modifikation des Formalismus, bei dem die virtuellen Prozesse Energie und Impuls ungeändert lassen, jedoch die Massen der Teilchen, d. h. die Konstanten $\varkappa$ verändern. Es sind aber auch noch andere Möglichkeiten denkbar.

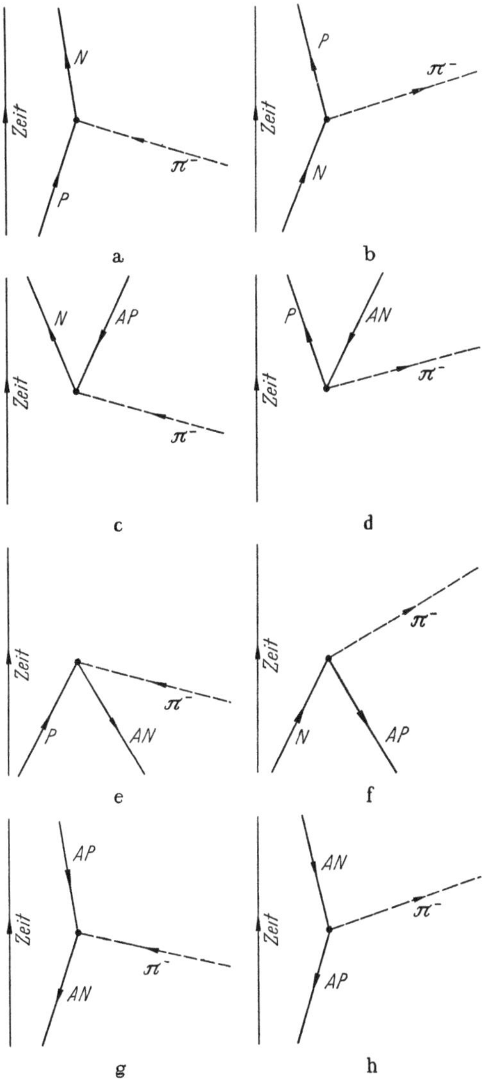

Die Feynmandiagramme der virtuellen Prozesse sind ein vorzügliches Hilfsmittel, um die Vorgänge bei Wechselwirkungen zu klassifizieren, unabhängig davon, ob sie reale Bedeutung haben oder nicht.

Jede Wechselwirkung zwischen zwei Feldern läßt sich durch eine Anzahl von virtuellen Elementarprozessen und Feynmandiagrammen interpretieren, aus denen man reale Prozesse kombinieren kann. Die im vorigen Paragraph untersuchte Wechselwirkung des Protons und neutralen $\pi^{(0)}$-Mesons ergab die 8 Elementarprozesse, deren Diagramme die Abb. 343 zeigt. Die-

Abb. 345. Elementarprozesse der Wechselwirkung eines Nukleons und eines π^--Mesons.

selben Elementarprozesse erhält man für die Wechselwirkung des Neutrons mit dem $\pi^{(0)}$-Meson. Die ausgezogene Linie bezeichnet den Weg des Nukleons, die punktierte Linie die Bahn des Mesons. Die Pfeilrichtung nach unten (entgegen dem Zeitablauf) kennzeichnet die Antiteilchen.

Die Elementarprozesse bei der Wechselwirkung von π^- und π^+-Mesonen mit Nukleonen zeigen die Abbildungen 345 und 346. Die Kernkräfte als Kräfte zweiter Näherung werden durch Diagramme mit zwei Elementarprozessen (Knoten) dargestellt (Abb. 347).

Die Wechselwirkung dritten Grades eines Elektrons bzw. Positrons mit dem elektromagnetischen Feld ergibt acht ganz analoge Elementarprozesse, deren Diagramme in Abb. 348 gezeichnet sind. Das Photon ist durch eine Wellenlinie und den Buchstaben γ dargestellt. Die Wechselwirkung des elektromagnetischen Feldes mit Proton bzw. Antiproton ergibt dieselben Diagramme.

Wenn wir noch die 6 Diagramme der Abb. 349 für die virtuellen Prozesse hinzufügen, an denen ein geladenes Meson und das elektromagnetische Feld beteiligt sind, sind alle Wechselwirkungen dritten Grades in Elementarprozesse aufgegliedert, die wir zwischen Nukleonen, Leptonen, Mesonen und dem elektromagnetischen Feld in Kap. III kennengelernt haben.

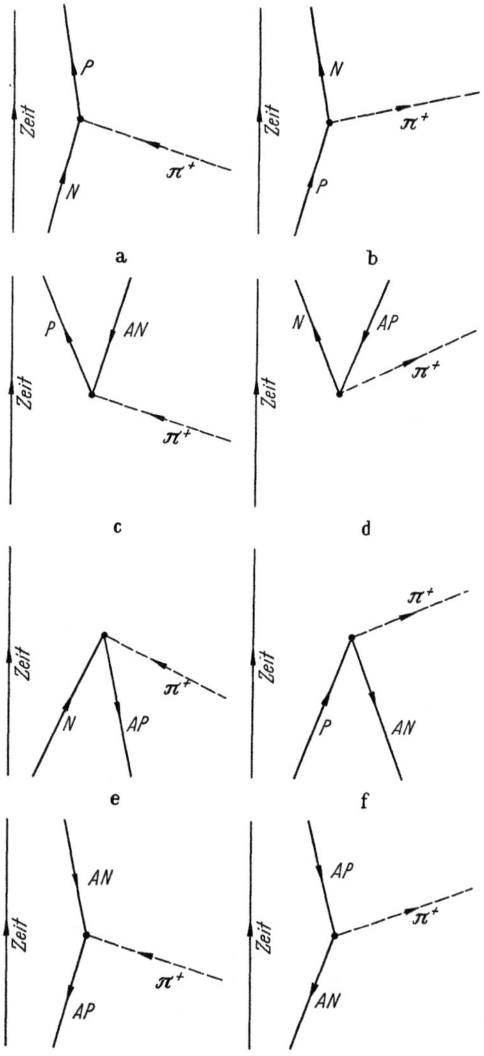

Abb. 346. Elementarprozesse der Wechselwirkung eines Nukleons und eines π^+-Mesons.

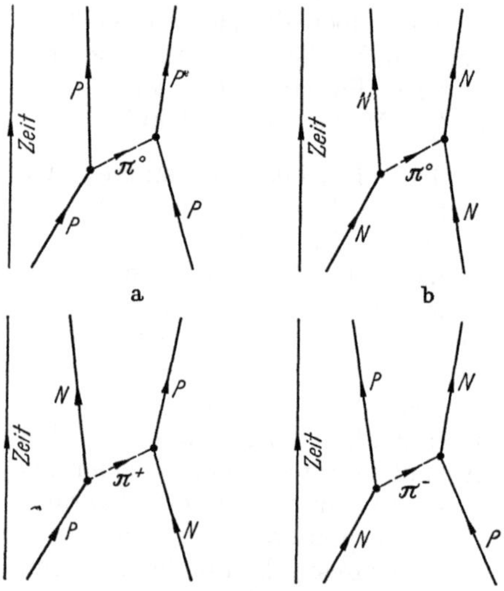

Abb. 347. Entstehung der Kernkräfte durch zwei sukkzessive Elementarprozesse der Emission und Absorption eines Mesons.

Eine direkte Wechselwirkung dritten Grades zwischen Fermiteilchen war nicht zu erwarten, weil sie ein System halbzahligen Spins in ein System ganzzahligen Spins überführen würde. Für eine direkte Wechselwirkung von Elektronen und Mesonen scheinen keine empirischen Anzeichen vorzuliegen.

Mit dem bisher aufgezählten virtuellen Elementarprozessen können die meisten komplizierteren Wechselwirkungen aufgebaut werden. Das Diagramm

**§ 4. Wechselwirkungen als virtuelle elementare Prozesse.

(350) gibt z. B. das Schema für die Kräfte zwischen geladenen Teilchen an. Es handelt sich hier wie bei den Kernkräften um eine Wechselwirkung zweiter Ordnung. Die chemische Bindung zweier Protonen durch ein Elektron entspricht

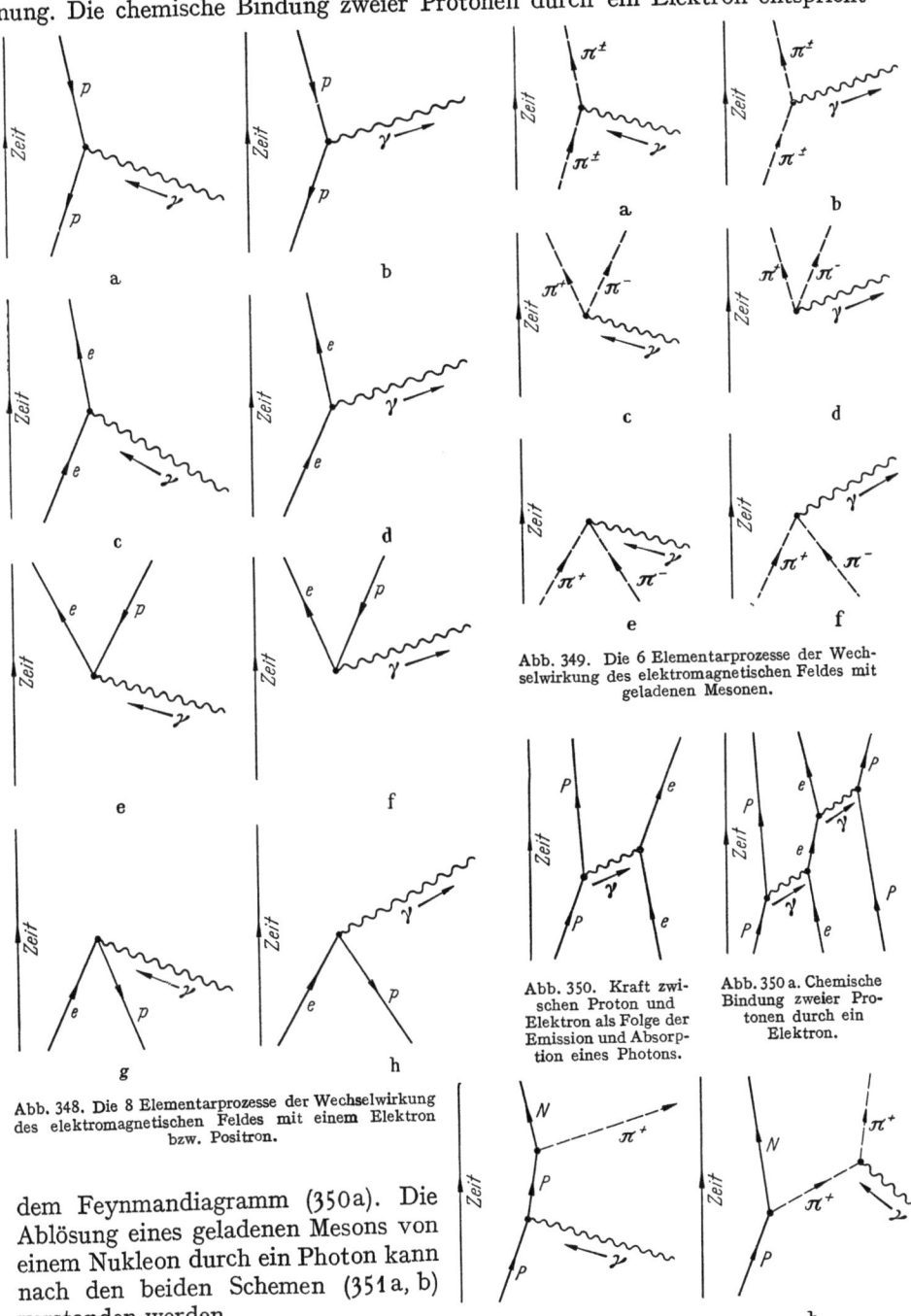

Abb. 348. Die 8 Elementarprozesse der Wechselwirkung des elektromagnetischen Feldes mit einem Elektron bzw. Positron.

Abb. 349. Die 6 Elementarprozesse der Wechselwirkung des elektromagnetischen Feldes mit geladenen Mesonen.

Abb. 350. Kraft zwischen Proton und Elektron als Folge der Emission und Absorption eines Photons.

Abb. 350 a. Chemische Bindung zweier Protonen durch ein Elektron.

Abb. 351 a u. b. Ablösung eines π^+-Mesons von einem Proton mit Absorption eines Photons.

dem Feynmandiagramm (350a). Die Ablösung eines geladenen Mesons von einem Nukleon durch ein Photon kann nach den beiden Schemen (351a, b) verstanden werden.

Unsere Klassifikation der Elementarprozesse ist allerdings noch nicht erschöpfend. Wir sind noch keinem Prozeß begegnet, an dem ein Neutrino beteiligt war. Dieses Teilchen ist allerdings gerade deshalb nur indirekt und schwierig beobachtbar, weil es weder Wechselwirkungen dritter Ordnung mit den häufig vorkommenden Teilchen noch mit dem elektromagnetischen Feld zeigt. Der beobachtete Zerfall

$$\pi \to \mu + \nu \qquad (IV, 45)$$

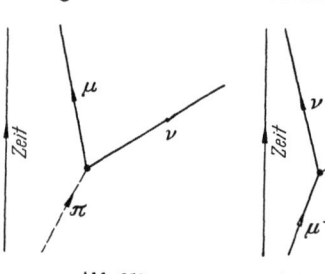

Abb. 352. Feynmandiagramm des π-Mesonenzerfalls.

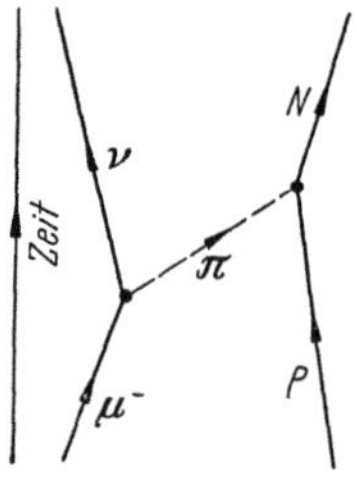

Abb. 353. Einfang des μ^--Mesons durch ein Proton.

eines π-Mesons in ein μ-Meson und ein Neutrino (ν) läßt sich aber als Elementarprozeß deuten und durch das Feynmandiagramm der Abb. 352 darstellen. Eine der Umkehrungen dieses Prozesses macht übrigens auch den Einfang

$$\mu^- + P \to N + \nu \qquad (IV, 46)$$

des negativen μ-Mesons, nach dem Diagramm (353) verständlich.

Neben den Wechselwirkungen dritter Ordnung muß man auch Wechselwirkungen vierter Ordnung in Betracht ziehen. So enthält z. B. die Wechselwirkung (III, 27) von S. 1213 zwischen dem geladenen Mesonfeld und dem elektromagnetischen Feld den Anteil

$$\frac{2\pi \varkappa c \varepsilon^2 \mu_0^2}{h} \vec{A}^2 \Phi^* \Phi \qquad (IV, 47)$$

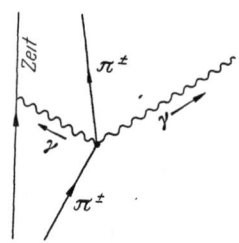

Abb. 354. Gleichzeitige Emission zweier Photonen durch ein Meson als Elementarprozeß.

vierten Grades. Er gibt Anlaß zu Diagrammen mit vierfachen Knotenpunkten. Die Abb. 354 stellt z. B. die gleichzeitige Emission zweier Photonen durch ein Meson dar.

Die Fermiwechselwirkung (III, 81) von S. 1222 liefert Elementarprozesse wie in Abb. 355, welche man zur Erklärung des β-Zerfalles herangezogen hat. Um den Zerfall des μ-Mesons zu erklären, hat man den Elementarprozeß

$$\mu \to e + \nu + \nu \qquad (IV, 48)$$

diskutiert, der nach dem Diagramm (356) verlaufen muß.

Die Feynmandiagramme sind nur ein qualitatives Schema für die Elementarprozesse, nicht aber eine quantitative Beschreibung ihres Ablaufes. Sie lassen demnach eine beliebige Verzerrung zu. Die verschiedenen Diagramme einer Wechselwirkung, z. B. die 8 Diagramme der Abb. 346 können sogar durch Verzerrung oder Umkehr des Durchlaufungssinnes ineinander übergeführt werden. Das Feynmandiagramm macht auch keine Angabe über die Wahrscheinlichkeit des dargestellten Prozesses. Man kann aber verhältnismäßig leicht solche Gesichtspunkte qualitativ hinzufügen. Bei der Wechselwirkung der Nukleonen mit einem pseudoskalaren Meson sind Prozesse häufig, bei denen ein Teilchen und ein Antiteilchen beteiligt sind. Prozesse, bei denen zwei Teilchen oder zwei Antiteilchen

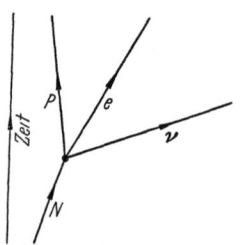

Abb. 355. Elementarprozeß der Fermiwechselwirkung Proton-Neutron-Elektron-Neutrino.

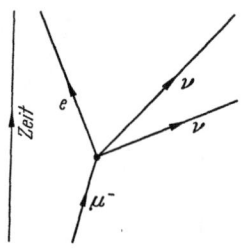

Abb. 356. Zerfall des μ^--Mesons in einem Elementarprozeß.

mitwirken, sind seltener. Bei der Wechselwirkung mit einem skalaren Feld wäre dies umgekehrt.

Im übrigen kann man die Regel aufstellen, daß unter sonst gleichen Umständen zusammengesetzte Prozesse um so häufiger sind, je kleiner die Zahl der Elementarprozesse, d. h. der Knotenpunkte ist. Mathematisch bedeutet dies nur, daß Vorgänge höherer Näherungen weniger wahrscheinlich als Vorgänge niedriger Näherung sind. Wenn das Näherungsverfahren überhaupt anwendbar ist, ist dies also fast selbstverständlich.

**§ 5. Die S-Matrix.

Inhalt: Bei Stoßprozessen erhält man die Zustandsfunktion des Endzustandes durch Anwendung eines Operators S auf die Zustandsfunktion des Anfangszustandes. Drückt man die Zustände durch die Eigenfunktionen des Modells ohne Wechselwirkung (kräftefreie Teilchen) aus, so wird S durch eine unitäre Matrix dargestellt. Die Elemente S_{nm} sind die Amplituden der Übergangswahrscheinlichkeit W_{nm} aus dem Zustand m in den Zustand n bei einem Streuprozeß. Mathematisch ist die Matrix S eine Summe normaler Produkte von Entstehungs- und Vernichtungsoperatoren.

Bezeichnungen: $a_{\mathfrak{k}}^\dagger\, a_{\mathfrak{K} r}^\dagger\, a_{\mathfrak{k}}\, a_{\mathfrak{K} r}$ Entstehungs- und Vernichtungsoperatoren, $\mathfrak{U}_n\, \mathfrak{U}_m$ Eigenfunktionen des Modells ohne Wechselwirkung, $\mathfrak{U}_0$ Zustandsfunktion des Vakuumfeldes, $\mathfrak{Z}_m$ Zustandsfunktionen mit Wechselwirkung, c Wahrscheinlichkeitsvektor, c_m, c_n seine Komponenten, S_{mn} Elemente der S-Matrix, W_{mn} Übergangswahrscheinlichkeit, Index 1 für den Anfangszustand, Index 2 für den Endzustand.

Wenn wir alle Wechselwirkungen vernachlässigen könnten, würden sich die isolierten Felder einfach überlagern. Einen Zustand des kombinierten Feldes könnten wir dann festlegen, indem wir die Zahl $(n_{\mathfrak{k}}, n_{\mathfrak{K} r})$ der Feldquanten (Teilchen) angeben, welche die Ausbreitungsvektoren $\mathfrak{k}, \mathfrak{K} \ldots$ und die Spinmerkmale r besitzen. Fassen wir noch $\mathfrak{k}, \mathfrak{K}$ und r in einen Index m zusammen, so hätten wir in diesem Modell die Eigenfunktionen (Einheitsvektoren im Raum der Besetzungszahlen)

$$\mathfrak{U}_m = \prod_{\mathfrak{k} \mathfrak{K} r} \frac{(a_{\mathfrak{k}}^\dagger)^{n_{\mathfrak{k}}}}{\sqrt{n_{\mathfrak{k}}!}} a_{\mathfrak{K} r}^\dagger \cdots \mathfrak{U}_0, \qquad (IV, 49)$$

wenn $\mathfrak{U}_0$ die Vakuumeigenfunktion ist. Alle diese Eigenfunktionen sind normiert und orthogonal, d. h. es gilt

$$\mathfrak{U}_n^* \mathfrak{U}_m = \delta_{mn}. \qquad (IV, 50)$$

Nun kann allerdings die Wechselwirkung der Felder niemals ganz vernachlässigt werden. Wir werden es deshalb nie mit Zuständen zu tun haben, welche den Eigenfunktionen $\mathfrak{U}_m$ entsprechen, sondern mit anderen Zustandsfunktionen, welche man aber als Linearkombinationen der $\mathfrak{U}_m$ darstellen kann. Man wird allerdings damit rechnen können, daß die Zustandsfunktion einer Eigenfunktion $\mathfrak{U}_m$ sehr ähnlich ist, wenn die vorhandenen Teilchen voneinander weit entfernt sind. Betrachten wir einen Streu- oder Stoßvorgang, so können wir die Zustandsfunktion $\mathfrak{Z}_m$ geraume Zeit vor dem Stoß in brauchbarer Näherung als eine der Funktionen $\mathfrak{U}_m e^{-\frac{2\pi i}{h} E_m t}$ betrachten. Während des Streuvorganges kommen jedoch die Wechselwirkungen zur Geltung. Die Folge davon ist, daß aus einem Anfangszustand $\mathfrak{U}_m$ andere Zustände $\mathfrak{U}_n$ mit einer Wahrscheinlichkeit W_{mn} hervorgehen. Während wir also vor der Streuung die Zustandsfunktion

$$\mathfrak{Z}_{m1} = \mathfrak{U}_m e^{-\frac{2\pi i}{h} E_m t} \qquad (IV, 51)$$

hatten, werden wir die Zustandsfunktion $\mathfrak{Z}_{m2}$ nach dem Stoß als die Linearkombination

$$\mathfrak{Z}_{m2} = \sum_{n} \mathfrak{U}_n S_{nm} e^{-\frac{2\pi i}{h} E_n t} \qquad (IV, 52)$$

ansetzen müssen.

Nun betrachten wir nicht nur einen einzigen Anfangszustand $\mathfrak{Z}_{m1} = \mathfrak{U}_m$ sondern die Gesamtheit aller möglichen Anfangszustände, die durch die verschiedenen Werte von m bezeichnet sind. Die Funktionen $\mathfrak{Z}_m$ sind während des ganzen Prozeßablaufes die wirklichen Eigenfunktionen des wechselwirkenden Feldes und infolgedessen in jedem Stadium insbesondere im Endzustand normiert und orthogonal.

Bilden wir also

$$\mathfrak{Z}^*_{l2} = \sum_{k} \mathfrak{U}^*_k S^*_{kl} e^{\frac{2\pi i}{h} E_k t}, \qquad (IV, 53)$$

so muß

$$\mathfrak{Z}^*_{l2} \mathfrak{Z}_{m2} = \sum_{kn} \mathfrak{U}^*_k \mathfrak{U}_n S^*_{kl} S_{nm} e^{\frac{2\pi i}{h}(E_k - E_n)t}$$
$$= \sum_{n} S^*_{nl} S_{nm} \qquad (IV, 54)$$
$$= \delta_{lm}$$

gelten. Die Koeffizienten S_{mn} sind also die Elemente einer unitären Matrix S, welche man als Streumatrix oder S-Matrix bezeichnet. Die Wahrscheinlichkeit, daß aus dem Anfangszustand $\mathfrak{Z}_{m1}$ bzw. $\mathfrak{U}_m$ ein Zustand $\mathfrak{U}_n$ hervorgeht, ist

$$W_{mn} = S^*_{nm} S_{nm} = |S_{nm}|^2. \qquad (IV, 55)$$

Nun können wir noch leicht eine Verallgemeinerung vornehmen, indem wir den Anfangszustand $\mathfrak{Z}_1$ nicht als Eigenzustand betrachten, sondern nach den $\mathfrak{U}_m$ entwickeln, d. h.

$$\mathfrak{Z}_1 = \sum_{m} c_{m1} \mathfrak{U}_m e^{-\frac{2\pi i}{h} E_m t} \qquad (IV, 56)$$

schreiben. Die Koeffizienten c_{m1} sind die Komponenten eines Wahrscheinlichvektors c_1 im Hilbertschen Raum, der von den Einheitsvektoren $\mathfrak{U}_m$ aufgespannt wird. Wir erhalten dann den Endzustand

$$\mathfrak{Z}_2 = \sum_{mn} c_{m1} \mathfrak{U}_n S_{nm} e^{-\frac{2\pi i}{h} E_n t} = \sum_{n} c_{n2} \mathfrak{U}_n e^{-\frac{2\pi i}{h} E_n t}. \qquad (IV, 57)$$

Der Wahrscheinlichkeitsvektor c_2 des Endzustandes geht aus dem Wahrscheinlichkeitsvektor des Anfangszustandes durch die Transformation

$$c_{n2} = \sum_{m} S_{nm} c_{m1},$$
$$c_2 = \boldsymbol{S} c_1 \qquad (IV, 58)$$

hervor. Wir können auch unter $\boldsymbol{S}$ einen Operator verstehen, der

$$\mathfrak{Z}_2 = \boldsymbol{S} \mathfrak{Z}_1 \qquad (IV, 59)$$

bewirkt. Als Matrix geschrieben transformiert er den Wahrscheinlichkeitsvektor.

**§ 5. Die S-Matrix.

Einen Einblick in die Struktur der S-Matrix können wir erhalten, wenn wir sie als Tensor in dem von den $\mathfrak{U}_m$ aufgespannten Hilbertschen Raum betrachten. Wir erhalten dann das Element S_{im} durch

$$S_{im} = (\mathfrak{U}_i^* \, \mathbf{S} \, \mathfrak{U}_m) \qquad (IV, 60)$$

und in dyadischer Schreibweise die Matrix

$$\mathbf{S} = \sum_{im} \mathfrak{U}_i) \, (\mathfrak{U}_m^* \, S_{im}. \qquad (IV, 61)$$

Nun ist $\mathfrak{U}_i$ aus einem Produkt von Entstehungsoperatoren $a_l^\dagger$, $a_{kr}^\dagger$ zusammengesetzt dem $\mathfrak{U}_0$ nachfolgt, während $\mathfrak{U}_m^*$ ein Produkt von Vernichtungsoperatoren ist, dem $\mathfrak{U}_0^*$ vorausgeht. $\mathfrak{U}_0 \mathfrak{U}_0^*$ hebt sich also heraus, so daß der Summand

$$\mathfrak{U}_i) \, (\mathfrak{U}_m^* \, S_{im} \qquad (IV, 62)$$

ein Produkt von Entstehungs- und Vernichtungsoperatoren mit dem Zahlwert S_{im} ist, bei dem alle Entstehungsoperatoren links von den Vernichtungsoperatoren stehen. Ein derartiges Produkt von Entstehungs- und Vernichtungsoperatoren heißt ein normales Produkt. Diese Darstellung ist allerdings noch mit einem empfindlichen Mangel behaftet. Sie ist nicht kovariant und deshalb bestenfalls approximativ.

Die S-Matrix ist also eine Summe normaler Produkte aller möglichen Kombinationen von Entstehungs- und Vernichtungsoperatoren jeweils mit dem Zahlwert des Matrixelementes multipliziert.

Im § 3 haben wir untersucht, wie ein Proton und ein neutrales Meson aufeinander einwirken. Im Anfangszustand sollte ein Proton mit bestimmtem Impuls und Spin und ein Meson mit bestimmtem Impuls vorliegen. Wir hätten, wenn auch mühsam, die Matrixelemente in zweiter Näherung wirklich berechnen können, welche diesen Anfangszustand in solche Endzustände überführen, in denen das Proton und das Meson vorgegebene andere Impulse besitzen. Diese Matrixelemente wären jedoch noch nicht die zugehörigen Elemente der S-Matrix gewesen, sondern nur eine Approximation zweiter Näherung für sie. Um die wirklichen Elemente der S-Matrix zu finden, müßte man alle Näherungen berücksichtigen.

Selbst wenn wir alle höheren Näherungen mitnähmen, entstünden nur solche Elemente der S-Matrix, welche die Zustände eines einzigen Protons und eines einzigen Mesons miteinander verknüpfen. Um die ganze S-Matrix zu ermitteln, müßten wir Anfangszustände und Endzustände mit beliebig vielen Teilchen in den verschiedensten Zuständen ins Auge fassen.

Für die Berechnung einzelner Matrixelemente liefert die Formel (IV, 60) eine Vorschrift. Jede Wechselwirkung liefert in jeder Näherung ein Produkt von Entstehungsoperatoren und Vernichtungsoperatoren multipliziert mit einem Zahlwert. Das Produkt ist allerdings kein normales, d. h. nicht alle Entstehungsoperatoren stehen links von allen Vernichtungsoperatoren.

Durch Anwendung der Vertauschungsrelationen kann man aber jedes nicht normale Produkt in die Summe normaler Produkte zerlegen. Führt man dies durch, so findet man die Beiträge der einzelnen Näherungen zu den Elementen der S-Matrix.

Für dieses Verfahren erweisen sich wiederum die Feynmandiagramme als systematisches Hilfsmittel. Jede Näherung liefert eine Anzahl Feynmandiagramme, und aus jedem Diagramm kann man ein nicht normales Produkt ablesen, das dann normalisiert werden kann.

*§ 6. Selbstenergie.

Inhalt: Ein reales Teilchen kann in einem virtuellen Prozeß virtuelle andere Teilchen emittieren und anschließend wieder absorbieren, so daß keine Änderung des Zustandes durch diese Prozesse eintritt. In zweiter Näherung liefern diese Prozesse einen Beitrag zur Energie des realen Teilchens, den man als Selbstenergie bezeichnet. Das Feynmandiagramm dieser Prozesse und der Selbstenergie ist eine Schleife. Divergenzschwierigkeiten der Selbstenergie.

In den Operatoren der verschiedenen Felder (Nukleonenfeld, Leptonfeld, Mesonfeld, elektromagnetisches Feld) kommt nicht zum Ausdruck, wie viele Teilchen von jeder Art vorhanden sind. Dies wird vielmehr durch die Zustandsfunktion $\mathfrak{U}$ angegeben. Wenn keine Teilchen, z. B. keine Mesonen existieren, können wir deshalb vom Mesonenfeld nicht einfach absehen, sondern wir müssen es trotzdem durch seine Operatoren ausdrücken. Auch ohne daß reale Mesonen vorhanden sind, bringt das Mesonfeld sogar Wechselwirkungen hervor, was wir zuerst in Kap. III, S. 1222 ff, an den Kernkräften gezeigt haben. Wir müssen nämlich die Emission virtueller Mesonen und deren Reabsorption berücksichtigen. Wenn wir also den Sachverhalt richtig beschreiben wollen, müssen wir stets sämtliche Felder berücksichtigen, ganz gleichgültig, ob ihre Teilchen vorhanden sind oder nicht.

Daß dieser Umstand alle Berechnungen verwickelt, ist für unsere Zwecke nicht sehr interessant, da es den Rahmen dieses Buches sowieso weit überschreiten würde, wenn wir die angeschnittenen Probleme durchrechnen wollten. Die Wechselwirkungen der Felder ohne Teilchen verursachen aber höchst eigenartige Folgen, die wir wenigstens qualitativ erkennen wollen.

Wir sehen zur Vereinfachung von der Existenz des Leptonfeldes (Elektron, Positron, Neutrino) und vom elektromagnetischen Feld ganz ab, vom Nukleonenfeld berücksichtigen wir nur den Protonenanteil, vom Mesonfeld nur den neutralen Anteil. Dies entspricht natürlich nicht der Wirklichkeit, gibt aber doch einen Überblick und schließt an die Überlegungen des § 3 an.

Es möge nun ein einziges Proton, aber kein Meson vorhanden sein. Von den 8 virtuellen Prozessen, welche die Wechselwirkung zwischen dem Protonenfeld und dem Mesonfeld nach S. 1237 bewerkstelligen, können nur diejenigen als Primärprozeß auftreten, bei denen weder ein Meson noch ein Antiproton vernichtet wird. Möglich ist also der Prozeß b von S. 1237 mit dem Operator $a^\dagger_{\mathfrak{K}r} a_{\mathfrak{K}'r'} a^\dagger_{\mathfrak{k}}$, der ein Meson im Zustand $\mathfrak{k}$ und ein Proton im Zustand $\mathfrak{K}r$ erzeugt, dabei aber das vorhandene Proton im Zustand $\mathfrak{K}'r' = \mathfrak{K}_1 r_1$ vernichtet. Ihm muß als Sekundärprozeß der Prozeß $a_{\mathfrak{k}} a^\dagger_{\mathfrak{K}_1 r_1} a_{\mathfrak{K}r}$ folgen, welcher den vorherigen Zustand wiederherstellt, so daß beide Prozesse zusammen keine Veränderung des Zustandes herbeiführen. Dabei muß

$$\mathfrak{K}_1 = \mathfrak{K} + \mathfrak{k} \qquad (IV, 63)$$

sein, damit der Impulssatz erfüllt ist.

Primär kann aber auch zuerst der Prozeß d von S. 1237 mit dem Operator $a^\dagger_{\mathfrak{K}r} d^\dagger_{\mathfrak{K}'r'} a^\dagger_{\mathfrak{k}}$ eintreten, bei dem ein virtuelles Meson ein Antiproton und ein zweites Proton entstehen. Diese Teilchen müssen im Sekundärprozeß natürlich wieder verschwinden. Die

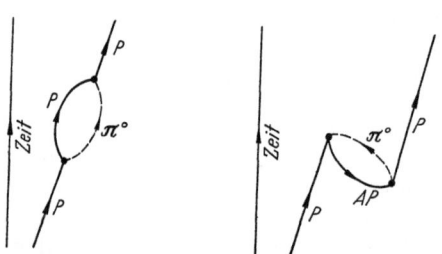

Abb. 357 a u. b. Virtuelle Prozesse, die das Proton unverändert lassen, aber zur Selbstenergie beitragen.

Abb. 357 a u. b zeigt die Feynmandiagramme dieser beiden Vorgänge. Beide Diagramme können durch Verzerrung ineinander übergehen und sind grundsätzlich nicht verschieden. Die Schleife ist das Kennzeichen für die intermediären virtuellen Prozesse, die das Proton wieder in den ursprünglichen Zustand zurückführen.

Der stationäre Zustand, bei dem nur ein Proton des Zustandes $\mathfrak{K}_1$ existiert, umfaßt also in zweiter Näherung virtuelle Zwischenzustände, in denen virtuelle Mesonen und Antiteilchen vorhanden sind. Nach den Methoden der Störungsrechnung erhält man die Energiekorrektion zweiter Näherung dieses Zustandes als eine Summe über alle Zwischenzustände (s. S. 963). Diese Energiekorrektion zweiter Näherung bezeichnet man als Selbstenergie des Protons.

Natürlich müssen wir bei der Berechnung der Selbstenergie nicht nur das neutrale Mesonfeld berücksichtigen, sondern auch das geladene Mesonfeld und das elektromagnetische Feld. Alle diese Felder tragen zur Selbstenergie bei.

Besonders instruktiv ist die Selbstenergie durch die Wechselwirkung mit dem elektromagnetischen Feld ohne Photonen. Wenn das Proton außerdem ruht, so handelt es sich um die Energie seines Coulombfeldes, welches durch emittierte und reabsorbierte virtuelle Photonen produziert wird.

Versucht man die Selbstenergie tatsächlich zu berechnen, so entstehen Schwierigkeiten. Man erhält einen Ausdruck, welcher wie $\ln|\mathfrak{k}|$ unendlich wird, wenn man die Emission von Mesonen von beliebig großem $\mathfrak{k}$ zuläßt. Es sind viele Wege beschritten worden, um zu einer endlichen Selbstenergie zu gelangen. Der einfachste Weg besteht darin, daß man Ausbreitungsvektoren über einem gewissen Betrag nicht zuläßt (abschneidet). Man hat zunächst versucht, ein solches Verfahren im Hinblick auf den endlichen Radius oder die endliche Comptonwellenlänge des Protons zu rechtfertigen.

Man darf natürlich nicht damit rechnen, daß man das Problem der Selbstenergie wirklich bewältigen kann, ohne eine relativistisch kovariante Theorie der Wechselwirkungen zu entwickeln. In dieser Richtung sind in jüngster Zeit bedeutende Fortschritte gemacht worden, welche von dem Gesichtspunkt der Renormierung ausgehen. Eine ausführliche Darstellung dieser neuen Entwicklung der Quantentheorie ist nicht die Aufgabe eines Lehrbuches. Wir wollen uns deshalb auf eine Skizze der hauptsächlichen Gedankengänge beschränken.

**§ 7. Renormierung.

Inhalt: Renormierung der Masse bedeutet die Forderung, daß die Selbstenergie eines Teilchens schon in seiner Ruhmasse enthalten ist. Die Renormierung erklärt Lambshift und die Anomalie des magnetischen Momentes des Elektrons. Die Divergenz der Selbstenergie läßt sich für manche Feldmodelle und Wechselwirkungen durch Renormierung beseitigen, für andere nicht. Die Renormierbarkeit der Felder kann als Kriterium ihrer Realisierbarkeit angesehen werden.

Wir haben die isolierten Felder bisher durch die Größe

$$\varkappa = \frac{h}{2\pi m c} \qquad (IV, 64)$$

charakterisiert, wo unter m die lorentzinvariante „Ruh"masse verstanden werden sollte. Mit der Energie hängt dann die Masse m über $\varkappa$ durch

$$E_{\mathfrak{k}} = \frac{hc}{2\pi}\sqrt{\frac{1}{\varkappa^2} + \mathfrak{k}^2} = c\sqrt{m^2 c^2 + \frac{h^2 \mathfrak{k}^2}{4\pi^2}} \qquad (IV, 65)$$

zusammen. Für $\mathfrak{k} = 0$ (ruhendes Teilchen) ergibt sich erwartungsgemäß

$$E_0 = m c^2. \qquad (IV, 66)$$

Nun wird aber das isolierte Feld einer Teilchenart immer vom Vakuumfeld aller anderen Teilchenarten begleitet. Die Wechselwirkung mit dem Vakuumfeld steuert zur Energie der Teilchen die Selbstenergie bei. In Wirklichkeit gibt es also gar kein isoliertes Feld, sondern die isolierten Felder sind nur eine vorläufige Modellkonstruktion.

Die Selbstenergie wirft nun die Frage auf, was eigentlich unter der „Ruhmasse" eines Teilchens zu verstehen ist. Experimentell kann man die gesamte Energie E_t eines Zustandes bestimmen, in welcher die Selbstenergie ΔE schon enthalten ist. Außerdem läßt sich der Impuls $h\mathfrak{k}/2\pi$ ermitteln. Aus beiden Meßgrößen läßt sich eine lorentzinvariante Masse m

$$m = \frac{1}{c^2}\sqrt{E_t^2 - \frac{h^2\mathfrak{k}^2 c^2}{4\pi^2}} \qquad (IV, 67)$$

bilden. Dies ist die einzige Möglichkeit, eine „Ruhmasse" zu definieren. Ruht das Teilchen, so ist

$$m c^2 = E_0. \qquad (IV, 68)$$

Auch in E_0 ist aber die Selbstenergie bereits enthalten. Die Selbstenergie trägt also zur Ruhmasse des Teilchens bei. In (IV, 65) ist sie schon berücksichtigt, wenn wir unter m die experimentelle Ruhmasse verstehen. Wäre die Selbstenergie ΔE_t nur ein kleiner Bruchteil der Gesamtenergie, so könnten wir ihren Beitrag

$$\Delta m = \frac{E_t \Delta E_t}{m c^4} \qquad (IV, 69)$$

zur Masse nach (IV, 67) berechnen.

Als Masse müßte man dann im Modell des isolierten Feldes die „nackte" Masse

$$m_0 = m - \Delta m \qquad (IV, 70)$$

an Stelle der Ruhmasse m einsetzen. Dann enthält die Lagrangedichte eines isolierten Feldes das Glied

$$\frac{h c}{2\pi \varkappa} \Psi^* \Gamma \Psi = m_0 c^2 \Psi^* \Gamma \Psi$$
$$= m c^2 \Psi^* \Gamma \Psi - \Delta m c^2 \Psi^* \Gamma \Psi. \qquad (IV, 71)$$

Der Anteil

$$-\Delta m c^2 \Psi^* \Gamma \Psi \qquad (IV, 72)$$

kompensiert wegen der Definition (IV, 70) von m_0 gerade die Selbstenergie eines kräftefreien Teilchens. Hierfür ist an sich gleichgültig, wie groß die Selbstenergie ist. Nur die Formel (IV, 69) ist daran gebunden, daß die Selbstenergie als kleiner Bruchteil von E_t betrachtet werden kann.

Daß in der lorentzinvarianten Ruhmasse die Selbstenergie schon enthalten sein solle, wird als Renormierung der Masse bezeichnet. In der Lagrangedichte des Feldes steht ursprünglich statt der Ruhmasse die „nackte" Masse. Drückt man sie durch die Ruhmasse aus, so werden bei kräftefreien Teilchen gerade die Wechselwirkungsglieder kompensiert, welche die Selbstenergie liefern.

Man könnte nun leicht auf den Gedanken kommen, daß die Renormierung nicht mehr bedeute, als den Entschluß, die Selbstenergie einfach wegzulassen. Daß wir die ursprünglich eingeführte Masse als nackte Masse bezeichnen und als verschieden von der Ruhmasse ansehen, um sie dann wieder durch die Ruhmasse auszudrücken, sieht nur wie die umständliche Umschreibung der Absicht aus, uns der Selbstenergie zu entledigen. Es ist nicht überraschend, daß dies mit Hilfe einer eigens für diesen Zweck definierten neuen Größe (m_0) gelingt.

Solange man nur Felder mit einem einzigen kräftefreien Teilchen erörtert, kann man tatsächlich den Sinn der Renormierung nicht erkennen. Untersucht man jedoch z. B. das System eines Protons und Elektrons im Wasserstoffatom,

**§ 7. Renormierung.

so wird die Selbstenergie durch die Renormierung der Masse nicht völlig kompensiert. Für die verschiedenen Wasserstoffterme kann man etwas verschiedene Beiträge der Selbstenergie errechnen. Für die Terme $2^2P_{\frac{1}{2}}$ und $2^2S_{\frac{1}{2}}$, welche nach der Diracschen Theorie zusammenfallen sollten (s. S. 1126) errechnet man eine Termdifferenz von 0,0353 cm^{-1}. Eine solche Aufspaltung von 0,0353 cm^{-1} dieser beiden Terme ist tatsächlich als Lambshift bekannt.

Dies ist ein ganz erstaunlicher Erfolg der Renormierung, weil in die Rechnung keine Größe eingeführt zu werden braucht, die an den empirischen Wert angepaßt wird. Die Renormierung gibt auch eine Erklärung der Anomalie des magnetischen Momentes des Elektrons. Nach neueren Messungen beträgt sein Wert nicht ein Bohrsches Magneton, sondern

$$1{,}001145 \text{ Bohrsche Magnetonen.} \qquad (IV, 73)$$

Behandelt man das Elektron im magnetischen Feld und berücksichtigt dabei seine Wechselwirkung mit virtuellen Photonen und beachtet die Renormierungsvorschrift, so errechnet man in zweiter Ordnung ein Moment von

$$1 + \frac{\alpha}{2\pi} = 1{,}00165 \qquad (IV, 74)$$

Bohrschen Magnetonen und kommt in der vierten Ordnung auf den genauen Wert (IV, 73). Unter α ist die Feinstrukturkonstante zu verstehen (s. S. 1116).

Das Renormierungsverfahren läßt sich natürlich nur als Bestandteil eines kovarianten Formalismus wirklich durchführen. Da wir eine kovariante Theorie hier nicht entwickeln wollen, gibt es uns wenigstens noch einen Hinweis für die Symmetrisierung von Impuls und Energie bei den Elementarprozessen. Die Selbstenergie ist die Folge von virtuellen Prozessen, welche das Feld intermediär in Zwischenzustände verbringen und aus ihnen wieder zurückkehren lassen. Diese Vorgänge tragen über die Selbstenergie zur Masse der Teilchen bei. Dies erlaubt uns die Vorstellung, daß beim einzelnen Elementarprozeß zwar die Masse verändert, die Energie und der Impuls aber konstant gehalten werde.

Die größte Bedeutung der Renormierung liegt in folgendem: Ohne Renormierung werden die Elemente der S-Matrix für viele Prozesse unendlich, sie divergieren. Dies widerspricht dem wirklichen Sachverhalt. Diese Divergenzen werden durch die Renormierung in manchen Feldmodellen und bei manchen Formen der Wechselwirkungen beseitigt, in anderen Modellen und für andere Wechselwirkungen hingegen nicht. In der Renormierbarkeit kann man ein Kriterium dafür erblicken, ob Feldmodelle und Wechselwirkungen in der Wirklichkeit vorkommen können oder nicht.

Alle Wechselwirkungen, welche die Ableitungen der Felder enthalten, erweisen sich als nicht renormierbar. Da man für solche Wechselwirkungen auch keine empirischen Anhaltspunkte hat, kann man einstweilen die Nichtrenormierbarkeit als Grund dafür ansehen, daß es solche Wechselwirkungen nicht gibt.

Ferner zeigt es sich, daß die Fermiwechselwirkung von S. 1222 nicht renormierbar ist. Es ist deshalb recht wahrscheinlich, daß der β-Zerfall in zwei Stufen erfolgt und nicht nach dem Schema dieser Wechselwirkung abläuft.

Elementare Felder mit höherem Spin als 1 sind nicht renormierbar. Aus diesem Grunde haben wir solche Felder gar nicht in Erwägung gezogen. Felder mit Spin 1 führen nur dann nicht zu Divergenzen, wenn sie ladungsfrei sind. Neben dem elektromagnetischen Feld käme also nur noch ein neutrales Mesonfeld vom Spin 1 in Frage.

Dagegen läßt sich das kombinierte Feld von Nukleonen, Leptonen, Mesonen und Photonen samt ihren Wechselwirkungen renormieren, solange man auf Wechselwirkungen mit Ableitungen verzichtet.

Die Renormierbarkeit der Felder und Wechselwirkungen scheint sich als Kriterium ihrer Realisierbarkeit zu bewähren.

J. Kernphysik.

Als Bausteine der Materie stößt man zunächst auf die Atome, und als deren Bausteine erweisen sich Atomkerne und Elektronen. Noch vor einigen Jahrzehnten unterschied man nur die 92 damals bekannten Atomkerne der chemischen Elemente. Doch schon damals erschien die Zahl von 92 Atomkernen zu groß, um sie als elementare Bausteine der Materie betrachten zu dürfen. Seit die Existenz der Atomkerne gesichert war, hat man nie daran gezweifelt, daß sie aus kleineren Bestandteilen zusammengesetzt seien.

Inzwischen hat sich die Zahl der bekannten Atomkerne enorm vermehrt. Man kennt heute von vielen Elementen mehrere stabile Isotope. Wenn solche isotope Kerne sich auch chemisch überaus ähnlich, ja fast gleich verhalten, bedeutet dies für ihre innere Struktur nur eine Zufälligkeit. Isotope Kerne des gleichen Elementes müssen durchaus als ganz verschiedene Gebilde betrachtet werden.

Außer den stabilen Kernen hat man aber eine noch größere Anzahl unstabiler radioaktiver Atomkerne kennengelernt. Teils findet man sie als natürliche radioaktive Kerne in der Natur vor, teils entstehen sie bei künstlich eingeleiteten Kernumwandlungen.

So kennt man heute nahezu 1000 verschiedene Kerne. Das empirische Material über ihre Eigenschaften, ihre Entstehung und ihre Umwandlungen wird ständig vervollkommnet, ihre innere Struktur beginnt sich der Forschung allmählich zu erschließen. Eine systematische und geschlossene Theorie der Struktur und Eigenschaften der Atomkerne liegt gegenwärtig noch nicht vor. Man kann sich aber die wichtigsten Eigenschaften der Kerne auf Grund plausibler Modelle verständlich machen und auch die an den Kernen ablaufenden Prozesse wenigstens qualitativ verstehen. Quantitative Berechnungen sind allerdings in diesem Gebiet überaus mühsam und führen nicht immer zu so guter Übereinstimmung mit dem empirischen Befund, wie es erwünscht wäre.

I. Eigenschaften und Bausteine der Atomkerne.

Die Gesamtheit aller bekannt gewordenen Atomkerne läßt sich zwanglos nach ihrer Ladung und ihrer Masse klassifizieren.

Die Ladung ist ein ganzzahliges Vielfaches Z der positiven Elementarladung

$$e = 1{,}602 \cdot 10^{-19} \text{ Cb}$$

und bestimmt den chemischen Charakter des betreffenden Atoms. Die Kernladungszahl (Ordnungszahl) Z bestimmt seine Stellung im periodischen System der Elemente. Die Kernladungszahlen Z bilden eine lückenlose Reihe von $Z = 1$ bei Wasserstoff bis $Z = 101$ (Mendeleium).

Atomkerne gleicher Ladung können verschiedene Massen besitzen. Die zugehörigen neutralen Atome (Isotope) unterscheiden sich fast gar nicht im chemischen Verhalten, sondern nur in der Masse.

Ein weiteres Bestimmungsstück für das mechanische Verhalten der Kerne ist ihr Drehimpuls, der im Maß $h/2\pi$ gemessen wird und durch die Kernspinquantenzahl I festgelegt wird. Er wird gewöhnlich als Kernspin bezeichnet. Enthält der Kern eine gerade Anzahl von Nukleonen, so ist die Kernspinquantenzahl ganzzahlig (oder Null). Ist die Zahl der Nukleonen ungerade, so ist der Kernspin halbzahlig.

Die elektromagnetischen Eigenschaften der Kerne sind durch die Kernladung allein noch nicht ausreichend beschrieben. In zweiter Näherung wäre ihr elektrisches und magnetisches Dipolmoment anzugeben. Ein elektrisches Dipolmoment besitzen die Atomkerne nicht, wohl aber ein magnetisches Dipolmoment, welches mit dem Kernspin in engem Zusammenhang steht. In dritter Näherung wird die Kenntnis der Atomkerne durch Angabe des elektrischen und magnetischen Quadrupolmomentes vervollständigt. Natürlich müßte man in höheren Näherungen noch höhere Momente beachten, doch fehlt es an experimentellen Unterlagen über sie.

§ 1. Ladung und Masse der Atomkerne. Packungseffekt.

Inhalt: Nukleonenzahl, Protonenzahl und Neutronenzahl der Kerne. Packungseffekt und Bindungsenergie. Die Bindungsenergie pro Nukleon hat in allen stabilen Kernen ähnliche Werte und durchläuft ein Maximum bei etwa 60 Nukleonen. Die Zahl der Neutronen ist etwas größer als die Zahl der Protonen.

Bezeichnungen: Z Protonenzahl, A Nukleonenzahl, N_0 Zahl der Teilchen pro Mol, m Masse des Elektrons, M molare Masse der Kerne, f Packungsanteil, E Bindungsenergie.

Da die Ladung den chemischen Charakter bestimmt, besteht über sie niemals Zweifel, wenn es sich um stabile Kerne handelt. Nur wenn Kerne bei Kernreaktionen entstehen, muß ihre Ladung aus Beobachtungen ermittelt werden. Sie ergibt sich aber ohne Schwierigkeit aus der Ladungsbilanz des Vorganges.

Die Massen der stabilen oder wenigstens langlebigen Atomkerne können massenspektroskopisch bestimmt werden. Diese Methode liefert sehr genaue Werte. Die Masse sehr kurzlebiger Kerne kann man häufig aus der Energiebilanz von Zerfalls- oder Kernumwandlungsreaktionen errechnen, wenn man nicht nur die Massen der übrigen Reaktionspartner kennt, sondern auch ihre kinetischen Energien beobachten kann. Nach diesen Verfahren hat man z. T. besonders genaue Werte für die Massen zahlreicher Atomkerne ermittelt.

Führt man eine Masseneinheit ein, welche 1/16 der Masse eines neutralen Sauerstoffatoms O^{16} beträgt, so sind die Massen der sämtlichen Isotopen in guter Näherung ganzzahlige Vielfache A dieser Masseneinheit. Die auf das Sauerstoffatom bezogenen Teilchenmassen M sind zahlenmäßig den molaren Massen der betreffenden Teilchenart in Gramm bzw. Kilogramm gleich. Die Atommassen stimmen also in diesem Maß zahlenmäßig mit den Atomgewichten bzw. Isotopengewichten überein.

Die Massenzahl A gibt die Zahl der Nukleonen im Kern an. Die Masse eines Atomkernes wird also in erster Näherung durch die Zahl der Nukleonen bestimmt, die in ihm enthalten sind.

Bei genauerer Betrachtung erweist es sich allerdings, daß die Massen der Atomkerne stets kleiner sind als die Summe der Massen ihrer Bausteine. Bei der Bildung des Kernes tritt ein Massendefekt ein, der der Bindungsenergie E entspricht, welche bei der Bildung des Kernes aus seinen Bausteinen frei wird.

Durch die Kernladungszahl Z und die Massenzahl A sind die Bausteine eines Atomkernes bestimmt. Wenn als Bausteine nur Protonen und Neutronen in Frage kommen, ist Z gleichzeitig die Zahl der Protonen und

$$N = A - Z \qquad (I, 1)$$

die Zahl der Neutronen im Kern.

Die Atomgewichte der leichten Kerne sind in der Tabelle angeführt.

Element	M Atomgewicht	$\frac{M-A}{A}$ in Promille	Element	M Atomgewicht	$\frac{M-A}{A}$ in Promille
n	1,008 945	8,945	C	10,020 86	2,086
				11,015 017	1,365
H	1,008 131	8,131		12,003 880	0,323
	2,014 725	7,362		13,007 561	0,582
	3,017 004	5,668		14,007 741	0,553
He	3,016 988	5,663	N	13,009 904	0,762
	4,003 860	0,965		14,007 530	0,538
	5,015 428	3,086		15,004 870	0,325
	6,020 9	3,48		16,006 45	0,40
Li	6,016 917	2,819	O	15,007 8	0,52
	7,018 163	2,595		16,00	0,0000
	8,024 967	3,121		17,004 50	0,265
				18,004 85	0,270
Be	7,019 089	2,727			
	8,007 807	0,976	F	17,007 58	0,445
	9,014 958	1,662		18,006 70	0,372
	10,016 622	1,662		19,004 54	0,238
				20,006 54	0,326
B	9,016 104	1,789			
	10,016 169	1,617	Ne	19,007 98	0,520
	11,012 901	1,173		19,998 895	0,000
	12,016 9	1,4		21,000 02	0,000
				21,998 58	−0,065
				23,000 84	0,037

Bei den stabilen Kernen folgen Protonenzahl und Neutronenzahl einer auffallenden Gesetzmäßigkeit. Es gibt nur 4 stabile Kerne mit ungerader Protonenzahl und ungerader Neutronenzahl ($_1H_1$, $_3Li_3$, $_5B_5$, $_7N_7$). Von diesen Ausnahmen abgesehen, besitzen stabile Kerne mit gerader Nukleonenzahl A eine gerade Anzahl von Protonen und Neutronen.

Aus dem Atomgewicht M läßt sich sofort das „Atomgewicht des Kernes", d. h. die Masse eines Mols der betreffenden Kerne ermitteln. Da ein Kern mit der Kernladung Z sich mit Z Elektronen umgibt, finden wir das Atomgewicht der nackten Kerne

$$M - Z N_0 m, \qquad (I, 2)$$

wo m die Masse eines Elektrons und N_0 die Zahl der Teilchen im Mol (Loschmidtsche Zahl) ist.

Wir vergleichen nun die Atommasse M mit der Summe der Massen der Protonen und Neutronen im Kern und der Elektronen in der Hülle. Die Masse 1,008 13 des Wasserstoffatoms $_1H_1$ ist die Summe einer Protonenmasse und einer Elektronenmasse. Da die Masse des Neutrons 1,008 95 beträgt, errechnen wir die Masse

$$\begin{aligned} M_0 &= 1{,}008\,13\,Z + 1{,}008\,95\,(A - Z) \\ &= 1{,}008\,95\,A - 0{,}000\,82\,Z \end{aligned} \qquad (I, 3)$$

für die Masse der isolierten Protonen, Neutronen und Elektronen, die in den Kernen und der Elektronenhülle eines Atoms enthalten sind. Wenn die Masse des Kernes einfach die Summe der Masse seiner Protonen und Neutronen wäre, müßte $M = M_0$ sein. Dies ist aber nicht der Fall, sondern die Masse M ist immer kleiner als M_0. Bei der Bildung eines Kernes wird die Bindungsenergie E abgegeben.

§ 1. Ladung und Masse der Atomkerne. Packungseffekt.

Sie bedeutet einen Massenverlust

$$\Delta M = M_0 - M = \frac{E}{c^2} \qquad (I, 4)$$

pro Kern in der gewählten Einheit. Mißt man sie in Gramm, so bedeutet sie den Massenverlust eines Mols Kerne. Dieser Massenverlust wird als Massendefekt bezeichnet. Man mißt ihn in Erg, MeV (Millionen Elektronenvolt) oder tausendstel Massenzahleinheiten TME[1]. Diese Einheiten rechnen sich nach der Gleichung

$$1 \text{ TME} = 0{,}931 \text{ MeV} = 1{,}493 \cdot 10^{-6} \text{ Erg} \qquad (I, 5)$$

um. Den Bruch

$$f = \frac{M - A}{A} \qquad (I, 6)$$

bezeichnet man als Packungsanteil. Massendefekt und Packungsanteil hängen durch die Beziehung

$$\Delta M = (0{,}00895\, A - A\, f - 0{,}00082\, Z)\, 10^3 \text{ TME} \qquad (I, 7)$$

zusammen. Aus den empirischen Atomgewichten kann man also nicht nur Art und Zahl der Kernbausteine, sondern auch Massendefekt und Bindungsenergie ermitteln.

Der Massendefekt steigt im wesentlichen proportional zur Zahl der Nukleonen im Kern an. Um seinen gesetzmäßigen Verlauf, abgesehen von diesem Anstieg, zu erkennen, tragen wir den Massendefekt $\Delta M/A$ pro Nukleon gegen die Massenzahl in Abb. 358 auf. Massendefekt und Bindungsenergie pro Nukleon haben bei den größeren Kernen immer ungefähr den gleichen Wert, genauer betrachtet

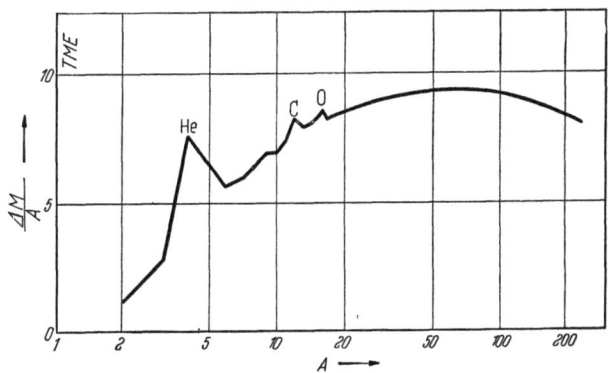

Abb. 358. Massendefekt pro Nukleon gegen die Nukleonenzahl A aufgetragen.

nehmen sie bei den ganz schweren Kernen wieder etwas ab. Das Maximum der Bindungsenergie pro Nukleon wird bei etwa 60 Nukleonen im Kern durchlaufen. Ausnehmend große Massendefekte finden wir bei den Kernen von He^4, C^{12}, O^{16}.

Aus den Kernladungszahlen Z und Massenzahlen A liest man leicht noch eine weitere Gesetzmäßigkeit ab. In ganz grober Näherung ist die Zahl der Protonen gleich der Zahl der Neutronen. Mit wachsender Größe des Kernes überschreitet die Nukleonenzahl allmählich systematisch die Protonenzahl. Es bildet sich ein Neutronenüberschuß $D = \frac{1}{2}(N - Z)$ aus. Dies ist in Abb. 359a, b, c dargestellt, wo $N - Z$ gegen A aufgetragen ist. Die Punkte deuten die stabilen Atomkerne, die Kreise die unstabilen, radioaktiven Kerne an.

---

[1] 1 Massenzahleinheit ist die Masse eines fiktiven Atoms vom exakten Atomgewicht 1.

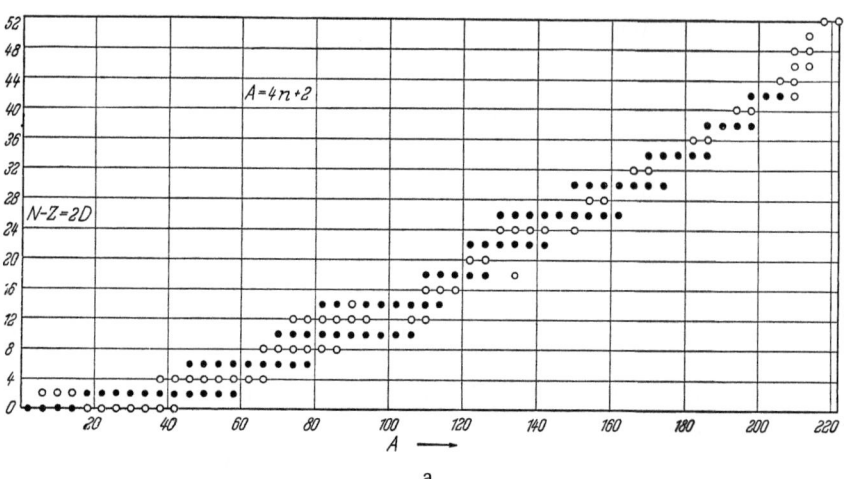

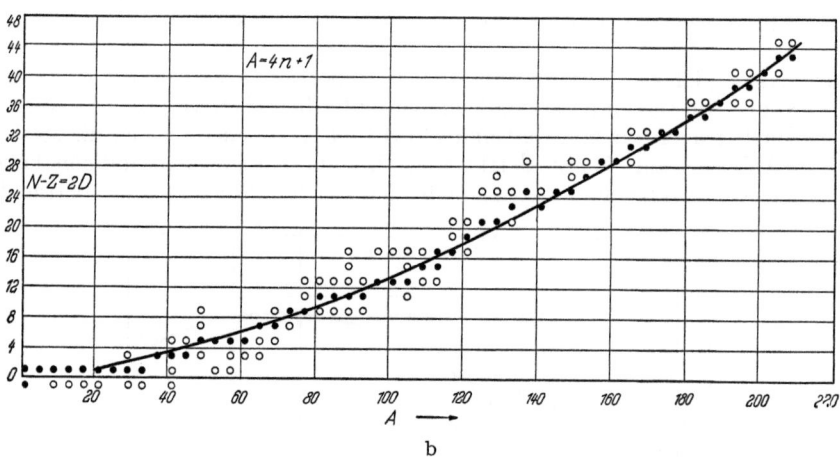

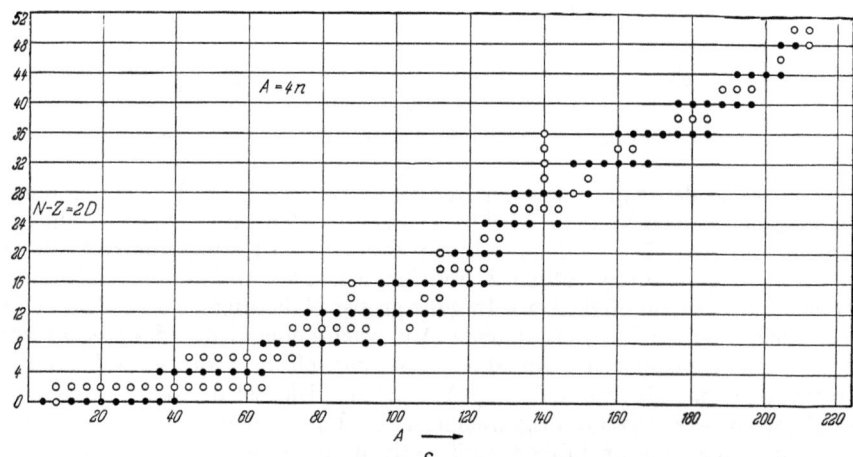

Abb. 359 a—c. Nukleonenzahl A und Neutronenüberschuß $2D = N - Z$ der Atomkerne.
● Stabile Kerne; ○ radioaktive Kerne.

§ 2. Kerndrehimpuls und Kernmomente.

Inhalt: Operatoren des Kerndrehimpulses und magnetischen Momentes und ihre Eigenwerte. Kernmagneton. g-Faktor. Meßwerte als Eigenwerte der z-Komponente. Momente von Proton und Neutron $\sim$ kennzeichnet Eigenwerte.

Bezeichnungen: $\mathfrak{J}, \mathfrak{M}$ Operatoren von Kerndrehimpuls und magnetischem Moment, $\mathfrak{J}_z, \mathfrak{M}_z$ ihre Komponenten in Feldrichtung, I Quantenzahl des Kernspins, M magnetische Quantenzahl, m_p Protonenmasse, g Landéfaktor.

Dem gesamten Drehimpuls eines Atomkernes ordnen wir einen Operator $\mathfrak{J}$ zu, der als Drehimpulsoperator natürlich die auf S. 995 festgelegten Gesetzmäßigkeiten erfüllen muß. Die Eigenwerte seines Quadrates haben deshalb die Form

$$\widetilde{\mathfrak{J}^2} = \frac{h^2}{4\pi^2} I(I+1), \qquad (I, 8)$$

wo I die Quantenzahl des Kernspins bedeutet.

I hat den Wert 0, wenn Protonen und Neutronen in gerader Anzahl im Kern vorhanden sind. I ist halbzahlig, wenn die Nukleonenzahl A ungerade ist. Bei den vier stabilen Kernen mit gerader Nukleonenzahl A, ungerader Protonenzahl Z und ungerader Neutronenzahl N ist $I = 1$. Das Proton und das Neutron besitzen den Kernspin $\frac{1}{2}$, d. h. für beide Teilchen ist $I = \frac{1}{2}$.

Wie beim Elektron verbindet sich mit dem Kerndrehimpuls ein magnetisches Moment

$$\mathfrak{M} = \gamma \mathfrak{J}. \qquad (I, 9)$$

Die Eigenwerte des Operators $\mathfrak{M}^2$ sind

$$\widetilde{\mathfrak{M}^2} = \frac{h^2 \gamma^2}{4\pi^2} I(I+1). \qquad (I, 10)$$

In einem äußeren Magnetfeld in der z-Richtung hat die Komponente $\mathfrak{J}_z$ des Kerndrehimpulses die Eigenwerte

$$\widetilde{\mathfrak{J}_z} = \frac{h}{2\pi} M, \qquad (I, 11)$$

wo M eine mit I ganze oder halbe Zahl ist, welche der Bedingung

$$-I \leq M \leq I \qquad (I, 12)$$

genügt. Das magnetische Moment hat die z-Komponente $\mathfrak{M}_z$ mit den Eigenwerten

$$\widetilde{\mathfrak{M}_z} = \frac{h\gamma}{2\pi} M. \qquad (I, 13)$$

Geben wir γ die Form

$$\gamma = \frac{e\mu_0}{2m_p} g, \qquad (I, 14)$$

wo m_p die Masse des Protons bedeutet, so ist

$$\widetilde{\mathfrak{M}_z} = \frac{h e \mu_0}{4\pi m_p} g M. \qquad (I, 15)$$

Das magnetische Moment ist dann in Kernmagnetonen

$$\frac{h e \mu_0}{4\pi m_p} \qquad (I, 16)$$

ausgedrückt. Der Faktor g entspricht dem Landéschen g-Faktor bei den Elektronen und seine Größe richtet sich nach dem inneren Aufbau der Kerne. Wenn der Kerndrehimpuls gegeben ist, drückt g die besonderen magnetischen Eigentümlichkeiten des Kernes aus. Experimentell muß man also für alle Kerne die Kernspinquantenzahl I und den g-Faktor des Momentes ermitteln. Die gemessenen magnetischen Momente bedeuten stets die Eigenwerte $\widetilde{\mathfrak{M}}_z$ der Operatorkomponente $\mathfrak{M}_z$.

Experimentell findet man das magnetische Moment des Protons

$$\widetilde{\mathfrak{M}}_{zp} = (2{,}7934 \pm 0{,}0003)\frac{h\,e\,\mu_0}{4\pi\,m_p} \tag{I, 17}$$

oder

$$g_p = 5{,}5868. \tag{I, 18}$$

Überraschenderweise besitzt auch das ungeladene Neutron ein Moment

$$\widetilde{\mathfrak{M}}_{zn} = -(1{,}9135 \pm 0{,}0003)\frac{h\,e\,\mu_0}{4\pi\,m_p} \tag{I, 19}$$

und den g-Faktor

$$g_n = -3{,}8270. \tag{I, 20}$$

Schon die magnetischen Momente von Proton und Neutron stellen die Theorie vor schwierige Probleme. Nach dem Muster des Elektrons sollte man nach der Diracschen Theorie beim Proton das magnetische Moment von einem Kernmagneton, d. h. $g_p = 2$ erwarten. Das Neutron sollte als ungeladenes Teilchen gar kein magnetisches Moment besitzen. Das anormale Moment des Neutrons kann man vielleicht verstehen, wenn man sich das Neutron in ein Proton und ein negatives Meson zerfallen denkt. Schreibt man dem Meson einen Bahndrehimpuls 1 entgegengesetzt dem Protonenspin zu, so hat das Neutron immer noch den Spin $\frac{1}{2}$. Das magnetische Moment rührt aber hauptsächlich vom leichteren Meson her, ist negativ und kann das Eigenmoment des Protons von einem Kernmagneton überkompensieren. Analog können wir das Proton als teilweise in ein Neutron und ein positives Meson zerfallen denken. Das Neutron besitzt kein Eigenmoment, so daß das Protonenmoment einfach das Moment des Mesons wäre.

Da man für ein π-Meson gemäß seiner Masse ein Moment von etwa 7 Kernmagnetonen erwarten müßte, würde diese Deutung einen etwa 40%igen Zerfall erfordern.

§ 3. Kernspin und Hyperfeinstruktur.

Inhalt: Vektorgerüst der Hyperfeinstruktur. Ermittlung der Kernspinquantenzahl aus den Intervallen der Hyperfeinstruktur.

Bezeichnungen: J, I, F Quantenzahlen des Hüllendrehimpulses, Kernspins und Gesamtdrehimpulses. $\vec{\mathfrak{J}}, \vec{\mathfrak{I}}, \vec{\mathfrak{F}}$ Vektoren dieser Drehimpulse im Vektorgerüst. E_F Wechselwirkungsenergie, g Landéfaktoren, $\mathfrak{H}$ magnetische Feldstärke, A Kopplungskonstante, M, M_J, M_I magnetische Quantenzahlen, m_p Protonenmasse, m Elektronenmasse.

Beim Aufbau der Atomkerne aus Protonen und Neutronen wird man erwarten, daß sich die quantenmechanischen Gesetzmäßigkeiten wiederfinden, die uns von dem Aufbau der Atomhülle aus den Elektronen bekannt sind.

Zu dem Drehimpuls des ganzen Kernes werden die Eigendrehimpulse der Protonen und Neutronen beitragen. Dieser Anteil wird ein halbzahliges oder ganzzahliges Vielfaches von $h/2\pi$ liefern, je nachdem ob der Kern eine gerade oder ungerade Zahl von Nukleonen enthält. Außerdem wird ein ganzzahliger „Bahndrehimpuls" hinzukommen, der sich wie bei der Atomhülle aus der Eigenfunktion, d. h. aus der Bewegung der Bausteine im Kern ergibt. Wir werden also erwarten, daß die Kernspinquantenzahl bei gerader Nukleonenzahl ganzzahlig, bei ungerader Nukleonenzahl halbzahlig ist.

§ 3. Kernspin und Hyperfeinstruktur.

Die Zahlwerte der magnetischen Momente lassen sich nicht voraussehen, ohne die Struktur der Kerne im einzelnen zu verstehen. Das magnetische Kernmoment muß jedoch etwa 2000 mal kleiner sein als die magnetischen Momente der Elektronenhülle, weil an die Stelle der Elektronenmasse die Masse des Protons oder Neutrons tritt. Demgemäß liefert das Kernmoment mit äußeren Magnetfeldern oder den magnetischen Momenten der Elektronenhülle nur eine minimale Wechselwirkungsenergie. Diese hat eine Aufspaltung der Atomterme zur Folge, welche qualitativ analog zur Feinstruktur, quantitativ jedoch viel kleiner als diese ist. Die Aufspaltung der Terme durch die Mitwirkung des Kernspins wird Hyperfeinstruktur genannt.

Die Systematik der Hyperfeinstruktur läßt sich mit Hilfe des Vektorgerüstes durchführen. Ein Zustand der Elektronenhülle sei durch die Quantenzahl J des Gesamtdrehimpulses der Hülle charakterisiert. Der Hüllendrehimpuls $\vec{\mathfrak{J}}$ selbst hat dann den Betrag

$$h\sqrt{J(J+1)}/2\pi.$$

Schreiben wir dem Kern die Kernspinquantenzahl I mit dem Kerndrehimpuls $\vec{\mathfrak{I}}$ vom Betrag $h\sqrt{I(I+1)}/2\pi$ zu, so ist zunächst eine Quantenzahl F des Gesamtdrehimpulses von Kern und Hülle zu bilden, welche die Bedingung

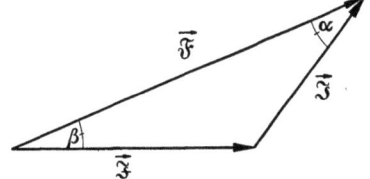

Abb. 360. Vektorgerüst der Hyperfeinstruktur.

$$|J + I| \geq F \geq |J - I| \qquad (I, 21)$$

erfüllt. Außerdem muß F ganzzahlig sein, wenn J und I beide halbzahlig oder beide ganzzahlig sind, dagegen halbzahlig, wenn nur eine der Zahlen J oder I halbzahlig ist. Die Drehimpulse $\vec{\mathfrak{J}}$ und $\vec{\mathfrak{I}}$ setzen sich dann zu der Resultante $\vec{\mathfrak{F}}$ zusammen (Abb. 360). Die Wechselwirkungsenergie der mit $\vec{\mathfrak{J}}$ und $\vec{\mathfrak{I}}$ verbundenen Momente ist dann

$$E_F = A\sqrt{J(J+1)}\sqrt{I(I+1)}\cos(\vec{\mathfrak{J}}\vec{\mathfrak{I}})$$
$$= \frac{A}{2}\{F(F+1) - I(I+1) - J(J+1)\}. \qquad (I, 22)$$

Ist $I < J$ so entstehen $2I + 1$, ist $I > J$ dagegen $2J + 1$ Termkomponenten. Wenn also $I < J$ ist, kann man schon aus der Zahl der Komponenten die Kernspinquantenzahl ablesen.

Das Intervall zwischen zwei benachbarten Komponenten ist

$$E_F - E_{F-1} = AF \qquad (I, 23)$$

und das Verhältnis zweier benachbarter Intervalle

$$\frac{E_F - E_{F-1}}{E_{F-1} - E_{F-2}} = \frac{F}{F-1}, \qquad (I, 24)$$

Da $|J + I|$ der größte Wert ist, den F annehmen kann, erhält man die Intervallverhältnisse

$$\frac{|I+J|}{|I+J|-1}; \quad \frac{|I+J|-1}{|I+J|-2} \quad \text{usw.} \qquad (I, 25)$$

Wenn man J kennt, kann aus den Intervallverhältnissen die Kernspinquantenzahl I entnommen werden, auch wenn $I > J$ ist.

Aus der Hyperfeinstruktur der Terme geht die Hyperfeinstruktur der Linien durch die Auswahlregel $\Delta F = 0, \pm 1$ hervor, welche wie in der Elektronenhülle durch das Verbot $F' \to F'' = 0 \to 0$ eingeschränkt wird.

Soweit die Hyperfeinstruktur der Spektren der einzelnen Isotopen hinreichend aufgelöst werden kann, kann aus ihr die Kernspinquantenzahl der Atomkerne erschlossen werden.

§ 4. Hyperfeinstruktur im äußeren Magnetfeld.

Inhalt: Zeemaneffekt der Hyperfeinstruktur. Bestimmung der Kernspinquantenzahl aus Zeemaneffekt und Paschen-Back-Effekt der Hyperfeinstruktur.
Bezeichnungen: wie S. 1258.

In einem schwachen äußeren Magnetfeld $\mathfrak{H}$ bildet der Gesamtdrehimpuls $\vec{\mathfrak{F}}$ eine Komponente $\vec{\mathfrak{F}}_z$ parallel zum Feld aus, welche mit F halbzahlig oder ganzzahlig ist (Abb. 361). Ihr ordnen wir die magnetische Quantenzahl M zu.

Auf S. 892 haben wir das mit $\vec{\mathfrak{J}}$ verbundene magnetische Moment der Elektronenhülle berechnet und dafür

$$-\frac{h\,e\,\mu_0}{4\pi\,m} g_J \sqrt{J(J+1)} \quad (I, 26)$$

erhalten, wobei

$$g_J = \frac{3J(J+1) + S(S+1) - L(L+1)}{2J(J+1)} \quad (I, 27)$$

der Landésche g-Faktor war. Das Minuszeichen in (I, 26)) rührte von der negativen Ladung der Elektronen her. Wir definieren nunmehr die Faktoren g_I und g_F, indem wir für die mit $\vec{\mathfrak{J}}$ und $\vec{\mathfrak{F}}$ verbundenen magnetischen Momente

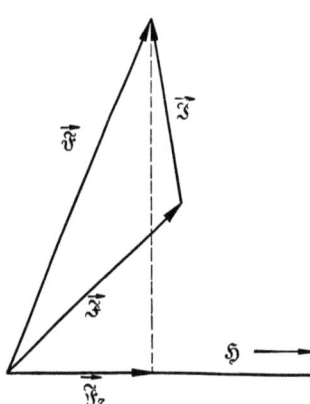

Abb. 361. Orientierung des Gesamtdrehimpuls $\vec{\mathfrak{F}}$ im schwachen Magnetfeld.

$$\frac{h\,e\,\mu_0}{4\pi\,m_p} g_I \sqrt{I(I+1)} \quad \text{bzw.} \quad \frac{h\,e\,\mu_0}{4\pi\,m} g_F \sqrt{F(F+1)}$$
$$(I, 28)$$

aussetzen. m_p bedeutet darin die Protonenmasse und

$$\frac{h\,e\,\mu_0}{4\pi\,m} \quad \text{bzw.} \quad \frac{h\,e\,\mu_0}{4\pi\,m} \quad (I, 29)$$

sind das Kernmagneton bzw. das Bohrsche Magneton.

Das mit $\vec{\mathfrak{F}}$ verbundene Moment ergibt mit dem äußeren Feld $\mathfrak{H}$ die Wechselwirkungsenergie

$$E_{M_F} = \frac{h\,e\,\mu_0}{4\pi\,m} |\mathfrak{H}| g_F \sqrt{F(F+1)} \cos(\vec{\mathfrak{F}}\,\mathfrak{H})$$
$$= \frac{h\,e\,\mu_0}{4\pi\,m} |\mathfrak{H}| g_F M, \quad (I, 30)$$

welche als Zeemaneffekt der Hyperfeinstruktur beobachtbar ist. Aus ihr kann g_F entnommen werden.

§ 4. Hyperfeinstruktur im äußeren Magnetfeld.

Wir können andererseits das mit $\vec{\mathfrak{F}}$ verbundene Moment

$$\frac{h\,e\,\mu_0}{4\pi\,m}g_F\sqrt{F(F+1)} = \frac{h\,e\,\mu_0}{4\pi\,m_p}g_I\sqrt{I(I+1)}\cos\beta - \frac{h\,e\,\mu_0}{4\pi\,m}g_J\sqrt{J(J+1)}\cos\alpha \qquad (\text{I},31)$$

berechnen. Aus der Abb. 360 von S. 1259 erhalten wir

$$\begin{aligned}2\cos\beta\sqrt{F(F+1)}\sqrt{I(I+1)} &= F(F+1)+I(I+1)-J(J+1),\\ 2\cos\alpha\sqrt{F(F+1)}\sqrt{J(J+1)} &= F(F+1)+J(J+1)-I(I+1)\end{aligned} \qquad (\text{I},32)$$

und

$$g_F = g_I\frac{m}{m_p}\frac{F(F+1)+I(I+1)-J(J+1)}{2F(F+1)} - g_J\frac{F(F+1)+J(J+1)-I(I+1)}{2F(F+1)}. \qquad (\text{I},33)$$

Da m/m_p klein ist, gilt nahezu

$$g_F = -g_J\frac{F(F+1)+J(J+1)-I(I+1)}{2F(F+1)}. \qquad (\text{I},34)$$

Im schwachen Feld geht in das Aufspaltungsbild zwar die Kernspinquantenzahl I, kaum aber das magnetische Moment des Kernes bzw. der Faktor g_I ein.

Im starken Magnetfeld tritt der zum Paschen-Back-Effekt analoge Effekt ein. $\vec{\mathfrak{J}}$ und $\vec{\mathfrak{I}}$ bilden keine gemeinsame Resultante $\vec{\mathfrak{F}}$ mehr, sondern jeder dieser Vektoren bildet selbständig eine Komponente $\vec{\mathfrak{J}}_z$ bzw. $\vec{\mathfrak{I}}_z$ in der Feldrichtung aus, denen wir die Quantenzahlen M_J und M_I zuordnen. Die magnetische Energie setzt sich dann aus den Wechselwirkungen

$$\frac{h\,e\,\mu_0}{4\pi\,m}|\mathfrak{H}|\left\{\frac{m}{m_p}g_I M_I - g_J M_J\right\} \qquad (\text{I},35)$$

des Feldes mit den Momenten und der Wechselwirkung

$$A\sqrt{J(J+1)}\sqrt{I(I+1)}\cos(\vec{\mathfrak{J}}\vec{\mathfrak{I}}) \qquad (\text{I},36)$$

der Momente untereinander zusammen, wo über $\cos(\vec{\mathfrak{J}}\vec{\mathfrak{I}})$ noch zu mitteln ist. Im Mittel ist aber

$$\overline{\cos(\vec{\mathfrak{J}}\vec{\mathfrak{I}})} = \frac{M_J M_I}{\sqrt{J(J+1)}\sqrt{I(I+1)}}. \qquad (\text{I},37)$$

Wir finden also die gesamte magnetische Energie

$$\begin{aligned}E_{M_J M_I} &= A\,M_J M_I + \frac{h\,e\,\mu_0}{4\pi\,m}\left\{\frac{m}{m_p}g_I M_I - g_J M_J\right\}|\mathfrak{H}|\\ &\approx A\,M_J M_I - \frac{h\,e\,\mu_0}{4\pi\,m}g_J M_J|\mathfrak{H}|.\end{aligned} \qquad (\text{I},38)$$

Das Glied mit g_I ist unbedeutend, weil m/m_p klein ist. Das Glied

$$-\frac{h\,e\,\mu_0}{4\pi\,m}g_J M_J|\mathfrak{H}| \qquad (\text{I},39)$$

stellt den anomalen Zeemaneffekt des Feinstrukturterms dar. Jede der Zeemankomponenten spaltet durch den Beitrag

$$A\,M_J M_I \qquad (\text{I},40)$$

in $2I + 1$ Komponenten mit verschiedenen M_I auf. Die Kernspinquantenzahl I läßt sich also aus der Zahl der Hyperfeinstrukturkomponenten im Paschen-Back-Effekt ablesen (s. Abb. 362). Nur bei sehr hoher Meßgenauigkeit kann man auch g_I ungefähr aus dem in (I, 38) vernachlässigten Korrekturglied entnehmen.

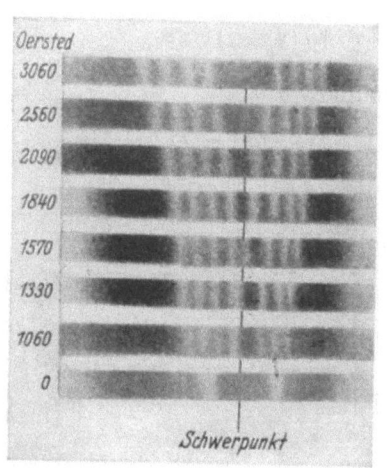

Abb. 362. Na-Dublett in steigenden Magnetfeldern. Im starken Feld spaltet jede Dublettkomponente in vier Hyperfeinstrukturkomponenten auf ($I = 3/2$). (Nach Kopfermann Kernmomente, Akademische Verlagsgesellschaft Frankfurt a./M. 1956, S. 89.)

§ 5. Beitrag des Quadrupolmomentes zur Hyperfeinstruktur.

Inhalt: Quadrupolwechselwirkung mit der Elektronenhülle.

Die elektrischen Eigenschaften eines Atomkernes werden sind in der Hauptsache durch die positive Kernladung beherrscht. Das elektrostatische Feld in der Umgebung des Kernes ist in einiger Entfernung dem Felde einer Punktladung gleich. In Kernnähe allerdings hängt das Feld auch von der Ladungsverteilung im Kern ab. Außer der Gesamtladung des Kernes müßte sich in nächster Näherung das elektrische Dipolmoment seiner Ladungsverteilung auf das erzeugte Feld auswirken (s. Bd. I, 331). Wenn der Kern aber nur positive Ladungen enthält, kann er kein Dipolmoment besitzen. Als erste Korrekturgröße für seine Ladungsverteilung ist also das elektrische Quadrupolmoment zu berücksichtigen.

Wenn der Kern um die Richtung des Kernspins $\vec{\mathfrak{J}}$ rotiert, ist die mittlere Ladungsverteilung rotationssymmetrisch um $\vec{\mathfrak{J}}$. Ihr Quadrupolmoment kann in dieser Näherung durch ein verlängertes oder abgeplattetes Ellipsoid dargestellt werden.

Das Quadrupolmoment bringt eine Wechselwirkungsenergie mit der Elektronenhülle hervor, für welche man den Ausdruck

$$\text{mit} \qquad \frac{B}{3} \frac{\frac{3}{2}C(C+1) - 2I(I+1)J(J+1)}{I(2I-1)J(2J-1)} \qquad (\text{I, 41})$$

$$C = F(F+1) - I(I+1) - J(J+1) \qquad (\text{I, 42})$$

berechnet, den wir hier nicht ableiten wollen. Diese Energie, welche von F, I und J abhängt, kommt also zu jedem Hyperfeinstrukturterm noch hinzu.

Das Quadrupolmoment liefert nur einen Beitrag, wenn $J > \frac{1}{2}$ und $I > \frac{1}{2}$ ist. Im allgemeinen ist die „Quadrupolkopplungskonstante" B sehr klein, so daß die Quadrupolwechselwirkung die Intervalle der Hyperfeinstruktur nicht erheblich verändert. In einigen Fällen stört sie aber doch die Berechnung des Kernspins aus der Intervallregel, gibt aber andererseits auch eine Handhabe zur Ermittlung des Quadrupolmomentes.

§ 6. Messung der Hyperfeinstruktur durch Radiofrequenzspektroskopie.

Inhalt: Prinzip des magnetischen Radiofrequenzverfahrens. Messung der Kopplungskonstanten A und des Faktors g_I.

Die Hyperfeinstruktur kann man natürlich wie alle anderen engen Linienstrukturen mit hochauflösenden Spektralapparaten (Interferometern) ausmessen. Die Ausmessung wird allerdings durch verschiedene Umstände erschwert. Bei

§ 6. Messung der Hyperfeinstruktur durch Radiofrequenzspektrokopie. 1263

Isotopengemischen überlagern sich der Hyperfeinstruktur die winzigen Frequenzunterschiede der Linienspektren verschiedener Isotopen. Dem kann man entgehen, wenn man mit reinen Isotopen arbeitet. Die Auflösbarkeit feinster Liniengruppen wird oft durch den Dopplereffekt begrenzt, der eine Verbreiterung der Linien hervorbringt, wenn sich die Atome in lebhafter thermischer Bewegung befinden. Die normalen Lichtquellen liefern also wegen der Dopplerverbreiterung kein ideales Beobachtungsmaterial für die Hyperfeinstruktur.

Übergänge zwischen den Feinstruktur- und Hyperfeinstrukturkomponenten des Grundzustandes eines Atoms wären besonders vorteilhaft für Hyperfeinstrukturuntersuchungen. Diese Übergänge kommen aber in der Näherung der elektrischen Dipolstrahlung nicht vor, weil in dieser Näherung gerade Terme nur mit ungeraden Termen kombinieren und umgekehrt. Übergänge zwischen den Komponenten des Grundzustandes sind jedoch als magnetische Dipolstrahlung erlaubt. Durch magnetische Wechselfelder bzw. Drehfelder, deren Frequenzen den Energieunterschieden der Hyperfeinstruktur entsprechen, können deshalb Übergänge zwischen den Feinstruktur- bzw. Hyperfeinstrukturtermen induziert werden.

Die magnetische Dipolstrahlung ist als Vorgang zweiter Näherung an sich wenig intensiv. Andererseits kann man aber magnetische Wechselfelder mäßiger Frequenz in ansehnlicher Stärke erzeugen. Man hat deshalb ein Meßverfahren entwickeln können, bei dem Übergänge zwischen den Hyperfeinstrukturkomponenten des Grundzustandes beobachtet werden, welche durch makroskopische magnetische Felder ausgelöst werden. Das Verfahren wird Radiofrequenzspektroskopie genannt und beruht auf folgendem Prinzip:

Ein Bündel von Atomstrahlen tritt aus einem Spalt S_0 aus und durchläuft ein inhomogenes Magnetfeld H_A, wie bei einem Stern-Gerlach-Versuch (s. S. 886). Die z-Achse eines Koordinatensystems legen wir in die Richtung dieses Feldes (s. Abb. 363). Jedes Strahlatom besitzt dann eine Komponente $\mathfrak{M}_z$ seines magnetischen Momentes, die einem der Hyperfeinstrukturterme im Magnetfeld entspricht. Die Inhomogenität des Feldes bewirkt eine Ablenkung 2α der Atombahnen, welche sich nach der Größe von $\mathfrak{M}_z$ richtet. Einen zweiten Spalt S_1 passieren dann die Atome nur in solchen Richtungen, deren Neigung α gegen die x-Achse in einer durch $\partial H_A/\partial z$ bestimmten Weise von $\mathfrak{M}_z$ abhängt. Hinter dem Strahl läßt man das Strahlenbündel zuerst durch ein homogenes zu H_A paralleles Feld H_0 und anschließend durch ein inhomogenes Feld H_B laufen, dessen Richtung ebenfalls parallel zu H_A ist. Der Inhomogenität von H_B gibt man die umgekehrte Richtung wie bei H_A und eine solche Stärke, daß alle Atome, die den Spalt S_1 passieren, auf einen Auffänger S_2 treffen.

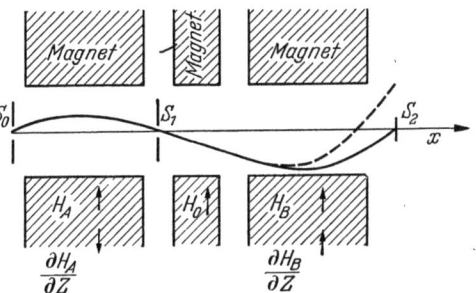

Abb. 363. Schematische Anordnung zur Radiofrequenzspektroskopie. Atome ohne Übergänge treffen den Auffänger S_2 (ausgezogene Kurve), Atome mit Übergängen verfehlen ihn (punktierte Kurve).

Nun überlagert man dem Feld H_0 ein magnetisches Wechselfeld oder Drehfeld H_1, dessen Frequenz man variieren kann. Entspricht die Feldfrequenz einer Übergangsfrequenz zwischen den Termkomponenten, so treten Übergänge in beträchtlicher Zahl ein. Hierbei erhält die Komponente $\mathfrak{M}_z$ des magnetischen Momentes einen anderen Wert. Das neue Moment $\mathfrak{M}'_z$ paßt nicht mehr zur Bewegungsrichtung und das Atom verfehlt den Auffänger. Läßt man das Magnetfeld H_1 den Frequenzbereich durchlaufen, so verraten sich Übergangsfrequenzen zwischen den Hyperfeinstrukturkomponenten durch plötzliche Abnahme der im Auffänger registrierten Atome.

Die Anordnung arbeitet mit großer Genauigkeit. Ihre Frequenzauflösung ist um so besser, je länger der Weg ist, den die Atome in den Feldern H_A und H_B zurücklegen. Ein weiterer Vorteil besteht darin, daß man das Feld H_0 variieren kann. Je nach seiner Stärke läßt sich also die Hyperfeinstruktur in schwachen und in starken Feldern analysieren.

Die Meßgenauigkeit ist so groß, daß man nicht nur die Zahl der Komponenten im schwachen Feld und damit den Kernspin I ermitteln, sondern auch im starken Feld den Einfluß des Gliedes

$$\frac{h\,e\,\mu_0}{4\pi\,m_p}\,g_I\,M_I\,|\mathfrak{H}| \tag{I, 43}$$

der Formel (I, 38) beobachten kann, so daß man A und g_I erfährt.

§ 7. Messung des magnetischen Kernmomentes durch magnetische Kernresonanz.

Inhalt: Messung des magnetischen Kernmomentes im homogenen Magnetfeld mit überlagertem rotierendem Hochfrequenzfeld (Purcellsches Verfahren).

Bezeichnungen: $\mathfrak{M}_z$ Komponente des Momentes eines einzelnen Kernes. $\vec{M}$, M_x, M_y, M_z magnetisches Moment einer makroskopischen Probe, M_0 Gleichgewichtswert von M_z, M_r radiale Komponente, H_0 konstantes Magnetfeld in der z-Richtung, H_1 rotierendes Feld, H_y, H_x seine Komponenten, Θ, Θ' Relaxationszeiten, ω Kreisfrequenz der Rotation, m_p Protonenmasse, g_I Landéfaktor des Kernmomentes, ω_0 Resonanzfrequenz, σ Zustandssumme, K magnetische Quantenzahl, $\mathfrak{k}$ Boltzmannsche Konstante, T Temperatur, I Quantenzahl des Kernspins.

In jedem Stück kompakter Materie befinden sich Atomkerne in riesiger Zahl. Ist das Material diamagnetisch, so besteht nur eine minimale Wechselwirkung zwischen dem Kernspin und der Elektronenwolke. Dies hat zur Folge, daß sich die magnetischen Momente der Kerne leicht und ohne große Störung durch andere Einflüsse zu einem äußeren Magnetfeld orientieren können. Ohne Feld sind die Kernmagnete gleichmäßig über alle Richtungen verteilt. Schaltet man ein Magnetfeld H_0 parallel zur z-Richtung ein, so wird an der gleichmäßigen Verteilung makroskopisch nichts geändert, weil es zu jeder Komponente des Kernmomentes parallel zum Feld auch eine Komponente antiparallel zum Feld gibt, und alle Einstellungen gleich wahrscheinlich sind.

In diesem Zustand ist allerdings der Kernspin noch nicht im thermodynamischen Gleichgewicht mit der Molekularbewegung. Das Gleichgewicht wird nur sehr langsam durch die seltenen Wechselwirkungsprozesse der Kernmomente unter sich und mit der Molekularbewegung erreicht. Diese Prozesse verändern die Komponenten $\mathfrak{M}_z$ des magnetischen Momentes der Kerne. Sie bewirken dabei häufiger eine Vergrößerung von $\mathfrak{M}_z$ als eine Verkleinerung, so daß nach einiger Zeit die energetisch günstigen Einstellungen des Momentes zum Feld bevorzugt vertreten sind. Bezeichnen wir das resultierende Moment der ganzen Probe mit $\vec{M}$, seine z-Komponente mit M_z, so wird M_z nach dem Einschalten des Feldes allmählich von Null auf einen Endwert M_0 anwachsen.

Dieser Vorgang läßt sich rechnerisch verfolgen. Die Prozesse, welche das resultierende Moment M_z vergrößern, werden um so wirksamer sein, je größer H_0 ist, die Prozesse, welche M_z verkleinern, um so wirksamer, je größer M_z schon

§ 7. Messung des magnetischen Kernmomentes durch magnetische Kernresonanz. 1265

ist. Dies führt zu der Gleichung

$$\frac{dM_z}{dt} = A H_0 - B M_z \qquad (I, 44)$$

für die zeitliche Änderung des Momentes. Nach genügend langer Zeit tritt Gleichgewicht ein, wenn

$$A H_0 = B M_0 \qquad (I, 45)$$

gilt. Wir setzen nun

$$B = \frac{1}{\Theta}, \qquad (I, 46)$$

da B die Dimension einer reziproken Zeit (Relaxationszeit) hat und erhalten beim Einsetzen in (I, 44) die Gleichung

$$\frac{dM_z}{dt} = \frac{M_0 - M_z}{\Theta} \qquad (I, 47)$$

für den zeitlichen Verlauf von M_z.

Nun wollen wir dem konstanten Magnetfeld H_0 in der z-Richtung ein schwaches Feld H_1 überlagern, dessen Richtung um die z-Achse mit der Kreisfrequenz ω rotiert. Seine Komponenten sind

$$H_x = H_1 \cos \omega t; \qquad H_y = -H_1 \sin \omega t. \qquad (I, 48)$$

Da nunmehr die Richtung des Feldes nicht mehr mit der Richtung des mittleren Momentes $\vec{M}$ zusammenfällt, müssen wir auch das Drehmoment $[\vec{M}\mathfrak{H}]$ berücksichtigen, welches im Feld auf den Träger des Momentes wirkt und dessen Drehimpuls verändert. Da Moment und Drehimpuls im Verhältnis

$$\gamma = \frac{e \mu_0 g_I}{2 m_p} \qquad (I, 49)$$

stehen, würde ohne den Einfluß (I, 47) der Wechselwirkungen mit der Molekularbewegung

$$\frac{d\vec{M}}{dt} = \gamma [\vec{M}\mathfrak{H}] \qquad (I, 50)$$

bzw. in Komponenten

$$\frac{dM_x}{dt} = \gamma \{M_y H_0 + M_z H_1 \sin \omega t\},$$

$$\frac{dM_y}{dt} = \gamma \{M_z H_1 \cos \omega t - M_x H_0\}, \qquad (I, 51)$$

$$\frac{dM_z}{dt} = -\gamma \{M_x H_1 \sin \omega t + M_y H_1 \cos \omega t\}$$

gelten. Den rechten Seiten dieser Gleichungen müssen nun noch die Glieder hinzugefügt werden, welche der rechten Seite von (I, 47) entsprechen. Da sich das Querfeld dauernd dreht und überdies $H_1 \ll H_0$ ist, entstehen die Komponenten M_x und M_y im wesentlichen nach (I, 51), und wir können das M_0 entsprechende Glied von (I, 47) bei diesen Komponenten vernachlässigen. An die Stelle von (I, 47) tritt also für die x und y Komponenten nur

$$\frac{dM_x}{dt} = -\frac{M_x}{\Theta'}; \qquad \frac{dM_y}{dt} = -\frac{M_y}{\Theta'}. \qquad (I, 52)$$

Da im Feld keine Isotropie mehr besteht, können Θ und Θ' verschieden sein.

Weizel, Theoretische Physik, II. 2. Aufl.

Kombinieren wir (I, 51) mit (I, 47) bzw. (I, 52), so finden wir die Gleichungen

$$\frac{dM_x}{dt} = \gamma\{M_y H_0 + M_z H_1 \sin\omega t\} - \frac{M_x}{\Theta'},$$

$$\frac{dM_y}{dt} = \gamma\{M_z H_1 \cos\omega t - M_x H_0\} - \frac{M_y}{\Theta'}, \qquad (I, 53)$$

$$\frac{dM_z}{dt} = -\gamma\{M_x H_1 \sin\omega t + M_y H_1 \cos\omega t\} + \frac{M_0 - M_z}{\Theta}.$$

für die Komponenten von $\vec{M}$. Diese Gleichungen können durch den Ansatz

$$M_x = M_r \cos(\omega t - \varphi); \quad M_y = -M_r \sin(\omega t - \varphi); \quad M_z = \text{const} \qquad (I, 54)$$

erfüllt werden, wobei

$$M_r = M_0 \frac{\Theta' \omega_1 \sqrt{1 + \Theta'^2(\omega_0 - \omega)^2}}{1 + \Theta\Theta' \omega_1^2 + \Theta'^2(\omega_0 - \omega)^2},$$

$$M_z = M_0 \frac{1 + \Theta'^2(\omega_0 - \omega)^2}{1 + \Theta\Theta' \omega_1^2 + \Theta'^2(\omega_0^2 - \omega)^2}, \qquad (I, 55)$$

$$\text{tg}\,\varphi = \frac{1}{\Theta'(\omega_0 - \omega)}$$

bedeutet, wenn man zur Abkürzung

$$\omega_0 = \gamma H_0; \quad \omega_1 = \gamma H_1 \qquad (I, 56)$$

setzt.

Das rotierende Magnetfeld H_1 induziert also in der Probe ein Moment M_r, das mit einer Phasenverschiebung φ gegen das Feld rotiert. Wenn $\omega = \omega_0$ ist, tritt Resonanz ein, M_r erreicht ein Maximum, die Phasenverschiebung ist $\pi/2$. Das Maximum ist um so deutlicher, je kleiner $\Theta\Theta' \omega_1^2$ ist. Experimentell wird die Lage der Resonanzfrequenz ω_0 bestimmt. Aus ω_0 ergibt sich dann wegen (I, 49) der Faktor

$$g_I = \frac{2 m_p \omega_0}{e \mu_0 H_0}. \qquad (I, 57)$$

Das Meßverfahren besitzt mehrere Vorteile. Die Induktionswirkungen eines hochfrequent rotierenden Momentes sind viel leichter beobachtbar, als die Wirkungen eines statischen Momentes. Die Kombination des starken konstanten Magnetfeldes H_0 mit dem Hochfrequenzfeld vergrößert außerdem das erzielte Moment M_r. Im Resonanzfall finden wir das Verhältnis

$$\frac{M_r}{M_0} = \frac{\Theta' \omega_1}{1 + \Theta\Theta' \omega_1^2}. \qquad (I, 58)$$

Ohne diese Verstärkung müßte das Feld H_1 ein Moment M_r' erzeugen, für das

$$\frac{M_r'}{M_0} = \frac{H_1}{H_0} \qquad (I, 59)$$

gälte. Wir finden somit den Verstärkungsfaktor

$$\frac{M_r}{M_r'} = \frac{\Theta' \omega_1 H_0}{H_1(1 + \Theta\Theta' \omega_1^2)} = \frac{\Theta' \omega_0}{1 + \Theta\Theta' \omega_1^2}. \qquad (I, 60)$$

In einem statischen Feld H_0 kann man ω_0 leicht auf etwa 10^8 Hertz bringen. Wenn das Hochfrequenzfeld sehr schwach und ω_1 deshalb so klein ist, daß $\Theta\Theta' \omega_1^2$ die Größenordnung 1 nicht überschreitet, erhält man

$$\frac{M_r}{M_r'} \approx \Theta' \omega_0. \qquad (I, 61)$$

§ 7. Messung des magnetischen Kernmomentes durch magnetische Kernresonanz. 1267

Die Relaxationszeiten Θ' betragen in ungünstigen Fällen etwa 10^{-4} bis 10^{-5} sec, so daß immer noch eine tausendfache Verstärkung erzielt wird. Oft findet man aber auch Relaxationszeiten bis zu ganzen Sekunden, was dann zu viel größeren Verstärkungen führt.

Es sind verschiedene Verfahren benutzt worden, um die Messung wirklich durchzuführen. Wir wollen eines dieser Verfahren (PURCELL) skizzieren, ohne auf Einzelheiten einzugehen. Die Magnetfeldkomponente $H_x = H_1 \cos \omega t$, soll von einer Spule erzeugt werden, in der sich die Probe befindet. Durch die leere Spule ohne die Probe fließt der Kraftfluß

$$\Phi_0 = \mu_0 H_1 F_1 \cos \omega t = L i, \qquad (I, 62)$$

wenn F_1 die Windungsfläche, L die Selbstinduktion der Spule und i der Strom ist. Das Moment

$$M_x = M_r \cos(\omega t - \varphi) = M_r \cos\varphi \cos\omega t + M_r \sin\varphi \sin\omega t \qquad (I, 63)$$

erhöht den Kraftfluß auf

$$\Phi = \Phi_0 + M_r \cos\varphi \cos\omega t + M_r \sin\varphi \sin\omega t. \qquad (I, 64)$$

Hat die leere Spule selbst keinen Wirkwiderstand, so muß an sie die treibende Spannung

$$U_0 = \frac{d\Phi_0}{dt} = L \frac{di}{dt} = -\omega \mu_0 H_1 F_1 \sin\omega t \qquad (I, 65)$$

gelegt werden, während mit der Probe die treibende Spannung

$$U = \frac{d\Phi}{dt} = L \frac{di}{dt} - \omega M_r \cos\varphi \sin\omega t + \omega M_r \sin\varphi \cos\omega t \qquad (I, 66)$$

benötigt wird. Drücken wir $\cos\omega t$ und $\sin\omega t$ mit (I, 62) durch i und di/dt aus, so erhalten wir

$$U = L \left(1 + \frac{M_r \cos\varphi}{\mu_0 H_1 F_1}\right) \frac{di}{dt} + \frac{\omega L M_r \sin\varphi}{\mu_0 H_1 F_1} i. \qquad (I, 67)$$

Die Probe wirkt sich in der Spule wie ein Wirkwiderstand

$$R = \frac{\omega L M_r \sin\varphi}{\mu_0 H_1 F_1}$$

$$= \frac{\Theta' \omega L \gamma M_0}{\mu_0 F_1 \{1 + \Theta \Theta' \omega_1^2 + \Theta'^2 (\omega_0 - \omega)^2\}} \qquad (I, 68)$$

und eine zusätzliche Selbstinduktion

$$L' = \frac{L M_r \cos\varphi}{\mu_0 H_1 F_1} \qquad (I, 69)$$

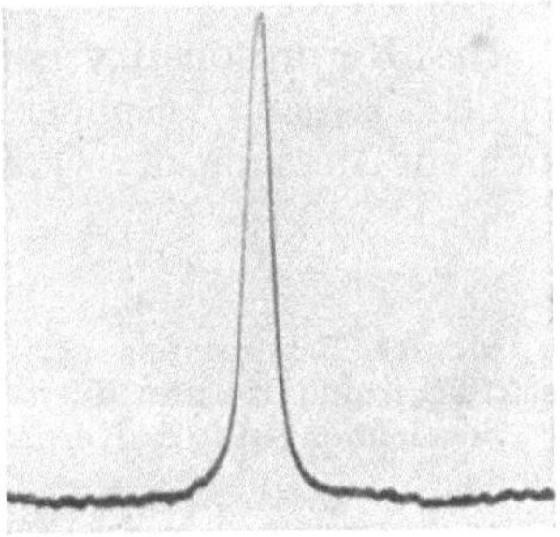

Abb. 364. Empirische Kernresonanzkurve (Protonenresonanz). (BLOEMBERGE, PRURCELL u. POUND: Phys. Rev. 1948.)

aus. Im Resonanzfall ist R ein Maximum, während L' durch Null geht.

Abb. 364 zeigt eine empirische Resonanzkurve. Aus der Messung der Resonanzfrequenz ω_0 ergibt sich nach (I, 56) zuerst der Wert von γ bzw. von g_I.

Durch eine statistische Überlegung findet man aber noch eine Beziehung zwischen γ und M_0. Die Quantenzahl des Kernspins sei I. Die magnetische Quantenzahl für die Einstellung der Kernmomente zum Magnetfeld H_0 bezeichnen wir hier vorübergehend mit K statt mit M, weil der Buchstabe M zu Verwechslungen führen könnte. Die Energie eines Kernes in einem durch K bezeichneten Zustand ist dann

$$E_K = -\frac{h e \mu_0}{4\pi m_p} g_I K H_0 = -\frac{h \gamma}{2\pi} K H_0 \qquad (I, 70)$$

und seine Momentkomponente

$$\mathfrak{M}_z = \frac{h e \mu_0}{4\pi m_p} g_I K = \frac{h\gamma}{2\pi} K.$$ (I, 71)

Enthält die Probe N Kerne, so besitzen im Gleichgewicht

$$N_K = \frac{N}{\sigma} e^{-\frac{E_K}{kT}} = \frac{N}{\sigma} e^{\frac{h\gamma}{2\pi} \frac{KH_0}{kT}}$$ (I, 72)

Atomkerne die Energie (I, 70) und das Moment (I, 71). Durch Summieren über alle K erhalten wir die Zustandssumme

$$\sigma = \sum_{-I}^{+I} K\, e^{\frac{h\gamma}{2\pi} \frac{KH_0}{kT}}.$$ (I, 73)

Das magnetische Moment der Probe im Gleichgewicht ist dann

$$M_0 = \frac{h\gamma}{2\pi} \sum_{-I}^{I} K\, N_K K = \frac{N h\gamma}{2\pi \sigma} \sum_{-I}^{I} K\, K\, e^{\frac{h\gamma}{2\pi} \frac{KH_0}{kT}}$$
$$= \frac{N kT}{\sigma} \frac{d\sigma}{dH_0} = N k T \frac{d}{dH_0} \ln \sigma.$$ (I, 74)

Berechnet man die Zustandssumme σ und bildet M_0 so ergibt sich näherungsweise

$$M_0 = \frac{N H_0}{3 k T} \left(\frac{h\gamma}{2\pi}\right)^2 I(I+1).$$ (I, 75)

Ist die Kernspinquantenzahl I bekannt, so hat man mit γ auch M_0 und erhält aus der Größe des Widerstandes R einen Wert für die Relaxationszeit Θ'.

Die Kernresonanzversuche können in sehr vielseitiger Weise modifiziert werden. Es sind besondere Verfahren zur Messung der Relaxationszeiten und auch zur Messung der Quadrupolkopplungskonstanten B entwickelt worden.

§ 8. Kernradien.

Inhalt: Bestimmung der Kernradien und Kernvolumina aus Streuversuchen, Kernreaktionen und Kernzerfällen. Das Kernvolumen ist der Nukleonenzahl proportional.

Bezeichnungen: R Kernradius, Z Kernladungszahl, A Nukleonenzahl, e Elementarladung.

Bei atomaren Gebilden ist es nicht selbstverständlich, was man unter ihrer Größe zu verstehen hat. Die Elektronenhülle eines Atoms hat z. B. keine definierbare Oberfläche, sondern die Elektronendichte klingt nach außen ab.

Beschießt man die Elektronenhülle mit Teilchen, z. B. Elektronen, so beobachtet man für verschiedene Wirkungen (z. B. Streuung, Anregung, Ionisierung) verschiedene Querschnitte, d. h. es ist kaum begrifflich festzulegen, welchen Abstand vom Atomzentrum ein solches Projektil erreicht haben muß, um als in die Elektronenhülle eingedrungen betrachtet werden zu können. Alle Angaben über die Radien oder Volumina der Atomhüllen bleiben deshalb ziemlich unbestimmt.

Bei den Atomkernen erhält man eine wesentlich deutlichere Antwort auf die Frage nach ihrer Größe. Tatsächlich kann man den schwereren Atomkernen ein Volumen oder eine Oberfläche zuschreiben, wenn auch mit einer gewissen Toleranz: Beschießt man z. B. einen Kern mit geeigneten Projektilen (Protonen, α-Teilchen, Neutronen), so kann man Kriterien dafür angeben, ob diese Projektile außerhalb des Kernes geblieben oder in die Kernoberfläche eingedrungen

§ 8. Kernradien.

sind. Ein Kern wirkt z. B. außerhalb seiner Oberfläche auf Neutronen gar nicht ein und auf geladene Teilchen nur durch das seiner Ladung entsprechende Coulombfeld. Innerhalb der Kernoberfläche wirken dagegen auf Neutronen Kernkräfte, und die Kräfte auf geladene Teilchen (Protonen) entsprechen nicht mehr dem Coulombfeld.

Die Streuung eines α-Teilchens an punktförmigen Coulombschen Streuern haben wir auf S. 818 durchgerechnet. Ist Z die Kernladung, E die Energie der einfallenden α-Teilchen und a der Abstand, in dem das α-Teilchen ohne Störung am Streuzentrum vorbeiginge, so berechnet sich die Ablenkung ψ aus

$$\operatorname{tg}\frac{\psi}{2} = \frac{Z e^2}{4\pi\varepsilon_0 a E}. \qquad (I, 76)$$

Für den kleinsten Abstand zwischen α-Teilchen und Streuzentrum errechnet man

$$r_{\min} = \frac{Z e^2}{4\pi\varepsilon_0 E}\left(1 + \frac{1}{\sin\frac{\psi}{2}}\right). \qquad (I, 77)$$

Befinden sich N Streuer in der Volumeneinheit und durchsetzen die α-Strahlen eine Streuschicht der Dicke s, so findet man die Wahrscheinlichkeit

$$W\,d\psi = \frac{N s Z^2 e^4}{16\pi\varepsilon_0^2 E^2}\frac{\cos\frac{\psi}{2}}{\sin^3\frac{\psi}{2}}d\psi \qquad (I, 78)$$

dafür, daß Streuung in das Winkelintervall $d\psi$ erfolgt. Wenn die Streuung von einem Winkel ψ_0 an von (I, 78) abweicht, muß

$$R = \frac{Z e^2}{4\pi\varepsilon_0 E}\left(1 + \frac{1}{\sin\frac{\psi_0}{2}}\right) \qquad (I, 79)$$

ungefähr der Radius des streuenden Kernes sein. In der Tat hat man aus Streuversuchen an α-Teilchen die ersten Daten über die Kernradien erhalten.

Statt der Streuung kann man auch Kernreaktionen untersuchen, welche durch Beschuß geladener Teilchen der Kernladung Z' ausgelöst werden. Es liegt nahe, einfach die Mindestenergie $E_{\min}$, mit der noch Reaktionen eingeleitet werden, als die maximale potentielle Energie

$$E_{\min} = \frac{Z Z' e^2}{4\pi\varepsilon_0 R} = V_{\max} \qquad (I, 80)$$

in Rechnung zu setzen, die an der Oberfläche des Kernes im Coulombfeld besteht und daraus auf R zu schließen. Umgekehrt könnte man vermuten, daß die kinetische Energie der α-Teilchen, die umgewandelte potentielle Energie des Coulombfeldes auf der Kernoberfläche eines radioaktiven Strahlers sei. Beides wäre aber ein Fehlschluß.

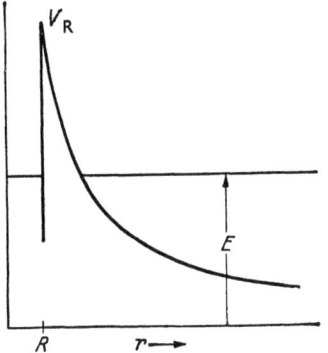

Abb. 365. Coulombsches Potential außerhalb des Kernes, plötzlicher Abbruch an der Oberfläche bei R.

Die Abb. 365 möge den Coulombschen Potentialverlauf außerhalb des Kernes wiedergeben. An der Kernoberfläche lassen wir einen plötzlichen Abbruch bei R eintreten. Die oben erwähnten Streuversuche an α-Teilchen ergeben, daß man das Coulombfeld bis zu Potentialen verfolgen kann, die viel höher liegen als die Zerfallsenergie E der α-Strahler. Beim α-Zerfall durchdringen die α-Teilchen die Potentialschwelle im Tunneleffekt (s. auch S. 1330). Analog dringen beim Beschuß der Kerne durch geladene Projektile einige Teilchen durch Tunneleffekt in den Kern ein, obwohl ihre kinetische Energie noch lange nicht zur Überschreitung des Potentialwalles ausreicht. Die Wahrscheinlichkeit G dafür, daß ein Teilchen den Potentialwall durchbricht, wird Gamowfaktor genannt. Er ist eine berechenbare Funktion des Verhältnisses E/V_R. Kennt man E, so kann man mit Hilfe des Gamowfaktors aus der Häufigkeit der Kernreaktionen auf V_R und damit auf den Kernradius schließen.

Als totalen Streuquerschnitt eines Atomkernes für sehr schnelle Neutronen errechnet die Quantentheorie $2\pi R^2$, also den doppelten geometrischen Querschnitt. Aus der Neutronenstreuung kann man hiernach Kernquerschnitte erhalten.

Die aus diesen Verfahren gewonnenen Werte für die Kernradien sind nicht sehr genau. Die nach verschiedenen Methoden gewonnenen Zahlen weichen bis zu 25% voneinander ab. Trotz dieser Ungenauigkeit stellt sich aber die Gesetzmäßigkeit heraus, daß das Kernvolumen ungefähr der Nukleonenzahl proportional ist, d. h. man findet

$$R = r_0 \sqrt[3]{A}, \qquad (I, 81)$$

wenn A die Massenzahl ist. In Abb. 366 sind die aus den gemessenen Kernradien

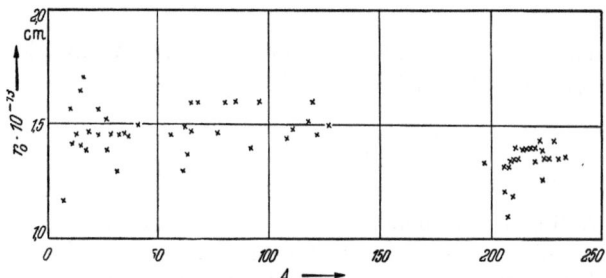

Abb. 366. Werte von r_0 aus empirischen Daten.

mit (I, 81) berechneten r_0 gegen A aufgetragen. Die Abbildung zeigt, daß

$$r_0 = 1{,}5 \cdot 10^{-15}\,\text{m} = 1{,}5 \cdot 10^{-13}\,\text{cm}$$

mit einer Unsicherheit von etwa 10% gilt.

Die Proportionalität von Kernvolumen und Nukleonenzahl ist trotz ihrer Ungenauigkeit eine empirische Tatsache von großer Bedeutung, der jede Theorie der Atomkerne Rechnung tragen muß.

§ 9. Antisymmetrieprinzip für Protonen und Neutronen.

Inhalt: Der Intensitätswechsel im Spektrum von H_2 und D_2 läßt erkennen, daß Protonen und Neutronen dem Antisymmetrieprinzip gehorchen.

Bezeichnungen: J Rotationsquantenzahl des Moleküls, I Quantenzahl des gesamten Kernspins des Moleküls.

Das Verhalten der Elektronen in der Elektronenhülle wird wesentlich durch die Paulische Regel beherrscht, daß jeder Zustand nur von einem Elektron eingenommen werden kann. Etwas allgemeiner ist die Forderung, daß die Eigenfunktion in allen Elektronen antisymmetrisch sein muß. Die Gültigkeit des Antisymmetrieprinzips für die Elektronen findet sich experimentell bei den

§ 9. Antisymmetrieprinzip für Protonen und Neutronen.

Spektren der Atome und Moleküle und bei der chemischen Bindung bestätigt, am durchsichtigsten beim Heliumatom, das nur zwei Elektronen besitzt.

Das Antisymmetrieprinzip gilt in gleicher Weise auch für die Nukleonen, also für Protonen und Neutronen. Direktes experimentelles Material dafür ist allerdings nur in kleinerem Umfang vorhanden.

Das Wasserstoffmolekül ist das einfachste atomare Gebilde, welches zwei Protonen besitzt. Wir betrachten nun die Bewegung der Wasserstoffkerne in einem geraden $^1\Sigma$-Zustand (z. B. Grundzustand), also in einem Zustand, in welchem die Elektronenhülle weder zum Drehimpuls beiträgt noch die Symmetrie des Moleküls beeinflußt.

Die Kernbewegung des Moleküls wird nach (III, 24) S. 1384 durch die Gleichung

$$-\frac{h^2}{8\pi^2\mu}\Delta\chi + \{E - E_t - U(R)\}\chi = 0 \qquad (I, 82)$$

beschrieben. μ ist die reduzierte Molekülmasse im Schwerpunktsystem, $E - E_t$ die Gesamtenergie ohne Translationsanteil, $U(R)$ die Summe von Elektronenenergie und potentieller Energie der Coulombschen Kernabstoßung. Der Operator Δ wirkt auf die relativen Koordinaten der Kerne.

Eine Vertauschung der Kerne bedeutet einen Vorzeichenwechsel ihrer Relativkoordinaten. Die Eigenfunktionen

$$\chi = Y_M^J(\varphi, \vartheta)\,\Xi(R) \qquad (I, 83)$$

lassen sich in Polarkoordinaten φ, ϑ, R in die Kugelfunktionen $Y_M^J(\varphi, \vartheta)$ und die Funktion $\Xi(R)$ des Abstandes spalten. Umkehr der Koordinaten ist ohne Einfluß auf $\Xi(R)$ und das Vorzeichen der Kugelfunktionen, wenn J gerade ist, und wechselt das Vorzeichen der Kugelfunktion, wenn J ungerade ist. Die räumlichen Eigenfunktionen sind also symmetrisch in den Kernen, wenn $J = 0, 2, 4$ usw., und antisymmetrisch, wenn $J = 1, 3, 5$ usw. ist.

Nun müssen wir noch den Kernspin beachten. Ist die Kernspineigenfunktion symmetrisch in den beiden Protonen, so ist die Kernspinquantenzahl I des Moleküls gleich 1, ist sie antisymmetrisch, so ist $I = 0$. Die symmetrischen Zustände sind dreifach, die antisymmetrischen einfach.

Antisymmetrisch in beiden Protonen sind also die Zustände mit den Quantenzahlkombinationen $I = 0, J = 0, 2, 4$ usw. und $I = 1, J = 1, 3, 5$ usw. Die Zustände mit $I = 1, J = 0, 2, 4$ usw. bzw. $I = 0, J = 1, 3, 5$ usw. wären symmetrisch.

Gilt das Antisymmetrieprinzip für die Protonen, so gehören zu ungeraden Rotationsquantenzahlen dreifache Zustände mit $I = 1$, zu geraden Rotationsquantenzahlen einfache Zustände mit $I = 0$. Gälte ein Symmetrieprinzip statt des Antisymmetrieprinzips, so wären die statistischen Gewichte für gerade und ungerade Rotationsquantenzahlen gerade umgekehrt.

Da die Rotationsterme abwechselnd die statistischen Gewichte 3 und 1 haben, müssen die Rotationslinien der Wasserstoffbanden eine dementsprechende Anomalie ihrer Intensität (Intensitätswechsel) zeigen. Diese Erscheinung kann im Wasserstoffmolekülspektrum beobachtet werden. Man kann daraus ablesen, daß das statistische Gewicht der ungeraden Rotationszustände des Grundzustandes dreimal so groß als das der geraden ist. Dies bedeutet, daß für die Protonen im Wasserstoffmolekül das Antisymmetrieprinzip gilt.

Eine ähnliche Überlegung kann für das Molekül des schweren Wasserstoffes D_2 angestellt werden. Da das Deuteron nicht den Kernspin $\frac{1}{2}$, sondern 1 besitzt, ergibt sich für die im Kernspin symmetrischen Terme das statistische

Gewicht 6, für die antisymmetrischen das statistische Gewicht 3 (auf den Beweis hierfür gehen wir nicht ein). Jetzt zeigt sich experimentell, daß die Rotationsterme mit gerader Rotationsquantenzahl J das doppelte Gewicht der ungeraden Rotationsterme besitzen. Die Gesamtterme einschließlich des Kernspins sind also bezüglich der Vertauschung der Deuteronen symmetrisch.

Die Vertauschung zweier Deuteronen besteht in einer gleichzeitigen Vertauschung zweier Protonen und zweier Neutronen. Da die Protonenvertauschung

Abb. 367. Intensitätswechsel eines Bandenspektrums. Die ungeraden Linien sind stärker als die geraden.
(Nach KOPFERMANN: Kernmomente. Akademische Verlagsgesellschaft Frankfurt a. M. 1956, S. 233.)

Vorzeichenwechsel eintritt, muß die Vertauschung der Neutronen den Vorzeichenwechsel kompensieren. Die Neutronen müssen also ihrerseits ebenfalls dem Antisymmetrieprinzip gehorchen.

Das Phänomen des Intensitätswechsels läßt sich an zahlreichen Molekülspektren feststellen und ist ausnahmslos erklärbar, wenn das Antisymmetrieprinzip für Protonen und Neutronen gilt (Abb. 367).

II. Das System zweier Nukleonen.

Vom Proton und dem Deuteron abgesehen, sind die Atomkerne Systeme von drei und mehr Nukleonen. Selbst wenn die Kräfte zwischen den Teilchen völlig bekannt und sehr einfach wären, und selbst wenn man die Nukleonen mit den Methoden der klassischen Mechanik behandeln könnte, könnte man das Mehrteilchenproblem der Kerne nicht exakt lösen. Man muß also nach vereinfachten Modellen suchen.

Das Zweikörpersystem läßt sich für einfache Kräfte nicht nur klassisch, sondern auch quantentheoretisch lösen. Die Theorie der Atomhülle hat deshalb ihren Ausgang von dem Zweikörpersystem des Wasserstoffes genommen. Es liegt daher nahe, die Untersuchung der Atomkerne mit dem Zweinukleonensystem zu beginnen. Die Situation ist allerdings hier weniger günstig als beim Wasserstoffatom, wo man die Kraft zwischen Proton und Elektron kannte und die Verwicklung durch den Spin zunächst fast keine Rolle spielte. Über die Kräfte zwischen den Nukleonen wissen wir noch zu wenig. Wir müssen umgekehrt einige plausible Ansätze ausprobieren und uns über ihre Brauchbarkeit an empirischen Befunden informieren. Auf diese Weise versuchen wir, uns über die Kernkräfte genauere Vorstellungen zu verschaffen.

§ 1. Die Kräfte zwischen Proton und Neutron.

Inhalt: Die Kräfte zwischen Proton und Neutron sollen ein Potential besitzen. Das Potential wird aus einem spinfreien zentralsymmetrischen Anteil, einem zentralsymmetrischen Anteil, der den Spin enthält, und aus einem nicht zentralsymmetrischen sogenannten Tensorpotential zusammengesetzt.

Aus der Feldtheorie der Elementarteilchen kann man Kräfte zwischen den Nukleonen ableiten, welche von der Wechselwirkung mit dem Mesonfeld her-

§ 1. Die Kräfte zwischen Proton und Neutron.

rühren. Geht man bis zur zweiten Näherung, so erhält man z. B. ein Wechselwirkungspotential der Form

$$V = -\frac{A}{r} e^{-\frac{r}{\varkappa}} \quad \text{bzw.} \quad \frac{3A}{r} e^{-\frac{r}{\varkappa}}. \qquad (II, 1)$$

A ist eine positive Größe. Diese Form der Wechselwirkungen ist aber unter sehr vereinfachenden Annahmen berechnet, höhere Näherungen sind vernachlässigt. Der Kernspin der Nukleonen ist gar nicht in Betracht gezogen. Trotz dieser Mängel können wir dieses Resultat der Feldtheorie verwerten. Die Emission eines virtuellen Mesons durch ein Nukleon und dessen Reabsorption durch ein anderes Nukleon bewirkt eine vom Abstand r der Nukleonen abhängige Wechselwirkungsenergie. Wie sie den Kernspin der Nukleonen enthalten kann, wäre allerdings noch zu untersuchen.

Wir wollen allgemeiner annehmen, daß die Wechselwirkung zwischen zwei Nukleonen ein Potential V besitzt, obwohl nicht einmal dies unbedingt sicher ist. Die Wechselwirkung soll also nicht von der Geschwindigkeit der Teilchen abhängen.

Der Spin der Nukleonen möge durch die beiden vektoriellen Spinoperatoren τ_1 und τ_2 bezeichnet werden. Da das Potential skalar ist, kann es nur skalare Ausdrücke aus τ_1 und τ_2 enthalten. Außer den Spinoperatoren steht als Vektorgröße zum Aufbau von V nur der Einheitsvektor r_0 zur Verfügung, der die beiden Nukleonen verbindet. Aus τ_1, τ_2 und r_0 lassen sich die beiden skalaren Ausdrücke

$$(\tau_1 \tau_2) \quad \text{und} \quad (\tau_1 r_0)(\tau_2 r_0)$$

bilden. Der Ausdruck

$$([\tau_1 \tau_2] r_0)$$

ist in τ_1 und τ_2 antisymmetrisch und pseudoskalar. Ausdrücke höheren Grades in τ_1 und τ_2 lassen sich nach den Regeln von S. 1106 auf lineare Ausdrücke zurückführen.

Mittelt man $(\tau_1 r_0)(\tau_2 r_0)$ über alle Richtungen von r_0, so ergibt sich $(\tau_1 \tau_2)/3$. Definieren wir den sogenannten „Tensoroperator"

$$T_{12} = 3 (\tau_1 r_0)(\tau_2 r_0) - (\tau_1 \tau_2), \qquad (II, 2)$$

der beim Mitteln über alle Richtungen verschwindet, so können wir die ziemlich allgemeine Potentialfunktion

$$V = V_z(r) + V_\tau(r)(\tau_1 \tau_2) + V_T(r) T_{12} \qquad (II, 3)$$

für die Wechselwirkung zweier Nukleonen aufstellen. $V_z(r)$, $V_\tau(r)$ und $V_T(r)$ sind 3 Funktionen des Abstandes r der Nukleonen. $V_z(r)$ ist das Potential einer reinen Zentralkraft. $V_\tau(r)(\tau_1 \tau_2)$ ist das Potential einer Zentralkraft, welche von der gegenseitigen Spinorientierung abhängt, während $V_T(r)(\tau_1 r_0)(\tau_2 r_0)$ kein zentralsymmetrisches Potential ist.

Da die Kernkräfte außerhalb des Atomkernes schnell abklingen, statt langsam wie die Coulombschen Kräfte zwischen Ladungen nach einem $1/r$-Gesetz abzunehmen, wird man den Funktionen $V_z(r)$, $V_\tau(r)$ und $V_T(r)$ nur eine begrenzte Reichweite zuschreiben oder sie nach einem Exponentialgesetz (z. B. II, 1) rasch abklingen lassen.

§ 2. Zustände des Zweinukleonensystems.

Inhalt: Die Zustände eines Zweinukleonensystems aus Proton und Neutron können durch die Quantenzahl I des Gesamtdrehimpulses, durch die Werte der Quantenzahl $S = 0$ oder $S = 1$ des Eigendrehimpulses der Nukleonen und die Parität (gerade oder ungerade) charakterisiert werden. Ohne Tensorpotential ist auch die Quantenzahl L des Bahndrehimpulses definiert, und die Zustände zerfallen in gerade S, D usw. und ungerade P, F usw. Zustände eines Triplett- und eines Singulettsystems.

Bezeichnungen: m Masse des Nukleons, μ reduzierte Masse, $\mathfrak{p}_1$, $\mathfrak{p}_2$ Impulsoperatoren der Nukleonen, $\mathfrak{r}$ relativer Ortsvektor der Nukleonen, $\mathfrak{r}_0$ zugehöriger Einheitsvektor, r Nukleonenabstand, $\mathfrak{p}$ relativer Impulsoperator, τ_1, τ_2 Spinmatrizen der Nukleonen, $\mathbb{H}$ Hamiltonoperator, $V_z(r)$ spinfreies Potential, $V_\tau(r)$ ($\tau_1 \tau_2$) spinabhängiges Zentralpotential, $V_T(r)$ ($\tau_1 \mathfrak{r}_0$) ($\tau_2 \mathfrak{r}_0$) Tensorpotential, $U(r)$ Potential ohne Tensoranteil, U_0 Tiefe, a Radius des Potentialloches, $E = -\varepsilon U_0$ Energieeigenwert, $E_0 = -\varepsilon_0 U_0$ Bindungsenergie des Deuterons, η s. (II, 27), $\mathfrak{J}$, $\mathfrak{S}$, $\mathfrak{L}$ Operatoren des Gesamtdrehimpulses, Spindrehimpulses, Bahndrehimpulses, I, S, L zugehörige Quantenzahlen, $\chi = w/r$ radiale Eigenfunktion, R Deuteronenradius (Abklingkonstante).

Setzt man die Massen von Proton und Neutron gleich, so erhält man den Hamiltonoperator

$$\mathbb{H} = \frac{\mathfrak{p}_1^2 + \mathfrak{p}_2^2}{2m} + V_z(r) + V_\tau(r)(\tau_1 \tau_2) + V_T(r)\,\mathbf{T}_{12} \qquad (II, 4)$$

des Zweinukleonensystems, wenn man das Potential (II, 3) verwendet. Man kann die Schwerpunktsbewegung abtrennen und Relativkoordinaten einführen, so daß sich der Hamiltonoperator auf

$$\mathbb{H} = \frac{\mathfrak{p}^2}{2\mu} + V_z(r) + V_\tau(r)(\tau_1 \tau_2) + V_T(r)\,\mathbf{T}_{12} \qquad (II, 5)$$

vereinfacht. μ ist die reduzierte (halbe) Masse eines Nukleons.

Wechselt man das Vorzeichen des relativen Ortsvektors, so hat dies keinen Einfluß auf $\mathbb{H}$. Die Eigenfunktionen können bei dieser Operation unverändert bleiben und heißen dann gerade, oder sie können das Vorzeichen wechseln und heißen ungerade. Die Zustände des Zweinukleonensystems sind also entweder gerade oder ungerade. Diese Symmetrieeigenschaft bezeichnet man als Parität.

Gegen eine Drehung des ganzen Systems im Raum ist der Hamiltonoperator als skalare Größe invariant. Die Winkelkoordinaten, welche die Drehung des ganzen Systems um den Koordinatenanfang angeben, kommen in $\mathbb{H}$ nicht vor. Der Operator $\mathfrak{J}$ des gesamten Drehimpulses ist deshalb mit der Energie vertauschbar und zeitlich konstant.

Das Quadrat des Drehimpulses hat die Eigenwerte (s. S. 999)

$$\overline{\mathfrak{J}^2} = \frac{h^2}{4\pi^2} I(I+1), \qquad (II, 6)$$

wenn I die ganzzahlige Quantenzahl des Kernspins ist.

Die Komponenten des Gesamtspins

$$\mathfrak{S} = \frac{h}{4\pi}(\tau_1 + \tau_2) \qquad (II, 7)$$

sind nicht mit dem Tensorpotential vertauschbar, so daß die Komponenten von $\mathfrak{S}$ nicht konstant sind. Der Operator

$$\mathfrak{S}^2 = \frac{h^2}{16\pi^2}\{\tau_1^2 + 2(\tau_1 \tau_2) + \tau_2^2\} = \frac{h^2}{8\pi^2}(3 + \tau_1 \tau_2) \qquad (II, 8)$$

ist mit $(\tau_1 \mathfrak{r}_0)(\tau_2 \mathfrak{r}_0)$ und $(\tau_1 \tau_2)$ vertauschbar, wie sich beim Nachrechnen aus (VII, 104) von S. 1106 ergibt. $\mathfrak{S}^2$ ist also mit dem Tensoroperator und dem

§ 2. Zustände des Zweinukleonensystems.

Hamiltonoperator vertauschbar. Seine Eigenwerte kommen deshalb den stationären Zuständen zu. $\mathfrak{S}^2$ besitzt den einfachen in $\mathfrak{r}_1$ und $\mathfrak{r}_2$ (nicht in den Nukleonen) antisymmetrischen Eigenwert 0 und den dreifachen, symmetrischen Eigenwert $2 \cdot \frac{h^2}{4\pi^2}$. Beide Eigenwerte

$$\widetilde{\mathfrak{S}^2} = \frac{h^2}{4\pi^2} S(S+1) \tag{II, 9}$$

von $\mathfrak{S}^2$ kann man mit der Spinquantenzahl S ausdrücken. Es gibt einen symmetrischen Triplettzustand mit der Spinquantenzahl $S = 1$ und einen antisymmetrischen Singulettzustand mit der Spinquantenzahl 0.

Der Operator $(\mathfrak{r}_1 \mathfrak{r}_2)$ nimmt für Triplettzustände den Wert 1, für Singulettzustände den Wert -3 an (s. hierzu S. 1137). Für jeden dieser Zustände können wir deshalb

$$V_z(r) + V_\tau(r)(\mathfrak{r}_1 \mathfrak{r}_2) = U(r) \tag{II, 10}$$

in ein kugelsymmetrisches Potential zusammenfassen. Der Hamiltonoperator nimmt hiermit die etwas einfachere Gestalt

$$\mathbb{H} = \frac{\mathfrak{p}^2}{2\mu} + U(r) + V_T(r) \mathbf{T}_{12} \tag{II, 11}$$

an.

Könnten wir das Tensorpotential vernachlässigen, so würde sich aus (II, 11) die Schrödingergleichung

$$\Delta \psi + \frac{8\pi^2 \mu}{h^2} \{E - U(r)\} \psi = 0 \tag{II, 12}$$

ergeben. Mit dem Ansatz

$$\psi = \chi(r) Y_M^L(\vartheta, \varphi) \tag{II, 13}$$

könnte man die Kugelfunktionen Y_M^L abtrennen, so daß für χ die Gleichung

$$\frac{1}{r^2} \frac{\partial}{\partial r} r^2 \frac{\partial \chi}{\partial r} - \frac{L(L+1)}{r^2} \chi + \frac{8\pi^2 \mu}{h^2} \{E - U(r)\} \chi = 0 \tag{II, 14}$$

verbliebe. Die Zustände wären dann durch eine Nebenquantenzahl L gekennzeichnet, zu der ein Bahndrehimpuls $\mathfrak{L}$ gehört, dessen Quadrat die Eigenwerte

$$\widetilde{L^2} = \frac{h}{4\pi^2} L(L+1) \tag{II, 15}$$

hat. Zu $L = 0, 1, 2, 3$ usw. gehören S, P, D, F usw. Zustände. Die Zustände sind gerade ($S, D\ldots$) bzw. ungerade ($P, F\ldots$), wenn L gerade oder ungerade ist.

In dieser Näherung (ohne Tensorpotential) setzt sich $\mathfrak{J}$ aus $\mathfrak{S}$ und $\mathfrak{L}$ vektoriell zusammen. Die Quantenzahl I stimmt bei Singuletttermen mit L überein und nimmt bei Triplettermen die Werte

$$I = L + 1; \quad I = L; \quad I = L - 1 \tag{II, 16}$$

an. Ist jedoch $L = 0$, so gibt es im Triplettsystem nur $I = 1$.

Bei Singuletttermen ist

$$\mathfrak{r}_1 = -\mathfrak{r}_2 \tag{II, 17}$$

und

$$(\mathfrak{r}_1 \mathfrak{r}_0)(\mathfrak{r}_2 \mathfrak{r}_0) = -(\mathfrak{r}_1 \mathfrak{r}_0)(\mathfrak{r}_1 \mathfrak{r}_0) = -1. \tag{II, 18}$$

Auch das Tensorpotential liefert für Singuletterme einen zentralsymmetrischen Beitrag, und $L = I$ ist nach wie vor eine definierte Quantenzahl. Für Tripletterme kann man dagegen die Zerlegung (II, 13) der Eigenfunktionen nicht mehr durchführen, weil die Kugelsymmetrie verlorengeht, wenn ein Tensorpotential mitwirkt. Die Quantenzahl L verliert ihre Bedeutung, je stärker das Tensorpotential beteiligt ist. Der Unterschied zwischen den S-Zuständen und D-Zuständen verwischt sich ebenso wie zwischen P- und F-Zuständen, doch bleiben die geraden Zustände noch von den ungeraden unterscheidbar.

§ 3. Das Deuteron.

Inhalt: Der Grundzustand des Deuterons ist bei Vernachlässigung des Tensorpotentials ein $^3S_1$-Zustand. Einen weiteren stabilen ^3S-Zustand gibt es nicht. Die Bindungsenergie beträgt nur etwa 10% der Lochtiefe. Die Bindung ist schwach. Der Deuteronenradius ist wesentlich größer als der Radius des Potentialloches.

Bezeichnungen: wie S. 1274.

Das Deuteron ist nur im Grundzustand bekannt. In ihm sind ein Proton und ein Neutron mit der Energie von $-E_0 = 2{,}226$ MeVolt gebunden. Seine Kernspinquantenzahl ist $I = 1$, sein magnetisches Moment beträgt 0,857384 Kernmagnetonen, sein Quadrupolmoment $0{,}00273 \cdot 10^{-24}$ cm².

Wenn der Grundzustand des Deuterons ein Singulettzustand wäre, wäre die Spinquantenzahl $S = 0$, und I müßte mit der Quantenzahl L übereinstimmen. Das Deuteron müßte sich dann in einem ^1P-Zustand also in einem ungeraden Zustand befinden. Gehört der Grundzustand hingegen dem Triplettsystem an, so ist $S = 1$, und es kämen die geraden Zustände $^3S_1$ und $^3D_1$ und der ungerade Zustand $^3P_1$ in Betracht. Das Tensorpotential verwischt den Unterschied von $^3S_1$ und $^3D_1$ um so mehr, je wirksamer es ist.

Es ist wenig wahrscheinlich, daß der tiefste Zustand des Deuterons ein ungerader Zustand ist. Eine ungerade Eigenfunktion hat eine Knotenfläche durch den Schwerpunkt, und es sollte dann eine gerade Eigenfunktion ohne diesen Knoten geben, deren Energie tiefer liegt. Wir könnten also davon ausgehen, daß der Grundzustand des Deuterons der Zustand $^3S_1$ wäre, wenn es kein Tensorpotential gäbe. Das Tensorpotential bewirkt, daß der Grundzustand eine Mischung eines $^3S_1$ und eines $^3D_1$-Zustandes ist. Im $^3S_1$-Zustand der ersten Näherung ist die Verteilung kugelsymmetrisch, in zweiter Näherung bringt die Beimischung des $^3D_1$-Zustandes das kleine Quadrupolmoment hervor.

Wir sehen nun zuerst vom Tensorpotential ab und können die radiale Eigenfunktion $\chi(r)$ aus Gleichung (II, 14) bestimmen, in der wir $L = 0$ setzen, d. h. uns auf S-Zustände beschränken. Mit

$$\chi(r) = \frac{1}{r} w(r) \qquad (II, 19)$$

geht (II, 14) in

$$\frac{d^2 w}{dr^2} + \frac{8\pi^2 \mu}{h^2} \{E - U(r)\} w = 0 \qquad (II, 20)$$

über. Der Verlauf von $w(r)$ bzw. $\chi(r)$ hängt vom Verlauf der nicht genau bekannten Potentialfunktion $U(r)$ ab.

Wir versuchen nun $U(r)$ durch einfache Funktionen zu approximieren. Charakteristisch ist, daß sich $U(r)$ für größere r schnell dem Wert 0 nähert, dagegen für kleine r tiefe negative Werte annimmt. Die Potentialfunktion hat in der Umgebung von $r = 0$ ein tiefes Loch. Als einfachste Annäherung bietet sich das Rechteckpotential

$$\begin{aligned} U(r) &= -U_0 \quad \text{für} \quad r < a \\ U(r) &= 0 \quad \text{für} \quad r > a \end{aligned} \qquad (II, 21)$$

an, indem wir $U(r)$ einfach durch seinen Mittelwert im Loch ersetzen. Als Lochradius a werden wir im Hinblick auf die Angaben von S. 1270 etwa $2 \cdot 10^{-13}$ cm

§ 3. Das Deuteron.

erwarten. Eine vielleicht bessere Beschreibung ist das Parabelpotential

$$U = -U_0 + \frac{\varkappa r^2}{2} \quad \text{für} \quad r < \sqrt{\frac{2U_0}{\varkappa}},$$
$$U = 0 \quad \text{für} \quad r > \sqrt{\frac{2U_0}{\varkappa}}. \tag{II, 22}$$

Die Unstetigkeit am Rande des Loches kann man durch die Ansätze

$$U(r) = -U_0 e^{-\frac{r}{\varkappa}} \tag{II, 23}$$

oder

$$U(r) = -U_0 e^{-\frac{r^2}{\varkappa^2}} \tag{II, 24}$$

vermeiden. Das Yukawapotential

$$U(r) = -\frac{\varkappa}{r} U_0 e^{-\frac{r}{\varkappa}} \tag{II, 25}$$

hat den Vorteil, sich aus der Mesontheorie der Kernkräfte zu ergeben.

Wollen wir der Einfachheit halber das Rechteckpotential (II, 21) verwenden, so führen wir zweckmäßig zwei Größen ε und η mit

$$E = -\varepsilon U_0, \tag{II, 26}$$

$$\eta = \frac{2\pi a}{h} \sqrt{2\mu U_0} \tag{II, 27}$$

zur Abkürzung ein und erhalten für $r < a$

$$\frac{d^2 w}{dr^2} + \frac{\eta^2}{a^2}(1-\varepsilon) w = 0. \tag{II, 28}$$

Von der allgemeinen Lösung

$$w = A \cos\left(\frac{\eta}{a} r \sqrt{1-\varepsilon}\right) + B \sin\left(\frac{\eta}{a} r \sqrt{1-\varepsilon}\right) \tag{II, 29}$$

ist nur der Anteil

$$w = B \sin\frac{\eta}{a} r \sqrt{1-\varepsilon} \tag{II, 30}$$

brauchbar, weil die Eigenfunktion $\chi = w/r$ an der Stelle $r = 0$ regulär sein muß. Für $r > a$ gilt statt (II, 28)

$$\frac{d^2 w}{dr^2} - \frac{\varepsilon \eta^2}{a^2} w = 0. \tag{II, 31}$$

Von ihrer allgemeinen Lösung kommt nur der Anteil

$$w = C e^{-\frac{\eta}{a} r \sqrt{\varepsilon}} \tag{II, 32}$$

in Betracht, der für große r verschwindet. Der stetige Anschluß von w und seiner Ableitung an der Stelle $r = a$ verlangt

$$\eta \sqrt{1-\varepsilon} = \operatorname{arctg}\left(-\sqrt{\frac{1-\varepsilon}{\varepsilon}}\right) \tag{II, 33}$$

und
$$B = \frac{C e^{-\eta \sqrt{\varepsilon}}}{\sin(\eta \sqrt{1-\varepsilon})}. \tag{II, 34}$$

Die Eigenwerte ε können aus (II, 33) bestimmt werden.

Durchläuft ε die Werte von 1 bis 0, so steigt die linke Seite von (II, 33) monoton von 0 bis η, während die rechte Seite monoton von $n\pi$ bis $(n - \frac{1}{2})\pi$ fällt. n kann dabei jede ganze positive Zahl sein. Ist $\eta < \frac{\pi}{2}$, so kann (II, 33) durch positive ε nicht erfüllt werden. Liegt η zwischen $\pi/2$ und $3\pi/2$, so gibt es nur einen Eigenwert ε_0. Allgemein finden wir n verschiedene Eigenwerte ε_0 bis ε_{n-1}, wenn

$$\left(n - \frac{1}{2}\right)\pi < \eta < \left(n + \frac{1}{2}\right)\pi \tag{II, 35}$$

ist. Damit es also überhaupt einen stabilen Zustand des Deuterons gibt, muß nach (II, 27)

$$a^2 U_0 > \frac{h^2}{32\mu} = 1{,}02 \cdot 10^{-24} \text{ MeV cm}^2 \tag{II, 36}$$

sein. Soll es n stabile S-Zustände geben, so muß

$$a^2 U_0 > \frac{h^2(2n-1)^2}{32\mu} = (2n-1)^2 \, 1{,}02 \cdot 10^{-24} \text{ MeV cm}^2 \tag{II, 37}$$

gelten.

Gibt es außer dem Grundzustand keinen stabilen S-Zustand mehr, so kann ε_0 zwischen 0 und 0,7 liegen. Da die Bindungsenergie des Deuterons 2,226 MeV beträgt, müßte demnach U_0 größer als 3,18 MeV sein. Gibt es dagegen zwei stabile $^3S_1$-Zustände, so liegt ε_0 zwischen 0,7 und 0,87 und U_0 zwischen 2,56 MeV und 3,18 MeV. Bei drei stabilen $^3S_1$-Zuständen gälte $0{,}87 < \varepsilon_0 < 0{,}93$ und $2{,}39 \text{ MeV} < U_0 < 2{,}56 \text{ MeV}$.

Mit (II, 36, 37) können wir die Tiefe des Potentialloches abschätzen. Gäbe es zwei stabile ^3S-Terme, so müßte $a > 1{,}7 \cdot 10^{-12}$ cm sein, was ausgeschlossen erscheint. Wir nehmen daher an, daß nur ein stabiler $^3S_1$-Term existiert, daß $\varepsilon_0 < 0{,}7$ und daß $U_0 > 3{,}18$ MeV ist. Setzt man für a den plausiblen Wert von $2{,}5 \cdot 10^{-13}$ an, so errechnet man $U_0 = 26$ MeV und $\varepsilon_0 = 0{,}087$.

Nach außen klingt die Eigenfunktion (II, 32) wie $e^{-\frac{r}{R}}$ ab. Die Abklingkonstante

$$R = \frac{a}{\eta \sqrt{\varepsilon_0}} = \frac{h}{2\pi \sqrt{2\mu |E_0|}} = 4{,}31 \cdot 10^{-13} \text{ cm} \tag{II, 38}$$

ist ein besseres Maß für die Ausdehnung des Deuterons als der Radius a des Potentialloches. Das Deuteron quillt erheblich aus dem Loch heraus.

Diese Überlegungen haben natürlich nur den Wert von Abschätzungen, weil wir nichts Genaues über die Form des Potentialloches wissen. Immerhin kommen wir zu zwei wichtigen und sicher richtigen Vorstellungen.

1. Der Grundzustand des Deuterons ist bei Vernachlässigung des Tensorpotentials ein ^3S-Zustand. Einen anderen stabilen $^3S_1$-Zustand gibt es nicht.

2. Die Bindungsenergie beträgt nur etwa 10% der Lochtiefe. Die Bindung ist in diesem Sinne schwach.

*§ 4. Streuung langsamer Neutronen an Protonen.

Inhalt: Die Beobachtung der Streuung langsamer Neutronen an Protonen läßt erkennen, daß der Querschnitt für Singulettstreuung viel größer als für Triplettstreuung ist. Aus der Streuung an Parawasserstoff ergibt sich, daß es keinen stabilen ^1S-Term des Deuterons gibt.

Bezeichnungen: λ Wellenlänge der Neutronen, μ reduzierte Masse, $d\sigma$ differentieller, σ_0 totaler Streuquerschnitt, R_s Streulänge, ^1R_s, ^3R_s Streulänge für Singulett- bzw. Triplettstreuung, $\varepsilon = E/U_0$, a Radius des Potentialloches, R Deuteronenradius, τ_n Paulische Spinmatrizen des Neutrons, τ_I, τ_{II} Spinmatrizen des Protons I bzw. II, sonst wie S. 1274.

Der Grundzustand des Deuterons gehört zu einem negativen Eigenwert des Systems Proton–Neutron. Zustände positiver Energie können wir bei der Streuung von Neutronen an Protonen untersuchen.

Der Streuprozeß setzt sich zusammen aus einer einfallenden, ebenen Neutronenwelle

$$\psi_e = e^{\frac{2\pi i z}{\lambda}} = e^{\frac{2\pi i r}{\lambda}\cos\vartheta} \qquad (II, 39)$$

der Wellenlänge λ und aus einer gestreuten Kugelwelle, deren Amplitude in großer Entfernung noch vom Winkel ϑ der Streurichtung gegen die z-Achse abhängen kann. Fern vom Streuer (Proton) muß die Amplitude der Streuwelle mit $1/r$ abnehmen, damit der radiale Neutronenfluß von r unabhängig wird. In genügend großer Entfernung muß sich also die Eigenfunktion ψ asymptotisch dem Verlauf

$$\psi_\infty = e^{\frac{2\pi i r}{\lambda}\cos\vartheta} + \frac{1}{r}f(\vartheta)e^{\frac{2\pi i r}{\lambda}} \qquad (II, 40)$$

nähern.

In den Raumwinkel $d\omega$ schickt die Streuwelle den Neutronenfluß

$$\frac{h}{\lambda\mu}|f(\vartheta)|^2 d\omega. \qquad (II, 41)$$

Sein Verhältnis

$$d\sigma = |f(\vartheta)|^2 d\omega \qquad (II, 42)$$

zur Dichte $h/\lambda\mu$ des einfallenden Neutronenstromes nennt man den differentiellen Streuquerschnitt.

Die Eigenfunktion ψ muß im ganzen Raum die Entwicklung

$$\psi = \sum^l \psi_l(r) Y_0^l(\vartheta) \qquad (II, 43)$$

nach Kugelfunktionen zulassen, wenn wir die Rotationssymmetrie um die z-Achse beachten. Wir finden die Koeffizienten

$$\psi_l(r) = 2\pi \int_0^\pi \psi Y_0^l(\vartheta) \sin\vartheta\, d\vartheta. \qquad (II, 44)$$

Für große r ergibt sich daraus mit (II, 40)

$$\psi_l(r \to \infty) = 2\pi \int_0^\pi \left(e^{\frac{2\pi i r}{\lambda}\cos\vartheta} + \frac{f(\vartheta)}{r}e^{\frac{2\pi i r}{\lambda}}\right) Y_0^l(\vartheta)\sin\vartheta\, d\vartheta. \qquad (II, 45)$$

Ist die Energie der einfallenden Neutronen so klein, daß die Neutronenwellenlänge groß gegen die Dimensionen des Potentialloches ist, so können wir uns auf die Streuung in einen S-Zustand ($l = 0$) beschränken und erhalten für große r

$$\psi_0(r \to \infty) = \frac{\lambda\sqrt{\pi}}{2\pi i r}\left(e^{\frac{2\pi i r}{\lambda}} - e^{-\frac{2\pi i r}{\lambda}}\right) + \frac{2\bar{f}\sqrt{\pi}}{r}e^{\frac{2\pi i r}{\lambda}}, \qquad (\text{II}, 46)$$

indem wir $Y_0^0 = 1/\sqrt{4\pi}$ setzen. $\bar{f}$ ist der Mittelwert von $f(\vartheta)$.
Andererseits muß $\psi_0(r)$ der Gleichung

$$\Delta\psi_0 + \frac{8\pi^2\mu}{h^2}(E + U_0)\psi_0 = 0 \qquad (\text{II}, 47)$$

im Potentialloch und

$$\Delta\psi + \frac{8\pi^2\mu}{h^2}E\psi_0 = 0 \qquad (\text{II}, 48)$$

außerhalb genügen.
Der allgemeinen Lösung von (II, 48) können wir die Form

$$\psi_0 = \frac{C}{r}\left\{e^{\frac{2\pi i}{h}r\sqrt{2\mu E} + i\delta} - e^{-\frac{2\pi i}{h}r\sqrt{2\mu E} - i\delta}\right\} \qquad (\text{II}, 49)$$

geben. Damit sie für große r in (II, 46) übergeht, muß

$$\lambda^2 = \frac{h^2}{2\mu E}, \qquad (\text{II}, 50)$$

$$C e^{-i\delta} = \frac{\lambda\sqrt{\pi}}{2\pi i}, \qquad (\text{II}, 51)$$

$$C e^{i\delta} = \sqrt{\pi}\left(2\bar{f} + \frac{\lambda}{2\pi i}\right) \qquad (\text{II}, 52)$$

gelten. Hieraus folgt

$$\bar{f} = \frac{\lambda e^{i\delta}\sin\delta}{2\pi}. \qquad (\text{II}, 53)$$

Mit (II, 50 bis 52) geht (II, 49) in

$$\psi_0 = \frac{\lambda}{r\sqrt{\pi}}e^{i\delta}\sin\left(\frac{2\pi r}{\lambda} + \delta\right) \qquad (\text{II}, 54)$$

über.
Die Gleichung (II, 47) liefert die an der Stelle $r = 0$ endliche Lösung

$$\psi_0 = \frac{B}{r}\sin\frac{\eta}{a}r\sqrt{1+\varepsilon}, \qquad (\text{II}, 55)$$

wenn η nach (II, 27)

$$\eta = \frac{2\pi a}{h}\sqrt{2\mu U_0} \qquad (\text{II}, 56)$$

und

$$\varepsilon = \frac{E}{U_0} \qquad (\text{II}, 57)$$

bedeutet. An der Stelle $r = a$ muß ψ_0 und seine Ableitung stetig sein. Daraus folgt

$$\text{tg}\left(\frac{2\pi a}{\lambda} + \delta\right) = \frac{2\pi a}{\lambda\eta\sqrt{1+\varepsilon}}\text{tg}\,\eta\sqrt{1+\varepsilon}. \qquad (\text{II}, 58)$$

Aus (II, 56, 57) und (II, 50) ergibt sich

$$\frac{2\pi a}{\lambda} = \eta\sqrt{\varepsilon}, \qquad (\text{II}, 59)$$

*§ 4. Streuung langsamer Neutronen an Protonen.

so daß wir zwischen ε und δ die Beziehung

$$\operatorname{tg}(\eta\sqrt{\varepsilon}+\delta)=\sqrt{\frac{\varepsilon}{1+\varepsilon}}\operatorname{tg}(\eta\sqrt{1+\varepsilon}) \qquad (II, 60)$$

erhalten. Sind die Neutronen sehr langsam, so ist $\varepsilon \ll 1$. Dann finden wir näherungsweise

$$\operatorname{tg}\delta = \sin\delta = \sqrt{\varepsilon}\,(\operatorname{tg}\eta - \eta) \qquad (II, 61)$$

und

$$\bar{f} = \frac{\lambda e^{i\delta}\sin\delta}{2\pi} \approx \frac{\lambda\sin\delta}{2\pi} = \frac{a(\operatorname{tg}\eta - \eta)}{\eta} = -R_s. \qquad (II, 62)$$

Aus (II, 33) entnimmt man $-\operatorname{tg}\eta = \frac{1}{\sqrt{\varepsilon_0}}$ in grober Näherung. $\bar{f}$ ist für langsame Neutronen reell und negativ und hat die Dimension einer Länge. R_s kann man als Streuradius bezeichnen. Wenn wir nun noch a mit (II, 38) durch den experimentell meßbaren „Deuteronenradius" R ausdrücken, so erhalten wir

$$R_s = a\left(1 - \frac{\operatorname{tg}\eta}{\eta}\right) \qquad (II, 63)$$
$$\approx a + R.$$

Nun bekommen wir den totalen Streuquerschnitt

$$\sigma_0 = 4\pi|\bar{f}|^2 = 4\pi R_s^2, \qquad (II, 64)$$

indem wir (II, 42) über alle Winkel integrieren. Vernachlässigen wir a gegen R, so erhalten wir als Abschätzung für den Streuquerschnitt $\sigma_0 = 2{,}33 \cdot 10^{-24}\,\text{cm}^2$, während der gemessene Wert $q_0 = (20{,}36 \pm 10)\,10^{-24}\,\text{cm}^2$ fast um eine Größenordnung höher liegt. Da a nicht größer als R sein kann, kann man theoretisch höchstens auf $\sigma_0 = 9{,}32 \cdot 10^{-24}\,\text{cm}^2$ gelangen.

Nun ist allerdings der Rechteckansatz für den Potentialverlauf sehr roh. Eine genauere Berechnung liefert für den Streuradius die Formel

$$R_s = \frac{R}{1 - \frac{r_0}{2R}}, \qquad (II, 65)$$

in der die Korrektion r_0 nicht größer als R sein kann, so daß die Diskrepanz zwischen dem theoretischen und experimentellen Wert bestehen bleibt.

Der Widerspruch läßt sich auf folgende Weise aufklären. Bei der Streuung von Neutronen an Protonen kann sich das System beider Teilchen in einem Triplettzustand oder in einem Singulettzustand befinden. Triplettzustände sind dreimal häufiger als Singulettzustände. Da der Grundzustand des Deuterons ein Triplettzustand ist, darf man das Potential des Deuterons zwar für die Triplettstreuung, nicht aber für die Singulettstreuung in Rechnung setzen.

Die Spinwechselwirkung $(\tau_1\tau_2)$ hat im Triplettfall den Wert 1, im Singulettfall den Wert -3. Wenn also das Glied

$$V_\tau(r)\,(\tau_1\tau_2)$$

mitwirkt, ist für die Singulettstreuung ein anderer Potentialverlauf wirksam als beim Deuteron. Die Ortsfunktion $V_\tau(r)$ selbst muß das negative Vorzeichen haben, so daß die Triplettterme tiefer als die Singulettterme liegen, weil der Grundzustand des Deuterons ein Triplettterm ist.

Man kann nun den empirischen Streuquerschnitt

$$\sigma_0 = 4\pi \left(\frac{3}{4} \,{}^3R_S^2 + \frac{1}{4} \,{}^1R_S^2 \right) \tag{II, 66}$$

aus den Anteilen der Triplett- und Singulettstreuung zusammensetzen. Aus (II, 66) und der Abschätzung für den Triplettanteil nach (II, 64) ergibt sich für die Singulettstreuung ein Querschnitt ${}^1\sigma_0$ zwischen $53{,}6 \cdot 10^{-24}$ cm² und $74{,}6 \cdot 10^{-24}$ cm². Für die Streuradien erhält man die Abschätzung

$$\begin{aligned} 4{,}31 \cdot 10^{-13}\,\text{cm} &< |{}^3R_s| < 8{,}62 \cdot 10^{-13}\,\text{cm}, \\ 2{,}06 \cdot 10^{-12}\,\text{cm} &< |{}^1R_s| < 2{,}44 \cdot 10^{-12}\,\text{cm}. \end{aligned} \tag{II, 67}$$

Aus dem Streuradius ${}^1R_s$ findet man nach (II, 62) eine Beziehung zwischen dem Radius a des Potentialloches und dem Wert η für Singulettzustände. Es ist aber kein stabiler Singulettzustand des Deuterons bekannt, ja wir wissen nicht einmal, ob es überhaupt solche Zustände gibt, und deshalb lassen sich aus dem Betrag des Streuradius der Singulettstreuung allein noch keine Schlüsse auf den Potentialverlauf ziehen.

Wenn ein stabiler Zustand besteht, muß $\eta > \frac{\pi}{2}$ sein und $\bar{f}$ erhält nach (II, 62) einen negativen, R_s einen positiven Wert. Ist dagegen $\eta < \frac{\pi}{2}$, so gibt es keinen stabilen Zustand, $\bar{f}$ ist positiv und R_s negativ. Wenn im Singulettzustand gar Abstoßung statt Anziehung einträte, also U_0 durch $-U_0$ ersetzt werden müßte, müßte man η durch $i\eta'$ ersetzen, und (II, 62) ginge in

$$\bar{f} = \frac{a}{\eta'} (\mathfrak{Tg}\,\eta' - \eta') = -R_s \tag{II, 68}$$

über. Da $\mathfrak{Tg}\,\eta'$ stets größer als η' ist, ist R_s negativ. In jedem Fall ist der Streuradius also negativ, wenn es keinen stabilen Zustand gibt.

Das Vorzeichen von ${}^1R_s$ kann experimentell ermittelt werden, wenn man die Streuung sehr langsamer Neutronen an Wasserstoffmolekülen untersucht. Ist die Wellenlänge der Neutronenwelle groß gegen den Abstand der Protonen im Molekül, so interferieren die Streuwellen der beiden Protonen. Bei dieser kohärenten Streuung an zwei Protonen addieren sich nicht die Streuquerschnitte, sondern die Phasenverschiebungen δ, d. h. die Streuradien.

Bezeichnet τ_n den Spin des Neutrons, τ_I den Spin eines Protons, so ist

$$\frac{1}{4}(1 - \tau_n \tau_I)$$

gleich Eins, wenn Neutron und Proton einen Singulettzustand, Null wenn sie einen Triplettzustand bilden. Umgekehrt ist

$$\frac{1}{4}(3 + \tau_n \tau_I)$$

gleich Null für einen Singulettzustand und Eins für einen Triplettzustand. Die wirksame Streulänge ist also

$$\frac{1}{4}\,{}^1R_s(1 - \tau_n \tau_I) + \frac{1}{4}\,{}^3R_s(3 + \tau_n \tau_I). \tag{II, 69}$$

*§ 5. Magnetisches Moment und Quadrupolmoment des Deuterons.

Für das zweite Proton kommt ein entsprechender Ausdruck hinzu, und wir erhalten die Streulänge für das Molekül

$$R_s = \frac{1}{2} {}^1R_s \left\{1 - \left(\tau_n \frac{\tau_I + \tau_{II}}{2}\right)\right\} + \frac{1}{2} {}^3R_s \left\{3 + \left(\tau_n \frac{\tau_I + \tau_{II}}{2}\right)\right\}$$
$$= \frac{1}{2}({}^1R_s + 3\,{}^3R_s) + \frac{1}{2}({}^3R_s - {}^1R_s)\left(\tau_n \frac{\tau_I + \tau_{II}}{2}\right).$$
(II, 70)

Bei Molekülen des Parawasserstoffes, der bei tiefen Temperaturen isolierbar ist, ist $\tau_I = -\tau_{II}$. Man erhält also die Streulänge

$$R_s = \frac{1}{2}({}^1R_s + 3\,{}^3R_s)$$
(II, 71)

der kohärenten Streuung an Parawasserstoff. Bei der Bildung des Streuquerschnittes ist noch zu beachten, daß sich die reduzierte Masse verändert, wenn ein Wasserstoffmolekül an die Stelle eines Wasserstoffatoms tritt. Dies führt zu dem Streuquerschnitt

$$\sigma_{\text{para}} = \frac{16}{9} 4\pi R_s^2 = \frac{16\pi}{9}({}^1R_s + 3\,{}^3R_s)^2.$$
(II, 72)

Die Werte für $|{}^1R_s|$ und $|{}^3R_s|$ konnten wir innerhalb gewisser Grenzen festlegen (s. II, 67). Das Vorzeichen von ${}^1R_s$ blieb jedoch offen. Gibt es einen stabilen Singulettzustand, so ist ${}^1R_s$ positiv und wir errechnen einen Streuquerschnitt

$$77 \cdot 10^{-24}\,\text{cm}^2 < \sigma_{\text{para}} < 118 \cdot 10^{-24}\,\text{cm}^2$$
(II, 73)

für Parawasserstoff.

Gibt es keinen stabilen Singulettzustand des Deuterons, so erhalten wir den Streuquerschnitt

$$1{,}5 \cdot 10^{-24}\,\text{cm}^2 < \sigma_{\text{para}} < 7{,}4 \cdot 10^{-24}\,\text{cm}^2.$$
(II, 74)

Der beobachtete Streuquerschnitt beträgt $3{,}9 \cdot 10^{-24}\,\text{cm}^2$. Das System Neutron-Proton kann also keinen stabilen Singulettzustand besitzen. ${}^1R_s$ ist negativ. Die wahrscheinlichsten Werte für ${}^3R_s$ und ${}^1R_s$ sind

$$^3R_S = 5{,}38 \cdot 10^{-13}\,\text{cm}; \quad {}^1R_S = -2{,}37 \cdot 10^{-12}\,\text{cm}.$$
(II, 75)

*§ 5. Magnetisches Moment und Quadrupolmoment des Deuterons.

Inhalt: Zusammensetzung des magnetischen Momentes aus den Spinmomenten des Protons und Neutrons. Wirkung des Tensorpotentials und der Beimischung des ${}^3D_1$-Terms zum Grundterm. Quadrupolmoment als Beweis für Tensorpotentiale.

Bezeichnungen: Indizes n und p für Proton und Neutron, μ_0 Permeabilität des Vakuums, m_p Protonenmasse, $\mathfrak{S}, \mathfrak{S}_p, \mathfrak{S}_n$ Spinoperatoren, g_p, g_n, g_D Landéfaktoren, $\mathfrak{M}$ Operator des magnetischen Momentes, $\mathfrak{M}_\Xi, \mathfrak{M}_\Omega$ seine Bestandteile, $\mathfrak{J}$ Operator des Gesamtdrehimpulses, I, S, L Quantenzahlen zu $\mathfrak{J}, \mathfrak{S}, \mathfrak{L}, \mathfrak{M}_\mathfrak{J}$ Komponente des Momentes in Richtung von $\mathfrak{J}$, Q_{zz} Quadrupolmoment, $Y^L_{M_L}$ Kugelfunktionen, $U^S_{M_S}$ Spineigenfunktionen. $C_{LS}(I, M, M_L, M_S)$ Clebsch-Gordon-Koeffizienten, Eigenwerte und Erwartungswerte mit $\sim$ überstrichen.

Zum magnetischen Moment des Deuterons tragen die Eigenmomente des Protons und Neutrons und das Bahnmoment des Protons um den Schwerpunkt bei. Wir berücksichtigen zuerst die Bildung des gemeinsamen Spins (Eigenmomentes)

$$\mathfrak{S} = \mathfrak{S}_p + \mathfrak{S}_n$$
(II, 76)

aus dem Protonenspin und Neutronenspin, weil die Zustände des Zweinukleonensystems Singulett- oder Triplettzustände sind. Die Summe der magnetischen Eigenmomente kann man in die Form

$$\frac{e\,\mu_0}{2m_p}(g_p\,\mathfrak{S}_p + g_n\,\mathfrak{S}_n) = \frac{e\,\mu_0}{4m_p}\{(g_p + g_n)\,\mathfrak{S} + (g_p - g_n)(\mathfrak{S}_p - \mathfrak{S}_n)\} \quad \text{(II, 77)}$$

bringen. Von diesem Moment brauchen wir nur die Komponente $\mathfrak{M}_\mathfrak{S}$ in Richtung von $\mathfrak{S}$, welche zugleich ihr Erwartungswert in einem durch die Spinquantenzahl S gekennzeichneten Zustand ist. Wegen

$$(\mathfrak{S}\{\mathfrak{S}_p - \mathfrak{S}_n\}) = \mathfrak{S}_p^2 - \mathfrak{S}_n^2 = 0 \quad \text{(II, 78)}$$

erhalten wir einfach

$$\mathfrak{M}_\mathfrak{S} = \frac{e\,\mu_0}{4m_p}(g_p + g_n)\,\mathfrak{S}. \quad \text{(II, 79)}$$

Nun müssen wir das Bahnmoment

$$\mathfrak{M}_\mathfrak{L} = \frac{e\,\mu_0}{2m_p}\,\frac{1}{2}\,\mathfrak{L} \quad \text{(II, 80)}$$

hinzufügen. Der g-Faktor des Bahnmomentes beträgt $\tfrac{1}{2}$, weil zum Drehimpuls um den Schwerpunkt das Proton und das Neutron in gleichem Maße beitragen, zum magnetischen Moment aber nur das geladene Proton. Wir erhalten nun den Operator des gesamten magnetischen Moments

$$\mathfrak{M} = \frac{e\,\mu_0}{4m_p}\{(g_p + g_n)\,\mathfrak{S} + \mathfrak{L}\}. \quad \text{(II, 81)}$$

In nächster Näherung müssen wir $\mathfrak{L}$ und $\mathfrak{S}$ zum Gesamtdrehimpuls (Kernspin) des Deuterons

$$\mathfrak{J} = \mathfrak{S} + \mathfrak{L} \quad \text{(II, 82)}$$

zusammensetzen. Wir bilden nun die Erwartungswerte (Eigenwerte)

$$\overline{\mathfrak{J}^2} = \frac{h^2}{4\pi^2}I(I+1), \quad \text{(II, 83)}$$

$$(\overline{\mathfrak{S}\mathfrak{J}}) = \frac{1}{2}(\overline{\mathfrak{J}^2} + \overline{\mathfrak{S}^2} - \overline{\mathfrak{L}^2}) = \frac{h^2}{8\pi^2}\{I(I+1) + S(S+1) - L(L+1)\}, \quad \text{(II, 84)}$$

$$(\overline{\mathfrak{L}\mathfrak{J}}) = \frac{1}{2}(\overline{\mathfrak{J}^2} - \overline{\mathfrak{S}^2} + \overline{\mathfrak{L}^2}) = \frac{h^2}{8\pi^2}\{I(I+1) - S(S+1) + L(L+1)\} \quad \text{(II, 85)}$$

für den durch die Quantenzahlen $I = 1$, $S = 1$ gekennzeichneten Grundzustand des Deuterons, wobei wir den Wert von L noch offenlassen. Dann finden wir die Komponente

$$\mathfrak{M}_\mathfrak{J} = \mathfrak{J}\,\frac{(\overline{\mathfrak{J}\mathfrak{M}})}{\overline{\mathfrak{J}^2}} = \mathfrak{J}\,\frac{e\,\mu_0}{4m_p}\left\{g_p + g_n - (g_p + g_n - 1)\frac{L(L+1)}{4}\right\} \quad \text{(II, 86)}$$

des Momentes in der Richtung von $\mathfrak{J}$, welche das mit dem Kernspin $\mathfrak{J}$ verbundene Moment ist. Was als magnetisches Moment gemessen wird, ist die Komponente von (II, 86) in Richtung eines äußeren Feldes, welche den Wert (Erwartungswert)

$$\overline{\mathfrak{M}}_z = \frac{h\,e\,\mu_0}{4\pi\,m_p}\left\{\frac{g_p + g_n}{2} - (g_p + g_n - 1)\frac{L(L+1)}{8}\right\} \quad \text{(II, 87)}$$

annimmt, wenn wir für $\mathfrak{J}_z$ den Eigenwert $h/2\pi$ einsetzen.

*§ 5. Magnetisches Moment und Quadrupolmoment des Deuterons.

In einem $^3S_1$-Zustand ist $L = 0$, und das Moment des Deuterons müßte

$$g_D = \frac{g_p + g_n}{2} = 0{,}8799 \qquad (II, 88)$$

Kernmagnetonen betragen. Der gemessene Wert von $g_D = 0{,}8574$ Kernmagnetonen bleibt nur um etwa 2,5% hinter diesem Wert zurück. Für den $^3D_1$-Zustand würde man den viel zu kleinen Wert von $g_D \approx 0{,}3101$ Kernmagnetonen erwarten.

Betrachtet man den Grundzustand als eine Linearkombination des $^3S_1$- und $^3D_1$-Zustandes, so kann man den Prozentsatz p_D des $^3D_1$-Zustandes aus

$$0{,}8574 = 0{,}8799(1 - p_D) + 0{,}3101\, p_D \qquad (II, 89)$$

berechnen und erhält $p_D = 0{,}04$. Diese Abschätzung darf allerdings nicht überschätzt werden, da ein geringfügiger Einfluß von einigen Prozenten auch andere Ursachen haben könnte, z. B. relativistische Effekte.

Eine Beimischung des $^3D_1$-Zustandes zum $^3S_1$-Zustand weist darauf hin, daß die Kräfte zwischen Neutron und Proton nicht zentralsymmetrisch sind, da bei Zentralkräften eine völlige Trennung der Zustände verschiedener Nebenquantenzahl eintreten müßte. Aus der Größe des magnetischen Momentes gewinnt man also einen Hinweis auf die Mitwirkung des Tensorpotentials.

Einen weitern Hinweis auf das Tensorpotential können wir dem Quadrupolmoment des Deuterons entnehmen.

In einem Zustand, der durch die Quantenzahlen $I = 1$ und $M = 1$ gekennzeichnet ist, besteht Rotationssymmetrie um die z-Achse. Wir können dann die Tensorkomponenten

$$Q'_{xx} = \frac{e}{4}\int \psi^* x^2\, \psi\, dV = \frac{e}{4}\int \psi^* y^2\, \psi\, dV = Q'_{yy},$$

$$Q'_{zz} = \frac{e}{4}\int \psi^* z^2\, \psi\, dV \qquad (II, 90)$$

bilden. Die gemischten Komponenten verschwinden. Der Faktor $\tfrac{1}{4}$ rührt daher, daß nur das Proton zu den elektrischen Momenten beiträgt, nicht aber das Neutron. Der Abstand des Protons vom Schwerpunkt ist der halbe Abstand Proton–Neutron. Mitteln wir über alle Richtungen, so finden wir

$$\bar{Q}' = \tfrac{1}{3}(Q'_{xx} + Q'_{yy} + Q'_{zz}) = \frac{e}{12}\int \psi^* r^2\, \psi\, dV. \qquad (II, 91)$$

Als Quadrupolmoment definieren wir den Tensor

$$Q = 3(Q' - \bar{Q}'), \qquad (II, 92)$$

dessen Mittelwert verschwindet. Er ist durch seine zz-Komponente

$$Q_{zz} = \frac{e}{4}\int \psi^*(3z^2 - r^2)\, \psi\, dV \qquad (II, 93)$$

völlig bestimmt. In Polarkoordinaten hat Q_{zz} die Form

$$Q_{zz} = \frac{e}{4}\int \psi^* r^2 (3\cos^2\vartheta - 1)\, \psi\, dV,$$

$$= e\sqrt{\frac{\pi}{5}}\int \psi^* r^2\, Y_0^2\, \psi\, dV \qquad (II, 94)$$

und kann durch die normierte Kugelfunktion Y_0^2 ausgedrückt werden.

Die ψ-Funktion des $^3S_1$-Terms ist kugelsymmetrisch und ergibt das Quadrupolmoment Null. Ist jedoch infolge des Tensorpotentials die Eigenfunktion

$$\psi = (1-\alpha)\,\psi_S + \alpha\,\psi_D \qquad (II,95)$$

eine Linearkombination der $^3S_1$- und $^3D_1$-Eigenfunktion, so erhalten wir

$$Q_{zz} = e\alpha\sqrt{\frac{\pi}{5}}\left\{\int\psi_S^*\,r^2\,Y_0^2\,\psi_D\,dV + \int\psi_S\,r^2\,Y_0^2\,\psi_D^*\,dV\right\}, \qquad (II,96)$$

wenn wir uns bei kleinem α auf die in α linearen Ausdrücke beschränken. Spalten wir die radialen Eigenfunktionen ab und verwenden die Clebsch-Gordon-Koeffizienten (s. S. 1002), so ist

$$\psi_S = \chi_S(r)\,Y_0^0\,\mathcal{U}_1^1,$$

$$\psi_D = \chi_D(r)\,\{C_{21}(1,1,2,-1)\,Y_2^2\,\mathcal{U}_{-1}^1 + C_{21}(1,1,1,0)\,Y_1^2\,\mathcal{U}_0^1 + \qquad (II,97)$$

$$+ C_{21}(1,1,0,1)\,Y_0^2\,\mathcal{U}_1^1\}.$$

Wegen der Orthogonalität der Spinfunktionen $\mathcal{U}$ und der Normierung von Y_0^2 behalten wir nur

$$Q_{zz} = 2e\alpha\sqrt{\frac{\pi}{5}}\,C_{21}(1,1,0,1)\,Y_0^0\int\chi_S\,r^4\,\chi_D\,dr,$$

$$= \frac{e\alpha}{\sqrt{50}}\int\chi_S\,r^4\,\chi_D\,dr. \qquad (II,98)$$

Diese Größe muß mit dem experimentell beobachtbaren Quadrupolmoment identifiziert werden.

Die Existenz eines meßbaren Quadrupolmomentes schließt aus, daß der Grundterm des Deuterons ein $^3S_1$-Term ohne Beimischung des $^3D_1$-Terms ist. Diese Beimischung kann aber nur erfolgen, wenn zwischen Proton und Neutron Kräfte wirken, welche keine Zentralkräfte sind. Das Quadrupolmoment beweist also die Mitwirkung des Tensorpotentials.

III. Der Aufbau der Kerne mit vielen Nukleonen.

Jede Theorie der aus vielen Nukleonen zusammengesetzten Kerne muß die einfachsten empirischen Feststellungen verständlich machen oder mit ihnen wenigstens verträglich sein. Es handelt sich dabei vor allem um folgende Tatsachen:

1. Aus zahlreichen Protonen und Neutronen können stabile Systeme gebildet werden.
2. Die Bindungsenergie eines Atomkernes ist der Zahl der Nukleonen ungefähr proportional. Sie beträgt pro Nukleon ungefähr 8 MeV.
3. Das Volumen des Kernes ist der Nukleonenzahl proportional. Pro Nukleon wird im Kern ein Volumen von etwa 10^{-38} cm^3 benötigt.
4. Ein Atomkern enthält pro Proton 1,0 bis 1,6 Neutronen.
5. Stabile Kerne mit gerader Nukleonenzahl enthalten regelmäßig eine gerade Zahl von Protonen und Neutronen. Es gibt nur 4 stabile gerade Kerne, bei denen sowohl die Zahl der Protonen wie die der Nukleonen ungerade ist. Paare von Protonen oder Neutronen ergeben also bevorzugte Stabilität.

III. Der Aufbau der Kerne mit vielen Nukleonen.

6. Der Gesamtdrehimpuls der Kerne ist wesentlich kleiner als die Summe der Eigendrehimpulse der Nukleonen. Stabile Kerne mit gerader Protonenzahl und gerader Neutronenzahl haben den Kernspin Null. Der Kernspin von Paaren kompensiert sich.

Der Zusammenhalt der Nukleonen im Kern kann natürlich nur durch Anziehungskräfte bewerkstelligt werden. Folgende naheliegende Annahmen über sie wollen wir auf ihre Brauchbarkeit prüfen.

7. Die Kräfte zwischen den Nukleonen sind unabhängig von den Geschwindigkeiten und besitzen ein Potential.

8. Das Potential besteht aus einer Summe von Gliedern, deren jedes nur von zwei Nukleonen abhängt. Die Kräfte zwischen zwei Nukleonen sollen also durch die Anwesenheit anderer Nukleonen nicht beeinträchtigt werden.

9. Die Kräfte zwischen zwei Teilchen hängen nicht von ihrem relativen Bahndrehimpuls ab.

10. Die Kräfte sind vorwiegend Zentralkräfte. Tensorkräfte spielen nur eine Nebenrolle.

11. Die Kernkräfte bewirken in Abständen von etwa $2 \cdot 10^{-13}$ cm eine Anziehung zwischen den Nukleonen.

12. Die Kräfte zwischen zwei Protonen sind ungefähr dieselben wie zwischen zwei Neutronen und zwischen einem Proton und einem Neutron.

Die Annahme (12) erfordert noch eine Erläuterung. Zwischen Protonen besteht natürlich die Coulombsche Abstoßung, die zwischen einem Proton und einem Neutron oder zwischen zwei Neutronen fehlt. Diese elektrostatische Kraft ist aber nur schwach gegen die eigentlichen Kernkräfte. Ihr Potential bleibt bei einem Abstand von $1,5 \cdot 10^{-13}$ cm unter 10% der Bindungsenergie pro Nukleon. Daß die eigentlichen Kernkräfte zwischen Protonen dieselben wie zwischen Protonen und Neutronen sind, kann man aus der Streuung schneller Protonen ablesen. Auch die Mesontheorie der Kernkräfte kommt zu diesem Resultat.

Man kann sich jedoch leicht davon überzeugen, daß die Kräfte zwischen den Kernen den einfachen Annahmen 6 bis 12 nicht völlig entsprechen können.

Wir betrachten zu diesem Zweck einen Kern, der aus vielen Nukleonen besteht. Sein Radius sei R. Die kinetische Energie seiner Bestandteile

$$T = -\frac{h^2}{8\pi^2 m} \int \psi \sum^i \Delta_i \psi \, dV \qquad \text{(III, 1)}$$

wächst auf

$$T_0 = \frac{R^2}{R_0^2} T \qquad \text{(III, 2)}$$

wenn der Kern ähnlich auf den Kernradius R_0 verkleinert wird.

Sind A Nukleonen im Kern, so trägt im Mittel jedes von ihnen einen Anteil

$$\frac{A-1}{2} \overline{V} \qquad \text{(III, 3)}$$

zur potentiellen Energie bei, wenn wir mit $\overline{V}$ die mittlere potentielle Energie eines Paares bezeichnen. Wir ersetzen nun den tatsächlichen Potentialverlauf durch ein Potentialloch vom Radius a und der Tiefe $-U_0$ (s. S. 1276). Die Wahrscheinlichkeit W, daß sich ein bestimmtes zweites Teilchen innerhalb des Abstandes a aufhält, ist

$$W = \frac{a^3}{R^3}, \qquad \text{(III, 4)}$$

wenn $R \gg a$ ist, und 1, wenn $R < a$ wird. Wenn man berücksichtigt, daß ein

Teil der Nukleonen in der Oberfläche des Kernes liegt, erhält man statt (III, 4) den genauern Ausdruck

$$W = \frac{a^3}{R^3}\left\{1 - \frac{9a}{16R} + \frac{a^3}{32R^3}\right\} \quad \text{für} \quad R > \frac{a}{2},$$
$$= 1 \quad \text{für} \quad R < \frac{a}{2}.$$
(III, 5)

Die gesamte potentielle Energie des Kernes ist dann näherungsweise

$$E_{\text{pot}} = -\frac{A(A-1)}{2} W U_0.$$
(III, 6)

Wird der Kernradius verkleinert, so sinkt die potentielle Energie schneller, als die kinetische Energie steigt, solange der Kernradius größer als der Radius des Potentialloches bleibt.

Die Kerne müßten also alle auf die Dimension $2 \cdot 10^{-13}$ cm zusammenschrumpfen und die Bindungsenergie des Kernes müßte A^2, die Bindungsenergie pro Nukleon A proportional sein. Beides widerspricht völlig dem tatsächlichen Befund. Es käme hinzu, daß man bei derartigen Eigenschaften der Kernkräfte erwarten müßte, daß sich riesenhafte Mengen von Kernen zusammenklumpen, d. h. daß ein allgemeiner Zusammenbruch der Materie erfolgt.

In unseren Annahmen über die Kernkräfte fehlt also noch ein wesentliches Element.

§ 1. Das Antisymmetrieprinzip der Nukleonen.

Inhalt: Zur Unterscheidung von Protonen und Neutronen kann der isobare Spin eingeführt werden. Definition des Majoranaschen Vertauschungsoperators P^M der Ortskoordinaten, des Bartlettschen Vertauschungsoperators P^B der Spinkoordinaten und des Vertauschungsoperators P' des isobaren Spins. Mit Spin und isobarem Spin können 4 Nukleonen antisymmetrisiert werden, die in den Ortskoordinaten symmetrisch sind.

Bezeichnungen: r Ortskoordinaten, φ Eigenfunktion, ξ, η Spinkoordinaten, χ Spinfunktion, ξ', η' isobare Spinkoordinaten, χ' isobare Spinfunktion, τ Paulischer Vektoroperator des Spins, τ' des isobaren Spins, P^M Majoranascher Vertauschungsoperator der Ortsvariablen, P^B Bartlettscher Vertauschungsoperator des Spins, P' des isobaren Spins, P^H Heisenbergscher Vertauschungsoperator von Ortskoordinaten und Spin. Die Indizes 1 bis 4 bezeichnen verschiedene Nukleonen. $V_M(r)$, $V_B(r)$, $V_H(r)$, $V_W(r)$ ortsabhängige Potentialfunktionen, A Nukleonenzahl. Indizes 1 und 2 beziehen sich auf verschiedene Nukleonen.

Das Problem, weshalb sich die materiellen Bausteine der Materie nicht stärker zusammenballen, als man es in der Wirklichkeit beobachtet, begegnet uns schon in der Physik der Elektronenhülle. Aus energetischen Gründen müßten sich alle Elektronen eines Atoms in den $1s$-Zustand begeben, wenn dem nicht das Pauliprinzip der Antisymmetrie im Wege stünde. Der Zusammenbruch der Atomhülle auf die K-Schale wird nur durch das Antisymmetrieprinzip vermieden.

Ohne das Antisymmetrieprinzip müßte auch eine allgemeine Zusammenballung der Atome an Stelle der chemischen Bindung eintreten. Im allgemeinen wird Energie frei, wenn eine in zwei Elektronen symmetrische räumliche Eigenfunktion gebildet wird. Das Antisymmetrieprinzip läßt dies aber nur zu, wenn die Antisymmetrie durch den Spin bewirkt wird, was nur paarweise zwischen den Elektronen möglich ist. Der Spin trägt zwar fast nichts zu den bindenden Kräften und zur Bindungsenergie bei, er ermöglicht aber die energetisch günstige Symmetrie der räumlichen Eigenfunktion für so viele Elektronenpaare, als antisymmetrische Spinverknüpfungen gebildet werden können.

Wir müssen damit rechnen, daß auch das Antisymmetrieprinzip der Nukleonen bei dem Aufbau der Atome eine bedeutende Rolle spielt. Es wird deshalb notwendig sein, die Antisymmetrieforderung mathematisch zu formulieren.

§ 1. Das Antisymmetrieprinzip der Nukleonen.

Das Proton und das Neutron wollen wir als zwei verschiedene Formen ein und desselben Teilchens, des Nukleons, ansehen (s. S. 1216). Zu diesem Zweck spannen wir einen zweidimensionalen Hilbertschen Raum, den sogenannten isobaren (auch isotop genannt) Spinraum mit den Einheitsvektoren ξ' und η' auf. Formal ist der isobare Spinraum völlig analog dem gewöhnlichen mechanischen Spinraum, der durch die Einheitsvektoren ξ und η aufgespannt sein möge. Ist die isobare Spinfunktion $\chi' = \xi'$, so ist das Nukleon ein Proton, ist $\chi' = \eta'$, so ist es ein Neutron (s. auch S. 1217).

Die Ortsvariablen zweier Nukleonen seien nun $\mathfrak{r}_1$ und $\mathfrak{r}_2$, ihre Spinfunktionen χ_1 und χ_2 und ihre isobaren Spinfunktionen χ'_1 und χ'_2. Die Eigenfunktion des Systems beider Nukleonen

$$\varphi(\mathfrak{r}_1 \chi_1 \chi'_1, \mathfrak{r}_2 \chi_2 \chi'_2) \tag{III, 7}$$

soll nach dem Antisymmetrieprinzip bei der Vertauschung der Nukleonen das Vorzeichen wechseln, wenn die Nukleonen beide Protonen oder beide Neutronen sind, wenn also $\chi'_1 = \chi'_2$ ist. Ist ein Nukleon ein Proton, das andere ein Neutron, so wird kein Vorzeichenwechsel bei der Vertauschung gefordert.

Wir definieren jetzt einen Operator $\boldsymbol{P}^M$, der die Ortsvariablen der Nukleonen vertauscht, durch die Beziehung

$$\boldsymbol{P}^M \varphi(\mathfrak{r}_1 \chi_1 \chi'_1, \mathfrak{r}_2 \chi_2 \chi'_2) = \varphi(\mathfrak{r}_2 \chi_1 \chi'_1, \mathfrak{r}_1 \chi_2 \chi'_2). \tag{III, 8}$$

Analog möge ein Operator $\boldsymbol{P}^B$ durch

$$\boldsymbol{P}^B \varphi(\mathfrak{r}_1 \chi_1 \chi'_1, \mathfrak{r}_2 \chi_2 \chi'_2) = \varphi(\mathfrak{r}_1 \chi_2 \chi'_1, \mathfrak{r}_2 \chi_1 \chi'_2) \tag{III, 9}$$

definiert werden, welcher nur den Spin der beiden Nukleonen vertauscht. Ein dritter Operator $\boldsymbol{P}'$ soll den isobaren Spin vertauschen, also

$$\boldsymbol{P}' \varphi(\mathfrak{r}_1 \chi_1 \chi'_1, \mathfrak{r}_2 \chi_2 \chi'_2) = \varphi(\mathfrak{r}_1 \chi_1 \chi'_2, \mathfrak{r}_2 \chi_2 \chi'_1) \tag{III, 10}$$

bewirken.

Wir untersuchen zuerst den isobaren Spin. Man kann ihn durch Operatoren $\boldsymbol{\tau}'_1$ und $\boldsymbol{\tau}'_2$ beschreiben, welche formal völlig wie die Paulischen Spinoperatoren $\boldsymbol{\tau}_1$ und $\boldsymbol{\tau}_2$ behandelt werden können (s. hierzu im einzelnen S. 1137). Bei zwei Teilchen entstehen drei im isobaren Spin symmetrische Eigenfunktionen, welche ein isobares Triplett bilden und eine im isobaren Spin antisymmetrische Eigenfunktion. Der Operator P' hat die Form

$$\boldsymbol{P}' = \frac{1}{2}\{1 + (\boldsymbol{\tau}'_1 \boldsymbol{\tau}'_2)\} \tag{III, 11}$$

mit dem dreifachen Eigenwert $+1$ und dem einfachen Eigenwert -1. Sind beide Nukleonen gleich, also beide Protonen oder beide Nukleonen, so ist die Eigenfunktion im isobaren Spin symmetrisch. Ist dagegen ein Teilchen ein Proton, das andere ein Neutron, so gibt es eine symmetrische und eine antisymmetrische isobare Spinfunktion.

Handelt es sich um zwei Nukleonen gleicher Art, so ist $\chi'_1 = \chi'_2$. Es gibt dann ein Triplett dreier im gewöhnlichen Spin symmetrischer Eigenfunktionen und eine im Spin antisymmetrische Eigenfunktion. Der Operator $\boldsymbol{P}^B$ hat die Form

$$\boldsymbol{P}^B = \frac{1}{2}\{1 + (\boldsymbol{\tau}_1 \boldsymbol{\tau}_2)\}, \tag{III, 12}$$

wie auf S. 1137 gezeigt wurde, und den dreifachen Eigenwert $+1$ für die symmetrischen und den Eigenwert -1 für die im Spin antisymmetrischen Eigenfunktionen. Das Antisymmetrieprinzip ist erfüllt, wenn

$$P^M P^B \varphi(\mathfrak{r}_1 \chi_1 \chi_1', \mathfrak{r}_2 \chi_2 \chi_1') = -\varphi(\mathfrak{r}_1 \chi_1 \chi_1', \mathfrak{r}_2 \chi_2 \chi_1') \tag{III, 13}$$

ist.

Da P' für gleiche Nukleonen den Eigenwert $+1$ hat, können wir aber das Antisymmetrieprinzip auch durch die Bedingung

$$P^M P^B P' \varphi(\mathfrak{r}_1 \chi_1 \chi_1', \mathfrak{r}_2 \chi_2 \chi_2') = -\varphi(\mathfrak{r}_1 \chi_1 \chi_1', \mathfrak{r}_2 \chi_2 \chi_2') \tag{III, 14}$$

ausdrücken, wozu noch $\chi_1' = \chi_2'$ kommt. Sind die Nukleonen verschieden, so bleibt (III, 14) auch noch richtig. Jetzt gilt zwar

$$P^M P^B \varphi(\mathfrak{r}_1 \chi_1 \chi_1', \mathfrak{r}_2 \chi_2 \chi_2') = \pm \varphi(\mathfrak{r}_1 \chi_1 \chi_1', \mathfrak{r}_2 \chi_2 \chi_2'), \tag{III, 15}$$

jedoch P' hat die Eigenwerte ± 1. Die Vorzeichen können einander so zugeordnet werden, daß stets (III, 14) erfüllt wird.

Alle drei Vertauschungsoperatoren erfüllen die Relation

$$(P^M)^2 = (P^B)^2 = (P')^2 = 1. \tag{III, 16}$$

Multipliziert man (III, 14) mit $P^B P'$, so erhält man

$$P^M \varphi = -P^B P' \varphi. \tag{III, 17}$$

Wir können deshalb immer den Operator P^M durch die beiden anderen Operatoren ersetzen. Die Operatorgleichung

$$P^M = -P^B P' \tag{III, 18}$$

gilt zwar nicht an sich, sondern nur, wenn sie auf antisymmetrische Funktionen angewandt wird. Nur solche Funktionen sind aber durch das Antisymmetrieprinzip zugelassen.

Mit Hilfe des mechanischen Spins allein kann man eine in zwei Teilchen antisymmetrische Spinfunktion, z. B. die Determinante

$$\begin{vmatrix} \xi_1 & \eta_1 \\ \xi_2 & \eta_2 \end{vmatrix}$$

bilden, in der die Teilchen durch die Indizes 1 und 2 und die beiden Spinmöglichkeiten durch ξ und η unterschieden sind. Nimmt man den isobaren Spin ($\xi' \eta'$) hinzu, so kann man 4 Teilchen antisymmetrisieren. Die Determinante

$$\begin{vmatrix} \xi_1 \xi_1' & \xi_1 \eta_1' & \eta_1 \xi_1' & \eta_1 \eta_1' \\ \xi_2 \xi_2' & \xi_2 \eta_2' & \eta_2 \xi_2' & \eta_2 \eta_2' \\ \xi_3 \xi_3' & \xi_3 \eta_3' & \eta_3 \xi_3' & \eta_3 \eta_3' \\ \xi_4 \xi_4' & \xi_4 \eta_4' & \eta_4 \xi_4' & \eta_4 \eta_4' \end{vmatrix} \tag{III, 19}$$

ist in allen vier Teilchen antisymmetrisch. Die räumliche Eigenfunktion muß also in allen Teilchen symmetrisch sein. Der Zustand ist ein Singulettzustand sowohl hinsichtlich des mechanischen Spins wie des isobaren Spins. Letzteres enthält, daß zwei der Nukleonen Protonen, die beiden anderen Neutronen sind. Das α-Teilchen ist eine solche Kombination von 4 Nukleonen.

§ 2. Austauschkräfte zwischen den Nukleonen.

Inhalt: Austauschkräfte vom Majorana-, Bartlett-, Heisenberg- und Wignertyp.
Bezeichnungen: wie S. 1288.

Die chemische Bindung zwischen Atomen kann in einfachen Fällen folgendermaßen beschrieben werden: Die Bindung wird durch ein Valenzelektronenpaar vermittelt. Ist die Eigenfunktion in den Ortskoordinaten dieser Elektronen symmetrisch und in ihrem Spin antisymmetrisch, so entsteht eine Bindung, die Atome ziehen sich an. Ist dagegen die Eigenfunktion in den Ortskoordinaten des Elektronenpaares antisymmetrisch, so bewirken die beiden Elektronen Abstoßung zwischen den Atomen.

Dies Resultat ergibt sich als Folge der Coulombschen Anziehungspotentiale zwischen Elektronen und Kernen und der Abstoßungspotentiale der Kerne unter sich und Elektronen unter sich, wenn außerdem das Antisymmetrieprinzip für die Elektronen gilt. Man kann also wenigstens einem Teil der Wechselwirkungsenergie zwischen den ganzen Atomen die Form der Austauschenergie

$$V(R)\,\boldsymbol{P}^M \tag{III, 20}$$

geben, wo R den Atomabstand bedeutet. Je nach dem Symmetrieverhalten der Eigenfunktion liefert $\boldsymbol{P}^M$ das positive oder negative Vorzeichen. Zwischen den Bausteinen des Moleküls wirken allerdings solche Austauschkräfte in Wirklichkeit nicht. In die Austauschkräfte kann man jedoch das Ergebnis der viel verwickelteren tatsächlichen gegenseitigen Einwirkungen näherungsweise zusammenfassen.

Wir wollen uns nun die Vorstellung bilden, daß die Kräfte zwischen den Nukleonen ebenfalls das Ergebnis von viel verwickelteren Prozessen sind, die im Augenblick nicht untersucht werden sollen. Wir erwarten dann, daß sich die Mitwirkung des Antisymmetrieprinzips darin äußert, daß Kräfte auftreten, welche sich mit Hilfe der Vertauschungsoperatoren ausdrücken lassen und deren Potentiale je nach den Symmetrieeigenschaften der Eigenfunktion einen positiven oder negativen Beitrag zur Energie ergeben. Versucht man, die Kernkräfte aus der Feldtheorie der Nukleonen und Mesonen herzuleiten, so kann man zu derartigen Ansätzen in der Tat gelangen (s. S. 1227).

Man kann jetzt mehrere Potentialansätze für die Kernkräfte in Betracht ziehen. Das sogenannte Majoranapotential

$$V_M(r_{12})\,\boldsymbol{P}^M \tag{III, 21}$$

reagiert nur auf die Vertauschung der Ortskoordinaten, das Bartlettpotential

$$V_B(r_{12})\,\boldsymbol{P}^B \tag{III, 22}$$

auf die Vertauschung des Spins und das Heisenbergpotential

$$V_H(r_{12})\,\boldsymbol{P}^H = V_H(r_{12})\,\boldsymbol{P}^M\,\boldsymbol{P}^B = -V_H(r_{12})\,\boldsymbol{P}' \tag{III, 23}$$

auf die gleichzeitige Vertauschung von Ortskoordinaten und Spin. Man kann außerdem noch ein sogenanntes Wignerpotential $V_W(r_{12})$ hinzufügen, bei dem keine Vertauschungsoperatoren mitwirken. Alle vier Potentialansätze lassen sich mit Hilfe der Operatoren τ und τ' ausdrücken, wenn man (III, 18) berücksichtigt. Man erhält dann die allgemeinste Form

$$V(r_{12}) = V_z(r_{12}) + V_\tau(r_{12})\,(\tau_1\tau_2) + V_{\tau'}(r_{12})\,(\tau'_1\tau'_2) + \\ + V_{\tau\tau'}(r_{12})\,(\tau_1\tau_2)\,(\tau'_1\tau'_2) \tag{III, 24}$$

des Zentralpotentials zweier Teilchen. Hierzu kann man natürlich noch Glieder von der Art des Tensorpotentials oder Potentiale anderer Kräfte hinzufügen.

Die Eigenwerte der verschiedenen Operatoren bei einem System von zwei Nukleonen sind in der Tabelle zusammengestellt. Das Antisymmetrieprinzip ist dabei bereits berücksichtigt. Die Einteilung in Triplett- bzw. Singuletterme bezieht sich auf den mechanischen Spin.

	Gerade Zustände		Ungerade Zustände	
	Triplett	Singulett	Triplett	Singulett
P^M	$+1$	$+1$	-1	-1
P^B	$+1$	-1	$+1$	-1
P'	-1	$+1$	$+1$	-1
P^H	$+1$	-1	-1	$+1$
$(\tau_1 \tau_2)$	$+1$	-3	$+1$	-3
$(\tau_1' \tau_2')$	-3	$+1$	$+1$	-3

*§ 3. Stabilität der Kerne bei Austauschkräften. Sättigung.

Inhalt: Majoranakräfte zwischen den Nukleonen, denen eine schwächere Wignerkraft überlagert wird, verhindern den Zusammenbruch und die Auflösung der Kerne in α-Teilchen. Abzählung der Zahl der symmetrischen und antisymmetrischen Paare. Kinetische Energie der Nukleonen. Kerne als praktisch inkompressible Gebilde.

Bezeichnungen: A Nukleonenzahl, R Kernradius, E_{pot} Potentielle Energie, r_{ij} Abstand des ij-ten Paares, $V_M(r_{ij})$ Majoranapotential, $V_W(r_{ij})$ Wignerpotential, P^M_{ij} Majoranascher Vertauschungsoperator, n_+ bzw. n_- Zahl der in den Ortsvariabeln symmetrischen bzw. antisymmetrischen Paare, T kinetische Energie.

Wir haben zu Anfang dieses Kapitels gesehen, daß Kerne mit vielen Nukleonen auf einen Radius von etwa 10^{-13} cm zusammenschrumpfen müßten, wenn zwischen den Nukleonen nur Anziehungskräfte vom Wignerschen Typus wirksam wären. Die Bindungsenergie müßte dann mit dem Quadrat der Nukleonenzahl anwachsen. Wir müssen jetzt vor allem untersuchen, ob der Zusammenbruch der Kerne unterbleibt, wenn wir Austauschkräfte zwischen den Nukleonen annehmen.

Zuerst wollen wir überlegen, ob wir wenigstens für rohe Abschätzungen mit einem einzigen Typ von Austauschkräften auskommen können oder ob wir sämtliche Typen zugleich in Ansatz bringen müssen. Die Existenz und die große Stabilität des α-Teilchens lassen darauf schließen, daß die Majoranakräfte den wesentlichen Anteil zur Bindungsenergie beisteuern. Die große Bindungsenergie des α-Teilchens können wir nämlich darauf zurückführen, daß seine räumliche Eigenfunktion in allen Nukleonen symmetrisch ist. Da man aus vier Teilchen sechs Paare bilden kann, gibt es sechs Majoranaoperatoren P^M_{ij} mit dem Eigenwert $+1$. Der Ansatz

$$E_{\text{pot}} = \sum_{i \leq j}^{ij} V_M(r_{ij}) P^M_{ij} \qquad \text{(III, 25)}$$

für die potentielle Energie liefert dann beim α-Teilchen sechs negative Summanden, wenn die Ortsfunktion $V_M(r_{ij})$ selbst negativ ist.

Zu dem Majoranapotential wollen wir auch noch ein Wignerpotential hinzufügen. Ein allgemeines Anziehungspotential vom Wignerschen Typ macht es verständlich, daß sich die Kerne nicht in α-Teilchen auflösen.

Daß auch das Bartlettpotential nicht unbeteiligt ist, läßt sich am Deuteron erkennen. Ein Majoranapotential allein würde zwischen dem ^3S- und dem ^1S-Zustand keinen Energieunterschied liefern. Daß der ^3S-Zustand tiefer liegt, zeigt, daß bei gleichem Eigenwert des Majoranaoperators zum Eigenwert $+1$

*§ 3. Stabilität der Kerne bei Austauschkräften. Sättigung. 1293

des Operators $\boldsymbol{P}^B$ eine kleinere Energie gehört als zum Eigenwert -1 (s. hierzu die Tabelle von S. 1292). Bei der Untersuchung der Stabilitätsfrage wollen wir jedoch von dem Beitrag des Bartlettpotentials absehen und uns auf das Majoranapotential und das Wignerpotential beschränken.

Für die potentielle Energie des Kernes machen wir somit den Ansatz

$$E_{\text{pot}} = \sum_{\substack{ij \\ i \leq j}} V(r_{ij}) = \sum_{\substack{ij \\ i \leq j}} \{V_W(r_{ij}) + V_M(r_{ij}) \boldsymbol{P}^M_{ij}\}. \qquad \text{(III, 26)}$$

Wir betrachten nun einen Zustand eines Systems von A Nukleonen, der durch eine Eigenfunktion φ beschrieben sei. Zur Vereinfachung der Überlegung verwenden wir wieder Rechteckpotentiale für die Kernkräfte, d. h. wir setzen

$$\begin{aligned} V(r_{ij}) &= V_W + V_M \boldsymbol{P}^M_{ij} \quad \text{für} \quad r_{ij} < a, \\ V(r_{ij}) &= 0 \quad \text{für} \quad r_{ij} > a, \end{aligned} \qquad \text{(III, 27)}$$

wo jetzt V_W und V_M einfach negative Zahlwerte bedeuten. In einem zusammengebrochenen Zustand, in welchem der Kernradius $R \leq a/2$ ist, liefert das Wignerpotential den Beitrag

$$\frac{A(A-1)}{2} V_W, \qquad \text{(III, 28)}$$

den wir in (III, 6) bereits errechnet haben. An die Stelle von $-U_0$ tritt jetzt nur V_W. Das Majoranapotential ergibt

$$V_M \sum_{\substack{ij \\ i \leq j}} \int \varphi^* \boldsymbol{P}^M_{ij} \varphi \, dV = V_M(n_+ - n_-). \qquad \text{(III, 29)}$$

Die Summe läuft über alle Teilchenpaare. n_+ ist die Zahl der Paare, bei deren Vertauschung $\boldsymbol{P}^M_{ij}$ den Eigenwert $+1$, n_- die Zahl der Paare, wo $\boldsymbol{P}^M_{ij}$ den Eigenwert -1 liefert. Um möglichst viele Nukleonenpaare im Spin oder isobaren Spin antisymmetrisch zu machen, fassen wir die Nukleonen in Vierergruppen aus je zwei Protonen und zwei Neutronen zusammen. Die Teilchen einer Gruppe sind dann alle entweder in der Art (Proton–Neutron) oder im Spin verschieden und mögen vorübergehend durch die Ziffern I bis IV unterschieden werden. Die Antisymmetrie bezüglich dieser Teilchen wird durch Spin und isobaren Spin bewerkstelligt, die Vertauschung ihrer räumlichen Koordinaten ändert die Eigenfunktion nicht. Damit diese Möglichkeit der Antisymmetrisierung voll ausgenutzt werden kann, müssen gleich viele Protonen und Neutronen vorhanden sein.

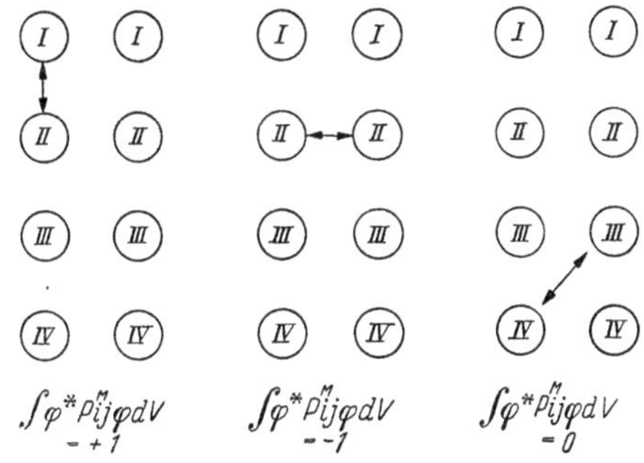

Das Integral in (III, 29) kann man jetzt folgendermaßen berechnen. Die Zahl der Gruppen ist $A/4$. Innerhalb jeder Gruppe kann man 6 Paare bilden. Für diese Paare liefert der Operator $\boldsymbol{P}^M_{ij}$ den Eigenwert $+1$, weil die Vertauschung der räumlichen Koordinaten die Eigenfunktion nicht ändert (Abb. 368 links). Gehören i und j zu verschiedenen Gruppen, aber zu zwei Teilchen gleicher Ziffer (I bis IV), so ist

$$\boldsymbol{P}^M_{ij} \varphi = -\boldsymbol{P}^B_{ij} \boldsymbol{P}'_{ij} \varphi = -\varphi, \qquad \text{(III, 30)}$$

Abb. 368. 3 Typen von Paaren.

weil die Operatoren $\boldsymbol{P}_{ij}^B$ und $\boldsymbol{P}_{ij}'$ die Eigenfunktion nicht ändern, wenn die Ziffer der Teilchen nicht geändert wird (Abb. 368 Mitte). Gehören i und j zu verschiedenen Gruppen und verschiedenen Ziffern, so ist

$$\boldsymbol{P}_{ij}^M \varphi = -\boldsymbol{P}_{jj}^B \boldsymbol{P}_{ij}' \varphi \qquad (\text{III},31)$$

eine Funktion, welche durch Vertauschung zweier verschiedener Ziffern in zwei Gruppen entsteht. Die entstandene Funktion ist nicht mehr antisymmetrisch und infolgedessen zu φ orthogonal (Abb. 368 rechts). Nachdem eine solche Vertauschung stattgefunden hat, befinden sich nämlich in zwei Gruppen Teilchen gleicher Ziffern, deren nochmalige Vertauschung keinen Vorzeichenwechsel mehr hervorbringt. Diese Paare tragen zu dem Integral (III, 29) nichts bei.

Der Eigenwert $+1$ tritt in jeder Gruppe sechsmal auf, im ganzen also $3A/2$-mal. Jede Kombination zweier Gruppen enthält 4 Paare gleicher Ziffer, welche den Eigenwert -1 liefern. Wir erhalten also die Differenz

$$n_+ - n_- = \frac{3A}{2} - 4\frac{1}{2}\frac{A}{4}\left(\frac{A}{4} - 1\right) = -\frac{A^2}{8} + 2A \qquad (\text{III},32)$$

der symmetrischen und antisymmetrischen Paare bezüglich der Ortskoordinaten allein. Andererseits ist

$$n_+ + n_- = \frac{1}{2} A(A-1) = \frac{A^2}{2} - \frac{A}{2} \qquad (\text{III},33)$$

die Zahl der Paare überhaupt. Aus (III, 32) und (III, 33) findet man, daß es

$$n_+ = \frac{3}{4} A \left(\frac{A}{4} + 1\right) \qquad (\text{III},34)$$

in den Ortskoordinaten symmetrische und

$$n_- = \frac{5}{4} A \left(\frac{A}{4} - 1\right) \qquad (\text{III},35)$$

antisymmetrische Paare gibt. Als potentielle Energie erhalten wir damit

$$E_{\text{pot}} = \frac{A^2}{8}(4V_W - V_M) - \frac{A}{2}(V_W - 4V_M). \qquad (\text{III},36)$$

Jetzt müssen wir noch die kinetische Energie hinzufügen. Aus der Gleichung (III, 2) können wir nur die Abhängigkeit vom Kernradius, nicht aber die von der Nukleonenzahl entnehmen. Als kinetische Energie von A Nukleonen, die sich in einer Kugel vom Radius R befinden, kann man den Ausdruck

$$T = \frac{9 h^2}{160 R^2 m} \left(\frac{3}{\pi^4}\right)^{1/3} A^{5/3} \qquad (\text{III},37)$$

berechnen, wenn man die Nukleonen als freie Teilchen behandelt. Dieser Ausdruck wächst für große Werte von A wie $A^{5/3}$, also langsamer als die potentielle Energie.

Damit sich nicht Nukleonen in großer Zahl in einer Kugel vom Radius eines Potentialloches zusammenballen können, muß das Glied mit A^2 in der potentiellen Energie positiv sein. Dies bedeutet, daß

$$-V_M > -4V_W \qquad (\text{III},38)$$

sein muß. Das Majoranapotential muß also bei kleinem Abstand dem Betrage

*§ 3. Stabilität der Kerne bei Austauschkräften. Sättigung.

nach das Wignerpotential mindestens um das Vierfache übertreffen. Zur potentiellen Energie im Grundzustand des Deuterons

$$V_M + V_W$$

trägt demnach das Majoranapotential mindestens 80% bei.

Ziehen wir als Wechselwirkung zwischen Nukleonen vorwiegend das Majoranapotential in Betracht, dem wir das Wignerpotential und als schwächere Wechselwirkungen die anderen Potentiale noch überlagern können, so kann eine Kugel von der Größe des Potentialloches keine beliebige Anzahl von Nukleonen aufnehmen, sondern ist mit 4 Nukleonen gewissermaßen gesättigt. Ein solcher Komplex von 4 Nukleonen muß aus 2 Protonen und 2 Neutronen bestehen und hat insofern eine gewisse Ähnlichkeit mit einem α-Teilchen. Befinden sich viele Nukleonen im Kern, so müssen sie sich jeweils in Komplexe von 4 Nukleonen gruppieren. Die Komplexe aber müssen so weit voneinander getrennt sein, daß zwischen ihnen nur noch schwache Majoranakräfte wirken. Sie können sich also nicht nennenswert überdecken, weil sonst die Majoranawechselwirkung mit starken Abstoßungskräften eingreift.

Wenn die Kräfte zwischen den Nukleonen im wesentlichen Austauschkräfte vom Majoranatyp sind, kann es also nicht zu einem Zusammenbruch der Kerne und zu einer allgemeinen Zusammenballung der Materie kommen. Man kann auch qualitativ verstehen, daß das Volumen und die Bindungsenergie eines Kernes im wesentlichen proportional mit der Nukleonenzahl anwächst. Dies kommt einfach daher, daß das Volumen den Raumbedarf der Komplexe und die Bindungsenergie hauptsächlich den Energiegewinn bei ihrer Bildung darstellt.

Solange man jedoch Majoranakräfte allein in Betracht zieht, sollte man erwarten, daß sich alle Nukleonen zu α-Teilchen vereinigen, nicht aber zu fest gebundenen Kernen. Daß stabile Kerne aus mehr als 4 Nukleonen existieren, kann man qualitativ verstehen, wenn zu den Majoranakräften noch Wignerkräfte etwas größeren Reichweite hinzutreten. Die durch die Majoranakräfte gebildeten Viererkomplexe werden durch die Wignerkräfte zusammengehalten. Auch Kräfte höherer Näherungen können sich hierbei beteiligen. Andererseits verhindern die Majoranakräfte, daß der Kern durch die Wignerkräfte komprimiert wird, weil sie ein gegenseitiges Überlagern der Viererkomplexe nicht zulassen. Sie machen den Kern zu einem praktisch inkompressiblen Gebilde.

Mit einer Kombination von Majorana- und Wignerkräften wird die Stabilität von Kernen verständlich, welche Protonen und Neutronen in gleicher Zahl enthalten. Sobald eine dieser Teilchenarten im Überschuß vorhanden ist, kann die räumliche Eigenfunktion nur in einer geringeren Anzahl von Teilchen symmetrisch sein, weil die Antisymmetrisierung durch den isotopen Spin nicht voll ausgenutzt wird. Kerne mit ungleicher Zahl von Neutronen und Protonen müßten sich also durch β-Zerfall in Kerne mit gleicher Neutronen- und Protonenzahl umwandeln.

Der experimentelle Befund stimmt mit dieser Erwartung zwar nicht überein, hat aber doch eine gewisse Ähnlichkeit damit. Es gibt eine ziemliche Anzahl leichterer Kerne mit gleich viel Protonen und Neutronen. Je mehr Nukleonen jedoch im Kern vorhanden sind, desto größer wird der Neutronenüberschuß. Immerhin besteht die auffällige Tatsache, daß die Zahl der Protonen und die Zahl der Neutronen in allen Kernen von gleicher Größenordnung ist. Für diese Tatsache geben die Majoranakräfte eine einfache Erklärung. Allerdings müssen offenbar noch andere Kräfte berücksichtigt werden, welche bei den schweren Kernen dazu führen, daß sich ein gewisser Neutronenüberschuß einstellt.

§ 4. Das Modell unabhängiger Nukleonen.

Wir wollen nun ein einfaches Modell der Atomkerne entwerfen, das uns zwar nicht zur quantitativen Berechnung der Kerne verhelfen kann, uns aber wohl einen gewissen systematischen Überblick gewährt.

Wir betrachten zu diesem Zweck nochmals die Eigenfunktion eines Kernes, deren Antisymmetrie wir noch nicht völlig ausgeschöpft haben. Ist

$$\varphi = \varphi(\mathfrak{r}_1 \ldots \mathfrak{r}_A, \chi_1 \ldots \chi_A, \chi'_1 \ldots \chi'_A) \qquad (III, 39)$$

eine solche Eigenfunktion, so erhalten wir die Wahrscheinlichkeitsdichte des Nukleons Nr. 1 am Orte $\mathfrak{r}_1$

$$\int \varphi^* \varphi \, dV_2 \, dV_3 \ldots dV_A, \qquad (III, 40)$$

indem wir über den Konfigurationsraum aller anderen Nukleonen integrieren. Wenn die Eigenfunktion antisymmetrisch ist, ergibt sich für jedes Nukleon dieselbe Wahrscheinlichkeitsdichte an einer bestimmten Stelle des Raumes. Der Bereich des ganzen Kernes steht also jedem Nukleon in genau der gleichen Weise zur Verfügung.

Wir betrachten ferner die Kräfte, welche den Zerfall der Kerne in α-Teilchen verhindern und die Kerne so weit komprimieren, bis ihnen die abstoßenden Austauschkräfte das Gleichgewicht halten. Diese Kompression muß eine ziemlich gleichmäßige Erfüllung des ganzen Kernvolumens mit Nukleonen herbeiführen, so daß überall ungefähr dieselbe Nukleonendichte herrscht. Jedes einzelne Nukleon befindet sich, wo auch immer es sich im Kern momentan aufhält, stets in einer ähnlichen Umgebung. Seine Wechselwirkungen mit den unmittelbaren Nachbarn gleichen sich ziemlich aus, so daß es gemessen an seiner Bindungsenergie im Kern nur einen relativ schwachen Resultante aller Kräfte ausgesetzt ist. Diese Situation veranlaßt uns, für die Kerne folgendes sehr einfache Modell zu konstruieren: Die mannigfaltigen Wechselwirkungen eines herausgegriffenen Nukleons mit den übrigen Nukleonen ersetzen wir durch ein Feld, in dessen Potential wir die Einwirkung aller anderen Nukleonen auf das betrachtete Nukleon zusammenfassen. Der Kern selbst wird in diesem Modell durch ein System unabhängiger Teilchen ersetzt, die sich in einem äußeren Felde bewegen. Im Prinzip ist dies dasselbe Modell, mit dem man die Systematik der Atomhülle durchgeführt hat. Wie dort, kann es natürlich nur als Ausgangspunkt eines Näherungsverfahrens betrachtet werden.

Wir können sogar noch einen Schritt weitergehen und eine noch stärkere Vereinfachung vornehmen. In grober Näherung können wir der potentiellen Energie eines Nukleons im Kern einen konstanten negativen Wert zuschreiben, außerhalb des Kernes den Wert 0. Der Kern stellt dann für das Nukleon ein Potentialloch von rechteckiger Form dar. Im Innern des Kernes bewegt sich das Nukleon nach diesem einfachsten Modell wie ein kräftefreies Teilchen. Schon dieses primitive Modell ist sehr nützlich. Es erlaubt uns z. B. eine grobe Abschätzung der kinetischen Energie der Nukleonen im Kern, die wir zu einer rohen Energiebilanz für den Kern brauchen. Diese Bilanz erleichtert uns wiederum einige Effekte zu erkennen, durch die wir unser Modell verbessern können.

Das Modell der unabhängigen Nukleonen erweist sich in viel weiterem Umfang verwendbar, als man zunächst erwarten sollte. Man kann schließlich sogar einzelne Quantenzustände charakterisieren, und einen Schalenaufbau der Kerne erkennen, der eine frappierende Ähnlichkeit mit dem Schalenaufbau der Elektronenhülle hat.

§ 5. Die kinetische und elektrostatische Energie des Nukleonengases. 1297

Nachdem wir einmal damit begonnen haben, die Wirkungen der Nukleonengesamtheit durch ein allgemeines Kernfeld zu ersetzen, können wir unser Modell leicht verbessern, indem wir außer den eigentlichen Kernkräften auch die Coulombschen Abstoßungskräfte zwischen den Protonen berücksichtigen. Sie sind zwar wesentlich schwächer als die Austauschkräfte zwischen den einzelnen Teilchen, spielen aber in der Energiebilanz des ganzen Kernes doch eine bedeutende Rolle und können zur Erklärung des Neutronenüberschusses der schweren Kerne herangezogen werden. Im Kerninnern ergibt die Coulombsche Abstoßung ein Zentralfeld, das merklich ist, weil sich die an sich viel stärkeren Austauschkräfte in weitem Umfang kompensieren.

§ 5. Die kinetische und elektrostatische Energie des Nukleonengases.

Inhalt: Berechnung der kinetischen und elektrostatischen Energie aus dem Modell unabhängiger Nukleonen in einem feldfreien Raum.

Bezeichnungen: A Nukleonenzahl, R Kernradius, m Nukleonenmasse, Z Protonenzahl, e Elementarladung, ε_0 Dielektrizitätskonstante des Vakuums, p Impuls des Nukleons, T kinetische Energie, E_0 elektrostatische Energie.

Die verschiedenen Kräfte auf ein Nukleon mögen sich gegenseitig kompensieren, wenn sich das Nukleon im Innern des Kernes befindet. In der Oberfläche des Kernes sollen hingegen so starke Kräfte nach innen wirken, daß kein Nukleon den Kern verlassen kann. Das Kernvolumen ist dann ein kräftefreier Raum, in welchem A Nukleonen eingeschlossen sind. Je 4 Nukleonen benötigen im Phasenraum ein Volumen von der Größe h^3, die A Nukleonen des Kernes, also das Phasenvolumen

$$\frac{A h^3}{4}. \tag{III, 41}$$

Da im geometrischen Raum das Kernvolumen $4\pi R^3/3$ zur Verfügung steht, müssen die Kernnukleonen im Zustand kleinster Energie eine Kugel im Impulsraum ausfüllen, deren Radius $p_{\max}$ sich aus

$$\frac{4\pi p_{\max}^3}{3} \frac{4\pi R^3}{3} = \frac{A h^3}{4} \tag{III, 42}$$

berechnen läßt. Eine Kugelschale im Impulsraum vom Radius p und der Dicke dp nimmt

$$dA = \frac{64\pi^2 R^3}{3 h^3} p^2 dp \tag{III, 43}$$

Nukleonen der kinetischen Energie

$$\frac{p^2}{2m}$$

auf. Die gesamte kinetische Energie des Kernes ist also

$$T = \frac{32\pi^2 R^3}{3 h^3 m} \int_0^{p_{\max}} p^4 dp = \frac{32\pi^2 R^3}{15 h^3 m} p_{\max}^5. \tag{III, 44}$$

Setzt man $p_{\max}$ aus (III, 42) ein, so findet man den bereits auf S. 1294 angegebenen Ausdruck

$$T = \frac{9 h^2}{160 R^2 m} \left(\frac{3}{\pi^4}\right)^{1/3} A^{5/3} \tag{III, 45}$$

für die kinetische Energie der Nukleonen im Kern.

Weizel, Theoretische Physik, II. 2. Aufl.

Ein anderer Bestandteil der Kernenergie ist die elektrostatische Energie der Protonen. Sind Z Protonen gleichmäßig über den Kern verteilt, so erzeugen sie eine Raumladung

$$\frac{3Ze}{4\pi R^3} \tag{III, 46}$$

und ein elektrisches Potential (s. Bd. I, S. 326)

$$\frac{3Ze}{4\pi\varepsilon_0 R^3}\left(\frac{R^2}{2}-\frac{r^2}{6}\right). \tag{III, 47}$$

Man berechnet hieraus die elektrostatische Energie

$$E_C = \frac{3Z^2 e^2}{20\pi\varepsilon_0 R}. \tag{III, 48}$$

Wir wollen uns klarmachen, welche Fehler in den berechneten Ausdrücken für kinetische und elektrostatische Energie noch enthalten sind. Den Kern als feldfreien Raum zu betrachten, wäre wirklich berechtigt, wenn er ganz gleichmäßig von Nukleonen erfüllt wäre, d. h. wenn alle Nukleonen außer dem gerade betrachteten völlig verschmiert wären. Wegen des Teilchencharakters der Nukleonen bleibt jedoch eine Art Mikrofeld im Kern bestehen. Außerdem herrscht im Kern natürlich noch das elektrostatische Feld, welches man bei der Berechnung der kinetischen Energie zu berücksichtigen hätte. Das elektrostatische Feld haben wir ebenfalls so berechnet, als ob die Protonen eine gleichmäßige Ladungsverteilung darstellten. Den Teilchencharakter der Protonen haben wir also auch hierbei vernachlässigt. Je nachdem, wie man ihn berücksichtigt, kann man etwas abweichende Ausdrücke erhalten, z. B. kann an Stelle von Z^2 der Ausdruck $Z(Z-1)$ treten. Außerdem drängt das elektrostatische Feld selbst die Protonen zur Oberfläche des Kernes und stört auf diese Weise die gleichmäßige Verteilung. Unsere Berechnung der elektrostatischen Energie enthält deshalb um so größere Fehler, je mehr sie gegenüber der Austauschenergie zwischen den Nukleonen ins Gewicht fällt. Für eine erste Abschätzung der energetischen Verhältnisse stören diese Fehler aber nicht.

*§ 6. Die potentielle Energie der Kernkräfte.

Inhalt: Abzählung der symmetrischen Paare als Funktion von Nukleonenzahl und Neutronenüberschuß. Potentielle Energie als Funktion des Neutronenüberschusses. Korrektur der potentiellen Energie für die Kernoberfläche.

Bezeichnungen: A Nukleonenzahl, N Neutronenzahl, Z Protonenzahl, $D=(N-Z)/2$ Neutronenüberschuß, R Kernradius, a Reichweite der Kernkräfte, $-U_0$ Tiefe des Potentialloches, n_+ bzw. n_- Zahl der symmetrischen bzw. antisymmetrischen Paare, P_{ij}^M Majoranascher Vertauschungsoperator, E_{pot} potentielle Energie der Kernkräfte, E_O Oberflächenenergie, E_{kin} kinetische Energie, E_C elektrostatische Energie, E_m Massenenergie K, K_O, K_C, K_{kin} Konstanten zu E_{pot}, E_O, E_C, E_{kin}, E Gesamtenergie, m_n Neutronenmasse, m_p Protonenmasse.

Auf S. 1294 haben wir schon einmal eine rohe Abschätzung der potentiellen Energie der Kernkräfte vorgenommen. Dort kam es uns darauf an zu zeigen, daß sich nicht mehr als 4 Nukleonen in einer Kugel befinden können, deren Radius der Reichweite der Kernkräfte entspricht, wenn zwischen den Kernen vorwiegend Majoranasche Austauschkräfte wirken. Jetzt wollen wir den Versuch machen, die potentielle Energie eines Systems von Nukleonen abzuschätzen, welches ein Volumen von der Größe der wirklichen Kerne einnimmt.

Wir gehen davon aus, daß die Majoranakräfte für jedes Nukleonenpaar einen negativen Beitrag zur potentiellen Energie liefern, wenn die Eigenfunktion symmetrisch in den Raumkoordinaten des Paares ist, einen positiven Beitrag hin-

*§ 6. Die potentielle Energie der Kernkräfte.

gegen, wenn sie antisymmetrisch in den Raumkoordinaten ist. Ob es sich dabei um ein Paar aus zwei Protonen, aus zwei Neutronen oder aus einem Proton und einem Neutron handelt, soll für den Beitrag zur potentiellen Energie unerheblich sein.

Als erstes müssen wir also die Zahl der symmetrischen Paare bzw. die der antisymmetrischen Paare feststellen. Gerade dies ist aber auf S. 1294 bereits geschehen, allerdings nur für den speziellen Fall, daß Protonen und Nukleonen in gleicher Zahl, und zwar beide in gerader Zahl vorhanden sind. Dies würde voraussetzen, daß die Nukleonenzahl A durch 4 teilbar ist. In Wirklichkeit findet man aber auch Kerne mit ungerader Nukleonenzahl und Kerne, deren Nukleonenzahl zwar gerade, aber nicht durch 4 teilbar ist. Abgesehen von den leichteren Kernen ist außerdem die Neutronenzahl meist größer als die Protonenzahl. Diese feineren Unterschiede müssen wir jetzt untersuchen.

Wir definieren

$$D = \frac{N-Z}{2} \qquad (III, 49)$$

als Neutronenüberschuß. Er ist positiv, wenn die Neutronen im Überschuß, negativ, wenn die Protonen in der Überzahl sind. Letzteres kommt aber außer beim Proton selbst nur bei wenigen leichten Kernen vor. Die Protonenzahl und Neutronenzahl

$$Z = \frac{A}{2} - D; \quad N = \frac{A}{2} + D \qquad (III, 50)$$

kann nun durch A und D ausgedrückt werden.

Aus einem System von Z Protonen und N Neutronen bilden wir zuerst möglichst viele vollbesetzte Vierergruppen. Sind die Neutronen im Überschuß, so können wir 4 Fälle unterscheiden.

1. Protonen und Neutronen sind beide in gerader Zahl vorhanden, die Nukleonenzahl ist gerade. D ist ganzzahlig. Die überschüssigen Neutronen können wir in Zweiergruppen einordnen, wenn es sich um den Grundzustand des Kernes handelt.

2. Die Protonenzahl ist gerade, die Neutronenzahl ungerade, die Nukleonenzahl ist ungerade. D ist halbzahlig. Die überschüssigen Neutronen ordnen wir in Zweiergruppen, wobei ein isoliertes Neutron übrigbleibt.

3. Die Protonenzahl ist ungerade, die Neutronenzahl gerade, die Nukleonenzahl ungerade. D ist halbzahlig. Außer den Vierergruppen gibt es eine Dreiergruppe mit zwei Neutronen und einem Proton, außerdem eine Anzahl Zweiergruppen von Neutronen.

4. Sowohl die Protonenzahl wie auch die Neutronenzahl ist ungerade, die Nukleonenzahl ist gerade. D ist ganzzahlig. Außer den Vierergruppen gibt es eine Dreiergruppe mit einem Proton und zwei Neutronen, eine Anzahl von Zweiergruppen mit je 2 Neutronen und ein überzähliges Neutron.

Sind die Protonen in der Überzahl, was nur ausnahmsweise vorkommt, so gibt es 4 entsprechende Fälle, die aus den aufgezählten hervorgehen, wenn man Protonen und Neutronen vertauscht.

Als nächsten Schritt berechnen wir für alle 8 Fälle die Differenz der Zahl der symmetrischen und antisymmetrischen Paare

$$n_+ - n_- = \sum_{i \leq j} {}_{ij} \int \varphi^* \mathbf{P}_{ij}^M \varphi \, dV \qquad (III, 51)$$

in gleicher Weise wie auf S. 1293, wobei wir darauf Rücksicht nehmen müssen, daß es außer den Vierergruppen auch Dreiergruppen, Zweiergruppen und isolierte Teilchen geben kann. Wir finden dabei den Ausdruck

$$n_+ - n_- = -\frac{A^2}{8} + 2A - \frac{D^2}{2} - 2|D| - \zeta. \tag{III, 52}$$

Die Größe ζ hat in den aufgezählten Fällen verschiedene Werte, und zwar ist $\zeta = 0$ im Fall 1, in den Fällen 2 und 3 ist $\zeta = \frac{3}{4}$ und im Fall 4 gilt $\zeta = \frac{3}{2}$. Einen vierten Wert $\zeta = \frac{5}{2}$ finden wir ausnahmsweise, wenn sowohl die Protonenzahl wie die Neutronenzahl ungerade ist und außerdem $D = 0$ gilt. Von dieser Ausnahme abgesehen brauchen wir also nicht 8 Fälle, sondern nur 3 Fälle zu unterscheiden. Wenn der Kern eine ungerade Nukleonenzahl besitzt, gilt stets $\zeta = \frac{3}{4}$. Ist dagegen die Nukleonenzahl gerade, so ist $\zeta = 0$, wenn Protonen und Neutronen in gerader Zahl vorhanden sind (gerade — gerade Kerne). Dagegen ist $\zeta = \frac{3}{2}$, wenn zwar die Nukleonenzahl gerade ist, Protonen und Neutronen aber in ungerader Zahl vorhanden sind (ungerade — ungerade Kerne).

Da die Zahl aller Paare auch jetzt

$$n_+ + n_- = \frac{1}{2} A(A - 1) \tag{III, 53}$$

ist, finden wir die Zahl der symmetrischen Paare

$$n_+ = \frac{3A^2}{16} + \frac{3A}{4} - \frac{D^2}{4} - |D| - \frac{\zeta}{2} \tag{III, 54}$$

und die Zahl der antisymmetrischen Paare

$$n_- = \frac{5A^2}{16} - \frac{5A}{4} + \frac{D^2}{4} + |D| + \frac{\zeta}{2}. \tag{III, 55}$$

Nun mögen die Majorana- und Wignerkräfte zwischen den Paaren die Reichweite a besitzen. Die Abstoßung zwischen den in den Raumkoordinaten antisymmetrischen Paaren wird zur Folge haben, daß solche Paare sich in einem Abstand größer als a halten. Die antisymmetrischen Paare tragen dann zur potentiellen Energie der Kerne wenig bei, und wir vernachlässigen ihre Wirkung für eine erste Abschätzung ganz. Ein symmetrisches Paar liefert zur potentiellen Energie keinen Anteil, wenn sein Abstand größer als a ist, und einen Anteil

$$V_M + V_W = -U_0 \tag{III, 56}$$

wenn sein Abstand kleiner als a ist. $-U_0$ können wir als die Tiefe des Potentialloches beim Deuteron betrachten.

Die Wahrscheinlichkeit, daß ein beliebiges Paar einen kleineren Abstand als a besitzt, ist a^3/R^3, wenn R der Radius des Kernes ist. In erster Näherung finden wir also die potentielle Energie der Kernkräfte

$$-f n_+ \frac{a^3}{R^3} U_0. \tag{III, 57}$$

f möge ein Korrekturfaktor sein, dessen Zahlwert sich erst bei genauerer Rechnung ergibt. Berücksichtigen wir noch, daß R^3 proportional zu A ist, so finden wir für die potentielle Energie der Kernkräfte den Ausdruck

$$E_{\text{pot}} = K\left\{-3A - 12 + \frac{4D^2}{A} + \frac{16|D|}{A} + \frac{8\zeta}{A}\right\}. \tag{III, 58}$$

*§ 6. Die potentielle Energie der Kernkräfte.

K ist eine von A und D unabhängige Zahlgröße, die wir so gewählt haben, daß die Zahlen im Nenner entfallen.

Wir tragen nun die potentielle Energie der Kerne mit gleicher Nukleonenzahl A gegen den Neutronenüberschuß auf. Ist A ungerade, so ist D halbzahlig, ist A gerade, so ist D ganzzahlig. Positives D bedeutet Neutronenüberschuß, negatives D Protonenüberschuß. Für ungerade A finden wir nur eine Kurve (Abb. 369a), für gerade A dagegen zwei Kurven, weil ζ zwei verschiedene Werte hat, je nachdem Z und N beide gerade oder beide ungerade sind (Abb. 369b).

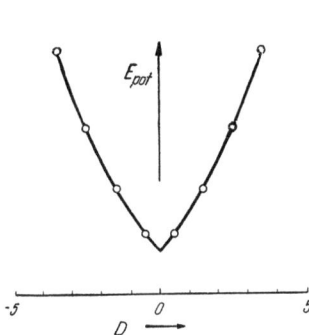
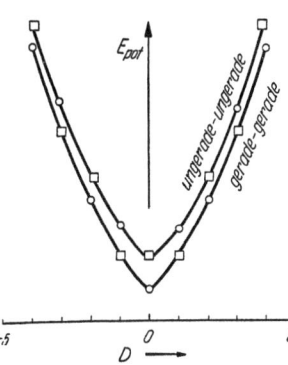

Abb. 369a. Ungerade Kerne. Abb. 369b. Gerade Kerne. Kreise für $A = 4\,m$, Quadrate für $A = 4\,m + 2$.

Abb. 369a u. b. Potentielle Energie der Kernkräfte gegen den Neutronenüberschuß D aufgetragen.

Sehr einfach sind die Verhältnisse bei den ungeraden Kernen. Die potentielle Energie der Kernkräfte ist am niedrigsten für $D = \pm \frac{1}{2}$, d. h. wenn ein Neutron oder ein Proton überzählig ist. Größere Überschüsse einer Teilchenart vermehren die potentielle Energie.

Bei Kernen mit gerader Nukleonenzahl müssen wir die Fälle $A = 4m$ und $A = 4m + 2$ unterscheiden. Ist $A = 4m$, so sind N und Z nach (III, 50) gerade bzw. ungerade, wenn D gerade bzw. ungerade ist. Die potentielle Energie dieser Kerne in Abhängigkeit von D zeigen die Kreise der Abb. 369b. Sie ist am niedrigsten, wenn kein Neutronenüberschuß vorhanden ist. Ist $A = 4m + 2$, so sind nach (III, 50) Z und N gerade, wenn D ungerade ist und umgekehrt. Bei diesen Kernen gibt es drei Zustände tiefster potentieller Energie mit $D = \pm 1$ und $D = 0$, von denen die beiden ersten zu gerade–gerade Kernen und der dritte zu einem ungerade–ungerade Kern gehört (Quadrate der Abb. 350).

An unserer Abschätzung der potentiellen Energie müssen wir noch eine kleine Verbesserung vornehmen. Wir hatten für die Wahrscheinlichkeit, daß zwei Teilchen eines symmetrischen Paares einen kleineren Abstand als a besitzen a^3/R^3 in Rechnung gestellt. Dies trifft nur für Teilchen zu, die sich im Kerninnern befinden. Für Teilchen an der Oberfläche ist die Wahrscheinlichkeit kleiner, weil ein Teil der Kugel vom Radius a außerhalb des Kernes zu liegen kommt. Für die Teilchen in der Kernoberfläche müssen wir deshalb einen Abzug an der Bindungsenergie vornehmen, indem wir eine zur Oberfläche des Kernes proportionale positive Oberflächenenergie

$$E_0 = K_O A^{2/3} \qquad (\text{III}, 59)$$

hinzufügen.

§ 7. Die Weizsäckersche Energiebilanz der Kerne. β-Stabilität.

Inhalt: Zusammensetzung der gesamten Kernenergie aus der potentiellen Energie der Kernkräfte, der Oberflächenenergie, der Massenenergie, der elektrostatischen Energie und kinetischen Energie als Funktion der Nukleonenzahl und des Neutronenüberschusses. Die Kerne sind stabil, wenn ihre Energie weder durch β-Zerfall noch durch K-Einfang vermindert werden kann. Zu ungerader Nukleonenzahl gibt es regelmäßig einen, zu gerader Nukleonenzahl zwei stabile Kerne

Bezeichnungen: wie S. 1298.

Zu der potentiellen Energie der eigentlichen Kernkräfte vom Majorana- und Wignertyp kommt noch die im vorigen § in erster Näherung abgeschätzte elektrostatische Energie (III, 48) hinzu. Wenn die Protonenzahl durch die Nukleonenzahl A und den Neutronenüberschuß D ausgedrückt wird, erhält sie die Form

$$E_C = 4K_C \left(\frac{A}{2} - D\right)^2 A^{-1/3},$$
$$= K_C A^{5/3} - 4K_C A^{2/3} D + 4K_C D^2 A^{-1/3}. \tag{III, 60}$$

Endlich muß man auch noch die Energie als potentielle Energie in Rechnung stellen, welche in der Masse der Protonen und Neutronen enthalten ist. Sie liefert den Beitrag

$$E_m = (N m_n + Z m_p) c^2,$$
$$= A c^2 \frac{m_n + m_p}{2} + D c^2 (m_n - m_p). \tag{III, 61}$$

Fügen wir jetzt die kinetische Energie zu den Posten der potentiellen Energie hinzu, so erhalten wir die Gesamtenergie der Kerne

$$\begin{aligned}E = &\frac{4K}{A}\left\{-\frac{3A^2}{4} - 3A + D^2 + 4|D| + 2\zeta\right\} \\ &+ K_O A^{2/3} + K_C A^{5/3} - 4K_C A^{2/3} D + 4K_C D^2 A^{-1/3} \\ &+ A c^2 \frac{m_n + m_p}{2} + D c^2 (m_n - m_p) \\ &+ K_{\text{kin}} A^{5/3},\end{aligned} \tag{III, 62}$$

welche im wesentlichen mit einer von WEIZSÄCKER angegebenen Formel für die Kernenergie übereinstimmt. Ordnet man nach A und D, so erhält man

$$\begin{aligned}E = &A^{5/3}(K_{\text{kin}} + K_C) - A\left(3K - \frac{m_n + m_p}{2} c^2\right) + A^{2/3} K_O - 12K \\ &+ 4KD\left(\frac{4}{A} - \frac{K_C}{K} A^{2/3} + \frac{(m_n - m_p) c^2}{4K}\right) \\ &+ \frac{4K}{A} D^2 \left(1 + \frac{K_C}{K} A^{2/3}\right) \\ &+ \frac{8K}{A} \zeta.\end{aligned} \tag{III, 63}$$

Wir können jetzt die Frage untersuchen, wie sich die Nukleonen eines stabilen Kernes auf Protonen und Neutronen verteilen. Stabil werden solche Kerne sein, bei denen durch Veränderung von D die Energie nicht mehr herabgesetzt

§ 7. Die Weizsäckersche Energiebilanz der Kerne. β-Stabilität. 1303

werden kann. Für das Minimum von E bezüglich einer Variation von D bei festgehaltenem A erhält man die Bedingung

$$\frac{2D_{min}}{A} = \frac{\frac{K_\sigma}{K}A^{2/3} - \frac{4}{A} - \frac{m_n - m_p}{4K}c^2}{1 + \frac{K_\sigma}{K}A^{2/3}}. \tag{III, 64}$$

Die leichten stabilen Kerne enthalten in Übereinstimmung mit dieser Formel Neutronen und Protonen in ungefähr gleicher Zahl, die Neutronen überwiegen kaum. Mit wachsender Nukleonenzahl muß der Neutronenüberschuß ansteigen, und zwar mehr als proportional zu A. Empirisch erreicht $2D/A$ bei den schweren Kernen den Wert 0,2. Man kann näherungsweise für nicht zu leichte Kerne statt (III, 64) die einfachere Formel

$$\frac{2D_{min}}{A} = \frac{\frac{K_\sigma}{K}A^{2/3}}{1 + \frac{K_\sigma}{K}A^{2/3}} \tag{III, 65}$$

benutzen. Aus dem Neutronenüberschuß bei $A = 200$ errechnet man dann das Verhältnis $K_\sigma/K = 0{,}0075$. In die Abb. 359b von S. 1256 ist die Kurve (III, 65) mit diesem Zahlwert eingezeichnet. Die Übereinstimmung zwischen Formel und Beobachtung ist gut.

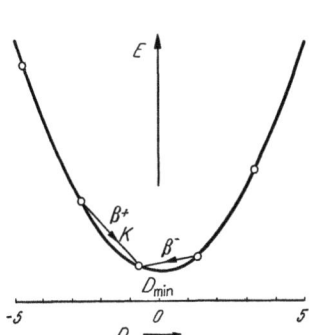
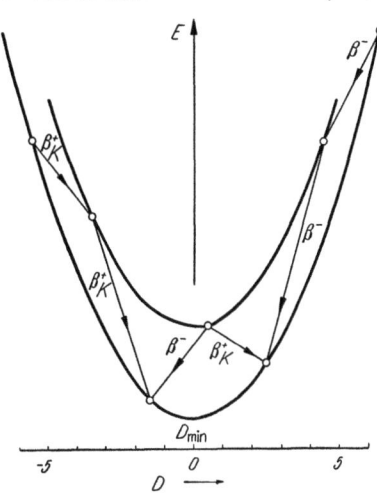

Abb. 370. Bei ungerader Nukleonenzahl gibt es nur einen stabilen Kern. Kerne mit benachbartem Neutronenüberschuß gehen durch β+-Zerfall oder K-Einfang oder β−-Zerfall in den stabilen Kern über.

Abb. 371. Bei gerader Nukleonenzahl gibt es zwei stabile Kerne vom Typus gerade-gerade, aber keinen stabilen Kern vom Typus ungerade-ungerade. β+-Zerfall und K-Einfang oder β−-Zerfall führt die unstabilen Kerne in stabile Kerne über.

Fassen wir nun die von D nicht abhängigen Glieder in eine Größe C zusammen und führen D_{min} mit (III, 64) in die Energieformel (III, 63) ein, so finden wir

$$E = C - \frac{4K}{A}\left(1 + \frac{K_\sigma}{K}A^{2/3}\right)D_{min}^2 \\ + \frac{4K}{A}\left\{\left(1 + \frac{K_\sigma}{K}A^{2/3}\right)(D - D_{min})^2 + 2\zeta\right\}. \tag{III, 66}$$

Ist A ungerade, so erhalten wir die Parabel der Abb. 370. In diesem Fall ist D halbzahlig. D_{min} hat natürlich im allgemeinen nicht gerade einen halbzahligen Wert. Die Energie der Kerne mit halbzahligem D liegen deshalb in der Regel unsymmetrisch zum Minimum und sind in der Abb. 370 markiert. Der Kern tiefster Energie ist stabil. Die Kerne mit höheren Energie können sich durch β^--Zerfall, β^+-Zerfall oder K-Einfang in den stabilen Kern umwandeln. Es gibt deshalb jeweils nur einen stabilen Kern mit ungerader Nukleonenzahl (s. Abb. 359b, S. 1256).

Ist die Nukleonenzahl gerade, so entstehen zwei Parabeln (Abb. 371). Auf der unteren ist D gerade und die Kerne sind vom Typus gerade–gerade. Auf der oberen Parabel ist D ungerade und die Kerne sind vom Typus ungerade–ungerade. Durch β^--Zerfall oder K-Einfang kann D nur um 1 geändert werden. Diese Vorgänge bedeuten also einen Übergang von einer Parabel zur anderen. Es gibt deshalb, von seltenen Ausnahmen abgesehen, auf der unteren Parabel zwei stabile Kerne vom Typus gerade–gerade, auf der oberen Parabel keinen stabilen Kern. Wir erwarten also bei gerader Nukleonenzahl regelmäßig zwei stabile Kerne, deren Neutronenüberschuß sich um 2 unterscheidet (s. Abb. 359a, c S. 1256). Wenn ein stabiler Kern ganz in der Nähe des Minimums liegt, kann es vorkommen, daß es keinen zweiten stabilen Kern gibt. Dieses Ergebnis der Theorie ist in guter Übereinstimmung mit den beobachteten Tatsachen.

Trotz dieser recht überzeugenden Resultate der theoretischen Berechnungen sollte man deren Genauigkeit nicht überschätzen. Es ist z. B. überraschend, daß die immerhin beträchtliche Coulombsche elektrostatische Energie einfach in erster Näherung hinzugefügt werden kann und daß es nicht nötig ist, höhere Näherungen zu berücksichtigen. Man sollte eigentlich erwarten, daß sich Ausnahmen von den abgeleiteten Regeln in größerer Zahl zeigen, als tatsächlich beobachtet werden. Somit beruht die gute Übereinstimmung vielleicht zum Teil auf glücklichen Zufällen.

IV. Der Schalenaufbau der Atomkerne.

Gestützt auf das Antisymmetrieprinzip der Nukleonen und auf die Austauschkräfte von kurzer Reichweite konnten wir ein ungefähres Bild von den Atomkernen und ihrer Energie entwerfen, welches im großen und ganzen zutreffen dürfte, aber doch nur wenig Einzelzüge erkennen läßt. Im wesentlichen kamen wir zu folgenden Ergebnissen:

1. Zwischen Nukleonenpaaren wirken, unabhängig von ihrer Art (Neutron oder Proton), hauptsächlich Austauschkräfte kurzer Reichweite (z. B. Majoranatypus). In den Raumkoordinaten symmetrische Paare liefern einen negativen, antisymmetrische Paare einen positiven Beitrag zur Energie des Kernes. Zu den Majoranakräften treten mit schwächerer Wirkung noch allgemeine Anziehungskräfte, z. B. vom Wignertyp. Schließlich wirken noch Coulombsche Abstoßungskräfte, welche von der positiven Ladung der Protonen herrühren.

2. Die Austauschkräfte verhindern die allgemeine Zusammenballung der Materie und das Zusammenbrechen der Atomkerne auf ein Volumen, das der Reichweite dieser Kräfte entspricht. Die in den Raumkoordinaten antisymmetrischen Paare werden im großen und ganzen in einem Abstand gehalten, der größer als die Reichweite der Kernkräfte ist. Aus diesem Grunde ist das Kernvolumen zur Teilchenzahl proportional.

3. Die potentielle Energie der Kernkräfte hängt im wesentlichen von der Zahl der in den Raumkoordinaten symmetrischen Paare ab. Dieser Anteil ist in erster Näherung der Nukleonenzahl proportional. Die elektrostatische Energie verschiebt den Zustand niedrigster Energie bei schwereren Kernen zu größeren

Neutronenüberschüssen. Aus der Energiebilanz kann der empirische Verlauf des Neutronenüberschusses mit der Nukleonenzahl erklärt werden, ebenso die empirische Tatsache, daß bei ungerader Nukleonenzahl nur ein stabiler Kern, bei gerader Nukleonenzahl dagegen zwei stabile Kerne bekannt sind.

4. Im Kerninnern kompensieren sich die verschiedenen Kräfte auf ein einzelnes Nukleon in gewissem Maße, so daß sich jedes Nukleon in einem Restfeld befindet, welches von den anderen Nukleonen erzeugt wird. Dieses Feld ist im Innern des Kernes ziemlich schwach und kann dort sogar in grober Näherung ganz vernachlässigt werden. Dagegen treten in der Kernoberfläche starke Kräfte auf, die das Entweichen eines Nukleons aus dem Kern verhindern. Diese Oberflächenkräfte kann man durch einen plötzlichen Anstieg des Potentials in der Kernoberfläche beschreiben (Tröpfchenmodell).

Nunmehr erhebt sich die Frage, ob man zu detaillierteren Vorstellungen von der Struktur und den Eigenschaften der Kerne kommen kann, wenn man das Verhalten der Nukleonen im Kernfeld verfolgt. Diesen Versuch müssen wir jetzt unternehmen.

*§ 1. Quantenzustände einzelner Nukleonen im Kern.

Inhalt: Kennzeichnung der Quantenzustände eines einzelnen Nukleons durch den Bahndrehimpuls. Termschema für parabolisches und konstantes Potential im Kern. Termschema mit Spin-Bahnwechselwirkung. Schalenaufbau und magische Zahlen.

Bezeichnungen: ψ Eigenfunktion des Nukleons, Y_M^l Kugelflächenfunktion, E Energie, χ radiale Eigenfunktion, l, j, I Quantenzahl des Bahndrehimpulses, des gesamten Drehimpulses, des Kernspins, s, p, d, f, g, h, i Quantensymbole für $l = 0, 1, 2, 3, 4, 5, 6 \ldots$

Ein brauchbares Modell für das Verhalten einzelner Nukleonen im Kern muß so einfach sein, daß seine Durchrechnung zu einer systematischen Übersicht führt, es darf andererseits aber die Verhältnisse im Kern nicht grundsätzlich unrichtig beschreiben. Vor allem müssen alle Modelle so beschaffen sein, daß die Nukleonen sich nicht vom Kern entfernen können. Dies bedeutet, daß die potentielle Energie eines Nukleons im Kern wesentlich niedriger als seine Gesamtenergie, außerhalb des Kernes jedoch beträchtlich höher als die Gesamtenergie liegen muß. In allen brauchbaren Modellen muß deshalb die potentielle Energie bei großem Abstand von der Kernmitte auf erhebliche Werte ansteigen.

Man kann mehrere Modelle konstruieren, welche diese beiden Bedingungen erfüllen. Wir können z. B. annehmen, daß die potentielle Energie des Nukleons mit dem Quadrat seines Abstandes vom Kernzentrum anwachse (Parabelpotential). Dieser Ansatz hat den Vorteil, sich leicht durchrechnen zu lassen. Er hat den Nachteil, daß er zwar das Nukleon hindert, den Kern zu verlassen, daß er sich aber ziemlich weit von der Vorstellung entfernt, daß im Kerninnern nur ein schwaches Feld herrsche, in der Oberfläche ein sehr starkes Feld und außerhalb des Kernes gar kein Feld.

Das Feld mit parabolischem Verlauf der potentiellen Energie führt zu der Schrödingergleichung

$$\Delta \psi + \frac{8\pi^2 m}{h^2}\left(E - \frac{\varkappa^2}{2} r^2\right) \psi = 0. \qquad (IV, 1)$$

Sie geht mit den Abkürzungen

$$\frac{4\pi^2 m}{h^2} E = \varepsilon; \qquad \frac{4\pi^2 \varkappa^2 m}{h^2} = \omega^2 \qquad (IV, 2)$$

in

$$\Delta \psi + (2\varepsilon - \omega^2 r^2) \psi = 0 \qquad (VI, 3)$$

über. Die Zerlegung der Eigenfunktionen

$$\psi = \chi_l(r)\, Y_M^l(\vartheta, \varphi) \qquad (IV, 4)$$

in einen radialen Anteil $\chi_l(r)$ und die Kugelflächenfunktion $Y_M^l(\vartheta, \varphi)$ hinterläßt für χ die Gleichung

$$\frac{1}{r^2}\frac{d}{dr}r^2\frac{d\chi}{dr} - \frac{l(l+1)}{r^2}\chi + (2\varepsilon - \omega^2 r^2)\chi = 0. \qquad (IV, 5)$$

Der weitere Ansatz

$$\chi = r^l e^{-\frac{\omega}{2}r^2} P_l(r) \qquad (IV, 6)$$

ergibt die Gleichung

$$\frac{d^2 P_l}{dr^2} + 2\left(\frac{l+1}{r} - \omega r\right)\frac{dP_l}{dr} + (2\varepsilon - \omega\{2l + 3\}) P_l = 0 \qquad (IV, 7)$$

für das Polynom $P_l(r)$, welches nur gerade Potenzen von r enthalten kann, damit es bei $r = 0$ endlich bleibt. Für ε erhalten wir die Eigenwerte

$$\varepsilon_{kl} = \omega\left(2k + l + \frac{3}{2}\right). \qquad (IV, 8)$$

Die Eigenwerte bilden äquidistante Stufen der Höhe ω. Bezeichnen wir die Zustände als $s, p, d, f\ldots$ Zustände, je nachdem ob $l = 0, 1, 2, 3$ usw. ist, so erhalten wir die Energiewerte

ε_{kl}/ω	$l=0$	$l=1$	$l=2$	$l=3$	$l=4$	$l=5$	$l=6$
15/2	4s		3d		2g		1i
13/2		3p		2f		1h	
11/2	3s		2d		1g		
9/2		2p		1f			
7/2	2s		1d				
5/2		1p					
3/2	1s						

In der linken Hälfte der Abb. 372 ist das Termschema dieses Modells aufgetragen.

Ein Modell, welches der Wirklichkeit etwas näher kommt, aber auch noch leicht durchzurechnen ist, entsteht durch folgende Annahmen. Im Kerninnern sei das Potential Null, außerhalb des Kernes besitze es einen konstanten Wert, der der Abtrennungsenergie eines Nukleons entspricht. Noch leichter berechnen wir das Modell, wenn wir die potentielle Energie außerhalb des Kernes ins Unendliche rücken. Hierdurch wird die Abtrennung des Nukleons überhaupt unmöglich gemacht, was natürlich eine Abweichung von der Wirklichkeit darstellt. Solange wir uns aber auf Zustände der Kerne beschränken, aus denen kein Nukleon abgespalten wird, ist auch dieses stark vereinfachte Modell als Näherung für eine systematische Übersicht verwendbar.

Die Schrödingergleichung lautet jetzt

$$\Delta \psi + \frac{8\pi^2 m}{h^2} E \psi = 0. \qquad (IV, 9)$$

Führen wir

$$\varrho = \frac{r}{R}; \quad \varepsilon = \frac{8\pi^2 m R^2}{h^2} E \qquad (IV, 10)$$

*§ 1. Quantenzustände einzelner Nukleonen im Kern.

ein, wo R den Kernradius bedeutet, spalten die Kugelfunktionen mit

$$\psi = \frac{1}{\varrho} f_l(\varrho) Y_M^l(\vartheta, \varphi) \qquad (IV, 11)$$

ab, so verbleibt für $f_l(\varrho)$ die Besselsche Differentialgleichung

$$\frac{d^2 f_l}{d\varrho^2} + \left(\varepsilon - \frac{l(l+1)}{\varrho^2}\right) f_l = 0. \qquad (IV, 12)$$

Da ψ an der Stelle $\varrho = 0$ endlich bleiben muß, ist nur die an dieser Stelle verschwindende Lösung

$$f_l(\varrho) = \sqrt{\varrho}\, J_{l+\frac{1}{2}}(\varrho \sqrt{\varepsilon}) \qquad (VI, 13)$$

brauchbar. Die Randbedingung, daß ψ auf der Kernoberfläche verschwinden soll, verlangt, daß

$$\varepsilon_{kl} = x_{kl}^2 \qquad (IV, 14)$$

ist, wo x_{kl} die k-te Nullstelle der Besselfunktion bedeutet. Das Termschema dieses Modells ist auf der rechten Seite der Abb. 372 aufgetragen.

Zwei weitere kleine Verbesserungen lassen sich leicht anbringen. Statt das Potential an der Kern-

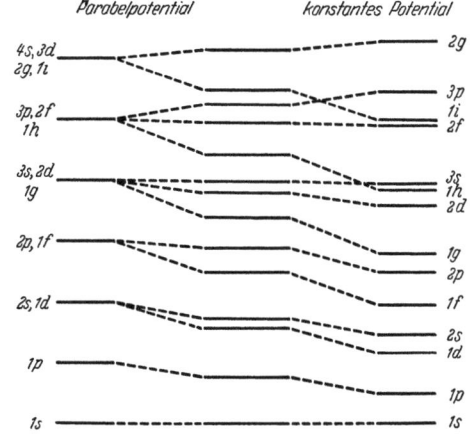

Abb. 372. Links Termschema des Parabelpotentials, rechts Termschema eines Potentiallochs von konstantem Potential.

oberfläche ins Unendliche wachsen zu lassen, können wir es auf den endlichen Wert der Bindungsenergie bringen. Dies bringt nur eine Art Kompression der Termabstände zustande, ändert aber die Termstruktur nicht grundlegend ab. Eine Abrundung der Unstetigkeiten im Potentialansatz können wir durch eine Interpolation zwischen dem Parabelpotential und dem Rechteckpotential erreichen. Diese Interpolation ist in der Abb. 372 vorgenommen, wo in der Mitte der Zeichnung die Mittelwerte der Terme beider Modelle eingezeichnet sind. Man kann aus dieser Abbildung ersehen, daß die Termstruktur nicht allzu empfindlich gegenüber dem örtlichen Verlauf des Kernpotentials ist und daß es deshalb nicht entscheidend darauf ankommt, daß der unterlegte Potentialverlauf mit dem wirklichen Verlauf genau übereinstimmt, solange man keine quantitative Berechnung der Bindungsenergie anstrebt.

Als völlig neuen Gesichtspunkt wollen wir nun eine Wechselwirkung zwischen dem Spin und dem Bahndrehimpuls des Nukleons in Betracht ziehen. Aus der Spinquantenzahl $s = \frac{1}{2}$ und der Drehimpulsquantenzahl l ist dann in der bekannten Weise eine Quantenzahl $j = l \pm \frac{1}{2}$ für den gesamten Drehimpuls des Nukleons zu bilden. Diese bisher nicht in Betracht gezogene Wechselwirkung, welche keineswegs magnetischer Natur sein soll, bewirkt eine Dublettaufspaltung der Terme. Sie möge die Komponenten mit dem größeren Wert von j nach unten, die Komponenten mit kleinerem j nach oben verschieben. Sie wird außerdem mit l wachsen.

In der Abb. 373 ist der Einfluß dieser Spinbahnwechselwirkung auf das Termschema dargestellt. Wir gehen dabei links von der Termstruktur aus, die sich für ein Potential zwischen dem Parabelpotential und dem Lochpotential ergibt.

Dieser Ausgangspunkt ist auf der linken Seite der Abb. 373 zu sehen. Die beträchtliche Aufspaltung eines jeden Terms in ein Dublett führt zu dem Termschema auf der rechten Seite. Es entsteht eine eigenartige Zusammenfassung benachbarter Terme in Gruppen. Die tiefste Energie besitzt der 1s-Zustand, der von zwei Protonen oder zwei Neutronen besetzt werden kann. Darüber liegt das Dublett 1p, welches im ganzen sechs Protonen oder Neutronen aufnehmen kann. Dann folgt die Schale 2s 1d mit 12 Teilchen, nach ihr Schalen von 8 und 22 Teilchen und später noch zwei Schalen von 32 bzw. 44 Teilchen. Sind im ganzen 8, 20, 28, 50, 82 oder 126 Protonen oder Neutronen vorhanden, so ist jeweils eine Schale abgeschlossen.

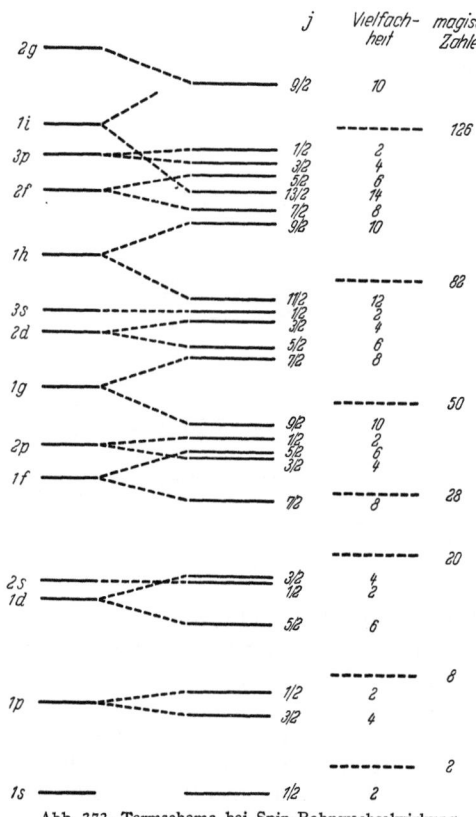

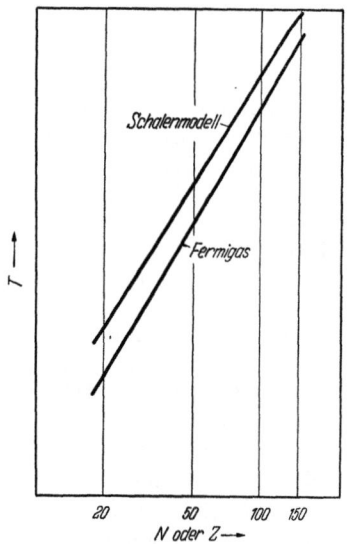

Abb. 373. Termschema bei Spin-Bahnwechselwirkung. Abgeschlossene Schalen: Magische Zahlen.

Abb. 374. Energiesumme des Schalenmodells und kinetische Energie des Fermigases.

Diese Zahlen, welche man magische Zahlen nennt, spielen tatsächlich in der empirischen Systematik der Atomkerne eine ähnliche Rolle wie die Besetzungszahlen der Elektronenschalen in der Atomhülle. In der Abb. 373 sind rechts die Quantenzahlen j eines jeden Terms, die Zahl der Nukleonen, die er aufnehmen kann und schließlich die magischen Zahlen angegeben.

§ 2. Energetische Folgerungen aus dem Schalenmodell.

Inhalt: Das Schalenmodell kann als zweite Näherung für die Berechnung der Kernenergie betrachtet werden. Es ergibt eine anormal hohe Bindungsenergie für das letzte Nukleon vor und bei einer magischen Zahl, anormal niedrige Bindungsenergie unmittelbar nach einer magischen Zahl. Hierauf lassen sich viele empirische Eigentümlichkeiten zurückführen, die sich an die magischen Zahlen knüpfen.

Aus dem Termschema der Abb. 373 kann man ablesen, daß Protonen oder Neutronen im Kern eine besonders niedrige Energie unmittelbar vor einer ma-

§ 2. Energetische Folgerungen aus dem Schalenmodell.

gischen Zahl besitzen, unmittelbar nach einer magischen Zahl dagegen eine besonders hohe Energie. Dies bedeutet, daß die betreffende Teilchenart besonders fest gebunden ist, wenn ihre Anzahl etwas kleiner oder gleich einer magischen Zahl ist, dagegen locker gebunden, wenn ihre Anzahl eine magische Zahl gerade überschreitet.

Diese Folgerung scheint auf den ersten Blick den Gesichtspunkten zu widersprechen, aus denen wir in den vorigen Kapiteln eine Energiebilanz der Kerne gewonnen haben, welche sich auch am empirischen Material bewährte. Welchen Sinn hat es aber dann, ein völlig andersartiges Modell zu entwickeln und aus ihm ebenfalls Regelmäßigkeiten über die Kernenergie ableiten zu wollen.

Um diese scheinbare Inkonsequenz zu verstehen, kehren wir zu der Schrödingergleichung (IV, 9) eines Teilchens bei konstantem Potential zurück. Das Termschema dieses Modells, das auf der rechten Seite der Abb. 372 gezeichnet ist, ist nicht das Termschema der Kernenergie, sondern das der kinetischen Energie allein. Dies stellt sich besonders deutlich heraus, wenn man die Energien vieler Teilchen eines Systems summiert und das Ergebnis mit der kinetischen Energie der Formel (III, 45) vergleicht. In der Abb. 374 trägt die obere Kurve die aus dem Termschema berechnete Energiesumme gegen die Nukleonenzahl auf, die untere Kurve die kinetische Energie nach der Formel (III, 45). Beide Kurven haben denselben Gang mit A und kommen sich für große Teilchenzahlen näher. Das Schalenmodell liefert demnach zunächst etwas detailliertere Angaben über die kinetische Energie, als sie bisher berechnet werden konnte.

Die Spinbahnwechselwirkung fügt dann noch ein Glied der potentiellen Energie hinzu. Früher haben wir die potentielle Energie eines Kernes aus der Zahl der in den Raumkoordinaten symmetrischen Nukleonenpaare abgeschätzt. Wir waren zu einem Ergebnis gelangt, welches sich empirisch gut bestätigte. Dieses Verfahren muß also wenigstens in erster Näherung richtig sein. Wenn das neue Schalenmodell damit nicht in Widerspruch gerät, kann man es als eine zweite Näherung betrachten, welche die bisherigen Überlegungen verfeinert und durch Einzelheiten ergänzt. Man hätte dann zu der bisher abgeschätzten potentiellen Energie der Kernkräfte und des elektrostatischen Feldes die nach dem Schalenmodell berechneten Terme noch hinzuzufügen. Ein solches Verfahren ist allerdings nur zulässig, wenn folgende Voraussetzung gilt: Füllt man die Quantenzustände der Nukleonen im Schalenmodell nacheinander mit $2j + 1$ Protonen oder Neutronen auf und bildet die in allen Teilchen antisymmetrische Eigenfunktion, so ergeben sich kleine mittlere Abstände für solche Paare, die in den Raumkoordinaten symmetrisch sind, wesentlich größere Abstände jedoch für solche Paare, die in den Raumkoordinaten antisymmetrisch sind. Diese Voraussetzung scheint aber einigermaßen zuzutreffen.

Wir wollen nunmehr das Schalenmodell als eine zweite Näherung betrachten, welche die schon früher ermittelte Energiebilanz nur wenig verändert. Das Schalenmodell macht dann die Aussage, daß die Energie der Kerne von den früher aufgestellten Regelmäßigkeiten nach unten abweicht, wenn die Protonenzahl oder Neutronenzahl einer magischen Zahl gleich ist oder dicht unter ihr liegt. Umgekehrt weicht die Energie des Kernes nach oben ab, wenn eine magische Zahl soeben überschritten ist.

Diese Erwartung finden wir durch den empirischen Befund bestätigt. Als Beispiel tragen wir in Abb. 375 die Energien auf, die beim Einfangen eines Neutrons in einen Kern frei werden bzw. zum Abtrennen eines Neutrons von einem Kern erforderlich sind. Die Neutronenzahl der betrachteten Kerne liegt dabei in der Nähe der magischen Zahl 126. Die vier Kurven gehören zu den Protonenzahlen 81 bis 84. Man erkennt zuerst, daß die Bindungsenergie der geradzahligen Neutronen immer größer als die der ungeradzahligen ist. Dieser Haupteffekt rührt von der Entstehung eines Neutronenpaares her und hat nichts mit dem Schalenmodell zu tun. Außerdem sieht man aber deutlich, daß die Neutronen unmittelbar vor der magischen Zahl 126 und auch noch das 126. Neutron mit größerer Energie gebunden werden als die Neutronen unmittelbar nach der magischen Zahl. Ein analoger Abfall der Bindungsenergie der Protonen kann bei der magischen Zahl 82 festgestellt werden, nur stehen hier weniger empirische Daten zur Verfügung (Abb. 376). Bei anderen magischen

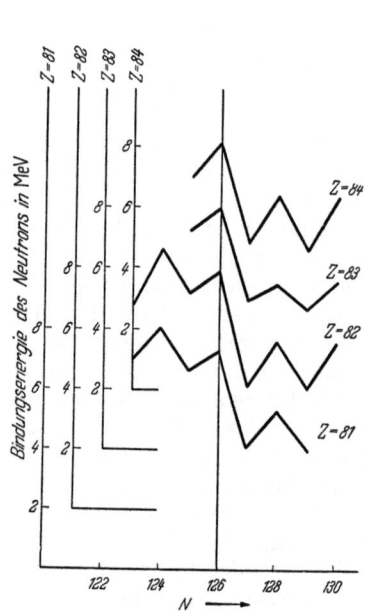 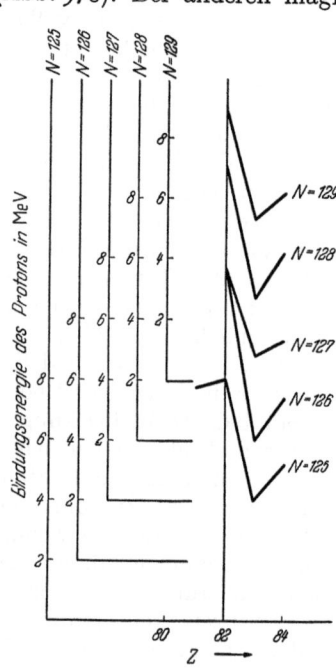

Abb. 375. Bindungsenergie des 123-ten bis 130-ten Neutrons bei verschiedenen Protonenzahlen.

Abb. 376. Bindungsenergie des 81-ten bis 84-ten Protons bei verschiedenen Neutronenzahlen.

Zahlen kommt das erwartete Absinken der Bindungsenergie nicht so deutlich heraus wie bei 82 und 126.

Die merklich erhöhte Stabilität der Kerne mit magischer Protonenzahl oder Neutronenzahl ist die Ursache mehrerer auffallender Effekte, die sich an die magischen Zahlen knüpfen. Tragen wir z. B. die relative Häufigkeit der Isotopen eines Elementes gegen die Neutronenzahl auf, so erhalten wir in der Regel eine Kurve mit einem Maximum bei einem Isotop mittlerer Neutronenzahl. Die Abb. 377a zeigt einige solcher Verteilungen, bei denen allerdings nur die Isotopen mit gerader Neutronenzahl aufgezeichnet sind. Man erkennt sofort, daß das Isotop mit $N = 50$ mit einer ungewöhnlichen Häufigkeit vorkommt. Die Abb. 377b zeigt ähnliche Verteilungskurven in der Nähe der magischen Zahl 82. Auch hier erscheint das Isotop mit 82 Neutronen bevorzugt.

Die etwas erhöhte Stabilität der Kerne mit der magischen Protonenzahl 20 oder 50 führt dazu, daß die Elemente Kalzium und Zinn besonders viele stabile Isotope besitzen. Bei dieser Protonenzahl erhält man noch stabile Kerne, wenn der Neutronenüberschuß anormal groß oder anormal klein ist.

Der Querschnitt für den Einfang langsamer Neutronen zeigt eine bemerkenswerte Unregelmäßigkeit bei den magischen Neutronenzahlen. Da das ein-

§ 3. Folgerungen für Kernspin und magnetische Momente aus dem Schalenmodell. 1311

gefangene Neutron wesentlich schwächer gebunden ist als die übrigen Neutronen, ist der Einfangquerschnitt eines Kernes mit magischer Neutronenzahl anormal niedrig. Dies ist in Abb. 378 deutlich zu beobachten.

Insgesamt läßt sich sagen, daß bei den magischen Zahlen tatsächlich gewisse Unregelmäßigkeiten auftreten, die man sofort verstehen kann, wenn man Kernen mit magischer Protonenzahl oder Neutronenzahl eine erhöhte Stabilität zuschreibt.

§ 3. Folgerungen für Kernspin und magnetische Momente aus dem Schalenmodell.

Inhalt: Für viele Kerne lassen sich aus dem Schalenmodell richtige Voraussagen über den Kernspin ableiten. Für die magnetischen Momente der gleichen Kerne ergeben sich ungefähre Schätzungen. Die wirkliche Berechnung der magnetischen Momente erfordert jedoch zusätzliche Annahmen bzw. Berechnungen.

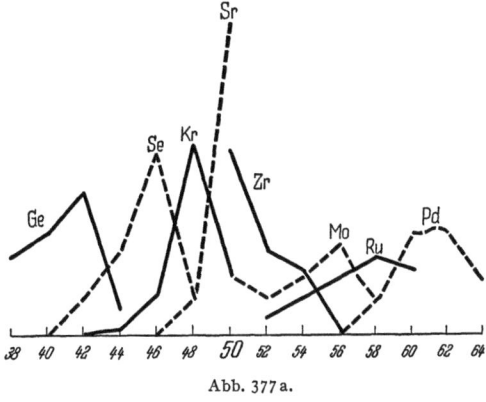

Abb. 377 a.

Zur Energie der Kerne liefert das Schalenmodell nur eine Korrektur, welche hauptsächlich bei den magischen Zahlen gewisse Abweichungen in die sonst herrschenden Gesetzmäßigkeiten bringt. Die Systematik des Kernspins und der magnetischen Eigenschaften der Kerne wird von dem Schalenmodell aber geradezu beherrscht, weil aus den früheren Erwägungen über diese Größen kaum Aussagen gewinnbar waren.

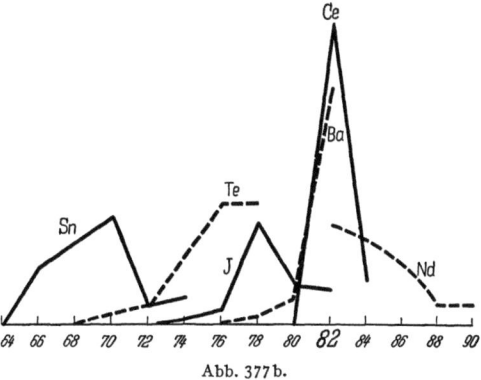

Abb. 377 b.

Abb. 377 a u. b. Relative Häufigkeit der Isotopen gegen die Neutronenzahl aufgetragen. Isotope mit den Neutronenzahlen 50 bzw. 82 sind anormal häufig (Sr, Zr, Mo, I, Ce, Ba, Nd).

Ist ein Term des Modells mit so vielen Neutronen oder Protonen besetzt als seiner Vielfachheit entspricht, so kompensiert sich sowohl der Spin wie auch der Bahndrehimpuls dieser Nukleonen. Die Parität eines solchen vollbesetzten Niveaus ist gerade. Wir denken uns jetzt den Kern aus einem Rumpf zusammengesetzt, der aus den Nukleonen der vollbesetzten Zustände besteht und einer Gruppe überzähliger Nukleonen, deren Spin und Bahndrehimpuls allein zum Kernspin und den magnetischen Eigenschaften der Kerne beiträgt.

Wenn außer dem Rumpf nur ein einziges überzähliges Teilchen vorhanden ist, so bestimmt dieses Teilchen die Parität des Kernes, und seine Quantenzahl $j = I$ ist gleichzeitig die Quantenzahl des Kernspins. Fehlt ein Teilchen zur völligen Besetzung eines Niveaus, so wirkt sich diese Lücke wie ein überzähliges Teilchen aus. Wir können aber aus dem empirischen Befund noch eine weitere Regel ableiten, welche die Klassifikation der Kerne mit Hilfe des Schalenmodells erleichtert. Sind nämlich Neutronen und Protonen paarweise vorhanden, so zeigt der Kern weder Spin noch magnetisches Moment. Wir müssen daraus schließen, daß zwei Teilchen in einem Schalenniveau sowohl ihren Spin wie ihren Bahndrehimpuls völlig kompensieren und deshalb zum Rumpf gezählt werden können.

Sehen wir von den vier stabilen Kernen ab, welche zu gerader Nukleonenzahl gehören und Protonen und Neutronen in ungerader Zahl enthalten, so besitzen alle geradzahligen Kerne keinen Kernspin. Wir brauchen uns also nur mit den

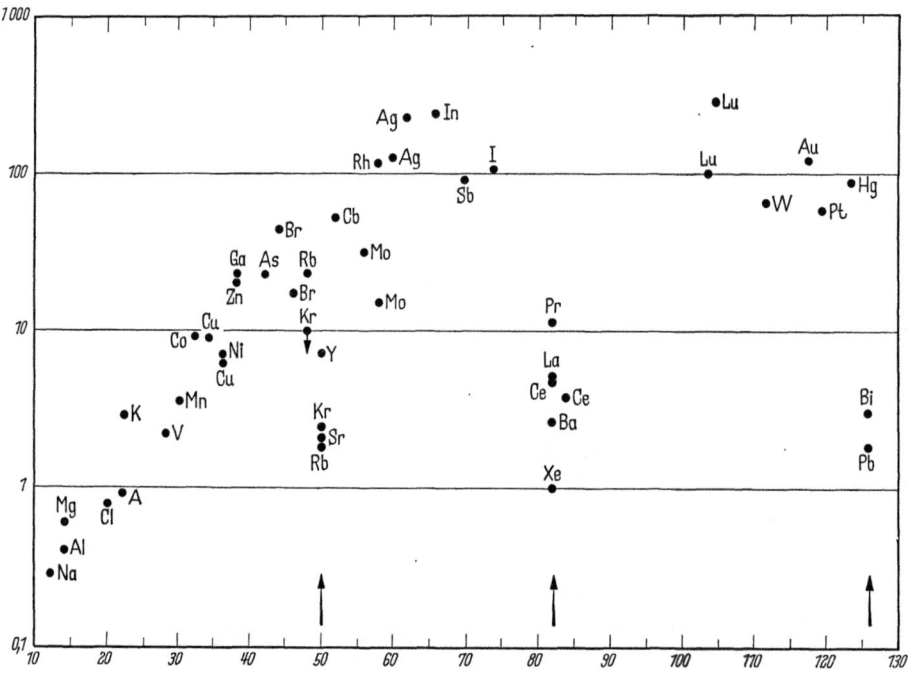

Abb. 378. Einfangquerschnitt für Neutronen gegen die Neutronenzahl aufgetragen. Bei den magischen Zahlen 50, 82, 126 werden extrem niedrige Einfangquerschnitte beobachtet.

Kernen mit ungerader Nukleonenzahl zu befassen. Bei diesen Kernen erwarten wir, daß der Kernspin gleich dem Gesamtdrehimpuls des überzähligen Nukleons ist. Die Parität des Kernes ist gerade oder ungerade, wenn die Quantenzahl l dieses Nukleons gerade oder ungerade ist.

Nun können wir den Kernspin und die Parität der ungeraden Kerne aus unserem Termschema ablesen, wenn wir annehmen, daß die einzelnen Terme ihrer energetischen Reihenfolge nach besetzt werden. Die nachfolgende Tabelle gibt in der 1. Spalte das Quantensymbol des ungeraden Nukleons, in der 2. bis 4. Spalte seine Parität, die Quantenzahl des Bahndrehimpulses l und den Gesamtdrehimpuls j an. In der 5. Spalte ist die Protonen- bzw. Neutronenzahl verzeichnet, bei denen dieser Zustand im Termschema zu erwarten ist. In der 6. Spalte sind die Kerne eingetragen, deren Kernspin und Parität mit dieser Erwartung übereinstimmt. In der 7. Spalte endlich sind diejenigen Kerne aufgeführt, die sich nach dem bisherigen empirischen Befund nicht ohne weiteres in das Schema einfügen. Das Überschreiten der magischen Zahlen ist durch einen doppelten Strich markiert.

Es gelingt also tatsächlich, Parität und Kernspin von vielen Kernen aus den Quantenzuständen des überzähligen Nukleons zu verstehen. Nur ganz wenige

§ 3. Folgerungen für Kernspin und magnetische Momente aus dem Schalenmodell.

Zustand	Parität	l	$j = I$	Bereich von N oder Z	empirische Kerne	Ausnahmen
$1s_{1/2}$	g	0	1/2	1	$_0N_1$, $_1H_0$, $_1H_2$, $_2He_1$	
$1p_{3/2}$	u	1	3/2	3 bis 5	$_2He_3$, $_3Li_2$, $_3Li_4$, $_4Be_5$, $_5B_6$	
$1p_{1/2}$	u	1	1/2	7	$_6C_7$, $_7N_8$	
$1d_{5/2}$	g	2	5/2	9 bis 13	$_8O_9$, $_{13}Al_{14}$, $_{12}Mg_{13}$	$_9F_{10}$: $I = 1/2$ $_{10}Ne_{11}$, $_{11}Na_{12}$
$2s_{1/2}$	g	0	1/2	15	$_{15}P_{16}$	
$1d_{3/2}$	g	2	3/2	17 bis 19	$_{16}S_{17}$, $_{17}Cl_{18}$, $_{17}Cl_{20}$, $_{19}K_{20}$, $_{19}K_{22}$	
$1f_{7/2}$	u	3	7/2	21 bis 27	$_{20}Ca_{23}$, $_{21}Sc_{24}$, $_{23}V_{28}$, $_{27}Co_{30}$, $_{27}Co_{32}$	$_{25}Mn_{30}$: $I = 5/2$?
$2p_{3/2}$	u	1	3/2	29 bis 31	$_{24}Cr_{29}$, $_{29}Cu_{34}$, $_{29}Cu_{36}$, $_{31}Ga_{38}$, $_{31}Ga_{40}$	
$2p_{3/2}$	u	1	3/2	33 bis 37	$_{33}As_{42}$, $_{35}Br_{44}$, $_{35}Br_{46}$, $_{37}Rb_{50}$	
$1f_{5/2}$	u	3	5/2	33 bis 37	$_{30}Zn_{37}$, $_{37}Rb_{48}$	
$2p_{1/2}$	u	1	1/2	39 bis 47	$_{39}Y_{50}$, $_{45}Rh_{58}$, $_{47}Ag_{60}$, $_{47}Ag_{62}$	$_{34}Se_{41}$: $I = 5/2$ $_{34}Se_{45}$: $I = 7/2$
$1g_{9/2}$	g	4	9/2	41 bis 49	$_{41}Nb_{52}$, $_{36}Kr_{47}$, $_{38}Sr_{49}$, $_{49}In_{64}$, $_{49}In_{66}$, $_{32}Ge_{41}$	
$2d_{5/2}$	g	2	5/2	51 bis 75	$_{42}Mo_{53}$, $_{42}Mo_{55}$, $_{46}Pd_{59}$, $_{51}Sn_{70}$, $_{53}J_{74}$, $_{59}Pr_{82}$, $_{63}Eu_{88}$, $_{75}Re_{112}$	$_{63}Eu_{90}$: u?
$1g_{7/2}$	g	4	7/2	51 bis 73	$_{51}Sb_{72}$, $_{53}J_{76}$, $_{55}Cs_{78}$, $_{55}Cs_{80}$, $_{55}Cs_{82}$, $_{57}La_{82}$, $_{71}Cp_{104}$, $_{73}Ta_{108}$	
$2d_{3/2}$	g	2	3/2	77 bis 81	$_{54}Xe_{77}$, $_{56}Ba_{79}$, $_{56}Ba_{81}$, $_{79}Au_{118}$	
$2s_{1/2}$	g	0	1/2	63 bis 81	$_{48}Cd_{63}$, $_{48}Cd_{65}$, $_{50}Sn_{65}$, $_{50}Sn_{67}$, $_{50}Sn_{69}$, $_{54}Xe_{75}$, $_{81}Tl_{122}$, $_{81}Tl_{124}$	
$2f_{7/2}$	u	3	7/2	> 82	$_{60}Nd_{83}$, $_{60}Nd_{85}$, $_{83}Bi_{126}$, $_{80}Hg_{121}$, $_{70}Yb_{101}$, $_{78}Pt_{117}$, $_{80}Hg_{119}$, $_{82}Pb_{125}$	$_{70}Yb_{103}$: g
$1h_{9/2}$	u	5	9/2			
$3p_{3/2}$	u	1	3/2			
$3p_{1/2}$	u	1	1/2			

der bekannten Kerne ordnen sich in das Schema nicht ein. Zum Teil konnten diese Ausnahmen bei genauerer Analyse des Einzelfalles geklärt werden.

Macht man die Annahme, daß die Nukleonen des Rumpfes nicht nur Bahn- und Spindrehimpuls, sondern auch die damit zusammenhängenden magnetischen Momente kompensieren, so kann das magnetische Moment des ganzen Kernes nur von dem überzähligen Nukleon herrühren. Unter dieser Voraussetzung kann

Weizel, Theoretische Physik, II. 2. Aufl.

man den Landéfaktor g_j aus den Faktoren g_s des Spins und dem Faktor g_l des Bahndrehimpulses nach der Formel

$$g_j = g_l \frac{j(j+1) + l(l+1) - s(s+1)}{2j(j+1)} + g_s \frac{j(j+1) - l(l+1) + s(s+1)}{2j(j+1)} \quad \text{(IV, 15)}$$

zusammensetzen, welche man aus dem Vektorgerüst gewinnt. Mit $s = \frac{1}{2}$ erhält man für $j = l + \frac{1}{2}$

$$g_j = g_l \frac{j - \frac{1}{2}}{j} + g_s \frac{1}{2j}. \quad \text{(IV, 16)}$$

Für $j = l - \frac{1}{2}$ findet man auf die gleiche Weise

$$g_j = g_l \frac{j + \frac{3}{2}}{j+1} - g_s \frac{1}{2(j+1)}. \quad \text{(IV, 17)}$$

Ist das überzählige Nukleon ein Neutron, so muß man $g_l = 0$ setzen, ist es ein Proton, so ist $g_l = 1$ anzusetzen. Welche Landéfaktoren für den Spin eines Neutrons bzw. eines Protons im Kern anzunehmen sind, ist nicht evident. Es liegt natürlich nahe, hierfür den gleichen g-Faktor wie für die freien Teilchen in Rechnung zu stellen, d. h., $g_s = -3{,}83$ für das Neutron und $g_s = 5{,}59$ für das Proton. Entschließt

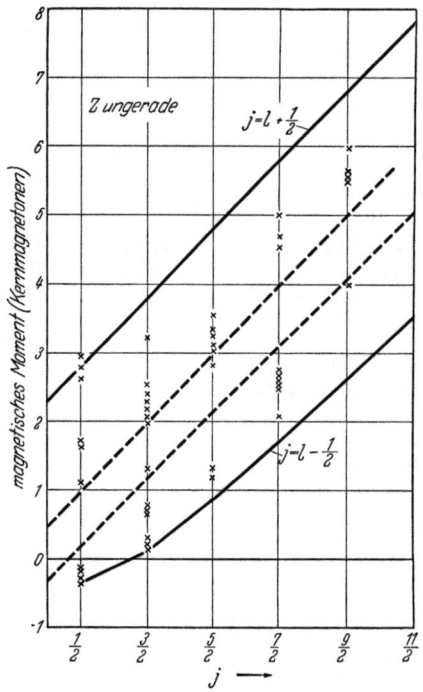

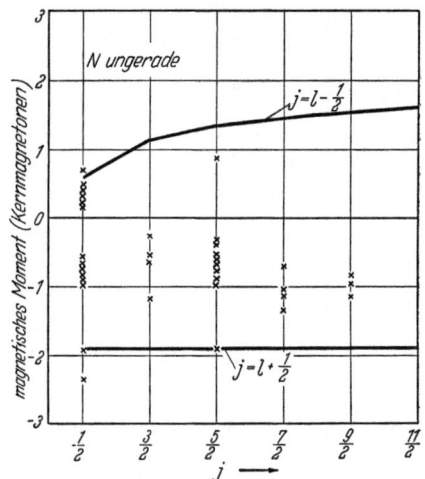

Abb. 379a. Magnetische Momente bei überzähligem Proton. Ausgezogen Schmidtlinien. Zwischen den punktierten Linien sollten keine Kerne liegen. Kreuze bedeuten empirische Kerne.

Abb. 379b. Magnetische Momente bei überzähligem Neutron. Schmidtlinien ausgezogen. Kreuze sind empirische Kerne.

man sich zu dieser Annahme, so kann man die Landéfaktoren g_j für den Gesamtdrehimpuls aus dem Schalenmodell berechnen. Die gemessenen magnetischen Momente, genauer gesagt, ihre Komponente in Richtung eines Magnetfeldes, sollten dann

$$\mathfrak{M}_z = \frac{h\,e\,\mu_0}{4\pi\,m_p} g_j j \quad \text{(IV, 18)}$$

sein. Trägt man jg_j gegen j auf, so erhält man die sogenannten Schmidtlinien, die in der Abb. 379a für Kerne mit überzähligem Proton, in Abb. 379b für Kerne mit überzähligem Neutron eingezeichnet sind. In diese Abbildungen sind außerdem die gemessenen Momente einiger Kerne durch Kreuze eingetragen. Man kann erkennen, daß die wirklichen magnetischen Momente der Kerne fast alle zwischen den beiden Schmidtlinien liegen, zum Teil auch auf ihnen. Die Abweichungen von den Schmidtlinien liegen alle in dem Sinn, daß das magnetische Eigenmoment (Spin-Moment) des überzähligen Nukleons nicht voll zur Geltung kommt. Als sicher kann man insbesondere aus dem Vergleich der beiden Abbildungen ersehen, daß zum magnetischen Moment der Bahndrehimpuls einen erheblichen Teil beisteuert. Hierdurch kommt der Unterschied der magnetischen Momente zwischen den Kernen mit überzähligem Proton und überzähligem Neutron heraus, der in den Abbildungen deutlich wird. Es bestätigt sich auch der Gedanke, daß nur der Spin eines einzigen Nukleons an der Bildung des magnetischen Momentes beteiligt ist. Aus diesem Grunde haben ja auch die Kerne mit gerader Nukleonenzahl kein magnetisches Moment. Insoweit stimmt der experimentelle Befund mit der aus dem Schalenmodell gewonnenen Erwartung überein. Andererseits zeigen die erheblichen Abweichungen von den Schmidtlinien, daß man die magnetischen Momente quantitativ nicht aus den einfachen Annahmen berechnen kann, wie wir sie bisher gemacht haben.

Es ist auf verschiedenen Wegen versucht worden, die Abweichungen der gemessenen magnetischen Momente von den berechneten verständlich zu machen. Nach der Diracschen Theorie sollte das Neutron überhaupt kein magnetisches Moment besitzen, das Proton ein Moment von einem Kernmagneton. Nach dieser Theorie sollte man also für das Neutron $g_s = 0$, für das Proton $g_s = 2$ erwarten. Daß die g-Faktoren der freien Teilchen wesentlich andere Werte haben, erklärt man durch die Annahme, daß das freie Proton teilweise in ein Neutron und ein positives Meson, das freie Neutron teilweise in ein Proton und ein negatives Meson gespalten sei. Diese Spaltung braucht natürlich im Innern eines Atomkernes nicht im gleichen Maße stattzufinden wie bei den freien Teilchen. Auf diesem Wege könnte man erklären, daß die empirischen Momente vieler Kerne nicht auf den Schmidtlinien, sondern zwischen ihnen liegen. Die Schmidtlinien wären dann die äußersten Grenzen, zwischen denen die magnetischen Momente zu finden sind. Versucht man jedoch, diesen Gedanken im einzelnen auszuwerten, so stößt man auf schwierige Probleme. Man muß dann nämlich Gesichtspunkte dafür entwickeln, weshalb im Einzelfall das Eigenmoment des überzähligen Nukleons größer oder kleiner ist.

Für die Kerne mit überzähligem Proton kann man zwei andere Linien konstruieren, wenn man $g_s = 2$ als untere Grenze des Landéfaktors setzt. Zwischen diesen Linien, welche in der Abb. 379a punktiert gezeichnet sind, sollten dann keine magnetischen Momente zu finden sein. Von ganz vereinzelten Ausnahmen abgesehen, ist das auch nicht der Fall.

Es sind auch noch andere Versuche unternommen worden, die Abweichungen von den Schmidtlinien verständlich zu machen. Zu einer wirklich quantitativen Theorie der magnetischen Momente haben sie jedoch noch nicht geführt.

V. Kernreaktionen.

Als Kernreaktionen bezeichnen wir alle diejenigen Vorgänge, welche die Zusammensetzung von Atomkernen aus Neutronen und Protonen oder ihre inneren Zustände verändern. Wenn hingegen zwei Atomkerne nur Impuls und kinetische Energie austauschen, so bezeichnen wir dieses Ereignis als einen elastischen Stoß, nicht als eine Kernreaktion. Schon eine Veränderung des Spins eines Atomkernes würden wir jedoch als innere Zustandsänderung ansehen und reihen deshalb alle Vorgänge, die mit einer Spinänderung eines der beteiligten Kerne einhergehen, unter die Kernreaktionen ein.

Wir wollen nun versuchen, zu einer vorläufigen Übersicht über die Kernreaktionen zu gelangen. Als Kerne ziehen wir nicht nur die zusammengesetzten Atomkerne in Betracht, sondern auch die freien Nukleonen, d. h. auch das Proton und das Neutron selbst.

Von allen Kernreaktionen sind die radioaktiven Zerfälle schon am längsten bekannt. Der α-Zerfall läuft nach der Formel

$$X \to Y + b \qquad (V, 1)$$

ab, in welcher b einen Heliumkern bedeutet. Der beim Zerfall entstehende Kern Y besitzt zwei Protonen und zwei Neutronen weniger als der ursprüngliche Kern X. In vielen Fällen hinterbleibt der Kern Y nach dem Zerfall in einem angeregten Zustand, aus dem er durch γ-Zerfall nach der Reaktion

$$Y^* \to Y + \gamma \qquad (V, 2)$$

in seinen Grundzustand zurückkehren kann.

Weniger einfach als der α- und γ-Zerfall läuft der β-Zerfall ab. Beim spontanen β⁻-Zerfall der radioaktiven Elemente gibt der Mutterkern ein Elektron und ein Neutrino nach der Reaktion

$$X \to Y + e^- + \nu \qquad (V, 3)$$

ab. Häufig hinterbleibt der Tochterkern Y in einem angeregten Zustand, aus dem er durch γ-Zerfall in den Grundzustand übergeht. Die einfachste Zerfallsreaktion dieses Typs ist der Zerfall des Neutrons nach dem Schema

$$n \to p + e^- + \nu. \qquad (V, 4)$$

Der β⁺-Zerfall vieler künstlicher radioaktiver Isotope findet nach der zu (V, 3) ganz analogen Formel

$$X \to Y + e^+ + \nu \qquad (V, 5)$$

statt. Es gibt allerdings keinen β⁺-Zerfall des freien Protons in Analogie zum Neutronenzerfall der Gleichung (V, 4), weil die Energie (Masse) des Protons kleiner als die des Neutrons ist. Das Proton ist also der stabile Grundzustand des freien Nukleons.

Beim β⁻-Zerfall erhöht sich die Zahl der Protonen im Kern um 1 auf Kosten der Neutronen. Die Nukleonenzahl bleibt ungeändert. Umgekehrt vermehrt der β⁺-Zerfall die Zahl der Neutronen um 1 zu Lasten der Protonen.

Für den Atomkern hat der Einfang eines Elektrons (meist aus der K-Schale der Elektronenhülle) einen ähnlichen Effekt wie die Emission eines Positrons. Die Absorption des Elektrons, die wir durch die Formel

$$X + e^- \to Y + \nu \qquad (V, 6)$$

beschreiben, ist mit der Emission eines Neutrinos, genauer, eines Antineutrinos, verbunden.

Die Umkehrung des γ-Zerfalles ist die Anregung eines Atomkernes durch Absorption eines γ-Quants. Die Folge einer solchen Absorption kann aber auch die Abtrennung eines Nukleons sein, z. B. eines Neutrons. Diese Kernreaktion nach der Formel

$$X + \gamma \to Y + b \qquad (V, 7)$$

nennt man Kernphotoeffekt. In leichtverständlicher Weise kann man diesen Vorgang als $X(\gamma, b)$ Y-Prozeß oder noch kürzer nach BOTHE und FLEISCHMANN als (γ, b)-Reaktion abkürzen. Auch den Umkehrvorgang, der (γ, b)-Reaktion, den man als (a, γ)-Prozeß bezeichnet, kennt man. Er läuft nach der Formel

$$X + a \to Y + \gamma \qquad (V, 8)$$

ab. Zwei Kerne X und a (a ist meist ein Proton oder Neutron) vereinigen sich zum Kern Y, wobei ein γ-Quant emittiert wird.

Beschießt man einen Atomkern X mit Protonen, Deuteronen oder α-Teilchen so hoher Geschwindigkeit, daß sie die Coulombsche Abstoßung überwinden und in das Innere des Atomkernes vordringen können, so kann die Emission eines Neutrons oder Protons, in manchen Fällen auch eines Deuterons, ja sogar eines α-Teilchens oder eines Kernes $_1H_2^3$ (Tritons) oder $_2He_1^3$ die Folge sein. Bezeichnen wir das angewandte Projektil mit a, das emittierte Teilchen mit b, so lautet die Formel einer solchen Reaktion

$$X + a \to Y + b, \qquad (V, 9)$$

abgekürzt kann man diesem Prozeß das Symbol $X(a, b)Y$ oder noch kürzer (a, b) zuschreiben. Am leichtesten sind derartige Prozesse durch Neutronenbeschuß einzuleiten, weil die ungeladenen Neutronen vom Kern X nicht abgestoßen werden und deshalb in den Atomkern eindringen können, auch wenn sie keine

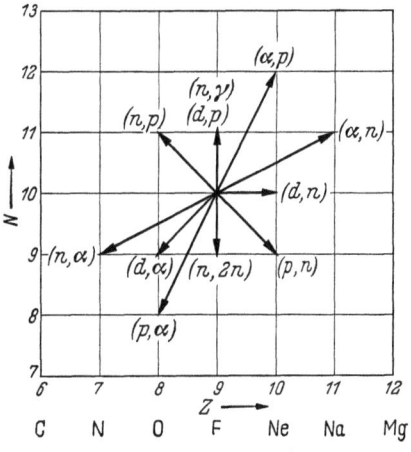

Abb. 380. Kernreaktionen des $_9F_{10}^{19}$-Kernes.

nennenswerte kinetische Energie besitzen. Geladene Teilchen benötigen dagegen eine kinetische Energie, welche ihrer eigenen Ladung und der Ladung des beschossenen Kernes X proportional ist, um eine Kernreaktion auslösen zu können. Aus diesem Grunde werden an schweren Kernen vorzugsweise solche Reaktionen beobachtet, bei denen das Teilchen a ein Neutron bedeutet.

Einen guten Überblick über die Mannigfaltigkeit von Kernreaktionen kann man aus der Abb. 380 erhalten. Hier ist nach oben die Neutronenzahl, nach rechts die Protonenzahl aufgetragen. Die Pfeile bezeichnen diejenigen Reaktionen, welche an dem Kern $_9F_{10}^{19}$ des Fluors beobachtet worden sind.

Es kann natürlich auch vorkommen, daß ein beschossener Kern mehr als ein Teilchen emittiert. Werden 2 Teilchen emittiert, so verläuft die Reaktion nach der Formel

$$X + a \to Y + b_1 + b_2. \qquad (V, 10)$$

Solche komplizierteren Reaktionen treten vor allem dann ein, wenn das Teilchen a eine sehr hohe kinetische Energie besitzt. Besonders schnelle Teilchen der Höhenstrahlung können geradezu Kernexplosionen verursachen, bei denen der getroffene Kern in eine große Zahl von Nukleonen und anderen Kerntrümmern zerplatzt (Abb. 381).

Als letztes Beispiel für Kernreaktionen sei noch der Einfang eines negativen π-Mesons angeführt, der ebenfalls zur Emission eines oder mehrerer Teilchen führen kann. Der Einfang von positiven π-Mesonen kommt wegen der Coulomb-

1318 J. V. Kernreaktionen.

schen Abstoßung sehr viel weniger in Betracht. Die μ-Mesonen endlich reagieren kaum mit den Kernen.

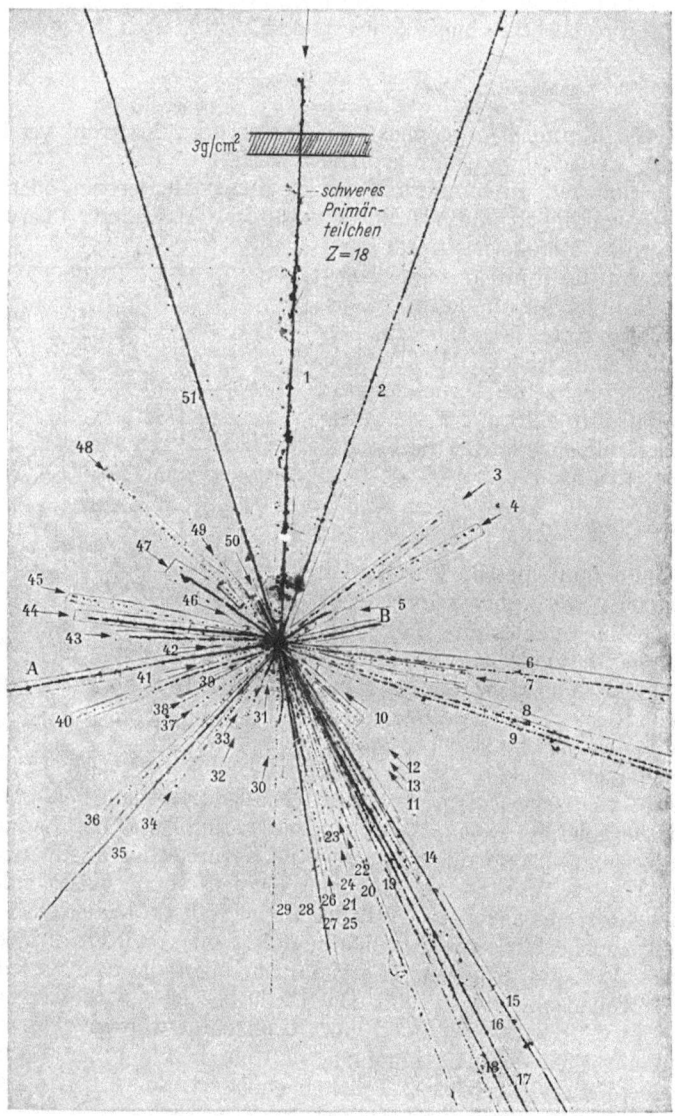

Abb. 381. Kernexplosion, hervorgerufen durch ein äußerst energiereiches primares Höhenstrahlteilchen der Ordnungszahl 18. Aufnahme zur Verfugung gestellt von L. LEPRINCE-RINGUET.
(Aus Finkelnburg, „Einführung in die Atomphysik" 5./6. Aufl.)

§ 1. Die Erhaltungssätze für Kernreaktionen.

Inhalt: Erhaltungssätze für Impuls, Drehimpuls, Ladung, Energie und Parität. Bei Energien bis 1000 MeV ändert sich die Zahl der Nukleonen nicht. Leichte Teilchen von halbzahligem Spin (Elektronen, Positronen, Neutrinos) können nur in gerader Zahl entstehen und verschwinden.

Bei Kernreaktionen gelten die wichtigen Erhaltungssätze, welche uns auch auf allen anderen Gebieten der Physik entgegentreten.

1. Die Summe der Impulse aller Reaktionsteilnehmer bleibt während einer Kernreaktion dieselbe. Die Reaktion ändert nichts am Gesamtimpuls des reagierenden Systems. Der Gesamtimpuls hängt nur davon ab, auf welches Koordinatensystem man bezieht. Bedient man sich zur Beschreibung des Vorganges eines Bezugssystems, das im Schwerpunkt des Gesamtsystems mitgeführt wird, so ist der Gesamtimpuls Null. Der Impulssatz formuliert also nur die Invarianz der Gesetze, welche die Kernreaktionen beherrschen, gegenüber einer Translation des Bezugskoordinatensystems.

2. Die Summe der Drehimpulse aller Teilnehmer wird während der Kernreaktion nicht geändert. Dem System aller Teilnehmer an der Reaktion kann deshalb eine Quantenzahl des gesamten Drehimpulses zugeordnet werden, welche nach S. 999 ganzzahlige oder halbzahlige Werte besitzen kann. Die Drehimpulsquantenzahl ist dann und nur dann halbzahlig, wenn das System eine ungerade Anzahl von Teilchen mit halbzahligem Spin enthält. Bei einer Kernreaktion können deshalb Teilchen mit halbzahligem Spin stets nur in gerader Anzahl entstehen oder verschwinden.

3. Eine Kernreaktion läßt die Summe der elektrischen Ladungen der Reaktionsteilnehmer ungeändert.

4. Die Gesamtenergie bleibt während der Reaktion die gleiche. Rechnet man alle Energien in Masse um und bezeichnet den Zustand vor der Reaktion durch den Index 1, den Zustand nach der Reaktion durch den Index 2, so lautet die Energiebilanz einfach

$$\sum{}^i m_{i1} = \sum{}^i m_{i2}. \qquad (V, 11)$$

Diese Gleichung gilt in allen gleichberechtigten Bezugssystemen, z. B. in dem mit der Versuchsanordnung fest verbundenen System (Laborsystem) oder im Schwerpunktsystem.

5. Neuerdings sind auch Reaktionen beobachtet worden, bei denen Nukleonen paarweise entstehen. Sieht man aber von diesen Prozessen, bei denen ungewöhnlich große Energien umgesetzt werden, ab, so bleibt die Zahl der Nukleonen bei einer Kernreaktion ungeändert. Dagegen können Protonen in Neutronen verwandelt werden und umgekehrt. In dem Bereich der Energien von 1 MeV bis 1000 MeV verhalten sich zwar noch die Nukleonen, nicht mehr aber deren Erscheinungsformen des Protons und des Neutrons wie elementare Bausteine der Materie. Elektronen, Positronen und Neutrinos können hingegen bei Kernreaktionen entstehen oder vernichtet werden, wegen der Erhaltung des Drehimpulses allerdings stets nur in gerader Anzahl.

6. Die Parität des Gesamtsystems wird während einer Kernreaktion nicht geändert. Die kürzlich bekannt gewordenen Fälle, in denen die Parität geändert wird, gehören nicht zu den hier erörterten Kernreaktionen.

§ 2. Kernumwandlungen vom Typ $a + X \to Y + b$.

Inhalt: Die Kernreaktion verläuft in zwei Stufen, die als Kanäle bezeichnet werden. Aus den Kernen a und X wird durch den Eingangskanal α ein Zwischenkern gebildet, der durch den Ausgangskanal β in Y und b zerfällt. Definition der Kanalenergie und Reaktionsenergie. Exotherme und endotherme Reaktionen. Offene und verschlossene Kanäle.

Bezeichnungen: X schwerer Kern, a leichter Kern zu Beginn der Reaktion, Y schwerer Kern, b leichter Kern nach der Reaktion, α Eingangskanal, β Ausgangskanal, ε_α, ε_β Kanalenergien, $Q_{\alpha\beta}$ Reaktionsenergie für den Reaktionsweg (α, β). α', α'' Quantenzustände von X und a, β', β'' von Y und b, $E_{\alpha'}$, $E_{\alpha''}$, $E_{\beta'}$, $E_{\beta''}$ zugehörige Energien, E Gesamtenergie, $\sigma_r(\alpha)$ Reaktionsquerschnitt für den Eingangskanal α, $\sigma(\alpha, \beta)$ Wirkungsquerschnitt für den Reaktionsweg (α, β), λ_α, λ_β Kanalwellenlängen, μ_α, μ_β reduzierte Massen im Eingangs- und Ausgangskanal.

Wir betrachten nun Kernumwandlungen, die eingeleitet werden, indem man einen schweren Atomkern X mit leichten Partikeln a beschießt. Als Ergebnis der

Umwandlung erhält man einen schweren Kern Y und einen leichten Kern b. Als leichte Partikel a kommen schnelle Protonen, Deuteronen oder α-Teilchen in Betracht, außerdem schnelle und langsame Neutronen. Bei diesen Reaktionen werden hauptsächlich Protonen, Deuteronen, Neutronen oder α-Teilchen als Partikel b emittiert.

Wenn man eine bestimmte Kernart, z. B. $_{29}Cu_{34}$ mit bestimmten Partikeln (z. B. Deuteronen) bombardiert, so führt dies durchaus nicht immer zu einem einheitlichen Ergebnis. In dem betrachteten Beispiel hat man nebeneinander die Emission eines Neutrons, eines Protons, eines α-Teilchens oder eines $_1H_2^3$-Teilchens (Tritium), außerdem die gleichzeitige Emission von zwei Neutronen, den Einfang des Deuterons mit Emission eines γ-Quants und natürlich auch die elastische Streuung des Deuterons beobachtet. Zu denselben Reaktionsprodukten kann man aber auch gelangen, wenn man den Zinkkern $_{30}Zn_{34}$ mit Neutronen beschießt. Wir müssen deshalb die ganze Gruppe von Kernreaktionen auf einmal betrachten, die in dem Schema

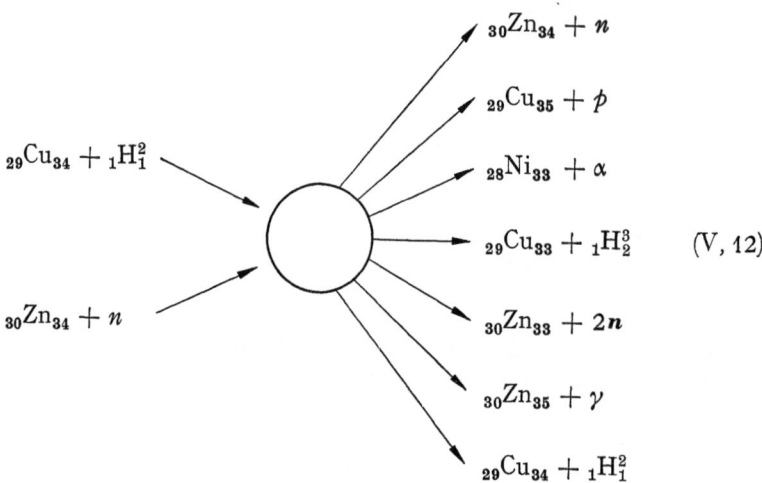

(V, 12)

zusammengefaßt ist. Das experimentelle Faktum, daß man von ein und demselben Anfangszustand zu ganz verschiedenen Endprodukten gelangt, die man aber auch von einem anderen Anfangszustand aus erreichen kann, kann man folgendermaßen verstehen: Ist ein schnelles Teilchen in einen Kern eingedrungen, der aus vielen Nukleonen besteht, so verbleibt es für kurze Zeit darin. Seine kinetische Energie und Einfangsenergie verteilt sich zunächst in unübersichtlicher Weise auf die Nukleonen des Kernes, was man als eine Art Erhitzung betrachten kann. Es bildet sich nach BOHR ein Zwischenkern in einem angeregten Zustand, der sich nachher unter Abspaltung eines Teilchens oder wenigstens eines γ-Quants in einen stabilen oder langlebigen Kern umlagert. Jede Reaktion besteht nach dieser Vorstellung aus zwei Stufen, die man Reaktionskanäle nennt. Der Eingangskanal führt den beschossenen Kern und die eindringende Partikel in den Zwischenkern über, während der Ausgangskanal den Zwischenkern in einen stabilen oder langlebigen schweren Kern und das emittierte Teilchen zerlegt.

Wir kehren jetzt zu der allgemeinen Reaktion

$$X + a \to Y + b \qquad (V, 13)$$

zurück. Der Kern X möge sich in einem Quantenzustand α' befinden, der praktisch meist der Grundzustand ist. In α' mögen alle Quanteneigenschaften ein-

§ 2. Kernumwandlungen vom Typ $a + X \to Y + b$.

schließlich des Spins zusammengefaßt sein, nicht jedoch die Translationseigenschaften. Analog möge der Quantenzustand (einschließlich Spin, jedoch ohne Translation) des Teilchens a in die Quantenangabe α'' zusammengefaßt werden. Jede Kombination zweier Quantenzustände α' und α'', die wir mit α abkürzen, bezeichnen wir als einen Eingangskanal. Durch Angabe des Eingangskanals ist der Anfangszustand der Reaktion noch nicht vollständig festgelegt. Die kinetische Energie im Schwerpunktsystem ist für diesen Kanal noch verschiedener Werte fähig und wird als Kanalenergie bezeichnet. Für den Drehimpuls der Relativbewegung gilt Entsprechendes.

In gleicher Weise definieren wir sinngemäß den Ausgangskanal β durch die Quantenzustände β' und β'' des Folgekernes Y und des emittierten Teilchens b. Zwei Ausgangszustände gehören zum gleichen Ausgangskanal, wenn Y und b sich im gleichen inneren Quantenzustand befinden und nur Unterschiede der kinetischen Energie oder des relativen Drehimpulses aufweisen. Dagegen handelt es sich um verschiedene Ausgangskanäle nicht nur, wenn die Folgekerne und die emittierten Teilchen verschieden sind, sondern auch schon dann, wenn sich in verschiedenen Anregungszuständen (auch Spinzuständen) befinden.

Bezeichnen wir die Energie (ohne kinetische Energie) des Kernes X mit $E_{\alpha'}$, die des Teilchens a (ohne kinetische Energie) mit $E_{\alpha''}$ und die Summe der kinetischen Energien beider Teilchen im Schwerpunktsystem (Kanalenergie) mit ε_α, so haben wir die Aufteilung

$$E = \varepsilon_\alpha + E_{\alpha'} + E_{\alpha''} \qquad (V, 14)$$

der Gesamtenergie des Systems, solange die Entfernung von a und X so groß ist, daß keine Wechselwirkung besteht. Ebenso groß ist natürlich die Energie des Zwischenkernes und auch die Gesamtenergie nach Ablauf der Reaktion und völliger Trennung der Kerne Y und b. Nach der Reaktion können wir die Aufteilung

$$E = \varepsilon_\beta + E_{\beta'} + E_{\beta''} \qquad (V, 15)$$

in die Kanalenergie ε_β des Ausgangskanals und die inneren Energien $E_{\beta'}$ und $E_{\beta''}$ der Kerne Y und b vornehmen.

Ein bestimmter Reaktionsweg, (α, β) entsteht durch Kombination eines Eingangskanals α mit dem Ausgangskanal β. Für jeden Reaktionsweg erhalten wir die Reaktionsenergie (Energietönung)

$$\varepsilon_\beta - \varepsilon_\alpha = E_{\alpha'} + E_{\alpha''} - E_{\beta'} - E_{\beta''} = Q_{\alpha\beta}, \qquad (V, 16)$$

welche durch die beiden Kanäle völlig festgelegt ist und nicht von dem Kanalenergien (kinetischen Energien) einzeln abhängt. Ist $Q_{\alpha\beta}$ positiv, so ist die Reaktion exotherm, innere Zustandsenergie der Reaktionspartner wird in kinetische Energie verwandelt. Ist $Q_{\alpha\beta}$ negativ, so ist die Reaktion endotherm, innere Zustandsenergie wird vermehrt und der Energiebedarf hierfür aus der kinetischen Energie gedeckt.

Ein Reaktionsweg kann nur durchlaufen werden, wenn die kinetische Energie ε_β des Ausgangskanals positiv ist. Ist $Q_{\alpha\beta}$ positiv, so ist dies immer der Fall, der Ausgangskanal ist „offen". Ist dagegen $Q_{\alpha\beta}$ negativ, so ist ε_β nur dann positiv, wenn

$$\varepsilon_\alpha > |Q_{\alpha\beta}| \qquad (V, 17)$$

ist. Ist dies nicht der Fall, so ist der Ausgangskanal „verschlossen".

Befinden sich die Endprodukte Y und b nach der Reaktion im Grundzustand, β_0' bzw. β_0'', so nimmt die Differenz

$$\varepsilon_{\beta_0} - \varepsilon_\alpha = Q_{\alpha \beta_0} = Q_{ab} \tag{V, 18}$$

den größten möglichen Wert an. Ist die Reaktion selbst endotherm, so ist Q_{ab} der kleinste Energieaufwand, mit dem die Reaktion gerade noch in Gang gebracht werden kann. Eine endotherme Reaktion kann keinesfalls eingeleitet werden, wenn die Energie des Eingangskanals ε_α kleiner als $|Q_{ab}|$ ist.

§ 3. Wirkungsquerschnitte.

Inhalt: Definition des Reaktionsquerschnittes $\sigma_r(\alpha)$ für den Eingangskanal α und seine Zerlegung in die Wirkungsquerschnitte $\sigma(\alpha, \beta)$ für die Reaktionswege (α, β). Differentieller Wirkungsquerschnitt, Kanalwellenlängen. Reziprozitätssatz.
Bezeichnungen: wie S. 1319.

Die energetischen Beziehungen lassen noch nicht überblicken, ob eine Reaktion wirklich stattfindet. Nur bei endothermen Reaktionen bei denen der Ausgangskanal verschlossen ist, weil die Kanalenergie des Eingangskanals nicht ausreicht, läßt sich mit Sicherheit sagen, daß die Reaktion nicht eintritt. Bei allen anderen Reaktionen hingegen, die aus energetischen Gesichtspunkten möglich sind, läßt sich die Häufigkeit oder Wahrscheinlichkeit der Reaktion aus der Energiebilanz noch nicht beurteilen.

Lassen wir einen homogenen Strahl von Teilchen a auf ruhende Kerne X einfallen, so realisieren wir damit einen Eingangskanal α, der zu den Grundzuständen von a und X gehört. Findet nur eine elastische Streuung statt, so ist der Ausgangskanal mit dem Eingangskanal identisch. Sehen wir von diesen Prozessen ab, so führt jede Kernreaktion in einen anderen Kanal als Ausgangskanal. Als Reaktionsquerschnitt $\sigma_r(\alpha)$ definieren wir nun das Verhältnis der pro Kern X eintretenden Reaktionen zur Teilchenstromdichte der Teilchen a für den Eingangskanal α.

Diesen Reaktionsquerschnitt

$$\sigma_r(\alpha) = \sum_\beta \sigma(\alpha, \beta) \tag{V, 19}$$

können wir additiv aus den Wirkungsquerschnitten für die einzelnen Reaktionswege (α, β) zusammensetzen, wenn wir die Reaktionen nach ihren Ausgangskanälen sortieren. $\sigma(\alpha, \beta)$ ist dann das Verhältnis der Reaktionen auf dem Weg (α, β) pro Kern X zur Teilchenstromdichte der einfallenden Teilchen a. In der Summe ist die elastische Streuung $(\beta = \alpha)$ nicht enthalten, wohl aber diejenigen Reaktionen, bei denen das Teilchen a eingefangen wird und dafür ein γ-Quant emittiert wird.

Wir betrachten nun den Reaktionsweg (α, β) noch etwas genauer. Das emittierte Teilchen b möge in den Raumwinkel $d\Omega$ mit der Wahrscheinlichkeit (differentieller Wirkungsquerschnitt)

$$\sigma(\alpha, \beta, \vartheta, \varphi) d\Omega \tag{V, 20}$$

emittiert werden. ϑ ist der Winkel, den die Emissionsrichtung von b mit der Einfallsrichtung von a bildet. Die Summe über alle Streuwinkel ergibt natürlich

$$\sigma(\alpha, \beta) = \int \sigma(\alpha, \beta, \vartheta, \varphi) d\Omega. \tag{V, 21}$$

Als Kanalwellenlänge im Eingangs- bzw. Ausgangskanal bezeichnen wir

$$\lambda_\alpha = \frac{h}{\sqrt{2\mu_\alpha \varepsilon_\alpha}}; \quad \lambda_\beta = \frac{h}{\sqrt{2\mu_\beta \varepsilon_\beta}}, \tag{V, 22}$$

wenn μ_α bzw. μ_β die reduzierten Massen für den Eingangs- bzw. Ausgangskanal bedeuten.

Kehrt man den Reaktionsweg um, wobei Eingangskanal und Ausgangskanal vertauscht werden, so verläuft die Reaktion im umgekehrten Sinne. Man kann zeigen, daß sich die Wirkungsquerschnitte zweier entgegengesetzter Reaktionen wie die Quadrate der Wellenlängen ihrer Eingangskanäle verhalten. Es gilt also

$$\frac{\sigma(\alpha, \beta)}{\sigma(\beta, \alpha)} = \frac{\lambda_\alpha^2}{\lambda_\beta^2}. \qquad (V, 23)$$

Diese Feststellung bezeichnet man als Reziprozitätssatz.

§ 4. Der Bohrsche Zwischenkern und sein Zerfall.

Inhalt: Bildung eines Zwischenkernes durch Verteilung der Energie des Teilchens a auf die Kernnukleonen. Der Wirkungsquerschnitt für einen Reaktionsweg ist das Produkt von Reaktionsquerschnitt und Zerfallswahrscheinlichkeit in den Ausgangskanal. Die Zerfallskonstanten hängen nur von der Energie des Zwischenkernes ab. Zerfallskonstanten und Lebensdauer. Die Zerfallswahrscheinlichkeiten lassen sich durch die Reaktionsquerschnitte der Ausgangskanäle ausdrücken. Abschätzung der Reaktionsquerschnitte.

Bezeichnungen: $G_z(b)$ Zerfallswahrscheinlichkeit des Zwischenkernes in ein Teilchen b, $G_z(\beta)$ in den Kanal β, $\Gamma_\beta(E_z)$ Zerfallskonstante des Kanals β, $\Gamma(E_z)$ Zerfallskonstante in beliebige Kanäle, T Lebensdauer. Sonst wie S. 1319.

Wir haben uns schon früher die Vorstellung gebildet, daß sich eine Kernreaktion nicht in einem Elementarakt, sondern in zwei Stufen abwickelt. Das Projektil a dringt in den Kern X ein, verbleibt in ihm eine gewisse Zeit, während deren ein allerdings unstabiler Zwischenkern besteht. Nach einiger (allerdings kurzer Zeit) zerfällt der Zwischenkern unter Emission des Teilchens b. Diese Vorstellung müssen wir jetzt etwas genauer ausbauen.

Das eindringende Teilchen stößt mit den Nukleonen des Kernes X zusammen. Die freie Weglänge von a im Kern X kann auf etwa $0,4 \cdot 10^{-13}$ cm geschätzt werden. Bei diesen Stößen gibt das Teilchen a den Nukleonen einen Teil seiner kinetischen und Einfangenergie ab, so daß die Kernnukleonen in unbesetzte Quantenzustände gehoben werden. Nach einigen Zusammenstößen haben sich die Kanalenergie und Einfangenergie auf eine größere Anzahl der Kernnukleonen verteilt. Dieser Vorgang spielt sich immer dann ab, wenn der Kernradius von X wesentlich größer als die freie Weglänge des eindringenden Teilchens ist und wenn die Kanalenergie nicht allzu hoch ist (bis zu etwa 60 MeV). Durch das Einfangen des Teilchens a und die Dissipation seiner Energie kommt der Zwischenkern in einen ziemlich hohen Anregungszustand. Dieser Zustand ist zwar nicht stabil, ein Zerfall kann aber nur eintreten, wenn ein so großer Energiebetrag auf das Teilchen b konzentriert wird, daß es den Kern verlassen kann.

Ist ε_α die Kanalenergie des Eingangskanals und sind B_a und B_b die Bindungsenergien der Teilchen a und b an den Zwischenkern, so entfällt in einem Kern von A Nukleonen eine mittlere Energie $(\varepsilon_\alpha + B_a)/A$ auf jedes Nukleon. Ist diese Energie klein gegen die Abtrennungsenergie B_b, so müssen zahlreiche Stöße erfolgen, bis das Teilchen b gewissermaßen zufällig die Energie B_b akkumuliert hat und aus dem Kern entweichen kann. Da ungefähr alle Nukleonen mit der gleichen Bindungsenergie $B = 8$ MeV gebunden sind, kann der Zwischenkern eine gewisse Zeit bestehen, wenn

$$\varepsilon_\alpha \ll B(A - 1) \qquad (V, 24)$$

und wenn der Kernradius groß gegenüber der freien Weglänge im Kern ist.

Der Reaktionsquerschnitt $\sigma_r(\alpha)$ ist jetzt der Querschnitt für die Bildung des Zwischenkernes, weil der einmal gebildete Zwischenkern unstabil ist und in irgendeiner Weise zerfallen muß. Ist $G_z(b)$ die Wahrscheinlichkeit dafür, daß beim Zerfall ein Teilchen b entsteht, so erhalten wir den Wirkungsquerschnitt

$$\sigma(\alpha, b) = \sigma_r(\alpha) G_z(b) \qquad (V, 25)$$

für alle diejenigen Reaktionen, bei denen ein Teilchen der Art b emittiert wird. $G_z(b)$ hängt nicht von den Eigenschaften des Eingangskanals α, sondern nur von der Energie des Zwischenkernes ab. Wenn derselbe Zwischenkern mit gleicher Energie durch einen anderen Eingangskanal entsteht, so verteilen sich die Zerfallswahrscheinlichkeiten in gleicher Weise auf die verschiedenen möglichen Zerfallskanäle und Zerfallsprodukte.

Man kann nun natürlich $G_z(b)$ noch weiter nach den Ausgangskanälen β aufgliedern, welche den Kern Y noch in verschiedenen Anregungszuständen oder Spinzuständen hinterlassen können. Man erhält dann statt (V, 25)

$$\sigma(\alpha, \beta) = \sigma_r(\alpha) G_z(\beta). \qquad (V, 26)$$

Die Wahrscheinlichkeit, daß der Zwischenkern in einer bestimmten Weise β zerfällt, hängt nur von seinen eigenen Eigenschaften, nicht aber von seiner Entstehung ab. Der Zwischenkern behält also nur insoweit eine „Erinnerung" an seine Entstehungsgeschichte, als diese in seinen eigenen Eigenschaften niedergelegt ist. Diese Eigenschaften sind seine Energie E_z, sein gesamter Drehimpuls und seine Parität. Für Drehimpuls und Parität gelten Erhaltungssätze, wir verfolgen aber diese Eigenschaften nicht weiter.

Liegen N Zwischenkerne mit der Energie E_z vor, so mögen in der Zeit dt

$$dN_\beta = \frac{2\pi}{h} N \Gamma_\beta(E_z) \, dt \qquad (V, 27)$$

Kerne über den Ausgangskanal β zerfallen. Die Größe $\Gamma_\beta(E_z)$ kann man als Zerfallskonstante bezeichnen. Im ganzen zerfallen in der Zeit dt über beliebige Kanäle

$$dN = \frac{2\pi}{h} N \Gamma(E_z) \, dt = \frac{2\pi}{h} N \, dt \sum_\beta \Gamma_\beta(E_z) \qquad (V, 28)$$

Zwischenkerne. Als mittlere Lebensdauer des Zwischenkernes können wir

$$T = \frac{h}{2\pi \Gamma(E_z)} \qquad (V, 29)$$

ansehen. Sie hängt natürlich noch von E_z ab. Wir erhalten daraus

$$G_z(\beta) = \frac{\Gamma_\beta}{\Gamma} = \frac{2\pi}{h} \Gamma_\beta T. \qquad (V, 30)$$

Durch Kombination von (V, 25) und (V, 30) ergibt sich

$$\sigma(\alpha, \beta) = \frac{2\pi}{h} \sigma_r(\alpha) \Gamma_\beta T(E_z). \qquad (V, 31)$$

Für den umgekehrten Reaktionsweg (β, α) gilt

$$\sigma(\beta, \alpha) = \frac{2\pi}{h} \sigma_r(\beta) \Gamma_\alpha T(E_z). \qquad (V, 32)$$

§ 4. Der Bohrsche Zwischenkern und sein Zerfall.

Mit Hilfe des Reziprozitätssatzes (V, 23) erhält man daraus

$$\frac{\sigma_r(\alpha)}{\Gamma_\alpha \lambda_\alpha^2} = f(E_z) = \frac{\sigma_r(\beta)}{\Gamma_\beta \lambda_\beta^2}. \qquad (V, 33)$$

Da die linke Seite nur von den Eigenschaften des Kanals α, die rechte Seite nur von den Eigenschaften des Kanals β abhängt, müssen beide Seiten von den speziellen Eigenschaften beider Kanäle unabhängig sein und können nur noch eine Funktion derjenigen Bestimmungsstücke sein, die den reziproken Kanälen gemeinsam sind. Dies ist jedoch die Energie E_z des Zwischenkernes, wenn wir von seinem Drehimpuls und seiner Parität absehen. Drückt man Γ_β mit (V, 33) durch $\sigma_r(\beta)$ und λ_β aus, und geht in (V, 30) ein, so findet man die Darstellung

$$G_z(\beta) = \frac{\frac{\sigma_r(\beta)}{\lambda_\beta^2}}{\sum_\beta \frac{\sigma_r(\beta)}{\lambda_\beta^2}} \qquad (V, 34)$$

für die Wahrscheinlichkeit eines bestimmten Zerfallskanals. Die Summe läuft über alle Zerfallskanäle des Zwischenkernes.

Kann ein Zwischenkern in verschiedener Weise zerfallen, so hat bei gegebener Kernenergie der Nenner für alle Zerfallskanäle denselben Wert. Das Verhältnis der Zerfallswahrscheinlichkeiten für zwei Kanäle β und γ ist also

$$\frac{G_z(\beta)}{G_z(\gamma)} = \frac{\sigma_r(\beta)}{\sigma_r(\gamma)} \frac{\lambda_\gamma^2}{\lambda_\beta^2}. \qquad (V, 35)$$

Die Wahrscheinlichkeit für den Zerfall in einen Ausgangskanal ist proportional zu dem Wirkungsquerschnitt für Kernreaktionen, den dieser Kanal als Eingangskanal hätte. Da Neutronen am Eindringen in einen Kern nicht durch dessen Coulombfeld behindert werden, ist ihr Wirkungsquerschnitt für die Auslösung von Kernreaktionen viel größer als der Wirkungsquerschnitt aller geladenen Teilchen, solange die Kanalenergien nicht allzu groß sind. Dies hat zur Folge, daß die Emission eines Neutrons viel wahrscheinlicher als die Emission irgendeines geladenen Teilchens ist, wenn der Zwischenkern ein Neutron aus energetischen Gründen überhaupt abspalten kann. Näherungsweise ist deshalb $G_z(b) \approx 1$, wenn b einem Neutron entspricht. In dieser Näherung ist infolgedessen

$$\sigma_r(\alpha) \approx \sigma(\alpha, n). \qquad (V, 36)$$

Man kann zu einer theoretischen Abschätzung der Reaktionsquerschnitte $\sigma_r(\alpha)$ gelangen, wenn man über die Struktur der Kerne X folgende Annahme macht:

1. Der Kern ist eine Kugel vom Radius R mit einer definierten Oberfläche.
2. Innerhalb des Kernes besteht starke Wechselwirkung und schneller Energieaustausch zwischen dem Teilchen a und den Kernnukleonen. Außerhalb des Kernes wirken keine Kernkräfte, sondern nur Coulombsche Kräfte auf das Projektil a.
3. Die kinetische Energie des Teilchens a ist im Kerninnern wesentlich größer als außerhalb. Dies setzt voraus, daß bei seinem Einfang eine nicht unerhebliche Energie frei wird.
4. Es gibt viele offene Ausgangskanäle. Dies bedeutet, daß es eine große Zahl von Zuständen des Zwischenkernes gibt, zu deren Anregung die Kanal-

energie ε_α ausreicht. Bei schweren Kernen genügt dazu eine Kanalenergie von einigen MeV.

Mit diesen Annahmen findet man, daß der Reaktionsquerschnitt von Neutronen vom Verhältnis R/λ_α des Kernradius R zur Kanalwellenlänge λ_α und vom Verhältnis R/λ_i des Kernradius zur Neutronenwellenlänge λ_i im Kerninnern abhängt. In der Abb. 382 ist $\sigma_r(\alpha)$ gegen R/λ_α für mehrere Werte von R/λ_i aufgetragen. Die Wellenlänge im Kerninnern hängt wesentlich von der Einfang-

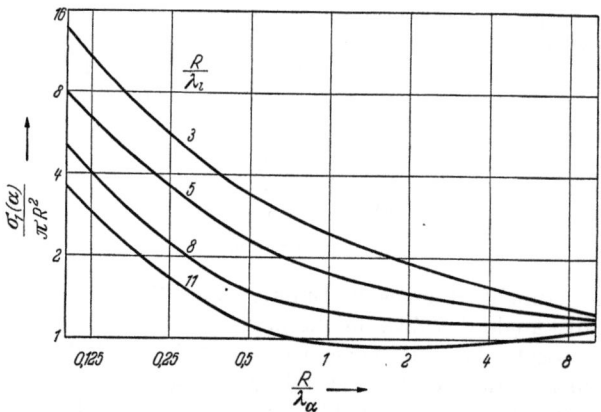

Abb. 382. Berechneter Reaktionsquerschnitt von Neutronen gegen R/λ_α (Impuls) aufgetragen. Kurvenparameter ist R/λ_i.

energie des eingedrungenen Teilchens ab. Ähnliche Abhängigkeiten des Reaktionsquerschnittes kann man auch für geladene Projektile berechnen, wobei man aber noch die Potentialschwelle der Coulombschen Abstoßungskräfte berücksichtigen muß.

§ 5. Energiespektrum des emittierten Teilchens.

Inhalt: Energiespektrum des emittierten Teilchens. Kerntemperatur.

Bezeichnungen: E_β^* Anregungsenergie des Kernes Y, ε_{bY} Maximalwert der Kanalenergie des Ausgangskanals. Sonst wie S. 1319.

Zerfällt der Zwischenkern durch den Ausgangskanal β, so erzielen wir die Kanalenergie

$$\varepsilon_\beta = \varepsilon_\alpha + Q_{\alpha\beta}, \qquad (V, 37)$$

welche hauptsächlich aus der kinetischen Energie des emittierten Teilchens b besteht. Ist b ein einfaches Nukleon, so ist es keiner Anregung fähig. Auch wenn α-Teilchen oder andere leichtere Kerne emittiert werden, befinden sie sich regelmäßig im Grundzustand. Die verschiedenen Ausgangskanäle β, bei denen ein bestimmtes Teilchen b entsteht, unterscheiden sich also nur in den Zuständen, in welchen die Reaktion den schweren Folgekern Y hinterläßt. Die Kanalenergie des Ausgangskanals hat den größten Wert ε_{bY}, wenn sich auch der Kern Y nach der Reaktion im Grundzustand befindet. Behält hingegen Y noch die Anregungsenergie E_β^*, so ist die Kanalenergie

$$\varepsilon_\beta = \varepsilon_{bY} - E_\beta^*. \qquad (V, 38)$$

ε_{bY} ist auch die maximale Anregungsenergie, die der Kern Y bei gegebenem Eingangskanal besitzen kann. Sie ist zugleich der größte Wert der kinetischen Energie des Teilchens b, welche in demjenigen Kanal erzielt wird, der Y in den Grundzustand überführt. Je mehr Energie dem Kern Y verbleibt, desto kleiner ist die kinetische Energie des Teilchens b. Das Anregungsspektrum des Kernes Y wird sich also im Spektrum der kinetischen Energie des Teilchens b abbilden. Jedem angeregten Zustand entspricht eine Zacke des Energiespektrums. Für die Amplitude (Intensität) der Zacke ist $G_z(\beta)$ maßgebend. $\sigma_r(\beta)$ nimmt mit fallendem λ_β (s. Abb. 382) etwas ab, $G_z(\beta)$ steigt aber doch nach (V, 35) mit abnehmender Kanalwellenlänge, d. h. mit steigender kinetischer Energie. Mit höherer Anregungsenergie werden andererseits die Anregungszustände des Kernes Y schnell zahlreicher. Bei kleinen kinetischen Energien finden wir daher viele aber nur niedrige Zacken (Abb. 383). Wird mit geringer Auflösung beobachtet, so daß die dicht liegenden Zacken nicht mehr getrennt erscheinen, so verteilen sich die beobachteten Teilchen auf ihre Energien, wie es im unteren Teil der Abb. 383 dargestellt ist. Von den isolierten Zacken bei größeren Energien abgesehen, ähnelt die Verteilung einer Maxwellverteilung.

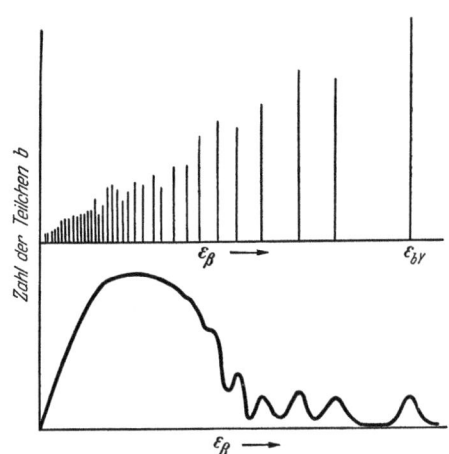

Abb. 383. Spektrum der kinetischen Energie des emittierten Teilchens b. Oben bei genügender Auflösung, unten bei geringer Auflösung.

Diese Ähnlichkeit hat gute Gründe. Das System der zahlreichen Nukleonen im Kern befindet sich vor der Emission des Teilchens b in einer Art statistischen Gleichgewichtes. Man kann ihm geradezu eine Temperatur Θ zuschreiben, deren Größe sich nach der Energie ε_{bY} einstellt, die der Zwischenkern aufgenommen hat. Kennt man die Verteilung der Anregungszustände auf die Anregungsenergie, so kann man eine Zustandssumme bilden und aus ihr in der gewohnten Weise thermodynamische Zustandsgrößen ableiten. Die Emission von Teilchen wird dann ähnlich wie eine Verdampfung behandelt.

§ 6. Resonanzeffekte.

Inhalt: Fallen Teilchen, insbesondere Neutronen mit kleiner kinetischer Energie ein, so tritt bei ganz bestimmten Werten Resonanzstreuung mit abnormal großem Streuquerschnitt ein.

Bisher nahmen wir an, daß der Zwischenkern auf sehr vielen verschiedene Wegen zerfallen könne, d. h., daß es sehr viele offene Ausgangskanäle β gibt. Dies ist immer dann der Fall, wenn das eingedrungene Teilchen a soviel Energie mitbringt, daß der Folgekern Y in zahlreichen Anregungszuständen entstehen kann. Unter solchen Umständen ist es sehr unwahrscheinlich, daß der Ausgangskanal der Reaktion zufällig mit dem Eingangskanal übereinstimmt.

Wir wenden uns nun dem extrem entgegengesetzten Fall zu, daß die Energie des einfallenden Teilchens so klein ist, daß außer dem Eingangskanal α für die Reaktion kein anderer offener Kanal β zur Verfügung steht. Der Zwischenkern kann dann nur unter Reemission des eingedrungenen Teilchens zerfallen. Diese

Situation kann beispielsweise eintreten, wenn die einfallenden Teilchen langsame Neutronen sind. Sind alle Reaktionen $X + n \to Y + b$ endotherm und ist die Energie der Neutronen kleiner als der Energiebedarf aller dieser Reaktionen, außerdem auch kleiner als die niedrigste Anregungsstufe des Kernes X, so muß das Neutron den Kern X wieder durch den Eingangskanal verlassen.

Beim Eindringen in den Kern X bringt das Teilchen a nicht nur seine kinetische Energie, sondern auch die Bindungsenergie mit. Dieser immerhin beträchtliche Energiebetrag verteilt sich schnell auf die sämtlichen Nukleonen, so daß zunächst ein Zwischenkern entsteht, der sich nicht im Grundzustand befinden kann, da er ja ausreichend Energie besitzt, um das eingefangene Teilchen wieder abzugeben.

Wir schreiben nun dem Grundzustand des Kerns Y die Energie 0 zu. Darüber liegen angeregte Zustände mit den Energien E_1, E_2 usw., welche unter Ausstrahlung eines γ-Quants in den Grundzustand übergehen können. In diesen

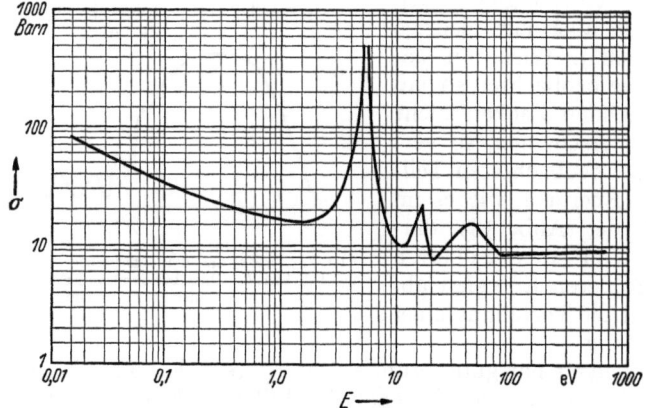

Abb. 384. Abhängigkeit des Neutronen-Absorptionsquerschnittes von der Energie (mit Resonanz-Maxima), dargestellt am Beispiel des Silbers nach Messungen von GOLDSMITH, IBSER und FELD.
(Aus Finkelnburg, „Einführung in die Atomphysik" 5./6. Aufl.)

Zuständen ist der Kern insofern stabil, als er nicht unter Emission eines Nukleons zerfallen kann, solange E_n unter der Abtrennungsenergie bleibt. Oberhalb der Abtrennungsenergie B eines Teilchens bilden die Zustände genaugenommen ein Kontinuum. Dieses Kontinuum ist aber nicht frei von Struktur. Auch in der Atomhülle gibt es relativ stabile Zustände, bei denen mehrere Elektronen angeregt sind und die im Ionisationskontinuum liegen. Solche Zustände können eine beachtliche Stabilität und Lebensdauer besitzen (s. S. 1026). Wenn das Teilchen a nur wenig kinetische Energie besaß, die Gesamtenergie des gebildeten Zwischenkernes also nicht viel über der Abtrennungsenergie des Teilchens a liegt, sich jedoch auf alle Nukleonen verteilt hat, können sich im Kontinuum quasidiskrete Zustände ausbilden. Ihre Lebensdauer ist etwas kleiner als die der angeregten Zustände, die sich nur durch γ-Emission in den Grundzustand umwandeln können. Entsprechend ihrer geringeren Lebensdauer zeigt ihre Energie eine gewisse Unschärfe.

Wenn das einfallende Teilchen a eine kinetische Energie besitzt, die gerade einem der diskreten Zustände des Zwischenkernes entspricht, kann es in den Kern aufgenommen werden und während der mittleren Lebensdauer dort verbleiben. Entspricht dagegen seine Energie keinem dieser Zustände, so tritt nur ein gewöhnlicher Streuprozeß ein.

Die quasidiskreten Zustände im Kontinuum des Zwischenkernes verraten sich also bei Streuversuchen durch eine anormale Resonanzstreuung, d. h. durch erhöhte Streuquerschnitte bei ganz bestimmten Werten der kinetischen Energie (s. Abb. 384).

VI. Der spontane radioaktive Zerfall.

Die spontanen radioaktiven Zerfallsreaktionen sind nur Spezialfälle von Kernreaktionen. Von dem Zwischenkern einer gewöhnlichen Kernreaktion unterscheidet sich ein radioaktiver Kern hauptsächlich durch seine erheblich größere Lebensdauer. Der Zerfallsprozeß selbst ist nicht grundsätzlich verschieden von dem Zerfall kurzlebiger Zwischenkerne.

Jeder Atomkern, der mehr als 85 Nukleonen enthält, ist insofern nicht stabil, als er mehr Energie besitzt als zwei ungefähr gleiche Atomkerne, die man durch Spaltung aus ihm erhalten könnte. Der Spaltung solcher Kerne steht kein energetisches Hindernis im Wege. Kerne, die mehr als 190 Nukleonen enthalten, könnten aus energetischen Gründen auch ein α-Teilchen abspalten. Die energetischen Voraussetzungen für einen β-Zerfall haben wir schon auf S. 1302 untersucht.

Die meisten Kerne, welche in diesem strengen Sinn unstabil sind, zeigen jedoch keinerlei Radioaktivität. Bei dem Prozeß der Spaltung müßten nämlich Zwischenzustände durchlaufen werden, die eine viel höhere Energie als der Anfangs- und Endzustand des Prozesses erfordern. Um dies einzusehen, betrachten wir die potentielle Energie zweier Kernspaltstücke mit den Protonenzahlen Z_1 und Z_2 und den Nukleonenzahlen A_1 und A_2. Bei größeren Abständen, bei denen noch keine Kernkräfte wirken, rührt die potentielle Energie nur von der Coulombschen Abstoßung her. Wenn aber der Kernabstand kleiner als die Summe der beiden Kernradien wird, treten Kernkräfte in Aktion und die potentielle Energie sinkt steil ab. Wir erhalten den Verlauf der Abb. 385. Selbst wenn die Gesamtenergie der vereinigten Kerne (unter Einschluß der kinetischen Energie) größer als die Summe der potentiellen Energien der getrennten Kerne ist, steht einem spontanen Zerfall der Potentialwall als Hindernis entgegen. Daß überhaupt ein Zerfall eintreten kann, rührt nur daher, daß ein Potentialwall eine gewisse Durchlässigkeit besitzt, den man als quantenmechanischen Tunneleffekt bezeichnet und den wir auf S. 1058 an einem einfachen Beispiel durchgerechnet haben.

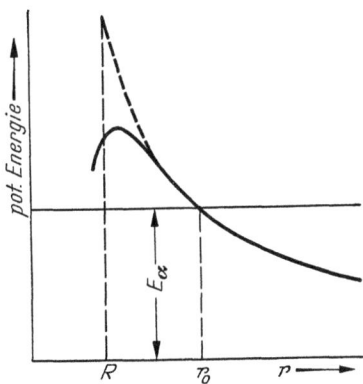

Abb. 385. Punktiert Coulombpotential, ausgezogen tatsächliches Potential.

Warum beobachtet man aber nun zwar einen spontanen α-Zerfall, aber keinen spontanen Zerfall in größere Bruchstücke? Hierfür gibt es zwei einfache Gründe. Der Potentialwall ist am höchsten, wenn die Protonenzahlen Z_1 und Z_2 der Bruchstücke gleich groß sind. Die Durchlässigkeit eines Potentialwalles hängt außerdem nicht nur vom Potentialverlauf, sondern auch von der Masse des Teilchens ab, welches den Wall durchdringt. Je kleiner diese Masse ist, desto höher ist die Durchlässigkeit.

*§ 1. Der α-Zerfall.

Inhalt: Beim α-Zerfall muß das α-Teilchen den Potentialwall der Coulombschen Abstoßung im Tunneleffekt durchdringen. Zu dem Wall trägt die Zentrifugalenergie nur wenig bei. Die Zerfallswahrscheinlichkeit wird vorwiegend durch die Durchlässigkeit des Walles bestimmt, welche ihrerseits hauptsächlich von der Zerfallsenergie abhängt. Geiger-Nutallsche Beziehung.

Bezeichnungen: Z Kernladungszahl, M_α Masse des α-Teilchens, E_α Zerfallsenergie, E_{rot} Rotationsenergie, Γ_α Zerfallswahrscheinlichkeit, Λ Zerfallskonstante, ε_0 elektrische Maßkonstante, Dielektrizitätskonstante des Vakuums, R_T Radius des Tochterkernes.

Die Zerfallswahrscheinlichkeit eines radioaktiven Kernes kann man aus zwei Faktoren zusammensetzen: der Zahl der α-Teilchen, welche in der Zeiteinheit von innen auf den Potentialwall auftreffen und der Durchlässigkeit D des Walles. In den ersten Faktor geht die Zahl der im Kern befindlichen α-Teilchen, der Kernradius und die Maximalenergie der α-Teilchen ein, also lauter Größen, die bei den verschiedenen radioaktiven Kernen nicht sehr verschieden sind. Für die Zerfallswahrscheinlichkeit ist deshalb hauptsächlich die Durchlässigkeit des Potentialwalles maßgebend.

Auf die Durchlässigkeit ist einerseits der Potentialverlauf, andererseits die Energie E_α des emittierten α-Teilchens von Einfluß. Besitzt das α-Teilchen einen Bahndrehimpuls um das Kernzentrum, den wir durch die Quantenzahl l angeben, so ist der Rotationsanteil der Gesamtenergie ohne Nutzen für die Durchdringung des Walles, so daß in die Durchlässigkeit die Gesamtenergie abzüglich der mit dem Drehimpuls verbundenen Rotationsenergie eingeht. Der Potentialwall erhöht sich scheinbar um den Betrag dieser Rotationsenergie. Diese Erhöhung bezeichnet man manchmal als den Zentrifugalanteil des Potentialwalles. Die Erhöhung ist allerdings nicht sehr bedeutend, so daß der Unterschied der Durchlässigkeiten für Teilchen mit dem Drehimpuls 0 und den Drehimpulsen 1 oder 2 nicht sehr ins Gewicht fällt.

Die Höhe und der Verlauf des Potentialwalles ist bei den verschiedenen radioaktiven Kernen nicht allzu verschieden, weil für beide Einflüsse im wesentlichen die Kernladungszahl maßgebend ist, die nur über einen schmalen Bereich streut. Man wird deshalb erwarten, dürfen, daß die Zerfallswahrscheinlichkeit in erster Näherung eine Funktion der Zerfallsenergie E_α ist. Empirisch ist diese Tatsache schon seit längerer Zeit als Geiger-Nuttallsche Beziehung bekannt.

Die Berechnung der Durchlässigkeit erfordert eine Verallgemeinerung des auf S. 1058 skizzierten Verfahrens. E_α sei die Energie des α-Teilchens, M_α seine Masse und Z die Ordnungszahl des Kernes. Nun ist

$$V = \frac{2Z e^2}{4\pi \varepsilon_0 r} \qquad (\text{VI}, 1)$$

die Coulombsche potentielle Energie, in der ε_0 die Dielektrizitätskonstante des Vakuums bedeutet. Die Rotationsenergie ist

$$E_{\text{rot}} = \frac{h^2 l(l+1)}{8\pi^2 M_\alpha r^2}. \qquad (\text{VI}, 2)$$

Wir erhalten damit

$$\sqrt{2M_\alpha(V + E_{\text{rot}} - E_\alpha)} = \sqrt{\frac{M_\alpha Z e_2}{\pi \varepsilon_0 r} + \frac{h^2 l(l+1)}{4\pi^2 r^2} - 2M_\alpha E_\alpha}. \qquad (\text{VI}, 3)$$

Für die Durchlässigkeit kann man den Ausdruck

$$D = F(E_\alpha, R)\, e^{-\frac{4\pi}{h}\int_R^{r_0} dr \sqrt{\frac{M_\alpha Z e^2}{\pi \varepsilon_0 r} + \frac{h^2 l(l+1)}{4\pi^2 r^2} - 2M_\alpha E_\alpha}}. \qquad (\text{VI}, 4)$$

errechnen.

*§ 1. Der α-Zerfall.

Die Integration ist über die Potentialschwelle zu erstrecken, deren tatsächlicher Verlauf in der Abb. 385 als ausgezogene Kurve schematisch eingezeichnet ist. Für die Berechnung bedienen wir uns des Coulombschen Potentials, welches wir unstetig an einer Stelle R abbrechen lassen (punktierte Kurve). Die Stelle r_0 liegt dort, wo der Integrand verschwindet, wo also die Energie des α-Teilchens größer als die potentielle Energie wird. Der Faktor $F(E_\alpha, R)$ ist eine nur langsam veränderliche Funktion von E_α und R und kann näherungsweise als eine Konstante betrachtet werden.

Für die Durchlässigkeit ist im wesentlichen der Exponentialfaktor maßgebend, welcher von E_α, Z, R und l abhängt. Wie schon oben bemerkt, hat aber die Drehimpulsquantenzahl l nur geringen Einfluß, so daß man eine für Abschätzung $l = 0$ setzen kann. Für die Kernladung Z kann man für eine erste Näherung einen Mittelwert (etwa 85) ansetzen, für die genaue Berechnung des Einzelfalles muß man natürlich den richtigen Wert verwenden. Die Zerfallsenergien E_α streuen empirisch über den Bereich von 4,05 MeV bis 8,95 MeV. Die Durchlässigkeit ist deshalb hauptsächlich eine Funktion von E_α und von R.

Für die Zerfallswahrscheinlichkeit Γ_α bekommen wir in dieser Näherung die Formel

$$\Gamma_\alpha = C e^{-\frac{4\pi}{h} \int_R^{r_0} dr \sqrt{\frac{M_\alpha Z e^2}{\pi \varepsilon_0 r} + \frac{h^2 l(l+1)}{4\pi^2 r^2} - 2 M_\alpha E_\alpha}} \qquad (\text{VI}, 5)$$

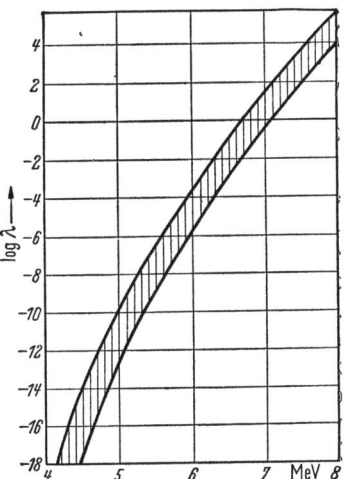

Abb. 386. Schematische Darstellung der GEIGER-NUTTALL-Beziehung. Die gegen die Energie aufgetragenen Logarithmen der Zerfallskonstanten aller bekannten radioaktiven Kerne liegen in dem schraffiert gezeichneten Streifen.
(Aus Finkelnburg „Einführung in die Atomphysik" 4. Aufl. Springer, Berlin/Göttingen/Heidelberg, 1956.)

C ist von E_α und R nur wenig abhängig und kann ebenfalls abgeschätzt werden. Setzen wir $l = 0$, so finden wir für die Zerfallskonstante

$$\Lambda = 2\pi \Gamma_\alpha \qquad (\text{VI}, 6)$$

die Beziehung

$$\ln \Lambda = \ln 2\pi C - \frac{4\pi}{h} \int_R^{r_0} dr \sqrt{\frac{M_\alpha Z e^2}{\pi \varepsilon_0 r} - 2 M_\alpha E_\alpha}. \qquad (\text{VI}, 7)$$

Wir müssen uns nun klar darüber werden, was wir unter R zu verstehen haben. Das Maximum des Potentials soll bei derjenigen Entfernung R eintreten, wo das α-Teilchen und der Tochterkern Y des Zerfalles sich gerade trennen. Ist also R_Y der Radius des Kernes Y und R_α der Radius des α-Teilchens, so ist

$$R = R_Y + R_\alpha. \qquad (\text{VI}, 8)$$

Nun können wir die Formel (VI, 7) am experimentellen Material prüfen. Wir berechnen zuerst das Integral

$$\int_{R_Y + R_\alpha}^{r_0} dr \sqrt{\frac{M_\alpha Z e^2}{\pi \varepsilon_0 r} - 2 M_\alpha E_\alpha} \qquad (\text{VI}, 9)$$

für einen bestimmten radioaktiven Kern und ermitteln daraus und aus der empirischen Zerfallskonstante Λ die Größe $\ln 2\pi C$. Diesen Wert verwenden wir für alle anderen Kerne. Dann berechnen wir das Integral (VI, 9) für etwas verschiedene Werte von R als Funktion von E_α und können dann für jedes R $\ln \Lambda$ als Funktion von E_α darstellen. Es zeigt sich, daß alle empirischen Zerfallskonstanten zwischen den Kurven für $R = 8,0 \cdot 10^{-13}$ cm und $R = 9,9 \cdot 10^{-13}$ cm liegen. In der Abb. 386 ist dies der schraffierte Bereich. Umgekehrt kann man nun wieder rückwärts einen genaueren Wert von R bzw. R_Y aus der Zerfallskonstante bestimmen.

§ 2. Der β-Zerfall.

Inhalt: Aus der Impulsbilanz, der Drehimpulsbilanz und der Energiebilanz ergibt sich, daß beim β-Zerfall außer einem Elektron oder Positron auch ein Neutrino emittiert werden muß. Das Neutrino muß den Spin $\frac{1}{2}$ besitzen und muß ladungsfrei sein. Seine Ruhmasse kann nur einen minimalen Bruchteil der Elektronenmasse betragen.

Bezeichnungen: m Elektronenmasse, m_ν Neutrinomasse, R Kernradius, $\mathfrak{p}$, $\mathfrak{p}_\nu$, $\mathfrak{P}$ Impuls des Elektrons, Neutrinos und Rückstoßimpuls, E Energie des Elektrons, E_ν Energie des Neutrinos, E' Rückstoßenergie, E_0 Zerfallsenergie, E_{max}, E'_{max} Maximalwerte von E und E', p Betrag von $\mathfrak{p}$, p_ν Betrag von $\mathfrak{p}_\nu$, $d\Omega$, $d\Omega_\nu$ Raumwinkel für die Emission von Elektron und Neutrino, $W(p, E_0)$ Wahrscheinlichkeitsdichte für Emission mit dem Impuls p, $W(E, E_0)$ Wahrscheinlichkeitsdichte für Emission mit der Elektronenenergie E, λ Elektronenwellenlänge, I Quantenzahl des Kernspins, l Drehimpulsquantenzahl der emittierten Teilchen, Ordnung des Zerfalles.

Von den radioaktiven Zerfallsprozessen ist der β-Zerfall der verwickeltste. Die Anschauungen über diesen Vorgang sind im Laufe der Zeit deshalb auch mehrfach modifiziert worden. Da beim β-Prozeß Elektronen aus dem Kern emittiert werden, schien es zunächst selbstverständlich, daß in den Atomkernen auch Elektronen enthalten seien. Vor der Entdeckung des Neutrons betrachtete man deshalb Protonen und Elektronen als die Bausteine der Kerne.

Diese Auffassung stößt aber auf unüberwindliche Schwierigkeiten. Der Stickstoffkern N^{14} müßte z. B. aus 14 Protonen und 7 Elektronen, also aus 21 Teilchen vom Spin $\frac{1}{2}$ zusammengesetzt sein. Sein Kernspin müßte dann halbzahlig sein. In Wirklichkeit hat der Stickstoffkern den Kernspin 1. Enthält dieser Kern jedoch 7 Protonen und 7 Neutronen, aber keine Elektronen, so ist ein ganzzahliger Spin zu erwarten.

Wir finden leicht noch weitere Gründe, weshalb keine Elektronen in den Atomkernen enthalten sein können. Nach der Heisenbergschen Unschärferelation muß der radiale Impuls eines Elektrons, dem der Raum einer Kugel vom Radius R zur Verfügung steht, über den Bereich von 0 bis $h/2\pi R$ verteilt sein. Das Elektron muß also im Kern einen mittleren Radialimpuls $h/4\pi R$ besitzen. Hieraus berechnet sich die relativistische kinetische Energie

$$E_{kin} = c\sqrt{m^2 c^2 + \frac{h^2}{16\pi^2 R^2}}$$

$$= mc^2 \sqrt{1 + \left(\frac{h}{4\pi m c R}\right)^2}.$$

(VI, 10)

Nun ist für $R = 10^{-12}$ cm

$$\frac{h}{4\pi m c R} \approx 20.$$

Im Kerninnern müßte ein Elektron also eine kinetische Energie besitzen, die etwa das Zwanzigfache seiner Massenenergie beträgt. Um Elektronen im Kern festzuhalten, müßte zwischen ihnen und den Nukleonen eine sehr starke Wechselwirkung bestehen, für deren Existenz wir keine empirischen Anhaltspunkte haben.

§ 1. Der β-Zerfall.

Wir müssen also die Annahme fallenlassen, daß sich Elektronen im Kern befinden. Die beim β-Zerfall emittierten Elektronen müssen dann beim Zerfallsprozeß entstehen, indem Neutronen unter Abspaltung von Elektronen in Protonen übergehen. Beim β$^+$-Zerfall müssen sich aus Protonen Positronen abspalten, wobei Neutronen entstehen.

Bei diesen Vorgängen muß aber gleichzeitig mit dem Elektron bzw. Positron noch ein Neutrino entstehen. Hierfür können sowohl theoretische Erwägungen wie experimentelle Hinweise angeführt werden.

Beim β-Zerfall müssen nämlich ebenso wie bei allen anderen Kernreaktionen die Erhaltungssätze für den Impuls, die Energie den Drehimpuls und die Ladung in Gültigkeit bleiben.

Wir betrachten zunächst den Zerfall eines Neutrons in ein Proton und ein Elektron. Alle drei Teilchen besitzen den Spin $\frac{1}{2}$. Während also vor dem Zerfall der Spin des Neutrons halbzahlig war, würde das System Proton–Elektron vermöge des Spins einen ganzzahligen Beitrag zum Drehimpuls liefern. Da der Bahndrehimpuls beider Teilchen auch nur ganzzahlige Werte besitzen kann, würde beim Zerfall ein Gebilde mit halbzahligem Drehimpuls in ein System mit ganzzahligem Drehimpuls übergehen. Der Zerfall eines Neutrons in ein Proton und ein Elektron widerspricht daher der Erhaltung des Drehimpulses. Aus dem Neutron kann ein Proton und ein Elektron nur gleichzeitig mit einem dritten Teilchen von halbzahligem Spin entstehen. Dieses Teilchen kann keine Ladung tragen, weil sich sonst die Ladung durch den Zerfall verändern würde. Das ungeladene Teilchen mit dem Spin $\frac{1}{2}$, welches beim Zerfall eines Neutrons in ein Proton und ein Elektron als drittes Teilchen entstehen muß, hat den Namen Neutrino erhalten.

Eine ganz analoge Überlegung kann man auch für Zerfallsprozesse an verwickelteren Kernen anstellen. Das Kohleisotop C^{14} hat den Kernspin 0 und zerfällt unter Emission eines Elektrons in das Stickstoffisotop N^{14}, welches den Kernspin 1 besitzt. Da der Bahndrehimpuls der Zerfallsprodukte ganzzahlig sein muß, das Elektron aber einen halbzahligen Spin besitzt, muß also beim Zerfall noch ein Neutrino mit halbzahligem Spin entstehen. Dieselbe Überlegung läßt sich auch auf andere β-Zerfälle ausdehnen.

Wenn beim β-Zerfall nur ein Elektron emittiert würde, müßte seine Energie die Differenz der Energien von Mutterkern und Tochterkern sein. Da diese Kerne aber ganz definierte Quantenzustände besitzen, müßte man beim β-Zerfall ein diskretes Spektrum der kinetischen Energie beobachten. Man beobachtet aber ein kontinuierliches Energiespektrum, welches mit einer bestimmten Maximalenergie abbricht, welche ungefähr der Energiedifferenz von Mutterkern und Tochterkern entspricht. Das Elektron nimmt also nur einen Teil der beim Zerfallsprozeß frei werdenden Energie mit, der Rest muß von einem Teilchen übernommen werden, welches nicht beobachtet wird. Auch die Energiebilanz des β-Zerfalles spricht also für die Emission eines Neutrinos.

Die Entstehung des Neutrinos läßt sich in manchen Fällen auch an der Impulsbilanz erkennen. Der Impuls des Elektrons und der Rückstoßimpuls des emittierenden Kernes fallen nämlich nicht immer in entgegengesetzte Richtungen, wie dies der Fall sein müßte, wenn nur zwei Bruchstücke beim Zerfall entstünden.

Aus dem Spektrum der kinetischen Energie des Elektrons kann man auch die Ruhmasse des Neutrinos abschätzen. Das Elektron entsteht mit maximaler Energie E_{max}, wenn das Neutrino mit dem Impuls Null entsteht. Kennt man die Energiedifferenz E_0 von Mutterkern und Tochterkern, so muß der Unterschied von E_0 und E_{max} die Summe der Rückstoßenergie des Kernes und der Massenenergie des Neutrinos ergeben. Die Rückstoßenergie läßt sich aber aus E_{max} berechnen. Aus Beobachtungen ergibt sich, daß die Ruhmasse des Neutrinos nur einen winzigen Bruchteil der Ruhmasse des Elektrons betragen kann, der innerhalb der Beobachtungsfehler liegt. Wir betrachten deshalb das Neutrino als ein ungeladenes Teilchen mit der Ruhmasse ≈ 0 und dem Spin $\frac{1}{2}$.

*§ 3. Das Energiespektrum des β-Zerfalles.

Inhalt: Verteilung der Elektronen auf Impuls und Energie.
Bezeichnungen: wie S. 1332.

Wir bezeichnen mit $\mathfrak{p}$ und $\mathfrak{p}_\nu$ die Impulse des Elektrons und Neutrinos, mit $\mathfrak{P}$ den Rückstoßimpuls des Kernes. War der Kern vor der Emission in Ruhe oder rechnen wir im Schwerpunktsystem, so gilt

$$\mathfrak{p} + \mathfrak{p}_\nu + \mathfrak{P} = 0. \tag{VI, 11}$$

Bedeuten E und E_ν die Energien des Elektrons und Neutrinos und E' die Rückstoßenergie des Kernes, so können wir die Energiebilanz

$$E_0 = E + E_\nu + E' \tag{VI, 12}$$

aufstellen. Zwischen E und $\mathfrak{p}$ gilt bei relativistischer Rechnung die Beziehung

$$E = c\sqrt{m^2 c^2 + \mathfrak{p}^2}. \tag{VI, 13}$$

Die analoge Beziehung

$$E_\nu = c\sqrt{m_\nu^2 c^2 + \mathfrak{p}_\nu^2} = c|\mathfrak{p}_\nu| = c\, p_\nu \tag{VI, 14}$$

können wir für das Neutrino ansetzen. Zwischen E' und $\mathfrak{P}$ erhalten wir

$$E' = \frac{\mathfrak{P}^2}{2AM}, \tag{VI, 15}$$

wenn M die Masse eines Nukleons und A die Zahl der Nukleonen im Kern ist. Für die kinetischen Energie des Kernes ist eine relativistische Rechnung nicht nötig.

Der Rückstoßimpuls und die kinetische Energie des Kernes sind am größten, wenn das Neutrino keinen Impuls aufnimmt und das Elektron mit der Maximalenergie E_{max} emittiert wird. Unter Vernachlässigung der Ruhmasse des Neutrinos erhalten wir für diesen Fall

$$E_0 = E_{max} + E'_{max}, \tag{VI, 16}$$

$$\begin{aligned} E'_{max} &= \frac{\mathfrak{p}^2_{max}}{2AM} \\ &= \frac{m\, E_{max}}{2AM}\left(\frac{E_{max}}{mc^2} - \frac{mc^2}{E_{max}}\right). \end{aligned} \tag{VI, 17}$$

Für alle bekannten β-Zerfälle errechnet man hieraus nur ein sehr kleines Verhältnis E'_{max}/E_{max}. In der Gleichung (VI, 12) kann man deshalb näherungsweise E' vernachlässigen und näherungsweise

$$E_0 = E + E_\nu \tag{VI, 18}$$

setzen. $\mathfrak{P}$ und damit auch E' kann man im Bedarfsfall aus (VI, 11) und (VI, 15) entnehmen.

*§ 3. Das Energiespektrum des β-Zerfalles.

Wir spannen nun den Phasenraum des Systems Elektron–Neutrino auf. Die beiden Teilchen mögen sich in den Volumenelementen dV und dV_ν befinden. Im Impulsraum mögen sie das Volumen $p^2\,dp\,d\Omega$ und $p_\nu^2\,dp_\nu\,d\Omega_\nu$ einnehmen. Wir erhalten damit das Volumenelement im Phasenraum

$$dV\,dV_\nu\,p^2\,dp\,d\Omega\,p_\nu^2\,dp_\nu\,d\Omega_\nu. \qquad (VI\ 19)$$

Zu jedem Punkt des Phasenraumes gehört wegen (VI, 18, 13, 14) ein bestimmter Wert der Energie E_0. Als Variabeln im Phasenraum verwenden wir nun die Ortskoordinaten beider Teilchen, die Winkel, welche die Richtungen der Impulse bestimmen, den Betrag des Elektronenimpulses p und E_0 an Stelle des Neutrinoimpulses. Aus (VI, 14) erhalten wir für das Neutrino

$$p_\nu = \frac{E_\nu}{c} = \frac{E_0 - E}{c} \qquad (VI,\ 20)$$

und damit (bei festgehaltenem E)

$$dp_\nu = \frac{1}{c}dE_\nu = \frac{1}{c}dE_0. \qquad (VI,\ 21)$$

Das Volumenelement im Phasenraum erhält damit die Form

$$\frac{1}{c^3}dV\,dV_\nu\,p^2\,dp\,(E_0 - E)^2\,dE_0\,d\Omega\,d\Omega_\nu. \qquad (VI,\ 22)$$

Ein Phasenvolumen von der Größe h^6 nimmt einen Quantenzustand auf. Das Volumenelement (VI, 22) stellt also

$$\frac{1}{h^6 c^3}dV\,dV_\nu\,p^2\,dp\,(E_0 - E)^2\,dE_0\,d\Omega\,d\Omega_\nu \qquad (VI,\ 23)$$

Quantenzustände des Systems Neutrino–Elektron dar, die aus Quantenzuständen des emittierenden Kernes mit einer Energie zwischen E_0 und $E_0 + dE_0$ hervorgehen können. Wir wollen nun annehmen, daß alle diese Quantenzustände mit gleicher Wahrscheinlichkeit realisiert werden. Dann ist

$$W(p, E_0)\,dV\,dV_\nu\,dp\,d\Omega\,d\Omega_\nu = \frac{K}{h^6 c^3}dV\,dV_\nu\,p^2\,dp\,(E_0 - E)^2\,d\Omega\,d\Omega_\nu \qquad (VI,\ 24)$$

die Wahrscheinlichkeit dafür, daß das Elektron beim Zerfall mit einem Impuls im Intervall dp in den Raumwinkel $d\Omega$ und das Neutrino in den Raumwinkel $d\Omega_\nu$ emittiert wird und daß diese Teilchen sich an den Orten von dV und dV_ν befinden, wenn für den Zerfall die Energie E_0 zur Verfügung steht. K ist eine Zahlkonstante, mit der diese Wahrscheinlichkeit normiert werden kann.

Da wir uns für den Ort, an dem sich die Teilchen befinden, nicht interessieren, integrieren wir über Volumina V und V_ν von der Größe 1 und erhalten die Wahrscheinlichkeit

$$W(p, E_0)\,dp\,d\Omega\,d\Omega_\nu = \frac{K}{h^6 c^3}p^2\,dp\,(E_0 - E)^2\,d\Omega\,d\Omega_\nu \qquad (VI,\ 25)$$

dafür, daß ein Elektron mit dem Impuls p in das Intervall $d\Omega$ und ein Neutrino in das Intervall $d\Omega_\nu$ emittiert wird.

Integrieren wir auch noch über alle Emissionsrichtungen beider Teilchen, so finden wir die Wahrscheinlichkeit

$$W(p, E_0)\, dp = \frac{16\pi^2 K}{h^6 c^3} p^2 (E_0 - E)^2\, dp \qquad (\text{VI, 26})$$

für die Emission eines Elektrons im Impulsintervall dp unabhängig von der Richtung. Setzen wir (VI, 13) ein, so erhalten wir

$$\begin{aligned}W(p, E_0) &= C\, p^2 (E_0 - c\sqrt{m^2 c^2 + p^2}) \\ &= C'\, y^2 (\eta_0 - \sqrt{1 + y^2})\,,\end{aligned} \qquad (\text{VI, 27})$$

wenn wir zur Abkürzung

$$E_0 = \eta_0\, m\, c^2\,; \qquad p = m\, c\, y \qquad (\text{VI, 28})$$

einführen. In der Abb. 387 ist $W(p, E_0)$ gegen p aufgetragen.

Drückt man den Impuls des Elektrons mit (VI, 3) durch die Energie aus, so kann man die Wahrscheinlichkeit

$$W(E, E_0)\, dE = \frac{16\pi^2 K m}{h^6 c^4} \sqrt{\left(\frac{E}{m c^2}\right)^2 - 1}\, (E_0 - E)^2\, E\, dE \qquad (\text{VI, 29})$$

dafür angeben, daß das emittierte Elektron in das Energieintervall dE fällt.

Führt man η_0 und

$$\eta = \frac{E}{m c^2} \qquad (\text{VI, 30})$$

ein, so erhält man

$$W(E, E_0) = C'' (\eta^2 - 1)^{\frac{1}{2}} (\eta_0 - \eta)^2\, \eta\,. \qquad (\text{VI, 31})$$

Diese Verteilung auf die Energie ist als ausgezogene Kurve in der Abb. 388 gezeichnet.

Bisher haben wir die Coulombschen Kräfte noch nicht beachtet, welche auf das Elektron oder Positron wirken, nachdem es den Kern verlassen hat. Unsere

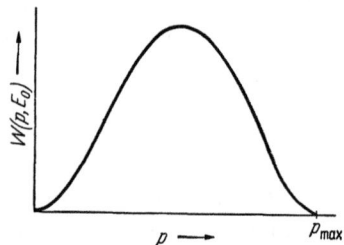

Abb. 387. Verteilung der β-Teilchen über ihren Impuls p. (Ohne Berücksichtigung der Coulombkräfte.)

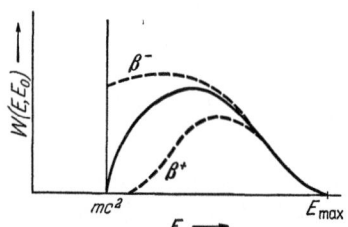

Abb. 388. Verteilung der β-Teilchen über ihre kinetische Energie. (Ausgezogen ohne, punktiert mit Berücksichtigung der Coulombkräfte.)

Formel beschreibt also die Energieverteilung der β-Teilchen unmittelbar nach dem Verlassen des Kernes. Elektronen büßen im Felde einen Teil ihrer Energie ein, Positronen gewinnen einen zusätzlichen Energiebetrag. Sowohl die Einbuße wie der Gewinn sind in E_0 bereits enthalten, d. h. man hat in den Formeln (VI, 27) und (VI, 29) an Stelle von E_0 bei den Elektronen einen etwas größeren, bei den Positronen einen etwas kleineren Wert einzusetzen. Dies führt zu der Verschiebung der Verteilungskurven, die in der Abb. 388 punktiert eingetragen sind.

*§ 4. Auswahlregeln.

Inhalt: Auswahlregeln von FERMI und TELLER-GAMOW für erlaubte Übergänge des β-Zerfalles. Zerfälle höherer Ordnung.
Bezeichnungen: wie S. 1332.

Bis jetzt haben wir angenommen, daß die Wahrscheinlichkeit für die Emission eines β-Teilchens und eines Neutrinos richtungsunabhängig ist. Dies bedeutet, daß das System der beiden Teilchen keinen Bahndrehimpuls um das Emissionszentrum besitzt. Diese Annahme muß nun begründet bzw. auf ihre Konsequenzen untersucht werden.

Die Wellenlänge der emittierten Elektronen und Neutrinos ist bei allen β-Zerfällen groß gegenüber den Kernradien. Eine Elektronenwelle der Wellenlänge λ und der Drehimpulsquantenzahl l wird außerhalb des Kernes durch die Eigenfunktion

$$\psi = i^{l+1} \sqrt{\frac{\lambda}{r}} Y_m^l(\vartheta, \varphi) H_{l+\frac{1}{2}}^{(1)}\left(\frac{2\pi r}{\lambda}\right) \qquad (VI, 32)$$

beschrieben, wenn $H_{l+\frac{1}{2}}$ die Hankelsche Funktion und Y_m^l eine Kugelfunktion vom Grade l darstellt. Für große r geht ψ in

$$\psi_\infty = \frac{\lambda}{r\pi} e^{\frac{2\pi i r}{\lambda}} Y_m^l(\vartheta, \varphi) \qquad (VI, 33)$$

über. Wir bilden nun das Verhältnis der Amplitudenquadrate

$$\left|\frac{\psi_\infty}{\psi(R)}\right|^2 = \frac{R\lambda}{r^2 \pi^2 \left|H_{l+\frac{1}{2}}^1\left(\frac{2\pi R}{\lambda}\right)\right|^2} \qquad (VI, 34)$$

in großer Entfernung und an der Oberfläche des Kernes für verschiedene Drehimpulse. Die Zahl der emittierten Elektronen ist proportional $|\psi_\infty|^2$, während die Elektronendichte in der Kernoberfläche zu $|\psi(R)|^2$ proportional ist. Der Bruch (VI, 34) ist also der Zerfallswahrscheinlichkeit proportional. Nun ist $\lambda \gg R$. Bei kleinem Argument geht die Hankelsche Funktion wie

$$\left(\frac{\lambda}{2\pi R}\right)^{l+\frac{1}{2}} \qquad (VI, 35)$$

gegen Unendlich, so daß zur Zerfallswahrscheinlichkeit jedesmal der Faktor $(2\pi R/\lambda)^2$ hinzutritt wenn l um 1 größer wird. Es werden also fast nur Elektronen mit dem Drehimpuls Null emittiert. Für die Neutrinos gelten genau dieselben Gesichtspunkte. Wir werden also erwarten können, daß die Emission hauptsächlich mit dem Drehimpuls $l = 0$ erfolgt bzw. daß die Emission mit anderen Drehimpulsen ihr gegenüber zurücktritt. Nur wenn die Emission mit dem Drehimpuls 0 aus anderen Gründen nicht möglich ist, kommen größere Drehimpulse überhaupt zur Wirkung.

Wenn Elektron und Neutrino ohne Bahndrehimpuls emittiert werden, kann das System Elektron–Neutrino noch die Spindrehimpulse 0 oder 1 besitzen, je nachdem ob der Spin der beiden Teilchen gleich oder entgegengesetzt ist. Das System beider Teilchen bildet also entweder einen ^1S- oder ^3S-Zustand. Bei entgegengesetztem Spin von Elektron und Neutrino muß der Atomkern nach der Emission den gleichen Kernspin besitzen wie zuvor. Wir erhalten dann die Fermische Auswahlregel für den β-Zerfall

$$\Delta I = 0. \qquad (VI, 36)$$

Besitzen Elektron und Neutrino hingegen gleichgerichteten Spin, so gilt für den Kernspin beim β-Zerfall die Auswahlregel von TELLER und GAMOW

$$\varDelta I = 0, \pm 1, \qquad (VI, 37)$$

wobei $\varDelta I = 0$ auf solche Fälle beschränkt ist, wo I verschieden von 0 ist.

Die beiden Auswahlregeln schließen sich gegenseitig nicht aus. Unter dem empirischen Material findet man Zerfälle, welche der Fermischen Auswahlregel nicht zu entsprechen scheinen. Es gibt also ziemlich sicher Zerfälle, welche der Auswahlregel von TELLER und GAMOW folgen. Andererseits läßt sich aus dem empirischen Befund nicht schließen, daß die Fermische Auswahlregel nicht vorkommt. Es gibt Fälle, die mit beiden Auswahlregeln verträglich sind.

Mit verminderter Wahrscheinlichkeit können auch β-Zerfälle eintreten, welche nach diesen Auswahlregeln verboten sind. Bei ihnen übernimmt das System Elektron–Neutrino Drehimpulse der Quantenzahlen $l = 1, 2, 3$ usw. Die Quantenzahl l bezeichnet man als die Ordnung des Zerfalles. Bei solchen Zerfällen höherer Ordnung kann sich der Kernspin des Kernes um mehr als 1 ändern.

Die Wahrscheinlichkeit eines bestimmten β-Zerfalles hängt nicht nur von seiner Ordnung, sondern auch von anderen Umständen ab. Dies kann man sich folgendermaßen klarmachen. Die Ordnung ist hauptsächlich nur für die Wahrscheinlichkeit maßgebend, mit der ein im Kern gebildetes Elektron emittiert wird. Die Wahrscheinlichkeit dafür, daß überhaupt ein Elektron im Kern entsteht, hängt aber von den besonderen inneren Eigenschaften des zerfallenden Kernes ab. Diese Wahrscheinlichkeit wird durch Matrixelemente ausgedrückt, welche mit Hilfe der Kerneigenfunktionen vor und nach dem Zerfall zu bilden sind. Verschwinden diese Matrixelemente, so wird ein an sich durch die Auswahlregeln erlaubter β-Zerfall unterdrückt, d. h. seine Wahrscheinlichkeit wird stark reduziert. Eine genauere Analyse dieses Sachverhaltes führt zu dem Resultat, daß die Kernmatrixelemente für die meisten der erlaubten Übergänge verschwinden, so daß die im Sinne der Auswahlregeln erlaubten β-Zerfälle eigentlich nur in ganz bestimmten Ausnahmefällen mit der ihnen zukommenden Wahrscheinlichkeit zur Wirkung kommen.

Diese verwickelten Verhältnisse haben zur Folge, daß die Zerfallswahrscheinlichkeiten für β-Zerfall keinen einfachen Gesetzmäßigkeiten gehorchen. Nur in relativ wenigen Fällen beobachtet man die erwartete Wahrscheinlichkeit für erlaubte Übergänge. Neben ihnen kommen mit allerdings geringerer Wahrscheinlichkeit auch β-Zerfälle höherer Ordnung vor, bei denen die Auswahlregeln durchbrochen sind.

K. Moleküle. Chemische Bindung.

Der Aufbau der Materie aus den Elementarteilchen vollzieht sich in deutlich abgegrenzten Stufen.

In der ersten Stufe werden die stabilen Atomkerne aus Protonen und Neutronen aufgebaut. Soweit sie stabil, d. h. nicht radioaktiv sind, können sie nur durch Eingriffe verändert werden, welche ganz besondere Versuchsbedingungen erfordern, die normalerweise nicht vorkommen. Sie wirken deshalb als Bausteine der Materie, die zwar zusammengesetzt, aber kaum veränderlich sind.

Der zweite Schritt besteht darin, daß sich neutrale Atome aus je einem Atomkern und so vielen Elektronen bilden, daß die positive Kernladung kompensiert wird.

Die dritte Stufe besteht naturgemäß in der Verbindung von Atomen zu Molekülen. Während wir es nur mit etwa 100 Atomen chemisch verschiedener Elemente und etwa 1000 ihrer Isotopen zu tun haben, kennt man ungeheuer viele Moleküle. Wir müssen deshalb darauf verzichten, einen systematischen Überblick über sie anzustreben. Das ist übrigens auch die Aufgabe der Chemie. Um so wichtiger ist es aber, die grundlegenden Probleme herauszuarbeiten, die uns bei den Molekülen entgegentreten.

Im Gegensatz zum Atom besitzt das Molekül mehrere Atomkerne, mindestens also zwei. Hierdurch entstehen neuartige Probleme, die wir zuerst am zweiatomigen Molekül studieren werden. Wie beim Atom fragen wir nach den verschiedenen Zuständen, deren ein Molekül fähig ist, und den dazugehörigen Energien. Im engen Zusammenhang damit stehen die Molekülspektren, die sog. Bandenspektren, aus welchen ein großer Teil unserer Kenntnis über den Bau der Moleküle geschöpft wurde. Bei den Molekülen werden wir weniger in solche Erscheinungen eindringen, die auch bei den Atomen vorkommen, sondern uns mehr denjenigen zuwenden, welche bei Molekülen neu hinzutreten. Das sind vor allem die Schwingungen der Atomkerne gegeneinander und die Rotation des ganzen Moleküls oder seiner Teile. Neu tritt auch die Frage auf, was die Atome veranlaßt, überhaupt Moleküle zu bilden, d. h. eine engere Verbindung einzugehen. Die Herkunft der chemischen Bindungskräfte zwischen den Atomen muß also aufgeklärt werden. Nur kurz werden wir uns mit den mehratomigen Molekülen beschäftigen, bei denen man ziemlich verwickelte Verhältnisse erwarten muß und die schon in das Gebiet der Chemie hinüberführen.

Die Theorie und Systematik der Moleküle, ihrer Zustände und Eigenschaften ist auf folgenden Annahmen aufgebaut.

1. Ein Molekül ist ein atomares System, bestehend aus einer Anzahl positiv geladener Atomkerne (Ladung $Z_s e$) und einer Anzahl Elektronen (Ladung $-e$). Bei elektrisch neutralen Gebilden muß die Zahl der Elektronen natürlich gleich $\sum Z_s$ sein. Außer der Ladung besitzen die Elektronen einen mechanischen Eigendrehimpuls (Spin) von der Größe $\frac{1}{2}$, wenn als Maßeinheit $h/2\pi$ gewählt wird. Mit diesem Drehimpuls ist ein magnetisches Moment von einem Bohrschen Magneton ($h e \mu_0/4\pi m$) verknüpft. Die Kerne können ebenfalls einen mechanischen Eigendrehimpuls besitzen, der je nach ihrer Natur verschieden, stets aber ganzzahlig oder halbzahlig ist. Auch mit dem Eigendrehimpuls der Kerne (Kernspin) verbindet sich ein magnetisches Moment, welches aber wegen der größeren Kernmasse nur einen winzigen Bruchteil eines Bohrschen Magnetons beträgt.

2. Die Bestandteile des Moleküls wirken mit Kräften aufeinander, wie sie aus der Physik geladener und mit magnetischen Momenten versehener makroskopischer Körper bekannt sind.

3. Das Verhalten der Moleküle wird durch die Quantentheorie bestimmt.

Der jeweilige Zustand eines Moleküls wird durch eine Wellenfunktion Ψ beschrieben, welche die Koordinaten aller Elektronen und Kerne enthält. Bilden wir für jedes Elektron das Volumenelement $d\tau_i$ und für jeden Atomkern das Volumenelement $d\tau_s$, so ist

$$\Psi^* \Psi \ldots d\tau_i \ldots d\tau_s \qquad (I, 1)$$

die Wahrscheinlichkeit dafür, daß sich die Elektronen jeweils in den $d\tau_i$, die Kerne in den $d\tau_s$ aufhalten. In (I, 1) ist $d\tau_i$ bzw. $d\tau_s$ für die Produkte aller $d\tau_i$ $d\tau_s$ gesetzt.

Die Wellenfunktion Ψ bestimmt sich aus der Wellengleichung

$$\mathbb{H}\Psi + \frac{h}{2\pi i}\frac{\partial \Psi}{\partial t} = 0, \qquad (I, 2)$$

wo $\mathbb{H}$ der Operator der Hamiltonfunktion ist. Er hat im einzelnen die Form

$$\mathbb{H} = \sum_s \frac{1}{2M_s}(\mathfrak{p}_s - Z_s e\mu_0 \mathfrak{A}_s)^2 + \sum_i \frac{1}{2m}(\mathfrak{p}_i + e\mu_0 \mathfrak{A}_i)^2 + V, \qquad (I, 3)$$

wenn M_s und $Z_s e$ die Massen und Ladungen der Atomkerne, m und $-e$ die Masse und Ladung der Elektronen bedeuten. Unter den Impulsen $\mathfrak{p}_s$ und $\mathfrak{p}_i$ sind die Operatoren

$$\mathfrak{p}_s = \frac{h}{2\pi i}\,\mathrm{grad}_s \quad \text{bzw.} \quad \mathfrak{p}_i = \frac{h}{2\pi i}\,\mathrm{grad}_i \qquad (I, 4)$$

zu verstehen, welche auf die Koordinaten jeweils eines Kernes oder eines Elektrons wirken. $\mathfrak{A}_s$ und $\mathfrak{A}_i$ sind die Werte des Vektorpotentials eines allenfalls vorhandenen äußeren Magnetfeldes an den Orten, welche durch die Koordinaten der Kerne bzw. Elektronen bezeichnet sind. μ_0 ist die magnetische Maßkonstante, V schließlich ist die potentielle Energie der ganzen Anordnung als Funktion der Koordinaten aller Teilchen. Sie hat allgemein die Form

$$V = \frac{1}{2}\sum_{ss'} \frac{Z_s Z_{s'} e^2}{4\pi\varepsilon_0 r_{ss'}} + \frac{1}{2}\sum_{ii'} \frac{e^2}{4\pi\varepsilon_0 r_{ii'}} - \sum_{is} \frac{Z_s e^2}{4\pi\varepsilon_0 r_{si}}, \qquad (I, 5)$$

wenn $r_{ss'}$ den Abstand des s-ten und s'-ten Kernes, r_{si} den Abstand des i-ten Elektrons vom s-ten Kern und $r_{ii'}$ den Abstand des i-ten und i'-ten Elektrons bedeuten. ε_0 ist die elektrische Maßkonstante. In Formeln ist

$$\begin{aligned} r_{ss'} &= \sqrt{(x_s - x_{s'})^2 + (y_s - y_{s'})^2 + (z_s - z_{s'})^2}, \\ r_{si} &= \sqrt{(x_i - x_s)^2 + (y_i - y_s)^2 + (z_i - z_s)^2}. \end{aligned} \qquad (I, 6)$$

Eine Lösung

$$\Psi = \psi\, e^{-\frac{2\pi i}{h} E t}, \qquad (I, 7)$$

die zu einer bestimmten Energie E des ganzen Moleküls gehört, stellt einen stationären Zustand dar. Für die Eigenfunktion ψ, die von der Zeit nicht mehr abhängt, gilt die Schrödingergleichung

$$\mathbb{H}\psi - E\psi = 0. \qquad (I, 8)$$

Eine exakte Lösung dieser Schrödingergleichung ist selbst in den einfachsten Fällen nicht möglich. Man ist deshalb genötigt, die Moleküle durch fiktive Systeme, sog. Modelle, zu ersetzen, welche aus den Molekülen durch physikalisch nicht realisierbare Vereinfachungen hervorgehen. Man wählt natürlich solche Modelle, daß die Schrödingergleichung lösbar wird und kann dann die Eigenwerte (Energien) wie auch die Eigenfunktionen ermitteln.

Für Moleküle sind drei Hauptmodelltypen konstruiert worden. Der erste Typus, das sog. Zweizentrensystem (für mehratomige Moleküle Mehrzentrensystem), nimmt die Atomkerne im Raum fest an und läßt nur eine Bewegung der Elektronen zu. Der zweite Modelltyp, der sog. Oszillator, sieht hingegen von den Elektronen ganz ab und behandelt nur die gegenseitigen Bewegungen der Atomkerne. Ein dritter Typ (Kreisel) betrachtet das ganze Molekül als starren Körper und beschreibt dessen Bewegungen im Raum, d. h. die Rotation und Translation des Moleküls allein.

Es ist sofort klar, daß man diese drei Typen miteinander kombinieren muß, um ein wirklich brauchbares Modell für das Molekül zu erhalten. Bei den meisten wirklichen Molekülen kann man das Zwei- bzw. Mehrzentrensystem, den Oszillator und das Kreiselmodell als sukzessive Näherungen ansehen. Meist stellt das kombinierte Modell eine gute Approximation an das Molekül dar. In einigen Fällen ist die Annäherung jedoch schlecht, und solche atypischen Fälle machen die Konstruktion und Durchrechnung verwickelterer Modelle notwendig, die den wirklichen Molekülen besser angepaßt sind.

I. Die Elektronenkonfiguration in den Molekülen.

Wir befassen uns zuerst mit dem Verhalten der Elektronen im Molekül und betrachten zu diesem Zweck ein Gerüst von Atomkernen, welches im Raum in solcher Lage fixiert ist, wie es beim Molekül tatsächlich vorliegt. Wir ersetzen also das Molekül durch das Modell eines Mehrzentrensystems. Damit verzichten wir einstweilen darauf zu erklären, warum sich die Atomkerne gerade in solcher Weise anordnen, und wir verzichten auch darauf, die Bewegungen der Kerne, d. h. die inneren Schwingungen und die Rotation des Moleküls, zu beschreiben. Diese zurückgestellten Probleme werden wir im II. und III. Kapitel auf S. 1356 und S. 1381 bearbeiten.

§ 1. Das Zweizentrensystem mit einem Elektron.

Inhalt: Schrödingergleichung für das Zweizentrensystem mit einem Elektron. Durch Separation in elliptischen Koordinaten gewinnt man für das Elektron die Quantenzahlen n, l und λ wie beim Atom. Für hochangeregte Zustände sind Terme und Eigenfunktionen ähnlich wie bei den Atomen. Die Quantenzahlen geben die Knoten der Eigenfunktionen an.

Bezeichnungen: $x_1\,y_1\,z_1$, $x_2\,y_2\,z_2$ Koordinaten der Kerne, x, y, z Koordinaten des Elektrons, M_1, Z_1, M_2, Z_2 Massen und Kernladungszahlen der Kerne, m Elektronenmasse, μ, ν, φ elliptische Koordinaten des Elektrons, r_1, r_2 Abstand des Elektrons von den beiden Kernen, R Abstand der Kerne, ψ Eigenfunktion, M, N, Φ ihre Anteile, die nur von μ, ν bzw. φ abhängen, E Gesamtenergie, λ Achsenquantenzahl, l Nebenquantenzahl, n Hauptquantenzahl, s, p, d, σ, π, δ Elektronensymbole.

Das einfachste Molekül, welches man sich denken kann, besteht aus zwei Atomkernen mit den Ladungen Z_1 und Z_2 und einem einzigen Elektron. Es würde dem Ion H_2^+ des Wasserstoffmoleküls entsprechen. Seine Schrödingergleichung lautet nach (I, 3) und (I, 8)

$$\frac{h^2}{8\pi^2 M_1}\Delta_1\psi + \frac{h^2}{8\pi^2 M_2}\Delta_2\psi + \frac{h^2}{8\pi^2 m}\Delta\psi + \\ + \left(E + \frac{Z_1 e^2}{4\pi\varepsilon_0 r_1} + \frac{Z_2 e^2}{4\pi\varepsilon_0 r_2} - \frac{Z_1 Z_2 e^2}{4\pi\varepsilon_0 r_{12}}\right)\psi = 0. \tag{I, 9}$$

ψ ist eine Funktion der Koordinaten $x_1 y_1 z_1$ des Kerns 1, der Koordinaten $x_2 y_2 z_2$ des Kerns 2 und der Koordinaten x, y, z des Elektrons. Δ_1 und Δ_2 wirken auf die Koordinaten der beiden Kerne, Δ nur auf die des Elektrons. Unter r_{12}, r_1 und r_2 sind

$$\left.\begin{array}{l} r_{12} = \sqrt{(x_1 - x_2)^2 + (y_1 - y_2)^2 + (z_1 - z_2)^2}, \\ r_1 = \sqrt{(x - x_1)^2 + (y - y_1)^2 + (z - z_1)^2}, \\ r_2 = \sqrt{(x - x_2)^2 + (y - y_2)^2 + (z - z_2)^2} \end{array}\right\} \tag{I, 10}$$

zu verstehen.

Eine exakte Lösung dieser Schrödingergleichung ist schon nicht mehr möglich, und wir ersetzen deshalb das Molekül durch ein Zweizentrensystem. Wir denken uns also die beiden Atomkerne im Raume fixiert. Ihr Abstand sei R. Im Felde dieser beiden Kerne befindet sich das Elektron, dessen räumliche Verteilung durch eine ψ-Funktion beschrieben wird, die jetzt nur noch von seinen eigenen Koordinaten x, y, z abhängt. Die zugehörige Schrödingergleichung lautet

$$\frac{h^2}{8\pi^2 m}\Delta\psi + \left(E + \frac{Z_1 e^2}{4\pi\varepsilon_0 r_1} + \frac{Z_2 e^2}{4\pi\varepsilon_0 r_2}\right)\psi = 0. \quad (I, 11)$$

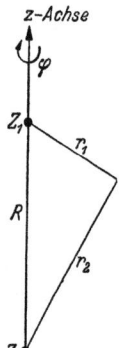

Abb. 389.

Sie geht aus (I, 9) hervor, wenn wir die konstante potentielle Energie der Kerne weglassen und die Massen der Atomkerne als unendlich groß ansehen. Da sie wirklich sehr groß gegenüber der Elektronenmasse sind, dürfen wir (I, 11) tatsächlich als eine Annäherung an (I, 9) betrachten.

Das Modell des Zweizentrensystems erlaubt uns das Verhalten des Elektrons im Feld der beiden Kerne zu berechnen. Mit seiner Konstruktion haben wir darauf verzichtet, die Bewegungen der Kerne gegeneinander zu beschreiben. Wir können aus diesem Modell auch die Gründe dafür nicht ermitteln, daß die Atome gerade den Abstand R einnehmen.

Die Quantenzahlen der Elektronen. Wir legen nun die z-Achse in die Kernverbindungslinie (Molekülachse, s. Abb. 389) und führen statt der kartesischen Koordinaten die drei Größen

$$\left.\begin{aligned}\varphi &= \operatorname{arc\,tg}\frac{y}{x}, \\ \mu &= \frac{r_1 + r_2}{R} = \frac{1}{R}\left(\sqrt{x^2 + y^2 + \left(z - \frac{R}{2}\right)^2} + \sqrt{x^2 + y^2 + \left(z + \frac{R}{2}\right)^2}\right), \\ \nu &= \frac{r_1 - r_2}{R} = \frac{1}{R}\left(\sqrt{x^2 + y^2 + \left(z - \frac{R}{2}\right)^2} - \sqrt{x^2 + y^2 + \left(z + \frac{R}{2}\right)^2}\right)\end{aligned}\right\} \quad (I, 12)$$

ein, die den elliptischen Koordinaten nahestehen. Die Flächen $\varphi = \text{const}$ bilden ein Ebenenbüschel durch die Molekülachse, $\mu = \text{const}$ und $\nu = \text{const}$ sind zwei Scharen konfokaler Rotationsellipsoide bzw. zweischaliger Hyperboloide mit den Atomkernen als Brennpunkten. $\mu = 1$ bedeutet die Kernverbindungslinie zwischen den Kernen, $\mu = \infty$ das Unendliche, $\nu = 0$ ist die Mittelebene zwischen den Kernen, während die Molekülachse außerhalb der Kerne zu $\nu = \pm 1$ gehört. Führt man diese Koordinaten in die Schrödingergleichung ein, so ergibt sich

$$\frac{\partial}{\partial\mu}(\mu^2 - 1)\frac{\partial\psi}{\partial\mu} + \frac{1}{\mu^2 - 1}\frac{\partial^2\psi}{\partial\varphi^2} + \frac{2\pi^2 m R^2}{h^2}\left\{\frac{(Z_1 + Z_2)e^2\mu}{2\pi\varepsilon_0 R} + E\mu^2\right\}\psi +$$
$$+ \frac{\partial}{\partial\nu}(1 - \nu^2)\frac{\partial\psi}{\partial\nu} + \frac{1}{1 - \nu^2}\frac{\partial^2\psi}{\partial\varphi^2} + \frac{2\pi^2 m R^2}{h^2}\left\{\frac{(Z_2 - Z_1)e^2\nu}{2\pi\varepsilon_0 R} - E\nu^2\right\}\psi = 0. \quad (I, 13)$$

Jetzt kann man durch den Ansatz

$$\psi = M(\mu)\,N(\nu)\,\Phi(\varphi), \quad (I, 14)$$

wo Φ nur von φ, M nur von μ und N nur von ν abhängt, separieren, und es entstehen die drei Einzelgleichungen

$$\frac{1}{\Phi}\frac{d^2\Phi}{d\varphi^2} + \alpha = 0, \quad (I, 15)$$

$$\frac{1}{M}\frac{d}{d\mu}(\mu^2 - 1)\frac{dM}{d\mu} - \frac{\alpha}{\mu^2 - 1} + \frac{2\pi^2 m R^2}{h^2}\left\{\frac{(Z_1 + Z_2)e^2\mu}{2\pi\varepsilon_0 R} + E\mu^2\right\} = \beta, \quad (I, 16)$$

$$\frac{1}{N}\frac{d}{d\nu}(1 - \nu^2)\frac{dN}{d\nu} - \frac{\alpha}{1 - \nu^2} + \frac{2\pi^2 m R^2}{h^2}\left\{\frac{(Z_2 - Z_1)e^2\nu}{2\pi\varepsilon_0 R} - E\nu^2\right\} = -\beta. \quad (I, 17)$$

§ 1. Das Zweizentrensystem mit einem Elektron.

Die Richtigkeit dieser Zerlegung sieht man ein, indem man (I, 15) mit

$$\left(\frac{1}{\mu^2 - 1} + \frac{1}{1 - \nu^2}\right) M N \Phi \qquad (I, 18)$$

(I, 16) und (I, 17) mit $MN\Phi$ multipliziert und alle drei Gleichungen addiert.

Nun müssen noch die Randbedingungen berücksichtigt werden. ψ muß im ganzen Raum endlich, stetig und eindeutig sein und im Unendlichen verschwinden. M muß also im Intervall $1 \leq \mu < \infty$ stetig und eindeutig sein und für $\mu \to \infty$ verschwinden. Von N verlangen wir reguläres Verhalten im Intervall $-1 \leq \nu \leq 1$, und die Funktion Φ muß in sich selbst übergehen, wenn wir φ durch $\varphi + 2k\pi$ ersetzen, wenn k eine ganze Zahl ist.

Die Randbedingung für Φ lautet zunächst

$$\Phi(\varphi + 2k\pi) = \Phi(\varphi). \qquad (I, 19)$$

Die Lösungen von (I, 15) sind

$$\Phi = C_1 e^{i\varphi\sqrt{\alpha}} + C_2 e^{-i\varphi\sqrt{\alpha}}. \qquad (I, 20)$$

Die Nebenbedingung (I, 19) kann für alle k nur erfüllt werden, wenn

$$e^{\pm 2\pi i\sqrt{\alpha}} = 1 \qquad (I, 21)$$

gilt. Hieraus folgt

$$\alpha = \lambda^2, \qquad (I, 22)$$

wo λ eine ganze Zahl einschließlich der Null ist. Zu jeder ganzen Zahl λ gehören die Funktionen

$$\Phi = C_1 e^{i\lambda\varphi} + C_2 e^{-i\lambda\varphi} \qquad (I, 23)$$

oder in reeller Schreibweise

$$\Phi = B_1 \cos\lambda\varphi + B_2 \sin\lambda\varphi. \qquad (I, 24)$$

Die Normierung

$$1 = \int_0^{2\pi} \Phi^* \Phi \, d\varphi \qquad (I, 25)$$

verlangt, daß

$$C_1^* C_1 + C_2^* C_2 = \frac{1}{2\pi} \qquad (I, 26)$$

bzw.

$$B_1^* B_1 + B_2^* B_2 = \frac{1}{\pi} \qquad (I, 27)$$

ist.

Zu $\lambda = 0$ gehört die konstante Eigenfunktion $\Phi = 1/2\pi$, zu jedem anderen Wert von λ haben wir noch einfach unendlich viele normierte Eigenfunktionen Φ, die alle die Gleichung (I, 15) und die Randbedingung (I, 19) erfüllen. Es besteht zweifache Entartung, weil alle Φ durch zwei linear unabhängige Funktionen, z. B. $\cos\lambda\varphi$ und $\sin\lambda\varphi$ oder auch $e^{i\lambda\varphi}$ und $e^{-i\lambda\varphi}$, dargestellt werden können.

Setzen wir (I, 22) in (I, 16) und (I, 17) ein, so finden wir

$$\frac{d}{d\mu}(\mu^2 - 1)\frac{dM}{d\mu} - \frac{\lambda^2 M}{\mu^2 - 1} + \frac{2\pi^2 m R^2}{h^2}\left\{\frac{(Z_1 + Z_2) e^2 \mu}{2\pi\varepsilon_0 R} + E\mu^2\right\} M = \beta M, \qquad (I, 28)$$

$$\frac{d}{d\nu}(1 - \nu^2)\frac{dN}{d\nu} - \frac{\lambda^2 N}{1 - \nu^2} + \frac{2\pi^2 m R^2}{h^2}\left\{\frac{(Z_2 - Z_1) e^2 \nu}{2\pi\varepsilon_0 R} - E\nu^2\right\} N = -\beta N. \qquad (I, 29)$$

λ kann dabei die Werte 0, 1, 2... durchlaufen. Halten wir einen dieser Werte fest und fassen für β und E bestimmte Werte ins Auge, so hat gewöhnlich keine dieser Gleichungen eine Lösung, welche die Randbedingungen befriedigt. Es gibt aber zu jedem Wert β eine diskrete unendliche Zahlenfolge E_n, für welche die Lösungen M im Unendlichen verschwinden. Nehmen wir für β einen anderen Wert an, so kommt für jedes E_n ein anderer Wert heraus. Jedem λ ordnen wir also eine unendliche Folge von Funktionen von β zu, die wir mit

$$E_{n,\lambda} = E_{n,\lambda}(\beta) \qquad (I, 30)$$

bezeichnen. Die Gleichung für N und ihre Randbedingungen ordnen jedem Wert von λ eine andere Funktionenfolge

$$E_{l,\lambda} = E_{l,\lambda}(\beta) \qquad (I, 31)$$

zu. Beide Gleichungen mit ihren Randbedingungen sind nur durch solche Werte der Energie E zu erfüllen, die sowohl der Gl. (I, 30) wie auch (I, 31) genügen. Es gibt also zu jedem Wert von λ eine zweidimensionale diskrete Mannigfaltigkeit von Eigenwerten der Energie $E_{n,l,\lambda}$ und zu diesen gehörigen Werten $\beta_{n,l,\lambda}$, im ganzen also eine dreidimensionale diskrete Mannigfaltigkeit von Eigenwerten.

Dies wird am einfachsten an der Abb. 390 klar, in der die Scharen der Funktionen $E_{n,\lambda}$ und $E_{l,\lambda}$ gegen β für ein festes λ schematisch aufgetragen sind. Die Schnittpunkte sind die Werte $E_{n,l,\lambda}$.

Die Indizes n, l und λ kann man als Quantenzahlen des Elektrons ansehen. Der Unterschied gegen das Atom besteht nur darin, daß man nicht ohne weiteres angeben kann, wie sich die Energie durch n, l und λ ausdrückt und wie die zugehörigen Eigenfunktionsteile N und M aussehen.

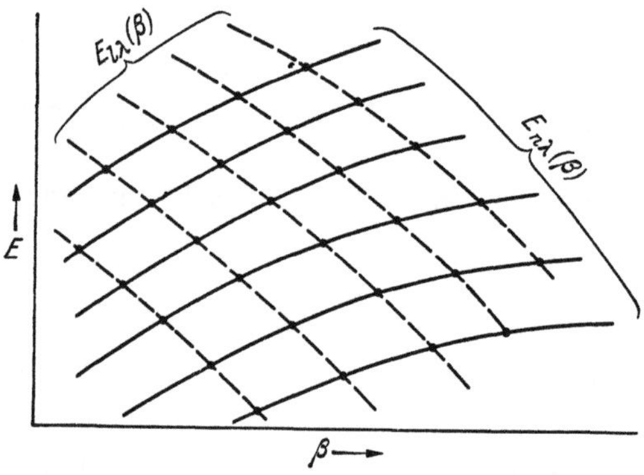

Abb. 390. Schema der Eigenwerte $E_{n,l,\lambda}$ durch die Schnittpunkte dargestellt.

Wir wollen nun versuchen, die Quantenzahlen etwas anschaulicher zu machen. Ist $\psi(x, y, z)$ eine Eigenfunktion, so ist $\psi(x, y, z) = 0$ eine Fläche im Raum, auf der sie verschwindet. Man bezeichnet sie als Knotenfläche. Auf ihr haben die Elektronen die Dichte Null. Die Knotenfläche trennt die Gebiete, in denen ψ positive bzw. negative Werte annimmt. Kann man ψ in das Produkt der drei Funktionen Φ, M und N zerlegen, so ist ψ dann und nur dann Null, wenn mindestens eine der drei Funktionen Φ, M und N verschwindet. Die Knotenfläche zerfällt also in die Knotenflächen der einzelnen Eigenfunktionsteile, bzw. setzt sich aus ihnen zusammen.

Da Φ, M und N nur noch von einer Koordinate abhängen, sind ihre Knoten Flächen, welche durch gewisse Werte der Koordinaten $\varphi = \text{const}$, $\mu = \text{const}$, $\nu = \text{const}$ angegeben werden. Aus der Definition der Koordinaten μ, ν und φ folgt, daß die μ-Knoten Rotationsellipsoide, die ν-Knoten je eine Schale eines Rotationshyperboloids und die φ-Knoten Ebenen durch die Kernverbindungslinie sind.

Die Zahl der φ-Knoten ist gleich der Achsenquantenzahl λ. Die Summe der φ-Knoten und der ν-Knoten setzen wir als Nebenquantenzahl fest, während die

§ 1. Zweizentrensystem mit einem Elektron. 1345

um 1 vermehrte Summe aller Knoten als Hauptquantenzahl n bezeichnet werden soll. Zwischen den drei Quantenzahlen ergibt sich hieraus sofort die Beziehung

$$n - 1 \geqq l \geqq \lambda \qquad (\text{I, 32})$$

genau wie beim Atom. Wenn wir zwei Eigenfunktionsteile festhalten, z. B. N und Φ, und alle möglichen Funktionen M nach der Größe der zugehörigen Energiewerte ordnen, so entsteht eine Reihe von Funktionen, von denen die erste keinen Knoten, die zweite einen, die dritte zwei und jede folgende Funktion einen Knoten mehr als die vorhergehende besitzt. Die Quantenzahlen durchlaufen also die Reihe der ganzen Zahlen einschließlich der Null (nur die Hauptquantenzahl beginnt mit 1, da sie ja um 1 größer als die gesamte Knotenzahl sein soll), und die Energie wächst mit der Knotenzahl einer Koordinate, wenn die Knoten der beiden anderen festgehalten werden (s. Abb. 391).

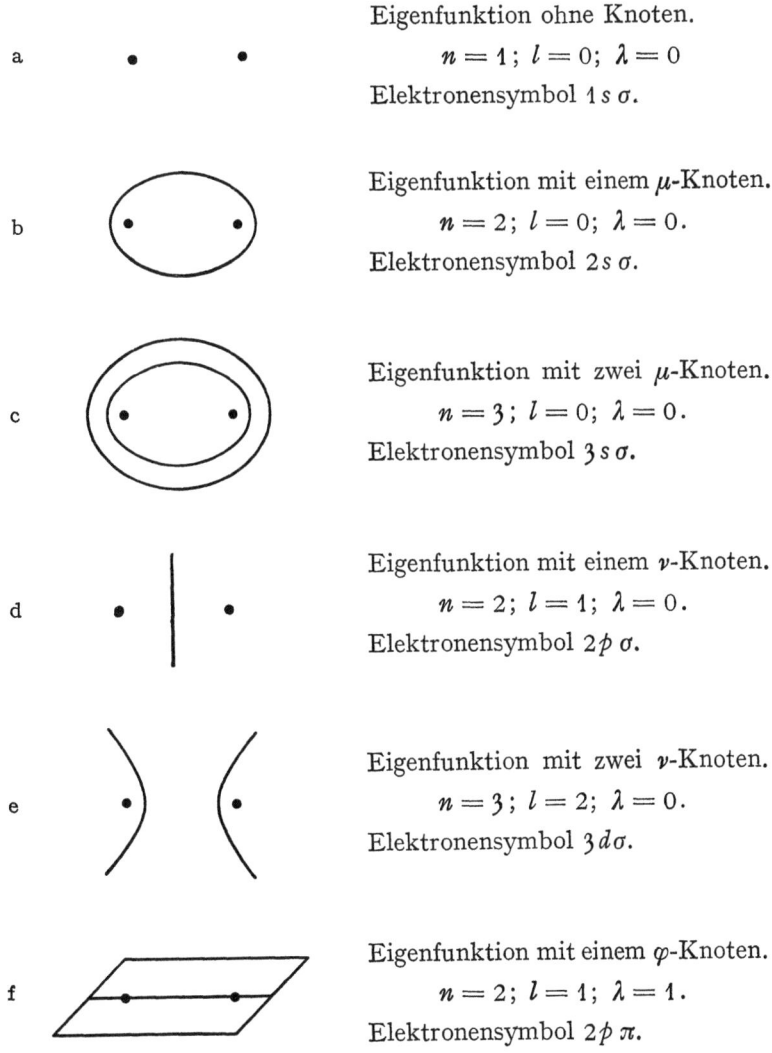

a   Eigenfunktion ohne Knoten.
    $n = 1;\ l = 0;\ \lambda = 0$
    Elektronensymbol $1s\,\sigma$.

b   Eigenfunktion mit einem μ-Knoten.
    $n = 2;\ l = 0;\ \lambda = 0$.
    Elektronensymbol $2s\,\sigma$.

c   Eigenfunktion mit zwei μ-Knoten.
    $n = 3;\ l = 0;\ \lambda = 0$.
    Elektronensymbol $3s\,\sigma$.

d   Eigenfunktion mit einem ν-Knoten.
    $n = 2;\ l = 1;\ \lambda = 0$.
    Elektronensymbol $2p\,\sigma$.

e   Eigenfunktion mit zwei ν-Knoten.
    $n = 3;\ l = 2;\ \lambda = 0$.
    Elektronensymbol $3d\,\sigma$.

f   Eigenfunktion mit einem φ-Knoten.
    $n = 2;\ l = 1;\ \lambda = 1$.
    Elektronensymbol $2p\,\pi$.

Abb. 391 a—f. Knotenflächen einiger Eigenfunktionen.

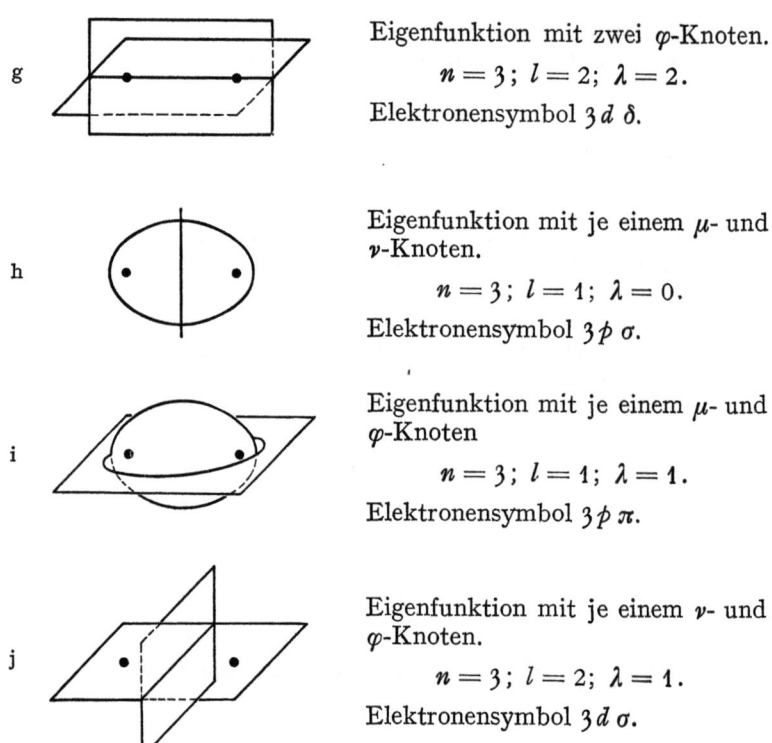

g — Eigenfunktion mit zwei φ-Knoten.
$n = 3;\ l = 2;\ \lambda = 2$.
Elektronensymbol $3\,d\,\delta$.

h — Eigenfunktion mit je einem μ- und ν-Knoten.
$n = 3;\ l = 1;\ \lambda = 0$.
Elektronensymbol $3\,p\,\sigma$.

i — Eigenfunktion mit je einem μ- und φ-Knoten
$n = 3;\ l = 1;\ \lambda = 1$.
Elektronensymbol $3\,p\,\pi$.

j — Eigenfunktion mit je einem ν- und φ-Knoten.
$n = 3;\ l = 2;\ \lambda = 1$.
Elektronensymbol $3\,d\,\sigma$.

Abb. 391 g—j. Knotenflächen einiger Eigenfunktionen.

Läßt man im Zweizentrensystem die Kerne einander näher rücken, bis sie schließlich zusammenfallen, so gehen die μ-Knoten in Kugeln, die ν-Knoten in Kegelflächen über, während die φ-Knoten Ebenen durch die Kerne bleiben. Statt μ, ν, φ kann man dann sphärische Polarkoordinaten einführen, und die Koordinate ν geht in

$$\lim \nu = \frac{-z}{\sqrt{x^2 + y^2 + z^2}} = -\cos\vartheta \qquad (I, 33)$$

über. Das Produkt $N\Phi$ verwandelt sich hierbei in eine Kugelflächenfunktion. Hieraus kann man ersehen, daß $N\Phi$ in größeren Entfernungen von den Kernen sich auch beim Molekül den Kugelflächenfunktionen stark annähert und nur in der Nähe der Kerne von ihnen bedeutend abweicht. Ebenso muß M sich in den äußeren Gebieten den radialen Eigenfunktionen der Atome anschließen. Bei hochangeregten Zuständen, wo nur ein kleiner Teil des Elektrons im kernnahen Gebiet enthalten ist, kann man also Eigenwerte erwarten, die mit denen der Atome eine gewisse Ähnlichkeit besitzen. Hierzu werden wir allerdings weiter unten noch eine Einschränkung machen müssen.

Wie an den Atomen kann man auch am Zweizentrensystem die Elektronen durch die Quantensymbole $s, p, d \ldots$ für die Quantenzahlen $l = 0, 1, 2, \ldots$, ferner durch $\sigma, \pi, \delta, \varphi \ldots$ für die Quantenzahlen $\lambda = 0, 1, 2, 3 \ldots$ kennzeichnen. Im Bedarfsfall wird die Hauptquantenzahl selbst angeschrieben. Ein $3\,p\,\pi$-Elektron besitzt also die Quantenzahlen $n = 3,\ l = 1,\ \lambda = 1$.

Der Drehimpuls um die Molekülachse. Der Drehimpuls eines Elektrons um die Molekülachse (z-Achse) wird durch den Operator

$$[\mathfrak{r}\,\mathfrak{p}]_z = x\,\mathfrak{p}_y - y\,\mathfrak{p}_x = \frac{h}{2\pi i}\left(x\frac{\partial}{\partial y} - y\frac{\partial}{\partial x}\right) = \frac{h}{2\pi i}\frac{\partial}{\partial \varphi} \qquad (\text{I},34)$$

ausgedrückt. Seinen Wert in einem durch die Quantenzahlen n, l, λ gekennzeichneten Zustand erhält man durch

$$\frac{h}{2\pi i}\int \psi^*\frac{\partial \psi}{\partial \varphi}d\tau = \frac{h}{2\pi i}\int_0^{2\pi} \Phi^*\frac{\partial \Phi}{\partial \varphi}d\varphi, \qquad (\text{I},35)$$

wenn M und N für sich normiert sind. Setzen wir für Φ die Funktionen

$$\Phi = \frac{1}{\sqrt{2\pi}}e^{i\lambda\varphi} \quad \text{oder} \quad \Phi = \frac{1}{\sqrt{2\pi}}e^{-i\lambda\varphi} \qquad (\text{I},36)$$

ein, so finden wir

$$\int \psi^*[\mathfrak{r}\,\mathfrak{p}]_z \psi\, d\tau = \pm\frac{h}{2\pi}\lambda. \qquad (\text{I},37)$$

Bildet man die Matrix des Drehimpulses um die Molekülachse, so sind (I, 37) die Diagonalelemente. Die anderen Elemente verschwinden wegen der Orthogonalität des Funktionensystems $e^{\pm i\lambda\varphi}$. Die Eigenwerte des Drehimpulses sind also $\pm h\lambda/2\pi$. Man bezeichnet deshalb λ selbst auch als den Drehimpuls um die Achse im Maß $h/2\pi$.

Man kann einsehen, daß die anderen Komponenten des Drehimpulses verschwinden. M und N zeigen keine Entartung mehr und sind deshalb reell. Der Wert des Drehimpulses

$$\int \psi^*[\mathfrak{r}\,\mathfrak{p}]\psi\, d\tau = \frac{h}{4\pi^2 i}\int MN\, e^{-i\lambda\varphi}[\mathfrak{r}\,\nabla]MN\, e^{i\lambda\varphi}d\tau \qquad (\text{I},38)$$

$$= \frac{h}{4\pi^2 i}\int MN[\mathfrak{r}\,\text{grad}(MN)]d\tau + \frac{h\lambda}{4\pi^2}\int M^2 N^2[\mathfrak{r}\,\text{grad}\varphi]d\tau$$

muß ebenfalls reell sein und sich auf

$$\int \psi^*[\mathfrak{r}\,\mathfrak{p}]\psi\, d\tau = \frac{h\lambda}{4\pi^2}\int M^2 N^2[\mathfrak{r}\,\text{grad}\varphi]d\tau \qquad (\text{I},39)$$

reduzieren. Rechnet man das Integral aus (etwa in Zylinderkoordinaten), so ergibt sich der Wert $2\pi\mathfrak{k}$ in der Richtung der Molekülachse. Wir erhalten also nur den Anteil

$$\int \psi^*[\mathfrak{r}\,\mathfrak{p}]\psi\, d\tau = \mathfrak{k}\frac{h}{2\pi}\lambda \qquad (\text{I},40)$$

in der Molekülachse.

§ 2. Die Elektronenterme der Moleküle.

Inhalt: Bei einigen Molekülen, wie H_2 und He_2, werden Termserien wie bei Atomen beobachtet, welche zu einem Leuchtelektron gehören. Bei den meisten Molekülen kann man die Elektronenterme nur durch den Drehimpuls der Elektronenwolke um die Molekülachse kennzeichnen, dem eine Quantenzahl Λ zugeordnet wird. Je nach der Größe von Λ werden die Elektronenterme als Σ-, Π-, Δ- usw. Terme bezeichnet.

Bezeichnungen: ϱ_i, φ_i, z_i Zylinderkoordinaten der Elektronen, φ_0 Winkelkoordinate, welche eine Drehung der ganzen Elektronenhülle um die Molekülachse bedeutet, Φ_0 Eigenfunktionsanteil zu φ_0, Ξ Eigenfunktionsanteil der anderen Koordinaten, Λ Quantenzahl des Drehimpulses um die Molekülachse, sonst wie S. 1341.

Die Bedeutung des Einelektronensystems liegt weniger darin, daß es auf wirkliche Moleküle angewandt wird, als darin, daß es uns einen Einblick in die

Methode vermittelt. Über das H_2^+-Ion, für das dieses Modell paßt, ist empirisch wenig bekannt. Auch weicht gerade das H_2^+-Ion insofern vom Modell ab, als sich seine Kerne immer weiter voneinander entfernen, wenn das Elektron hoch angeregt wird, weil ja bei völliger Abtrennung des Elektrons nur die beiden Wasserstoffkerne übrigbleiben, welche sich gegenseitig abstoßen. Deswegen wird H_2^+ in den meisten angeregten Zuständen gar nicht mehr stabil sein.

Elektronentermserien. Brauchbar ist das Einelektronenmodell zur Behandlung solcher Moleküle, die einen festen Molekülrumpf besitzen, der in dem betreffenden Molekülion besteht.

In solchen Fällen befindet sich das Leuchtelektron in einem Feld, welches von den Kernen und den Rumpfelektronen herrührt. Wenn die potentielle Energie auch nicht genau mit

$$V = -\frac{Z_1 e^2}{4\pi \varepsilon_0 r_1} - \frac{Z_2 e^2}{4\pi \varepsilon_0 r_2} \qquad (I, 41)$$

übereinstimmt, so ist dies doch eine Annäherung, genau wie das Coulombsche Potential eine gewisse Näherung für das Potential darstellt, welches der Rumpf eines Alkaliatoms erzeugt. Wir werden bei Molekülen mit stabilem Ion also Termserien wie bei den Alkalien erwarten dürfen, bei denen innerhalb der Serie die Hauptquantenzahl n zunimmt, während sich die einzelnen Serien durch die Nebenquantenzahl l und die Achsenquantenzahl λ des Leuchtelektrons unterscheiden. Während jedoch bei den Atomen die Terme mit gleichem l und verschiedenem λ zusammenfallen, treten sie bei den Molekülen auseinander. Dies kommt daher, daß das Feld nicht mehr kugelsymmetrisch ist, sondern nur noch rotationssymmetrisch.

Aus der S-Serie der Alkalien wird also jetzt eine $s\sigma$-Serie, die P-Serie spaltet in eine $p\sigma$-Serie und eine $p\pi$-Serie auf, die D-Serie in die drei Serien $d\sigma, d\pi, d\delta$, während statt der F-Serie sogar vier Serien erscheinen.

Besonders gut sind derartige Termserien beim Wasserstoffmolekül H_2 und beim Heliummolekül He_2 beobachtet worden, welche die stabilen Molekülionen H_2^+ und He_2^+ bilden. Das Heliummolekül entsteht allerdings nicht aus zwei normalen, sondern aus einem normalen und einem angeregten Heliumatom.

Die Quantenzahl Λ. Termsymbole. Bei den meisten Molekülen findet man keine ausgeprägten Termserien vor. Dies kommt wohl daher, daß der Rumpf sich wesentlich verändert, wenn ein Elektron angeregt oder abgetrennt wird. Oft führt Anregung oder Ionisation sogar zum Zerfall des Moleküls. In solchen Fällen stehen also die Elektronen miteinander in starker Wechselwirkung und es ist schwierig, ihnen einzeln Quantenzahlen zuzuschreiben. Dagegen kann man eine Quantenzahl Λ einführen, welche den Drehimpuls der ganzen Elektronenhülle um die Molekülachse kennzeichnet. Hierzu verfahren wir folgendermaßen.

Wir führen zuerst für alle Elektronen Zylinderkoordinaten $z_i, \varrho_i, \varphi_i$ ein und erhalten die Schrödingergleichung

$$-\frac{h^2}{8\pi^2 m} \sum_i \left\{ \frac{1}{\varrho_i} \frac{\partial}{\partial \varrho_i} \varrho_i \frac{\partial \psi}{\partial \varrho_i} + \frac{\partial^2 \psi}{\partial z_i^2} + \frac{1}{\varrho_i^2} \frac{\partial^2 \psi}{\partial \varphi_i^2} \right\} + (E - V)\psi = 0. \qquad (I, 42)$$

Dann können wir die neue Winkelkoordinate

$$\varphi_0 = \frac{\sum \varrho_i^2 \varphi_i}{\sum \varrho_i^2} = \frac{m \sum \varrho_i^2 \varphi_i}{I} \qquad (I, 43)$$

§ 2. Die Elektronenterme der Moleküle.

definieren, deren formale Ähnlichkeit mit einer Schwerpunktskoordinate unverkennbar ist.

$$I = \sum^i m \varrho_i^2 \qquad (I, 44)$$

ist das Trägheitsmoment der Elektronenwolke um die Molekülachse. Außer φ_0 benutzen wir die Koordinaten

$$\varphi_{0i} = \varphi_i - \varphi_0. \qquad (I, 45)$$

Nur für das erste Elektron verwenden wir keine Koordinate φ_{01}. Nun ist

$$\frac{\partial}{\partial \varphi_i} = \frac{\partial \varphi_0}{\partial \varphi_i} \frac{\partial}{\partial \varphi_0} + \sum^k \frac{\partial \varphi_{0k}}{\partial \varphi_i} \frac{\partial}{\partial \varphi_{0k}} = \frac{\partial \varphi_0}{\partial \varphi_i} \frac{\partial}{\partial \varphi_0} + \frac{\partial}{\partial \varphi_{0i}} - \frac{\partial \varphi_0}{\partial \varphi_i} \sum^k \frac{\partial}{\partial \varphi_{0k}}$$
$$= \frac{\partial}{\partial \varphi_{0i}} + \frac{m \varrho_i^2}{I} \left(\frac{\partial}{\partial \varphi_0} - \sum^k \frac{\partial}{\partial \varphi_{0k}} \right) \qquad (I, 46)$$

und

$$\frac{\partial}{\partial \varphi_1} = \frac{m \varrho_1^2}{I} \left(\frac{\partial}{\partial \varphi_0} - \sum^k \frac{\partial}{\partial \varphi_{0k}} \right). \qquad (I, 47)$$

Dies ergibt

$$\frac{1}{m} \sum^i \frac{1}{\varrho_i^2} \frac{\partial^2}{\partial \varphi_i^2} = \frac{1}{I} \left(\frac{\partial}{\partial \varphi_0} - \sum^k \frac{\partial}{\partial \varphi_{0k}} \right)^2 +$$
$$+ \frac{2}{I} \sum^i \frac{\partial}{\partial \varphi_{0i}} \left(\frac{\partial}{\partial \varphi_0} - \sum^k \frac{\partial}{\partial \varphi_{0k}} \right) + \sum^i \frac{1}{m \varrho_i^2} \frac{\partial^2}{\partial \varphi_{0i}^2} \qquad (I, 48)$$
$$= \frac{1}{I} \frac{\partial^2}{\partial \varphi_0^2} - \frac{1}{I} \sum^{ik} \frac{\partial^2}{\partial \varphi_{0i} \partial \varphi_{0k}} + \sum^i \frac{1}{m \varrho_i^2} \frac{\partial^2}{\partial \varphi_{0i}^2}.$$

Jetzt nimmt die Schrödingergleichung die Form

$$\frac{h^2}{8 \pi^2 I} \frac{\partial^2 \psi}{\partial \varphi_0^2} + \{ \cdots \} + (E - V) \psi = 0 \qquad (I, 49)$$

an. Die geschweifte Klammer enthält nur die Koordinaten ϱ_i, z_i und φ_{0i}. Wächst φ_0 ohne daß sich die anderen Koordinaten ändern, so bedeutet das eine Drehung der ganzen Elektronenhülle um die Molekülachse. Deshalb kann auch die potentielle Energie die Koordinate φ_0 nicht enthalten. Diese Koordinate φ_0 kommt also nur in

$$\frac{\partial^2 \psi}{\partial \varphi_0^2}$$

vor. Deshalb können wir

$$\psi = \Phi_0 \Xi \qquad (I, 50)$$

setzen und die Gleichung (I, 49) separieren. Wir erhalten für Φ_0 die Gleichung

$$\frac{1}{\Phi_0} \frac{\partial^2 \psi}{\partial \varphi_0^2} + \alpha = 0 \qquad (I, 51)$$

und eine zweite Gleichung, welche nur Ξ enthält. Die Gleichung (I, 51) ist der Form nach identisch mit (I, 15) und muß ebenso diskutiert werden. Insbesondere gilt die Randbedingung, daß sich Φ_0 bei einer Vergrößerung von φ_0 um $2k\pi$ nicht ändern darf. Hieraus ergibt sich, daß

$$\alpha = \Lambda^2 \qquad (I, 52)$$

sein muß, wo Λ eine ganze Zahl ist. Die zugehörigen Eigenfunktionen sind

$$\Phi_0 = \frac{1}{\sqrt{2\pi}} e^{i \Lambda \varphi_0} \quad \text{bzw.} \quad \Phi_0 = \frac{1}{\sqrt{2\pi}} e^{-i \Lambda \varphi_0} \qquad (I, 53)$$

oder auch
$$\Phi_0 = \frac{1}{\sqrt{\pi}} \cos \Lambda \varphi_0 \quad \text{bzw.} \quad \Phi_0 = \frac{1}{\sqrt{\pi}} \sin \Lambda \varphi \qquad (I, 54)$$

bzw. die Linearkombinationen davon.

Jetzt bilden wir den Drehimpuls der ganzen Elektronenhülle um die Molekülachse. Sein Operator ist

$$\sum_i [\mathfrak{r}_i \mathfrak{p}_i]_z = \frac{h}{2\pi i} \sum_i \frac{\partial}{\partial \varphi_i} \qquad (I, 55)$$

$$= \frac{h\,m}{2\pi i\,I} \left(\frac{\partial}{\partial \varphi_0} - \sum_i \frac{\partial}{\partial \varphi_{0k}} \right) \sum_i \varrho_i^2 + \frac{h}{2\pi i} \sum_i \frac{\partial}{\partial \varphi_{0i}} = \frac{h}{2\pi i} \frac{\partial}{\partial \varphi_0}.$$

Genau auf die gleiche Weise wie auf S. 1347 finden wir, daß der Drehimpuls der Elektronenhülle um die Molekülachse die Werte $\pm h\Lambda/2\pi$ besitzen kann, weshalb wir Λ als die Quantenzahl dieses Drehimpulses bezeichnen. Mit diesem Drehimpuls ist ein magnetisches Moment von Λ-Magnetonen parallel zur Molekülachse verbunden.

Ist $\Lambda = 0, 1, 2, \ldots$, so werden die Elektronenterme als Σ-, Π-, Δ- ... usw. Terme bezeichnet. Diese Angabe bezieht sich nicht mehr auf einzelne Elektronen, sondern auf die ganze Elektronenwolke. In manchen Fällen ist es möglich, sowohl den Einzelelektronen wie auch der ganzen Hülle Quantenzahlen und Quantensymbole zuzulegen. Bei Wasserstoff gibt es z. B. einen Term $1s\sigma\, 2p\pi\, \Pi$. Dies bedeutet, daß ein Elektron die Quantenzahlen $n = 1$, $l = 0$, $\lambda = 0$, das andere $n = 2$, $l = 1$, $\lambda = 1$ besitzt und daß die Quantenzahl Λ auch gleich 1 ist.

*§ 3. Moleküle mit gleichen Kernen. Symmetrieeigenschaften.

Inhalt: Bei gleichen Atomkernen sind die Elektronenterme gerade, wenn die Eigenfunktionen bei Vorzeichenwechsel der Elektronenkoordinaten das Vorzeichen behalten, ungerade, wenn sie es wechseln. Einzelne Elektronen sind gerade oder ungerade, je nachdem ihre Nebenquantenzahlen gerade oder ungerade sind. Bei gleichen Kernen sind die Terme symmetrisch in den Kernen, wenn die Eigenfunktionen bei Vertauschung der Kerne das Vorzeichen behalten, antisymmetrisch, wenn sie es wechseln.

Bezeichnungen: g gerade, u ungerade, sonst wie S. 1341 und S. 1347.

Wenn die beiden Kerne im Zweizentrensystem gleich sind, spielen gewisse Symmetrieeigenschaften der Elektronenterme eine wichtige Rolle. Kann man die Wechselwirkung zwischen den Elektronen vernachlässigen, so kommen sie sogar jedem einzelnen Elektron zu. Obwohl die Symmetrieeigenschaften sich auch auswirken, wenn die Elektronen nicht unabhängig voneinander betrachtet werden können, ist es instruktiv, sie im Fall des Einelektronensystems zu verfolgen.

Für $Z_1 = Z_2 = Z$ geht die Gleichung (I,11) der S. 1342 in

$$\frac{h^2}{8\pi^2 m} \Delta \psi + \left\{ E + \frac{Z e^2}{4\pi \varepsilon_0} \left(\frac{1}{r_1} + \frac{1}{r_2} \right) \right\} \psi = 0 \qquad (I, 56)$$

über. Nach Einführung der elliptischen Koordinaten und Separation hat man

$$\frac{d^2 \Phi}{d\varphi^2} + \lambda^2 \Phi = 0, \qquad (I, 57)$$

$$\frac{d}{d\mu}(\mu^2 - 1)\frac{dM}{d\mu} - \frac{\lambda^2}{\mu^2 - 1} M + \frac{2\pi^2 m R^2}{h^2} \left\{ \frac{Z e^2 \mu}{\pi \varepsilon_0 R} + E \mu^2 \right\} M = \beta M, \qquad (I, 58)$$

$$\frac{d}{d\nu}(1 - \nu^2)\frac{dN}{d\nu} - \frac{\lambda^2}{1 - \nu^2} N - \frac{2\pi^2 m R^2}{h^2} E \nu^2 N + \beta N = 0. \qquad (I, 59)$$

*§ 3. Moleküle mit gleichen Kernen. Symmetrieeigenschaften.

Jetzt mögen zwei Operationen folgendermaßen definiert werden.

1. Alle kartesischen Koordinaten der Elektronen werden mit -1 multipliziert. Diese Operation bedeutet eine Spiegelung der Elektronen am Koordinatenanfang. Sie bewirkt eine Vertauschung von r_1 und r_2, während φ durch $\varphi + \pi$ ersetzt wird. Diese Operation ändert μ nicht und wechselt das Vorzeichen von ν.

2. Die kartesischen Koordinaten der Kerne werden mit -1 multipliziert, d. h. die Kerne werden vertauscht. Dies bedeutet mathematisch ebenfalls die Vertauschung von r_1 und r_2. Die Koordinate μ wird nicht geändert, während ν das Vorzeichen wechselt. Die Wirkung der Kernvertauschung auf φ übersieht man folgendermaßen. Führt man zuerst die Spiegelung der Elektronen und dann die Vertauschung der Kerne durch, so hat man die Richtung aller Koordinatenachsen umgekehrt, ist also von einem Rechts- zu einem Linkskoordinatensystem übergegangen. Hierbei kehrt sich der Drehsinn aller Winkel um. Da die Operation 1 den Winkel φ in $\varphi + \pi$ verwandelt, muß die Operation 2 noch $\varphi + \pi$ in $-\varphi$ überführen, oder was dasselbe ist, φ in $\pi - \varphi$.

Jetzt wollen wir feststellen, wie die Operation 1 auf die drei Eigenfunktionsteile wirkt. Die Eigenfunktion M wird überhaupt nicht beeinflußt. Die Operation 1 verwandelt Φ in eine Funktion

$$\Phi' = C_1 e^{i\lambda(\varphi+\pi)} + C_2 e^{-i\lambda(\varphi+\pi)} = (-1)^\lambda (C_1 e^{i\lambda\varphi} + C_2 e^{-i\lambda\varphi}) = (-1)^\lambda \Phi. \quad (I, 60)$$

Der von φ abhängige Anteil der Eigenfunktion wechselt also das Vorzeichen, wenn λ ungerade ist, und behält es, wenn λ gerade ist.

Über die Eigenfunktion N schaffen wir am besten Klarheit, wenn wir uns an ihre Verwandtschaft zu den Kugelflächenfunktionen erinnern. Führen wir durch $\nu = \cos\vartheta$ für einen Augenblick die unabhängige Variabele ϑ ein, so geht (I, 59) in

$$\frac{1}{\sin\vartheta} \frac{d}{d\vartheta} \sin\vartheta \frac{dN}{d\vartheta} - \frac{\lambda^2 N}{\sin^2\vartheta} + \beta N - \frac{2\pi^2 m R^2}{h^2} E \cos^2\vartheta \, N = 0 \quad (I, 61)$$

über. Bis auf das letzte Glied ist dies mit der Differentialgleichung der Kugelfunktionen (s. S. 840) in Übereinstimmung. Wir werden deshalb wie dort zuerst

$$N = \sin^\lambda\vartheta \cdot F(\cos\vartheta) = (1-\nu^2)^{\frac{\lambda}{2}} F(\nu) \quad (I, 62)$$

setzen und erhalten

$$\frac{d^2 F}{d\vartheta^2} + (2\lambda+1)\cot\vartheta \frac{dF}{d\vartheta} + \left(\beta - \lambda^2 - \lambda - \frac{2\pi^2 m R^2 E}{h^2} \cos^2\vartheta\right) F = 0, \quad (I, 63)$$

oder wenn wir wieder ν einführen

$$(1-\nu^2)\frac{d^2 F}{d\nu^2} - 2(\lambda+1)\nu \frac{dF}{d\nu} + \left(\beta - \lambda^2 - \lambda - \frac{2\pi^2 m R^2 E}{h^2} \nu^2\right) F = 0. \quad (I, 64)$$

Entwickeln wir jetzt in die Reihe

$$F = \sum_k c_k \nu^k, \quad (I, 65)$$

so gelangen wir zu der Rekursionsformel

$$(k+2)(k+1) c_{k+2} - \{(\lambda+k)(\lambda+k+1) - \beta\} c_k - \frac{2\pi^2 m R^2 E}{h^2} c_{k-2} = 0. \quad (I, 66)$$

Der Unterschied gegen die Kugelfunktionen besteht nur darin, daß nicht nur c_{k+2} und c_k vorkommen, sondern auch c_{k-2}. Dies hindert uns, die c_k bequem nacheinander auszurechnen und so die Funktion N zu gewinnen, indem wir das Abbrechen der Reihe erzwingen. Wir können aber sehen, daß die Koeffizienten mit geradem k nicht mit dem Koeffizienten mit ungeradem k zusammenhängen. Es gibt also Eigenfunktionen, die nur gerade Potenzen von v besitzen und die man gerade Funktionen nennt. Daneben gibt es Eigenfunktionen, die nur ungerade Potenzen von v enthalten und die demgemäß ungerade Funktionen heißen. Ungerade Funktionen N wechseln mit v das Vorzeichen. Gerade Funktionen N bleiben von einem Vorzeichenwechsel von v unbeeinflußt. Wenn eine gerade Funktion für einen bestimmten Wert v verschwindet, so verschwindet sie auch für $-v$. Die Knoten treten also paarweise auf, ihre Anzahl ist gerade. Eine ungerade Funktion von v hat außer den paarigen v-Knoten noch den Knoten $v = 0$. Bei der Operation 1 behält (wechselt) N das Vorzeichen, wenn die Zahl der v-Knoten gerade (ungerade) ist.

Die Gesamteigenfunktion $\psi = \Phi N M$ des Elektrons behält das Vorzeichen, wenn die Einzelfunktionen Φ und N beide das Vorzeichen behalten oder wechseln. Wechselt nur eine von ihnen das Zeichen, so wird es auch von der Gesamteigenfunktion gewechselt.

Definition: Ein Elektron soll gerade genannt werden, wenn seine Eigenfunktion bei der Spiegelung der Elektronenkoordinaten am Ursprung das Zeichen beibehält, ungerade, wenn die Eigenfunktion das Zeichen wechselt. Die Symmetrieeigenschaften gerade und ungerade werden durch einen Index g oder u am Elektronensymbol kenntlich gemacht (z. B. $p\sigma_u$).

Nach dieser Definition ist ein Elektron gerade, wenn die Summe seiner φ- und v-Knoten, das ist die Quantenzahl l, gerade ist. Andernfalls ist das Elektron ungerade. $s, d, g \ldots$ Elektronen sind also gerade, $p, f \ldots$ Elektronen ungerade. Unter Verzicht auf Angaben der Quantenzahl l schreibt man häufig nur $\sigma_g, \sigma_u, \pi_g, \pi_u, \delta_g, \delta_u$.

In der Abb. 391, S. 1345, wurden die Knotenflächen eines einzelnen Elektrons in den verschiedenen Zuständen gezeichnet. Das Verhalten der Eigenfunktionen gegenüber der Spiegelung der Elektronen am Ursprung kann aus ihnen leicht abgelesen werden.

Können die Symmetrieeigenschaften für jedes Elektron einzeln angegeben werden, so lassen sie sich natürlich auch für den Gesamtterm definieren.

Definition: Ein Term heißt gerade, wenn seine Eigenfunktion bei Spiegelung der Elektronen am Mittelpunkt das Vorzeichen beibehält, ungerade, wenn sie es wechselt. Man versteht sofort die Regel, daß ein Term gerade oder ungerade ist, wenn die Summe Σl_i der Nebenquantenzahlen gerade bzw. ungerade ist.

Die Symmetrieeigenschaften gerade und ungerade kann man für den Gesamtterm auch definieren, wenn das für die Einzelelektronen unmöglich ist. Bei gleichen Kernen besitzen die Gesamtterme diese Symmetrieeigenschaften immer. Schreibt man nämlich die Schrödingergleichung in der Form

$$\frac{h^2}{8\pi^2 m} \sum_i \Delta_i \psi + (E - V)\psi = 0, \qquad (\mathrm{I}, 67)$$

so ändern sich weder die Δ_i noch V bei der Spiegelung der Elektronen, da V nur die Abstände der Elektronen voneinander und von den Kernen enthält. Die Gleichung (I, 67) geht also bei der Operation 1 in sich über. Die Eigenfunktionen müssen bis auf das Vorzeichen dabei ebenfalls unverändert bleiben. Die Elektronendichte ist deshalb bei gleichen Kernen zum Koordinatenanfang immer symmetrisch.

Auch durch die Operation 2 läßt sich eine Symmetrieeigenschaft gewinnen.

Definition: Ein Term heißt in den Kernen symmetrisch, wenn bei ihrer Vertauschung seine Eigenfunktion das Vorzeichen behält, antisymmetrisch, wenn sie es wechselt.

Beim einzelnen Elektron hat diese Symmetrieeigenschaft nicht viel Bedeutung. Sie kann aber auch der ganzen Elektronenhülle zugeschrieben werden. Ein Term eines Moleküls mit gleichen Kernen ist also in den Kernen entweder symmetrisch oder antisymmetrisch. Dies gilt zunächst unbesehen für die Σ-Terme. Der Eigenfunktionsteil

$$\Phi_0 = B_1 \cos \Lambda\, \varphi_0 + B_2 \sin \Lambda\, \varphi_0 \qquad (I, 68)$$

der Π-, Δ-... usw. Terme geht aber bei der Vertauschung der Kerne ($\pi - \varphi_0$ statt φ_0) in

$$\Phi_0' = (-1)^\Lambda B_1 \cos \Lambda\, \varphi_0 + (-1)^{\Lambda+1} B_2 \sin \Lambda\, \varphi_0 \qquad (I, 69)$$

über. Diese entarteten Terme setzen sich also aus einem symmetrischen und einem antisymmetrischen Bestandteil zusammen.

Irgendwelche äußeren Einflüsse können an der Gleichheit der Kerne nie etwas ändern. Die Symmetrie bzw. Antisymmetrie bezüglich ihrer Vertauschung besteht also unter allen Umständen. Die Folge von irgendwelchen äußeren Eingriffen besteht allenfalls nur darin, daß die entarteten Π-, Δ-... Terme sichtbar in symmetrische bzw. antisymmetrische Komponenten aufspalten. Symmetrie und Antisymmetrie gehören deswegen zu den am besten definierten Quanteneigenschaften der Moleküle. Allerdings genügt schon eine geringe Ungleichheit der Kerne, wie sie in den isotopen Verbindungen z. B. $Cl^{35}Cl^{37}$ vorliegt, um diese Symmetrieeigenschaften zu zerstören.

*§ 4. Die Multiplizität der Terme. Der Elektronenspin.

Inhalt: Wie bei den Atomen verursacht der Elektronenspin mehrfache Termsysteme. Der Gesamtspin wird durch die Spinquantenzahl S, die Spinkomponente in Richtung der Molekülachse durch die Quantenzahl Σ angegeben. Die Feinstruktur entsteht durch Wechselwirkung der magnetischen Momente, welche mit Σ und Λ verbunden sind. $\Omega = \Lambda + \Sigma$ ist die Quantenzahl des gesamten Elektronendrehimpulses um die Molekülachse.

Bezeichnungen: S Spinquantenzahl, Σ Quantenzahl der Spinkomponente in der Molekülachse, Λ Quantenzahl des Elektronenbahndrehimpulses um die Molekülachse, Ω Quantenzahl des gesamten Elektronendrehimpulses um die Molekülachse.

Wie bei den Atomen (s. S. 875, 895) treten bei den Molekülen mehrfache Termsysteme auf, die zu verschiedenen Symmetrieklassen bezüglich der Vertauschung der Elektronen gehören, wenn mehrere Elektronen vorhanden sind. Zwei Elektronen, welche nicht äquivalent sind, verursachen ein Singulett- und ein Triplettsystem. Die spinfreien Eigenfunktionen des Singulettsystems sind bezüglich der Elektronenvertauschung symmetrisch, die des Triplettsystems antisymmetrisch. Drei Elektronen erzeugen ein Dublett- und ein Quartettsystem. Sind zwei von ihnen äquivalent, so gibt es nur ein Dublettsystem. Da die Verhältnisse ganz genauso liegen wie bei den Atomen, gehen wir darauf nicht weiter ein und verweisen auf S. 895.

Im Gegensatz zu den Atomen kommen in Molekülen nur selten mehrere nichtäquivalente Elektronen vor. Dies kommt daher, daß die Bindung der Atome zu einem Molekül häufig durch ein Paar äquivalenter Elektronen zustande kommt und daß das Molekül dissoziiert, wenn eines von ihnen angeregt wird. Wir finden also bei den Molekülen vorzugsweise Singulett- und Dublettsysteme, ziemlich häufig noch Triplettsysteme, seltener höhere Systeme.

Auch was die Feinstruktur betrifft, besteht eine gewisse Ähnlichkeit mit den Atomen. Der Spin der einzelnen Elektronen, dessen Quantenzahl mit $s = \tfrac{1}{2}$

bezeichnet wird und der mit einem Drehimpuls vom Betrag $\frac{h}{2\pi}\sqrt{s(s+1)}$ sowie einem magnetischen Moment von $2\sqrt{s(s+1)}$ Magnetonen verbunden ist, setzt sich zum Gesamtspin des Moleküls zusammen. Dieser wird durch eine Quantenzahl S festgelegt, welche ganzzahlig oder halbzahlig ist, je nachdem ob die Zahl der Elektronen gerade oder ungerade ist. Mit S ist ein Drehimpuls vom Betrag $\frac{h}{2\pi}\sqrt{S(S+1)}$, den man als die Resultante der Einzeldrehimpulse der Elektronen auffassen kann, und ein magnetisches Moment von $2\sqrt{S(S+1)}$ Magnetonen verbunden. Bei einem einzigen Elektron ist $S = s = \frac{1}{2}$. Bei zwei Elektronen kann S die beiden Werte 0 oder 1 besitzen. Zu $S = 0$ gehört eine antisymmetrische Spineigenfunktion, zu $S = 1$ eine symmetrische. Wie bei den Atomen sind die Gesamteigenfunktionen einschließlich der Spinfunktion stets antisymmetrisch, d. h. $S = 0$ gehört zum Singulett und $S = 1$ zum Triplettsystem. Liegen drei nicht äquivalente Elektronen vor, so kann $S = \frac{1}{2}$ oder $S = \frac{3}{2}$ sein.

Die Feinstruktur der Molekülterme entsteht durch die Wechselwirkung der Spinmagnetonen mit dem magnetischen Moment, das mit Λ verbunden ist. Da Λ bei Σ-Termen gleich Null ist, zeigen diese keine Aufspaltung, auch wenn sie zu einem Dublett- oder Triplettsystem gehören. Bei Π-, Δ- ... oder höheren Termen bildet der Spindrehimpuls eine gequantelte Komponente in der Richtung der Molekülachse aus. Zu ihr gehört eine Quantenzahl Σ, welche einen der $2S + 1$ Werte

$$\Sigma = S, S-1, \ldots -S+1, -S \qquad (I, 70)$$

annehmen kann und die nicht mit dem Termsymbol Σ verwechselt werden darf. Bei Singuletttermen ist $\Sigma = 0$, bei Dublettermen gibt es die Werte $\Sigma = \pm\frac{1}{2}$, bei Tripletttermen die drei Werte $\Sigma = -1, 0, +1$. Die Spindrehimpulskomponente selbst hat die Werte $\frac{h}{2\pi}\Sigma$, die Komponente des magnetischen Momentes in Richtung der Molekülachse beträgt 2Σ-Magnetonen.

Die Wechselwirkungsenergie ist den magnetischen Momenten von Λ und Σ proportional, hat also die Form

$$E_m = A\Lambda\Sigma. \qquad (I, 71)$$

Die Kopplungskonstante A nimmt mit der Hauptquantenzahl ab und wächst mit den Kernladungen. Die Ursachen hierfür sind dieselben wie bei den Atomen (s. S. 899 und S. 1115). Die Klarheit der Verhältnisse wird aber bei den Molekülen etwas getrübt, weil mehrere Kerne vorhanden sind. Bei den leichten Molekülen, z. B. H_2 und He_2, ist die Feinstruktur minimal und nur mit den größten Spektralapparaten beobachtbar. Bei mittelschweren Molekülen wie etwa MgH, CaH ist sie deutlich, um bei schweren Molekülen geradezu eine Grobaufspaltung zu werden.

Dublettterme zeigen die Aufspaltung

$$\Delta E_m = A\Lambda(\Delta\Sigma) = A\Lambda. \qquad (I, 72)$$

Triplettterme spalten in drei äquidistante Komponenten mit den Abständen $\Delta E_m = A\Lambda$ auf.

Bei einer Spinquantenzahl S gibt es $2S + 1$ verschiedene Werte von Σ und nach (I, 71) auch $2S + 1$ verschiedene Feinstrukturkomponenten. $2S + 1$ ist also die Multiplizität. Man gibt sie am Termsymbol durch ein Präfix links oben an, z. B. $^2\Pi$, $^1\Delta$, $^3\Sigma$. Die Summe der Quantenzahlen Λ und Σ wird mit Ω bezeichnet und gibt den Gesamtdrehimpuls der Elektronen (einschließlich Spin) um die Molekülachse im Maß $h/2\pi$ an. Ihr Wert wird als Index an das Termsymbol angehängt in gleicher Weise wie bei den Atomen der Wert der inneren Quantenzahl J. Berücksichtigt man dies, so gibt es im Dublettsystem die Terme

$$^2\Sigma; \quad ^2\Pi_{1/2}; \quad ^2\Pi_{3/2}; \quad ^2\Delta_{3/2}; \quad ^2\Delta_{5/2} \text{ usw.},$$

im Triplettsystem

$$^3\Sigma; \quad ^3\Pi_0; \quad ^3\Pi_1; \quad ^3\Pi_2; \quad ^3\Delta_1; \quad ^3\Delta_2; \quad ^3\Delta_3 \text{ usw.}$$

Bei den Σ-Termen existiert eine Quantenzahl Ω nicht.

Es muß bemerkt werden, daß diese Feststellungen über die Feinstruktur zunächst für das Zweizentrensystem gelten. Im wirklichen Molekül wird die Feinstruktur durch die bisher vernachlässigte Rotation stark verändert. Die hier gegebenenen Regeln gelten deshalb für Moleküle nur bei kleiner Rotation.

*§ 5. Paulische Regel. Innere Elektronen. Schwierigkeit der Systematik.

Die Paulische Regel kann man auch auf die Moleküle übertragen. Sie besagt daß jeder Quantenzustand eines Moleküls von höchstens zwei Elektronen besetzt werden kann. Zählt man die durch den Spin unterschiedenen Zustände mit, so gibt es höchstens ein Elektron in jedem Zustand.

Die Anwendung dieser Regel setzt voraus, daß den einzelnen Elektronen überhaupt Quantenzustände zugeordnet werden können, also genaugenommen, daß keine Wechselwirkung zwischen den Elektronen besteht. Dies trifft weder bei den Atomen noch bei den Molekülen zu. Bei den Atomen entstehen aber keine systematischen Schwierigkeiten, weil man die Wechselwirkung in erster Näherung vernachlässigen und so die Elektronen mit Quantenzahlen versehen kann, die man bei der Berücksichtigung höherer Näherungen einfach beibehält. (Mathematisch bedeutet dies, daß man in erster Näherung die Eigenfunktionen durch die Slaterdeterminante von S. 1134 darstellt). Mit diesem Verfahren kommt man aber bei den Molekülen nicht sehr weit, und wir wollen untersuchen, worin die Hindernisse bestehen.

Die Paulische Regel, die ja ein statistisches Grundgesetz der Elektronen enthält, muß auch bei Molekülen eine exakte Formulierung zulassen, ganz unabhängig davon, welche Wechselwirkungen berücksichtigt werden und welche nicht. An ihre Stelle tritt die Forderung, daß die Eigenfunktionen bezüglich der Vertauschung eines beliebigen Elektronenpaars antisymmetrisch sein sollen. Dies Verlangen führt zu der Slaterdeterminante und der Paulischen Regel, wenn die Quantenzustände einzelner Elektronen definiert werden können, behält aber auch unter verwickelteren Bedingungen seinen Sinn bei.

Die Schwierigkeit, den einzelnen Elektronen Quantenzahlen zuzuschreiben, rührt von den inneren Elektronen der Atome her. Wir machen uns dies an dem Molekül Na_2 klar. Jedes der beiden Natriumatome bringt 11 Elektronen mit, von denen je 10 einen Natriumrumpf bilden. Ersetzen wir die Rümpfe durch zwei Anziehungszentren mit den Ladungen $+e$, so erhalten wir für die zwei letzten Elektronen ein Zweizentrensystem, und es ist sicher vernünftig, ihnen die Quantenzustände eines solchen zuzuschreiben, sie also durch Quantenzahlen n, l und λ zu charakterisieren. Es ist aber unvernünftig, auf die gleiche Weise auch die 20 Elektronen der beiden Rümpfe zu behandeln, indem man etwa ein Zweizentrensystem mit den Anziehungszentren $11e$ konstruiert. Während nämlich die beiden äußeren Elektronen sich im gemeinsamen Feld beider Rümpfe befinden, wirkt auf die Rumpfelektronen hauptsächlich das Feld nur eines Kernes ein. Man müßte also diese Elektronen wie beim Na-Atom in der ersten Näherung als $1s^2$-, $2s^2$-, $2p^6$-Elektronen ansehen, und zwar hätte man einen solchen Elektronensatz an jedem Na-Atom. Das Pauliprinzip kann man in dieser Näherung formal befriedigen, indem man die durch n, l, λ gegebenen

Quantenzustände an den beiden Atomen als verschieden betrachtet. Dieser Standpunkt wird auch durch die Untersuchung der Röntgenterme der Moleküle gestützt. Sie unterscheiden sich nämlich kaum merklich von denen der Atome. Die Verbindung der Atome zu einem Molekül beeinflußt also nur die äußeren sog. Valenzelektronen, während die inneren Elektronen der Atomrümpfe wenig gestört werden.

Leider gibt die Unterscheidung von inneren und äußeren Elektronen und ihre Beschreibung durch zwei voneinander verschiedene Modelle bei manchen Molekülen zu Schwierigkeiten der Systematik Anlaß. Welche Elektronen als innere und welche als Valenzelektronen anzusehen sind, ist bei Natrium außer jedem Zweifel. Bei Kohlenstoff oder Sauerstoff ist dies aber nicht leicht zu entscheiden. Angesichts dieser Sachlage darf es nicht verwundern, daß die systematische Einordnung der Elektronenterme mancher Moleküle nur sehr schwierig und nicht ohne eine gewisse Willkür durchzuführen ist und deshalb auch zu keinem vollen Erfolg geführt hat.

II. Die chemische Bindung.

Die Elektronenterme des Zweizentrensystems hängen nicht nur von den Quantenzahlen der Elektronen, sondern auch von dem Abstand R der beiden Kerne ab, der als fester aber willkürlicher Parameter angesetzt wurde. In Wirklichkeit hat dieser Abstand bei den Molekülen einen bestimmten Wert, der sogar in vielen Fällen genau bekannt ist. Nimmt man gerade den richtigen Wert, so stimmen die Elektronenterme des Zweizentrensystems mit denen des Moleküls überein.

Wir werfen nun die Frage auf, wodurch der Kernabstand, der im Molekül wirklich auftritt, vor anderen ausgezeichnet ist. Um dies zu untersuchen, unternehmen wir folgendes einfache Gedankenexperiment. Wir gehen von zwei Atomen mit den Kernladungen Z_A und Z_B aus, die unendlich weit voneinander entfernt sind, führen sie allmählich zusammen und verschmelzen sie schließlich ganz. Durch die Verschmelzung, die natürlich nicht wirklich ausgeführt werden kann, würde ein Atom mit der Kernladungszahl $Z_A + Z_B$ entstehen. Dieses Gedankenexperiment nennt man einen adiabatischen Prozeß. Die Energie, welche zur Annäherung nötig ist oder bei ihr frei wird, muß von außen zugeführt oder abgeführt werden. Beim adiabatischen Prozeß erlangen die Atomkerne keine kinetische Energie. Es ist klar, daß die Atome sich anziehen, wenn bei ihrer Annäherung Energie frei wird und daß sie sich abstoßen, wenn hierbei Arbeit aufgewandt werden muß.

Die Energie $U(R)$ der Konfiguration, die aus den Kernen im Abstand R und den Elektronen besteht, setzt sich aus der im allgemeinen negativen Elektronenenergie $E(R)$ des Zweizentrensystems und der positiven potentiellen Wechselwirkungsenergie $Z_A Z_B e^2 / 4\pi \varepsilon_0 R$ der Kerne zusammen. Wir erhalten also

$$U(R) = E(R) + \frac{Z_A Z_B e^2}{4\pi \varepsilon_0 R}. \tag{II, 1}$$

Die Arbeit bei einer adiabatischen Vergrößerung des Kernabstandes R um ΔR ist also

$$\Delta U = \left(\frac{dE}{dR} - \frac{Z_A Z_B e^2}{4\pi \varepsilon_0 R^2}\right) \Delta R. \tag{II, 2}$$

Bei unendlich großem Kernabstand nähert sich U dem Wert

$$U(\infty) = E_A + E_B, \tag{II, 3}$$

wenn E_A und E_B die Energien der beiden getrennten Atome bedeuten.

§ 1. Die homöopolare chemische Bindung.

Für sehr kleine R muß U in jedem Fall zu positiv unendlichen Werten hinstreben, da das zweite Glied in (1) überwiegt. $E(R)$ kann nämlich höchstens der Elektronenenergie desjenigen Atoms gleichkommen, welches durch die Verschmelzung der Kerne entstehen würde. Wächst nun U von $R = \infty$ bis zu kleinem R monoton an, so stoßen sich die Atome immer ab, durchläuft aber U ein Minimum bei $R = R_e$, so besteht Anziehung, wenn $R > R_e$, und Abstoßung, wenn $R < R_e$ ist (s. Abb. 323 a, b). Hat man die beiden Atome auf irgendeine

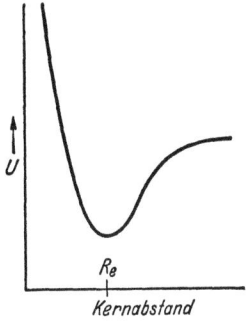 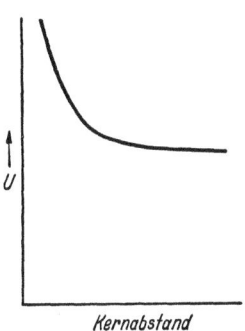

Abb. 392 a. Potentialkurve $U(R)$ eines stabilen Moleküls. Abb. 392 b. Potentialkurve $U(R)$ bei dauernder Abstoßung. Kein stabiles Molekül.

Weise in den Minimumsabstand gebracht, ohne ihnen eine nennenswerte kinetische Energie zu übermitteln, so müssen sie in diesem Abstand verbleiben. Sie bilden dann ein Molekül. Ob sich zwei Atome gegenseitig abstoßen oder ein stabiles Molekül bilden, hängt also davon ab, ob ein U Minimum besitzt oder nicht. Der Abstand R_e der Atome im Molekül ist der Kernabstand, bei dem das Minimum eintritt.

Die Funktion $U(R)$ wird die Potentialfunktion des Molekülzustandes genannt und ihr graphisches Bild (s. Abb. 392 a, b) heißt Potentialkurve.

§ 1. Die homöopolare chemische Bindung.

Inhalt: Die Eigenfunktionen eines Systems von zwei Atomen in unendlicher Entfernung mit je einem Elektron sind wegen des Austauschs der Elektronen entartet. An die gegenseitige Wechselwirkung sind Eigenfunktionen adaptiert, welche in den Elektronen symmetrisch oder antisymmetrisch sind. In nullter Näherung sind die Energien, die Summen der beiden Atomenergien, in erster Näherung tritt bei Symmetrie eine Erniedrigung, bei Antisymmetrie eine Erhöhung der Energie bei mittleren Atomabständen ein, während bei kleinem Abstand die Energie wegen der Kernabstoßung in beiden Fällen wächst.

Bezeichnungen: A und B zwei Atome, r_A, ϑ_A, φ_A, r_B, ϑ_B, φ_B, Polarkoordinaten an den Atomen A bzw. B, $\mathbb{H}_A$, $\mathbb{H}_B$ Hamiltonoperatoren, E_A bzw. E_B Eigenwerte der Atome A und B, Indizes 1 und 2 beziehen sich auf die Elektronen 1 und 2, ψ_{1A}, ψ_{1B} Eigenfunktionen des Elektrons 1 am Atom A bzw. B, ψ_{2A}, ψ_{2B} Eigenfunktionen des Elektrons 2 an A bzw. B, $\mathbb{H}$ Hamiltonoperator, H Hamiltonmatrix des Systems beider Atome, H_{ss}, H_{aa}, H_{sa}, H_{as} ihre Elemente, V_{1A}, V_{1B} potentielle Energie des Elektrons 1 im Feld der Atome A und B, V_{2A}, V_{2B} das gleiche für das zweite Elektron, r Abstand der Volumenelemente $d\tau_1$ und $d\tau_2$ der beiden Elektronen, i Quantenzahl am Atom A und k Quantenzahl am Atom B, $a =$ atomare Längeneinheit $= 0{,}5284 \cdot 10^{-8}$ cm, ψ_I und ψ_{II} Eigenfunktionen der beiden Elektronen zusammen, T_{ik} Überlappungsintegral, ψ_s, ψ_a symmetrische bzw. antisymmetrische Eigenfunktion, N_s bzw. N_a ihre Normierungsfaktoren, P und Q s. (II, 35) und (II, 36) S. 1363, U_s bzw. U_a Potentialkurve des symmetrischen bzw. antisymmetrischen Zustands.

Wir wollen jetzt versuchen, die Funktion $U(R)$ zu berechnen. Jedes von zwei Atomen A und B bestehe aus einem Kern oder Atomrumpf und einem Elektron. Bei zwei Wasserstoffatomen trifft dies genau zu. Bei zwei Alkaliatomen ist dieses

Modell eine recht gute Näherung, bei andren Atomen muß man jeweils untersuchen, ob man sie durch dieses Modell annähern kann.

Eigenfunktionen und Eigenwerte zweier unendlich entfernter Atome. Das Atom A möge für sich durch einen Hamiltonoperator $\mathbf{H}_A$ beschrieben werden, das Atom B durch einen entsprechenden Operator $\mathbf{H}_B$. Legen wir in jedes der Atome A und B den Ursprung eines räumlichen Polarkoordinatensystems

$$r_A, \vartheta_A, \varphi_A \quad \text{bzw.} \quad r_B, \vartheta_B, \varphi_B,$$

so sind die Operatoren $\mathbf{H}_A$ bzw. $\mathbf{H}_B$ Differentialausdrücke, welche die Koordinaten $r_A, \vartheta_A, \varphi_A$ bzw. $r_B, \vartheta_B, \varphi_B$ enthalten und auch auf sie wirken.

Befindet sich das Elektron 1 am Atom A und das Elektron 2 am Atom B, so sind $r_A, \vartheta_A, \varphi_A$ die Koordinaten des Elektrons 1 und $r_B, \vartheta_B, \varphi_B$ die Koordinaten des Elektrons 2. Für die beiden Atome gelten unter diesen Umständen die Schrödingergleichungen

$$\mathbf{H}_A \psi_{1A} = E_A \psi_{1A},$$
$$\mathbf{H}_B \psi_{2B} = E_B \psi_{2B}. \tag{II, 4}$$

Jetzt wollen wir die beiden Atome als ein einziges System auffassen und müssen also zuerst dessen Hamiltonoperator bestimmen. Dabei denken wir uns die Atome noch unendlich weit voneinander entfernt. Der gesuchte Hamiltonoperator $\mathbf{H}$ muß dann die Form

$$\mathbf{H} = -\frac{h^2}{8\pi^2 m}(\Delta_1 + \Delta_2) + V_1 + V_2 + \frac{e^2}{4\pi\varepsilon_0 r} \tag{II, 5}$$

haben. Hier sind Δ_1 und Δ_2 Operatoren, welche auf die Koordinaten der Elektronen 1 bzw. 2 wirken, V_1 und V_2 sind die potentiellen Energie der Elektronen in den von den Atomkernen erzeugten Kraftfeldern und $e^2/4\pi\varepsilon_0 r$ ist die potentielle Energie ihrer gegenseitigen Abstoßung. V_1 und V_2 können näher angegeben werden. Es sei V_{1A} die potentielle Energie des Elektrons 1 im Feld des Atoms A, V_{1B} diejenige im Feld des Atoms B, V_{2A} und V_{2B} seien die entsprechenden Größen für das andere Elektron. Dann ist

$$V_1 = V_{1A} + V_{1B}; \quad V_2 = V_{2A} + V_{2B}. \tag{II, 6}$$

Wir bezeichnen jetzt die Eigenfunktionen des Atoms A mit $\psi(i)$, die des Atoms B mit $\psi(k)$. Durch i sollen alle Quantenzahlen des Atoms A, durch k alle Quantenzahlen des Atoms B vertreten werden. Das Produkt

$$\psi_I(i, k) = \psi_1(i) \psi_2(k) \tag{II, 7}$$

einer Eigenfunktion von A und einer von B ist dann eine Eigenfunktion des Operators (5). Die Indizes 1 und 2 geben an, daß die betreffende Funktion die Koordinaten der Elektronen 1 bzw. 2 enthält. Handelt es sich z. B. um zwei Wasserstoffatome und bedeuten sowohl i wie k die Quantenzahlen des Grundzustandes, so ist nach S. 849

$$\psi_1(i) = \frac{1}{a\sqrt{a\pi}} e^{-\frac{r_{1A}}{a}}; \quad \psi_2(k) = \frac{1}{a\sqrt{a\pi}} e^{-\frac{r_{2B}}{a}}. \tag{II, 8}$$

r_{1A} ist die radiale Koordinate des Elektrons 1, und der Ursprung des Koordinatensystems liegt im Atom A. Entsprechend ist r_{2B} die radiale Koordinate des

§ 1. Die homöopolare chemische Bindung.

Elektrons 2, deren Ursprung im Atom B liegt. Wendet man den Operator (5) auf ψ_I an, so ergibt sich

$$\mathbb{H}\,\psi_I(i,k) = \psi_2(k)\left\{-\frac{h^2}{8\pi^2 m}\Delta_1 + V_{1A} + V_{1B}\right\}\psi_1(i) +$$

$$+ \psi_1(i)\left\{-\frac{h^2}{8\pi^2 m}\Delta_2 + V_{2A} + V_{2B}\right\}\psi_2(k) + \frac{e^2}{4\pi\varepsilon_0 r}\psi_1(i)\,\psi_2(k) \quad (\text{II},9)$$

$$= (E_A(i) + E_B(k))\,\psi_I(i,k) + \left(V_{1B} + V_{2A} + \frac{e^2}{4\pi\varepsilon_0 r}\right)\psi_I(i,k).$$

Sind die beiden Atome unendlich weit voneinander entfernt, so ist $\psi_1(i)$ immer Null, wo V_{1B} nicht Null ist, $\psi_2(k)$ immer Null, wo V_{2A} nicht Null ist und r ist immer unendlich groß, wenn nicht entweder $\psi_1(i)$ oder $\psi_2(k)$ verschwindet. Deshalb erhalten wir

$$\mathbb{H}\,\psi_I(i,k) = \{E_A(i) + E_B(k)\}\,\psi_1(i)\,\psi_2(k). \quad (\text{II},10)$$

Der zu $\psi_I(ik)$ gehörige Eigenwert ist die Summe der Eigenwerte der einzelnen Atome, die zu i bzw. k gehören.

Zu dem nämlichen Eigenwert $E_A(i) + E_B(k)$ gehört aber auch die Eigenfunktion

$$\psi_{II}(i,k) = \psi_1(k)\,\psi_2(i). \quad (\text{II},11)$$

In diesem Falle befindet sich das Elektron 1 am Atom B, während sich das Elektron 2 am Atom A befindet.

Betrachtet man also 2 Atome in unendlicher Entfernung als ein einziges System, so sind dessen Eigenwerte die Summen der Eigenwerte der einzelnen Atome. Jeder Eigenwert ist aber doppelt infolge einer Entartung, die von der Anwesenheit zweier Elektronen herrührt. Eigenwerte, die schon beim einzelnen Atom mehrfach sind (P-, D- usw. Terme), verdoppeln ihren Entartungsgrad. P-Terme sind z. B. sechsfach, D-Terme sind zehnfach usw. Diese Entartung, die vom Vorhandensein mehrerer Elektronen verursacht wird, nennt man Austauschentartung, weil aus einer Eigenfunktion eine neue Eigenfunktion gebildet werden kann, wenn man die Elektronen vertauscht. Sie ist uns von den Atomen her bekannt, wo sie die Entstehung des Singulett- und Triplettsystems verursacht.

Störungsverfahren für Atome in endlichem Abstand. Befinden sich die Atome A und B in einem großen, aber endlichen Abstand R voneinander, so müssen wir eine Störungsrechnung durchführen. Der Hamiltonoperator hat noch immer die Form (II, 5). Während aber für unendlichen Abstand die Funktionen

$$\psi_I(i,k) = \psi_1(i)\,\psi_2(k); \quad \psi_{II}(i,k) = \psi_1(k)\,\psi_2(i) \quad (\text{II},12)$$

ein normiertes, orthogonales System bilden, geht diese Eigenschaft bei endlichem Abstand verloren. Es ist zwar

$$\int \psi_I^*(i,k)\,\psi_I(i,k)\,d\tau_1\,d\tau_2 = \int \psi_1^*(i)\,\psi_1(i)\,d\tau_1 \int \psi_2^*(k)\,\psi_2(k)\,d\tau_2 = 1, \quad (\text{II},13)$$

und dasselbe gilt auch für $\psi_{II}(ik)$. Die Funktionen (II, 12) sind also normiert, gleichgültig wie groß der Atomabstand ist. Bilden wir ferner

$$\int \psi_I^*(i,k)\,\psi_I(i',k')\,d\tau_1\,d\tau_2 = \int \psi_1^*(i)\,\psi_1(i')\,d\tau_1 \int \psi_2^*(k)\,\psi_2(k')\,d\tau_2 = 0 \quad (\text{II},14a)$$

und ebenso

$$\int \psi_{II}^*(i,k)\,\psi_{II}(i',k')\,d\tau_1\,d\tau_2 = \int \psi_1^*(k)\,\psi_1(k')\,d\tau_1 \int \psi_2^*(i)\,\psi_2(i')\,d\tau_2 = 0, \quad (\text{II},14b)$$

so zeigt sich, daß sowohl die ψ_I unter sich wie auch die ψ_{II} unter sich ein orthogonales System bilden. Die Funktionen ψ_I sind aber zu den Funktionen ψ_{II} nicht mehr orthogonal, wenn der Atomabstand endlich ist, denn

$$\int \psi_I^*(i, k)\, \psi_{II}(i', k')\, d\tau_1 d\tau_2 = \int \psi_1^*(i)\, \psi_1(k')\, d\tau_1 \int \psi_2^*(k)\, \psi_2(i')\, d\tau_2$$
$$= T_{ik'}\, T_{i'k}^* \qquad (II, 15)$$

ist nicht gleich Null. Die Integrale

$$T_{ik'} = \int \psi_1^*(i)\, \psi_1(k')\, d\tau_1 = \int \psi_2^*(i)\, \psi_2(k')\, d\tau_2 \qquad (II, 16)$$

verschwinden bei unendlichem Atomabstand, da $\psi(i)$ nur in der Nähe des Atoms A, $\psi(k')$ nur in der Nähe des Atoms B von Null wesentlich verschieden ist. Bei endlichem Abstand „überlappen" sich aber die Eigenfunktionen $\psi(i)$ und $\psi(k')$, und die $T_{ik'}$ verschwinden dann im allgemeinen nicht. Die Indizes 1 und 2 können natürlich vertauscht werden, da der Wert der Integrale nicht davon abhängt, um welches Elektron es sich handelt.

Sogar die miteinander entarteten Funktionen $\psi_I(ik)$ und $\psi_{II}(ik)$ sind nicht mehr orthogonal. Es ist nämlich

$$\int \psi_I^*(i, k)\, \psi_{II}(i, k)\, d\tau_1 d\tau_2 = \int \psi_1^*(i)\, \psi_1(k)\, d\tau_1 \int \psi_2^*(k)\, \psi_2(i)\, d\tau_2$$
$$= T_{ik}\, T_{ik}^*. \qquad (II, 17)$$

Eine zweite Schwierigkeit für das Störungsverfahren besteht darin, daß der Operator

$$\mathbb{H} = \left(-\frac{h^2}{8\pi^2 m}\Delta_1 + V_{1A} + V_{1B}\right) + \left(-\frac{h^2}{8\pi^2 m}\Delta_2 + V_{2A} + V_{2B}\right) + \frac{e^2}{4\pi\varepsilon_0 r} \qquad (II, 18)$$

nicht in einen Hauptteil $\mathbb{H}^{(0)}$ und in eine kleine Störung $\mathbb{H}^{(1)}$ zerlegbar ist. Auf die Funktionen ψ_I angewandt liefert

$$V_{1B} + V_{2A} + \frac{e^2}{4\pi\varepsilon_0 r}$$

nur eine kleine Störung, auf die Funktionen ψ_{II} angewandt ist aber

$$V_{1A} + V_{2B} + \frac{e^2}{4\pi\varepsilon_0 r}$$

das Störungsglied.

Vor allem müssen wir uns jetzt ein orthogonales Funktionensystem beschaffen, mit dessen Hilfe wir die zum Operator (II, 18) gehörige Matrix H berechnen können. Es wird sich dann zeigen, daß diese Matrix in einen Hauptteil $H^{(0)}$ und eine Störung $H^{(1)}$ zerlegt werden kann, wenn auch der Operator diese Zerlegung nicht zuläßt.

Symmetrische und antisymmetrische Eigenfunktionen. Befinden sich beide Atome im Grundzustand, so können wir die zwei Eigenfunktionen

$$\psi_I(1, 1) \quad \text{und} \quad \psi_{II}(1, 1)$$

bilden. ψ_I bedeutet, daß das Elektron 1 am Atom A, das Elektron 2 am Atom B sitzt und ψ_{II} bedeutet den umgekehrten Sachverhalt. Beide Eigenfunktionen gehören zur gleichen Energie, und wir bilden die Linearkombinationen

$$\psi_s(1, 1) = N_s\big(\psi_I(1, 1) + \psi_{II}(1, 1)\big), \qquad (II, 19)$$

$$\psi_a(1, 1) = N_a\big(\psi_I(1, 1) - \psi_{II}(1, 1)\big). \qquad (II, 20)$$

§ 1. Die homöopolare chemische Bindung.

N_s und N_a sind vorläufig unbestimmte Faktoren, durch die wir die Funktionen normieren. Die Funktion ψ_a wechselt das Vorzeichen, wenn wir die beiden Elektronen vertauschen (wobei ψ_I in ψ_{II} übergeht und umgekehrt), ist also in den Elektronen antisymmetrisch. ψ_s ändert sich bei der Vertauschung der Elektronen nicht und ist daher symmetrisch. Diese beiden Funktionen sind zueinander orthogonal, denn nach (II, 13 und II, 15) ist

$$\int \psi_s^* \psi_a \, d\tau_1 d\tau_2 = N_s N_a \int (\psi_I^* + \psi_{II}^*)(\psi_I - \psi_{II}) \, d\tau_1 d\tau_2$$
$$= N_s N_a \{1 - 1 + \int \psi_{II}^* \psi_I \, d\tau_1 d\tau_2 - \int \psi_I^* \psi_{II} \, d\tau_1 d\tau_2\} \qquad (II, 21)$$
$$= T_{11} T_{11}^* - T_{11} T_{11}^* = 0.$$

Die Normierungsfaktoren bestimmen sich durch

$$1 = \int \psi_s^* \psi_s \, d\tau_1 d\tau_2 = N_s N_s^* \int (\psi_I^* + \psi_{II}^*)(\psi_I + \psi_{II}) \, d\tau_1 d\tau_2$$
$$= N_s N_s^* \left(1 + 1 + \int \psi_I^* \psi_{II} \, d\tau_1 d\tau_2 + \int \psi_{II}^* \psi_I \, d\tau_1 d\tau_2\right) \qquad (II, 22)$$
$$= 2 N_s N_s^* (1 + T_{11} T_{11}^*).$$

Es ergibt sich
$$N_s = (2 + 2 T_{11} T_{11}^*)^{-1/2}. \qquad (II, 23)$$

Auf die gleiche Weise erhält man
$$N_a = (2 - 2 T_{11} T_{11}^*)^{-1/2}. \qquad (II, 24)$$

Nun sind wir schon imstande, die vier Elemente der Matrix **H** in der linken oberen Ecke auszurechnen. Diese Elemente gehören zu der Entartungsstufe des Grundterms.

Für den nächsten Term $E_A(1) + E_B(2)$, bei dem das Atom B angeregt ist, bilden wir zuerst die Eigenfunktionen

$$\psi_s(1, 2) \quad \text{und} \quad \psi_a(1, 2)$$

wie beim Grundterm. Sie sind normiert und zueinander orthogonal. Sie sind aber nicht zu den Eigenfunktionen des Grundterms orthogonal. Wegen (II, 14a, b) und II, 15) ist nämlich

$$\int \psi_a^*(1, 2) \psi_a(1, 1) \, d\tau_1 d\tau_2 \qquad (II, 25)$$
$$= N_a(1, 1) N_a(1, 2) \int \{\psi_I^*(1, 2) - \psi_{II}^*(1, 2)\} \{\psi_I(1, 1) - \psi_{II}(1, 1)\} \, d\tau_1 d\tau_2$$
$$= -N_a(1, 1) N_a(1, 2) \left\{\int \psi_I^*(1, 2) \psi_{II}(1, 1) \, d\tau_1 d\tau_2 + \int \psi_{II}^*(1, 2) \psi_I(1, 1) \, d\tau_1 d\tau_2\right\}$$
$$= -2 N_a(1, 1) N_a(1, 2) T_{11} T_{12}^*.$$

Dagegen gilt
$$\int \psi_a^*(1, 2) \psi_s(1, 1) \, d\tau_1 d\tau_2 \qquad (II, 26)$$
$$= N_s(1, 1) N_a(1, 2) \int \{\psi_I^*(1, 2) - \psi_{II}^*(1, 2)\} \{\psi_I(1, 1) + \psi_{II}(1, 1)\} \, d\tau_1 d\tau_2$$
$$= -N_s(1, 1) N_a(1, 2) (T_{11} T_{12}^* - T_{11} T_{12}^*) = 0.$$

Weizel, Theoretische Physik, II. 2. Aufl.

Ähnliches gilt auch für die höheren Terme. Die antisymmetrischen Terme sind also orthogonal zu den symmetrischen, während weder die symmetrischen noch die antisymmetrischen Terme unter sich orthogonal sind.

Wir können aber eine symmetrische Linearkombination

$$b_1 \psi_s(1, 1) + b_2 \psi_s(1, 2) \tag{II, 27}$$

und eine antisymmetrische Linearkombination

$$a_1 \psi_a(1, 1) + a_2 \psi_a(1, 2) \tag{II, 28}$$

bilden. Die symmetrische Funktion (II, 27) ist zur antisymmetrischen und zu $\psi_a(1, 1)$ orthogonal, die antisymmetrische Funktion ist zu $\psi_s(1, 1)$ orthogonal. Wir können noch die vier Konstanten b_1, b_2, a_1, a_2 so festlegen, daß (II, 27) und (II, 28) normiert sind und daß (II, 27) zu $\psi_s(1, 1)$ und (II, 28) zu $\psi_a(1, 1)$ orthogonal wird. Damit haben wir zum zweiten Term zwei Eigenfunktionen gefunden, welche normiert und zueinander wie auch zu den Eigenfunktionen des Grundterms orthogonal sind.

Dem nächsten Term kann man dann die Funktionen

$$\begin{aligned} &c_1 \psi_s(1, 1) + c_2 \psi_s(1, 2) + c_3 \psi_s(1, 3), \\ &d_1 \psi_a(1, 1) + d_2 \psi_a(1, 2) + d_3 \psi_a(1, 3) \end{aligned} \tag{II, 29}$$

zuordnen und die Koeffizienten so bestimmen, daß allen Normierungs- und Orthogonalitätsbedingungen genügt wird. Für die höheren Terme können wir in der begonnenen Weise fortfahren und so ein orthogonales Funktionensystem konstruieren.

Die Berechnung der Energiematrix. Wir berechnen jetzt die Energiematrix des Systems beider Atome. Zu dem Grundterm gehören die vier Elemente

$$\begin{aligned} H_{ss}(1, 1) &= N_s^2(1, 1) \int (\psi_I^* + \psi_{II}^*) \mathbb{H} (\psi_I + \psi_{II}) \, d\tau_1 d\tau_2, \\ H_{sa}(1, 1) &= N_s(1, 1) N_a(1, 1) \int (\psi_I^* + \psi_{II}^*) \mathbb{H} (\psi_I - \psi_{II}) \, d\tau_1 d\tau_2, \\ H_{as}(1, 1) &= N_s(1, 1) N_a(1, 1) \int (\psi_I^* - \psi_{II}^*) \mathbb{H} (\psi_I + \psi_{II}) \, d\tau_1 d\tau_2, \\ H_{aa}(1, 1) &= N_a^2(1, 1) \int (\psi_I^* - \psi_{II}^*) \mathbb{H} (\psi_I - \psi_{II}) \, d\tau_1 d\tau_2. \end{aligned} \tag{II, 30}$$

Wenn wir die beiden Elektronen miteinander vertauschen, d. h. umnumerieren, darf das die Elemente nicht ändern. Die Vertauschung, welche ψ_I in ψ_{II} verwandelt, läßt aber $H_{as}(1, 1)$ und $H_{sa}(1, 1)$ das Vorzeichen wechseln. Hieraus folgt, daß beide Elemente verschwinden. Dasselbe Resultat ergibt sich aus den gleichen Gründen für alle Matrixelemente, die zu einem symmetrischen und zu einem antisymmetrischen Zustand gehören. Die ganze Energiematrix zerfällt deshalb in einen symmetrischen und einen antisymmetrischen Teil. Wir können dies sichtbar machen, wenn wir die Eigenfunktionen so in eine Reihe anordnen, daß zuerst alle symmetrischen und dann alle antisymmetrischen Funktionen kommen. Die Energiematrix ist dann ein Stufenmatrix mit zwei Stufen.

Zur Berechnung der Elemente $H_{ss}(1, 1)$ und $H_{aa}(1, 1)$ bilden wir

$$\mathbb{H} \psi_I = \{E_A + E_B\} \psi_I + \left\{V_{1B} + V_{2A} + \frac{e^2}{4\pi \varepsilon_0 r}\right\} \psi_I, \tag{II, 31}$$

$$\mathbb{H} \psi_{II} = \{E_A + E_B\} \psi_{II} + \left\{V_{1A} + V_{2B} + \frac{e^2}{4\pi \varepsilon_0 r}\right\} \psi_{II} \tag{II, 32}$$

§ 1. Die homöopolare chemische Bindung.

und finden

$$H_{ss}(1,1) = N_s^2(E_A + E_B)\int (\psi_I^* + \psi_{II}^*)(\psi_I + \psi_{II})\,d\tau_1 d\tau_2$$
$$+ N_s^2 \int \psi_I^* \left(V_{1B} + V_{2A} + \frac{e^2}{4\pi\varepsilon_0 r}\right)\psi_I \, d\tau_1 d\tau_2$$
$$+ N_s^2 \int \psi_I^* \left(V_{1A} + V_{2B} + \frac{e^2}{4\pi\varepsilon_0 r}\right)\psi_{II} \, d\tau_1 d\tau_2 \quad \text{(II, 33)}$$
$$+ N_s^2 \int \psi_{II}^* \left(V_{1B} + V_{2A} + \frac{e^2}{4\pi\varepsilon_0 r}\right)\psi_I \, d\tau_1 d\tau_2$$
$$+ N_s^2 \int \psi_{II}^* \left(V_{1A} + V_{2B} + \frac{e^2}{4\pi\varepsilon_0 r}\right)\psi_{II} \, d\tau_1 d\tau_2,$$

$$H_{aa}(1,1) = N_a^2(E_A + E_B)\int (\psi_I^* - \psi_{II}^*)(\psi_I - \psi_{II})\,d\tau_1 d\tau_2$$
$$+ N_a^2 \int \psi_I^* \left(V_{1B} + V_{2A} + \frac{e^2}{4\pi\varepsilon_0 r}\right)\psi_I \, d\tau_1 d\tau_2$$
$$- N_a^2 \int \psi_I^* \left(V_{1A} + V_{2B} + \frac{e^2}{4\pi\varepsilon_0 r}\right)\psi_{II} \, d\tau_1 d\tau_2 \quad \text{(II, 34)}$$
$$- N_a^2 \int \psi_{II}^* \left(V_{1B} + V_{2A} + \frac{e^2}{4\pi\varepsilon_0 r}\right)\psi_I \, d\tau_1 d\tau_2$$
$$+ N_a^2 \int \psi_{II}^* \left(V_{1A} + V_{2B} + \frac{e^2}{4\pi\varepsilon_0 r}\right)\psi_{II} \, d\tau_1 d\tau_2.$$

Nun gehen die beiden Integrale

$$P = \int \psi_I^* \left(V_{1B} + V_{2A} + \frac{e^2}{4\pi\varepsilon_0 r}\right)\psi_I \, d\tau_1 d\tau_2$$
$$= \int \psi_{II}^* \left(V_{2B} + V_{1A} + \frac{e^2}{4\pi\varepsilon_0 r}\right)\psi_{II} \, d\tau_1 d\tau_2 \quad \text{(II, 35)}$$

durch Vertauschung der Elektronen ineinander über und haben deshalb den gleichen Wert. Dasselbe gilt für die Integrale

$$Q = \int \psi_I^* \left(V_{2B} + V_{1A} + \frac{e^2}{4\pi\varepsilon_0 r}\right)\psi_{II} \, d\tau_1 d\tau_2$$
$$= \int \psi_{II}^* \left(V_{1B} + V_{2A} + \frac{e^2}{4\pi\varepsilon_0 r}\right)\psi_I \, d\tau_1 d\tau_2, \quad \text{(II, 36)}$$

so daß wir schließlich unter Beachtung von (II, 23) und (II, 24)

$$\dot{H}_{ss}(1,1) = E_A + E_B + \frac{P+Q}{1 + T_{11}T_{11}^*};$$
$$H_{aa}(1,1) = E_A + E_B + \frac{P-Q}{1 - T_{11}T_{11}^*} \quad \text{(II, 37)}$$

bekommen. Die Elemente H_{ss} und H_{aa} bestehen also aus dem Hauptglied

$$H_{ss}^{(0)} = E_A + E_B; \qquad H_{aa}^{(0)} = E_A + E_B \quad \text{(II, 38)}$$

und dem Störungsanteil

$$H_{ss}^{(1)} = \frac{P+Q}{1 + T_{11}T_{11}^*}; \qquad H_{aa}^{(1)} = \frac{P-Q}{1 - T_{11}T_{11}^*}. \quad \text{(II, 39)}$$

Dies gilt für alle Diagonalelemente der Energiematrix, nur daß an Stelle von T_{11} immer T_{kk} tritt und für P und Q entsprechend gebildete Ausdrücke zu verwenden sind.

Nun müssen wir noch einen Blick auf die Nichtdiagonalelemente werfen. Bildet man sie analog zu (II, 30) und berücksichtigt (II, 31 und II, 32), so zeigt sich, daß sie nur aus Störungsgliedern bestehen und kein Hauptglied besitzen. Die ganze Energiematrix besteht also aus einer Diagonalmatrix

$$\boldsymbol{H}^{(0)} = \boldsymbol{E}_A + \boldsymbol{E}_B \tag{II, 40}$$

nullter Näherung und aus einer Störungsmatrix $\boldsymbol{H}^{(1)}$ erster Näherung, deren Diagonalglieder (II, 39) sind und deren Nichtdiagonalelemente nur Störungsglieder sind, die wir aber nicht ausrechnen, da wir sie nicht benötigen.

Die Ausdrücke (II, 39) sind die Veränderungen der Elektronenenergie bei der Annäherung der Atome auf einen Abstand R (s. hierzu S. 1356). Berücksichtigen wir noch die Coulombsche Abstoßung der Atomrümpfe, so erhalten wir

$$U_s = E_A + E_B + \frac{e^2}{4\pi\varepsilon_0 R} + \frac{P+Q}{1+T_{11}T_{11}^*}, \tag{II, 41}$$

$$U_a = E_A + E_B + \frac{e^2}{4\pi\varepsilon_0 R} + \frac{P-Q}{1-T_{11}T_{11}^*}. \tag{II, 42}$$

Diese beiden Ausdrücke sind verschieden. Bei der Annäherung zweier Atome im Grundzustand findet eine Aufspaltung in einen symmetrischen und einen antisymmetrischen Molekülterm statt. Dies gilt schon, wenn die Grundterme der getrennten Atome nicht entartet sind, d. h. für S-Terme. Im Entartungsfall werden die Verhältnisse noch viel komplizierter.

§ 2. Das Wasserstoffmolekül.

Inhalt: Die Durchrechnung des Wasserstoffmoleküls ergibt einen stabilen Molekülterm mit einer Dissoziationsenergie von 3,63 eVolt und einem Gleichgewichtsabstand der H-Atome von $0{,}8 \cdot 10^{-8}$ cm, in brauchbarer Übereinstimmung mit den empirischen Werten. Außerdem entsteht ein unstabiler Abstoßungsterm.

Bezeichnungen: wie S. 1357.

Jetzt ist es unsere Aufgabe, die Größen P, Q und T zu ermitteln. Wir werden ihre Werte für zwei Wasserstoffatome berechnen und werden vermuten, daß die Verhältnisse bei anderen Atomen mit S-Termen als Grundzustand ähnlich liegen. Setzen wir

$$\psi_I = \psi_{1A}\psi_{2B} \quad \text{und} \quad \psi_{II} = \psi_{1B}\psi_{2A},$$

so ist

$$\begin{aligned}P =& \int\psi_{1A}^* V_{1B}\psi_{1A}\,d\tau_1 \int\psi_{2B}^*\psi_{2B}\,d\tau_2 + \int\psi_{1A}^*\psi_{1A}\,d\tau_1\int\psi_{2B}^* V_{2A}\psi_{2B}\,d\tau_2 \\ &+ \frac{e^2}{4\pi\varepsilon_0}\int \frac{1}{r}\psi_{1A}^*\psi_{1A}\psi_{2B}^*\psi_{2B}\,d\tau_1 d\tau_2 \\ =& \int\psi_{1A}^* V_{1B}\psi_{1A}\,d\tau_1 + \int\psi_{2B}^* V_{2A}\psi_{2B}\,d\tau_2 + \frac{e^2}{4\pi\varepsilon_0}\int\frac{1}{r}\psi_{1A}^*\psi_{1A}\psi_{2B}^*\psi_{2B}\,d\tau_1 d\tau_2.\end{aligned} \tag{II, 43}$$

$$\begin{aligned}Q =& \int\psi_{1B}^* V_{1B}\psi_{1A}\,d\tau_1 \int\psi_{2A}^*\psi_{2B}\,d\tau_2 + \int\psi_{1B}^*\psi_{1A}\,d\tau_1\int\psi_{2A}^* V_{2A}\psi_{2B}\,d\tau_2 \\ &+ \frac{e^2}{4\pi\varepsilon_0}\int\frac{1}{r}\psi_{1B}^*\psi_{2A}^*\psi_{1A}\psi_{2B}\,d\tau_1 d\tau_2 \\ =& T_{11}\int\psi_{1B}^* V_{1B}\psi_{1A}\,d\tau_1 + T_{11}^*\int\psi_{2A}^* V_{2A}\psi_{2B}\,d\tau_2 \\ &+ \frac{e^2}{4\pi\varepsilon_0}\int\frac{1}{r}\psi_{1B}^*\psi_{2A}^*\psi_{1A}\psi_{2B}\,d\tau_1 d\tau_2.\end{aligned} \tag{II, 44}$$

§ 2. Das Wasserstoffmolekül.

Sind die beiden Atome gleich und deshalb V_A und V_B ebenso wie die Eigenfunktionen ψ_A und ψ_B von gleicher Form, so ergibt sich einfacher

$$P = 2\int V_{1B}\psi_{1A}^*\psi_{1A}d\tau_1 + \frac{e^2}{4\pi\varepsilon_0}\int \frac{1}{r}\psi_{1A}^*\psi_{2B}^*\psi_{1A}\psi_{2B}d\tau_1 d\tau_2, \quad (II, 45)$$

$$Q = 2T_{11}\int V_{1B}\psi_{1B}^*\psi_{1A}d\tau_1 + \frac{e^2}{4\pi\varepsilon_0}\int \frac{1}{r}\psi_{1B}^*\psi_{2A}^*\psi_{1A}\psi_{2B}d\tau_1 d\tau_2. \quad (II, 46)$$

Benutzt man

$$\psi_{1A} = \frac{1}{a\sqrt{a\pi}}e^{-\frac{r_{1A}}{a}}; \quad \psi_{1B} = \frac{1}{a\sqrt{a\pi}}e^{-\frac{r_{1B}}{a}};$$

$$\psi_{2A} = \frac{1}{a\sqrt{a\pi}}e^{-\frac{r_{2A}}{a}}; \quad \psi_{2B} = \frac{1}{a\sqrt{a\pi}}e^{-\frac{r_{2B}}{a}}. \quad (II, 47)$$

$$V_{1B} = -\frac{e^2}{4\pi\varepsilon_0 r_{1B}}; \quad r = \sqrt{(x_1 - x_2)^2 + (y_1 - y_2)^2 + (z_1 - z_2)^2},$$

so kann man die Integrale ausrechnen und

$$U_s - E_A - E_B = \Delta U_s = \frac{e^2}{4\pi\varepsilon_0 R} + \frac{P+Q}{1+TT^*} \quad (II, 48)$$

$$= \frac{\left(P + \frac{e^2}{4\pi\varepsilon_0 R}\right) + \left(Q + \frac{e^2}{4\pi\varepsilon_0 R}TT^*\right)}{1+TT^*} = \frac{e^2(K+K')}{4\pi\varepsilon_0 a(1+TT^*)},$$

$$U_a - E_A - E_B = \Delta U_a = \frac{e^2(K-K')}{4\pi\varepsilon_0 a(1-TT^*)} \quad (II, 49)$$

bilden. Die Ausrechnung ergibt nach SUGIURA

$$K = e^{-\frac{2R}{a}}\left(\frac{a}{R} + \frac{5}{8} - \frac{3}{4}\frac{R}{a} - \frac{R^2}{6a^2}\right), \quad (II, 50)$$

$$T = e^{-\frac{R}{a}}\left(1 + \frac{R}{a} + \frac{R^2}{3a^2}\right), \quad (II, 51)$$

$$K' = \frac{aT^2}{R}\left(1{,}693 + \frac{6}{5}\ln\frac{R}{a}\right) + \frac{6a}{5R}\left\{S^2 Ei\left(-\frac{4R}{a}\right) - 2STEi\left(-\frac{2R}{a}\right)\right\}$$
$$- e^{-\frac{2R}{a}}\left\{1{,}375 + 5{,}15\frac{R}{a} + 3{,}267\frac{R^2}{a^2} + 0{,}733\frac{R^3}{a^3}\right\} \quad (II, 52)$$

mit den Abkürzungen

$$S = e^{\frac{R}{a}}\left(1 - \frac{R}{a} + \frac{R^2}{3a^2}\right); \quad Ei(-x) = \int_\infty^x \frac{e^{-\xi}d\xi}{\xi}. \quad (II, 53)$$

In der Tabelle sind die Größen T, T^2, K, K', ΔU_s und ΔU_a für verschiedene Werte von R angegeben. ΔU_s hat ein Minimum etwa bei $R/a = 1{,}5$ oder $R = 0{,}8 \cdot 10^{-8}$ cm von einer Tiefe von

$$\frac{0{,}134 \, e^2}{4\pi\varepsilon_0 a} = 3{,}63 \, e\text{Volt}. \quad (II, 54)$$

Der Grundzustand des H_2-Moleküls besitzt tatsächlich einen Atomabstand von $0{,}750 \cdot 10^{-8}$ cm und eine Dissoziationsenergie von 4,6 eVolt. Die Übereinstimmung ist durchaus befriedigend, wenn man bedenkt, daß die berechnete Störung 26,8% der Energie des Wasserstoffgrundterms beträgt. Bei so großer Störung kann die erste Näherung keine große Genauigkeit haben. Sie kann nur ebenfalls mit ungefähr 26% Genauigkeit herauskommen, was auch tatsächlich der Fall ist.

Alle Größen in Einheiten $e^2/4\pi\varepsilon_0 a = 2Ry$ (Rydberg).

$\dfrac{R}{a}$	$R \cdot 10^8$ cm	T	T^2	K	$-K'$	$-\Delta U_s$	ΔU_a
1	0,532	0,857	0,737	$9,56 \cdot 10^{-2}$	$8,7 \cdot 10^{-2}$	$-0,005$	0,70
1,5	0,800	0,725	0,527	$-1,04 \cdot 10^{-2}$	0,191	0,132	0,382
2	0,106	0,586	0,344	$-1,90 \cdot 10^{-2}$	0,141	0,119	0,186
3	1,59	0,348	0,121	$-1,38 \cdot 10^{-2}$	0,0498	0,0567	0,041
4	2,13	0,190	0,036	$-1,60 \cdot 10^{-3}$	0,0130	0,0142	0,0118
5	2,66	0,097	0,009	$-3,18 \cdot 10^{-4}$	0,00291	0,00320	0,00262
6	3,19	0,047	0,002	$-0,41 \cdot 10^{-4}$	0,00058	0,00062	0,00054
8	4,29	0,010	0,000	$-0,18 \cdot 10^{-5}$	$2,44 \cdot 10^{-5}$	$2,62 \cdot 10^{-5}$	$0,26 \cdot 10^{-5}$
10	5,32	0,002	0,000	$-0,47 \cdot 10^{-7}$	$6,90 \cdot 10^{-7}$	$7,40 \cdot 10^{-7}$	$6,40 \cdot 10^{-7}$

In den Abb. 393 und 393a sind ΔU_a und ΔU_s sowie der Logarithmus von $-\Delta U_s$ gegen den Kernabstand aufgetragen. Bemerkenswert ist der einigermaßen geradlinige Verlauf der Kurve für größere Kernabstände in der Abb. 393a.

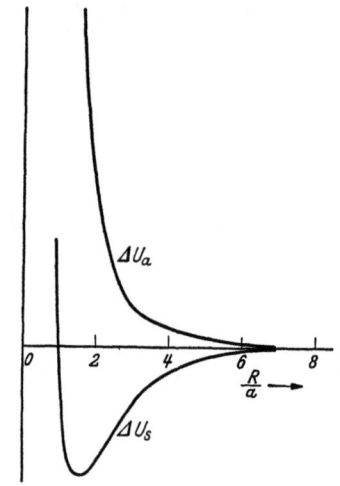

Abb. 393. Berechnete Potentialkurven des Wasserstoffmoleküls im symmetrischen und antisymmetrischen tiefsten Zustand.

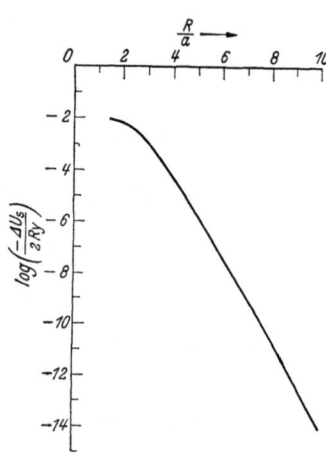

Abb. 393a. Exponentielles Abklingen von U_s bei größerem Kernabstand. Der Verlauf der Kurve für U_a ist ähnlich.

Man sieht daraus, daß die Bindungsenergie (ebenso die Abstoßungsenergie) der Atome in etwas größerer Entfernung exponentiell mit dem Kernabstand abnimmt. Wenn sich zwei Atome nähern, wenn sie beide aus einem Atomrumpf und einem Valenzelektron bestehen, wenn sie sich beide im Grundzustand befinden und wenn der Grundzustand nicht entartet, also ein ^2S-Zustand ist, so entsteht ein stabiler Term eines zweiatomigen Moleküls. Er ist symmetrisch bezüglich der Vertauschung der beiden Valenzelektronen, gehört also dem Singulettsystem an. Der Abstand der beiden Atome im Molekül entspricht dem Minimum der Potentialfunktion $U(R)$. Außer dem stabilen Term entsteht ein nicht stabiler Molekülterm, dessen Eigenfunktion bezüglich der Vertauschung der Elektronen antisymmetrisch ist. In diesem Zustand stoßen sich die beiden Atome ab. Ein Molekül ist in diesem Zustand unbeständig und dissoziiert sofort wieder, sobald es entstanden ist.

Jetzt greifen wir noch einmal auf die Formel (II, 30) zurück. Wenn wir die Austauschentartung der beiden Elektronen nicht hätten berücksichtigen müssen, so hätten wir statt mit den Funktionen ψ_s und ψ_a mit ψ_I und ψ_{II} arbeiten können. Als Energiestörung hätte sich dann in der ersten Näherung

$$H^{(1)}_{I,I} = \int \psi_I^* (\mathbb{H} - \mathbb{H}^{(0)}) \psi_I \, d\tau_1 d\tau_2 = P \qquad (II, 55)$$

ergeben. Daraus würde sich

$$U - E_A - E_B = \frac{e^2}{4\pi\varepsilon_0 R} + P = K \frac{e^2}{2\pi\varepsilon_0 a} \qquad (II, 56)$$

errechnen. Dies ist aber nur ungefähr 10% der Bindungsenergie, welche somit überwiegend von der Austauschentartung herrührt. Das Auftreten der Austauschenergie ist ein typisch wellenmechanischer Effekt, der bei einer klassischen Behandlung nicht herauskommen kann.

§ 3. Chemische Bindung und Pauli-Prinzip. Spinvalenz.

Inhalt: Die Bildung symmetrischer Eigenfunktionen zweier Elektronen wird durch den Elektronenspin ermöglicht. Ein Elektronenpaar liefert eine chemische Bindung, ein einzelnes s-Elektron eine sog. Spinvalenz. Das normale He-Atom ist chemisch inaktiv, weil es nur ein Paar äquivalenter s-Elektronen besitzt.

Außer den Gesetzen der Wellenmechanik müssen die Elektronen noch das Antisymmetrieprinzip erfüllen. Es kommen nur solche Zustände wirklich vor, deren Eigenfunktionen bei der Vertauschung zweier beliebiger Elektronen das Vorzeichen wechseln. Alle Zustände müssen also antisymmetrisch bezüglich aller Elektronen sein.

Diese Festsetzung gilt nicht für die Eigenfunktion ψ, die wir hier behandelt haben, sondern für die Eigenfunktion einschließlich des Elektronenspins. Unsere Eigenfunktion muß noch mit einem Faktor, der Spineigenfunktion, multipliziert werden, um die vollständige Eigenfunktion zu liefern.

Gäbe es den Spin nicht, so wären durch das Pauli-Prinzip von vornherein alle symmetrischen Zustände unmöglich und es gäbe überhaupt keine chemische Bindung. *Der Spin trägt zwar zur Energie der Bindung nichts bei*, aber er macht es möglich, der allgemeinen Antisymmetrieforderung nachzukommen, ohne daß der Eigenfunktionsteil ψ antisymmetrisch sein müßte.

Die Spineigenfunktion kann die Elektronen nur paarweise antisymmetrisch miteinander verknüpfen. Jede antisymmetrische Spinverknüpfung zweier Elektronen ermöglicht, ja erfordert eine symmetrische Verknüpfung dieser Elektronen durch die räumliche Eigenfunktion, schafft also eine chemische Bindung. Jede antisymmetrische Verknüpfung durch den Spin betätigt eine Valenz, die man deshalb auch als Spinvalenz bezeichnet. Die Absättigung der Spinvalenz führt zur Bildung eines äquivalenten Elektronenpaares. Aus zwei Atomen in ^2S-Zuständen geht bei der Bindung ein Singulettzustand (Spinquantenzahl $S = 0$) hervor.

Bei Wasserstoff entsteht durch Absättigung der Spinvalenz der stabile Singulettzustand des Wasserstoffmoleküls. Bei dem Abstoßungsterm, bei dem schon ψ antisymmetrisch ist, muß die Verknüpfung durch den Spin symmetrisch sein, hier muß also ein Triplettterm vorliegen. Dieser Term ist der untere Term bei der Emission des großen Wasserstoffkontinuums, die also mit der Dissoziation eines Moleküls verbunden ist.

Wir untersuchen noch die Annäherung eines H-Atoms an ein He-Atom. Das Helium befindet sich im Grundzustand. Da dieser ein Singulettzustand ist, sind seine beiden Elektronen bereits durch ψ symmetrisch und durch den Spin antisymmetrisch verknüpft. Keines von ihnen kann also mit einem weiteren Elektron durch den Spin antisymmetrisch und durch ψ symmetrisch verknüpft werden. Keines von ihnen kann sich also an einer neuen chemischen Bindung beteiligen. Dies ist die einfache Erklärung für die chemische Inaktivität des Heliums.

Die Sachlage wird völlig anders, wenn das Helium angeregt ist. Dementsprechend sind auch Verbindungen des Heliums in angeregten Zuständen bekannt. Sie dissoziieren aber sofort, wenn sie die Anregung verlieren.

§ 4. Valenztheorie.

Inhalt: Die Zahl der Spinvalenzen ist gleich $2S$, oder um 1 kleiner als die Multiplizität. Große Überlappung der Eigenfunktionen liefert große Bindungsenergie. Bindende und lockernde Elektronen. σ-Bindungen sind frei drehbar, π-Bindungen liegen in einer Ebene und verhindern eine Drehung. Mehrere σ-Bindungen bilden einen Winkel miteinander, die Doppelbindung besteht aus einer σ-Bindung und einer π-Bindung.

Die in den vorangehenden Abschnitten durchgeführten Überlegungen erfassen die wesentlichen Züge der chemischen Bindung zweier Wasserstoffatome. Will man die Ergebnisse auf andere Atome übertragen, so sind noch einige Hindernisse zu überwinden. Zu den Elementen, welche für die Bindung nur ein einziges s-Elektron zur Verfügung stellen, gehören außer dem Wasserstoff nur die Alkalien. Nach dem entwickelten Mechanismus könnten außer H_2 also evtl. zweiatomige Moleküle der Alkalien (Li_2, Na_2, LiNa usw.) und die Hydride der Alkalien verstanden werden. Diese beiden Gruppen von Molekülen sind zwar durch spektroskopische Untersuchungen bekannt, das Hauptinteresse gilt aber anderen Verbindungen. Alle anderen Elemente besitzen mehr als ein Valenzelektron, und meist befinden sich unter ihnen auch p-Elektronen. Der nächste Schritt in einer Theorie der chemischen Bindung muß also darin bestehen, mehr als zwei Elektronen gleichzeitig und unter ihnen auch p-Elektronen zu behandeln.

Um diese Aufgabe zu lösen, sind drei verschiedene Wege beschritten worden. Der erste Weg besteht darin, daß man von den Zuständen der getrennten Atome ausgeht. Die Elemente der ersten kleinen Periode Li, Be, B, C, N, O, F und Ne haben der Reihe nach die Grundzustände ^2S, ^1S, ^2P, ^3P, ^4S, ^3P, ^2P, ^1S. Jetzt muß man untersuchen, wie zwei Atome in solchen Zuständen aufeinander einwirken, wenn sie einander nahe kommen, und das Ergebnis muß man in Regeln zusammenfassen. Dies ist von LONDON und HEITLER durchgeführt worden und hat im wesentlichen zu folgendem Ergebnis geführt. Die Valenz eines Atoms ist gleich der Zahl der Elektronen, die mit keinem anderen durch den Spin antisymmetrisch verknüpft sind. Sie ist doppelt so groß wie die Spinquantenzahl S und um 1 kleiner als die Multiplizität. Hiernach besitzen Be und Ne keine Valenz, Li, B und F je eine Valenz, C und O zwei und schließlich N drei Valenzen. Schon an dieser Aufzählung kann man erkennen, daß die Londonsche Theorie zwar Richtiges enthält, aber doch zu primitiv ist, um in allen Fällen die chemische Bindung zu beschreiben. Die gegenseitige Absättigung zweier Valenzen soll nach dieser Theorie darin bestehen, daß eine neue Verknüpfung entsteht, die im Spin antisymmetrisch und in den spinfreien Eigenfunktionen symmetrisch ist, wodurch die Spinquantenzahl S im gebildeten Molekül um den Betrag 1 und die Multiplizität um 2 für jede Bindung erniedrigt wird. Diese Auffassung läßt das Fluormolekül F_2 mit einer Einfachbindung und einem $^1\Sigma$-Grundzustand ver-

§ 4. Valenztheorie.

stehen, ebenso das Molekül N_2 mit einer Dreifachbindung und einem $^1\Sigma$-Grundzustand. Daß aber manches unrichtig herauskommt, zeigt nicht nur der Kohlenstoff, der ja nicht zweiwertig, sondern meist vierwertig ist, sondern auch das Sauerstoffmolekül, dessen Grundzustand nach Absättigung der beiden Valenzen ein Singulettzustand ($^1\Sigma$) sein müßte, in Wirklichkeit aber $^3\Sigma$ ist. Bei O_2 ist also nur eine „Spinvalenz" abgesättigt worden.

Ein zweiter Weg ist von SLATER eröffnet worden. Er geht nicht von den Eigenfunktionen der getrennten Atome aus, sondern von denjenigen ihrer Valenzelektronen. Man kann dann auch solche Elektronen mit in Betracht ziehen, welche schon innerhalb der Atome paarweise ihren Spin abgesättigt haben. Bei der Annäherung zweier Atome können bereits bestehende symmetrische Verknüpfungen (antisymmetrisch im Spin) gelöst werden und dafür andere entstehen.

Die Valenzelektronen teilt man nun in Paare ein, welche symmetrisch verknüpft sind, und erhält so ein Valenzschema. Da die Einteilung auf verschiedene Weise möglich ist, entstehen mehrere Valenzschemen, z. B. bei vier s-Elektronen die drei Möglichkeiten:

$$
\begin{array}{ccc}
\text{I} & \text{II} & \text{III} \\
\begin{array}{c} s-s \\ A \quad B \\ s-s \end{array} & \begin{array}{c} s \quad s \\ A\,|\quad|\,B \\ s \quad s \end{array} & \begin{array}{c} s \diagdown \diagup s \\ A \diagup \diagdown B \\ s \quad s \end{array}
\end{array}
\qquad (\text{II}, 57)
$$

Zu jedem Valenzschema berechnet man die zugehörigen Austauschintegrale, deren Beträge um so größer ausfallen, je besser sich die Eigenfunktionen der betreffenden Elektronen überlappen. Sind die Austauschintegrale bei einem Schema besonders groß, so entspricht das System beider Atome diesem Schema. Sind sie von ungefähr gleicher Größenordnung, so tritt ein Zustand ein, der eine Mischung verschiedener Valenzschemen bedeutet. Würde etwa das Schema I in (II, 57) besonders große Austauschintegrale ergeben, so würde eine Bindung der Atome A und B eintreten, die durch zwei Paare von s-Elektronen bewerkstelligt würde. Würde das Schema II größere Austauschintegrale ergeben als die übrigen, so würde keine Bindung entstehen, sondern gewissermaßen eine innere Absättigung der Valenzen in den Atomen. Bei der Diskussion von Bindungen, an denen auch p-Elektronen beteiligt sind, kommt man mit dieser Methode zu vielen Ergebnissen über die räumliche Anordnung der Atome auch in mehratomigen Molekülen, gewinkelte Valenzen, Doppelbindungen usw., die man auch im experimentellen Material wiederfindet.

Ein dritter Weg zur Beschreibung der chemischen Bindung geht vom Zweizentrensystem direkt aus und teilt die dort gefundenen Elektronentypen in bindende und lockernde ein (Hund, Mulliken). Die Zahl der betätigten Valenzen ist dann die Differenz der Zahl der bindenden und der Zahl der lockernden Elektronen.

Wir wollen dies noch an einigen Beispielen klarer machen. Das N-Atom besitzt in der äußeren Schale die fünf Elektronen $s^2 p^3$. Die beiden s-Elektronen sind schon miteinander durch eine symmetrische Verknüpfung abgesättigt und brauchen nicht mehr berücksichtigt zu werden. Für die Valenzbetätigung kommen also die drei p-Elektronen allein in Frage. Nähern wir ein Wasserstoffatom, so kann eine Bindung zwischen seinem s-Elektron und einem der p-Elektronen des Stickstoffs eintreten. Führen wir die Verbindungslinie der beiden Atome als z-Achse ($\vartheta = 0$) ein, so sind die Eigenfunktionen

$$\psi_{p_z} = \frac{1}{2}\sqrt{\frac{3}{\pi}}\chi(r)\cos\vartheta; \quad \psi_{p_y} = \frac{1}{2}\sqrt{\frac{3}{\pi}}\chi(r)\sin\vartheta\sin\varphi;$$
$$\psi_{p_x} = \frac{1}{2}\sqrt{\frac{3}{\pi}}\chi(r)\sin\vartheta\cos\varphi \qquad (\text{II},58)$$

eines p-Elektrons an die Wechselwirkung adaptiert. ψ_{p_y} und ψ_{p_x} sind noch miteinander entartet. In leicht verständlicher Weise sind die Kombinationen p_z-s und p_y-s durch die Skizzen der Abb. 394 angedeutet. Die Eigenfunktion des s-Elektrons der H-Atoms überlappt die Eigenfunktion eines p_z-Elektrons bedeutend besser als die eines p_y- oder p_x-Elektrons, und demgemäß ist die Austauschenergie bei p_z-s größer. Das Molekül NH wird also eine p_z-s-Bindung aufweisen. Im Molekül werden wir beide Elektronen als σ-Elektronen ansprechen, da kein Knoten durch die Kernverbindungslinie geht. Die Anordnung von zwei σ-Elektronen nennt man eine σ-Bindung. Nähern wir nun ein zweites Wasserstoffatom, so kann das Elektron p_z keine weitere Bindung mehr eingehen, wohl aber eines der Elektronen p_x oder p_y. Sie geben eine günstige Überlappung mit dem s-Elektron des neuen H-Atoms, wenn der Winkel H–N–H am Stickstoff ein rechter ist. Dann besteht eine Bindung durch ein Paar von σ-Elektronen zwischen dem N-Atom und jedem

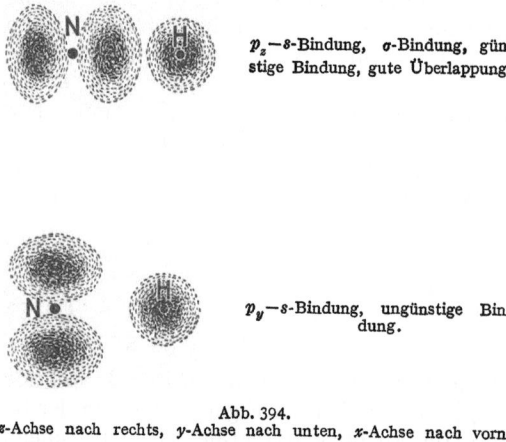

p_z-s-Bindung, σ-Bindung, günstige Bindung, gute Überlappung.

p_y-s-Bindung, ungünstige Bindung.

Abb. 394.
z-Achse nach rechts, y-Achse nach unten, x-Achse nach vorn.

H-Atom. Das Symbol σ bezieht sich jeweils auf die Achse, welche von den beiden gebundenen Atomen gebildet wird. Mit dem dritten Elektron kann der Stickstoff nochmals ein Wasserstoffatom binden, wobei das Ammoniakmolekül NH_3 entsteht, welches eine Pyramide bildet mit dem N-Atom an der Spitze.

Bei der Bindung von zwei Stickstoffatomen aneinander können wir zuerst eine σ-Bindung durch ein Paar von σ-Elektronen herstellen, welche aus den beiden p_z-Elektronen hervorgehen. Mit schlechter Überlappung der Eigenfunktionen und dementsprechend geringerem Energiegewinn, entsteht aber noch eine Bindung durch die zwei p_y-Elektronen. Die Eigenfunktionen dieses Paares sind durch die Abb. 395 angedeutet. Da die xz-Ebene eine Knotenebene ist, sind die beiden bindenden Elektronen π-Elektronen im Sinne des Zweizentrensystems, und wir sprechen deshalb von einer π-Bindung. In gleicher Weise entsteht eine zweite π-Bindung durch die zwei p_x-Elektronen. N_2 besitzt also eine σ- und zwei π-Bindungen.

Als nächstes Atom besprechen wir den Sauerstoff. Von den Elektronen $s^2 p^4$ betrachten wir die s-Elektronen und zwei der p-Elektronen als schon abgesättigt, so daß nur die Valenzelektronen p^2 übrigbleiben. Mit einem Wasserstoffatom bildet sich genau wie bei Stickstoff eine σ-Bindung aus. Ein zweites hinzutretendes H-Atom wird mit einer zweiten σ-Bindung

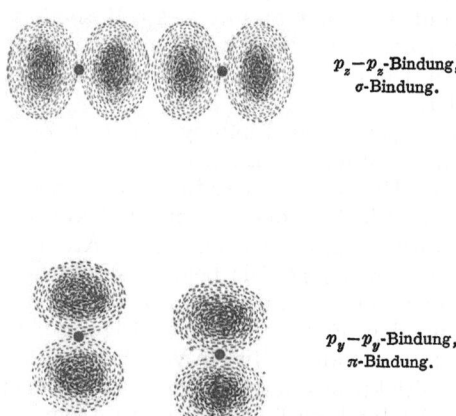

p_z-p_z-Bindung, σ-Bindung.

p_y-p_y-Bindung, π-Bindung.

Abb. 395.
z-Achse nach rechts, y-Achse nach unten, x-Achse nach vorn.

§ 4. Valenztheorie. 1371

gebunden, welche aber mit der ersten einen Winkel von etwa 90° bildet. Bei genauer Rechnung muß man auch die Abstoßung der beiden H-Atome berücksichtigen, die ja nicht aneinander gebunden sind, wodurch der Winkel etwas größer wird. Ein gestrecktes Molekül H_2O ist nicht möglich. Die Bindung zweier O-Atome aneinander wird durch eine σ- und eine π-Bindung bewerkstelligt.

Das wichtigste und schwierigste Problem ist der Kohlenstoff. Zunächst möchte man entsprechend seinem Grundzustand mit den Elektronen s^2p^2 rechnen. Dies würde ein zweiwertiges C-Atom ergeben. Gemessen an der Energie der chemischen Bindung sind die Energieunterschiede der Konfigurationen s^2p^2 und sp^3 und p^4 nicht groß, so daß man diese drei Elektronenanordnungen als miteinander entartet betrachten muß. Während s^2p^2 und p^4 nur zwei bindungsfähige Elektronen besitzen, ist sp^3 vierwertig und gibt deshalb auch die größte Bindungsenergie. Aus diesem Grunde gehen wir am besten von dieser Konfiguration aus, wenn wir uns nicht die Mühe machen wollen, Linearkombinationen von allen dreien zu benutzen, was natürlich konsequenter wäre. Bei Annäherung eines Wasserstoffatoms entsteht natürlich eine σ-Bindung, bei einem zweiten H-Atom wird eine zweite σ-Bindung hergestellt. Jetzt muß schon mindestens ein p-Elektron beteiligt sein. Zwei weitere Wasserstoffatome können ebenfalls mit σ-Bindungen gebunden werden, dürfen aber nicht in einer Ebene mit den schon vorhandenen liegen. Geht man von den Linearkombinationen aus, so müssen die vier H-Atome an den Ecken eines Tetraeders sitzen, weil dann alle Elektronen gleichberechtigt sind. Die C—C-Bindung kann nicht von s-Elektronen bewerkstelligt werden. Da die Konfiguration sp^3 nur ein bindungsfähiges s-Elektron besitzt, wäre zwar eine einzige C—C-Bindung möglich, aber es ließe sich keine Kette bilden. Die C—C-Bindung muß deshalb als σ-Bindung aufgefaßt werden, für welche je ein p-Elektron an jedem C-Atom verbraucht wird. Die Kette C—C—C wird mit zwei σ-Bindungen gebildet, die in den endständigen Atomen eines, im mittleren Atom zwei p-Elektronen verbrauchen, und ist infolgedessen gewinkelt. In der gleichen Weise kann die Kohlenstoffkette beliebig fortgesetzt werden. Da die σ-Elektronen um die Verbindungslinie der Atome drehsymmetrisch sind, können die Teile eines Moleküls um eine C—C-Bindung gegeneinander gedreht werden. Dies ändert sich wesentlich, wenn zwei Kohlenstoffatome eine Doppelbindung eingehen. Diese muß aus einer σ- und einer π-Bindung bestehen. In der Abb. 396 läuft die positive z-Achse von links nach rechts, die positive y-Achse von oben nach unten, während die positive x-Achse von hinten nach vorn, senkrecht zur Zeichenebene geht. Die beiden Kohlenstoffatome C_1 und C_2 seien zunächst durch eine σ-Bindung verknüpft, die je ein p-Elektron verbraucht. Das s-Elektron sei zur Bindung nicht näher bezeichneter Atome verwendet, so daß an jedem Kohlenstoffatom noch zwei p-Elektronen zur Verfügung stehen. Nun werde an C_1 ein weiteres Atom A durch das p_y-Elektron gebunden, was durch eine σ-Bindung geschehen kann, wenn der Winkel $A C_1 C_2$ geeignet ist. Das Atom C_1 besitzt nun noch das Elektron p_x, das mit dem p_x-Elektron des Atoms C_2 eine π-Bindung eingehen kann, deren Eigenfunktion einen Knoten in der yz-Ebene und ein Maximum in der xz-Ebene besitzt. Jetzt hat das Atom C_2 ebenfalls noch ein p_y-Elektron, mit dem ein Atom B gebunden werden kann. Die Richtung der Verbindungslinie C_2B ist aber bereits festgelegt, nämlich gleich oder entgegen der Richtung C_1A. Die Richtungen C_1A und C_2B lassen sich jetzt nicht mehr um die Doppelbindung $\sigma\pi$ der beiden C-Atome drehen. Die Elektronenverteilung in der π-Bindung zieht eine Versteifung des Moleküls nach sich. Es besteht ein Unterschied, ob die Atome A und B auf der gleichen Seite oder auf verschiedenen Seiten der Ebene xz liegen, welche durch die π-Bindung ausgezeichnet wird. Auf diese Weise kann man die cis-trans-Isomerie verstehen, die in der Abb. 397 schematisch dargestellt ist.

Im wesentlichen haben wir damit die Gesetze der Valenzbetätigung in der organischen Chemie aufgestellt. Wir dürfen nicht erwarten, daß wir ebenso leicht Gesetze für die zahlreichen anderen Atome ableiten können, da diese ja in den anorganischen Verbindungen auch viel verwickelteren Verbindungsgesetzen gehorchen. Natürlich kann man auch dort ein gewisses Gerippe von

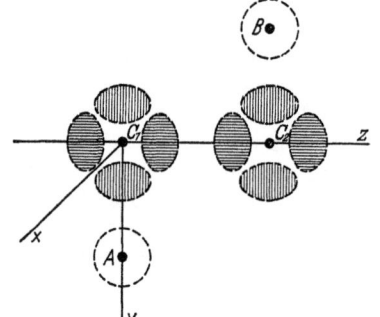

Abb. 396. Die p_z-Elektronen sind horizontal schraffiert und vermitteln eine σ-Bindung zwischen C_1 und C_2. Die p_y-Elektronen sind vertikal schraffiert und binden A an C_1 und B an C_2. Die nicht gezeichneten p_x-Elektronen vermitteln eine π-Bindung zwischen C_1 und C_2. Die Dichte der p_x-Elektronen hat in der xz-Ebene ein Maximum.

Valenzregeln aufstellen, aber es wird viel mehr Ausnahmen geben als bei organischen Molekülen. Es kommt noch hinzu, daß die anorganischen Moleküle vorzugsweise nicht als Gase oder leichtflüchtige Stoffe vorliegen, daß also die fertig-

cis   trans

Abb. 397. Die $p_x - p_x$-Bindung von π-Charakter zeichnet die eingezeichnete xz-Ebene aus. cis-trans-Isomerie.

gebildeten Moleküle außer den eigentlichen Valenzkräften noch sehr starke andere Kräfte aufeinander ausüben. Bei derartigen Stoffen sind die entwickelten Modelle keine guten Näherungen für die wirklichen Verhältnisse.

§ 5. Die heteropolare Bindung.

Schon immer unterscheidet die Chemie zwei Arten der chemischen Bindung. Der eine Typ ist die homöopolare Bindung, welche besonders ausgeprägt vorliegt, wenn zwei Atome des gleichen Elementes zu einem zweiatomigen Molekül zusammentreten. Das Verständnis dieser Bindung hat den Chemikern immer Schwierigkeiten bereitet, weil in der Chemie sonst ziemlich allgemein die Faustregel gilt, daß Elemente um so leichter eine Verbindung eingehen, je verschiedener sie sind. Die Bindungen in H_2, N_2 oder O_2 sind aber mit die festesten, die es überhaupt gibt. Wie sie zustande kommen, haben wir in den vorigen Paragraphen erklärt.

Viel schwieriger ist es für uns, die sog. polare Bindung zu erklären, d. h. gerade die Bindung sehr verschiedener Elemente, welche den Chemikern immer selbstverständlich schien. Die typischen Vertreter solcher Verbindungen sind die

§ 5. Die heteropolare Bindung.

Halogensalze der Alkalimetalle. Die Chemie stellt sich die Bindung so vor, daß das Alkaliatom sein Valenzelektron abgibt, welches von dem Halogen aufgenommen und zur Vervollständigung der Edelgasschale verwendet wird. Auf diese Weise soll ein positives Alkaliion und ein negatives Halogenion entstehen, welche sich dann mit elektrostatischen Kräften anziehen. Dieser auf den ersten Blick einfache und plausible Mechanismus steckt aber in Wirklichkeit voller Probleme und trifft auch nicht genau die tatsächlichen Verhältnisse.

Die meisten Stoffe, die man als polare Verbindungen bezeichnet, bestehen nicht aus zweiatomigen Molekülen (gasförmig), sondern bilden feste Kristallgitter (Salze). Sie scheiden also im Augenblick aus der Betrachtung ganz aus. Es bleiben dann als Hauptvertreter polarer Moleküle die Halogenwasserstoffe und die Salzdämpfe übrig. Wären diese Moleküle aus einem positiven und einem negativen Ion aufgebaut, so müßten sie das elektrische Dipolmoment tragen, das sich als Produkt aus der Elementarladung und dem Abstand der Atomkerne ergibt. In Wirklichkeit mißt man aber immer ein Dipolmoment, das etwa eine Größenordnung kleiner ist. Man erkennt hieraus, daß das Ionenmodell, wenn überhaupt, nur eine schlechte Annäherung an das Molekül ist.

Aber selbst wenn tatsächlich Moleküle wie HCl aus einem positiven H^+- und einem negativen Cl^--Ion zusammengesetzt wären, wäre die Frage nach der Natur der chemischen Bindung nicht gelöst, sondern nur beiseite geschoben. Wie kommt es denn, daß das Halogenatom ein so starkes Bestreben hat, seine Edelgasschale zu vervollständigen, daß es sogar dem Wasserstoff oder einem Alkaliatom ein Elektron zu entreißen vermag? Wenn die Frage so gestellt ist, dann kann man leicht erkennen, daß in dem Modell des Ionenmoleküls noch eine Unvollkommenheit steckt. Wohl kann ein Cl-Atom noch ein Elektron anlagern und es wird dabei eine Energie frei, die man als Elektronenaffinität bezeichnet. Sie ist aber viel kleiner als die Energie, die man zur Ionisierung eines Alkaliatoms oder gar des Wasserstoffs braucht. Die Bildung von Ionen kann also nicht die Vorstufe zur Molekülbildung sein.

Die polare Bindung von Halogen und Alkali zu einem zweiatomigen Molekül kommt im Grunde genauso zustande wie die homöopolare Bindung. Das Halogen besitzt außer den inneren Elektronen in der äußeren Schale die Konfiguration $s^2 p^5$. Die Spineigenfunktionen dieser sieben Elektronen verknüpfen drei Elektronenpaare antisymmetrisch und die spinfreien Eigenfunktionen bewerkstelligen dementsprechend drei symmetrische Verknüpfungen zwischen den Elektronen mit zugehörigem Energiegewinn. Nur ein Elektron ist durch den Spin noch mit keinem anderen antisymmetrisch verknüpft und kann eine solche Verknüpfung mit einem neu hinzutretenden Elektron vornehmen. Hierdurch wird eine neue symmetrische Verknüpfung der spinfreien Eigenfunktionen möglich. Dies kann zu einer homöopolaren Bindung des Halogens mit allen solchen Elementen führen, die selbst noch ein Valenzelektron frei haben. Daß diese Auffassung des Sachverhalts zutrifft, erkennt man daraus, daß nicht nur die Moleküle NaCl und HCl, sondern auch Cl_2 und JCl existieren. Wollen wir den Vorgang der Bildung von NaCl etwas genauer beschreiben, so können wir etwa folgendermaßen verfahren. Wir setzen eine Störungsrechnung an wie bei der Durchrechnung der Wasserstoffbindung, setzen aber in den Eigenfunktionen der Valenzelektronen und in V_{1A}, V_{1B}, V_{2A} und V_{2B} nicht die Kernladung $Z = 1$ für beide Kerne, sondern die effektiven Kernladungen ein, welche auf die beiden Elektronen in den beiden Atomen wirken. Bei Na haben wir (s. S. 863) $Z_{Na} = 1,85$, bei Cl dagegen $Z_{Cl} = 2,95$. Die Hauptquantenzahl ist in beiden Atomen dieselbe, so daß wir uns darum nicht kümmern müssen. Ohne eine wirkliche Rechnung kann man voraussehen, daß der Schwerpunkt beider Valenzelektronen sich wegen der größeren wirksamen Ladung zum Chlor hin verschieben muß. Das gebildete Molekül erhält also ein elektrisches Dipolmoment. Der Mechanismus der sog. polaren Bindung ist also derselbe wie der der homöopolaren. Daß das Molekül eine Andeutung von Ionencharakter trägt, ist nicht die Ursache, sondern die Folge der chemischen Bindung. Die Ursache des Dipolmoments liegt in der Verschiedenheit der effektiven Kernladung, unter der die Valenzelektronen an den beiden Atomen stehen, also die nur teilweise gegenseitige Abschirmung der zur gleichen Hauptquantenzahl gehörenden Elektronen am Atom.

*§ 6. Die van der Waalsschen Kräfte.

Inhalt: In größerem Abstand nehmen die Wechselwirkungen der chemischen Bindung exponentiell ab. Sie treten deshalb gegen die Wechselwirkungen der zweiten Näherung zurück. Die zweite Näherung kann ohne Beachtung des Elektronenaustauschs berechnet werden und liefert das van der Waalssche Anziehungspotential, welches mit der sechsten Potenz und eine Kraft, welche mit der siebenten Potenz des Abstands abnimmt. Bei Atomen oder Molekülen im Grundzustand besteht immer Anziehung. Die Kräfte zwischen mehreren Molekülen sind additiv.

Bezeichnungen: $E_A(i)$, $E_B(k)$ Energien der Atome A und B im i-ten bzw. k-ten Quantenzustand, $\boldsymbol{E}_A$, $\boldsymbol{E}_B$ Matrizen dieser Energien, H Hamiltonfunktion beider Atome, $\boldsymbol{H}$ und $\mathbb{H}$ ihre Matrix bzw. Operator, $\boldsymbol{H}^{(0)}$ und $\boldsymbol{H}^{(1)}$ Hauptteil und Störungsteil von $\boldsymbol{H}$, i, i' Quantenzustände des Atoms A, k, k' Quantenzustände des Atoms B, ψ_1 bzw. ψ_2 Eigenfunktionen der Elektronen 1 und 2 an getrennten Atomen, ψ_I, ψ_{II} Eigenfunktionen des Systems beider Elektronen, V_{1A} und V_{1B} potentielle Energie des Elektrons 1 im Feld der Atome A bzw. B, V_{2A} und V_{2B} dasselbe für das zweite Elektron, $\mathfrak{r}_{1A}$ und $\mathfrak{r}_{1B}$ Vektor von den Kernen A und B zum ersten Elektron, $\mathfrak{r}_{2A}$ und $\mathfrak{r}_{2B}$ dasselbe für das zweite Elektron, r_{1A}, r_{1B}, r_{2A}, r_{2B} die Beträge dieser Vektoren, $\mathfrak{R}$ Vektor von A nach B, R sein Betrag (Abstand der Atome), $\mathfrak{r}_{12}$ und r_{12} Vektor von Elektron 1 nach Elektron 2 und Betrag dieses Vektors, a atomare Längeneinheit, x_{1A}, y_{1A}, z_{1A} usw. Komponenten von $\mathfrak{r}_{1A}$, $x_{1A}(i, i')$ Matrixelemente der Matrix $\boldsymbol{x}_{1A}$, analog $x_{1B}(k, k')$ und die Elemente der anderen Koordinatenmatrizen, ΔE_{ik} Störungsenergie der Elektronen bei endlicher Entfernung der Atome, U gesamte Wechselwirkungsenergie durch Nähewirkung der Atome, $\mathfrak{K}$ Kraft zwischen den Atomen, $r_A(i, i')$ Matrixelemente der Radialkoordinate des Atoms A, e Elementarladung, m Elektronenmasse, ε_0 elektrische Maßkonstante.

Die Theorie der chemischen Bindung erfaßt nicht alle Wechselwirkungen zwischen den Atomen und Molekülen. In größerer Entfernung macht sich die sogenannte allgemeine Molekularattraktion geltend, welche bei kleinen Atomabständen von den Bindungskräften verdeckt wird. Diese Molekularkräfte sind viel weniger spezifisch als die Bindungskräfte und bewirken als van der Waalssche Kräfte die Zusammenballung der Moleküle zur kompakten Flüssigkeit. Wir wollen jetzt untersuchen, wie sie zustande kommen.

Die Eigenfunktionen der Elektronen nehmen in größerem Abstand vom Kern alle exponentiell ab. Für die gegenseitige Wechselwirkungsenergie zweier Atome haben wir auf S. 1366 in erster Näherung dasselbe festgestellt. Die chemischen Bindungskräfte wirken also nicht in größerer Entfernung. Bei etwas weiter entfernten Atomen gewinnt deshalb eine andere Einwirkung die Oberhand, welche als zweite Näherung berechnet werden kann.

Wenn wir die Energiematrix eines Systems zweier Atome A und B in großer Entfernung berechnen, so erhalten wir in nullter Näherung die Matrix

$$\boldsymbol{H}^{(0)} = \boldsymbol{E}_A + \boldsymbol{E}_B, \qquad (II, 59)$$

welche die Summe der Matrizen der getrennten Atome darstellt. Die Störungsmatrix $\boldsymbol{H}^{(1)}$ haben wir auf S. 1362 gebildet und wenigstens ihre Diagonalelemente ausgerechnet, welche in erster Näherung gerade die chemische Bindungsenergie oder Abstoßungsenergie in den verschiedenen Zuständen liefern.

*§ 6. Die van der Waalsschen Kräfte.

Wir sehen jetzt, daß diese Diagonalglieder exponentiell verschwinden, wenn der Abstand der Atome größer wird. Eine Wechselwirkung erster Ordnung tritt also nur in geringer Entfernung ein. Dann kann aber in größerer Entfernung eine Wechselwirkung zweiter Ordnung vorwiegen, welche von den Gliedern der Energiematrix außerhalb der Diagonale herstammt und welche nicht exponentiell abzuklingen braucht.

Wir berechnen jetzt noch einmal die Energiematrix für zwei Atome in endlicher Entfernung R, wobei wir allerdings alle Größen vernachlässigen, welche nur von der Größenordnung $e^{-\frac{R}{a}}$ sind. Dies wird sogar eine merkliche Vereinfachung der Rechnung herbeiführen.

Befindet sich das Elektron 1 im i-ten Quantenzustand des Atoms A, das Elektron 2 im k-ten Quantenzustand des Atoms B, so haben wir bei unendlicher Entfernung der beiden Atome die Eigenfunktion

$$\psi_I(i, k) = \psi_1(i)\, \psi_2(k), \qquad (II, 60)$$

zu welcher der Eigenwert

$$E_A(i) + E_B(k) \qquad (II, 61)$$

gehört. Zu dem gleichen Eigenwert gehört aber auch die Eigenfunktion

$$\psi_{II}(i, k) = \psi_2(i)\, \psi_1(k), \qquad (II, 62)$$

welche aus (II, 60) durch Vertauschung der Elektronen entsteht.

Auf S. 1360 II, 15 haben wir gezeigt, daß die Funktionen $\psi_I(i, k)$ und $\psi_{II}(i', k')$ nicht orthogonal sind, sondern daß

$$\int \psi_I^*(i, k)\, \psi_{II}(i', k')\, d\tau_1\, d\tau_2 = T_{ik'}\, T_{i'k}^* \qquad (II, 63)$$

ist. Die Überlappungsintegrale

$$T_{ik'} = \int \psi_1^*(i)\, \psi_1(k')\, d\tau_1 \qquad (II, 64)$$

verschwinden, wenn sich die Atome in unendlicher Entfernung befinden. Auch bei großen Entfernungen können wir die $T_{ik'}$ vernachlässigen. Die Eigenfunktion $\psi(i)$ des Atoms A verschwindet nämlich am Ort des Atoms B exponentiell, während die Eigenfunktion $\psi(k')$ des Atoms B am Orte des Atoms A exponentiell verschwindet. In der Mitte zwischen beiden Atomen kann $\psi(i)$ und $\psi(k')$ exponentiell vernachlässigt werden.

Unter diesen Umständen bilden die Funktionen ψ_I und ψ_{II} ein normiertes und orthogonales Funktionensystem, und wir haben es nicht nötig, die symmetrischen und antisymmetrischen Linearkombinationen zu bilden, sie zu normieren und zu orthogonalisieren.

Wenden wir den Hamiltonoperator

$$\mathbb{H} = \left(-\frac{h^2}{8\pi^2 m} \Delta_1 + V_{1A} + V_{1B}\right) + \\ + \left(-\frac{h^2}{8\pi^2 m} \Delta_2 + V_{2A} + V_{2B}\right) + \frac{e^2}{4\pi\varepsilon_0 r_{12}} \qquad (II, 65)$$

auf ψ_I und ψ_{II} an, so entsteht (s. II, 31, 32)

$$\mathbb{H}\,\psi_I(i, k) = \{E_A(i) + E_B(k)\}\, \psi_I + \left(V_{1B} + V_{2A} + \frac{e^2}{4\pi\varepsilon_0 r_{12}}\right) \psi_I,$$

$$\mathbb{H}\,\psi_{II}(i, k) = \{E_A(i) + E_B(k)\}\, \psi_{II} + \left(V_{1A} + V_{2B} + \frac{e^2}{4\pi\varepsilon_0 r_{12}}\right) \psi_{II}. \qquad (II, 66)$$

Zuerst bilden wir die Matrixelemente

$$H_{I,\,II}(i'\,k',\,i\,k) = \int \psi_I^*(i',\,k')\,\mathbb{H}\,\psi_{II}(i,\,k)\,d\tau_1\,d\tau_2$$

$$= \{E_A(i) + E_B(k)\}\int \psi_I^*(i',\,k')\,\psi_{II}(i,\,k)\,d\tau_1\,d\tau_2 \quad \text{(II, 67)}$$

$$+ \int \psi_I^*(i',\,k')\left\{V_{1A} + V_{2B} + \frac{e^2}{4\pi\varepsilon_0\,r_{12}}\right\}\psi_{II}(i,\,k)\,d\tau_1\,d\tau_2.$$

Der erste Anteil verschwindet wegen der soeben festgestellten Orthogonalität aller ψ_I zu allen ψ_{II}. Der zweite Anteil verschwindet ebenfalls, denn in ausführlicher Schreibung geht er in

$$\int \psi_1^*(i')\,\psi_2^*(k')\left\{V_{1A} + V_{2B} + \frac{e^2}{4\pi\varepsilon_0\,r_{12}}\right\}\psi_2(i)\,\psi_1(k)\,d\tau_1\,d\tau_2 \quad \text{(II, 68)}$$

über und $\psi_1^*(i')$ verschwindet exponentiell, wo $\psi_1(k)$ groß ist und umgekehrt. Für $\psi_2^*(k')$ und $\psi_2(i)$ gilt dasselbe. Die gemischten Matrixelemente $H_{I,\,II}$ sind alle Null.

Jetzt denken wir uns die Eigenfunktionen so geordnet, daß zuerst alle ψ_I und dann alle ψ_{II} kommen. Die Energiematrix nimmt dann die Form

$$\mathbb{H} = \begin{Vmatrix} \mathbf{H}_{I,\,I} & 0 \\ 0 & \mathbf{H}_{II,\,II} \end{Vmatrix} \quad \text{(II, 69)}$$

an, wo $\mathbf{H}_{I,\,I}$ und $\mathbf{H}_{II,\,II}$ noch Untermatrizen sind, die entweder nur mit den ψ_I oder nur mit den ψ_{II} gebildet werden. Es genügt dann, wenn wir $\mathbf{H}_{I,\,I}$ untersuchen, denn $\mathbf{H}_{II,\,II}$ muß aus $\mathbf{H}_{I,\,I}$ durch Vertauschung der Elektronen hervorgehen. Wir brauchen also überhaupt nur die Eigenfunktionen ψ_I zu bilden. Dies entspricht der Vorstellung, daß das Elektron 1 am Atom A und das Elektron 2 am Atom B sitze. Den Austausch der Elektronen braucht man bei großen Kernabständen nicht zu berücksichtigen.

Nun müssen wir die H-Funktion wirklich bilden und die Matrixelemente ausrechnen. Wir nehmen wieder an, es handle sich um zwei Atome mit je einem Leuchtelektron. Der Ansatz (II, 18)

$$\mathbb{H} = -\frac{h^2}{8\pi^2 m}(\Delta_1 + \Delta_2) + V_{1A} + V_{1B} + V_{2A} + V_{2B} + \frac{e^2}{4\pi\varepsilon_0\,r_{12}} \quad \text{(II, 70)}$$

läßt sich jetzt glatt in den Hauptteil

$$\mathbb{H}^{(0)} = -\frac{h^2}{8\pi^2 m}(\Delta_1 + \Delta_2) + V_{1A} + V_{2B} = \mathbf{E}_A^{(0)} + \mathbf{E}_B^{(0)} \quad \text{(II, 71)}$$

und das Störungsglied

$$\mathbb{H}^{(1)} = V_{1B} + V_{2A} + \frac{e^2}{4\pi\varepsilon_0\,r_{12}} \quad \text{(II, 72)}$$

zerlegen. Außerdem haben wir noch den Vorteil, daß in großer Entfernung von den Atomen die Rümpfe ein Coulombsches Potential mit einer Ladung e besitzen, was

$$V_{1B} = -\frac{e^2}{4\pi\varepsilon_0\,r_{1B}}; \quad V_{2A} = -\frac{e^2}{4\pi\varepsilon_0\,r_{2A}} \quad \text{(II, 73)}$$

ergibt. Hiermit erhalten wir

$$\mathbb{H}^{(1)} = \frac{e^2}{4\pi\varepsilon_0}\left(\frac{1}{r_{12}} - \frac{1}{r_{1B}} - \frac{1}{r_{2A}}\right). \quad \text{(II, 74)}$$

*§ 6. Die van der Waalsschen Kräfte.

Aus der Abb. 398 können wir

$$\mathfrak{r}_{1B} = \mathfrak{r}_{1A} - \mathfrak{R}; \quad \mathfrak{r}_{2A} = \mathfrak{R} + \mathfrak{r}_{2B},$$
$$\mathfrak{r}_{12} = \mathfrak{r}_{2A} - \mathfrak{r}_{1A} = \mathfrak{R} + \mathfrak{r}_{2B} - \mathfrak{r}_{1A}$$
(II, 75)

ablesen. Daraus ergibt sich

$$\frac{1}{r_{1B}} = \frac{1}{R}\left\{1 - \frac{2(\mathfrak{R}\,\mathfrak{r}_{1A})}{R^2} + \frac{\mathfrak{r}_{1A}^2}{R^2}\right\}^{-\frac{1}{2}},$$
$$\frac{1}{r_{2A}} = \frac{1}{R}\left\{1 + \frac{2(\mathfrak{R}\,\mathfrak{r}_{2B})}{R^2} + \frac{\mathfrak{r}_{2B}^2}{R^2}\right\}^{-\frac{1}{2}},$$
$$\frac{1}{r_{12}} = \frac{1}{R}\left\{1 + \frac{2\mathfrak{R}(\mathfrak{r}_{2B} - \mathfrak{r}_{1A})}{R^2} + \frac{(\mathfrak{r}_{2B} - \mathfrak{r}_{1A})^2}{R^2}\right\}^{-\frac{1}{2}}.$$
(II, 76)

Dies setzen wir in $\mathbb{H}^{(1)}$ ein und entwickeln nach Potenzen von $1/R$. In erster Näherung ergibt sich einfach $\mathbb{H}^{(1)} = -e^2/4\pi\varepsilon_0 R$. Die Glieder mit $1/R^2$ fallen weg, und wenn wir mit $1/R^3$ abbrechen, so erhalten wir

$$\mathbb{H}^{(1)} = -\frac{e^2}{4\pi\varepsilon_0 R} + \frac{e^2}{4\pi\varepsilon_0 R^3} \times$$
$$\times \left\{(\mathfrak{r}_{1A}\mathfrak{r}_{2B}) - \frac{3}{R^2}(\mathfrak{r}_{1A}\mathfrak{R})(\mathfrak{r}_{2B}\mathfrak{R})\right\}. \quad \text{(II, 77)}$$

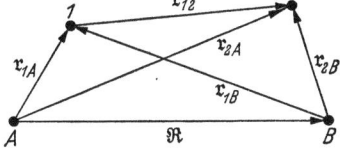

Abb. 398. Entfernungen der Elektronen 1 und 2 von den Atomen A und B und voneinander.

Legt man die z-Achse eines Koordinatensystems in die Richtung von $\mathfrak{R}$, so ist

$$(\mathfrak{r}_{1A}\mathfrak{r}_{2B}) = x_{1A} x_{2B} + y_{1A} y_{2B} + z_{1A} z_{2B},$$
$$(\mathfrak{r}_{1A}\mathfrak{R}) = R z_{1A}; \quad (\mathfrak{r}_{2B}\mathfrak{R}) = R z_{2B}$$
(II, 78)

und

$$\mathbb{H}^{(1)} = -\frac{e^2}{4\pi\varepsilon_0 R} + \frac{e^2}{4\pi\varepsilon_0 R^3}\{x_{1A} x_{2B} + y_{1A} y_{2B} - 2 z_{1A} z_{2B}\}. \quad \text{(II, 79)}$$

Nun bilden wir die Matrixelemente

$$\int \psi_I^*(i', k')\, x_{1A} x_{2B}\, \psi_I(i, k)\, d\tau_1 d\tau_2 = \int \psi_1^*(i')\, x_{1A}\, \psi_1(i)\, d\tau \int \psi_2^*(k')\, x_{2B}\, \psi_2(k)\, d\tau)$$
$$= x_A(i', i)\, x_B(k', k). \quad \text{(II, 80)}$$

Darin bedeuten

$$x_A(i', i) = \int \psi_1^*(i')\, x_{1A}\, \psi_1(i)\, d\tau_1,$$
$$x_B(k', k) = \int \psi_2^*(k')\, x_{2B}\, \psi_2(k)\, d\tau_2$$
(II, 81)

und

die Matrixelemente der x-Koordinate der beiden getrennten Atome.
Die Integrale

$$\int \psi_I^*(i', k')\, \frac{e^2}{4\pi\varepsilon_0 R}\, \psi_I(i, k)\, d\tau_1 d\tau_2 = \frac{e^2}{4\pi\varepsilon_0 R} \int \psi_I^*(i', k')\, \psi_I(i, k)\, d\tau_1 d\tau_2 \quad \text{(II, 82)}$$

haben den Wert $e^2/4\pi\varepsilon_0 R$, wenn $i' = i$ und $k' = k$ ist und verschwinden in allen anderen Fällen.

Die Diagonalelemente der Koordinatenmatrizen

$$x_A(i, i) = y_A(i, i) = z_A(i, i) = 0,$$
$$x_B(k, k) = y_B(k, k) = z_B(k, k) = 0 \tag{II, 83}$$

verschwinden nach S. 965, und sämtliche Diagonalelemente von $\boldsymbol{H}^{(1)}$ haben den Wert

$$H^{(1)}_{ik, ik} = -\frac{e^2}{4\pi\varepsilon_0 R}. \tag{II, 84}$$

Die anderen Elemente sind dagegen

$$H^{(1)}_{i'k', ik} \tag{II, 85}$$
$$= \frac{e^2}{4\pi\varepsilon_0 R^3}\{x_A(i', i)\, x_B(k', k) + y_A(i', i)\, y_B(k', k) - 2 z_A(i', i)\, z_B(k', k)\}.$$

Die Elemente der Störungsmatrix verschwinden nur dann nicht, wenn im Atom A der Zustand i' mit dem Zustand i und im Atom B der Zustand k' mit dem Zustand k optisch kombiniert. Nun können wir die Störungsenergie ΔE_{ik} der ersten und zweiten Näherung im Zustand ik des Systems beider Atome nach S. 961 berechnen und erhalten

$$\Delta E_{ik} = -\frac{e^2}{4\pi\varepsilon_0 R} + \frac{e^4}{16\pi^2\varepsilon_0^2 R^6}\sum_{i'k'}\frac{H^{(1)}_{ik,i'k'}H^{(1)}_{i'k',ik}}{E_A^{(0)}(i) + E_B^{(0)}(k) - E_A^{(0)}(i') - E_B^{(0)}(k')}. \tag{II, 86}$$

Die Summe läuft über alle Zustände i' des Atoms A, die mit dem vorliegenden Zustand i und über alle Zustände k' des Atoms B, die mit dem vorliegenden Zustand k optisch kombinieren. Weil H^1 eine hermitische Matrix ist, ist ferner

$$H^{(1)}_{ik, i'k'} = (H^{(1)}_{i'k', ik})^* \tag{II, 87}$$

und die Zähler aller Summanden sind positiv.

Die Energiestörung bezieht sich auf das Zweizentrensystem. Zu ihr kommt noch die potentielle Energie der Kernabstoßung $+ e^2/4\pi\varepsilon_0 R$ hinzu, die die erste Näherung kompensiert, so daß als Potentialfunktion der Atome in großem Kernabstand

$$U(R) = \frac{e^4}{16\pi^2\varepsilon_0^2 R^6}\sum_{i'k'}\frac{|x_A(i', i)\, x_B(k', k) + y_A(i', i)\, y_B(k', k) - 2 z_A(i', i)\, z_B(k', k)|^2}{E_A^{(0)}(i) + E_B^{(0)}(k) - E_A^{(0)}(i') - E_B^{(0)}(k')} \tag{II, 88}$$

verbleibt. Die Summe ist eine von R unabhängige Konstante, deren Größe nur mit den Eigenschaften der Atome zusammenhängt. Beziehen sich i und k auf die Grundzustände beider Atome, so sind

$$E_A^{(0)}(i) - E_A^{(0)}(i') \quad \text{und} \quad E_B^{(0)}(k) - E_B^{(0)}(k') \tag{II. 89}$$

für alle i' und k' negativ.

Die Summe besteht dann aus lauter negativen Gliedern. Wenn wir

$$U(R) = -\frac{C}{R^6} \tag{II, 90}$$

setzen, ist C positiv. Bei Annäherung der Atome nimmt die Energie ab, was eine Anziehung mit der Kraft

$$\mathfrak{K} = -\frac{6C}{R^7}\mathfrak{R}^0 \tag{II, 91}$$

*§ 6. Die van der Waalsschen Kräfte.

bedeutet. Die Kraft (II, 91) wird als Molekularkraft oder van der Waalssche Kraft bezeichnet. Bei zu kleinen Atomabständen wird sie durch die chemischen Bindungskräfte bzw. die entsprechenden Abstoßungskräfte überdeckt.

Nähern sich 2 Atome, die sich beide in einem S-Zustand befinden, so durchlaufen i' und k' die P-Zustände beider Atome. Dabei muß man beachten, daß die P-Terme dreifach entartet sind, daß es also je drei Matrixelemente $x_A(i, i')$ usw. gibt. Nimmt man die Eigenfunktion von S. 965, so erhält man für die drei P-Komponenten

$$
\left.\begin{array}{lll}
x_A(i', i) = 0; & y_A(i', i) = 0; & z_A(i', i) = \dfrac{r(i', i)}{\sqrt{3}}, \\[4pt]
x_A(i', i) = 0; & y_A(i', i) = \dfrac{r(i', i)}{\sqrt{3}}; & z_A(i', i) = 0, \\[4pt]
x_A(i', i) = \dfrac{r(i', i)}{\sqrt{3}}; & y_A(i', i) = 0; & z_A(i', i) = 0.
\end{array}\right\} \quad \text{(II 92)}
$$

Entsprechendes gilt für das Atom B, so daß eine PP-Kombination beider Atome im ganzen 9 Zustände umfaßt. Für 6 von ihnen verschwinden alle Produkte $x_A x_B, y_A y_B, z_A z_B$ für die drei anderen hat eines der drei Produkte den Wert

$$\frac{r_A(i', i)\, r_B(k', k)}{3}.$$

Bilden wir die Elemente von $\mathbf{H}^{(1)}$, so erhalten wir zweimal

$$H^{(1)}_{i'k', ik} = \frac{e^2}{4\pi\varepsilon_0 R^3}\, \frac{r_A(i', i)\, r_B(k', k)}{3} \tag{II, 93}$$

und einmal

$$H^{(1)}_{i'k', ik} = -\frac{e^2}{4\pi\varepsilon_0 R^3}\, \frac{2\, r_A(i', i)\, r_B(k', k)}{3}. \tag{II, 94}$$

Setzt man dies in (II, 86) ein und verfährt wie oben, so ergibt sich schließlich

$$U(R) = \frac{e^4}{24\pi^2 \varepsilon_0^2 R^6} \sum_{i'k'} \frac{r_A^2(i', i)\, r_B^2(k', k)}{E_A^{(0)}(i) + E_B^{(0)}(k) - E_A^{(0)}(i') - E_B^{(0)}(k')}. \tag{II, 95}$$

Berechnet man die Elemente

$$r(i', i) = \int \chi(i')\, \chi(i)\, r^3\, dr; \quad r(k', k) = \int \chi(k')\, \chi(k)\, r^3\, dr \tag{II, 96}$$

mit Hilfe der Wasserstoffeigenfunktionen, wobei man nicht vergessen darf, auch die kontinuierlichen mit zu berücksichtigen, so erhält man

$$U(R) = -6{,}47\, \frac{e^2\, a^5}{4\pi\varepsilon_0 R^6}. \tag{II, 97}$$

In Abb. 399 ist diese Potentialfunktion graphisch dargestellt und mit der chemischen Bindungsenergie verglichen. Auch für andere Atome als Wasserstoff kann man diese Formel anwenden, wenn man für a einen entsprechenden Wert einsetzt.

Die Molekularkräfte überwiegen die Bindungskräfte, wenn $R > 8a$ wird. Ist R nur wenig größer als a, so gilt natürlich die Formel (II, 97) gar nicht mehr, da ja in der ganzen Rechnung die Voraussetzung $R \gg a$ steckt. In dem Gebiet, wo die Bindungsenergie überwiegt, kann man die Molekularattraktion deshalb auch nicht ohne weiteres als eine Korrektion hinzufügen, weil bei ihrer Berechnung alle exponentiell abklingenden Glieder vernachlässigt wurden. Die Gültigkeit der Formel (II, 97) ist also auf das Gebiet größerer Abstände als 8a (das sind bei Wasserstoff etwa 4 A.E.) beschränkt. In diesem Bereich aber dürfte sie recht gut gelten, und zwar nicht nur für Atome mit einem Leuchtelektron, sondern für alle Atome und auch für Moleküle. Die Rechnung kann man nämlich ohne grundsätzliche Schwierigkeiten auf Systeme mit mehreren Kernen ausdehnen.

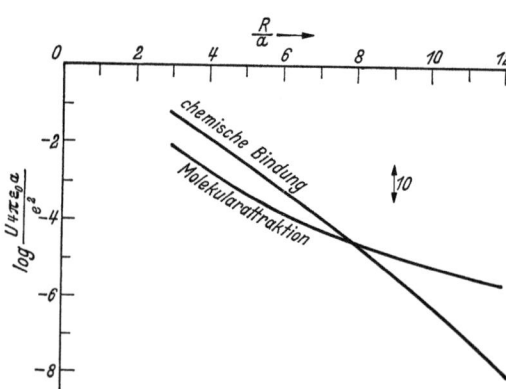

Abb. 399. Chemische Bindung und Molekularattraktion logarithmisch gegen den Kernabstand aufgetragen. ↕ bedeutet den Faktor 10. Für $R/a > 10$ überwiegt die Molekularattraktion, für $R/a < 6$ die chemische Bindung.

Nicht ohne Interesse ist eine mehr klassische Auffassung der van der Waalschen Kräfte. Fügt man zur Störungsenergie noch das Glied $e^2/4\pi\varepsilon_0 R$ hinzu, so hat man die Wechselwirkungsenergie zweier Dipole mit den elektrischen Momenten $e\,\mathfrak{r}_{1A}$ und $e\,\mathfrak{r}_{2B}$. Die Störungsrechnung besteht offenbar darin, diese Dipole in ihre Frequenzanteile zu zerlegen und ihre Wechselwirkung zu berechnen.

Diese Anschauungsweise läßt voraussehen, daß das Anziehungsgesetz (II, 90) auch noch gilt, wenn sich 2 Moleküle einander nähern, die schon ein permanentes Dipolmoment besitzen. Den oben durchgerechneten Anteil, der von den angeregten Elektronentermen herrührt, bezeichnet man als Dispersionsanteil, dem man den Induktionseffekt hinzufügt, der von dem permanenten Dipolmoment verursacht wird. Schließlich kommt bei Dipolmolekülen noch der sog. Richteffekt hinzu. Er entsteht, weil langsam rotierende Moleküle bei der Annäherung eines zweiten Dipolmoleküls statt der Rotation nur noch eine Pendelbewegung um eine Lage ausführen, bei der die beiden Dipole ausgerichtet sind, und in der ihre Energie besonders klein ist. Wenn aber die permanenten Dipolmomente nicht außergewöhnlich groß sind, bestreitet der Dispersionseffekt bei weitem den Hauptteil der Molekularattraktion (bei CO 99,9%, bei HCl 95% und bei H_2O immer noch 80%).

Ein sehr wesentlicher Unterschied zwischen den Kräften der chemischen Bindung und den Kräften der zweiten Näherung besteht in folgendem. Die Bindungskräfte erster Näherung hängen mit der Entartung zusammen, welche die Vertauschbarkeit der Elektronen mit sich bringt. Die allgemeine Antisymmetrieforderung für alle Elektronen beschränkt diese Austauschentartung auf Paare von Elektronen. Hat sich also zwischen einem Elektron und einem zweiten eine Bindung betätigt, so kann sich derselbe Mechanismus nicht mit einem dritten wiederholen.

Die Kräfte der zweiten Näherung haben mit der Austauschentartung nichts zu tun. Sind mehrere Atome oder Moleküle vorhanden, so gehört zu jedem Paar ein Störungsanteil $H^{(1)}$ der Energiematrix und zwischen jedem Paar treten die Kräfte der zweiten Näherung auf. Diese Kräfte superponieren sich also einfach, d. h. sind additiv.

Die Molekularattraktion verursacht in der van der Waalsschen Zustandsgleichung

$$\left(p + \frac{a}{V^2}\right)(V - b) = RT \qquad (II, 98)$$

(V = molares Volumen, T absolute Temperatur, R Gaskonstante) das Glied a/V^2, wie durch eine statistische Rechnung (s. S. 1475) gezeigt werden kann.

Selbst in den Fällen, wo die Wirkung der Molekularattraktion in der Zustandsgleichung nur geringfügig ist, bewirkt sie eine erhebliche Vermehrung der Zusammenstöße zwischen den Molekülen, vergrößert den Wirkungsquerschnitt und nimmt dadurch Einfluß auf alle Vorgänge, für welche die Zusammenstöße von Wichtigkeit sind (siehe S. 1498).

III. Schwingung und Rotation zweiatomiger Moleküle.

Vom Zweizentrensystem unterscheidet sich ein zweiatomiges Molekül insofern, als seine Atomkerne im Raum nicht fixiert sind und deshalb eine gemeinsame Translation, eine Rotation um ihren Schwerpunkt und eine Schwingung gegeneinander ausführen können. Der leitende Gedanke der Theorie der Moleküle besteht darin, ihre Bewegungen aus einer Elektronenbewegung, einer Schwingung der Kerne gegeneinander und einer Rotation des ganzen Gebildes zusammenzusetzen, wozu dann noch die Translation tritt.

Bildet man die Elektronenenergie $E(R)$ für alle möglichen Kernabstände und addiert dazu die Energie der Kernabstoßung, so erhält man die sogenannte Potentialfunktion $U(R)$, welche bei einem stabilen Molekül für einen bestimmten Wert des Kernabstandes R_e ein Minimum hat. Wir stellen uns nun vor, daß die Atomkerne kleine Schwingungen um den Abstand R_e ausführen. Die Elektronenanordnung im schwingenden Molekül ist dann immer noch sehr ähnlich, wie in einem Zweizentrensystem mit dem Kernabstand R_e. Die Rotation des Moleküls wird die Schwingung wenig beeinflussen, wenn sie nicht zu schnell ist, und wird selbst von der Schwingung auch nicht wesentlich berührt werden. Die Translation des Moleküls beeinträchtigt die übrigen Bewegungen gar nicht.

Diese klassische Betrachtungsweise muß nun in die Quantentheorie übersetzt werden. Die gemachten Annahmen müssen dabei durch Rechnung gerechtfertigt werden.

Die Schrödingergleichung des Moleküls enthält neben den Koordinaten der Elektronen auch die der Kerne. Nach S. 1340 (I, 3) erhält man unter Weglassung des Vektorpotentials des äußeren Magnetfeldes die Hamiltonfunktion

$$H = \frac{1}{2M_1}\mathfrak{p}_1^2 + \frac{1}{2M_2}\mathfrak{p}_2^2 + \frac{1}{2m}\sum \mathfrak{p}_i^2 + V, \qquad \text{(III, 1)}$$

in der sich die Indizes 1 und 2 auf die Kerne, der Index i auf die Elektronen beziehen.

Bezeichnet man die Eigenfunktion des ganzen Moleküls mit φ, so lautet die zugehörige Schrödingergleichung

$$-\frac{h^2}{8\pi^2 M_1}\Delta_1\varphi - \frac{h^2}{8\pi^2 M_2}\Delta_2\varphi - \frac{h^2}{8\pi^2 m}\sum \Delta_i\varphi + (V-E)\varphi = 0. \qquad \text{(III, 2)}$$

§ 1. Abspaltung der Translation.

Inhalt: Die Eigenfunktion des Moleküls $\varphi = \psi_0\psi$ besteht aus einem Faktor ψ_0, der nur die Schwerpunktskoordinaten und einem Faktor ψ, der nur die inneren Koordinaten enthält. Für beide Teile kann eine Schrödingergleichung aufgestellt werden, welche man durch Separation der Gleichung für das Molekül erhält.

Bezeichnungen: m Masse des Elektrons, M_1 und M_2 Massen der Kerne, M Gesamtmasse des Moleküls, μ reduzierte Masse, $\mathfrak{R}_1$ und $\mathfrak{R}_2$ Ortsvektoren der Kerne, $\mathfrak{R}_0$ Ortsvektor des Schwerpunkts, $\mathfrak{R}$ Abstandsvektor der Kerne, $\mathfrak{p}_0$ Gesamtimpuls, $\mathfrak{p}$ kanonisch konjugierter Impuls zu $\mathfrak{R}$, X_0, Y_0, Z_0 Koordinaten des Schwerpunkts, x_i, y_i, z_i Koordinaten der Elektronen relativ zum Schwerpunkt. XYZ Abstandskoordinaten der Kerne, V potentielle Energie des Moleküls, φ Eigenfunktion des Moleküls, ψ_0 ihr Translationsanteil, ψ ihr innerer Anteil, H Hamiltonfunktion, $\mathbb{H}$ ihr Operator.

Vorerst ist die Hamiltonfunktion und die Schrödingergleichung des Moleküls auf ein raumfestes Koordinatensystem bezogen. Wir versuchen zuerst die Translation abzuspalten, indem wir ein Koordinatensystem einführen, dessen Ursprung sich mit dem Schwerpunkt bewegt. Die Koordinatenachsen sollen aber feste Richtungen haben, sich also nicht mit dem Molekül drehen. Wegen der kleinen Elektronenmassen ist der Schwerpunkt des Moleküls in guter Näherung der Schwerpunkt der beiden Atomkerne. Wir führen nun den Ort

$$\mathfrak{R}_0 = \frac{M_1 \mathfrak{R}_1 + M_2 \mathfrak{R}_2}{M_1 + M_2} \qquad (III, 3)$$

des Schwerpunkts und die Differenz

$$\mathfrak{R} = \mathfrak{R}_2 - \mathfrak{R}_1 \qquad (III, 4)$$

der Ortsvektoren als Koordinaten ein.

Die Beziehungen (III, 3) und (III, 4) sind die Hälfte einer kanonischen Transformation mit der Erzeugenden (s. Bd. I, S. 106)

$$W = \frac{M_1 \mathfrak{R}_1 + M_2 \mathfrak{R}_2}{M_1 + M_2} \mathfrak{p}_0 + (\mathfrak{R}_2 - \mathfrak{R}_1) \mathfrak{p}, \qquad (III, 5)$$

in der $\mathfrak{p}_0$ den zu $\mathfrak{R}_0$ konjugierten Gesamtimpuls und $\mathfrak{p}$ den zu $\mathfrak{R}$ konjugierten Impuls bedeutet. Aus (III, 5) geht das andere Gleichungspaar

$$\mathfrak{p}_1 = \frac{M_1}{M_1 + M_2} \mathfrak{p}_0 - \mathfrak{p}, \qquad (III, 6)$$

$$\mathfrak{p}_2 = \frac{M_2}{M_1 + M_2} \mathfrak{p}_0 + \mathfrak{p} \qquad (III, 7)$$

für die Impulse hervor.

Setzt man dies in (III, 1) ein, so erhält man die Hamiltonfunktion

$$H = \frac{1}{2(M_1 + M_2)} \mathfrak{p}_0^2 + \frac{M_1 + M_2}{2 M_1 M_2} \mathfrak{p}^2 + \frac{1}{2m} \sum \mathfrak{p}_i^2 + V. \qquad (III, 8)$$

Die potentielle Energie V des Moleküls hängt nicht von den Schwerpunktskoordinaten ab. Führen wir noch die Gesamtmasse

$$M = M_1 + M_2 \qquad (III, 9)$$

und die sogenannte reduzierte Masse

$$\mu = \frac{M_1 M_2}{M_1 + M_2} \qquad (III, 10)$$

ein, so nimmt die Hamiltonfunktion die einfache Form

$$H = \frac{1}{2M} \mathfrak{p}_0^2 + \frac{1}{2\mu} \mathfrak{p}^2 + \frac{1}{2m} \sum \mathfrak{p}_i^2 + V \qquad (III, 11)$$

an.

X_0, Y_0, Z_0 sollen die Koordinaten des Schwerpunkts bedeuten und x_i, y_i, z_i die Koordinaten der Elektronen bezogen auf den Schwerpunkt. Die Abstandskoordinaten XYZ sind die Komponenten von $\mathfrak{R}$ und bedeuten die Koordinaten des Kerns 2 in einem System, dessen Ursprung im Kern 1 liegt. Die Eigenfunktion hängt von allen Koordinaten ab und die Schrödingergleichung

$$\mathbb{H} \varphi - E \varphi = 0 \qquad (III, 12)$$

lautet

$$-\frac{h^2}{8\pi^2 M} \Delta_0 \varphi - \frac{h^2}{8\pi^2 \mu} \Delta \varphi - \frac{h^2}{8\pi^2 m} \sum \Delta_i \varphi + (V - E) \varphi = 0. \qquad (III, 13)$$

§ 2. Trennung von Elektronenbewegung und Kernbewegung.

Δ_0, Δ und Δ_i sind Laplaceoperatoren, welche auf die Koordinaten $X_0 Y_0 Z_0$, XYZ bzw. $x_i y_i z_i$ wirken.
Durch den Ansatz

$$\varphi = \psi_0 \psi, \qquad (III, 14)$$

wo ψ_0 nur von $X_0 Y_0 Z_0$, dagegen ψ nur von den übrigen Koordinaten abhängt, kann man (III, 13) in die zwei Gleichungen

$$\frac{h^2}{8\pi^2 M} \Delta_0 \psi_0 + E_t \psi_0 = 0, \qquad (III, 15)$$

$$\frac{h^2}{8\pi^2 \mu} \Delta \psi + \frac{h^2}{8\pi^2 m} \sum{}' \Delta_i \psi + (E - E_t - V) \psi = 0 \qquad (III, 16)$$

separieren. (III, 15) beschreibt die Translation des ganzen Moleküls und E_t ist die Translationsenergie. Diese Gleichung interessiert uns nicht. (III, 16) beherrscht die inneren Bewegungen des Moleküls, mit denen wir uns weiter befassen müssen. Damit ist es uns zunächst gelungen, die Translation aus dem Problem herauszulösen.

§ 2. Trennung von Elektronenbewegung und Kernbewegung.

Inhalt: Die Eigenfunktion des Moleküls enthält als Faktor die Elektroneneigenfunktion des Zweizentrensystems für den Wert R_e des Kernabstandes, der dem Minimum der Potentialkurve entspricht. Diese Zerlegung ist nur möglich, wenn die Kerne sich von diesem Abstand nicht zu weit entfernen.

Bezeichnungen: Z_1, Z_2 Kernladungen, R Kernabstand, R_e Gleichgewichtsabstand, V_{el} potentielle Energie der Elektronen, $U(R)$ Potentialfunktion, ψ Eigenfunktion des Moleküls ohne Translation, ψ_{el} Elektroneneigenfunktion des Zweizentrensystems, χ Eigenfunktion der Kernbewegung, E Gesamtenergie, E_t Translationsenergie, ε_0 elektrische Maßkonstante, Dielektrizitätskonstante des Vakuums, sonst wie S. 1381.

Die potentielle Energie V des Moleküls setzt sich additiv aus der potentiellen Energie V_{el} der Elektronen und dem Anteil der Kernabstoßung

$$\frac{e^2 Z_1 Z_2}{4\pi \varepsilon_0 R}$$

zusammen, wenn R den Kernabstand bedeutet. V_{el} enthält R noch als Parameter. Für das Zweizentrensystem gilt die Schrödingergleichung

$$\frac{h^2}{8\pi^2 m} \sum{}^i \Delta_i \psi_{el} + \{E(R) - V_{el}\} \psi_{el} = 0. \qquad (III, 17)$$

Die Elektroneneigenfunktion ψ_{el} und die Eigenwerte $E(R)$ enthalten dann ebenfalls den Kernabstand R als Parameter. Wir versuchen nun den Ansatz

$$\psi = \psi_{el} \chi, \qquad (III, 18)$$

wo χ nur eine Funktion der Koordinaten X, Y, Z sein soll, während ψ_{el} noch von R und den Elektronenkoordinaten abhängt. Geht man damit in (III, 16) ein, so erhält man

$$\frac{h^2}{8\pi^2 \mu} \Delta(\psi_{el} \chi) + \chi \frac{h^2}{8\pi^2 m} \sum{} \Delta_i \psi_{el} + \left(E - E_t - V_{el} - \frac{e^2 Z_1 Z_2}{4\pi \varepsilon_0 R}\right) \psi_{el} \chi = 0. \qquad (III, 19)$$

Verwendet man (III, 17), so geht daraus

$$\frac{h^2}{8\pi^2 \mu} \Delta(\psi_{el} \chi) + \left(E - E_t - E(R) - \frac{e^2 Z_1 Z_2}{4\pi \varepsilon_0 R}\right) \psi_{el} \chi = 0 \qquad (III, 20)$$

hervor. Führt man noch die Potentialfunktion

$$U(R) = E(R) + \frac{e^2 Z_1 Z_2}{4\pi \varepsilon_0 R} \qquad (III, 21)$$

von S. 1356 ein, so erhält man schließlich die Gleichung

$$\frac{h^2}{8\pi^2 \mu} \Delta(\psi_{el} \chi) + \{E - E_t - U(R)\} \psi_{el} \chi = 0. \qquad (III, 22)$$

Aus dieser Gleichung soll nun χ bestimmt werden.

Wir wollen nun unsere Untersuchung auf Moleküle beschränken, bei denen der Kernabstand sich nicht weit von dem Wert R_e entfernt, für den das Minimum der Potentialkurve eintritt. Dann muß die Funktion χ für alle Werte von R verschwinden, die nicht in der Nähe von R_e liegen, und wir dürfen ψ_{el} als diejenige Eigenfunktion des Zweizentrensystems betrachten, welche für $R = R_e$ gilt. ψ_{el} ist dann von R praktisch unabhängig, d. h. der Operator Δ wirkt nicht auf ψ_{el} und für χ bleibt uns die Gleichung

$$\frac{h^2}{8\pi^2 \mu} \Delta \chi + \{E - E_t - U(R)\} \chi = 0 \qquad (III, 23)$$

übrig.

Damit ist eine Separation von Elektronenbewegung und Kernbewegung gelungen. Voraussetzung ist dabei, daß der Abstand der Kerne bis auf einen kleinen Spielraum um R_e festgelegt ist. Innerhalb dieses Spielraumes bestimmt (III, 23) die Verteilungsfunktion χ des Kernabstandes. In die Sprache der klassischen Mechanik übersetzt bedeutet das, daß die Kerne nur kleine Schwingungen um die Gleichgewichtslage R_e ausführen dürfen. Bei großen Schwingungen kann man die Elektronenbewegung nicht von der Kernbewegung trennen.

§ 3. Schwingung und Rotation der Moleküle.

Inhalt: Die Molekülenergie kann in die Translationsenergie E_t, die Elektronenenergie E_{el}, die Rotationsenergie E_{rot} und die Schwingungsenergie E_v zerlegt werden. Die Rotationsenergie wird durch die Quantenzahl J des Gesamtdrehimpulses, die Schwingungsenergie durch die Schwingungsquantenzahl v bestimmt. Die Eigenfunktionen der Rotation sind die Kugelfunktionen, die der Schwingung werden in erster Näherung durch die Hermiteschen Funktionen gegeben.

Bezeichnungen: E Gesamtenergie, E_t Translationsenergie, E_{el} Elektronenenergie, E_{rot} Rotationsenergie, E_v Schwingungsenergie, χ Eigenfunktion der Kernbewegung, Y_M^J Kugelflächenfunktion, H Hermitesches Polynom, R Kernabstand, R_e Gleichgewichtsabstand, ϑ, φ Winkelkoordinaten, μ reduzierte Masse, I_e Trägheitsmoment, B_e Rotationskonstante, ω_e Grundschwingungsquant.

Die Kernbewegung der Moleküle wird durch die Gleichung

$$\frac{h^2}{8\pi^2 \mu} \Delta \chi + \{E - E_t - U(R)\} \chi = 0 \qquad (III, 24)$$

beschrieben. χ ist eine Funktion der Koordinaten XYZ des Kernes 2, wenn der Koordinatenanfang im Kern 1 ruht. R ist der Kernabstand, welcher in der Nähe des Wertes R_e liegt, für den die Potentialfunktion $U(R)$ ein Minimum besitzt. χ muß eine im XYZ-Raum stetige, endliche und eindeutige Funktion sein, welche für große Werte von $R - R_e$ verschwindet.

Wir gehen zunächst mit

$$X = R \sin\vartheta \cos\varphi; \quad Y = R \sin\vartheta \sin\varphi; \quad Z = R \cos\vartheta \qquad (III, 25)$$

§ 3. Schwingung und Rotation der Moleküle.

zu einem Polarkoordinatensystem R, ϑ, φ über. Die Schrödingergleichung (III, 24) erhält dann die Form

$$\frac{1}{R^2}\frac{\partial}{\partial R}R^2\frac{\partial \chi}{\partial R} + \frac{1}{R^2\sin\vartheta}\frac{\partial}{\partial \vartheta}\sin\vartheta\frac{\partial \chi}{\partial \vartheta} + \frac{1}{R^2\sin^2\vartheta}\frac{\partial^2 \chi}{\partial \varphi^2}$$
$$+ \frac{8\pi^2\mu}{h^2}\{E - E_t - U(R)\}\chi = 0. \tag{III, 26}$$

Man kann sie sofort durch den Ansatz

$$\chi = \varXi\, Y_M^J(\varphi, \vartheta) \tag{III, 27}$$

separieren, wenn die Y_M^J die Kugelflächenfunktionen (s. S. 845) bedeuten. Diese Funktionen erfüllen die Periodizitätsforderungen bezüglich der Winkel, welche wegen der Eindeutigkeit von χ gestellt werden müssen. J durchläuft die ganzen Zahlen 0, 1, 2 ..., hingegen M nur die Zahlen von $-J$ bis $+J$. Gehen wir mit (III, 27) in (III, 26) ein, so erhalten wir beim Separieren die Differentialgleichung

$$\frac{1}{\sin\vartheta}\frac{\partial}{\partial \vartheta}\sin\vartheta\frac{\partial Y}{\partial \vartheta} + \frac{1}{\sin^2\vartheta}\frac{\partial^2 Y}{\partial \varphi^2} + J(J+1)Y = 0 \tag{III, 28}$$

der Kugelflächenfunktionen, während für $\varXi$ die Gleichung

$$\frac{1}{R^2}\frac{d}{dR}R^2\frac{d\varXi}{dR} - \frac{J(J+1)}{R^2}\varXi + \frac{8\pi^2\mu}{h^2}\{E - E_t - U(R)\}\varXi = 0 \tag{III, 29}$$

hinterbleibt. Außerdem muß $\varXi$ für alle R gegen Null gehen, welche von R_e erheblich abweichen.

Die Gleichung (III, 29) vereinfacht sich durch den Ansatz

$$\varXi = \frac{\psi}{R} \tag{III, 30}$$

auf

$$\frac{d^2\psi}{dR^2} + \frac{8\pi^2\mu}{h^2}\{E - E_t - U(R)\}\psi - \frac{J(J+1)}{R^2}\psi = 0 \tag{III, 31}$$

und geht durch Einführung der neuen unabhängigen Variablen

$$\varrho = \frac{R}{R_e} - 1 \tag{III, 32}$$

in

$$\frac{d^2\psi}{d\varrho^2} + \frac{8\pi^2\mu R_e^2}{h^2}\left\{E - E_t - U(\varrho) - \frac{h^2 J(J+1)}{8\pi^2\mu R_e^2(1+\varrho)^2}\right\}\psi = 0 \tag{III, 33}$$

über.

Nun entwickeln wir $U(\varrho)$ und $(1+\varrho)^{-2}$ in die Reihen

$$U(\varrho) = E_{el} + b_2\varrho^2 + b_3\varrho^3 + \cdots, \tag{III, 34}$$

$$(1+\varrho)^{-2} = 1 - 2\varrho + 3\varrho^2 + \cdots, \tag{III, 35}$$

welche wir mit den quadratischen Gliedern abbrechen. E_{el} ist der Minimalwert von U und wird als Elektronenenergie des Moleküls bezeichnet. E_{el} enthält außer der Elektronenenergie des Zweizentrensystems noch die potentielle Energie der Kernabstoßung. Setzen wir (III, 34) und (III, 35) ein, so finden wir

$$\frac{d^2\psi}{d\varrho^2} + \frac{8\pi^2\mu R_e^2}{h^2}\Big\{E - E_t - E_{el} - b_2\varrho^2 -$$
$$- \frac{h^2}{8\pi^2\mu R_e^2}J(J+1)(1 - 2\varrho + 3\varrho^2)\Big\}\psi = 0. \tag{III, 36}$$

Zunächst sieht man, daß

$$E_{\text{rot}} = \frac{h^2}{8\pi^2 \mu R_e^2} J(J+1) \qquad (\text{III}, 37)$$

eine Energie darstellt, die man als Rotationsenergie bezeichnet, weil sie mit den Winkeln ϑ und φ zusammenhängt. Bildet man das Trägheitsmoment (s. Abb. 400)

$$I_e = M_1 \left(\frac{M_2}{M_1+M_2} R_e\right)^2 + M_2 \left(\frac{M_1}{M_1+M_2} R_e\right)^2$$
$$= \frac{M_1 M_2}{M_1+M_2} R_e^2 = \mu R_e^2 \qquad (\text{III}, 38)$$

des Moleküls für eine Achse durch den Schwerpunkt senkrecht zur Kernverbindungslinie, so ist

$$E_{\text{rot}} = \frac{h^2}{8\pi^2 I_e} J(J+1). \qquad (\text{III}, 39)$$

Es hat sich eingebürgert, die sogenannte Rotationskonstante

$$B_e = \frac{h}{8\pi^2 I_e c} \qquad (\text{III}, 40)$$

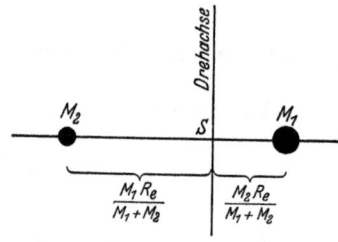

Abb. 400. Berechnung des Trägheitsmomentes um eine Achse durch den Schwerpunkt S.

Abb. 401. Rotationsterme eines Moleküls.

einzuführen, welche die Dimension cm^{-1} und bei den meisten Molekülen die Größenordnung 1 hat. Mit ihr erhält man die Rotationsenergie

$$E_{\text{rot}} = h c B_e J(J+1) \qquad (\text{III}, 41)$$

und die Rotationsterme

$$T_{\text{rot}} = B_e J(J+1). \qquad (\text{III}, 42)$$

Die Rotationsenergie ist dem Trägheitsmoment umgekehrt proportional und hängt quadratisch von der Quantenzahl J ab. Abb. 401 zeigt das Rotationstermschema.

Die Energie

$$E_v = E - E_t - E_{\text{el}} - E_{\text{rot}}, \qquad (\text{III}, 43)$$

welche noch übrigbleibt, ist die Schwingungsenergie. Damit ist eine Zerlegung der Gesamtenergie in die Translationsenergie E_t, die Elektronenenergie E_{el}, die Rotationsenergie E_{rot} und die Schwingungsenergie E_v gelungen.

Wir untersuchen zuerst ein Molekül ohne Rotation, welches zu $J = 0$ gehört. 'tt b_2 führen wir mit

$$b_2 = 2\pi^2 I_e c^2 \omega_e^2 = h c \frac{\omega_e^2}{4 B_e} \qquad (\text{III}, 44)$$

§ 3. Schwingung und Rotation der Moleküle.

eine neue Konstante ω_e ein. Wenn wir noch (III, 40 und III, 38) berücksichtigen, erhalten wir so für ψ die Gleichung

$$\frac{d^2\psi}{d\varrho^2} + \left\{\frac{E_v}{hcB_e} - \left(\frac{\omega_e}{2B_e}\varrho\right)^2\right\}\psi = 0 \qquad (III, 45)$$

des harmonischen Oszillators. Von der Funktion ψ spalten wir zuerst einen Exponentialfaktor ab, indem wir

$$\psi = e^{-\frac{\omega_e}{4B_e}\varrho^2} H(\varrho) \qquad (III, 46)$$

schreiben. Wenn $H(\varrho)$ eine beliebige ganze rationale Funktion ist, konvergiert ψ für große ϱ gegen Null. Gehen wir mit (III, 46) in die Gleichung des Oszillators ein, so finden wir für $H(\varrho)$ die Gleichung

$$\frac{d^2H}{d\varrho^2} - \frac{\omega_e}{B_e}\varrho\frac{dH}{d\varrho} + \left\{\frac{E_v}{hcB_e} - \frac{\omega_e}{2B_e}\right\}H = 0. \qquad (III, 47)$$

Die Potenzreihenentwicklung

$$H(\varrho) = \sum a_k \varrho^k \qquad (III, 48)$$

gibt, in (III, 47) eingesetzt, für die a_k die Rekursionsformel

$$(k+2)(k+1)a_{k+2} = a_k\left\{\frac{\omega_e}{2B_e}(2k+1) - \frac{E_v}{hcB_e}\right\}. \qquad (III, 49)$$

Soll ϱ^v die höchste Potenz sein, welche in $H(\varrho)$ vorkommt, so muß

$$E_v = hc\omega_e\left(v + \frac{1}{2}\right) \qquad (III, 50)$$

sein. Damit haben wir die Eigenwerte gefunden. Die ganze Zahl v heißt Schwingungsquantenzahl. Die möglichen Schwingungsenergien eines Moleküls sind also die halbzahligen Vielfachen eines Energiebetrages $hc\omega_e$, die Schwingungsterme die halbzahligen Vielfachen des sog. Grundschwingungsquants ω_e. Die verschiedenen Elektronenterme desselben Moleküls können natürlich verschiedene Grundschwingungsquanten besitzen, da sie ja auch verschiedene Potentialfunktionen $U(R)$ haben können. Die ω_e sind von der Dimension cm^{-1} und ihre Größe liegt zwischen einigen hundert und einigen tausend cm^{-1}. Das Schema der Schwingungsterme eines Elektronenterms zeigt die Abb. 402.

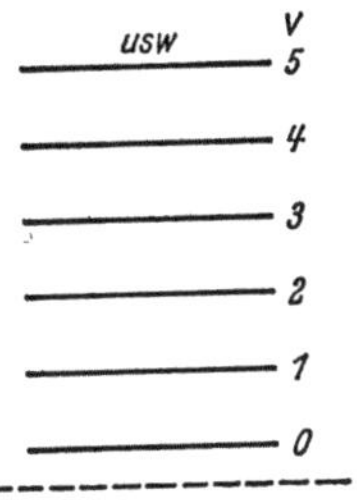

Setzt man die Eigenwerte in die Rekursionsformel (III, 49) ein, so erhält man

$$a_{k+2} = -\frac{\omega_e(v-k)}{B_e(k+1)(k+2)} a_k, \qquad (III, 51)$$

Abb. 402. Schwingungsterme eines Moleküls.

und wenn man $x = \varrho\sqrt{\omega_e/B_e}$ setzt, so sind $H_v(x)$ die Hermiteschen Polynome:

$$\left.\begin{aligned}
H_0(x) &= 1, \\
H_1(x) &= x, \\
H_2(x) &= x^2 - 1, \\
H_3(x) &= x^3 - 3x, \\
H_4(x) &= x^4 - 6x^2 - 3, \\
H_5(x) &= x^5 - 10x^3 + 15x, \\
H_6(x) &= x^6 - 15x^4 + 45x^2 - 15, \\
H_7(x) &= x^7 - 21x^5 + 105x^3 - 105x.
\end{aligned}\right\} \qquad (III, 52)$$

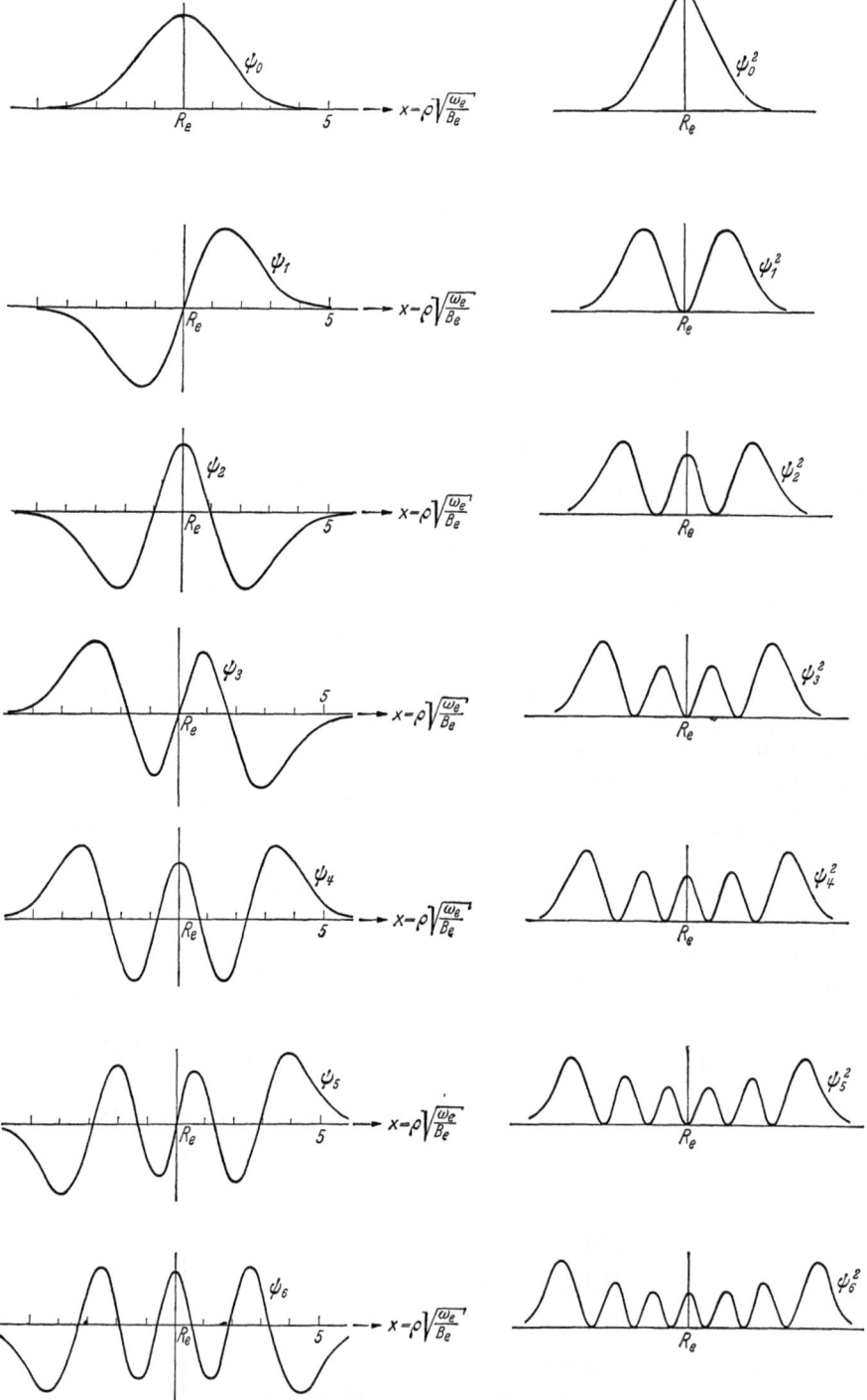

Abb. 403. Eigenfunktionen der Schwingung.

Abb. 404. Verteilung der Aufenthaltswahrscheinlichkeit ψ^2 auf den Kernabstand.

§ 3. Schwingung und Rotation der Moleküle. 1389

Die Eigenfunktionen müssen noch durch die Forderung

$$R_e \int_{-\infty}^{+\infty} \psi^2 \, d\varrho = 1. \qquad (III, 53)$$

normiert werden und lauten

$$\psi_v = \frac{1}{\sqrt{R_e v!} \sqrt{2\pi \frac{B_e}{\omega_e}}} e^{-\frac{x^2}{4}} H_v(x). \qquad (III, 54)$$

Die ersten sieben dieser Funktionen zeigt die Abb. 403 gegen x aufgetragen. Die Wahrscheinlichkeit ψ^2 dafür, daß der Kernabstand $R = R_e(1 + x\sqrt{B_e/\omega_e})$ ist, wird in Abb. 404 für die Schwingungsquantenzahlen 0 bis 7 dargestellt. Die Wahrscheinlichkeitsverteilung auf die Kernabstände besitzt $v + 1$ Maxima, von denen die äußersten auf beiden Seiten am höchsten sind. Noch weiter außen fällt ψ^2 rasch gegen Null ab. Bei großer Schwingungsquantenzahl sind die Kerne also nicht am häufigsten im Gleichgewichtsabstand anzutreffen, sondern bei einem größeren und bei einem kleineren Abstand. Man kann zeigen, daß bei großen Schwingungsquantenzahlen der wahrscheinlichste Kernabstand den beiden Umkehrpunkten der klassischen Schwingungsbewegung entspricht.

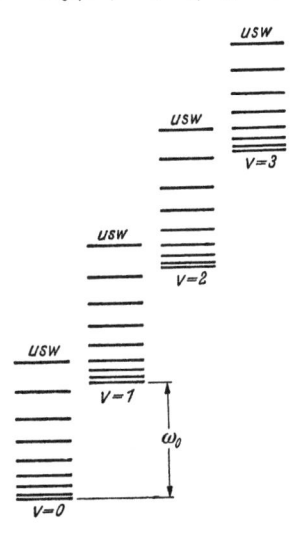

Abb. 405. Rotations- und Schwingungsstruktur eines Elektronenterms.

Das Verhältnis $\sqrt{\omega_e/B_e}$ ist normalerweise von der Größenordnung 30. Aus der Abb. 403 kann man andererseits ablesen, daß z. B. für $v = 6$ die Funktion ψ oberhalb $\varrho \sqrt{\omega_e/B_e} = 5$ schnell absinkt. Dies entspricht $\varrho = \frac{1}{6}$. Bei nicht allzu großer Schwingungsquantenzahl ist also unsere Voraussetzung einigermaßen erfüllt, daß die Schwingung nur klein ist und ϱ nur einen gegen 1 kleinen Bereich durchläuft.

Auf jeden Elektronenterm des Moleküls baut sich eine Folge von Schwingungstermen auf, welche durch die Reihe der Schwingungsquantenzahlen v gekennzeichnet sind. Zu jedem Schwingungsterm gehört eine Rotationstermfolge, deren einzelne Terme durch einen bestimmten Wert der Rotationsquantenzahl J gekennzeichnet sind. Die Rotations- und Schwingungsstruktur eines Elektronenterms ist schematisch in der Abb. 405 wiedergegeben.

Die Rotationsquantenzahl J kennzeichnet außer der Rotationsenergie auch noch den Rotationsdrehimpuls des Moleküls. In Einheiten $h/2\pi$ gemessen, hat der Drehimpuls den Betrag $\sqrt{J(J+1)}$. Hierunter ist zu verstehen, daß der Operator des Drehimpulsquadrates eine Diagonalmatrix liefert, deren Elemente

$$\frac{h^2}{4\pi^2} J(J+1)$$

sind (s. S. 999).

*§ 4. Anharmonische Schwingung. Dissoziation.

Inhalt: Für größere Schwingungsquantenzahlen kann die Potentialkurve nicht durch eine Parabel ersetzt werden. Der Ansatz von MORSE gibt eine bessere Näherung und ein Korrektionsglied für die Schwingungsenergie, das mit der Dissoziationsarbeit zusammenhängt. In höheren Näherungen ergibt sich eine Abnahme der Rotationskonstante B mit der Schwingung und ein Korrektionsglied für die Rotationsenergie.
Bezeichnungen: D Dissoziationsenergie, sonst wie S. 1384.

Die Potentialfunktion $U(R)$ durch

$$U(\varrho) = E_{el} + b_2\,\varrho^2 \tag{III, 55}$$

anzunähern, ist nur für ganz kleine Schwingungsquantenzahlen angängig, bei denen ϱ wirklich klein bleibt. Für größere v muß man nach einer Näherung suchen, die dem tatsächlichen Verlauf von $U(\varrho)$ besser angepaßt ist. Der Ansatz von Morse

$$U(\varrho) = E_{el} + D(1 + e^{-2\alpha\varrho} - 2e^{-\alpha\varrho}) \tag{III, 56}$$

kommt der wirklichen Potentialfunktion sehr viel näher als der quadratische Ansatz (III, 55). In der Abb. 406 ist die Parabel (III, 55) punktiert, die Funktion (III, 56) gestrichelt und der wirkliche Potentialverlauf ausgezogen gezeichnet. Während die Parabel nur in der unmittelbaren Umgebung des Minimums eine Annäherung ist, hat die Morsefunktion bei großen Kernabständen wie die wirkliche Funktion eine Asymptote. Wesentlich weicht sie nur bei ganz kleinen Kernabständen vom richtigen Verlauf ab, was sich insbesondere darin zeigt, daß sie auch für negative R definiert ist. Der große Vorteil des Morseschen Ansatzes gegen den quadratischen Ansatz besteht darin, daß er als zweite Konstante die Dissoziationsarbeit D enthält. Eine Lösung der Schrödingergleichung

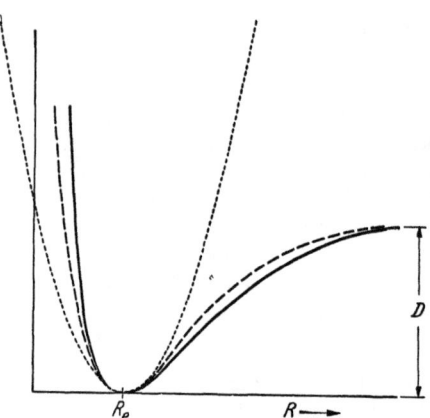

Abb. 406. Approximation der ausgezogenen Potentialkurve $U(R)$ durch die punktierte Parabel und die gestrichelte Morsesche Funktion.

$$\frac{d^2\psi}{d\varrho^2} + \frac{8\pi^2 I_e}{h^2}\{E_v - D(1 + e^{-2\alpha\varrho} - 2e^{-\alpha\varrho})\}\psi = 0 \tag{III, 57}$$

des rotationsfreien Moleküls wird also einen Zusammenhang zwischen der Schwingungsstruktur und der Dissoziationsenergie herstellen und damit einen Weg eröffnen, letztere aus den empirischen Schwingungstermen eines Moleküls zu finden.

Die Gleichung (III, 57) ist die Schrödingergleichung eines anharmonischen Oszillators. Setzt man

$$D = \frac{h^2\alpha^2 A^2}{8\pi^2 I_e}; \quad E_v = \varepsilon D \tag{III, 58}$$

und führt als unabhängige Variable

$$z = 2A\,e^{-\alpha\varrho} \tag{III, 59}$$

ein, so liefert der Ansatz

$$\psi = z^{A\sqrt{1-\varepsilon}}\,e^{-\frac{z}{2}}\,u \tag{III, 60}$$

*§ 4. Anharmonische Schwingung. Dissoziation.

für u die Laguerresche Differentialgleichung

$$\frac{d^2 u}{dz^2} + \frac{du}{dz}\left(\frac{2A\sqrt{1-\varepsilon}+1}{z} - 1\right) + \frac{A - \frac{1}{2} - A\sqrt{1-\varepsilon}}{z} u = 0. \qquad \text{(III, 61)}$$

Ihre Eigenwerte

$$\varepsilon = 1 - \left(1 - \frac{v+\frac{1}{2}}{A}\right)^2 = \frac{2}{A}\left(v + \frac{1}{2}\right) - \frac{1}{A^2}\left(v + \frac{1}{2}\right)^2 \qquad \text{(III, 62)}$$

findet man leicht durch Reihenentwicklung. Setzt man

$$\omega_e = \frac{2D}{hcA}, \qquad \text{(III, 63)}$$

so gehen sie in

$$E_v = hc\omega_e\left(v + \frac{1}{2}\right) - \frac{h^2 c^2 \omega_e^2}{4D}\left(v + \frac{1}{2}\right)^2 \qquad \text{(III, 64)}$$

über. Dies kann man als eine Verallgemeinerung der Eigenwertformel (III, 50) der S. 1387 auffassen. Mit wachsender Schwingungsquantenzahl nehmen die Energiestufen allmählich ab. Dissoziation tritt ein, wenn die Schwingungsenergie die Dissoziationsarbeit erreicht oder überschreitet, wenn also

$$D = hc\omega_e\left(v + \frac{1}{2}\right) - \frac{h^2 c^2 \omega_e^2}{4D}\left(v + \frac{1}{2}\right)^2 \qquad \text{(III, 65)}$$

wird. Dies geschieht, wenn

$$hc\omega_e\left(v + \frac{1}{2}\right) = 2D \qquad \text{(III, 66)}$$

ist. Die Schwingungsquantenzahl kann also nicht über

$$v_D = \frac{2D}{hc\omega_e} - \frac{1}{2} \qquad \text{(III, 67)}$$

wachsen, und das letzte vorkommende v ist die größte ganze Zahl kleiner als v_D. Es gibt nur eine endliche Anzahl von diskreten Schwingungstermen, an die sich aber oberhalb der Dissoziationsarbeit ein Termkontinuum, das Dissoziationskontinuum, anschließt. Dies ist in der Abb. 407 schematisch angedeutet. Die Terme im Kontinuum bedeuten kein stabiles Molekül mehr, sondern beschreiben den Vorgang des Auseinanderfallens der Atome oder auch den zentralen Stoß und die damit verbundene Reflexion zweier Atome.

Durch Vergleich der empirischen Termstruktur eines Moleküls mit der Termformel (III, 64) kann man die Dissoziationsarbeit wenigstens ungefähr ermitteln. Dies ist einer der wenigen direkten Wege zur Bestimmung der Energie, die zur Spaltung eines Moleküls in die Atome nötig ist.

Nun kehren wir nochmals zur Rotationsenergie zurück. Wenn J nicht Null ist, so haben wir nicht nur den bisher berücksichtigten Anteil

$$E_{\text{rot}} = hcB_e J(J+1) \qquad \text{(III, 68)}$$

in der Gleichung (III, 33) stehen, sondern das Glied

$$\frac{h^2 J(J+1)}{8\pi^2 \mu R_e^2 (1+\varrho)^2} = \frac{hcB_e}{(1+\varrho)^2} J(J+1), \qquad \text{(III, 69)}$$

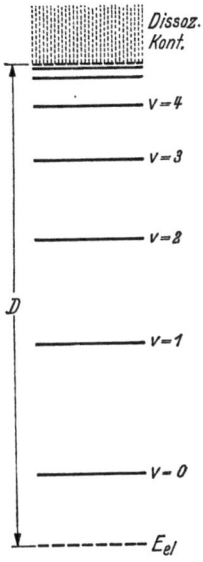

Abb. 407. Schwingungsterme mit anschließendem Dissoziationskontinuum.

welches ϱ enthält. Die Folge davon ist, daß sich die Rotationsterme (III, 68) nicht einfach zu den Schwingungstermen addieren. Wir können die Rechnung nach den Methoden der Störungsrechnung durchführen, wenn wir einfach

$$H^{(1)} = \frac{h\, c\, B_e}{(1+\varrho)^2}\, J(J+1) \tag{III, 70}$$

als Störungsglied der Hamiltonfunktion ansehen. Nach S. 962 (II, 126) ist die Rotationsenergie, die zur Schwingungsenergie hinzukommt, in erster Näherung einfach das Matrixelement

$$H^{(1)}_{Jv,\,Jv} = h\, c\, B_e\, J(J+1) \int \frac{Y_M^J\, Y_M^{*J}\, \varXi^*\, \varXi\, R^2\, dR\, \sin\vartheta\, d\vartheta\, d\varphi}{(1+\varrho)^2}. \tag{III, 71}$$

Da die Kugelflächenfunktionen normiert sind, liefert das Integral über die Winkel den Wert 1, und wir behalten

$$H^{(1)}_{Jv,\,Jv} = h\, c\, B_e\, J(J+1) \int \frac{\psi_v^*\, \psi_v\, dR}{(1+\varrho)^2}. \tag{III, 72}$$

Der Nenner verkleinert den Integranden für positive ϱ und vergrößert ihn für negative ϱ. Wäre die Schwingung harmonisch, d. h. symmetrisch zu beiden Seiten der Gleichgewichtslage, so müßte das Integral etwas größer als 1 werden, da $\int \psi_v^*\, \psi_v\, dR$ auf 1 normiert ist. Bei anharmonischer Schwingung dehnt sich der Bereich positiver ϱ weiter aus als der negativer ϱ, weil $\varrho = +\infty$ erreicht werden kann, nicht aber $\varrho = -\infty$. Der Integrationsbereich, wo der Nenner größer als 1 ist, ist größer als der, wo er kleiner als 1 ist. Durch die Anharmonizität wird deshalb das Integral verkleinert. Dieser Einfluß überwiegt immer, und zwar um so mehr, je anharmonischer die Schwingung mit wachsender Schwingungsquantenzahl v wird. Statt B_e ist eine Rotationskonstante B_v einzusetzen, welche um so kleiner ist, je größer v wird. Die Rotationsenergie nimmt bei fester Rotationsquantenzahl J mit der Schwingungsquantenzahl etwas ab. Diesen Sachverhalt kann man leicht klassisch ausdrücken. Mit wachsender Schwingungsamplitude nimmt der mittlere Kernabstand der anharmonischen Schwingung zu. Dabei wächst auch das Trägheitsmoment und die Rotationskonstante B nimmt nach der Formel

$$B_v = B_e\left\{1 - \frac{6 B_e}{\omega_e}\left(v+\frac{1}{2}\right)\right\} \tag{III, 73}$$

mit der Schwingungsquantenzahl v ab. Diese Feststellung deckt sich genau mit dem empirischen Befund.

Führt man auch die zweite Näherung der Störungsrechnung durch, so kommt zu E_{rot} noch ein Glied

$$-\frac{4 h\, c\, B_e^3}{\omega_e^2}\, J^2(J+1)^2, \tag{III, 74}$$

das ebenfalls empirisch beobachtet wird.

§ 5. Das Kreiselmodell für die Molekülrotation.

Inhalt: Teilnahme der Elektronen an der Rotation des Moleküls. Behandlung des zweiatomigen Moleküls als symmetrischer Kreisel. Die Rotationsquantenzahl kann nicht kleiner als $\varLambda$ sein. Bei $\varPi$-, $\varDelta$- usw. Termen fehlen die ersten Rotationszustände.

Bezeichnungen: ϑ, φ, χ Eulersche Winkel, p_ϑ, p_φ, p_χ zu ihnen konjugierte Impulse, I_A Trägheitsmoment um die Molekülachse, I_e Trägheitsmoment um eine Achse senkrecht dazu, J Rotationsquantenzahl (gesamter Drehimpuls), $\varLambda$ Elektronenachsenquantenzahl, M magnetische Quantenzahl (Komponente von J).

Zur Beschreibung der Lage des Moleküls im Raum haben wir bisher nur die Koordinaten des Schwerpunkts und zwei Winkel ϑ, φ angegeben, die die Rich-

§ 5. Das Kreiselmodell für die Molekülrotation.

tung der Molekülachse bestimmen. Dabei bleibt noch eine Drehung um die Molekülachse selbst willkürlich. Sie betrifft allerdings die Kerne nicht, sondern nur die Elektronenhülle. Diese noch fehlende Koordinate haben wir früher schon zur Ableitung der Achsenquantenzahl Λ eingeführt und dort mit φ_0 bezeichnet. Jetzt wollen wir sie χ nennen. Wir können dann das Molekül als einen symmetrischen Kreisel auffassen, dessen Symmetrieachse die Molekülachse ist. Zu ihr gehört das nur von der Elektronenhülle herrührende, sehr kleine Trägheitsmoment I_A. Das Trägheitsmoment für die Achsen senkrecht zur Molekülachse stammt von den Kernen und ist wie bisher I_e. Die Variablen ϑ, φ und χ sind dann die Eulerschen Winkel.

Auf die gleichzeitige Untersuchung der Schwingung und Rotation verzichten wir, d. h. beschränken uns auf den tiefsten Schwingungszustand mit $v = 0$. Für höhere Schwingungszustände erwarten wir, daß anstatt I_e ein größeres mittleres Trägheitsmoment einzusetzen ist.

Die kinetische Energie des symmetrischen Kreisels ist nach Bd. I, S. 82

$$T = \frac{I_e}{2}(\dot{\varphi}^2 \sin^2\vartheta + \dot{\vartheta}^2) + \frac{I_A}{2}(\dot{\varphi}\cos\vartheta + \dot{\chi})^2. \qquad (III, 75)$$

Führt man die Impulse ein, so erhält man

$$T = \frac{1}{2I_e \sin^2\vartheta}(p_\varphi - p_\chi \cos\vartheta)^2 + \frac{p_\vartheta^2}{2I_e} + \frac{p_\chi^2}{2I_A}. \qquad (III, 76)$$

Da die Eulerschen Winkel krummlinige und nicht einmal orthogonale Koordinaten sind, bilden wir die Schrödingergleichung nach S. 946. Es ist

$$g_{\varphi\varphi} = \frac{1}{2I_e \sin^2\vartheta}; \quad g_{\varphi\chi} = g_{\chi\varphi} = -\frac{\cos\vartheta}{2I_e \sin^2\vartheta},$$
$$g_{\chi\chi} = \frac{\cos^2\vartheta}{2I_e \sin^2\vartheta} + \frac{1}{2I_A}; \quad g_{\varphi\vartheta} = g_{\chi\vartheta} = 0; \quad g_{\vartheta\vartheta} = \frac{1}{2I_e}. \qquad (III, 77)$$

Wir erhalten damit

$$\mathbf{H} = \frac{-h^2}{8\pi^2 I_e}\left\{\frac{1}{\sin^2\vartheta}\frac{\partial^2}{\partial\varphi^2} - \frac{2\cos\vartheta}{\sin^2\vartheta}\frac{\partial^2}{\partial\chi\,\partial\varphi} + \left(\frac{I_e}{I_A} + \frac{\cos^2\vartheta}{\sin^2\vartheta}\right)\frac{\partial^2}{\partial\chi^2} + \right.$$
$$\left. + \frac{1}{\sin\vartheta}\frac{\partial}{\partial\vartheta}\sin\vartheta\frac{\partial}{\partial\vartheta}\right\} = E - E_t - E_{\text{el}} \qquad (III, 78)$$

und die Schrödingergleichung

$$\frac{1}{\sin\vartheta}\frac{\partial}{\partial\vartheta}\sin\vartheta\frac{\partial\psi}{\partial\vartheta} + \frac{1}{\sin^2\vartheta}\frac{\partial^2\psi}{\partial\varphi^2} + \left(\cot^2\vartheta + \frac{I_e}{I_A}\right)\frac{\partial^2\psi}{\partial\chi^2} -$$
$$- \frac{2\cos\vartheta}{\sin^2\vartheta}\frac{\partial^2\psi}{\partial\chi\,\partial\varphi} + \frac{8\pi^2 I_e}{h^2}(E - E_t - E_{\text{el}})\psi = 0. \qquad (III, 79)$$

Für die Potentialfunktion $U(R)$ ist einfach E_{el} eingesetzt, da die Schwingung nicht untersucht werden soll. Das Molekül ist also in dieser Näherung durch einen starren Körper ersetzt.

Zunächst führt der Ansatz

$$\psi = \Theta(\vartheta)\,e^{i(\Lambda\chi + M\varphi)} \qquad (III, 80)$$

zur Abtrennung der Koordinaten χ und φ. Die Quantenzahlen Λ und M sind ganze positive oder negative Zahlen. Λ ist mit der Achsenquantenzahl der Elektronenhülle identisch und M wird als magnetische Quantenzahl bezeichnet. Bei Einführung der Abkürzungen

$$B_e = \frac{h}{8\pi^2 c I_e}; \quad A = \frac{h}{8\pi^2 c I_A}; \quad E_{\text{rot}} = E - E_t - E_{\text{el}} \quad (\text{III, 81})$$

und von

$$x = \cos\vartheta \quad (\text{III, 82})$$

als neuer unabhängigen Variabele erhalten wir für Θ die Gleichung

$$(1-x^2)^2 \frac{d^2\Theta}{dx^2} - 2x(1-x^2)\frac{d\Theta}{dx} +$$
$$+ \left\{(1-x^2)\left[\frac{E_{\text{rot}}}{hcB_e} + \Lambda^2\left(1 - \frac{A}{B_e}\right)\right] - \Lambda^2 - M^2 + 2\Lambda M x\right\}\Theta = 0. \quad (\text{III, 83})$$

Nun setzen wir

$$\Theta = (1+x)^{\frac{|\Lambda+M|}{2}} (1-x)^{\frac{|\Lambda-M|}{2}} w,$$
$$\varepsilon = \frac{E_{\text{rot}}}{hcB_e} + \Lambda^2\left(1 - \frac{A}{B_e}\right) \quad (\text{III, 84})$$

und erhalten für w die Gleichung

$$(1-x^2)\frac{d^2 w}{dx^2} + \{|\Lambda+M|(1-x) - |\Lambda-M|(1+x) - 2x\}\frac{dw}{dx} +$$
$$+ \{\varepsilon - \tau(\tau+1)\}w = 0. \quad (\text{III, 85})$$

Hier bedeutet τ die größere der beiden Zahlen $|\Lambda|$ und $|M|$. Durch $y = 1 + x$ geht (III, 85) in

$$y(2-y)\frac{d^2 w}{dy^2} + \{|\Lambda+M|(2-y) - |\Lambda-M|y + 2(1-y)\}\frac{dw}{dy} +$$
$$+ \{\varepsilon - \tau(\tau+1)\}w = 0 \quad (\text{III, 86})$$

über. Setzen wir für w die Potenzreihenentwicklung

$$w = \sum c_k y^k \quad (\text{III, 87})$$

an, so ergibt sich beim Einsetzen in (III, 86) für die Koeffizienten c_k die Rekursionsformel

$$2(k+1)k c_{k+1} - k(k-1)c_k - (k+1)\{2|\Lambda+M| + 2\}c_{k+1} -$$
$$- \{|\Lambda+M| + |\Lambda-M| + 2\}k c_k + \{\varepsilon - \tau(\tau+1)\}c_k = 0. \quad (\text{III, 88})$$

Soll die Reihe (III, 87) mit dem k-ten Glied abbrechen, also c_{k+1} verschwinden, so muß

$$\varepsilon = \tau(\tau+1) + k(k-1) + k\{|\Lambda+M| + |\Lambda-M| + 2\} \quad (\text{III, 89})$$

sein. Nun ist aber

$$2\tau = |\Lambda+M| + |\Lambda-M|, \quad (\text{III, 90})$$

und wir erhalten

$$\varepsilon = \tau(\tau+1) + k(k+1) + 2k\tau = (\tau+k)(\tau+k+1) = J(J+1). \quad (\text{III, 91})$$

§ 6. Die Feinstruktur der Molekültherme.

J kann eine beliebige ganze Zahl sein, die größer oder wenigstens gleich der größeren der beiden Zahlen $|M|$ und $|\Lambda|$ ist. Die Rotationsenergie des Kreisels ist also

$$E_{\text{rot}} = hcB_e\left\{\varepsilon - \Lambda^2\left(1 - \frac{A}{B_e}\right)\right\} = hcB_e\{J(J+1) - \Lambda^2\} + hcA\Lambda^2. \quad (\text{III}, 92)$$

Die Rotationsterme sind genau dieselben, welche auch im vorigen Abschnitt berechnet wurden, wenn man den Anteil

$$hcA\Lambda^2 - hcB_e\Lambda^2 \quad (\text{III}, 93)$$

zum Elektronenterm schlägt. Der einzige Unterschied besteht darin, daß J nicht mit Null, sondern mit Λ beginnt. Wenn Λ nicht gerade Null ist (Σ-Terme), so fehlen die ersten Λ Rotationsterme. Dies gibt ein Mittel an die Hand, um die Achsenquantenzahl Λ aus dem Spektrum abzulesen.

§. 6 Die Feinstruktur der Molekültherme.

Inhalt: Spinquantenzahlen s, S und Σ und die mit ihnen verbundenen Drehimpulse und magnetischen Momente. Hundsche Kopplungsfälle a und b. Vektorgerüste.

Ähnlich wie bei den Atomen erzeugt der Elektronenspin bei den Molekülen eine Feinstruktur der Terme.

Jedem Elektron kann man die Spinquantenzahl $s = \frac{1}{2}$ und einen Spindrehimpuls $\vec{s}$ vom Betrag $\sqrt{s(s+1)}$ in Einheiten $h/2\pi$ zuschreiben. Der Spindrehimpuls der einzelnen Elektronen setzt sich zum Gesamtdrehimpuls $\vec{S}$ zusammen. Sein Betrag $\sqrt{S(S+1)}$ läßt sich durch die Spinquantenzahl S der Elektronenhülle ausdrücken. S ist bei gerader Elektronenzahl ganzzahlig und kann einen der Werte $S = 0, 1, 2\ldots$ annehmen, bei ungerader Elektronenzahl halbzahlig, und hat dann einen der Werte $S = \frac{1}{2}, \frac{3}{2}, \frac{5}{2}\ldots$ Wie bei den Atomen, ist S mit einem magnetischen Moment von $2\sqrt{S(S+1)}$ Magnetonen verbunden.

Mit der Achsenquantenzahl Λ der Elektronenhülle geht ein Drehimpuls $\vec{\Lambda}$ um die Molekülachse einher, dessen Betrag gleich Λ (gemessen im Maß $h/2\pi$) ist. Auch ein magnetisches Moment von Λ-Magnetonen ist mit der Quantenzahl Λ verbunden. Dies läßt sich für die ganze Elektronenhülle genauso zeigen wie für das einzelne Elektron (s. S. 1347).

Die mit S und Λ zusammenhängenden magnetischen Momente ergeben eine Wechselwirkungsenergie

$$E_m = 2A\,(\vec{S}\vec{\Lambda}) = 2A\Lambda\sqrt{S(S+1)}\cos(\sphericalangle\vec{S}\vec{\Lambda}). \quad (\text{III}, 94)$$

Die Proportionalitätskonstante A wächst mit der Kernladungszahl und nimmt mit der Hauptquantenzahl ab (s. S. 890). Ohne diese Wechselwirkung wäre $\vec{S}$ nach Betrag und Richtung konstant. Wegen der Wechselwirkung präzessiert $\vec{S}$ um die Molekülachse, wobei sich eine gequantelte Komponente $\vec{\Sigma}$ des Spindrehimpulses in der Achsenrichtung ausbildet. Zu ihr gehört eine Quantenzahl Σ, welche die Werte von $-S$ bis $+S$ durchläuft und mit S ganz- oder halbzahlig ist. Mit $\vec{\Sigma}$ verknüpft sich natürlich auch ein magnetisches Moment von 2Σ-Magnetonen. Durch Σ ausgedrückt ist die magnetische Wechselwirkungsenergie

$$E_m = 2A\Sigma\Lambda. \quad (\text{III}, 95)$$

1396   K. III. Schwingung und Rotation zweiatomiger Moleküle.

Ist $S = \frac{1}{2}$, so kann $\Sigma = \pm \frac{1}{2}$ sein, und es gibt die zwei Werte der magnetischen Wechselwirkungsenergie $\pm A \Lambda$. Man erhält einen Dubletterm. Bei $S = 1$ kann $\Sigma = 0, \pm 1$ sein, und man erhält die Wechselwirkungsenergien

$$-2A\Lambda; \quad 0; \quad 2A\Lambda. \tag{III, 96}$$

Es entsteht ein Triplett von drei Komponenten, die den gleichen Abstand voneinander besitzen.

Wenn $\Lambda = 0$ ist, entsteht keine Aufspaltung, da keine Wechselwirkung eintritt. Σ-Terme zeigen also keine Multiplettaufspaltung.

Die Feinstruktur der Molekülterme ist also ganz ähnlich der der Atome. Die einzelnen Termkomponenten kennzeichnet man durch die Quantenzahl $\Omega = \Lambda + \Sigma$, die man wie die innere Quantenzahl der Atome als Index an das Termsymbol anhängt. (Beispiel: $^3\Pi_0, ^3\Pi_1, ^3\Pi_2$ für die drei Komponenten eines $^3\Pi$-Terms mit $\Omega = 0, 1, 2$.)

In diesen einfachen Sachverhalt bringt die Rotation des Moleküls beträchtliche Verwicklungen. Ist die magnetische Wechselwirkung (III, 95) so groß, daß man sie schon als eine nennenswerte Störung der Elektronenbewegung anzusehen hat, so wird sie durch das Hinzutreten der Rotation nicht mehr wesentlich geändert. Das ganze Molekül ist dann als symmetrischer Kreisel zu behandeln, bei dem einfach Ω an die Stelle von Λ tritt. $\vec{\Omega}$ setzt sich mit dem Rotationsdrehimpuls, dessen Richtung zur Molekülachse senkrecht ist, zu der Resultante des Gesamtdrehimpulses $\vec{J}$ zusammen, zu der die Rotationsquantenzahl J gehört. Der Betrag von $\vec{J}$ ist $\sqrt{J(J+1)}$. Die Abb. 408 zeigt die Vektoren $\vec{\Lambda}, \vec{S}$ und $\vec{J}$ das sog. Vektorgerüst des Moleküls. J ist mit S halbzahlig oder ganzzahlig, d. h. ganzzahlig bei Singulett, Triplett usw., halbzahlig bei Dublettermen. Diese Sach-

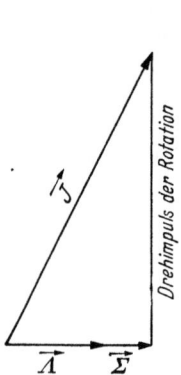

Abb. 408. Vektorgerüst eines Moleküls im Kopplungsfall a.
$\vec{\Omega} = \vec{\Lambda} + \vec{\Sigma}$

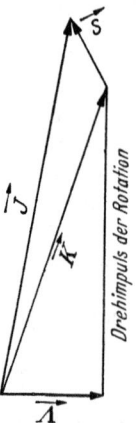

Abb. 409. Vektorgerüst eines Moleküls im Kopplungsfall b.

lage nennt man den Hundschen Kopplungsfall a. Die Rotationsenergie erhält man nach (III, 92), indem man Λ durch Ω ersetzt.

Wenn dagegen die Wechselwirkung (III, 95) klein ist, muß die Rotation des Moleküls vor ihr berücksichtigt werden. Dies nennt man den Hundschen Kopplungsfall b. Jetzt ist also das Molekül ein symmetrischer Kreisel wie im § 5. Im Fall b benützt man den Buchstaben K als Rotationsquantenzahl. $|\vec{K}| = \sqrt{K(K+1)}$ ist der Gesamtdrehimpuls des Moleküls ohne den Spin. Das magnetische Moment, das mit Λ verbunden ist, führt nun eine Präzisionsbewegung um die Richtung von K aus, und sein Zeitmittel ist

$$\Lambda \cos(\sphericalangle \vec{\Lambda}\vec{K}) = \frac{\Lambda^2}{\sqrt{K(K+1)}} \qquad \text{(III, 97)}$$

Magnetonen. Es nimmt also mit wachsender Rotation ab. Der Spindrehimpuls orientiert sich unter dem Einfluß der Wechselwirkung der magnetischen Momente zum Drehimpuls $\vec{K}$, mit dem er die Resultante $\vec{J}$ des Gesamtdrehimpulses bildet. Siehe das Vektorgerüst der Abb. 409. Bei Dublettermen ist $J = K \pm \frac{1}{2}$, bei Triplettermen hat man die drei Fälle $J = K - 1$, $J = K$ und $J = K + 1$.

Bei kleiner Rotation tritt gewöhnlich der Fall a ein, während bei großer Rotation nach Fall b zu verfahren ist. Im Übergangsgebiet ist die Rotationstermstruktur ziemlich verwickelt. Alle Σ-Terme sind nach Fall b zu behandeln.

IV. Die Spektren der Moleküle. Bandenspektren.

Aus dem Termsystem der Moleküle leiten sich ihre Spektren, sie sog. Bandenspektren, ab. Nicht jede Differenz zweier Terme tritt als Linie im Spektrum auf. Genau wie bei den Atomen sind die meisten Übergänge zwischen den Termen verboten, und nur wenige Übergänge, welche gewisse Auswahlregeln erfüllen, kommen im Spektrum vor. Es kommt jetzt darauf an, die Auswahlregeln für die Molekülspektren aufzufinden.

Ein Molekül befinde sich in einem Zustand mit der Energie E_m und der Eigenfunktion ψ_m. Wenn es in einen anderen Zustand mit der Energie E_n und der Eigenfunktion ψ_n übergeht, so strahlt es den Energieunterschied aus und es entsteht ein Lichtquant der Frequenz

$$\nu_{mn} = \frac{E_m - E_n}{h}. \qquad \text{(IV, 1)}$$

Die Intensität der Ausstrahlung hängt davon ab, wie wahrscheinlich dieser Übergang ist. Um die Übergangswahrscheinlichkeit zu berechnen, gehen wir von dem klassischen Ausdruck

$$\mathfrak{P} = -e\sum \mathfrak{r}_i + eZ_1 \mathfrak{r}_1 + eZ_2 \mathfrak{r}_2 \qquad \text{(IV, 2)}$$

für das elektrische Dipolmoment aus. $\mathfrak{r}_i$ sei der Ortsvektor des i-ten Elektrons, $\mathfrak{r}_1$ und $\mathfrak{r}_2$ die Ortsvektoren der Atomkerne. Alle Teilchen sind dabei als Massenpunkte gedacht. Der Anteil des Dipolmomentes von der Frequenz ν_{mn} ist das Matrixelement

$$\mathfrak{P}_{mn} = \int \psi_m^* \mathfrak{P} \psi_n \, d\tau, \qquad \text{(IV, 3)}$$

wobei die Integration über die Koordinaten sämtlicher Elektronen und Kerne zu erstrecken ist. Die Übergangswahrscheinlichkeit A_{mn} vom m-ten in den n-ten Zustand und die Intensität der Ausstrahlung mit der Frequenz ν_{mn} sind dem Quadrat des Betrages

$$|\mathfrak{P}_{mn}|^2 = \mathfrak{P}_{mn} \mathfrak{P}_{mn}^* \qquad \text{(IV, 4)}$$

der Matrixelemente proportional. Wenn das Matrixelement für einen Übergang verschwindet, kommt die zugehörige Frequenz im Spektrum nicht vor.

§ 1. Auswahlregeln für die Rotation.

Inhalt: Im Spektrum eines Moleküls kommen nur solche Linien vor, bei denen die Quantenzahlen M, J und Λ sich gar nicht oder um den Betrag 1 ändern. Wenn Λ in beiden Zuständen verschwindet, muß J in beiden Zuständen verschieden sein.

Bezeichnungen: x, y, z raumfestes, ξ, η, ζ rotierendes Koordinatensystem, $\mathfrak{P}_x$, $\mathfrak{P}_y$, $\mathfrak{P}_z$ bzw. $\mathfrak{P}_\xi$, $\mathfrak{P}_\eta$, $\mathfrak{P}_\zeta$ Komponenten des Dipolmomentes, φ, χ, ϑ Eulersche Winkel, ψ Eigenfunktion, ψ_{el}, ψ_v, ψ_{rot} Eigenfunktionsteile der Elektronenbewegung, Schwingung und Rotation, Λ Achsenquantenzahl der Elektronenhülle, M magnetische Quantenzahl, J Quantenzahl des Gesamtdrehimpulses, der Zustand größerer Energie ist mit ′, der Zustand kleinerer Energie mit ″ gekennzeichnet, $d\tau_{el}$, $d\tau_v$, $d\tau_{rot}$ Volumenelemente für Elektronenbewegung, Schwingung und Rotation, R Kernabstand.

Neben einem raumfesten Koordinatensystem x, y, z führen wir ein Koordinatensystem ξ, η, ζ ein, welches sich mit dem Molekül um den Schwerpunkt dreht. Die Molekülachse machen wir zur ζ-Achse. Die Komponenten von $\mathfrak{P}$ seien $\mathfrak{P}_x$, $\mathfrak{P}_y$, $\mathfrak{P}_z$ im raumfesten und $\mathfrak{P}_\xi$, $\mathfrak{P}_\eta$, $\mathfrak{P}_\zeta$ im mitgeführten System. Führt man die Eulerschen Winkel χ, φ, ϑ ein, so gelten nach Bd. I, S. 80, die Beziehungen

$$\mathfrak{P}_x = \mathfrak{P}_\xi \{\cos\chi \cos\varphi - \sin\chi \sin\varphi \cos\vartheta\} - \mathfrak{P}_\eta \{\cos\chi \sin\varphi \cos\vartheta + \sin\chi \cos\varphi\} +$$
$$+ \mathfrak{P}_\zeta \sin\varphi \sin\vartheta,$$
$$\mathfrak{P}_y = \mathfrak{P}_\xi \{\cos\chi \sin\varphi + \sin\chi \cos\varphi \cos\vartheta\} + \mathfrak{P}_\eta \{\cos\chi \cos\varphi \cos\vartheta - \sin\chi \sin\varphi\} -$$
$$- \mathfrak{P}_\zeta \cos\varphi \sin\vartheta, \qquad (IV, 5)$$
$$\mathfrak{P}_z = \mathfrak{P}_\xi \sin\chi \sin\vartheta + \mathfrak{P}_\eta \cos\chi \sin\vartheta + \mathfrak{P}_\zeta \cos\vartheta.$$

Mit ihrer Hilfe bilden wir

$$\mathfrak{P}_x + i\mathfrak{P}_y = e^{i(\varphi+\chi)} \frac{(\mathfrak{P}_\xi + i\mathfrak{P}_\eta)(1+\cos\vartheta)}{2} +$$
$$+ e^{i(\varphi-\chi)} \frac{(\mathfrak{P}_\xi - i\mathfrak{P}_\eta)(1-\cos\vartheta)}{2} - i\mathfrak{P}_\zeta \sin\vartheta\, e^{i\varphi}, \qquad (IV, 6)$$

$$\mathfrak{P}_x - i\mathfrak{P}_y = e^{-i(\varphi+\chi)} \frac{(\mathfrak{P}_\xi - i\mathfrak{P}_\eta)(1+\cos\vartheta)}{2} +$$
$$+ e^{-i(\varphi-\chi)} \frac{(\mathfrak{P}_\xi + i\mathfrak{P}_\eta)(1-\cos\vartheta)}{2} + i\mathfrak{P}_\zeta \sin\vartheta\, e^{-i\varphi}, \qquad (IV, 7)$$

$$\mathfrak{P}_z = -\frac{i}{2}\sin\vartheta \{e^{i\chi}(\mathfrak{P}_\xi + i\mathfrak{P}_\eta) - e^{-i\chi}(\mathfrak{P}_\xi - i\mathfrak{P}_\eta)\} + \mathfrak{P}_\zeta \cos\vartheta. \qquad (IV, 8)$$

Die $\mathfrak{P}_\xi$, $\mathfrak{P}_\eta$ und $\mathfrak{P}_\zeta$ enthalten die Winkel φ, ϑ, χ nicht mehr, sondern nur noch den Kernabstand und die Koordinaten der Elektronen. Die Eigenfunktionen

$$\psi = \psi_{el}\, \psi_v\, \psi_{rot} \qquad (IV, 9)$$

bestehen aus den drei Faktoren ψ_{el}, ψ_v und ψ_{rot}, von denen ψ_{el} nur die Elektronenkoordinaten, ψ_v nur den Kernabstand und ψ_{rot} nur die Winkel ϑ, φ, χ enthält. Nun bilden wir die Matrixelemente

$$(\mathfrak{P}_x \pm i\mathfrak{P}_y)_{mn} = \int \psi_m^*(\mathfrak{P}_x \pm i\mathfrak{P}_y)\psi_n\, d\tau \quad \text{und} \quad (\mathfrak{P}_z)_{mn} = \int \psi_m^* \mathfrak{P}_z \psi_n\, d\tau. \qquad (IV, 10)$$

Das Volumenelement

$$d\tau = d\tau_{el}\, d\tau_v\, d\tau_{rot} \qquad (IV, 11)$$

im Konfigurationsraum aller Teilchen zerlegen wir in drei Faktoren, welche zur Elektronenbewegung, zur Schwingung und zur Rotation gehören. $d\tau_{el}$ ist das

§ 1. Auswahlregeln für die Rotation.

Produkt der Volumenelemente aller Elektronen. Bedeutet R den Kernabstand, so ist
$$d\tau_v = R^2\, dR, \tag{IV, 12}$$
während unter $d\tau_{\text{rot}}$ der Ausdruck
$$d\tau_{\text{rot}} = d\varphi\, d\chi \sin\vartheta\, d\vartheta \tag{IV, 13}$$
zu verstehen ist.

Um die Häufung von Indizes zu vermeiden, bezeichnen wir die Eigenfunktionen ψ_m und ψ_n mit ψ' und ψ'' und erhalten:

$$(\mathfrak{P}_x + i\,\mathfrak{P}_y)_{mn} = \iiint \psi'^*_{\text{el}}\, \psi'^*_v\, \psi'^*_{\text{rot}} (\mathfrak{P}_x + i\,\mathfrak{P}_y)\, \psi''_{\text{el}}\, \psi''_v\, \psi''_{\text{rot}}\, d\tau_{\text{el}}\, d\tau_v\, d\tau_{\text{rot}}, \tag{IV, 14}$$

$$(\mathfrak{P}_x - i\,\mathfrak{P}_y)_{mn} = \iiint \psi'^*_{\text{el}}\, \psi'^*_v\, \psi'^*_{\text{rot}} (\mathfrak{P}_x - i\,\mathfrak{P}_y)\, \psi''_{\text{el}}\, \psi''_v\, \psi''_{\text{rot}}\, d\tau_{\text{el}}\, d\tau_v\, d\tau_{\text{rot}}, \tag{IV, 15}$$

$$(\mathfrak{P}_z)_{mn} = \iiint \psi'^*_{\text{el}}\, \psi'^*_v\, \psi'^*_{\text{rot}}\, \mathfrak{P}_z\, \psi''_{\text{el}}\, \psi''_v\, \psi''_{\text{rot}}\, d\tau_{\text{el}}\, d\tau_v\, d\tau_{\text{rot}}. \tag{IV, 16}$$

Die Eigenfunktionen der Rotation lauten nach S. 1393 (III, 80)
$$\psi_{\text{rot}} = e^{i(\Lambda \chi + M \varphi)} \Theta(\vartheta) \tag{IV, 17}$$
und die Integrale
$$\int \psi'^*_{\text{rot}} (\mathfrak{P}_x + i\,\mathfrak{P}_y)\, \psi''_{\text{rot}}\, d\tau_{\text{rot}} \tag{IV, 18}$$
enthalten deshalb den Faktor
$$\int_0^{2\pi} e^{i(M'' - M' + 1)\varphi}\, d\varphi \begin{cases} = 0 & \text{für } M' - M'' \neq 1 \\ = 2\pi & \text{für } M' - M'' = 1, \end{cases} \tag{IV, 19}$$
der zur Koordinate φ gehört. Die Elemente der Matrix $\mathfrak{P}_x + i\,\mathfrak{P}_y$ verschwinden also nur dann nicht, wenn
$$\Delta M = M' - M'' = 1 \tag{IV, 20}$$
ist. Auf die gleiche Weise ergibt sich, daß die Elemente von $\mathfrak{P}_x - i\,\mathfrak{P}_y$ nur dann von Null verschieden sind, wenn
$$\Delta M = M' - M'' = -1 \tag{IV, 21}$$
und die Elemente von $\mathfrak{P}_z$ nur dann nicht, wenn $\Delta M = M' - M'' = 0$ ist.

Für die magnetischen Quantenzahlen M erhalten wir also die Auswahlregel
$$\Delta M = 0, \pm 1. \tag{IV, 22}$$

Genau wie mit der Koordinate φ können wir auch mit χ verfahren. Alle Matrixelemente von (IV, 14, 15, 16) verschwinden, außer wenn die Auswahlregel
$$\Delta \Lambda = \Lambda' - \Lambda'' = 0, \pm 1 \tag{IV, 23}$$
erfüllt ist. Sie unterscheidet sich von der Auswahlregel für die Nebenquantenzahl der Atome im wesentlichen dadurch, daß auch $\Delta \Lambda = 0$ zugelassen ist.

Bei der Integration über ϑ treten die Integrale

$$\int_0^\pi \Theta'\, \Theta'' \sin\vartheta\, d\vartheta; \quad \int_0^\pi \Theta'\, \Theta'' \sin^2\vartheta\, d\vartheta \quad \text{und} \quad \int_0^\pi \Theta'\, \Theta'' \sin\vartheta \cos\vartheta\, d\vartheta \tag{IV, 24}$$

auf. Sie sind nicht ganz leicht zu untersuchen, man kann aber zeigen, daß sie immer verschwinden, wenn die Auswahlregeln (IV, 22) und (IV, 23) erfüllt sind und wenn

$$\Delta J = J' - J'' = 0, \pm 1 \qquad (IV, 25)$$

nicht erfüllt ist. Es bleiben also nur diejenigen Matrixelemente übrig, bei denen alle drei Bedingungen (IV, 22, 23, 25) zutreffen. Eine genaue Untersuchung zeigt noch, daß $\Delta J = 0$ nicht zulässig ist, wenn $\Lambda' = \Lambda'' = 0$ ist. Die Bedingungen (IV, 22, 23 und 25) sind die gesuchten Auswahlregeln für die Rotationsübergänge der Moleküle.

§ 2. Auswahlregeln für die Elektronenterme.

Inhalt: Elektronenterme kombinieren nur miteinander, wenn sie dieselbe Symmetrie bezüglich der Vertauschung der Elektronen besitzen. Die Spinquantenzahl S ändert sich nicht, Interkombinationen sind verboten und werden nur mit geringer Intensität bei großer Multiplettaufspaltung beobachtet. Bei gleichen Kernen kombinieren gerade Terme nur mit ungeraden und umgekehrt. Die Quantenzahl Λ kann sich um 0, ± 1 ändern.

Bezeichnungen: S Spinquantenzahl, sonst wie S. 1398.

Die Auswahlregeln für die Quantenzahlen M, Λ und J sind notwendige, aber keine hinreichenden Bedingungen für das Auftreten der zugehörigen Frequenzen. Wenn man die Ausdrücke (IV, 6, 7, 8) in (IV, 14, 15, 16) einsetzt, treten bei der Integration über die Koordinaten der Elektronen und der Schwingung die Integrale

$$(\mathfrak{P}_\xi)_{mn} = \int \psi_{el}'^* \psi_v'^* \mathfrak{P}_\xi \psi_{el}'' \psi_v'' d\tau_{el} d\tau_v, \qquad (IV, 26)$$

$$(\mathfrak{P}_\eta)_{mn} = \int \psi_{el}'^* \psi_v'^* \mathfrak{P}_\eta \psi_{el}'' \psi_v'' d\tau_{el} d\tau_v, \qquad (IV, 27)$$

$$(\mathfrak{P}_\zeta)_{mn} = \int \psi_{el}'^* \psi_v'^* \mathfrak{P}_\zeta \psi_{el}'' \psi_v'' d\tau_{el} d\tau_v \qquad (IV, 28)$$

auf. Wenn sie sämtlich verschwinden, kann der Übergang nicht eintreten, obwohl die Auswahlregeln für die Rotationsquantenzahlen befriedigt sind. Aus (IV, 2) folgt

$$\mathfrak{P}_\xi = -e \sum \xi_i; \quad \mathfrak{P}_\eta = -e \sum \eta_i,\qquad (IV, 29)$$

$$\begin{aligned}\mathfrak{P}_\zeta &= -e \sum \zeta_i + e(Z_1 \zeta_1 + Z_2 \zeta_2), \\ &= -e \sum \zeta_i + eR \frac{M_1 Z_2 - M_2 Z_1}{M_1 + M_2},\end{aligned} \qquad (IV, 30)$$

und wir erhalten die Matrixelemente

$$(\mathfrak{P}_\xi)_{mn} = -e \int \psi_{el}'^* \sum \xi_i \psi_{el}'' d\tau_{el} \int \psi_v'^* \psi_v'' d\tau_v, \qquad (IV, 31)$$

$$(\mathfrak{P}_\eta)_{mn} = -e \int \psi_{el}'^* \sum \eta_i \psi_{el}'' d\tau_{el} \int \psi_v'^* \psi_v'' d\tau_v, \qquad (IV, 32)$$

$$\begin{aligned}(\mathfrak{P}_\zeta)_{mn} = &-e \int \psi_{el}'^* \sum \zeta_i \psi_{el}'' d\tau_{el} \int \psi_v'^* \psi_v'' d\tau_v + \\ &+ e \frac{M_1 Z_2 - M_2 Z_1}{M_1 + M_2} \int \psi_{el}'^* \psi_{el}''^* d\tau_{el} \int \psi_v'^* \psi_v'' R^3 dR.\end{aligned} \qquad (IV, 33)$$

Wenn die beiden Elektronenterme verschieden sind, entfällt der zweite Anteil von (IV, 33) wegen der Orthogonalität der Elektroneneigenfunktionen. Den Fall

$$\psi_{el}' = \psi_{el}''$$

untersuchen wir weiter unten. Es kommt dann also auf die Integrale

$$\int \psi_{el}'^* \sum \xi_i \psi_{el}'' d\tau_{el}; \quad \int \psi_{el}'^* \sum \eta_i \psi_{el}'' d\tau_{el}; \quad \int \psi_{el}'^* \sum \zeta_i \psi_{el}'' d\tau_{el} \quad (IV, 34)$$

und auf

$$\int \psi_v'^* \psi_v'' d\tau_v \quad (IV, 35)$$

an.

Die Ausdrücke (IV, 34) beziehen sich auf die reinen Elektronenterme. Ist ψ_{el}' symmetrisch, ψ_{el}'' aber antisymmetrisch bezüglich der Vertauschung eines Elektronenpaares, so wechseln die Integrale (IV, 34) ihr Vorzeichen bei dieser Operation. Andererseits kann sich das Dipolmoment bei der Elektronenvertauschung nicht ändern. Hieraus ergibt sich, daß die Integrale (IV, 34) verschwinden müssen, wenn nicht beide Funktionen ψ_{el}' und ψ_{el}'' gleiche Symmetrie bezüglich der Elektronenvertauschung haben. Diese Symmetrie ist durch die Spinquantenzahl S bestimmt, so daß auch bei Molekülen die Auswahlregel

$$\Delta S = 0 \quad (IV, 36)$$

gilt. Sie bedeutet das Verbot der Interkombination von Elektrontermen verschiedener Multiplizität. Wie bei den Atomen gilt dieses Verbot nicht streng. Wenn die Multiplettaufspaltung groß ist, was bei Molekülen mit schweren Atomen vorkommt, so treten schwache Interkombinationen auf.

Sind die Atomkerne gleich, so muß das Dipolmoment bei einer Spiegelung der Elektronen am Schwerpunkt das Vorzeichen wechseln. Dies kann nur geschehen, indem eine der Funktionen ψ_{el}' oder ψ_{el}'' bei dieser Operation das Vorzeichen wechselt, die andere dagegen nicht. Gerade Elektronenterme können bei Molekülen mit gleichen Kernen also nur mit ungeraden Elektronentermen kombinieren und umgekehrt.

§ 3. Auswahlregeln für die Schwingung.

Inhalt: Bei gleichzeitigem Elektronensprung gibt es keine generelle Auswahlregel für die Schwingung. Sind die Potentialkurven der Elektronen ähnlich, so sind die Übergänge $\Delta v = 0$ bevorzugt. Ohne Elektronensprung gilt die Auswahlregel $\Delta v = \pm 1$. Bei symmetrischen Molekülen kommen überhaupt keine Übergänge ohne Elektronensprung vor. Bei Molekülen mit permanentem Dipolmoment kommen Rotationsübergänge auch ohne Elektronensprung und Schwingungssprung vor.

Bezeichnungen: wie S. 1398.

Wenn die Auswahlregeln für die Rotation und Elektronenbewegung erfüllt sind, kommt es noch auf die Integrale (IV, 35) an, welche von der Schwingung abhängen. Es wäre ein Fehler, zu glauben, daß diese Integrale wegen der Orthogonalität der Schwingungseigenfunktionen verschwänden. Zu verschiedenen Elektronentermen gehören im allgemeinen auch verschiedene Potentialkurven, und ψ_v' und ψ_v'' sind zwei Eigenfunktionen nicht des gleichen Oszillators, sondern zweier verschiedener Oszillatoren und deshalb nicht orthogonal. Wir müssen also erwarten, daß die Integrale (IV, 35) für alle Kombinationen von v' und v'' endlich sind. Für die Schwingungsquantenzahlen gibt es deshalb keine Auswahlregel, wenn gleichzeitig ein Elektronensprung stattfindet. Nur wenn zufällig die Potentialkurven beider Elektronenterme sehr ähnlich sind, und das kommt nicht ganz selten vor, so verschwinden die Integrale

$$\int \psi_v'^* \psi_v'' d\tau_v$$

nahezu, wenn $v' \neq v''$ ist. In diesem Fall gilt für die Schwingung die Auswahlregel $\Delta v = 0$. Es findet dann also gar kein Schwingungsübergang statt. Da in

Wirklichkeit die Potentialkurven aber nie genau gleich sind, wiegen die Schwingungsübergänge $\Delta v = 0$ vor, mit geringerer Intensität treten auch andere Übergänge auf.

Jetzt müssen wir noch den Fall untersuchen, daß kein Elektronensprung stattfindet, also $\psi'_{el} = \psi''_{el}$ ist. Dann gehören ψ'_v und ψ''_v zur gleichen Potentialkurve, und es gilt

$$\int \psi'^*_v \psi''_v \, d\tau_v = 0, \qquad (IV, 37)$$

wenn $v' \neq v''$ ist. Wenn ein Schwingungsübergang ohne Elektronensprung stattfindet, reduziert sich (IV, 31, 32, 33) auf

$$(\mathfrak{P}_\xi)_{mn} = 0; \quad (\mathfrak{P}_\eta)_{mn} = 0,$$

$$(\mathfrak{P}_\zeta)_{mn} = e \frac{M_1 Z_2 - M_2 Z_1}{M_1 + M_2} \int \psi'^*_{el} \psi''_{el} \, d\tau_{el} \int \psi'^*_v \psi''_v \, R^3 \, dR. \qquad (IV, 38)$$

Da die Elektroneneigenfunktionen normiert sind, behalten wir einfach

$$(\mathfrak{P}_\zeta)_{mn} = e \frac{M_1 Z_2 - M_2 Z_1}{M_1 + M_2} \int \psi'^*_v \psi''_v \, R^3 \, dR. \qquad (IV, 39)$$

Dieser Ausdruck verschwindet immer, wenn die beiden Kerne gleich sind, da dann $M_1 = M_2$ und $Z_1 = Z_2$ ist. Ein Schwingungssprung ohne Elektronensprung kann also nur bei unsymmetrischen Molekülen eintreten. Setzen wir wie auf S. 1385 (III, 30) und (III, 32), (wo jedoch ψ_v an Stelle von Ξ und χ an Stelle von ψ steht)

$$\psi_v = \frac{\chi}{R}; \quad R = R_e(1 + \varrho), \qquad (IV, 40)$$

so erhalten wir wegen der Orthogonalität

$$\int \psi'^*_v \psi''_v R^3 \, dR = R_e^2 \int (1 + \varrho) \chi'^*_v \chi''_v \, d\varrho = R_e^2 \int \varrho \chi'^*_v \chi''_v \, d\varrho, \qquad (IV, 41)$$

wenn $v' \neq v''$ ist. Für $v' = v''$ ergibt sich

$$\int \psi'_v \psi''_v R^3 \, dR = R_e^2. \qquad (IV, 42)$$

$\int \varrho \chi'^*_v \chi''_v \, d\varrho$ sind die Matrixelemente der Koordinate des harmonischen Oszillators und nach S. 956 nur dann von Null verschieden, wenn v' und v'' sich um 1 unterscheiden. Für Schwingungsübergänge ohne Elektronensprung gilt also die Auswahlregel

$$\Delta v = \pm 1. \qquad (IV, 43)$$

Nur in dem Maße als die Schwingung anharmonisch ist, kommen andere Übergänge mit geringer Intensität vor.

Endlich können noch reine Rotationsübergänge stattfinden, bei denen sich weder der Elektronenterm noch der Schwingungsterm ändert. In diesem Fall ist nicht nur $\psi'_{el} = \psi''_{el}$, sondern auch $\psi'_v = \psi''_v$, und wir erhalten aus (IV, 31, 32, 33)

$$(\mathfrak{P}_\xi)_{mn} = -e \int \psi^*_{el} \sum \xi_i \, \psi_{el} \, d\tau_{el}, \qquad (IV, 44)$$

$$(\mathfrak{P}_\eta)_{mn} = -e \int \psi^*_{el} \sum \eta_i \, \psi_{el} \, d\tau_{el}, \qquad (IV, 45)$$

$$(\mathfrak{P}_\zeta)_{mn} = -e \int \psi^*_{el} \sum \zeta_i \, \psi_{el} \, d\tau_{el} + e R_e^2 \frac{M_1 Z_2 - M_2 Z_1}{M_1 + M_2}. \qquad (IV, 46)$$

(IV, 44, 45, 46) sind die Komponenten des permanenten Dipolmomentes des Moleküls in dem betreffenden Elektronenzustand. Wegen der Rotationssymmetrie um die Molekülachse müssen natürlich (IV, 44) und (IV, 45) verschwinden, und auch (IV, 46) kann nur von Null verschieden sein, wenn das Molekül zwei verschiedene Kerne hat.

§ 4. Das reine Rotationsspektrum.

Inhalt: Das reine Rotationsspektrum besteht aus einer äquidistanten Folge von Linien im fernen Ultrarot und tritt nur bei Molekülen mit permanentem Dipolmoment auf.

Bezeichnungen: ν Frequenz, $\tilde{\nu}$ Wellenzahl, h Plancksches Wirkungsquantum, E_{rot} Rotationsenergie, J Rotationsquantenzahl, Λ Achsenquantenzahl der Elektronen. c Lichtgeschwindigkeit, B Rotationskonstante, ' kennzeichnet den oberen, '' den unteren Zustand.

Wir behandeln zuerst den Teil eines Molekülspektrums, bei dem weder eine Änderung des Elektronenzustandes noch des Schwingungszustandes eintritt. Die Frequenzen

$$\nu = \frac{1}{h}(E'_{rot} - E''_{rot}) \tag{IV, 47}$$

hängen nur mit der Rotationsenergie zusammen und das Spektrum wird Rotationsspektrum genannt.

Ein Rotationsspektrum kann nur auftreten, wenn das Molekül ein permanentes Dipolmoment besitzt, d. h. wenn die beiden Kerne verschieden sind. Es gelten die Auswahlregeln

$$\Delta J = \pm 1, 0; \quad \Delta M = \pm 1, 0. \tag{IV, 48}$$

Ohne Magnetfeld hängen die Rotationsenergien nicht von der magnetischen Quantenzahl ab und M äußert sich im Spektrum nicht.

In allen Fällen, wo man ein Rotationsspektrum beobachtet hat, handelt es sich um den tiefsten Elektronenterm des Moleküls, den Grundterm. Von wenigen Ausnahmen abgesehen, ist der Grundzustand ein Σ-Zustand, in welchem $\Lambda = 0$ ist. Nach S. 1400 entfallen dann auch die Übergänge $J' - J'' = 0$, und wir behalten die vereinfachte Auswahlregel

$$\Delta J = \pm 1. \tag{IV, 49}$$

Die Rotationsenergien sind bei allen Molekülen klein gegenüber den Schwingungsenergien, diese wieder klein gegen die Elektronenenergien. Infolgedessen zeigt das Rotationsspektrum nur sehr niedrige Frequenzen und liegt im fernen Ultrarot.

Setzen wir für die Rotationsenergien die Formel

$$E_{rot} = hcBJ(J+1) \tag{IV, 50}$$

von S. 1386 (III, 41) ein, so erhalten wir für die Wellenzahlen des Spektrums

$$\tilde{\nu} = \frac{\nu}{c} = B\{J'(J'+1) - J''(J''+1)\}. \tag{IV, 51}$$

Ist

$$\Delta J = J' - J'' = 1, \tag{IV, 52}$$

so setzen wir

$$J' = J + 1; \quad J'' = J \tag{IV, 53}$$

und erhalten

$$\tilde{\nu} = B\{(J+1)(J+2) - J(J+1)\} = 2B(J+1). \tag{IV, 54}$$

J durchläuft dabei die Reihe der ganzen Zahlen mit $J = 0$ beginnend. Wir erhalten also eine Reihe von Linien, deren Abstände

$$\Delta \tilde{\nu} = 2B \qquad (IV, 55)$$

gleich groß sind (Abb. 410).

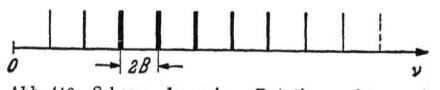

Abb. 410. Schema des reinen Rotationsspektrums im fernen Ultrarot.

Die Möglichkeit $\Delta J = -1$ kommt nicht in Betracht, weil sie negative Frequenzen ergeben würde.

Das Rotationsspektrum besteht aus einer Reihe von äquidistanten Linien im fernen Ultrarot. Es tritt nur bei Molekülen mit permanentem Dipolmoment auf. Es ist bei einer Reihe von Molekülarten beobachtet worden.

§ 5. Das Rotationsschwingungsspektrum.

Inhalt: Schwingung und Rotation bringen zusammen das Rotationsschwingungsspektrum im nahen Ultrarot zustande. Aus der Schwingung allein erhält man die Nullinien, welche durch die Rotation zu Banden ergänzt werden. Jede Bande besteht aus einem R-Zweig und einem P-Zweig, die nach kurzen bzw. langen Wellen laufen. An der Stelle der Nullinie besteht eine Lücke.

Bezeichnungen: v Schwingungsquantenzahl, ω_e Grundschwingungsquant, D Dissoziationsenergie, $\tilde{\nu}$ Wellenzahl, $\tilde{\nu}_0$ Nullinie. Sonst wie S. 1403.

Wenn kein Elektronensprung eintritt, aber die Schwingungs- und Rotationszustände sich ändern, entsteht das Rotationsschwingungsspektrum. Seine Frequenzen

$$\nu = \frac{1}{h} \{E'_v - E''_v + E'_{rot} - E''_{rot}\} \qquad (IV, 56)$$

liegen im nahen Ultrarot, weil die Schwingungsenergien eine entsprechende Größe besitzen. Moleküle mit gleichen Kernen können kein Rotationsschwingungsspektrum emittieren.

Für die Schwingungszustände gilt die Auswahlregel

$$\Delta v = \pm 1. \qquad (IV, 57)$$

In Emission kommen also die Übergänge

$$v' \to v'' = 1 \to 0; \quad v' \to v'' = 2 \to 1 \quad \text{usw.}$$

in Absorption die Übergänge

$$v' \leftarrow v'' = 1 \leftarrow 0; \quad v' \leftarrow v'' = 2 \leftarrow 1 \quad \text{usw.}$$

vor. Setzt man für die Schwingungsenergie die Formel

$$E_v = hc\omega_e \left(v + \frac{1}{2}\right) \qquad (IV, 58)$$

an, so erhält man

$$E'_v - E''_v = hc\omega_e. \qquad (IV, 59)$$

Genauer ist die Morsesche Formel

$$E_v = hc\omega_e \left(v + \frac{1}{2}\right) - \frac{h^2 c^2 \omega_e^2}{4D} \left(v + \frac{1}{2}\right)^2 \qquad (IV, 60)$$

von S. 1391, aus der sich die sog. Nullinien

$$\tilde{\nu}_0 = \frac{E'_v - E''_v}{hc} = \omega_e - \frac{hc\omega_e^2}{2D}(v'' + 1) \qquad (IV, 61)$$

§ 5. Das Rotationsschwingungsspektrum.

berechnen. Diese Wellenzahlen liegen alle in der Nähe von ω_e. Das Grundschwingungsquant ω_e bestimmt also in der Hauptsache die Lage des Rotationsschwingungsspektrums. Neben den Übergängen $v' - v'' = 1$ kommen, allerdings viel schwächer, auch Übergänge $v' - v'' = 2$ vor, weil die Schwingung etwas anharmonisch ist. Es gibt dann eine zweite Gruppe von Nullinien

$$\tilde{v}_0 = 2\omega_e - \frac{h c \omega_e^2}{2D}(2v + 3) \qquad (IV, 62)$$

mit ungefähr doppelt so großen Wellenzahlen.

Nun kommt aber noch die Rotation hinzu. Für sie gilt die Auswahlregel

$$\Delta J = \pm 1, 0. \qquad (IV, 63)$$

Da die Grundzustände der Moleküle fast immer Σ-Terme sind, entfällt nach S. 1400 der Übergang $\Delta J = 0$.

Die Rotationskonstante B nimmt etwas ab, wenn die Schwingungsquantenzahl größer wird. Wir setzen also

$$E'_{\text{rot}} = h c B' J'(J' + 1); \quad E''_{\text{rot}} = h c B'' J''(J'' + 1). \qquad (IV, 64)$$

Wenn $\Delta J = J' - J'' = 1$ ist, setzen wir

$$J' = J + 1; \quad J'' = J \qquad (IV, 65)$$

und erhalten den Beitrag

$$\tilde{v}_{\text{rot}} = B'(J+1)(J+2) - B'' J(J+1) \\ = (B' - B'') J(J+1) + 2B'(J+1) \qquad (IV, 66)$$

der Rotation zur Wellenzahl. Es entsteht eine Folge von Spektrallinien mit den Wellenzahlen

$$\tilde{v} = \tilde{v}_0 + (B' - B'') J(J+1) + 2B'(J+1), \qquad (IV, 67)$$

welche man als R-Zweig oder positiven Zweig bezeichnet. Da der Unterschied zwischen B' und B'' nicht groß ist, erstreckt er sich von der Nullinie nach kurzen Wellen. Der Abstand der Linien ist

$$\Delta \tilde{v} = 2B' + 2(B' - B'')(J+1) \approx 2B'. \qquad (IV, 68)$$

Die erste Linie liegt im Abstand $2B'$ von der Nullinie.

Wenn $\Delta J = J' - J'' = -1$ ist, setzen wir

$$J' = J - 1; \quad J'' = J \qquad (IV, 69)$$

und erhalten den Beitrag

$$\tilde{v}_{\text{rot}} = B' J(J-1) - B'' J(J+1) = (B' - B'') J(J+1) - 2B' J. \qquad (IV, 70)$$

Es entsteht eine Folge von Spektrallinien mit den Wellenzahlen

$$\tilde{v} = \tilde{v}_0 + (B' - B'') J(J+1) - 2B' J, \qquad (IV, 71)$$

welche man als P-Zweig oder negativen Zweig bezeichnet. Er erstreckt sich von der Nullinie nach langen Wellen, und der Abstand der Linien ist wieder nahezu $2B'$. Die erste Linie entspricht dem Übergang $J' \to J'' = 0 \to 1$, für den $J = 1$ einzusetzen ist. Sie hat den Abstand $-2B'$ von der Nullinie. Die Abb. 411 gibt ein Bild der beiden Zweige. An der Stelle der Nullinie liegt eine Lücke, die Nulllinie selbst ist also keine Spektrallinie. R-Zweig und P-Zweig zusammen bezeichnet man als eine Bande.

Bei größeren Rotationsquantenzahlen macht sich schließlich geltend, daß B' etwas kleiner als B'' ist. Je größer J wird, desto kleiner wird der Linienabstand im R-Zweig und desto größer im P-Zweig.

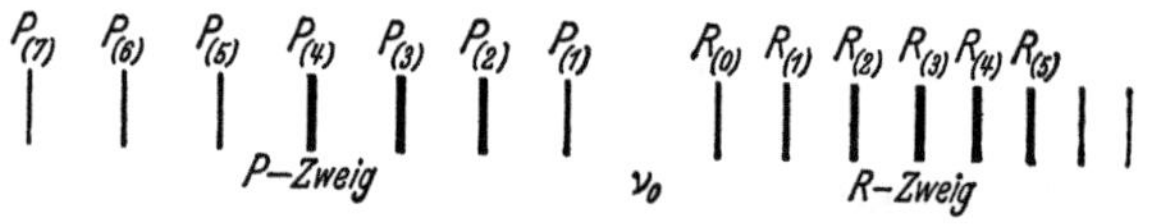

Abb. 411. Schema einer Rotationsschwingungsbande. Lücke an der Stelle der Nullinie.

Hat man die Linienfrequenzen gemessen, so kann man daraus die Konstanten B' und B'' berechnen. Nach S. 1386 hängen sie durch

$$B = \frac{h}{8\pi^2 I c}; \quad I = \frac{M_1 M_2}{M_1 + M_2} R^2 \qquad (IV, 72)$$

mit dem Trägheitsmoment I der Moleküle und dem Abstand R der Kerne zusammen. Beide Größen können also durch Ausmessen der Banden experimentell bestimmt werden.

§ 6. Das Elektronenbandenspektrum.

Inhalt: Jeder Elektronensprung bringt zusammen mit den Schwingungsübergängen und den Rotationsübergängen ein Bandensystem hervor, welches aus einem zweidimensionalen Schema von Banden besteht. Jede Bande setzt sich aus Zweigen zusammen, die man als R-, P- und Q-Zweige unterscheidet.

Bezeichnungen: wie S. 1403 und 1404.

Wenn Elektronenübergänge, Schwingungsübergänge und Rotationsübergänge zusammenwirken, werden Frequenzen

$$\nu = \frac{1}{h}\{(E'_{el} - E''_{el}) + (E'_v - E''_v) + (E'_{rot} - E''_{rot})\} \qquad (IV, 73)$$

emittiert oder absorbiert. Maßgebend für die Größe der Frequenzen ist die Differenz der Elektronenenergie, weil die Elektronenenergien wesentlich größer sein können als Schwingungs- und Rotationsenergien.

Im Spektrum treten nur solche Elektronentermdifferenzen auf, bei denen folgende Auswahlregeln erfüllt sind:

1. $$\Delta S = S' - S'' = 0. \qquad (IV, 74)$$

Singulett-, Dublett-, Triplett- usw. Terme kombinieren nur unter sich. Nur bei wenigen Molekülen sind schwache Interkombinationen beobachtet worden, wie die sog. atmosphärischen Sauerstoffbanden.

2. $$\Delta \Lambda = \pm 1, 0. \qquad (IV, 75)$$

Es gibt nur die Kombinationen

$$\Sigma \leftrightarrow \Sigma; \quad \Sigma \leftrightarrow \Pi; \quad \Pi \leftrightarrow \Sigma; \quad \Pi \leftrightarrow \Pi; \quad \Pi \leftrightarrow \Delta; \quad \Delta \leftrightarrow \Pi \text{ usw.}, \qquad (IV, 76)$$

welche auch alle beobachtet worden sind.

3. Bei Molekülen mit gleichen Kernen kombinieren gerade Terme nur mit ungeraden Termen.

§ 6. Das Elektronenbandenspektrum. 1407

Werden diese Auswahlregeln berücksichtigt, so sind noch eine Anzahl von Elektronenübergängen möglich, welche eine gewisse Ähnlichkeit mit dem Linienspektrum eines Atoms haben. Der Elektronenübergang trägt zur Wellenzahl den Anteil

$$\tilde{\nu}_e = \frac{E'_{el} - E''_{el}}{hc} \qquad (IV, 77)$$

bei. Er ist in vielen Fällen groß genug, um ins sichtbare oder gar ultraviolette Spektralgebiet zu fallen. Auf der Wellenzahl $\tilde{\nu}_e$, welche man als Grundlinie bezeichnet, baut sich ein kompliziertes System von Spektrallinien auf, weil noch die Anteile der Schwingung und Rotation hinzukommen.

Zu den beiden Elektronenzuständen können ähnliche oder unähnliche Potentialkurven gehören. Die Abb. 412a, b zeigen zwei typische Fälle. Bei a haben

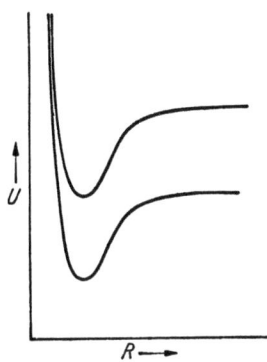
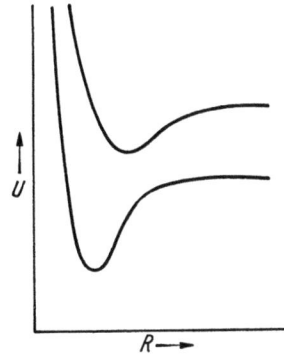

Abb. 412a. Ähnliche Potentialkurven in beiden Elektronentermen. Übergänge $\Delta v = 0$ sind bevorzugt. Das Spektrum zeigt Bandengruppen.

Abb. 412b. Kernabstand im oberen Elektronenterm wesentlich größer als im unteren. Größere Schwingungssprünge bevorzugt. Das Spektrum zeigt Bandenzüge.

wir zwei sehr ähnliche Potentialkurven. Das Leuchtelektron trägt wenig zur Bindung bei, das Molekül besitzt einen festen Rumpf. Kernabstand R_e, Trägheitsmoment I_e, Rotationskonstante B_e und Schwingungsquant ω_e sind in beiden Elektronenzuständen ziemlich ähnlich. Im Fall b hingegen hat der eine Elektronenterm (meist der obere) einen viel größeren Kernabstand und deshalb eine kleinere Rotationskonstante B_e und kleinere Schwingungsquanten ω_e als der andere.

Im Fall a gilt für die Schwingung nahezu die Auswahlregel

$$\Delta v = 0. \qquad (IV, 78)$$

Schwächer sind die Übergänge

$$\Delta v = \pm 1; \pm 2; \qquad (IV, 79)$$

vertreten.

Im Fall b treten sehr viele Schwingungsübergänge auf, vorwiegend mit größeren Quantensprüngen. Diese Gesetzmäßigkeit läßt sich quantentheoretisch begründen (Franck-Condonsches Prinzip), wir verzichten hier aber darauf.

Die Schwingung trägt zur Wellenzahl den Anteil

$$\frac{E'_v - E''_v}{hc} = \omega'_e\left(v' + \frac{1}{2}\right) - \omega''_e\left(v'' + \frac{1}{2}\right) - \frac{hc\,\omega'^2_e}{4D'}\left(v' + \frac{1}{2}\right)^2 + \frac{hc\,\omega''^2_e}{4D''}\left(v'' + \frac{1}{2}\right)^2 \qquad (IV, 80)$$

bei. Ein bestimmter Elektronenübergang liefert zusammen mit der Schwingung das System von Nullinien

$$\tilde{\nu}_0 = \tilde{\nu}_e + \omega'_e \left(v' + \frac{1}{2}\right) - \omega''_e \left(v'' + \frac{1}{2}\right) - $$
$$- \frac{h c \omega'^2_e}{4 D'} \left(v' + \frac{1}{2}\right)^2 + \frac{h c \omega''^2_e}{4 D''} \left(v'' + \frac{1}{2}\right)^2. \qquad (IV, 81)$$

Da keine strengen Auswahlregeln für v bestehen, können v' und v'' in gewissen Grenzen alle ganzen Zahlen durchlaufen.

Auf jeder Nullinie baut sich wegen der Rotation eine Anordnung von wirklichen Spektrallinien auf, welche man als Bande bezeichnet.

Der Aufbau der einzelnen Bande aus den Spektrallinien ist ziemlich kompliziert. Zur Nullinie kommt nach (III, 92) S. 1395 noch der Beitrag

$$\frac{E'_{\text{rot}} - E''_{\text{rot}}}{h c} = B' J'(J'+1) - B'' J''(J''+1) +$$
$$+ (A' - B') \Lambda'^2 - (A'' - B'') \Lambda''^2 \qquad (IV, 82)$$

hinzu, so daß man der einzelnen Linie die Wellenzahl[1]

$$\tilde{\nu} = \tilde{\nu}_0 + B' J'(J'+1) - B'' J''(J''+1) +$$
$$+ (A' - B') \Lambda'^2 - (A'' - B'') \Lambda''^2 \qquad (IV, 83)$$

zuschreiben kann. B' und B'' sind für beide Elektronenterme im allgemeinen verschieden und hängen auch ein wenig von v' bzw. v'' ab (s. III, 73 S. 1392). Wegen der Auswahlregel

$$\Delta J = J' - J'' = 0, \pm 1 \qquad (IV, 84)$$

muß man drei Fälle unterscheiden.

$J' - J'' = 1$ liefert

$$R(J): \quad \tilde{\nu} = \tilde{\nu}_0 + (A' - B') \Lambda'^2 - (A'' - B'') \Lambda''^2 +$$
$$+ (B' - B'') J(J+1) + 2 B'(J+1), \qquad (IV, 85)$$

wenn wir statt J'' einfach J setzen. Läßt man J die Reihe der ganzen Zahlen durchlaufen, so entsteht eine Linienfolge, die man den positiven Zweig oder R-Zweig der Bande nennt. Bei kleinen J wächst die Frequenz mit J an, der Zweig verläuft also von der Nullinie zuerst nach Violett. Die Abstände aufeinanderfolgender Linien werden immer größer, wenn $B' > B''$ ist. Ist dagegen $B' < B''$, so rücken die Linien allmählich zusammen und die Wellenzahl erreicht ein Maximum, wenn

$$J = \frac{3 B' - B''}{2(B'' - B')} \qquad (IV, 86)$$

ist. Der R-Zweig kehrt dann wieder um und läuft nach Rot zurück. An der Umkehrstelle drängen sich die Linien eng zusammen, so daß sie meist gar nicht mehr getrennt erscheinen. Es entsteht eine Bandkante (auch Bandenkopf genannt), die nach Violett scharf abbricht, nach Rot hingegen „abschattiert" ist. Die Bandkante ist aber keine Häufungsstelle im mathematischen Sinn, sondern in ihrer Nachbarschaft liegt nur eine endliche Anzahl von Linien (s. Abb. 413).

---

[1] Häufig rechnet man den Anteil $(A' - B') \Lambda'^2 - (A'' - B'') \Lambda''^2$ mit zur Nullinie.

§ 6. Das Elektronenbandenspektrum. 1409

$J' - J'' = -1$ ergibt den negativen oder P-Zweig, dessen Wellenzahlen durch

$$P(J): \tilde{\nu} = \tilde{\nu}_0 + (A' - B') \Lambda'^2 - (A'' - B'') \Lambda''^2 + \\ + (B' - B'') J(J+1) - 2B'J \quad (IV, 87)$$

ausgedrückt sind. (Für J'' ist wieder einfach J gesetzt.) Dieser Zweig läuft von der Nullinie zunächst nach Rot. Ist $B' > B''$, so tritt ein Minimum der Frequenz

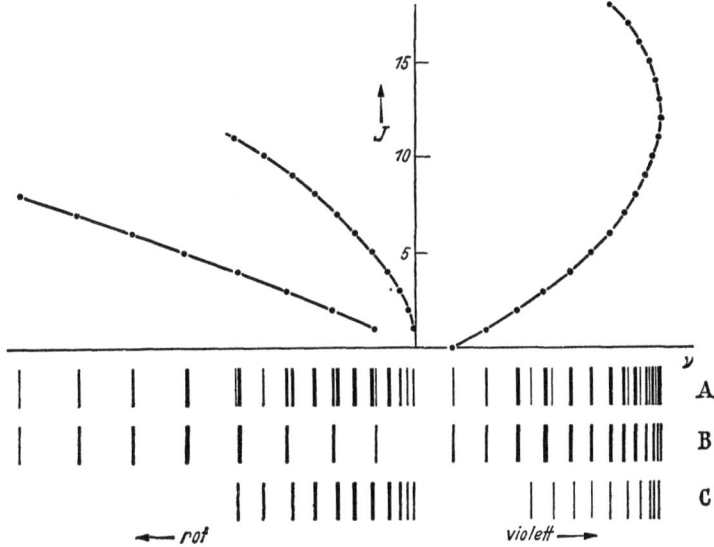

Abb. 413.
A: Schematische Zeichnung einer $\Pi \leftrightarrow \Sigma$-Bande mit P, Q und R-Zweig. Rote Abschattierung.
B: Nur P-Zweig und R-Zweig bis zur Kante gezeichnet.
C: Nur Q-Zweig und rückläufiger Teil des R-Zweiges gezeichnet.
Über dem Spektrum das Fortrat-Diagramm.

ein, wenn $J = (B' + B'')/2(B' - B'')$ ist. Der P-Zweig hat in diesem Fall eine Kante, welche nach Violett abschattiert ist, während der R-Zweig keine Kante besitzt. Umgekehrt hat für $B' < B''$ der P-Zweig keine Kante. Die P-Kanten sind immer nach Violett, die R-Kanten immer nach Rot abschattiert. Eine Bande besitzt entweder P-Kanten oder R-Kanten.

$J' - J'' = 0$ verursacht eine dritte Linienfolge, den Nullzweig oder Q-Zweig. Bei einer $\Sigma \leftrightarrow \Sigma$-Kombination fehlt dieser Zweig, weil Λ' und Λ'' gleich Null sind. Die Wellenzahlen des Q-Zweiges sind

$$Q(J): \tilde{\nu} = \tilde{\nu}_0 + (A' - B') \Lambda'^2 - (A'' - B'') \Lambda''^2 + (B' - B'') J(J+1). \quad (IV, 88)$$

Die ersten Linien des Q-Zweiges liegen dicht beisammen und bilden eine Kante. Sie ist nach Rot oder Violett abschattiert, je nachdem $B' \lessgtr B''$ ist. In Abb. 413 sind eine Bande und die einzelnen Zweige schematisch gezeichnet.

Eine bequeme graphische Darstellung einer Bande ist das Fortrat-Diagramm. Man trägt hierbei die Laufzahl J der Zweige als Ordinate und die Wellenzahl als Abszisse auf. Jede Linie gibt einen Punkt, die drei Zweige werden durch drei Parabeln dargestellt. Die Abb. 413 zeigt das Fortrat-Diagramm einer $\Pi \leftrightarrow \Sigma$-Bande mit Q-Zweig, Abb. 414 das einer $\Sigma \leftrightarrow \Sigma$-Bande ohne Q-Zweig.

Die Rotationsstruktur der Bandenspektren beweist, daß die Formeln der Wellenmechanik und nicht die der älteren Bohrschen „klassischen" Quantentheorie richtig sind. Die Bohrsche Theorie liefert die Rotationsenergie (für $\Lambda' = \Lambda'' = 0$)

$$E_{\text{rot}} = h c B J^2 \tag{IV, 89}$$

statt

$$E_{\text{rot}} = h c B J (J + 1). \tag{IV, 90}$$

Sie ergäbe also für R- und P-Zweig die Formeln

$$R(J) = \tilde{\nu}_0 + (B' - B'') J^2 + B'(2J + 1), \tag{IV, 91}$$

$$P(J) = \tilde{\nu}_0 + (B' - B'') J^2 - B'(2J - 1), \tag{IV, 92}$$

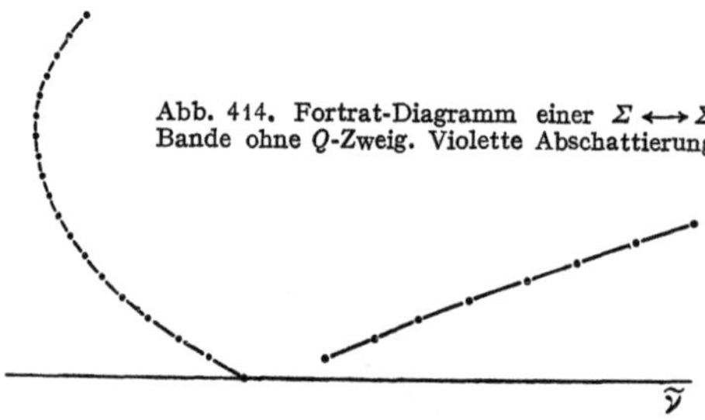

an Stelle von (IV, 85) und (IV, 87). Hieraus fände man z. B.

$$\frac{R(0) - P(2)}{R(1) - P(3)} = \frac{1}{2}, \tag{IV, 93}$$

während aus den wellenmechanischen Formeln (IV, 85) und (IV, 87)

$$\frac{R(0) - P(2)}{R(1) - P(3)} = \frac{3}{5} \tag{IV, 94}$$

Abb. 414. Fortrat-Diagramm einer $\Sigma \leftrightarrow \Sigma$-Bande ohne Q-Zweig. Violette Abschattierung.

folgt. An einem riesigen Beobachtungsmaterial kann man einwandfrei feststellen, daß die wellenmechanischen Formeln (IV, 85, 87) richtig sind und die älteren Formeln (IV, 91, 92) falsch.

Schon die Abschattierung einer Bande läßt einen wichtigen Schluß auf die Eigenschaften des Moleküls zu. Bei Abschattierung nach Rot ist $B' < B''$, das Trägheitsmoment und der Kernabstand des oberen Elektronenzustandes ist größer als das des unteren. Bei Abschattierung nach Violett ist dies umgekehrt.

Aus der Rotationsstruktur der Banden kann man auch auf die Quantenzahlen Λ' und Λ'' der beteiligten Elektronenterme schließen. Bei $\Sigma \leftrightarrow \Sigma$-Banden, wo $\Lambda' = \Lambda'' = 0$ ist, fehlt der Q-Zweig. Ist $\Lambda' = 1$, $\Lambda'' = 0$ ($\Pi \leftrightarrow \Sigma$-Banden), so fehlt im oberen Term das Rotationsniveau $J' = 0$. Der R-Zweig beginnt mit $R(0)$, der Q-Zweig mit $Q(1)$ und der P-Zweig mit $P(2)$, da ja J' nicht unter 1 sinken kann und J'' beim P-Zweig noch um 1 größer sein muß. Ist dagegen $\Lambda' = 0$, $\Lambda'' = 1$ ($\Sigma \leftrightarrow \Pi$-Banden), so beginnen die Zweige mit $R(1)$, $Q(1)$ und $P(1)$. Bei $\Pi \leftrightarrow \Pi$-Banden, wo $\Lambda' = \Lambda'' = 1$ ist, sind die ersten Linien $R(1)$, $Q(1)$, $P(2)$. Durch Beobachtung der ersten Linien der drei Zweige kann man in jedem Fall Λ' und Λ'' ermitteln.

Tabelle der ersten Linien bei verschiedenen Kombinationen.

Oberer Term	Unterer Term	P-Zweig	Q-Zweig	R-Zweig
Σ	Σ	$P(1)$	fehlt	$R(0)$
Σ	Π	$P(1)$	$Q(1)$	$R(1)$
Π	Σ	$P(2)$	$Q(1)$	$R(0)$
Π	Π	$P(2)$	$Q(1)$	$R(1)$
Π	Δ	$P(2)$	$Q(2)$	$R(2)$
Δ	Π	$P(3)$	$Q(2)$	$R(1)$
Δ	Δ	$P(3)$	$Q(2)$	$R(2)$

§ 7. Das Bandensystem.

Inhalt: Ein Bandensystem ist die Gesamtheit aller Banden, welche zu einem Elektronensprung gehören. Es wird durch ein Bandenschema dargestellt. Bandenzüge, Bandengruppen, Konvergenzstelle, Berechnung der Dissoziationsarbeit.

Alle Banden, welche zum gleichen Elektronenübergang, aber zu allen möglichen Schwingungsübergängen gehören, faßt man in ein Bandensystem zusammen. Das Bandensystem kann man in ein quadratisches Bandenschema einordnen. Jede Bande wird darin durch ihre Nullinie oder eine ihrer Kanten (am besten die Q-Kante, welche in der Nähe der Nullinie liegt) vertreten. Man spricht dann von einem Nullinien- oder Bandkantenschema, auch kurz Kantenschema. In der Tabelle ist das Nullinienschema der violetten Cyanbanden angegeben.

Nullinien der violetten Cyanbanden.

ω' \ v' \ ω'' \ v''	2043	2016	1990	1963	1936	1910	1882
	0	1	2	3	4	5	6	7
2123 0	25 798	23 755	21 740					
1	27 921	25 879	23 863	21 873				
2083 2	30 004	27 962	25 946	23 956	21 993			
2044 3			27 989	26 000	24 037	22 101		
2013 4					26 040	24 104	22 194	22 212
1988 5				usw.		24 082		

Die Banden einer Zeile des Bandenschemas haben den oberen Schwingungsterm gemeinsam, während der untere Term die Reihe der Quantenzahlen v'' von Null an durchläuft. Diese Banden bilden einen v''-Bandenzug. Die Wellenzahldifferenzen der Banden dieses Zuges bedeuten die Schwingungsstufen des unteren Elektronenterms (s. Abb. 415). In gleicher Weise bilden die Banden einer Spalte einen v'-Bandenzug, der einen gemeinsamen unteren Schwingungsterm besitzt, während der obere Term alle Schwingungsquantenzahlen v' durchläuft. Die Wellenzahldifferenzen geben jetzt direkt die Schwingungsstufen des oberen Elektronenterms an. Ein v'-Bandenzug beginnt im Rot mit der Bande $0 \leftrightarrow v''$ und läuft im Spektrum nach Violett. Da die Schwingungsstufen des oberen Terms allmählich kleiner werden, rücken die Banden enger zusammen. Zuweilen kann man den Bandenzug so weit verfolgen, bis die

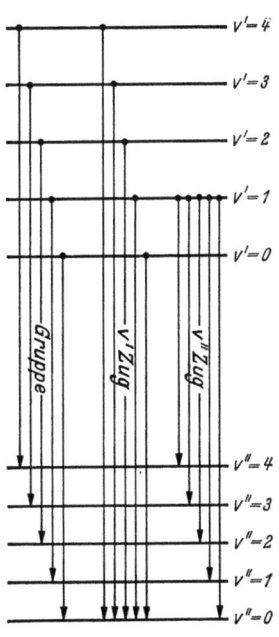

Abb. 415. Schwingungsstufen zweier Elektronenterme mit eingezeichneten Bandenzügen und Bandengruppe. Bandensystem.

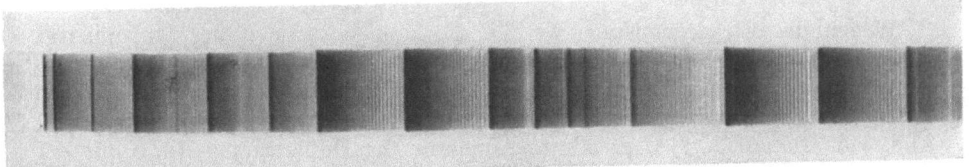

Abb. 415a. Bandensystem des Stickstoffs.

Abstände aufeinanderfolgen der Banden sich Null nähern. Es entsteht dann eine sog. Bandenkonvergenzstelle, die der Dissoziation des oberen Elektronenterms entspricht. Bei einem v''-Bandenzug ist alles ganz ähnlich, nur daß er auf der violetten Seite mit der Bande $v' \leftrightarrow 0$ beginnt und nach Rot fortschreitet. In Absorption hat man meist nur einen starken v'-Bandenzug mit dem gemeinsamen unteren Schwingungsniveau $v'' = 0$, da höhere Schwingungszustände nicht angeregt sind. Neben ihm kommen bei hohen Temperaturen auch noch schwächere Bandenzüge heraus, deren untere Schwingungsterme die Quantenzahlen $v'' = 1$, 2 usw. besitzen.

Die Banden, bei denen $\Delta v = v' - v''$ einen konstanten Wert besitzt, liegen in den Diagonalen des Bandenschemas und bilden eine Bandengruppe. Die Gruppe $\Delta v = 0$ ist die Hauptdiagonale. Sind die Potentialkurven beider Elektronenterme ziemlich ähnlich, so tritt diese Gruppe im Spektrum am stärksten hervor. Da gleichzeitig dann auch die Schwingungsstufen beider Elektronenterme ungefähr gleich groß sind, liegen die Banden der Gruppe nahe beisammen, was zur Bezeichnung Gruppe Veranlassung gegeben hat. Die Cyanbanden zeigen ein ausgesprochenes Gruppenspektrum.

Eine leichtverständliche graphische Darstellung des Bandensystems zeigt Abb. 415, wo zwei Bandenzüge und eine Bandengruppe eingezeichnet sind. Abbildung 415a gibt ein Bandensystem des Stickstoffs wieder, wo man in den einzelnen Banden noch die Rotationsstruktur erkennt.

Setzt man in die Formel für die Nullinien

$$\nu_0 = \nu_e + \omega_e'\left(v' + \frac{1}{2}\right) - \omega_e''\left(v'' + \frac{1}{2}\right) -$$
$$- \frac{h c \omega_e'^2}{4 D'}\left(v' + \frac{1}{2}\right)^2 + \frac{h c \omega_e''^2}{4 D''}\left(v'' + \frac{1}{2}\right)^2 \quad \text{(IV, 95)}$$

zur Abkürzung

$$x_e = \frac{h c \omega_e}{4 D} \quad \text{(IV, 96)}$$

ein und berücksichtigt, daß (IV, 95) nur der Beginn einer Potenzreihenentwicklung nach $v + \frac{1}{2}$ ist, so entsteht genauer

$$\nu_0 = \nu_e + \omega_e'\left\{v' + \frac{1}{2} - x_e'\left(v' + \frac{1}{2}\right)^2 + y_e'\left(v' + \frac{1}{2}\right)^3 + \cdots\right\} \quad \text{(IV, 97)}$$
$$- \omega_e''\left\{v'' + \frac{1}{2} - x_e''\left(v'' + \frac{1}{2}\right)^2 + y_e''\left(v'' + \frac{1}{2}\right)^3 + \cdots\right\}.$$

x_e, y_e usw. sind jetzt Konstante, die aus den empirischen Daten bestimmt werden können. Aus x_e kann man nach (IV, 96) die Dissoziationsarbeit berechnen. Ihr Wert kommt allerdings nicht sehr genau heraus und ist meist zu groß.

*§ 8. Die Feinstruktur der Bandenspektren.

Wegen des Elektronenspins werden die Zweige je nach der Multiplizität in mehrere aufgespalten. Es entstehen dann zum Teil recht verwickelte Bandenstrukturen, die sich aber auch in den kompliziertesten Fällen theoretisch erklären lassen. Ein Fortrat-Diagramm einer $^2\Pi \leftrightarrow {}^2\Sigma$-Bande mit sechs Zweigen zeigt Abb. 416. Die auf S. 1397 erwähnte Abnahme der Dublettaufspaltung mit der Rotationsquantenzahl ist deutlich zu erkennen. Es sind Banden analysiert worden, die bis zu 27 Zweigen besitzen.

§ 9. Isotopieeffekte der Molekülspektren.

Inhalt: Isotope Moleküle zeigen merklich verschiedene Rotationskonstanten und Schwingungsquanten und deshalb verschiedene Rotations- und Schwingungsstrukturen. Die Beobachtungen sprechen für die Richtigkeit der wellenmechanischen Energieformel des Oszillators.

Bezeichnungen: m Elektronenmasse, R Rydbergzahl, R_e Kernabstand, M Atommasse, M_1, M_2 Massen zweier Isotopen, ε_0 elektrische Maßkonstante, μ reduzierte Masse, I Trägheitsmoment, B Rotationskonstante, ω_e Grundschwingungsquant, x_e s. S. 1412 (IV, 96), $\tilde{\nu}_0$ Nullinie, E_v Schwingungsenergie, c Lichtgeschwindigkeit.

Die Linienspektren isotoper Elemente sind fast gleich, weil das elektrische Feld des Kernes nicht von der Masse, sondern nur von der Ladung abhängt. Die

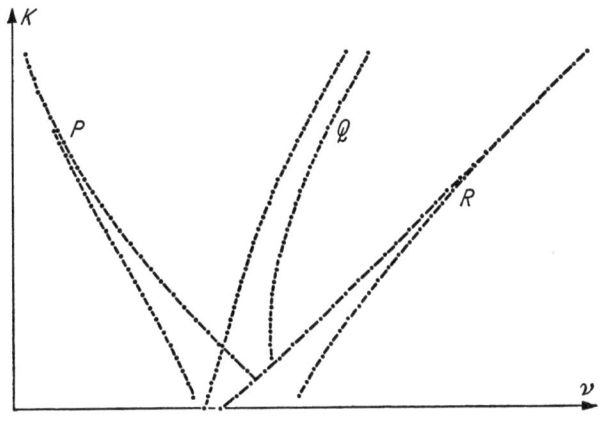

Abb. 416. $^2\Pi \longleftrightarrow {}^2\Sigma$-Bande von CaH.

Unterschiede der Kernmassen können sich nur in der „Mitbewegung des Kernes" äußern, welche nach S. 856 zu einem kleinen Unterschied der Rydbergkonstanten führt. Für die Rydbergsche Zahl erhielten wir dort

$$R = \frac{m\,e^4}{8\varepsilon_0^2\, h^3\, c\left(1 + \dfrac{m}{M}\right)}, \qquad (IV, 98)$$

wo ε_0 die elektrische Maßkonstante, c die Lichtgeschwindigkeit, m die Masse des Elektrons und M die Masse des Kernes bedeutet. Die Rydbergkonstanten zweier Isotopen verhalten sich deshalb wie

$$\frac{R_2}{R_1} = \frac{1 + \dfrac{m}{M_1}}{1 + \dfrac{m}{M_2}} \approx 1 + \frac{m(M_2 - M_1)}{M_1 M_2}. \qquad (IV, 99)$$

Der Unterschied beträgt bei den Wasserstoffisotopen nur 0,027% und sinkt bei den Lithiumisotopen schon auf 0,0013%. Bei noch schwereren Elementen wird er fast unmerklich.

Wesentlich größer ist der Einfluß der Isotopie auf die Molekülspektren. Dies verfolgen wir an den Isotopen des C_2-Moleküls. Der Kohlenstoff besitzt die Isotopen C^{12} und C^{13} und es kommen die Moleküle $C^{12}C^{12}$, $C^{12}C^{13}$ und $C^{13}C^{13}$ vor. $C^{13}C^{13}$ ist allerdings so selten, daß es nicht in Betracht kommt. Die Potentialkurven der Moleküle $C^{12}C^{12}$ und $C^{12}C^{13}$ sind praktisch dieselben, die reduzierten Massen

$$\mu = \frac{M_1 M_2}{M_1 + M_2} \qquad (IV, 100)$$

sind jedoch verschieden und verhalten sich wie 1,04:1. Der gleiche Unterschied zeigt sich im Trägheitsmoment

$$I_e = \mu R_e^2 \qquad \text{(IV, 101)}$$

(R_e Kernabstand) und in den Rotationskonstanten

$$B = \frac{h}{8\pi^2 I c}. \qquad \text{(IV, 102)}$$

Nach S. 1386 (III, 44) muß in

$$\omega_e = \frac{1}{\pi c}\sqrt{\frac{b_2}{2 I_e}} \qquad \text{(IV, 103)}$$

ebenfalls der Unterschied der Massen eingehen. Bei dem schwereren Isotopenmolekül ist die Rotationskonstante B um etwa 4% und das Grundschwingungsquant um etwa 2% kleiner als bei dem leichteren. Sowohl in der Schwingungsstruktur wie in der Rotationsstruktur zeigen sich also beachtliche Unterschiede bei isotopen Molekülen.

Durch ihre Bandenspektren sind eine ganze Reihe seltener Isotopen (z. B. C^{13}, O^{18}, N^{15}) erstmalig aufgefunden worden.

Von besonderem Interesse ist, daß auch die Nullinien der $v' \leftrightarrow v'' = 0 \leftrightarrow 0$ Banden zweier isotoper Moleküle an verschiedenen Stellen liegen. Man erhält den Unterschied der Nullinien

$$\Delta \tilde{\nu}_0 = \frac{1}{2}(\Delta \omega'_e - \Delta \omega''_e) - \frac{1}{4}\{\Delta(x'_e \omega'_e) - \Delta(x''_e \omega''_e)\}, \qquad \text{(IV, 104)}$$

der auch tatsächlich beobachtet wird. Dies ist ein direkter experimenteller Beweis dafür, daß die Schwingungsenergie durch die Formel

$$E_v = h c \omega_e\left\{\left(v + \frac{1}{2}\right) - x_e\left(v + \frac{1}{2}\right)^2\right\} \qquad \text{(IV, 105)}$$

und nicht durch

$$E_v = h c \omega_e (v - x_e v^2) \qquad \text{(IV, 106)}$$

ausgedrückt wird. Die klassische Quantentheorie von BOHR entwickelte für den Oszillator die Formel (IV, 106) während die Wellenmechanik (IV, 105) ergibt. Das Experiment spricht aber eindeutig zugunsten der Formel (IV, 105) und gegen (IV, 106).

V. Mehratomige Moleküle.

Inhalt: Die Schwingungen mehratomiger Moleküle setzen sich aus mehreren Normalschwingungen zusammen. Zu ihnen gehören auch innere Rotationen. In manchen Fällen läßt sich eine Normalschwingung einer bestimmten chemische Bindung zuordnen (Valenzschwingung). Deformationsschwingungen ändern die Winkel zwischen den Valenzrichtungen. Die Rotation mehratomiger Moleküle entspricht einem asymmetrischen Kreisel und zeigt keine einfachen Gesetzmäßigkeiten. Das Rotationsschwingungsspektrum setzt sich aus Banden zusammen, die jeweils nur zu einer Normalschwingung gehören. Bei Molekülen mit gleichen Atomen sind manche Normalschwingungen inaktiv, d. h. sie fehlen im ultraroten Spektrum.

Bezeichnungen: E_{el} Elektronenenergie, R_i Abstand der i-ten Bindung, R_{ei} sein Gleichgewichtswert, φ_i Valenzwinkel, φ_{ei} sein Gleichgewichtswert, T kinetische, V potentielle Energie, ξ_k Normalkoordinate, p_k zugehöriger Impuls, ψ_k Eigenfunktionsteil, v_k Schwingungsquantenzahl, ω_k Grundschwingungsquant, E_k Energie der k-ten Normalschwingung, $\mathfrak{P}$ Operator des Dipolmoments, ψ_{el}, ψ_{rot} Eigenfunktionsteil der Elektronen bzw. der Rotation. Mit ' wird der höhere, mit '' der tiefere Zustand einer Kombination bezeichnet.

Die Energie eines mehratomigen Moleküls setzt sich wie die eines zweiatomigen aus einem Elektronenanteil, einem Schwingungsanteil und einem Rotationsanteil zusammen. Während die angeregten Elektronenterme der Atome genau erforscht und die der zweiatomigen Moleküle ziemlich gut bekannt sind, weiß man nur wenig über die Elektronenterme mehratomiger Moleküle. Viele dieser Moleküle vertragen keine Elektronenanregung, weil dabei ein Atom abgetrennt und das Molekül zerstört wird. Man kennt von den mehratomigen Molekülen hauptsächlich die Rotationsschwingungsspektren und ihre Struktur im tiefsten Elektronenzustand. Hiermit allein wollen wir uns beschäftigen.

Ein System von N Kernen besitzt $3N$ Freiheitsgrade (von denen der Elektronen abgesehen). Drei von ihnen benötigt die Translation des Schwerpunkts. Betrachtet man für den Augenblick das Molekül als starr, so erkennt man, daß für seine Rotation nochmals drei Freiheitsgrade verbraucht werden, so daß für innere Schwingungen $3N - 6$ Freiheitsgrade übrigbleiben.

Jetzt sind folgende vier Fragen zu klären.

1. Wie sieht die räumliche Anordnung der Atome eines mehratomigen Moleküls in der Gleichgewichtslage aus? In einfachen Fällen gibt die Theorie der chemischen Bindung hierauf grundsätzlich Antwort. Durch konsequente Anwendung der dort gefundenen Gesichtspunkte gelangt man zu brauchbaren räumlichen Modellen für die mehratomigen Moleküle.

2. Welche Kräfte treten auf, wenn ein Molekül deformiert wird, indem die Atome gegen die Gleichgewichtslage verschoben werden? Das Potential dieser Kräfte kann man als Funktion der Orte der Atomkerne ansehen. In erster Näherung kann man häufig sagen, daß die chemische Bindung sich der Veränderung des Abstands der gebundenen Atome widersetzt und das Potential als eine Summe

$$V = E_{\text{el}} + \sum_i^j a_i(R_i - R_{ei})^2 \qquad \text{(V, 1)}$$

ansetzen. Die Summe läuft über alle Bindungen, R_i ist der Abstand, der durch sie verknüpften Atome, R_{ei} ihr Gleichgewichtsabstand. Dies gilt natürlich nur so lange, als die Verschiebungen der Atome aus der Gleichgewichtslage klein bleiben. Bei großen Verschiebungen wird man wie bei zweiatomigen Molekülen den quadratischen Ansatz (V, 1) durch ein Potential ersetzen müssen, das als eine mehrdimensionale Verallgemeinerung des Morseschen Potentials (s. S. 1390) aufzufassen wäre. In zweiter Näherung widerstrebt die chemische Bindung auch der Abänderung der Valenzwinkel, welche von den Verbindungslinien aneinander gebundener Atome gebildet werden. Es müssen also noch Glieder von der Form

$$\sum_i c_i(\varphi_i - \varphi_{ei})^2 \qquad \text{(V, 2)}$$

zu (V, 1) hinzutreten. Die Summe läuft jetzt über alle Valenzwinkel.

3. Das dritte Problem besteht darin, die Quantentheorie auf das System der Atomkerne anzuwenden, dessen potentielle Energie durch

$$V = E_{\text{el}} + \sum a_i(R_i - R_{ei})^2 + \sum c_i(\varphi_i - \varphi_{ei})^2 \qquad \text{(V, 3)}$$

gegeben ist. Die Schwingung des Moleküls beschreiben wir zunächst mit $f = 3N - 6$ Koordinaten, welche wir mit $y_1 \ldots y_f$ bezeichnen. In der Gleichgewichtslage mögen diese Koordinaten die Werte $\eta_1 \ldots \eta_f$ besitzen. Führen wir statt der y die Koordinaten

$$q_m = y_m - \eta_m \qquad \text{(V, 4)}$$

ein, so wird das Gleichgewicht durch die Werte

$$q_m = 0 \qquad \text{(V, 5)}$$

für sämtliche $3N-6$ Koordinaten gekennzeichnet. Die potentielle Energie kann man durch die q_m ausdrücken und in eine Reihe nach deren Potenzen entwickeln. Man erhält dann

$$V = E_{el} + \sum^{mn} A_{mn} q_m q_n, \qquad (V, 6)$$

wenn man Glieder dritter und höherer Ordnung vernachlässigt. Lineare Glieder treten nicht auf, weil für $q_m = 0$ Gleichgewicht, d. h. ein Minimum der potentiellen Energie eintritt.

Von der kinetischen Energie denken wir uns die Translation abgetrennt. Von der etwaigen Rotation des ganzen Moleküls sehen wir einstweilen ab. Die kinetische Energie ist dann ein bilinearer Ausdruck

$$T = \sum^{mn} B_{mn} \dot{q}_m \dot{q}_n \qquad (V, 7)$$

in den Geschwindigkeiten. Die B_{mn} können an sich noch die Koordinaten q_m enthalten. Wenn wir uns aber nicht weit aus dem Gleichgewicht entfernen, können wir für die B_{mn} die Werte verwenden, die sich für $q_m = 0$ ergeben. Damit erhalten wir die Lagrangefunktion

$$L = \sum^{mn} (B_{mn} \dot{q}_m \dot{q}_n - A_{mn} q_m q_n). \qquad (V, 8)$$

Nun führen wir noch einmal $3N-6$ neue Koordinaten

$$\xi_k = \sum^m \alpha_{km} q_m \qquad (V, 9)$$

ein und wählen die α_{km} so, daß die kinetische Energie auf die Form

$$T = \frac{1}{2} \sum \dot{\xi}_k^2 \qquad (V, 10)$$

und die potentielle Energie auf die Form

$$V = E_{el} + \sum^k b_k \xi_k^2 \qquad (V, 11)$$

kommt. Die ξ_k nennt man Normalkoordinaten. Die Transformation auf Normalkoordinaten ist stets ausführbar. Setzt man nämlich die ξ_k in T und V ein und bildet L, so muß der Ausdruck (V, 8) herauskommen. Dies legt den α_{km} und b_k ebenso viele Bedingungen auf, als Koeffizienten A_{mn} und B_{mn} vorhanden sind. Da $A_{mn} = A_{nm}$ und $B_{mn} = B_{nm}$ ist, gibt es nicht f^2, sondern nur $f(f+1)/2$ verschiedene Koeffizienten A_{mn} bzw. B_{mn}. Wir haben also $f(f+1)$ Bedingungen zu befriedigen, was durch geeignete Werte der f^2 Koeffizienten α_{km} und der f Werte der b_k stets möglich ist.

Nach Einführen der Normalkoordinaten erhalten wir die Lagrangefunktion

$$L = \sum^k \left(\frac{1}{2} \dot{\xi}_k^2 - b_k \xi_k^2\right) - E_{el} \qquad (V, 12)$$

und die Hamiltonfunktion

$$H = E_{el} + \sum^k \left(\frac{p_k^2}{2} + b_k \xi_k^2\right), \qquad (V, 13)$$

woraus die Schrödingergleichung

$$\sum^k \Delta_k \psi + \frac{8\pi^2}{h^2}\left(E - E_{el} - \sum^k b_k \xi_k^2\right) \psi = 0 \qquad (V, 14)$$

hervorgeht. Der Ansatz

$$\psi = \psi_1 \psi_2 \cdots = \prod_k \psi_k; \quad E = \sum^k E_k \qquad (V, 15)$$

führt sofort zur Separation, durch die man für jede Normalkoordinate die Gleichung des harmonischen Oszillators

$$\Delta_k \psi_k + \frac{8\pi^2}{h^2}(E_k - b_k \xi_k^2)\psi_k = 0 \qquad (V, 16)$$

mit den Eigenwerten

$$E_k = h\,c\,\omega_k\left(v_k + \frac{1}{2}\right) \qquad (V, 17)$$

erhält. Für jede Normalschwingung gibt es dann eine Schwingungsquantenzahl v_k und ein Grundschwingungsquant ω_k.

Bei einfachen Molekülen kann man die Normalschwingungen (Normalkoordinaten) oft ermitteln. In den Abb. 417 sind die Verschiebungen der Atomkerne gezeichnet, die einem festen Wert der ξ_k entsprechen, die also den Zustand des Moleküls in einer bestimmten Phase einer Normalschwingung im klassischen Bild wiedergeben. Wie man sieht, verschiebt eine Normalschwingung nicht nur die durch eine Valenz verknüpften Atome gegeneinander, sondern sie ergreift alle Atome des Moleküls. Man kann die Schwingungen also nicht immer den einzelnen Bindungen zuordnen.

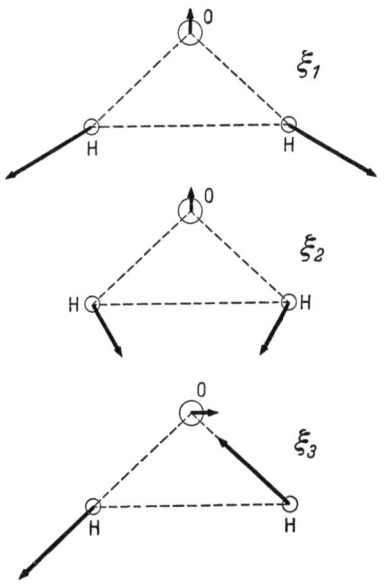

Abb. 417a. Normalschwingungen von H$_2$O.

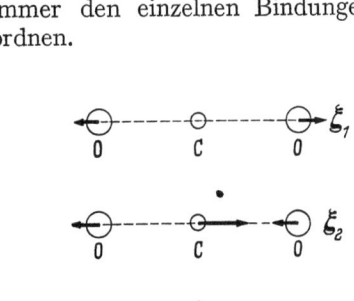

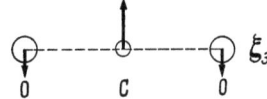

Abb. 417b. Normalschwingungen von CO$_2$.

In besonders gelagerten Fällen kommt es aber doch vor, daß eine Normalschwingung im wesentlichen eine Schwingung von zwei Atomen ist, welche durch eine Valenz miteinander verbunden sind. Mit MECKE spricht man dann von einer Valenzschwingung. Bei organischen Molekülen z. B. hat man Grundschwingungsquanten beobachtet, die man der C—H-Bindung zuordnen kann. Besteht eine Normalschwingung dagegen im wesentlichen in einer Änderung eines der Valenzwinkel, so nennt man sie eine Deformations- oder Knickschwingung.

Es kann vorkommen, daß die Zahl der Koeffizienten b_k kleiner ist als die Zahl der Schwingungsfreiheitsgrade. In diesem Fall enthält das Potential gar nicht alle Normalkoordinaten. Bei klassischer Rechnung würden dann die Koordinaten, welche im Potential nicht vorkommen, nicht als periodische Funktionen der Zeit herauskommen, sondern monoton anwachsen. Es leuchtet ein, daß sie dann nur die geometrische Bedeutung eines Winkels besitzen können und daß die zugehörige Bewegung eine Drehung eines Molekülteils gegen einen anderen sein muß. Unter den Schwingungen verbergen sich in solchen Fällen innere Rotationen.

Nicht selten kommt es vor, daß mehrere Normalschwingungen das gleiche Schwingungsquant aufweisen. Sie sind dann entartet. Die zu ihnen gehörigen Energiewerte sind mehrfach.

4. In letzter Linie muß noch die Frage untersucht werden, wie sich die Rotation des ganzen Moleküls den Schwingungen überlagert. Zu diesem Zweck betrachten wir das Molekül als starr. Wir können es dann durch einen Kreisel ersetzen. Nur bei einfachen Molekülen ist der Kreisel symmetrisch, im allgemeinen sind seine drei Hauptträgheitsmomente verschieden und der Kreisel ist asymmetrisch. Damit stehen wir vor der Aufgabe, die Schrödingergleichung eines asymmetrischen Kreisels aufzustellen und ihre Eigenwerte zu ermitteln. Dieses ziemlich schwierige Problem ist tatsächlich durchgerechnet worden, ergibt aber eine sehr komplizierte Rotationsstruktur, in der keine einfachen Gesetzmäßigkeiten zu entdecken sind. Wir begnügen uns daher mit der Feststellung, daß sich auf den Schwingungstermen eine große Zahl von Rotationstermen aufbauen, die aber wegen der Kleinheit der Rotationsenergie alle in der Nachbarschaft der reinen Schwingungsterme liegen.

Um das Spektrum mehratomiger Moleküle zu ermitteln, müssen wir uns noch nach Auswahlregeln umsehen. Die Eigenfunktionen des ganzen Moleküls sind

$$\psi = \psi_{el}\, \psi_{rot}\, \psi_1\, \psi_2 \cdots, \qquad (V, 18)$$

wo $\psi_1, \psi_2 \ldots$ die Eigenfunktionsanteile der einzelnen Normalkoordinaten bedeuten. Das Volumenelement des Konfigurationsraums ist

$$d\tau = d\tau_{el}\, d\tau_{rot}\, d\tau_1\, d\tau_2 \ldots \qquad (V, 19)$$

Der Operator des Dipolmoments muß sich irgendwie als lineare Funktion der Normalkoordinaten ausdrücken, also die Form

$$\mathfrak{P}_x = \Sigma\, \mathfrak{A}_k\, \xi_k \qquad (V, 20)$$

haben. Hier hängt $\mathfrak{A}_k$ noch von den Elektronenkoordinaten und den Winkeln ab, welche die Rotation beschreiben. Die Operatoren $\mathfrak{P}_y$ und $\mathfrak{P}_z$ werden analog gebildet. Die Matrixelemente von $\mathfrak{P}_x$ usw. setzen sich nun aus lauter Gliedern

$$\int \psi_{el}^*\, \psi_{rot}^*\, \mathfrak{A}_k\, \psi_{el}\, \psi_{rot}\, d\tau_{el}\, d\tau_{rot} \int \psi_1'^*\, \psi_1''\, d\xi_1 \ldots \int \psi_k'^*\, \xi_k\, \psi_k''\, d\xi_k \ldots \qquad (V, 21)$$

zusammen. Diese verschwinden aber alle, wenn nicht

$$\psi_i' = \psi_i'' \quad \text{für} \quad i \neq k \qquad (V, 22)$$

ist, wegen der Orthogonalität der Eigenfunktionen des Oszillators. Es muß also

$$v_i' = v_i'' \qquad (V, 23)$$

sein, wenn $i \neq k$ ist. Außerdem muß

$$v_k' - v_k'' = \pm 1 \qquad (V, 24)$$

werden, weil der harmonische Oszillator nach S. 956 nur dann von Null verschiedene Matrixelemente besitzt. Nur eine der Schwingungszahlen darf sich also um 1 ändern, während die übrigen ihren Wert beibehalten müssen. Das $+$-Zeichen in (V, 24) bedeutet die Emission, das $-$-Zeichen die Absorption des Spektrums.

Das Rotationsschwingungsspektrum der mehratomigen Moleküle besteht aus je einer Bandengruppe $\varDelta v_k = 1$ für jede Normalschwingung. Die Rotationsstruktur der Banden ist unübersichtlich. Die Wellenzahl ihrer Nullinien ist dem Grundschwingungsquant ω_k ungefähr gleich. Es kann natürlich auch vorkommen, daß das Integral für eine bestimmte Schwingung verschwindet, besonders wenn es sich um Moleküle mit vielen gleichen Atomen handelt. In diesem Fall fehlt die betreffende Schwingung im Rotationsschwingungsspektrum und wird inaktive Schwingung genannt. Man kann sie aber im Ramaneffekt beobachten.

Berücksichtigt man im Potential (V, 11) höhere als quadratische Glieder, so werden die Schwingungen einerseits anharmonisch, andererseits miteinander gekoppelt. Dies hat abgesehen von der geringen Abänderung der Schwingungsenergien auch eine Lockerung der Auswahlregeln zur Folge. Es treten dann schwächer auch Übergänge $\varDelta v_k = 2, 3$ usw. auf, außerdem aber auch gleichzeitige Änderungen mehrerer Schwingungsquantenzahlen. Die entsprechenden ultraroten Banden sind schwach und werden Kombinationsbanden genannt.

L. Statistik.

Die Aufgabe der Statistik besteht in der Physik darin, die Brücke zwischen der Atomphysik, der sog. Mikrophysik und der Physik der groben Körper, der Makrophysik, zu schlagen. Sie verknüpft somit die Kenntnisse, die uns die Atomtheorie vermittelt, mit den Gesetzen der phänomenologischen Physik und Chemie.

Eines der Probleme der Statistik besteht darin, Mittelwerte solcher Größen, die auch schon im einzelnen Atom oder Molekül eine Bedeutung haben, über eine sehr große Zahl von Atomen zu bilden. Errechnet z. B. die Atomtheorie die Polarisierbarkeit des einzelnen Atoms im elektrischen Feld, so ist es die Aufgabe der Statistik, das Dipolmoment zu ermitteln, das ein elektrisches Feld in der Volumeneinheit oder in einem Mol erzeugt. Das Verhältnis von Dipolmoment und Feldstärke ist dann die dielektrische Suszeptibilität, die mit der Dielektrizitätskonstanten und über diese mit dem optischen Brechungsindex im engen Zusammenhang steht. Durch Bildung von Mittelwerten atomarer Eigenschaften vermag die Statistik viele Materialkonstanten der kompakten Materie zu erklären, ja sogar manchmal zu berechnen.

Die makroskopische Materie, zu der wir in diesem Sinn auch die Gase rechnen, besitzt aber auch Eigenschaften, die sich für das einzelne Atom oder Molekül überhaupt nicht definieren lassen. So übt z. B. ein Gas auf die Gefäßwände einen Druck aus, obwohl man den Molekülen einzeln keinen Druck zuschreiben kann. Der Statistik gelingt es aber, den Druck auf die Geschwindigkeit zurückzuführen, mit der sich die Moleküle bewegen. Der zusammenhängenden Materie kann man eine bestimmte Temperatur zuschreiben, obwohl auf einzelne Atome oder Moleküle dieser Begriff nicht anwendbar ist. Die Statistik kann den Temperaturbegriff aus den Eigenschaften der Moleküle aufbauen und macht damit erst verständlich, was die Temperatur eigentlich ist und warum sie eine so beherrschende Rolle in der Wärmelehre spielt. So leicht man sich gerade an diesen Begriff gewöhnt, so unmöglich ist es, seinen eigentlichen Sinn zu erfassen, ohne zu statistischen Betrachtungen zu greifen. Auch die Entropie, die in der Thermodynamik nur formal definiert werden kann, kann man statistisch unterbauen und ihr Wesen völlig durchsichtig machen. Hierdurch kommt die Statistik in ein besonders enges Verhältnis zur Thermodynamik. Man kann sogar die ganze Thermodynamik statistisch begründen, was wir aber hier nur in Beispielen andeuten können. Andererseits ist, wie schon das Beispiel der Dielektrizitätskonstante zeigt, die statistische Methode nicht auf die Probleme der Wärmelehre beschränkt, sondern erweist sich auf allen Gebieten der Physik nützlich.

Eine statistische Untersuchung kann angestellt werden, wenn ihr Gegenstand sich aus einer sehr großen Zahl von einzelnen Objekten zusammensetzt. Besonders einfach sind die Überlegungen, wenn diese Objekte sich gegenseitig nicht stören, sondern unbeeinflußt voneinander eine Eigenexistenz führen, wie dies z. B. bei den Molekülen eines Gases der Fall ist. Aus diesem Grunde wurden die statistischen Verfahren zuerst an dem Beispiel der Molekulartheorie der Gase entwickelt.

Für manche Berechnungen, wie für die Aufstellung der Zustandsgleichung der idealen Gase, braucht man über die Eigenschaften der einzelnen Objekte, hier der Moleküle, nur sehr wenig zu wissen. Daher kommt es, daß die kinetische Gastheorie schon in einer Zeit entstehen konnte, in der man über die Moleküle noch fast nichts wußte. Andere Berechnungen setzen eine ziemlich eingehende Kenntnis der Moleküle voraus, wie z. B. die obenerwähnte Theorie der Dielektrizitätskonstante.

I. Die klassische Statistik und ihr Verhältnis zur Quantentheorie.

Statistische Methoden lassen sich auf Systeme anwenden, welche aus vielen einzelnen Objekten bestehen, z. B. aus Elektronen, Molekülen oder Atomen. Es können aber auch schon zusammengesetzte Gebilde als Objekte einer statistischen Betrachtung fungieren.

Wir befassen uns nun mit einem System von N Objekten (Teilchen), welches wir auch als eine Gesamtheit bezeichnen wollen. Die Einzelteilchen sollen im allgemeinen voneinander unabhängig sein. Dies bedeutet, daß die Kräfte, welche sie aufeinander ausüben, entweder nur so geringfügig sein sollen, daß sie in erster Näherung vernachlässigt werden können, oder daß sie nur gelegentlich während kurzer Zeitspannen, bei Stößen also, beträchtlich sind. In beiden Fällen ist es möglich, die gegenseitigen Einwirkungen in erster Näherung zu vernachlässigen und die Teilchen als unabhängig zu bezeichnen. In der zweiten Näherung ermöglichen gerade die gegenseitigen Einwirkungen die statistische Behandlung, obwohl sie durch sie nur summarisch erfaßt werden.

§ 1. Die Wahrscheinlichkeit der Quantenzustände einer Gesamtheit.

Inhalt: Die Gesamtheit von N Teilchen als quantenmechanisches System. Quantenzustände der Gesamtheit bei vorgegebener Energie. Übergangswahrscheinlichkeit von einem Zustand in andere Zustände. Erreichbare Zustände. Besetzungszahlen der Quantenzustände bei vielen gleichartigen Gesamtheiten. Nach längerer Zeit sind alle Quantenzustände gleicher Energie gleich wahrscheinlich. Die Gesamtheit verweilt in jedem Quantenzustand gleich lange.

Eine Gesamtheit (System) bestehe aus N Teilchen, welche das Volumen V einnehmen und zusammen die Energie U besitzen. Offenbar genügen diese Angaben bei weitem nicht, um den Zustand des Systems vollkommen zu beschreiben, auch wenn die Natur und Eigenschaften der Teilchen selbst aufs genaueste bekannt sind.

Wir betrachten als Beispiel eine Teilchenart, welche einzeln die Energien 0, a, $2a$ und $3a$ besitzen können. Es seien insgesamt drei Teilchen vorhanden. Die Gesamtheit besitze die Energie $6a$. Es gibt dann noch zehn voneinander ver-

§ 1. Die Wahrscheinlichkeit der Quantenzustände einer Gesamtheit.   1421

schiedene Zustände der Gesamtheit, die diese Bedingungen erfüllen. Sie sind in der Tabelle verzeichnet.

System von drei Teilchen mit der Gesamtenergie 6a.

Teilchen-nummer	Energie der Teilchen								
1	0	3a	3a	a	a	2a	2a	3a	3a	2a
2	3a	0	3a	2a	3a	a	3a	a	2a	2a
3	3a	3a	0	3a	2a	3a	a	2a	a	2a

Wenn ein System aus N Teilchen besteht und eine vorgeschriebene Gesamtenergie besitzt, kann es sich noch in sehr vielen voneinander verschiedenen Zuständen befinden. Liegt ein bestimmter Zustand zur Zeit t_0 vor und sind die Teilchen alle unabhängig voneinander, so wird dieser Zustand beliebig lange erhalten bleiben, üben die Teilchen aber Kräfte aufeinander aus, wenn auch nur bei Zusammenstößen, so wird der Zustand abgeändert und geht in andere Zustände über. In einer längeren Zeit durchläuft die Gesamtheit verschiedene Zustände nacheinander.

Wir wollen jetzt unsere Gesamtheit von N Teilchen mit der Energie U als ein quantenmechanisches System auffassen. Die Energie U ist dann ein Eigenwert und die verschiedenen Zustände sind als Quantenzustände anzusehen. Sie gehören alle zum gleichen Eigenwert U, d. h. es liegt hochgradige Entartung vor. Die verschiedenen Zustände mit der Energie U denken wir uns numeriert und durch einen Index r gekennzeichnet. Jeder Index r soll nur noch einem einzigen Zustand zugewiesen sein.

Wir vernachlässigen jetzt in erster Näherung die Kräfte zwischen den Teilchen. Befindet sich die Gesamtheit im r-ten Quantenzustand, so bleibt sie auch darin, wenn keine Kräfte zwischen den Teilchen wirken. Berücksichtigen wir aber in zweiter Näherung Kräfte zwischen den Teilchen, so kann die Gesamtheit aus dem Zustand r in einen anderen Zustand s gleicher Energie übergehen. Im Prinzip haben wir dieses Problem auf S. 1027 behandelt. Dort gab es allerdings zu einem Zustand m nur einen zweiten Zustand k gleicher Energie, während wir jetzt sehr viele Zustände gleicher Energie haben. Ebenso wie auf S. 1027 der Zustand k, sind jetzt alle Zustände in ein Kontinuum von Zuständen benachbarter Energien eingebettet.

Nach den Überlegungen von S. 1025 bis 1028 können Übergänge von r nach s, wie auch umgekehrt vor sich gehen. Betrachtet man die Formeln (IV, 161), (IV, 163) und (IV, 164), so erkennt man, daß die Anfangszustände und Endzustände eines Übergangs symmetrisch in die Übergangswahrscheinlichkeit eingehen. Wenn die mit r und s bezeichneten Zustände keine Vielfachheit mehr enthalten, so müssen auch die Faktoren g dieselben sein. Bezeichnen wir mit A_{rs} die sekundliche Übergangswahrscheinlichkeit aus dem Zustand r in den Zustand s und mit A_{sr} die Wahrscheinlichkeit des entgegengesetzten Überganges, so muß also

$$A_{rs} = A_{sr} \qquad (I, 1)$$

sein.

Jetzt betrachten wir eine große Anzahl von Gesamtheiten (Systemen), deren jede aus N Teilchen besteht und die Gesamtenergie U besitzt. Z_1 von diesen Systemen mögen sich im ersten, Z_2 im zweiten, allgemein Z_r im r-ten Quantenzustand befinden. In der Zeit dt gehen dann $Z_r A_{rs} dt$ Systeme aus dem Zustand r in den Zustand s über, während $Z_s A_{rs} dt$ Systeme aus dem Zustand s in den

Zustand r zurückkehren. In der Zeitspanne dt vermindert sich die Besetzungszahl Z_r des r-ten Zustandes durch Übergänge in andere Zustände um

$$dt \sum^s Z_r A_{rs} = Z_r dt \sum^s A_{rs} = Z_r A_r dt, \qquad (I, 2)$$

wenn A_r die Summe aller Übergangswahrscheinlichkeiten aus dem r-ten Zustand in andere Zustände bedeutet. Andererseits gelangen

$$dt \sum^s Z_s A_{rs} \qquad (I, 3)$$

Systeme aus anderen Zuständen in den r-ten Zustand, so daß

$$\frac{dZ_r}{dt} = \sum^s (Z_s - Z_r) A_{rs} \qquad (I, 4)$$

die zeitliche Änderung der Besetzung des r-ten Zustandes ist.

Wir stellen uns nun vor, daß ein System sich im r-ten Zustand befände. Es kann dann in alle die Zustände übergehen, für welche die Übergangswahrscheinlichkeit A_{rs} nicht verschwindet. Selbst wenn $A_{rs} = 0$ ist, kann das System aber auf Umwegen über andere Zwischenzustände in den s-ten Zustand gelangen. Alle Zustände, welche vom r-ten direkt oder indirekt zugänglich sind, sollen „die von r aus erreichbaren Zustände" heißen. Alle Zustände, welche von r aus nicht erreichbar sind, können dann auch von keinem Zustand erreicht werden, der selbst von r aus erreichbar ist. Die Gesamtheit aller Zustände zerfällt in mehrere Gruppen, und man kann von jedem Zustand nur die Zustände der gleichen Gruppe, aber keinen Zustand der anderen Gruppe erreichen. Häufig sind alle Zustände eines Systems von jedem Zustand aus erreichbar, so daß nur eine Gruppe von Zuständen besteht. Wenn dies nicht der Fall ist, betrachten wir Systeme oder Gesamtheiten, die sich in Zuständen verschiedener Gruppen befinden, als wesentlich verschieden, d. h. wir behandeln sie genauso, als ob sie zu verschiedenen Energien oder verschiedener Teilchenzahl gehörten.

Die Besetzungszahlen Z_r seien jetzt der Größe nach geordnet, Z_1 sei die größte von ihnen, Z_0 die kleinste. Dann ist

$$\frac{dZ_1}{dt} = \sum^s (Z_s - Z_1) A_{1s} \qquad (I, 5)$$

negativ und

$$\frac{dZ_0}{dt} = \sum^s (Z_s - Z_0) A_{0s} \qquad (I, 6)$$

positiv. Die kleinste Besetzungszahl nimmt zu, die größte Besetzungszahl nimmt ab, das Intervall der Besetzungszahlen $Z_1 - Z_0$ nimmt dauernd ab. Dies muß dazu führen, daß nach genügend langer Zeit alle Zustände gleichmäßig besetzt sind.

Wenn eine große Zahl von Systemen alle die Energie U besitzen, sind alle Quantenzustände, die zu dieser Energie gehören, gleichmäßig vertreten, wenn die Systeme genügend lange sich selbst überlassen bleiben. Die Wahrscheinlichkeit, daß ein bestimmtes System sich in einem bestimmten Quantenzustand r befindet, ist für alle r dieselbe. Über längere Zeiträume verfolgt, verweilt jedes System in jedem Quantenzustand gleich lange. Alle Quantenzustände gleicher Gesamtenergie sind gleich wahrscheinlich.

§ 2. Quantenzustände als Volumenelemente im Phasenraum.

Inhalt: Die Quantenzustände werden durch Volumenelemente des Phasenraums repräsentiert. Für ein punktförmiges Teilchen ist ihre Größe h^3, für Systeme von N Teilchen h^{3N}. Besitzt ein System die Energie U, so sind alle Volumenelemente des Phasenraums, welche zu dieser Energie gehören, gleich wahrscheinlich.

Bezeichnungen: Ψ Wellenfunktion, ψ Eigenfunktion, ε Energie, m Masse des Teilchens, h Wirkungsquantum, a Kantenlänge eines Würfels, p_x, p_y, p_z Impulskomponenten, k_x, k_y, k_z ganze Zahlen.

Wenn man von den Quantenzuständen eines Elektrons in einem Atom spricht, hat dies eine sehr anschauliche Bedeutung, weil im Atom tatsächlich diskrete Zustände vorliegen. Die Eigenschaften des Elektrons in einem solchen Zustand sind von den Eigenschaften in jedem anderen Zustand um endliche Beträge verschieden. Neben den leichtverständlichen diskreten Quantenzuständen gibt es aber auch noch die kontinuierlichen Zustände, welche zu translatorischen Bewegungen gehören und die wir auch berücksichtigen müssen.

Wir betrachten jetzt ein punktförmiges Teilchen, auf welches keine Kräfte wirken. Seine Eigenschaften sind klassisch gekennzeichnet durch den Ort, an dem es sich befindet und die Geschwindigkeit, mit der es sich bewegt. Statt der Geschwindigkeit können wir auch den Impuls einführen. Wir können dann einen dreidimensionalen Impulsraum aufspannen und ihn mit dem wirklichen Raum zu dem sechsdimensionalen Phasenraum vereinigen. Jedes Teilchen wird dann durch einen Punkt im Phasenraum dargestellt, welcher sowohl seinen Ort wie auch seinen Impuls angibt.

In dieser klassischen Beschreibung kommen keine Quantenzustände vor. Jeder Punkt des Phasenraums stellt vielmehr einen Zustand dar, in welchem sich das Teilchen befinden kann.

Wir behandeln jetzt ein kräftefreies Teilchen nach der Quantentheorie. Wir fügen aber noch hinzu, daß es sich in einem Würfel von der Kantenlänge a befinden soll. Die Wellengleichung lautet dann

$$\Delta \Psi + \frac{4\pi m i}{h} \frac{\partial \Psi}{\partial t} = 0 \tag{I, 7}$$

und der Ansatz

$$\Psi = \psi e^{-\frac{2\pi i}{h}\varepsilon t} \tag{I, 8}$$

liefert die Schrödingergleichung

$$\Delta \psi + \frac{8\pi^2 m}{h^2} \varepsilon \psi = 0. \tag{I, 9}$$

Außerdem muß ψ auf der Würfeloberfläche verschwinden, d. h. ψ muß gleich Null sein, wenn eine der Koordinaten x, y oder z einen der Werte $+a/2$ oder $-a/2$ annimmt. Diese Randbedingung wird von

$$\psi = C \sin\left(\frac{2\pi}{h} x p_x\right) \sin\left(\frac{2\pi}{h} y p_y\right) \sin\left(\frac{2\pi}{h} z p_z\right) \tag{I, 10}$$

erfüllt, wenn

$$p_x = k_x \frac{h}{a}; \quad p_y = k_y \frac{h}{a}; \quad p_z = k_z \frac{h}{a} \tag{I, 11}$$

die Komponenten des Impulses sind und k_x, k_y, k_z positive oder negative ganze Zahlen bedeuten. (I, 10) erfüllt auch die Schrödingergleichung, wenn

$$\varepsilon = \frac{1}{2m}(p_x^2 + p_y^2 + p_z^2) \tag{I, 12}$$

gilt.

Im Impulsraum werden die möglichen Quantenzustände also durch Punkte angegeben, welche ein kubisches Gitter mit dem Gitterabstand h/a bilden. Auf die Volumeneinheit im Impulsraum treffen a^3/h^3-Quantenzustände, d. h. für jeden einzelnen Quantenzustand wird im Impulsraum das Volumen h^3/a^3 benötigt. Im Phasenraum nimmt ein Quantenzustand deshalb das Volumen h^3 ein. Das gilt unabhängig davon, welches Volumen dem Teilchen im wirklichen Raum zur Verfügung steht. Es läßt sich auch zeigen, daß sich dieses Ergebnis nicht ändert, wenn Kräfte auf das Teilchen einwirken. Man kann deshalb die Quantenzustände eines Teilchens durch Volumenelemente der Größe h^3 im sechsdimensionalen Phasenraum charakterisieren.

Bei einem System von N Teilchen kann man analog verfahren. Der Phasenraum erhält dann $6N$ Dimensionen und die Quantenzustände sind durch Volumenelemente von der Größe h^{3N} gekennzeichnet.

Wir betrachten nun ein beliebiges System, welches aus einem Teilchen, aus mehreren Teilchen oder auch aus einer großen Zahl von Teilchen bestehen kann. Jedes Volumenelement des Phasenraums repräsentiert dann einen möglichen Quantenzustand, dessen Energie U durch die Lage im Phasenraum, d. h. durch die Orts- und Impulskoordinaten, festgelegt ist. Umgekehrt können aber verschiedene Volumenelemente zum gleichen Wert der Energie gehören. Besitzt das System die Energie U, so besteht für alle Volumenelemente, welchen diese Energie zukommt, die gleiche Wahrscheinlichkeit. Diese Feststellung ist nichts anderes als der Liouvillesche Satz der Mechanik in einem quantentheoretischen Gewand.

§ 3. Systeme vieler Teilchen. Besetzungszahlen und Verteilungsfunktion.

Inhalt: Quantenzustände (Mikrozustände) der Gesamtheit durch die Quantenzustände der Einzelteilchen ausgedrückt. Definition des Makrozustandes. Besetzungszahlen der Quantenzustände der Teilchen. Die Zahl der Realisierungsmöglichkeiten eines Makrozustandes ist die Zahl der Vertauschungen zweier Teilchen in verschiedenen Zuständen. Die Verteilungsfunktion vertritt die Besetzungszahlen, wenn man die Eigenschaften der Teilchen durch Volumenelemente im Phasenraum festlegt.

Ein System bestehe aus einer großen Zahl (N) Teilchen, welche im allgemeinen keine Kräfte aufeinander ausüben, besitze eine Gesamtenergie U und sei in ein Volumen V eingeschlossen. Man kann dann jedes einzelne Teilchen selbst als quantenmechanisches System ansehen und seine Quantenzustände durch Eigenfunktionen $\psi(k)$ definieren, welche durch eine Zahl k numeriert werden. Zu jedem k gehört dann eine bestimmte Teilchenenergie ε_k. Die einzelnen Teilchen unterscheiden sich durch einen Index m, und k_m sei diejenige der Zahlen k, welche dem m-ten Teilchen zukommt. Das Teilchen besitzt dann die Energie ε_{k_m} und die Gesamtenergie ist die Summe

$$U = \sum_m \varepsilon_{k_m} \qquad (I, 13)$$

aller Energien der Einzelteilchen. Zur klassischen Statistik führt folgender Gedankengang.

Ein bestimmter Quantenzustand r des ganzen Systems ist durch die Kombination der Zahlen

$$k_1, \quad k_2, \quad \ldots k_m, \ldots k_N \qquad (I, 14)$$

niedergelegt. Wir kennen den Quantenzustand des Systems, wenn wir wissen, in welchem Zustand sich jedes Teilchen befindet und welche Energie es besitzt. Eine so detaillierte Kenntnis können wir aber von einer Gesamtheit vieler Teil-

§ 3. Systeme vieler Teilchen. Besetzungszahlen und Verteilungsfunktion.

chen niemals erlangen, und wir haben auch an einer so genauen Beschreibung kein Interesse. Es leuchtet ein, daß es z. B. unerheblich ist, ob sich das zweite und elfte Teilchen im k-ten Quantenzustand befinden. Es ist aber wichtig, daß zwei Teilchen dieser Beschaffenheit vorhanden sind. Wenn wir jedem Quantenzustand k eine Zahl N_k zuordnen, welche angibt, wieviel Teilchen in diesem Quantenzustand vorliegen und daher die Energie ε_k besitzen, so geben wir damit eine experimentell feststellbare Eigenschaft der Gesamtheit an, die wir als ihren Makrozustand bezeichnen. Die Besetzungszahlen N_k der Quantenzustände der Einzelteilchen müssen natürlich solche Werte haben, daß die Summe

$$N = \sum N_k \qquad (I, 15)$$

die Teilchenzahl N und die Summe

$$U = \sum N_k \varepsilon_k \qquad (I, 16)$$

der Teilchenenergien, die Gesamtenergie U ergibt.

Jeder Makrozustand, der durch die Kombination der Besetzungszahlen N_k aller Teilchenzustände festgelegt ist, kann auf vielfältige Weise zustande kommen. Aus einem Quantenzustand (Mikrozustand)

$$k_1 k_2 k_3 \ldots k_m \ldots k_N \qquad (I, 17)$$

des Gesamtsystems entsteht ein anderer Quantenzustand, wenn wir zwei Teilchen vertauschen, welche sich in verschiedenen Quantenzuständen befinden. Die Besetzungszahlen N_k werden durch die Vertauschung nicht geändert und am Makrozustand ändert sich nichts. Wenn wir dagegen zwei Teilchen vertauschen, welche sich im gleichen Quantenzustand befinden, ändert sich die Kombination der Zahlen (I, 17) nicht und es entsteht kein neuer Quantenzustand. Die Zahl der Möglichkeiten, einen bestimmten Makrozustand durch verschiedene Quantenzustände des Gesamtsystems (Mikrozustände) zu realisieren, ist gleich der Zahl der Vertauschungen von Teilchen, welche sich in verschiedenen Zuständen befinden. Wir wollen sie die Zahl der Realisierungsmöglichkeiten nennen und mit dem Buchstaben W bezeichnen.

An den N_k Teilchen im k-ten Zustand können wir $N_k!$-Permutationen vornehmen. Die Zahl der Permutationen, bei denen nur Teilchen vertauscht werden, welche sich im gleichen Zustand befinden, ist demgemäß das Produkt

$$N_1! N_2! \ldots = \prod_k N_k!, \qquad (I, 18)$$

welches über alle Quantenzustände läuft. Alle diese Permutationen liefern keine neue Realisierungsmöglichkeit. Multipliziert man sie noch mit W, so erhält man die $N!$ Permutationen, welche überhaupt an den N Teilchen vorgenommen werden können. Für die Zahl der Realisierungsmöglichkeiten eines Makrozustandes, der durch die Besetzungszahlen N_k festgelegt ist, erhalten wir damit den Ausdruck

$$W = \frac{N!}{N_1! N_2! \ldots}. \qquad (I, 19)$$

Eine nur geringfügige Abänderung ist notwendig, wenn wir die Eigenschaften des Einzelteilchens durch ein Volumenelement $d\tau$ im Phasenraum angeben, statt durch einen diskreten Quantenzustand. An die Stelle von k treten dann die Koordinaten des Phasenraumes, und wir ersetzen N_k durch

$$dN = N f d\tau. \qquad (I, 20)$$

f ist eine Funktion der Phasenraumkoordinaten und wird Verteilungsfunktion genannt.

$$\frac{dN}{N} = f\,d\tau \qquad (I, 21)$$

ist der Bruchteil aller Teilchen, welcher die Eigenschaften besitzt, welche dem Volumenelement $d\tau$ zugehören.

Die Gleichung (I, 15) geht in

$$N = N \int f\,d\tau \qquad (I, 22)$$

oder

$$1 = \int f\,d\tau \qquad (I, 23)$$

über, wobei die Integration sich über den ganzen Phasenraum erstreckt. Die Bedingung (I, 23) wird „Normierung" der Verteilungsfunktion genannt.

Aus der Gleichung (I, 16) entsteht

$$U = N \int \varepsilon f\,d\tau. \qquad (I, 24)$$

Die Umformung der Gleichung (I, 19) werden wir auf S. 1430 vornehmen.

§ 4. Die wahrscheinlichste Verteilung.

Inhalt: Die wahrscheinlichste Verteilung ist die Verteilung mit den meisten Realisierungsmöglichkeiten und kann oft als Gleichgewichtsverteilung gelten.

Bezeichnungen: N Gesamtzahl der Teilchen, N_k Besetzungszahl des k-ten Zustandes, W Zahl der Realisierungsmöglichkeiten, U Gesamtenergie, ε_k Teilchenenergie im k-ten Zustand, σ Zustandssumme, $d\tau$ Volumenelement im Phasenraum, f Verteilungsfunktion, S Entropie, k Boltzmannsche Konstante, Gaskonstante pro Molekül, T Temperatur, V Volumen, h Plancksche Konstante, m Teilchenmasse, P äußerer Druck, p Impuls, ε Translationsenergie der Teilchen, $d\Phi$, $d\tau$, dV Volumenelemente in Impulsraum, Phasenraum und Ortsraum.

Nun wollen wir die Frage untersuchen, in welchem Makrozustand wir eine Gesamtheit antreffen, d. h. wie sich die Teilchen auf die Zustände k bzw. die Volumenelemente $d\tau$ des Phasenraumes verteilen. Die Wahrscheinlichkeit, eine bestimmte Verteilung zu beobachten, ist der Zahl ihrer Realisierungsmöglichkeiten proportional, weil jede Realisierung durch einen der Mikrozustände des Gesamtsystems vor sich geht, welche alle gleich wahrscheinlich sind. Am häufigsten werden wir also diejenige Verteilung vor uns haben, welche die meisten Realisierungsmöglichkeiten besitzt und die wir als wahrscheinlichste Verteilung bezeichnen.

Wir suchen demgemäß das Maximum von

$$W = \frac{N!}{\prod\limits_{k} N_k!} \qquad (I, 25)$$

auf, wobei die Gesamtenergie

$$U = \sum N_k \varepsilon_k \qquad (I, 26)$$

und die Teilchenzahl

$$N = \sum N_k \qquad (I, 27)$$

feststeht. Offenbar kann man statt dessen auch das Maximum von

$$\ln W = \ln(N!) - \sum\nolimits_k \ln(N_k!) \qquad (I, 28)$$

ermitteln. Wenn es sich um viele Teilchen handelt, werden wir $\ln W$ unter der Annahme zu berechnen versuchen, daß die Besetzungszahlen N_k große Zahlen

§ 4. Die wahrscheinlichste Verteilung.

sind. Zu $\ln W$ tragen nämlich hauptsächlich die großen N_k bei. Für große N gilt die Näherungsformel

$$\ln(N!) = N \ln N - N \qquad (I, 29)$$

von STIRLING. Wir erhalten damit

$$\ln W = N \ln N - N - \sum^k N_k \ln N_k + \sum^k N_k$$
$$= N \ln N - \sum^k N_k \ln N_k. \qquad (I, 30)$$

Jetzt denken wir uns die N_k um Beträge δN_k abgeändert. Dies bewirkt die Abänderung

$$\delta \ln W = - \sum^k \delta N_k (1 + \ln N_k) = 0, \qquad (I, 31)$$

welche verschwinden muß, wenn wir uns im Maximum von $\ln W$ befinden. Die δN_k müssen aber so vorgenommen werden, daß

$$\delta N = \sum^k \delta N_k = 0 \qquad (I, 32)$$

wird, weil die Teilchenzahl festliegt. Außerdem ist die Gesamtenergie U vorgeschrieben, was zu der zweiten Einschränkung

$$\delta U = \sum^k \varepsilon_k \delta N_k = 0 \qquad (I, 33)$$

für die δN_k führt. Die Variationen δN_k sind alle willkürlich, bis auf zwei, welche sich nach den Gleichungen (I, 32) und (I, 33) aus den übrigen berechnen lassen. Wir eliminieren nun die beiden nicht willkürlichen δN_k aus (I, 31), indem wir (I, 32) mit einem Faktor α und (I, 33) mit einem Faktor β multiplizieren und zu (I, 31) addieren. Wir erhalten dann

$$\delta(\ln W + \alpha N + \beta U) = \sum^k \delta N_k(\alpha + \beta \varepsilon_k - \ln N_k - 1) = 0. \qquad (I, 34)$$

Jetzt kommen nur noch die willkürlichen Variationen δN_k vor, und die Summe kann nur verschwinden, wenn

$$\ln N_k = \alpha + \beta \varepsilon_k - 1 \qquad (I, 35)$$

ist. Die Besetzungszahlen der wahrscheinlichsten Verteilung sind also durch

$$N_k = e^{\alpha - 1 + \beta \varepsilon_k} \qquad (I, 36)$$

gegeben. Setzen wir dies in (I, 27) ein, so ergibt sich

$$N = e^{\alpha - 1} \sum^k e^{\beta \varepsilon_k} = \sigma e^{\alpha - 1}. \qquad (I, 37)$$

Die Größe

$$\sigma = \sum^k e^{\beta \varepsilon_k} \qquad (I, 38)$$

bezeichnen wir als Zustandssumme. Wir können jetzt

$$e^{\alpha - 1} = \frac{N}{\sigma} \qquad (I, 39)$$

in (I, 36) einsetzen und erhalten

$$N_k = \frac{N}{\sigma} e^{\beta \varepsilon_k}. \qquad (I, 40)$$

Wenn man ein System untersucht, das schon längere Zeit sich selbst überlassen ist, wird gewöhnlich die wahrscheinlichste Verteilung beobachtet. Auch Verteilungen, welche von der wahrscheinlichsten nicht viel abweichen, sind ziemlich häufig; Verteilungen dagegen, welche sich erheblich von der wahrscheinlichsten unterscheiden, sind selten. Man bezeichnet deswegen die wahrscheinlichste Verteilung oft als Gleichgewichtsverteilung schlechthin, obwohl dies natürlich nur eine ungenaue Beschreibung des Sachverhaltes ist.

Da N_k für große ε_k nicht unendlich werden kann, muß β negativ sein. Die Zustände großer Energie müssen praktisch unbesetzt sein. Dies ist allerdings ziemlich trivial, da die Energie des Gesamtsystems ja vorgegeben ist.

Hat man die Zustandssumme als Funktion von β berechnet, so läßt sich die Gesamtenergie der wahrscheinlichsten Verteilung leicht finden. Es ist nämlich

$$U = \sum_k \varepsilon_k N_k = \frac{N}{\sigma} \sum_k \varepsilon_k e^{\beta \varepsilon_k} = \frac{N}{\sigma} \frac{\partial}{\partial \beta} \sum_k e^{\beta \varepsilon_k}$$
$$= \frac{N}{\sigma} \frac{\partial \sigma}{\partial \beta} = N \frac{\partial}{\partial \beta} \ln \sigma. \tag{I, 41}$$

Nun können wir auch $\ln W$ leicht durch σ ausdrücken. Wir erhalten

$$\ln W = N \ln N - \sum_k N_k \ln N_k = N \ln N - \sum_k N_k (\ln N - \ln \sigma + \beta \varepsilon_k)$$
$$= \ln \sigma \sum_k N_k - \beta \sum_k \varepsilon_k N_k = N \ln \sigma - \beta U. \tag{I, 42}$$

§ 5. Entropie und Temperatur.

Inhalt: Die Entropie ist der mit der Boltzmannschen Konstanten multiplizierte Logarithmus der Zahl der Realisierungsmöglichkeiten. Die Konstante β kann durch die Temperatur ausgedrückt werden.

Bezeichnungen: wie S. 1426.

Als Entropie S der Gesamtheit von N Teilchen definieren wir

$$S = k \ln W = N k \ln \sigma - \beta k U. \tag{I, 43}$$

k ist die Gaskonstante pro Molekül, auch Boltzmannsche Konstante genannt, welche den Wert

$$k = 1{,}381 \cdot 10^{-16} \text{ Erg/Grad} = 1{,}381 \cdot 10^{-23} \text{ Joule/Grad} \tag{I, 44}$$

hat. Von dieser Konstanten abgesehen, ist die Entropie also nichts anderes als der Logarithmus der Zahl der Realisierungsmöglichkeiten.

Bisher haben wir die Gesamtenergie U und das Volumen V als die Größen angesehen, welche einem System von N Teilchen durch die äußeren Bedingungen vorgeschrieben sind. Wir können uns aber auch vorstellen, daß neben dem Volumen die Größe β durch die äußeren Bedingungen festgelegt ist und β und V als unabhängige Variable betrachten.

Die Gleichungen (I, 38), (I, 41) und (I, 42) drücken dann σ, U und S durch β aus. Wie σ von V abhängt, werden wir erst im folgenden Paragraphen ermitteln. Nun bilden wir das Differential

$$dS = N k \frac{\partial}{\partial \beta}(\ln \sigma) d\beta + N k \frac{\partial}{\partial V}(\ln \sigma) dV - k U d\beta - k \beta dU$$
$$= -k \beta dU + N k \frac{\partial}{\partial V}(\ln \sigma) dV \tag{I, 45}$$

und verwerten dabei (I, 41). Die Thermodynamik definiert das Differential der Entropie

$$dS = \frac{dU + P\,dV}{T},\qquad (I,46)$$

in welchem P den äußeren Druck und T die absolute Temperatur bedeutet. Soll unsere Definition der Entropie (I, 43) mit der thermodynamischen Definition übereinstimmen, so muß

$$-k\beta = \frac{1}{T};\quad \beta = -\frac{1}{kT};\quad T = -\frac{1}{k\beta} \qquad (I,47)$$

und

$$NkT\frac{\partial}{\partial V}\ln\sigma = P \qquad (I,48)$$

sein.

Führen wir die Temperatur statt β ein, so erhalten wir die Besetzungszahlen

$$N_k = \frac{N}{\sigma}e^{-\frac{\varepsilon_k}{kT}}, \qquad (I,49)$$

die Zustandssumme

$$\sigma = \sum_k e^{-\frac{\varepsilon_k}{kT}} \qquad (I,50)$$

die Gesamtenergie (innere Energie)

$$U = NkT^2\frac{\partial}{\partial T}\ln\sigma, \qquad (I,51)$$

die Entropie

$$S = Nk\left\{\ln\sigma + T\frac{\partial}{\partial T}\ln\sigma\right\} = Nk\ln\sigma + \frac{U}{T} = Nk\frac{\partial}{\partial T}(T\ln\sigma) \qquad (I,52)$$

und die freie Energie

$$F = -NkT\ln\sigma. \qquad (I,53)$$

§ 6. Systeme von punktförmigen Teilchen.

Inhalt: Verteilungsfunktion und Zustandssumme für Teilchen, die nur eine Translation ausführen können. Translationsanteil der inneren Energie und Entropie.

Bezeichnungen: wie S. 1426.

Der Phasenraum eines Massenpunktes hat sechs Dimensionen. Das Volumenelement

$$d\tau = dV\,d\Phi \qquad (I,54)$$

im Phasenraum ist das Produkt des Volumenelementes dV im wirklichen Raum und des Volumenelementes $d\Phi$ im Impulsraum. Ist p der Betrag des Impulses und fällt seine Richtung in den räumlichen Winkel $d\omega$, so ist nach Abb. 418

$$d\Phi = p^2\,dp\,d\omega, \qquad (I,55)$$

während die Energie des Teilchens

$$\varepsilon = \frac{p^2}{2m} \qquad (I,56)$$

ist, wenn m die Teilchenmasse bedeutet.

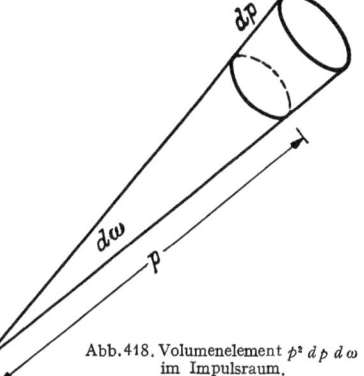

Abb. 418. Volumenelement $p^2\,dp\,d\omega$ im Impulsraum.

Nun vertritt ein Volumenelement $d\tau$ von der Größe h^3 einen Quantenzustand und wir haben an Stelle von N_k

$$dN = Nf d\tau \qquad (I, 57)$$

zu setzen. Statt (I, 26) und (I, 27) entstehen die Gleichungen

$$U = N\int \varepsilon f d\tau, \qquad (I, 58)$$

$$N = N\int f d\tau, \qquad (I, 59)$$

während (I, 30) in

$$\ln W = N \ln N - N\int f \ln(Nf d\tau) d\tau \qquad (I, 60)$$

übergeht. Setzt man unter dem Logarithmus $d\tau = h^3$ ein und beachtet

$$\int f d\tau = 1, \qquad (I, 61)$$

so erhält man leicht

$$\ln W = N \ln N - N \ln N \int f d\tau - N\int f \ln f d\tau - N \ln h^3 \int f d\tau$$
$$= -N\int f \ln f d\tau - N \ln h^3. \qquad (I, 62)$$

Wir suchen jetzt diejenige Funktion f auf, welche $\ln W$ zu einem Maximum macht, wenn die Nebenbedingungen (I, 58) und (I, 59) gewahrt bleiben müssen. Wir müssen dann das Maximum von

$$\ln W + \alpha N + \beta U = N\int (\alpha + \beta \varepsilon - \ln f) f d\tau - N \ln h^3 \qquad (I, 63)$$

suchen. Hierzu ändern wir die Funktion f etwas ab, indem wir sie durch

$$f + \lambda F$$

ersetzen, wo F eine willkürliche Funktion und λ eine kleine Zahlgröße ist. Die etwas abgeänderten Werte

$$\ln W + \alpha N + \beta U = N\int (\alpha + \beta \varepsilon - \ln(f + \lambda F))(f + \lambda F) d\tau - N \ln h^3 \qquad (I, 64)$$

differenzieren wir nach λ. Das Maximum tritt ein, wenn die Ableitung

$$N\int \{\alpha + \beta \varepsilon - 1 - \ln(f + \lambda F)\} F d\tau \qquad (I, 65)$$

für $\lambda = 0$ verschwindet, ganz gleichgültig, was für eine Funktion F ist. Das ist nur möglich, wenn

$$\alpha + \beta \varepsilon - 1 = \ln f \qquad (I, 66)$$

oder wenn

$$f = e^{\alpha - 1 + \beta \varepsilon} \qquad (I, 67)$$

gilt. Integriert man über den Phasenraum, so findet man

$$1 = \int f d\tau = e^{\alpha - 1} \int e^{\beta \varepsilon} d\tau = h^3 e^{\alpha - 1} \sigma, \qquad (I, 68)$$

wenn σ die Zustandssumme

$$\sigma = \frac{1}{h^3} \int e^{\beta \varepsilon} d\tau \qquad (I, 69)$$

§ 7. Systeme von Teilchen mit Translation und inneren Bewegungen.

bedeutet. Damit erhalten wir

$$f = \frac{1}{h^3 \sigma} e^{\beta \varepsilon} = \frac{1}{h^3 \sigma} e^{-\frac{\varepsilon}{kT}} \tag{I, 70}$$

und

$$dN = \frac{N}{h^3 \sigma} e^{\beta \varepsilon} d\tau. \tag{I, 71}$$

Die Zustandssumme läßt sich leicht ausrechnen, wenn wir

$$\varepsilon = \frac{p^2}{2m} \tag{I, 72}$$

und

$$d\tau = dV\, p^2\, dp\, d\omega \tag{I, 73}$$

einsetzen. Dann ist

$$\sigma = \frac{1}{h^3} \iiint e^{\frac{\beta p^2}{2m}} dV\, p^2\, dp\, d\omega. \tag{I, 74}$$

Die Integration über dV liefert das Volumen V, in welchem die Teilchen enthalten sind. Die Integration über $d\omega$ ergibt 4π. Wir erhalten damit

$$\sigma = \frac{4\pi V}{h^3} \int_0^\infty e^{\frac{\beta p^2}{2m}} p^2\, dp = \frac{4\pi V}{h^3} \left(\frac{2m}{-\beta}\right)^{3/2} \int_0^\infty x^2 e^{-x^2} dx$$
$$= V \left(\frac{2\pi m}{-\beta h^2}\right)^{3/2} = V \left(\frac{2\pi m k T}{h^2}\right)^{3/2}, \tag{I, 75}$$

da das Integral den Wert $\sqrt{\pi}/4$ hat.

Es ist nicht schwer, sich davon zu überzeugen, daß auch in diesem Fall die Formeln

$$U = N \frac{\partial}{\partial \beta} \ln \sigma = N k T^2 \frac{\partial}{\partial T} \ln \sigma, \tag{I, 76}$$

$$S = N k \ln \sigma - k \beta U = N k \ln \sigma + \frac{U}{T} \tag{I, 77}$$

gelten. Setzt man σ ein, so findet man

$$dN = \frac{N}{V(2\pi m k T)^{3/2}} e^{-\frac{p^2}{2mkT}} p^2\, dp\, d\omega\, dV, \tag{I, 78}$$

$$U = -\frac{3N}{2\beta} = \frac{3}{2} N k T, \tag{I, 79}$$

$$S = N k \left\{ \ln \left(\frac{2\pi m}{h^2}\right)^{3/2} + \frac{3}{2} - \ln(-\beta)^{3/2} + \ln V \right\}$$
$$= N k \left\{ \ln \left(\frac{2\pi m k T}{h^2}\right)^{3/2} + \frac{3}{2} + \ln V \right\}. \tag{I, 80}$$

Schließlich errechnet man den Druck

$$P = N k T \frac{\partial}{\partial V} \ln \sigma = \frac{N k T}{V}. \tag{I, 81}$$

§ 7. Systeme von Teilchen mit Translation und inneren Bewegungen.

Inhalt: Ist $\varepsilon = \varepsilon_{tr} + \varepsilon_i$ und $d\tau = d\tau_{tr}\, d\tau_i$, so können die Entropie $S = S_{tr} + S_i$ und die Energie $U = U_{tr} + U_i$ als Summen, die Zustandssumme $\sigma = \sigma_{tr} \sigma_i$ als Produkt von Anteilen zusammengesetzt werden, welche zu $d\tau_{tr}$, $d\tau_i$ usw. einzeln gehören. Zustandssummen, innere Energie und Entropie von Molekülen enthalten einen Translationsanteil, der immer derselbe ist.

Bezeichnungen: wie S. 1426.

Moleküle können als Massenpunkte angesehen werden, insofern sie sich als Ganzes bewegen. Wir müssen aber auch ihre Rotation, ihre inneren Schwingungen und schließlich ihre verschiedenen Elektronenzustände berücksichtigen. Nun läßt sich das Volumenelement

$$d\tau = d\tau_{tr} d\tau_i \quad (I, 82)$$

des Phasenraumes in Faktoren $d\tau_{tr}$, $d\tau_i$ usw. zerlegen, $d\tau_{tr}$ gehört zur Translation, $d\tau_i$ zu den anderen Bewegungen des Moleküls. Die Energie setzt sich als eine Summe

$$\varepsilon = \varepsilon_{tr} + \varepsilon_i \quad (I, 83)$$

der Translationsenergie und der anderen Energien zusammen. In dem Integral

$$\sigma = \frac{1}{h^\eta} \iint e^{\beta(\varepsilon_{tr} + \varepsilon_i)} d\tau_{tr} d\tau_i \quad (I, 84)$$

ist η die Zahl der Freiheitsgrade. Man kann nun zunächst über die Translation integrieren, wobei man nach dem vorigen Paragraphen den Translationsanteil der Zustandssumme

$$\sigma_{tr} = \frac{1}{h^3} \int e^{\beta \varepsilon_{tr}} d\tau_{tr} = V \left(\frac{2\pi m k T}{h^2} \right)^{3/2} \quad (I, 85)$$

abspaltet. Er hängt nicht von den Koordinaten und Impulsen der anderen Bewegungen ab, und wir erhalten deshalb

$$\sigma = \frac{\sigma_{tr}}{h^{\eta-3}} \int e^{\beta \varepsilon_i} d\tau_i. \quad (I, 86)$$

Wenn wir noch die Zustandssumme

$$\sigma_i = \frac{1}{h^{\eta-3}} \int e^{\beta \varepsilon_i} d\tau_i \quad (I, 87)$$

für die anderen Bewegungen definieren, ergibt sich

$$\sigma = \sigma_{tr} \sigma_i. \quad (I, 88)$$

Die innere Energie

$$U = N k T^2 \frac{\partial}{\partial T} \ln \sigma = N k T^2 \left\{ \frac{\partial}{\partial T} \ln \sigma_{tr} + \frac{\partial}{\partial T} \ln \sigma_i \right\} = U_{tr} + U_i \quad (I, 89)$$

ist die Summe der Energie der anderen Bewegungen und der Translationsenergie. Entsprechend besteht die Entropie

$$S = \frac{U}{T} + N k \ln \sigma = S_{tr} + S_i \quad (I, 90)$$

aus einem Translationsanteil und einem inneren Anteil.

Die innere Energie aller Gesamtheiten hat also den Translationsanteil

$$U_{tr} = \frac{3}{2} N k T. \quad (I, 91)$$

Zur Entropie steuert die Translation den Betrag

$$S_{tr} = N k \left\{ \ln \left(\frac{2\pi m k T}{h^2} \right)^{3/2} + \frac{3}{2} + \ln V \right\} \quad (I, 92)$$

bei. Dieser Ausdruck muß allerdings noch in

$$S_{tr} = N k \left\{ \ln \left(\frac{2\pi m k T}{h^2} \right)^{3/2} + \frac{5}{2} + \ln \frac{V}{N} \right\} \quad (I, 93)$$

abgeändert werden, weil die Teilchen nicht der klassischen Statistik, sondern entweder der Bosestatistik oder der Fermistatistik gehorchen (s. S. 1435, 1441 und 1444).

Die Zustandssumme aller Teilchenarten enthält den Translationsfaktor

$$\sigma_{\mathrm{tr}} = V\left(\frac{2\pi m k T}{h^2}\right)^{3/2}. \tag{I, 94}$$

*§ 8. Die Ergodenhypothese und ihre Probleme.

Befindet sich eine Gesamtheit von Teilchen in irgendeinem Quantenzustand, so besteht für alle Quantenzustände, die von diesem Zustand erreichbar sind, nach längerer Zeit dieselbe Wahrscheinlichkeit. Dies war die quantentheoretische Formulierung des Liouvilleschen Satzes auf S. 1424.

Als wir die Translation der Teilchen untersuchten, haben wir stillschweigend die Annahme gemacht, daß alle Zustände der Gesamtheit erreichbar sind, wenn sie nur dieselbe Energie besitzen wie der Ausgangszustand. Diese Annahme wird „Ergodenhypothese" genannt. Es ist aber ersichtlich, daß diese Annahme nicht unter allen Umständen richtig zu sein braucht, ja, daß sie in einigen Fällen bestimmt nicht zutrifft.

Handelt es sich um eine Gesamtheit von Teilchen, die keinen äußeren Kräften unterliegen, so ist ihr Gesamtimpuls unveränderlich. Dasselbe gilt für den gesamten Drehimpuls. Von dem Ausgangszustand aus sind also sicher nur solche Zustände erreichbar, welche nicht nur dieselbe Energie U, sondern auch denselben Impuls und denselben Drehimpuls wie der Ausgangszustand besitzen. Die Ergodenhypothese gilt also sicherlich nicht für Gesamtheiten, welche keinen äußeren Kräften unterliegen.

Wenn allerdings ein Gas in ein Gefäß eingeschlossen ist, werden Kräfte ausgeübt, welche den Gesamtimpuls und Drehimpuls schließlich auf den Wert Null bringen, wodurch der Ergodenhypothese doch zur Gültigkeit verholfen wird.

Es ist nicht schwierig, die Besetzungszahlen zu ermitteln, wenn außer der Energie noch der Gesamtwert A einer Eigenschaft festliegt, welche im k-ten Quantenzustand eines Teilchens den Wert A_k besitzt. Dann tritt zu den Nebenbedingungen (I, 26) und (I, 27) noch

$$A = \sum^k A_k N_k \tag{I, 95}$$

und statt (I, 36) erhalten wir

$$N_k = e^{\alpha - 1 + \beta \varepsilon_k + \gamma A_k}. \tag{I, 96}$$

Jetzt bezeichnen wir

$$\sigma = \sum e^{\beta \varepsilon_k + \gamma A_k} \tag{I, 97}$$

als Zustandssumme, wodurch wir wie früher

$$N = e^{\alpha - 1} \sigma \tag{I, 98}$$

finden. Wir erhalten dann die innere Energie

$$U = N \frac{\partial}{\partial \beta} \ln \sigma \tag{I, 99}$$

und

$$A = N \frac{\partial}{\partial \gamma} \ln \sigma. \tag{I, 100}$$

Der Mittelwert von A_k ist

$$\bar{A} = \frac{\partial}{\partial \gamma} \ln \sigma. \tag{I, 101}$$

Wir bezeichnen nun die Impulskomponenten eines Teilchens mit p_u, p_v, p_w. Soll die w-Komponente des Gesamtimpulses vorgegeben sein, so haben wir $A_k = p_w$ zu setzen. Wir erhalten dann die Zustandssumme

$$\sigma = \frac{V}{h^3} \int_{-\infty}^{\infty} \int_{-\infty}^{\infty} \int_{-\infty}^{\infty} e^{\frac{\beta}{2m}(p_u^2 + p_v^2 + p_w^2) + \gamma p_w} dp_u\, dp_v\, dp_w. \qquad (I, 102)$$

Die Integrale über p_u und p_v liefern

$$\int_{-\infty}^{\infty} e^{\frac{\beta}{2m} p_u^2} dp_u = \int_{-\infty}^{\infty} e^{\frac{\beta}{2m} p_v^2} dp_v = \sqrt{\frac{2\pi m}{-\beta}}, \qquad (I, 103)$$

wodurch die Zustandssumme in

$$\sigma = -\frac{2\pi m V}{\beta h^3} \int_{-\infty}^{\infty} e^{\frac{\beta}{2m} p_w^2 + \gamma p_w} dp_w \qquad (I, 104)$$

übergeht. Wir können sie leicht in

$$\sigma = -\frac{2\pi m V}{\beta h^3} e^{-\frac{\gamma^2 m}{2\beta}} \int_{-\infty}^{\infty} e^{\frac{\beta}{2m}\left(p_w + \frac{\gamma m}{\beta}\right)^2} dp_w = V \left(\frac{2\pi m}{-\beta h^2}\right)^{3/2} e^{-\frac{\gamma^2 m}{2\beta}} \qquad (I, 105)$$

umformen. Ist

$$\sigma_0 = V \left(\frac{2\pi m}{-\beta h^2}\right)^{3/2} \qquad (I, 106)$$

die Zustandssumme ohne Erhaltung des Impulses, so gilt

$$\sigma = \sigma_0 e^{-\frac{\gamma^2 m}{2\beta}}. \qquad (I, 107)$$

Nach (I, 101) finden wir den Mittelwert des Impulses

$$\overline{p_w} = \frac{\partial}{\partial \gamma} \ln \sigma = -\frac{\gamma m}{\beta}. \qquad (I, 108)$$

Bilden wir die Besetzungszahlen, so ergibt sich mit (I, 96) und (I, 98)

$$dN = \frac{d\tau}{h^3} e^{\alpha - 1 + \beta \varepsilon_k + \gamma p_w} = \frac{N}{\sigma h^3} e^{\beta \varepsilon_k - \frac{\beta p_w \overline{p_w}}{m}} d\tau$$

$$= \frac{N}{\sigma_0 h^3} e^{\frac{\beta}{2m}(p_u^2 + p_v^2 + p_w^2 - 2 p_w \overline{p_w} + \overline{p_w}^2)} d\tau = \frac{N}{\sigma_0 h^3} e^{\frac{\beta}{2m}\{p_u^2 + p_v^2 + (p_w - \overline{p_w})^2\}} d\tau. \qquad (I, 109)$$

Bezieht man auf ein Koordinatensystem, welches im Schwerpunkt der Gesamtheit ruht, so gelten die alten Formeln. Die Gesamtenergie zerfällt in den Anteil der gemeinsamen Translation und die Energie der ungeordneten Molekularbewegung, wenn man σ in (I, 99) einsetzt.

II. Bosestatistik und Fermistatistik.

Ein System bestehe aus N Teilchen, welche unabhängig voneinander sind. Jedes Teilchen möge eine Reihe von Quantenzuständen besitzen, welche wir Quantenzellen nennen wollen, damit sie mit den Quantenzuständen der Teilchengesamtheit nicht verwechselt werden. Jede Quantenzelle kennzeichnen wir durch eine Quantenzahl k.

Auf S. 1424 haben wir ausgesprochen, daß ein Quantenzustand des ganzen Systems durch eine Kombination von Quantenzahlen

$$k_1, k_2, \ldots k_m \ldots k_N \qquad (\text{II}, 1)$$

festgelegt sei. Sie gibt an, daß sich das erste Teilchen in der Zelle k_1, das zweite in der Zelle k_2 usw. befindet. Diese Auffassung verträgt sich aber nicht mit der Quantentheorie. Ein Quantenzustand des Gesamtsystems wird gekennzeichnet, indem man jeder Quantenzelle N_k Teilchen zuweist, jedoch kann man nicht unterscheiden, welche Teilchen es sind. Jede Kombination von Besetzungszahlen N_k der Quantenzellen kennzeichnet also einen Quantenzustand des Gesamtsystems, und alle diese Zustände sind gleich wahrscheinlich.

Diese Feststellungen entziehen natürlich der klassischen Statistik, welche wir im vorigen Kapitel entwickelt haben, den Boden. Die Quantenzustände der Gesamtheit, welche wir dort studiert haben und die wir Mikrozustände nannten, existieren gar nicht. Der Quantenzustand der Gesamtheit ist vielmehr das, was wir in der klassischen Statistik als Makrozustand ansahen. Für ihn gibt es aber nicht

$$W = \frac{N!}{\prod_k N_k!} \qquad (\text{II}, 2)$$

Realisierungsmöglichkeiten, sondern nur eine einzige.

§ 1. Die Bosestatistik.

Inhalt: Infolge der Translation gehören viele Quantenzellen zu ähnlichen Energien, die man zu Gruppen zusammenfassen kann. Die Zahl der Teilchen in einer Gruppe läßt sich berechnen. Die Verteilung der Teilchen auf die Gruppen richtet sich nach der Temperatur. Berechnung von Formeln für innere Energie und Entropie nach der Bosestatistik.

Bezeichnungen: Z_s Zahl der Quantenzellen in der s-ten Gruppe, Z_{ns} Zahl der n-fach besetzten Zellen, ε_s Teilchenenergie, N_s Teilchenzahl, U_s Gesamtenergie der s-ten Gruppe, N Gesamtzahl aller Teilchen, U gesamte innere Energie, S Entropie, T absolute Temperatur, k Boltzmannsche Konstante, σ Zustandssumme, $\beta = -1/kT$, P Druck, V Volumen.

Da die Quantenenergien eines Teilchens wegen der Translation dicht liegen, fassen wir mehrere Zellen benachbarter Energie zu einer Gruppe zusammen. Die Gruppen unterscheiden wir durch einen Index s. In der s-ten Gruppe mögen Z_s Zellen zusammengefaßt sein. Ein Teilchen dieser Gruppe möge die Energie ε_s besitzen. Unter den Z_s-Zellen mögen Z_{0s} unbesetzt, Z_{1s} einfach, Z_{2s} zweifach, Z_{ns} Zellen n-fach besetzt sein. Dann muß natürlich

$$Z_s = \sum^n Z_{ns} \qquad (\text{II}, 3)$$

gelten. Insgesamt gehören

$$N_s = \sum^n n Z_{ns} \qquad (\text{II}, 4)$$

Teilchen zur s-ten Gruppe. Sie besitzen zusammen die Energie

$$U_s = \varepsilon_s N_s = \sum^n \varepsilon_s n Z_{ns}. \qquad (\text{II}, 5)$$

Versucht man zu messen, wie die Teilchen auf die Zellen verteilt sind, so wird man meist nicht die Besetzungszahlen N_k der einzelnen Zellen, sondern nur die Besetzungszahlen N_s der Gruppen feststellen können. Jede Kombination von Besetzungszahlen N_s betrachten wir jetzt als Makrozustand unseres Systems.

Die Gesamtheit der Zahlen N_s repräsentiert die Verteilung der Teilchen. Zunächst gilt es einen Ausdruck für die Zahl der Realisierungsmöglichkeiten einer solchen Verteilung aufzustellen.

Jeder Quantenzustand der Teilchengesamtheit wird durch eine Kombination der Zahlen N_k dargestellt und bedeutet eine Realisierungsmöglichkeit. Vertauschen wir in der s-ten Gruppe zwei Zellen verschiedener Besetzung, so entsteht eine neue Kombination der N_k, die zur gleichen Kombination N_s gehört. Vertauschen wir hingegen zwei Zellen von gleicher Besetzung, so wird an der Kombination der N_k nichts geändert und es entsteht keine neue Realisierung. Innerhalb der s-ten Gruppe gibt es also

$$W_s = \frac{Z_s!}{\prod\limits_n Z_{ns}!} \tag{II.6}$$

Vertauschungen, welche zu neuen Realisierungen führen. Da jede dieser Realisierungsmöglichkeiten mit allen Realisierungsmöglichkeiten der anderen Gruppen kombiniert werden kann, kann die Verteilung N_s durch

$$W = \prod_s W_s = \prod_s \frac{Z_s!}{\prod\limits_n Z_{ns}!} \tag{II,7}$$

verschiedene Quantenzustände der Gesamtheit realisiert werden.

Wir suchen jetzt die wahrscheinlichste Verteilung, für welche $\ln W$ ein Maximum sein muß. Allerdings kommen die Nebenbedingungen

$$Z_s = \sum\nolimits^n Z_{ns} \tag{II,8}$$

hinzu, weil ja die Zahl der Zellen in einer Gruppe durch die Gruppeneinteilung festgelegt ist. Außerdem ist die gesamte Teilchenzahl

$$N = \sum\nolimits^s N_s = \sum\nolimits^{ns} n\, Z_{ns} \tag{II,9}$$

und die Gesamtenergie

$$U = \sum\nolimits^s \varepsilon_s\, N_s = \sum\nolimits^{ns} \varepsilon_s\, n\, Z_{ns} \tag{II,10}$$

vorgegeben. Wenn wir die Gruppen groß genug machen, können wir die Z_{ns} als große Zahlen betrachten und $\ln(Z_{ns}!)$ nach der Stirlingschen Formel berechnen. Wir erhalten dann

$$\begin{aligned}\ln W &= \sum\nolimits^s Z_s \ln Z_s - \sum\nolimits^s Z_s - \sum\nolimits^{ns} Z_{ns} \ln Z_{ns} + \sum\nolimits^{ns} Z_{ns} \\ &= \sum\nolimits^s Z_s \ln Z_s - \sum\nolimits^s \sum\nolimits^n Z_{ns} \ln Z_{ns}.\end{aligned} \tag{II,11}$$

Jetzt ändern wir die Z_{ns} um Beträge δZ_{ns} ab und verlangen, daß die Abänderung

$$\delta\left\{\ln W + \beta U + \alpha N + \sum\nolimits^s \lambda_s Z_s\right\} = 0 \tag{II,12}$$

verschwindet. Setzt man die Formeln (II, 8, 9, 10, 11) ein, so entsteht die Gleichung

$$\sum\nolimits^{ns}(\beta n \varepsilon_s + \alpha n + \lambda_s - 1 - \ln Z_{ns})\,\delta Z_{ns} = 0 \tag{II,13}$$

aus der

$$\ln Z_{ns} = n(\alpha + \beta \varepsilon_s) + \lambda_s - 1 \tag{II,14}$$

und

$$Z_{ns} = e^{n(\beta \varepsilon_s + \alpha) + \lambda_s - 1} \tag{II,15}$$

§ 1. Die Bosestatistik.

folgt. Um λ_s zu eliminieren, summieren wir über n und erhalten

$$Z_s = \sum^n Z_{ns} = e^{\lambda_s - 1} \sum_0^\infty e^{n(\beta \varepsilon_s + \alpha)}. \tag{II, 16}$$

Mit der Abkürzung

$$\sigma_s = \sum^n e^{n(\beta \varepsilon_s + \alpha)} = \frac{1}{1 - e^{\beta \varepsilon_s + \alpha}} \tag{II, 17}$$

finden wir

$$Z_s = \sigma_s e^{\lambda_s - 1} \tag{II, 18}$$

und somit

$$Z_{ns} = \frac{Z_s}{\sigma_s} e^{n(\beta \varepsilon_s + \alpha)}. \tag{II, 19}$$

Jetzt suchen wir die Teilchenzahl

$$N_s = \sum^n n Z_{ns} = \frac{Z_s}{\sigma_s} \sum^n n e^{n(\beta \varepsilon_s + \alpha)} \tag{II, 20}$$

in der s-ten Gruppe auf. Es gilt

$$\sum^n n e^{n(\beta \varepsilon_s + \alpha)} = \frac{\partial}{\partial \alpha} \sum^n e^{n(\beta \varepsilon_s + \alpha)} = \frac{\partial \sigma_s}{\partial \alpha}, \tag{II, 21}$$

und wir erhalten

$$N_s = \frac{Z_s}{\sigma_s} \frac{\partial \sigma_s}{\partial \alpha} = Z_s \frac{\partial}{\partial \alpha} \ln \sigma_s = \frac{Z_s e^{\beta \varepsilon_s + \alpha}}{1 - e^{\beta \varepsilon_s + \alpha}}. \tag{II, 22}$$

Die Energie der s-ten Gruppe ist

$$U_s = \varepsilon_s N_s = \sum^n \varepsilon_s n Z_{ns} = \frac{Z_s}{\sigma_s} \sum^n \varepsilon_s n e^{n(\beta \varepsilon_s + \alpha)}$$
$$= Z_s \frac{\partial}{\partial \beta} \ln \sigma_s = \frac{Z_s \varepsilon_s e^{\beta \varepsilon_s + \alpha}}{1 - e^{\beta \varepsilon_s + \alpha}}. \tag{II, 23}$$

Nun können wir die Zustandssumme

$$\sigma = \prod_s \sigma_s^{\frac{Z_s}{N}} \tag{II, 24}$$

definieren und finden

$$N \ln \sigma = \sum^s Z_s \ln \sigma_s. \tag{II, 25}$$

Ferner ergibt sich

$$\frac{\partial}{\partial \alpha} \ln \sigma = \frac{1}{N} \sum^s Z_s \frac{\partial}{\partial \alpha} \ln \sigma_s = \frac{1}{N} \sum^s N_s = 1. \tag{II, 26}$$

Die Gesamtenergie

$$U = \sum^s U_s = \sum^s Z_s \frac{\partial}{\partial \beta} \ln \sigma_s = N \frac{\partial}{\partial \beta} \ln \sigma \tag{II, 27}$$

und die Entropie

$$S = k \ln W = k \sum^s Z_s \ln Z_s - k \sum^s \sum^n Z_{ns} (\ln Z_s - \ln \sigma_s + n \beta \varepsilon_s + \alpha n)$$
$$= k \sum^s Z_s \ln Z_s - k \sum^s Z_s (\ln Z_s - \ln \sigma_s) - k \beta \sum^s \sum^n \varepsilon_s n Z_{ns} - k \alpha \sum^s \sum^n n Z_{ns}$$
$$= k \sum^s Z_s \ln \sigma_s - k \beta U - k \alpha N \tag{II, 28}$$
$$= k N \ln \sigma - k \beta U - k \alpha N$$

hängen in einfacher Weise mit der Zustandssumme zusammen.

Wir bilden nun das Differential der Entropie, wobei wir β, α und das Volumen V als Variable betrachten. Dann ist

$$dS = kN\left(\frac{\partial}{\partial \beta}\ln\sigma - \frac{U}{N}\right)d\beta + kN\left(\frac{\partial}{\partial \alpha}\ln\sigma - 1\right)d\alpha +$$
$$+ kN\frac{\partial}{\partial V}(\ln\sigma)\,dV - k\beta\,dU = -k\beta\,dU + kN\frac{\partial}{\partial V}(\ln\sigma)\,dV. \qquad (II, 29)$$

Durch Vergleich mit (s. S. 1429)

$$dS = \frac{dU + P\,dV}{T} \qquad (II, 30)$$

ergibt sich wieder

$$\beta = -\frac{1}{kT}; \quad T = -\frac{1}{k\beta} \qquad (II, 31)$$

und

$$P = NkT\frac{\partial}{\partial V}(\ln\sigma). \qquad (II, 32)$$

Führt man in (II, 27) die Temperatur T statt β ein, so kann man U aus

$$U = NkT^2\frac{\partial}{\partial T}\ln\sigma \qquad (II, 33)$$

berechnen.

§ 2. Bosestatistik der Translation.

Inhalt: Berechnung der Verteilung der Teilchen auf die Werte der Energie, wenn nur Translation stattfindet. Bei kleiner Teilchendichte berechnet man für die gesamte Translationsenergie denselben Wert wie nach der klassischen Statistik. Der Ausdruck für die Entropie wird gegen die klassische Statistik etwas abgeändert. Nach der Bosestatistik ist die Entropie additiv, nicht aber nach der klassischen Statistik.

Bezeichnungen: m Masse, c Geschwindigkeit, p Impuls der Teilchen, V Volumen, in das die Teilchen eingeschlossen sind, h Plancksche Konstante, U_{tr} Translationsenergie der Teilchengesamtheit, S_{tr} Entropieanteil der Translation, N_0 Teilchenzahl im Mol, v Molvolumen, R molare Gaskonstante.

Können die Teilchen nur eine Translation ausführen (Edelgasatome), so fassen wir alle Quantenzellen in eine Gruppe zusammen, welche zwischen einer Geschwindigkeit c und $c + dc$ liegen. Im Geschwindigkeitsraum nimmt diese Gruppe das Volumen $4\pi c^2\,dc$ ein, und im Impulsraum das Volumen $4\pi m^3 c^2\,dc$, wenn m die Teilchenmasse bedeutet. Steht den Teilchen das Volumen V zur Verfügung, so haben wir im Phasenraum ein Volumen

$$4\pi V m^3 c^2\,dc, \qquad (II, 34)$$

und die Gruppe besteht aus

$$Z_s = \frac{4\pi V m^3 c^2\,dc}{h^3} \qquad (II, 35)$$

Zellen. Zu jeder Zelle gehört die Energie

$$\varepsilon_s = \frac{mc^2}{2}. \qquad (II, 36)$$

Setzen wir das und $\beta = -1/kT$ in (II, 22) ein, so erhalten wir

$$N_s = \frac{4\pi V m^3}{h^3}\,\frac{e^{-\frac{mc^2}{2kT}+\alpha}}{1 - e^{-\frac{mc^2}{2kT}+\alpha}}\,c^2\,dc = \frac{4\pi V}{h^3}\,\frac{e^{-\frac{p^2}{2mkT}+\alpha}}{1 - e^{-\frac{p^2}{2mkT}+\alpha}}\,p^2\,dp. \qquad (II, 37)$$

§ 2. Bosestatistik der Translation.

Wir müssen nun zuerst die Konstante α untersuchen. α kann nicht verschwinden, denn sonst würde der Nenner von (II, 37) für $c = 0$ verschwinden. Es müßte dann eine unendlich große Zahl von Teilchen geben, die sich momentan in Ruhe befinden. Aus dem gleichen Grunde kann α aber auch nicht positiv sein, weil es dann eine unendliche Anzahl von Teilchen gäbe, welche die Geschwindigkeit

$$c = \sqrt{\frac{2\alpha k T}{m}} \qquad (II, 38)$$

haben. α muß also eine negative Größe sein. Ihren Wert bestimmt man, indem man (II, 37) über alle c integriert. Hierbei ergibt sich die gesamte Teilchenzahl

$$N = \frac{4\pi V m^3}{h^3} \int_0^\infty \frac{e^{-\frac{mc^2}{2kT}+\alpha}}{1 - e^{-\frac{mc^2}{2kT}+\alpha}} c^2 \, dc \qquad (II, 39)$$

$$= 4\pi V \left(\frac{2mkT}{h^2}\right)^{3/2} \int_0^\infty \frac{e^{-x^2+\alpha}}{1 - e^{-x^2+\alpha}} x^2 \, dx.$$

Wenn α nennenswert unter Null liegt, ist

$$e^\alpha \ll 1,$$

und man kann den Nenner unter dem Integral nahezu gleich 1 setzen. Dann läßt sich das Integral elementar auswerten und ergibt

$$\int_0^\infty e^{-x^2+\alpha} x^2 \, dx = e^\alpha \int_0^\infty e^{-x^2} x^2 \, dx = \frac{\sqrt{\pi}}{4} e^\alpha. \qquad (II, 40)$$

Die Gleichung (II, 39) geht dann in

$$N = V \left(\frac{2\pi m k T}{h^2}\right)^{3/2} e^\alpha \qquad (II, 41)$$

oder

$$e^\alpha = \frac{N}{V} \left(\frac{h^2}{2\pi m k T}\right)^{3/2} \qquad (II, 42)$$

über. e^α ist um so kleiner, je kleiner die Teilchenzahl N/V pro Volumeneinheit, je größer die Masse der Teilchen und je höher die Temperatur ist. Für Wasserstoff bei $0°$ und einer Atmosphäre Druck erhalten wir $e^\alpha = 3 \cdot 10^{-5}$, für alle anderen Gase noch kleinere Werte. Selbst bei einem Druck von 1000 Atmosphären oder einer Temperatur von $-200°$ C ist unsere Näherung noch gut. Bei allen Molekülgasen sind Fehler, die wir bei unserer Näherung machen, jedenfalls immer kleiner als die Einflüsse, welche von den van der Waalsschen Kräften herkommen.

Wenn $e^\alpha \ll 1$ ist, erhält man die „klassische Näherung"

$$N_s = \frac{4\pi V m^3}{h^3} e^\alpha e^{-\frac{mc^2}{2kT}} c^2 \, dc = 4\pi N \left(\frac{m}{2\pi k T}\right)^{3/2} e^{-\frac{mc^2}{2kT}} c^2 \, dc \qquad (II, 43)$$

$$= \frac{4\pi N}{(2\pi m k T)^{3/2}} e^{-\frac{p^2}{2mkT}} p^2 \, dp,$$

welche sich auch aus (I, 78) von S. 1431 beim Integrieren über ω und V ergibt. In dieser Näherung berechnen wir noch

$$U_{tr} = \sum \varepsilon_s N_s = 4\pi N \left(\frac{m}{2\pi kT}\right)^{3/2} \int \frac{mc^2}{2} e^{-\frac{mc^2}{2kT}} c^2\, dc = \frac{3}{2} NkT. \qquad (II, 44)$$

Um die Entropie aufzufinden, bilden wir

$$\ln \sigma_s = -\ln\left(1 - e^{\beta \varepsilon_s + \alpha}\right) \approx e^{\beta \varepsilon_s + \alpha}$$

$$\ln \sigma = \frac{1}{N} \sum_s Z_s\, e^{\beta \varepsilon_s + \alpha} = \frac{4\pi V m^3}{Nh^3} e^\alpha \int_0^\infty e^{-\frac{mc^2}{2kT}} c^2\, dc \qquad (II, 45)$$

$$= \frac{V}{N} e^\alpha \left(\frac{2\pi mkT}{h^2}\right)^{3/2} = 1.$$

Diese Näherung reicht zwar nicht aus, um U nach (II, 33) zu berechnen, wohl aber um mit (II, 28), (II, 42) und (II, 44) für die Entropie den Ausdruck

$$S_{tr} = Nk + \frac{3}{2} Nk - Nk \ln\left\{\frac{N}{V}\left(\frac{h^2}{2\pi mkT}\right)^{3/2}\right\}$$
$$= Nk\left\{\frac{5}{2} + \ln\left(\frac{2\pi mkT}{h^2}\right)^{3/2} + \ln \frac{V}{N}\right\} \qquad (II, 46)$$

aufzustellen. Dies ist die wichtige Entropieformel von SACKUR und TETRODE. Von der Formel (I, 92) von S. 1432, welche aus der klassischen Statistik gewonnen wurde, ist noch das Glied

$$Nk(\ln N - 1) = k \ln(N!) \qquad (II, 47)$$

in Abzug gekommen.

Verdoppelt man das Volumen und die Teilchenzahl, so liefert (II, 46) den doppelten Wert der Entropie. Die Translationsentropie ist nach der Bosestatistik also additiv. Würde man nach (I, 92) von S. 1432 rechnen, so würde außer der Verdopplung noch das Glied $2Nk\ln 2$ hinzukommen und die Entropie wäre nicht additiv.

Wenden wir (II, 46) auf ein Mol eines Gases an, so erhalten wir die molare Translationsentropie

$$s = \frac{3}{2} R \ln T + R \ln v + a, \qquad (II, 48)$$

wo v das Molvolumen, N_0 die Teilchenzahl im Mol, $R = kN_0$ die molare Gaskonstante bedeutet und a den Wert

$$a = R\left\{\frac{5}{2} + \ln\left[\frac{1}{N_0}\left(\frac{2\pi mk}{h^2}\right)^{3/2}\right]\right\} \qquad (II, 49)$$

hat.

Zu der s-ten Gruppe von Quantenzellen gehört im Phasenraum das Volumen

$$d\tau = 4\pi V m^3 c^2\, dc. \qquad (II, 50)$$

Man kann dann eine Verteilungsfunktion f durch

$$N_s = dN = Nf\, d\tau \qquad (II, 51)$$

definieren, woraus sich

$$f = \frac{1}{Nh^3} \frac{e^{-\frac{mc^2}{2kT} + \alpha}}{1 - e^{-\frac{mc^2}{2kT} + \alpha}} \qquad (II, 52)$$

ergibt. Bei geringer Teilchendichte reduziert sie sich auf die klassische Verteilungsfunktion

$$f = \frac{1}{Nh^3} e^{-\frac{mc^2}{2kT}+\alpha} = \frac{1}{V}(2\pi m kT)^{-\frac{3}{2}} e^{-\frac{mc^2}{2kT}}. \qquad (II, 53)$$

§ 3. Die Fermistatistik.

Inhalt: Besetzungszahlen, innere Energie und Entropie bei Fermistatistik. Bei kleiner Teilchendichte besteht kein Unterschied zwischen Fermistatistik und Bosestatistik.
Bezeichnungen: wie S. 1438.

Manche Elementarteilchen, insbesondere Elektronen, folgen nicht der Bosestatistik, sondern der Fermistatistik. Die Eigenfunktion eines Systems vieler Elektronen sind immer antisymmetrisch bezüglich der Vertauschung eines Elektronenpaares. Für unabhängige Teilchen bedeutet dies, daß jede Quantenzelle entweder von einem oder von keinem Teilchen eingenommen werden kann (s. S. 1132).

Teilen wir wieder die Quantenzellen in Gruppen ein, so befinden sich unter den Z_s Zellen der s-ten Gruppe Z_{1s} besetzte Zellen und Z_{0s} unbesetzte. Es ist demnach

$$Z_s = Z_{1s} + Z_{0s}. \qquad (II, 54)$$

In der s-ten Gruppe befinden sich

$$N_s = Z_{1s} \qquad (II, 55)$$

Teilchen. Wenn jedes von ihnen die Energie ε_s besitzt, nimmt die Gruppe die Energie

$$U_s = \varepsilon_s Z_{1s} \qquad (II, 56)$$

auf.

Die gesamte Teilchenzahl ist

$$N = \sum^s Z_{1s} \qquad (II, 57)$$

und die Gesamtenergie

$$U = \sum^s \varepsilon_s Z_{1s}. \qquad (II, 58)$$

Für den Logarithmus der Realisierungsmöglichkeiten erhalten wir statt

$$\ln W = \sum^s Z_s \ln Z_s - \sum^s \sum^n Z_{ns} \ln Z_{ns}$$

[s. S. 1436, Gl. (II, 11)] den einfacheren Ausdruck

$$\ln W = \sum^s Z_s \ln Z_s - \sum^s Z_{1s} \ln Z_{1s} - \sum^s Z_{0s} \ln Z_{0s}. \qquad (II, 59)$$

Wenn wir $Z_{0s} = Z_s - Z_{1s}$ einsetzen, ergibt dies für die Entropie die Formel

$$S = k \sum^s \{Z_s \ln Z_s - (Z_s - Z_{1s}) \ln(Z_s - Z_{1s}) - Z_{1s} \ln Z_{1s}\}. \qquad (II, 60)$$

Variiert man die Z_{1s} und verlangt, daß

$$\delta\left(\frac{S}{k} + \beta U + \alpha N\right) = 0 \qquad (II, 61)$$

wird, so findet man

$$\sum_s \delta Z_{1s} \{\ln(Z_s - Z_{1s}) - \ln Z_{1s} + \beta \varepsilon_s + \alpha\} = 0, \qquad (II, 62)$$

Weizel, Theoretische Physik, II. 2. Aufl.

und daraus
$$\frac{Z_{1s}}{Z_s - Z_{1s}} = e^{\beta \varepsilon_s + \alpha}. \qquad (II, 63)$$

Durch Auflösen nach Z_{1s} erhält man
$$Z_{1s} = N_s = Z_s \frac{e^{\beta \varepsilon_s + \alpha}}{1 + e^{\beta \varepsilon_s + \alpha}}. \qquad (II, 64)$$

Für die Teilchenzahl und Gesamtenergie entstehen damit die Ausdrücke
$$N = \sum_s Z_{1s} = \sum_s Z_s \frac{e^{\beta \varepsilon_s + \alpha}}{1 + e^{\beta \varepsilon_s + \alpha}}, \qquad (II, 65)$$

$$U = \sum_s \varepsilon_s Z_{1s} = \sum_s \varepsilon_s Z_s \frac{e^{\beta \varepsilon_s + \alpha}}{1 + e^{\beta \varepsilon_s + \alpha}}. \qquad (II, 66)$$

Den Ausdruck für die Entropie formt man leicht in
$$S = k \sum_s Z_s \ln \frac{Z_s}{Z_s - Z_{1s}} - k \sum_s Z_{1s} \ln \frac{Z_{1s}}{Z_s - Z_{1s}} \qquad (II, 67)$$
um. Nun ist
$$\frac{Z_s}{Z_s - Z_{1s}} = 1 + e^{\beta \varepsilon_s + \alpha}; \quad \ln \frac{Z_{1s}}{Z_s - Z_{1s}} = \beta \varepsilon_s + \alpha. \qquad (II, 68)$$

Damit erhält man
$$\begin{aligned} S &= k \sum_s Z_s \ln(1 + e^{\beta \varepsilon_s + \alpha}) - k\beta \sum_s \varepsilon_s Z_{1s} - k\alpha \sum_s Z_{1s} \\ &= k \sum_s Z_s \ln(1 + e^{\beta \varepsilon_s + \alpha}) - k\beta U - k\alpha N. \end{aligned} \qquad (II, 69)$$

Nun bilden wir das Differential von S. Der Einfachheit halber halten wir das Volumen fest, welches noch in den Z_s steckt. Mit der Temperatur ändern sich dann noch β, α und U. Wir erhalten dann mit (II, 65) und (II, 66)

$$dS = k\,d\beta \sum_s \varepsilon_s Z_s \frac{e^{\beta \varepsilon_s + \alpha}}{1 + e^{\beta \varepsilon_s + \alpha}} + k\,d\alpha \sum_s Z_s \frac{e^{\beta \varepsilon_s + \alpha}}{1 + e^{\beta \varepsilon_s + \alpha}} - \\ - kU\,d\beta - k\beta\,dU - kN\,d\alpha = -k\beta\,dU. \qquad (II, 70)$$

Vergleichen wir mit der Formel
$$dS = \frac{dU}{T} \qquad (II, 71)$$

der Thermodynamik, welche für konstantes Volumen gilt, so sehen wir, daß wieder
$$\beta = -\frac{1}{kT}; \quad T = -\frac{1}{k\beta} \qquad (II, 72)$$

ist. Die Formeln (II, 64, 65, 66, 69) gehen damit in

$$N_s = Z_s \frac{e^{-\frac{\varepsilon_s}{kT} + \alpha}}{1 + e^{-\frac{\varepsilon_s}{kT} + \alpha}}, \qquad (II, 73)$$

$$N = \sum_s Z_s \frac{e^{-\frac{\varepsilon_s}{kT} + \alpha}}{1 + e^{-\frac{\varepsilon_s}{kT} + \alpha}}, \qquad (II, 74)$$

§ 3. Die Fermistatistik.

$$U = \sum_s \varepsilon_s Z_s \frac{e^{-\frac{\varepsilon_s}{kT}+\alpha}}{1+e^{-\frac{\varepsilon_s}{kT}+\alpha}}, \qquad (II, 75)$$

$$S = k \sum_s Z_s \ln\left(1+e^{-\frac{\varepsilon_s}{kT}+\alpha}\right) + \frac{U}{T} - k\alpha N \qquad (II, 76)$$

über.

Auch in der Fermistatistik kann man sich der Zustandssumme bedienen. Setzt man

$$\sigma_s = 1 + e^{\beta\varepsilon_s + \alpha}, \qquad (II, 77)$$

so gilt wie in der Bosestatistik

$$Z_{1s} = \frac{Z_s}{\sigma_s} e^{\beta\varepsilon_s + \alpha}. \qquad (II, 78)$$

Definiert man als Zustandssumme

$$\sigma = \prod_s \sigma_s^{\frac{Z_s}{N}}, \qquad (II, 79)$$

so findet man wie in der Bosestatistik

$$\left. \begin{array}{l} 1 = \dfrac{\partial \ln \sigma}{\partial \alpha}, \\[4pt] U = N \dfrac{\partial}{\partial \beta} \ln \sigma = N k T^2 \dfrac{\partial}{\partial T} \ln \sigma, \\[4pt] S = k N \ln \sigma - k \beta U - k \alpha N. \end{array} \right\} \qquad (II, 80)$$

Wenn es sich um Teilchen handelt, welche nur eine Translation ausführen können, fassen wir die Zellen zu einer Gruppe zusammen, bei denen die Geschwindigkeit zwischen c und $c+dc$ liegt. Die Energie des Teilchens hat dann den Wert

$$\varepsilon_s = \frac{m}{2} c^2, \qquad (II, 81)$$

und die Zahl der Zellen einer Gruppe ist dann

$$Z_s = \frac{4\pi V m^3 c^2 dc}{h^3} = \frac{4\pi V p^2 dp}{h^3}. \qquad (II, 82)$$

Dann gilt

$$N_s = dN = \frac{4\pi V m^3}{h^3} \frac{e^{-\frac{mc^2}{2kT}+\alpha}}{1+e^{-\frac{mc^2}{2kT}+\alpha}} c^2 dc, \qquad (II, 83)$$

setzen wir

$$d\tau = 4\pi V m^3 c^2 dc \qquad (II, 84)$$

und

$$dN = Nf d\tau, \qquad (II, 85)$$

so erhalten wir die Fermische Verteilungsfunktion

$$f = \frac{1}{Nh^3} \frac{e^{-\frac{mc^2}{2kT}+\alpha}}{1+e^{-\frac{mc^2}{2kT}+\alpha}}. \qquad (II, 86)$$

Wenn $e^\alpha \ll 1$ ist, kann man

$$e^{-\frac{mc^2}{2kT}+\alpha} \qquad (II, 87)$$

91*

gegen 1 vernachlässigen. Wir erhalten dann genau wie in der Bosestatistik

$$N_s = dN = \frac{4\pi V m^3}{h^3} e^{-\frac{mc^2}{2kT} + \alpha} c^2 dc \qquad (II, 88)$$

und daraus

$$e^\alpha = \frac{N}{V}\left(\frac{h^2}{2\pi m k T}\right)^{3/2}. \qquad (II, 89)$$

Für innere Energie und Entropie ergeben sich deshalb auch dieselben Formeln (II, 44) und (II, 46), die wir auf S. 1400 schon für die Bosestatistik abgeleitet haben und die bis auf ein konstantes Glied bei der Entropie mit den Formeln der klassischen Statistik von S. 1432 übereinstimmen.

Diese Näherung ist für alle Atom- und Molekülgase vollkommen ausreichend. Es wäre also nicht notwendig, einen Unterschied zwischen der klassischen, der Boseschen und der Fermischen Statistik zu machen, wenn es nicht die Elektronen gäbe, welche der Fermistatistik gehorchen.

In einem ionisierten Gas können auch Elektronen noch mit der klassischen Näherung berechnet werden. Die Teilchendichten sind dann klein und die Temperaturen hoch, so daß e^α klein wird. Sogar in dem Plasma der positiven Säule eines Quecksilberhochdruckbogens mit einer Elektronenkonzentration $N/V \approx 10^{17}/\mathrm{cm}^3$ und einer Temperatur von etwa 8000° wird $e^\alpha \approx \cdot 10^{-4}$. Anders wird die Sache aber, wenn wir die Valenzelektronen eines Metalls als Elektronengas behandeln wollen. Im Silber z. B. wäre ein Mol Elektronen in 9 cm³ enthalten, und wir erhalten bei Zimmertemperatur für e^α die Größenordnung 10^3. Hier sind wir weit von der klassischen Näherung entfernt. In der Theorie der Metalle (s. S. 1705) kann man sich also nicht der klassischen Näherung bedienen.

*§ 4. Zusammenwirken der Translation mit anderen Freiheitsgraden in der Bose- und Fermistatistik.

Wir haben nun noch zu untersuchen, wie sich Bose- und Fermistatistik gestalten, wenn gleichzeitig mit der Translation andere Eigenschaften der Partikel erfaßt werden müssen. Der Einfachheit halber beschränken wir uns auf den Fall, daß es sich, wie bei der Schwingung und Rotation der Moleküle, um diskret gequantelte Freiheitsgrade handle. Die Gesamtenergie eines Teilchens

$$\varepsilon = \varepsilon_s + \varepsilon_i = \varepsilon_s + \varepsilon_\mathrm{rot} + \varepsilon_v + \varepsilon_\mathrm{el} \qquad (II, 90)$$

ist dann die Summe des Translationsanteils ε_s und eines Bestandteils ε_i, der sich gewöhnlich aus dem Rotationsanteil ε_rot, dem Schwingungsanteil ε_v und evtl. einem Elektronenanteil ε_el zusammensetzt.

Der Energiewert ε_i kann noch entartet, d. h. mehrfach sein. Seinen Entartungsgrad Z_i bezeichnen wir als statistisches Gewicht. Die Zahl der Quantenzellen, deren Translationseigenschaften durch die Gruppe s und deren innere Quanteneigenschaften durch den Index i gekennzeichnet wird, ist dann $Z_i Z_s$. Von diesen Zellen seien Z_{nsi} mit n Teilchen belegt. Dann ist

$$Z_i Z_s = \sum_n Z_{nsi}. \qquad (II, 91)$$

In der s-ten Gruppe und im Quantenzustand i befinden sich

$$N_{si} = \sum_n n Z_{nsi} \qquad (II, 92)$$

*§ 4. Zusammenwirken der Translation mit anderen Freiheitsgraden. 1445

Teilchen. Zusammen besitzen sie die Energie

$$U_{si} = (\varepsilon_s + \varepsilon_i) N_{si} = (\varepsilon_s + \varepsilon_i) \sum^n n Z_{nsi}. \tag{II, 93}$$

Alle Überlegungen verlaufen jetzt genau wie auf S. 1436 usw., nur ist an Stelle von ε_s immer $\varepsilon_i + \varepsilon_s$ und an Stelle von Z_s immer $Z_i Z_s$ einzusetzen, auch ist über den Index i zu summieren.

Für die Entropie finden wir auf diese Weise

$$S = k \sum^i \sum^s \left\{ Z_i Z_s \ln(Z_i Z_s) - \sum^n Z_{nsi} \ln Z_{nsi} \right\}. \tag{II, 94}$$

An die Stelle von (II, 19) und (II, 22) tritt

$$Z_{nsi} = Z_i Z_s (1 - e^{\beta \varepsilon_s + \beta \varepsilon_i + \alpha}) e^{n(\beta \varepsilon_s + \beta \varepsilon_i + \alpha)} \tag{II, 95}$$

und

$$N_{si} = \frac{Z_i Z_s \, e^{\beta \varepsilon_s + \beta \varepsilon_i + \alpha}}{1 - e^{\beta \varepsilon_s + \beta \varepsilon_i + \alpha}}. \tag{II, 96}$$

Gesamtzahl der Teilchen und innere Energie sind

$$N = \sum^i \sum^s N_{si}; \quad U = \sum^i \sum^s (\varepsilon_s + \varepsilon_i) N_{si}. \tag{II, 97}$$

Aus den gleichen Gründen wie früher ergibt sich $\beta = -1/kT$ und $e^\alpha \ll 1$, wenn es sich nicht um Elektronen handelt. Wir können also diese Vereinfachung in allen Fällen vornehmen, in denen außer der Translation noch andere Eigenschaften berücksichtigt werden müssen. Hierdurch wird

$$N_{si} = Z_i Z_s e^{-\frac{\varepsilon_s + \varepsilon_i}{kT} + \alpha} = Z_i \frac{4\pi m^3 V}{h^3} e^{-\frac{mc^2}{2kT} - \frac{\varepsilon_i}{kT} + \alpha} c^2 dc, \tag{II, 98}$$

wenn man $mc^2/2$ für ε_s und (II, 82) für Z_s einsetzt. Führen wir die Integration über s und die Summierung über i aus, so erhalten wir

$$N = \frac{4\pi m^3 V}{h^3} e^\alpha \sum^i Z_i e^{-\frac{\varepsilon_i}{kT}} \int_0^\infty e^{-\frac{mc^2}{2kT}} c^2 dc \tag{II, 99}$$

$$= e^\alpha V \left(\frac{2\pi k m T}{h^2} \right)^{3/2} \sum^i Z_i e^{-\frac{\varepsilon_i}{kT}}.$$

Wie auf S. 1432 können wir die Zustandssumme

$$\sigma_i = \sum^i Z_i e^{-\frac{\varepsilon_i}{kT}} \tag{II, 100}$$

der diskreten Zustände einführen, so daß sich

$$\alpha = -\ln \left\{ \frac{V}{N} \left(\frac{2\pi m k T}{h^2} \right)^{3/2} \right\} - \ln \sigma_i \tag{II, 101}$$

ergibt.

Die Zahl der Teilchen im i-ten Quantenzustand, gleichgültig welcher Translation, ist

$$N_i = \sum^s N_{si} = e^\alpha V \left(\frac{2\pi m k T}{h^2} \right)^{3/2} Z_i e^{-\frac{\varepsilon_i}{kT}} = \frac{N}{\sigma_i} Z_i e^{-\frac{\varepsilon_i}{kT}} \tag{II, 102}$$

in genauer Übereinstimmung mit dem Ergebnis der klassischen Quantenstatistik von S. 1427. Hätten wir mit der Fermistatistik gerechnet, so wäre das gleiche Resultat herausgekommen. Das Ergebnis besteht also darin, daß man die diskreten Quantenzustände wie auf S. 1427 behandeln darf.

Die innere Energie

$$U = \sum^i \sum^s (\varepsilon_i + \varepsilon_s) N_{si} = \sum^i \varepsilon_i \sum^s N_{si} + \sum^s \varepsilon_s \sum^i N_{si}$$
$$= \sum^i \varepsilon_i N_i + \sum^s \varepsilon_s N_s = U_i + U_s = U_i + \frac{3}{2} N k T \qquad \text{(II, 103)}$$

setzt sich dann additiv aus einem Translationsanteil und einem Anteil der inneren Bewegungen zusammen. Beide Anteile können wie auf S. 1427 und 1431 berechnet werden.

Nun bilden wir noch die Entropie, indem wir (II, 95) in (II, 94) einsetzen. Wenn e^α klein ist, ergibt sich nach einigen Umformungen

$$S = \frac{U_s + U_i}{T} + N k (1 - \alpha). \qquad \text{(II, 104)}$$

Setzt man noch für α seinen Wert (II, 101) ein, so gelangt man zu

$$S = \frac{U_s + U_i}{T} + N k \left\{ 1 + \ln\left[\frac{V}{N}\left(\frac{2\pi m k T}{h^2}\right)^{3/2}\right] + \ln \sigma_i \right\}. \qquad \text{(II, 105)}$$

Da $U_s = 3 k N T/2$ ist, ist dies gerade die Summe der Translationsentropie

$$S_{\text{trans}} = N k \left\{ \frac{5}{6} + \ln\left[\frac{V}{N}\left(\frac{2\pi m k T}{h^2}\right)^{3/2}\right] \right\} \qquad \text{(II, 106)}$$

und der Entropie der gequantelten Zustände

$$S_i = \frac{U_i}{T} + N k \ln \sigma_i. \qquad \text{(II, 107)}$$

Auch die Entropie setzt sich also additiv aus einem Translationsanteil, einem Rotationsanteil und einem Schwingungsanteil, evtl. einem Elektronenanteil, zusammen, solange die klassische Näherung $e^\alpha \ll 1$ gemacht werden kann. Dies trifft für alle Atome und Moleküle zu.

III. Teilchen in äußeren Kraftfeldern.

Bisher haben wir stets stillschweigend vorausgesetzt, daß sich das untersuchte System von Teilchen in einem Raum aufhält, dessen Punkte alle gleichwertig sind. Dies trifft aber nicht mehr zu, wenn äußere Kräfte auf die Teilchen einwirken. Grundsätzlich stellt die Schwere immer eine solche Kraft dar. In sehr vielen Fällen kann man sie allerdings vernachlässigen, weil in nicht allzu ausgedehnten Räumen die örtlichen Unterschiede der Schwereenergie unbedeutend gegenüber der kinetischen Energie sind. Bei elektrisch geladenen Teilchen muß das elektrische Feld berücksichtigt werden.

§ 1. Klassische Statistik von punktförmigen Teilchen in äußeren Feldern.

Inhalt: Verteilungsfunktion, innere Energie, Entropie und Zustandssumme für Teilchen in äußeren Kraftfeldern.
Bezeichnungen: Q Potential des äußeren Feldes, sonst wie S. 1438.

Ohne äußere Kräfte besitzt ein punktförmiges Teilchen der Masse m, das sich im Volumenelement

$$d\tau = dV \, d\Phi \qquad \text{(III, 1)}$$

§ 1. Klassische Statistik von punktförmigen Teilchen in äußeren Feldern.

des Phasenraums befindet, nach (I, 56) nur die kinetische Energie

$$\varepsilon = \frac{p^2}{2m}, \tag{III, 2}$$

welche unabhängig vom Ort des Teilchens ist. Besteht ein äußeres Feld, in welchem das Teilchen am Orte von dV die potentielle Energie Q besitzt, so kommt Q noch zur kinetischen Energie hinzu. Dem Volumenelement $d\tau$ ist dann die Energie

$$\varepsilon = \frac{p^2}{2m} + Q \tag{III, 3}$$

eines Teilchens zugeordnet.

In $d\tau$ mögen sich

$$dN = N f d\tau \tag{III, 4}$$

Teilchen befinden. Die Verteilungsfunktion $f(\mathfrak{p}, \mathfrak{r})$ hängt jetzt außer vom Betrag des Impulses auch noch vom Ort ab. Durch Integrieren erhält man wie früher

$$N = N \int f \, d\tau \tag{III, 5}$$

Wir finden die Gesamtenergie

$$U = N \int \varepsilon f \, d\tau = N \int \left(\frac{p^2}{2m} + Q \right) f \, d\tau \tag{III, 6}$$

und analog zu (I, 60)

$$\ln W = N \ln N - N \int f \ln(N f d\tau) \, d\tau. \tag{III, 7}$$

Wir bekommen daraus wie früher (I, 62)

$$\ln W = -N \int f \ln f \, d\tau - N \ln h^3. \tag{III, 8}$$

Suchen wir das Maximum von $\ln W$ bei konstantem U und N auf, so finden wir genau wie bisher (s. I, 67) die Verteilungsfunktion

$$f = e^{\alpha - 1 + \beta \varepsilon}. \tag{III, 9}$$

Integriert man über den Phasenraum, so erhält man die Normierungsbedingung

$$1 = \int f \, d\tau = e^{\alpha - 1} \int e^{\beta \varepsilon} \, d\tau = h^3 e^{\alpha - 1} \sigma, \tag{III, 10}$$

wenn man die Zustandssumme

$$\sigma = \frac{1}{h^3} \int e^{\beta \varepsilon} \, d\tau \tag{III, 11}$$

definiert. Im Gegensatz zum kräftefreien Fall errechnet sich die Zustandssumme

$$\sigma = \frac{1}{h^3} \iiint e^{\frac{\beta p^2}{2m} + \beta Q} dV \, p^2 \, dp \, d\omega = \left(\frac{2\pi m k T}{h^2} \right)^{3/2} \int e^{\beta Q} dV \tag{III, 12}$$

Daraus ergibt sich als Verteilungsfunktion im Phasenraum

$$f = \frac{1}{h^3 \sigma} e^{\frac{\beta p^2}{2m} + \beta Q} = \frac{1}{h^3 \sigma} e^{-\frac{p^2}{2mkT} - \frac{Q}{kT}}. \tag{III, 13}$$

Der Zusammenhang der Gesamtenergie (innere Energie) und Entropie mit der Zustandssumme ist derselbe wie im kräftefreien Fall, nämlich

$$U = N \frac{\partial}{\partial \beta} \ln \sigma = N k T^2 \frac{\partial}{\partial T} \ln \sigma, \qquad \text{(III, 14)}$$

$$S = k N \ln \sigma - k \beta U = N k \ln \sigma + \frac{U}{T}. \qquad \text{(III, 15)}$$

Um die Zahl der Teilchen pro Volumeneinheit zu berechnen, integrieren wir (III, 4) über den Impulsraum und erhalten

$$dN_V = N\, dV \int f p^2\, dp\, d\omega, \qquad \text{(III, 16)}$$

wo dN_V die im Volumenelement dV enthaltene Zahl von Teilchen, gleichgültig welchen Impulses, ist. Wir errechnen daraus die Teilchendichte

$$n = \frac{dN_V}{dV} = 4\pi N \int f p^2\, dp$$

$$= 4\pi N e^{-\frac{Q}{kT} + \alpha - 1} \int e^{-\frac{p^2}{2mkT}} p^2\, dp. \qquad \text{(III, 17)}$$

Dividiert man durch

$$1 = 4\pi N e^{\alpha - 1} \int e^{-\frac{Q}{kT}} dV \int e^{-\frac{p^2}{2mkT}} p^2\, dp, \qquad \text{(III, 18)}$$

so entsteht

$$n = \frac{e^{-\frac{Q}{kT}}}{\int e^{-\frac{Q}{kT}} dV} = \frac{1}{h^3 \sigma_Q} e^{-\frac{Q}{kT}}. \qquad \text{(III, 19)}$$

Das Verhältnis der Dichte an zwei verschiedenen Stellen des Raumes mit den potentiellen Energien Q_1 und Q_2 ist

$$\frac{n_1}{n_2} = e^{-\frac{Q_1 - Q_2}{kT}}. \qquad \text{(III, 20)}$$

§ 2. Bose- und Fermiteilchen in äußeren Feldern.

Die Statistik von Bose- und Fermiteilchen kann in äußeren Feldern fast genauso durchgeführt werden, wie im kräftefreien Raum. Wir teilen zuerst das räumliche Volumen V in einer ganz bestimmten Weise in Volumenelemente dV_r ein, so daß jedes solche Element noch eine sehr große Anzahl von Teilchen enthält. Nun fassen wir die Quantenzellen nach zwei verschiedenen Gesichtspunkten in Gruppen zusammen, nämlich nach den Volumenelementen dV_r und nach den Geschwindigkeitsintervallen dc. Jede Gruppe muß dann durch zwei Indizes r und s gekennzeichnet werden. An die Stelle von Z_s (II, 35) tritt dann

$$Z_{rs} = \frac{4\pi\, dV_r\, m^3 c^2\, dc}{h^3}. \qquad \text{(III, 21)}$$

Ganz analog muß der Index s bei allen Überlegungen in die beiden Indizes r und s aufgespalten werden. Man erhält z. B. statt (II, 37 bzw. 83) von S. 1438 bzw. 1443

$$N_{rs} = \frac{4\pi\, dV_r\, m^3}{h^3} \frac{e^{-\frac{mc^2}{2kT} - \frac{Q}{kT} + \alpha} c^2\, dc}{1 \mp e^{-\frac{mc^2}{2kT} - \frac{Q}{kT} + \alpha}}, \qquad \text{(III. 22)}$$

wobei das Minuszeichen für die Bosestatistik, das Pluszeichen für die Fermistatistik gilt. Die Verteilungsfunktion auf den Phasenraum lautet dann

$$f = \frac{1}{N h^3} \frac{e^{-\frac{mc^2}{2kT} - \frac{Q}{kT} + \alpha}}{1 \mp e^{-\frac{mc^2}{2kT} - \frac{Q}{kT} + \alpha}}, \qquad (III, 23)$$

statt (II, 52, 86).

§ 3. Teilchen im selbsterzeugten Feld.

Inhalt: Berücksichtigung des von der Raumladung der Teilchen erzeugten Feldes. Statistisches Atommodell von THOMAS und FERMI.
Bezeichnungen: wie S. 1438.

Teilchen, die eine elektrische Ladung tragen, erfahren nicht nur Kräfte in einem elektrischen Feld, sondern sie beteiligen sich auch an der Erzeugung des elektrischen Feldes. Besonders bei Elektronen muß man oft das von ihrer Raumladung erzeugte Feld mit berücksichtigen. Befinden sich die Elektronen z. B. im Vakuum, d. h. wird ihre Ladung nicht von positiven Ladungsträgern kompensiert, so besteht zwischen dem Potential des elektrischen Feldes φ und der Dichte n der Elektronen die Poissonsche Gleichung

$$\Delta \varphi = \frac{e n}{\varepsilon_0}. \qquad (III, 24)$$

Die potentielle Energie der Elektronen ist andererseits

$$Q = -e\varphi. \qquad (III, 25)$$

Die Elektronendichte einer Raumladungswolke im Vakuum ist stets so klein, daß wir die klassische Näherung, d. h. die Gleichung (III, 19) verwenden dürfen. Wir müssen allerdings bei Elektronen noch berücksichtigen, daß die Zahl der Quantenzustände durch den Spin verdoppelt wird. Wir erhalten dann für Q die Gleichung

$$\Delta Q = -\frac{e^2 n}{\varepsilon_0} = -\frac{e^2 e^{-\frac{Q}{kT}}}{\int e^{-\frac{Q}{kT}} dV} = -C e^{-\frac{Q}{kT}} \qquad (III, 26)$$

aus der bei einfacher geometrischer Anordnung Q bestimmt werden kann. (Der Buchstabe e kommt hier als Elektronenladung und als Funktionszeichen der Exponentialfunktion vor, was aber nicht verwechselt werden kann).

Die Fermistatistik würde statt der klassischen Behandlung die Elektronendichte

$$n = 8\pi N \int f p^2 dp = \frac{8\pi m^3}{h^3} \int \frac{e^{-\frac{mc^2}{2kT} - \frac{Q}{kT} + \alpha}}{1 + e^{-\frac{mc^2}{2kT} - \frac{Q}{kT} + \alpha}} c^2 dc \qquad (III, 27)$$

und

$$\Delta Q = -\frac{e^2 n}{\varepsilon_0} \qquad (III, 28)$$

liefern.

Es ist interessant, daß man die räumliche Verteilung der Elektronen in der Hülle eines Atoms hoher Kernladungszahl als einen extremen Spezialfall einer statistischen Elektronenverteilung in teilweise selbsterzeugtem Feld auffassen kann. Das elektrische Feld setzt sich aus dem Coulombfeld des Atomkerns und dem Raumladungsfeld der Elektronen zusammen. Wir betrachten letzteres der Einfachheit halber als radialsymmetrisch. Wollen wir den Grundzustand eines Atoms betrachten, so müssen wir einen Grenzübergang zu $T=0$ vollziehen. Die Verteilungsfunktion hat dann den Wert 0, wenn

$$\frac{mc^2}{2} + Q > 0 \tag{III, 29}$$

den Wert 1, wenn

$$\frac{mc^2}{2} + Q < 0 \tag{III, 30}$$

ist. Wir erhalten daraus

$$n = \frac{8\pi m^3}{h^3} \int_0^{\sqrt{-\frac{2Q}{m}}} c^2 \, dc \tag{III, 31}$$

$$= \frac{8\pi}{3h^3}(-2Q\,m)^{3/2}.$$

Man muß dabei beachten, daß Q stets einen negativen Wert hat. Setzen wir

$$Q = -\frac{e^2 Z}{r} y, \tag{III, 32}$$

so entsteht aus der Kombination von (III, 31) und (III, 28)

$$\frac{d^2 y}{dr^2} = \frac{8\pi(2m\,e^2 Z)^{3/2}}{3\varepsilon_0 h^3 Z} \cdot \frac{y^{3/2}}{r^{1/2}}. \tag{III, 33}$$

Mit der Substitution

$$r = \frac{3^{2/3} \varepsilon_0^{2/3} h^2}{8\pi^{2/3} m\,e^2 Z^{1/3}} \varrho \tag{III, 34}$$

gelangt man zu der Thomas-Fermischen Gleichung

$$\frac{d^2 y}{d\varrho^2} = \frac{y^{3/2}}{\varrho^{1/2}}, \tag{III, 35}$$

welche tatsächlich eine brauchbare Näherung für die Elektronenverteilung an schweren Atomen liefert. Sie hat sich als geeigneter Ausgangspunkt systematischer Näherungsverfahren (Hartreeverfahren) für Durchrechnung der Atomzustände erwiesen.

M. Struktur und Eigenschaften der Gase.

Von einem Gas machen wir uns folgende Vorstellung:
Eine Gasmenge besteht aus einer gewaltigen Anzahl von Einzelteilchen, den Molekülen. In einem Gas von einheitlicher Zusammensetzung hat jedes Molekül dieselbe Masse m. Ein Gasgemisch besteht aus N_1 Molekülen der Masse m_1, dazu N_2 Moleküle der Masse m_2 usw. Isotope Moleküle haben natürlich verschiedene Massen, doch ist es für die meisten Zwecke unnötig, diese kleinen Unterschiede zu beachten.
Im allgemeinen beeinflussen sich die Moleküle gegenseitig nicht. Jedes Molekül verhält sich so, als ob alle anderen nicht da wären. Nur wenn zwei Moleküle in unmittelbare Nachbarschaft kommen, können sie Kräfte aufeinander ausüben. Diesen Vorgang bezeichnet man als einen Zusammenstoß.

Die Moleküle befinden sich in unausgesetzter Bewegung. Ein Molekül, welches mit einer Geschwindigkeit c durch den Raum fliegt, besitzt die Translationsenergie

$$\varepsilon = \frac{m}{2} c^2.$$

Die Moleküle können aber auch rotieren, nur bei den einatomigen Edelgasen ist keine Rotation angeregt, weil wegen der winzigen Trägheitsmomente die Anregungsstufen zu groß wären. Jedes Molekül besitzt viele Rotationszustände; die Rotationsenergie ε_{rot} kommt zur Translationsenergie hinzu. Schließlich können die Atome eines Moleküls auch innere Bewegungen gegeneinander ausführen. Diese Bewegungen bezeichnet man als Schwingungen. Jedes Molekül kann daher außerdem auch noch eine Schwingungsenergie ε_v besitzen.

Wie in Atomen können auch in Molekülen höhere Elektronenzustände angeregt sein. Zu den anderen Energien tritt dann noch Elektronenenergie hinzu.

Die Aufgabe der Theorie besteht darin, die Eigenschaften der Gase aus dieser Vorstellung herzuleiten. Vor allem muß man die Zustandsgleichung der Gase ableiten können. Dann gilt es aber auch Ausdrücke für die innere Energie und Entropie zu gewinnen, d. h. den Anschluß an die thermodynamische Beschreibung der Gase herzustellen. Schließlich sollen auch Vorgänge in Gasen erfaßt werden. Wir können z. B. die Zähigkeit berechnen und auf diese Weise der Aerodynamik eine molekulare Grundlage verschaffen. Ebenso gelingt es, den Mechanismus der Diffusion und der Wärmeleitung zu erhellen und damit diese Erscheinungen auf die molekularen Vorgänge zurückzuführen.

I. Das ideale Gas im thermodynamischen Gleichgewicht.

Wenn in einer Gasmenge keine sichtbaren Vorgänge stattfinden, bezeichnen wir ihren Zustand als Gleichgewicht. Sieht man von der Schwere einstweilen ab, so füllt das Gas das gegebene Volumen gleichmäßig aus und übt auf die Wände einen bestimmten, überall gleich großen und zeitlich unveränderlichen Druck aus.

Die Moleküle, aus denen das Gas besteht, bewegen sich dabei dauernd, stoßen zusammen und wechseln dabei Größe und Richtung ihrer Geschwindigkeiten. Sie treffen auch auf die Wände auf und verlassen diese wieder. Dieses Bombardement wirkt sich als Druck aus.

Unsere erste Aufgabe besteht darin, die Bewegung der einzelnen Moleküle zu verfolgen und zu ermitteln, wieviel schnelle und langsame Moleküle vorhanden sind, und mit welchen äußeren Umständen es zusammenhängt, ob die Geschwindigkeit größer oder kleiner ist. Hierbei muß sich auch herausstellen, wie der Druck auf die Gefäßwande zustande kommt. Obwohl diese Aufgabe schon im vorangehenden Abschnitt über Statistik grundsätzlich gelöst worden ist, wollen wir sie noch einmal mit anschaulichen elementaren Methoden in Angriff nehmen.

§ 1. Geschwindigkeitsraum, Impulsraum und Phasenraum des einzelnen Moleküls.

Inhalt: Jedes Molekül wird im Geschwindigkeitsraum oder im Impulsraum durch einen Punkt repräsentiert. Ein Punkt im Phasenraum legt den Ort und den Impuls eines Moleküls fest. Volumenelemente im Impulsraum fassen Moleküle von ähnlichem Impuls, Volumenelemente im Phasenraum Moleküle von ähnlichem Impuls, die außerdem benachbart sind, zusammen.

Bezeichnungen: c Geschwindigkeit, u, v, w ihre Komponenten, p Impuls, p_u, p_v, p_w seine Komponenten, ϑ, φ Winkel, welche die Richtung des Impulses bestimmen, $d\Phi$ Volumenelement im Impulsraum, dV im wirklichen Raum, $d\tau$ im Phasenraum, m Masse des Moleküls, N Gesamtzahl der Moleküle, dN_τ Moleküle der Sorte $d\tau$, V Volumen der gesamten Gasmenge.

Die Geschwindigkeit eines einzelnen Moleküls können wir durch einen Vektorpfeil darstellen, den wir von dem Anfangspunkt eines Koordinatenkreuzes aus ziehen. Sind u, v und w die Komponenten der Geschwindigkeit, so ist ihr Betrag

$$c = \sqrt{u^2 + v^2 + w^2}. \qquad (I, 1)$$

Der Endpunkt des Pfeils stellt dann die Geschwindigkeit nach Größe und Richtung dar. Jeder andere Punkt bedeutet eine andere Geschwindigkeit, d. h. alle möglichen Geschwindigkeiten sind auf einen Raum abgebildet, welchen wir als Geschwindigkeitsraum bezeichnen. Jedes Molekül wird im Geschwindigkeitsraum durch einen Punkt vertreten.

In vielen Fällen ist es zweckmäßig, eine Geschwindigkeit durch ihren absoluten Betrag c und ihre Richtung festzulegen. Dann benutzt man im Geschwindigkeitsraum sphärische Polarkoordinaten statt der kartesischen Koordinaten u, v, w. Außer c geben wir den Winkel ϑ an, den die Geschwindigkeit mit einer Richtung bildet, welche wir willkürlich festsetzen und in Abb. 419 in die Vertikale legen. Als dritte Koordinate führen wir noch den Winkel φ ein.

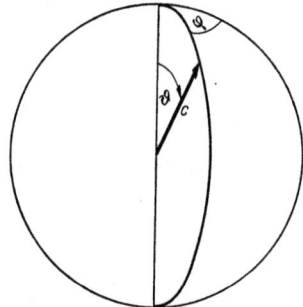
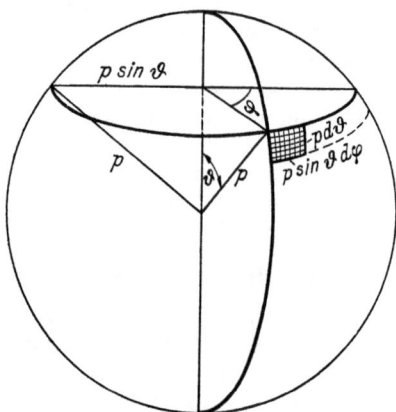

Abb. 419. Geschwindigkeit des Moleküls durch ihren Betrag c und die beiden Winkel ϑ und φ ausgedrückt.

Abb. 420. Das Volumenelement
$$d\Phi = p^2\, dp\, \sin\vartheta\, d\vartheta\, d\varphi$$
des Impulsraumes wird über dem schraffierten Flächenelement mit den Seiten $p\, d\vartheta$ und $p \sin\vartheta\, d\varphi$ errichtet und hat die Höhe dp.

Hat das Molekül die Masse m, so besitzt es einen Impuls vom Betrage $p = mc$ und der Richtung der Geschwindigkeit. Seine Komponenten sind

$$p_u = m u; \quad p_v = m v; \quad p_w = m w. \qquad (I, 2)$$

Statt des Geschwindigkeitsraumes können wir auch den Impulsraum aufspannen, indem wir statt der Geschwindigkeit den Impuls als Vektorpfeil ziehen. Der Endpunkt dieses Pfeiles repräsentiert den Impuls des Moleküls bildlich.

Wenn wir ein Molekül durch seine Geschwindigkeit oder seinen Impuls gekennzeichnet haben, wissen wir noch nicht, wo es sich befindet, sondern nur, wie schnell es sich bewegt. Um die momentanen Eigenschaften eines Moleküls vollständig anzugeben, müssen wir also auch noch seinen Ort aufzeichnen. Sein Bild ist ein Punkt im wirklichen Raum. Jetzt können wir formal den Impulsraum und den wirklichen Raum zu einem sechsdimensionalen Raum vereinigen, welchen wir ,,Phasenraum'' nennen. Ein Vektor oder Punkt im Phasenraum beschreibt dann Ort und Impuls eines Moleküls zugleich.

Wir wollen jetzt alle diejenigen Moleküle kennzeichen, die einen Impuls in der Nachbarschaft eines durch p, ϑ und φ festgelegten Impulses besitzen. Alle Bildpunkte dieser Moleküle erfüllen im Impulsraum ein Volumenelement $d\Phi$ in der Umgebung des Punktes p, ϑ, φ. Alle Moleküle, die einen solchen Impuls besitzen, nennen wir Moleküle von der Sorte $d\Phi$. Wir müssen jetzt das Volumenelement $d\Phi$ noch in den Koordinaten p, ϑ und φ ausdrücken. Hierzu schlagen wir im Impulsraum eine Kugel mit dem Radius p und betrachten ein Flächenelement mit den Seiten $p\,d\vartheta$ und $p\sin\vartheta\,d\varphi$ auf ihr (s. Abb. 420). Durch ein Lot von der Länge dp ergänzen wir es zu einem Parallelepiped vom Volumen

$$d\Phi = p^2\,dp\,\sin\vartheta\,d\vartheta\,d\varphi. \tag{I, 3}$$

Das Volumenelement
$$d\tau = dV\,d\Phi \tag{I, 4}$$

im Phasenraum ist das Produkt eines Volumenelementes dV im wirklichen Raum (Ortsraum) und eines Volumenelementes $d\Phi$ im Impulsraum. Die Moleküle, deren Bildpunkte in $d\tau$ liegen, befinden sich in einem Volumenelement dV des wirklichen Raumes, und ihre Bildpunkte im Impulsraum liegen im Impulsvolumenelement $d\Phi$. Solche Moleküle bezeichnen wir als Sorte $d\tau$. Die Sorte $d\Phi$ enthält also noch verschiedene Sorten $d\tau$, welche sich noch nach den Orten unterscheiden, an welchen die Moleküle sich momentan aufhalten.

§ 2. Die Verteilungsfunktion.

Inhalt: Die Verteilungsfunktion bestimmt den Bruchteil aller Moleküle, die zu einer Sorte $d\tau$ gehören. In einem ruhenden Gas hängt sie nicht von der Richtung des Impulses ab, und wenn man von der Schwere absieht, auch nicht von den Ortskoordinaten. Mit der Verteilungsfunktion lassen sich die Gesamtwerte und Mittelwerte aller Eigenschaften der Moleküle berechnen.
Bezeichnungen: f Verteilungsfunktion, sonst wie S. 1451.

Trägt man im Phasenraum für jedes Molekül einen Punkt ein, so erhebt sich die Frage, ob diese Punkte sich gleichmäßig über den ganzen Phasenraum verteilen oder nicht. Wieviel Moleküle der Sorte $d\tau$ gibt es, wenn im ganzen N Moleküle vorhanden sind? Es ist klar, daß wir um so mehr Moleküle in einer Sorte $d\tau$ haben, je größer wir das Volumenelement $d\tau$ machen. Bezeichnen wir die Zahl der Moleküle von der Sorte $d\tau$ mit dN_τ, so ist der Bruchteil aller Moleküle, welcher der Sorte $d\tau$ angehört

$$\frac{dN_\tau}{N} = f\,d\tau. \tag{I, 5}$$

Der Proportionalitätsfaktor f kann an verschiedenen Orten des Phasenraumes noch verschieden groß sein. Er gibt an, wie sich die Moleküle auf die verschiedenen Sorten $d\tau$ verteilen. f wird deshalb Verteilungsfunktion genannt.

Es ist nicht schwer, einige Eigenschaften der Verteilungsfunktion zu ermitteln. Setzen wir
$$d\tau = dV\,d\Phi = dV\,p^2\,dp\,\sin\vartheta\,d\vartheta\,d\varphi \tag{I, 6}$$
ein, so geht (I, 5) in
$$dN_\tau = N\,f\,dV\,p^2\,dp\,\sin\vartheta\,d\vartheta\,d\varphi \tag{I, 7}$$

über. f kann eine Funktion der Größen sein, die die Lage von $d\tau$ im Phasenraum festlegen, d. h. der Ortskoordinaten x, y, z, des Betrages des Impulses $p = mc$ und der Winkel ϑ und φ, welche die Bewegungsrichtung des Moleküls bestimmen.

Wenn sich das Gas aber im Gleichgewicht befindet, d. h. im ganzen ruht, so wird es keine Richtung geben, in der sich die Moleküle vorzugsweise bewegen. Jede Vorzugsrichtung der Geschwindigkeit würde ja eine Strömung des Gases in dieser Richtung bedeuten. Die Verteilungsfunktion f wird also nicht von den Winkeln ϑ und φ abhängen. Unter dem Einfluß der Schwerkraft ist die Dichte des Gases in tieferen Lagen größer als in höheren. In größeren Gasmassen, insbesondere in der Lufthülle der Erde, spielt dies eine große Rolle. In kleinen Gasmengen kann man dagegen annehmen, daß die Gasdichte überall dieselbe ist, wenn Gleichgewicht besteht. Dann hängt f nicht von den Ortskoordinaten ab und ist eine Funktion von p bzw. c allein. Wir werden übrigens auf S. 1458 und 1464 zeigen, daß dies auch aus den Gesetzen der allgemeinen Statistik hervorgeht.

Summieren wir alle Bruchteile

$$\frac{dN_\tau}{N} = f \, d\tau = f \, dV \, d\Phi \tag{I, 8}$$

über das Volumen V, so erhalten wir den Bruchteil

$$\frac{dN}{N} = f V \, d\Phi \tag{I, 9}$$

und die Zahl

$$dN = N f V \, d\Phi \tag{I, 10}$$

aller Teilchen, die der Sorte $d\Phi$ angehört. Wenn wir nun alle Bruchteile noch über den Impulsraum summieren, muß 1 herauskommen, d. h. es ergibt sich

$$1 = \int f \, d\tau = V \int f \, d\Phi = V \iint f p^2 \, dp \sin\vartheta \, d\vartheta \, d\varphi. \tag{I, 11}$$

Da f die Winkel ϑ und φ nicht enthält, kann man über alle Richtungen integrieren, wobei man

$$\int \sin\vartheta \, d\vartheta \, d\varphi = 4\pi \tag{I, 12}$$

erhält. Dann geht (I, 11) in

$$1 = 4\pi V \int_0^\infty f p^2 \, dp \tag{I, 13}$$

über. Die Gleichungen (I, 11) und (I, 13) bezeichnet man auch als Normierungsbedingungen der Verteilungsfunktion.

Nun sei A eine Eigenschaft des Moleküls von der Sorte $d\tau$. Ihr Wert ist bestimmt durch die Koordinaten von $d\tau$ im Phasenraum, d. h. durch p, ϑ, φ, und hängt allenfalls auch von den Ortskoordinaten ab.

Jedes Molekül der Sorte $d\tau$ hat dann diesen Wert der Eigenschaft A. Läßt sich diese Eigenschaft über die Moleküle summieren (wie bei Energie, Impuls), so besitzt die Gesamtheit der Moleküle den Betrag

$$\int A \, dN_\tau = N \int A f \, d\tau = N \bar{A} \tag{I, 14}$$

dieser Eigenschaft.

$$\bar{A} = \int A f \, d\tau \tag{I, 15}$$

ist der Mittelwert von A.

Es gibt aber auch Eigenschaften, die man nicht summieren kann (z. B. Geschwindigkeit). Dann erhält man nach der Formel

$$\bar{A} = \int A \frac{dN_\tau}{N} = \int A f \, d\tau \tag{I, 16}$$

den Mittelwert.

Es sei bemerkt, daß die Mittelung im Phasenraum auszuführen ist, weil sie eine Mittelung über die Quantenzustände bedeutet. Nur wenn f nicht vom Ort abhängt, ist dies mit der Mittelung im Impulsraum gleichwertig.

§ 3. Berechnung des Gasdruckes.

Inhalt: Eine Bilanz des Impulses, den die Moleküle beim Aufprall auf die Gefäßwand abgeben, führt zu einer Formel für den Gasdruck. Der Druck und die Temperatur sind der mittleren kinetischen Energie proportional. Die molekularen Geschwindigkeiten liegen zwischen 100 und 2000 m pro Sekunde.

Bezeichnungen: t Zeit, c Geschwindigkeit, p Impuls, $d\sigma$ Flächenelement auf der Wand, $d\tau$, $d\Phi$, dV Volumenelemente im Phasenraum, Impulsraum und wirklichen Raum, N Zahl der Teilchen im Volumen V, f Verteilungsfunktion, m Molekülmasse, P Gasdruck, s Gasdichte, $\bar{\varepsilon}$ mittlere kinetische Energie, R Gaskonstante, k Boltzmannsche Konstante, T absolute Temperatur, N_0 Zahl der Teilchen im Mol, ν Zahl der Mole, M Molmasse.

$d\sigma$ sei ein Flächenelement der Wand, welche eine Gasmenge begrenzt. Das Lot zu $d\sigma$ sei die ausgezeichnete Richtung, von der aus der Winkel ϑ eines Polarkoordinatensystems gemessen wird. Wir suchen jetzt die Zahl der Moleküle von der Sorte $d\Phi$, welche während einer Zeit dt auf $d\sigma$ auftreffen. Offenbar sind dies alle Moleküle dieser Sorte, welche sich zu Beginn der Zeitspanne dt in einem Zylinder befinden, dessen Achse parallel zur Bewegungsrichtung dieser Moleküle ist und dessen Mantellinie die Länge $c\,dt$ hat (s. Abb. 421). Das Volumen dieses Zylinders ist

$$dV = d\sigma\, c\, dt \cos\vartheta = \frac{p}{m}\cos\vartheta\, d\sigma\, dt. \qquad (I, 17)$$

In diesem Volumen befinden sich

$$N f\, dV\, d\Phi = \frac{N}{m} f\, p^3 \cos\vartheta \sin\vartheta\, dp\, d\sigma\, dt\, d\vartheta\, d\varphi \qquad (I, 18)$$

Moleküle, und genauso viele Stöße erfährt das Flächenelement während der Zeit dt von Molekülen der Sorte $d\Phi$.

Bliebe nun jedes auf die Fläche treffende Molekül in ihr stecken, so übertrüge es seinen Impuls auf $d\sigma$. Die Impulskomponenten parallel zu $d\sigma$ würden sich für die verschiedenen Sorten $d\Phi$ gerade kompensieren, da die Moleküle von allen Seiten herkommen. Die Impulskomponenten senkrecht zu $d\sigma$, die Normalimpulse, heben sich aber nicht auf. Jedes Molekül würde auf $d\sigma$ den Normalimpuls

$$p \cos\vartheta$$

übertragen und von allen Molekülen der Sorte $d\Phi$ würde das Flächenelement in der Zeit dt insgesamt den Normalimpuls

$$\frac{N}{m} f\, p^4 \cos^2\vartheta \sin\vartheta\, dp\, d\sigma\, dt\, d\vartheta\, d\varphi \qquad (I, 19)$$

empfangen.

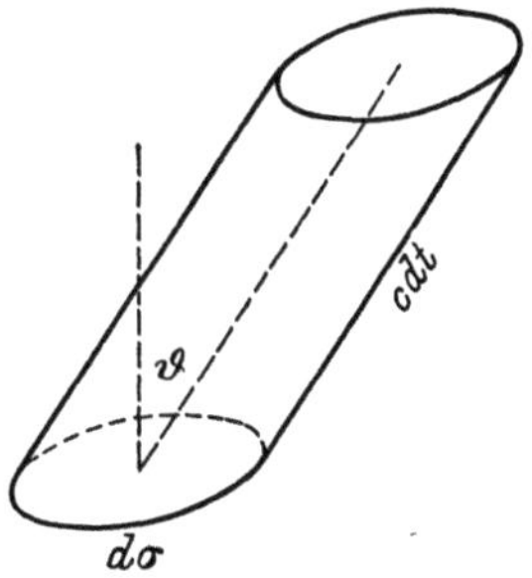

Abb. 421. Alle Teilchen der Sorte $d\Phi$, welche sich in dem Zylinder befinden, stoßen während dt auf $d\sigma$.

Der gesamte Normalimpuls, den die Moleküle aller möglichen Sorten abgeben, ergibt sich durch Summieren über alle Sorten zu

$$\frac{N}{m} d\sigma\, dt \int_0^\infty p^4 f\, dp \int_0^{\frac{\pi}{2}} \sin\vartheta \cos^2\vartheta\, d\vartheta \int_0^{2\pi} d\varphi. \qquad (I, 20)$$

Die Integration über ϑ läuft nicht von 0 bis π, sondern nur von 0 bis $\pi/2$, weil nur diese Moleküle sich zur Wand hin bewegen.

Die Moleküle bleiben aber nicht in der Fläche stecken, sondern verlassen sie wieder. Der Normalimpuls, den sie alle zusammen von der Fläche mitnehmen, ist von gleicher Größe, aber umgekehrter Richtung wie der Normalimpuls, den sie mitbringen. Die Moleküle übertragen deshalb auf die Fläche doppelt soviel Impuls, als wir soeben ausgerechnet haben.

Die Impulsabgabe erfolgt während der Zeit dt, d. h. auf das Flächenelement $d\sigma$ wirkt die Kraft

$$\frac{2N}{m} d\sigma \int_0^\infty p^4 f \, dp \int_0^{\frac{\pi}{2}} \sin\vartheta \cos^2\vartheta \, d\vartheta \int_0^{2\pi} d\varphi, \qquad (\text{I, 21})$$

und das bedeutet einen Druck

$$P = \frac{2N}{m} \int_0^\infty p^4 f \, dp \int_0^{\frac{\pi}{2}} \sin\vartheta \cos^2\vartheta \, d\vartheta \int_0^{2\pi} d\varphi \qquad (\text{I, 22})$$

auf die Wand.

Glücklicherweise ist es nicht nötig, die Integrale wirklich auszurechnen. Ihre Bedeutung ergibt sich nämlich, wenn wir die mittlere kinetische Energie der Moleküle bilden. Ein Molekül von der Sorte $d\Phi$ besitzt die kinetische Energie $p^2/2m$. Zur Sorte $d\Phi$ gehören nach (I, 10)

$$dN = Nf V d\Phi = NV f p^2 dp \sin\vartheta \, d\vartheta \, d\varphi \qquad (\text{I, 23})$$

Moleküle. Wir bilden die mittlere kinetische Energie

$$\bar{\varepsilon} = \overline{\frac{p^2}{2m}} = \int \frac{p^2}{2m} f \, d\tau = \frac{V}{2m} \int_0^\infty p^4 f \, dp \int_0^\pi \sin\vartheta \, d\vartheta \int_0^{2\pi} d\varphi \qquad (\text{I, 24})$$

und daraus das mittlere Impulsquadrat

$$\overline{p^2} = V \int_0^\infty p^4 f \, dp \int_0^\pi \sin\vartheta \, d\vartheta \int_0^{2\pi} d\varphi. \qquad (\text{I, 25})$$

Dividieren wir (I, 22) durch (I, 25), so entsteht

$$\frac{P}{\overline{p^2}} = \frac{2N \int_0^{\frac{\pi}{2}} \sin\vartheta \cos^2\vartheta \, d\vartheta}{mV \int_0^\pi \sin\vartheta \, d\vartheta}. \qquad (\text{I, 26})$$

Die beiden Integrale kann man leicht ausrechnen. Sie ergeben

$$\int_0^{\frac{\pi}{2}} \sin\vartheta \cos^2\vartheta \, d\vartheta = \frac{1}{3}; \quad \int_0^\pi \sin\vartheta \, d\vartheta = 2, \qquad (\text{I, 27})$$

und wir erhalten schließlich

$$P = \frac{N \overline{p^2}}{3mV}. \qquad (\text{I, 28})$$

Statt $\overline{p^2}$ kann man auch das mittlere Quadrat der Geschwindigkeit

$$\overline{c^2} = \int c^2 f \, d\tau = \frac{\overline{p^2}}{m^2} \qquad (\text{I, 29})$$

§ 3. Berechnung des Gasdruckes.

einführen und erhält dann für den Druck

$$P = \frac{N m \overline{c^2}}{3V}. \qquad (\mathrm{I}, 30)$$

Das mittlere Quadrat der Geschwindigkeit ist keineswegs das Quadrat der mittleren Geschwindigkeit. Hätten wir nur z. B. zwei Moleküle mit den Geschwindigkeiten 1 und 3, so wäre die mittlere Geschwindigkeit 2 und deren Quadrat 4. Das mittlere Geschwindigkeitsquadrat wäre aber $(1 + 9)/2 = 5$. Das mittlere Geschwindigkeitsquadrat ist immer größer als das Quadrat der mittleren Geschwindigkeit, da die größeren Geschwindigkeiten einen besonders großen Beitrag liefern.

Die Formeln (I, 28) und (I, 30) lassen mehrere einfache Umformungen zu. Die Volumeneinheit enthält die Masse $s = Nm/V$, welche gleich der Dichte des Gases ist. Wir können also das mittlere Geschwindigkeitsquadrat

$$\overline{c^2} = \frac{3P}{s} \qquad (\mathrm{I}, 31)$$

wirklich berechnen. Für Wasserstoff, der bei 1 Atmosphäre und 0° C eine Dichte $s = 0{,}09$ kg/m³ hat, ergibt sich (P ist in Großdyn/m² zu rechnen)

$$\overline{c^2} = 3{,}27 \cdot 10^6 \text{ m}^2/\text{sec}^2. \qquad (\mathrm{I}, 32)$$

Die Geschwindigkeitsquadrate verschiedener Gase verhalten sich beim gleichen Druck umgekehrt wie ihre Dichten. Für Sauerstoff erhalten wir also einen 16mal kleineren Wert.

Würden wir das mittlere Geschwindigkeitsquadrat gleich dem Quadrat der mittleren Geschwindigkeit setzen, was nach den obigen Bemerkungen nicht korrekt wäre, so würden wir für die Wasserstoffmoleküle eine Geschwindigkeit von etwa 1800 m pro Sekunde finden. Wenn dieser Wert auch nicht richtig ist, so dürfen wir doch erwarten, daß die Größenordnung stimmt. Für Sauerstoff würden wir 450 m pro Sekunde, für Stickstoff 480 m pro Sekunde finden.

Bedeutet N_0 die Zahl der Moleküle in einem Mol, so ist

$$\nu = \frac{N}{N_0} \qquad (\mathrm{I}, 33)$$

die Zahl der Mole und (I, 30) geht damit in

$$PV = \nu \frac{N_0 m \overline{c^2}}{3} = \nu \frac{M \overline{c^2}}{3} \qquad (\mathrm{I}, 34)$$

über. $M = m N_0$ ist die molare Masse des Gases. Setzen wir

$$RT = \frac{N_0 m \overline{c^2}}{3} = \frac{M \overline{c^2}}{3} \qquad (\mathrm{I}, 35)$$

so kommen wir zu der Zustandsgleichung

$$PV = \nu RT \qquad (\mathrm{I}, 36)$$

der idealen Gase, in der T die absolute Temperatur bedeutet.

Dies enthält eine statische Deutung der Temperatur. Bei einem idealen Gas ist sie augenscheinlich ein Maß für die mittlere kinetische Energie pro Molekül. Wir können die mittlere kinetische Energie geradezu durch die Temperatur ausdrücken und erhalten

$$\bar{\varepsilon} = \frac{m \overline{c^2}}{2} = \frac{3R}{2N_0} T = \frac{3}{2} kT. \qquad (\mathrm{I}, 37)$$

Die Konstante

$$k = \frac{R}{N_0} = 1{,}381 \cdot 10^{-23} \text{ Joule/Grad} \qquad (\text{I, 38})$$

ist die Gaskonstante pro Molekül und heißt Boltzmannsche Konstante.

Die Zustandsgleichung der Gase konnten wir statistisch ermitteln, ohne zu wissen, wie die Verteilungsfunktion aussieht. Ihr Verlauf spielt für die Zustandsgleichung keine Rolle. Umgekehrt kann man natürlich aus der Zustandsgleichung auch nicht auf die Verteilungsfunktion schließen.

§ 4. Die Maxwellsche Verteilungsfunktion.

Inhalt: Die Moleküle eines Gases verteilen sich gleichmäßig auf das Volumen und auf alle Bewegungsrichtungen. Berechnung der Verteilungsfunktion für das Volumenelement im Impulsraum (Geschwindigkeitsraum) und der Maxwellschen Verteilungsfunktion.

Bezeichnungen: $d\tau$, dV, $d\Phi$ Volumenelemente im Phasenraum, im wirklichen Raum und Impulsraum, p_u, p_v, p_w Komponenten des Impulses, p sein Betrag, V Volumen, N Teilchenzahl, ε Energie, m Masse des Teilchens, $\bar{\varepsilon}$ Mittelwert von ε, T absolute Temperatur, k Gaskonstante pro Molekül, Boltzmannsche Konstante, f Verteilungsfunktion im Phasenraum, F Verteilungsfunktion auf eine Komponente, Ψ Maxwellsche Verteilungsfunktion, $\mathcal{J}$ Verteilungsfunktion im Impulsraum, n Teilchendichte.

Die Verteilungsfunktion f gibt an, daß der Bruchteil

$$f\, d\tau \qquad (\text{I, 39})$$

aller Moleküle zur Sorte $d\tau$ gehört. Greifen wir ein beliebiges Molekül heraus, so ist $f\, d\tau$ die Wahrscheinlichkeit dafür, daß es ein Molekül der Sorte $d\tau$ ist.

Wenn wir von der Schwere der Moleküle absehen, verteilt sich ein Gas gleichmäßig auf das Volumen, welches ihm zur Verfügung steht. Die Verteilungsfunktion f hängt also von den Ortskoordinaten nicht ab. Wenn das Gas im ganzen ruht, gibt es auch keine Vorzugsrichtung für die Geschwindigkeit der Moleküle. Die Verteilungsfunktion hängt deshalb nur vom Betrage p des Impulses ab, nicht aber von seiner Richtung.

Jetzt gilt es, die Verteilungsfunktion wirklich zu ermitteln. Damit ein Molekül zur Sorte

$$d\tau = dV\, d\Phi = dV\, dp_u\, dp_v\, dp_w \qquad (\text{I, 40})$$

gehört, muß es sich im Volumenelement dV befinden, die u-Komponente seines Impulses muß zwischen p_u und $p_u + dp_u$, die v-Komponente zwischen p_v und $p_v + dp_v$ und die w-Komponente zwischen p_w und $p_w + dp_w$ liegen.

Wenn N Moleküle in das Volumen V eingeschlossen und gleichmäßig über den Raum verteilt sind, befindet sich der Bruchteil dV/V im Volumenelement dV.

Der Bruchteil aller Moleküle mit einer Impulskomponente zwischen p_u und $p_u + dp_u$ sei mit

$$F(p_u)\, dp_u \qquad (\text{I, 41})$$

bezeichnet. Diese Moleküle nennen wir die Sorte dp_u, und $F(p_u)$ ist eine Funktion von p_u. Analog sprechen wir von Molekülen der Sorten dp_v und dp_w. Diese Sorten bilden von allen Molekülen die Bruchteile

$$F(p_v)\, dp_v \quad \text{bzw.} \quad F(p_w)\, dp_w. \qquad (\text{I, 42})$$

$F(p_v)$ und $F(p_w)$ sind dieselben Funktionen wie $F(p_u)$, nur das Argument ist ein anderes.

Nun fragen wir nach dem Bruchteil aller Moleküle, die zur Sorte $d\tau$ gehören. Zunächst sondern wir den Bruchteil dV/V aus, der sich im Volumenelement dV

§ 4. Die Maxwellsche Verteilungsfunktion.

befindet. Unter ihnen lesen wir die Moleküle der Sorte dp_u aus, welche davon den Bruchteil $F(p_u)\,du$, von allen Molekülen also den Bruchteil

$$\frac{1}{V} F(p_u)\,dp_u\,dV \tag{I, 43}$$

bilden. Unter diesen Molekülen suchen wir nun diejenigen heraus, welche auch zur Sorte dp_v gehören. Mit MAXWELL nehmen wir an, daß von der Sorte dp_u ein ebenso großer Prozentsatz zur Sorte dp_v gehört wie von der Gesamtheit aller Moleküle, also der Bruchteil $F(p_v)\,dp_v$. Dies ist durchaus nicht selbstverständlich. Es bedeutet nämlich z. B., daß man unter den Molekülen, welche sich in der u-Richtung langsam bewegen, ebenso viele findet, welche sich in der v-Richtung schnell bewegen, als unter denjenigen, welche sich auch in der u-Richtung schnell bewegen.

Gleichzeitig zu den Sorten dp_u, dp_v und dp_w gehört also der Bruchteil

$$F(p_u)\,F(p_v)\,F(p_w)\,dp_u\,dp_v\,dp_w \tag{I, 44}$$

aller Moleküle, und zur Sorte $d\tau$ gehört der Bruchteil

$$f\,d\tau = \frac{1}{V} F(p_u)\,F(p_v)\,F(p_w)\,dV\,dp_u\,dp_v\,dp_w. \tag{I, 45}$$

Zwischen der Funktion f und den Funktionen F besteht die Beziehung

$$f(p) = \frac{1}{V} F(p_u)\,F(p_v)\,F(p_w), \tag{I, 46}$$

welche dazu ausreicht, f und F aufzufinden. Wenn wir p_u, p_v, p_w um Beträge δp_u, δp_v, δp_w abändern, so erfährt

$$p^2 = p_u^2 + p_v^2 + p_w^2 \tag{I, 47}$$

die Abänderung

$$2p\,\delta p = 2p_u\,\delta p_u + 2p_v\,\delta p_v + 2p_w\,\delta p_w. \tag{I, 48}$$

Die Variation δp_u, δp_v, δp_w bringt an (I, 46) die Abänderung

$$\frac{df}{dp}\delta p = \frac{1}{V}\left\{F(p_v)\,F(p_w)\frac{dF(p_u)}{dp_u}\delta p_u + F(p_u)\,F(p_w)\frac{dF(p_v)}{dp_v}\delta p_v + \right. \\ \left. + F(p_u)\,F(p_v)\frac{dF(p_w)}{dp_w}\delta p_w\right\} \tag{I, 49}$$

hervor. Wenn wir also p_u, p_v, p_w so abändern, daß

$$p_u\,\delta p_u + p_v\,\delta p_v + p_w\,\delta p_w = 0 \tag{I, 50}$$

ist, so ändert sich der Betrag p des Impulses nicht und (I, 49) geht in

$$F(p_v)\,F(p_w)\frac{dF(p_u)}{dp_u}\delta p_u + F(p_u)\,F(p_w)\frac{dF(p_v)}{dp_v}\delta p_v + \\ + F(p_u)\,F(p_v)\frac{dF(p_w)}{dp_w}\delta p_w = 0 \tag{I, 51}$$

über. Wenn wir mit dem Produkt $F(p_u)\,F(p_v)\,F(p_w)$ dividieren, so entsteht daraus:

$$\frac{1}{F(p_u)}\frac{dF(p_u)}{dp_u}\delta p_u + \frac{1}{F(p_v)}\frac{dF(p_v)}{dp_v}\delta p_v + \frac{1}{F(p_w)}\frac{dF(p_w)}{dp_w}\delta p_w = 0. \tag{I, 52}$$

Ändern wir p_w nicht ab, so folgt aus (I, 50)

$$\delta p_v = -\frac{p_u}{p_v}\delta p_u.\qquad (I, 53)$$

Setzen wir das in (I, 52) ein, so erhalten wir

$$\frac{1}{F(p_u)}\frac{dF(p_u)}{dp_u} - \frac{p_u}{p_v F(p_v)}\frac{dF(p_v)}{dp_v} = 0 \qquad (I, 54)$$

oder

$$\frac{1}{p_u F(p_u)}\frac{dF(p_u)}{dp_u} = \frac{1}{p_v F(p_v)}\frac{dF(p_v)}{dp_v}.\qquad (I, 55)$$

Die linke Seite dieser Gleichung hängt nicht von p_v und p_w ab, die rechte nicht von p_u und p_w. Beide Seiten müssen also einen von p_u, p_v und p_w unabhängigen Wert λ haben. Aus (I, 55) geht also

$$\frac{1}{F(p_u)}\frac{dF(p_u)}{dp_u} = \lambda p_u \qquad (I, 56)$$

oder

$$\frac{d}{dp_u}\ln F(p_u) = \lambda p_u \qquad (I, 57)$$

hervor. Durch Integration ergibt sich daraus

$$\ln F(p_u) = \frac{\lambda p_u^2}{2} + \text{const}, \qquad (I, 58)$$

$$F(p_u) = A\, e^{\frac{\lambda p_u^2}{2}}.\qquad (I, 59)$$

Damit haben wir die Verteilungsfunktion $F(p_u)$ gefunden. Sie enthält zwei Integrationskonstanten A und λ, die wir noch bestimmen oder mit anderen Größen in Beziehung setzen müssen. Die Konstante λ kann nicht positiv sein, da sonst F für große Geschwindigkeiten über alle Grenzen wachsen würde. Um auszudrücken, daß λ immer negativ ist, schreiben wir

$$\lambda = -\frac{1}{b^2}.\qquad (I, 60)$$

Summieren wir die Bruchteile, die zu allen möglichen Intervallen dp_u gehören, so muß natürlich 1 herauskommen. Es ist also

$$1 = \int_{-\infty}^{+\infty} F(p_u)\,dp_u = A\int_{-\infty}^{+\infty} e^{-\frac{p_u^2}{2b^2}}dp_u = A\,b\sqrt{2}\int_{-\infty}^{+\infty} e^{-x^2}dx.\qquad (I, 61)$$

Nun ist

$$\int_{-\infty}^{+\infty} e^{-x^2}dx = \sqrt{\pi}, \qquad (I, 62)$$

und wir erhalten aus (I, 61)

$$A = \frac{1}{b\sqrt{2\pi}}.\qquad (I, 63)$$

Für die Verteilungsfunktion f ergibt sich aus (I, 46) der Ausdruck

$$f = \frac{1}{V}F(p_u)F(p_v)F(p_w) = \frac{A^3}{V}e^{-\frac{p_u^2+p_v^2+p_w^2}{2b^2}} = \frac{1}{2\pi b^3 V\sqrt{2\pi}}e^{-\frac{p^2}{2b^2}}.\qquad (I, 64)$$

§ 4. Die Maxwellsche Verteilungsfunktion.

Die Integrationskonstante b können wir leicht mit der mittleren kinetischen Energie

$$\bar{\varepsilon} = \frac{m}{2}\overline{c^2} = \frac{1}{2m}\overline{p^2} \tag{I, 65}$$

in Verbindung bringen. Wir bilden

$$\bar{\varepsilon} = \int \varepsilon f\, d\tau = V \int \varepsilon f\, d\Phi, \tag{I, 66}$$

indem wir über das Volumen sogleich integrieren. Setzen wir die Verteilungsfunktion (I, 64) ein, so ergibt sich

$$\bar{\varepsilon} = \frac{1}{4\pi b^3 m \sqrt{2\pi}} \int_0^\infty \int_0^\pi \int_0^{2\pi} p^4 e^{-\frac{p^2}{2b^2}}\, dp \sin\vartheta\, d\vartheta\, d\varphi. \tag{I, 67}$$

Das Integral über die Winkel hat den Wert

$$\int_0^\pi \int_0^{2\pi} \sin\vartheta\, d\vartheta\, d\varphi = 4\pi, \tag{I, 68}$$

und wir erhalten

$$\bar{\varepsilon} = \frac{1}{b^3 m \sqrt{2\pi}} \int_0^\infty p^4 e^{-\frac{p^2}{2b^2}}\, dp = \frac{3 b^2}{2m}. \tag{I, 69}$$

Führen wir die Temperatur durch

$$\bar{\varepsilon} = \frac{3}{2} kT \tag{I, 70}$$

(s. S. 1457, I, 37) ein, so finden wir

$$b^2 = mkT. \tag{I, 71}$$

In die Verteilungsfunktion können wir nun entweder den Impuls p, die Geschwindigkeit c oder die Energie ε des Moleküls einführen und erhalten

$$f = \frac{1}{V}\left(\frac{1}{2\pi m k T}\right)^{\frac{3}{2}} e^{-\frac{p^2}{2mkT}} = \frac{1}{V}\left(\frac{1}{2\pi m k T}\right)^{\frac{3}{2}} e^{-\frac{mc^2}{2kT}}$$
$$= \frac{1}{V}\left(\frac{1}{2\pi m k T}\right)^{\frac{3}{2}} e^{-\frac{\varepsilon}{kT}}. \tag{I, 72}$$

Ebenso erhalten wir

$$F = \left(\frac{1}{2\pi m k T}\right)^{\frac{1}{2}} e^{-\frac{p_u^2}{2mkT}} = \left(\frac{1}{2\pi m k T}\right)^{\frac{1}{2}} e^{-\frac{mu^2}{2kT}}. \tag{I, 73}$$

Häufig muß man nach dem Bruchteil aller Moleküle fragen, bei denen der Betrag des Impulses zwischen p und $p + dp$ liegt, gleichgültig, welche Richtung die Bewegung hat. Diesen Bruchteil

$$\Psi(p)\, dp = 4\pi p^2 f\, dp$$
$$= \frac{4\pi p^2}{V}\left(\frac{1}{2\pi m k T}\right)^{\frac{3}{2}} e^{-\frac{p^2}{2mkT}}\, dp \tag{I, 74}$$

erhält man, indem man $f\, d\Phi$ über eine Kugelschale vom Radius p und der Dicke dp im Impulsraum integriert. Die Funktion $\Psi(p)$ heißt Maxwellsche Verteilungsfunktion. Eine graphische Darstellung der Funktionen $F(p_u)$ und $\Psi(p)$ zeigen die Abb. 422 und 423.

Grundsätzlich verteilt die Verteilungsfunktion f die Moleküle auf die Volumenelemente des Phasenraumes. Bei gleichmäßiger Verteilung im Volumen ist es zweckmäßig, eine Verteilungsfunktion

$$\mathcal{F} = Vf = \left(\frac{1}{2\pi m k T}\right)^{\frac{3}{2}} e^{-\frac{p^2}{2mkT}} = \left(\frac{1}{2\pi m k T}\right)^{\frac{3}{2}} e^{-\frac{mc^2}{2kT}} \tag{I, 75}$$

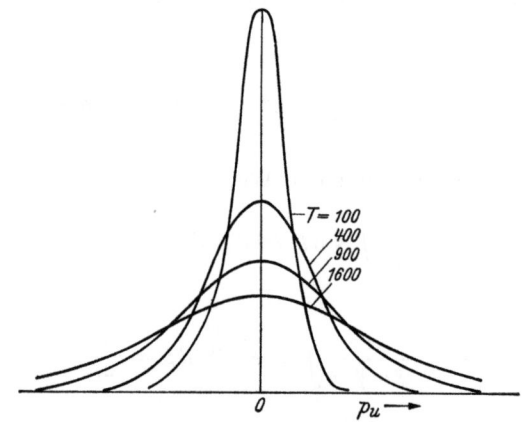

Abb. 422. Verteilungsfunktion $F(p_u)$ für mehrere Temperaturen.

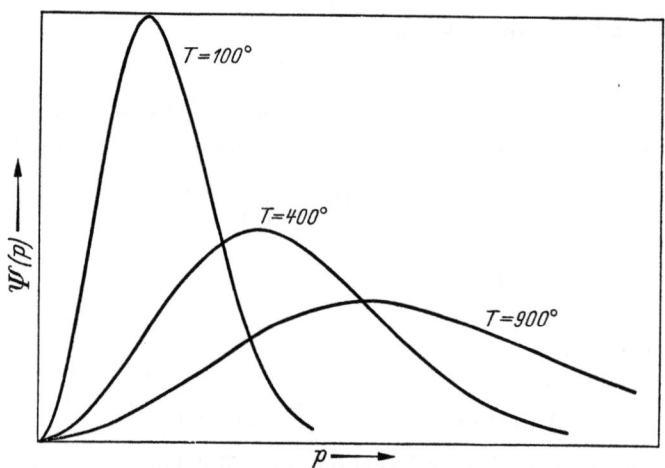

Abb. 423. Maxwellsche Verteilungsfunktion

einzuführen. Die Zahl aller Teilchen

$$dN = Nf V d\Phi, \tag{I, 76}$$

welche zur Sorte $d\Phi$ gehören, geht damit in

$$dN = N \mathcal{F} d\Phi \tag{I, 77}$$

über und

$$\mathcal{F} d\Phi \tag{I, 78}$$

§ 5. Mittelwerte des Impulses und der Geschwindigkeit.

ist der Bruchteil der Teilchen von der Sorte $d\Phi$. Die Normierung von $\mathcal{J}$ verlangt

$$\int \mathcal{J}\, d\Phi = 1, \qquad (\mathrm{I},79)$$

und der Mittelwert einer Eigenschaft A kann durch

$$\bar{A} = \int A\, \mathcal{J}\, d\Phi \qquad (\mathrm{I},80)$$

gebildet werden.

Will man die Zahl der Teilchen in der Volumeneinheit

$$n = \frac{N}{V} \qquad (\mathrm{I},81)$$

statt der Zahl aller Teilchen verwenden, so hat man in der Volumeneinheit

$$dn = n\, \mathcal{J}\, d\Phi \qquad (\mathrm{I},82)$$

Teilchen von der Sorte $d\Phi$, wenn die Volumeneinheit insgesamt n Teilchen enthält.

Die Teilchen, welche in das Intervall dp_u des Impulses fallen, gehören gleichzeitig zum Intervall

$$du = \frac{dp_u}{m} \qquad (\mathrm{I},83)$$

der Geschwindigkeit u. Deshalb ist

$$F\, dp_u = \left(\frac{m}{2\pi k T}\right)^{\frac{1}{2}} e^{-\frac{m u^2}{2 k T}}\, du \qquad (\mathrm{I},84)$$

auch der Bruchteil aller Teilchen, die eine Geschwindigkeit zwischen u und $u + du$ besitzen. Ganz entsprechend ist

$$\mathcal{J}\, dp_u\, dp_v\, dp_w = \left(\frac{m}{2\pi k T}\right)^{\frac{3}{2}} e^{-\frac{m c^2}{2 k T}}\, du\, dv\, dw \qquad (\mathrm{I},85)$$

der Bruchteil der Moleküle, der zu einem Volumenelement $du\, dv\, dw$ des Geschwindigkeitsraumes gehört.

Man muß also immer darauf achten, ob man auf Volumenelemente des Phasenraumes oder des Impulsraumes bzw. Geschwindigkeitsraumes verteilt.

Die Verteilungsfunktion f wurde schon auf S. 1431 aus allgemeinen statistischen Erwägungen gewonnen. Das dort eingeschlagene Verfahren ist strenger, aber weniger anschaulich.

§ 5. Mittelwerte des Impulses und der Geschwindigkeit.

Inhalt: Berechnung der mittleren und wahrscheinlichsten Geschwindigkeit.
Bezeichnungen: Mittelwerte sind durch Überstreichen kenntlich gemacht. Sonst wie S. 1458.

Wir bilden zuerst den Mittelwert einer Impulskomponente

$$\overline{p_u} = \int p_u\, \mathcal{J}\, d\Phi. \qquad (\mathrm{I},86)$$

Setzen wir

$$p_u = p \cos\vartheta, \qquad (\mathrm{I},87)$$

so geht das Integral in

$$\overline{p_u} = \int_0^\infty p^3\, \mathcal{J}\, dp \int_0^\pi \cos\vartheta \sin\vartheta\, d\vartheta \int_0^{2\pi} d\varphi = 0 \qquad (\mathrm{I},88)$$

über.

Das Integral über ϑ verschwindet. Der Mittelwert der Impulskomponenten ist Null. Dies ist schon deswegen zu erwarten, weil alle Richtungen gleich häufig vertreten sind.

Mitteln wir den Betrag des Impulses, so erhalten wir

$$\overline{p} = \int p \, \mathcal{F} \, d\Phi = \int_0^\infty p^3 \, \mathcal{F} \, dp \int_0^\pi \sin\vartheta \, d\vartheta \int_0^{2\pi} d\varphi. \tag{I, 89}$$

Die Integrale über die Winkel liefern den Wert 4π. Es verbleibt beim Einsetzen von $\mathcal{F}$

$$\overline{p} = 4\pi \left(\frac{1}{2\pi m k T}\right)^{\frac{3}{2}} \int_0^\infty p^3 e^{-\frac{p^2}{2mkT}} dp. \tag{I, 90}$$

Wertet man das Integral aus, was durch die Substitution

$$x = \frac{p^2}{2mkT} \tag{I, 91}$$

leicht gelingt, so erhält man den mittleren Impuls

$$\overline{p} = 2\sqrt{\frac{2mkT}{\pi}} \tag{I, 92}$$

und die mittlere Geschwindigkeit

$$\overline{c} = 2\sqrt{\frac{2kT}{\pi m}}. \tag{I, 93}$$

Zieht man hingegen die Wurzel aus dem mittleren Geschwindigkeitsquadrat, so erhält man nach S. 1457 (I, 37)

$$\sqrt{\overline{c^2}} = \sqrt{\frac{3kT}{m}}. \tag{I, 94}$$

Daraus ergibt sich das Verhältnis

$$\frac{\overline{c}}{\sqrt{\overline{c^2}}} = 2\sqrt{\frac{2}{3\pi}} = 0{,}92. \tag{I, 95}$$

Von Interesse ist noch der häufigste oder wahrscheinlichste Wert des Impulses, bei dem das Maximum der Maxwellschen Verteilungsfunktion

$$\Psi(p) = \frac{4\pi p^2}{V} \left(\frac{1}{2\pi m k T}\right)^{\frac{3}{2}} e^{-\frac{p^2}{2mkT}} \tag{I, 96}$$

eintritt. Durch Differenzieren nach p findet man den wahrscheinlichsten Impuls

$$p_{\max} = \sqrt{2mkT} \tag{I, 97}$$

und die wahrscheinlichste Geschwindigkeit

$$c_{\max} = \sqrt{\frac{2kT}{m}}. \tag{I, 98}$$

*§ 6. Verteilung der Moleküle auf beliebige Eigenschaften.

Inhalt: Verteilung der Moleküle auf die Translation und die diskreten Quantenzustände. Wenn äußere Kräfte einwirken, verteilen sich die Moleküle ungleichmäßig auf das Volumen.

Bezeichnungen: dV Volumenelement im Raum, $d\Phi$ im Impulsraum, $d\tau$ im Phasenraum, V Volumen, N Teilchenzahl, m Teilchenmasse, p Impuls des Teilchens, ϑ und φ Winkel, die seine Richtung bestimmen, h Wirkungsquantum, k Gaskonstante pro Teilchen, T absolute Temperatur, ε_i Energie, N_i Teilchenzahl im i-ten Quantenzustand, σ Zustandssumme, f_i Verteilungsfunktion auf $d\tau$ und die Quantenzustände zugleich, χ potentielle Energie des Teilchens.

Die Geschwindigkeit und der Impuls sind nicht die einzigen Eigenschaften, durch die wir ein Molekül kennzeichnen können. Die Moleküle können auch ro-

*§ 6. Verteilung der Moleküle auf beliebige Eigenschaften.

tieren, sie können je nach ihrer Struktur mehr oder weniger komplizierte innere Schwingungen ausführen, und sie können eine Elektronenanregung erfahren. Alle diese inneren Eigenschaften der Moleküle müssen nach der Quantentheorie behandelt werden. Das Ergebnis ist, daß es bestimmte Rotationszustände gibt, welche durch eine Rotationsquantenzahl J beschrieben werden, daß die Schwingungszustände durch eine oder mehrere Schwingungsquantenzahlen v gekennzeichnet sind und daß ähnliches auch für die Elektronenanregung gilt. Ein Molekül besitzt also eine Menge verschiedener Quantenzustände, die durch eine Kombination von Quantenzahlen J, v usw. festgelegt werden. Alle diese Quantenzustände denken wir uns vorübergehend in eine Reihe geordnet und mit einer Zahl i numeriert. Zu jedem Zustand gehört dann eine Energie ε_i.

Jetzt erhebt sich die Frage, wie sich die Moleküle auf die verschiedenen Quantenzustände verteilen. Die Antwort haben wir schon auf S. 1426ff. ganz allgemein gegeben. Sind im ganzen N Moleküle vorhanden, so wird ein Quantenzustand mit der Energie ε_i von

$$N_i = \frac{N}{\sigma} e^{\beta \varepsilon_i} = \frac{N}{\sigma} e^{-\frac{\varepsilon_i}{kT}} \tag{I, 99}$$

Molekülen eingenommen. β ist eine Abkürzung, welche $-1/kT$ bedeutet. Bilden Z_i Zustände eine Gruppe, welche alle eine Energie ε_i besitzen, so haben wir

$$N_i = \frac{N Z_i}{\sigma} e^{\beta \varepsilon_i} = \frac{N Z_i}{\sigma} e^{-\frac{\varepsilon_i}{kT}} \tag{I, 100}$$

Moleküle mit der Energie ε_i. Die Größe σ bedeutet die Zustandssumme

$$\sigma = \sum_i Z_i e^{\beta \varepsilon_i}. \tag{I, 101}$$

Ob man den i-ten Zustand nur einmal in der Summe anführt, aber mit dem „statistischen Gewicht" Z_i versieht, oder ob man Z_i wegläßt, dafür aber über die Z_i Einzelzustände summiert, kommt offenbar auf dasselbe hinaus.

Nun haben wir noch die Translation der Moleküle in dieses Schema einzufügen. Dies geschieht, indem wir im Phasenraum ein Volumelement von der Größe h^3 als einen Translationszustand ansehen (s. S. 1431). Jeder Quantenzustand des Moleküls ist demnach durch eine Zahl i und ein Volumelement $d\tau$ charakterisiert. Seine Energie ist die Summe

$$\varepsilon = \frac{p^2}{2m} + \varepsilon_i \tag{I, 102}$$

der Translationsenergie $p^2/2m$ und der Energie ε_i der inneren Bewegungen. Wir erhalten damit die Zustandssumme

$$\sigma = \frac{1}{h^3} \sum_i \int e^{\beta \left(\frac{p^2}{2m} + \varepsilon_i\right)} d\tau. \tag{I, 103}$$

Da die inneren Quantenzustände von der Translation nicht beeinflußt werden, kann man dafür auch

$$\sigma = \frac{1}{h^3} \int e^{\frac{\beta p^2}{2m}} d\tau \sum_i e^{\beta \varepsilon_i} \tag{I, 104}$$

schreiben. Um das Integral auszuwerten, setzen wir

$$d\tau = dV \, p^2 \, dp \, \sin\vartheta \, d\vartheta \, d\varphi, \tag{I, 105}$$

integrieren über das Volumen und erhalten die Zustandssumme

$$\sigma_{tr} = \frac{1}{h^3} \int_0^\infty e^{\frac{\beta p^2}{2m}} d\tau = \frac{V}{h^3} \int_0^\infty e^{\frac{\beta p^2}{2m}} p^2 dp \int_0^\pi \sin\vartheta\, d\vartheta \int_0^{2\pi} d\varphi \qquad (I, 106)$$

der Translation allein. Das Integral über die Winkel ergibt 4π. Die Substitution

$$x^2 = -\frac{\beta p^2}{2m} \qquad (I, 107)$$

liefert

$$\sigma_{tr} = \frac{4\pi V}{h^3} \left(\frac{2m}{-\beta}\right)^{\frac{3}{2}} \int_0^\infty e^{-x^2} x^2 dx = V \left(\frac{2\pi m}{-\beta h^2}\right)^{\frac{3}{2}} = V \left(\frac{2\pi m k T}{h^2}\right)^{\frac{3}{2}}. \qquad (I, 108)$$

Setzen wir dies in (I, 104) ein, so erhalten wir für die Zustandssumme

$$\sigma = \sigma_{tr} \sum_i e^{\beta \varepsilon_i} = \sigma_{tr} \sigma_i. \qquad (I, 109)$$

Wir finden damit die Zahl der Teilchen

$$dN_i = \frac{N}{h^3 \sigma} e^{\frac{\beta p^2}{2m} + \beta \varepsilon_i} d\tau = \frac{N}{V \sigma_i} \left(\frac{1}{2\pi m k T}\right)^{\frac{3}{2}} e^{-\frac{p^2}{2mkT} - \frac{\varepsilon_i}{kT}} d\tau, \qquad (I, 110)$$

welche sich im i-ten Quantenzustand befinden und gleichzeitig zum Volumenelement $d\tau$ des Phasenraumes gehören. Definieren wir die Verteilungsfunktion f_i durch

$$dN_i = N f_i d\tau, \qquad (I, 111)$$

so finden wir

$$f_i = \frac{1}{V \sigma_i} \left(\frac{1}{2\pi m k T}\right)^{\frac{3}{2}} e^{-\frac{p^2}{2mkT} - \frac{\varepsilon_i}{kT}}. \qquad (I, 112)$$

Nun kann es aber auch vorkommen, daß äußere Kräfte auf die Moleküle wirken. Die Schwerkraft ist z. B. immer vorhanden, wenn sie sich auch in einem kleinen Gasvolumen nicht auswirkt. Tragen Moleküle elektrische Ladungen, so erfahren sie Kräfte in einem elektrischen Feld. Die äußeren Kräfte können wir leicht erfassen, wenn wir die potentielle Energie der Moleküle mit berücksichtigen. Sie hängt vom Orte ab und wir wollen sie mit dem Buchstaben χ bezeichnen.

Die Zustandssumme

$$\sigma = \frac{1}{h^3} \int e^{-\frac{p^2}{2mkT} - \frac{\chi}{kT}} dV\, d\Phi \sum_i e^{-\frac{\varepsilon_i}{kT}} \qquad (I, 113)$$

zerfällt dann in die drei Bestandteile

$$\sum_i e^{-\frac{\varepsilon_i}{kT}} = \sigma_i, \qquad (I, 114)$$

$$\frac{1}{h^3} \int e^{-\frac{p^2}{2mkT}} d\Phi = \frac{\sigma_{tr}}{V} = \left(\frac{2\pi m k T}{h^2}\right)^{\frac{3}{2}} \qquad (I, 115)$$

und
$$\sigma_V = \int e^{-\frac{\chi}{kT}} dV. \tag{I, 116}$$

σ_V tritt in (I, 108) einfach an die Stelle von V.
Wir haben dann
$$dN_i = \frac{N}{\sigma} e^{-\frac{p^2}{2mkT} - \frac{\varepsilon_i}{kT} - \frac{\chi}{kT}} dV d\Phi \tag{I, 117}$$

Moleküle im Volumenelement dV, welche zur Sorte $d\Phi$ gehören und sich im i-ten Quantenzustand befinden. Die Verteilungsfunktion nimmt die Form

$$f_i = \frac{1}{\sigma} e^{-\frac{p^2}{2mkT} - \frac{\varepsilon_i}{kT} - \frac{\chi}{kT}} \tag{I, 118}$$

an.

§ 7. Die barometrische Höhenformel.

Inhalt: Im Schwerefeld nimmt die Konzentration eines Gases exponentiell mit der Höhe ab. Sauerstoff nimmt schneller als Stickstoff ab. Dieselben Formeln lassen sich auf Staub und Rauchteilchen und auf die Sedimentation aufgeschlämmter fester und flüssiger Körper übertragen. Auch das Gleichgewicht beim Zentrifugieren von Aufschlämmungen folgt denselben Gesetzen.

Bezeichnungen: g Fallbeschleunigung, n Teilchenkonzentration, P Gasdruck, z Vertikalkoordinate, M Molmasse, R molare Gaskonstante, Δ und D Dichte von Flüssigkeit und festen Partikeln, sonst wie S. 1464.

Im Schwerefeld hat ein Molekül die potentielle Energie

$$\chi = mgz, \tag{I, 119}$$

wenn wir die z-Achse vertikal stellen und g die Fallbeschleunigung bedeutet. Ist die Temperatur überall die gleiche, so finden wir in der Höhenlage z

$$dN_i = \frac{N}{\sigma} e^{-\frac{p^2}{2mkT} - \frac{\varepsilon_i}{kT} - \frac{mgz}{kT}} dV d\Phi \tag{I, 120}$$

Moleküle im i-ten Quantenzustand von der Sorte $d\Phi$. Wenn wir über alle Impulse und alle Quantenzustände summieren, erhalten wir

$$dN = \frac{N}{\sigma_V} e^{-\frac{mgz}{kT}} dV \tag{I, 121}$$

Moleküle im Volumen dV. Die Teilchenkonzentration

$$n = \frac{dN}{dV} = \frac{N}{\sigma_V} e^{-\frac{mgz}{kT}} \tag{I, 122}$$

nimmt exponentiell mit der Höhe ab. Das Verhältnis der Konzentration in zwei Höhen z und z_0 ist

$$\frac{n}{n_0} = e^{-\frac{mg}{kT}(z - z_0)}. \tag{I, 123}$$

Die relative Abnahme der Konzentration pro Längeneinheit ist

$$\frac{1}{n}\frac{dn}{dz} = -\frac{mg}{kT} = -\frac{Mg}{RT}.$$ (I, 124)

M bedeutet die molare Masse und R die molare Gaskonstante.

Die Formeln (I, 123) und (I, 124) geben uns an, wie die Konzentration der Moleküle in der Luft mit der Höhe abnimmt. Da die Konzentration n den Drukken P proportional sind, gilt gleichzeitig mit (I, 123) auch

$$\frac{P}{P_0} = e^{-\frac{mg}{kT}(z-z_0)}.$$ (I, 125)

Die Formel (I, 123) gilt nur, wenn das ganze Gas sich auf einheitlicher Temperatur befindet. Sie ist deshalb auf die Atmosphäre nur bedingt anwendbar.

Für die beiden Gase Sauerstoff und Stickstoff kann man die Formel (I, 123) einzeln anwenden. Die Sauerstoffkonzentration nimmt nach oben schneller ab als die Stickstoffkonzentration, weil sein Molekulargewicht höher liegt als bei Stickstoff. In den höchsten Schichten der Atmosphäre findet sich deshalb fast nur noch Stickstoff.

Die gleichen Gedankengänge kann man auch auf die gröberen Teilchen von Staub oder Rauch anwenden, weil die statistischen Gesetze für alle Teilchen und nicht nur für Moleküle gelten. Auch für größere Partikel finden wir die Gleichgewichtsverteilung

$$\frac{n}{n_0} = e^{-\frac{mg}{kT}(z-z_0)}.$$ (I, 126)

Sind feste oder flüssige Teilchen in Wasser oder einer anderen Flüssigkeit aufgeschlämmt, so können wir ebenfalls die Formel (I, 123) benutzen, nur müssen wir auch den Auftrieb berücksichtigen. Bedeutet D die Dichte der Teilchen, Δ die der Flüssigkeit, so tritt

$$\left(1 - \frac{\Delta}{D}\right)g$$ (I, 127)

an die Stelle der Fallbeschleunigung g und wir erhalten den Konzentrationsabfall

$$\frac{n}{n_0} = e^{-\frac{m\left(1-\frac{\Delta}{D}\right)g(z-z_0)}{kT}}$$ (I, 128)

mit der Höhe bei der Sedimentation. Wenn man die Konzentrationen mißt, kann man nach dieser Formel auf die Masse m und damit auf die Korngröße der aufgeschlämmten Teilchen schließen.

Auch wenn man die Wirkung der Schwere durch Zentrifugieren verstärkt, kann man die angegebenen Formeln verwenden. Man hat dann nur die Fallbeschleunigung durch die Zentrifugalbeschleunigung zu ersetzen.

Es ist zunächst verblüffend, daß aufgeschlämmte feste Teilchen in einer Flüssigkeit statistisch wie die Moleküle eines Gases behandelt werden können. Der Grund dafür ist, daß sie ebenso wie die Moleküle eines Gases nur selten Kräfte aufeinander ausüben, im allgemeinen ihre Bewegung aber gegenseitig nicht beeinflussen. Daß sie dauernd unter dem Einfluß der Flüssigkeitsmoleküle stehen, geht in den statistischen Ansatz nicht ein und ist daher unerheblich.

§ 8. Zustandssumme, innere Energie, Entropie, freie Energie und Gibbssches Potential eines reinen Gases.

Inhalt: Aus der Zustandssumme lassen sich innere Energie, Entropie, freie Energie und Gibbssches Potential eines Gases berechnen. Alle diese Größen setzen sich adiditv aus einem Translationsanteil und einem Anteil der inneren Bewegungen zusammen.

Bezeichnungen: σ Zustandssumme, U innere Energie, c_v spezifische Wärme bei konstantem Volumen, F freie Energie, S Entropie, G Gibbssches Potential, P Druck, Index tr kennzeichnet den Translationsteil, Index i den inneren Anteil, sonst wie S. 1464.

Aus den Zustandssummen

$$\left.\begin{array}{l}\sigma = \sigma_{tr}\,\sigma_i,\\[4pt]\sigma_{tr} = V\left(\dfrac{2\pi m}{-\beta h^2}\right)^{3/2} = V\left(\dfrac{2\pi m k T}{h^2}\right)^{3/2},\\[8pt]\sigma_i = \sum{}_i' e^{\beta \varepsilon_i} = \sum{}_i' e^{-\frac{\varepsilon_i}{kT}}\end{array}\right\} \quad (\text{I, 129})$$

eines Molekülgases läßt sich die innere Energie sofort nach der Formel

$$U = N\frac{\partial}{\partial \beta}\ln\sigma \qquad (\text{I, 130})$$

von S. 1428 (I, 41) gewinnen. Will man statt β die Temperatur einführen, so erhält man

$$U = NkT^2\frac{\partial}{\partial T}\ln\sigma. \qquad (\text{I, 131})$$

Setzt man für die Zustandssumme die Ausdrücke (I, 129) ein, so zerfällt die innere Energie in den Translationsanteil

$$U_{tr} = NkT^2\frac{\partial}{\partial T}\ln\sigma_{tr} = \frac{3}{2}NkT \qquad (\text{I, 132})$$

und den Anteil der inneren Bewegungen

$$U_i = NkT^2\frac{\partial}{\partial T}\ln\sigma_i. \qquad (\text{I, 133})$$

Da σ_i das Volumen nicht enthält, ist die innere Energie des Gases vom Volumen unabhängig. Wir werden auf S. 1477 sehen, daß dieses Ergebnis damit zusammenhängt, daß wir die Kräfte zwischen den Molekülen vernachlässigen.

Betrachten wir ein Mol, so ist $N = N_0$ die Loschmidtsche Zahl und wir finden die molare spezifische Wärme bei konstantem Volumen

$$c_v = \frac{\partial U}{\partial T} = \frac{\partial U_{tr}}{\partial T} + \frac{\partial U_i}{\partial T} = \frac{3}{2}N_0 k + \frac{\partial U_i}{\partial T}. \qquad (\text{I, 134})$$

Sie ist natürlich ebenfalls unabhängig vom Volumen des Gases.

Aus der Zustandssumme errechnet die klassische Statistik nach S. 1429 (I, 52) den Ausdruck

$$S = Nk\ln\sigma - k\beta U = Nk\ln\sigma + \frac{U}{T} \qquad (\text{I, 135})$$

für die Entropie. Dieser Wert ist nicht ganz richtig, weil die Moleküle der Bosestatistik und nicht der klassischen Statistik folgen. Nach der Bosestatistik muß von S noch

$$k\ln(N!) = kN\ln N - kN$$

abgezogen werden. Wir erhalten damit die Entropie

$$S = Nk(\ln\sigma + 1 - \ln N) + \frac{U}{T},\qquad (\text{I, }136)$$

wenn wir den klassischen Ausdruck (I, 129) für die Zustandssumme weiter verwenden. Von der Entropie können wir den Translationsanteil

$$\begin{aligned}S_{\text{tr}} &= Nk\{\ln\sigma_{\text{tr}} + 1 - \ln N\} + \frac{3}{2}Nk \\ &= Nk\left\{\ln\left[\frac{V}{N}\left(\frac{2\pi mkT}{h^2}\right)^{3/2}\right] + \frac{5}{2}\right\}\end{aligned}\qquad (\text{I, }137)$$

abspalten. Zu ihm tritt noch der innere Anteil

$$S_i = Nk\ln\sigma_i + \frac{U_i}{T}.\qquad (\text{I, }138)$$

Jetzt können wir leicht die freie Energie

$$F = U - TS = NkT\{\ln N - \ln\sigma - 1\}\qquad (\text{I, }139)$$

mit dem Translationsanteil

$$F_{\text{tr}} = NkT\left\{\ln\left[\frac{N}{V}\left(\frac{h^2}{2\pi mkT}\right)^{3/2}\right] - 1\right\}\qquad (\text{I, }140)$$

und dem inneren Anteil

$$F_i = -NkT\ln\sigma_i\qquad (\text{I, }141)$$

bilden. Schließlich gelangen wir zu dem Gibbsschen Potential

$$G = F + PV = F + NkT\qquad (\text{I, }142)$$

mit dem Translationsanteil

$$G_{\text{tr}} = NkT\ln\left[\frac{N}{V}\left(\frac{h^2}{2\pi mkT}\right)^{3/2}\right]\qquad (\text{I, }143)$$

und dem inneren Anteil

$$G_i = -NkT\ln\sigma_i.\qquad (\text{I, }144)$$

Führt man den Druck

$$P = \frac{NkT}{V}\qquad (\text{I, }145)$$

statt des Volumens in (I, 144) ein, so erhält man

$$G_{\text{tr}} = NkT\ln\left[\frac{Ph^3}{(2\pi m)^{3/2}(kT)^{5/2}}\right].\qquad (\text{I, }146)$$

§ 9. Die Rotation der Moleküle.

Inhalt: Berechnung des Rotationsanteils der Zustandssumme, innerer Energie, Entropie und freier Energie zweiatomiger Moleküle bei hohen und tiefen Temperaturen. Die molare Rotationswärme ist R bei hoher Temperatur und konvergiert bei tiefer Temperatur gegen Null. Eine Rotation um die Molekülachse wird wegen zu hoher Energiestufen nicht angeregt. Einatomige Moleküle können nicht rotieren. Mehratomige Moleküle zeigen die Rotationswärme $3R/2$.

Bezeichnungen: J Rotationsquantenzahl, B Rotationskonstante, c Lichtgeschwindigkeit, I Trägheitsmoment, R molare Gaskonstante, sonst wie S. 1464 und S. 1469.

Die Rotationsenergie eines zweiatomigen Moleküls ist

$$\varepsilon_{\text{rot}} = hcBJ(J+1).\qquad (\text{I, }147)$$

§9. Die Rotation der Moleküle.

Die Rotationsquantenzahl J durchläuft die ganzen Zahlen (bei einigen Molekülen die halben Zahlen) von Null an. Die Konstante

$$B = \frac{h}{8\pi^2 I c} \tag{I, 148}$$

hängt mit dem Trägheitsmoment I um eine Achse zusammen, welche auf der Verbindungslinie der Kerne senkrecht steht. In verschiedenen Schwingungszuständen oder gar Elektronenzuständen hat B etwas verschiedene Werte (s. S. 1392).

Zu jedem Wert von J gehören $2J + 1$ Rotationszustände. Sie unterscheiden sich durch die magnetische Quantenzahl M, welche von $M = -J$ bis $M = +J$ läuft, aber auf die Energie keinen Einfluß hat.

Sehen wir vorläufig von den verschiedenen Schwingungszuständen ab und behandeln die Rotation allein, so erhalten wir die Zustandssumme

$$\sigma_{\text{rot}} = \sum_{0}^{\infty} (2J + 1) e^{-\frac{hcB}{kT} J(J+1)}. \tag{I, 149}$$

Diese Summe läßt sich leider nicht ausrechnen. Wir werden deshalb versuchen, sie durch ein Integral zu approximieren.

Für ein beliebiges Integral ist

$$\int_0^\infty f(J)\,dJ = \sum_J \int_J^{J+1} f(J)\,dJ \approx \sum_J f(J) \tag{I, 150}$$

eine Näherung, sofern sich $f(J)$ nur wenig ändert, wenn man J um 1 erhöht. Für hohe Temperatur, wenn also

$$\frac{hcB}{kT} \ll 1 \tag{I, 151}$$

ist, wird man also σ_{rot} in guter Näherung durch das Integral

$$\sigma_{\text{rot}} = \int_0^\infty (2J + 1) e^{-\frac{hcB}{kT} J(J+1)}\,dJ \tag{I, 152}$$

ausdrücken können. Durch die Substitution

$$x = \frac{hcB}{kT} J(J+1)$$

geht es in

$$\sigma_{\text{rot}} = \frac{kT}{hcB} \int_0^\infty e^{-x}\,dx = \frac{kT}{hcB} \tag{I, 153}$$

über. Bei den meisten Gasen ist die Zimmertemperatur schon als hohe Temperatur im Sinne der Gleichung (I, 151) anzusehen.

Wir erhalten nach (I, 133) den Rotationsanteil

$$U_{\text{rot}} = NkT^2 \frac{\partial}{\partial T} \ln \sigma_{\text{rot}} = NkT \tag{I, 154}$$

der inneren Energie und nach (I, 138) den Anteil

$$S_{\text{rot}} = N k \left(1 + \ln \frac{kT}{hcB}\right) \qquad (I, 155)$$

der Entropie. Zur freien Energie und zum Gibbsschen Potential trägt die Rotation den Betrag

$$F_{\text{rot}} = G_{\text{rot}} = -N k T \ln \frac{kT}{hcB} \qquad (I, 156)$$

bei. Die Rotationswärme ergibt sich zu

$$c_{\text{rot}} = \frac{\partial U_{\text{rot}}}{\partial T} = N k. \qquad (I, 157)$$

Die molare Rotationswärme ist

$$c_{\text{rot}} = N_0 k = R. \qquad (I, 158)$$

Diese Formeln gelten zunächst für hohe Temperaturen. Bei tiefen Temperaturen ist

$$\frac{hcB}{kT} \gg 1,$$

und wir brauchen in σ_{rot} nur die Glieder mit kleinem J zu berücksichtigen. Beschränken wir uns auf $J = 0$ und $J = 1$, so ist

$$\sigma_{\text{rot}} = 1 + 3 e^{-\frac{2hcB}{kT}}. \qquad (I, 159)$$

Daraus folgt

$$\ln \sigma_{\text{rot}} \approx 3 e^{-\frac{2hcB}{kT}}, \qquad (I, 160)$$

$$U_{\text{rot}} \approx 6 N h c B e^{-\frac{2hcB}{kT}},$$

$$S_{\text{rot}} \approx 3 N k e^{-\frac{2hcB}{kT}} \left(\frac{2hcB}{kT} + 1\right).$$

Bei niedrigen Temperaturen konvergieren innere Energie, Entropie und Rotationswärme gegen Null. Bei mittlerer Temperatur findet ein Übergang statt, der schwer zu überblicken ist (s. Abbildung 424).

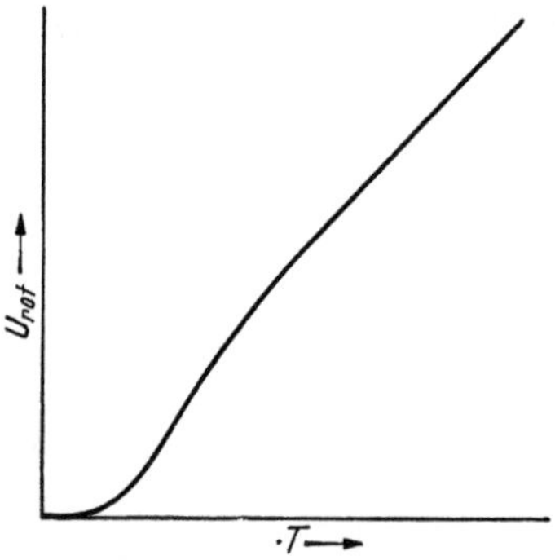

Bei zweiatomigen Molekülen trägt die Rotation um die Molekülachse nichts zur inneren Energie bei. Das Trägheitsmoment um diese Achse rührt nur von den Elektronen her und ist infolgedessen sehr klein. Demgemäß tritt an Stelle der Konstanten B eine Konstante

$$A = \frac{h}{8\pi^2 c I_A}, \qquad (I, 161)$$

Abb. 424. Temperaturverlauf des Rotationsanteils der inneren Energie.

welche bedeutend größer ist als die Rotationskonstante B. Die Folge davon ist, daß die Energiestufen der Rotation um diese Achse sehr groß sind. Selbst bei höheren Temperaturen sind die höheren Rotationsterme kaum besetzt, weil

$$\frac{hcA}{kT} \gg 1 \qquad (I, 162)$$

ist. Demgemäß trägt diese Rotation zur inneren Energie, Entropie und Rotationswärme nichts bei.

Bei den einatomigen Molekülen sind alle Trägheitsmomente winzig und infolgedessen die Rotationskonstanten sehr groß. Höhere Rotationsstufen sind nicht vertreten und die Rotation liefert keinen Beitrag zur inneren Energie und Entropie.

Bei dreiatomigen Molekülen hat man Rotation um drei Achsen. Die Struktur der Rotationsterme ist aber kompliziert und eine direkte Berechnung der Zustandssumme unmöglich. Man kann aber zeigen, daß die Rotation zur inneren Energie bei hoher Temperatur den Betrag

$$U_{\text{rot}} = \frac{3}{2} N k T \qquad (\text{I}, 163)$$

liefert, genau wie die Translation. Die molare Rotationswärme hat bei ihnen den Wert

$$c_{\text{rot}} = \frac{3}{2} N_0 k = \frac{3}{2} R. \qquad (\text{I}, 164)$$

§ 10. Die Schwingung der Moleküle.

Inhalt: Berechnung der Zustandssumme der inneren Energie und Entropie für die Schwingung der Moleküle.

Bezeichnungen: v Schwingungsquantenzahl, J Rotationsquantenzahl, ω Grundschwingungsquant, B Rotationskonstante, σ_{osc}, U_{osc}, S_{osc} Schwingungsanteile der Zustandssumme, innere Energie und Entropie, c_{osc} Schwingungswärme.

Die Schwingungszustände eines zweiatomigen Moleküls werden durch die Schwingungsquantenzahl v gekennzeichnet, welche die ganzen Zahlen einschließlich Null durchläuft. Im v-ten Schwingungszustand besitzt ein Molekül die Schwingungsenergie (s. S. 1391 u. 1412)

$$\varepsilon_v = h c \omega \left(v + \frac{1}{2}\right) - h c \omega x \left(v + \frac{1}{2}\right)^2, \qquad (\text{I}, 165)$$

wobei ω und x molekulare Konstante sind.

Die Zustandssumme für Rotation und Schwingung ist

$$\sigma = \sum_v \sum_J (2J + 1) e^{-\frac{\varepsilon_v}{kT} - \frac{h c B J (J+1)}{kT}}. \qquad (\text{I}, 166)$$

Die Rotationskonstante B nimmt etwas ab, wenn v größer wird. Wenn wir diesen geringen Einfluß unberücksichtigt lassen, zerfällt σ in die Faktoren

$$\sigma_{\text{rot}} = \sum_J (2J + 1) e^{-\frac{h c B J (J+1)}{kT}} \approx \frac{kT}{h c B} \qquad (\text{I}, 167)$$

und

$$\sigma_{\text{osc}} = \sum_v e^{-\frac{\varepsilon_v}{kT}} = \sum_v e^{-\frac{h c \omega}{kT}\left(v + \frac{1}{2}\right) + \frac{h c \omega x}{kT}\left(v + \frac{1}{2}\right)^2}. \qquad (\text{I}, 168)$$

σ_{rot} wurde im vorigen Paragraphen berechnet, jetzt müssen wir noch σ_{osc} ermitteln. Bei nicht zu hohen Temperaturen spielen in der Summe nur Glieder eine Rolle, in denen v nicht zu groß ist. Wir können das Korrektionsglied

$$h c \omega x \left(v + \frac{1}{2}\right)^2 \qquad (\text{I}, 169)$$

weglassen, welches erst bei größeren v zur Geltung kommt. Die Zustandssumme reduziert sich dann auf

$$\sigma_{osc} = \sum_v e^{-\frac{hc\omega}{kT}\left(v+\frac{1}{2}\right)} = e^{-\frac{hc\omega}{2kT}} \sum_v e^{-\frac{hc\omega}{kT}v}. \qquad (I, 170)$$

Man kann sie als geometrische Reihe auswerten und erhält

$$\sigma_{osc} = \frac{e^{-\frac{hc\omega}{2kT}}}{1 - e^{-\frac{hc\omega}{kT}}}. \qquad (I, 171)$$

Hieraus bilden wir

$$\ln \sigma_{osc} = -\frac{hc\omega}{2kT} - \ln\left(1 - e^{-\frac{hc\omega}{kT}}\right) \qquad (I, 172)$$

und die innere Energie

$$U_{osc} = NkT^2 \frac{\partial}{\partial T} \ln \sigma_{osc} = \frac{Nhc\omega}{2} + \frac{Nhc\omega\, e^{-\frac{hc\omega}{kT}}}{1 - e^{-\frac{hc\omega}{kT}}}$$

$$= Nhc\omega \left(\frac{1}{2} + \frac{1}{e^{\frac{hc\omega}{kT}} - 1}\right). \qquad (I, 173)$$

Für kleine T nähert sich U_{osc} dem Grenzwert

$$U_{osc} = N\frac{hc\omega}{2}, \qquad (I, 174)$$

d. h., alle Moleküle befinden sich bei tiefer Temperatur im untersten Schwingungszustand. Bei hoher Temperatur nehmen wir die Entwicklung

$$e^{-\frac{hc\omega}{kT}} \approx 1 - \frac{hc\omega}{kT} \approx 1 \qquad (I, 175)$$

vor und erhalten angenähert

$$U_{osc} = \frac{Nhc\omega}{2} + NkT. \qquad (I, 176)$$

Bei hoher Temperatur steuert die Schwingung zur inneren Energie den Betrag (I, 176) bei. Wollen wir das Korrektionsglied (I, 169) berücksichtigen, so können wir die Summe

$$\sigma_{osc} = \sum_v e^{-\frac{hc\omega}{kT}\left(v+\frac{1}{2}\right) + \frac{hc\omega x}{kT}\left(v+\frac{1}{2}\right)^2} \qquad (I, 177)$$

durch ein Integral annähern. Der Verlauf der inneren Energie mit der Temperatur nach (I, 173) ist in Abb. 425 graphisch dargestellt.

Da ω etwa 100mal größer zu sein pflegt als die Rotationskonstante B, sind für die Schwingung Temperaturen als niedrig zu betrachten, die für die Rotation schon hoch sind. Bei Zimmertemperatur ist die Rotation der Moleküle schon voll entwickelt, während fast alle Moleküle noch im tiefsten Schwingungszustand liegen. Die Schwingung ist noch „eingefroren".

Für die Schwingungswärme berechnen wir

$$c_{osc} = \frac{\partial U_{osc}}{\partial T} = \frac{Nh^2c^2\omega^2\, e^{\frac{hc\omega}{kT}}}{kT^2\left(e^{\frac{hc\omega}{kT}} - 1\right)^2} = \frac{Nh^2c^2\omega^2\, e^{-\frac{hc\omega}{kT}}}{kT^2\left(1 - e^{-\frac{hc\omega}{kT}}\right)^2}. \qquad (I, 178)$$

*§ 11. Berücksichtigung der Molekularattraktion.

Bei tiefen Temperaturen geht dies in

$$c_{\text{osc}} = \frac{N h^2 c^2 \omega^2}{k T^2} e^{-\frac{h c \omega}{k T}} \approx 0 \qquad (\text{I, 179})$$

über, während sich für hohe Temperaturen der Grenzwert

$$c_v = N k \qquad (\text{I, 180})$$

ergibt (s. Abb. 426).

Die Schwingungsentropie

$$S_{\text{osc}} = \frac{N h c \omega e^{-\frac{h c \omega}{k T}}}{T \left(1 - e^{-\frac{h c \omega}{k T}}\right)} - N k \ln \left(1 - e^{-\frac{h c \omega}{k T}}\right) \qquad (\text{I, 181})$$

ist leicht zu bilden. Sie strebt bei hohen Temperaturen dem Wert

$$S_{\text{osc}} = N k - N k \ln \frac{h c \omega}{k T} \qquad (\text{I, 182})$$

und bei tiefen Temperaturen dem Wert Null zu.

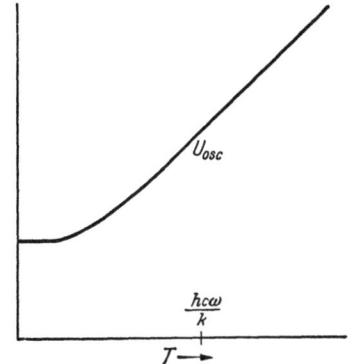
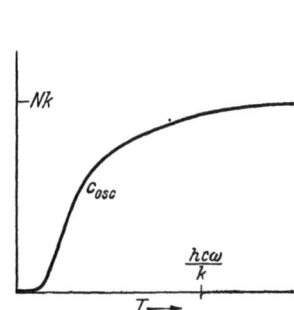

Abb. 425.
Schwingungsenergie als Funktion der Temperatur.

Abb. 426.
Schwingungswärme als Funktion der Temperatur.

In mehratomigen Molekülen kann man in erster Näherung die Schwingungsanteile der inneren Energie und Entropie für die einzelnen Normalschwingungen additiv zusammensetzen. Praktisch hat dies aber wenig Nutzen, da die Grundschwingungsquanten ω sehr verschieden zu sein pflegen. Eine Temperatur, welche für die eine Schwingung hoch ist, ist für eine andere als tief anzusehen, und deshalb besitzen mehratomige Moleküle einen Temperaturverlauf der inneren Energie und Entropie, der sich nur voraussehen läßt, wenn über die Schwingungsstruktur etwas Genaueres bekannt ist. Dies trifft aber nur für wenige Moleküle zu.

*§ 11. Berücksichtigung der Molekularattraktion.

Inhalt: Die Berücksichtigung der Molekularattraktion führt zur van der Waalsschen Zustandsgleichung.

Bezeichnungen: ν Zahl der Mole, ϱ Molekülradius, $Q(r)$ Potential der Molekularattraktion, P Druck, $\mathfrak{K}$ Anziehungskraft.

Die Berechnung der Zustandsgleichung eines Systems von Teilchen, die keine Kräfte, außer beim unmittelbaren Zusammenstoß, aufeinander ausüben, war überaus einfach und führte zu dem Gesetz

$$P V = \nu R T \qquad (\text{I, 183})$$

für ideale Gase. Will man die Kräfte der Molekularattraktion berücksichtigen, so wird alles gleich bedeutend schwieriger. Aus der Atomtheorie ergibt sich, daß bei kleinen Abständen der Atomkerne (größenordnungsmäßig wenige 10^{-8} bis 10^{-7} cm) die Kräfte der chemischen Bindung auftreten oder Abstoßungskräfte ähnlicher Größe. Wenn die Moleküle abgesättigt sind, haben wir nur mit Abstoßung zu rechnen, welche verhütet, daß die Moleküle sich allzusehr nähern. In größeren Entfernungen (Größenordnung 10^{-7} cm) findet dagegen immer eine Anziehung mit dem Potential (s. II, 90, S. 1378)

$$Q(r) = -\frac{C}{r^6} \qquad (I, 184)$$

statt. C ist eine positive Konstante, die mit dem Bau der Moleküle zusammenhängt, r der Abstand der Molekülmittelpunkte. Da die Abstoßung mit r exponentiell abnimmt, überwiegt die Anziehung in größeren Entfernungen immer. Trägt man das Potential der Kräfte gegen den Molekülabstand auf, so erhält man schematisch die Kurve der Abb. 427.

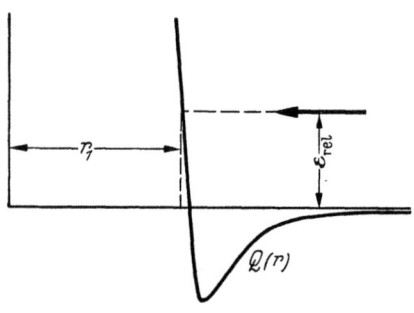

Abb. 427. Potential $Q(r)$ der Kräfte zwischen zwei Molekülen.

Stoßradius und Stoßquerschnitt. Nähern sich die Moleküle mit einer Relativgeschwindigkeit, deren kinetische Energie ε_{rel} in der Abb. 427 durch einen horizontalen Pfeil eingezeichnet ist, so können sie bei zentralem Stoß bis zum Abstand r_1 vordringen. Da der ansteigende Ast von $Q(r)$ bei kleinen Abständen sehr steil ist, kann man ohne großen Fehler behaupten, daß r_1 von ε_{rel} unabhängig ist. Man kann deshalb zwei zusammenstoßende Moleküle wie Kugeln mit solchen Radien ϱ_1 und ϱ_2 behandeln, daß $\varrho_1 + \varrho_2 = r_1$ ist. Wenn die Moleküle gleich sind, ist

$$\varrho = \frac{r_1}{2} \qquad (I, 185)$$

der Molekülradius. Etwas präziser kann er als Stoßradius bezeichnet werden.

$$q = \varrho^2 \pi$$

ist dann der Stoßquerschnitt. Hat man für viele Molekülarten die Stoßradien bestimmt, so zeigt sich tatsächlich, daß der Minimalabstand beim Stoß gleich der Summe der Stoßradien ist. Die Brauchbarkeit des Kugelmodells wird hierdurch bestätigt. Doch schon vor dem Stoß ziehen sich die Moleküle gegenseitig an, und dies untersuchen wir jetzt genauer.

Da $Q(r)$ nach größeren Abständen hin sehr schnell gegen Null absinkt, können wir die Anziehung für große r vernachlässigen. Wir führen willkürlich einen Abstand r_2 ein, bis zu dem wir die Molekularkräfte berücksichtigen. Diesen Radius r_2 bezeichnen wir als Wirkungsradius der Anziehungskräfte und können $r_2^2 \pi$ als Wirkungsquerschnitt und $4 r_2^3 \pi /3$ als Wirkungssphäre dem Stoßquerschnitt $\varrho^2 \pi$ gegenüberstellen.

Um die Situation zu vereinfachen, machen wir noch folgende Annahmen. Der mittlere Abstand zweier Moleküle sei viel größer als r_2 und die Energie ε_{rel} der Relativbewegung sei im Mittel groß gegen die Tiefe des Minimums von $Q(r)$. Die erste Annahme beschränkt uns auf verhältnismäßig kleine Dichten (Drucke), die zweite auf ziemlich hohe Temperatur. Unter diesen Voraussetzungen wird sich in der Wirkungssphäre eines Moleküls nur selten ein anderes Molekül befinden, und wir werden gar nicht damit zu rechnen haben, daß sich gleichzeitig mehr als zwei Moleküle auf kleinere Abstände als r_2 nähern.

Innere Energie. Zuerst wollen wir die wahrscheinliche potentielle Energie eines Moleküls berechnen, welche von der Nähe eines anderen Moleküls herrührt. Dazu müssen wir die Wahrscheinlichkeit ermitteln, daß sich ein zweites Molekül im Abstand r aufhält. Wegen der Anziehung wird sie etwas größer sein, als es der gleichmäßigen Verteilung über den ganzen Raum entspricht, d. h. es wird der Anfang einer Schwarmbildung der Moleküle zu bemerken sein. Unter den Voraussetzungen, die wir oben gemacht haben, dürfen wir aber noch von der Schwarmbildung absehen. Wegen der Abstoßung wird andererseits kein Molekül auf kleinere Entfernungen als r_1 herankommen können. Die Wahrscheinlichkeit, daß sich ein zweites Molekül in einer Kugelschale von der Dicke dr um den Mittelpunkt des betrachteten aufhält, können wir gleich

$$\frac{N}{V} 4\pi r^2 \, dr \qquad (\text{I}, 186)$$

setzen, wenn N Moleküle im Volumen V vorhanden sind. Die wahrscheinliche potentielle Energie eines Molekülpaares ist also

$$\frac{4\pi N}{V} \int_0^\infty Q(r)\, r^2 \, dr \qquad (\text{I}, 187)$$

und die mittlere potentielle Energie eines einzelnen Moleküls

$$\varepsilon_{\text{pot}} = \frac{2\pi N}{V} \int_0^\infty Q(r)\, r^2 \, dr \qquad (\text{I}, 188)$$

ist die Hälfte davon, da $Q(r)$ ja immer zu zwei Molekülen gehört. Die gesamte potentielle Energie aller N Moleküle in V ist dann

$$U_{\text{pot}} = \frac{2\pi N^2}{V} \int_0^\infty Q(r)\cdot r^2 \, dr. \qquad (\text{I}, 189)$$

Setzen wir wieder wie früher die mittlere kinetische Energie der Moleküle in den Zusammenhang

$$N\,\varepsilon_{\text{kin}} = \frac{N\,m\,\overline{c^2}}{2} = \frac{3}{2} N k T \qquad (\text{I}, 190)$$

mit der Temperatur, so erhalten wir für die gesamte innere Energie des Systems von N Molekülen

$$U = \frac{3}{2} N k T + \frac{2\pi N^2}{V} \int_0^\infty Q(r)\, r^2 \, dr. \qquad (\text{I}, 191)$$

Während bei den idealen Gasen die innere Energie vom Volumen nicht abhängt, wird durch die Molekularattraktion eine Volumenabhängigkeit hervorgerufen. Sie ist die Ursache des Joule-Thomson-Effektes bei den realen Gasen und hat große technische Bedeutung. Ausführlicher haben wir diesen Effekt in der Thermodynamik, Bd. I, S. 715, besprochen.

Das Virial und die van der Waalssche Zustandsgleichung. Um die Zustandsgleichung aufzustellen, brauchen wir ein etwas allgemeineres Verfahren, als wir es auf S. 1455 für die idealen Gase angewandt haben.

Wirkt auf ein bestimmtes Molekül die Kraft $\mathfrak{K}$, so folgt es der Bewegungsgleichung ($\mathfrak{c}$ = Vektor der Geschwindigkeit)

$$\mathfrak{K} = m \frac{d\mathfrak{c}}{dt}. \qquad (I, 192)$$

Legen wir den Anfang eines Koordinatensystems ins Innere des Gasvolumens und multiplizieren skalar mit dem Radiusvektor, so erhalten wir

$$(\mathfrak{r}\mathfrak{K}) = m\left(\mathfrak{r}\frac{d\mathfrak{c}}{dt}\right) = m\frac{d}{dt}(\mathfrak{r}\mathfrak{c}) - m c^2. \qquad (I, 193)$$

Jetzt verfolgen wir die Bewegung des Moleküls während einer längeren Zeit Θ, indem wir einen Zeitmittelwert der Gleichung (I, 193) bilden und erhalten

$$\overline{(\mathfrak{r}\mathfrak{K})} = \frac{m}{\Theta}\int \frac{d}{dt}(\mathfrak{r}\mathfrak{c})\,dt - m\overline{c^2} = \frac{m}{\Theta}\{(\mathfrak{r}\mathfrak{c}) - (\mathfrak{r}_0\mathfrak{c}_0)\} - m\overline{c^2}. \qquad (I, 194)$$

Sind die Moleküle in einem Gefäß enthalten, so bleiben $\mathfrak{r}$ und $\mathfrak{c}$ immer endlich, und wenn wir die Mittelung über einen genügend langen Zeitraum erstrecken, gilt

$$\overline{(\mathfrak{r}\mathfrak{K})} = -m\overline{c^2}, \qquad (I, 195)$$

Jetzt summieren wir noch über alle Moleküle und erhalten

$$\sum \overline{(\mathfrak{r}\mathfrak{K})} = -\sum m\overline{c^2}. \qquad (I, 196)$$

Die linke Seite dieser Gleichung wird als Virial bezeichnet.

Wir konzentrieren uns nun auf ein bestimmtes Molekül. $\psi\,d\tau$ soll den Bruchteil der Zeit angeben, währenddessen sich das Molekül im Volumenelement $d\tau$ des Phasenraumes befindet. $\psi\,d\tau$ ist also die Wahrscheinlichkeit dafür, daß sich dieses Molekül in $d\tau$ aufhält. Die Wahrscheinlichkeit dafür, irgendein Molekül in $d\tau$ anzutreffen, ist N mal so groß. Dies heißt aber nichts anderes, als daß die zeitliche Mittelung und die Mittelung über die Gesamtheit der Moleküle dasselbe Resultat ergibt. Wir können also unter $m\overline{c^2}$ einfach den doppelten Mittelwert der kinetischen Energie verstehen und für $\sum m\overline{c^2}$ dann $N m\overline{c^2}$ setzen. Ebenso verfahren wir mit der linken Seite von Gleichung (I, 196). Dann ist

$$\sum \overline{(\mathfrak{r}\mathfrak{K})} = \sum (\mathfrak{r}\mathfrak{K}), \qquad (I, 197)$$

wo die Summe rechts über die Gesamtheit aller Moleküle läuft. (I, 196) geht damit in

$$\sum (\mathfrak{r}\mathfrak{K}) = -N m\overline{c^2} \qquad (I, 198)$$

über. Für Moleküle im Innern des Gasvolumens ist nach Abb. 428

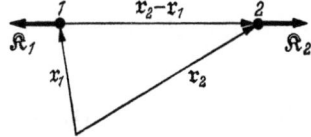

Abb. 428. Berechnung des Virials.

$$\mathfrak{r}_1\mathfrak{K}_1 + \mathfrak{r}_2\mathfrak{K}_2 = (\mathfrak{r}_2 - \mathfrak{r}_1)\mathfrak{K}_2 = -r\frac{dQ}{dr}. \qquad (I, 199)$$

Moleküle auf dem Rand des Volumens erfahren Kräfte von den Gefäßwänden, die nach innen gerichtet sind und dem Gasdruck das Gleichgewicht halten. Das Flächenelement $d\mathfrak{f}$ (nach außen gerichtet) trägt den Anteil

$$(\mathfrak{r}\mathfrak{K}) = -(\mathfrak{r}\,d\mathfrak{f})\,P \qquad (I, 200)$$

*§ 11. Berücksichtigung der Molekularattraktion.

bei und wir erhalten

$$\sum{}'(\mathfrak{r}\,\mathfrak{K}) = -P\int(\mathfrak{r}\,d\mathfrak{f}) - \frac{1}{2}\sum{}'r\frac{dQ}{dr} = -3PV - \frac{1}{2}\sum{}'r\frac{dQ}{dr}. \quad \text{(I, 201)}$$

Der Faktor $\frac{1}{2}$ rührt daher, daß in (I, 199) ja schon zwei Moleküle erfaßt sind.

Jetzt versuchen wir $\sum' r\,dQ/dr$ zu berechnen. Die Wahrscheinlichkeit, daß sich ein zweites Molekül in der Kugelschale von der Dicke dr um ein bestimmtes Molekül befindet, war $4\pi N r^2 dr/V$ nach (I, 186). Die Zahl der Moleküle, bei denen dies der Fall ist, ist $4\pi N^2 r^2 dr/V$, und ihr Beitrag zum Virial ist

$$-\frac{2\pi N^2 r^3}{V}\frac{dQ}{dr}\,dr. \quad \text{(I, 202)}$$

Für das Virial ergibt sich somit

$$\sum{}'(\mathfrak{r}\,\mathfrak{K}) = -3PV - \frac{2\pi N^2}{V}\int r^3 \frac{dQ}{dr}\,dr, \quad \text{(I, 203)}$$

was durch partielle Integration in

$$\sum{}'(\mathfrak{r}\,\mathfrak{K}) = -3PV - \frac{2\pi N^2}{V}\Big|r^3 Q\Big|_0^\infty + \frac{6\pi N^2}{V}\int_0^\infty Q(r)\,r^2\,dr \quad \text{(I, 204)}$$

übergeht. Für große r verschwindet $Q(r)$ wie $1/r^6$, für $r = 0$ wird $Q(r)$ zwar unendlich, aber doch nur wie $1/r$. Auch ist bei kleinen Entfernungen statt der Wahrscheinlichkeit (I, 186) Null einzusetzen. Wir erhalten also das Virial

$$\sum{}'(\mathfrak{r}\,\mathfrak{K}) = -3PV + \frac{6\pi N^2}{V}\int_0^\infty Q(r)\,r^2\,dr. \quad \text{(I, 205)}$$

Setzt man in die Gleichung (I, 198) ein, so findet man

$$N m \overline{c^2} = 3PV - \frac{6\pi N^2}{V}\int_0^\infty Q(r)\,r^2\,dr. \quad \text{(I, 206)}$$

Würde man die Molekularattraktion vernachlässigen, so entstünde hieraus sofort die Zustandsgleichung der idealen Gase

$$NkT = PV, \quad \text{(I, 207)}$$

die wir auf S. 1457 schon diskutiert haben. Behalten wir für die kinetische Energie den Zusammenhang (I, 190) mit der Temperatur bei, auch wenn Kräfte zwischen den Molekülen wirken, so haben wir die Zustandsgleichung

$$NkT = PV - \frac{2\pi N^2}{V}\int_0^\infty Q(r)\,r^2\,dr \quad \text{(I, 208)}$$

oder mit

$$N = \nu N_0; \quad R = k N_0; \quad v = \frac{V}{\nu}; \quad a = -2\pi N_0^2 \int_0^\infty Q(r)\,r^2\,dr \quad \text{(I, 209)}$$

endlich

$$RT = v\Big(P + \frac{a}{v^2}\Big). \quad \text{(I, 210)}$$

Sie unterscheidet sich von der van der Waalsschen Zustandsgleichung

$$R T = (v - b)\left(P + \frac{a}{v^2}\right) \qquad (I, 211)$$

nur dadurch, daß das von den Molekülen benötigte Mindestvolumen b nicht vorkommt, was auch nach der Methode unserer Ableitung nicht zu erwarten ist. Die Druckkorrektion

$$\frac{a}{v^2} = -\frac{2\pi N_0^2}{v^2}\int_0^\infty Q(r)\, r^2\, dr = -\frac{U_{\text{pot}}}{V} \qquad (I, 212)$$

ist die negative potentielle Energie der Volumeneinheit. Sie ist positiv als Folge der Anziehungskräfte der Moleküle. Bemerkenswert ist, daß das Kraftgesetz keinen Einfluß auf die Art der Volumenabhängigkeit nimmt, sondern nur in die Größe der Konstanten a eingeht.

§ 12. Statistische Schwankungen.

Inhalt: Außer den wahrscheinlichsten Zuständen kommen auch weniger wahrscheinliche Zustände vor. Um die wahrscheinlichste Verteilung herum finden statistische Schwankungen statt. Die relativen Druck- und Dichteschwankungen in einem Gas nehmen umgekehrt proportional zur Quadratwurzel der Zahl der beteiligten Moleküle ab, sind aber direkt nicht beobachtbar. Im kritischen Zustand werden sie durch Opaleszenz sichtbar. Indirekt machen sich statistische Dichteschwankungen durch die Lichtstreuung bemerkbar.

Bezeichnungen: V Gesamtvolumen des Gases, v Volumen des Schwankungsbezirks, v_0 dessen wahrscheinlichstes Volumen, N Zahl der Moleküle, ν ihre Zahl im Schwankungsbezirk, W Wahrscheinlichkeit eines Zustandes, P Druck, P_0 Gleichgewichtsdruck, T absolute Temperatur, k Gaskonstante pro Molekül, f Verteilungsfunktion der Komplexe von ν Molekülen auf das Volumen, δ relative Schwankung, a, b, van der Waalssche Konstanten, Index k deutet den kritischen Zustand an, V_k molares kritisches Volumen, v_k kritisches Volumen eines Komplexes.

Die Ableitung der Gleichgewichtsverteilung als wahrscheinlichste Verteilung macht verständlich, daß sie häufiger als andere Verteilungen vorliegt, aber doch nicht, daß man sie allein beobachtet, wenn man dem System genügend lange Zeit zur Beruhigung läßt. Andere Verteilungen sind weniger wahrscheinlich als die Gleichgewichtsverteilung, besitzen aber ebenfalls eine gewisse Wahrscheinlichkeit. Wir müssen deshalb erwarten, daß sie auch vorkommen. Ja, es ist sogar damit zu rechnen, daß die Gleichgewichtsverteilung von selbst in andere Verteilungen übergeht. Ein derartiges zeitweiliges Abweichen vom Gleichgewichtszustand ist als statistische Schwankung bekannt. Wir wollen versuchen, statistische Schwankungen in einem einfachen Spezialfall rechnerisch zu erfassen.

Dichteschwankungen. Die Moleküle eines idealen Gases verteilen sich im Gleichgewicht gleichmäßig über das ganze Volumen, wenn keine äußeren Kräfte auf sie einwirken. Trotzdem müssen wir damit rechnen, daß gelegentlich zufällige Anhäufungen von Molekülen vorkommen. Wir fragen jetzt nach der Wahrscheinlichkeit, daß ν Moleküle in einem Volumen v enthalten sind, wenn sich N Moleküle im Volumen V befinden. Sowohl ν wie erst recht N sollen sehr große Zahlen sein. Da 1 cm³ unter Normalumständen $2{,}69 \cdot 10^{19}$ Moleküle enthält, darf $1 \ll \nu \ll N$ vorausgesetzt werden. Die Wahrscheinlichkeit, daß sich ein bestimmtes Molekül in v befindet, ist v/V, die, daß irgendein Molekül in v liegt, demgemäß Nv/V. Dabei soll es gleichgültig sein, wo sich die anderen Moleküle befinden. Die Wahrscheinlichkeit, daß ein zweites Molekül sich ebenfalls in v aufhält, ist $N(N-1)\,v^2/V^2$, wenn der Ort der übrigen Moleküle gleichgültig ist. Die Wahrscheinlichkeit dafür, daß ν Moleküle in v enthalten sind, ist also

$$\frac{N!\, v^\nu}{(N-\nu)!\, V^\nu}, \qquad (I, 213)$$

§ 12. Statistische Schwankungen.

wobei alle anderen Moleküle noch entweder in v oder außerhalb v sein dürfen. Die Wahrscheinlichkeit, daß die übrigen $N-\nu$ Moleküle nicht in v liegen, ist

$$(N-\nu)!\frac{(V-v)^{N-\nu}}{V^{N-\nu}}, \qquad (\text{I, 214})$$

und die Wahrscheinlichkeit dafür, daß genau ν Moleküle im Volumen v, die anderen nicht in v vorliegen, ist endlich

$$W = N!\frac{v^\nu(V-v)^{N-\nu}}{V^N}. \qquad (\text{I, 215})$$

Kommt im Gleichgewicht den ν Molekülen das Volumen v_0 zu, so ist die hierzu gehörige Wahrscheinlichkeit

$$W_0 = N!\frac{v_0^\nu(V-v_0)^{N-\nu}}{V^N}. \qquad (\text{I, 216})$$

Aus (I, 215) und (I, 216) ergibt sich

$$W = W_0\left(\frac{v}{v_0}\right)^\nu \left(\frac{V-v}{V-v_0}\right)^{N-\nu}. \qquad (\text{I, 217})$$

Setzen wir noch $V = Nv_0/\nu$ und berücksichtigen, daß

$$\left.\begin{array}{l}\lim\left(1-\dfrac{\nu\,v}{N\,v_0}\right)^{N-\nu} = e^{-\frac{v}{v_0}\nu}, \\[6pt] \lim\left(1-\dfrac{\nu}{N}\right)^{N-\nu} = e^{-\nu}, \\[6pt] \left(\dfrac{v}{v_0}\right)^\nu = e^{\nu\ln\frac{v}{v_0}}\end{array}\right\} \qquad (\text{I, 218})$$

ist, so erhalten wir

$$W = W_0\, e^{\nu\left\{1-\frac{v}{v_0}+\ln\frac{v}{v_0}\right\}}. \qquad (\text{I, 219})$$

Ist v nicht sehr von v_0 verschieden, so können wir $v = v_0 + \Delta v$ setzen und haben näherungsweise

$$1 - \frac{v}{v_0} + \ln\frac{v}{v_0} = \ln\left(1+\frac{\Delta v}{v_0}\right) - \frac{\Delta v}{v_0} = -\frac{1}{2}\left(\frac{\Delta v}{v_0}\right)^2 \qquad (\text{I, 220})$$

und demgemäß

$$W = W_0\, e^{-\frac{\nu}{2}\left(\frac{\Delta v}{v_0}\right)^2}. \qquad (\text{I, 221})$$

Es ist nun sehr interessant, daß man dieses Ergebnis auch auf einem anderen, viel allgemeineren, wenn auch nicht so durchsichtigem Weg gewinnen kann. Wir sehen jetzt nicht die Moleküle eines Gases selbst als die Objekte der statistischen Untersuchung an, sondern Komplexe von ν Nachbarmolekülen. Dies ist zulässig, da auch sie mechanische Systeme darstellen. Im Mittel wird ein Komplex von ν Molekülen das Volumen $v_0 = \nu V/N$ einnehmen. In ihm herrscht der Gleichgewichtsdruck $P_0 = NkT/V$. Jetzt soll der Komplex auf ein Volumen v gebracht werden, das etwas von v_0 abweicht. Um uns das besser vorstellen zu können, denken wir uns die ν Moleküle in eine Haut eingeschlossen, die durch zusätzliche äußere Kräfte zusammengedrückt wird. Solange das Volumen gleich v_0 ist, herrscht auf beiden Seiten der Haut der Druck P_0, beim Verkleinern des Volumens wird im Innern ein größerer Druck P entstehen. Bei einer Volumenänderung dv werden die äußeren Kräfte die Arbeit $-(P-P_0)\,dv$ leisten müssen.

Um das Volumen v zu erreichen, wird eine Arbeitsleistung

$$\varepsilon = -\int_{v_0}^{v} (P - P_0)\, dv \qquad (I, 222)$$

notwendig sein. Um diesen Betrag wird die Energie des Komplexes bei der Volumenänderung erhöht.

Kennen wir die Zustandsgleichung, d. h. P als Funktion von v und T, so können wir P in die Reihe

$$P = P_0 + \left(\frac{\partial P}{\partial v}\right)_0 (v - v_0) + \frac{1}{2}\left(\frac{\partial^2 P}{\partial v^2}\right)_0 (v - v_0)^2 + \cdots \qquad (I, 223)$$

entwickeln und erhalten

$$\varepsilon = -\left(\frac{\partial P}{\partial v}\right)_0 \frac{(v - v_0)^2}{2} - \left(\frac{\partial^2 P}{\partial v^2}\right)_0 \frac{(v - v_0)^3}{3!} - \cdots. \qquad (I, 224)$$

Jetzt läßt sich die Funktion $f(v)$ angeben, welche die Zahl der Komplexe auf ihre Volumina v verteilt. Der Bruchteil der Komplexe, deren Volumen zwischen v und $v + dv$ liegt, ist

$$f\, dv = C\, e^{-\frac{\varepsilon}{kT}} dv, \qquad (I, 225)$$

wo die Konstante C durch die Normierungsbedingung

$$1 = C \int^{\infty} e^{-\frac{\varepsilon}{kT}} dv \qquad (I, 226)$$

zu bestimmen ist.

Bei einem idealen Gas ist

$$P = \frac{\nu k T}{v}; \qquad \left(\frac{\partial P}{\partial v}\right)_0 = -\frac{\nu k T}{v_0^2}, \qquad (I, 227)$$

und wir erhalten

$$\varepsilon = \frac{\nu k T}{2 v_0^2}(v - v_0)^2, \qquad (I, 228)$$

wenn wir uns mit dem ersten Glied der Reihe (I, 224) begnügen. Dies liefert die Verteilungsfunktion

$$f = C e^{-\frac{\nu}{2}\left(\frac{v - v_0}{v_0}\right)^2}. \qquad (I, 229)$$

Für $v = v_0$ ergibt sich

$$f_0 = C. \qquad (I, 230)$$

Da die Wahrscheinlichkeiten W und W_0 in (I, 221) zu den Werten von f und f_0 proportional sind, gelangen wir zu dem gleichen Resultat wie bei der detaillierten statistischen Betrachtung oben.

Nun führen wir die relative Abweichung des vom Komplex eingenommenen Volumens

$$\delta = \frac{v - v_0}{v_0} \qquad (I, 231)$$

ein, die beim idealen Gas der relativen Druckschwankung

$$\delta = -\frac{P - P_0}{P_0} \qquad (I, 232)$$

gleich und unabhängig von der Zustandsgleichung entgegengesetzt gleich der Dichteschwankung ist. Dies führt zu der Verteilungsfunktion

$$f = C e^{-\frac{\nu}{2}\delta^2} \qquad (I, 233)$$

§ 12. Statistische Schwankungen.

mit der Normierung

$$1 = C v_0 \int_{-1}^{\infty} e^{-\frac{v\delta^2}{2}} d\delta = C v_0 \sqrt{\frac{2}{v}} \int_{-\sqrt{\frac{v}{2}}}^{\infty} e^{-x^2} dx. \qquad (I, 234)$$

Da v eine sehr große Zahl sein soll, darf man

$$\int_{-\sqrt{\frac{v}{2}}}^{\infty} e^{-x^2} dx = \int_{-\infty}^{+\infty} e^{-x^2} dx = \sqrt{\pi} \qquad (I, 235)$$

setzen, woraus sich

$$C = \frac{1}{2v_0} \sqrt{\frac{2v}{\pi}} \qquad (I, 236)$$

errechnet.

Die mittlere Volumenschwankung

$$\bar{\delta} = C \int_0^{\infty} \delta e^{-\frac{v}{2}\delta^2} dv = v_0 C \int_{-1}^{\infty} e^{-\frac{v\delta^2}{2}} \delta d\delta \approx v_0 C \int_{-\infty}^{+\infty} e^{-\frac{v\delta^2}{2}} \delta d\delta = 0 \qquad (I, 237)$$

eines Komplexes verschwindet natürlich, da die Schwankungen nach beiden Seiten gleichmäßig vertreten sind. Der absolute Betrag der Schwankung hat dagegen den Mittelwert

$$|\bar{\delta}| = v_0 C \int_{-\infty}^{\infty} e^{-\frac{v\delta^2}{2}} |\delta| d\delta = 2 v_0 C \int_0^{\infty} e^{-\frac{v\delta^2}{2}} \delta d\delta = \sqrt{\frac{2}{\pi v}}. \qquad (I, 238)$$

$|\bar{\delta}|$ ist ein Maß dafür, wie stark die Dichte, die Teilchenzahl oder der Druck in kleineren Bezirken eines Gasvolumens von ihren Mittelwerten abweichen. Im Mittel sind die relativen Volumen-Druck- oder Dichteschwankungen um so größer, je kleiner die Zahl der Teilchen ist, aus denen der Komplex besteht. Nennenswerte Schwankungen werden also nur in sehr kleinen räumlichen Bezirken auftreten.

Bei einem Gas haben wir bei einer Atmosphäre Druck und einer Temperatur von 0 Grad Celsius $2{,}69 \cdot 10^{19}$ Moleküle im cm³. In Räumen von der Größe eines cm³ wird man also eine mittlere Druckschwankung von

$$\sqrt{\frac{2}{2{,}69 \pi \cdot 10^{19}}} = 1{,}54 \cdot 10^{-10} \qquad (I, 239)$$

Atmosphären beobachten, welche natürlich völlig unmerklich ist. In einem mm³ betragen die mittleren Druckschwankungen $4{,}86 \cdot 10^{-9}$ Atm., d. h. bleiben noch immer weit unter der Grenze der Beobachtbarkeit. Denken wir uns jetzt einen Würfel von 0,001 mm Kantenlänge, den man im Mikroskop noch gut sehen kann, so würde man in ihm mittlere Druckabweichungen von $1{,}54 \cdot 10^{-4}$ Atm. errechnen. Natürlich kann man in einem so kleinen Volumen den Druck nicht mehr mit den gewöhnlichen Mitteln messen. Da aber der Brechungsindex der Gase dem Druck proportional ist, könnte man hoffen, die „Körnigkeit" des Gases direkt unter dem Mikroskop zu sehen. Hierfür ist aber die Druckschwankung noch um eine bis zwei Größenordnungen zu klein. Trotzdem macht sich diese Schwankung optisch bemerkbar, wenn sie auch nicht direkt gesehen werden kann. Die winzigen Unregelmäßigkeiten des Brechungsindex bewirken eine Streuung des Lichtes, die man direkt mit Hilfe der Theorie der statistischen Schwankungen behandeln kann.

Statistische Schwankungen in der Nähe des kritischen Zustandes. Bevor wir den Vorgang der Lichtstreuung im einzelnen untersuchen, wollen wir Dichteschwankungen im kritischen Zustand berechnen. Es wird sich zeigen, daß die Schwankungen infolge der starken Kompressibilität sehr viel größer sind als in einem idealen Gas. In die van der Waalssche Zustandsgleichung

$$P = \frac{RT}{V-b} - \frac{a}{V^2} \qquad (I, 240)$$

für ein Mol setzen wir nach Bd. I, S. 679

$$b = \frac{V_k}{3}; \quad a = \frac{9RT_k V_k}{8} \qquad (I, 241)$$

ein, wo V_k das kritische molare Volumen und T_k die kritische Temperatur bedeutet. Wir erhalten dann

$$P = \frac{3RT}{3V-V_k} - \frac{9RT_k V_k}{8V^2}. \qquad (I, 242)$$

Wenn wir das Volumen v des Komplexes und sein kritisches Volumen v_k mit

$$v = \frac{v}{N_0} V; \quad v_k = \frac{v}{N_0} V_k \qquad (I, 243)$$

einführen, entsteht

$$P = \frac{3v k T}{3v - v_k} - \frac{9v k T_k v_k}{8v^2}. \qquad (I, 244)$$

Bilden wir jetzt die Ableitungen

$$\frac{\partial P}{\partial v} = -\frac{9v k T}{(3v-v_k)^2} + \frac{9v k T_k v_k}{4v^3}, \qquad (I, 245)$$

$$\frac{\partial^2 P}{\partial v^2} = \frac{54v k T}{(3v-v_k)^3} - \frac{27v k T_k v_k}{4v^4}, \qquad (I, 246)$$

$$\frac{\partial^3 P}{\partial v^3} = -\frac{486v k T}{(3v-v_k)^4} + \frac{27v k T_k v_k}{v^5} \qquad (I, 247)$$

des Druckes nach dem Volumen und setzen die kritischen Daten ein, so verschwinden die beiden ersten Ableitungen, und für die dritte ergibt sich

$$\left(\frac{\partial^3 P}{\partial v^3}\right)_k = -\frac{27 v k T_k}{8 v_k^4}. \qquad (I, 248)$$

Durch Einsetzen in (I, 224) erhält man

$$\varepsilon = \frac{27 v k T_k (v-v_k)^4}{4! \, 8 v_k^4} = \frac{9v k T_k}{64} \delta^4 \qquad (I, 249)$$

und die Verteilungsfunktion

$$f = C e^{-\frac{9v \delta^4}{64}} \qquad (I, 250)$$

mit der Normierung

$$1 = C \int_0^\infty e^{-\frac{9v \delta^4}{64}} dv = C v_k \int_{-\infty}^{-\infty} e^{-\frac{9}{64} v \delta^4} d\delta$$

$$= 2 C v_k \sqrt{\frac{8}{3\sqrt{v}}} \int_0^\infty e^{-x^4} dx. \qquad (I, 251)$$

Durch die Substitution $x = y^{1/4}$ geht das Integral in

$$\int_0^\infty e^{-x^4}\,dx = \frac{1}{4}\int_0^\infty e^{-y}\,y^{-\frac{3}{4}}\,dy = \frac{1}{4}\Gamma\left(\frac{1}{4}\right) = 0{,}906 \qquad (I, 252)$$

über und C erhält den Wert

$$C = \frac{0{,}338}{v_k}\sqrt[4]{v}. \qquad (I, 253)$$

Jetzt können wir die mittlere statistische Schwankung

$$|\overline{\delta}| = 2C v_k \int_0^\infty \delta\, e^{-\frac{9}{64}v\delta^4}\,d\delta = \frac{0{,}80}{\sqrt[4]{v}} \qquad (I, 254)$$

ausrechnen.

Beim kritischen Zustand sind die mittleren Schwankungen zur 4. Wurzel der Teilchenzahl im Komplex umgekehrt proportional und infolgedessen um Größenordnungen größer als sonst. In einem Würfel mit der Kantenlänge 0,001 mm finden Dichteschwankungen von ungefähr 1% statt. Um ebensoviel schwankt natürlich auch der Brechungsindex. Dies kann man bei Substanzen im kritischen Zustand direkt als Trübung bzw. Opaleszenz sehen.

*§ 13. Schwankungstheorie der Lichtstreuung.

Inhalt: Das Licht wird an den statistischen Schwankungen der Gasdichte gestreut. Die Streuintensität ist dem streuenden Volumen direkt und der Teilchenzahl in der Volumeneinheit indirekt proportional und wächst mit Brechungsindex und Frequenz. Aus der Streuung des Lichtes kann die Loschmidtsche Zahl gefunden werden.

Bezeichnungen: $\mathfrak{E}$ und $\mathfrak{M}$ Amplitude der Feldstärke und des Dipolmomentes, $|\overline{S}|$ und $|\overline{S_0}|$ Intensität des Streulichtes und des eingestrahlten Lichtes, ε_0 elektrische Maßkonstante, ε mittlere Dielektrizitätskonstante, n Brechungsindex des Gases, ε' durch Schwankung veränderte Dielektrizitätskonstante, λ Wellenlänge des Lichtes, c Lichtgeschwindigkeit, r Abstand vom Ort der Streuung, v bzw. V streuendes Volumen, δ relative Schwankung, ν Zahl der Teilchen im Volumen v, m Teilchenzahl pro Volumeneinheit.

Die Streuung des Lichtes in einem Gas kann von verschiedenen Ursachen herrühren. In der freien Atmosphäre befinden sich gewöhnlich Staubteilchen oder Wassertröpfchen, und an ihnen tritt eine Beugung der Lichtstrahlen ein, die sich in diesem Falle als Streuung auswirkt. Dieser Vorgang interessiert uns aber nicht. In reinen Gasen tritt Streuung aus zwei Ursachen ein. In jedem Molekül induziert das elektrische Feld der Lichtwelle ein Dipolmoment, das sich mit der gleichen Frequenz ändert wie die Lichtwelle selbst. Es gibt Anlaß zu einer Ausstrahlung der Moleküle von eben dieser Frequenz, die sich nach allen Seiten ausbreitet und als Streuung wirkt. Auch dieser Vorgang geht uns hier nichts an. Einen größeren Beitrag zum Streulicht liefern die durch die statistischen Dichteschwankungen verursachten Unregelmäßigkeiten des Brechungsindex, die wir hier untersuchen wollen.

Wir betrachten jetzt ein Volumen v, dessen Dimensionen klein gegen die Wellenlängen des Lichtes sein mögen, also etwa $5 \cdot 10^{-6}$ cm. Bei Atmosphärendruck befinden sich darin noch etwa tausend Moleküle. Diese Zahl ist noch groß genug, um eine statistische Betrachtung zuzulassen. Die mittlere Dielektrizitätskonstante im Gas sei ε. Wegen der statistischen Schwankungen weicht die Dichte im Volumen v etwas vom Mittelwert ab, und das gleiche gilt für die Dielektrizitätskonstante ε'.

Das elektrische Feld der Lichtwelle mit der Amplitude $\mathfrak{E}$ wird nach Bd. I, S. 343 im Volumen v eine Dipolmomentschwankung mit der Amplitude

$$\mathfrak{M} = (\varepsilon' - \varepsilon)\,\varepsilon_0\,v\,\mathfrak{E} = \varepsilon_0\,v\,\mathfrak{E}\,\varDelta\varepsilon \qquad (I, 255)$$

induzieren, welches sich periodisch ändert und eine Lichtwelle nach Bd. I, S. 483 ausstrahlt. In einer Richtung, welche mit $\mathfrak{E}$ den Winkel ϑ bildet, erhalten wir die Intensität (Zeitmittelwert des Poyntingschen Vektors)

$$|\overline{\mathfrak{S}}| = \frac{\pi^2 c\,\mathfrak{M}^2}{2\,\varepsilon\,\varepsilon_0\,\lambda^4\,r^2}\sin^2\vartheta = \frac{\pi^2 c\,\varepsilon_0(\varDelta\varepsilon)^2\,v^2\,\mathfrak{E}^2}{2\,\varepsilon\,\lambda^4\,r^2}\sin^2\vartheta. \qquad (I, 256)$$

Die Intensität $|\overline{\mathfrak{S}_0}|$ der eingestrahlten Welle ist nach Bd. I, S. 468

$$|\overline{\mathfrak{S}_0}| = \frac{\varepsilon\,\varepsilon_0\,c}{2}\,\mathfrak{E}^2, \qquad (I, 257)$$

und wir erhalten

$$|\overline{\mathfrak{S}}| = |\overline{\mathfrak{S}_0}|\frac{\pi^2(\varDelta\varepsilon)^2\,v^2}{\varepsilon^2\,\lambda^4\,r^2}\sin^2\vartheta. \qquad (I, 258)$$

Zwischen Dielektrizitätskonstante ε und Dichte ϱ besteht der Zusammenhang

$$\frac{\varDelta\varepsilon}{\varepsilon} = \frac{1}{\varepsilon}\frac{d\varepsilon}{d\varrho}\varDelta\varrho = \frac{\varrho}{\varepsilon}\frac{d\varepsilon}{d\varrho}\frac{\varDelta\varrho}{\varrho} = \frac{\varrho}{\varepsilon}\frac{d\varepsilon}{d\varrho}\delta, \qquad (I, 259)$$

wo δ die relative Dichteschwankung bedeutet. Wir erhalten damit

$$|\overline{\mathfrak{S}}| = |\overline{\mathfrak{S}_0}|\left(\frac{\pi\,v\,\varrho}{\varepsilon\,\lambda^2\,r}\frac{d\varepsilon}{d\varrho}\right)^2\delta^2\sin^2\vartheta. \qquad (I, 260)$$

Nun muß noch über δ^2 gemittelt werden. Führt man die Rechnung wie bei $|\delta|$ auf S. 1483 aus, so findet man

$$\overline{\delta^2} = \frac{\displaystyle\int_{-\infty}^{+\infty}\delta^2 e^{-\frac{\nu}{2}\delta^2}\,d\delta}{\displaystyle\int_{-\infty}^{+\infty}e^{-\frac{\nu}{2}\delta^2}\,d\delta} = \frac{1}{\nu}. \qquad (I, 261)$$

Bedeutet m die Zahl der Moleküle in der Volumeneinheit[1], so ist $\nu = v\,m$ die Zahl der Moleküle im Volumen v, und wir bekommen endlich

$$|\overline{\mathfrak{S}}| = \frac{|\overline{\mathfrak{S}_0}|\,v}{m}\left(\frac{\pi\,\varrho}{\varepsilon\,\lambda^2\,r}\frac{d\varepsilon}{d\varrho}\right)^2\sin^2\vartheta. \qquad (I, 262)$$

Wenn wir die Lorentz-Lorenzsche Formel

$$\frac{\varepsilon - 1}{\varepsilon + 2} = \text{const} \cdot \varrho \qquad (I, 263)$$

verwenden, die man aus Bd. I, S. 348, Gl. (68) ablesen kann, so ist

$$\varrho\,\frac{d\varepsilon}{d\varrho} = \frac{(\varepsilon - 1)(\varepsilon + 2)}{3} = \frac{(n^2 - 1)(n^2 + 2)}{3}, \qquad (I, 264)$$

---

[1] Der Buchstabe m bezeichnet hier ausnahmsweise die Teilchenzahl pro Volumeneinheit, um eine Verwechslung mit dem Brechungsindex zu vermeiden.

wo n den Brechungsindex bedeutet. Bei Gasen, bei denen ε nahezu 1 ist, können wir

$$\varrho \frac{d\varepsilon}{d\varrho} = \varepsilon - 1 = n^2 - 1 \qquad (I, 265)$$

setzen und finden die Intensität des Streulichtes

$$|\overline{\mathfrak{S}}| = |\overline{\mathfrak{S}_0}| \frac{\pi^2 \, V (n^2 - 1)^2}{m \, \lambda^4 \, r^2} \sin^2 \vartheta \qquad (I, 266)$$

nach Integration über das ganze streuende Volumen V.

Sie ist der eingestrahlten Intensität und dem streuenden Volumen V proportional und wächst mit dem Brechungsindex. Besonders wichtig ist aber, daß die Streuung mit der Wellenlänge stark abnimmt und daß sie die Zahl m der Teilchen in der Volumeneinheit enthält. Der Messung sind alle Größen außer m zugänglich, so daß man die Teilchenzahl bestimmen kann, wenn man die Streustrahlung beobachtet. Hat man erst die Zahl der Moleküle in der Volumeneinheit gefunden, so ist es leicht, die Zahl der Teilchen im Mol, die sog. Loschmidtsche Zahl, zu errechnen, da ein Mol unter Normalbedingungen 22,4 Liter einnimmt.

Es ist klar, daß man nicht nur aus der Lichtstreuung, sondern auch aus allen anderen statistischen Schwankungserscheinungen die Loschmidtsche Zahl berechnen kann. Man erhält einen Wert von etwa $6 \cdot 10^{23}$ Molekülen pro Mol. Dieser Wert ist nicht sehr genau, da eine genaue Messung statistischer Schwankungen schwierig ist.

Kurzwelliges Licht unterliegt der Streuung viel mehr als langwelliges. Das in der Atmosphäre gestreute Licht der Sonne ist also vorwiegend blau und verursacht die blaue Farbe des Himmels. Dieselbe Farbe hat auch der Dunst am Horizont, der ebenfalls durch Streuung von Licht entsteht. Umgekehrt wird rotes Licht von allen sichtbaren Farben am wenigsten gestreut. Es durchdringt also Gasschichten und insbesondere dünnen Nebel und Staub leichter als die anderen Farben, und man sieht aus diesem Grund eine Lichtquelle durch Nebel oder Rauch stets röter, als sie wirklich ist.

*§ 14. Andere Schwankungserscheinungen.

Inhalt: Schroteffekt bei der Elektronenemission und Brownsche Bewegung.
Bezeichnungen: n Zahl der sekundlich emittierten Elektronen, ν Zahl der Elektronen die in der Zeit t bzw. t_0 emittiert werden, δ relative Schwankung.

Statistische Schwankungen spielen in allen Gebieten der Physik eine gewisse Rolle. Wenn sie auch gewöhnlich der Beobachtung entgehen, so machen sie sich doch bemerkbar, wenn die Messungen mehr und mehr verfeinert werden, insbesondere, wenn die Meßgeräte oder die gemessenen Objekte sehr klein sind. Wir behandeln hier noch etwas ausführlicher eine Schwankungserscheinung auf elektrischem Gebiet.

Sendet ein glühender Draht Elektronen aus, so unterliegt der Emissionsstrom statistischen Schwankungen. Die Schwankungen sind um so größer, je weniger Elektronen auf einmal zur Beobachtung kommen. Diese Erscheinung nennt man Schroteffekt. Der Schroteffekt ist allerdings nicht die einzige Ursache ungleichmäßiger Emission. Es kommen an der Drahtoberfläche besonders bei großer Stromstärke auch plötzliche Veränderungen mit Elektronenausbrüchen vor, die man nicht als statistische Schwankungen der Elektronenemission, sondern der Oberflächenbeschaffenheit des Drahtes deutet. Sie werden Funkeleffekt genannt. Hier wollen wir uns mit dem Schroteffekt näher befassen.

Die Oberfläche möge n Elektronen in einer Sekunde aussenden. Wir fragen jetzt nach der Wahrscheinlichkeit, daß ν Elektronen während einer Zeit t emittiert werden, wenn im Mittel die Emission von ν Elektronen die Zeit $t_0 = \nu/n$ erfordert. Wir können jetzt genau die Überlegungen von S. 1480 anstellen, wenn wir N/n statt V schreiben und ν bzw. ν_0 durch t und t_0 ersetzen. Die gesuchte Wahrscheinlichkeit ist dann

$$W = W_0 \, e^{-\frac{\nu}{2}\left(\frac{t-t_0}{t_0}\right)^2}. \tag{I, 267}$$

$\delta = (t - t_0)/t_0$ ist jetzt die Abweichung der Emissionszeit t für ν Elektronen vom Mittelwert t_0 und $-\delta$ ist die relative Stromschwankung während der Zeit t. Für $|\bar{\delta}|$ und $\overline{\delta^2}$ erhalten wir

$$|\bar{\delta}| = \sqrt{\frac{2}{\pi \nu}} = \sqrt{\frac{2}{\pi n t_0}},$$

$$\overline{\delta^2} = \frac{1}{\nu} = \frac{1}{n t_0}. \tag{I, 268}$$

Bei gleichmäßiger Emission müßten nt Elektronen in der Zeit t den Draht verlassen. $\nu - nt$ ist die Abweichung der tatsächlichen Emission von diesem Wert, und die relative Abweichung ist

$$\delta = \frac{\nu - nt}{nt}. \tag{I, 269}$$

Damit geht (I, 268) in

$$\overline{(\nu - nt)^2} = nt \tag{I, 270}$$

über. Das Mittel des Quadrats der Abweichung ist gleich nt. Nach dem Gesetz (I, 270) schwankt die Emission um die gleichmäßige Emission.

Winzige feste Körper, die sich in einer Flüssigkeit befinden, führen eine unausgesetzte Wimmelbewegung aus, welche man im Ultramikroskop verfolgen kann und welche als Brownsche Bewegung bekannt ist. Solche Teilchen erfahren durch die Molekularbewegung der umgebenden Flüssigkeit Impulse, welche sich im statistischen Mittel ausgleichen. Da die Gesamtimpulse aber um den Mittelwert Null schwanken, kommt eine Zickzackbewegung zustande. Auch aus ihr läßt sich die Loschmidtsche Zahl entnehmen.

§ 15. Die chemische Konstante.

Inhalt: Beiträge von Translation, Rotation und Schwingung zur chemischen Konstante.
Bezeichnungen: N Teilchenzahl im Volumen V, k Gaskonstante pro Molekül, R Gaskonstante pro Mol, T absolute Temperatur, m Molekülmasse, h Plancksche Konstante, P Druck, c_p molare spezifische Wärme bei konstantem Druck, i chemische Konstante, c Lichtgeschwindigkeit, B Rotationskonstante, ω Grundschwingungsquant, n_r Zahl der Mole, P_r Partialdruck der r-ten Gassorte, Index r bezieht sich auf verschiedene Molekülarten, x_r Molenbruch, S Entropie, s molare Entropie.

Für die Entropie eines einatomigen Gases erhielten wir auf S. 1470 nur die Translationsentropie

$$S_{tr} = N k \left\{ \ln\left[\frac{V}{N}\left(\frac{2\pi m k T}{h^2}\right)^{3/2}\right] + \frac{5}{2} \right\}. \tag{I, 271}$$

Handelt es sich um ein Mol, so ist $Nk = R$, und die molare Translationsentropie ist

$$s_{tr} = R \left\{ \ln\left[\frac{V}{N}\left(\frac{2\pi m k T}{h^2}\right)^{3/2}\right] + \frac{5}{2} \right\}. \tag{I, 272}$$

§ 15. Die chemische Konstante.

Jetzt führen wir statt des Volumens den Druck P mit

$$V = \frac{NkT}{P} = \frac{RT}{P} \tag{I, 273}$$

ein und gelangen zu

$$s_{tr} = \frac{5}{2}R + \frac{5R}{2}\ln T - R\ln P + R\ln\frac{k^{5/2}(2\pi m)^{3/2}}{h^3}. \tag{I, 274}$$

Beim einatomigen Gas ist

$$c_p = c_v + R = \frac{5}{2}R \tag{I, 275}$$

die molare spezifische Wärme bei konstantem Druck, und wenn wir als chemische Konstante

$$i = \ln\frac{k^{5/2}(2\pi m)^{3/2}}{h^3} \tag{I, 276}$$

definieren, kommen wir zur molaren Entropie

$$s_{tr} = Ri + c_p + c_p\ln T - R\ln P \tag{I, 277}$$

in Übereinstimmung mit Bd. I, S. 710, Gl. (22).

Bei zweiatomigen Molekülen kommt zur molaren Entropie noch der Rotationsanteil [s. Gl. (I, 155), S. 1472]

$$s_{rot} = R\left(1 + \ln T + \ln\frac{k}{hcB}\right). \tag{I, 278}$$

Da für diese Moleküle

$$c_p = \frac{7}{2}R \tag{I, 279}$$

statt $5R/2$ ist, brauchen wir zur chemischen Konstanten nur den Rotationsanteil

$$i_{rot} = \ln\frac{k}{hcB} \tag{I, 280}$$

hinzuzufügen, um wieder zu derselben Formel (I, 277) für die molare Entropie zu gelangen.

Für eine Schwingung ist zu c_p der Betrag R und zur chemischen Konstante der Schwingungsanteil

$$i_{osc} = \ln\frac{k}{hc\omega} \tag{I, 281}$$

hinzuzufügen, wenn die Temperatur hoch, also

$$\frac{hc\omega}{kT} \ll 1$$

ist. Ist

$$\frac{hc\omega}{kT} \gg 1$$

(niedrige Temperaturen), so trägt die Schwingung nichts zur molaren Entropie und chemischen Konstanten bei. Im Zwischengebiet ist der Verlauf mit der Temperatur verwickelt.

§ 16. Gemische verschiedener Gase.

Inhalt: Innere Energie, Entropie und chemische Konstante von Gemischen mehrerer Gase.

Bezeichnungen: wie S. 1488.

Wenn in einem Volumen V ein Gemisch von mehreren Gasen enthalten ist, kann man jedes Gas für sich behandeln, als ob das andere nicht da wäre, solange man keine Kräfte zwischen den Molekülen zu berücksichtigen braucht.

Jede Molekülart hat ihre eigene Verteilungsfunktion. Unterscheiden wir die Gasarten durch den Index r, so erhalten wir die Partialdrucke nach Gl. (I, 36), S. 1457

$$P_r = \frac{N_r k T}{V} = \frac{n_r R T}{V}, \qquad (I, 282)$$

wenn n_r die Zahl der Mole und N_r die Zahl der Moleküle im Volumen V bedeutet.
Für jedes Gas finden wir die Mittelwerte

$$\overline{c_r^2} = \frac{3 k T}{m_r}, \qquad (I, 283)$$

des Geschwindigkeitsquadrates [nach S. 1457, Gl. (I, 37)], wenn m_r die Masse des Moleküls bedeutet und die mittlere Geschwindigkeit [nach S. 1464, Gl. (I, 93)]

$$\overline{c_r} = 2\sqrt{\frac{2 k T}{\pi m_r}}. \qquad (I, 284)$$

Die Geschwindigkeiten verschiedener Gase sind bei gleicher Temperatur den Wurzeln ihrer Massen umgekehrt proportional, während die mittlere kinetische Energie

$$\overline{\varepsilon_r} = \frac{3}{2} k T \qquad (I, 285)$$

für alle Molekülarten dieselbe ist.

Innere Energie und Entropie eines Gasgemisches setzen sich additiv aus den inneren Energien und Entropien der einzelnen Bestandteile zusammen. Wir erhalten die Translationsanteile

$$U_{\text{tr}} = \frac{3}{2} k T \sum^r N_r \qquad (I, 286)$$

und

$$S_{\text{tr}} = \sum^r N_r k \left[\ln\left\{ \frac{V}{N_r} \left(\frac{2\pi m_r k T}{h^2}\right)^{3/2} \right\} + \frac{5}{2} \right]. \qquad (I, 287)$$

Führen wir die Gesamtzahl

$$N = \sum N_r \qquad (I, 288)$$

aller Teilchen und die Molenbrüche

$$x_r = \frac{N_r}{N} \qquad (I, 289)$$

ein, so findet man die Translationsenergie

$$U_{\text{tr}} = \frac{3}{2} N k T \qquad (I, 290)$$

und die Translationsentropie

$$S_{\text{tr}} = N k \sum^r x_r \left[\ln\left\{ \frac{V}{N x_r} \left(\frac{2\pi m_r k T}{h^2}\right)^{3/2} \right\} + \frac{5}{2} \right]. \qquad (I, 291)$$

Das Volumen eliminieren wir mit der Beziehung

$$V = \frac{N k T}{P} \qquad (I, 292)$$

und erhalten die molare Entropie

$$s_{\text{tr}} = R \sum^r x_r \left[\ln\left\{ \frac{k T}{P x_r} \left(\frac{2\pi m_r k T}{h^2}\right)^{3/2} \right\} + \frac{5}{2} \right] \qquad (I, 293)$$

des Gemisches. Berücksichtigen wir, daß die spezifische Wärme bei konstantem Druck auch beim Gemisch den Translationsanteil $5R/2$ hat und daß $\sum x_r = 1$ ist, so kommen wir zu der molaren Translationsentropie

$$s_{\text{tr}} = c_p + c_p \ln T - R \ln P + R \sum_r x_r \ln\left\{\frac{k^{5/2}(2\pi m_r)^{3/2}}{x_r h^3}\right\} \quad (\text{I, 294})$$

$$= c_p + c_p \ln T - R \ln P + R \sum_r x_r (i_r - \ln x_r).$$

Setzen wir also als chemische Konstante des Gemisches nicht

$$i = \sum_r x_r i_r, \quad (\text{I, 295})$$

sondern

$$i = \sum_r x_r i_r - \sum_r x_r \ln x_r \quad (\text{I, 296})$$

fest, so erhalten wir die molare Translationsentropie

$$s_{\text{tr}} = R i + c_p + c_p \ln T - R \ln P \quad (\text{I, 297})$$

wie für reine Gase. Für die Rotationsanteile und Schwingungsanteile der chemischen Konstante kommt einfach

$$i_{\text{rot}} = \sum_r x_r i_{r\text{rot}} \quad \text{und} \quad i_{\text{osc}} = \sum_r x_r i_{r\text{osc}} \quad (\text{I, 298})$$

hinzu. Bezeichnet s_r die molare Entropie des reinen r-ten Gases beim Druck P und der Temperatur T, so erhält man die molare Entropie des Gemisches nach der Formel

$$s = \sum_r x_r s_r - R \sum_r x_r \ln x_r. \quad (\text{I, 299})$$

II. Zusammenstöße zwischen den Molekülen.

Im allgemeinen üben die Moleküle eines Gases keine Kräfte aufeinander aus, oder genauer nur die geringfügigen van der Waalsschen Anziehungskräfte. Nur wenn sich zwei Moleküle besonders nahe kommen, tritt eine starke Abstoßung ein. Sie hat ähnliche Ursachen wie die chemische Bindung, welche sich bei abgesättigten Molekülen nur als Abstoßung, nicht aber als Anziehung auswirken kann.

Auf S. 1476 haben wir gezeigt, daß die Abstoßungskräfte ziemlich plötzlich einsetzen, wenn zwei Moleküle auf eine bestimmte Entfernung aneinander herankommen, während in wenig größerer Entfernung nur schwache Kräfte merklich sind. Es hat deshalb Sinn, dem Molekül einen Radius ϱ zuzuschreiben. Wenn zwei Moleküle auf den Abstand 2ϱ aneinander herankommen, setzt die Abstoßung ein. Impuls und Geschwindigkeit beider Moleküle ändern sich so, daß sie sich alsbald wieder voneinander entfernen. Diesen Vorgang bezeichnet man als Zusammenstoß zweier Moleküle.

Zwei Moleküle verschiedener Art mit den Radien ϱ_1 und ϱ_2 stoßen zusammen, wenn sie sich auf den Abstand $\varrho_1 + \varrho_2$ nahe kommen.

Wenn wir einem Molekül einen Stoßradius zuschreiben, bedeutet dies natürlich eine starke Idealisierung. Wir ersetzen damit das Molekül durch eine Kugel. Bei den einatomigen Edelgasen bestehen dagegen keinerlei Bedenken. Wenn wir dagegen zweiatomige Moleküle als Kugeln betrachten, machen wir einen gewissen Fehler. Er ist indessen geringer, als es auf den ersten Blick erscheinen mag. Die äußeren Zonen der Elektronenhülle eines zweiatomigen Moleküls, welche für die Abstoßungskräfte verantwortlich sind, haben die Form eines nur wenig verlängerten Rotationsellipsoids, so daß tatsächlich die Kugel eine ziemlich brauchbare Annäherung darstellt. Kompliziertere Moleküle, mit einigermaßen kompakter Anordnung der Atome, lassen sich ebenfalls in brauchbarer Näherung durch Kugeln ersetzen, während dagegen ausgesprochene Kettenmoleküle von der Kugelform erheblich abweichen.

Die Abweichungen von der Kugelform haben zur Folge, daß bei Zusammenstößen nicht nur Richtungsänderungen von Geschwindigkeit und Impuls eintreten, sondern daß auch Translationsenergie in Rotationsenergie umgewandelt wird und umgekehrt. Diese Seite des Stoßvorgangs können wir natürlich mit unserem Kugelmodell nicht richtig erfassen.

Als Folge der Zusammenstöße stellt sich in jedem Gas nach kürzerer oder längerer Zeit das Gleichgewicht ein. Die Eigenschaften des Gleichgewichtszustands lassen sich weitgehend ermitteln, ohne den Mechanismus der Zusammenstöße selbst zu verfolgen. Die detaillierte Untersuchung der Zusammenstöße selbst eröffnet uns jedoch die Möglichkeit, auch Vorgänge, welche sich im Gas abspielen, statistisch zu untersuchen. Während also die statistische Theorie des Gleichgewichts zu denselben Aussagen führt, welche auch die thermodynamische Behandlung zu machen imstande ist, kommen wir jetzt zu einer statistischen Gaskinetik, die über die Thermodynamik hinausgeht.

§ 1. Stoßzahl, Flugdauer und freie Weglänge.

Inhalt: Berechnung der sekundlichen Stoßzahl, der freien Flugdauer und der freien Weglänge eines Moleküls und der Mittelwerte dieser Größen.

Bezeichnungen: $\mathfrak{r}$ Ortsvektor, $\mathfrak{c}$ Geschwindigkeit, $\mathfrak{p}$ Impuls eines Moleküls, $\mathfrak{g}$ Relativgeschwindigkeit, c und g Beträge von $\mathfrak{c}$ und $\mathfrak{g}$, m Masse der Moleküle, $d\Phi$ Volumenelement im Impulsraum, N Teilchenzahl im Volumen V, n Teilchendichte, ϱ Molekülradius, $\mathcal{J}$ Verteilungsfunktion auf den Impulsraum, dz/dt sekundliche Stoßzahl, τ freie Flugdauer, λ freie Weglänge, k Gaskonstante pro Molekül, Überstreichen bedeutet Mittelung. Indizes 1 und 2 unterscheiden zwei Moleküle, Index 0 bezieht sich auf den Schwerpunkt, ohne Index auf die Relativbewegung, ' kennzeichnet Größen nach dem Stoß.

Eine Gasmenge bestehe aus N Molekülen, welche in ein Volumen V eingeschlossen sind, so daß

$$n = \frac{N}{V} \tag{II, 1}$$

Moleküle in der Volumeneinheit enthalten sind. Wir betrachten nun ein bestimmtes Molekül, welches wir durch den Index 1 markieren und dessen Geschwindigkeit wir durch den Vektor $\mathfrak{c}_1$ darstellen. Wie groß ist nun die Wahrscheinlichkeit, daß dieses Molekül in einer kurzen Zeitspanne dt mit einem Molekül zusammenstößt, welches einen Impuls $\mathfrak{p}_2$ im Intervall $d\Phi_2$ des Impulsraums besitzt und dessen Geschwindigkeit

$$\mathfrak{c}_2 = \frac{\mathfrak{p}_2}{m} \tag{II, 2}$$

ist?

Wir verwenden ein Koordinatensystem, das sich selbst mit der Geschwindigkeit $\mathfrak{c}_1$ bewegt, in welchem also das Molekül 1 ruht. Die Moleküle von der Sorte $d\Phi_2$ bewegen sich in diesem System mit der Relativgeschwindigkeit

$$\mathfrak{g} = \mathfrak{c}_2 - \mathfrak{c}_1. \tag{II, 3}$$

Der Betrag von $\mathfrak{g}$ sei g.

Ein Zusammenstoß tritt dann ein, wenn sich die Mittelpunkte zweier Moleküle auf eine geringere Entfernung als die Summe ihrer Radien $\varrho_1 + \varrho_2$ nähern

§ 1. Stoßzahl, Flugdauer und freie Weglänge.

würden, wenn der Zusammenstoß nicht vorher ihre Bewegung ändern würde. Ein ruhendes Molekül 1 erleidet also einen Stoß durch ein Molekül, welches sich mit der Geschwindigkeit $\mathfrak{g}$ bewegt, wenn es in dem Volumen

$$(\varrho_1 + \varrho_2)^2 \pi g \, dt \tag{II, 4}$$

liegt, das von dem Stoßquerschnitt $(\varrho_1 + \varrho_2)^2 \pi$ in der Zeit dt bestrichen wird. Wenn alle Moleküle gleichartig sind, ist natürlich $\varrho_1 = \varrho_2$.

Die Zahl der Moleküle der Sorte $d\Phi_2$ im Volumen V ist

$$dN_2 = N \mathcal{F}_2 \, d\Phi_2, \tag{II, 5}$$

wenn $\mathcal{F}_2$ der Wert der Verteilungsfunktion in $d\Phi_2$ ist. Sie bestreichen in der Zeit dt das Volumen

$$(\varrho_1 + \varrho_2)^2 \pi g \, dN_2 \, dt. \tag{II, 6}$$

Die Wahrscheinlichkeit dafür, daß das Molekül 1 in diesem Volumen liegt, ist

$$\frac{(\varrho_1 + \varrho_2)^2 \pi g \, dN_2 \, dt}{V} = \frac{N}{V} (\varrho_2 + \varrho_2)^2 \pi g \, \mathcal{F}_2 \, d\Phi_2 \, dt. \tag{II, 7}$$

Die Wahrscheinlichkeit

$$dz = \frac{N}{V} (\varrho_1 + \varrho_2)^2 \pi \, dt \int g \, \mathcal{F}_2 \, d\Phi_2, \tag{II, 8}$$

daß das Molekül 1 in der Zeit dt überhaupt einen Zusammenstoß erleidet, finden wir durch Summieren über alle Sorten $d\Phi_2$. Führen wir die mittlere Relativgeschwindigkeit

$$\bar{g} = \int g \, \mathcal{F}_2 \, d\Phi_2 \tag{II, 9}$$

des Moleküls 1 gegen die anderen Moleküle ein, so geht (II, 8) in

$$dz = \frac{N}{V} (\varrho_1 + \varrho_2)^2 \pi \bar{g} \, dt = n (\varrho_1 + \varrho_2)^2 \pi \bar{g} \, dt \tag{II, 10}$$

über. Die mittlere Zahl der sekundlichen Zusammenstöße ist

$$\frac{dz}{dt} = n (\varrho_1 + \varrho_2)^2 \pi \bar{g}. \tag{II, 11}$$

Als mittlere freie Flugdauer τ bezeichnet man die Zeit, in welcher die Wahrscheinlichkeit (II, 10) für einen Stoß gleich 1 wird, woraus sich

$$\tau = \frac{1}{n (\varrho_1 + \varrho_2)^2 \pi \bar{g}} \tag{II, 12}$$

ergibt. In der freien Flugdauer legt das Molekül mit der Geschwindigkeit c_1 den Weg

$$\lambda = c_1 \tau = \frac{c_1}{n (\varrho_1 + \varrho_2)^2 \pi \bar{g}} \tag{II, 13}$$

zurück, welcher seine freie Weglänge genannt wird.

Die sekundliche Stoßzahl (II, 11), die freie Flugdauer (II, 12) und die freie Weglänge (II, 13) gelten für ein Molekül, welches sich mit der Geschwindigkeit c_1 bewegt. Offenbar kommt es nicht auf die Richtung der Geschwindigkeit c_1 an, wohl aber werden τ und λ etwas von ihrem Betrag c_1 abhängen. Wir können jetzt noch einmal über alle Geschwindigkeiten c_1 mitteln und erhalten dann die mittlere Stoßzahl

$$\overline{\frac{dz}{dt}} = n (\varrho_1 + \varrho_2)^2 \pi \bar{\bar{g}}, \tag{II, 14}$$

die mittlere Flugdauer

$$\bar{\tau} = \frac{1}{n(\varrho_1 + \varrho_2)^2 \pi} \cdot \overline{\left(\frac{1}{\bar{g}}\right)} \qquad (II, 15)$$

und die mittlere freie Weglänge

$$\bar{\lambda} = \frac{1}{n(\varrho_1 + \varrho_2)^2 \pi} \cdot \overline{\left(\frac{c_1}{\bar{g}}\right)}. \qquad (II, 16)$$

Um die Mittelungen auszuführen, müssen wir zuerst den Betrag g der Relativgeschwindigkeit zweier Moleküle mit den Geschwindigkeiten c_1 und c_2 berechnen. Durch eine Mittelung über c_2 erhalten wir dann zuerst $\bar{g}$. Diesen Wert müssen wir noch einmal über c_1 mitteln, um $\bar{g}$ zu erhalten. Um $\bar{\tau}$ zu berechnen, sollten wir $1/\bar{g}$ über alle c_1 mitteln. Da diese Rechnung praktisch nicht ausführbar ist, setzen wir näherungsweise

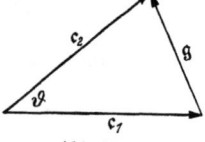

Abb. 429.
Relativgeschwindigkeit g vom Betrag g zweier Moleküle.

$$\overline{\left(\frac{1}{\bar{g}}\right)} = \frac{1}{\bar{\bar{g}}} \qquad (II, 17)$$

und erhalten dann

$$\bar{\tau} = \frac{1}{n(\varrho_1 + \varrho_2)^2 \pi \bar{\bar{g}}}. \qquad (II, 18)$$

Ebenso verfahren wir bei der freien Weglänge, wo wir näherungsweise

$$\overline{\left(\frac{c}{\bar{g}}\right)} = \frac{\bar{c}}{\bar{\bar{g}}} \qquad (II, 19)$$

setzen und

$$\bar{\lambda} = \frac{\bar{c}}{n(\varrho_1 + \varrho_2)^2 \pi \bar{\bar{g}}} \qquad (II, 20)$$

erhalten.

Jetzt müssen wir zuerst $\bar{g}$ berechnen. Aus der Abb. 429 lesen wir

$$g = \sqrt{c_1^2 + c_2^2 - 2 c_1 c_2 \cos\vartheta} \qquad (II, 21)$$

ab. Übernehmen wir von S. 1462

$$\mathfrak{F}_2 = \left(\frac{1}{2\pi m k T}\right)^{\frac{3}{2}} e^{-\frac{m c_2^2}{2 k T}} \qquad (II, 22)$$

und für das Volumenelement im Impulsraum

$$d\Phi_2 = m^3 c_2^2 dc_2 \sin\vartheta \, d\vartheta \, d\varphi \qquad (II, 23)$$

und gehen damit in (II, 9) ein, so erhalten wir

$$\bar{g} = \left(\frac{m}{2\pi k T}\right)^{\frac{3}{2}} \int_0^\infty \int_0^\pi \int_0^{2\pi} \sqrt{c_1^2 + c_2^2 - 2 c_1 c_2 \cos\vartheta} \; e^{-\frac{m c_2^2}{2 k T}} c_2^2 dc_2 \sin\vartheta \, d\vartheta \, d\varphi. \qquad (II, 24)$$

Die Integration über φ läßt sich sofort ausführen. Um über ϑ zu integrieren, führen wir g selbst als Integrationsvariable ein, indem wir

$$g^2 = c_1^2 + c_2^2 - 2 c_1 c_2 \cos\vartheta; \quad g \, dg = c_1 c_2 \sin\vartheta \, d\vartheta \qquad (II, 25)$$

schreiben. Dann ist

$$\int_0^\pi \sqrt{c_1^2 + c_2^2 - 2 c_1 c_2 \cos\vartheta} \, \sin\vartheta \, d\vartheta = \int_{(0)}^{(\pi)} \frac{g^2 \, dg}{c_1 c_2} = \left|\frac{g^3}{3 c_1 c_2}\right|_{|c_1 - c_2|}^{c_1 + c_2}. \qquad (II, 26)$$

§1. Stoßzahl, Flugdauer und freie Weglänge.

Hier muß darauf geachtet werden, daß g stets positiv ist. Ist $c_1 > c_2$, so ist die untere Grenze $c_1 - c_2$, ist $c_1 < c_2$, so ist sie $c_2 - c_1$. Für $c_1 > c_2$ erhalten wir also

$$\int_0^\pi \sqrt{c_1^2 + c_2^2 - 2c_1 c_2 \cos\vartheta}\, \sin\vartheta\, d\vartheta = \frac{(c_1+c_2)^3 - (c_1-c_2)^3}{3 c_1 c_2} = 2c_1 + \frac{2c_2^2}{3 c_1}. \quad (II, 27)$$

Ist $c_1 < c_2$, so gilt dagegen

$$\int_0^\pi \sqrt{c_1^2 + c_2^2 - 2c_1 c_2 \cos\vartheta}\, \sin\vartheta\, d\vartheta = \frac{(c_1+c_2)^3 - (c_2-c_1)^3}{3 c_1 c_2} = 2c_2 + \frac{2c_1^2}{3 c_2}. \quad (II, 28)$$

Wir müssen deshalb die Integration über c_2 in zwei Schritten ausführen. Im Intervall $0 \leq c_2 \leq c_1$ ist (II, 27) einzusetzen, im Intervall $c_1 \leq c_2 < \infty$ dagegen (II, 28). Damit ergibt sich

$$\bar{g} = 4\pi \left(\frac{m}{2\pi kT}\right)^{\frac{3}{2}} \Bigg[\int_0^{c_1} \left(c_1 + \frac{c_2^2}{3 c_1}\right) e^{-\frac{m c_2^2}{2kT}} c_2^2\, dc_2 +$$

$$+ \int_{c_1}^\infty \left(c_2 + \frac{c_1^2}{3 c_2}\right) e^{-\frac{m c_2^2}{2kT}} c_2^2\, dc_2 \Bigg]. \quad (II, 29)$$

Jetzt führen wir die zweite Mittelung aus, indem wir analog zu (II, 9)

$$\bar{\bar{g}} = \int \bar{g}\, \mathcal{F}_1\, d\Phi_1 = \left(\frac{m}{2\pi kT}\right)^{\frac{3}{2}} \int_0^\infty \int_0^\pi \int_0^{2\pi} \bar{g}\, e^{-\frac{m c_1^2}{2kT}} c_1^2\, dc_1 \sin\vartheta_1\, d\vartheta_1\, d\varphi_1 \quad (II, 30)$$

bilden. Über die Winkel kann man sofort integrieren und erhält

$$\bar{\bar{g}} = 4\pi \left(\frac{m}{2\pi kT}\right)^{\frac{3}{2}} \int_0^\infty \bar{g}\, e^{-\frac{m c_1^2}{2kT}} c_1^2\, dc_1. \quad (II, 31)$$

Setzt man (II, 29) ein, so ergibt sich endlich

$$\bar{\bar{g}} = 16\pi^2 \left(\frac{m}{2\pi kT}\right)^3 \Bigg\{ \int_0^\infty \int_0^{c_1} \left(c_1 + \frac{c_2^2}{3 c_1}\right) e^{-\frac{m(c_1^2+c_2^2)}{2kT}} c_1^2 c_2^2\, dc_1\, dc_2 +$$

$$+ \int_0^\infty \int_{c_1}^\infty \left(c_2 + \frac{c_1^2}{3 c_2}\right) e^{-\frac{m(c_1^2+c_2^2)}{2kT}} c_1^2 c_2^2\, dc_1\, dc_2 \Bigg\}. \quad (II, 32)$$

Zunächst führen wir

$$x_1 = c_1 \sqrt{\frac{m}{2kT}} \quad \text{und} \quad x_2 = c_2 \sqrt{\frac{m}{2kT}} \quad (II, 33)$$

ein und erhalten

$$\bar{\bar{g}} = \frac{16}{\pi} \left(\frac{2kT}{m}\right)^{1/2} \Bigg\{ \int_0^\infty \int_0^{x_1} \left(x_1 + \frac{x_2^2}{3 x_1}\right) e^{-x_1^2 - x_2^2} x_1^2 x_2^2\, dx_1\, dx_2 +$$

$$+ \int_0^\infty \int_{x_1}^\infty \left(x_2 + \frac{x_1^2}{3 x_2}\right) e^{-x_1^2 - x_2^2} x_1^2 x_2^2\, dx_1\, dx_2 \Bigg\}. \quad (II, 34)$$

Das Integral

$$J_1 = \int_0^\infty \int_0^{x_1} \left(x_1 + \frac{x_2^2}{3x_1}\right) e^{-x_1^2 - x_2^2} x_1^2 x_2^2 \, dx_1 \, dx_2 \qquad (II, 35)$$

ist über den schraffierten Bereich der Abb. 430 zu erstrecken. Zuerst soll über einen vertikalen Streifen von 0 bis $x_2 = x_1$ integriert werden, dann ist noch über alle Streifen von 0 bis ∞ zu summieren. Ebensogut können wir aber auch x_1 über einen horizontalen Streifen von x_2 bis ∞ integrieren und dann alle Streifen addieren. Wir können also auch

$$J_1 = \int_0^\infty \int_{x_2}^\infty \left(x_1 + \frac{x_2^2}{3x_1}\right) e^{-x_1^2 - x_2^2} x_1^2 x_2^2 \, dx_1 \, dx_2 \qquad (II, 36)$$

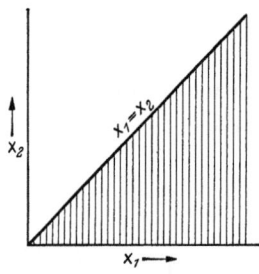

Abb. 430. Integrationsgebiet von J_1 schraffiert.

schreiben, wobei jetzt zuerst über x_1 zu integrieren ist. Vertauschen wir jetzt noch die Buchstaben x_1 und x_2, so zeigt sich, daß

$$J_1 = \int_0^\infty \int_{x_1}^\infty \left(x_2 + \frac{x_1^2}{3x_2}\right) e^{-x_1^2 - x_2^2} x_1^2 x_2^2 \, dx_1 \, dx_2 \qquad (II, 37)$$

ist. Wir erhalten damit

$$\bar{\bar{g}} = \frac{32}{\pi} \left(\frac{2kT}{m}\right)^{1/2} \int_0^\infty \int_{x_1}^\infty \left(x_2 + \frac{x_1^2}{3x_2}\right) e^{-x_1^2 - x_2^2} x_1^2 x_2^2 \, dx_1 \, dx_2. \qquad (II, 38)$$

Jetzt kann man die Integration über x_2 elementar ausführen und erhält

$$\bar{\bar{g}} = \frac{16}{\pi} \left(\frac{2kT}{m}\right)^{1/2} \int_0^\infty e^{-2x_1^2} x_1^2 \left(\frac{4x_1^2}{3} + 1\right) dx_1. \qquad (II, 39)$$

Mit Hilfe von $z = x\sqrt{2}$ und

$$\int_0^\infty z^2 e^{-z^2} dz = \frac{\sqrt{\pi}}{4}; \qquad \int_0^\infty z^4 e^{-z^2} dz = \frac{3\sqrt{\pi}}{8} \qquad (II, 40)$$

läßt sich auch die Integration über x_1 durchführen und man erhält

$$\bar{\bar{g}} = 4\sqrt{\frac{kT}{m\pi}}. \qquad (II, 41)$$

Für die mittlere Geschwindigkeit fanden wir auf S. 1464

$$\bar{c} = 2\sqrt{2}\sqrt{\frac{kT}{m\pi}}, \qquad (II, 42)$$

so daß wir schließlich zu

$$\bar{\bar{g}} = \bar{c}\sqrt{2} \qquad (II, 43)$$

gelangen.

Wenn wir (II, 43) in die Ausdrücke (II, 14), (II, 18) und (II, 20) für sekundliche Stoßzahl, mittlere freie Flugdauer und mittlere freie Weglänge einsetzen, ergibt sich die Stoßzahl

$$\overline{\frac{dz}{dt}} = n(\varrho_1 + \varrho_2)^2 \pi \bar{c} \sqrt{2}, \qquad (II, 44)$$

§ 1. Stoßzahl, Flugdauer und freie Weglänge.

die mittlere freie Flugdauer

$$\bar{\tau} = \frac{1}{n(\varrho_1 + \varrho_2)^2 \pi \bar{c} \sqrt{2}} \qquad (II, 45)$$

und die mittlere freie Weglänge

$$\bar{\lambda} = \frac{1}{n(\varrho_1 + \varrho_2)^2 \pi \sqrt{2}}. \qquad (II, 46)$$

Wir können auch nach der Wahrscheinlichkeit $W(t)$ fragen, daß das Molekül 1 keinen Stoß während der Zeit t erleidet. Die Wahrscheinlichkeit dafür, daß kein Stoß während der Zeit t, aber ein Stoß zwischen t und $t + dt$ eintritt, ist dann

$$W(t) n(\varrho_1 + \varrho_2)^2 \pi \bar{g} \, dt, \qquad (II, 47)$$

und um diesen Betrag ist $W(t + dt)$ kleiner als $W(t)$. Daraus ergibt sich für $W(t)$ die Differentialgleichung

$$\frac{dW(t)}{dt} = -W(t) n(\varrho_1 + \varrho_2)^2 \pi \bar{g}, \qquad (II, 48)$$

woraus

$$W(t) = e^{-n(\varrho_1 + \varrho_2)^2 \pi \bar{g} t} \qquad (II, 49)$$

folgt.

Als freie Flugdauer τ bezeichnen wir jetzt etwas exakter wie oben die Zeit, welche das Molekül im Mittel unterwegs ist, ohne mit einem anderen Molekül zusammenzustoßen. Wir finden τ, wenn wir die Wahrscheinlichkeit (II, 47) für einen Stoß zwischen t und $t + dt$ mit t multiplizieren und über alle Zeiten summieren. Dabei ergibt sich

$$\tau = n(\varrho_1 + \varrho_2)^2 \pi \bar{g} \int t W(t) \, dt = \frac{1}{n(\varrho_1 + \varrho_2)^2 \pi \bar{g}}, \qquad (II, 50)$$

also derselbe Wert wie (II, 12). Die Wahrscheinlichkeit (II, 47) geht damit in

$$\frac{1}{\tau} e^{-\frac{t}{\tau}} dt \qquad (II, 51)$$

über und ist die Wahrscheinlichkeit dafür, daß ein beliebiges Molekül noch die Flugzeit t vor sich hat. Diese Wahrscheinlichkeit hängt nicht davon ab, wie lange das Molekül schon seit dem letzten Stoß unterwegs ist. (II, 51) ist aber auch die Wahrscheinlichkeit dafür, daß ein Molekül bereits die Flugzeit t hinter sich hat. Wir kommen deshalb auch zu dem verblüffenden Ergebnis, daß die wahrscheinliche Flugdauer, die ein Molekül noch vor sich oder schon hinter sich hat, im Mittel in jedem Fall den Wert τ hat. Ebenso haben die Moleküle im Mittel seit ihrem letzten Zusammenstoß eine freie Weglänge durchlaufen und werden im Mittel auch eine freie Weglänge bis zum nächsten Stoß zurücklegen. Die Wahrscheinlichkeit, daß ein bestimmtes Molekül noch eine bestimmte Wegstrecke ohne Stoß zurücklegen wird, wird nicht davon beeinflußt, eine wie große Wegstrecke es bereits zurückgelegt hat.

Der Zahlenfaktor $\sqrt{2}$ in der Formel

$$\bar{\lambda} = \frac{1}{n(\varrho_1 + \varrho_2)^2 \pi \sqrt{2}} \qquad (II, 52)$$

ist nicht ganz richtig, obwohl er so mühsam errechnet wurde, weil wir nicht $c/\bar{g}$ gemittelt haben, sondern c und $\bar{g}$ einzeln.

Die mittlere freie Weglänge ist zur Teilchendichte n umgekehrt proportional. Sie hängt außerdem wesentlich von der Größe der Moleküle ab. Von der Temperatur wird sie nur insofern beeinflußt, als diese in die Dichte (z. B. bei festgehaltenem Druck) eingeht. Diese letztere Feststellung ist allerdings wieder nicht ganz richtig. Wir haben nämlich noch nicht berücksichtigt, daß sich die Moleküle schon vor dem Zusammenstoß mit den van der Waalsschen Kräften anziehen. Hierdurch wird die Zahl der Zusammenstöße vermehrt und der Molekülquerschnitt scheinbar vergrößert. Die Anziehung ist weniger wirksam bei großer Geschwindigkeit der Moleküle, also bei höherer Temperatur. Aus diesem Grunde nimmt der scheinbare Molekülquerschnitt mit der Temperatur ab und die freie Weglänge wächst mit der Temperatur. Dies kann man nach SUTHERLAND durch eine Rechnung leicht verfolgen.

§ 2. Einfluß der Molekularattraktion auf freie Weglänge und Stoßzahl.

Inhalt: Die Molekularattraktion erhöht die Stoßzahl und verkürzt die freie Weglänge Sutherlandsche Formel und Konstante.

Bezeichnungen: $U(r)$ Potential der Molekularattraktion, C Sutherlandsche Konstante, sonst wie S. 1492.

Das Anziehungspotential zwischen den Molekülen sei $U(r)$ (natürlich negativ). Legen wir ein Koordinatensystem in das Molekül 1, so durchläuft das Molekül 2 eine ebene Bahn, da $U(r)$ das Potential einer Zentralkraft ist[1]. In dieser Ebene führen wir Polarkoordinaten ein, indem wir den Winkel φ von der Richtung aus zählen, aus der das Molekül 2 sich nähert (s. Abb. 431). Die Gesamtenergie

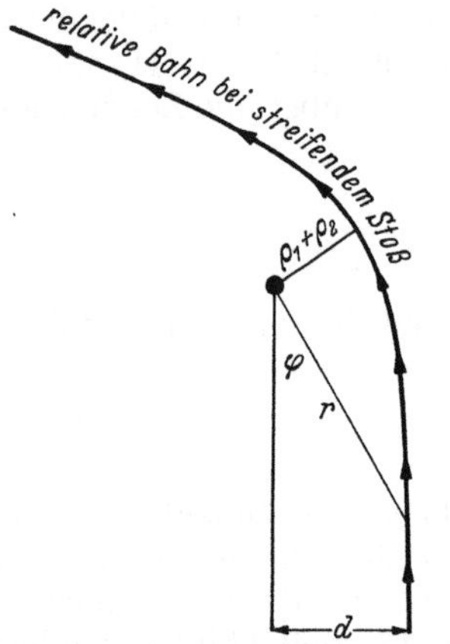

$$\frac{m}{2}(\dot{r}^2 + r^2 \dot{\varphi}^2) + U(r) = \frac{m}{2} g^2 \qquad (II, 53)$$

ist konstant und gleich der kinetischen Energie $mg^2/2$ der Relativbewegung der Moleküle in großer Entfernung. Außerdem ist der Drehimpuls

$$m r^2 \dot{\varphi} = m g d \qquad (II, 54)$$

konstant. d ist die kleinste Entfernung, in der die Moleküle aneinander vorbeigehen würden, wenn keine Anziehung stattfände. Durch Elimination von $\dot{\varphi}$ finden wir

Abb. 431. Der Stoßradius wird durch die Anziehung scheinbar von $\varrho_1 + \varrho_2$ auf d vergrößert.

$$\frac{m}{2}\dot{r}^2 + \frac{m g^2 d^2}{2 r^2} + U(r) = \frac{m}{2} g^2. \qquad (II, 55)$$

Bei der größten Annäherung der Moleküle wird $\dot{r} = 0$. Soll dabei gerade noch ein Stoß eintreten, so muß r gleich der Summe der Molekülradien $\varrho_1 + \varrho_2$ sein. Der Wert von $U(r)$ für $r = \varrho_1 + \varrho_2$ sei A. Dies ergibt

$$\frac{d^2}{(\varrho_1 + \varrho_2)^2} = 1 - \frac{2A}{m g^2}. \qquad (II, 56)$$

Jetzt müssen wir noch eine Mittelung ausführen, um den scheinbaren Stoßquerschnitt $\pi \overline{d^2}$ zu erhalten. Da $1/g^2$ nur schwer gemittelt werden kann, setzen

---

[1] Diese Wahl des Koordinatensystems hat zur Folge, daß m die reduzierte Masse, d. h. die halbe Masse der Moleküle bedeutet.

wir einfach statt der Mittelung $\bar{g}$ ein. Sehen wir von dem hierdurch entstehenden Fehler ab, so erhalten wir

$$\overline{d^2} = (\varrho_1 + \varrho_2)^2 \left(1 - \frac{\pi A}{8kT}\right) = (\varrho_1 + \varrho_2)^2 \left(1 + \frac{C}{T}\right). \tag{II, 57}$$

Ersetzt man nun in den Formeln für die freie Flugdauer und mittlere freie Weglänge immer $(\varrho_1 + \varrho_2)^2$ durch $\overline{d^2}$, so gelangt man zu

$$\bar{\tau} = \frac{1}{n\bar{c}\sqrt{2}\,(\varrho_1 + \varrho_2)^2\,\pi\left(1 + \frac{C}{T}\right)}, \tag{II, 58}$$

$$\bar{\lambda} = \frac{1}{n\sqrt{2}\,(\varrho_1 + \varrho_2)^2\,\pi\left(1 + \frac{C}{T}\right)}. \tag{II, 59}$$

Die Konstante C heißt Sutherlandsche Konstante und hängt mit der Molekularattraktion und der Molekülgröße, infolgedessen auch mit den van der Waalsschen Konstanten a und b zusammen. Man kann sie experimentell bestimmen, und es zeigt sich, daß sie um so größer ist, je höher die kritische Temperatur liegt.

Die mittlere freie Weglänge ist unter gewöhnlichen Umständen sehr klein. Sie beträgt bei einer Atmosphäre in Wasserstoff $1{,}8 \cdot 10^{-4}$ mm, in Kohlensäure $0{,}68 \cdot 10^{-5}$ mm. Wir werden im folgenden Abschnitt Methoden entwickeln, um die ·freie Weglänge aus experimentellen Daten zu entnehmen.

§ 3. Elastische Stöße ohne Austausch von Drehimpuls.

Inhalt: Der Stoß dreht die Relativgeschwindigkeit und ändert nicht ihren Betrag. Alle Richtungen der Relativgeschwindigkeit sind nach dem Stoß gleich wahrscheinlich. Energieaustausch durch die Stöße.

Bezeichnungen: α bzw. α' Winkel zwischen Relativgeschwindigkeit und Centrilinie, ϑ Richtungsablenkung, $\mathfrak{g}_1, \mathfrak{g}_2, \mathfrak{g}_1', \mathfrak{g}_2'$ Geschwindigkeiten im Schwerpunktsystem vor und nach dem Stoß. E_1, E_1', kinetische Energie des Moleküls 1 vor und nach dem Stoß. c_{0x}, c_{0y}, c_{0z} Komponenten der Schwerpunktsgeschwindigkeit. Sonst wie S. 1492.

Wir verfolgen nun den Stoß zweier Moleküle mit den Massen m_1 und m_2, die sich mit den Geschwindigkeiten c_1 und c_2 bewegen, etwas genauer. Wie auch der Stoßvorgang im einzelnen ablaufen mag, er ändert keinesfalls den gesamten Impuls der beiden Stoßpartner. Auch die gesamte Energie und der gesamte Drehimpuls wird durch den Stoß nicht verändert.

Zur Gesamtenergie trägt die Translation und die Rotation der Moleküle bei. Der Gesamtdrehimpuls setzt sich aus den Drehimpulsen der Moleküle um ihre eigenen Schwerpunkte und dem Drehimpuls ihrer Bahn um den gemeinsamen Schwerpunkt zusammen. Wir beschränken unsere Untersuchung auf solche Stöße, die den Drehimpuls der Moleküle um die eigenen Schwerpunkte ungeändert lassen, die also keine Änderungen ihrer Rotationszustände bewirken. Wir können dann diesen Drehimpulsanteil und die Rotationsenergie der Moleküle völlig außer Betracht lassen.

Vor dem Stoß mögen die beiden Moleküle durch die Ortsvektoren $\mathfrak{r}_1$ und $\mathfrak{r}_2$ und die Impulse

$$\mathfrak{p}_1 = m_1 \mathfrak{c}_1; \qquad \mathfrak{p}_2 = m_2 \mathfrak{c}_2 \tag{II, 60}$$

nach dem Stoß durch die Ortsvektoren $\mathfrak{r}_1'$ und $\mathfrak{r}_2'$ und die Impulse

$$\mathfrak{p}_1' = m_1 \mathfrak{c}_1'; \qquad \mathfrak{p}_2' = m_2 \mathfrak{c}_2' \tag{II, 61}$$

beschrieben werden. Wir zerlegen nun den Stoßvorgang zuerst in die Schwerpunktsbewegung und die Relativbewegung der beiden Moleküle, indem wir den Ort des Schwerpunkts

$$\mathfrak{r}_0 = \frac{m_1 \mathfrak{r}_1 + m_2 \mathfrak{r}_2}{m_1 + m_2}; \quad \mathfrak{r}_0' = \frac{m_1 \mathfrak{r}_1' + m_2 \mathfrak{r}_2'}{m_1 + m_2} \qquad (II, 62)$$

und seine Geschwindigkeit

$$\mathfrak{c}_0 = \frac{m_1 \mathfrak{c}_1 + m_2 \mathfrak{c}_2}{m_1 + m_2} = \frac{m_1 \mathfrak{c}_1' + m_2 \mathfrak{c}_2'}{m_1 + m_2} \qquad (II, 63)$$

einführen. Zur Schwerpunktsbewegung gehört der Gesamtimpuls

$$\mathfrak{p}_0 = \mathfrak{p}_1 + \mathfrak{p}_2 = \mathfrak{p}_1' + \mathfrak{p}_2' = (m_1 + m_2) \mathfrak{c}_0, \qquad (II, 64)$$

der durch den Stoß nicht geändert wird. Außer dem Schwerpunktsort brauchen wir noch die relativen Ortsvektoren

$$\mathfrak{r} = \mathfrak{r}_1 - \mathfrak{r}_2; \quad \mathfrak{r}' = \mathfrak{r}_1' - \mathfrak{r}_2' \qquad (II, 65)$$

vor und nach dem Stoß. Zu ihnen gehören die Relativgeschwindigkeiten und relativen Impulse

$$\mathfrak{g} = \mathfrak{c}_1 - \mathfrak{c}_2 \qquad (II, 66)$$

und

$$\mathfrak{p} = \frac{m_1 m_2}{m_1 + m_2}(\mathfrak{c}_1 - \mathfrak{c}_2) = \mu \mathfrak{g} \qquad (II, 67)$$

vor dem Stoß und

$$\mathfrak{g}' = \mathfrak{c}_1' - \mathfrak{c}_2' \qquad (II, 68)$$

und

$$\mathfrak{p}' = \frac{m_1 m_2}{m_1 + m_2}(\mathfrak{c}_1' - \mathfrak{c}_2') = \mu \mathfrak{g}' \qquad (II, 69)$$

nach dem Stoß. μ bedeutet die reduzierte Masse

$$\mu = \frac{m_1 m_2}{m_1 + m_2}. \qquad (II, 70)$$

Die Geschwindigkeiten und Impulse der beiden Teilchen können durch $\mathfrak{c}_0$ und $\mathfrak{g}$ bzw. $\mathfrak{g}'$ ausgedrückt werden, und man erhält

$$\mathfrak{c}_1 = \mathfrak{c}_0 + \frac{m_2}{m_1 + m_2} \mathfrak{g}; \quad \mathfrak{c}_1' = \mathfrak{c}_0 + \frac{m_2}{m_1 + m_2} \mathfrak{g}', \qquad (II, 71)$$

$$\mathfrak{c}_2 = \mathfrak{c}_0 - \frac{m_1}{m_2 + m_2} \mathfrak{g}; \quad \mathfrak{c}_2' = \mathfrak{c}_0 - \frac{m_1}{m_1 + m_2} \mathfrak{g}', \qquad (II, 72)$$

und

$$\mathfrak{p}_1 = m_1 \mathfrak{c}_0 + \mu \mathfrak{g}; \quad \mathfrak{p}_2' = m_1 \mathfrak{c}_0 + \mu \mathfrak{g}', \qquad (II, 73)$$

$$\mathfrak{p}_2 = m_2 \mathfrak{c}_0 - \mu \mathfrak{g}; \quad \mathfrak{p}_2' = m_2 \mathfrak{c}_2 - \mu \mathfrak{g}'. \qquad (II, 74)$$

Unter den gemachten Voraussetzungen spalten wir von der konstanten Gesamtenergie den konstanten Bestandteil der Translationsenergie ab und behalten die konstante kinetische Energie der Relativbewegung

$$E_{\text{rel}} = \frac{\mathfrak{p}^2}{2\mu} = \frac{\mu}{2} \mathfrak{g}^2 = \frac{\mu}{2} \mathfrak{g}'^2 = \frac{\mathfrak{p}'^2}{2\mu}. \qquad (II, 75)$$

§ 3. Elastische Stöße ohne Austausch von Drehimpuls.   1501

Der Stoß ändert also den Betrag der Relativgeschwindigkeit und des relativen Impulses nicht. Auch der Drehimpuls um den Schwerpunkt

$$[\{\mathfrak{r}_1 - \mathfrak{r}_0\}\, \mathfrak{p}_1] + [\{\mathfrak{r}_2 - \mathfrak{r}_0\}\, \mathfrak{p}_2] = [\mathfrak{r}\, \mathfrak{p}] \qquad (\text{II}, 76)$$

wird nicht geändert, so daß die Bewegung vor und nach dem Stoß durch die Beziehung

$$[\mathfrak{r}\, \mathfrak{p}] = \mu[\mathfrak{r}\, \mathfrak{g}] = \mathfrak{j} = \mu[\mathfrak{r}'\, \mathfrak{g}'] = [\mathfrak{r}'\, \mathfrak{p}'] \qquad (\text{II}, 77)$$

verknüpft ist.

Ein Zusammenstoß tritt ein, wenn der relative Ortsvektor den Betrag

$$|\mathfrak{r}_{\min}| = \varrho_1 + \varrho_2 \qquad (\text{II}, 78)$$

annimmt. Die Richtung von $\mathfrak{r}_{\min}$ nennen wir die Centrilinie. Bei kugelförmigen Molekülen ist sie die Verbindungslinie der Molekülmittelpunkte. Die Relativgeschwindigkeit erhält durch den Stoß eine neue Richtung. Wegen (II, 77) müssen $\mathfrak{r}_{\min}$, $\mathfrak{g}$ und $\mathfrak{g}'$ in der Ebene senkrecht zu $\mathfrak{j}$ liegen. Sind α und α' die Winkel, welche $\mathfrak{g}$ und $\mathfrak{g}'$ mit $\mathfrak{r}_{\min}$ einschließen, so muß

$$\alpha' = \pi - \alpha \qquad (\text{II}, 79)$$

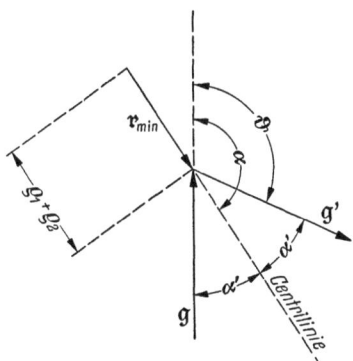

Abb. 432. Richtungsänderung der Relativgeschwindigkeit beim Stoß.

sein, damit der Betrag von $\mathfrak{j}$ vor und nach dem Stoß derselbe bleibt. Aus der Abb. 432, welche den Stoß möglichst schematisch darstellt, können wir zwischen dem Ablenkungswinkel ϑ und α die Beziehung

$$\vartheta = \alpha - \alpha' = \pi - 2\alpha' \qquad (\text{II}, 80)$$

ablesen. Drückt man $|\mathfrak{j}|$ durch α oder α' aus, so erhält man

$$|\mathfrak{j}| = \mu(\varrho_1 + \varrho_2)\, g \sin\alpha = \mu(\varrho_1 + \varrho_2)\, g \cos\frac{\vartheta}{2}. \qquad (\text{II}, 81)$$

Im Schwerpunktsystem beschreibt sich der Stoßvorgang sehr einfach. Setzt man $\mathfrak{c}_0 = 0$ in (II, 71, 72), so erhält man die Geschwindigkeiten

$$\mathfrak{g}_1 = \frac{m_2}{m_1 + m_2}\, \mathfrak{g}; \qquad \mathfrak{g}_1' = \frac{m_2}{m_1 + m_2}\, \mathfrak{g}', \qquad (\text{II}, 82)$$

$$\mathfrak{g}_2 = -\frac{m_1}{m_1 + m_2}\, \mathfrak{g}; \qquad \mathfrak{g}_2' = -\frac{m_1}{m_1 + m_2}\, \mathfrak{g}' \qquad (\text{II}, 83)$$

beider Moleküle bezogen auf den Schwerpunkt. Sowohl vor wie nach dem Stoß bewegen sich die Moleküle in entgegengesetzten Richtungen, der Stoß dreht nur die Richtung der Geschwindigkeiten und ändert nichts an ihrem Betrag.

Wir fragen nun nach der Wahrscheinlichkeit, daß die Richtung von $\mathfrak{g}'$ in das Winkelintervall

$$d\omega = \sin\vartheta\, d\vartheta\, d\varphi \qquad (\text{II}, 84)$$

fällt. Schlagen wir eine Kugel mit dem Radius $\varrho_1 + \varrho_2$, so fällt $\mathfrak{g}'$ in das Intervall $d\omega$, wenn der Zusammenstoß in das Flächenelement

$$(\varrho_1 + \varrho_2)^2 \sin\alpha'\, d\alpha'\, d\varphi \qquad (\text{II}, 85)$$

fällt. Die Wahrscheinlichkeit hierfür ist das Verhältnis der Projektion dieses Flächenelements auf den zu $\mathfrak{g}$ senkrechten Kugelquerschnitt zu diesem Querschnitt selbst, also

$$W\,d\omega = \frac{\sin\alpha'\cos\alpha'\,d\alpha'\,d\varphi}{\pi} = \frac{\sin 2\alpha'\,d\alpha'\,d\varphi}{2\pi}$$
$$= -\frac{\sin\vartheta\,d\vartheta\,d\varphi}{4\pi} = -\frac{d\omega}{4\pi}. \tag{II, 86}$$

Das Minuszeichen bedeutet nur, daß ϑ von π bis 0 abnimmt, wenn α' von 0 bis $\pi/2$ wächst. Im übrigen zeigt sich, daß sich die Moleküle gleichmäßig auf alle Richtungen der Relativgeschwindigkeit nach dem Stoß verteilen.

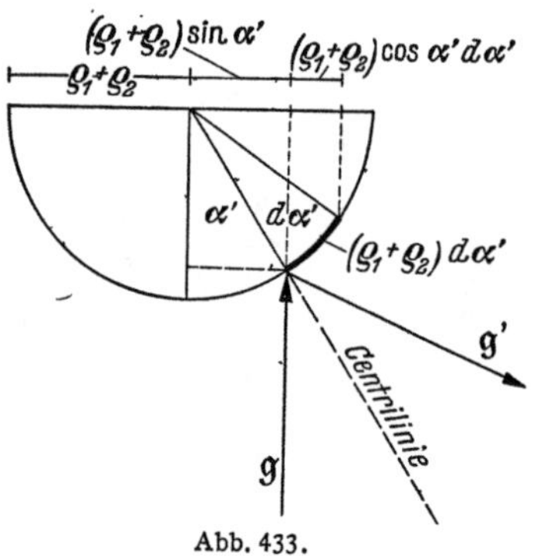

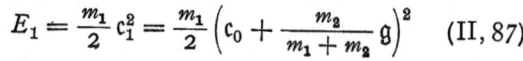

Abb. 433.

Die kinetische Energie des Moleküls 1 beträgt vor dem Stoß

$$E_1 = \frac{m_1}{2}\mathfrak{c}_1^2 = \frac{m_1}{2}\left(\mathfrak{c}_0 + \frac{m_2}{m_1+m_2}\mathfrak{g}\right)^2 \tag{II, 87}$$

nach dem Stoß

$$E_1' = \frac{m_1}{2}\mathfrak{c}_1'^2 = \frac{m_1}{2}\left(\mathfrak{c}_0 + \frac{m_2}{m_1+m_2}\mathfrak{g}'\right)^2. \tag{II, 88}$$

Beim Stoß gibt das Molekül 1 die Energie

$$\Delta E = E_1 - E_1' = \frac{m_1 m_2}{m_1+m_2}(\mathfrak{c}_0\{\mathfrak{g}-\mathfrak{g}'\}) \tag{II, 89}$$

an das Molekül 2 ab. Legen wir vorübergehend die z-Achse eines Koordinatensystems in die Richtung von $\mathfrak{g}$, so sind

$$\mathfrak{g}_z' = g\cos\vartheta;\quad \mathfrak{g}_x' = g\sin\vartheta\cos\varphi;\quad \mathfrak{g}_y' = g\sin\vartheta\sin\varphi \tag{II, 90}$$

die Komponenten von $\mathfrak{g}'$ und wir erhalten

$$\Delta E = E_1 - E_1'$$
$$= \frac{m_1 m_2}{m_1+m_2}g\{c_{0z}(1-\cos\vartheta) - c_{0x}\sin\vartheta\cos\varphi - c_{0y}\sin\vartheta\sin\varphi\}. \tag{II, 91}$$

Mitteln wir über alle Winkel ϑ und φ, so finden wir die mittlere Energie

$$\overline{\Delta E} = E_1 - \overline{E_1'} = \frac{m_1 m_2}{(m_1+m_2)}\frac{g\,c_{0z}}{4\pi}\int_0^{2\pi}\int_0^{\pi}(1-\cos\vartheta)\sin\vartheta\,d\vartheta\,d\varphi$$
$$= \frac{m_1 m_2}{m_1+m_2}g\,c_{0z} = \frac{m_1 m_2}{m_1+m_2}(\mathfrak{g}\,\mathfrak{c}_0) = (\mathfrak{c}_0\,\mathfrak{p}), \tag{II, 92}$$

die das Molekül pro Stoß abgibt. Drückt man noch $\mathfrak{c}_0$ und $\mathfrak{g}$ mit (II, 63) und (II, 66) durch $\mathfrak{c}_1$ und $\mathfrak{c}_2$ aus, so erhält man schließlich

$$\overline{\Delta E} = \frac{m_1 m_2}{(m_1+m_2)^2}\{m_1\mathfrak{c}_1^2 - m_2\mathfrak{c}_2^2 - (m_1-m_2)(\mathfrak{c}_1\mathfrak{c}_2)\}$$
$$= \frac{2 m_1 m_2}{(m_1+m_2)^2}(E_1 - E_2) - \frac{m_1 m_2(m_1-m_2)}{(m_1+m_2)^2}(\mathfrak{c}_1\mathfrak{c}_2). \tag{II, 93}$$

Das zweite Glied spielt keine große Rolle. Ist $m_1 = m_2$, so entfällt es ganz. Mittelt man noch über $\mathfrak{c}_2$, so kompensieren sich die Stöße, bei denen $(\mathfrak{c}_1\mathfrak{c}_2)$ positiv oder negativ ist. Im Mittel verliert ein Teilchen der Geschwindigkeit c_1 und der Energie E_1 pro Stoß den Energiebetrag

$$\overline{\overline{\Delta E}} = \frac{2 m_1 m_2}{(m_1 + m_2)^2} (E_1 - \overline{E}_2),\qquad\text{(II, 94)}$$

$\overline{E}_2$ bedeutet dabei die mittlere kinetische Energie aller Moleküle. Der Energieaustausch ist sehr wirksam zwischen Teilchen gleicher Masse. Ein energiereiches Molekül gibt im Mittel pro Stoß die Hälfte seines Energieüberschusses ab. Ist jedoch die Masse m_1 des energiereichen Teilchens sehr viel kleiner als die der anderen Teilchen, so verliert es pro Stoß nur den Bruchteil

$$\frac{2 m_1}{m_2}\qquad\text{(II, 95)}$$

seiner Überschußenergie.

§ 4. Transportvorgänge.

Inhalt: Eine Eigenschaft, welche den Molekülen an verschiedenen Stellen in verschiedenem Maße anhaftet, wird von der Molekularbewegung von den Orten hoher Werte zu den Orten niedriger Werte transportiert. Der Transport ist von der Gasdichte unabhängig. Der Impulstransport führt zur Zähigkeit, der Energietransport zur Wärmeleitung der Gase. Zähigkeit und Wärmeleitfähigkeit sind unabhängig von der Dichte und wachsen mit der Temperatur.

Bezeichnungen: Q beliebige Eigenschaft eines Moleküls, λ freie Weglänge, n Teilchenzahl pro Volumeneinheit, c Geschwindigkeit, $\mathcal{J}$ Verteilungsfunktion über den Impulsraum, m Masse des Moleküls, $\mathfrak{v}$ Strömungsgeschwindigkeit, ϱ Molekülradius, C Sutherlandsche Konstante, R Gaskonstante pro Mol, k Gaskonstante pro Molekül, M Masse des Mols, c_v molare spez. Wärme bei konstantem Volumen, u molare innere Energie, $\varkappa$ Wärmeleitfähigkeit, η Zähigkeit.

Wir bilden uns jetzt die Vorstellung, daß die Moleküle befähigt seien, irgendeine Eigenschaft, die wir mit Q bezeichnen, in mehr oder minder hohem Maße anzunehmen. Ist diese Eigenschaft eine Funktion des Ortes, d. h. hat sie nicht an jeder Stelle des Raumes den gleichen Wert, so besteht ein Q-Gefälle, das zu einem Q-Transport Anlaß gibt.

Dabei nahmen wir an, daß ein Molekül bei einem Zusammenstoß immer denjenigen Wert der Eigenschaft Q annehme, welcher der Stelle entspricht, wo der Zusammenstoß erfolgt. Kommt also das Molekül aus einer Richtung, in der Q abnimmt, so wird es beim Zusammenstoß Q aufnehmen, kommt es aus der entgegengesetzten Richtung, so gibt es beim Zusammenstoß Q ab.

Jetzt legen wir die positive x-Achse so, daß Q mit x zunimmt und betrachten ein Flächenelement dF senkrecht zu x. Welche Menge der Größe Q wird nun sekundlich durch diese Fläche in der positiven x-Richtung transportiert? Ist ϑ der Winkel der Flugrichtung gegen die x-Achse, so transportiert jedes Molekül der Sorte $d\Phi$ den Betrag

$$Q - \lambda \cos\vartheta \frac{dQ}{dx}\qquad\text{(II, 96)}$$

durch die Fläche. Diesen Wert von Q hat es nämlich bei seinem letzten Zusammenstoß erworben, weil die Moleküle im Mittel den Weg λ seit ihrem letzten Zusammenstoß zurückgelegt haben. (Statt $\overline{\lambda}$ schreiben wir einfach λ.) Ein Molekül, das in genau entgegengesetzter Richtung fliegt, führt den Betrag

$$Q + \lambda \cos\vartheta \frac{dQ}{dx}\qquad\text{(II, 97)}$$

mit sich. Die Differenz

$$-2\lambda \cos\vartheta \frac{dQ}{dx} \qquad (II, 98)$$

wird von einem solchen Molekülpaar durch dF hindurchtransportiert. Während der Zeit dt durchsetzen

$$dF\, c \cos\vartheta\, dt\, n\, \mathcal{J}\, d\Phi \qquad (II, 99)$$

Moleküle von der Sorte $d\Phi$ das Flächenelement dF. Sie transportieren zusammen mit den ihnen entgegenkommenden eine Q-Menge

$$-2\lambda \cos^2\vartheta \frac{dQ}{dx}\, dF\, dt\, n\, c\, \mathcal{J}\, d\Phi \qquad (II, 100)$$

durch dF. Durch Integration über $d\Phi$ und Division durch dt erhalten wir den sekundlichen Q-Strom

$$-2\lambda\, dF\, n\, \frac{dQ}{dx} \int_0^\infty \int_0^{\frac{\pi}{2}} \int_0^{2\pi} c\, \mathcal{J} \cos^2\vartheta\, d\Phi. \qquad (II, 101)$$

Der Strom pro Flächeneinheit ist

$$-2\lambda n\, \frac{dQ}{dx} \int_0^\infty \int_0^{\frac{\pi}{2}} \int_0^{2\pi} c\, \mathcal{J} \cos^2\vartheta\, d\Phi = -\frac{n\lambda \bar{c}}{3} \frac{dQ}{dx}. \qquad (II, 102)$$

Die Integration ist natürlich nur noch über die Hälfte der Richtungen zu erstrecken, da wir die Moleküle schon paarweise zusammengefaßt haben.

Setzen wir für λ den Wert (II, 59) ein, so gelangen wir zu dem Q-Strom

$$-\frac{\bar{c}}{3\sqrt{2}(\varrho_1 + \varrho_2)^2 \pi \left(1 + \frac{C}{T}\right)} \frac{dQ}{dx}, \qquad (II, 103)$$

welcher von der Dichte unabhängig ist.

Innere Reibung. Wir betrachten jetzt ein strömendes Gas, in welchem die Strömungsgeschwindigkeit $\mathfrak{v}$ an verschiedenen Stellen verschieden groß ist. Die Strömung erfolge z. B. in der y-Richtung, und es bestehe ein Gefälle der Strömungsgeschwindigkeit in der x-Richtung. Mit Q identifizieren wir dann die y-Komponente des Strömungsimpulses eines einzelnen Moleküls. Er ist der mittlere Überschuß des y-Impulses über den Impuls in den anderen Richtungen.

Von einer Schicht, die auf der einen Seite eines Flächenelementes dF liegt, wird sekundlich ein Impuls

$$d\mathfrak{K} = -\frac{n\lambda m \bar{c}}{3}\, dF\, \frac{d\mathfrak{v}}{dx} = -\eta\, dF\, \frac{d\mathfrak{v}}{dx} \qquad (II, 104)$$

auf die Schicht auf der anderen Seite übertragen. Die beiden Schichten üben also eine Kraft $\pm d\mathfrak{K}$ (Impuls pro Sekunde) aufeinander aus, welche der Fläche, dem Gefälle der Strömungsgeschwindigkeit und einem Koeffizienten

$$\eta = \frac{n\lambda m \bar{c}}{3} = \frac{m \bar{c}}{3\sqrt{2}(\varrho_1 + \varrho_2)^2 \pi \left(1 + \frac{C}{T}\right)} \qquad (II, 105)$$

proportional ist. η heißt Zähigkeit oder innere Reibung des Gases.

§ 4. Transportvorgänge. 1505

Die Zähigkeit eines Gases hängt merkwürdigerweise nicht davon ab, wieviel Moleküle sich in der Volumeneinheit befinden. Sie ist also unabhängig vom Gasdruck, wenn man Gase gleicher Temperatur vergleicht. Dieses unerwartete Resultat ist experimentell gut bestätigt. Die einfachste Prüfung besteht darin, daß man die Luftdämpfung eines schwingenden Systems beobachtet und feststellt, daß sie in einem Intervall von einigen Millimetern Quecksilber bis zu einigen Atmosphären vom Druck nicht abhängt. Solche Versuche sind sehr leicht unter einer Luftpumpenglocke auszuführen.

Die Zähigkeit eines Gases wächst mit der Temperatur nach dem Gesetz

$$\eta = \eta_0 \frac{\bar{c}\left(1 + \frac{C}{T_0}\right)}{\bar{c}_0\left(1 + \frac{C}{T}\right)} = \eta_0 \frac{1 + \frac{C}{T_0}}{1 + \frac{C}{T}} \sqrt{\frac{T}{T_0}}. \qquad (II, 106)$$

Dieses Resultat ist ebenfalls überraschend, weil man von den Flüssigkeiten her daran gewöhnt ist, daß die Zähigkeit bei höherer Temperatur abnimmt. Auch die Temperaturabhängigkeit der inneren Reibung hat sich experimentell gut bestätigt.

Aus der Messung der inneren Reibung ergibt sich direkt die freie Weglänge, da $n\,m$ die Masse des Gases in der Volumeneinheit und

$$\bar{c} = 2\sqrt{\frac{2kT}{m\pi}} = 2\sqrt{\frac{2RT}{M\pi}} \qquad (II, 107)$$

aus der Gaskonstante R, der molaren Masse M und der Temperatur errechnet werden kann.

Hat man die Zähigkeit bei mehreren Temperaturen gemessen, so kann man die Sutherlandsche Konstante C bestimmen und den Radius der Moleküle ermitteln.

Wärmeleitung. Wir können Q auch mit der Energie eines Moleküls identifizieren. Diese besteht, wie wir wissen, aus der Schwingungsenergie, der Rotationsenergie und schließlich auch aus der Translationsenergie. Ist u die molare innere Energie, so ist $Q = \frac{m}{M} u$ und

$$\frac{dQ}{dx} = \frac{m}{M} \frac{du}{dx} = \frac{m}{M} \frac{du}{dT} \frac{dT}{dx} = \frac{m\,c_v}{M} \frac{dT}{dx}, \qquad (II, 108)$$

wo M die molare Masse und c_v die molare spezifische Wärme bei konstantem Volumen ist. Ist die Temperatur an verschiedenen Stellen des Raumes verschieden groß, so findet durch die Molekularbewegung ein Energietransport statt. Dieser Vorgang ist die Wärmeleitung. Durch eine Fläche dF fließt sekundlich die Energie (Wärmemenge)

$$dU = -\frac{n\,\lambda\,\bar{c}}{3} \frac{c_v\,m}{M} dF \frac{dT}{dx} = -\varkappa\,dF \frac{dT}{dx}. \qquad (II, 109)$$

Die Größe

$$\varkappa = \frac{n\,\lambda\,\bar{c}\,c_v\,m}{3M} = \frac{\bar{c}\,c_v\,m}{3\sqrt{2}\,M(\varrho_1 + \varrho_2)^2\,\pi\left(1 + \frac{C}{T}\right)} \qquad (II, 110)$$

nennt man den Wärmeleitungskoeffizient. Er ist ebenso wie die Zähigkeit unabhängig von der Gasdichte und steigt mit der Temperatur. Beim Auspumpen einer Thermosflasche wird der Wärmeverlust also zunächst nicht vermindert. Erst wenn der Druck so niedrig geworden ist, daß die freie Weglänge in die Größenordnung der Gefäßdimensionen fällt, was bei etwa 0,01 mm Hg eintritt, nimmt bei weiterem Auspumpen die Wärmeleitung ab.

Der Vergleich von (II, 105) mit (II, 110) zeigt, daß die Wärmeleitung und innere Reibung eng durch

$$\varkappa = \frac{c_v}{M} \eta = C_{\text{gramm}} \eta \qquad (II, 111)$$

zusammenhängen. Die Wärmeleitung ist das Produkt von spezifischer Wärme C_{gramm} (auf die Gewichtseinheit bezogen) und Zähigkeit. Da die molaren spezifischen Wärmen für die Gase nur wenig verschieden sind, ist die Wärmeleitung bei den Gasen mit kleinem Molekulargewicht besonders groß. Der Wasserstoff insbesondere zeichnet sich durch ein Wärmeleitvermögen aus, das etwa sechsmal größer als das der Luft ist.

§ 5. Diffusion.

Inhalt: Besteht in einem Gasgemisch ein Konzentrationsgefälle, so findet ein Ausgleich durch die Molekularbewegung statt. Der Diffusionskoeffizient hängt von der freien Weglänge und der mittleren Geschwindigkeit beider Bestandteile ab. Eine kleine Beimengung diffundiert um so schneller, je größer ihre freie Weglänge und mittlere Geschwindigkeit ist.

Bezeichnungen: n_1, n_2 Konzentrationen zweier Gase, Teilchendichte, D_1, D_2 Diffusionskoeffizienten, ν_1, ν_2 Zahl der durch Diffusion transportierten Moleküle, c Geschwindigkeit der Moleküle, $\mathcal{F}$ Verteilungsfunktion, λ freie Weglänge, $d\Phi$ Volumenelement im Impulsraum, ϱ Molekülradius, C Sutherlandsche Konstante, k Gaskonstante pro Mol, m Molekülmasse.

Die Diffusion eines Gases in einem anderen verläuft nach einem ähnlichen Mechanismus wie die innere Reibung und die Wärmeleitung. Es kann aber natürlich keine Diffusion in einem Gas aus einheitlichen Molekülen geben, sondern nur in einem Gasgemisch. In Gemischen tritt Diffusion ein, wenn die Zusammensetzung an verschiedenen Orten verschieden ist.

Die Diffusion befördert durch ein Flächenelement dF senkrecht zum Gefälle sekundlich eine Zahl

$$\nu_1 = -D_1 dF \frac{dn_1}{dx} \qquad (II, 112)$$

von Molekülen der Gasart 1, die dieser Fläche und dem Konzentrationsgefälle proportional ist. D_1 nennt man den Diffusionskoeffizienten der Gasart 1. Gleichzeitig diffundieren

$$\nu_2 = -D_2 dF \frac{dn_2}{dx} \qquad (II, 113)$$

Moleküle der Gasart 2. Etwas allgemeiner kann man statt (II, 112)

$$\nu_1 = -D_1 (d\mathcal{F}\,\text{grad}\,n_1) \qquad (II, 114)$$

schreiben. Wir wollen jetzt D_1 und D_2 berechnen.

Greifen wir dazu unter den Molekülen der Gasart 1 eine Sorte $d\Phi$ heraus und fragen, wieviel solche Moleküle die Fläche dF in der Zeit dt passieren. Es sind dies

$$n_1 \mathcal{F}_1 d\Phi_1 c_1 \cos\vartheta\, dt\, dF \qquad (II, 115)$$

Moleküle. Nun ist aber n_1 an verschiedenen Stellen verschieden groß, und es fragt sich, welcher Wert einzusetzen ist. Offenbar ist der Ort maßgebend, wo der letzte Zusammenstoß erfolgte. Statt n_1 ist also

$$n_1 - \lambda_1 \cos\vartheta \frac{dn_1}{dx} \qquad (II, 116)$$

§ 5. Diffusion.

einzusetzen. In der entgegengesetzten Richtung passieren

$$\left(n_1 + \lambda_1 \cos \vartheta \frac{dn_1}{dx}\right) \mathcal{F}_1 d\Phi\, c_1 \cos \vartheta\, dt\, dF \qquad \text{(II, 117)}$$

Moleküle der Gasart 1 die Fläche dF. In der positiven x-Richtung fliegen also

$$-2\lambda_1 \cos^2 \vartheta \frac{dn_1}{dx} \mathcal{F}_1 d\Phi_1 c_1\, dt\, dF \qquad \text{(II, 118)}$$

mehr Moleküle durch dF als in umgekehrter Richtung. Summieren wir noch über alle $d\Phi$, so finden wir, daß sekundlich

$$v_1^* = -\frac{\lambda_1 \overline{c_1}}{3} dF \frac{dn_1}{dx} \qquad \text{(II, 119)}$$

Moleküle die Fläche dF durchsetzen. Von der anderen Gasart wandern

$$v_2^* = -\frac{\lambda_2 \overline{c_2}}{3} dF \frac{dn_2}{dx} \qquad \text{(II, 120)}$$

Moleküle in der gleichen Richtung. (Die freien Weglängen der Moleküle verschiedener Gasart sind natürlich verschieden.)

Im ganzen Volumen muß selbstverständlich ununterbrochen Druckgleichgewicht bestehen. Dies bedeutet

$$n_1 + n_2 = \text{const} \qquad \text{(II, 121)}$$

und

$$\frac{dn_1}{dx} = -\frac{dn_2}{dx}. \qquad \text{(II, 122)}$$

Um das Druckgleichgewicht nicht zu stören, muß die Fläche dF in beiden Richtungen von einer gleichen Anzahl von Molekülen durchsetzt werden. Im allgemeinen wird aber

$$v_1^* + v_2^* = -\frac{1}{3} dF \frac{dn_1}{dx} (\lambda_1 \overline{c_1} - \lambda_2 \overline{c_2}) \neq 0 \qquad \text{(II, 123)}$$

nicht verschwinden, denn die $\bar{c}$ hängen wesentlich mit der Masse, die λ aber hauptsächlich mit der Größe der Moleküle zusammen.

Der Diffusionsprozeß ist also bestrebt, das Druckgleichgewicht zu stören. Hierzu kommt es aber nicht, weil das Gleichgewicht durch eine Strömung der ganzen Gasmenge aufrechterhalten wird. Diese muß gerade $v_1^* + v_2^*$ Moleküle in der entgegengesetzten Richtung durch dF hindurchtreiben wie die Diffusion. Unter ihnen sind

$$v_1^{**} = -\frac{n_1}{n_1 + n_2} (v_1^* + v_2^*) \qquad \text{(II, 124)}$$

Moleküle der Gasart 1 und

$$v_2^{**} = -\frac{n_2}{n_1 + n_2} (v_1^* + v_2^*) \qquad \text{(II, 125)}$$

Moleküle der Gasart 2. Insgesamt passieren also

$$\begin{aligned}v_1 = v_1^* + v_1^{**} &= -\frac{dF}{3}\left(\lambda_1 \overline{c_1} - \frac{n_1}{n_1+n_2}\lambda_1\overline{c_1} + \frac{n_1}{n_1+n_2}\lambda_1\overline{c_2}\right)\frac{dn_1}{dx} \\ &= -\frac{dF}{3(n_1+n_2)}\frac{dn_1}{dx}\{n_2 \lambda_1 \overline{c_1} + n_1 \lambda_2 \overline{c_2}\}\end{aligned} \qquad \text{(II, 126)}$$

Moleküle der Gasart 1 die Fläche in der einen und ebenso viele Moleküle der Gasart 2 in der anderen Richtung.

Für den Diffusionskoeffizienten ergibt sich aus (II, 126) und (II, 112, 113)

$$D = D_1 = D_2 = \frac{\lambda_1 \overline{c_1} n_2}{3(n_1 + n_2)} + \frac{\lambda_2 \overline{c_2} n_1}{3(n_1 + n_2)}. \qquad \text{(II, 127)}$$

Ist das Gas 1 nur eine kleine Beimengung zum Gas 2, so ist

$$n_1 + n_2 \approx n_2 = n \qquad \text{(II, 128)}$$

und nach (II, 59)

$$D = D_1 = \frac{\lambda_1 \overline{c_1}}{3} = \frac{\overline{c_1}}{3n\sqrt{2}(\varrho_1 + \varrho_2)^2 \pi \left(1 + \dfrac{C}{T}\right)}$$

$$= \frac{2\sqrt{RT}}{3n(\varrho_1 + \varrho_2)^2 \pi \left(1 + \dfrac{C}{T}\right)\sqrt{M\pi}}. \qquad \text{(II, 129)}$$

Die Diffusion einer kleinen Beimengung im Hauptgases ist der Dichte n des Hauptgases und der Wurzel aus dem Molekulargewicht M der Beimengung umgekehrt proportional. Die Diffusionsgeschwindigkeit steigt mit der Temperatur.

*§ 6. Thermodiffusion.

Inhalt: Ein Temperaturgefälle bewirkt in einem Gasgemisch einen Diffusionsvorgang auch ohne Konzentrationsgefälle, kann sogar selbst ein Konzentrationsgefälle durch Diffusion erzeugen.

Bezeichnungen: wie S. 1506.

Wenn in einem Gasgemisch ein Temperaturgefälle dT/dx aufrechterhalten wird, verändert dies den Diffusionsvorgang. Auch in diesem Falle durchfliegen in der Sekunde

$$n_1 \mathcal{F}_1 d\Phi_1 \overline{c_1} \cos\vartheta \, dt \, dF \qquad \text{(II, 130)}$$

Moleküle der Sorte $d\Phi_1$ das Flächenelement dF. Jetzt ist aber nicht nur n_1, sondern auch $\overline{c_1}$ ortsabhängig. Für die Moleküle, die in der einen Richtung ankommen, muß für $n_1 \overline{c_1}$

$$n_1 \overline{c_1} - \lambda_1 \cos\vartheta \, \frac{d}{dx}(n_1 \overline{c_1}), \qquad \text{(II, 131)}$$

für die entgegengesetzte Richtung

$$n_1 \overline{c_1} + \lambda_1 \cos\vartheta \, \frac{d}{dx}(n_1 \overline{c_1}) \qquad \text{(II, 132)}$$

eingesetzt werden. Wir erhalten also statt (II, 119)

$$v_1^* = -\frac{\lambda_1}{3} dF \frac{d}{dx}(n_1 \overline{c_1}) \qquad \text{(II, 133)}$$

und statt (II, 120)

$$v_2^* = -\frac{\lambda_2}{3} dF \frac{d}{dx}(n_2 \overline{c_2}) \qquad \text{(II, 134)}$$

Druckgleichgewicht besteht, wenn

$$(n_1 + n_2) T = \text{const} \qquad \text{(II, 135)}$$

ist, woraus

$$\frac{dn_2}{dx} = -\frac{dn_1}{dx} - (n_1 + n_2)\frac{d\ln T}{dx} \qquad \text{(II, 136)}$$

folgt.

*§ 6. Thermodiffusion.

Der gesamte Materialtransport durch die Molekularbewegung

$$v_1^* + v_2^* = -\frac{dF}{3}\left\{\lambda_1 \frac{d}{dx}(n\,\overline{c_1}) + \lambda_2 \frac{d}{dx}(n_2\,\overline{c_2})\right\} \quad \text{(II, 137)}$$

muß durch eine Strömung ausgeglichen werden, die ebenso viele Moleküle zurückbringt. Von ihnen gehören

$$v_1^{**} = \frac{n_1}{n_1 + n_2}\frac{dF}{3}\left\{\lambda_1 \frac{d}{dx}(n_1\,\overline{c_1}) + \lambda_2 \frac{d}{dx}(n_2\,\overline{c_2})\right\} \quad \text{(II, 138)}$$

zu der Molekülart 1 und eine analoge Anzahl zu der Molekülart 2. Im ganzen durchwandern in der Sekunde

$$v_1 = v_1^* + v_1^{**} = -\frac{dF}{3(n_1+n_2)}\left\{n_2\lambda_1 \frac{d}{dx}(n_1\,\overline{c_1}) - n_1\lambda_2 \frac{d}{dx}(n_2\,\overline{c_2})\right\} \quad \text{(II, 139)}$$

Moleküle der Art 1 das Flächenelement dF.

Wegen

$$\overline{c} = 2\sqrt{\frac{2kT}{\pi m}} \quad \text{(II, 140)}$$

ist

$$\frac{d\overline{c}}{dx} = \frac{\overline{c}}{2T}\frac{dT}{dx} = \frac{\overline{c}}{2}\frac{d\ln T}{dx} \quad \text{(II, 141)}$$

und

$$\frac{d(n\overline{c})}{dx} = \overline{c}\frac{dn}{dx} + \frac{n\overline{c}}{2}\frac{d\ln T}{dx}. \quad \text{(II, 142)}$$

Mit Benutzung von (II, 136) kann man daraus auch

$$\frac{d(n_2\,\overline{c_2})}{dx} = -\overline{c_2}\frac{dn_1}{dx} - \overline{c_2}\left(n_1 + \frac{n_2}{2}\right)\frac{d\ln T}{dx} \quad \text{(II, 143)}$$

gewinnen. Damit erhält man die Dichte des Diffusionsstromes

$$j_1 = \frac{v_1}{dF} = -\frac{1}{3(n_1+n_2)}\{n_2\lambda_1\overline{c_1} + n_1\lambda_2\overline{c_2}\}\frac{dn_1}{dx} -$$
$$- \frac{n_1 n_2}{6(n_1+n_2)}\left\{\lambda_1\overline{c_1} + \lambda_2\overline{c_2} + \frac{2n_1}{n_2}\lambda_2\overline{c_2}\right\}\frac{d\ln T}{dx}. \quad \text{(II, 144)}$$

Führt man den Diffusionskoeffizienten

$$D = \frac{\lambda_1\overline{c_1}n_2}{3(n_1+n_2)} + \frac{\lambda_2\overline{c_2}n_1}{3(n_1+n_2)} \quad \text{(II, 145)}$$

ein und bezeichnet

$$\varkappa = \frac{n_1 n_2}{6(n_1+n_2)D}\left\{\lambda_1\overline{c_1} + \lambda_2\overline{c_2} + \frac{2n_1}{n_2}\lambda_2\overline{c_2}\right\} \quad \text{(II, 146)}$$

als Koeffizienten der Thermodiffusion, so erhält man schließlich die Formel

$$j_1 = -D\frac{dn_1}{dx} - \varkappa D\frac{d\ln T}{dx}. \quad \text{(II, 147)}$$

In einem Temperaturgefälle dT/dx herrscht Gleichgewicht bezüglich der Diffusion, wenn

$$0 = -\frac{dn_1}{dx} - \varkappa\frac{d\ln T}{dx} \quad \text{(II, 148)}$$

ist. Durch das Temperaturgefälle bildet sich im Gleichgewicht ein Konzentrationsgefälle

$$\frac{dn_1}{dx} = -\frac{\varkappa}{T}\frac{dT}{dx} \tag{II, 149}$$

aus. Für den Molenbruch

$$\xi = \frac{n_1}{n_1 + n_2} \tag{II, 150}$$

der Gasart 1 findet man

$$\frac{d\xi}{dx} = \frac{d}{dx}\frac{n_1 T}{(n_1 + n_2)T} = \frac{1}{(n_1 + n_2)T}\frac{d}{dx}(n_1 T)$$
$$= \frac{1}{(n_1 + n_2)T}\left(n_1 \frac{dT}{dx} + T\frac{dn_1}{dx}\right). \tag{II, 151}$$

Wenn man (II, 149) einsetzt, entsteht daraus für Gleichgewicht

$$\frac{d\xi}{dx} = \frac{1}{T}\left(\xi - \frac{\varkappa}{n_1 + n_2}\right)\frac{dT}{dx}. \tag{II, 152}$$

Der Vorgang der Thermodiffusion ist besonders für die Trennung von Isotopen bedeutsam geworden. Man verwendet hierzu nach CLUSIUS ein langes Rohr, in dessen Achse ein Heizdraht gespannt ist und dessen äußere Wand man kühlt. Stellt man das Rohr vertikal, so wird durch die Thermodiffusion das eine Isotop in der Umgebung des Drahtes, das andere an der Wand angereichert. Durch den Auftrieb des erhitzten Gases in der Mitte des Rohres entsteht eine Zirkulationsströmung, durch die das eine Isotop nach oben, das andere nach unten befördert wird. Auf diese Weise erzielt man eine fast vollständige Trennung von Isotopen.

Für eine kleine Beimengung ist ξ klein und die Anreicherung vollzieht sich nach der Gleichung

$$\frac{d\xi}{dx} = \frac{\xi(\lambda_1 \overline{c_1} - \lambda_2 \overline{c_2})}{2T \lambda_1 \overline{c_1}}\frac{dT}{dx}. \tag{II, 153}$$

Ihre Lösung lautet

$$\frac{\xi}{\xi_0} = \left(\frac{T}{T_0}\right)^{\frac{\lambda_1 \overline{c_1} - \lambda_2 \overline{c_2}}{2\lambda_1 \overline{c_1}}}. \tag{II, 154}$$

Überwiegt die Molekülart 1, so ist ξ nahezu 1 und die Reinigung vollzieht sich nach der Gleichung

$$\frac{d\xi}{dx} = \frac{(1-\xi)(\lambda_1 \overline{c_1} - \lambda_2 \overline{c_2})}{2T \lambda_2 \overline{c_2}}\frac{dT}{dx}. \tag{II, 155}$$

Für die Reinigung ist die Thermodiffusion also nicht sehr wirksam.

§ 7. Das Verhalten der Gase bei niedrigen Drucken und in kleinen Räumen.

Inhalt: Bei niedrigen Drucken stoßen die Gasmoleküle in kleinen Gefäßen nicht mehr zusammen, sondern fliegen von einer Wand zur anderen. Wärmeleitung und Kraftübertragung (Reibung) sind dann der Teilchendichte proportional.

Bezeichnungen: T_1 und T_2 höhere und niedere Temperatur, $\overline{c_1}$ und $\overline{c_2}$ zugehörige mittlere Geschwindigkeit, n Teilchenzahl pro Volumeneinheit, N_0 Loschmidtsche Zahl, $u(T)$ molare innere Energie, c_v molare spezifische Wärme bei konstantem Volumen, k Gaskonstante pro Molekül, m Molekülmasse, $\mathfrak{b}$ Bewegungsgeschwindigkeit, $\mathfrak{K}$ Reibungskraft.

Wir haben bislang vorausgesetzt, daß der freie Flug der Gasmoleküle durch gegenseitige Zusammenstöße begrenzt wird. In einem unendlich großen Volumen trifft dies zu, weil jedes Molekül so lange geradeaus fliegt, bis es ein anderes trifft. In einem endlichen Volumen hingegen erreichen manche Moleküle vorher

§ 7. Das Verhalten der Gase bei niedrigen Drucken und in kleinen Räumen.

die Wand. Durch die Wände ist also der freien Weglänge eine obere Schranke gesetzt. Bei niederen Drucken werden die Moleküle in kleinen Räumen praktisch überhaupt nicht mehr untereinander zusammenstoßen, sondern einfach von einer Wand zur anderen fliegen.

In Wasserstoff von 0,001 mm Druck ist die freie Weglänge 8,5 cm. Bei diesem Druck befinden sich im cm³ noch $4 \cdot 10^{13}$ Moleküle Wasserstoff. Diese Zahl ist immer noch so groß, daß man statistische Betrachtungen anstellen kann.

Wir betrachten jetzt ein Flächenelement dF der Wand. In der Zeit dt wird es von

$$n \mathcal{J} d\Phi \, c \cos\vartheta \, dt \, dF = n \, dF \, dt \, \frac{p^3}{m} \mathcal{J} \, dp \cos\vartheta \sin\vartheta \, d\vartheta \, d\varphi \quad \text{(II, 156)}$$

Molekülen der Sorte $d\Phi$ getroffen. Summieren wir über alle Sorten, so erhalten wir die Zahl der Stöße

$$dZ = \frac{n\,dF\,dt}{m} \int_0^\infty p^3 \mathcal{J} \, dp \int_0^{\frac{\pi}{2}} \cos\vartheta \sin\vartheta \, d\vartheta \int_0^{2\pi} d\varphi = \frac{n\pi \, dF \, dt}{m} \int_0^\infty p^3 \mathcal{J} \, dp. \quad \text{(II, 157)}$$

Da die mittlere Geschwindigkeit

$$\bar{c} = \frac{1}{m} \int_0^\infty p^3 \mathcal{J} \, dp \int_0^\pi \sin\vartheta \, d\vartheta \int_0^{2\pi} d\varphi = \frac{4\pi}{m} \int_0^\infty p^3 \mathcal{J} \, dp \quad \text{(II, 158)}$$

ist, finden wir

$$dZ = \frac{n\,dF\,dt\,\bar{c}}{4}. \quad \text{(II, 159)}$$

Bezeichnet n_1 die Zahl der Moleküle in der Volumeneinheit, welche auf dF zufliegen, n_2 die Zahl der Moleküle, welche sich von dF entfernen, so bedeutet

$$dZ = \frac{n_1 \, dF \, dt \, \bar{c}}{2} = \frac{n_2 \, dF \, dt \, \bar{c}}{2} \quad \text{(II, 160)}$$

die Zahl der Moleküle, welche auf der Fläche dF in der Sekunde ankommen und auch wieder fortfliegen.

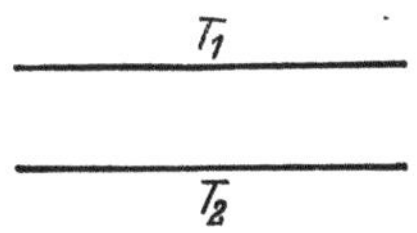

Abb. 434.

Die Wärmeleitung bei niedrigen Drucken. In gutem Vakuum mögen sich zwei Platten gegenüberstehen, welche sich auf den Temperaturen T_1 und T_2 befinden (s. Abb. 434). Wir wollen untersuchen, wie der Wärmetransport von der wärmeren zur kälteren Platte vor sich geht.

Alle Moleküle, die die Platte 1 verlassen, haben dort eine Geschwindigkeitsverteilung angenommen, welche der Temperatur T_1 entspricht. Da sie praktisch keine Zusammenstöße auf ihrem Weg zu Platte 2 erleiden, besitzen sie diese Verteilung noch, wenn sie dort ankommen. Ihre Anzahl in der Volumeneinheit sei n_1. Umgekehrt werden die Moleküle, welche die Platte 2 mit der Temperatur T_2 verlassen haben, eine ihr entsprechende Geschwindigkeitsverteilung aufweisen.

Das Flächenelement dF_1 sendet während der Zeit dt

$$\frac{n_1 \, dF_1 \, dt \, \bar{c}_1}{2} \quad \text{(II, 161)}$$

Moleküle aus. $\bar{c}_1$ ist die mittlere Geschwindigkeit, die der Temperatur T_1 entspricht. Umgekehrt kommen

$$\frac{n_2 \, dF_1 \, dt \, \bar{c}_2}{2} \quad \text{(II, 162)}$$

Moleküle an. Es ist klar, daß im Gleichgewicht die Zahl der ankommenden gleich der Zahl der fortgehenden Moleküle sein muß, woraus

$$n_1 \overline{c_1} = n_2 \overline{c_2} \tag{II, 163}$$

folgt. Die Dichte n_1 der Moleküle, welche sich von der Platte hoher Temperatur entfernen, ist kleiner als die Dichte derjenigen, die sich dieser Platte nähern. Die Verschiedenheit der Temperatur bewirkt also, daß die normale Gleichverteilung der Geschwindigkeiten auf die Richtungen etwas gestört wird.

Ist $u(T)$ die molare innere Energie, c_v die molare spezifische Wärme, F die Fläche der Platten und N_0 die Loschmidtsche Zahl, so verliert die Platte 1 sekundlich die Energie

$$\frac{n_1 \overline{c_1} u(T_1)}{2 N_0} F \tag{II, 164}$$

durch die Moleküle, die von ihr weggehen und nimmt die Energie

$$\frac{n_2 \overline{c_2} u(T_2)}{2 N_0} F \tag{II, 165}$$

durch die ankommenden Moleküle auf. Der Energiebetrag

$$U = F \frac{n_1 \overline{c_1} \{u(T_1) - u(T_2)\}}{2 N_0} = F \frac{n_1 \overline{c_1} c_v}{2 N_0} (T_1 - T_2) \tag{II. 166}$$

geht sekundlich von der Platte 1 auf die Platte 2 über. Das Wärmeleitvermögen (genauer die Wärmeübergangszahl) ist

$$\varkappa = \frac{n_1 \overline{c_1} c_v}{2 N_0}. \tag{II, 167}$$

Führen wir die mittlere Teilchendichte $n_1 + n_2 = n$ ein und benutzen (II, 163), so ist

$$n_1 = \frac{n \overline{c_2}}{\overline{c_1} + \overline{c_2}} = \frac{n \sqrt{T_2}}{\sqrt{T_2} + \sqrt{T_1}} \tag{II, 168}$$

und

$$\varkappa = \frac{n \overline{c_1} c_v \sqrt{T_2}}{2 N_0 (\sqrt{T_2} + \sqrt{T_1})}. \tag{II, 169}$$

Setzen wir schließlich für $\overline{c_1}$ noch seinen Wert von S. 1464 ein, so finden wir

$$\varkappa = \frac{n c_v}{N_0 (\sqrt{T_2} + \sqrt{T_1})} \sqrt{\frac{2 k T_1 T_2}{\pi m}}. \tag{II, 170}$$

Die Wärmemenge, die von der einen Platte auf die andere übertragen wird, ist selbstverständlich der Plattengröße und der Temperaturdifferenz proportional. Bei hoher Temperatur wird die Wärmeübertragung besser. Wichtig ist, daß sie mit der Teilchendichte n wächst und nicht vom Abstand der Platten abhängt. Diese Feststellungen gelten natürlich nur so lange, als die Zusammenstöße der Moleküle unter sich vernachlässigt werden können. Bei größeren Dichten oder bei größeren Plattenabständen geht das Gesetz (II, 166) in das Gesetz über, welches wir auf S. 1505 ermittelt haben.

Kraftübertragung. Äußere Reibung. Auch bei niedrigen Drucken besteht eine Ähnlichkeit zwischen der Übertragung von Wärme und Reibungskräften durch das Gas. Zwei einander gegenüberstehende Platten von der Oberfläche F mögen sich mit den Geschwindigkeiten $\mathfrak{v}_1$ bzw. $\mathfrak{v}_2$ in ihrer Ebene bewegen.

§ 8. Diffusion durch Löcher und Poren.

Die Moleküle, welche die Platte 1 verlassen, entziehen ihr sekundlich den Impuls

$$F\frac{n\bar{c}m\mathfrak{v}_1}{4},\qquad \text{(II, 171)}$$

während die auftreffenden Moleküle ihr einen Impuls

$$F\frac{n\bar{c}m\mathfrak{v}_2}{4}\qquad \text{(II, 172)}$$

zuführen.
Auf die Platte selbst wird also eine Kraft

$$\mathfrak{K}=-F\frac{n\bar{c}m}{4}(\mathfrak{v}_1-\mathfrak{v}_2)\qquad \text{(II, 173)}$$

ausgeübt. Wir können

$$\eta=\frac{n\bar{c}m}{4}\qquad \text{(II, 174)}$$

als Reibungskoeffizient definieren, der aber nicht der Zähigkeit der Gase entspricht, sondern eher dem Reibungskoeffizienten beim Gleiten fester Körper aneinander.

Die beiden Platten übertragen Kräfte aufeinander, welche der Teilchendichte proportional sind. Die Kräfte wachsen mit der Teilchenmasse und der Temperatur und sind unabhängig vom Plattenabstand.

§ 8. Diffusion durch Löcher und Poren.

Bezeichnungen: n Zahl der Moleküle in der Volumeneinheit, $\bar{c}$ mittlere Geschwindigkeit, P Druck, T Temperatur, m Molekülmasse, Indizes 1 und 2 kennzeichnen das Gas zu beiden Seiten einer Wand.

Ein Raum sei durch eine Scheidewand mit kleinen Löchern in zwei Teilräume zerlegt. Im einen Teilraum herrsche die Temperatur T_1 und Teilchendichte n_1, im andern die Temperatur T_2 und Teilchendichte n_2.
Durch ein Loch von der Fläche F fliegen vom Teilraum 1 in den Teilraum 2

$$\frac{n_1\bar{c}_1}{4}F\qquad \text{(II, 175)}$$

Moleküle. In der umgekehrten Richtung durchsetzen das Loch

$$\frac{n_2\bar{c}_2}{4}F\qquad \text{(II, 176)}$$

Moleküle. Wenn Gleichgewicht eingetreten ist, d. h. nach genügend langem Warten müssen diese beiden Ausdrücke einander gleich sein. Es ist also

$$\frac{n_1}{n_2}=\frac{\bar{c}_2}{\bar{c}_1}=\sqrt{\frac{T_2}{T_1}}.\qquad \text{(II, 177)}$$

Die Dichten in den beiden Teilräumen verhalten sich also umgekehrt wie die Wurzeln aus den Temperaturen. Die Drucke in den beiden Teilräumen

$$\frac{P_1}{P_2}=\frac{n_1T_1}{n_2T_2}=\sqrt{\frac{T_1}{T_2}}\qquad \text{(II, 178)}$$

verhalten sich wie die Wurzeln der Temperaturen.

Ein sonderbarer Effekt muß eintreten, wenn die Scheidewand zwischen den beiden Teilräumen sowohl große wie auch kleiner Löcher hat (s. Abb. 435). An den großen Löchern (größer als die freie Weglänge) besteht nämlich Gleichgewicht, wenn zu beiden Seiten der gleiche Druck herrscht. An den kleinen Löchern herrscht Gleichgewicht, wenn der Druck höher ist, wo die Temperatur höher ist. Durch die kleinen Löcher wird das Gas also vom kalten zum warmen Teilraum diffundieren und durch die großen Löcher in der umgekehrten Richtung zurückströmen. Dieser Kreislauf wird durch die Temperaturdifferenz aufrechterhalten.

Auch wenn wir zu beiden Seiten einer Scheidewand gleiche Temperatur, aber verschiedene Gase haben, tritt ein interessanter Effekt auf. Sind n_1 und n_2 die Teilchendichten der beiden Gase, so diffundieren durch die Wand sekundlich

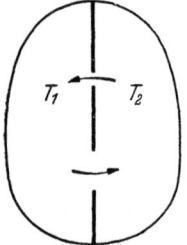

$$\frac{n_1 \overline{c_1}}{4} F \qquad (II, 179)$$

Moleküle der Gasart 1 und

$$\frac{n_2 \overline{c_2}}{4} F \qquad (II, 180)$$

Abb. 435. Durch kleine Löcher diffundiert das Gas vom kalten zum warmen Raum, durch große Löcher strömt es vom warmen zum kalten Raum.

Moleküle der Gasart 2. Ist $n_1 = n_2$, d.h. der Druck auf beiden Seiten derselbe, so stellt die Diffusion eine Druckdifferenz her, wenn die mittleren Geschwindigkeiten in beiden Gasen verschieden sind. Dies tritt ein, wenn die Molekülmassen nicht gleich sind. Sollen nach beiden Seiten gleichviel Moleküle diffundieren, d.h. soll die Diffusion die Drucke nicht ändern, so muß

$$\frac{P_1}{P_2} = \frac{n_1}{n_2} = \frac{\overline{c_2}}{\overline{c_1}} = \sqrt{\frac{m_1}{m_2}} \qquad (II, 181)$$

sein. Die Drucke zu beiden Seiten der Scheidewand müssen sich dann wie die Wurzeln aus den Molekulargewichten verhalten.

Ein Gas diffundiert um so schneller durch Löcher, je leichter es ist. Diese Tatsache hat man zur Trennung von Isotopen angewandt, bei denen chemische Trennungsmethoden versagen.

*§ 9. Diffusion durch Röhren.

Inhalt: Bei niedrigen Drucken geht die Strömung eines Gases durch Rohre in eine Diffusion über. Die geförderte Menge ist der dritten Potenz des Radius proportional, leichte Gase diffundieren schneller als schwere.

Bezeichnungen: dS Flächenelement im Rohrquerschnitt, $d\sigma$ Flächenelement auf der Rohrwand, c Geschwindigkeit der Moleküle, R Rohrradius, L Rohrlänge, n Zahl der Moleküle in der Volumeneinheit, β relatives Gefälle der Teilchendichte, P Druck, k Gaskonstante pro Molekül, η Zähigkeit, λ freie Weglänge, sonst s. Abb. 436. Indizes 1 und 2 beziehen sich auf die Rohrenden.

Ein wichtiges Problem der Vakuumtechnik ist die Strömung oder vielmehr die Diffusion eines Gases durch Röhren, deren Durchmesser klein gegen die freie Weglänge ist. Bei Drucken von 10^{-3} Torr (mm Hg), wo die Weglänge von der Größenordnung 10 cm wird, ist dies bei allen Röhren bis zu einigen cm Durchmesser der Fall, bei höheren Drucken müssen die Rohre entsprechend enger sein.

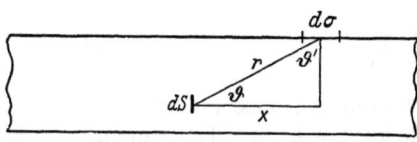

Abb. 436. Bedeutung der Größen r, ϑ und ϑ'.

Unter diesen Verhältnissen dürfen wir das Gas nicht mehr als ein kontinuierliches Medium auffassen, dessen Schichten sich aneinander vorbeischieben, sondern wir müssen die molekulare Struktur berücksichtigen. Der Vorgang besteht jetzt darin, daß die Moleküle von einer Rohrwand zur anderen fliegen und dabei langsam dem Rohr entlang von der Stelle größerer Dichte zur Stelle kleinerer Dichte vordringen.

*§ 9. Diffusion durch Röhren.

Wir betrachten einen Querschnitt durch die Mitte eines Rohres, dessen Länge L sehr groß gegenüber dem Radius R sein soll. In diesem Querschnitt greifen wir ein Flächenelement dS heraus. Durch dS passieren sekundlich (s. Abb. 436)

$$n \, \mathcal{J} \, d\Phi \, c \cos\vartheta \, dS = n \, dS \, c \, \mathcal{J} \, p^2 \, dp \cos\vartheta \, d\omega \qquad (\text{II}, 182)$$

Moleküle von der Sorte $d\Phi$. Wir kennzeichnen die Richtung dieser Moleküle jetzt durch die Angabe des Flächenelementes $d\sigma$ auf der Rohrwand, von dem sie herkommen. Setzen wir (ohne noch auf das Vorzeichen zu achten)

$$d\omega = \frac{d\sigma \cos\vartheta'}{r^2} = \frac{R \, d\varphi \, dx \cos\vartheta'}{r^2}, \qquad (\text{II}, 183)$$

so erhält dS in der Sekunde

$$n \, dS \, R \, c \, \mathcal{J} \, p^2 \, dp \, \frac{d\varphi \, dx \cos\vartheta' \cos\vartheta}{r^2} \qquad (\text{II}, 184)$$

Moleküle, deren Impuls in das Intervall dp fällt, von dem Flächenelement $d\sigma$. Summieren wir über alle Absolutwerte der Impulse, so erhalten wir

$$n \, dS \, R \, \bar{c} \, \frac{d\varphi \, dx \cos\vartheta' \cos\vartheta}{4\pi r^2}. \qquad (\text{II}, 185)$$

Jetzt wollen wir über alle Elemente $d\sigma$ integrieren, die auf einem Ring von der Länge dx in der Rohrwand liegen. Hierzu müßten wir eine Integration über φ ausführen, welches in $\cos\vartheta$, $\cos\vartheta'$ und r enthalten ist. Wir erleichtern uns die Sache, allerdings nicht ganz korrekt, indem wir dS in die Rohrachse legen und annehmen, daß durch alle Teile des Rohrquerschnittes gleichviel Moleküle hindurchgehen. Dann ist einfach

$$\cos\vartheta = \frac{x}{r}; \quad \cos\vartheta' = \frac{R}{r}; \quad r^2 = x^2 + R^2. \qquad (\text{II}, 186)$$

Ein Ring von der Länge dx sendet also durch dS

$$\frac{n \, dS \, R^2 \, \bar{c}}{4\pi} \cdot \frac{x \, dx}{r^4} \int_0^{2\pi} d\varphi = \frac{R^2 x \, dx}{2 r^4} n \, \bar{c} \, dS \qquad (\text{II}, 187)$$

und durch den ganzen Rohrquerschnitt

$$\frac{R^4 \pi \, x \, dx}{2 r^4} n \, \bar{c} \qquad (\text{II}, 188)$$

Moleküle. Dieser Ausdruck muß das negative Vorzeichen erhalten, weil die Moleküle für positive x in der negativen x-Richtung fliegen.

Nun ist die Teilchendichte n längs des Rohres verschieden. Bei linearem Abfall ist

$$n = n_m (1 - \beta x), \qquad (\text{II}, 189)$$

wenn n_m die Dichte in der Rohrmitte ist. Summieren wir (II, 188) über die Länge des Rohres, so erhalten wir

$$-\frac{R^4 \pi n_m \bar{c}}{2} \int_{-\frac{L}{2}}^{\frac{L}{2}} \frac{(1 - \beta x) x \, dx}{(x^2 + R^2)^2} \qquad (\text{II}, 190)$$

Moleküle, welche den Rohrquerschnitt passieren. Dabei sind alle Moleküle, positiv gerechnet, die in der einen Richtung, negativ, die in der anderen Richtung fliegen. (II, 190) gibt also den Überschuß an, der in positiver Richtung durch den Rohrquerschnitt wandert. Die etwas mühsame Auswertung des Integrals ergibt

$$-\frac{R^3 \pi n_m \bar{c} \beta}{2}\left[\frac{2LR}{L^2+4R^2}-\operatorname{arctg}\frac{L}{2R}\right]. \qquad (II, 191)$$

Ist das Rohr lang gegenüber seinem Durchmesser, so reduziert sich dieser Ausdruck auf

$$\frac{R^3 \pi^2 n_m \bar{c} \beta}{4}. \qquad (II, 192)$$

Sind

$$P_1 = n_1 kT \quad \text{und} \quad P_2 = n_2 kT \qquad (II, 193)$$

die Drucke an den Rohrenden und ersetzen wir β durch $\frac{n_1-n_2}{n_m L}$, so ergibt sich endlich, daß

$$\frac{\pi^2 (P_1 - P_2) R^3 \bar{c}}{4 L k T} \qquad (II, 194)$$

Moleküle durch das Rohr hindurchdiffundieren.

Hiermit vergleichen wir die Zahl der Moleküle

$$\frac{\pi(P_1^2 - P_2^2) R^4}{16 \eta L k T}, \qquad (II, 195)$$

die nach dem Poiseuilleschen Gesetz durch das Rohr fließen würden. Das Verhältnis der Ausdrücke (II, 194) und (II, 195) ist

$$\frac{4\pi \bar{c} \eta}{R(P_1+P_2)} = \frac{2\pi \bar{c} \eta}{RP}, \qquad (II, 196)$$

wenn wir unter P den mittleren Druck verstehen. Setzen wir für η und P ihre Werte nach (S. 1504) und (S. 1457) ein, so ergibt sich für das Verhältnis (II, 196) die interessante Formel

$$\frac{2\pi \bar{c} \eta}{RP} = \frac{2\pi \lambda}{R}.$$

Ist R groß gegen die freie Weglänge, so transportiert die Strömung weit mehr Gas durch das Rohr, als es die Diffusion vermöchte. Bei sehr niedrigen Drucken aber kehrt sich das Verhältnis um. Der Gastransport durch das Rohr ist jetzt ein Diffusionsvorgang.

Praktisch ist von Interesse, daß die Zahl der diffundierenden Moleküle ihrer mittleren Geschwindigkeit proportional ist. Pumpt man also z. B. ein Gemisch von H_2 und O_2 aus, so wird der Wasserstoff schneller durch die Rohrleitung wandern, so daß sich der Sauerstoff im Restgas anreichert. Bei niedrigem Gasdruck kann man also ein Gas nicht mehr durch ein anderes ausspülen.

III. Kinetische Theorie des Nichtgleichgewichtes.

Wenn in einem Gas örtliche Temperaturunterschiede, Druckunterschiede oder Unterschiede der Zusammensetzung bestehen, herrscht im strengen Sinne kein Gleichgewicht mehr. Die Vorgänge der Wärmeleitung, der Strömung und der Diffusion sind Ausgleichsvorgänge, welche nach ausreichend langer Zeit das Gleichgewicht herstellen.

Wir erkennen somit, daß wir im vorangegangenen Kapitel die Transportvorgänge nicht völlig korrekt behandelt haben, weil wir die für das Gleichgewicht definierte Verteilungsfunktion und die Mittelwerte der Geschwindigkeit stillschweigend auch auf Zustände angewandt haben, in denen das Gas nicht im

§ 1. Die Verteilung bei Nichtgleichgewicht. Boltzmannsche Fundamentalgleichung.

Gleichgewicht war. Zur Rechtfertigung unseres Verfahrens läßt sich allerdings anführen, daß bei allen diesen Vorgängen der tatsächliche Zustand vom Gleichgewichtszustand nur sehr wenig abweicht, so daß man ihn als gleichgewichtsnah bezeichnen kann. Wenn man auf diese Weise auch die Brücke zu den Transportvorgängen schlagen kann, so bleiben doch noch diejenigen Zustände eines Gases übrig, welche weit vom Gleichgewicht entfernt sind und deren Weg zum Gleichgewicht man doch irgendwie theoretisch erfassen möchte. Zum mindesten möchte man sich davon überzeugen, daß sich schließlich ein Nichtgleichgewichtszustand in jedem Falle mit der Zeit in einen Gleichgewichtszustand verwandelt.

§ 1. Die Verteilung bei Nichtgleichgewicht. Boltzmannsche Fundamentalgleichung.

Inhalt: Verteilungsfunktion im Nichtgleichgewicht. Zeitliche Veränderung der Verteilungsfunktion durch die Bewegung der Moleküle, den Einfluß äußerer Kräfte und Stöße.

Bezeichnungen: N Zahl der Moleküle, n Dichte der Moleküle, dV räumliches Volumenelement, $d\Phi$ Volumenelement des Impulsraumes, $d\tau$ des Phasenraumes, $\mathfrak{r}$ Ortsvektor der Moleküle, $\mathfrak{p}$ Impuls der Moleküle. f Verteilungsfunktion im Phasenraum, $\mathcal{F}$ im Impulsraum, m Masse der Moleküle, K_x, K_y, K_z Komponenten der äußeren Kraft $\mathfrak{K}$ pro Molekül, ϱ_1 bzw. ϱ_2 Molekülradius, g Relativgeschwindigkeit, Indizes 1 und 2 beziehen sich auf zwei verschiedene Moleküle, c Geschwindigkeit, u, v, w Geschwindigkeitskomponenten. Zustand nach dem Stoß durch ′ bezeichnet.

Auch wenn in einem Gas kein Gleichgewicht besteht, kann man die Zahl der Moleküle

$$dN = N f(\mathfrak{r}, \mathfrak{p}) d\tau = N f dV d\Phi, \qquad (III, 1)$$

welche sich im Volumenelement

$$d\tau = dV d\Phi \qquad (III, 2)$$

des Phasenraumes befinden, durch eine Verteilungsfunktion $f(\mathfrak{r}, \mathfrak{p})$ beschreiben. Sie ist wie früher durch die Bedingung

$$1 = \int f(\mathfrak{r}, \mathfrak{p}) d\tau \qquad (III, 3)$$

normiert. Im Gegensatz zum Gleichgewicht ändert sich die Verteilungsfunktion des Nichtgleichgewichtes im Laufe der Zeit. Wir werden zeigen, daß sich die Verteilung mit der Zeit der Gleichgewichtsverteilung nähert.

Die örtliche Teilchendichte

$$n = N \int f(\mathfrak{r}, \mathfrak{p}) d\Phi. \qquad (III, 4)$$

erhält man durch Integration über den Impulsraum. Wir können nun die lokale Verteilungsfunktion $\mathcal{F}(\mathfrak{r}, \mathfrak{p})$ durch

$$N f = n \mathcal{F}(\mathfrak{r}, \mathfrak{p}) \qquad (III, 5)$$

definieren. Integriert man über $d\Phi$, so entsteht

$$1 = \int \mathcal{F}(\mathfrak{r}, \mathfrak{p}) d\Phi \qquad (III, 6)$$

d. h. $\mathcal{F}(\mathfrak{r}, \mathfrak{p})$ ist an jeder Stelle des Raumes eine normierte Funktion des Impulses.

Das Produkt $N f = n \mathcal{F}$ ist die Teilchendichte im Phasenraum. Sie verändert sich, weil sekundlich

$$dV d\Phi (\mathfrak{c}\,\mathrm{grad}) n \mathcal{F} = dV d\Phi \left(u \frac{\partial}{\partial x} + v \frac{\partial}{\partial y} + w \frac{\partial}{\partial z} \right) n \mathcal{F} \qquad (III, 7)$$

Teilchen wegen ihrer Geschwindigkeit (mit den Komponenten u, v, w) aus dem Volumenelement dV herauswandern. Wirken äußere Kräfte mit den Komponenten K_x, K_y, K_z, so wandern analog

$$dV\,d\Phi\,\frac{1}{m}\left(K_x\frac{\partial}{\partial p_x}+K_y\frac{\partial}{\partial p_y}+K_z\frac{\partial}{\partial p_z}\right)n\mathcal{F} \qquad (III, 8)$$

Teilchen aus dem Volumenelement $d\Phi$ des Impulsraumes aus. Stößt ein Teilchen mit einem anderen Teilchen zusammen, so wird sein Impuls geändert, und es wird infolgedessen aus dem Volumenelement $d\Phi$ herausgeworfen. Andererseits werden Teilchen, welche sich vorher nicht in $d\Phi$ befanden, durch Stöße in dieses Element des Phasenraumes gebracht.

Wir bezeichnen mit

$$J(n,\mathcal{F})\,dV\,d\Phi \qquad (III, 9)$$

den Überschuß der Teilchen, welche sekundlich durch Stöße im Volumenelement dV nach $d\Phi$ verbracht werden, über diejenigen, welche durch Stöße aus $d\Phi$ entfernt werden. Dann können wir die Teilchenbilanz

$$\frac{\partial}{\partial t}(n\mathcal{F})+\left(u\frac{\partial}{\partial x}+v\frac{\partial}{\partial y}+w\frac{\partial}{\partial z}\right)(n\mathcal{F})+\\+\frac{1}{m}\left(K_x\frac{\partial}{\partial p_x}+K_y\frac{\partial}{\partial p_y}+K_z\frac{\partial}{\partial z}\right)(n\mathcal{F})=J(n,\mathcal{F}) \qquad (III, 10)$$

aufstellen. Diese Gleichung wird Boltzmannsche Fundamentalgleichung genannt.

*§ 2. Die Wirkung elastischer Stöße.

Inhalt: Berechnung der Wirkung von Stößen ohne Änderung des Drehimpulses.
Bezeichnungen: wie S. 1517.

Will man den Beitrag $J(n,\mathcal{F})$ der Stöße berechnen, so muß man wissen, was sich beim Stoß abspielt. Wir nehmen im folgenden an, daß der Bahndrehimpuls um den Schwerpunkt beim Zusammenstoß zweier Moleküle unverändert bleibe. Dann können wir auf die Überlegungen des § 2 von S. 1499 zurückgreifen. Wir betrachten Moleküle von der Sorte $d\tau_1$, welche sich im Volumenelement dV aufhalten, und im Impulsraum im Volumenelement $d\Phi_1$ liegen. Einen Zusammenstoß mit einem Molekül der Sorte

$$d\tau_2 = dV\,d\Phi_2 \qquad (III, 11)$$

können diese Moleküle nur erleiden, wenn die Sorte $d\tau_2$ sich ebenfalls im Volumenelement dV aufhält. Die Wahrscheinlichkeit dafür, daß ein herausgegriffenes Molekül der Sorte $d\Phi_1$ mit einem ganz bestimmten Molekül der Sorte $d\tau_2$ in der Zeiteinheit zusammenstößt, ist

$$\frac{\pi(\varrho_1+\varrho_2)^2 g}{dV}. \qquad (III, 12)$$

Da es

$$Nf_2\,dV\,d\Phi_2 = n\mathcal{F}_2\,dV\,d\Phi_2 \qquad (III, 13)$$

Moleküle der Sorte $d\tau_2$ gibt, ist

$$\pi(\varrho_1+\varrho_2)^2 g\,n\,\mathcal{F}_2\,d\Phi_2 \qquad (III, 14)$$

die Wahrscheinlichkeit, daß das bestimmte Molekül der Sorte $d\tau_1$ in der Zeiteinheit irgendein Molekül der Sorte $d\tau_2$ trifft. Andererseits gibt es

$$Nf_1\,d\tau_1 = n\,\mathcal{F}_1\,dV\,d\Phi_1 \qquad (III, 15)$$

Moleküle der Sorte $d\tau_1$, und in der Zeiteinheit finden

$$\pi(\varrho_1+\varrho_2)^2 g\,n^2\,\mathcal{F}_1\,\mathcal{F}_2\,d\Phi_1\,d\Phi_2\,dV \qquad (III, 16)$$

*§ 2. Die Wirkung elastischer Stöße.

Stöße zwischen Molekülen der Sorten $d\tau_1$ und $d\tau_2$ statt. Diese Molekülpaare besitzen alle vor dem Stoß dieselbe Relativgeschwindigkeit

$$\mathfrak{g} = \mathfrak{c}_1 - \mathfrak{c}_2 \qquad (III, 17)$$

und die gleiche Schwerpunktsgeschwindigkeit $\mathfrak{c}_0$. Die Geschwindigkeiten nach dem Stoß können verschieden sein und hängen davon ab, wie groß die Winkel α bzw. α' sind, welche die Relativgeschwindigkeit mit der Centrilinie bildet (s. Abb. 437). Durch den Stoß können Moleküle nur solcher Sorten $d\tau_1'$ und $d\tau_2'$ entstehen, deren Relativgeschwindigkeit $\mathfrak{g}'$ von gleichem Betrag wie $\mathfrak{g}$ ist. Wir betrachten nun eine bestimmte Art von Stößen, die wir symbolisch mit

$$d\tau_1 d\tau_2 \to d\tau_1' d\tau_2' \qquad (III, 18)$$

andeuten, welche im Volumenelement dV ein Molekülpaar der Sorten $d\Phi_1$ und $d\Phi_2$ in ein Paar der Sorten $d\Phi_1'$ und $d\Phi_2'$ verwandelt. Die Zahl dieser Stöße ist

$$\pi(\varrho_1 + \varrho_2)^2 g n^2 \mathcal{F}_1 \mathcal{F}_2 d\Phi_1 d\Phi_2 dV dW, \qquad (III, 19)$$

wenn dW die Wahrscheinlichkeit dafür bedeutet, daß der Stoß gerade von der Art (III, 18) ist. Außer diesen Stößen betrachten wir noch die Stöße

$$d\tau_1' d\tau_2' \to d\tau_1 d\tau_2, \qquad (III, 20)$$

die umgekehrt verlaufen, bei denen also aus einem Paar der Sorten $d\Phi_1'$ und $d\Phi_2'$ zwei Moleküle der Sorten $d\Phi_1$ und $d\Phi_2$ entstehen. Die Zahl dieser Stöße ist analog zu (III, 19)

$$\pi(\varrho_1 + \varrho_2)^2 g n^2 \mathcal{F}_1' \mathcal{F}_2' d\Phi_1' d\Phi_2' dV dW'$$
$$= \pi(\varrho_1 + \varrho_2)^2 g n^2 \mathcal{F}_1' \mathcal{F}_2' d\Phi_1 d\Phi_2 dV dW. \qquad (III, 21)$$

Aus der Abb. 437 liest man nämlich ab, daß

$$d\Phi_1 = d\Phi_1'; \quad d\Phi_2 = d\Phi_2' \qquad (III, 22)$$

ist. Außerdem ist

$$dW' = dW, \qquad (III, 23)$$

weil die Relativgeschwindigkeit durch die Stöße (III, 18) und (III, 20) um den gleichen Winkel gedreht wird.

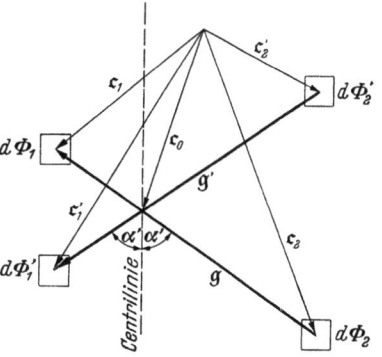

Abb. 437. Geschwindigkeiten und Relativgeschwindigkeiten bei den Stößen $d\tau_1 d\tau_2 \rightleftarrows d\tau_1' d\tau_2'$

Durch jeden Stoß (III, 18) geht ein Molekül der Sorte $d\Phi_1$ im Volumenelement dV verloren, während durch jeden Stoß (III, 20) ein Molekül dieser Sorte entsteht. Durch Stöße dieser beiden Arten entstehen also sekundlich

$$\pi(\varrho_1 + \varrho_2)^2 g n^2 (\mathcal{F}_1' \mathcal{F}_2' - \mathcal{F}_1 \mathcal{F}_2) d\Phi_1 d\Phi_2 dV dW \qquad (III, 24)$$

Moleküle der Sorte $d\Phi$. Integrieren wir noch über dW und über alle Sorten $d\Phi_2$, so erhalten wir

$$J(n, \mathcal{F}_1) dV d\Phi_1$$
$$= \pi(\varrho_1 + \varrho_2)^2 n^2 dV d\Phi_1 \int g(\mathcal{F}_1' \mathcal{F}_2' - \mathcal{F}_1 \mathcal{F}_2) d\Phi_2 \qquad (III, 25)$$

$$J(n, \mathcal{F}_1) = \pi(\varrho_1 + \varrho_2)^2 n^2 \int g(\mathcal{F}_1' \mathcal{F}_2' - \mathcal{F}_1 \mathcal{F}_2) d\Phi_2. \qquad (III, 26)$$

*§ 3. Boltzmannsches Theorem. Die Entropie.

Inhalt: Die Stöße verändern die Verteilungsfunktion immer so, daß sie der Gleichgewichtsverteilungsfunktion näher kommt.

Bezeichnungen: wie S. 1517.

Aus der Boltzmannschen Fundamentalgleichung können sehr allgemeine Folgerungen gezogen werden. Wir begnügen uns damit, das Verfahren an einem Beispiel zu skizzieren, wobei wir einige Vereinfachungen vornehmen, welche die Überlegungen abkürzen. Wir nehmen an, daß keine äußeren Kräfte auf die Gasmoleküle einwirken und daß alle Punkte im Raum gleichwertig sind. n ist dann konstant, $\mathcal{F}$ hängt nur von den Impulsen allein ab, kann allerdings von der Gleichgewichtsverteilungsfunktion noch beliebig abweichen. Unter diesen Annahmen reduziert sich die Fundamentalgleichung auf

$$\frac{\partial \mathcal{F}_1}{\partial t} = \frac{1}{n} J(n, \mathcal{F}_1) = \pi(\varrho_1 + \varrho_2)^2 n \int g (\mathcal{F}_1' \mathcal{F}_2' - \mathcal{F}_1 \mathcal{F}_2) \, d\Phi_2. \quad \text{(III, 27)}$$

Integrieren wir über den Impulsraum, so erhalten wir wegen der Normierung (III, 6) von $\mathcal{F}$

$$0 = \frac{1}{n} \int J(n, \mathcal{F}_1) \, d\Phi_1$$
$$= \pi(\varrho_1 + \varrho_2)^2 n \iint g (\mathcal{F}_1' \mathcal{F}_2' - \mathcal{F}_1 \mathcal{F}_2) \, d\Phi_1 \, d\Phi_2, \quad \text{(III, 28)}$$

Jetzt bilden wir

$$\frac{\partial}{\partial t} \mathcal{F}_1 \ln \mathcal{F}_1 = (1 + \ln \mathcal{F}_1) \frac{\partial \mathcal{F}_1}{\partial t} = \frac{1}{n}(1 + \ln \mathcal{F}_1) J(n, \mathcal{F}_1). \quad \text{(III, 29)}$$

Durch Integration über den Impulsraum geht daraus

$$\frac{\partial}{\partial t} \int \mathcal{F}_1 \ln \mathcal{F}_1 \, d\Phi_1$$
$$= \pi(\varrho_1 + \varrho_2)^2 n \iint g \ln \mathcal{F}_1 (\mathcal{F}_1' \mathcal{F}_2' - \mathcal{F}_1 \mathcal{F}_2) \, d\Phi_1 \, d\Phi_2 \quad \text{(III, 30)}$$

hervor. Wir definieren nun die Größe

$$h = \int \mathcal{F}_1 \ln \mathcal{F}_1 \, d\Phi_1$$
$$= \int \mathcal{F}_2 \ln \mathcal{F}_2 \, d\Phi_2 = \int \mathcal{F}_1' \ln \mathcal{F}_1' \, d\Phi_1' = \int \mathcal{F}_2' \ln \mathcal{F}_2' \, d\Phi_2' \quad \text{(III, 31)}$$

und erhalten ihre zeitliche Ableitung aus

$$4 \frac{\partial h}{\partial t} = \pi(\varrho_1 + \varrho_2)^2 n \Big\{ \iint g (\ln \mathcal{F}_1 \mathcal{F}_2)(\mathcal{F}_1' \mathcal{F}_2' - \mathcal{F}_1 \mathcal{F}_2) \, d\Phi_1 \, d\Phi_2 \Big\}$$
$$+ \iint g (\ln \mathcal{F}_1' \mathcal{F}_2')(\mathcal{F}_1 \mathcal{F}_2 - \mathcal{F}_1' \mathcal{F}_2') \, d\Phi_1' \, d\Phi_2'. \quad \text{(III, 32)}$$

Wegen

$$d\Phi_1 = d\Phi_1' \quad \text{und} \quad d\Phi_2 = d\Phi_2' \quad \text{(III, 33)}$$

geht dies in

$$4 \frac{\partial h}{\partial t} = -\pi(\varrho_1 + \varrho_2)^2 n \iint g \ln \frac{\mathcal{F}_1' \mathcal{F}_2'}{\mathcal{F}_1 \mathcal{F}_2} (\mathcal{F}_1' \mathcal{F}_2' - \mathcal{F}_1 \mathcal{F}_2) \, d\Phi_1 \, d\Phi_2 \quad \text{(III, 34)}$$

über. Die rechte Seite dieser Gleichung ist stets negativ, weil

$$\mathcal{F}_1' \mathcal{F}_2' - \mathcal{F}_1 \mathcal{F}_2 \quad \text{und} \quad \ln \frac{\mathcal{F}_1' \mathcal{F}_2'}{\mathcal{F}_1 \mathcal{F}_2} \quad \text{(III, 35)}$$

stets das gleiche Vorzeichen besitzen. Durch die Stöße wird also h so lange verkleinert, bis ein Minimum eintritt, wenn nämlich

$$\mathcal{F}_1' \mathcal{F}_2' = \mathcal{F}_1 \mathcal{F}_2 \qquad \text{(III, 36)}$$

geworden ist. Diese Bedingung wird von der Gleichgewichtsverteilungsfunktion erfüllt, wovon man sich leicht durch Einsetzen überzeugen kann.

Als Entropie eines Nichtgleichgewichtszustandes können wir jetzt

$$S = S_0 - k N (h - h_0) \qquad \text{(III, 37)}$$

definieren, wo S_0 die Entropie im Gleichgewicht ist und h_0 die mit der Gleichgewichtsverteilungsfunktion $\mathcal{F}_0$ nach (III, 31) gebildete Größe

$$h_0 = \int \mathcal{F}_0 \ln \mathcal{F}_0 \, d\Phi \qquad \text{(III, 38)}$$

bedeutet. Durch die Stöße tritt ein Anwachsen der Entropie ein, bis das Gleichgewicht erreicht ist.

Wir können ohne Schwierigkeit unsere Überlegungen auf Nichtgleichgewichte ausdehnen, bei denen n und die Verteilungsfunktion $\mathcal{F}$ auch von den Ortskoordinaten abhängen, bei denen also der Zustand des Gases an verschiedenen Orten verschieden ist. Wir müssen dann nur von der Verteilungsfunktion $\mathcal{F}$ wieder zu $f = n \mathcal{F}$ zurückkehren und alle einzelnen Operationen aus dem Impulsraum in den Phasenraum verlegen.

**§ 4. Transportgleichungen.

Inhalt: Allgemeine Ableitung der Teilchenbilanz, Energiebilanz und Impulsbilanz. Transportgleichungen für Teilchen, Energie und Impuls.

Bezeichnungen: wie S. 1517.

Ist Q eine beliebige Eigenschaft eines Gasmoleküls, die durch den Impuls und Ort des Moleküls festgelegt ist, so steuert das Volumelement $d\tau$ des Phasenraumes den Anteil

$$Q \, n \, \mathcal{F} \, dV \, d\Phi \qquad \text{(III, 39)}$$

zu dieser Eigenschaft bei. In der Zeiteinheit geht dem Element $d\tau$ der Betrag

$$\left(u \frac{\partial}{\partial x} + v \frac{\partial}{\partial y} + w \frac{\partial}{\partial z} \right) Q \, n \, \mathcal{F} \, dV \, d\Phi \qquad \text{(III, 40)}$$

von Q verloren, weil Moleküle aus dV auswandern und der Betrag

$$\frac{1}{m} \left(K_x \frac{\partial}{\partial p_x} + K_y \frac{\partial}{\partial p_y} + K_z \frac{\partial}{\partial p_z} \right) Q \, n \, \mathcal{F} \, dV \, d\Phi, \qquad \text{(III, 41)}$$

weil Moleküle aus dem Element $d\Phi$ des Impulsraumes durch die Kräfte herausbefördert werden. Bezeichnen wir mit

$$J_Q(n, \mathcal{F}) \, dV \, d\Phi \qquad \text{(III, 42)}$$

den Betrag der Eigenschaft Q, der durch Stöße im Volumelement $d\tau$ entsteht, so können wir für Q die Bilanz

$$\frac{\partial}{\partial t}(Q n \mathcal{F}) + \frac{\partial}{\partial x}(u Q n \mathcal{F}) + \frac{\partial}{\partial y}(v Q n \mathcal{F}) + \frac{\partial}{\partial z}(w Q n \mathcal{F}) + \qquad \text{(III, 43)}$$

$$+ \frac{1}{m} \left\{ \frac{\partial}{\partial p_x}(K_k Q n \mathcal{F}) + \frac{\partial}{\partial p_y}(K_y Q n \mathcal{F}) + \frac{\partial}{\partial p_z}(K_z Q n \mathcal{F}) \right\}$$

$$= J_Q(n, \mathcal{F})$$

aufstellen. Sie ist der Boltzmannschen Fundamentalgleichung analog. Definieren wir nun den Nablaoperator

$$\dot{\nabla} = i\frac{\partial}{\partial p_x} + j\frac{\partial}{\partial p_y} + k\frac{\partial}{\partial p_z} \qquad (\mathrm{III},44)$$

im Impulsraum, so kann man (III, 43) in der Form

$$\frac{\partial}{\partial t}(Q\,n\,\mathcal{F}) + (\nabla\,c\,Q\,n\,\mathcal{F}) + \frac{1}{m}(\dot{\nabla}\,\mathfrak{K}\,Q\,n\,\mathcal{F}) = J_Q \qquad (\mathrm{III},45)$$

schreiben.

Nun möge Q eine Eigenschaft sein, für die bei Stößen ein Erhaltungssatz gilt. Integrieren wir dann (III, 45) über den Impulsraum, so verschwindet die rechte Seite. Außerdem können wir das Integral

$$\int (\dot{\nabla}\,\mathfrak{K}\,Q\,n\,\mathcal{F})\,d\Phi \qquad (\mathrm{III},46)$$

in ein Oberflächenintegral über eine so große Kugel im Impulsraum verwandeln, daß auf ihr überall $\mathcal{F} = 0$ gilt, weil keine Moleküle mit unendlich großem Impuls vorkommen können. Wir behalten dann nur

$$\frac{\partial}{\partial t}\left(n\int Q\,\mathcal{F}\,d\Phi\right) + \left(\nabla n \int c\,Q\,\mathcal{F}\,d\Phi\right) = 0 \qquad (\mathrm{III},47)$$

übrig. Das Integral

$$\overline{Q} = \int Q\,\mathcal{F}\,d\Phi \qquad (\mathrm{III},48)$$

ist der Mittelwert von Q, während

$$n\,\overline{c\,Q} = n\int c\,Q\,\mathcal{F}\,d\Phi \qquad (\mathrm{III},49)$$

den Vektor des Q-Stromes angibt. Die Gleichung (III, 47) kommt dann in die Form

$$\frac{\partial n\,\overline{Q}}{\partial t} + \mathrm{div}\,n\,\overline{c\,Q} = 0 \qquad (\mathrm{III},50)$$

eines Erhaltungssatzes für die Eigenschaft Q.

Setzen wir für Q die Masse m der Teilchen ein, so hebt sie sich wieder heraus und es entsteht die Teilchenbilanz

$$\frac{\partial n}{\partial t} + \mathrm{div}\,n\,\overline{c} = 0. \qquad (\mathrm{III},51)$$

Bedeutet Q die Energie ε des Teilchens (einschl. der potentiellen Energie), so erhalten wir die Energiebilanz

$$\frac{\partial}{\partial t}(n\,\overline{\varepsilon}) + \mathrm{div}(n\,\overline{c\,\varepsilon}) = 0 \qquad (\mathrm{III},52)$$

$n\,\overline{\varepsilon}$ ist die Energiedichte und $n\,\overline{c\,\varepsilon}$ der Energiestrom.

Setzen wir schließlich für Q der Reihe nach die Impulskomponenten p_x, p_y, p_z ein, so entstehen die drei Gleichungen

$$\frac{\partial}{\partial t}(n\,\overline{p_x}) + \mathrm{div}(n\,\overline{c\,p_x}) = 0, \qquad (\mathrm{III},53)$$

$$\frac{\partial}{\partial t}(n\,\overline{p_y}) + \mathrm{div}(n\,\overline{c\,p_y}) = 0, \qquad (\mathrm{III},54)$$

$$\frac{\partial}{\partial t}(n\,\overline{p_z}) + \mathrm{div}(n\,\overline{c\,p_z}) = 0 \qquad (\mathrm{III},55)$$

des Impulserhaltungssatzes. Definiert man den Spannungstensor

$$\mathcal{P} = \begin{vmatrix} n\overline{u\,p_x} & n\overline{v\,p_x} & n\overline{w\,p_x} \\ n\overline{u\,p_y} & n\overline{v\,p_y} & n\overline{w\,p_y} \\ n\overline{u\,p_z} & n\overline{v\,p_z} & n\overline{w\,p_z} \end{vmatrix},$$
(III, 56)

so kann man diese Gleichungen in die Vektorform

$$\frac{\partial}{\partial t} n\,\overline{p} + \operatorname{div} \mathcal{P} = 0$$
(III, 57)

zusammenfassen. Sie stellt die Bewegungsgleichung des Gases dar.

Hiermit haben wir grundsätzlich den Anschluß an die Behandlung der Gase in der Kontinuumsmechanik hergestellt.

Im einzelnen müßte man jetzt die Mittelwerte $\overline{p_x}, \overline{p_y}, \overline{p_z}, \mathcal{P}$ und $\overline{\varepsilon}$ für spezielle Nichtgleichgewichte berechnen. Diese Aufgabe läßt sich durchführen, wenn der vorliegende Zustand dem Gleichgewicht ziemlich nahe kommt, so daß man ein Näherungsverfahren einschlagen kann, das vom Gleichgewicht seinen Ausgang nimmt. Die Abweichungen vom Gleichgewicht kann man dann als kleine Störungen ansehen. Verfährt man in dieser Weise, so gelangt man zur Behandlung der Transportvorgänge, die im vorigen Kapitel dargestellt wurde, ohne daß dort auf die grundsätzlichen Gesichtspunkte eingegangen wurde.

N. Elektronik.

Das Vakuum und die Gase leiten die Elektrizität in gewöhnlichem Sinne nicht. Elektrische Ladung kann durch diese Medien nur transportiert werden, indem sich einzelne Ladungsträger bewegen. Als solche kommen hauptsächlich Elektronen und positive Ionen, in geringerem Maße auch negative Ionen in Frage.

Alle Vorgänge, bei denen sich Elektronen im Vakuum bewegen, faßt man in das Gebiet der Elektronik zusammen. Ihr steht die Gaselektronik gegenüber, welche sich mit dem Elektrizitätstransport durch Gase, also mit den elektrischen Entladungen in Gasen befaßt. Der Übergang zwischen beiden Gebieten ist fließend. Alle Vorgänge, bei denen sich nur Ionen im Vakuum bewegen, könnte man sinngemäß als „Ionik" bezeichnen, doch hat sich dieser Name nicht eingebürgert.

Die Ladungsträger, welche sich im Vakuum befinden, müssen von den Gefäßwänden herstammen und dort durch Sekundäremission, Glühemission oder lichtelektrischen Effekt entstanden sein. Zu den Gefäßwänden sind natürlich auch die Elektroden zu rechnen. Auch ein Gas kann seine Ladungsträger aus den Elektroden beziehen, es können aber auch Ladungsträger durch Ionisation der Gasmoleküle selbst entstehen. Vor allem können sich im Gas bereits vorhandene Ladungsträger durch Elektronenstoß oder Ionenstoß vermehren.

I. Elektronen- und Ionenoptik.

Das einfachste Problem der Elektronik ist der Elektrizitätstransport durch das Vakuum, welcher von Elektronen oder Ionen bewerkstelligt wird. Ist die Konzentration klein, so bewegen sich die Ladungsträger in gegebenen äußeren elektrischen und magnetischen Feldern. Bei größeren Konzentrationen bzw. in schwachen äußeren Feldern muß man berücksichtigen, daß die Ladungsträger selbst zum Feld beitragen. Sie verzerren durch ihre Raumladung das äußere elektrische Feld.

Wir wenden uns zuerst den Vorgängen zu, bei denen man die Raumladung vernachlässigen kann, der sog. Elektronen- bzw. Ionenoptik. Dieses Gebiet hat im Laufe der Zeit bedeutende Anwendungen gefunden. Es gibt zahlreiche wichtige Geräte, z. B. die Braunsche Röhre, das Elektronenmikroskop, das Massenspektrometer, welche man als elektronenoptische Geräte bezeichnen kann.

§ 1. Elektronenstrahlen in elektrischen und magnetischen Feldern. Elektronenoptik.

Inhalt: Die Bewegung von Elektronen in äußeren elektrischen und magnetischen Feldern kann nach der klassischen Mechanik berechnet werden, wenn keine Sprungflächen des Potentials vorliegen, wenn die Elektronen nicht zu langsam sind, und wenn sich nicht viele Strahlen in einem Punkte schneiden. Wellenlänge und Brechungsindex können wie in der Optik definiert werden. Das Bewegungsgesetz für Elektronen ist dem Grundgesetz der geometrischen Optik analog. Die Elektronenoptik arbeitet im Gegensatz zur Lichtoptik mit Medien von örtlich veränderlichem Brechungsindex.

Bezeichnungen: $-e$ Ladung, m Masse, $\mathfrak{v}$ Geschwindigkeit, $\mathfrak{p}$ Impuls, v und p Beträge von $\mathfrak{v}$ und $\mathfrak{p}$, E Energie, λ Wellenlänge des Elektrons, $\mathfrak{E}$ elektrische, $\mathfrak{H}$ magnetische Feldstärke, U Potential von $\mathfrak{E}$, $\mathfrak{A}$ Vektorpotential von $\mathfrak{H}$, $\mathfrak{K}$ Kraft, L Lagrangefunktion, H Hamiltonfunktion, W klassische Wirkungsfunktion, S verkürzte Wirkungsfunktion, Ψ Wellenfunktion des Elektrons, u Fortpflanzungsgeschwindigkeit der Elektronenwelle, $\partial/\partial n$ Ableitung in Richtung der Wellennormale, ϱ_1, ϱ_2 Hauptkrümmungsradien der Wellenfläche, c Lichtgeschwindigkeit, μ_0 magnetische Maßkonstante.

Nach der Elektrodynamik erfährt ein Elektron im elektrischen und magnetischen Feld die Kraft

$$\mathfrak{K} = -e\mathfrak{E} - e\mu_0[\mathfrak{v}\,\mathfrak{H}], \tag{I, 1}$$

wenn $\mathfrak{E}$ und $\mathfrak{H}$ die Feldstärken und $-e$ die Ladung des Elektrons ist. Die Lagrangesche Funktion lautet nach Bd. I, S. 49

$$L = \frac{m}{2}\mathfrak{v}^2 + eU - e\mu_0(\mathfrak{v}\,\mathfrak{A}), \tag{I, 2}$$

wo U das Potential des elektrischen Feldes und $\mathfrak{A}$ das Vektorpotential des Magnetfeldes bedeutet. Bildet man die Hamiltonfunktion

$$H = \frac{1}{2m}(\mathfrak{p} + e\mu_0\mathfrak{A})^2 - eU \tag{I, 3}$$

nach Bd. I, S. 100, so kann man die kanonischen Bewegungsgleichungen aufstellen und mit ihrer Hilfe die Bahn der Elektronen im Feld berechnen.

Die Hamiltonsche partielle Differentialgleichung

$$\frac{1}{2m}(\operatorname{grad} W + e\mu_0\mathfrak{A})^2 - eU + \frac{\partial W}{\partial t} = 0 \tag{I, 4}$$

gestattet den Ansatz

$$W = -Et + S \tag{I, 5}$$

mit der Gesamtenergie E, der für S die Gleichung

$$\frac{1}{2m}(\operatorname{grad} S + e\mu_0\mathfrak{A})^2 - eU - E = 0 \tag{I, 6}$$

hinterläßt. Hat man S daraus gefunden, so erhält man Impuls und Geschwindigkeit des Elektrons durch

$$\mathfrak{p} = \operatorname{grad} S;\quad m\mathfrak{v} = \operatorname{grad} S + e\mu_0\mathfrak{A}. \tag{I, 7}$$

§ 1. Elektronenstrahlen in elektrischen und magnetischen Feldern. Elektronenoptik.

*Genau genommen verlangen aber die Elektronen eine wellenmechanische Beschreibung, für welche die klassische Bahnberechnung nur eine Annäherung sein kann. Wir führen sie für das elektrische Feld ohne Magnetfeld durch, um klarzustellen, in welchen Fällen man Elektronenbahnen nach der klassischen Mechanik berechnen darf.

Ein Elektron mit der Energie E wird durch eine Wellenfunktion Ψ beschrieben, welche die Schrödingergleichung

$$\frac{h^2}{8\pi^2 m} \Delta \Psi + (E + eU)\Psi = 0 \qquad (I, 8)$$

erfüllen muß. Für Ψ machen wir den Ansatz

$$\Psi = C e^{\frac{2\pi i W}{h}} = C e^{\frac{2\pi i}{h}(S - Et)}. \qquad (I, 9)$$

Man kann dann immer eine Ortsfunktion C so bestimmen, daß die Schrödingergleichung befriedigt wird. Wäre C konstant, so wäre (I, 9) eine Wellenbewegung bei der sich Flächen $\Psi = $ const durch den Raum bewegen. Legt man während der Zeit δt eine solche Strecke $\delta\mathfrak{z}$ zurück, daß man auf der Fläche $\Psi = $ const bleibt, so muß bei konstantem C

$$0 = \delta \Psi = \frac{2\pi i}{h} C e^{\frac{2\pi i}{h}(S - Et)} \{(\text{grad } S \, \delta\mathfrak{z}) - E \, \delta t\} \qquad (I, 10)$$

sein. Die Geschwindigkeit

$$\mathfrak{u} = \frac{\delta\mathfrak{z}}{\delta t} \qquad (I, 11)$$

gehorcht der Bedingung

$$E = (\mathfrak{u} \text{ grad } S) = (\mathfrak{u} \, \mathfrak{p}) = m(\mathfrak{u} \, \mathfrak{v}). \qquad (I, 12)$$

Die kleinste Geschwindigkeit $\mathfrak{u}$ benötigt man beim Wandern in der Richtung von $\mathfrak{p}$, d. h. senkrecht zu den Flächen $\Psi = $ const bzw. $S = $ const. Mit dieser Geschwindigkeit schreiten die Wellenflächen in Richtung ihrer Normalen fort. Für die Fortpflanzungsgeschwindigkeit u in der Normalenrichtung folgt aus (I, 12) die Beziehung

$$u = \frac{E}{p} = \frac{E}{m v}. \qquad (I, 13)$$

Die Frequenz der Welle (I, 9) ist durch

$$\nu = \frac{E}{h} \qquad (I, 14)$$

gegeben. Sie hat jedoch nur eine untergeordnete Bedeutung, da E nur bis auf eine willkürliche Konstante bestimmt ist, welche sich aus der Wahl des Nullpunktes der potentiellen Energie ergibt.

Zu einem festen Zeitpunkt wiederholt sich der Wert von Ψ an Stellen des Raumes, wo sich S um den Betrag h unterscheidet, d. h. bei einer Verschiebung $\Delta\mathfrak{z}$, für welche

$$h = \Delta S = (\Delta\mathfrak{z} \text{ grad } S) \qquad (I, 15)$$

gilt. Die kleinste Verschiebung $\lambda = \Delta\mathfrak{z}_{\min}$, die diese Bedingung erfüllt, fällt in die Richtung von $\mathfrak{p} = \text{grad } S$ und wird Wellenlänge der Welle genannt. Für sie erhalten wir die sog. de Brogliesche Beziehung

$$\lambda = \frac{h}{p} = \frac{h}{m v} = \frac{h}{\sqrt{2m(E + eU)}}. \qquad (I, 16)$$

Die de Brogliesche Wellenlänge nimmt mit der Geschwindigkeit des Elektrons ab. Bei Elektronen von 0,1 eVolt beträgt sie nur $38{,}67 \cdot 10^{-8}$ cm, für schnelle Elektronen noch entsprechend weniger. Die Wellenlänge ist also immer sehr klein gegenüber allen Apparatdimensionen. Bei sehr großen Geschwindigkeiten muß die Formel (I, 16) noch die relativistische Korrektion

$$\lambda = \frac{h}{mv}\sqrt{1 - \frac{v^2}{c^2}} \tag{I, 17}$$

erfahren.

Bisher haben wir C als konstant angesehen. Nun lassen wir zu, daß C eine mit dem Ort langsam veränderliche Funktion ist und verstehen darunter, daß die Unterschiede von C im Bereich einiger Wellenlängen vernachlässigt werden können. In Formeln bedeutet das

$$\lambda |\operatorname{grad} C| \ll C. \tag{I, 18}$$

Jetzt bilden wir

$$\frac{h}{2\pi i} \operatorname{grad} \Psi = e^{\frac{2\pi i}{h}(S-Et)}\left(C \operatorname{grad} S + \frac{h}{2\pi i} \operatorname{grad} C\right). \tag{I, 19}$$

Wegen (I, 18) gilt

$$\left|\frac{h}{2\pi i} \operatorname{grad} C\right| = \left|\frac{p\lambda}{2\pi i} \operatorname{grad} C\right| \ll \left|\frac{pC}{2\pi}\right| = \frac{C|\operatorname{grad} S|}{2\pi}, \tag{I, 20}$$

und wir können einfach

$$\frac{h}{2\pi i} \operatorname{grad} \Psi = C e^{\frac{h}{2\pi i}(S-Et)} \operatorname{grad} S = \Psi \operatorname{grad} S \tag{I, 21}$$

setzen. Auf die gleiche Weise finden wir

$$-\frac{h^2}{4\pi^2} \Delta\Psi = \Psi\left\{(\operatorname{grad} S)^2 + \frac{h}{2\pi i} \operatorname{div} \operatorname{grad} S\right\}. \tag{I, 22}$$

Setzen wir dies in die Schrödingergleichung

$$\frac{h^2}{8\pi^2 m} \Delta\Psi + (E + eU)\Psi = 0 \tag{I, 23}$$

des Elektrons ein, so ergibt sich

$$(\operatorname{grad} S)^2 + \frac{h}{2\pi i} \operatorname{div} \operatorname{grad} S - 2m(E + eU) = 0. \tag{I, 24}$$

Wenn

$$2m(E + eU) \gg \frac{h}{2\pi} |\operatorname{div} \operatorname{grad} S| \tag{I, 25}$$

ist, so erhalten wir die klassische Näherung

$$(\operatorname{grad} S)^2 = 2m(E + eU), \tag{I, 26}$$

die man aus (I, 6) erhält, wenn man $\mathfrak{A} = 0$ setzt. Damit wäre gezeigt, daß die klassische Bahnberechnung tatsächlich eine Näherungslösung der Schrödingergleichung bedeutet, wenn (I, 18) und (I, 25) erfüllt sind. Um den Sinn von (I, 25) einzusehen, schreiben wir p^2 für $2m(E + eU)$ und $\mathfrak{p}$ für $\operatorname{grad} S$, berücksichtigen (I, 16) und finden als Bedingung für die klassische Näherung

$$p \gg \frac{h}{2\pi p} |\operatorname{div} \mathfrak{p}| = \frac{\lambda}{2\pi} |\operatorname{div} \mathfrak{p}|. \tag{I, 27}$$

§ 1. Elektronenstrahlen in elektrischen und magnetischen Feldern. Elektronenoptik. 1527

Um div $\mathfrak{p}$ zu berechnen, betrachten wir ein Flächenelement df auf einer Fläche $S = \text{const}$ und ergänzen es zu einem Volumenelement $dV = \lambda\, df$. Nun fassen wir die beiden Hauptkrümmungsrichtungen ins Auge, zu denen die Hauptkrümmungsradien ϱ_1 und ϱ_2 gehören mögen. Wir können dann das Flächenelement

$$df = \varrho_1 \varrho_2\, d\varepsilon_1\, d\varepsilon_2 \tag{I, 28}$$

durch die beiden Kontingenzwinkel $d\varepsilon_1$ und $d\varepsilon_2$ darstellen. Das Volumenelement hat dann die Größe

$$dV = \lambda\, \varrho_1 \varrho_2\, d\varepsilon_1\, d\varepsilon_2. \tag{I, 29}$$

Bedeutet $\partial/\partial n$ die Ableitung in Richtung der Flächennormalen, so ist nun

$$\operatorname{div}\mathfrak{p} = \lim_{dV=0} \frac{\lambda}{dV} \frac{\partial}{\partial n}(p\, df) = \frac{\partial p}{\partial n} + \frac{p}{\varrho_1 \varrho_2} \frac{\partial}{\partial n}(\varrho_1 \varrho_2) \tag{I, 30}$$

und die Bedingung (I, 27) geht damit in

$$1 \gg \frac{\lambda}{2\pi}\left\{\frac{1}{p}\frac{\partial p}{\partial n} + \frac{1}{\varrho_1}\frac{\partial \varrho_1}{\partial n} + \frac{1}{\varrho_2}\frac{\partial \varrho_2}{\partial n}\right\} \tag{I, 31}$$

über. Wenn sich die potentielle Energie $-eU$ über den Bereich einer Wellenlänge nur um einen kleinen Bruchteil der kinetischen Energie ändert, so gilt

$$\frac{e\, dU}{E_{\text{kin}}} = \frac{dE_{\text{kin}}}{E_{\text{kin}}} = \frac{dp^2}{p^2} = \frac{2\lambda}{p} \frac{\partial p}{\partial n} \ll 1. \tag{I, 32}$$

Über eine Wellenlänge verändern sich die Hauptkrümmungsradien um Beträge, welche selbst von der Größenordnung λ sind. Wenn also ϱ_1 und ϱ_2 groß gegen λ sind, ist

$$\frac{\lambda}{\varrho_1}\frac{\partial \varrho_1}{\partial n} \ll 1 \quad \text{und} \quad \frac{\lambda}{\varrho_2}\frac{\partial \varrho_2}{\partial n} \ll 1. \tag{I, 33}$$

Die Bedingung (I, 31) ist also immer erfüllt, wenn nicht eine der folgenden Ausnahmen vorliegt: 1. Die Elektronen sind in Ruhe oder bewegen sich nur sehr langsam ($p \approx 0$). 2. Das Potential ändert sich sprunghaft (s. hierzu auch S. 1062). 3. Viele Elektronenbahnen schneiden sich in einem Punkte ($\varrho \approx 0$), so daß ein Brennpunkt der Elektronen entsteht. Wenn wir von diesen Ausnahmen absehen, können wir die Elektronenbahnen klassisch behandeln.

Diese Überlegungen lassen eine sehr weitgehende Analogie zur Optik erkennen. An die Stelle der Phase der Lichtwelle tritt $2\pi S/h$. Als Brechungsindex kann man

$$n = \sqrt{1 + \frac{eU}{E}} \tag{I, 34}$$

definieren. $1/n$ ist das Verhältnis der Fortpflanzungsgeschwindigkeit

$$u = \frac{E}{\sqrt{2m(E + eU)}} \tag{I, 35}$$

zu dem Wert u_0 an einer Stelle, wo das Potential verschwindet. Der Zahlwert von n ist allerdings nur bis auf einen Faktor bestimmt, weil der Nullpunkt des Potentials und der Energie willkürlich ist. Dies macht aber nichts aus, da immer nur Verhältnisse zweier Brechungsindizes vorkommen. Bedeutet $\mathfrak{s}^0$ einen Einheitsvektor in der Richtung des Impulses (Strahles), so erhalten wir die Gleichung

$$\frac{2\pi}{h}\operatorname{grad} S = \frac{2\pi\, \mathfrak{p}}{h} = \frac{2\pi}{\lambda}\mathfrak{s}^0 = \frac{2\pi\nu}{u}\mathfrak{s}^0 = \frac{2\pi\nu\, n}{u_0}\mathfrak{s}^0, \tag{I, 36}$$

welche völlig analog zu der Gleichung (58)

$$\operatorname{grad}\psi = \frac{2\pi \nu n}{c_0}\mathfrak{z}^0 = \frac{2\pi}{\lambda}\mathfrak{z}^0 \qquad (I, 37)$$

von Bd. I, S. 515 ist.

Auch dort gilt die Näherungslösung nur dann, wenn der Brechungsindex langsam veränderlich ist. Emissionspunkte, Brennpunkte und Absorptionspunkte der Lichtstrahlen verursachen ebenfalls Abweichungen. Wir sind also in vollem Umfange berechtigt, der geometrischen Optik des Lichtes eine Elektronenoptik gegenüberzustellen.

In der praktischen Anwendung bestehen jedoch große Unterschiede zwischen Lichtoptik und Elektronenoptik. Die Lichtoptik arbeitet fast immer mit homogenen Medien von konstantem Brechungsindex. Die Abbildungen werden durch Grenzflächen zwischen Medien von verschiedenem Brechungsindex bewirkt. Theoretisch könnte man eine Elektronenoptik ähnlich aufbauen. Es ist aber schwer, Sprungflächen des elektrischen Potentials apparativ zu konstruieren. Tatsächlich hat man dies mit parallelen Netzen versucht, an die man eine Potentialdifferenz anlegt. Die Störungen des Feldes, die jeder einzelne Netzfaden und jedes Loch hervorruft, sind aber so groß, daß eine Netzanordnung einer Glaslinse mit groben Unebenheiten auf der Oberfläche entspricht. Demgemäß bewirken solche Netzflächen nur sehr schlechte Abbildungen. Statt der Grenzflächen verwendet man in der Elektronenoptik Medien mit örtlich veränderlichem Brechungsindex, die in der Lichtoptik kaum Anwendung finden. Als solche stehen elektrische Felder zur Verfügung, deren Potential in passender Weise vom Ort abhängt.

§ 2. Die Bewegung von Elektronen in rotationssymmetrischen elektrischen Feldern. Elektrische Elektronenlinsen.

Inhalt: Der Potentialverlauf in einer Lochblende kann in elliptischen Koordinaten berechnet werden. Kombinationen von Lochblenden als Immersionslinse und Einzellinse.

Bezeichnungen: r, z, φ Zylinderkoordinaten, μ, ν, φ elliptische Koordinaten, $z = 0$ Ort der Lochblende bzw. Linse, $\mathfrak{E}$ elektrische Feldstärke, U elektrisches Potential, U_0 sein Wert auf der Blende oder Linse, a Radius der Blende, A und B Ort des Objektes und Bildes, $-e$, m, v Ladung, Masse und Geschwindigkeit des Elektrons, $F(z)$ Wert des Potentials auf der Achse, g, b, f Gegenstandsweite, Bildweite, Brennweite, n Brechungsindex, Indizes 1, 0, 2 beziehen sich auf Dingraum, Linse und Bildraum.

Wird ein elektrisches Feld durch eine rotationssymmetrische Anordnung von Leitern erzeugt und sind keine Raumladungen vorhanden, so nimmt die Poissonsche Gleichung in Zylinderkoordinaten die Form

$$\frac{1}{r}\frac{\partial}{\partial r}r\frac{\partial U}{\partial r} + \frac{\partial^2 U}{\partial z^2} = 0 \qquad (I, 38)$$

an, weil das Potential von dem Azimut φ um die Rotationsachse aus Symmetriegründen nicht abhängen kann.

Die einfachste derartige Anordnung ist die sog. Lochblende. An den Stellen z_1, $z_0 = 0$ und z_2 mögen sich drei leitende ebene Platten befinden, die auf der z-Achse senkrecht stehen (Abb. 438 links). Die Potentiale auf ihnen seien U_1, U_0 und U_2. Zwischen den Platten haben wir dann homogene elektrische Felder mit den Feldstärken

$$\mathfrak{E}_1 = \frac{U_0 - U_1}{z_0 - z_1} = \frac{U_1 - U_0}{z_1} \quad \text{bzw.} \quad \mathfrak{E}_2 = \frac{U_2 - U_0}{z_2 - z_0} = \frac{U_2 - U_0}{z_2}. \qquad (I, 39)$$

§ 2. Die Bewegung von Elektronen in rotationssymmetrischen elektrischen Feldern. 1529

Nun denken wir uns in die mittlere Platte ein kreisrundes Loch vom Radius a gebohrt, durch welches die beiden Felder miteinander zusammenhängen (Abb. 438 rechts) In der Umgebung der Öffnung ist das Feld dann nicht mehr homogen, wohl dagegen in größerer Entfernung davon.

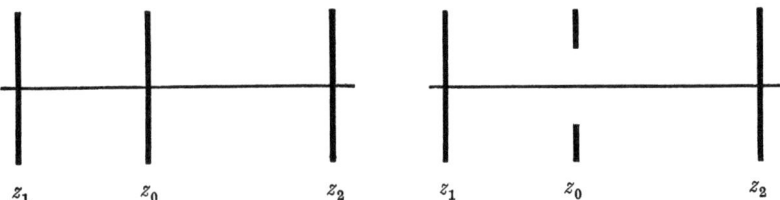

Abb. 438. Links: Drei ebene Metallplatten, rechts: Lochblende zwischen zwei ebenen Metallplatten.

Um jetzt das Potential zu berechnen, führen wir elliptische Koordinaten μ und ν durch

$$r = a \sqrt{(\mu^2 + 1)(1 - \nu^2)} \qquad z = a\mu\nu \qquad (I, 40)$$

ein, in denen sich die Poissonsche Gleichung

$$\Delta U = \frac{1}{a^2(\mu^2 + \nu^2)} \left\{ \frac{\partial}{\partial \mu}(\mu^2 + 1) \frac{\partial U}{\partial \mu} + \frac{\partial}{\partial \nu}(1 - \nu^2) \frac{\partial U}{\partial \nu} \right\} = 0 \qquad (I, 41)$$

schreibt. Als Randbedingung müssen wir verlangen, daß das Potential auf der Lochblende überall den Wert U_0 annimmt und daß in größerer Entfernung vom Loch das Feld homogen wird, mit der Feldstärke $\mathfrak{E}_1$ auf der einen und $\mathfrak{E}_2$ (s. I, 39) auf der anderen Seite.

Wir versuchen nun die Gleichung (I, 41) durch den Ansatz

$$U = U_0 + M(\mu) N(\nu) \qquad (I, 42)$$

zu separieren und erhalten für M und N die beiden Gleichungen

$$\frac{d}{d\mu}(\mu^2 + 1) \frac{dM}{d\mu} = \lambda M, \qquad (I, 43)$$

$$\frac{d}{d\nu}(1 - \nu^2) \frac{dN}{d\nu} = -\lambda N. \qquad (I, 44)$$

ν durchläuft die Werte von -1 bis 1, dagegen μ die Werte 0 bis $+\infty$. Im Loch ist $\mu = 0$, das Metall der Lochblende selbst ist die Fläche $\nu = 0$. Auf ihr soll das Potential überall, d. h. für alle μ, den Wert U_0 haben. Dies kann nur geschehen, wenn N für $\nu = 0$ verschwindet, also den Faktor ν besitzt. In großer Entfernung von der Öffnung, d. h. für große μ, muß sich U an

$$U = U_0 - \mathfrak{E}_1 z = U_0 - \mathfrak{E}_1 a\mu\nu \qquad (I, 45)$$

bzw.

$$U = U_0 - \mathfrak{E}_2 z = U_0 - \mathfrak{E}_2 a\mu\nu \qquad (I, 46)$$

anschließen. Für große μ muß also N in ν übergehen. Da N aber von μ nicht abhängt, muß einfach $N = \nu$ sein. Tatsächlich ist $N = \nu$ eine Lösung von Gleichung (I, 44), wenn wir der Separationskonstanten λ den Wert 2 geben. Durch diese Festsetzung erhalten wir für M die Gleichung

$$\frac{d}{d\mu}(\mu^2 + 1) \frac{dM}{d\mu} = 2M. \qquad (I, 47)$$

Die partikuläre Lösung $M = \mu$ kann man leicht erraten. Dann kann man aber leicht eine zweite Partikularlösung ermitteln und gelangt zu dem allgemeinen Integral

$$M = C_1 \mu + C_2 (\mu \operatorname{arc\,tg} \mu + 1) \tag{I, 48}$$

und der Potentialfunktion

$$U = U_0 + C_1 \mu \nu + C_2 \nu (\mu \operatorname{arc\,tg} \mu + 1). \tag{I, 49}$$

Die Konstanten C_1 und C_2 müssen noch durch $\mathfrak{E}_1$ und $\mathfrak{E}_2$ ausgedrückt werden. Auf der Rotationsachse ist $\nu = \pm 1$ und $z = \pm a\mu$. Der Potentialverlauf auf der Achse ist also durch

$$U = U_0 + \frac{C_1 z}{a} + \frac{C_2 z}{a} \operatorname{arc\,tg} \frac{z}{a} \pm C_2 \tag{I, 50}$$

gegeben. Hieraus finden wir die Feldstärke

$$-\frac{\partial U}{\partial z} = \mathfrak{E}_z = -\frac{C_1}{a} - \frac{C_2}{a} \operatorname{arc\,tg} \frac{z}{a} - \frac{C_2 z}{z^2 + a^2} \tag{I, 51}$$

und müssen für große negative oder positive z

$$\mathfrak{E}_1 = \frac{1}{a}\left(\frac{C_2 \pi}{2} - C_1\right) \tag{I, 52}$$

bzw.

$$\mathfrak{E}_2 = -\frac{1}{a}\left(\frac{C_2 \pi}{2} + C_1\right) \tag{I, 53}$$

verlangen. Die Abb. 439a, b zeigen den Potentialverlauf in der Nähe einer Lochblende.

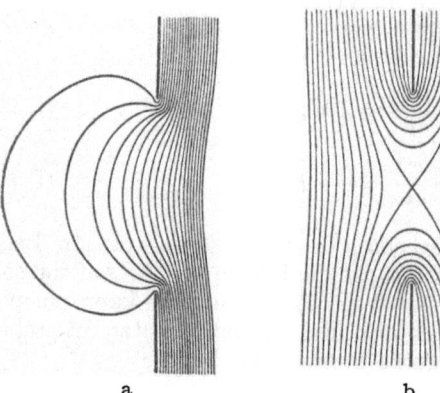

Abb. 439. Potentialverlauf in der Nähe einer Lochblende.
a) Feld auf beiden Seiten verschieden,
b) Feld auf beiden Seiten entgegengesetzt gleich.

Für die elektronenoptische Abbildung ist die Lochblende noch wenig geeignet, da sich mindestens auf einer Seite ein Feld anschließen muß. Durch Kombinieren zweier Lochblenden kann man eine sog. Immersionslinie aufbauen. In großer Entfernung von ihr herrscht kein Feld, wohl aber besteht eine Potentialdifferenz zu beiden Seiten. In einer Immersionslinse gehen also zwei Gebiete verschiedenen Brechungsindexes ineinander über. In dieser Hinsicht entspricht sie einer optischen Linse, die auf der einen Seite in eine Immersionsflüssigkeit eintaucht. Zwei Immersionslinsen kann man so kombinieren, daß auf beiden Seiten des ganzen Linsensystems auch das Potential gleich ist. Eine derartige Kombination kann man also in einer Abbildungsanordnung hin und her bewegen, ohne daß das elektrische Feld in einiger Entfernung von ihr verzerrt wird. Eine solche Anordnung von Lochblenden verhält sich also wie eine Linse in der Lichtoptik und wird Einzellinse genannt.

§ 3. Elektronenoptische Abbildung durch kurze Linsen.

Inhalt: Bei einer kurzen rotationssymmetrischen Anordnung von Lochblenden mit beiderseits konstantem Potential gelten dieselben Gesetze für die Abbildung eines Punktes wie in der Lichtoptik. Die Brennweite der Anordnung ergibt sich aus dem Feldverlauf der Achse.

Bezeichnungen: wie S. 1528.

Ein achsennaher Punkt A möge ein nahezu achsenparalleles Bündel von Elektronenstrahlen aussenden, welches eine elektronenoptische Abbildungsvorrichtung durchsetzt. Wir verfolgen jetzt das Schicksal eines einzelnen Strahles.

Die Komponenten der Strahlgeschwindigkeit seien v_x, v_y und v_z. Da wir uns auf nahezu achsenparallele Strahlen beschränken, ist $v_x \ll v_z$ und $v_y \ll v_z$. In erster Näherung kann man daher alle in v_x und v_y quadratischen Größen vernachlässigen. v_z stimmt dann mit dem Betrag v der Strahlgeschwindigkeit überein. Der Energiesatz liefert die Beziehung

$$\frac{m}{2}(v^2 - v_A^2) = e(U - U_A). \qquad (I, 54)$$

Wählen wir den Nullpunkt des Potentials so, daß $\frac{m}{2} v_A^2 = e U_A$ ist, so gilt einfach

$$\frac{m}{2} v^2 = e U \qquad (I, 55)$$

und die Gesamtenergie der Elektronen hat den Wert Null.

Für achsennahe Punkte können wir das Potential nach Potenzen von Achsenabstand r entwickeln und erhalten

$$U = F(z) + r^2 G(z). \qquad (I, 56)$$

Hieraus ergibt sich die Radialkomponente der Feldstärke

$$\mathfrak{E}_r = -2r G(z). \qquad (I, 57)$$

Damit auf der Achse $\Delta U = 0$ gilt, muß

$$G(z) = -\frac{1}{4} \frac{d^2 F(z)}{dz^2} \qquad (I, 58)$$

sein. Die Radialbewegung der Elektronen folgt der Gleichung

$$m \frac{d^2 r}{dt^2} = 2 e r G(z) = -\frac{er}{2} \frac{d^2 F}{dz^2} \qquad (I, 59)$$

aus der wir die Zeit durch

$$\frac{d}{dt} = v \frac{d}{dz} = \sqrt{\frac{2eU}{m}} \frac{d}{dz} \qquad (I, 60)$$

eliminieren können. In der entstehenden Differentialgleichung der Strahlkurve können wir noch U durch $F(z)$ ersetzen, da wir alle in r quadratischen Glieder vernachlässigen wollen, und erhalten

$$\sqrt{F} \frac{d}{dz} \sqrt{F} \frac{dr}{dz} = -\frac{r}{4} \frac{d^2 F}{dz^2}. \qquad (I, 61)$$

Diese Gleichung werden wir nun für die wichtigsten Spezialfälle durch einen kleinen Kunstgriff näherungsweise integrieren. Wir machen dazu die Voraussetzung, daß die Abbildungsanordnung kurz sei und verstehen darunter folgendes. Ein nennenswertes elektrisches Feld (außer einem etwa vorhandenen homogenen Feld) möge nur in einem kleinen Bereich Δz vorhanden sein, in dem sich die Elektronenlinsen befinden (s. Abb. 440). Δz sei klein gegenüber dem Abstand des Punktes A von der Abbildungsvorrichtung. Unter diesen Umständen können wir die Bahn der Elektronen in drei Abschnitte zerlegen. In dem ersten Stück wird der Strahl noch nicht von der Abbildungseinrichtung beeinflußt.

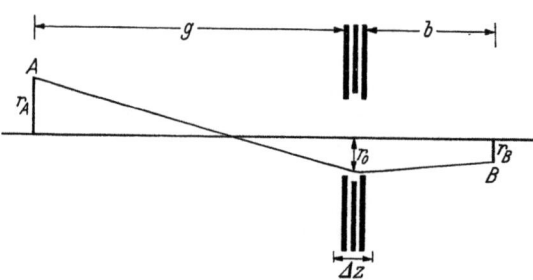

Abb. 440. Abbildung durch eine Elektronenlinse aus drei Lochblenden bestehend.

Das Feld ist, wenn überhaupt vorhanden, homogen. Dann ist $d^2F/dz^2 = 0$ und (I, 61) reduziert sich auf

$$\frac{d}{dz}\sqrt{F}\frac{dr}{dz} = 0 \qquad (I, 62)$$

mit der Lösung

$$\frac{dr}{dz} = \frac{k_1}{\sqrt{F}}. \qquad (I, 63)$$

Genau dasselbe gilt für das dritte Bahnstück, nachdem der Strahl die Abbildungsvorrichtung wieder verlassen hat. Wir erhalten dort

$$\frac{dr}{dz} = \frac{k_2}{\sqrt{F}}. \qquad (I, 64)$$

In der Elektronenlinse selbst nimmt F einen beliebigen Verlauf und ist ziemlich schnell veränderlich. Dieses Bahnstück sei aber nur kurz, so daß r auf ihm praktisch unverändert bleibt. Der Strahl ändert auf ihm im wesentlichen nur seine Richtung. Dann kann die Gleichung (I, 61) einmal integriert werden und man erhält

$$\sqrt{F_2}\left(\frac{dr}{dz}\right)_2 = \sqrt{F_1}\left(\frac{dr}{dz}\right)_1 - \frac{r_0}{4}\int_{\Delta z}\frac{dz}{\sqrt{F}}\frac{d^2F}{dz^2}. \qquad (I, 65)$$

r_0 bedeutet den Achsenabstand, in welchem der Strahl die Linse (Δz) durchdringt. Führen wir k_1 und k_2 in diese Beziehung ein, so finden wir

$$k_2 = k_1 - \frac{r_0}{4}\int_{\Delta z}\frac{dz}{\sqrt{F}}\frac{d^2F}{dz^2} = k_1 - \frac{r_0}{\sigma}. \qquad (I, 66)$$

σ bedeutet die Abkürzung

$$\sigma = \frac{4}{\int_{\Delta z}\frac{dz}{\sqrt{F}}\frac{d^2F}{dz^2}}. \qquad (I, 67)$$

Jetzt integrieren wir (I, 63) vom Punkte A bis zur Linse und erhalten

$$r_0 = r_A + k_1\int_A^0 \frac{dz}{\sqrt{F}} = r_A + k_1\sigma_1 \qquad (I, 68)$$

mit der Abkürzung

$$\sigma_1 = \int_A^0 \frac{dz}{\sqrt{F}} \qquad (I, 69)$$

und in gleicher Weise (I, 64) hinter der Linse, wodurch sich

$$r = r_0 + k_2\int_0^{} \frac{dz}{\sqrt{F}} = r_0 + k_2\sigma_2 \qquad (I, 70)$$

§ 3. Elektronenoptische Abbildung durch kurze Linsen.

mit
$$\sigma_2 = \int_0^{} \frac{dz}{\sqrt{F}} \qquad (I, 71)$$

ergibt. Setzen wir k_2 und r_0 aus (I, 66) und (I, 68) in (I, 70) ein, so erhalten wir

$$r = k_1 \left(\sigma_1 + \sigma_2 - \frac{\sigma_1 \sigma_2}{\sigma} \right) + r_A \left(1 - \frac{\sigma_2}{\sigma} \right). \qquad (I, 72)$$

Die verschiedenen Strahlen, die vom Punkte A ausgehen, unterscheiden sich durch die verschiedenen Werte k_1. Sollen sie sich alle im Bildpunkte B wieder vereinigen, der von der Achse den Abstand r_B haben möge, so muß (I, 72) von k_1 unabhängig sein. Dies führt zu

$$\sigma_1 + \sigma_2 - \frac{\sigma_1 \sigma_2}{\sigma} = 0, \qquad (I, 73)$$

$$r_B = r_A \left(1 - \frac{\sigma_2}{\sigma} \right) = -r_A \frac{\sigma_2}{\sigma_1}. \qquad (I, 74)$$

Die Beziehung (I, 73) kann man durch $\sigma_1 \sigma_2$ dividieren und erhält

$$\frac{1}{\sigma_1} + \frac{1}{\sigma_2} = \frac{1}{\sigma}, \qquad (I, 75)$$

was der Linsenformel der Lichtoptik entspricht.

Wir betrachten jetzt zuerst eine Einzellinse, bei der das Potential auf beiden Seiten denselben konstanten Wert F hat. Sind g und b die Abstände des Objektpunktes A und des Bildpunktes B von der Linse, so ist

$$\sigma_1 = \frac{g}{\sqrt{F}}; \quad \sigma_2 = \frac{b}{\sqrt{F}}. \qquad (I, 76)$$

Um die Brennweite zu finden, schicken wir ein paralleles Bündel ($k_1 = 0$) durch die Linse und verlangen, daß $r_B = 0$ unabhängig von r_A eintritt. Die Formel (I, 74) ergibt dann $\sigma_2 = \sigma$ und $b = f = \sqrt{F} \sigma$. Damit erhalten wir für die Brennweite

$$\frac{1}{f} = \frac{1}{4\sqrt{F}} \int_{\Delta z} \frac{dz}{\sqrt{F}} \frac{d^2 F}{dz^2}. \qquad (I, 77)$$

Drücken wir σ_1, σ_2 und σ in (I, 75) durch g, b und f aus, so gelangen wir zu der Linsenformel

$$\frac{1}{g} + \frac{1}{b} = \frac{1}{f}. \qquad (I, 78)$$

Bei einer Immersionslinse ist F auf beiden Seiten verschieden, aber nicht von z abhängig. Wir erhalten also

$$\sigma_1 = \frac{g}{\sqrt{F_1}}; \quad \sigma_2 = \frac{b}{\sqrt{F_2}}. \qquad (I, 79)$$

Jetzt sind die Brennweiten links und rechts nicht dieselben, sondern wir haben

$$f_1 = \sigma \sqrt{F_1}; \quad f_2 = \sigma \sqrt{F_2}. \qquad (I, 80)$$

Ersetzen wir σ_1, σ_2 und σ in (I, 75) durch g, b, f_1 oder f_2, so kommen wir zu der Linsenformel

$$\frac{\sqrt{F_1}}{g} + \frac{\sqrt{F_2}}{b} = \frac{\sqrt{F_1}}{f_1} = \frac{\sqrt{F_2}}{f_2}. \qquad (I, 81)$$

Führt man hier statt des Potentials $F(=U)$ die Brechungsindizes ein, so erhält man wegen (I, 55) wie in der Lichtoptik

$$\frac{n_1}{g} + \frac{n_2}{b} = \frac{n_1}{f_1} = \frac{n_2}{f_2}. \qquad (I, 82)$$

Die Brennweiten des abbildenden Systems lassen sich nach (I, 67), (I, 77) und (I, 80) errechnen, wenn man den Potentialverlauf $F(z)$ auf der Achse kennt.

Bei einer Lochblende schließlich definieren wir sinngemäß die beiden Brennweiten ebenfalls durch (I, 80), wobei allerdings Zweifel bestehen, was man für F_1 und F_2 einsetzen soll. Schließt sich an die Lochblende auf der einen Seite ein feldfreier Raum an, so ist dort F konstant und die Schwierigkeit behoben. Wir berechnen als Beispiel die Brennweite unter der Annahme, daß sich in der Blendenumgebung das Potential nur so wenig ändere, daß man dafür den konstanten Wert U_0 ansetzen darf. Dann ist

$$\sigma = \frac{4\sqrt{U_0}}{\int \frac{d^2 F}{dz^2}\,dz} = \frac{4\sqrt{U_0}}{\mathfrak{E}_1 - \mathfrak{E}_2}, \qquad (I, 83)$$

$$f = \frac{4 U_0}{\mathfrak{E}_1 - \mathfrak{E}_2} \qquad (I, 84)$$

auf der Seite konstanten Potentials.

Setzt man mehrere Lochblenden zu einer Immersionslinse oder Einzellinse zusammen, so kann man leider die Brennweite des Gesamtsystems aus den Brennweiten der Lochblenden nicht mit Hilfe der Formel

$$\frac{1}{f} = \frac{1}{f_1} + \frac{1}{f_2} + \frac{1}{f_3} \qquad (I, 85)$$

berechnen, die in der Lichtoptik für die Zusammensetzung von Linsen gilt. Das Potentialfeld des zusammengesetzten Systems ergibt sich nämlich nicht durch Überlagern der Felder, die von den Lochblenden einzeln erzeugt werden, da die gegenseitige elektrostatische Influenz der Blenden hinzukommt. In der Praxis muß man also den Feldverlauf in der Achse experimentell bestimmen.

*§ 4. Magnetische Linsen.

Inhalt: Ein rotationssymmetrisches Magnetfeld bewirkt eine Abbildung, wenn sich das Feld auf ein kleines Gebiet konzentriert. Außerdem findet noch eine Drehung des Bildes im Magnetfeld statt. Kurze magnetische Linse. Brennweite und Drehung lassen sich berechnen, wenn der Verlauf des elektrischen und magnetischen Feldes in der Achse bekannt ist.

Bezeichnungen: $\mathfrak{A}$ Vektorpotential des Magnetfeldes, $\mathfrak{A}_\varphi$ seine azimutale Komponente, $\mathfrak{H}$ magnetische Feldstärke, H_z ihre Längskomponente, H_r ihre Radialkomponente, Φ_0 Wert von H_z auf der Achse, μ_0 magnetische Maßkonstante, L Lagrangefunktion, p_φ konstanter Drehimpuls des Elektrons, sonst wie S. 1528.

Neben den elektrischen Linsen verwendet man in der Elektronenoptik auch sog. magnetische Linsen, welche in rotationssymmetrischen Magnetfeldern bestehen. Ist die z-Achse Rotationsachse, so haben solche Felder in Zylinderkoordinaten nur die Komponenten H_z und H_r, während die azimutale Komponente H_φ verschwindet. Das magnetische Feld wird durch Kreisströme erzeugt, deren Mittelpunkte auf der z-Achse liegen. Berechnet man das Vektorpotential $\mathfrak{A}$ durch

$$\mathfrak{A} = \frac{1}{4\pi} \int \frac{\mathfrak{G}\,dv}{R}, \qquad (I, 86)$$

*§ 4. Magnetische Linsen.

wo $\mathfrak{G}$ die Stromdichte und R den Abstand des Stromelementes vom Aufpunkt bedeutet, so erkennt man sofort, daß $\mathfrak{A}$ keine z-Komponente besitzt, weil auch $\mathfrak{G}$ keine solche hat. Aus dem gleichen Grund verschwindet auch die Radialkomponente $\mathfrak{A}_r$. Die Azimutalkomponente $\mathfrak{A}_\varphi$ andererseits kann aus Symmetriegründen nur von r und z, nicht aber von φ abhängen.

Integrieren wir über einen Kreis um die z-Achse mit dem Radius r, so finden wir einerseits

$$\oint (\mathfrak{A}\, d\mathfrak{s}) = 2\pi r\, \mathfrak{A}_\varphi, \tag{I, 87}$$

andererseits wegen des Stokesschen Satzes

$$\oint (\mathfrak{A}\, d\mathfrak{s}) = \int (\operatorname{rot} \mathfrak{A}\, d\mathfrak{f}) = \int (\mathfrak{H}\, d\mathfrak{f}) = 2\pi \int_0^r H_z r\, dr. \tag{I, 88}$$

Wenn wir H_z in die Potenzreihe

$$H_z = \Phi_0(z) + r\, \Phi_1(z) + r^2\, \Phi_2(z) + \cdots \tag{I, 89}$$

nach r entwickeln, so erhalten wir

$$\mathfrak{A}_\varphi = \frac{r}{2}\Phi_0 + \frac{r^2}{3}\Phi_1 + \frac{r^3}{4}\Phi_2 + \cdots. \tag{I, 90}$$

Hieraus ergibt sich die Radialkomponente des Magnetfeldes

$$H_r = -\frac{\partial \mathfrak{A}_\varphi}{\partial z} = -\frac{r}{2}\frac{d\Phi_0}{dz} - \frac{r^2}{3}\frac{d\Phi_1}{dz} - \frac{r^3}{4}\frac{d\Phi_2}{dz} - \cdots. \tag{I, 91}$$

In dem stromfreien Raum in der Nähe des Symmetrieachse muß $\operatorname{rot} \mathfrak{H} = 0$ sein, was die Bedingung

$$\frac{\partial H_z}{\partial r} = \frac{\partial H_r}{\partial z} \tag{I, 92}$$

liefert. Aus ihr folgt

$$\Phi_1 = 0; \quad \Phi_2 = -\frac{1}{4}\frac{d^2\Phi_0}{dz^2}; \quad \Phi_3 = 0 \tag{I, 93}$$

$$\Phi_{2n} = \frac{(-1)^n}{4^n (n!)^2}\frac{d^{2n}\Phi_0}{dz^{2n}}; \quad \Phi_{2n+1} = 0. \tag{I, 94}$$

Bringt man dies in (I, 90) ein, so erhält man für $\mathfrak{A}_\varphi$ die Formel

$$\mathfrak{A}_\varphi = \frac{r}{2}\Phi_0 - \frac{r^3}{16}\frac{d^2\Phi_0}{dz^2} + \cdots = \sum_n \frac{(-1)^n r^{2n+1}}{2^{2n+1}(n+1)!\, n!}\frac{d^{2n}\Phi_0}{dz^{2n}}. \tag{I, 95}$$

Um die Bewegungsgleichungen der Elektronen im Feld zu gewinnen, stellen wir die Lagrangesche Funktion

$$L = \frac{m}{2}(\dot{r}^2 + \dot{z}^2 + r^2\dot{\varphi}^2) + eU - e\mu_0 r\, \dot{\varphi}\, \mathfrak{A}_\varphi \tag{I, 96}$$

in Zylinderkoordinaten auf. Die Lagrangeschen Gleichungen zweiter Art lauten dann

$$\frac{d}{dt}\{m r^2 \dot{\varphi} - e\mu_0 r\, \mathfrak{A}_\varphi\} = 0, \tag{I, 97}$$

$$m\ddot{z} = e\frac{\partial U}{\partial z} - e\mu_0 r\, \dot{\varphi}\, \frac{\partial \mathfrak{A}_\varphi}{\partial z}, \tag{I, 98}$$

$$m\ddot{r} = m r\, \dot{\varphi}^2 + e\frac{\partial U}{\partial r} - e\mu_0\, \dot{\varphi}\, \mathfrak{A}_\varphi - e\mu_0 r\, \dot{\varphi}\, \frac{\partial \mathfrak{A}_\varphi}{\partial r}. \tag{I, 99}$$

Die erste von ihnen liefert sofort das Integral

$$m r^2 \dot\varphi - e \mu_0 r \mathfrak{A}_\varphi = p_\varphi, \qquad (I, 100)$$

mit dessen Hilfe man $\dot\varphi$ aus den beiden anderen Gleichungen eliminieren kann. Statt der zweiten Gleichung kann man mit Vorteil auch den Energiesatz

$$\frac{m}{2} v^2 - e U = E \qquad (I, 101)$$

verwenden. Wählt man noch den Nullpunkt des Potentials so, daß $E = 0$ ist, so haben wir wie im rein elektrischen Felde

$$v = \sqrt{\frac{2eU}{m}}. \qquad (I, 102)$$

Jetzt beschränken wir uns auf nahezu achsenparallele Strahlen und können dann $\dot z = v_z$ mit v selbst identifizieren und (I, 102) durch

$$\dot z = \sqrt{\frac{2eU}{m}} \qquad (I, 103)$$

ersetzen. Für Punkte, die von der Achse nicht allzu weit entfernt sind, können wir wie im vorigen Abschnitt (I, 56 und I, 58)

$$U = F(z) - \frac{r^2}{4} \frac{d^2 F}{dz^2} \qquad (I, 104)$$

setzen und uns beim Vektorpotential mit dem ersten Gliede der Entwicklung (I, 95)

$$\mathfrak{A}_\varphi = \frac{r}{2} \Phi_0 \qquad (I, 105)$$

begnügen. Eliminieren wir noch $\dot\varphi$ aus (I, 99), so haben wir die drei Gleichungen

$$\dot\varphi = \frac{p_\varphi}{m r^2} + \frac{e \mu_0}{2m} \Phi_0, \qquad (I, 106)$$

$$\dot z = \sqrt{\frac{2eF}{m}}, \qquad (I, 107)$$

$$m \ddot r = \frac{p_\varphi^2}{m r^3} - r \left(\frac{e^2 \mu_0^2}{4m} \Phi_0^2 + \frac{e}{2} \frac{d^2 F}{dz^2} \right). \qquad (I, 108)$$

Da wir uns nicht für die Bewegung des einzelnen Elektrons, sondern nur für den Weg der Strahlen interessieren, können wir noch die Zeit durch

$$\frac{d}{dt} = \dot z \frac{d}{dz} = \sqrt{\frac{2eF}{m}} \frac{d}{dz} \qquad (I, 109)$$

fortschaffen und erhalten aus (I, 106) und (I, 108) die Differentialgleichungen

$$\sqrt{F} \frac{d\varphi}{dz} = \frac{p_\varphi}{r^2 \sqrt{2em}} + \frac{e \mu_0 \Phi_0}{2 \sqrt{2em}}, \qquad (I, 110)$$

$$\sqrt{F} \frac{d}{dz} \sqrt{F} \frac{dr}{dz} = \frac{p_\varphi^2}{2 e m r^3} - r \left(\frac{e \mu_0^2}{8m} \Phi_0^2 + \frac{1}{4} \frac{d^2 F}{dz^2} \right) \qquad (I, 111)$$

der Bahnkurve.

Um diese Gleichungen zu lösen, führen wir mit der Transformation

$$r = u e^{i\chi}; \quad \varphi = \chi + \frac{e \mu_0}{2 \sqrt{2em}} \int \frac{\Phi_0 \, dz}{\sqrt{F}} \qquad (I, 112)$$

*§ 4. Magnetische Linsen.

die neuen Variablen u und χ statt r und φ ein. Setzt man φ in (I, 110) ein, so ergibt sich

$$\sqrt{F}\frac{d\chi}{dz} = \frac{p_\varphi}{r^2\sqrt{2em}} = \frac{p_\varphi e^{-2i\chi}}{u^2\sqrt{2em}}. \qquad (I, 113)$$

Wenn man noch r in (I, 111) durch die neuen Variablen ausdrückt und dabei (I, 113) verwendet, gelangt man nach etwas mühsamer Rechnung zu der Gleichung

$$\sqrt{F}\frac{d}{dz}\sqrt{F}\frac{du}{dz} = -u\left(\frac{e\mu_0^2}{8m}\Phi_0^2 + \frac{1}{4}\frac{d^2F}{dz^2}\right) = -\frac{u}{4}P(z) \qquad (I, 114)$$

für u.

Diese Gleichung hat offenbar dieselbe Struktur wie die Gleichung (I, 61) die wir für das rein elektrische Feld erörtert haben. An die Stelle von d^2F/dz^2 tritt nur der Ausdruck

$$P(z) = \frac{d^2F}{dz^2} + \frac{e\mu_0^2}{2m}\Phi_0^2, \qquad (I, 115)$$

der als Funktion von z gegeben ist. Ist insbesondere das elektrische und magnetische Feld in einer elektrischen oder magnetischen Linse auf ein verhältnismäßig kleines Intervall Δz zusammengedrängt, so kann man den Strahl wieder in drei Stücke zerlegen.

Gehen die Strahlen vom Punkte A aus, so durchlaufen sie bis zur Linse den feldfreien Raum, wo $F = F_1$ konstant ist und Φ_0 verschwindet. In diesem Gebiet ist also $P(z) = 0$. Hinter der Linse ist $F = F_2$ und $\Phi_0 = 0$, also ebenfalls $P(z) = 0$. Hat u im Punkt A den Wert u_A, so läßt sich (I, 114) zweimal integrieren, wodurch man

$$\sqrt{F_1}\frac{du}{dz} = k_1 \qquad (I, 116)$$

und

$$u = u_A + \frac{k_1}{\sqrt{F_1}}(z - z_A) \qquad (I, 117)$$

erhält. Für den Wert u_0 am Ort ($z = 0$) der Linse selbst findet man

$$u_0 = u_A - \frac{k_1}{\sqrt{F_1}}z_A = u_A + k_1\sigma_1. \qquad (I, 118)$$

Ist die Linse nur kurz, so ändert sich u auf dem Wege durch sie nur unerheblich und die Linse hat nur die Wirkung du/dz zu verändern. Wir können also in (I, 114) für u auf der rechten Seite u_0 einsetzen und gelangen durch einmalige Integration zu

$$\left(\sqrt{F}\frac{du}{dz}\right)_2 = \left(\sqrt{F}\frac{du}{dz}\right)_1 - \frac{u_0}{4}\int_{\Delta z}\frac{P(z)\,dz}{\sqrt{F}} = \left(\sqrt{F}\frac{du}{dz}\right)_1 - \frac{u_0}{\sigma}. \qquad (I, 119)$$

σ ist eine Abkürzung für

$$\sigma = \frac{4}{\int_{\Delta z}\frac{P(z)\,dz}{\sqrt{F}}}. \qquad (I, 120)$$

Hinter der Linse hat man

$$\sqrt{F_2}\frac{du}{dz} = k_2 \qquad (I, 121)$$

und

$$u_B = u_0 + \frac{k_2}{\sqrt{F_2}}z_B = u_0 + k_2\sigma_2. \qquad (I, 122)$$

Führt man k_1 und k_2 in (I, 119) ein, so kommt man wie bei der elektrischen Linse auf

$$k_2 = k_1 - \frac{u_0}{\sigma} = k_1\left(1 - \frac{\sigma_1}{\sigma}\right) - \frac{u_A}{\sigma}. \qquad (\text{I, 123})$$

Bringt man noch u_0 und k_2 aus (I, 118) und (I, 123) in (I, 122) ein, so entsteht

$$u_B = k_1\left(\sigma_1 + \sigma_2 - \frac{\sigma_1 \sigma_2}{\sigma}\right) + u_A\left(1 - \frac{\sigma_2}{\sigma}\right). \qquad (\text{I, 124})$$

Die vom Punkt A ausgehenden Strahlen unterscheiden sich durch die Werte von k_1 einerseits und p_φ andererseits. Von p_φ hängt aber u_B nicht ab. Sollen sich alle Strahlen im Bildpunkte B schneiden, der an der Stelle z_B liegt, so muß u_B von k_1 unabhängig sein. Daraus ergibt sich

$$\sigma_1 + \sigma_2 - \frac{\sigma_1 \sigma_2}{\sigma} = 0 \qquad (\text{I, 125})$$

oder

$$\frac{1}{\sigma_1} + \frac{1}{\sigma_2} = \frac{1}{\sigma} \qquad (\text{I, 126})$$

und

$$\frac{u_B}{u_A} = 1 - \frac{\sigma_2}{\sigma} = -\frac{\sigma_2}{\sigma_1}. \qquad (\text{I, 127})$$

Jetzt müssen wir uns auch noch mit der Gleichung (I, 113) beschäftigen. Im Punkte A können wir φ_A den Wert Null zuschreiben und erhalten dann aus (I, 112) auch $\chi_A = 0$. Die Integration von (I, 113) vor der Linse liefert dann mit (I, 116)

$$e^{2i\chi_0} - 1 = \frac{2i\, p_\varphi}{\sqrt{2em}\, F_1} \int_{z_A}^{z_0} \frac{dz}{u^2} = \frac{2i\, p_\varphi}{k_1 \sqrt{2em}} \int_{u_A}^{u_0} \frac{du}{u^2}$$
$$= \frac{2i\, p_\varphi}{k_1 \sqrt{2em}}\left(\frac{1}{u_A} - \frac{1}{u_0}\right). \qquad (\text{I, 128})$$

In der Linse selbst ändert sich χ nicht nennenswert, wenn die Linse nur kurz ist. Hinter der Linse gilt

$$e^{2i\chi_B} - e^{2i\chi_0} = \frac{2i\, p_\varphi}{k_2 \sqrt{2em}}\left(\frac{1}{u_0} - \frac{1}{u_B}\right). \qquad (\text{I, 129})$$

Durch Addieren von (I, 128) und (I, 129) findet man wegen (I, 118) und (I, 122)

$$e^{2i\chi_B} - 1 = \frac{2i\, p_\varphi}{u_0 \sqrt{2em}}\left(\frac{u_0 - u_A}{k_1 u_A} + \frac{u_B - u_0}{k_2 u_B}\right) = \frac{2i\, p_\varphi}{u_0 \sqrt{2em}}\left(\frac{\sigma_1}{u_A} + \frac{\sigma_2}{u_B}\right). \qquad (\text{I, 130})$$

Die rechte Seite verschwindet stets für den Bildpunkt, da nach (I, 127)

$$\frac{\sigma_1}{u_A} = -\frac{\sigma_2}{u_B} \qquad (\text{I, 131})$$

ist, so daß sich

$$e^{i\chi_B} = \pm 1 \qquad (\text{I, 132})$$

ergibt. Daraus folgt, daß χ_B ein ganzes Vielfaches von π ist. Dieses Resultat gilt nicht nur unabhängig von k_1, sondern auch unabhängig von p_φ. Bildet man jetzt

$$r_B = u_B\, e^{i\chi_B} = \pm u_B = \mp u_A \frac{\sigma_2}{\sigma_1} = \mp r_A \frac{\sigma_2}{\sigma_1} \qquad (\text{I, 133})$$

und
$$\varphi_B = N\pi + \frac{e\mu_0}{2\sqrt{2em}} \int \frac{\Phi_0\, dz}{\sqrt{F}}, \qquad (I, 134)$$

so zeigt sich, daß sich alle von A ausgehenden Strahlen im Punkt B mit den Koordinaten $r = r_B$, $\varphi = \varphi_B$, $z = z_B$ schneiden, weil diese Werte von k_1 und p_φ nicht abhängen.

Eine Figur in der Ebene $z = z_A$ wird in die Ebene $z = z_B$ abgebildet. Die (Lateral) Vergrößerung ist σ_2/σ_1. Neben der Vergrößerung bewirkt eine magnetische Linse außerdem noch eine Drehung des Bildes um den Winkel φ_B.

Die Gegenstandsweite g, Bildweite b und die Brennweiten f_1 und f_2 kann man wie auf S. 1533 durch

$$g = \sigma_1 \sqrt{F_1}; \quad b = \sigma_2 \sqrt{F_2}; \quad f_1 = \sigma \sqrt{F_1}; \quad f_2 = \sigma \sqrt{F_2} \qquad (I, 135)$$

einführen und findet dann zwischen diesen Größen die Beziehung

$$\frac{\sqrt{F_1}}{g} + \frac{\sqrt{F_2}}{b} = \frac{\sqrt{F_1}}{f_1} = \frac{\sqrt{F_2}}{f_2}. \qquad (I, 136)$$

Damit sind die Abbildungsgesetze für elektrische und magnetische Linsen gefunden. Sie erweisen sich als dieselben wie in der Lichtoptik. Die ausgeführte Untersuchung ist indes nur eine erste Näherung für nahezu achsenparallele Strahlenbündel. Bei weit geöffneten Bündeln und bei der Abbildung achsenferner Punkte treten wie in der Lichtoptik Abbildungsfehler auf, die mit den dort bekannten große Ähnlichkeit besitzen.

§ 5. Elektronenstrahlen im homogenen Magnetfeld.

Inhalt: Im homogenen Magnetfeld durchlaufen die Elektronen Schraubenlinien um die Richtung des Feldes, deren Radius durch die Feldstärke und Geschwindigkeit senkrecht zum Feld bestimmt ist. Alle Strahlen, die von einem Punkt ausgehen und gleiche Geschwindigkeit in der Feldrichtung besitzen, schneiden sich in regelmäßigen Abständen wieder.

Bezeichnungen: $-e$ Ladung, m Masse, $\mathfrak{v}$ Geschwindigkeit der Elektronen, $\mathfrak{H}$ magnetische Feldstärke, H ihr Betrag, $\mathfrak{K}$ Kraft, μ_0 magnetische Maßkonstante, z Koordinate in der Feldrichtung, x, y Koordinaten senkrecht zum Feld, v_1 Betrag der Geschwindigkeit senkrecht zum Feld, v_z in der Feldrichtung, ψ Ablenkung im Magnetfeld, ϱ Radius der Schraube.

In einem Magnetfeld wirkt auf ein Elektron, welches sich mit der Geschwindigkeit $\mathfrak{v}$ bewegt, die Kraft

$$\mathfrak{K} = -e\mu_0 [\mathfrak{v}\,\mathfrak{H}]. \qquad (I, 137)$$

Ist das Feld homogen und parallel zur z-Achse, so ist $\mathfrak{H} = \mathfrak{k} H$ und

$$\mathfrak{K} = e\mu_0 H [\mathfrak{k}\,\mathfrak{v}] = e\mu_0 H (\mathfrak{j}\,v_x - \mathfrak{i}\,v_y). \qquad (I, 138)$$

Die Bewegungsgleichungen

$$m\dot v_x = -e\mu_0 H v_y, \qquad (I, 139)$$

$$m\dot v_y = e\mu_0 H v_x, \qquad (I, 140)$$

$$m\dot v_z = 0 \qquad (I, 141)$$

liefern zunächst $v_z = $ const. Multipliziert man (I, 139) mit v_x und (I, 140) mit v_y und addiert, so erhält man

$$m(v_x \dot v_x + v_y \dot v_y) = \frac{m}{2}\frac{d}{dt}(v_x^2 + v_y^2) = 0, \qquad (I, 142)$$

woraus
$$v_x^2 + v_y^2 = v_1^2 = \text{const} \tag{I, 143}$$
folgt. Setzt man jetzt
$$v_x = v_1 \cos\psi; \quad v_y = v_1 \sin\psi, \tag{I, 144}$$
so gehen die Gleichungen (I, 139) und (I, 140) in
$$\dot\psi = \frac{e\,\mu_0\,H}{m} \tag{I, 145}$$
über, was durch Integration zu
$$\psi = \psi_0 + \frac{e\,\mu_0\,H}{m} t \tag{I, 146}$$
führt. Setzt man dies in (I, 144) ein, so entsteht
$$\dot x = v_1 \cos\left(\psi_0 + \frac{e\,\mu_0\,H}{m} t\right); \quad \dot y = v_1 \sin\left(\psi_0 + \frac{e\,\mu_0\,H}{m} t\right), \tag{I, 147}$$
woraus beim nochmaligen Integrieren
$$x = c_x + \frac{m\,v_1}{e\,\mu_0\,H} \sin\left(\psi_0 + \frac{e\,\mu_0\,H}{m} t\right), \tag{I, 148}$$
$$y = c_y - \frac{m\,v_1}{e\,\mu_0\,H} \cos\left(\psi_0 + \frac{e\,\mu_0\,H}{m} t\right) \tag{I, 149}$$
hervorgeht.

Die Projektion der Bahn auf die x-, y-Ebene findet man durch Eliminieren der Zeit aus (I, 148, 149) und erhält dabei
$$(x - c_x)^2 + (y - c_y)^2 = \frac{m^2\,v_1^2}{e^2\,\mu_0^2\,H^2}. \tag{I, 150}$$
Sie ist ein Kreis mit dem Radius
$$\varrho = \frac{m\,v_1}{e\,\mu_0\,H}, \tag{I, 151}$$
dessen Mittelpunkt die Koordinaten c_x und c_y hat. Die räumlichen Bahnen der Elektronen sind Schraubenlinien mit dem Radius ϱ, deren Achse die z-Achse ist.

Geht von einem Punkt A in einem homogenen Magnetfeld ein Bündel von Elektronenstrahlen aus, welche alle dieselbe Geschwindigkeit v_z in der Richtung des Magnetfeldes haben, so sind die Projektionen der Strahlen auf die x-, y-Ebene Kreise mit allen möglichen Radien und Mittelpunkten, welche durch den Punkt A gehen. Das Strahlenbündel selbst ist ein Bündel von Schraubenlinien durch den Punkt A.

Bemerkenswert ist folgende Eigenschaft dieses Bündels. Nach Ablauf einer Zeit
$$\tau = \frac{2\pi\,m}{e\,\mu_0\,H} \tag{I, 152}$$
und Zurücklegung einer Strecke
$$s = \frac{2\pi\,m}{e\,\mu_0\,H} v_z \tag{I, 153}$$

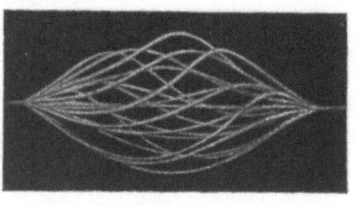

Abb. 441. Elektronenbahnen im homogenen Magnetfeld.

wiederholen sich die Werte der Koordinaten x und y. Alle Strahlen, die durch den Punkt A gehen, vereinigen sich wieder in einem Punkte B, der von A den Abstand (I, 153) besitzt, um sich dann wieder zu trennen und sich zum zweitenmal nach dem gleichen Abstand wieder zu schneiden usw. Ein Bild dieses Bündels zeigt die Abb. 441.

§ 6. Elektronenmikroskop, Braunsche Röhre.

Die Vereinigung aller von einem Punkt A ausgehenden Elektronenstrahlen in einem Bild B durch elektrische und magnetische Linsen kann zur Konstruktion verschiedenartiger elektronenoptischer Geräte ausgenutzt werden.

Eine Gruppe dieser Geräte entspricht den lichtoptischen Abbildungsvorrichtungen. Das abzubildende Objekt muß zum Ausgangspunkt eines Bündels von Elektronenstrahlen gemacht werden. Dies ist auf verschiedene Weise möglich. Glühende Körper, insbesondere Glühkathoden, senden an sich schon Elektronen aus. Kalte Oberflächen können durch Belichtung zur Emission von Elektronen gebracht werden. Schließlich kann man auch das Objekt mit schnellen Elektronen durchstrahlen, wobei durch Streuung divergente Elektronenbündel entstehen, die vom Objekt ihren Ausgang nehmen.

Bildet man diese auf irgendeine Weise erzeugten divergenten Bündel durch eine elektrische oder magnetische Linse ab, so kann man in der Bildebene vergrößerte oder verkleinerte Elektronenbilder des Gegenstandes erzielen. Bringt man in der Bildebene einen Phosphoreszenzschirm an, so wird das Bild sichtbar.

Um sehr hohe Vergrößerungen zu erzielen, entwirft man mit einer Linse, genau wie in der Lichtoptik, zuerst ein Zwischenbild, welches durch eine zweite Linse vergrößert wird. Geräte dieser Art, die nach dem Grundsatz des Mikroskops gebaut sind, werden als Elektronenmikroskope oder Übermikroskope bezeichnet und haben schon große Bedeutung erlangt. Da die Wellenlänge der Elektronenstrahlen wesentlich kleiner als die der Lichtstrahlen ist, hat das Elektronenmikroskop eine höhere Auflösung als das Lichtmikroskop. Es lohnt sich daher, beim Elektronenmikroskop geometrische Vergrößerungen (bis zu 1:30000) anzuwenden, die beim Lichtmikroskop sinnlos wären. Man kann auf diese Weise Objekte bis zu 10 mμ herab auflösen, während man mit Licht nicht weiter als bis 200 mμ gelangt.

Ein wesentlich komplizierteres elektronenoptisches Instrument als das Mikroskop, das ja einfach das Analogon des gewöhnlichen Mikroskops ist, ist die Braunsche Röhre. Ganz schematisch besteht sie in folgender Anordnung. Eine Glühkathode K sendet Elektronen aus. Diese werden durch die Spannung zwischen Kathode und Anode A (s. Abb. 442) auf eine geeignete Geschwindigkeit

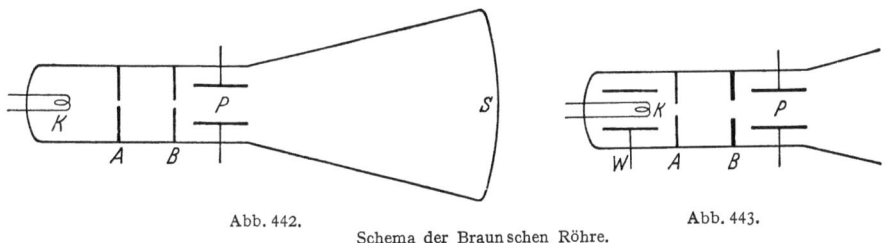

Abb. 442.   Abb. 443.
Schema der Braunschen Röhre.

beschleunigt. Durch ein kleines Loch in der Anode tritt ein feiner Strahl hindurch, der allenfalls durch eine zweite Blende B noch weiter verengt werden kann. Er wird dann in einem elektrischen Feld zwischen zwei Kondensatorplatten P zur Seite abgelenkt. Die Ablenkung ist ein Maß für die im Kondensator wirkende Feldstärke bzw. die an die Platten gelegte Spannung. Der abgelenkte Strahl fällt schließlich auf einen Phosphoreszenzschirm, wo er als Leuchtfleck sichtbar wird. Die Braunsche Röhre dient zur Beobachtung oder zum photographischen Registrieren schnell veränderlicher Spannungen.

Die wirkliche Durchführung dieses Konstruktionsprinzips führt auf elektronenoptische Aufgaben. Bei der Braunschen Röhre sucht man einen möglichst hellen, aber auch möglichst kleinen Leuchtfleck zu erzielen, gleichzeitig aber eine möglichst große Empfindlichkeit, d. h. möglichst große Ablenkung bei einer Spannung von 1 Volt an den Kondensatorplatten zu erreichen. Beim einfachen Ausblenden durch zwei Blenden erhält man aber nur einen sehr schwachen Strahl, der auf der Phosphoreszenzschicht kaum einen sichtbaren Lichteindruck erzeugt, und wenn er sich schnell bewegt, erst recht nicht photographierbar ist. Durch das Ausblenden allein kann man auch die Größe des Leuchtfleckes nicht genügend herabdrücken. Die wirklich brauchbaren Formen von Braunschen Röhren lassen sich in groben Zügen etwa auf folgendes Schema bringen (s. Abb. 443). Eine Glühkathode umgibt man mit einem negativ aufgeladenen Zylinder, dem sog. Wehneltzylinder, der die Elektronen zwingt, in der Nähe der Zylinderachse zu bleiben. Eine durchbohrte Anode, die gegen die Glühkathode positiv ist, beschleunigt die Elektronen. Durch diese Einrichtung werden die Elektronen in der Bohrung der Anode konzentriert. Von jedem Punkte dieses Loches gehen schwach divergente Bündel von mäßig schnellen Elektronen aus. Statt das Loch sehr klein zu machen und durch eine zweite Lochblende einen feinen Strahl auszublenden, bildet man es stark verkleinert durch eine Elektronenlinse auf einen Phosphoreszenzschirm ab, wodurch ein kleiner, aber sehr heller Leuchtfleck entsteht. Man kann hierzu entweder eine elektrische oder eine magnetische Linse benutzen. Die Ablenkvorrichtung bewirkt eine Knickung der optischen Achse und entspricht einem optischen Prisma. Wie bei einem Lichtspektrographen muß die Ablenkvorrichtung möglichst nahe an der Abbildungslinse angebracht werden. Bei magnetischer Abbildung kann sie sich sogar im Innern der Abbildungsspule befinden.

Diese Einrichtung hat noch einen fatalen Nachteil. Bildet man nämlich das Loch in der Anode stark verkleinert ab, so ist der Abstand Anode–Linse wesentlich größer als der Abstand Linse–Schirm. Um eine große Ablenkung, also große Empfindlichkeit, zu erzielen, wäre aber gerade das umgekehrte Verhältnis dieser Abstände erwünscht. Hier kann man sich nun helfen, wenn man die Potentiale F_1 und F_2 auf der Objekt- und der Bildseite verschieden macht. Die Vergrößerung σ_2/σ_1 soll klein sein (s. S. 1533), während das Verhältnis b/g von Bildweite zu Gegenstandsweite groß sein soll. Nach Gleichung (I, 79) ist dann

$$\frac{b}{g} = \frac{\sigma_2}{\sigma_1} \sqrt{\frac{F_2}{F_1}}. \qquad (I, 154)$$

Wenn nur das Potential auf der Schirmseite viel höher als an der Anode ist, so kann man bei starker Verkleinerung des Bildes der Anodenöffnung doch eine große Ablenkung erreichen. In der praktischen Ausführung müssen also zwischen Anode und Linse die Elektronenstrahlen nachbeschleunigt werden, was durch eine Zwischenelektrode geeigneter Form leicht geschehen kann.

Die Braunsche Röhre besteht also aus folgenden, grundsätzlich notwendigen Einzelelementen: 1. der Glühkathode, die die Elektronen liefert; 2. dem Wehneltzylinder, der sie in der Achse konzentriert; 3. der Anode mit Loch, von dessen Punkten kräftige, schwach divergente Elektronenbündel ausgehen und das auf den Schirm abgebildet wird; 4. der Elektrode zur Nachbeschleunigung der Strahlen; 5. der Elektronenlinse, die die verkleinernde Abbildung bewirkt; 6. der Ablenkungsvorrichtung in der Nähe der Linse und 7. dem Phosphoreszenzschirm, auf dem das Bild sichtbar wird.

Gewöhnlich rüstet man die Braunsche Röhre mit zwei Ablenkungsvorrichtungen aus, die in zwei zueinander senkrechten Richtungen wirken. Auf diese Weise entsteht ein Gerät von vielseitiger Anwendung. An die eine Ablenkungsvorrichtung kann man z. B. eine Kippschwingung legen, so daß man auf dem Schirm die direkte Aufschreibung des zeitlichen Ablaufes der Spannung sieht, welche an dem anderen Ablenkungskondensator liegt.

§ 7. Die elektronenoptischen Ablenkelemente.

Inhalt: Elektronenoptisches Prisma, Massenspektrographen.

Neben den elektronenoptischen Abbildungselementen, den elektrischen und magnetischen Linsen, spielen auch die Ablenkungselemente eine Rolle, welche den Prismen in der Lichtoptik entsprechen. Während die Abbildung durch elektrische und magnetische Felder bewirkt wird, die im wesentlichen parallel zum Strahlengang sind, erzielt man eine Ablenkung der Strahlen, wenn die Felder auf der Strahlrichtung senkrecht stehen. Als Ablenkelemente hat man demgemäß das Kondensatorplattenpaar und das homogene Magnetfeld senkrecht zur Strahlrichtung, welches durch eine Doppelspule mit Polschuhen erzeugt wird.

Zu Abbildungszwecken werden heute fast nur Elektronenstrahlen angewandt, Ablenkungen nimmt man aber ebensooft an Ionenstrahlen vor. Es ist klar, daß für den Ablenkungsvorgang kein grundsätzlicher Unterschied zwischen beiden Strahlarten besteht.

In einem homogenen Magnetfeld befinde sich ein punktförmiger Strahler, der Teilchen der Ladung e und der Masse m aussendet, die alle die gleiche Geschwindigkeit v besitzen mögen. Wir beschränken die Untersuchung zunächst auf die Teilchen, welche keine Geschwindigkeitskomponente in der Richtung des Magnetfeldes haben. Nach Gleichung (I, 151) bewegen sie sich auf Kreisen mit dem Radius

$$\varrho = \frac{m v}{e \mu_0 H},\qquad(I, 155)$$

wie sie in der Abb. 444 gezeichnet sind. Die Enveloppe all dieser Kreise ist ein Kreis um den Strahler mit dem Radius 2ϱ. Blenden wir ein enges Strahlenbündel durch eine Blende aus, so vereinigen sich die Strahlen wieder einigermaßen, nachdem sie einen Halbkreis durchlaufen haben (s. Abb. 445). Es tritt also eine

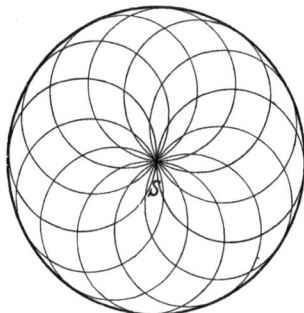

Abb. 444. Die Bahnen der vom Strahler S emittierten Strahlen werden im homogenen Magnetfeld zu Kreisen gekrümmt.

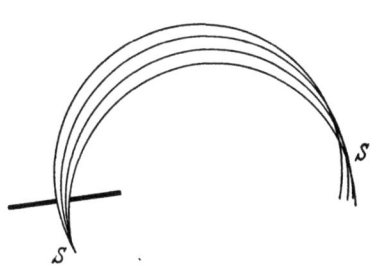

Abb. 445. Ein schmales Bündel, das von S ausgeht und sich im Punkt S' vereinigt, nachdem es einen Halbkreis durchlaufen hat.

sog. Fokussierung des Strahlenbündels ein. Entsendet der Strahler Teilchen von verschiedenen Geschwindigkeiten, so entsteht für jeden Wert von v ein Bündel, das sich nach Durchlaufen eines Halbkreises wieder vereinigt. Die Vereinigung findet an verschiedenen Stellen statt und man erhält ein magnetisches

Geschwindigkeitsspektrum des Strahlers (s. Abb. 446). Derartige magnetische Spektrographen sind besonders für Untersuchungen an radioaktiven Substanzen von Bedeutung.

Wenn man langsame Ionen in einem elektrischen Feld nachbeschleunigt, erhalten sie alle dieselbe kinetische Energie ε, gleichgültig, welche Masse sie haben. In einem homogenen magnetischen Querfeld durchlaufen sie Kreise mit den Radien

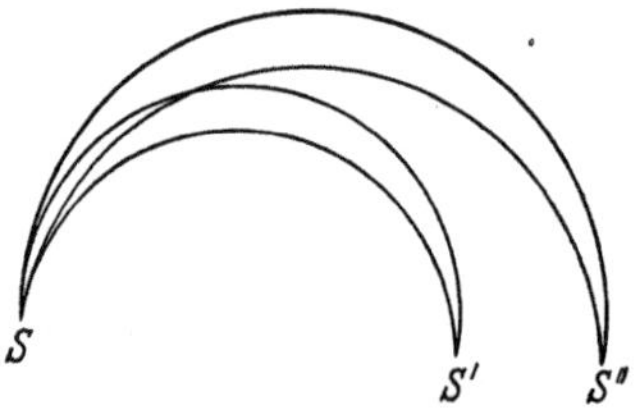

$$\varrho = \frac{\sqrt{2m\varepsilon}}{e\,\mu_0\,H}.$$

Teilchen gleicher Masse, aber verschiedener Richtung werden nach Durchlaufen eines Halbkreises wieder gesammelt, während Teilchen anderer Masse sich an einer anderen Stelle konzentrieren. Auf diese Weise läßt sich ein rein magnetischer Massenspektrograph konstruieren, der die Ionenstrahlen nach den Massen trennt, aber die Strahlenbündel verschiedener Richtung an bestimmten Punkten wieder vereinigt.

Abb. 446. Bündel verschiedener Geschwindigkeit werden in zwei getrennten Punkten S' und S'' vereinigt.

Das eigentliche Problem der Massenspektroskopie liegt aber etwas komplizierter, da gewöhnlich in einem Strahl sowohl Teilchen verschiedener Masse wie auch verschiedener Geschwindigkeit enthalten sind. Nach ASTON spaltet man zuerst den Strahl durch eine elektrische Ablenkungsanordnung auf und vereinigt durch ein magnetisches Querfeld die Teilchen gleicher Masse, aber verschiedener Geschwindigkeit wieder in einem Punkt. Die Abb. 447 zeigt schematisch die Wirkungsweise des ASTONschen Massenspektrographen.

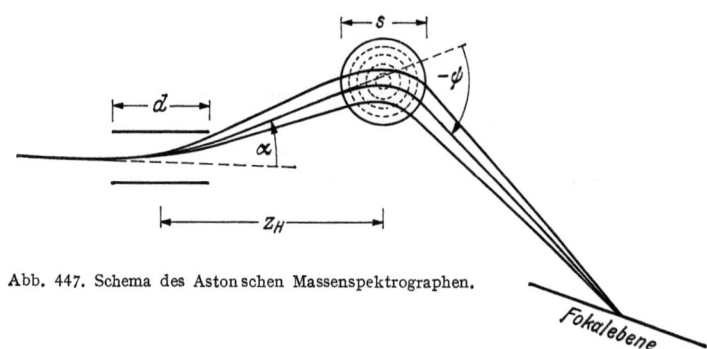

Abb. 447. Schema des Astonschen Massenspektrographen.

Ist v die ursprüngliche Geschwindigkeit des Strahles und hat der elektrische Ablenkkondensator die Länge d, so verweilt der Strahl in ihm eine Zeitspanne $t = d/v$. Ist die Feldstärke $\mathfrak{E}$ und die Ladung der Teilchen e, so erlangt der Strahl beim Durchfliegen des Kondensators den Impuls

$$p_x = \frac{e\,\mathfrak{E}\,d}{v} \qquad (I, 156)$$

senkrecht zur Strahlrichtung. Die Tangente

$$\operatorname{tg}\alpha = \frac{p_x}{p_z} = \frac{e\,\mathfrak{E}\,d}{m\,v^2} \qquad (I, 157)$$

des Ablenkungswinkels α ist das Verhältnis des Querimpulses p_x zum Impuls p_z vor der Ablenkung.

§ 7. Die elektronenoptischen Ablenkelemente.

Legt der Strahl im Magnetfeld den Weg s zurück, so verweilt er in ihm während einer Zeit $\tau = s/v$. Nach (I, 146) wird er hierbei um den Winkel

$$\psi = -\frac{e\,\mu_0\,H\,s}{m\,v} \qquad (\text{I}, 158)$$

gedreht. Die Richtung des Magnetfeldes wählen wir so, daß ψ negatives Vorzeichen erhält, also der Ablenkung α entgegenwirkt. Legen wir die z-Achse in die ursprüngliche Strahlrichtung, die x-Achse in die Richtung, in der die elektrische Ablenkung erfolgt, den Koordinatenursprung in die Mitte des elektrischen Kondensators, so ist die Gleichung des Strahles nach der elektrischen Ablenkung

$$x = z\,\mathrm{tg}\,\alpha = \frac{e\,\mathfrak{E}\,d}{m\,v^2}\,z. \qquad (\text{I}, 159)$$

Wir vereinfachen uns das Verfolgen des Strahles, indem wir das Magnetfeld durch eine schmale Zone in seiner Mitte z_H ersetzt denken und uns vorstellen, daß in dieser Zone die Drehung (I, 158) erfolge. Außerhalb dieser Zone behalten wir den gradlinigen Verlauf des Strahles bei. Für kleine Ablenkung lautet die Gleichung des Strahles hinter dem Magnetfeld

$$x = z_H\,\mathrm{tg}\,\alpha + (z - z_H)\,\mathrm{tg}(\alpha + \psi) = z_H\,\mathrm{tg}\,\alpha + (z - z_H)(\alpha + \psi)$$

$$= z_H\,\mathrm{tg}\,\alpha + (z - z_H)\left(\frac{e\,\mathfrak{E}\,d}{m\,v^2} - \frac{e\,\mu_0\,H\,s}{m\,v}\right) \qquad (\text{I}, 160)$$

$$= z\,\frac{e\,\mathfrak{E}\,d}{m\,v^2} - (z - z_H)\,\frac{e\,\mu_0\,H\,s}{m\,v}.$$

Nun stellen wir uns vor, daß die Strahlen dadurch entstanden seien, daß langsame Ionen mit verschiedenen Massen und Geschwindigkeiten durch ein elektrisches Feld beschleunigt wurden, wobei sie die kinetische Energie eU_0 aufgenommen haben. Um diesen Wert eU_0 herum streut die kinetische Energie ε, die die Teilchen besitzen, ein wenig. Führen wir ε statt der Geschwindigkeit ein, so erhalten wir aus (I, 160)

$$x = z\,\frac{e\,\mathfrak{E}\,d}{2\varepsilon} - \frac{(z - z_H)\,e\,\mu_0\,H\,s}{\sqrt{2m\varepsilon}}. \qquad (\text{I}, 161)$$

x ist der Abstand von der z-Achse, in welchem der Strahl eine Ebene senkrecht zur z-Achse durchstößt. Jetzt fragen wir nach dem Abstand dx der Durchstoßpunkte zweier Strahlen, deren Energien sich um $d\varepsilon$ unterscheiden. Wir erhalten

$$dx = -d\varepsilon\left(\frac{z\,e\,\mathfrak{E}\,d}{2\varepsilon^2} - \frac{(z - z_H)\,e\,\mu_0\,H\,s}{2\varepsilon\sqrt{2m\,e}}\right). \qquad (\text{I}, 162)$$

Sollen die Strahlen des Bündels, die zu verschiedenen Energien gehören, sich in einem Punkte vereinigen, so muß die Klammer verschwinden, woraus sich

$$\frac{z\,\mathfrak{E}\,d}{\sqrt{\varepsilon}} = \frac{(z - z_H)\,\mu_0\,H\,s}{\sqrt{2m}} \qquad (\text{I}, 163)$$

ergibt. Eliminieren wir die Masse m aus (I, 161) und (I, 163), so erhalten wir die Gerade

$$x = -z \frac{e \mathfrak{E} d}{2\varepsilon}, \qquad (I, 164)$$

auf der sich die Strahlen benachbarter Energien schneiden. (I, 164) ist das Spiegelbild des nur elektrisch abgelenkten Strahles an der z-Achse. Der Ort des Schnittpunktes auf der Geraden (I, 164) hängt von der Masse der Teilchen ab und wird durch (I, 163) bestimmt. Die Anordnung fokussiert also die Strahlen verschiedener Energie, aber gleicher Masse in einem Punkt, dagegen Strahlen verschiedener Massen in verschiedenen Punkten[1].

Will man die Strahlen photographisch aufnehmen, so stellt man die Platte in die „Fokalebene", deren Spur die Gerade (I, 164) ist. Will man die Strahlen verschiedener Massen trennen, so kann man in der Fokalebene Schlitze anbringen, durch welche die Strahlen bestimmter Masse in einzelne Kammern eintreten.

Auch der Astonsche Massenspektrograph ist noch nicht vollkommen. Er setzt nämlich voraus, daß vor dem elektrischen Kondensator ein feiner Strahl durch Ausblenden hergestellt wird. Hierdurch verliert man natürlich Intensität. Viel zweckmäßiger ist es, nicht nur die Strahlen verschiedener Geschwindigkeit, sondern auch die etwas verschiedener Richtung in einem Punkte zu fokussieren. Dies läßt sich erreichen, wenn man den Raum, in dem das transversale Magnetfeld liegt, gleichzeitig als elektrischen Zylinderkondensator ausbildet. Auf die Theorie dieser Einrichtung wollen wir aber nicht näher eingehen.

II. Relativistische Elektronen- und Ionenoptik. Teilchenbeschleuniger.

Makroskopische Körper erreichen nur so geringe Geschwindigkeiten, daß relativistische Effekte höchstens Korrekturen zu der nichtrelativistischen Bewegung beisteuern, meist nur so unbedeutende Korrekturen, daß deren Beobachtung nur mit erheblichem Aufwand gelingt. Atomare Teilchen, Elektronen und Ionen können mit den heutigen Hilfsmitteln dagegen auf so hohe Geschwindigkeiten gebracht werden, daß ihre kinetische Energie mit der Massenenergie vergleichbar wird, bei Elektronen sie sogar um ein Vielfaches übertrifft. Die relativistischen Effekte verursachen dann nicht nur Korrekturen der nichtrelativistischen Bewegung, sondern sie verändern diese Bewegung von Grund aus.

Über viele einfache Probleme, wie sie z. B. bei den Teilchenbeschleunigern vorliegen, kann man einen ersten Überblick gewinnen, wenn man einfach die Veränderlichkeit der Masse des Teilchens mit seiner Geschwindigkeit berücksichtigt. Als Impulsmasse bzw. Energiemasse (s. Bd. I, S. 658 u. 659) ist

$$m = \frac{m_0}{\sqrt{1 - \frac{v^2}{c^2}}} \qquad (II, 1)$$

---

[1] Es ist wichtig zu bemerken, daß in dieser Näherung das Ergebnis nur von der Länge der Wege d und s abhängt, die die Strahlen im Kondensator bzw. im Magnetfeld zurücklegen. Selbst wenn die Felder nicht ganz homogen sind, macht dies nichts aus, weil an Stelle von Hs einfach $\int H \, ds$ tritt und ähnliches auch im elektrischen Fall gilt.

§ 1. Die relativistische Bewegung geladener Teilchen im homogenen elektrischen Feld. 1547

einzusetzen, wenn m_0 die Ruhmasse des Teilchens bedeutet. Man erhält daraus die Geschwindigkeit

$$v = \frac{c}{m}\sqrt{m^2 - m_0^2} \qquad (II, 2)$$

und den Impuls

$$p = mv = c\sqrt{m^2 - m_0^2} \qquad (II, 3)$$

durch die Masse ausgedrückt. Die kinetische Energie (einschl. der Massenenergie)

$$E = mc^2 \qquad (II, 4)$$

hängt mit dem Impuls p über

$$E = c\sqrt{m_0^2 c^2 + p^2} \qquad (II, 5)$$

zusammen. Da die Ruhenergie des Elektrons nur 0,511 MeV entspricht, machen sich relativistische Effekte schon bemerkbar, wenn man mit Spannungen von 100 kV arbeitet, und treten völlig in den Vordergrund, wenn die Spannung 1 MeV überschreitet. Die Ruhenergie des Protons beträgt 938,2 MeV, die des Deuterons 1890,3 MeV und die der α-Teilchen 3756,6 MeV. Nur bei den allergrößten Beschleunigern werden solche Energien erreicht, daß die Masse dieser Teilchen erheblich anwächst. Bei den schweren Teilchen haben also die relativistischen Effekte bei den meisten Beschleunigern nur den Charakter von Korrekturen, sind jedoch nicht vernachlässigbar.

In der Abb. 448 ist v und p gegen m oder, was dasselbe ist, gegen E aufgetragen.

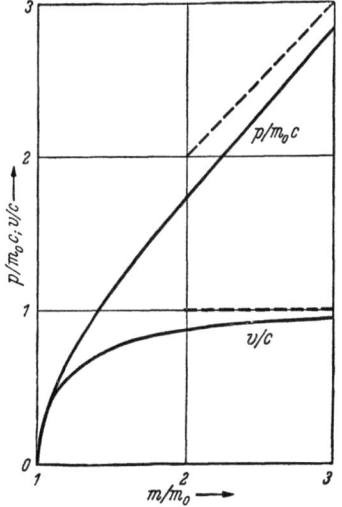

Abb. 448. Zusammenhang von Impuls, Geschwindigkeit und Masse (relativistisch).

§ 1. Die relativistische Bewegung geladener Teilchen im homogenen elektrischen Feld.

Inhalt: Im homogenen Feld nähert sich die Geschwindigkeitskomponente in der Feldrichtung nach längerem Verbleiben im Feld der Lichtgeschwindigkeit, die Geschwindigkeit quer zum Feld geht auf Null zurück, die Masse wächst der Zeit proportional.

Bezeichnungen: e Ladung, m_0 Ruhmasse, m Masse der Teilchen, v Geschwindigkeit, v_x, v_y, v_z Komponenten der Geschwindigkeit, p Impuls, p_x, p_y, p_z Impulskomponenten, $\mathfrak{E}$ elektrische Feldstärke, c Lichtgeschwindigkeit.

Ein Teilchen der Ruhmasse m_0 und der Ladung e bewege sich in einem homogenen elektrischen Feld $\mathfrak{E}$, in dessen Richtung wir die z-Achse eines Koordinatensystems legen. Wir erhalten dann die relativistischen Bewegungsgleichungen

$$\frac{d}{dt}mv_x = 0; \quad \frac{d}{dt}mv_y = 0; \quad \frac{d}{dt}mv_z = e\mathfrak{E}, \qquad (II, 6)$$

in denen

$$m = \frac{m_0}{\sqrt{1 - \frac{v^2}{c^2}}} \qquad (II, 7)$$

die veränderliche Masse bedeutet. Die Integration dieser Gleichungen liefert

$$mv_x = p_x; \quad mv_y = p_y; \quad mv_z = p_z = \mathfrak{E}t + C, \qquad (II, 8)$$

p_x und p_y sind konstant, p_z wächst mit der Zeit an.

Wir legen nun die y-Achse so, daß $p_y = 0$ wird, und legen den Nullpunkt der Zeitzählung in den Zeitpunkt, in welchem $v_z = 0$ ist. Dann gilt

$$m v_x = p_x; \quad m v_y = 0; \quad m v_z = p_z = e \mathfrak{E} t. \tag{II, 9}$$

Wir bilden nun

$$m^2 v^2 = p_x^2 + e^2 \mathfrak{E}^2 t^2 = \frac{m_0^2 v^2}{1 - \frac{v^2}{c^2}}, \tag{II, 10}$$

woraus sich

$$v = c \sqrt{\frac{p_x^2 + e^2 \mathfrak{E}^2 t^2}{m_0^2 c^2 + p_x^2 + e^2 \mathfrak{E}^2 t^2}} \tag{II, 11}$$

und

$$m = \frac{1}{c} \sqrt{m_0^2 c^2 + p_x^2 + e^2 \mathfrak{E}^2 t^2} \tag{II, 12}$$

ergibt. Damit gehen die Gleichungen (II, 9) in

$$\frac{dx}{dt} = \frac{c p_x}{\sqrt{m_0^2 c^2 + p_x^2 + e^2 \mathfrak{E}^2 t^2}}, \tag{II, 13}$$

$$\frac{dy}{dt} = 0, \tag{II, 14}$$

$$\frac{dz}{dt} = \frac{e c \mathfrak{E} t}{\sqrt{m_0^2 c^2 + p_x^2 + e^2 \mathfrak{E}^2 t^2}} \tag{II, 15}$$

über. Sie lassen sich elementar integrieren und liefern dann die Bahn der Teilchen, welche aber nicht besonders interessiert.

Ist

$$e \mathfrak{E} t \ll \sqrt{m_0^2 c^2 + p_x^2}, \tag{II, 16}$$

d. h. p_z noch klein, so gilt näherungsweise

$$m = \frac{1}{c} \sqrt{m_0^2 c^2 + p_x^2} \left(1 + \frac{e^2 \mathfrak{E}^2 t^2}{2(m_0^2 c^2 + p_x^2)}\right) \\ \approx \frac{1}{c} \sqrt{m_0^2 c^2 + p_x^2}. \tag{II, 17}$$

v_x ist in diesem Fall noch nahezu konstant und v_z wächst wie bei der nichtrelativistischen Bewegung proportional mit der Zeit.

Ist dagegen

$$e \mathfrak{E} t \gg \sqrt{m_0^2 c^2 + p_x^2}, \tag{II, 18}$$

so gilt näherungsweise

$$m \approx \frac{e \mathfrak{E} t}{c} \tag{II, 19}$$

und

$$v_x \approx \frac{c p_x}{e \mathfrak{E} t}; \quad v_z \approx c. \tag{II, 20}$$

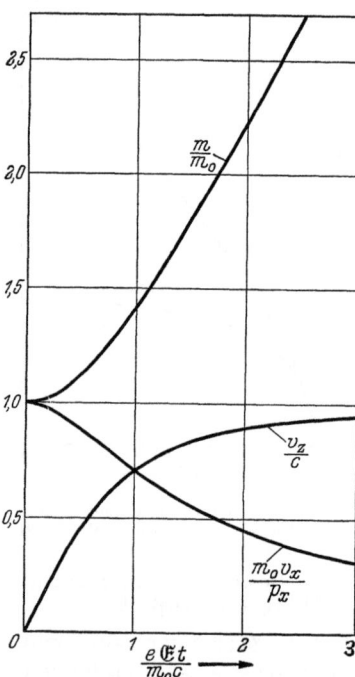

Abb. 449. Geladenes Teilchen im homogenen Feld. Zeitliche Veränderung der Masse und der Geschwindigkeiten in Richtung des Feldes (v_z) und quer dazu (v_x).

Nach genügend langem Aufenthalt im Feld nähert sich die Geschwindigkeitskomponente des Teilchens in der Feldrichtung der Lichtgeschwindigkeit, während die Quergeschwindigkeit v_x auf 0 herabsinkt. In der Abb. 449 sind m, v_z und v_x gegen t oder, was auf dasselbe herauskommt, gegen p_z aufgetragen.

§ 2. Die relativistische Bewegung geladener Teilchen in Magnetfeldern.

Inhalt: Geladene Teilchen bewegen sich im homogenen Magnetfeld mit unveränderlicher Masse und Geschwindigkeit auf Kreisschraubenlinien mit der Magnetfeldrichtung als Achse. Die Umlaufszeit und Umlaufsfrequenz hängen nur von Kraftflußdichte und Masse ab.

Bezeichnungen: z, r, φ Zylinderkoordinaten, v_z, v_r, v_φ Geschwindigkeitskomponenten, v Betrag der Geschwindigkeit, $\mathfrak{B}$ Kraftflußdichte, B_r und B_z ihre radiale und Längskomponente, B_s ihr Wert auf dem Sollkreis, ν Umlaufsfrequenz, ϱ relative radiale Abweichung vom Sollkreis, U elektrische Beschleunigungsspannung, U_0 Spannungsamplitude, R Sollkreisradius, T Umlaufszeit, ψ Phasenunterschied, E Teilchenenergie, E_0 Anfangsenergie, ΔE Energiezuwachs, Ψ Kraftfluß, M_0 Ruhmasse der Protonen, Index s bezieht sich auf Sollwerte, sonst wie S. 1547.

In einem Magnetfeld der Kraftflußdichte $\mathfrak{B}$ gilt die relativistische Bewegungsgleichung

$$\frac{d}{dt}(m\mathfrak{v}) = e[\mathfrak{v}\mathfrak{B}]. \tag{II, 21}$$

Multipliziert man skalar mit $m\mathfrak{v}$, so verschwindet die rechte Seite und man erhält nach einmaliger Integration

$$(m\mathfrak{v})^2 = m^2 v^2 = p^2 = \text{const.} \tag{II, 22}$$

Der Betrag des Teilchenimpulses verändert sich im Magnetfeld nicht.

Nach (II, 3) ist die Masse m durch den Impuls p und die Ruhmasse m_0 eindeutig bestimmt. Bei der Bewegung im Magnetfeld ändert sich also weder die Masse m noch der Betrag v der Geschwindigkeit.

Wir untersuchen zuerst das Verhalten der Teilchen in einem homogenen Feld, dessen Kraftflußdichte den Betrag B besitze und dessen Richtung in die z-Achse falle. In ihm gelten die Bewegungsgleichungen

$$\frac{dv_x}{dt} = \frac{ev_y B}{m}; \quad \frac{dv_y}{dt} = -\frac{ev_x B}{m}; \quad \frac{dv_z}{dt} = 0. \tag{II, 23}$$

Aus der letzten Gleichung ergibt sich sofort

$$v_z = \text{const.} \tag{II, 24}$$

Differenziert man die erste der Gleichungen (II, 23) nach der Zeit und setzt dv_y/dt aus der zweiten Gleichung ein, so erhält man

$$\frac{d^2 v_x}{dt^2} = -\frac{e^2 B^2}{m^2} v_x \tag{II, 25}$$

mit der allgemeinen Lösung

$$v_x = A \sin \frac{eB}{m}(t - t_0). \tag{II, 26}$$

Ebenso findet man

$$v_y = A \cos \frac{eB}{m}(t - t_0). \tag{II, 27}$$

A bestimmt sich aus

$$v_x^2 + v_y^2 = A^2 = v^2 - v_z^2. \tag{II, 28}$$

Eine nochmalige Integration von (II, 26) und (II, 27) liefert die Parameterdarstellung

$$x - x_0 = -\frac{mA}{eB} \cos \frac{eB}{m}(t - t_0), \tag{II, 29}$$

$$y - y_0 = \frac{mA}{eB} \sin \frac{eB}{m}(t - t_0), \tag{II, 30}$$

$$z - z_0 = v_z(t - t_0) \tag{II, 31}$$

der Bahn. Die Teilchen bewegen sich auf Schraubenlinien, deren Projektion auf die Ebene $z = 0$ die Kreise

$$(x - x_0)^2 + (y - y_0)^2 = \frac{m^2 A^2}{e^2 B^2} = \frac{m^2 (v^2 - v_z^2)}{e^2 B^2} \qquad (II, 32)$$

mit dem Radius

$$R = \frac{m \sqrt{v^2 - v_z^2}}{e B} \qquad (II, 33)$$

sind.

Die Umlaufszeit

$$T = \frac{2 \pi m}{e B} \qquad (II, 34)$$

und Umlaufsfrequenz

$$\nu = \frac{e B}{2 \pi m} \qquad (II, 35)$$

hängen von der Feldstärke B und der Teilchenmasse m ab.

Sieht man von der z-Komponente der Geschwindigkeit ab, so ist durch Magnetfeld und Geschwindigkeit (Masse, Energie) des Teilchens zwar der Radius des Kreises, nicht aber sein Mittelpunkt bestimmt.

Wir verlangen jetzt, daß die Teilchen in der Ebene $z = 0$ den „Sollkreis"

$$x^2 + y^2 = R^2 \qquad (II, 36)$$

durchlaufen. Der Geschwindigkeit wird hierdurch die Bedingung

$$x v_x + y v_y = 0 \qquad (II, 37)$$

auferlegt. Die Geschwindigkeit muß senkrecht zum Kreisradius sein, damit sich die Teilchen auf dem Sollkreis bewegen. Sie dürfen außerdem keine Komponenten in der Feldrichtung besitzen. Sie müssen also tangential zum Sollkreis in das Feld eintreten.

§ 3. Richtungsfokussierung auf dem Sollkreis im schwach inhomogenen Feld.

Inhalt: Richtungsfokussierung durch ein nach außen abnehmendes Magnetfeld. Abweichende Teilchen pendeln periodisch um den Sollkreis.
Bezeichnungen: wie S. 1549.

Ein Teilchenstrahl enthält immer Teilchen etwas verschiedener Geschwindigkeiten. Schon beim Eintreten in das Magnetfeld haben nicht alle Teilchen genau dieselbe Flugrichtung. Bei Zusammenstößen mit den Restgasmolekülen ändert sich jeweils die Richtung der Geschwindigkeit ein wenig, so daß sich ein Teilchenstrahl auf dem Wege durch das Magnetfeld verhältnismäßig stark zerstreut und schließlich ganz auflöst.

In einem schwach inhomogenen Feld von geeignetem Verlauf gelingt es, den Teilchenstrahl einigermaßen zusammenzuhalten, d. h. eine Richtungsfokussierung durchzuführen. Wir untersuchen jetzt, wie das Magnetfeld beschaffen sein muß, damit die Teilchen in der Nähe des Sollkreises gehalten werden, auch wenn sie von Anfang an nicht ganz die vorgeschriebene Richtung besaßen, oder wenn sie im Laufe der Bewegung durch Stöße etwas aus der Richtung geraten.

Da die Masse im Magnetfeld unverändert bleibt, können wir von der Bewegungsgleichung

$$\frac{d\mathfrak{v}}{dt} = \frac{e}{m} [\mathfrak{v}\,\mathfrak{B}] \qquad (II, 38)$$

§ 3. Richtungsfokussierung auf dem Sollkreis im schwach inhomogenen Feld. 1551

ausgehen. Zuerst führen wir Zylinderkoordinaten r, φ, z ein. Die zugehörigen Geschwindigkeitskomponenten sind

$$v_r = \dot{r}; \quad v_\varphi = r\dot{\varphi}; \quad v_z = \dot{z} \tag{II, 39}$$

zwischen denen die Beziehung

$$\dot{r}^2 + r^2\dot{\varphi}^2 + \dot{z}^2 = v^2 = \text{const} \tag{II, 40}$$

besteht. Mit e_r, e_φ und $\mathfrak{k}$ bezeichnen wir Einheitsvektoren in den Richtungen, in denen sich nur r, φ bzw. z einzeln ändern. Zwischen ihnen gelten die Beziehungen

$$[e_r\, e_\varphi] = \mathfrak{k}; \quad [e_\varphi\, \mathfrak{k}] = e_r; \quad [\mathfrak{k}\, e_r] = e_\varphi, \tag{II, 41}$$

$\mathfrak{k}$ ist konstant, dagegen gilt

$$\frac{d\,e_r}{d\,t} = e_\varphi\, \dot{\varphi}; \quad \frac{d\,e_\varphi}{d\,t} = -e_r\, \dot{\varphi}. \tag{II, 42}$$

Wir erhalten damit

$$\frac{d\mathfrak{v}}{dt} = e_r(\ddot{r} - r\dot{\varphi}^2) + e_\varphi\left(\dot{r}\dot{\varphi} + \frac{d}{dt}(r\dot{\varphi})\right) + \mathfrak{k}\ddot{z}. \tag{II, 43}$$

Besitzt das Magnetfeld keine φ-Komponente, so ist

$$[\mathfrak{v}\,\mathfrak{B}] = e_r\, r\dot{\varphi}\, B_z + e_\varphi(\dot{z}\, B_r - \dot{r}\, B_z) - \mathfrak{k}\, r\dot{\varphi}\, B_r. \tag{II, 44}$$

Die Bewegungsgleichungen in Zylinderkoordinaten lauten dann

$$\ddot{z} = -\frac{e}{m}\, r\dot{\varphi}\, B_r, \tag{II, 45}$$

$$\ddot{r} - r\dot{\varphi}^2 = \frac{e}{m}\, r\dot{\varphi}\, B_z, \tag{II, 46}$$

$$\dot{r}\dot{\varphi} + \frac{d}{dt}(r\dot{\varphi}) = \frac{e}{m}(\dot{z}\, B_r - \dot{r}\, B_z). \tag{II, 47}$$

Erfolgt die Bewegung auf dem Sollkreis, so muß

$$z = 0; \quad r = R \tag{II, 48}$$

sein und es folgt aus (II, 40) und (II, 45 bis 47)

$$B_r = 0; \quad \dot{\varphi} = -\frac{v}{R}; \quad B_z = B_s = \frac{m\,v}{e\,R}. \tag{II, 49}$$

Nun untersuchen wir Bewegungen, die vom Sollkreis geringfügig abweichen, indem wir

$$r = R(1+\varrho); \quad B_r = B_s\beta_r = \frac{m\,v}{e\,R}\beta_r,$$
$$B_z = B_s(1+\beta_z) = \frac{m\,v}{e\,R}(1+\beta_z) \tag{II, 50}$$

setzen und ϱ, β_r und β_z als kleine Größen betrachten. In erster Näherung vernachlässigen wir alle Glieder zweiten und höheren Grades in den kleinen Größen. Wegen (II, 40) ist in dieser Näherung

$$r\dot{\varphi} = \sqrt{v^2 - \dot{r}^2 - \dot{z}^2} \approx -v \tag{II, 51}$$

konstant. Die Gleichungen (II, 45), (II, 46) reduzieren sich damit auf

$$\ddot{z} = \frac{v^2}{R} \beta_r, \tag{II, 52}$$

$$\ddot{\varrho} + \frac{v^2}{R^2} \varrho = -\frac{v^2}{R^2} \beta_z. \tag{II, 53}$$

Die Gleichung (II, 47) ist in dieser Näherung immer erfüllt.

Das Magnetfeld muß im stromlosen Gebiet wirbelfrei sein, d. h. es muß der Bedingung

$$\frac{\partial B_r}{\partial z} = \frac{\partial B_z}{\partial r} \tag{II, 54}$$

oder

$$\frac{\partial \beta_r}{\partial z} = \frac{1}{R} \frac{\partial \beta_z}{\partial \varrho} \tag{II, 55}$$

genügen. Ein Feld

$$\beta_r = -\frac{n}{R} z; \quad \beta_z = -n\varrho \tag{II, 56}$$

genügt dieser Bedingung und kann durch Polschuhe geeigneter Form hergestellt werden. Mit diesem Feld gehen die Gleichungen (II, 52) und (II, 53) in

$$\ddot{z} + \frac{v^2}{R^2} n z = \ddot{z} + 4\pi^2 \nu^2 n z = 0, \tag{II, 57}$$

$$\ddot{\varrho} + \frac{v^2}{R^2}(1-n)\varrho = \ddot{\varrho} + 4\pi^2 \nu^2 (1-n) \varrho = 0 \tag{II, 58}$$

über. Ihre Lösungen sind

$$z = \frac{p_{z\,max}}{2\pi \nu m \sqrt{n}} \sin 2\pi \nu \sqrt{n}(t - t_0), \tag{II, 59}$$

$$\varrho = \frac{p_{r\,max}}{2\pi \nu m R \sqrt{1-n}} \sin 2\pi \nu \sqrt{1-n}(t - t_0), \tag{II, 60}$$

wo $p_{z\,max}$ und $p_{r\,max}$ die Maximalwerte der z- und r-Komponenten des Impulses bedeuten. Wenn die Teilchen mit einer z-Komponente oder radialen Komponente in das Feld eintreten, führen sie eine Schwingung um den Sollkreis aus.

Man kann also die Teilchen in der Nähe des Sollkreises halten, wenn man das Magnetfeld nach außen etwas abnehmen läßt. Nach den Formeln (II, 59) und (II, 60) wird hierdurch eine geringe Streuung des Impulses in eine entsprechende örtliche Streuung um den Sollkreis verwandelt.

§ 4. Das Zyklotron.

Inhalt: Die im Zyklotron erzielbare Energie wird durch die Massenzunahme und die Abnahme des Magnetfeldes nach außen begrenzt. Nach Erreichen dieser Energie werden die Teilchen gebremst und laufen wieder ins Innere des Gerätes zurück, wenn sie nicht ausgeschleußt werden. Mikrotron als Zyklotron für Elektronen.

Bezeichnungen: wie S. 1547 und S. 1549.

Die Kreisbewegung geladener Teilchen im Magnetfeld kann man dazu verwenden, die Teilchen durch wiederholte Beschleunigung in relativ schwachen elektrischen Feldern auf hohe Energien zu bringen. Im Zyklotron bringt man zwischen die Polschuhe des Feldmagneten eine flache dosenförmige Kammer, die in einem Durchmesser in zwei Hälften geteilt ist, welche die Form eines D

§ 4. Das Zyklotron.

haben. Legt man an beide Hälften eine Spannung U, so liegt das elektrische Feld über dem Spalt zwischen den beiden D.

Im Prinzip wirkt das Zyklotron folgendermaßen: Im Zentrum des Magnetfeldes erzeugt man geladene Teilchen. Sie bewegen sich zunächst auf einem engen Kreis um die Mitte des Feldes. Die Umlaufszeit T und die Umlaufsfrequenz ν hängt nach (II, 35) nur von der Feldstärke B und Masse, nicht aber von der Geschwindigkeit der Teilchen ab. Legt man an die beiden Kammerhälften eine Wechselspannung

$$U = U_0 \cos 2\pi \nu t \qquad (II, 61)$$

einer Frequenz, die mit der Umlaufsfrequenz der Teilchen übereinstimmt, so werden die Teilchen im elektrischen Feld zwischen den beiden D beschleunigt und nehmen die Energie eU_0 auf, wenn sie gerade im Zeitpunkt des Spannungsmaximums den D-Spalt passieren. Nach einem halben Umlauf hat sich auch die D-Spannung umgekehrt und die Teilchen nehmen wiederum die Energie eU_0 auf. Jeder volle Umlauf führt den Teilchen die Energie $2eU_0$ zu.

Wir sehen zuerst davon ab, daß sich auch die Masse bei der Energieaufnahme vergrößert. Nach n Umläufen hat das Teilchen die Energie $2neU_0$ aufgenommen und die Geschwindigkeit

$$v = 2\sqrt{\frac{n e U_0}{m_0}} \qquad (II, 62)$$

erreicht.

Die Bahn des Teilchens setzt sich aus Halbkreisbögen zusammen, deren Radius

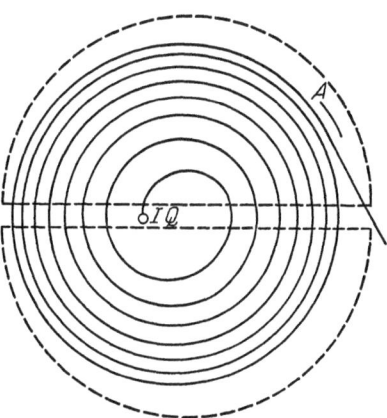

Abb. 450. Schematische Bahn eines Teilchens im Zyklotron.

$$R = \frac{m_0 v}{e B} \qquad (II, 63)$$

sich nach (II, 33) und (II, 62) nach jedem Durchlaufen der D-Spannung vergrößert. Die Bahn bildet eine gebrochene Spirale (s. Abb. 450).

Ist R_0 der Radius des ganzen Magnetfeldes, so würde nach dieser Rechnung das Teilchen den Rand des Feldes mit der Energie

$$\frac{m_0 v^2}{2} = \frac{e^2 B^2 R^2}{2 m_0}$$

erreichen. Diese primitive Theorie vernachlässigt aber zwei wichtige Umstände: 1. Die Masse nimmt mit der Beschleunigung zu. 2. Um die Richtungsfokussierung des Teilchenstrahles zu erzielen, muß das Magnetfeld nach außen abnehmen. Beide Umstände sind für den Betrieb des Zyklotrons von großer Bedeutung.

Wir wollen zuerst feststellen, wie sich die relativistische Zunahme der Masse auswirkt. Mit der Masse wächst nach (II, 34) die Umlaufszeit, die Teilchen passieren daher den D-Spalt nicht mehr im Maximum der Spannung, sondern es bildet sich ein Phasenunterschied heraus, der mit der Zahl der Umläufe immer größer wird. Die Beschleunigung nimmt deshalb ab und verwandelt sich sogar in eine Verzögerung, wenn der Phasenunterschied den Wert π überschreitet. Von diesem Augenblick an verlieren die Teilchen wieder Energie und laufen auf sich verengenden Kreisen wieder ins Innere des Magnetfeldes zurück.

Weizel, Theoretische Physik, II. 2. Aufl.

Diesen Vorgang wollen wir jetzt etwas genauer verfolgen. Die Frequenz der D-Spannungen sei auf die Ruhmasse m_0 eingestellt, d. h. sie betrage

$$\nu_0 = \frac{eB}{2\pi m_0}. \qquad (II, 64)$$

An dem D-Spalt liegt also die Spannung

$$U = U_0 \cos \frac{eB}{m_0} t. \qquad (II, 65)$$

Beim n-ten Umlauf besitze das Teilchen die Masse m und passiere den Spalt im Zeitpunkt t_n. Es gewinnt dann bei diesem Umlauf die Energie

$$2e U_0 \cos \frac{eB}{m_0} t_n = 2e U_0 \cos \psi. \qquad (II, 66)$$

Seine Masse vergrößert sich um

$$\Delta m = \frac{2e U_0 \cos \psi}{c^2}. \qquad (II, 67)$$

Die Umlaufszeit (II, 34) des Teilchens ist andererseits um

$$\Delta T = \frac{2\pi (m - m_0)}{eB} \qquad (II, 68)$$

größer als die Schwingungsdauer der Wechselspannung. Der Phasenunterschied wächst deshalb pro Umlauf um

$$\Delta \psi = \frac{2\pi (m - m_0)}{m_0}. \qquad (II, 69)$$

Zwischen dem Zuwachs der Masse und dem Zuwachs des Phasenunterschiedes besteht somit die Gleichung

$$\pi c^4 (m - m_0) \, dm = m_0 c^2 e U_0 \cos \psi \, d\psi. \qquad (II, 70)$$

Wenn der Beschleunigungsprozeß ohne Phasenunterschied mit der Masse m_0 begonnen hat, so ergibt die Integration seit Beginn der Bewegung

$$\frac{\pi}{2} c^4 (m - m_0)^2 = m_0 c^2 e U_0 \sin \psi. \qquad (II, 71)$$

Die maximale Masse und der maximale Energiezuwachs wird erreicht wenn $\sin \psi = 1$ geworden ist. Wir erhalten deshalb für die maximal erzielbare Masse die Beziehung

$$(m_{\max} - m_0)^2 c^4 = \frac{2}{\pi} m_0 c^2 e U_0. \qquad (II, 72)$$

Erhöht man die D-Spannung, so kann man im Zyklotron eine höhere Maximalenergie erzielen. Führen wir die Ruhenergie $E_0 = m_0 c^2$ und den Energiezuwachs $\Delta E = (m - m_0) c^2$ in (II, 72) ein, so erhalten wir aus (II, 72)

$$\frac{e U_0}{E_0} = \frac{\pi}{2} \left(\frac{\Delta E}{E_0} \right)^2 \quad \text{oder} \quad \frac{e U_0}{\Delta E} = \frac{\pi}{2} \frac{\Delta E}{E_0}. \qquad (II, 73)$$

Ist $\Delta E \ll E_0$, so kommt man mit Beschleunigungsspannungen aus, die entsprechend klein gegenüber dem erzielten Energiezuwachs sind, weil die Beschleunigung mehrmals durchlaufen wird. Hierin liegt der eigentliche Sinn der Zyklotronkonstruktion. Man kann aber auch erkennen, daß sich das Zyklotron in dieser Form nicht dazu eignet, um Elektronen auf große Energien zu bringen, weil der Zyklotronprozeß versagt, wenn $\Delta E/E_0$ etwa 1/10 wird. Dagegen ist das Zyklotron ein geeignetes Hilfsmittel, um Protonen, Deuteronen oder α-Teilchen auf Energien von etwa 30 bis 50 MeV zu beschleunigen.

In Wirklichkeit kann man die nach der Formel (II, 73) berechneten Maximalenergien längst nicht erreichen. Um die Richtungsfokussierung vorzunehmen, muß man ja das Magnetfeld nach außen abnehmen lassen, hierdurch verlangsamt sich die Umlaufzeit auf den äußeren Kreisen noch stärker, der Phasenunterschied wächst schneller an als berechnet, und die Beschleunigung verwandelt sich schon in Verzögerung, bevor der theoretisch berechnete Maximalwert des Energiezuwachses erreicht wird.

Es gibt einen eleganten Kunstgriff, um das Zyklotron auch für Elektronen verwendbar zu machen. Man muß die Elektronen mit einer solchen Energie in das Magnetfeld einschießen, daß ihre Masse gerade die doppelte Ruhmasse beträgt. Die D-Spannung muß man ebenfalls genau so einrichten, daß beim Durchlaufen des Spaltes sich die Masse um eine Ruhmasse erhöht. Der Phasenzuwachs bei einem halben Umlauf ist dann gerade 2π. Der Energiezuwachs ist theoretisch unbeschränkt und wird nur begrenzt durch die Genauigkeit, mit der die Beschleunigungsspannung eingehalten werden kann und durch die die Strahlungsdämpfung des umlaufenden Elektrons. Geräte, welche dieses Prinzip ausnutzen, sind als Mikrotron bekannt geworden.

§ 5. Das Betatron.

Inhalt: Im Betatron werden Elektronen durch ein elektrisches Wirbelfeld beschleunigt, welches durch Zunahme des Kraftflusses entsteht. Die Bewegung erfolgt auf einem Sollkreis mit festem Radius. Richtungsfokussierung. Das Betatron eignet sich nur für Elektronen.

Das Betatron wird ausschließlich zur Beschleunigung von Elektronen verwendet. Die Elektronen bewegen sich auf Kreisen in einem Magnetfeld $\mathfrak{B}$ und werden gleichzeitig durch ein elektrisches Wirbelfeld $\mathfrak{E}$ beschleunigt, welches seinerseits durch zeitliche Änderung des Magnetfeldes erzeugt wird. Das Magnetfeld hat also eine doppelte Funktion. Als Führungsfeld rollt es die Bahnen der Teilchen in Kreise auf. Seine zeitliche Veränderung induziert außerdem das elektrische Wirbelfeld, das die Teilchen beschleunigt.

In einer rotationssymmetrischen Anordnung hat das Magnetfeld keine φ-Komponente. Durch geeignete Form des Eisenjoches und der Polschuhe gibt man ihm eine starke Komponente B_z und eine schwache Komponente B_r.

Verändert sich das Magnetfeld, so entsteht ein elektrisches Wirbelfeld, das in der Mittelebene $z = 0$ der magnetischen Anordnung aus Symmetriegründen nur eine Komponente $\mathfrak{E}_\varphi$ besitzen kann. In der Nachbarschaft dieser Ebene sind die anderen Komponenten der elektrischen Feldstärke kleine Größen zweiter Ordnung, die wir vernachlässigen können.

Die Bewegungsgleichung der Teilchen

$$e\mathfrak{E} + e[\mathfrak{v}\mathfrak{B}] = \frac{d}{dt}(m\mathfrak{v}) = m\frac{d\mathfrak{v}}{dt} + \mathfrak{v}\frac{dm}{dt} \qquad (II, 74)$$

schreiben wir wie auf S. 1551 in Zylinderkoordinaten an, indem wir den Gleichungen (II, 45) bis (II, 47) noch die Komponenten von $e\mathfrak{E}$ und $\mathfrak{v}\,dm/dt$ hinzufügen. Wir erhalten dann

$$m\ddot{z} + \dot{m}\dot{z} = -e\,r\,\dot{\varphi}\,B_r, \qquad (II, 75)$$

$$m\ddot{r} - m\,r\,\dot{\varphi}^2 + \dot{m}\dot{r} = e\,r\,\dot{\varphi}\,B_z, \qquad (II, 76)$$

$$m\,\dot{r}\,\dot{\varphi} + m\frac{d}{dt}(r\,\dot{\varphi}) + r\,\dot{\varphi}\,\dot{m} = e\,\dot{z}\,B_r - e\,\dot{r}\,B_z + e\,\mathfrak{E}_\varphi. \qquad (II, 77)$$

Zuerst untersuchen wir die Bewegung auf dem Sollkreis

$$r = R; \quad z = 0. \qquad (II, 78)$$

Den Wert von B_z auf diesem Kreis bezeichnen wir mit B_s. Die Gleichung (II, 75) ergibt einfach $B_r = 0$. Die beiden anderen Gleichungen liefern

$$-m\,\dot{\varphi} = e\,B_s \qquad (II, 79)$$

und

$$\frac{d}{dt}(r\,m\,\dot{\varphi}) = e\,\mathfrak{E}_\varphi, \qquad (II, 80)$$

woraus für den Sollkreis

$$-R\frac{dB_s}{dt} = \mathfrak{E}_\varphi \qquad (II, 81)$$

folgt. Bezeichnet Ψ den magnetischen Fluß durch einen beliebigen Kreis, so muß die Umlaufsspannung

$$2\pi r\,\mathfrak{E}_\varphi = -\frac{d\Psi}{dt} \qquad (II, 82)$$

auf diesem Kreis gleich dem magnetischen Schwund sein. Wendet man (II, 82) auf den Sollkreis an und kombiniert mit (II, 81), so entsteht

$$\frac{dB_s}{dt} = \frac{1}{2\pi R^2}\frac{d\Psi}{dt}. \qquad (II, 83)$$

Diese Beziehung muß auf dem Sollkreis in jedem Zeitpunkt gelten. Sie kann deshalb integriert und in der Form

$$B_s = \frac{1}{2}\frac{\Psi}{\pi R^2} = \frac{1}{2}\overline{B} \qquad (II, 84)$$

geschrieben werden. Auf dem Sollkreis muß eine Kraftflußdichte herrschen, welche halb so groß wie die mittlere Kraftflußdichte innerhalb des Kreises ist. Das Eisenjoch und die Polschuhe eines Betatrons müssen so konstruiert sein, daß diese Bedingung erfüllt wird.

Differenziert man (II, 82) nach r, so erhält man

$$2\pi r\frac{\partial \mathfrak{E}_\varphi}{\partial r} + 2\pi\,\mathfrak{E}_\varphi = -\frac{d}{dt}\frac{\partial \Psi}{\partial r} = -2\pi r\frac{dB_z}{dt}. \qquad (II, 85)$$

Auf den Sollkreis angewandt, ergibt sich daraus zusammen mit (II, 81)

$$\frac{\partial \mathfrak{E}_\varphi}{\partial r} = 0. \qquad (II, 86)$$

Die Feldstärke $\mathfrak{E}_\varphi$ hat auf dem Sollkreis ein Minimum.

Nun untersuchen wir Bewegungen, die vom Sollkreis etwas abweichen, in erster Näherung. $\mathfrak{E}_\varphi$ hat in dieser Näherung denselben Wert wie auf dem Sollkreis und dasselbe gilt wegen (II, 80) auch für $r\,m\,\dot{\varphi}$. Wir können also überall

$$m\,r\,\dot{\varphi} = -m\,v_s = -e\,R\,B_s \qquad (II, 87)$$

setzen. Der Ansatz

$$r = R(1 + \varrho); \quad B_r = -B_s\frac{n z}{R}; \quad B_z = B_s - B_s n\,\varrho \qquad (II, 88)$$

§ 5. Das Betatron.

von S. 1552 führt die Gleichungen (II, 75) und (II, 76) in

$$m\ddot{z} + \dot{m}\dot{z} + \frac{e^2 B_s^2}{m} n z = 0 \tag{II, 89}$$

und

$$m\ddot{\varrho} + \dot{m}\dot{\varrho} + \frac{e^2 B_s^2}{m}(1-n)\varrho = 0 \tag{II, 90}$$

über. Drückt man B_s mit

$$eB_s = \frac{m v_s}{R} \tag{II, 91}$$

durch die Geschwindigkeit v_s auf dem Sollkreis aus, so gehen die Gleichungen (II, 89) und (II, 90) in

$$\ddot{z} + \frac{\dot{m}}{m}\dot{z} + \frac{v_s^2}{R^2} n z = 0, \tag{II, 92}$$

$$\ddot{\varrho} + \frac{\dot{m}}{m}\dot{\varrho} + \frac{v_s^2}{R^2}(1-n)\varrho = 0 \tag{II, 93}$$

über. Diese beiden Gleichungen sind den Gleichungen (II, 57) und (II, 58) sehr ähnlich.

Die Gleichung (II, 77) ist in erster Näherung stets von selbst erfüllt.

Die Teilchen führen eine schwingungsähnliche Bewegung um den Sollkreis aus. Da v_s mit der Zeit zunimmt, wächst die Frequenz dieser Schwingung wie auch die Umlaufsfrequenz der Teilchen. Gleichzeitig nimmt die Amplitude wegen der Dämpfungsglieder $\dot{m}\dot{z}/m$ bzw. $\dot{m}\dot{\varrho}/m$ ab. Mit Zunahme der Energie der Teilchen verbessert sich die Bündelung des Strahles in der Umgebung des Sollkreises.

Beim Betatron müssen zwei Betriebsbedingungen erfüllt werden. Die Bedingung (II, 84) liefert eine Konstruktionsvorschrift für das magnetische System. Ist zu Beginn des Beschleunigungsprozesses außerdem die Stabilitätsbedingung (II, 79), der wir jetzt die Form

$$B_s = \frac{m v_s}{e R} = \frac{2\pi \nu m}{e} \tag{II, 94}$$

geben, gewährleistet, so bleibt sie wegen (II, 80) und (II, 81) dauernd in Gültigkeit. Die einfallenden Teilchenstrahlen werden in der Umgebung des Sollkreises zusammengehalten. Auch wenn sie durch Stöße ein wenig aus der Richtung kommen, werden sie wieder zum Sollkreis zurückgeführt. Es entsteht ein Strahlenbündel in der Umgebung des Sollkreises, welches sich mit steigender Energie sogar noch verengt.

Jetzt kehren wir zu den Gleichungen (II, 79, 80, 82) und (II, 87) zurück und gewinnen auf dem Sollkreis die Beziehung

$$\frac{d}{dt} m v_s = \frac{e}{2\pi R}\frac{d\Psi}{dt} = eR\frac{dB_s}{dt}. \tag{II, 95}$$

Der Impuls der Teilchen wächst mit dem Fluß durch den Sollkreis. Erregt man den Magnet mit (50 periodischem) Wechselstrom, so erhält man den Impulszuwachs

$$m v - m_1 v_1 = \frac{e}{2\pi R}(\Psi - \Psi_1) = R(B_s - B_{s1}), \tag{II, 96}$$

wobei der Index 1 dem Augenblick entspricht, in welchem die Teilchen in das Betatron eingeschleußt werden. Der Beschleunigungsprozeß geht während der Entstehung des Feldes vonstatten. Den größten Impuls erreichen die Teilchen im Maximum des Flusses. Sie müssen spätestens in diesem Zeitpunkt aus dem Betatron ausgeschleusst werden, weil sie sonst wieder gebremst und schließlich in der entgegengesetzten Bewegung beschleunigt werden.

Wir wollen jetzt zeigen, daß das Betatron sich zwar zur Beschleunigung von Elektronen, nicht aber von schweren Teilchen eignet. Um die Überlegung zu vereinfachen, nehmen wir an, daß die Teilchen mit kleinen Geschwindigkeiten beim Nulldurchgang von Ψ in das Feld eintreten, obwohl dies nicht der günstigsten Arbeitsweise eines Betatrons entspricht. Die Teilchen können dann den Maximalimpuls $eRB_{s\,max}$ und die Maximalenergie

$$E_{max} = c\sqrt{m_0^2 c^2 + e^2 R^2 B_{s\,max}^2} \qquad (II, 97)$$

erreichen. Der maximale Energiegewinn ist

$$\Delta E_{max} = m_0 c^2 \left\{ \sqrt{1 + \frac{e^2 R^2 B_{s\,max}^2}{m_0^2 c^2}} - 1 \right\}. \qquad (II, 98)$$

Es macht im Betatron keine Schwierigkeit

$$eR_{s\,max} B \gg m_0 c \qquad (II, 99)$$

zu machen, wenn m_0 die Masse des Elektrons ist. Elektronen können also die Maximalenergie

$$\Delta E_{max} = ecR B_{s\,max} \qquad (II, 100)$$

gewinnen.

Wegen der Sättigung des Eisens kann man $B_{s\,max}$ nicht beliebig steigern. Wollte man R im Verhältnis der Protonenmasse M_0 zur Elektronenmasse m_0 vergrößern, so wäre der Eisenaufwand ungeheuer. Für Protonen wird also stets

$$eRB_{s\,max} \ll M_0 C \qquad (II, 101)$$

gelten. Der Energiegewinn schwerer Teilchen beträgt näherungsweise

$$\Delta E_{max} = \frac{e^2 R^2 B_{s\,max}^2}{2 M_0}. \qquad (II, 102)$$

Bilden wir das Verhältnis

$$\frac{eRB_{s\,max}}{2 M_0 c} \ll 1 \qquad (II, 103)$$

von (II, 103) und (II, 101), so zeigt sich, daß Elektronen im Betatron viel mehr Energie aufnehmen können als schwere Teilchen. Das Betatron ist deshalb nur zur Beschleunigung von Elektronen geeignet.

§ 6. Das Synchrotronprinzip.

Inhalt: Höhere Energien können durch das Synchrotronprinzip erzielt werden, d. h. durch Beschleunigung im elektrischen Hochfrequenzfeld mit Frequenzmodulation bei schweren Teilchen. Elektronensynchrotron, Synchrozyklotron, Protonensynchrotron.

Das Magnetfeld erfüllt beim Betatron gleichzeitig mehrere Funktionen. Wie beim Zyklotron wirkt es als Führungsfeld, welches die Bahnen der Teilchen zu einem Kreis aufspult. Seine Abnahme nach außen bewirkt die Richtungsfokussierung. Seine zeitliche Zunahme hat im Betatron zur Folge, daß die Teilchen trotz zunehmender Masse auf dem Sollkreis bleiben. Diese Kombination der magnetischen Wirkungen im Betatron ist für den Beschleunigungsvorgang sehr vorteilhaft. Die zeitliche Veränderung des Magnetfeldes induziert außerdem noch das elektrische Wirbelfeld, welches die Teilchen beschleunigt. Dies ist eine deutliche Schwäche des Betatrons, die seine Anwendbarkeit auf Elektronen beschränkt. Der Beschleunigungsimpuls der Teilchen wird nämlich dem einmaligen

§ 6. Das Synchrotronprinzip.

Vorgang der Entstehung des magnetischen Flusses entnommen, während im Zyklotron durch das elektrische Wechselfeld eine vielfache Wiederholung der Beschleunigung vorgenommen werden kann.

Es liegt nun nahe, das magnetische Führungsfeld zwar entsprechend der Energiezunahme anwachsen zu lassen, um die Teilchen auf einem Sollkreis zu halten, die Beschleunigung der Teilchen aber durch ein elektrisches Wechselfeld wie beim Zyklotron vorzunehmen. Das Magnetfeld braucht dann nur am Orte des Sollkreises zu bestehen. Die Fläche des Sollkreises braucht aber nicht von magnetischem Fluß durchsetzt zu werden. Man kann dann mit einem Ringmagnet auskommen, dessen Radius man ohne allzu großen Eisenaufwand ziemlich groß machen kann, um einen großen Sollkreis zu erhalten.

Bezeichnen wir wie früher mit R den Radius des Sollkreises und mit B_s die z-Komponente des Magnetfeldes am Orte des Sollkreises, so muß wie auf S. 1556 die Gleichung

$$m\dot{\varphi} = -eB_s \quad \text{bzw.} \quad mv_s = eRB_s \qquad (II, 104)$$

gelten. Das Magnetfeld muß außerdem eine Richtungsfokussierung vornehmen, d. h. in der Umgebung des Sollkreises muß

$$\frac{\partial B_z}{\partial r} = \frac{\partial B_r}{\partial z} = -\frac{B_s n}{R} \qquad (II, 105)$$

erfüllt sein, wo $n < 1$ ist.

Sollen die Teilchen bei jedem Umlauf das beschleunigende elektrische Feld mit demselben Phasenunterschied ψ_s gegen das Spannungsmaximum durchlaufen, so muß die Umlaufsfrequenz ν der Teilchen gleich der Frequenz der Beschleunigungsspannung sein, was zu der schon vom Zyklotron her bekannten Bedingung

$$\nu = \frac{eB_s}{2\pi m_s} \qquad (II, 106)$$

führt. m_s bedeutet dabei den Wert der Masse, den das Teilchen auf dem Sollkreis haben muß. Bei einem Umlauf nehmen die Teilchen die Energie

$$\Delta m_s = \frac{2eU_0}{c^2}\cos\psi_s \qquad (II, 107)$$

auf. Die Umlaufszeit beträgt

$$T_s = \frac{2\pi m_s}{eB_s} \qquad (II, 108)$$

und die Masse nimmt im Mittel in der Zeiteinheit um

$$\frac{dm_s}{dt} = \frac{e^2 B_s U_0}{\pi m_s c^2}\cos\psi_s = \frac{2eU_0\nu}{c^2}\cos\psi_s \qquad (II, 109)$$

zu. Mit der Masse wächst auch die Geschwindigkeit v_s der Teilchen auf den Sollkreis, bis sie allmählich der Lichtgeschwindigkeit nahe kommt.

Die Bedingungen (II, 104), (II, 106) legen fest, wie sich die drei Größen R, B_s und ν mit der Masse verändern müssen. Da nur zwei Bedingungen vorliegen, kann man über eine dieser drei Größen noch willkürlich verfügen. Aus konstruktiven Gründen ist es natürlich zweckmäßig, eine von ihnen konstant zu halten.

Hält man B_s zeitlich konstant, so kehrt man gewissermaßen zum Zyklotron zurück. Mit der Energiezunahme nimmt dann der Radius des Sollkreises zu. Die Beschleunigungsfrequenz ν muß hingegen abnehmen. Es entsteht dann eine Konstruktion, die man als Synchrozyklotron bezeichnet. Durch die Anpassung der Frequenz an die Masse kann der Phasenunterschied ψ_s konstant gehalten werden, während er beim Zyklotron auf π anwächst und der Beschleunigung ein Ende setzt. Mit dem Synchrozyklotron kann man deshalb viel höhere Energien als mit dem einfachen Zyklotron erreichen. Davon abgesehen, hat das Synchrozyklotron dieselben konstruktiven Vorteile und Nachteile wie das normale Zyklotron. Da R veränderlich ist, muß man das Magnetfeld in einer großen Kreisfläche erzeugen. Andererseits ist die Feldstärke konstant und erzeugt keine Wirbelströme im Eisen, so daß man das Eisen nicht zu lamellieren braucht.

Halten wir R konstant, so muß der zeitliche Verlauf von B_s und ν der Massenvergrößerung angepaßt werden. Die Teilchen laufen dann in der Umgebung eines vorgegebenen Sollkreises. Dies bringt den Vorteil mit sich, daß man mit einem Ringmagneten auskommt, zu dem viel weniger Eisen benötigt wird. Andererseits muß der Magnet lamelliert werden, um Wirbelströme zu unterdrücken. Nach diesem Prinzip kann man auch das Betatron zum Elektronensynchrotron fortentwickeln. Man schießt entweder Elektronen in das Gerät ein, deren Geschwindigkeit der Lichtgeschwindigkeit schon ziemlich nahe ist, oder man stattet das Synchrotron mit einem kleinen Eisenkern in der Mitte des Ringmagneten aus. Dann kann man die Elektronen zuerst im Betatronbetrieb nahezu auf Lichtgeschwindigkeit bringen, und wenn dieser Zustand eingetreten ist, auf Synchrotronbetrieb umschalten, d. h. die weitere Energieaufnahme durch die Hochfrequenz bewerkstelligen.

Beim Elektronensynchrotron tritt eine besondere Vereinfachung ein, weil die Teilchengeschwindigkeit konstant und gleich der Lichtgeschwindigkeit ist. B_s muß einfach der Masse proportional ansteigen, während die Frequenz der Beschleunigungsspannung konstant bleiben kann.

Beim Synchrotron für schwere Teilchen, z. B. dem Protonensynchrotron, hält man ebenfalls den Sollkreisradius R konstant. Da die Geschwindigkeit v_s noch dauernd anwächst, muß die Feldstärke B_s schneller als die Masse zunehmen, und demgemäß muß auch die Beschleunigungsfrequenz ν im Laufe des Prozesses beachtlich anwachsen. Es muß also eine Frequenzmodulation durchgeführt werden. Will man mit diesem Verfahren große Energien erzielen, so muß man einen Ringmagnet von sehr großem Radius verwenden, weil B_s wegen der Sättigung begrenzt ist. Bei diesen Geräten bringt man nicht nur eine, sondern mehrere Beschleunigungsstrecken an, worauf wir aber bei den weiteren Überlegungen keinen Bezug nehmen, da die Zahl der Beschleunigungsstrecken keine prinzipielle Veränderung der Wirkungsweise hervorbringt. Mit derartigen Geräten werden heute die größten Energien bei schweren Teilchen erreicht, die man überhaupt erzielen kann.

*§ 7. Die Phasenstabilität des Synchrotronbetriebes.

Inhalt: Massen und Phasenfehler der Teilchen werden beim Synchrotronprinzip automatisch klein gehalten und mit zunehmender Energie verkleinert.

Bisher haben wir nur die Bewegung eines Sollteilchens untersucht. Dies ist ein Teilchen, welches keine Geschwindigkeitskomponenten in radialer Richtung und der Feldrichtung hat. Es passiert das Beschleunigungsfeld mit der Sollmasse m_s und der Sollgeschwindigkeit v_s in der Sollphase ψ_s.

Wie verhalten sich aber nun Teilchen, die von den Solleigenschaften etwas abweichen? Durch Richtungsfokussierung können wir wie in allen früher untersuchten Fällen erreichen, daß Teilchen mit abweichender Flugrichtung wieder zum Sollkreis zurückkehren. Dies geschieht, indem wir das Magnetfeld nach außen in geeigneter Weise abnehmen lassen. Wir können uns deshalb auf Teilchen beschränken, deren Geschwindigkeit keine Komponenten in radialer Richtung und Feldrichtung besitzt. Wir betrachten jedoch Teilchen, welche das Be-

*§ 7. Die Phasenstabilität des Synchrotronbetriebes.

schleunigungsfeld in der Phase $\psi_s + \delta\psi$ statt in der Sollphase ψ_s passieren und die statt der Sollmasse m_s die etwas von ihr abweichende Masse $m_s + \delta m$ besitzen. Infolge der Phasenabweichung nehmen diese Teilchen bei dem nächsten Umlauf eine Masse auf, welche um

$$\Delta \delta m = -\frac{2e U_0}{c^2} \sin\psi_s \, \delta\psi \qquad (II, 110)$$

von der Sollzunahme (II, 107) abweicht. In der Zeiteinheit tritt also eine Veränderung

$$\frac{d}{dt} \delta m = \frac{\Delta \delta m}{T_s} = -\frac{2e U_0 v}{c^2} \sin\psi_s \, \delta\psi \qquad (II, 111)$$

des Massenfehlers ein. Andererseits benötigen diese Teilchen eine Umlaufszeit, die sich um

$$\delta T = \frac{2\pi}{e B_s}(\delta m + \Delta \delta m) = \frac{\delta m + \Delta \delta m}{v\, m_s} \qquad (II, 112)$$

von der Sollumlaufszeit T_s unterscheidet. Bis zum nächsten Durchlaufen des Beschleunigungsfeldes wird der Phasenfehler um

$$\Delta \delta \psi = 2\pi \frac{\delta m + \Delta \delta m}{m_s} \qquad (II, 113)$$

verändert, was eine sekundliche Veränderung des Phasenfehlers

$$\frac{d}{dt}\delta\psi = \frac{\Delta \delta \psi}{T_s} = \frac{2\pi v}{m_s}(\delta m + \Delta \delta m) \qquad (II, 114)$$

ergibt. Setzen wir (II, 110) für $\Delta \delta m$ ein, so erhalten wir für die zeitliche Entwicklung des Phasenfehlers die Differentialgleichung

$$\frac{d}{dt}\delta\psi = \frac{2\pi v}{m_s}\left(\delta m - \frac{2e U_0}{c^2}\sin\psi_s\,\delta\psi\right). \qquad (II, 115)$$

Die entsprechende Gleichung für den Massenfehler ist (II, 111). Aus diesen beiden Gleichungen kann man leicht die beiden Gleichungen 2. Ordnung

$$\frac{d^2}{dt^2}\delta\psi + \frac{4\pi v^2 e U_0 \sin\psi_s}{m_s c^2}\delta\psi + \frac{4\pi v e U \sin\psi_s}{m_s c^2}\frac{d\delta\psi}{dt} = 0, \qquad (II, 116)$$

$$\frac{d^2}{dt^2}\delta m + \frac{4\pi v^2 e U_0 \sin\psi_s}{m_s c^2}\delta m + \frac{4\pi v e U_0 \sin\psi_s}{m_s c^2}\frac{d\delta m}{dt} = 0 \qquad (II, 117)$$

gewinnen.

Der Phasenfehler $\delta\psi$ und der Massenfehler δm pendeln also gedämpft um den Wert 0, wenn $\sin\psi_s$ positiv ist. Es tritt dann eine Stabilisierung der Sollphase und der Sollmasse ein. Ist $\sin\psi_s$ hingegen negativ, so schaukelt sich der Phasenfehler und der Massenfehler auf. Die Frequenz der Pendelbewegung ist um den Faktor

$$\sqrt{\frac{e U_0 \sin\psi_s}{\pi m_s c^2}} \ll 1 \qquad (II, 118)$$

kleiner als die Umlaufsfrequenz v. Für die Rückkehr zu den Sollwerten sind also mehrere Umläufe erforderlich. Die Dämpfung bewirkt, daß sich die Teilchen den Sollwerten im Laufe des Prozesses annähern.

Eine Stabilisierung der Sollphase und der Sollmasse tritt also in derjenigen Halbperiode der Hochfrequenzspannung ein, in welcher die Beschleunigungsspannung im Abnehmen begriffen ist. Den Vorgang der Stabilisierung kann man sich anschaulich vorstellen. Alle Teilchen, die zu Beginn des Beschleunigungsprozesses über die Hälfte des Sollkreises verteilt sind, verdichten sich im Laufe des Prozesses zu einer Wolke, die auf einen um so kleineren Raum zusammenschrumpft, je größer Masse und Energie werden. Nach Beendigung der Beschleunigung verlassen die Teilchen das Gerät nicht als kontinuierlicher Strahl, sondern stoßweise zu bestimmten Zeitpunkten.

III. Emission, Neutralisation und Absorption von Ladungsträgern an Oberflächen.

Ladungsträger, die sich im Vakuum oder im Gas bewegen, stammen ursprünglich in vielen Fällen aus festen Körpern, welche die Wände des Vakuumgefäßes bilden. Sie verschwinden aus dem Vakuum oft, indem sie an festen Oberflächen entladen oder wie Elektronen von solchen Flächen aufgenommen werden. Die festen Wände, besonders diejenigen Metallteile, welche man als Elektroden bezeichnet, sind deshalb bei allen Vorgängen der Elektronik wesentlich beteiligt.

Zwischen Ladungsträgern und festen Oberflächen können sich recht mannigfaltige Vorgänge abspielen, deren Einzelheiten noch nicht immer völlig erforscht sind. Wir müssen uns daher auf einige für die Elektronik besonders wichtige Prozesse beschränken und können auch diese wenigen Beispiele nur einer skizzenhaften Analyse unterziehen.

Feste Oberflächen können ins Vakuum oder Gas Ladungsträger, insbesondere Elektronen, abgeben. Bei genügend hohen Temperaturen emittieren alle Körper spontan Elektronen, ohne daß außer der hohen Temperatur noch besondere Einwirkungen für den Emissionsprozeß erforderlich werden. Diese Erscheinung wird als thermische oder Glühemission bezeichnet. Aus kalten Oberflächen können Elektronen ins Vakuum oder Gas austreten, wenn an der Oberfläche des festen Körpers ein hohes elektrisches Feld ansetzt, welches die Elektronen aus der Oberfläche herauszieht. Dieser Vorgang, den man allerdings nur bei sehr bedeutenden Feldstärken beobachtet, wird als Feldemission bezeichnet. Außerdem können Elektronen aus festen Oberflächen durch photoelektrischen Effekt abgelöst werden. Endlich werden Elektronen durch Bombardement von positiven Ionen, schnellen Elektronen oder auch Neutralteilchen aus Oberflächen befreit. Dieser Vorgang wird Sekundäremission genannt.

Die Aufnahme (Absorption) von Elektronen und die Entladung von Ionen mit und ohne Sekundäremission sind fast ebenso wichtig wie die Emissionsprozesse.

Daß unter besonderen Umständen auch positive Ionen emittiert oder neutrale Moleküle an glühenden Oberflächen ionisiert werden können, sei hier nur nebenbei erwähnt.

§ 1. Der Potentialverlauf in der Oberfläche von Metallen. Die Austrittsarbeit.

Inhalt: Die Potentialschwelle an der Oberfläche eines Metalls rührt von einer elektrischen Doppelschicht und der Bildkraft her. Wahre und effektive Austrittsarbeit. Gasbeladung senkt die effektive Austrittsarbeit durch eine entgegengesetzte Doppelschicht.

Bezeichnungen: ε_a Höhe der Schwelle, wahre Austrittsarbeit, W effektive Austrittsarbeit, ζ chemisches Potential der Elektronen im Metall. ε_0 Dielektrizitätskonstante des Vakuums, e Elementarladung, V Bildenergie, ε_{kin} kinetische Energie, a Akkomodationskoeffizient, $\mathfrak{G}$ Emissionsstromdichte, T Temperatur, k Boltzmannsche Konstante, $\mathfrak{E}$ elektrische Feldstärke, γ, δ Sekundäremissionskoeffizienten für Ionen und Elektronen, U_i Ionisierungsspannung, R Reflexionskoeffizient.

Ein Metall betrachten wir als ein regelmäßiges Gitter von positiven Ladungsträgern (Ionen), das von einer Wolke beweglicher Elektronen durchflutet wird.

§ 1. Der Potentialverlauf in der Oberfläche von Metallen. Die Austrittsarbeit. 1563

Die Gesamtladung der Elektronen ist natürlich der Gesamtladung der Ionen gleich. Im Innern einer solchen Anordnung lokalisierter positiver Ladungen, die in bewegliche und deshalb ziemlich gleichmäßig über den Raum verteilte negative Ladungen eingebettet sind, besteht stets ein gegen die Umgebung positives elektrisches Potential, wie auf S. 1714 gezeigt wird. Die potentielle Energie eines Elektrons ist also im Innern des Metalls niedriger als im anschließenden Vakuum oder Gas. An der Oberfläche liegt ein Potentialsprung oder eine Potentialschwelle ε_a, welche die Elektronen am Verlassen des Metalls hindert (s. Abb. 451a).

Diese etwas primitive Vorstellung wollen wir jetzt etwas verfeinern. Im Metallinnern ist die potentielle Energie natürlich nicht völlig konstant, sondern sie nimmt einen der Gitterstruktur entsprechenden periodischen Verlauf. Dies ist jedoch für unsere weiteren Überlegungen ohne Bedeutung. Die Elektronen verhalten sich im Metallinnern in ausreichender Näherung wie

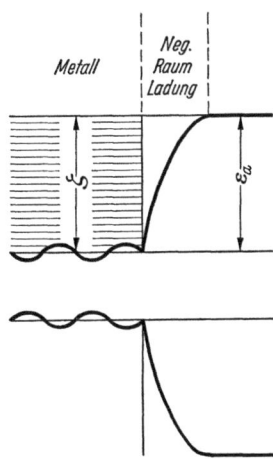

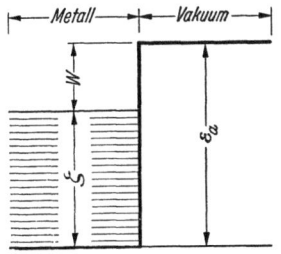

Abb. 451a. Primitives Modell der Metalloberfläche. ε_a wahre Austrittsarbeit, ζ chemisches Potential der Elektronen, W effektive Austrittsarbeit.

Abb. 451b. Die Metalloberfläche bildet eine Doppelschicht, deren negative Ladung außen sitzt. Bildkraft ist noch unberücksichtigt, daher noch keine effektive Austrittsarbeit.

ein Fermigas. Es gibt deshalb auch bei tiefen Temperaturen zahlreiche Elektronen mit beträchtlicher kinetischer Energie. Sie füllen ein Band bis zur Mitte auf, und die energiereichsten Elektronen besitzen eine Gesamtenergie, deren Höhe in der Abb. 451a durch die mit ζ bezeichnete horizontale Linie angedeutet ist.

Die Höhe der Energieschwelle bezeichnet man als die wahre Austrittsarbeit eines Elektrons aus dem Metall. Die energiereichsten Elektronen können aber das Metall schon verlassen, wenn man ihnen die Energie

$$W = \varepsilon_a - \zeta \tag{III, 1}$$

zuführt, welche als effektive Austrittsarbeit bezeichnet wird. ζ ist das chemische Potential der Elektronen im Metall (s. Bd. I, S. 747, Bd. II, S. 1704).

Wir wollen nun das Zustandekommen und den Verlauf der Potentialschwelle genauer untersuchen. Dazu betrachten wir ein Stück der Oberfläche, welches einer Gitterebene parallel sein möge. Die schnellen Elektronen aus dem Metallinnern durchsetzen die letzte Gitterebene und dringen so weit über sie hinaus, bis ihre kinetische Energie erschöpft ist. Außerhalb der mit positiven Ionen belegten Gitterebene befindet sich also eine Schicht negativer Raumladung. Die Metalloberfläche selbst bildet eine elektrische Doppelschicht. Die negative Raumladung erstreckt sich bis zu der Stelle, an der die potentielle Energie den Wert ζ

erreicht hat. Von dort an ist die Feldstärke konstant, also Null, wenn kein äußeres Feld anliegt. Dieses Modell der Metalloberfläche führt zu dem räumlichen Verlauf des elektrischen Potentialfeldes, der im unteren Teil der Abbildung 451b aufgezeichnet ist. Die potentielle Energie eines Elektrons in diesem Feld ist im oberen Teil der Abb. 451b wiedergegeben.

Das Modell der elektrischen Doppelschicht macht noch nicht verständlich, warum eine endliche effektive Austrittsarbeit erforderlich ist, damit ein Elektron das Metall verlassen kann. Um dies zu verstehen, müssen wir ein Elektron betrachten, welches sich bereits außerhalb der Doppelschicht befindet. Es influenziert in der Metalloberfläche eine positive Oberflächenladung, welche außerhalb des Metalls ein Feld erzeugt, das einer zum Elektron spiegelbildlichen positiven Ladung entspricht (s. Bd. I, S. 334). Dieses Influenzfeld bewirkt eine Kraft vom Betrag

$$K = \frac{e^2}{16\pi\varepsilon_0 x^2}, \qquad (III, 2)$$

welche das Elektron zur Oberfläche hintreibt, wenn es sich im Abstand x von der Oberfläche befindet. Die Kraft (III, 2) wird Bildkraft genannt. Zu ihr gehört die potentielle Energie

$$V = -\frac{e^2}{8\pi\varepsilon_0 x}. \qquad (III, 3)$$

Bei ihrer Berechnung ist schon berücksichtigt, daß bei der Veränderung von x auch an der Bildladung Arbeit geleistet wird. Der Formel (III, 3) folgt die potentielle Energie der Bildkraft allerdings nur, wenn das Elektron die Doppelschicht bereits verlassen hat. Innerhalb dieser Schicht, in der das Elektron noch zum Kollektiv der Metallelektronen gehört, muß die Bildkraft (III, 2) mit x auf Null absinken.

Die Bildenergie erreicht deshalb in der Oberfläche einen endlichen Grenzwert

$$V_0 = -\frac{e^2}{8\pi\varepsilon_0 x_0}, \qquad (III, 4)$$

der, vom Vorzeichen abgesehen, mit der effektiven Austrittsarbeit übereinstimmt. x_0 ist eine Rechengröße von der Dimension einer Länge, die aus (III, 4) definiert werden kann. Fügen wir die potentielle Bildenergie der potentiellen Energie der Doppelschicht hinzu, so erhalten wir den räumlichen Verlauf der gesamten potentiellen Energie, wie ihn die Abb. 451c zeigt.

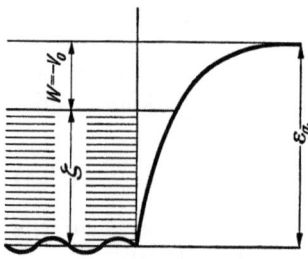

Abb. 451c. Effektive Austrittsarbeit rührt von der Bildenergie her.

Dieser Verlauf der potentiellen Energie eines Elektrons läßt immer noch eine Schwierigkeit für das Verständnis des Verhaltens in der Oberfläche bestehen, die wir noch klären müssen. Elektronen, die sich außerhalb des Metalls befinden, können durch die Bildkraft an die Metalloberfläche herangezogen bzw. in das Metall hineingezogen und dort festgehalten werden. Die Metalle müssen sich also negativ gegen das Unendliche aufladen. Hierdurch entsteht ein schwaches elektrostatisches Feld in makroskopischer Entfernung von der Oberfläche, durch welches die potentielle Energie im Metall und seiner unmittelbaren Umgebung um den Betrag der Bildenergie (III, 4) angehoben wird, bis die Energie der schnellsten Elektronen im Metall gleich der Energie eines freien Elektrons im

§ 2. Neutralisation von Ladungsträgern an Metalloberflächen. 1565

Unendlichen wird. Die potentielle Energie wächst also vor der Metalloberfläche über ζ hinaus auf den Wert

$$\zeta + \frac{e^2}{8\pi \varepsilon_0 x_0} \qquad (III, 5)$$

an, um dann in großer Entfernung langsam wieder auf ζ abzusinken. Es hängt von der Anordnung der Metalle im Raum ab, wie dieser Abfall im Einzelfall erfolgt. Er ist stets so langsam und findet so weit von der Oberfläche statt, daß wir ihn für Vorgänge in der Oberfläche nicht zu berücksichtigen brauchen, sondern unseren Betrachtungen den Potentialverlauf der Abb. 451c zugrunde legen können.

Die beschriebene Struktur entspricht der vollkommen reinen Oberfläche eines Metalls. Gewöhnlich bedeckt sich aber das Metall mit einer Schicht adsorbierter Gase. Tragen die Gasmoleküle ein Dipolmoment, so bildet die Adsorptionsschicht eine zweite elektrische Doppelschicht auf der Oberfläche, deren positive Seite außen liegt. Besitzen die Gasmoleküle kein Dipolmoment, so entsteht die Doppelschicht durch Polarisation. Das adsorbierte Gas erzeugt also in jedem Fall eine elektrische Doppelschicht mit der positiven Seite nach außen. Die Schwelle der potentiellen Energie wird durch

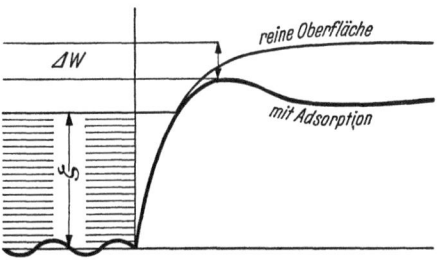

Abb. 452. Senkung der effektiven Austrittsarbeit um ΔW durch eine Adsorptionsschicht.

die Adsorptionsschicht so modifiziert, wie es die Abb. 452 zeigt. Die effektive Austrittsarbeit wird um ΔW gesenkt. In der Oberfläche entsteht ein strukturiertes Potentialgebirge, dessen Verlauf und Höhe von der Natur der adsorbierten Gase abhängt.

Die Adsorption negativ geladener Ionen wirkt umgekehrt, wie die Adsorption neutraler Gase. Negative Ionen erhöhen zusammen mit ihren Influenzbildern die effektive Austrittsarbeit.

§ 2. Neutralisation von Ladungsträgern an Metalloberflächen.

Inhalt: Neutralisation, Reflexion und Adsorption von positiven Ionen, Neutralisation negativer Ionen. Sonderrolle der Alkalien. Akkomodationskoeffizient.
Bezeichnungen: wie S. 1562.

Elektronen, welche auf eine Metalloberfläche gelangen, können ins Innere eindringen und dort verbleiben. Dieser Vorgang führt zum Verschwinden eines Elektrons aus dem Vakuum oder Gas. Anstelle der Absorption des Elektrons kann auch Reflexion eintreten. Außerdem kann die Aufnahme des Elektrons die Emission eines sekundären Elektrons zur Folge haben, worauf wir auf S. 1570 zurückkommen.

Gelangen positive Ionen auf eine Metalloberfläche, so können verschiedene Ereignisse eintreten. Das Ion kann reflektiert werden, es kann neutralisiert und als neutrales Atom reflektiert werden, es kann nach der Neutralisation als neutrales Atom auf der Oberfläche adsorbiert bleiben, ja, es können sogar Ionen ohne Neutralisation von einer Metalloberfläche adsorbiert werden. Außerdem kann die Neutralisation und Reflexion von Ionen mit einer Sekundäremission von Elektronen verbunden sein, worauf wir auf S. 1568 genauer eingehen.

Nähert sich ein positives Ion einer Metalloberfläche bis auf einige Gitterabstände, so entsteht am Ort des Ions eine tiefe Potentialmulde, wie sie in

Abb. 453 schematisch gezeichnet ist. Ein Metallelektron kann im Tunneleffekt zum Ion gelangen und dort einen der Quantenzustände des neutralisierten Ions einnehmen. Die Energie dieses Zustandes muß ungefähr mit der Energie des Elektrons im Metall übereinstimmen. In den meisten Fällen entsteht durch diesen Vorgang ein angeregtes neutrales Atom.

Es ist interessant, daß die Neutralisation von Alkaliatomen, deren Ionisationsenergie nur klein ist, an manchen Metalloberflächen auf diese Weise nicht möglich ist. Ist die effektive Austrittsarbeit W eines Elektrons größer als

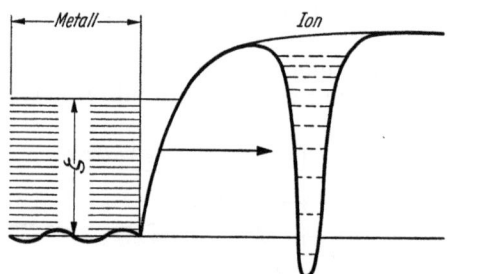 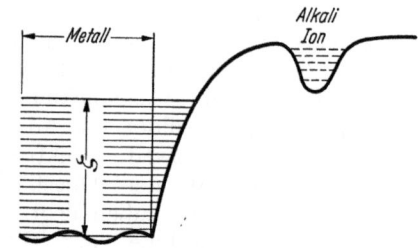

Abb. 453. Verlauf der potentiellen Energie eines Metallelektrons bei Annäherung eines Ions.

Abb. 454. Alkaliionen werden nicht neutralisiert.

die Neutralisationsenergie eU_i, so können selbst die energiereichsten Metallelektronen nicht einmal in den Grundzustand des neutralen Alkaliatoms gelangen (s. Abb. 454). Die Ionen werden nicht neutralisiert, sondern müssen reflektiert werden. An neutralen schweren Alkaliatomen findet sogar der umgekehrte Prozeß statt, daß neutrale Atome an heißen Metalloberflächen ionisiert werden, wobei sie Elektronen an das Metall abgeben.

Die Neutralisation negativer Ionen an einer Metalloberfläche verläuft nach einem ähnlichen Schema. Das Ion gibt sein überschüssiges Elektron durch Tunneleffekt an das Metall ab, wenn die Abtrennungsarbeit kleiner als die Austrittsarbeit ist. Dies trifft für alle negativen Ionen zu.

Neben der Neutralisation von Ionen kann stets auch Reflexion vorkommen. Der Reflexionsanteil ist besonders groß bei den schweren Ionen der Alkalien, die nicht entladen werden können. An kalten Metalloberflächen wird dieser Sachverhalt jedoch verschleiert, weil die nicht neutralisierbaren Ionen adsorbiert werden. Sie bilden dann auf der Oberfläche eine positive Schicht, welche die Austrittsarbeit sehr stark erniedrigt. Ist diese Schicht schon vorhanden, so können weitere Ionen entladen werden. Die Reflexion der Alkaliionen wird deshalb nur an heißen Metalloberflächen beobachtet, wenn die Adsorption durch hohe Temperatur verhindert wird.

Die neutralisierten Ionen müssen, soweit sie nicht adsorbiert werden, schließlich die Metalloberfläche wieder verlassen. Hierbei nehmen sie einen beträchtlichen Teil ihrer ursprünglichen kinetischen Energie wieder mit, so daß nur der Bruchteil

$$a = \frac{\Delta \varepsilon_{kin}}{\varepsilon_{kin}} \qquad (III, 6)$$

an das Metall abgeführt wird. Diesen Bruchteil a bezeichnet man als Akkomodationskoeffizient. Wird das Ion adsorbiert, so ist $a = 1$, wird es elastisch reflektiert, so ist a nahezu gleich 0. Der Akkomodationskoeffizient ist ziemlich klein, wenn Ionen kleiner Masse auf Metalle auftreffen, deren Atommassen ziemlich groß sind. Sind die Massen der Ionen und der Metallatome ziemlich ähnlich, so liegen die Akkomodationskoeffizienten etwa zwischen 0,5 und 1.

§ 3. Die thermische Emission von Elektronen aus Oberflächen.

Inhalt: Thermische Emission. Einfluß der Reflexion und der Schwellenform kompensiert sich weitgehend. Adsorptionsschichten erhöhen die Emission.
Bezeichnungen: wie S. 1562.

Metalloberflächen emittieren Elektronen, wenn den Metallelektronen so viel Energie zugeführt wird, daß sie den Potentialwall in der Oberfläche überwinden können. Wenn sich das Metall auf so hoher Temperatur befindet, daß die energiereichsten Elektronen die Oberfläche verlassen können, findet thermische Elektronenemission statt.

Die Zahl der Elektronen, welche eine Metalloberfläche emittiert, kann man auf folgende Weise berechnen. Den Potentialwall ersetzen wir durch einen plötzlichen Potentialsprung von der Höhe ε_a. Wir nehmen ferner an, daß die Elektronen immer dann aus dem Metall herausgelangen, wenn im Innern ihre Impulskomponente senkrecht zur Oberfläche größer als

$$\sqrt{2m\,\varepsilon_a} \qquad (III, 7)$$

ist. Die Zahl dieser Elektronen wird im Zusammenhang mit dem Verhalten der Elektronen im Metallinnern auf S. 1710 berechnet. Die Rechnung ergibt die Emissionsstromdichte

$$\mathfrak{E} = -\frac{4\pi e m}{h^3} k^2 T^2 e^{-\frac{\varepsilon_a - \zeta}{kT}}. \qquad (III, 8)$$

Die emittierten Elektronen besitzen eine Maxwellsche Geschwindigkeitsverteilung.

In diese Berechnung geht die Form des Potentialwalles nicht ein. Es ist auch nicht berücksichtigt, daß Elektronen an einer Potentialschwelle nach der Quantentheorie reflektiert werden, und daß die Reflexionswahrscheinlichkeit besonders groß ist, wenn ihre kinetische Energie nur wenig größer als die Schwellenenergie ist (s. S. 1050). Wegen der Reflexion bleibt die wirkliche Emission hinter dem Ausdruck (III, 8) zurück. Zieht man aber andererseits in Betracht, daß der Potentialanstieg nicht sprunghaft erfolgt, sondern daß gerade der obere Teil der Schwelle ziemlich abgerundet ist, so erkennt man, daß der Einfluß der Reflexion hierdurch stark zurückgedrängt wird. Die beiden vernachlässigten Umstände kompensieren sich also bis zu einem gewissen Grad und die Formel (III, 8) dürfte eine bessere Näherung sein, als man zuerst vermuten sollte.

Metalloberflächen, auf denen dünne Adsorptionsschichten anderer Stoffe niedergeschlagen sind, emittieren wegen der niedrigeren Austrittsarbeit erheblich stärker als reine Oberflächen.

§ 4. Feldemission.

Inhalt: Erhöhung der thermischen Emission durch ein äußeres Feld. Feldemission am kalten Metall.
Bezeichnungen: wie S. 1562.

Ein elektrisches Feld $\mathfrak{E}$ mit der Metalloberfläche als Kathode verändert die Potentialschwelle und senkt die effektive Austrittsarbeit. Dies ist in der Abb. 455 Kurve 2 schematisch dargestellt. Das Schwellenmaximum liegt an der Stelle, wo die elektrische Kraft $e|\mathfrak{E}|$, welche die Elektronen von der Oberfläche fortzieht, den gleichen Betrag wie die entgegengesetzt gerichtete Bildkraft hat. Aus dieser Bedingung ergibt sich

$$e|\mathfrak{E}| = \frac{e^2}{16\pi\varepsilon_0\,x_{\max}^2}. \qquad (III, 9)$$

Errechnet man hieraus den Ort x_{max} des Schwellenmaximums und setzt in (III, 4) ein, so erkennt man, daß die effektive Austrittsarbeit um

$$\Delta W = \sqrt{\frac{e^3 |\mathfrak{E}|}{4 \pi \varepsilon_0}} \qquad (III, 10)$$

niedriger wird.

Die Senkung der Austrittsarbeit erhöht den thermischen Emissionsstrom. Bei einer Temperatur T erwartet man in einem äußeren Felde $|\mathfrak{E}|$ den Emissionsstrom

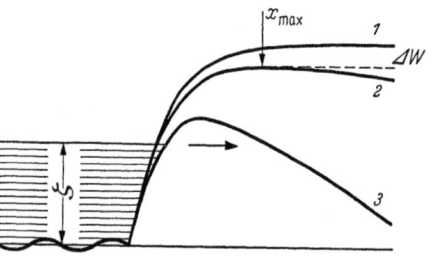

Abb. 455. Senkung der Austrittsarbeit durch ein äußeres elektrisches Feld.

$$\mathfrak{G}_\mathfrak{E} = \mathfrak{G}\, e^{\frac{1}{kT}\sqrt{\frac{e^3|\mathfrak{E}|}{4\pi\varepsilon_0}}}. \qquad (III, 11)$$

$\mathfrak{G}$ ist der Emissionsstrom ohne äußeres Feld. Diese Erhöhung der thermischen Emission im elektrischen Feld kann bei hohen Temperaturen beobachtet werden.

Die eigentliche Feldemission besteht aber darin, daß auch bei niedrigen Temperaturen, bei denen gar keine thermische Emission merklich ist, durch starke Felder Elektronen aus einer Metalloberfläche herausgezogen werden können. An Hand der Abb. 455, Kurve 3 kann man qualitativ erkennen, daß sehr starke Felder die Potentialschwelle nicht allein erniedrigen, sondern vor allem ihre Dicke vermindern. Die Elektronen können dann im Tunneleffekt durch die Oberfläche hindurchdringen. Diese Möglichkeit besteht auch bei niedrigen Temperaturen. In hinreichend starken Feldern werden deshalb auch von kalten Metalloberflächen Elektronen emittiert.

Die Durchrechnung des Tunneleffektes ist ziemlich umständlich und führt zu der Näherungsformel

$$\mathfrak{G} = A\,\mathfrak{E}^2\, e^{-\frac{b}{\sqrt{|\mathfrak{E}|}}}. \qquad (III, 12)$$

A und b sind für das Metall charakteristische Konstanten, in welche neben universellen Konstanten die effektive Austrittsarbeit W und das chemische Potential ζ der Elektronen im Metall eingehen. Auch diese Formel erfordert noch weitere Korrekturen. Bei den meisten Metallen dürfte theoretisch keine merkliche Feldemission einsetzen, solange $|\mathfrak{E}|$ kleiner als 10^7 V/cm ist. Sie müßte in stärkeren Feldern rapid nach dem Gesetz (III, 12) ansteigen. Der Anstieg sollte um so plötzlicher erfolgen, je kleiner die effektive Austrittsarbeit ist. In der Tat folgt die experimentell beobachtete Feldemission diesen qualitativen Regeln gut, nur beobachtet man das Einsetzen der Emission schon bei Feldstärken von 10^6 V/cm und nicht erst bei 10mal höheren Feldstärken. Die Ursache dieses Unterschiedes liegt in der Rauhigkeit der Metalloberfläche, welche zahlreiche Vertiefungen und Spitzen aufweist. An den Spitzen erhöht sich die Feldstärke und ruft ein vorzeitiges Einsetzen der Feldemission an diesen bevorzugten Stellen hervor.

§ 5. Sekundäremission durch Ionenbombardement.

Inhalt: Sekundäremissionskoeffizient. Empirisches Verhalten. Potentielles und kinetisches Herausziehen der Elektronen aus dem Metall.
Bezeichnungen: wie S. 1562.

Treffen positive Ionen auf eine Metalloberfläche auf, so können sie Elektronenemission auslösen. Die Zahl γ der von einem Ion befreiten Elektronen bezeichnet

§ 5. Sekundäremission durch Ionenbombardement.

man als Sekundäremissionskoeffizient. γ kann zwischen 10^{-4} und 20 liegen und hängt von sehr vielen Umständen ab. Aus Beobachtungsdaten entnimmt man folgende Regelmäßigkeiten.

Der Koeffizient γ liegt zwischen 10^{-2} bis 10^{-1} bei kinetischen Energien der Ionen von einigen hundert eV. Er steigt mit der Ionenenergie an und erreicht Werte zwischen 10 und 20 bei sehr großen Ionenenergien.

Bei kleinen Ionenenergien nähert sich γ Grenzwerten, die zwischen 10^{-2} und 10^{-1} liegen und von Gas zu Gas etwas verschieden sind. Langsame Ionen mit großer Ionisierungsenergie lösen mehr Elektronen aus der Oberfläche als Ionen mit kleiner Ionisierungsenergie. Langsame Alkaliionen mit besonders kleiner Ionisierungsenergie können anscheinend keine Sekundäremission hervorbringen. Bei kleinen Ionenenergien sinkt der Sekundäremissionskoeffizient der Alkalien auf Null ab. Bei H^+ und He^+ Ionen deutet sich oberhalb 100 kV eine langsame Abnahme von γ mit der kinetischen Energie der Ionen an.

Bei den Alkalien als Metalloberfläche beachtet man eine besonders starke Sekundäremission, was offensichtlich mit ihrer niedrigen Austrittsarbeit zusammenhängt. Erniedrigt man die Austrittsarbeit durch adsorbierte Gase, so führt dies zu höherer Sekundäremission. Wird die adsorbierte Gasschicht entfernt, was durch mäßiges Glühen geschehen kann, so wird eine Abnahme von γ beobachtet. Bei sehr hohen Temperaturen hingegen scheint eine echte Zunahme der Sekundäremission vorzukommen.

Die Sekundäremission ist bei schrägem Einfall der Ionen auf die Oberfläche größer als bei senkrechtem Einfall.

Diese zum Teil recht unvollständigen Beobachtungsdaten bieten noch keine sichere Grundlage für eine zuverlässige Theorie der Sekundäremission.

Wahrscheinlich sind zwei voneinander verschiedene Mechanismen an der Sekundäremission beteiligt. Ein positives Ion, das sich der Metalloberfläche nähert, kann schon in einem Abstand von einigen Å.E. ein Elektron aus dem Metall herausziehen und neutralisiert werden. Hierbei entsteht ein angeregtes Atom mit der Anregungsenergie

$$eU_i + \zeta - \varepsilon_a = eU_i - W, \qquad (III, 13)$$

welches in die Metalloberfläche eindringt. U_i ist die Ionisierungsspannung. Die Energie (III, 13) kann auf ein zweites Metallelektron übertragen werden, so daß dieses die Oberfläche verlassen kann. Hatte das Elektron vor dem Zusammentreffen mit dem früheren Ion die kinetische Energie ε_{kin}, nimmt es die Energie (III, 13) auf und verliert es beim Verlassen des Metalls die wahre Austrittsarbeit ε_a, so kann es außerhalb des Metalls noch die kinetische Energie

$$\varepsilon'_{kin} = \varepsilon_{kin} + eU_i + \zeta - 2\varepsilon_a \qquad (III, 14)$$

besitzen, wenn keine Energie durch andere Prozesse eingebüßt wird. ε'_{kin} muß positiv sein, ε_{kin} kann den Wert ζ nicht überschreiten. Dieser Mechanismus der Sekundäremission, den man als potentielles Herausziehen bezeichnet, ist somit an die Bedingung

$$eU_i > 2(\varepsilon_a - \zeta) = 2W \qquad (III, 15)$$

geknüpft. Die Neutralisationsenergie der Ionen muß größer als die doppelte effektive Austrittsarbeit sein. Diese Bedingung ist bei allen Ionen außer den Alkaliionen erfüllt. Hierdurch wird verständlich, daß Alkaliionen kleiner kinetischer Energie keine Sekundäremission auslösen, während γ bei anderen Ionen sich einem endlichen Grenzwert für kleine Ionenenergie nähert.

1570   N. III. Emission, Neutralisation u. Absorption von Ladungsträgern an Oberflächen.

Der starke Anstieg des Koeffizienten γ mit der Ionenenergie kann nur verstanden werden, wenn es noch einen zweiten Mechanismus gibt, welcher die kinetische Energie der Ionen für die Befreiung von Sekundäremissionen nutzbar macht. Für dieses sog. kinetische Herausziehen von Elektronen sind hauptsächlich zwei Modellprozesse diskutiert worden. Nach der einen Vorstellung soll das Ion die Umgebung seiner Auftreffstelle so hoch erhitzen, daß Elektronen thermisch emittiert werden können. Nach der anderen Vorstellung soll die Ablösung eines Elektrons wie bei einem Ionenstoß an isolierten Atomen erfolgen. Beide Vorstellungen sind jedoch nicht frei von Schwierigkeiten.

§ 6. Sekundäremission durch Elektronenbombardement.

Inhalt: Reflexion und Sekundäremission der Elektronen. Einfluß von Adsortpionsschichten auf die Reflexion.
Bezeichnungen: wie S. 1562.

Ein Elektron, welches auf eine Metalloberfläche auftrifft, durchläuft die Potentialschwelle in der umgekehrten Richtung, wie ein Elektron, welches die Oberfläche verläßt. Die Bildkraft und die Kraft der Doppelschicht fördern das Eindringen des Elektrons ins Metall.

An einer Potentialschwelle können Elektronen nach der Quantentheorie auch reflektiert werden. Dieser Vorgang tritt nach S. 1054 insbesondere bei langsamen Elektronen ein. An einer reinen Oberfläche, in der die potentielle Energie von außen nach innen allmählich und monoton abfällt, werden aber selbst langsame Elektronen kaum reflektiert. Ist jedoch die Oberfläche mit einer Gasschicht beladen, was zu dem Potentialverlauf der Abb. 452 führt, so wächst die Reflexionswahrscheinlichkeit für langsame Elektronen beträchtlich. Eine Gasadsorptionsschicht erschwert deshalb den Eintritt langsamer Elektronen in eine Metalloberfläche.

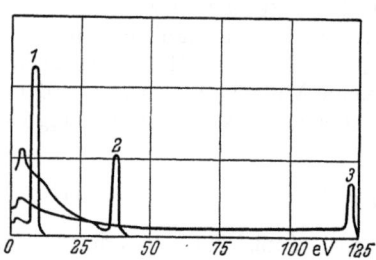

Abb. 456. Verteilung der Sekundärelektronen über die Energie für Primärelektronen von 10 Volt, 38 Volt und 120 Volt. Die Reflexion der Primärelektronen verursacht die Spitzen am Ende der Verteilungskurve.

Wenn ein Elektron die Metalloberfläche durchdringt, so wächst seine kinetische Energie von ihrem ursprünglichen Wert ε_{kin} um die wahre Austrittsarbeit ε_a auf $\varepsilon_{kin} + \varepsilon_a$ an. Gegenüber den Metallelektroden besitzt das eingedrungene Elektron den Energieüberschuß

$$\varepsilon_{kin} + \varepsilon_a - \zeta = \varepsilon_{kin} + W. \quad (III, 16)$$

Diesen Energiebetrag gibt es an das Metall ab. Bei Wechselwirkungen mit den Metallionen kann das Elektron nur wenig Energie verlieren, dagegen geht bei jeder Wechselwirkung mit einem freien Metallelektron im Mittel die Hälfte des Energieüberschusses verloren. Man muß also damit rechnen, daß das eingedrungene Elektron die Energie (III, 16) hauptsächlich auf die Leitungselektronen des Metalls überträgt. Ist die übertragene Energie groß genug, so kann ein Metallelektron aus der Oberfläche herausgeschleudert werden, d. h. es tritt Sekundäremission ein. Bei ausreichender kinetischer Energie des primären Elektrons kann sogar eine mehrfache Sekundäremission vorkommen, so daß die Metalloberfläche im ganzen mehr Elektronen abgibt als aufnimmt.

Reflexion des einfallenden Elektrons und Sekundäremission führen insofern zum gleichen Ergebnis, als die Zahl der bilanzmäßig vom Metall aufgenommenen Elektronen reduziert wird. Man kann aber beide Vorgänge experimentell voneinander trennen, indem man die Energieverteilung der von der Metalloberfläche zurückgeworfenen Elektronen beobachtet. Die reflektierten Elektronen besitzen noch ihre ursprüngliche kinetische Energie, während die Energie der Sekundärelektronen meist kleiner als die Primärenergie ist. Sie streut über ein breites Energieband, das nicht wesentlich über die Primärenergie hinausragt. Man beobachtet deshalb deutliche Spitzen der Ausbeute bei der Energie der Primärelektronen (s. Abb. 456).

Die Zahl δ der Sekundärelektronen pro einfallendes Elektron bezeichnet man als Sekundäremissionskoeffizient. Definiert man in gleicher Weise den Koeffizienten R der echten Reflexion, so ist

$$1 - \delta - R \qquad (III, 17)$$

die Wahrscheinlichkeit, mit der ein auftreffendes Elektron von der Metalloberfläche bilanzmäßig aufgenommen wird.

Bei sehr großer Energie der einfallenden Elektronen treten natürlich noch weitere Erscheinungen auf. Es entstehen dann z. B. Röntgenstrahlen und deren Sekundärprodukte, worauf wir aber nicht eingehen wollen.

IV. Die Raumladung in der Vakuumelektronik.

Jedes geladene Teilchen erzeugt in seiner Umgebung ein elektrisches Feld, durch das es auf die anderen Ladungsträger einwirkt. Erreichen die Ladungsteilchen eine gewisse Dichte, so beteiligen sie sich maßgeblich an der Erzeugung des Feldes, in welchem sie sich bewegen. Das selbsterzeugte Raumladungsfeld muß dann bei der Bewegung der Ladungsträger berücksichtigt werden. Nur wenn die Ladungsdichte klein ist und die äußeren Felder sehr stark sind, kann man die Bahn eines geladenen Teilchens im äußeren elektrischen Feld so berechnen, als ob dieses Teilchen allein vorhanden wäre. Dieses vereinfachte Verfahren haben wir in den Kapitel I und II über Elektronenoptik eingeschlagen.

In relativ schwachen äußeren Feldern wird dagegen die Raumladung merklich, sobald Ladungsträger in solcher Anzahl vorhanden sind, daß ein nennenswerter elektrischer Strom fließt. Das mechanische Problem der Bewegung geladener Teilchen in einem Kraftfeld verknüpft sich dann mit dem elektrostatischen Problem der Berechnung des Feldes aus der Ladungsverteilung. Dieser Umstand verwickelt den Sachverhalt erheblich, so daß man nur die einfachsten Fälle wirklich durchrechnen kann.

§ 1. Der Elektronenstrom zwischen ebenen Elektroden im Vakuum.

Inhalt: Vor einer Kathode, welche Elektronen emittiert, bildet sich ein Raumladungsgebiet aus. Berechnung der Raumladungsdichte, Potentialverteilung und des Anodenstromes aus dem Emissionsstrom, dem Elektrodenabstand und der angelegten Spannung.

Bezeichnungen: $-e$ und m Ladung und Masse des Elektrons, u Geschwindigkeitskomponente senkrecht zur Kathode, T Temperatur, k Boltzmannsche Konstante, n_0 Elektronendichte vor der Kathode, i_s Sättigungsstrom, Emissionsstrom der Kathode, i Anodenstrom, U Potential, U_A Anodenpotential, U_{min} Min.malwert des Potentials, der Nullpunkt des Potentials liegt auf der Kathode, η Raumladungsdichte, ε_0 elektrische Maßkonstante, d Elektrodenabstand, $\mathfrak{E}_0$ Kathodenfeldstärke.

Das einfachste Entladungsproblem mit zwei ebenen Elektroden könnte man folgendermaßen formulieren. Eine der Platten, nämlich die auf dem Potential Null befindliche Kathode, emittiere eine Elektronenstromdichte i_s, d. h. i_s/e-Elektronen in der Sekunde. Diese mögen alle die Anfangsgeschwindigkeit u_0 senkrecht zur Kathodenoberfläche besitzen. In einem Abstand d sei der Kathode eine Anode gegenübergestellt, deren Potential U_A sein möge.

Obwohl die Durchrechnung dieser Aufgabe recht instruktiv ist, wollen wir darauf verzichten, weil die gemachten Voraussetzungen den physikalischen Sachverhalt nicht richtig wiedergeben. Handelt es sich nämlich z. B. um eine Glühkathode, so haben die emittierten Elektronen nicht alle die gleiche Anfangsgeschwindigkeit, sondern verteilen sich entsprechend der Kathodentemperatur auf alle möglichen Geschwindigkeiten. Wenn die emittierten Elektronen vom Feld nicht fortgeschafft würden, müßte sich ein Gleichgewicht einstellen, bei welchem eine Maxwellverteilung in der Schicht unmittelbar vor der Kathode bestünde. Bei der Kathodentemperatur T steuern die Elektronen mit Geschwindigkeitskomponenten zwischen u und $u + du$ senkrecht zur Oberfläche zur Elektronendichte den Anteil

$$dn = n_0 \sqrt{\frac{m}{2\pi k T}} e^{-\frac{mu^2}{2kT}} du \qquad (IV, 1)$$

bei, wenn n_0 die Dichte der Elektronen schlechthin ist. Aus der Kathode treten dann sekundlich

$$u\, dn = n_0 \sqrt{\frac{m}{2\pi k T}} u e^{-\frac{mu^2}{2kT}} du \qquad (IV, 2)$$

Elektronen der Geschwindigkeit u heraus. Summieren wir noch über alle u von Null bis ∞ und multiplizieren mit der Elektronenladung, so finden wir den Gesamtemissionsstrom i_s der Kathode

$$i_s = -e n_0 \sqrt{\frac{m}{2\pi k T}} \int_0^\infty u e^{-\frac{mu^2}{2kT}} du = -e n_0 \sqrt{\frac{kT}{2\pi m}}. \qquad (IV, 3)$$

Diese Formel gibt den Zusammenhang zwischen der Elektronenkonzentration n_0 und dem Emissionsstrom i_s. Die Ströme tragen negatives Vorzeichen, weil wir der Bewegungsrichtung das positive Zeichen geben.

Wir machen nun die Annahme, daß im Kathodenmaterial keine Verarmung an Elektronen eintritt, auch wenn alle emittierten Elektronen vom Feld sofort hinweggezogen werden. Die Formel (IV, 2) für die Zahl der Elektronen, welche die Kathode mit der Geschwindigkeit u verlassen, gilt deshalb auch noch, wenn im Vakuum vor der Kathode kein Gleichgewicht mehr besteht.

Jetzt wollen wir untersuchen, was mit den Elektronen in dem Feld außerhalb der Kathode geschieht. Wir unterscheiden zwei Fälle. Entweder die Feldstärke $\mathfrak{E}_0$ an der Kathodenoberfläche ist auf die Kathode zugerichtet (also negativ) und zieht die negativ geladenen Elektronen fort, oder sie ist von der Kathode weggerichtet (positiv) und treibt die Elektronen zur Kathode zurück.

Der Raum zwischen Kathode und Anode trägt durch die Anwesenheit der Elektronen eine negative Raumladung η, d. h.

$$\frac{d^2 U}{dx^2} = -\frac{\eta}{\varepsilon_0} \qquad (IV, 4)$$

ist positiv. Trägt man U gegen x auf, so entsteht eine nach oben konkave Kurve. Bei negativem $\mathfrak{E}_0$ ist $dU/dx = -\mathfrak{E}_0$ von Anfang an positiv und das Potential steigt mit x monoton an (Kurve 3 der Abb. 457). Die Elektronen, welche die Kathode

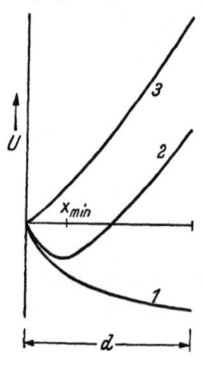

Abb. 457. Potentialverlauf zwischen Glühkathode und Anode bei Sättigung (3), ohne Sättigung (2) und bei Gegenspannung (1).

§ 1. Der Elektronenstrom zwischen ebenen Elektroden im Vakuum.

verlassen, werden im Feld mehr und mehr beschleunigt und gelangen alle zur Anode. Zwischen beiden Elektroden fließt ein Strom von der Dichte i_s, der unabhängig von der zwischen den Elektroden liegenden Spannung U_A ist.

Den Potentialverlauf und die Raumladung zwischen den Elektroden kann man berechnen. Gemessen an den Geschwindigkeiten, welche die Elektronen im Feld gewinnen, sind die Austrittsgeschwindigkeiten aus der Kathode klein, so daß wir einfach überall

$$\frac{m}{2} u^2 = e U \tag{IV, 5}$$

setzen dürfen, woraus dann

$$u = \sqrt{\frac{2eU}{m}} \tag{IV, 6}$$

folgt. Da die Stromdichte i_s mit der Geschwindigkeit u und der Raumladung η durch $i_s = \eta u$ zusammenhängt, können wir $\eta = i_s/u$ in (IV, 4) einsetzen und erhalten

$$\frac{d^2 U}{d x^2} = -\frac{i_s}{\varepsilon_0 u} = -\frac{i_s}{\varepsilon_0} \sqrt{\frac{m}{2eU}}. \tag{IV, 7}$$

Multipliziert man mit dU/dx, so kann man einmal integrieren, wobei

$$\left(\frac{dU}{dx}\right)^2 - \left(\frac{dU}{dx}\right)_0^2 = -\frac{2 i_s}{\varepsilon_0} \sqrt{\frac{m}{2e}} \int_0^U \frac{dU}{\sqrt{U}} = -\frac{4 i_s}{\varepsilon_0} \sqrt{\frac{m U}{2 e}} \tag{IV, 8}$$

entsteht. Hieraus findet man

$$\frac{dU}{dx} = \sqrt{\mathfrak{E}_0^2 - \frac{4 i_s}{\varepsilon_0} \sqrt{\frac{m U}{2e}}}. \tag{IV, 9}$$

Eine nochmalige Integration führt auf

$$x = \int_0^U \frac{dU}{\sqrt{\mathfrak{E}_0^2 - \frac{4 i_s}{\varepsilon_0} \sqrt{\frac{m U}{2e}}}} = \frac{e \, \varepsilon_0^2}{6 m \, i_s^2} (y^3 - 3 \mathfrak{E}_0^2 y + 2 | \mathfrak{E}_0 |^3), \tag{IV, 10}$$

wo y die Abkürzung

$$y = \sqrt{\mathfrak{E}_0^2 - \frac{4 i_s}{\varepsilon_0} \sqrt{\frac{m U}{2e}}} \tag{IV, 11}$$

bedeutet. Die Anfangsfeldstärke $\mathfrak{E}_0$ findet man, wenn man d für x und U_A für U in (IV, 10) und (IV, 11) einsetzt. Die Raumladungsverteilung kann man aus

$$\eta = \frac{i_s}{u} = i_s \sqrt{\frac{m}{2eU}} \tag{IV, 12}$$

finden, wenn man den Potentialverlauf ermittelt hat.

Im zweiten Fall (Kurve 2 der Abb. 457), wo die Elektronen unmittelbar vor der Kathode durch das Feld gebremst werden, ist das Problem verwickelter. Vom Wert Null an der Kathode nimmt das Potential ab, durchläuft evtl. ein Minimum, um dann wieder anzusteigen und schließlich wieder positive Werte zu erreichen.

Man könnte nun versucht sein, anzunehmen, daß jedes Elektron so lange gegen das Feld anlaufe, bis seine kinetische Energie erschöpft ist, und daß es dann zur Kathode zurückkehre, wobei es seine kinetische Energie wiedergewinne. Diese Annahme wäre aber falsch, weil das Feld teilweise von der Raumladung der Elektronen selbst herrührt. Jetzt kann es nämlich vorkommen, daß ein Elektron 1 einem anderen Elektron 2 ziemlich nahe kommt, so daß eine Art Zusammenstoß stattfindet. Dabei kann es einen Teil der kinetischen Energie an das Elektron 2 abgeben, der dann für das Elektron 1 verloren ist. Im Mittel über viele Elektronen gleichen sich Energiegewinn und Verlust bei Stößen aus. Man darf aber nicht damit rechnen, daß jedes einzelne Elektron eine Bahn durchläuft, welche durch seine kinetische Energie bei der Emission schon eindeutig vorbestimmt wäre. Da wir den Weg des einzelnen Elektrons nicht verfolgen können, müssen wir uns nach einem anderen Verfahren umsehen, Elektronendichte und Feld zu berechnen.

Wäre das Gegenfeld vor der Kathode so stark, daß alle Elektronen zur Kathode zurückgetrieben würden, so würde sich ein Gleichgewicht ausbilden. Die Elektronen würden sich dann wie ein Gas verhalten, bei welchem die Energie

$$\varepsilon = \frac{m u^2}{2} - e U \qquad (IV, 13)$$

des einzelnen Moleküls nicht nur von der Geschwindigkeit u, sondern auch vom Orte abhängt. Am Orte des Potentials U wären in der Volumeneinheit

$$dn = C e^{-\frac{m u^2}{2 k T} + \frac{e U}{k T}} du \qquad (IV, 14)$$

Elektronen mit Geschwindigkeiten zwischen u und $u + du$ vorhanden. Für $U = 0$ muß daraus der Wert (IV, 1) vor der Kathode hervorgehen, woraus wir

$$C = n_0 \sqrt{\frac{m}{2 \pi k T}} \qquad (IV, 15)$$

entnehmen. Summieren wir (IV, 14) über alle u von $-\infty$ bis $+\infty$, so finden wir die Teilchendichte

$$n(U) = n_0 e^{\frac{e U}{k T}} \qquad (IV, 16)$$

am Ort des Potentials U und damit die Raumladung

$$\eta = - e n_0 e^{\frac{e U}{k T}}. \qquad (IV, 17)$$

Führt man den Emissionsstrom i_s aus (IV, 3) ein, so geht (IV, 14) in

$$dn = - \frac{i_s m}{e k T} e^{-\frac{m u^2}{2 k T} + \frac{e U}{k T}} du \qquad (IV, 18)$$

und (IV, 17) in

$$\eta = i_s \sqrt{\frac{2 \pi m}{k T}} e^{\frac{e U}{k T}} \qquad (IV, 19)$$

über. Jetzt können wir auch die Poissonsche Gleichung

$$\frac{d^2 U}{d x^2} = - \frac{i_s}{\varepsilon_0} \sqrt{\frac{2 \pi m}{k T}} e^{\frac{e U}{k T}} \qquad (IV, 20)$$

aufstellen, aus der man das Potential berechnen kann.

§ 1. Der Elektronenstrom zwischen ebenen Elektronen im Vakuum.

Wir machen nun die Annahme, daß die Gleichgewichtsverhältnisse einigermaßen bestehenbleiben, wenn ein kleiner Strom i zur Anode abfließt. Diese Annahme wird um so richtiger sein, je kleiner i gegen i_s ist.

Besteht ein Potentialminimum, so können alle Elektronen zur Anode gelangen, welche im Minimum eine positive Komponente u besitzen. In der Volumeneinheit wird es an der Stelle des Minimums

$$dn = -\frac{i_s m}{e k T} e^{-\frac{m u^2}{2kT} + \frac{e U_{\min}}{kT}} du \tag{IV, 21}$$

Elektronen mit einer Geschwindigkeit zwischen u und $u + du$ geben. Sie werden zum Strom den Anteil

$$di = -e u \, dn = \frac{i_s m}{kT} u e^{-\frac{m u^2}{2kT} + \frac{e U_{\min}}{kT}} du \tag{IV, 22}$$

beitragen. Summiert man von Null bis ∞ über u, so erhält man den Anodenstrom

$$i = i_s e^{\frac{e U_{\min}}{kT}}. \tag{IV, 23}$$

Ist kein Minimum des Potentials vorhanden (Kurve *1* der Abb. 457), so ist das Anodenpotential U_A statt $U_{\min}$ einzusetzen. Bei gegebener Kathodenemission i_s besteht also der eindeutige Zusammenhang (IV, 23) zwischen Anodenstrom i und Potentialminimum $U_{\min}$.

Die Poissonsche Gleichung (IV, 20) kann man nach Multiplikation mit dU/dx integrieren, was zu

$$\left(\frac{dU}{dx}\right)^2 = \mathfrak{E}_0^2 - \frac{2 i_s}{e \varepsilon_0} \sqrt{2\pi m kT}\left(e^{\frac{eU}{kT}} - 1\right) \tag{IV, 24}$$

führt. Integriert man bis zum Minimum und ersetzt $e^{\frac{eU_{\min}}{kT}}$ durch i/i_s, so findet man

$$\mathfrak{E}_0 = \sqrt{\frac{2(i - i_s)}{e \varepsilon_0} \sqrt{2\pi m kT}}. \tag{IV, 25}$$

Die Anfangsfeldstärke ist also durch die Anodenstromdichte völlig bestimmt. Durch Einsetzen von $\mathfrak{E}_0$ geht (IV, 24) in

$$\frac{dU}{dx} = -\sqrt{\frac{2}{e \varepsilon_0}\left(i - i_s e^{\frac{eU}{kT}}\right)\sqrt{2\pi m kT}} \tag{IV, 26}$$

über und eine nochmalige Integration liefert

$$x = -\sqrt{\frac{e \varepsilon_0}{2\sqrt{2\pi m kT}}} \int_0 \frac{dU}{\sqrt{i - i_s e^{\frac{eU}{kT}}}}. \tag{IV, 27}$$

Für das Minmum selbst findet man

$$x_{\min} = \left(\frac{kT}{e}\right)^{3/4} \sqrt{-\frac{2\varepsilon_0}{i}} \sqrt{\frac{e}{2\pi m}} \operatorname{arctg} \sqrt{\frac{i_s}{i} - 1}. \tag{IV, 28}$$

Man beachte dabei, daß alle Stromdichten negativ sind.

Setzt man in diese Formel Temperaturen und Sättigungsstromdichten ein, wie sie bei Glühkathoden vorkommen ($T = 1000°$ bis $3000°$, $i_s = 10^{-4}$ bis 10^1 Amp./cm²), so findet man für $x_{\min}$ Werte zwischen 0,0005 und 0,05 mm. Der Potentialabfall spielt sich also in einer äußerst dünnen Schicht vor der Kathodenoberfläche ab.

Jenseits des Minimums besteht natürlich keine Gleichgewichtsverteilung, sondern alle Elektronen bewegen sich mit wachsender Geschwindigkeit in Richtung auf die Anode. Vernachlässigt man die Anfangsgeschwindigkeit, die sie schon im Minimum hatten, so gilt

$$\frac{m}{2} u^2 = e(U - U_{\min}). \tag{IV, 29}$$

Dies ist natürlich nur richtig, wenn das Potential U auf große Werte ansteigt. Da die Stromdichte i konstant ist, ergibt sich die Raumladung

$$\eta = \frac{i}{u} = i \sqrt{\frac{m}{2e(U - U_{\min})}} \tag{IV, 30}$$

und man erhält die Poissonsche Gleichung

$$\frac{d^2 U}{d x^2} = -\frac{i}{\varepsilon_0} \sqrt{\frac{m}{2e(U - U_{\min})}}. \tag{IV, 31}$$

Sie kann genau wie (IV, 7) integriert werden. Man erhält das Resultat, wenn man in (IV, 10 und 11) immer i statt i_s und $U - U_{\min}$ statt U, ferner $x - x_{\min}$ statt x einführt und $\mathfrak{E}_0 = 0$ setzt. Auf diese Weise gelangt man zu

$$y = \sqrt{-\frac{4i}{\varepsilon_0} \sqrt{\frac{m(U - U_{\min})}{2e}}} \tag{IV, 32}$$

und

$$x - x_{\min} = \frac{4}{3} \left(\frac{e \varepsilon_0^2}{8 m i^2} \right)^{1/4} (U - U_{\min})^{3/4}. \tag{IV, 33}$$

Führt man die Integration bis zur Anode aus, so kann man $x_{\min}$ gegen d vernachlässigen und erhält

$$d = \frac{4}{3} \left(\frac{e \varepsilon_0^2}{8 m i^2} \right)^{1/4} (U_A - U_{\min})^{3/4}. \tag{IV, 34}$$

Setzt man noch für $U_{\min}$ aus (IV, 23) seinen Wert $\frac{kT}{e} \ln \frac{i}{i_s}$ ein und löst nach U_A auf, so erhält man

$$U_A = \left(\frac{81 m i^2 d^4}{32 e \varepsilon_0^2} \right)^{1/3} - \frac{kT}{e} \ln \frac{i_s}{i}. \tag{IV, 35}$$

Diese Gleichung gibt den Zusammenhang zwischen Strom und Spannung, die sog. Charakteristik oder Kennlinie der Entladung.

Wenn i nur ein sehr kleiner Bruchteil von i_s ist, überwiegt das zweite Glied und wir erhalten

$$U_A = -\frac{kT}{e} \ln \frac{i_s}{i}. \tag{IV, 36}$$

Mit wachsendem i kommt auch das erste Glied zur Geltung, und zwar um so eher, je größer der Elektrodenabstand ist. Das Gesetz (IV, 36) für die Kennlinie geht dabei allmählich in

$$U_A = \left(\frac{81 m i^2 d^4}{32 e \varepsilon_0^2} \right)^{1/3} \tag{IV, 37}$$

§ 2. Gitter zwischen ebenen Elektroden.

oder wie man gewöhnlich schreibt

$$-i = \frac{4\varepsilon_0}{9d^2}\left(\frac{2e}{m}\right)^{1/2} U_A^{3/2} \qquad (IV, 38)$$

über[1]. Die Form (IV, 37) wird bei Erhöhen von U_A und gegebenem i_s um so schneller erreicht, je größer d ist. Wenn $i = i_s$ geworden ist, ist kein Minimum mehr vorhanden und der Strom kann jetzt nicht mehr größer werden. Die Spannung U_A kann natürlich noch weiter erhöht werden. Dann wird aber die Anfangsfeldstärke $\mathfrak{E}_0$ negativ und das Potential beginnt schon von der Kathode an zu steigen. Die Formeln (IV, 37) und (IV, 10) liefern für $i = i_s$ und $\mathfrak{E}_0 = 0$ dieselbe Spannung.

Die Kennlinie der Entladung zerfällt in drei Abschnitte (s. Abb. 458). Im Gebiet I gilt (IV, 36) und $|i| \ll |i_s|$, im Gebiet II das Gesetz (IV, 37) und $|i| < |i_s|$, während im Gebiet III der Strom gleich dem Sättigungsstrom ist und die Spannung mit ihm durch (IV, 10) zusammenhängt. Natürlich gehen die drei Gebiete stetig ineinander über.

Der räumliche Potentialverlauf ist schematisch in der Abb. 457 angedeutet. Dem Abschnitt III der Kennlinie ist der Potentialverlauf 3 zugeordnet, während die Abschnitte II und I zu einem Potentialverlauf mit Minimum gehören. Die Kurve 1 ohne Minimum kommt nur vor, wenn der Elektrodenabstand kleiner als $x_{\min}$ ist, was so gut wie nie zutrifft.

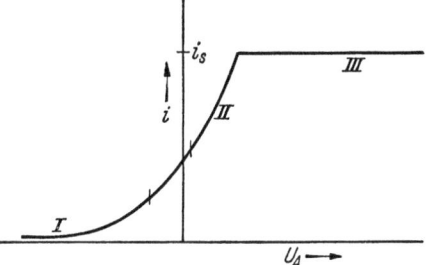

Abb. 458. Schematische Kennlinie einer Glühkathodenentladung mit ebenen Elektroden. Das negative Vorzeichen der Ströme ist in der Abbildung nicht zum Ausdruck gebracht.

Viel größere praktische Bedeutung als zwischen ebenen Platten hat die Entladung zwischen koaxialen Zylindern, weil Glühkathoden meist als Drähte verwendet werden. Dieses Problem liegt grundsätzlich ähnlich wie bei ebenen Platten, die Durchrechnung ist aber mühsam und nur in Näherungen möglich. Wir gehen deshalb nicht näher darauf ein.

§ 2. Gitter zwischen ebenen Elektroden.

Inhalt: Statisches Feld eines Gitters zwischen zwei ebenen Elektroden. Durchgriff und effektives Potential des Gitters.

Bezeichnungen: U_G Gitterpotential, a Abstand der Gitterdrähte, ϱ Drahtradius, d_k und d_A Abstand des Gitters von Kathode und Anode, D_A, D_K Durchgriffe von Anode und Kathode durch das Gitter, U_{eff} effektives Gitterpotential, R_i innerer Widerstand, S Steilheit, μ Verstärkungsfaktor einer idealen Triode.

Zwischen einer ebenen Kathode und einer ebenen Anode möge sich eine Gitterelektrode befinden. Ihr Abstand von der Kathode sei d_K, ihr Abstand von der Anode d_A. Die Kathode liege auf dem Potential Null, das Gitter auf dem positiven oder negativen Potential U_G und die Anode auf dem positiven Potential U_A. Wir gehen zunächst darauf aus, das Feld zwischen diesen Elektroden zu berechnen, wenn sich keine Ladungsträger im Raum befinden.

---

[1] Wenn man auch beachtet, daß die Elektronen das Minimum mit Anfangsgeschwindigkeit durchlaufen, so kommt man statt (IV, 38) auf

$$-i = \frac{4\varepsilon_0}{9d^2}\left(\frac{2e}{m}\right)^{1/2} U_A^{3/2}\left(1 + 2{,}66\sqrt{\frac{kT}{eU_A}}\right). \qquad (IV, 39)$$

Um die Berechnung zu vereinfachen, betrachten wir folgenden einfachen Fall. Das Gitter bestehe aus dünnen Drähten, welche parallel zueinander und zu den beiden anderen Elektroden in Abständen a angeordnet sind (s. Abb. 459). Der Drahtradius sei sehr klein gegen den Drahtabstand a und dieser sei sehr klein gegen die Abstände des Gitters von der Kathode und Anode.

Wir legen nun die z-Achse in die Achse eines Drahtes und die x-Achse senkrecht zu den Elektroden. Ist keine Raumladung vorhanden, so hängt das Potential U des elektrischen Feldes nicht von der Koordinate z ab und muß die Poissonsche Gleichung

$$\frac{\partial^2 U}{\partial x^2} + \frac{\partial^2 U}{\partial y^2} = 0 \qquad (IV, 40)$$

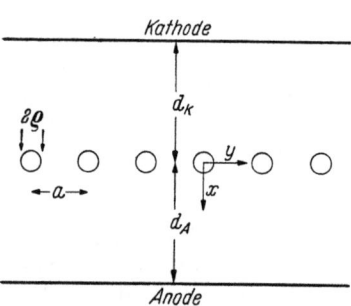

Abb. 459. Schematische Darstellung eines Gitters und des Feldes in seiner Nähe.

erfüllen. Auf den Gitterdrähten muß es den Wert U_G, auf der Kathode den Wert Null und auf der Anode den Wert U_a annehmen.

Der Ansatz

$$U = C + B\frac{4\pi x}{a} + A \ln\left(1 - 2e^{\frac{2\pi x}{a}} \cos\frac{2\pi y}{a} + e^{\frac{4\pi x}{a}}\right) \qquad (IV, 41)$$

befriedigt die Poissonsche Gleichung (IV, 40), wie man leicht nachrechnen kann. Auf der Oberfläche des Drahtes, in welchem der Koordinatenanfang liegt, ist

$$\left|\frac{2\pi x}{a}\right| \ll 1; \quad \left|\frac{2\pi y}{a}\right| \ll 1. \qquad (IV, 42)$$

Wir erhalten dort näherungsweise

$$1 - 2e^{\frac{2\pi x}{a}} \cos\frac{2\pi y}{a} + e^{\frac{4\pi x}{a}} = \frac{4\pi^2}{a^2}(x^2 + y^2) = \frac{4\pi^2 \varrho^2}{a^2}, \qquad (IV, 43)$$

wenn wir bis zu den quadratischen Gliedern in den kleinen Größen (IV, 42) gehen. Auf der Drahtoberfläche finden wir also näherungsweise das Potential

$$U_G = C + 2A \ln\frac{2\pi \varrho}{a} + B\frac{4\pi x}{a}$$
$$\approx C + 2A \ln\frac{2\pi \varrho}{a}. \qquad (IV, 44)$$

Da der Ansatz (IV, 41) periodisch in y ist, hat das Potential auf den anderen Drähten den gleichen Wert.

Ist
$$\frac{2\pi x}{a} \gg 1,$$

so gilt näherungsweise

$$U = C + (A + B)\frac{4\pi x}{a}. \qquad (IV, 45)$$

Ist
$$\frac{2\pi x}{a} \ll -1,$$

so erhalten wir

$$U = C + B\frac{4\pi x}{a}. \qquad (IV, 46)$$

§ 2. Gitter zwischen ebenen Elektroden.

In einer Entfernung $\pm x$ vom Gitter, die groß gegen den Drahtabstand ist, herrscht in erster Näherung ein homogenes elektrisches Feld. Für die Anode gilt

$$U_A = C + (A + B)\frac{4\pi d_A}{a}, \tag{IV, 47}$$

für die Kathode

$$0 = C - B\frac{4\pi d_K}{a}. \tag{IV, 48}$$

Mit der Abkürzung

$$d_0 = -\frac{a}{2\pi}\ln\frac{2\pi\varrho}{a} = \frac{a}{2\pi}\ln\frac{a}{2\pi\varrho} \tag{IV, 49}$$

errechnet man aus (IV, 44, 47) und (IV, 48)

$$A = \frac{a}{4\pi}\frac{\frac{1}{d_A}U_A - \left(\frac{1}{d_A} + \frac{1}{d_k}\right)U_G}{1 + \frac{d_0}{d_A} + \frac{d_0}{d_K}}, \tag{IV, 50}$$

$$B = \frac{a}{4\pi d_K}\frac{U_G + \frac{d_0}{d_A}U_A}{1 + \frac{d_0}{d_A} + \frac{d_0}{d_K}}, \tag{IV, 51}$$

$$C = \frac{U_G + \frac{d_0}{d_A}U_A}{1 + \frac{d_0}{d_A} + \frac{d_0}{d_K}}. \tag{IV, 52}$$

Die Größen

$$D_A = \frac{d_0}{d_A} \quad\text{bzw.}\quad D_K = \frac{d_0}{d_k} \tag{IV, 53}$$

bezeichnet man als Durchgriffe der Anode bzw. der Kathode durch das Gitter. Die Durchgriffe wachsen mit dem Abstand der Gitterdrähte und nehmen mit dem Abstand der Elektrode von dem Gitter ab.

Vor der Kathode liegt ein Feld

$$-\frac{dU}{dx} = -\frac{4\pi}{a}B = -\frac{U_G + D_A U_A}{d_k(1 + D_A + D_K)} = -\frac{U_{\text{eff}}}{d_k}, \tag{IV, 54}$$

als ob das Gitter nicht das Potential U_G, sondern das effektive Potential

$$U_{\text{eff}} = C = \frac{U_G + D_A U_A}{1 + D_A + D_K} \tag{IV, 55}$$

hätte. Ähnliches gilt für das Feld vor der Anode. In der Nähe des Gitters besteht natürlich das ziemlich unübersichtliche Feld (IV, 41).

Besteht das Gitter nicht aus parallelen Drähten, sondern aus einem Netz, so sind die Feldverhältnisse natürlich verwickelter. Man kann aber ohne Rechnung voraussehen, daß sich auch dieses Feld in größerer Entfernung vom Gitter homogenisieren wird. Auch ist das Feld vor den Elektroden wieder so beschaffen, als ob in der Gitterebene ein effektives Potential (IV, 54) läge. Der Unterschied besteht nur darin, daß sich die Durchgriffe nicht aus den einfachen Beziehungen (IV, 49) und (IV, 53) errechnen.

Das Gitter zwischen einer Kathode und einer Anode ist ein ungeheuer wichtiges Bauelement der Röhrentechnik. Gibt man ihm ein schwach negatives Potential gegen eine Glühkathode, so nimmt es praktisch keine Elektronen auf, obwohl es wie eine Elektrode von positivem Potential wirkt. Die Eigenschaft, durchlässig und stromlos zu sein, macht das Gitter geeignet zur Steuerung des von der Kathode zur Anode fließenden Stromes.

§ 3. Die Steuerung des Anodenstromes einer Triode durch das Gitter.

Inhalt: Effektivpotential, innerer Widerstand, Steilheit, Verstärkungsfaktor einer idealen Triode bei negativer Gitterspannung. Kennlinie mit Anodenspannung als Parameter. Wirkung der Triode bei positiver Gitterspannung.

Bezeichnungen: wie S. 1571 und S. 1577.

Eine ebene Glühkathode, die sich auf dem Potential Null befindet, sei durch ein schwach negatives Gitter von einer Anode getrennt, an der ein ziemlich hohes positives Potential liegt. Solange das Gitter negativ bleibt, nimmt es keinen Strom auf, da Elektronen nicht zu ihm gelangen können.

Wenn wir von der Raumladung der Elektronen absehen könnten, müßte das im vorangehenden § errechnete Feld zwischen den Elektroden bestehen. Die Raumladung verzerrt jedoch das Feld, und zwar besonders stark unmittelbar vor der Kathode, wo sich die Elektronen nur langsam bewegen. In der Nähe der Gitterebene geht die Raumladung jedoch schnell zurück, weil die Elektronen von den Gitterdrähten ferngehalten und durch die Zwischenräume zwischen den Drähten schnell von dem durchgreifenden Anodenfeld hindurchgerissen werden. In Gitternähe wird das Feld deshalb eine Struktur besitzen, welche noch große Ähnlichkeit mit dem Feld (IV, 41) hat. Zwischen Gitter und Anode wird der Einfluß der Raumladung noch mehr zurücktreten, besonders wenn die Anodenspannung ziemlich hoch ist. Zwischen Gitter und Kathode wird hingegen ein Feld liegen, wie zwischen einer Glühkathode und einer Anode auf dem Potential U_{eff}, wobei allerdings eben dieses Effektivpotential noch ermittelt werden muß. Der Verlauf dieses Feldes

$$U^{3/4} = \frac{3}{4}\left(\frac{8m\,i^2}{e\,\varepsilon_0^2}\right)^{1/4}(d_K + x) \qquad (\text{IV, 56})$$

ergibt sich aus (IV, 33), wenn wir $U_{\min}$ vernachlässigen und $x_{\min}$ durch $-d_K$ ersetzen. Durch Logarithmieren und Differenzieren geht daraus

$$\frac{3}{4}\frac{dU}{dx} = \frac{U}{d_k + x} \qquad (\text{IV, 57})$$

hervor. Wenden wir diese Formel auf die Gitterebene an, so erhalten wir

$$\frac{3}{4}\frac{dU}{dx} = \frac{U}{d_K}. \qquad (\text{IV, 58})$$

Der Vergleich mit (IV, 54) läßt erkennen, daß man die effektive Gitterspannung wie bisher berechnen kann, wenn man einfach d_K durch $3d_K/4$ ersetzt. Wir erhalten also anstelle von (IV, 55)

$$U_{\text{eff}} = \frac{U_G + D_A U_A}{1 + D_A + \frac{4}{3}D_K}. \qquad (\text{IV, 59})$$

Die Raumladung erhöht den kathodischen Durchgriff.

Diese Rechnung ist natürlich nur ein ziemlich rohes Näherungsverfahren und erlaubt keine exakte Vorausberechnung der effektiven Gitterspannung und der Durchgriffe. Sie macht aber die Wirkungsweise einer gittergesteuerten Elektronenröhre durchsichtig.

§ 3. Die Steuerung des Anodenstromes einer Triode durch das Gitter.

Wenn $U = U_{\text{eff}}$ und $x = 0$ in (IV, 56) eingesetzt wird, ergibt sich der elektrische Strom

$$i = \frac{4\varepsilon_0}{9d_k^2}\left(\frac{2e}{m}\right)^{1/2} U_{\text{eff}}^{3/2} \quad \text{(IV, 60)}$$
$$= K(U_G + D_A U_A)^{3/2},$$

der natürlich gleich dem Anodenstrom ist, weil ja zum Gitter kein Strom fließt.

Trägt man den Anodenstrom i gegen die Gitterspannung U_G auf, so erhält man die Kennlinien einer idealen Triode mit der Anodenspannung U_a als Parameter, die in Abb. 460 gezeichnet sind.

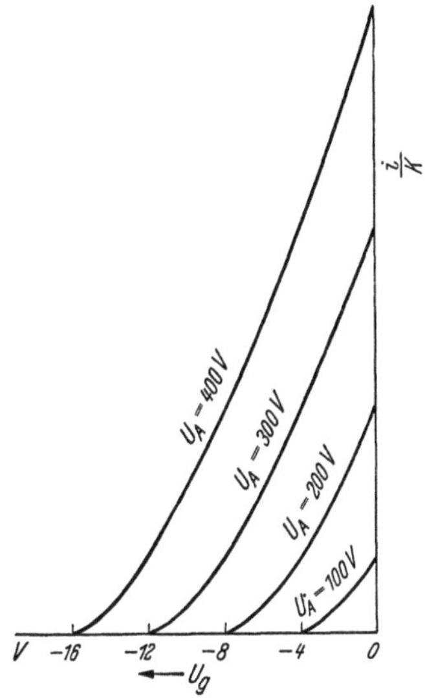

Als innerer Widerstand einer Triode wird

$$R_i = \left(\frac{\partial U_A}{\partial i}\right)_{U_G = \text{const}} = \frac{1}{\left(\frac{\partial i}{\partial U_A}\right)_{U_G}} \quad \text{(IV, 61)}$$

als Steilheit

$$S = \left(\frac{\partial i}{\partial U_G}\right)_{U_A = \text{const}} \quad \text{(IV, 62)}$$

definiert. Das Produkt dieser beiden Größen

$$\mu = R_i S = \frac{\left(\frac{\partial i}{\partial U_G}\right)_{U_A = \text{const}}}{\left(\frac{\partial i}{\partial U_A}\right)_{U_G = \text{const}}} \quad \text{(IV, 63)}$$

wird Verstärkungsfaktor genannt. Aus

$$i = f(U_G + D_A U_A) \quad \text{(IV, 64)}$$

folgt

$$R_i = \frac{1}{D_A f'}; \quad S = f', \quad \text{(IV, 65)}$$

woraus sich

$$\mu = R_i S = \frac{1}{D_A} \quad \text{(IV, 66)}$$

Abb. 460. Kennlinien einer idealen Triode.

ergibt. Der Verstärkungsfaktor ist der reziproke Durchgriff der Anode.

Die Vorgänge in der Triode sind ziemlich übersichtlich, solange das Gitter negativ gegen die Kathode ist und die Elektronen von den Gitterdrähten ferngehalten werden. Mit positiver Gitterspannung nimmt das effektive Gitterpotential zu, was zu einer bedeutenden Erhöhung des Anodenstromes führt.

Die Kennlinien der Abb. 460 setzen sich deshalb steil in das Gebiet positiver Gitterspannungen fort. Ein positives Gitter nimmt aber auch einen Strom auf, der schnell anwächst, wenn man die Gitterspannung positiver macht, und der um so größer wird, je niedriger die Anodenspannung ist. Der an der Kathode abgegebene Strom verteilt sich auf Gitter und Anode. Die Vorgänge in einer Triode mit positivem Gitter lassen sich zwar noch näherungsweise durchrechnen, doch ist die Rechnung so verwickelt, daß wir hier darauf verzichten müssen.

V. Die Elementarprozesse der Gaselektronik.

Der Gegenstand der Gaselektronik ist der Transport des elektrischen Stromes durch ein Gas, d. h. die elektrische Entladung im Gas. Da Gase an sich kein elektrisches Leitvermögen besitzen, besteht der Strom nur in der Bewegung von

Ladungsträgern. Als Ladungsträger kommen hauptsächlich freie Elektronen und positive Ionen der Atome oder Moleküle in Betracht. In einigen Fällen hat man es auch mit mehrfach geladenen positiven Ionen oder mit negativen Ionen zu tun, welche durch Anlagerung eines Elektrons an ein Neutralteilchen entstehen.

Alle Ladungsträger tragen Ladungen von gleicher Größe, wenn man von den mehrfach geladenen Ionen absieht, Dagegen ist die Masse der positiven Ionen von Gas zu Gas verschieden und immer sehr viel größer als die der Elektronen. Das Massenverhältnis der Wasserstoffatomionen zu den Elektronen ist etwa $2 \cdot 10^3$, das Quecksilberionen sogar $4 \cdot 10^5$. Der bedeutende Massenunterschied zwischen den Trägern positiver und negativer Ladung wird sich als die Ursache vieler Eigentümlichkeiten erweisen, welche die elektrischen Entladungen in Gasen auszeichnen.

Das elektrische Feld, welches die Ladungsträger in Bewegung setzt, entsteht natürlich letzten Endes durch die Spannung, welche man von außen an die Elektroden anlegt. Während bei den Vorgängen der Vakuumelektronik das äußere Feld durch die Raumladung zwar modifiziert, aber nicht völlig verändert wird, wird bei elektrischen Vorgängen im Gas der örtliche Verlauf des elektrischen Feldes fast völlig durch die Raumladungen beherrscht. Aus den Potentialen, die man von außen anlegt, kann man keinen Schluß auf die tatsächlichen Feldverhältnisse ziehen, ohne die Raumladung zu kennen.

Die Bewegung der geladenen Teilchen im Felde erleidet jedesmal eine Unterbrechung, wenn ein Zusammenstoß mit einem Gasatom oder Molekül erfolgt. Stöße ändern nicht nur die Geschwindigkeiten der Stoßpartner (elastischer Stoß), sondern neutrale Gasatome können angeregt oder ionisiert werden, angeregte Atome können ihre Anregungsenergie verlieren. Ionen können sich mit Elektronen zu Neutralteilchen vereinigen, Moleküle können dissoziieren. Bei Zusammenstößen können neue Ladungsträger entstehen oder vorhandene verschwinden. Für die Entladungen in Gasen sind diese Stoßprozesse von ausschlaggebender Bedeutung. Wir werden also zuerst die elementaren Prozesse untersuchen müssen, die sich an den einzelnen Teilchen, den Elektronen, den Ionen und den Neutralteilchen bei Zusammenstößen ereignen können.

§ 1. Elementarprozesse im Gas bei Gegenwart eines elektrischen Feldes.

Inhalt: Die wichtigsten Elementarprozesse sind die Zweierstöße. Elastische Stöße, Anregung, Löschung der Anregung, Ionisation, Rekombination und Umladung. Dreierstöße als seltene Prozesse. Plasmawechselwirkung als besondere Art elastischer Stöße. Elektronen büßen bei Stößen nur einen winzigen Bruchteil ihres Überschusses an kinetischer Energie ein, Ionen bei jedem im Mittel Stoß die Hälfte.

Ein Stoß kann für ein Elektron zu zwei wesentlich verschiedenen Ergebnissen führen. Ist das Elektron nach dem Stoß noch als freies Teilchen vorhanden, so ist nur seine Geschwindigkeit nach Größe und Richtung verändert. Wird es dagegen von dem Stoßpartner aufgenommen und festgehalten, so verschwindet es als freies Elektron. War der Stoßpartner ein positives Ion, so entsteht durch Aufnahme des Elektrons ein Neutralteilchen. Diesen Vorgang nennt man Rekombination. War der Stoßpartner ein Neutralteilchen, so verwandelt er sich durch Aufnahme eines Elektrons in ein negatives Ion.

Auch ein neutrales Gasatom oder Molekül kann bei einem Zusammenstoß verschiedenartige Veränderungen erleiden. Größe und Richtung seiner Translationsgeschwindigkeit können geändert werden. Wird auch sein inneres Verhalten beeinträchtigt, so bezeichnen wir dies als Anregung. Außerdem kann ein Neutralteilchen durch Abspaltung eines Elektrons ionisiert werden. Durch An-

§ 1. Elementarprozesse im Gas bei Gegenwart eines elektrischen Feldes.

lagern eines Elektrons kann ein negatives Ion entstehen. Ist das Teilchen ein Molekül, so ist auch Dissoziation möglich.

Ein positives Ion kann alle Veränderungen erfahren, die auch bei einem Neutralteilchen vorkommen. Durch Aufnahme eines Elektrons wird es neutralisiert, während ein Neutralteilchen hierbei ein negatives Ion bildet.

Der systematischen Vollständigkeit halber wollen wir vorübergehend auch Lichtquanten zu den Teilchen zählen, welche von den materiellen Teilchen emittiert oder absorbiert werden können.

Wir klassifizieren nun die Elementarprozesse nach der Zahl der Teilchen, die an dem Prozeß beteiligt sind, genauer gesagt, nach der Zahl der Teilchen, die vor Beginn des Prozesses zusammentreffen müssen.

Die einfachsten Prozesse spielen sich nur an einem einzigen Teilchen ab, ohne daß ein Zusammenstoß stattfindet. Zu diesen Elementarprozessen können wir auch die Beschleunigung der Ladungsträger beider Vorzeichen im Felde rechnen. Die Lichtemission angeregter Atome und Moleküle ist der wichtigste Elementarprozeß dieser Gruppe.

Elementarprozesse, bei denen zwei Teilchen zusammenkommen müssen, nennt man Zweierstöße. Sie sind die wichtigsten Ereignisse, welche in der Gasentladung vorkommen. Einen Überblick über die zahlreichen Möglichkeiten eines Zweierstoßes verschafft uns die nachfolgende tabellarische Übersicht:

Übersicht über die Zweierstöße.

	Photon	Elektron	Neutralteilchen	Ion
Photon	—	—	(elast. Stoß)	(elast. Stoß)
	—	—	Anregung	(Anregung)
	—	—	Ionisation	(Ionisation)
	—	—	Dissoziation	(Dissoziation)
Elektron	—	**elast. Stoß**	**elast. Stoß**	elast. Stoß
	—	—	**Anregung**	(Anregung)
	—	—	**Löschung**	(Löschung)
	—	—	**Ionisation**	(Ionisation)
	—	—	(Dissoziation)	(Dissoziation)
	—	—	—	**Rekombination**
Neutralteilchen	elast. Stoß	**elast. Stoß**	elast. Stoß	elast. Stoß
	Anregung	**Anregung**	(Anregung)	(Anregung)
	—	**Löschung**	Löschung	(Löschung)
	Ionisation	**Ionisation**	(Ionisation)	(Ionisation)
	(Dissoziation)	(Dissoziation)	(Dissoziation)	(Dissoziation)
				Umladung
Ion	(elast. Stoß)	elast. Stoß	**elast. Stoß**	elast. Stoß
	(Anregung)	(Anregung)	(Anregung)	(Anregung)
	—	(Löschung)	(Löschung)	(Löschung)
	(Ionisation)	(Ionisation)	(Ionisation)	(Ionisation)
	(Dissoziation)	(Dissoziation)	(Dissoziation)	(Dissoziation)
	—	**Rekombination**	Umladung	**Rekombination**

Eine Kombination zweier Teilchen liefert bis zu sechs denkbare Prozesse, die aber nicht bei allen Kombinationen vorkommen.

Im elastischen Stoß tauschen die Teilchen nur Impuls und kinetische Energie aus. Bei der Anregung wird ein Atom oder Molekül in einen höheren Quantenzustand befördert. Die erforderliche Anregungsenergie wird aus der kinetischen

Energie der Stoßpartner bestritten. Bei der Anregung durch Licht wird ein Photon absorbiert. Bei Atomen besteht die Anregung in einer Änderung des Elektronenzustandes, bei Molekülen können auch Schwingungs- und Rotationsquanten angeregt werden. Die Löschung ist der Umkehrprozeß zur Anregung und wird häufig auch als Stoß zweiter Art bezeichnet. Ein angeregtes Atom oder Molekül kehrt strahlungslos in den Grundzustand oder einen niedrigeren Anregungszustand zurück, die Anregungsenergie wird in kinetische Energie umgesetzt. Bei der Ionisation wird ein Elektron von einem der Stoßpartner abgespalten. Aus einem Neutralteilchen entsteht ein positives Ion, ein positives Ion kann nochmals ionisiert werden, wobei ein mehrfach geladenes Ion entsteht. Die Dissoziation ist natürlich nur bei Molekülen möglich. Die Rekombination besteht in der Vereinigung eines positiven Ions und eines Elektrons zu einem Neutralteilchen. Ein positives und ein negatives Ion können durch Austausch eines Elektrons beide entladen werden, was in der Tabelle als Rekombination zweier Ionen verzeichnet wurde. Schließlich ist noch die Umladung bei Zusammenstößen von Ionen und Neutralteilchen zu erwähnen, bei der das neutrale Teilchen ein Elektron an das Ion abgibt. Es findet zwar ein Austausch der Ladungen, also eine Umladung statt, bilanzmäßig entstehen oder verschwinden aber bei diesem Vorgang keine Ladungsträger.

Die Fülle der in der Tabelle verzeichneten Möglichkeiten wird stark reduziert, wenn wir uns auf die häufigen und für die Gaselektronik wichtigsten Vorkommnisse beschränken. Schwere Teilchen, also neutrale Atome, Moleküle und positive Ionen bewirken Anregung nur, wenn ihre kinetische Energie ein Vielfaches der Anregungsenergie beträgt. In der Regel erreichen aber schwere Teilchen solche Geschwindigkeiten nicht, und wir werden solche Prozesse nicht zu berücksichtigen brauchen. Auch zur Ionisation durch Ionen oder Neutralteilchen sind Energien erforderlich, welche die Ionisierungsenergie um ein vielfaches überschreiten. Ionisation durch Stöße solcher Teilchen werden wir also höchstens in Ausnahmefällen zu betrachten haben. Die Dissoziation gibt es nur in Molekülgasen. Sie interessiert uns auch nur sekundär, da sie die elektrischen Vorgänge nicht direkt beeinflußt. Wir werden allerdings bei der Untersuchung der Rekombination noch einmal auf die Dissoziation zurückkommen müssen.

Bei Zusammenstößen zwischen Elektronen und Ionen spielen sich grundsätzlich dieselben Vorgänge ab wie beim Zusammentreffen von Elektronen mit Neutralteilchen. Bei kleinem Ionisierungsgrad sind aber Zusammenstöße zweier geladener Teilchen ziemlich selten, wenn wir davon absehen, daß sie wegen der weitreichenden Coulombkräfte schon aus größerer Entfernung aufeinanderwirken. Die Wechselwirkungen aus der Entfernung haben aber den Charakter von elastischen Stößen. Aus diesen Gründen gehen die Wirkungen der Zusammenstöße von Elektronen mit Ionen in den Wirkungen der Elektronenstöße mit neutralen Atomen oder Molekülen unter. Nur die Rekombination eines Elektrons und eines Ions ist von hohem Interesse, weil sie der einzige Zweierstoß ist, der zwei Ladungsträger beseitigt.

Zusammenstöße mit angeregten Atomen haben wir nicht eigens angeführt, sie sind in den Stößen der Neutralteilchen inbegriffen. Angeregte Teilchen unterscheiden sich von Teilchen im Grundzustand nur darin, daß zur Ionisation oder Dissoziation weniger Energie erforderlich ist. Der Vorgang der Löschung der Anregung (Stoß 2. Art) kommt natürlich nur bei angeregten Teilchen vor.

Als wichtigste Vorgänge bleiben die in der Übersichtstabelle fettgedruckten Elementarprozesse übrig. Der elastische Stoß der Ladungsträger mit den Neutralteilchen, der elastische Stoß der Elektronen unter sich, der Elektronenstoß mit Neutralteilchen, der zur Anregung, Ionisation oder Löschung der Anregung

§ 1. Elementarprozesse im Gas bei Gegenwart eines elektrischen Feldes. 1585

führt und der Rekombinationsprozeß. Diese Vorgänge müssen etwas genauer analysiert werden.

Elementarprozesse, welche das Zusammenwirken von drei Teilchen voraussetzen (Dreierstöße), brauchen wir im allgemeinen nicht zu berücksichtigen, da das gleichzeitige Zusammentreffen von drei Teilchen viel seltener ist als der Zweierstoß. Einzig und allein die Rekombination im Dreierstoß beansprucht Interesse, weil es sich erweisen wird, daß die Wiedervereinigung eines Elektrons und eines Ions im Zweierstoß ein seltener Prozeß ist.

Elastische Stöße. Die elastischen Stöße sind die häufigsten Elementarprozesse zwischen allen Teilchen. Den Ablauf eines solchen Stoßes für beliebige Teilchen und beliebige Kraftgesetze zwischen ihnen haben wir bereits auf S. 1499 ausführlich untersucht. Die Einschränkung, daß bei dem Stoß kein Drehimpuls ausgetauscht wird, ist nicht schwerwiegend. Drehimpulsaustausch wäre sowieso nur beim Zusammenstoß mit Molekülen möglich. Da wir die Besonderheiten bei Entladungen in Molekülgasen gegenüber einatomigen Gasen nicht besonders herausarbeiten wollen, brauchen wir auf den Drehimpuls nicht zu achten und können die Resultate von S. 1499 einfach übernehmen.

Der elastische Stoß bewirkt eine Änderung der Flugrichtung der Stoßpartner. Im Schwerpunktsystem besteht nach dem Stoß eine gleichmäßige statistische Verteilung über alle Richtungen. Jede Vorzugsrichtung der Bewegung, welche die Ladungsträger im elektrischen Feld erwerben, wird also durch elastische Stöße rasch zerstört. Außerdem verlieren Teilchen, deren kinetische Energie den Mittelwert der kinetischen Energie übertrifft, bei jedem elastischen Stoß den Bruchteil

$$\frac{\Delta E}{E_1 - \bar{E}} = \frac{2 m_1 m_2}{(m_1 + m_2)^2} \qquad (V, 1)$$

ihres Energieüberschusses (s. II, 94, S. 1503). Hier bedeuten m_1 und m_2 die Massen der Stoßpartner, E_1 die kinetische Energie des Teilchens 1, ΔE den Energiebetrag, den es im Mittel bei einem Stoß abgibt, und $\bar{E} = 3kT/2$ die mittlere kinetische Energie der Teilchen, mit denen es zusammenstößt.

Dies wenden wir auf die Ladungsträger an, welche aus dem elektrischen Feld Energie gewinnen und deshalb eine höhere kinetische Energie besitzen als die neutralen Teilchen. Bezeichnen wir die Masse der Elektronen mit m, die der Neutralteilchen und Ionen mit M, so verliert ein Elektron pro Stoß im Mittel den Bruchteil

$$\frac{\Delta E}{E_e - \bar{E}} = \frac{2 m M}{(m + M)^2} \approx \frac{2 m}{M} \qquad (V, 2)$$

seines Energieüberschusses. Dieser Bruchteil ist sehr klein und liegt, je nach der Gasart, zwischen 10^{-3} und 10^{-5}. Elektronen verlieren also die kinetische Energie, welche sie dem Feld entziehen, erst nach sehr vielen Stößen. Ganz anders verhalten sich die positiven Ionen. Statt (V, 2) erhalten wir den Bruchteil

$$\frac{\Delta E}{E_i - \bar{E}} \approx \frac{1}{2}, \qquad (V, 3)$$

d. h. die positiven Ionen verlieren pro Stoß im Mittel die Hälfte ihres Energieüberschusses.

Dieser Unterschied hat zur Folge, daß Elektronen selbst in mäßig starken Feldern eine kinetische Energie ansammeln können, welche wesentlich größer als die dem Gleichgewicht entsprechende mittlere kinetische Energie ist. Die

Ionen dagegen können nur in starken Feldern zu wesentlich höheren kinetischen Energien als die Neutralteilchen kommen.

Plasmawechselwirkung. Eine besondere Art von elastischen Stößen stellen die Wechselwirkungen zwischen den Ladungsträgern dar, welche durch die Coulombkräfte vermittelt werden. Man bezeichnet sie als Plasmawechselwirkung. Auch wenn die Dichte der Elektronen und positiven Ionen sehr klein gegenüber der Dichte der Neutralteilchen ist, so daß sich Ladungsträger nur selten so nahe kommen, daß man von einem Stoß in gewöhnlichem Sinne sprechen könnte, müssen diese Wechselwirkungen berücksichtigt werden, weil sie auf ziemlich große Entfernungen wirken. Sie führen zu einem Austausch von Impuls und kinetischer Energie, weil das Ergebnis der Wechselwirkung durch die Erhaltungssätze von Energie und Impuls völlig festgelegt ist. Die Elektronen tauschen auf diese Weise mit den Ionen ihre Energie nur sehr langsam aus, dagegen besteht ein schneller Energieaustausch der Elektronen unter sich. Dies führt dazu, daß die Translation der Elektronen fast immer eine Maxwellsche Verteilung zeigt, welche jedoch einer höheren Temperatur zuzuordnen ist als der Temperatur der Neutralteilchen.

Anregung und Ionisation durch Elektronenstoß. Wir konzentrieren uns jetzt auf die Zusammenstöße von Elektronen mit neutralen Gasatomen oder Molekülen. Bestünde thermisches Gleichgewicht aller Teilchen, so wäre die mittlere kinetische Energie

$$\frac{m}{2}\overline{v^2} = \frac{M\overline{V^2}}{2} \qquad (V, 4)$$

beider Teilchenarten gleich und das Verhältnis der Geschwindigkeiten läge zwischen 65 (bei H_2) und 605 bei (Hg).

Ist ein elektrisches Feld vorhanden, so können die Elektronengeschwindigkeiten viel größer sein, als dem Gleichgewicht entspricht. Solange die kinetische Energie der Elektronen unter der tiefsten Anregungsenergie der Atome bleibt, können nur elastische Stöße erfolgen. Besitzt dagegen ein Elektron eine kinetische Energie, welche die Anregungsenergie überschreitet, so kann Anregung eintreten. Natürlich führt nicht jeder Zusammenstoß, bei dem die Energie ausreicht, zu einer Anregung. Man kann sich z. B. leicht vorstellen, daß streifende Stöße keine Anregung bewirken.

Wir fragen nun nach der Wahrscheinlichkeit dafür, daß ein punktförmig gedachtes Elektron, welches sich mit der Geschwindigkeit v bewegt, während der Zeit dt einen Zusammenstoß mit einem Atom oder Molekül erleide. Die neutralen Teilchen mögen einen mittleren Querschnitt σ besitzen, der auch definiert werden kann, wenn die Teilchen nicht kugelförmig sind. Das Elektron legt während der Zeit dt den Weg $v\,dt$ zurück. Es stößt mit einem Molekül zusammen, wenn es sich zu Beginn dieses Zeitabschnittes in einem Zylinder um das Molekül befindet, der σ zur Grundfläche und $v\,dt$ zur Mantellinie hat. Sind n_0 Moleküle in der Volumeneinheit vorhanden, so wird der Bruchteil des Volumens

$$n_0\,\sigma\,v\,dt \qquad (V, 5)$$

von solchen Zylindern ausgefüllt, und ebenso groß ist die Wahrscheinlichkeit für einen Stoß des Elektrons. Die Zeit, während der kein Stoß stattfindet, ist die mittlere freie Flugdauer

$$\tau = \frac{1}{n_0\,\sigma\,v}, \qquad (V, 6)$$

§ 1. Elementarprozesse im Gas bei Gegenwart eines elektrischen Feldes. 1587

für welche diese Wahrscheinlichkeit gleich 1 wird. Während der freien Flugdauer legt das Elektron den Weg

$$\lambda = v\tau = \frac{1}{n_0 \sigma} \tag{V, 7}$$

zurück, den man seine mittlere freie Weglänge nennt. In der Sekunde finden im Mittel

$$Z = \frac{1}{\tau} = n \sigma v \tag{V, 8}$$

Stöße statt.

Überschreitet die kinetische Energie die Anregungsarbeit, so werden Z_A von den Z Stößen in der Sekunde eine Anregung bewirken. Den Bruchteil

$$F_A = \frac{Z_A}{Z} \tag{V, 9}$$

der anregenden Stöße nennt man die Anregungsfunktion. Setzt man

$$Z_A = n_0 \sigma_A v, \tag{V, 10}$$

so kann man σ_A als Anregungsquerschnitt bezeichnen, und es gilt

$$F_A = \frac{\sigma_A}{\sigma}. \tag{V, 11}$$

Der Anregungsquerschnitt ist zunächst nur durch die Beziehung (V, 10) definiert und nicht als ein bestimmter, örtlich lokalisierter Teil des gesamten Molekülquerschnittes anzusehen. Anregungsfunktion und Anregungsquerschnitt hängen von der Geschwindigkeit bzw. kinetischen Energie des stoßenden Elektrons ab. Unterhalb der Anregungsenergie sind beide Null, steigen dann rapide an, erreichen

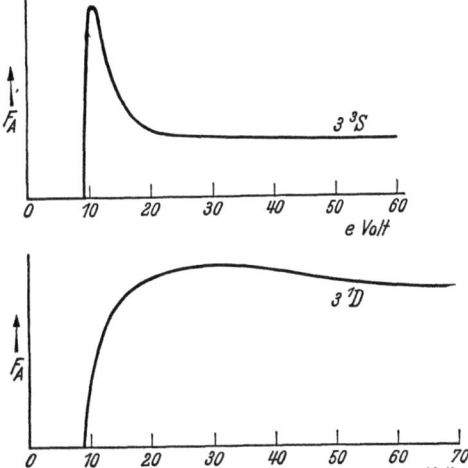
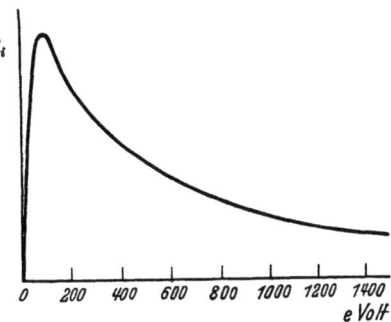

Abb. 461. Anregungsfunktionen der Terme $3\,^3S$ (oben) und $3\,^1D$ (unten) des Quecksilbers. Der Unterschied der beiden Anregungsfunktionen ist für Triplett- und Singuletterme charakteristisch.

Abb. 462. Verlauf der Ionisierungsfunktion des Argons gegen die Energie des Elektrons aufgetragen.

ein Maximum, um für schnelle Elektronen wieder abzunehmen (siehe Abb. 461).

Übersteigt die kinetische Energie des Elektrons auch die Ionisierungsarbeit des Neutralteilchens, so kann statt Anregung auch Ionisation eintreten. Ist Z_i

die Zahl der Ionisierungen pro Sekunde, so definiert man den Ionisierungsquerschnitt σ_i durch

$$Z_i = n_0 \sigma_i v \qquad (V, 12)$$

und die Ionisierungsfunktion durch

$$F_i = \frac{Z_i}{Z} = \frac{\sigma_i}{\sigma}. \qquad (V, 13)$$

Auch die Ionisierungsfunktion und der Ionisierungsquerschnitt hängen von der kinetischen Energie der Elektronen ab. In der Abb. 462 ist die Ionisierungsfunktion für Ar gegen die Elektronenenergie in eVolt aufgetragen.

Als differentielle Ionisierung

$$\alpha = \frac{Z_i}{v} = n_0 \sigma_i \qquad (V, 14)$$

bezeichnet man die Zahl der Ionisationen pro zurückgelegte Wegstrecke. Sie ist der Gasdichte proportional und hängt über den Ionisierungsquerschnitt von der Elektronenenergie ab. Die Abb. 463 zeigt diese Abhängigkeit bei zahlreichen Gasen.

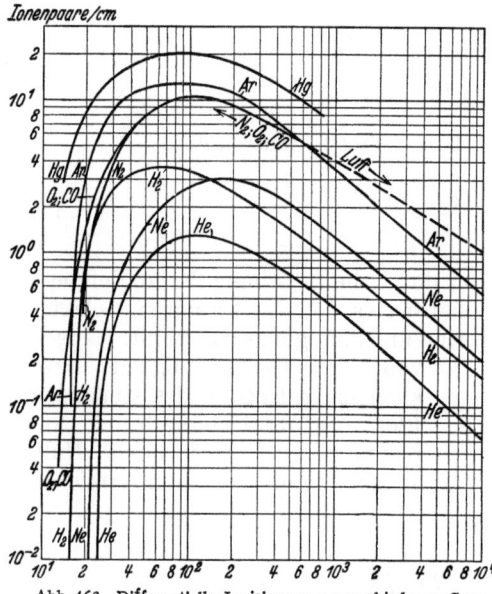

Abb. 463. Differentielle Ionisierung α verschiedener Gase bei 1 Torr gegen die Elektronenenergie in Elektronenvolt aufgetragen.

Betrachtet man die Anregungs- und Ionisierungsquerschnitte als Kreise, so kann man durch

$$\pi r_A^2 = \sigma_A; \quad \pi r_i^2 = \sigma_i \qquad (V, 15)$$

einen sog. Anregungs- bzw. Ionisierungsradius definieren.

Stöße mit Anregung oder Ionisation heißen unelastisch. Bei ihnen verliert das Elektron einen großen Bruchteil seiner kinetischen Energie.

Ionisation durch Stoß schwerer Teilchen. Trifft ein Ion mit der Masse M auf ein ruhendes Teilchen mit der Masse M', so steht für Anregung und Ionisierung höchstens die Energie der Relativbewegung

$$\frac{M v_i^2}{2} \cdot \frac{M'}{M + M'}$$

zur Verfügung, bei einem Zusammentreffen mit einem Teilchen gleicher Masse also nur die halbe kinetische Energie. Ein Ion benötigt also mindestens eine kinetische Energie in Höhe der doppelten Ionisierungsenergie um ein anderes Teilchen zu ionisieren. Dies ist eine notwendige, keinesfalls aber eine hinreichende Bedingung für einen ionisierenden Ionenstoß.

Tatsächlich kann bei Ionenstößen nicht die ganze Energie der Relativbewegung auf ein Elektron übertragen werden. Die Mindestenergie der Ionen, bei der Ionisierung durch Ionenstoß beobachtet werden konnte, liegt bei der 5- bis 10fachen Ionisierungsenergie. In der Abb. 464 ist z. B. die Ionisierung von Edelgasen durch Stöße von Edelgasionen dargestellt. Ionisierung wird erst bei Ionenenergien oberhalb 100 eV merklich.

Auch schnelle Neutralteilchen benötigen eine ähnliche Energie wie Ionen, um bei Zusammenstößen Ionisierungen zu bewirken.

Derartige Energien können die positiven Ionen (noch weniger die Neutralteilchen) in einer Gasentladung nur ausnahmsweise erreichen, etwa im Kathoden-

§ 2. Die Rekombination.

§ 2. Die Rekombination.

Inhalt: Strahlungsrekombination, Rekombination von Molekülionen mit nachfolgender Dissoziation. Rekombination im Dreierstoß. Rekombination positiver und negativer Ionen.

Daß Elektronen und Ionen auf irgendeine Weise in einer Gasentladung zur Wiedervereinigung kommen müssen, kann man sich durch eine rohe Trägerbilanz klarmachen. In vielen Gebieten einer Entladung entstehen durch Elektronenstoß immerfort neue Ladungsträger. Im stationären Betrieb müssen die erzeugten Ladungen wieder beseitigt werden. Dies kann durch Abwanderung zu den Elektroden, durch Abwanderung beider Trägerarten zu den Gefäßwänden und Rekombination an diesen und durch Rekombination im Volumen geschehen.

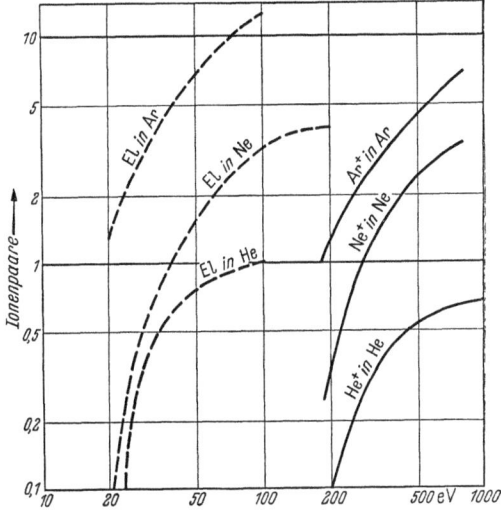

Abb. 464. Vergleich der Ionisierung durch Ionenstoß (ausgezogen) und Elektronenstoß (punktiert).

Hier wollen wir uns nur mit der Volumenrekombination beschäftigen. Fängt ein Ion ein Elektron ein, so wird die Rekombinationsenergie frei, die aber nicht in Translationsenergie des entstandenen neutralen Atoms umgewandelt werden kann. Sie muß also durch Strahlung abgeführt oder auf ein drittes Teilchen übertragen werden. Folgende drei Möglichkeiten eines Rekombinationsprozesses bieten sich an: 1. Die Angliederung eines Elektrons an ein Ion unter Ausstrahlung der Rekombinationsenergie. 2. Die Vereinigung eines Elektrons mit einem Molekülion bei gleichzeitiger bzw. nachfolgender Dissoziation des gebildeten neutralen Moleküls, wobei die Rekombinationsenergie in kinetische Energie der Dissoziationsprodukte verwandelt wird. 3. Die Rekombination im Dreierstoß, bei der ein Elektron, ein Ion und noch ein drittes Teilchen zusammentreffen müssen, und wobei das dritte Teilchen die Rekombinationsenergie als kinetische Energie abnimmt. Als drittes Teilchen kommt ein Neutralteilchen oder ein zweites langsames Elektron in Betracht. Wir untersuchen nun diese drei Prozesse einzeln auf ihre Wahrscheinlichkeit.

Die Strahlungsrekombination ist der Umkehrprozeß der Photoionisation. Die Wahrscheinlichkeit des Prozesses ist der kinetischen Energie des eingefangenen Elektrons umgekehrt proportional. Die Rekombinationsquerschnitte liegen in der Größenordnung von 10^{-20} bis 10^{-21} cm^2, sind also klein. Strahlungsrekombination dürfte also schwerlich sehr viel zur Rekombination von Elektronen und Ionen im Gas beitragen.

Trifft ein langsames Elektron mit einem Molekülion zusammen, so kann bei seiner Angliederung zunächst ein unstabiler angeregter Zustand des neutralen Moleküls entstehen. Die Energiewerte eines unstabilen Moleküls bilden ein Kontinuum, bei dem Einfang des Elektrons braucht deshalb keine Energie abgeführt zu werden. Als Folge der Rekombination dissoziiert das Molekül, wobei die Rekombinationsenergie in der kinetischen Energie der Spaltprodukte erscheint. Dieser Rekombinationsmechanismus dürfte bei den Molekülgasen hauptsächlich für die Wiedervereinigung der Ladungsträger verantwortlich sein. Bei den atomaren Gasen scheint er dagegen auf den ersten Blick unmöglich zu sein. Dies trifft aber nicht unbedingt zu. Atome, die im Grundzustand keine Verbindungen, eingehen wie die Edelgase oder Metalldämpfe, bilden im ionisierten Zustand kurzlebige Moleküle oder wenigstens Quasimoleküle, wie das z. B. bei Helium bekannt ist. Wenn im Plasma solche Ionenmoleküle vorhanden sind, können sie die Rekombination ermöglichen.

Während Strahlungsrekombination und Rekombination mit Dissoziation der Moleküle unter die Zweierstoßprozesse zu rechnen sind, können außerdem noch Rekombinationsvorgänge im Dreierstoß in Betracht gezogen werden. Dreierstöße sind an sich seltenere Prozesse. Da aber auch die Strahlungsrekombination ein seltener Vorgang ist und in atomaren Gasen die Rekombination mit Dissoziation nur mit reduzierter Wahrscheinlichkeit vorkommen kann, kann die Rekombination im Dreierstoß mit den anderen Rekombinationsmechanismen in Konkurrenz treten, besonders wenn die Plasmadichte groß ist. Als dritter Partner des Dreierstoßes kommt hauptsächlich ein langsames Elektron in Betracht. Rekombinationen mit Neutralteilchen oder Ionen als drittem Partner sind weniger wahrscheinlich. Dies sieht man ein, wenn man die Umkehrprozesse betrachtet. Ein Dreierstoß eines Ions mit zwei Elektronen ist die Umkehrung der Ionisation durch Elektronenstoß, also eines Prozesses, der mit großer Wahrscheinlichkeit abläuft. Die Umkehr der Rekombination mit einem schweren Teilchen als drittem Partner wäre die Ionisation durch Ionenstoß oder durch Stoß schneller neutraler Teilchen, also eines Vorganges, dessen Wahrscheinlichkeit bei kleinen Geschwindigkeiten sehr klein ist. Da aber ein Vorgang dieselbe a priori-Wahrscheinlichkeit besitzt wie sein Umkehrprozeß, muß man die Rekombination mit einem zweiten Elektron als den wahrscheinlichsten der Dreierstoßprozesse ansehen.

Die Rekombination eines positiven Ions und eines negativen Ions im Zweierstoß kann durch Austausch eines Elektrons stattfinden. Die Rekombinationsenergie kann ohne besondere Schwierigkeit in Translationsenergie umgewandelt werden.

§ 3. Das Entladungsplasma. Gastemperatur, Elektronentemperatur, Ionentemperatur.

Inhalt: In einem Plasma muß im allgemeinen zwischen der Elektronentemperatur T_e, Ionentemperatur T_i und Gastemperatur T_0 unterschieden werden. Die Ionentemperatur liegt meist nur wenig höher als die Gastemperatur, die Elektronentemperatur weicht um so mehr von der Gastemperatur ab, je größer das Feld und je niedriger der Druck ist.

Ein Gas, welches sich aus Neutralteilchen, Elektronen und positiven Ionen zusammensetzt, bezeichnet man als Plasma.

Da meist viel mehr Neutralteilchen als Ladungsträger vorhanden sind, sind die elastischen Stöße zwischen ihnen die häufigsten Elementarprozesse. Die Gesamtheit der Neutralteilchen strebt einer Maxwellverteilung der Translationsgeschwindigkeit zu (s. S. 1520), welche wegen der großen Zahl der Zusammenstöße so gut wie erreicht wird. Man kann also den neutralen Atomen eine Temperatur T_0 zuschreiben, die wir die „Gastemperatur" nennen wollen. Der Bruchteil der Teilchen mit einer Geschwindigkeit zwischen c und $c + dc$ ist dann

$$4\pi \left(\frac{m}{2\pi k T_0}\right)^{\frac{3}{2}} c^2 e^{-\frac{mc^2}{2kT_0}} dc.$$

§ 3. Das Entladungsplasma. Gas-, Elektronen- und Ionentemperatur.

Nächst den Zweierstößen zwischen Neutralteilchen unter sich sind ihre Zusammenstöße mit Elektronen und Ionen am häufigsten. Zwischen Ionen und neutralen Atomen besteht ein guter Energieaustausch, weil schnelle Ionen bei jedem Stoß im Mittel die Hälfte ihrer Energien abgeben. Elektronen geben nur durch unelastische Stöße beträchtliche Energien ab, diese Stöße setzen aber große kinetische Energie voraus. Durch elastische Stöße, welche bei mäßigen Elektronengeschwindigkeiten allein vorkommen, findet nur ein langsamer Energieaustausch zwischen Elektronen und Neutralteilchen statt.

In einem elektrischen Feld werden die Ionen immerfort beschleunigt, geben aber ihre überschüssige kinetische Energie sehr schnell an die Neutralteilchen ab. Ihre kinetische Energie wird deshalb im Mittel nicht viel größer sein, als der Gastemperatur T_0 entspricht. Der Unterschied wird um so größer sein, je stärker das Feld ist. Diesen Sachverhalt drückt man zweckmäßig aus, indem man den Ionen eine Temperatur T_i (Ionentemperatur) zuschreibt, welche etwas über der Gastemperatur T_0 liegt.

Die Elektronen gewinnen ebenfalls Energie aus dem Feld. Bei unelastischen Stößen geben sie den Energieüberschuß ziemlich rasch ab, bis auf einen Betrag, der ungefähr der niedrigsten Anregungsenergie der Atome gleichkommt. Langsamere Elektronen hingegen kommen erst nach sehr vielen elastischen Stößen mit der kinetischen Energie der Neutralteilchen ins Gleichgewicht.

Unter sich tauschen dagegen die Elektronen ihre Energie sehr schnell aus, so daß für die Translation der Elektronen fast immer eine Maxwellverteilung besteht. Nur bei sehr kleinen elektrischen Feldern wird diese Maxwellverteilung der Gastemperatur T_0 entsprechen. In etwas stärkeren Feldern werden die Elektronen nicht mehr mit der kinetischen Energie der Neutralteilchen ins Gleichgewicht kommen, und wir müssen deshalb eine Elektronentemperatur T_e einführen, welche wesentlich größer als T_0 ist. Andererseits wird die Elektronentemperatur T_e nicht so hoch werden, daß die mittlere kinetische Elektronenenergie $\frac{m}{2}\overline{v^2} = \frac{3}{2}kT_e$ wesentlich über der Anregungsenergie der Atome liegt, weil sonst unelastische Stöße in größerer Zahl erfolgen. Der Unterschied zwischen T_e und T_0 wird um so größer sein, je stärker das Feld ist.

Da die Zahl aller Stöße mit der Teilchendichte wächst, werden sich die Temperaturen T_0, T_i und T_e um so mehr unterscheiden, je niedriger der Gasdruck ist. Plasmen mit verschiedenen Temperaturen für Neutralteilchen, Ionen und Elektronen sind deswegen typisch für Niederdruckentladungen, welche mit großen Feldern und bei niederen Drucken brennen und deren Hauptvertreter die Glimmentladung ist.

Bei großen Teilchendichten und sehr kleinen Feldstärken können alle drei Teilchenarten ungefähr dieselbe Temperatur besitzen. Ein derartiges Plasma würde z. B. entstehen, wenn durch Röntgenstrahlen ein Gasraum ionisiert wird, an den man ein schwaches Feld anlegt. Die kinetische Energie aller Teilchen entspricht dann zwar der Temperatur, es sind aber doch viel mehr Träger vorhanden als im wahren Temperaturgleichgewicht. Dies kommt daher, daß die Rekombination ein seltener Prozeß ist, der nur bei großen Trägerkonzentrationen wirksam in die Energieübertragung eingreift. Ein Plasma, das sich im wirklichen Gleichgewicht auch hinsichtlich des Ionisierungsgrades befindet, können wir deshalb nur bei hoher Trägerdichte erwarten. Diese ist aber nur bei sehr hoher Gastemperatur, kleiner Feldstärke und ziemlich hoher Teilchendichte möglich. Ein derartiges thermisches Plasma ist typisch für die Lichtbogenentladung.

§ 4. Die Driftbewegung der Ladungsträger im Feld.

Inhalt: Die Driftgeschwindigkeit der Ladungsträger ist das Produkt von Feldstärke und Beweglichkeit. Die Beweglichkeit ist im schwachen Feld unabhängig von der Feldstärke und nimmt in starken Feldern umgekehrt proportional zur Wurzel der Feldstärke ab. Berechnung der Elektronentemperatur aus der Feldstärke. Umwegfaktor.

Bezeichnungen: $\pm e$ Ladung von Ionen bzw. Elektronen, M, m Masse von Ionen und Elektronen, $\mathfrak{E}$ Feldstärke, u Geschwindigkeit in der Feldrichtung, u_0 ihr Anfangswert nach dem Stoß, $\bar{u}$ Driftgeschwindigkeit, v ungeordnete Geschwindigkeit, τ freie Flugdauer, $\bar{\tau}$ mittlere freie Flugdauer, λ mittlere freie Weglänge, s Wegstrecke in der Feldrichtung während eines Fluges, $\bar{s}$ Mittelwert davon, T Temperatur, k Boltzmannsche Konstante, b Beweglichkeit, f Umwegfaktor, die Indizes i, e, o beziehen sich auf Ionen, Elektronen bzw. Neutralteilchen.

In einem Plasma herrsche eine elektrische Feldstärke $\mathfrak{E}$. Wir betrachten jetzt ein Ion, das soeben einen Zusammenstoß erlitten hat. Seine Geschwindigkeitskomponente in Richtung des Feldes sei u_0, seine Geschwindigkeit selbst sei v. Das Feld wirkt beschleunigend nach der Gleichung

was beim Integrieren
$$M \frac{du}{dt} = e \mathfrak{E}, \qquad (V, 16)$$

$$u = u_0 + \frac{e \mathfrak{E}}{M} t \qquad (V, 17)$$

gibt. Für ein Elektron finden wir ebenso

$$u = u_0 - \frac{e \mathfrak{E}}{m} t. \qquad (V, 18)$$

Diese Bewegung hält bis zum nächsten Stoß an, also während der freien Flugdauer τ. In dieser Zeit legt das Ion in der Feldrichtung den Weg

$$s_i = u_0 \tau_i + \frac{e \mathfrak{E}}{2M} \tau_i^2 \qquad (V, 19)$$

und das Elektron den Weg

$$s_e = u_0 \tau_e - \frac{e \mathfrak{E}}{2M} \tau_e^2 \qquad (V, 20)$$

zurück.

Nun ist nach S. 1463, Gl. (I, 84)

$$\sqrt{\frac{M}{2 \pi k T}} e^{-\frac{M u_0^2}{2 k T}} du_0 \qquad (V, 21)$$

die Wahrscheinlichkeit, daß u_0 im Intervall du_0 liegt und

$$\frac{d\tau}{\bar{\tau}} e^{-\frac{\tau}{\bar{\tau}}} \qquad (V, 22)$$

nach S. 1497 die Wahrscheinlichkeit, daß bei einer mittleren Flugdauer $\bar{\tau}$ die freie Flugdauer τ ist. Indem wir s noch über alle u_0 und alle τ mitteln, finden wir die mittlere Wegstrecke

$$\bar{s}_i = \frac{1}{\bar{\tau}} \sqrt{\frac{M}{2 \pi k T}} \int_{-\infty}^{+\infty} \int_0^\infty \left(u_0 \tau + \frac{e \mathfrak{E}}{2M} \tau^2\right) e^{-\frac{M u_0^2}{2 k T} - \frac{\tau}{\bar{\tau}}} du_0 \, d\tau, \qquad (V, 23)$$

die das Ion während eines Fluges in der Feldrichtung zurücklegt. Führen wir die Integration aus, so erhalten wir

$$\bar{s}_i = \frac{e \mathfrak{E} \bar{\tau}_i^2}{M} \qquad (V, 24)$$

für ein positives Ion und

$$\bar{s}_e = -\frac{e \mathfrak{E} \bar{\tau}_e^2}{m} \qquad (V, 25)$$

für ein Elektron.

§ 4. Die Driftbewegung der Ladungsträger im Feld.

Um die Strecke $\bar{s}$ zurückzulegen, wird im Mittel die Zeit $\bar{\tau}$ benötigt. Die mittlere Geschwindigkeit $\bar{u}$, mit der die Ladungsträger sich in der Feldrichtung voranarbeiten, ist

$$\bar{u}_i = \frac{\bar{s}_i}{\bar{\tau}_i} = \frac{e\,\mathfrak{E}\,\bar{\tau}_i}{M} \qquad (V, 26)$$

für Ionen und

$$\bar{u}_e = \frac{\bar{s}_e}{\bar{\tau}_e} = -\frac{e\,\mathfrak{E}\,\bar{\tau}_e}{m} \qquad (V, 27)$$

für Elektronen. Sie wird als Driftgeschwindigkeit bezeichnet. Ein schematisches Bild der Bahn eines Elektrons deutet Abb. 465 an.

Statt der mittleren freien Flugdauer können wir die mittlere Weglänge λ mit $\bar{\tau} = \lambda/v$ und die Temperatur durch $v = \sqrt{3kT/M}$ einführen. Wir erhalten dann

$$\bar{u}_i = \frac{e\,\mathfrak{E}\,\lambda_i}{M\,v_i} = \frac{e\,\mathfrak{E}\,\lambda_i}{\sqrt{3kTM}}; \qquad (V, 28)$$
$$\bar{u}_e = -\frac{e\,\mathfrak{E}\,\lambda_e}{\sqrt{3kTm}}.$$

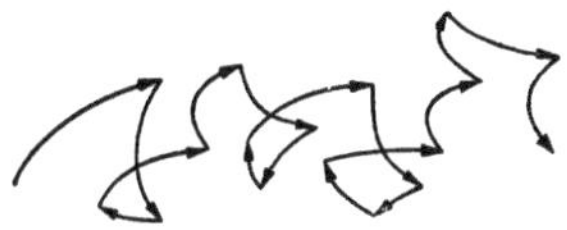

Abb. 465. Weg eines Ladungsträgers im Gas und Feld (schematisch).

In Wirklichkeit kommen aber alle möglichen Werte von v vor. Soll das berücksichtigt werden, so müssen wir den Mittelwert

$$\overline{\left(\frac{1}{v}\right)} = 4\pi \left(\frac{M}{2\pi kT}\right)^{\frac{3}{2}} \int_0^\infty e^{-\frac{Mv^2}{2kT}} v\,dv = \sqrt{\frac{2M}{\pi kT}} \qquad (V, 29)$$

von $1/v$ einsetzen und erhalten damit

$$\bar{u}_i = e\,\mathfrak{E}\,\lambda_i \sqrt{\frac{2}{\pi kTM}}; \qquad \bar{u}_e = -e\,\mathfrak{E}\,\lambda_e \sqrt{\frac{2}{\pi kTm}}. \qquad (V, 30)$$

Ersetzen wir die Temperatur durch die „effektive" Geschwindigkeit

$$v_{\text{eff}} = \sqrt{\overline{v^2}} = \sqrt{\frac{3kT}{M}}, \qquad (V, 31)$$

so ergibt sich die Driftgeschwindigkeit

$$\bar{u}_i = \frac{e\,\mathfrak{E}\,\lambda_i}{M\,v_{\text{eff}}} \sqrt{\frac{6}{\pi}}; \qquad \bar{u}_e = -\frac{e\,\mathfrak{E}\,\lambda_e}{m\,v_{\text{eff}}} \sqrt{\frac{6}{\pi}}. \qquad (V, 32)$$

Diese Formeln sind immer noch nicht ganz genau. Die Ladungsträger verlieren bei einem Stoß nicht völlig die Geschwindigkeit in der Feldrichtung, welche sie während des vorangegangenen Fluges gewonnen haben. Auch dürfen als freie Weglängen nicht die Werte des neutralen Gasteilchens eingesetzt werden, weil der Querschnitt eines Ions von dem eines Gasatoms verschieden sein kann. Aus diesem Grunde sind die Formeln (V, 30) und (V, 32) kaum besser als die Formeln (V, 28), welche wir deshalb weiterverwenden werden. Da man den genauen Wert von λ sowieso nicht kennt, kommt es auch auf den Unterschied wenig an. Wichtig ist nur, daß die Driftgeschwindigkeit der Feldstärke und Weglänge proportional und der Wurzel aus der Temperatur umgekehrt proportional ist.

Führt man

$$b_i = \frac{e\,\lambda_i}{M\,v_i}; \qquad b_e = \frac{e\,\lambda_e}{m\,v_e} \qquad (V, 33)$$

als Ionen- bzw. Elektronenbeweglichkeit ein, so gilt das einfache Gesetz

$$\bar{u}_i = b_i\,\mathfrak{E}; \qquad \bar{u}_e = -b_e\,\mathfrak{E}. \qquad (V, 34)$$

In ganz schwachen Feldern können wir für T die Gastemperatur einsetzen. Die Beweglichkeiten sind dann von der Feldstärke unabhängig. In stärkeren Feldern, in denen man Elektronentemperatur T_e, Ionentemperatur T_i und Gastemperatur T_0 unterscheiden muß, ist für die Elektronen T_e und für die Ionen T_i einzusetzen. Beide Temperaturen hängen dann von der Feldstärke ab, und wir versuchen jetzt, sie zu berechnen. Während der mittleren freien Flugdauer nehmen die Ionen aus dem Feld die Energie

$$\Delta E_{\text{Feld}} = e\,\bar{s}_i\,\mathfrak{E} = \frac{e^2\,\mathfrak{E}^2\,\bar{\tau}_i^2}{M} = \frac{e^2\,\mathfrak{E}^2\,\lambda_i^2}{M\,v_i^2} \qquad (V, 35)$$

die Elektronen

$$\Delta E_{\text{Feld}} = -e\,\bar{s}_e\,\mathfrak{E} = \frac{e^2\,\mathfrak{E}^2\,\bar{\tau}_e^2}{m} = \frac{e^2\,\mathfrak{E}^2\,\lambda_e^2}{m\,v_e^2} \qquad (V, 36)$$

auf und geben beim nächsten Stoß den Betrag

$$\Delta E_{\text{kin}} = \frac{M}{4}(v_i^2 - v_0^2) \quad \text{bzw.} \quad \Delta E_{\text{kin}} = \frac{m}{M}(m\,v_e^2 - M\,v_0^2) \qquad (V, 37)$$

ab, wenn v_0 die mittlere Geschwindigkeit der Neutralteilchen bedeutet. Die mittleren Geschwindigkeiten v_i bzw. v_e der geladenen Teilchen werden solche Werte erreichen, daß die Energieaufnahme aus dem Feld im Mittel gerade den Verlust beim Stoß deckt. Wir finden daraus für die Ionen

$$v_i = \sqrt{\frac{v_0^2}{2} + \sqrt{\frac{v_0^4}{4} + \frac{4\,e^2\,\mathfrak{E}^2\,\lambda_i^2}{M^2}}} \qquad (V, 38)$$

und für die Elektronen

$$v_e = \sqrt{\frac{M\,v_0^2}{2m} + \frac{1}{2m}\sqrt{M^2\,v_0^4 + 4\,e^2\,\mathfrak{E}^2\,\lambda_e^2\,\frac{M}{m}}}. \qquad (V, 39)$$

Hieraus gewinnt man die Temperaturen der Ionen und Elektronen

$$T_i = \frac{T_0}{2} + \frac{1}{2}\sqrt{T_0^2 + \frac{16\,e^2\,\mathfrak{E}^2\,\lambda_i^2}{9\,k^2}} \qquad (V, 40)$$

und

$$T_e = \frac{T_0}{2} + \frac{1}{2}\sqrt{T_0^2 + \frac{4\,e^2\,\mathfrak{E}^2\,\lambda_e^2\,M}{9\,k^2\,m}}. \qquad (V, 41)$$

In ziemlich starken Feldern vereinfachen sich diese Formeln auf

$$v_i = \sqrt{\frac{2\,e\,|\mathfrak{E}|\,\lambda_i}{M}} \quad \text{bzw.} \quad v_e = \sqrt{\frac{e\,|\mathfrak{E}|\,\lambda_e}{m}}\sqrt{\frac{M}{m}} \qquad (V, 42)$$

und

$$T_i = \frac{2\,e\,|\mathfrak{E}|\,\lambda_i}{3\,k} \quad \text{bzw.} \quad T_e = \frac{e\,|\mathfrak{E}|\,\lambda_e}{3\,k}\sqrt{\frac{M}{m}}. \qquad (V, 43)$$

In schwächeren Feldern liegt die Ionentemperatur in der Nähe der Temperatur der Neutralteilchen, während die Elektronentemperatur wegen des Faktors M/m noch beträchtlich höher als die Gastemperatur bleibt. In ganz schwachen Feldern rücken schließlich alle drei Temperaturen zusammen.

§ 5. Die Diffusion der Ladungsträger.

In starken Feldern nimmt die Beweglichkeit mit der Feldstärke nach dem Gesetz

$$b_i = \sqrt{\frac{e\,\lambda_i}{2M\,|\mathfrak{E}|}},\qquad (V, 44)$$

$$b_e = \sqrt{\frac{e\,\lambda_e}{m\,|\mathfrak{E}|}}\sqrt{\frac{m}{M}} \qquad (V, 45)$$

ab und die Driftgeschwindigkeiten

$$\bar u_i = \sqrt{\frac{e\,|\mathfrak{E}|\,\lambda_i}{2M}},\qquad (V, 46)$$

$$\bar u_e = -\sqrt{\frac{e\,|\mathfrak{E}|\,\lambda_e}{m}}\sqrt{\frac{m}{M}} \qquad (V, 47)$$

wachsen nur noch mit der Wurzel aus der Feldstärke.

Die Formeln (V, 42) bis (V, 47) für starke Felder sind an die Bedingung geknüpft, daß $T_e \gg T_0$ bzw. $T_i \gg T_0$ ist. Diese Bedingung ist für Elektronen ziemlich oft erfüllt, für Ionen dagegen nur selten. Da die Ionen bei jedem Stoß die Hälfte ihrer Energie verlieren, gelten die vereinfachten Formeln für Ionen nur, wenn die ungeordnete Geschwindigkeit klein ist gegen die Geschwindigkeit, welche die Ionen während der freien Flugdauer im Feld erwerben.

Der Weg, den die Ladungsträger auf ihren Zickzackbahnen zurücklegen, ist sehr viel größer als die Strecke, die sie in der Feldrichtung vorwärtskommen. Das Verhältnis beider Größen

$$f = \frac{v}{u} \qquad (V, 48)$$

wird Umwegfaktor genannt. Für die Ionen findet man

$$f_i = 2, \qquad (V, 49)$$

für die Elektronen

$$f_e = \sqrt{\frac{M}{m}}. \qquad (V, 50)$$

In diesen Formeln für Drift und Beweglichkeit der Ladungsträger ist nicht berücksichtigt, daß jedes Ion von mehr Elektronen als Ionen umgeben wird und umgekehrt. Die Umgebung umgekehrter Ladung wirkt auf die Ladungsträger bremsend. Will man diesen Effekt durchrechnen, so kann man ähnlich verfahren wie in der Theorie der elektrolytischen Leitung (s. S. 1772).

§ 5. Die Diffusion der Ladungsträger.

Inhalt: Ein Gefälle der Trägerdichte setzt einen Trägerdiffusionsstrom in Gang. Beziehung zwischen Diffusionskoeffizient und Beweglichkeit.

Bezeichnungen: $\mathfrak{j}$ Teilchenstromdichte, $\mathfrak{i}$ elektrische Stromdichte, n Trägerdichte, D Diffusionskoeffizient, $\bar u$ Driftgeschwindigkeit, $\mathfrak{E}$ Feldstärke, b Beweglichkeit, T Temperatur, λ freie Weglänge, v ungeordnete Geschwindigkeit. Index e bezieht sich auf Elektronen, i auf Ionen.

Wenn die Trägerdichte in einem Plasma nicht überall dieselbe ist, kommt es zu einem Trägertransport durch Diffusion. Dieser läuft genau so ab, wie die Diffusion zweier Gase ineinander. Ist n die Trägerdichte, so entsteht ein Trägerstrom

$$\mathfrak{j} = -D\,\mathrm{grad}\,n, \qquad (V, 51)$$

mit dem bei Ionen ein elektrischer Strom

$$\mathfrak{i}_i = -e\,D_i\,\mathrm{grad}\,n_i \qquad (V, 52)$$

und bei Elektronen ein Strom

$$i_e = e D_e \operatorname{grad} n_e \quad (V, 53)$$

verknüpft ist.

Besteht in einem Plasma gleichzeitig ein elektrisches Feld und ein Gefälle der Trägerkonzentration, so setzt sich der Trägerstrom aus dem Diffusionsstrom und dem Strom im Feld additiv zusammen. Wir finden für die beiden Trägerarten

$$i_e = -e n_e \bar{u}_e + e D_e \operatorname{grad} n_e = e n_e b_e \mathfrak{E} + e D_e \operatorname{grad} n_e, \quad (V, 54)$$

$$i_i = e n_i \bar{u}_i - e D_i \operatorname{grad} n_i = e n_i b_i \mathfrak{E} - e D_i \operatorname{grad} n_i. \quad (V, 55)$$

Diese Gleichungen müssen natürlich auch gelten, wenn in einem Plasma Gleichgewicht besteht. Dann fließt kein Strom und die Dichte der Ladungsträger hängt mit dem Potential durch

$$n_e = \operatorname{const} e^{\frac{eU}{kT_e}}; \quad n_i = \operatorname{const} e^{-\frac{eU}{kT_i}} \quad (V, 56)$$

zusammen. Daraus ergibt sich

$$\operatorname{grad} n_e = \frac{e n_e}{k T_e} \operatorname{grad} U = -\frac{e n_e}{k T_e} \mathfrak{E}, \quad (V, 57)$$

$$\operatorname{grad} n_i = -\frac{e n_i}{k T_i} \operatorname{grad} U = \frac{e n_i}{k T_i} \mathfrak{E}. \quad (V, 58)$$

Setzt man dies in (V, 54, 55) ein, so erhält man

$$0 = e n_e \mathfrak{E} \left(b_e - \frac{e D_e}{k T_e} \right), \quad (V, 59)$$

$$0 = e n_i \mathfrak{E} \left(b_i - \frac{e D_i}{k T_i} \right), \quad (V, 60)$$

woraus sich zwischen Beweglichkeit und Diffusionskoeffizient beider Trägerarten die Beziehungen

$$b_e = \frac{e D_e}{k T_e}; \quad b_i = \frac{e D_i}{k T_i} \quad (V, 61)$$

ergeben.

Dasselbe Ergebnis können wir auch erhalten, wenn wir für den Diffusionskoeffizienten

$$D = \frac{\lambda v}{3} \quad (V, 62)$$

nach S. 1508, Gl. (II, 129) ansetzen und für die Beweglichkeit die Formeln (V, 33) verwenden. Die Ableitung aus dem Gleichgewicht beweist aber, daß die Formeln (V, 61) nicht an die Voraussetzungen geknüpft sind, die bei der Ableitung der Formel für die Beweglichkeit gemacht werden mußten.

§ 6. Die Trägererzeugung im Feld.

Inhalt: Die Ionisierungszahl ist die Zahl der Ionenpaare, welche ein Elektron oder Ion erzeugt, wenn es die Längeneinheit in der Feldrichtung zurücklegt. Ihr Produkt mit der freien Weglänge hängt nur von der Spannung ab, die über einer Weglänge liegt. Die Ionisierungszahl der Ionen ist viel kleiner als die der Elektronen.

Bezeichnungen: U_i Ionisierungsspannung, F_i Ionisierungsfunktion, v ungeordnete Geschwindigkeit, m Elektronenmasse, M Molekül(Atom)masse, T_e Elektronentemperatur, k Boltzmannsche Konstante, λ_e freie Weglänge, $\bar{u}$ Driftgeschwindigkeit, α Ionisierungszahl der Elektronen, β Ionisierungszahl der Ionen, $\mathfrak{E}$ Feldstärke, P Druck.

Neue Träger entstehen im Plasma, wenn Elektronen auf neutrale Teilchen stoßen und ihre kinetische Energie die Ionisierungsenergie übersteigt. Die Wahr-

§ 6. Die Trägererzeugung im Feld.

scheinlichkeit einer Ionisierung bei einem Stoß haben wir auf S. 1588 als Ionisierungsfunktion F_i bezeichnet. Sie hat unterhalb der Ionisierungsenergie den Wert Null und wächst über ihr zunächst ungefähr proportional zu dem Energieüberschuß des Elektrons über die Ionisierungsarbeit an. Wir werden also

$$F_i = C\left(\frac{m}{2}v^2 - eU_i\right) \qquad (V, 63)$$

setzen dürfen. Bei einer Elektronentemperatur T_e besitzt der Bruchteil

$$4\pi\left(\frac{m}{2\pi k T_e}\right)^{\frac{3}{2}} v^2 e^{-\frac{mv^2}{2kT_e}} dv \qquad (V, 64)$$

aller Elektronen eine Geschwindigkeit zwischen v und $v + dv$. Solche Elektronen führen sekundlich v/λ_e Stöße aus und erzeugen $F_i v/\lambda_e$ neue Elektronen und Ionen. Die mittlere Wahrscheinlichkeit, daß ein Elektron während einer Sekunde ein Ionenpaar produziert, ist deshalb

$$w = \frac{4\pi}{\lambda_e}\left(\frac{m}{2\pi k T_e}\right)^{\frac{3}{2}} C \int_{\sqrt{\frac{2eU_i}{m}}}^{\infty} v^3\left(\frac{m}{2}v^2 - eU_i\right) e^{-\frac{mv^2}{2kT_e}} dv, \qquad (V, 65)$$

Das Integral läßt sich elementar auswerten und ergibt

$$w = \frac{4C(kT_e)^{\frac{3}{2}}}{\lambda_e\sqrt{2\pi m}}\left(\frac{eU_i}{kT_e} + 2\right) e^{-\frac{eU_i}{kT_e}}. \qquad (V, 66)$$

Wenn die mittlere Energie der Elektronen weit unter der Ionisierungsenergie bleibt, ist

$$\frac{eU_i}{kT_e} \gg 2 \qquad (V, 67)$$

und man kann

$$w = \frac{4CeU_i}{\lambda_e}\sqrt{\frac{kT_e}{2\pi m}} e^{-\frac{eU_i}{kT_e}} \qquad (V, 68)$$

setzen.

Im Mittel legt ein Elektron in der Sekunde den Weg $\bar{u}$ in der Feldrichtung zurück. Es erzeugt also pro Längeneinheit, die es im Felde durchwandert,

$$\alpha = \frac{w}{\bar{u}} = \frac{4CeU_i}{\lambda_e \bar{u}}\sqrt{\frac{kT_e}{2\pi m}} e^{-\frac{eU_i}{kT_e}} \qquad (V, 69)$$

Ionenpare. α nennt man die Ionisierungszahl. Setzt man die Ausdrücke (V, 47) und (V, 43) für $\bar{u}$ und T_e ein, so erhält man

$$\alpha = \frac{4CeU_i}{\lambda_e}\sqrt{\frac{M}{6\pi m}} e^{-\frac{3U_i}{\mathfrak{E}\lambda_e}\sqrt{\frac{m}{M}}}. \qquad (V, 70)$$

Faßt man noch die Größen, welche von $\mathfrak{E}$ und λ_e nicht abhängen, in die Konstanten

$$A = 4CeU_i\sqrt{\frac{M}{6\pi m}}; \quad B = 3U_i\sqrt{\frac{m}{M}}. \qquad (V, 71)$$

zusammen, so erhält man

$$\alpha \lambda_e = A e^{-\frac{B}{\mathfrak{E}\lambda_e}}, \tag{V, 72}$$

$\alpha \lambda_e$ ist die Zahl der Ionenpaare, welche ein Elektron im Mittel erzeugt, wenn es um eine freie Weglänge in der Feldrichtung weiterwandert. Sie hängt nur von der Spannung $\mathfrak{E}\lambda_e$ ab, welche über einer freien Weglänge liegt.

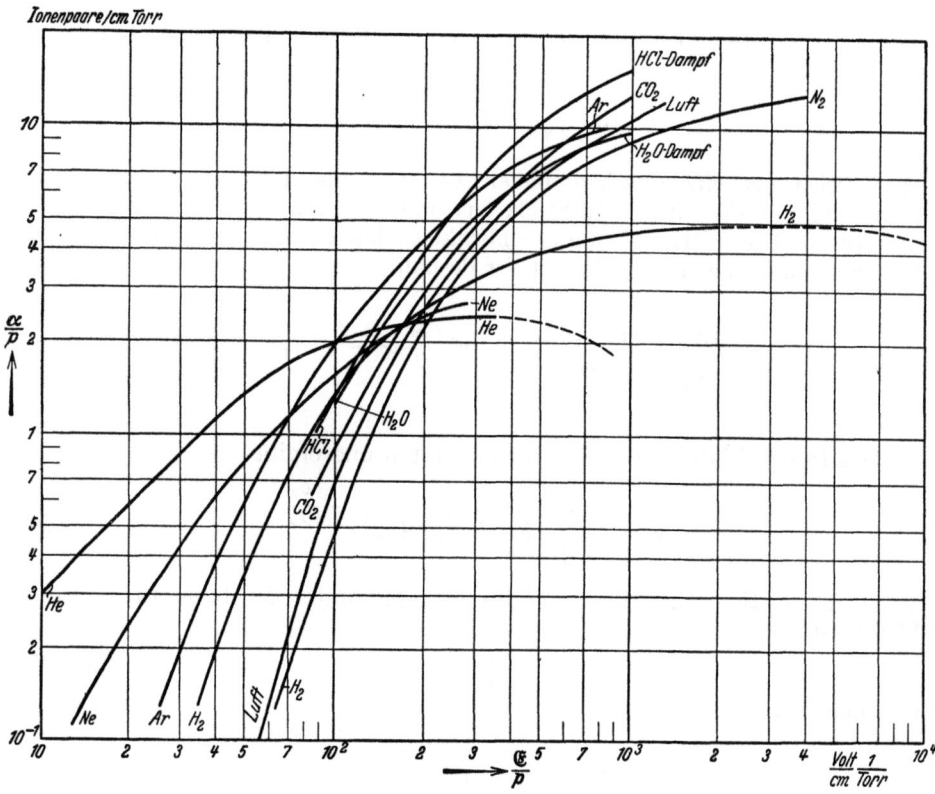

Abb. 466. Ionisierungszahl α/P gegen Feldstärke $\mathfrak{E}/P$ in logarithmischem Maßstab aufgetragen.

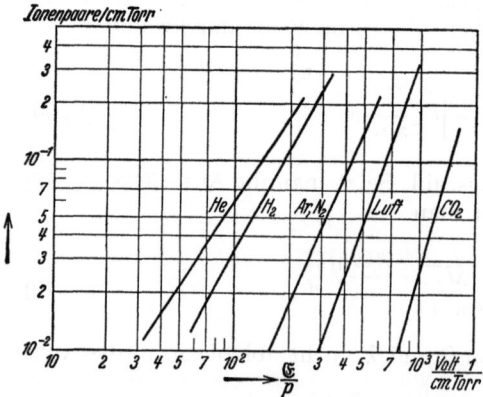

Abb. 467. Ionisierungszahl β/P gegen Feld $\mathfrak{E}/P$. Die Ionisierungszahlen der Ionen erreichen erst bei großen Feldstärken merkliche Werte.

Statt der Weglänge kann man natürlich auch den Druck P einführen und bekommt dann

$$\frac{\alpha}{P} = A' e^{-\frac{B' P}{\mathfrak{E}}}, \tag{V, 73}$$

wobei allerdings A' und B' eine andere Bedeutung als A und B haben.

Mit den Meßergebnissen stimmt die Formel (V, 73) erstaunlich gut überein. Die Abb. 466 zeigt für verschiedene Gase die gemessenen Werte von α/P gegen $\mathfrak{E}/P$ aufgetragen.

Ähnlich wie die Elektronen können auch Ionen in starken Feldern ionisierend wirken. Die Zahl der

Ionenpaare, die ein positives Ion bildet, wenn es um die Längeneinheit in der Feldrichtung vordringt, wird als Ionisierungszahl β bezeichnet. Auch bei den Ionen ist β/P nur von $\mathfrak{E}/P$ abhängig. Die Abb. 467 zeigt aber, daß selbst in großen Feldern β viel kleiner als α ist, so daß man die Ionisation durch Ionenstöße häufig vernachlässigen kann.

§ 7. Trägerbildung durch Korpuskularstrahlen.

Wenn ein Elektron von mäßiger Geschwindigkeit mit einem Atom oder Molekül zusammenstößt, wird es aus seiner Bewegungsrichtung abgelenkt. Dabei kann Ionisation, Anregung oder auch nur ein elastischer Stoß stattfinden. Je größer aber die Geschwindigkeit des Elektrons wird, desto geringer wird die mittlere Richtungsänderung. Haben die Elektronen eine kinetische Energie, welche einer Spannung von etwa 100 Volt entspricht, so werden sie durch Stöße wenig aus ihrer Bahn geworfen. Sie bilden dann Elektronenstrahlen, welche auf ihrem Wege noch Ionenpaare bilden und dabei allmählich ihre kinetische Energie aufzehren; der Weg, den sie zurücklegen können, bis sie abgebremst sind, wird als Reichweite bezeichnet.

Die Zahl der Ionenpaare, welche ein schnelles Elektron pro Längeneinheit bildet, bezeichnen wir als seine differentielle Ionisierung α. Sie hängt bei mittleren Energien nur wenig von der Energie ab (s. Abb. 463 S. 1588), weil sie ein Maximum durchläuft.

§ 8. Gleichgewicht der Elementarprozesse.

Inhalt: Kriterien für Gleichgewicht. Fluktuation. Partielles Gleichgewicht verschiedener Freiheitsgrade.

Ein Gas, welches aus neutralen Gasatomen oder Molekülen, aus positiven Ionen und aus Elektronen (evtl. auch aus negativen Ionen) besteht, bezeichnet man als Plasma. Herrscht in ihm ein elektrisches Feld, so entstehen dauernd neue Ladungsträger durch Elektronenstoß, während andererseits Ladungsträger durch Rekombination oder Abwanderung zu den Gefäßwänden und Elektroden verlorengehen. Der Zustand des Plasmas kann stationär sein, d. h. während längerer Zeiten immer der gleiche bleiben, wenn in jedem Volumenelement ebensoviel Ladungsträger entstehen wie verlorengehen. Ein stationärer Zustand ist allerdings meist kein Gleichgewichtszustand. Er kann sogar von Gleichgewicht im thermodynamischen Sinne sehr weit entfernt sein.

Die Existenz des Plasmas beruht nämlich fast immer darauf, daß Elektronen zunächst kinetische Energie aus der elektrischen Energie des Feldes gewinnen, diese in Ionisierungs- oder Anregungsenergie umwandeln oder zum kleinen Teil in elastischen Stößen auf schwere Teilchen übertragen. Die Energie der Anregung geht zum Teil als Strahlung für das Plasma endgültig verloren, zum Teil wird sie durch Löschung der Anregung in kinetische Energie der Elektronen zurückverwandelt. Die Ionisierungsenergie wird mit den Ionen zu den Gefäßwänden oder Elektroden transportiert oder durch Volumenrekombination in andere Energieformen verwandelt. Die Energie, welche durch elastische Stöße der Elektronen in Translationsenergie der schweren Teilchen übergeführt wird, kommt endlich als Wärme zum Vorschein und wird durch mannigfaltige Wärmeleitungsprozesse abgeführt. Durch alle diese vielfältigen Prozesse wird schließlich die dem Feld entnommene Energie entweder vom Plasma abgestrahlt oder den Gefäßwänden als Wärme zugeleitet. Auf vielen Umwegen geht im Plasma die elektrische Feldenergie in Strahlung oder Wärme über, so daß auch im stationären Zustand eines Plasmas kein Gleichgewicht besteht. Schaltet man das Feld ab, so verschwindet das Plasma nach kurzer Zeit und es bleibt nur das gewöhnliche Gas übrig.

Man kann allerdings auch ein Plasma erzeugen, in dem tatsächlich thermodynamisches Gleichgewicht herrscht. Erhitzt man ein leicht ionisierbares Gas, z. B. Caesiumdampf in einem elektrischen Ofen auf genügend hohe Temperatur, so enthält es angeregte Atome und Ionen, bei praktisch erreichbaren Temperaturen allerdings nur in mäßiger Zahl. Ein elektrisches Feld ist hierzu nicht nötig. Wir haben also im hocherhitzten Gas ein Plasma in echtem thermodynamischen Gleichgewicht vor uns.

Worin besteht nun der Unterschied zwischen einem Plasma im echten thermodynamischen Gleichgewicht und einem stationären Plasma, welches von einem elektrischen Feld erzeugt wird? Den wesentlichen Unterschied wollen wir am Beispiel der Anregung und Lichtausstrahlung deutlich machen.

Im echten Gleichgewicht wird dauernd eine bestimmte Dichte angeregter Atome bestehen. Durch Elektronenstoß werden zwar neue Atome angeregt, in gleicher Anzahl aber auch angeregte Atome durch Stöße 2. Art gelöscht. Die zueinander reziproken Prozesse der Anregung und Löschung sind gleich häufig. Einzelne angeregte Atome emittieren Lichtquanten, bevor ihre Anregung gelöscht wird. Eine gleiche Anzahl von Atomen absorbieren jedoch Lichtquanten der Hohlraumstrahlung, und diese beiden reziproken Vorgänge kommen wieder gleich häufig vor. Im echten thermodynamischen Gleichgewicht ist jeder Prozeß ebenso häufig wie sein Umkehrprozeß. Es finden also in der Volumeneinheit ebenso viele Stoßionisationen wie Rekombinationen statt. Das echte thermodynamische Gleichgewicht ist ein detailliertes Gleichgewicht, bei dem jeder Prozeß mit seinem Gegenprozeß im Gleichgewicht steht.

Im Gegensatz zum echten Gleichgewicht betrachten wir jetzt die Anregungsverhältnisse in einem sehr dünnen Plasma, welches von einem elektrischen Feld aufrechterhalten wird. Jedes vorhandene Elektron wird pro Zeiteinheit eine Anzahl Atome anregen. Ist aber die Elektronendichte sehr klein, so wird die Anregungsenergie im allgemeinen ausgestrahlt werden, bevor es zur Löschung durch einen Stoß 2. Art kommen kann. Im Extremfall dünner Plasmen findet also praktisch nur Stoßanregung statt, während der Umkehrprozeß der Löschung praktisch fehlt.

Jetzt sind wir nicht nur in der Lage, das echte Gleichgewicht als den Zustand zu definieren, in welchem alle Prozesse ebenso häufig sind wie ihre Umkehrprozesse, sondern wir können auch ein Maß für die Abweichung eines Nichtgleichgewichtes vom Gleichgewicht angeben. Bezeichnen wir mit z_A die Zahl der Stoßanregungen pro Zeiteinheit, mit z'_A die Zahl der Löschungen, so nennen wir $z_A + z'_A$ die Anregungsfluktuation. Wirksame Anregungen, die eine Lichtausstrahlung zur Folge haben, stehen nur $z_A - z'_A$ zur Verfügung. Das Verhältnis

$$\frac{z_A - z'_A}{z_A + z'_A} \qquad (V, 74)$$

hat im thermodynamischen Gleichgewicht den Wert 0, in einem extrem dünnen Plasma den Wert 1. Wir können es als ein Maß für die Abweichung vom thermodynamischen Gleichgewicht betrachten. Ein Plasma ist nahezu im Gleichgewicht, wenn (V, 74) klein ist.

Das Verhältnis (V, 74) kann man nicht nur für die Anregung und Löschung oder die Ionisation und Rekombination bilden, sondern auch für alle anderen Prozesse und ihre Umkehrung. Bedeutet z. B. z die Zahl der Coulombschen

Wechselwirkungen, bei denen ein schnelles Elektron einen Teil seiner kinetischen Energie an ein langsames Elektron abgibt, so daß zwei Elektronen mittlerer Geschwindigkeit entstehen, während z' den Gegenprozeß bedeutet, so ist das Verhältnis (V, 74) fast in allen Plasmen für dieses Prozeßpaar klein. Die Elektronen zeigen fast immer eine Maxwellsche Verteilung, d. h. sie sind bezüglich ihrer Translation miteinander im Gleichgewicht. Das gleiche gilt für die Translation der Neutralteilchen. Auch sie befinden sich bezüglich der Translation im Gleichgewicht. Die Translation der Elektronen braucht jedoch keineswegs mit der Translation der Neutralteilchen im Gleichgewicht zu sein, sondern für die Elektronentranslation kann eine Elektronentemperatur, für die Translation der Neutralteilchen eine von ihr verschiedene Gastemperatur maßgebend sein.

Es gibt einige Prozesse, die nur sehr selten ins Gleichgewicht kommen. Bilden wir z. B. das Verhältnis (V, 74) für die Lichtemission angeregter Atome und den Gegenprozeß der Lichtabsorption, so liegt dieses Verhältnis meist nahe bei 1. Dies gilt sogar dann, wenn das Verhältnis für Stoßanregung und Löschung nahe bei 0 liegt. Wenn nämlich das Plasma nicht sehr ausgedehnt oder in einen Hohlraum eingeschlossen ist, dringt die Strahlung sehr schnell aus ihm heraus, so daß sich kaum eine Strahlungsdichte im Plasma einstellen kann, die dem wirklichen Gleichgewicht entspricht. Die Strahlungsdichte ist fast nie im Gleichgewicht mit den anderen Eigenschaften des Plasmas.

Es gibt also eine Art abgestuften Gleichgewichtes in einem stationären Plasma. Fast immer besteht eine Gleichgewichtsverteilung der Translation der Neutralteilchen, also eine Gastemperatur, meist auch eine Gleichgewichtsverteilung der Translation der Elektronen, d. h. eine Elektronentemperatur. Die Dichte der Ionen und der angeregten Atome sowie deren Verteilung auf die verschiedenen Anregungszustände steht in dünnen Plasmen nicht im Gleichgewicht mit der Translation der Elektronen. Je dichter das Plasma wird, desto mehr stellt sich aber ein solches Gleichgewicht her. Gleichgewicht mit der Translation der Neutralteilchen braucht dann noch nicht zu bestehen. Wenn zwischen der Translation aller Teilchen wie auch der Anregung und Ionisation Gleichgewicht vorliegt, spricht man von einem thermischen Plasma. Auch in ihm besteht jedoch meist noch kein Gleichgewicht mit der Strahlung, der Wärmeleitung, der Diffusion und ähnlichen Prozessen.

§ 9. Die thermische Ionisierung der Gase.

Inhalt: Bei hohen Temperaturen sind alle Gase im thermischen Gleichgewicht teilweise ionisiert. Der Ionisierungsgrad kann aus der Sahaschen Gleichung berechnet werden, die man erhält, wenn man das Minimum des Gibbsschen Potentials aufsucht.

Bezeichnungen: n_i, n_e, n_0 Zahl der Ionen, Elektronen, Neutralteilchen in der Volumeneinheit, $\bar{n}$ Dichte der ursprünglichen Moleküle, ξ Ionisierungsgrad, P_e, P_i, P_0 Teildrucke der Elektronen, Ionen, Neutralteilchen, P Gesamtdruck, R Gaskonstante pro Mol, k pro Molekül, x_e, x_i, x_0 Molenbrüche der Elektronen, Ionen und Neutralteilchen, u_e, u_i, u_0 und s_e, s_i, s_0 molare innere Energie und Entropie der Elektronen, Ionen und Neutralteilchen, u, s, molare innere Energie und Entropie des Gemisches, h Plancksche Konstante, m Elektronenmasse, N_0 Loschmidtsche Zahl, e Elementarladung, σ_e, σ_i, σ_0 Zustandssummen der Elektronen, Ionen und Neutralteilchen, U_i Ionisierungsspannung.

Bei sehr hohen Temperaturen sind alle Gase teilweise ionisiert. Das Gas ist dann ein Gemisch neutraler Moleküle, positiver Ionen und Elektronen, die im thermischen Gleichgewicht miteinander stehen. Als Ionisierungsgrad ξ bezeichnet man das Mengenverhältnis der Ionen zur Gesamtzahl der Moleküle. Sind in der Volumeneinheit $\bar{n}$-Moleküle im ganzen vorhanden, so hat man $n_i = \bar{n}\xi$ Ionen, $n_i = \bar{n}\xi$ Elektronen und $n_0 = (1-\xi)\bar{n}$ neutrale Moleküle in der

Volumeneinheit. Ist P_0 der Partialdruck der Neutralteilchen, P_i der der Ionen und P_e der der Elektronen, so haben wir

$$P_0 = n_0 k T = (1 - \xi) \bar{n} k T;$$
$$P_i = n_i k T = \xi \bar{n} k T; \qquad P_e = n_e k T = \xi \bar{n} k T. \qquad (V, 75)$$

Der Gesamtdruck ist dann

$$P = P_0 + P_i + P_e = (1 + \xi) \bar{n} k T. \qquad (V, 76)$$

Wir berechnen jetzt den Ionisierungsgrad bei gegebener Temperatur und gegebenem Gesamtdruck, indem wir das Gibbssche Potential bilden und sein Minimum aufsuchen.

Die Molenbrüche der drei Teilchenarten sind

für die Ionen,
$$x_i = \frac{n_i}{n_i + n_e + n_0} = \frac{\xi}{1 + \xi} \qquad (V, 77)$$

für die Elektronen und
$$x_e = \frac{n_e}{n_i + n_e + n_0} = \frac{\xi}{1 + \xi} \qquad (V, 78)$$

für die Neutralteilchen.
$$x_0 = \frac{n_0}{n_i + n_e + n_0} = \frac{1 - \xi}{1 + \xi} \qquad (V, 79)$$

Bezeichnen wir mit u_0, u_i und u_e die molaren inneren Energien der Neutralteilchen, der Ionen und der Elektronen, so ist die molare innere Energie des Gemisches

$$u = x_e u_e + x_i u_i + x_0 u_0 = \frac{\xi u_e + \xi u_i + (1 - \xi) u_0}{1 + \xi}. \qquad (V, 80)$$

Bezeichnen wir in gleicher Weise die molaren Entropien der Neutralteilchen, Ionen und Elektronen beim Druck P und der Temperatur T mit s_0, s_i und s_e, so ist die molare Entropie des Gemisches [s. S. 1491, Gl. (I, 299)]

$$s = x_e s_e + x_i s_i + x_0 s_0 - R(x_e \ln x_e + x_i \ln x_i + x_0 \ln x_0)$$
$$= \frac{1}{1 + \xi} \{\xi s_e + \xi s_i + (1 - \xi) s_0 - 2 \xi R \ln \xi + (1 + \xi) R \ln (1 + \xi) - \qquad (V, 81)$$
$$- (1 - \xi) R \ln (1 - \xi)\}.$$

Das molare Gibbssche Potential des ionisierten Gases ist

$$g = u - T s + R T$$
$$= \frac{1}{1 + \xi} \{\xi (u_e - T s_e) + \xi (u_i - T s_i) + (1 - \xi) (u_0 - T s_0)\} - \qquad (V, 82)$$
$$- \frac{R T}{1 + \xi} \{(1 + \xi) \ln (1 + \xi) - 2 \xi \ln \xi - (1 - \xi) \ln (1 - \xi)\} + R T.$$

Jetzt betrachten wir eine Gasmenge, die aus einem Mol nicht ionisierter Moleküle entstanden ist und wegen der Ionisation $(1 + \xi)$ Mole von Teilchen enthält. Ihr Gibbssches Potential ist deshalb

$$G = (1 + \xi) g = \xi (u_e - T s_e) + \xi (u_i - T s_i) + (1 - \xi) (u_0 - T s_0) -$$
$$- R T \{(1 + \xi) \ln (1 + \xi) - 2 \xi \ln \xi - (1 - \xi) \ln (1 - \xi)\} + \qquad (V, 83)$$
$$+ R T (1 + \xi).$$

§ 9. Die thermische Ionisierung der Gase.

Der Ionisationsgrad wird einen solchen Wert annehmen, daß G ein Minimum wird. Die Forderung $\partial G/\partial \xi = 0$ liefert ausführlich geschriebenen

$$0 = u_e - T s_e + u_i - T s_i - u_0 + T s_0 + R T\left(\ln\frac{\xi^2}{1-\xi^2} + 1\right). \quad (V, 84)$$

Die Elektronen besitzen nur die molare Translationsenergie

$$u_e = \frac{3}{2} R T \quad (V, 85)$$

und die molare Translationsentropie

$$s_e = \frac{5R}{2} + R \ln\left\{\frac{(kT)^{5/2}}{P h^3}(2\pi m)^{3/2}\right\}. \quad (V, 86)$$

Bei Ionen und Neutralteilchen sind die Translationsanteile der inneren Energie und Entropie gleich groß, so daß sie sich in der Gleichung (V, 84) wegheben. Von der inneren Energie der Ionen spalten wir noch die molare Ionisierungsarbeit

$$N_0 e U_i \quad (V, 87)$$

ab, wo U_i die Ionisierungsspannung und N_0 die Loschmidtsche Zahl bedeutet. Wir setzen also

$$u_i = u_i' + N_0 e U_i. \quad (V, 88)$$

In u_i' und u_0 sehen wir dann nur die molaren Energien der Ionen und Neutralteilchen, welche mit der Elektronenanregung und bei Molekülgasen auch mit Rotation und Schwingung zusammenhängen. Bringen wir (V, 85, 86) und (V, 88) in (V, 84) ein, schreiben außerdem noch

$$R = N_0 k, \quad (V, 89)$$

so erhalten wir

$$0 = \frac{eU_i}{kT} + \frac{u_i' - T s_i - u_0 + T s_0}{N_0 k T} - \ln\frac{(kT)^{5/2}(2\pi m)^{3/2}}{P h^3} + \ln\frac{\xi^2}{1-\xi^2}. \quad (V, 90)$$

Nun führen wir die Zustandssumme σ_i und σ_0 der Ionen und Neutralteilchen ein. Aus ihnen ergeben sich die molaren Entropien

$$s_i = N_0 k \ln\sigma_i + \frac{u_i'}{T} \quad \text{und} \quad s_0 = N_0 k \ln\sigma_0 + \frac{u_0}{T}, \quad (V, 91)$$

so daß wir

$$u_i' - T s_i = -N_0 k T \ln\sigma_i \quad (V, 92)$$

und

$$u_0 - T s_0 = -N_0 k T \ln\sigma_0 \quad (V, 93)$$

erhalten. Setzt man in (V, 90) ein, so entsteht

$$\frac{\xi^2}{1-\xi^2} = \frac{(2\pi m)^{3/2}(kT)^{5/2}}{P h^3}\frac{\sigma_i}{\sigma_0} e^{-\frac{eU_i}{kT}}. \quad (V, 94)$$

Handelt es sich um Atomgase, wie Quecksilber oder Edelgase, so trägt nur die Elektronenanregung zu den Zustandssummen bei. Gewöhnlich setzt man beide Zustandssummen gleich Eins oder wenigstens gleich, so daß sie aus der

Formel (V, 94) herausfallen. Man erhält dann die Sahasche Gleichung

$$\frac{\xi^2}{1-\xi^2} = \frac{(2\pi m)^{3/2}(kT)^{5/2}}{P h^3} e^{-\frac{eU_i}{kT}} \qquad (V, 95)$$

zur Berechnung des Ionisierungsgrades. Dieses Verfahren ist aber nicht korrekt. Der Grundzustand des neutralen Quecksilbers ist z. B. einfach, der des Ions aber als Dublettzustand doppelt, und man muß deshalb bei Quecksilber $\sigma_i = 2$ setzen.

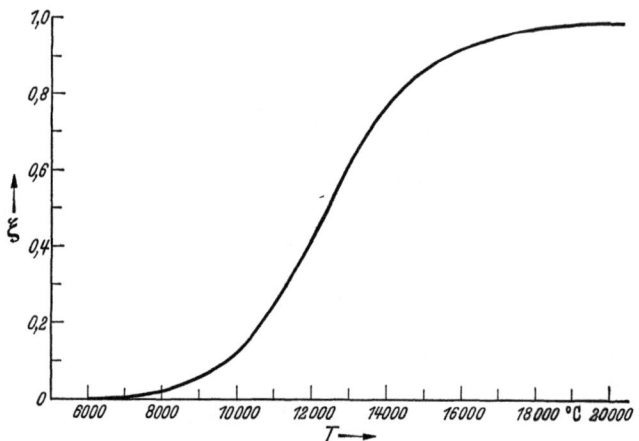

Abb. 468. Ionisierungsgrad ξ des Quecksilbers als Funktion der Temperatur.

Der Elektronenspin wirkt sich aber nicht nur an den Ionen, sondern auch an den freien Elektronen aus, indem er alle Zustände verdoppelt. Es müßte also auch wegen des Spins im Zähler eine Zustandssumme $\sigma_e = 2$ der Elektronen auftreten, so daß z. B. bei Quecksilber der Faktor 4 auf der rechten Seite von (V, 95) hinzuzufügen wäre.

Der Ionisierungsgrad ist bei Temperaturen bis zu einigen tausend Grad sehr klein, wächst dann sehr schnell mit der Temperatur an, um dann asymptotisch nach 1 zu streben. Die Abb. 468 zeigt den Verlauf von ξ mit T für Quecksilber beim Druck von 1 Atmosphäre.

In den meisten Fällen ist der Ionisierungsgrad so klein, daß man ξ^2 im Nenner von (V, 94) gegen 1 vernachlässigen kann. Man erhält dann

$$\xi = \frac{(2\pi m)^{3/4}(kT)^{5/4}}{P^{1/2} h^{3/2}} \left(\frac{\sigma_i}{\sigma_0}\right)^{1/2} e^{-\frac{eU_i}{2kT}}. \qquad (V, 96)$$

Wir brauchen dann keinen Unterschied zwischen P_0 und P zu machen und setzen

$$n_i = n_e = \xi \bar{n} = \frac{\xi P}{kT}. \qquad (V, 97)$$

Damit erhalten wir die Trägerdichte

$$n_i = n_e = \frac{(2\pi m)^{3/4}(kT)^{1/4} P^{1/2}}{h^{3/2}} \left(\frac{\sigma_i}{\sigma_0}\right)^{1/2} e^{-\frac{eU_i}{2kT}}. \qquad (V, 98)$$

Gewöhnlich kann man $\sigma_i/\sigma_0 = 4$ schreiben und erhält

$$n_i = n_e = 2 \frac{(2\pi m)^{3/4}(kT)^{1/4} P^{1/2}}{h^{3/2}} e^{-\frac{eU_i}{2kT}}. \qquad (V, 99)$$

VI. Einige Typen elektrischer Entladungen in Gasen.

Die elektrischen Entladungen in Gasen umfassen eine große Fülle sehr verschiedenartiger Vorgänge. Die Haupttypen sind die Glimmentladung, der elektrische Lichtbogen, der Funke und die Koronaentladung. Niedriger Druck, hohe Spannung und kleine Stromdichte sind die Kennzeichen der Glimmentladung, hoher Druck, hohe Stromdichte und hohe Temperatur die des Bogens. Der Funke ist meist ein Lichtbogen von sehr kurzer Dauer, jedoch gibt es auch Glimmentladungen, welche nur während funkenartig kurzer Zeiten brennen. Die Koronaentladung ist schließlich an sehr hohe Feldstärken geknüpft.

Wir werden in den folgenden Abschnitten den Mechanismus der typischen Niederdruckentladung und des typischen Lichtbogens untersuchen, ohne auf die zahlreichen atypischen Fälle einzugehen.

§ 1. Die Differentialgleichungen eines Entladungsplasmas.

Inhalt: Jede Gasentladung wird durch sechs Gleichungen beschrieben. Die Elektrodynamik liefert die Feldstärke als Gradient des Potentials, die Poissonsche Gleichung und die Kontinuitätsgleichung für die Erhaltung der Ladung. Die Trägerbewegung kann man aus Diffusion und Drift zusammensetzen. Die sechste Gleichung ist die Trägerbilanz. Für stationäre Entladungen und ebene Probleme treten große Vereinfachungen ein.

Bezeichnungen: e Elementarladung, n_i und n_e Dichte von Ionen und Elektronen, $\mathfrak{i}_i$ und $\mathfrak{i}_e$ Stromdichteanteile der Ionen und Elektronen, i_i und i_e Beträge davon, $\mathfrak{i}$ elektrische Stromdichte, i ihr Betrag, b_i, D_i Beweglichkeit und Diffusionskoeffizient der Ionen, b_e, D_e dasselbe bei Elektronen, η elektrische Raumladung, ε_0 elektrische Maßkonstante, U Potential, $\mathfrak{E}$ Feldstärke, β, α Ionisierungszahl von Ionen und Elektronen, σ, τ Rekombinationskoeffizienten.

Eine vollständige Beschreibung einer Entladung besteht darin, daß man an jedem Ort das Potential U, die Feldstärke $\mathfrak{E}$, die Raumladung η, die Trägerdichten n_e und n_i, ihre Driftgeschwindigkeiten $\bar{\mathfrak{u}}_e$ und $\bar{\mathfrak{u}}_i$, die Dichten des Elektronenstromes $\mathfrak{i}_e$, des Ionenstromes $\mathfrak{i}_i$ und des Gesamtstromes $\mathfrak{i}$, sowie die Elektronentemperatur T_e und die Ionentemperatur T_i angibt. Es ist dabei zu beachten, daß $\bar{\mathfrak{u}}_e$, $\bar{\mathfrak{u}}_i$, $\mathfrak{i}_e$, $\mathfrak{i}_i$, $\mathfrak{i}$ und $\mathfrak{E}$ Vektoren sind.

Einige dieser 12 Größen kann man leicht auf die übrigen zurückführen. T_e und T_i lassen sich, wenn sie sich überhaupt von der Gastemperatur unterscheiden, in vielen Fällen aus der Feldstärke gewinnen. Formeln für die Driftgeschwindigkeiten haben wir im vorigen Kapitel S. 1593 bis 1595, Gl. (V, 34, 46, 47) aufgestellt. Die Raumladung hängt mit den Trägerdichten durch

$$\eta = e(n_i - n_e) \qquad (VI, 1)$$

zusammen. Die Gesamtstromdichte ist die Summe

$$\mathfrak{i} = \mathfrak{i}_e + \mathfrak{i}_i \qquad (VI, 2)$$

der Elektronenstromdichte und Ionenstromdichte. Es genügt also, wenn wir für die sechs Größen U, $\mathfrak{E}$, n_e, n_i, $\mathfrak{i}_e$ und $\mathfrak{i}_i$ sechs Gleichungen aufstellen.

Drei Gleichungen liefert die Elektrodynamik ganz unabhängig von den besonderen Verhältnissen in der Gasentladung. Zu

$$\mathfrak{E} = -\operatorname{grad} U \qquad (VI, 3)$$

kommt nämlich die Poissonsche Gleichung

$$\operatorname{div} \mathfrak{E} = \frac{\eta}{\varepsilon_0} = \frac{e}{\varepsilon_0}(n_i - n_e) \qquad (VI, 4)$$

und die Kontinuitätsgleichung

$$\operatorname{div} \mathfrak{i} = \operatorname{div}(\mathfrak{i}_i + \mathfrak{i}_e) = -\frac{\partial \eta}{\partial t} = -e\left(\frac{\partial n_i}{\partial t} - \frac{\partial n_e}{\partial t}\right) \qquad (VI, 5)$$

hinzu. Für stationäre Entladungen verschwindet die rechte Seite von (VI, 5). Zwei weitere Gleichungen gewinnen wir für die beiden Stromdichten, wenn wir die Drift der Träger im Feld und die Diffusion berücksichtigen. Der Elektronenstrom wird durch [s. S. 1596, Gl. (V, 54, 55)]

der Ionenstrom durch
$$i_e = e\, b_e\, n_e\, \mathfrak{E} + e\, D_e\, \mathrm{grad}\, n_e, \tag{VI, 6}$$
$$i_i = e\, b_i\, n_i\, \mathfrak{E} - e\, D_i\, \mathrm{grad}\, n_i \tag{VI, 7}$$

ausgedrückt. b_e und b_i können entweder konstant sein oder noch von der Feldstärke abhängen. Als letzte muß noch eine Beziehung hinzukommen, durch welche die Trägererzeugung und Vernichtung erfaßt wird. Ist V ein kleines Volumen, so bedeutet das Integral $-\oint (i_e\, d\mathfrak{f})/e$ über die Oberfläche von V die Zahl der Elektronen, welche in der Sekunde aus V herauskommen. In V können Ionenpaare erzeugt und durch Rekombination vernichtet werden. Ist $\varDelta$ der Überschuß der sekundlichen Elektronenerzeugung in der Volumeneinheit über die Vernichtung, so vermag das Volumen V sekundlich $V\varDelta$ Elektronen nachzuliefern. Wir erhalten also die Bilanz

$$-\oint (i_e\, d\mathfrak{f}) = e\, V\varDelta - e\, \frac{\partial}{\partial t} \int n_e\, dV.$$

Dividieren wir durch das Volumen und lassen es gegen Null konvergieren, so erhalten wir beim Grenzübergang

$$-\mathrm{div}\, i_e = e\varDelta - e\, \frac{\partial n_e}{\partial t}. \tag{VI, 8}$$

Ist die Entladung stationär, so bleibt einfach

$$-\mathrm{div}\, i_e = e\varDelta$$

übrig.

Es kommt jetzt noch darauf an, $\varDelta$ zu berechnen. Wir betrachten dazu einen Würfel, dessen Kanten die Länge Eins haben und von denen eine in die Feldrichtung fällt. Jedes Elektron erzeugt beim Durchgang durch ihn α-Ionenpaare. Bei einer Elektronenstromdichte i_e passieren ihn pro Sekunde $|i_e|/e$-Elektronen und es werden $\alpha |i_e|/e$-Ionenpaare in dem Würfel gebildet. Die gleiche Überlegung kann man auch für die Ionen anstellen, welche $\beta |i_i|/e$-Ionenpaare in der Volumeneinheit erzeugen. Andere Trägererzeugungsarten (z. B. optische) lassen wir außer Betracht. Erfolgt die Rekombination im Zweierstoß mit einem Molekülion oder im Dreierstoß eines Elektrons, eines Ions und eines Neutralteilchens, so gehen durch sie $\sigma n_e n_i$ Elektronen verloren. Erfolgt sie durch Stoß zweiter Art zweier Elektronen mit einem Ion, so finden $\tau n_e^2 n_i$ Wiedervereinigungen statt. Da beide Vorgänge nebeneinander herlaufen, beträgt der ganze Trägerverlust $\sigma n_e n_i + \tau n_e^2 n_i$. Wir erhalten also

$$e\varDelta = \alpha |i_e| + \beta |i_i| - \sigma n_e n_i - \tau n_e^2 n_i. \tag{VI, 9}$$

σ und τ sind zwei für die beiden Arten der Wiedervereinigung charakteristische Konstanten. Setzen wir (VI, 9) in (VI, 8) ein, so haben wir die sechs Gleichungen

$$\mathfrak{E} = -\mathrm{grad}\, U, \tag{VI, 10}$$

$$\mathrm{div}\, \mathfrak{E} = \frac{e}{\varepsilon_0}(n_i - n_e), \tag{VI, 11}$$

$$\mathrm{div}(i_i + i_e) = -e\left(\frac{\partial n_i}{\partial t} - \frac{\partial n_e}{\partial t}\right), \tag{VI, 12}$$

$$i_e = e\, b_e\, n_e\, \mathfrak{E} + e\, D_e\, \mathrm{grad}\, n_e, \tag{VI, 13}$$

$$i_i = e\, b_i\, n_i\, \mathfrak{E} - e\, D_i\, \mathrm{grad}\, n_i, \tag{VI, 14}$$

$$-\mathrm{div}\, i_e = \alpha |i_e| + \beta |i_i| - e\sigma n_e n_i - e\tau n_e^2 n_i - e\frac{\partial n_e}{\partial t}, \tag{VI, 15}$$

welche die Vorgänge in der Entladung beherrschen.

§ 2. Ähnlichkeitsgesetze.

Neben den Differentialgleichungen braucht man aber noch Randbedingungen, die die Verhältnisse an den Elektroden und den Gefäßwänden angeben. Durch sie werden die besonderen experimentellen Bedingungen festgelegt, unter denen die Entladung stattfindet.

Ist die Entladung stationär, so verschwinden alle zeitlichen Differentialquotienten und das Gleichungssystem reduziert sich auf

$$\mathfrak{E} = -\operatorname{grad} U, \quad (VI, 16)$$

$$\operatorname{div} \mathfrak{E} = \frac{e}{\varepsilon_0}(n_i - n_e), \quad (VI, 17)$$

$$\operatorname{div}(\mathfrak{i}_e + \mathfrak{i}_i) = 0, \quad (VI, 18)$$

$$\mathfrak{i}_e = e\, b_e\, n_e\, \mathfrak{E} + e\, D_e \operatorname{grad} n_e, \quad (VI, 19)$$

$$\mathfrak{i}_i = e\, b_i\, n_i\, \mathfrak{E} - e\, D_i \operatorname{grad} n_i, \quad (VI, 20)$$

$$-\operatorname{div} \mathfrak{i}_e = \alpha\,|\mathfrak{i}_e| + \beta\,|\mathfrak{i}_i| - e\,\sigma\, n_e\, n_i - e\,\tau\, n_e^2\, n_i. \quad (VI, 21)$$

Bei ebenen Entladungen zwischen ausgedehnten Platten hängen alle Größen nur von einer Koordinate x ab und die Vektoren $\mathfrak{E}$, $\mathfrak{i}_e$ und $\mathfrak{i}_i$ fallen alle in die x-Richtung. Man erhält dann

$$\mathfrak{E} = -\frac{dU}{dx}, \quad (IV, 22)$$

$$\frac{d\mathfrak{E}}{dx} = \frac{e}{\varepsilon_0}(n_i - n_e), \quad (IV, 23)$$

$$\frac{di_e}{dx} + \frac{di_i}{dx} = 0, \quad (VI, 24)$$

$$i_e = e\, b_e\, n_e\, \mathfrak{E} + e\, D_e\, \frac{dn_e}{dx}, \quad (VI, 25)$$

$$i_i = e\, b_i\, n_i\, \mathfrak{E} - e\, D_i\, \frac{dn_i}{dx}, \quad (VI, 26)$$

$$-\frac{di_e}{dx} = \alpha\,|i_e| + \beta\,|i_e| - e\,\sigma\, n_e\, n_i - e\,\tau\, n_e^2\, n_i. \quad (VI, 27)$$

i_e und i_i bedeuten jetzt die Beträge des Elektronen- und Ionenstromes. Die Gleichung (VI, 24) kann man integrieren, wobei

$$i_i + i_e = i \quad (VI, 28)$$

entsteht und i die konstante Gesamtstromdichte bedeutet.

§ 2. Ähnlichkeitsgesetze.

Inhalt: Zwei Entladungen sind ähnlich, wenn sie bei gleicher Spannung in ähnlichen Gefäßen brennen, deren Dimensionen den freien Weglängen proportional sind. Die Zeiten sind umgekehrt proportional zur Weglänge, die Stromdichten umgekehrt proportional ihrem Quadrat. Rekombination zerstört die Ähnlichkeit.

Bezeichnungen: Wie S. 1605 $\mathfrak{x}, \mathfrak{y}, \mathfrak{z}, \mathfrak{t}, \mathfrak{E}, \mathfrak{i}_e, \mathfrak{i}_i, \mathfrak{a}_e, \mathfrak{a}_i, \mathfrak{b}_e, \mathfrak{b}_i, \mathfrak{D}_e, \mathfrak{D}_i, \mathfrak{n}_e, \mathfrak{n}_i$ sind die transformierten Größen von $x, y, z, t, \mathfrak{E}, i_e, i_i, \alpha, \beta, b_e, b_i, D_e, D_i, n_e, n_i$.

Die Größen $b_e, b_i, D_e, D_i, \alpha$ und β hängen von der freien Weglänge und damit von der Gasdichte, bei gleichmäßiger Gastemperatur vom Gasdruck ab. Es ist nun verhältnismäßig leicht, die Art der Dichteabhängigkeit an den Plasmagleichungen sichtbar zu machen.

Zu diesem Zweck wollen wir alle Längen in freien Weglängen ausdrücken[1]. Wir führen also statt der Ortskoordinaten x, y, z neue Koordinaten

$$\mathbf{x} = \frac{x}{\lambda}; \quad \mathbf{y} = \frac{y}{\lambda}; \quad \mathbf{z} = \frac{z}{\lambda} \tag{VI, 29}$$

ein. Der Nablaoperator

$$\nabla = \mathfrak{i}\frac{\partial}{\partial x} + \mathfrak{j}\frac{\partial}{\partial y} + \mathfrak{k}\frac{\partial}{\partial z} \tag{VI, 30}$$

geht dabei in

$$\nabla = \frac{1}{\lambda}\left(\mathfrak{i}\frac{\partial}{\partial \mathbf{x}} + \mathfrak{j}\frac{\partial}{\partial \mathbf{y}} + \mathfrak{k}\frac{\partial}{\partial \mathbf{z}}\right) = \frac{1}{\lambda}\nabla' \tag{VI, 31}$$

über. Die Feldstärke, die als Spannung pro Längeneinheit definiert ist, ersetzen wir durch die Spannung

$$\mathfrak{E} = \mathfrak{E}\,\lambda \tag{VI, 32}$$

pro freie Weglänge, die Stromdichten i_e und i_i durch die Stromstärken durch eine Fläche von der Größe λ^2, nämlich

$$\mathfrak{i}_i = i_i\,\lambda^2; \quad \mathfrak{i}_e = i_e\,\lambda^2. \tag{VI, 33}$$

Das Gesetz (V, 72) von S. 1598 für die Ionisierungszahl veranlaßt uns

$$\alpha = \frac{\mathfrak{a}_e}{\lambda}; \quad \beta = \frac{\mathfrak{a}_i}{\lambda} \tag{VI, 34}$$

zu schreiben, wo $\mathfrak{a}_e$ und $\mathfrak{a}_i$ dann nur noch von $\mathfrak{E}$ abhängen. Ebenso können wir

$$b_e = \mathfrak{b}_e\,\lambda; \quad b_i = \mathfrak{b}_i\,\lambda \tag{VI, 35}$$

setzen, so daß $\mathfrak{b}_e$ und $\mathfrak{b}_i$ entweder gar nicht von $\mathfrak{E}$ und λ oder nur von $\mathfrak{E}$ abhängen. Die Diffusionskoeffizienten haben nach (II, 129) von S. 1508 sowieso schon die Form

$$D_e = \lambda\,\mathfrak{D}_e; \quad D_i = \lambda\,\mathfrak{D}_i. \tag{VI, 36}$$

Führen wir endlich statt der Trägerdichten noch zwei Größen

$$\mathfrak{n}_e = n_e\,\lambda^2; \quad \mathfrak{n}_i = n_i\,\lambda^2 \tag{VI, 37}$$

und ein neues Zeitmaß mit

$$t = \lambda\,\mathfrak{t} \tag{VI, 38}$$

ein, so gehen die Gleichungen (VI, 11) bis (VI, 15) in

$$\mathbf{div}\,\mathfrak{E} = \frac{\varepsilon_0}{e}(\mathfrak{n}_i - \mathfrak{n}_e), \tag{VI, 39}$$

$$\mathbf{div}(\mathfrak{i}_i + \mathfrak{i}_e) = -e\left(\frac{\partial \mathfrak{n}_i}{\partial \mathfrak{t}} - \frac{\partial \mathfrak{n}_e}{\partial \mathfrak{t}}\right), \tag{VI, 40}$$

$$\mathfrak{i}_e = e\,\mathfrak{b}_e\,\mathfrak{n}_e\,\mathfrak{E} + e\,\mathfrak{D}_e\,\mathbf{grad}\,\mathfrak{n}_e, \tag{VI, 41}$$

$$\mathfrak{i}_i = e\,\mathfrak{b}_i\,\mathfrak{n}_i\,\mathfrak{E} - e\,\mathfrak{D}_i\,\mathbf{grad}\,\mathfrak{n}_i, \tag{VI, 42}$$

$$-\mathbf{div}\,\mathfrak{i}_e = \mathfrak{a}_e|\mathfrak{i}_e| + \mathfrak{a}_i|\mathfrak{i}_i| - \frac{e\,\sigma\,\mathfrak{n}_e\,\mathfrak{n}_i}{\lambda} - \frac{e\,\tau\,\mathfrak{n}_e^2\,\mathfrak{n}_i}{\lambda^3} - e\frac{\partial \mathfrak{n}_e}{\partial \mathfrak{t}} \tag{VI, 43}$$

über. $\mathbf{div}$ bedeutet die skalare Anwendung von ∇'.

---

[1] Unter λ kann hier die freie Weglänge der Neutralteilchen verstanden werden. Ihr sind λ_s und λ_i proportional.

Bei Entladungen ohne Rekombination fällt λ ganz heraus. $\mathfrak{E}$, $\mathfrak{m}_e$, $\mathfrak{m}_i$, $\mathfrak{i}_e$ und $\mathfrak{i}_i$ haben also dieselben Werte bei zwei Entladungen, wenn die Randbedingungen die gleichen sind, d. h. wenn die Dimensionen der Entladungsgefäße und der Elektroden der Weglänge proportional sind. Verschiedene Entladungen, bei denen die Apparate-Dimensionen in Weglängen gemessen gleich groß sind, sind beim Anlegen gleicher Spannungen an die Elektroden ähnlich. Hierunter ist zu verstehen, daß die Feldstärken der Weglänge umgekehrt und dem Druck direkt proportional, die Trägerdichten und Stromdichten dem Quadrat der Weglängen umgekehrt und dem Quadrat des Druckes direkt proportional sind. Der zeitliche Ablauf geht um so langsamer, je größer die freie Weglänge ist. Die Leistungsdichte ist umgekehrt proportional zu λ^3.

Bei Mitwirkung der Rekombination wird das Ähnlichkeitsgesetz gestört. Dies tritt jedoch nur bei höheren Trägerdichten ein. In solchen Fällen geht aber die Ähnlichkeit meist schon vorher verloren, weil sich bei größerer Dichte auch höhere Temperaturen entwickeln, so daß die Gasdichte nicht allein vom Druck abhängt. Dieser Umstand mindert erheblich den praktischen Wert der Ähnlichkeitsgesetze.

§ 3. Townsend-Entladung zwischen ebenen Platten. Zündbedingung.

Inhalt: Der Emissionsstrom einer Kathode wird im Feld durch die Bildung von Elektronenlawinen vermehrt. Die Ionenlawinen lösen neue Elektronen an der Kathode aus und tragen nochmals zur Erhöhung des Stromes bei. Kennlinie einer fremderregten Entladung. Townsendsche Zündbedingung. Paschensches Gesetz.

Bezeichnungen: d Elektrodenabstand, i_{em} Emissionsstrom an der Kathode, i_0 gesamter Elektronenstrom an der Kathode, γ Koeffizient der Elektronenauslösung durch Ionen, P Druck, sonst wie S. 1605.

Wir untersuchen jetzt eine Entladung zwischen sehr großen ebenen parallelen Platten im Abstand d. Die Kathode emittiere (lichtelektrisch, glühelektrisch oder radioaktiv) eine Elektronenstromdichte i_{em}. Zwischen beiden Elektroden liege die Spannung U. Legen wir die positive x-Achse senkrecht zur Kathode auf die Anode hinzeigend, so dürfen alle in (VI, 10) bis (VI, 15) vorkommenden Größen nur von x abhängen und enthalten die Koordinaten y und z nicht. Wir vernachlässigen außerdem die Rekombination und behalten für eine stationäre Entladung die Gleichungen

$$\mathfrak{E} = -\frac{dU}{dx}, \qquad (VI, 44)$$

$$\frac{d\mathfrak{E}}{dx} = \frac{e}{\varepsilon_0}(n_i - n_e), \qquad (VI, 45)$$

$$\frac{di_e}{dx} + \frac{di_i}{dx} = 0, \qquad (VI, 46)$$

$$i_e = e\,b_e\,n_e\,\mathfrak{E} + e D_e \frac{dn_e}{dx}, \qquad (VI, 47)$$

$$i_i = e\,b_i\,n_i\,\mathfrak{E} - e D_i \frac{dn_i}{dx}, \qquad (VI, 48)$$

$$\frac{di_e}{dx} = \alpha\, i_e + \beta\, i_i, \qquad (VI, 49)$$

welche aus (VI, 22) bis (VI, 27) hervorgehen. Man beachte, daß die Ströme und die Feldstärke negativ sind. $|i_e| = -i_e$; $|i_i| = -i_i$. Die Gleichung (VI, 46) kann sofort integriert werden und liefert

$$i_e + i_i = i, \qquad (VI, 50)$$

wo die örtlich konstante Stromdichte i als Integrationskonstante zu betrachten ist.

Es ist unmöglich, das Gleichungssystem (VI, 44) bis (VI, 49) ohne Vernachlässigung aufzulösen. Bei sehr kleinen Strömen und Trägerdichten jedoch kann man von der Raumladung absehen und die Feldstärke konstant setzen. Ihr Wert ist dann

$$\mathfrak{E} = -\frac{U}{d}. \quad (VI, 51)$$

Damit werden auch b_e, b_i, α und β ortsunabhängige Konstante. Eine Entladung, bei der diese Annahmen zutreffen, wird als Townsend-Entladung bezeichnet. Sie wird als dunkle Vorentladung unter Bedingungen beobachtet, wo eine Glimmentladung oder ein Funke noch nicht zündet.

Man kann jetzt den Ionenstrom i_i mit Hilfe von (VI, 50) aus (VI, 49) eliminieren und erhält

$$\frac{d i_e}{d x} = (\alpha - \beta) i_e + \beta i. \quad (VI, 52)$$

β, das viel kleiner als α ist, werden wir fürs erste vernachlässigen. Die Gleichung

$$\frac{d i_e}{d x} = \alpha i_e, \quad (VI, 53)$$

die so aus (VI, 52) hervorgeht, gibt integriert

$$i_e = i_0 e^{\alpha x}. \quad (VI, 54)$$

i_0 bedeutet den Elektronenstrom an der Kathode. Er setzt sich aus dem Emissionsstrom i_{em} und dem Strom derjenigen Elektronen zusammen, die aus der Kathode durch das Bombardement der Ionen befreit werden. Löst ein Ion γ Elektronen ($\gamma < 1$) aus der Kathode aus, so ist

$$i_0 = i_{em} + (i - i_0) \gamma. \quad (VI, 55)$$

Der Elektronenstrom wächst mit x sehr schnell an. Aus jedem Elektron, das die Kathode verläßt, entstehen $e^{\alpha x}$ Elektronen an der Stelle x. Es bildet sich also eine Elektronenlawine aus, die auf $e^{\alpha d}$ Elektronen anschwillt, bis sie die Anode erreicht. Da ebensoviel positive Ionen wie Elektronen bei den Stößen entstehen, setzt sich eine Ionenlawine zur Kathode in Bewegung.

An der Anode, aus der keine Ionen herauskommen, muß der ganze Strom von den Elektronen getragen werden. Dort ist also

$$i = i_0 e^{\alpha d}. \quad (VI, 56)$$

Eliminieren wir i_0 mit (VI, 56) aus (VI, 55), so entsteht die Beziehung[1]

$$i_{em} = i\{(1 + \gamma) e^{-\alpha d} - \gamma\} \quad (VI, 57)$$

zwischen dem gesamten Entladungsstrom i und dem Emissionsstrom i_{em}. Nach i aufgelöst ergibt sie

$$i = \frac{i_{em} e^{\alpha d}}{1 - \gamma (e^{\alpha d} - 1)}. \quad (VI, 58)$$

---

[1] Wenn man β nicht vernachlässigt, kann die Rechnung ähnlich durchgeführt werden und liefert statt (VI, 57)

$$i_{em} = i \left\{ \frac{1 + \gamma}{\alpha - \beta} (\alpha e^{-(\alpha - \beta) d} - \beta) - \gamma \right\}.$$

§ 3. Townsend-Entladung zwischen ebenen Platten. Zündbedingung.

Würden wir in dieser Formel γ vernachlässigen, so ergäbe sich

$$i = i_{\text{em}} e^{\alpha d}, \tag{VI, 59}$$

also schon eine bedeutende Vermehrung des Emissionsstromes durch die Lawinenbildung. Ist γ nicht Null, so wird die Stromverstärkung noch unterstützt, weil die Kathode zusätzliche Elektronen abgibt. Durch diese Art von Rückkoppelung wird der Nenner in (VI, 58) verkleinert. Die Verstärkung des Stromes kann so weit getrieben werden, daß man die Emission eines einzelnen Elektrons aus der Kathode als Stromstoß messen kann. Nach diesem Prinzip wirkt der Geigersche Spitzenzähler, nur daß man die Entladung nicht zwischen ebenen Platten ausbildet.

Unter Bedingungen, bei denen der Nenner von (VI, 59) verschwindet, errechnet man sogar einen unendlich großen Strom. Hierzu kommt es in Wirklichkeit natürlich nicht, weil bei starkem Strom die Raumladung berücksichtigt werden muß. Immerhin läßt sich sagen, daß

$$e^{\alpha d} = 1 + \frac{1}{\gamma} = \frac{1 + \gamma}{\gamma}. \tag{VI, 60}$$

die Bedingung dafür ist, daß die durch kleinen Strom gekennzeichnete Townsend-Entladung in eine andere Entladungsform (Glimmentladung oder Lichtbogen) umschlägt, bei der die Raumladung eine Rolle spielt und bei der viel größere Ströme fließen. Die Townsend-Entladung ist gewissermaßen als Vorstufe dieser eigentlichen stromstarken Entladungen anzusehen. Der Umschlag, für den (VI, 60) die Bedingung darstellt, ist die Zündung der eigentlichen Entladung.

Durch Logarithmieren geht die Zündbedingung in

$$\alpha d = \ln \frac{1 + \gamma}{\gamma} \tag{VI, 61}$$

über. γ können wir wenigstens näherungsweise als eine Konstante auffassen, die zwar von der Gasart und dem Kathodenmaterial, nicht aber von der herrschenden Feldstärke oder angelegten Spannung beeinflußt wird. Setzen wir noch für α den Ausdruck [Gl. (V, 73), S. 1598] ein, so erhalten wir

$$A' P d e^{-\frac{B' P}{|\mathfrak{E}|}} = \text{const} \tag{VI, 62}$$

oder wenn wir statt der Feldstärke mit (VI, 51) die Spannung U einsetzen

$$A' P d e^{-\frac{B' P d}{U}} = \text{const}. \tag{VI, 63}$$

Man erkennt jetzt, daß die Zündspannung U nur vom Produkt Pd abhängt, was schon aus den Ähnlichkeitsgesetzen vorauszusehen war. Wenn wir nach der Zündspannung U auflösen, so entsteht

$$U = \frac{B' P d}{\ln(P d) - \text{const}}. \tag{VI, 64}$$

Für große Pd geht U gegen Unendlich. Außerdem gibt es immer einen Wert von Pd, für den der Nenner verschwindet, gleichgültig, ob const eine positive oder negative Größe bedeutet. Auch für diesen Wert wird U unendlich groß. Dazwischen muß U ein Minimum durchlaufen (Paschensches Gesetz). In der Abb. 469 sind empirische Zündspannungen zwischen ebenen Elektroden gegen Pd aufgetragen. Man sieht, daß qualitative Übereinstimmung mit dem theoretischen

Ergebnis besteht. Daß die empirische Kurve quantitativ durch (VI, 64) dargestellt werden kann, darf man nicht erwarten, da wir den Zündvorgang selbst durch unsere Theorie gar nicht beschrieben haben. Bei ihm muß natürlich die sich schnell entwickelnde Raumladung berücksichtigt werden.

Legt man bei gegebenem Druck eine Spannung U an zwei Elektroden im Abstand d, so erfolgt Zündung auch ohne Kathodenemission, wenn d zwischen zwei bestimmten Werten d_1 und d_2 liegt. Ist der Abstand größer als d_2 oder kleiner als d_1, so kann keine Entladung gezündet werden. d_2 ist die maximale Schlagweite (Weitdurchschlag), d_1 die minimale Schlagweite (Nahdurchschlag) bei der Spannung U. Umgekehrt kann bei festem Abstand d Zündung nur eintreten, wenn der Druck zwischen zwei Werten P_1 und P_2 legt. Bei Drucken größer als P_2 und kleiner als P_1 tritt keine Zündung ein.

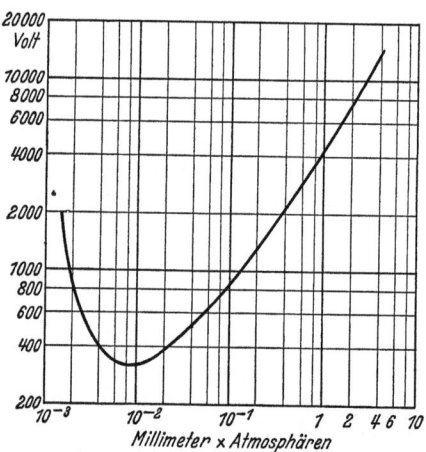

Abb. 469. Empirische Zündspannungen in Luft gegen das Produkt Pd aufgetragen. Paschensches Gesetz.

§ 4. Die Glimmentladung.

Inhalt: Elektronen, die aus der Kathode durch Ionenbombardement ausgelöst werden, bilden im Fallraum Elektronenstrahlen und erzeugen das Glimmlicht, nachdem sie das Feld verlassen haben. Aus dem Glimmlicht gelangen Ionen durch Diffusion in den Fallraum und werden zur Kathode beschleunigt. Der Trägertransport vollzieht sich im Glimmlicht durch ambipolare Diffusion. Die von den Elektronenstrahlen erzeugten Träger werden großenteils durch Rekombination vernichtet.

Bezeichnungen: i_k Elektronenstrom an der Kathode, i_0 Ionenstrom aus dem Glimmlicht, i_1 Strom der Strahlelektronen, d Fallraumdicke, γ Koeffizient der Elektronenauslösung durch Ionen, K_l s. Gl. (VI, 78), $n = n_e = n_i$ Trägerdichte im Glimmlicht, D_{am} ambipolarer Diffusionskoeffizient, j ambipolarer Strom, S Reichweite der Elektronenstrahlen, x_A Elektrodenabstand, sonst wie S. 1605.

Der Endzustand, der durch den Zündvorgang erreicht wird, ist bei niedrigen Drucken meist eine Glimmentladung. Stehen sich zwei große ebene Elektroden gegenüber, so beobachtet man schon visuell leicht fünf voneinander wohlgetrennte Entladungsteile. Auf der Kathode sitzt die kathodische Glimmhaut oder erste Kathodenschicht auf, die in Wirklichkeit von der Elektrode durch den sehr dünnen Astonschen Dunkelraum getrennt ist. Auf sie folgt der Hittorfsche oder Kathodendunkelraum, an den sich mit einer ziemlich scharfen Grenze, dem Glimmsaum, das negative Glimmlicht anschließt. Das Glimmlicht nimmt auf der von der Kathode abgewandten Seite an Intensität ab und geht allmählich in einen dunklen oder nur schwach leuchtenden Raum über, den man als Faradayschen Dunkelraum bezeichnen kann und der beinahe bis an die Anode heranreicht. Unmittelbar vor der Anode selbst bildet sich nochmals eine leuchtende Schicht, das sog. Anodenglimmlicht oder die Anodenhaut, aus. Ist der Abstand zwischen den Elektroden nicht groß genug, um Platz für alle diese Erscheinungen zu lassen, so fehlt der Faradaysche Dunkelraum, und wenn die Anode ins Glimmlicht eintaucht, auch die anodische Glimmhaut. Den Potentialverlauf und die Raumladung in diesen einzelnen Entladungsgebieten zeigen schematisch die Abb. 470a, b. Von der Anode bis zum Glimmlicht fällt das Potential nur sehr allmählich ab. Es kann sogar im Glimmlicht wieder etwas ansteigen. Hier herrscht also nur ein kleines elektrisches Feld. Zwischen Glimmlicht und Kathode

§ 4. Die Glimmentladung.

hingegen hat man einen rapiden Potentialabfall, den sog. Kathodenfall. Das Kathodenfallgebiet, das grob mit dem Kathodendunkelraum zusammenfällt, wird auch als Fallraum bezeichnet. Im Fallraum besteht eine starke, im Glimmlicht eine sehr schwache positive Raumladung. Im Faradayschen Dunkelraum hat man meist eine geringe negative Raumladung.

Wir versuchen nun den Mechanismus der Glimmentladung grob zu skizzieren und setzen dabei voraus, daß es sich um eine stromstarke Entladung mit einem hohen (anormalen) Kathodenfall handle, der mehrere hundert Volt beträgt.

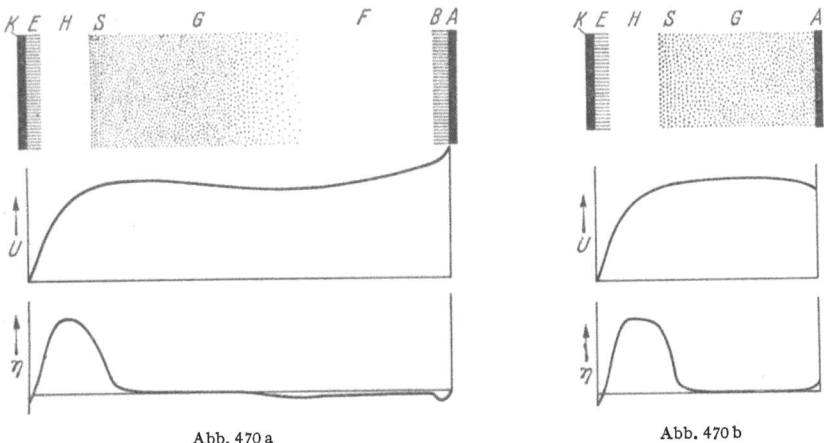

Abb. 470a   Abb. 470b

Abb. 470a und 470b. Entladungsteile einer Glimmentladung, darunter Potentialverlauf U und Raumladung η. K Kathode, E erste Kathodenschicht, H Hittorfscher Dunkelraum, S Glimmsaum, G Glimmlicht, F Faradayscher Dunkelraum, B anodisches Glimmlicht, A Anode. In Abb. 470a steht die Anode außerhalb des Glimmlichts, in Abb. 470b im Glimmlicht.

Sieht man von der kathodischen Glimmhaut und dem Anodenglimmlicht ab, so sind in der Entladung drei Hauptgebiete zu unterscheiden. Im Fallraum besteht ein starkes elektrisches Feld, welches den Ladungsträgern eine geordnete Bewegung in der Feldrichtung verleiht, die ihre ungeordnete thermische Bewegung weit übertrifft. Im Fallraum besteht also kein eigentliches Entladungsplasma. Die Elektronen werden von der Kathode durch das Bombardement der Ionen ausgelöst und im Feld so stark beschleunigt, daß sie Strahlen bilden, welche bei Zusammenstößen zwar noch ionisieren, aber ihre Richtung beibehalten und nur einen kleinen Teil ihrer Energie verlieren. Sie verlassen den Fallraum wieder, indem sie durch den Glimmsaum ins Glimmlicht eintreten. Es ist charakteristisch, daß die Energie, welche die Elektronen im Fallraum aus dem Feld gewinnen, nicht im Fallraum umgesetzt, sondern in das feldfreie Gebiet des Glimmlichtes verschleppt wird. Positive Ionen wandern aus dem Glimmlicht in den Fallraum ein, werden zur Kathode beschleunigt und befreien dort Elektronen. Außerdem entstehen im Fallraum auch Ionen durch Elektronenstoß, doch stammt ein großer Teil der Ionen aus dem Glimmlicht.

Das Glimmlicht ist ein Plasma, welches durch die Energie gespeist wird, welche die Elektronenstrahlen aus dem Fallraum importieren. Seine Ausdehnung ist demgemäß durch die Reichweite jener Elektronenstrahlen bestimmt, wenn es nicht durch Wände oder die Anode noch enger begrenzt wird. Der Trägertransport wird im Glimmlicht hauptsächlich durch die Diffusion bewerkstelligt, das geringfügige Feld greift nur indirekt in diesen Mechanismus ein. Die im Glimmlicht entstandenen Träger werden teils durch Diffusion, teils durch Rekombination wieder entfernt. Das Glimmlicht ist gegenüber dem Fallraum eine untergeordnete Erscheinung und reduziert sich bei kleiner Brennspannung im normalen Kathodenfall auf ein Minimum. Es verträgt deshalb auch mannigfaltige experimentelle Eingriffe, ohne daß der Mechanismus der Entladung wesentlich beeinflußt würde.

Im Faradayschen Dunkelraum findet nur ein Transport der Elektronen, welche aus dem Glimmlicht einwandern, zur Anode statt. Bei der großen Beweglichkeit der Elektronen genügt dazu ein geringes Feld. Um die Raumladung der Elektronen zu kompensieren, sind einige Ionen nötig, wenn der Abstand von der Anode groß ist, und diese Ionen zu erzeugen ist offenbar die Funktion des Anodenglimmlichtes.

Diese Skizze einer Theorie der Glimmentladung können wir ausbauen, indem wir die Gleichungen (VI, 23) bis (VI, 27) auf den Fallraum und das Glimmlicht anwenden.

Im Fallraum wird die Elektronendichte n_e klein sein, da die Elektronen sehr schnell sind. In Gleichung (VI, 23) werden wir also n_e vernachlässigen können und erhalten einfach

$$\frac{d\mathfrak{E}}{dx} = \frac{e\, n_i}{\varepsilon_0}. \tag{VI, 65}$$

Die Gleichung

$$\frac{d i_e}{dx} + \frac{d i_i}{dx} = 0 \tag{VI, 66}$$

kann unverändert übernommen werden. Dagegen ist (VI, 25) wertlos. In dem starken Feld tritt die Diffusion der Ladungsträger in den Hintergrund und die Bewegung der Elektronen im Feld folgt auch nicht mehr dem Mechanismus von S. 1592. Auch bei den Ionen können wir die Diffusion vernachlässigen und behalten für den Ionenstrom die Gleichung

$$i_i = e\, b_i\, n_i\, \mathfrak{E}. \tag{VI, 67}$$

Die Trägerbilanz (VI, 27) können wir sehr vereinfachen. Die Geschwindigkeit der Elektronen ist groß und hängt nicht von der Feldstärke, sondern im wesentlichen von der durchlaufenen Spannung ab. Die Zahl der Ionenpaare α, welche ein schnelles Elektron pro Längeneinheit erzeugt, hängt nur wenig von seiner kinetischen Energie ab und wir können α deshalb als konstant betrachten. Die Ionisierungszahl β der Ionen ist klein und wir setzen sie gleich Null, weil wir keine genaue Rechnung beabsichtigen, obwohl gerade im Fallraum noch am ehesten die Bedingungen vorliegen, unter denen auch Ionisierung durch Ionenstoß vorkommt. Von Rekombination sehen wir ab, da sie angesichts der kleinen Elektronendichte keinen großen Einfluß haben kann. Die Trägerbilanz nimmt dann die einfache Form

$$\frac{d i_e}{dx} = \alpha\, i_e \tag{VI, 68}$$

an.

Die Gleichungen (VI, 66) und (VI, 68) können integriert werden und ergeben

$$i_i + i_e = i \tag{VI, 69}$$

und

$$i_e = i_k\, e^{\alpha x}. \tag{VI, 70}$$

i bedeutet die gesamte Stromdichte und i_k den Elektronenstrom, den die Kathode unter dem Einfluß des Ionenbombardements hergibt. Jetzt kann man

$$n_i = \frac{i_i}{e\, b_i\, \mathfrak{E}} = \frac{i - i_e}{e\, b_i\, \mathfrak{E}} \tag{VI, 71}$$

§ 4. Die Glimmentladung.

in (VI, 65) einsetzen und erhält

$$\frac{d\mathfrak{E}}{dx} = \frac{i - i_e}{\varepsilon_0 b_i \mathfrak{E}}.$$ (VI, 72)

Nun müssen wir noch die Randbedingungen berücksichtigen. An der Kathode befreit jedes Ion γ Elektronen, und deshalb gilt für $x = 0$

$$i_k = \gamma(i - i_k); \quad i_k = \frac{\gamma}{1+\gamma} i.$$ (VI, 73)

Durch den Glimmsaum treten positive Ionen aus dem Glimmlicht in den Fallraum ein. Sie bedeuten einen Ionenstrom i_0, dessen Größe durch die Eigenschaften des Glimmlichtes bestimmt ist. Die Feldstärke, welche im Glimmlicht klein ist, können wir am Glimmsaum unbedenklich gegen die Feldstärken im Fallraum vernachlässigen. Ist d die Dicke des Fallraumes, so erhalten wir die Randbedingungen für den Glimmsaum $x = d$

$$\mathfrak{E} = 0; \quad i_i = i - i_e = i_0.$$ (VI, 74)

Bringen wir die Randbedingungen in (VI, 70) ein, so finden wir

$$i_e = \frac{\gamma}{1+\gamma} i e^{\alpha x},$$ (VI, 75)

was für $x = d$

$$i - i_0 = \frac{\gamma}{1+\gamma} i e^{\alpha d}$$ (VI, 76)

liefert.

Daraus berechnet man die Fallraumdicke

$$d = \frac{1}{\alpha} \ln \frac{(i - i_0)(1+\gamma)}{i\gamma}.$$ (VI, 77)

Sie hängt vom Gesamtstrom i und dem Ionenstrom i_0 ab, der aus dem Glimmlicht in den Fallraum hineinfließt. Hätten wir i_0, so würde (VI, 77) die Fallraumdicke zu jedem Strom liefern. Nun wird jede Glimmentladung durch zwei experimentelle Parameter festgelegt. Meist sind es Elektrodenabstand und Stromstärke. An ihrer Stelle wählen wir die Stromdichte i und die Ionenstromdichte i_0 aus dem Glimmlicht als die willkürlichen Parameter, durch welche wir alle anderen Bestimmungsstücke der Entladung ausdrücken.

In der Gleichung (VI, 72) müssen wir berücksichtigen, daß die Beweglichkeit der Ionen im starken Feld umgekehrt proportional zur Wurzel aus der Feldstärke ist (s. S. 1595). Wir setzen also

$$b_i = \frac{K_i}{\sqrt{|\mathfrak{E}|}}.$$ (VI, 78)

Aus (VI, 72) und (VI, 75) erhalten wir dann (man beachte, daß $\mathfrak{E}$, i, i_0, i_e negativ sind)

$$-\sqrt{|\mathfrak{E}|}\frac{d\mathfrak{E}}{dx} = \frac{i}{\varepsilon_0 K_i}\left(1 - \frac{\gamma}{1+\gamma} e^{\alpha x}\right).$$ (VI, 79)

Integriert man von der Stelle x bis zum Glimmsaum, so erhält man

$$-|\mathfrak{E}|^{3/2} = \frac{3i}{2\varepsilon_0 K_i}\left\{d - x - \frac{\gamma}{\alpha(1+\gamma)}(e^{\alpha d} - e^{\alpha x})\right\}.$$ (VI, 80)

Aus dieser Formel kann man den Feldverlauf berechnen, wenn man die Fallraumdicke aus (VI, 77) entnimmt. Den Potentialverlauf kann man dann durch nochmaliges Integrieren finden, was sich allerdings nur numerisch durchführen läßt.

Das Glimmlicht ist ein echtes Plasma, in welchem nur kleine Felder herrschen. Im großen und ganzen ist es quasineutral, d. h. der Unterschied der Trägerkonzentrationen

$$n_i - n_e \ll n_i \approx n_e \qquad (VI, 81)$$

ist klein gegen die Trägerkonzentrationen selbst.

Die Trägerbildung schreiben wir hauptsächlich den Elektronenstrahlen zu, die mit einer Stromdichte

$$i_1 = i - i_0 \qquad (VI, 82)$$

aus dem Fallraum in das Glimmlicht eindringen. Dieses Bündel möge eine Reichweite S besitzen und jedes seiner Elektronen möge pro Längeneinheit α-Ionenpaare bilden. α können wir wieder konstant setzen, weil die Elektronen schnell sind. Wegen der kleinen Feldstärke vernachlässigen wir die Trägerbildung durch die Plasmaelektronen. Dagegen wollen wir die Rekombination berücksichtigen. Die Gleichungen (VI, 23) bis (VI, 27) gehen mit diesen Annahmen in

$$\frac{d\mathfrak{E}}{dx} = \frac{e}{\varepsilon_0}(n_i - n_e), \qquad (VI, 83)$$

$$\frac{di_e}{dx} + \frac{di_i}{dx} = 0, \qquad (VI, 84)$$

$$i_e = e\, b_e\, n_e\, \mathfrak{E} + e\, D_e \frac{dn_e}{dx}, \qquad (VI, 85)$$

$$i_i = e\, b_i\, n_i\, \mathfrak{E} - e\, D_i \frac{dn_i}{dx}, \qquad (VI, 86)$$

$$-\frac{di_e}{dx} = \alpha |i_1| - e\,\sigma\, n_e\, n_i - e\,\tau\, n_e^2\, n_i \qquad (VI, 87)$$

über.

Zum Ausgangspunkt einer Näherungsrechnung machen wir die Tatsache, daß das Glimmlichtplasma quasineutral ist, setzen also

$$n_i = n_e = n \qquad (VI, 88)$$

und verzichten dafür auf Gleichung (VI, 83). Dann integrieren wir (VI, 84) und erhalten

$$i_i + i_e = i - i_1 = i_0. \qquad (VI, 89)$$

Die Summe des Elektronenstromes i_e und des Ionenstromes i_i ergibt nicht den Gesamtstrom i, weil wir in Gleichung (VI, 85) den Strom i_1 der Strahlelektronen nicht in i_e eingerechnet haben. Die Gleichungen (VI, 85 bis 87) gehen damit in

$$i_e = e\, b_e\, n\, \mathfrak{E} + e\, D_e \frac{dn}{dx}, \qquad (VI, 90)$$

$$i_i = e\, b_i\, n\, \mathfrak{E} - e\, D_i \frac{dn}{dx}, \qquad (VI, 91)$$

$$-\frac{di_e}{dx} = \alpha(i_0 - i) - e\,\sigma\, n^2 - e\,\tau\, n^3 \qquad (VI, 92)$$

über. Hierbei ist wieder zu beachten, daß alle Ströme negativ sind.

Jetzt können wir i_e und $\mathfrak{E}$ eliminieren und behalten für i_i und n die Gleichungen

$$i_i = i_0 \frac{b_i}{b_e + b_i} - e\, \frac{b_i D_e + b_e D_i}{b_e + b_i}\, \frac{dn}{dx} \qquad (VI, 93)$$

§ 4. Die Glimmentladung.

und
$$\frac{di_i}{dx} = \alpha(i_0 - i) - e\sigma n^2 - e\tau n^3. \tag{VI, 94}$$

Die Größe
$$D_{am} = \frac{b_i D_e + b_e D_i}{b_e + b_i} \tag{VI, 95}$$

nennt man den ambipolaren Diffusionskoeffizienten. Wegen Gleichung (V, 61) von S. 1596 hat er näherungsweise den Wert
$$D_{am} = \frac{b_e b_i k(T_e + T_i)}{e(b_e + b_i)} \approx \frac{b_i k T_e}{e} = \frac{b_i}{b_e} D_e. \tag{VI, 96}$$

Setzen wir (VI, 93) in (VI, 94) ein, so erhalten wir die Differentialgleichung zweiter Ordnung
$$-eD_{am} \frac{d^2 n}{dx^2} = \alpha(i_0 - i) - e\sigma n^2 - e\tau n^3 \tag{VI, 97}$$

für n. Um sie zu integrieren, führen wir n als unabhängige Variable und den ambipolaren Strom
$$j = -eD_{am} \frac{dn}{dx} \tag{VI, 98}$$

als abhängige Variable ein. Dann ist
$$\frac{d}{dx} = \frac{dn}{dx} \frac{d}{dn} = -\frac{j}{eD_{am}} \frac{d}{dn} \tag{VI, 99}$$

und
$$i_i = i_0 \frac{b_i}{b_e + b_i} + j. \tag{VI, 100}$$

Die Gleichung (VI, 97) geht dann in
$$-\frac{j}{eD_{am}} \frac{dj}{dn} = \alpha(i_0 - i) - e\sigma n^2 - e\tau n^3 \tag{VI, 101}$$

über und kann direkt integriert werden.

Zuvor müssen wir uns noch um die Randbedingung am Glimmsaum kümmern. Dort ist die Trägerdichte viel kleiner als im Innern des Glimmlichtes, da die Ionen in den Fallraum hineingerissen und die Elektronen ins Glimmlicht zurückgetrieben werden. Gegen das Innere des Glimmlichtes vernachlässigen wir also die Trägerdichte am Glimmsaum. Als zweite Bedingung kommt hinzu, daß ein Ionenstrom i_0 in den Fallraum übertritt. Für $x = d$ gilt also näherungsweise
$$n = 0, \quad i_i = i_0, \tag{VI, 102}$$

und daraus ergibt sich für j die Bedingung
$$j_0 = i_0 \left(1 - \frac{b_i}{b_e + b_i}\right) \approx i_0. \tag{VI, 103}$$

Jetzt integrieren wir die Gleichung (VI, 101) vom Glimmsaum beginnend und erhalten
$$j^2 = j_0^2 - 2eD_{am} \left\{ \alpha n(i_0 - i) - \frac{e\sigma}{3} n^3 - \frac{e\tau}{4} n^4 \right\}. \tag{VI, 104}$$

Damit kennen wir j als Funktion von n. Wegen (VI, 98) hat die Trägerdichte ein Maximum, wenn j verschwindet, wenn also
$$2eD_{am} \left\{ \alpha n(i_0 - i) - \frac{e\sigma}{3} n^3 - \frac{e\tau}{4} n^4 \right\} = j_0^2 \tag{VI, 105}$$

ist.

Um die Stelle im Raum zu finden, wo das Maximum liegt, müssen wir von (VI, 98) das Integral

$$x_{\max} - d = -e\,D_{\mathrm{am}} \int_0^{n_1} \frac{dn}{j} = e\,D_{\mathrm{am}} \int_0^{n_1} \frac{dn}{|j|} \qquad \text{(VI, 106)}$$

bilden, wobei bis zur ersten Nullstelle von (VI, 105) zu integrieren ist. Man beachte, daß j zwischen dem Glimmsaum und dem Maximum negativ ist. Hinter dem Maximum wechselt j das Vorzeichen und wird positiv. Wir können die Integration auch bis zur Anode weiterführen. An der Anode wird wieder $n = 0$, weil sich alle Träger dort entladen. Ist n_1 die maximale Trägerdichte, so finden wir

$$x_A - d = e\,D_{\mathrm{am}} \int_0^{n_1} \frac{dn}{|j|} - e\,D_{\mathrm{am}} \int_{n_1}^{0} \frac{dn}{|j|}. \qquad \text{(VI, 107)}$$

Wenn die Anode in das Glimmlicht eintaucht, dringen die Strahlelektronen aus dem Fallraum bis zu ihr vor und die Gleichung (VI, 104) gilt zu beiden Seiten des Trägerdichtenmaximums. Wir haben deshalb

$$x_A - d = 2e\,D_{\mathrm{am}} \int_0^{n_1} \frac{dn}{|j|}. \qquad \text{(VI, 108)}$$

Das Maximum liegt deshalb ungefähr in der Mitte zwischen Glimmsaum und Anode. Der ambipolare Diffusionsstrom zur Anode hat den Wert

$$j_A = -j_0 = -i_0\left(1 - \frac{b_i}{b_e + b_i}\right) \qquad \text{(VI, 109)}$$

und stimmt im wesentlichen mit dem Ionenstrom zur Kathode überein. Aus dem Glimmlicht fließen also ungefähr ebenso viele Ionen zur Anode wie zur Kathode. Zwischen dem Trägermaximum im Glimmlicht und der Anode überschreitet deshalb der Elektronenstrom den Gesamtstrom, weil er den umgekehrt gerichteten Ionenstrom kompensieren muß. Dieses verblüffende Ergebnis bestätigt sich auch durch Experimente, was allerdings nicht sehr bekannt ist.

Wenn die Anode entfernter steht, dringen die Strahlelektronen nur bis zu einer Stelle $x = S$ vor. Nur bis dahin gilt die Gleichung (VI, 101), während für größere x

$$\frac{1}{e\,D_{\mathrm{am}}}\frac{dj}{dn} = e\,\sigma\,n^2 + e\,\tau\,n^3 \qquad \text{(VI, 110)}$$

an ihre Stelle tritt. Wir integrieren also (VI, 98) vom Glimmsaum bis $x = S$ und erhalten

$$S - d = e\,D_{\mathrm{am}}\left\{\int_0^{n_1}\frac{dn}{|j|} + \int_{n_1}^{n_S}\frac{dn}{|j|}\right\}. \qquad \text{(VI, 111)}$$

n_S ist der Wert der Trägerdichte, der an der Stelle $x = S$ erreicht wird, und der zugehörige Wert von j sei j_S. Aus (VI, 104) folgt

$$j_S^2 = j_0^2 - 2e\,D_{\mathrm{am}}\,\alpha\,n_S(i_0 - i) + 2e^2\,D_{\mathrm{am}}\left(\frac{\sigma}{3}n_S^3 + \frac{\tau}{4}n_S^4\right), \qquad \text{(VI, 112)}$$

§ 4. Die Glimmentladung.

während in größerer Entfernung

$$j^2 = j_S^2 + 2e^2 D_{am} \left(\frac{\sigma}{3} n^3 + \frac{\tau}{4} n^4\right) - 2e^2 D_{am} \left(\frac{\sigma}{3} n_S^3 + \frac{\tau}{4} n_S^4\right)$$
$$= j_0^2 - 2e D_{am} \alpha n_S (i_0 - i) + 2e^2 D_{am} \left(\frac{\sigma}{3} n^3 + \frac{\tau}{4} n^4\right) \quad \text{(VI, 113)}$$

gilt. Dieser Wert ist auch für $|j|$ in das dritte Integral einzusetzen, wenn man den Anodenabstand

$$x_A - d = \int_0^{n_1} \frac{dn}{|j|} + \int_{n_1}^{n_S} \frac{dn}{|j|} + \int_{n_S}^{0} \frac{dn}{|j|} \quad \text{(VI, 114)}$$

berechnet. Zur Anode, wo $n = 0$ gilt, fließt der ambipolare Strom

$$j_A = \sqrt{j_0^2 - 2e D_{am} \alpha n_S (i_0 - i)} \approx \sqrt{i_0^2 - 2e D_{am} \alpha n_S (i_0 - i)}. \quad \text{(VI, 115)}$$

Steht die Anode außerhalb der Reichweite der Elektronenstrahlen, so wird der ambipolare Strom zu ihr also kleiner als i_0 und es fließen weniger Ionen aus dem Glimmlicht zu ihr als zur Kathode.

Wenn die Anode weit außerhalb des Glimmlichtes steht, so gelangt man schließlich in ein Gebiet, wo fast alle positiven Ionen durch Rekombination verloren gegangen sind und wo es fast nur noch Elektronen gibt. Dort darf man das Plasma natürlich nicht mehr als quasineutral ansehen, sondern muß die negative Raumladung berücksichtigen. Die Potentialkurve wird in diesem Gebiet nach oben konkav.

Jetzt untersuchen wir noch das elektrische Feld im Glimmlicht, indem wir (VI, 90) mit D_i und (VI, 91) mit D_e multiplizieren und addieren. Wir finden dann

$$e n (b_e D_i + b_i D_e) \mathfrak{E} = (i_0 - i_i) D_i + i_i D_e. \quad \text{(VI, 116)}$$

Führen wir j statt i_i mit Gleichung (VI, 100) ein, so geht das in

$$e (b_e + b_i) n \mathfrak{E} = i_0 + j \frac{D_e - D_i}{D_{am}} \quad \text{(VI, 117)}$$

über. Im allgemeinen ist für die Richtung des Feldes das Vorzeichen von j maßgebend, weil $D_e \gg D_{am}$ ist. Nur in der Nähe des Maximums der Trägerdichte, wo j verschwindet, trifft dies nicht zu. Zwischen Glimmsaum und dem Maximum ist die Feldstärke negativ, d. h. auf die Kathode zu gerichtet. Zwischen dem Maximum und der Anode ist die Feldstärke positiv, d. h. zur Anode hin gerichtet. In der Nähe des Trägermaximums liegt auch das Potentialmaximum, ist aber etwas zur Anode hin verschoben.

Diese Theorie der kathodischen Entladungsteile einer Glimmentladung ist nur eine grobe Skizze, gibt aber doch die wesentlichen Züge richtig wieder, wenn die Anode nicht allzuweit vom Glimmlicht entfernt ist.

Praktische Anwendung finden oft auch solche Glimmentladungen, bei denen zwischen Glimmlicht und Anode ein langes und meist enges Rohr eingeschaltet ist, durch welches die Elektronen ihren Weg nehmen müssen. In diesem Leuchtrohr entsteht die sog. positive Säule der Entladung. Sie ist grundsätzlich eine Nebenerscheinung, welche für den Mechanismus der Entladung nur eine untergeordnete Bedeutung hat. Auf der anderen Seite stellt sie das auffallendste und für Beleuchtungszwecke wichtigste Entladungsgebilde dar.

§ 5. Die positive Säule.

Inhalt: Die positive Säule ist ein quasineutrales Plasma. Die Längsfeldstärke (Gradient) ist konstant über dem Querschnitt. Elektronen und Ionen diffundieren ambipolar zur Wand und dieser Trägerverlust wird durch Stoßionisation gedeckt. Die Trägerdichte nimmt von der Rohrachse zur Wand wie die Besselfunktion J_0 ab. Der Gradient hängt in erster Näherung nur von Druck und Rohrradius, aber nicht vom Strom ab. Diese Theorie gilt nur, wenn der Rohrradius groß gegen die freie Weglänge ist.

Bezeichnungen: i_{ex}, i_{ix}, $\mathfrak{E}_x$ Längskomponenten von Elektronenstromdichte, Ionenstromdichte und Feldstärke, i_{er}, i_{ir}, $\mathfrak{E}_r$ Radialkomponenten derselben Größen, x, r, φ Zylinderkoordinaten, $n \approx n_i \approx n_e$ Trägerdichte, Ionendichte, Elektronendichte, U Potential, b_e, b_i Beweglichkeiten, D_e, D_i Diffusionskoeffizienten von Elektronen und Ionen, α Ionisierungszahl der Elektronen, R Rohrradius, D_{am} ambipolarer Diffusionskoeffizient, I Stromstärke, P Druck, e Elementarladung, ε_0 elektrische Maßkonstante.

In größerer Entfernung vom Glimmlicht sind nur noch Elektronen am Ladungstransport beteiligt. Sie wandern zur Anode und transportieren so den Strom. Die Raumladung wird durch einige Ionen kompensiert, welche aus dem anodischen Glimmlicht stammen.

Oft liegt aber zwischen Glimmlicht und Anode ein langes und ziemlich enges Rohr, in welchem sich ein leuchtendes Plasma, die positive Säule der Entladung ausbildet. Sie ist entweder homogen und hat dann in ihrer ganzen Länge die gleiche Struktur oder sie ist geschichtet. Im zweiten Fall ändern sich die Eigenschaften des Säulenplasmas periodisch entlang der Säule. Obwohl die Schichtung häufig vorkommt, beschränken wir uns der Einfachheit halber auf die ungeschichtete Säule.

Wir zerlegen die Stromdichten und die Feldstärke in Längskomponenten i_{ey}, i_{ix} und $\mathfrak{E}_x$ parallel zur Rohrachse und die Radialkomponenten i_{er}, i_{ir} und $\mathfrak{E}_r$. Wenn wir Zylinderkoordinaten x, r und φ einführen, hängen alle diese Größen aus Symmetriegründen nicht von φ ab und in der homogenen Säule auch nicht von x. Wir legen die positive x-Richtung jetzt in die Richtung des Feldes, so daß Feldstärke und Ströme das positive Vorzeichen erhalten.

Die Gleichung (VI, 16) von S. 1607 liefert uns

$$\mathfrak{E}_r = -\frac{\partial U}{\partial r}, \qquad (\text{VI, 118})$$

$$\mathfrak{E}_x = -\frac{\partial U}{\partial x}. \qquad (\text{VI, 119})$$

Da $\mathfrak{E}_r$ von x nicht abhängt, geht daraus

$$\frac{\partial \mathfrak{E}_x}{\partial r} = \frac{\partial \mathfrak{E}_r}{\partial x} = 0 \qquad (\text{VI, 120})$$

hervor. Die Längsfeldstärke $\mathfrak{E}_x$ ist im ganzen Rohr konstant.

Die Gleichung (VI, 17) liefert uns

$$\frac{1}{r}\frac{d}{dr}(r\,\mathfrak{E}_r) = \frac{\varepsilon_0}{e}(n_i - n_e), \qquad (\text{VI, 121})$$

weil $\mathfrak{E}_x$ konstant ist. Ähnlich ergibt (VI, 18)

$$\frac{1}{r}\frac{d}{dr}r(i_{er} + i_{ir}) = 0, \qquad (\text{VI, 122})$$

weil i_{ex} und i_{ix} von x nicht abhängen und deshalb zur Divergenz nichts beitragen. Die Gleichungen (VI, 19) und (VI, 20) liefern je eine Radialkomponente und Längskomponente, nämlich

$$i_{er} = e\,b_e\,n_e\,\mathfrak{E}_r + e\,D_e\frac{dn_e}{dr}, \qquad (\text{VI, 123})$$

$$i_{ir} = e\,b_i\,n_i\,\mathfrak{E}_r - e\,D_i\frac{dn_i}{dr} \qquad (\text{VI, 124})$$

§ 5. Die positive Säule.

und
$$i_{ex} = e\, b_e\, n_e\, \mathfrak{E}_x, \quad (VI, 125)$$
$$i_{ix} = e\, b_i\, n_i\, \mathfrak{E}_x. \quad (VI, 126)$$

In der Trägerbilanz (VI, 21) vernachlässigen wir die Rekombination und die Ionisierung durch die Ionen. Der Elektronenstrom fließt hauptsächlich in der Längsrichtung und wir können deshalb $|i_e|$ mit i_{ex} identifizieren. Dann geht (VI, 21) in

$$-\frac{1}{r}\frac{d}{dr}(r\, i_{er}) = \alpha\, i_{ex} \quad (VI, 127)$$

über.

Damit haben wir die sieben Gleichungen (VI, 121) bis (VI, 127) gewonnen, aus denen wir die Größen $\mathfrak{E}_r$, n_i, n_e, i_{er}, i_{ex}, i_{ir} und i_{ix} berechnen müssen.

Die positive Säule ist meist von einem Rohr eingeschlossen, dessen Radius R sei. Auf der Rohrwand werden alle Träger entladen, so daß für $r = R$

$$n_e = 0; \quad n_i = 0 \quad (VI, 128)$$

gilt. Wenn das Rohr isoliert, so fließt zu ihm auch kein elektrischer Strom. Es müssen also gleich viele Elektronen und Ionen auf ihm entladen werden. Dies führt zu der Randbedingung

$$i_{er} + i_{ir} = 0 \quad (VI, 129)$$

für $r = R$. Diese Bedingung gilt auch für ein Metallrohr, wenn es keinen Strom abführt.

In der Rohrachse ($r = 0$) müssen aus Symmetriegründen alle Radialkomponenten der Vektoren und alle radialen Ableitungen der skalaren Größen verschwinden. Es gilt also für $r = 0$

$$\mathfrak{E}_r = 0; \quad i_{er} = i_{ir} = 0; \quad \frac{dn_e}{dr} = \frac{dn_i}{dr} = 0. \quad (VI, 130)$$

Nun integrieren wir (VI, 122) und erhalten

$$r(i_{er} + i_{ir}) = \text{const.} \quad (VI, 131)$$

Auf der Rohrwand muß die Konstante aber wegen (VI, 129) verschwinden und deshalb gilt überall

$$i_{er} = -i_{ir}. \quad (VI, 132)$$

Das elektrische Feld ist im wesentlichen ein Längsfeld, d. h. $\mathfrak{E}_r$ ist nur klein gegen $\mathfrak{E}_x$. Dies ist nur möglich, wenn n_i und n_e nicht sehr verschieden sind, weil sonst $\mathfrak{E}_r$ nach (VI, 121) doch wenigstens an manchen Stellen groß wird. Das Plasma ist also quasineutral und wir ersetzen (VI, 121) durch

$$n_e = n_i = n. \quad (VI, 133)$$

Wenn wir (VI, 132) und (VI, 133) in die Gleichungen (VI, 123) bis (VI, 127) einsetzen, erhalten wir

$$i_{er} = e\, b_e\, n\, \mathfrak{E}_r + e\, D_e\, \frac{dn}{dr}, \quad (VI, 134)$$

$$-i_{er} = e\, b_i\, n\, \mathfrak{E}_r - e\, D_i\, \frac{dn}{dr}, \quad (VI, 135)$$

$$i_{ex} = e\, b_e\, n\, \mathfrak{E}_x, \quad (VI, 136)$$

$$i_{ix} = e\, b_i\, n\, \mathfrak{E}_x, \quad (VI, 137)$$

$$-\frac{1}{r}\frac{d}{dr}(r\, i_{er}) = \alpha\, i_{ex}. \quad (VI, 138)$$

Da $b_i \ll b_e$ ist, ist $i_{ix} \ll i_{ex}$ und man kann i_{ex} mit dem Gesamtstrom identifizieren. Die Gleichung (VI, 137) interessiert dann nicht weiter. Aus (VI, 134) und (VI, 135) eliminieren wir $\mathfrak{E}_r$, indem wir (VI, 134) mit b_i und (VI, 135) mit b_e multiplizieren und finden beim Subtrahieren

$$i_{er} = e \frac{D_e b_i + D_i b_e}{b_i + b_e} \frac{dn}{dr}. \qquad (VI, 139)$$

Mit dem ambipolaren Diffusionskoeffizienten

$$D_{am} = \frac{D_e b_i + D_i b_e}{b_i + b_e} \qquad (VI, 140)$$

gibt das

$$i_{er} = e D_{am} \frac{dn}{dr}. \qquad (VI, 141)$$

Die Diffusion der Elektronen zur Wand wird durch das Feld gebremst, die der Ionen aber beschleunigt. Es entwickelt sich gerade ein solches radiales Feld, daß gleichviel Ionen und Elektronen zur Wand gelangen. (Man beachte, daß $\mathfrak{E}_r$ positiv, dn/dr und i_{er} negativ sind.)

Die Bedeutung der ambipolaren Trägerdiffusion erkennt man am schnellsten, wenn man (VI, 138) durch e dividiert und über den Rohrquerschnitt integriert. Die rechte Seite liefert dabei

$$\frac{2 \pi \alpha}{e} \int_0^R i_{ex} r \, dr = \frac{\alpha I_e}{e} = \frac{\alpha I}{e}, \qquad (VI, 142)$$

wo I den Strom durch den ganzen Querschnitt bedeutet. $\alpha I/e$ ist demnach die Zahl der Ionenpaare, welche durch Stoßionisation pro Längeneinheit in der Entladung entstehen. Die linke Seite von (VI, 138) ergibt

$$\frac{2\pi}{-e} \int_0^R \frac{d}{dr}(r\, i_{er}) dr = \frac{2 \pi R \, i_{er}}{-e}. \qquad (VI, 143)$$

$i_{er}/(-e)$ ist die Zahl der Elektronen, welche zur Flächeneinheit der Wand gelangen und (VI, 143) bedeutet demnach die Zahl der Elektronen, welche der Entladung pro Längeneinheit durch ambipolare Diffusion verlorengehen. Der Trägerverlust durch Diffusion zur Rohrwand muß also gerade durch Stoßionisation gedeckt werden. Für den ambipolaren Diffusionsstrom zur Wand erhält man

$$i_{er} = -\frac{\alpha I}{2 \pi R}. \qquad (VI, 144)$$

Wenn wir (VI, 141) und (VI, 136) in (VI, 138) einsetzen, ergibt sich für n die Besselsche Differentialgleichung

$$\frac{D_{am}}{r} \frac{d}{dr} r \frac{dn}{dr} + \alpha b_e \mathfrak{E}_x n = 0, \qquad (VI, 145)$$

welche durch

$$\varrho = r \sqrt{\frac{\alpha b_e \mathfrak{E}_x}{D_{am}}} \qquad (VI, 146)$$

in die Normalform

$$\frac{1}{\varrho} \frac{d}{d\varrho} \varrho \frac{dn}{d\varrho} + n = 0 \qquad (VI, 147)$$

übergeht. Ihre Lösung lautet

$$n = n_0 J_0(\varrho) = n_0 J_0\left(r \sqrt{\frac{\alpha b_e \mathfrak{E}_x}{D_{am}}}\right), \qquad (VI, 148)$$

wo n_0 die Trägerdichte in der Rohrachse und J_0 die Besselfunktion vom Index Null ist. J_0 verschwindet, wenn das Argument den Wert 2,40 annimmt, und die Randbedingung (VI, 128) verlangt deshalb

$$R\sqrt{\frac{\alpha\, b_e\, \mathfrak{E}_x}{D_{am}}} = 2{,}40. \qquad (VI, 149)$$

Dies bedeutet für $\mathfrak{E}_x$ die Bestimmungsgleichung

$$\alpha\, \mathfrak{E}_x = \frac{D_{am}}{b_e}\left(\frac{2{,}40}{R}\right)^2. \qquad (VI, 150)$$

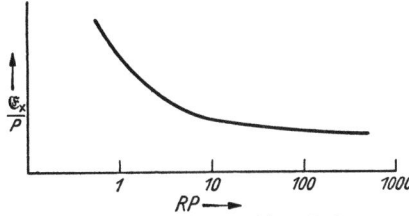

Abb. 471. Gradient einer positiven Säule gegen Druck bzw. Rohrradius aufgetragen.

Das Verhältnis D_{am}/b_e hängt nicht vom Druck ab. Dividieren wir (VI, 150) durch das Quadrat des Druckes P, so gelangen wir zu

$$\frac{\alpha}{P}\cdot\frac{\mathfrak{E}_x}{P} = \frac{D_{am}}{b_e}\left(\frac{2{,}40}{R\,P}\right)^2. \qquad (VI, 151)$$

Nach S. 1598, Gl. (V, 73) ist

$$\frac{\alpha}{P} = A'\, e^{-\frac{B'\,P}{\mathfrak{E}_x}} \qquad (VI, 152)$$

und wir kommen schließlich zu

$$\frac{\mathfrak{E}_x}{P}\, e^{-\frac{B'\,P}{\mathfrak{E}_x}} = \frac{D_{am}}{A'\, b_e}\left(\frac{2{,}40}{R\,P}\right)^2. \qquad (VI, 153)$$

Die Längsfeldstärke $\mathfrak{E}_x$, gewöhnlich Gradient genannt, hängt demnach nur von Druck und Rohrradius, nicht aber vom Strom ab. In der Abb. 471 ist $\mathfrak{E}_x/P$ gegen RP schematisch aufgetragen.

Die Trägerkonzentration n_0 in der Rohrachse hängt mit dem Gesamtstrom zusammen. Bilden wir

$$i = i_{ex} + i_{ix} = e(b_e + b_i)\, n\, \mathfrak{E}_x \approx e\, b_e\, n\, \mathfrak{E}_x \qquad (VI, 154)$$

und integrieren über den Rohrquerschnitt, so ergibt sich

$$I = 2\pi \int_0^R i\, r\, dr = 2\pi\, e\, b_e\, n_0\, \mathfrak{E}_x \int_0^R J_0(\varrho)\, r\, dr$$
$$= \frac{2\pi\, e\, D_{am}}{\alpha}\, n_0 \int_0^{2,40} J_0(\varrho)\, \varrho\, d\varrho. \qquad (VI, 155)$$

Das Integral hat den Wert 1,25, so daß wir

$$I = \frac{2{,}5\,\pi\, e\, D_{am}}{\alpha}\, n_0 \qquad (VI, 156)$$

erhalten. Drücken wir noch α mit (VI, 150) aus, so entsteht daraus

$$I = 0{,}43\, R^2\, \pi\, e\, b_e\, n_0\, \mathfrak{E}_x. \qquad (VI, 157)$$

Die Trägerdichte in der Rohrmitte ist der Stromstärke proportional.

Diese Theorie der homogenen Säule, die im wesentlichen von SCHOTTKY stammt, stimmt qualitativ mit den Tatsachen überein. Insbesondere ist der Gradient tatsächlich ziemlich unabhängig von der Stromstärke. Betrachtet man ihn sehr genau, so nimmt er meist mit wachsender Stromstärke etwas ab, d. h. die Kennlinie der positiven Säule ist bei kleinen Strömen fallend. Man erklärt dies dadurch, daß bei großer Stromstärke auch viele angeregte Atome im Plasma sind, die sich leichter ionisieren lassen als die unangeregten und deshalb schon bei kleineren Feldstärken die durch Diffusion zur Wand verlorenen Träger ersetzen können.

Beträgt der Rohrradius nur wenige freie Weglängen, so versagt die ganze Theorie. In diesem Fall steigt der Gradient sehr stark an.

§ 6. Die Lichtbogensäule.

Inhalt: Die positive Säule eines Lichtbogens ist ein quasineutrales, thermisches Plasma, in welchem die Elektronentemperatur und Ionentemperatur gleich der Gastemperatur ist. Die Stromleistung wird zum Teil ausgestrahlt, z. T. durch Wärmeleitung und ambipolare Diffusion der Ladungsträger zur Wand abgeführt. Zwei Lichtbögen sind ähnlich, wenn sie auf gleiche Länge gleich viel Gas enthalten und die gleiche Leistung umsetzen. Bei ähnlichen Bögen ist der Druck indirekt proportional dem Querschnitt und der Gradient indirekt proportional der $3/_2$-ten Potenz des Radius.

Bezeichnungen: $\varkappa$ Wärmeleitvermögen, i Stromdichte, T Temperatur, S Ausstrahlung pro Sekunde und Volumeneinheit, U_a mittlere Anregungsenergie, L Stromleistung, sonst wie S. 1620.

Während die Glimmentladung vorzugsweise bei verhältnismäßig kleinen Stromdichten brennt, entsteht der Lichtbogen bei hohen Stromdichten.

Auch der Bogen besteht aus einem kathodischen, einem anodischen Entladungsteil und dem Verbindungsstück beider, der Lichtbogensäule. Vor der Kathode liegt ein Kathodenfall, der aber im Gegensatz zu dem der Glimmentladung nur etwa 10 bis 20 Volt beträgt. Der Anodenfall ist von derselben Größenordnung. Während die Glimmentladung die Kathode, außer bei normalem Kathodenfall, völlig bedeckt, setzt der Lichtbogen an beiden Elektroden in einem sehr kleinen Brennfleck an. Die Bogensäule kann sich entweder frei zwischen den Elektroden ausbilden, wie beim gewöhnlichen Kohlebogen in Luft, oder sie kann in ein Rohr eingeschlossen sein, wie bei Quecksilberlichtbögen.

Als Beispiel studieren wir die Säule eines Bogens, der in einem Rohr brennt. Für das stationäre Säulenplasma gelten zunächst die Gleichungen

$$\mathfrak{E} = -\operatorname{grad} U, \qquad (VI, 158)$$

$$\operatorname{div} \mathfrak{E} = \frac{e}{\varepsilon_0}(n_i - n_e), \qquad (VI, 159)$$

$$\operatorname{div}(\mathfrak{i}_e + \mathfrak{i}_i) = 0, \qquad (VI, 160)$$

$$\mathfrak{i}_e = e b_e n_e \mathfrak{E} + e D_e \operatorname{grad} n_e, \qquad (VI, 161)$$

$$\mathfrak{i}_i = e b_i n_i \mathfrak{E} - e D_i \operatorname{grad} n_i, \qquad (VI, 162)$$

die wir auf S. 1607 aufgestellt haben. Dazu kommt noch die Trägerbilanz, bei der wir von der ursprünglichen Form [Gl. (VI, 8), S. 1606]

$$-\operatorname{div} \mathfrak{i}_e = e \Delta \qquad (VI, 163)$$

ausgehen. Δ ist der Überschuß der in der Volumeneinheit erzeugten Träger über die vernichteten. In der Säule der stromschwachen Glimmentladung konnten wir die Trägerentstehung und die Trägervernichtung im einzelnen erfassen. Bei der Lichtbogensäule ist die Trägerkonzentration so groß und es finden so viele Ele-

§ 6. Die Lichtbogensäule.

mentarprozesse statt, daß man sie nicht mehr verfolgen kann. Die Trägerbildung wird der Rekombination fast die Waage halten und Δ ist nur die kleine Differenz zweier sehr großer Zahlen. Es besteht also nahezu thermisches Gleichgewicht zwischen Trägererzeugung und Trägerverlust. Wir können jetzt die Trägerbilanz (VI, 163) in die Energiebilanz überführen, indem wir mit der Ionisierungsspannung U_i multiplizieren. Dann ist

$$e U_i \Delta = - U_i \operatorname{div} \mathfrak{i}_e \qquad (\text{VI}, 164)$$

die Energie, welche in der Volumeneinheit sekundlich für die Trägerbildung aufgewandt wird. Sie muß natürlich aus der Stromleistung $(\mathfrak{E}\mathfrak{i})$ bestritten werden. Außerdem muß die Stromleistung aber noch die sekundliche Ausstrahlung decken, welche wir mit S bezeichnen und den Verlust (s. Bd. I, S. 783)

$$- \operatorname{div}(\varkappa \operatorname{grad} T), \qquad (\text{VI}, 165)$$

den die Volumeneinheit durch Wärmeableitung erleidet. $\varkappa$ bedeutet dabei das Wärmeleitvermögen und T ist die Temperatur des Plasmas. Da die Trägererzeugung und Vernichtung nahezu im Gleichgewicht sind, brauchen wir zwischen Gastemperatur, Elektronentemperatur und Ionentemperatur nicht zu unterscheiden. Die Energiebilanz lautet somit

$$(\mathfrak{E}\mathfrak{i}) = S - U_i \operatorname{div} \mathfrak{i}_e - \operatorname{div}(\varkappa \operatorname{grad} T). \qquad (\text{VI}, 166)$$

Das Lichtbogenplasma besitzt ein hohes Leitvermögen wegen der großen Trägerdichte. Die Feldstärke ist aus diesem Grunde nicht groß und das Plasma muß quasineutral sein, weil sonst $\mathfrak{E}$ wenigstens an manchen Stellen nach Gl. (VI, 159) auf große Werte kommen müßte. Wir ersetzen also die Gleichung (VI, 159) durch

$$n = n_e = n_i, \qquad (\text{VI}, 167)$$

wodurch (VI, 161) und (VI, 162) in

$$\mathfrak{i}_e = e b_e n \mathfrak{E} + e D_e \operatorname{grad} n, \qquad (\text{VI}, 168)$$

$$\mathfrak{i}_i = e b_i n \mathfrak{E} - e D_i \operatorname{grad} n \qquad (\text{VI}, 169)$$

übergehen. Durch die Energiebilanz ist aber die Temperatur als neue Unbekannte hereingekommen und wir brauchen noch eine Beziehung zwischen ihr und den anderen Größen. Sie steht in der Sahaschen Gleichung [s. S. 1604, Gl. (V, 99)]

$$n = \frac{2(2\pi m)^{3/4}(kT)^{1/4} P^{1/2}}{h^{3/2}} e^{-\frac{eU_i}{2kT}} \qquad (\text{VI}, 170)$$

zur Verfügung, welche die Trägerdichte als eine Funktion der Temperatur ausdrückt. Wir dürfen dabei annehmen, daß der Ionisierungsgrad klein ist und die einfachere Form (V, 99) verwenden.

Nun nehmen wir darauf Bedacht, daß die Lichtbogensäule ein zylindrisches Gebilde ist und führen Zylinderkoordinaten r, x und φ ein. Alle Größen (außer U) hängen dann nur von r ab und die Vektoren $\mathfrak{E}$, $\mathfrak{i}_e$ und $\mathfrak{i}_i$ können wir in die radialen Komponenten $\mathfrak{E}_r$, i_{er} und i_{ir} und die Längskomponenten $\mathfrak{E}_x$, i_{ex} und i_{ix} zerlegen.

Aus (VI, 158) folgt

$$\mathfrak{E}_r = -\frac{\partial U}{\partial r}; \quad \mathfrak{E}_x = -\frac{\partial U}{\partial x} \qquad (\text{VI}, 171)$$

und

$$\frac{\partial \mathfrak{E}_x}{\partial r} = \frac{\partial \mathfrak{E}_r}{\partial x} = 0. \qquad (\text{VI } 172)$$

Die Längsfeldstärke (Gradient genannt) hat überall denselben Wert.

Die Gleichung (VI, 160) liefert

$$\frac{1}{r}\frac{d}{dr}r(i_{er}+i_{ir})=0, \qquad (VI,173)$$

weil i_{ex} und i_{ix} von x nicht abhängen. Bei der Integration erhält man

$$i_{er}+i_{ir}=\frac{C}{r}. \qquad (VI,174)$$

Da aber zur Rohrwand kein Strom abgeführt wird, ist $C=0$ und es gilt

$$i_{ir}=-i_{er}. \qquad (VI,175)$$

In radialer Richtung kompensieren sich Elektronenstrom und Ionenstrom.

Die Gleichungen (VI, 168) und (VI, 169) spalten in je zwei Komponenten

$$i_{er}=eb_e n\,\mathfrak{E}_r+eD_e\frac{dn}{dr}, \qquad (VI,176)$$

$$i_{ir}=eb_i n\,\mathfrak{E}_r-eD_i\frac{dn}{dr} \qquad (VI,177)$$

und

$$i_{ex}=eb_e n\,\mathfrak{E}_x, \qquad (VI,178)$$

$$i_{ix}=eb_i n\,\mathfrak{E}_x \qquad (VI,179)$$

auf. Da $b_e \gg b_i$ ist, können wir i_{ex} mit der Stromdichte i identifizieren und i_{ix} vernachlässigen. Statt (VI, 178) verwenden wir also weiter nur die Gleichung

$$i=eb_e n\,\mathfrak{E}_x. \qquad (VI,180)$$

Aus (VI, 176) und (VI, 177) eliminieren wir $\mathfrak{E}_r$ und erhalten mit (VI, 175)

$$i_{er}=e\frac{b_i D_e+b_e D_i}{b_i+b_e}\frac{dn}{dr}=eD_{\mathrm{am}}\frac{dn}{dr}. \qquad (VI,181)$$

Der ambipolare Diffusionskoeffizient [s. S. 1617, Gl. (VI, 95)]

$$D_{\mathrm{am}}=\frac{b_i D_e+b_e D_i}{b_i+b_e}=\frac{2b_i b_e k T}{(b_i+b_e)e}\approx 2D_i \qquad (VI,182)$$

ist gleich dem doppelten Diffusionskoeffizient der Ionen, weil Ionen- und Elektronentemperatur gleich sind.

In der Energiebilanz (VI, 166) können wir jetzt (VI, 181) und

$$(\mathfrak{E}i)=\mathfrak{E}_r(i_{ir}+i_{er})+\mathfrak{E}_x(i_{ex}+i_{ix})=eb_e n\,\mathfrak{E}_x^2 \qquad (VI,183)$$

einsetzen und alles in Zylinderkoordinaten ausdrücken. Dann ergibt sich

$$eb_e n\,\mathfrak{E}_x^2=S-\frac{1}{r}\frac{d}{dr}\left(r\varkappa\frac{dT}{dr}\right)-\frac{eU_i D_{\mathrm{am}}}{r}\frac{d}{dr}r\frac{dn}{dr}. \qquad (VI,184)$$

Dies ist eine Differentialgleichung zweiter Ordnung, aus der wir die radiale Temperaturverteilung bestimmen können, denn n ist eine durch die Sahagleichung (VI, 170) gegebene Funktion der Temperatur und auch die Ausstrahlung S hängt nur von der Temperatur ab. In die Größen $\varkappa$, b_e und D_{am} geht die Temperatur auch ein, doch sind sie so wenig temperaturabhängig, daß wir sie als konstant betrachten wollen. Zuerst müssen wir das Strahlungsglied ermitteln. Hätten die Atome nur einen einzigen angeregten Zustand, so wäre die Ausstrahlung der Konzentration der angeregten Atome proportional und wir könnten

$$S=A\,n_0 e^{-\frac{eU_a}{kT}} \qquad (VI,185)$$

§ 6. Die Lichtbogensäule.

setzen, wo U_a die Anregungsspannung und n_0 die Konzentration der Neutralteilchen ist. Man kann diese Formel beibehalten, obwohl es viele Anregungsstufen gibt, wenn man für U_a einen geeigneten Mittelwert einsetzt.

Schreiben wir noch

$$\frac{dn}{dr} = \frac{dn}{dT}\frac{dT}{dr}, \qquad (VI, 186)$$

so geht (VI, 184) in

$$\frac{1}{r}\frac{d}{dr}\left\{r\left(\varkappa + eU_i D_{am}\frac{dn}{dT}\right)\frac{dT}{dr}\right\} = S - eb_e n\mathfrak{E}_x^2 \qquad (VI, 187)$$

über. Die ambipolare Diffusion in radialer Richtung wirkt sich also einfach als ein Beitrag zur Wärmeleitung aus.

Die Lösung der Gleichung (VI, 187) muß zwei Integrationskonstanten besitzen, deren Werte durch zwei Randbedingungen festgelegt werden müssen. In der Rohrmitte muß die Temperatur ein Maximum besitzen. Dies liefert für $r = 0$ die Bedingung

$$\frac{dT}{dr} = 0. \qquad (VI, 188)$$

Hat das Rohr, in welchem der Bogen brennt, den Radius R, so herrscht dort eine Temperatur T_R. Selbst wenn das Rohr glüht und eine Temperatur von 1000° hat, ist T_R so niedrig, daß dort kaum mehr Ionisation besteht. Wir haben also dort die zweite Randbedingung

$$r = R; \quad n = 0; \quad T = T_R. \qquad (VI, 189)$$

Leider läßt sich die Gleichung (VI, 187) nicht allgemein integrieren, so daß die Theorie zwar zum Verständnis der Vorgänge in der Säule führt, aber nur maschinell wirklich durchgerechnet werden konnte.

Um die Rechnung etwas weiter zu treiben, wollen wir die ambipolare Diffusion gegen die Wärmeleitung vernachlässigen, was allerdings nur bei ganz hohen Drucken zulässig wäre. (VI, 187) reduziert sich dann auf

$$\frac{1}{r}\frac{d}{dr}\left(r\varkappa\frac{dT}{dr}\right) = An_0 e^{-\frac{eU_a}{kT}} - eb_e n\mathfrak{E}_x^2. \qquad (VI, 190)$$

Hier hängt $\varkappa$ kaum von der Temperatur, b_e und n_0 noch vom Druck ab, während A eine Konstante ist, welche für die Gasart charakteristisch ist. Da thermisches Gleichgewicht zwischen Elektronen und neutralen Gasatomen besteht, ist die Beweglichkeit von der Feldstärke unabhängig und folgt der Formel [s. S. 1593, Gl. (V, 33)]

$$b_e = \frac{e\lambda_e}{mv_e}. \qquad (VI, 191)$$

Die Weglängen sind zum Druck reziprok. Setzen wir $b_e = b/P$, so ist b konstant (in Wirklichkeit etwas temperaturabhängig). Mit

$$n_0 = \frac{P}{kT} \qquad (VI, 192)$$

drücken wir auch n_0 durch Temperatur und Druck aus. Führen wir schließlich noch $\varrho = r/R$ und statt T die „reduzierte" Temperatur

$$\vartheta = \frac{kT}{eU_i} \qquad (VI, 193)$$

ein, so entsteht die Gleichung

$$\frac{1}{\varrho}\frac{d}{d\varrho}\left(\varrho \varkappa \frac{d\vartheta}{d\varrho}\right) = R^2 P \frac{A\,k}{e^2\,U_i^2\,\vartheta} e^{-\frac{U_a}{U_i\vartheta}} - \\ - \frac{R^2\,\mathfrak{E}_x^2}{P^{1/2}} \cdot \frac{2\,k\,e^{1/4}(2\,\pi\,m)^{3/4}}{h^{3/2}\,U_i^{3/4}} b\,\vartheta^{1/4} e^{-\frac{1}{2\vartheta}}. \qquad (VI, 194)$$

Jetzt führen wir zur Abkürzung die Temperaturfunktionen

$$f(\vartheta) = \frac{2\,k\,e^{1/4}(2\,\pi\,m)^{3/4}}{h^{3/2}\,U_i^{3/4}} b\,\vartheta^{1/4} e^{-\frac{1}{2\vartheta}}, \qquad (VI, 195)$$

$$g(\vartheta) = \frac{A\,k}{e^2\,U_i^2}\,\vartheta^{-1} e^{-\frac{U_a}{U_i\vartheta}} \qquad (VI, 196)$$

und die Konstanten

$$C_1 = \frac{R^2\,\mathfrak{E}_x^2}{P^{1/2}}; \qquad C_2 = R^2\,P \qquad (VI, 197)$$

ein und erhalten einfach

$$\frac{1}{\varrho}\frac{d}{d\varrho}\left(\varrho \varkappa \frac{d\vartheta}{d\varrho}\right) = C_2\,g(\vartheta) - C_1\,f(\vartheta). \qquad (VI, 198)$$

Aus dieser Beziehung bestimmt sich ϑ als eine Funktion von ϱ, welche die beiden Parameter C_1 und C_2 enthält. Bei Lichtbögen also, bei denen C_1 und C_2 dieselben Werte haben, findet man die gleiche Temperaturverteilung über den Querschnitt. An entsprechenden Punkten (mit gleichem ϱ) herrscht dieselbe Temperatur. Solche Entladungen nennt man ähnlich. Für Druck und Gradient ähnlicher Entladungen gilt

$$P = \frac{C_2}{R^2}; \qquad \mathfrak{E}_x = \frac{C_1^{1/2}\,C_2^{1/4}}{R^{3/2}}. \qquad (VI, 199)$$

Zwei Entladungen sind also ähnlich, wenn die Drucke dem Querschnitt und die Gradienten den 3/2 Potenzen der Durchmesser umgekehrt proportional sind. Hat man die Temperaturverteilung über den Querschnitt, so kann man auch leicht Trägerdichte und Stromdichte angeben.

Wir wollen nun versuchen, statt der Konstanten C_1 und C_2 Größen einzuführen, deren physikalische Bedeutung durchsichtiger ist. Zu diesem Zweck berechnen wir zuerst die Zahl Z der Gasatome, die sich in einem Rohrstück von der Länge Eins befinden. Sie ist offenbar

$$Z = 2\pi \int_0^R n_0\,r\,dr = \frac{2\pi\,P\,R^2}{e\,U_i} \int_0^1 \frac{\varrho\,d\varrho}{\vartheta} = \frac{2\pi\,C_2}{e\,U_i} \int_0^1 \frac{\varrho\,d\varrho}{\vartheta}. \qquad (VI, 200)$$

In zwei ähnlichen Entladungen haben die Integrale den gleichen Wert, weil ϑ dieselbe Funktion von ϱ ist. In ihnen enthält die Längeneinheit des Rohres deshalb gleich viel Gasatome. Natürlich ist dann auch die Masse der Gasfüllung die gleiche.

Nun wollen wir noch die Stromleistung L berechnen, die pro Längeneinheit umgesetzt wird. Die Leistungsdichte war

$$i\,\mathfrak{E}_x = e\,b_e\,n\,\mathfrak{E}_x^2 = \frac{e\,U_i\,\mathfrak{E}_x^2}{k\,P^{1/2}} f(\vartheta) \qquad (VI, 201)$$

und die gesuchte Leistung L pro cm erhalten wir durch Integration

$$L = 2\pi \int_0^R i\,\mathfrak{E}_x\,r\,dr = \frac{R^2\,\mathfrak{E}_x^2}{P^{1/2}} \cdot \frac{2\pi\,e\,U_i}{k} \int_0^1 f(\vartheta)\,\varrho\,d\varrho \qquad \text{(VI, 202)}$$

$$= \frac{2\pi\,C_1\,e\,U_i}{k} \int_0^1 f(\vartheta)\,\varrho\,d\varrho$$

über den Querschnitt. Das Integral ist dasselbe in allen ähnlichen Entladungen und deswegen setzen solche Entladungen pro Längeneinheit auch die gleiche Leistung um. Lichtbögen sind also ähnlich, wenn auf die gleiche Bogenlänge die gleiche Gasmasse und die gleiche Stromleistung entfällt.

Schließlich rechnen wir noch die abgestrahlte Leistung

$$L_S = 2\pi A \int_0^R n_0\, e^{-\frac{eU_a}{kT}} r\,dr = \frac{2\pi R^2 P\,e\,U_i}{k} \int_0^1 g(\vartheta)\,\varrho\,d\varrho \qquad \text{(VI, 203)}$$

$$= \frac{2\pi\,C_2\,e\,U_i}{k} \int_0^1 g(\vartheta)\,\varrho\,d\varrho.$$

Ähnliche Entladungen besitzen also dieselbe Abstrahlung und teilen demgemäß die Stromleistung in gleicher Weise auf Abstrahlung und Wärmeableitung auf.

§ 7. Die Ausmessung eines Entladungsplasmas mit Sonden.

Inhalt: Bestimmung von Elektronentemperatur, Ionentemperatur und Plasmapotential aus der Sondenkennlinie.

Bezeichnungen: n Trägerdichte, T_e, T_i Elektronen- und Ionentemperatur, m, M Elektronen- und Ionenmasse, i_e, i_i Elektronenstrom und Ionenstrom zur Sonde, i Sondenstrom, i_∞ Sondenstrom bei stark negativer Sonde, v_e, v_i mittlere Geschwindigkeit der Elektronen und Ionen, U Potential, U_P Plasmapotential, U_S Sondenpotential, U_0 Sondenpotential bei stromloser Sonde, u Geschwindigkeitskomponente der Elektronen senkrecht zur Sonde.

Ein quasineutrales Plasma ist durch Angabe der Trägerdichte $n_i = n_e = n$ der Elektronen- und Ionentemperatur T_e bzw. T_i und des Potentials U_P gekennzeichnet. Wir werfen jetzt die Frage auf, wie man diese Größen experimentell messen kann.

Solche Messungen kann man mit kleinen Hilfselektroden ausführen, welche in das Plasma eingebracht werden und die man Sonden nennt. Zunächst könnte man denken, daß eine im Plasma befindliche isolierte Sonde das Plasmapotential annähme, welches man dann elektrostatisch messen könne, ohne Strom abzunehmen. Dies trifft aber nicht zu, weil die Sonde die Träger entlädt. Eine Schicht unmittelbar vor der Sonde verarmt an Elektronen, weil diese sich rascher bewegen als die Ionen. Vor der Sonde liegt also eine schmale Zone positiver Raumladung und das Potential einer isolierten Sonde liegt tiefer als das Plasmapotential.

An eine Sonde kann man beliebige Potentiale U_S legen und dabei messen, welcher Strom zu ihr fließt. Auf diese Weise entsteht die sog. Sondenkennlinie $i = f(U_S)$ (s. Abb. 472). Die Aufgabe besteht darin, aus ihr die Eigenschaften des Plasmas zu entnehmen.

Ist die Sonde genügend negativ gegen das Plasma, so können keine Elektronen zu ihr gelangen. Zwischen Sonde und Plasma bildet sich dann eine Schicht aus, welche nur Ionen enthält, die sich auf die Sonde zu bewegen. In vielen Fällen ist diese Schicht visuell als Dunkelraum zu erkennen. Alle Ionen, die vom Plasma her in den Sondendunkelraum gelangen, kommen auch zur Sonde, alle Elektronen hingegen werden auf einer gekrümmten Bahn ins Plasma zurückgeworfen.

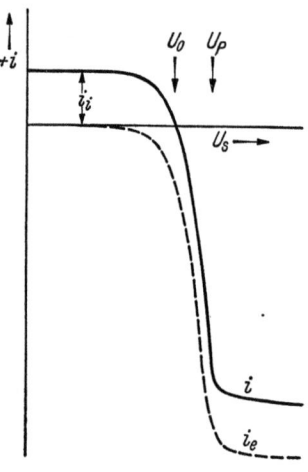

Abb. 472. Sondenkennlinie ausgezogen, Elektronenstrom zur Sonde punktiert.

An der Grenze zwischen Dunkelraum und ungestörtem Plasma sei die Trägerdichte n noch dieselbe wie im Plasma. Die Zahl der Ionen, die pro Flächeneinheit sekundlich in den Dunkelraum einwandern (durch Diffusion), ist nach S. 1511, Gl. (II, 159)

$$\frac{n v_i}{4} = n \sqrt{\frac{k T_i}{2 \pi M}}. \quad \text{(VI, 204)}$$

Sie werden an der Sonde als Strom gemessen, wenn U_S so niedrig ist, daß die Sonde von keinem Elektron erreicht wird. Es gilt dann

$$i = i_i = e n \sqrt{\frac{k T_i}{2 \pi M}}. \quad \text{(VI, 205)}$$

Der Ionenstrom i_i an der Grenze des Dunkelraumes ist als Diffusionsstrom vom Sondenpotential unabhängig. Er ergibt sich als Asymptote i_∞, der die Sondenkennlinie bei gegen das Plasma negativem U_S zustrebt.

Ändert man die Sondenspannung, so ändert sich lediglich die Dicke des Sondendunkelraumes. Solange in ihm keine Zusammenstöße zwischen den Ionen und anderen Partikeln stattfinden, ist die Ionengeschwindigkeit durch die Potentialdifferenz $U - U_P$ bestimmt. Es gilt dann

$$v_i = \sqrt{\frac{2 e (U_P - U)}{M}}. \quad \text{(VI, 206)}$$

Der Ionenstrom erzeugt die Raumladung

$$\eta = \frac{i_i}{v_i} = i_\infty \sqrt{\frac{M}{2 e (U_P - U)}} \quad \text{(VI, 207)}$$

und die Poissonsche Gleichung im Dunkelraum lautet

$$\frac{d^2 U}{d x^2} = -\frac{i_\infty}{\varepsilon_0} \sqrt{\frac{M}{2 e (U_P - U)}}. \quad \text{(VI, 208)}$$

Multipliziert man mit dU/dx und integriert von der Grenze ($x = d$) zwischen Dunkelraum und Plasma an, so erhält man

$$\frac{1}{2} \left(\frac{dU}{dx}\right)^2 - \frac{1}{2} \left(\frac{dU}{dx}\right)_P^2 = \frac{2 i_\infty}{\varepsilon_0} \sqrt{\frac{M (U_P - U)}{2 e}}. \quad \text{(VI, 209)}$$

Wenn im Plasma kein Feld herrscht, ist $(dU/dx)_d = 0$ und wir erhalten

$$\frac{dU}{\sqrt[4]{U_P - U}} = dx \sqrt{\frac{4 i_\infty}{\varepsilon_0}} \sqrt{\frac{M}{2 e}}, \quad \text{(VI, 210)}$$

was bei nochmaliger Integration von $x = d$ bis $x = 0$

$$(U_P - U_S)^{3/4} = d \sqrt{\frac{9 i_\infty}{4 \varepsilon_0}} \sqrt{\frac{M}{2 e}} \quad \text{(VI, 211)}$$

§ 7. Die Ausmessung eines Entladungsplasmas mit Sonden. 1631

ergibt. Diese Formel gibt an, wie sich die Dicke d des Sondendunkelraumes mit der Sondenspannung ändert. Man beachte, daß sie dieselbe Form hat wie die Kennlinie einer reinen Elektronenentladung im Vakuum auf S. 1577, Gl. (IV, 38).

Kommt das Sondenpotential dem Plasmapotential näher, so können die schnellsten Elektronen bis zur Sonde vordringen. Der Bruchteil

$$\left(\frac{m}{2\pi k T_e}\right)^{\frac{1}{2}} e^{-\frac{mu^2}{2kT_e}} du \qquad (VI, 212)$$

der Plasmaelektronen hat eine Geschwindigkeit zwischen u und $u + du$ in Richtung auf die Sonde und transportiert einen Elektronenstrom

$$-e n u \left(\frac{m}{2\pi k T_e}\right)^{\frac{1}{2}} e^{-\frac{mu^2}{2kT_e}} du. \qquad (VI, 213)$$

Zur Sonde gelangen aber nur diejenigen Elektronen, bei denen

$$\frac{m u^2}{2} \geqq e(U_P - U_S) \qquad (VI, 214)$$

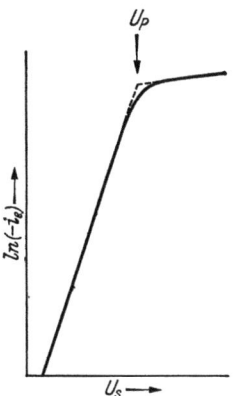

Abb. 473. Halblogarithmische Sondenkennlinie.

ist, d. h. dort wird der Elektronenstrom

$$i_e = -e n \left(\frac{m}{2\pi k T_e}\right)^{\frac{1}{2}} \int_{\sqrt{\frac{2e(U_P - U_S)}{m}}}^{\infty} u e^{-\frac{mu^2}{2kT_e}} du = -e n \left(\frac{k T_e}{2\pi m}\right)^{\frac{1}{2}} e^{-\frac{e(U_P - U_S)}{kT_e}} \qquad (VI, 215)$$

aufgenommen. Da immer gleich viel Ionen zur Sonde gelangen und denselben Strom $i_i = i_\infty$ liefern, findet man den Elektronenstrom

$$i_e = i - i_\infty \qquad (VI, 216)$$

als Differenz des gemessenen Stromes und des Grenzwertes bei stark negativer Sonde. Nach (VI, 215) ist

$$\ln(-i_e) = \text{const} + \frac{e(U_S - U_P)}{k T_e}. \qquad (VI, 217)$$

Trägt man also $\ln(-i_e)$ gegen U_S auf, so entsteht eine Gerade, deren Neigung der Elektronentemperatur umgekehrt proportional ist. Man kann also die Elektronentemperatur T_e aus der Sondencharakteristik ablesen (s. Abb. 473).

Wir haben den Elektronenstrom zur Sonde so berechnet, als ob die Dicke der Raumladungsschicht kleiner als eine Elektronenweglänge wäre. Diese Voraussetzung braucht aber nicht gemacht zu werden. An einer Stelle, welche weniger als eine Weglänge von der Sonde entfernt ist, herrsche ein Potential U'. Dort besteht die Elektronendichte

$$n' = n e^{-\frac{e(U_P - U')}{k T_e}}. \qquad (VI, 218)$$

Wenden wir (VI, 215) auf diese Stelle an, d. h. ersetzen wir U_P durch U' und n durch n', so ändert sich nichts an der Formel für den Elektronenstrom.

Wird die Sonde isoliert, so fließt zu ihr kein Strom, d. h. $i_i + i_e = 0$. Das zugehörige Sondenpotential, das leicht gemessen werden kann, sei mit U_0 bezeichnet. Aus (VI, 205) und (VI, 215) findet man leicht die Beziehung

$$\sqrt{\frac{T_i}{M}} = \sqrt{\frac{T_e}{m}}\, e^{\frac{e(U_0 - U_P)}{k T_e}}$$

oder

$$U_0 - U_P = \frac{k T_e}{e} \ln \sqrt{\frac{m T_i}{M T_e}} = \frac{k T_e}{e} \ln \frac{v_i}{v_e}. \qquad (\text{VI, 219})$$

Da die mittlere Elektronengeschwindigkeit die mittlere Ionengeschwindigkeit stets übersteigt, ist $U_0 - U_P$ immer negativ. Eine isolierte Sonde lädt sich also negativ gegen das Plasma auf.

Das Gesetz (VI, 217) für den Elektronenstrom gilt natürlich nur, solange die Sonde noch negativ gegen das Plasma ist, und geht in ein anderes Gesetz über, wenn ihr Potential das Plasmapotential U_P erreicht. In der Sondenkennlinie beobachtet man an dieser Stelle einen Knick und kann aus ihm den Wert von U_P entnehmen. Hat man U_P und T_e aus (VI, 217) gefunden, so liefert die Gleichung (VI, 219) den Wert von T_i, und schließlich kann auch die Trägerdichte n aus (VI, 205) berechnet werden.

Um alle Daten leicht aus der Kennlinie entnehmen zu können, trägt man $\ln(-i_e)$ gegen das Sondenpotential auf (halblogarithmische Darstellung der Kennlinie), wie dies in Abb. 473 angedeutet ist.

Statt ebener Sonden wendet man häufig Zylindersonden (Drähte) oder Kugelsonden an, bei denen die Gesetzmäßigkeiten etwas verwickelter sind.

Die wirkliche Ausführung von Sondenmessungen erfordert viele Vorsichtsmaßnahmen, damit das Meßergebnis nicht verfälscht wird. Bei ebenen Sonden tritt leicht Verarmung des Plasmas durch den Abzug der Träger ein. Die Sonde setzt dann eine ambipolare Trägerdiffusion aus entfernteren Gebieten des Plasmas in Gang, wodurch die Verhältnisse undurchsichtig werden. Auf die Sonde treffende Elektronen werden auf ihr nicht alle entladen, sondern zum Teil reflektiert und lösen sogar noch Sekundärelektronen aus. Dazu kommt, daß Elektronen auch lichtelektrisch und durch metastabile Atome aus der Sonde befreit werden können. Alle diese Umstände machen besonders die Bestimmung der Trägerdichte recht problematisch, beeinflussen dagegen wenig die Messung der Elektronentemperatur. Auch das Plasmapotential kann ziemlich zuverlässig durch Sonden gemessen werden.

O. Struktur und Eigenschaften der zusammenhängenden Materie.

Es ist uns eine gewohnte Vorstellung, daß sich die Materie aus den elementaren Bausteinen Elektron, Proton, Neutron in voneinander wohl abgegrenzten Stufen aufbaut. In der ersten Stufe werden aus den Elementarteilchen die Atomkerne gebildet, deren innerer Zusammenhalt, von der Radioaktivität abgesehen, so fest ist, daß sie nur schwer wieder zerlegt werden können und deshalb ihrerseits als größere Bausteine auftreten. Aus Atomkernen und Elektronen setzen sich die Atome selbst zusammen, welche die Grundelemente der Chemie bilden und in ihr als Bausteine gelten. Der nächste Schritt besteht darin, daß die Atome zu Molekülen zusammentreten, wobei nur die Struktur ihrer äußeren Elektronenhülle verändert wird, weil sich an der chemischen Bindung nur die locker gebundenen Valenzelektronen beteiligen. Aus den Molekülen ballt sich schließlich die makroskopische Materie zusammen. Die Eigenschaften der Stoffe in ihren drei Aggregatzuständen müssen deshalb aus den Eigenschaften der Atome und Moleküle, den zwischen ihnen wirksamen Kräften und ihrer geometrischen Anordnung verstanden werden.

I. Der Aufbau der kompakten Materie aus Atomen und Molekülen.

Die Vorstellung, daß die Materie aus Molekülen bestehe, paßt sehr gut für den Gaszustand und solche Stoffe, welche schon bei niedriger Temperatur gasförmig sind oder doch wenigstens leicht verflüchtigt werden können. Im Gas führen die Moleküle ein Einzeldasein und stören sich gegenseitig kaum, außer wenn sie zufällig zusammenstoßen. Kondensiert man das Gas zu einer Flüssigkeit, so ballen sich die Moleküle zusammen. Sie üben dann natürlich dauernd gewisse Kräfte aufeinander aus, welche zwar den Bau des einzelnen Moleküls ein wenig beeinflussen, ohne es aber als engeren Verband mehrerer Atome zu zerstören. Bei diesen Stoffen ändert sich hieran auch nichts, wenn die Flüssigkeit erstarrt und einen Kristall bildet. Die Moleküle erhalten dann feste Plätze im Raum, um welche sie allenfalls noch kleine schwingungsartige Bewegungen ausführen können.

Will man diese Vorstellung auf alle festen Körper übertragen, so kommt man in Schwierigkeiten. Es gibt eine Menge Stoffe, welche man vornehmlich im festen Zustand kennt, die erst bei hoher Temperatur schmelzen und nur schwer verdampfen. Manche von ihnen zersetzen sich schon vor der Verdampfung und können in Gasform gar nicht bestehen (z. B. $CaCO_3$). Bei solchen Stoffen existiert das einzelne freie Molekül gar nicht. Die Entstehung der chemischen Verbindung ist an die Bildung kompakter Materie geknüpft, in manchen Fällen sogar an den festen Zustand. Außerdem gibt es viele Stoffe, z. B. Salze, zu deren Verdampfung man eine Energie aufwenden muß, die nicht kleiner ist als die Bildungsenergie chemischer Verbindungen. Bei ihnen wird bei der Zusammenballung zur kompakten Phase eine so große Energie frei, daß sie von Anziehungskräften herrühren muß, die durchaus mit den Valenzkräften verglichen werden können. Man muß deshalb damit rechnen, daß die innere Struktur dieser Moleküle bei der Kondensation und Kristallisation stark verändert wird, ja vielleicht sogar damit, daß in der kondensierten Phase überhaupt keine einzelnen Moleküle mehr unterscheidbar sind. Ganz besonders stark drängt sich diese Vermutung bei den Metallen auf, die in Gasform entweder einatomig sind oder nur sehr locker gebundene Moleküle wie Li_2, K_2, Bi_2 bilden und deren Dissoziationsenergie gegen die Verdampfungsenergie kaum eine Rolle spielt. Hier geht also die Zusammenballung zum Kristall sicherlich nicht über die Zwischenstufe der Molekülbildung.

Die zusammenhängende Materie stellt uns vor folgende Probleme:

1. Welches sind die Ursachen der Zusammenballung von Atomen und Molekülen und inwieweit bleiben die Moleküle des Gaszustandes in der kondensierten Phase erhalten.

2. In welcher geometrischen Anordnung liegen Atome und Moleküle in Kristallen und Flüssigkeiten vor.

3. Wie lassen sich die Eigenschaften der kompakten Materie aus ihrer molekularen Struktur verstehen.

§ 1. Die Kräfte, welche die Zusammenballung der Materie bewirken.

Inhalt: Die Zusammenballung der Materie wird durch van der Waalssche Molekularkräfte oder durch chemische Bindungskräfte bewirkt. Die Molekularkräfte sind Dispersionskräfte, zu denen bei Dipolmolekülen noch der Richteffekt und Induktionseffekt hinzutritt. Die Molekularkräfte verursachen leichtflüchtige Molekülgitter. Gerichtete homöopolare Bindungen sind die Ursache der Valenzgitter, während die Ionengitter der Salze durch elektrostatische Kräfte zusammenhalten. Die Elementgitter, besonders der Metalle, bestehen aus Ionen oder Atomrümpfen, welche durch eine allen Atomen gemeinsame Elektronenwolke gebunden werden. In Flüssigkeiten tritt an die Stelle des Gitters ein Quasigitter.

Wir fassen zuerst einen Stoff ins Auge, der neutrale Moleküle ohne permanentes Dipolmoment bildet. Als Vertreter dieser Art können wir den Wasserstoff (H_2), Sauerstoff (O_2) oder Stickstoff (N_2) herausgreifen, oder auch das etwas komplizierter zusammengesetzte Methan (CH_4). Die Moleküle dieser Stoffe sind abgesättigte Aggregate von Atomen, die keine Neigung zeigen, weitere chemische Bindungen einzugehen. Zwischen solchen Molekülen wirken nur die schwachen van der Waalsschen Anziehungskräfte. Ihre quantentheoretische Entstehung als Dispersionskräfte wurde auf S. 1374 untersucht. Befinden sich zwei Moleküle im Abstand r, so ist die potentielle Energie ihrer gegenseitigen Anziehung

$$U(r) = -\frac{C}{r^6}. \tag{I, 1}$$

C ist eine Zahlkonstante, die mit der Termstruktur der Moleküle zusammenhängt. Bei kleinen Abständen geht die Anziehung in Abstoßung über, so daß ein Potentialmimimum in einem bestimmten Abstand r_0 entsteht. Eine statistische Betrachtung, die auf S. 1475 durchgeführt wurde, zeigt, daß das Anziehungspotential (I, 1) zu der van der Waalsschen Zustandsgleichung

$$\left(p + \frac{a}{v^2}\right)(v - b) = RT \tag{I, 2}$$

führt, in welcher v das molare Volumen und b dasjenige Volumen bedeutet, welches die Moleküle bei möglichst dichter Packung einnehmen. Diese Zustandsgleichung hinwiederum führt in gewissen Druck- und Temperaturbereichen zur Bildung einer flüssigen Phase, in welcher die Moleküle Abstände von ihren nächsten Nachbarn besitzen, die einigermaßen dem Minimum der potentiellen Energie entsprechen.

Die van der Waalssche Anziehung von diesem Typus bezeichnet man als Dispersionskraft. Sie tritt sogar bei den einatomigen Edelgasen auf und ist für deren Kondensation und Kristallisation verantwortlich zu machen.

Besitzen die Moleküle selbst ein permanentes elektrische Dipolmoment, so tragen neben der Dispersionskraft noch andere Kräfte zur Anziehung bei. Im wesentlichen sind noch zwei Wirkungen zu berücksichtigen. Benachbarte Moleküle suchen ihre Dipolmomente so auszurichten, daß der positiven Seite des einen Moleküls stets die negative Seite des Nachbarn zugekehrt ist und umgekehrt. Derartig zueinander orientierte Moleküle ziehen sich dann an und wir bezeichnen diesen Vorgang als Richteffekt. Der Ausrichtung wirkt die Wärmebewegung entgegen, aber im statistischen Mittel verbleibt doch eine teilweise Orientierung und damit eine gewisse Anziehung. Sind die Moleküle außerdem noch polarisierbar, so wird der Dipol eines jeden Moleküls in den Nachbarn ein Dipolmoment solcher Orientierung induzieren, daß eine Anziehung entsteht. Auch dieser Induktionseffekt wirkt bei den van der Waalsschen Kräften mit.

Molekülgitter. Die Kondensation und Kristallisation aller leichtflüchtigen Stoffe findet durch die van der Waalsschen Kräfte eine ausreichende Erklärung.

§ 1. Die Kräfte, welche die Zusammenballung der Materie bewirken.

Wenn die permanenten Dipolmomente nicht sehr groß sind, treten Richteffekt und Induktionseffekt gegen den Dispersionsanteil zurück.

Im Kondensat bleiben die Moleküle selbständige Gebilde, deren innere Struktur vielleicht durch Polarisation ein wenig verzerrt ist. Im festen Zustand sind sie in ein regelmäßiges Gitter geordnet. Diese Gitter, deren Bausteine ganze Moleküle sind, werden als Molekülgitter bezeichnet. Die Verdampfungswärme pro Molekül ist nichts anderes als potentielle Energie der van der Waalsschen Anziehungskraft auf ein Molekül gerechnet. Sie ist klein gegen die Energie, welche die Atome im Molekül aneinanderbindet, da die Bildung der kondensierten Phase keinen wesentlichen Eingriff in das Gefüge des Moleküls bedeutet.

Dem Typus der Molekülgitter und entsprechender flüssiger Kondensate gehören die Edelgase, H_2, O_2, N_2, CO, Cl_2, H_2O, sowie die meisten anorganischen und organischen leichtflüchtigen Verbindungen an.

Valenzgitter. Neben den flüchtigen Verbindungen gibt es aber viele Stoffe, deren Verdampfungswärme von gleicher Größenordnung wie die chemische Bindungsenergie ist. Als ein Beispiel hierfür wollen wir den Diamant betrachten. Die Bildungswärme einer C—C-Bindung beträgt etwa 71 kcal/Mol, während die Verdampfungswärme auf zwei Mole Kohlenstoffatome umgerechnet etwa 300 kcal ist. In diesem Falle darf nicht angenommen werden, daß der Diamantkristall etwa eine regelmäßige Anordnung von C_2 Molekülen wäre. Selbst wenn er aus solchen Molekülen entstünde, würden sie sich beim Einbau in das Kristallgefüge so verändern, daß von ihnen so gut wie nichts mehr erkennbar wäre.

Die Frage, welche Kräfte die Kohlenstoffatome im Diamant zusammenhalten, ist ziemlich leicht zu beantworten. Das Kohlenstoffatom besitzt vier gerichtete Valenzen (s. S. 1371). Mit ihnen kann es vier andere Atome chemisch binden, welche die Ecken eines Tetraeders bilden mit dem bindenden Atom im Schwerpunkt. Die Eckatome können jeweils wieder zum Zentrum von Tetrafedern gemacht werden, deren Ecken mit weiteren Kohlenstoffatomen besetzt werden, und dieses Konstruktionsprinzip kann man beliebig fortsetzen. Es entsteht dabei das sog. Diamantgitter, das sich aus lauter Kohlenstoffatomen nach dem Schema der Abb. 474 aufbaut. Jedes C-Atom besitzt vier gleich weit entfernte Nachbarn, mit denen es durch je eine chemische Bindung verknüpft ist. Besteht das Gitter aus N Atomen ($N \gg 1$), so hat man $2N$ Bindungen, pro Atom also zwei Bindungen. Die Atome an der Oberfläche des Kristalls, die weniger Bindungen eingehen, vernachlässigen wir dabei, weil sie nur einen

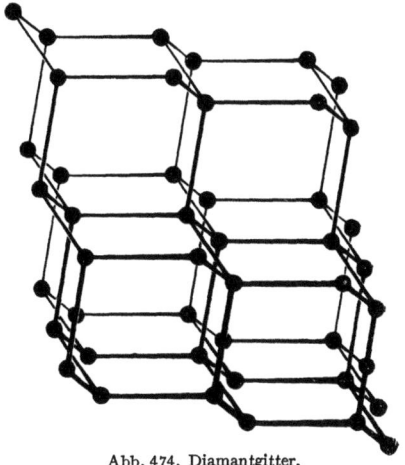

Abb. 474. Diamantgitter.

winzigen Bruchteil aller Atome ausmachen. Ist E die Bindungsenergie, so wird bei der Bildung des Molekülgases C_2 pro Atom die Energie $E/2$ frei, bei der Bildung des Diamantgitters jedoch die Energie $2E$. Die Zahlwerte 71 kcal für eine Bindung und 150 kcal für die molare Gitterenergie sind in guter Übereinstimmung mit dieser Auffassung. Auch die Strukturuntersuchung des Diamanten mit Röntgenstrahlen hat das Bild der Abb. 474 ergeben.

In ähnlicher Weise können noch einige andere feste Stoffe als Valenzgitter aufgefaßt werden, z. B. SiC. Im allgemeinen sind jedoch Valenzgitter die Ausnahme. Aus Atomen, welche nur zwei Valenzen besitzen, kann z. B. niemals ein Gitter, sondern nur eine eindimensionale Kette gebildet werden. Atome mit drei Valenzen könnten nur eine flächenhafte Anordnung ergeben, wenn es Atome vom gleichen Element sind. Dazu kommt, daß die Valenzen an einem Atom miteinander feste Winkel bilden, die sich im Gitter nur ausnahmsweise realisieren lassen. Aus diesen Gründen sind es hauptsächlich die Verbindungen der vierwertigen Elemente der Kohlenstoffgruppe, die in Valenzgittern kristallisieren.

Ionengitter. Einen dritten, wesentlich von Molekül- und Valenzgittern unterscheidbaren Gittertyp erhält man bei der Kristallisation von Molekülen mit Dipolmoment und großer Polarisierbarkeit, besonders von Salzen. Als typischen Vertreter dieser Art untersuchen wir das Steinsalz.

Den Bau eines isolierten NaCl-Moleküls, wie es im Dampf vorliegt, kann man sich auf zwei Wegen verständlich machen.

Das Valenzelektron wird vom Na-Atom abgespalten und vom Cl-Atom aufgenommen, wobei ein positives Na-Ion und ein negatives Cl-Ion entsteht. Die beiden Ionen ziehen sich dann gegenseitig an. Bei sehr kleinen Abständen allerdings tritt wieder Abstoßung ein, nämlich, wenn die Elektronenhüllen der beiden Ionen sich schon zu durchdringen beginnen. Es entsteht so ein Molekül, das aus zwei Ionen besteht in einem Abstand, in welchem sich die Anziehung der entgegengesetzten Ladungen und die Abstoßung gerade das Gleichgewicht halten. Dieses Bild ist noch etwas zu grob. Um es zu verfeinern, müssen wir berücksichtigen, daß jedes der beiden Ionen durch das vom andern erzeugte Feld polarisiert wird. Das positive Na-Ion zieht also die negative Elektronenhülle des Cl-Ions an, während das Cl-Ion die Elektronenhülle von Na abstößt. Hierdurch wird der Schwerpunkt aller Elektronen sich mehr zum Na hin verlagern und die beiden Ionen werden wieder teilweise neutralisiert. In Wirklichkeit besteht also das Molekül nicht aus den unveränderten Ionen, sondern ihre Annäherung geht mit einer teilweisen Entionisierung einher. Demgemäß ist auch das elektrische Dipolmoment des NaCl-Moleküls in Wirklichkeit wesentlich kleiner, als es zwei Ionen im gleichen Abstand entspräche.

Der zweite Weg, sich das NaCl-Molekül vorzustellen, ist nicht ganz so durchsichtig. Nähert man Na-Atom und ein Cl-Atom einander an, so gehen sie eine chemische Bindung ein, welche grundsätzlich wie die homöopolare Bindung zustande kommt. Wegen der Unsymmetrie von Chlor und Natrium wird das Molekül allerdings ein starkes Dipolmoment besitzen. Man erhält also auch so ein Dipolmolekül, dessen Moment natürlich wieder wesentlich kleiner ist, als wenn es einfach aus zwei Ionen bestünde.

Wie verhalten sich nun die Natriumchlorid-Moleküle beim Zusammenballen? Nähern sich zwei Moleküle, so werden sie sich natürlich aneinander orientieren, etwa in der Art der Abb. 475 a, b. Jedes Molekül polarisiert das andere und ver-

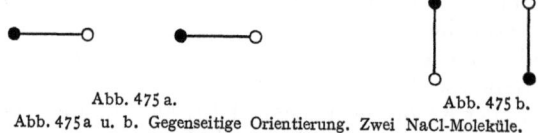

Abb. 475 a.   Abb. 475 b.
Abb. 475 a u. b. Gegenseitige Orientierung. Zwei NaCl-Moleküle.

stärkt dessen Dipolmoment. Lagert man mehr Moleküle aneinander, wie in Abb. 476, so gelangt man zu einer regelmäßigen Anordnung, in der alle Cl-Atome praktisch einfach negativ, alle Na-Atome praktisch einfach positiv geladen sind. Es entsteht somit ein Ionengitter, in dem jedes Ion im gleichen Verhältnis zu allen seinen entgegengesetzt geladenen Nachbarn steht, ohne daß noch eine Bevorzugung des ursprünglichen Molekülpartners erkennbar wäre.

§ 1. Die Kräfte, welche die Zusammenballung der Materie bewirken.

Zu dem gleichen Ergebnis kann man auch durch eine energetische Betrachtung kommen, die zwar kürzer, aber weniger instruktiv und anschaulich ist. eU sei die Ionisierungsarbeit eines Na-Atoms, eV die Anlagerungsenergie eines Elektrons an ein Cl-Atom, die sog. Elektronenaffinität. Bei der Bildung von N Ionenpaaren wird die Energie

$$N e (U - V) \tag{I, 3}$$

gebraucht. Bringt man die Ionen aus dem Unendlichen in einen Abstand d, so wird hierbei wieder die Energie

$$\frac{N e^2}{4 \pi \varepsilon_0 d} \tag{I, 4}$$

frei, so daß die Bildung von N Molekülen die Energie

$$N e \left(\frac{e}{4 \pi \varepsilon_0 d} - U + V \right) \tag{I, 5}$$

liefert. Da U stets größer ist als V, ist dieser Betrag kleiner als

$$\frac{N e^2}{4 \pi \varepsilon_0 d}. \tag{I, 6}$$

Nicht berücksichtigt ist hierin die Wirkung der Polarisation der Ionen.

Hiermit vergleichen wir die Energie, die wir bei der Bildung des Ionengitters erhalten. Ist N groß genug und hat jedes Ion im Gitter m Nachbarn, so entsteht beim Zusammentreten der Ionen die Energie

$$\frac{N m e^2}{4 \pi \varepsilon_0 d}. \tag{I, 7}$$

Bei der Bildung des Gitters aus den Atomen gewinnen wir die Energie

$$N e \left(\frac{m e}{4 \pi \varepsilon_0 d} - U + V \right). \tag{I, 8}$$

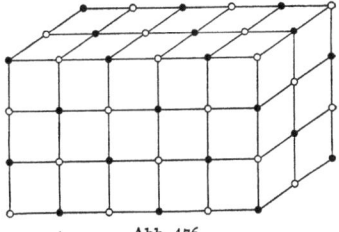

Abb. 476.
Ionengitter des Natriumchlorids.

Da bei NaCl jedes Ion sechs Nachbarn hat, ist diese Energie bedeutend größer als die bei der Bildung der einzelnen Moleküle (I, 5). Auch wenn das Gitter aus den fertigen Molekülen entsteht, wird noch einmal ein großer Energiebetrag frei. Bei anderen Salzen kann, wie wir später sehen werden, $m = 4$ oder $m = 8$ sein. In jedem Fall erkennt man, daß beim Bilden des Gitters eine viel größere Energie frei wird als bei der Bildung des molekularen Dampfes, wenn eine Bindung überhaupt polar ist, also in erster Näherung aus Ionen besteht. Diese Stoffe liegen also meist in fester Form vor und sind schwer flüchtig.

Elementgitter, Metallgitter. Viele feste Körper können weder als Molekülgitter noch als Valenzgitter noch als Ionengitter erklärt werden. Besonders die chemischen Elemente und unter ihnen wieder vornehmlich die schwerflüchtigen Metalle passen zu keinem dieser Bindungstypen. Wir müssen deshalb noch einen vierten Gittertyp entwickeln, der gerade den Metallen besonders angepaßt ist.

Wir betrachten dazu ein System von N Atomen, wo N eine große Zahl sein soll. Besitzt jedes Atom Z Elektronen, so haben wir NZ Elektronen. Die Annahme daß jedes Atom im Gitter alle seine Elektronen beibehält, genauso, wie wenn es frei wäre, führt zu den Molekülgittern. Daß es bei Elementen diesen Gittertyp gibt (Edelgase), haben wir schon erwähnt. Die Elektronen der inneren Schalen bleiben nun immer in einem engeren Verband mit ihrem Atomkern. Die äußeren Elektronen jedoch können nach der Zusammenballung der Atome oft nicht mehr einem einzigen Atom zugeschrieben werden. Wenn je ein Elektronenpaar zu zwei Atomen gehört und zwischen ihnen eine chemische Bindung herstellt, entsteht das Valenzgitter. Auch dieses Gitter kommt bei den Elementen vor (Diamant). Wenn sich von manchen Atomen ein oder mehrere Elektronen loslösen und sich anderen Atomen anschließen, würde ein Ionengitter entstehen. Das kommt aber bei den Elementen, wo nur gleichartige Atome vorhanden sind, nicht in Frage. Es gibt aber noch eine weitere Möglichkeit. Die Gesamtheit aller Valenzelektronen kann gewissermaßen eine einheitliche Elektronenwolke in dem gemeinsamen Feld sämtlicher Atomrümpfe bilden, ohne daß die Elektronen einzeln bestimmten Atomen zugeteilt wären.

In diesem Fall hätten wir ein Gitter aus lauter einfachen oder mehrfachen positiven Ionen und eine Elektronenwolke, die dieses Gitter durchsetzt und seine Ladung neutralisiert. Dieser Gittertyp ist besonders für die Metalle charakteristisch.

Fester und flüssiger Zustand. Beim absoluten Nullpunkt muß sich ein fester Körper in dem Zustand befinden, in dem er den überhaupt niedrigsten Wert der Energie besitzt. Die Atome, Ionen bzw. Atomrümpfe sind dann sicherlich regelmäßig angeordnet, d. h. sie bilden ein Gitter.

Bei höherer Temperatur, bei der der Körper noch immer fest bleiben möge, nimmt das Gitter Energie auf. Wir stellen uns das so vor, daß jetzt die Gitterpunkte um ihre Gleichgewichtslage (die dem absoluten Nullpunkt entspricht) kleine Bewegungen ausführen, welche schwingungsartigen Charakter haben. In keinem Zeitpunkt brauchen also die Gitterpunkte wirklich ein regelmäßiges Gitter zu bilden, wohl aber müssen die zeitlichen Mittelwerte ihrer Orte ein regelmäßiges Gitter sein.

Schmilzt der Kristall, so hat man in der Flüssigkeit selbstverständlich keine regelmäßige Anordnung von Gitterpunkten und infolgedessen auch kein Gitter im eigentlichen Sinn mehr. Trotzdem bleibt die Struktur der Flüssigkeit der eines Gitters sehr ähnlich. An Stelle der regelmäßigen Anordnung der Atome (Moleküle, Ionen, Atomrümpfe) tritt eine fast regelmäßige. Wenn jedes Atom im Gitter m nächste Nachbarn hat, die von ihm gleich weit entfernt sind, so werden in der Flüssigkeit ebenso viele Nachbarn vorhanden sein, aber nicht alle in ganz derselben Entfernung. Im Gitter behält ein bestimmtes Atom immer dieselben Nachbarn, während in der Flüssigkeit die Nachbarn allmählich ausgetauscht werden können. Während im Gitter die Atome periodische Bewegungen um ihre regelmäßigen Ruhelagen ausführen, machen sie in der Flüssigkeit ungeordnete Bewegungen, die während kurzer Zeiten und in kleinen räumlichen Bezirken den periodischen Bewegungen nicht unähnlich sind, in längeren Zeiten aber doch Nachbaratome der Flüssigkeit auseinanderführen. Gerade dieser Umstand macht ja den flüssigen Zustand aus.

Wenn wir die Kristalle durch Gitter idealisieren, so können wir für die Flüssigkeiten das eben skizzierte Modell eines Quasigitters benutzen. Der Unterschied der beiden Aggregatzustände wird durch die Wärmebewegung noch gemildert, was die Gitterstruktur betrifft. Tatsächlich bestehen ja auch zwischen festem und flüssigem Zustand in den meisten Eigenschaften nur quantitative Unterschiede. Nur gerade die mechanischen Festigkeitseigenschaften, bei denen es darauf ankommt, daß die gegenseitige räumliche Lage der Atome während längerer Zeiten dieselbe bleibt, machen den Unterschied zwischen fest und flüssig aus.

Demgemäß werden viele Überlegungen, die man für die Kristalle anstellt, auch für die Flüssigkeiten gelten, so daß wir den flüssigen Zustand nur kurz zu besprechen brauchen.

§ 2. Die geometrische Anordnung der Atome im Kristall.

Inhalt: Kristallgitter als Punktgitter. Aufbau der Gitter aus dem Prinzip der regelmäßigen Umgebung eines Atoms durch Nachbaratome. Koordinationsgitter mit 4, 6, 8 und 12 Nachbarn. Koordinationsgitter aus verschiedenen Atomen. Molekülgitter und Schichtgitter als Vertreter der Gitter geringerer Regelmäßigkeit.

Vom Kristall entwerfen wir zunächst ein ganz einfaches Gittermodell, das wir nach Bedarf mehr und mehr verfeinern können. In jedem Fall ist das Gitter eine regelmäßige Anordnung von Bausteinen. Die verschiedenen Gitter können sich einerseits durch ihre Bausteine selbst, andererseits aber auch durch deren räumliche Anordnung unterscheiden.

Als Gitterbausteine betätigen sich bei den Molekülgittern die Moleküle, bei den Ionengittern die Ionen, beim Valenzgitter die Atome und beim Metallgitter die Atomrümpfe. In allen Fällen können wir in erster Näherung die Gitterbausteine als Punkte, sog. Gitterpunkte, idealisieren. Hierdurch erhalten wir das einfachste Gittermodell, das sog. Punktgitter, das nur aus einer regelmäßigen geometrischen Anordnung von Punkten besteht. Die Punkte selbst kann man als gleichartig (Elementgitter) oder auch als verschiedenartig (Ionengitter) ansehen.

Ohne Schwierigkeit kann man den Gitterpunkten eine gewisse Masse verleihen, und sie dann als Massenpunkte wie in der Mechanik behandeln. Ebenso kann man sie auch mit anderen physikalischen Eigenschaften, z. B. mit einem elektrischen Dipolmoment, ausstatten. Zur Erfassung vieler Eigenschaften der Kristalle reicht das Modell des Punktgitters aus.

Eine bessere Annäherung an die Wirklichkeit erzielt man, wenn man die Gitterbausteine als kleine Kugeln auffaßt, welche man als undurchdringlich ansieht. Durch dieses Modell wird grob veranschaulicht, daß Atome, Ionen, Atomrümpfe usw. sich einander leicht nähern lassen, bis ihre inneren Elektronenschalen ineinander eindringen, der weiteren Annäherug aber an einen bedeutenden Widerstand entgegensetzen. Auch ganze Moleküle und Radikale komplizierterer chemischer Substanzen kann man in gewisser Näherung als Kugeln ansehen. Den Kugeln schreibt man die Masse der betreffenden Bausteine, einen geeigneten Radius, bei Ionen eine entsprechende elektrische Ladung, sonst evtl. ein elektrisches Dipolmoment zu, oder man verleiht ihnen eine elektrische Polarisierbarkeit und ähnliche Eigenschaften. Dieses immer noch sehr einfache Modell kommt dem Verhalten der wirklichen Kristalle schon in vielen Hinsichten sehr nahe.

Koordinationsgitter. Ein Gitter, in welchem jedes Atom regelmäßig von Nachbarn in gleicher Entfernung umgeben ist und in dem alle gleichartigen Atome auch dieselben Umgebungen besitzen, nennt man Koordinationsgitter. Die Elemente und ihre einfachsten Verbindungen bilden im festen Zustand meist solche Gitter. Nach der Art der Bindung können die Koordinationsgitter in Valenzgitter, Ionengitter, Metallgitter oder schließlich auch Molekülgitter unterschieden werden. Beispiele für diese vier Typen von Koordinationsgittern sind Diamant, Steinsalz, metallisches Kupfer und die Edelgase.

Die Gitter der Elemente bestehen nur aus einer Atomart. Wir werfen jetzt die Frage auf, wie viele Nachbarn ein Atom umgeben und wie weit sie von ihm entfernt sind. Dabei interessieren wir uns hauptsächlich für die nächsten Nachbarn eines jeden Atoms, in zweiter Linie auch für die Nachbarn mit dem zweitgrößten Abstand.

Man sieht sofort ein, daß jedes Atom mehr als drei nächste Nachbarn besitzen muß. Bei zwei Nachbarn könnte nur eine lineare Kette von Atomen entstehen. Drei Nachbarn müßten aus Symmetriegründen ein gleichseitiges Dreieck bilden, in dessen Schwerpunkt sich das betrachtete Atom befände. Durch Fortsetzung dieses Bauprinzips könnte man nur zu einem ebenen Netz von Atomen gelangen.

Dagegen kann ein räumliches Gitter gebildet werden, bei dem jedes Atom vier nächste Nachbarn hat. Sie bilden die Ecken eines Tetraeders, mit dem Zentralatom im Schwerpunkt. Nach dieser Vorschrift entsteht das Diamantgitter, das in Abb. 474, S. 1635, abgebildet ist. Ist d der Abstand der nächsten Nachbarn, so ist $d\sqrt{8/3}$ der Abstand der zweitnächsten.

Besitzt jedes Atom sechs Nachbarn, so bilden die Verbindungslinien zweier Atome die Kanten eines Würfels. Die sechs Nachbarn eines Zentralatoms liegen an den Ecken eines regulären Oktaeders. Auf diese Weise entsteht das einfache kubische Gitter, das in Abb. 477 abgebildet ist, aber in der Natur bei den Elementen nicht verwirklicht wird. Wird die Würfelkante mit d bezeichnet, so hat man sechs Nachbarn im Abstand d. Nach ihnen kommen 12 Atome, die man vom Zentralatom aus über die 12 Würfelflächendiagonalen erreicht und die vom Zentralatom den Abstand $d\sqrt{2}$ besitzen.

Ein Gitter, in welchem jedes Atom von acht nächsten Nachbarn umgeben wird, erhält man, indem man die Würfelmittelpunkte des einfachen kubischen Gitters auch noch mit Atomen besetzt. Auf diese Weise entsteht das kubisch-raumzentrierte Gitter der Abb. 478. Es ist aus zwei einfachen kubischen Gittern

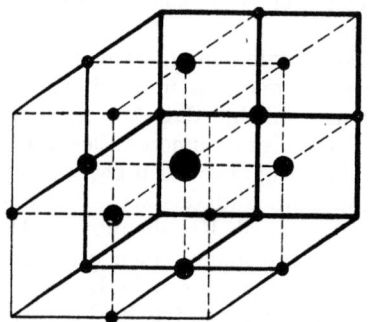

Abb. 477. Einfaches kubisches Gitter. Zentralatom (große Kugel) mit sechs nächsten Nachbarn (mittlere Kugeln) und 12 zweitnächsten Nachbarn (kleine Kugeln).

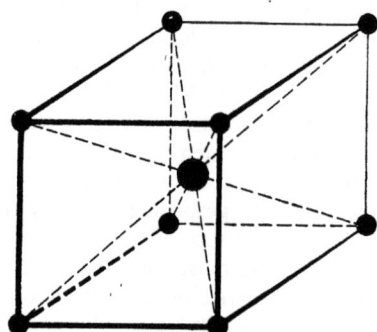

Abb. 478. Umgebung eines Zentralatoms mit acht nächsten Nachbarn im kubisch-raumzentrierten Gitter.

zusammengesetzt, die gegeneinander in Richtung der Würfeldiagonale um deren halbe Länge versetzt sind. Fassen wir ein Atom in der Ecke eines Würfels ins Auge, so liegen seine nächsten Nachbarn in den Mitten der acht in ihm zusammenstoßenden Würfel. Bezeichnen wir die halbe Würfeldiagonale und damit den Abstand nächster Nachbarn mit d, so hat die Würfelkante die Länge $d\dfrac{2}{\sqrt{3}}$. Sie ist gleichzeitig der Abstand der sechs zweitnächsten Nachbarn.

Zwölf Nachbarn hat jedes Atom in einem kubisch-flächenzentrierten Gitter, welches ensteht, wenn man die Flächenmittelpunkte eines einfachen kubischen Gitters mit Atomen besetzt. Es ist in der Abb. 479 dargestellt. Die nächsten Nachbarn eines jeden Atoms liegen in den Ecken des in Abb. 480 abgebildeten Körpers, der aus sechs Quadraten und acht gleichseitigen Dreiecken begrenzt wird. Die zwölf Nachbarn eines Atoms in einer Ecke des einfachen kubischen Gitters liegen in den Mittelpunkten der zwölf in ihm zusammenstoßenden Würfelflächen. Bezeichnet man ihren Abstand mit d, so gibt es sechs zweitnächste Nachbarn, deren Abstand die Kante des Würfels von der Länge $d\sqrt{2}$ ist.

§ 2. Die geometrische Anordnung der Atome im Kristall. 1641

Bei den Elementen findet man das kubisch-flächenzentrierte Gitter besonders häufig vertreten, daneben kommt auch das kubisch-raumzentrierte Gitter oft vor. Das einfach kubische Gitter fehlt. Das Diamantgitter hat man bei den

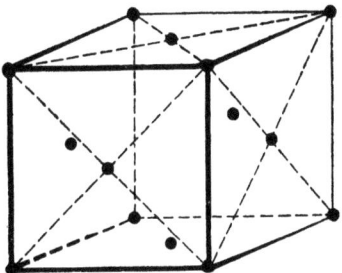 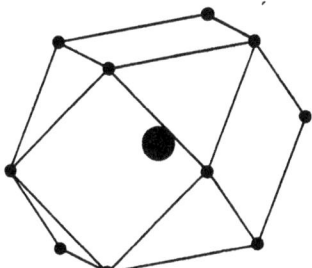

Abb. 479. Kubisch-flächenzentriertes Gitter, Gitterpunkte an den Ecken eines Würfels und in den Mitten der Würfelflächen.

Abb. 480. Zwölf Nachbarn in der Umgebung eines Zentralatoms.

Elementen der 4. Gruppe des periodischen Systems. Eine Übersicht bietet die Tabelle.

Koordinationsgitter der Elemente.

Flächenzentriertes Gitter	Cu, Ag, Au, Ca, Sr, Al, Th, Pb, Ce(α), Fe(γ), Co(β), Ni, Rh, Pd, Ir, Pt, Ne, A, X
Raumzentriertes Gitter	Li, Na, K, Rb, Cs, Ba, V, Nb, Ta, Cr(α), Mo, W, Fe(α, β, δ)
Diamantgitter	C (Diamant), Si, Ge, Sn (grau)

Betrachtet man die Atome als Kugeln, welche die nächsten Nachbarkugeln berühren, so ist das kubisch-flächenzentrierte Gitter die dichteste Kugelpackung. Man erhält sie, wenn man Kugeln in einer Schicht wie in Abb. 481 anordnet, über sie eine zweite Schicht so legt, daß ihre Kugeln gerade in die Lücken der ersten Schicht fallen, und nach diesem Prinzip fortfährt.

Wir betrachten jetzt Verbindungen vom Typ XY. Die Atome X müssen in der gleichen Weise von Atomen Y umgeben sein wie umgekehrt. Aus den gleichen Gründen wie bei den Elementen liefern Umgebungen von zwei und drei Nachbarn keine räumlichen Gitter. Mit vier Nachbarn kann man zwei verschiedene Gitter bilden, die in den beiden Modifikationen des ZnS, der Zinkblende und dem Wurtzit verwirklicht sind. Diese beiden Gitter sind in den Abb. 482 und 483 abgebildet. Die Sechserumgebung führt in leicht übersichtlicher Weise zum Steinsalzgitter (Abb. 484), während eine Achterumgebung beim CsCl vorliegt (Abb. 485). Eine Zwölferumgebung ist jetzt nicht möglich, da zwölf Körper der in Abb. 480 abgebildeten Gestalt nicht so aneinandergelegt werden können, daß sie eine Ecke gemeinsam haben. Eine Übersicht der in diesen Gittern kristallisierenden Substanzen gibt die Tabelle. Die meisten dieser Verbindungen sind Ionengitter.

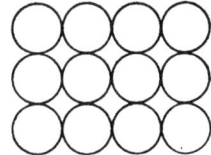

Abb. 481. Dichteste kubische Kugelpackung. Die Kugeln der nächsten Schicht liegen über den Lücken.

Verwickelter wird die Struktur der Gitter bei Verbindungen vom Typ XY_2. Ist jedes Atom X von vier Atomen Y und jedes Atom Y von zwei Atomen X umgeben, so entsteht ein Gitter vom sog. Cupprittyp der Abb. 486. Ein Koordinationsgitter aufzubauen, bei dem die X-Atome von sechs Y-Atomen, die Y-Atome

1642   O. I. Der Aufbau der kompakten Materie aus Atomen und Molekülen.

Koordinationsgitter der Verbindungen XY.

Steinsalzgitter	LiF, NaF, KF, RbF, CsF, AgF LiCl, NaCl, KCl, RbCl, AgCl LiBr, NaBr, KBr, RbBr, AgBr LiJ, NaJ, KJ, RbJ MgO, CaO, SrO, BaO, CdO, MnO, FeO, CoO, NiO MgS, CaS, SrS, BaS, PbS, MnS MgSe, CaSe, SrSe, BaSe, PbSe, MnSe CaTe, SrTe, BaTe, SnTe, PbTe ScN, TiN, ZrN, VN, NbN TiC, ZrC, VC, NbC, TaC
Caesiumchloridgitter	CsCl, TlCl, CsBr, TlBr, CsJ, TlJ TlSb, TlBi CuZn, AgZn, AuZn, CuPd, AlNi
Zinkblendegitter	CuCl, CuBr, CuJ BeS, ZnS, CdS, HgS, BeSe, ZnSe, CdSe, HgSe BeTe, ZnTe, CdTe, HgTe AlP, GaP, AlAs, GaAs, AlSb, GaSb, InSb, SnSb
Wurtzitgitter	BeO, ZnO, ZnS, CdS, CdSe, MgTe, AlN

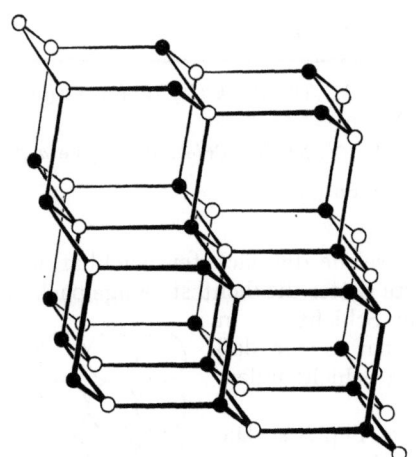
Abb. 482. Gitter der Zinkblende.

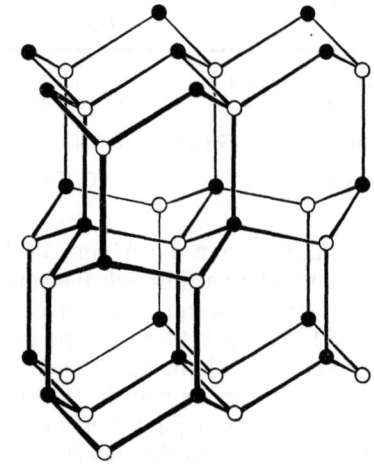
Abb. 483. Gitter des Wurtzits.

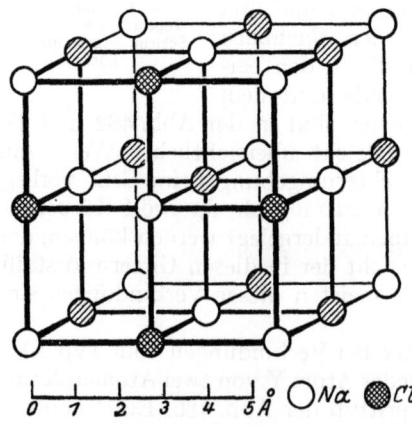
Abb. 484. Steinsalzgitter.

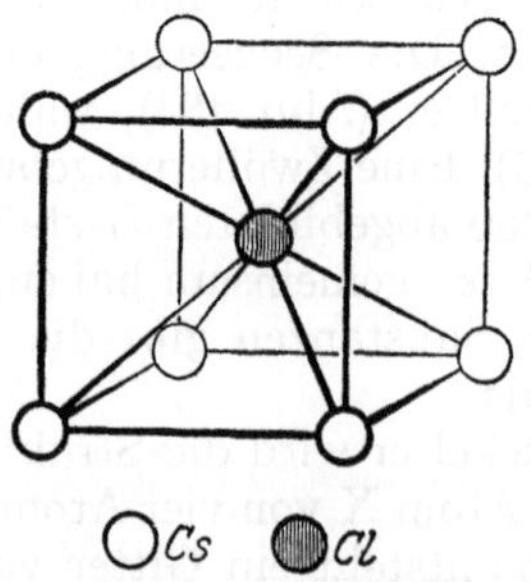

Abb. 485. Achterumgebung bei Caesiumchlorid.

§ 2. Die geometrische Anordnung der Atome im Kristall. 1643

von drei X-Atomen umgeben werden, ist geometrisch nicht möglich, doch besitzen Rutil und Anatas Gitter von geringerer Regelmäßigkeit als Koordinationsgitter, die eine ähnliche Struktur besitzen. Gruppieren sich um jedes Atom X acht Atome Y und um jedes Atom Y vier Atome X, so erhalten wir den Flußspattyp der Abb. 487. Die Kombination der Sechser- und Zwölfer-Umgebung ist

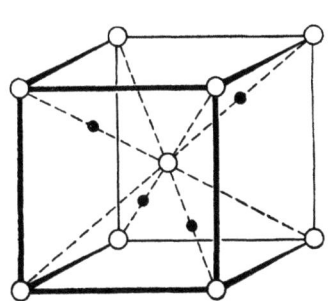
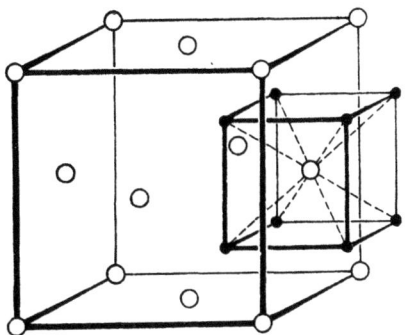

Abb. 486. Cuprittyp. Cu_2O. Die Kupferatome bilden ein raumzentriertes kubisches Gitter. Die Sauerstoffatome ein Tetraeder auf den Würfeldiagonalen. Weiße Kreise Cu, schwarze Punkte O.

Abb. 487. Fluoritgitter. Die Ca-Atome bilden ein kubisch-flächenzentriertes Gitter, während die F-Atome ein einfach kubisches Gitter mit halber Würfelkante bilden. Weiße Kreise Ca, schwarze Punkte F.

dagegen wieder geometrisch unmöglich. Im Fluorittyp kristallisieren unter anderen Fluoride des Ca, Sr, Ba, Cd, Pb, die Dioxyde des Ce, Pr, Zr, Th, U und die Sulfide des Li, Na und des einwertigen Cu. Wie man sieht, sind auch bei Verbindungen XY_2 die Koordinationsgitter zahlreich vertreten, meist als Ionengitter.

Gitter geringerer Regelmäßigkeit. Neben den besonders regelmäßigen Koordinationsgittern gibt es noch viele Gitter geringerer Regelmäßigkeit. Solche Gitter entstehen, wenn die Umgebung eines Atoms nicht ganz regelmäßig ist, weil nicht alle seine Nachbarn ganz gleich weit von ihm entfernt sind.

Ordnet man z. B. Kugeln in eine ebene Schicht nach Art der Abb. 488 und wiederholt diese Schicht in irgendeinem Abstand darüber, so entsteht ein hexagonales Gitter.

Molekülgitter sind im allgemeinen keine Koordinationsgitter. Die zu einem Molekül vereinigten Atome stehen zueinander in einem viel engeren Verhältnis als solche Atome, die nicht zum gleichen Molekül gehören. Der Unterschied zwischen einem Molekülgitter und einem Koordinationsgitter wird am einfachsten durch die schematische Darstellungen der Abb. 489a und 489b klar. Abb. 489a stellt ein ebenes Koordinationsgitter (Ionengitter) vom Steinsalztyp dar, während Abb. 489b ein Molekülgitter wäre. Die Gitter der Edelgase die wir als

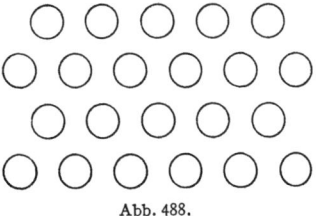

Abb. 488.

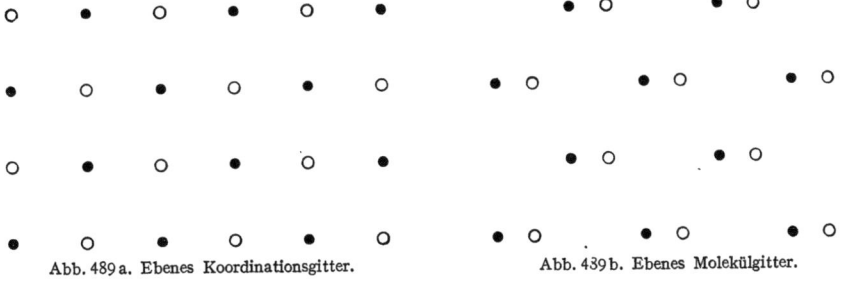

Abb. 489a. Ebenes Koordinationsgitter.   Abb. 489b. Ebenes Molekülgitter.

Molekülgitter bezeichnen, da ihre Atome nur durch van der Waalssche Molekularkräfte zusammengehalten werden, sind jedoch gleichzeitig Koordinationsgitter. Das Gitter des festen Wasserstoffes hingegen ist kein Koordinationsgitter, da jeweils 2 H-Atome ein Molekül bilden und erst diese Moleküle das Gitter selbst aufbauen.

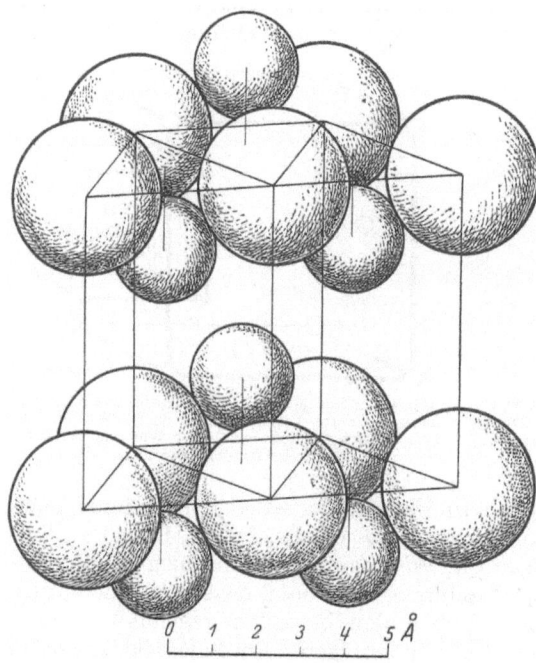

Abb. 490. Schichtgitter.

Nicht selten kann man ein kompliziertes Gitter auf ein Koordinationsgitter zurückführen, wenn man nicht die Atome, sondern die Moleküle oder andere Atomgruppen als Bausteine betrachtet. Oft wird die Gitterstruktur hierbei etwas verzerrt, so daß man nur näherungsweise ein Koordinationsgitter erhält. In festem Zustand bilden HCl, NH_3 und NLi_3 näherungsweise kubisch-flächenzentrierte Gitter dieser Moleküle.

Viele Substanzen, welche Radikale enthalten, können als Koordinationsgitter dieser Radikale aufgefaßt werden. Da die Radikale meist ionisiert sind, spricht man hier von Radikalionengittern. So bildet NH_4J ein Steinsalzgitter, NH_4Cl ein Caesiumchloridgitter. Bei $CaCO_3$ liegen dagegen die Ca- und CO_3-Ionen in einer Anordnung, die gegen das Steinsalzgitter ziemlich verzerrt ist (Calzittyp).

Eine eigenartige Form unregelmäßigen Gitter sind die sog. Schichtgitter, wie sie leichtverständlich in Abb. 490 dargestellt sind. Sie sind besonders bei Salzen (CdJ_2, SnS_2, $ZnCl_2$) anzutreffen und dadurch gekennzeichnet, daß Ebenen beider Ionenarten sich zu einer Schicht vereinigen, der dann in einem größeren Abstand ebenso gebaute Schichten folgen. Die Bindung zwischen Atomen innerhalb einer Schicht ist fester als zwischen Atomen in benachbarten Schichten.

§ 3. Die Entstehung des Gitters durch Translation.

Inhalt: Gleichwertige Atome und Punkte. Entstehung des Gitters aus einem Gitterpunkt durch eine Gruppe von Translationen. Primitive Vektorentripel und primitives Parallelepiped. Das reduzierte Tripel. Basis und Zellen eines Gitters. Zone und Zonenbündel. Jede Netzebene wird durch einen Vektor $\mathfrak{h}$ gekennzeichnet, der auf ihr senkrecht steht. Die Netzebenen bilden parallele Scharen. Durch jeden Gitterpunkt geht eine Ebene jeder Schar.

Bezeichnungen: $\mathfrak{a}_1$, $\mathfrak{a}_2$, $\mathfrak{a}_3$ primitives Vektortripel, $\mathfrak{r}$ Ortsvektor, n_1, n_2, n_3, h_1, h_2, h_3, p ganze Zahlen, $\mathfrak{b}_1$, $\mathfrak{b}_2$, $\mathfrak{b}_3$ zu $\mathfrak{a}_1$, $\mathfrak{a}_2$, $\mathfrak{a}_3$ reziproke Vektoren, $\mathfrak{h}$ Vektor senkrecht zu den Netzebenen.

In einem unendlich ausgedehnten Gitter kann man zu jedem Atom eine unendliche Schar gleichwertiger Atome finden. Das Gitter kann trotzdem noch aus Atomen verschiedener Art bestehen. In einem Ionengitter z. B. sind zwei verschiedene Ionen selbstverständlich nicht gleichwertig. Gleichwertig können

§ 3. Die Entstehung des Gitters durch Translation. 1645

nur Atome des gleichen Elementes sein. Umgekehrt brauchen jedoch nicht alle chemisch gleichen Atome im Gitter gleichwertig zu sein. Es leuchtet z. B. ohne weiteres ein, daß die beiden Stickstoffatome in NH_4NO_3 nicht gleichwertig sein werden. Die Ungleichwertigkeit kann unter Umständen nur in der räumlichen Anordnung der Atome begründet sein. Dies ist in dem ebenen Gitter der Abb. 491 veranschaulicht, welches nur aus chemisch gleichen Atomen bestehen soll. Die mit den Zahlen, 1, 2, 3, 4 usw. bezeichneten Atome sind gleichwertig, ebenso die mit $1'$, $2'$, $3'$ usw. oder $1''$, $2''$, $3''$ usw. Dagegen sind die Ungestrichenen den Gestrichenen und zweifach Gestrichenen nicht gleichwertig.

Etwas allgemeiner kann man von gleichwertigen (identischen) Punkten im Gitterraum sprechen, auch wenn sich an ihnen keine Atome befinden.

Wir legen nun ein Koordinatensystem in den Gitterraum und suchen die Punkte auf, die dem Koordinatenanfang gleichwertig sind. Ist der Endpunkt

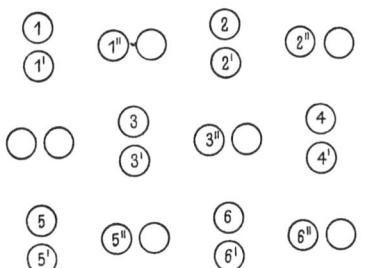

Abb. 491. Ebenes Gitter mit ungleichwertigen Atomen.

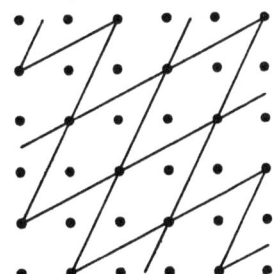

Abb. 492. Die durch Striche angedeutete Translationsgruppe bringt aus einem Gitterpunkt nur ein Drittel der gleichwertigen Punkte hervor.

eines Ortsvektors $\mathfrak{a}_1$ ein solcher Punkt, so gilt dasselbe auch für den Endpunkt des Vektors $n_1\mathfrak{a}_1$, wenn n_1 eine positive oder negative ganze Zahl ist. Sind $\mathfrak{a}_1$, $\mathfrak{a}_2$ und $\mathfrak{a}_3$ drei nicht komplanare Vektoren, welche vom Koordinatenanfang zu gleichwertigen Punkten gezogen sind, so geben die Vektoren

$$\mathfrak{r} = n_1 \mathfrak{a}_1 + n_2 \mathfrak{a}_2 + n_3 \mathfrak{a}_3 \qquad (I, 9)$$

ebenfalls gleichwertige Punkte an.

Jeder der Vektoren (I, 9) bedeutet eine Translation, welche den Nullpunkt und mit ihm jeden anderen Punkt des Gitterraumes mit einem gleichwertigen zur Deckung bringt. Die Gesamtheit der Translationen (I, 9) bildet eine Translationsgruppe, wenn n_1, n_2 und n_3 alle ganzen positiven und negativen Zahlen durchlaufen.

Im allgemeinen wird die Translationsgruppe aus einem Punkte noch nicht alle gleichwertigen Punkte hervorgehen lassen. Dies ist bei einem ebenen Gitter an der Abb. 492 unmittelbar zu sehen.

Die Vektoren $\mathfrak{a}_1$, $\mathfrak{a}_2$, $\mathfrak{a}_3$ nennt man ein primitives Tripel, wenn die Translationsgruppe

$$\mathfrak{r} = n_1 \mathfrak{a}_1 + n_2 \mathfrak{a}_2 + n_3 \mathfrak{a}_3 \qquad (I, 10)$$

jeden Punkt des Raumes mit der Gesamtheit seiner gleichwertigen Punkte zur Deckung bringt, d. h. die ganze Schar gleichwertiger Punkte aus einem Punkte produziert.

Legt man die Achsen eines schiefwinkligen Koordinatensystems parallel zu $\mathfrak{a}_1$, $\mathfrak{a}_2$ und $\mathfrak{a}_3$ und mißt die Längen in diesen Richtungen in Einheiten $|\mathfrak{a}_1|$, $|\mathfrak{a}_2|$ und $|\mathfrak{a}_3|$, so sind n_1, n_2 und n_3 die Koordinaten der Gitterpunkte. Jeder Gitterpunkt kann zweckmäßig durch das Symbol (n_1, n_2, n_3) angegeben werden.

Das aus $\mathfrak{a}_1$, $\mathfrak{a}_2$ und $\mathfrak{a}_3$ gebildete Parallelflach wird primitives Parallelepiped genannt. Die Translation (I, 10) überdeckt den ganzen Raum mit primitiven Parallelepipeden. Im Innern eines solchen Epipeds liegt kein Punkt mehr, der einer der Ecken gleichwertig wäre. Befinden sich N gleichwertige Punkte in der Volumeneinheit, so hat das primitive Parallelepiped das Volumen $1/N$.

Im allgemeinen gibt es im gleichen Gitter verschiedene primitive Tripel und damit auch verschiedene Einteilungen in primitive Parallelepipede. Aus der Abb. 493 die ein ebenes Gitter darstellt, ist dies ohne weiteres ersichtlich. Dort sind zwei Einteilungen in primitive Parallelepipede gezeichnet. Alle primitiven Parallelepipede sind volumengleich.

Unter den primitiven Tripeln oder Parallelepipeden gibt es ein ausgezeichnetes, welches man das reduzierte Tripel bzw. Parallelepiped nennt. Wir konstruieren es auf folgende Weise. Von einem Punkte ziehen wir die Vektoren $\mathfrak{a}_1$, $\mathfrak{a}_2$, $\mathfrak{a}_3$ zu den nächsten gleichwertigen Punkten, die mit ihm nicht in einer Ebene liegen. Ein innerer Punkt des entstehenden Parallelepipeds hat dann von der nächsten Ecke einen Abstand, der kleiner als die größte Kante ist, und kann dem Endpunkt deshalb nicht gleichwertig sein. Bedeckt man den ganzen Raum, indem man das Parallelepiped die Translation (I, 10) ausführen läßt, so bilden seine Ecken eine vollständige Schar gleichwertiger Punkte. Das Parallelepiped und das Tripel $\mathfrak{a}_1$, $\mathfrak{a}_2$, $\mathfrak{a}_3$ sind also primitiv. Seine Kanten sind kürzer als die aller anderen primitiven Parallelepipede.

Als Basis eines Gitters bezeichnet man die Gruppe nicht gleichwertiger Atome in einem primitiven Parallelepiped. Liegt keines der Atome auf der Oberfläche, so ist ihre Ungleichwertigkeit klar. Liegen Atome auf den Flächen oder gar in den Ecken, so ist von gleichwertigen Atomen jeweils nur eines der Basis zuzuzählen. Im Steinsalzgitter besteht die Basis aus je einem Na-Ion und Cl-Ion. Als primitives Tripel kann man drei Vektoren nehmen, deren Länge den Abstand gleicher Ionen darstellt. An den acht Ecken des primitiven Parallelepipeds sitzen Na-Ionen, in seiner Mitte ein Cl-Ion (s. Abb. 494). Jeweils nur eines dieser Ionen gehört jedoch zur Basis. Bei Elementgittern mit nur einer Atomart kann man oft mit einem einzigen Atom als Basis auskommen.

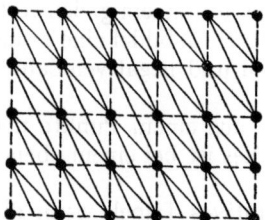
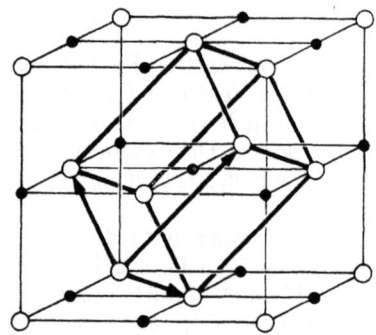

Abb. 493. Zwei verschiedene Einteilungen in primitive Parallelepipede sind ausgezogen bzw. punktiert gezeichnet. Die punktierten Parallelepipede sind die reduzierten.

Abb. 494. Reduziertes Tripel des Steinsalzgitters durch Pfeile markiert. An den Ecken des ausgezogenen Parallelflachs acht Na-Ionen, in seiner Mitte ein Cl-Ion. Betrachtet man den großen Würfel als Zelle, so besteht die Basis aus vier Na-Ionen und vier Cl-Ionen.

Oft ist es zweckmäßig, nicht primitive, sondern größere Parallelepipede als sog. Zellen eines Gitters zu benutzen. Dann müssen alle Atome im Innern der Zelle der Basis zugerechnet werden. Zwei Atome auf gegenüberliegenden Flächen, vier Atome auf Kanten und acht Atome in Ecken zählen aber nur für eines.

§ 3. Die Entstehung des Gitters durch Translation.

Gittergeraden oder Zonen. Zonenbündel. Eine Gerade, welche zwei Gitterpunkte verbindet, ist in ihrem ganzen Verlauf gleichmäßig von Gitterpunkten besetzt. Sie wird Gittergerade oder Zone genannt.

Wählt man einen Gitterpunkt als Nullpunkt und zieht von ihm aus alle Verbindungslinien zu den ihm gleichwertigen Gitterpunkten, so erhält man das Zonenbündel. Die Koordinaten des nächsten Gitterpunktes auf jeder Zone bilden ein Tripel u, v, w von drei ganzen Zahlen, die keinen gemeinsamen Teiler besitzen. Die drei Größen u, v, w bestimmen die Richtung der betreffenden Gittergeraden und werden als ihre Indizes bezeichnet.

Netzebenen. Ebensogut wie man ein Gitter als eine regelmäßige geometrische Anordnung von Punkten beschreiben kann, kann man auch eine dazu duale Betrachtung durchführen. Das Gitter wird dann als ein System von Ebenen angesehen. Diese Ebenen, Millersche Netzebenen genannt, sollen durch ein Symbol (h_1, h_2, h_3) abgekürzt werden und seien folgendermaßen definiert. Sind h_1, h_2 und h_3 drei teilerfremde positive oder negative ganze Zahlen, so ist die Netzebene (h_1, h_2, h_3) diejenige Ebene, welche auf den Achsen die Abschnitte (s. Abb. 495

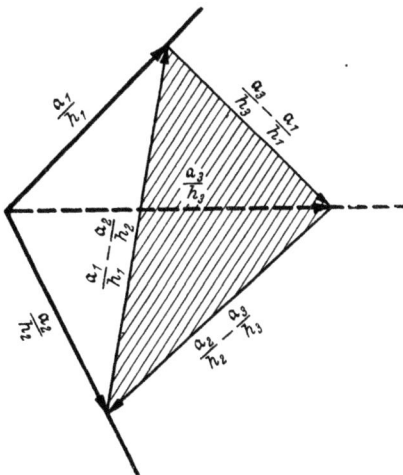

Abb. 495. Die schraffierte Netzebene (h_1, h_2, h_3) schneidet auf den Achsen die Abschnitte a_1/h_1, a_2/h_2 und a_3/h_3 ab.

$$\frac{a_1}{h_1}; \quad \frac{a_2}{h_2}; \quad \frac{a_3}{h_3} \tag{I, 11}$$

abschneidet. In dieser Ebene liegen die drei Vektoren

$$\frac{a_1}{h_1} - \frac{a_2}{h_2}; \quad \frac{a_2}{h_2} - \frac{a_3}{h_3}; \quad \frac{a_3}{h_3} - \frac{a_1}{h_1}. \tag{I, 12}$$

Das Vektorprodukt zweier von ihnen, z. B.

$$\left[\left(\frac{a_1}{h_1} - \frac{a_2}{h_2}\right)\left(\frac{a_2}{h_2} - \frac{a_3}{h_3}\right)\right] = \frac{[a_1 a_2]}{h_1 h_2} + \frac{[a_2 a_3]}{h_2 h_3} + \frac{[a_3 a_1]}{h_3 h_1}, \tag{I, 13}$$

steht auf der Netzebene senkrecht.

Bilden wir die zu $\mathfrak{a}_1, \mathfrak{a}_2$ und $\mathfrak{a}_3$ reziproken Vektoren

$$\mathfrak{b}_1 = \frac{[a_2 a_3]}{(a_1 [a_2 a_3])}; \quad \mathfrak{b}_2 = \frac{[a_3 a_1]}{(a_1 [a_2 a_3])}; \quad \mathfrak{b}_3 = \frac{[a_1 a_2]}{(a_1 [a_2 a_3])}, \tag{I, 14}$$

die den Beziehungen

$$(\mathfrak{a}_i \mathfrak{b}_k) \begin{aligned} &= 1 \quad i = k \\ &= 0 \quad i \neq k \end{aligned} \tag{I, 15}$$

genügen, so kann man mit ihnen den Vektor

$$\mathfrak{h} = h_1 \mathfrak{b}_1 + h_2 \mathfrak{b}_2 + h_3 \mathfrak{b}_3 = \frac{1}{(a_1 [a_2 a_3])} \{h_1 [a_2 a_3] + h_2 [a_3 a_1] + h_3 [a_1 a_2]\} \tag{I, 16}$$

konstruieren. Der Vergleich von (I, 13) mit (I, 16) zeigt, daß $\mathfrak{h}$ auf der Netzebene (h_1, h_2, h_3) senkrecht steht.

(n_1, n_2, n_3) bedeute nun irgendeinen Punkt des Gitterraumes, der vom Nullpunkt durch den Vektor

$$\mathfrak{r} = n_1 \mathfrak{a}_1 + n_2 \mathfrak{a}_2 + n_3 \mathfrak{a}_3 \qquad (I, 17)$$

erreicht wird. Die Punkte in einer Ebene senkrecht zu $\mathfrak{h}$ sind dadurch gekennzeichnet, daß

$$(\mathfrak{r}\,\mathfrak{h}) = n_1 h_1 + n_2 h_2 + n_3 h_3 \qquad (I, 18)$$

einen bestimmten Wert hat, nämlich den mit $|\mathfrak{h}|$ multiplizierten Abstand dieser Ebene vom Koordinatenanfang. Für die Durchstoßpunkte der Koordinatenachsen durch die Netzebene (h_1, h_2, h_3), welche keine Gitterpunkte zu sein brauchen, finden wir

$$(\mathfrak{r}\,\mathfrak{h}) = \frac{(\mathfrak{a}_1\,\mathfrak{h})}{h_1} = \frac{(\mathfrak{a}_2\,\mathfrak{h})}{h_2} = \frac{(\mathfrak{a}_3\,\mathfrak{h})}{h_3} = 1, \qquad (I, 19)$$

wenn man (I, 11) für $\mathfrak{r}$ und (I, 16) für $\mathfrak{h}$ einsetzt. $|\mathfrak{h}|$ ist der reziproke Abstand der Netzebene (h_1, h_2, h_3) vom Koordinatenursprung.

Soll der Punkt (n_1, n_2, n_3) auf dieser Netzebene liegen, so muß

$$n_1 h_1 + n_2 h_2 + n_3 h_3 = 1 \qquad (I, 20)$$

gelten. Für Gitterpunkte sind n_1, n_2 und n_3 ganze Zahlen.

Ist p eine ganze positive oder negative Zahl einschließlich der Null, so erhält man eine parallele Schar gleichwertiger Netzebenen $(h_1, h_2, h_3)_p$ mit den Achsenabschnitten

$$\frac{\mathfrak{a}_1 p}{h_1}; \quad \frac{\mathfrak{a}_2 p}{h_2}; \quad \frac{\mathfrak{a}_3 p}{h_3}. \qquad (I, 21)$$

In ihnen liegen diejenigen Punkte (n_1, n_2, n_3), welche die Bedingung

$$n_1 h_1 + n_2 h_2 + n_3 h_3 = p \qquad (I, 22)$$

erfüllen. Man sieht dies ein, wenn man bei den Überlegungen, die zu (I, 20) geführt haben, stets $\mathfrak{h}$ durch $\mathfrak{h}/p$ ersetzt. Auf die gleiche Weise erkennt man, daß die Netzebene $(h_1, h_2, h_3)_p$ vom Koordinatenanfang den Abstand $p/|\mathfrak{h}|$ hat und daß deshalb $1/|\mathfrak{h}|$ auch der Abstand zweier aufeinanderfolgenden Netzebenen ist.

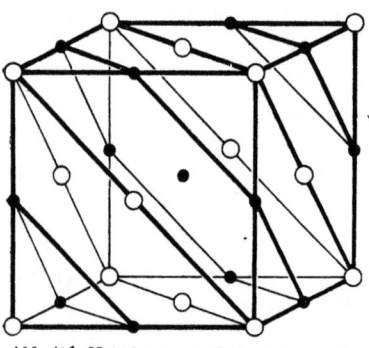

Abb. 496. Netzebenen am Steinsalzgitter, die nur von einer Ionenart besetzt sind.

Die Gesamtheit aller Netzebenen kann man folgendermaßen überblicken. Zu jedem teilerfremden Tripel dreier ganzer positiver oder negativer Zahlen h_1, h_2, h_3 gehört eine Schar paralleler Netzebenen (Identitätsschar). Die einzelne Ebene dieser Schar wird durch eine weitere ganze Zahl p gekennzeichnet. Durch jeden Gitterpunkt geht eine Ebene dieser Schar. Wenn nämlich n_1, n_2, n_3 und h_1, h_2, h_3 vorgegeben sind, läßt sich immer ein Wert p finden, der die Gleichung (I, 22) befriedigt. Jede Netzebenenschar wird zweckmäßig durch einen Vektor

$$\mathfrak{h} = h_1 \mathfrak{b}_1 + h_2 \mathfrak{b}_2 + h_3 \mathfrak{b}_3 \qquad (I, 23)$$

gekennzeichnet, der auf ihr senkrecht steht.

Zeichnet man in einem Gitterpunkt das Bündel aller möglichen Vektoren $\mathfrak{h}$, so repräsentiert es auch die Gesamtheit aller Netzebenenscharen. Spannt man das sog. reziproke Gitter durch die drei Vektoren $\mathfrak{b}_1$, $\mathfrak{b}_2$, $\mathfrak{b}_3$ auf, so hat der Vektor $\mathfrak{h}$ in ihm die Koordinaten h_1, h_2, h_3.

Die geschilderten Verhältnisse findet man zunächst bei Gittern, deren Basis nur aus einem einzelnen Atom besteht. Setzt sich die Basis aus mehreren Atomen zusammen, so kann an Stelle jeder Netzebene eine Gruppe von Netzebenen treten. Jede Ebene der Gruppe kann in verschiedener Weise von Atomen besetzt sein. Bei Ionengittern kann man z. B. Netzebenen finden, die nur die eine Ionenart enthalten und die mit Netzebenen abwechseln, in denen nur die andere Ionenart vertreten ist (s. Abb. 496).

§ 4. Die Bravaisschen Gittertypen.

Inhalt: Die 14 Bravaisschen Gittertypen, als Beispiele von Translationsgittern.
Bezeichnungen: $\mathfrak{A}_1$, $\mathfrak{A}_2$, $\mathfrak{A}_3$ primitives Tripel mit einem Gitterpunkt als Basis, $\mathfrak{a}_1$, $\mathfrak{a}_2$, $\mathfrak{a}_3$ Tripel des einfachen Gitters eventuell mit komplizierterer Basis.

Wir betrachten jetzt genauer einige Gitter, die durch Translation eines einzelnen Gitterpunktes entstehen. Wird die Translation durch ein primitives Tripel bestimmt, so wird die Basis von einem einzigen Atom gebildet. Dies hindert allerdings nicht, daß man manche dieser Gitter auch zweckmäßig aus einer komplizierten Basis entstehen lassen kann, die man dann allerdings keiner primitiven Translation unterzieht.

Das trikline Gitter. Das übersichtlichste und gleichzeitig auch allgemeinste Gitter entsteht durch die Translation

$$\mathfrak{r} = n_1 \mathfrak{a}_1 + n_2 \mathfrak{a}_2 + n_3 \mathfrak{a}_3, \tag{I, 24}$$

wenn zwischen $\mathfrak{a}_1$, $\mathfrak{a}_2$ und $\mathfrak{a}_3$ keine besonderen Beziehungen bestehen. Die drei Vektoren haben also verschiedene Länge und bilden ganz beliebige Winkel, stehen also insbesondere nicht aufeinander senkrecht. Man gewinnt auf diese Weise das sog. trikline Gitter, das in der Abb. 497 abgebildet ist.

Zu Gittern mit besonderen Eigenschaften gelangt man, wenn die drei primitiven Translationen ausgezeichnete Winkel, vornehmlich rechte, miteinander bilden, oder wenn zwei oder alle drei der Vektoren $\mathfrak{a}_1$, $\mathfrak{a}_2$, $\mathfrak{a}_3$ gleich lang sind.

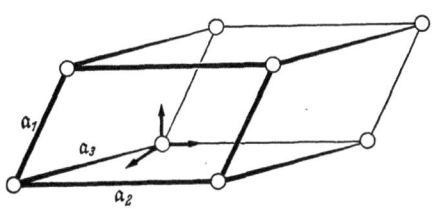
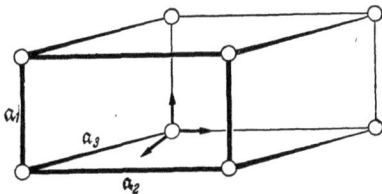

Abb. 497. Triklines Gitter. Die drei Pfeile deuten ein rechtwinkliges Achsenkreuz an.

Abb. 498. Einfaches monoklines Gitter. Die drei Pfeile deuten ein rechtwinkliges Achsenkreuz an.

Monokline Gitter. Steht einer der drei Vektoren $\mathfrak{a}_1$ auf den beiden anderen senkrecht, so erhält man das einfache (primitive) monokline Gitter. Es ist gekennzeichnet durch die Beziehung

$$\mathfrak{a}_1 \mathfrak{a}_2 = 0; \quad \mathfrak{a}_1 \mathfrak{a}_3 = 0 \tag{I, 25}$$

der Grundvektoren. Aus einem Punkt entsteht durch die Translation

$$\mathfrak{r} = n_2 \mathfrak{a}_2 + n_3 \mathfrak{a}_3 \tag{I, 26}$$

zunächst eine Netzebene, die aus beliebigen Parallelogrammen gebildet wird. Das Gitter selbst entsteht, indem man diese Ebene in Richtung ihres Lotes um ganzzahlige Vielfache von a_1 verschiebt. Die Ebenen $(010)_p$ und $(001)_p$ bilden ein Netz primitiver Rechtecke mit den Seiten a_1 und a_3 bzw. a_2 (s. Abb. 498).

Versieht man die Mittelpunkte der primitiven Parallelogramme einer Netzebenenschar des einfachen monoklinen Gitters ebenfalls mit Atomen, so entsteht das einseitig flächenzentrierte monokline Gitter. Man kann es sich aus zwei einfachen Gittern zusammengesetzt denken, die ineinandergestellt sind, und deshalb als ein einfaches monoklines Gitter mit einer Basis von zwei Atomen ansehen.

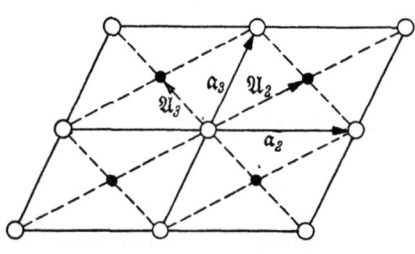

Abb. 499. Die Mitten der Parallelogramme $[a_2\, a_3]$ sind durch die schwarzen Punkte zentriert. a_2 und a_3 bilden dann kein einfaches Gitter mehr. Die primitiven Vektoren $\mathfrak{A}_2$ und $\mathfrak{A}_3$ erzeugen aber wieder ein einfaches monoklines Gitter.

Da das flächenzentrierte Gitter doppelt soviel Atome in der Volumeneinheit hat als das einfache, sind seine primitiven Parallelepipede nur halb so groß. a_1, a_2, a_3 ist also kein primitives Tripel mehr. Wir brauchen aber nur die Netzebene, in deren Parallelogramme noch Atome eingesetzt sind, anders einzuteilen, um in ihr primitive Parallelogramme und damit primitive Tripel bzw. Epipede zu erhalten. Die Abb. 499 zeigt, wie dies möglich ist.

Wenn man die Parallelogramme $[a_2 a_3]$ in der Netzebene des einfachen Gitters zentriert, entsteht also offenbar wieder ein einfaches monoklines Gitter mit dem primitiven Tripel

$$\mathfrak{A}_1 = a_1; \quad \mathfrak{A}_2 = \frac{a_2 + a_3}{2}; \quad \mathfrak{A}_3 = \frac{a_3 - a_2}{2}. \tag{I, 27}$$

Man sieht sofort, daß dann wieder die charakteristischen Beziehungen

$$\mathfrak{A}_1 \mathfrak{A}_2 = 0; \quad \mathfrak{A}_1 \mathfrak{A}_3 = 0 \tag{I, 28}$$

für das einfache monokline Gitter gelten.

Beim Zentrieren der Rechtecke hingegen findet man das primitive Tripel

$$\mathfrak{A}_1 = \frac{a_1 + a_2}{2}; \quad \mathfrak{A}_2 = \frac{a_1 - a_2}{2}; \quad \mathfrak{A}_3 = a_3, \tag{I, 29}$$

und aus

$$(a_1 a_2) = (a_1 a_3) = 0 \tag{I, 30}$$

gehen für $\mathfrak{A}_1$, $\mathfrak{A}_2$ und $\mathfrak{A}_3$ die Beziehungen

$$\mathfrak{A}_1^2 = \frac{a_1^2 + a_2^2}{4} = \mathfrak{A}_2^2; \quad \mathfrak{A}_2 \mathfrak{A}_3 = -\mathfrak{A}_1 \mathfrak{A}_3 \tag{I, 31}$$

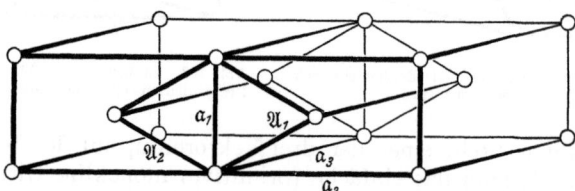

Abb. 500. Flächenzentriertes monoklines Gitter. Primitives Tripel $\mathfrak{A}_1, \mathfrak{A}_2, a_3$.

hervor. Beim Zentrieren der Rechtecke entsteht also ein selbständiger Bravaisscher Gittertyp. Er kann auch durch die Translation a_1, a_2, a_3 der Basis

$$\left(0\,0\,0, \tfrac{1}{2}\,\tfrac{1}{2}\,0\right)$$

konstruiert werden (s. Abb. 500).

§ 4. Die Bravaisschen Gittertypen.

Rhombische Gitter. Stehen die drei primitiven Translationen eines Gitters aufeinander senkrecht, so entsteht ein einfaches rhombisches Gitter. Es ist durch die Beziehungen

$$(\mathfrak{a}_1 \mathfrak{a}_2) = (\mathfrak{a}_2 \mathfrak{a}_3) = (\mathfrak{a}_3 \mathfrak{a}_1) = 0 \tag{I, 32}$$

zwischen den Grundvektoren gekennzeichnet. Die Netzebenen $(1\,0\,0)_p$, $(0\,1\,0)_p$ und $(0\,0\,1)_p$, welche auf jeweils einem der drei Vektoren $\mathfrak{a}_1$, $\mathfrak{a}_2$ oder $\mathfrak{a}_3$ senkrecht

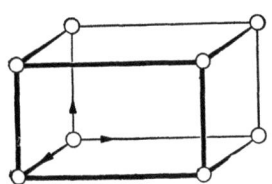 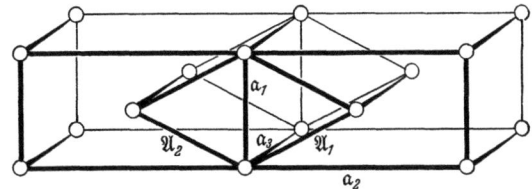

Abb. 501. Einfaches rhombisches Gitter. Die drei Pfeile deuten ein rechtwinkliges Achsenkreuz an.

Abb. 502. Einseitig flächenzentriertes rhombisches Gitter. Primitives Tripel $\mathfrak{A}_1\,\mathfrak{A}_2\,\mathfrak{a}_3$.

stehen, sind in primitive Rechtecke eingeteilt. Die Abb. 501 zeigt ein solches Gitter.

Belegt man zwei gegenüberliegende Flächen der primitiven Parallelepipede des einfachen Gitters in der Mitte mit Atomen, so entsteht das einseitig flächenzentrierte rhombische Gitter der Abb. 502 aus der Basis

$$\left(0\,0\,0, \frac{1}{2}\,\frac{1}{2}\,0\right)$$

durch die Translation

$$\mathfrak{r} = n_1\,\mathfrak{a}_1 + n_2\,\mathfrak{a}_2 + n_3\,\mathfrak{a}_3, \tag{I, 33}$$

Da es doppelt soviel Atome enthält, sind seine primitiven Parallelepipede nur halb so groß wie die des einfachen Gitters, und $\mathfrak{a}_1, \mathfrak{a}_2, \mathfrak{a}_3$ ist kein primitives Tripel.

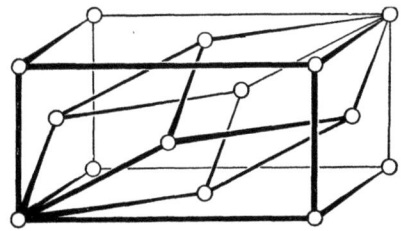 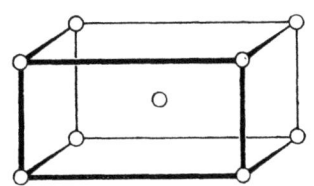

Abb. 503. Allseitig flächenzentriertes rhombisches Gitter.

Abb. 504. Innenzentriertes rhombisches Gitter.

Dieses Gitter wird durch das primitive Tripel

$$\mathfrak{A}_1 = \frac{\mathfrak{a}_1 + \mathfrak{a}_2}{2}; \quad \mathfrak{A}_2 = \frac{\mathfrak{a}_1 - \mathfrak{a}_2}{2}; \quad \mathfrak{A}_3 = \mathfrak{a}_3 \tag{I, 34}$$

erzeugt, zwischen dessen Vektoren die Beziehungen

$$\mathfrak{A}_1 \mathfrak{A}_3 = \mathfrak{A}_2 \mathfrak{A}_3 = 0; \quad \mathfrak{A}_1^2 = \mathfrak{A}_2^2 \tag{I, 35}$$

bestehen.

Besetzt man alle Flächenmitten der primitiven rhombischen Parallelepipede mit Atomen, so gelangt man zu dem allseitig flächenzentrierten rhombischen

Gitter der Abb. 503, welches durch die Translation (I, 33) aus der Basis

$$\left(0\,0\,0,\,\tfrac{1}{2}\,\tfrac{1}{2}\,0,\,0\,\tfrac{1}{2}\,\tfrac{1}{2},\,\tfrac{1}{2}\,0\,\tfrac{1}{2}\right) \qquad (I, 36)$$

entsteht. Aus einem einzelnen Gitterpunkt kann es durch das primitive Tripel

$$\mathfrak{A}_1 = \frac{\mathfrak{a}_2 + \mathfrak{a}_3}{2}; \quad \mathfrak{A}_2 = \frac{\mathfrak{a}_1 + \mathfrak{a}_3}{2}; \quad \mathfrak{A}_3 = \frac{\mathfrak{a}_1 + \mathfrak{a}_2}{2} \qquad (I, 37)$$

konstruiert werden. Zwischen den Vektoren $\mathfrak{A}_1$, $\mathfrak{A}_2$, $\mathfrak{A}_3$ gelten die Beziehungen

$$\mathfrak{A}_1^2 = \mathfrak{A}_1 \mathfrak{A}_2 + \mathfrak{A}_1 \mathfrak{A}_3;\quad \mathfrak{A}_2^2 = \mathfrak{A}_2 \mathfrak{A}_1 + \mathfrak{A}_2 \mathfrak{A}_3;\quad \mathfrak{A}_3^2 = \mathfrak{A}_3 \mathfrak{A}_1 + \mathfrak{A}_3 \mathfrak{A}_2. \qquad (I, 38)$$

Das primitive Epiped des flächenzentrierten Gitters hat nur ein Viertel des Volumens des einfachen.

Schließlich können noch die Mittelpunkte der Epipede des einfachen Gitters mit Atomen belegt werden, wodurch das raumzentrierte (innenzentrierte) rhombische Gitter der Abb. 504 entsteht. Die Translation (I, 33) erzeugt es aus der Basis

$$\left(0\,0\,0,\,\tfrac{1}{2}\,\tfrac{1}{2}\,\tfrac{1}{2}\right). \qquad (I, 39)$$

Aus einem einzigen Gitterpunkt kann es durch das primitive Tripel

$$\mathfrak{A}_1 = \frac{-\mathfrak{a}_1 + \mathfrak{a}_2 + \mathfrak{a}_3}{2}; \quad \mathfrak{A}_2 = \frac{\mathfrak{a}_1 - \mathfrak{a}_2 + \mathfrak{a}_3}{2}; \quad \mathfrak{A}_3 = \frac{\mathfrak{a}_1 + \mathfrak{a}_2 - \mathfrak{a}_3}{2} \qquad (I, 40)$$

gewonnen werden, für welches die Beziehungen

$$\mathfrak{A}_1^2 = \mathfrak{A}_2^2 = \mathfrak{A}_3^2 = -\mathfrak{A}_1 \mathfrak{A}_2 - \mathfrak{A}_1 \mathfrak{A}_3 - \mathfrak{A}_2 \mathfrak{A}_3 \qquad (I, 41)$$

gelten.

Das hexagonale Gitter. Sind zwei der Vektoren $\mathfrak{a}_1$, $\mathfrak{a}_2$, $\mathfrak{a}_3$ gleich lang und bilden einen Winkel von 60 oder 120°, während der dritte auf ihnen senkrecht steht, so hat man das hexagonale Gitter der Abb. 505. Es ist gekennzeichnet durch die Beziehungen

$$\mathfrak{a}_2^2 = \mathfrak{a}_3^2 = \pm 2\mathfrak{a}_2 \mathfrak{a}_3; \quad \mathfrak{a}_1 \mathfrak{a}_2 = \mathfrak{a}_1 \mathfrak{a}_3 = 0. \qquad (I, 42)$$

Das rhomboedrische Gitter. Drei gleich lange Vektoren, die miteinander auch gleiche Winkel bilden, sind das primitive Tripel des rhomboedrischen (trigonalen) Gitters der Abb. 506, für das die Beziehungen

$$\mathfrak{a}_1^2 = \mathfrak{a}_2^2 = \mathfrak{a}_3^2; \quad \mathfrak{a}_1 \mathfrak{a}_2 = \mathfrak{a}_1 \mathfrak{a}_3 = \mathfrak{a}_2 \mathfrak{a}_3 \qquad (I, 43)$$

charakteristisch sind.

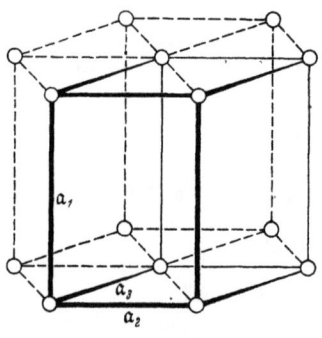

Abb. 505. Hexagonales Gitter. Primitives Parallelepiped ausgezogen.

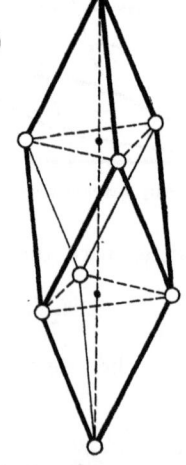

Abb. 506. Trigonales (rhomboedrisches) Gitter. Punktierte gleichseitige Dreiecke und darauf senkrechte Trigyre.

Es sei bemerkt, daß das rhomboedrische (trigonale) Gitter als hexagonales Gitter mit der Basis

$$\left(0\,0\,0, \frac{2}{3}\,\frac{1}{3}\,\frac{1}{3}, \frac{1}{3}\,\frac{2}{3}\,\frac{2}{3}\right) \tag{I, 44}$$

und das hexagonale Gitter als rhomboedrisches mit der Basis

$$\left(0\,0\,0, \frac{1}{3}\,\frac{1}{3}\,\frac{1}{3}, \frac{2}{3}\,\frac{2}{3}\,\frac{2}{3}\right) \tag{I, 45}$$

aufgefaßt werden kann.

Tetragonale Gitter. Im einfachen tetragonalen (quadratischen) Gitter stehen die drei Grundvektoren $\mathfrak{a}_1$, $\mathfrak{a}_2$, $\mathfrak{a}_3$ aufeinander senkrecht. Zwei von ihnen sind gleich lang. Dies wird durch die Gleichungen

$$\mathfrak{a}_1\mathfrak{a}_2 = \mathfrak{a}_2\mathfrak{a}_3 = \mathfrak{a}_1\mathfrak{a}_2 = 0; \quad \mathfrak{a}_1^2 = \mathfrak{a}_2^2 \tag{I, 46}$$

ausgedrückt. Das primitive Parallelepiped ist ein Quader mit den Kanten $\mathfrak{a}_1$, $\mathfrak{a}_2$, $\mathfrak{a}_3$.

Das tetragonale raumzentrierte (innenzentrierte) Gitter entsteht, wenn man den Mittelpunkt der Epipede des einfachen Gitters mit Atomen belegt. Es wird aus der Basis

$$\left(0\,0\,0, \frac{1}{2}\,\frac{1}{2}\,\frac{1}{2}\right) \tag{I, 47}$$

durch die Translation des einfachen Gitters erzeugt. Aus einem einzigen Punkt entsteht es durch das primitive Tripel

$$\mathfrak{A}_1 = \frac{-\mathfrak{a}_1 + \mathfrak{a}_2 + \mathfrak{a}_3}{2}; \quad \mathfrak{A}_2 = \frac{\mathfrak{a}_1 - \mathfrak{a}_2 + \mathfrak{a}_3}{2}; \quad \mathfrak{A}_3 = \frac{\mathfrak{a}_1 + \mathfrak{a}_2 - \mathfrak{a}_3}{2}, \tag{I, 48}$$

zwischen dessen Vektoren die Beziehungen

$$\mathfrak{A}_1^2 = \mathfrak{A}_2^2 = \mathfrak{A}_3^2; \quad \mathfrak{A}_1\mathfrak{A}_3 = \mathfrak{A}_2\mathfrak{A}_3 = -\frac{1}{2}(\mathfrak{A}_1^2 + \mathfrak{A}_1\mathfrak{A}_2) \tag{I, 49}$$

bestehen.

Kubische Gitter. Ein einfaches kubisches (reguläres, tesserales) Gitter entwickelt sich durch die Translation eines Gitterpunktes in drei zueinander senkrechten Richtungen, wenn die Grundvektoren alle gleich lang sind. Es bestehen die Beziehungen

$$\mathfrak{a}_1^2 = \mathfrak{a}_2^2 = \mathfrak{a}_3^2 = a^2; \quad \mathfrak{a}_1\mathfrak{a}_2 = \mathfrak{a}_2\mathfrak{a}_3 = \mathfrak{a}_3\mathfrak{a}_1 = 0. \tag{I, 50}$$

Das primitive Parallelepiped ist ein Würfel von der Kantenlänge a.

Setzt man Atome in die Würfelmitten, so kommt man zu dem kubisch-raumzentrierten (innenzentrierten) Gitter, bringt man Atome in die Mitten der Würfelflächen, so erhält man das kubisch-flächenzentrierte Gitter (s. Abb. 507 und 508).

Das kubisch-raumzentrierte Gitter setzt sich aus zwei einfachen Gittern zusammen, die um die halbe Würfeldiagonale gegeneinander verschoben sind. Die Translation $\mathfrak{a}_1$, $\mathfrak{a}_2$, $\mathfrak{a}_3$ erzeugt es aus der Basis

$$\left(0\,0\,0, \frac{1}{2}\,\frac{1}{2}\,\frac{1}{2}\right). \tag{I, 51}$$

Durch das primitive Tripel

$$\mathfrak{A}_1 = \frac{-\mathfrak{a}_1 + \mathfrak{a}_2 + \mathfrak{a}_3}{2}; \quad \mathfrak{A}_2 = \frac{\mathfrak{a}_1 - \mathfrak{a}_2 + \mathfrak{a}_3}{2}; \quad \mathfrak{A}_3 = \frac{\mathfrak{a}_1 + \mathfrak{a}_2 - \mathfrak{a}_3}{2}, \tag{I, 52}$$

in dem die Beziehungen

$$\mathfrak{A}_1^2 = \mathfrak{A}_2^2 = \mathfrak{A}_3^2 = -3(\mathfrak{A}_1\mathfrak{A}_2) = -3(\mathfrak{A}_2\mathfrak{A}_3) = -3(\mathfrak{A}_1\mathfrak{A}_3) \qquad (I, 53)$$

bestehen, geht es aus einem einzigen Gitterpunkt hervor. Das primitive Parallelepiped hat das Volumen $a^3/2$.

Das kubisch-flächenzentrierte Gitter wird aus der Basis

$$\left(0\,0\,0,\ 0\,\tfrac{1}{2}\,\tfrac{1}{2},\ \tfrac{1}{2}\,0\,\tfrac{1}{2},\ \tfrac{1}{2}\,\tfrac{1}{2}\,0\right) \qquad (I, 54)$$

durch die Translation a_1, a_2, a_3 erzeugt und besteht deshalb aus vier ineinandergestellten einfachen Gittern, die gegeneinander um die halben Flächendiagonalen

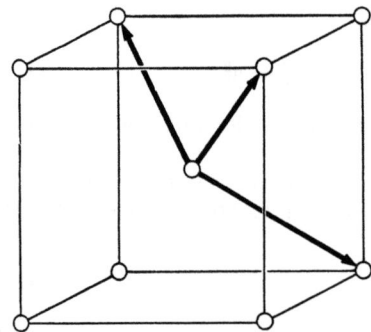 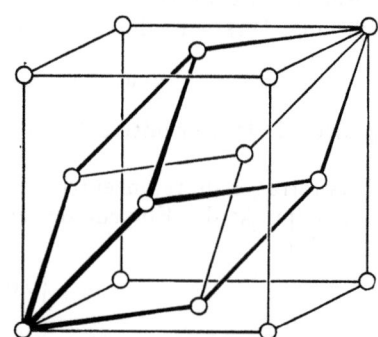

Abb. 507. Kubisch-raumzentriertes Gitter mit eingezeichnetem primitivem Tripel. 　Abb. 508. Kubisch-flächenzentriertes Gitter mit eingezeichnetem primitivem Parallelepiped.

verschoben sind. Von dem primitiven Tripel

$$\mathfrak{A}_1 = \frac{a_2 + a_3}{2}; \quad \mathfrak{A}_2 = \frac{a_1 + a_3}{2}; \quad \mathfrak{A}_3 = \frac{a_1 + a_2}{2} \qquad (I, 55)$$

wird es aus einem einzigen Gitterpunkt erzeugt. Zwischen $\mathfrak{A}_1$, $\mathfrak{A}_2$, $\mathfrak{A}_3$ gelten die Gleichungen

$$\mathfrak{A}_1^2 = \mathfrak{A}_2^2 = \mathfrak{A}_3^2 = 2\mathfrak{A}_1\mathfrak{A}_2 = 2\mathfrak{A}_1\mathfrak{A}_3 = 2\mathfrak{A}_2\mathfrak{A}_3. \qquad (I, 56)$$

Das primitive Epiped hat das Volumen $a^3/4$.

§ 5. Symmetrieeigenschaften der Translationsgitter. Kristallsysteme.

Inhalt: Ein Gitter kann Zentrosymmetrie, Drehsymmetrie, Spiegelsymmetrie und Drehspiegelsymmetie besitzen. Durch Klassifikation nach diesen Symmetrien werden die Gitter in 32 Klassen eingeteilt. Ein Gitter, welches durch eine Translation aus einem Punkt entsteht, besitzt immer Zentrosymmetrie, und alle anderen Symmetrien lassen sich auf Drehsymmetrien zurückführen. Es gibt zweizählige, dreizählige, vierzählige und sechszählige Drehachsen. Translationsgitter ohne Symmetrie heißen triklin, mit einer zweizähligen Drehachse monoklin, mit dreizähliger, vierzähliger oder sechszähliger Drehachse trigonal, tetragonal oder hexagonal, wenn sonst keine selbständigen Symmetrieelemente vorhanden sind. Die Kombination mehrerer vierzähliger oder dreizähliger Achsen führt zum kubischen System, mehrerer ungleichartiger zweizähliger Achsen zum rhombischen System.

Die 14 Bravaisschen Gittertypen entstehen durch bestimmte Spezialisierungen der drei primitiven Translationen. Die Vektoren eines Tripels haben zum Teil gleich Länge oder sie stehen aufeinander senkrecht oder sie bilden wenigstens gleiche Winkel miteinander. Es fehlte aber bisher noch an einem systematischen Gesichtspunkt für die Auswahl dieser speziellen Gittertypen. Insbesondere erscheint die Einteilung in trikline, monokline, rhombische, hexagonale, rhomboedrische, tetragonale und kubische Gitter noch ziemlich willkürlich. Als ein-

§ 5. Symmetrieeigenschaften der Translationsgitter. Kristallsysteme.

heitliche Gesichtspunkte für die Systematik spezieller Gitter ziehen wir jetzt ihre Symmetrieeigenschaften heran.

Um uns klarzumachen, worin die Symmetrie eines Gitters besteht, betrachten wir das Zonenbündel durch einen Gitterpunkt. Zwei Zonen heißen gleichwertig, wenn die Anordnung der Gitterpunkte auf ihnen dieselbe ist. Ein Gitter besitzt Symmetrie, wenn es zu jeder Zone eines Bündels mindestens eine gleichwertige gibt. Etwas allgemeiner kann man von gleichwertigen Richtungen, statt von gleichwertigen Zonen sprechen.

Ein Gitter, das durch Translation eines einzigen Atoms entsteht, besitzt immer eine bestimmte Art von Symmetrie. Jede Richtung ist nämlich der ihr entgegengesetzten gleichwertig. Die Vertauschung aller Richtungen mit den entgegengesetzten nennt man Inversion. Sie besteht darin, daß die Koordinaten aller Gitterpunkte (bezogen auf einen bestimmten als Nullpunkt) das Vorzeichen wechseln. Bei dieser Operation geht ein Translationsgitter in sich über. Man nennt es aus diesem Grunde zentrosymmetrisch. Jeder Gitterpunkt ist ein Inversionszentrum. (Hierbei wird vorausgesetzt, daß das Gitter sich ins Unendliche erstreckte.)

Die Zentrosymmetrie kann verlorengehen, wenn das Gitter aus einer Basis hervorgeht. Ein Gitter mit einer zweiatomigen Basis, wie es in Abb. 509 schematisch angedeutet ist, besitzt die Zentrosymmetrie nicht mehr. Bei speziellen

Abb. 509.   Abb. 510.

Ebenes Gitter mit zweiatomiger Basis Abb. 509 ohne Zentrosymmetrie. Abb. 510 mit Zentrosymmetrie.

Formen mehratomiger Basen kann aber die Zentrosymmetrie bestehenbleiben (s. Abb. 510).

Die Symmetrie eines Gitters kann ferner darin bestehen, daß es in sich übergeht, wenn man es an einer bestimmten Ebene spiegelt. Natürlich hat dann auch die Spiegelung an jeder zu ihr parallelen Ebene einer Identitätsschar dieselbe Wirkung. Ein solches Gitter ist spiegelsymmetrisch und besitzt eine Symmetrieebene.

Kann ein Gitter mit sich selbst zur Deckung gebracht werden, wenn man es um eine Achse durch einen Gitterpunkt dreht, so zeigt es Drehsymmetrie. Es besitzt dann eine Symmetrie- oder Drehachse. Jede zur Drehachse gleichwertige parallele Gerade ist ebenfalls eine Drehachse.

Wenn das Gitter weder durch eine Drehung allein noch durch eine Spiegelung allein in sich übergeht, wohl aber wenn beide Operationen nacheinander ausgeführt werden, besteht eine vierte Art von Symmetrie. Man kann zeigen, daß diese Drehspiegelung immer aus einer Drehung und einer Spiegelung an einer zur Drehachse senkrechten Ebene zusammengesetzt werden kann. Ein solches Gitter besitzt eine sog. Drehspiegelachse.

Die in einem Gitter möglichen Symmetrien können durch die vier Symmetrieelemente — Inversionszentrum, Spiegelebene, Drehachse und Drehspiegelachse — gekennzeichnet werden. Klassifiziert man allgemeine Gitter (auch solche mit Basis) nach Art und Zahl ihrer Symmetrieelemente, so gelangt man zu den 32 Kristallklassen der Kristallographie. Diese Einteilung ausführlich durchzuführen, überschreitet den Rahmen dieses Buches, und wir beschränken uns deshalb darauf, die Symmetrieverhältnisse der Translationsgitter ohne Basis zu diskutieren.

Bei Translationsgittern vereinfachen sich die Verhältnisse wesentlich, weil sie immer zentrosymmetrisch sind.

Eine Drehachse heißt n-zählig, wenn sie aus jeder Zone durch den Nullpunkt n voneinander verschiedene, aber gleichwertige Zonen hervorbringt. Der kleinste Drehwinkel, der das Gitter mit sich zur Deckung bringt, muß der n-te Bruchteil von $360°$ sein. Aus jedem Gitterpunkt entsteht bei der Drehung ein regelmäßiges n-Eck in einer Ebene senkrecht zur Achse. Da man die Ebene aber nur durch reguläre Sechsecke, Quadrate oder gleichseitige Dreiecke bedecken kann, kann es nur sechszählige Achsen oder Hexagyren, vierzählige oder Tetragyren, dreizählige oder Trigyren und schließlich zweizählige oder Digyren geben.

Eine Drehachse ist immer eine Zone des Gitters. Um dies zu beweisen, betrachten wir einen Gitterpunkt A_1, dessen Verbindungslinie mit dem Nullpunkt O nicht auf der Drehachse senkrecht steht. Der Vektor OA_1 sei mit $\mathfrak{a}_1$ bezeichnet.

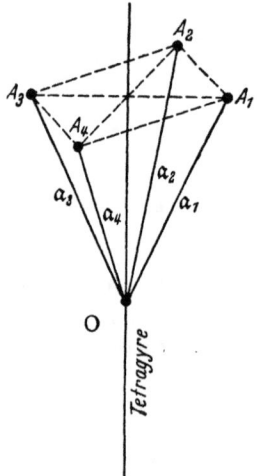

Bei der Drehung gehen aus A_1 die Punkte $A_2, A_3, \ldots, A_n$ und aus $\mathfrak{a}_1$ die Vektoren $\mathfrak{a}_1, \mathfrak{a}_2, \ldots, \mathfrak{a}_n$ hervor (s. Abbildung 511). Die Drehachse selbst hat die Richtung des Vektors

$$\mathfrak{a}_1 + \mathfrak{a}_2 + \mathfrak{a}_3 + \cdots + \mathfrak{a}_n.$$

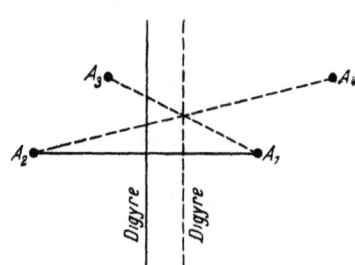

Abb. 511. Vierzählige Drehachse.

Abb. 512. Konstruktion der Netzebene senkrecht zu einer Digyre.

Der Endpunkt gerade dieses Vektors bezeichnet aber wieder einen Gitterpunkt, der somit auf der Drehachse liegt. Da diese außer dem Nullpunkt noch einen weiteren Gitterpunkt trägt, ist sie eine Zone.

Jede Ebene senkrecht zu einer Drehachse durch einen Gitterpunkt ist eine Netzebene. Bei Hexagyren, Tetragyren und Trigyren ist dies selbstverständlich, da durch Drehung aus jedem Punkt A schon ein Sechseck, Quadrat oder Dreieck in der Ebene senkrecht zur Drehachse entsteht. (Liegt der Punkt A der Ebene auf der Achse selbst, so dreht man um eine parallele Achse.) Auf einer Digyre steht zunächst die Zone $A_1 A_2$ der Abb. 512 senkrecht. Bei einer Drehung um eine parallele Achse entsteht aus ihr eine neue

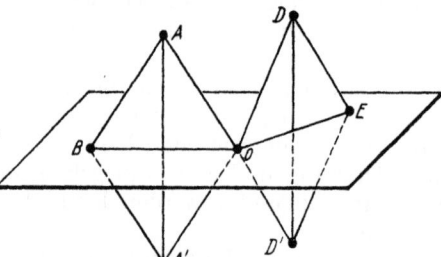

Abb. 513. Jede Spiegelebene durch einen Gitterpunkt ist eine Netzebene.

§. 5 Symmetrieeigenschaften der Translationsgitter. Kristallsysteme. 1657

Zone A_3A_4, die mit A_1A_2 eine zur Drehachse senkrechte Netzebene liefert.

Jede Netzebene senkrecht zu einer Hexagyre, Tetragyre oder Digyre ist eine Spiegelebene. Dreht man um 180° und nimmt dann eine Inversion vor, so ist das Resultat eine Spiegelung an der Netzebene senkrecht zur Achse. Dieser Satz gilt nur für die Translationsgitter, weil sie ein Inversionszentrum besitzen.

Eine Spiegelebene durch einen Gitterpunkt ist immer eine Netzebene des Gitters. Zum Beweis konstruieren wir zu einem Punkt A sein Spiegelbild A'. Der vierte Punkt B des Parallelogramms $OAA'B$ liegt dann auf der Spiegelebene (s. Abb. 513).

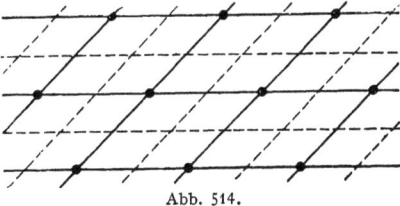

Abb. 514.

Mit einem weiteren Punkt D, der nicht in der Ebene $OAA'B$ liegt, finden wir einen dritten Punkt E in der Spiegelebene durch die gleiche Konstruktion. Die Spiegelebene enthält damit wenigstens drei Punkte und ist somit eine Netzebene, deren weitere Punkte sich jetzt leicht auffinden lassen.

Das Lot auf einer Spiegelebene in einem Gitterpunkt ist immer eine geradzählige Drehachse. Zum Beweis betrachten wir das Netz in der Spiegelebene und ihren beiden benachbarten parallelen Netzebenen auf beiden Seiten. Da die Nachbarebenen sich wie Bild und Spiegelbild verhalten, müssen die Projektionen ihrer Netze entweder mit dem der Spiegelebene zusammenfallen oder das punktierte Netz der Abb. 514 ergeben. In beiden Fällen ist aber das Lot zur Spiegelebene für alle Netze und damit für das ganze Gitter eine geradzählige, mindestens zweizählige Drehachse.

Da die Spiegelebenen immer mit Drehachsen zusammen auftreten, brauchen wir sie nicht als selbständige Symmetrieelemente anzusehen.

Jetzt müssen wir noch die Drehspiegelachsen untersuchen. Eine Drehspiegelachse muß immer geradzählig sein, da der Ausgangspunkt nur nach einer geraden Anzahl von Spiegelungen wieder erreicht werden kann. Eine $2n$-zählige Drehspiegelachse ist gleichzeitig immer eine n-zählige Drehachse, und hierdurch wird n auf die Zahlen 1, 2, 3, 4 und 6 beschränkt.

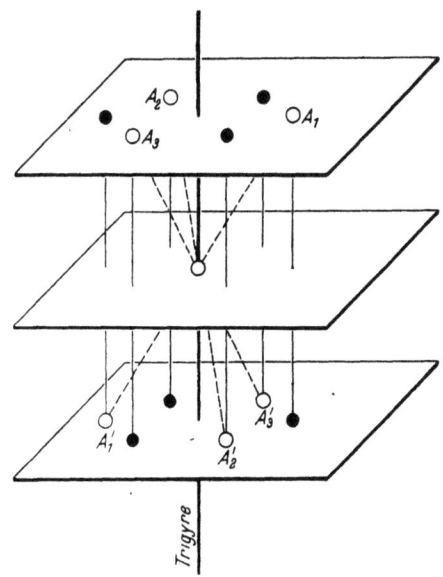

Abb. 515. Eine Trigyre ist gleichzeitig sechszählige Drehspiegelachse. Durch Drehung um 60° oder Spiegelung allein gehen aus den Kreisen die schwarzen Punkte hervor. Durch beide Operationen nacheinander kommen gleichartige Punkte zur Deckung.

Die zweizählige Drehspiegelung ($n = 1$) ist die Inversion und kann deshalb ausgeschieden werden. Eine vierzählige Drehspiegelachse ($n = 2$) ist zunächst eine zweizählige Drehachse. Die Ebene senkrecht zu ihr ist eine Spiegelebene. Das Gitter kommt also nicht nur bei einer Drehung um 90° und darauffolgende Spiegelung mit sich zur Deckung, sondern durch die Drehung allein, da die Spiegelung für sich eine Deckoperation ist. Eine vierzählige Drehspiegelachse ist also sogar mit einer vierzähligen Drehachse gleichbedeutend. Die sechszählige Drehspiegelachse ist natürlich gleich-

1658　O. I. Der Aufbau der kompakten Materie aus Atomen und Molekülen.

zeitig eine Trigyre. Sie bringt aus dem Punkt A_1 der Abb. 515 die Punkte $A_2 A_3$ und $A_1' A_2' A_3'$ hervor. Die Punkte A_2 und A_3 entstehen aber auch durch eine Trigyre und die Punkte $A_1' A_2' A_3'$ beim zentrosymmetrischen Translationsgitter durch die Inversion. Eine Trigyre ist also immer auch eine sechszählige Drehspiegelachse. Achtzählige und zwölfzählige Drehspiegelachsen sind hingegen unmöglich. Ihre Lotebenen müßten nämlich Spiegelebenen sein, und solche Drehspiegelachsen wären gleichzeitig achtzählige oder zwölfzählige Drehachsen. Als

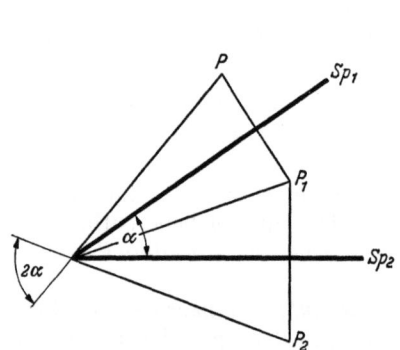

Abb. 516. Spiegelung des Punktes P an den Spiegelebenen Sp_1 und Sp_2 bewirkt eine Drehung um den Winkel 2α.

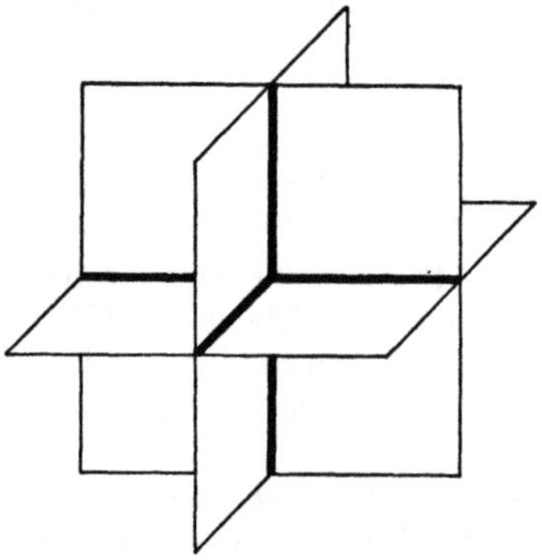

Abb. 517. Drei zueinander senkrechte Spiegelebenen und drei Digyren als Schnittlinien.

selbständige Symmetrieelemente brauchen wir also nur Digyren, Trigyren, Tetragyren und Hexagyren anzusehen.

Die verschiedenen möglichen Symmetriearten ergeben sich aus der Kombination der miteinander verträglichen Drehachsen. Um sie aufzufinden, sind einige Sätze nützlich.

Die Schnittlinie zweier Spiegelebenen ist eine Drehachse. Die Spiegelung an zwei Ebenen, die den Winkel α miteinander bilden, wirkt nämlich wie eine

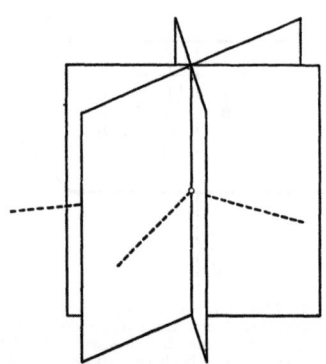
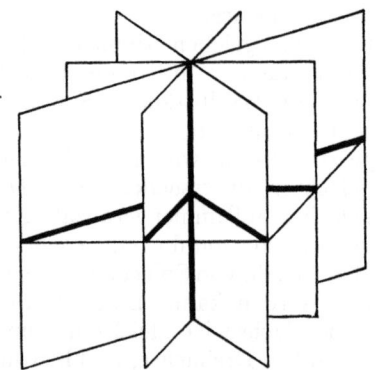

Abb. 518. Drei Spiegelebenen durch eine Trigyre. Drei Digyren (punktiert) senkrecht zur Trigyre.

Abb. 519. Vier Spiegelebenen durch eine Tetragyre und eine Spiegelebene senkrecht dazu. Vier Digyren senkrecht zur Tetragyre.

Drehung vom Winkel 2α um ihre Schnittlinie (s. Abb. 516). Es gibt also folgende Möglichkeiten:

1. Die Schnittlinie ist eine Digyre. Die Spiegelebenen bilden dann einen Winkel von 90°. Senkrecht zur Digyre haben wir aber noch eine Spiegelebene, im ganzen also drei zueinander senkrecht Spiegelebenen und drei zueinander senkrechte Digyren als deren Schnittlinien (s. Abb. 517).

§ 5. Symmetrieeigenschaften der Translationsgitter. Kristallsysteme.

2. Die Schnittlinie ist eine Trigyre. Dann schneiden sich drei Spiegelebenen unter Winkeln von 60° in ihr. Senkrecht zur Trigyre steht keine Spiegelebene (s. Abb. 518). Sonst würde die Trigyre, die sowieso schon eine sechszählige Drehspiegelachse ist, zu einer Hexagyre werden.

3. Die Schnittlinie ist ein Tetragyre. In ihr schneiden sich vier Spiegelebenen unter Winkeln von 45°. Senkrecht zur Tetragyre liegt eine Spiegelebene (s. Abb. 519). Ihre Schnittlinien mit den vier anderen Spiegelebenen ergeben vier Digyren, die auf der Tetragyre senkrecht stehen und unter sich Winkel von 45° bilden.

4. Die Schnittlinie ist eine Hexagyre, durch welche sechs Spiegelebenen gehen, welche Winkel von 30° einschließen. Senkrecht zu ihnen hat man eine weitere Spiegelebene und senkrecht zur Hexagyre sechs Digyren, die Winkel von 30° miteinander bilden (s. Abb. 520). Jetzt können wir die Gitter nach ihren Drehachsen einteilen.

Es gibt zunächst Gitter, die überhaupt kein Symmetrieelement außer dem Symmetriezentrum besitzen. Diese Gitter sind triklin.

Ein Gitter, dessen einziges Symmetrieelement eine Digyre ist, heißt monoklin. Senkrecht zur Digyre liegt eine Spiegelebene.

Besitzt ein Gitter nur eine Trigyre bzw. eine sechszählige Drehspiegelachse und die mit ihr zwangsläufig verknüpften drei dazu senkrechten Digyren in Winkeln von 60°, so ist es trigonal oder, wie man gewöhnlich sagt, rhomboedrisch.

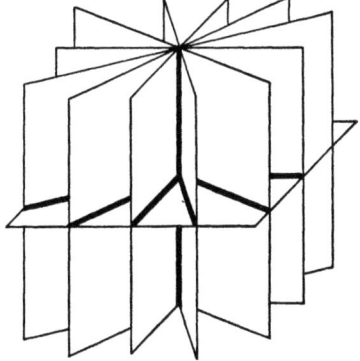

Abb. 520. Sechs Spiegelebenen durch eine Hexagyre und eine Spiegelebene senkrecht dazu. Sechs Digyren senkrecht zur Hexagyre.

Ein Gitter mit Tetragyre, dazu senkrechter Spiegelebene und in dieser vier Digyren unter Winkeln von 45°, sonst aber keinen Symmetrieelementen wird tetragonal genannt.

Gitter mit Hexagyre heißen hexagonal. Sie besitzen auch die mit der Hexagyre verbundenen Symmetrieelemente, nämlich eine Spiegelebene senkrecht zu ihr und darin sechs Digyren unter Winkeln von 30°.

Damit sind fünf Kristallsysteme schon gefunden. Sie besitzen entweder kein oder nur ein einziges unabhängiges Symmetrieelement. Zwei weitere Kristallsysteme finden wir noch, wenn wir jetzt die Kombinationen mehrerer Symmetrieelemente untersuchen.

Zwei Hexagyren sind unmöglich. Wären OH_1 und OH_2 zwei Hexagyren, so stünden auf ihnen zwei Spiegelebenen senkrecht, die miteinander nur die Winkel 30°, 60°, 45° und 90° bilden können. OH_1 und OH_2 können also auch nur einen dieser Winkel einschließen. Nun drehen wir OH_2 um 60° um OH_1 und erhalten so eine dritte Hexagyre OH_3. Die Durchstoßpunkte der drei Hexagyren durch eine Kugel bilden ein gleichschenkliges sphärisches Dreieck mit dem Winkel $\gamma = 60°$ an der Spitze (s. Abb. 521). Jetzt kann man die Seite $c = H_2H_3$ berechnen und erhält

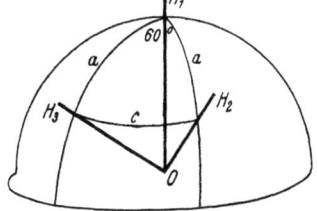

Abb. 521. Aus den Hexagyren H_1 und H_2 entsteht durch Drehung um 60° die Hexagyre H_3. Gleichschenkliges Dreieck $H_1H_2H_3$ auf der Einheitskugel.

$$\sin \frac{c}{2} = \frac{1}{2} \sin a.$$

Setzt man für a die Werte 30°, 45°, 60° und 90° ein, so findet man

a	30°	45°	60°	90°
c	29°	41,6°	51,4°	60°.

Nun ist aber c der Winkel, den die beiden Hexagyren OH_2 und OH_3 miteinander bilden und kann wieder nur die Werte 30°, 45°, 60° und 90° haben. Zwischen OH_1 und OH_2 sind also die Winkel 30°, 45° und 60° nicht möglich. Aber auch 90° scheidet aus, weil ja dann OH_2 und OH_3 einen Winkel von 60° einschließen würden, was ebenso unmöglich ist, wie bei OH_1 und OH_2. Es können also zwei Hexagyren überhaupt nicht vorkommen.

Hieraus ergibt sich sogleich, daß eine Hexagyre nicht mit solchen Drehachsen kombiniert werden kann, welche aus ihr eine zweite Hexagyre hervorgehen lassen. Es könnten also höchstens Achsen vorkommen, welche mit der Hexagyre zusammenfallen, oder Digyren, die auf ihr senkrecht stehen. Die Hexagyre ist zugleich Trigyre und Digyre. Mit einer Tetragyre kann sie nicht zusammenfallen, da sie sonst eine zwölfzählige Achse wäre, was unmöglich ist. Senkrecht zur Hexagyre gibt es nur die sechs Digyren, die sie in jedem Fall begleiten. Eine Hexagyre kann also mit keinem anderen selbständigen Symmetrieelement kombiniert werden.

Führt man für Tetragyren dieselbe Betrachtung wie für die Hexagyren durch, so findet man, daß zwei Tetragyren nur aufeinander senkrecht stehen können. Notwendig ist mit ihnen eine dritte Tetragyre senkrecht zu den beiden ersten verknüpft. Die drei Tetragyren und die sie verbindenden Ebenen zerlegen den Raum in acht Oktanten und schneiden aus einer Kugel acht gleichseitige Dreiecke mit Winkeln und Seiten von 90° aus. Verbindet man die Schwerpunkte dieser Dreiecke mit dem Nullpunkt, so erhält man vier Trigyren, die mit den Tetragyren verknüpft sind. Sie bilden miteinander Winkel von 109° 28′ 16″.

Diese Kombination von drei aufeinander senkrechten Tetragyren und vier Trigyren liefert das kubische Gitter. Die Tetragyren sind den Kanten eines Würfels, die Trigyren seinen Diagonalen parallel. Außerdem gibt es die mit den Tetragyren und Trigyren zwangsläufig verbundenen Digyren, die in die Richtung der Würfelflächendiagonalen fallen. Außer dem kubischen System kann es kein System mehr geben, in welchem eine Tetragyre mit Achsen verbunden ist, die von ihr unabhängig sind.

Geht man von mehreren Trigyren aus, so gelangt man ebenfalls zum kubischen System. Das kubische System erweist sich als die einzige Möglichkeit, Tetragyren oder Trigyren mit Drehachsen zu verbinden, welche nicht zwangsläufig mit ihnen verknüpft sind.

Nun sind noch die Kombinationen zu untersuchen, welche nur Digyren enthalten. Zwei Digyren können nur aufeinander senkrecht stehen, wenn keine höhere Achse da ist. Die beiden auf ihnen senkrechten Spiegelebenen bilden dann einen Winkel von 90° und ihre Schnittlinie ist wieder eine Digyre, die auf den beiden anderen senkrecht steht. Die drei Digyren bilden also ein rechtwinkliges Koordinatenkreuz, die Spiegelebenen die zugehörigen Koordinatenebenen. Ein solches Gitter mit mehr als einer Digyre ohne höhere Achse gehört dem rhombischen System an.

Es gibt also sieben verschiedene Kombinationen selbständiger Symmetrieelemente, die den sieben Kristallsystemen entsprechen.

Die 14 Bravaisschen Gittertypen entstehen, wie im vorigen Paragraphen gezeigt wurde, indem man die Flächen oder Mitten der primitiven Parallelepipede mit Atomen belegt. Dies ist auf die Symmetrie der Gitter ohne Einfluß, da diese Punkte durch alle Deckoperationen sowieso in gleichwertige übergehen.

Ersetzt man die Gitterpunkte durch eine Basis, welche selbst die Symmetrie des Gitters besitzt, so ändert sich nichts an unseren Betrachtungen. Hat dagegen die Basis geringere Symmetrie, so kann (nicht muß) das Gitter seine Symmetrie teilweise verlieren. Statt der sieben Kristallsysteme können wir dann die oben erwähnten 32 Kristallklassen unterscheiden. Als Translationsgitter erscheinen von ihnen nur die zentrosymmetrischen, welche die Kristallographie als holoedrisch bezeichnet, während die hemiedrischen und tetartoedrischen Klassen geringerer Symmetrie nur bei Gittern mit Basis vorkommen.

§ 6. Kristallflächen und Kristallkanten.

Die Gitterstruktur steht in engem Zusammenhang mit der äußeren Begrenzung der Kristalle. Ebene Oberflächen, die sog. Kristallflächen, müssen natürlich Netzebenen des Gitters sein. Die Kristallkanten als ihre Schnittlinien sind Zonen des Gitters.

An sich kann jede Netzebene eine Kristallfläche und jede Zone eine Kristallkante sein. Tatsächlich werden aber bestimmte Netzebenen und Zonen besonders bevorzugt und kommen viel häufiger vor als andere. Die häufigsten Kristallflächen sind Netzebenen mit großem Abstand, die häufigsten Kanten diejenigen Zonen, welche am dichtesten mit Gitterpunkten besetzt sind. Diese Erfahrungsregel ist aus der Gitterstruktur leicht verständlich.

II. Mechanische und elektrische Eigenschaften nichtmetallischer Gitter.

Ein Gitter ruhender Atome ist ein Modell eines sich selbst überlassenen Kristalls beim absoluten Nullpunkt oder auch bei sehr tiefen Temperaturen. Bei höheren Temperaturen ruhen die Atome nicht, sondern sie führen kleine schwingungsartige Bewegungen um die Gitterpunkte aus. Wird der Kristall elastisch verformt, so wird sein Gitter verzerrt, kommt er in ein elektrisches Feld, so verschieben sich seine Atome ebenfalls gegeneinander. Die elastischen, thermischen, elektrischen und optischen Eigenschaften können nur richtig verstande werden, wenn man nicht nur die Eigenschaften der Atome und ihre Ruhelage kennt, sondern wenn man auch ihre Bewegungen berücksichtigt. Dies ist die Aufgabe der sog. dynamischen Gittertheorie, über deren Probleme und Methoden in diesem Kapitel ein kurzer Überblick gegeben werden soll.

In der dynamischen Gittertheorie ist es zweckmäßig, zwischen Metallen und Nichtmetallen zu unterscheiden. Ganz streng genommen ist zwar in beiden Fällen das ganze Gitter ein einziges quantenmechanisches System, welches aus Atomkernen und Elektronen zusammengesetzt ist. Für die Nichtleiter kann man aber in guter Näherung die drei Modelle des Molekülgitters, des Ionengitters oder des Valenzgitters benutzen. Das Molekülgitter besteht aus fertigen Molekülen, die durch van der Waalssche Kräfte aneinanderhaften. Das Ionengitter ist aus Ionen aufgebaut, die durch elektrostatische Kräfte zusammengehalten werden. In beiden Gittern gehört jedes Elektron zu einem bestimmten Molekül oder Ion. Im Valenzgitter sind die Atome durch homöopolare Bindungen miteinander verknüpft. Die Bindungselektronen gehören hier jeweils der Hülle von zwei Atomen an, die übrigen Elektronen nur einem Atom. Die Elektronen braucht man deshalb in allen drei Fällen nicht als selbständige Teilchen zu berücksichtigen, sondern kann einfach mit den ganzen Atomen, Ionen oder Molekülen als Gitterbausteinen operieren.

Bei den Metallgittern liegt die Situation anders. Man muß sie als ein Gitter von geladenen Atomrümpfen ansehen, welche ein räumlich periodisches Potentialfeld erzeugen, in das die Gesamtheit der Valenzelektronen als eine Wolke eingebettet ist. Hier ist es unvermeidlich, neben dem Gitter noch das sog. Elektronengas zu untersuchen, was eine wesentliche Komplikation der Theorie mit sich bringt. Aus diesem Grund beschränken wir uns zunächst auf die Nichtleiter, während in dem darauffolgenden Kapitel eine Einführung in die Elektronentheorie der Metalle gegeben wird.

§ 1. Die homogene Verzerrung der Gitter.

Inhalt: Eine homogene Verzerrung eines Gitters kann aus der Verzerrung des Translationsgitters und aus den inneren Verrückungen der Basisatome gegeneinander zusammengesetzt werden. Zellenindex und Basisindex, Verzerrungstensor.

Bezeichnungen: Δ Zellvolumen, $n = (n_1 n_2 n_3)$ Zellenindex, k Basisindex, $\mathfrak{r}^{(n)}$ Ortsvektor der n-ten Zelle, $\mathfrak{r}_k$ Ortsvektor des k-ten Atoms in der Basis, $\mathfrak{r}_k^{(n)}$ Ortsvektor des k-ten Atoms in der n-ten Zelle, x, y, z Komponenten von $\mathfrak{r}$, $\mathfrak{u}_k$ innere Verrückung, $\mathfrak{u}_k^{(n)}$ Verrückungsvektor des k-ten Atoms in der n-ten Zelle, β Verzerrungstensor mit den Komponenten $\beta_{xx}, \beta_{xy}, \beta_{xz}, \beta_{yy}$ usw.

Das Gitter denken wir uns in Zellen eingeteilt, deren Kanten die drei Vektoren $\mathfrak{a}_1, \mathfrak{a}_2, \mathfrak{a}_3$ sind. Das Zellvolumen ist

$$\Delta = (\mathfrak{a}_1[\mathfrak{a}_2 \mathfrak{a}_3]). \tag{II, 1}$$

Die Zellen brauchen nicht notwendig primitive Parallelepipede des Gitters zu sein.

Die Zelle, welche den Nullpunkt des Koordinatensystems enthält, kann man durch die Translation

$$\mathfrak{r}^{(n)} = n_1 \mathfrak{a}_1 + n_2 \mathfrak{a}_2 + n_3 \mathfrak{a}_3 \tag{II, 2}$$

mit jeder anderen Zelle zur Deckung bringen. Das Tripel der drei ganzen Zahlen $n = (n_1 n_2 n_3)$ nennt man den Zellenindex.

Die Teilchen in der Zelle $n = (000)$ bilden die Basis des Gitters. Die Lage des k-ten Teilchens in der Basiszelle wird durch den Vektor $\mathfrak{r}_k$ angegeben. k wird Basisindex genannt. Der Ort des k-ten Teilchens in der n-ten Zelle ist der Endpunkt des Vektors

$$\mathfrak{r}_k^{(n)} = \mathfrak{r}^{(n)} + \mathfrak{r}_k. \tag{II, 3}$$

Zwei Gitterpunkte (n, k) und (n', k') — man beachte, daß n und n' drei Zahlen vertreten — sind durch den Vektor

$$\mathfrak{r}_{k k'}^{(n - n')} = \mathfrak{r}^{(n)} - \mathfrak{r}^{(n')} + \mathfrak{r}_k - \mathfrak{r}_{k'} = \mathfrak{r}^{(n - n')} + \mathfrak{r}_k - \mathfrak{r}_{k'} \tag{II, 4}$$

verbunden. Aus dem allgemeinen Gitter mit Basis entsteht ein einfaches Translationsgitter, wenn wir k nur einen einzigen festen Wert geben.

Jede Veränderung in einem Gitter kann man beschreiben, indem man die Gitterpunkte an den Orten $\mathfrak{r}_k^{(n)}$ eine Verrückung ausführen läßt. An sich kann die Verrückung sowohl von n wie auch von k beliebig abhängen, d. h. für jede Zelle und für jedes Atom in den Zellen immer andere Werte haben. Eine elastische Verformung eines festen Körpers kann z. B. an manchen Stellen gering, an anderen groß sein. Betrachten wir jedoch nur einen kleinen Ausschnitt aus einem

§ 1. Die homogene Verzerrung der Gitter.

Kristall, so werden wir in ihm eine homogene Verformung annehmen dürfen, die den ganzen Ausschnitt gleichmäßig betrifft. Da nun die Gitterzellen nur eine Ausdehnung von etwa 10^{-8} cm besitzen, können wir makroskopische Kristallgebiete, auch wenn sie sehr klein sind, immer als unendliche Gitter betrachten, weil sie noch ungeheuer viele Zellen enthalten. Es wird also genügen, wenn wir homogene Verzerrungen in kleinen Bezirken des Gitters untersuchen.

Die Verschiebung eines Gitterpunktes kann man aus mehreren Anteilen zusammensetzen. Zunächst ist eine Translation und eine Drehung des ganzen Gitters möglich, für die wir uns aber nicht interessieren. Dazu kommt die Verzerrung, die wir durch den Verzerrungsvektor $\mathfrak{u}_k^{(n)}$ angeben. Auch sie besteht wieder aus zwei Anteilen. Der eine betrifft die Zelle als Ganzes und man kann ihn wie in der Elastizitätstheorie aus drei Dehnungen in zueinander senkrechten Richtungen zusammensetzen. Er bedeutet die Verzerrung des Translationsgitters. Wie in der Kontinuumstheorie (s. Bd. I, S. 139) kann man diesen Anteil aus dem symmetrischen Verzerrungstensor

$$\mathfrak{B} = \begin{Vmatrix} \beta_{xx} & \beta_{xy} & \beta_{xz} \\ \beta_{xy} & \beta_{yy} & \beta_{yz} \\ \beta_{xz} & \beta_{yz} & \beta_{zz} \end{Vmatrix} \qquad (II, 5)$$

durch skalares Multiplizieren mit dem Ortsvektor gewinnen. Da wir uns auf homogene Verformungen beschränken, können wir mit $\mathfrak{u}$ und $\mathfrak{r}$ statt mit $d\mathfrak{u}$ und $d\mathfrak{r}$ rechnen. Da wir von der Translation und Rotation des ganzen Kristalls absehen, brauchen wir zwischen Verschiebungsvektor und Verzerrungsvektor nicht zu unterscheiden. In Tensorschreibweise erhält man dann den Verzerrungsvektor

$$(\mathfrak{r}_k^{(n)} \mathfrak{B}) \qquad (II, 6)$$

mit den Komponenten

$$\left. \begin{array}{l} x_k^{(n)} \beta_{xx} + y_k^{(n)} \beta_{xy} + z_k^{(n)} \beta_{xz}, \\ x_k^{(n)} \beta_{xy} + y_k^{(n)} \beta_{yy} + z_k^{(n)} \beta_{yz}, \\ x_k^{(n)} \beta_{xz} + y_k^{(n)} \beta_{yz} + z_k^{(n)} \beta_{zz}. \end{array} \right\} \qquad (II, 7)$$

Besteht die Basis des Gitters nur aus einem Atom, so sind damit schon alle Verzerrungsmöglichkeiten erschöpft.

Bei einer mehratomigen Basis sind mehrere Translationsgitter ineinandergeschachtelt und gegeneinander um die Vektoren $\mathfrak{r}_k$ versetzt. Solche Gitter können nicht nur gemeinsam verzerrt werden, sondern auch noch gegeneinander eine Verschiebung $\mathfrak{u}_k$ erleiden. Diese inneren Verrückungen der Atome in einer Zelle sind in allen Zellen dieselben, hängen also nicht vom Zellenindex n ab.

Die allgemeinste homogene Verzerrung eines Gitters kann demnach durch den Vektor

$$\mathfrak{u}_k^{(n)} = \mathfrak{u}_k + (\mathfrak{r}_k^{(n)} \mathfrak{B}) \qquad (II, 8)$$

mit den Komponenten

$$\left. \begin{array}{l} u_{kx}^{(n)} = u_{kx} + x_k^{(n)} \beta_{xx} + y_k^{(n)} \beta_{xy} + z_k^{(n)} \beta_{xz}, \\ u_{ky}^{(n)} = u_{ky} + x_k^{(n)} \beta_{xy} + y_k^{(n)} \beta_{yy} + z_k^{(n)} \beta_{yz}, \\ u_{kz}^{(n)} = u_{kz} + x_k^{(n)} \beta_{xz} + y_k^{(n)} \beta_{yz} + z_k^{(n)} \beta_{zz} \end{array} \right\} \qquad (II, 9)$$

dargestellt werden.

§ 2. Die Gitterenergie des unverzerrten Gitters.

Inhalt: Die Gitterenergie eines Ionengitters wird als potentielle Energie der Anziehung berechnet. Die Energie pro Ion hängt vom Gittertyp, der Ionenladung und dem Abstand benachbarter Ionen ab, wobei der Einfluß des Gittertyps durch die Madelungsche Konstante ausgedrückt wird. Bei Berücksichtigung der Abstoßung bei kleinem Abstand kommt noch ein Zusatzglied hinzu. Die Gitterenergie ist immer negativ.

Bezeichnungen: $r_{kk'}^{(n-n')}$ Abstand des k-ten Atoms in der n-ten Zelle vom k'-ten Atom in der n'-ten Zelle, $V_{kk'}^{(n-n')}$ potentielle Energie dieser beiden Atome, $r_{kk'}^{(n)}$ Abstand des k-ten Atoms der n-ten Zelle von dem k'-ten Atom der Basis, $V_{k'}^{(n\,0)}$ Potential der n-ten Zelle auf das k'-te Basisteilchen, $V^{(n\,0)}$ Potential der n-ten Zelle auf die ganze Basiszelle, $V^{(0)}$ Potential des ganzen Gitters auf eine Zelle (Basiszelle), α Madelungsche Konstante, m Exponent der Ionenabstoßung, Φ Dichte der potentiellen Energie, K Zahl der Teilchen in der Basis.

Im Molekülgitter wirken van der Waalssche Kräfte zwischen den Gitterteilchen, im Ionengitter elektrostatische Anziehungs- und Abstoßungskräfte und im Valenzgitter chemische Bindungskräfte. In allen drei Fällen kommen noch Abstoßungskräfte hinzu, welche die Gitterteilchen am gegenseitigen Durchdringen ihrer Elektronenhülle bei kleinen Abständen hindern. Sie nehmen bei großen Abständen schnell ab. Die van der Waalsschen und die elektrostatischen Kräfte sind Zentralkräfte, deren Potential nur von der Art der Teilchen und ihrem Abstand abhängt. Die Valenzkräfte hingegen sind gerichtet und lassen sich nicht auf diese einfache Form bringen. Berücksichtigt man auch noch die Polarisation der Ionen im Felde ihrer Nachbarn, so kommen noch weitere Kräfte hinzu.

Wenn wir jetzt einfach alle Kräfte zwischen den Gitterteilchen als Zentralkräfte behandeln, so ist dies eine Idealisierung, die für die Ionengitter eine vernünftige Näherung ist und einen ersten Überblick erlaubt. Als zweite Näherung müßte man dann die Polarisierbarkeit der Ionen einführen, um die Theorie zu verfeinern. Viele Resultate, die man aus dem Modell der Zentralkräfte ableitet, treffen auch bei den Valenzgittern noch zu, obwohl man das dort gar nicht mehr erwarten kann.

Die potentielle Wechselwirkungsenergie des k-ten Teilchens in der n-ten Zelle und des k'-ten Teilchens in der n'-ten Zelle ist eine Funktion ihres Abstandes

$$|\mathfrak{r}_{kk'}^{(n-n')}| = r_{kk'}^{(n-n')} \qquad (\text{II}, 10)$$

und hängt natürlich auch von der Art der Teilchen, d. h. von den Basisindizes k und k' ab. Wir schreiben für sie

$$V_{kk'}^{(nn')} = V_{kk'}(r_{kk'}^{(n-n')}). \qquad (\text{II}, 11)$$

Legen wir eines der beiden Teilchen in die Basis, so ist

$$V_{kk'}^{(n\,0)} = V_{kk'}(r_{kk'}^{(n)}) \qquad (\text{II}, 12)$$

das Potential der Kräfte, die das k'-te Teilchen der Basis von dem k-ten Teilchen der n-ten Zelle erfährt. Das Potential der ganzen n-ten Zelle auf das Basisteilchen k'

$$V_{k'}^{(n\,0)} = \sum_{k} V_{kk'}(r_{kk'}^{(n)}) \qquad (\text{II}, 13)$$

ergibt sich durch Summieren über den Index k, der über die Atome der n-ten Zelle läuft. Summiert man auch über k', so hat man die potentielle Energie

$$V^{(n\,0)} = \sum_{k'} V_{k'}^{(n\,0)} = \sum_{k k'} V_{kk'}(r_{kk'}^{(n)}) \qquad (\text{II}, 14)$$

§ 2. Die Gitterenergie des unverzerrten Gitters.

der n-ten Zelle auf die Basiszelle bzw. das Potential

$$V^{(n\,n')} = \sum_{k\,k'} V_{k\,k'}(r_{k\,k'}^{n\,-n'}) \qquad (\text{II},15)$$

zweier Zellen aufeinander. Summiert man (II, 13) über sämtliche Zellen, wofür wir das Zeichen $\mathfrak{S}$ verwenden wollen, so erhält man das Potential des ganzen Gitters auf ein Teilchen

$$V_k^{(0)} = \mathfrak{S}\sum_{k'} V_{k\,k'}(r_{k\,k'}^{(n)}) = \mathfrak{S}\,V_k^{(n\,0)}. \qquad (\text{II},16)$$

Wenn man endlich diesen Ausdruck noch über die Basiszelle summiert, so erhält man das Potential

$$V^{(0)} = \sum_{k'} V_{k'}^{(0)} = \mathfrak{S}\sum_{k\,k'} V_{k\,k'}(r_{k\,k'}^{(n)}) \qquad (\text{II},17)$$

des Gitters auf eine Zelle. Selbstverständlich ist bei den Summationen $\mathfrak{S}$ immer dasjenige Glied wegzulassen, welches die potentielle Energie eines Teilchens auf sich selbst bedeutet. Ebenso groß wie $V^{(0)}$ ist natürlich das Potential

$$V^{(n')} = \mathfrak{S}\sum_{k\,k'} V_{k\,k'}(r_{k\,k'}^{n\,-n'}) \qquad (\text{II},18)$$

des ganzen Gitters auf jede andere Zelle.

Die Energie des ganzen Kristalls kann man finden, wenn man (II, 15) noch über n und n' summiert. Da alle Zellen dabei aber zweimal vorkommen, muß der Faktor $1/2$ hinzutreten. Die Gitterenergie des Kristalls ist also

$$U^{(0)} = \frac{1}{2}\mathop{\mathfrak{S}}_{n}\mathop{\mathfrak{S}}_{n'} V^{(n\,n')} = \frac{1}{2}\mathop{\mathfrak{S}}_{n}\mathop{\mathfrak{S}}_{n'}\sum_{k\,k'} V_{k\,k'}(r_{k\,k'}^{n\,-n'}) = \frac{1}{2}\mathop{\mathfrak{S}}_{n'} V^{(n')} = \frac{N}{2} V^{(0)}. \qquad (\text{II},19)$$

N ist die gesamte Anzahl der Zellen im Kristall. $V^{(0)}/2$ ist also die Gitterenergie pro Zelle.

Aus dieser Formel ergibt sich die räumliche Energiedichte

$$\Phi^{(0)} = \frac{V^{(0)}}{2\varDelta} = \frac{1}{2\varDelta}\mathfrak{S}\sum_{k\,k'} V_{k\,k'}^{(n\,0)}, \qquad (\text{II},20)$$

wenn man durch das Kristallvolumen $N\varDelta$ dividiert.

Die wirkliche Berechnung der Energie ist ziemlich mühsam. Am leichtesten kann sie noch für ein Ionengitter durchgeführt werden. Die Coulombschen Kräfte zwischen zwei Ionen der Ladungen e_1 und e_2 liefern den Potentialanteil $\frac{e_1 e_2}{4\pi\varepsilon_0 r}$. Dazu kommt die Abstoßungskraft, welche bei kleinen Abständen überwiegt, bei großen Abständen aber unbedeutend ist. Man drückt sie gewöhnlich durch ein Potential der Form b/r^m aus, wo $m > 1$ ist. Bei diesem Ansatz wird

$$V_{k\,k'}^{(n\,0)} = \frac{e_k e_{k'}}{4\pi\varepsilon_0 r_{k\,k'}^{(n)}} + \frac{b_{k\,k'}}{(r_{k\,k'}^{(n)})^m}. \qquad (\text{II},21)$$

Statt die Abstoßung zu berücksichtigen, kann man auch den Ionen einen Radius $r_0/2$ zuschreiben, so daß ihr Mindestabstand nicht kleiner als r_0 werden kann. r_0 ist dann der Abstand benachbarter Ionen im Gitter, wenn keine Verzerrung vorliegt. In dieser etwas groben Näherung gilt einfach

$$V_{k\,k'}^{(n\,0)} = \frac{e_k e_{k'}}{4\pi\varepsilon_0 r_{k\,k'}^{(n)}} \qquad (\text{II},22)$$

Weizel, Theoretische Physik, II. 2. Aufl.

und die Energie der Zelle

$$\frac{V^{(0)}}{2} = \frac{1}{8\pi\varepsilon_0} \underset{n}{S} \sum_{kk'} \frac{e_k e_{k'}}{r_{kk'}^{(n)}}. \qquad (II, 23)$$

Ist e die Elementarladung und setzen wir

so erhalten wir
$$e_k = e\eta_k; \quad r_{kk'}^{(n)} = r_0 \varrho_{kk'}^{(n)}, \qquad (II, 24)$$

$$\frac{V^{(0)}}{2} = \frac{e^2}{8\pi\varepsilon_0 r_0} \underset{n}{S} \sum_{kk'} \frac{\eta_k \eta_{k'}}{\varrho_{kk'}^{(n)}}. \qquad (II, 25)$$

Die η und ϱ hängen nur noch vom Gittertyp ab, aber nicht mehr von der chemischen Natur des Stoffes. Für NaCl, LiCl, KCl usw. haben diese Größen also denselben Wert. Bei der Auswertung ergibt die Summe eine Konstante

$$\alpha K = -\frac{1}{2} \underset{n}{S} \sum_{kk'} \frac{\eta_k \eta_{k'}}{\varrho_{kk'}^{(n)}}, \qquad (II, 26)$$

welche für das Gitter charakteristisch ist. K ist die Zahl der Ionen in der Zelle, welche man abspaltet, um unabhängig von der Wahl der Zelle die Gitterenergie pro Ion

$$\frac{V^{(0)}}{2K} = -\frac{e^2 \alpha}{4\pi\varepsilon_0 r_0} \qquad (II, 27)$$

angeben zu können. α wird Madelungsche Konstante genannt.

Bei der numerischen Berechnung von α muß der Ausdruck (II, 26) über alle Gitterteilchen addiert werden. Würde man zuerst die positiven Ionen und dann die negativen nehmen, so würde die Reihe gar nicht konvergieren. Die Konvergenz entsteht erst, wenn man das Potential einer Zelle bildet, die ja ein neutrales Gebilde ist. Je größer die Zelle gewählt wird, desto höhere Ordnung kann man dem Pol geben, den sie darstellt, und desto schneller nimmt ihr Potential mit dem Abstand ab.

Die Tabelle gibt die Madelungsche Konstante α für die Koordinationsgitter der Verbindungen XY und Y_2X.

Madelungsche Konstanten für verschiedene Gittertypen.

Caesiumchlorid	1,7627	Fluorit	5,0387
Steinsalz	1,7476	Rutil	4,82
Zinkblende	1,6381	Anatas	4,80
Wurtzit	1,639	Cuprit	4,1155

Die Gitterenergie ist stets negativ. Die Abstoßung der Ionen ist noch nicht berücksichtigt und liefert in der nächsten Näherung noch ein positives Glied. Da sie eine ziemlich unspezifische Wirkung ist, kann man den Abstoßungsexponent m für alle Ionen gleichsetzen und erhält dann die ganze Gitterenergie

$$\frac{V^{(0)}}{2} = -\frac{e^2 \alpha K}{4\pi\varepsilon_0 r_0} + \frac{B}{2r_0^m}, \qquad (II, 28)$$

wenn man die Abkürzung

$$B = \underset{n}{S} \sum_{kk'} \frac{b_{kk'}}{(\varrho_{kk'}^{(n)})^m} \qquad (II, 29)$$

einführt. B ist nur vom Gittertyp und von m abhängig, nicht aber von r_0.

Im Gleichgewicht muß

$$\frac{\partial V^{(0)}}{\partial r_0} = 0 \qquad (II, 30)$$

sein, und das ergibt für B den Wert

$$B = \frac{e^2 \alpha K r_0^{m-1}}{2\pi\varepsilon_0 m} \qquad (II, 31)$$

und die Gitterenergie

$$\frac{V^{(0)}}{2} = -\frac{e^2 \alpha K}{4\pi\varepsilon_0 r_0}\left(1 - \frac{1}{m}\right). \qquad (II, 32)$$

*§ 3. Die Energie des verzerrten Gitters.

Inhalt: Zur Energie des unverzerrten Gitters kommt im verzerrten Gitter noch ein Anteil zweiter Ordnung in den Komponenten der inneren Verrückungen und des Verzerrungstensors hinzu. Aus ihm lassen sich die Kräfte, die das Gitter auf die Teilchen ausübt, und die Spannungen als Funktionen der Verrückungen und Verzerrungen berechnen.

Bezeichnungen: $\mathfrak{K}_{k'x}, \mathfrak{K}_{k'y}, \mathfrak{K}_{k'z}$ Komponenten der Kräfte, welche das Gitter auf das k'-te Basisteilchen ausübt, τ_{xx}, τ_{xy} Komponenten des Spannungstensors, sonst wie S. 1662 und S. 1664.

Ist das Gitter verzerrt, so tritt

$$\mathfrak{r}_{kk'}^{(n)} + \mathfrak{u}_k^{(n)} - \mathfrak{u}_{k'}^{(0)} \qquad (II, 33)$$

an die Stelle von $\mathfrak{r}_{kk'}^{(n)}$. Für die Energiedichte erhalten wir deshalb

$$\Phi = \frac{V}{2\varDelta} = \frac{1}{2\varDelta} \mathop{\mathfrak{S}}_{n} \sum_{kk'} V_{kk'}(|\mathfrak{r}_{kk'}^{(n)} + \mathfrak{u}_k^{(n)} - \mathfrak{u}_{k'}^{(0)}|). \qquad (II, 34)$$

Nach (II, 9) bilden wir die Komponenten

$$\left.\begin{array}{l} u_{kx}^{(n)} - u_{k'x}^{(0)} = u_{kx} - u_{k'x} + x_{kk'}^{(n)} \beta_{xx} + y_{kk'}^{(n)} \beta_{xy} + z_{kk'}^{(n)} \beta_{xz}, \\ u_{ky}^{(n)} - u_{k'y}^{(0)} = u_{ky} - u_{k'y} + x_{kk'}^{(n)} \beta_{xy} + y_{kk'}^{(n)} \beta_{yy} + z_{kk'}^{(n)} \beta_{yz}, \\ u_{kz}^{(n)} - u_{k'z}^{(0)} = u_{kz} - u_{k'z} + x_{kk'}^{(n)} \beta_{xz} + y_{kk'}^{(n)} \beta_{yz} + z_{kk'}^{(n)} \beta_{zz} \end{array}\right\} \qquad (II, 35)$$

von $\mathfrak{u}_k^{(n)} - \mathfrak{u}_{k'}^{(0)}$. Auf diese Weise wird Φ eine Funktion der inneren Verrückungen $u_{kx}, u_{k'x}, u_{ky}$ usw. und der Komponenten β_{xx}, β_{xy} usw. des Verzerrungstensors. Nach den Potenzen dieser Größen entwickeln wir jetzt Φ in die Reihe

$$\Phi = \Phi^{(0)} + \Phi^{(1)} + \Phi^{(2)} + \cdots = \frac{1}{2\varDelta}(V^{(0)} + V^{(1)} + V^{(2)} + \cdots). \qquad (II, 36)$$

Das Glied $\Phi^{(0)}$ entspricht dem unverzerrten Gitter; $\Phi^{(1)}$ ist eine lineare Funktion der inneren Verrückungen und der β, $\Phi^{(2)}$ enthält nur quadratische Glieder in diesen Größen.

Das Gitter befindet sich im Gleichgewicht, wenn seine Energie weder durch innere Verrückungen noch durch Verzerrung erniedrigt werden kann. Im Gleichgewicht muß also ein Minimum bestehen. Dies liefert die Gleichgewichtsbedingungen

$$\left.\begin{array}{lll} \dfrac{\partial \Phi}{\partial u_{kx}} = 0; & \dfrac{\partial \Phi}{\partial u_{ky}} = 0; & \dfrac{\partial \Phi}{\partial u_{kz}} = 0, \\[1ex] \dfrac{\partial \Phi}{\partial \beta_{xx}} = 0; & \dfrac{\partial \Phi}{\partial \beta_{yy}} = 0; & \dfrac{\partial \Phi}{\partial \beta_{zz}} = 0, \\[1ex] \dfrac{\partial \Phi}{\partial \beta_{xy}} = 0; & \dfrac{\partial \Phi}{\partial \beta_{xz}} = 0; & \dfrac{\partial \Phi}{\partial \beta_{yz}} = 0. \end{array}\right\} \qquad (II, 37)$$

Daraus folgt, daß $\Phi^{(1)}$ verschwindet.

Damit erhalten wir die Energie

$$\Phi = \Phi^{(0)} + \Phi^{(2)} = \frac{1}{2\varDelta}(V^{(0)} + V^{(2)}) \tag{II, 38}$$

pro Volumeneinheit. Die Kräfte auf das k-te Teilchen und die Spannungen, welche das verzerrte Gitter hervorbringt, findet man aus[1]

$$\mathfrak{K}_{kx} = -\varDelta \frac{\partial \Phi^{(2)}}{\partial u_{kx}} = -\frac{1}{2}\frac{\partial V^{(2)}}{\partial u_{kx}};$$

$$\mathfrak{K}_{ky} = -\varDelta \frac{\partial \Phi^{(2)}}{\partial u_{ky}}; \quad \mathfrak{K}_{kz} = -\varDelta \frac{\partial \Phi^{(2)}}{\partial u_{kz}}, \tag{II, 39}$$

$$\tau_{xx} = \frac{\partial \Phi^{(2)}}{\partial \beta_{xx}}; \quad \tau_{xy} = \frac{\partial \Phi^{(2)}}{\partial \beta_{xy}} \text{ usw.} \tag{II, 40}$$

Im ruhenden Gitter müssen die $\mathfrak{K}_{kx}$ durch entgegengesetzte äußere Kräfte kompensiert werden, welche an den Teilchen angreifen.

Wenn man $\Phi^{(2)}$ wirklich ausrechnet, erhält man

$$\Phi^{(2)} = -\frac{1}{2}\sum_{kk'}\sum xy \begin{bmatrix} k\,k' \\ x\,y \end{bmatrix} u_{kx}u_{k'y} + \sum_{k}\sum xyz \begin{bmatrix} k \\ x\,y\,z \end{bmatrix} u_{kx}\beta_{yz}$$
$$+ \frac{1}{2}\sum yz \sum \overline{yz} [y\,z\,\bar{y}\,\bar{z}]\beta_{yz}\beta_{\overline{yz}}. \tag{II, 41}$$

Die eckigen Klammerausdrücke haben die Bedeutung

$$\begin{bmatrix} k\,k' \\ x\,y \end{bmatrix} = \frac{4}{\varDelta}\mathop{S}_{n}(V^{(n)}_{kk'})'' x^{(n)}_{kk'} y^{(n)}_{kk'}, \tag{II, 42}$$

$$\begin{bmatrix} k \\ x\,y\,z \end{bmatrix} = \frac{4}{\varDelta}\mathop{S}_{n}\sum_{k'}(V^n_{kk'})'' x^{(n)}_{kk'} y^{(n)}_{kk'} z^{(n)}_{kk'}, \tag{II, 43}$$

$$[y\,z\,\bar{y}\,\bar{z}] = \frac{2}{\varDelta}\mathop{S}_{n}\sum_{kk'}(V^n_{kk'})'' y^{(n)}_{kk'} \bar{y}^{(n)}_{kk'} z^{(n)}_{kk'} \bar{z}^{(n)}_{kk'}. \tag{II, 44}$$

Unter $(V^n_{kk'})''$ ist die zweite Ableitung der Funktion $V(r^2)$ an der Stelle $r^{(n)}_{kk'}$ nach dem Argument r^2 zu verstehen. In den Formeln (II, 41) bis (II, 44) kann unter $x, y, z, \bar{z}, \bar{y}$ jede der drei Koordinaten x, y, z verstanden werden, d. h. in (II, 42) kommen zwei, in (II, 43) drei und in (II, 44) vier Koordinaten vor, welche gleich oder verschieden sein dürfen. Die Klammerausdrücke (II, 42) bis (II, 44) ändern sich nicht, wenn man zwei Korodinaten vertauscht, welche in ihnen enthalten sind. Auch die Vertauschung von k und k' ändert nichts an (II, 42).

Wenn man den Wert (II, 41) für $\Phi^{(2)}$ in die Gleichungen (II, 39, 40) einbringt, erhält man die Komponenten der Kräfte

$$\mathfrak{K}_{kx} = \varDelta \sum_{k'}\sum y \begin{bmatrix} k\,k' \\ x\,y \end{bmatrix} u_{k'y} - \varDelta \sum yz \begin{bmatrix} k \\ x\,y\,z \end{bmatrix} \beta_{yz} \tag{II, 45}$$

auf die Teilchen und die Komponenten

$$\tau_{yz} = \sum_{k}\sum x \begin{bmatrix} k \\ x\,y\,z \end{bmatrix} u_{kx} + \sum \overline{yz} [y\,z\,\bar{y}\,\bar{z}]\beta_{\overline{yz}} \tag{II, 46}$$

der Spannungen.

---

[1] Bei der Berechnung von τ_{xy} ist zwischen β_{xy} und β_{yx} zu unterscheiden, wenn dies nicht geschieht, tritt der Faktor 1/2 hinzu.

*§ 4. Die elastische Verformung.

Inhalt: Eine elastische Verformung ohne äußere Volumenkräfte zieht im allgemeinen eine innere Verrückung nach sich. Der Spannungstensor hängt mit dem Verzerrungstensor durch 21 Elastizitätskoeffizienten bzw. Elastizitätsmodul zusammen, welche einen symmetrischen sechsreihigen Tensor bilden. In Kristallen mit Inversionssymmetrie zieht die Verformung keine inneren Verrückungen nach sich und die Zahl der Elastizitätskoeffizienten reduziert sich durch die Cauchyschen Beziehungen auf 15. Die Kompressibilität.

Bezeichnungen: β_{xx}, β_{xy} Komponenten des Verzerrungstensors, τ_{xx}, τ_{xy} Komponenten des Spannungstensors, c_{ij} Elastizitätskoeffizienten, s_{ij} Elastizitätsmodul, Δ Zellvolumen, p Druck, $\varkappa$ Kompressibilität, $\mathfrak{u}_{k'y}$ ist die y-Komponente der inneren Verrückung des k'-ten Basisteilchens, k, k' Basisindizes, n Zellenindex.

Wir betrachten jetzt eine reine elastische Verformung eines Kristalls, bei der keine äußeren Kräfte direkt auf die Gitterteilchen einwirken. Im ruhenden Gitter müssen dann die linken Seiten der Gleichungen (II, 45) verschwinden und wir erhalten

$$0 = \sum_{k'} \sum_{y} \begin{bmatrix} k\,k' \\ x\,y \end{bmatrix} \mathfrak{u}_{k'y} - \sum_{yz} \begin{bmatrix} k \\ x\,y\,z \end{bmatrix} \beta_{yz}. \qquad (II, 47)$$

Die inneren Verrückungen verschwinden nicht, sondern sie sind lineare Funktionen der Verzerrungskomponenten β_{xy}. Die elastische Verformung zieht also im allgemeinen eine innere Verrückung nach sich.

Wenn man das Gleichungssystem (II, 47) nach den Verrückungskomponenten auflöst und die gewonnenen Werte in (II, 41) einsetzt, wird die Energiedichte durch die Verzerrung allein ausgedrückt. Man erhält dann einen Ausdruck

$$\Phi^{(2)} = \sum_{yz} \sum_{\overline{y}\overline{z}} [[y\,z]\,[\overline{y}\,\overline{z}]] \beta_{yz} \beta_{\overline{y}\overline{z}}. \qquad (II, 48)$$

In den Klammerausdrücken kann man jetzt noch y mit z oder auch $\overline{y}$ mit $\overline{z}$ vertauschen, nicht aber y mit $\overline{y}$. Dies sieht man folgendermaßen ein. Berechnet man die Verrückungskomponenten aus (II, 47), so erhält man Ausdrücke, in welchen β_{yz} und β_{zy} mit den gleichen Koeffizienten multipliziert sind, weil $\begin{bmatrix} k \\ x\,y\,z \end{bmatrix}$ die Vertauschung von y und z erlaubt. Setzt man die inneren Verrückungen aber in (II, 41) ein, so entstehen aus den beiden ersten Gliedern neue Kombinationen $\beta_{yz}\beta_{\overline{y}\overline{z}}$, deren Koeffizienten die Vertauschung von y mit $\overline{y}$ oder z mit $\overline{z}$ nicht zu erlauben brauchen. Wohl kann aber nach wie vor y mit z und $\overline{y}$ mit $\overline{z}$ vertauscht werden, da diese Operationen weder an den Koeffizienten von (II, 41) noch an den Verrückungen etwas ändern. Das gleichzeitige Vertauschen von y mit $\overline{y}$ und z mit $\overline{z}$ ändert allerdings den Klammerausdruck in (II, 48) nicht, was aber trivial ist, weil dabei nur β_{yz} in $\beta_{\overline{y}\overline{z}}$ übergeht und $\Phi^{(2)}$ in diesen Größen symmetrisch ist.

Jetzt bilden wir die Spannungskomponenten

$$\tau_{yz} = \sum_{\overline{y}\overline{z}} [[y\,z]\,[\overline{y}\,\overline{z}]] \beta_{\overline{y}\overline{z}} \qquad (II, 49)$$

und sehen sofort, daß

$$\tau_{yz} = \tau_{zy} \qquad (II, 50)$$

gilt. Die Spannung ist ein symmetrischer Tensor.

Ordnet man den Paaren der Koordinaten die Zahlen 1—6 nach dem Schema

$$\begin{matrix} x\,x & y\,y & z\,z & y\,z & z\,x & x\,y \\ 1 & 2 & 3 & 4 & 5 & 6 \end{matrix} \qquad (II, 51)$$

zu, so liefern die Klammerausdrücke

$$[[y\,z]\,[\overline{y}\,\overline{z}]] = c_{ij} = c_{ji} \qquad (II, 52)$$

21 verschiedene Elastizitätskoeffizienten, die einen symmetrischen Tensor von sechs Dimensionen bilden. Mit ihnen nehmen die Gleichungen (II, 49) die Form

$$\left.\begin{aligned} \tau_{xx} &= c_{11}\beta_{xx} + c_{12}\beta_{yy} + c_{13}\beta_{zz} + 2(c_{14}\beta_{yz} + c_{15}\beta_{xz} + c_{16}\beta_{xy}), \\ \tau_{yy} &= c_{12}\beta_{xx} + c_{22}\beta_{yy} + c_{23}\beta_{zz} + 2(c_{24}\beta_{yz} + c_{25}\beta_{xz} + c_{26}\beta_{xy}), \\ \tau_{zz} &= c_{13}\beta_{xx} + c_{23}\beta_{yy} + c_{33}\beta_{zz} + 2(c_{34}\beta_{yz} + c_{35}\beta_{xz} + c_{36}\beta_{xy}), \\ \tau_{yz} &= c_{14}\beta_{xx} + c_{24}\beta_{yy} + c_{34}\beta_{zz} + 2(c_{44}\beta_{yz} + c_{45}\beta_{xz} + c_{46}\beta_{xy}), \\ \tau_{xz} &= c_{15}\beta_{xx} + c_{25}\beta_{yy} + c_{35}\beta_{zz} + 2(c_{45}\beta_{yz} + c_{55}\beta_{xz} + c_{56}\beta_{xy}), \\ \tau_{xy} &= c_{16}\beta_{xx} + c_{26}\beta_{yy} + c_{36}\beta_{zz} + 2(c_{46}\beta_{yz} + c_{56}\beta_{xz} + c_{66}\beta_{xy}) \end{aligned}\right\} \quad (II, 53)$$

an. Löst man sie nach den Verzerrungskomponenten auf, so erhält man

$$\left.\begin{aligned} \beta_{xx} &= s_{11}\tau_{xx} + s_{12}\tau_{yy} + s_{13}\tau_{zz} + s_{14}\tau_{yz} + s_{15}\tau_{xz} + s_{16}\tau_{xy}, \\ \beta_{yy} &= s_{12}\tau_{xx} + s_{22}\tau_{yy} + s_{23}\tau_{zz} + s_{24}\tau_{yz} + s_{25}\tau_{xz} + s_{26}\tau_{xy}, \\ \beta_{zz} &= s_{13}\tau_{xx} + s_{23}\tau_{yy} + s_{33}\tau_{zz} + s_{34}\tau_{yz} + s_{35}\tau_{xz} + s_{36}\tau_{xy}, \\ 2\beta_{yz} &= s_{14}\tau_{xx} + s_{24}\tau_{yy} + s_{34}\tau_{zz} + s_{44}\tau_{yz} + s_{45}\tau_{xz} + s_{46}\tau_{xy}, \\ 2\beta_{xz} &= s_{15}\tau_{xx} + s_{25}\tau_{yy} + s_{35}\tau_{zz} + s_{45}\tau_{yz} + s_{55}\tau_{xz} + s_{56}\tau_{xy}, \\ 2\beta_{xy} &= s_{16}\tau_{xx} + s_{26}\tau_{yy} + s_{36}\tau_{zz} + s_{46}\tau_{yz} + s_{56}\tau_{xz} + s_{66}\tau_{xy}. \end{aligned}\right\} \quad (II, 54)$$

Die Koeffizienten s_{ij} heißen (reziproke) Elastizitätsmoduln.

Fänden keine inneren Verrückungen statt, so wären in der Klammer (II, 52) auch die y mit $\bar{y}$ und z mit $\bar{z}$ einzeln vertauschbar. Dies würde die Relationen

$$\begin{aligned} c_{12} &= c_{66}; & c_{13} &= c_{55}; & c_{23} &= c_{44}, \\ c_{14} &= c_{56}; & c_{25} &= c_{46}; & c_{36} &= c_{45} \end{aligned} \quad (II, 55)$$

zwischen den c_{ij} begründen, die nach CAUCHY benannt werden. Hierdurch reduziert sich die Zahl der Elastizitätskonstanten auf 15. Ist jedes Teilchen eines Kristalls ein Symmetriezentrum, so gibt es zu jedem Teilchen ein inverses Teilchen, welches man durch Vorzeichenwechsel der Koordinaten erhält. In der Summe [s. Gl. (II, 43)]

$$\begin{bmatrix} k \\ x y z \end{bmatrix} = \frac{4}{\varDelta} \mathop{\mathbb{S}}_{n} \sum_{k'} (V_{kk'}^{(n)})'' \, x_{kk'}^{(n)} y_{kk'}^{(n)} z_{kk'}^{(n)} \quad (II, 56)$$

gibt es dann zu jedem Summanden einen entgegengesetzt gleichen. Für solche Gitter gilt also

$$\begin{bmatrix} k \\ x y z \end{bmatrix} = 0. \quad (II, 57)$$

Spannungen ohne äußere Kraft können nach (II, 47) in solchen Kristallen keine inneren Verrückungen bewirken und die Cauchyschen Relationen müssen gelten.

Bei gleichmäßiger elastischer Kompression wirken auf den Kristall die Spannungen

$$\tau_{xx} = \tau_{yy} = \tau_{zz} = -p; \quad \tau_{xy} = \tau_{yz} = \tau_{xz} = 0. \quad (II, 58)$$

Das Zellvolumen, das wir im unverzerrten Zustand mit $\varDelta^{(0)}$ bezeichnen, geht dabei in

$$\varDelta = \varDelta^{(0)}(1 + \beta_{xx} + \beta_{yy} + \beta_{zz}) \quad (II, 59)$$

über. Setzt man hier (II, 54) ein, so findet man

$$\Delta = \Delta^{(0)}\{1 - p(s_{11} + s_{22} + s_{33} + 2s_{12} + 2s_{13} + 2s_{23})\}. \qquad (II, 60)$$

Die Kompressibilität ist durch

$$\varkappa = -\frac{\Delta - \Delta^{(0)}}{p\Delta^{(0)}} = (s_{11} + s_{22} + s_{33} + 2s_{12} + 2s_{13} + 2s_{23}) \qquad (II, 61)$$

ausgedrückt.

*§ 5. Gitter im elektrischen Feld.

Inhalt: Im elektrischen Feld entsteht nicht nur eine innere Verrückung, sondern auch eine Verzerrung (Elektrostriktion). Die Verrückung (auch die Elektrostriktion) bringt eine Polarisation hervor, welche außer der direkten Polarisation der Gitterteilchen zur elektrischen Suszeptibilität beiträgt. Suszeptibilität und Dielektrizitätskonstante sind im allgemeinen Fall symmetrische Tensoren. Eine elastische Verformung allein bringt auch eine Polarisation hervor, welche man Piezoelektrizität nennt.

Bezeichnungen: e_k Ladungen der Gitterteilchen, $\mathfrak{m}$ Dipolmoment der Zelle, $\mathfrak{m}^{(0)}$ ihr Gleichgewichtswert, $\mathfrak{P}$ Polarisation (Moment) der Volumeneinheit, $\mathfrak{E}$ elektrische Feldstärke, a_{ij}, ε_{ij} Komponenten der Suszeptibilität und Dielektrizitätskonstanten, Δ Zellenvolumen, Klammerausdrücke s. S. 1668, Gl. (II, 42) bis (II, 44), ε_0 elektrische Maßkonstante, sonst wie S. 1667 und S. 1669.

Auf die Gitterteilchen der Ionengitter kann man leicht äußere Kräfte einwirken lassen, wenn man sie in ein elektrisches Feld bringt. Das Teilchen mit dem Basisindex k möge eine Ladung e_k besitzen. Da das ganze Gitter elektrisch neutral ist, muß

$$\sum^k e_k = 0 \qquad (II, 62)$$

sein. Eine Gitterzelle besitzt dann im Gleichgewichtszustand das elektrische Dipolmoment

$$\mathfrak{m}^{(0)} = \sum^k e_k \mathfrak{r}_k^{(n)} = \sum^k e_k \mathfrak{r}_k \qquad (II, 63)$$

und die Volumeneinheit das Moment $\mathfrak{P}^{(0)} = \mathfrak{m}^{(0)}/\Delta$. Hiervon ist allerdings nichts zu merken, weil sich auf den Kristalloberflächen Ladungen ansammeln, die das Moment des Volumens kompensieren.

Die elektrischen Kräfte $e_k \mathfrak{E}$ auf die Gitterteilchen müssen die Kräfte (II, 45) ausgleichen, welche das Gitter selbst auf diese Teilchen ausübt. Ist der Kristall spannungsfrei, so gehen die Gleichungen

$$e_k \mathfrak{E}_x = -\Delta \sum^{k'} \sum^y \begin{bmatrix} k\,k' \\ x\,y \end{bmatrix} u_{k'y} + \Delta \sum^{yz} \begin{bmatrix} k \\ x\,y\,z \end{bmatrix} \beta_{yz}. \qquad (II, 64)$$

$$0 = \sum^k \sum^x \begin{bmatrix} k \\ x\,y\,z \end{bmatrix} u_{kx} + \sum^{\overline{yz}} [y\,z\,\overline{y}\,\overline{z}] \beta_{\overline{yz}} \qquad (II, 65)$$

aus (II, 45) und (II, 46) hervor. Das elektrische Feld bringt also nicht nur innere Verrückungen hervor, sondern mit ihnen sind auch Verzerrungen verbunden. Dies wird als Elektrostriktion bezeichnet. Verrückungen und Verzerrungen kann man aus (II, 64) und (II, 65) als lineare Funktionen der Feldstärkekomponenten berechnen.

Im Feld erhält die Zelle das Dipolmoment

$$\mathfrak{m} = \sum^k e_k \{\mathfrak{r}_k + \mathfrak{u}_k + (\mathfrak{r}_k \beta)\} = \mathfrak{m}^{(0)} + \sum^k e_k \mathfrak{u}_k + (\mathfrak{m}^{(0)} \beta). \qquad (II, 66)$$

Das Feld bewirkt also in der Volumeneinheit die Polarisation

$$\mathfrak{P} = \frac{\mathfrak{m} - \mathfrak{m}^{(0)}}{\Delta} = \frac{(\mathfrak{m}^{(0)} \beta)}{\Delta} + \frac{1}{\Delta} \sum e_k \mathfrak{u}_k. \qquad (II, 67)$$

Der erste Anteil ist die Folge der Elektrostriktion, während der zweite von den inneren Verrückungen herkommt. Ein dritter Anteil entsteht durch Polarisation der Gitterteilchen im Feld und ist hier nicht berücksichtigt.

Drückt man innere Verrückungen und Verzerrungen mit (II, 64) und (II, 65) durch die Feldkomponenten aus, so erhält man die Beziehungen

$$\left.\begin{aligned}\mathfrak{P}_x &= \varepsilon_0\,(a_{xx}\,\mathfrak{E}_x + a_{xy}\,\mathfrak{E}_y + a_{xz}\,\mathfrak{E}_z),\\ \mathfrak{P}_y &= \varepsilon_0\,(a_{yx}\,\mathfrak{E}_x + a_{yy}\,\mathfrak{E}_y + a_{yz}\,\mathfrak{E}_z),\\ \mathfrak{P}_z &= \varepsilon_0\,(a_{zx}\,\mathfrak{E}_x + a_{zy}\,\mathfrak{E}_y + a_{zz}\,\mathfrak{E}_z).\end{aligned}\right\} \quad (II, 68)$$

Die Koeffizienten
$$a_{ij} = a_{ji}, \quad (II, 69)$$

die man aus den Gleichungen (II, 64) und (II, 65) errechnen kann, bilden einen symmetrischen Tensor, die elektrische Suszeptibilität. Mit ihm hängt der Tensor der Dielektrizitätskonstanten durch die Relationen

$$\varepsilon_{ii} = 1 + a_{ii}; \quad \varepsilon_{ij} = a_{ij} \quad (II, 70)$$

zusammen.

Was man auf diese Weise ausrechnet, ist noch nicht der volle Wert der Dielektrizitätskonstanten, sondern nur der Anteil, der durch die gegenseitige Verschiebung der Ionen im Gitter entsteht. Dazu kommt, daß das Feld in den einzelnen Ionen selbst noch elektrische Momente induzieren kann, wodurch ein zweiter Anteil entsteht.

Eine elastische Verformung kann auch ohne elektrisches Feld eine Polarisation verursachen, da sie ja innere Verrückungen hervorbringt. Diese Umkehr der Elektrostriktion ist als Piezoelektrizität bekannt.

*§ 6. Reguläre Ionengitter vom Typ XY (Steinsalz).

Inhalt: Bei regulären Kristallen vom Typ XY nehmen die Klammerausdrücke nur vier verschiedene Werte A, B, C und D an. Daraus ergeben sich drei elastische Konstanten, die Suszeptibilität und die piezoelektrische Konstante. Suszeptibilität und Dielektrizitätskonstante entarten zu Skalaren. Die Cauchyschen Beziehungen gelten nur bei Inversionssymmetrie. Dann gibt es nur zwei elastische Konstanten, Piezoelektrizität und Elektrostriktion gehen verloren.
Bezeichnungen: wie S. 1669 und S. 1671.

Besteht der Kristall nur aus zwei Teilchenarten, so wird man vielfach mit einer zweiatomigen Basis auskommen und der Basisindex k nimmt nur die Werte 1 und 2 an.

In einem regulären Kristall gibt es drei aufeinander senkrechte gleichwertige Achsen, welche man mit den Koordinatenachsen identifizieren kann. Da die Achsen mindestens zweizählige Drehachsen sind (bei Holoedrie sogar vierzählige), geht das Gitter in sich über, wenn gleichzeitig zwei der drei Koordinaten das Vorzeichen wechseln. Bei diesen Operationen dürfen sich deshalb die Klammerzeichen (II, 42) nicht ändern. Die Größen

$$\begin{bmatrix} k\,k' \\ x\,y \end{bmatrix} = \frac{4}{\varDelta}\,\mathfrak{S}\,(V^n_{kk'})''\,x^{(n)}_{kk'}\,y^{(n)}_{kk'} \quad (II, 71)$$

müssen verschwinden, wenn x und y verschiedene Koordinaten bedeuten. Ist nämlich $x \neq y$, so würde beim Vorzeichenwechsel von y und z der Klammerausdruck sein Vorzeichen wechseln.

Wegen der Gleichwertigkeit der Achsen gilt außerdem

$$\begin{bmatrix} k\,k' \\ x\,x \end{bmatrix} = \begin{bmatrix} k\,k' \\ y\,y \end{bmatrix} = \begin{bmatrix} k\,k' \\ z\,z \end{bmatrix}. \quad (II, 72)$$

*§ 6. Reguläre Ionengitter vom Typ XY (Steinsalz).

Es kommen also nur die drei Ausdrücke

$$\begin{bmatrix}1\,2\\x\,x\end{bmatrix};\quad \begin{bmatrix}1\,1\\x\,x\end{bmatrix}\text{ und }\begin{bmatrix}2\,2\\x\,x\end{bmatrix} \quad\quad (II, 73)$$

vor. Sind nur zwei Ionenarten vorhanden, so muß

$$V_{11}(r_{11}^{(n)}) = V_{22}(r_{22}^{(n)}) = -V_{12}(r_{12}^{(n)}) \quad\quad (II, 74)$$

sein, und es ergibt sich

$$\begin{bmatrix}1\,2\\x\,x\end{bmatrix} = -\begin{bmatrix}1\,1\\x\,x\end{bmatrix} = -\begin{bmatrix}2\,2\\x\,x\end{bmatrix} = D. \quad\quad (II, 75)$$

Die Klammern

$$\begin{bmatrix}k\\x\,y\,z\end{bmatrix} = \frac{4}{\varDelta}\,\mathsf{S}\sum_{n}{}^{k}_{k'}\,(V^{n}_{kk'})''\,x^{(n)}_{kk'}\,y^{(n)}_{kk'}\,z^{(n)}_{kk'} \quad\quad (II, 76)$$

verschwinden immer, außer wenn x, y und z drei verschiedene Koordinaten bedeuten. Wegen (II, 74) und der Gleichwertigkeit der Achsen erhalten wir

$$\begin{bmatrix}1\\x\,y\,z\end{bmatrix} = -\begin{bmatrix}2\\x\,y\,z\end{bmatrix} = C. \quad\quad (II, 77)$$

In

$$[y\,z\,\overline{y}\,\overline{z}] = \frac{2}{\varDelta}\,\mathsf{S}\sum_{n}{}^{k}_{k'}\,(V^{n}_{kk'})''\,y^{(n)}_{kk'}\,\overline{y}^{(n)}_{kk'}\,z^{(n)}_{kk'}\,\overline{z}^{(n)}_{kk'} \quad\quad (II, 78)$$

muß jede Koordinate zweimal vorkommen, wenn der Klammerausdruck nicht verschwinden soll. Es kommen also nur die Größen

$$A = [x\,x\,x\,x] = [y\,y\,y\,y] = [z\,z\,z\,z] \quad\quad (II, 79)$$

und

$$\begin{aligned}B &= [x\,x\,y\,y] = [x\,y\,x\,y] = [y\,y\,x\,x] = [y\,x\,y\,x] = [x\,y\,y\,x] = [y\,x\,x\,y] \\ &= [y\,y\,z\,z] = [y\,z\,y\,z] = [z\,z\,y\,y] = [z\,y\,z\,y] = [y\,z\,z\,y] = [z\,y\,y\,z] \\ &= [z\,z\,x\,x] = [z\,x\,z\,x] = [x\,x\,z\,z] = [x\,z\,x\,z] = [z\,x\,x\,z] = [x\,z\,z\,x]\end{aligned} \quad (II, 80)$$

vor.

Hiermit ergibt sich aus (II, 41) die Verzerrungsenergie

$$\begin{aligned}\varPhi^{(2)} &= \frac{D}{2}(\mathfrak{u}_1 - \mathfrak{u}_2)^2 + C\{(\mathfrak{u}_{1x} - \mathfrak{u}_{2x})(\beta_{yz} + \beta_{zy}) + (\mathfrak{u}_{1y} - \mathfrak{u}_{2y})(\beta_{xz} + \beta_{zx}) + \\ &+ (\mathfrak{u}_{1z} - \mathfrak{u}_{2z})(\beta_{xy} + \beta_{yx})\} + \frac{A}{2}(\beta^2_{xx} + \beta^2_{yy} + \beta^2_{zz}) + \frac{B}{2}\{2\beta_{xx}\beta_{yy} + \\ &+ 2\beta_{xx}\beta_{zz} + 2\beta_{yy}\beta_{zz} + (\beta_{xy} + \beta_{yx})^2 + (\beta_{yz} + \beta_{zy})^2 + (\beta_{xz} + \beta_{zx})^2\}.\end{aligned} \quad (II, 81)$$

Nur um die Formeln (II, 39) und (II, 40) anwenden zu können, unterscheiden wir zwischen den beiden gleichen Größen β_{xy} und β_{yx} usw. Dann gewinnen wir daraus die Kräfte

$$\begin{aligned}\mathfrak{R}_{1x} &= -\varDelta\{D(\mathfrak{u}_{1x} - \mathfrak{u}_{2x}) + C(\beta_{yz} + \beta_{zy})\}, \\ \mathfrak{R}_{2x} &= \varDelta\{D(\mathfrak{u}_{1x} - \mathfrak{u}_{2x}) + C(\beta_{yz} + \beta_{zy})\}\end{aligned} \quad (II, 82)$$

und die Spannungen

$$\begin{aligned}\tau_{xx} &= A\,\beta_{xx} + B(\beta_{yy} + \beta_{zz}), \\ \tau_{xy} &= C(\mathfrak{u}_{1z} - \mathfrak{u}_{2z}) + B(\beta_{xy} + \beta_{yx}).\end{aligned} \quad (II, 83)$$

Wirken keine äußeren Kräfte auf die Gitterteilchen, so gehen aus (II, 82) die Gleichungen

$$u_{1x} - u_{2x} = -\frac{C}{D}(\beta_{yz} + \beta_{zy}) \qquad (II, 84)$$

hervor. Eliminieren wir damit die Verrückungen aus (II, 83), so kommen wir zu den elastischen Gleichungen [s. Bd. I, S. 154, Gl. (16a)]

$$\tau_{xx} = A\beta_{xx} + B(\beta_{yy} + \beta_{zz}),$$
$$\tau_{xy} = \left(B - \frac{C^2}{D}\right)(\beta_{xy} + \beta_{yx}), \qquad (II, 85)$$

welche das Hookesche Gesetz enthalten. Durch Vergleich mit (II, 53) findet man die elastischen Konstanten

$$\left.\begin{aligned}c_{11} &= c_{22} = c_{33} = A, \\ c_{12} &= c_{21} = c_{13} = c_{31} = c_{23} = c_{32} = B, \\ c_{44} &= c_{55} = c_{66} = \left(B - \frac{C^2}{D}\right).\end{aligned}\right\} \qquad (II, 86)$$

Alle anderen Koeffizienten c verschwinden. Die Cauchyschen Relationen (II, 55) sind nicht erfüllt. Sie würden vielmehr das Verschwinden von C fordern.

Bei allseitigem Druck ist

$$\tau_{xx} = \tau_{yy} = \tau_{zz} = -p; \qquad \tau_{xy} = \tau_{yz} = \tau_{zx} = 0. \qquad (II, 87)$$

Aus (II, 85) gewinnt man dann leicht

$$-3p = \tau_{xx} + \tau_{yy} + \tau_{zz} = (A + 2B)(\beta_{xx} + \beta_{yy} + \beta_{zz}) \qquad (II, 88)$$

und mit Hilfe von (II, 61) die Kompressibilität

$$\varkappa = \frac{3}{A + 2B} = \frac{3}{c_{11} + 2 c_{12}}. \qquad (II, 89)$$

Wir können mit (II, 84) auch die Verzerrungskomponenten aus (II, 83) eliminieren und erhalten

$$\tau_{xy} = \left(C - \frac{BD}{C}\right)(u_{1z} - u_{2z}). \qquad (II, 90)$$

Tragen die Teilchen 1 die Ladung e, die Teilchen 2 die Ladung $-e$, so entsteht in der Volumeneinheit das elektrische Moment

$$\mathfrak{P} = \frac{e}{\varDelta}(u_1 - u_2) \qquad (II, 91)$$

mit den Komponenten

$$\mathfrak{P}_x = -\frac{eC}{\varDelta D}(\beta_{yz} + \beta_{zy}) = \frac{eC}{\varDelta(C^2 - DB)}\tau_{yz}. \qquad (II, 92)$$

Die Größe

$$-\frac{eC}{\varDelta D} \quad \text{bzw.} \quad \frac{eC}{\varDelta(C^2 - DB)} \qquad (II, 93)$$

wird piezoelektrische Konstante genannt.

Ist das Gitter spannungsfrei, aber einen elektrischen Feld ausgesetzt, so gelten die Gleichungen

$$\left.\begin{aligned}e\mathfrak{E}_x &= \varDelta\{D(u_{1x} - u_{2x}) + C(\beta_{yz} + \beta_{zy})\}, \\ 0 &= A\beta_{xx} + B(\beta_{yy} + \beta_{zz}), \\ 0 &= C(u_{1z} - u_{2z}) + B(\beta_{xy} + \beta_{yx}).\end{aligned}\right\} \qquad (II, 94)$$

Eliminiert man zunächst die gemischten Verzerrungskomponenten β_{xy} usw. mit der dritten Gleichung, so erhält man

$$e\mathfrak{E}_x = \Delta \frac{BD - C^2}{B}(u_{1x} - u_{2x}),\qquad (II, 95)$$

woraus wir die Polarisation

$$\mathfrak{P} = \frac{e}{\Delta}(u_1 - u_2) = \frac{e^2 B}{\Delta^2(BD - C^2)}\mathfrak{E} \qquad (II, 96)$$

gewinnen. Suszeptibilität und Dielektrizitätskonstante entarten zu den skalaren Größen

$$a = \frac{e^2 B}{\varepsilon_0 \Delta^2(BD - C^2)} \quad \text{bzw.} \quad \varepsilon = 1 + \frac{e^2 B}{\varepsilon_0 \Delta^2(BD - C^2)}. \qquad (II, 97)$$

Die drei elastischen Konstanten, die piezoelektrische Konstante und die Dielektrizitätskonstante können aus den vier Gittergrößen A, B, C und D abgeleitet werden. Es muß also zwischen ihnen eine Beziehung bestehen, die sich auch leicht ausrechnen läßt. Wie aber schon früher bemerkt, kommt zu der hier berechneten Dielektrizitätskonstanten noch ein Anteil hinzu, der nicht von der Verschiebung der ganzen Ionen, sondern von ihrer Polarisation herrührt und der mit ihrem inneren Elektronenaufbau zusammenhängt. Aus diesem Grund ist die Beziehung zwischen den elastischen und elektrischen Konstanten der direkten experimentellen Prüfung nicht zugänglich.

Die Elektrostriktion ergibt sich durch Auflösen der Gleichungen (II, 94) nach den Komponenten von β. Wir finden dann

$$\beta_{yz} + \beta_{zy} = \frac{eC}{\Delta(C^2 - DB)}\mathfrak{E}_x, \qquad (II, 98)$$

$$\beta_{xx} = \beta_{yy} = \beta_{zz} = 0.$$

Ist jedes Atom eines regulären Kristalls Symmetriezentrum, wie dies bei Steinsalz zutrifft, so ist

$$C = \begin{bmatrix} h \\ xyz \end{bmatrix} = 0 \qquad (II, 99)$$

und es gibt nur zwei elastische Konstanten. Die Cauchyschen Relationen sind erfüllt. Piezoelektrizität und Elektrostriktion gehen verloren.

§ 7. Gitterschwingungen.

Inhalt: Nicht bei allen Gitterbewegungen kann man die Verzerrungen in Gebieten molekularer Dimensionen als homogen betrachten. Berücksichtigt man nur die Kräfte der nächsten Nachbarn, so lassen sich die Gitterschwingungen eines eindimensionalen Modells durchrechnen. Zu jeder Wellenlänge gibt es eine optische Schwingung mit großer und eine akustisch oder elastische Schwingung mit kleiner Frequenz. Bei den akustischen Schwingungen bewegen sich benachbarte Teilchen in gleicher, bei den optischen Schwingungen in entgegengesetzter Richtung. Die akustischen Frequenzen erfüllen ein Frequenzband zwischen $\nu = 0$ und einem oberen Grenzwert, die optischen Frequenzen erfüllen ein Frequenzband, welches höher liegt. Sind die Massen benachbarter Atome gleich, so schließt das optische Band an das akustische an. Für lange Wellenlängen sind die akustischen Frequenzen der Wellenlänge umgekehrt proportional und die Schallgeschwindigkeit ist von der Wellenlänge unabhängig. Pro Gitterteilchen gibt es im eindimensionalen Gitter je eine akustische und eine optische Eigenfrequenz. Die Verteilung der Eigenfrequenzen auf die Frequenzintervalle läßt sich für gleiche Gitterteilchen leicht berechnen.

Bezeichnungen: $V(r)$ potentielle Energie zweier Gitterteilchen im Abstand r, a Gleichgewichtsabstand der Teilchen, x_{2n}, x_{2n+1} Ort des $2n$-ten bzw. $2n+1$-ten Teilchens, u_{2n}, u_{2n+1} Verschiebungen dieser Teilchen, A_1, A_2 Amplitude der ungeraden und geraden Teilchen, m_1, m_2 ihre Massen, M größere, m kleinere der beiden Massen, ν Frequenz, λ Wellenlänge der Schwingungen, $2N$ Gesamtzahl der Teilchen, Z Zahl der Eigenschwingungen.

Bevor wir die Bewegungen von Gittern untersuchen, wollen wir uns die Schwierigkeiten klarmachen, die diesem Problem innewohnen. Hierzu müssen wir uns überlegen, welche neuen Verwicklungen gegenüber der Theorie der ruhenden aber verzerrten Gitter hinzukommen können. Wird ein Kristall elastisch verformt oder durch ein elektrisches Feld verzerrt, so ändert sich der Verzerrungszustand mit dem Ort so wenig, daß man in kleinen Bezirken immer noch eine homogene Verzerrung des Gitters annehmen kann. Diese Bezirke enthalten noch so viele Gitterzellen, daß man sie als unendliche Gitter ansehen darf und eine Gittertheorie der makroskopischen elastischen, dielektrischen und piezoelektrischen Konstanten entwickeln kann. Diese Konstanten kann man dann nachträglich in die Gesetze der Elastizitätstheorie und Elektrodynamik einbringen und das Problem für den ganzen Kristall nach den Verfahren der Kontinuumstheorie bewältigen. Diese Behandlung in zwei Stufen kann nur in besonderen Fällen bedenklich werden, z. B. in der Umgebung einer feinen Spitze, die mechanisch oder elektrisch auf die Oberfläche eines Kristalls einwirkt. Eben diese Zerlegung in ein homogenes molekulares Problem im kleinen Bezirk und ein makroskopisches Kontinuumproblem für den ganzen Körper bringt die große Erleichterung.

Zweifellos gibt es sehr viele Bewegungen der Gitter, bei denen man analog verfahren kann. Dies geht schon daraus hervor, daß man in der Elastizitätstheorie auch eine Reihe von Bewegungsproblemen lösen kann, ohne in Widerspruch mit der Beobachtung zu geraten. Es handelt sich dabei immer um Verzerrungen, welche in Bereichen von der Größenordnung vieler Gitterzellen noch homogen sind. Bei sehr hochfrequenten Schwingungen können jedoch benachbarte Gitterzellen eine wesentliche vrschiedene Verzerrung erleiden.

Wenn wir auf die Homogenität der Verzerrung verzichten müssen, wollen wir uns einige andere Erleichterungen verschaffen, um eine Rechnung durchführen zu können.

Auf jedes Teilchen mögen nur Kräfte wirken, die von den nächsten Nachbarn ausgeübt werden. Die Kraftwirkungen entfernterer Teilchen bleiben unberücksichtigt. Gerade durch diese Vernachlässigung tritt eine gewaltige Vereinfachung ein. Der Abstand der Teilchen hängt nämlich in wenig übersichtlicher Weise vom Bewegungszustand des Gitters ab, so daß die Kräfte zwischen vielen Teilchen nur mühsam zu erfassen wären. Mit dieser Vereinfachung verzichten wir natürlich auf die quantitative Behandlung der Gitterbewegungen, gewinnen aber einen Überblick über die möglichen Bewegungstypen und ihre Eigenschaften.

Das eindimensionale Gittermodell. Außerdem ersetzen wir das Gitter zunächst durch ein eindimensionales Modell einer Reihe von Teilchen, die auf einer Geraden angeordnet sind und alle voneinander denselben Abstand a haben sollen. Ihre Massen seien abwechselnd m_1 und m_2. Diese Idealisierung ist natürlich noch viel einschneidender und kann nur die Skizze einer Theorie der Gitterbewegungen liefern. In einer wirklichen Theorie muß sie wieder fallengelassen werden.

Die Teilchen mit der Masse m_1 mögen die Koordinaten x_{2n+1}, die Teilchen mit der Masse m_2 die Koordinaten x_{2n} besitzen. Auf jedes Teilchen mögen seine nächsten Nachbarn zu beiden Seiten Kräfte ausüben, deren Potential eine Funktion $V(r)$ ihres Abstandes ist. Im Feld seiner Nachbarn besitzt dann das $2n$-te Teilchen die potentielle Energie[1]

$$\frac{1}{2}\{V(x_{2n} - x_{2n-1}) + V(x_{2n+1} - x_{2n})\}. \tag{II, 100}$$

Durch Differenzieren nach x_{2n} erhalten wir die Kraft

$$K_{2n} = -\frac{1}{2}V'(x_{2n} - x_{2n-1}) + \frac{1}{2}V'(x_{2n+1} - x_{2n}) \tag{II, 101}$$

---

[1] Der Faktor $\frac{1}{2}$ rührt daher, daß jeder Potentialanteil zu zwei Teilchen gehört.

§ 7. Gitterschwingungen.

auf das $2n$-te Teilchen. Bezeichnen wir die Verschiebung der Teilchen aus der Ruhelage mit u, so ist

$$x_{2n} - x_{2n-1} = a + u_{2n} - u_{2n-1}, \qquad (II, 102)$$

$$x_{2n+1} - x_{2n} = a + u_{2n+1} - u_{2n}. \qquad (II, 103)$$

Näherungsweise gilt dann für kleine Verschiebungen

$$V'(x_{2n} - x_{2n-1}) = V'(a) + (u_{2n} - u_{2n-1}) V''(a). \qquad (II, 104)$$

Für die Kraft (II, 101) ergibt sich

$$K_{2n} = \frac{1}{2} V''(a) (u_{2n+1} - 2u_{2n} + u_{2n-1}) \qquad (II, 105)$$

und für die ungeraden Teilchen ein analoger Ausdruck. Die Bewegungsgleichungen für beide Teilchenarten lauten dann

$$m_1 \ddot{u}_{2n+1} = \frac{1}{2} V''(a) (u_{2n+2} - 2u_{2n+1} + u_{2n}), \qquad (II, 106)$$

$$m_2 \ddot{u}_{2n} = \frac{1}{2} V''(a) (u_{2n+1} - 2u_{2n} + u_{2n-1}). \qquad (II, 107)$$

Unter ihren Lösungen untersuchen wir besonders die periodischen mit dem Ansatz

$$u_{2n+1} = A_1 e^{2\pi i \left\{ \frac{(2n+1)a}{\lambda} - \nu t \right\}}, \qquad (II, 108)$$

$$u_{2n} = A_2 e^{2\pi i \left\{ \frac{2na}{\lambda} - \nu t \right\}}. \qquad (II, 109)$$

Er bedeutet eine fortschreitende Welle im Gitter mit der Frequenz ν und der Wellenlänge λ. Wir zeigen zuerst, daß man sich auf Wellenlängen im Bereich

$$4a < \lambda < \infty \qquad (II, 110)$$

beschränken kann, weil man daraus alle periodischen Bewegungen gewinnen kann. Der Bedingung (II, 110) kann man auch die Form

$$0 < \frac{a}{\lambda} < \frac{1}{4} \qquad (II, 111)$$

geben. Läßt man auch das negative Vorzeichen für λ zu, so erhält man Wellen, welche in der entgegengesetzten Richtung fortschreiten, wodurch das Interval (II, 111) auf

$$-\frac{1}{4} < \frac{a}{\lambda} < \frac{1}{4} \qquad (II, 112)$$

erweitert wird. Im Intervall

$$\frac{1}{4} < \frac{a}{\lambda} < \frac{3}{4} \qquad (II, 113)$$

tritt zu u_{2n} nur der Faktor $e^{2n\pi i} = 1$ und zu u_{2n+1} der Faktor $e^{(2n+1)\pi i} = -1$. Die Wellen dieses Intervalls unterscheiden sich also von den Wellen des Intervalls (II, 112) insofern, als jedes zweite Teilchen in der entgegengesetzten Richtung verschoben wird. Im Intervall

$$\frac{3}{4} < \frac{a}{\lambda} < \frac{5}{4} \qquad (II, 114)$$

wiederholt sich das Intervall (II, 112) genau.

Wir können uns also mit Wellen begnügen, deren Wellenlänge größer als der vierfache Teilchenabstand ist, denn Wellen mit kleineren Wellenlängen würden dieselben Bewegungen der Gitterteilchen nur komplizierter beschreiben. Die

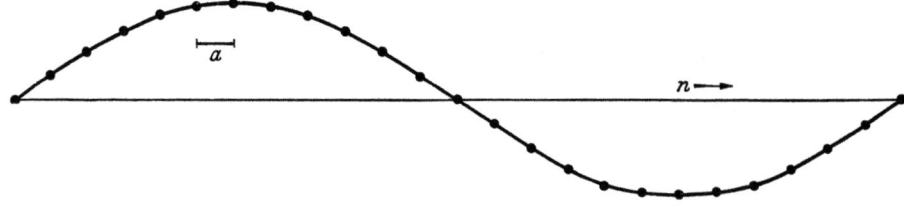

Schwingung (II, 108, 109) für $A_1 = A_2$; $\lambda = 24a$.

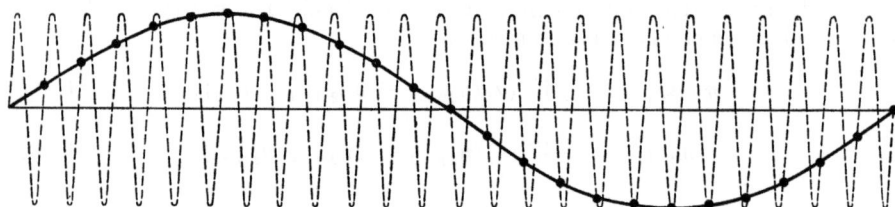

Dieselbe Schwingung punktiert durch $A_1 = A_2$; $\lambda = 24a/25$ dargestellt.

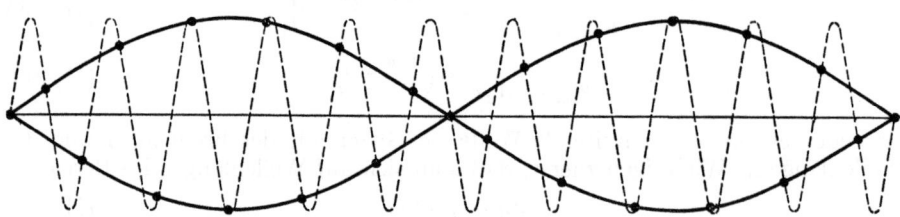

Ausgezogen die Schwingung $A_1 = -A_2$; $\lambda = 24a$. Punktiert dieselbe Schwingung durch $A_1 = A_2$; $\lambda = 24a/11$ dargestellt.

Abb. 522.

Abb. 522 zeigt die Wellen $\lambda = 24a$ und $\lambda = 24a/25$, welche die gleiche Gitterbewegung ergeben, während die Welle $\lambda = 24a/11$ die Gitterpunkte abwechselnd mit entgegengesetzter Amplitude liefert.

Gehen wir mit dem Wellenansatz (II, 108) und (II, 109) in (II, 106) und (II, 107) ein, so erhalten wir für die Amplituden A_1 und A_2 die Bestimmungsgleichungen

$$0 = A_2 \cos 2\pi \frac{a}{\lambda} + A_1 \left(\frac{4\pi^2 v^2 m_1}{V''(a)} - 1 \right),$$
$$0 = A_2 \left(\frac{4\pi^2 v^2 m_2}{V''(a)} - 1 \right) + A_1 \cos 2\pi \frac{a}{\lambda}.$$
(II, 115)

Damit nicht nur die trivialen Lösungen $A_1 = 0$, $A_2 = 0$ möglich sind, muß die Determinante

$$\begin{Vmatrix} \cos 2\pi \frac{a}{\lambda} & \frac{4\pi^2 v^2 m_1}{V''(a)} - 1 \\ \frac{4\pi^2 v^2 m_2}{V''(a)} - 1 & \cos 2\pi \frac{a}{\lambda} \end{Vmatrix} = 0$$
(II, 116)

§ 7. Gitterschwingungen. 1679

verschwinden, was zwischen Frequenz und Wellenlänge die Gleichung

$$\cos^2 2\pi \frac{a}{\lambda} = \left(\frac{4\pi^2 v^2 m_1}{V''(a)} - 1\right)\left(\frac{4\pi^2 v^2 m_2}{V''(a)} - 1\right) \quad (II, 117)$$

oder

$$4\pi^2 v^2 = \frac{V''(a)}{2 m_1 m_2}\left\{m_1 + m_2 \pm \sqrt{m_1^2 + m_2^2 + 2 m_1 m_2 \cos\frac{4\pi a}{\lambda}}\right\} \quad (II, 118)$$

liefert. Das Amplitudenverhältnis wird dann

$$\frac{A_1}{A_2} = -\frac{2 m_2 \cos\dfrac{2\pi a}{\lambda}}{m_1 - m_2 \pm \sqrt{m_1^2 + m_2^2 + 2 m_1 m_2 \cos\dfrac{4\pi a}{\lambda}}}. \quad (II, 119)$$

Zu jeder Wellenlänge gibt es zwei Frequenzen, die zu den beiden Vorzeichen der Quadratwurzel gehören (s. Abb. 523). Bei negativer Wurzel erhält man die kleinere Frequenz und das Amplitudenverhältnis ist positiv. Nebeneinanderliegende Teilchen verschieben sich in gleicher Richtung. Den Vorgang bezeichnet man als eine elastische oder akustische Schwingung (s. Abb. 524a). Das positive Zeichen der Wurzel liefert die höhere Frequenz und die Amplituden nebeneinanderliegender Teilchen haben entgegengesetztes Vorzeichen. Nachbarteilchen bewegen sich also wie in Abbildung 524b. Wenn die Teilchen abwechselnd positiv und negativ geladen sind, wie bei Ionengittern, entsteht mit dieser Schwingung ein viel größeres elektrisches Dipolmoment als bei der anderen. Sie beeinflußt deshalb das elektrische und optische Verhalten des Gitters weit mehr als die elastische Schwingung und wird deshalb kurz als „optische" Schwingung bezeichnet. In

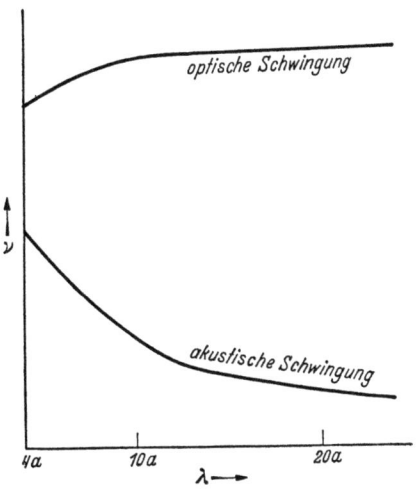

Abb. 523. Abhängigkeit der Frequenz von der Wellenlänge.

der Abb. 523 zerfällt deshalb die Kurve in den unteren elastischen (akustischen) und den oberen optischen Zweig.

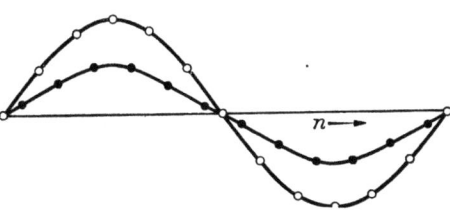

Abb. 524a. Akustische Schwingung.

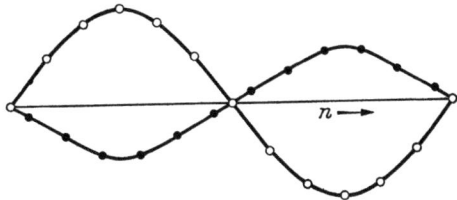

Abb. 524b. Optische Schwingung.

Bei verschiedenen Massen erfüllt die elastische Schwingung das Frequenzband

$$0 < v < \frac{1}{2\pi}\sqrt{\frac{V''(a)}{M}}, \quad (II, 120)$$

die optische Schwingung das Band

$$\frac{1}{2\pi}\sqrt{\frac{V''(a)}{m}} < \nu < \sqrt{\frac{V''(a)(m+M)}{mM}}, \qquad (\text{II}, 121)$$

wo M die größere und m die kleinere der beiden Massen ist. Frequenzen im Bereich

$$\frac{1}{2\pi}\sqrt{\frac{V''(a)}{M}} \quad \text{bis} \quad \frac{1}{2\pi}\sqrt{\frac{V''(a)}{m}} \qquad (\text{II}, 122)$$

gibt es nicht. In jedem Band überdecken die Wellenlängen den ganzen Bereich von $\lambda = 4a$ bis $\lambda = \infty$. Sind die beiden Massen ziemlich gleich, so rücken die beiden Frequenzbänder zusammen und schließen sich völlig aneinander an, wenn die Massen gleich werden. Auch dann hat man noch die elastischen Schwingungen im Bereich

$$0 < \nu < \frac{1}{2\pi}\sqrt{\frac{V''(a)}{m}} \qquad (\text{II}, 123)$$

und die optischen im Bereich

$$\frac{1}{2\pi}\sqrt{\frac{V''(a)}{m}} < \nu < \frac{1}{2\pi}\sqrt{\frac{2V''(a)}{m}}, \qquad (\text{II}, 124)$$

welche sich durch die Größe des Dipolmoments unterscheiden.

Bei langen Wellen liefert (II, 118) für den akustischen Zweig den Verlauf

$$\nu = \frac{a}{\lambda}\sqrt{\frac{V''(a)}{m_1 + m_2}} \qquad (\text{II}, 125)$$

der Frequenz mit der Wellenlänge und das Amplitudenverhältnis A_1/A_2 rückt gegen 1. Die Fortpflanzungsgeschwindigkeit (Schallgeschwindigkeit)

$$c = \nu\lambda = a\sqrt{\frac{V''(a)}{m_1 + m_2}} \qquad (\text{II}, 126)$$

der Welle wird in erster Näherung von der Wellenlänge unabhängig.

Im optischen Zweig nähert sich die Frequenz für lange Wellen der Grenzfrequenz

$$\nu_0 = \frac{1}{2\pi}\sqrt{\frac{V''(a)(m_1 + m_2)}{m_1 m_2}} \qquad (\text{II}, 127)$$

und das Amplitudenverhältnis geht gegen

$$\frac{A_1}{A_2} = -\frac{m_2}{m_1}. \qquad (\text{II}, 128)$$

Im Grenzfall unendlich langer optischer Wellen bewegen sich im ganzen Gitter die Massen m_1 synchron gegen die Masse m_2.

Eigenschwingungen. Nun müssen wir noch beachten, daß die Kette der Atome nicht unendlich ist, sondern aus einer großen, aber endlichen Zahl von Teilchen besteht. Von jeder Teilchenart mögen N Teilchen vorhanden sein. An den Enden der Kette werden die Wellen reflektiert und im Innern bildet sich eine stehende Welle aus, welche man als Eigenschwingung bezeichnet. Die Eigenschwingung ist eine synchrone Schwingung, an der alle Teilchen allerdings mit verschiedenen Amplituden teilnehmen. Sie kann nur durch Reflexion solcher Wellen entstehen, bei denen die endständigen Teilchen in gleicher oder entgegengesetzter Phase schwingen. Bezeichnen wir die Teilchen an den Kettenenden mit $n = 1$ und $n = 2N$, so finden wir aus (II, 108) und (II, 109)

$$u_1 = A_1 e^{2\pi i\left(\frac{a}{\lambda} - \nu t\right)}, \qquad u_{2N} = A_2 e^{2\pi i\left(\frac{2Na}{\lambda} - \nu t\right)}. \qquad (\text{II}, 129)$$

§ 7. Gitterschwingungen.

Sollen die Phasen gleich oder entgegengesetzt sein, so muß

$$\frac{4\pi N a}{\lambda} = \frac{2\pi a}{\lambda} + p\pi \tag{II, 130}$$

gelten, wo p eine ganze Zahl sein muß. Nicht jede Wellenlänge liefert also eine Eigenschwingung der Kette, sondern nur den Wellenlängen

$$\lambda = \frac{2a(2N-1)}{p} \approx \frac{4Na}{p} \tag{II, 131}$$

entspricht eine Eigenschwingung. p kann die Werte der ganzen Zahlen, von 1 angefangen, durchlaufen, aber $p = N$ nicht überschreiten, da sonst $\lambda < 4a$ würde. Es gibt also im eindimensionalen Gitter N voneinander verschiedene Wellenlängen und zu jeder von ihnen eine optische und eine akustische Schwingung mit verschiedener Frequenz. Die Zahl der Eigenfrequenzen ist also $2N$ und damit gleich der Zahl der Freiheitsgrade des Gitters.

Nun kann man auch ausrechnen, wieviel Eigenfrequenzen in ein bestimmtes Frequenzintervall $d\nu$ fallen. Bezeichnen wir a/λ mit y, so liegen im Intervall

$$0 < y < \frac{1}{4} \tag{II, 132}$$

N Wellenlängen, und zwar gleichmäßig über das Intervall verteilt, jede mit einer akustischen und einer optischen Frequenz. Bei großem N kann man die Verteilung praktisch als dicht betrachten und dem Intervall dy je $4N\,dy$ akustische und optische Frequenzen zuteilen. $d\nu$ entspricht aber das Intervall

$$dy = \frac{dy}{d\nu}\,d\nu, \tag{II, 133}$$

so daß wir in $d\nu$

$$dZ = 4N\frac{dy}{d\nu}\,d\nu \tag{II, 134}$$

Eigenschwingungen haben. Wenn $m_1 = m_2$ ist, läßt sich $dy/d\nu$ leicht ausrechnen. In diesem Fall ist nämlich

$$\sin \pi y = 2\pi \nu \sqrt{\frac{m}{2V''(a)}} \tag{II, 135}$$

im akustischen und

$$\cos \pi y = 2\pi \nu \sqrt{\frac{m}{2V''(a)}} \tag{II, 136}$$

im optischen Bereich. Man erhält daraus

$$\frac{dy}{d\nu} = \pm \frac{1}{\pi\sqrt{\frac{V''(a)}{2m\pi^2} - \nu^2}} \tag{II, 137}$$

für die beiden Zweige und damit die Zahl der Eigenschwingungen

$$dZ = \frac{4N\,d\nu}{\pi\sqrt{\frac{V''(a)}{2m\pi^2} - \nu^2}} \tag{II, 138}$$

im Intervall $d\nu$. Die Integration über den optischen wie auch den akustischen Bereich gibt natürlich wieder je N Eigenschwingungen. Bei verschiedenen Massen ergeben sich kompliziertere Ausdrücke.

*§ 8. Dreidimensionale Gitter.

Inhalt: Im dreidimensionalen Gitter gibt es Wellen beliebiger Fortpflanzungsrichtung, die durch einen Ausbreitungsvektor $\mathfrak{f}$ gekennzeichnet werden. Zu jeder Wellenlänge gibt es eine longitudinale und zwei transversale elastische (akustische) Wellen und $3K - 3$ optische Wellen, wenn K Teilchen in der Zelle sind. Die langwelligen akustischen Wellen nähern sich der Frequenz $\nu = 0$, die optischen den Grenzfrequenzen ν_{0j}. Die Schallgeschwindigkeit der langwelligen Wellen hängt nicht von der Wellenlänge, in anisotropen Medien aber von der Fortpflanzungsrichtung ab. Pro Gitterzelle gibt es eine longitudinale und zwei transversale akustische Eigenschwingungen. Die Zahl der langwelligen akustischen Eigenschwingungen im Frequenzintervall $d\nu$ ist dem Quadrat der Frequenz proportional.

Bezeichnungen: $\mathfrak{a}_1, \mathfrak{a}_2, \mathfrak{a}_3$ Kanten einer Zelle, Δ Zellenvolumen, $n_1 n_2 n_3$ Zellenindex, $\mathfrak{f}$ Ausbreitungsvektor, s sein Betrag, $\mathfrak{s}^0$ seine Richtung, ν Frequenz, λ Wellenlänge, c_j Schallgeschwindigkeit, ν_{0j} Grenzfrequenz optischer Wellen, $\varphi_1 \varphi_2 \varphi_3$ Phasenkomponenten, $N = n^3$ Zahl der Zellen, K Zahl der Teilchen in der Zelle, dZ Zahl der Eigenschwingungen im Frequenzintervall $d\nu$, V Volumen des endlichen Kristalls, $\mathfrak{b}_1, \mathfrak{b}_2, \mathfrak{b}_3$ sind zu $\mathfrak{a}_1, \mathfrak{a}_2, \mathfrak{a}_3$ reziproke Vektoren.

Ohne die Theorie der Schwingungen eines dreidimensionalen Gitters wirklich zu entwickeln, wollen wir uns klarmachen, was zu dem eindimensionalen Modell neu hinzukommt. Es sind im wesentlichen folgende Gesichtspunkte:

1. Die Wellen können im Gitter in beliebiger Richtung fortschreiten, die wir durch den Einheitsvektor $\mathfrak{s}^0$ kennzeichnen. Richtung und Wellenlänge können wir in dem sog. Ausbreitungsvektor

$$\mathfrak{f} = \frac{2\pi}{\lambda} \mathfrak{s}^0 \qquad (II, 139)$$

zusammenfassen.

2. Die Verschiebung der Gitterteilchen ist nicht mehr zur Fortpflanzungsrichtung der Welle parallel, sondern kann mit ihr einen beliebigen Winkel bilden. Man zerlegt dann die Verschiebung zweckmäßig in eine longitudinale Komponente in der Fortpflanzungsrichtung und zwei zueinander senkrechte transversale Komponenten senkrecht zur Fortpflanzungsrichtung. Jede Welle von vorgegebener Frequenz, Wellenlänge und Fortpflanzungsrichtung kann man demnach in eine longitudinale und zwei transversale Wellen aufspalten.

3. Die Basis des Gitters kann aus K Teilchen bestehen. In der Zelle gibt es dann $3K$ Freiheitsgrade der Bewegung. Ist λ und $\mathfrak{s}^0$, d. h. $\mathfrak{f}$ gegeben, so hat man noch immer $3K$ verschiedene Wellen. Drei von ihnen sind die longitudinalen und transversalen akustischen Wellen, so daß noch $3(K-1)$ optische Wellen übrigbleiben.

Zu jeder Fortpflanzungsrichtung gibt es $3K$ Frequenzbänder, die aber nicht alle getrennt liegen müssen, sondern sich ganz oder teilweise überdecken oder aneinander anschließen können. Wir unterscheiden sie durch den Index j.

Jedes Band hat für lange Wellen eine Grenzfrequenz ν_{0j}. Bei den akustischen (elastischen) Wellen liegt sie bei $\nu = 0$. Für sie kann man die Reihenentwicklung

$$\nu_j = \frac{c_j}{\lambda} + \cdots \qquad (II, 140)$$

ansetzen, während für die optischen

$$\nu_j = \nu_{0j} - \frac{2\pi a_{1j}}{\lambda} \qquad (II, 141)$$

gilt. Die c_j sind die Fortpflanzungsgeschwindigkeiten der langen elastischen Wellen. Sie sind im allgemeinen bei den drei akustischen Wellen verschieden groß und hängen auch von der Richtung ab, in der die Welle fortschreitet. Bei kürzeren Wellenlängen hängt die Phasengeschwindigkeit $\nu\lambda$ von der Wellenlänge ab, nähert sich aber bei langen Wellen dem Wert c_j.

*§ 8. Dreidimensionale Gitter.

Die Lage der optischen Grenzfrequenzen kann man experimentell bestimmen. Im Bereich der Grenzfrequenz v_{0j} wird auf den Kristall fallendes Licht in besonders hohem Maße absorbiert und reflektiert. Auch im Ramaneffekt kommt die Grenzfrequenz zur Beobachtung. Durch Messung (Rubenssche Reststrahlmethode) hat man Lichtwellenlängen von 150 μ bis 20 μ gefunden, was einer Wellenzahl von 70 bis 500 cm^{-1} und einer Frequenz von $2 \cdot 10^{12}$ bis $1,5 \cdot 10^{13}$ sec^{-1} entspricht.

Ein endlicher Kristall bestehe aus $N = n^3$ Zellen, mit je K Basisteilchen. Er bilde eine Parallelflach mit den Kanten $n\mathfrak{a}_1$, $n\mathfrak{a}_2$, $n\mathfrak{a}_3$, d. h. auf jeder Kante sitzen n Atome. Im ganzen gibt es KN Teilchen mit $3KN$ Freiheitsgraden. Von ihnen entfallen drei auf die Translation und drei auf die Rotation des ganzen Kristalls, so daß $3KN - 6$ Freiheitsgrade für die Schwingungen übrigbleiben. Ist N groß genug, so kann für die Zahl der Schwingungsfreiheitsgrade einfach $3KN$ gesetzt werden.

Um die Eigenschwingungen aufzufinden, zerlegen wir den Kristall in Zellen mit den Kanten $\mathfrak{a}_1$, $\mathfrak{a}_2$ und $\mathfrak{a}_3$. Eine Welle mit dem Ausbreitungsvektor $\mathfrak{f}$ trägt dann den Exponentialfaktor

$$e^{i n_1 (\mathfrak{f} \mathfrak{a}_1) + i n_2 (\mathfrak{f} \mathfrak{a}_2) + i n_3 (\mathfrak{f} \mathfrak{a}_3)}. \qquad (II, 142)$$

Als Randbedingung verlangen wir, daß die Bewegung für $n_i = 1$ und $n_i = n$ die gleiche Phase besitze, was zu den drei Bedingungen

$$\left. \begin{array}{l} n(\mathfrak{f}\mathfrak{a}_1) = (\mathfrak{f}\mathfrak{a}_1) + 2\pi p_1, \\ n(\mathfrak{f}\mathfrak{a}_2) = (\mathfrak{f}\mathfrak{a}_2) + 2\pi p_2, \\ n(\mathfrak{f}\mathfrak{a}_3) = (\mathfrak{f}\mathfrak{a}_3) + 2\pi p_3 \end{array} \right\} \qquad (II, 143)$$

führt. p_1, p_2 und p_3 durchlaufen dabei die ganzen Zahlen von 1 bis n. Für große n geht dies in

$$\left. \begin{array}{l} (\mathfrak{f}\mathfrak{a}_1) = 2\pi \dfrac{p_1}{n} = \varphi_1, \\ (\mathfrak{f}\mathfrak{a}_2) = 2\pi \dfrac{p_2}{n} = \varphi_2, \\ (\mathfrak{f}\mathfrak{a}_3) = 2\pi \dfrac{p_3}{n} = \varphi_3 \end{array} \right\} \qquad (II, 144)$$

über. Diese Gleichungen sind gleichbedeutend mit

$$\mathfrak{f} = \varphi_1 \mathfrak{b}_1 + \varphi_2 \mathfrak{b}_2 + \varphi_3 \mathfrak{b}_3, \qquad (II, 145)$$

wie man beim Multiplizieren mit $\mathfrak{a}_1$, $\mathfrak{a}_2$ bzw. $\mathfrak{a}_3$ erkennt.

Jede Kombination p_1, p_2, p_3 liefert also einen Ausbreitungsvektor $\mathfrak{f}$, zu dem es eine longitudinale und zwei transversale akustische Wellen und $3K - 3$ optische Eigenschwingungen gibt.

Daß wir auf S. 1681 im Gegensatz hierzu auch entgegengesetzte Phasen für $n_i = 1$ und $n_i = n$ zugelassen haben, kommt daher, daß wir dort die beiden in entgegengesetzter Richtung fortschreitenden Wellen zusammen behandelt haben.

Die sogenannten Phasenkomponenten φ_1, φ_2 und φ_3 liegen in den Intervallen

$$0 \leq \varphi_i \leq 2\pi. \qquad (II, 146)$$

Ihre drei Intervalle bilden zusammen einen Würfel von der Kantenlänge 2π im

Phasenraum. Er ist gleichmäßig mit Eigenschwingungen besetzt. Im Volumenelement $d\varphi_1 d\varphi_2 d\varphi_3$ liegen deshalb

$$dZ = \frac{n^3}{8\pi^3} d\varphi_1 d\varphi_2 d\varphi_3 \qquad (II, 147)$$

longitudinale akustische, doppelt so viele transversale akustische und $(3K-3)$-mal so viele optische Eigenschwingungen.

Nun wollen wir versuchen, die Zahl der Eigenschwingungen in einem bestimmten Frequenzintervall $d\nu$ zu bestimmen. Die Gleichungen (II, 144) ordnen jedem Ausbreitungsvektor einen Punkt im Phasenraum zu, d. h. sie bilden den $\mathfrak{f}$-Raum linear auf den φ-Raum ab. Die zu $\mathfrak{a}_1, \mathfrak{a}_2, \mathfrak{a}_3$ reziproken Vektoren $\mathfrak{b}_1, \mathfrak{b}_2, \mathfrak{b}_3$ im $\mathfrak{f}$-Raum werden auf die Grundvektoren des φ-Raumes abgebildet. Dem Parallelepiped $(\mathfrak{b}_1[\mathfrak{b}_2\mathfrak{b}_3])$ vom Volumen $1/\varDelta$ im $\mathfrak{f}$-Raum entspricht ein Einheitswürfel im φ-Raum und einem Einheitswürfel im $\mathfrak{f}$-Raum entspricht das Parallelepiped

$$\varDelta = (\mathfrak{a}_1[\mathfrak{a}_2\mathfrak{a}_3]) \qquad (II, 148)$$

im φ-Raum. Die Ausbreitungsvektoren mit einem Betrag zwischen s und $s + ds$, deren Richtungen durch ein räumliches Winkelintervall $d\Omega$ gekennzeichnet sind, erfüllen im $\mathfrak{f}$-Raum das Volumen

$$s^2 ds d\Omega \qquad (II, 149)$$

und im Phasenraum das Volumen

$$s^2 ds d\Omega \varDelta . \qquad (II, 150)$$

Auf sie treffen deshalb

$$dZ = \frac{n^3 \varDelta}{8\pi^3} s^2 ds d\Omega = \frac{V}{8\pi^3} s^2 ds d\Omega \qquad (II, 151)$$

longitudinale akustische und doppelt so viele transversale akustische Eigenschwingungen.

$$V = n^3 \varDelta = N \varDelta \qquad (II, 152)$$

ist dabei das Volumen des Kristalls.

Bei großen Wellenlängen besteht zwischen s und ν nach (II, 140) der Zusammenhang

$$s = \frac{2\pi}{\lambda} = \frac{2\pi\nu}{c_j} . \qquad (II, 153)$$

In isotropen Körpern ist c_j von der Richtung unabhängig, und wir finden beim Einsetzen von (II, 153) in (II, 151) und Integrieren über die Richtungen

$$dZ = \frac{4\pi V \nu^2 d\nu}{c_j^3} . \qquad (II, 154)$$

Dies ist die Zahl der longitudinalen akustischen Schwingungen im Frequenzintervall $d\nu$, die Zahl der transversalen Schwingungen ist doppelt so groß. Für c_j sind die Schallgeschwindigkeiten für longitudinale bzw. transversale Wellen einzusetzen.

In anisotropen Medien gilt

$$dZ = F V \nu^2 d\nu \qquad (II, 155)$$

mit

$$F = \int \frac{d\Omega}{c_j^3} . \qquad (II, 156)$$

Integrieren wir (II, 154) über alle Frequenzen, so muß die Zahl der Eigenschwingungen N des j-ten Bandes herauskommen. Daraus erhalten wir für die Maximalfrequenz die Formel

$$N = \frac{4\pi V}{3 c_j^3} \nu_{\max}^3; \qquad \nu_{\max} = c_j \sqrt[3]{\frac{3}{4\pi\varDelta}}, \qquad (II, 157)$$

welche allerdings nur mit der Genauigkeit von (II, 140) gilt.

*§ 9. Die Energie der Gitterschwingungen.

Inhalt: Betrachtet man die Schwingungen der Atome als unabhängig voneinander, so ergibt eine statistische Behandlung eine mittlere Schwingungsenergie $3kT$ pro Atom und die Atomwärme $3R$ entsprechend dem Dulong-Petitschen Gesetz. Die Quantelung der Schwingungen liefert einen Abfall der Atomwärme bei tiefen Temperaturen, aber keine quantitativ richtige Theorie. Eine Statistik über die Quantenzustände der Eigenschwingungen ergibt, daß das Dulong-Petitsche Gesetz nur für Elemente gilt und liefert bei tiefen Temperaturen die Gitterschwingungsenergie proportional der vierten Potenz der Temperatur und die Atomwärme proportional zur 3. Potenz in Übereinstimmung mit der Beobachtung.

Bezeichnungen: k Boltzmannsche Konstante, Gaskonstante pro Molekül, R Gaskonstante pro Mol, T absolute Temperatur, N_0 Loschmidtsche Zahl, N Zahl der Atome bzw. Zellen im Kristall, $\varDelta$ Zellvolumen, h Plancksche Konstante, $\bar{\varepsilon}$ mittlere Schwingungsenergie pro Atom bzw. pro Eigenschwingung, U Gitterschwingungsenergie, u molare Gitterschwingungsenergie, c_v molare spez. Wärme, v Schwingungsquantenzahl, m Masse der Atome, ν Frequenz, σ Zustandssumme, Θ charakteristische Temperatur, $\vartheta = T/\Theta$ reduzierte Temperatur, ξ, η, ζ bezeichnet die Hauptschwingungen eines Atoms, j die Frequenzbänder des Gitters, ν_j eine Frequenz des j-ten Bandes, c_j Schallgeschwindigkeit des j-ten Bandes.

Zu der Energie des ruhenden Gitters kommt noch die Energie der Gitterschwingungen. Die Summe beider ist erst die gesamte Energie, die im Gitter steckt. Sie ist natürlich eine Funktion der Temperatur und deshalb führt eine Untersuchung der Gitterschwingungsenergie zu den thermodynamischen Eigenschaften des Gitters, zur inneren Energie und zur spezifischen Wärme.

Der einfachste Weg zu einer Vorstellung über die Gitterschwingungsenergie geht von einem sehr vereinfachten Modell aus. Jedes Atom des Gitters werde in seiner Ruhelage durch quasielastische Kräfte festgehalten. Entfernt es sich von dem Platz, der ihm im Gleichgewicht zukommt, so wird es durch eine Kraft zurückgetrieben, die seiner Abweichung proportional ist.

Die Vereinfachung, die dieses Modell gegen die Wirklichkeit vornimmt, besteht in der Hauptsache darin, daß es die Bewegungen der verschiedenen Atome ganz unabhängig voneinander behandelt. Dies erleichtert uns eine statistische Auswertung.

Der allgemeinste Ansatz für eine quasielastische Kraft ist

$$\left.\begin{aligned} -\mathfrak{K}_x &= \alpha_{xx} x + \alpha_{xy} y + \alpha_{xz} z, \\ -\mathfrak{K}_y &= \alpha_{xy} x + \alpha_{yy} y + \alpha_{yz} z, \\ -\mathfrak{K}_z &= \alpha_{xz} x + \alpha_{yz} y + \alpha_{zz} z. \end{aligned}\right\} \qquad (II, 158)$$

Wählt man ein Koordinatensystem ξ, η, ζ, das gegen xyz geeignet gedreht ist, so kommt dieses Kraftgesetz auf die Form

$$-\mathfrak{K}_\xi = \alpha_\xi \xi; \qquad -\mathfrak{K}_\eta = \alpha_\eta \eta; \qquad -\mathfrak{K}_\zeta = \alpha_\zeta \zeta, \qquad (II, 159)$$

Zu diesen Kräften gehört das Potential

$$V = \frac{\alpha_\xi}{2} \xi^2 + \frac{\alpha_\eta}{2} \eta^2 + \frac{\alpha_\zeta}{2} \zeta^2 \qquad (II, 160)$$

und die Atome führen drei einander überlagerte Hauptschwingungen in den ξ-, η- und ζ-Richtungen aus.

Nach der klassischen Statistik berechnet man die Gitterschwingungsenergie auf folgende Weise. Die Schwingung jedes einzelnen Atoms muß zuerst durch sechs Konstanten gekennzeichnet werden, welche drei zueinander kanonisch konjugierte Paare bilden. Um sie aufzufinden, bilden wir die Hamiltonfunktion

$$H = \frac{1}{2m}(p_\xi^2 + p_\eta^2 + p_\zeta^2) + \frac{\alpha_\xi}{2}\xi^2 + \frac{\alpha_\eta}{2}\eta^2 + \frac{\alpha_\zeta}{2}\zeta^2 \qquad (II, 161)$$

und stellen die Hamiltonsche partielle Differentialgleichung

$$\frac{1}{2m}\left\{\left(\frac{\partial W}{\partial \xi}\right)^2 + \left(\frac{\partial W}{\partial \eta}\right)^2 + \left(\frac{\partial W}{\partial \zeta}\right)^2\right\} + \\ + \frac{\alpha_\xi}{2}\xi^2 + \frac{\alpha_\eta}{2}\eta^2 + \frac{\alpha_\zeta}{2}\zeta^2 + \frac{\partial W}{\partial t} = 0 \qquad (II, 162)$$

auf. Sie läßt sich sofort in die Gleichungen

$$\frac{1}{2m}\left(\frac{\partial W}{\partial \xi}\right)^2 + \frac{\alpha_\xi}{2}\xi^2 = \varepsilon_\xi; \qquad \frac{1}{2m}\left(\frac{\partial W}{\partial \eta}\right)^2 + \frac{\alpha_\eta}{2}\eta^2 = \varepsilon_\eta,$$
$$\frac{1}{2m}\left(\frac{\partial W}{\partial \eta}\right)^2 + \frac{\alpha_\zeta}{2}\zeta^2 = \varepsilon_\zeta; \qquad \left(\frac{\partial W}{\partial t}\right) = -(\varepsilon_\xi + \varepsilon_\eta + \varepsilon_\zeta) \qquad (II, 163)$$

separieren. ε_ξ, ε_η und ε_ζ sind die Energien der drei Hauptschwingungen. Zu ihnen sind die Zeiten t_ξ, t_ζ, t_η kanonisch konjugiert, bei denen die Koordinaten ξ, η und ζ den Nullwert durchlaufen.

Die Gesamtenergie der Schwingung ist

$$\varepsilon = \varepsilon_\xi + \varepsilon_\eta + \varepsilon_\zeta. \qquad (II, 164)$$

Eine bestimmte Schwingung sei nun dadurch gekennzeichnet, daß die drei Schwingungsenergien in die Intervalle $d\varepsilon_\xi$ (zwischen ε_ξ und $\varepsilon_\xi + d\varepsilon_\xi$), $d\varepsilon_\eta$ und $d\varepsilon_\zeta$ fallen und die Nulldurchgänge in den Zeitintervallen dt_ξ (zwischen t_ξ und $t_\xi + dt_\xi$), dt_η und dt_ζ stattfinden.

Das Volumenelement des Phasenraumes kann nach Bd. I, S. 118, sowohl durch $dp_\xi d\xi \ldots$ wie auch durch $d\varepsilon_\xi dt_\xi \ldots$ ausgedrückt werden. Wir bilden nun die Zustandssumme [s. S. 1430, Gl. (I, 69)]

$$\sigma = \frac{1}{h^3}\int_0^{\tau_\xi}\int_0^{\tau_\eta}\int_0^{\tau_\zeta}\int_0^\infty\int_0^\infty\int_0^\infty e^{-\frac{\varepsilon_\xi+\varepsilon_\eta+\varepsilon_\zeta}{kT}} d\varepsilon_\xi d\varepsilon_\eta d\varepsilon_\zeta dt_\xi dt_\eta dt_\zeta. \qquad (II, 165)$$

Die Energien sind von 0 bis ∞, die Zeiten über die Schwingungsdauern τ_ξ, τ_η und τ_ζ zu integrieren. Führt man die Integration aus, so erhält man

$$\sigma = \frac{\tau_\xi \tau_\eta \tau_\zeta}{h^3}(kT)^3. \qquad (II, 166)$$

Bezeichnet N die Zahl der Atome, so erhält man die innere Schwingungsenergie

$$U = NkT^2\frac{d}{dT}\ln\sigma = 3NkT \qquad (II, 167)$$

nach S. 1429, Gl. (I, 51), aus der Zustandssumme. Die mittlere Schwingungsenergie pro Atom ist dann

$$\bar\varepsilon = \frac{U}{N} = 3kT. \qquad (II, 168)$$

*§ 9. Die Energie der Gitterschwingungen.

Betrachtet man einen Kristall, der ein Mol (N_0) Gitterteilchen enthält, so hat man die molare Schwingungsenergie

$$u = 3 N_0 k T = 3 R T \qquad (II, 169)$$

und die molare spezifische Wärme

$$c_v = 3 N_0 k = 3 R. \qquad (II, 170)$$

Hiernach haben alle festen Körper dieselbe Atomwärme $3R$, was der Inhalt des Dulong-Petitschen Gesetzes ist.

Tatsächlich liegen die Atomwärmen vieler fester Körper in der Nähe des Wertes $3R$. Eine Anzahl von Stoffen aber, wie Kohlenstoff, Bor usw., zeigen bei Zimmertemperatur wesentlich kleinere Atomwärmen. Dehnt man die Untersuchung auf verschiedene Temperaturen aus, so erweist sich, daß die Atomwärmen bei tiefen Temperaturen stets auf Null absinken, während sie sich bei hoher Temperatur dem Wert $3R$ nähern, ja ihn sogar überschreiten. Hieraus muß man den Schluß ziehen, daß die hier gegebene Theorie der Gitterschwingungsenergie zwar Brauchbares enthält, aber noch unvollständig ist.

Zu dem gleichen Ergebnis gelangt man auch ohne Hinblick auf empirische Daten aus theoretischen Gründen, denn auf die Schwingungen der Atome und ihre Ruhelage ist nicht die klassische Mechanik, sondern die Quantentheorie anzuwenden.

Quantentheorie der spezifischen Wärme. Nach der Quantentheorie kann die Energie der Hauptschwingungen nicht jeden beliebigen Wert ε_ξ bzw. ε_η und ε_ζ annehmen, sondern nur eine diskrete Reihe bestimmter Werte

$$\left. \begin{array}{l} \varepsilon_\xi = h \nu_\xi \left(v_\eta + \dfrac{1}{2} \right), \\[4pt] \varepsilon_\eta = h \nu_\eta \left(v_\eta + \dfrac{1}{2} \right), \\[4pt] \varepsilon_\zeta = h \nu_\zeta \left(v_\zeta + \dfrac{1}{2} \right). \end{array} \right\} \qquad (II, 171)$$

Hierbei sind die $\nu_\xi, \nu_\eta, \nu_\zeta$ die Frequenzen

$$\nu_\xi = \frac{1}{2\pi} \sqrt{\frac{\alpha_\xi}{m}}; \quad \nu_\eta = \frac{1}{2\pi} \sqrt{\frac{\alpha_\eta}{m}}; \quad \nu_\zeta = \frac{1}{2\pi} \sqrt{\frac{\alpha_\zeta}{m}} \qquad (II, 172)$$

der klassischen Schwingungen. Die Quantenzahlen v_ξ, v_η und v_ζ durchlaufen die Reihe der ganzen Zahlen von Null beginnend. Jede Kombination der drei Zahlen v_ξ, v_η, v_ζ liefert einen möglichen Schwingungszustand mit einer genau bestimmten Energie.

Wir können nun wieder die Zustandssumme

$$\sigma = \sum_{v_\xi} \sum_{v_\eta} \sum_{v_\zeta} e^{-\frac{h}{kT} \left\{ \nu_\xi \left(v_\xi + \frac{1}{2} \right) + \nu_\eta \left(v_\eta + \frac{1}{2} \right) + \nu_\zeta \left(v_\zeta + \frac{1}{2} \right) \right\}} \qquad (II, 173)$$

bilden. Sie zerfällt in das Produkt

$$\sigma = \sigma_\xi \sigma_\eta \sigma_\zeta \qquad (II, 174)$$

von drei Faktoren der Form

$$\sigma_\xi = \sum_{v_\xi} e^{-\frac{h \nu_\xi}{kT} \left(v_\xi + \frac{1}{2} \right)} = \frac{e^{-\frac{h \nu_\xi}{2kT}}}{1 - e^{-\frac{h \nu_\xi}{kT}}}. \qquad (II, 175)$$

Man gewinnt daraus die mittlere Schwingungsenergie

$$\bar{\varepsilon} = kT^2 \frac{d}{dT} \ln \sigma$$
$$= \frac{h(v_\xi + v_\eta + v_\zeta)}{2} + \frac{h v_\xi}{e^{\frac{h v_\xi}{kT}} - 1} + \frac{h v_\eta}{e^{\frac{h v_\eta}{kT}} - 1} + \frac{h v_\zeta}{e^{\frac{h v_\zeta}{kT}} - 1} \qquad (II, 176)$$

pro Atom. Sie besteht aus der temperaturunabhängigen Nullpunktsenergie

$$\frac{h(v_\xi + v_\eta + v_\zeta)}{2} \qquad (II, 177)$$

und drei temperaturabhängigen Bestandteilen vom Typ

$$\frac{h v_\xi}{e^{\frac{h v_\xi}{kT}} - 1}, \qquad (II, 178)$$

welche zu den drei Hauptschwingungen gehören.
  In isotropen Körpern ist

$$v_\xi = v_\eta = v_\zeta = v_0 \qquad (II, 179)$$

und $\bar{\varepsilon}$ reduziert sich auf

$$\bar{\varepsilon} = \frac{3 h v_0}{2} + \frac{3 h v_0}{e^{\frac{h v_0}{kT}} - 1}. \qquad (II, 180)$$

Hieraus gewinnen wir die Atomwärme

$$c_v = N_0 \frac{d\bar{\varepsilon}}{dT} = N_0 \frac{3 h^2 v_0^2 e^{\frac{h v_0}{kT}}}{kT^2 \left(e^{\frac{h v_0}{kT}} - 1\right)^2}. \qquad (II, 181)$$

Führt man die charakteristische Temperatur

$$\Theta = \frac{h v_0}{k} \qquad (II, 182)$$

als eine neue Temperatureinheit ein, die sich nach der Schwingungsfrequenz v_0 des betreffenden Gitters richtet und bezeichnet

$$\vartheta = \frac{T}{\Theta} \qquad (II, 183)$$

als reduzierte Temperatur, so kommt man zu dem universellen Ausdruck

$$c_v = 3 N_0 k \frac{e^{\frac{1}{\vartheta}}}{\vartheta^2 \left(e^{\frac{1}{\vartheta}} - 1\right)^2} = 3 R \frac{e^{-\frac{1}{\vartheta}}}{\vartheta^2 \left(e^{-\frac{1}{\vartheta}} - 1\right)^2}, \qquad (II, 184)$$

der für alle isotropen Gitter gelten sollte.
  Bei tiefen Temperaturen sollte die Atomwärme im wesentlichen wie $e^{-\frac{1}{\vartheta}}$ gegen Null gehen, während sie sich bei hoher Temperatur dem Wert $3R$ nähert. Trägt man c_v gegen $\vartheta = T/\Theta$ auf, so erhält man die Kurve der Abb. 525. Der empirische Verlauf der Atomwärme wird qualitativ jetzt richtig wiedergegeben, da tatsächlich bei niedriger Temperatur ein Abfall von $3R$ auf Null eintritt. Eine quantitative Übereinstimmung mit der Beobachtung besteht aber nicht. Dies ist nicht unerwartet, da wir der statistischen Rechnung eine Vorstellung

zugrunde gelegt haben, welche sich nicht mit dem wahren Verhalten der Gitterschwingungen deckt.

Die Debyesche Theorie der Atomwärmen. In Wirklichkeit bewegen sich die Atome eines Gitters nicht unabhängig voneinander und das Gitter ist kein statistisches System seiner Atome. Das Gitter ist vielmehr ein quantenmechanisches System, welches die Eigenschwingungen mit den Frequenzen ν_j ausführen kann. Die Zahl j unterscheidet dabei die longitudinalen, transversalen akustischen und die optischen Bänder. Besteht das Gitter aus $N = n^3$ Zellen, so gibt es in jedem Band N verschiedene Eigenfrequenzen ν_j. Jeder Eigenfrequenz gehören eine Reihe von Quantenzuständen mit den Energien

$$\varepsilon_{\nu_j} = h\nu_j \left(v_{\nu_j} + \frac{1}{2}\right) \qquad (II, 185)$$

an, die durch die Schwingungsquantenzahl v_{ν_j} unterschieden werden. Jede Kombination der Quantenzahlen v_{ν_j} aller Eigenfrequenzen repräsentiert einen Quantenzustand des Gitters.

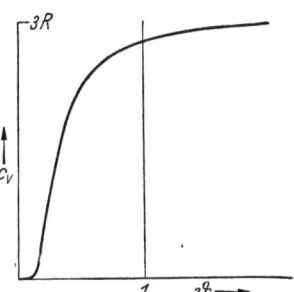

Abb. 525. Quantenabfall der spezifischen Wärme bei tiefen Temperaturen.

Nicht die Atome, sondern die Eigenschwingungen des Gitters sind also als Objekte einer statistischen Behandlung, als sog. Oszillatoren, anzusehen. Jeder Oszillator trägt zur Schwingungsenergie im Mittel (Zeitmittel = statistisches Mittel) die Energie

$$\bar{\varepsilon}_{\nu_j} = \frac{h\nu_j}{2} + \frac{h\nu_j}{e^{\frac{h\nu_j}{kT}} - 1} \qquad (II, 186)$$

bei. Er liefert einen Anteil zur Nullpunktsenergie, der von der Temperatur nicht abhängt und hier nicht interessiert, und den temperaturabhängigen Anteil

$$\frac{h\nu_j}{e^{\frac{h\nu_j}{kT}} - 1}. \qquad (II, 187)$$

Die Frequenzen der optischen Bänder sind ziemlich groß. Sie liegen zwischen $2 \cdot 10^{12}$ und $1,5 \cdot 10^{13}$ sec^{-1}. Hieraus berechnet man charakteristische Temperaturen zwischen 100° und 700° für diese Oszillatoren. Die Zimmertemperatur fällt deshalb in das Temperaturgebiet, in welchem die mittlere Energie pro Oszillator vom Wert kT auf Null abfällt. Die akustischen Frequenzen sind dagegen wesentlich kleiner und bei Zimmertemperatur steuert jeder akustische Oszillator noch den Betrag kT zur Energie bei. Die drei akustischen Bänder liefern also pro Gitterzelle die Energie $3kT$.

Dieser Unterschied zwischen akustischen und optischen Schwingungen erklärt, warum die festen Elemente mit wenigen Ausnahmen dem Dulong-Petitschen Gesetz folgen, nicht aber die komplizierteren Kristalle chemischer Verbindungen. Bei den Elementen enthält die Zelle nur ein einziges Atom und alle Gitterschwingungen gehören zum akustischen Typ. Pro Grammatom gibt es N_0 Zellen und $3N_0$ akustische Eigenfrequenzen. Die Gitterschwingungsenergie ist $3N_0 kT = 3RT$ und die Atomwärme $3R$. Schon eine einfache Verbindung wie NaCl aber hat zwei Atome in der Zelle, und neben den drei akustischen Bändern haben wir noch drei optische. Die ersteren liefern die Energie $3RT$ pro Mol, die letzteren aber weniger. Die mittlere Atomwärme muß also unter dem Wert $6R$ bleiben und mit der Temperatur wachsen.

Bei sehr tiefen Temperaturen tragen die optischen Schwingungen gar nichts mehr zur Gitterschwingungsenergie bei. Wir brauchen also nur mehr die akustischen zu berücksichtigen. Beschränken wir uns auf isotrope Körper, so haben wir in jedem der drei Frequenzbänder [s. S. 1684, Gl. (II, 154)]

$$dZ = \frac{4\pi N \Delta}{c_j^3} v_j^2 \, dv_j \qquad (II, 188)$$

Eigenschwingungen im Intervall dv_j. Das Intervall dv_j nimmt also die Schwingungsenergie

$$\frac{4\pi N \Delta h v_j^3 \, dv_j}{c_j^3 \left(e^{\frac{h v_j}{kT}} - 1\right)} \qquad (II, 189)$$

auf, die Nullpunktsenergie nicht mitgerechnet. Integriert man von $v_j = 0$ bis zu der auf S. 1685, Gl. (II, 157), angegebenen Maximalfrequenz

$$v_{\max} = c_j \sqrt[3]{\frac{3}{4\pi \Delta}}, \qquad (II, 190)$$

so hat man in jedem Frequenzband gerade N Eigenschwingungen berücksichtigt. Die Energie des Bandes ist dann

$$U_j = \frac{4\pi \Delta h}{c_j^3} \int_0^{v_{\max}} \frac{v_j^3 \, dv_j}{e^{\frac{h v_j}{kT}} - 1}. \qquad (II, 191)$$

Definiert man

$$\Theta_j = \frac{h v_{\max}}{k} = \frac{h c_j}{k} \sqrt[3]{\frac{3}{4\pi \Delta}} \qquad (II, 192)$$

als charakteristische Temperatur,

$$\vartheta = \frac{T}{\Theta_j} \qquad (II, 193)$$

als reduzierte Temperatur des Bandes und führt die Debyesche Funktion

$$D(x) = \frac{3}{x^3} \int_0^x \frac{\xi^3 \, d\xi}{e^\xi - 1} \qquad (II, 194)$$

ein, so erhält man die Gitterschwingungsenergie des Bandes

$$U_j = N k T D\left(\frac{1}{\vartheta}\right). \qquad (II, 195)$$

Mit der Abkürzung (Plancksche Funktion)

$$P(x) = \frac{x}{e^x - 1} \qquad (II, 196)$$

gewinnt man daraus den Anteil

$$c_{vj} = N_0 k \left\{ 4 D\left(\frac{1}{\vartheta}\right) - 3 P\left(\frac{1}{\vartheta}\right) \right\} \qquad (II, 197)$$

des Bandes zur molaren spezifischen Wärme. Für niedere Temperatur (große x) geht die Debyesche Funktion in

$$D(x) \approx \frac{\pi^4}{5 x^3}; \quad D\left(\frac{1}{\vartheta}\right) \approx \frac{\pi^4 T^3}{5 \Theta_j^3} \qquad (II, 198)$$

über. $P(x)$ kann gegenüber $D(x)$ vernachlässigt werden. Bei tiefen Temperaturen erhält man auf diese Weise aus (II, 195) und (II, 197) näherungsweise

$$U_j = \frac{N k \pi^4}{5 \Theta_j^3} T^4 \qquad (II, 199)$$

und

$$c_v = \frac{4 N_0 k \pi^4}{5 \Theta_j^3} T^3. \qquad (II, 200)$$

Die drei akustischen Bänder zusammen ergeben die spez. Wärme

$$c_v = \frac{4 N_0 k \pi^4}{5} \left(\frac{1}{\Theta_l^3} + \frac{2}{\Theta_{\mathrm{tr}}^3} \right) T^3, \qquad (II, 201)$$

wo N (auch N_0) die Zahl der Zellen, nicht die der Atome ist. Θ_l bedeutet die charakteristische Temperatur der longitudinalen, Θ_{tr} die der transversalen Schwingung. In der Nähe des absoluten Nullpunkts steigt die spez. Wärme mit der dritten Potenz der abolutèn Temperatur.

Die Debyeschen Formeln (II, 195) und (II, 197) geben den gemessenen Befund bei einfachen Gittern gut wieder, besonders gut bei Elementen.

**§ 10. Die thermische Ausdehnung. Pyroelektrizität. Atomwärme bei hoher Temperatur.

Inhalt: Die thermische Ausdehnung der festen Körper, Pyroelektrizität, die Deformationswärme und andere Erscheinungen sind die Folge anharmonischer Gitterschwingungen.

Die Theorie der Gitterschwingungen gibt in der bisherigen Näherung noch keine Rechenschaft von der Temperaturausdehnung der festen Körper. Wenn die Gitterteilchen harmonische Schwingungen ausführen, werden die mittleren Teilchenabstände durch die Bewegung nicht vergrößert. Die Gitterschwingungen sind aber nicht genau harmonisch, besonders nicht bei größeren Amplituden. Die Abstoßungskräfte, die durch Annäherung der Gitterteilchen ausgelöst werden, wachsen mit der Verschiebung stärker an als die Anziehungskräfte, die durch das Auseinanderziehen geweckt werden. Bei der Schwingung wird deshalb der Abstand in der einen Halbperiode weniger vermindert, als in der anderen vergrößert. Im Mittel vergrößern die Schwingungen also den Teilchenabstand, und zwar um so mehr, je stärker sie sind, je höher also die Temperatur ist. Durch Temperatursteigerung wird das Gitter ausgedehnt.

Die Ausdehnung zieht genau wie die elastische Dilatation in geeigneten Fällen eine innere Verrückung der Basisatome nach sich, welche mit einer elektrischen Polarisation verbunden sein kann. Diese zur Piezoelektrizität analoge Erscheinung ist als Pyrolektrizität bekannt. Auch die Umkehrvorgänge der thermischen Ausdehnung und der Pyroelektrizität, die Deformationswärme und der elektrokalorische Effekt können auf die anharmonischen Schwingungen zurückgeführt werden.

Die Anharmonizität der Schwingungen führt wie bei den Molekülen [siehe S. 1391, Gl. (III, 64)] dazu, daß die Energiestufen der Oszillatoren mit höheren Quantenzahlen näher zusammenrücken. Dies wirkt sich so aus, als wenn bei hohen Temperaturen noch weitere Energiestufen dazwischengeschoben würden, und erhöht die spez. Wärme. Die genauere Durchrechnung zeigt, daß bei hoher Temperatur der Grenzwert $3R$ der Atomwärme überschritten wird und daß zwischen ihr und der Temperatur der Zusammenhang

$$c_v = 3R(1 + AT) \qquad (II, 202)$$

bestehen muß. Dies bestätigt sich auch experimentell aufs beste.

III. Die optischen Eigenschaften der Kristallgitter.

Durchsetzt eine elektromagnetische Welle einen Kristall, so übt ihr elektrisches Feld auf alle geladenen Gitterteilchen Kräfte aus, welche die Teilchen in Bewegung setzen. Im Gitter entstehen auf diese Weise periodisch veränderliche innere Verrückungen und Verzerrungen, welche ihrerseits Kräfte wecken, welche die Gitterteilchen in ihre Normallage zurückzuführen streben. Das Ergebnis dieser Vorgänge besteht darin, daß eine Schwingung des Gitters mit der Frequenz der elektromagnetischen Welle eintritt, welche mit einer Veränderung der elektrischen Polarisation in gleichem Rhythmus verbunden ist. Verfolgen wir diese Vorgänge in einer Rechnung, so gelangen wir zu einer Theorie der elektrischen Suszeptibilität und Dielektrizitätskonstanten, welche uns über den Brechungsindex den Weg zu den optischen Eigenschaften der Kristalle öffnet.

*§ 1. Die elektrische Suszeptibilität und Dielektrizitätskonstante eines Kristallgitters.

Inhalt: Das elektrische Feld einer Lichtwelle versetzt zusammen mit den Gitterkräften die Gitterteilchen in eine schwingende Bewegung, welche man aus den langwelligen Eigenschwingungen aufbauen kann. Die Bewegung der Gitterteilchen bewirkt eine Polarisation des Gitters, welche von der Frequenz des Lichtes abhängt und am größten bei solchen Lichtfrequenzen wird, die sich einer Grenzfrequenz eines optischen Eigenfrequenzbandes nähern. Für Suszeptibilität und Dielektrizitätskonstante ergeben sich Tensoren, aus denen sich die Erscheinungen der Doppelbrechung ableiten. Die Frequenzabhängigkeit der Polarisierbarkeit liefert die normale und anormale Dispersion. In der nächsthöheren Näherung kann man die optische Aktivität auf die Gitterstruktur zurückführen.

Bezeichnungen: $\mathfrak{E}$, $\mathfrak{E}^{(0)}$ Feldstärke und Amplitude der Lichtwelle, ν Frequenz, λ Wellenlänge, $\mathfrak{f}$ Ausbreitungsvektor, $\mathfrak{z}^0$ Fortpflanzungsrichtung des Lichtes, e_k, m_k Ladung und Masse des k-ten Gitterteilchens, $\mathfrak{r}_k^{(n)}$ Ort, $\mathfrak{u}_k^{(n)}$ Verschiebung des k-ten Teilchens in der n-ten Zelle, $\mathfrak{F}_k^{(n)}$ und $\mathfrak{K}_k^{(n)}$ Kraft des Feldes bzw. Gitters auf das nk-te Teilchen, $\mathfrak{U}_k$ Amplitude der Teilchenschwingungen, $\mathfrak{A}_{kj}$ Amplitude des k-ten Teilchens bei der j-ten Eigenschwingung, ν_j Eigenfrequenz, $\mathfrak{P}$ Polarisation, $\mathfrak{P}_j$ Polarisationsanteil einer Eigenschwingung, $\varDelta$ Zellvolumen, ξ Suszeptibilität, ε relative Dielektrizitätskonstante, ε_0 elektrische Maßkonstante.

Das elektrische Feld einer ebenen Lichtwelle, die den Kristall durchsetzt, kann durch

$$\mathfrak{E} = \mathfrak{E}^{(0)} e^{-2\pi i \nu t} e^{i(\mathfrak{f}\mathfrak{r})} \qquad (\text{III}, 1)$$

beschrieben werden, wo

$$\mathfrak{f} = \frac{2\pi}{\lambda} \mathfrak{z}^0 \qquad (\text{III}, 2)$$

den Ausbreitungsvektor der Welle mit der Fortpflanzungsrichtung $\mathfrak{z}^0$ und der Wellenlänge λ bedeutet. Auf ein Gitterteilchen mit der Ladung e_k in der n-ten Zelle übt die Lichtwelle die Kraft

$$\mathfrak{F}_k^{(n)} = e_k \mathfrak{E}^{(0)} e^{-2\pi i \nu t} e^{i(\mathfrak{f}\mathfrak{r}_k^{(n)})} \qquad (\text{III}, 3)$$

aus. Unter dem Einfluß dieser Kraft wird das Teilchen eine Bewegung ausführen, d. h. eine Verschiebung $\mathfrak{u}_k^{(n)}$ erleiden, welche sich mit der Zeit ändert. Andererseits erfährt das mit n, k bezeichnete Gitterteilchen Kräfte von den anderen Teilchen des Gitters, welche den Normalzustand des Gitters wiederherzustellen streben. Ihre Komponenten sind lineare Funktionen

$$\mathfrak{K}_{kx}^{(n)} = \mathop{\mathrm{S}}_{n'} \sum_{k'} \sum_{y} \alpha_{kk', xy}^{(n-n')} u_{k'y}^{(n')} \qquad (\text{III}, 4)$$

der Komponenten aller Verschiebungen $u_{k'}^{(n')}$. Die Summe S läuft über alle Gitterzellen (n'), die Summe $\sum_{k'}$ über alle Teilchen einer Zelle und die Summe $\sum_y$ über

*§ 1. Die elektrische Suszeptibilität und Dielektrizitätskonstante.

alle drei Koordinaten. Die Koeffizienten $\alpha_{kk',xy}^{(n-n')}$ sind um so kleiner, je weiter die Teilchen nk und $n'k'$ voneinander entfernt sind, also je größer die Differenz $n-n'$ ist. Die Kräfte (III, 3) und (III, 4) bestimmen die Beschleunigungen der Teilchen, und wir erhalten die Bewegungsgleichungen

$$m_k \ddot{u}_k^{(n)} = \mathfrak{F}_k^{(n)} + \mathfrak{K}_k^{(n)}. \qquad (III, 5)$$

Dies sind lineare inhomogene Differentialgleichungen 2. Ordnung in den $u_k^{(n)}$, welche wir mit dem Ansatz

$$u_k^{(n)} = \mathfrak{U}_k \, e^{-2\pi i\nu t} e^{i(\mathfrak{f}\,\mathfrak{r}_k^{(n)})} \qquad (III, 6)$$

zu lösen versuchen. Geht man mit ihm in (III, 4) ein, so erhält man

$$\mathfrak{K}_{kx}^{(n)} = e^{-2\pi i\nu t}\, \mathsf{S}_{n'} \sum_{k'} \sum_y \alpha_{kk',xy}^{(n-n')} \mathfrak{U}_{k'y}\, e^{i(\mathfrak{f}\,\mathfrak{r}_{k'}^{(n')})}. \qquad (III, 7)$$

Mit der Abkürzung

$$\beta_{kk',xy}^{(\mathfrak{f})} = \mathsf{S}_{n'} \alpha_{kk',xy}^{(n-n')} \, e^{i(\mathfrak{f}\,\mathfrak{r}_{k'}^{(n')} - \mathfrak{f}\,\mathfrak{r}_k^{(n)})} \qquad (III, 8)$$

entsteht

$$\mathfrak{K}_{kx}^{(n)} = e^{-2\pi i\nu t} e^{i(\mathfrak{f}\,\mathfrak{r}_k^{(n)})} \sum_{k'} \sum_y \beta_{kk',xy}^{(\mathfrak{f})} \mathfrak{U}_{k'y}. \qquad (III, 9)$$

Setzt man (III, 9), (III, 6) und (III, 3) in die Bewegungsgleichungen (III, 5) ein, so erhält man

$$4\pi^2 \nu^2 m_k \mathfrak{U}_{kx} + e_k \mathfrak{E}_x^{(0)} + \sum_{k'} \sum_y \beta_{kk',xy}^{(\mathfrak{f})} \mathfrak{U}_{k'y} = 0. \qquad (III, 10)$$

Die Wellenlängen des Lichtes sind sogar im ultravioletten Spektralbereich noch größer als 2000 ÅE, während die Abstände der Gitterteilchen etwa 2 ÅE betragen. Zu den Summen (III, 8) tragen nur die Summanden etwas bei, bei denen sich n' und n wenig unterscheiden, weil die Kräfte entfernterer Teilchen rasch abnehmen. Für kleine Abstände liegen aber die Faktoren

$$e^{i(\mathfrak{f}\,\mathfrak{r}_{k'}^{(n')} - \mathfrak{f}\,\mathfrak{r}_k^{(n)})} = e^{i(\mathfrak{f}\,\mathfrak{r}_{k'k}^{(n'-n)})} \qquad (III, 11)$$

nahe bei 1 und wir können sie in erster Näherung ganz weglassen. Damit werden die Koeffizienten

$$\beta_{kk',xy}^{(\mathfrak{f})} = \mathsf{S}_{n'} \alpha_{kk',xy}^{(n-n')} = \beta_{kk',xy} \qquad (III, 12)$$

von $\mathfrak{f}$, d. h. Fortpflanzungsrichtung und der Wellenlänge, unabhängig.

Nun gehen wir daran, die Amplituden $\mathfrak{U}_k$ aufzubauen. Die Bewegungen der Gitterteilchen im Feld spielen sich unter den gleichen Bedingungen für die Kristalloberfläche ab wie die Eigenschwingungen. Sie müssen sich daher aus den Eigenschwingungen zusammensetzen lassen. Da aber die Verschiebungen $u_k^{(n)}$ sich nur langsam mit dem Orte ändern, kommen nur langwellige Eigenschwingungen unter den Gitterbewegungen vor. Unterscheiden wir durch j die verschiedenen Frequenzbänder der Eigenschwingungen, so können wir uns geradezu auf die langwelligen Grenzschwingungen beschränken. Bei jeder Eigenschwingung stehen die Amplituden $\mathfrak{A}_k$ der verschiedenen Basisteilchen in einem ganz bestimmten Verhältnis. Nur die Amplitude eines Teilchens bleibt willkürlich und wir legen sie durch die Normierung

$$\sum_k m_k \mathfrak{A}_{kj}^2 = 1 \qquad (III, 13)$$

fest.

Als Normalschwingungen eines Systems von Massenpunkten sind zwei Eigenschwingungen orthogonal, d. h. es gilt

$$\sum^k m_k \mathfrak{A}_{kj} \mathfrak{A}_{kj'} = 0. \tag{III, 14}$$

Wenn wir $\mathfrak{U}_k$ in die Reihe

$$\mathfrak{U}_k = \sum^j \gamma_j \mathfrak{A}_{kj} \tag{III, 15}$$

entwickeln und damit in (III, 10) eingehen, so erhalten wir

$$\sum^j \gamma_j \left\{ 4\pi^2 \nu^2 m_k \mathfrak{A}_{kjx} + \sum^{k'} \sum^y \beta_{kk', xy} \mathfrak{A}_{k'jy} \right\} + e_k \mathfrak{E}_x^{(0)} = 0. \tag{III, 16}$$

Diese Gleichung muß auch für die Eigenschwingungen selbst gelten, wenn das äußere Feld fehlt und ν eine der Frequenzen ν_j ist. Dies liefert uns die Gleichung

$$\sum^j \gamma_j \left\{ 4\pi^2 \nu_j^2 m_k \mathfrak{A}_{kjx} + \sum^{k'} \sum^y \beta_{kk', xy} \mathfrak{A}_{k'jy} \right\} = 0. \tag{III, 17}$$

Durch Subtraktion können wir daraus

$$4\pi^2 \sum^j \gamma_j (\nu^2 - \nu_j^2) m_k \mathfrak{A}_{kjx} + e_k \mathfrak{E}_x^{(0)} = 0 \tag{III, 18}$$

oder vektoriell

$$4\pi^2 \sum^j \gamma_j (\nu^2 - \nu_j^2) m_k \mathfrak{A}_{kj} + e_k \mathfrak{E}^{(0)} = 0 \tag{III, 19}$$

erhalten. Multipliziert man mit $\mathfrak{A}_{kj'}$ und summiert über k, so folgt wegen der Normierung (III, 13) und Orthogonalität (III, 14)

$$4\pi^2 (\nu^2 - \nu_{j'}^2) \gamma_{j'} + \sum^k e_k (\mathfrak{E}^0 \mathfrak{A}_{kj'}) = 0. \tag{III, 20}$$

Ersetzt man j' durch j und k durch k', so geht daraus

$$\gamma_j = \frac{\sum^{k'} e_{k'} (\mathfrak{E}^{(0)} \mathfrak{A}_{k'j})}{4\pi^2 (\nu_j^2 - \nu^2)} \tag{III, 21}$$

hervor. Durch Einsetzen in (III, 15) erhält man daraus die Amplitude

$$\mathfrak{U}_k = \sum^j \sum^{k'} \frac{e_{k'} \mathfrak{A}_{kj} (\mathfrak{E}^{(0)} \mathfrak{A}_{k'j})}{4\pi^2 (\nu_j^2 - \nu^2)} \tag{III, 22}$$

und die Verschiebungen

$$u_k^{(n)} = e^{-2\pi i \nu t} e^{i\left(\mathfrak{r}_k^{(n)}\right)} \sum^j \sum^{k'} \frac{e_{k'} \mathfrak{A}_{kj} (\mathfrak{E}^{(0)} \mathfrak{A}_{k'j})}{4\pi^2 (\nu_j^2 - \nu^2)}. \tag{III, 23}$$

Die Polarisation der Volumeneinheit nimmt damit den Wert

$$\mathfrak{P} = \frac{1}{\varDelta} \sum^k e_k u_k^{(n)} = \frac{1}{\varDelta} \sum^j \sum^{k'}_k \frac{e_k e_{k'} \mathfrak{A}_{kj} (\mathfrak{E} \mathfrak{A}_{k'j})}{4\pi^2 (\nu_j^2 - \nu^2)} \tag{III, 24}$$

an. Führt man noch die sogenannten Momente der Eigenschwingungen

$$\mathfrak{L}_j = \frac{1}{\varDelta} \sum^k e_k \mathfrak{A}_{kj} = \frac{1}{\varDelta} \sum^{k'} e_{k'} \mathfrak{A}_{k'j} \tag{III, 25}$$

ein, so erhält man den verhältnismäßig einfachen Ausdruck

$$\mathfrak{P} = \varDelta \sum^j \frac{\mathfrak{L}_j (\mathfrak{E} \mathfrak{L}_j)}{4\pi^2 (\nu_j^2 - \nu^2)}. \tag{III, 26}$$

Die elektrische Suszeptibilität ist dann der symmetrische Tensor

$$\xi = \frac{\varDelta}{\varepsilon_0} \sum^j \frac{(\mathfrak{L}_j)(\mathfrak{L}_j)}{4\pi^2 (\nu_j^2 - \nu^2)}, \tag{III, 27}$$

*§ 1. Die elektrische Suszeptibilität und Dielektrizitätskonstante

der sich aus einzelnen Summanden

$$\xi_j = \frac{\Delta}{\varepsilon_0} \frac{\mathfrak{L}_j)(\mathfrak{L}_j}{4\pi^2(v_j^2 - v^2)} \tag{III, 28}$$

zusammensetzt, die jeweils zu einer der Grenzschwingungen gehören.

Für eine bestimmte Frequenz kann man ξ auf Hauptachsen bringen und erhält die drei Hauptdielektrizitätskonstanten

$$\varepsilon_1 = 1 + \xi_1; \quad \varepsilon_2 = 1 + \xi_2; \quad \varepsilon_3 = 1 + \xi_3. \tag{III, 29}$$

Bei einem Kristall niedriger Symmetrie ändern sich nicht nur die Werte dieser drei Konstanten mit der Frequenz, sondern auch die Richtungen der Hauptachsen. Man bezeichnet dies als Dispersion der Achsen. Kristalle des kubischen, tetragonalen, hexagonalen, rhomboedrischen und rhombischen Systems zeigen aber keine Dispersion der Achsen. Bei ihnen gibt es drei zueinander senkrechte Symmetrieachsen, und diese sind unabhängig von der Frequenz immer auch zugleich die Hauptachsen von ξ und ε. Die Symmetrieachsen sind deshalb für alle Frequenzen auch gleichzeitig die Hauptachsen der Dielektrizitätskonstanten. Im tetragonalen, hexagonalen und rhomboedrischen System sind zwei der Hauptdielektrizitätskonstanten gleich und im kubischen System entartet die Dielektrizitätskonstante zu einem Skalar.

Außer den Gitterschwingungen muß man auch noch die direkte Polarisation der Gitterteilchen durch das elektrische Feld berücksichtigen. Da die Ionen oder Atome ihrerseits wieder aus Elektronen und Atomkernen aufgebaut sind, fällt im elektrischen Feld der Schwerpunkt der Elektronenhülle nicht mehr in den Atomkern. Für diesen Vorgang ist natürlich der Einbau der Teilchen in das Gitter nicht wesentlich und er spielt sich deshalb an Gasen in der gleichen Weise wie an festen Körpern ab. Auf S. 1015, Gl. (IV, 95), haben wir die Polarisation einzelner Atome im Feld durchgerechnet und pro Atom das Dipolmoment

$$\mathfrak{P} = \frac{2}{h} \sum_j \frac{\mathfrak{P}_j(\mathfrak{E}\,\mathfrak{P}_j)\,v_j}{v_j^2 - v^2} \tag{III, 30}$$

gefunden, wenn man die Bezeichnungen der Eigenfrequenzen den hier gebrauchten anpaßt. Formal hat dieser Ausdruck eine sehr große Ähnlichkeit mit (III, 26). Die v_j in (III, 30) sind die Absorptionsfrequenzen des Atoms, die $\mathfrak{P}_j$ die Dipolmomente der Übergänge. Summiert man (III, 30) noch über die Atome in der Zelle, so erhält man die Polarisation der Zelle und daraus ohne Schwierigkeit den Anteil der Suszeptibilität und Dielektrizitätskonstante, der von der direkten Polarisation der Ionen herrührt.

Brechung und Doppelbrechung. Bei regulären Kristallen findet man eine skalare Dielektrizitätskonstante und daraus den Brechungsindex des betreffenden Mediums. Nichtreguläre Kristalle besitzen eine tensorielle Dielektrizitätskonstante und zeigen deshalb Doppelbrechung (s. Bd. I, S. 593 ff). Damit sind die Brechung und Doppelbrechung auf die Gitterstruktur der Kristalle zurückgeführt.

Dispersion. Die Abhängigkeit der Dielektrizitätskonstante von der Frequenz ist die Dispersion. Bei kleinen Frequenzen des Lichtes sind alle Summanden der Summe (III, 27) positiv und wachsen mit der Frequenz an. Die akustischen Frequenzen tragen nämlich nichts bei, weil bei ihnen

$$\sum e_k \mathfrak{A}_k = 0$$

ist. Dielektrizitätskonstante und Brechungsindex nehmen mit der Frequenz monoton zu. Dieses Verhalten bezeichnet man als normale Dispersion.

Nähert man sich einer Eigenfrequenz des Gitters, so würden Brechungsindex und Suszeptibilität nach der Formel (III, 27) ins Unendliche wachsen. Natürlich rührt das von einer Vernachlässigung in der Theorie her. Durch Licht dieser Frequenz wird das Gitter außerordentlich stark polarisiert, d. h. es nimmt viel Schwingungsenergie dieser Frequenz aus dem Licht auf. Da aber die Schwingungen nicht ganz harmonisch sind, geht Energie von der direkt durch das Licht erregten Eigenschwingung auf die anderen über und verteilt sich auf alle Gitterschwingungen, auch auf die akustischen. Die Lichtenergie wird so in Wärme verwandelt. Es kommt also gar nicht zu der unendlich hohen, sondern nur zu einer

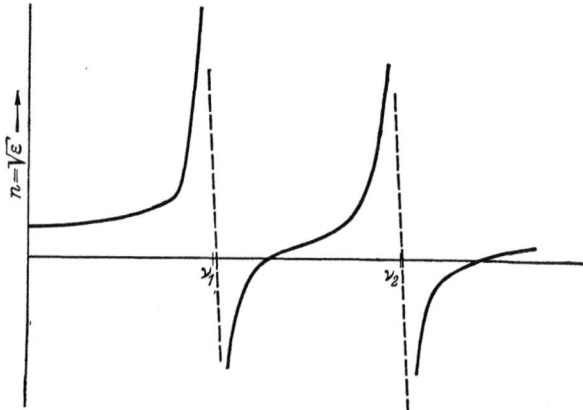

Abb. 526. Schematischer Verlauf des Brechungsindex mit der Frequenz. Anormale Dispersion bei den optischen Grenzfrequenzen ν_1, ν_2 usw.

starken Polarisation, die mit einer gleichzeitigen Absorption des Lichtes verbunden ist. An der Stelle $\nu = \nu_j$ liegt ein Maximum des Brechungsexponenten und der Lichtabsorption. Überschreitet die Lichtfrequenz die Gitterfrequenz ν_j, so wird der zu j gehörende Summand

$$\xi_j = \frac{\mathfrak{L}_j)(\mathfrak{L}_j}{4\pi^2 \varepsilon_0 (\nu_j^2 - \nu^2)} \qquad (III, 31)$$

negativ. Theoretisch wird die Dielektrizitätskonstante negativ und der Brechungsindex komplex, was man gerade als Absorption deuten kann. In diesem Gebiet nimmt der Brechungsindex mit der Frequenz ab, was man als anormale Dispersion bezeichnet (s. Abb. 526). Bei noch etwas größerer Lichtfrequenz kommt man natürlich wieder zu positivem ε, da der negative Beitrag (III, 31) zu (III, 27) schnell abnimmt und zu ihm die übrigen positiven Summanden und der Anteil der direkten Polarisation der Ionen hinzukommen. Dieselbe Erscheinung tritt auch im sichtbaren und im ultravioletten Spektralgebiet auf, wenn man über eine Absorptionsfrequenz der Gitterteilchen hinweggeht. Auch in Gasen wird sie beobachtet, hängt dort aber mit den Absorptionsfrequenzen der Moleküle (Atome) zusammen (s. S. 1016).

Optische Aktivität. Unsere bisherigen Überlegungen lieferten nur eine erste Näherung für die Polarisation des Kristalls durch die Lichtwelle. Wir können auch eine zweite Näherung gewinnen, deren Durchrechnung natürlich wesentlich mühsamer ist. Statt in (III, 8) den Exponentialfaktor zu vernachlässigen, setzen wir

$$e^{i\left(\mathfrak{f}\mathfrak{r}_{k'}^{(n')} - \mathfrak{f}\mathfrak{r}_k^{(n)}\right)} = 1 - i(\mathfrak{f}\,\mathfrak{r}_{k\,k'}^{n-n'}). \qquad (III, 32)$$

§ 2. Die Beugung von Röntgenstrahlen an Kristallgittern.

Die Amplituden $\mathfrak{U}_k$ entwickeln wir in eine Reihe nach Potenzen von $s = |\mathfrak{i}|$ und gehen bis zum linearen Glied. Auf diese Weise gewinnen wir eine zweite Näherung, welche uns die optische Aktivität liefert.

§ 2. Die Beugung von Röntgenstrahlen an Kristallgittern.

Inhalt: Das Beugungsbild der Röntgenstrahlen entsteht durch Interferenz der Sekundärwellen, die durch den primären Röntgenstrahl in den Gitterteilchen ausgelöst wird. Bei gegebener Wellenlänge und Einfallsrichtung entsteht im allgemeinen kein Beugungsbild. Die Beugung kann als Reflexion an den Netzebenen beschrieben werden, wenn der Einfallswinkel einer der Glanzwinkel ist. Konstruktion der Beugungsstrahlen. Beobachtung der Interferenzen im Laueverfahren, Drehkristallverfahren und Debye-Scherrer-Verfahren. Bei Gittern mit Basis werden einzelne Interferenzen verstärkt oder geschwächt und können sogar ganz ausfallen.

Bezeichnungen: $\mathfrak{s}$ und $\mathfrak{s}'$ Fortpflanzungsrichtungen der sekundären und primären Wellen, ν Frequenz, λ Wellenlänge, $\mathfrak{a}_1, \mathfrak{a}_2, \mathfrak{a}_3$ primitives Tripel, $\mathfrak{b}_1, \mathfrak{b}_2, \mathfrak{b}_3$ dazu reziproke Vektoren, $n = (n_1 \, n_2 \, n_3)$ Zellenindex, $(h_1^*, h_2^*, h_3^*) = (h_1, h_2, h_3)_p$ Symbol einer Netzebene s. S. 1648, p ganze Zahl, $\mathfrak{h}$ Vektor senkrecht zur Netzebene, $\alpha, \beta, \gamma, \alpha', \beta', \gamma'$ Richtungskosinus des gebeugten und des Primärstrahles, δ Glanzwinkel, d Netzebenenabstand, k Basisindex, $\mathfrak{A}$ $(\mathfrak{A}_k)$ Amplitude der sekundären Röntgenwelle, R Abstand der Beobachtungspunkte vom Ort der Beugung.

Eines der wichtigsten Mittel zur Aufklärung von Kristallgitterstrukturen ist die Untersuchung der Beugungserscheinungen, welche die Kristalle an Röntgenstrahlen bewirken.

Von der Einwirkung der Röntgenstrahlen auf einen Kristall machen wir uns folgendes vereinfachte Bild. Ein paralleles Bündel der Frequenz ν und der Wellenlänge λ durchsetze den Kristall, den wir als ein ideales Gitter ohne Gitterschwingungen betrachten. Die Durchmesser der Gitterteilchen wie auch ihre Abstände voneinander sind von der Größenordnung λ, bei harten Röntgenstrahlen sogar wesentlich größer. Das elektrische Feld der Röntgenwelle wird unter diesen Umständen keine Bewegung der ganzen Gitterteilchen veranlassen können, selbst wenn diese geladen sind. Statt dessen werden im Innern der Atome periodische elektrische Vorgänge mit der Frequenz ν durch den Röntgenstrahl induziert. Eine Lichtwelle, deren Wellenlänge groß gegen die Atome ist, würde in ihnen hauptsächlich elektrische Dipole induzieren. Bei gleicher Größenordnung von Wellenlänge und Gitterteilchen entstehen neben den Dipolen auch Quadrupole und höhere Pole, welche im einzelnen schwer zu übersehen sind. Jedes Atom erhält auf diese Weise eine Ladungsverteilung, die sich mit der Frequenz ν periodisch ändert, aber im einzelnen nicht näher bekannt ist, und strahlt deshalb eine elektromagnetische Kugelwelle mit dieser Frequenz aus. Durch Interferenz sämtlicher Sekundärwellen entsteht das Röntgenbeugungsbild. Dies wollen wir nun genauer untersuchen.

Wir betrachten dazu eine solche experimentelle Anordnung des Beugungsversuches, daß wir mit ebenen Wellen, statt mit Kugelwellen rechnen können. Der von Röntgenstrahlen durchsetzte Teil des Kristalls sei ziemlich klein und die gebeugten Röntgenstrahlen mögen auf einer großen Kugel vom Radius R um ihn herum beobachtet werden (s. Abb. 527). Einen Punkt auf der Kugel kennzeichnen wir durch die Fortpflanzungsrichtung $\mathfrak{s}$ des gebeugten Strahles, der zu ihm gelangt, die Auftreffstelle der primären Röntgenstrahlen durch den Einheitsvektor $\mathfrak{s}'$. Alle von den Atomen ausgehenden sekundären Kugelwellen können dann durch

$$\mathfrak{E} = \mathfrak{A} e^{-2\pi i \nu t} e^{\frac{2\pi i R}{\lambda}} e^{i\varphi} \tag{III, 33}$$

beschrieben werden. Die Amplitude $\mathfrak{A}$ steht natürlich immer senkrecht zu $\mathfrak{s}$, da die Röntgenwelle transversal ist, und ist für alle gleichwertigen Atome dieselbe.

Da wir nicht einmal wissen, wie sich die Sekundärwelle aus Dipol-, Quadrupol- und höherer Strahlung zusammensetzen, läßt sich sonst keine Angabe über sie machen, ohne auf die Struktur des Atominneren einzugehen. Wir müssen deshalb damit rechnen, daß $\mathfrak{A}$ noch von den Richtungen $\mathfrak{s}$ und $\mathfrak{s}'$ abhängt, weil dies schon bei einer Dipolwelle der Fall ist. Das Wichtigste ist für uns der Phasenfaktor $e^{i\varphi}$. Wir ermitteln ihn mit Hilfe der Abb. 528. Das Atom, das die be-

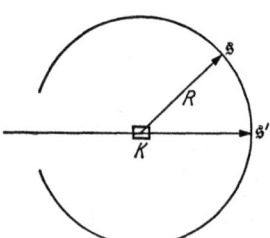

Abb. 527. $\mathfrak{s}'$ Richtung des primären Röntgenstrahles, $\mathfrak{s}$ Richtung des im Kristall K gebeugten Strahles.

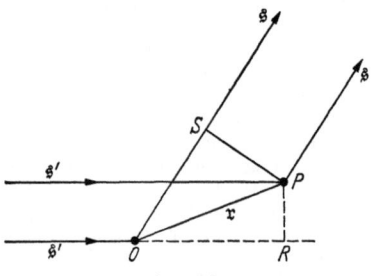

Abb. 528.

trachtete Sekundärwelle emittiert, befinde sich im Punkt P, der vom Koordinatenanfang O durch den Radiusvektor $\mathfrak{r}$ erreicht wird. Der primäre Röntgenstrahl, der in der Richtung $\mathfrak{s}'$ einfällt, muß bis zu P einen um $OR = (\mathfrak{r}\mathfrak{s}')$ längeren Weg zurücklegen als bis zum Ursprung, die sekundäre Welle eine um $OS = (\mathfrak{r}\mathfrak{s})$ kürzere Strecke, als wenn sie vom Ursprung käme. Die vom Ursprung und von P ausgesandten Sekundärwellen besitzen also den Gangunterschied $(\mathfrak{r}\mathfrak{s}' - \mathfrak{r}\mathfrak{s})$ und damit den Phasenunterschied

$$\varphi = \frac{2\pi}{\lambda}(\mathfrak{r}\mathfrak{s}' - \mathfrak{r}\mathfrak{s}). \tag{III, 34}$$

Nun nehmen wir zuerst an, daß die Atome des Kristalls ein einfaches Translationsgitter bilden, daß die Basis also nur ein Atom enthält. Dann sitzen die Atome an den Orten

$$\mathfrak{r} = \mathfrak{r}^{(n)} = n_1\mathfrak{a}_1 + n_2\mathfrak{a}_2 + n_1\mathfrak{a}_3. \tag{III, 35}$$

Um die Feldstärke der ganzen Röntgenwelle zu erhalten, die in der Richtung $\mathfrak{s}$ fortschreitet, müssen wir (III, 33) über alle Atome summieren und erhalten

$$\mathfrak{E} = \mathfrak{A}\,e^{-2\pi i \nu t}\,e^{\frac{2\pi i}{\lambda}R}\sum e^{\frac{2\pi i}{\lambda}(\mathfrak{s}' - \mathfrak{s})(n_1\mathfrak{a}_1 + n_2\mathfrak{a}_2 + n_3\mathfrak{a}_3)}. \tag{III, 36}$$

Die Summe läuft über alle Kombinationen der drei ganzen Zahlen $n_1\,n_2\,n_3$.

Dieser Ausdruck wird am größten, wenn alle Summanden gleich sind, d. h. wenn alle Atome des Gitters gleichphasig zum gebeugten Röntgenstrahl beitragen. Dies trifft dann zu, wenn für alle Kombinationen $n_1\,n_2\,n_3$

$$\frac{(\mathfrak{s}' - \mathfrak{s})}{\lambda}(\mathfrak{a}_1 n_1 + \mathfrak{a}_2 n_2 + \mathfrak{a}_3 n_3) \tag{III, 37}$$

eine ganze Zahl ist. Die notwendige und hinreichende Bedingung dafür ist aber

$$\left.\begin{aligned}(\mathfrak{s}' - \mathfrak{s})\,\mathfrak{a}_1 &= \lambda h_1^* = p\,\lambda h_1,\\(\mathfrak{s}' - \mathfrak{s})\,\mathfrak{a}_2 &= \lambda h_2^* = p\,\lambda h_2,\\(\mathfrak{s}' - \mathfrak{s})\,\mathfrak{a}_3 &= \lambda h_3^* = p\,\lambda h_3.\end{aligned}\right\} \tag{III, 38}$$

h_1^*, h_2^* und h_3^* sind ganze Zahlen. Besitzen sie den größten gemeinsamen Teiler p, so sind h_1, h_2, h_3 drei teilerfremde ganze Zahlen.

§ 2. Die Beugung von Röntgenstrahlen an Kristallgittern. 1699

Stehen die drei primitiven Translationen $\mathfrak{a}_1, \mathfrak{a}_2, \mathfrak{a}_3$ des Gitters aufeinander senkrecht, so sind

$$\frac{(\mathfrak{s}'\mathfrak{a}_1)}{|\mathfrak{a}_1|} = \cos\alpha'; \quad \frac{(\mathfrak{s}'\mathfrak{a}_2)}{|\mathfrak{a}_2|} = \cos\beta'; \quad \frac{(\mathfrak{s}'\mathfrak{a}_3)}{|\mathfrak{a}_3|} = \cos\gamma',$$
$$\frac{(\mathfrak{s}\mathfrak{a}_1)}{|\mathfrak{a}_1|} = \cos\alpha; \quad \frac{(\mathfrak{s}\mathfrak{a}_2)}{|\mathfrak{a}_2|} = \cos\beta; \quad \frac{(\mathfrak{s}\mathfrak{a}_3)}{|\mathfrak{a}_3|} = \cos\gamma$$
(III, 39)

die Richtungskosinus des einfallenden bzw. gebeugten Strahles. Wir erhalten für sie die Gleichungen

$$\cos\alpha' - \cos\alpha = \frac{\lambda}{|\mathfrak{a}_1|} h_1^* = \frac{p\lambda}{|\mathfrak{a}_1|} h_1,$$
$$\cos\beta' - \cos\beta = \frac{\lambda}{|\mathfrak{a}_2|} h_2^* = \frac{p\lambda}{|\mathfrak{a}_2|} h_2,$$
$$\cos\gamma' - \cos\gamma = \frac{\lambda}{|\mathfrak{a}_2|} h_3^* = \frac{p\lambda}{|\mathfrak{a}_3|} h_3.$$
(III, 40)

Die Bedeutung der Gleichungen (III, 38) läßt sich am besten erkennen, wenn wir mit den zu $\mathfrak{a}_1, \mathfrak{a}_2, \mathfrak{a}_3$ reziproken Vektoren $\mathfrak{b}_1, \mathfrak{b}_2, \mathfrak{b}_3$ das sog. reziproke Gitter aufspannen. Der Vektor

$$\mathfrak{h}^* = h_1^* \mathfrak{b}_1 + h_2^* \mathfrak{b}_2 + h_3^* \mathfrak{b}_3 \quad (\text{III}, 41)$$

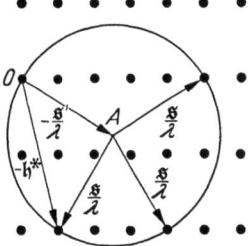

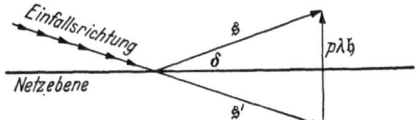

Abb. 529. Konstruktion der Beugungsstrahlen im reziproken Gitter. $\mathfrak{s}'$ Einfallsrichtung, $\mathfrak{s}$ gebeugte Richtungen. Das Bündel $-\mathfrak{h}^*$ verbindet O mit allen Gitterpunkten.

Abb. 530. Braggsche Reflexion.

ist der Ortsvektor seiner Gitterpunkte. Dann lassen sich die drei Beziehungen (IV, 38) in die Fundamentalgleichung

$$\mathfrak{s}' - \mathfrak{s} = p\lambda\mathfrak{h} = \lambda\mathfrak{h}^* \quad (\text{III}, 42)$$

zusammenfassen. Durch skalares Multiplizieren mit $\mathfrak{a}_1, \mathfrak{a}_2$ und $\mathfrak{a}_3$ liefert sie sofort (III, 38) zurück. Die Kombination $h_1 h_2 h_3$ nennt man die Ordnung des gebeugten Röntgenstrahles.

Eine bequeme graphische Darstellung der Fundamentalgleichung kann man im reziproken Gitter ausführen. In ihm sind die Vektoren $-\mathfrak{h}^*$ die Fahrstrahlen vom Koordinatenanfang zu den Gitterpunkten. Zieht man vom Ursprung O den Vektor $-\mathfrak{s}'/\lambda$, so gelangt man zu dem sog. Ausbreitungspunkt A der Abb. 529. Alle Vektoren $\mathfrak{s}/\lambda$ gehen von A aus und enden auf einer Einheitskugel. Die möglichen Richtungen der gebeugten Strahlen sind die Verbindungslinien von A mit den Gitterpunkten auf dieser Kugel. Aus dieser Konstruktion ersieht man sofort, daß im allgemeinen gar keine Beugung entsteht, weil die Kugel durch keinen Gitterpunkt geht. Nur wenn die Wellenlänge bzw. die Richtung $\mathfrak{s}'$ passend gewählt ist, liegen außer dem Koordinatenanfang noch weitere Gitterpunkte auf ihr. Vorzeichenumkehr in (III, 42) liefert sofort den Reziprozitätssatz. Dieser besagt, daß das gleiche Interferenzbild entsteht, wenn der Primärstrahl durch einen Beugungsstrahl ersetzt wird. Dasselbe gilt deshalb auch, wenn alle Beugungsstrahlen sich mit an der Erregung der Sekundärwellen beteiligen.

107*

Der Vektor $\mathfrak{h}$ steht nach S. 1647 auf der Netzebene $(h_1\,h_2\,h_3)$ senkrecht. Sein Betrag h ist der reziproke Abstand aufeinanderfolgender Netzebenen. Die Fundamentalgleichung läßt deshalb eine sehr einfache geometrische Interpretation zu. $\mathfrak{s}$, $\mathfrak{s}'$ und $p\lambda\mathfrak{h}$ liegen in einer Ebene und bilden ein gleichschenkliges Dreieck (s. Abb. 530), da $\mathfrak{s}$ und $\mathfrak{s}'$ die Länge 1 haben. Die Richtung des primären Röntgenstrahles $\mathfrak{s}'$ und des gebeugten Strahl $\mathfrak{s}$ schließen mit $\mathfrak{h}$ den gleichen Winkel ein und haben auch dieselbe Neigung δ gegen die zu $\mathfrak{h}$ senkrechte Netzebene. Die Beugung des Röntgenstrahles kann man also formal als Reflexion an der Netzebene beschreiben. Aus der Abb. 530 gewinnt man ohne Schwierigkeit die Braggsche Beziehung

$$\sin\delta = \frac{\lambda h^*}{2} = \frac{p\lambda h}{2} = \frac{p\lambda}{2d}. \qquad (\text{III},\,43)$$

Auch aus ihr kann man ablesen, daß man gar nicht immer einen reflektierten Strahl erhalten kann. Die Netzebenenabstände $d = 1/h$ besitzen in einem vorgegebenen Kristall eine diskrete Reihe von Werten. Ein monochromatisches Röntgenbündel kann nur dann an einer Netzebene reflektiert werden, wenn sein Neigungswinkel die Braggsche Beziehung

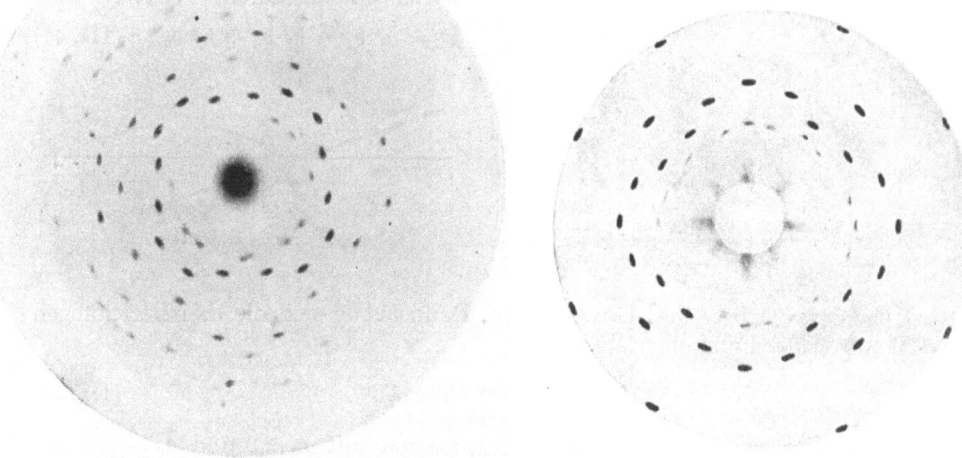

Abb. 531 a. Laue-Diagramm von Zinkblende.   Abb. 531 b. Laue-Diagramm von Sylvin.

erfüllt. Einen solchen Winkel nennt man Glanzwinkel. Für jede Wellenlänge gibt es eine Reihe möglicher Glanzwinkel. Bei willkürlicher Orientierung gegen den Kristall wird es überhaupt kein gebeugtes Bündel geben. Ist dagegen das Bündel nicht monochromatisch, so kann die Braggsche Bedingung für gewisse Wellenlängen bei jeder Orientierung erfüllt werden.

Die Braggsche Bedingung kann überhaupt nicht befriedigt werden, wenn die Wellenlänge größer ist als das Doppelte des größten Netzabstandes.

Die Beziehung (III, 43) zeichnet von vornherein drei verschiedene Wege vor, auf denen man experimentell Beugungsbilder von Röntgenstrahlen erhalten kann.

1. Im Laueschen Verfahren läßt man einen primären Röntgenstrahl, welcher alle möglichen Wellenlängen innerhalb eines gewissen Spektralgebietes enthält, auf einen Kristall fallen und erhält Beugung in bestimmten Richtungen. Auf einer photographischen Platte bekommt man ein Laue-Diagramm (s. Abb. 531 a, b)

§ 2. Die Beugung von Röntgenstrahlen an Kristallgittern. 1701

Jeder Beugungsstrahl gibt einen sog. Interferenzpunkt im Diagramm. Da man die Richtungen $\mathfrak{s}$ und $\mathfrak{s}'$ im Versuch messen kann und da $\mathfrak{h}$ den von ihnen gebildeten Winkel halbiert, erfährt man aus dem Laue-Diagramm die Richtungen des Vektorbündels $\mathfrak{h}$ und damit die Lage der Netzebenen im Kristall.

2. Das Drehkristallverfahren erfüllt für jede Wellenlänge die Braggsche Bedingung beim Drehen des Kristalls. Auf diese Weise kann man wie bei dem Laue-Verfahren die Lagen der Netzebenen ermitteln. Andererseits kann man auch die im Röntgenstrahl enthaltenen Wellenlängen feststellen, wenn die Gitterstruktur bekannt ist. Das Drehkristallverfahren liefert geradezu das Spektrum des Röntgenstrahles und ist eines der Hauptverfahren der Röntgenspektroskopie.

3. Das Debye-Scherrer-Verfahren benutzt nicht einen einzelnen Kristall, sondern statt seiner Kristallpulver. In ihm kommen alle möglichen Orientierungen vor, so daß die Braggsche Bedingung für jede Wellenlänge erfüllt wird. Gäbe es nur einen einzigen Netzebenenabstand $a = 1/h$, so müßten alle gebeugten Strahlen der Wellenlänge λ auf den Kegeln mit den Halböffnungswinkeln 2δ um die Einfallsrichtung liegen. Auf einer photographischen Platte, die senkrecht zum Primärstrahl steht, zeichnet jede Wellenlänge für jede ganze Zahl p einen Kreis. So entsteht bei Pulveraufnahmen ein Röntgenspektrum, dessen Linien aber Kreise sind. Eine Komplikation tritt ein, weil sich die Spektren verschiedener Ordnung, welche von den verschiedenen Netzabständen herrühren, überlagern. Die Abb. 532 zeigt ein photographisches Debye-Scherrer-Diagramm.

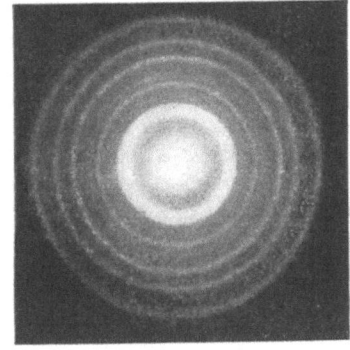

Abb. 532. Debye-Scherrer-Diagramm an Wurtzitpulver. Oben: vergrößerter Ausschnitt nach Art eines Spektrums.

Bei allen drei Verfahren kann man natürlich auch eine Ionisationskammer statt der photographischen Platte verwenden.

Ein Gitter mit Basis kann man aus mehreren ineinandergestellten Translationsgittern zusammensetzen. In (III, 35) ist dann

$$\mathfrak{r} = \mathfrak{r}_k^{(n)} = \mathfrak{r}_k + n_1 \mathfrak{a}_1 + n_2 \mathfrak{a}_2 + n_3 \mathfrak{a}_3 \qquad (III, 44)$$

einzusetzen, wo $\mathfrak{r}_k$ den Ort des k-ten Basisatoms angibt. Die Feldstärke der gebeugten Röntgenwelle geht aus (III, 36) hervor, wenn man für jedes Atom der Basis ein $\mathfrak{A}_k$ einsetzt und über alle k summiert. Dies gibt den Ausdruck

$$\mathfrak{E} = e^{2\pi i \left(\frac{R}{\lambda} - \nu t\right)} \sum_k \mathfrak{A}_k e^{\frac{2\pi i}{\lambda}(\mathfrak{s}' - \mathfrak{s})\mathfrak{r}_k} \sum e^{\frac{2\pi i}{\lambda}(\mathfrak{s}' - \mathfrak{s})(n_1 \mathfrak{a}_1 + n_2 \mathfrak{a}_2 + n_3 \mathfrak{a}_3)}. \qquad (III, 45)$$

Der Faktor

$$\sum e^{\frac{2\pi i}{\lambda}(\mathfrak{s}' - \mathfrak{s})(n_1 \mathfrak{a}_1 + n_2 \mathfrak{a}_2 + n_3 \mathfrak{a}_3)} \qquad (III, 46)$$

liefert die Beugungsmaxima, d. h. es entstehen genau in denselben Richtungen Beugungsstrahlen wie beim einfachen Gitter. Die Intensität der gebeugten Bündel hängt aber noch von dem Faktor

$$\sum_k \mathfrak{A}_k e^{\frac{2\pi i}{\lambda}(\mathfrak{s}' - \mathfrak{s})\mathfrak{r}_k} = \sum_k \mathfrak{A}_k e^{2\pi i \mathfrak{h}^* \mathfrak{r}_k} \qquad (III, 47)$$

ab. Er kann unter Umständen klein sein oder gar ganz verschwinden und dann fehlen die entsprechenden Maxima im Beugungsbild. Wir machen uns dies am raumzentrierten Gitter noch einmal klar. Bei ihm sitzen die Basisatome an den Stellen

$$\mathfrak{r}_1 = 0 \quad \text{und} \quad \mathfrak{r}_2 = \frac{1}{2}(\mathfrak{a}_1 + \mathfrak{a}_2 + \mathfrak{a}_3). \tag{III, 48}$$

Dann ist

$$\mathfrak{h}^*\mathfrak{r}_1 = 0 \quad \text{und} \quad \mathfrak{h}^*\mathfrak{r}_2 = \frac{1}{2}(h_1^* + h_2^* + h_3^*) \tag{III, 49}$$

und der Faktor (III, 47) geht in

$$\mathfrak{A}_1 + \mathfrak{A}_2 \, e^{\pi i (h_1^* + h_2^* + h_3^*)} \tag{III, 50}$$

über. Sind alle Atome von gleicher Art, so wird $\mathfrak{A}_1 = \mathfrak{A}_2$ und es fehlen die Beugungsmaxima, wenn $h_1^* + h_2^* + h_3^*$ ungerade ist, während die übrigen die doppelte Amplitude erhalten. Der Ausfall der ungeraden Interferenzen ist für das raumzentrierte Gitter charakteristisch.

*Die hier skizzierte Lauesche Theorie der Röntgeninterferenzen ist noch in mehreren Hinsichten unvollständig. Dies äußert sich vor allem darin, daß man aus ihr zwar die Richtung der Beugungsmaxima, nicht aber deren Intensität ableiten kann. Verbesserungen sind aus folgenden Gründen vorgenommen worden: 1. An der Anregung der Gitterteilchen beteiligen sich nicht nur das primäre Röntgenbündel, sondern auch die aus ihm entstehenden Beugungsbündel. Auf diese Weise entstehen keine neuen Interferenzen, da wegen des Reziprozitätssatzes alle Beugungsbündel dieselben Interferenzen erzeugen. Die Faktoren $\mathfrak{A}_k$ müssen dann aber aus Anteilen aller Beugungsbündel zusammengesetzt werden, welche einzeln von den Winkeln zwischen zwei Richtungen $\mathfrak{s}$ abhängen. Man hat deshalb die sog. dynamische Theorie der Röntgeninterferenzen entwickelt, welche den Laueschen Ansatz als erste Näherung benutzt, aber dann alle Bündel nach dem Muster der Dispersionstheorie auf einmal behandelt. 2. Die Faktoren $\mathfrak{A}_k$ hängen mit dem inneren Aufbau der Atome zusammen und spiegeln deshalb deren individuelle Eigenschaften wider. Könnte man die Gitterteilchen jeweils durch ein freies Elektron ersetzen, so könnte man mit Hilfe der dynamischen Theorie die Amplituden $\mathfrak{A}_k$ berechnen. Als Atomfaktor bezeichnet man das Verhältnis der wirklichen $\mathfrak{A}_k$ zu denjenigen, die man für Elektronen berechnet. Atomfaktoren sind verschiedentlich auch aus dem Bau der Atome berechnet worden und waren dann in befriedigender Übereinstimmung mit gemessenen Werten. 3. Die Lauesche Theorie berücksichtigt die Wärmebewegung der Gitterteilchen nicht, d. h. vernachlässigt die Gitterschwingungen. Strenggenommen gilt sie nur beim absoluten Nullpunkt. Nimmt man auf die Wärmebewegung Rücksicht, so findet man außer den Beugungsbündeln noch einen allgemeinen Streuhintergrund, dessen Intensität von kleinen Streuwinkeln bis 180° monoton zunimmt. Die Schärfe der Interferenzen wird aber durch die Wärmebewegung nicht verschlechtert.

**§ 3. Ansätze zu einer konsequenten Theorie der Gitterwellen.

Die Behandlung der optischen Erscheinungen in Kristallen, die in den vorigen Abschnitten durchgeführt wurde, kann man noch nicht als eine konsequente Theorie ansehen.

Wir sind von der Annahme ausgegangen, daß im Gitter eine elektrische Feldstärke herrsche, die durch den Wellenansatz

$$\mathfrak{E} = \mathfrak{A} \, e^{-2\pi i \nu t} \, e^{\frac{2\pi i}{\lambda}(\mathfrak{s}\mathfrak{r})} \tag{III, 51}$$

beschrieben wird. Auf die Gitterteilchen mit der Ladung e_k sollte dieses Feld mit der Kraft $e_k \mathfrak{E}$ wirken und ihre Bewegungen beeinflussen. Dieser Ansatz, der auf den ersten Blick fast selbstverständlich aussieht, enthüllt bei genauerem Zusehen noch einige Schwierigkeiten.

Um das Problem klar zu erkennen, vereinfachen wir uns den Sachverhalt soweit als möglich. Statt eine Welle durch den Kristall zu schicken, legen wir nur ein statisches Feld an, so daß wir nach der Kontinuumstheorie im Innern eine konstante Feldstärke $\mathfrak{E}$ hätten. Der Kristall möge ferner nicht aus Ionen, sondern nur aus einer einzigen Atomart bestehen. Wir denken dabei z. B. an das Diamantgitter. Die Gitterteilchen selbst werden nun durch das Feld polarisiert und es entsteht, elektrisch betrachtet, ein Gitter, das aus lauter Dipolen in regelmäßiger Anordnung besteht. Auf die Gitterschwingungen brauchen wir beim Diamant keine Rücksicht zu nehmen, da sie kein elektrisches Moment erzeugen.

Die Feldstärke $\mathfrak{E}$, die die Kontinuumstheorie im Innern des Kristalls annimmt, ist nur ein Mittelwert. Wir erhalten sie, indem wir uns die Dipole kontinuierlich verteilt denken. In Wirklichkeit ist aber das Feld nicht konstant, sondern das mittlere Feld wird durch die Mikrofelder der einzelnen Dipole überlagert. Insbesondere ist es nicht das mittlere Feld, welches die Gitterteilchen polarisiert. Der beachtlichste Unterschied gegenüber der Kontinuumstheorie liegt nämlich darin, daß in Wirklichkeit in der unmittelbaren Umgebung der Gitterteilchen keine anderen Dipole liegen. Wir können dem einigermaßen Rechnung tragen, wenn wir jedes Teilchen mit einer kleineren, leeren Kugel umgeben, während wir uns außerhalb ein Kontinuum von Dipolen der Dichte $\mathfrak{P}$ und der mittleren Feldstärke $\mathfrak{E}$ vorstellen. Im Innern der ausgeschlossenen Kugel herrscht dann nicht das Feld $\mathfrak{E}$, sondern ein dazu proportionales Feld $\mathfrak{E}'$, und dieses verursacht die Polarisation des dort sitzenden Gitterteilchens.

Dieses Resultat kann man natürlich noch besser fundieren und verallgemeinern. Beim regulären Gitter gilt es nicht nur im elektrostatischen Feld, sondern auch im Feld einer Lichtwelle. Auch Ionengitter führen zum gleichen Ergebnis wie Atomgitter. Der Beweis dafür kann geführt werden, wenn man die Feldanteile wirklich summiert, welche die einzelnen Dipole erzeugen.

Wenn $\mathfrak{E}'$ statt der mittleren Feldstärke $\mathfrak{E}$ einzusetzen ist, um die Kraft auf geladenen Teilchen zu berechnen, ändert sich an den Überlegungen der vorigen Abschnitte nicht viel. Es wirkt sich nur auf die Zahlwerte der Konstanten ε und ξ aus, was aber unwesentlich ist, solange wir deren absolute Größe doch nicht ausrechnen können, da die zwischen den Gitterteilchen wirkenden Kräfte ja auch nicht numerisch bekannt sind. Bei den Röntgenstrahlen haben wir aber noch einen anderen Mangel unserer Theorie bemerkt, der sich allerdings bei langen elektromagnetischen Wellen nicht auswirkt. Die veränderlichen Momente, welche die primäre Welle im Gitter erregt, emittieren ihrerseits eine Sekundärstrahlung, die als Streuung oder Beugung in Erscheinung tritt. Bei hoher Frequenz ist diese stark genug, um sich ihrerseits an der Erzeugung der Momente zu beteiligen usw. Die Berücksichtigung der Polarisation durch die Primärstrahlung ist also nur eine erste Näherung, die bei Lichtwellen ausreicht, bei kurzwelliger Strahlung aber für die Berechnung der Intensitätsverteilung nicht genügt.

IV. Gittertheorie der Metalle.

Viele Eigenschaften der elektrisch isolierenden Kristalle kann man verstehen, wenn man sie als Gitter von Ionen oder Atomen ansieht. Um die Elektronen, welche in den Gitterteilchen enthalten sind, braucht man sich dabei im einzelnen nicht zu kümmern. Das Modell des Atom- oder Ionengitters ist bei diesen Kristallen für viele Zwecke ausreichend. Vor einer wesentlich anderen Situation stehen wir bei den Metallen.

Die typische Eigenschaft der Metalle ist die elektrische Leitfähigkeit, genauer die metallische Leitfähigkeit. Ein Gitter, das aus Ionen oder aus Atomen besteht, von denen sich keine Elektronen entfernen können, zeigt kein Leitvermögen und ist notwendig ein Isolator. Leitfähigkeit durch Ionen ist für den flüssigen Zustand charakteristisch, in welchem die Ionen dem elektrischen Felde folgen können. Bei den Körpern, die wir als Metalle kennen, ist demnach das Atom- oder Ionengitter kein brauchbares Modell und wir müssen versuchen, ein anderes zu entwerfen.

Es gehört zu den Grundvorstellungen der Elektrizitätslehre, daß man elektrische Ladungen in Metallen als frei beweglich ansieht. Die genauere Analyse ergibt, daß wenigstens die Träger negativer Ladungen, die Elektronen, diese Eigenschaft haben. Das einfachste Bild, das wir uns von einem Metall machen können, ist ein Medium, in welchem sich Elektronen ähnlich bewegen können wie die Moleküle eines Gases im leeren Raum. Wegen der negativen Ladung der Elektronen müssen wir natürlich hinzufügen, daß im Metall ebenso viele positive Ladungen wie negative vorhanden sind, um den neutralen Charakter des Ganzen aufrechtzuerhalten. Bedenkt man, daß die Metallatome gerade diejenigen sind, die besonders leicht positive Ionen bilden, und dabei ein oder mehrere Elektronen abgeben, so werden wir von selbst zu folgender Auffassung der festen Metalle gedrängt:

Im Metall bilden die Ionen der Metallatome (Atomrümpfe) ein Gitter. Es wird durch eine Elektronenwolke, welche zwischen die Gitterpunkte eingebettet ist, zusammengehalten. Jedes Elektron gehört aber nicht zu einem bestimmten Atom, sondern befindet sich im Feld sämtlicher Ionen des Gitters. Die Gesamtheit aller Elektronen bildet also die Elektronenwolke, welche die Gesamtheit der Ionen des Gitters einhüllt.

Maßgebend für das Verhalten eines Elektrons ist immer das Kraftfeld, in welchem es sich aufhält. Im Metall beschreibt man es am einfachsten durch das Potential des elektrischen Feldes, das durch die Ionen und die übrigen Elektronen erzeugt wird. Ohne Einzelheiten zu untersuchen, kann man sehen, daß dieses Potential eine periodische Funktion des Ortes entsprechend der Struktur des Gitters sein wird, welche am Platz der Ionen jedesmal sehr hohe positive Werte (wenn man die Ionen punktförmig nimmt, sogar unendlich hohe) annimmt. In den Zwischenräumen zwischen den Ionen schwankt das Potential verhältnismäßig wenig, und in der ersten Näherung werden wir es überhaupt als konstant betrachten.

Ganz grob gesehen ist das Metallinnere dann ein Gebiet, in welchem ein einheitliches Potential herrscht, welches aber um den Betrag V höher liegt als im Außenraum.

§ 1. Das freie Elektronengas.

Inhalt: Behandelt man die Metallelektronen wie ein Gas nach der klassischen Statistik, so kann man wohl die elektrische Leitfähigkeit und das Wiedemann-Franzsche Gesetz verstehen, aber man erhält einen unmöglichen Wert für die spezifische Wärme. Die Behandlung nach der Fermischen Statistik zeigt, daß hauptsächlich nur die Elektronenzustände mit der niedrigsten Energie besetzt sind. Zur spezifischen Wärme der Metalle trägt das Elektronengas nur unwesentlich bei, so daß die klassische Schwierigkeit behoben wird.

Bezeichnungen: N Zahl der Elektronen im Volumen v, n Dichte der Elektronen, m Masse, c Geschwindigkeit, p Impuls, ε kinetische Energie der Elektronen, $\bar\varepsilon$ Mittelwert von ε, $\bar\varepsilon_0$ erste Näherung, k Gaskonstante pro Teilchen, T absolute Temperatur, $g = 2$ statistisches Gewicht des Elektronenspins, h Plancksche Konstante, $\mathcal{J}$ Verteilungsfunktion, ζ Potentialkonstante.

Für das Verhalten der Elektronen im Metall unterlegen wir fürs erste ein ganz primitives Modell, das wir natürlich nach und nach verfeinern müssen. Wenn

§ 1. Das freie Elektronengas.

das elektrische Potential V im Innern des Metalls konstant und positiv ist, wirken keine Kräfte auf die Elektronen, außer wenn sie gerade untereinander oder mit einem Gitterteilchen zusammenstoßen. Sie können sich also im Metall frei bewegen und verhalten sich dort wie die Moleküle eines Gases. Soll ein Elektron jedoch das Metall verlassen, so muß eine Arbeit $\varepsilon_a = \mathrm{e}V$ aufgebracht werden, die man als Austrittsarbeit bezeichnet. Die Potentiale V sind in verschiedenen Metallen im allgemeinen verschieden und ihre Differenzen sind die Kontaktpotentiale.

Die Vorstellung, daß das Metall aus einem Ionengitter und einem darin befindlichen Elektronengas bestehe, wird schon seit langer Zeit benutzt, um Eigenschaften der Metalle verständlich zu machen. DRUDE konnte aus ihr eine Formel für das elektrische Leitvermögen ableiten. Er erhielt auch das Wiedemann-Franzsche Gesetz, nach welchem elektrische Leitfähigkeit und Wärmeleitvermögen einander proportional sind. Man kommt aber mit der spezifischen Wärme der Metalle in unüberwindliche Schwierigkeiten, wenn man auf die Elektronen die klassische Statistik anwendet. Die mittlere kinetische Energie eines Elektrons hat klassisch den Wert

$$\bar{\varepsilon} = \frac{3}{2} k T \qquad (\text{IV}, 1)$$

und jedes Elektron trägt klassisch zur Wärmekapazität des Metalls den Betrag $3k/2$ bei. Die Atomwärme der meisten Metalle folgt empirisch dem Gesetz von DULONG und PETIT und hat den Wert $3R$. Pro Atom gibt dies den Wert $3k$. Dieser Betrag wird aber allein schon von den Gitterschwingungen in Anspruch genommen (s. S. 1687). Die freien Elektronen tragen also in Wirklichkeit kaum zur spezifischen Wärme des Metalls bei.

Jede vernünftige Theorie des metallischen Zustandes muß zuerst diese Schwierigkeit überwinden. Das Problem löst sich von selbst, wenn man auf Elektronen nicht die klassische, sondern die Fermische Statistik anwendet.

Die Zahl der Elektronen mit einem Impuls zwischen p und $p + dp$ im Volumen v ist nach Gleichung (II, 83) von S. 1443

$$dN = \frac{4\pi g v}{h^3} \frac{e^{-\frac{p^2}{2mkT} + \alpha}}{1 + e^{-\frac{p^2}{2mkT} + \alpha}} p^2 \, dp. \qquad (\text{IV}, 2)$$

In dieser Formel bedeutet m die Elektronenmasse, k die Boltzmannsche Konstante, T ist die absolute Temperatur. Der Faktor $g = 2$ kommt hinzu, wenn man die beiden Einstellungsmöglichkeiten des Elektronenspins berücksichtigt. Die Konstante α ergibt sich aus der Gesamtzahl N, wenn man über alle Impulse integriert. Wenn $e^\alpha \ll 1$ ist, geht (IV, 2) in

$$dN = \frac{4\pi g v}{h^3} e^{-\frac{p^2}{2mkT} + \alpha} p^2 \, dp \qquad (\text{IV}, 3)$$

über. Bei der Integration über alle p ergibt sich dann

$$N = \frac{4\pi g v}{h^3} e^\alpha \int_0^\infty e^{-\frac{p^2}{2mkT}} p^2 \, dp$$
$$= e^\alpha \left(\frac{2\pi m k T}{h^2}\right)^{3/2} g v = 2 e^\alpha \left(\frac{2\pi m k T}{h^2}\right)^{3/2} v \qquad (\text{IV}, 4)$$

und man gelangt zur klassischen Statistik.

Nehmen wir an, daß jedes Metallatom ein Elektron zum Elektronengas beisteuert, so können wir für N die Loschmidtsche Zahl und für v das Atomvolumen einsetzen. Die größten Atomvolumina beobachtet man bei den Alkalien, welche 70 cm³/Grammatom erreichen. Setzen wir diese Zahlen ein, so würden wir bei $T = 1000°$ ungefähr $e^\alpha = 50$ berechnen und bei Metallen mit kleinerem Atomvolumen noch mehr. Die Elektronen im Metall sind also weit davon entfernt, der klassischen Statistik zu gehorchen. Sie sind vielmehr hochgradig entartet, wie man das gegenteilige Verhalten nennt. Wir werden also e^α nicht als eine kleine, sondern als eine große Zahl betrachten müssen und auf dieser Basis eine andere Näherung versuchen.

Zu diesem Zweck führen wir statt α eine neue Größe ζ mit

$$\alpha = \frac{\zeta}{kT} \qquad (IV, 5)$$

ein und formen (IV, 2) in

$$dN = \frac{8\pi v}{h^3} \frac{1}{e^{\frac{p^2}{2mkT} - \frac{\zeta}{kT}} + 1} p^2 \, dp \qquad (IV, 6)$$

um. Summiert man über alle Impulse, so erhält man

$$N = \frac{8\pi v}{h^3} \int_0^\infty \frac{p^2 \, dp}{e^{\frac{p^2}{2mkT} - \frac{\zeta}{kT}} + 1}. \qquad (IV, 7)$$

Wird die Integration ausgeführt, so ist dies eine Gleichung zwischen der Elektronendichte

$$n = \frac{N}{v} \qquad (IV, 8)$$

der Temperatur und ζ. Wir müssen also ζ als eine Funktion der Temperatur ansehen, welche vorläufig nur durch (IV, 7) definiert ist, die wir aber noch explizit ermitteln wollen.

Zuerst definieren wir durch den Ansatz

$$dN = 4\pi N \mathcal{F} p^2 \, dp \qquad (IV, 9)$$

die Verteilungsfunktion

$$\mathcal{F}(p) = \frac{2v}{Nh^3} \frac{1}{e^{\frac{p^2}{2mkT} - \frac{\zeta}{kT}} + 1}. \qquad (IV, 10)$$

Sie kann auch

$$\mathcal{F}(\varepsilon) = \frac{2v}{Nh^3} \frac{1}{e^{\frac{\varepsilon - \zeta}{kT}} + 1} \qquad (IV, 11)$$

geschrieben werden, wenn wir die kinetische Energie

$$\varepsilon = \frac{p^2}{2m} \qquad (IV, 12)$$

statt des Impulses einführen. Bringen wir $\mathcal{F}$ in (IV, 7) ein, so entsteht

$$1 = 4\pi \int_0^\infty \mathcal{F}(p) \, p^2 \, dp \qquad (IV, 13)$$

oder

$$1 = 2\pi (2m)^{3/2} \int_0^\infty \mathcal{F}(\varepsilon) \, \varepsilon^{1/2} \, d\varepsilon. \qquad (IV, 14)$$

§ 1. Das freie Elektronengas.

Über den Verlauf der Funktion $\mathcal{F}(\varepsilon)$ können wir leicht folgende Feststellungen treffen. Da

$$e^{-\frac{\zeta}{kT}} \ll 1 \qquad (IV, 15)$$

ist, nähert sich $\mathcal{F}(\varepsilon)$ bei kleinen Energien dem Grenzwert

$$\mathcal{F}(0) = \frac{2v}{Nh^3} \frac{1}{e^{-\frac{\zeta}{kT}} + 1} \approx \frac{2v}{Nh^3}, \qquad (IV, 16)$$

der von ζ und der Temperatur nahezu unabhängig ist. $\mathcal{F}(\varepsilon)$ nimmt langsam und monoton mit ε ab. ζ ist diejenige Energie, bei der $\mathcal{F}(\varepsilon)$ auf den halben Anfangswert gesunken ist. In der Abb. 533 ist $\mathcal{F}(\varepsilon)$ für die Werte $\zeta/kT = 400, 200, 100, 50$ aufgetragen, welche etwa den Verhältnissen in Silber bei den absoluten Temperaturen $150°, 300°, 600°, 1200°$ entsprechen. Der Abfall von $\mathcal{F} = \mathcal{F}(0)$ auf

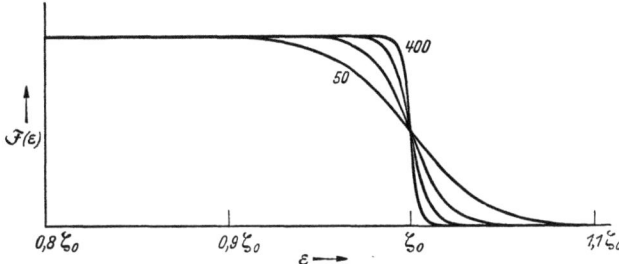

Abb. 533. Fermische Verteilungsfunktion für $\zeta/kT = 400, 200, 100, 50$.

$\mathcal{F} = 0$ vollzieht sich hauptsächlich in der Nähe der Stelle $\varepsilon = \zeta$ und ist sehr steil, wenn ζ groß ist. Er verflacht sich, wenn ζ klein oder T groß wird. Durch Differenzieren gewinnen wir aus (IV, 11)

$$\frac{d\mathcal{F}}{d\varepsilon} = -\frac{2v}{Nh^3 kT} \cdot \frac{e^{\frac{\varepsilon-\zeta}{kT}}}{\left(e^{\frac{\varepsilon-\zeta}{kT}} + 1\right)^2} = -\frac{v}{2Nh^3 kT} \cdot \frac{1}{\mathfrak{Cof}^2 \frac{\varepsilon-\zeta}{2kT}} \qquad (IV, 17)$$

und

$$\frac{d^2\mathcal{F}}{d\varepsilon^2} = \frac{v}{2Nh^3 k^2 T^2} \cdot \frac{\mathfrak{Sin}\frac{\varepsilon-\zeta}{2kT}}{\mathfrak{Cof}^3 \frac{\varepsilon-\zeta}{2kT}} = -\frac{1}{kT} \frac{d\mathcal{F}}{d\varepsilon} \mathfrak{Tg}\frac{\varepsilon-\zeta}{2kT}. \qquad (IV, 18)$$

Man erkennt aus (IV, 18), daß alle Kurven der Abb. 533 an der Stelle $\varepsilon = \zeta_0$ einen Wendepunkt besitzen.

Nun müssen wir die Bedingung (IV, 14) auswerten. Durch partielle Integration können wir sie in

$$1 = -\frac{4\pi}{3}(2m)^{3/2} \int_0^\infty \frac{d\mathcal{F}}{d\varepsilon} \varepsilon^{3/2} d\varepsilon \qquad (IV, 19)$$

überführen. Bei dieser Integration benötigen wir ein Integral vom Typus

$$I_n = \frac{1}{kT} \int_0^\infty \frac{e^{\frac{\varepsilon-\zeta}{kT}} \varepsilon^n d\varepsilon}{\left(e^{\frac{\varepsilon-\zeta}{kT}} + 1\right)^2} = -\frac{Nh^3}{2v} \int_0^\infty \frac{d\mathcal{F}}{d\varepsilon} \varepsilon^n d\varepsilon \qquad (IV, 20)$$

für $n = 3/2$. Setzen wir
$$x = \frac{\varepsilon - \zeta}{kT}, \qquad (IV, 21)$$
so nimmt I_n die Form
$$I_n = \int_{-\frac{\zeta}{kT}}^{\infty} \frac{e^x(\zeta + xkT)^n \, dx}{(1 + e^x)^2} = \int_{-\frac{\zeta}{kT}}^{\infty} \frac{(\zeta + xkT)^n \, dx}{(1 + e^x)(1 + e^{-x})} \qquad (IV, 22)$$

an. Zu diesen Integralen trägt vornehmlich der Bereich
$$-1 < x < 1 \qquad (IV, 23)$$
bei, da für $|x| > 1$ der Nenner des Integranden sehr schnell wächst. Wenn ζ/kT nur wenig größer als 1 ist (es genügt schon $\zeta/kT \approx 3$), können wir die untere Grenze durch $-\infty$ ersetzen und den Zähler in die Reihe
$$(\zeta + xkT)^n = \zeta^n \sum_i \binom{n}{i} \left(\frac{xkT}{\zeta}\right)^i \qquad (IV, 24)$$
entwickeln. Damit erhalten wir
$$I_n = \zeta^n \sum_i \binom{n}{i} \left(\frac{kT}{\zeta}\right)^i \int_{-\infty}^{+\infty} \frac{x^i \, dx}{(1 + e^x)(1 + e^{-x})}. \qquad (IV, 25)$$

Für ungerade i verschwinden die Integrale
$$\int_{-\infty}^{\infty} \frac{x^i \, dx}{(1 + e^x)(1 + e^{-x})} = 0, \qquad (IV, 26)$$
während für $i = 2l$
$$\int_{-\infty}^{+\infty} \frac{x^{2l} \, dx}{(1 + e^x)(1 + e^{-x})} = 2 \int_0^{\infty} \frac{x^{2l} \, dx}{(1 + e^x)(1 + e^{-x})} \qquad (VI, 27)$$
gilt. Zur Berechnung dieser Integrale entwickeln wir nun noch in die Reihe
$$\frac{1}{(1 + e^x)(1 + e^{-x})} = \frac{e^{-x}}{(1 + e^{-x})^2}$$
$$= e^{-x} - 2e^{-2x} + 3e^{-3x} \cdots = \sum_1^{\infty} (-1)^{s+1} s \, e^{-sx} \qquad (IV, 28)$$
und finden
$$\int_0^{\infty} \frac{x^{2l} \, dx}{(1 + e^x)(1 + e^{-x})} = \sum_1^{\infty} (-1)^{s+1} s \int_0^{\infty} x^{2l} e^{-sx} \, dx. \qquad (IV, 29)$$

Substituiert man
$$\xi = sx, \qquad (IV, 30)$$
so geht dies in
$$\int_0^{\infty} \frac{x^{2l} \, dx}{(1 + e^x)(1 + e^{-x})} = \int_0^{\infty} \xi^{2l} e^{-\xi} \, d\xi \sum_1^{\infty} \frac{(-1)^{s+1}}{s^{2l}} = (2l)! \sum_1^{\infty} \frac{(-1)^{s+1}}{s^{2l}} \qquad (IV, 31)$$
$$= (-1)^{l+1} \pi^{2l} (2^{2l-1} - 1) B_{2l}$$

§ 1. Das freie Elektronengas.

über. Die B_{2l} sind die Bernoullischen Zahlen[1]. Nur für $l = 0$ muß man das Integral (IV, 31) direkt auswerten und erhält

$$\int_0^\infty \frac{dx}{(1+e^x)(1+e^{-x})} = \int_0^\infty \frac{dx}{4\operatorname{Cof}^2 \frac{x}{2}} = \frac{1}{2}. \quad \text{(IV, 32)}$$

Setzt man (IV, 31) und (IV, 32) und (IV, 25) ein, so gelangt man zu

$$I_n = \zeta^n \left\{ 1 + 2 \sum_1^\infty (-1)^{l+1}(2^{2l-1}-1) \binom{n}{2l} \pi^{2l} \left(\frac{kT}{\zeta}\right)^{2l} B_{2l} \right\}. \quad \text{(IV, 33)}$$

Uns interessiert im Augenblick $n = 3/2$, und später benötigen wir noch $n = 5/2$. Dafür erhalten wir

$$I_{3/2} = \zeta^{3/2} \left\{ 1 + \frac{\pi^2}{8} \left(\frac{kT}{\zeta}\right)^2 + \cdots \right\}. \quad \text{(IV, 34)}$$

$$I_{5/2} = \zeta^{5/2} \left\{ 1 + \frac{5\pi^2}{8} \left(\frac{kT}{\zeta}\right)^2 + \cdots \right\}. \quad \text{(IV, 35)}$$

Nun können wir die Integration in (IV, 19) ausführen und erhalten

$$1 = \frac{8\pi v}{3Nh^3} (2m\zeta)^{3/2} \left\{ 1 + \frac{\pi^2}{8} \left(\frac{kT}{\zeta}\right)^2 + \cdots \right\}. \quad \text{(IV, 36)}$$

Als erste Näherung für $\zeta/kT \gg 1$ geht daraus

$$\zeta_0 = \frac{h^2}{2m} \left(\frac{3N}{8\pi v}\right)^{2/3} \quad \text{(IV, 37)}$$

und als zweite Näherung

$$\zeta = \zeta_0 \left\{ 1 - \frac{\pi^2}{12} \left(\frac{kT}{\zeta_0}\right)^2 \right\} \quad \text{(IV, 38)}$$

hervor.

Jetzt können wir also ζ wirklich berechnen. Legen wir Silber zugrunde, so beträgt das Atomvolumen 10,5 cm³ und wir berechnen $\zeta_0 = 8{,}8 \cdot 10^{-12}$ Erg $= 8{,}8 \cdot 10^{-19}$ Joule. Daraus erhalten wir bei Zimmertemperatur

$$\frac{\zeta_0}{kT} \approx 200 \quad \text{(IV, 39)}$$

und erkennen, daß ζ im Bereich bis zu einigen tausend Grad nur wenig temperaturabhängig ist. Damit ist zunächst unser Näherungsverfahren begründet.

Nun wollen wir die mittlere kinetische Energie

$$\bar{\varepsilon} = 4\pi \int_0^\infty \varepsilon \mathcal{F}(p) p^2 \, dp = 2\pi(2m)^{3/2} \int_0^\infty \mathcal{F}(\varepsilon) \varepsilon^{3/2} \, d\varepsilon \quad \text{(IV, 40)}$$

berechnen. Durch partielle Integration geht sie in

$$\bar{\varepsilon} = -\frac{4\pi}{5} (2m)^{3/2} \int_0^\infty \frac{d\mathcal{F}}{d\varepsilon} \varepsilon^{5/2} \, d\varepsilon = \frac{8\pi v}{5Nh^3} (2m)^{3/2} I_{5/2} \quad \text{(IV, 41)}$$

über. In erster Näherung erhält man beim Einsetzen von (IV, 35) und (IV, 37)

$$\bar{\varepsilon}_0 = \frac{8\pi v}{5Nh^3} (2m\zeta_0)^{3/2} \zeta_0 = \frac{3}{5} \zeta_0 \quad \text{(IV, 42)}$$

---

[1] Die Bernoullischen Zahlen sind in der Literatur nicht ganz einheitlich definiert. Wir verwenden $B_0 = 1$; $B_2 = 1/6$; $B_3 = -1/30$; $B_3 = 1/42$ usw.

und in der nächsten Näherung mit (IV, 35) und (IV, 38)

$$\bar{\varepsilon} = \frac{3}{5} \zeta_0 \left(1 + \frac{5\pi^2}{12} \left(\frac{kT}{\zeta_0}\right)^2\right).\qquad (IV, 43)$$

Die kinetische Energie der Elektronen setzt sich aus der temperaturunabhängigen Nullpunktsenergie $3\zeta_0/5$ und der viel kleineren Energie der Wärmebewegung

$$\frac{\pi^2}{4} \frac{k^2 T^2}{\zeta_0} \qquad (IV, 44)$$

zusammen. Die spezifische Wärme pro Elektron ist

$$c = \frac{d\bar{\varepsilon}}{dT} = \frac{\pi^2 k^2 T}{2\zeta_0} \qquad (IV, 45)$$

und wächst mit der Temperatur linear an. Ihr Verhältnis zum klassisch berechneten Wert $3k/2$ ist nur

$$\frac{c}{c_{kl}} = \frac{\pi^2 KT}{3\zeta_0}.\qquad (IV, 46)$$

Nach der Fermischen Statistik trägt also das Elektronengas im Metall bei Zimmertemperatur nichts Nennenswertes zur spez. Wärme bei. Damit ist Übereinstimmung mit der Beobachtung in diesem Punkte hergestellt und wir können darangehen, das Modell des Elektronengases für die Untersuchung der Eigenschaften der Metalle weiter auszubauen.

§ 2. Glühemission der Metalle. Richardsonsches Gesetz.

Inhalt: Durch die Metalloberfläche können nur diejenigen Elektronen hindurchtreten, deren kinetische Energie dazu ausreicht, die Potentialschwelle an der Oberfläche zu überschreiten. Die statistische Berechnung liefert das Richardsonsche Gesetz für den Emissionsstrom, wobei aber die beobachtete effektive Austrittsarbeit nur etwa die Hälfte der wahren Austrittsarbeit darstellt, weil die Nullpunktsenergie einen Teil der Austrittsarbeit deckt. Im Gegensatz zum Metallinnern zeigen die emittierten Elektronen eine Maxwellverteilung.

Bezeichnungen: V Potential im Metallinnern, Potentialschwelle an der Oberfläche, $\varepsilon_a =$ eV wahre Austrittsarbeit, $w = \varepsilon_a - \zeta$ effektive Austrittsarbeit, p_a Austrittsimpuls, p_x, p_y, p_z Impulskomponenten, dF Flächenelement der Oberfläche, $d\Phi$ Volumenelement im Impulsraum, $\mathfrak{G}_x$ Emissionsstromdichte, N Zahl der Elektronen im Volumen v. Sonst wie S. 1704.

Wegen der Nullpunktsenergie bewegen sich die Elektronen im Metallinnern mit großer Geschwindigkeit. Trotzdem können aber im allgemeinen keine Elektronen aus der Metalloberfläche austreten, weil das elektrische Potential im Metall um V höher liegt als außen. Jedes Elektron muß die Austrittsarbeit

$$\varepsilon_a = \mathrm{eV} \qquad (IV, 47)$$

aufbringen, wenn es das Metall verläßt. Dazu sind nur solche Elektronen befähigt, deren Impulskomponente senkrecht zur Oberfläche den Wert

$$p_a = \sqrt{2m\varepsilon_a} = \sqrt{2emV} \qquad (IV, 48)$$

übertrifft.

Wir legen nun die x-Achse eines Koordinatensystems senkrecht zu dem Flächenelement dF der Metalloberfläche. Ein Elektron, dessen Impulskomponenten in die Intervalle dp_x (senkrecht zur Oberfläche), dp_y und dp_z fallen, wird im Impulsraum durch einen Punkt im Volumenelement

$$d\Phi = dp_x\, dp_y\, dp_z \qquad (IV, 49)$$

abgebildet und möge ein Elektron der Sorte $d\Phi$ heißen. Der Bruchteil aller Elektronen, der zur Sorte $d\Phi$ gehört, ist

$$\mathfrak{F}\, d\Phi,$$

§ 2. Glühemission der Metalle. Richardsonsches Gesetz.

wenn $\mathcal{F}$ die Verteilungsfunktion (IV, 10)

$$\mathcal{F}(p) = \frac{2v}{Nh^3} \cdot \frac{1}{e^{\frac{p^2}{2mkT} - \frac{\zeta}{kT}} + 1} \qquad (IV, 50)$$

von S. 1706 bedeutet.

Während der Zeit dt treffen alle diejenigen Elektronen dieser Sorte auf die Fläche dF, welche sich zu Beginn von dt in einem Zylinder von der Höhe $p_x dt/m$ über der Grundfläche dF befinden. Das Volumen dieses Zylinders ist

$$\frac{p_x}{m} dF\, dt, \qquad (IV, 51)$$

und er enthält

$$\frac{N p_x dF\, dt}{m v} \mathcal{F} d\Phi \qquad (IV, 52)$$

Elektronen der Sorte $d\Phi$, wenn N Elektronen im Volumen v vorhanden sind. Diese Elektronen repräsentieren eine elektrische Stromdichte

$$d\mathfrak{G}_x = -\frac{e N p_x}{m v} \mathcal{F} d\Phi \qquad (IV, 53)$$

senkrecht zur Oberfläche. Die gesamte Stromdichte senkrecht zur Oberfläche

$$\mathfrak{G}_x = -\frac{e N}{m v} \int p_x \mathcal{F} d\Phi \qquad (IV, 54)$$

erhalten wir, indem wir über alle Impulse summieren, bei denen $p_x \geqq p_a$ ist.

Um die Integration auszuführen, gehen wir mit

$$p_y = p_\varrho \cos\varphi; \qquad p_z = p_\varrho \sin\varphi \qquad (IV, 55)$$

zu Zylinderkoordinaten über. Das Volumenelement im Impulsraum nimmt dann die Form

$$d\Phi = p_\varrho dp_x dp_\varrho d\varphi \qquad (IV, 56)$$

an. Die Verteilungsfunktion lautet

$$\mathcal{F} = \frac{2v}{h^3 N \left(e^{\frac{p_x^2}{2mkT} + \frac{p_\varrho^2}{2mkT} - \frac{\zeta}{kT}} + 1 \right)}, \qquad (IV, 57)$$

und wir erhalten die Emissionsstromdichte

$$\mathfrak{G}_x = -\frac{2e}{m h^3} \int_{p_a}^{\infty} \int_0^{\infty} \int_0^{2\pi} \frac{p_x dp_x\, p_\varrho dp_\varrho\, d\varphi}{e^{\frac{p_x^2}{2mkT} + \frac{p_\varrho^2}{2mkT} - \frac{\zeta}{kT}} + 1}. \qquad (IV, 58)$$

Wenn wir von den Impulsen p_x und p_ϱ zu den Energien

$$\varepsilon_x = \frac{p_x^2}{2m} \quad \text{und} \quad \varepsilon_\varrho = \frac{p_\varrho^2}{2m} \qquad (IV, 59)$$

übergehen und über φ integrieren, entsteht

$$\mathfrak{G}_x = -\frac{4\pi e m}{h^3} \int_{\varepsilon_a}^{\infty} \int_0^{\infty} \frac{d\varepsilon_x d\varepsilon_\varrho}{e^{\frac{\varepsilon_x + \varepsilon_\varrho - \zeta}{kT}} + 1}. \qquad (IV, 60)$$

Die Integration über ε_ϱ kann ebenfalls elementar vorgenommen werden und liefert das Ergebnis

$$\mathfrak{G}_x = -\frac{4\pi e m k T}{h^3} \int_{\varepsilon_a}^{\infty} \ln\left(1 + e^{-\frac{\varepsilon_x - \zeta}{kT}}\right) d\varepsilon_x. \qquad (\text{IV, 61})$$

Wir werden weiter unten feststellen, daß $\varepsilon_a - \zeta$ einige Elektronenvolt beträgt, während kT selbst bei einigen tausend Grad eine Größenordnung kleiner bleibt. Im ganzen Integrationsbereich wird deshalb

$$e^{-\frac{\varepsilon_x - \zeta}{kT}} \ll 1 \qquad (\text{IV, 62})$$

sein und wir können deshalb

$$\ln\left(1 + e^{-\frac{\varepsilon_x - \zeta}{kT}}\right) \approx e^{-\frac{\varepsilon_x - \zeta}{kT}} \qquad (\text{IV, 63})$$

setzen. Dann kann man auch das Integral

$$\int_{\varepsilon_a}^{\infty} \ln\left(1 + e^{-\frac{\varepsilon_x - \zeta}{kT}}\right) d\varepsilon_x = \int_{\varepsilon_a}^{\infty} e^{-\frac{\varepsilon_x - \zeta}{kT}} d\varepsilon_x = kT e^{-\frac{\varepsilon_a - \zeta}{kT}} \qquad (\text{IV, 64})$$

ausrechnen. Damit erhält man die Emissionsstromdichte

$$\mathfrak{G}_x = -\frac{4\pi e m}{h^3} k^2 T^2 e^{-\frac{\varepsilon_a - \zeta}{kT}} = -\frac{4\pi e m}{h^3} k^2 T^2 e^{-\frac{w}{kT}} \qquad (\text{IV, 65})$$

des Sättigungsstromes aus einem Metall bei der Temperatur T.

Die Größe

$$w = \varepsilon_a - \zeta \qquad (\text{IV, 66})$$

ist die effektive Austrittsarbeit eines Elektrons aus dem Metall, welche sich aus den Beobachtungen zu einigen Elektronenvolt ergibt. Damit ist auch der Ansatz (IV, 62) gerechtfertigt.

Könnten wir mit der klassischen Statistik statt mit der Fermischen rechnen, so könnten wir nach (IV, 4) und (IV, 5)

$$e^{\frac{\zeta}{kT}} = e^\alpha = \frac{N}{2v}\left(\frac{h^2}{2\pi m k T}\right)^{3/2} \qquad (\text{IV, 67})$$

einsetzen und würden die ältere Form

$$\mathfrak{G}_x = -e\left(\frac{kT}{2\pi m}\right)^{1/2} \frac{N}{v} e^{-\frac{\varepsilon_a}{kT}} \qquad (\text{IV, 68})$$

des Richardsonschen Gesetzes erhalten.

Der wesentliche Unterschied in den beiden Formeln (IV, 65) und (IV, 68) besteht darin, daß ε_a die wahre Austrittsarbeit bedeutet, die mit dem Potential der Elektronen durch $\varepsilon_a = eV$ zusammenhängt. Nach klassischer Rechnung soll sie mit der beobachteten effektiven Austrittsarbeit übereinstimmen. Nach der Fermischen Statistik ist die beobachtete effektive Austrittsarbeit kleiner als die wahre, weil den Elektronen nicht nur die Energie der Wärmebewegung, sondern auch die Nullpunktsenergie zur Verfügung steht, um die Potentialschwelle an der Metalloberfläche zu überwinden. Experimentell kann natürlich nur die effektive Austrittsarbeit bestimmt werden, man kann aber nicht feststellen, ob sie mit der wahren Austrittsarbeit identisch ist. Da ζ einige Elektronenvolt beträgt

*§ 3. Das periodische Potentialfeld des Metallgitters.

und die gemessenen Austrittsarbeiten ungefähr ebenso groß sind, sind die wahren Austrittsarbeiten etwa das Doppelte der effektiven. Neben dem Exponentialfaktor lassen sich die Faktoren T^2 buw. $T^{1/2}$ experimentell schwer unterscheiden, so daß das Richardsonsche Gesetz weder für noch gegen die Fermische Statistik angeführt werden kann. Da aber die Fermische Statistik für Elektronen in allen anderen prüfbaren Fällen gilt, muß man (IV, 65) als die korrekte Form des Richardsonschen Gesetzes betrachten.

Wir gehen jetzt daran, das Verhalten der emittierten Elektronen außerhalb des Metalls zu studieren. Ein Elektron mit dem Impuls p besitzt dort nicht nur die kinetische Energie $p^2/2m$, sondern außerdem die potentielle Energie $\varepsilon_a = eV$. Außerhalb des Metalls gilt deshalb die Verteilungsfunktion

$$\mathcal{F} = \frac{2v}{N h^3} \cdot \frac{1}{e^{\frac{p^2}{2mkT} + \frac{\varepsilon_a - \zeta}{kT}} + 1} \cdot \qquad (IV, 69)$$

Jetzt ist

$$e^{\frac{\varepsilon_a - \zeta}{kT}} \gg 1 \qquad (IV, 70)$$

eine große Zahl und es gilt die klassische Näherung

$$\mathcal{F} = \frac{2v}{N h^3} e^{-\frac{p^2}{2mkT} - \frac{w}{kT}}. \qquad (IV, 71)$$

Die emittierten Elektronen zeigen also eine klassische Maxwellverteilung.

*In unserer Ableitung des Richardsonschen Gesetzes steckt noch eine gewisse Inkonsequenz. Wir haben zwar die Fermistatistik der Elektronen angewandt, uns aber nicht der Wellenmechanik bedient. Man müßte die Elektronen durch Wellen beschreiben, welche von der Oberfläche teilweise durchgelassen werden. Alle Wellen, deren Energie klassisch nicht zum Verlassen des Metalls ausreicht, werden in der Wellenmechanik vollständig reflektiert. Aber auch bei größerer Energie tritt teilweise Reflexion ein, die um so geringer ist, je mehr kinetische Energie dem Elektron außerhalb des Metalls verbleibt und über je mehr Wellenlängen der Potentialabfall in der Metalloberfläche sich hinzieht. Grundsätzlich müßten wir also erwarten, daß mehr langsame Elektronen als schnelle durch Reflexion zurückgehalten werden und daß deshalb mehr schnelle Elektronen emittiert werden, als einer Maxwellverteilung entspricht. Experimentell hat Richardson bei Glühelektronen die Maxwellverteilung gefunden. Rechnet man die Reflexion aus, indem man den wirklichen Potentialverlauf in der Oberfläche berücksichtigt, so ergibt sich nur eine geringfügige Wirkung. Dies rechtfertigt unsere Behandlung der Glühemission ohne Wellenmechanik, bei der wir uns um die Reflexion in der Oberfläche gar nicht gekümmert haben. Eine genauere Diskussion findet sich auf S. 1567.

*§ 3. Das periodische Potentialfeld des Metallgitters.

Inhalt: Das elektrische Potential und die potentielle Energie eines Elektrons sind periodische Funktionen des Ortes, die sich in jeder Zelle wiederholen. Freie und gebundene Elektronen im Metall nach klassischer und wellenmechanischer Auffassung.

Bezeichnungen: $\mathfrak{a}_1, \mathfrak{a}_2, \mathfrak{a}_3$ primitives Tripel des Gitters, $\mathfrak{n} = (n_1 n_2 n_3)$ Zellenindex, Δ Volumen der Zelle, $\mathfrak{r}_0$ Ort in einer Zelle, $\mathfrak{r}$ Ort im Gitter, $V(\mathfrak{r}) = V(\mathfrak{r}_0)$ elektrisches Potential im Gitter.

In erster Näherung haben wir das Metall bisher als einen Raum beschrieben, in welchem das elektrische Potential um den konstanten Betrag V höher liegt als in seiner Umgebung. Dieses Potential sollte durch die Wirkung der positiven Ionen und der Elektronen zustande kommen, d. h. die gegenseitige Abstoßung der Elektronen ist darin schon berücksichtigt.

Nun wollen wir unsere Untersuchung verfeinern und darauf Rücksicht nehmen, daß V nicht konstant ist, sondern seinen Wert von Punkt zu Punkt im Innern des Metalls ändert. Hierdurch werden wir auch genötigt, zur Beschreibung der Elektronen die Wellenmechanik heranzuziehen. Solange wir nämlich keine Kräfte auf die Elektronen berücksichtigen, kommt die Wellenmechanik zu genau denselben Aussagen wie die klassische Mechanik, in Kraftfeldern bilden sich aber Unterschiede heraus.

Zuerst müssen wir begründen, daß das Potential im Metallinnern überall positiv ist. Qualitativ läßt sich leicht einsehen, daß dies eine Eigenschaft aller Systeme punktförmiger positiver Ladungen und ausgedehnter negativer Ladungen ist. Wir denken uns das Metall aus Zellen vom Volumen Δ aufgebaut, von denen jede die positive Punktladung e enthält. Eine ebenso große negative Ladung $-e$ sei über ihr Volumen gleichmäßig verteilt. Zu einer Abschätzung des Potentials kommen wir dann leicht auf folgende Weise: In allen Zellen, die den Aufpunkt nicht enthalten, denken wir uns beide Ladungen gleichmäßig verteilt. Diese Zellen tragen also zum Potential nichts bei. Die Zelle, in der der Aufpunkt liegt, sehen wir als kugelförmig an. Das Potential an jedem Punkt kann dann aus dem Potential der Punktladung e und dem einer negativen Vollkugel der Ladung $-e$ zusammengesetzt werden. Bezeichnen wir mit r den Abstand von der positiven Ladung, mit R den Zellradius, so ist (Bd. I, S. 326)

Wenn wir
$$V = \frac{e}{4\pi\varepsilon_0}\left(\frac{1}{r} + \frac{r^2}{2R^3} - \frac{3}{2R}\right). \qquad (IV, 72)$$

$$r = R(1 - \varrho) \qquad (IV, 73)$$

setzen, so erhalten wir den stets positiven Ausdruck

$$V = \frac{e\varrho^2(3 - \varrho)}{8\pi\varepsilon_0 R(1 - \varrho)}. \qquad (IV, 74)$$

Von der räumlichen Struktur des Potentialfeldes können wir uns leicht ein ungefähres Bild machen. In jeder Zelle des Gitters muß sich derselbe Potentialverlauf wiederholen. V ist also eine dreifach periodische Funktion des Raumes, deren Periodizität der Gitterstruktur des Metalls entspricht. Wir können dies durch die Gleichung

$$V(\mathfrak{r}_0 + n_1\mathfrak{a}_1 + n_2\mathfrak{a}_2 + n_3\mathfrak{a}_3) = V(\mathfrak{r}_0) \qquad (IV, 75)$$

ausdrücken. Gibt $\mathfrak{r}_0$ den Ort in einer Zelle an und setzt man

$$\mathfrak{r} = \mathfrak{r}_0 + n_1\mathfrak{a}_1 + n_2\mathfrak{a}_2 + n_3\mathfrak{a}_3, \qquad (IV, 76)$$

so hängt V nur von $\mathfrak{r}_0$, nicht aber vom Zellenindex $(n_1\,n_2\,n_3)$ ab. Diese Gesetzmäßigkeit ergibt sich aus der Gitterstruktur allein und setzt gar keine spezielle Annahmen über die Gitterteilchen voraus.

Auch über den Potentialverlauf innerhalb einer Zelle können wir eine Vorstellung gewinnen. Am Ort eines positiven Gitterteilchens steigt V auf Unendlich. Den Potentialverlauf entlang einer Zone gibt die Abb. 534 schematisch wieder. Auf einer Geraden, die nicht durch Gitterpunkte geht, entspricht der Potentialverlauf schematisch der Abb. 535. Das Potential selbst zeigt also im allgemeinen einen welligen oder hügeligen Verlauf, nur an der Stelle der Gitterteilchen hat man hohe Spitzen.

An der Oberfläche des Metalls sinkt V natürlich stetig auf den Wert Null herab, der außerhalb besteht. Da der Abfall aber steil ist, wird man gelegentlich auch von einem Potentialsprung sprechen, wenn dies auch nicht ganz korrekt ist.

Die potentielle Energie eines Elektrons hat den Wert $-eV$. Sie hat also stets das umgekehrte Vorzeichen wie das elektrische Potential. Die Potentialspitzen liefern Trichter der potentiellen Energie.

*§ 4. Eigenwerte und Eigenfunktionen des Elektrons im Kristall. Energiebänder. 1715

Über das Verhalten von Elektronen im periodischen Potentialfeld gibt die klassische Betrachtung und die Wellenmechanik verschiedene Auskünfte. Klassisch kann man die Elektronen nach ihrer kinetischen Energie in zwei

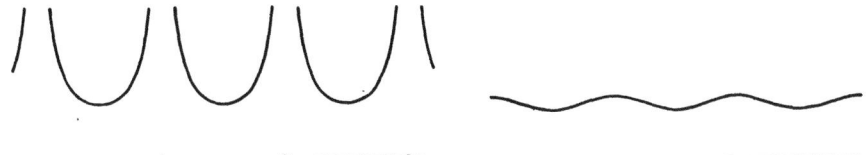

Abb. 534. Schematischer Potentialverlauf auf einer Zone.   Abb. 535. Schematischer Potentialverlauf auf einer Geraden, die keine Gitterpunkte trägt.

Gruppen einteilen. Reicht die Energie aus, um die Maxima der potentiellen Energie (Minima des Potentials) zu überschreiten, so bewegen sich die Elektronen im Mittel frei und bilden ein Elektronengas. Elektronen, deren kinetische Energie zu klein ist, um aus dem Trichter eines Gitterteilchens herauszukommen, sind klassisch an dieses Teilchen gebunden. Dazwischen gibt es noch eine Übergangsart von Elektronen, welche sich zwar in den Tälern der potentiellen Energie über die Trichter hinweg durch das Metall bewegen können, aber über die Berge nicht hinweggelangen. Sie interessiert uns nicht weiter, da die Wellenmechanik sowieso zu einer Änderung der klassischen Auffassung zwingt. Die gebundenen Elektronen gehören klassisch den inneren Schalen der Atome an, während das Elektronengas aus den Valenzelektronen gebildet wird.

In der Wellenmechanik verwischt sich der Unterschied zwischen freien und gebundenen Elektronen, da eine Potentialschwelle im Tunneleffekt überschreitbar ist (s. S. 1058). Die Elektronen können also aus einem Trichter in einen anderen gelangen, auch wenn ihre Energie dazu klassisch nicht ausreicht. Alle Elektronen können sich also grundsätzlich im ganzen Metall ausbreiten. Auf der anderen Seite werden freie Elektronen an Potentialschwellen reflektiert, die sie klassisch überschreiten könnten. Damit erhalten auch sie etwas vom Charakter der gebundenen Elektronen.

Um zu genaueren Kenntnissen über die Elektronen im Metall zu kommen, muß man ihre Wellengleichung aufstellen und lösen.

*§ 4. Eigenwerte und Eigenfunktionen des Elektrons im Kristall. Energiebänder.

Inhalt: Die Eigenfunktionen der Elektronen zeigen die Gitterperiodizität. Sie setzen sich aus einem Exponentialfaktor zusammen, der den Ausbreitungsvektor enthält, und einer Ortsfunktion, die sich in jeder Zelle wiederholt. Die Ausbreitungsvektoren erfüllen im reziproken Gitter ein Parallelflach mit den Kantenlängen $2\pi \mathfrak{b}_1$, $2\pi \mathfrak{b}_2$ und $2\pi \mathfrak{b}_3$, und es kommen ebenso viele verschiedene Ausbreitungsvektoren vor, als der Kristall Gitterzellen besitzt. Jeder Eigenwert des Atoms spaltet im Gitter in ein Band benachbarter Eigenwerte auf, die sich durch die Ausbreitungsvektoren unterscheiden. Im makroskopischen Kristall ist das Band praktisch ein Kontinuum von Eigenwerten. In der Mitte und an den Rändern eines Bandes hat die Energie ein Maximum oder Minimum.

Bezeichnungen: Ψ Wellenfunktion, ψ Eigenfunktion, ε Energie des Elektrons, $\mathfrak{G}$ elektrische Stromdichte, V elektrisches Potential im Gitter, $\mathfrak{r}$ Ortsvektor, $\mathfrak{r}_0$ Ortsvektor in der Zelle, $\mathfrak{a}_1, \mathfrak{a}_2, \mathfrak{a}_3$ Grundvektoren der Zelle, $\mathfrak{b}_1, \mathfrak{b}_2, \mathfrak{b}_3$ zu $\mathfrak{a}_1, \mathfrak{a}_2, \mathfrak{a}_3$ reziproke Vektoren, $n = (n_1\, n_2\, n_3)$ Zellenindex, $\mathfrak{f}$ reduzierter Ausbreitungsvektor, s_1, s_2, s_3 seine schiefwinkligen Komponenten, Δ Zellenvolumen, p_1, p_2, p_3 ganze Zahlen, N_1, N_2, N_3 Zahl der Gitterpunkte auf den Kanten eines makroskopischen Parallelflachs, Z Zahl der Zellen im Kristall, $d\tau$ Volumenelement im $\mathfrak{f}$-Raum, k Quantenzahl zur Unterscheidung der Bänder bzw. Atomterme.

Ein Elektron im Metallgitter beschreiben wir durch eine Wellenfunktion

$$\Psi = \psi e^{-\frac{2\pi i}{h}\varepsilon t}, \qquad (IV, 77)$$

in der ε die Energie des Elektrons angibt. Die Wahrscheinlichkeit, es im Volumenelement dv anzutreffen, wird durch

$$\Psi\Psi^* \, dv = \psi\psi^* \, dv \qquad (IV, 78)$$

gegeben, und der Beitrag, den es zur Stromdichte beisteuert, ist

$$\mathfrak{S} = -\frac{h\,e}{4\pi\,i\,m}(\psi^* \operatorname{grad}\psi - \psi \operatorname{grad}\psi^*). \qquad (IV, 79)$$

Die Funktion ψ muß der Schrödingergleichung

$$\Delta\psi + \frac{8\pi^2 m}{h^2}(\varepsilon + eV)\psi = 0 \qquad (IV, 80)$$

genügen, wenn V das elektrische Potentialfeld im Metall beschreibt.

Da alle Zellen gleichwertig sind, ist die Wahrscheinlichkeitsdichte $\psi\psi^*$ an entsprechenden Punkten aller Zellen gleich groß, d. h. $\psi\psi^*$ ist eine Funktion, die die Periodizität des Gitters zeigt. Zerlegen wir den Ortsvektor

$$\mathfrak{r} = \mathfrak{r}_0 + n_1\mathfrak{a}_1 + n_2\mathfrak{a}_2 + n_3\mathfrak{a}_3 \qquad (IV, 81)$$

in den Bestandteil $\mathfrak{r}_0$, welcher den Ort in der Zelle festlegt, und den Anteil $n_1\mathfrak{a}_1 + n_2\mathfrak{a}_2 + n_3\mathfrak{a}_3$, der die Lage der Zelle im Raum angibt, so hängt $\psi\psi^*$ nur von $\mathfrak{r}_0$ ab, ist also eine dreifach periodische Funktion im Raum. Die Eigenfunktionen selbst können dann nur die Form

$$\psi = e^{if} U(\mathfrak{r}) \qquad (IV, 82)$$

haben, wo $U(\mathfrak{r})$ eine Funktion mit der Gitterperiodizität ist, während f eine reelle Ortsfunktion sein kann.

Wie die Wahrscheinlichkeitsdichte muß auch der Stromanteil jedes Elektrons

$$\mathfrak{S} = -\frac{h\,e}{4\pi\,m}\{2UU^* \operatorname{grad} f + iU \operatorname{grad} U^* - iU^* \operatorname{grad} U\} \qquad (IV, 83)$$

an entsprechenden Punkten aller Zellen derselbe sein, d. h. er muß die räumliche Periodizität des Gitters aufweisen. Dies ist nur möglich, wenn

$$\mathfrak{f} = \operatorname{grad} f \qquad (IV, 84)$$

konstant, d. h. wenn

$$f = (\mathfrak{f}\,\mathfrak{r}) \qquad (IV, 85)$$

ist. Wir brauchen also von vornherein nur Eigenfunktionen der Gestalt

$$\psi = e^{i(\mathfrak{f}\mathfrak{r})} U(\mathfrak{r}) \qquad (IV, 86)$$

in Betracht zu ziehen. $\mathfrak{f}$ kann zunächst ein ganz beliebiger Vektor sein und heißt Ausbreitungsvektor. Die Normierung von ψ erfolgt durch Hinzufügen eines Zahlfaktors. U muß die Periodizitätsbedingung

$$U(\mathfrak{r}_0 + n_1\mathfrak{a}_1 + n_2\mathfrak{a}_2 + n_3\mathfrak{a}_3) = U(\mathfrak{r}_0) \qquad (IV, 87)$$

und die Gleichung

$$\Delta U + 2i(\mathfrak{f} \operatorname{grad} U) + \left\{\frac{8\pi^2 m}{h^2}(\varepsilon + eV) - \mathfrak{f}^2\right\} U = 0 \qquad (IV, 88)$$

erfüllen, die aus der Schrödingergleichung (IV, 80) durch Einsetzen von (IV, 86) hervorgeht.

Wir zerlegen nun $\mathfrak{f}$ in Komponenten in Richtung der zu $\mathfrak{a}_1, \mathfrak{a}_2, \mathfrak{a}_3$ reziproken Vektoren $\mathfrak{b}_1, \mathfrak{b}_2, \mathfrak{b}_3$, indem wir

$$\mathfrak{f} = (s_1 + s_1')\mathfrak{b}_1 + (s_2 + s_2')\mathfrak{b}_2 + (s_3 + s_3')\mathfrak{b}_3 \qquad (IV, 89)$$

*§ 4. Eigenwerte und Eigenfunktionen des Elektrons im Kristall. Energiebänder.

schreiben. Dabei mögen s_1', s_2', s_3' ganzzahlige positive oder negative Vielfache von 2π sein, die wir zu einem Vektor $\mathfrak{f}'$ zusammenfassen. s_1, s_2, s_3 mögen hingegen Zahlen zwischen $-\pi$ und $+\pi$ bedeuten, welche wir zu dem reduzierten Ausbreitungsvektor $\mathfrak{f}''$ zusammenfassen. Dann ist

$$e^{i(\mathfrak{f}\mathfrak{r})} = e^{i(\mathfrak{f}''\mathfrak{r})} e^{i(\mathfrak{f}'\mathfrak{r})} \qquad (IV, 90)$$

und

$$e^{i(\mathfrak{f}'\mathfrak{r})} = e^{i(\mathfrak{f}'\mathfrak{r}_0)} e^{i(s_1' n_1 + s_2' n_2 + s_3' n_3)} = e^{i(\mathfrak{f}'\mathfrak{r}_0)} \qquad (IV, 91)$$

ist eine Funktion nur von $\mathfrak{r}_0$ allein und wiederholt sich in jeder Zelle. Wir können deshalb $e^{i(\mathfrak{f}'\mathfrak{r})}$ zu U schlagen und den Ausbreitungsvektor $\mathfrak{f}$ von vornherein als reduziert ansehen. Dann gilt

$$\mathfrak{f} = s_1 \mathfrak{b}_1 + s_2 \mathfrak{b}_2 + s_3 \mathfrak{b}_3 \qquad (IV, 92)$$

und alle möglichen $\mathfrak{f}$ erfüllen ein Parallelepiped mit den Kanten $2\pi \mathfrak{b}_1, 2\pi \mathfrak{b}_2, 2\pi \mathfrak{b}_3$. Sein Volumen ist $8\pi^3/\varDelta$, wenn $\varDelta$ das Zellvolumen

$$\varDelta = (\mathfrak{a}_1 [\mathfrak{a}_2 \mathfrak{a}_3]) \qquad (IV, 93)$$

bedeutet. Multiplizieren wir $\mathfrak{f}$ mit $\mathfrak{a}_1, \mathfrak{a}_2$ und $\mathfrak{a}_3$, so gelangen wir zu

$$(\mathfrak{f}\mathfrak{a}_1) = s_1; \quad (\mathfrak{f}\mathfrak{a}_2) = s_2; \quad (\mathfrak{f}\mathfrak{a}_3) = s_3 \qquad (IV, 94)$$

und deshalb zu

$$-\pi \leq (\mathfrak{f}\mathfrak{a}_1) \leq \pi; \quad -\pi \leq (\mathfrak{f}\mathfrak{a}_2) \leq \pi; \quad -\pi \leq (\mathfrak{f}\mathfrak{a}_3) \leq \pi. \qquad (IV, 95)$$

Endlich müssen die Eigenfunktionen noch Randbedingungen für die Metalloberfläche erfüllen. Wir werden aber erwarten, daß diese nicht sehr einflußreich sein werden, weil ja die Eigenschaften der Metalle von ihrer äußeren Gestalt nicht abhängen.

Wir betrachten zuerst ein makroskopisches Parallelepiped mit den Kantenlängen $N_1 \mathfrak{a}_1, N_2 \mathfrak{a}_2$ und $N_3 \mathfrak{a}_3$. Es enthält $Z = N_1 N_2 N_3$ Gitterzellen. N_1, N_2 und N_3 sind drei große ganze Zahlen. Als Randbedingung verlangen wir, daß ψ auf je zwei gegenüberliegenden Oberflächen gleich sein soll, was zu den Forderungen

$$e^{iN_1(\mathfrak{f}\mathfrak{a}_1)} = 1; \quad e^{iN_2(\mathfrak{f}\mathfrak{a}_2)} = 1; \quad e^{iN_3(\mathfrak{f}\mathfrak{a}_3)} = 1 \qquad (IV, 96)$$

führt. Aus ihnen folgt

$$(\mathfrak{f}\mathfrak{a}_1) = \frac{2\pi p_1}{N_1}; \quad (\mathfrak{f}\mathfrak{a}_2) = \frac{2\pi p_2}{N_2}; \quad (\mathfrak{f}\mathfrak{a}_3) = \frac{2\pi p_3}{N_3}, \qquad (IV, 97)$$

wo die p_i positive oder negative ganze Zahlen sind, welche wegen (IV, 95) zwischen $-N_i/2$ und $N_i/2$ liegen müssen. Zu jeder Kombination p_1, p_2, p_3 gibt es einen ganz bestimmten Ausbreitungsvektor $\mathfrak{f}$. Da jedes p_i gerade N_i verschiedene Werte annehmen kann, gibt es

$$Z = N_1 N_2 N_3 \qquad (IV, 98)$$

verschiedene Möglichkeiten für $\mathfrak{f}$, das heißt genauso viele, als das Metall Gitterzellen enthält. Bildet man im $\mathfrak{f}$-Raum ein Parallelepiped mit den Kantenlängen $2\pi \mathfrak{b}_1, 2\pi \mathfrak{b}_2, 2\pi \mathfrak{b}_3$ und dem Volumen $8\pi^3/\varDelta$, so enthält es $N_1 N_2 N_3$ verschiedene Werte von $\mathfrak{f}$. In einem Volumenelement $d\tau$ des $\mathfrak{f}$-Raumes liegen also

$$dZ = \frac{N_1 N_2 N_3 \varDelta}{8\pi^3} d\tau \qquad (IV, 99)$$

mögliche Werte von $\mathfrak{f}$.

Von der besonderen Gestalt eines beliebigen Metallstückes können wir uns frei machen, indem wir es in Grundgebiete von parallelepipedischer Form einteilen und die Betrachtungen für jedes Grundgebiet durchführen.

In der Gleichung
$$\Delta U + 2i(\mathfrak{f}\operatorname{grad} U) + \frac{8\pi^2 m}{h^2}\left(\varepsilon + eV - \frac{h^2}{8\pi^2 m}\mathfrak{f}^2\right)U = 0 \qquad \text{(IV, 100)}$$

ist $\mathfrak{f}$ ein Parameter, der einen der Z möglichen Werte annimmt. Wenn sich U in jeder Zelle wiederholen soll, muß U auf gegenüberliegenden Flächenpaaren einer Zelle gleiche Werte und gleiche erste Ableitungen besitzen. Für beliebiges ε hat die Gleichung (IV, 100) aber in der Regel keine Lösung, welche diese beiden Forderungen befriedigt. Es gibt vielmehr zu jedem $\mathfrak{f}$ nur eine unendliche Reihe von Energiewerten $\varepsilon_{k\mathfrak{f}}$, bei denen die Gleichung (IV, 100) und die Bedingungen für die Zellenoberfläche vereinbar sind. Die $\varepsilon_{k\mathfrak{f}}$ sind die Eigenwerte, welche die Energie eines Elektrons annehmen kann.

Um diese Verhältnisse genauer zu studieren, betrachten wir zuerst ein eindimensionales Gitter mit dem Gitterabstand a, bei welchem

$$\frac{d^2 U}{dx^2} + 2is\frac{dU}{dx} + \frac{8\pi^2 m}{h^2}\left(\varepsilon + eV - \frac{h^2}{8\pi^2 m}s^2\right)U = 0 \qquad \text{(IV, 101)}$$

an die Stelle der Gleichung (IV, 100) tritt. Die allgemeine Lösung dieser in U linearen Gleichung hat die Form

$$U = A\,F(x, C, s, \varepsilon). \qquad \text{(IV, 102)}$$

A und C sind die beiden Integrationskonstanten. U zeigt die Gitterperiodizität, wenn es mit allen seinen Ableitungen an der Stelle $x = a$ dieselben Werte wie an der Stelle $x = 0$ hat. Für U selbst und die erste Ableitung ergibt dies die beiden Gleichungen

$$F(0, C, s, \varepsilon) = F(a, C, s, \varepsilon),$$
$$F'(0, C, s, \varepsilon) = F'(a, C, s, \varepsilon). \qquad \text{(IV, 103)}$$

Die entsprechenden Gleichungen für die höheren Ableitungen sind dann wegen (IV, 101) von selbst erfüllt. Eine der beiden Forderungen (IV, 103) kann man durch geeignete Wahl der Konstanten C befriedigen, die andere gibt dann eine Gleichung zwischen s und ε. Diese ist im allgemeinen transzendent und liefert zu jedem Wert von s unendlich viele Wurzeln ε_{ks}.

Wir können auch von der Gleichung

$$\Delta U + \frac{8\pi^2 m}{h^2}(\varepsilon + eV)U = 0 \qquad \text{(IV, 104)}$$

ausgehen, welche aus (IV, 100) hervorgeht, wenn wir $\mathfrak{f} = 0$ setzen. Ihre Eigenwerte ε_k bilden eine diskrete Reihe eventuell mit Kontinuum, ähnlich wie bei einem Atom. Für verschiedene Werte des Ausbreitungsvektors spaltet jedes ε_k in Z Eigenwerte $\varepsilon_{k\mathfrak{f}}$ auf. Da man Z durch Vergrößern des Grundgebietes beliebig erhöhen kann, geht praktisch aus jedem Eigenwert ε_k ein Band von Eigenwerten $\varepsilon_{k\mathfrak{f}}$ hervor. $\varepsilon_{k\mathfrak{f}}$ ist eine Funktion der Komponenten von $\mathfrak{f}$, oder bequemer der Größen

$$s_1 = (\mathfrak{f}\,\mathfrak{a}_1), \qquad s_2 = (\mathfrak{f}\,\mathfrak{a}_2), \qquad s_3 = (\mathfrak{f}\,\mathfrak{a}_3), \qquad \text{(IV, 105)}$$

welche die Werte von $-\pi$ bis $+\pi$ durchlaufen. Würden wir s_1, s_2 und s_3 über das Intervall $-\pi$ bis $+\pi$ hinaus verfolgen, so würden sich nochmals dieselben Eigenwerte wiederholen. Die $\varepsilon_{k\mathfrak{f}}$ sind also periodische Funktionen der s_1, s_2, s_3. Da man im Translationsgitter die Richtungen von $\mathfrak{a}_1$, $\mathfrak{a}_2$ und $\mathfrak{a}_3$ umkehren kann, erhält man denselben Eigenwert, wenn s_1, s_2 und s_3 das Vorzeichen wechseln. $\varepsilon_{k\mathfrak{f}}$ ist also eine gerade Funktion dieser Größen. An den Stellen $s_1 = 0$ und $s_1 = \pm\pi$ verschwindet $\partial\varepsilon/\partial s_1$, und dasselbe gilt für s_2 und s_3. In der Mitte und am Rande des Bereiches hat die Energie also ein Maximum oder ein Minimum (s. Abb. 536).

Wir normieren die Eigenfunktionen, indem wir verlangen, daß das Elektron

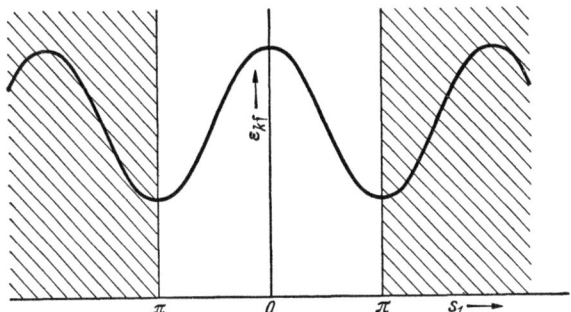

Abb. 536. Schematische Abhängigkeit des Eigenwertes $\varepsilon_{k\mathfrak{f}}$; von s_1; am Rande und in der Mitte ($s_1 = 0$, $\pm\pi$) hat die Energie ein Maximum oder Minimum. Die schraffierten Bereiche interessieren nicht, weil der Ausbreitungsvektor $\mathfrak{f}$ reduziert ist.

dem Grundgebiet angehöre. Bei Integration über das Grundgebiet erhält man

$$1 = \int \psi \psi^* \, dv = \int U^* U \, dv = Z \int_\Delta U^* U \, dv, \qquad (IV, 106)$$

wobei das letzte Integral über eine Zelle läuft.

*§ 5. Tiefe Terme, insbesondere Röntgenterme.

Inhalt: Die tiefen Terme der Atome, insbesondere die Röntgenterme, werden im Gitter nur zu schmalen Bändern ausgebreitet, welche völlig getrennt voneinander liegen. Der Einbau der Atome im Gitter bringt eine kleine Verschiebung der Terme hervor, welche vom Ausbreitungsvektor unabhängig ist, und eine Aufspaltung, welche von den Komponenten des Ausbreitungsvektors abhängt. Die Bandbreite ist durch ein Austauschintegral bestimmt.

Bezeichnungen: $\psi_k^{(n)}$ k-te Eigenfunktion des Atoms in der n-ten Zelle, $V^{(n)}$ Atompotential in der n-ten Zelle, V Potential im Gitter, dv Volumenelement im Raum, A_{1k}, A_{2k}, A_{3k} Austauschintegrale; sonst wie S. 1715.

An sich breiten sich die Terme aller Elektronen, auch die Röntgenterme der inneren, im Gitter zu einem Band aus und die zugehörigen Eigenfunktionen haben die Form

$$\psi = {}^{i(\mathfrak{f}\,\mathfrak{r})} U. \qquad (IV, 107)$$

Andererseits wissen wir aber aus den Röntgenspektren, die ja fast immer von kristallisiertem Material ausgesandt werden, daß die Röntgenlinien ziemlich scharf sind, und kaum durch den Einbau der Atome in das Gitter verändert werden. Die Röntgenbänder müssen also sehr schmal sein und ihre Lage muß ziemlich genau den freien Atomtermen entsprechen. Dies alles muß sich natürlich auch aus der Theorie ergeben, wenn wir eine Näherung für tiefe Terme durchführen.

In der unmittelbaren Umgebung der Gitterteilchen geht V fast genauso gegen Unendlich, wie wenn das betreffende Atom nicht ins Gitter eingebaut wäre. Ist $\varepsilon_{k\mathfrak{f}}$ ein tiefer Eigenwert des Elektrons im Gitter und stark negativ, so ist $\varepsilon_{k\mathfrak{f}} + eV$ in der Nähe der Gitterteilchen stark positiv, in einiger Entfernung stark negativ und fast konstant. Wir führen nun vorübergehend die Abkürzung

$$-\beta^2 = \frac{8\pi^2 m}{h^2}(\varepsilon_{k\mathfrak{f}} + eV) \qquad (IV, 108)$$

ein und erhalten aus (IV, 80) die Gleichung

$$\Delta \psi - \beta^2 \psi = 0, \tag{IV, 109}$$

in welcher wir β als groß und konstant ansehen dürfen, außer in der nächsten Nähe der Gitterteilchen. In sphärischen Polarkoordinaten r, ϑ, φ schreibt sich diese Gleichung

$$\frac{\partial^2 \psi}{\partial r^2} + \frac{2}{r}\frac{\partial \psi}{\partial r} + \frac{1}{r^2}\left(\frac{1}{\sin\vartheta}\frac{\partial}{\partial \vartheta}\sin\vartheta\frac{\partial \psi}{\partial \vartheta} + \frac{1}{\sin^2\vartheta}\frac{\partial^2 \psi}{\partial \varphi^2}\right) - \beta^2 \psi = 0, \tag{IV, 110}$$

die für große r auf

$$\frac{\partial^2 \psi}{\partial r^2} = \beta^2 \psi \tag{IV, 111}$$

schrumpft. Von den Lösungen $\psi \approx e^{\pm \beta r}$ können wir nur

$$\psi \approx e^{-\beta r} \tag{IV, 112}$$

brauchen, da ein starker Anstieg nach außen unmöglich ist. Die Funktion (IV, 112) fällt mit der Entfernung von den Gitterteilchen sehr schnell auf Null ab, kann also nur in deren Umgebung wesentlich von Null verschieden sein. Dort stimmt sie aber mit der Eigenfunktion des betreffenden freien Atoms praktisch überein, und in dieser Näherung ist $\varepsilon_{kj} = \varepsilon_k$ gleich dem Eigenwert des freien Atoms.

Die verschiedenen Atome des Gitters unterscheiden wir jetzt durch den Zellenindex $(n_1 n_2 n_3)$, den wir durch n abkürzen. $\psi_k^{(n)}$ sei die Eigenfunktion eines freien Atoms in der Zelle n zum Eigenwert ε_k. Die Eigenfunktionen $\psi_k^{(n)}$ und $\psi_k^{(n')}$ der Atome n und n' sind innerhalb ihrer Zellen dieselben und überlappen sich nur wenig, wenn $n \neq n'$ ist.

Die nullte Näherung der Eigenfunktion des Elektrons im Gitter

$$\psi_k = \underset{n}{\mathbb{S}}\, c_n \psi_k^{(n)} \tag{IV, 113}$$

kann man dann additiv aus allen Atomeigenfunktionen zusammensetzen. Mit $\mathbb{S}$ ist hierbei die Summierung über alle Gitterzellen gemeint und c_n sind zunächst noch unbestimmte Koeffizienten. Um die Näherung (IV, 113) schon möglichst gut an die Form (IV, 86) der Eigenfunktion anzupassen, setzen wir

$$c_n = c_0\, e^{i\{(\mathfrak{f}\mathfrak{a}_1) n_1 + (\mathfrak{f}\mathfrak{a}_2) n_2 + (\mathfrak{f}\mathfrak{a}_3) n_3\}} = c_0\, e^{i(s_1 n_1 + s_2 n_2 + s_3 n_3)}. \tag{IV, 114}$$

c_0 bestimmt sich schließlich durch die Normierung

$$1 = \int \psi_k^* \psi_k\, dv = \underset{n}{\mathbb{S}}\underset{n'}{\mathbb{S}}\, c_n^* c_{n'} \int \psi_k^{*(n)} \psi_k^{(n')}\, dv \tag{IV, 115}$$

im Grundgebiet. Sind n und n' verschieden, so ist das Produkt $\psi^{(n')} \psi^{*(n)}$ überall klein und wir bekommen aus

$$1 = c_0^* c_0 \underset{n}{\mathbb{S}} \int \psi_k^{*(n)} \psi_k^{(n)}\, dv = Z\, c_0^* c_0 \tag{IV, 116}$$

wegen der Normierung der Atomeigenfunktionen den Näherungswert

$$c_0 = \frac{1}{\sqrt{Z}}. \tag{IV, 117}$$

*§ 5. Tiefe Terme, insbesondere Röntgenterme.

Die einzelnen $\psi_k^{(n)}$ genügen der Schrödingergleichung

$$\Delta \psi_k^{(n)} + \frac{8\pi^2 m}{h^2}(\varepsilon_k + eV^{(n)})\psi_{(k)}^n = 0, \qquad (\text{IV, 118})$$

in der $V^{(n)}$ das Atompotential bedeutet. Das Potential V im Gitter kann im wesentlichen aus der Summe der Atompotentiale zusammengesetzt werden, d. h.

$$V - \mathop{S}_{n} V^{(n)} \qquad (\text{IV, 119})$$

ist klein, besonders in der Nähe der Gitterteilchen, etwas größer dagegen in der Mitte zwischen ihnen.

Mit Hilfe des Energieoperators

$$\mathbf{H} = -\frac{h^2}{8\pi^2 m}\Delta - eV \qquad (\text{IV, 120})$$

bilden wir den Energiewert erster Näherung

$$\varepsilon_k^{(1)} = \int \psi_k^* \mathbf{H}\, \psi_k\, dv$$
$$= -\mathop{S}_{n}\mathop{S}_{n'} c_n^* c_{n'}\left\{\frac{h^2}{8\pi^2 m}\int \psi_k^{*(n)}\Delta\psi_k^{(n')}\, dv + e\int \psi_k^{*(n)} V \psi_k^{(n')}\, dv\right\},$$

der bei Benutzung von (IV, 118)

$$\varepsilon_k^{(1)} = \varepsilon_k \mathop{S}_{n}\mathop{S}_{n'} c_n^* c_{n'} \int \psi_k^{*(n)}\psi_k^{(n')}\, dv + $$
$$+ e \mathop{S}_{n}\mathop{S}_{n'} c_n^* c_{n'} \int \psi_k^{*(n)}(V^{(n)} - V)\psi_k^{(n')}\, dv \qquad (\text{IV, 121})$$

liefert. Beachtet man noch die Normierung (IV, 115), so erhält man

$$\varepsilon_k^{(1)} - \varepsilon_k = e \mathop{S}_{n}\mathop{S}_{n'} c_n^* c_{n'} \int \psi_k^{*(n)}(V^{(n)} - V)\psi_k^{(n')}\, dv. \qquad (\text{IV, 122})$$

In der Summe auf der rechten Seite betrachten wir zunächst die Glieder, bei denen $n = n'$ ist. Bei ihnen ist $\psi_k^{*(n)}\psi_k^{(n)}$ in der n-ten Zelle groß, aber $V^{(n)} - V$ ist dort ziemlich klein. Wir erhalten aus ihnen eine Zusatzenergie

$$e c_0^* c_0 \mathop{S}_{n} \int \psi_k^{*(n)}(V^{(n)} - V)\psi_k^{(n)}\, dv = e \int \psi_k^{*(n)}(V^{(n)} - V)\psi_k^{(n)}\, dv = C_k, \qquad (\text{IV, 123})$$

die von $\mathfrak{f}$ nicht abhängt. Sie bedeutet eine Verschiebung des Röntgenterms gegenüber seiner Lage beim freien Atom und ist ziemlich uninteressant. Die Glieder mit $n' \neq n$ dürfen wir nicht vernachlässigen, wiewohl bei ihnen das Produkt $\psi_k^{*(n)}\psi_k^{(n')}$ immer klein ist. Dafür hat $V^{(n)} - V$ außerhalb der n-ten Zelle größere Werte. Wegen des raschen Abfalles der $\psi_k^{(n)}$ brauchen wir aber nur Kombinationen n', n zu berechnen, die zu den Nachbarzellen gehören. Nun hat die Zelle $(n_1\, n_2\, n_3)$ sechs nächste Nachbarn mit den Zellenindizes

$$(n_1 + 1, n_2, n_3);\quad (n_1, n_2 + 1, n_3);\quad (n_1, n_2, n_3 + 1)$$
$$(n_1 - 1, n_2, n_3);\quad (n_1, n_2 - 1, n_3);\quad (n_1, n_2, n_3 - 1).$$

Bezeichnet

$$A_{1k} = -e\int \psi_k^{*(n)}(V^{(n)} - V)\psi_k^{(n')}\, dv \qquad (\text{IV, 124})$$

das Austauschintegral zweier Nachbarzellen, die in der Richtung $\mathfrak{a}_1$ nebeneinanderliegen, und haben A_{2k} und A_{3k} die analoge Bedeutung, so ist bei Benutzung von (IV, 114)

$$e \underset{n}{S} \underset{n'}{S} c_n^* c_{n'} \int \psi_k^{*(n)} (V^{(n)} - V) \psi_k^{(n')} dv \qquad (IV, 125)$$

$$= C_k - c_0^* c_0 \underset{n}{S} \{A_{1k}(e^{i(\mathfrak{f} \mathfrak{a}_1)} + e^{-i(\mathfrak{f} \mathfrak{a}_1)}) + A_{2k}(e^{i(\mathfrak{f} \mathfrak{a}_2)} + e^{-i(\mathfrak{f} \mathfrak{a}_2)}) + A_{3k}(e^{i(\mathfrak{f} \mathfrak{a}_3)} + e^{-i(\mathfrak{f} \mathfrak{a}_3)})\}$$

$$= C_k - 2 A_{1k} \cos(\mathfrak{f} \mathfrak{a}_1) - 2 A_{2k} \cos(\mathfrak{f} \mathfrak{a}_2) - 2 A_{3k} \cos(\mathfrak{f} \mathfrak{a}_3).$$

Damit haben wir die Abhängigkeit

$$\varepsilon_{k\mathfrak{f}} = \varepsilon_k + C_k - 2\{A_{1k}\cos(\mathfrak{f}\mathfrak{a}_1) + A_{2k}\cos(\mathfrak{f}\mathfrak{a}_2) + A_{3k}\cos(\mathfrak{f}\mathfrak{a}_3)\} \qquad (IV, 126)$$

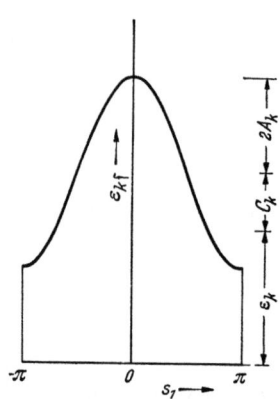

Abb. 537a. $\varepsilon_{k\mathfrak{f}}$ gegen s_1 im Intervall $-\pi$ bis $+\pi$ bei negativem A_k.

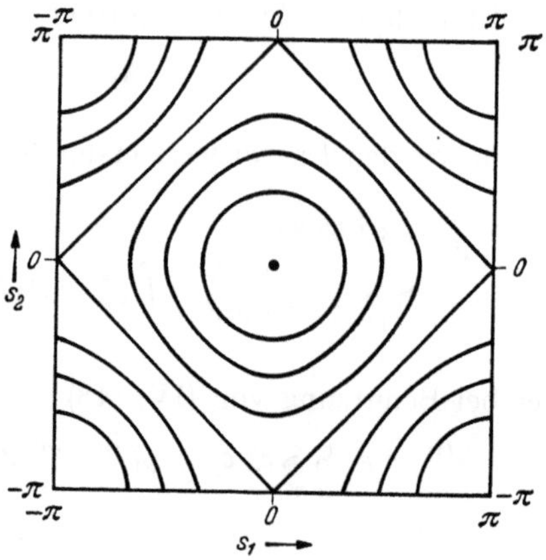

Abb. 537b. Kurven konstanter Energie $\varepsilon_{k\mathfrak{f}}$ in der $s_1 s_2$-Ebene. (Einfach kubisches Gitter.)

der Energie von $\mathfrak{f}$ in dem k-ten Band gefunden. Die Breite des Bandes ist

$$\Delta \varepsilon_{k\mathfrak{f}} = 4(A_{1k} + A_{2k} + A_{3k}). \qquad (IV, 127)$$

Beim einfachen kubischen Gitter ist

$$A_{1k} = A_{2k} = A_{3k} = A_k, \qquad (IV, 128)$$

die Bandbreite ist $12 A_k$ und für die Energie haben wir die Formel

$$\varepsilon_{k\mathfrak{f}} = \varepsilon_k + C_k - 2A_k\{\cos a \mathfrak{f}_x + \cos a \mathfrak{f}_y + \cos a \mathfrak{f}_z\}. \qquad (IV, 129)$$

Die Abb. 537 suchen die Energie als Funktion von $\mathfrak{f}$ graphisch darzustellen. In Abb. 537a ist $\varepsilon_{k\mathfrak{f}}$ gegen s_1 bei festgehaltenen s_2 und s_3 aufgetragen, in Abb. 537b sind Kurven konstanten $\varepsilon_{k\mathfrak{f}}$ in der $s_1 s_2$-Ebene gezeichnet und die Abb. 537c und d zeigen zwei Flächen $\varepsilon_{k\mathfrak{f}} =$ const im $\mathfrak{f}$-Raum (s_1, s_2, s_3 Raum). Am Rande des Bandes bei $\mathfrak{f} = 0$ und bei

$$s_1 = (\mathfrak{f} \mathfrak{a}_1) = \pm \pi; \quad s_2 = (\mathfrak{f} \mathfrak{a}_2) = \pm \pi; \quad s_3 = (\mathfrak{f} \mathfrak{a}_3) = \pm \pi \qquad (IV, 130)$$

gilt näherungsweise der einfache Zusammenhang

$$\varepsilon_{k\mathfrak{f}} \approx \varepsilon_k + C_k - 2(A_{1k} + A_{2k} + A_{3k}) + \\ + A_{1k}(\mathfrak{f}\mathfrak{a}_1)^2 + A_{2k}(\mathfrak{f}\mathfrak{a}_2)^2 + A_{3k}(\mathfrak{f}\mathfrak{a}_3)^2 \qquad (IV, 131)$$

bzw.

$$\varepsilon_{k\mathfrak{f}} \approx \varepsilon_k + C_k + 2(A_{1k} + A_{2k} + A_{3k}) - \\ - A_{1k}(\pi - \mathfrak{f}\mathfrak{a}_1)^2 - A_{2k}(\pi - \mathfrak{f}\mathfrak{a}_2)^2 - A_{3k}(\pi - \mathfrak{f}\mathfrak{a}_3)^2 \qquad (IV, 132)$$

*§ 6. Elektronen großer Energie. Elektronenbeugung.

zwischen $\varepsilon_{k\mathfrak{f}}$ und $\mathfrak{f}$, der sich im einfachen kubischen Gitter auf

$$\varepsilon_{k\mathfrak{f}} \approx \varepsilon_k + C_k - 6A_k + A_k a^2 \mathfrak{f}^2 \qquad (IV, 133)$$

bzw.

$$\varepsilon_{\mathfrak{f}k} \approx \varepsilon_k + C_k + 6A_k - A_k\{(\pi - a\mathfrak{f}_x)^2 + (\pi - a\mathfrak{f}_y)^2 + (\pi - a\mathfrak{f}_z)^2\} \qquad (IV, 134)$$

reduziert.

Die Breite der Bänder ist bei den Röntgentermen gering, da die Atomeigenfunktionen sich sehr wenig überlappen. Bei den Valenzelektronen beträgt sie

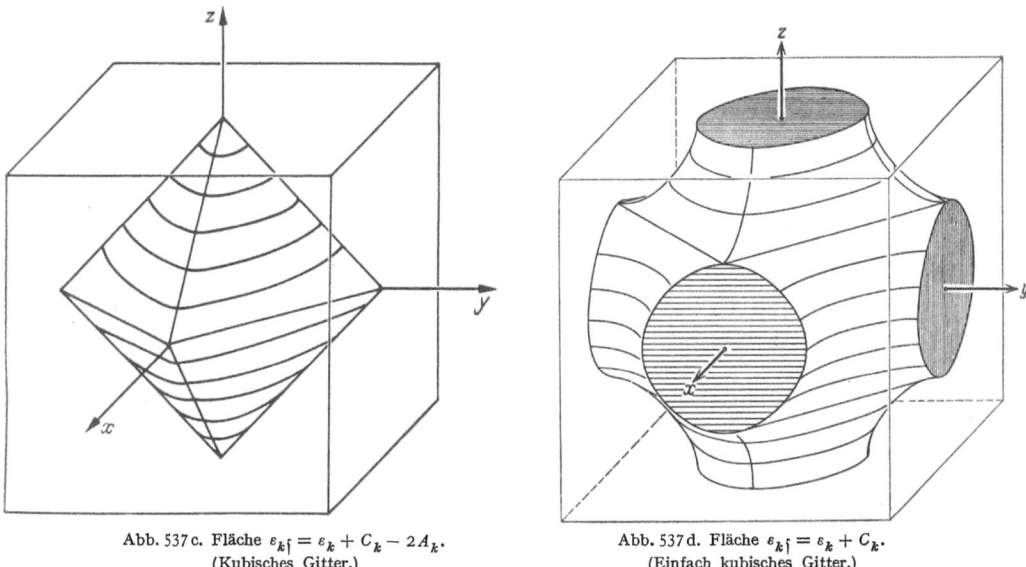

Abb. 537c. Fläche $\varepsilon_{k\mathfrak{f}} = \varepsilon_k + C_k - 2A_k$. (Kubisches Gitter.)

Abb. 537d. Fläche $\varepsilon_{k\mathfrak{f}} = \varepsilon_k + C_k$. (Einfach kubisches Gitter.)

einige Elektronenvolt. Da die Abstände der Atomterme bei höheren k abnehmen, beginnen sich die Bänder nach oben allmählich zu überdecken, was schematisch in der Abb. 541 von S. 1745 angedeutet ist.

In unserer Rechnung war vorausgesetzt, daß der Term des freien Atoms einfach sei, daß es sich also um ein s-Elektron handle, p-, d- usw. Elektronen liefern dreifache, fünffache Bänder usw., welche ineinanderfließen.

*§ 6. Elektronen großer Energie. Elektronenbeugung.

Inhalt: Elektronen mit großer kinetischer Energie verhalten sich im allgemeinen nahezu wie freie Elektronen. Sie stellen Elektronenwellen dar, deren Eigenwerte und Eigenfunktionen im Gitter nur wenig verändert werden. Wenn jedoch der Ausbreitungsvektor des Elektrons die Braggsche Reflexionsbedingung erfüllt, tritt Reflexion an den Netzebenen ein und ihr Ergebnis ist eine Beugung der Elektronenwelle im Gitter nach denselben Gesetzen, welche die Beugung der Röntgenstrahlen beherrschen. Die Terme der schnellen Elektronen bilden ein Kontinuum, welches von verbotenen Bändern durchsetzt ist. Diese gehören zu den Elektronenwellen, welche der Beugung unterliegen und deshalb sich nicht durch das Gitter fortpflanzen können.

Bezeichnungen: Ψ Wellenfunktion, ψ Eigenfunktion, $\mathfrak{S}$ Ausbreitungsvektor, λ Wellenlänge, ε Gesamtenergie eines Elektrons, Δ Zellvolumen, Z Zahl der Zellen, N_1, N_2, N_3 Zahl der Gitterteilchen auf den Kanten des Grundgebiets, $\mathfrak{r}$ Ortsvektor, $\mathbb{H}$ Hamiltonoperator, V Gitterpotential, $V_\mathfrak{h}$* seine Fourierkomponenten, $\mathfrak{h}$* Vektor senkrecht zu den Netzebenen, $\mathfrak{a}_1, \mathfrak{a}_2, \mathfrak{a}_3$ Grundvektoren des Gitters, $\mathfrak{b}_1, \mathfrak{b}_2, \mathfrak{b}_3$ des reziproken Gitters, δ Glanzwinkel, die nullte, erste und zweite Näherung ist durch (0), (1) und (2) bezeichnet.

Wir studieren jetzt das Verhalten von Elektronen, deren Gesamtenergie die potentielle Energie im Gitter wesentlich überschreitet. Diesen Elektronen verbleibt also eine beträchtliche kinetische Energie und sie verhalten sich ähnlich wie freie Elektronen.

Die Schrödingergleichung eines freien Elektrons

$$\Delta \psi^{(0)} + \frac{8\pi^2 m}{h^2} \varepsilon^{(0)} \psi^{(0)} = 0 \qquad (IV, 135)$$

erhalten wir, wenn wir gar keine potentielle Energie berücksichtigen. Diese Gleichung wird durch die Funktionen

$$\psi_{\mathfrak{S}}^{(0)} = \frac{1}{\sqrt{Z\varDelta}} e^{i(\mathfrak{S}\mathfrak{r})} \qquad (IV, 136)$$

befriedigt, wo $\mathfrak{S}$ einen beliebigen konstanten Vektor bedeutet, der mit der Energie durch

$$\varepsilon^{(0)} = \frac{h^2}{8\pi^2 m} \mathfrak{S}^2 \qquad (IV, 137)$$

zusammenhängt. Die Funktion ψ ist so normiert, daß das Integral

$$\int \psi_{\mathfrak{S}}^{(0)*} \psi_{\mathfrak{S}}^{(0)} dv = \frac{1}{Z\varDelta} \int dv = 1 \qquad (IV, 138)$$

über das Grundgebiet, welches aus Z Zellen von der Größe $\varDelta$ besteht, gleich 1 wird.

Ist das Grundgebiet ein Parallelflach mit den Kanten $N_1 \mathfrak{a}_1$, $N_2 \mathfrak{a}_2$ und $N_3 \mathfrak{a}_3$, so muß $\mathfrak{S}$ die Randbedingungen

$$e^{i(\mathfrak{S}\mathfrak{a}_1)N_1} = 1; \qquad e^{i(\mathfrak{S}\mathfrak{a}_2)N_2} = 1; \qquad e^{i(\mathfrak{S}\mathfrak{a}_3)N_3} = 1 \qquad (IV, 139)$$

erfüllen.

Fügt man den Zeitanteil zu ψ hinzu, so erhält man die Wellenfunktion des Elektrons

$$\Psi = \psi_{\mathfrak{S}}^{(0)} e^{-\frac{2\pi i \varepsilon^{(0)} t}{h}} = \frac{1}{\sqrt{Z\varDelta}} e^{2\pi i \left(\frac{\mathfrak{S}\mathfrak{r}}{2\pi} - \frac{\varepsilon^{(0)} t}{h}\right)}. \qquad (IV, 140)$$

Dies ist eine Welle mit der Frequenz

$$\nu = \frac{\varepsilon^{(0)}}{h} \qquad (IV, 141)$$

und dem Ausbreitungsvektor $\mathfrak{S}$. Sein Betrag unterliegt keinen Beschränkungen, es handelt sich also im Gegensatz zu den §§ 4 und 5 um den nicht reduzierten Ausbreitungsvektor.

Ein energiereiches Elektron im Kristall behandeln wir jetzt in einem Näherungsverfahren, indem wir von einem freien Elektron als nullter Näherung ausgehen und das Gitterpotential V als Störungspotential einführen. Um die Störungsrechnung nach S. 961 durchzuführen, brauchen wir die Matrixelemente des Energieoperators

$$\mathbb{H} = -\frac{h^2}{8\pi^2 m} \varDelta - eV. \qquad (IV, 142)$$

Seine Diagonalelemente

$$\mathbb{H}_{\mathfrak{S}\mathfrak{S}} = \int \psi_{\mathfrak{S}}^{(0)*} \mathbb{H} \psi_{\mathfrak{S}}^{(0)} dv \qquad (IV, 143)$$

sind leicht zu berechnen und ergeben die Eigenwerte

$$\varepsilon_{\mathfrak{S}}^{(1)} = H_{\mathfrak{S}\mathfrak{S}} = \frac{h^2}{8\pi^2 m} \mathfrak{S}^2 - \frac{e}{Z\varDelta} \int V dv = \frac{h^2}{8\pi^2 m} \mathfrak{S}^2 - e\overline{V} \qquad (IV, 144)$$

*§ 6. Elektronen großer Energie. Elektronenbeugung.

in erster Näherung. $\overline{V}$ bedeutet den Mittelwert des Potentials. Dieses Ergebnis ist trivial. Wir hätten es für freie Elektronen im konstanten Potential $\overline{V}$ erhalten können. In zweiter Näherung finden wir die Eigenwerte

$$\varepsilon_{\mathfrak{S}}^{(2)} = \frac{h^2 \mathfrak{S}^2}{8\pi^2 m} - e\overline{V} + \frac{8\pi^2 m}{h^2} \sum_{\mathfrak{S}'}' \frac{|H_{\mathfrak{S}'\mathfrak{S}}|^2}{\mathfrak{S}^2 - \mathfrak{S}'^2} \qquad (IV, 145)$$

und die Eigenfunktionen

$$\psi_{\mathfrak{S}}^{(1)} = \frac{1}{\sqrt{Z\varDelta}} e^{i(\mathfrak{S}\mathfrak{r})} + \frac{8\pi^2 m}{h^2} \sum_{\mathfrak{S}'}' \frac{H_{\mathfrak{S}'\mathfrak{S}}}{\mathfrak{S}^2 - \mathfrak{S}'^2} e^{i(\mathfrak{S}'\mathfrak{r})}. \qquad (IV, 146)$$

Sie enthalten die gemischten Matrixelemente

$$H_{\mathfrak{S}'\mathfrak{S}} = \int \psi_{\mathfrak{S}'}^{(0)*} \mathbb{H} \, \psi_{\mathfrak{S}}^{(0)} \, dv$$

$$= \frac{h^2 \mathfrak{S}^2}{8\pi^2 m Z\varDelta} \int e^{i(\mathfrak{S}-\mathfrak{S}')\mathfrak{r}} dv - \frac{e}{Z\varDelta} \int e^{i(\mathfrak{S}-\mathfrak{S}')\mathfrak{r}} V \, dv. \qquad (IV, 147)$$

Das erste der beiden Integrale verschwindet wegen der Orthogonalität der Eigenfunktionen im Grundgebiet, was man auch aus den Relationen (IV, 139) entnehmen kann. Zur Berechnung des zweiten Integrals entwickeln wir V in die dreifache Fourierreihe

$$V = \sum_{\mathfrak{h}^*} V_{\mathfrak{h}^*} \, e^{-2\pi i(\mathfrak{h}^*\mathfrak{r})}, \qquad (IV, 148)$$

wo $\mathfrak{h}^*$ den Vektor

$$\mathfrak{h}^* = h_1^* \mathfrak{b}_1 + h_2^* \mathfrak{b}_2 + h_3^* \mathfrak{b}_3 \qquad (IV, 149)$$

bedeutet. h_1^*, h_2^*, h_3^* sind drei beliebige ganze Zahlen und $\mathfrak{b}_1, \mathfrak{b}_2, \mathfrak{b}_3$ sind die reziproken Gittervektoren [s. S. 1699, Gl. (III, 41)]. Dann ist

$$\int V e^{i(\mathfrak{S}-\mathfrak{S}')\mathfrak{r}} dv = \sum_{\mathfrak{h}^*} V_{\mathfrak{h}^*} \int e^{i(\mathfrak{S}-\mathfrak{S}'-2\pi\mathfrak{h}^*)\mathfrak{r}} dv. \qquad (IV, 150)$$

Setzen wir

$$\mathfrak{r} = \xi_1 \mathfrak{a}_1 + \xi_2 \mathfrak{a}_2 + \xi_3 \mathfrak{a}_3, \qquad (IV, 151)$$

$$dv = (\mathfrak{a}_1 [\mathfrak{a}_2 \mathfrak{a}_3]) \, d\xi_1 d\xi_2 d\xi_3 = \varDelta \, d\xi_1 d\xi_2 d\xi_3, \qquad (IV, 152)$$

so durchlaufen ξ_1, ξ_2 und ξ_3 bei der Integration den Bereich von 0 bis N_1 bzw. N_2 bzw. N_3. Die Integrale

$$\int e^{i(\mathfrak{S}-\mathfrak{S}'-2\pi\mathfrak{h}^*)\mathfrak{r}} dv \qquad (IV, 153)$$

$$= \varDelta \int e^{i(\mathfrak{S}\mathfrak{a}_1 - \mathfrak{S}'\mathfrak{a}_1 - 2\pi h_1^*)\xi_1} d\xi_1 \int e^{i(\mathfrak{S}\mathfrak{a}_2 - \mathfrak{S}'\mathfrak{a}_2 - 2\pi h_2^*)\xi_2} d\xi_2 \int e^{i(\mathfrak{S}\mathfrak{a}_3 - \mathfrak{S}'\mathfrak{a}_3 - 2\pi h_3^*)\xi_3} d\xi_3$$

verschwinden immer, außer wenn

$$\mathfrak{S} = \mathfrak{S}' + 2\pi \mathfrak{h}^* \qquad (IV, 154)$$

ist, was auch

$$\mathfrak{S}^2 - \mathfrak{S}'^2 = 4\pi \mathfrak{h}^*(\mathfrak{S} - \pi \mathfrak{h}^*) \qquad (IV, 155)$$

bedeutet. In diesem Fall ergeben sie das Kristallvolumen $Z\varDelta$, und wir erhalten

$$H_{\mathfrak{S}'\mathfrak{S}} = -eV_{\mathfrak{h}^*}, \qquad (IV, 156)$$

während alle anderen Elemente verschwinden.

Wenn wir dies in (IV, 145) und (IV, 146) einsetzen, finden wir die Energie

$$\varepsilon_{\mathfrak{S}}^{(2)} = \frac{h^2}{8\pi^2 m} \mathfrak{S}^2 - e\overline{V} + \frac{8\pi^2 m e^2}{h^2} \sum_{\mathfrak{h}^*}' \frac{V_{\mathfrak{h}^*}^2}{\mathfrak{S}^2 - \mathfrak{S}'^2}$$

$$= \frac{h^2}{8\pi^2 m} \mathfrak{S}^2 - e\overline{V} + \frac{2\pi m e^2}{h^2} \sum_{\mathfrak{h}^*}' \frac{V_{\mathfrak{h}^*}^2}{\mathfrak{h}^*(\mathfrak{S} - \pi \mathfrak{h}^*)} \qquad (IV, 157)$$

und die Eigenfunktionen

$$\psi_{\mathfrak{S}}^{(1)} = \frac{1}{\sqrt{Z\Delta}} e^{i(\mathfrak{S}\mathfrak{r})} - \frac{8\pi^2 m e}{h^2} \sum_{\mathfrak{h}^*} \frac{V_{\mathfrak{h}^*}}{\mathfrak{S}^2 - \mathfrak{S}'^2} e^{i(\mathfrak{S}'\mathfrak{r})}$$

$$= \frac{e^{i(\mathfrak{S}\mathfrak{r})}}{\sqrt{Z\Delta}} \left\{ 1 - \frac{2\pi m e}{h^2} \sqrt{Z\Delta} \sum_{\mathfrak{h}^*} \frac{V_{\mathfrak{h}^*}}{\mathfrak{h}^*(\mathfrak{S} - \pi \mathfrak{h}^*)} e^{-2\pi i(\mathfrak{h}^*\mathfrak{r})} \right\}. \qquad \text{(IV, 158)}$$

Energien und Eigenfunktionen werden also nur geringfügig nach Maßgabe der Koeffizienten $V_{\mathfrak{h}^*}$ abgeändert und bleiben denen der freien Elektronen ähnlich.

Dies wird allerdings wesentlich anders, wenn die Bedingung

$$\mathfrak{S}^2 - \mathfrak{S}'^2 = 0 \qquad \text{(IV, 159)}$$

gilt. Wir können ihr auch mit (IV, 154) und (IV, 155) die Form

$$\mathfrak{S}\mathfrak{h}^* = -\mathfrak{S}'\mathfrak{h}^* = \pi \mathfrak{h}^{*2} \qquad \text{(IV, 160)}$$

geben. Dann verschwindet der Nenner des betreffenden Gliedes in (IV, 157) und (IV, 158) und dies bedeutet, daß eine völlige Veränderung des ursprünglichen Eigenwertes und der Eigenfunktion eintritt, die unserer Näherungsrechnung den Boden entzieht. Zuerst wollen wir uns die Bedeutung der Bedingungen (IV, 154) und (IV, 155) bzw. (IV, 159) und (IV, 160) klarmachen. $\mathfrak{h}^*$ ist einer der Vektoren, die auf den Netzebenen senkrecht stehen und deren Betrag ein ganzzahliges Vielfaches des reziproken Netzebenenabstandes ist. Sie sind durch die Gitterstruktur festgelegt. Ist das Grundgebiet groß genug, so daß die Vektoren $\mathfrak{S}'$ dicht liegen, so ordnet (IV, 154) und (IV, 155) jedem $\mathfrak{S}$ und $\mathfrak{h}^*$ einen Vektor $\mathfrak{S}'$ zu. Jedes $\mathfrak{h}^*$ steuert also tatsächlich einen Beitrag zu $\varepsilon_{\mathfrak{S}}^{(2)}$ und $\psi_{\mathfrak{S}}^{(1)}$ bei. Die Bedingung (IV, 160) fordert dagegen eine Beziehung zwischen dem Ausbreitungsvektor $\mathfrak{S}$ des betrachteten Elektrons und der Gitterstruktur. Sie wird im allgemeinen nicht erfüllt sein. Ist δ der Neigungswinkel von $\mathfrak{S}$ gegen die Netzebene senkrecht zu $\mathfrak{h}^*$, so kann man (IV, 160) in

$$|\mathfrak{S}| \sin \delta = \pi |\mathfrak{h}^*| \qquad \text{(IV, 161)}$$

umwandeln. Führt man die de Brogliesche Wellenlänge

$$\lambda = \frac{2\pi}{|\mathfrak{S}|} \qquad \text{(IV, 162)}$$

der Elektronen ein, so geht (IV, 161) in die Braggsche Reflexionsbedingung

$$\sin \delta = \frac{|\mathfrak{h}^*|\lambda}{2} = \frac{p\lambda}{2d} \qquad \text{(IV, 163)}$$

über, welche für die Beugung von Röntgenstrahlen maßgebend ist. Wir wollen uns davon überzeugen, daß unter diesen Umständen auch eine Beugung der Elektronenwelle eintritt, welche zur Beugung der Röntgenstrahlen ganz analog ist [s. S. 1700, Gl. (III, 43)].

Ist (IV, 159) genau oder wenigstens angenähert erfüllt, so sind die zu $\mathfrak{S}$ und $\mathfrak{S}'$ gehörigen Eigenwerte entartet. In der nullten Näherung ist ihr Unterschied

$$\Delta \varepsilon^{(0)} = \varepsilon_{\mathfrak{S}}^{(0)} - \varepsilon_{\mathfrak{S}'}^{(0)} = \frac{h^2}{8\pi^2 m} (\mathfrak{S}^2 - \mathfrak{S}'^2) \qquad \text{(IV, 164)}$$

*§ 6. Elektronen großer Energie. Elektronenbeugung.

klein. Wir finden dann die gestörten Eigenwerte ε erster Näherung aus der Säkulargleichung (s. S. 967, s. auch S. 979)

$$\left\| \begin{matrix} \varepsilon_{\mathfrak{E}}^{(0)} - \varepsilon & -eV_{\mathfrak{h}*} \\ -eV_{\mathfrak{h}*} & \varepsilon_{\mathfrak{E}}^{(0)} + \Delta\varepsilon^{(0)} - \varepsilon \end{matrix} \right\| = 0 \qquad (IV, 165)$$

Als Lösungen erhalten wir zwei Energiewerte

$$\varepsilon = \varepsilon_{\mathfrak{E}}^{(0)} + \frac{\Delta\varepsilon^{(0)}}{2} \pm \sqrt{e^2 V_{\mathfrak{h}*}^2 + \frac{(\Delta\varepsilon^{(0)})^2}{4}}, \qquad (IV, 166)$$

Abb. 538. Elektronenbeugung. Laue-Diagramm.

die sich um

$$\Delta\varepsilon^{(1)} = 2\sqrt{e^2 V_{\mathfrak{h}*}^2 + \frac{(\Delta\varepsilon^{(0)})^2}{4}} \qquad (IV, 167)$$

unterscheiden. Wenn

$$\alpha = \left| \frac{\Delta\varepsilon^{(0)}}{2eV_{\mathfrak{h}*}} \right| \ll 1 \qquad (IV, 168)$$

ist, gehören zu ihnen die Eigenfunktionen

$$\psi = \frac{1}{\sqrt{2}} \{(1+\alpha)\,\psi_\mathfrak{S} + (1-\alpha)\,\psi_{\mathfrak{S}'}\} \qquad (IV, 169)$$

bzw.

$$\psi = \frac{1}{\sqrt{2}} \{-(1-\alpha)\,\psi_\mathfrak{S} + (1+\alpha)\,\psi_{\mathfrak{S}'}\}. \qquad (IV, 170)$$

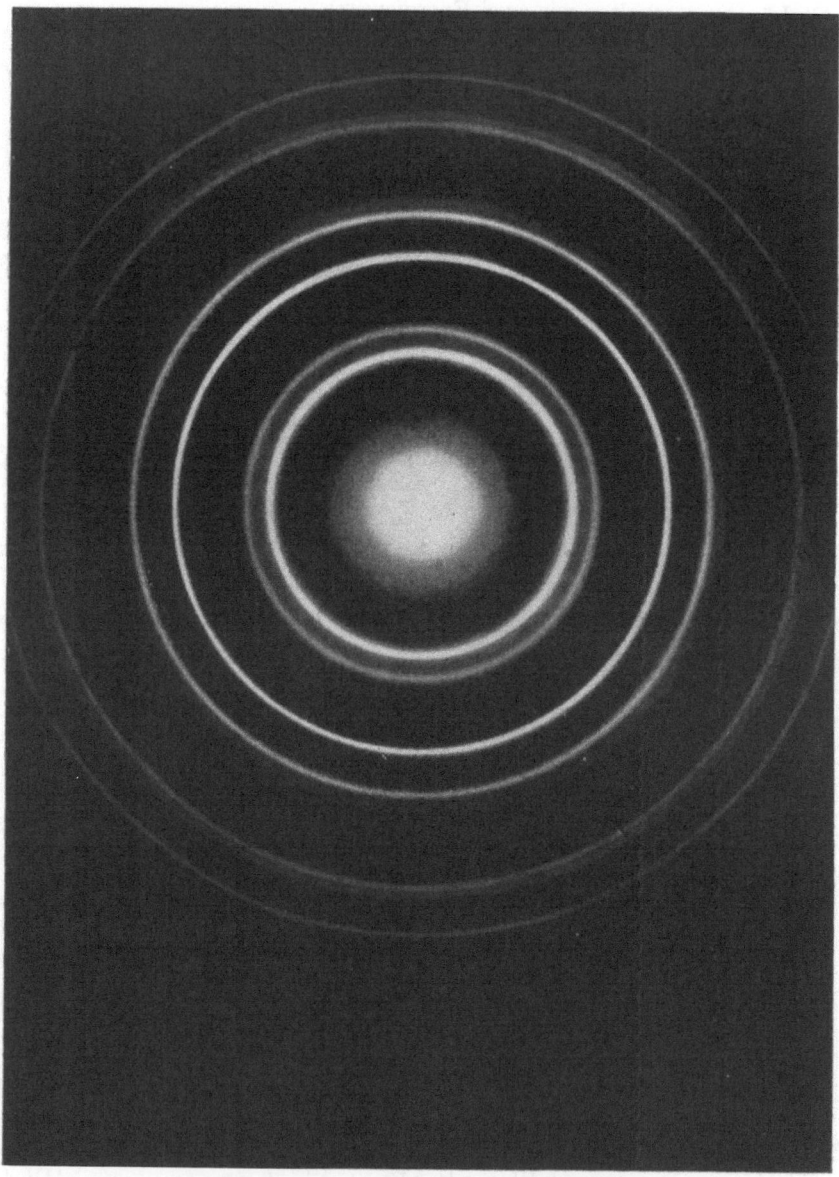

Abb. 539. Elektronenbeugung. Debye-Scherrer-Diagramm.

Wenn α größer wird, gehen sie in $\psi_\mathfrak{S}$ bzw. $\psi_{\mathfrak{S}'}$ über, wobei dann allerdings die Näherung (IV, 169) und (IV, 170) nicht mehr ausreicht.

*§ 7. Die Strommatrix. Impuls und Geschwindigkeit der Elektronen.

Die entarteten Elektronenwellen $\psi_\mathfrak{S}$ und $\psi_{\mathfrak{S}'}$ können also im Gitter nicht für sich allein bestehen, wenn die Bedingung

$$\mathfrak{S}^2 - \mathfrak{S}'^2 = 4\pi\mathfrak{h}^*(\mathfrak{S} - \pi\mathfrak{h}^*) = 0 \qquad (IV, 171)$$

erfüllt ist, sondern statt ihrer hat man die durch (IV, 169) und (IV, 170) beschriebenen Wellenvorgänge. Je kleiner α ist, desto mehr nähern sich (IV, 169) und (IV, 170) an

$$\psi = \frac{1}{\sqrt{2}}(\psi_{\mathfrak{S}'} + \psi_\mathfrak{S}) \qquad (IV, 172)$$

und

$$\psi = \frac{1}{\sqrt{2}}(\psi_{\mathfrak{S}'} - \psi_\mathfrak{S}) \qquad (IV, 173)$$

an, welche beide eine Zusammensetzung der ursprünglichen Welle $\psi_\mathfrak{S}$ mit der Welle $\psi_{\mathfrak{S}'}$ bedeuten, die wegen (IV, 159) an einer Netzebene reflektiert erscheint.

Schickt man also durch das Gitter eine Elektronenwelle, welche die Braggsche Bedingung erfüllt, so wird sie im Gitter reflektiert. Dieser Vorgang ist als Elektronenbeugung bekannt und kann genau wie die Beugung der Röntgenstrahlen weiterverfolgt werden. Ob α klein genug ist, hängt von dem Fourierkoeffizienten V_{h^*} ab, d. h., wenn dieser Koeffizient groß ist, genügt auch eine ungenaue Erfüllung der Braggschen Bedingung. Die Abb. 538 und 539 zeigen ein Laue-Diagramm und ein Debye-Scherrer-Diagramm der Elektronenbeugung, deren Ähnlichkeit mit den entsprechenden Bildern der Beugung von Röntgenstrahlen von S. 1700 und 1701 in die Augen springt.

Wenn zwei Ausbreitungsvektoren $\mathfrak{S}$ und $\mathfrak{S}'$ die Bedingung (IV, 159) und damit die Braggsche Bedingung (IV, 163) erfüllen, so werden die zugehörigen Energien gemäß (IV, 166) nach oben und unten verschoben, so daß eine Lücke in den Energiewerten entsteht.

Die Terme schneller Elektronen erfüllen ein Kontinuum. Dieses Kontinuum ist aber von Bändern der Breite $2eV_{h^*}$ durchsetzt, in welchen keine Terme liegen. Zu jeder Netzebenenschar gehört ein solches Band.

*§ 7. Die Strommatrix. Impuls und Geschwindigkeit der Elektronen.

Inhalt: Die Geschwindigkeit der Elektronen kann als Diagonalelement der Strommatrix gewonnen werden. Sie ist berechenbar, wenn die Energie als Funktion des Ausbreitungsvektors bekannt ist. Die Geschwindigkeit der Elektronen ist am oberen und unteren Rand eines Bandes Null, in der Mitte des Bandes am größten. Zwischen kinetischer und Translationsenergie muß unterschieden werden.

Bezeichnungen: Index k unterscheidet die Bänder, $\mathfrak{f}$ die reduzierten Ausbreitungsvektoren, s_1, s_2, s_3 seine Skalarprodukte mit den Zellkanten, ψ Eigenfunktion, ε Energie, m Masse des Elektrons, $\mathfrak{p}$ und $\mathfrak{p}_\mathfrak{f}$ Operator und Wert des Impulses, $\mathfrak{v}$ Stromoperator, $\mathfrak{v}$ Strommatrix, $\mathfrak{v}_{\mathfrak{f}'\mathfrak{f}}$ bzw. $\mathfrak{v}_{k'\mathfrak{f}',k\mathfrak{f}}$ ihre Elemente, $\mathfrak{v}_\mathfrak{f}$ Geschwindigkeit des Elektrons, $U_\mathfrak{f}$ bzw. $U_{k\mathfrak{f}}$ Teil der Eigenfunktion mit Gitterperiodizität, $u_\mathfrak{f}\mathfrak{h}$, $u_{k\mathfrak{f}\mathfrak{h}}$ ihre Fourierkoeffizienten, $\mathfrak{h}$, $\mathfrak{h}'$ Gittervektor im reziproken Gitter, $\mathfrak{r}$ Ortsvektor, $\mathfrak{a}_1, \mathfrak{a}_2, \mathfrak{a}_3$ Zellkanten, Δ Zellvolumen, $Z = N_1 N_2 N_3$ Zahl der Zellen, $\mathfrak{b}_1, \mathfrak{b}_2, \mathfrak{b}_3$ zu $\mathfrak{a}_1, \mathfrak{a}_2, \mathfrak{a}_3$ reziproke Vektoren, $\mathfrak{f}_{k'\mathfrak{f}', k\mathfrak{f}}$ Oszillatorenstärke, $\mathfrak{f}^{(x)}_{k'\mathfrak{f}', k\mathfrak{f}}$ ihr Anteil für die x-Komponente des elektrischen Feldes, $\nu_{k'\mathfrak{f}', k\mathfrak{f}}$ Frequenz des Übergangs $k'\mathfrak{f}' \to k\mathfrak{f}$, a Gitterabstand, A_k Austauschintegral s. S. 1721, $\mathfrak{f}_{k\mathfrak{f}}$ Summe der Oszillatorenstärken der Frequenz Null, Freiheitszahl.

Ist ψ die Eigenfunktion eines Elektrons in einem Quantenzustand, welcher durch den reduzierten Ausbreitungsvektor $\mathfrak{f}$ näher bezeichnet wird, so finden wir seinen Impuls

$$\mathfrak{p}_\mathfrak{f} = \int \psi_\mathfrak{f}^* \, \mathfrak{p} \, \psi_\mathfrak{f} \, dv = \frac{h}{2\pi i} \int \psi_\mathfrak{f}^* \, \text{grad} \, \psi_\mathfrak{f} \, dv, \qquad (IV, 174)$$

Weizel, Theoretische Physik, II. 2. Aufl.

der sich auch auf die Form

$$\mathfrak{p}_{\mathfrak{f}} = \frac{h}{4\pi i} \int (\psi_{\mathfrak{f}}^* \operatorname{grad} \psi_{\mathfrak{f}} - \psi_{\mathfrak{f}} \operatorname{grad} \psi_{\mathfrak{f}}^*) \, dv \qquad (IV, 175)$$

bringen läßt.

Zum „Strom" trägt das Elektron den Anteil

$$\mathfrak{v}_{\mathfrak{f}} = \frac{\mathfrak{p}_{\mathfrak{f}}}{m} = \frac{h}{4\pi i m} \int (\psi_{\mathfrak{f}}^* \operatorname{grad} \psi_{\mathfrak{f}} - \psi_{\mathfrak{f}} \operatorname{grad} \psi_{\mathfrak{f}}^*) \, dv \qquad (IV, 176)$$

bei. Unter dem „Strom" verstehen wir das Volumenintegral der Teilchenstromdichte, welches klassisch die Bedeutung der mittleren Geschwindigkeit des Elektrons hat.

Den Strom können wir aus dem Stromoperator

$$\mathfrak{v} = \frac{\mathfrak{p}}{m} = \frac{h}{2\pi i m} \operatorname{grad} \qquad (IV, 177)$$

nach der Vorschrift

$$\mathfrak{v}_{\mathfrak{f}} = \mathfrak{v}_{\mathfrak{f}\mathfrak{f}} = \int \psi_{\mathfrak{f}}^* \, \mathfrak{v} \, \psi_{\mathfrak{f}} \, dv = \frac{1}{2} \int (\psi_{\mathfrak{f}}^* \, \mathfrak{v} \, \psi_{\mathfrak{f}} - \psi_{\mathfrak{f}} \, \mathfrak{v} \, \psi_{\mathfrak{f}}^*) \, dv \qquad (IV, 178)$$

bilden. Die Größen $\mathfrak{v}_{\mathfrak{f}} = \mathfrak{v}_{\mathfrak{f}\mathfrak{f}}$ sind die Diagonalelemente der Strommatrix $\mathfrak{v}$, deren Elemente allgemein nach der Vorschrift

$$\mathfrak{v}_{\mathfrak{f}'\mathfrak{f}} = \int \psi_{\mathfrak{f}'}^* \, \mathfrak{v} \, \psi_{\mathfrak{f}} \, dv = \frac{h}{2\pi i m} \int \psi_{\mathfrak{f}'}^* \operatorname{grad} \psi_{\mathfrak{f}} \, dv \qquad (IV, 179)$$

gebildet werden. Die (mittlere) Geschwindigkeit

$$\mathfrak{v}_{\mathfrak{f}} = \mathfrak{v}_{\mathfrak{f}\mathfrak{f}} \qquad (IV, 180)$$

des Elektrons im Zustand $\mathfrak{f}$ ist also das Diagonalelement der Strommatrix.

Wir berechnen zuerst die Diagonalelemente für ein Elektron im Gitter mit dem reduzierten Ausbreitungsvektor $\mathfrak{f}$. Dazu gehen wir von seiner Eigenfunktion [s. S. 1716, Gl. (IV, 86)]

$$\psi_{\mathfrak{f}} = \frac{1}{\sqrt{\Delta Z}} e^{i(\mathfrak{f}\mathfrak{r})} U \qquad (IV, 181)$$

aus und entwickeln $U_{\mathfrak{f}}$ in die dreifache Fourierreihe

$$U_{\mathfrak{f}} = \sum_{\mathfrak{h}} u_{\mathfrak{f}\mathfrak{h}} \, e^{2\pi i (\mathfrak{h}\mathfrak{r})}. \qquad (IV, 182)$$

$\mathfrak{h}$ bedeutet den Gittervektor

$$\mathfrak{h} = h_1 \mathfrak{b}_1 + h_2 \mathfrak{b}_2 + h_3 \mathfrak{b}_3 \qquad (IV, 183)$$

im reziproken Gitter, den wir bisher mit $\mathfrak{h}^*$ bezeichnet haben. Wir verzichten auf den Stern, um die Schreibweise zu vereinfachen. Die Eigenfunktion nimmt dann die Gestalt

$$\psi_{\mathfrak{f}} = \frac{1}{\sqrt{Z\Delta}} \sum_{\mathfrak{h}} u_{\mathfrak{f}\mathfrak{h}} \, e^{i(\mathfrak{f}+2\pi\mathfrak{h})\mathfrak{r}} \qquad (IV, 184)$$

an und wir erhalten nach (IV, 179) die Diagonalelemente

$$\mathfrak{v}_{\mathfrak{f}} = \mathfrak{v}_{\mathfrak{f}\mathfrak{f}} = \frac{h}{4\pi m Z \Delta} \sum_{\mathfrak{h}\mathfrak{h}'} u_{\mathfrak{f}\mathfrak{h}'}^* \, u_{\mathfrak{f}\mathfrak{h}} (2\mathfrak{f} + 2\pi \mathfrak{h} + 2\pi \mathfrak{h}') \int e^{2\pi i (\mathfrak{h}-\mathfrak{h}')\mathfrak{r}} \, dv. \qquad (IV, 185)$$

*§ 7. Die Strommatrix. Impuls und Geschwindigkeit der Elektronen.

Wenn $\mathfrak{h} \neq \mathfrak{h}'$ ist, verschwinden die Integrale, wenn $\mathfrak{h} = \mathfrak{h}'$ ist, haben sie den Wert $Z\Delta$. Damit reduziert sich das Diagonalelement auf

$$\mathfrak{v} = \mathfrak{v}_{\mathfrak{f}\mathfrak{f}} = \frac{h}{2\pi m} \sum_{\mathfrak{h}} u_{\mathfrak{f}\mathfrak{h}}^* u_{\mathfrak{f}\mathfrak{h}} (\mathfrak{f} + 2\pi\mathfrak{h}). \qquad (IV, 186)$$

Um den Strom zu berechnen, scheint es zunächst erforderlich zu sein, die sämtlichen Fourierkoeffizienten $u_{\mathfrak{f}\mathfrak{h}}^*$ der Eigenfunktion zu kennen. Wir werden aber zeigen, daß es auch genügt, wenn man die Energie $\varepsilon_{\mathfrak{f}}$ als Funktion von $\mathfrak{f}$ kennt. Dies machen wir zuerst ohne wirklichen Beweis plausibel. Ein lokalisiertes Elektron wird nicht durch eine Welle mit dem Ausbreitungsvektor $\mathfrak{f}$, sondern durch ein Paket von Wellen repräsentiert, deren Ausbreitungsvektoren in der Nähe von $\mathfrak{f}$ liegen. Eine Welle dieses Paketes wird durch

$$\Psi_{\mathfrak{f}} = \frac{1}{\sqrt{Z\Delta}} e^{i(\mathfrak{f}\mathfrak{r}) - \frac{2\pi i}{h}\varepsilon_{\mathfrak{f}} t} U_{\mathfrak{f}} \qquad (IV, 187)$$

dargestellt. Der Ort des Elektrons ist das Zentrum des Paketes, d. h. die Stelle wo die Phase

$$\varphi = (\mathfrak{f}\mathfrak{r}) - \frac{2\pi}{h} \varepsilon_{\mathfrak{f}} t \qquad (IV, 188)$$

für benachbarte $\mathfrak{f}$ dieselbe ist. Bei einem Schritt im $\mathfrak{f}$-Raum muß die Phase ungeändert bleiben. Die Bahn des Zentrums wird also durch

$$\text{grad}_{\mathfrak{f}} \varphi = \mathfrak{r} - \frac{2\pi t}{h} \text{grad}_{\mathfrak{f}} \varepsilon_{\mathfrak{f}} = 0 \qquad (IV, 189)$$

gegeben, wo $\text{grad}_{\mathfrak{f}}$ die Gradientbildung im $\mathfrak{f}$-Raum bedeutet. Das Paket bewegt sich mit der Gruppengeschwindigkeit

$$\mathfrak{v}_{\mathfrak{f}} = \frac{d\mathfrak{r}}{dt} = \frac{2\pi}{h} \text{grad}_{\mathfrak{f}} \varepsilon_{\mathfrak{f}}. \qquad (IV, 190)$$

Für ihre Komponenten finden wir

$$\mathfrak{v}_{x\mathfrak{f}} = \frac{2\pi}{h} \frac{\partial \varepsilon_{\mathfrak{f}}}{\partial \mathfrak{f}_x}; \qquad \mathfrak{v}_{y\mathfrak{f}} = \frac{2\pi}{h} \frac{\partial \varepsilon_{\mathfrak{f}}}{\partial \mathfrak{f}_y}; \qquad \mathfrak{v}_{z\mathfrak{f}} = \frac{2\pi}{h} \frac{\partial \varepsilon_{\mathfrak{f}}}{\partial \mathfrak{f}_z}. \qquad (IV, 191)$$

Damit finden wir auch den Impuls

$$\mathfrak{p}_{\mathfrak{f}} = \frac{2\pi m}{h} \text{grad}\, \varepsilon_{\mathfrak{f}}. \qquad (IV, 192)$$

Einen wirklichen Beweis für die Formeln (IV, 190) bis (IV, 192) werden wir weiter unten liefern.

In den Bändern (welche durch den Index k unterschieden sind) gilt nach S. 1722 Gl. (IV, 126)

$$\varepsilon_{k\mathfrak{f}} = \varepsilon_k + C_k - 2\{A_{1k}\cos(\mathfrak{f}\mathfrak{a}_1) + A_{2k}\cos(\mathfrak{f}\mathfrak{a}_2) + A_{3k}\cos(\mathfrak{f}\mathfrak{a}_3)\}, \qquad (IV, 193)$$

und daraus ergibt sich die Geschwindigkeit

$$\mathfrak{v}_{k\mathfrak{f}} = \frac{2\pi}{h} \text{grad}_{\mathfrak{f}} \varepsilon_{k\mathfrak{f}}$$
$$= \frac{4\pi}{h} \{\mathfrak{a}_1 A_{1k} \sin(\mathfrak{f}\mathfrak{a}_1) + \mathfrak{a}_2 A_{2k} \sin(\mathfrak{f}\mathfrak{a}_2) + \mathfrak{a}_3 A_{3k} \sin(\mathfrak{f}\mathfrak{a}_3)\}. \qquad (IV, 194)$$

Wo die Energie ein Maximum oder Minimum besitzt, wie an den Rändern der Energiebänder, verschwindet die Geschwindigkeit.

Hieraus erkennen wir folgenden merkwürdigen Sachverhalt. Am unteren Rande des Bandes ist die Geschwindigkeit gleich Null. Führt man dem Elektron Energie zu, so wächst seine Geschwindigkeit, es wird also beschleunigt. Führt man weiter Energie zu, so daß das Elektron sich dem oberen Rande des Bandes nähert, so nimmt die Geschwindigkeit wieder ab, die Energiezufuhr bewirkt Verzögerung. Um dies zu verstehen, muß man sich klarmachen, daß kinetische Energie und Translationsenergie nicht dasselbe sind. Schon in der klassischen Mechanik sind beide Energien nur beim Massenpunkt identisch. An den Rändern der Bänder würde man die Bewegung des Elektrons klassisch als eine Schwingung ansehen. Dort verschwindet die Translationsenergie, nicht aber die kinetische Energie.

**Zu einem wirklichen Beweis der Beziehungen (IV, 190) und (IV, 192) gehen wir von der Identität

$$\operatorname{div}\{x(\psi_{\mathfrak{f}}^* \operatorname{grad}\psi_{\mathfrak{f}} - \psi_{\mathfrak{f}} \operatorname{grad}\psi_{\mathfrak{f}}^*)\}$$
$$= x(\psi_{\mathfrak{f}}^* \varDelta \psi_{\mathfrak{f}} - \psi_{\mathfrak{f}} \varDelta \psi_{\mathfrak{f}}^*) + \psi_{\mathfrak{f}}^* \frac{\partial \psi_{\mathfrak{f}}}{\partial x} - \psi_{\mathfrak{f}} \frac{\partial \psi_{\mathfrak{f}}^*}{\partial x} \qquad \text{(IV, 195)}$$

aus. Genügt $\psi_{\mathfrak{f}}$ irgendeiner Schrödingergleichung, so ist

$$\psi_{\mathfrak{f}}^* \varDelta \psi_{\mathfrak{f}} - \psi_{\mathfrak{f}} \varDelta \psi_{\mathfrak{f}}^* = 0, \qquad \text{(IV, 196)}$$

und es hinterbleibt

$$\operatorname{div}\{x(\psi_{\mathfrak{f}}^* \operatorname{grad}\psi_{\mathfrak{f}} - \psi_{\mathfrak{f}} \operatorname{grad}\psi_{\mathfrak{f}}^*)\} = \psi_{\mathfrak{f}}^* \frac{\partial \psi_{\mathfrak{f}}}{\partial x} - \psi_{\mathfrak{f}} \frac{\partial \psi_{\mathfrak{f}}^*}{\partial x}. \qquad \text{(IV, 197)}$$

Wenn wir jetzt über das Grundgebiet integrieren, können wir die linke Seite in ein Oberflächenintegral verwandeln und erhalten

$$\int x(\{\psi_{\mathfrak{f}}^* \operatorname{grad}\psi_{\mathfrak{f}} - \psi_{\mathfrak{f}} \operatorname{grad}\psi_{\mathfrak{f}}^*\} d\mathfrak{f})$$
$$= \int \left(\psi_{\mathfrak{f}}^* \frac{\partial \psi_{\mathfrak{f}}}{\partial x} - \psi_{\mathfrak{f}} \frac{\partial \psi_{\mathfrak{f}}^*}{\partial x}\right) dv = \frac{4\pi i m}{h} \mathfrak{v}_{x\mathfrak{f}}. \qquad \text{(IV, 198)}$$

Wir legen nun die x-Achse parallel zu $\mathfrak{b}_1$, also senkrecht zur Fläche $\mathfrak{a}_2\,\mathfrak{a}_3$ im Gitter. Zu dem Integral über die Oberfläche des Grundgebietes tragen nur die beiden Flächen bei, welche auf der x-Achse senkrecht stehen. An gegenüberliegenden Punkten A und B der anderen Begrenzungsflächen haben nämlich $\psi_{\mathfrak{f}}$ und $\operatorname{grad}\psi_{\mathfrak{f}}$ dieselben Werte, während $d\mathfrak{f}$ in A und B entgegengesetztes Vorzeichen hat. Auf der einen Fläche senkrecht zur x-Achse können wir x den Wert Null geben, auf der gegenüberliegenden ist dann $x = N_1/|\mathfrak{b}_1|$. Daraus ergibt sich

$$\mathfrak{v}_{x\mathfrak{f}} = \frac{h N_1}{4\pi i m |\mathfrak{b}_1|} \int (\{\psi_{\mathfrak{f}}^* \operatorname{grad}\psi_{\mathfrak{f}} - \psi_{\mathfrak{f}} \operatorname{grad}\psi_{\mathfrak{f}}^*\} d\mathfrak{f}). \qquad \text{(IV, 199)}$$

Setzen wir hier

$$\psi_{\mathfrak{f}} = \frac{1}{\sqrt{Z\varDelta}} e^{i(\mathfrak{f}\,\mathfrak{r})} U_{\mathfrak{f}} \qquad \text{(IV, 200)}$$

ein, so entsteht

$$\mathfrak{v}_{x\mathfrak{f}} = \frac{h N_1}{4\pi i m |\mathfrak{b}_1| Z\varDelta} \int (\{2i\mathfrak{f}\, U_{\mathfrak{f}}^* U_{\mathfrak{f}} + U_{\mathfrak{f}}^* \operatorname{grad} U_{\mathfrak{f}} - U_{\mathfrak{f}} \operatorname{grad} U_{\mathfrak{f}}^*\} d\mathfrak{f}). \qquad \text{(IV, 201)}$$

Das Integral läuft nur noch über eine Grenzfläche des Grundgebietes. Der Integrand zeigt noch die Gitterperiodizität, enthält aber nicht mehr die durch $\mathfrak{f}$ bedingte Periode. Jede Gitterzelle der Oberfläche liefert deshalb den gleichen Beitrag und wir können deshalb

$$\mathfrak{v}_{x\mathfrak{f}} = \frac{h}{4\pi i m |\mathfrak{b}_1| \varDelta} \int_{\varDelta} (\{2i\mathfrak{f}\, U_{\mathfrak{f}}^* U_{\mathfrak{f}} + U_{\mathfrak{f}}^* \operatorname{grad} U_{\mathfrak{f}} - U_{\mathfrak{f}} \operatorname{grad} U_{\mathfrak{f}}^*\} d\mathfrak{f}) \qquad \text{(IV, 202)}$$

*§ 7. Die Strommatrix. Impuls und Geschwindigkeit der Elektronen.

schreiben, wo die Integration sich jetzt nur noch über eine Fläche einer Zelle erstreckt.

Zerlegen wir den Strom

$$\mathfrak{v}_\mathfrak{f} = \mathfrak{v}_{1\mathfrak{f}} \mathfrak{a}_1 + \mathfrak{v}_{2\mathfrak{f}} \mathfrak{a}_2 + \mathfrak{v}_{3\mathfrak{f}} \mathfrak{a}_3 \qquad (IV, 203)$$

in die Komponenten

$$\mathfrak{v}_{1\mathfrak{f}} = (\mathfrak{v}_\mathfrak{f} \mathfrak{b}_1) = \mathfrak{v}_{x\mathfrak{f}} |\mathfrak{b}_1|; \quad \mathfrak{v}_{2\mathfrak{f}} = (\mathfrak{v}_\mathfrak{f} \mathfrak{b}_2); \quad \mathfrak{v}_{3\mathfrak{f}} = (\mathfrak{v}_\mathfrak{f} \mathfrak{b}_3), \qquad (IV, 204)$$

so ist

$$\mathfrak{v}_{1\mathfrak{f}} = \frac{h}{4\pi i m \Delta} \int_\Delta (\{2i\mathfrak{f}\, U_\mathfrak{f}^* U_\mathfrak{f} + U_\mathfrak{f}^* \operatorname{grad} U_\mathfrak{f} - U_\mathfrak{f} \operatorname{grad} U_\mathfrak{f}^*\} d\mathfrak{f}). \qquad (IV, 205)$$

Nun stellen wir die Verbindung mit der Energie her. Aus

$$\Delta \psi_\mathfrak{f} + \frac{8\pi^2 m}{h^2} (\varepsilon_\mathfrak{f} + eV) \psi_\mathfrak{f} = 0, \qquad (IV, 206)$$

$$\Delta \psi_{\mathfrak{f}'}^* + \frac{8\pi^2 m}{h^2} (\varepsilon_{\mathfrak{f}'} + eV) \psi_{\mathfrak{f}'}^* = 0 \qquad (IV, 207)$$

erhalten wir

$$\int_\Delta (\psi_{\mathfrak{f}'}^* \Delta \psi_\mathfrak{f} - \psi_\mathfrak{f} \Delta \psi_{\mathfrak{f}'}^*) dv = \frac{8\pi^2 m}{h^2} (\varepsilon_{\mathfrak{f}'} - \varepsilon_\mathfrak{f}) \int_\Delta \psi_{\mathfrak{f}'}^* \psi_\mathfrak{f} dv, \qquad (IV, 208)$$

wenn wir mit $\psi_{\mathfrak{f}'}^*$ bzw. $\psi_\mathfrak{f}$ multiplizieren, subtrahieren und über eine Zelle integrieren. Die linke Seite können wir in das Integral

$$\int_\Delta (\psi_{\mathfrak{f}'}^* \operatorname{grad} \psi_\mathfrak{f} - \psi_\mathfrak{f} \operatorname{grad} \psi_{\mathfrak{f}'}^*) d\mathfrak{f} \qquad (IV, 209)$$

über die Zellenoberfläche verwandeln. Unterscheiden sich die Komponenten s_1 und s_1' von $\mathfrak{f}$ und $\mathfrak{f}'$ ein wenig, während die anderen Komponenten dieselben sind, so können wir

$$\mathfrak{f} - \mathfrak{f}' = \sigma \mathfrak{b}_1 \qquad (IV, 210)$$

setzen und der Integrand von (IV, 209) geht mit (IV, 200) in

$$\frac{1}{Z\Delta} e^{i\sigma(\mathfrak{b}_1\mathfrak{r})} \{i(\mathfrak{f} + \mathfrak{f}')\, U_{\mathfrak{f}'}^* U_\mathfrak{f} + U_{\mathfrak{f}'}^* \operatorname{grad} U_\mathfrak{f} - U_\mathfrak{f} \operatorname{grad} U_{\mathfrak{f}'}^*\} \qquad (IV, 211)$$

über. Zu dem Integral tragen nur die auf $\mathfrak{b}_1$ senkrechten Flächen bei, denn $U_\mathfrak{f}$ zeigt die Periode des Gitters und der Exponentialfaktor hat an entsprechenden Stellen der anderen Flächen den gleichen Wert. Auf den zu $\mathfrak{b}_1$ senkrechten Flächen hat der Exponentialfaktor die Werte 1 bzw. $e^{i\sigma} = 1 + i\sigma$, und damit bekommen wir

$$\int_\Delta (\psi_{\mathfrak{f}'}^* \Delta \psi_\mathfrak{f} - \psi_\mathfrak{f} \Delta \psi_{\mathfrak{f}'}^*) dv$$
$$= \frac{i\sigma}{Z\Delta} \int_\Delta (\{i(\mathfrak{f} + \mathfrak{f}')\, U_{\mathfrak{f}'}^* U_\mathfrak{f} + U_{\mathfrak{f}'}^* \operatorname{grad} U_\mathfrak{f} - U_\mathfrak{f} \operatorname{grad} U_{\mathfrak{f}'}^*\} d\mathfrak{f}), \qquad (IV, 212)$$

wobei aber rechts nur über eine der zu $\mathfrak{b}_1$ senkrechten Seiten der Zelle zu integrieren ist.

Damit geht (IV, 208) in

$$\frac{i\sigma}{Z\Delta}\int_\Delta (\{i(\mathfrak{f}+\mathfrak{f}')\,U_{\mathfrak{f}'}^*\,U_{\mathfrak{f}} + U_{\mathfrak{f}'}^*\,\mathrm{grad}\,U_{\mathfrak{f}} - U_{\mathfrak{f}}\,\mathrm{grad}\,U_{\mathfrak{f}'}^*\}d\mathfrak{f})$$

$$= \frac{8\pi^2 m}{h^2}(\varepsilon_{\mathfrak{f}'} - \varepsilon_{\mathfrak{f}})\int_\Delta \psi_{\mathfrak{f}'}^*\,\psi_{\mathfrak{f}}\,dv \qquad (IV, 213)$$

über. Lassen wir σ gegen Null gehen, so wird

$$\lim \int_\Delta \psi_{\mathfrak{f}'}^*\,\psi_{\mathfrak{f}}\,dv = \frac{1}{Z} \qquad (IV, 214)$$

und wir erhalten

$$\frac{1}{\Delta}\int_\Delta (\{2i\,\mathfrak{f}\,U_{\mathfrak{f}'}^*\,U_{\mathfrak{f}} + U_{\mathfrak{f}'}^*\,\mathrm{grad}\,U_{\mathfrak{f}} - U_{\mathfrak{f}}\,\mathrm{grad}\,U_{\mathfrak{f}'}^*\}d\mathfrak{f})$$

$$= \frac{8\pi^2 m}{ih^2}\lim\frac{\varepsilon_{\mathfrak{f}'} - \varepsilon_{\mathfrak{f}}}{\sigma} = -\frac{8\pi^2 m}{ih^2}\frac{\partial\varepsilon_{\mathfrak{f}}}{\partial s_1}. \qquad (IV, 215)$$

Der Vergleich mit (IV, 205) führt auf

$$\mathfrak{v}_{1\mathfrak{f}} = \frac{2\pi}{h}\frac{\partial\varepsilon_{\mathfrak{f}}}{\partial s_1} \qquad (IV, 216)$$

oder

$$\mathfrak{v}_{\mathfrak{f}} = \mathfrak{v}_{\mathfrak{f}\mathfrak{f}} = \frac{2\pi}{h}\mathrm{grad}_{\mathfrak{f}}\,\varepsilon_{\mathfrak{f}}, \qquad (IV, 217)$$

womit die Formeln (IV, 190) und (IV, 192) bewiesen sind.

**§ 8. Elektronenübergänge im Gitter. Oszillatorenstärke.

Inhalt: Die Wahrscheinlichkeit spontaner Übergänge der Elektronen unter Lichtemission ergibt sich aus den Nichtdiagonalelementen der Strommatrix. Übergänge sind nur unter Erhaltung des Ausbreitungsvektors möglich. Innerhalb eines Bandes gibt es keine spontanen Übergänge. Die Oszillatorenstärken für Übergänge durch ein äußeres Wechselfeld können ebenfalls durch die Elemente der Strommatrix ausgedrückt werden. Die Oszillatorenstärken für die Frequenz Null verschwinden im Gegensatz zum freien Atom im Gitter nicht und sind für die Beeinflussung der Gitterelektronen durch ein statisches Feld maßgebend. Sie lassen sich aus der Abhängigkeit der Energie vom Ausbreitungsvektor berechnen und sind ein Maß für die Ähnlichkeit der Gitterelektronen mit freien Elektronen.

Bezeichnungen: wie S. 1729.

Die Wahrscheinlichkeit, daß ein Elektron spontan aus einem Zustand $k'\mathfrak{f}'$ in einen Zustand $k\mathfrak{f}$ übergeht und die Energiedifferenz ausstrahlt, ist nach S. 1032 ff. dem Produkt

$$\mathfrak{p}_{k'\mathfrak{f}',k\mathfrak{f}}\,\mathfrak{p}_{k\mathfrak{f},k'\mathfrak{f}'} = m^2\,\mathfrak{v}_{k'\mathfrak{f}',k\mathfrak{f}}\,\mathfrak{v}_{k\mathfrak{f},k'\mathfrak{f}'} \qquad (IV, 218)$$

der Nichtdiagonalelemente der Strommatrix proportional.

k' und k sollen dabei die Bänder bezeichnen, denen die Elektronen angehören, während $\mathfrak{f}'$ und $\mathfrak{f}$ die Ausbreitungsvektoren bedeuten. Da $\mathfrak{v}$ eine hermitische Matrix ist, gilt

$$\mathfrak{v}_{k'\mathfrak{f}',k\mathfrak{f}} = \mathfrak{v}_{k\mathfrak{f},k'\mathfrak{f}'}^* = \frac{\mathfrak{v}_{k'\mathfrak{f}',k\mathfrak{f}} + \mathfrak{v}_{k\mathfrak{f},k'\mathfrak{f}'}^*}{2}. \qquad (IV, 219)$$

Wir erhalten demnach mit (IV, 177)

$$\mathfrak{v}_{k'\mathfrak{f}',k\mathfrak{f}} = \frac{h}{4\pi i m}\int \{\psi_{k'\mathfrak{f}'}^*\,\mathrm{grad}\,\psi_{k\mathfrak{f}} - \psi_{k\mathfrak{f}}\,\mathrm{grad}\,\psi_{k'\mathfrak{f}'}^*\}\,dv. \qquad (IV, 220)$$

**§ 8. Elektronenübergänge im Gitter. Oszillatorenstärke.

Wenn wir
$$\psi_{k\mathfrak{f}} = \frac{1}{\sqrt{Z\varDelta}} e^{i(\mathfrak{f}\mathfrak{r})} U_{k\mathfrak{f}} \qquad (IV, 221)$$
einsetzen und $U_{k\mathfrak{f}}$ in die Fourierreihe
$$U_{k\mathfrak{f}} = \sum_{\mathfrak{h}} u_{k\mathfrak{f}\mathfrak{h}} e^{2\pi i(\mathfrak{h}\mathfrak{r})} \qquad (IV, 222)$$
entwickeln, geht daraus
$$\mathfrak{v}_{k'\mathfrak{f}', k\mathfrak{f}} = \frac{h}{4\pi m Z\varDelta} \sum_{\mathfrak{h}\mathfrak{h}'} u^*_{k'\mathfrak{f}'\mathfrak{h}'} u_{k\mathfrak{f}\mathfrak{h}} (\mathfrak{f} + 2\pi\mathfrak{h} + \mathfrak{f}' + 2\pi\mathfrak{h}') \times$$
$$\times \int e^{i(\mathfrak{f} + 2\pi\mathfrak{h} - \mathfrak{f}' - 2\pi\mathfrak{h}')\mathfrak{r}} dv \qquad (IV, 223)$$
hervor. Die Integrale verschwinden alle, außer wenn
$$\mathfrak{f}' - \mathfrak{f} = 2\pi(\mathfrak{h} - \mathfrak{h}') \qquad (IV, 224)$$
ist. Wenn diese Bedingung aber erfüllt ist, liefern sie das Volumen $Z\varDelta$ des Grundgebietes. Mehr noch als die Elemente (IV, 223) interessiert uns zuerst die Bedingung (IV, 224) selbst. Multipliziert man sie der Reihe nach mit $\mathfrak{a}_1, \mathfrak{a}_2, \mathfrak{a}_3$, so entstehen aus ihr die skalaren Gleichungen
$$\left.\begin{array}{l}(\mathfrak{f}'\mathfrak{a}_1) - (\mathfrak{f}\mathfrak{a}_1) = 2\pi(h_1 - h'_1), \\ (\mathfrak{f}'\mathfrak{a}_2) - (\mathfrak{f}\mathfrak{a}_2) = 2\pi(h_2 - h'_2), \\ (\mathfrak{f}'\mathfrak{a}_3) - (\mathfrak{f}\mathfrak{a}_3) = 2\pi(h_3 - h'_3).\end{array}\right\} \qquad (IV, 225)$$

Bedeuten $\mathfrak{f}$ und $\mathfrak{f}'$ die reduzierten Ausbreitungsvektoren, so bleiben die linken Seiten kleiner als 2π, während die rechten Seiten ganze Vielfache von 2π sind. Die einzige Möglichkeit, die Gleichungen (IV, 225) zu erfüllen, ist deshalb
$$\mathfrak{f} = \mathfrak{f}'; \quad \mathfrak{h} = \mathfrak{h}'. \qquad (IV, 226)$$

Optisch kombinieren nur solche Elektronenzustände miteinander, deren reduzierte Ausbreitungsvektoren dieselben sind. Jeder Zustand eines Bandes kombiniert mit einem einzigen Zustand eines anderen Bandes. Innerhalb eines Bandes sind überhaupt keine Übergänge möglich.

Für die Elemente von $\mathfrak{v}$ erhalten wir jetzt die einfache Formel
$$\mathfrak{v}_{k'\mathfrak{f}, k\mathfrak{f}} = \frac{h}{2\pi m} \sum_{\mathfrak{h}} u^*_{k'\mathfrak{f}\mathfrak{h}} u_{k\mathfrak{f}\mathfrak{h}} (\mathfrak{f} + 2\pi\mathfrak{h}). \qquad (IV, 227)$$

Nachdem wir wissen, daß nur Elemente mit gleichen Ausbreitungsvektor vorkommen, können wir auch
$$\psi_{k\mathfrak{f}} = \frac{1}{\sqrt{Z\varDelta}} e^{i(\mathfrak{f}\mathfrak{r})} U_{k\mathfrak{f}} \qquad (IV, 228)$$
in
$$\mathfrak{v}_{k'\mathfrak{f}, k\mathfrak{f}} = \frac{h}{4\pi i m} \int \{\psi^*_{k'\mathfrak{f}} \operatorname{grad}\psi_{k\mathfrak{f}} - \psi_{k\mathfrak{f}} \operatorname{grad}\psi^*_{k'\mathfrak{f}}\} dv \qquad (IV, 229)$$
einsetzen und erhalten
$$\mathfrak{v}_{k'\mathfrak{f}, k\mathfrak{f}} = \frac{h\mathfrak{f}}{2\pi m Z\varDelta} \int U^*_{k'\mathfrak{f}} U_{k\mathfrak{f}} dv$$
$$+ \frac{h}{4\pi i m Z\varDelta} \int \{U^*_{k'\mathfrak{f}} \operatorname{grad} U_{k\mathfrak{f}} - U_{k\mathfrak{f}} \operatorname{grad} U^*_{k'\mathfrak{f}}\} dv. \qquad (IV, 230)$$

In tiefen Bändern nähern sich die $U_{k\dagger}$ den Eigenfunktionen der Atome. Deshalb sind $U_{k'\dagger}$ und $U_{k\dagger}$ nahezu orthogonal und das Integral

$$\oint U_{k'\dagger}^* U_{k\dagger} dv \qquad (\text{IV}, 231)$$

ist sehr klein. Andererseits nähert sich der Anteil

$$\frac{h}{4\pi i m Z\varDelta} \int \{U_{k'\dagger}^* \operatorname{grad} U_{k\dagger} - U_{k\dagger} \operatorname{grad} U_{k'\dagger}^*\} dv \qquad (\text{IV}, 232)$$

dem Wert, welchen das Stromelement im freien Atom besitzt. Die Übergangswahrscheinlichkeiten zwischen tiefen Bändern (Röntgentermen) sind im Gitter nahezu dieselben wie im freien Atom.

Bei Bändern hoher Energie, welche nahezu freien Elektronen entsprechen, ist die Lage umgekehrt. Die Funktionen $U_{k\dagger}$ nähern sich dann mehr und mehr dem Wert 1. Der erste Summand liefert dann den Wert

$$\mathfrak{v}_{k'\dagger, k\dagger} = \frac{h}{2\pi m} \mathfrak{j}, \qquad (\text{IV}, 233)$$

während der zweite Summand wegen $\operatorname{grad} U_{k\dagger} = 0$ mehr und mehr verschwindet.

Gegenüber einem äußeren Wechselfeld (Lichtwelle) verhält sich ein Elektron wie ein System von Resonatoren, deren Frequenzen mit seinen Eigenfrequenzen übereinstimmen [s. S. 1017, Gl. (IV, 105)]. Jedem Resonator kann eine Oszillatorenstärke

$$f_{n'n} = \frac{8\pi^2 m}{3 h^2} (\varepsilon_{n'} - \varepsilon_n) |\mathfrak{r}_{n'n}|^2 \qquad (\text{IV}, 234)$$

zugeordnet werden, wo n' und n zwei Quantenzustände $\varepsilon_{n'}$ und ε_n die zugehörigen Energien und $\mathfrak{r}_{n'n}$ das Matrixelement des Ortsvektors bedeuten.

Wir bilden jetzt die Oszillatorenstärken

$$f_{k'\dagger, k\dagger} = \frac{8\pi^2 m}{3 h^2} (\varepsilon_{k'\dagger} - \varepsilon_{k\dagger}) |\mathfrak{r}_{k'\dagger, k\dagger}|^2, \qquad (\text{IV}, 235)$$

wo $\mathfrak{r}_{k'\dagger, k\dagger}$ das Matrixelement der Ortskoordinate ist. Da zwischen den Matrizen ε, $\mathfrak{v}$ und $\mathfrak{r}$ die Beziehung

$$\mathfrak{v} = \frac{\mathfrak{p}}{m} = \dot{\mathfrak{r}} = \frac{2\pi i}{hm} (\varepsilon \mathfrak{r} - \mathfrak{r}\varepsilon) \qquad (\text{IV}, 236)$$

besteht, gilt für die Elemente

$$\mathfrak{v}_{k'\dagger, k\dagger} = \frac{2\pi i}{m h} (\varepsilon_{k'\dagger} - \varepsilon_{k\dagger}) \mathfrak{r}_{k'\dagger, k\dagger}. \qquad (\text{IV}, 237)$$

Damit erhalten wir die Oszillatorenstärken

$$f_{k'\dagger, k\dagger} = \frac{2 m^3 |\mathfrak{v}_{k'\dagger, k\dagger}|^2}{3 (\varepsilon_{k'\dagger} - \varepsilon_{k\dagger})}. \qquad (\text{IV}, 238)$$

Teilen wir die Oszillatorenstärke auf die drei Komponenten auf, so erhalten wir

$$f_{k'\dagger, k\dagger} = \frac{f^{(x)}_{k'\dagger, k\dagger} + f^{(y)}_{k'\dagger, k\dagger} + f^{(z)}_{k'\dagger, k\dagger}}{3}. \qquad (\text{IV}, 239)$$

**§ 8. Elektronenübergänge im Gitter. Oszillatorenstärke.

Ein Elektron verhält sich im Zustand $k\mathfrak{f}$ gegenüber einer in der x-Richtung polarisierten Lichtwelle wie ein System von Oszillatoren der Frequenzen

$$\nu_{k'\mathfrak{f},k\mathfrak{f}} = \frac{\varepsilon_{k'\mathfrak{f}} - \varepsilon_{k\mathfrak{f}}}{h} \qquad \text{(IV, 240)}$$

mit den Stärken

$$f^{(x)}_{k'\mathfrak{f},k\mathfrak{f}} = \frac{2 m^3 |\mathfrak{v}_{x\,k'\mathfrak{f},k\mathfrak{f}}|^2}{(\varepsilon_{k'\mathfrak{f}} - \varepsilon_{k\mathfrak{f}})}. \qquad \text{(IV, 241)}$$

Wir wollen nun ein elektrostatisches Feld als ein Wechselfeld der Frequenz Null betrachten und dafür die Oszillatorenstärke berechnen. Bei freien Atomen verschwinden die Diagonalelemente der Impulsmatrix, und für sie gibt es deshalb keine Oszillatoren, deren Frequenz Null wäre. Ein statisches Feld bringt deshalb keinen Strom an einem Atomelektron hervor. Für ein Gitterelektron würde man aber aus (IV, 241) den Wert $f^{(x)}_{k\mathfrak{f},k\mathfrak{f}} = \infty$ berechnen. Man muß jedoch berücksichtigen, daß dicht neben jedem Zustand $k, \mathfrak{f}$ noch viele Zustände $k, \mathfrak{f}'$ liegen und daß die Wellenfunktionen Wellenpakete bilden, die man als Ganzes behandeln muß. Auf diese Weise finden wir einen Wert $f^{(x)}_{k\mathfrak{f},k\mathfrak{f}}$, den wir einfach mit $f^{(x)}_{k\mathfrak{f}}$ bezeichnen und welcher die Summe aller Oszillatorenstärken angibt, die den Übergang von einem Zustand $k\mathfrak{f}$ in einen Zustand mit benachbartem $\mathfrak{f}$ bedeuten. Als Ergebnis der recht mühsamen Ausrechnung ergibt sich das einfache Resultat

$$f^{(x)}_{k\mathfrak{f}} = \frac{4\pi^2 m}{h^2} \frac{\partial^2 \varepsilon_{k\mathfrak{f}}}{\partial \mathfrak{f}_x^2}. \qquad \text{(IV, 242)}$$

Versteht man unter $\Delta_\mathfrak{f}$ den Δ-Operator im $\mathfrak{f}$-Raum, so erhält man

$$f_{k\mathfrak{f}} = \frac{4\pi^2 m}{3 h^2} \Delta_\mathfrak{f}\, \varepsilon_{k\mathfrak{f}}. \qquad \text{(IV, 243)}$$

Wendet man dies auf freie Elektronen an, so ergibt sich

$$f_{k\mathfrak{f}} = 1. \qquad \text{(IV, 244)}$$

Auch für Elektronen in tiefen Bändern, in welchen man die Formel (IV, 126) anwenden kann, kann man die Oszillatorenstärke leicht berechnen. Im kubischen Gitter erhält man z. B.

$$f_{k\mathfrak{f}} = \frac{8\pi^2 m}{3 h^2} a^2 A_k \{\cos(a\mathfrak{f}_x) + \cos(a\mathfrak{f}_y) + \cos(a\mathfrak{f}_z)\}. \qquad \text{(IV, 245)}$$

An den Rändern des Bandes gilt

$$f_{k\mathfrak{f}} = \mp \frac{8\pi^2 m}{h^2} a^2 A_k. \qquad \text{(IV, 246)}$$

Am oberen Rand des Bandes ist $f_{k\mathfrak{f}}$ negativ, am unteren positiv, in der Mitte ist $f_{k\mathfrak{f}} = 0$. Da es in jedem Band zu jedem $f_{k\mathfrak{f}}$ auch einen Wert $-f_{k\mathfrak{f}}$ gibt, ergibt die Summe

$$\sum_\mathfrak{f} f_{k\mathfrak{f}} = 0 \qquad \text{(IV, 247)}$$

über das ganze Band stets den Wert Null.

Die Oszillatorenstärke der Frequenz Null ist ein Maß dafür, wieviel Ähnlichkeit die Gitterelektronen mit freien Elektronen haben. $f_{k\mathfrak{f}}$ wird deshalb gelegentlich geradezu als Freiheitszahl bezeichnet. Ein Elektron im Zustand $k\mathfrak{f}$ entspricht $f_{k\mathfrak{f}}$ freien Elektronen. Diese Formulierung ist jedoch mit Vorsicht zu gebrauchen.

**§ 9. Die Gesamtheit aller Elektronen im Gitter.

Inhalt: Die Zahl der Quantenzustände im Energieintervall $d\varepsilon$ kann für freie Elektronen und für Bänder berechnet werden. Die Besetzung der Zustände berechnet sich nach der Fermistatistik. Aus der Zustandsdichte findet man zuerst das thermodynamische Potential beim absoluten Nullpunkt, dann bei anderen Temperaturen. Schließlich kann man den Mittelwert einer Eigenschaft in Abhängigkeit von der Temperatur berechnen.

Bezeichnungen: k Quantenzahl der Bänder, $\mathfrak{f}$ reduzierter, $\mathfrak{S}$ nichtreduzierter Ausbreitungsvektor, Z Zahl der Zellen, Δ Zellvolumen, ε Energie, $\overline{V}$ Mittelwert des Gitterpotentials, $D(\varepsilon)$ Zustandsdichte, a Gitterabstand im kubischen Gitter. N Gesamtzahl aller Elektronen, ζ thermodynamisches Potential der Elektronen, ζ_0 sein Wert beim absoluten Nullpunkt, P Eigenschaft der Elektronen, $\overline{P}$ ihr Mittelwert, T absolute Temperatur, s. auch S. 1729.

Wenn man den Zustand kennt, in dem sich ein Gitterelektron befindet, kann man mit Hilfe der Eigenfunktionen alle seine Eigenschaften berechnen. Das Verhalten der ganzen Elektronenwolke, welche die Atome des Gitters mitbringen, kann man überblicken, wenn man noch weiß, wie die Elektronen sich auf die verschiedenen Zustände verteilen.

Da Elektronen der Fermistatistik (Pauli-Prinzip) gehorchen, kann jeder Zustand von höchstens einem Elektron besetzt werden. Dabei ist aber zu beachten, daß die Zustände durch den Elektronenspin verdoppelt werden. Unsere nächste Aufgabe ist es festzustellen, welche Zustände im Metallgitter von Elektronen besetzt sind, und welche unbesetzt bleiben.

Zahl und Dichte der Eigenwerte in den Energiebändern. In ganz grober Näherung besitzt das Elektron im Gitter die Eigenwerte, die es auch im freien Atom hätte und die wir auf S. 1721 mit ε_k bezeichnet haben. Die Quantenzahl k, durch die wir sie kennzeichnen, vertritt hier sämtliche Atomquantenzahlen außer der Spinquantenzahl, nämlich Hauptquantenzahl, Nebenquantenzahl und magnetische Quantenzahl. Im Gitter spaltet jeder Atomzustand in die Zustände eines Bandes auf, die sich durch den reduzierten Ausbreitungsvektor $\mathfrak{f}$ unterscheiden. Jeder durch k und $\mathfrak{f}$ bezeichnete Zustand wird dann noch durch den Elektronenspin verdoppelt. Besteht das Grundgebiet aus Z Atomen, so gibt es Z verschiedene Werte von $\mathfrak{f}$, d. h. pro Atom einen. Insgesamt hat jedes Band pro Atom zwei Zustände, wenn man den Spin mit berücksichtigt. Jedes Band erhält also $2Z$ Zustände.

Die Zustände liegen um so dichter in einem Band, je schmäler es ist. Im Intervall $d\varepsilon$ mögen

$$D(\varepsilon)\, d\varepsilon \qquad (IV, 248)$$

Zustände liegen. $D(\varepsilon)$ hängt von ε ab und wird die Zustandsdichte (Eigenwertdichte) an der Stelle ε genannt.

Bei freien Elektronen kann $D(\varepsilon)$ leicht berechnet werden. Im Volumenelement $d\tau$ des $\mathfrak{S}$-Raumes ($\mathfrak{S}$ ist der nicht reduzierte Ausbreitungsvektor) liegen nach S. 1717, Gl. (IV, 99)

$$\frac{Z\Delta}{8\pi^3}\, d\tau \qquad (IV, 249)$$

Zustände genau wie im Volumenelement des $\mathfrak{f}$-Raumes. Zwischen ε und $\mathfrak{S}$ besteht die Beziehung

$$\varepsilon = -e\overline{V} + \frac{h^2}{8\pi^2 m}\mathfrak{S}^2 \qquad (IV, 250)$$

von S. 1724, Gl. (IV, 144). $\overline{V}$ bedeutet den Mittelwert des Gitterpotentials. Die

**§ 9. Die Gesamtheit aller Elektronen im Gitter.

Flächen $\varepsilon = $ const sind Kugeln im $\mathfrak{S}$-Raum um den Anfangspunkt mit dem Radius

$$|\mathfrak{S}| = \frac{2\pi}{h}\sqrt{2m(\varepsilon + e\overline{V})} \qquad (IV, 251)$$

und dem Volumen

$$\frac{32\pi^4}{3h^3}\{2m(\varepsilon + e\overline{V})\}^{3/2}. \qquad (IV, 252)$$

Zum Energieintervall $d\varepsilon$ gehört das Volumen

$$d\tau = \frac{32\pi^4 m}{h^3}\{2m(\varepsilon + e\overline{V})\}^{1/2} d\varepsilon \qquad (IV, 253)$$

und in ihm befinden sich

$$\frac{4\pi m Z \Delta}{h^3}\{2m(\varepsilon + e\overline{V})\}^{1/2} d\varepsilon \qquad (IV, 254)$$

Zustände. Daraus finden wir die Zustandsdichte

$$D(\varepsilon) = \frac{4\pi m Z \Delta}{h^3}\{2m(\varepsilon + e\overline{V})\}^{1/2}. \qquad (IV, 255)$$

Auch am Rande der Energiebänder gebundener Elektronen können wir die Zustandsdichte leicht berechnen. Im kubischen Gitter gilt nach S. 1722

$$\varepsilon = \varepsilon_k + C_k - 2A_k\{\cos(a\mathfrak{f}_x) + \cos(a\mathfrak{f}_y) + \cos(a\mathfrak{f}_z)\}. \qquad (IV, 256)$$

Ist das Austauschintegral A_k positiv und bezeichnet ε_u den unteren, ε_0 den oberen Rand des Bandes, so gilt nahe dem oberen Rand

$$\varepsilon = \varepsilon_0 - A_k a^2\left\{\left(\frac{\pi}{a} - \mathfrak{f}_x\right)^2 + \left(\frac{\pi}{a} - \mathfrak{f}_y\right)^2 + \left(\frac{\pi}{a} - \mathfrak{f}_z\right)^2\right\} \qquad (IV, 257)$$

und am unteren

$$\varepsilon = \varepsilon_u + A_k a^2 \mathfrak{f}^2. \qquad (IV, 258)$$

Die Flächen konstanter Energie sind Kugeln um die Stellen $\mathfrak{f} = 0$ bzw. acht Oktanten an den Stellen

$$\mathfrak{f} = \pm \mathfrak{i}\frac{\pi}{a}; \quad \mathfrak{f} = \pm \mathfrak{j}\frac{\pi}{a}; \quad \mathfrak{f} = \pm \mathfrak{k}\frac{\pi}{a} \qquad (IV, 259)$$

mit den Radien

$$\frac{1}{a}\sqrt{\frac{\varepsilon - \varepsilon_u}{A_k}} \quad \text{bzw.} \quad \frac{1}{a}\sqrt{\frac{\varepsilon_0 - \varepsilon}{A_k}}. \qquad (IV, 260)$$

Hieraus berechnet man wegen $\Delta = a^3$ die Zustandsdichte

$$D(\varepsilon) = \frac{Z}{4\pi^2 A_k^{3/2}}(\varepsilon - \varepsilon_u)^{1/2}. \qquad (IV, 261)$$

Am oberen Rand tritt nur $(\varepsilon_0 - \varepsilon)$ an die Stelle von $(\varepsilon - \varepsilon_u)$. Den Verlauf der Zustandsdichte gegen die Energie aufgetragen zeigt die Abbildung 540.

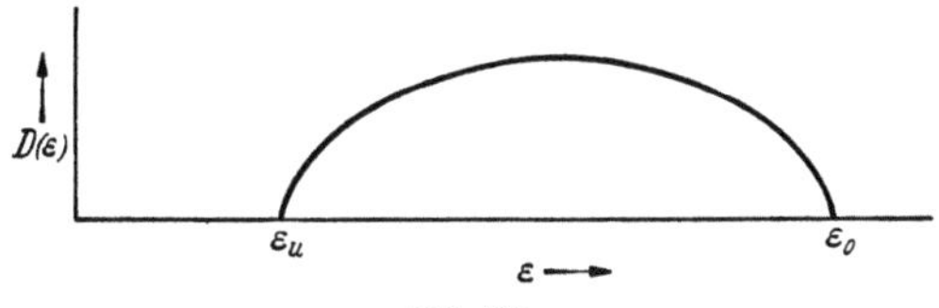

Bei tiefen Energien haben wir getrennte Bänder, in denen die Dichte vom Rande nach innen ansteigt und um so höhere Werte erreicht, je schmaler das Band ist. Im Gebiet mittlerer

Abb. 540.
Schematischer Verlauf der Zustandsdichte in einem Band.

Energie überlagern sich die Bänder und die Dichte entwickelt bei der Überschneidung ein Maximum. Bei großen Energien fließen die Bänder ganz ineinander und die Stellen Braggscher Reflexion sind an einem Minimum der Dichte kenntlich.

Die Besetzung der Elektronenzustände. Gehören Z_s Quantenzustände zur Energie ε_s, so gibt es nach der Fermistatistik [s. S. 1442, Gl. (II, 73)]

$$N_s = Z_s \frac{e^{-\frac{\varepsilon_s}{kT} + \alpha}}{1 + e^{-\frac{\varepsilon_s}{kT} + \alpha}} = \frac{Z_s}{e^{\frac{\varepsilon_s}{kT} - \alpha} + 1} \qquad (IV, 262)$$

Elektronen der Energie ε_s. Alle Zustände in dem Energieintervall $d\varepsilon$ fassen wir zusammen, indem wir

$$Z_s = 2 D(\varepsilon)\, d\varepsilon \qquad (IV, 263)$$

setzen. Der Faktor 2 berücksichtigt die beiden Möglichkeiten des Spins. An Stelle von N_s schreiben wir dN und lassen im übrigen den unnötigen Index s weg. Damit erhalten wir

$$dN = 2 \frac{D(\varepsilon)}{e^{\frac{\varepsilon}{kT} - \alpha} + 1}\, d\varepsilon. \qquad (IV, 264)$$

Die Konstante α ergibt sich aus der Forderung

$$N = 2 \int \frac{D(\varepsilon)\, d\varepsilon}{e^{\frac{\varepsilon}{kT} - \alpha} + 1}, \qquad (IV, 265)$$

daß N die Gesamtzahl aller Elektronen im Grundgebiet ist, als eine Funktion der Temperatur. Setzt man

$$\alpha = \frac{\zeta}{kT}, \qquad (IV, 266)$$

so hat ζ die Bedeutung des thermodynamischen Potentials der Elektronen. Wir erhalten dann

$$dN = \frac{2 D(\varepsilon)\, d\varepsilon}{e^{\frac{\varepsilon - \zeta}{kT}} + 1}. \qquad (IV, 267)$$

P sei nun irgendeine Eigenschaft des Elektrons, welche nur von seiner Energie ε abhänge. Der Mittelwert dieser Eigenschaft ist dann

$$\overline{P} = \frac{2}{N} \int_{-\infty}^{\infty} \frac{P D(\varepsilon)\, d\varepsilon}{e^{\frac{\varepsilon - \zeta}{kT}} + 1}. \qquad (IV, 268)$$

Definieren wir zur Abkürzung

$$f(\varepsilon) = \frac{1}{e^{\frac{\varepsilon - \zeta}{kT}} + 1} \qquad (IV, 269)$$

und die Funktion

$$F(\varepsilon) = \int_{-\infty}^{\varepsilon} P D(\varepsilon)\, d\varepsilon, \qquad (IV, 270)$$

welche bei $-\infty$ verschwindet, so kann man

$$\overline{P} = \frac{2}{N} \int_{-\infty}^{\infty} \frac{dF}{d\varepsilon} f(\varepsilon)\, d\varepsilon = -\frac{2}{N} \int_{-\infty}^{\infty} F \frac{df}{d\varepsilon}\, d\varepsilon \qquad (IV, 271)$$

**§ 9. Die Gesamtheit aller Elektronen im Gitter.

schreiben. Entwickelt man jetzt F an der Stelle $\varepsilon = \zeta$ in die Reihe

$$F = F(\zeta) + (PD)_\zeta (\varepsilon - \zeta) + \frac{(\varepsilon - \zeta)^2}{2}\left(\frac{d(PD)}{d\varepsilon}\right)_{\varepsilon=\zeta} + \cdots \quad \text{(IV, 272)}$$

und führt

$$\varepsilon - \zeta = x k T \quad \text{(IV, 273)}$$

ein, so benötigt man die Integrale (s. S. 1708)

$$\int_{-\infty}^{\infty}(\varepsilon-\zeta)^n \frac{df}{d\varepsilon} d\varepsilon = -(kT)^n \int_{-\infty}^{\infty}\frac{x^n dx}{(1+e^x)(1+e^{-x})}, \quad \text{(IV, 274)}$$

welche für ungerade n verschwinden und für $n = 2m$

$$\int_{-\infty}^{\infty}(\varepsilon-\zeta)^{2m} \frac{df}{d\varepsilon} d\varepsilon = -(-1)^{m+1} 2(\pi kT)^{2m} B_{2m}(2^{2m-1}-1) \quad \text{(IV, 275)}$$

ergeben. Die B_{2m} sind die Bernoullischen Zahlen. Für $m = 0$ und $m = 1$ finden wir

$$\int_{-\infty}^{+\infty}\frac{df}{d\varepsilon}d\varepsilon = -1; \quad \int_{-\infty}^{\infty}(\varepsilon-\zeta)^2 \frac{df}{d\varepsilon} d\varepsilon = -\frac{(\pi kT)^2}{3}. \quad \text{(IV, 276)}$$

Setzen wir (IV, 270, 272, 276) in (IV, 271) ein, so erhalten wir

$$\overline{P} = \frac{2}{N}\int_{-\infty}^{\zeta} PD\, d\varepsilon + \frac{(\pi kT)^2}{3N}\left(\frac{d(PD)}{d\varepsilon}\right)_{\varepsilon=\zeta}. \quad \text{(IV, 277)}$$

Wenn wir $P = 1$ setzen, haben wir speziell

$$1 = \frac{2}{N}\int_{-\infty}^{\zeta} D\, d\varepsilon + \frac{(\pi kT)^2}{3N}\left(\frac{dD}{d\varepsilon}\right)_{\varepsilon=\zeta}, \quad \text{(IV, 278)}$$

was für $T = 0$ in

$$1 = \frac{2}{N}\int_{-\infty}^{\zeta_0} D\, d\varepsilon \quad \text{(IV, 279)}$$

übergeht. Durch Subtrahieren gelangt man zu der Gleichung

$$0 = \frac{2}{N}\int_{\zeta_0}^{\zeta} D\, d\varepsilon + \frac{(\pi kT)^2}{3N}\left(\frac{dD}{d\varepsilon}\right)_{\varepsilon=\zeta}$$

$$\approx \frac{2}{N}\left\{(\zeta - \zeta_0) D(\zeta_0) + \frac{(\pi kT)^2}{6}\left(\frac{dD}{d\varepsilon}\right)_{\varepsilon=\zeta_0}\right\} \quad \text{(IV, 280)}$$

zwischen ζ und ζ_0. Hieraus erhält man in erster Näherung

$$\zeta = \zeta_0 - \frac{(\pi kT)^2}{6}\left(\frac{d\ln D}{d\varepsilon}\right)_{\varepsilon=\zeta_0}. \quad \text{(IV, 281)}$$

Dies können wir noch zu einer Umformung von (IV, 277) benutzen, indem wir ζ eliminieren. Wir erhalten

$$\overline{P}(T) = \frac{2}{N} \int_{-\infty}^{\zeta_0} P D \, d\varepsilon + \frac{2}{N} F(\zeta_0) D(\zeta_0) (\zeta - \zeta_0) + \frac{(\pi k T)^2}{3N} \left(\frac{d(PD)}{d\varepsilon} \right)_{\varepsilon = \zeta_0}$$

$$= \frac{2}{N} \int_{-\infty}^{\zeta_0} P D \, d\varepsilon + \frac{(\pi k T)^2}{3N} D(\zeta_0) \left(\frac{dP}{d\varepsilon} \right)_{\varepsilon = \zeta_0}. \qquad \text{(IV, 282)}$$

Beim absoluten Nullpunkt nimmt P den Mittelwert

$$\overline{P}(0) = \frac{2}{N} \int_{-\infty}^{\zeta_0} P D \, d\varepsilon \qquad \text{(IV, 283)}$$

an und deshalb gilt bei beliebiger Temperatur

$$\overline{P}(T) = \overline{P}(0) + \frac{(\pi k T)^2}{3N} D(\zeta_0) \left(\frac{dP}{d\varepsilon} \right)_{\varepsilon = \zeta_0}. \qquad \text{(IV, 284)}$$

Man kann also berechnen, wie der Mittelwert einer beliebigen Eigenschaft P von der Temperatur abhängt, wenn man das thermodynamische Potential ζ_0 kennt und wenn die Zustandsdichte an der Stelle $\varepsilon = \zeta_0$ sowie die Energieabhängigkeit von P in der Umgebung dieser Stelle bekannt ist.

Das thermodynamische Potential ζ_0 selbst muß man dabei aus der Gleichung (IV, 279) berechnen.

Setzen wir $P = \varepsilon$, so finden wir die mittlere Energie pro Elektron

$$\overline{\varepsilon} = \overline{\varepsilon}(0) + \frac{(\pi k T)^2}{3N} D(\zeta_0) \qquad \text{(IV, 285)}$$

und daraus die spezifische Wärme pro Elektron

$$c = \frac{2 \pi^2 k^2 T}{3N} D(\zeta_0). \qquad \text{(IV, 286)}$$

Wenn man für freie Elektronen (IV, 279) verwendet und ζ_0 vorschriftsmäßig ausrechnet, erhält man natürlich den Ausdruck (IV, 45) von S. 1710.

**§ 10. Vollbesetzte und halbbesetzte Bänder.

Inhalt: Ist das oberste Band gerade vollbesetzt, so muß das Verfahren zur Berechnung von ζ und der Mittelwerte einer Eigenschaft etwas abgeändert werden. Bei höherer Temperatur entstehen Fehlstellen im besetzten Band und Elektronen gehen ins nächsthöhere angeregte Band. Halbbesetzte Bänder sind für Metalle, vollbesetzte für Isolatoren charakteristisch. Vollbesetzte Bänder mit niedriger Anregungsenergie führen zu Halbleitern.

Bezeichnungen: ε_1 oberer Rand des unteren, ε_2 unterer Rand des oberen Bandes, $f(\varepsilon)$ s. Gl. (IV, 269), S. 1740, sonst wie S. 1729 u. 1738.

Gewisse Schwierigkeiten entstehen scheinbar, wenn die Elektronen ein Band gerade ausfüllen. Da $D(\varepsilon)$ zwischen dem vollbesetzten und dem nächsthöheren leeren Band überall den Wert Null hat, wächst das Integral

$$\int_{-\infty} D(\varepsilon) \, d\varepsilon \qquad \text{(IV, 287)}$$

§ 10. Vollbesetzte und halbbesetzte Bänder.

zwischen den Bändern nicht und die Gleichung (IV, 279)

$$1 = \frac{2}{N} \int_{-\infty}^{\zeta_0} D(\varepsilon)\, d\varepsilon \qquad \text{(IV, 288)}$$

liefert deshalb einen unbestimmten Wert für ζ_0. Fehlt dagegen ein Elektron, um das untere Band voll zu besetzen, so liegt ζ_0 noch im unteren Band, ist ein Elektron zuviel da, so muß es ins obere Band gehen, und auch ζ_0 liegt im oberen Band. Ist das Band genau besetzt, so muß ζ_0 zwischen den Bändern liegen und für ζ gilt dies erst recht, da $\zeta \geqq \zeta_0$ ist.

Um ζ und ζ_0 auch für besetzte Bänder berechnen zu können, gehen wir von dem Normierungsintegral [s. Gl. (IV, 265) und (IV, 269)]

$$N = 2 \int_{-\infty}^{+\infty} D f\, d\varepsilon \qquad \text{(IV, 289)}$$

aus. Ist ε_1 der obere Rand des unteren und ε_2 der untere Rand des oberen Bandes, so gilt für alle Temperaturen

$$N = 2 \int_{-\infty}^{\varepsilon_1} D f\, d\varepsilon + 2 \int_{\varepsilon_2}^{\infty} D f\, d\varepsilon. \qquad \text{(IV, 290)}$$

Beim absoluten Nullpunkt ist $f = 1$ im unteren und $f = 0$ im oberen Band und wir erhalten

$$N = 2 \int_{-\infty}^{\varepsilon_1} D\, d\varepsilon. \qquad \text{(IV, 291)}$$

Subtrahiert man dies von (IV, 290), so gelangt man zu

$$N_1^* = 2 \int_{-\infty}^{\varepsilon_1} (1 - f) D\, d\varepsilon = 2 \int_{\varepsilon_2}^{\infty} f D\, d\varepsilon = N_2. \qquad \text{(IV, 292)}$$

Das linke Integral bedeutet die Zahl der Fehlstellen im unteren Band, das rechte die Zahl der Elektronen im oberen.

Ist der Abstand $\varepsilon_2 - \varepsilon_1$ der beiden Bänder groß gegen kT, so kann man die Funktion

$$f = \frac{1}{1 + e^{\frac{\varepsilon - \zeta}{kT}}} \qquad \text{(IV, 293)}$$

im unteren Band durch

$$f \approx 1 - e^{\frac{\varepsilon - \zeta}{kT}} \qquad \text{(IV, 294)}$$

und im oberen Band durch

$$f \approx e^{\frac{\zeta - \varepsilon}{kT}} \qquad \text{(IV, 295)}$$

annähern. Wenn man dies in (IV, 292) einsetzt, so erhält man

$$\int_{-\infty}^{\varepsilon_1} D e^{\frac{\varepsilon - \zeta}{kT}}\, d\varepsilon = \int_{\varepsilon_2}^{\infty} D e^{\frac{\zeta - \varepsilon}{kT}}\, d\varepsilon. \qquad \text{(IV, 296)}$$

Im Innern der Bänder klingen die Exponentialfunktionen schnell ab, und deshalb tragen zu den Integralen nur die Ränder der Bänder etwas bei, an welchen wir im kubischen Gitter für D die Formel (IV, 261) verwenden können. Wenn wir dies tun, erhalten wir

$$N_1^* = 2\int_{-\infty}^{\varepsilon_1}(1-f)D\,d\varepsilon = 2\int_{-\infty}^{\varepsilon_1} D\,e^{\frac{\varepsilon-\zeta}{kT}}\,d\varepsilon = 2Z\left(\frac{kT}{4\pi A_1}\right)^{3/2} e^{\frac{\varepsilon_1-\zeta}{kT}} \qquad (\text{IV, 297})$$

und

$$N_2 = 2\int_{\varepsilon_2}^{\infty} fD\,d\varepsilon = 2\int_{\varepsilon_2}^{\infty} D\,e^{\frac{\zeta-\varepsilon}{kT}}\,d\varepsilon = 2Z\left(\frac{kT}{4\pi A_2}\right)^{3/2} e^{\frac{\zeta-\varepsilon_2}{kT}}. \qquad (\text{IV, 298})$$

Aus (IV, 292) berechnet man dann leicht

$$\zeta = \frac{\varepsilon_1+\varepsilon_2}{2} + \frac{3}{4} kT \ln \frac{A_2}{A_1} \qquad (\text{IV, 299})$$

und

$$\zeta_0 = \frac{\varepsilon_1+\varepsilon_2}{2}. \qquad (\text{IV, 300})$$

Die Grenzenergie ζ_0 liegt also nahezu in der Mitte zwischen den Bändern. Wenn wir ζ in (IV, 297) einsetzen, erhalten wir die Zahl der Elektronen

$$N_2 = N_1^* = 2Z\left(\frac{kT}{4\pi \sqrt{A_1 A_1}}\right)^{3/2} e^{-\frac{\varepsilon_2-\varepsilon_1}{2kT}} \qquad (\text{IV, 301})$$

im oberen und gleichzeitig die Zahl der Fehlstellen im unteren Band. Da bei vollem Band $N = 2Z$ sein muß, gilt

$$N_2 = N_1^* = N\left(\frac{kT}{4\pi \sqrt{A_1 A_2}}\right)^{3/2} e^{-\frac{\varepsilon_2-\varepsilon_1}{2kT}}. \qquad (\text{IV, 302})$$

Auch den Mittelwert $\bar{P}$ einer Eigenschaft P können wir nicht nach den Formeln (IV, 282) und (IV, 284) berechnen, wenn ein Band gerade vollbesetzt ist. Wir müssen dann

$$\bar{P}(T) = \frac{2}{N}\int_{-\infty}^{\varepsilon_1} PDf\,d\varepsilon + \frac{2}{N}\int_{\varepsilon_2}^{\infty} PDf\,d\varepsilon \qquad (\text{IV, 303})$$

bilden. Bei $T = 0$ ist

$$\bar{P}(0) = \frac{2}{N}\int PD\,d\varepsilon \qquad (\text{IV, 304})$$

und durch Subtraktion erhalten wir

$$\bar{P}(T) - \bar{P}(0) = \frac{2}{N}\int_{-\infty}^{\varepsilon_1} PD(f-1)\,d\varepsilon + \frac{2}{N}\int_{\varepsilon_2}^{\infty} PDf\,d\varepsilon. \qquad (\text{IV, 305})$$

Da bei der Temperatur T nur der untere Rand des oberen Bandes nennenswert Elektronen enthält und nur dem oberen Rand des unteren Bandes Elektronen

§ 10. Vollbesetzte und halbbesetzte Bänder.

fehlen, können wir P in den Integralen durch $P_1 = P(\varepsilon_1)$ und $P_2 = P(\varepsilon_2)$ ersetzen und erhalten

$$\bar{P}(T) = \bar{P}(0) + \frac{2 P_1}{N}\int_{-\infty}^{\varepsilon_1}(f - 1) D\, d\varepsilon + \frac{2 P_2}{N}\int_{\varepsilon_2}^{\infty} f D\, d\varepsilon. \qquad (IV, 306)$$

Setzt man (IV, 292) und (IV, 302) ein, so erhält man

$$\bar{P}(T) = \bar{P}(0) + (P_2 - P_1)\left(\frac{kT}{4\pi\sqrt{A_1 A_2}}\right)^{3/2} e^{-\frac{\varepsilon_2 - \varepsilon_1}{2kT}}, \qquad (IV, 307)$$

Setzen wir $P = \varepsilon$, so erhalten wir die mittlere Energie pro Elektron

$$\bar{\varepsilon}(T) = \bar{\varepsilon}(0) + (\varepsilon_2 - \varepsilon_1)\left(\frac{kT}{4\pi\sqrt{A_1 A_2}}\right)^{3/2} e^{-\frac{\varepsilon_2 - \varepsilon_1}{2kT}} \qquad (IV, 308)$$

und die spezifische Wärme pro Elektron

$$c = \frac{\partial \bar{\varepsilon}(T)}{\partial T} = \frac{(\varepsilon_2 - \varepsilon_1)^2}{2(4\pi\sqrt{A_1 A_2})^{3/2}}\sqrt{\frac{k}{T}}\, e^{-\frac{\varepsilon_2 - \varepsilon_1}{2kT}}\left(1 + \frac{3kT}{\varepsilon_2 - \varepsilon_1}\right). \qquad (IV, 309)$$

Die Formeln gelten zunächst für einfach kubische Gitter. Bei komplizierterer Struktur tritt ein anderer Faktor an die Stelle von

$$\sqrt{A_1 A_2}.$$

Daß das oberste Band vollbesetzt ist, ist kein Ausnahmefall. Jedes Atom bringt in jedes Band entweder ein Elektron oder zwei Elektronen ein. Da jedes Band im ganzen $2Z$ Zustände enthält, sind die Bänder für $T = 0$ entweder vollbesetzt oder zur Hälfte besetzt. Die tiefen Bänder, welche von den inneren Elektronen der Atome herrühren, sind stets vollbesetzt, während die Bänder der Valenzelektronen vollbesetzt oder halbbesetzt sein können.

Sehr einfach ist der Sachverhalt bei den Alkalimetallen. Das Atom besitzt außer den inneren Elektronen ein einziges s-Elektron, welches im Gitter ein halbbesetztes Band liefert. Das nächsthöhere Band entsteht aus den angeregten Zuständen der Alkaliatome. Die beiden s-Elektronen der Erdalkalien liefern ein vollbesetztes Band. Sehr häufig kommt es aber auch vor, daß die Bänder der Valenzelektronen sich überlagern, so daß dann alle Bänder nur teilweise besetzt sind.

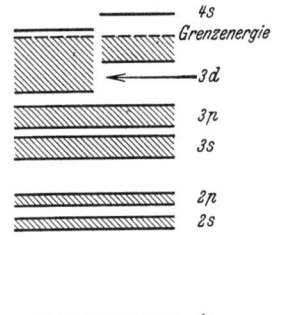

Abb. 541. Schema der Energiebänder des Kupfers. Die Bänder $4s$ und $3d$ überdecken sich. Besetzte Bänder sind schraffiert. Die Grenzenergie ist ζ_0.

Wir können also folgende Hauptfälle unterscheiden:

1. Das oberste Band ist zur Hälfte besetzt oder es überlagern sich mehrere teilweise besetzte Bänder (s. Abb. 541).

2. Das oberste Band ist vollbesetzt. Das nächsthöhere Band folgt erst in einem großen Abstand.

3. Das oberste Band ist vollbesetzt, aber das nächsthöhere Band folgt schon in geringem Abstand.

Die Kristalle des ersten Typs werden sich als metallische Leiter erweisen und für sie gelten die Überlegungen des § 8. Die Kristalle der zweiten Gruppe sind

Isolatoren. Für sie gelten an sich die Ausführungen dieses Paragraphen, doch ist

$$e^{-\frac{\varepsilon_2 - \varepsilon_1}{kT}} \qquad (IV, 310)$$

so klein, daß es kaum Fehlstellen im besetzten Band und kaum Elektronen im nächsthöheren Band gibt. Die Kristalle des Typs 3 sind die Halbleiter, welche zwischen den Leitern und Isolatoren einreihen und bei denen Fehlstellen im besetzten Band und Elektronen im angeregten Band nach Maßgabe der Formel (IV, 301) von der Temperatur abhängen.

*§ 11. Metallelektronen im äußeren elektrischen Feld.

Inhalt: Die Wirkung des elektrischen Feldes auf ein Gitterelektron kann durch Störungsrechnung ermittelt werden. Dabei müssen Zustände mit benachbarten Ausbreitungsvektoren als entartet betrachtet werden. Am unteren Rand des Bandes ruht das Elektron und wird durch das Feld in der Richtung der Kraft beschleunigt, bis es die Mitte des Bandes und die größte Geschwindigkeit erreicht hat. Es nimmt weiter Energie aus dem Feld auf, wird dabei aber verzögert, bis es den oberen Rand erreicht und dort wieder zur Ruhe kommt. Es wird dann entgegen der Kraft beschleunigt, gibt dabei wieder Energie ab und gelangt durch die Mitte wieder zum unteren Rand des Bandes. Das Feld pumpt das Elektron periodisch durch das Band.

Bezeichnungen: Ψ Wellenfunktion, $\psi_{k\mathfrak{f}}$ Eigenfunktion, $U_{k\mathfrak{f}}$ bzw. $U_{\mathfrak{f}}$ ihr gitterperiodischer Anteil, $\varepsilon_{k\mathfrak{f}}, \varepsilon_{\mathfrak{f}}$ Eigenwert, k Quantenzahl des Bandes, $\mathfrak{f}, \mathfrak{f}'$ Ausbreitungsvektor, $\mathfrak{E}$ elektrische Feldstärke, $\mathfrak{E}_x$ ihre x-Komponente, $\bar{\mathfrak{v}}$ Geschwindigkeit des Elektrons, Δ Zellvolumen, Z Zellenzahl, $\mathfrak{f}_{k\mathfrak{f}}$ Oszillatorenstärke der Frequenz Null, Freiheitszahl, m Elektronenmasse, $\mathfrak{K}$ elektrische Kraft.

Im feldfreien Metall seien die Elektronen durch die Wellenfunktionen

$$\Psi_{k\mathfrak{f}} = \psi_{k\mathfrak{f}} e^{-\frac{2\pi i}{h}\varepsilon_{k\mathfrak{f}} t} \qquad (IV, 311)$$

beschrieben. Ein angelegtes elektrisches Feld betrachten wir jetzt als eine kleine Störung. Fällt die Feldstärke in die x-Richtung, so bekommt ein Elektron klassisch die zusätzliche potentielle Energie

$$e\,\mathfrak{E}_x\,x.$$

In der Quantentheorie muß ein entsprechender Operator hinzugefügt werden, so daß der Energieoperator dann die Form

$$\mathbb{H} = \mathbb{H}^{(0)} + e\,\mathfrak{E}_x\,\mathbf{x} \qquad (IV, 312)$$

bekommt. $\mathbb{H}^{(0)}$ ist der Operator mit den Eigenwerten $\varepsilon_{k\mathfrak{f}}$, welche die Elektronen auch ohne Feld besitzen.

Das allgemeinste Verhalten der Metallelektronen im Feld beschreiben wir dann durch eine Wellenfunktion

$$\Psi = \sum_{k\mathfrak{f}} c_{k\mathfrak{f}}(t)\,\psi_{k\mathfrak{f}}\,e^{-\frac{2\pi i}{h}\varepsilon_{k\mathfrak{f}} t}, \qquad (IV, 313)$$

die wir aus den Eigenfunktionen ohne Feld aufbauen. Für Ψ gilt die Wellengleichung

$$\mathbb{H}\Psi + \frac{h}{2\pi i}\frac{\partial \Psi}{\partial t} = 0, \qquad (IV, 314)$$

die hier die Form

$$\mathbb{H}^{(0)}\Psi + e\,\mathfrak{E}_x\,x\Psi + \frac{h}{2\pi i}\frac{\partial \Psi}{\partial t} = 0 \qquad (IV, 315)$$

annimmt.

Wir wollen aber nicht das allgemeinste, sondern ein möglichst einfaches Verhalten des Elektrons studieren. Eine Vereinfachung tritt dann ein, wenn sich

*§ 11. Metallelektronen im äußeren elektrischen Feld.

das Elektron in einem bestimmten Quantenzustand befindet, der durch bestimmte Werte der Quantenzahlen k und $\mathfrak{f}$ gekennzeichnet ist. Dann hat einer der Koeffizienten $c_{k\mathfrak{f}}$ den Betrag 1 und die anderen verschwinden. Nun liegen aber die Energien $\varepsilon_{k\mathfrak{f}}$, welche zu gleichen k und verschiedenen $\mathfrak{f}$ gehören, so nahe beisammen, daß ihre Unterschiede gegen die Störung durch das Feld klein sind, während die Energien in verschiedenen Bändern (verschiedene k) so weit auseinanderliegen, daß die Störung durch das Feld klein erscheint. Wir können also nicht einfach von der Wellenfunktion des Elektrons

$$\Psi_{k\mathfrak{f}} = \psi_{k\mathfrak{f}} e^{-\frac{2\pi i}{h}\varepsilon_{k\mathfrak{f}} t} \qquad (\text{IV}, 316)$$

ausgehen, sondern müssen die Zustände mit benachbarten $\mathfrak{f}$ als entartet betrachten und die Störungsrechnung mit der Wellenfunktion

$$\Psi = \sum\nolimits^{\mathfrak{f}'} c_{k\mathfrak{f}'}(t) \psi_{k\mathfrak{f}'} e^{-\frac{2\pi i}{h}\varepsilon_{k\mathfrak{f}'} t} \qquad (\text{IV}, 317)$$

beginnen. Die $\mathfrak{f}'$ durchlaufen einen kleinen Bereich in der Nähe von $\mathfrak{f}$, d. h. in diesem Bereich haben die $c_{k\mathfrak{f}'}(t)$ von Null merklich verschiedene Werte, während $c_{k\mathfrak{f}'}(t) = 0$ ist, wenn sich $\mathfrak{f}'$ von $\mathfrak{f}$ erheblich unterscheidet. Der Index k ist immer derselbe und könnte deshalb auch weggelassen werden. Dieser Ansatz stellt ein Wellenpaket dar, das sich mit der Geschwindigkeit

$$\bar{\mathfrak{v}}_{k\mathfrak{f}} = \frac{2\pi}{h} \operatorname{grad}_{\mathfrak{f}} \varepsilon_{k\mathfrak{f}} \qquad (\text{IV}, 318)$$

fortbewegt, wie auf S. 1431 auseinandergesetzt wurde.

Gehen wir mit (IV, 317) in (IV, 315) ein, so ergibt sich

$$\sum\nolimits^{\mathfrak{f}'} \psi_{k\mathfrak{f}'} e^{-\frac{2\pi i}{h}\varepsilon_{k\mathfrak{f}'} t} \left\{ e\, \mathfrak{E}_x \, x \, c_{k\mathfrak{f}'} + \frac{h}{2\pi i} \frac{\partial c_{k\mathfrak{f}'}}{\partial t} \right\} = 0. \qquad (\text{IV}, 319)$$

Während $c_{k\mathfrak{f}'}$ mit $\mathfrak{f}'$ seinen Wert sehr schnell ändert, bleibt $\varepsilon_{k\mathfrak{f}'}$ nahezu gleich $\varepsilon_{k\mathfrak{f}}$ wenigstens in dem Bereich, wo die $c_{k\mathfrak{f}'}$ von Null verschieden sind. Wir können deshalb statt (IV, 319) auch einfach

$$\sum\nolimits^{\mathfrak{f}'} \psi_{k\mathfrak{f}'} \frac{\partial c_{k\mathfrak{f}'}}{\partial t} = -\frac{2\pi i e \mathfrak{E}_x}{h} \sum\nolimits^{\mathfrak{f}'} c_{k\mathfrak{f}'} \, x \, \psi_{k\mathfrak{f}'} \qquad (\text{IV}, 320)$$

schreiben.

Aus dieser Gleichung sollen wir die Koeffizienten $c_{k\mathfrak{f}'}$ berechnen. Zu diesem Zweck versuchen wir zuerst die rechte Seite nach den Eigenfunktionen $\psi_{k\mathfrak{f}'}$ zu entwickeln. Wegen

$$\psi_{k\mathfrak{f}'} = \frac{1}{\sqrt{Z\Delta}} e^{i(\mathfrak{f}'\mathfrak{r})} U_{k\mathfrak{f}'} \qquad (\text{IV}, 321)$$

und

$$\frac{\partial}{\partial \mathfrak{f}'_x} e^{i(\mathfrak{f}'\mathfrak{r})} = i \, x \, e^{i(\mathfrak{f}'\mathfrak{r})} \qquad (\text{IV}, 322)$$

finden wir

$$i \sum\nolimits^{\mathfrak{f}'} c_{k\mathfrak{f}'} \, x \, \psi_{k\mathfrak{f}'} = \frac{i}{\sqrt{Z\Delta}} \sum\nolimits^{\mathfrak{f}'} c_{k\mathfrak{f}'} U_{k\mathfrak{f}'} \, x \, e^{i(\mathfrak{f}'\mathfrak{r})} = \frac{1}{\sqrt{Z\Delta}} \sum\nolimits^{\mathfrak{f}'} c_{k\mathfrak{f}'} U_{k\mathfrak{f}'} \frac{\partial}{\partial \mathfrak{f}'_x} e^{i(\mathfrak{f}'\mathfrak{r})}$$

$$= \frac{1}{\sqrt{Z\Delta}} \sum\nolimits^{\mathfrak{f}'} \frac{\partial}{\partial \mathfrak{f}'_x} (c_{k\mathfrak{f}'} U_{k\mathfrak{f}'} e^{i(\mathfrak{f}'\mathfrak{r})}) - \frac{1}{\sqrt{Z\Delta}} \sum\nolimits^{\mathfrak{f}'} U_{k\mathfrak{f}'} e^{i(\mathfrak{f}'\mathfrak{r})} \frac{\partial c_{k\mathfrak{f}'}}{\partial \mathfrak{f}'_x} -$$

$$- \frac{1}{\sqrt{Z\Delta}} \sum\nolimits^{\mathfrak{f}'} c_{k\mathfrak{f}'} e^{i(\mathfrak{f}'\mathfrak{r})} \frac{\partial U_{k\mathfrak{f}'}}{\partial \mathfrak{f}'_x}. \qquad (\text{IV}, 323)$$

Wenn wir das Grundgebiet groß genug machen, rücken die benachbarten $\mathfrak{f}'$ zusammen und die Summe

$$\sum\nolimits^{\mathfrak{f}'} \frac{\partial}{\partial \mathfrak{f}'_x} (c_{k\mathfrak{f}'} U_{k\mathfrak{f}'} e^{i(\mathfrak{f}'\mathfrak{r})}) \qquad (IV, 324)$$

geht in das Integral

$$\int \frac{\partial}{\partial \mathfrak{f}'_x} (c_{k\mathfrak{f}'} U_{k\mathfrak{f}'} e^{i(\mathfrak{f}'\mathfrak{r})}) d\mathfrak{f}'_x d\mathfrak{f}'_y d\mathfrak{f}'_z \qquad (IV, 325)$$

über, welches verschwindet, wenn die $c_{k\mathfrak{f}'}$ nur in der Nähe von $\mathfrak{f}' = \mathfrak{f}$ von Null verschieden sind. Die Summe

$$\frac{1}{\sqrt{Z \varDelta}} \sum\nolimits^{\mathfrak{f}'} U_{k\mathfrak{f}'} e^{i(\mathfrak{f}'\mathfrak{r})} \frac{\partial c_{k\mathfrak{f}'}}{\partial \mathfrak{f}'_x} = \sum\nolimits^{\mathfrak{f}'} \psi_{k\mathfrak{f}'} \frac{\partial c_{k\mathfrak{f}'}}{\partial \mathfrak{f}'_x} \qquad (IV, 326)$$

hat schon die gewünschte Form, während sich die Entwicklung der dritten Summe als unnötig erweisen wird. Wir gehen jetzt mit (IV, 323) in (IV, 320) ein, multiplizieren mit $\psi_{k\mathfrak{f}}^*$ und integrieren über das Grundgebiet. Weil die $\psi_{k\mathfrak{f}}$ ein Orthogonalsystem bilden, entsteht dabei

$$\frac{\partial c_{k\mathfrak{f}}}{\partial t} = \frac{2\pi e \mathfrak{E}_x}{h} \left\{ \frac{\partial c_{k\mathfrak{f}}}{\partial \mathfrak{f}_x} + \frac{1}{Z \varDelta} \sum\nolimits^{\mathfrak{f}'} c_{k\mathfrak{f}'} \int e^{i(\mathfrak{f}'-\mathfrak{f})\mathfrak{r}} U_{k\mathfrak{f}}^* \frac{\partial U_{k\mathfrak{f}'}}{\partial \mathfrak{f}'_x} dv \right\}. \qquad (IV, 327)$$

Innerhalb der Gitterzelle $(n_1 n_2 n_3)$ ist

$$e^{i(\mathfrak{f}'-\mathfrak{f})\mathfrak{r}} \approx e^{i(\mathfrak{f}'-\mathfrak{f})(n_1 a_1 + n_2 a_2 + n_3 a_3)} \qquad (IV, 328)$$

nahezu konstant. Wir können deshalb zuerst über eine Zelle integrieren und dann über alle Zellen summieren, weil sich U in jeder Zelle wiederholt. Wir erhalten dann

$$\int e^{i(\mathfrak{f}'-\mathfrak{f})\mathfrak{r}} U_{k\mathfrak{f}}^* \frac{\partial U_{k\mathfrak{f}'}}{\partial \mathfrak{f}'_x} dv = \int_{\varDelta} U_{k\mathfrak{f}}^* \frac{\partial U_{k\mathfrak{f}'}}{\partial \mathfrak{f}'_x} dv \cdot \sum\nolimits^{n} e^{i(\mathfrak{f}'-\mathfrak{f})(n_1 a_1 + n_2 a_2 + n_3 a_3)}. \qquad (IV, 329)$$

Die Summen verschwinden, wenn $\mathfrak{f}' \neq \mathfrak{f}$ ist, und liefern die Zahl der Zellen, wenn $\mathfrak{f}' = \mathfrak{f}$ ist. Damit geht (IV, 327) einfach in

$$\frac{\partial c_{k\mathfrak{f}}}{\partial t} = \frac{2\pi e \mathfrak{E}_x}{h} \left\{ \frac{\partial c_{k\mathfrak{f}}}{\partial \mathfrak{f}_x} + \frac{c_{k\mathfrak{f}}}{\varDelta} \int_{\varDelta} U_{k\mathfrak{f}}^* \frac{\partial U_{k\mathfrak{f}}}{\partial \mathfrak{f}_x} dv \right\} \qquad (IV, 330)$$

über, wobei sich das Integral noch über eine Zelle erstreckt.

Jetzt bilden wir

$$\begin{aligned} \frac{\partial |c_{k\mathfrak{f}}|^2}{\partial t} &= c_{k\mathfrak{f}}^* \frac{\partial c_{k\mathfrak{f}}}{\partial t} + c_{k\mathfrak{f}} \frac{\partial c_{k\mathfrak{f}}^*}{\partial t} \\ &= \frac{2\pi e \mathfrak{E}_x}{h} \left\{ \frac{\partial |c_{k\mathfrak{f}}|^2}{\partial \mathfrak{f}_x} + \frac{|c_{k\mathfrak{f}}|^2}{\varDelta} \frac{\partial}{\partial \mathfrak{f}_x} \int U_{k\mathfrak{f}} U_{k\mathfrak{f}}^* dv \right\}. \end{aligned} \qquad (IV, 331)$$

Das Normierungsintegral

$$\frac{1}{\varDelta} \int U_{k\mathfrak{f}} U_{k\mathfrak{f}}^* dv = 1 \qquad (IV, 332)$$

ist von $\mathfrak{f}_x$ unabhängig und wir erhalten endlich

$$\frac{\partial |c_{k\mathfrak{f}}|^2}{\partial t} = \frac{2\pi e \mathfrak{E}_x}{h} \frac{\partial |c_{k\mathfrak{f}}|^2}{\partial \mathfrak{f}_x}. \qquad (IV, 333)$$

*§ 11. Metallelektronen im äußeren elektrischen Feld.

Diese Gleichung besagt, daß $|c_{k\mathfrak{f}}|^2$ eine beliebige Funktion des Argumentes

$$\mathfrak{f}_x + \frac{2\pi e \mathfrak{E}_x}{h} t \qquad (IV, 334)$$

ist. Dies bedeutet, daß das Wellenpaket eine beliebige Gestalt haben kann, welche durch die willkürliche Funktion festgelegt wird. Die Form des Paketes bleibt im $\mathfrak{f}$-Raum erhalten, aber das Paket verschiebt sich als Ganzes mit der Geschwindigkeit

$$-\frac{2\pi e \mathfrak{E}_x}{h} \qquad (IV, 335)$$

in der x-Richtung. Jedes Elektron vergrößert in der Zeiteinheit die x-Komponente seines Ausbreitungsvektors um

$$\frac{\partial \mathfrak{f}_x}{\partial t} = -\frac{2\pi e \mathfrak{E}_x}{h}. \qquad (IV, 336)$$

Nun bilden wir die Komponenten der Geschwindigkeit

$$\mathfrak{v}_{k\mathfrak{f}x} = \frac{2\pi}{h}\frac{\partial \varepsilon_{k\mathfrak{f}}}{\partial \mathfrak{f}_x}; \quad \mathfrak{v}_{k\mathfrak{f}y} = \frac{2\pi}{h}\frac{\partial \varepsilon_{k\mathfrak{f}}}{\partial \mathfrak{f}_y}; \quad \mathfrak{v}_{k\mathfrak{f}z} = \frac{2\pi}{h}\frac{\partial \varepsilon_{k\mathfrak{f}}}{\partial \mathfrak{f}_z}. \qquad (IV, 337)$$

Aus ihnen gewinnen wir die Beschleunigungen

$$\left.\begin{aligned}\frac{d\mathfrak{v}_{k\mathfrak{f}x}}{dt} &= \frac{2\pi}{h}\frac{\partial^2 \varepsilon_{k\mathfrak{f}}}{\partial \mathfrak{f}_x^2}\frac{\partial \mathfrak{f}_x}{\partial t} = -\frac{4\pi^2 e \mathfrak{E}_x}{h^2}\frac{\partial^2 \varepsilon_{k\mathfrak{f}}}{\partial \mathfrak{f}_x^2}, \\ \frac{d\mathfrak{v}_{k\mathfrak{f}y}}{dt} &= \frac{2\pi}{h}\frac{\partial^2 \varepsilon_{k\mathfrak{f}}}{\partial \mathfrak{f}_x \partial \mathfrak{f}_y}\frac{\partial \mathfrak{f}_x}{\partial t} = -\frac{4\pi^2 e \mathfrak{E}_x}{h^2}\frac{\partial^2 \varepsilon_{k\mathfrak{f}}}{\partial \mathfrak{f}_x \partial \mathfrak{f}_y}, \\ \frac{d\mathfrak{v}_{k\mathfrak{f}z}}{dt} &= \frac{2\pi}{h}\frac{\partial^2 \varepsilon_{k\mathfrak{f}}}{\partial \mathfrak{f}_x \partial \mathfrak{f}_z}\frac{\partial \mathfrak{f}_x}{\partial t} = -\frac{4\pi^2 e \mathfrak{E}_x}{h^2}\frac{\partial^2 \varepsilon_{k\mathfrak{f}}}{\partial \mathfrak{f}_x \partial \mathfrak{f}_z}.\end{aligned}\right\} \qquad (IV, 338)$$

Die Beschleunigung des Elektrons im Kristall folgt nicht einfach dem Feld. Bilden wir einen Tensor

$$\mathcal{F}_{xy} = \frac{4\pi^2 m}{h^2}\frac{\partial^2 \varepsilon_{k\mathfrak{f}}}{\partial \mathfrak{f}_x \partial \mathfrak{f}_y}, \qquad (IV, 339)$$

so können wir die Bewegungsgleichung

$$m\frac{d\mathfrak{v}_{k\mathfrak{f}}}{dt} = -e(\mathfrak{E}\,\mathcal{F}) = -\frac{4\pi^2 e m}{h^2}\,\mathrm{grad}_{\mathfrak{f}}(\mathfrak{E}\,\mathrm{grad}_{\mathfrak{f}}\,\varepsilon_{k\mathfrak{f}}) \qquad (IV, 340)$$

aufstellen. Im isotropen Kristall entartet $\mathcal{F}$ zu dem Skalar

$$\mathcal{F} = \frac{\mathcal{F}_{xx} + \mathcal{F}_{yy} + \mathcal{F}_{zz}}{3} = \frac{4\pi^2 m}{3 h^2}\Delta_{\mathfrak{f}}\,\varepsilon_{k\mathfrak{f}} = f_{k\mathfrak{f}}, \qquad (IV, 341)$$

der mit der Oszillatorenstärke der Frequenz Null oder Freiheitszahl von [siehe S. 1737, Gl. (IV, 243)] übereinstimmt. Führen wir die klassische Kraft

$$\mathfrak{K} = -e\,\mathfrak{E} \qquad (IV, 342)$$

des Feldes auf das Elektron ein, so lautet die Bewegungsgleichung

$$m\frac{d\mathfrak{v}_{k\mathfrak{f}}}{dt} = \mathfrak{K}\,f_{k\mathfrak{f}}, \qquad (IV, 343)$$

d. h. das Elektron verhält sich so, als ob seine Masse nicht m, sondern $m/f_{k\mathfrak{f}}$ wäre.

Wir wollen jetzt die Einwirkung des Feldes auf das Elektron im isotropen Gitter noch etwas genauer verfolgen. In den Bändern haben wir dort die Energie

$$\varepsilon_{k\uparrow} = \varepsilon_k + C_k - 2A_k(\cos a\mathfrak{f}_x + \cos a\mathfrak{f}_y + \cos a\mathfrak{f}_z). \qquad (IV, 344)$$

Wir halten nun $\mathfrak{f}_y$ und $\mathfrak{f}_z$ fest, da sie im Feld nicht verändert werden, und tragen $-2A_k \cos a\mathfrak{f}_x$ gegen $\mathfrak{f}_x$ auf und bekommen die ausgezogene Kurve der Abb. 542.

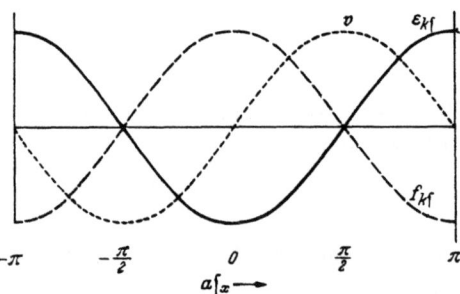

Abb. 542. Die ausgezogene Kurve gibt die Energie $\varepsilon_{k\uparrow}$, die gedrillte Kurve die Beschleunigung (Freiheitszahl), die punktierte Kurve die Geschwindigkeit an. Positive x-Richtung (Richtung der Kraft) nach rechts, Feldstärke nach links.

Dieselbe Kurve, nur mit anderem Maßstab und Vorzeichen, ergibt sich für $f_{k\uparrow}$. Hier ist zu bemerken, daß sich beide Kurven nach beiden Seiten über das Intervall $-\pi/a < \mathfrak{f}_x < \pi/a$ periodisch fortsetzen, weil die Beschränkung ja nur künstlich durch die Verwendung des reduzierten Ausbreitungsvektors entsteht. Wir geben der Feldstärke die $-x$-, also negative Richtung, damit die Kraft positiv wird. Hierdurch vermeiden wir die Schwerfälligkeiten des Ausdruckes, die von der negativen Elektronenladung herkommen. Im elektrischen Feld durchlaufen die Elektronen die Kurven mit konstanter Geschwindigkeit von links nach rechts. Ist die Energiekurve nach oben konkav, so werden sie in der Kraftrichtung beschleunigt, ist sie nach oben konvex, in der entgegengesetzten Richtung. In der rechten Hälfte der Abb. 542 bewegen sie sich in der x-Richtung in der linken Hälfte entgegengesetzt. Geschwindigkeit und Beschleunigung sind in die Abbildung ebenfalls eingetragen. Ein Elektron am unteren Rande des Bandes (Mitte der Abb. 542) befindet sich in Ruhe und wird in der Kraftrichtung beschleunigt. In der Mitte des Bandes ($a\mathfrak{f}_x = \pi/2$) hat es die größte Geschwindigkeit erreicht, aber seine Beschleunigung ist jetzt Null. Von jetzt an nimmt die Geschwindigkeit ab, die Energie nimmt aber im Feld weiter zu. Sie kann dann natürlich nicht mit der Translationsenergie identisch sein. Ist der obere Rand ($a\mathfrak{f}_x = \pm\pi$) erreicht, so befindet sich das Elektron wieder in Ruhe. Die Beschleunigung ist in der oberen Hälfte des Bandes der Kraft entgegengerichtet und erreicht am oberen Rande den größten negativen Wert, was einem negativen Wert von $f_{k\uparrow}$ entspricht. Im weiteren Verlauf (von $a\mathfrak{f}_x = -\pi$ bis $-\pi/2$) wird das Elektron weiter gegen die Kraft beschleunigt und bewegt sich ihr jetzt entgegen. Seine Energie nimmt dabei ab. In der Mitte des Bandes (bei $a\mathfrak{f}_x = -\pi/2$) angelangt, ist die Beschleunigung wieder Null, um in der unteren Hälfte wieder die Richtung der Kraft zu erlangen. Nach Erreichen des unteren Randes des Bandes beginnt das Spiel von neuem. Unter der Wirkung des Feldes durchläuft das Elektron periodisch das Band, wobei es im Raume hin und her schwingt. Es wird sozusagen in dem Band herumgepumpt. Im Zeitmittel nimmt es aber weder Energie aus dem Felde auf, noch legt es eine Strecke im Raum zurück.

**§ 12. Die elektrische Leitfähigkeit.

Inhalt: Die Elektronen eines besetzten Bandes erfahren im Mittel keine Beschleunigung im Feld, sondern nur die Elektronen teilweise besetzter Bänder, Ionengitter sind deshalb Isolatoren. Halbleiter sind Isolatoren mit einem unbesetzten „Leitfähigkeitsband" wenig oberhalb des obersten besetzten Bandes. Bei hoher Temperatur werden alle Kristalle leitend. Die Gitterschwingungen erzeugen Unregelmäßigkeiten der Gitterstruktur, welche ein Wechselwirkungspotential der Elektronen mit den Gitterschwingungen (Schallquanten) hervorbringen. Im elektrischen Feld geht die Beschleunigung der Elektronen im Feld wegen der Wechselwirkung mit den Gitterschwingungen gerade wieder verloren. Hieraus ergibt sich eine Formel für die elektrische Leitfähigkeit und ihre Temperaturabhängigkeit. Man kann die mittlere freie Weglänge und die Zahl der freien Elektronen definieren und dann andere Eigenschaften der Metallelektronen mit den Methoden der kinetischen Gastheorie berechnen.

Bezeichnungen: $\mathfrak{f}$ Ausbreitungsvektor, $\varepsilon_\mathfrak{f}$ Energie, $\mathfrak{v}_\mathfrak{f}$ Geschwindigkeit eines Elektrons, $\bar{\mathfrak{v}}$ mittlere Geschwindigkeit eines Bandes, a Gitterabstand, ν_f Frequenz, $\nu_{\nu f}$ Schwingungsquantenzahlen akustischer Gitterschwingungen. $\mathfrak{G}$ elektrische Stromdichte, $\bar{\mathfrak{v}}_x$ mittlere Geschwindigkeit der Bandelektronen in der Feldrichtung, $f(\varepsilon)$ Verteilungsfunktion, $\overline{f_{k\mathfrak{f}}}$ mittlere Freiheitszahl, τ Relaxationszeit, n Zahl der Elektronen in der Volumeneinheit, $n_f = n\overline{f_{k\mathfrak{f}}}$ Zahl der freien Elektronen, Θ charakteristische Temperatur der Gitterschwingungen, T absolute Temperatur, $\varkappa$ elektrisches Leitvermögen, $\varkappa_{\text{Wärme}}$ Wärmeleitvermögen, m Elektronenmasse, M Masse der Gitterteilchen, $\mathfrak{E}_x$ Betrag der elektrischen Feldstärke c spez. Wärme pro Elektron, k Boltzmannsche Konstante, ζ_0 Grenzenergie der Elektronen, λ freie Weglänge der Elektronen.

Die elektrische Leitfähigkeit. Will man verstehen, wie die Beschleunigung des einzelnen Elektrons sich als elektrischer Strom auswirkt, so muß man noch zwei Umstände berücksichtigen. Erstens wirkt das Feld auf die Gesamtheit aller Elektronen ein, zweitens geben die Elektronen einen Teil ihrer Energie an die Gitterschwingungen ab, wenn sie energiereicher sind als dem Temperaturgleichgewicht entspricht.

Zur Information untersuchen wir ein eindimensionales Gitter, mit dem Abstand a der Gitterpunkte, in welchem $\mathfrak{f}$ mit $\mathfrak{f}_x$ zusammenfällt. Da zu $\pm \mathfrak{f}$ dieselbe Energie gehört, ist ε eine gerade Funktion von $\mathfrak{f}$, und dasselbe gilt auch für die Verteilungsfunktion $f(\varepsilon)$, welche nur von ε abhängt. In das Intervall $-\pi/a < \mathfrak{f} < \pi/a$ fallen Z Ausbreitungsvektoren und in das Intervall $d\mathfrak{f}$ somit $Z\,a\,d\mathfrak{f}/2\pi$ Zustände. Da

$$\mathfrak{v}_\mathfrak{f} = \frac{2\pi}{h}\frac{\partial \varepsilon_\mathfrak{f}}{\partial \mathfrak{f}} \qquad (IV, 345)$$

die Geschwindigkeit des einzelnen Elektrons bedeutet, erhalten wir die mittlere Geschwindigkeit

$$\bar{\mathfrak{v}} = \frac{a}{h} \int_{-\frac{\pi}{a}}^{\frac{\pi}{a}} \frac{\partial \varepsilon_\mathfrak{f}}{\partial \mathfrak{f}} f(\varepsilon)\, d\mathfrak{f} \qquad (IV, 346)$$

der Elektronengesamtheit ohne äußeres Feld. Da $f(\varepsilon)$ eine gerade und $\partial \varepsilon_\mathfrak{f}/\partial \mathfrak{f}$ eine ungerade Funktion von $\mathfrak{f}$ ist, verschwindet die mittlere Geschwindigkeit ohne äußeres Feld, weil das Integral von $-\pi/a$ bis 0 den entgegengesetzten Wert liefert wie von 0 bis π/a. Dies bedeutet die physikalisch triviale Feststellung, daß ein Leiter ohne Feld keinen Strom führt. Außerdem können wir aber schließen, daß ein vollbesetztes Band nichts zum Strom beiträgt, weil in einem solchen f überall den Wert 1 hat. Wir erhalten dann

$$\bar{\mathfrak{v}} = \frac{a}{h} \int_{-\frac{\pi}{a}}^{\frac{\pi}{a}} \frac{\partial \varepsilon_\mathfrak{f}}{\partial \mathfrak{f}}\, d\mathfrak{f} = \frac{a}{h}\left(\varepsilon_{\frac{\pi}{a}} - \varepsilon_{-\frac{\pi}{a}}\right) = 0. \qquad (IV, 347)$$

Die Elektronen eines besetzten Bandes können im Mittel keine Beschleunigung erfahren, da das äußere Feld sie nur in dem Band herumpumpt und nichts an der Besetztheit aller Zustände ändert. Die mittlere Geschwindigkeit behält also auch im Feld den Wert 0. Kristalle mit lauter vollbesetzten Bändern sind deshalb Isolatoren.

Wenn dagegen ein Band nur teilweise besetzt ist, kann die Elektronengesamtheit im Feld eine Beschleunigung erfahren. In Abb. 543a ist die Energie punktiert und die Beschleunigung ausgezogen gegen $\mathfrak{f}$ aufgetragen. Ist das Band fast besetzt, so fällt bei $T = 0$ auf beiden Seiten ein Randstreifen von der Breite $\varDelta\mathfrak{f}$ weg, welcher keine Elektronen enthält. Die horizontal schraffierten Teile tragen dann einen positiven, die vertikal schraffierten Teile einen negativen Beitrag zur Beschleunigung der ganzen Elektronenwolke bei. Der positive Anteil überwiegt. Wenn das Band nur wenig besetzt ist (s. Abb. 543b), enthält nur der Mittelstreifen von der Breite $\varDelta\mathfrak{f}$-Elektronen und liefert eine positive Beschleunigung. Die Gesamtbeschleunigung ist am größten, wenn das Band beim absoluten Nullpunkt gerade halbbesetzt ist.

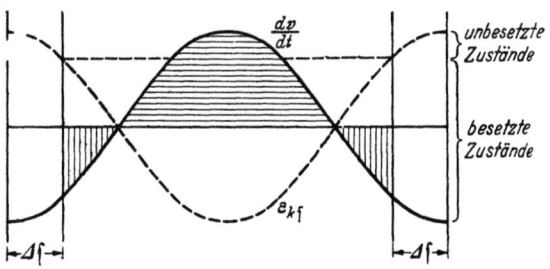

Abb. 543a. Fast besetztes Band. Positive Beschleunigung horizontal, negative vertikal schraffiert.

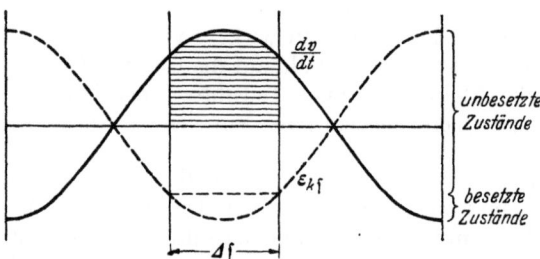

Abb. 543b. Schwach besetztes Band. Positive Beschleunigung im schraffierten Gebiet.

Die Bänder der inneren Elektronen beteiligen sich überhaupt nicht an der Leitung des elektrischen Stromes, weil sie vollbesetzt sind. Die Ionengitter sind typische Nichtleiter. Bei den Ionen selbst sind die Elektronen schon paarweise durch den Spin verknüpft, d. h. pro Atom gibt es zwei Elektronen auf jeden Quantenzustand. Im Gitter hat das Band immer $2Z$ Zustände, und ebenso groß ist die Zahl der Elektronen, die die Ionen in dieses Band mitbringen. Über diesem besetzten Band liegen natürlich noch viele Bänder, die aus den angeregten Zuständen der Ionen bzw. aus denen der neutralen Atome hervorgehen. Wenn sie aber viel höher liegen als das völlig besetzte Band, befinden sich bei mäßigen Temperaturen in ihnen keine Elektronen und das Ionengitter kann den Strom nicht leiten.

Im Gegensatz dazu entsteht der Idealtyp eines Leiters, wenn Elemente mit abgeschlossenen Schalen und einem Valenzelektron zu einem Gitter zusammentreten. Dies trifft für die Alkalimetalle und die Edelmetalle zu. Der tiefste Term des Valenzelektrons breitet sich in ein Band mit $2Z$ Zuständen (Spin mitgerechnet) aus, während die Atome nur Z Elektronen mitbringen. Das Band wird also nur halbbesetzt und ein äußeres elektrisches Feld verursacht eine große Beschleunigung der Elektronenwolke. Ähnlich verhalten sich die Elemente der Aluminiumgruppe. Die beiden s-Elektronen liefern ein vollbesetztes Band, während das p-Elektron drei Bänder erzeugt, die nur teilweise besetzt werden.

§ 12. Die elektrische Leitfähigkeit.

Etwas schwieriger ist die Leitfähigkeit der Metalle der zweiten Gruppe des Periodischen Systems von Be bis Hg zu verstehen. Diese Atome besitzen zwei Valenzelektronen im s-Zustand. Das zugehörige Band des Gitters ist an sich vollkommen besetzt. Diesem Band überlagert sich aber das nächsthöhere angeregte Band schon teilweise und die s-Elektronen der Atome verteilen sich auf beide Bänder. Auch bei tiefen Temperaturen bleibt der obere Rand des unteren Bandes von Elektronen frei, während der untere Rand des oberen Bandes schon Elektronen enthält. Ein elektrisches Feld bringt jetzt in beiden Bändern eine gewisse Beschleunigung hervor, die aber nicht so groß ist, wie wenn eines der Bänder halbbesetzt wäre. In der Tat leiten die Elemente der zweiten Gruppe den Strom wesentlich schlechter als die der ersten.

Schließlich gibt es noch Stoffe, die zwischen den Leitern und Nichtleitern stehen und die man als Halbleiter bezeichnet. Sie besitzen beim absoluten Nullpunkt keine Leitfähigkeit, sondern entwickeln diese erst allmählich beim Anwachsen der Temperatur. Bei ihnen liegt nicht hoch über einem vollbesetzten Band ein angeregtes, sog. Leitfähigkeitsband. Die Zahl der Elektronen in ihm und damit die Zahl der Fehlstellen im unteren Band ist nach S. 1744, Gl. (IV, 302)

$$N_2 = N_1^* = N \left(\frac{kT}{4\pi \sqrt{A_1 A_2}} \right)^{\frac{3}{2}} e^{-\frac{\varepsilon_2 - \varepsilon_1}{2kT}}. \qquad \text{(IV, 348)}$$

Sie nimmt stark mit der Temperatur zu und deshalb wächst die Leitfähigkeit der Halbleiter schnell mit der Temperatur. Übrigens besteht zwischen Isolatoren und Halbleitern insofern grundsätzliche Ähnlichkeit, als auch die typischen Isolatoren bei hinreichend hoher Temperatur aus den gleichen Gründen leitend werden wie die Halbleiter. Andere Ursachen, die zur Halbleitereigenschaft beitragen, werden wir in Kap. V, S. 1757 untersuchen.

Ohne Feld sind in einem halbbesetzten Band die Zustände $-\pi/2a < \mathfrak{f} < \pi/2a$ von Elektronen erfüllt (s. Abb. 544). Das Feld verschiebt diesen Bereich aber nach rechts, und nach kurzer Zeit müßte das Intervall $0 < \mathfrak{f} < \pi/a$ von Elektronen belegt sein, während das Intervall $-\pi/a < \mathfrak{f} < 0$ frei von Elektronen wäre. In diesem Moment würde im Mittel keine Beschleunigung der Elektronengesamtheit mehr erfolgen. Noch etwas später säßen die Elektronen in den Intervallen $\pi/2a < \mathfrak{f} < \pi/a$ und $-\pi/a < \mathfrak{f} < -\pi/2a$, während die Mitte frei wäre. Jetzt müßte das Feld die entgegengesetzte Beschleunigung der Gesamtheit hervorrufen. Ein statisches Feld müßte also an dem Leiter einen Wechselstrom hervorbringen, ein Ergebnis, welches uns zeigt, daß uns noch ein wesentliches Element des Leitungsvorganges fehlt.

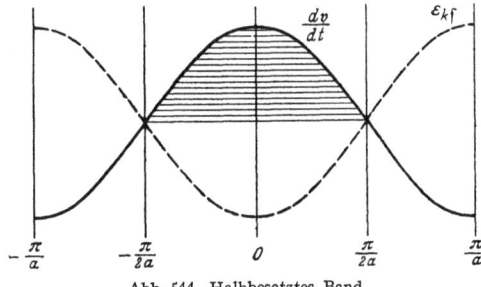

Abb. 544. Halbbesetztes Band.

In Wirklichkeit kommt es nicht dazu, daß eine erhebliche Verschiebung der Elektronen im Energieband eintritt. Die energiereichen Elektronen verlieren Energie an die Gitterschwingungen, und dieser Vorgang verhindert, daß die Verteilung der Elektronen sich im Feld allzuweit von der thermischen Gleichgewichtsverteilung entfernt.

Wir müssen uns noch ein Bild davon machen, wie die Gitterschwingungen den Elektronen Energie entziehen. Die Schwingungen bringen im Gitter zeitlich veränderliche Verschiebungen hervor, so daß das Gitter nicht mehr ganz die regelmäßige Struktur besitzt, welche wir vorausgesetzt haben. Ein Punkt, der ohne Schwingungen am Orte $\mathfrak{r}$ liegen würde, liegt zu einem bestimmten Zeitpunkt an der Stelle $\mathfrak{r} + \mathfrak{u}$. An der Stelle $\mathfrak{r}$ herrscht deshalb ein etwas anderes Gitterpotential, als wenn keine Schwingungen stattfänden. Die Abänderung des Potentials $V'(\mathfrak{r})$ hängt einerseits vom Ort $\mathfrak{r}$ ab, an dem sich die Elektronen befinden, andererseits aber davon, wie sich die Gitterschwingungen zusammensetzen, d. h. von den Amplituden der einzelnen akustischen Frequenzen. Man kann deshalb das Zusatzpotential $V'(\mathfrak{r})$ als ein Wechselwirkungspotential zwischen den Elektronen und den Schallquanten ansehen.

Elektronen und Gitterteilchen (Ionen, Atomrümpfe) wollen wir jetzt als ein einheitliches quantenmechanisches System auffassen. Wäre keine Wechselwirkung zwischen Elektronen und Gitterschwingungen vorhanden, so könnte man die Eigenfunktionen dieses Systems als Produkt einer Elektroneneigenfunktion und der Eigenfunktionen der Gitterschwingungen ansetzen. Zu jeder Gitterschwingung gehört dann der Eigenfunktionsanteil

$$\psi(v_{\nu j}),$$

in dem $v_{\nu j}$ die Schwingungsquantenzahl dieser Schwingung ist. Sie kann auch als die Zahl der Gitterquanten (Schallquanten) gedeutet werden, welche die Frequenz ν_j besitzen. Ein Zustand des Gesamtgitters wird festgelegt, indem einerseits die von Elektronen besetzten $\mathfrak{f}$-Werte und andererseits die Quantenzahlen $v_{\nu j}$ zu allen Gitterschwingungen angegeben werden.

Führt man nun eine Störungsrechnung mit dem Wechselwirkungspotential $V'(\mathfrak{r})$ durch, so gehen die Quantenzustände ineinander über. Dies bedeutet, daß sich die Besetzungen der Elektronenzustände $\mathfrak{f}$ und gleichzeitig mit ihnen auch die Quantenzahlen $v_{\nu j}$ der Gitterschwingungen ändern. Berechnet man die Matrixelemente der Übergangswahrscheinlichkeiten, so zeigt sich, daß sich immer nur ein einziges $v_{\nu j}$ um 1 vergrößern oder verkleinern kann und daß gleichzeitig ein Elektron aus einem Zustand $\mathfrak{f}$ in einen anderen Zustand $\mathfrak{f}'$ übergeht. Wird mit $\mathfrak{f}_\nu$ der Ausbreitungsvektor der Gitterschwingung bezeichnet, so muß die Beziehung

$$\mathfrak{f}' = \mathfrak{f} + \mathfrak{f}_\nu \qquad (IV, 349)$$

erfüllt sein, wenn die Matrixelemente von Null verschieden sein sollen. Für freie Elektronen würde dies bedeuten, daß der Gesamtimpuls erhalten bleibt, wenn sie mit Schallquanten zusammenstoßen. Außerdem gilt natürlich bei allen Übergängen der Energiesatz

$$\varepsilon_{\mathfrak{f}'} = \varepsilon_\mathfrak{f} + h\nu_j, \qquad (IV, 350)$$

wo $h\nu_j$ die Energie eines Gitterschwingungsquants ist. Wenn $v_{\nu j}$ um 1 vergrößert wird, so wird ein Gitterquant der Frequenz ν_j emittiert, wenn $v_{\nu j}$ sich um 1 verkleinert, so wird ein solches Gitterquant absorbiert.

Die nächste Aufgabe besteht darin, die Verteilungsfunktion $f'(\varepsilon)$ zu berechnen, die sich im Feld wegen der Wechselwirkung mit den Gitterschwingungen herausbildet. Das Feld allein würde die Werte der Verteilungsfunktion an den Stellen von großem $\mathfrak{f}_x$ vergrößern und an den Stellen mit kleinem $\mathfrak{f}_x$ gegenüber der Gleichgewichtsverteilung verkleinern (s. Abb. 545). Die Wechselwirkung mit den Gitterschwingungen macht jede Abänderung der Gleichgewichtsverteilung mit der Zeit rückgängig. Unter beiden Einflüssen stellt sich ein solcher stationärer Zustand mit einer Verteilungsfunktion $f'(\varepsilon)$ ein, daß die sekundliche

Änderung der Verteilungsfunktion durch das Feld gerade von der Änderung durch die Gitterschwingungen kompensiert wird. Es muß also

$$\left(\frac{\partial f'}{\partial t}\right)_{\text{Feld}} = -\left(\frac{\partial f'}{\partial t}\right)_{\text{Gitter}} \tag{IV, 351}$$

gelten. Aus dieser Forderung kann man, wenn auch mühsam, die Verteilungsfunktion $f'(\varepsilon)$ bzw. $f'(\mathfrak{f})$ selbst berechnen.

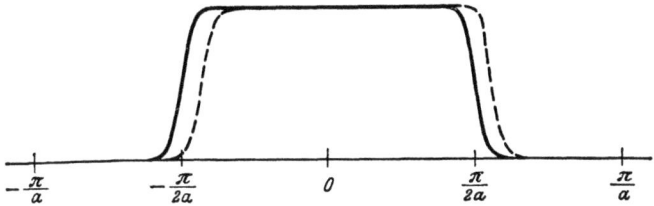

Abb. 545. Verteilungsfunktion im halbbesetzten Band. Ausgezogen im Gleichgewicht ohne Feld, punktiert mit Feld

Hat man $f'(\varepsilon)$ gewonnen, so kann man leicht die mittlere Geschwindigkeit der Elektronen

$$\bar{\mathfrak{v}}_x = \frac{2\pi}{h} \int \frac{\partial \varepsilon}{\partial \mathfrak{f}_x} f'(\varepsilon) \, d\mathfrak{f}_x \tag{IV, 352}$$

und die elektrische Stromdichte

$$\mathfrak{G}_x = -e n \bar{\mathfrak{v}}_x = -\frac{2\pi e n}{h} \int \frac{\partial \varepsilon}{\partial \mathfrak{f}_x} f'(\varepsilon) \, d\mathfrak{f}_x \tag{IV, 353}$$

berechnen. n bedeutet dabei die Zahl der Elektronen pro Volumeneinheit.

Auch ohne die statistische Berechnung der Verteilungsfunktion f' durchzuführen, kann man sich einen Überblick über die Stromleitung verschaffen. Durch den Einfluß der Gitterschwingungen allein würde eine Störung des thermischen Gleichgewichtes in einer gewissen Zeit τ auf den e-ten Teil reduziert werden. τ nennt man die Relaxationszeit. Wenn also die Gesamtheit der Elektronen eine mittlere Geschwindigkeit $\bar{\mathfrak{v}}_x$ in der x-Richtung besitzt, bewirkt die Wechselwirkung mit den Gitterschwingungen eine Verzögerung

$$-\frac{d\bar{\mathfrak{v}}_x}{dt} = \frac{\bar{\mathfrak{v}}_x}{\tau}. \tag{IV, 354}$$

Im Feld entsteht eine Beschleunigung

$$\frac{d\bar{\mathfrak{v}}_x}{dt} = -\frac{e\mathfrak{E}_x}{m} \overline{f_{\mathfrak{k}\mathfrak{f}}}, \tag{IV, 355}$$

die der Verzögerung durch die Gitterschwingungen im stationären Zustand gleich sein muß. Hieraus erhalten wir die mittlere Geschwindigkeit im Feld

$$\bar{\mathfrak{v}}_x = -\frac{e\mathfrak{E}_x}{m} \overline{f_{\mathfrak{k}\mathfrak{f}}} \tau \tag{IV, 356}$$

und die elektrische Stromdichte

$$\mathfrak{G}_x = \frac{e^2 \mathfrak{E}_x n}{m} \overline{f_{\mathfrak{k}\mathfrak{f}}} \tau = \frac{e^2 \mathfrak{E}_x n_f}{m} \tau. \tag{IV, 357}$$

n ist die Gesamtzahl der Elektronen in der Volumeneinheit und n_f die Zahl der

„freien Elektronen". Die Gleichung (IV, 357) ist nichts anderes als das Ohmsche Gesetz, und wir finden das Leitvermögen

$$\varkappa = \frac{e^2 n_f \tau}{m} = \frac{e^2 n \tau}{m} \overline{f_{k\dagger}}. \tag{IV, 358}$$

Jetzt ergibt sich zwanglos auch das Joulesche Gesetz der Stromwärme. Kraft mal Geschwindigkeit ist die pro Elektron aus dem Feld aufgenommene Leistung

$$-e\,\mathfrak{E}_x\,\bar{\mathfrak{v}}_x = \frac{e^2\,\mathfrak{E}_x^2\,\tau}{m}\overline{f_{k\dagger}} \tag{IV, 359}$$

und die gesamte Stromleistung wird

$$\frac{e^2 n\,\mathfrak{E}_x^2\,\tau}{m}\overline{f_{k\dagger}} = \varkappa\,\mathfrak{E}_x^2. \tag{IV, 360}$$

Die wirkliche statistische Durchrechnung des Einflusses der Gitterschwingungen ist nur notwendig, um nähere Aussagen über die Relaxationszeit τ zu gewinnen. Da die Gitterschwingungen mit der Temperatur anwachsen, gilt dasselbe für das Störungspotential $V'(\mathfrak{r})$, welches sie erzeugen. Man sieht ohne Rechnung voraus, daß die Relaxationszeit und somit auch das Leitvermögen mit der Temperatur abnimmt. Bedeutet M die Masse der Atome und Θ die charakteristische Temperatur der Gitterschwingungen, so berechnet man für hohe Temperatur die Relaxationszeit

$$\tau = \mathrm{const}\,\frac{|\mathfrak{v}_\zeta|^3\,\Theta^2\,M}{n\,T}. \tag{IV, 361}$$

$\mathfrak{v}_\zeta$ ist die Geschwindigkeit der Elektronen bei der Grenzenergie ζ und wir erhalten endlich für das Leitvermögen den Ausdruck

$$\varkappa = \mathrm{const}\,\frac{e^2\,|\mathfrak{v}_\zeta|^3\,\Theta^2\,M}{m\,T}\overline{f_{k\dagger}}. \tag{IV, 362}$$

Bei tiefen Temperaturen findet man

$$\tau \sim \frac{1}{T^5} \tag{IV, 363}$$

und eine entsprechende Temperaturabhängigkeit der Leitfähigkeit. Auf die mühsame Ableitung der Formeln (IV, 362) und (IV, 363) müssen wir verzichten.

Die Relaxationszeit läßt auch eine anschauliche Deutung zu. Für jedes Elektron besteht eine gewisse Wahrscheinlichkeit $w\,dt$, während der Zeit dt durch die Wechselwirkung mit den Gitterschwingungen in einen anderen Zustand überzugehen. Während der Zeit $\tau_1 = 1/w$ unterliegt das Elektron also im Mittel der Beschleunigung im Feld und τ_1 entspricht der freien Flugdauer. Zu Beginn eines Fluges ist die mittlere Geschwindigkeit gleich Null, am Ende des Fluges gleich $-\frac{e_x\,\mathfrak{E}_x\,\tau_1\,\overline{f_{k\dagger}}}{m}$. Im Mittel erhalten wir also

$$\bar{\mathfrak{v}}_x = -\frac{e\,\mathfrak{E}_x\,\overline{f_{k\dagger}}}{2m}\,\tau_1. \tag{IV, 364}$$

Der Vergleich mit (IV, 356) zeigt, daß

$$\tau = \frac{\tau_1}{2} \tag{IV, 365}$$

ist. Als freie Weglänge der Elektronen kann man nun die Größe

$$\lambda = \tau_1 |\bar{v}| \qquad (IV, 366)$$

einführen, wo $|\bar{v}|$ der mittlere Betrag der Geschwindigkeit ist. Damit ist die Möglichkeit geschaffen, für viele Vorgänge die Formeln der kinetischen Gastheorie zu verwenden. Es zeigt sich allerdings bei wirklicher Durchrechnung, daß man für die freie Weglänge nicht (IV, 366), sondern

$$\lambda = \tau |\bar{v}| \qquad (IV, 367)$$

einführen muß.

Wir skizzieren noch die Berechnung des Anteils der Elektronen an der Wärmeleitung. Das Wärmeleitvermögen der Elektronen kann man jetzt nach der gaskinetischen Formel [s. S. 1505, Gl. (II, 110)]

$$\varkappa_{\text{Wärme}} = \frac{n_f \lambda |\bar{v}| c}{3} = \frac{\tau \bar{v}^2 c n_f}{3} \qquad (VI, 368)$$

berechnen, wenn n_f die Zahl der „freien" Elektronen in der Volumeneinheit und c die Wärmekapazität pro Elektron bedeutet, welche auf S. 1505 durch $m c_v / M$ ausgedrückt ist. Für c fanden wir

$$c = \frac{\pi^2 k^2 T}{2 \zeta_0} \qquad (IV, 369)$$

auf S. 1710, Gl. (IV, 45), wo für ζ_0 sinngemäß die kinetische Energie

$$\zeta_0 = \frac{m \bar{v}^2}{2} \qquad (IV, 370)$$

einzusetzen ist. Man erhält dann das Wärmeleitvermögen

$$\varkappa_{\text{Wärme}} = \frac{\pi^2 k^2 T \tau n_f}{3m}. \qquad (IV, 371)$$

Für das Verhältnis von thermischem und elektrischem Leitvermögen erhält man

$$\frac{\varkappa_{\text{Wärme}}}{\varkappa} = \frac{\pi^2 k^2}{3 e^2} T. \qquad (IV, 372)$$

Es ist der Temperatur proportional. Dies ist der Inhalt des Wiedemann-Franzschen Gesetzes.

V. Halbleiter.

Für die Metallgitter mußten wir in Kap. IV ein wesentlich anderes Modell zugrunde legen als für die Gitter der isolierenden Kristalle in den Kap. II und III. Als wir für Isolatoren die Modelle des Molekülgitters, des Valenzgitters und des Ionengitters konstruierten, schien es nicht nötig zu sein, das Verhalten der Elektronen genauer zu untersuchen. Im Molekülgitter gehört nämlich jedes Elektron zum Verband eines Moleküls, beim Ionengitter zu einem Ion. Auch beim Valenzgitter sind die Elektronen in den chemischen Bindungen mehr oder weniger lokalisiert, wenn sie dort auch nicht einem einzigen, sondern zwei Atomen angehören. Daß diese Gitter Isolatoren sind, ist von vornherein klar. Wenn die Elektronen feste Plätze einnehmen und nur in einem engen Bereich beweglich sind, können sie dem elektrischen Feld nicht folgen. Daß im Sinne strenger Quantentheorie ein Austausch oder Platzwechsel der Elektronen eintreten kann, ändert nichts an dieser Situation, weil Austausch und Platzwechsel keinen makroskopischen Strom erzeugen.

Daß man für die Metalle kein Modell mit lokalisierten Elektronen entwerfen kann, ergibt sich hieraus von selbst. Wir mußten also den Elektronen grundsätzlich Bewegungsfreiheit in makroskopischen Bereichen des Gitters einräumen. Es erwies sich allerdings, daß nicht alle Elektronen beweglich sind. Die Elektronen in tiefen Termen, insbesondere alle Elektronen der inneren Schalen, bleiben auch im Metallgitter an ihre Atomkerne gebunden. Den Valenzelektronen ist hingegen der ganze Bereich des Gitters zugänglich.

Die Elektronenterme eines Atoms werden in diesem Modell zu Bändern ausgeweitet, welche um so schmäler und infolgedessen um so weiter voneinander getrennt sind, je fester die Elektronen an ihre Atome gebunden sind.

Diese zunächst für die metallischen Leiter entwickelte Vorstellung liefert auch für die isolierenden Kristalle einen fruchtbaren Gesichtspunkt. Die Bänder eines Isolators sind bis zu einer gewissen Termhöhe voll besetzt. Über dem letzten vollbesetzten Band, dem sog. Valenzband, liegen noch leere Bänder in beträchtlichem Abstand. Das tiefste leere Band, welches wir als Leitfähigkeitsband bezeichnen wollen, interessiert uns besonders. In einem vollbesetzten Band ist zwar das einzelne Elektron insofern beweglich, als ihm der ganze Bereich des Gitters zur Verfügung steht, die Gesamtheit der Elektronen eines besetzten Bandes ist aber im elektrischen Felde nicht beweglich. Das kommt daher, daß es zu jedem Elektron ein anderes Elektron gibt, welches sich mit gleicher Geschwindigkeit in entgegengesetzter Richtung bewegt. Im Gegensatz zu den Isolatoren ist das oberste Band der ausgeprägten Leiter nur zur Hälfte besetzt.

Der Isolatorcharakter eines Kristalls ergibt sich nach dem Bändermodell daraus, daß das energiereichste Band, in welchem sich überhaupt noch Elektronen befinden, völlig besetzt ist. Die relativ feste Bindung der Elektronen an die Atome trägt nur insofern zur Isolatoreigenschaft bei, als die Bänder ziemlich schmal sind und deshalb zwischen dem besetzten Valenzband und dem darüberliegenden leeren Leitfähigkeitsband ein ziemlich großer Energieunterschied besteht.

§ 1. Die Eigenleitung der Isolatoren. Defektelektronen.

Inhalt: Bei höherer Temperatur werden Elektronen aus dem Valenzband ins Leitfähigkeitsband gehoben. Die Zahl der Defektelektronen ist gleich der Zahl der Leitfähigkeitselektronen. Beide verursachen die Eigenleitung.

Nur beim absoluten Nullpunkt der Temperatur ist das Valenzband eines Isolators vollständig mit Elektronen besetzt und das darüberliegende Leitfähigkeitsband völlig frei von Elektronen. Bei höheren Temperaturen werden einige Elektronen aus dem Valenzband ins Leitfähigkeitsband gehoben. Ist ε'_u die Energie am unteren Rande des Leitfähigkeitsbandes, ε_0 die Energie am oberen Rande des Valenzbandes, so befinden sich nach S. 1744 (IV, 301) und (IV, 302)

$$N' = 2Z \left(\frac{kT}{4\pi \sqrt{A A'}} \right)^{\frac{3}{2}} e^{-\frac{\varepsilon'_u - \varepsilon_0}{2kT}} \qquad (V, 1)$$

Elektronen im Leitfähigkeitsband, während ebenso viele Elektronen im Valenzband fehlen. $2Z$ ist die Zahl der Plätze in den Bändern, A und A' bestimmen nach S. 1722 (IV, 127 u. 128) die Breite der beiden Bänder.

Nach Maßgabe der Temperatur müssen also alle Isolatoren ein gewisses Leitvermögen aufweisen, welches von den Elektronen im Leitfähigkeitsband herrührt. Aber auch die Lücken im Valenzband, welche in gleicher Anzahl vorhanden sind, liefern zur Leitfähigkeit einen Beitrag. Wären nämlich diese Lücken durch Elektronen besetzt, so würden sie gerade die elektrische Leitfähigkeit des Valenzbandes zu Null kompensieren. Die Lücken verhalten sich also genau wie positive Teilchen der Ladung $+e$ und der Masse eines Elektrons. Aus diesem Grunde bezeichnet man die Lücken als Defektelektronen und rechnet mit ihnen, als ob sie Teilchen positiver Ladung wären.

Die Leitfähigkeit, welche alle Isolatoren nach (V, 1) bei höherer Temperatur gewinnen, bezeichnet man als Eigenleitfähigkeit. Sie ist bei guten Isolatoren, bei denen die Bänder einen beträchtlichen Abstand besitzen, sehr klein, wenn die Temperatur niedrig ist. Auch Zimmertemperatur ist in diesem Sinne als eine niedrige Temperatur zu betrachten. Bei den meisten Kristallen ist es sogar schwierig, die schwache Eigenleitung zu beobachten. In Wirklichkeit bilden die Kristalle nämlich keine fehlerfreien Gitter, wie wir bisher angenommen haben, sondern die regelmäßige Gitterstruktur wird durch verschiedenartige Unregelmäßigkeiten gestört. Fehler des Gitters können aber je nach ihrer Beschaffenheit auch den isolierenden Kristallen eine gewisse Leitfähigkeit verleihen, welche in den meisten Fällen größer als die Eigenleitfähigkeit ist. Wir müssen uns daher mit den Gitterfehlern und ihrer Wirkung auf die Leitfähigkeit genauer befassen.

§ 2. Gitterfehler, Donatoren, Akzeptoren.

Inhalt: Gitterfehler (Störstellen) entstehen durch Substitution gitterfremder Atome, durch unbesetzte Gitterpunkte und durch Zwischengitteratome. Störstellen können Elektronen an das Leitfähigkeitsband abgeben (Donatoren) oder Elektronen aus dem Valenzband aufnehmen (Akzeptoren).

Als Beispiel eines ausgesprochenen Isolators betrachten wir einen Germaniumkristall. Im ungestörten Zustand bildet er ein Valenzgitter vom Typus des Diamantgitters, in welchem jedes Ge-Atom durch Valenzbindungen mit vier Nachbarn in den Ecken eines Tetraeders verbunden ist. Das Valenzband ist voll besetzt. Ein solches Gitter sollte nur die der Temperatur entsprechende Eigenleitung zeigen.

Dem Germanium kann man nun Elemente der dritten oder fünften Gruppe des periodischen Systems in geringer Menge beimischen. Die Fremdatome werden in das Gitter eingebaut. Die Gitterstruktur bleibt dabei erhalten, nur werden an einigen Stellen Germaniumatome durch Fremdatome ersetzt.

Ein As-Atom, das die Stelle eines Ge-Atoms im Gitter einnimmt, bringt ein Elektron zuviel mit, während ein In-Atom ein Elektron zu wenig hat. Ein ins Gitter eingebautes As-Atom kann ionisiert werden und dabei ein Elektron an das Gitter abgeben, welches sich in das Leitfähigkeitsband begeben muß, weil das Valenzband ja bereits besetzt ist. Die Ionisierungsenergie des Arsens ist im Gitter viel niedriger als bei einem freien Atom, weil das gebildete As^+-Ion in ein Medium großer Dielektrizitätskonstante eingebettet ist. Durch die Einbettung wird der größte Teil der Ionisierungsenergie wiedergewonnen. Es wird also nur einer geringen Energiezufuhr bedürfen, um das As-Atom zu ionisieren und sein überschüssiges Elektron in das Leitfähigkeitsband zu befördern.

Dicht unter dem Leitfähigkeitsband befindet sich also ein Elektronenterm des an das As-Atom gebundenen Überschußelektrons, der allerdings am Orte des As-Atoms lokalisiert ist. Dieser Term ist in der Abb. 546 durch einen kurzen Strich angedeutet. Wird das Elektron in das Leitfähigkeitsband gehoben, so steht ihm nicht nur die Umgebung des As-Atoms zur Verfügung, sondern es kann sich frei im ganzen Gitter bewegen. Die ins Gitter eingebetteten As-Atome wirken als Spender von Leitfähigkeitselektronen und werden als Donatoren bezeichnet. Ein mit As-Atomen verunreinigter Germaniumkristall zeigt infolgedessen ein elektrisches Leitvermögen, welches mit der Zahl der eingebetteten As-Atome steigt.

Das Einbetten von In-Atomen in einem Germaniumkristall hat eine ähnliche Wirkung. Ein Elektron des Valenzbandes kann von einem In-Atom aufgenommen werden, wobei ein negatives In⁻-Ion entsteht. Da die Einbettung eines negativen Ions in das Gitter eine beträchtliche Energie liefert, braucht das Elektron aus dem Valenzband nicht bis ins Leitfähigkeitsband gehoben zu werden, um von einem Indiumatom eingefangen werden zu können. Dicht über dem Valenzband liegt also am Orte des Indiumatoms ein Elektronenterm. Durch Anregung eines Elektrons aus dem Valenzband in diesen Term entsteht außer dem In⁻-Ion ein Defektelektron im Valenzband. Die Verunreinigung des Germaniumkristalls mit Indium-Atomen verursacht eine gewisse Leitfähigkeit, welche von den Fehlstellen im Valenzband herrührt und deshalb als Defektleitung bezeichnet wird. Das Indiumatom, welches ein Elektron des Valenzbandes aufnimmt und an sich bindet, wird als Akzeptor bezeichnet.

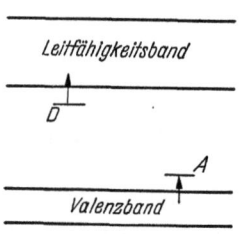

Abb. 546. Lokalisierter Donator D und Akzeptor A. Der Pfeil deutet die Abgabe eines Elektrons ins Leitfähigkeitsband bzw. die Aufnahme eines Elektrons aus dem Valenzband an.

Gitterstörstellen können nicht nur durch Substitution eines Fremdatoms anstelle eines Gitteratoms entstehen. Die einfachste Form eines Gitterfehlers besteht sogar darin, daß ein Gitterplatz unbesetzt bleibt. Im Gitter besteht dann eine Lücke. Die Gitterlücke kann als Donator oder auch als Akzeptor wirken.

Aus einem Ionengitter denken wir uns z. B. ein Kation entfernt. Um die elektrische Neutralität zu wahren, muß dann auch ein Elektron entfernt werden. Wird es der unmittelbaren Umgebung des Kations entnommen, so entsteht eine elektrisch neutrale Lücke im Gitter. Diese Lücke wirkt wie ein Akzeptor. Ein Gitterelektron kann bei geringer Energiezufuhr den Platz des entfernten Elektrons einnehmen, wobei es ein Defektelektron im Gitter hinterläßt. Die Gitterlücke selbst nimmt dann eine negative Ladung an. In diesem Zustand fehlt dem Gitter nur das Kation und ein Elektron im Valenzband. Ganz analog wirkt es sich aus, wenn dem Gitter ein Anion fehlt, dessen Elektron jedoch zur Wahrung der Neutralität des ganzen Gitters am Ort des Anions zurückbleibt. Durch Zufuhr von Energie kann dieses Elektron in das Leitfähigkeitsband gehoben werden. Die Fehlstelle wirkt dann wie ein Donator.

Eine Gitterlücke in einem Valenzgitter aus lauter gleichen Atomen (z. B. Germaniumgitter) wirkt wie ein Akzeptor. Ein Valenzelektron in den leeren Raum der Gitterlücke zu bringen, erfordert weniger Energie, als es in das Leitfähigkeitsband zu heben.

Einen anderen Typus von Gitterfehlern haben wir vor uns, wenn Atome zwischen die eigentlichen Gitterplätze eingestreut sind. In einem Valenzgitter geben Atome auf Zwischengitterplätzen verhältnismäßig leicht Elektronen ab, welche sich natürlich in das Leitfähigkeitsband begeben müssen. Die Zwischengitteratome wirken daher als Donatoren (z. B. Zinkatome in einem ZnO-Gitter).

Damit haben wir drei verschiedene Arten von Gitterstörungen kennengelernt, welche die Leitfähigkeit der Isolatoren über die Eigenleitung hinaus verstärken können. Fremdatome, die man an einzelnen Gitterplätzen substituiert, wirken als Donatoren oder Akzeptoren, je nachdem, ob sie mehr oder weniger Valenzelektronen als die normalen Gitteratome besitzen. Gitterlücken bilden leichter Akzeptoren als Donatoren, während Atome auf Zwischengitterplätzen eher als Donatoren als als Akzeptoren wirken. Die Wirkung der verschiedenen

Arten von Störstellen muß allerdings in jedem Einzelfall geprüft und sichergestellt werden.

§ 3. Überschußleiter, Defektleiter.

Inhalt: Dissoziation von Donatoren und Akzeptoren, Temperatureinfluß auf die Störstellenleitung.

Wir betrachten nun einen Kristall, welcher nur eine einzige Art von Störstellen enthalten möge, z. B. eine bestimmte Konzentration von Donatoren. Ein solcher Kristall wird bei nicht zu tiefen Temperaturen eine gewisse Elektronenkonzentration im Leitfähigkeitsband aufweisen und infolgedessen eine schwache Leitfähigkeit zeigen. Man bezeichnet ihn als einen Halbleiter. Da seine Leitfähigkeit von Elektronen herrührt, welche negative Ladung tragen, wird ein Halbleiter von diesem Typ auch als n-Leiter bezeichnet. Die Abspaltung eines Elektrons vom Donator ins Leitfähigkeitsband kann man als eine Dissoziation des Donators betrachten. Dieser Vorgang folgt wie jede Dissoziation oder Ionisation der Sahaschen Gleichung von S. 1604. Bei sehr tiefen Temperaturen befinden sich alle Donatoren in undissoziiertem Zustand und das Leitfähigkeitsband enthält keine Elektronen. Steigert man die Temperatur, so setzt langsam die Dissoziation der Donatoren ein. Nennen wir die Dissoziationsenergie ε_D, so wächst die Leitfähigkeit mit der Temperatur schnell, gemäß dem Faktor

$$e^{-\frac{\varepsilon_D}{2kT}}. \tag{V, 2}$$

Diese Gesetzmäßigkeit gilt so lange, als

$$kT \ll \frac{\varepsilon_D}{2} \tag{V, 3}$$

ist, d. h. solange nur ein kleiner Bruchteil der Donatoren dissoziiert ist und noch ein größerer Vorrat nichtdissoziierter Donatoren vorliegt. Erhöht man die Temperatur weiter, bis kT die Größenordnung ε_D überschreitet, so werden allmählich sämtliche Donatoren ihre Elektronen abgeben. Es tritt eine Erschöpfung des Donatorenvorrates ein. Die Konzentration der Elektronen im Leitfähigkeitsband kann nicht mehr weiter gesteigert werden. Erst wenn man die Temperatur so hoch bringt, daß sich auch die Eigenleitung geltend macht, beobachtet man einen neuen steilen Anstieg der Leitfähigkeit mit der Temperatur.

Enthält der Halbleiter keine Donatoren, sondern Akzeptoren, so beruht seine Leitfähigkeit auf den Defektelektronen im Valenzband. Da sie als positive Teilchen wirken, bezeichnet man den Halbleiter als p-Leiter. Wenn ein Akzeptor ein Elektron aus dem Valenzband aufnimmt, kann man diesen Vorgang formal auch als Abspaltung eines Defektelektrons, d. h. als Dissoziation des Akzeptors betrachten. Die Konzentration der Defektelektronen kann also wieder über die Sahasche Gleichung mit der Temperatur in Verbindung gebracht werden. Für die Defektleitung erhält man deshalb ganz analoge Gesetzmäßigkeiten wie für die Überschußleitung.

Ob ein Kristall ein Überschußleiter (n-Leiter) mit Donatoren, oder ein Defektleiter (p-Leiter) mit Akzeptoren ist, läßt sich daher an der elektrischen Leitfähigkeit allein nicht erkennen.

Enthält ein Halbleiter Störstellen verschiedener Typen, deren Dissoziationsenergien verschieden sein können, so verwickeln sich die Verhältnisse. Sind Donatoren und Akzeptoren gleichzeitig vorhanden, so mindern sie ihre Wirkung gegenseitig. Ein Akzeptor braucht dann Elektronen nicht unter Energieaufwand aus dem Valenzband aufzunehmen, sondern er kann sie auch aus dem Leitfähigkeitsband einfangen, welches von den Donatoren gespeist wird. Umgekehrt kann ein Donator bei der Dissoziation sein Elektron an das Valenzband verlieren und auf diese Weise ein Defektelektron kompensieren. Durch das Einbringen von Akzeptoren in Überschußleiter bzw. von Donatoren in Defektleiter wird die Leitfähigkeit reduziert, was man auch als Vergiftung des Halbleiters bezeichnet hat.

§ 4. Kontakt zwischen Metall und Halbleiter.

Inhalt: Zwischen Metall und anschließendem Halbleiter bildet sich eine Raumladungsschicht und Potentialstufe aus. Gleichrichterwirkung des Kontaktes.

Bezeichnungen: n Konzentration der Leitungselektronen, p Konzentration der Defektelektronen, $n(0)$ bzw. $p(0)$ Konzentrationen an der Stelle $x = 0$, n_n, p_n Konzentrationen im n-Leiter, n_p, p_p im p-Leiter, $U(x)$ Potential, U_n, U_p Potential im Innern des n-Leiters bzw. p-Leiters, v mittlere Geschwindigkeit, b, b_n, b_p Beweglichkeiten der Leitungs- und Defektelektronen, i Stromdichte, i_s Sättigungsstromdichte, ΔU Kontaktspannung, $\Delta U'$ angelegte äußere Spannung.

Die Grenzfläche zwischen einem metallischen Leiter und einem Halbleiter erweist sich als Sitz einer Raumladungsschicht, die wir jetzt etwas genauer untersuchen. Für eine einfache Überlegung betrachten wir einen Kristall vom Typ eines n-Leiters, in dessen Innerem die Konzentration n_n von Leitungselektronen bestehen möge. Diese Konzentration ist allein durch die Eigenschaften des Halbleiters und die Temperatur festgelegt.

In der Ebene $x = 0$ grenze der Kristall an ein Metall. Das Metall hält in der anschließenden Halbleiterschicht eine Elektronenkonzentration $n(0)$ aufrecht, welche von der Austrittsarbeit der Elektronen in den Kristall und der Temperatur bestimmt wird. Die Konzentration $n(0)$ hängt also nicht nur von den Eigenschaften des Halbleiters und der Temperatur, sondern auch von den Eigenschaften des angrenzenden Metalls ab. In der Regel wird deshalb $n(0)$ und n_n nicht übereinstimmen. Im stromlosen Gleichgewicht muß sich dann eine Potentialstufe zwischen dem Metall und dem Halbleiter einstellen und zwischen der Konzentration $n(x)$ und dem Potential $U(x)$ an der Stelle x besteht die Beziehung

$$n(x) = n(0)\, e^{\frac{eU(x)}{kT}}, \qquad (V, 4)$$

wenn wir den Nullpunkt des Potentials an die Stelle $x = 0$ legen. Für das Innere des Halbleiters geht daraus

$$n_n = n(0)\, e^{\frac{eU_n}{kT}} \qquad (V, 5)$$

hervor, wenn U_n das Potential des Halbleiters ist.

Ist $n(0)$ kleiner als n_n, so lädt sich der Halbleiter positiv gegen das Metall auf. Die Grenzschicht enthält weniger Elektronen als das Kristallinnere, und durch diese Elektronenverarmung entsteht eine positive Raumladungsschicht. Der umgekehrte Fall, daß $n(0)$ größer als n_n ist, führt zu einer negativen Aufladung des Kristalls, bietet aber sonst kein Interesse.

Geben wir dem Kristall eine positive Spannung U gegen das Metall, die von U_n abweicht, so wird ein elektrischer Strom durch den Kontakt fließen. Wenn wir die Annahme machen, daß die Raumladungsschicht dünn gegen die freie Weglänge der Elektronen ist, können wir den Strom berechnen. An der Stelle $x = 0$ fließen in der Zeiteinheit

$$\frac{n(0)\,\bar{v}}{4} \qquad (V, 6)$$

Elektronen in der Zeiteinheit in den Kristall hinein. Sie werden vom elektrischen Feld beschleunigt und gelangen also alle in das Innere des Kristalls. Aus dem Kristallinnern laufen

$$\frac{n_n \bar{v}}{4} \qquad (V, 7)$$

Elektronen in die Raumladungsschicht hinein, von denen aber nur der Bruchteil

$$e^{-\frac{eU}{kT}} \qquad (V, 8)$$

die Metalloberfläche erreicht. $\bar{v}$ ist die mittlere thermische Geschwindigkeit der Elektronen. Wir erhalten damit eine elektrische Stromdichte

$$i = -\frac{e\,n(0)\,\bar{v}}{4}\left(1 - e^{\frac{e}{kT}(U_n - U)}\right). \qquad (V, 9)$$

Ist U größer als U_n, so fließt ein Strom vom Hableiter zum Metall, der jedoch den Sättigungsstrom

$$i_s = -\frac{e\,n(0)\,\bar{v}}{4} \qquad (V, 10)$$

nicht überschreiten kann, also auf relativ kleine Werte beschränkt bleibt. Ist dagegen U kleiner als U_n, so erhalten wir einen Strom vom Metall zum Halbleiter, der exponentiell über den Sättigungsstrom hinauswächst, wenn man die angelegte negative Spannung $U_n - U$ steigert. Die Grenzschicht hat also Gleichrichtereigenschaften.

Die Flußrichtung geht vom Metall zum Halbleiter, in der entgegengesetzten Richtung wird der Strom gesperrt, d. h. auf den Sättigungsstrom beschränkt.

Wenn die Raumladungsschicht groß gegen die freie Weglänge der Elektronen angenommen wird, müssen wir den Strom aus einer Drift im Feld (s. S. 1592) und einem Diffusionsstrom zusammensetzen. Wir erhalten also die Stromdichte

$$i = -e\,n\,b\frac{dU}{dx} + eD\frac{dn}{dx}. \qquad (V, 11)$$

Diese Gleichung kann man lösen, wenn der Potentialverlauf bekannt ist. Eine Näherungsrechnung führt auch ohne Kenntnis des genauen Potentialverlaufes zu der Formel

$$i \approx -e\,b\,n(0)\left|\frac{dU}{dx}\right|_0\left(1 - e^{\frac{e}{kT}(U_n - U)}\right) \qquad (V, 12)$$

bei der der Sättigungsstrom (V, 10) durch den Feldstrom

$$i_F = -e\,b\,n(0)\left|\frac{dU}{dx}\right|_0 \qquad (V, 13)$$

ersetzt ist. Im übrigen stimmt (V, 12) aber mit (V, 9) überein, so daß sich auch für eine größere Ausdehnung der Raumladungsschicht die Gleichrichtereigenschaften des Kontaktes ergeben. Der Unterschied zwischen (V, 9) und (V, 13) besteht darin, daß der Sättigungsstrom etwas von der angelegten Spannung abhängt.

§ 5. Die Grenzschicht zwischen Überschuß- und Defektleitern.

Inhalt: Raumladungs- und Potentialverlauf in der Grenzschicht zwischen n-Leiter und p-Leiter. Gleichrichtereffekte.
Bezeichnungen: wie S. 1762.

Ein n-Leiter grenze an einen p-Leiter. Der Einfachheit halber wollen wir annehmen, daß das Grundgitter beiderseits der Grenzfläche dasselbe sei, z. B. ein

Germaniumgitter. Im n-Leiter seien Donatoren (z. B. Elemente der 5. Gruppe) in das Gitter eingebettet, im p-Leiter hingegen Akzeptoren (z. B. Elemente der 3. Gruppe). Befänden sich im Gitter keine Störstellen, so hätten wir überall eine kleine, der Temperatur entsprechende Zahl von Leitungselektronen und Defektelektronen. Im n-Leiter wird die Konzentration der Leitungselektronen durch die Donatoren erhöht, die Konzentration der Defektelektronen herabgedrückt. Umgekehrt erhöhen die Akzeptoren im p-Leiter die Konzentration der Defektelektronen und vermindern die Konzentration der Leitungselektronen. An der Grenzfläche zwischen n-Leiter und p-Leiter werden die Konzentrationen natürlich keinen Sprung machen, sondern stetig ineinander übergehen.

Zwischen dem n-Leiter und dem p-Leiter werden wir, wie überhaupt zwischen verschiedenen Stoffen, mit einer Potentialstufe zu rechnen haben, welche von dem verschiedenen chemischen Potential der Elektronen in den beiden Gebieten hervorgebracht wird. Ist n_n die Konzentration der Leitungselektronen im n-Leiter und n_p ihre Konzentration im p-Leiter, während p_n und p_p die Konzentrationen der Defektelektronen in beiden Leitern bedeuten, so gelten zwischen den Konzentrationen und dem elektrischen Potential im Gleichgewicht die Beziehungen (s. S. 1448 III, 20)

$$n(x) = n_n e^{\frac{e}{kT}\{U(x)-U_n\}} = n_p e^{\frac{e}{kT}\{U(x)-U_p\}}, \qquad (V, 14)$$

$$p(x) = p_n e^{-\frac{e}{kT}\{U(x)-U_n\}} = p_p e^{-\frac{e}{kT}\{U(x)-U_p\}}. \qquad (V, 15)$$

Man erhält daraus die Beziehung

$$\frac{n_n}{n_p} = e^{\frac{e}{kT}(U_n-U_p)} = \frac{p_p}{p_n} \qquad (V, 16)$$

zwischen den Konzentrationen und der Potentialstufe $U_n - U_p$. Außerdem ergibt sich die im ganzen Gitter gültige Beziehung

$$n(x)\,p(x) = n_n p_n = n_p p_p. \qquad (V, 17)$$

Der Verlauf des Potentials bestimmt sich aus der Poissonschen Gleichung

$$\frac{d^2 U}{d x^2} = -\frac{\eta}{\varepsilon \varepsilon_0}. \qquad (V, 18)$$

Zur Raumladung η tragen die Konzentrationen der Leitungselektronen, der Defektelektronen und der ionisierten Donatoren und Akzeptoren bei. In der Abb. 547 sind $U(x)$, $n(x)$ und $p(x)$ schematisch dargestellt. In großer Entfernung von der Grenzfläche sind beide Halbleiter natürlich elektrisch neutral. Im n-Leiter sinkt in der Nähe der Grenzschicht die Konzentration der Leitungselektronen, während die Konzentration der Defektelektronen ansteigt. Im n-Leiter bildet sich also vor der Grenzfläche eine positive Raumladung. Der p-Leiter verhält sich genau entgegengesetzt. In ihm finden wir nahe der Grenzfläche eine negative Raumladung. Das elektrische Potential liegt im n-Leiter höher als im p-Leiter.

Wir legen nun den Koordinatenanfang $x = 0$ an die Stelle, wo

$$n(0) = p(0) = \sqrt{n_n p_n} = \sqrt{n_p p_p} \qquad (V, 19)$$

§ 5. Die Grenzschicht zwischen Überschuß- und Defektleitern.

ist. Den Nullpunkt des Potentials legen wir so, daß U an der Stelle $x=0$ verschwindet. Dann geht aus (V, 14) und (V, 15)

$$n(0) = n_n e^{-\frac{e}{kT}U_n} = n_p e^{-\frac{e}{kT}U_p} \qquad (V, 20)$$
$$= p(0) = p_n e^{\frac{e}{kT}U_n} = p_p e^{\frac{e}{kT}U_p}$$

hervor.

Wir schematisieren nun das Bild noch weiter durch die Festsetzung, daß die Konzentration der Elektronen im n-Leiter ebenso groß sein soll wie die Konzentration der Defektelektronen im p-Leiter. Dies bedeutet

$$n_n = p_p; \quad n_p = p_n, \qquad (V, 21)$$

und wir entnehmen aus (V, 20)

$$U_p = -U_n. \qquad (V, 22)$$

Setzen wir noch

$$\Delta U = U_n - U_p, \qquad (V, 23)$$

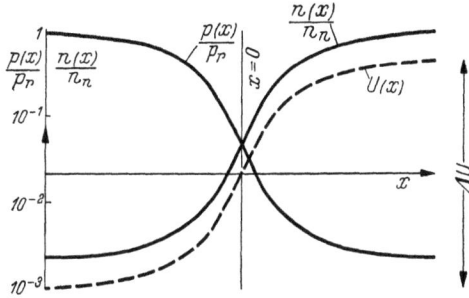

Abb. 547. Links p-Leiter, rechts n-Leiter im Gleichgewicht.

so erhalten wir

$$n(0) = p(0) = n_n e^{-\frac{e\Delta U}{2kT}}. \qquad (V, 24)$$

Ist b_n die Beweglichkeit der Leitungselektronen, b_p die der Defektelektronen, so finden wir die Leitfähigkeit

$$\varkappa_n = e(b_n n_n + b_p p_n) = e n_n \left(b_n + b_p e^{-\frac{e\Delta U}{kT}}\right) \qquad (V, 25)$$

im n-Leiter und

$$\varkappa_p = e(b_n n_p + b_p p_p) = e n_n \left(b_n e^{-\frac{e\Delta U}{kT}} + b_p\right) \qquad (V, 26)$$

im p-Leiter. Ist

$$e\Delta U \gg kT,$$

so beruht die Leitfähigkeit im n-Leiter nur auf den Leitungselektronen, im p-Leiter nur auf den Defektelektronen. In der Grenzschicht finden wir das Leitvermögen

$$\varkappa(0) = e(b_n n(0) + b_p p(0)) = e n_n e^{-\frac{e\Delta U}{2kT}} (b_n + b_p), \qquad (V, 27)$$

welches stark reduziert ist, weil dort die Konzentration beider Trägerarten niedrig ist.

Was geschieht nun, wenn man die beiden aneinander angrenzenden Halbleiter auf Potentiale U_n' und U_p' bringt, die sich um $\Delta U'$ statt um die Gleichgewichtsspannung ΔU unterscheiden? Die Folgen der angelegten Spannung wird ein Strom sein, der durch die Halbleiter fließt. Es besteht dann zwar im Kristall kein vollkommenes Gleichgewicht mehr, aber doch ein Zustand, der einem Gleichgewicht noch nahe ist. Weit entfernt von der Grenzfläche wird die Konzentration von Leitungselektronen und Defektelektronen nicht verändert werden. In der Grenzfläche werden wir statt (V, 20)

$$n'(0) = n_n e^{-\frac{e}{kT}U_n'} = p_p e^{\frac{e}{kT}U_p'} = p'(0) \qquad (V, 28)$$

und wegen (V, 21)

$$n'(0) = p'(0) = n_n e^{-\frac{e}{2kT}\Delta U'}. \tag{V, 29}$$

Die Leitfähigkeit der Grenzschicht

$$\varkappa'(0) = e n_n e^{-\frac{e}{2kT}\Delta U'} (b_n + b_p)$$
$$= \varkappa(0) e^{-\frac{e}{2kT}\{\Delta U' - \Delta U\}} \tag{V, 30}$$

wird erhöht, wenn $\Delta U' < \Delta U$, herabgedrückt, wenn $\Delta U' > \Delta U$ ist.

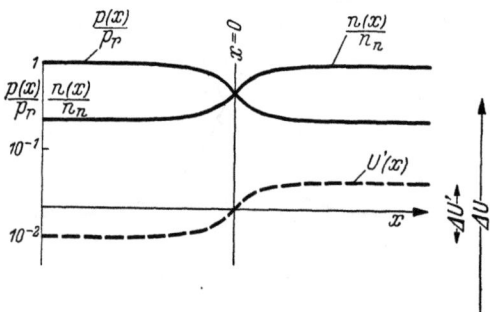

Abb. 548. Links p-Leiter, rechts n-Leiter. Spannungsgefälle in Flußrichtung.

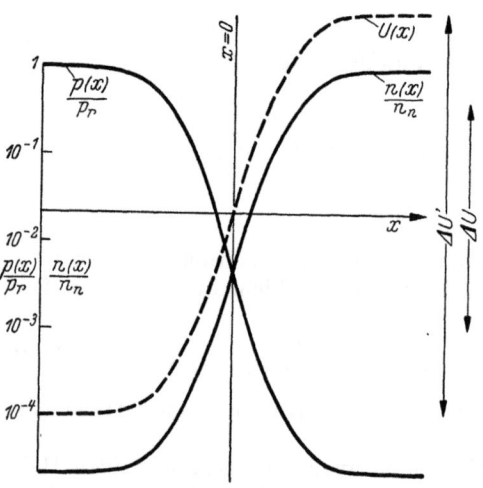

Abb. 549. Links p-Leiter, rechts n-Leiter. Angelegte Spannung in Sperrichtung.

Die Grenzschicht zwischen dem n-Leiter und dem p-Leiter hat Gleichrichtereigenschaften. Der elektrische Widerstand liegt hauptsächlich in der Grenzschicht selbst. Macht man den p-Leiter positiver, den n-Leiter negativer als im stromlosen Gleichgewicht, so vermindert man die Spannungsstufe. Die Konzentration der Leitungs- und Defektelektronen in der Grenzschicht wird erhöht, der elektrische Widerstand erniedrigt. Das an gelegte Spannungsgefälle liegt in der Flußrichtung. Der elektrische Strom wird im p-Leiter vorwiegend von den Defektelektronen getragen, welche zur Grenzschicht wandern, im n-Leiter von den Leitungselektronen, die ebenfalls zur Grenzschicht fließen. In der Grenzschicht selbst kehren die Leitungselektronen ins Valenzband zurück, was man als Rekombination von Leitungs- und Defektelektronen bezeichnet. Wegen der Zuwanderung beider Ladungsträger zur Grenzschicht wird trotz der Rekombination eine höhere Konzentration aufrechterhalten.

Macht man den p-Leiter negativer, den n-Leiter positiver als im stromlosen Gleichgewicht, so erhöht sich die Spannungsstufe über der Grenzschicht, die Konzentration der Ladungsträger nimmt ab und der elektrische Widerstand steigt. Die Grenzschicht sperrt den Strom. Soweit überhaupt noch Strom fließt, wandern Leitungselektronen und Defektelektronen aus der Grenzschicht ab, was eben gerade zur Trägerverarmung in dieser Schicht führt.

Die Abb. 548 und 549 zeigen den schematischen Verlauf von Potential, Trägerkonzentrationen und Leitfähigkeit in Fluß- bzw. Sperrichtung.

Die beschriebenen Zusammenhänge sind nur ein sehr schematisches Modellbild für das vielgestaltige elektrische Verhalten der Grenzflächen von Halbleitern gegen Metalle und gegeneinander. Es ist keineswegs immer leicht, die empirischen Beobachtungen an Grenzflächen auch nur qualitativ auf das Modellschema zurückzuführen.

VI. Der flüssige Zustand.

Die Struktur der Flüssigkeiten ist viel unübersichtlicher und deshalb auch weniger erforscht als die der Kristalle.

Je höher die Temperatur ist, desto größer werden die Amplituden der Gitterschwingungen. Es kommt dann vor, daß einzelne Gitterteilchen so weit ausschwingen, daß sie nicht mehr in ihre Gleichgewichtslage zurückkehren, sondern den Platz eines anderen Gitterteilchens einnehmen. Solche Platzwechsel gibt es schon im kristallisierten Zustand.

Wenn schließlich der Platzwechsel der Gitterteilchen kein seltenes Ausnahmeereignis mehr ist, sondern die Regel wird, bricht die geordnete Gitterstruktur zusammen und der Kristall schmilzt. Die Gitterteilchen besitzen dann überhaupt keine Gleichgewichtslagen mehr und die Schwingung geht in eine ungeordnete Zickzackbewegung über. Dabei gehen aber die Eigenschaften der Gitterstruktur nicht gänzlich verloren. Die Abstände zweier benachbarter Teilchen sind nur wenig größer als im Gitter, und sogar die Anordnung der Teilchen behält eine gewisse Ähnlichkeit mit einer Gitterstruktur, nur ohne deren Regelmäßigkeit und zeitliche Unveränderlichkeit. Ein solches Quasigitter der Flüssigkeit behält deshalb alle Eigenschaften des Gitters, die mit der dichten Packung zusammenhängen, verliert aber die Eigenschaften, welche an die genau regelmäßige, zeitlich unveränderliche Struktur des Gitters geknüpft sind. In der Flüssigkeit gibt es deshalb keine ausgezeichneten Richtungen wie im Kristall, und sie ist deshalb in makroskopischen Bereichen isotrop. Die mechanischen Eigenschaften der Gitter, welche mit der festen Lokalisierung der Gitterteilchen zusammenhängen, gehen natürlich völlig verloren. Die Eigenschaft dagegen, metallisch zu leiten oder zu isolieren, ist nicht an den kristallisierten Zustand geknüpft, sondern findet sich in gleicher Weise bei den Flüssigkeiten. Dies ist verhältnismäßig leicht zu verstehen.

Wir betrachten ein Elektron, welches sich im Felde eines Anziehungszentrums (Atom, Molekül oder Ion) in einem Quantenzustande befinde, den wir mit k bezeichnen. Kommt ein zweites Elektron und Anziehungszentrum hinzu, so spaltet der Quantenzustand k in zwei Zustände auf, die um so weiter getrennt liegen, je näher sich die Anziehungszentren kommen. Durch ein drittes Anziehungszentrum entsteht ein dritter Zustand. Im Felde von N Anziehungszentren entsteht aus jedem Elektronenzustand ein Band von N Zuständen, die sich wegen des Elektronenspins nochmals verdoppeln. Dieser Vorgang hat offenbar nichts damit zu tun, ob die Anziehungszentren regelmäßig angeordnet sind, sondern nur damit, daß sie eine einigermaßen kompakte Anordnung bilden. Deswegen breiten sich die Terme der Atome in Flüssigkeiten ebenso wie in Kristallen zu Elektronenbändern aus. Die Bandbreite und die Zustandsdichte in den Bändern kann bei Flüssigkeiten und Kristallen keine grundsätzlichen Unterschiede zeigen. Insbesondere hängt es aber nicht mit der Regelmäßigkeit der Gitterstruktur zusammen, ob die Bänder besetzt oder halbbesetzt sind.

Wir müssen deshalb damit rechnen, daß im flüssigen Zustand dieselben Stoffe metallisch leiten, welche auch im festen Zustand Leiter sind. Im flüssigen Zustand kommt nur noch die elektrolytische Leitung hinzu, wenn die Flüssigkeit aus Ionen besteht oder Ionen enthält. Wenn die Ionen nicht an feste Plätze gebunden sind, folgen sie, wie die Ionen eines Gases, langsam dem elektrischen Feld. Im Gegensatz zur metallischen Leitung ist deshalb die elektrolytische Leitung mit einem Materialtransport verbunden, d. h. mit einem Transport von Atomkernen und damit von Substanz bestimmter chemischer Eigenschaft.

§ 1. Elektrolytische Leitung wäßriger Lösungen.

Inhalt: Die normale Leitfähigkeit schwach dissoziierter Elektrolyte folgt dem Ostwaldschen Verdünnungsgesetz. Die Summe der Ionenbeweglichkeiten findet man aus der Leitfähigkeit bei unendlicher Verdünnung.

Bezeichnungen: $Z_+ e$ Ladung, $\mathfrak{v}_+$ Geschwindigkeit der positiven Ionen, n_+ ihre Zahl pro Volumeneinheit, b_+ ihre Beweglichkeit, $\mathfrak{G}_+$ ihr Beitrag zur Stromdichte, $Z_- e$, $\mathfrak{v}_-$, n_-, b_-, $\mathfrak{G}_-$ dasselbe für negative Ionen, e Elementarladung, $\mathfrak{E}$ Feldstärke, η Zähigkeit des Lösungsmittels, $\varkappa$ elektrische Leitfähigkeit, n_s Zahl der gelösten Moleküle, α Dissoziationsgrad, N_0 Loschmidtsche Zahl, Λ molare Leitfähigkeit, Λ_∞ bei unendlicher Verdünnung, n Zahl der dissoziierten Moleküle, $K(T)$ Gleichgewichtskonstante, r Ionenradius.

Die meisten Salze sind in wäßriger Lösung mehr oder weniger in Ionen gespalten. Liegt in der Lösung ein elektrisches Feld $\mathfrak{E}$, so erfährt jedes Ion der Ladung Ze eine Kraft $Ze\mathfrak{E}$. Diese Kraft setzt die positiven Ionen in der Feldrichtung in Bewegung, die negativen in entgegengesetzter Richtung. Die Bewegung der Ionen wird andererseits in der Flüssigkeit stark gebremst. Die Bremskraft wird der Zähigkeit η des Lösungsmittels proportional sein und der Geschwindigkeit $\mathfrak{v}$, mit der sich das Ion bewegt. Das Ion wird eine solche Geschwindigkeit erreichen, daß die elektrischen Kräfte der Bremskraft gerade das Gleichgewicht halten. Wir erhalten also die Beziehung

$$\gamma \mathfrak{v} \eta = Ze\mathfrak{E}; \quad \mathfrak{v} = \frac{Ze}{\gamma \eta}\mathfrak{E}. \tag{VI, 1}$$

Die im Felde erzielte Ionengeschwindigkeit ist der elektrischen Feldstärke proportional und die Proportionalitätskonstante

$$b = \frac{Ze}{\gamma \eta} \tag{VI, 2}$$

nennt man Ionenbeweglichkeit.

Befinden sich in der Volumeneinheit n_+ positive Ionen, so ergeben sie eine elektrische Stromdichte

$$\mathfrak{G}_+ = n_+ Z_+ e \mathfrak{v}_+ = n_+ Z_+ e b_+ \mathfrak{E}. \tag{VI, 3}$$

n_- negative Ionen in der Volumeneinheit liefern die Stromdichte

$$\mathfrak{G}_- = n_- Z_- e b_- \mathfrak{E}. \tag{VI, 4}$$

Die Richtung von $\mathfrak{G}_-$ ist dieselbe wie die von $\mathfrak{G}_+$, weil die Ladung und die Bewegungsrichtung bei den negativen Ionen umgekehrt ist wie bei den positiven. Für die Gesamtstromdichte erhalten wir den Ausdruck

$$\mathfrak{G} = \mathfrak{G}_+ + \mathfrak{G}_- = (n_+ Z_+ b_+ + n_- Z_- b_-)e\mathfrak{E}. \tag{VI, 5}$$

Die Neutralität der Lösung verlangt

$$n_+ Z_+ = n_- Z_- = nZ \tag{VI, 6}$$

§ 1. Elektrolytische Leitung wäßriger Lösungen.

und wir können deshalb auch

$$\mathfrak{G} = (b_+ + b_-) n Z e \mathfrak{E} \tag{VI, 7}$$

schreiben. Bei einer bestimmten Temperatur sind die Beweglichkeiten feste Zahlen und die Feldstärke ist der Stromdichte proportional. Man kann also der Lösung die Leitfähigkeit

$$\varkappa = n Z e (b_+ + b_-) \tag{VI, 8}$$

zuschreiben.

In diesen Feststellungen ist enthalten, daß das Ohmsche Gesetz auch für Elektrolyte gilt, was auch experimentell bestätigt ist. Zwischen Stromdichte und Feldstärke findet man immer Proportionalität von den kleinsten Feldern bis zu sehr hohen Feldstärken. Nur bei den höchsten Feldstärken hat man kleine Abweichungen, d. h. eine geringe Abhängigkeit der Leitfähigkeit von $\mathfrak{E}$ beobachtet. Hieraus ergibt sich, daß die Ionen nicht erst durch das elektrische Feld entstehen, sondern auch ohne Feld schon in der Lösung vorhanden sind.

Da man das Leitvermögen messen kann und die Zahl der Ionen wie auch ihre Wertigkeit kennt, kann man die Summe der Beweglichkeiten beider Ionenarten ausrechnen. Die Beweglichkeiten können auf diese Weise aber nicht einzeln gewonnen werden.

Hat man in der Volumeneinheit n_s-Moleküle eines Salzes gelöst, welches einwertige Ionen bildet, so ist die Ionenkonzentration

$$n = n_s \alpha \tag{VI. 9}$$

dem Dissoziationsgrad α proportional. Für die Leitfähigkeit finden wir dann

$$\varkappa = n_s \alpha Z e (b_+ + b_-). \tag{VI, 10}$$

Führt man das Verhältnis

$$\Lambda = \frac{\varkappa N_0}{n_s} \tag{VI, 11}$$

der Leitfähigkeit zur molaren Konzentration n_s/N_0 ein, wo N_0 die Loschmidtsche Zahl bedeutet, so erhält man die sog. Äquivalentleitfähigkeit

$$\Lambda = N_0 \alpha Z e (b_+ + b_-). \tag{VI, 12}$$

Bei steigender Verdünnung nähert sich der Dissoziationsgrad dem Wert 1 und die Äquivalentleitfähigkeit dem Grenzwert

$$\Lambda_\infty = N_0 Z e (b_+ + b_-). \tag{VI, 13}$$

Das Verhältnis Λ/Λ_∞ ist also der Dissoziationsgrad selbst und folgt dem Ostwaldschen Verdünnungsgesetz [Bd. I, S. 743, Gl. (27)]

$$\frac{\left(\frac{\Lambda}{\Lambda_\infty}\right)^2 n_s}{\left(1 - \frac{\Lambda}{\Lambda_\infty}\right) n_0} = \frac{\alpha^2 n_s}{(1 - \alpha) n_0} = K(T), \tag{VI, 14}$$

wo die Größe $K(T)$ nur noch von der Temperatur abhängt. n_0 bedeutet die Molzahl des Wassers in der Volumeneinheit.

Die verdünnten Lösungen schwacher Elektrolyte gehorchen dem Ostwaldschen Verdünnungsgesetz gut. Als schwach gelten Elektrolyte mit kleinem Dissoziationsgrad. Verdünnte Lösungen solcher Stoffe enthalten nur verhältnismäßig wenig Ionen, welche weit voneinander getrennt sind, so daß sie praktisch keine

Kräfte mehr aufeinander ausüben können. Starke Elektrolyte mit hoher Dissoziation (starke Säuren und Basen und deren Salze sind praktisch völlig dissoziiert) folgen dem Ostwaldschen Verdünnungsgesetz nicht, weil die Ionen in der Lösung sich noch merklich beeinflussen. Wir werden auf S. 1772 untersuchen, wie sich dies auf die Leitfähigkeit der Lösung auswirkt.

§ 2. Hittorfsche Überführungszahlen.

Inhalt: Die Beweglichkeiten der Ionen können einzeln aus der Verarmung des Elektrolyten an den Elektroden (Hittorfsche Überführungszahlen) bestimmt werden.

Wir betrachten jetzt einen Elektrolyten, bei welchem die Ionen an den Elektroden entladen und abgeschieden werden, ohne daß das Elektrodenmaterial sich an Nebenreaktionen beteiligt. Ist q der Querschnitt der Strombahn, so werden sekundlich an der Kathode

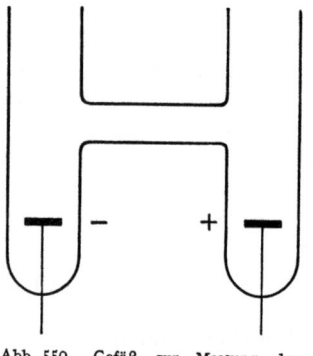

Abb. 550. Gefäß zur Messung der Hittorfschen Überführungszahlen.

$$v_+ = \frac{\mathfrak{G}\, q}{Z_+ e} \qquad \text{(VI, 15)}$$

Kationen und

$$v_- = \frac{\mathfrak{G}\, q}{Z_- e} \qquad \text{(VI, 16)}$$

Anionen an der Anode entladen. Nun denken wir uns die Elektrolyse in einem H-förmigen Gefäß (s. Abb. 550) ausgeführt. Durch das Verbindungsstück zwischen beiden Elektrodenräumen wandern mit dem Strom $\mathfrak{G}_+$ nur

$$\frac{\mathfrak{G}_+ q}{Z_+ e} \qquad \text{(VI, 17)}$$

Kationen in den Kathodenraum ein, während

$$\frac{\mathfrak{G}_- q}{Z_- e} \qquad \text{(VI, 18)}$$

Anionen in der Gegenrichtung auswandern. An der Kathode werden also nicht nur die zugewanderten Kationen, sondern auch diejenigen abgeschieden, welche durch das Abwandern der Anionen frei werden. Der Kathodenraum verliert sekundlich

$$\Delta N_+ = \frac{q}{Z_+ e}(\mathfrak{G} - \mathfrak{G}_+) = \frac{q\,\mathfrak{G}_-}{Z_+ e} \qquad \text{(VI, 19)}$$

Ionen, während der Anodenraum $q\,\mathfrak{G}_+/Z_- e$ Ionen einbüßt. Die Salzlösung verarmt also an beiden Elektroden. Das Verhältnis des Ionenschwundes an der Kathode zur Zahl der dort abgeschiedenen Ionen

$$\frac{\Delta N_+}{v_+} = \frac{\mathfrak{G}_-}{\mathfrak{G}} = \frac{b_-}{b_+ + b_-} \qquad \text{(VI, 20)}$$

nennt man die kathodische, das entsprechende Verhältnis an der Anode die anodische Hittorfsche Überführungszahl. Die Konzentrationsabnahme in den Elektrodenräumen kann man natürlich messen. Da nun $b_+ + b_-$ schon aus der Leitfähigkeit allein gewinnbar ist, lassen sich mit Hilfe der Überführungszahlen die Ionenbeweglichkeiten einzeln ermitteln.

Nebenprozesse an den Elektroden bringen keine grundsätzliche Änderung. Bei der Elektrolyse einer Silbernitratlösung zwischen Silberelektroden wird das Anion an der Anode nicht ausgeschieden, sondern es löst sich eine entsprechende

Menge Silber auf. Es tritt also im Anodenraum überhaupt kein Ionenverlust ein, sondern die Zufuhr führt zu einer Ansammlung von Ionen, die genau der Verarmung im Kathodenraum entspricht.

§ 3. Ionenbeweglichkeit.

Inhalt: Bei großer Verdünnung richtet sich die Ionenbeweglichkeit nach dem Ionenradius und der Zähigkeit des Lösungsmittels.

Bestimmt man durch Messung der Leitfähigkeit und der Überführungszahlen die Beweglichkeit verschiedener Ionen in Lösungen, so gelangt man zu Zahlen, wie sie in der Tabelle wiedergegeben sind. Die Feldstärke ist in Volt pro m gerechnet. Die Ionenbeweglichkeit ist also sehr klein. Auffallend ist, daß H^+ und OH^- viel beweglicher sind als die übrigen Ionen.

Mit der Temperatur nimmt die Beweglichkeit aller Ionen stark zu, was sich zwanglos aus der Abnahme der Zähigkeit des Wassers erklärt. Nach (VI, 1) müßte das Produkt $b\eta$ bei allen Ionen unabhängig vom Lösungsmittel und der Temperatur sein. Dies bestätigt sich auch experimentell einigermaßen.

Ionenbeweglichkeit bei 18° in wäßrigen Lösungen. $b \cdot 10^7$ Meter^2/Volt · sec.

Ion	Konzentration in Grammäquivalent pro Liter					Ionenradius $r \cdot 10^{10}$ Meter
	$10^{-\infty}$	10^{-4}	10^{-3}	10^{-2}	10^{-1}	
H^+	3,260	3,260	3,220	3,180	3,050	0,253
Li^+	0,346	0,344	0,338	0,319	0,285	2,4
Na^+	0,451	0,449	0,440	0,420	0,377	1,8
K^+	0,670	0,666	0,656	0,631	0,571	1,3
Cs^+	0,706	0,699	0,693	0,672	0,602	1,2
$\frac{1}{2}Mg^{++}$	0,466	0,461	0,436	0,384	0,290	1,9
$\frac{1}{2}Ba^{++}$	0,571	0,560	0,534	0,424		1,4
Ag^+	0,564	0,558	0,549	0,522	0,457	1,6
OH^-	1,800	1,780	1,770	1,730	1,620	0,5
F^-	0,484	0,480	0,472	0,449	0,393	1,8
Cl^-	0,678	0,675	0,665	0,638	0,580	1,2
$\frac{1}{2}SO_4^{--}$	0,708	0,693	0,661	0,576	0,415	1,5
NO_3^-	0,640	0,636	0,625	0,598	0,528	1,4
$CH_3CO_2^-$	0,370		0,360	0,350	0,310	2,2

Stellt man sich die Ionen als kleine Kugeln vom Radius r vor, so kann man versuchen, den Reibungswiderstand

$$\mathfrak{W} = 6\pi\eta r \mathfrak{v} \qquad (VI, 21)$$

nach der Stokesschen Formel (35) von Bd. I, S. 261, anzusetzen. Die mit γ bezeichnete Konstante in (VI, 1) hätte dann die Bedeutung $6r\pi$, und für die Beweglichkeit erhalten wir

$$b = \frac{Ze}{6\pi r \eta}. \qquad (VI, 22)$$

Jetzt kann man aus den Werten der Tabelle Ionenradien ausrechnen und kommt dabei auf die durchaus plausible Größenordnung $r = 10^{-10}$ Meter. Die Ionenradien fallen im gleichen Lösungsmittel um so größer aus, je kleiner die Beweglichkeit ist. In der Reihe Li, Na, K, Cs hätten also das Lithium den größten und das Caesium den kleinsten Ionenradius. Dieses merkwürdige Ergebnis dürfte eine Folge der Hydratation sein, das ist der Anlagerung von Lösungsmittel an die eigentlichen Ionen.

Deutlich erkennbar ist auch in der Tabelle, daß die Beweglichkeit der Ionen mit der Konzentration abnimmt, und zwar bei den zweiwertigen Ionen viel stärker als bei den einwertigen. Unter den einwertigen Ionen sind die Unterschiede nicht besonders groß. Insbesondere verhält sich das Azetation nicht wesentlich anders als die Ionen der starken Halogenwasserstoffsäuren. Dies deutet darauf hin, daß die Beweglichkeit durch Kräfte zwischen den Ionen vermindert wird, welche von der Ladung des einzelnen Ions und der Zahl der Ionen in der Volumeneinheit herrühren. Es liegt nahe, für sie dieselben Ursachen verantwortlich zu machen, die nach der Debye-Hückelschen Theorie der Dissoziation konzentrierter Elektrolytlösungen schon die anormale Dampfdruckerniedrigung hervorrufen.

§ 4. Abhängigkeit der Leitfähigkeit von der Konzentration. Theorie von Debye-Hückel und Onsager.

Inhalt: In konzentrierten Lösungen ist die Beweglichkeit der Ionen geringer, weil jedes Ion von einer Wolke entgegengesetzter Ionen umgeben ist. Die Wolke bremst das Ion durch eine elektrostatische Relaxationskraft und eine kataphoretische Mitführung der Flüssigkeit. In sehr hohen Feldern und bei großer Wechselfeldfrequenz entfallen beide Kräfte. Bei höchsten Frequenzen sinken die Beweglichkeiten schnell ab, weil die Trägheitskräfte der Ionen und der angelagerten Wasserhülle bremsend wirken.

Bezeichnungen: ψ Potential des Mikrofeldes, ν, $\mathfrak{E}_0$ Frequenz und Amplitude des elektrischen Wechselfeldes, M Masse des Ions und der angelagerten Wasserhülle, $\mathfrak{v}_0$ Amplitude der Geschwindigkeit im Wechselfeld.

Wenn sich die Ionen einer Lösung gegenseitig merklich beeinflussen, so umgibt sich jedes positive Ion mit einer Wolke negativer Ionen, und umgekehrt, wenn wir das Zeitmittel oder das statistische Mittel über viele Ionen betrachten.

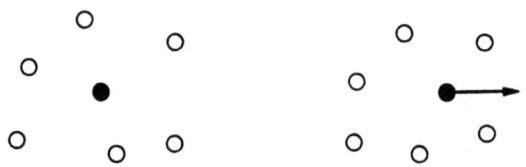

Abb. 551. Ion von einer Wolke entgegengesetzt geladener Ionen umgeben. Links ohne Feld, rechts mit Feld.

Die Ionenanordnung in der Lösung hat also schon eine gewisse Ähnlichkeit mit einem Kristall. Liegt nun in der Flüssigkeit ein elektrisches Feld, so treten zu der direkten elektrischen Kraft auf die Ionen und der Bremsung der Ionenbewegung durch die zähe Flüssigkeit noch zwei weitere Einwirkungen. Da sich ein positives Ion in Richtung des Feldes bewegt, die es umgebende negative Wolke aber entgegengesetzt, so wird das Ion nicht mehr im Mittelpunkt der Wolke sitzen. Die Gründe hierfür lassen sich in zweierlei Weise darstellen. Mehr anschaulich ist die Vorstellung, daß das äußere elektrische Feld das Zentralion und die Ionenwolke auseinanderziehe und daß es etwas Zeit erfordere, bis die gleichmäßige statistische Verteilung wiederhergestellt ist. Bei der dauernden Einwirkung der elektrischen Kräfte kommt es dann überhaupt nicht zu einer gleichförmigen Verteilung, sondern das Zentralion hat immer mehr entgegengesetzt geladene Ionen hinter sich als vor sich (s. Abb. 551). Zu genau demselben Resultat gelangt man auch auf einem Weg, der sich mehr an die thermodynamische Betrachtung Bd. I von S. 742 anlehnt. Dem Mikrofeld ψ überlagert sich das äußere Feld. Die positiven Ionen bewegen sich in der Richtung seines Potentialabfalles. Jedes solche Ion hat also hinter sich eine Zone, wo das Potential höher ist als vor ihm. Die Dichte seiner negativen Ionenwolke wird also hinten größer als vorne sein. Der Überschuß der entgegengesetzten Ladung auf der Rückseite eines jeden Ions bewirkt natürlich eine Kraft, welche seine Bewegung hemmt. Umgekehrt bremst das Zentralion selbst die entgegengesetzte Bewegung

§ 4. Abhängigkeit der Leitfähigkeit von der Konzentration.

der es umgebenden Ionenwolke. Zu der Reibungskraft kommt also noch eine Bremskraft hinzu, welche man nach DEBYE als Relaxationskraft bezeichnet.

Die geringe Entfernung der Ionen voneinander verursacht aber noch eine zweite Bremswirkung, die mehr hydrodynamischer Natur ist. Jedes Ion führt durch Reibung die unmittelbar umgebende Flüssigkeit mit. Wenn ein positives Ion von einer negativen Wolke umgeben ist, befindet es sich in einer schwachen Strömung, die durch die Mitführung der Wolke entsteht und die seiner eigenen Bewegung entgegengerichtet ist. Von dieser Strömung wird es selbst etwas mitgenommen und kommt deshalb langsamer vorwärts. Auch diese kataphoretische Wirkung verringert die Beweglichkeit der Ionen.

Die Bremsung durch Relaxation und Kataphorese ist der Ionengeschwindigkeit proportional und nimmt zu, wenn der Ionenabstand kleiner wird. Der gesamte Bewegungswiderstand aber bleibt der Geschwindigkeit proportional, und auch in konzentrierten Ionenlösungen gilt deshalb das Ohmsche Gesetz. Die Leitfähigkeit ist aber in konzentrierten Lösungen kleiner, als es dem Ostwaldschen Verdünnungsgesetz entspricht. Die Beweglichkeit der Ionen nimmt mit der Konzentration ab, was auch aus der empirischen Tabelle auf S. 1771 hervorgeht.

Bei sehr großen Feldstärken allerdings und den durch sie bewirkten hohen Ionengeschwindigkeiten kommt es nicht mehr zur Ausbildung von Ionenwolken, weil sich der statistische Verteilungszustand der Ionen gar nicht mehr einstellt. Die zusätzlichen Bremskräfte fallen wieder weg und die Leitfähigkeit wächst in sehr hohen Feldern an. Dies ist von Wien auch beobachtet worden.

In schnellen Wechselfeldern (über 10^7 Hertz) geht die Bremswirkung durch Relaxation und Kataphorese verloren. Bei schnellem Wechsel der Bewegungsrichtung kommt es nicht mehr zu einem Mitführen der Flüssigkeit in einiger Entfernung von den Ionen, und die Kataphorese hört auf. Das Zeitmittel des Mikrofeldes, welches ein Ion umgibt, ist kugelsymmetrisch, und die durch das äußere Feld bewirkten Schwankungen sind so schnell, daß sich die statistische Verteilung der Ionenwolke nicht mehr auf sie einstellen kann. Damit entfällt auch die Relaxationskraft. Die Äquivalentleitfähigkeit wird bei hochfrequenten Wechselströmen wieder von der Konzentration unabhängig.

Bei noch höheren Frequenzen (10^{10} Hertz und darüber) verschwindet die elektrolytische Leitfähigkeit überhaupt. Dieser empirische Befund läßt sich leicht qualitativ durch folgende Überschlagsrechnung begreifen. Die elektrische Kraft auf ein Ion kann durch den periodischen Ansatz

$$eZ\mathfrak{E}_0 e^{2\pi i \nu t} \qquad (VI, 23)$$

erfaßt werden. Für die Reibungskraft behalten wir das Glied

$$6\pi r \eta \mathfrak{v} \qquad (VI, 24)$$

bei. Außerdem muß man im Wechselfeld berücksichtigen, daß es nicht mehr zur Ausbildung einer stationären Strömung der Flüssigkeit um das Ion kommt, d. h. daß die Masse des Ions und der es unmittelbar umgebenden Flüssigkeit noch dauernd wechselnden Beschleunigungen unterliegt. Für die hieraus resultierenden Trägheitskräfte machen wir den Ansatz

$$-M \frac{d\mathfrak{v}}{dt}. \qquad (VI, 25)$$

M ist allerdings nicht die Masse des Ions, sondern die einer es umgebenden

Flüssigkeitszone, welche seine Bewegung mitmacht. Wir erhalten dann die Gleichung

$$M \frac{d\mathfrak{v}}{dt} + 6\pi r \eta \, \mathfrak{v} = eZ \, \mathfrak{E}_0 \, e^{2\pi i \nu t}. \tag{VI, 26}$$

Die allgemeine Lösung hat die Form

$$\mathfrak{v} = A \, e^{-\frac{6\pi r \eta t}{M}} + \mathfrak{v}_0 \, e^{2\pi i \nu t - i \varphi}, \tag{VI, 27}$$

wie man leicht durch Einsetzen nachrechnen kann. Nach längerem Bestehen des Wechselfeldes ist der erste Anteil abgeklungen und es bleibt nur

$$\mathfrak{v} = \mathfrak{v}_0 \, e^{2\pi i \nu t - i \varphi} \tag{VI, 28}$$

übrig. Beim Einsetzen in (V, 26) finden wir die Bedingungen

$$\operatorname{tg} \varphi = \frac{\nu M}{3 r \eta}, \tag{VI, 29}$$

$$\mathfrak{v}_0 = \frac{eZ}{2\pi \sqrt{\nu^2 M^2 + 9 r^2 \eta^2}} \, \mathfrak{E}_0. \tag{VI, 30}$$

Die Amplitude der Geschwindigkeit nähert sich bei kleinen Frequenzen dem Grenzwert

$$\mathfrak{v}_0 = \frac{eZ \, \mathfrak{E}_0}{6\pi r \eta}, \tag{VI, 31}$$

welcher dem Gleichstromleitwert entspricht und bei sehr hohen Frequenzen dem Wert

$$\mathfrak{v}_0 = \frac{eZ \, \mathfrak{E}_0}{2\pi \nu M}. \tag{VI, 32}$$

Der Strom nimmt also mit der Frequenz ab. Die starke Abnahme der Leitfähigkeit muß ungefähr dort einsetzen, wo

$$\nu M = 3 r \eta \tag{VI, 33}$$

wird. Setzt man $\nu = 10^{10}$ sec^{-1} und $r = 10^{-10}$ Meter und verwendet den empirischen Wert von η, so kommt man auf $M = 3 \cdot 10^{-23}$ kg, was ungefähr 1000 Wassermolekülen entspricht. Diese Zahl ist nicht unvernünftig.

§ 5. Dielektrische Polarisation und Dielektrizitätskonstante von Gasen und Flüssigkeiten.

Inhalt: Die makroskopische dielektrische Polarisation besteht aus zwei Anteilen. Die direkte Polarisation der Atome liefert einen frequenzabhängigen aber temperaturunabhängigen Bestandteil, zu dem ein temperaturabhängiger Beitrag durch Ausrichten permanenter Dipole in den Molekülen hinzukommt. In dichteren Medien muß man zwischen dem mittleren Feld und dem tatsächlich polarisierenden Feld unterscheiden. Hierdurch kompliziert sich der Zusammenhang zwischen Suszeptibilität und Polarisierbarkeit des einzelnen Moleküls.

Bezeichnungen: $\mathfrak{M}$ Dipolmoment der Moleküle, n Zahl der Moleküle in der Volumeneinheit, $\mathfrak{E}$ makroskopische elektrische Feldstärke, $\mathfrak{P}$ dielektrische Polarisation, α Polarisierbarkeit, ε_0 elektrische Maßkonstante, ξ Suszeptibilität, ε relative Dielektrizitätskonstante, e Elementarladung, m Elektronenmasse, ν Frequenz des Feldes, ν_{km} Eigenfrequenzen der Moleküle, f_{km} zugehörige Oszillatorenstärken, k Boltzmannsche Konstante, T Temperatur.

Manche Moleküle besitzen ein permanentes elektrisches Dipolmoment. Die Momente der einzelnen Moleküle haben aber alle möglichen Richtungen und kompensieren sich deshalb gegenseitig. Im elektrischen Feld tritt jedoch eine

§ 5. Dielektrische Polarisation und Dielektrizitätskonstante usw.

Ausrichtung der Momente ein und auf diese Weise entsteht eine dielektrische Polarisation des Mediums.

Wir betrachten zuerst das Verhalten eines Gases, dessen Moleküle alle ein Dipolmoment $\mathfrak{M}$ besitzen, in einem statischen elektrischen Feld der Feldstärke $\mathfrak{E}$. Im Feld erhält das Molekül die Zusatzenergie

$$-(\mathfrak{M}\,\mathfrak{E}). \tag{VI, 34}$$

Während ohne Feld alle Richtungen des Momentes gleichberechtigt sind, werden im Feld solche Einstellungen bevorzugt, bei denen Dipolmoment und Feld möglichst gleichgerichtet sind.

Um die Richtung des Momentes anzugeben, führen wir den Winkel ϑ ein, den es mit der Richtung der Feldstärke bildet, außerdem einen Winkel φ, der um die Feldrichtung gezählt wird. Auf einer Einheitskugel wird ein Richtungsintervall durch

$$\sin\vartheta\,d\vartheta\,d\varphi \tag{VI, 35}$$

dargestellt. Der Bruchteil der Moleküle, welche in dieses Richtungsintervall fallen, ist dann

$$\frac{dn}{n} = C\,e^{\frac{(\mathfrak{M}\,\mathfrak{E})}{kT}} \sin\vartheta\,d\vartheta\,d\varphi. \tag{VI, 36}$$

k ist die Boltzmannkonstante und C eine Konstante, welche wir aus der Forderung

$$1 = \frac{1}{n}\int dn = 2\pi C \int_0^\pi e^{\frac{(\mathfrak{M}\,\mathfrak{E})}{kT}} \sin\vartheta\,d\vartheta \tag{VI, 37}$$

bestimmen. Legen wir die z-Achse parallel zum Feld, führen den Betrag der Feldstärke $\mathfrak{E}_z$ und die neue Integrationsvariable

$$\zeta = \frac{(\mathfrak{M}\,\mathfrak{E})}{kT} = \frac{|\mathfrak{M}|\,\mathfrak{E}_z}{kT}\cos\vartheta \tag{VI, 38}$$

ein, so geht (IV, 37) in

$$1 = \frac{2\pi kTC}{|\mathfrak{M}|\,\mathfrak{E}_z} \int_{(\vartheta=\pi)}^{(\vartheta=0)} e^\zeta\,d\zeta = \frac{2\pi kTC}{|\mathfrak{M}|\,\mathfrak{E}_z}\,\mathfrak{Sin}\left(\frac{|\mathfrak{M}|\,\mathfrak{E}_z}{kT}\right) \tag{VI, 39}$$

über. Wir entnehmen daraus

$$2\pi C = \frac{|\mathfrak{M}|\,\mathfrak{E}_z}{2kT\,\mathfrak{Sin}\left(\frac{|\mathfrak{M}|\,\mathfrak{E}_z}{kT}\right)}. \tag{VI, 40}$$

Jetzt berechnen wir den Mittelwert

$$\overline{\mathfrak{M}_z} = 2\pi C \int_0^\pi |\mathfrak{M}|\cos\vartheta\,e^{\frac{|\mathfrak{M}|\,\mathfrak{E}_z}{kT}\cos\vartheta}\sin\vartheta\,d\vartheta = \frac{kT}{2\mathfrak{E}_z\,\mathfrak{Sin}\left(\frac{|\mathfrak{M}|\,\mathfrak{E}_z}{kT}\right)} \int_{(\vartheta=\pi)}^{(\vartheta=0)} \zeta\,e^\zeta\,d\zeta$$

$$= |\mathfrak{M}|\left(\mathfrak{Cotg}\left(\frac{|\mathfrak{M}|\,\mathfrak{E}_z}{kT}\right) - \frac{kT}{|\mathfrak{M}|\,\mathfrak{E}_z}\right) \tag{VI, 41}$$

des Dipolmomentes in der Feldrichtung. Wir müssen uns nun ein Bild von der Größe

$$\frac{|\mathfrak{M}|\,\mathfrak{E}_z}{k\,T} \qquad (VI, 42)$$

machen. Dazu zerlegen wir das Dipolmoment in die Elementarladung e und eine Länge, welche dann molekulare Dimensionen haben muß und die wir in der Größenordnung 10^{-10} Meter suchen müssen. Selbst in einem Feld von 10^7 Volt pro Meter hat dann $|\mathfrak{M}|\,\mathfrak{E}$ die Größenordnung $10^{-3}\,eV$, wogegen kT bei nicht zu niederen Temperaturen größer als $10^{-2}\,eV$ ist. Wir können deshalb

$$\frac{|\mathfrak{M}|\,\mathfrak{E}_z}{k\,T} \qquad (VI, 43)$$

als kleine Größe behandeln und die Reihenentwicklung

$$\mathfrak{Cotg}\left(\frac{|\mathfrak{M}|\,\mathfrak{E}_z}{k\,T}\right) = \frac{k\,T}{|\mathfrak{M}|\,\mathfrak{E}_z} + \frac{|\mathfrak{M}|\,\mathfrak{E}_z}{3\,k\,T} + \cdots \qquad (VI, 44)$$

vornehmen. Wir erhalten dann das Moment

$$\overline{\mathfrak{M}_z} = \frac{\mathfrak{M}^2\,\mathfrak{E}_z}{3\,k\,T} \qquad (VI, 45)$$

in der Feldrichtung und damit die mittlere Polarisierbarkeit

$$\alpha = \frac{\mathfrak{M}^2}{3\,k\,T}. \qquad (VI, 46)$$

Nach dieser Theorie könnte eine dielektrische Polarisation nur in solchen Medien entstehen, deren Moleküle schon ein permanentes Dipolmoment besitzen. Ein elektrisches Feld induziert aber ein Dipolmoment in einem Atom oder Molekül, auch wenn kein permanentes Moment vorhanden ist. Die Polarisierbarkeit eines einzelnen Moleküls rührt nach S. 1015 von seinen Eigenfrequenzen her und hängt von der Frequenz des elektrischen Feldes und von seiner Orientierung zu der Richtung der Feldstärke ab. Mittelt man über alle Orientierungen, so erhält man nach S. 1017, Gl. (IV, 106), den Beitrag

$$\alpha = \frac{\xi\,\varepsilon_0}{N.} = \frac{e^2}{4\,\pi^2\,m}\sum_k \frac{f_{km}}{v_{km}^2 - v^2} \qquad (VI, 47)$$

zur Polarisierbarkeit pro Molekül, wenn e und m die Ladung und Masse des Elektrons, v_{km} die Eigenfrequenzen, f_{km} die zugehörigen Oszillatorenstärken und v die Frequenz des äußeren Feldes ist. Dabei sollen alle Moleküle sich im m-ten Quantenzustand befinden. Ist dies nicht der Fall, so muß noch einmal über die Quantenzustände m gemittelt werden. Für ein statisches Feld erhält man

$$\alpha = \frac{e^2}{4\,\pi^2\,m}\sum_k \frac{f_{km}}{v_{km}^2}, \qquad (VI, 48)$$

wenn man $v = 0$ setzt.

Die mittlere Polarisierbarkeit setzt sich also im allgemeinen aus zwei Anteilen zusammen. Der Anteil (VI, 48) rührt von der direkten Polarisation der Moleküle im Feld her und ist unabhängig von der Temperatur, aber abhängig von der Frequenz des Feldes. Der Anteil (VI, 46) nimmt bei höherer Temperatur ab und entsteht durch die Orientierung der permanenten Dipolmomente im Feld.

Unsere Theorie bedarf aber noch einer weiteren Verfeinerung. Bisher haben wir angenommen, daß im polarisierten Medium eine homogene Feldstärke herrsche. Dies trifft aber in Wirklichkeit nicht zu, da die induzierten oder orientierten Dipole in ihrer Umgebung starke Felder erzeugen, welche von dem

§ 5. Dielektrische Polarisation und Dielektrizitätskonstante usw.

makroskopischen Mittelwert der Feldstärke abweichen. Für die Polarisation der Atome sind aber die tatsächlichen Werte der Feldstärke maßgebend und nicht das mittlere makroskopische Feld. Wir müssen deshalb versuchen, das Feld zu berechnen, welches wirklich auf die Moleküle des Mediums einwirkt.

Das makroskopische Feld würde überall herrschen, wenn die Dipole im ganzen Medium genau gleichmäßig verteilt wären. In Wirklichkeit ist aber jedes Molekül, welches wir betrachten, von einem kleinen Volumen umgeben, welches außer ihm keine Dipole enthält. Das wirkliche Feld, welches auf das Molekül einwirkt, können wir finden, wenn wir eine kleine Kugel aus dem Medium ausgespart denken, außerhalb derer wir eine gleichmäßige Dipolverteilung annehmen wollen. In der Kugel soll dann kein Dipol mehr liegen. Auf der Kugeloberfläche bildet sich dann eine Flächenladung aus. Sie ist genau entgegengesetzt zu der Ladungsverteilung, welche wir erhielten, wenn die Kugel mit dem Medium erfüllt wäre, der Außenraum aber leer. Auf S. 347, Gl. (66) von Bd. I haben wir berechnet, daß im Innern einer solchen Kugel eine Zusatzfeldstärke

$$-\frac{\mathfrak{P}}{3\varepsilon_0} \tag{VI, 49}$$

entsteht, wenn $\mathfrak{P}$ die elektrische Polarisation bedeutet. An der Stelle des betrachteten Moleküls erzeugen die umgebenden Dipole deshalb die Zusatzfeldstärke

$$\frac{\mathfrak{P}}{3\varepsilon_0}$$

zur makroskopischen Feldstärke.

Als polarisierende Feldstärke haben wir also nicht die makroskopische Feldstärke $\mathfrak{E}$, sondern

$$\mathfrak{E} + \frac{\mathfrak{P}_0}{3\varepsilon_0} \tag{VI, 50}$$

einzusetzen.

Wir dürfen also das mittlere Dipolmoment der Moleküle nicht aus

$$\overline{\mathfrak{M}} = \alpha\,\mathfrak{E} \tag{VI, 51}$$

berechnen, sondern müssen

$$\overline{\mathfrak{M}} = \alpha\left(\mathfrak{E} + \frac{\mathfrak{P}}{3\varepsilon_0}\right) \tag{VI, 52}$$

setzen.

Enthält die Volumeneinheit n Moleküle, so gilt andererseits

$$\mathfrak{P} = n\,\overline{\mathfrak{M}} \tag{VI, 53}$$

und wir erhalten zwischen Polarisation und Polarisierbarkeit die Beziehung

$$\mathfrak{P} = n\alpha\left(\mathfrak{E} + \frac{\mathfrak{P}}{3\varepsilon_0}\right), \tag{VI, 54}$$

welche nach $\mathfrak{P}$ aufgelöst

$$\mathfrak{P} = \frac{3\varepsilon_0}{\dfrac{3\varepsilon_0}{n\alpha}-1}\,\mathfrak{E} \tag{VI, 55}$$

ergibt. Aus

$$\mathfrak{P} = \varepsilon_0\,\xi\,\mathfrak{E} \tag{VI, 56}$$

erhalten wir dann die Suszeptibilität

$$\xi = \frac{3}{\dfrac{3\varepsilon_0}{n\alpha}-1} \tag{VI, 57}$$

und die Dielektrizitätskonstante

$$\varepsilon = 1 + \xi = \frac{1 + \dfrac{2n\alpha}{3\varepsilon_0}}{1 - \dfrac{n\alpha}{3\varepsilon_0}} \tag{VI, 58}$$

oder

$$\frac{n\alpha}{3\varepsilon_0} = \frac{\varepsilon - 1}{\varepsilon + 2}. \tag{VI, 59}$$

In Gasen braucht man offenbar zwischen dem makroskopischen Feld und der wirklichen Feldstärke nicht zu unterscheiden, da $\mathfrak{P}$ klein gegen $\mathfrak{E}$ ist. Man erhält dann einfach

$$\mathfrak{P} = n\alpha\mathfrak{E}; \quad \xi = \frac{n\alpha}{\varepsilon_0}; \quad \varepsilon = \left(1 + \frac{n\alpha}{\varepsilon_0}\right). \tag{VI, 60}$$

In Flüssigkeiten muß aber die Inhomogenität des Mikrofeldes berücksichtig werden.

§ 6. Die magnetische Suszeptibilität.

Inhalt: Der Paramagnetismus entsteht durch Ausrichtung magnetischer Momente von Molekülen. Für seine Temperaturabhängigkeit ergibt sich das Curiesche Gesetz. Durch Zusatzannahmen über die Wechselwirkung der magnetischen Momente kann man die Überlegungen formal auch auf den Ferromagnetismus ausdehnen, doch entsteht hierbei keine wirkliche Theorie dieser Erscheinung.

Es liegt nahe, den Versuch zu machen, eine Theorie der Magnetisierung nach dem Muster der Theorie der dielektrischen Polarisation zu entwerfen. Dies ist bis zu einem gewissen Grade möglich.

Besitzen Moleküle, Ionen oder Atome an sich ein magnetisches Moment, so tritt genau wie im elektrischen Fall ein Richteffekt ein, der genauso behandelt werden kann wie die Ausrichtung elektrischer Dipole. Das mittlere magnetische Moment eines Moleküls in der Feldrichtung kann einfach nach der Formel (VI, 41 oder VI, 45) berechnet werden, indem man die elektrischen Größen durch magnetische ersetzt.

Vernachlässigt man die Wechselwirkung der Momente, so erhält man in schwachen Feldern die Magnetisierung

$$\mathfrak{J} = \frac{n \mathfrak{M}^2}{3kT} \mathfrak{H}, \tag{VI, 61}$$

wenn das einzelne Molekül das magnetische Moment $\mathfrak{M}$ besitzt. Daraus ergibt sich die magnetische Suszeptibilität

$$\mu_0 \xi = \frac{n \mathfrak{M}^2}{3kT}. \tag{VI, 62}$$

Die molare Suszeptibilität folgt dem Curieschen Gesetz

$$\mu_0 \xi_{\text{mol}} = \frac{N_0 \mathfrak{M}^2}{3kT} = \frac{C}{T}. \tag{VI, 63}$$

C heißt die Curiesche Konstante.

Diese Theorie gibt das Verhalten der paramagnetischen Stoffe befriedigend wieder, bei denen die Magnetisierung so klein bleibt, daß man die Wechselwirkungen vernachlässigen kann.

Man hat versucht, die stark magnetisierbaren ferromagnetischen Materialien einzubegreifen, indem man den Unterschied zwischen dem makroskopischen

§ 6. Die magnetische Suszeptibilität.

und dem Mikrofeld berücksichtigt wie bei dem flüssigen Dielektrikum. Hier genügt allerdings der Ansatz

$$\mathfrak{J} = \frac{n\mathfrak{M}^2}{3kT}\left(\mathfrak{H} + \frac{\mathfrak{J}}{3\mu_0}\right) \quad (VI, 64)$$

nicht, und man hat den Faktor 1/3 durch eine empirische Zahlkonstante ersetzt, welche wesentlich größere Werte annehmen kann. Formal läßt sich dann zeigen, daß unterhalb einer gewissen Temperatur, die man als Curiepunkt bezeichnet, die magnetische Suszeptibilität auf sehr große Werte anwachsen kann. Man kann dann auch noch auf die ursprüngliche Form (VI, 41) statt (VI, 45) für das mittlere Moment zurückgreifen und findet manche Ähnlichkeit zwischen der errechneten Suszeptibilität und ihrem empirischen Verlauf. Alle diese Versuche dürfen aber keineswegs als eine wirkliche Theorie des Ferromagnetismus betrachtet werden.

Der Ferromagnetismus kann erklärt werden, wenn man eine makroskopische Eisenmenge als eine Art Riesenmolekül auffaßt, welches sich in einem Zustand riesiger Multiplizität befindet. Auf diese ziemlich verwickelte Theorie können wir hier jedoch nicht näher eingehen.

Der Diamagnetismus bietet keine sonderlichen Schwierigkeiten. Auf S. 982 wurde gezeigt, daß ein Magnetfeld die Energie aller nicht entarteten Zustände eines Moleküls erhöht. Führt man die dort angedeutete Störungsrechnung konsequent durch, so gelangt man zur diamagnetischen Suszeptibilität.

Namen- und Sachverzeichnis.

Abbildung, elektronenoptische 1531.
Abbildungsfehler, elektronenoptische 1539.
abgeschlossene Schalen 865, 875.
Abklingkonstante, Deuteron 1278.
Ableitung nach der Zeit 949.
— — nach Koordinaten und Impulsen 950.
Ablenkelemente, elektronenoptische 1543.
Ablenkung von Elektronenstrahlen 810.
— — Ionenstrahlen 815.
ABRAHAM 814.
Abschattierung 1408.
Abschirmung 858, 862.
Absorption, Ladungsträger in Oberflächen 1562.
—, Licht 1019, 1696.
—, Mesonen 1228.
—, Strahlung 1019.
Abstrahlung 900, 1033.
Achsenquantenzahl der Molekülelektronen 1344, 1395.
Adsorption von Gasen 1565.
— — Ionen an Oberflächen 1566.
ähnliche Lichtbögen 1628.
Ähnlichkeitsgesetze für Entladungen 1607.
äquivalente Elektronen 1138.
Äquivalentleitfähigkeit 1769.
Aggregatzustand 1638.
Akkomodationskoeffizient 1566.
Aktivität, optische 1696.
Akzeptoren 1759.
Alkaliatom, Modell des 857.
Alkalien, Matrizen der Koordinate 965.
Alkali-spektrum 824.
—-terme 825, 860.
ambipolare Diffusion 1622, 1626.
ambipolarer Strom 1617, 1622.
anharmonische Gitterschwingung 1691.
anharmonische Schwingung 1390.
Anoden-fall 1624.
—-glimmlicht 1612.
—-haut 1612.
Anregung 1583, 1586.
—, durch Strahlung 1019.
—, Löschung 1584.
Anregungs-fluktuation 1600.
—-funktion 1587.
—-querschnitt 1587.
Antikommutative Operatoren 1208.
Antiproton 1237.
Antisymmetrie 872, 1132, 1360.
—-prinzip 1132, 1137.
— — der Nukleonen 1270, 1288.
antisymmetrische Molekülterme 1353.
— Nukleonenpaare 1294.
— Spineigenfunktion 1136.

Antiteilchen 1200, 1216, 1218.
—, FEYNMAN's Theorie 1232.
ASTON 816, 1544.
ASTONscher Dunkelraum 1612.
— Massenspektrograph 1544.
α-Teilchen, Streuung 817.
α-Zerfall 1330.
Atome, Größe der 817.
Atom-faktor 1702.
—-gewicht des Kerns 1254.
—-kerne, Bausteine 1252.
— —, Größe 817.
—-massen 815, 1254.
—-modelle, klassische 830.
—-wärme 1688, 1691.
— —, DEBYEsche Theorie 1689.
Aufhebung der Entartung, unvollständige 968.
Aufspaltung entarteter Terme im Starkeffekt 972.
Auger-Effekt 1025.
Ausbreitungspunkt 1699.
Ausbreitungsvektor 1183, 1207, 1682.
Ausdehnung, thermische 1691.
Ausgangskanal einer Kernreaktion 1321.
Austauschkräfte zwischen Nukleonen 1291, 1304.
Austrittsarbeit 1562, 1567.
—, effektive, wahre 1563, 1569.
—, Senkung durch Feld 1568.
Auswahlregel 826, 901.
—, Alkalien 826.
—, β-Zerfall 1337.
— —, FERMIsche 1337.
— —, TELLER-GAMOW'sche 1338.
—, Elektronenterme der Moleküle 1400, 1406.
—, Feinstruktur 897, 913.
—, Hyperfeinstruktur 1260.
—, magnetische Quantenzahlen 897, 901.
—, Moleküle 1397.
—, Nebenquantenzahl 903.
—, Rotation 1398.
—, Rotationsschwingungsspektrum 1404.
—, Schwingung 1401, 1407.
—, Spinquantenzahlen 897, 913.

Bänder der Energie im Kristall 1715.
Bahndrehimpuls 876, 888.
— der Nukleonen im Kern 1275.
Balmerserie 822.
Bandbreite 1722.
Banden 1408.
—, Feinstruktur 1412.
—-gruppe 1412.

Namen- und Sachverzeichnis.

Banden-kante, -kopf 1408.
—, Konvergenzstelle 1412.
—-schema 1411.
—-spektren 1397.
—-system 1410.
—-zug 1411.
—-zweig 1408.
Barometrische Höhenformel 1467.
Bartlett-operator 1137.
—-potential 1291.
Basis des Gitters 1646.
Bergmanserie 824.
Beschleuniger 1546.
Besetzung der Energiebänder 1740.
Besetzungszahlen des Materiefeldes 1185,
— der Quantenzustände 1139, 1422, 1424, 1426.
Betatron 1555.
Beugung der Materiewellen 1039, 1723.
— — Röntgenstrahlen 1697.
Beweglichkeit von elektrolytischen Ionen 1768, 1771.
— — Ladungsträgern 1593.
Bildenergie in Oberflächen 1564.
Bildkraft 1564.
Bindung, chemische 1338, 1356, 1367.
—, polare, heteropolare 1372.
Bindungsenergie der Atomkerne 1253, 1286.
— der Gitterbausteine 1635, 1666.
— des Deuterons 1276.
BLEULER 1207.
Bindung, σ, π usw. 1370.
BOHR 1414.
BOHRsche Frequenzbedingung 828.
BOHRscher Zwischenkern 1320, 1323.
BOHRsches Magneton 881.
BOLTZMANNsche Fundamentalgleichung 1517.
BOLTZMANNsche Konstante 1428.
BOLTZMANNsches Theorem 1520.
BORNsche Näherung 1079.
Bosestatistik 1434.
—, in äußeren Feldern 1448.
—, Translation 1438.
Bosonen 1208, 1218.
BOTHE 1317.
Brackettserie 822.
BRAGGsche Reflexion 1699, 1726.
BRAUNsche Röhre 1541.
BRAVAISsche Gittertypen 1649.
Brechung, Elektronenwellen 1055.
—, Licht im Gitter 1695.
Brechungsindex 1696.
—, Elektronenstrahlen 1527.
— —, örtlich veränderlicher 1528.
—, Quantentheorie 1017.
Brennfleck 1624.
Brennweite, elektronenoptische 1533, 1539.
BRILLOUIN 1062.
BROGLIE, DE 1038.
—, Wellenlänge 1525.
—, —, relativistische Korrektur der 1526.
β-Stabilität 1302, 1304.
β-Zerfall 1332.
—, Energiespektrum 1334.

Caesiumchlorid-Gitter 1642.
Calzitgitter 1644.
CAUCHYsche Relationen 1670, 1674.
Chemische Bindung 1338, 1356, 1367.
— —, Feldtheorie 1243.
Chemische Konstante 1488.
— — von Gemischen 1491.
chemisches Potential der Elektronen 1563.
Clebsch-Gordon-Koeffizienten 1002, 1286.
Clusius 1510.
Compton-effekt 1034.
—-wellenlänge 1034, 1188.
— — des Feldes 1154.
CONDON 1407.
Coulombkraft, Feldtheorie der 1243, 1249.
Curiepunkt 1779.
Curiesches Gesetz, Konstante 1778.
Cuprit 1643.
Cyanbanden 1411.

Debyesche Funktion 1690.
Debye-Hückel-Onsagersche Theorie 1772.
Debye-Scherrer-Diagramm 1701, 1728.
Debyesche Theorie der Atomwärme 1689.
Defekt-elektronen 1758.
—-leiter 1761.
Deformationsschwingung 1417.
d-Elektronen 850.
Deuterium, Rydbergkonstante des 857.
Deuteron 1276.
—, Bindungsenergie 1276.
—, Grundzustand 1276.
—, magnetisches Moment 1283.
—, Quadrupolmoment 1276, 1283.
—, Radius 1281.
—, Singulettzustände 1281.
—, Triplettzustand 1281.
Diamagnetismus 982.
Diamantgitter 1635.
Dichteschwankungen, statistische 1480.
dielektrische Suszeptibilität 1016, 1777.
Dielektrizitätskonstante 1016, 1672, 1675, 1692, 1777.
—, Quantentheorie 1016.
differentieller Streuquerschnitt 1070.
Diffusion, ambipolare 1622, 1626.
—, Beweglichkeit und 1596.
—, Gase 1506.
—, Ladungsträger 1595.
—, Poren 1513.
—, Röhren 1514.
Diffusions-geschwindigkeit 1508.
—-koeffizient 1206.
Digyre 1656.
Dimensionen der Atome 817.
— der Atomkerne 817.
Dipol-moment 899, 913, 1015.
— —, permanentes der Moleküle 1635.
—-stärke 911.
—-strahlung 1028.
Diracfunktion 1176, 1223, 1230.
Diracsche Gleichung 1096, 1169, 1212.
— —, Reduktion der 1103.
— Löchertheorie 1200.

Diracsche Operatoren 1098.
— —, Reduktion 1103.
— Unterwelt, Löchertheorie 1121.
disjunktive Merkmale, Eigenschaften 1215.
Dispersion 1695.
—, anormale 1696.
— der Achsen 1695.
—, Quantentheorie 1012.
Dispersions-effekt bei Molekularattraktion 1380.
—-kraft 1634.
—-theorie 1018.
Dissoziation 1391, 1583.
Dissoziations-arbeit 1391, 1412.
—-energie des Wasserstoffs 1365.
—-grad, elektrolytischer 1769.
Divergenzausdruck 1152, 1157.
Donatoren 1759.
Doppelbindung 1369.
Doppelbrechung 1695.
Doppelschicht in Oberflächen 1563.
Drehachse des Gitters 1656.
Drehimpuls 876, 925, 995, 1321.
— um die Molekülachse 1347.
Drehimpulsoperator 925.
—, Vertauschungsrelationen 995.
—, Zusammensetzung mehrerer 1000.
Drehkristallverfahren 1701.
Drehspiegelachse 1655.
Drehsymmetrie 1655.
Dreierstoß 1585.
Driftgeschwindigkeit 1593.
— der Ladungsträger 1592.
Druck der Gase 1455.
—, statistische Berechnung 1431.
Dublett 889.
—-term 875.
—-aufspaltung 1112.
Dulong-Petitsches Gesetz 1687, 1705.
Dunkelraum, Astonscher, Hittorfscher, Faradayscher 1612.
Durchdringungsvermögen 1059.
Durchgriff 1579, 1580, 1581.
Δ-Terme 1350.

Eichinvarianz 1158, 1212, 1219, 1228.
Eichtransformation 1158, 1212.
Eigendifferentiale 939.
Eigendrehimpuls des Elektrons 1110.
Eigenfunktionen 837, 932.
—, Elektronen im Metall 1715.
—, Materiefeld 1193, 1245.
—, normierte 849.
—, Orthogonalität der 934.
—, Oszillator 1389.
—, radiale 847.
—, Rotation 1399.
—, symmetrische, antisymmetrische 1360.
—, vollständiges System 941.
—, Wasserstoff 843, 845.
Eigenleitung der Isolatoren 1758.
Eigenmoment des Elektrons 886.
Eigenschaft, Ableitung nach Koordinate und Impuls 950.

Eigenschaft, disjunktive 1215.
—, Erwartungswert 922, 984, 988.
—, Gesamtwert 922.
—, Gleichzeitige Messung mehrerer 994.
—, kanonisch konjugierte 995.
—, Operator 921.
—, Tensor einer 991.
—, zeitliche Änderung 949.
Eigenschwingungen des Gitters 1680.
Eigenwert 843, 932.
—, eigentlicher, uneigentlicher, kontinuierlicher 934, 939.
—, Messung des 985.
Eindringungsvermögen der Materiewellen 1054.
Eingangskanal einer Kernreaktion 1321.
Einzellinse, elektronenoptische 1530.
elastische Kompression des Gitters 1670.
elastischer Stoß im Plasma 1583, 1585.
— —, Quantentheorie 1082.
— — von Molekülen 1499.
elastische Verformung des Gitters 1669.
Elastizitäts-koeffizienten 1670.
—-modulu 1670.
elektrische Leitfähigkeit 1751.
Elektrolyte, schwache 1769.
elektrolytische Leitung 1768.
— —, Debye-Hückel-Onsagersche Theorie 1772.
Elektronen, Absorption, Reflexion an Oberflächen 1565, 1570.
—-affinität 1373.
—, äquivalente 1138.
—-beugung 1039, 1723.
—-beweglichkeit 1593.
—, Brechungsindex 1527.
—, Eigenmoment 886, 1110.
—, Emission, thermische 1567.
—-gas, freies im Metall 1704.
—, gerade, ungerade 1350, 1401.
—, Geschwindigkeit, Impuls im Metall 1729.
—-gestalt 851.
—, im Magnetfeld 919.
—, innere 1355.
—-konfiguration der Moleküle 1341.
—-linsen, elektrische 1528.
— —, magnetische 1534.
—-mikroskop 1541.
—, Neutralisation 1565.
—-optik 1523.
— —, relativistische 1546.
— —, Ablenkelemente 1543.
—-optische Abbildung 1531.
—, Potential, thermodynamisches 1742.
—, Quantensymbole 850.
—, relativistische Bewegung 1093.
—-schalen 865.
—-spin 885, 886, 1093, 1110.
— — der Moleküle 1353.
—-sprung 1033, 1401.
—, Sekundäremission 1565, 1568, 1570.
—-stoß 1584.
— —, Anregung, Ionisation 1586.
— —, Quantentheorie des 1086.

Elektronen-stoßversuche 829, 862.
—-strahlen, Ablenkung 810.
— —, Fortpflanzungsgeschwindigkeit 1527.
— — in Feldern 1524.
—-stromdichte 1567, 1729.
—-symbole der Moleküle 1345.
—-synchroton 1560.
—-temperatur 1590, 1594, 1631.
—-terme der Moleküle 1347.
— — — —, Auswahlregeln 1400.
—-termserien der Moleküle 1348.
—-übergänge im Gitter 1734.
—-wellen, Brechung, Reflexion 1055.
—-wolke im Gitter 1638.
—, Zweizentrensystem 1341.
Elektronik 1523.
Elektron, Ladung des 808, 816.
elektromagnetisches Feld 1201.
— —, Wechselwirkungen 1212.
Elektrostriktion 1671, 1675.
Elementarprozesse, Gleichgewicht 1599.
—, Feldtheorie 1228.
Elementgitter 1637.
Emission, Ladungsträger aus Oberflächen 1562, 1568.
—, Licht 1028.
— —, induzierte 1021.
—, Mesonen 1228.
—, thermische von Elektronen 1567.
endotherme Kernreaktion 1321.
Energie, Austausch bei Stößen 1503.
—-bänder 1715, 1738.
— —, Fehlstellen im Band 1743.
— —, besetzte, halbbesetzte 1742.
— —, Besetzung mit Elektronen 1740.
—-bilanz des Lichtbogens 1625.
—-dichte 1170.
— — des Gitters 1667.
— — des Materiefeldes 1174.
—, freie 1429, 1469, 1472.
—, gesamte, Operator 926.
—, Gitterschwingungen 1685, 1686.
—-impulstensor 1169, 1182, 1188.
— —, Symmetrie des 1171.
—, kinetische, Operator 925.
—-matrix 949, 964.
—, mittlere kinetische 1457.
—-satz bei Elementarprozessen 1238.
—-spektrum, Kernreaktionen 1326.
— —, β-Zerfall 1334.
—-strom 1170, 1183.
Entartung 852, 870, 935, 964.
Entartungsgrad 937.
Entartung, Materiefeld 1156.
—, mehrere Elektronen 870.
—, Molekülterme 1353.
—, Störungsrechnung 964.
—, unvollständige Aufhebung 968.
Entladungen, Ähnlichkeitsgesetze 1607.
—, in Gasen 1605.
—, Randbedingungen 1607.
—, stationäre 1607.
Entladungsplasma 1590, 1605.
Entropie 1428, 1432, 1437, 1448, 1469.

Entropie, Gasgemische 1490.
—, Nichtgleichgewicht 1520.
Entstehungsoperator 1192, 1201, 1233.
— der Ladung 1217.
Erdalkalispektren 869.
Ergodenhypothese 1433.
Erhaltungssätze der Feldtheorie 1169.
— der Kernreaktionen 1318.
Erwartungswert 922, 929, 984, 988.
— einer Messung 988.
—, elektrische Feldstärke 1206.
—, Operator des 1145.
Eulersche Feldgleichung 1152.
exotherme Kernreaktion 1321.

Fallraum 1613.
—-dicke 1615.
Faradaysche Gesetze 806.
— Konstante 810.
Feinstruktur 889.
—, Auswahlregeln 897.
—, Banden 1412.
—-formel 890.
—-konstante, Sommerfeldsche 890, 1116.
—, Moleküle 1353, 1395.
—, Wasserstoff 1122.
Feld, Comptonwellenlänge 1154.
—, direkte Kopplung 1210.
—, elektromagnetisches 1201.
—, —, Lagrangedichte, Hamiltonoperator 1202.
—-emission, Kaltemission 1061, 1562, 1567.
—, Energie 1186.
—, Energiedichte 1170.
—, Energieimpulstensor 1169, 1188.
—, Energiestrom 1170, 1187, 1188.
—, Erhaltungssätze 1169.
—-funktion 1151.
—, —, kanonisch konjugierte 1178.
—, Gesamtimpuls 1186.
—-gleichungen 1152, 1157.
— — des Spinorfeldes 1161.
— — des skalaren Feldes 1154.
— — des vektoriellen Feldes 1157.
—, Hamiltondichte 1170, 1178, 1183.
—, Hamiltonfunktion 1178, 1183, 1189.
—, Impulsdichte 1170, 1183, 1188.
—, isoliertes 1151, 1153.
—, kanonische Theorie 1176.
—, komplexes 1156, 1161, 1174, 1180, 1188.
—, Kopplungskonstante 1209.
—, Ladungsdichte 1175, 1189.
—, Ladungserhaltung 1174, 1189.
—, Lagrangedichte 1152.
—, Masse 1154.
—, Massenstromdichte 1170.
—, Nullpunktsenergie, Nullpunktsimpuls 1187.
—, Operatoren 1204.
—, pseudoskalares 1208.
—-quanten, longitudinale, transversale 1195.

Feld, Quantisierung 1176, 1180, 1193, 1196.
—, skalares 1151, 1178, 1182.
—, spinorelles 1161.
—, Stromdichte elektrische 1175, 1188.
—, Teilchenentstehung, -vernichtung 1191.
—, Teilchenzahl, Teilchenoperator 1191.
—-theorie der Materie 1148.
— — — Coulombkräfte 1243.
—, vektorielles, quellenfreies 1157.
—, —, —, Quantisierung 1193, 1204.
—, Vertauschungsregeln 1182, 1199, 1204.
—, Wechselwirkungen zwischen mehreren 1207.
—, Zustandsfunktion 1191.
f-Elektronen 850.
FERMI 1450.
Fermionen 1208, 1218.
—, Wechselwirkungen zwischen 1221.
FERMIsche Verteilungsfunktion 1443.
Fermistatistik 887, 1199, 1434, 1441.
— der Elektronen 1705, 1563.
— in äußeren Feldern 1448.
Fermiwechselwirkung 1222, 1244, 1251.
FEYNMAN 1241.
Feynmandiagramm 1232.
Feynman's Theorie der Antiteilchen 1232.
FINKELNBURG 1318, 1328.
FLEISCHMANN 1317.
flüssiger Zustand 1767.
Flüssigkeit 1638.
Flugdauer, freie, der Moleküle 1492.
Fluoritgitter 1643.
Fokussierung, Massenspektrographen 1546.
—, Sollkreis 1550.
Formfaktor 1082.
Fortratdiagramm 1409.
Fowlerserie 824.
Franck-Condonsches Prinzip 1407.
Frank-Hertzsche Versuche 828.
freie Energie 1429, 1469, 1472.
Freiheitsgrad 1432.
—, eingefrorener 1474.
Freiheitsgrade, Gitter 1681.
Freiheitszahl der Metallelektronen 1737, 1750.
Frequenzbedingung, BOHRsche 828.
Funkeleffekt 1487.
Funkenspektren 826.
Funktionensystem, vollständiges, orthogonales 941.

GAMOW 1060, 1338.
Gamowfaktor 1270.
Gase 1450.
—, Berechnung des Drucks 1455.
Gaselektronik, Elementarprozesse 1581.
Gase, ideale, im Gleichgewicht 1451.
—, mittlere Geschwindigkeit, kinetische Energie 1457.
—, Modell 1450.
—, niedere Drucke 1510.
Gasentladungen 1605.
—, Randbedingungen 1607.
—, stationäre 1607.
Gase, thermodynamische Eigenschaften, reiner 1469.

Gase, Zusammenstöße in 1491.
—, Zustandsgleichung 1457.
Gasgemische, thermodynamische Eigenschaften 1489.
Gaskonstante 1428.
Gastemperatur 1590, 1594.
g-Faktor, Landéscher 892.
Geiger-Nutallsche Beziehung 1330.
Gemisch, quantenmechanisches 990.
generalisierte Koordinaten 945.
gerade Kernzustände 1274.
— Terme 914, 1350, 1401.
Gesamtenergie 1425, 1437.
—, Operator der 926.
Gesamtheit, statistische 1420.
Geschwindigkeit, mittlere 1463.
Geschwindigkeitspotential 918.
Geschwindigkeitsraum 1451.
Geschwindigkeit, wahrscheinlichste 1464.
Gestalt des Elektrons 851.
Gewicht, statistisches 1465.
Gibbssches Potential 1469.
Gitter 1634.
—, Basis 1646.
—, Bausteine 1639.
—, Dielektrizitätskonstante 1672.
—, Dipolmoment 1671.
—-eigenschwingungen 1680.
— —, Energie 1685.
—, elastische Konstanten 1670.
— —, Verformung 1669.
—, elektrische Eigenschaften 1671.
—-elektrode 1577.
—-energie 1635, 1664, 1667.
— —, Dichte 1665.
— —, des verzerrten Gitters 1667.
—-entladung 1577.
—, Entstehung durch Translation 1644.
—-fehler 1759.
—, Freiheitsgrade 1681.
—-gerade 1647.
—, Gleichgewichtsbedingungen 1667.
—, hexagonale 1652.
—, homogene Verzerrung 1662.
—, kubische 1640, 1653.
—, mechanische und elektrische Eigenschaften 1661.
—-modell, eindimensionales 1676.
— —, dreidimensionales 1682.
—, monokline 1649.
—, optische Eigenschaften 1692.
—-punkte 1639.
— —, identische 1645.
—, rhombische 1651.
—, rhomboedrische 1652.
—-schwingungen 1675.
— —, akustische 1679.
— —, —, longitudinale, transversale 1683.
— —, Leitfähigkeit 1754.
— —, optische 1679.
—-spannung, -potential, effektives 1579.
—, spezifische Wärme 1687, 1691.
—, Steuerung des Anodenstroms 1580.
—, tetragonale 1653.

Gitter-theorie der Metalle 1703.
—, thermische Ausdehnung 1691.
—, trigonale 1652.
—, trikline 1649.
—-typen, Bravaissche 1649.
—, Verzerrungstensor 1663.
—-zone 1647.
Glanzwinkel 1700.
Gleichgewicht, Elementarprozesse 1599.
—, —, detailliertes 1600.
—, Gitter 1667.
—-sverteilung 1426.
—, thermodynamisches 1451.
Gleichrichter 1763.
Glimmentladung 1612.
Glimmhaut 1612.
Glimmlicht, negatives, anodisches 1612.
Glimmsaum 1612, 1617.
Glühemission 1562, 1567, 1710.
Gradient einer Säule 1623.
Grundlinie einer Bande 1407.
Grundschwingungsquant 1387, 1417.
Grundzustand 861.
GUPTA 1207.

Halbleiter 1753, 1757.
Hamiltondichte, Materiefeld 1170, 1183.
—, Operator der 1183, 1188.
Hamiltonfunktion 919.
—, Feldtheorie 1149, 1178.
—, Moleküle 1340.
Hamiltonoperator 919, 926, 1183, 1188.
—, Kernkräfte 1223, 1226.
—, relativistischer 1098.
Hamiltonsche partielle Differential-
  gleichung 834.
Hartreeverfahren 860, 1450.
Hauptachsentransformation der Matrizen 960.
Hauptquantenzahl 826, 843.
— der Moleküle 1345.
Hauptserie 824.
Heisenbergpotential 1291.
Heisenbergsche Unschärferelation 1045, 1048.
HEITLER 1368.
Heliumspektrum 869.
—, ionisiertes 823.
hermitesche Polynome 1387.
Hermitizität 949.
— der Feldeigenschaften 1182.
HERTZ 828.
heteropolare Bindung 1372.
hexagonale Gitter 1652.
Hexagyre 1656.
Hilbertscher Raum 991.
Himmelsblau 1487.
Hittorfscher Dunkelraum 1612.
Hittorfsche Überführungszahlen 1770.
Hohlraumstrahlung 1021.
homöopolare Bindung 1357.
HUND 1369.
Hundsche Kopplungsfälle 1396.
Hyperfeinstruktur 1258, 1262.
— im Magnetfeld 1260.

Identitätsschar 1648.
Immersionslinse, elektronenoptische 1530.
Impuls 877, 1452.
Impuls-dichte des Materiefeldes 1170, 1183.
— —, Operator 1183.
—-matrix 951.
—, mittlerer statistischer 1463.
—-operator 919, 1150.
—-potential 918.
—-raum 1423, 1451.
—-satz bei Elementarprozessen 1237.
Induktionseffekt 1634.
innere Energie 1432.
— Reibung der Gase 1504.
Integralgleichung zur Wellengleichung 1229.
Intensität von Spektrallinien 899, 908.
Intensitätswechsel bei Banden 1271.
Interkombinationen 869, 913.
Interkombinationsverbot 914.
Invarianz des Feldes 1152.
Inversionszentrum 1655.
Ionen-beweglichkeit 1593, 1768, 1771.
—-bombardement, Sekundäremission 1568, 1612.
—-gitter 1636.
— —, reguläre 1672.
—-molekül 1373.
—-optik 1523.
— —, relativistische 1546.
—-stoß 1588.
—-temperatur 1590, 1594.
Ionisation 1583, 1586.
—, durch Ionenstoß 1588.
—, thermische 1601.
Ionisierung, differentielle 1588.
Ionisierungs-Arbeit 861.
—-funktion 1588.
—-grad 1604.
—-querschnitt 1082, 1588.
—-zahl 1597.
isobarer Spin 1214, 1289.
isobare Spinfunktion, Spinraum 1289.
isobares Singulett, Triplett 1228.
Isolatoren 1746.
—, Eigenleitung 1758.
isoliertes Materiefeld 1151, 1153.
Isomerie, Cis-trans 1372.
Isotope 816, 1252.
—, Häufigkeit 1311.
Isotopentrennung 1510.
Isotopieeffekte der Moleküle 1413.

Jordan-Wignersche Matrizen 1143, 1185, 1190, 1217.
Joule-Thomson-Effekt 1477.

Kanalenergie 1321, 1326.
Kanalwellenlänge 1322.
kanonische Gleichungen, Materiefeld 1178.
— —, quantenmechanische 951.
kanonischer Tensor des Materiefeldes 1171.
kanonische Theorie des Materiefeldes 1176.
— Vertauschungsrelation 953.

kanonisch-konjugierte Feldfunktion 1178.
Kante 1408.
Kantenschema 1411.
Kataphorese 1773.
Kathodenfall 1613.
— des Lichtbogens 1624.
Kathodenschicht, erste 1612.
Kathodenstrahloszillograph 1541.
KAUFFMANN 815.
K-Einfang 1304.
Kennlinie 1577, 1624.
Kern-abstand der Moleküle 1366, 1383.
—-drehimpuls 1257.
Kerne, elektrostatische Energie 1297.
—, Energiebilanz 1302.
—, stabile 1304.
Kern-explosion 1318.
—, kinetische Energie der Nukleonen 1297.
—-kräfte, Ladungssymmetrie, Ladungsunabhängigkeit 1228.
— —, Mesontheorie 1222.
— —, potentielle Energie 1298.
— —, Reichweite 1225.
— —, symmetrisches Mesonfeld 1226.
—-ladung 821, 862.
—-ladungszahl 1252.
—-magneton 1257, 1260.
—-moment 1257, 1264.
—-physik 1252.
—-radien 1268.
—-reaktion 1315.
— —, Eingangskanal, Kanalenergie 1321.
— —, Energiespektrum 1326.
— —, Erhaltungssätze 1318.
— —, Reaktionsweg, Reaktionsenergie 1321.
—-resonanz 1327.
— —, magnetische 1264.
—, Schalenaufbau 1304.
—-spin 1253, 1257, 1258, 1287, 1311.
— —-quantenzahl 1257, 1259, 1274.
—, Stabilität des 1287.
—-temperatur 1327.
—-umwandlung 1319.
—-volumen 1268, 1286.
Kerreffekt 1016.
Knickschwingung 1417.
Knotenflächen der Elektronen 1345.
Kohlebogen 1624.
Kohlenstoff, Valenz 1371.
Kompressibilität des Gitters 1671, 1674.
kommutative Operatoren 1208.
Konfigurationsraum 1149.
Kontaktpotential 1705.
Koordinaten, generalisierte 945.
—-matrix 951, 965.
—-operator 1149.
Kontakt, Halbleiter — Metall 1762.
kontinuierliches Spektrum 939.
Kontinuitätsgleichung 918.
KOPFERMANN 1262, 1272.
Kopplungskonstante, Materiefeld 1209.
—, Nukleon-Mesonfeld 1219.
Korrespondenzprinzip 831.
kräftefreies Materiefeld 1156.

kräftefreie Wellengleichung 1040.
Kräfte, van der Waalssche 1374.
— zwischen Proton und Neutron 1272.
KRAMERS 1062.
Kreiselmodell der Molekülrotation 1392.
Kristall 1639.
—-flächen, Kanten 1661.
—, geometrische Anordnung der Bausteine 1639.
—-systeme 1654.
kritische Opaleszenz 1485.
— Potentiale 829.
— Schwankungen 1484.
K-Schale 865.
k-Sprache 992, 1141.
kubisches Gitter 1640, 1653.
Kugelflächenfunktionen 841, 845, 938.
Kugelpackung, dichteste 1641.
KUHN 1017.

Ladung, Atomkerne 1253.
—, Diffusion 1595.
—, Elektron 808, 816.
—, Materiefeld, Erhaltungssatz 1174, 1190.
—, isobarer Spin 1214.
—, Operator 1217.
Ladungsdichte, Materiefeld 1175.
Ladung, spezifische 813, 885.
Ladungsträger, Emission, Neutralisation an Oberflächen 1562.
—, Vernichtungs-, Entstehungsoperator 1217.
Lagrangedichte der Feldtheorie 1152, 1155, 1157, 1167.
Lagrangefunktion der Feldtheorie 1149.
Laguerresche Funktionen 848.
Lambshift 1251.
Landéscher g-Faktor 892, 1257, 1314.
Lauediagramm 1701, 1727.
Lebensdauer 911, 1324.
— des Zwischenkerns 1324.
Leiter, metallische 1745.
Leitfähigkeit, elektrische 1751, 1756.
—, elektrolytische 1768.
Leitfähigkeitsband 1753, 1758, 1760.
Lepton 1215, 1217.
Leptonfeld 1218.
Leuchtelektron 830, 857.
Lichtbogen 1591.
Lichtbogensäule 1624.
Lichtemission, spontane 1028.
Lichtstreuung, statistische Theorie 1485.
Linienspektren 821.
Lochblende, elektromagnetische 1530.
Löchertheorie, DIRACsche 1121, 1233.
Löschung der Anregung 1583, 1600.
LONDON 1368.
LORENTZ 814.
Lorentzinvarianz 1152.
Lorentz-Lorenzsche Formel 1486.
Loschmidtsche Zahl 810.
Λ-Quantenzahl der Moleküle 1348.
L-Schale 865.
Lymanserie 822, 824.

Madelungsche Konstante 1666.
Magische Zahlen 1308.
magnetische Elektronenlinsen 1534.
— Quantenzahl 882.
— —, Auswahlregel 901.
magnetisches Moment, Atomhülle 876.
— —, Deuteron 1283.
— —, Proton, Neutron 1258.
magnetische Suszeptibilität 1778.
Magneton, Bohrsches 881, 1109, 1251.
Majorana-kräfte 1298.
—-operator 1137.
—-potential 1291.
Makrozustände, Mikrozustände 1424, 1435.
Masse, Atomkerne 1253.
—, Feldtheorie 1154.
—, molare 1457.
—, nackte 1250.
Massendefekt 1253.
Massenspektrograph, Astonscher 1544.
Massenspektroskopie 815, 1544.
Massenvernichtung, Entstehung 1218.
Massenzahl 1253.
Masse, Operator 1217.
—, reduzierte, isotoper Moleküle 1413.
Materiewelle, Beugung 832.
Matrix, adjungierte, hermitische, transponierte 949.
—-elemente 900, 908, 947.
—, Energie 949.
—, unitäre 959.
Matrizen, Diracsche 1098.
—, Hauptachsentransformation 960.
—-mechanik 947.
—, Paulische 1104.
—, Teilcheneigenschaften 947, 992.
—, Vertauschbarkeit 994.
Maxwellsche Gleichungen, Feldtheorie 1205.
— Verteilungsfunktion 1458, 1461.
Maxwellverteilung im Plasma 1590.
MECKE 1417.
Mehrteilchensysteme, Quantentheorie 927.
Meson 1182, 1235, 1244.
Mesonen, π 1182, 1187, 1244.
—, Streuung an Nukleonen 1235.
Meson-feld, skalares 1182.
— —, symmetrisches 1220.
— —, —, Wechselwirkung mit Nukleonenfeld 1220.
—-theorie der Kernkräfte 1222.
—, virtuelles 1226.
meßbare Größen 985.
Messung, Energie 986.
—, gleichzeitige, von Eigenschaften 994.
—, kohärente, inkohärente 991.
— von Eigenschaften 985.
Metalle, Gittertheorie 1703.
Metallelektronen, Impuls, Geschwindigkeit 1729.
Metallgitter 1637, 1703.
—, Energiebänder 1738.
—, Eigenwertsdichte 1738.
—, Elektronengesamtheit 1738.

Metallgitter, Potentialfeld 1713.
—, Zustandsdichte 1739.
metallische Leiter 1745.
metastabile Terme 912.
Mikrotron 1555.
MILLIKAN 816.
Millikanscher Öltröpfchenversuch 816.
Millersche Netzebene 1647.
Mitbewegung des Kerns 855.
Mittelwert, Gesamtwert 930, 1454, 1463.
mittlere Geschwindigkeit 1457, 1463.
mittlere kinetische Energie 1457.
μ-Mesonen 1208, 1244.
molare Masse 1457.
Molekülachse 1342.
—, Drehimpuls um 1347.
Moleküle 1338.
—, Abspaltung der Translation 1381.
—, Elektronenkonfiguration 1341.
—, Elektronenquantenzahlen 1342.
—, Elektronenterme 1347.
—, gleiche Kerne 1350.
—, mehratomige 1414.
—, Rotation 1381, 1384.
—, Schrödingergleichung 1381.
—, Schwingung 1381, 1384.
—, Termsymbole 1348.
Molekül-gitter 1634.
—-radius 1491, 1505.
—-rotation, Kreiselmodell 1392.
—-spektren 1397.
Molekularattraktion 1374.
—, Additivität 1380.
—, Dispersionsanteil 1380.
—, Statistik der 1475, 1498.
Molzahl 1457.
Moment, magnetisches 876.
—, —, anormales des Elektrons 1251.
monokline Gitter 1649.
MORSE 1390.
Morsesche Formel 1391, 1404.
Moseleysches Gesetz 828.
M-Schale 865.
Mulliken 1369.
Multiplett 889.
Multiplizität 890, 1353, 1412.
Muonen 1208, 1244.

Nahdurchschlag 1612.
Nebelspuren 807.
Nebenquantenzahl 826, 843, 882, 888, 1344.
—, Auswahlregel 903.
—, —, Molekülelektronen 1344.
Nebenserien 824.
negativer Zweig 1405, 1409.
negatives Glimmlicht 1612.
Netzebene 1647.
Netzebenenschar 1648.
Neutralisation von Alkaliionen 1566.
— von Ladungsträgern an Oberflächen 1562, 1565.
Neutrino 1244, 1333.
—, Ruhmasse 1334.
Neutron 1214, 1253.
—, Antisymmetrieprinzip 1270.

Neutronen-überschuß 1255, 1295, 1299, 1303.
—-zahl 1253.
—, magnetisches Moment 1258.
—, Wirkungsquerschnitt für Kernreaktionen 1325.
Nichtgleichgewicht, kinetische Theorie 1516.
Niederdruckentladung 1591, 1605.
n-Leiter 1761.
Normalkoordinaten 1416.
Normalschwingungen 1417.
Normierung 837, 932.
— im Kontinuum 939.
Normierungsfaktor 932.
n-Sprache 1141.
Nukleonen 1214, 1217, 1253.
—-feld 1218.
—, Quantenzustände im Kern 1305.
—-zahl 1270.
Nullinien 1404.
—-formel 1412.
Nullpunkts-energie 1187.
—-impuls 1187.
Nullvektor 1162.
Nullzweig 1409.
NUTTALL 1330.

Oberflächen, Absorption, Emission von Ladungsträgern 1562, 1567.
—, Adsorption von Gasen, Ionen 1565.
—, Austrittsarbeit 1563.
—, Doppelschicht 1563.
—, Potentialverlauf 1562.
Oberwelt, Diracsche 1121.
Ohmsches Gesetz 1756.
Operator 919.
—, Diracscher 1098.
—, Drehimpuls 925.
—, elektromagnetisches Feld 1204.
Operatoren, Erwartungswert 1145.
—, Gesamtenergie 926.
—, Impuls 919.
—, kinetische Energie 925.
—, kommutative, antikommutative 1208.
—, Ladung 1217.
—, Masse 1217.
—, Materiefeld 1183.
—, Rotationsenergie 927.
—, Teilcheneigenschaften 921, 992.
—, Teilchenentstehung, Vernichtung 1192.
—, Teilchenzahl 1146, 1192, 1198, 1201.
optische Aktivität 1696.
Ordnungszahl 821.
orthogonales Funktionensystem 847, 934, 1229.
Orthogonalität 847, 934.
—, kontinuierlicher Eigenfunktionen 939.
OSTWALD 806.
Ostwaldsches Verdünnungsgesetz 1769.
Oszillator, anharmonischer 1390.
—, Eigenwerte 957.
—, harmonischer 954, 1387.
—, Koordinaten und Impulsmatrizen 956.
Oszillatorenstärke 911, 1017, 1737.

Paarentstehung 1234, 1239.
Paarvernichtung 1239.
Packungsanteil 1255.
Packungseffekt 1253.
Parallelfach, primitives, reduziertes 1646.
Parität 1274, 1311, 1319.
Paschen-Back-Effekt 893, 1116.
— — —, Hyperfeinstruktur 1261.
Paschensches Gesetz 1611.
Paschenserie 822.
Paulische Matrizen 1104, 1163.
Pauliprinzip 865, 887, 1332, 1355, 1367.
π-Bindung 1370.
π-Elektronen 850, 1346.
p-Elektronen 850, 853, 1346.
periodisches System der Elemente 861, 1252.
Pfundtserie 822.
Phasenraum 1423, 1429, 1451.
Photoelektronen 1022.
Photoeffekt am Atom 1022.
Photonen, Feldtheorie 1207.
Pickeringserie 824.
Piezoelektrizität 1672, 1674.
Pionen 1182, 1187, 1209, 1244.
—, Einfang, negativer 1317.
Plasma 1444, 1590, 1592.
—, Differentialgleichungen 1605.
—, quasineutrales 1616.
—, Sondenmessung 1629.
—, thermisches 1601, 1625.
Plasmawechselwirkung 1586.
p-Leiter 1761.
π-Meson 1182, 1187, 1209, 1244.
Poisseullesches Gesetz 1516.
Poissonsche Gleichung 1449.
polare Bindung 1372.
— Moleküle 1373.
Polarisation, dielektrische 1774.
—, Feldquanten 1196, 1207.
—, Gitter 1696.
—, Spektrallinien 899.
Polarisierbarkeit der Atome 975, 980, 1015.
positiver Zweig 1405, 1408.
positive Säule 1620.
Positron 1119.
Positronium 857.
Potentialberg, Durchgang von Materiewellen 1058.
Potentiale, kritische 829.
Potentialfunktion der Moleküle 1357, 1384, 1390.
Potentialloch 1276.
Potential, quantenmechanisches 919.
Potentialschwelle, Reflexion von Materiewellen 1050.
—, in Oberflächen 1563.
Prädissoziation 1025.
Präionisation 1061.
primitives Tripel 1645.
Prisma, elektronenoptisches 1542.
Proportionen, konstante, multiple 806.
Proton 1253.
—, Antisymmetrieprinzip 1270.

Protonensynchrotron 1560.
Protonenzahl im Kern 1253.
Proton, magnetisches Moment 1258.
pseudoskalare Felder 1208.
P-Term 825, 889.
Π-Term 1350.
punktförmige Teilchen, Statistik 1429.
Punktgitter 1639.
PURCELL 1264.
Pyro-Elektrizität 1691.
P-Zweig 1405, 1409.

Quadrupolkonstante 1262, 1268.
Quadrupolmoment, Atomkerne 1262.
—, Deuteron 1283.
Quantelung, zweite 1139.
quantenmechanisches Potential 919.
Quanten-symbole 850.
— -theorie 916.
— —, Matrixdarstellung 947.
— —, Mehrteilchensysteme 927.
— —, relativistische 1093.
— —, statistische Deutung 983.
— —, Stöße 1064.
— —, Translation 1037.
— —, zeitabhängige Systeme 1003.
— -zahl 826, 888.
— —, Gesamtdrehimpuls 888.
— —, gesamter Elektronendrehimpuls 1353.
— —, innere 888.
— —, Kernspin 1257, 1259, 1274.
— —, Λ 1348.
— —, magnetische 882.
— —, Molekülelektronen 1342, 1344.
— —, Rotation 1386.
— —, Σ 1354.
— —, Spin 888.
— -übergänge durch Störung 1010.
— -zelle 1435.
— -zustände, Besetzungszahlen 1139.
— —, Materiefeld 1184.
— —, Kernnukleonen 1305.
— —, statistische Wahrscheinlichkeit 1420.
— —, Volumenelemente im Phasenraum 1423.
Quantisierung des Materiefeldes 1176, 1193.
— des Spinorfeldes 1196.
Quartett 889.
— -Terme 875.
Quasi-gitter 1767.
— -klassische Bewegungen 1062.
— -neutralität 1616.
Quecksilber-Hochdruckbogen 1444.
Quintett-Terme 875.
q-Sprache 992, 1141.
Q-Zweig 1409.

Radiale Eigenfunktionen 847.
Radikalionengitter 1644.
Radioaktivität 1058, 1329.
Radiofrequenzspektroskopie 1262.
Ramaneffekt 1018, 1419.
Randbedingungen 837, 931.
Raumladung 1449.

Raumladung, Glimmentladung 1612.
—, Vakuumelektronik 1571.
Reaktionsquerschnitt 1322.
Reaktionsweg, Reaktionsenergie einer Kernreaktion 1321.
Realisierungsmöglichkeiten 1425.
—, Zahl der 1428, 1435.
reduzierte Masse 1382.
Reflexion, Elektronen an Oberflächen 1570.
—, Materiewellen 1050, 1055.
Reflexionsvermögen, Materiewellen 1054, 1059.
Reibung, innere der Gase 1504.
—, äußere der Gase 1512.
REICHE 1017.
Reichweite, Kernkräfte 1273.
reiner Fall 990.
relativistische Bewegung des Elektrons 1093.
— — — — in Feldern 1547, 1549.
— Elektronen- und Ionenoptik 1546.
— Quantentheorie 1093.
Relaxation 1773.
Relaxationszeit 1265, 1756.
Rekombination 1583, 1589, 1606.
—, Dissoziation mit 1589.
—, Dreierstoß 1589.
—, Ionen 1590.
Renormierung 1249.
Reziprozitätssatz 1323, 1699.
rhombische Gitter 1651.
rhomboedrische Gitter 1652.
RICHARDSONsches Gesetz 1710.
Richteffekt 1634.
Richtungsfokussierung, Sollkreis 1550.
Röntgen-spektroskopie 1701.
— -strahlung, Beugung 1697.
— -terme, Kristall 827, 898, 1719.
Rotation 1381, 1384, 1470.
—, Eigenfunktionen 1399.
—, mehratomige Moleküle 1418.
—, Moleküle 1381, 1384.
Rotations-Drehimpuls 1389.
— -energie, Moleküle 1386, 1395, 1470.
— — -operator 927.
— -konstante, Moleküle 1386, 1392.
— -quantenzahl 1386, 1471.
— -schwingungsspektrum 1404, 1415.
— -spektrum 1403.
— -struktur 1389.
Rotation, Statistik der 1470.
Rotations-übergänge 1402.
— -wärme 1472.
Ruhmasse 1249.
Rydbergkonstante 822, 843, 857.
R-Zweig 1405, 1408.

Säkulargleichung 960.
Sättigungsstrom 1577, 1763.
Säulenplasma, thermisches 1624.
Säule, positive 1620.
Sahasche Gleichung 1604, 1626.
σ-Bindung 1370.
Schalen, Elektronenschalen 865.
Schalenaufbau, Atomkerne 1304.

Schallgeschwindigkeit 1680.
Schichtgitter 1644.
Schmidt-Linien 1314.
Schrödingergleichung 837, 931.
—, Moleküle 1340, 1381.
—, Wasserstoff 838.
—, Zweizentrensystem 1341.
Schrödinger-Gordonsche Gleichung 1096.
Schroteffekt 1487.
Schwankungen, statistische 1480.
Schwerpunktsgeschwindigkeit 925.
Schwingung 1381, 1675.
—, anharmonische 1390.
—, Moleküle 1381, 1384, 1386, 1473.
—, Statistik der 1473.
—, Sollkreis 1552.
Schwingungs-eigenfunktion 1389.
—-energie, mittlere 1475.
— —, Moleküle 1386, 1475.
—-quant 1387.
—-übergänge 1402.
—-wärme 1474.
Sedimentation 1468.
Sekundäremission 1562, 1568, 1570.
—, Elektronen 1570.
—, Ionen 1568.
—, kinetisches Herausziehen 1570.
—, potentielles Herausziehen 1569.
Sekundäremissionskoeffizient 1569, 1571.
s-Elektronen 850, 852.
Selbstenergie 1224, 1248.
Singulett, isobares 1228.
—-system 869.
—-terme 1136.
— —, Kerne 1275.
— —, Moleküle 1353.
—-zustand, Deuteron 1281.
SLATER 1369.
Slaterdeterminante 1134.
S-Matrix 1245.
Sollkreis 1550, 1556.
Sommerfeldsche Feinstrukturkonstante 890, 1116.
Sonde 1629.
Sonden-dunkelraum 1630.
—-kennlinie 1631.
—-potential 1631.
Spannungskomponenten, Gitter 1669.
Spektrallinien, Intensität, Polarisation 899.
Spektren 821.
—, Helium 869.
—, Helium-Ion 823.
—, Moleküle 1397.
—, Wasserstoff 822.
spezifische Wärme, Metallelektronen 1705, 1710, 1742.
— —, molare 1687, 1691.
— —, Quantentheorie der 1687.
Spiegelebene 1655.
Spiegelsymmetrie, Gitter 1655.
Spinbahnwechselwirkung 1307.
Spineigenfunktion 887, 1136.
—, symmetrische, antisymmetrische 1136.
Spin, Elektron 885.

Spin-funktion 1289.
—, isobarer 1214, 1289.
—, magnetische Effekte 1116.
—-matrizen, Paulische 1103, 1163.
Spinor 1162.
—, Eigenfunktionen 1198.
—, Energieimpulstensor 1174.
—-feld 1161, 1209.
—, Feldgleichungen 1168.
—, Feldgleichungen mit Wechselwirkung 1211.
—, Hamiltonfunktion 1197.
—, konjugierte Feldfunktion 1197.
—, Quantisierung 1196.
—-transformation 1162.
—, Wechselwirkungen 1209.
Spin-quantenzahl 888.
— —, Auswahlregel 913.
— —, Moleküle 1473, 1353, 1391.
—-raum, Hilbertscher 1101, 1104, 1163, 1236.
—-valenz 1367.
—-vektor 1101, 1131.
Stabilität der Atomkerne 1292.
Starkeffekt 970, 1061.
—, linearer 976, 978.
—, quadratischer 971, 978.
stationäre Zustände 837, 930.
— —, Atomkerne 1275.
Statistik 1419.
—, Bosesche 1435, 1438.
—, Fermische 1441.
—, klassische 1420.
—, mit äußeren Feldern 1446.
statistische Deutung der Quantentheorie 983.
— Schwankungen 1480.
Steilheit, Triode 1581.
Steinsalzgitter 1642, 1646, 1672.
S-Terme 889.
Σ-Terme 1350.
Stern-Gerlach-Versuch 886.
Stirlingsche Formel 1427.
Stöchiometrische Gesetze 806.
Störungsrechnung 961.
— entarteter Probleme 964.
Störungsschema 967.
Stöße, elastische, unelastische, Quantentheorie der 1082.
—, Gasmoleküle 1499.
—, Nichtgleichgewicht 1518.
Stokessche Formel 809, 1771.
Stokessches Gesetz 809, 1771.
Stoß-prozesse 1026, 1064.
—-querschnitt, Gasmoleküle 1476.
—-radius, Gasmoleküle 1476.
—-zahl, sekundliche in Gasen 1492.
— —, —, Einfluß der Molekularattraktion 1498.
— zweiter Art 1584.
Strahlung, Absorption, Anregung 1019.
Strahlungs-dämpfung 831, 1047.
—-dichte 1601.
—-feld, Einwirkung auf Atome 1015.

Strahlungslose Übergänge 1026.
Streuprozesse 1064.
Streumatrix 1245.
Streuquerschnitt, differentieller 1070, 1087.
—, totaler 1281.
Streuradius 1281.
Streuung, α-Teilchen 817.
—, Bornsche Näherung 1079.
—, gleicher Teilchen 1074.
—, kohärente von Neutronen 1283.
—, Ladungsträger an Atomen 1076.
—, Licht, statistische Theorie 1485.
—, Mesonen an Nukleonen 1235.
—, Neutronen an Protonen 1279.
—, Punktladungen 1065.
—, Teilchenwelle an Störgebiet 1088.
Stromdichte, elektrische 877.
—, —, des Materiefeldes 1175.
Stufenmatrix, unitäre 966.
SUGIURA 1365.
Suszeptibilität 1672.
—, dielektrische 1016, 1774.
—, magnetische 1778.
Symmetrieeigenschaften 872.
—, Moleküle 1350.
—, Translationsgitter 1654.
symmetrische Molekülterme 1353.
— Nukleonenpaare 1294.
— Spineigenfunktion 1136.
Synchrotron 1558.
—, Phasenstabilität 1560.
Systeme gleicher Teilchen 1131.
— vieler Teilchen, Statistik 1424.

Teilchen-beschleuniger 1546.
—-entstehung, Vernichtung 1191, 1200.
—-strom 835, 876.
— —-dichte 835, 876, 918.
— —, Mehrteilchensystem 929.
— —, relativistischer 1128.
—-zahl 1425.
— —, Materiefeld 1191.
— —, Operator 1146, 1191, 1198, 1201.
TELLER 1338.
Temperatur 1428, 1438. 1457, 1461.
—, absolute 1457.
—, —, statistische Deutung 1457.
—, charakteristische, der Gitterschwingungen 1688.
—, reduzierte 1627.
Tensoroperator der Kernkräfte 1273.
Tensorpotential der Kernkräfte 1276, 1285.
Terme, entartete 964.
—, gerade, ungerade 914, 1352, 1401.
—, metastabile 912.
—, symmetrische, antisymmetrische 872.
—, Wasserstoff 823, 838.
Termschema, Alkalien 824.
—, Kernnukleonen 1307.
—, Wasserstoff 823.
Termsysteme, mehrfache 869.
tetragonale Gitter 1653.
Tetragyre 1656.
Thermodiffusion 1508.

Thermodiffusionskoeffizient 1509.
Thermodynamik 1419.
THOMAS 1017.
Thomas-Fermische Gleichung 1450.
THOMSON 1477.
Townsend-Entladung 1609.
Trägerbildung 1596, 1599.
Trägheitsmoment der Moleküle 1386, 1392.
Transformation, unitäre, der Matrizen 958, 966.
Translation 1037, 1431.
Translations-energie 1432.
— — der Moleküle 1381.
—-entropie 1440.
—-gitter 1644.
— —, Symmetrieeigenschaften 1654.
—-gruppe 1645.
translatorische Bewegungen, Quantentheorie 1037.
Transportgleichungen in Gasen 1521.
Transportvorgänge in Gasen 1503.
trigonale Gitter 1652.
Trigyre 1656.
trikline Gitter 1649.
Tripel, primitives 1645.
—, reduziertes 1646.
Triplett 889.
—, Deuteron 1281.
—, isobares 1228.
—, Kernzustände 1275.
—, Moleküle 1353.
—-terme 1136.
Triplettsystem 869.
Triode 1580.
—, Durchgriff 1581.
—, innerer Widerstand 1581.
Tunneleffekt 1058, 1270. 1329.
Tyndall-Effekt 1018.

Überführungszahlen, Hittorfsche 1770.
Übergänge, strahlungslose 1025.
Übergangswahrscheinlichkeit 908.
—, Feldtheorie 1245.
—, zwischen Quantenzuständen 1421.
Überlappung der Eigenfunktionen 1360, 1370.
Überschußleiter 1761.
Umladung 1583.
Umwegfaktor 1595.
unelastische Stöße, Quantentheorie 1082.
ungerade Terme 914, 1350, 1401.
ungerade Kernzustände 1274.
unitäre Matrix 959.
unitäre Transformation 958.
Unschärferelation, Heisenbergsche 1045, 1048.
Unterwelt, Diracsche 1121, 1200, 1216.

Vakuumfeld 1192, 1236, 1249.
Valenzband 1753, 1758, 1760.
Valenz, gewinkelte 1369.
Valenzgitter 1635.
Valenztheorie 1368.
van der Waalsche Kräfte 1374.

van der Waalssche Zustandsgleichung 1478, 1634.
verbotene Linien 825.
Verdünnungsgesetz, Ostwaldsches 1769.
Verformung, elastische, der Gitter 1669.
vektorielles Feld 1157.
Vektorgerüst 887, 892, 1002.
Vernichtungsoperator 1192, 1233, 1245.
— der Ladung 1217.
Verrückungen, innere, der Gitteratome 1663.
Verstärkungsfaktor, Triode 1581.
Vertauschungsoperatoren, isobarer Spin 1289.
—, Spin 1137, 1289.
—, Ortskoordinaten 1137.
Vertauschungsrelationen 953, 995.
—, Materiefeld 1180, 1184, 1189, 1204. 1247,
—, Jordan-Wignersche Matrizen 1143.
—, Spin 1098, 1102, 1105.
Verteilungsfunktion 1424, 1426, 1453, 1467.
—, Bosesche 1440.
—, Fermische 1707, 1443.
—, —, in äußeren Feldern 1447.
—, Maxwellsche 1458, 1461.
—, Nichtgleichgewicht 1517.
—, Normierung 1454.
Verteilung, wahrscheinlichste, statistische 1426.
Verweilzeit 911, 1047.
Verzerrung des Gitters 1662.
Verzerrungsenergie 1667, 1673.
Verzerrungstensor 1663.
virtuelle Elementarprozesse 1239, 1249.
virtuelles Meson 1226.
virtuelle Zwischenzustände 1238, 1239.
Virial 1478.
Voreilung, Comptoneffekt 1034.
—, Photoeffekt 1022.
Vorentladung, dunkle 1610.

Wahrscheinlichkeit, eines Meßwertes 988.
—, statistische, der Quantenzustände 1420.
Wahrscheinlichkeits-amplitude 917, 1149.
— —, des Mehrteilchensystems 928.
—-dichte 833, 917, 929, 1128, 1149.
— —, relativistische 1128.
—-vektor 991, 1005, 1146, 1150, 1246.
— —, Materiefeld 1191.
—-strom, relativistischer 1128.
Wärmeleitfähigkeit der Metalle 1757.
Wärmeleitung der Gase 1505.
—, bei niederen Drucken 1511.
Wärmeleitungskoeffiezient der Gase 1505.
Wärmeübergangszahl 1512.
Wasserstoffatom, Diracsche Theorie 1122.
Wasserstoffeigenfunktionen 843, 845, 849.
Wasserstoff, Feinstruktur 1122.
—, linearer Starkeffekt 976.
—-modell 830.
—-molekül, chemische Bindung 1364.
—-spektrum 822.
—-terme 838.
Wechselwirkung, elektromagnetisches Feld 1212.
—, Materiefeld 1207.

Wechselwirkung, Meson-Nukleon 1219, 1220.
—, Spinorfeld 1209.
—, virtuelle Prozesse 1239.
Wechselwirkungsenergie 1210, 1220.
—, Nukleonen 1224.
Weglänge, freie 1492, 1511.
—, —, Einfluß der Molekularattraktion 1498.
Wehneltzylinder 1542.
Weitdurchschlag 1612.
WEIZSÄCKER 1302.
Wellen-funktion 833, 917.
— —, mehrerer Teilchen 927.
— —, Moleküle 1339.
— —, Operator 1144.
— —, Quantelung, zweite 1147.
—-gleichung 834, 916, 1004.
— — des Elektrons 916.
— —, kräftefreie 1040.
— —, transformierte 1004.
—-länge, de Brogliesche 1038.
—-paket 1041, 1047.
Wentzel-Kramers-Brillouin-Verfahren 1062.
Widerstand, innerer, einer Triode 1581.
Wiedemann-Franzsches Gesetz 1757.
WIGNER 1143.
Wignerpotential 1291.
Wilsonkammer 807.
Wirkungsdichte 833.
Wirkungsquerschnitt, differentieller 1322.
—, Kernreaktion 1322.
—, Vergrößerung durch Molekularattraktion 1498.
Wurtzit 1641.

YUKAWA 1225.
Yukawapotential 1277.

Zähigkeit der Gase 1504.
Zeemaneffekt, anormaler 891, 1116.
—, —, Hyperfeinstruktur 1260.
—, Auswahlregel 902.
—, normaler 885, 981.
zeitabhängige Systeme, Quantentheorie 1003.
zeitliche Ableitung von Matrizen 949.
Zeitmittelwert von Eigenschaften 985.
Zellenindex 1662.
Zellvolumen 1662.
Zentrifugieren 1468.
Zentrosymmetrie 1655.
Zerfall, radioaktiver 1329.
Zerfalls-konstante, radioaktive 1331.
Zerfall, Zwischenkern 1323.
Zerstrahlung, Positron 1121.
Zinkblende 1642.
Zone 1647.
Zonenbündel 1647.
Zündbedingung 1611.
Zündung einer Entladung 1609.
Zündspannung 1611.
Zusammenbruch der Kerne 1288.

Zusammenstöße der Moleküle 1491.
Zustände, erreichbare, nicht erreichbare 1422.
— negativer Energie 1200, 1233.
—, nichtstationäre 943.
—, stationäre 837, 930.
Zustands-dichte 1739.
—-funktion, Materiefeld 1191.
—-gleichung, ideale Gase 1457.
— —, van der Waalssche 1478.
—-sprache 992.
Zustands-summe 1427, 1429, 1432, 1437, 1443, 1447, 1465, 1469, 1471, 1473, 1687.
Zweierstoß 1583.
Zweig, positiver, negativer 1405, 1408, 1409.
Zweinukleonensystem 1274.
zweite Quantelung 1139.
Zweizentrensystem 1341.
Zwilling, Elektron-Positron 1119.
Zwischenkern, BOHRscher 1320, 1323.
Zwischenzustände, virtuelle 1238, 1239.
Zyklotron 1552, 1559.

MIX
Papier aus verantwortungsvollen Quellen
Paper from responsible sources
FSC® C105338

If you have any concerns about our products,
you can contact us on
ProductSafety@springernature.com

In case Publisher is established outside the EU,
the EU authorized representative is:
Springer Nature Customer Service Center GmbH
Europaplatz 3, 69115 Heidelberg, Germany

Printed by Libri Plureos GmbH
in Hamburg, Germany